FORSCHUNGEN UND BERICHTE DER ARCHÄOLOGIE DES MITTELALTERS IN BADEN-WÜRTTEMBERG

LANDESDENKMALAMT BADEN-WÜRTTEMBERG

FORSCHUNGEN UND BERICHTE DER ARCHÄOLOGIE DES MITTELALTERS IN BADEN-WÜRTTEMBERG

BAND 14/1

LANDESDENKMALAMT BADEN-WÜRTTEMBERG

ELEONORE LANDGRAF

Ornamentierte Bodenfliesen des Mittelalters in Süd- und Westdeutschland 1150–1550

Textband

1993
KOMMISSIONSVERLAG · KONRAD THEISS VERLAG · STUTTGART

HERAUSGEBER: LANDESDENKMALAMT BADEN-WÜRTTEMBERG
ARCHÄOLOGISCHE DENKMALPFLEGE

Die Deutsche Bibliothek – CIP-Einheitsaufnahme

Landgraf, Eleonore:
Ornamentierte Bodenfliesen des Mittelalters in Süd- und Westdeutschland 1150 – 1550 / Eleonore Landgraf. Hrsg.: Landesdenkmalamt Baden-Württemberg, Archäologische Denkmalpflege. – Stuttgart: Theiss.
(Forschungen und Berichte der Archäologie des Mittelalters in Baden-Württemberg; Bd. 14)
ISBN 3-8062-1041-1
NE: GT

1. Textband. – 1993

Redaktion und Herstellung
Dr. Jutta Ronke mit Verlags- und Redaktionsbüro André Wais, Stuttgart

Produktion
Satz: Setzerei Lihs, Ludwigsburg
Druck: Wilhelm Röck, Druckerei und Großbuchbinderei, Weinsberg

Das Manuskript wurde 1985 abgeschlossen. Nachträge und Literaturangaben konnten später nur noch vereinzelt eingeschoben werden.

ISBN 3-8062-1041-1

Vorwort

Am Beginn der vorliegenden Arbeit über die ornamentierten Bodenfliesen des Mittelalters stand eine im Jahre 1953 der Eberhard-Ludwig-Universität Tübingen eingereichte Dissertation über südwestdeutsche Fliesen. In über 30jähriger Sammel- und Forschungstätigkeit erwuchs aus diesen Anfängen ein Kompendium, das mit 1891 Fliesenmustern mit 412 Varianten aus 1042 Orten nicht nur den gesamten deutschsprachigen Raum umfaßt, sondern auch angrenzende Gebiete einbezieht.
Den wissenschaftlichen Ertrag dieser langjährigen Forschungen, die aus der Kulturlandschaft Baden-Württembergs heraus entstanden sind, trotz aller Schwierigkeiten, die solche Arbeiten für Autor, Redaktion und Hersteller mit sich bringen, in entsprechendem Rahmen zu publizieren, war dem Herausgeber ein besonderes Anliegen, das er mit dem Dank an die Autorin verbindet, in die Mittelalterarchäologie des Landes über viele Jahre hinweg ihr Wissen bei der Beurteilung von Fliesenfunden eingebracht zu haben.
Das relevante Material – Fliesen in Vitrinen und Magazinen der Museen, in Privatbesitz sowie Neufunde der letzten Jahrzehnte – ist von der Autorin in beeindrukkender Vollständigkeit erfaßt und nach Motivgruppen geordnet worden. Da einzelne Muster durchaus an mehreren Fundorten geborgen wurden, unter denen sich oft ein fest datiertes Bauwerk findet, konnten gleichzeitig Anhaltspunkte für eine zeitliche Fixierung der zumeist ihres baulichen Kontextes beraubten Fliesen gewonnen werden. Auch Daten und Fakten zur einschlägigen Handwerksgeschichte ließen sich rekonstruieren. Trotz fehlender archivalischer oder literarischer Hinterlassenschaften gelang es, einzelne Fliesenwerkstätten zu lokalisieren. Der Nachweis, daß Muster von Werkstatt zu Werkstatt weitergegeben wurden, führt zum damit ursächlich zusammenhängenden Problem der wandernden Fliesentöpfer und des Handels mit Fliesen.
Neben Erkenntnissen zur Baugeschichte und zur Weiter- und Umnutzung z.T. längst abgetragener Gebäude bieten Fliesen wichtige Erkenntnismöglichkeiten zur mittelalterlichen Ikonographie, Motivforschung und Sozialgeschichte; neben den absonderlichsten Misch- und Fabelwesen überlieferten sie auch Wappen – und damit ein breites Spektrum sozio-kultureller Informationen.
Eleonore Landgraf zeichnet ein klar umrissenes Bild der Fliesenkeramik bestimmter deutscher Landschaften, ohne dabei das benachbarte europäische Ausland aus dem Auge zu verlieren. Besonderes Schwergewicht legt sie allerdings auf die Untersuchung schwäbischer Fliesen. Ließe sich dies allein schon in Anbetracht eines einfallsreichen Musterschatzes und handwerklich sorgfältiger Ausführung rechtfertigen, so zählen darüber hinaus die Fliesenböden des schwäbischen, nahe Tübingen gelegenen Zisterzienserklosters Bebenhausen zu den frühesten in Deutschland: Die Technik der Fliesenprägung scheint hier unmittelbar aus Burgund, einem der ersten Zentren der Fliesenherstellung, übernommen worden zu sein.
Mit Hilfe des vorliegenden Buches wird der Leser nunmehr in die Lage versetzt, Bodenfliesen bislang unbekannter Provenienz regional, lokal, ja letztlich sogar herkunftsmäßig einem bestimmten Bauwerk zuweisen zu können. Für alle Mühe, die es aufzuwenden galt, um ein über Jahrzehnte gewachsenes Werk zum Druck zu bringen, sei an dieser Stelle der Redaktion und dem herstellenden Verlags- und Redaktionsbüro besonders gedankt. Nicht nur dem Fachmann, sondern jedem an Kunst- und Kulturgeschichte des Mittelalters Interessierten werden die wohlausgestatteten Bände als Handbuch und Nachschlagwerk unentbehrlich sein.

Stuttgart, im November 1992 *Hartmut Schäfer*

Bilder aus Bebenhausen

Gang zwischen den Schlafzellen

Hundertfach wechseln die Formen
 des zierlich gemodelten Estrichs
Auf dem Flur des Dorments,
 rötlich in Würfeln gebrannt:
Rebengewinde mit grüner Glasur
 und bläulichen Trauben,
Täubchen dabei, paarweis,
 rings in die Ecken verteilt.
Auch Dein gotisches Blatt,
 Chelidonium, dessen lebendig
Wucherndes Muster noch heut
 draußen die Pfeiler begrünt;
Auch in heraldischer Zeichnung,
 erscheint vielfältig die Lilie
Blume der Jungfrau,
 weiß schimmernd auf rötlichem Grund.
Alles mit Sinn und Geschmack,
 zur Bewunderung, aber auch alles
Fast in Trümmern,
 und nur seufzend verließ ich den Ort.

Eduard Mörike

Inhaltsverzeichnis

Einführung 9

1. Technik der Fliesenherstellung 13
   1.1 Die Fliese mit vertiefter Prägung 23
   1.2 Die Reliefliese 27
   1.3 Die Stempelfliese 30
   1.4 Die inkrustierte und engobe-geprägte Fliese 32
2. Frühe Fliesen des Vorderen Orients und Nordafrikas 39
3. Antike und frühmittelalterliche Fußbodenbeläge bis zur Entstehung der gemusterten Tonfliesen 47
4. Die Entstehung von Relief- und Prägefliesen in Frankreich und ihr Vordringen nach Deutschland 53
5. Erste Ansätze zur Fliesenprägung in Deutschland 57
6. Frühe gemusterte Tonfliesen 66
7. Die Rolle des Zisterzienserordens bei der Ausbreitung der Bodenfliesen in Frankreich und Deutschland 72
8. Fliesen in Klosterhöfen und Burgen 89
9. Weitergabe von Mustern, Fliesen und Modeln 96
10. Herstellungsorte und Werkstätten 113
11. Töpfer und Formschneider 137
12. Die Fliesenböden in ihrer Gesamtwirkung 149
13. Probleme der Haltbarkeit von Fliesenböden 155
14. Späte Fliesen 157
15. Fliesen der Nachbarländer 161
    15.1 Spanien und Portugal 161
    15.2 Italien 163
    15.3 Frankreich 166
    15.4 Belgien 175
    15.5 Holland 177
    15.6 England, Schottland, Wales, Irland 181
    15.7 Dänemark 191
    15.8 Norwegen 195
    15.9 Schweden 195
    15.10 Tschechoslowakei 196
    15.11 Polen 200
    15.12 Rußland 203
    15.13 Ungarn 203
16. Fliesenböden in der bildenden Kunst 207
17. Ikonographie der Fliesendarstellungen 215
18. Herkunft der Muster und Motive 227
19. Literaturverzeichnis 243

Abkürzungen 267
Ortsregister 270
Sach- und Personenregister 278

Einführung

Diese auf einer 1958 abgeschlossenen Dissertation aufbauende Arbeit beschäftigt sich mit den im Mittelalter in Deutschland weit verbreiteten Tonfliesen. Sie fanden als Bodenbelag vorwiegend in Kirchen, Klöstern, Burgen und vornehmen Bürgerhäusern Verwendung. Die Arbeit beschränkt sich jedoch weitgehend auf West- und Süddeutschland, da der überwiegende Teil aller mittelalterlichen Tonfliesen in diesem Gebiet hergestellt wurde. Da die Fliesen der heutigen Nordschweiz, des Elsaß und Österreichs mit den süddeutschen Fliesen eine künstlerische und technische Einheit bilden, wurde dieser Bereich mit in den Katalog aufgenommen. In der Schweiz wurde die Abgrenzung nicht exakt eingehalten, wenn wichtige Muster auch an südlicher gelegenen Orten gefunden wurden.[1] Ausgeklammert wurden außerdem alle Fliesen, die von der Werkstatt des Zisterzienserklosters St. Urban (Kt. Aargau) beeinflußt sind, da diese inzwischen in einer besonders sorgfältigen Arbeit[2] behandelt wurden. In der Dissertation wurden die Fliesen Nord- und Ostdeutschlands weitgehend ausgespart. Bei einer neuerlichen Sichtung des Materials zeigte sich jedoch, wie wenige mittelalterliche Fliesen es anscheinend in diesen Gebieten gab (oder wie wenige bis heute bekannt sind), so daß es sinnvoll erschien, auch diese Fliesen in den Katalog aufzunehmen.[3]

Es wurde der Versuch unternommen, alle heute noch erhaltenen Fliesen dieser Gebiete möglichst vollständig zu erfassen. Ein Teil der durch Kriegseinwirkungen verlorenen Fliesen wurde nach Publikationen des 19. Jahrhunderts oder nach erhaltenen Photographien abgebildet. Außerdem wurden aus Veröffentlichungen alle Nachrichten über Fliesenfunde zusammengetragen, auch wenn diese inzwischen verschollen sind, um so ein Wiederauffinden von Fliesen, die möglicherweise in Privatbesitz oder in den Kunsthandel gelangten, zu erleichtern.

Während viele private Sammler ihre Sammlungen großzügig zur Bearbeitung freigaben, gelang es nicht, andere wichtige Sammlungen in die Sichtung miteinzubeziehen. Bei manchen Fundorten, vor allem in der Pfalz, entstand dadurch eine empfindliche Lücke im Wissen um die einzelnen Muster. Dies ist um so bedauerlicher, als an diesen Fundorten vor allem sehr frühe Fliesen geborgen wurden.

Die 1958 noch berechtigte Klage, daß dieser Zweig der Bauornamentik in der Kunstgeschichte bis heute kaum Beachtung gefunden hat, muß nun eingeschränkt werden. Zu den wenigen Veröffentlichungen[4], die meist nur ein Teilgebiet behandelten[5] und deren Erkenntnisse inzwischen oft durch neue Funde und Ausgrabungen überholt sind, kamen zwei neue Arbeiten, die den umfangreichen Stoff zum ersten Mal in all seinen Aspekten darbieten. Zwar werden bei Berendsen[6] die deutschen Fliesen immer noch kurz und stiefmütterlich behandelt, die Fliesen des Vorderen Orients, Spaniens und Portugals sind jedoch in ihrer ganzen Fülle ausgebreitet. Außerdem werden die Ausgrabungen der letzten Jahrzehnte berücksichtigt und die Fliesen des 16.–18. Jahrhunderts in England, Frankreich und den Niederlanden mit großer Sorgfalt behandelt.

Die Arbeit von Kier[7] geht auf die den Tonfliesen vorausgehenden Schmuckfußböden Europas so gründlich ein, daß sie in diesem Zusammenhang nun nicht mehr behandelt werden müssen und sich diese Arbeit zeitlich unmittelbar daran anschließen kann. Die 1984 erschienene Arbeit von Wihr[7a], die vor allem die technischen Details von Estrichen, Mosaik- und Intarsien-, Stein- und Ziegelfußböden ausführlich behandelt, konnte im Text dieser Arbeit leider nicht mehr berücksichtigt werden. Es sei deshalb auf dieses Buch besonders hingewiesen. Erwähnenswert sind außerdem die Arbeiten von Fichtner[8] und Führer[9], da sie neue Erkenntnisse zur Technik der Fliesenherstellung bieten.

Durch die systematischen Grabungen der letzten Jahre,

---

1 Von den Fliesen der Nordschweiz wurden mir nur die Exemplare bekannt, die sich in öffentlichen Sammlungen befinden oder durch Grabungen in jüngster Zeit geborgen wurden. Es gelang nicht, die Fliesen in Privatbesitz zu ermitteln. Fliesen der Westschweiz wurden aufgenommen, wenn sie wichtige Verbindungsglieder zwischen französischen und deutschen Prägungen sind.

2 R. Schnyder, 1958.

3 Die Erlaubnis zu einer Studienreise innerhalb der DDR wurde vor 1958 nicht gewährt, sie konnte nach 1958 nicht mehr ausgeführt werden. Die Fachstelle für Heimatmuseen und das Institut für Denkmalpflege, Halle (Saale), stellten jedoch entgegenkommenderweise Nachrichten über einige Fliesenfunde zur Verfügung. Größere Museen und ein Teil der Heimatmuseen antworteten auf Anfragen, von vielen anderen war keine Auskunft zu erhalten. Es ist deshalb möglich, daß sich weitere, unbekannte Fliesen in Museen und Sammlungen der ehem. DDR befinden.

4 Die wichtigste Arbeit: R. Forrer, Geschichte der europäischen Fliesenkeramik vom Mittelalter bis zum Jahre 1900, ist nur noch an wenigen Bibliotheken erhalten. Die Herkunftsangaben sind (ohne Forrers Schuld) vielfach falsch, die Datierungen allzu summarisch und kaum durch Angaben zur Baugeschichte der betreffenden Gebäude belegt.

5 K. Hassler – M. Schefold, 1929, – H. Stegmann. – E. Grill, 1922.

6 A. Berendsen, [u. a.].

7 H. Kier, 1970.

7a R. Wihr, 1984.

8 K. Fichtner.

9 R. Führer.

durch die bei Ausschachtungsarbeiten und beim Wiederaufbau der Kirchen nach den Zerstörungen des 2. Weltkriegs gemachten Funde, vor allem jedoch durch den Einbau von Fußbodenheizungen in vielen Kirchen, hat sich unsere Kenntnis der mittelalterlichen Fliesen bedeutend erweitert und vertieft. Während Forrer zu Ende des 19. Jahrhunderts noch der Ansicht sein mußte, daß Fliesenböden nur auf wenige, besonders prächtig ausgestattete Kirchen und Burgen beschränkt waren, ergibt sich nun eher die Tatsache, daß die meisten mittelalterlichen Kirchen und nicht wenige Burgen innerhalb eines geographisch begrenzten Verbreitungsgebiets und bestimmter Zeiträume mit Fliesen geschmückt waren.

Das schwierigste Problem bildet noch immer die Datierung der Fliesen. Während die Arbeiten des 19. Jahrhunderts[10] meist bestrebt waren, diese möglichst früh zu datieren, ja sie in einzelnen Fällen sogar für römisch hielten[11], können nun, begünstigt durch die Grabungen der letzten Jahre, zum ersten Mal einige durch den Baubefund gesicherte Datierungen vorgelegt werden. Ebenso war es möglich, die vielfach falschen Fundortangaben, die vor allem die Arbeiten Forrers und Walcher von Moltheins[12] beeinträchtigen, zu korrigieren[13]. Die Schwierigkeiten, die dieser Arbeit entgegenstanden, konnten leider nicht gänzlich bewältigt werden. Sie ergaben sich aus der langen Vernachlässigung des Materials, welches, oft ohne Herkunftsbezeichnung, in den Kellern und Speichern der Museen lagerte. In einzelnen Fällen wurden die Fundortangaben auf dem Weg über den Kunsthandel oder durch Mißverständnisse einzelner Sammler verfälscht[14]. Da viele Fliesen auch heute noch ‚etwas außerhalb der Legalität' geborgen werden, sind manche Sammler aus verständlichen, der Forschung jedoch sehr hinderlichen Gründen mit der Angabe von Fundorten und Fundumständen nicht sehr freigiebig. Gleichzeitig muß jedoch betont werden, daß aus dem Kreis der Liebhaber und Sammler oft die wertvollsten Hinweise über neue Funde kamen.

Die während des 19. Jahrhunderts, meist durch private Schenkungen und Zufallsfunde, in die Museen gelangten Fliesen sind selten inventarmäßig erfaßt. Die Annahme, daß bei Regionalmuseen vor allem die Fliesen der näheren Umgebung ins Museum kamen, trifft nicht in jedem Fall zu[15]. Die Museen tauschten nicht nur nachweislich Dubletten aus[16], sie erwarben auch Sammlungen aus weit entfernten Orten[17], die heute, da Notizen über diesen Ankauf verloren gingen, das Bild der Sammlung verfälschen.

Glücklicherweise sind seit 1958 in einzelnen Museen Fliesen wieder aufgetaucht, von denen man annahm, daß sie durch Kriegseinwirkung verloren gegangen seien. Die Eingangsinventare und Kataloge sind jedoch in mehreren Fällen unwiederbringlich verloren[18]. So wird sich von einer großen Anzahl von Fliesen der Fundort nie mehr exakt feststellen lassen.

Dennoch ist es in mühevoller Kleinarbeit gelungen, eine Reihe nicht mehr bekannter, meist in entlegenen Publikationen des 19. Jahrhunderts erwähnter Fundorte wieder zu ermitteln. Da jeder gesicherte Fundort und die dadurch mögliche Erhellung der Baugeschichte die Datierung der Fliesen erleichtert, wurde diesem Punkt besondere Aufmerksamkeit geschenkt.

Die Arbeit verfolgt neben der erstmaligen Aufzählung aller bis heute bekannten Fliesenmuster und ihrer Varianten vor allem den Zweck, eine genauere zeitliche Einordnung zu geben. Bei der Datierung wurde von einigen durch Urkunden oder Grabungsbefund genau datierbaren Fliesen ausgegangen. Durch Vergleich mit diesen, sowie mit anderen Werken der Bauornamentik,

---

10 K. Hassler, 7. – G. C. F. Lisch, 157.

11 F. X. Kraus, III, 1889 128–129. Eine spätmittelalterliche Eichblattfliese aus Finstingen wird als römischer Fund registriert.

12 A. Walcher v. Molthein, 1909, 310, Abb. 76. Die bis jetzt ausschließlich in Kloster Heilsbronn gefundene Fliese F 104 wird hier als ‚elsässisch' bezeichnet.

13 Es läßt sich leider nicht ausschließen, daß sich auch in diese Arbeit noch falsche Fundortangaben eingeschlichen haben. Öfter erhielt die Verfasserin zu Beginn der Materialsuche Angaben, die sich später als falsch erwiesen. Bei anderen steht die Entlarvung möglicherweise noch aus.

14 R. Forrer, 1901, 45, Fig. 88–89 bildet die ohne jeden Zweifel aus Aachen stammenden Fliesen G 46 noch unter den italienischen Fliesen ab.

15 Das GNM Nürnberg erhielt nicht nur Fliesen aus Nürnberg und Franken, sondern aus ganz Deutschland und, durch seinen früheren Direktor August Essenwein, auch aus den Ländern der Donaumonarchie. Einzelne Ausgrabungen wurden in großzügiger Streuung über verschiedene Museen verteilt und werden dort nun, mangels Unterlagen über den Fundort, als Fliesen heimischer Produktion geführt. Eine weitere Schwierigkeit ergab sich aus der ständigen Neugliederung der deutschen Länder seit 1870, welche den Einzugsbereich der einzelnen Museen veränderte. So kamen z. B. vor 1951 Fliesen aus Bad Wimpfen noch ins Hessische Landesmuseum, Darmstadt.

16 Fliesenfunde aus Frankfurt kamen 1896, aus Worms 1928 ins Museum für Kunst und Gewerbe in Hamburg, Fliesen aus Worms ins Landesgewerbemuseum Stuttgart. Ins Museum Ulm kamen Fliesen aus Rothenburg ob der Tauber (Mitt. Ver. Kunst Altertum 1, 1876, 78), die heute in der Fülle der Ulmer Fliesen nicht mehr auszumachen sind.

17 Das Schloßmuseum Gotha besitzt eine Anzahl von Fliesen unbekannter Herkunft, die nur vom Mittelrhein stammen können. Die Fliesen eines in Aachen, vermutlich vor 1900, gemachten Fundes kamen in die Museen von Berlin, Hamburg und Düsseldorf, ohne daß in einem der Museen der exakte Fundort bekannt ist. Das Museum Straßburg kaufte wiederholt Fliesen von Prof. E. aus'm Weerth, Bonn-Kessenich, die aus rheinischen Fundorten stammen. In den Eingangs-Inventaren des Museums ist jedoch nur an einer Stelle der Fundort ‚Stahleck' genannt. Diese Fliesen gelten heute schon teilweise als elsässische Fliesen. Das Württembergische Landesmuseum Stuttgart, das sonst ausschließlich schwäbische Fliesen besitzt, erwarb aus dem Kunsthandel eine nicht näher bezeichnete Anzahl rheinischer Fliesen, deren Fundorte ebenfalls unbekannt sind. Ins Museum Oldenburg kamen 1908–10 Fliesen, die vermutlich vorwiegend aus Köln stammen, auch ihre Fundorte sind unbekannt. Keinerlei Fundortvermerke tragen schließlich die Fliesen des Hetjens-Museum, Düsseldorf. Hier kann nur auf Grund der Prägung geschlossen werden, ob es sich um deutsche oder französische Fliesen handelt, in einigen Grenzfällen ist dies nicht zu entscheiden.

18 Verbrannt ist das handschriftliche Inventar des GNM Nürnberg, nur teilweise gerettet wurde das Zugangsverzeichnis des Hessischen Landesmuseums Darmstadt.

Malerei und Kleinkunst, wurde für viele Fliesen eine wenigstens annähernd genaue Datierung erzielt. Da viele mittelalterliche Fliesenböden ganz offensichtlich in späterer Zeit ausgeflickt wurden, richtet sich die Datierung immer nach dem frühesten der vorkommenden Muster.

Um einen umfassenden Überblick über die Entwicklung der einzelnen Ornamente und die teilweise schon im 15. Jahrhundert einsetzende Verschlechterung der Model zu geben, wurden auch Fliesen geringerer Qualität aufgenommen. Außerdem wurden durch Abbildung einiger Fliesen des 16. und 17. Jahrhunderts die regionalen Unterschiede betont. Nur in wenigen Werkstätten wurden echte Renaissancemuster entwickelt, an den meisten anderen Orten endete die Fliesenherstellung in verdorbenen spätgotischen Formen.

Die Anregung zu der vorliegenden Arbeit verdanke ich meinem verehrten Lehrer, Herrn Professor Dr. Wilhelm Boeck, Tübingen, dem ich für wertvolle Hinweise bei der Materialsammlung, nicht nachlassendes Interesse für alle schwierigen Fragen und selbstlose Förderung der Arbeit aufrichtig danke.

Für die Aufnahme der Arbeit in die Reihe „Funde und Berichte der Archäologie des Mittelalters in Baden-Württemberg“ danke ich dem Leiter des Landesdenkmalamts Baden-Württemberg, Herrn Prof. Dr. Dieter Planck, sehr herzlich. Den Herren Dr. Dietrich Lutz, Karlsruhe, und Dr. Hartmut Schäfer, Stuttgart, die diese Arbeit über viele Jahre hinweg mit aktivem Interesse verfolgten und sie durch guten Rat und wertvolle Hinweise förderten, gilt ebenso herzlicher Dank. Zu Dank verpflichtet bin ich außerdem Frau Dr. Jutta Ronke, in deren Händen Redaktion und Korrektur des Manuskripts lagen. Mein aufrichtiger Dank gebührt jedoch vor allem dem Redaktionsbüro André Wais und seinen Mitarbeitern, die sich mit unermüdlichem persönlichen Einsatz, nie nachlassender Geduld und großer Sorgfalt um Druck, Korrektur und Gestaltung dieser schwierigen Arbeit bemühten.

Leider ist es mir bei der Fülle des Materials nicht möglich, all denen, die mir bei der Untersuchung der Fliesen Hilfe leisteten oder in großzügiger Weise Photos zur Verfügung stellten, im einzelnen zu danken, auf wichtige Hinweise wird im Katalog verwiesen. Über den Rahmen kollegialer Hilfe hinaus erteilten wertvolle Auskünfte die Damen und Herren: bei den Landesämtern für Denkmalpflege: Dr. Magnus Backes, Mainz, Prof. Dr. Dr. Günter Binding, Köln, Prof. Dr. Werner Bornheim, gen. Schilling, Dr. Hans Caspary, alle in Mainz, Dr. Albrecht Dauber†, Karlsruhe, Prof. Dr. Günter Fehring, Lübeck, Friedrich Garscha†, Karlsruhe, Dr. Herbert Hoffmann†, Tübingen, Prof. Dr. Hans Erich Kubach, Speyer, Dr. Jens Kulick, Dr. Herta Lünenschloß, beide Wiesbaden, Dr. Jürgen Michler, Tübingen, Dr. Adolf Rieth†, Tübingen, Prof. Dr. Albert Verbeek†, Bonn.

Bei den staatlichen Ämtern für Bodendenkmalpflege: Dr. Karlwerner Kaiser, Speyer, Dr. Bernhard Stümpel, Mainz.

Bei den Museen: Dr. Sigrid v. Blankenhagen, Konstanz, Rosgartenmuseum, Dr. P. H. Boerlin und Prof. Dr. Rudolf Schnyder, Zürich, Schweizerisches Landesmuseum, Walter Boß, Dieburg, Kreismuseum, Dr. Kurt Degen, Darmstadt, Hessisches Landesmuseum, Dr. Walter Franzius†, Karlsruhe, Badisches Landesmuseum, Dr. Carl Graepler, Marburg, Universitätsmuseum, Dr. Ruth Grönwoldt, Dr. Heribert Meurer, Dr. Birgit Hahn-Woernle, Stuttgart, Württembergisches Landesmuseum, Dr. Hans Haug† und Dr. Jean Zumstein, Straßburg, Frauenhausmuseum, Dr. Elfriede Heinemeyer, Oldenburg, Landesmuseum, Dr. Marie-Anne Heukenfeldt-Jansen, Amsterdam, Rijksmuseum, Dr. Georg Illert, Worms, Städt. Museum, Dr. Werner Jüttner, Köln, Stadtmuseum, Dr. Ingeborg Krummer-Schroth, Freiburg, Augustiner-Museum, Dr. H. E. Mandera, Wiesbaden, Sammlung Nassauischer Altertümer, Dr. Otto Roller und Prof. Dr. Günther Stein, Speyer, Historisches Museum der Pfalz, Dr. Rainer Rückert, München, Bayerisches Nationalmuseum, Prof. Dr. Arno Schönberger und Dr. Heinz Stafski, Nürnberg, Germanisches Nationalmuseum, Dr. Ernst-Otto Graf zu Solms-Laubach†, Frankfurt, Museum für Kunsthandwerk, Klaus Ulrich, Dreieich, Dreieich-Museum, Dr. Maria Velte, Koblenz, Mittelrheinmuseum, Dr. Peter Volk, Köln, Kunstgewerbemuseum, Dr. Wolfgang Venzmer, Mainz, Mittelrheinisches Landesmuseum, sowie die Bibliothekarinnen des Musée Lyonnais des Arts Décoratifs, Lyon.

Herrn Prof. Dr. Fritz Arens†, Mainz, danke ich herzlich für Fliesenfunde und seine immer wache Bereitschaft, diese Arbeit zu fördern, Herrn Prof. Dr. August Wirth, München, für zahlreiche Hinweise und klärende Gespräche, Herrn Prof. Dr. A. Schmoll, gen. Eisenwerth, München, für umfangreiches Photomaterial. Für fruchtbare Zusammenarbeit in Einzelfragen und neue Fliesenfunde bin ich Frau Prof. Dr. Hiltrud Kier, Köln, und Herrn Martin Morkramer M. A.†, Heuchelheim, sehr dankbar.

Mein besonders herzlicher Dank gilt Herrn Gewerbeschulrat Heiner Heimberger†, Adelsheim, und Herrn Dr. Karl Hillenbrand†, Pforzheim, die mir in großzügiger Weise Material zur Verfügung stellten und wertvolle Hinweise gaben, Frau Franziska Groschopf, Geislingen, die mir Einblick in die Aufzeichnungen ihres Mannes, Dr. Günter Groschopf†, gewährte, Herrn August Rampf†, Ulm, der unermüdlich den Fliesen des Klosters Söflingen nachspürte, Herrn Albert Schwarz, Rülzheim, der mich auf neue Funde in der Pfalz aufmerksam machte, und Herrn Udo Liessem, Koblenz, dem ich nicht nur viele Funde im Raum Koblenz verdanke, sondern auch zahlreiche wertvolle Hinweise zur

Baugeschichte einzelner Burgen und auf Fliesen in der Literatur des 19. Jahrhunderts.
Die Architekten Dipl.-Ing. Werner Heyt, Kaiserslautern, Dr. Johannes Sommer, Darmstadt, und Dr. Peter Weyrauch, Darmstadt, ermöglichten mir in liebenswürdiger Weise die rasche Bearbeitung ihrer neuen Funde. Ohne die sorgfältigen Aufzeichnungen von Herrn Dr. Ernst Samesreuther, Darmstadt, wäre eine Erfassung der Fliesen des Klosters Lorsch nicht möglich gewesen. Herr Dr. Werner Endres, Regensburg, gab mir Einblick in sein Photomaterial und bemühte sich um die Bestimmung der auf Straubinger Fliesen dargestellten Wappen. Die hilfreich gewährten Auskünfte der Stadtarchive in Köln (Herr Dr. Manfred Huiskes), Speyer (Herr Günter Groh), Ulm (Herr Albrecht Rieber†) und Worms (Herr Fritz Reuter) trugen zur Klärung schwieriger Fragen der mittelalterlichen Häusergeschichte bei.
Herr Dr. Rudolf Knorr, Halle (Saale), und Frau Dr. Greiner-Kühne, Gotha, waren mir bei der Suche nach Fliesen in Mitteldeutschland behilflich, Herr Charles Czarnowski†, Herr Robert Will, Straßburg, und Herr Gilbert Meyer, Kolmar, erleichterten die Suche nach elsässischen Fliesen. Besonderer Dank gebührt Herrn Dr. Bořivoy Nechvátal, Prag, für Hinweise zu den neuesten Ergebnissen der Fliesenforschung in der CSFR, Herrn Dr. Imre Holl, Budapest, für Berichte über neue ungarische Fliesenfunde und Frau Dr. Marie Piątkiewicz-Łeska, die mir einen Überblick über die schon veröffentlichten Fliesen in Polen ermöglichte. Für wertvolle Hinweise und klärende Gespräche über Herkunft und Prägetechnik der englischen, dänischen und französischen Fliesen bin ich Mrs. Elizabeth S. Eames, London, Frau Birgit Als Hansen, Kopenhagen, und Dr. Christopher E. Norton, York, zu großem Dank verpflichtet.
Geistliche beider Konfessionen sowie die Patres der Zisterzienserklöster Marienstatt und Zwettl waren mir beim Aufspüren von Fliesen behilflich. Pater Felix Vongrey, Lilienfeld, machte mir neue Fliesenfunde in Stift Lilienfeld sofort zugänglich.
Herr Carl Mönnig†, Köln, war unermüdlich im Aufspüren und Zeichnen neuer Fliesenmuster, die Herren Michael Geyer, Ulm-Mähringen, Manfred Hessinger, Mainz, und Hans-Jürgen Heger, Bad Zwischenahn, gewährten mir Einblick in ihre Fliesensammlungen.
Für die unermüdliche Beschaffung schwer zugänglicher Literatur danke ich den hilfreichen Bibliothekarinnen vom Auswärtigen Leihverkehr der Stadtbücherei Duisburg, für tatkräftige Hilfe bei Photoaufnahmen Frau Helga Passow, Mülheim/Ruhr und meinen Kollegen Dr. Franz Swoboda, Mannheim, und Manfred Zabel, Gütersloh. Dank gilt jedoch vor allem meinem Mann Helmut Landgraf, der zur Gestaltung des Bildteils wesentlich beitrug, bei allen Fragen zu technischen Problemen von Prägung und Brand sachverständigen Rat gab und geduldig und sorgfältig Korrektur las.

1. Technik der Fliesenherstellung

Eine Geschichte der Fliesenkeramik kann nicht geschrieben werden, ehe nicht die technischen Voraussetzungen der Herstellung in allen Details geklärt sind. Nur eine genaue Kenntnis der einzelnen Fliesentypen, verbunden mit einem Überblick über charakteristische Merkmale der verschiedenen Tone, von Tonfarbe, Glasur, Prägung und Brandführung ermöglichen es, Fliesen unbekannter Herkunft einem bestimmten Gebiet, ja einer einzigen Werkstätte zuzuweisen.

In dem behandelten Zeitabschnitt lassen sich vier verschiedene Fliesentypen unterscheiden. Die Bezeichnungen wurden schon von den Autoren des 19. Jahrhunderts verwandt, sie sollen jedoch noch einmal klar gegeneinander abgegrenzt werden.

Die Fliese mit vertiefter Prägung ist eine Fliese mit glatter Oberfläche, in die das Muster mit feinen oder breiteren Rillen weitgehend flächenfüllend eingraviert oder eingeprägt ist.

Die Reliefliese zeigt das Muster in flachem Relief, mit eckigen oder gerundeten Kanten.

Die Stempelfliese ist eine Fliese mit meist glatter Oberfläche. Die Prägung erfolgt entweder durch einen größeren Stempel in Fliesenmitte oder durch kleine, über die ganze Fläche verteilte Stempel, die entweder nur ein Muster oder bis zu vier verschiedene Muster anbringen.

Die inkrustierte Fliese hat eine glatte Oberfläche, auf der das Muster durch mehr oder weniger tiefe Inkrustation, flache Prägung mit Engobe oder durch Bemalen mittels Schablone angebracht wird.

Fliesen mit vertiefter Prägung und Reliefliesen sind in dem in dieser Arbeit erfaßten geographischen Bereich ungefähr gleich stark vertreten, wobei, je nach Zeitabschnitt, die eine oder andere Gruppe überwiegt.

Die Stempelfliese, die in den Fliesen des Zisterzienserklosters St. Urban eine nie wieder erreichte Blüte erlebte, ist auf einen kleinen Bereich der Nord- und Westschweiz beschränkt[1]. Eine zweite Werkstatt muß in Freiburg im Breisgau bestanden haben[2]; eine Straubinger Werkstatt prägte Fliesen, die auf der Grenze zwischen Stempelfliesen und Reliefliesen stehen. Die kleinen Rundstempel der frühen Fliesen der Klöster Wörschweiler, Eberbach, Johannisberg, Bleidenstadt und Ilbenstadt, der Kirchen in Burg Hain, Dreieich, Mainz, Ober-Roden, Oberursel, Steinbach und Villingen können als Vorläufer der Stempelfliesen gelten.

Die inkrustierte Fliese kommt im gesamten Gebiet nur vereinzelt vor. Im Westen durchbricht sie eine gedachte Grenzlinie, die sich zufälligerweise fast mit der heutigen Westgrenze Deutschlands deckt, nur in wenigen Fällen. In Norddeutschland erscheint sie, vermutlich durch niederländische oder englische Fliesen beeinflußt, im Bereich einer schmalen Küstenlinie (Bremen [?], Lübeck, Lüneburg, Cismar) und in einigen norddeutschen Zisterzienserklöstern (Ihlow, Hude, Doberan, Neuenkamp). Es erscheint sicher, daß Fliesen weseraufwärts bis nach Minden gelangten. In Hessen gibt es einen Fundort (Marburg, Schloßkapelle), in Bayern einen weiteren (Rothenburg ob der Tauber, St. Jakob).

Die in Frankreich sehr häufigen, meist mit Hilfe einer Schablone mit weißer Engobe bemalten Fliesen (carreaux estampillés) haben sich nur in einem einzigen Exemplar aus Ulm oder Umgebung erhalten (ZL 1). Wie verbreitet diese, der Zerstörung besonders ausgesetzten Fliesen im Mittelalter waren, läßt sich heute nicht mehr mit Sicherheit feststellen.

Als Rohstoff für die Fliesenherstellung dienen Tone, „ein Mineralgemenge, in dem die sogenannten Tonmineralien, meist Aluminiumsilikate verschiedener Zusammensetzung, die größte Rolle spielen“[3]. Sie sind in der Hauptsache durch Verwitterung aus feldspathaltigen Gesteinen (Granit, Porphyr, Trachyt) entstanden[4]. Tone mit geringerem Gehalt an Aluminiumoxyd und hohem Gehalt an Eisenverbindungen ergeben die vorwiegend rotbrennenden Töpfertone, stark kieselsäurehaltige alkalische Tertiärtone den weißbrennenden Pfeifenton.

Durch einen Zusatz an Magerungs- (z. B. Sand verschiedenster Körnung) und Flußmitteln wurden jeweils die gewünschten Effekte wie verringerte Schwindung, Festigkeit und Formstabilität im Brand erreicht.

Die Zusammensetzung der Grundmasse bestimmte vor allem die spätere Farbe und die Porösität des Scherbens. Zur Fliesenherstellung wurden vorwiegend fette Tone verwandt. Diese saugen verhältnismäßig große Wassermengen auf und gestatten so die Zusätze von Magerungsmitteln (Sand, Schamotte), ohne die Bildsamkeit des Scherbens unzulässig zu mindern. Durch starke Beimischung von Sand in feiner Körnung, wie ihn z. B. die frühen, sehr schweren Fliesen aus St. Fides, Schlettstadt, aufweisen, wurde außerdem das Reißen des Tones beim Brand vermieden und möglicher-

1 R. Schnyder, 1958, Taf. 10, Karte der Fundorte.
2 Fundortkat.: Freiburg, Haus ‚zum Wolf‘.
3 I. Liebscher, F. Willert, 22.
4 Ebd., 23.

weise auch die Kosten gesenkt. Schamotte erhöhte gleichzeitig Härte und Haltbarkeit des Scherbens[5].
Nicht in allen Werkstätten wurde der Ton vor dem Verarbeiten extra geschlämmt, sondern meist nur grob gereinigt. In den technisch hochentwickelten Werkstätten der 2. Hälfte des 13. und zu Beginn des 14. Jahrhunderts wurde jedoch, vor allem am Mittelrhein und in der Pfalz, ein sorgfältig durch mehrfaches Kneten gereinigter Ton ohne Beimischung fremder Substanzen verwandt, wobei die Schicht an der Oberfläche der Fliese oft aus zusätzlich feingeschlämmtem Ton bestand. Die Qualität des Tones nahm seit der 2. Hälfte des 14. Jahrhunderts in einzelnen Gebieten immer mehr ab.
Beimischung von Sand in unregelmäßiger Körnung, Einschluß von kleinen Kieseln und Quarzteilchen oder groben Schamottescherben, schlecht geknetete Tone oder Überreste organischer Substanzen ergaben eine für die Prägung ungünstigere Oberfläche. So finden sich Fliesen mit eingeschlossenen Sandkörnern oder winzigen Kieseln, die nach dem Brand ausbrachen und Teile der Zeichnung absprengten.
Die mindere Qualität des Tones ging Hand in Hand mit der Vergröberung des Bildes. Möglicherweise wurde die Verwendung eines minderwertigen Tones auch durch die in späterer Zeit häufiger angebrachten Glasuren begünstigt; eine dicke Glasurschicht deckte alle Unebenheiten der Oberfläche, alle Schlieren im Scherben gnädig zu.
Im Lahntal, in Worms und Speyer, vereinzelt auch im Rheingau, wurden in und nach der Mitte des 13. Jahrhunderts Fliesen zusätzlich mit einem Überzug (Engobe) aus sehr fein geschlämmtem, durch Farbzusätze leicht getöntem Tonerdebrei versehen. Diese Technik brachte alle Feinheiten der Prägung zur Wirkung. Sie hat sich vor allem an den Seitenkanten und auf wenig begangenen Fliesen erhalten.
Beimengungen von Kalk, Eisenoxyd oder Kali bestimmen neben der Höhe der Brenntemperatur die Farbe des Scherbens[6]. Der feine Schwemmton der Flußauen enthält meist große Mengen von Eisenoxyd; dies ergibt beim Brand einen hell- oder braunroten Scherben. Ein entsprechender Zusatz von Kalziumkarbonat verändert die Farbe vom dunklen Gelbrot bis zum hellen Weißgrau.
Nach Jaennicke[7] brennen sich weiße Tone (gemeint sind in ungebranntem Zustand helle Tone) wegen des stärkeren Gehalts an Eisenoxyden nicht selten gelblich bis rötlich, während dunkle Tone, durch Verflüchtigung der die Farbe bedingenden organischen Substanzen, sich häufig weiß brennen. Die grünlichgraue, oft fast grünliche Farbe einzelner Fliesen aus Kloster Eberbach und Worms kommt vermutlich durch das Vorhandensein geringer Mengen von Verbindungen zweiwertigen Eisens zustande[8], während große Mengen dieses Eisens dunkelgraue bis schwarzgraue Brennfarben ergeben.
Bedauerlicherweise fehlt, mit einer Ausnahme, auf die später ausführlich eingegangen wird, eine gründliche chemische Analyse mittelalterlicher Fliesen. Es ist deshalb nicht möglich, genau festzustellen, wie die einzelnen Farbabstufungen des Scherbens zustande kamen. Sicher mögen sie manchmal Zufallsergebnisse, durch Tonmaterial und wechselnde Brenntemperaturen bedingt, gewesen sein.
In den größeren Werkstätten, vor allem in der 2. Hälfte des 13. Jahrhunderts, wurden diese Farbnuancen jedoch bewußt durch uns heute nicht mehr bekannte Techniken erzielt, um eine farbliche Differenzierung des Bodenbelags zu erreichen.
Das beliebteste Farbmuster bestand aus einem Wechsel zwischen roten und grauen oder gelblichen und roten Fliesen, sehr bald darauf bereichert um hell- und dunkel- oder weißlichgraue Fliesen. In Kloster Eberbach finden sich hellgraue, grünlichgraue, schwarzgraue, gelbliche, gelbrötliche und ziegelrote Fliesen. Bei den Wormser Fliesen wird die Skala noch um rosagraue, oft fast rosa Töne erweitert. Daneben kommen weißgraue, mittelgraue, fast schwarze, gelblichrosa, gelbgraue, bräunlichgelbe, braunrote und braune Fliesen vor.
Leider ist nur in seltenen Fällen überliefert, welche der schon im Mittelalter ausgebeuteten Tongruben welche Farben ergab. So weiß man, daß es in Wiesbaden ‚Kaulen'[9] für gelbbrennenden und rotbrennenden Ton gab, auch weißbrennender Ton wurde auf der Gemarkung gegraben[10].
Das Problem der grauen und schwarzgrauen Fliesen gab sowohl in der französischen[11] wie der deutschen Literatur des 19. Jahrhunderts zu mannigfachen Spekulationen Anlaß. Die meisten Bearbeiter gehen nur sehr

---

5 Schamotte = zerkleinerte Scherben gebrannten Tons, oft auch zu Ziegelmehl gemahlen. Meist wurden Fehlbrände auf diese Art verwertet. Die Beimischung von Schamotte ist im Scherben meist als hochrot gebrannter Splitt zu erkennen.

6 G. Weiss, 1979, 306: „Die Farbe eines Tones wird durch Eisen, Tonerde und Kalk folgendermaßen beeinflußt: Das schönste Rot ergibt das Verhältnis Fe_2O_3:Al_2O_3 = 0,33 oder darüber. Niedrigere Werte gehen zu Gelb. Das Verhältnis Fe_2O_3:CaO = 0,6 oder darüber ergibt ebenfalls Gelb. Im allgemeinen gilt für Tone: tonerdenreich und eisenarm = weißlich; tonerdenreich und mäßig eisenhaltig = blaßgelb bis lederbraun; tonerdenarm und eisenreich = Rot; tonerdenarm und eisen- und kalkreich = Gelb. Das Magnesiumoxyd hat eine ähnliche Wirkung wie Kalk. Mangan färbt (in Gemeinschaft mit Eisen) den Ton schwarz".

7 F. Jaennicke, 5.

8 I. Liebscher, F. Willert, 44.

9 Kaule, Kuhle, Kaute oder Kute ist die mittelalterliche Bezeichnung für die Stelle, an der der Ton oberirdisch abgegraben wurde. Nach O. Renkhoff, 256, ist schon 1436 eine ‚Ulnkute' am unteren Leberberg bezeugt. Das Wort ‚Leimenkaute' oder ‚Leimkaul' kommt auch heute noch häufig als Flurname vor und weist stets auf den Abbau von Töpfer- oder Zieglerton.

10 Ebd., 256: „Eine zweite Aulenkaute, im Hainer nach Bierstadt zu auf dem Erbenheimer Berg gelegen, lieferte den weißen Ton, der als besonders feuerfest und haltbar geschätzt wurde. ‚Auf den Rödern' gewann man gelben, am Rambach hinter dem Wiesborn roten Ton; aus beiden Tonarten wurden vor allem Kochgeschirre gefertigt."

11 Ch. Bazin, Pavage de l'abbaye de Foigny, Ann. Arch. 10, 1850, 22 (22–25).

vage darauf ein, sie übernehmen eine Stelle bei Borrmann[12], wonach die Schwärzung durch Beigabe von frischem grünem Erlenholz unter gleichzeitiger Drosselung der Luftzufuhr während des Brandes erfolgte. Dieses Holz mußte unter Wasser einen längeren Verrottungsprozeß durchgemacht haben. Es ist jedoch fraglich, ob sich hierdurch wirklich eine gleichmäßige Farbgebung hätte erzielen lassen.

In seiner jüngst erschienenen Untersuchung über schwarz färbende Pigmente stellt Endres[13] einleitend fest: „Es gibt nicht nur eine Ursache für die Schwarzfärbung keramischer Gegenstände, sondern eine relativ umfangreiche Palette verschiedener Möglichkeiten." Da dieses Problem für die Fliesenkeramik wichtig ist, soll diesen Möglichkeiten ausführlich nachgegangen werden.

Neben einem Begießen mit stark graphithaltigen Engoben[14] spielt vor allem die Führung des Brandes eine wichtige Rolle. Der Bildhauer und Töpfer Adam Winter, Mainz-Kastel, der zahlreiche Versuche unternahm, um die Vorgänge beim Brennen antiker und mittelalterlicher Keramik zu rekonstruieren, schreibt: „Im normalen sauerstoffreichen Brand färben Gehalte an Eisenoxyd mehr oder weniger rot. Die Möglichkeiten, diese Rotstufen in alle Nuancen von grau bis tiefschwarz zu verwandeln, liegen allein in der Regie des Feuers. Durch Rauchen oder rauchfreien Sauerstoffentzug in entsprechenden Temperaturen läßt sich alles Rot in Schwarz verkehren, schwarzes Eisenoxyd und Eisenoxydul in die unmerkliche Schmelze der Engoben einbetten und auch schwarzfärbenden Kohlenstoff auf das Brenngut aufschlagen, was sich durch nachfolgendes Reoxydieren anschaulich belegen läßt"[15].

In seiner jüngsten Übersicht über früh- und hochmittelalterliche Töpferöfen zeigt Janssen auf, daß es möglicherweise die Konstruktion der Töpferöfen vom Typ Paffrath (in dem ja auch mittelalterliche Fliesen gefunden wurden) war, welche „frischer Luft nur wenig Zugang gewährte" und dadurch einen reduzierenden Brand begünstigte, der „im 12. und 13. Jahrhundert graugrüne, graue und violettbraune Spielarten herstellte"[15a].

Böckem[16] erwähnt eine weitere Technik, mit der in Siegburg Dachziegel schwarz gefärbt wurden: „Unter die Steinkohle, die als Heizmaterial gebraucht wurde, mischte man ‚Abfallsalze'. Diese kaufte man bei den jüdischen Fellhändlern in der Holzgasse. Es waren die Salze, die zur Erhaltung der Felle auf die Fleischseite gestreut wurden. Vor der Gerbung wurde das Salz ausgeschlagen, es war dann mit Fett getränkt. Diese Salze wurden dann dem Heizmaterial bei den letzten drei bis vier Feuerungen vor der Weißglut beigegeben. Die sich verbreitenden Dämpfe schlugen dann als schwarze (blauschwarze) Farbglasur nieder."

Diese Prozeduren betreffen vor allem die blaugrauen und fast schwarzen Fliesen aus der 2. Hälfte des 13. Jahrhunderts. Bei den Farbübergängen von Rot in Grau und Grauschwarz auf vielen Fliesen aus Worms und Speyer dürfte es sich um Zufälligkeiten des Brandes handeln, die möglicherweise zuerst beobachtet, dann bewußt genutzt wurden. Je nachdem, an welcher Stelle die Fliese im Ofen aufgeschichtet war, ob sie gegen Luftzug abgeschirmt oder ihm ausgesetzt war, lagerten sich beim Brand bei höheren Temperaturen Kohlenstoffreste im Scherben ab, oder wurde das reduzierte Eisenoxyd bei Abkühlung nachträglich wieder oxydiert[17].

Diese Frage wird deshalb so ausführlich behandelt, weil die Herstellung von grauen Fliesen fast schlagartig im 1. Drittel des 14. Jahrhunderts aufhörte[18]. Da sich diese sowieso nur in den großen Werkstätten[19] und in den von ihnen unmittelbar belieferten Kirchen und Klöstern fanden, ist es möglich, daß mit dem langsamen Erlöschen dieser Werkstätten auch die Kenntnis dieser Schwärzungstechnik verloren ging. Doch darf die Ursache nicht nur in technischen Überlegungen gesucht werden, möglicherweise waren es modische Strömungen, die zur Vernachlässigung der Prägung farbiger Fliesen führten. Eine Schachbrettmusterung oder eine stark farbig angelegte Gliederung des Fliesenbodens war nicht mehr erwünscht, eine einheitliche Farbwirkung mit reicheren Prägemustern wurde angestrebt.

Der Färbungsprozeß muß zumindest in vielen Fällen ein oberflächlicher gewesen sein. Die Bruchstücke, die bei der Aufdeckung eines mit verschiedenfarbigen Fliesen belegten Bodens anfallen, zeigen oft einen ganz uneinheitlich durchgefärbten Scherben mit meist rötlichem Kern. Liegt kein Bruch vor, ist die Originalfarbe einer Fliese oft schwer zu bestimmen. Durch Auftrag eines farbigen Tonschlickers, durch Schmutzschichten oder durch Brandeinwirkung bei der Zerstörung eines Gebäudes, ist diese heute oft stark verändert.

Der von Lobbedey verwandte Begriff der Mantelung findet sich auch bei Fliesen. Eine „deutlich abgegrenzte, verschieden dicke, etwa millimeterstarke Rinde, die anders gefärbt ist als die übrige Masse", weisen vor allem

12 R. Borrmann, 117.

13 W. Endres, Zur Entstehung und chemischen Struktur ‚schwarz' färbender Pigmente bei unglasierter Irdenware. L. Kris-Rettenbeck, I. Bauer. (Hrsg.), Volkstümliche Keramik aus Europa, München 1982, 47 (47–70).

14 Ebd., 53.

15 A. Winter, Terra sigillata und „Firnis", Saalburg-Jb. 14, 1955, 78 (74–79).

15a W. Janssen, 1987, 111.

16 J. Böckem, 13.

17 Freundliche Mitteilung von Herrn Dr. K. Zimmermann, Staatl. Ingenieurschule für Keramik, Höhr-Grenzhausen.

18 U. Lobbedey, 1968, 33, setzt den Beginn der reduzierend gebrannten grauen Ware in der Gebrauchskeramik ins 12., (38) das Aufkommen von oxydierend gebrannter roter Ware ins späte 13. Jh.

19 Graue Fliesen finden sich vor allem in Mainz, Speyer und Worms, in Konstanz, Straßburg und Ulm sowie in den Klöstern Bebenhausen, Eberbach und den Kirchen im Hunsrück und in Rheinhessen.

Pfälzer Fliesen aus der 1. Hälfte des 13. Jahrhunderts (Kloster Limburg/Haardt) oder Fliesen des Mittelrheins aus dem 2. Drittel des 13. Jahrhunderts (Kloster Brunnenburg, Burg Eppstein) auf[20].

In vielen Fällen erlaubt es die Farbe des Scherbens, die Fliese einem bestimmten Gebiet zuzuweisen. So zeigen die Fliesen aus Fundorten des Kölner Vorgebirges noch denselben weißlichgelben oder graugelben Scherben, wie schon die Badorfer Keramik. Eine andere Nuance eines ebenfalls hellen Gelbs oder Gelbgraus findet man bei Fliesen, die vermutlich aus den Werkstätten in Vallendar und Urbar stammen. Aus einer in Esslingen oder dessen unmittelbarer Umgebung vermuteten Werkstatt kommen besonders hoch gebrannte Fliesen in einem bläulichen Klinkerton, ebenso fallen die fast steinartig glatten grüngrauen Fliesen aus Kloster Eberbach in einer Sammlung verschiedener Fliesen sofort ins Auge.

Bei einigen mittelalterlichen Fliesen kann nicht entschieden werden, mit welchen Zusatzstoffen sie gemagert wurden. So heben sich die Fliesen des Lahntals durch ihr geringes Gewicht und die poröse, schwarzgraue Oberfläche, die fast wie Lavatuff wirkt, von den übrigen Fliesen ab. Es könnte sich hier um Trassteine handeln[21], möglicherweise um eine Mischtechnik, bei der dem Ton statt Sand der in der nahen Eifel gemahlene Trachyt als Zuschlagstoff beigegeben wurde. Fliesen aus der Kirche in Mitterfischen/Ammersee (L20, L52) fallen durch ihr beträchtliches Gewicht und eine Oberfläche, die mit dem eines grauen Sandsteins völlig übereinstimmt, aus dem Rahmen. Vermutlich sind sie über das übliche Maß hinaus mit grobem Sand gemagert.

Wieder andere Fliesen bestehen aus so feingeschlämmtem Ton und sind so hart gebrannt (Kloster Arnstein), daß ihre Oberfläche wie polierter Stein wirkt und es nicht verwundert, daß diese von früheren Bearbeitern gar nicht als Tonfliesen erkannt wurden.

Die Vorbereitung des Tones unterschied sich nicht von der der Gebrauchskeramik[22]. Der gegrabene Ton wurde in großen Gruben einem 6–12 Monate währenden ‚Faulprozeß'[23] ausgesetzt, bei dem sich die eingeschleppten Pflanzenteile und organischen Stoffe zersetzen konnten. Anschließend wurde er durch Wässern und Schlämmen mehr oder minder sorgfältig gereinigt, gemagert und geknetet, um Wasser und Luftblasen zu entfernen, und danach an der Luft einige Zeit getrocknet. Für den Formprozeß wurde er dann entweder in vorbereitete hölzerne Rahmen der gewünschten Größe gestrichen und an der Oberfläche geglättet oder zu dikken Platten ausgewalzt und schon vor dem Prägen in die gewünschte Form geschnitten. Dies hing vermutlich davon ab, ob das Muster die ganze Fliesenfläche füllte oder ob nur mit kleinen Stempeln geprägt wurde. Versuche, die mit einem in Barnstaple[24] entdeckten Fliesenstempel ausgeführt wurden, zeigten, daß der Ton zu diesem Zeitpunkt schon verhältnismäßig hart war, wenn er auch wohl noch nicht Lederhärte[25] erreicht hatte.

Schnyder[26] nimmt an, „daß die Ornamente nur dann in tadelloser Schärfe erschienen, wenn vor der Prägung auf dem Model besonders feiner Ton ausgeknetet wurde, der nach der Prägung auf dem lederharten Block haften blieb". Dies dürfte jedoch für die Mehrzahl der westdeutschen Relieffliesen nicht zutreffen, da diese Technik die Gefahr des Abbröckelns in erhöhtem Maße heraufbeschworen hätte. Es finden sich nirgends Anhaltspunkte, die diese Annahme erhärten. Es sind allerdings auch sehr wenige Fliesen hier von derselben Qualität und Feinheit wie die Fliesen aus St. Urban.

Bei einigen Fliesen finden sich auf der Vorderseite (H276, Kloster Lorsch) oder auf der Rückseite (S58, Burgruine Eisenberg) Abdrücke eines gewebten Tuchs mit Leinenbindung. Vermutlich wurden die Fliesen mit Hilfe eines Leinentuches an eine Stelle transportiert, an der sie rascher trocknen konnten[27]. Hätte dieses Tuch nur als Schutz vor zu raschem Austrocknen über der Fliese gelegen, hätte sich das Muster wohl nicht so intensiv eingeprägt. Vermutlich wurden die Fliesen, wie auch die Dachziegel, in überdachten, allseits offenen Schuppen im Freien getrocknet. Diese Gebäude aus spät- und nachmittelalterlicher Zeit blieben oft bis ins 19. Jahrhundert erhalten. Auf einzelnen Fliesen (N4, Y27) finden sich Abdrücke von Hundetatzen, bei anderen auf der Rückseite Abdrücke des Musters (H58.1), die darauf hinweisen, daß die Fliesen ohne Abstandsplättchen zum Trocknen übereinandergestapelt wurden.

Es fällt auf, daß viele Fliesen an der Unterseite oft stärkere Sandbeimischung als der übrige Scherben zeigen. Dies rührt daher, daß die Fliesen während des Trocknungsprozesses auf eine mit Sand bestreute Unterlage abgelegt wurden, um ein Festkleben des Tons zu verhindern.

Waren die Fliesen soweit getrocknet, daß sich das eingeprägte Muster nicht mehr verwischen konnte, wurden sie an den Seiten entweder senkrecht beschnitten oder konisch unterschnitten, um ein fugenloses Verlegen der

20 U. Lobbedey, 1968, 11.

21 G. Wasmuth, IV, 1932, 550: „Trass = gemahlener Trachyttuff. Trasssteine sind Kunststeine aus 1,5 Teilen Trass, der mit derselben Menge Kalk und 2 Teilen Sand gemischt wird".

22 Da K. Göbels, Rheinisches Töpferhandwerk, Frechen 1971, den Prozeß von Tongewinnung, Lagerung und Aufbereitung des Tons sehr ausführlich beschrieben hat, wird auf diese Arbeit verwiesen.

23 Ein ausgezeichnetes Beispiel für einen Scherben, bei dem dieser Faulprozeß nicht abgeschlossen war, bieten die Fliesen der Periode II aus Kloster Lorsch. Sie sind mit winzigen, eingeschlossenen dunklen Punkten übersät.

24 L. Keen, 149. – Dieser Versuch berechnete den Schwund des Tons in verschiedenen Stadien des Trockenprozesses.

25 Als Lederhärte wird der Zustand des Tons bezeichnet, in dem er sich biegen läßt, ohne zu brechen und gerade noch die Bearbeitung der Oberfläche erlaubt.

26 R. Schnyder, 1958, 12.

27 O. Lauffer, 128. Solche Leinwandabdrücke haben sich auch auf Frankfurter Ofenkacheln erhalten.

Fliesen zu erleichtern. Konisch abgeschrägte Fliesen lassen stets auf einen erfahrenen oder größeren Werkstattbetrieb schließen. Frühe Fliesen oder Fliesen aus kleinen Dorfkirchen zeigen meist nur senkrechte Kanten. Auch Wormser Fliesen gleichen Musters, bei denen aufgrund der minderen Tonqualität oder weniger sorgfältiger Prägung auf eine Wiederverwendung des Models in späterer Zeit geschlossen werden kann, fehlt dann diese Unterschneidung. Senkrechte Kanten haben auch meist späte Fliesen des 16. Jahrhunderts.

Um das Gewicht der Fliese zu vermindern und um Spannungsrisse zu vermeiden, wurden die Fliesen in England auf der Rückseite ausgemuldet[28]. Entweder wurden mit einer Messerspitze bis zu 4 Löcher herausgeschnitten oder viele kleine Löcher mit kleinen oder größeren Nägeln hineingestochen. Diese ‚keys' konnten bis jetzt nur auf einigen wenigen deutschen Fliesen nachgewiesen werden, so z.B. auf Fliesen aus der Krypta der St. Johanniskirche, Niederlahnstein, der Pfarrkirche St. Silvester, Lohn (3 Mulden), und der Pfarrkirche St. Johannis Baptista von Bensberg-Refrath (4 Mulden).

Bei den Fliesen des Zisterzienserstiftes Lilienfeld finden sich auf der Vorderseite in je zwei gegenüberliegenden Ecken der Fliese kleine Löcher[29]. Vongrey verweist auf eine Stelle bei Tichelaar[30], nach der auf der Unterseite der Schnittschablone aus Holz zwei Kupfernägel angebracht waren, um ein Abgleiten des Brettes während des Beschneidens der Fliesenkanten zu verhindern. Diese Nagellöcher finden sich sonst kaum auf mittelalterlichen Fliesen.

Fehlprägungen konnten bei Fliesen mit senkrechter Kante korrigiert werden, indem man die Rückseite bedruckte. Dies zeigt eine Fliese aus Burg Konradsheim (L23).

Nach einem nochmaligen, je nach Größe der Fliese verschieden langen Trocknungsprozeß, wurde die Fliese dem Brand übergeben. Sowenig wir über den Formprozeß in der mittelalterlichen Werkstatt durch Urkunden unterrichtet sind, sowenig haben wir Nachrichten darüber, wie der Brand der Fliesen genau vor sich ging. Durch die sorgfältigen Ausgrabungen der letzten Jahre, bei denen auch wiederholt Töpferöfen in mehr oder minder rekonstruierbarem Zustand zum Vorschein kamen, ließen sich wenigstens einige Anhaltspunkte gewinnen.

Der Inhalt der Öfen, festgebackene Reste und rings in Ofennähe verstreute Ausschußware lassen es als sicher erscheinen, daß die Fliesen nicht in Spezialöfen, sondern, wie es auch in England und Frankreich belegt ist[31], zusammen mit Gebrauchskeramik gebrannt wurden. Glasurtropfen auf einzelnen Fliesen des 13. und 14. Jahrhunderts (J50a), einer Zeit, in der Fliesen meist nicht mehr oder noch nicht wieder glasiert wurden, weisen auf gleichzeitigen Brand mit Gefäßen und Ofenkacheln. Bei dem 1878 in der Nähe des Klosters Lorsch aufgedeckten Ziegelofen[32], fand man Fliesen neben einer Wasserleitungsröhre aus Ton; in den Trümmern der 1906 südlich von Urbar freigelegten Töpferöfen[33], wurden zahlreiche Gefäße zusammen mit Fliesen und Ofenkacheln geborgen. Auch in dem 1952 in Paffrath in der Nähe von Köln gefundenen Töpferofen[34], lagen Fliesen neben mittelalterlichen Kugeltöpfen. Bei einem weiteren Ofen, 1972 von Lobbedey und Stephan in Neuenheerse[35] ausgegraben, fand sich im Abwurfmaterial anderer jüngerer Öfen in unmittelbarer Nähe Gebrauchskeramik zusammen mit verzierten und ungemusterten Fliesen.

Leider ist es in Deutschland noch nicht gelungen, einen intakten Töpferofen, in dem nachweislich Fliesen gebrannt wurden, auszugraben. Man kann deshalb nur vermuten, daß diese, wie es in Paffrath und Neuenheerse der Fall war, dem Typus des ‚liegenden' Ofens entsprachen, bei dem die Feuergrube vor dem Brennraum lag und dieser nur durch ein leichtes Ansteigen des Bodenniveaus etwas erhöht war. Diese Vermutung wird durch die Tatsache erhärtet, daß bis jetzt in dem in Frage kommenden Gebiet mit einer Ausnahme (Seligenstadt) vor allem ‚liegende Öfen' ausgegraben wurden, eine Feststellung, die seit der neuesten Untersuchung von Hauser[35a] etwas eingeschränkt werden muß.

Die Rekonstruktion eines solchen, in Pingsdorf ausgegrabenen Ofens des 13.–14. Jahrhunderts[36] veranschaulicht die Anordnung von Feuerstelle und Brandraum (Abb. 1). Lobbedey[37] gliedert diese liegenden Reihenöfen noch weiter in Block- oder Zungenofen, Reihenofen mit verdoppelter Feuerung usw. auf. Da jedoch in all den von ihm aufgeführten Öfen ausschließlich Gebrauchskeramik gefunden wurde, dürfen diese technischen Details in diesem Zusammenhang vernachlässigt werden. Alle neugewonnenen Erkenntnisse und alle Probleme der mittelalterlichen Töpferöfen werden in

---

28 E. S. Eames, 1980, I, 19, 203, hier die ausführlichste Übersicht über das Vorkommen dieser ‚keys' genannten Aushöhlungen.

29 F. Vongrey, 14. – U. Lobbedey, 1983, 255.

30 A. Berendsen [u. a.], 250.

31 Es ist hier unmöglich, alle zu diesem Komplex erschienene Literatur aufzuführen. Neben den wenigen ausgegrabenen Öfen, die nur Fliesen enthielten, fanden sich überwiegend Öfen für Gebrauchsgeschirr, in deren Nähe auch vereinzelte Fliesen geborgen wurden.

32 Quartalbl. Hist. Ver. Großherzogtum Hessen 1877, 9.

33 C. Koenen, 339–343. Die Ofenreste werden von Koenen leider nicht näher beschrieben.

34 W. Lung, 363. Es wurden vier Töpferöfen freigelegt, deren Heizräume eine Länge von ca. 2 m und eine Breite von 1,20 m aufwiesen. Die Backräume waren etwa 3,70 m lang und 2,20 m breit, die Ofenwand ca. 0,15 m dick.

35 U. Lobbedey, 1972, 19–20 und schriftliche Mitteilung vom 6. 3. 1981.

35a G. Hauser, Beitr. zur Erforschung hoch- und spätmittelalterlicher Irdenware aus Franken, Köln 1984, 140.

36 G. Reineking von Bock, A. u. M. Jürgens, 18–22 (m. Abb.) – Vgl. außerdem W. Janssen, 1987, 107–119.

37 U. Lobbedey, 1968, 167–170.

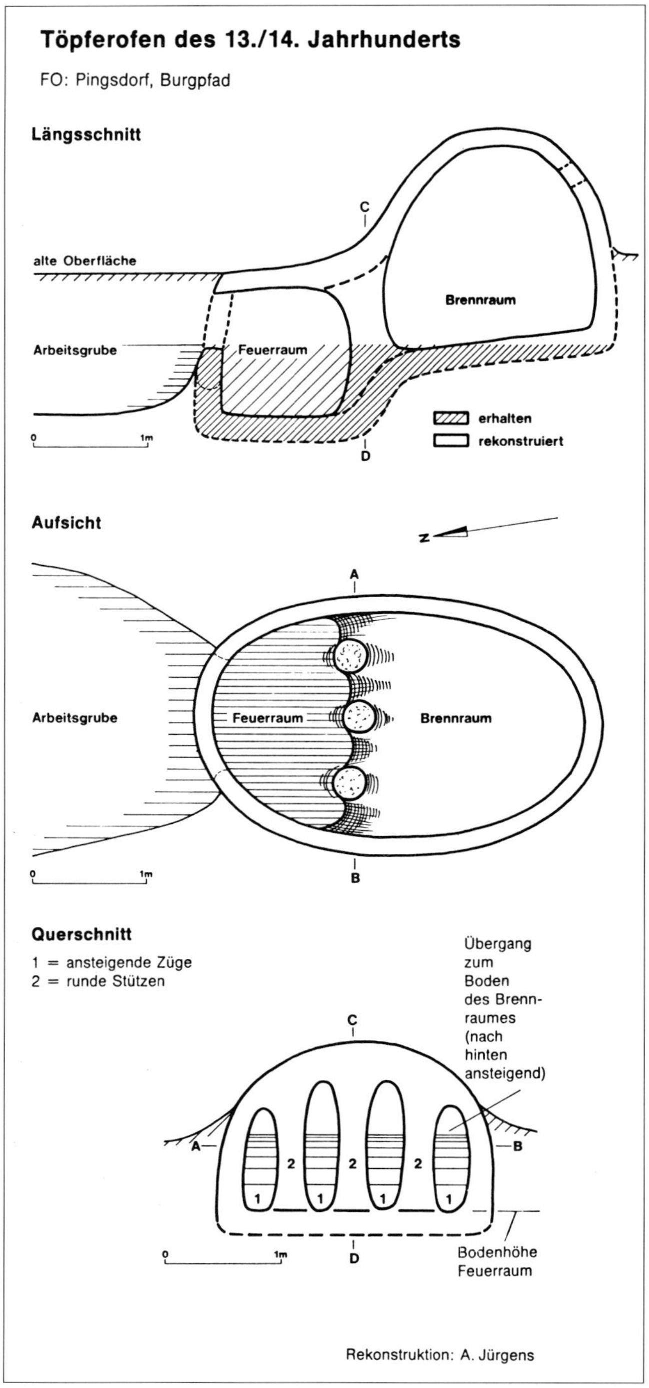

Abb. 1 Rekonstruktionsskizze eines „liegenden Ofens" FO: Pingsdorf, Burgpfad, 13./14. Jh. (A. Jürgens).

den Arbeiten von Musty und Bruijn[38] ausführlich erörtert.

Als Beispiel für einen ‚stehenden' Ofen, bei dem der Brennraum über der Feuerung angeordnet war, sei die Rekonstruktion eines in North Grange, Meaux, Yorkshire, gefundenen, aus der Mitte des 13. Jahrhunderts stammenden Töpferofens[39] gegeben (Abb. 2). Dieser diente zum Brand der zwischen 1249–69 in der Zisterzienserabtei Meaux bei Beverley verlegten Mosaikfliesen. Ein weiterer Fliesenofen, der 1937 in der Nähe des königlichen Palastes in Clarendon (Wiltshire) aufgedeckt wurde, ist seit 1974 im Britischen Museum, London, rekonstruiert[39a]. Da es sich auch bei den übrigen, in England aufgedeckten Öfen, die durch Funde von Fliesenfragmenten und verworfenen Fliesen eindeutig für einen Brand von Fliesen in Anspruch genommen werden können, um ‚stehende' Öfen handelt[40], ist nicht auszuschließen, daß auch in Westdeutschland solche Öfen für den Fliesenbrand verwandt wurden. Da sie der Zerstörung stärker ausgesetzt sind als ein liegender Ofen, sind sie möglicherweise nirgends mehr erhalten[41]. Es kann jedoch auch sein, daß der Ofen, den man sicher nicht allzu weit von der Baustelle entfernt errichtet hatte, nach Vollendung des Baus abgerissen oder zerstört wurde. Rußbelästigung und Rauch waren dann in der Nähe von Kirche oder Kloster unerwünscht.

Über die Anordnung oder Aufschichtung der Fliesen im Ofen ist nichts bekannt. Möglicherweise erfolgte dies mit Hilfe glatter Fliesen, wie sie der Töpferofen in Paffrath ebenfalls enthielt, oder mit den in den Werkstätten von Frechen und Siegburg später verwandten ‚Abstandsplättchen' (Esterchen), die ihrerseits ebenfalls wieder als Fußbodenbelag verwandt wurden (Abb. 70).

Beim Brennvorgang entwich bei einer Temperatur ab ca. 500 °Celsius das chemisch gebundene Wasser[42], der Scherben erhielt seine endgültige steinähnliche, wasser- und hitzebeständige Form. Gerade ihre große Unempfindlichkeit gegen Feuer machte die Fliese im Mittelalter zum idealen Bodenbelag. Es wurden deshalb nicht nur in den Erdgeschossen der Häuser Fliesen verlegt, sondern auch auf Dachböden, wie dies die noch in situ erhaltenen Beläge eines Büdinger Bürgerhauses, der 1905 noch vorhandene Belag des Hauses Rheinstraße 18 in Worms und der Fliesenboden des Konventbaus der ehemaligen Abtei in Seligenstadt zeigen[43].

Vermutlich konnte jedoch bei den frühen Fliesenprägungen die notwendige Brenntemperatur noch nicht er-

38 J. Musty. Obwohl dies eine Untersuchung von englischen Brennöfen ist, dürften die meisten der angeführten Tatsachen auch für deutsche Verhältnisse gegolten haben. – A. Bruijn, Die mittelalterliche Töpferindustrie in Brunssum, 9, Ber. ROB 1959 (1960), 173–181 (139–188) beschreibt ausführlich einen liegenden Ofen, der möglicherweise mit Holzkohle aus Eichenholz geheizt wurde, während man sonst Esche und Buche bevorzugte. Zum neu entdeckten Ofen in Bistrup s. Kap. 15.7.

39 E. S. Eames, 1968, 5, Abb. 1. Rekonstruktionszeichnung von G. K. Beaulah.

39a E. S. Eames, 1980, I, 28–29.

40 Zu den mittelalterlichen Fliesen in England s. Kap. 15.6.

41 K. Nahrgang, Ein Töpferofen mit Pingsdorfer Keramik in Seligenstadt, Stadt und Lkr. Offenbach am Main. Studien und Forschungen 3, Frankfurt 1957, 73–77. – Der ‚stehende' Ofen in Seligenstadt enthielt ausschließlich Ware des ‚Pingsdorfer' Typus. Er wurde vermutlich schon vor dem Brand der frühen Fliesen in Seligenstadt nicht mehr benutzt.

42 R. Führer, 2.

43 Es handelt sich jedoch in allen drei Fällen um spät- und nachmittelalterliche Fliesen, so daß nicht auszuschließen ist, daß diese erst als sie für Wohn- oder Sakralräume ausgedient hatten, auf Dachböden verlegt wurden, um u. a. eine glatte Fläche zum Lagern des Korns zu erhalten.

zielt werden. Es fällt auf, daß die in der Kirche von Steinbach, in Burg Hain, in Kloster Ilbenstadt (vgl. S.68) gefundenen Fliesen besonders schwach gebrannt waren. Die meisten der in Steinbach aufgedeckten Fliesen zerfielen, sobald sie mit der Luft in Berührung kamen[44], von den anderen Funden haben sich jeweils nur Bruchstücke erhalten. Der Beginn der Fliesenprägung in Deutschland kann deshalb nicht sicher um 1160 angesetzt werden, da möglicherweise früher geprägte, nur schwach gebrannte Fliesen längst untergegangen sind. Schon bei den zu Ende des 12. Jahrhunderts entstandenen Fliesen des Zisterzienserklosters Wörschweiler war jedoch ein harter, widerstandsfähiger Scherben erreicht, dessen Qualität das ganze Mittelalter hindurch mehr oder weniger konstant blieb. Bei einigen rheinischen Fliesen (Urbar, Koblenz) wurde, teils durch die Wahl des Tones, teils durch vereinzelt über 1200° liegende Brenntemperaturen, eine Sinterung des Scherbens und damit eine steinzeugähnliche Oberfläche erreicht.

Die gelegentlichen, oft nicht sehr erfolgreichen Versuche des späten 19. Jahrhunderts, mittelalterliche Fliesen nachzuprägen, vermitteln eine Vorstellung von dem hohen Können der mittelalterlichen Töpfer. Aus zahlreichen Museen sind die imitierten Fliesenböden nicht aus ästhetischen Gründen, sondern der raschen Abnützung wegen längst wieder verschwunden[45]. Führer[46] berichtet von einem Versuch, den Vorraum zur Pfaffenstube auf Burg Kreuzenstein, Niederösterreich, mit Fliesen aus der Nikolauskirche in Korneuburg zu belegen. Da diese nicht ausreichten, wurden zusätzlich neue Fliesen geprägt, die nach einem Zeitraum von 50 Jahren völlig abgetreten waren, während die Originalfliesen das Bild in unverminderter Schärfe zeigten.

Um Härte und Undurchlässigkeit der Fliese zu erhöhen und zusätzliche Farbwirkungen zu erzielen, wurden die Fliesen im letzten Drittel des 12. und in der 1. Hälfte des 13. Jahrhunderts vereinzelt, nach der Mitte des 14. Jahrhunderts häufiger, mit Glasuren überzogen. Auch hier dürfen die Fliesen aus St. Fides, Schlettstadt, die eine dünne, leicht körnige gelbbraune Bleiglasur zeigen, an den Anfang gestellt werden. Forrer weist anhand von Urkunden nach, daß die vielzitierte Nachricht[47], daß ein Töpfer in Schlettstadt als erster Glasuren anwandte, nur so verstanden werden kann, daß dieser in der 2. Hälfte des 13. Jahrhunderts zuerst Gefäße mit Glasuren versah. Die Notiz Fichtners[48] über die Funde von ungemusterten grünlich glasierten Fliesen des 10./11. Jahrhunderts, die bei Ausgrabungen 1926 im Magdeburger Dom zum Vorschein kamen, ist nicht überprüfbar[49].

Daß die Glasur als Rarität und Novum betrachtet wurde, zeigen die im 1. Drittel des 13. Jahrhunderts entstandenen Fliesen der Klöster Wörschweiler, Arnstein und Rommersdorf. Hier wurden jeweils nur die Kreismitte einer Rosette oder einzelne Kreissegmente

Abb. 2 Rekonstruktion eines stehenden Ofens für den Brand von Plattenmosaik. Mitte 13. Jh. North Grange, Meaux bei Beverly, Yorkshire (Zeichnung von G. K. Beaulah).

glasiert. Auch der im selben Zeitraum entstandene Fliesenbelag der sogenannten ‚Bibliothek' des Klosters Eberbach zeigt nur sparsame Anwendung von Glasur auf einzelnen Fliesen. Außerdem handelt es sich bei den frühen Glasuren auch nicht um technisch ausgereifte ‚Flüsse', sie zeigen Streifen, Schlieren und Fehlstellen, so daß deutlich zu erkennen ist, daß der Töpfer nicht nur mit dem Problem des Auftrags auf den Scherben kämpfte, sondern auch die chemische Zusammensetzung der Glasur noch nicht völlig beherrschte.

Nach Jaennicke[50] sind Glasuren im allgemeinen leicht schmelzbare, glänzende, glasartige Verbindungen von Kiesel- oder Borsäure mit Basen (Kali, Natron, Bleioxyd). Beim Glasieren mußte darauf geachtet werden, daß der Schmelzpunkt der Glasur unter dem Erweichungspunkt des Scherbens lag und, um Risse und Sprünge in der Glasur zu vermeiden, Ausdehnungs-

---

44 R. Adamy, 1885, 26.

45 Nach E. Amé, S. XV. 1850 wurde einer der großen Säle des Cluny-Museums mit glasierten inkrustierten Fliesen belegt und sehr bewundert, hielt jedoch der Abnützung nicht stand.

46 R. Führer, 22.

47 R. Forrer, Zur Geschichte der Bleiglasur, Correspondenzbl. der deutsch. Ges. für Anthropologie 7, 1900, 54. In den Schlettstädter Dominikaner-Annalen findet sich 1283 folgender Passus: „Obiit figulus in Slezistat qui primus in Alsatia vitro vasa fictilia vestiebat." Die frühesten Funde von glasierter Keramik im Elsaß werden inzwischen in die Zeit zwischen 700–850 datiert (D. Fèvre, Une poterie vernissée du VIIIe ou début IXe siècle sur la rive gauche du Rhin supérieur, Chantiers d'Etudes Médiévales 13, 1975, 18–20). – U. Lobbedey, Glasierte Keramik des frühen Mittelalters am Oberrhein, Bonner Jb. 164, 1964, 130–132.

48 K. Fichtner, 20. – Die Fliesen sollen aus dem 10.–11. Jh. stammen, die grüne Glasur bei den einzelnen Fliesen noch mangelhaft aufgetragen sein, „an einigen Stellen glänzend, an anderen ganz fehlend".

49 Der Bericht von A. Koch, Die Ausgrabungen am Dom zu Magdeburg im Jahre 1926, Sondernr. vom Montagsbl. der Magdeburgischen Ztg., war über keine Bibliothek erhältlich.

50 F. Jaennicke, 13.

koeffizient von Glasur und Scherben sich möglichst glichen. Im mittelalterlichen Ofen dürften Temperaturen zwischen 700 bis 950° erreicht worden sein. Bleiglasuren, die sich aus dem bei 880°[51] schmelzenden Bleioxyd und Kieselsäure sowie Aluminiumoxyd (aus dem Scherben) bilden, schmelzen in diesem Temperaturbereich aus.

Die frühen glasierten Fliesen zeigen ausschließlich Bleiglasuren. Nach dem heutigen Stand der Funde sind wohl die Fliesen aus St. Fides, Schlettstadt, immer noch die frühesten der uns erhaltenen Fliesen, ganz gleich, ob sie nun schon um 1160[52] oder erst um 1180 verlegt wurden. Sie zeigen eine mehr oder weniger opake Bleiglasur, die am ehesten als grünliches Ocker oder bräunliches Gelb beschrieben werden kann. Ein reineres Grüngelb weist die Fliese F 145 aus Kloster Hohenburg, Odilienberg, auf, die ebenfalls noch dem 12. Jahrhundert angehört. In den folgenden Jahrzehnten sind wirklich einheitliche Glasuren selten, neben Schlieren und Streifen zeigen sich Farbwechsel innerhalb der Glasur einer Fliese. Ein bräunliches Grün schlägt in Oliv oder helles Gelbgrün um, bräunlichgelbe Fliesen zeigen dunklere braune Stellen, verursacht durch mangelhafte Mischung der Zusätze oder durch Verunreinigungen[53].

Bis zur Mitte des 13. Jahrhunderts haben sich drei verschiedene Glasurfarben herauskristallisiert, die teilweise schon bewußt im Wechsel verwandt wurden: gelbbraun, gelbgrün und dunkelbraun. In der 2. Hälfte des 13. und im 1. Drittel des 14. Jahrhunderts fehlt die Glasur auf Fliesen fast ganz, um dann, meist in einwandfreiem gleichmäßigen Moosgrün und Dunkelbraun zurückzukehren. Vor allem die Reliefflieser des 15. Jahrhunderts, deren stärker gefährdete Oberfläche eines zusätzlichen Schutzes gegen Abrieb bedurfte, sind in zunehmendem Maße glasiert. Sehr oft sind diese Glasuren nur noch an den Seitenkanten erhalten; merkwürdigerweise sind einige schwäbische (J 37, K 9) und elsässische (H 199, K 18, K 19) Fliesen auch auf der Rückseite glasiert. Sie wurden also schon in die Glasurflüssigkeit getaucht, wie dies später für Gebrauchskeramik üblich wurde.

Im 15. Jahrhundert wurde die Farbskala durch Eisenoxyd[54] zusätzlich bereichert. Vor allem die Fliesen aus Köln und Aachen zeigen Glasuren, die vom zarten Hellgelb über Ocker und Braungelb bis zum tiefen Schwarz reichen. Auf wenigen Fliesen finden sich verschiedene Glasuren nebeneinander, so auf der Weinlaubfliese K 22 aus Bebenhausen, deren Farben das Gedicht Mörikes festgehalten hat (S. 6), die jedoch heute keinerlei Glasurreste mehr aufweist. Seit dem 1. Viertel des 16. Jahrhunderts wurden mehrfarbige Glasuren auf Fliesen häufiger. Bei den um 1527 entstandenen Fliesen aus dem Haus ‚zum kühlen Brunnen' in Halle (Saale) (S 53, W 92.1) und bei einigen in Berlin gefundenen Fliesen (S 54) treten zum Grün des Grundes ein tiefes Kobaltblau, Weiß und Gelb[55].

Warum man im Zeitraum zwischen ca. 1260–1370 auf die Verwendung von Glasur verzichtete, läßt sich nur vermuten. Möglicherweise erforderte die Haltbarkeit der Fliese einen höher gebrannten Scherben, Glasur hätte dann zwei Brände, einen Schrüh- und einen Glasurbrand, notwendig gemacht. Daß in dieser Zeit in den Werkstätten mit Glasur gearbeitet wurde, zeigen auf den Fliesen teilweise erhaltene Glasurtropfen, die vermutlich von Gebrauchskeramik abgetropft waren[56].

Es ist hier nicht der Ort, den Problemen der mittelalterlichen Glasuren ausführlich nachzugehen. Verhaege[57] hat in einer Untersuchung, die hauptsächlich Westeuropa erfaßt, den heutigen Wissensstand übersichtlich in allen Aspekten aufgezeigt, wobei er vor allem der Frage, wo und wann die frühesten Glasuren auftauchen, nachging. In unserem Zusammenhang interessiert vor allem, wie die Glasur auf den Scherben aufgebracht wurde. Auch hier scheinen ganz verschiedene Methoden angewandt worden zu sein.

In der um 1000 entstandenen Schrift des Heraklius „De coloribus et artibus Romanorum"[58] findet sich die Angabe, daß der Tonscherben mit einem Klebemittel (dünner Mehlbrei) bestrichen und dann Bleisulfid daraufgeblasen wurde. Dies ergab vor allem gelbliche Glasuren, die je nach der Farbe des Tones zwischen hellgelb und braunrot schwankten. Die grüne Glasur entstand durch Zusatz von Kupfer- oder Messingpulver zum Bleisulfid. Eames[59] hat für die englischen Fliesen nachgewiesen, daß diese vor dem Brand glasiert wurden, so daß sich Glasur und Scherben während des Brandes aufs engste verbanden. In einer Handmühle gemahlene Bleifritte wurde auf die nassen Fliesen gestreut und diese dann stark oxidierend gebrannt. Nach Weiß[60] ver-

51 W. Lehnhäuser, 1.

52 Zur Frage der Datierung s. Fundortkat.

52 Die Farbnuancen rühren vor allem daher, daß sich das der Bleiglasur zugesetzte Kupfer nicht gleichmäßig verteilen ließ, aber auch der verschieden gefärbte Scherben schimmerte dunkler oder heller durch die Glasur. Ein Überzug mit weißer Engobe vor dem Glasurauftrag, der bei englischen Fliesen ein besonders leuchtendes Grün ergab, ließ sich bei deutschen Fliesen bis jetzt nicht feststellen.

54 W. Lehnhäuser, 88. – Eisenoxyd färbt Glasuren in oxydierendem Brand von Gelb über Braunrot bis Weinrot ins Braun. Bei reduzierendem Brand gibt es graublaue bis dunkelgraue Töne.

55 Um ein Ineinanderlaufen der Glasuren zu vermeiden, wurden diese Fliesen oft mit besonders tiefen Rillen geprägt. Weitere mehrfarbige Fliesen fanden sich in Nürnberg (S 52), in der Petrikirche in Rostock (H 6) und in der Gerichtslaube des Lüneburger Rathauses (H 6).

56 Fliesen mit einzelnen Glasurtropfen oder Stellen mit dünnem Glasurniederschlag fanden sich z. B. in Kloster Arnsburg.

57 Fr. Verhaeghe, La céramique médiévale: problèmes concernant la glaçure, Ber. ROB 18, 1968, 193–208. – E. S. Eames, 1980, I, bes. 19–23. – G. Duma, 1978, 249–274. Die Ausführungen der Autoren sind so ausführlich, daß es nicht sinnvoll erschien, dies alles hier noch einmal zu wiederholen.

58 Deutsche Übersetzung von A. Ilg, Quellenschriften für Kunstgesch. u. Kunsttechnik des Mittelalters und der Renaissance 4, Wien 1973, Buch 3, Kap. 3.

59 E. S. Eames 1968, 3.

60 G. Weiss 1979, 174.

wandten die Hafner des 14. Jahrhunderts die Bleiglasur bereits in Schlickerform, d.h. mit einem dünnen Tonbrei aufgeschwemmt; statt des Bleisulfids nahmen sie Bleiglätte oder Mennige.

Bis jetzt fehlen Untersuchungen und chemische Analysen der Glasuren von deutschen Fliesen. Es ist deshalb nicht möglich, genau festzustellen, ob die Glasur schon im ersten oder erst in einem zweiten (Glasur-)Brand aufgebracht wurde. Vergleicht man die Abnützungsspuren auf deutschen und englischen Fliesen, so spricht die Art des Abriebs eigentlich für das letztere. Bei den englischen Fliesen platzte die Glasur meist ab und nahm Partikel des Scherbens mit. Bei glasierten Fliesen in Deutschland scheint die Glasur eher wirklich ‚abgerieben' worden zu sein, d.h. sie zeigt an manchen Stellen der Fliese nur noch einen dünnen Glasurfilm und ist an anderen Stellen wesentlich dicker.

Die in der Gebrauchskeramik häufig angewandte Salzglasur[61] findet sich nur auf Fliesen des Töpferdorfes Langerwehe (D70). Bei einigen Kölner Fliesen des 16. Jahrhunderts haben sich Spuren von Salzglasur an den Fliesenkanten erhalten. Nicht immer läßt sich bei einzelnen Fliesen klar erkennen, um welche Art von Glasuren es sich handelt. Vor allem bei Fliesen, die lange Zeit in der Erde lagen, hat sich die Glasur teilweise zersetzt. Bei einigen bräunlichen Fliesen läßt sich nicht mehr sicher feststellen, ob es sich um ‚echte' Glasuren oder um Lehmglasuren handelt. Hier wurde eine Tonengobe aufgetragen, die ungefähr bei derselben Temperatur schmolz, bei der sich der Scherben im Brand festigte. Meist zeigen diese Glasuren eine mattere Oberfläche.

Zinnglasuren zeigen die nicht in den Katalog aufgenommenen Fliesen des Prämonstratenserklosters Steingaden (Oberbayern)[62]. Hier erscheint die Zeichnung in Kobaltblau auf weißer Zinnglasur. Neben Tierdarstellungen und Wappen finden sich vor allem Pflanzenmotive: Blütenkränze, Blattranken, Lilienkreuze und Wirbelrosetten[63].

Strauß[64] hielt diese Fliesen noch für spanische Importe. Trotz gründlichster Suche ließen sich bis jetzt keine spanischen Fliesen finden, welche genau dieselben Muster zeigen. Neue Funde von blau-weißer Gefäßkeramik in dem nicht allzu weit von Steingaden entfernten Dießen (Ammersee) lassen es als möglich erscheinen, daß die Fliesen dort gefertigt wurden.

Neben Glasuren weisen Fliesen mit vertiefter Prägung die bei Plattenmosaiken häufig verwandten weißen Engoben[65] auf, offensichtlich ohne durch Glasur gegen die besonders rasche Abnützung geschützt zu sein. Die 1966 in St. Aposteln in Köln gefundenen Fliesen mit Greifen- und Vierpaßdarstellungen waren entweder ganz oder als Rahmenleisten mit weißer Engobe überzogen. Das nur flach eingeprägte Muster kann kaum hervorgetreten sein. Wieviele mittelalterliche Fliesen außerdem solche Engoben zeigten, läßt sich nur schwer feststellen[66], da diese zuerst dem ‚Zahn der Zeit' zum Opfer fielen. Auch hier mußte beim Aufbringen der Engobe die Schwindung berücksichtigt werden.

Diese technischen Angaben sollen zum Schluß noch durch eine stark gekürzte Zusammenfassung über die erste durchgeführte und ausführlich publizierte chemische Untersuchung einer mittelalterlichen Bodenfliese ergänzt werden[67]. Es ist in diesem Rahmen nicht möglich, auf die einzelnen chemischen und physikalischen Untersuchungsmethoden näher einzugehen, es werden nur die Ergebnisse kurz dargelegt. Sicher können diese nicht für alle mittelalterlichen Fliesen gültig sein, sie sind jedoch ein erster Ansatz, der es später vielleicht ermöglicht, aufgrund chemischer Analysen die Fliese eines Fundorts einer bestimmten Werkstatt zuzuweisen.

Untersucht wurde, im Auftrag des Historischen Museums Budapest, eine bei den Ausgrabungen im ehemaligen erzbischöflichen Palast in Esztergom (Gran), Ungarn, 1934–38 gefundene ornamentierte Bodenfliese. Die Analyse erstreckte sich auf die Zusammensetzung des Tones, die Säurelöslichkeit, die Struktur und den Brennschwund des Scherbens sowie dessen Porosität und die während des Brandes aufgetretenen Farbveränderungen. Außerdem erfolgte eine Untersuchung der Glasur und der Wirkung des Glasurbrandes auf den Tonscherben.

Dabei ergaben sich folgende wichtige Erkenntnisse: Dem besonders plastischen Ton wurden 40–50% eines feinkörnigen Sandes zugesetzt. Die gleichmäßige Verteilung der Sandkörner macht es wahrscheinlich, daß der Sand einem ziemlich dünnen Tonbrei untergemischt wurde und erst anschließend die Trocknung bis zur Lederhärte erfolgte. Nach der Prägung der Tonfliese, vermutlich mit Hilfe eines Holzmodels, wurde diese

61 G. Reineking-von Bock, 16–18 und G. Weiss, 1984, 251. Die Salzglasur entsteht durch Einwerfen von feuchtem Kochsalz in den glühenden Ofen während der Endphase des Brandes. Hierbei verbindet sich das Natrium des Salzes mit der Kieselsäure der Tonmasse zu einem harten Natriumsilikat.

62 In den Katalog aufgenommen wurde ZE 5. Diese zeigt das Muster in weißer Engobe auf rotem Untergrund. Sie soll, nach A. Demmin, 55, ebenfalls aus Steingaden stammen, unterscheidet sich jedoch in der Technik von den übrigen Fliesen. – Zu den Zinnglasuren vgl. R. Wihr, 124.

63 R. Rückert, Beiträge zur Dießener Keramik. Ein Fayencekrug vom Ammersee aus dem Jahre 1676, Kunst & Antiquitäten 4, 1984, 24, Abb. 5. 6 Bodenfliesen aus Kloster Steingaden, Bayer. Nationalmuseum, München.

64 K. Strauss, 1972b, Taf. 3, Abb. 9 und 10.

65 A. Klein, in: RDK VI, Sp. 707–712. „Engobe = Anguß oder Beguß, eine mit Erdfarbe oder Metalloxyden gefärbte, durch Zusatz von Wasser flüssige Tonmasse. Sie unterscheidet sich von der Glasur dadurch, daß keine weiteren Flußmittel verwendet werden. Hierzu wurden vor allem weißbrennende Tone verwandt." Durch Zusatz von Metalloxyden farbig brennende Engoben haben sich auf mittelalterlichen deutschen Fliesen nicht erhalten.

66 Der Fund in St. Aposteln umfaßte ca. 600 Fliesen, nur auf 21 Fliesen war noch ein Muster zu erkennen.

67 G. Duma, 1956, 345–351.

umgestülpt. Dabei ergaben sich die auch bei rheinischen Fliesen wiederholt beobachteten Auffaltungen der Tonmasse. Duma[68] glaubt, aus den Spaltungen und Auffaltungen entnehmen zu dürfen, daß die 2–3 mm dünne, in den Model eingeprägte Tonschicht auf die vorbereitete Fliese gestülpt wurde und sich mit dieser, da ein zu heftiger Druck die Form der Fliese wieder gefährdet hätte, nicht fest verband.

Die Trocknung erfolgte auf einer mit Sand bestreuten Fläche. Der Brand muß bei einer Ofentemperatur von ca. 1000° Celsius erfolgt sein, da mehr als ein Drittel des in der Tonmasse enthaltenen Quarzes während des Brandes im Scherben aufgeschlossen wurde. Ferner weisen Untersuchungen zur Farbveränderung des Scherbens, zur Brennschwindung und Säurelöslichkeit ebenfalls auf eine über 900 °C liegende Brenntemperatur. Es ergab sich so ein besonders dichter Scherben, dessen Porosität weit unter der eines Mauerziegels liegt. Mikroskopische Untersuchungen zur Kristallbildung[69] ergaben ferner, daß der Ofen besonders langsam erhitzt worden sein muß und daß auch der Abkühlungsprozeß im Gegensatz zum Gefäßbrand absichtlich verzögert wurde.

Am Bruch des Scherbens läßt sich außerdem mit Sicherheit feststellen, daß die Glasur durch Eintauchen aufgetragen wurde und sich während des Glasurbrandes, der bei einer Temperatur von ca. 800 °C erfolgt sein muß, chemisch mit dem Scherben verband. Die stark bleihaltige, durch Kupferoxyd grün gefärbte Glasur, zeigt an der Oberfläche dünne Haarrisse. Sie muß besonders fein gemahlen worden sein, da sich nur wenige nicht genügend aufgeschlossene Eisen- und Kupferoxydkörnchen fanden. Die Fliesen scheinen während des Glasurbrandes aufrecht, mit den Rückseiten gegeneinander gelehnt, im Ofen geschichtet worden zu sein, da die Glasur jeweils an zwei Seitenkanten leicht herabgelaufen erscheint.

Neben Muster und Farbe spielen auch Form und Größe eine wichtige Rolle bei der Zuordnung und Datierung der Fliesen. Erst allmählich fand man zu Größen, die allen Anforderungen entsprachen: Die Fliesen mußten dick genug sein, daß sie sich im Brand nicht wölbten und die Belastung der vielen Füße, die später darüber gehen würden, aushielten. Sie mußten jedoch dünn genug sein, daß sie leicht trockneten und später leicht zu brennen, zu transportieren und zu verlegen waren. Zu diesem Idealmaß fand man erst im 1. Drittel des 13. Jahrhunderts und behielt es meist bis Ende des 14., an manchen Orten auch bis ins späte 15. Jahrhundert bei. Es schwankt, je nach Gegend, zwischen 12,5 × 2/2,5 cm und 13,5/14 × 3 cm.

Obwohl für die Fliesenrosetten und Böden aus Mosaikfliesen längst sehr kleine Platten gebrannt wurden, begann man bei der Herstellung von gemusterten Fliesen mit sehr großen Formaten. Die in der 2. Hälfte des 12. Jahrhunderts entstandenen Fliesen der Klöster Ilbenstadt, Eberbach, Bleidenstadt, Johannisberg und Wörschweiler, der Kirchen in Oberursel, Ober-Roden, Mainz, Steinbach und Burg Hain zeigen alle dasselbe Maß: 30,5 × ca. 4 cm. Diese Fliesen sind alle noch quadratisch, während bei den Fliesen aus St. Fides, Schlettstadt, schon Achteck- und Rhombenformen auftauchen. Zu Beginn des 13. Jahrhunderts wurden vereinzelt noch kleine Fliesen (6,5/8 × 1,5/2 cm)[70] verlegt, daneben jedoch schon, besonders in Worms, Mainz und Speyer, Fliesen mit Seitenlängen von 11–12,5 cm. Möglicherweise waren diese Fliesen schon für den Transport bestimmt. Bei den frühen Fliesen des Klosters Bebenhausen (Seitenlänge 10,5 cm), die sich mit großer Wahrscheinlichkeit an aus Burgund oder dem Elsaß übernommenen Vorbildern orientierten, wurden vielleicht einfach die Maße der französischen Vorbilder kopiert.

Da die Model in den einzelnen Werkstätten anscheinend sehr lange aufbewahrt und wohl auch immer wieder nachgeschnitten wurden, hielten sich diese Maße sehr lange. In der 1. Hälfte des 14. Jahrhunderts finden sich dann immer mehr Fliesen, die eine Seitenlänge von 14/14,5 cm bei gleichbleibender Dicke von 2,5/3 cm aufweisen.

Bei einigen Nachschnitten derselben Muster läßt sich beobachten, daß der Modelschneider die Schwindung des Tons beim Trocknen und beim Brand nicht einkalkuliert hatte. Diese beträgt bei fetten Tonen ca. 5–8 % beim Trocknen, beim Brand kommen je nach Magerung nochmals 5–10 % hinzu. Tone verschiedener Lagerstätten schwinden beim Brand ungleichmäßig. Deshalb ergeben sich bei den Fliesen, die mit demselben Model, jedoch an verschiedenen Orten geprägt wurden, immer wieder kleinere oder größere Maßabweichungen (K 32, Reutlingen).

In der 2. Hälfte des 14. und im 15. Jahrhundert wurden die Fliesenmaße allmählich größer, es finden sich Seitenlängen zwischen 14,5–16 cm. Aber auch hier sind die Größen regional verschieden. Die Kölner Fliesen des späten 15. und der 1. Hälfte des 16. Jahrhunderts gehen kaum über die Maße 13 × 1,5/2 cm hinaus, dasselbe gilt für die Fliesen aus den Werkstätten des Aachener Raumes. In Süddeutschland, vor allem in Württemberg, wurden die Fliesen immer größer und schwerer. Eine Seitenlänge von 18–20 cm war üblich, manche Fliesen sind bis zu 25 cm lang, bei einer Dicke von 5–7 cm und einem Gewicht von ca. 4 kg.

Hessische Fliesen desselben Zeitraums schwanken in der Größe zwischen 15–16 cm, sie sind dagegen besonders dünn, oft nur 1,2–1,5 cm dick. Vermutlich hängt dies nicht nur vom Tonmaterial, das einen höheren

---

68 Ebd., 351.

69 Ebd., Abb. 16–24.

70 Außergewöhnlich kleine gemusterte Fliesen fanden sich z. B. in Kloster Altenberg (Dhünn). Sie weisen Sl. von 6,7; 7,5; 8 und 9 cm auf.

Brand erlaubte, sondern auch von der Organisation der Werkstätten ab. Es läßt sich zwar bis heute weder durch Tonanalysen noch durch Urkunden belegen, jedoch scheint es, als seien die hessischen Fliesen in wenigen größeren (und erfahreneren) Werkstätten gebrannt worden, während in Württemberg die Fliesen für einen Kirchenbau vermutlich vom ortsansässigen oder in der Nähe wohnenden Töpfer gefertigt wurden. Dieser verwandte den in der Markung anstehenden Ton, und um kein Risiko einzugehen, wurden die Maße großzügig bemessen.

Die meisten Fliesen zeigen Quadratformat. Daneben finden sich schmale rechteckige Fliesen, die meist als Rahmenleisten, in einigen Fällen möglicherweise auch als Sockelleisten, Verwendung fanden (A2 [?]). Für G83 ist die Anbringung als Sockelleiste verbürgt[71]. Rechtwinklige Dreiecksfliesen, die als Abschluß der meist diagonal verlegten Fliesenböden wichtig waren, wurden entweder in Dreiecksform geprägt oder durch Diagonalteilung einer quadratischen Fliese erreicht. Dazu wurde meist eine besonders tiefe Teillinie eingeprägt und die Fliese erst nach dem Brand durch vorsichtiges Klopfen gebrochen. Bei einigen Fliesen, die offensichtlich als Dreiecke nicht mehr gebraucht wurden, unterblieb diese Teilung. So finden sich oft zwei ganz verschiedene Darstellungen auf einer Fliese (F75, F159–F161), während andere Fliesen ohne Rücksicht auf das Muster in der Diagonale geteilt sind (B45, D67, J55, M11, P5).

Die in England sehr häufig geübte Technik, vier oder mehrere Fliesen gleichzeitig zu prägen und mit Hilfe einer eingeprägten Linie anschließend zu trennen, findet sich bei den Fliesen der St. Gangolfskirche, Heinsberg. Diese weisen an je zwei Seiten einen konischen Rand, an den beiden anderen Bruchlinien auf[72].

Funde von rechtwinkligen Dreiecksfliesen an einem Ort, an dem das Gesamtmuster des Fliesenbelags nicht mehr rekonstruiert werden kann, lassen zumeist auf einen diagonal verlegten Fliesenboden schließen (Liebfrauenkirche, Hadamar). Die Fliesen können jedoch auch, wie beim Fliesenboden der ehem. Dompropstei in Mainz, als Ergänzung der die Felder trennenden Bänder verlegt worden sein.

Verhältnismäßig selten sind Fliesen in Sechs- oder Achteckform. Die Sechsecke waren meist als einfaches Wabenmuster verlegt[73], während die Achtecke stets der Ergänzung durch eine oder mehrere Fliesen bedurften[74].

Nur an einer Stelle, der Burgruine Groß-Geroldseck, (F144) fanden sich die aus Rhomben zusammengesetzten Fliesen, die bei der Verlegung ein Fischgrätmuster[75] bilden. Für die großen Fliesenrosetten, auf die an anderer Stelle ausführlich eingegangen wird, benötigte man Teilfliesen in Kreis-, Oval- und Sternformen, Rhomben und gleichseitige Dreiecke, spitzwinklige Dreiecke, Fünfecke und die leicht gewölbten Kreissegmente. Eine weitere Bereicherung erfuhren die Fliesenböden durch Randleisten mit konkaven Kanten (F46, W92), die mit Spitzovalen oder kleinen Kreisen wechselten und durch die quadratischen Rahmen (W80), denen eine Fliese anderer Farbe eingefügt war.

Auf die Prägung der einzelnen Fliesentypen wird in der Folge ausführlich eingegangen, auf Einzelheiten wird zusätzlich im Katalog verwiesen.

1.1 Die Fliese mit vertiefter Prägung

Die Herstellung dieser Fliese setzt einen zweistufigen Arbeitsprozeß voraus, hat jedoch den großen Vorteil, daß ein Model beliebig vervielfältigt werden konnte. Mit Hilfe dieser Model konnten dann genau übereinstimmende Fliesen in größerer Menge angefertigt werden. Deshalb finden sich in der Blütezeit der Fliesenprägung, von der Mitte des 13. bis zur Mitte des 14. Jahrhunderts, vor allem solche Fliesen. In den großen Werkstätten des Mittelrheins und der Pfalz (Mainz, Worms, Speyer), am Oberrhein und in Süddeutschland (Straßburg, Konstanz, Ulm), wo nicht nur zahlreiche Kirchen mit Fliesen versehen, sondern auch flächenmäßig große Kirchen einen Fliesenbelag erhielten, finden sich fast ausschließlich diese Fliesen. An kleineren Orten, an denen man Fliesen oft nur für einen einzigen Kirchenbau prägte, wurden, vor allem im 14. Jahrhundert, schon häufiger Reliefliesen verlegt.

Wie die technischen Vorgänge von Tonaufbereitung und Brand, so sind auch die Prozeduren beim Prägen der Fliesen nicht durch Urkunden gesichert. Im Gegensatz zu den gotischen Formmodeln[76], zu Modeln für Backwerk und Zeugdruck, wurden bis jetzt keine Model gefunden, die sich mit Sicherheit als Fliesenmodel ansprechen lassen[77].

So läßt sich die Herstellungstechnik nur aus den erhaltenen Fliesen rekonstruieren. Es wäre außerdem verfehlt, nur von *einer* Technik zu sprechen. Sicher wurden von verschiedenen Werkstätten abweichende Verfahren entwickelt, diese von anderen Werkstätten verfeinert und wiederum weitergegeben.

Für die Mehrzahl der Fliesen wurde jedoch vermutlich das Muster mit einem feinen oder etwas breiteren Sti-

---

71 H. Vogts, 1966, I, 219.

72 W. Piepers, 84.– Ungemusterte Fliesen der Motte Kippekausen zeigen drei verschiedene Trennlinien: Teilung in der Diagonale, durch Kreuz in vier kleine Quadrate, durch waagrechte Linien in Fliesenstreifen (S. Gollub, 224, Abb. 14, Nr. 1, 2, 4 und 6.)

73 H. Kier, 1970, 178, Muster 68.

74 Ebd., 174–175, Muster 59–62.

75 Ch. Czarnowsky, 15, Abb. 14.

76 Einen ausführlichen Überblick gibt F. Arens, 1971, 106–131, Taf. 17–49.

77 Zu den Modeln vgl. S. 143–145.

chel[78] oder einem Geißfuß[79] in nicht zu weiches, feinfaseriges Holz[80] eingeschnitten oder eingeritzt. Mit dem Holzmodel wurde eine Reihe von Negativmodeln aus Ton geprägt[81], die vermutlich besonders hart gebrannt wurden und das Muster seitenverkehrt und in erhabenem Relief zeigten. Diese Model preßte man in die vorbereiteten, leicht getrockneten Fliesen und erhielt so die brennfertige Fliese mit vertiefter Prägung.

In einigen Fällen wurde die Zeichnung vermutlich gar nicht in eine Holzplatte, sondern sofort in eine Fliese aus lederhartem Ton geschnitten. Dies erforderte den geringsten Kraftaufwand, setzt jedoch eine sehr sichere Hand voraus, da die Platte keinem Druck der Hand ausgesetzt werden durfte, ohne sich zu verformen.

Auf die Vorteile von Tonmodeln hat schon Dornbusch, der erste Bearbeiter des Siegburger Steinzeugs hingewiesen. Er schreibt: „Zur Darstellung scharfer Reliefornamente in Ton eignen sich Formen von leicht gebrannter Tonmasse besser als jeden anderen Stoffes. Ist die Masse der Form hart und undurchdringlich, so sammelt sich das aus dem weichen Ton austretende Wasser in den Ecken und engen Rinnen, füllt die feinen Detailornamente der Form und verhindert so ein vollständiges und allseitiges Eindringen der Tonmasse und damit auch die Herstellung eines scharfen und schönen Reliefbildes. Dieser Übelstand ist bei Formen aus leicht gebranntem Ton nicht vorhanden. Dieselben besitzen trotz der genügenden Härte eine große Porosität. Beim Ausformen der Bilder nimmt die poröse Masse das austretende Wasser sofort auf und bewirkt dadurch, daß der weiche Ton auch in die kleinsten Winkel und Furchen eintreten kann. Dabei macht auch das Ablösen des fertigen Bildes keine Schwierigkeiten.“[82]

Die Tonmodel, die einem rascheren Abnützungsprozeß ausgesetzt waren, konnten mit Hilfe des Holzmodels immer wieder ergänzt werden. Abgebrochene Reliefkanten der Tonstempel, durch den Brand leicht verzogene Rahmenleisten und andere Fehlstellen machen es möglich, bei den Fliesen eines Fundortes manchmal den Weg eines Einzelmodels zu verfolgen[83].

Forrer[84] glaubt außerdem, daß auch quadratische Holzstempel geschnitten wurden, welche die Ritzzeichnung, ähnlich der Gußform der Metallgießer, gleich in erhabenen Stegen zeigten und in die der feuchte Lehm unmittelbar mit der Hand eingeknetet wurde. Dies erscheint, anhand des gesichteten Materials, welches Forrer noch nicht in dieser Fülle zur Verfügung stand, unwahrscheinlich. Die stets ganz glatte Oberfläche der Fliesen hätte sich nie erzielen lassen, wenn der Model auf diese Art geschnitten worden wäre. Stets wären Unebenheiten oder Spuren der Holzmaserung zu erkennen, wie dies bei Reliefflisen mitunter auch der Fall ist. Besonders die frühen Fliesen, deren sehr dünne, durch keine Querverbindung gesicherten Stege rasch gesplittert wären, lassen diese Art der Prägung nicht zu[85].

Bei einigen frühen Fliesen (J 103, J 110, M 19) läßt sich noch an eine andere Art der Prägung denken. Es scheint, als ob diese besonders dünnen Linien mit Hilfe einer (Metall?-)Schablone in den Ton geritzt worden wären. Bei Stellen, die sich überschneiden, bricht die Zeichnung ca. 2 mm vorher ab, eine Zäsur, wie sie durch Benutzen einer Schablone entstehen würde.

Eames[86] glaubt, daß englische Fliesen seit den letzten Jahrzehnten des 13. bis zum Beginn des 16. Jahrhunderts teilweise mit Metallstempeln geprägt wurden. Es handelt sich hier vor allem um den Typus, der in dieser Arbeit als ‚Stempelfliese‘ bezeichnet wird. Da die Herstellung eines Metallstempels für große Fliesen mit kompliziertem Muster größeren Aufwand an Zeit und Kosten verursacht hätte als der Schnitt eines Holzmodels, ferner gerade für die Fliesen, die für diese Art der Prägung in Frage kämen, Vergleichsstücke, wie sie Eames besaß fehlen, wurde dieser Aspekt bei vorliegender Arbeit nicht immer berücksichtigt.

Bei den Fliesen des St. Annenklosters in Lübeck (W 53 a–d), die in der Feinheit der Zeichnung an die Gravuren der spätgotischen Goldschmiede erinnern, wäre ein Metallstempel durchaus denkbar. Möglicherweise wurde jedoch auch hier die Zeichnung statt in eine Holzplatte wie bei den Formmodeln in einen feinen Stein (Solnhofener Schiefer, Speckstein) geschnitten.

Bei der Herstellung der Tonmodel wurden verschiedentlich Korrekturen notwendig, die vermutlich vom

---

78 Spuren des Stichels sind sichtbar bei den Fliesen B 16, F 50, F 116 usw. Es scheint, als sei hier ein hartes Holz verwandt worden, welches dem Stichel einen gewissen Widerstand bot.

79 Der Schnitt mit dem Geißfuß ergab ein konisches Profil, so daß sich der Ton nach der Prägung besonders gut vom Model löste.

80 In Frage kommen vor allem Obstbaumhölzer, sofern sie im 13. Jh. schon zur Verfügung standen (Apfel, Birne, Nuß), möglicherweise auch Ahorn und Erle, in einigen Fällen wohl auch Lindenholz. Abdrücke der Holzmaserung haben sich auch bei Fliesen mit vertiefter Prägung (D 29 aus Neuenheerse und D 37 aus St. Andreas, Worms) erhalten.

81 In Versuchen (H. Landgraf) konnte nachgeprüft werden, daß die Prägung eines Models ca. 5 Minuten beansprucht. Nach vorsichtiger Schätzung konnten damit bis zu 500 Fliesen geprägt werden, ehe der Model abgenutzt war.

82 J. B. Dornbusch, 129.

83 R. Schnyder, 1958, 18–19, Taf. 8b. – Schnyder verfolgte den Weg eines Holzmodels und konnte an Hand ausgebrochener Holzsplitter, von Sprüngen und Holzwurmlöchern, die zeitliche Abfolge einiger Prägungen aufzeigen.

84 R. Forrer, 1901, 71.

85 Es liegt nahe, daß zumal in kleineren Werkstätten der Töpfer das Material zur Modelherstellung verwandte, das er ohnehin zur Hand hatte. Für Siegburg (G. Reineking-von Bock, 15) ist bezeugt, daß Formschneider und Töpfer identisch waren.

86 E. S. Eames, 1980, I, 40–43. – Mrs. Eames und ihre Mitarbeiter stellten umfangreiche Versuche mit selbstgefertigten Metallstempeln an. Vor- und Nachteile von Kupfer- und Bleistempeln werden ausführlich erörtert. Immer handelt es sich jedoch dabei um einfache, kleine Ornamente, die einzeln eingeprägt wurden. Bei einigen rheinischen Fliesen, bei denen der Model an einem anderen Ort für die Prägung einer größeren Fliese verwandt wurde, zeigt der Abdruck stets, daß es sich um einen quadratischen Model handelt. Man hätte demnach ein Metallband nach vorher gezogenen Linien in eine Holzplatte treiben müssen.

Töpfer in den noch weichen Ton geritzt wurden. Auch einige Perlpunzen auf Fliesen des Stadionschen Domherrenhofes in Konstanz, des Klarissinnenklosters in Ulm-Söflingen (O 26, O 27) und Fliesen aus pfälzischen und hessischen Werkstätten (K2, K3), scheinen erst nachträglich mit einem Stift eingeprägt zu sein. Die Annahme Stegmanns[87], daß die meisten Muster vom Töpfer freihändig in den Ton graviert wurden, läßt sich jedoch auf Grund des umfangreichen Materials, das dieser Arbeit zugrunde liegt, widerlegen. Bei sorgfältigen Vergleichen ergab sich in jedem Fall, wo mehrere Fliesen desselben Musters zur Verfügung standen, die vollkommene Übereinstimmung in allen, auch zufälligen Details. Diese wären, selbst bei größter handwerklicher Fertigkeit, nicht von Hand zu erzielen gewesen.

Möglicherweise gab es jedoch Mischtechniken. Eine vermutlich dem 2. Drittel des 13. Jahrhunderts angehörende hessische Fliese unbekannter Herkunft (M27) wirkt, als seien Kreis und Mittelstern eingeritzt. Die heraldischen Lilien des Eckornaments wurden jedoch mit einem Model geprägt. Es ist natürlich möglich, daß den ersten Fliesenprägungen vereinzelt heute nicht mehr erhaltene Ritzzeichnungen vorausgegangen sind, wie sie sich auf den weniger gefährdeten Backsteinen der norddeutschen Backsteinkirchen erhalten haben. Zwei Fliesenbruchstücke unbekannter Herkunft (W94, W95) im Hessischen Landesmuseum, Darmstadt, von denen letztere nach Struktur und Farbe der Glasur den Fliesen aus Kloster Limburg (Haardt) aus der 1. Hälfte des 13. Jahrhunderts nahesteht, zeigen Rechtecke, Quadrate und Rauten, die durch Ritzen unregelmäßig breiter Parallellinien entstanden sind. Eine ähnliche Anordnung findet sich wieder auf den Feierabendziegeln des 16.–18. Jahrhunderts. Diese Muster können jedoch allenfalls als Verlegenheitslösungen betrachtet werden. Ritzfliesen erscheinen im 17.–18. Jahrhundert vereinzelt wieder in Hessen (Marburg, Philippseich, Seligenstadt) und zeigen dann figürliche Darstellungen und Blütenornamente.

Neben diesen Ritzzeichnungen, die solange Vermutung bleiben müssen, bis die ersten entsprechenden Fliesenfunde auftauchen, gab es möglicherweise schon Fliesen, deren Muster mit einem Zirkel eingegraben wurden. Die im Kapitel Ungarn ausführlich behandelten Fliesen des ehemaligen Zisterzienserklosters Pilis, die wegen der frühen Zerstörung des Klosters vermutlich nur sehr kurze Zeit begangen wurden, zeigen an den aufgeworfenen Rändern der Rille und den sich überschneidenden Kreisbögen ganz deutlich, daß ein Zirkel benutzt wurde. Ähnliche Muster finden sich in dem französischen Zisterzienserkloster La Bénissons-Dieu (Loire)[88]. Hier fehlen die aufgeworfenen Ränder, diese wären allerdings wohl nach kurzer Zeit geglättet gewesen.

Die Linien wurden jedoch nicht immer in einem Zug in den Model geschnitten, sondern manchmal aus enggereihten Stichelpunzen gebildet. Die dadurch entstehenden feinen wimperartigen Randzäckchen, wie sie die Fliesen aus Konstanz (B 57) und der Ruine Groß-Geroldseck (F41) zeigen, sind ein zusätzliches Schmuckmotiv.

Dennoch weisen Fliesen eines Fundes (Stadionscher Domherrenhof, Konstanz) oder einer Werkstatt (Worms) eine Fülle von Varianten auf. Diese entstanden entweder durch leicht veränderten Nachschnitt eines Holzmodels in der eigenen Werkstatt, durch Neuschnitte von Modeln für einen größeren Auftrag oder durch den Nachschnitt fremder Model oder Fliesen.

Nicht immer, besonders nicht im Anfang der Fliesenprägung, wurde ein gebrochener Holzmodel verworfen. Durch Flickung leicht im Muster verschoben, wurde er an anderer Stelle weiterverwandt.

Ein ausgezeichnetes Beispiel dafür bieten u. a. die Fliesen A39, B16, C21, die sowohl in der Altenstädter Kirche in Pforzheim sowie in einem Privathaus in Speyer gefunden wurden. Sie sind alle mit gebrochenem Holzmodel geprägt, bei der in Mainz gefundenen Fliese C21 ist der Model jedoch noch intakt. Modelrisse zeigen außerdem E50 aus Selz, F12 aus Argenthal, H85 aus Kloster Limburg (Haardt), H103 aus dem Sickinger Hof in Ladenburg und W22 aus Mainz.

Beim Nachschnitt eines Models in der eigenen Werkstatt wurde entweder versucht, das Muster getreu zu kopieren (D7) oder der Modelschneider ließ seiner Phantasie freien Lauf. Im ersten Fall verrät sich die Variante durch kleine Abweichungen. Es wurde ein Sternchen vergessen (E9), eine Blüte (C25) oder eine Ranke (F133) hinzugefügt. Oft wurde der Brennschwund nicht einkalkuliert, so daß viele Nachschnitte an den kleineren Abmessungen zu erkennen sind. Ein anderer Modelschneider behielt zwar die Grundstruktur bei (bei den Fliesen aus Kloster Lorsch das Spitzoval), gestaltete die Ecklösungen jedoch immer wieder neu (H266–H268).

Als Beispiel für besonders reizvolle Varianten aus einer Werkstatt können die Fliesen K32–K34 aus Reutlingen stehen. Hier sind stets nur Kleinigkeiten verändert, vielleicht beim Versuch, einen immer noch vollkommeneren Model zu schneiden.

Im anderen Fall wurden aus einer gegebenen Form immer neue Formen entwickelt. So wurde auf den Fliesen des Konstanzer Fundes der Hund (E17) durch Hinzufügen von Flügeln in einen Greifen verwandelt (F114). Der Ritterfliese (A25) aus dem Franziskanerkloster in Ulm, die zuerst einen leeren Schild zeigt, wurde durch Anbringen eines Pfeilwappens Bezug auf eine be-

87 H. Stegmann, 30, (über die Fliesen des Stadionschen Domherrenhofes in Konstanz): „Die Technik ist sicher bei den meisten die, daß mit einem scharfen, kantigen Werkzeug die Zeichnung aus freier Hand eingerieft wurde ... während nur einige wenige, ein heraldischer Adler und einige ornamentale Stücke, mittels eines abgedruckten Models hergestellt sind."

88 E. C. Norton, 1983, 90, Abb. 93, S. 104.

stimmte Person, vermutlich einen Wohltäter des Klosters, gegeben.
In späterer Zeit nachgeschnittene Fliesen können ganz verschieden ausfallen. So wurde die Fliese K42 aus Kloster Weingarten vermutlich im Kloster selbst nach einiger Zeit nachgeschnitten. Der Qualitätsabfall ist deutlich, das Bild selbst jedoch nur in Einzelheiten (Eckornamente) verändert. Als K42 für die etwa 30 km entfernte Kirche von Eberhardzell nochmals nachgeschnitten wurde, bewahrte man Rahmen und Muster, vereinfachte jedoch die Konturen auf das Notwendigste. Ähnliches gilt auch für die sorgfältig geprägte Fliese H12 aus Kloster Amorbach (Odenwald), die, ihrer zarten Seitenblätter beraubt, in der Kirche von Groß-Umstadt wieder auftaucht.
Der Nachschnitt von Modeln und Fliesen in einer anderen Werkstatt läßt sich in vielen Fällen mit großer Genauigkeit verfolgen. So wurde beim Nachschnitt des Musters von A19 aus Speyer keine Fliese, sondern ein Model kopiert. Das Bild des Reiters A20 aus der Zunft der Hausgenossen in Basel, erscheint durch dieses Vorgehen seitenverkehrt. Die Haltung von Schild und Lanze wurde vom Modelschneider absichtlich verändert, ohne daß er dabei beachtete, daß durch die nochmalige, durch die Prägung verursachte Umkehrung, das Bild ja wieder falsch erscheint. Gerade dieser Fehler findet sich häufig. Bei allen Reiterfliesen, mit Ausnahme der Kentaurendarstellungen F2–F3, hält der Reiter Schwert und Lanze in der linken, den Schild jedoch in der rechten Hand[89].
Auch der Nachschnitt der Kentaurenfliese F7 muß sich am Model orientiert haben. Obwohl gerade hier ein besonders unerfahrener Modelschneider am Werk war, übernahm er sogar die Begrenzungslinien mit ins Bild (F8). Daß diese Vorlagen oft nur noch sklavisch kopiert wurden, zeigen die Fliesen J78 aus Oberhomburg und Speyer. Bei der sehr groben Kopie in Speyer, die im Gegensatz zur Vorlage breite Rillen zeigt, wurde sogar der Modelriß im Tonnegativ nicht ausgekittet, sondern belassen.
Seitenverkehrt geprägte Bilder finden sich vor allem zu Beginn der Fliesenprägung. So zeigen z.B. die Fliesen des Vyšehrad in Prag, die am Beginn der böhmischen Fliesenprägung stehen, eine Kaiserbüste mit der seitenverkehrten Inschrift „NERO" (Abb. 113a).
Da die meisten Fliesen ein symmetrisches Muster oder eine Darstellung ohne festgelegte Richtung zeigen, ist nicht nachprüfbar, wie vertraut der mittelalterliche Modelschneider mit dem Problem der Bildumkehrung war. Bei Wappenfliesen, für die eine feste heraldische Richtung vorgeschrieben ist, finden sich beide Fälle. Das Wappen der Grafen von Waldburg (G1), das Stadtwappen von Straubing (G8) und das Wappen des kaiserlichen Rechenmeisters Nikasius Hackeney (G59) erscheinen seitenrichtig, während das der Familie von Vlatten (G43), des Kölner Bürgermeisters Johannes Maes (G67) und die Hausmarke des Johannes Hardenrath (H31) spiegelbildlich wiedergegeben sind.
Neue Muster entstanden nicht nur durch den Schnitt neuer Model, sondern ebenfalls durch die Verschmelzung zweier Zeichnungen. So wird das Mittelquadrat der Fliese R23 um das Lilienkreuz R32 erweitert, es entsteht das Muster R30. Durch Übereinanderprägen der Astroide W61 aus Konstanz entsteht ein achtstrahliger Stern, die Raute W44 aus Kloster Limburg (Haardt) ergibt einen Vierstern. Wie vielfältig das Rankenband, das wohl ursprünglich für W 78 als Rahmenleiste geschaffen wurde, verwendet werden konnte, zeigen die Fliesen W79 und W80 mit ihren Varianten. Auch bei den Rautenmustern (W38–W43) werden, je nach Art der Prägung, immer wieder neue Fliesenmuster geschaffen.
Eine neue Bildwirkung entsteht ebenfalls durch mehrfache Verwendung des Models. So mußten in Villingen (vermutlich im Franziskanerkloster) besonders großflächige Fliesen ersetzt werden. Da man anscheinend nur den kleinen Model O56 besaß, prägte man ihn vierfach in die Fliese, so daß das Ahornblatt nun 2 Stengel zeigt (O57). Während bei O57 die Prägung zu einem einheitlichen Muster verschmolz, sind bei H66 und H188 (Franziskanerkloster Villingen) die Fugen durch leichte Verschiebung deutlich sichtbar.
Nicht immer gelang die Prägung auf Anhieb, ohne daß die Fliese gleich verworfen wurde. So zeigt die Fliese S71 aus Kloster Hirsau ein zweimaliges Ansetzen des Models, ebenso F23 aus dem Stift Heiligenkreuz, F150 aus Kloster Limburg (Haardt) oder J73 aus dem Westerwald. Bei der Fliese H198 aus Hofheim (Taunus) hat sich der Abdruck eines ursprünglich in anderer Richtung angesetzten Models erhalten, bei der Fliese L23 aus Burg Konradsheim wurde statt der verpatzten Vorderseite einfach die Rückseite benutzt.
Warum jedoch die Fehlprägung F22, die den Überdruck des Models R47 zeigt, überhaupt gebrannt wurde, (eventuell als Abstandsplättchen verwandt?) ist rätselhaft[90].
Die Fliese mit vertiefter Prägung war nur ganz selten glasiert. Durch die starke Abnützung und die geringe Tiefe der Rillen läßt sich allerdings das Vorhandensein von Glasur auch nicht in allen Fällen mit Sicherheit feststellen. Manchmal sind an den Seitenkanten oder in den Vertiefungen noch Glasurspuren erhalten. Bei den Fliesen aus Kloster Wörschweiler (H66, N66) sind nur einzelne Teile des Ornaments durch dunkelbraune Bleiglasur stärker hervorgehoben.
Mitunter sind die Vertiefungen mit einer schwarzen,

89 Vgl. dazu die stets korrekte Haltung von Schild und Waffe in der Miniaturmalerei, die vermutlich als Vorbild für Fliesen dieses Typus diente.

90 Auch unter den englischen Fliesen fand sich eine unvollendete Fliese, bei der die halbe Zeichnung fehlt und die dennoch gebrannt wurde (E. S. Eames, 1980, II, Nr. 32).

körnigen Substanz, vermutlich Pech,[91] ausgefüllt (B34, D49), die Oberfläche ist durch rote oder dunkelgraue Farbe betont. Original ist diese bei den Fliesen A18, C38 und E24 aus Speyer. Bei einer Reihe anderer Fliesen kann nicht immer mit Sicherheit entschieden werden, was Original, was Zutat des 19. Jahrhunderts ist. In manchen Museen wurden in der Begeisterung der ersten Fliesenfunde zu Ende des 19. Jahrhunderts Fliesen durch Farbauftrag ‚geschönt', die Konturen durch Nachziehen mit Farbe betont.

Daß jedoch viele Fliesen, vor allem in Worms, Rheinhessen und im Lahntal, mit farbigen Pasten inkrustiert waren, haben die Bodenfunde der letzten Jahre ergeben. In den Ecken der Vertiefungen fanden sich oft winzige Reste der Füllmasse. Die Fliesen des ehemaligen Benediktinerinnenklosters Dirstein (Lahn), zeigten bei der Ausgrabung rote und schwarzgraue Inkrustierung, die das Muster der Fliesen besonders plastisch hervortreten ließ. Da diese Muster mit denen der Klosterkirchen Brunnenburg, Flonheim, Pfaffen-Schwabenheim, Ravengiersburg und Sponheim, der Burgen Altenbaumburg, Bellersheim, Pyrmont und Randeck teilweise übereinstimmen, ist anzunehmen, daß auch deren Fliesen früher inkrustiert waren. Neue Funde auf der Starkenburg, an der vermutlich nach 1350 keine Bauarbeiten mehr ausgeführt wurden, und die wohl schon in der Mitte des 15. Jahrhunderts aufgegeben wurde, zeigen, daß die Fliesen nicht nur mit einer weißen Füllmasse eingelassen waren, sondern teilweise auch weiße Engoben trugen. Ähnliches gilt für Fliesen aus der Liebfrauenkirche in Koblenz, die nach dem 2. Weltkrieg geborgen wurden, vermutlich jedoch schon beim Neubau von 1428 verworfen worden waren. Hier hat sich die Inkrustierung der verhältnismäßig breiten Rillen ausgezeichnet erhalten. Bei der Hirschfliese C5 im Museum Esslingen wird das Auge des Hirsches durch eine schwarze Paste betont.

Die Stärke der Prägung ist unterschiedlich. Meist verbindet sich eine flache Prägung mit einer Rillenbreite von 0,7–1,5 mm. Nach der Mitte des 14. Jahrhunderts wurden die Model oft bis zu 5 mm tief eingeprägt, die Rillenbreite schwankt zwischen 3–4 mm. Einige Fliesen sind mit einer zweiten, aufliegenden Binnenzeichnung versehen, die sich z. B. bei den Fliesen T6 erhalten hat. Vermutlich trugen eine ganze Reihe weiterer Fliesen eine solche Binnenzeichnung, die natürlich der Abnutzung zuerst zum Opfer fiel. Fliesen des 15. Jahrhunderts zeigen teilweise so breite Rillen, daß sich das Muster reliefartig vom Grunde abhebt und die Feststellung, ob es sich noch um eine Präge- oder schon um eine Reliefffliese handelt (O54, T15) in das Belieben des Betrachters gestellt ist.

Wie schon zu Beginn betont, ist das Verbreitungsgebiet der Fliesen mit vertiefter Prägung nicht durch räumliche, sondern eher durch zeitliche Grenzen bestimmt. Sie finden sich, ohne Einschränkung, im ganzen hier behandelten Gebiet. Ist jedoch der Fundort einer Fliese mit vertiefter Prägung nicht bekannt, so darf geschlossen werden, daß sie eher aus einem der großen Zentren der Fliesenprägung als aus einer entlegenen Dorfkirche oder einem kleinen Klösterlein stammt.

1.2 Die Reliefffliese

Die Reliefffliese setzt zwar einen künstlerisch begabten und handwerklich geschulten Modelschnitzer voraus, bedingt aber bei der Herstellung keine in der Fertigung erfahrene Töpferwerkstatt. Deshalb steht sie am Beginn der Fliesenprägung in Deutschland. Alle vor oder kurz nach 1200 entstandenen Bodenfliesen sind Reliefffliesen. Im 1. Drittel des 13. Jahrhunderts finden wir neben ihnen schon Fliesen mit vertiefter Prägung, vereinzelt später Fliesen in einer Mischtechnik, bei der Relief und vertiefte Prägung innerhalb der Fliese wechseln (D9 aus St. Martin, Ettlingen, G1 vom Stadionschen Domherrenhof in Konstanz), vor allem jedoch auf den großen Rosetten des Klosters Bebenhausen (W59). In der 2. Hälfte des 13. Jahrhunderts wurde die Reliefffliese fast ganz verdrängt, um erst in der Mitte des 14. Jahrhunderts, zuerst vereinzelt, dann immer häufiger aufzutauchen. Ihre Verbreitung erreichte in der Mitte des 15. Jahrhunderts einen Höhepunkt, sie löste die Fliese mit vertiefter Prägung fast ganz ab. Die spärlichen Fliesen, die im 16. Jahrhundert noch entstanden, ergeben, je nach geographischer Lage, ein Überwiegen des einen oder des anderen Typus. Beide Techniken halten sich dann ungefähr die Waage.

Zur Herstellung der Reliefffliese wurde nur eine Holzplatte benötigt. In diese wurde das Muster verschieden tief, mit gewölbten oder eckigen Kanten, eingeschnitten und der weiche Ton in den Model eingeknetet. Nach kürzerer Trockenzeit wurde die Fliese vorsichtig herausgeklopft und an den Seiten schräg unterschnitten. Zwar läßt sich auch hier kein erhaltener Holzmodel mit einer heute noch vorhandenen Fliese in Verbindung bringen, doch haben die Marzipan- und Tragantmodel[92] sowie die zahlreich erhaltenen spätgotischen Formmodel deren Bild getreu bewahrt.

Nicht immer gelang das Stürzen des Tons auf die gesandete Unterlage ohne Fehler. So finden sich unter den Reliefffliesen sehr viel mehr verzogene Fliesen, solche mit beschädigter Oberfläche oder nachträglichen Korrekturen. Die Fliesen eines Fundes zeigen immer wieder winzige Abweichungen, auch wenn sie mit demselben Model geprägt wurden.

---

91 Freundliche Mitteilung von Frau Dr. I. Diepolder, Regensburg.

92 Vgl. A. WALZER, Liebeskutsche, Reitersmann, Nikolaus und Kinderbringer, Konstanz 1963. – H. KRONBERGER-FRENTZEN. – H. J. HANSEN, Kunstgeschichte des Backwerks, Oldenburg 1968. – H. KÜHN, Kunst der Model. Kulturgeschichte der Back- und Hohlformen, Leipzig 1981.

Daß die Werkstätten versuchten, von der Herstellung der Reliefffliesen zur rationelleren der Prägefliesen überzuwechseln, zeigt am besten die Fliese J28, die in Pforzheim und Speyer als Reliefffliese gefunden wurde. Die Zeichnung wurde, ohne jede Abweichung, von der Wormser Werkstatt in eine Fliese mit vertiefter Prägung umgesetzt und taucht auch in Kloster Lorsch nur noch in dieser Form auf. Derselbe Wechsel zwischen Relief (Kloster Eußerthal) und vertiefter Prägung (Kloster Klingenmünster) findet sich auch bei P47.

Nicht in jedem Fall lag jedoch dem Wechsel vom Relief zur vertieften Prägung nur der Wunsch zugrunde, die Fertigung zu beschleunigen. Sehr oft wurden gerade durch die Änderung der Technik besonders reizvolle Wirkungen erreicht. Bei den Fliesen O16 aus Kloster Söflingen (Ulm) und N66 aus Kloster Wörschweiler wird nur der Gittergrund in flachem Relief herausgehoben, bei B4 und D34 aus Speyer und E50 aus Selz eine Reliefleiste als Rahmen verwendet. Die Übergänge zwischen beiden Techniken sind außerdem oft fließend, breite Rillen und ein großzügiger Schnitt lassen bei H65 und N44 aus Kloster Wörschweiler Blatt und Blüte plastisch hervortreten. Dies gilt z. B. auch für V4 aus Bebenhausen.

Vor allem Nachschnitte als Ergänzung von Mustern wurden der Einfachheit halber oft als Relief gefertigt. So zeigen Fliesen des Stadionschen Domherrenhofes, Konstanz, dasselbe Muster (F133) einmal in vertiefter Prägung, einmal als Relief.

Der heutige Erhaltungszustand zeigt oft ein falsches Bild der Reliefffliese, da diese in vielen Fällen mit einer zarten, nun häufig abgetretenen Binnenzeichnung versehen war. Die Blattfliesen der Gruppen H, E und T werden oft dadurch verwandelt, daß die aufgelegten Blattrippen verschwunden sind. So wirkt die Fliese L36 völlig verändert, sobald die bei L30 durch einen glücklichen Zufall noch vorhandenen aufgelegten zarten Rosetten und Blattadern fehlen. Ein feines Gitternetz überspinnt die Oberfläche der Fliese K11 aus Engstlatt, kleine Kleeblättchen sind auf der Fliese T21 aus St. Martin in Pfungstadt glücklicherweise noch sichtbar. Eine dünne Reliefauflage hat sich auf den sicher aus einer Werkstatt stammenden Fliesen A18, C38 und E24 aus Speyer erhalten. Hier sind auch noch echte Spuren einer farbigen Bemalung in Rot und Grau erkennbar. Wie viele Reliefffliesen eine zweite zusätzliche Zeichnung trugen, läßt sich heute nicht mehr entscheiden. Vor allem bei den Reliefffliesen, die nicht durch Glasur geschützt waren, ging diese Zeichnung zuerst verloren.

In manchen Fällen wurde die Negativwirkung noch als zusätzliches Schmuckmotiv verwandt. Bei der Fliese L20 aus Mitterfischen (Ammersee) sind in einen Vierpaß vier heraldische Lilien einbeschrieben. Die Negativkontur ergibt vier zur Mitte gekehrte Kleeblätter.

Auch die am Mittelrhein verbreitete Maßwerkfliese L3 zeigt erst in der Zusammensetzung ein einbeschriebenes Kreuz aus heraldischen Lilien. Für die Fliese H219 aus Kloster Heilsbronn ist eine weiße, heute ausgebrochene Füllung belegt, die die Vertiefungen ganz ausfüllte, so daß eine Fliese mit planer Oberfläche entstand. Essenwein[93] sah vor 1862 noch Rautenfliesen aus der Prälatur des Stiftes Klosterneuburg, die durch eine rötliche Kittmasse, die sehr rasch zerbröselte, zweifarbig angelegt waren. Auch L2 aus Klosterneuburg besaß Reste von schwärzlichem Kitt in den Vertiefungen.

Beide Fliesen waren nicht durch Glasur geschützt. Es ist nicht von der Hand zu weisen, daß uns der heutige Zustand der Reliefffliesen darüber täuscht, wie viele von ihnen im Mittelalter ursprünglich mit farbigen Pasten gefüllt waren. Da diese vermutlich erst nach dem Brand aufgetragen oder eingelassen wurden und lange nicht so widerstandsfähig waren, weil sie sich ja mit dem Scherben nicht eng verbanden, sind sie heute längst verschwunden[94].

Neben der Prägung von Reliefffliesen mit Holzmodeln, die durch Abdrücke der Holzmaserung auf Fliesen (C9,[95] P15), durch Modelrisse (H135, Reichenauer Hof, Ulm, L12 aus Kloster Arnstein) und durch gebrochene Holzmodel (C2 aus Rijnsburg, J36 und H69 aus Dieburg belegt werden kann, glaubt Führer[96] außerdem an eine Verwendung von freihändig modellierten Tonmodeln, von denen nach dem Brennen Negativformen aus Ton oder Gips hergestellt wurden. Die bei dieser Technik entstehenden feinabgestuften Ebenen, die stärker gerundeten Kanten und die sorgfältigere plastische Modellierung lassen sich nur an ganz wenigen Fliesen nachweisen. Sie käme möglicherweise für einige Fliesen aus der Burg Straßberg (Kt. Bern) (A17, F3) in Betracht, nicht jedoch für die schöne Kentaurenfliese der Sammlung Figdor (F9) und die eng mit ihr verbundenen böhmischen Fliesen[97]. Das komplizierte Schriftbild spricht für eine Entstehung als Positiv, das Umdenken in ein Negativ wäre für den Modelschneider sicher äußerst schwierig gewesen. Als Material dürfte jedoch eher ein feiner Stein oder tatsächlich Gips gedient haben.

Der einfache Holzmodel wurde mit stärkerem Druck eingeprägt, wurde häufiger beansprucht und nutzte sich dadurch viel rascher ab. Er wurde deshalb kürzere Zeit

93 A. Essenwein, 1862, 50–51, Abb. 8 und 10.

94 G. Gloede, 12. – Vgl. dazu die inkrustierten Wappenfliesen aus der Zisterzienser-Klosterkirche Doberan. Bei gut erhaltenen Fliesen ist die Oberfläche glatt, bei abgetretenen ist nur noch das Relief des Stierkopfes sichtbar. Dasselbe gilt für inkrustierte Fliesen der Kathedrale St. Pierre in Genf. Ist die Inkrustierung ausgebrochen, sehen sie aus wie Reliefffliesen, die nie eine Füllung besaßen.

95 Besonders deutlich sichtbar bei K. Kubes, J. Rössl, Abb. 30.

96 R. Führer, 20–21.

97 D. Hejdova, B. Nechvátal, 416–421, Abb. 44–45. – Fliesen aus Burg Zwingenberg/Zvikov mit teilweise nicht mehr entzifferbaren Umschriften in deutscher Sprache.

verwendet und öfter nachgeschnitten. Daraus ergibt sich der für die Relieffliese ganz typische rasche Wechsel des Musters und die größere Häufigkeit von Varianten. Die Fliesen des Prämonstratenserklosters Neustift (Freising) und des Passauerhofes in Stein an der Donau sind ausgezeichnete Beispiele für einen Fliesenbelag aus Reliefflíesen. Hier finden sich eine Fülle verschiedener Muster (aus Neustift sind heute noch 26 erhalten), in wenigen Exemplaren. In Kirchen und Klöstern, die Fliesen mit vertiefter Prägung verwandten, finden sich oft wenige Muster in großer Anzahl.

Diese Tatsache gilt jedoch nur bis zur 2. Hälfte des 14. Jahrhunderts. Die Fliesenbeläge aus Reliefflíesen, die vorwiegend in kleinen Dorfkirchen Württembergs auftreten, zeigen ein ganz neues Bild. Hier wurden für den Schmuck eines Bodens nur noch wenige, oft nur noch ein Muster verwandt. Dem Wunsch nach einer einheitlichen Gliederung und einer ruhigeren Wirkung des Bodens fielen der Formenreichtum und das ikonographische Programm zum Opfer. Diese Tendenz verstärkte sich im 16. Jahrhundert noch und führte zum einheitlichen Boden aus einem Muster, wie dies die schönen Renaissanceböden in Mainz (K 65), Gaubikkelheim, Burg Reipoltskirchen, Kloster Eberbach, Höhr und Bacharach zeigen.

Obwohl in allen Gegenden Deutschlands Reliefflíesen hergestellt wurden, ergibt sich doch eine Bevorzugung dieser Technik in einzelnen Gebieten. So wurden in der 2. Hälfte des 15. und im 1. Drittel des 16. Jahrhunderts in den im Raum um Köln und Aachen konzentrierten Werkstätten fast ausschließlich Reliefflíesen gefertigt. Dasselbe gilt für Württemberg, vor allem für das Gebiet um Ulm und in Oberschwaben. Die Bevorzugung der Relieffliese hängt vermutlich von der Organisation der einzelnen Töpferwerkstätten ab. An kleineren Orten standen Modelschneider wohl nicht beliebig zur Verfügung, man mußte deshalb mit wenigen Mustern auskommen. In Köln und Aachen hingegen werden oft nur kleine Aufträge erteilt worden sein, eine Wappenfliese wurde für einen Wohnraum, einen Saal oder eine kleine Hauskapelle gewünscht. Eine Bestellung folgte rasch der anderen, stets wurden neue Muster, jedoch in kleinerer Menge, verlangt. Da die Fliesen der Werkstätten im Kölner und Aachener Raum ein besonders flaches Relief zeigen, für das Model sehr viel müheloser zu schneiden waren, konnte dem Verlangen nach vielfältigen Mustern eher Rechnung getragen werden. Außerdem scheinen z.B. Wappenmodel, nachdem eine Bestellung abgeschlossen war, in der Werkstatt unbekümmert weiterbenutzt worden zu sein. Nur so läßt sich das Vorkommen einzelner Wappenfliesen an Orten erklären, zu denen die Familie des Wappenträgers wohl keinerlei Beziehungen hatte (z.B. G56 in der Klosterkirche Bödingen).

Die Reliefflíesen unterscheiden sich überdies von den Fliesen mit vertiefter Prägung durch eine weit größere Diskrepanz in der Qualität ihrer Muster. Es finden sich unter ihnen sowohl die schönsten und sorgfältigst geschnittenen deutschen Fliesen (T21 aus Pfungstadt, F116 und G20 aus Kempten, E1 aus Kloster Bebenhausen und H129 aus Kürnbach) wie auch die monotonen Eichblatt- und Lilienstabvarianten des Fils- und Neckartals und der späten Wormser Werkstatt. Hier wurden die Model kopiert und diese Kopien erneut kopiert, bis das ursprüngliche Muster kaum noch erkennbar ist. Es fällt auf, daß in Hessen und Rheinhessen auch im späten 15. Jahrhundert kaum Reliefflíesen geprägt wurden, mit Ausnahme der zahlreichen Varianten und Nachschnitte der ursprünglich vertieft geprägten Fliesen H53 und H56.

Das rasche Vordringen der Relieffliese, besonders im süddeutschen Raum, kann nicht allein mit dem Hinweis auf Töpfergepflogenheiten erklärt werden. Sicher erhöhte die Relieffliese zwar die Trittsicherheit des Bodens, sie war jedoch auch, vor allem da sie in Süddeutschland ganz selten durch Glasur geschützt war, der raschen Abnützung ausgesetzt. Der Grund mag darin liegen, daß sich, im Gegensatz zu den rheinischen Kirchen, in denen den Fliesen meist schon ein Bodenbelag aus Steinplatten oder Plattenmosaik vorausgegangen war, die schwäbischen Kirchen bis zu diesem Zeitpunkt mit einfachen Lehm- oder Kalkestrichen begnügt hatten. Das Aufblühen der Künste in der 2. Hälfte des 15. Jahrhunderts führte fast an allen Orten zu Neu-, Um- oder Anbauten von Kirchen, die nun mit prächtigen Fliesenböden ausgestattet wurden.

Außer dem Bild des Thrones Salomons[97a] im „Hortus deliciarum“ der Herrad von Landsberg, gibt es keine Anhaltspunkte, daß Fliesen mit vertiefter Prägung auch als Wandfliesen[98] Verwendung fanden (Abb. 26). Bei einigen Reliefflíesen (A2, F20) dagegen sprechen Dekor und Erhaltungszustand eher für eine Verwendung als Wandfliese. Die Fliese G64 aus Köln wurde nachweislich als Sockelfliese verwandt, während nicht gesichert ist, ob die in rheinischen Wasserburgen gefundenen Fliesen des 16. Jahrhunderts, wie in Holland und Belgien, auch an offenen Kaminen angebracht waren.

97a Es ist natürlich möglich, daß der Thron Salomons häufig in ähnlicher Weise dargestellt wurde. Außerdem zeigt auch ein um 1440 entstandenes Glasfenster aus der Karmeliterkirche zu Boppard eine thronende Muttergottes vor einem Hintergrund aus Wandfliesen. Diese unterscheiden sich deutlich von den sonst in der Glasmalerei üblichen Hintergründen. (S. BEEH-LUSTENBERGER, Taf. 102, Darmstadt, Hessisches Landesmuseum).

98 Fliesen, die durch kleine Nagellöcher in den Ecken eindeutig als Wandfliesen zu erkennen sind, fanden sich 1893 bei einer Grabung auf der Engelburg bei Laubach, Hessen (A. ROESCHEN, Ausgrabungen auf der Engelburg bei Laubach, Quartalsbl. Hist. Ver. Großherzogtum Hessen 1899, 719). Diese Fliesen sind verschollen; es ist nicht angegeben, ob sie gemustert oder glatt waren. – Durch Nagellöcher sind ferner die Wandfliesen aus St. Peter, München (s. Kap. 5) und eine Wandfliese unbekannter Herkunft im Museum Landshut gekennzeichnet.

1.3 Die Stempelfliese

Zwischen Reliefliesen und Stempelfliesen kann kein scharfer Trennungsstrich gezogen werden, da die Stempelfliese wie diese in einem Arbeitsgang mit Holzmodeln geprägt wurde. Sie unterscheidet sich von der Reliefliese dadurch, daß das Ornament meist nur einen Teil der quadratischen, sechs- oder achteckigen Fliese bedeckt. Die in Quadrat-, Rechteck-, Kreis- oder Rautenform geschnittenen Model wurden entweder nur als Mittelstempel in eine vorbereitete Fliese eingeprägt, wobei das Außenformat beliebig groß sein konnte (F 108), oder als kleine Ornamente über die sonst glatte Fliesenfläche verteilt. Bei der Verzierung einer Fliese durch kleine Einzelstempel, den Prägestöcken der mittelalterlichen Zeugdrucker vergleichbar, wurde das Muster immer neu variiert. Es lassen sich so mit einem verhältnismäßig kleinen Bestand von Modeln zahlreiche Muster erzielen. Die Fliesenformate sind nicht festgelegt, sondern lassen sich jeweils den Maßen des Raumes anpassen. Der Durchmesser der einzelnen Stempel schwankt zwischen 1 und 8 cm.

Meist wird der Begriff der Stempelfliese auf diese Technik eingeengt. Die frühesten deutschen Fliesen wurden zwar ebenfalls mit kleinen Stempeln geprägt, es wurde dabei jedoch immer derselbe Bildaufbau gewahrt. So zeigen die Fliesen der Klöster Eberbach, Bleidenstadt, Ilbenstadt, eines unbekannten Baues in Mainz (St. Gangolf?), der Einhardsbasilika in Steinbach, der Burgkirche Hain und von St. Ursula, Oberursel, stets einen großen, quadratischen Mittelstempel, der von kleinen Kreisstempeln umgeben ist. In Kloster Johannisberg sind alle fünf Stempel kreisförmig. Auch die Fliesenprägung des Klosters Wörschweiler beginnt mit Stempeln. Hier wurde jedoch schon die ganze Fliesenfläche damit bedeckt (W 40, P 15), wenn auch die Stempel manchmal noch kreuz und quer eingeprägt wurden. Auf den frühesten Fliesen der Klöster Arnstein, Bleidenstadt, Rommersdorf und Rijnsburg sowie eines noch unbekannten Gebäudes in Worms tauchen kleine Rundstempel auf, die meist auf der Rundung der Kreisbänder oder als Mittelpunkt einer Rosette geprägt wurden.

Ebenso sind die vor kurzem aufgedeckten Fliesen A 7 und N 104 des Zisterzienserstiftes Lilienfeld nicht eigentlich als Stempelfliesen zu bezeichnen. Hier wurden jeweils zwei Kreisstempel oder ein Rechteckstempel mit einem Kreisstempel auf eine Fliese geprägt. Derselbe Vorgang wiederholt sich auf den wohl in der 1. Hälfte des 15. Jahrhunderts entstandenen Fliesen aus Straubing (E 65). Bei den Fliesen der St. Leonhardskapelle in Apfeltrach werden die Muster aus vier kleinen Kreisen (M 8) oder aus gekreuzten Bändern (O 60) gebildet.

Ihre schönste Ausprägung hat die Stempelfliese zweifellos im Zisterzienserkloster St. Urban bei Zofingen (Kt.

Abb. 3a Hirsch, Löwe, Greif und Einhorn. Fliese (Ausschnitt) des Zisterzienserklosters St. Urban (Kt. Luzern). Um 1280. Karlsruhe, Privatbesitz.

Luzern) erfahren, das diese Technik zu großer Vollkommenheit entwickelte. Die Werkstatt, deren Beginn Schnyder[99] in die Zeit zwischen 1250–55 ansetzt, entfaltete im 6. und 7. Jahrzehnt des 13. Jahrhunderts einen ausgedehnten Handel mit ihren Erzeugnissen.

St. Urbanfliesen fanden sich bei Ausgrabungen in Burgen der Nordschweiz, in den von St. Urban abhängigen Kirchen und in Privathäusern der Städte Zofingen und Olten. Die Stempel wurden nicht nur für Fliesen, sondern auch für Türstürze, Fensterumrahmungen, Wandverkleidungen und Grabplatten verwandt (Abb. 3a und b). Schnyder ist es in mühevoller Arbeit gelungen, 115 verschiedene Stempel[100] aufzuspüren, die von winzigen Ornamentstempelchen von 1–3 mm Durchmesser bis zu breiten Stempelbändern von 54 cm Länge reichen. Die Darstellungen, noch stark der romanischen Formenwelt verhaftet, ähneln denen der gleichzeitigen deutschen Fliesen. Sie sind ikonographisch von großem Interesse, das Ornament überwiegt jedoch die figürliche Darstellung.

Noch ist es nicht gelungen, endgültig zu klären, welchen Einflüssen die Werkstatt von St. Urban ihr Entstehen verdankt. Schnyder verweist auf bei den jährlichen Generalkapiteln in Cîteaux empfangene Eindrücke. Diese hätten jedoch wohl auch die anderen Zisterzienseräbte erhalten, ohne daraus die für St. Urban spezifische Stempeltechnik zu entwickeln. Zudem haben sich in Burgund bis heute keinerlei vergleichbare Fliesen oder gemusterte Bauteile gefunden, die als Anregung ge-

99 R. Schnyder, 1958, 26.
100 Ebd., Kat. der Ornamente.

Abb. 3b Turmtragender Elefant. Fliese des Zisterzienserklosters St. Urban (Kt. Luzern). Um 1270. Zürich, Schweizerisches Landesmuseum.

dient haben könnten. Auch der Hinweis Schnyders[101] auf die enge Verbindung des Klosters mit dem Mutterkloster Lützel/Lucelle (Haut-Rhin) und auf reiche Besitzungen im Sundgau liefert keine schlüssigen Anhaltspunkte, da ausgerechnet Lützel einen reichdekorierten Fliesenboden aus inkrustierten Fliesen nach französischem Vorbild besaß. Über die Stempelfliesen der Westschweiz gibt es noch keinen sicheren Überblick. Bei den Grabungen, die 1971–74 auf der Nordseite der Kathedrale von Lausanne durchgeführt wurden, an einer Stelle, an der früher Kreuzgang und Kapitelsaal lagen, fand man ebenfalls Stempelfliesen mit kleinen Rosetten[102].

Es ist deshalb eher daran zu denken, daß sich in unmittelbarer Nähe des Klosters schon in Stempeltechnik hergestellte Fliesen fanden. Diese, in Burg Straßberg bei Büren ausgegrabenen Fliesen (siehe Musterkat.) zeigen mit Stempeln verschiedenen Formats und wechselnden Darstellungen geprägte Bilder. Neben qualitätvollen Fliesen mit feiner Binnenprägung und reichen Details stehen kleine primitive Stempel in groben Umrissen. Oft sind bis zu neun Stempel auf eine Fliese geprägt (F 169), bei anderen reicht das Bild bis zum äußersten Rand.

Schnyder setzt die Entstehung der Straßberger Fliesen in die Blütezeit der St.-Urban-Werkstatt und nimmt einen Neubau der Burg nach 1246 an[103]. Er weist, wie schon Forrer, auf die Abhängigkeit der Fliesen von denen der St. Fideskirche in Schlettstadt hin. Es ist jedoch zu bezweifeln, daß eine solche Übereinstimmung, wie sie die Kentaurenfliesen F 2 und F 3 aufweisen, noch über einen Zeitraum von mindestens 80 Jahren bewahrt worden wäre. Zudem wäre eine Darstellung dieses Typus, mit Normannenhelm und Rundschild, nach der Mitte des 13. Jahrhunderts kaum denkbar. Die Fliesen dürften deshalb eher kurz vor oder nach 1200 unter oberrheinischem Einfluß entstanden sein[104].

Dem jähen Aufblühen der Backsteinornamentik von St. Urban folgte ein ebenso plötzlicher Niedergang der Produktion. Eine Verschlechterung von Tonqualität, Brand und Prägung ging Hand in Hand mit einem allmählichen Versiegen der Muster. Schnyder, der aufgrund der gesplitterten Model, der langsam abbröckelnden Holzkanten und der sich weniger stark abzeichnenden Holzmaserung eine Chronologie der Fliesenmuster aufstellte[105], glaubt an eine Einstellung des Werkstattbetriebs um 1287.

St.-Urban-Fliesen wurden jedoch im 14. und 15. Jahrhundert noch in den von St. Urban abhängigen Zisterzienserklöstern Frienisberg, Fraubrunnen und Ebersekken sowie in Beromünster gefertigt.

Wie schon erwähnt, fand sich bis jetzt nur ein einziges, von St. Urban beeinflußtes Fliesenbruchstück im Kloster Herrenalb. Es stimmt zwar nicht im Muster, jedoch in der Reliefprägung und der Art des Rahmens mit den St.-Urban-Fliesen überein. Ob es aus St. Urban kam oder ob sich im Kloster Herrenalb eine eigene Werkstatt befand, läßt sich vorläufig nicht feststellen.

Die Fliesen des Freiburger Fundes aus dem Haus ‚zum Wolf' lassen zwar den Einfluß von St. Urban erkennen (vgl. Schnyder, 1958, Abb. 6 oben, Kat. Nr. 34, Y 13 und Y 14 mit Kat. Nr. 32 u. 33), verraten jedoch im Reichtum der Muster und in der Vielfalt der mit den Stempeln geprägten Varianten eine innere Unabhängigkeit der Werkstatt. Diese Muster sind bis jetzt an keiner anderen Stelle aufgetaucht. Es kann sich nur um eine kleine Werkstatt gehandelt haben, die Aufträge für den engsten Stadtbereich übernahm.

Die Fliesen fanden sich bei Umbauarbeiten 1881 in den Kellerräumen des Hauses ‚zum Wolf', Freiburg, Herrenstr. 45[106]. Sie stammen vermutlich nicht aus diesem Haus, der ursprüngliche Herkunftsort war bis jetzt nicht zu ermitteln. Mit 21 Prägestempeln wurden 26 verschiedene Fliesenmuster geprägt. Neben strengen romanischen Palmettenbändern und Schlingornamen-

101 Ebd., 30.

102 W. Stöckli, Les fouilles au nord de la cathédrale: cloître, bâtiments capitulaires, cimetière. Cathédrale de Lausanne. 700e anniversaire de la consécration solennelle, Catalogue de l'exposition, Lausanne 1975, 53, Nr. 29. – Zwei Rosettenmuster, „13.–14. Jahrhundert". Der Kapitelsaal stammt aus dem 2. Viertel des 13. Jh. Die Bruchstücke werden im Katalog als ‚briques' (Backsteine) bezeichnet, es handelt sich jedoch eindeutig um Fliesen.

103 R. Schnyder, 1958, 34–35.

104 P. Aeschbacher, 69–70. – Die Burg wird 1236 als „in Trümmern liegend" bezeichnet, sie kann jedoch noch nicht lange davor zerstört worden sein.

105 R. Schnyder, 1958, 39.

106 F. Schneider, 1882, 51–55, Taf. 1–4.

ten finden sich Kerbschnittrosetten und Sternblüten, die auf eine spätere Entstehung weisen.
Da die frühen und späten Muster auf einzelnen Fliesen gemeinsam auftreten, kann nur angenommen werden, daß die Werkstatt einige Jahrzehnte bestand und ihren Modelbestand von Zeit zu Zeit durch Neuschnitte ergänzte.
Eine Datierung dieser Werkstatt erscheint, durch das Fehlen aller Urkunden, sehr schwierig. Die Herzpalmetten, Flechtbänder und Kreismuster ähneln denen von St. Urban, die Hirsch-Löwen-Fliese (Y 6) scheint jedoch eher vor den spröden, sich in der Kontur verhärtenden Tierdarstellungen von St. Urban zu liegen. Der Engel, des besonders reizvoll in einen Kreis komponierten Kampfes St. Michaels (Y 1) mit dem Drachen, hebt sich durch Eleganz der Bewegung von der schwerfälligen Körperlichkeit der Evangelistensymbole in St. Urban ab[107]. Schon Geiges[108] verweist auf den engen Zusammenhang der Darstellung mit einem Glasgemälde aus dem südlichen Seitenschiff des Freiburger Münsters, das jedoch erst dem 14. Jahrhundert angehört.
Überzeugender ist ein Vergleich mit einem um 1200 benutzten Konventssiegel des Klosters St. Jörgenberg (Inn)[109], das eine erstaunliche Übereinstimmung der Drachendarstellung aufweist. Dennoch dürfte die Datierung von Geiges, der die Fliese um 1200 ansetzt, zu früh sein, die Schneiders[110], der aufgrund der minderen Tonqualität und des niedrigen Brandes eine Entstehung noch im 15. Jahrhundert für möglich hält, wesentlich zu spät. Es kann nicht ausgeschlossen werden, daß einige der Stempel (Y 20) schon vor dem Beginn der Tätigkeit der St.-Urban-Werkstatt geschnitten wurden, die ersten Prägungen könnten schon vor der Mitte des 13. Jahrhunderts erfolgt sein. Die Fliesen des Hauses ‚zum Wolf', die frühe und späte Stempel vereinigen, wurden am ehesten im 3. Viertel des 13. Jahrhunderts geprägt[111].
Möglicherweise wurden diese Stempel nicht unmittelbar für Bodenfliesen geschaffen, sondern einige von ihnen zuerst zum Verzieren von Backsteinen oder in der Gefäßkeramik benützt. Im Museum Bad Dürkheim hat sich ein solcher gestempelter Backsteinquader vom Gößelstein bei Neustadt an der Weinstraße erhalten, welcher zwei Stempel zeigt, wie sie ähnlich auf den Freiburger Fliesen vorkommen[112]. Dasselbe gilt für die verzierten Topfdeckel, die sich allerdings vor allem in Nordbelgien, Friesland und Norddeutschland erhalten haben[113]. All diese kleinen Stempel sind wiederum den Töpfermarken verwandt.
Zuletzt sei noch eine weitere Art von Stempelfliesen erwähnt. Hier wurden Stempel, ursprünglich vermutlich zur Herstellung kleiner Quadratfliesen oder für Füllfliesen ähnlich W 80 verwandt, nachdem diese komplizierten Beläge nicht mehr üblich waren, in größere Fliesen geprägt. Ein ausgezeichnetes Beispiel bietet S 48; bei S 49 wurden dieselben Blütensterne auf kleinen Kreissegmenten gereiht.

1.4 Die inkrustierte und engobe-geprägte Fliese

Die inkrustierte Fliese verdankt ihr Entstehen dem Wunsch, die mühselige und kostspielige Steininkrustation in einem leicht zu beschaffenden Material und einem einfachen Arbeitsprozeß nachzuahmen. Erst durch die Verwendung von Ton war es möglich, größere Flächen mit zweifarbigen Fliesen zu belegen und die gewünschten Farbwirkungen ohne großen Kostenaufwand zu erreichen. Als Vorbild dienten nicht nur die teilweise noch sichtbaren römischen Steininkrustationen auf Wandplatten[114], sondern auch die in Frankreich, England und Deutschland schon vorhandenen inkrustierten Fußböden des 12. und 13. Jahrhunderts[115]. Inkrustierte Tonfliesen konnten jedoch erst entstehen, als man, etwa zu Beginn des 12. Jahrhunderts, hell- und dunkelfarbig brennende Tone entdeckte, die ungefähr dieselbe Schwindung zeigten.
In der Literatur des 19. Jahrhunderts wird die Herstellung von inkrustierten Fliesen stets als besonders einfacher und leicht zu handhabender Prozeß beschrieben. Versuche, die englische Wissenschaftler durchführten[116], haben jedoch gezeigt, daß es vermutlich nicht nur *eine* Prozedur zur Fertigung dieser Fliesen, sondern eine ganze Reihe verschiedener Techniken gab, je nachdem, wie tief das Muster in die umgebende Tonmasse eingelassen war. Auch hier verläuft die Entwicklung von der etwas komplizierten zur rationelleren Methode.
Mit Hilfe eines geschnitzten Druckstocks (Abb. 4), der

107 R. Schnyder, 1958, Kat. Nr. 50.
108 F. Geiges, 1931, 87.
109 P. Klettler, Taf. 23, Abb. 61. – Die Darstellung zeigt einen Kampf St. Georgs mit dem Drachen. Als Vergleich sei ein um 1330 entstandenes Einzelblatt vom Meister der Willehalm-Handschrift genannt (Berlin-Dahlem, Kupferstichkabinett, E. B. 672) bei A. Boeckler, 23., welches einen Kampf St. Michaels mit dem Drachen zeigt und den beträchtlichen Zeitabstand zwischen den beiden Darstellungen besonders deutlich erkennen läßt.
110 F. Schneider, 1882, 53.
111 R. Schnyder, 1958, 98, Anm. 210 setzt die Freiburger Fliesen um 1270 an und betont die Abhängigkeit von St. Urban.
112 A. Ortegel, Die Klosterkirche Thierhaupten und ihre romanischen Bauteile, Neuburger Kollektaneen-Bl. 107, 1953, 68, Abb. 16 (63–79).
113 A. Dorgelo, Middeleeuwse versierde aardewerkdeksels, Ber. ROB 9, 1959, 1960, 119–138, 131, Abb. 13. – Deckel unbekannter Herkunft im Museum Groningen, mit Stempeln wie die Rosetten von Y 2; 135, Abb. 8.3, Deckel aus Wommels, Friesisches Museum, Leeuwarden, zeigt Dreiecke mit Fischgrätmuster ähnlich Y 26. – E. Grohne, 25, 24, Abb. 17 und 18. Topfdeckel im Museum für Hamburgische Geschichte.
114 H. Kier, 1970, 49–50.
115 Vgl. S. 184.
116 L. Haberly, 50–53. – E. S. Eames, 1980, I, 45–48. Vgl. außerdem Kap 15.6.

Abb. 4 Herstellung einer inkrustierten Fliese (Zeichnung von Jean-Claude Barcon, CNRS, Dijon).

Abb. 5 Lüneburg, Rathaus, Gerichtslaube. Um 1330/1337. Bodenfliesen mit Mörtelinkrustation.

die anfänglich meist einfachen Außenkonturen des Musters zeigte, wurde eine ca. 2–3,5 mm starke Vertiefung in eine vorbereitete Tonfliese eingeprägt. Diese wurde mit einem weißbrennenden, heute zumeist als Pfeifenton bezeichneten Ton gefüllt, sorgfältig abgestrichen, so daß die Oberfläche plan war und das ganze meist mit einer farblosen Bleiglasur überzogen, die nach dem Brand den Ton braunrot und das Muster gelblich erscheinen ließ. In einzelnen Fällen wurde die ganze Fliese mit einer weißen Engobe überzogen, das Muster nur in Rot ausgespart oder die Vertiefung zusätzlich noch mit besonders intensiv rotbrennendem Ton gefüllt. Seit etwa dem letzten Viertel des 13. Jahrhunderts wurde diese Technik vereinfacht. Der Druckstock wurde zuerst in die weiße Engobe getaucht und mit dieser zusammen auf die Fliese geprägt. Die Vertiefungen sind minimal, oft nur 1–1,5 mm, seltener 2 mm tief[117].

Der Unterschied zwischen den frühen inkrustierten und den späteren, mit Engobe bedruckten Fliesen liegt vor allem im Muster. Die inkrustierten Fliesen zeigen klare, sorgfältig gezeichnete, jedoch sehr einfache Muster. Die späten Fliesen haben oft Zeichnungen mit verwischten Rändern, die Darstellungen sind andererseits ikonographisch meist sehr interessant, phantasievoll und von großem Reiz.

Solange die Fliese nicht beschädigt ist, läßt sich vielfach nicht feststellen, zu welcher Gruppe sie gehört, da beide bei intakter Glasur sehr ähnlich aussehen. Die Glasur kann manchmal einen Hinweis für die Datierung geben; die frühen Fliesen zeigen dickflüssigere Glasuren, mit Schlieren und Farbübergängen innerhalb der Fliesenoberfläche. Bei den späteren Fliesen mit dünne-

117 Diese Technik wurde in der englischen Fliesenliteratur bis jetzt als *printed* (gedruckt) bezeichnet. Dieser Begriff wird in den jüngsten Veröffentlichungen durch *slip-decorated* (mit Engobe verziert) ersetzt. Seit den neuen Funden eines für Fliesen benutzten Töpferofens in Danbury (P. J. Drury, G. D. Pratt, A late 13th and early 14th-century tile factory at Danbury, Essex, Med. Arch. 19, 1975, 92–164 [139–140]), dessen Fliesen gründlich untersucht wurden, neigen die Autoren dazu, zwei Gruppen zu bilden: 1. *Stamp-on-slip*, d. h. die ganze Fliese wird mit Engobe übergossen, das Muster eingeprägt und der Rest sorgfältig abgekratzt oder 2. *slip-over-impression*. Hier wird die Fliese zuerst mit dem Muster gestempelt, dann mit Engobe begossen und das Muster wieder freigekratzt.

rer Glasur tritt der Rot-Weiß-Gegensatz klarer hervor. Seltener finden sich Fliesen mit grünlicher oder bräunlicher Glasur. In einzelnen Fällen waren auch dunkelgraue Fliesen mit rotbrennenden Tonen inkrustiert oder hellgraue Fliesen mit einer schwärzlichen Mörtelmasse versehen worden. Eines der schönsten Beispiele für diese Technik bietet der heute noch in situ erhaltene Fliesenboden der Gerichtslaube des Lüneburger Rathauses (Abb. 5)[118] und eine Fliese aus Mark bei Emmelsbüll (Kr. Nordfriesland) im Schleswig-Holsteinischen Landesmuseum Schleswig (Inv. Nr. 1935/556). (Abb. 6)

Seltsamerweise hat die inkrustierte Fliese in das in dieser Arbeit behandelte Gebiet kaum Eingang gefunden, während sie in England, Frankreich, Holland und Belgien das Gros aller Fliesen stellt. Nur in den Randgebieten fanden gewisse Überschneidungen statt. Möglicherweise liegt dies vor allem am Fehlen des nicht überall anstehenden Pfeifentons. Wie weit die seit dem 17. Jahrhundert in Deutschland ausgebeuteten Lagerstätten an weißbrennendem Ton im 13. Jahrhundert schon bekannt waren, ließ sich nicht ermitteln. Fest steht, daß er meist von außerhalb beschafft werden mußte[119] und deshalb zusätzliche Kosten verursachte, während der Ziegelton oft in ausreichender Menge in der Nähe zur Verfügung stand.

Der nordöstlichste Ausläufer der inkrustierten Fliesenböden Frankreichs fand sich bei einer Ausgrabung 1908 im Zisterzienserkloster Lützel/Lucelle (Haut-Rhin)[120]. Neben Drachendarstellungen zeigte er Löwen, Adler, Blatt- und wechselnde Blütenmuster. Die Farbwirkung wurde durch verschiedenfarbige Glasuren noch gesteigert. Für Lothringen sind die, vermutlich noch im 13. Jahrhundert entstandenen Fliesen der St. Peterskirche auf der Zitadelle in Metz[121] die östlichsten Funde. Ihre Muster finden sich auf deutschen Fliesen mit vertiefter Prägung, wie auch auf französischen, inkrustierten Fliesen[122] ähnlich wieder.

In der Stiftskirche St. Gangolf, Heinsberg[123], fanden sich sowohl inkrustierte Fliesen als auch Reliefffliesen. Die Muster, heraldische Löwen, Hirsche, Lilien und Blüten, weisen jedoch auf eine Herkunft aus Belgien. Sie stimmen teilweise mit Fliesen des Klosters Val-Benoît in Lüttich überein[124].

Auf eine Herkunft aus dem Westen weisen auch die vor dem Abbruch 1899 entfernten Fliesen der Dechanei in Aachen. Hier ist nur noch ein einziges Muster mit Sicherheit bekannt, ein kauernder Hase in einem mit ovalen Ringen verzierten Kreis. Übereinstimmende Rahmung zeigen vier weitere Fliesen, die, wenn sie nicht aus Aachen stammen, zumindest aus derselben Werkstatt kommen. Sie befinden sich heute im Rijksmuseum Amsterdam[125] und zeigen einen Hund (?) oder Hasen (?), einen stehenden Hirsch, eine Lilie und das Fragment einer Inschrift „E GODS T HUIS". Hier ist die Engobe teilweise abgeplatzt und zeigt, daß die Prägung kaum vertieft war. Dasselbe gilt für die auf dem Kolverather Hof bei Daun gefundene Vierpaßfliese ZL 3 und die engobe-geprägten Fliesen aus St. Aposteln in Köln, deren Muster kaum noch zu erkennen ist.

Auf unmittelbaren französischen Einfluß gehen mög-

Abb. 6 Fliese mit Mörtelinkrustation aus Mark bei Emmelsbüll, Nordfriesland. Um 1200. Schleswig, Schleswig-Holsteinisches Landesmuseum. Graugelber Ton mit schwarzem Mörtel, 31 × 31 × 5,5 cm.

118 J. Matthaei, Abb. 29.

119 H. Kromer, K. H. Schüller, Farbig brennende Tone als keramische Rohstoffe, Keramische Zs. 32, 1980, 574–578 (574): „Weißbrennende Tone werden über weite Strecken und sogar über Landesgrenzen hinweg zum Verbraucher transportiert; farbigbrennende Tone haben dagegen überwiegend nur lokale Bedeutung." In Deutschland wurde Pfeifenton vor allem in Siegburg gegraben und sowohl nach Köln und Frechen geliefert, wie auch in Fässern bis nach Holland verschifft, obwohl dort am Ijssel-Ufer ein ebenso guter Pfeifenton anstand (K. Göbels, 213–214). Eine Urkunde über das Abgraben von Pfeifenton in Siegburg hat sich jedoch erst von 1630 erhalten.

120 E. A. Stückelberg, Der glasierte Fliesenboden der Klosterkirche Lützel, ASA, NF. 18, 1916, 328. Die Fliesen befinden sich im Frauenhausmuseum Straßburg. Sie sind noch nicht publiziert.

121 E. Knitterscheid, Die Abteikirche St. Peter auf der Citadelle zu Metz, Jb. der Ges. für Lothringische Gesch. und Altertumskunde 10, 1898, Taf. 3 und 4.

122 Vgl. ebd., Taf. 3. Ähnliche Prägungen fanden sich z.B. in Reims. (A. Chevallier, Carrelage du XIIIe siècle trouvé en 1888, Rue du Cardinal-de-Lorraine no.5 à Reims, Bull. Mon. 54, 1888, 431–439).

123 W. Piepers, 83–89, Taf. 27–30.

124 J. Helbig, 222, Abb. 3, Nr. 1.3.

125 Rijksmuseum Amsterdam, Afdeling ceramiek, Inv. Nr. 12031 a–e. Der Fundort der Fliesen ist nicht mehr bekannt. Auf Grund der Aufschrift müssen sie aus den Niederlanden stammen, das niederländische Platt wurde jedoch im Mittelalter auch im Raum Aachen gesprochen. Nach freundlicher Mitteilung von Herrn W. Tillie, Poperinge, einem ausgezeichneten Kenner der mittelalterlichen Fliesen Belgiens, wurden dort bis heute keine Fliesen dieses Rahmenschemas entdeckt.

licherweise die Schachbrettfliesen des Zisterzienserklosters Altenberg[126] zurück, die vermutlich den frühesten Fliesenbelag des gotischen Chores (um 1267) bildeten. Der Fund derselben Fliesen in der Motte Kippekausen zeigt, daß dieses Muster nicht nur für Sakralräume verwandt wurde[127].

In der Virneburgkapelle des Bonner Münsters fand sich bei Grabungen 1932 eine Fliese mit Spuren einer weißlichen Glasur, das Muster, ein Hexagramm im Kreis, war mit grauer Mörtelmasse eingelassen[128]. Das Fragment einer Fliese, die außer Kreisbögen möglicherweise ein Blattmuster zeigte, wurde bei der Grabung 1964/65 in der Stiftskirche in Elten[129] geborgen. Diese wenigen Fliesen sind alles, was bis heute an ‚inkrustierten' Fliesen aus dem Rheinland bekannt ist. Vom technischen Standpunkt aus sind sie alle nicht mehr als echte inkrustierte Fliesen anzusprechen. Die Vertiefung ist so gering, daß die Tonengobe kaum einen Halt fand. Sicher ist das Bild ihrer ehemaligen Verbreitung heute verfälscht, eine längere Benutzung ließ wohl überall nur Böden aus glatten, roten Tonfliesen zurück.

Für das südliche Niedersachsen gibt es einen weiteren Fundort, das Zisterzienserkloster Loccum[130], wo heute allerdings nur noch die Kopien des 19. Jahrhunderts auf einen möglicherweise früher dort vorhandenen Originalbelag verweisen, für Westfalen einen Fund, der bei Grabungen 1973–76 in der Unteren Bäckerstraße in Minden gemacht wurde[131].

Hier fanden sich zwei Muster, die, jedes für sich, besonders interessant sind. Das erste, eine spiegelbildliche Variante eines auch in dem norwegischen Zisterzienserkloster Hovedø und in oder in unmittelbarer Umgebung von Brügge gefundenen Musters, zeigt neun Vögel auf kleinen Quadraten (ZE 3).

Das zweite, mit der Darstellung eines reitenden Falkners (ZA 1), gleicht im Typus einer 1979 in Utrecht ausgegrabenen Reiterfliese[132]. Gleichzeitige und frühere Funde lassen es sicher erscheinen, daß diese Fliesen in Utrecht gefertigt wurden. Die schon bei den anderen aus Minden stammenden Fliesen aufgeworfene Frage, ob es sich um Importe handelt, muß hier vermutlich bejaht werden. Die Fliesen kamen weseraufwärts bis nach Minden. Es ist möglich, daß sie dort nur umgeschlagen und für einen anderen Ort bestimmt waren, da der Fundort unmittelbar in Wesernähe lag und sich dort, nach heutigem Wissen, weder sakrale Bauwerke noch Wohnungen begüterter Familien befanden. Dabei muß betont werden, daß die Reiterfliese zwar aus Utrecht stammen kann; die Vogelfliese jedoch wohl nicht aus Hovedø kam, sondern aus einem dritten Ort, an dem entweder auch die Fliesen für Hovedø gefertigt oder die Muster Hovedøs kopiert wurden.

Im Zusammenhang mit Hovedø steht ein zweiter Fundort. Die Fliesen, die in der Kapelle in Althof, Besitz des Zisterzienserklosters Doberan, gefunden wurden, sind in diesem Fall mit den Mustern in Hovedø identisch[133], sie stimmen sogar in den Maßen überein. Kentauren und Drachen, Fabelwesen und Rosetten bevölkern den im 19. Jahrhundert noch ausgezeichnet erhaltenen, heute meist durch Kopien ersetzten Fliesenboden. Hier ist die Frage, wer wem die Fliesen oder Vorlagen weitergab, noch immer nicht zu entscheiden. Obwohl die übrigen Fliesen aus Kloster Hovedø (das 1147 von dem englischen Kloster Kirkstead gegründet wurde) Anklänge an englische Muster zeigen, hat sich doch bis heute in England keine Fliese gefunden, die genau damit übereinstimmt[134]. Die Vorbilder sind eher im Artois oder in Flandern zu suchen.

Für drei weitere Zisterzienserklöster im norddeutschen Raum sind inkrustierte Fliesen belegt. In Kloster Hude hat sich die Darstellung eines feuerspeienden Drachens erhalten, der mit großer Wahrscheinlichkeit aus Hude selbst stammt. Das Kloster, das eine eigene Ziegelei besaß und Backsteine in alle Richtungen verkaufte, fertigte außerdem glatte, buntglasierte Fliesen und Relieffliesen[135]. Durch einen glücklichen Zufall gab der Boden im ehemaligen Zisterzienserkloster Ihlow bei Aurich im Jahr 1977[136] inkrustierte Fliesen in 11 verschiedenen Mustern, dazu eine Reliefflíese, preis. Bei weiteren Grabungen 1983 wurden nochmals Fliesen in drei neuen Mustern gefunden. Als im Juli 1985 der Fußboden eines Gebäudes, welches Weers für das ehemalige Abtshaus hält, aufgedeckt wurde, fanden sich nicht nur inkrustierte Fliesen mit besonders interessanten ikonographischen Darstellungen, sondern auch frühe Relieffliesen, die beweisen, daß die ersten Fliesen entweder aus dem Mutterkloster Aduard bezogen oder mit dessen Stempel geprägt wurden. Die neuentdeckten Fliesen sollen nach Abschluß der Grabung veröffentlicht werden.[137]

Bei den Ihlower Fliesen sind beide Techniken vertreten, echte inkrustierte Fliesen, welche das Muster in Weiß auf rotem Grund unter einer gelben, manchmal ins Grüne spielenden Bleiglasur zeigen und engobe-geprägte Fliesen, bei denen die Zeichnung rot auf weißem Grund ausgespart ist, das einzige bis heute bekannte Beispiel dieser Technik in Deutschland.

126 H. Kier, 1970, 87 und Abb. 235.
127 S. Gollub, 224, Abb. 14, Nr. 5.
128 H. Lehner, W. Bader, 190, Taf. 37a.
129 G. Binding, W. Janssen, F. K. Jungklaass, 231, Abb. 69, Nr. 108 a und 192.
130 s. Fundortkat.
131 G. Isenberg, 445, Abb. 266, Nr. 3 und 2.
132 Vgl. Anm. zu ZA 1 und E. M. Kylstra, 55, Abb. 55.
133 G. C. F. Lisch, 148–162. Die Fliesen in Althof sind zertrennt, je vier Fliesen ergeben die Größe einer Fliese aus Hovedø.
134 H. Rüttimann, 53, nennt als Vorlage Fliesen der Zisterzienserabtei Kirkstall (Yorkshire). Hier wurden jedoch vor allem Mosaikfliesen gefunden. Das Mutterkloster Hovedøs ist Kirkstead, nicht Kirkstall, wie Rüttimann glaubt.
135 G. Sello, 16, Abb. 2.
136 H. Stettner, 11.
137 Erwähnung mit freundlicher Erlaubnis von Herrn A. Weers, Aurich.

Bei den im ehemaligen Zisterzienserkloster Neuenkamp (heute Franzburg) aufgefundenen Fliesen, die sich möglicherweise im Muster an Vorlagen des Zisterzienserklosters Eldena anlehnten, kann nicht entschieden werden, ob es sich um inkrustierte Fliesen handelt, bei denen die Füllung ausgebrochen ist, oder ob sie, wie es auch in England geschah, gebrannt wurden, ohne anschließend mit einer Füllmasse und mit Glasur versehen worden zu sein (J 108, S 7, S 17). Die übrigen, wenigen inkrustierten oder engobierten Fliesen, die bis heute aus dem Gebiet der deutschen Nord- und Ostseeküste bekannt sind, haben alle eines gemeinsam. Es sind kleine Einzelmuster, auf die einfachsten Umrisse beschränkt, entweder Blüten und Sterne, wie aus dem ehemaligen Benediktinerkloster Cismar (Ostholstein)[138] und der Katharinenkirche in Lübeck, oder Löwen, wie auf einer Fliese der Löwenapotheke in Lübeck und eines noch unbekannten Fundorts in Bremen (?). Mit großer Wahrscheinlichkeit wurden diese Fliesen alle an Ort und Stelle gefertigt und nicht, wie früher oft vermutet, aus England, Frankreich oder den Niederlanden eingeführt. Dennoch sind die regen Handelsbeziehungen zu diesen Ländern sicher die Ursache, warum man gerade hier inkrustierte Fliesen verlegte.
Ungeklärt ist bis jetzt, welche Werkstatt die inkrustierten Fliesen für die Pfarrkirche St. Jakob in Rothenburg ob der Tauber schuf. Sie sollen aus der Heilig-Blut-Kapelle stammen und könnten deshalb wohl erst im 3. Viertel des 15. Jahrhunderts entstanden sein. Sie zeigen Drachen, zartes Rankenwerk, Maßwerk- und Blütenmuster und fallen auf durch den Wechsel von weißer Engobe auf rotem Grund und ausgesparten Mustern, die sich in Rot von weißer Engobe abheben. Einzelne Details sind zusätzlich durch grüne Glasur betont. Es sind dies die einzigen bis heute bekannten Fliesen dieser Technik aus Bayern. Bei den weitreichenden Beziehungen der Johanniter wären französische oder flämische Einflüsse durchaus möglich[139]. Weitere, nicht in den Katalog aufgenommene Fliesen mit dem Bild eines knienden Ritters, umgeben von Tieren, Fabeltieren und Vögeln verschiedenster Art, stehen den frühen Fayencefliesen des Klosters Steingaden nahe.
Ähnliche Überlegungen gelten für die nur noch in spärlichen originalen Resten erhaltenen Fliesen der Schloßkapelle in Marburg (Abb. 7). Auf sie soll an anderer Stelle noch eingegangen werden. Sie wurden zwar wahrscheinlich in Marburg, einer Stadt mit alter Töp-

138 J. Meissner, 1972, 108, Abb. 84.
139 A. Ress, 1959, 513, Abb. 448.

Abb. 7 Marburg/Lahn, Schloßkapelle, Mosaikfußboden, nördliche Quernische nach Norden (nach der Restaurierung 1973). Um 1300.

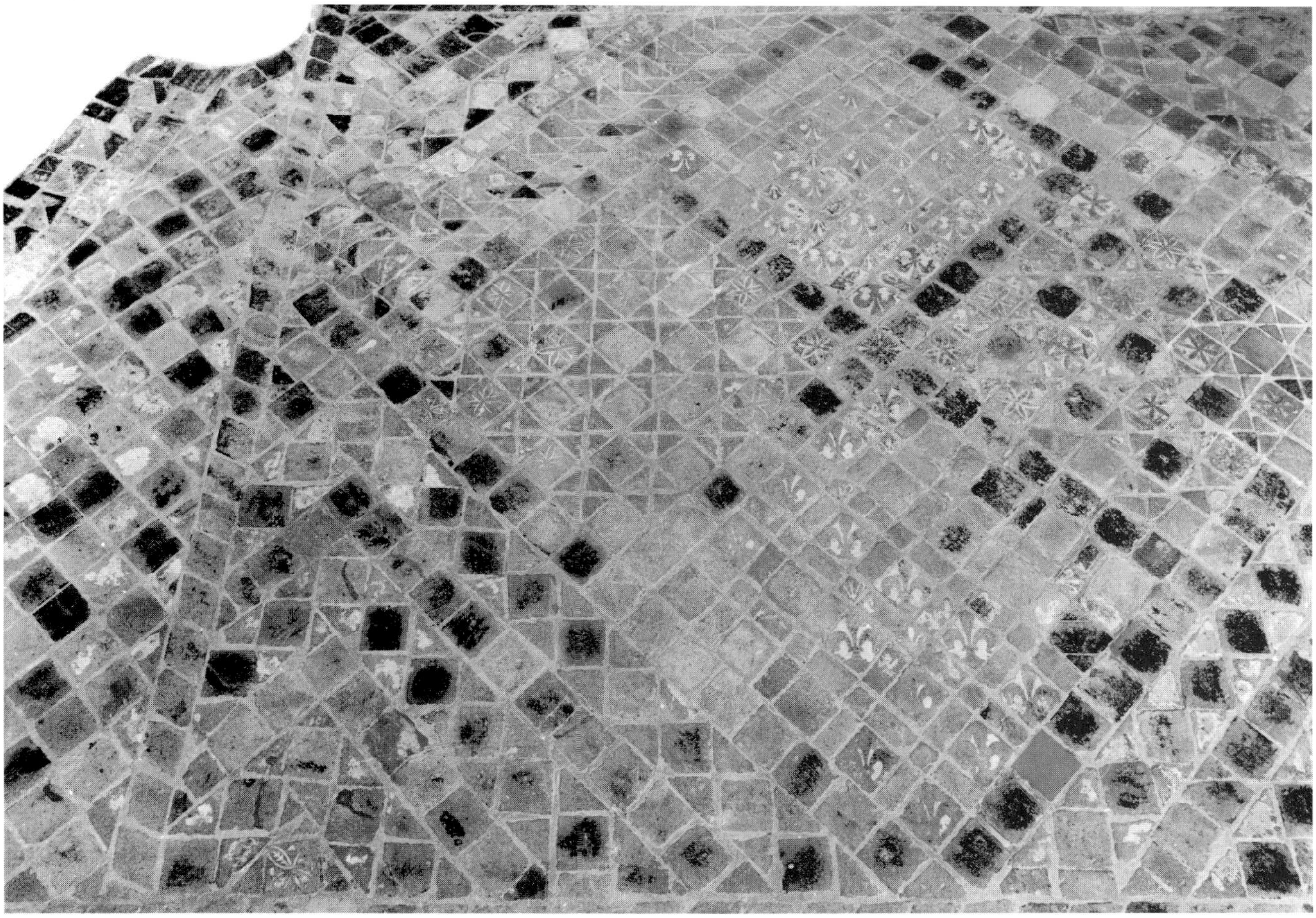

fertradition gefertigt, möglicherweise jedoch nicht durch einen einheimischen Künstler, sondern durch einen der zahlreichen durch den Bau der Elisabethkirche ins Land gekommenen französischen Bauhandwerker.
Erwähnt sei noch eine Fliese des 15. Jahrhunderts aus Ulm oder der Umgebung von Ulm, die eines der wenigen erhaltenen Beispiele für eine mit einer Schablone bemalten Fliese ist (ZL 1). Das kunstvolle Muster, ein Vierpaßviertel mit Lilie und Palmetten, ist so hauchdünn aufgetragen, daß es sicher nur durch einen glücklichen Zufall auf uns kam. Fliesen dieses Typus, über deren Häufigkeit und Verbreitung keinerlei Überblick zu gewinnen ist, werden sich sicher nach kurzer Zeit als glatte rote Tonfliesen präsentiert haben. Es scheint, als sei diese Fliese auch nicht durch eine Glasur geschützt gewesen. Diese findet sich auf einer zweiten, mit Schablone bemalten Fliese aus der Gozzoburg in Krems (Donau)[140] (ZB 1). Hier begrenzt die Schablone nicht nur die Engobe, sondern auch die Glasur. Die Fliese ist schwierig zu datieren, die Adlerdarstellung wäre schon im 12. Jahrhundert möglich, die Baugeschichte weist ins 3. Viertel des 13. Jahrhunderts.
Nicht mehr nachprüfbar ist, wie die bei Demmin[141] erwähnten „eingelegten Fliesen aus Speyer, Worms und Schloß Ramberg" aussahen. Sie sollen sich im Museum Mannheim befunden haben. Sie sind heute verloren, es fehlen auch jegliche Aufzeichnungen oder Skizzen der Muster.

140 Kat.: 1000 Jahre Kunst in Krems, 509, Kat. Nr. 628.
141 A. Demmin, 79, Mannheim, Sammlung des Großhzgl. Antiquariums und des Altertumsvereins.

2. Frühe Fliesen des Vorderen Orients und Nordafrikas

Die Fliese spielte als Bodenbelag oder Wandschmuck schon in früher Zeit eine große Rolle. Sie hat jedoch nicht bei allen Völkern und in allen Kulturen dieselbe Bedeutung erlangt. Die frühesten Zeugnisse von Tonfliesen mit Inkrustationen aus verschiedenfarbigem Ton, teilweise mit leuchtendblauen Glasuren in abgestuften Tönungen, sind aus Ägypten bekannt. Neben Fliesenbruchstücken aus Tell-el-Amarna, die vermutlich in die Zeit Echnatons (1375–1358 v. Chr.) zurückreichen und Bilder von Fischen und Wasservögeln, Lotus- und Papyruspflanzen zeigen[1], stehen türkisfarbene Kacheln mit Alabastereinlagen aus einem Palast Ramses II. (um 1250 v. Chr.) in Kantir[1a] (Abb. 8).

Abb. 8 Kartusche Ramses II. Blaue Fayence mit Alabastereinlage, Palast von Kantir, um 1250 v. Chr. München, Staatl. Sammlung Ägyptischer Kunst.

Farbig glasierte Reliefffliesen mit Darstellungen von Fremdvölkern, Fabelwesen und Ornamenten fanden sich im Totentempel Ramses III. in Medinet Habu, Theben West[1b] (Abb. 9). Forrer[2] weist darauf hin, daß kleine ägyptische Wandfliesen in Rosettenform die Anwendung von Modeln voraussetzen und Spuren von Zinnglasur tragen.

Sehr früh gab es Fliesen in Assur. Eine ‚Knauffliese' aus dem Palast des Assyrerkönigs Assurnasirpal II. (883–859 v. Chr.) in Assur zeigt ein Fischgrätband entlang der konkaven Seiten. Dasselbe Muster legt sich in Kreisen um den Knauf, die freien Flächen sind mit vier Pflanzen und vier Lotosknospen gefüllt[2a]. Andere ‚Knauffliesen' zeigen Zopf- oder Schachbrettbänder, Palmetten und Granatäpfel[2b] (Abb. 10).

Etwas jünger (um 800 v. Chr.) ist eine Altarwand aus Tell Halaf (Syrien) (Abb. 11), die aus farbig glasierten Formziegeln besteht, eine Technik, die nach Meyer[2c] „ganz eindeutig aus Assyrien importiert worden war".

---

1 Ch. Strauss, in: Kat.: Meisterwerke altägyptischer Keramik. 5000 Jahre Kunst und Kunsthandwerk aus Ton und Fayence, Höhr-Grenzhausen, 1978, 155–156, Kat. Nr. 234–237. – Zu den Glasuren vgl. A. Lucas, Glazed ware in Egypt, India and Mesopotamia, The Journal of Egyptian Arch. 22, 1936, 141–160 (141–164). Lucas nennt Fliesen mit einer blauen alkalischen Glasur (Natrium-Kalium-Silikat oder Kalium-Calzium-Silikat) aus der Stufenpyramide von Sakkara (3. Dynastie). Neben Blautönen fanden sich grünblaue, grüne, violette, weiße und gelbliche Glasuren, alle jedoch ohne Anteil von Blei. Echte Bleiglasuren sind erst aus der 22. Dynastie bekannt (149). – Weitere Angaben bei G. Weiss, 1979, 48–49.

1a Ch. Strauss, in: Kat.: Meisterwerke (s. Anm. 1), Frontispiz, 44, 175, Kat. Nr. 289b.

1b A. Berendsen (u. a.), 9–10, 14 oben links und rechts. – C. Vandersleyen, Das Alte Ägypten, PKG 15, Berlin 1975, 373–374, Taf. 51 a–c.

2 R. Forrer, 1901, 7.– Ch. Strauss, in: Kat.: Meisterwerke (L) (s. Anm. 1), 74, Kat.Nr. 16. „Rosette mit weißer Glasur und blauglasierten Einlagen, ∅ 7 cm. Aus Kantir. 19. Dynastie, um 1250 v. Chr."

2a G. R. Meyer, 26 und Abb. 127. – Berlin, Vorderasiatisches Museum, Sl.: 36 cm. Inv. Nr. VA Ass. 2319 und VA 5905.

2b Berlin, Vorderasiatisches Museum, Inv. Nr. VA Ass. 2348 und VA 10334.

2c G. R. Meyer, 23 und Abb. 108. – Berlin, Vorderasiatisches Museum, Höhe 1,30 m. Inv. Nr. VA 14646.

Abb. 9 Wandfliese mit der Darstellung eines Nubiers, Syrers und Libyers. Aus dem Totentempel Ramses III. in Medinet Habu, Theben-West. Um 1180 v. Chr. Kairo, Ägyptisches Museum.

Dieselben Blüten-, Schuppen-, Flechtband-, Zopf- und Rautenmuster finden sich im frühen 13. Jahrhundert bei den Plattenmosaiken der englischen und französischen Zisterzienserklöster wieder.

Die großartigsten Zeugnisse der Fliesenkeramik sind uns aus der mesopotamischen Kunst überliefert. Die Fliesen des um 580 v. Chr. entstandenen Ischtartores in Babylon[3] (Abb. 12) unterscheiden sich von den späteren mittelalterlichen Fliesen dadurch, daß sie nicht ein in sich geschlossenes Bild zeigen, sondern dies, in der Art eines Glasgemäldes, aus kleinen Einzelfliesen zu-

3 H. Schmökel, Ur, Assur und Babylon. Drei Jahrtausende im Zweistromland, Stuttgart 1955, 288 und Taf. 116. – Berlin, Vorderasiatisches Museum. Die Fliesenziegel stammen aus dem während der Regierungszeit Nebukadnezars II. erbauten Ischtartor und dem Thronsaal der Südzitadelle.

sammensetzten. Neben der feinen Oberflächenbearbeitung findet sich bei den babylonischen Fliesen schon eine hochentwickelte Glasurtechnik. Die Farbskala umfaßt die Farben weiß, gelb, blau, grün, rot, braun und schwarz sowie durch den Brand entstandene Zwischentöne.

Neue Untersuchungen dieser Glasuren haben ergeben, daß es sich um Alkalisilikatglasuren handelt. In diesen war, entgegen früheren Vermutungen, weder Blei noch Zinn enthalten[3a].

Während die babylonischen Fliesenfresken ausschließlich Löwen, Drachen, Flügelstiere und zarte Blüten- und Rankenreliefs zeigen, reihen sich in den in der 1. Hälfte des 5. Jahrhunderts entstandenen Wandfresken der Achämenidenpaläste in Susa erste Menschendarstellungen ein. Bogenschützen und Speerträger aus der Garde der Unsterblichen[4] (Abb. 13), bei denen stoffliche Details wie Gewandsäume, Troddeln, ein mit dünnen Bändern geschnürter Schuh, mit großer Raffinesse hervorgehoben sind, werden von Flügelstieren, Löwen und Löwengreifen begleitet. Die Farbskala, in zarten, vermutlich vor allem durch die Verwitterung bedingten Pastelltönen, ist kleiner geworden. Die Figuren verschmelzen stärker mit dem Hintergrund der Wand, während die Drachen aus Babylon sich in leuchtenden, starken Farben von dieser abheben.

Auf die Ziegelfliesen der Achämenidenzeit folgte eine Periode, für die kaum Funde von Fliesen oder glasierten Ziegeln belegt sind. Dennoch war die Fliesenherstellung wohl nur kürzere Zeit unterbrochen und nie ganz erloschen. Mit dem Einbruch und der Ausbreitung des Islams erfolgte eine Belebung der Keramik. Wechselnde Glasurtechniken und Flächendekors wurden zu großer Vollkommenheit entwickelt. Berendsen[5] weist die durch Kriegswirren und den Aufstieg und Niedergang einzelner Dynastien verursachten Wanderwege einzelner Werkstätten nach. Teilweise wurden Handwerker mitsamt ihren Werkstätten als Teil der Kriegsbeute verschleppt.

Im Gegensatz zu den altorientalischen Fliesenfresken wurden nun Einzelfliesen in Quadrat-, Stern- und Sechseckformen geprägt. Neben zartem Relief oder gitterartigem Dekor erhielten sie zusätzlichen Reiz durch farbige Bemalung und durch Glasuren, die eine reiche Farbskala umfassen[6]. Vor allem die im Ägypten der Fatimidenzeit (909–1171) entwickelten Lüsterglasuren verliehen der Oberfläche Leuchtkraft und irisierenden Goldglanz. Das meist sehr streng gehandhabte Verbot des Islams, Figuren darzustellen, ließ eine Fülle von Pflanzenornamenten entstehen. Die arabischen Schriftzeichen, mit denen zuerst Suren des Korans aufgezeichnet und die später als rein kalligraphische Muster verwandt wurden, dienten häufig als Rahmung. Bei einzelnen Fliesen erfolgte durch Auflegen von Blattgold, dessen Muster ausgeschnitten wurde, und einer farbigen Glasurauflage eine weitere Belebung der

Abb. 10 Knauffliese aus dem Palast Assurnasirpal II. (883–859 v. Chr.) in Assur. Berlin, Vorderasiatisches Museum.

Oberfläche[7]. Das Zentrum dieser Fliesentechnik war Kaschan und Natanze.

Neben der Fliesenkeramik Persiens gab es vor allem in der syrischen Stadt Rakka bis zu ihrer Zerstörung 1259 eine berühmte Werkstatt, die vorwiegend Fliesen in Unterglasurmalerei schuf[8].

Es erübrigt sich, auf die späteren persischen und türkischen Fliesen näher einzugehen, da diese, obwohl an Feinheit der Muster und Reichtum der Farbe unerreicht, auf die europäische Fliesenkeramik des Mittelalters kaum mehr Einfluß hatten. Sie sind überdies inzwischen ausreichend publiziert, die einzelnen Werkstätten umfassend erforscht. Es gibt jedoch eine Gruppe von glasierten Reliefffliesen, die so große Ähnlichkeit mit mitteleuropäischen Prägungen zeigen, daß sie hier besprochen werden müssen. Es wäre möglich, daß ähnliche, inzwischen untergegangene Fliesen aus anderen, vielleicht westlicher gelegenen Fundorten, doch Einfluß auf europäische Fliesen hatten.

3a St. Fitz, Die Farbglasuren spätbabylonischer Wandverkleidungen, Ceramic Forum International. Bericht der Dt. Keramischen Gesellschaft 59, 1982, 179–185.

4 R. Ghirsman, Iran. Protoiranier, Meder, Achämeniden, München 1964, Taf. 190. – Löwengreif (Abb. 191–192), Löwe (Abb. 193), Paris, Louvre. – H. H. von der Osten, Die Welt der Perser, Stuttgart 1956, Taf. 42. Flügelstier aus dem Palast des Dareios in Susa, die Fliesenziegel in Paris, Louvre und Berlin, Vorderasiatisches Museum.

5 A. Berendsen (u. a.), 17.

6 Ebd., 20.

7 Ebd., 21 oben. Fliesen des 13. Jahrhunderts in vereinfachter Minai-Technik. Den Haag, Gemeente-Museum. – O. Aslanapa, Türkische Fliesen und Keramik in Anatolien, Türk Kültürünü Arastirma Enstitüsü Yayinlari 10, Seri 5, Sayi 1, 1965, 12–14, 40–45 (7–47 und Taf.). – G. Weiss, 1979, 146–147.

8 A. Berendsen (u. a.), 31.

Abb. 11 Altarwand aus Tell Halaf, Syrien, um 800 v. Chr. Berlin, Vorderasiatisches Museum.

In den Jahren 1957–58 und bei späteren Grabungen wurde in Ghazni, im heutigen Afghanistan, der Palast Masoud III. (1099–1114) gefunden[9]. Bei dieser Grabung kam eine Anzahl Relieffliesen zutage, die zwischen dem 1. Viertel des 12. Jahrhunderts und 1221, dem Jahr, in dem die Stadt endgültig durch die Heere Dschingis Khans zerstört wurde, entstanden sein kann. Scerrato engt diese Zeitspanne auf 1173–1221 ein, er vermutet, daß die Fliesen möglicherweise beim Wiederaufbau nach einer ersten Zerstörung des Palastes durch Türken aus der Region der Stadt Balkh (1163) geprägt wurden. Die Fliesen, mit Größen von 5 × 5 cm, 7 ×7 cm und 10 × 10 cm – Dicken von 0,7 sowie 1,3 cm, zeigen einfarbige Bleiglasuren in Grün, Gelb, Braun, Rot, Blau und Türkis; bei einer Fliese mit einer opaken türkisfarbenen Glasur konnten Spuren von Zinnglasur nachgewiesen werden.

Den meisten dieser Fliesen ist die Rahmung durch ein Perlband gemeinsam (Abb. 14), wie es auch die Fliesen D 2 aus Teutleben und D 11 aus Bacharach aufweisen, vereinzelt findet sich ein Rahmen mit kleinen Palmetten. Die überwiegende Zahl der Fliesen zeigt Tiermotive: Doppeladler, Hase, Hund[10], Löwe, Steinbock[11] (Abb. 15), außerdem Fabeltiere und antithetische Tierdarstellungen. Weitere Fliesen sind mit Palmetten und Blüten verschiedenster Formen geschmückt, andere mit Lettern in kufischer Schrift. Schriftband und Blüte verbinden sich auf einer achteckigen Fliese, oblonge sechseckige Fliesen zeigen meist Rankenbänder. Scerrato nimmt an, daß die Motive in dieser Form islamischen Textilien entlehnt wurden; er führt als Beispiel einen Leinendruck[12] an, der sich heute im Metropolitan Museum in New York befindet. Dieser Hinweis ist einleuchtend. Islamische Textilien gelangten in vielfäl-

9 U. Scerrato, Islamic Glazed Tiles with Moulded Decoration from Ghazni, East and West, N. S. 13, 1962, 263–287. – Ein Teil der Fliesen befindet sich im Museum für Islamische Kunst, Berlin und im Lindenmuseum, Stuttgart, andere im Metropolitan Museum, New York.

10 A. Klein, J. Zick-Nissen, E. Klinge, 132, Kat. Nr. 176. – (Vgl. dazu E 17 aus Konstanz). Gelber bis hellbrauner Scherben, transparente grüne und braune Glasur, 10,5 × 10,5 cm. Berlin, Museum für Islamische Kunst.

11 J. Kalter, F. Kussmaul, H. Luschey, Der islamische Orient, Ferne Völker, frühe Zeiten. Kunstwerke aus dem Linden-Museum, Stuttgart 2, Recklinghausen 1982, 80, Abb. D 53. Rötlicher Ton mit transparenter Glasur, 11,5 × 11,3 cm.

12 U. Scerrato (s. Anm. 9), 270, 287, Abb. 69.

Abb. 12 Wasserdrache vom Ischtar-Tor, Babylon. Um 580 v. Chr. Berlin, Vorderasiatisches Museum.

tigster Form in den Westen, die Kreuzfahrerheere dagegen stießen nie über die Grenzgebiete des Mittelmeerraums tiefer in islamisches Gebiet vor. Dennoch kann nicht ausgeschlossen werden, daß die Kreuzfahrer, neben den kostbaren Fayencefliesen, welche nicht nur die Wände der Innenräume überzogen, sondern auch als Außenverkleidungen von Palästen, Moscheen und Grabstätten dienten, auch solche einfachen Fliesen zu Gesicht bekamen. Daß die Fliesen aus Ghazni zwar einen seltenen, jedoch keinen einmaligen Fund darstellen, zeigt eine rechteckige Fliese mit schreitendem Löwen aus Gurgan (Prov. Chorassan, Iran)[13] und eine quadratische Fliese mit Perlband und achtzackigem Stern aus Mittelasien(?)[14]. Allen diesen Fliesen ist gemeinsam, daß sie mit Modeln geprägt wurden.

Dies gilt auch für eine Gruppe früher Fliesen[15] aus ganz anderen Fundorten, den frühchristlichen Kirchen Nordafrikas. Es handelt sich hier vermutlich eher um Wand- als um Bodenfliesen. Sie waren für die sehr bescheidenen Kirchen Nordafrikas ein leicht zu beschaffender und billiger Ersatz für kostbarere Materialien. Wahrscheinlich entstanden sie zwischen Mitte des 5. und Mitte des 6. Jahrhunderts. Wären die Fundorte (Karthago, Béja, Cillium, Douar-ech-Chott, Hadjeb-el-Aïoun, Lamniana und Taparura) und Werkstätten[16] nicht bekannt, würde man diese Fliesen für europäische Prägungen des 12.–13. Jahrhunderts halten. Sie zeigen, meist in Quadrat- oder Kreisrahmen, Tierdarstellungen in flachem Relief (Löwe, Rind, Lamm, Ziegenbock, Hirsch, Adler [Abb. 16, 17], antithetische Pfauen mit

13 A. Klein, J. Zick-Nissen, E. Klinge, 132–133, Kat. Nr. 175, 23,5 × 17,5 cm, mit transparenter türkisgrüner Glasur, 11.–12. Jh., Privatbesitz.

14 Ebd., 131, Kat. Nr. 174, 25 × 25 cm, mit transparenter blaugrüner Glasur, 11. Jh., Privatbesitz.

15 H. Leclercq, Sp. 2178–2189.

16 L. Ennabli, Objets chrétien, Kat. De Carthage à Kairouan. 2000 ans d'art et d'histoire en Tunisie, Paris 1983, 187–189, Kat. Nr. 245–251. – Die Fliesen weisen eine Seitenlänge zwischen 21 und 28 cm und eine Dicke von 2–3 cm auf. Grauer und roter Ton, einige Fliesen sind zusätzlich bemalt. Auf der Rückseite zeigen sie von Hand gezogene Fingerrillen. Diese sollten die Haftung im Mörtel verbessern. Zu den schon erwähnten Themen zeigt und erwähnt der Katalog: Das Opfer Abrahams, Daniel in der Löwengrube, ein Bild des hl. Theodor und eine Fliese mit der Inschrift: Maria ajuba nos. Ennabli gibt als weitere Fundorte und Werkstätten an: Feriana, Cap Bon, die Umgebung von Sousse und Sfax, Furnos, El-Djem und Djebel-Oust, außerdem Fundorte in Ost-Algerien.

Abb. 13 Speerträger, Susa, Palast des Dareios. Um 500 v. Chr. Berlin, Vorderasiatisches Museum.

Abb. 14 Fliese mit Hund (?) aus Ghazni, Afghanistan. Ende 12. Jh. Berlin, Museum für Islamische Kunst.

Abb. 16 Fliese mit Löwe aus Hajeb el Aïoun, Tunesien, 5.–6. Jh. Tunis, Bardo-Museum.

Lebensbrunnen), außerdem Sterne, Blüten und Kreismedaillons mit Ranken. Auffallend ist eine Reihe biblischer Darstellungen: Adam und Eva, Daniel in der Löwengrube, das Opfer Abrahams (Abb. 18), die wunderbare Brotvermehrung, Jesus und die Samariterin. Da dieselben Themen und Bilder auch auf Sarkophagen vorkamen, ist es möglich, daß sie zur Kennzeichnung von Grabstätten dienten; einige der Fliesen wurden nachweislich als Pflasterung aufgedeckt. Fliesen dieses Typus, mit Bildern von Adam und Eva, jagenden Tieren, Kreuzen und dem Christusmonogramm wurden auch in Frankreich gefunden, so vor allem in Nantes (Kirche Saint-Similien) und in dessen unmittelbarer Umgebung (Rezé-lès-Nantes; Couëron, Kapelle St. Martin; Vertou, Abteikirche), außerdem in Saint-Fiacre und Maisdon (Loire-Atlantique) und Luçon (Vendée)[17]. Vermutet wird, daß einige davon, nicht vor

17 D. Costa, Nantes, Musée Th. Dobrée. Art mérovingien, Paris 1964, o. Sz. „Les briques éstampées", Kat. Nr. 1–179. – H. Leclercq, Sp. 2188 erwähnt außerdem einen Fliesenfund in Nennig (Kr. Merzig-Wadern). Von dort sind dem Museum Nennig keine Fliesenfunde bekannt.

Abb. 15 Fliese mit Steinbock. Aus Ghazni, Afghanistan. Ende 12. Jh. Stuttgart, Lindenmuseum, 12 × 12 cm.

Abb. 17. Fliese mit Adler aus Hajeb el Aïoun, Tunesien, 5.–6. Jh. Tunis, Bardo-Museum.

Abb. 18 Fliese mit dem Opfer Abrahams aus Kasseriine (Cillium), 6. Jh. Tunis, Bardo-Museum.

Ende des 6. Jahrhunderts, in der Abtei Vertou gefertigt wurden. Es läßt sich jedoch nicht belegen, daß diese und ähnliche in Spanien (Hispalis, Corduba, Italica)[18] entdeckte Fliesen die Entstehung der mittelalterlichen Fliesen entscheidend beeinflußten.

Daß die mittelalterliche Fliesenprägung Frankreichs möglicherweise durch Vorbilder anderer Art aus dem nordafrikanischen und kleinasiatischen Kulturbereich beeinflußt wurde, haben die neuesten Untersuchungen von Franz[19] und Clausen[20] ergeben. Franz verweist auf omayyadische Stuckdekorationen, die ebenfalls mit Modeln geprägt wurden, und auf die Füllung des Tympanons der um 850–51 entstandenen ‚Großen Moschee' in Sus/Sousse (Tunesien)[21] und bringt diese in Verbindung mit dem um 1130–40 erbauten Querhausgiebel der Kathedrale Saint-Etienne in Beauvais (Oise)[22]. Er vermutet, daß diese Muster durch die Normannen, die in Sizilien auf sarazenischen Dekor stießen, nach Beauvais kamen. Eine Fülle ähnlicher Muster findet sich auf Tympana und Türstürzen kleiner Landkirchen der Normandie. Clausen beschränkt sich nicht auf die heute unter dem Begriff ‚Normandie' zusammengefaßten Départements, sondern bezieht auch noch die Départements Oise, Seine-et-Oise, Somme und Aisne in ihre Untersuchungen ein. Sie hat damit gleichzeitig das Gebiet der reichsten Fliesenfunde auf französischem Boden umrissen. Clausen führt die von Franz nur angedeuteten Thesen weiter und bringt überzeugende Vergleichsbeispiele[23]. So wie die Mosaikfelder der Torhalle des Klosters Lorsch spätere Bodenmosaiken schon vorausnahmen, könnten auch hier Wanddekorationen auf den Boden projiziert worden sein. Die Muster einzelner Bogenfelder stimmen mit Fliesenmustern überein; aus dem Mauerverband gelöst würde nur das höhere Relief erkennen lassen, daß sie nicht für den Fußboden geschaffen waren.

18 P. de Palol, Arte hispanico de la epoca Visigoda, Barcelona 1968, 46–47, (81–82), (Abb. 22–26). Palol nimmt für diese Fliesen unmittelbare, über Mallorca verlaufende Einflüsse aus Nordafrika an. Sie sollen vor der 1. Hälfte des 5. bis in den Beginn des 8. Jh. im Betistal gefertigt worden sein und befinden sich heute im Archäologischen Nationalmuseum Madrid.

19 H. G. Franz, Die Fensterrose und ihre Vorgeschichte in der islamischen Baukunst, Zs. für Kunstwissenschaft 10, 1956, 4, Abb. 3 (Aus Qasr al-Hair al Gharbi bei Palmyra), (1–22).

20 M. Clausen, Romanische Tympana und Türstürze in der Normandie, Mz. Zs. 75, 1980, 1–61, Taf. 1–21.

21 H. G. Franz (s. Anm. 19), 5, Abb. 4.

22 Ebd., 2, Abb. 1; 3, Abb. 2. Um 1130/40.

23 M. Clausen (s. Anm. 20). Vgl. Taf. 3b, Südportal der Kirche in Restigné, Anfang 11. Jh.; Taf. 6d. Südportal der Kirche in Aclou, vermutlich 1. Hälfte 12. Jh.; Taf. 11b, Südportal der Kirche in Beaumais, 3. Viertel 11. Jh.; Taf. 12b und d, Kirche von Montgaroult, Tympanon, 4. Viertel 11. Jh.; Taf. 21c, Kirche von Cortrat (Seine-et-Marne), Tympanon, um oder kurz nach 1100.

3. Antike und frühmittelalterliche Fußbodenbeläge bis zur Entstehung der gemusterten Tonfliesen

Die hochentwickelte altorientalische Fliesenkeramik blieb in den griechischen Sakral- und Profanbauten ohne Niederschlag. Während die Fußböden der antiken Tempel meist mit Marmorplatten belegt waren, fanden sich in den Wohnbauten Mosaikböden; in der Frühzeit aus verschiedenfarbigen Geröllsteinen, später aus behauenem Marmor oder farbigem Glasfluß. Frühe Fußböden in Kieselmosaik haben sich in Olynth[1], Kalydon, Delphi und Motya[2] erhalten, ein vermutlich im 8. Jh. v. Chr. entstandener Boden im phrygischen Gordion[3]. Welche Lebendigkeit der Darstellung und Feinheit des Details diese Kieselmosaiken erreichen konnten, zeigen die um 320 verlegten Mosaikböden aus Pella[4].

Die römische Kunst vervollkommnete diese Technik, sie verwandte wechselnde Materialien (Marmor, Muscheln, Perlmutt, Glaspasten, Ziegelsteinchen, Lavatuff und verschiedene Steinarten) und unterschiedliche Techniken[5]. Die Fülle der erhaltenen Mosaikböden erlaubt kein näheres Eingehen auf einzelne Fundorte, künstlerische Gestaltung und Bildmotive[6]. Doch darf in der weiten Verbreitung der Mosaiken in allen Provinzen des römischen Imperiums mit ein Grund für das späte Aufkommen der Bodenfliesen aus Ton gesehen werden.

Der Boden des einfachen römischen Hauses war jedoch keineswegs mit Mosaiken geschmückt, sondern bestand aus einem glatten, gestampften Lehmboden oder einem Estrich aus Kalk, Stuck oder zerriebenen Ziegelsplittern[7]. Ob Bodenbeläge aus glatten Ziegeln verwandt wurden, läßt sich nicht sicher klären; in beheizten Räumen mag der bei Hypokaustheizung übliche Steinplatten- oder Estrichboden manchmal durch Ziegel ersetzt gewesen sein. Die Frage der sogenannten ‚römischen Fliesen' in Deutschland ist äußerst schwierig zu klären, da bei den Ausgrabungen des 19. Jahrhunderts der genaue Fundort oft nicht festgehalten wurde. Es steht fest, daß die Innenwände römischer Gebäude mit Ziegelfliesen verkleidet waren. Die darauf vorhandenen, mit Holzkämmen, Eisennägeln oder gezähnten Meißeln hergestellten Muster[8] in Wellenbändern, Rautenlinien und parallellaufenden Bändern unterschiedlichster Prägung, dienten jedoch anscheinend nur zum Aufrauhen der Fläche, damit der Putz besser haftete.

Neben diesen einfachen Kammstrichmustern fanden sich Platten mit Rollstempelmustern in fünf verschiedenen Prägungen an elf Orten im südlichen Hessen. Alle Unsicherheiten über diese Prägungen, hervorgerufen durch den Fund einer Fliese und weiteren Fragmenten in der Einhardsbasilika in Steinbach, (Abb. 19)[9] und,

Abb. 19 Provinzialrömische Fliese aus dem Atrium der Einhardsbasilika, Steinbach, 2. Hälfte 2. Jh. Michelstadt, Odenwald-Museum.

---

1 K. Schefold, 227, Taf. 233: Olynth, Haus A VI, 3, frühes 4. Jahrhundert: „Bellerophon auf Pegasos im Kampf gegen die Chimaira."

2 dtv Lexikon der Antike II, 90: Tierkampfmosaik aus Motya, vor 397 v. Chr.

3 K. Schefold, 281, Taf. 322.

4 Ebd., 228, Taf. 241: Pella, Museum, zwei Griechen auf der Hirschjagd. Mit Signatur des Gnosis.

5 Da in der Fliesenliteratur wechselnde, häufig falsche Bezeichnungen auftauchen, seien die einzelnen Typen der Mosaiktechniken kurz erwähnt (nach F. Rossi, 6–11):
opus alexandrinum = Mosaik aus unregelmäßigen schwarzen und weißen Steinchen; *opus tesselatum* = Mosaik aus regelmäßigen, gleichförmigen Würfeln; *opus vermiculatum* = Mosaik aus verschieden großen, oft winzigen, in wurmartiger Schlängelung verlegten Teilchen; *opus segmentatum* = Mosaik aus Lavasteinchen, Porphyr- oder Marmorsplittern auf rötlicher Ziegelmehlbettung; *opus sectile* = Mosaik aus farbigem, nach den Konturen des Bildes geschnittenem Marmor.

6 Vgl. M. E. Blake, The Pavements of the Roman Buildings of the Republic and Early Empire, Memoirs of the American Academy in Rome, 1930, 11ff. – E. Pernice, Pavimente und figürliche Mosaiken, Berlin 1938. – H. P. l'Orange, P. J. Nordhagen. – P. Fischer, Das Mosaik. Entwicklung, Technik, Eigenart, Wien 1969. – F. Rossi. – K. Parlasca, Die römischen Mosaiken in Deutschland, Röm.-Germ. Forsch. 23, Berlin 1959.

7 F. Rossi, 9–10. – Das Altertum unterschied zwischen *pavimentum* (von lat. pavio = schlagen, stampfen), dem gestampften Estrich, und *lithostroton* (von gr. lithos = Stein und strotos = bestreut), dem verzierten Bodenbelag in verschiedenen Techniken.

8 L. Jacobi, 197, Abb. 24 zeigt eine Reihe solcher Verblendziegel (*tegulae hamatae* und *tegulae mammatae*). – Vgl. außerdem G. Spitzelberger, Die römischen Ziegelstempel aus dem nördl. Teil der Provinz Raetien, Saalburg-Jb. 25, 1968, 65–184, 101–105 (zur Technologie der römischen Ziegelherstellung).

9 Ph. Buxbaum, Die Einhartsbasilika in Steinbach im Odenwald, 1951, 38 (handschr. Ms). Die beiden 1939 gefundenen Fragmente befinden sich im Odenwald-Museum, Michelstadt.

Abb. 20 Kosmatenboden in St. Maria in Anagni (Latium), Krypta San Magnus, 2. Viertel 13. Jh.

vergesellschaftet mit mittelalterlichem Töpfereischutt, in der Altstadt von Dieburg, sind nun durch die gründliche Arbeit von Baatz[10] beseitigt. Er weist nach, daß auch diese Fliesen nicht, wie von Jacobi[11] noch angenommen, als Fußbodenfliesen, sondern als Verblendziegel dienten und nur während einer verhältnismäßig kurzen Zeitspanne – in der 2. Hälfte des 2. Jahrhunderts nach Chr. – möglicherweise in Dieburg gefertigt wurden. Selbst wenn diese Ziegel in der Saalburg[12] noch bis zur Mitte des 3. Jahrhunderts Verwendung fanden, darf doch keine Kontinuität der Überlieferung angenommen werden. Die Technik der Fliesenprägung ging in den Stürmen der Völkerwanderungszeit unter. Die frühchristlichen Kirchen knüpften bei ihrer Fußbodengestaltung an die Tradition der aufwendigeren römischen Wohnbauten an. Sie waren vorwiegend mit Böden aus Stiftmosaik[15] geschmückt, die sich jedoch nicht überall erhalten haben. In den Kirchen Süditaliens und in den römischen Basiliken wurden sie durch die Kosmatenböden des 12. und 13. Jahrhunderts ersetzt. Die teppichartigen Beläge zeigten in der Frühzeit meist geometrische Muster, die später durch ein reiches figürliches Programm ergänzt wurden. Es herrschte keine Scheu vor der Darstellung sakraler Themen[16]. Die ganze Skala der später auf Fliesen auftauchenden Tiere und Fabeltiere klingt schon an[17], Flechtbänder und Knotenmuster sind hier vorgebildet[18]. Die vielfältigsten und reichsten Beispiele dieser Technik finden sich auf dem Gebiet des ehemaligen Römischen Reiches und der unmittelbar an dieses angrenzenden Länder, also in

10 D. Baatz, Verkleidungsziegel mit Rollstempelmustern aus Südhessen, Saalburg-Jahrbuch 44, 1988, 65–83.

11 L. Jacobi ließ zu Beginn des 20. Jahrhunderts, in Anlehnung an die 1860 in der Saalburg gefundenen Fragmente, Fußbodenfliesen anfertigen und in einigen Räumen der Saalburg verlegen. Vereinfachte Kopien dieses Musters finden sich noch heute im „gotischen Zimmer" des Mainfränkischen Museums, Würzburg als Bodenbelag. E. Landgraf, 1958, X 33.

12 D. Baatz, 74.

13 gelöscht.

14 gelöscht.

15 Unter ‚Stiftmosaik' versteht man ein Mosaik aus kleinen Stiften aus Naturstein, Ton oder Glas, die nach vorgezeichneten Mustern in den noch weichen Mörtel gedrückt wurden.

16 H. P. l'Orange, P. J. Nordhagen, Taf. 40b. Fußbodenmosaik im Dom von Aquilea (314–19) ‚Jonas wird dem Wal vorgeworfen'. Dort befindet sich außerdem eine Darstellung des ‚Guten Hirten'.

17 H. Kier, 1970, 57–65. – Eine Fülle von Tierdarstellungen zeigt außerdem das Bodenmosaik im Dom von Otranto, Apulien, das allerdings erst 1163–66 entstand (W. Haug).

18 H. P. l'Orange, P. J. Nordhagen, Taf. 41. – Dom von Aquilea (314–319). Hier finden sich, von Quadraten oder Sechsecken gerahmt, die Flechtornamente der Fliesen N8–N10 und N11. Das Muster der Fliese V9 aus Bonmont findet sich schon im Mosaikboden der Kirche Sant'Ilaria, Venedig (heute im Museo Archeologico, Venedig), außerdem eine Fülle von Tierdarstellungen (M. Salmi, 49, Abb. 25, 26, 48).

Italien, Byzanz, im östlichen Mittelmeer und in Nordafrika. Auch in den nördlichen römischen Provinzen, in denen römische Mosaiken noch lange sichtbar vorhanden waren, in Frankreich[19], der Schweiz[20] und in Österreich[21] haben sich Reste früher Mosaikböden erhalten. Neben den Stiftmosaiken wurden vereinzelt Böden aus kleinteiligem Plattenmosaik[22] verlegt, bis dieses von dem Glanz der aus Byzanz kommenden Kosmatenböden verdrängt wurde[23].

Bei dieser Technik wurden in große Scheiben aus Naturstein oder Marmor kleine quadratische, dreieckige oder rautenförmige Steinchen aus Porphyr, Serpentin, verschiedenfarbigem Marmor und Glaspasten eingelassen; vereinzelt wurden außerdem vergoldete Würfelchen verwandt (Abb. 20). Die Beläge folgten einem festgelegten Schema, in dem sich Quadrate, Rechtecke und Kreise verschränkten. Dieses Schema wurde je nach Bedeutung des Bauwerks vereinfacht oder großzügiger ausgestaltet[24]. Die Kosmaten, eine Gruppe von Baumeistern und Steinmetzen, einigen großen Familienverbänden angehörend, deren Geschichte sich auf Grund der fast hundert Signaturen, die sie hinterlassen haben, verfolgen läßt, fertigten nicht nur Bodenbeläge, sondern auch Säulenschäfte, Kanzeln, Chorschranken und Sängertribünen. Diese Technik breitete sich in Italien, vermutlich durch die Berufung byzantinischer Künstler nach Montecassino[25] und auf dem Wege über Sizilien und Venedig langsam aus. Arbeiten des 11. Jahrhunderts sind nur vereinzelt erhalten, seit der 1. Hälfte des 12. Jahrhunderts läßt sich die Aufeinanderfolge der Bauten einigermaßen sicher verfolgen. Zeugnisse dieser subtilen Einlegetechnik haben sich z. B. in der Kirche der Zisterzienserabtei Pomposa[26], in San Marco in Venedig, San Donato in Murano, in den Kirchen von Palermo und Reggio di Calabria erhalten. In den römischen Kirchen S. Maria in Cosmedin, SS. Quattro Coronati, S. Croce in Gerusalemme und San Lorenzo fuori le Mura, erreichten sie ihre höchste Vollkommenheit und fanden in dem von Pedro Oderisio 1268 verlegten Kosmatenboden der Westminster-Abtei[27] in London ihren großartigen Ausklang. Ein vollständiges Verzeichnis aller Böden bringt die gründliche Arbeit von Glass[28].

Eine Weiterentwicklung der Kosmatenböden stellen die fast wie Stickerei wirkenden Intarsienböden dar. Bei dieser ebenfalls schon in der Antike entwickelten Technik[29] wird Stein in Stein eingelegt und anschließend glattgeschliffen. Unübertroffene Beispiele dieser Technik sind der um 1200 entstandene Fußboden des Baptisteriums in Florenz[30] (Abb. 21) und der 1207 begonnene Mittelstreifen der Kirche S. Miniato al Monte[31], Florenz.

Diese vielfältigen, durch leuchtende Farben und Gold belebten Schmucktechniken, wie sie sich während des 1. Jahrtausends in Italien entwickelten, fanden jenseits der Alpen keine Entsprechung. Hier bestand der Fußboden, der Einfachheit der vorkarolingischen Holzbauten gemäß, meist aus gestampften Lehmestrichen. So erwähnt Fichtner[32] eine Notiz in der Lebensbeschreibung des hl. Severin (400–482), nach der in Rätien, an der Einmündung der Busnika in die Donau, also auf heute bayerischem Boden, die Bewohner eine Kirche pfahlbauähnlich über dem Fluß errichteten. Der Fußboden wurde durch einen Lehmestrich[33] gebildet, der auf einer Lage geglätteter Bohlen aufgebracht wurde.

Dieser gestampfte Lehmestrich, verschiedentlich auch durch eine Lage grober Kiesel verstärkt, wurde in karolingischer Zeit durch einen Kalkmörtelestrich abgelöst. In Gebieten mit Gipsvorkommen, z. B. am nördlichen Harzrand, wurden seit dem 12. Jahrhundert auch Gipsestriche hergestellt.

Durch die Ausgrabungen der letzten Jahre, die sehr oft als Stichgrabungen durchgeführt wurden und so die einzelnen, übereinanderliegenden Fußbodenschichten freilegten, war es möglich, Aufschluß über die allmähliche Verfeinerung der Belagstechniken zu gewinnen.

---

19 X. Barral i Altet, D. Drocourt, Le baptistère paléochrétien de Marseille, Archéologia 72, 1974, 6–19. – G. Moracchini, Le pavement en mosaique de la basilique et du baptistère de Mariana, Archéologia 5, 1965, 51–59, bes. Abb. 1.

20 W. Sulser, H. Clausen, Sankt Stephan in Chur. Frühchristliche Grabkammer und Friedhofskirche, Zürich 1978, 47–53. Mosaik in St. Stephan, Chur, Mitte 5. Jh.

21 Mosaikboden aus der Friedhofskirche St. Peter im Holz b. Spittal/Drau, Kärnten (dem antiken Teurnia), um 500. – R. Egger, Frühchristliche Kirchenbauten im südlichen Norikum, Wien 1916, 18–25. – Ders., 1963, 31–41.

22 H. Kier, 1970, 21.

23 D. Glass, 9–15. Der Name stammt von einigen, in den Bischofsstädten von Latium und in Rom zwischen 1130 und 1320 tätigen Künstlerfamilien, bei denen der Vorname Cosmas einige Male vorkommt, die jedoch mit Familiennamen Mellini, Vassaletti und Oderisi hießen.

24 Ebd., 1–8.

25 Ebd., 25–26 und 33, Anm. 1. – Nach einem Bericht des Chronisten Leo von Ostia berief Abt Desiderius von Montecassino Marmorarbeiter aus Konstantinopel, um in der 1071 geweihten Kirche einen Fußboden zu verlegen. Dieser wurde vor 1728 zerstört.

26 H. Stern, 1968, 157–169.

27 St. H. Wander,The Westminster Abbey Sanctuary pavement, Traditio 34, New York 1978, 137.

28 D. Glass, 55 ff.

29 F. Rossi, 93–94. – Das in der Antike als *opus interrasile* bezeichnete Einlegen von Stein in Stein wird in Italien *intarsio* (von arab. tarsi = Zusammengesetztes) genannt.

30 L. Moretti, R. Stopani, Romanische Toskana, Würzburg 1983, 96, Abb. 23–24.

31 A. Busignani, R. Bencini, Le chiese di Firenze. Quartiere de San Spirito, Florenz 1974, 231, 233, 234, Taf. neben 240. Durch Inschrift auf 1207 datiert.

32 K. Fichtner, 7.

33 Unter Estrich wird ein fugenloser Bodenbelag aus einer nach dem Aufbringen erhärtenden Masse verstanden. Diese kann aus Lehm, Kalk- oder Gipsmörtel und Traß bestehen. Da im Mittelalter der Name *astracum* (von griech. *ostrocon* = Scherbe), *asterik, esterik* für alle Böden, gleich ob aus Stein, Fliesen oder einem gestrichenen Belag hergestellt, verwandt wurde, ist es schwierig, an Hand mittelalterlicher Urkunden auf die Beschaffenheit eines Bodenbelags zu schließen. So wird z. B. auch der Fußboden der Gerichtslaube des Lüneburger Rathauses, der aus mit Mörtel inkrustierten Fliesen besteht, in den Kämmereirechnungen von 1330 als „Estrich" bezeichnet (K. Fichtner, 40).

Häufig wurde der Kalkmörtel farbig getönt[34] oder erhielt ein Muster aus farbigen Flußkieseln[35]. In Gegenden, in denen Haustein in beliebiger Menge zur Verfügung stand, wurden selbstverständlich auch schon in früher Zeit Steinplattenböden in verschiedenen Abmessungen verlegt. Die häufige Zerstörung der mittelalterlichen Kirchen durch Brände oder Einsturz machten jeweils auch eine Erneuerung des Bodenbelags notwendig. Sehr oft wurde die Brandschicht nicht entfernt, sondern das Fußbodenniveau um einige Zentimeter erhöht und darauf ein neuer Boden verlegt.

Da die Kalkmörtelestriche durch das Aufbringen einer neuen Bodenschicht rasch zerstört wurden oder in kleine Teilchen zerbrachen, läßt sich kein sicherer Überblick über die auf ihnen angewandten Verzierungstechniken gewinnen. Sicher waren sie sehr viel häufiger verziert, als dies die spärlich erhaltenen Überreste vermuten lassen. So fanden sich 1921 bei einer Grabung im Dom von Chur ca. 0,26 m unter dem heutigen Niveau Reste eines Bodens, der aus einem grauen Mörtelguß aus Kalk und grobem Kies bestand[36].

In den an der Oberfläche geglätteten Mörtel waren mit Modeln, in willkürlicher Anordnung, Ornamente und das Montfortwappen eingeprägt. Daraus ergibt sich eine Datierung in die letzte Periode des Dombaus unter Bischof Heinrich von Montfort (1251–72).

Besser erhalten haben sich die ‚nielloartig' verzierten Gipsestriche, obwohl auch hier der ursprüngliche Denkmälerbestand sicher wesentlich größer war. Vermutlich durch Vorbilder aus der Goldschmiedekunst angeregt, wurde die Zeichnung in den noch leicht feuchten Gips eingeritzt, die Vertiefung mit durch Holzkohle schwarz oder durch Ziegelmehl rot gefärbtem Gips ausgefüllt und nach dem Erhärten abgeschliffen. Sehr schöne Beispiele dieser Technik haben sich in dem um 1150 entstandenen Boden der Kirche St. Lud-

34 Ch. Czarnowsky, 14, erwähnt einen farbigen Kalkestrich, der in der Oberburg der Ruine Nideck (Bas-Rhin) gefunden wurde. Eine weitere Aufstellung bei F. Oswald, L. Schaefer, H. R. Sennhauser: Pfarrkirche St. Jean, Ardon, Kt. Wallis (26), Kathedrale Chur (51), St. Luzi, Chur (52), St. Martin, Chur (54), Dom, Hildesheim (118), Pfarrkirche St. Mauritius, Jenins, Kt. Graubünden (131), Kastellkirche Kaiseraugst, Kt. Aargau (133), Pfarrkirche St. Cornelius, Aachen-Kornelimünster (161), um nur einige zu nennen.

35 E. Poeschel, Die Kunstdenkmäler der Schweiz. Kt. Graubünden VII. Chur und der Kreis der fünf Dörfer, Basel 1948, 118, Abb. 301 und 302. Kapelle St. Stephan in Chur. Die Kiesel lagen in einer durch Ziegelmehl rot gefärbten Mörtelbettung.

36 Ebd., 273.

Abb. 21 Florenz, Baptisterium, Fußboden aus Marmorintarsien. Um 1200.

geri in Helmstedt[37] erhalten, der neben den Bildern der sieben Weisen des Altertums auch schon Tierdarstellungen zeigt. Ein zweiter, reichgestalteter Boden befand sich früher im Dom zu Hildesheim. Er wurde unter Bischof Bruno (1153–61) hergestellt und füllte die ganze Chorapsis[38]. Dort fanden sich neben alttestamentarischen Szenen Personen- und Tierdarstellungen. Der nur noch in Bruchstücken erhaltene Gipsestrich der Schloßkirche zu Nienburg mit der Darstellung König Salomos, umgeben von Verkörperungen der Tugenden, von Tieren und Ranken dürfte möglicherweise der vielfältigste dieser Gipsestrichböden gewesen sein[39]. Den Ausklang bildete der zu Beginn des 13. Jahrhunderts entstandene Gipsestrich der Benediktinerinnenklosterkirche Ilsenburg, dessen Jagd- und Tierbilder, Blüten und Rankenwerk schon mit den Fliesendarstellungen übereinstimmen[40]. Alle diese Böden sind eng an die Gipsvorkommen im Harz gebunden. Daß sie jedoch auch in anderen Gebieten entstanden, zeigt der bei Grabungen 1973–74 entdeckte Rest eines solchen Belags im Münster zu Basel[41]. Die Darstellung eines geflügelten Drachens im Kreis (Abb. 22), wie sie sich ähnlich auf Speyerer Fliesen wiederfindet, war in Gipsmörtel eingeschnitten und mit roter und dunkelgrauer Paste ausgekittet worden. Die exakte Datierung steht noch aus; im Vorbericht der Grabung gibt Sennhauser den Zeitraum von 1150–1230 als mögliche Entstehungszeit an. Wie weit diese Techniken nach Süd- und Nordosten vordrangen, zeigen der 1970 aufgedeckte Gipsestrich der Klosterkirche Benediktbeuern (2. Viertel 12. Jahrhundert)[41a] und der um 1160 entstandene Estrich der Stiftskirche in Wiślica (Polen)[42]. Dieser weist in den Randleisten ebenfalls schon Tiere und Fabelwesen auf. Es erübrigt sich, auf die Fußböden in Platten- oder Stiftmosaik einzugehen, die vor allem im Rheinland die Tradition der römischen Mosaiken aufnahmen, da diese in der Arbeit von Kier[43] übersichtlich und sehr ausführlich vorgelegt werden. Nicht aufgenommen, da erst 1972 neu entdeckt, ist das Stiftmosaik aus der Kirche des ehemaligen Benediktinerklosters Schuttern[44]. Die geborgenen Reste zeigen das Opfer Abels und den Brudermord Kains. Es ist möglich, daß das Mosaik schon zu Beginn des 11. Jahrhunderts entstand. Um des Zusammenhangs willen sei erwähnt, daß sich weitere Böden in Stiftmosaik in den Kirchen St. Victor in Xanten (zwischen 1109–28), St. Gereon in Köln (1151–56), Groß St. Martin in Köln (1150–72) und St. Pantaleon in Köln (2. Hälfte 12. Jahrhundert) erhalten haben, während der anscheinend besonders kostbare, durch ein reiches ikonographisches Programm ausgezeichnete Boden aus St. Maria im Kapitol, Köln, verloren ist. Auch für die übrigen Kölner Kirchen der Frühzeit dürfen mehr oder minder kostbare Böden aus Stift- oder Plattenmosaik angenommen werden. Dies ist mit ein Grund für das späte Aufkommen gemusterter Tonfliesen in Köln und Umgebung. Zu einer Zeit, in der die

Abb. 22 Fragment eines Gipsestrichs. Basel, Münster, Mittelschiff des Vorgängerbaus. Um 1170 (?).

Kirchen Hessens, der Pfalz und Württembergs reiche Fliesenböden erhielten, waren die Böden der Kölner Kirchen noch intakt, ein Bedarf war nicht vorhanden. Wie die rheinischen Stiftmosaiken nicht ohne Zusammenhang mit denen Italiens und Frankreichs gesehen

---

37 P. J. Meier, Die Bau- und Kunstdenkmäler des Kreises Helmstedt, Wolfenbüttel 1896, 25–27. – H. Kier, 1970, 51, 99–100, Abb. 134–144.

38 H. Roemer, Der Gypsfußboden im Dome zu Hildesheim. Ein nielloartiges Bildwerk aus dem XI. Jahrhundert, Hildesheim 1886. – H. Kier, 1970, 51–52, 100–102, Abb. 147–148. Auch hier sind die späteren Fliesenbilder schon vorgeformt (vgl. den in einen Doppelkreis einbeschriebenen Basilisken).

39 H. Kier, 1970, 51, 129–130. – Der Estrich wurde vermutlich bei der Wiederherstellung der Kirche nach dem Brand von 1163 verlegt. Herr Dr. Gerhard Beyer, Nienburg, der eine Veröffentlichung des Estrichs vorbereitet, glaubt an eine Entstehung um 1200. Eine Rekonstruktion des Estrichs aus zahlreichen Fragmenten wird seit 1983 unternommen. S. auch U. Lorenz, Der spätromanische Schmuckfußboden aus der ehemaligen Benediktiner-Klosterkirche zu Nienburg an der Saale, Friedrich I. Barbarossa und Altenburg, Altenburger Gesch. bl. 7, 1990, 43–57.

40 H. Giesau, Funde in der ehemaligen Klosterkirche zu Ilsenburg am Harz, Dt. Kunst u. Denkmalpflege 37, 1935, 229–230, Abb. 234. – H. Kier, 1970, 51–52, 103, Abb. 151–157. Abb. 153 zeigt einen Drachen, welcher dem im Münster zu Basel gefundenen (s. Anm. 42) sehr ähnlich sein dürfte.

41 H. R. Sennhauser, Zum Abschluß der archäologischen Untersuchungen im Münster, Basler Stadtbuch 95, 1975, 90–92 (81–100).

41a R. Wihr, 1984, 17, 19, Abb. 5. Der Boden zeigt unter Arkaden in Lebensgröße die Stifter der Kirche, den hl. Bonifatius und die Äbte Landfried und Eliland, außerdem allegorische Themen. Auch hier sind die Rillen, wie in Basel, rot und schwarzgrau eingefärbt. Vgl. außerdem: K. Mindera, L. Weber, Basilica Benedictoburana, Benediktbeuern 1973, 10–25 und S. Codreanu-Windauer, 5–36.

42 Andrzej Tomaszewski, La collégiale de Wiślica, Cah. Civilisation Méd. 5, 1962, 67–74.

43 H. Kier, 1970, 33–48.

44 K. List, Ergebnisse bei der Sondierungsgrabung in der Klosterkirche Schuttern bei Lahr, Nachrichtenbl. Denkmalpflege BW 1, 1972, Heft 3, 37–38 und Titelbild. – Ders., Offoniscella – Kloster Schuttern. Eine merowingische Gründung in römischen Ruinen, Arch. Korrbl. 9, 1979, 119–130, Taf. 8, Abb. 1 und 2. – Vgl. auch R. Neumüllers-Klauser, B. Scholkmann, Das Mosaik von Schuttern. Überlieferung – Frömmigkeit – Bildung als Leitthemen der Geschichtsforschung, Wiesbaden 1987, 3–40.

werden können, so gab Italien auch den Anstoß zur Verlegung von Böden in Plattenmosaik. Die um 800 geschaffenen Plattenmosaiken der Pfalzkapelle des Aachener Münsters bestanden aus ravennatischen Spolien. Möglicherweise desselben Ursprungs war der im 9.–10. Jahrhundert entstandene Boden des alten Domes in Köln[45]. Etwa gleichzeitig dürfte der Boden der ehemaligen Stiftskirche St. Quirinus in Neuss verlegt worden sein. Für die Plattenmosaiken des Wormser und Magdeburger Doms nimmt Kier[46] eine Herkunft aus den römischen Bauten Triers an.
Die Grenzen zwischen beiden Techniken sind, je nach Größe des Materials, fließend, sehr oft werden beide Techniken gleichzeitig innerhalb eines Fußbodens verwandt. Dies gilt z. B. für die nicht mehr erhaltenen Mosaikböden der Klosterkirche in Lorsch, deren Kostbarkeit in der Lorscher Chronik (Codex Laureshamensis) ausdrücklich betont wird[47]. Es wäre möglich, daß die Flächenmusterung der Lorscher Torhalle im Fußboden wiederholt wurde, bei den vereinzelt geborgenen Fliesen aus Plattenmosaik fanden sich sowohl Sechseckfliesen als auch gleichschenklige Dreiecke. Daß diese Muster gleichermaßen für Wandflächen wie für Fußböden benutzt wurden, zeigen die Beläge in der Basilika in Trier, in St. Quirinus, Neuss, in San Ambrogio, Mailand, und in Santa Maria in Cosmedin, Rom[48].
Als die Spolien erschöpft waren, ein Transport von Marmor aus Italien zu kostbar und der einheimische Marmor noch nicht entdeckt war, ersetzte man diesen zuerst durch einheimische Natursteine und bald darauf durch Tonfliesen. Die Plattenmosaikböden des Paderborner Domes und der Kapelle unter dem Domküsterhaus in Paderborn (1. Hälfte 11. Jahrhundert?), des Mindener Doms (nördliches Querhaus), des Halberstädter Doms (3. Viertel 11. Jahrhundert) und des um 1060 erbauten Chors der Benediktinerinnenkirche in Susteren sowie aller übrigen, bei Kier ausführlich besprochenen Kirchen bestehen noch ganz aus Natursteinen. Seit Ende des 11. Jahrhunderts tauchten die ersten Tonfliesen im Marmorplattenboden der Confessio von St. Gereon in Köln (um 1190) und, zusammen mit Stiftmosaik und Natursteinplatten, im Chorfußboden von St. Victor in Xanten (1109–28)[49] auf.
Bei diesen Tonfliesen handelte es sich jedoch stets um Fliesen mit glatter Oberfläche, die meist nicht größer als 6 × 6 cm sind. Ähnlich den Plattenmosaiken wurden sie in Dreiecksform, als Kreise, Sechsecke, Rhomben, Spitzovale und Astroide geprägt, sie unterschieden sich nur durch die glatte Oberfläche von den auf S. 105–107 erwähnten geprägten Fliesen. Die vermutlich auf dem Weg über das Elsaß von Frankreich nach Deutschland eindringenden gemusterten Tonfliesen lösten diese Belagstechniken in kurzer Zeit ab. Schon in der 2. Hälfte des 13. Jahrhunderts fand sich im westlichen Teil Deutschlands eine Vielfalt der Formen und Muster, die für die willige Aufnahme dieser Technik spricht.
Zum Schluß darf nicht unerwähnt bleiben, daß nicht nur kostbare Marmorbeläge als Spolien dienten, sondern daß auch römische Hypokaustziegel[50] und glatte römische Mauerziegel als Fußböden verlegt wurden.
In dieser Übersicht sind Spanien[51], Frankreich und England fast ausgeklammert. Die mittelalterlichen Stift- und Plattenmosaiken sind dort so eng mit der Entwicklung der Fliesen in diesen Ländern verknüpft, daß es sinnvoller erscheint, sie zu Beginn der entsprechenden Abschnitte über die Fliesen der einzelnen Länder zu erwähnen. Nur so kann das Wechselspiel der gegenseitigen Beeinflussung sowie die Weitergabe einzelner Belagstechniken und Muster aufgezeigt werden.

---

45 H. Kier, 1970, 24, nimmt an, daß die Platten aus dem Theoderichspalast in Ravenna kamen und dort im 6.–7. Jh. verlegt wurden.
46 Ebd., 24.
47 R. Adamy, 1891, Taf. 5.
48 H. Kier, 1970, 33–34, 178, Muster 69.
49 Ebd., 35.
50 Ebd., 24, 108–109, Abb. 32–33. – Ein Boden aus runden und quadratischen Hypokaustziegeln fand sich bei Grabungen 1950–51 im nördl. Seitenschiff der ehem. Stiftskirche St. Cäcilien in Köln. Er wurde vermutlich im 10. Jh. verlegt.
51 Vgl. X. Barral i Altet, 1979, 9ff.

4. Die Entstehung von Relief- und Prägefliesen in Frankreich und ihr Vordringen nach Deutschland

Obwohl die inkrustierten Tonfliesen in Frankreich möglicherweise schon im 1. Drittel des 13. Jahrhunderts auftauchten und als Verzierungstechnik für die Fußböden der Kirchen, Klöster und Burgen seit der Mitte des 13. Jahrhunderts überwogen, entwickelten sich doch gleichzeitig neben ihnen die Präge- und Reliefflliesen, die später für Deutschland zum wichtigsten Vorbild wurden. Leider hat die französische Wissenschaft diese Fliesen lange vernachlässigt. Sie sind kaum publiziert, die seltenen Funde, meist mit einfachen Mustern und ohne den Glanz der Glasur oder die Wirkung fein abgestufter Farben, haben die Forscher vermutlich weniger gereizt. Auch in die Sammlung Forrer kamen fast ausschließlich inkrustierte Fliesen. Möglicherweise waren ihm frühe Reliefflliesen noch nicht zugänglich, so daß Forrer zur Ansicht gelangte, daß die Reliefflliesen in Frankreich erst im 15. Jahrhundert in Anlehnung an ausländische Vorbilder entstanden[1].

Abb. 23 Reliefflliesen mit der Darstellung von jagenden Tieren. Ehem. Benediktinerklosterkirche St. Fortunat, Charlieu (Loire). 12./13. Jh. (?).

Dem widersprechen die im Kreuzgang des ehemaligen Benediktinerklosters Charlieu (Loire) aufbewahrten Fliesen aus feingemagertem, gelblichem und hellrotem Ton, die mit großer Wahrscheinlichkeit dem Ende des 12. oder dem frühen 13. Jahrhundert angehören[2]. Neben einem geometrischen Muster in vertiefter Prägung (N 22), wie es sich dann, ohne Abweichung, auf Fliesen der Zisterzienserabteien Aulps (Haute-Savoie)[3] und Bonmont (Kt. Waadt)[4] wiederfindet und, in leicht abgewandelter Form, auch auf Fliesen aus Kloster Arnsburg, aus Weinheim und Worms (N21) vorkommt, stehen die primitiven Darstellungen zweier Tierjagden in flachem Relief[5] (Abb. 23). Eine der Fliesen wurde

1 R. Forrer, 1901, 27.– „Erst gegen Ende der Gotik erscheinen dort als Ausnahme von der Regel gelegentlich reliefierte Fliesen, in der Technik ähnlich den reliefierten Englands und der deutschen Rheinlande, – fast möchte ich glauben, sie seien von fremden Künstlern hervorgebracht oder importiert worden; jedenfalls aber sind sie in Anlehnung an ausländische Fabrikate entstanden." (Hier auch eine Übersicht über späte Reliefflliesen).

2 E. R. Sunderland, The history and architecture of the church of St. Fortunatus at Charlieu in Burgundy, The Art Bull. 21, 1939, 61–88.– Die nach 1031 begonnene, vermutlich 1094 geweihte Kirche St. Fortunat, erhielt in der Mitte des 12. Jh.s einen Narthex-Vorbau. Spätere Bauten sind nicht überliefert. Die Fliesen des Klosters Charlieu sind noch nicht publiziert. E. C. Norton, 1984a, 68, Abb. 21 zeigt jedoch einen Fliesenboden aus Plattenmosaik, der aus der Kapelle des Priorats stammt (Ende 13. Jh.?). In der Randzone haben sich einige engobe-geprägte Fliesen erhalten.

3 E. Renard, 1940, 47.

4 A. C. de Breycha-Vautier, 8, Abb. 3 datiert die Fliesen (wohl zu früh, vgl. Fundortkat. Bonmont) ins 2. Viertel des 12. Jh. Die Fliese in Charlieu ist unglasiert, in Bonmont zeigt sie gelbbräunliche Glasur.

5 E. Amé, 12.– M. Pinette, 42, Taf. 21, Nr. 210, datiert diese Fliese ins Ende des 16. oder den Beginn des 17. Jh., E. C. Norton (schriftliche Mitteilung) vermutet eine Entstehung im 15. oder 16. Jh. Dieser Ansicht kann sich die Verf. nicht anschließen; sie kann ihre Frühdatierung jedoch auch nicht durch ähnliche, sicher datierbare, französische Fliesen beweisen. Französische Fliesen des 15.–17 Jh. unterscheiden sich sowohl in der Technik wie der Qualität der Prägung und im Themenkreis grundlegend von den hier erwähnten Fliesen. Weitere Reliefflliesen aus Paray-le-Monial, Schloß Arcy und der Abtei Cluny bei M. Pinette, 41, Nr. 178, Taf. 17; 42, Nr. 208, 209, 211, Taf. 21.

Abb. 24 Stempelfliese. Pferd und Rochen. Aus der Abteikirche Sainte-Colombe-les-Sens (Yonne). Datierung unsicher.

inzwischen auch in der Benediktinerpriorei Paray-le-Monial (Saône-et-Loire) entdeckt. Andere Fliesen aus Charlieu zeigen sorgfältig geprägte heraldische Lilien in zarten Linien oder breite Kreuze mit Sternrosetten. Diese sind eher dem Typus der Stempelfliese zuzuordnen. Auch die in der Abteikirche Sainte-Colombe-les-Sens (Yonne) gefundenen Fliesen, mit der Darstellung eines gesattelten Pferdes, über dessen Rücken ein rochenähnlicher Fisch schwebt[6] (Abb. 24), sowie der eines kauernden Drachens, gehören in diesen Bereich. Sie werden von Viollet-le-Duc in merowingische Zeit datiert und diese Datierung wurde seitdem meist kritiklos übernommen. Vermutlich handelt es sich jedoch auch hier um provinzielle Arbeiten des 12.–13. Jahrhunderts.

Es ist bedauerlich, daß diese Stempelfliesen oft nur durch Zufall bekannt werden. So findet sich auf einer ebenfalls aus Charlieu stammenden Fliese der zarte Reliefstempel einer Krone, die über einer heraldischen Lilie schwebt[7]. Dieser Stempel taucht ganz ähnlich, neben einem Wappenschild und einem gekrönten Fisch eingeprägt, auf einer Fliese aus Schloß Faulin, Lichères, (Yonne)[8] auf. Möglicherweise wurden auch hier Prägestempel, wie später in Kloster St. Urban, nach Belieben auf der Fläche verteilt. Für andere Reliefflliesen, so ein Muster mit Rankenbändern aus Troyes[9] muß ein sorgfältig geschnittener quadratischer Model vorausgesetzt werden.

Frühe Präge- und Reliefflliesen sind vor allem aus Zisterzienserklöstern bekannt. Sie werden in Kapitel 7 ausführlich besprochen. Diese knappe Übersicht soll nur zeigen, daß alle später in Deutschland angewandten Prägetechniken in Frankreich schon vorgebildet waren und nur noch übernommen werden mußten. Dennoch ist nicht geklärt, warum nur diese Techniken und nicht die der inkrustierten Fliesen übernommen wurden. Es könnte sein, daß die Lagerstätten für weißen Pfeifenton, der für die Inkrustierung notwendig war, nicht in erreichbarer Nähe lagen oder daß das Bleierz für die schützende Glasur zu kostspielig war[10]. Entscheidender ist wohl, daß die Impulse zur Fliesenprägung Deutschland gerade zu dem Zeitpunkt erreichten, als in den französischen Zisterzen noch die durch strenge Verordnungen befohlenen Fliesenböden aus Relief- und Prägefliesen lagen. Als diese an vielen Orten später durch Beläge aus inkrustierten Fliesen ersetzt wurden, hatte sich in Deutschland schon eine eigenständige Fliesenproduktion entwickelt und man blieb bei den einmal eingebürgerten Lösungen.

Der Prozeß der Fliesenverbreitung darf nicht als langsames Einsickern verstanden werden. Da fast zur selben Zeit an verschiedenen Orten Deutschlands frühe Fliesen auftauchen, muß an eine spontane Übertragung der Muster aus den französischen Klöstern gedacht werden. Gleichzeitig setzte, im Zuge der staufischen Baupolitik, eine erste Ausschmückung der zahlreichen, neu errichteten Burgen ein.

Dennoch zeigt die Häufung von Funden früher Fliesen in einem eng umgrenzten Gebiet, daß das Elsaß, die Westschweiz und der Oberrhein vermutlich das Einfallstor dieser neuen Schmucktechnik bildeten. Die jäh aufbrechende Blüte spätromanischer Baukunst in diesem Raum, die Neigung zum liebevoll gestalteten Detail, war auch für die Verwendung der Fliese als Schmuckelement günstig.

Die frühesten, für das Elsaß gesicherten Fliesen stammen aus der Benediktiner-Propsteikirche St. Fides in Schlettstadt (s. Fundortkat.). Zwar muß nach den neuesten Forschungen von Haug und Will[11] die Vollendung der Kirche, die Forrer[12] noch zwischen 1150–60 ansetzt, in die Jahre 1175–80 verlegt werden; eine Entstehung der Fliesen um 1180 ergibt jedoch gleichzeitig einen nahtloseren Anschluß an die von ihnen abhängigen Fliesen aus Burg Straßberg.

6 L. Viollet-le-Duc, II, 265. – M. Pinette, 44, Nr. 239, Taf. 23, „Hochmittelalter". – Eine vergleichbare Stempelfliese mit der Darstellung eines Pferdes und eines mit einer Keule bewaffneten Mannes fand sich in der Nähe von Abbeville (Somme), Musée Céramique, Sèvres (J. S. Richardson, 304, Fig. 20,2).

7 Nicht publiziert, Abdruck im Besitz d. Verf.

8 A. Guillon, H. Monceau, Bd. 1, 31, 14. Jh.(?).

9 J. B. Ward-Perkins, 1937, Taf. 8, 2. „14. Jh.?" Eher 2. Hälfte 13. Jh.), heute im Victoria and Albert Museum, London. Diese Fliese zeigt große Ähnlichkeit mit dänischen Fliesen des 13. Jh. (vgl. Fliesen aus Herlufsholm, Skovkloster, Nationalmuseum Kopenhagen, Publikation in Vorbereitung).

10 So werden in England, durch reiche Bleierzvorkommen begünstigt, nicht nur die Fliesen, sondern vor allem auch die Gebrauchskeramik wesentlich früher und vollständig glasiert als in Deutschland, wo meist nur die Innenwand des Gefäßes Glasur zeigt.

11 H. Haug, R. Will, 248.

12 R. Forrer, 1901, 62.

Abb. 25 Ehem. Benediktinerkloster Saint-Pierre-sur-Dives (Calvados) Kapitelsaal. Ausschnitt aus dem Bodenbelag aus inkrustierten Fliesen. Ende 13. Jh. (?).

Die zahlreichen Bruchstücke, deren Muster sich leider nicht alle mit Sicherheit rekonstruieren ließen[13], zeigen quadratische, dreieckige, achteckige und rhombenförmige Fliesen und weisen auf einen reichen Bodenbelag. Die Anordnung der Fliesen wurde bei der Aufdeckung nicht festgehalten, möglicherweise fand sich auch hier eine der großen Fliesenrosetten, wie sie sich (aus späterer Zeit) in der Kirche von St. Pierre-sur-Dives (Calvados) erhalten hat[14] (Abb. 25).

Dort taucht, in ein Quadrat einbeschrieben, eine achteckige Fliese mit der Darstellung eines Greifen auf, eine ähnliche, aus einem heute nicht mehr vorhandenen Fliesenboden einer unbekannten Kirche, könnte als Vorlage für F99 gedient haben. Eine andere Möglichkeit böte die Verlegung der Achtecke, Dreiecke und Rhomben in der Form eines Belages, wie sie Kier[15] als Muster 73 abbildet.

Die Fliesen aus St. Fides, Schlettstadt, zeichnen sich nicht nur durch die Feinheit der Modellierung, durch ihre Größe und die erste Verwendung von Bleiglasur aus, sondern sie sind auch ikonographisch besonders interessant. Zu Greifen, Drachen, Vögeln und kämpfenden, mit Bogen und Schwert bewaffneten Kentauren, gesellt sich ein Fabelwesen mit Adlerrumpf und Januskopf, für welches sich keine vergleichbare Darstellung finden ließ.

Der Bodenbelag, der als unmittelbares Vorbild für die Fliesen aus St. Fides gedient hat, konnte noch nicht ermittelt werden. Für Einflüsse aus dem Gründungskloster, der Benediktinerabtei Conques (Aveyron), zu der die Verbindung während des ganzen Mittelalters nicht abriß, gibt es keine Anhaltspunkte[16]. Ob diese in den reichen Kirchen und Klöstern Lothringens zu suchen sind, läßt sich durch fehlende Funde und Ausgrabungen nicht klären. Auf die Rolle, die das Vorbild der Kirchen in St. Dié (Vosges) für den Bau von St. Fides in Schlettstadt spielte, wird im Fundortkatalog ausführlich eingegangen. Durch die Zerstörung des Mutterklosters von Wörschweiler[17], Weiler-Bettnach (Moselle), läßt sich auch für die ersten Reliefffliesen Wörschweilers das lothringische Bindeglied nicht ermitteln.

Forrer[18] weist auf den engen Zusammenhang zwischen einer Miniatur aus dem „Hortus deliciarum" (Abb. 26) der Herrad von Landsberg[19] und den frühen Elsässer Fliesen hin. In der um 1185 in Kloster Hohenburg auf dem Odilienberg entstandenen Handschrift[20] findet sich eine Federzeichnung, die den Thron Salomonis und die Töchter Jerusalems zeigt. Der Thron überdeckt eine Wandverkleidung aus kleinen quadratischen Fliesen, deren Muster in Bändern angeordnet sind. Daß es sich

13 Ebd., 64, Abb. 133–134. – Forrer bildet nur einen Teil der Bruchstücke ab. Weitere sind in der Stadtbibliothek Schlettstadt aufbewahrt, ein großer Teil davon ist inzwischen verloren.

14 A. Ramé, Études sur les carrelages émailles, Saint-Pierre-sur-Dive, Ann. Arch. 12, 1852, 281–293.– E. Gautier-Desvaux, Saint-Pierre-sur-Dive, Congr. arch. 132, 1978, 188–214. Für den von Forrer noch ins 12. Jh. datierten Fliesenboden wird heute eine Entstehung zu Ende des 13. Jh.s angenommen. Achteckfliesen des 12. Jh. mit adossierten Vögeln und einer Mittelpflanze stammen aus Fontaine-Milon, heute im Museum Saint-Jean, Angers (H. de Morant, Abb. 11). Morant, Abb. 13, zeigt eine Achteckfliese mit adossierten Löwen, wohl aus derselben Werkstatt stammend.

15 H. Kier, 1970, 180.

16 X. Barral i Altet, Le pavement roman de l'église Sainte-Foy à Conques, Bull. Mon. 83, 1975, 73–80. Die Kirche Sainte-Foy besaß einen vermutlich zu Beginn oder im 1. Viertel des 12. Jh. entstandenen Sandstein-Bodenbelag mit Inkrustationen aus Marmor, Serpentin und Porphyr, welcher 1874 noch in situ lag, heute jedoch bis auf wenige Reste (im Lapidarium) verschwunden ist.

17 Vgl. auch hier das Auftreten großer Rauten (W49), für die der Model offensichtlich aus einem anderen Ort mitgebracht wurde. Eine weitere Verbindungslinie zu Frankreich zeigt die Rautenfliese W50 (auch sie in eine quadratische Fliese geprägt), die entweder aus St. Stephan, Straßburg, aus Burg Lützelstein oder St. Michael in Zabern stammt. Sie findet sich genau übereinstimmend als Rautenfliese in der Abtei von Paraclet-des-Champs (Somme). A. Guillon, H. Monceau, I, 11.

18 R. Forrer, 1901, 61–62, Abb. Taf. 1, 1.

19 Herrad von Landsberg war 1167–95 Äbtissin des Klosters Hohenburg. Unter ihrer Leitung wurde die staufische Reichsabtei ein Hort der Künste.

20 J. Walter, I, 93, Nr. 83, ebd. II, Taf. 36a.

nicht um ein Gewebe handelt, bezeugt die Tatsache, daß auf den anderen Miniaturen der Handschrift Teppiche und Wandbehänge entweder durch Fältelung, Borten und Fransen oder durch Andeutung einer Textilstruktur gekennzeichnet sind. Die Muster gliedern sich in figürliche Motive (Vogel, zwei Fische aus dem Zodiakus) und Ornamente, wie sie sich ähnlich auch auf Fliesen der Stiftskirche St. Martin, Kolmar (N 12), wiederholen. Eine auf dem Odilienberg gefundene Fliese (F 145), die stilistisch eng mit der Reliefflicse vom Metzgerplatz, Straßburg (F 162) zusammenhängt und vom selben Modelschneider entworfen sein könnte, legt die Vermutung nahe, daß im letzten Viertel des 12. Jahrhunderts in besonders begüterten Klöstern und Kirchen des Elsaß schon ein Wand- und Bodenbelag aus gemusterten Fliesen üblich war.

Abb. 26 Thron Salamons aus dem „Hortus deliciarum" der Herrad von Landsberg. Ende 12. Jh.

Dasselbe gilt wenig später wohl auch für die Burgen des Elsaß, die im Zuge der staufischen Sicherungspolitik gerade dort in rascher Folge errichtet wurden. Durch die frühe Schleifung der Burgen im dreißigjährigen Krieg und durch die Zerstörung des glanzvollen Restes in den Raubkriegen Ludwig XIV., sind die meisten elsässischen Burgen leider nur als Ruinen auf uns gekommen[21].

Selbstverständlich stand in der Frühzeit des elsässischen Burgenbaus, also in der 2. Hälfte des 12. Jahrhunderts, die Errichtung von Wehrbauten und Verteidigungsanlagen im Vordergrund. Doch schon in der 1. Hälfte des 13. Jahrhunderts scheint ein großzügiger Innenausbau eingesetzt zu haben, die Fliesenbeläge blieben jedoch vermutlich auf die Burgkapellen beschränkt. Man begnügte sich nicht mit der Verlegung einfacher quadratischer Fliesen. Das in den Ruinen der Burg Groß-Geroldseck (F 144) gefundene, aus zwei Rhomben gebildete Winkelstück, das für eine Anordnung als Fischgrätmuster[22] spricht, ist zusätzlich noch mit grotesken Fabeltieren geschmückt. Diese zeigen gleichzeitig durch ihren ungefügen Körperbau und die noch nicht bewältigte räumliche Anordnung auf einer zweiten Fliese (F 141), daß sie erst am Beginn einer neuen Entwicklung stehen.

Vom Elsaß aus scheinen Fliesenmuster und Herstellungstechnik an den Oberrhein und in die Nordschweiz gelangt zu sein. So dürften für die Fliesen, die 1824, 1849 und 1887 in der wohl schon zu Beginn des 14. Jahrhunderts verlassenen Burgruine Straßberg (Kt. Bern) gefunden wurden, die Fliesen aus St. Fides, Schlettstadt, unmittelbar als Vorlagen gedient haben. Vielleicht erlauben die Muster dieser Fliesen gleichzeitig Rückschlüsse auf in Schlettstadt heute verlorene Darstellungen. Ein Vergleich der Kentaurenfliese aus Schlettstadt (F 2) und aus der Burg Straßberg (F 3) zeigt, daß obwohl die Fliesen zeitlich sicher nicht allzu weit auseinanderliegen (vgl. S. 31), eine Weiterentwicklung der Technik stattgefunden hat. Die Achteckform wurde beibehalten, der Model jedoch in eine quadratische Fliese eingeprägt. Zwar stimmen Schwerthaltung und die Form des spitzen Kopfhelms noch überein, der normannische Spitzschild wurde jedoch durch einen verzierten Rundschild ersetzt. Die Binnenzeichnung des bewegten Löwenkörpers ist verfeinert, der Oberkörper wirkt durch die leichte Drehung ungemein lebendig. Ähnliches ergibt ein Vergleich der Fliesen mit adossierten Tieren aus Kloster Hohenburg (Odilienberg) (F 145) und Burg Straßberg (F 147). Während die Haltung des Löwen rechts noch fast übereinstimmt, ist dieser links durch ein zähnefletschendes Untier mit großen Krallen ersetzt, dessen elegant eingerollter Schweif in einem großen Schnörkel endet. Daß die Muster wohl nicht eigens für Straßberg entwickelt, sondern aus mitgebrachten Modeln geprägt wurden, zeigen die Rechteckmodel der Fliesen A 11 (Bettler) und E 23 (Hunde). Sie haben vermutlich an anderer Stelle als Rahmenfliesen gedient.

Schon Forrer[23] betont diese Verbindungslinie, er hält die Elsässer Fliesen für den Anstoß, der zur großartigen und phantasievollen Fliesenproduktion des Zisterzienserklosters St. Urban führte. Die Fliesen von Burg Straßberg dürften das frühe Bindeglied gewesen sein.

21 Die Ausgrabung hat erst zögernd eingesetzt. Den Arbeiten der ‚Opération Taupe' (Maulwurf) verdanken wir neue Fliesenfunde von den Burgen Landsberg, Greifenstein, Girbaden und Spesburg, sowie aus den Ruinen des Klosters Niedermünster am Odilienberg. Diese Fliesen sind noch nicht publiziert, einige wenige wurden in den Katalog aufgenommen.

22 H. Kier, 1970, 167, Muster 44, 45. Das Muster findet sich, aus zwei Rhomben gebildet, in Verbindung mit einer meist andersfarbigen quadratischen Fliese in der Kathedrale von Châlons-sur-Marne (1147), im Chor der Benediktinerkirche Vivoin (12.–13. Jh.) und in St. Denis, Kapelle St. Cucuphas (13. Jh.). Als reine Fischgrätmusterung kommt es in der Krypta von St. Germain, Auxerre (9. Jh.), in St. Bertin, St. Omer (1109), und in St. Denis, Marienkapelle (13. Jh.) vor (H. Kier, ebd., 168, Nr. 46).

23 R. Forrer, 1901, S. 63–66.

5. Erste Ansätze zur Fliesenprägung in Deutschland

Wenn auch vor der 2. Hälfte des 12. Jahrhunderts nicht von einer Fliesenkeramik in Deutschland gesprochen werden kann, so sind doch schon seit Beginn des 11. Jahrhunderts Ansätze zu einer solchen zu verfolgen, ohne die das Bild der figürlichen Tonplastik in Deutschland unvollkommen wäre. Wahrscheinlich handelt es sich hierbei nicht um Boden-, sondern um Wandfliesen. Das stark erhabene Relief und die großen Formate sprechen nicht für eine Verwendung als Bodenbelag.

Der früheste Fund kam 1949 bei Grabungen im zerstörten Hildesheimer Dom[1] zum Vorschein. Dort fand man im bis zur Ausgrabung nie gestörten[2] Brandschutt des Brandes von 1046 zwei Bruchstücke von Tonfliesen, die zweifellos aus bernwardinischer Zeit stammen müssen (Abb. 27 und 28).

Bei den Fliesen handelt es sich um je ein Bruchstück einer runden und einer quadratischen Reliefflies̱e. Die Kreisfliese zeigt in einer Art Ovalrahmung einen kauernden Hasen mit einer Blattranke. Über ihm wölbt sich an der Fliesenkante ein rechtwinklig geknicktes Flechtband, unter dem Rahmen ist ein Stück eines Flechtbündels sichtbar. Die quadratische Fliese zeigt ein einem mit Perlband verziertem Kreis einbeschriebenes Quadrat, mit Körper und Schwanz eines Fabelwesens, wohl eines Drachens. Die freien Flächen sind mit sorgfältig geschnittenen Blatt- und Palmettenranken gefüllt. Vermutlich handelt es sich um die Bruchstücke eines Tierfrieses[3]. Die Arbeiten gehören zum Kreis jener Werke, die dem Aufblühen der Künste unter Bischof Bernward von Hildesheim (um 960–1022) zu verdanken sind. Daß in Hildesheim eine keramische Werkstatt bestanden haben muß, beweisen im Dom und im Heiligkreuzstift gefundene Dachziegel[4] mit der Aufschrift „BERNWARD".

Der Biograph Bernwards, Thangmar[5] erwähnt ausdrücklich, daß Bernward „Ziegel nach eigener Erfindung verfertigte". Ob nun auch diese Fliesen der kunst-

1 F. J. Tschann, II, 351, ebd., III, Abb. 258, 259.
2 Freundliche Mitteilung von Herrn J. Bohland, Hildesheim.
3 Leider waren die Fliesen, unter denen sich einige weitere, sicher aufschlußreiche Bruchstücke befinden sollen, nie einzusehen. Die Grabung sollte durch J. Bohland veröffentlicht werden, es kam jedoch nicht dazu. Der Ausgräber J. Bohland konnte auch keine Angaben zu den Maßen und der Tonfarbe der Fliesen machen, da diese anscheinend nicht aufzufinden seien.
4 F. J. Tschann, II, 351, ebd., III, 257.
5 B. Gerlach, Thangmars Lebensbeschreibung des hl. Bischofs Bernward. Nach dem Text der MGH ins Deutsche übertragen, Unsere Diözese in Vergangenheit und Gegenwart 15, Hildesheim 1941, 12–13 (1–66). „Wenn er von überseeischen und schottischen Gefäßen, die man der königlichen Majestät als besonderes Geschenk darbrachte, ein seltenes und hervorragendes Stück ausfindig machen konnte, so wußte er es irgendwie nützlich zu verwenden. Talentvolle und besonders begabte Künstler nahm er mit sich an den Hof oder auf sonstige, längere Reisen, und an jedem Meisterwerk irgendeiner Kunst schärfte er ihr Kunstverständnis. Besondere Freude hatte er daran, die Fußböden mit Mosaik zu verzieren, und ebenso formte er Ziegelsteine zu Dachziegeln nach eigener Erfindung und ohne Anleitung eines anderen." Diese Dachziegel waren schon mit einem sorgfältig geschnittenen Stempel geprägt.

Abb. 27 Fragment einer Kreisfliese mit kauerndem Hasen. Hildesheim, Dom. Vor 1047. Hildesheim, Privatbesitz.

Abb. 28 Fragment einer Reliefflies̱e mit Drachen (?). Hildesheim, Dom. Vor 1046. Hildesheim, Privatbesitz.

Abb. 29 Wandfliese mit Löwenrelief. Ulm, ehem. staufische Pfalz. Mitte 12. Jh. Ulm, Ulmer Museum.

fertigen Hand Bernwards zu verdanken sind, oder ob sie von einem der Künstler, die er an seinen Hof berief, gefertigt wurden, ist nicht mehr zu klären. Möglicherweise erhielt Bernward die Anregung dazu auf einer seiner Reisen nach Rom (1000–01), St. Denis und Tours (1007) oder bei seinem Aufenthalt am kaiserlichen Hof. Er muß von der Pracht der römischen Mosaiken tief beeindruckt gewesen sein, da er versuchte, in Hildesheim Ähnliches zu schaffen[6].

Wenn auch bis jetzt in Hildesheim noch keine Spuren dieser ‚Mosaiken' aufgetaucht sind, so muß doch angenommen werden, daß es dort musivisch verzierte Fußböden in bernwardinischer Zeit gab. Sie müssen nicht unbedingt aus Marmormosaik oder Glaspasten bestanden haben, möglicherweise glichen sie dem Boden der bei Kier[7] erwähnten Kapelle unter dem Domküsterhaus in Paderborn. Hier vermutet Kier eine Fertigung durch die von Bischof Meinwerk (1009–36) nach Paderborn berufenen byzantinischen Künstler. Wie Bernward erhielt Meinwerk von Paderborn seine Schulung in der Hildesheimer Domschule. Enge Verbindungen können deshalb angenommen werden.

Ebenfalls durch byzantinische oder vorderasiatische Vorbilder beeinflußt sind vermutlich die Tontafeln, deren Bruchstücke bei einer Grabung auf dem Gelände der staufischen Pfalz in Ulm zum Vorschein kamen[8]. Während erste Urteile[9] für eine möglichst frühe Datierung ins 8.–9. Jahrhundert plädierten, hat die genaue Auswertung der Grabung durch Rieber[10] ergeben, daß die Tontafeln vermutlich an der Nord- und Südwand der jüngeren Pfalzkapelle angebracht waren und gegen 1150 entstanden sind.

Bei der Grabung konnten Bruchstücke von etwa 26 Tontafeln geborgen werden. Sie zeigen jeweils einen nach rechts schreitenden Löwen oder einen geflügelten Greifen in flachem Relief (Abb. 29 und 30). Die Körper der Tiere weisen zusätzlich Verzierungen durch Kerbbänder, doppelte und dreifache Linien und Linienkreuze auf. Diese folgen teilweise den Körperkonturen, sind jedoch, vor allem bei der Greifentafel, meist regellos als zusätzlicher Dekor angebracht.

Nach der Menge der gefundenen Bruchstücke zu urteilen, muß es sich um einen größeren Fries gehandelt haben. Die Nagellöcher, in denen sich vereinzelt noch Nagelreste erhalten hatten, weisen auf eine Verwendung als Wandfliesen.

Spuren von Bemalung zeigen, daß die Tierkörper vom weißlichgrauen oder bläulichgrauen Untergrund abge-

6 s. Anm. 5.

7 H. Kier, 1970, 33, Abb. 37–38.

8 A. Rieber, K. Reutter, 1ff, besonders 196–210 und Abb. 49–50. – Die Tontafeln lagen nördlich vom Schwörhaus in einer Grube, die mit Brandschutt und Scherben von Tongefäßen aus der 1. Hälfte des 14. Jh. angefüllt war, weitere Bruchstücke fanden sich nördlich vom Schwörhaus in der unteren Brandschicht eines tiefen Kellers. Die Rekonstruktionen der aus den Bruchstücken ergänzten Tafeln kamen ins Städtische Museum Ulm und ins Württembergische Landesmuseum Stuttgart. Die mit Holzmodeln geprägten Platten variieren leicht in der Größe. 29,5/30,5 × 57,5/58,5 × 2,6/3,5 cm.

9 J. Baum, 1962, 167–178.

10 A. Rieber, K. Reutter, 211–229. – Rieber nimmt die Erbauung der jüngeren Pfalzkapelle nach 1148/49 an und vermutet ihre Zerstörung 1311. Beim Wiederaufbau, vermutlich 1315, wurden die Tontafeln verworfen. Vgl. hierzu die Rezension von W. Einsingbach, Nass. Ann. 88, 1977, 378–381.

11 A. Rieber, K. Reutter, 199.

Abb. 30 Wandfliese mit Greifenrelief, Ulm, ehem. staufische Pfalz, Mitte 12. Jh. Ulm, Ulmer Museum.

hoben wurden[12]. Ein Drittel der Tafeln mit Löwenreliefs bietet jedoch das umgekehrte Bild, diese heben sich weißlichgrau vom roten Grund ab. 1958 fand sich eine weitere, erst durch Rieber[13] publizierte Tontafel mit der Darstellung einer heraldischen Lilie (Abb. 31). Der Ausgräber vermutet, daß sie von der Nordseite der Ulrichskapelle stammt und möglicherweise im Zusammenhang mit der dort vermuteten Gerichtsstätte vor dem Nordportal stand.
Die Ulmer Tontafeln sind durch Vergleiche des Tonmaterials als einheimische Arbeit ausgewiesen[14], wenn sie auch vermutlich unter dem Einfluß sassanidischer Gewebe oder Treibarbeiten entstanden. Dasselbe gilt für die 1864 zuerst entdeckten[15] und seitdem an Hand neuer Bruchstücke aus dem Gewölbeschutt und dem Kreuzganghof von St. Emmeram, Regensburg, einwandfrei rekonstruierten Tontafeln[16]. Sie stimmen in

Abb. 31 Wandfliese mit heraldischer Lilie, Ulm, ehem. staufische Pfalz, Mitte 12. Jh. Ulm, Ulmer Museum.

12 Ebd., 199: Die Greifentafeln waren nur rot, „der Grund ... meist grau bis weißlichgrau (und nur bei wenigen Stücken kalkweiß) ... die Löwentafeln zeigen „auf blaugrauer (selten weißer) Grundfläche rote Löwen."

13 Ebd., Abb. 51.

14 J. Baum, 1962, 174–175, Abb. 45, 3; 46, 6; 47, 8 bringt die Tontafeln in Verbindung mit den 1860 an der Friedhofsmauer in Kirchdorf (Iller) und 1901–13 auf dem Friedhof der St. Martinskirche in Kellmünz gefundenen Tonplatten. Nach freundlicher Mitteilung von Herrn A. Rieber, Ulm, stimmt der Scherben der Bruchstücke mit dem von gleichzeitig entstandener Ulmer Gebrauchskeramik überein.

15 K. Ziegler, Thon-Reliefe (Fliese) von der Stiftskirche St. Emmeram in Regensburg, Verh. Hist. Ver. Oberpfalz 25, 1868, 190 bis 192. – H. von Walderdorf, Regensburg in seiner Vergangenheit und Gegenwart, Regensburg 1896, 313–314, glaubt, daß die Tontafeln zur Verkleidung der Fensterbrüstungen verwandt wurden. Beim Umbau eines Privathauses (nach 1878) wurden Reste der Fliese mit Flechtbandornament in einer Fensternische angenagelt gefunden. – G. Pletzer, 95–98, verweist auf neue Funde (1960) in Regensburg-Prüfening, Leichtlgasse 8 und (1969) im Regensburger Dom (Domkreuzgang?). Die dort geborgenen Fragmente der Adler-, bzw. der Drachentafel sind nicht mit demselben Model gefertigt, sondern weisen geringe Abweichungen auf. Pletzer, ebd., 97, glaubt, daß diese Tontafeln in Regensburg eine lange Tradition besaßen und weite Verbreitung fanden.

16 H. Brandl, 156, 166, Abb. 176–179. Größe der Tontafeln: 58 × 36 × 1,5/2,3 cm. Für die Fliesen wurde rotbrennender, aus Königswiesen stammender Ton verwandt, dessen Farbschwankungen und Schlieren durch die später aufgetragene Farbe verdeckt wurden. Die aus Bruchstücken ergänzten Tafeln kamen ins GNM Nürnberg und ins Städt. Museum, Regensburg.

Abb. 32–35 Wandfliesen aus der ehem. Benediktinerklosterkirche St. Emmeran, Regensburg. Um 1770, Regensburg, Museum der Stadt und Nürnberg. Germanisches Nationalmuseum.

den Größenverhältnissen fast mit den Ulmer Tafeln überein und sollen, nach den neuesten Untersuchungen von Piendl und Gamber[17], aus der ehemaligen Pfalz Kaiser Arnulfs stammen.

Statt eines fortlaufenden Frieses handelt es sich jedoch um hochrechteckige Tafeln, die durch Nagellöcher ebenfalls als Wandplatten ausgewiesen sind. Wie Brandl[18] nachweist, sind die vier verschiedenen Darstellungen eng mit Arbeiten der Regensburg-Prüfeninger Buchmalerei verbunden. Im Gegensatz zu den Ulmer Tafeln zeigen sie, besonders in den Rahmenornamenten, ein sehr zartes Relief, während die Tierdarstellungen der Mittelfelder: Doppeladler, Greif und zwei Drachen mit verschlungenen Hälsen, stark plastisch hervorgehoben sind (Abb. 32–35). Auch hier wurde zur Prägung ein Holzmodel verwandt[19]. Die Oberfläche der Tafel war zusätzlich zinnoberrot getönt, das Relief mit Weiß gehöht. Die Datierung Brandls, der die Tafeln mit dem nach dem Brand von 1166 erfolgten Wiederaufbau in Verbindung bringt[20] und den zwischen 1177–83 entstandenen Nekrolog von Obermünster als vermutliche Vorlage erwähnt, ist sicher richtig. Ein Vergleich des Greifen mit dem der Fliese aus St. Fides in Schlettstadt (F99) zeigt eine fast völlige Übereinstimmung in der statuarischen Haltung, während die Fliese aus Pildenau (F103) zwar das Rankenornament noch ganz ähnlich übernimmt, den Tierkörper in Bewegung und Durchbildung jedoch lebhafter und differenzierter gibt. Dennoch kann keine direkte Beziehung zu den Fliesen aus Schlettstadt hergestellt werden. Bevor neue Funde ein weiteres Glied in der Kette der mittelalterlichen Reliefkeramik erbringen, stehen die Tafeln aus Ulm und Regensburg ohne Vorbilder und ohne direkte Nachfolge da[21]. Bei beiden ist die Entstehung vermutlich auf den Wunsch zurückzuführen, Steinplastik auf raschere und weniger kostspielige Weise zu ersetzen.

Ein neuer Fund, der bei der Restaurierung des ehemaligen Benediktinerklosters Allerheiligen in Schaffhausen 1954 zum Vorschein kam, beweist erneut, daß solche Fliesen geprägt wurden. Meist wohl nicht in die Wand eingelassen, sondern nur durch Nägel gesichert, zersprangen sie beim Herunterfallen und sind deshalb nur ganz selten erhalten (Abb. 36)[22]. Hier fand sich, etwa 1 m unter dem Niveau des Münsterplatzes, eine kreisrunde Platte aus hellrotem Ton von etwa 2,5 cm Dicke und einem Durchmesser von 25 cm. Sie war mit einem, während der Prägung leicht verrutschten Holzmodel geformt, dessen Maserung sich am Rand abgezeichnet hat, und zeigt ein sehr flaches Relief. Die Scheibe ist durch waagrechte Doppellinien in vier Friese geteilt, die am Rand verlaufende Majuskelschrift konnte nicht mehr entziffert werden. Die aus der zeitgenössischen Buchmalerei übernommene Darstellung schildert Szenen des Neuen Testaments: Geburt Christi, Anbetung und Traum der heiligen Drei Könige, Taufe Christi und Darstellung im Tempel. Frauenfelder glaubt an eine Entstehung in der 2. Hälfte des 12. Jahrhunders und an eine ursprüngliche Verwendung des Models für Klostergebäck oder Bronzeguß.

Die Formulierung Frauenfelders: „In diesem Falle wäre unser Fundstück ein Abdruck eines natürlich nicht mehr vorhandenen, sonst für Fladen bestimmten Models aus Holz“ scheint Bänsch[23] mißverstanden zu haben. Die Tonplatte kann nicht als Model gedient haben, das Verhältnis von Durchmesser und Dicke würde keinen Abdruck erlauben.

Möglich wäre die von Pfister-Burkhalter[24] vorgeschlagene Verwendung für den flachen Boden einer Taufschale. Denkbar wäre außerdem, daß diese großen Tonscheiben in die Wand eingelassen waren, wie dies z. B. im Spätmittelalter mit Kreuzwegstationen aus Ton geschah. Anstelle der langwierigeren und kostspieligeren Wandmalerei, entstünde so eine „biblia pauperum“, die sich, mit geringen Kosten und ohne großen Arbeitsaufwand, beliebig vermehren ließe. Die Anordnung der Bildstreifen könnte unmittelbar aus einem Manuskript übernommen worden sein.

Wie fließend die Übergänge zwischen Wand- und Bodenfliesen waren, zeigen zum ersten Mal die in St. Peter, München (Abb. 37), gefundenen Fliesenbruchstücke. Sie wurden 1952 bei der Grabung in der Schutt-

---

17 M. Piendl, Die Pfalz Arnulfs bei St. Emmeram in Regensburg, Thurn- u. Taxis-Stud. 2, 1962, 95–125, Abb. 1–8. – K. Gamber, Die Pfalz Kaiser Arnulfs in Regensburg und ihr künstlerischer Schmuck, Verh. Hist. Ver. Oberpfalz 117, 1977, 189–190 (183–196). Gamber glaubt, daß Reste des Thronsaals und ein Teil der Westmauer der Pfalz in der Eingangshalle von St. Emmeram erhalten geblieben sind. Die Pfalz wurde durch den Brand von 1166 ebenfalls zerstört, dann wiederaufgebaut und nach 1250 auf Befehl König Konrads IV. abgebrochen. Für die Herkunft der Wandtafeln aus der Pfalz spräche der Vergleich mit den Ulmer Tafeln, die ebenfalls aus einem Pfalzbau stammen. Gamber weist darauf hin, daß der Doppeladler als Herrschersymbol eine angemessene Darstellung für einen Thronsaal wäre. Dies ist nicht schlüssig, bei der Bedeutung der Abtei St. Emmeram wären die Wandfliesen als Schmuck eines Raumes im Konvent ebenso möglich gewesen. Zur Baugeschichte von St. Emmeram vgl. F. Arens, Das Kloster St. Emmeram in Regensburg, Thurn-u.-Taxis-Stud. 1, 1961, 185–273, Abb. 26b.

18 H. Brandl, 162, verweist auf Abbildungen bei A. Boeckler, Die Regensburg-Prüfeninger Buchmalerei des 12. und 13. Jahrhunderts, München 1924.

19 H. Brandl, 161. – Auf allen Fragmenten der Adlertafel wurde an derselben Stelle (am Stoß) ein 2 mm breiter Grat festgestellt, der durch einen Riß des Holzmodels entstanden ist.

20 F. Mader, Die Kunstdenkmäler von Bayern XXII. Stadt Regensburg. 1. Dom und St. Emmeram, München 1933, 233.– F. Arens (s. Anm. 17), 253 und Taf. 26b. Bei dem schweren Brand von 1166 stürzten die Mauern ein. Es ist nicht bekannt, wie lange der Wiederaufbau dauerte.

21 M. Zoder, 15. – Selbstverständlich finden sich an einigen Kirchen Altbayerns (St. Martin, Freising, Weihenstephan bei Freising, Niederhummel usw.) Terrakotten des späten 12. und des 13. Jh. Diese können jedoch nicht als Wandfliesen bezeichnet werden.

22 R. Frauenfelder, 236–238, Taf. 71.

23 B. Bänsch, in: Kat. Ornamenta ecclesiae, I, 326, Nr. B104, Abb. S. 303 weist zusätzlich auf die Szenen in Streifenanordnung, welche sich auf Emailplatten von Tragaltären oder auf Buchdeckeln finden.

24 R. Frauenfelder, 238, Anm. 3.

Abb. 36 Terrakottaplatte mit Szenen aus dem Leben Jesu. Schaffhausen, Münster Allerheiligen, 2. Hälfte 12. Jh. (?). Schaffhausen, Museum zu Allerheiligen.

Abb. 37 Fragmente von Wandfliesen. München, Alt St. Peter, Vorgängerbau. 4. Viertel 12. Jh. München, Prähistorische Staatssammlung.

auffüllung des ‚Alten Raumes‘ in der untersten Lage entdeckt. Schleich[25] vermutet, daß sie zur spätesten Ausstattung der romanischen Kirche gehörten und möglicherweise aus der danebenliegenden ‚Reichen Kapelle‘ stammen. Sie sind durch Nagellöcher eindeutig als Wandfliesen gekennzeichnet und zwar müssen sie nachträglich für einen schon fertiggestellten Raum bestimmt worden sein. Die Nagellöcher wurden ohne Rücksicht auf die Muster eingedrückt, d.h. daß man auf schon vorhandene Mauerfugen Rücksicht nahm. Die Muster der Fliesen stimmen schon mit denen von Bodenfliesen überein. Es finden sich gekreuzte Spitzovale ähnlich N41, hier jedoch aus Doppelbändern bestehend sowie die Hälfte eines Lilienstabes mit seitlicher Palmette, wie sie das Muster J75 zeigt[26]. Diese Fliesen können also nicht allzu früh entstanden sein. Schleich setzt die Erbauung der ‚Reichen Kapelle‘ um oder vor 1175/76 an, einen Erweiterungsbau nach Brand (um oder nach 1180), der bis gegen 1200 vollendet war und einen zweiten Erweiterungsbau in die Zeit zwischen 1220 und 1230[27]. Die Prägung der Fliesen läßt Anklänge an die von A10 erkennen, die möglicherweise mit einer welfischen Grablege in Memmingen in Verbindung steht. Da der Bau von St. Peter ebenfalls in welfischem Auftrag entstand, könnten hier Zusammenhänge bestehen.

Abb. 38 Wandfliese mit Ranken. Herkunft unbekannt, vermutlich aus Landshut oder Umgebung. 3. Drittel 12. bis 1. Drittel 13. Jh. Landshut, Stadt- und Kreismuseum.

Ungeklärt ist die Herkunft zweier weiterer, ebenfalls extrem dünner Wandfliesen mit Blatt und Blütenranken (rötlicher Ton, 25 × 53 × 1,5 cm), die sich heute im Stadt- und Kreismuseum Landshut befinden (Abb. 38). Sie wurden irrtümlicherweise stets dem 15. Jahrhundert zugeordnet, sind jedoch wohl wesentlich früher entstanden. Theodor Müller, München[27a], wies sie zuerst dem 13. Jahrhundert zu, eine Entstehung im späten 12. oder frühen 13. Jahrhundert wäre nicht auszuschließen. Bruchstücke derselben Prägung wurden 1984 in einer Mauer entdeckt, die bei einer Kanal-Ausschachtung im Bereich des Benediktiner-Reichstiftes St. Peter in Salzburg (Gäßchen zwischen Bäckerei und Almkanal) angeschnitten wurde[27b]. Hier ist zu vermuten, daß diese Fliesen ehemals in St. Peter angebracht waren und später verworfen wurden. Da dort jedoch sowohl im 12. wie bis zur Mitte des 13. Jahrhunderts gebaut wurde, ergeben sich keine neuen, sicheren Anhaltspunkte für eine Datierung, noch weiß man, wo die Fliesen geprägt wurden. Bei einer Entfernung von ca. 130 km zwischen Landshut und Salzburg ist an einen Transport dieser dünnen Platten bei mittelalterlichen Wegverhältnissen nicht zu denken, ein Wassertransport über Isar, Donau,

25 E. Schleich, 82–83.

26 Ebd., Abb. 20. – Eines der Bruchstücke läßt sich noch nicht sicher ergänzen. Das Muster ähnlich N41 zeigt auf den freien Flächen kleine sechsstrahlige Sternchen.

27 Ebd., 42–47, 53–54. Zum romanischen Bau von St. Peter fehlen alle Urkunden. An der Stelle, an der die Kirche steht, stand vermutlich schon vor der Stadtgründung (1166) eine romanische Kirche. Der ‚Alte Raum‘, ursprünglich wohl zu einem Profanbau gehörend, steht vermutlich in Verbindung zu der 1175/76 begonnenen Stadtummauerung unter Heinrich dem Löwen. – W. Haas, Bauten in München vor der ‚Stadtgründung‘ von 1158, Oberbayer. Archiv 105, 1980, 256–266, faßt in seiner Arbeit das kritische Echo auf die Publikation von E. Schleich zusammen und gelangt durch eigene Untersuchungen zu einer Datierung des Gründungsbaus von St. Peter ins späte 12. Jh.

27a Freundliche Mitteilung von Herrn Stadtarchivar Herzog, Landshut. Sollten die Fliesen aus Landshut stammen, könnten sie nicht vor 1210/20 geprägt worden sein. Zu dieser Zeit entstand in der 1204 gegründeten Stadt die romanische Burgkapelle der Burg Trausnitz. Ein weiterer möglicher Fundort wäre das heute auf dem Areal der Stadt Landshut liegende, 1232 gegründete, reich dotierte Zisterzienserinnenkloster Seligenthal, in dem viele Wittelsbacher ihre Grablege fanden.

27b B. Reiter, in: Fundberichte aus Österreich 23, 1984, 331 (Hoch- und Spätmittelalter) u. Tafelteil Abb. 737. Der Fund kam ins Salzburger Museum Carolino Augusteum.

Inn und Salzach zwar möglich, aber wenig wahrscheinlich. Es muß auch hier eher eine Benutzung desselben Models an zwei Orten erwogen werden.
Während es sich bei all den hier genannten Fliesen eindeutig um Wandfliesen handelt, wurde durch einen neuen Fund die Diskussion über die frühesten Bodenfliesen in Deutschland wieder entfacht. Bei den Grabungen 1960–63 wurde im Schutt der Kirche des ehemaligen Benediktinerinnenklosters Frauenwörth im Chiemsee eine sechseckige Fliese mit der Darstellung eines springenden Löwen gefunden[28] (Abb. 39), die vermutlich zum Musterbestand jener Werkstatt gehört, welche die Fliesen für die Laurentiusbasilika auf dem Vyšehrad in Prag (Abb. 113) und u. a. für die Benediktinerklosterkirchen in Ostrov und Sasau/Sazava fertigte. Diese Fliesen werden in Kapitel 15 ausführlich besprochen. Sie werden, nach dem neuesten Stand der Forschung, jetzt in die letzten Jahrzehnte des 11. Jahrhunderts datiert[29]. Eine seitenverkehrte Replik einer Greifenfliese derselben Werkstatt tauchte im ungarischen Kloster Bel im Bakonywald auf[30], eine weitere

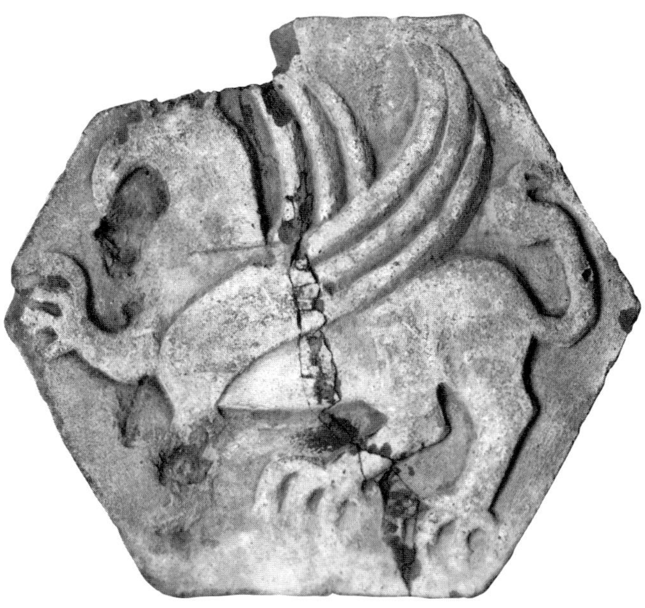

Abb. 40 Reliefffliese mit Greif. Friesland (?). Amsterdam, Rijksmuseum. Nr. 12 990, Höhe 21 cm, D. 4,8 cm.

Abb. 39 Fragment einer Reliefffliese mit springendem Löwen. Ehem. Benediktinerklosterkirche Frauenwörth im Chiemsee, Vorgängerbau. 2. Viertel 12. Jh. (?). München, Prähistorische Staatssammlung.

Spur dieser Werkstatt fand sich bis heute an keinem anderen Ort. Hejdová und Nechvátal weisen auf die engen Beziehungen der böhmischen Benediktinerklöster zu Süddeutschland. Die St. Laurentiusbasilika wurde nach dem Vorbild der St. Aureliuskirche in Hirsau (1059–71) kurz nach deren Vollendung im letzten Drittel des 11. Jahrhunderts erbaut. Die Möglichkeit, daß die Fliesentöpfer, welche die Fliesen in Prag und weiteren Orten Böhmens verlegten, aus Bayern kamen, ist nicht von der Hand zu weisen. Da die Fliese in Kloster Frauenwörth weder auf einem gesicherten Niveau, noch in einem festen Bauverband gefunden wurde, ist ihre Datierung schwierig. Einen möglichen Hinweis geben die neu aufgefundenen Hochwandfresken, da Ausmalung und Fußbodengestaltung meist zeitlich nicht allzu weit auseinanderliegen. Da jedoch auch die Datierung der Hochwandfresken umstritten ist, Sedlmayr setzt sie um 1130, Demus um 1160–70 an[31], vor allem,

28 V. Milojčić, Taf. 86a. Zur Grabung vgl. Fundortkat. Die Fliese, nach freundlicher Mitteilung von Herrn T. Fischer, München, aus hellorangebraunem Ton, der mit reichlich Quarzsand und kleinen Kalkbröckchen gemagert ist, wurde an den Seitenkanten in lederhartem Zustand nachgearbeitet und leicht abgeschrägt. Kantenlänge des Sechsecks ca. 14 cm, Dicke 3,1 cm. München, Prähistorische Staatssammlung.

29 D. Hejdová, B. Nechvátal, 463.

30 S. 205.

31 H. Sedlmayr, Die Fresken, in: V. Milojčić, 273–274 (253–274), geht bei der Datierung der Hochwandfresken von den Wandgemälden der Stiftskirche am Nonnberg in Salzburg und von den Miniaturen der Admonter Riesenbibel aus. Er nimmt an, daß die Hochwandfresken etwa eine Generation vor diesen (um 1130) und die Laibungsfresken wenig später (um 1140) entstanden sind. – O. Demus, Romanische Wandmalerei, München 1968, 189–190, glaubt, daß die Hochwand- und Laibungsfresken etwa gleichzeitig um 1160/70 entstanden seien.

da die Datierung der böhmischen Fliesen von einigen Bearbeitern mit sehr guten Gründen ins 2. Viertel des 12. Jahrhunderts verlegt wird[32], ist eine endgültige Entscheidung vorläufig nicht zu treffen.
Eine Frühdatierung in die Zeit um 1130 würde eine nahtlosere Verbindung zu den von Hejdová und Nechvátal möglicherweise zu früh angesetzten böhmischen Fliesen ergeben. Es fällt auf, daß sich außer der Fliese keine Spur des Fußbodens der romanischen Kirche fand[33]. Es ist nicht auszuschließen, daß die Fliesen, von genügender Dicke (ca. 3,8 cm) und ausreichend hart gebrannt, vor Verlegung des gotischen Fußbodens ausgebrochen und an einem heute noch nicht bekannten Bau wiederverwandt wurden. Die Fliesen dürften, ähnlich wie auf dem Vyšehrad in Prag, im Wechsel mit gleichseitigen Dreiecksfliesen verlegt gewesen sein. Der Belag in Frauenwörth wäre somit, nach dem heutigen Stand der Funde, der früheste bis jetzt bekannte gemusterte Fliesenboden in Deutschland.

32 D. Hejdova, B. Nechvátal, 459–463.
33 V. Milojčić, 105–106. Vorgefunden wurden gefärbte Mörtelestriche, die alle zerstört waren.

6. Frühe gemusterte Tonfliesen

Da Fliesen nicht, wie etwa Tympana und Kapitelle, ein integrierter Bestandteil der Bauten waren, sondern beliebig ausgewechselt werden konnten, sind alle Erkenntnisse, die sie vermitteln, nicht so exakt abgesichert, wie dies für die Erforschung der Fliesenkeramik wünschenswert wäre. Dies gilt auch für die Verbreitung der einzelnen Muster, deren Bild noch immer durch mehr oder minder zufällige Funde bestimmt wird. Wo Ausgrabungen fehlen, oder nicht möglich sind, klaffen große Lücken in unserem Wissen, die sich nur selten durch einen neuen Fund ausfüllen lassen und eine genaue Übersicht über die mittelalterlichen Fliesenvorkommen nicht selten verfälschen. So dürften z.B. die zahlenmäßig geringen Funde von Fliesen in Bayern nicht dem wirklichen Bild entsprechen. Was für die Verbreitung der Fliesen zutrifft, gilt wohl gleicherweise auch für den Beginn der Fliesenprägung in Deutschland. Auch hier sind wir auf Zufallsfunde angewiesen, meist außerdem aus Bauten, zu deren Baugeschichte gerade für diesen Zeitraum Urkunden fehlen. So können hier nur die *vermutlich* frühesten gemusterten Fliesen vorgestellt und Hinweise dazu gegeben werden, wie die Fliesenprägung sich in Deutschland allmählich entwickelte.

Die Fliesen des ehemaligen Benediktinerklosters Frauenwörth im Chiemsee wurden schon erwähnt. Ihre Datierung ist nicht gesichert, woher die Vorlagen für die Prägung kamen, nicht bekannt. Auch für die ebenfalls schon besprochenen Reliefflesen der St. Fideskirche in Schlettstadt sind die wohl französischen Vorbilder nicht mehr erhalten. Form und Prägung dürften jedoch bei den Fliesen des saarländischen Zisterzienserklosters Wörschweiler Pate gestanden haben. Da das Mutterkloster Wörschweilers, Weiler-Bettnach (Moselle), immer noch nicht ausgegraben ist, weiß man nicht, ob die Model von dort kamen oder aus den Kirchen Neuweilers (Bas-Rhin), auf deren enge Verbindung mit den Bauten in Wörschweiler schon M.-L. Hauck hinwies[1].

Die Fliesen des Klosters Wörschweiler, die durch Ausgrabungen nach 1875 und 1954–56 aufgedeckt wurden[2], werden an den Anfang dieser Betrachtung gestellt, weil die ersten, tastenden Versuche zur Fliesenprägung ganz offensichtlich mit mitgebrachten Modeln unternommen wurden. Schöngeschnittenen Modeln stand anscheinend eine völlige Unkenntnis der technischen Probleme von Prägung und Brand gegenüber. Die Model wurden wahllos in große Platten eingeprägt. Da die Brandtemperatur wohl noch unzureichend war, erachtete man eine Dicke von 7 cm für notwendig. Mit der Rautenfliese W49 (Abb. 41), die wohl ähnlich wie F21 aus St. Fides, Schlettstadt, am Ursprungsort schon als Raute verlegt war, wußte man nichts anzufangen und prägte den Model auf quadratische oder rechteckige Platten.

Leider konnten auch die jüngsten Ausgrabungen die Baugeschichte des Klosters nicht eindeutig klären. Die stilistische Abfolge der Muster und die wachsende Fertigkeit bei der Fliesenprägung lassen jedoch vermuten, daß die ersten Fliesen schon für die frühen, nach der Übernahme des ehemaligen Benediktinerklosters durch die Zisterzienser (um 1170) errichteten Bauten hergestellt wurden. Der Aufbau einer klostereigenen Fliesenproduktion läßt sich am Beispiel Wörschweilers ausgezeichnet beobachten. Zu den „mitgebrachten" Modeln gehört vermutlich auch noch P15 a (Abb. 42) und b. Bei P15a sind die eingeprägten Muster gegeneinander verschoben, bei P15b schließt das Muster W49 ohne Trennlinie an (Abb. 43). Die Fliese N8 (Abb. 44) dürfte als erster Versuch gelten, selbst die benötigten Model zu schneiden. Diese wurden in eine, an der Oberfläche nur notdürftig geglättete, Tonplatte eingedrückt. Die auf verschiedenen Ebenen verlaufenden Kanten zeigen, daß ein Model benützt wurde, obwohl die groben Flechtbänder eher den Eindruck von Ritzzeichnungen vermitteln. Als nächste Fliese dürfte B53 mit der Darstellung eines Doppeladlers entstanden sein. Auch sie zeigt noch schlecht gekneteten Ton und dieselben scharfen Kantenlinien. Da sie auf das Wappen des Stifters, des Grafen Friedrich von Saarwerden[3] verweist, muß der Model im Kloster geschnitten worden sein.

Vermutlich im 1. Drittel des 13. Jahrhunderts gingen die Fliesengrößen langsam zurück, bei der noch ganz dem romanischen Ornament verhafteten Fliese M5 (13 × 13 cm) gelang der Durchbruch zur Einzelfliese. Die später entstandenen Fliesen, die, nach der Häufigkeit der Funde zu schließen, vermutlich aus den um 1235 vollendeten Bauten der Kirche und des Konvents stammen, sind sehr sorgfältig geschnitten. Die Muster, die sich auch noch in anderen Zisterzienserklö-

1 M.-L. Hauck, 35–37. Der Neubau von St. Peter und Paul, Neuweiler, erfolgte in enger Anlehnung an St. Fides, Schlettstadt. Steinmetzzeichen belegen, daß dieselben Steinmetzen in St. Peter und Paul und in Wörschweiler gearbeitet haben. In Neuweiler haben sich bis heute nur Fliesen aus späterer Zeit gefunden.

2 P. Volkelt, 19–40, Taf. 12–15.

3 H. W. Herrmann, I, 41–42, Taf. 2, Abb. 2.

41

42

43

44

Abb. 41–44 Frühe Fliesen des Zisterzienserklosters Wörschweiler, (W 49, P 15 a und b, N 8).

stern finden, erzielen eine zusätzliche Farbwirkung durch eine raffinierte Verwendung von Glasur. Bei den Blattfliesen H66 und dem Schlingornament N44 werden jeweils nur Blatt oder Blattstern und die kleinen Vierpässe der Ecken durch braune Glasur hervorgehoben.

Die Fliese N66 zeigt zusätzlich ein zartes Gittermuster, welches die Füllungen vom Rahmenornament abhebt. Den Übergang von den frühen zu den späteren Fliesen bildet vermutlich die Fliese W64, die Teil einer der später vor allem am Mittelrhein und in Rheinhessen beliebten großen Fliesenrosetten gewesen sein muß. Eine im Kapitelsaal gefundene Schuppenfliese weist auf ein ähnliches Muster, wie es in der ehemaligen Pfarrkirche St. Johannis in Niederlahnstein[4] vorkommt, eine Kreis- und eine Kreissegmentfliese, auf eine Lösung, wie sie der Fliesenboden des Klosters Arnstein zeigt[5]. Es ist bedauerlich, daß gerade diese Fliesenmuster nicht mehr in ihrer ganzen Vielfalt zu rekonstruieren sind. Da sie kein Ornament trugen, wurden sie vermutlich die ersten Opfer der ‚Schutträumung' des 19. Jahrhunderts.

Die Fliese W64, die vermutlich noch aus den nach 1170 errichteten und mit einer Weihe 1189 abgeschlossenen Ostbauten der Kirche stammt, steht in unmittelbarer Verbindung mit den übrigen frühen deutschen Fliesen. Das soll nicht heißen, daß sie als Vorlage für diese diente, sondern nur, daß auch in diesem Zeitraum Stempel unter den einzelnen Klöstern ausgetauscht wurden oder Werkleute von Bau zu Bau wechselten.

Leider ist auch von dieser Fliese nur ein kleines Bruchstück erhalten. In eine Rahmenfliese, deren kaum wahrnehmbare Rundung die Zugehörigkeit zum Außenkreis einer sehr großen Rosette verrät, wurden kleine münzgroße Stempel eingeprägt. Diese Kreisstempel, deren Muster durch eine dicke Glasurschicht zusätzlich verunklärt sind und als ‚Palme' oder springendes Tier gedeutet werden, finden sich ebenfalls auf großen (30,5 × 4 cm) unglasierten Fliesen, deren quadratischer Mittelstempel einen Löwen (?) zeigt (Abb. 45). Der Ton ist meist so schwach gebrannt, die Fliesen mürbe und stark abgelaufen, daß die Prägung bei fast allen Exemplaren kaum zu erkennen ist. Diese Fliesen fanden sich in der Burgkirche der Burgruine Hain, Dreieich, und der Einhardsbasilika in Steinbach. In den Klosterkirchen von Bleidenstadt und Ilbenstadt kamen Fliesen mit ähnlichen Stempeln zutage. Diese zeigen eindeutig eine kleine Tanne, in Kloster Eberbach und der St. Ursulakirche in Oberursel[6] außerdem einen kleinen Stempel mit sechsstrahligem Stern und kleinen Punkten, der Bodenmarke eines Töpfers vergleichbar. Die Fliese aus dem Kreuzgang des Klosters Bleidenstadt zeigt als Mittelbild eine Hirschdarstellung, die stark zerstörte Fliese aus Ilbenstadt wohl ebenfalls. Dasselbe Muster kommt auf einer auf dem Deutschhausplatz in Mainz[7] ausgegrabenen Fliese vor, dieses

Abb. 45 Frühe Stempelfliese D 1 aus St. Ursula, Oberursel.

Mal in Verbindung mit einem Stempel in Astroidform und dem sechsspeichigen Mainzer (?) Rad. Hirsch- und Löwendarstellung müssen aus stilistischen Gründen sehr früh angesetzt werden, sie können jedoch nicht, wie Nahrgang noch annahm[8], aus ottonischer Zeit stammen. Für eine frühe Entstehung sprechen außerdem der schwache Brand und das große Format.

Bei der Datierung kann mit einiger Sicherheit nur von der Klosterkirche Ilbenstadt ausgegangen werden, die 1159 geweiht wurde und, wie neue dendrochronologische Untersuchungen ergaben, wohl zu diesem Zeitpunkt auch weitgehend vollendet war. Für die Fliesen aus der Einhardsbasilika kann eine Stelle aus dem „Codex Laureshamensis" herangezogen werden, nach der Abt Heinrich von Lorsch (1151–67) die Kirche in Steinbach wiederherstellen ließ[9]. Auch für Burg Hain ist eine Erweiterung um 1160–70 belegt[10]. In Kloster Eberbach könnten die Fliesen aus den bei der Weihe von 1186 abgeschlossenen Bauten stammen, für Kloster Bleidenstadt und St. Ursula, Oberursel, sind keine Baudaten bekannt.

Die kleinen Stempel mit ihrem schmalen Rand erinnern an mittelalterliche Brakteaten; der Stempel mit Stern

4 H. Kier, 1970, 129, 182, Muster 77 und Abb. 218.
5 Ebd., Abb. 192.
6 Das Mittelbild ist hier so stark zerstört, daß es nicht sicher zu erkennen ist.
7 Die Fliese stammt mit einiger Wahrscheinlichkeit aus dem Vorgängerbau der späteren St. Gangolphskirche. Für dessen Bauzeit sind keinerlei Urkunden erhalten.
8 K. Nahrgang, 1963, 241–243, Abb. 100–101. – Zur Datierung vgl. Fundortkat.
9 K. Glöckner, I, 231.
10 M. Backes in: G. Dehio, Hessen 1966, 156. – Ders. in der Ausgabe 1982, 170 „Ende 12. Jahrhundert".

hat große Ähnlichkeit mit einem auf Burg Wildenberg/ Odenwald gefundenen sechsstrahligen Stern, der von Walter als Töpferstempel bezeichnet und ins 13. Jahrhundert datiert wird[11].
Ob nun tatsächlich schon vorhandene Töpferstempel zur Prägung benutzt oder ob zur Rahmung des Mittelbildes neue Stempel geschnitten wurden, ist nicht sicher zu klären. Die Geschichte der Bodenmarken ist bis jetzt nur in einzelnen Landschaften untersucht, ihre Datierung äußerst schwierig und vorläufig nur bei wenigen münzdatierten Gefäßen gesichert[12]. Bei einem Vergleich dieser Fliesen entsteht der Eindruck, daß zumindest einige von ihnen von derselben Werkstatt geprägt wurden. Da sie jedoch in der Tonfarbe, dem Scherben und in der Härte des Brandes variieren, könnte es sich um eine wandernde Werkstatt oder um den Austausch von Modeln zwischen einzelnen Klöstern gehandelt haben.
Nur wenig später dürfte die in der Kirche des ehemaligen Benediktinerklosters Johannisberg/Rheingau entdeckte Fliese F168 sein. Auch hier ist das Muster noch mit, jetzt allerdings doppelt so großen (Dm. 8 cm), Kreisstempeln eingeprägt. Diese bedecken jedoch nun einen großen Teil der Fliesenfläche. Die Darstellungen, in der Mitte ein löwenähnliches Fabeltier, umgeben von vier, mit demselben Stempel geprägten Vögeln, sind sehr geschickt der Kreisrundung angepaßt. Da ein großer Teil der übrigen in Johannisberg gefundenen Fliesen mit denen des Klosters Eberbach übereinstimmt, ist es möglich, daß es sich hier um eine in Eberbach geprägte, dort inzwischen verlorene Fliese handelt.
Ein fast identischer Stempel findet sich auf einer Fliese, die aus Villingen stammt, deren Herkunft jedoch nicht mehr bekannt ist. Auch hier ist die Platte noch sehr groß (26 × 5 cm), der Ton jedoch fast klinkerartig hoch gebrannt. Vom selben Fundort stammen vermutlich zwei weitere Fliesen mit der Darstellung eines Drachen (F108) und eines springenden Hirsches (C61). Beim letzteren ist der Stempel wahllos in die Fliese geprägt.
Ganz ungeklärt ist die Herkunft, sehr unsicher die Datierung der Fliesen des Prämonstratenserklosters Neustift bei Freising. Sie tauchen in einer Gegend, in der sonst weit und breit keine Fliesenfunde zu verzeichnen sind, unvermittelt auf, die Fülle der phantasievollen Bilder wird von keinem Fliesenboden einer anderen deutschen Kirche erreicht. Die Fabeltiere sind noch ganz der romanischen Formenwelt verhaftet; ganz offensichtlich hat der Modelschneider keine Vorlagen aus der Buchillustration, von Geweben oder aus der Kleinkunst verwandt, sondern versucht, Vorbilder aus der Bau- oder Kapitellplastik in die Fläche zu übertragen. Die Übersetzung in die Fläche gelang nicht immer, Aufteilung und Rahmung machten Schwierigkeiten. Vermutlich ist uns nur ein kleiner Teil der Muster erhalten geblieben, aus dem zufällig Bewahrten geht der Wunsch des Künstlers hervor, in der Art eines mittelalterlichen Bestiariums möglichst viele Tiere und Fabelwesen auf den Fliesen zu versammeln.
Die Tiere seiner unmittelbaren Umgebung sind glänzend beobachtet und sorgfältig geschnitten, noch unbekannte Tiere dagegen oft stiefmütterlich behandelt. So tummeln sich neben Hahn, Pferd und Böckchen, Elefanten auf staksigen Säulenbeinen, Köpfe mit zwei Füßen, Drachen, die nur aus Hals zu bestehen scheinen, Monstren mit zwei Köpfen oder zwei Körpern. Es sieht so aus, als wäre der Modelschneider ein Mann, der den Versuch, Formen für Fliesen zu schneiden, zum ersten Mal unternimmt; mit fortschreitender Arbeit scheint er an Sicherheit zu gewinnen. Während bei einigen Fliesen die Zeichnung noch den Rahmen sprengt (D6) oder dieser nur annähernd an ein Quadrat erinnert (F107), gelangte er nach weiteren Versuchen, bei denen die Rahmenleisten noch innerhalb der Fliesen wechseln, zu ausgewogenen Lösungen mit sorgfältigen Rahmen (E49). Genau wie der Formschneider mit den Schwierigkeiten der Wiedergabe kämpfte, so scheinen auch die technischen Probleme noch nicht gelöst zu sein, ein Hinweis, daß auch auf diesem Gebiet Neuland betreten wurde. Der Ton ist schlecht geknetet und geschlämmt, einzelne Fliesen durch den Brand leicht gewölbt oder verzogen. Die Außenmaße variieren; mit der Glasur, die in allen Abtönungen von hellem Ocker zu dunklem Braun, von einem gelblichen Grün nach oliv und braungrün spielt, scheint ebenfalls experimentiert worden zu sein[13].
Noch etwas hebt den Neustifter Fund aus allen übrigen deutschen Fliesen heraus, es ist das erste Auftreten einer Signatur auf zwei Fliesen, eines Majuskel „A“ mit geknicktem Mittelbalken (F136) und eines „W“ (E63). Das „A“ in derselben Form findet sich noch einmal auf einer meisterhaft geschnittenen Fliese aus dem Haus ‚zum Wolf‘, Freiburg (Y7). Diese Fliese kann jedoch, obwohl im Dekor die romanischen Palmetten und Flechtbänder vorherrschen, wohl erst im 13. Jahrhundert entstanden sein.
Für eine frühe Datierung des Neustifter Fundes sprechen vor allem die Tierdarstellungen. Die Löwenfliese D6 gehört in ihrer statuarischen Ruhe zweifellos zu den frühesten Löwenmustern auf deutschen Fliesen und

11 M. Walter, 102, Abb. 55. – Vgl. hierzu den Kreisstempel in der Ecke der Fliese M5.

12 Erste Ansätze zu einer systematischen Erforschung bieten die Arbeiten von A. Kies, Mittelalterliche Töpfermarken. Ein Beitrag zur Terminologie und Verbreitung, Unsere Heimat 46, 1976, 129–149, und: Die Töpfermarken des Wiener Raumes, Keramische Bodenfunde aus Wien, Wien 1982, 25–30, allerdings nur für das Gebiet von Niederösterreich. – Vgl. ferner: K. Dietel, Plastische Marken auf Böden mittelalterlicher Gefäße aus dem nördl. Fichtelgebirge, Colloquium Historicum Wirsbergense, Gesch. am Obermain 11, 1977/78, 114–129.

13 Die Glasur erweckt verschiedentlich den Eindruck, als hätte man versucht, die Fliesen zweifarbig zu glasieren. Da Trennlinien fehlen, sind die Glasuren ineinandergelaufen.

kann kaum nach 1200 entstanden sein. Auch die Adlerfliese B2 mit den ungefügen, ungleich hoch am Rumpf angesetzten Schwingen und den am Rumpf angeklebten Fängen weist in frühe Zeit, desgleichen das Bild des Elefanten mit spitzen kleinen Ohren. Die Elefantendarstellungen des 14. Jahrhunderts zeigen meist schon große, fächerförmige, hängende Ohren. Einen ‚terminus post quem' ergibt das Klosterwappen mit Rundschild (G1), das in dieser Form nicht vor 1300 möglich ist[14], gewöhnlich jedoch erst seit der Mitte des 15. Jahrhunderts häufig verwandt wird.

Die Baugeschichte bietet keinen Anhaltspunkt zur Datierung der Fliesen, da das Kloster zwei großen Bränden (1634 und 1751) zum Opfer fiel und nur die Kirche in barocken Formen wieder aufgebaut wurde. Deutlicher sprechen die Urkunden. Das wohl 1141 von Otto von Freising, dem Onkel und Biographen Kaiser Friedrich I. Barbarossas, gegründete und den Prämonstratensern aus dem schwäbischen Kloster Ursberg übergebene Kloster wuchs dank stattlicher Dotationen des bayerischen Adels rasch zu einer gewissen Bedeutung. Als ein verheerender Brand jedoch 1160 das Stift zerstörte, erholte es sich nur mühsam von diesem Schlag. Aus den Urkunden spricht ein erbitterter und drückender Kampf gegen die beim Wiederaufbau entstandenen Schuldenlasten[15].

Die Verarmung setzte schon zu Beginn des 13. Jahrhunderts ein, Neustift sank zum Klösterlein herab. 1263 besaß es nur noch 16 Insassen, das ganze 13. und 14. Jahrhundert hindurch befand es sich in stetigem Kampf um seine Existenz[16]. Die klostereigene Ziegelei war jedoch im 15. Jahrhundert noch in Betrieb, sie lieferte 1440 und 1450 Ziegel für Umbauten am Freisinger Dom[17]. Vermutlich stammt aus dieser Zeit auch die unglasierte Fliese G1, die möglicherweise zur Ausflickung des Bodens diente[18].

Es ist nicht anzunehmen, daß in der Zeit des seit etwa 1200 einsetzenden materiellen Niedergangs des Klosters, noch ein so reicher und vielfältiger Fliesenboden verlegt wurde. Da die Fliesen im Programm und durch den Auftrag von Glasur auf der ganzen Fliesenfläche so sehr von den übrigen deutschen Fliesen abweichen, wäre eine Prägung der Fliesen in der Erbauungszeit des Klosters oder während des Wiederaufbaus nach dem Brand von 1160 wahrscheinlicher. Vielleicht war hier ein Künstler am Werk, der im Gefolge Bischofs Otto von Freising, der 1158 als Abt von Morimond starb, direkt aus Frankreich kam oder ein Neustifter Klosterbruder, der auf diesem Weg Anregungen erhielt. Gegen diese These spricht allerdings die Tatsache, daß aus burgundischen Klöstern zwar glasierte Relieffliesen des 12. Jahrhunderts bekannt sind (Fontenay), diese aber nur geometrische Muster zeigen. So wäre zu überlegen, ob die Anregungen nicht von lombardischen Handwerkern, deren Anwesenheit man in Freising vermutet, ausgegangen sind.

Freising war eine der ersten Städte Süddeutschlands, in der der Backsteinbau heimisch wurde[19]. An der nach 1159 begonnenen und um 1170 vollendeten Kirche St. Martin auf dem Freisinger Domberg ist an der Apsis ein mit Holzmodel geprägter Formstein eingelassen[20]. Dieser Stein, mit der Darstellung eines Löwen und eines Storches soll, mit weiteren, die in der Reihung Blattranken ergeben, auch in der 1810 abgebrochenen Klosterkirche von Weihenstephan bei Freising vorhanden gewesen sein. In der Kirche von Niederhummel ist er noch heute erhalten.

Die Neustifter Fliesen blieben, soweit dies nach dem heutigen Stand der Funde zu übersehen ist, ohne Einfluß auf andere Klöster und ohne unmittelbare Nachfolge. Die einzigen Fliesen, die durch Beschränkung auf Tiermotive und Verwendung von Glasur eine gewisse Ähnlichkeit mit ihnen aufweisen, sind die wohl zu Ende des 3. Viertels des 13. Jahrhunderts entstandenen Fliesen des Passauerhofes in Stein an der Donau[21].

Mit großer Wahrscheinlichkeit gehören auch die Fliesen der Burg Liechtenstein bei Mödling noch dem 12. Jahrhundert an. Sie sind nur noch in wenig sorgfältigen Kopien des 19. Jahrhunderts erhalten, so daß eine sichere Einordnung schwierig ist.

Ebenso schwierig zu datieren sind einige Fliesen, die sich, mit unbekanntem Herkunftsort im Hessischen Landesmuseum, Darmstadt finden (W98), die bei Grabungen in Kloster Lorsch (W100), in der Einhardsbasilika in Steinbach (W98), auf dem Gelände der ehemaligen Königspfalz in Worms (W97), beim Abbruch der St. Peterskirche in Weinheim (W97) und bei Ausschachtungsarbeiten am Speyerer Domchor (W97) zum Vorschein kamen. Von all diesen Fliesen sind nur noch Bruchstücke erhalten, so daß weder die ursprüngliche Form[22] noch die Größe bekannt sind. Es handelt sich entweder um Tonplatten, auf denen durch tief eingegrabene Rillen Muster konzentrischer Kreise oder Win-

14 Wappenfibel. Handbuch der Heraldik, Neustadt (Aisch) [16]1970, 52, Taf. 9. – O. Neubecker, 76.

15 M. Schlamp, 8, 26.

16 Ebd., 25.

17 A. Mitterwieser, 87–88. Der Propst von Neustift lieferte 1440 23000 Ziegel zur Einwölbung, 1450 nochmals 5000 Ziegel.

18 Selbstverständlich können auch die übrigen Fliesen unbeholfene provinzielle Spätformen des 15. Jh.s sein. Freising war jedoch im Mittelalter keineswegs Provinz, sondern seit dem 8. Jh. ein Zentrum kaiserlicher Macht und kultureller Blüte. Eine Spätdatierung ist auch aus ikonographischen Gründen schwierig; die skurrilen Fabelwesen des 15. Jh.s zeigen ganz andere Formen.

19 M. Zoder, 7–8, glaubt, daß die geschulten Handwerker, die am Bau arbeiteten, aus der Lombardei kamen.

20 Ebd., 15 und Abb. 19.

21 F. Dworschak, 86, 99, datiert die Fliesen auf Grund eines Vergleichs mit österreichischen Pfennigen der Zeit auf 1350. Sie stammen jedoch mit großer Wahrscheinlichkeit schon aus der Erbauungszeit des 1263 erstmals genannten Hofes.

22 Die bei E. Grill, Taf. 3, 79 abgebildete Fliese zeigt ein Kreissegment. Sie ist heute unauffindbar. Grill bezeichnet sie als Wandfliese, die Form spräche für die Zugehörigkeit zu einer großen Fliesenrosette.

kel gebildet werden oder um Fliesen mit flachen Ritzlinien und mit einem spitzen Griffel eingeprägten Punkten. Es ist möglich, daß es sich hier um allererste Ansätze zur Fliesenprägung handelt. Da weder alle Fundorte bekannt sind, noch ausreichendes Vergleichsmaterial zur Verfügung steht, kann nicht entschieden werden, ob es sich hier um frühmittelalterliche Vorläufer einer Fliesenprägung, um karolingische Fliesen (Steinbach) oder, was nicht völlig auszuschließen ist, um verdorbene, nachmittelalterliche Stücke handelt.

Auf die frühen Fliesen der großen rheinischen Städte Mainz, Worms und Speyer und auf die Funde in den staufischen Pfalzen und in den Burgen der staufischen Ministerialen soll an anderer Stelle eingegangen werden.

Es darf nicht unerwähnt bleiben, daß die seit der Mitte des 12. Jahrhunderts einsetzende stärkere Hinwendung zum Ton als Material sich nicht nur am Beginn einer Fliesenprägung ablesen läßt, sondern auch für die Gebrauchskeramik ein wichtiger Einschnitt ist, auf den sowohl Janssen wie Lobbedey hingewiesen haben. Janssen schreibt: „Die zweite Hälfte des 12. und der Beginn des 13. Jahrhunderts stellen, was die Entwicklung der Keramik anbetrifft, eine Zeit des Umbruchs und der Neuerungen dar. Das läßt sich sowohl im Bereich der Gefäßformen als auch auf dem Gebiet der Machart, insbesondere an Brandhärte, Feinheit des Tons, Magerungszusätzen, Farbgebung der Keramik beobachten“[23]. Der Übergang von der gewulsteten zur Drehscheibenware, der eine allgemeine Verbesserung der Töpferware in künstlerischer und technischer Hinsicht bewirkt, vollzieht sich nach Lobbedey[24] zwischen 1150 und 1220. Der von ihm als terminus eingeführte „Horizont D1“ fällt zusammen mit den ersten gemusterten Fliesen und der Ausprägung der in der Folgezeit angewandten Techniken, der „Horizont D2 (1220–60)“[25], mit der großen Blütezeit der mittelalterlichen Fliesenkeramik in Deutschland.

23 W. Janssen, 1972, 18.

24 U. Lobbedey, 1968, 33–34. – Lobbedey vermutet einen Zusammenhang zwischen dem Aufkommen der hartgebrannten, gerieften grauen Ware und der Anwendung des freien Drehens auf der Töpferscheibe. Er sieht das Elsaß als „Hauptverbreitungs- und Herstellungsgebiet“ dieser Ware an und vermutet Nordfrankreich als Ausgangspunkt der Technik.

25 Ebd., 14.

7. Die Rolle des Zisterzienserordens bei der Ausbreitung der Bodenfliesen in Frankreich und Deutschland

Wie für die meisten der im frühen Mittelalter geschaffenen Kunstwerke der Klerus als Auftraggeber erscheint, so ging auch der Impuls, der zu einer raschen und weiten Verbreitung der mittelalterlichen Bodenfliesen führte, zuerst von den Klöstern und Kirchen aus. Die Annahme Fichtners, daß den Mönchen die Kenntnis der Fliesenböden und ihrer Herstellung durch das Studium griechischer und römischer Schriftsteller oder durch aus Griechenland und Italien stammende Klosterbrüder vermittelt wurde[1], ist wohl nicht haltbar.

Auch die Kreuzzüge[2], obwohl sie sicher eine Fülle von Anregungen vermittelten und den Kreuzfahrern in den prachtvollen Bauten des Ostens zum ersten Mal vor Augen führten, daß nicht nur Wände und Decken, sondern auch die Fußböden für die Gesamtwirkung eines Raumes bestimmend sind, hätten wohl nicht ausgereicht, um in der Zeitspanne von einem Jahrhundert in Nord- und Mitteleuropa eine solche Fülle glanzvoller Fliesenböden entstehen zu lassen. Es bedurfte hierzu einer straffen und weitreichenden Organisation, die eigene Bauvorstellungen entwickelte und diese bis ins kleinste Detail zu verwirklichen suchte. Obwohl gerade in Deutschland auch andere Klöster wichtige Impulse zur Verbreitung der gemusterten Fliesen gaben, fiel die führende Rolle dabei doch dem Zisterzienserorden zu. Dieser schloß auf der Höhe seiner Macht im 13. Jahrhundert 647 selbständige Zisterzen ein. Er entwickelte in seinen Klöstern eine Fülle neuer Formen und einen Reichtum vielfältigster Muster und gab diese über seine Tochterklöster nach England und Deutschland, den Niederlanden und Dänemark, ja bis nach Böhmen, Polen und Ungarn weiter.

Diese Entwicklung konnte jedoch erst einsetzen, als durch äußere Einflüsse die Schmuckfeindlichkeit der Zisterzienser erste Auflösungserscheinungen zeigte. Während man sich bei der Ausstattung der Altäre, beim Bau von Kirchtürmen, bei den liturgischen Gewändern und Geräten noch streng an die Vorschriften hielt, begann man in all den Zonen, die nicht so sehr ins Auge fielen, wie z. B. bei den Fußböden, wider den Stachel zu löcken. Aus dieser anfänglichen Zurückhaltung erklärt sich die Tatsache, daß in einer Reihe deutscher Zisterzienserklöster gemusterte Fliesen nicht schon während des ersten Bauabschnitts, sondern erst bei Neu- und Umbauten in der 2. Hälfte des 13. oder zu Beginn des 14. Jahrhunderts verlegt wurden[3].

Am Anfang stand auf jeden Fall eine strikte Ablehnung jeglichen Schmucks, vielfältige und ins Detail gehende Verbote und Verordnungen zur Bekämpfung alles überflüssigen Aufwands. Der bedeutendste Heilige des Ordens, Bernhard von Clairvaux (1091–1153), geht in seinem, um 1125 an seinen Freund, Abt Wilhelm von Thierry, gerichteten Brief auf dieses Problem ein.

„... Es strahlt die Kirche in ihren Mauern und in ihren Armen leidet sie Mangel. Ihre Steine kleidet sie in Gold und ihre Kinder läßt sie nackt. Mit den Gaben der Bedürftigen wird den Augen der Reichen gedient. Die Neugierigen kommen, damit sie erfreut werden und nicht die Elenden, damit sie genährt werden: warum verehren wir nicht wenigstens die Heiligenbilder, von denen derselbe Fußboden, der mit Füßen getreten wird, nur so wimmelt? Oft wird ins Antlitz eines Engels gespuckt, oft werden die Gesichter irgendwelcher Heiliger mit den Schuhen der Darübergehenden gestoßen. Und wenn schon nicht an diesen Heiligenbildern, warum wird dann nicht wenigstens an schönen Farben gespart? Warum schmückst du, was bald darauf besudelt wird? Warum malst du, was notwendigerweise getreten wird? Was nutzen dort anmutige Formen wo sie häufig mit Staub befleckt werden? Endlich, was soll dies bei Armen, bei Mönchen, bei geistlichen Männern? ... Bei Gott, habt ihr vor diesen Albernheiten keine Scham, dann habet wenigstens Scheu vor den Kosten ...“[4].

Sicher hat dieser Brandbrief und die wiederholten Verordnungen des Generalkapitels seine Wirkung nicht verfehlt, nur hielt diese Wirkung nicht lange an. 1213 wurden erneut farbige Fußböden verboten: „nec varie-

1 K. Fichtner, 19.

2 Auf die entscheidende Rolle, welche die Begegnung der Kreuzfahrer mit der Kultur von Byzanz und den Bauten des Islams für die abendländische Kunst spielte, kann hier nicht näher eingegangen werden, da eine Fülle von Spezialliteratur zur Verfügung steht (H. E. Mayer: Bibliographie zur Geschichte der Kreuzzüge, Hannover 1960, mit Nachträgen bis 1967, Hist. Zs., Sonderh. 3, 1969, 641–731). Wie schwierig es gerade hier ist, einzelne Einflußzonen zu trennen, erhellt aus der Tatsache, daß Bernhard von Clairvaux ein beredter Verfechter des Kreuzzugs war und die Kreuzritter außerdem von zahlreichen Ordensleuten und Klerikern begleitet wurden.

3 Aus diesem Grund wird auf die stilgeschichtlichen Einflüsse der einzelnen Klöster untereinander nicht näher eingegangen und auf die zahlreiche Spezialliteratur zu diesem Thema verwiesen.

4 Auszug aus „S. Bernardi Abbatis: Apologia ad Guillelmum Sancti Theodrici Abbatem“ in der neuen Übersetzung von W. Braunfels, 1976, 299. Der lateinische Text in: Patrologia Latina, J.-P. Migne (Hrsg.) 217 Bde. und 4 Registerbde., Paris 1878–90, Bd. 182, 914–916.

tates pavimentorum"[5] und deren Entfernung 1218 noch einmal nachdrücklich gefordert: „omnis varietas pavimentorum de ecclesiis nostris ... amoveantur"[6]. 1205 ergeht an den Abt von Pontigny der Befehl: „Der Abt von Pontigny sorge dafür, daß der Bodenbelag in seiner Kirche, der von Leichtfertigkeit zeugt und die Armut, die Ernährerin des heiligen Zisterzienserordens, verletzt, gänzlich entfernt oder umgeändert werde, damit sich deswegen niemand mehr ärgere"[7]. 1235 wurde die Entfernung eines „pavimentum curiosum" in der Kirche Notre-Dame du Gard (Somme) befohlen[8].

Trotz aller Verbote brach sich jedoch das Schmuckbedürfnis, der Wunsch nach einer teppichartigen Gliederung des Fußbodens Bahn. So ging man einen Kompromiß ein. Im Gegensatz zu den kostbaren, reichgegliederten farbigen Belägen aus Stift- oder Plattenmosaik, aus Marmorintarsien oder inkrustierten Steinplatten, welche in den bedeutenderen Kirchen und Klöstern Frankreichs lagen, griff man zu meist in dunklen Tönen glasierten Tonfliesen. Wie bei den Blankverglasungen der Fenster, wurde das aus Zirkelschlägen entwickelte Ornament bevorzugt und immer neu variiert. Zarte Blattranken und Palmetten, Blüten und die als Mariensymbol von den Zisterziensern bevorzugte Lilie, erschienen in reizvollen Abwandlungen. Was Mâle so treffend über die Grisaillefenster der Zisterzienser sagt, gilt auch für die Bodenfliesen: „Il est impossible d'être pauvre avec plus de noblesse"[9].

Im späten 13. und im 14. Jahrhundert bevölkerten sich jedoch auch die Fußböden der französischen Zisterzienserklöster mit Tieren und Fabelwesen, mit Reitern und anderen figürlichen Darstellungen. Doch immer noch hielt die Mönche eine gewisse Scheu vor der Verwendung sakraler Themen, die sich sonst auf französischen Bodenfliesen häufiger finden, zurück. Auch auf den Fliesen der deutschen Zisterzienserklöster werden, wenigstens nach dem heutigen Stand der Funde, kaum sakrale Themen behandelt. (Dies gilt auch für die Kirchen anderer Orden und für die Dome, Münster und Kirchen deutscher Städte).

Die Ausnahmen bilden ein wohl mit einem Gebäckmodel geprägtes Agnus Dei aus Kloster Lilienfeld (E39), dasselbe Muster auf einer Wormser Fliese (E38) und in Kloster St. Urban (R. Schnyder, 1958, 47). Dort findet sich außerdem ein sicher als Christussymbol zu deutender Pelikan, der seine Jungen nährt (ebd., 21 und 100), der auch auf einer Straubinger Fliese (E65) vorkommt, sowie Adler, Engel und Stier als Evangelistensymbole (ebd., 52, 50, 48). Nicht mit einem fremden Model geprägt, sondern wohl bewußt für eine Fliese geschaffen sind der Kampf St. Michaels mit dem Drachen (Y1) aus Freiburg und der seine Jungen erweckende Löwe (D5) aus Kloster Lilienfeld. Dort hat sich außerdem die Prägung eines Bischofs (A7) erhalten, während der Fundort einer Fliese mit Petrus(?)darstellung (?) (A6) unbekannt ist.

Noch immer fehlt eine umfassende Übersicht über die Fliesen der französischen Zisterzienserklöster. Die 1983 erschienene Arbeit von Norton[10] hat diese empfindliche Lücke wenigstens zum Teil geschlossen. In einer gründlichen Studie behandelt Norton vor allem die frühen, für die Entwicklung der Fliesenkeramik in Deutschland so wichtig werdenden Prägungen. Er zeigt die von den übrigen französischen Fliesen abweichenden Techniken auf, mit denen die Zisterzienser ihre Fliesen verzierten und erörtert die Baugeschichte einiger Klöster und die Datierung der dort gefundenen Fliesen. An Hand von bisher unveröffentlichtem Material beweist er, daß einige frühe Tonfliesen tatsächlich mit einem Stichel oder Zirkel von Hand eingraviert waren. Es handelt sich um die Fliesen der Zisterzienserabtei La Bénissons-Dieu (Loire)[11]. Diese zeigen auf großen Tonplatten (Seitenlänge: 27/28 cm) dieselben Muster, welche in anderen Klöstern und Kirchen teilweise noch als Plattenmosaik verlegt waren. Übereinstimmende und ähnliche Muster von denen einige als unmittelbare Vorlage für Fliesen des Klosters Bebenhausen gedient haben könnten, wurden bei den Grabungen 1959–60 auch im Gründungskloster Cîteaux entdeckt[12].

Bevor jedoch auf alle Verbindungslinien zwischen französischen und deutschen Zisterzienserfliesen, die sich auf Grund der Grabungen der letzten Jahrzehnte nun plötzlich herstellen lassen, ausführlich eingegangen wird, sollen kurz die Klöster erwähnt werden, aus denen bis heute Fliesenfunde bekannt sind. Es sind dies die Abteien: Acey (Jura)[13], Aiguebelle (Drôme)[14],

---

5 J. M. Canivez, I, 404, Nr. 1.

6 Ebd., 486, Nr. 5.

7 Ebd., 308–309, Nr. 10 „Abbas de Pontiniaco ... Et hoc ipsum provideat ut pavimentum suae ecclesiae quod et levitatem redolet et paupertatem sancti Cisterciensis Ordinis nutricem, superfluitate sua et curiosa varietate quodammodo detestatur, vel omnino amoveat, vel sic faciat emendari, ut neminem deinceps super hoc scandalizet."

8 Ebd., II, 146, Nr. 30 „Pavimentum curiosum quod est in ecclesia de Gardo penitus evertatur et ad antiquam simplicitatem Ordinis redigatur. Abbas qui hoc fieri permisit vel qui factum sustinet, tribus diebus sit in levi culpa, uno eorum in pane et aqua."

9 E. Mâle, La peinture sur verre en France, A. Michel, Histoire de l'art depuis les premiers temps chrétien jusqu'à nos jours II. 1, Paris 1906, 384.

10 E. C. Norton, Varietates Pavimentorum, Cah. Arch. 31, 1983, 69–113.

11 Ebd., 78–79, Abb. 19–30, 90, Abb. 93, 104.

12 Vgl. Abb. 48 und S. 80–81

13 C. Cellard, Ancien carrelage de l'église abbatiale d'Acey, Besançon 1900, 1–19, Taf. 1–3. – Inkrustierte Fliesen: je 16 Fliesen bilden Kreisrosetten mit Drachen- und Palmettenmustern. Ein Kreis zeigt die Umschrift: „S. Rous fit ce Pavement". Die Kirche des 1136 gegründeten Klosters wurde 1155–1260 erbaut. In einer Urkunde wird eine Klosterziegelei erwähnt (16–17).

14 Smaragdus, I, 5, 1946, 15, mit 6 Abb. – Inkrustierte Fliesen mit Astroiden, Viertelskreisen, stilisierten Pflanzen, adossierten Vögeln, Löwen und Drachen. Aus dem Chor der Kirche des 1137 gegründeten Klosters. 13. Jh.? Die Fliesen wurden möglicherweise beim Umbau des Schiffes verlegt (A. Dimier, J. Porcher, 54).

Aulps (Haute-Savoie)[15], Beaupré (Meurthe-et-Moselle)[16], Belleperche (Tarn-et-Garonne)[17], La Bénissons-Dieu (Loire)[18], Bonlieu (Creuse)[19], Bonnefont (Haute-Garonne)[20], Bonport (Eure)[21], Candeil (Tarn)[22], Châalis (Oise)[23], Champagne (Sarthe)[24], Cîteaux (Côte-d'Or)[25], Clairlieu (Meurthe-et-Moselle)[26], Clairvaux (Aube)[27], L'Escale-Dieu (Hautes-Pyrénées)[28], La Ferté-sur-Grosne (Saône-et-Loire)[29], Flaran (Gers)[30], Foigny (Aisne)[31], Fontenay (Côte-d'Or)[32], Fontenelle (Nord)[33], Fontmorigny (Cher)[34], Foucarmont (Seine-Maritime)[35], Grandselve (Tarn-et-Garonne)[36], Igny (Marne)[37], La Chalade (Meuse)[38], Les Châtelliers (Deux-Sèvres)[39], Lieu-Dieu (Somme)[40], Lisle-en-Barrois (Meuse)[41], Notre-Dame du Lys (Seine-et-Marne)[42], Maubuisson (Seine-et-Oise)[43], Mores (Aube)[44], Morimond (Haute-Marne)[45], Mortemer (Eure)[46], Obazine

15 E. Renard, 1940, 47–48. – F. Bucher, 109–111. – E. C. Norton, 1983, 104. – Die um 1930 bei Grabungen gefundenen Fliesen stimmen mit den Mustern aus Bonmont überein, ein Sternmuster wurde bis jetzt nur in Aulps geborgen. Das um 1095 gegründete Kloster schloß sich 1136 dem Zisterzienserorden an. Die heutige Kirche wurde in der 2. Hälfte des 12. Jh., die Westfassade vermutlich erst im 13. Jh. errichtet. Nach 1823 wurden Kloster und Kirche als Steinbruch ausgebeutet (M. Thibout, L'abbaye d'Aulps, Congr. Arch. 123, 1965, 228–238).

16 M. Steger, 725, 728–731, Abb. 569–576. – Auf dem Gelände der 1796 zerstörten Kirche wurden inkrustierte Fliesen in Quadrat-, Rauten- und Schuppenform gefunden. Sie zeigen Flechtmuster, in der Zusammensetzung von vier Fliesen Vierpässe und Eckquadrate mit heraldischen Lilien, Blüten und Palmetten. Das Kloster wurde 1135 von Morimond aus gegründet.

17 M. Aubert, M. de Maille, I. 313–314 (ohne Abb.). – Ca. 300 inkrustierte Fliesen des 14. Jh., heute im Museum Montauban, einige mit dem Wappen des Bischofs von Bazas, Guillaume Geoffroy (†1386). Nach A. Lesur et Tardy IV, 1123. Fliesenboden des 13. Jh., nach E. C. Norton, 1984b, 141, Taf. 8, E, „14. Jh."

18 E. C. Norton, 1983, 78–79, Abb. 19–30, 90, Abb. 93, 104. – Die Fliesen wurden 1884, 1887 und 1889 gefunden. Sie zeigen eingeritzte Schuppenmuster und Spitzovale in wechselnder Anordnung, wie sie als Plattenmosaik in der Benediktinerabtei Ligugé bei Poitiers und in der Zisterzienserabtei Les Châtelliers gefunden wurden. Norton, ebd., 78, Nr. 21 = Coquet, 1960, Abb. 4 und 5. – Norton, ebd., 78, Nr. 20 = Coquet, 1960, Abb. 4 und 8. – Norton, ebd., 79, Nr. 26 = Coquet, 1960, Abb. 4 und 7. Ferner fanden sich Fliesen aus dem Ende des 15. Jh.s (?) mit der Aufschrift Laus Deo (A. Lesur et Tardy, I, 93). Das Kloster wurde 1138 gegründet, die Kirche um 1200 erbaut.

19 de Cessac, Carreaux provenant de l'abbaye de Bonlieu (Creuse), Bull. Soc. Antiqu. France, 1880, 210–214 (ohne Abb.). – E. C. Norton, 1984b, 142, 166, Anm. 31. Fliesen mit Zinnglasur des 14. (?) Jh. mit der Darstellung eines gegen einen Drachen kämpfenden Ritters, einer Falkenjagd, von Damen, Sirenen, Wappen- und Pflanzenmotiven wurden 1878 vor dem Altar der Klosterkirche gefunden.

20 G. Rivière, Abbaye de Bonnefont en Comminges, Bull. Mon. 142, 1984, 187–189. – 1983 wurden zinnglasierte Fliesen mit der Darstellung eines Löwen und von Astroiden, sowie Stempelfliesen mit sehr flachem Relief gefunden. E. C. Norton, 1984b, 163, weist nach, daß die ersteren von derselben Werkstatt gefertigt wurden, wie die Fliesen des Zisterzienserklosters L'Escale-Dieu.

21 E. Chevallier, Notre-Dame de Bonport. Etude archéologique sur une abbaye normande de l'ordre de Cîteaux, Mesnil-sur-l'Estré 1904, 89, Abb. 51. – J. P. Suau, 212–214. Im Kapitelsaal des Klosters wurden um 1896 inkrustierte Fliesen des 13. Jh. mit heraldischen Lilien, Blüten und Palmetten gefunden.
Außerdem der Rest eines Bodens in Fliesenmosaik, bei dem z. B. eine Raute und der einbeschriebene Vierpaß getrennt gearbeitet waren. Dieser Boden dürfte aus der Bauzeit des 1190 von König Richard I. Löwenherz gestifteten Klosters, dem 1. Viertel des 13. Jh., stammen. (A. Dimier, J. Porcher, 56).

22 A. Gaillac, Les carreaux coloriés de l'ancienne abbaye de Candeil, Revue hist., scient. litt. Dép. Tarn V 12, 2, 1895, 262 (ohne Abb.) „farbige Fliesen". – Cat. St. Bernard, 75. – „Inkrustierte Fliesen des 13. Jh. mit geometrischen Mustern, Kreuzen und Blüten. Museum Lisle-sur-Tarn, aus der Kapelle der Abtei." Das Kloster wurde 1152 von Clairvaux aus gegründet.

23 E. C. Norton, 1983, 81, Abb. 32; 105. – Die Fliesen wurden bei Grabungen 1865 und 1966 auf dem Gelände der zwischen 1200 und 1219 errichteten Kirche gefunden. Neben Fliesen in Plattenmosaik und inkrustierten Fliesen, fand sich das Bruchstück einer Randleiste, in die das Muster von Hand eingeritzt war.

24 J. Chappée, 349–355, Taf. 6, 7. – Die Fliesen, ca. 33 verschiedene Muster, wurden bei Grabungen im Chor der Kirche gefunden. Es handelt sich um ungemustertes und inkrustiertes Plattenmosaik, sowie um erste, quadratische, inkrustierte Fliesen. Einige der Muster finden sich in der „Bibliothek" des Klosters Eberbach, in der Kgl. Kapelle in Plass bei Pilsen und in Kloster Velehrad wieder (s. Kap. 15.10). Chappée datiert die frühen Fliesen ins Ende des 12. oder den Beginn des 13. Jh.

25 M. Lebeau, 178–181. M. Pinette, 37, Nr. 84–89, Taf. 9–10, E. C. Norton, 1983, 73–76, Abb. 1–18; 105. – Bei den Grabungen 1959–60 fanden sich, meist im Schutt der Klosterkirche und des Kreuzgangs, zahlreiche Fliesenbruchstücke. Sie sind zwischen Ende des 12. und der 2. Hälfte des 16. Jh.s entstanden. Die frühen Fliesen sind von Hand eingeritzt, wenig später entstandene zeigen vertiefte Prägung, alle übrigen sind inkrustiert. Die Kirche des 1098 gegründeten Klosters wurde um 1140/50 erbaut. Zu Ende des 12. Jh. wurde die Apsis durch einen Chor mit Kapellenkranz ersetzt, weitere Kapellen an das nördl. Querschiff angefügt. Aus dieser 1193 geweihten Kirche stammen vermutlich die frühen Fliesen (A. Dimier, J. Porcher, 47).

26 Chronique des fouilles médiévales, 1982, 342–343. – An der Stelle der heute im Stadtgebiet von Nancy liegenden Abtei wurden 1980–81 Rettungsgrabungen unternommen. Im Querschiff der Kirche und im Ostflügel des Kreuzgangs wurden Plattenmosaik, Fliesen mit vertiefter Prägung und inkrustierte Fliesen gefunden, außerdem glasierte Fliesen aus späterer Zeit. P. Pégeot, Les carreaux de pavement de l'abbaye de Clairlieu, Le Pays Lorraine 1987, 214–220. Das 1159 gegründete Kloster wurde in der französischen Revolution zerstört.

27 P. Jeulin. Quelques découvertes et constatations faites à Clairvaux depuis une vingtaine d'années, Bull. mon. 119, 1961, 362–365. – Bei jüngsten Grabungen an der Stelle der verschwundenen Abteikirche wurden 1954 Fliesen im Schutt gefunden. Die Muster sind noch nicht publiziert. Es handelt sich um stark abgetretene ziegelrote Fliesen mit Auftrag von weißer Engobe, welche „geometrische Muster erahnen lassen", sowie um inkrustierte Fliesen, ebenfalls mit geometrischen Motiven (Windrad = gironné) und um eine Kreuzblüte im Spitzoval. Jeulin wagt keine Datierung: „die Fliesen könnten ebenso gut dem Ende des 12., wie dem 13. oder 14. Jahrhundert angehören". Katalog Saint Bernard, 1990, 259, Nr. 167 zeigt eine Fliese, die 1988 im Erdgeschoß des Konversenbaus in Clairvaux entdeckt wurde. Sie könnte als unmittelbare Vorlage für die Fliese P 6 aus Kloster Bebenhausen gedient haben. Die Kirche des 1115 gegründeten Klosters wurde 1135–74 erbaut, 1154–74 vergrößert und 1812–19 abgebrochen (A. Dimier, J. Porcher, 50).

28 M. Aubert, M. de Maille, I, 314–315, Abb. 228.2. – A. Lane, Taf. 26c und d. – E. C. Norton, 1984b, 141, Taf. 4a, A und B. – Fayencefliesen des 14. Jh. mit heraldischen Lilien, Astroiden, Diagonalkreuzen, Fabeltieren und der Darstellung eines Menschen. Die Fliesen aus Escale-Dieu zeigen jeweils ein Nagelloch in der Mitte jeder Seite. Das Kloster wurde 1140 gegründet, die Kirche 1143 begonnen und 1160 geweiht. (A. Dimier, J. Porcher, 77–78).

29 L. Armand-Calliat, Carreaux historiés de proveance Chalonnaise, Mém. Soc. d'Histoire et d'Archéologie de Chalon-sur-Saône 29, 1940, 129–30 (125–137). – M. Pinette, 42, Taf. 22, 212.

– Es fand sich das Bruchstück einer großen, glasierten, von Hand geritzten Fliese, nach M. Pinette: „12. Jahrhundert". Das 1113 gegründete Kloster war die erste Tochtergründung von Cîteaux. Dem Kirchenbau des 12. Jh. wurden zu Beginn des 13. Jh. Ostkapellen angefügt.

30 A. LAVERGNE, Notice sur les carrelages vernissés du département du Gers, Bull. Arch. 1899, 189, Taf. 65. – Fliesen mit Zinnglasur in den Apsidenkapellen der Kirche. Diese zeigen nach E. C. NORTON, 1984b, 141 „heraldische Lilien, Kreise, Sterne, Rosetten, Malteserkreuze, Flechtwerkmuster, sowie einen Doppeladler in Rankenwerk. Alle haben eine grüne Randleiste." Die Kirche der 1151 gegr. Abtei wurde 1180–1210 erbaut, die Fliesen können nicht vor Ende des 13. oder Beginn des 14. Jh. entstanden sein.

31 CH. BAZIN, Pavage de l'abbaye de Foigny, Ann. Arch. 10, 1850, 22–25. – E. FLEURY, 68, Abb. 171. In der Ruine fand sich in situ und im Schutt Plattenmosaik in weißem und schwarzgrauem Ton, außerdem inkrustierte Fliesen die tanzende, sich an den Händen haltende Figuren zeigen. Bei Ausgrabungen wurde 1959 der ungemusterte Fliesenboden der 1150–60 erbauten Kirche freigelegt (A. DIMIER, L'église de l'abbaye de Foigny, Bull. Mon. 118, 1960, 200, Abb. S. 203).

32 L. BÉGULE, L'abbaye de Fontenay et l'architecture cistercienne, Paris 1950, 17. – M. PINETTE, 36–37, Nr. 39–58, Taf. 6–8. – E. C. NORTON, 1983, 83–84, Abb. 50–62; 106. – Außer den S. 82 erwähnten Fliesen in Plattenmosaik fanden sich Fliesen in vertiefter Prägung in sieben verschiedenen Mustern, von denen eines fast übereinstimmend in Kloster Arnsburg (N31) vorkommt. Bei zwei Mustern wurden die Rillen zusätzlich mit Engobe gefüllt und erscheinen so als inkrustierte Fliesen; weitere inkrustierte Fliesen zeigen Kreismuster mit Pflanzenmotiven, Lilien, Weinlaub und weidenden Lämmern. Norton erwähnt eine von Hand eingravierte Fliese (Nr. 55), alle übrigen wurden schon mit Modeln geprägt, die für kleine Fliesen und größere Platten verwandt wurden. Die Fliesen sind schwierig zu datieren, die Kirche, die älteste der noch erhaltenen Zisterzienserkirchen, wurde 1139–47 erbaut und nie vergrößert. Norton nimmt an, daß die gravierte Fliese in der Mitte des 12. Jh., die mit vertiefter Prägung etwa zwischen 1190 und 1220 und die inkrustierten ab 1240 entstanden. Der Fliesenboden wurde 1752 aus der Kirche entfernt und im 19. Jh. erneut dort verlegt. Heute liegen die Fliesen im Altarraum und im Kapitelsaal, weitere befinden sich in den Museen von Dijon, Paris (Cluny-Museum) und Sèvres.

33 PH. BEAUSSART, V. MALIET, Le pavements de l'abbatiale de Fontenelle à Maing, Revue Nord 45, 1983, Nr. 256, 123–147. – Bei Grabungen 1978–82 wurden Fliesenböden in situ gefunden. Es handelt sich um Böden aus Plattenmosaik, aus solchen, in die inkrustierte Fliesen mit heraldischen Lilien eingestreut waren und um eine Grabplatte aus inkrustierten Fliesen. Das Kloster wurde nach 1216 erbaut und 1792 als Nationalgut verkauft.

34 A. DIMIER, J. PORCHER, 54, Nr. D 6632. Plattenmosaik. Diese verdoppelte ‚Beilform' findet sich (mit Trennlinie) in der ‚Bibliothek' in Kloster Eberbach, ohne diese in der Kgl. Kapelle in Plass bei Pilsen. Der Katalog St. Bernard, 74, Nr. 215 nennt ein weiteres Muster im Museum Bourges (Losange curviligne inscrit dans un cercle = Spitzoval im Kreis). Die Fliesen der 1160 begonnenen, erst 1255 geweihten Kirche, gehören vermutlich noch ins 12. Jh.

35 L. DE VESLY, 193, Abb. 7, Taf. 5, 8, Taf. 8, 1. – In Foucarmont, für das für 1130 eine Fliesentöpferei im Kloster bezeugt sein soll, wurden glasierte Fliesen mit Kreisstempeln (13. Jh.?), sowie inkrustierte, teilweise in Sternform verlegte Rautenfliesen des 14. (?) Jh. gefunden. Das 1130 gegründete Kloster wurde 1147 von den Zisterziensern übernommen. L. de Vesly nennt als Quelle J. E. DECORDE, 484, dort steht jedoch keine Jahreszahl. G. LACHASSE, 311, nennt die Zahl ohne Angabe der Quelle, das Gründungsjahr 1147 bei F. V. D. MEER, 280.

36 B. DUSAN, Carreaux incrustés de l'abbaye de Grand-Selve, (Tarn-et-Garonne), Rev. Arch. Midi 1866/67, 33–37. – D. CAZES, Recherches archeologiques sur l'abbaye de Grandselve, in: B. CHAUVIN, III, 236–239 (227–264). – E. C. NORTON, 1984a, 64–65, Abb. 22–23, 69. – Die um 1285 entstandenen inkrustierten Fliesen wurden vor 1866 und seit 1969 in situ gefunden. Große, jeweils verschieden gemusterte Bänder sind durch schmale Fliesenstreifen getrennt. Das 1114 gegründete Kloster wurde um 1145/48 den Zisterziensern angeschlossen, die Kirche 1249–53 erbaut. Norton vermutet, daß die Technik der Fliesen mit Zinnglasur von Grandselve aus in Südfrankreich verbreitet wurde.

37 A. DIMIER, Deux campagnes de fouilles à l'abbaye d'Igny, Mém. Soc. Agric., Comm., Sciences et Arts Dep. Marne 78, 1963, 22 (18–27). – Bei den Grabungen 1961/62 wurden gefunden: Glasierte Fliesen in Plattenmosaik, inkrustierte Fliesen, deren Muster nicht mehr rekonstruiert werden konnten und unglasierte Fliesen mit Stempeleindrücken. Die erste Kirche des 1128 gegründeten Klosters wurde vermutlich im 12. Jh. erbaut.

38 E. DE BARTHÉLEMY, Sur l'église et l'abbaye de La Chalade (Meuse), Bull. Mon. 1850, 589–593. – Es fanden sich, als Teil einer großen Kreisrosette, inkrustierte Fliesen in 9 verschiedenen Mustern. Die 1136 geweihte Kirche des 1128 gegründeten Klosters wurde 1320–40 durch einen Neubau ersetzt. Aus dieser Zeit stammen die Fliesen.

39 X. BARBIER DE MONTAULT, 617–640, Taf. 1–4. – J. COQUET, 1982, 291–303. – Inkrustierte Mosaikfliesen, außerdem große Kreisrosetten mit drachenähnlichen Fabeltieren, Fischen und Rankenornamenten, sowie Fliesen in Schildform mit Wappen wurden 1888/89 aufgedeckt. Über die Funde von Fliesenmosaiken, s. S. 82–83. Die Kirche der 1121 gegründeten Abtei wurde zwischen 1129 und 1156 erbaut. Aus dieser Zeit stammen die Plattenmosaiken, die inkrustierten Fliesen gehören dem 13. Jh. an. H. J. ZAKIN, 344, Abb. 134, bildet außerdem eine Reliefflieise mit kompliziertem Flechtbandmuster ab, heute in Tours, Musée de la Soc. Arch. de Touraine.

40 D. FRANÇOIS, P. TOUZET, Découvertes archéologiques à Beauchamps (Somme), Abbaye du Lieu-Dieu, Cah. Arch. Picardie 5, 1978, 258–261. – Die Fliesen wurden bei Grabungen 1977 aufgedeckt. Es handelt sich um farbig glasierte Fliesen ohne Muster, jeweils zu fünft in Kreuzform angeordnet und um zwei große Grabplatten (je ca. 65 Fliesen) mit Rittern in Kettenpanzern (aus inkrustierten Fliesen). Diese wurden möglicherweise in der 25 km entfernten Zisterzienserabtei Foucarmont gefertigt, in der 1130 eine Fliesentöpferei bestanden haben soll. Vgl. Anm. 35. Das 1189 gegründete Kloster wurde 1803 auf Abbruch verkauft, die Kirche entstand vermutlich in der 2. Hälfte des 13. Jh.

41 L. MAXE-WERLY, Etude sur les carrelages au Moyen-Age, Mém. Soc. Nat. Antiqu. France, Ser. 6, 3, 1893, 263–265 (257–265). – Zu den Fliesen in Plattenmosaik, siehe S. 82 und Anm. 85. 1869 wurden außerdem noch inkrustierte Fliesen gefunden (heute in den Museen von Bar-le-Duc und Verdun). Diese zeigen „Blattmuster, Rosetten, Fabeltiere, Jagdszenen mit Wildschweinen und Hunden, Wappen und eine Fliese mit dem Töpfernamen Mangin". Sie gehören anscheinend erst dem 14. Jh. an und sind noch nicht publiziert.

42 R. H. DELABROUILLE, Après sept siècles. L'abbaye du Lys, Archéologia 31, 1969, 30–33. – Bei den Grabungen 1969 wurden Teile eines Fliesenbodens in situ aufgedeckt. Die inkrustierten Fliesen zeigten vorwiegend heraldische Lilien (fleur-de-lys) oder das Wappen der Blanche von Kastilien (Burg). Das Zisterzienserinnenkloster wurde 1244 durch den Hl. Ludwig und seine Mutter, Blanche von Kastilien, gegründet. Die Kirche war vermutlich 1253 vollendet, nicht alle Fliesen gehören jedoch dem 13. Jh. an.

43 E. C. NORTON, 1981, 78. – Ders. 1984a, 66, Abb. 16. – Inkrustierte Fliesen in Plattenmosaik und quadratische Fliesen stammen wohl aus der 1244 geweihten Abteikirche.

44 M. AUBERT, M. DE MAILLE, I, – „Fliesen des 13. Jahrhunderts". Das Muster wird nicht genannt. Das Kloster wurde nach 1153 gegründet.

45 J. SALMON, 18 und Skizze des Verfassers. – E. C. NORTON, 1983, 87, Abb. 74; 107. – Die Fliesen wurden bei Grabungen 1955 im Schutt gefunden. Das Kloster wurde 1115 gegründet und nach 1791 ganz abgetragen. Die Ostteile der Kirche waren wohl schon 1158 vollendet (H.-P. EYDOUX, L'église abbatiale de Morimond, Analecta Sacri Ordinis Cisterciensis 14, 1958, 86–87 (3–111). – H. GRÜGER, Morimond, die Mutterabtei der schlesischen Zisterzienserklöster, Archiv für schles. Kirchengesch. 28, 1970, 13, (1–28) erwähnt die Ansicht von F. N. A. Dubois, der glaubt, daß die Kirche erst 1230 begonnen wurde.

46 J.-P. SUAU, 21–215. – Gefunden wurden Fliesen in Plattenmosaik, die mit den frühen Belägen in Jumièges und Notre-Dame-du Parc in Rouen übereinstimmen. Die Kirche wurde im 2. Drittel des 12. Jh. begonnen und gegen dessen Ende fertiggestellt. Die Fliesen dürften kurz vor 1200 entstanden sein.

(Corrèze)[47], Ourscamp (Oise)[48], Paraclet-des-Champs (Somme)[49], Pontigny (Yonne)[50], Royaumont (Seine-et-Oise)[51], Le Tart (Côte-d'Or)[52], Le Thoronet (Var)[53], Trois-Fontaines (Haute-Marne)[54], Vaucelles (Nord)[55], Vauclair (Aisne)[56], Vauluisant (Yonne)[57], und Les Vaux de Cernay (Seine-et-Oise)[58]. Das elsässische Lützel/Lucelle wurde schon erwähnt.

Bei den Fliesenmustern, welche in übereinstimmender oder ähnlicher Form auf deutschen Fliesen wieder vorkommen, handelt es sich nie um eine Prägung mit demselben Model, sondern stets nur um eine Übernahme des Motivs. Über welche Klöster diese Muster weitergegeben wurden, läßt sich immer noch nicht mit Sicherheit feststellen. Gerade die Mutterabteien der deutschen Zisterzienserklöster, Clairvaux und Morimond, sind entweder nur in Teilbereichen ausgegraben oder haben vorwiegend Fliesen des 13. Jahrhunderts freigegeben. So liegt auch hier wieder der Gedanke an Musterbücher nahe. In einem Orden, der sein ganzes Tun und Lassen, jede Einzelheit des Baubetriebs und der Landerschließung durch Verordnungen regelte, werden sicher auch die dem Orden wohlgefälligen Ornamente durch Vorlagen bestimmt worden sein. Das in Kapitel 9 vorgestellte Musterbuch des Zisterzienserklosters Rein hat uns solche Motivsammlungen bewahrt.

Außerdem trafen sich die Äbte beim jährlichen Generalkapitel in Cîteaux. Neue Eindrücke wurden dort vermittelt, neue Anregungen aufgenommen. Dies erklärt vielleicht, warum sich die Fliesen der deutschen Zisterzienserklöster zwar in der Prägetechnik nicht von denen der umliegenden Kirchen und Klöster unterschieden, in den Mustern jedoch neue, eigene Wege gingen. Manche Ornamente sind so unverwechselbar ‚zisterziensisch', daß es oft möglich ist, Fliesen unbekannter Herkunft mit einer gewissen Sicherheit als Zisterzienserprägungen zu erkennen[59].

47 B. Barrière, Obazine. Monastère double en Limousin, Archéologia 155, 1981, 29 (20–32). – Es wurden Bruchstücke gemusterter Fliesen gefunden, die noch nicht publiziert sind. Das Kloster wurde 1135 erbaut und kam dann 1147 an die Zisterzienser.

48 Cat. St. Bernard, 75, Nr. 221. – Gefunden wurde eine Stempelfliese mit Malteserkreuz im Mortuarium (salle des morts); Paris, Musée des Monuments Françaises. Von der Kirche des 1129 gegründeten Klosters sind nur noch die Ruinen des Chorumgangs (um 1280) und das Mortuarium des 13. Jh. erhalten (A. Dimier, J. Porcher, 51).

49 A. Guillon, Monceaux, I, 11, 15, 17, ebd., II, 38. – M.Desmarchelier, L'architecture des églises monniales cisterciennes, essai de classement des différents types de plans (en guise de suite), in: B. Chauvin, III, 115 (79–122). Gefunden wurde inkrustiertes Plattenmosaik. Die Kirche wurde im 13. Jh. begonnen, jedoch erst 1541 geweiht.

50 E. Amé, I, Abb. S. 100–101, II, 111–118 mit einer Tafel. – E. C. Norton, 1983, 107, 81, Abb. 33–37, 85, Abb. 63–66 (nach Amé). – Außer Fliesen in Plattenmosaik (12. Jh.) wurden Fliesen mit vertiefter Prägung gefunden. Diese nehmen die geometrischen Muster des Plattenmosaiks teilweise wieder auf. Inkrustierte Fliesen zeigen Viertelskreise mit Lilien und Rankenmotiven, diese gehören dem Ende des 13. oder Beginn des 14. Jh.s an. Die Kirche der 1114 als zweites Tochterkloster von Cîteaux gegründeten Abtei wurde um 1150 erbaut, um 1185 wurde ein Schiff mit Umgang und Kapellenkranz errichtet, welches um 1208 vollendet war (A. Dimier, J. Porcher, 299–301). In dieser Zeit wurden vermutlich die Fliesen mit vertiefter Prägung verlegt. Es läßt sich nicht mehr feststellen, ob die in Pontigny und Fontenay übereinstimmenden Muster mit denselben Modeln geprägt wurden, da die Fliesen aus Pontigny verloren sind.

51 E. C. Norton, 1981, 78. – Die Kirche des 1228 durch den Hl. Ludwig gegründeten Klosters wurde 1235 geweiht. Norton datiert die inkrustierten Fliesen auf 1240.

52 Cat. St. Bernard, 76, Nr. 224. – 1938 fand man inkrustierte Fliesen des 14. Jh. mit adossierten Vögeln und Kreisornamenten mit Ranken (Coll. Joliet, Tart). Das Kloster wurde 1125 gegründet, die Kirche 1132 geweiht.

53 W. Bickel, 333. – E. C. Norton, 1983, 107. – Die im Dormitorium verlegten Fliesen mit vertiefter Prägung sind heute durch Kopien ersetzt. Das einfache Muster aus Halbkreisbögen erlaubt keine sichere Datierung (Ende 12. Jh.?). Die Kirche wurde 1160–90 erbaut, der Kreuzgang nur wenig später (A. Dimier, J. Porcher, 186–193).

54 M. Lebeau, 180, erwähnt Fliesen aus Trois-Fontaines. Die 1118 durch den Hl. Bernhard gegründete Abtei ist das erste Tochterkloster von Cîteaux, die Kirche wurde 1160–90 erbaut (A. Dimier, J. Porcher, 51).

55 Cat. St. Bernard, 75, Nr. 223. – „Verschlungene Halbkreise und Lilien, 13. Jahrhundert", Cambrai, Diözesanmuseum. Die Kirche des 1132 gegründeten Klosters wurde 1235 geweiht, der Plan für den Chorumgang von Villard d'Honnecourt entworfen (F. Baron, L'abbaye de Vaucelles, Cîteaux in de Nederlanden 9, 1958, 276–285).

56 Vauclair, bei Verfassern des 19. Jh. „Vauclerc" oder „Vauclere" genannt. Die ersten Fliesen wurden vor 1855 geborgen (E. Fleury, 34, Abb. 79; 37, Abb. 90; 41, Abb. 104, 105; 48, Abb. 118; 49, Abb. 119; 50, Abb. 120; 67, Abb. 105.) – Es handelt sich um inkrustierte Fliesen, welche Viertelskreise mit Palmetten, Pflanzenmotive, Spitzovale mit Diagonalband, gekreuzte Spitzovale mit Blüten, Weinlaub mit Reben zeigen. Bei weiteren Grabungen (M. de Baye, L. Pichon, 163) fand man Fliesen mit Drachen, Adlern, Burgen (Château de Castille) und heraldischen Lilien. Bei neuen Ausgrabungen 1966–81 wurden nochmals „viele mittelalterliche Fliesen von beachtlicher ‚Qualität" gefunden, außerdem farbig glasierte Reliefffliesen des 15. Jh. (R. Courtois, Groupe Sources, in: B. Chauvin, III, 348, Abb. 270, 271). – Die Publikation der Fliesen durch J. Wahl, Le pavement céramique à l'abbaye de Vauclair, ist in Vorbereitung. – Courtois, 348, Abb. 271 zeigt eine Eichblattfliese, wie sie sehr ähnlich (H281) auch in Worms gefunden wurde. – Von der im 12. Jh. erbauten, 1257 erneuerten Kirche des 1134 gegründeten Klosters sind nur noch Ruinen erhalten. Die Fliesen wurden alle in Vauclair gefertigt. Die Grabungen legten drei Töpferöfen frei, die teilweise noch verworfene Fliesen enthielten (freundliche Mitteilung von M. R. P. Courtois). – R. Wahl, Le pavement céramique de l'abbaye de Vauclair et son four tuillier, Rev. Arch. et Hist. Art Louvain 9, 1976, 270–271. Die frühesten der gefundenen Fliesen gehören der 1. Hälfte des 13. Jh. an.

57 A. Guillon, H. Monceaux, I, 34, ebd., II, 25. – Inkrustierte Fliesen mit Kreismustern und stilisierten Pflanzen. Von A. Guillon ins 15. Jh. datiert, die Muster weisen eher ins 13. Jh. Die Kirche des 1127 gegründeten Klosters wurde 1143 geweiht.

58 M. Aubert, L'abbaye de Vaux de Cernay, Paris 1931, 54. – Inkrustierte Fliesen mit Stern-, Blüten- und Blattmustern. Die Kirche der 1118 gegründeten Abtei war schon vor diesem Datum begonnen worden, jedoch erst gegen 1180/90 vollendet (A. Dimier, J. Porcher, 53–54).

59 Vgl. die Fliesen K41 und U20 des Oberösterreichischen Landesmuseums in Linz, deren Fundort lange unbekannt war, deren Muster auf eine Herkunft aus einem Zisterzienserkloster wiesen. Nachforschungen von Frau Dr. Brigitte Wied, Linz, ergaben, daß sie aus dem nördlich von Linz gelegenen böhmischen Zisterzienserkloster Hohenfurt/Vyšši Brod stammen; ein Beispiel, welches sich beliebig vermehren ließe.

Abb. 46 Bebenhausen, ehem. Zisterzienserkloster, Dormitorium. Kreisrosetten (46a verloren, 46b noch in situ).

Möglicherweise lief eine wichtige Verbindungslinie zwischen den französischen und deutschen Zisterzienserklöstern über das 1123 gestiftete und 1131 durch Mönche aus Clairvaux übernommene Kloster Bonmont (Gem. Chéserex bei Nyon, Kt. Waadt). Da die Muster in ähnlicher Form auf deutschen Fliesen auftauchen, dürfen sie in diesem Zusammenhang nicht unerwähnt bleiben. Sie kamen bei Grabungen 1949–53 in der Kirche, im Narthex und im Schutt des Kapitelsaals zutage[60], weitere Fliesen fanden sich in der Sakristei und als Umrahmung eines Grabes. Es handelt sich um gelb oder schwarzbraun glasierte Fliesen mit vertiefter Prägung in 9 verschiedenen Mustern[61] und 3 weiteren Fragmenten.

Drei der Fliesen zeigen ein in sich geschlossenes Palmetten- oder Flechtbandmuster von großer Feinheit der Zeichnung, zwei Rechteckfliesen dienten vermutlich als Randleisten. Vier weitere gehören dem Typus der Teppichmuster an, die in der Zusammensetzung eine wie mit zartem Gitterwerk übersponnene Fläche ergeben. Diese Muster fanden sich, wohl mit denselben Modeln geprägt, in dem jenseits des Genfer Sees gelegenen Kloster Aulps (Haute-Savoie)[62], vereinzelt in Kloster Montheron, Lausanne[63] und eines davon, wie schon erwähnt, auch in dem Benediktinerkloster Saint-Fortunat, Charlieu (Loire)[64]. Die Datierung der Fliesen von Bonmont ist schwierig. Aus der Baugeschichte von Kirche und Kloster ergeben sich keine Anhaltspunkte, die 1148 geweihte Kirche war vermutlich zu diesem Zeitpunkt noch nicht vollendet[65].

Von den Teppich- und Flechtwerkmustern Bonmonts könnten die frühen Prägungen in Kloster Bebenhausen (N9, N70, N72, V1, V7) beeinflußt sein. Sicher ist dieser Weg nicht geradlinig, sondern über uns heute nicht oder noch nicht bekannte Zwischenstufen verlaufen. Diese befanden sich möglicherweise im Elsaß. Dort kamen nämlich Teile der auch im Dormitorium von Bebenhausen verlegten Fliesenrosetten (Abb. 46 und 47) (Rosette B, verlorene Rosette C) zum Vorschein[66]. Der Fundort konnte bis heute nicht ermittelt werden. Sie könnten aus einem der elsässischen Zisterzienserklöster stammen, nicht jedoch aus Lützel/Lu-

---

60 F. Bucher, 109, 227 Anm. 2. – Die Fliesen heute in Bonmont, Slg. Schoeller, im Museum Nyon, im Schweizerischen Landesmuseum Zürich, sowie im Besitz der Herren A. C. de Breycha-Vauthier und François Bucher.

61 A. C. Breycha-Vauthier, 7–10, die Abbildungen wurden jedoch F. Bucher, 110, Abb. 1–9 entnommen.

62 E. Renard, 1940, 47–48. – Außer den in Bonmont gefundenen Mustern erhielt sich in Aulps ein weiteres Muster: Doppelkreis mit achtstrahliger Sternblüte (ebd., 48, Fig. 21,2).

63 M. Grandjean, 166, Abb. 121. – Gefunden wurde Bonmont Muster 2, sowie das Bruchstück eines Fischgrätmusters, das ausgezeichnet zum Modelbestand Bonmonts passen würde. Die Kirche des 1135 gegründeten, 1536 aufgehobenen Klosters, wird 1154 erwähnt. (Fliesen im Musée du Vieux-Lausanne, sie konnten jedoch nicht geprüft werden, da z. Z. nicht aufzufinden.)

64 Das Charlieu am nächsten gelegene Zisterzienserkloster (ca. 8 km) ist La Bénissons-Dieu. Dort haben sich nur Fliesen in Ritzzeichnung erhalten, das Muster E. C. Norton, 1983, 78, Nr. 20 ist jedoch die Vorstufe für V11 aus Bonmont.

65 Die Datierung dieser Fliesen ist besonders wichtig, weil sie zu den Schweizer Fliesen gehören, die nicht durch St. Urban beeinflußt sind, sondern vermutlich das Bindeglied zwischen französischen und süddeutschen Prägungen bilden. O. Costa de Beauregard und A. C. de Breycha-Vauthier sprechen sich (nach F. Bucher, 111) für eine Datierung ins 12. Jh. aus, K. Conant für das Ende des 12. oder den Beginn des 13. Jh. F. Bucher ordnet die Fliesen vier verschiedenen Perioden vom 2.–3. Viertel des 12. bis ins 15. Jh. zu. Da die Muster entweder strenge Palmetten oder Flechtwerkornamente zeigen, dürfte dies nicht zutreffen. Ein Vergleich mit frühen süddeutschen Fliesen, führt zu einer Bestätigung der These Conants, wobei die Muster 1–4 vermutlich zu Ende des 12. oder zu Anfang des 13. Jh. die Muster 7–9 eher in dessen Ende entstanden sind. E. C. Norton, 1984a, 64, Abb. 13 datiert alle Fliesen einheitlich in die Zeit zwischen 1190 und 1220.

66 Die Fliesen kamen ins Museum Straßburg, zu einer Zeit, als dieses noch keine Eingangsinventare führte, jedoch auch noch keine Fliesen aus nichtelsässischen Fundorten angekauft hatte. Grabungen wurden bis jetzt nur in Neuburg und Stürzelbronn durchgeführt. Aus Stürzelbronn sind keine Fliesenfunde bekannt, in Neuburg kamen Bruchstücke eines nachmittelalterlichen farbigen Fliesenbodens beim Pflügen zutage.

Abb. 47 Bebenhausen, ehem. Zisterzienserkloster, Dormitorium. Kreisrosette W 59.

celle, das einen inkrustierten Fliesenboden nach französischem Vorbild besaß.

Weitere Einflüsse könnten aus den lothringischen Klöstern Beaupré und Morimond, sowie aus den burgundischen Abteien Cîteaux, Fontenay und Pontigny gekommen sein. In Beaupré fanden sich nicht nur Flechtmuster[67], sondern auch die ebenfalls auf den Fliesen Bebenhausens vorkommenden Zackenränder, sowie Fliesen ähnlich V12, welche aus jeweils vier Fliesen ein Quadratmuster bilden. Dieselben Zackenränder zeigt auch eine in Kloster Morimond gefundene Fliese[68], welche möglicherweise noch dem 12. Jahrhundert angehört[69]. Wie weit die Fliesen der Kirche St. Laurent in

67 M. Steger, in: B. Chauvin, III, 731, Abb. 576, 728, Abb. 569, 729, Abb. 571.

68 J. Salmon, 63. – Dieses Muster zeigt schon das Schema der Kreisbänder, welches in den großen Rosetten in Bebenhausen, noch reicher variiert wird. Die feingezackten Ränder scheinen für die Fliesen dieses Gebiets typisch zu sein. Sie finden sich auch auf inkrustierten Fliesen der Abtei Lützel/Lucelle (nicht publiziert) im Museum Straßburg.

69 H.-P. Eydoux, 1982, 354, erwägt zwei Bauperioden für Morimond. Aus der ersten würden Schiff und Seitenschiffe (um 1161), aus der zweiten der in der 1. Hälfte des 13. Jh. errichtete Chor stammen. Eine zweite Weihe wird 1253 genannt. Dieses Datum wäre jedoch für die bis heute veröffentlichten Fliesen zu spät. Möglicherweise geht Eydoux bei seiner Datierung der Fliesen von anderen Mustern aus, die sich in seiner Sammlung befinden. E. C. Norton, 1983, 107, datiert die Fliese mit einem Kreuz aus vier Spitzovalen (87, Abb. 74) ins „vorgerückte 13. Jh.“.

Abb. 48   Fliesenfragmente aus dem Zisterzienserkloster Cîteaux (Côte-d'Or). Ende 12. Jh.

Abb. 49 Cîteaux. Fliese mit vertiefter Prägung. Ende 12. Jh.

Abb. 50 Bebenhausen, Dormitorium, Fliese S 23. Um 1227.

Laître-sous-Amance und der Schloßkapelle von Mousson (beide Meurthe-et-Moselle) unter dem Einfluß der benachbarten Zisterzienserklöster Haute-Seille und Beaupré standen, läßt sich heute nicht mehr nachprüfen. Sie zeigen gekreuzte Spitzovale und Astroide[70], wie sie übereinstimmend (N 40) und ähnlich (P 6, P 17) auch in Kloster Bebenhausen vorkommen. Diese Fliesen, von Caumont[17] noch ins 11. und frühe 12. Jahrhundert datiert, sind jedoch wohl erst im 3. Viertel des 12. Jahrhunderts entstanden[72].

Auch die 1959 aufgedeckten Fliesen des Gründungsklosters Cîteaux könnten als Vorlagen für Fliesen des Klosters Bebenhausen gedient haben. Dies zeigt sich nicht so überzeugend an Hand der bei Pinette[73] aufgeführten Zeichnungen, wohl aber bei einer Gegenüberstellung des Fliesenphotos bei Lebeau[74] (Abb. 48) mit S 23 (Abb. 49). Die beiden, in dünnen Linien geprägten Blüten mit Petalen in Tropfenform, sind fast deckungsgleich (Abb. 50). N 41 findet sich, vierfach in eine Platte gepreßt, ebenfalls in Cîteaux (Abb. 51 und 52). Auch die Punzierung mit kleinen Punkten, die für Fliesen aus Bebenhausen so typisch ist (E 55, F 59, O 10 etc.) ist auf Fliesen aus Cîteaux schon vorhanden[75], ebenso die kleinen Zacken auf einer Seite der Kreisbögen. Andere Muster, wie z. B. Norton 73, Abb. 6[76] mit verschränkten Linien in der Fliesenmitte ergeben sich an der Schnittstelle von vier Fliesen des Musters J 3. Dadurch, daß in Cîteaux und wohl auch in Bebenhausen nur ein Bruchteil der Muster gefunden wurde, ist es nicht möglich, dieses Verhältnis von Vorlage und Nachfolge genau zu erhellen. Es muß jedoch betont werden, daß die meisten Fliesen in Cîteaux eine schwärzliche, dunkel- oder braungrüne Glasur trugen, während alle frühen Fliesen aus Bebenhausen unglasiert sind.

Außer Cîteaux haben auch Fontenay und Pontigny zum Musterbestand der deutschen Zisterzienserfliesen beigesteuert (Abb. 53). In beiden Klöstern fanden sich Fliesen[77], welche fast identisch in Kloster Arnsburg (N 31) (Abb. 54) und in den Maßen leicht verändert wohl in Kloster Wörschweiler (N 32) gefunden wurden. Die zarten Ranken, Rebblätter, Palmetten und Lilienstäbe der Fliesen aus Fontenay werden in Eberbach und Bebenhausen abgewandelt wieder aufgenommen[78], während zwischen den Fliesen Pontignys und denen einiger deutscher Klöster fast Übereinstimmung besteht. Die bei Amé[79] abgebildete Fliese (Taf. neben

70 E. Amé, I, 98.
71 A. de Caumont, I, 175.
72 J. Zink, Besprechung von R. Slotta, Romanische Architektur im Lothringischen Département Meurthe-et-Moselle. Saarbrücker Beitr. zur Altertumskunde 20, Bonn 1976, Kunstchronik 31, 1978, 33–41. Slotta datiert (ebd., 133) Mousson ins 1. Viertel des 13. Jh., Laître-sous-Amance (ebd., 181) in die Zeit zwischen 1150 und 1156, Zink (ebd., 40) ins 3. Viertel des 12. Jh.
73 M. Pinette, 36–37, Nr. 84–88, Taf. 9–10, 34, Nr. 13–15, Taf. 2. – Die Fliesen von Cîteaux lassen sich teilweise auch über die des nahen Schlosses Bonnencontre erschließen, die wahrscheinlich aus dem Kloster bezogen wurden.
74 M. Lebeau, 180, oben links.
75 Ebd., 180, oben Mitte.
76 E. C. Norton, 1983. Vgl. außerdem 73, Abb. 1 und 2. N 70 aus Bebenhausen ergibt in der Zusammensetzung von 4 Fliesen ein ähnliches Mittelbild. Wenn die Fliesen in Cîteaux aus dem 1193 geweihten Schiff stammten (eine Zuweisung der Fliesen zu einzelnen Gebäuden ist heute nicht mehr möglich), so ergäbe dies einen sinnvollen Anschluß für die frühen, in Bebenhausen wohl um 1227 verlegten Fliesen.
77 Für Fontenay: M. Pinette, 37, Nr. 41, Taf. 7 (Ende 12. – Anfang 13. Jh., Paris, Cluny-Museum), für Pontigny: E. Amé, II, Taf. neben S. 117, Nr. 4.
78 M. Pinette, 36–37, Nr. 39–58, Taf. 6–8.
79 E. Amé, I.

Abb. 51 Cîteaux. Ende 12. Jh.

Abb. 52 Bebenhausen, Dormitorium, Fliese N 41. Um 1227.

116, 3) findet sich in den Klöstern Bebenhausen, Chorin, Eußerthal und Wörschweiler (N69, N67, N65, N66), Amé (Taf. neben 116, Nr. 4), in Bebenhausen (O 9, O 10) und Arnsburg (O 15). Auch hier muß wieder der geringe Umfang der französischen Funde betont werden. Fliesen wie N 70, N 72 und N 73 aus Bebenhausen gehören sicher noch in denselben Musterzusammenhang, gerade wie die bei Amé (neben 116, Nr. 5) dargestellte Fliese, ein Spitzoval von einer Diagonallinie geschnitten, möglicherweise auch in Bebenhausen einmal vorhanden war.

Leider läßt sich bis heute noch kein genauer Überblick darüber gewinnen, welche deutschen Zisterzienserklöster einen Belag aus gemusterten Fliesen hatten. Die Umbauten der folgenden Jahrhunderte, vor allem die Neubauten des Barock in Süddeutschland, haben die Übersicht erschwert. Aufgrund der zahlreichen Funde muß jedoch angenommen werden, daß die meisten Zisterzienserklöster, mit Ausnahme einiger ostdeutscher Abteien, Fliesenböden besaßen. Einige, wie z. B. Otterberg in der Pfalz[80], das in unmittelbarer Nähe einen ergiebigen Hausteinbruch vorfand, bevorzugten anscheinend Steinplattenböden, ebenso die mainfränkischen Klöster, die durch das reiche Angebot an Mainsandstein die Fliesenherstellung wohl gar nicht erst aufnahmen. Andere verlegten nur Fliesenböden aus Plattenmosaik, vom einfachen Schachbrettmuster bis zu raffiniert angeordneten Belägen aus zahlreichen Einzelformen.

Diese französische Technik, einen Fliesenboden aus sehr kleinen, einzeln geformten und gebrannten Teilfliesen zusammenzusetzen, wie sie in vollkommenster Form der Fliesenboden der Kapelle Sainte-Geneviève in Saint-Denis bei Paris[81] bewahrte und welche die englischen Zisterzienserklöster schon zu Ende des 12. und zu Beginn des 13. Jahrhunderts virtuos beherrschten, findet sich in Ansätzen im Belag der sogenannten ‚Bibliothek' in Kloster Eberbach[82] (Abb. 55).

Obwohl dies vermutlich nicht der erste Fliesenboden des Klosters war, sondern ihm die schon erwähnten großen, mit kleinen Reliefstempeln verzierten Tonplatten vorausgingen[83], ist gerade dieser Belag für die Datierung der übrigen Eberbacher Fliesen von großer Bedeutung. Da alle urkundlichen Nachrichten über die Verlegung von Fußböden in Eberbach fehlen, kann eine Datierung nur an Hand der französischen Vorbilder erschlossen werden. Hier tauchen jedoch schon die

80 E. Hausen, 21. – Otterberg, 1144 von Eberbach aus gegründet, müßte eigentlich, wie alle übrigen Tochterklöster Eberbachs, Fliesenböden besessen haben. Bei den Grabungen 1977–83, welche das ursprüngliche, teilweise bis zu einer Höhe von 2 m aufgeschüttete Niveau freilegten, wurden Bruchstücke von Sandsteinplatten und Ziegeln und anscheinend nur wenige Fliesen gefunden.
81 R. Forrer, 1901, Taf. 4, 1–3. – E. C. Norton, 1981, 69–100.
82 C. Schäfer, Abb. 41. – H. Kier, 1970, 94, Abb. 239–241.
83 Vgl. S. 68–69.

Abb. 53 Fontenay (Côte-d'Or), Zisterzienserkloster. Fliese mit vertiefter Prägung. 1190–1220. Musée Cluny, Paris.

Abb. 54 Arnsburg, ehem. Zisterzienserkloster, Fliese N 31. Um 1246–1256.

ersten Schwierigkeiten auf. Obwohl das Fliesenmosaik in Frankreich entwickelt wurde und dort ganz besonders reizvolle Lösungen entstanden, weiß man über die Plattenmosaiken in französischen Zisterzienserklöstern sehr viel weniger als über die der englischen Abteien. Plattenmosaiken sind aus den Klöstern Beaupré, Bonport, Châalis, Champagne, Foigny, Fontenay, Fontenelle, Fontmorigny, Igny, Les Châtelliers, Lisle-en-Barrois, Mortemer, Paraclet-des-Champs und Pontigny[84] bekannt. Ausreichend publiziert, so daß Vergleiche möglich sind, wurden jedoch nur die Fliesen von Champagne, Les Châtelliers und Lisle-en-Barrois[85], aus Fontenay[86] und Pontigny[87] kennt man einen Teil der Muster.

Der Fliesenboden der ‚Bibliothek' in Eberbach bedeckt in seiner heutigen, sicher nicht ursprünglichen Form[88], ein ca. 8 × 4 m großes Rechteck. Schwarzglasierte, in Streifen angeordnete Fliesen gliedern ihn in acht breite Bänder, von denen drei parallel zur Schmalseite, die übrigen parallel zur Längsseite des Raums angeordnet sind. Die Mitte füllt ein Quadrat mit einer großen Kreisrosette[89], die übrigen Flächen zeigen jeweils ein oder mehrere verschiedene Muster. Der Eindruck der Stückelung, den diese Anordnung erweckt, läßt vermuten, daß dieser Boden aus einem größeren Zusammenhang gerissen wurde. Von den Mustern finden sich drei in Champagne, drei weitere können aus Teilstücken rekonstruiert werden[90]. In Les Châtelliers wurden ebenfalls drei dieser Muster aufgedeckt, die übrigen (Quadrat, Dreieck, Sechseck) gehören seit je zum Repertoire der Fußbodenbeläge[91]. Wenn es auch bis jetzt nicht gelungen ist, das unmittelbare Vorbild für den Belag der Eberbacher ‚Bibliothek' in Frankreich zu entdecken, so geben die Baudaten von Champagne und Les Chatelliers doch wichtige Hilfen zur Datierung die-

---

84 Vgl. Anm. 16, 21, 23, 24, 31, 33, 34, 37, 39, 41, 46, 49.

85 L. Maxe-Werly, 260–264. – E. C. Norton, 1983, 82–83, Abb. 38–49. – Die Fliesen wurden 1869 gefunden. Es handelt sich um besonders reizvolle, komplizierte Mosaikmuster, von denen sich eines (E. Amé, I, 100, unten rechts) auch in Pontigny fand. Die Kirche des um 1162 gegründeten Klosters wurde 1162 begonnen und 1202 geweiht. Die Fliesen sind nicht mehr aufzufinden.

86 E. C. Norton, 1983, 83–84, Abb. 50–54. – Plattenmosaik in Schuppen-, Rhomben-, Trapez- und länglichen Sechseckformen. Um 1205.

87 E. Amé, I, 100–101. Die abgebildeten Mosaikmuster lassen sich aus den in Walkenried gefundenen Einzelfliesen bis auf wenige Reste ergänzen (H. Kier, 1970, Abb. 231). Eine Variante des Musters E. Amé, I, 100, Nr. 2, findet sich in Kloster Heiligenkreuz (H. Kier, 1970, Abb. 247).

88 H. Kier, 1970, 94 glaubt im Gegensatz zu C. Schäfer, daß der Fußboden für diesen Raum bestimmt und auch die Unsymmetrie des Belags beabsichtigt und geplant war. Sie verweist auf ebenfalls unsymmetrische Fliesenböden im Kapitelsaal der Kathedrale von Coutances (E. Amé, I, 144–145 m. Abb.) und der Abtskapelle der Benediktinerabtei von Breteuil (C. Didron, Taf. 1.), ein Vergleich, der nicht völlig überzeugt.

89 H. Kier, 1970, Variante des Musters 97.

90 J. Chappée, Taf. 7.

91 J. Coquet, 1961, 135–139, Abb. 11, 13, ders., 1982, 291–303. – Außer den 1888/89 aufgedeckten inkrustierten Mosaikfliesen (S. 74, Anm. 18) wurden 1959 noch unberührte Mosaikfliesenböden in situ gefunden, welche in den Mustern mit denen des ca. 40 km entfernten Benediktinerklosters Ligugé übereinstimmen. Es fanden sich die Muster H. Kier, 1970, 75, 77 und 90. 1889 wurden außerdem noch längliche Sechsecke und ein nicht näher bestimmbares Netz von Quadraten mit gerundeten Zapfen („réticule de carrés à bouchons ronds") gefunden, welche im Chor der Kirche verlegt waren. Da die Fliesenbeläge von Ligugé und Les Châtelliers in fast allen Einzelheiten übereinstimmen, ist zu vermuten, daß das in Les Châtelliers nicht mehr vorhandene Muster (H. Kier, 1970, Muster 32) J. Coquet, 1960, Abb. 4, 8 früher auch dort verlegt war, ebenso das in Eberbach vorkommende Dreiecksmuster (Abb. 3, 6 und 14). Zur Datierung Coquets ins Ende des 7. Jh. S. 169, Anm. 72.

Abb. 55 Eberbach, ehem. Zisterzienserkloster, Belag aus Plattenmosaik in der „Bibliothek" 1. Drittel 13. Jh. (Zustand 1901).

Abb. 56 Eberbach, ehem. Zisterzienserklosterkirche, Fliesenbelag (1937 neu verlegt).

ses Fliesenbodens. Die Teilstücke in Les Chatelliers sind, wie in Eberbach, noch ungemustert und stammen vermutlich aus der Zeit der Vollendung der 1156 geweihten Kirche. In Champagne fanden sich neben ungemusterten, die ersten gemusterten Teilstücke, die von Chappée vorgeschlagene Datierung ins Ende des 12. oder an den Anfang des 13. Jahrhunderts dürfte deshalb zutreffen[92]. Da die Anregungen vermutlich mit einer gewissen Verzögerung den Rheingau erreichten,

92 J. Chappée, 349–355 und 2 Taf. – Der Fliesenboden in Champagne steht gerade am Übergang zu den inkrustierten Fliesenböden. Das in Eberbach aus glatten Fliesen bestehende Sternmuster (H. Kier, 1970, Muster 75) ist hier schon mit Blatt- und Blütensternen verziert.

könnte der Belag in Eberbach unmittelbar vor der Prägung der gemusterten Fliesen, im 1. Drittel des 13. Jahrhunderts verlegt worden sein.
Weitere Beläge in Plattenmosaik fanden sich in der 1222 geweihten Kirche des westfälischen Klosters Marienfeld[93], in dem Zisterzienserinnenkloster Walberberg bei Bonn[94], in Kloster Pforte (Schulpforta, Stadt Bad Kösen/Saale)[95], Kloster Buch (Bezirk Leipzig)[96], Doberlug (Kreis Luckau-Finsterwalde)[97] und dem niedersächsischen Kloster Walkenried (Kreis Blankenburg/Harz)[98]. In anderen, wie den österreichischen Klöstern Heiligenkreuz und Zwettl, in Arnsburg, Wörschweiler und Altzella wurden neben den Mosaikfliesen auch gemusterte Fliesen verlegt. In Kloster Altenberg fanden sich neben beiden Techniken außerdem inkrustierte Fliesen.
Da die Beläge in Plattenmosaik für die Datierung der gemusterten Fliesen eine wichtige Rolle spielen, müssen sie, obwohl sie bei Kier[99] teilweise ausführlich beschrieben sind, auch hier nochmals, wenn auch nur in Anmerkungen, erwähnt werden.
Eine Übersicht über die Verbreitung gemusterter Fliesen in deutschen Zisterzienserklöstern darf stets nur vom heutigen Stand der Funde ausgehen, sie kann schon morgen durch neue Funde ergänzt, korrigiert oder umgestoßen werden. Eine zuverlässige Datierung ist durch das Fehlen von Urkunden ohnehin sehr erschwert, die hier vorgelegte Entwicklungsreihe soll bewußt als vorläufig betrachtet werden.
Die frühesten deutschen Zisterzienserfliesen scheinen zu Ende des 12. Jahrhunderts im saarländischen Kloster Wörschweiler geprägt worden zu sein. Nahezu gleichzeitig wurden wohl um 1186 die großen Fliesenplatten in Kloster Eberbach verlegt. Diesen schwach gebrannten Fliesen war sicher keine lange Lebensdauer beschieden. Vermutlich wurden sie im 2. Viertel des 13. Jahrhunderts durch Fliesen mit vertiefter Prägung in kleinen Formaten ersetzt. Eberbach gab seine Muster in rascher Folge an seine Tochterklöster Arnsburg und Schönau weiter. Hier endet auch schon die kontinuierliche Reihe, denn das Tochterkloster Schönaus, Bebenhausen, empfing seine Anregungen nicht nur von diesem, sondern vermutlich auch aus Kloster Wörschweiler und einem heute nicht mehr bekannten linksrheinischen Kloster im Elsaß (?). Im 2. und 3. Viertel des 13. Jahrhunderts erhielten die Klöster Eußerthal, Herrenalb, Maulbronn, Haina[100] und das seit 1226 mit Zisterziensern besetzte Kloster Lorsch ihre Fliesenböden, während Marienstatt und Otterberg möglicherweise erst im frühen 14. Jahrhundert, Fürstenfeld im frühen 15. Jahrhundert Fliesen verlegte.
Der Fliesenboden des Zisterzienserinnen-Klosters Rosenthal dürfte bei der Weihe der Klosterkirche 1261 fertig gewesen sein, aus gleicher Zeit stammt wohl der Boden des Klosters Kumbd, während der des Zisterzienserinnenklosters in Koblenz etwas später vollendet war. Die übrigen Zisterzienser-Nonnenklöster Affolderbach, Gnadental, Gnadenthal, Heiligkreuztal, Marienhausen, Paradies (Mauchenheim), St. Jöris (Kinzweiler), Thron und Wienhausen scheinen erst im 14. und 15. Jahrhundert mit Fliesen versehen worden zu sein, für Gotthardsberg ist die Datierung unsicher, da sich nur ein winziges Fliesenbruchstück gefunden hat.
Die nord- und ostdeutschen Zisterziensergründungen Chorin, Dargun, Eldena, Mariental[101] und Zinna lehnten sich teilweise an west- und süddeutsche Fliesenmuster an; andere, wie Doberan, Hude, Ihlow, Neuenkamp und Loccum (?)[102] übernahmen die Technik der

---

93 H. Kier, 1970, 126, Abb. 237. – Wechsel von roten Tonfliesen mit hell- und dunkelgrün glasierten Fliesen. Der in situ erhaltene Boden liegt in Längsstreifen mit wechselndem Muster im Chorjoch und im Altarraum. Er kann durch ein ursprünglich dort aufgestelltes, in die Planung mit einbezogenes Grabmal, ziemlich sicher ins 2. Viertel des 13. Jh. datiert werden.

94 Ebd., 137, Abb. 265. – Der 1961 aufgedeckte Fliesenboden mit fünf verschiedenen Mustern stammt von der im 14. Jh. erbauten Westempore.

95 W. Hirschfeld, Cistercienserkloster Pforte. Geschichte seiner romanischen Bauten und ein älteres Westwerk, Burg b. Magdeburg 1934, 29, Anm. 46 „einige kleinere quadratische und dreieckige Tonfliesen außerordentlich guter Ausführung" fanden sich in dem Raum, der später zur gotischen Moritzkapelle umgebaut wurde.

96 H. Kier, 1970, 103–104, Abb. 227–229. – Die zu Ende des 19. Jh. aufgefundenen Fliesenreste lassen noch sechs verschiedene Muster erkennen. Sie könnten beim Wiederaufbau der Kirche nach 1203 verlegt worden sein, Kier schlägt jedoch eine Datierung ins „spätere 13. Jh." vor.

97 Ebd., 93, Abb. 256, 257. – Der Fliesenboden wurde bei der Restaurierung der Kirche 1907 offensichtlich in gestörter Lage aufgedeckt. Aus den ca. 36 verschiedenen Mosaikplatten lassen sich zahlreiche reizvolle Muster rekonstruieren. Sie dürften im 2. Drittel des 13. Jh. verlegt worden sein.

98 Ebd., 137, Abb. 230–231. Die Fliesen wurden im 19. Jh. und 1956 lose im Schutt des Kirchenraumes gefunden. Bei erneuten Grabungen 1978–83 entdeckte man Teile eines Fliesenbodens in Schachbrettmuster in situ, zwei weitere Muster ließen sich aus Lesefunden sicher rekonstruieren. (M. Keibel-Maier, Walkenried, ehemaliges Zisterzienserkloster, Ausgrabungen in Niedersachsen, Archäologische Denkmalpflege 1979–1984, Stuttgart 1985, 303, Abb. 1–4). Es muß sich um einen besonders reichen, phantasievollen Belag gehandelt haben. Bis jetzt wurden ca. 50 verschieden geformte Mosaikfliesen geborgen. Die neuen Grabungen haben bestätigt, daß der Plattenmosaikboden dem romanischen Vorgängerbau angehört und vermutlich in der 2. Hälfte des 12. Jh. verlegt wurde.

99 Seit der Publikation des Bandes von H. Kier, 1970, sind neue Beläge aus Plattenmosaik in Zisterzienserkirchen aufgedeckt oder erstmalig publiziert worden, darunter auch der der königlichen Kapelle in Plass bei Pilsen, Westböhmen, deren Vollendung 1265 durch Urkunden belegt ist. Da die Muster der einzelnen Fliesenböden voneinander abhängig sind, dürften einige der von H. Kier verhältnismäßig spät datierten Böden früher entstanden sein.

100 Die heute verlorenen Fliesen des Zisterzienserklosters Haina können vorläufig nur über eine im Hainaer Hof Espenkirchen gefundene Fliese erschlossen werden.

101 In Mariental, Kr. Helmstedt, wurden bis jetzt keine Fliesen gefunden, eine Grabung ist beabsichtigt, jedoch noch nicht durchgeführt worden. Das Kloster wird erwähnt, weil es das Patronat der Kirche in Teutleben (vgl. Fundortkat.) besaß und die dort gefundenen, besonders frühen und interessanten Fliesen, möglicherweise in Verbindung mit dem Kloster stehen.

102 Zu den Fliesen aus Loccum vgl. Fundortkat.

inkrustierten Fliesen oder prägten, wie z. B. in den Klöstern Hude[103] und Ihlow, Fliesen in drei verschiedenen Techniken.
Das schwäbische Kloster Herrenalb scheint unmittelbar durch die Stempelmuster des Schweizer Zisterzienserklosters St. Urban beeinflußt zu sein, das Hunsrückkloster Kumbd benützte keine Zisterziensermuster, sondern die des nahegelegenen Augustinerchorherrenstiftes Ravengiersburg. Bei anderen Klöstern, wie z. B. Disibodenberg, Fürstenfeld, Königsbronn und St. Jöris, in denen sich nur sehr spät entstandene Fliesen erhalten haben, scheinen lokale Einflüsse zu überwiegen. Bei den späten Fliesen des Tiroler Klosters Stams standen möglicherweise Fliesen aus Bebenhausen Pate; die sehr frühen Fliesen der übrigen österreichischen Zisterzienserklöster Heiligenkreuz, Lilienfeld und Zwettl sind eigenständige Entwicklungen, deren Muster vielleicht von gemeinsamen Vorlagen (Musterbuch) beeinflußt wurden.
Die meisten Klöster stellten Fliesen, gemäß der strikten Ordensvorschriften, sicher nur für den eigenen Bedarf her; war dieser gedeckt, verfiel die Ziegelhütte wieder. Andere, wie z. B. Eberbach, scheinen ihre Fliesen weithin geliefert zu haben. Sie hinterließen eine ortsansässige ‚Industrie' (Töpferdorf Aulhausen/Rheingau), die, auch nachdem das Interesse des Klosters an Fliesen erloschen war, noch längere Zeit weiterlebte.
Die Bedeutung, die Kloster Eberbach bei der Verbreitung der Fliesenmuster seit der Mitte des 13. Jahrhunderts hatte, kann nur noch lückenhaft rekonstruiert werden. Vermutlich hat es nicht nur den ganzen Rheingau und Mittelrhein von Mainz bis Koblenz mit Fliesen versorgt, sondern indirekt auch die Fliesenherstellung in Hessen (Arnsburg) und dem heutigen Baden-Württemberg (Schönau, Bebenhausen) beeinflußt. Eberbacher Muster finden sich sogar noch in Köln, wohin sie vermutlich über den Eberbacher Klosterhof am Servatiustor gelangten, das nördlichste Vorkommen ist die St. Viktorskirche in Xanten.
Die heute leider nur noch in spärlichen Resten zwischen den Langhauspfeilern der Klosterkirche (Abb. 56) und im Lapidarium erhaltenen Fliesen, geben sicher nur einen kleinen Teil des Musterbestands wieder. Andere Muster lassen sich, da sie in Rahmung und Ecklösung mit denen Eberbachs übereinstimmen, aus Arnsburger Mustern rekonstruieren, wieder andere, die sich in Kloster Johannisberg (Rheingau) und in einigen Kirchen und Burgen der näheren Umgebung von Eberbach fanden, weisen sich durch einen übereinstimmenden Scherben als Eberbacher Muster aus[104].
Das widersprüchliche Erscheinungsbild der Eberbacher Fliesen, ihre Verschiedenheit im Duktus der Zeichnung, in Prägung, Größe und Tonmaterial, die ihre sichere Datierung so sehr erschweren, rührt vermutlich daher, daß sehr viele Räume des Klosters ursprünglich mit Fliesen belegt waren. Die zeitliche Verschiebung bei der langsam aufeinanderfolgenden Vollendung der Klausurbauten, sich ablösende Modelschneider und für die Prägung verantwortliche Laienbrüder, ergaben jeweils kleinere und größere Abweichungen.
Es gibt vorläufig keine Anhaltspunkte dafür, daß Eberbach für die ersten tastenden Versuche zur Fertigung von Fliesen mit vertiefter Prägung, Vorlagen eines anderen Klosters benutzte. Möglicherweise gehören jedoch Fliesen wie N 19 und N 96, bei denen jeweils nur das Bruchstück eines Holzmodels verwandt wurde, zu diesen Anfängen. Da der Model N 96 wohl kaum vor 1246 in Kloster Arnsburg zur Prägung von Kreissegmenten für große Fliesenrosetten diente, kann kein allzu großer zeitlicher Abstand zwischen diesen Prägungen liegen. Die Fliesen D 8 und D 11, die aus stilistischen Gründen sehr früh angesetzt werden müssen, können über den Fund in der Kapelle des Eberbacher Hofes in Peterspay für Eberbach erschlossen werden. D 11 wurde außerdem in St. Peter, Bacharach (um 1230/40) gefunden. Diese und zahlreiche andere Querverbindungen lassen den Beginn der Fertigung von Fliesen mit vertiefter Prägung in Eberbach im 2. Viertel des 13. Jahrhunderts vermuten. Die technischen Probleme des Modelschnitts und der Prägung scheinen sehr rasch bewältigt worden zu sein. Die noch vor der Mitte des 13. Jahrhunderts geprägten Fliesen zeigen schon sorgfältig gezeichnete, vielfältige und bewegte Muster. Die Fliesen aus dem 3. Viertel des 13. Jahrhunderts, wohl von einer Hand entworfen, vermitteln ein einheitliches Bild eines vor allem auf die farbige Wirkung bedachten reich gemusterten Fliesenbodens. Ein großer Teil der heute noch erhaltenen Fliesen wurde vermutlich erst im 1. Drittel des 14. Jahrhunderts geprägt. Ob diese Fliesen nun den ersten, inzwischen abgetretenen Fliesenbelag der Kirche ersetzten oder ob sie für die 1313–35 erbauten Kapellen des südlichen Seitenschiffs benötigt wurden, läßt sich nicht sicher klären.
Die später im Kloster hergestellten Fliesen wurden entweder in neu erbauten Räumen verlegt oder zur Ausflickung älterer Böden geschaffen. Den Ausklang der Fliesenproduktion bildete ein Fliesenboden des 16. Jahrhunderts, dessen ursprüngliche Lage ebenfalls unbekannt ist, der jedoch eher aus einem kleineren Raum stammt.
Wie teilweise für Eberbach, so darf auch für das rheinische Zisterzienserkloster Altenberg, 1133 von Morimond aus gegründet, ein unmittelbarer Rückgriff auf Vorlagen in französischen Klöstern angenommen werden. Der Fußboden der romanischen Kirche und des

103 Ein Teil des Kirchenbodens war mit gelb, braunrot und grün glasierten ungemusterten Fliesen ausgelegt, die heute verloren sind. Über Anordnung und Form der Einzelfliesen gibt es keine Unterlagen. Außerdem fanden sich inkrustierte und Reliefffliesen.
104 Alle Fragen zur Baugeschichte des Klosters werden im Fundortkat. ausführlich erörtert.

gotischen Chors[105] bestand aus diagonal im Schachbrettmuster verlegten, quadratischen, grauen und weiß engobierten roten Tonfliesen. Im Chor fanden sich außerdem inkrustierte Fliesen, eines der in Frankreich so sehr beliebten kleinteiligen Schachbrettmuster aus 25 kleinen Quadraten. Bei den Ausgrabungen von 1974 wurden nun außerdem zahlreiche Mosaikfliesen im Schutt gefunden, die es erlauben, den Fliesenbelag des Dormitoriums[106] und den reich gegliederten Mosaikbelag des Kapitelsaals zu rekonstruieren (Abb. 57)[107]. Eine reizvolle Achtpaßrosette läßt sich bis jetzt an keiner anderen Stelle nachweisen, andere Teile lassen sich zu einer großen Kreisrosette, zu einem Wabenmuster wie in Eberbach, zu Quadrat- und Dreiecksvariationen ergänzen. Der Fußboden des Kapitelsaals, wohl ebenfalls im 1. Drittel des 13. Jahrhunderts entstanden[108], muß noch im 14. Jahrhundert durch einen Belag aus glasierten Reliefflisen ersetzt worden sein.

Die Entwicklung der Fliesenprägung in den einzelnen Klöstern soll noch kurz an zwei weiteren Beispielen verdeutlicht werden. Das Tochterkloster Eberbachs, Schönau, besaß, wie Ausgrabungen ergaben[109], in den vorgotischen Bauten Beläge aus Sandsteinplatten. Als nun 1224 eine geeignete Tongrube gekauft wurde[110] und man eine klostereigene Ziegelhütte errichtete, diente diese zuerst wohl nur zur Fertigung von Dachziegeln. Der aus dem Rheinland eingeführte Schiefer, zuerst zur Dachdeckung verwandt, hatte sich als zu kostspielig erwiesen[111]. Nachdem nun diese Ziegelhütte arbeitete, scheint man, unter dem Einfluß Eberbachs, zur Fliesenprägung übergegangen zu sein. Es wurden keine neuen Muster geschaffen, sondern die des Mutterklosters übernommen. Auch wo man diese weitergab (Heiligenberg?, Sandhausen, Schauenburg?) fanden sich immer dieselben Prägungen.

Auch die andere Tochter Eberbachs, Arnsburg, übernahm die Vorlagen des Mutterklosters. Kleine oder größere Abweichungen zeigen, daß neue Model geschnitten, teilweise auch neue Muster entwickelt wurden. Diese gelangten verhältnismäßig rasch, wohl über die Pfleghöfe des Klosters[112], in städtische Kirchen und in befreundete Klöster. Das Ausmaß der Fliesenproduktion des Klosters[113] läßt sich noch immer nicht sicher übersehen. Die Häufung von Fliesenfunden in der Wetterau und in Oberhessen und das fast völlige Fehlen von solchen Funden in Niederhessen, einem Gebiet, das schon im Mittelalter zu den großen Töpferzentren Deutschlands zählte, zeigt, wie wichtig diese von Arnsburg ausgehenden Impulse gewesen sein müssen.

In welchem Maße Eberbacher Vorlagen für die Fliesen des Klosters Bebenhausen eine Rolle spielten, läßt sich nicht sicher bestimmen, da, vor allem wohl aus Kloster Schönau, nur ein Bruchteil der Muster bekannt ist. Identisch ist die Prägung von J26 in beiden Klöstern. Ein Teil der Muster in Bebenhausen muß sich, wie schon erwähnt, an anderen Vorlagen orientiert haben. Aus den Flechtwerkornamenten und den streng geometrischen Mustern des Anfangs entwickelte sich rasch die reiche Palette der von den Zisterziensern bevorzugten und geschätzten Motive. Lilie, Rose und Rebe, Einhorn und Sirene sind fester Bestandteil der Zisterzienserikonographie[114]. Sie werden durch eine Fülle sorgfältig beobachteter Blattformen, durch Löwen, Drachen und Fische bereichert. Die reizende Darstellung eines trinkenden Bären mit einem Menschenpaar (Adam und Eva?), die vermutlich nur eine aus einer Serie heute verlorener Szenen war, findet sich nur hier. Die Tierfabeln, die schon in St. Urban aufgegriffen wurden[115], klingen auf Fliesen des Klosters Eldena (E6, E7) nochmals an. Hier predigt der Fuchs den Gänsen, die Mönchskutte verbirgt nur mangelhaft die unlauteren Absichten. Kentaur und andere Mischwesen, sowie groteske Fabeltiere zeigen vor allem die Fliesen der Klöster Doberan und Ihlow. Dennoch sind solche Darstellungen verhältnismäßig selten. Die überwiegende Anzahl aller in Zisterzienserklöstern gefundener Fliesen trägt Blüten- und Blattmotive in immer neuen Abwandlungen.

Schon zu Beginn des 14. Jahrhunderts war die kolonisatorische Aufgabe des Zisterzienserordens im Westen des Reiches erfüllt, die wichtigsten Kirchen und Klosterbauten errichtet. Zu dieser Zeit ging auch die Fliesenherstellung in den meisten Klöstern zurück. Sie wurde teilweise von anderen Klöstern und von den aufblühenden Städten übernommen. Nun ist es nicht mehr möglich, die Weitergabe einzelner Muster zu verfolgen. Die nebeneinander heranwachsenden Werkstätten befruchteten und beeinflußten sich gegenseitig, ihre Blütezeit fällt jedoch, mit wenigen Ausnahmen erst ins späte 13. und ins 14. Jahrhundert.

105 H. Kier, 1970, 86–87, Abb. 178, 180, 235–236.
106 G. Binding (u. a.), 1975, 33–38.
107 Ebd., 35, Abb. 24, 37–38, Abb. 34–36.
108 Ebd., 39–41. – Da Urkunden fehlen und die Gebäude abgetragen wurden, lassen sich Dormitorium und Kapitelsaal nur durch den Vergleich der Bauanlage und auf Grund erhaltener Kapitelformen erschließen. Beide dürften um 1225–35 entstanden sein.
109 R. Edelmaier, 30.
110 Ebd., 18, 29–30.
111 Ebd., 29.
112 s. Kap. 8.
113 Für alle Fragen der Fliesenherstellung in Arnsburg sei auf die gründliche Arbeit von M. Morkramer, 1982, verwiesen. Durch einen sorgfältigen Vergleich der in großer Menge bei den Grabungen 1979 geborgenen und aus früheren Grabungen in Arnsburg vorhandenen Fliesen, konnte er acht verschiedene Gruppen aufstellen, deren Scherben sich durch Tonmaterial, Magerung, Brandfarbe oder durch einheitliche Prägung unterscheiden (ebd. 105–108). Dadurch lassen sich erstmals bestimmte Mustergruppen bestimmten Gebäuden zuordnen, was bislang nur für die wenigen im Dormitorium gefundenen Muster möglich war.
114 Vgl. R. Schnyder, 1958, Kat. Nr. 21, 22, 47, 48, 50, 61, 102. – sowie F. Vongrey, 11, Abb. 12, 13, Abb. 16, 14, Abb. 19.
115 R. Schnyder, 1958, 61–64. – Auf Fliesen des Klosters St. Urban wird die Fabel des Wolfs in der Schule (Kat. Nr. 22) und die des Fuchses, der sich tot stellt, um die Vögel anzulocken (Kat. Nr. 21) wiedergegeben.

Abb. 57 Altenberg, ehem. Zisterzienserkloster, Plattenmosaik aus Dormitorium, Kreuzgang und Kapitelsaal. Rekonstruktionsvorschlag von U. Wirtler.

Obwohl die Zisterzienser sicher eine wichtige Rolle bei der Verbreitung der ersten Tonfliesen spielten, stehen die anderen Orden kaum hinter ihnen zurück. Vor allem in den Prämonstratenserklöstern des Lahntals wurden sehr früh gemusterte Fliesen verlegt, die Fliesen der Benediktinerklöster Amorbach und Limburg (Haardt) sind gleichzeitig entstanden.
Um den Anteil der übrigen Orden bei der Verwendung gemusterter Fliesen zu klären, wird hier eine kurze Übersicht gegeben. Es muß jedoch betont werden, daß dieses Bild, durch die mehr oder minder zufällig erhalten gebliebenen Fliesen sicher verfälscht ist. So haben vermutlich viele der mächtigen Benediktinerabteien Süddeutschlands im Mittelalter Fliesenböden besessen, die bei barocken Neubauten verworfen wurden.
Es finden sich Fliesen in den Kirchen und Konventsgebäuden der Benediktinerklöster:
Alpirsbach, Altdorf, Amorbach, Auhausen, Blaubeuren, Bleidenstadt, Brauweiler, Cismar, Dierstein, Eibingen, Faurndau, Frauenwörth, Gengenbach, Heiligenberg (Heidelberg), Hessen, Hirsau, Ilmmünster, Johannisberg, Köln-Deutz, Kornelimünster, Langenau, Limburg (Haardt), Lorsch[116], St. Alban (Mainz), Minden, Münstereifel, Ochsenhausen, Rijnsburg, St. Georgen, Schaffhausen, Schlettstadt, Schuttern, Seligenstadt, St. German von Speyer, St. Georgen in Stein (am Rhein), Urspring, Weingarten, Weißenburg (?) und Zwiefalten;
in den Prämonstratenserklöstern:
Adelberg, Altenberg (Lahn), Arnstein, Beselich, Brunnenburg, Groß-Ammensleben, Heimerzheim, Heinsberg, Ilbenstadt, Unserer Lieben Frauen (Magdeburg), Neustift, Rommersdorf, Sayn, Schussenried, Steingaden, Wenau und Wilten;
in den Klöstern der Augustiner-Chorherren:
Aachen, Augsburg, Bödingen, Bornhofen, Denkendorf, Flonheim, Friedberg, Herbrechtingen, Hirzenhain, Höningen, Klosterneuburg, Langenselbold, Nürnberg, Obersteigen, Pfaffen-Schwabenheim, Ravengiersburg, Sinsheim[117], Sponheim und im Augustiner-Eremitenkloster Alsfeld;
in den Franziskanerklöstern:
Aachen, Ahrweiler, Basel, Bern, Kolmar, Friedberg, Gelnhausen, Göttingen, Rothenburg ob der Tauber, Ulm und Worms (?);
in den Klarissinnenklöstern:
Königsfelden, Reichklaren (Mainz), Neuss, Pfullingen, Ulm-Söflingen und Klarenthal (Wiesbaden);
in den Dominikanerinnenklöstern:
Altenhohenau, Koblenz, Offenhausen und Worms-Liebenau;
in der Johanniterkirche Niederweisel und in der Kirche des Johanniterhospitals Reicherdsroth;
im Antoniterkloster Memmingen;
in den Kartäuserklöstern von Köln und Saarburg-Weyerstein;
in den Damenstiftskirchen Hochelten und Neuenheerse;
in den Deutschordenskommenden:
Aachen, Aschaffenburg, Koblenz, Niederwöllstadt (Hof der Kommende), Speyer und im Deutschordensspital Marburg;
genannt werden müßten ferner alle Klosterhöfe der Abteien in den einzelnen Städten, die Kapellen der ländlichen Besitzungen, teilweise auch die Kirchen, die unter dem Patronat eines Klosters standen.
Man kann jedoch bei den Fliesen all dieser Klöster kaum von der Bevorzugung irgendeines Musters oder von einer ordensgebundenen Fliesenkeramik sprechen. Die Muster wurden entweder neu entwickelt, von einem befreundeten oder nahegelegenen Kloster übernommen oder, seit der Mitte des 14. Jahrhunderts, schon von einheimischen Töpfern geschaffen.

Zum Schluß sei noch ganz kurz auf die Rolle der Klöster bei der Weitergabe von Fliesen an private Bauherren eingegangen. Schon in der Mitte des 13. Jahrhunderts finden sich dieselben Muster in den Kirchen wie in den Burgen des Adels. Bereits zu Ende des 12. Jahrhunderts muß man in Frankreich begonnen haben, kunstfertige Mönche auszuleihen, um Fliesenböden für fremde Auftraggeber anzufertigen.
Dagegen schritt 1210 das Generalkapitel der Zisterzienser ein. Es verdonnerte den Abt des Klosters Belbec (heute Beaubec-la-Rosière, Seine-Maritime) zu Wasser und Brot und wies ihn an, den Mönch zurückzurufen und ihn in Zukunft nur noch innerhalb des Ordens mit der Einfachheit gemäßen Werken zu beschäftigen[118]. Wie weit diese Anordnung in den deutschen Zisterzienserklöstern befolgt wurde, ist nicht nachzuprüfen. Die frühen Böden mit ihren kunstvollen Rosetten, für deren Brand Spezialwissen, für deren Verlegung Erfahrung notwendig war, können kaum von zufällig vorhandenen Handwerkern ausgeführt worden sein. Außerdem läßt sich an Hand des Scherbens feststellen, daß zumindest die Fliesen in den Burgen des Rheingaus und Taunus aus Eberbach kamen.

---

116 In das Benediktinerkloster Lorsch wurden 1226 Zisterzienser berufen, diese jedoch schon 1248 von Prämonstratensern abgelöst.
117 Die Fliesen C 56 und H 129 stammen nicht aus Sinsheim, sondern aus der Propstei des Klosters in Kürnbach.
118 J. M. Canivez, I, 375, Statut 34: „Abbas de Belbec qui monachum suum personis qui non sunt de Ordine ad construenda pavimenta quae levitatem et curiositatem praeferunt longo tempore concessit, tribus diebus sit in levi culpa, uno eorum in pane et aqua, et monachus infra festum Omnium Sanctorum revocetur, et non nisi personis Ordinis nostri de cetero commodandus, apud quas non praesumat construere pavimenta quae maturitatem Ordinis non praetendant".

8. Fliesen in Klosterhöfen und Burgen

Die wichtige Rolle, welche die Klöster bei der Verbreitung der Bodenfliesen und deren Muster spielten, wurde schon betont. Nicht immer jedoch läßt sich die Weitergabe eines Motivs so geradlinig verfolgen, wie dies am Beispiel Eberbachs und seiner Tochterklöster ausgeführt wurde. Das rasche Auftauchen derselben Muster innerhalb eines eng begrenzten Zeitraums an ganz verschiedenen Orten, bedarf noch einer weiteren Erklärung. Hier müssen die mittelalterlichen Pfleg- oder Klosterhöfe erwähnt werden, die aus Gründen einer straffen Verwaltung, zur Betreuung der klostereigenen Liegenschaften, zur Einziehung und Aufbewahrung des Zehnten und zum Verkauf der Klosterprodukte in rascher Folge in den einzelnen Städten entstanden.

Die heutigen festumrissenen und streng abgegrenzten Besitzverhältnisse eines Gemeinwesens oder einer Stadt geben kaum mehr ein Bild von der vielfältigen Streuung des Besitzes und den über weite Strecken reichenden Bindungen und Gebietsansprüchen einer mittelalterlichen Herrschaft. Sie besaß hier ein kleines Territorium, dort einige Dörfer, einen Wald oder See, außerdem Weinberge, oft in besonders weit entfernten Gebieten. Dasselbe galt für die mittelalterlichen Klöster. Sie hatten Zehnt- und Klosterhöfe in zahlreichen Städten und Orten[1], reichen Grundbesitz, Weinberge in den bevorzugtesten Lagen, das Patronatsrecht über eine größere oder kleinere Zahl von Dorfkirchen und mannigfaltige weitere Rechte. Die Klosterhöfe, in den meisten Fällen bescheidene Häuser oder Meierhöfe mit größeren Wirtschaftsgebäuden, nahmen in den großen Städten jedoch oft ein ganzes Straßengeviert ein und waren mit einer Mauer umschlossen. Meist besaßen sie eine mehr oder minder große Hauskapelle. Vermutlich war diese Hauskapelle der erste, möglicherweise auch oft der einzige Raum, der einen Fliesenbelag erhielt. Nicht viele dieser Fliesenböden sind in situ erhalten. Bei einigen Fliesen, die im 19. Jahrhundert in die Museen von Mainz, Worms und Speyer kamen und deren genauer Fundort nicht mehr bekannt ist, deren Muster jedoch mit denen der in diesen Städten begüterten Klöster übereinstimmen, liegt die Vermutung nahe, daß sie ebenfalls aus einem Klosterhof stammen.

Sicher nachzuweisen sind Fliesen im Eberbacher Hof in Mainz und Peterspay, im Arnsburger Hof in Gelnhausen, in der Kapelle des Zisterzienserklosters Kamp in Köln, im Arnsteiner Hof in Niederlahnstein, im Salhof des Erzbistums Mainz in Rüdesheim und im Mainzer Hof in Bingen, im Speyerer Hof in Esslingen, im Ochsenhäuser Hof in Biberach und Ulm, im Königsbronner Hof in Reutlingen und in der Grangie des Klosters Bebenhausen in Ludwigsburg.

Wahrscheinlich wurden außerdem im Eberbacher Hof in Frankfurt und Köln, im Maulbronner Hof in Speyer, im Wörschweiler Hof in Kaiserslautern, im Lorscher Hof in Mainz, im Arnsburger Hof in Friedberg, im Bebenhauser Hof in Esslingen und Reutlingen, sowie in den Zwiefaltener Höfen in Reutlingen und Eningen Fliesen gefunden.

Die Fliesen der Klosterhöfe stimmen meist mit den im Kloster selbst verlegten Fliesen überein, unterscheiden sich jedoch öfter im Scherben und in der Tonfarbe. Vermutlich wurden sie teilweise mit Modeln aus Klosterbesitz an Ort und Stelle geprägt und gebrannt. In einigen Fällen haben sich in den Klosterhöfen Muster erhalten, die in den Klöstern heute verloren sind. Ein Fliesenfund in dem zum Zisterzienserkloster Haina gehörenden Hof ‚Espenkirchen' erlaubt Rückschlüsse auf die Fliesen der Klosterkirche, in der sich heute nur noch Kopien des 19. Jahrhunderts befinden. Aus Kloster Kamp[2] sind bis jetzt noch keine Fliesen bekannt, in der Kapelle des Kamper Hofes in Köln war ein Fliesenboden noch bis zum Abbruch im Jahre 1885 erhalten. Diese Fliesen dürften jedoch aus Köln stammen, da sich

---

1 Als Beispiel sei auch hier Kloster Eberbach erwähnt. In folgenden Orten, in denen das Kloster einen Hof oder Besitz hatte (vgl. J. Söhn, 89–97) wurden bis heute Fliesen gefunden: Bacharach, Bingen, Oberursel-Bommersheim, Boppard, Braubach, Frankfurt, Goddelau, Hadamar, Ingelheim, Kamp, Kiedrich, Koblenz, Köln, Kreuznach, Lahnstein, Lörzweiler, Lorch, Mainz, Nassau, Nierstein, Oberwesel, Osterspai, Peterspay, Rüdesheim-Eibingen, Schwabenheim (Selz), Steeg, Wiesbaden, Worms. Es ist natürlich nicht gesagt, daß alle Fliesen aus Eberbach stammen oder ihre Verlegung durch Eberbach veranlaßt wurde. Bis heute ist jedoch von allen genannten Orten nur das in Braubach gefundene Muster L 30 nicht in Kloster Eberbach vertreten.
Für Kloster Arnsburg werden zu Ende des 14. Jh. Grundbesitz und Gefälle in 270 Orten nachgewiesen (Hist. Stätten, IV, 14). Kloster Altenberg besaß in 17 Städten ein Haus (R. Schneider, 22). Weitere Angaben bei W. Schich, Die Wirtschaftstätigkeit der Zisterzienser im Mittelalter: Handel und Gewerbe, K. Elm, P. Joerissen, H. J. Roth, 224–227 (217–236).
Als Beispiel, wieviel Höfe und Besitz fremder Klöster ein verhältnismäßig kleiner Ort hatte, sei Lahnstein genannt. Hier hatten die Klöster Arnstein, Altenberg (Dhünn), Beselich, das Mauritiusstift in Mainz, das Marienstift in Aachen, das Marienstift Wetzlar und die Deutschordenskommende Koblenz Höfe (F. Michel, 1960, 258–262), außerdem die Koblenzer Kartause, das Kloster Besselich, das Nonnenkloster Oberwerth, das St. Kastorstift, das Karmeliterkloster und das St. Martinskloster, Koblenz, sowie das St. Lubentiusstift in Dietkirchen (F. Michel, 1954, 34–36). Michel bezeichnet diese Zahl ausdrücklich als „gering".

2 Einen Eindruck von den vermutlich früher in Kamp vorhandenen Fliesen gibt wohl die Fliese W 17 aus der St. Martinskirche in Moers-Repelen.

das Muster noch an anderen Orten in Köln und Umgebung fand. Auch die Fliesen des Speyerer Hofes in Esslingen gehen möglicherweise nicht alle auf Vorlagen aus Speyer, sondern wohl auch auf solche der unmittelbaren Umgebung zurück. So fand sich das Muster O 29 auch in der nahegelegenen Klosterkirche Denkendorf, wie in den Klöstern Bebenhausen und Ulm-Söflingen. Aber auch hier kann die Einflußlinie umgekehrt verlaufen sein, da Kloster Denkendorf seit 1207 das Priorat Speyer besaß, zu dem die dortige Heilig-Grab-Kirche gehörte.

Über diese Klosterhöfe, die sehr oft aneinandergrenzten oder im selben Stadtviertel lagen[3], sind vermutlich zuerst Fliesen in Orte gelangt, die zuvor noch keine Fliesenproduktion besaßen. Später mögen Anregungen und Vorlagen städtischer Werkstätten auch auf die Klöster zurückgewirkt haben[4]. Es ist unmöglich, im Rahmen dieser Arbeit allen Querverbindungen zwischen Klöstern und Klosterhöfen nachzugehen, es sollen jedoch die Wege einiger Muster, vermutlich durch die Weitergabe von Modeln vermittelt, an Beispielen erläutert werden.

Das 1142 von Kloster Eberbach aus gegründete Kloster Schönau, dessen dem Erzbistum Worms gehörender Grund und Boden von Bischof Burchard II. den Zisterziensern überlassen wurde, erwarb in der Folge rasch weiteren Besitz in der näheren Umgebung und im Worms-, Speyer- und Lobdengau. Kloster Schönau besaß schon früh einen Pfleghof in Worms, der bei seiner ersten urkundlichen Erwähnung[5] 1216 als Absteigequartier des Pfalzgrafen diente. Die umfangreichen Gebäude mit einer 1236 bezeugten Kapelle wurden in der Folgezeit um mehrere Häuser erweitert[6]. Dazu kamen durch Schenkungen Höfe, deren Lage in Worms nur in wenigen Fällen bekannt ist.

Weniger sicher zu fassen ist der Umfang des Schönauer Hofes in Speyer, in der heutigen Pfaffengasse gelegen. Er bestand vermutlich schon vor 1224 und besaß ebenfalls eine Kapelle[7].

Ein weiteres Haus, das bis 1327 im Besitz des Klosters war, wurde nach mehrfachem Besitzwechsel 1433 an Kloster Maulbronn verkauft. Es lag ‚in der Armbrust', zwischen Lebkuchengasse und Hagedornstraße. Für dieses Haus sind 1892[8] Fliesenfunde bezeugt, deren Muster jedoch heute nicht mehr eindeutig zu identifizieren sind. In der Lebkuchengasse wurden 1900 ebenfalls Fliesen gefunden[9], desgleichen 1874[10] in der Jakobsgasse, wo Kloster Schönau 1328 ein Haus in der ‚Bronneckin Hof' erhielt.

Natürlich kann nicht bewiesen werden, daß die Fliesen der Museen in Worms und Speyer, deren Fundorte heute nicht mehr bekannt sind, die aber aus dem Stadtgebiet stammen und deren Muster entweder mit denen Schönaus übereinstimmen, ihnen ähneln oder Nachschnitte derselben sind, aus diesen Höfen stammen; die Möglichkeit muß aber zumindest erwogen werden.

Sind hier Schönauer Einflüsse nur anzudeuten, so sind diese für die Fliesen aus Sandhausen, Groß-Rohrheim und der Schauenburg in Dossenheim gesichert. Schönau hatte in allen Orten Streubesitz, es war den Herren der Schauenburg eng verbunden und verpflichtet. Diese Fliesen stimmen in allen Details mit den Schönauer Fliesen überein und wurden vermutlich in der vom Kloster nach 1224 errichteten Ziegelhütte in Neuenheim gebrannt. Da in Ladenburg und in der Klosterruine Limburg über Bad Dürkheim ebenfalls Fliesen mit Schönauer Mustern gefunden wurden, soll kurz erwähnt werden, daß Schönau in Ladenburg einen größeren Klosterhof nahe der St. Galluskirche besaß und daß es seit 1335 das Patronat der Pfarrkirche in Dürkheim innehatte.

Die Möglichkeit, daß Fliesenmuster über die Klosterhöfe den Weg in andere Klöster fanden, kann ebenfalls am Beispiel Worms erläutert werden. Die mittelalterlichen Fliesen der Stadt übertreffen sowohl an Menge wie an Vielfalt der Muster die aller übrigen Städte. Wormser Muster fanden sich jedoch nicht nur in der unmittelbaren Umgebung, sondern auch an weit entfernten Orten. Für einige unter ihnen wäre die Verschiffung auf dem Rhein und seinen Nebenflüssen denkbar (so für Boppard und Koblenz), für andere jedoch ein mühsamer Transport über Land kaum zu erwägen. Hier könnten Muster durch Klosterhöfe weitergegeben worden sein. Denn nicht nur Schönau, auch eine Reihe weiterer Klöster, unter ihnen Lorsch, Fulda, Arnstein (Lahn), Otterberg, Frankenthal, Rosenthal, Höningen, Hornbach und Wadgassen, außerdem die Deutschordenskommenden in Marburg und Oberflörsheim[11], hatten hier Höfe erbaut. Der Austausch von Mustern zwischen Worms und Kloster Lorsch, welches

3 In Ulm liegen die einzelnen Klosterhöfe dicht beisammen: Wiblinger Klosterhof (Herrenkellergasse 4), Roggenburger Hof (Herrenkellergasse 8), Kaisheimer Hof (Frauenstr. 2), Salmansweiler Hof (Frauenstr. 23), Elchinger Hof (Frauenstr. 28).
In Bingen liegen die Höfe der Klöster Eberbach, Pfaffen-Schwabenheim und Ravengiersburg in einer Straße (J. Como, II, 1926, 54). Der Altenberger und der Eberbacher Hof in Köln lagen nebeneinander im Schreinsbezirk Niederich ‚Am alten Ufer', nicht weit davon, ebenfalls ‚Am alten Ufer' der Hof der Abtei Kamp (G. Steinwascher, 22, Abb. 1, 29, Abb. 4).

4 Vgl. hierzu das verbreitete und mehrfach nachgeschnittene Muster K 64–K 67, von dem nicht sicher ist, ob es zuerst in Mainz oder Eberbach entwickelt wurde.

5 M. Schaab, 28, 94–95, 190–194. Der Hof lag beim Pfauentor, neben der Valentinskapelle.

6 Ebd., 191–193.

7 Ebd., 95–96, 182, 183.

8 Mitt. hist. Ver. Pfalz 16, 1892, 197. Die Angaben „Arabesken, Blattornamente und Rosetten" sind so vage, daß sie auf eine Reihe von Fliesenmustern zutreffen können.

9 Mitt. hist. Ver. Pfalz 24, 1900, 290.

10 Mitt. hist. Ver. Pfalz 4, 1874, 89. Es gelang nicht festzustellen, ob der Fundort (das Wohnhaus Guttermann) mit diesem Haus identisch ist.

11 H. Boos, I, 1897, 152–155. – Einflüsse aus Lothringen sind außerdem durch die in Worms errichteten Häuser des Benediktinerklosters Gorze (Moselle) und des Klosters St. Martin in Glandières (Moselle) möglich.

Fliesen in eigener Regie brannte, ist durch die geringe Entfernung zwischen beiden Orten verständlich, eine Übertragung von Mustern von oder nach Kloster Arnstein, von der Wormser Niederlassung begünstigt, nicht auszuschließen. Da die Kenntnis der mittelalterlichen Fliesen nur von Zufallsfunden abhängig ist, können die Verbindungen zu den übrigen Klöstern[12] noch nicht sicher belegt werden.

Aber nicht nur fremde Klöster hatten in Worms Besitz, auch das Hochstift Worms und die übrigen geistlichen Stifte waren in zahlreichen Orten begütert. So könnten die Wormser Muster B 7 und D 8 auch über das St. Martinsstift nach Boppard gelangt sein. Dieses hatte das Patronat der St. Severuskirche inne und besaß dort große Ländereien. Im Hof der Bischöfe von Worms in Ladenburg wurden Fliesen mit Wormser Mustern verlegt, in einer in der Nähe des Wormser Hofes in Bad Wimpfen gefundenen Fehlbrandgrube entdeckte man Fliesen, die sich an Wormser Vorlagen anlehnen.

Was für Worms gilt, ist auch für eine Reihe anderer Städte verbindlich. Die Fliesen der Kirche des abgegangenen Ortes Eutzingen (Stadt Landau) zeigen Muster der Speyerer Werkstatt. Abgesehen von der geringen räumlichen Entfernung zwischen beiden Städten, spielt dabei sicher eine Rolle, daß Landau 1274 auf Speyerer Kirchenboden gegründet wurde und von 1324–1511 an den Speyerer Bischof verpfändet war[12a]. Die späten Fliesen des Klosters Maulbronn (K 15) spiegeln die Jagdfriese der Speyerer Fliesen (K 13, K 14) wieder. Da die Herkunft beider Fliesen unbekannt ist, bestünde auch hier die Möglichkeit, daß sie aus dem Maulbronner Klosterhof in Speyer kommen. Auch die reichen Mainzer Fliesenfunde stammen wohl zum Teil aus geistlichen Höfen. Für die meist schon im 19. Jahrhundert geborgenen Fliesen fehlen sehr oft die Fundorte, so daß die Einflüsse, die von Mainz ausgingen oder auf die Mainzer Fliesenprägung einwirkten, nur noch im Fall Eberbach nachzuprüfen sind[13].

Für Gelnhausen sind Fliesen im Hof des Zisterzienserklosters Arnsburg gesichert, Fliesen mit Arnsburger Mustern fanden sich auch in den Kirchen und Klöstern der Stadt. Ein Blick auf die Niederlassungen fremder Klöster in Gelnhausen[14] läßt vermuten, daß von Gelnhausen aus Fliesenmuster den Weg in andere Klöster fanden oder diese den Anreiz zur Prägung eigener Fliesen erhielten. Für Kloster Langenselbold hat sich diese Vermutung durch die 1982 gemachten Funde[15] inzwischen bestätigt. Ähnliches gilt für Friedberg, wo die Klöster Arnsburg, Altenberg, Engelthal, Ilbenstadt und Thron, das St. Albansstift und das Domkapitel zu Mainz, die Deutschordensballei zu Marburg und ihre Sachsenhäuser Kommende Höfe besaßen[16]. Auch hier kamen die frühen, in Friedberg gefundenen Fliesen, entweder direkt aus Arnsburg oder wurden mit Arnsburger Modeln und nach Arnsburger Vorlagen geprägt, einige der Fliesen stimmen überdies mit Mustern aus Kloster Ilbenstadt überein. Die Fliesen mit Arnsburger Mustern, welche in Wetzlar und in der Burgruine Kalsmunt (Stadt Wetzlar) geborgen wurden, lassen auf einen Fliesenboden im dortigen Arnsburger Hof schließen. Über den Arnsburger Hof in Marburg dürfte schließlich das Muster J 76 dorthin gelangt sein, genau wie Arnsburger Besitzungen in Bellersheim, Bommersheim, Hofheim, Kelkheim und Oberursel vielleicht dazu beitrugen, daß dort Fliesen verlegt wurden. Die vier letztgenannten Orte liegen jedoch auch schon im Einflußbereich des Klosters Eberbach. Da die Muster beider Klöster zum großen Teil übereinstimmen, läßt sich heute nicht mehr klären, wer nun die Fliesen lieferte. Dieses Problem taucht noch häufig auf, erwähnt sei hier nur die kleine Kirche in Niederwöllstadt. Hier hatte die Deutschordenskommende Frankfurt-Sachsenhausen einen Hof[17], ebenso Arnsburg[18], die Klöster Ilbenstadt, Altenberg (Lahn) und Thron größeren Grundbesitz[19]. Die in der Kirche gefundene Fliese C 66 fand sich, wie schon erwähnt, auch in Sachsenhausen, H 256 gleichzeitig in Altenberg, Arnsburg und Thron.

Durch Klosterbesitz läßt sich zudem oft das Vorkommen von Fliesen in unbedeutenden kleinen Landkirchen oder Kapellen erklären. So besaß die kleine Kirche in Engstlatt, Kr. Balingen, einer Gegend, in der bis jetzt keine mittelalterlichen Fliesen gefunden wurden, reizvolle, besonders sorgfältig geschnittene Fliesen. Hier läßt sich die Verbindung zu Kloster Alpirsbach ziehen, welches selbst sehr schöne Fliesen prägte und in Engstlatt einen Seelhof besaß[20].

Die Fliesen der Kirchen in Stuttgart-Degerloch und Stuttgart-Plieningen, die einzigen aus der engeren Um-

---

12 Die Muster der in Höningen und Frankenthal gefundenen Fliesen sind nicht mehr bekannt, die Fliesen des Zisterzienserinnenklosters Rosenthal, die erst 1983 geborgen wurden, sind (mit Ausnahme einer noch nicht in Worms gefundenen Fliese) alles Wormser Muster. Die Fliesen, die auf Grund der Funde in Gleiszellen, Klingenmünster, Wilgartswiesen und Pirmasens auf Kloster Hornbach hinweisen, stehen eher der Speyerer Werkstatt nahe.

12a M. Schaab, Territoriale Entwicklung der Hochstifte Speyer und Worms, in: W. Alter (Hrsg.), Pfalzatlas II, Speyer 1971, 768 (760–780).

13 Funde von Fliesen im Raupelsweg stammen wahrscheinlich aus dem ‚Lorscher Hof'. Da die Muster der Fliesen, die Kloster Lorsch vor und in der Mitte des 13. Jh. prägte, sowohl mit Wormser-, wie mit Zisterziensermustern übereinstimmen, lassen sich diese nicht mehr aus der Fülle gleichartiger Fliesen im Mittelrheinischen Landesmuseum Mainz herausfiltern.

14 A. Fuhs, 86. – In Gelnhausen besaßen im Mittelalter Klosterhöfe und Niederlassungen die Zisterzienserklöster Arnsburg und Haina, die Prämonstratenserklöster Langenselbold und Meerholz, das Kollegiatsstift Aschaffenburg, die Deutschherren zu Marburg und Sachsenhausen, die Johanniterkommende Rüdigheim, die Templer und die Frankfurter Dominikaner.

15 J 50, J 71 und das vermutlich in Arnsburg inzwischen verlorene Muster H 247.1.

16 Hist. Stätten IV, 148.

17 Vgl. S. 125

18 D. Wolf, 57.

19 Ebd., 57–61.

20 W. Foth, 315–316. – Hier hatte jedoch auch Kloster Zwiefalten Besitz.

gebung von Stuttgart, zeigen in Anlehnung an Fliesen des Klosters Bebenhausen geschnittene Muster. Das Kloster hatte in beiden Orten einen Hof.

Die in Reutlingen gefundenen Fliesen gehen ebenfalls meist auf die dortigen Klosterhöfe zurück. Die Muster der Klöster Bebenhausen und Zwiefalten wurden teils direkt übernommen, teils in reizvollen Varianten nachgeschnitten.

Die Fliesen der Kirche in Edelstetten (Kr. Krumbach), die sich in einer Gegend erhalten haben, in der es im weiten Umkreis keinerlei Fliesenfunde gibt, deren Drachenmuster sich außerdem eng an Speyerer Vorlagen anlehnt, finden vielleicht eine Erklärung, wenn man weiß, daß das Kanonissenstift einen Weinberg in Esslingen-Mettingen[21] besaß, einer Stadt, in der sich wiederum eine ganze Anzahl von Klosterhöfen angesiedelt hatte[22]. Ganz vereinzelt stehen ebenfalls die Fliesenfunde in der Kirche von Oberkirch (Ortenaukreis). Sie erklären sich möglicherweise durch den Einfluß des Prämonstratenserklosters Allerheiligen, welches in Oberkirch Grundbesitz und eine ‚Kellerei' besaß[23].

Zuletzt sei noch erwähnt, daß natürlich auch die Klöster die ihnen inkorporierten Kirchen mit ihren Fliesen versorgten, wie dies das Beispiel der Benediktinerabtei Klingenmünster und der St. Dionysiuskirche in Gleiszellen zeigt. War die Entfernung zu weit, so benutzte man, wie im Fall Speyer-Esslingen, nur die Model zur Prägung oder lehnte sich, wie dies wohl in Wimpfen der Fall war, an vertraute heimische Vorbilder (Worms) an.

Wenn auch die Urkunden dazu noch fehlen, so ist doch wahrscheinlich, daß die Fliesenprägung in den Klöstern in der Hand der Laienbrüder oder Konversen lag. Dennoch wird die Weitergabe von Anregungen, Modeln oder Fliesen nicht durch sie erfolgt sein. Sicher haben die oft sehr kunstsinnigen Äbte, von denen viele an der Planung ihrer Kirchen und Klöster großen Anteil hatten, ebenfalls dazu beigetragen. Gelegenheiten, neue Anregungen aufzunehmen, gab es viele. Bei den jährlichen Versammlungen des Generalkapitels in Cîteaux, deren Besuch für die Äbte des Zisterzienserordens obligatorisch war, wurden nicht nur die internen Probleme des Ordens besprochen, sondern auch Baupläne vorgelegt.

Auf den Reisen nach und von Cîteaux machte man in den Klöstern halt, betete man in den Kirchen am Wege. Überall sah man die neuesten Kirchenbauten, empfing neue Eindrücke. Dasselbe galt für die Geistlichen, die bei Hofe verkehrten, an Feldzügen teilnahmen, Gesandtschaften begleiteten oder mit Missionen in weit entfernte Gebiete des Reiches betraut wurden.

Auch sonst kamen die hohen Kleriker bei allen Reichstagen, beim Abschluß wichtiger Verträge und bei großen kirchlichen und weltlichen Festen (Krönungen!) zusammen. Bei der Weihe jeder größeren Kirche, jedes bedeutenden Klosters, waren nicht nur die Äbte benachbarter und befreundeter Klöster, sondern meist auch eine glanzvolle Gesellschaft weltlicher Herren zugegen[24].

Eine weitere enge Verbindung entstand, wenn ein Abt zwei Klöster in Personalunion verwaltete, wie dies z. B. in der Mitte des 12. Jahrhunderts für Abt Baldemus bezeugt ist, der gleichzeitig die Klöster Lorsch und Bleidenstadt unter sich hatte. Der Schönauer Abt Diepold wurde 1190 zur Gründung des Klosters nach Bebenhausen gesandt, nach wenigen Jahren nach Schönau zurückberufen und 1206 zum Abt des Mutterklosters Eberbach gewählt[25].

Nach 1294 war Abt Friedrich Abt der Klöster Schönau und Bebenhausen[26]. Auch die Berufung mancher Äbte in weit entfernte Klöster[27] könnte dazu beigetragen haben, Architekturdetails und Schmuckformen an entlegene Orte zu verpflanzen. Es ist unmöglich die Vielfalt all dieser Querverbindungen aufzuzeigen. Erwähnt soll in diesem Zusammenhang jedoch die Fliese F 14 werden, die nach Forrer[28] aus dem Dom von Eichstätt[29] stammen soll. Dieses vermutlich in Mainz entwickelte Muster kommt sonst nur am Mittelrhein vor (Klosterkirche Johannisberg, Burgkirche Ober-Ingelheim, St. Peterskirche Bacharach). Eine Erklärung für das Auftauchen dieses Musters in Eichstätt könnte die Tatsache sein, daß die Bischöfe von Eichstätt seit dem 13. Jahrhundert das Kanzleramt des Mainzer Kirchensprengels innehatten, also eine direkte Verbindung zwischen beiden Städten bestand.

Wenn die Klöster auch wichtige Impulse für die Verbreitung der mittelalterlichen Fliesen gaben, so wäre es dennoch falsch, diese Rolle überzubewerten. Das Schmuckbedürfnis des Adels, der seine wehrhaften Burgen im Laufe des 13. Jahrhunderts zu erträglichen,

---

21 BOA XIV, 131.

22 R. Uhland, 120–124. – Besitz in Esslingen war vor allem wegen der Weinberge begehrt, die den unentbehrlichen Meßwein lieferten. In Esslingen hatten die Klöster Adelberg, Bebenhausen, Blaubeuren, Denkendorf, Fürstenfeld, Kaisheim und Salem sowie die Domkapitel von Konstanz und Speyer einen Hof, eine Reihe weiterer Klöster Streubesitz.

23 Hist. Stätten, VI, 588. Diese Fliesen könnten Rückschlüsse auf möglicherweise früher vorhandene Fliesen des Klosters Allerheiligen erlauben. Dessen Kirche wurde 1803 durch Blitzschlag zerstört, die Klostergebäude 1811 abgetragen.

24 Es ist unmöglich, auf diesen Bereich ausführlich einzugehen. Die langen Zeugenlisten an jeder mittelalterlichen Urkunde, bei jeder Schenkung oder Begabung, geben ein anschauliches Bild. So sei nur erwähnt, daß bei der Weihe des Klosters Eberbach 1186 die Bischöfe von Straßburg, Worms und Münster zugegen waren (F. Luthmer, I, 146) und daß zwölf Zisterzienseräbte unter den Eideshelfern waren, als sich Graf Heinrich III. von Sayn am 6. 2. 1234 in Frankfurt (Main) vom Verdacht der Ketzerei reinigte (W.-H. Struck, 1965, S. XXI).

25 J. Sydow, 8.

26 M. Schaab, 37.

27 L. Lekai, A. Schneider, 78. Der Abt von Eußerthal, Heinrich von Metz, wirkte 1306–09 in Weiler-Bettnach und wurde 1310 zum Bischof von Trient ernannt.

28 R. Forrer, 1901, Taf. 6, Abb. 4.

29 Bei den Grabungen 1970–72 im Dom von Eichstätt wurden allerdings keine Fliesen gefunden.

oft auch prächtigen Wohnsitzen ausbaute, war sicher ebenfalls von Bedeutung. Die Kreuzzüge hatten den Rittern zum ersten Mal eine verfeinerte Wohnkultur vor Augen geführt. Wenn sich auch nicht im einzelnen feststellen läßt, wie stark die Erinnerung an die kostbaren Fliesenböden des Orients die Verlegung von Fliesen in Deutschland beeinflußte, so ist doch zu vermuten, daß man der Ausgestaltung der Fußböden plötzlich vermehrte Aufmerksamkeit schenkte.

So wurden Anregungen, die von den Klöstern ausgingen, rasch aufgenommen. Durch die vermehrte Nachfrage entstanden vermutlich nicht nur neue Werkstätten, sondern auch neue Muster wie Jagdszenen und heraldische Motive für einen neuen Kreis von Abnehmern. Es wird sich nie mehr sicher klären lassen, wessen Einfluß in einzelnen Zeitabschnitten überwog, da die Verflechtungen zwischen Adel und Geistlichkeit eng waren. Die führenden Schichten des Klerus rekrutierten sich zumindest im 12. und 13. Jahrhundert noch aus dem Adel. Er stand in engster Beziehung zum Hofe und gerade in staufischer Zeit lagen höchste Staatsämter in seiner Hand[30].

Für diese enge Verflechtung bietet das Elsaß, wo sich schon früh die staufische Hausmacht konzentrierte, das beste Beispiel. Neben der Förderung des Burgenbaus, ausgelöst durch Herzog Friedrich I. (den Einäugigen) von Schwaben, den Vater Kaiser Friedrich I. Barbarossas, von dem der Chronist Otto von Freising das geflügelte Wort überliefert: „Herzog Friedrich zog stets am Schweif seines Pferdes eine Burg mit sich“[30a] finden sich reiche Schenkungen an Klöster und Kirchen. Das Kloster Hohenburg auf dem Odilienberg, von Herzog Friedrich I. neu begründet, wurde das erste staufische Hauskloster. Herzog Friedrich II. beteiligte sich 1141 an der Gründung des Zisterzienserklosters Neuburg und stiftete (zwischen 1143–47) das Zisterzienserkloster Königsbrück. Ebenso erfreute sich das Zisterzienserkloster Pairis der besonderen Gunst der staufischen Herrscher. Das von Herzog Friedrich I. mitbegründete Kloster St. Fides in Schlettstadt wurde mit reichen Schenkungen bedacht. Kaiser Friedrich I. Barbarossa versäumte nicht, auf den von ihm gestifteten Glasfenstern, seinen Sieg über Mailand zu erwähnen. Seiner Lieblingspfalz Hagenau verlieh Barbarossa nicht nur umfassendere Rechte als jeder anderen Stadt, er beschenkte auch die Stadtkirche St. Georg aufs großzügigste. In St. Fides und in Kloster Hohenburg lassen sich Fliesen des späten 12. Jahrhunderts nachweisen, in Hagenau wurden selbst bei den letzten, umfassenden Grabungen[31] keine Fliesen gefunden. Dies mag einesteils daran liegen, daß bei der Zerstörung der Pfalz 1677 und beim Abtransport des Steinmaterials 1687 zum Bau der Grenzfeste Fort Louis die Fliesen in deren Fundamenten oder in der heute zugeschütteten und überbauten Moder landeten, andererseits besteht die Möglichkeit, daß die Hagenauer Pfalz zu den Bauten gehörte, die keine Fliesenböden besaßen. Gottfried von Viterbo[32] rühmt schon die „goldschönen Fresken und getäfelten Decken“ des Baus. Hagenau scheint an Pracht der Ausstattung alle bisherigen Pfalzbauten übertroffen zu haben, unter Friedrich II. kann es fast als Residenz bezeichnet werden. So besaßen die Räume, vor allem der Palas, möglicherweise, wie dies für Burg Trifels[33] bezeugt ist, Marmorböden. Da auf dem großen Areal außerdem noch Burgmannenhäuser und weitere Bauten lagen, waren möglicherweise dort Fliesen verlegt. Funde in der unmittelbaren Umgebung von Hagenau weisen auf eine Verbindungslinie, die aus dem Elsaß unmittelbar zur Pfalz in Gelnhausen führt. Die dort gefundene, vermutlich noch im 1. Drittel des 13. Jahrhunderts entstandene Fliese N 89, wurde in leicht abweichender Prägung, wie sie durch den Nachschnitt eines Models entsteht, auch in der Nähe des Reichsklosters Selz bei Hagenau und in der Kirche des zwischen Hagenau und Fort Louis gelegenen Dorfes Sesenheim gefunden[34]. Schon Nothnagel[35] wies auf die Übereinstimmung von Bauformen zwischen elsässischen Bauten und der Pfalz in Gelnhausen hin. Wenn es auch die von Hotz[36] propagierte und von Arens[37] stets verneinte

30 Vgl. hierzu: K. Bosl, 1950, 190–355, Kap. 3. – K. Schulz, Die Zisterzienser in der Reichspolitik während der Stauferzeit, Die Zisterzienser. Ordensleben zwischen Ideal und Wirklichkeit. Ergänzungsbd., Köln 1982, 165–193.

30a Otto von Freising, Gesta Friderici I, 13. Freiherr-vom-Stein-Gedächtnisausgabe 17, Darmstadt[2] 1974, 152.

31 Freundliche Mitteilung von Herrn Robert Will, Straßburg. – R. Will, Le palais de Haguenau et l'art de la cour de Barberousse, Archéologia 73, 1974, 10–18. – Ders., Le château dit ‚Burg‘ de Haguenau, Études Haguenoviennes, NS. 1, 1950/55, 41–125. – Ders., Notes complémentaires sur le château impérial disparu de Haguenau, ebd. 5, 1965/70, 79–99. – A. M. Burg, Haguenau et la dynastie des Hohenstaufen, ebd. 5, 1965/70, 29–78. – F. Arens, 1977, 137. Die Pfalz wurde wahrscheinlich in den Jahren zwischen 1170 und 1184 erbaut. Eine dendrochronologische Untersuchung der Fundamentpfähle ergab das Jahr 1172 ± 6. Einzelne wiedergefundene Bauteile weisen darauf hin, daß auch nach 1200 an der Pfalz noch gearbeitet wurde.

32 G. Schlag, Die Kaiserpfalz Hagenau, Oberrhein. Kunst 10, 1942, 71.

33 A. Eckardt, Kunstdenkmäler Bayern IV. 4, 432. In der Elsässischen Chronik des Bernhard Herzog (1592) wird der Trifels erwähnt: „Auf der Höhe dieses Hauses hat es einen gewaltigen Saal ... derselbe ist mit Marmelsteinen geblattelt“.

34 Es ist auch hier wieder zu erwägen, ob die Bauern von Sesenheim sich nicht auf diese Weise einen preiswerten Bodenbelag für ihre Kirche sicherten.

35 K. Nothnagel, 107ff.

36 W. Hotz, 1937, 24,32 benützt nur die Formulierung „Palastbauhütte“ und „kaiserliche Palastbauschule“, der von Antonow, 1977, 62, formulierte Begriff trifft jedoch den Kern seiner Ausführungen. Eine solche Bauleitung hatte Friedrich II. nach 1220/1230 in Süditalien geschaffen und mit ihrer Hilfe in verhältnismäßig kurzer Zeit seine Kastelle errichten lassen.

37 F. Arens, 1978, 192. „Es ist aber durchaus möglich, daß einzelne Bildhauer und Steinmetzen, vielleicht sogar einmal der planende Baumeister von einer Baustelle zur anderen hinüberwechselten ... Eine herumziehende Pfalzbauhütte ist auszuschließen.“ Für die süddeutschen Burgen nimmt A. Antonow, 1977, 60, kleinere Bauhütten an, die nach Beendigung des Baus, bzw. der Bauleitung rasch wieder weiterzogen. So glaubt er z. B. daß die wormsi-

Fortsetzung nächste Seite

„Reichsoberbauleitung für alle staufischen Burgen südlich des Mains" oder eine spezielle Pfalzenbauhütte nicht gegeben hat, so besteht doch die Möglichkeit, daß Anregungen zur Innenausstattung von Bau zu Bau weitergegeben wurden.
Von den staufischen Pfalzen ist es nur ein Schritt zu den Burgen der staufischen Ministerialen. Die Untersuchungen Bindings[38] haben ergeben, daß in deren Burgen und in einzelnen Pfalzen Baudetails und Steinmetzzeichen teilweise übereinstimmen. Möglicherweise wurden nicht nur Steinmetzen, sondern auch die in den Pfalzen tätigen Handwerker zur Ausstattung der Burgen zugezogen. So ist, in deren Gefolge, die Übereinstimmung einzelner Fliesenmuster verständlich, wenn auch heute nicht mehr geklärt werden kann, ob einzelne Muster im Auftrag weltlicher oder geistlicher Herren entstanden. Dies sei kurz an wenigen Beispielen erläutert.
Die Fliese M17, obwohl nicht durch Anbringen eines Schildes ausdrücklich als Wappen gekennzeichnet, wird gemeinhin als Mainzer Wappen gedeutet. Sie könnte sich jedoch, da es sich um ein achtspeichiges Rad handelt, auf eines der größten staufischen Ministerialengeschlechter, die Herren von Bolanden, beziehen[39]. Sie wurde zwar bis jetzt noch nicht auf Burg Neubolanden gefunden[40], dafür jedoch an fünf anderen Orten, die zur Entstehungszeit der Fliese entweder im Besitz einer boländischen Linie waren oder von ihr verwaltet wurden. Sie fand sich in der von Philipp von Bolanden (um 1211) erbauten Burg Ehrenfels (Rüdesheim), in Burg Hain in der Dreieich[41], in der Burgruine Königstein[42] und der Burgkirche von Ober-Ingelheim[43], außerdem im sogenannten ‚Königshaus' in Boppard[44], einer kleinen Pfalz, welche Königen und Kaisern bei ihren Rheinreisen als Aufenthalt diente. Die Adlerfliese B7 aus dem ‚Königshaus' in Boppard, aus den Burgen Neubolanden und Monreal, wie die Löwenfliesen D7 (Eppstein, Königstein, Monreal, Neubolanden, Scharfenstein) und D8 (Boppard, Eppstein, Neubolanden, ehemalige Königspfalz, Worms) kommen schon aus heraldischen Gründen den Wünschen der adligen Besteller entgegen. Es ließen sich beliebige Mustergruppen zusammenstellen, so z.B. ‚Münzenberger Fliesen' oder solche aus den Reichsburgen Kalsmunt, Friedberg, Königstein und Eppstein, wobei sich die Münzenberger selbstverständlich der Fliesen des Klosters Arnsburg[45] bedienten, wie auch die Bolanden durch ihre enge Verbindung mit Kloster Eberbach[46] auf dessen Fliesen zurückgriffen oder Muster in ihrem Auftrag erbaten.
Aber auch andere Adelsgeschlechter verlegten die Fliesen ihrer ‚Hausklöster' auf ihren Burgen. So gründeten die reichen und mächtigen Grafen von Sayn in unmittelbarer Nähe ihrer Burg das Prämonstratenserkloster Sayn. Die vermutlich dort oder in dem nahen, ebenfalls durch die Grafen von Sayn reichdotierten Kloster Rommersdorf gefertigten Fliesen, wurden sowohl auf Burg Sayn, wie auf der Saynschen Burg Neuerburg verlegt. Dieselben Muster finden sich teilweise auch in dem von den Grafen von Sayn wiederbegründeten Zisterzienserkloster Marienstatt, dessen übrige Muster mit denen Kloster Eberbachs übereinstimmen.
Ähnliches gilt für die Fliesen, welche in den von den Grafen von Sponheim gegründeten oder durch sie geförderten und mit Privilegien bedachten Klöstern Pfaffen-Schwabenheim, Ravengiersburg und Sponheim liegen. Dieselben Muster wurden vor kurzem in der Ruine der Sponheimer Burg Starkenburg geborgen, auch hier wiederum vermischt mit einigen Mustern des Klosters Eberbach.
Mit wenigen Ausnahmen ist nicht bekannt, an welcher Stelle der Burg die Fliesen verlegt wurden. Meist handelt es sich um Streufunde, oft wurde die Lage der Fliesen beim Fund nicht festgehalten. Vermutlich stammen die frühen Fliesen aus Sakralräumen. Die Burgkapellen übten eine wichtige Funktion innerhalb der Burg aus,

---

Fortsetzung Anm. 37
sche Burg Eberbach von Bauleuten der Wormser Dombauhütte erbaut wurde und daß die Burgenbauhütte in Wimpfen vereinzelt beim Bau benachbarter Burgen beteiligt war.

38 G. Binding, 1965, Anh., Abb. 9–11.

39 W. Möller, I, 1922, 33–37. Das Wappen der Bolander wird bei Möller als sechsspeichiges Rad gegeben. K. Bosl, 1950, 260, betont jedoch, daß es sich um ein achtspeichiges Rad handeln muß. Er hält es für eine Ableitung des Mainzer Wappens und schließt daraus auf ein ehemaliges Ministerialenverhältnis der Bolander zum Erzstift Mainz. Dem widerspricht H. J. von Brockhusen, Die Balken von Mainz und das Rad von Aschaffenburg, Nass. Ann. 63, 1952, 267–278, vgl. ebd. 274, Anm. 44, mit der Begründung, daß das Radwappen erst ab 1235 ein Vorgängerwappen ablöste. Dies schlösse nicht aus, daß es sich bei M 17 um das Wappen der Bolander handelt, da keine der Fliesen vor 1235 entstanden sein kann.

40 Eine Addition der auf Burg Neubolanden gefundenen und für Neubolanden vermuteten Muster mit denen der Burgen Neuhaus und Scharfenstein bei Kiedrich, des Königshauses in Boppard und der ehemaligen Pfalz in Worms, ergäbe vermutlich den Musterbestand dieser Werkstatt. Die Herren von Bolanden waren verwandt und verschwägert mit den Grafen von Katzenelnbogen, Nassau und Sponheim sowie mit den Herren von Eppstein, Falkenstein und Isenburg.

41 Philipp von Falkenstein, der 1255 das Erbe der Herren von Münzenberg angetreten hatte, erhielt 1258 durch Erbe und Zukauf einen Teil der Burg Hain (Hist. Stätten IV, 28).

42 Ebd., 273. „Vermutlich verdankt die mächtige Anlage an der Straße Frankfurt–Köln den Staufern ihre Entstehung und Kuno I. von Münzenberg, dem Reichskämmerer, ihren ersten Bau." Auch diese Burg kam 1255 an die Herren von Falkenstein.

43 K. Bosl, 1950, 264–265. – Die Bolander hatten außerdem die Vogtei über das ‚Ingelheimer Reich' inne. Sie besaßen in der sw Ecke des ‚Saales' der Pfalz zu Ingelheim eine Burg, von der sich die Reste eines mächtigen, ‚Boländer' genannten Turms erhalten haben.

44 Ebd., 272. – Philipp von Hohenfels, der Sohn Philipps III von Bolanden, war Prokurator am Mittelrhein und trägt 1250 den Namen „officialis Boppardiensis".

45 Das Kloster Arnsburg wurde 1174 von Kuno I. von Münzenberg gestiftet, den Schutz des Klosters hatte Kaiser Friedrich II. 1219 der Reichsburg Friedberg übertragen.

46 Die Bolander bedachten das Kloster mit reichen Schenkungen, vor allem Werner von Bolanden wird in den Schenkungsurkunden immer wieder genannt. (K. Rossel, 1, Bd. 1, Urkunden der Jahre 1220, 1235, 1239, 1242, 1243, 1263).

sie wurden deshalb besonders reich geschmückt. Fliesen in Burgkapellen sind sicher belegt für die Stammburg der Raugrafen, die Altenbaumburg, für Burg Hain in der Dreieich, Burg Lahneck, die Kapelle des heute verschwundenen Schlosses Ritterburg in Oberhomburg (Lothringen), für die Schloßkapelle in Marburg und Burg Braunfels. Bei begüterten Auftraggebern dürften im späten 13. und im 14. Jahrhundert auch noch andere Räume der Burg mit Fliesen geschmückt worden sein. So legt allein die Menge der gefundenen Fliesen, die sich bei der Ausgrabung der 1399 zerstörten Burg Tannenberg fanden nahe, daß alle Wohnräume der Burg Fliesenböden besaßen.

Es wurde schon angedeutet, daß die Verlegung von Fliesen in Profanräumen möglicherweise auch den Musterbestand um neue, reizvolle Themen bereicherte. Manche Vorlagen dürften dem Modelschneider unmittelbar von seinen Auftraggebern vorgeschrieben worden sein. Die Vermutung, daß es sich bei dem auf der Fliese A 9 dargestellten Kaiser um ein Porträt Friedrich II. handeln könnte, wurde schon erwähnt. Friedrich II. unterhielt enge Beziehungen zu Speyer und weilte auf seinen Reisen, außer in der Pfalz Hagenau, dort am häufigsten. Aber auch die vermehrte Darstellung von Tieren und Fabeltieren kann durch die in den Pfalzen vorhandenen kaiserlichen Lust- und Tiergärten beeinflußt worden sein[47]. So fällt gerade die Häufung von Tier- und Jagdmotiven auf den Fliesen aus Kaiserslautern auf.

Die Herkunft dieser im Schutt gefundenen Fliesen ist nicht ganz gesichert. Sie können aus dem ehemaligen Prämonstratenserkloster stammen, die Motive weisen jedoch eher auf einen Profan-, als auf einen Sakralraum[48]. Es lassen sich deutlich zwei Einflußzonen scheiden. Die frühen Fliesen sind mit Modeln des Zisterzienserklosters Wörschweiler geprägt (P 15), das in Kaiserslautern einen Klosterhof besaß, die späten, fast ausschließlich mit Tier- und Jagdszenen geschmückten, entstanden wohl schon in Kaiserslautern selbst. Dort hatte Kaiser Friedrich I. Barbarossa neben seiner Pfalz Lautern einen Tiergarten anlegen lassen[49], der neben ausgedehnten Fischweihern vor allem heimisches Wild enthielt. Kaiser Friedrich II. verfügte nicht nur über Wildgehege mit exotischen Tieren[50], sondern führte diese auch bei seinen Reisen mit sich. Dieser Zug nie gesehener Tiere muß die Zeitgenossen sehr bewegt haben, da mehrere Chronisten darüber berichten. So mögen auch die Wormser und Speyerer Bürger staunend die Leoparden und Luchse, die Affen und Bären, die Panther und Löwen bewundert haben. Obwohl exotische Tiere teilweise durch Portal- und Kapitellplastik, durch Gewebe, Buchmalerei und Werke der Kleinkunst bekannt waren, darf man davon ausgehen, daß bei einigen Tierdarstellungen auf Fliesen auch unmittelbare Anschauung vorlag.

---

47 K. Hauck, 59–63.

48 Auch hier ist die Trennung zwischen weltlichen und geistlichen Auftraggebern natürlich schwierig. Das Prämonstratenserkloster Lautern bekam bei seiner Gründung Teile des Bannforstes „Lutra“ zugewiesen (K. Bosl, 1950, 26); die Jagd bildete gleichermaßen das Vergnügen weltlicher und geistlicher Herren.

49 K. Hauck, 59.

50 Ebd., 68–70. – P. E. Schramm, F. Mütherich, 72–73.

9. Weitergabe von Mustern, Fliesen und Modeln

Die Frage der Möglichkeit des Transports von Fliesen in andere Gebiete wurde schon angeschnitten. Wo dies auf dem Wasserweg geschehen konnte, bot die Beförderung kaum Schwierigkeiten. Bei dem Zustand der mittelalterlichen Landstraßen wurde bruchgefährdete Ware mit Vorliebe auf dem Wasser befördert, aber auch alle sonstigen schweren Lasten vertraute man, wenn es nur irgend ging, den Schiffen an. Als spektakuläre Beispiele seien nur die Steine für den Dombau von Ribe (Jütland) erwähnt, die bei Andernach gebrochen wurden, während für feinere Baudetails Trachyt aus dem Siebengebirge und Wesersandstein verwandt wurde. Tuffstein aus der Gegend um Maria Laach fand sich in den ev. Pfarrkirchen in Keitum auf Sylt und Ulsnis (Schlei), Syenit aus dem Odenwald im Kapitelsaal des Benediktinerklosters Brauweiler bei Köln[1].

Die Ausgrabungen der letzten Jahrzehnte und eine Reihe neuer Untersuchungen[2] haben gezeigt, wie umfangreich der Handel mit Gebrauchskeramik in den an die Nordsee angrenzenden Ländern war, und daß rheinische Keramik des Badorfer und Pingsdorfer Typs vermutlich seit dem 10. Jahrhundert in holländische (Dorestad), englische (Southampton, York), dänische (Ribe) und norwegische (Bergen) Häfen gelangte. Wie die Schiffe beschaffen waren, die diese Waren transportierten und welche Routen sie befuhren, hat Ellmers ausführlich erörtert[3]; den Problemen der mittelalterlichen Binnenschiffahrt hat Eckoldt[4] eine gründliche Arbeit gewidmet. Er zeigt auf, welche kleinen Flüsse wohl im Mittelalter mit Lastbooten befahren und wie diese Boote und Schiffe aussahen und betrieben wurden. Von den dort aufgeführten Flüssen kommen für einen Fliesentransport nur wenige in Frage, so vor allem Pfrimm und Weschnitz, Kinzig und Nidda, möglicherweise außerdem Isenach und der Speyerbach. Auf sie soll später näher eingegangen werden. Der Hauptverkehr wird sich auf dem Rhein und seinen Nebenflüssen Nahe, Lahn und Mosel abgespielt haben. Für den Main könnte eine im Mainbett bei Marktbreit ausgebaggerte Fliese (E61) auf ein gesunkenes Boot hinweisen (wenn sie nicht mit Bauschutt oder Abfällen dorthin gelangte). Leider haben sich für die Verschiffung von Fliesen in Deutschland keine Urkunden[5] erhalten, während Backsteine und Ziegel wiederholt erwähnt[6] werden; vor allem um diesen Transport, wie es im späten Mittelalter häufiger geschieht, zu verbieten[7]. Diese Urkunden beziehen sich jedoch fast ausschließlich auf die Rheinschiffahrt.

Um den Rhein befahren zu können und beim Verkauf von Fliesen oder deren Tausch gegen Naturalien noch einen gewissen Gewinn zu erlösen, bedurfte es vor allem der Zollfreiheiten. Von allen kirchlichen Institutionen dieses Gebiets besaß Kloster Eberbach die zahlreichsten Zollfreiheiten. Aber auch die kleineren Klöster verschifften ihre Erzeugnisse auf dem Rhein, eine ganze Anzahl von ihnen hatte Befreiung vom Rheinzoll, teils auf der ganzen Strecke oder nur für die Berg- oder Talfahrt. Zwar waren die Urkunden meist sehr

---

1 O. v. Fisenne, Der Dom von Ripen war das Vorbild, Schleswig-Holstein, 1979, 6–7. – W. Bornheim, gen. Schilling, 1964 I, 225.

2 Vgl. hierzu W. Janssen, 1972, 35–44. – G. C. Dunning, The trade in medieval pottery around the North Sea, Rotterdam Papers I. A contribution to medieval archaeology, Rotterdam 1968, 35–38 (35–58). – M. Bencard, Medieval pottery imported into Denmark, Château Gaillard 5, 1972, 13–19. – H. G. Steffens, Die Oldenburger Keramik des 9.–12. Jh., Neue Ausgrabungen und Funde in Niedersachsen 4, 1969, 276. – D. Zoller, Keramische Bodenfunde vom frühen Mittelalter bis zum 17. Jahrhundert im Nordoldenburger Geestgebiet, Töpferei in Nordwestdeutschland, Münster ²1980, 9–66. – Ders., Importkeramik vom Mittelalter bis zur Neuzeit im Geestgebiet der südlichen Nordseeküste, Beiträge zur Keramik 2, Düsseldorf 1983, 4–8.

3 D. Ellmers.

4 M. Eckoldt. – Ergänzend sei hier noch ein Hinweis von H. Bechtel, 146 angeführt: „Dank der geringen Größe und des flachen Baues der Flußkähne konnte man auch kleine Wasserstraßen, die wir heute zum Güterverkehr gar nicht mehr zu benutzen pflegen, befahren und über die Grenze der heutigen Schiffbarkeit hinaus weiter in das Quellgebiet hinausdringen; außerdem waren die Wasserverhältnisse im Mittelalter günstiger." ... „Infolge des Waldreichtums, der noch im späten Mittelalter in ganz Deutschland herrschte, war der Zufluß aus dem Einströmungsgebiet der Flüsse gleichmäßiger, die Stromgeschwindigkeit eine größere und infolgedessen auch bei geringerer Fahrrinnentiefe die Fortbewegung der damaligen Schiffsgefäße keine ungünstige."

5 Nachrichten über Fliesentransport auf dem Wasserwege haben sich in Frankreich und England erhalten. So weiß man, daß die Fliesen für Schloß Germolles in einer Töpferei in Montot hergestellt, von dort bis Saint-Jean-de-Losne ‚gekarrt', auf dem Wasserweg bis Chalons-sur-Saône gebracht und bis Germolles wieder über Land transportiert wurden (M. Pinette, 1984, 78). E. S. Eames, 1980, I, 91, 221, 252, 282 führt Belege auf für den Fliesentransport auf der Themse, auf Severn, Trent, Avon und dem Bristol-Kanal.

6 K. Kroeschell, II, 175, erwähnt einen Eintrag in der Registratur des Zollschreibers Dithmar in Ehrenfels (um 1340): „Insuper quidam nauta ducet breviter undecim M gebakenstein de Spira" (außerdem wird in Kürze ein gewisser Schiffer 11000 Backsteine von Speyer bringen). Diese waren für den Bau der Burg Pfalzgrafenstein bei Kaub bestimmt.

7 K. Engelhardt, 34. – Um 1360 erläßt der Speyerer Rat ein Ausfuhrverbot für Backsteine, da „Holz und Äcker" sehr Schaden litten, wenn man „gebackene Steine den Rhein ab verkoufe und füre". Dieses Verbot wird dann auch auf „Ziegel und Häfen" ausgedehnt. – R. Reuter, 142–143 erwähnt ähnliche Verbote für Heidelberg, welches zuerst Ausfuhrzoll auf Ziegel und Kalk erhebt und dann 1471 den Export verbietet (... „das hinfu kein swartzen oder wissen kalcke, ziegel oder gebacken steine uff dem Rine fuhren sollen.").

präzise formuliert und beschränkte sich die Befreiung entweder auf „Wein oder das bei ihnen Gewachsene“[8]. Da aber diese Formulierung auch auf Rebpfähle, Weiden und Dung ausgedehnt wurde, ist eine Verschiffung von im Kloster erzeugten Fliesen durchaus denkbar.

In Kloster Eberbach wurde schon in der Mitte des 12. Jahrhunderts Wein angebaut, in der 2. Hälfte des Jahrhunderts betrieb es bereits einen schwunghaften, von allen Abgaben befreiten Weinhandel[9] und besaß in Köln einen ummauerten, ihm von der Stadt überlassenen Hof, mit eigener Rheinpforte am Servatiustor.

Vermutlich gelangten mit diesen Weintransporten auf den in Urkunden genannten klostereigenen Schiffen[10] auch Fliesen in die zu beiden Seiten des Rheins wie Perlen an einer Schnur aufgereihten Burgen und Kirchen. Hier finden sich nicht nur Fliesen mit Eberbacher Mustern[11], sondern auch viele, die der Scherben als Prägungen der Klosterwerkstatt ausweist. Der nördlichste Fundort ist bis heute die Stiftskirche St. Victor in Xanten. Auf der Lahn kamen Eberbacher Muster wohl bis Kloster Brunnenburg, moselabwärts sind die Fliesen der Stiftskirche St. Paulin, Trier bis jetzt der westlichste Fundort. Für die schwierigere Bergfahrt, die im Treidelverkehr[12] ausgeführt werden mußte, ist die Entscheidung, ob auch hier Fliesen verschifft wurden, nicht so leicht zu treffen. Mühelos konnten, bei der geringen Entfernung, Eberbacher Fliesen in die Orte des Nahetals[13] gebracht werden, ebenso noch nach Kloster Klarenthal und nach Mainz. Für die Eberbacher Fliesen, die auf den Burgen Eppstein und Königstein, in den Kirchen von Naurod, Ramberg, Kelkheim-Fischbach, Oberursel usw. gefunden wurden, wäre vermutlich der Landweg dem Aufwand eines Rhein-Main-Landtransportes vorzuziehen gewesen.

Nach dem heutigen Stand des Wissens war Xanten der Endpunkt des Eberbacher Fliesenversands. Eine andere Werkstatt muß jedoch noch weiter rheinabwärts geliefert haben. Nur so läßt sich das Vorkommen der mit denselben Modeln geprägten Fliesen an einem nicht mehr bekannten Ort im Rheinland und in einer Kapelle des niederländischen Benediktinerinnen-Klosters Rijnsburg[14] erklären. Daß Klosterschiffe weite Reisen unternahmen, ist durch Urkunden beglaubigt. So versandten Mönche des Klosters Heisterbach schon in der 1. Hälfte des 13. Jahrhunderts ganze Schiffsladungen von Wein nach Seeland und wurden dafür von den verärgerten Kölner Kaufleuten als „habgierige Mönchskrämer“[15] gerügt.

Für einen ausgedehnten Handel nach Holland spricht auch die Tatsache, daß das Zisterzienserkloster Himmerod in der Eifel schon 1228 das Patronatsrecht der Kirche in Dordrecht erhielt. Das elsässische Zisterzienserkloster Neuburg führte seine Weinladung ebenfalls nach Holland und brachte als Rückfracht neben Salz, Kork und Butter die für die Fastenzeit so wichtigen Tonnen mit Heringen zurück[16]. So könnte auf einem Straßburger oder Elsässer Schiff die Fliese S75 aus einer Straßburger Werkstatt bis nach Bad Kreuznach gelangt sein, wenn es auch schwer verständlich ist, warum zu einer Zeit, in der in den Orten des Nahetals Fliesentöpfer arbeiteten, Fliesen von auswärts bezogen wurden.

Neue Untersuchungen von Morkramer[17] haben ergeben, daß möglicherweise auch Worms in größerem Umfang Fliesen verschiffte. Auf Grund eines sorgfältigen Vergleichs der Fliesen des Klosters Eberbach, einiger früher Fliesen aus Wormser Kirchen und den erst neu ergrabenen Fliesen des Klosters Arnsburg, ist er der Ansicht, daß in Kloster Arnsburg wohl nicht schon während der ersten Bauperioden Fliesen gebrannt, sondern diese aus Eberbach und Worms bezogen wurden. Er führt dafür eine sich bis ins letzte Detail der Farbnuancen und des Scherbens erstreckende Übereinstimmung der Fliesen an. In Worms befanden sich die mittelalterlichen Ziegeleien vor der Stadtmauer am Rheinufer. Urkundlich belegt ist, daß Worms große Mengen von Backsteinen und Ziegeln ausführte[18]. Für einen Transport der Fliesen nach Arnsburg wäre jedoch die Vorbedingung, daß auf der Wetter im Mittelalter Lasten befördert wurden, wofür es bis jetzt noch keine Belege gibt.

Unklar ist bis jetzt auch noch, woher Fliesen der St. Peterskirche in Weinheim kamen. Die Muster finden sich sowohl in Worms, wie in Kloster Lorsch. Als Was-

---

8 Th. Sommerlad, Die Rheinzölle im Mittelalter, Halle (Saale) 1894, 124: „de universibus fructibus eorum“.

9 E. Becker, Weinbau und Weinhandel des Klosters Eberbach in älterer Zeit, Der Rheingau 3, 1930, 59–60.

10 J. Söhn, 71–75.

11 Fliesen mit Eberbacher Mustern finden sich entlang des Rheins in folgenden Orten: Rüdesheim, Lorch, Burg Liebenstein, Burg Sterrenberg, Kamp-Bornhofen, Osterspai, Lahnstein, Ober-Ingelheim, Burg Rheinstein, Steeg, Oberwesel, St. Goar, Boppard, Peterspay, Koblenz (verschiedene Fundorte), Bonn, Köln, Xanten. Rheinaufwärts: Oberwalluf, Mainz, Lörzweiler und wohl auch Goddelau. An der Lahn: Burg Nassau, Kloster Beselich und Brunnenburg. An der Mosel: Oberfell, Burg Eltz, Enkirch, Burg Starkenburg und Trier.

12 Zu den Techniken für die Bergfahrt vgl. D. Ellmers, 76–87.

13 Eberbacher Muster im Nahe- und Alsenztal: Bingen, Aspisheim, Sprendlingen, Burg Rheingrafenstein, Burg Montfort, Altenbaumburg, Burg Stolzenberg.

14 Die leichte Krümmung des Rechtecks weist C2 als Teil einer sehr großen Fliesenrosette aus, der gezähnte Kreisrand bringt sie in Verbindung mit den Fliesen B6 aus Kloster Arnstein und aus Worms.

15 L. Dolberg, Cistercienser-Mönche und Conversen als Landwirthe und Arbeiter, Studien und Mitt. aus dem Benediktiner- und dem Cistercienser-Orden 13, 1892, 220 (216–509).

16 L. Pfleger, Elsässische Klöster und die Rheinschiffahrt im Mittelalter, Studien und Mitt. aus dem Benediktiner- und dem Cistercienser-Orden 22, 1901, 391–395 (389–396).

17 M. Morkramer, 1982, 92, 94, 104, 106. Zum Schema der Importfliesen, ebd. 94–95, 111–112 und schriftliche Mitteilung vom 11. 3. 1983.

18 K. Gutbier, Das Bollwerk von Lichtenberg im Odenwald und der dicke Turm der Burg Friedberg, Der Odenwald 17, 1970, 57 (55–63). Für das Bollwerk werden im Jahre 1503 16700 Backsteine „uff der hutten bye Worms“ gekauft. Vgl. außerdem S. 122.

serweg bietet sich die Weschnitz an. Auf ihr wurden vermutlich schon im 4. Jahrhundert die Granitsäulen vom Felsberg im Odenwald verschifft, die sich bis heute im Trierer Dom erhalten haben[19]. Für das 12. Jahrhundert ist die Schiffahrt auf ihr ab Weinheim im Codex Laureshamensis bezeugt[20]. Die Lorscher Mönche hatten sich außerdem schon 858 von König Ludwig d. Deutschen die Erlaubnis erbeten, ein eigenes Schiff nach Worms in Betrieb zu nehmen[21]. Ob nun all diese Fliesen noch in Worms oder schon in Lorsch gebrannt wurden, läßt sich immer noch nicht sicher ermitteln. Das erstere wäre auf Grund des Scherbens wahrscheinlicher[22]. Andere Wormser Prägungen, die sich in den Burgen, Kirchen und Klöstern im Gebiet von Kirchheimbolanden fanden, könnten auf der Pfrimm[23] befördert worden sein. Da selbst in Gegenden, in denen guter Ton reichlich zur Verfügung stand, nicht auszuschließen ist, daß Fliesen von auswärts bezogen wurden, soll noch erwähnt werden, daß z. B. die Kästenburg (Hambacher Schloß) durch die Isenach[24] mit dem Rhein verbunden war und der Speyerbach[25] die Gegend um Bad Dürkheim (Kloster Limburg) mit Speyer und dem Rhein verband. In beiden Bauten fanden sich Fliesen, deren Muster nicht nur in Worms und Speyer, sondern auch im Elsaß vorkommen[26].

Das in Speyer und Germersheim gefundene Muster D 20 läßt vermuten, daß Fliesen auch rheinaufwärts verschifft wurden. Die Fliesen mit Wormser Mustern in Ladenburg könnten über Rhein und Neckar dorthin gelangt sein. Ebenso könnten in Hessen Nidda und Kinzig Ware, die auf dem Main aus Mainz oder auf dem Rhein kam, weitergeleitet haben[27].

Abschließend soll an einem kurzen Beispiel erläutert werden, welche Schwierigkeiten sich dem Versuch, bestimmte Fliesen der Wormser oder Eberbacher Werkstatt zuzuweisen, entgegenstellen, zumal wenn der Scherben für das bloße Auge kaum nennenswerte Unterschiede zeigt. Im sogenannten ‚Königshaus' in Boppard wurden Fliesen in fünf Mustern gefunden, die mit einer gewissen Wahrscheinlichkeit vor oder in der Mitte des 13. Jahrhunderts verlegt wurden (B 7, D 8, J 52, J 62, M 17). Ein Teil der Muster ist aus Worms bekannt oder aus Orten (Kloster Lorsch, Burg Neubolanden), die eben in Verbindung mit Worms genannt wurden. Die anderen sind Muster der Klöster Eberbach und Arnsburg und tauchen an allen Orten auf, die mit diesen Klöstern in Verbindung stehen, außerdem jedoch noch im Palas der Burg Hain (M 17). Die Verbindungen zwischen Worms und Boppard sind das ganze Mittelalter hindurch sehr eng, dem Wormser Martinsstift gehören die Kirchen und Kapellen samt dem Zehnten in Boppard[28], aber auch Eberbach hat hier einen großen Hof mit Kapelle und ausgedehnte Weinberge. Ob die Fliesen nun aus Worms oder aus Eberbach rheinabwärts kamen, und wer von beiden Fliesen an welche Orte lieferte, ließe sich erst durch eine Feinanalyse des Scherbens klären. Dies gilt auch für die in Koblenz gefundenen Wormser Muster A 22, C 23, D 37, P 12, R 36, die mit den Eberbacher Mustern H 213 und J 75 an einem heute nicht mehr genau bekannten Fundort zutage kamen.

Es muß in diesem Zusammenhang noch erwähnt werden, daß für die Donau, auf der sich im Mittelalter ein reger und vielfältiger Warenverkehr abwickelte, keinerlei Hinweise auf Transport von Fliesen zu finden waren. Eine Ausnahme bilden lediglich Fliesen, die möglicherweise aus Niederösterreich oder den Werkstätten in oder um Wien, nach Ungarn gelangten.

Hingegen dürften die in Minden gefundenen Fliesen ZA 1 und ZE 3 wohl auf der Weser befördert worden sein. Lehnemann, der seit Jahren die Keramik dieses Raums intensiv erforscht, betont in seiner Untersuchung[29], daß für die an Weser, Werra und Fulda geschaffene Keramik „der Fluß als Handelsweg zu betrachten ist". Er glaubt, „daß sich der Fernhandel nicht nur auf das Gebiet der Oberweser, sondern auch auf Mittel- und Unterweser, sowie auf die Nordseeküste, auf Nordfriesland, Dänemark, England und in besonderem Maße auf die Niederlande" erstreckte. Selbstverständlich gelten diese Überlegungen vor allem für das 16.–18. Jahrhundert. Die Fliesenfunde in der ‚Unteren Bäckerstraße' in Minden[30], einem Gebiet, in dem, unmittelbar an der Weser gelegen, Niederlassungen von Fernhandelskaufleuten vermutet werden, weisen durch ihre Muster auf Verbindungen mit den Nieder-

19 M. Eckoldt, 99–106, insbes. 100, Abb. 27.
20 K. Glöckner, III, 172–173, Nr. 3670.
21 Ebd., I, 91–92, Urkunde 31.
22 Auch hier kann ohne Tonanalyse keine Entscheidung gefällt werden. Erst die Lorscher Fliesen aus dem 3. Drittel des 13. Jh. zeigen den für Lorsch typischen Scherben (siehe Fundortkat.). Dies kann jedoch auch von der Ausbeutung einer neuen Tongrube herrühren. Der Verkehr zwischen Lorsch und Worms ist auf jeden Fall rege. D. Ellmers, 254, erwähnt, daß Lorscher Schiffe den Wormser Hafen anliefen und daß Mainzer Schiffer für Kloster Lorsch Schiffsdienste leisteten.
23 M. Eckoldt, 90. – Wormser Muster fanden sich z. B. auf den Burgen Neubolanden und Neu-Leiningen, in den Klöstern Hane und Rosenthal sowie in der Kirche von Biedesheim. Da gerade in diesem Gebiet reiche Tonvorkommen liegen, könnten die Fliesen selbstverständlich auch an Ort und Stelle entstanden sein.
24 M. Eckoldt, 82–84.
25 Ders., Zur Frage der Schiffahrt auf kleinen Flüssen der Pfalz in alter Zeit, Pfälzer Heimat 32, 1981, 173–175 (172–184). – Über den Speyerbach wurden die Sandsteine für den Bau des Speyerer Doms herbeigebracht. Er muß also schon um das Jahr 1000 gut befahrbar gewesen sein.
26 Vgl. hierzu S. 138. Ein Transport käme hier nur für einen kleineren Teil der Fliesen in Frage, da die übrigen durch den abweichenden Scherben und die Prägung (verschiedene Maße) belegen, daß sie an zwei Orten gefertigt wurden.
27 M. Eckoldt, 84–86, 89.
28 E. Kranzbühler, 1926, 6–7.
29 W. Lehnemann, Weserkeramik – Keramik auf der Weser, H.-P. Mielke (Hrsg.), Keramik an Weser, Werra und Fulda, 1981, 9 (9–12). – H.-G. Stephan, 1981 a, 69–90. Ders., 1981 b, 86–88.
30 G. Isenberg, 427–449.

landen (Brügge?, Utrecht?) und einem zweiten, bis heute unbekannten Ort.

Dieser muß nicht unbedingt in Norwegen liegen, da sich das Muster ZE3 dort im Zisterzienserkloster Hovedø nur als spiegelbildliche Prägung fand. In Frage käme wohl eher ein Kloster wie z. B. Doberan, von dem man weiß, daß es mindestens zwei Schiffe auf der Ostsee besaß[31] und dessen Fliesenprägungen, soweit sie heute erhalten sind, sich mit denen Hovedøs decken. Die frühen Fliesen des Mauritiusklosters in Minden (D3, E43, F164 und W82) stammen möglicherweise ebenfalls nicht von dort[32]. Für sie konnte allerdings bis jetzt keine Parallele gefunden werden, ihre Einfuhr würde jedoch das frühe Vorkommen der etwa um 1200 entstandenen Fliesen erklären. Die bis heute bekannten Funde zeigen, daß in Westfalen die Fliesenprägung nur sehr zögernd aufgenommen wurde. Nur in Osnabrück lassen die Fliesen aus der Margarethenkapelle des Doms und aus einigen Bürgerhäusern auf eine eigene städtische Werkstatt schließen. Osnabrück muß jedoch in Verbindung mit den rheinischen Werkstätten gestanden haben, da die wohl zuerst in Straßburg, später in Speyer und Mainz geprägte Fliese E44 bis dorthin gelangte.

Nicht alle Fliesen können jedoch auf dem Wasserwege befördert worden sein. Manche Fliesenfunde, bei denen sich in Muster, Tonmaterial und Größe übereinstimmende Fliesen an weit entlegenen, fern jeder Wasserstraße liegenden Orten finden, müssen über Land gebracht worden sein. Daß im Mittelalter sowohl kostbare Kunstwerke[33], wie auch weit weniger wertvolle Gegenstände des täglichen Bedarfs weite Wege zurücklegten, ließe sich durch zahlreiche Beispiele belegen[34]. Vor allem jedoch für Kirchenbauten gilt die Regel, je größer und kostbarer die Bauten, desto ausgesuchtere Materialien wurden verwendet und notfalls auf weiten und umständlichen Wegen herbeigeschafft. Erwähnt sei in diesem Zusammenhang nur der bei Kier aufgeführte Marmorbelag der Pfalzkapelle in Aachen, aus Spolien des Theoderichspalastes in Ravenna[35] gefertigt und die Nachricht bei Thietmar von Merseburg[36], daß zum Bau des Magdeburger Domes Marmor aus Italien herbeigeschafft wurde. Von den frühen Plattenbelägen der Dome in Magdeburg und Worms vermutet Kier[37], daß es sich um Spolien aus Trierer Bauten handelt.

Für die weit weniger kostbaren Fliesen kommen natürlich solch weite Transporte nicht in Frage. Zudem kann, solange exakte Tonanalysen fehlen, die Herkunft einer Fliese nicht mit Sicherheit bestimmt werden. Es soll daher hier nur versucht werden, Möglichkeiten aufzuzeigen, die eine Erklärung für das Auftauchen derselben Muster in räumlich weit getrennten Gegenden geben könnten.

In dem Zisterzienser-Nonnenkloster Wienhausen bei Celle haben sich Reste eines Fliesenbodens erhalten, der mit großer Wahrscheinlichkeit im Kloster geprägt wurde. Die Datierung der Fliesen ist überaus schwierig. Das Muster weist in das 2. Drittel des 13. Jahrhunderts, wichtige Bauten entstanden in Wienhausen jedoch erst seit Beginn des 14. Jahrhunderts. Zu dieser Zeit wurden unter der Äbtissin Margarethe II. von Schöningen[38] der Westflügel des Klosters und das Winterrefektorium errichtet. Grabungen ergaben, daß vermutlich auch andere Räume des Klosters mit Fliesen belegt waren. Bei der Umwandlung des Klosters in ein adliges Damenstift zog man wohl den wärmeren Holzboden vor und entfernte die Fliesen bis auf wenige Reste. Für die Prägung der Fliesen in Wienhausen[39], das sich, wie die zahlreich erhaltenen Kunstwerke beweisen, durch besondere Kunstliebe auszeichnete, spricht die Tatsache, daß Fliesen derselben Prägung in den nahegelegenen Kapellen von Calberlah und Hohnstedt lagen.

Diese Fliesen fanden sich außerdem in der Kirche des etwa 150 km entfernten Benediktinerklosters Groß-Ammensleben bei Wolmirstedt, im Kreuzgang des Prämonstratenserklosters ‚Unserer Lieben Frau' in Magdeburg und in einem dortigen Bürgerhaus am ‚Alten Markt'. Das Bindeglied zwischen den weit entfernten Orten bilden wohl die erst 1959–61 ausgegrabenen Fliesen der St. Annenkirche in Wolfsburg, die ebenfalls dasselbe Muster (J48) zeigen.

---

31 W. Schich, 143. – „Familiaren des Klosters fuhren z. B. 1255 bis nach Schonen". Ebd. Anm. 52: „1312 raubten die Rostocker in einer Fehde mit Doberan zwei in ‚molendino iuxta mare' gelegene Schiffe des Klosters."

32 Nach O. K. Laag, 43, enthält der tonige Auelehm der Weser einen hohen Prozentsatz von Eisen, der die Fliesen beim Brand rot färben würde. Die bräunlichen Scherben unterscheiden sich außerdem stark von anderer, in Minden getöpferter Gebrauchskeramik derselben Zeitstellung. (Mündliche Mitteilung März 1955.)

33 Als Beispiel seien die Marmorsäulen des Aachener Münsters erwähnt, die aus Ravenna und Rom kamen. Die Travertinsäulen, die Marmorverkleidung und die Bodenplatten des Trifels, für die man bisher eine Herkunft aus Langensalza in Thüringen annahm (W. Bornheim, gen. Schilling, Zum Kapellenturm des Trifels, Mitt. Hist. Ver. Pfalz 58, 1960, 189), scheinen jedoch, nach neuesten Untersuchungen, aus dem Kalksinter römischer Wasserleitungen zu bestehen (G. Stein, 1976, 76). Für spätere Zeit sei an die großen englischen Alabasteraltäre und an die niederländischen Schnitzaltäre erinnert, die über große Strecken befördert wurden.

34 Zur weiten Verbreitung der rheinischen Keramik vgl. M. Biddle, Imports of medieval stoneware from the Rhineland, Medieval Arch. 6/7, 1962/63, 298–300. – W. Janssen, 1972, 13–15, 35, 44, Karte 2–4. – G. Reineking v. Bock, Verbreitung von rheinischem Steinzeug, Keramos 87, 1980, 11–50.

35 H. Kier, 1970, 24.

36 Freiherr-vom-Stein Gedächtnisausgabe. Mittelalter IX, Thietmar von Merseburg, Chronik. Neu übertr. und erl. von W. Trillmich, Darmstadt 1957, 53.

37 H. Kier, 1970, 24.

38 J. Bühring, K. Maier, 3–4. – Zur abweichenden Datierung vgl. Fundortkat. ‚Wienhausen'.

39 Die Weitergabe verlief möglicherweise über eine heute nicht mehr rekonstruierbare Quelle. Das nicht allzu weit von Wienhausen entfernte Zisterzienserkloster Riddagshausen, in dessen naher Umgebung sich die Kirchen von Calberlah und Wolfsburg befinden, hatte einen Klosterhof in Magdeburg (H. Wiswe, 126). In Riddagshausen, dessen Konventsbauten im 19. Jahrhundert abgerissen wurden und wo sich nur die Kirche erhalten hat, wurden bis jetzt keine Fliesen gefunden.

Ein Vergleich der einzelnen Prägungen und des Scherbens war noch nicht möglich. Es ist jedoch nicht auszuschließen, daß hier Fliesen über Land transportiert oder, mit demselben Model, an einem der Orte geprägt wurden. Dieser Ort war vermutlich nicht Magdeburg, da dort, durch den Mangel an größeren Tonlagern erst sehr spät Töpfereien für Gebrauchskeramik entstanden[40]. Die zahlreichen Funde rheinischer Keramik in Magdeburg zeigen, wie umfangreich die durch das Fehlen einer bodenständigen Töpferei bedingte Einfuhr von keramischen Erzeugnissen war[41].

Der zweite Weg zur Verbreitung einzelner Muster durch Übernahme von Modeln berührt gleichzeitig die Frage der ‚Bauhütten' oder der wandernden Estrichleger und Töpfer. Noch ist es nicht gelungen, eine dieser Werkgruppen sicher zu fassen; es kann im folgenden nur an verschiedenen Beispielen aufgezeigt werden, welchen Weg die Muster genommen haben und wie eng die Verflechtungen zwischen einzelnen Werkstätten waren.

Die Fliesen der Altenstädter Kirche St. Martin in Pforzheim und die eines noch unbekannten mittelalterlichen Gebäudes, auf dessen Gelände später das Gasthaus ‚Zum roten Löwen' (Speyer, Herdstr. 35) lag, wurden mit denselben Modeln geprägt. Da die Fliesen beider Fundorte Beschädigungen und Modelrisse an denselben Stellen aufweisen (A 39, B 16, C 21) wurden die sorgsam gehegten Model wohl nicht in Speyer geschnitten, sondern schon nach dort, möglicherweise aus Mainz[42] mitgebracht. Ein Vergleich der Scherben ergab, daß die in Speyer gefundenen Fliesen dort geprägt sein müssen. Der Ton zeigt dieselben winzigen Verunreinigungen mit Kalkpartikelchen, wie sie für die Speyerer Fliesen üblich sind, während die Fliesen der St. Martinskirche, Pforzheim, mit wenigen Ausnahmen (F 75 = grau, W 19 = graugelb), einen an der Oberfläche fein geschlämmten, sonst etwas gröberen Ton von ziegelroter Farbe aufweisen. Die Muster der Fliesen lassen darauf schließen, daß die Werkleute aus einer Kirche kamen, in der sie noch eine Fliesenrosette oder zumindest einen reicher gegliederten Fliesenboden verlegt hatten. Sie müssen dann zuerst in Speyer gearbeitet haben. Hier wurde der Model der dreieckigen Drachenfliese F 75, für den man keine Verwendung mehr hatte, schon in eine quadratische Fliese eingeprägt, die Raute W 43 jedoch noch als Teilstück verwandt. In Pforzheim wurde dieselbe Raute zweimal nebeneinander in eine Quadratfliese geprägt. Die Dreiecksfliese W 19, ein Typus, den man meist zur Rahmung diagonal verlegter Fliesenfelder benutzte, wurde an beiden Orten noch so verwandt, der Model zeigt jedoch, daß er für eine Fliese kleineren Maßes berechnet war.

Auf der Kästenburg hat sich vom Musterbestand dieser Gruppe nur ein Bruchstück der Fliese C 21 erhalten, welches nicht erkennen läßt, ob der Model schon gebrochen war. Die nur in einer ungenauen Zeichnung überlieferte Adlerfliese B 13, als Viertelskreis ähnlich F 50 in eine quadratische Fliese geprägt, zeigt, daß auch dorthin die Model mitgebracht wurden.

Der Weg dieser Werkgruppe läßt sich noch weiter verfolgen. Das Muster H 59, in Pforzheim noch, in Speyer nicht mehr erhalten, fand sich im Speyerer Pfleghof in Esslingen. Da die Stadtkirche St. Dionysius seit 1213 dem Speyerer Domstift gehörte, ist die Vermutung, daß die Fliesen aus der Kirche stammen und erst später im Pfleghof verlegt wurden, nicht von der Hand zu weisen[43]. Vor oder nach Pforzheim muß die Werkstatt außerdem in Pirmasens gearbeitet haben, das zu dieser Zeit eine Meierei des mächtigen Benediktinerklosters Hornbach war. Der Viertelskreis F 50 wurde an beiden Orten schon in eine quadratische Fliese geprägt. Die letzten Spuren dieser Gruppe tauchen in Worms auf, wo sie vermutlich den Fliesenboden der St. Amanduskirche und den des der kaiserlichen Pfalz benachbarten Bischofshofes verlegte. Dort fanden sich die Muster A 39 und F 75. Bei Letzterem war der Model in eine weit größere Fliese eingeprägt und ein breiter Modelriß hinzugekommen, beide Fliesen sind außerdem durch den Scherben als in Worms entstanden erkennbar.

Die Datierung dieser Fliesen ist schwierig, da für alle diese Gebäude sichere Baudaten fehlen. Sie läßt sich einengen, da die Fliesenrosette schon Muster trug und die spätesten Fliesen der Werkstatt wohl beim Wiederaufbau der durch den großen Stadtbrand 1242 zerstörten St. Amanduskirche verlegt wurden. Vermutlich entstanden diese Fliesenböden in Mainz[44], Speyer, Pirmasens, Pforzheim, Esslingen und Worms im 4. und 5. Jahrzehnt des 13. Jahrhunderts.

Der Fund im Gasthaus ‚Zum roten Löwen' umfaßt jedoch noch eine zweite Gruppe von Fliesen, deren gemeinsames Merkmal Blätter und Lilienkelche mit feinen Ährengrannen, sowie winzige Sternchen sind. Auch hier wurden in Speyer nur die Restmodel verwandt: W 92, (ursprünglich wohl als Randleiste mit einem kleinen Spitzoval zusammen verlegt) und R 46. Geschnitten wurden die Model mit großer Wahrscheinlichkeit für das Benediktinerkloster Limburg (Haardt),

40 Freundliche Mitteilung von Herrn Dr. Priegnitz, Magdeburg.

41 E. Nickel, 80–81. – Vgl. außerdem H.-J. Stoll, Widerspiegelung von Handelsbeziehungen in den spätmittelalterlichen Bodenfunden von Magdeburg, J. Herrmann, Archäologie als Geschichtswissenschaft. Studien und Untersuchungen (Schriften zur Ur- und Frühgesch. 30), Berlin 1977, 403–418. – Die jüngsten Grabungen ergaben zahlreiche Funde von Pingsdorfer Keramik, Graphittongefäßen aus Passau-Oberzell (?) sowie Steinzeug aus Siegburg, Dreihausen und Duiingen.

42 Die in Mainz auf einem Gelände, welches möglicherweise noch zum mittelalterlichen Bischofshof gehörte, gefundene Fliese R 37, zeigt vermutlich dasselbe Muster wie die Dreiecksfliesen W 19 aus Pforzheim und Speyer. Hier wurde eine Korrektur des Models unternommen, um das Muster dem Dreieck anzupassen.

43 Bei den 1960–63 in St. Dionysius durchgeführten Grabungen wurden jedoch keine Bodenfliesen gefunden.

44 Von den Fliesen dieser Gruppe wurden bis jetzt nur C 21 und F 43 in Mainz gefunden. Diese weisen noch keine Modelrisse auf.

wo sich R46 noch in Dreiecksform (W20) fand, während er auf der Kästenburg (Hambacher Schloß)[45], schon in eine quadratische Fliese geprägt wurde. Zu dieser Gruppe gehören sicher F26, S49, W57 und W93, vermutlich auch F35 aus Mainz, deren kaum wahrnehmbare Wölbung zeigt, daß sie wohl Teil einer sehr großen Fliesenrosette war.

Sehr viel schwieriger ist es, den Wanderungen und Einflüssen einer Wormser Werkstatt nachzugehen, deren Muster ganz unvermittelt und ohne daß bis heute ein gesicherter Vermittler[46] aufgetaucht wäre, auf den Fliesen des Klarissinnen-Klosters Ulm-Söflingen auftreten. Die Muster, die größtenteils mit denen der St. Johanniskirche in Worms übereinstimmen, lassen durch kleine Maßabweichungen und Farbnuancen, sowie durch die weit bessere Tonqualität der Wormser Fliesen erkennen, daß sie jeweils in Worms und Ulm geprägt wurden. Nicht sicher ist jedoch, wer wem die Model überlassen hat.

Durch das Vorkommen älterer Fliesen in Worms[47], die auf eine lange Tradition der Fliesenherstellung deuten, ist man versucht, den Wormser Einflüssen den Vorrang zu geben. Dies erklärt jedoch nicht das Vorkommen der allgemein als ‚U' (für Ulm) gedeuteten Initiale auf der Hirschfliese C41, die in Söflingen und Worms gefunden wurden.

Für eine Herkunft der Model (die übrigens keine Abweichungen zeigen) aus Worms spricht die Tatsache, daß bei den Fliesen W29 und W42 in Söflingen Dreieck und Raute unregelmäßig in eine quadratische Fliese geprägt wurden, W42 hat sich in Worms noch in Rautenform erhalten.

Söflingen hat später selbst neue Muster entwickelt. Die frühen Fliesen Söflingens bilden, stilistisch gesehen, eine innere Einheit, so daß nicht angenommen werden darf, daß diese nur zum Teil aus Worms übernommen, zum Teil in Söflingen geschnitten wurden. Viel eher ist zu vermuten, daß sich in Söflingen Muster erhalten haben, die in Worms verloren sind oder bis heute nicht wiedergefunden wurden[48].

Fliesen der Worms-Söflinger Mustergruppe fanden sich auch an anderen Orten, so der St. Peterskirche in Weinheim, der verschwundenen Burg Neuhaus bei Kiedrich (Rheingau)[49], in Mainz und in Aschaffenburg(?). Eine Addition all der an diesen Orten gefundenen Muster, ergäbe vermutlich den Modelbestand dieser Werkstatt, deren Tätigkeit wohl im 4./5. Jahrzehnt des 13. Jahrhunderts begann und deren Model möglicherweise noch zu Ende des Jahrhunderts benutzt wurden.

Leider ist der Fundort der Fliesen in Aschaffenburg immer noch nicht geklärt, eine Herkunft aus der Stiftskirche St. Peter und Alexander wäre zwar mit den Baudaten in Übereinstimmung zu bringen, bleibt jedoch Vermutung. Die Muster sind sicher nicht über Ulm nach Aschaffenburg[50] gelangt; bei der engen Verbindung, die im Mittelalter zwischen Mainz und Aschaffenburg bestand, darf eher Mainzer Einfluß angenommen werden. Dies gilt auch für Burg Neuhaus, die zwischen 1259–74 von Erzbischof Werner von Mainz erbaut wurde. Für die St. Peterskirche in Weinheim ist die Verbindung zur Wormser Werkstatt leicht herzustellen. Zu der geringen räumlichen Entfernung zwischen beiden Orten kommt die Tatsache, daß das Patronat der Peterskirche vor 1295 in den Händen des Cyriakusstiftes Worms-Neuhausen und danach in der des Wormser Domkapitels lag. Die Schildform der Reiterfliese A23 weist das in Mainz gefundene Exemplar deutlich als Nachschnitt aus[51], während F30 übereinstimmende Prägung zeigt.

Genauer zu verfolgen ist die Wanderung einer lothringischen Werkstätte, welche, nach dem heutigen Stand der Funde, zuerst in der Katharinenkapelle in Oberhomburg festzustellen ist. Sie verlegte dort eine zu Ende des 19. Jahrhunderts noch in situ vorhandene Rosette[52], die vor ihrer Entfernung nur flüchtig von Kraus gezeichnet wurde. Aus dieser Zeichnung geht nicht hervor, ob die Fünfecke, Dreiecke, Kreissegmente und Kreise der Rosette alle figürliche Darstellungen zeigten oder ob auch unverzierte Fliesen darunter waren. Erhalten haben sich Dreiecke (A12, D71), ein Kreissegment (E25) und eine von zwei Randleisten begrenzte Rahmenfliese (C24), wie sie ähnlich in St. Peter, Bacharach, in der Dompropstei Mainz und in Kloster Arnstein (Lahn) vorkommt. Der Musterbestand dürfte jedoch ursprünglich weit größer gewesen sein.

In Speyer gefundene Fliesen (A32, A36, B4, D19, D74, F5, F165) legen die Vermutung nahe, daß hier nicht nur Model aus Oberhomburg mitgebracht wurden, sondern vom selben Modelschneider, der die Fliese A12 schnitt, in Speyer weitere Fliesen geschaffen

45 Bei W20 aus dem Hambacher Schloß handelt es sich um eine Verdoppelung des Models, ein zusätzlich entstandener Modelriß ist sichtbar. R46 wurde sicher vom selben Handwerker für eine kleinere Fliese geschnitten.

46 Worms besaß zwar eine 1221 gegründete Franziskanerniederlassung, aber kein Klarissenkloster. Das Kloster der Franziskaner wurde 1234 erbaut, beim Stadtbrand 1242 zerstört und 1244 wieder aufgebaut. Zu dieser Zeit könnte auch ein Fliesenboden dort verlegt worden sein. Die Muster der in der Peterstraße gefundenen Fliesen sind leider nicht bekannt. Die Peterstraße verläuft teilweise über das Gelände des ehem. Franziskanerklosters. H. Huth, 1973, 243–273.

47 Die ältesten Wormser Fliesen (A1, F108) entstanden wohl schon zu Ende des 12. oder zu Beginn des 13. Jh.

48 Folgende Muster fanden sich in Söflingen und Worms: A23, C41, D30, F30, H88, I4, O27, P13, R50, W42.

49 An beiden Orten gefunden wurde T16, in Mainz, Worms und Burg Neuhaus außerdem W90, die dieselbe Art der Punzierung und dieselben Mittelkreise aufweist wie O26 und O27 aus Söflingen.

50 Der Herkunftsort der Fliesen des Museums Aschaffenburg ist nicht bekannt, sie sollen aus der Stadt oder deren Umgebung stammen. O16, O26, O27 und R50 stimmen mit Söflinger Mustern, F30 und S20 mit solchen aus Mainz überein.

51 Die stärkere Rundung der Schildform entspricht der Entwicklung des Schildes in der 2. Hälfte des 13. Jh.

52 F. X. Kraus, III, 835, Abb. 161.

wurden. Eine genaue Rekonstruktion der Muster ist wegen des dürftigen Fliesenbestandes unmöglich, doch könnte auf diese Weise das Muster N95 auf die Kästenburg und nach Kloster Limburg (Haardt) gelangt sein, so wie es vermutlich von Oberhomburg nach Straßburg und möglicherweise nach Konstanz kam.[53] Daß die Oberhomburger Model in Speyer zumindest nochmals vervielfältigt wurden, zeigen die Fliesen F44 und J78. Die Fliese F44, in Oberhomburg ohne Rahmung, wurde in Speyer zunächst ebenso verwandt, dann jedoch nochmals, von einem Rahmen umgeben, zusammen mit D20 als Doppelfliese geprägt. Bei J78 blieb der Modelriß auch in der sehr viel derberen Nachprägung in Speyer erhalten.

Eine direkte Verbindung zwischen dem Fundort in Speyer, der ehemaligen St. Ägidienkirche und Oberhomburg war nicht festzustellen, ebenso nicht zwischen Oberhomburg und Dieburg, wo die Werkstatt wohl anschließend arbeitete. Hier fand sich der Model der Dreiecksfliese D71 dreimal wahllos in eine quadratische Fliese eingeprägt. Da alle Daten zur Baugeschichte fehlen, ist die zeitliche Einordnung auch dieser Werkstatt schwierig. Die Oberhomburger Rosette wurde möglicherweise schon im 2. Viertel des 13. Jahrhunderts verlegt, die Fliesen in Speyer können auch noch nach der Jahrhundertmitte entstanden sein.

Zusammenfassend soll nochmals betont werden: in allen Fällen, in denen das Muster nur einen Teil der Fläche bedeckt (B13) oder nicht bis zum Rand reicht (H69, P11), darf vermutet werden, daß der Model mitgebracht und der geforderten Fliesengröße angeglichen wurde.

Wie schwierig es ist, die Verflechtung zwischen einzelnen Fundorten, den Herstellungsorten und der Ursprungswerkstatt zu entschlüsseln, soll nochmals an einem Beispiel gezeigt werden: an dem der Fliesen des Stadionschen Domherrenhofes und der Mauritiusrotunde des Münsters in Konstanz und einer Wormser Fliesengruppe, deren Fundorte innerhalb des Stadtgebiets leider nur bei wenigen Fliesen bekannt sind. Es ist nicht feststellbar, ob der Anstoß zur Prägung von Konstanz oder vom Elsaß ausging. Fliesen aus der abgebrochenen Kirche in Sesenheim[54] decken sich mit Konstanzer Mustern (F132, N4, N5, N90). Die Greifenfliese F132 fand sich, wie später auch in Worms, ohne Rahmung, ebenso die übrigen drei Muster, während in Konstanz alle Muster mit quadratischen Rahmen versehen waren.

Für die Priorität der Konstanzer Werkstatt sprächen die Fliesen zweier weiterer Fundorte im Elsaß. In einem Gebäude, welches vermutlich mit der von Kaiserin Adelheid gegründeten Benediktinerabtei Selz in Verbindung stand, wurden 1950 Fliesen in acht verschiedenen Mustern aufgedeckt. Der in Konstanz noch unversehrte Model F150 weist hier denselben Modelriß auf, wie schon bei einer Fliese, die in St. Martin, Kolmar, gefunden wurde. Auch eine zweite Fliese (E50) zeigt einen breiten Modelriß. Eines der in Selz geborgenen Muster fand sich, außer in Konstanz, auch in Sesenheim und dem Hambacher Schloß, ein anderes (A13) gehört ganz offensichtlich zum Musterbestand der Oberhomburg-Gruppe, wurde jedoch nicht dort, sondern in Straßburg gefunden. Möglicherweise dürfen beide Modelgruppen, die der Konstanzer Werkstatt und die jener, welche in Oberhomburg arbeitete, gar nicht getrennt werden, sondern stellen den Musterbestand einer einzigen Werkstatt dar, welche zerbrochene oder abgenutzte Model gelegentlich durch Neuschnitte ersetzte. Das in Selz gefundene Muster S10 taucht noch einmal in Weißenburg auf. Der Adler B4, der aus stilistischen Gründen der Oberhomburg-Gruppe zugeordnet wurde, fand sich in Weißenburg und als Variante in Speyer.

Sesenheim und Kolmar haben ein zweites Muster gemeinsam (P11), auch dieses findet sich in Worms und Speyer (hier in eine größere Fliese eingeprägt) wieder. Eine weitere Fliese des Sesenheimer Musterbestandes (N76) wurde, wie A36, in der Lindenstraße in Speyer gefunden. Herzpalmetten und Punzierung zeigen, daß sie aus der Hand des Modelschneiders stammen muß, der auch die Vorlage für W76 von der Kästenburg schnitt. Die eng gereihte Punzierung vieler Konstanzer Fliesen stimmt mit ihr überein, die Herzpalmetten der Fliesen M6 und M7 sind kaum verschieden.

Die Beziehungen zwischen der Konstanzer Werkstatt und jener in Worms müssen sehr eng gewesen sein. Winzige Abweichungen[55] zeigen jedoch, daß im Gegensatz zu den Fliesen aus St. Martin, Kolmar, Sesenheim, Straßburg und Worms, die Fliesen nicht mit demselben Model geprägt wurden. Die Änderungen sind so gering, daß man als Vorlage nur einen Model und kein Musterbuch annehmen darf, vor allem, da ja auch der Wechsel von vertiefter Prägung zum Relief auf der Hasenfliese E9 streng eingehalten wurde.

Die Konstanzer Muster tauchen auch in Kloster Limburg (Haardt) wieder auf (E9, F113, F127, N4, N95) und zwar merkwürdigerweise hier teils mit, teils ohne Rahmung. Auf der Kästenburg kommen, außer den bereits genannten Mustern, noch F88, N5 und N95 vor. Auch die Kirche in Kippenheim (Baden) besaß Fliesen

53 Da das Muster durch einen zweifach eingeprägten Model stark verzerrt erscheint, läßt sich nicht sicher feststellen, welche die Originalprägung ist. Die sorgfältigsten Prägungen stammen meist aus Konstanz und Straßburg, in Konstanz mit, sonst überall ohne Rahmen. Die Prägungen in Kolmar und Worms sind identisch.

54 Ch. Czarnowsky, 18, Abb. 18–25. – Außerdem von Czarnowsky nicht veröffentlichte Fragmente.

55 In Worms wurde bei E9 ein kleiner Sechsstern durch ein Malteserkreuz ersetzt, zwischen die Hinterläufe eines Hasen ein zusätzlicher Stern eingeschoben. Bei F88 ist die Schweifquaste in Konstanz fast kreisrund, in Worms flacher, (in Straßburg ein Herzblatt). Der Greif F113 zeigt in Worms eine Herzblattquaste, in Konstanz eine kleine Palmette, N95 ist in Konstanz sorgfältiger geschnitten.

mit Konstanzer Mustern (D 33, E 68, N 4). Der hellgelbliche Scherben, der sich in Konstanz bei keiner Fliese findet, zeigt, daß die Fliesen nicht von dort bezogen worden sein können. Auch die an verschiedenen Stellen im Stadtgebiet Straßburgs gefundenen Konstanzer Muster wurden wohl an Ort und Stelle geprägt[56].

Welchen Weg die Muster nun wirklich nahmen, wird nicht mehr sicher festzustellen sein. Auf die enge Verbindung der Bauhütten des Elsaß und der von Worms haben schon Kautzsch und Will[57] hingewiesen. In Worms wurden auf jeden Fall die im Elsaß benutzten Model verwandt. Dagegen kann die Fliese G 1 mit dem Wappen der Grafen von Waldburg[58], die stilistisch und in der technischen Ausführung eng mit E 9 zusammenhängt[59], nur in Konstanz entstanden sein. Es ist bedauerlich, daß die Konstanzer Rosette zerstört ist und sich nur bruchstückhaft rekonstruieren läßt[60]. Es scheint jedoch, daß sie ein von den Rosetten in Kloster Limburg (Haardt) und im Hambacher Schloß verschiedenes Musterschema zeigte.

Zum Abschluß dieser Überlegungen sei jedoch darauf hingewiesen, daß, so verführerisch diese Ableitungen der Wanderwege einzelner Model und Motive auch sein mögen, die ganze Konstruktion immer noch auf tönernen Füßen steht. Da von einem Holzmodel beliebig viele Tonmodel abgenommen werden konnten, können diese Tonmodel fast zur selben Zeit für räumlich weit getrennte Bauten verwandt worden sein. Bei der regen Bautätigkeit, welche sich gerade im 1. und 2. Drittel des 13. Jahrhunderts entfaltete, wurden vermutlich auch Fliesenböden in großer Anzahl benötigt. So ist es nicht auszuschließen, daß all diese Fliesen durch eine größere, uns heute noch unbekannte Werkstatt geliefert wurden oder daß diese Werkstatt erfahrene Fliesentöpfer an einzelne Bauten sandte. Der Modelbestand der heimischen Werkstatt änderte sich durch den Ersatz abgenutzter Model im Lauf der Jahre. Da Grabungen nie die vollständigen Fliesen einer Werkstatt, sondern meist nur Zufallsfunde erbringen, wird das Bild, welches wir uns vom Formenschatz einer mittelalterlichen Fliesenwerkstatt machen können, immer lückenhaft bleiben.

Dennoch sollen einige weitere Verbindungen, durch die Fliesen oder Model von Nord nach Süd, von Ost nach West gelangten, aufgezeigt werden. Neue Funde könnten für dieses heute noch weitmaschige Netz der gegenseitigen Einflüsse neue Gesichtspunkte erbringen.

In dem Basler Bürgerhaus ‚Zunft der Hausgenossen' wurden Fliesen geborgen, bei denen es sich um Nachschnitte nach Speyerer Mustern handeln muß. Diese wurden, in etwas verwaschener Prägung entweder genau übernommen (B 24, C 31, D 42) oder nur geringfügig abgewandelt (A 19–A 20). Winzige Abweichungen[61] zeigen, daß neue Model geschnitten wurden. Nur J 29, aus einem Haus der Sattelgasse in Basel stammend, scheint der Originalmodel zu sein.

Fliesen aus Speyer dienten auch als Vorlage für neue Prägungen in Kloster Zwiefalten. Hier wurde 1978 das Muster J 29 mit dem für Speyer typischen Zackenband (J 30) aufgedeckt, auch F 155 (vgl. F 152–154) kann nur aus Speyer stammen[62]. Die Löwenfliese D 18 geht vermutlich auf ein heute in Speyer verlorenes Muster zurück (vgl. D 15), ebenso wohl H 61 (vgl. H 62, H 63), H 183 und wohl auch L 18. Andere Muster wie O 27 und P 13 gehören außerdem zum Worms/Söflinger Modelbestand.

Daß ein solcher Austausch von Vorlagen, Fliesen oder Modeln nicht nur in der Mitte des 13., sondern auch noch zu Ende des 15. Jahrhunderts üblich war, zeigen die späten Fliesen Zwiefaltens. Auch damals schien das Kloster nicht die Fähigkeit besessen zu haben, eigene, neue Muster zu entwickeln. Man griff deshalb wieder auf wohl über den Ulmer Pfleghof des Klosters vermittelte Vorlagen aus Ulm zurück (H 142–H 143, H 153–H 154) oder entlehnte sich Model aus dem befreundeten Kloster Schussenried (H 144–H 143, O 53).

Mit eher aus Speyer als aus Worms stammenden Modeln wurden die Fliesen geprägt, die in nicht bekannter Zeit und erneut 1983[63] auf der Wartburg geborgen wurden (A 22, P 46). Ein Transport von Fliesen über eine solch weite Strecke ist sicher ausgeschlossen, auch wenn die große Straße von Frankfurt (Main) in die Neusiedelgebiete des Ostens unmittelbar am Fuß der Burg entlangführte. So läßt sich auch hier vermuten, daß für diesen wichtigen Bau, für den die Anwesenheit einer rheinischen Bauhütte zur Zeit des Palasbaus (um 1190–1220) angenommen wird, Handwerker, welche die Herstellung und Verlegung von Fliesenböden be-

---

56 In Straßburg fanden sich mit Konstanz genau übereinstimmende Muster (D 33, F 88, N 95), mit gebrochenem Model geprägte Fliesen (F 150, J 68) und freie Nachschnitte (Vgl. E 17/E 18 und F 52/F 53).

57 R. Kautzsch, Der Dom zu Worms, Berlin 1938, I, 199–218. – R. Will, 1966, 15: „… wechselseitige Einflüsse und der Austausch von Ideen und Werkleuten zwischen den Hütten sind gesichert, aber es scheint, als ob der Anstoß aus dem Elsaß gekommen sei". Als Beispiele werden die Schiffe der Kirche in Sigolsheim und St. Martin in Worms angeführt, die „praktisch identisch in Struktur und Dekor sind".

58 Zu der engen Verbindung der Grafen von Waldburg mit der Konstanzer Domkurie vgl. Musterkat. G 1.

59 Beide Fliesen zeigen kleine und größere Sternchen und Kreuze, mit denen der freie Raum gefüllt ist.

60 H. Kier, 1970, 242–243, zeigt eine freie, vom Rosgartenmuseum, Konstanz, verlegte Rekonstruktion, die nicht gesichert ist. Die Fliesen wurden alle aus dem Schutt oder im Mauerwerk verbaut geborgen.

61 A 20 erscheint seitenverkehrt, das Bäumchen zeigt statt des aufstrebenden, ein kleines hängendes Blatt, die Haltung des Schildes ist verändert.

62 L. Tampe, 27, Abb. 1. – Zu den Vorlagen aus Speyer kamen unveränderte Fliesen aus Kloster Söflingen. Beide wurden vermutlich in kurzem Zeitabstand beim Wiederaufbau des Klosters nach der Zerstörung von 1251 verlegt.

63 Eine Publikation der Grabung ist in Vorbereitung. – Nach A. Antonow, 1983, 234, hat eine Untersuchung der Säulen der Wartburg 1979 ergeben, daß diese möglicherweise auf Rhein und Lahn von Ingelheim nach Eisenach gebracht wurden.

Abb. 58 Köln, ehem. Stiftskirche St. Severin, Chor. Plattenmosaik, Mitte 12. Jh.

herrschten, von auswärts berufen wurden. Es ist bedauerlich, daß man nur zwei Muster fand. Die Pracht der Ausstattung, die sich in den ikonographisch besonders interessanten, sorgfältig skulptierten Kapitellen spiegelt[64], erstreckte sich sicher auch auf den Fußboden.

Eine besonders enge Verbindung bestand zwischen den Werkstätten von Worms und Speyer. Da gerade in diesen beiden Städten schon im 19. Jahrhundert zahlreiche Fliesen geborgen wurden, ohne daß man den Fundort festhielt, ist ihre Datierung mit Hilfe fester Baudaten besonders erschwert. Während Muster wie A 1 für eine Priorität der Wormser Werkstatt sprächen, fällt auf, daß bei Kopien von Mustern die Wormser Prägungen nicht immer, aber sehr häufig, von minderer Qualität sind. Es müßte also eine Abhängigkeit von Speyerer Vorlagen angenommen werden. Beim Nachschnitt wurden die Muster entweder vereinfacht (F41, F42, W30), vergröbert (A22, C22–C23) oder in vielen Fällen ganz verdorben. Wie die unter anderem auch in Worms gefundene Kentaurenfliese F7 und die Fliese F8 aus Speyer zeigen, ist jedoch auch der umgekehrte Vorgang möglich. Hier entstand eine durch den Nachschnitt seitenverkehrte Kopie, die zwar Einzelheiten, wie die seitlichen Begrenzungslinien, die Haltung des Bogens, den gereckten Arm übernimmt, sie in der Zeichnung jedoch nicht bewältigt. Die bis zum letzten Muskel gespannte Angriffshaltung des Oberkörpers geht völlig verloren, die Arme stehen wie dünne Streichhölzchen vom Körper ab.

Bei einem Vergleich aller Muster dieser beiden Werkstätten gilt, daß für die frühen Prägungen wohl teilweise noch derselbe Model benutzt wurde, die Abweichungen sind sehr gering. Ungefähr seit der 2. Hälfte des 13. Jahrhunderts scheint sich ein getrennter Modelbestand entwickelt zu haben.

Besonders schwierig ist die Klärung der Frage, welche Möglichkeiten, Transport von Fliesen oder Weitergabe von Modeln, für die frühen Fliesenböden der Kirchen des Lahntals und des Mittelrheins in Frage kommen. Da diese Fliesen am Beginn der Fliesenprägung dieses Gebiets stehen, muß auf sie in aller Ausführlichkeit eingegangen werden. Das Leitmotiv dieser Bodenbeläge bilden große Kreisrosetten, zuerst aus Naturstein, dann teilweise, später ganz aus Tonfliesen bestehend.

Die erste Fliesenrosette taucht, nach Kier[65], in der Mitte des 12. Jahrhunderts in der Kölner Stiftskirche St. Severin auf. Sie zeigt einen auf Fünfecken um einen Mittelkreis angeordneten Stern, der durch rechtwinklige Dreiecke wieder zum Kreis geschlossen wird. Um diesen legt sich ein schmales, in einzelne Segmente gegliedertes Kreisband, dem wiederum ein Band aus farblich differenzierten spitzwinkligen und gleichseitigen Dreiecken folgt (Abb. 58). Diese sind bei den Plattenmosaiken meist schwarz und weiß, bei den Fliesen rot und grau. Die Anordnung wiederholt sich, die Rosetten zeigen alle dasselbe Schema von drei Ringen und zwei Zackenkreisen. Lediglich die Kirche der Augustiner-Chorherren in Pfaffen-Schwabenheim[66] besaß vermutlich eine Rosette mit zusätzlichen Kreisen aus Rhomben und kleinen Dreiecken. Die Rosette in St. Severin sowie die wenig später entstandenen Rosetten der Stiftskirchen St. Pantaleon und St. Gereon in Köln[67] und in den Kapitelsälen des Benediktinerklosters Brauweiler und der Prämonstratenserabtei Knechtsteden[68], bestehen jedoch alle aus glatten ungemusterten Plattenmosaiken oder Fliesen.

---

64 W. Noth. Vgl. ein Doppelkapitell mit der Darstellung eines Reiterkampfes (ebd., 133, Bild 69), um 1200, sowie Doppelkapitelle aus dem Erdgeschoß des Palas mit Löwen- und Greifendarstellungen (ebd., 39, Bild 14, 40, Bild 15), wie sie sich später auch auf Speyerer Fliesen wiederfinden.

65 H. Kier, 1970, 194, Muster 96.

66 Ebd., 195, Muster 97. – Da von dem Fliesenboden nur noch eine sehr kleine Fläche (in neuer Verlegung) vorhanden ist, ist diese Ergänzung nicht gesichert.

67 Ebd., 194. – St. Severin, Chor, Mitte 12. Jh. – St. Pantaleon, Chor, 2. Hälfte 12. Jh; Nordwestempore, um 1170/80. – St. Gereon, vor dem Gereonsaltar, 1190/91.

68 Ebd., 194. – Brauweiler, 4. Viertel 12. Jh. (ebd., Abb. 184). – Knechtsteden, nach 1170/80 (ebd., Abb. 177).

Abb. 59 Arnstein/Lahn, ehem. Prämonstratenserklosterkirche, Mittelschiff, Fliesenboden aus Plattenmosaik und Stempelfliesen, 1. Drittel 13. Jh.

Für eine gleichzeitige Verlegung gemusterter Fliesen fanden sich keine Belege. Auch der Mittelkreis trägt, im Gegensatz zu den späteren Rosetten der Prämonstratenserklöster Arnstein und Rommersdorf, noch keine figürliche Darstellung.

Diese Rosetten haben sich gerade in und um Köln zahlreicher als andernorts erhalten, so daß Kier[69] vermutet, daß diese Böden zuerst dort entstanden und das Musterschema langsam rheinaufwärts vordrang.

Die Fliesenböden mit Mittelrosetten, bei denen zuerst vereinzelte Fliesen, dann wohl die ganze Rosette Muster aufwiesen, müssen sich zeitlich an die ungemusterten Rosetten angeschlossen haben. Noch ist es nicht möglich, die genaue Aufeinanderfolge der einzelnen Böden mit Sicherheit anzugeben, es kann nur der Versuch unternommen werden, auf Grund der Muster eine vorläufige Liste aufzustellen, die möglicherweise bald durch neue Funde korrigiert und präzisiert werden wird.

Durch glückliche Umstände blieb der Fliesenbelag der Klosterkirche Arnstein erhalten, obwohl auch hier Verkäufe von Fliesen und die Restaurierung des 19. Jahrhunderts das Bild des Fliesenbodens verfälschten[70]. Dennoch gibt er einen guten Überblick für das Einfügen von gemusterten Tonfliesen in die bis jetzt unverzierten Beläge aus Plattenmosaik. Der größte Teil des Fliesenbodens bleibt weiterhin ohne figürlichen Schmuck, breite Bänder mit wechselnden Feldern aus Plattenmosaik[71] (Abb. 59), durch Bänder mit quadratischen Fliesen gerahmt, ziehen sich im Mittelschiff bis zum Chor. Nur die Innenkreise der großen Rosetten und die Segmente der vier Kreisbänder sind mit Ornamenten geschmückt, sie allein sind zum Schutz der Bilder mit einer gelbbräunlichen Glasur versehen. Die kleinen Kreisstempel sind noch ganz unregelmäßig eingeprägt und bedecken nur einen Teil der Fliesenfläche[72].

Die selben Muster treten auf den Fliesenrosetten des Kapitelsaals der Prämonstratenserabtei Rommersdorf auf[73] (Abb. 60). Während der Mittelstreifen sich noch eng an den Fliesenbelag Arnsteins anlehnt, zeigen die quadratischen Fliesen der Seitenschiffe sowie die Rahmenbänder hier durchweg schon Ornamente. Einige (B 6, D 27) stimmen mit Arnstein überein, die übrigen, die nun die ganze Fläche der Fliese ausfüllen, scheinen neu entwickelt. Daraus darf geschlossen werden, daß der Fliesenbelag des unter Abt Bruno (1214–33) erbauten Kapitelsaals[74] wohl später als der der Klosterkirche Arnstein entstanden ist. Dieser war bei deren Weihe

---

69 Ebd., 36–37.

70 H. E. Kubach, A. Verbeek, I, 64. – Zur Restaurierung vgl. H. Kier, 1970, 88.

71 F. Bock, Abb. 6. – F. Luthmer, III, 222, Abb. 191. – H. Kier, 1970, 88–89: Die Plattenmosaiken zeigen die bei Kier abgebildeten Muster Nr. 4, 11, 25, 38, 44, 55 und 82.

72 Für Arnstein gesichert ist nur B 6, bei der von F. Luthmer, III, 223, erwähnten Hirschfliese handelt es sich vermutlich um C 2, bei den bei F. Bock kaum noch erkennbaren Löwendarstellungen entweder um D 27, D 28 oder D 78.

73 H. Neu, H. Weigert, 376, Abb. 338.

74 Ebd., 366–374. – Zur abweichenden Datierung von H. K. L. Schulze vgl. Fundortkat.

Abb. 60 Rommersdorf, ehem. Prämonstratenserkloster, Kapitelsaal Fliesenboden aus Plattenmosaik, 2. Viertel 13. Jh.

1208 möglicherweise noch nicht vollendet, so daß eine Entstehung der beiden Fliesenbeläge im 2.–3. Jahrzehnt des 13. Jahrhunderts wahrscheinlich ist.

Dieser Gruppe müssen die wenigen Reste des Fliesenbodens der nahegelegenen und wahrscheinlich Kloster Arnstein unterstellten Kirche des Prämonstratenser-Nonnenklosters Brunnenburg angeschlossen werden. Die spärlichen Funde[75] deuten auch hier auf eine Fliesenrosette. Die Muster der quadratischen Fliesen stimmen teilweise mit denen Arnsteins überein und finden sich dann im nächsten, ebenfalls zu dieser Gruppe gehörenden Fliesenbelag, dem der ehemaligen Dompropstei in Mainz.

Durch einen glücklichen Zufall gelang hier der Fund[76] eines unversehrten Fliesenbodens. Obwohl dieser durch eine eingezogene Mauer jäh abgeschnitten wurde, gibt der Rest doch noch ein ausgezeichnetes Bild der ehemaligen Anordnung (Abb. 61). Der Belag schließt sich im Typus eng an den Mittelstreifen in Kloster Arnstein an. Die Mittelrosette zeigt allerdings nur drei Kreisringe mit gemusterten Fliesen, von denen jeder ein abweichendes Ornament aus kleinen Palmetten- und Blattmotiven trägt (W 72, W 73, W 74). Nur noch das komplizierte Muster aus Segmentbögen, Viertelskreisen und Doppelrauten[77] besteht wie in Arnstein aus Plattenmosaik, während das Feld aus versetzten Dreiecken[78] schon eine heraldische Lilie zeigt. Auch alle anderen Fliesen tragen Ornamente, durch die Farbabstufungen des Tons in ziegelrot, gelblich, hellgrau und schwarzgrau wird die Komposition zusätzlich belebt.

Eine Datierung dieses Fliesenbodens auf Grund von sonstigen Bauteilen oder anhand von Urkunden ist nicht möglich, wenn auch die Vermutung Neebs[79], daß es sich bei dem Gebäude um die Hauskapelle der ehemaligen Dompropstei handelte, sicher richtig ist. Die reichere Musterung spricht für eine Entstehung des Bodens im Anschluß an die Fliesenböden in Arnstein und Brunnenburg, der Modelbestand weist auf Übernahme der Muster aus Kloster Arnstein (D 7, D 78 (?), W 79)[80] und Kloster Brunnenburg (D 7, D 78, W 42, W 79, W 80). Zur selben Zeit müssen in Mainz mehrere Böden dieser Art verlegt worden sein. So fand sich die ‚Leitfliese' all dieser Muster, die Löwenfliese D 7, auch in der Ottilienkapelle im Pumpengäßchen und im ehemaligen Heilig-Geist-Spital. Neue Funde, die dort während der Restaurierung 1978 zutage kamen (W 74, W 75, W 79) zeigen, daß dieses eine ähnliche oder dieselbe Rosette besessen haben muß wie die Mainzer Dompropstei. Dieser Fund ermöglicht nun auch eine einigermaßen sichere Datierung. Der Boden dürfte der Erbauungszeit des um 1252 vollendeten Heilig-Geist-Spitals angehören. Zur selben Zeit oder wenig früher muß der Fliesenboden auf Burg Auerbach entstanden sein, hier haben sich die Muster D 7, W 2, W 22, W 42 erhalten.

Der Modelbestand dieser Werkstatt läßt sich durch einen weiteren Fund, welcher mit großer Wahrscheinlichkeit 1912 in der Burgruine Neubolanden[81] gemacht

75 H. Miedel, 115 und Abb. 57–59. – G. u. I. Maag, I, 57, Abb. 15, ebd., II, 52, Abb. 66, ebd., IV, 118, Abb. 89. – Aus den gefundenen Teilen läßt sich außer der Fliesenrosette nur das Muster Kier 82 sicher ergänzen, welches in Arnstein ebenfalls vertreten ist.

76 E. Neeb, 1911, 149–150 und Taf. 1.

77 H. Kier, 1970, 186, Muster 82.

78 Ebd., 172, Muster 55.

79 E. Neeb, 1911, 149 und E. Neeb, 1917, 184–190.

80 Vermutlich ist die Übereinstimmung noch enger. Da die Fliesen aus Arnstein schon nach der Mitte des 19. Jh. an verschiedene Museen und Sammler gelangten, kann man von einigen Mustern nur vermuten, daß sie aus Arnstein stammen. Gesichert ist dies jedoch für R 54. Dieses Muster wurde auch in Mainz gefunden, als bei der Verlegung eines Kanaleinlaufs 1903 vermutlich der Boden der Dompropstei schon einmal angeschnitten wurde. Außer R 54 fanden sich D 11 und C 48 (?).

81 Für Neubolanden gesichert sind nur die Fliesen im Museum Speyer, auf denen sich die Inventarnr. erhalten hat. Die Fliesen des Museums Kirchheimbolanden sollen jedoch zum größten Teil aus Neubolanden stammen. Sie bilden dort durch einen gleichartigen feingemagerten Scherben und ähnliche Farbwerte eine einheitliche Gruppe.

wurde, vergrößern. Die Bänder der Kreisrosetten stimmen mit denen der ehemaligen Dompropstei in Mainz überein, vorhanden sind außerdem die Dreiecke W2 und W22, sowie das Muster W80 in der Variante W78. B7 und R53 wurden vermutlich von derselben Hand geschnitten, die auch die Fliesen D78 und E60 für die Dompropstei Mainz schuf. Möglicherweise entstand dieser Fliesenboden in Neubolanden schon vor dem der Dompropstei. Diese zeitliche Abfolge in der Entwicklung der Fliesenbeläge in mittelrheinischen Bauten erschiene ganz logisch, wenn dieselben Muster, in genau übereinstimmender Prägung, nicht auch in Straßburg gefunden worden wären. Dort wurde 1947 bei der Restaurierung der Pfarrkirche St. Nikolaus ein Fliesenboden in situ aufgedeckt[82]. Leider wurden nur die Fliesen geborgen, nicht jedoch die Anordnung des Bodens in allen Teilen festgehalten. Sicher ist nur, daß die Trennbänder aus Dreiecken mit heraldischen Lilien (W2) genau wie in Mainz verlegt waren[83]. Dieselben Muster wie in St. Nikolaus finden sich, aus einem nicht mehr bekannten Fund des 19. Jahrhunderts, im Frauenhausmuseum Straßburg. Mit großer Wahrscheinlichkeit stammen sie aus der Kirche des Benediktinerklosters Altdorf, wo 1934 nochmals D7 entdeckt wurde[84].
Selbst wenn der von Will[85] in den Beginn des 13. Jahrhunderts datierte Fliesenboden von St. Nikolaus, Straßburg, etwas zu früh angesetzt ist, läßt sich die Möglichkeit nicht von der Hand weisen, daß auch diese Belagstechnik ihren Ausgang im Elsaß nahm und von da aus rheinabwärts wanderte. Betrachtet man die Muster D7, D78, E60, F7, W2 und W78–80 gleichsam als Leitfliesen dieser Böden, so lassen sich die Spuren der sie verlegenden Handwerker in Worms (St. Paulus), in den Benediktinerklöstern Johannisberg und Seligenstadt, der Kirche in Lörzweiler, sowie in den Burgruinen Auerbach, Eppstein, Königstein, Monreal und Scharfenstein bei Kiedrich nachweisen. Mit Ausnahme von Monreal standen all diese Bauten in mehr oder weniger enger Beziehung zum Erzbistum Mainz. Nach dem heutigen Stand der Funde ist die Entscheidung, ob nun Köln oder Straßburg am Beginn der Entwicklung dieser Fliesenböden mit Mittelrosetten standen, nicht endgültig zu treffen, denn, um die Verwirrung voll zu machen, wurde die Fliese D7 auch in Köln geborgen. Die nördlichste Spur all dieser Fliesen findet sich mit dem Muster E60 in Osnabrück, die östlichste im Dom zu Fulda und in der ehem. Benediktinerklosterkirche Fulda-Neuenberg[85a].
Das Motiv der Fliesenrosetten wurde in leichter Ab-

82 J. J. Hatt, R. Will, 193–201.
83 Ch. Czarnowsky, 15, Abb. 11 und mündliche Mitteilung 1956.
84 Der Fliesenfund in Altdorf wurde 1875 gemacht, vgl. Fundortkat.
85 J. J. Hatt, R. Will, 194.
85a Publikation in Vorbereitung.

Abb. 61 Mainz, ehem. Dompropstei, Fliesenboden aus Plattenmosaik und Fliesen mit vertiefter Prägung. Mitte 13. Jh.

wandlung wenig später noch einmal aufgenommen. Die Kirchen der Augustiner-Chorherrenstifte Pfaffen-Schwabenheim und Flonheim (Abb. 62) und die der Benediktinerabtei Sponheim zeigen die Rosetten aus glattem Plattenmosaik in Böden aus gemusterten quadratischen Fliesen eingebettet (Abb. 63). Auch hier ist die Reihenfolge der Entstehung ungewiß. Ginge man davon aus, daß bei den Fliesen, deren genaue Übereinstimmung auf eine Prägung mit denselben Modeln hinweist und die sicher einer Werkstatt entstammen, durch Modelverlust eine gewisse Verarmung der Muster eintritt, so müßte Sponheim am Beginn der Prägung stehen. Hier und in Pfaffen-Schwabenheim haben sich drei verschiedene Muster (R29, R30, R32) erhalten, in Flonheim findet sich nur noch das Lilienkreuz R29. Da jedoch in Pfaffen-Schwabenheim und Flonheim nur noch geringe Reste des ehemaligen Belags vorhanden sind, kann dadurch ein falsches Bild entstehen.

Die Muster, die eigentlich nur Varianten eines Themas sind, weisen auf weitere Fliesenböden derselben Werkstatt in der Augustiner-Chorherrenkirche Ravengiersburg, der Zisterzienserinnenklosterkirche Kumbd, der Benediktinerinnen-Klosterkirche Dirstein (Lahn) und der Pfarrkirche in Becherbach. In Ravengiersburg wurden zwar bei den jüngsten Ausgrabungen[86] keine Rosetten aufgedeckt, die Funde von unverzierten Fliesen in Dreiecks-, Sechsecks- und Rautenform, sprechen jedoch für das Vorhandensein von solchen. In Dirstein wurde bei der Ausgrabung 1881 eine „Rundung aus alexandrinisch Werk"[87] erwähnt, deren Anordnung jedoch nur flüchtig skizziert.

Ob die Burg Pyrmont, die Starkenburg, die Altenbaumburg, Burg Randeck und die ‚Alteburg' im Bellersheimer Markwald, deren Muster mit denen Dirsteins und Ravengiersburgs übereinstimmen, ebenfalls Fliesenrosetten besaßen, ist nicht zu klären. Bei den Ausgrabungen des 19. Jahrhunderts wurden unverzierte Fliesen meist nicht geborgen[88].

Eine Datierung dieser eng zusammenhängenden Fliesenböden ist durch das Fehlen von sicheren Baudaten erschwert. Für das heute völlig verschwundene Kloster Dirstein ist nur das Weihedatum 1221 bekannt; (ein 1267 gewährter Ablaß könnte Mittel für Bauarbeiten erbracht haben[88a]). Für eine Verlegung dieser Muster, die noch in der erst 1289 gegründeten Stiftskirche St.

86 M. Backes, H. Caspary, N. Müller-Dietrich I.2, 768.
87 Nass. Ann. 20, 1888, 301.
88 Auf der Altenbaumburg fand sich bis heute nur ein spitzwinkliges Dreieck mit Lilie.
88a W.-H. Struck, 1961, 289.

Abb. 62 Flonheim, ehem. Augustiner-Chorherren-Stiftskirche. Fliesenrosette. Um 1240–1250.

Abb. 63 Sponheim, ehem. Benediktinerklosterkirche, Chor. Um 1240–1250.

Maria in Diez (Lahn) auftauchen, ist dieses Datum sicher noch zu früh. Ihre Entstehung dürfte eher in die Zeit der Vollendung des Querhausbaus in Pfaffen-Schwabenheim (1248–60) fallen.
Die erst kurz vor 1379 gestiftete Liebfrauenkirche in Hadamar greift nochmals das Muster der Kreisrosetten auf und entlehnt Ornamente aus den nahen Klosterkirchen Dirstein und Marienstatt. Ein Vergleich der einzelnen Fliesen zeigt jedoch deutlich, daß es sich hier um spätere Nachprägungen von geringerer Qualität handelt.
Es ist nicht möglich, alle Verflechtungen zwischen den einzelnen Werkstätten und die Weitergabe der verschiedenen Muster genau aufzuzeigen. Das Bild würde, da ja immer nur ein Bruchteil der Muster gefunden wurde, fragmentarisch bleiben oder verfälscht werden. Hinzuweisen wäre jedoch noch auf die Tatsache, daß z. B. der Fliesenbelag im Palas der Burg Hain mit den Modeln einer Mainzer oder Wormser Werkstatt geprägt sein muß, da hier die nicht mehr benötigte Dreiecksfliese W2[89] für eine quadratische Fliese verwandt wurde. Das Rankenband W78, in Mainz und Worms noch als Rahmenleiste oder dreifach übereinandergeprägt, findet sich hier als Doppelband.
Wie schwierig eine genaue Klärung der Werkstatteinflüsse, wie anfechtbar die hier vorgelegte Liste ist, ergibt sich aus der Tatsache, daß einige der hier besprochenen Muster auch zum an anderer Stelle erwähnten Musterbestand der Zisterzienserklöster gehören und sich so immer wieder Querverbindungen ergeben[90]. Auch die Fliesenrosetten finden sich nicht nur im Bereich dieser beiden aufgezeigten Werkstattgruppen,

89 W2 findet sich außerdem, in eine quadratische Fliese geprägt, in Burg Eppstein und der Kapelle in Peterspay, zusammen mit D8 und M39.

90 Vor allem in Mainz kann nie entschieden werden, ob das Muster dort entwickelt oder von Kloster Eberbach, das dort einen Hof besaß, übernommen wurde. Aber auch die Fliese B58 wurde sowohl in den Prämonstratenserinnenklöstern Beselich und Brunnenburg, als auch in Eberbach und Mainz gefunden.

sondern vor allem im 2. Drittel des 13. Jahrhunderts auch an anderer Stelle[91].

Neben dem Transport von Fliesen und der Weitergabe von Modeln muß eine weitere Möglichkeit für die Übertragung von Mustern ins Auge gefaßt werden: die Sammlung von Vorlagen in mittelalterlichen Musterbüchern. Außer der Zeichnung der ungarischen Fliesen im Skizzenbuch des Villard d'Honnecourt[92] (Abb. 64), die durch einen glücklichen Zufall inzwischen wieder aufgedeckt wurden[93] und der flüchtigen Skizze eines Flie-

91 Aus Teilstücken darf auf Fliesenrosetten oder ähnliche Anordnungen geschlossen werden in: Schlettstadt, St. Fides, Konstanz, Stadionscher Domherrenhof, Pforzheim, St. Martin, Neustadt, Kästenburg (Hambacher Schloß), Limburg (Haardt) Klosterkirche, Johannisberg (Rheingau), Klosterkirche, sowie in einigen sakralen oder profanen Gebäuden in Mainz, Speyer und Worms.

92 H. R. Hahnloser, 73–75, Taf. 30. – Zu den in Kloster Pilis aufgefundenen Fliesen ausführlich Kap. 15.13.

93 L. Gerevich, 1977, 185–193.

◁ *Abb. 64 Aus dem Skizzenbuch des Villard de Honnecourt. Zeichnung eines in Ungarn gesehenen Fliesenbodens. Um 1230 (?).*

Abb. 65 Albrecht Dürer, Skizzenbuch der niederländischen Reise, Blatt 24. Plattenmosaik des Aachener Münsters. Nürnberg, Germanisches Nationalmuseum Hz 5488 b.

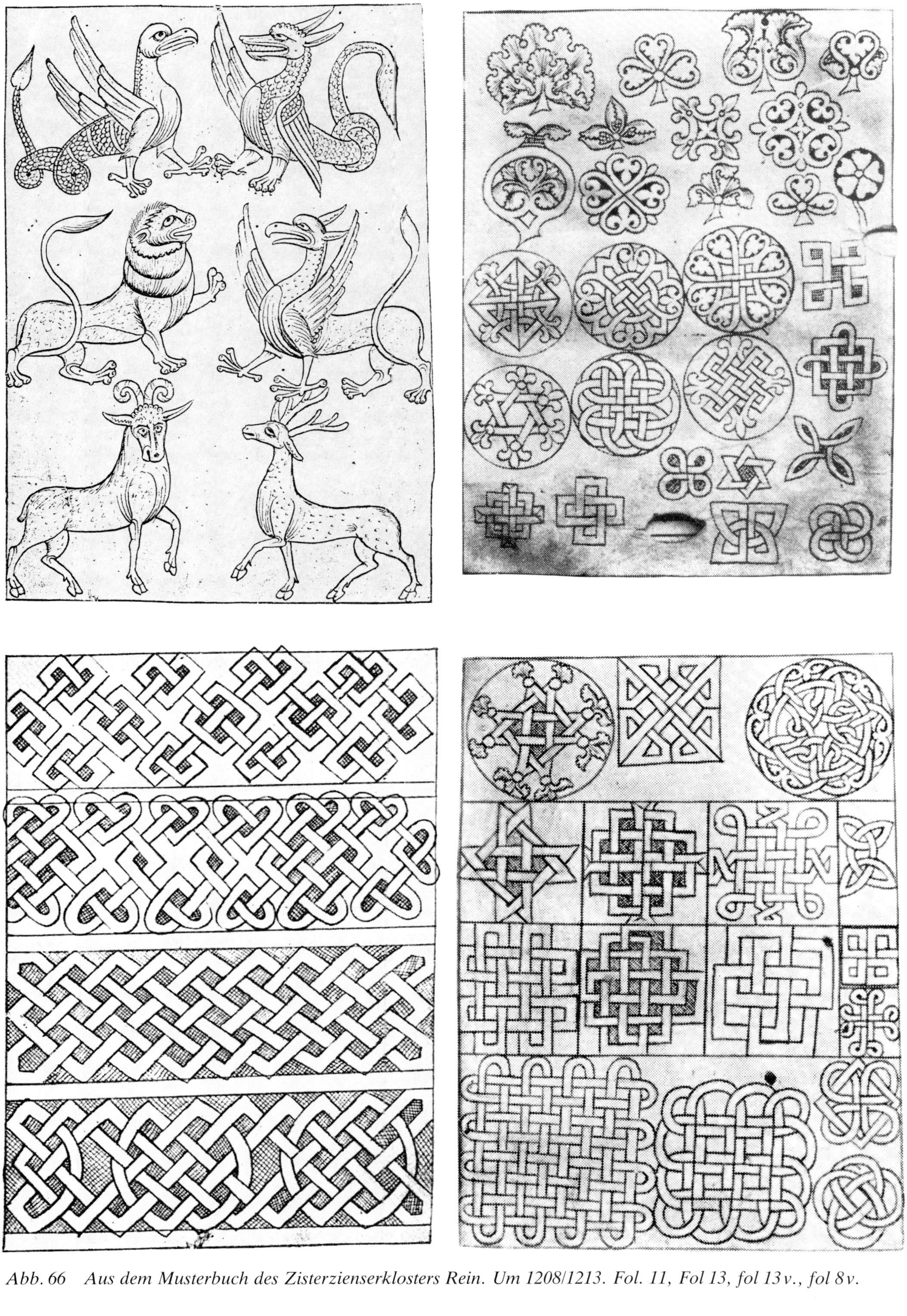

Abb. 66 Aus dem Musterbuch des Zisterzienserklosters Rein. Um 1208/1213. Fol. 11, Fol 13, fol 13v., fol 8v.

Abb. 67 Eußerthal, ehem. Zisterziensterkloster, Fliese N 65.

Abb. 68 Haina, ehem. Zisterziensterklosterkirche, Sockelfenster im nördlichen Seitenschiff. Um 1240 bis 1250.

senbelags im Aachener Münster durch Albrecht Dürer[94] (Abb. 65), sind uns keine Zeichnungen von Fliesenböden oder andere Vorlagen überliefert. Es dürfte jedoch, gerade für Ornamente, zahlreiche Vorlagen gegeben haben. Das wohl zu Beginn des 13. Jahrhunderts in dem österreichischen Zisterzienserkloster Rein[95] entstandene Musterbuch (Abb. 66) zeigt auf drei Seiten Schling- und Bandornamente, wie sie übereinstimmend und ähnlich auf den Fliesen M5, N1, N9, N12 und R15 vorkommen. Die meisten Muster, auch die der Tiere und Fabeltiere, sind etwas komplizierter als der Formenschatz der Bodenfliesen, so daß die Annahme Unterkirchers[96], daß die Zeichnungen Kopien schon vorhandener Bodenfliesen sind, kaum zutreffen dürfte. Auf heute verlorene Musterbücher, die als Vorlage für Bodenfliesen und Grisaillefenster dienten, weist z. B. die bis in die letzten Punkte übereinstimmende Zeichnung der Fliese N65 aus Kloster Eußerthal (Abb. 67) mit einem Glasfenster der Klosterkirche Haina[97] (Abb. 68) hin.

Selbstverständlich wurden Ornamente, vor allem, wenn sie aus Zirkelschlägen entwickelt sind, an mehreren Orten gleichzeitig erfunden. Dennoch müssen, vor allem in den Zisterzienserklöstern, Fliesen nach innerhalb des Ordens kopierten Musterbüchern geschnitten worden sein. Nur so läßt sich die Übereinstimmung von Fliesenmustern aus weit voneinander entfernten Fundorten erklären.

Für die späten Fliesen des 15. und 16. Jahrhunderts finden sich zahlreiche überraschend genau übernommene Vorbilder in den ersten gedruckten Musterbüchern[98] und in den Kupferstichfolgen der deutschen und niederländischen Stecher[99].

---

94 J. A. Goris, G. Marlier, Albrecht Dürer. Das Tagebuch der niederländischen Reise mit dem Silberstift-Skizzenbuch und während der Reise ausgeführten Bildern und Zeichnungen, Brüssel 1970, Blatt 24, Nürnberg, GNM.

95 F. Unterkircher, 9ff. – Das Musterbuch, von dem 13 Blätter erhalten sind, wurde frühestens um 1208 und spätestens vor 1213 abgeschlossen; es ist das älteste, uns erhaltene Musterbuch. Ornamente auf den Seiten: fol. 8v, 11v, 13r, 13v.

96 Ebd., 44.

97 Zu den Musterbüchern vgl. R. W. Scheller, A Survey of Medieval Model Books, Haarlem 1963. – U. Jenny, Vom mittelalterlichen Musterbuch zum Skizzenbuch der Neuzeit, Kat.: Die Parler, III, Köln 1978, 139–150. – P. Springer, Modelle und Muster, Vorlage und Kopie, Serie, Kat. Ornamenta Ecclesiae, I, Köln 1985, 301–306.

98 Vgl. die Fliese T37 aus einem Bürgerhaus in Memmingen mit einer Borte in dem 1529 erschienenen Modelbuch von Peter Quentel (A. Lotz, Bibliographie der Modelbücher. Beschreibendes Verzeichnis der Stick- und Spitzenmusterbücher des 16. und 17. Jh., Leipzig 1933, 47, Taf. 7, Abb. 13).

99 F. Kretzschmar, 23, wies nach, daß die Fliese W15 nach einem Stich des niederländischen Stechers Balthasar Sylvius geschnitten wurde.

10. Herstellungsorte und Werkstätten

Die Frage der Herstellungsorte zu klären ist eine der wichtigsten Aufgaben dieser Arbeit. Weder Forrer noch die späteren Bearbeiter gehen auf dieses Problem näher ein. Sie nehmen meist an, daß die Fliesen an dem Ort hergestellt wurden, für den sie bestimmt waren. Dies muß jedoch für eine Reihe von Fundorten ausgeschlossen werden, teils wegen fehlender Tonvorkommen in erreichbarer Nähe, teils wegen Brennholzmangels bei spärlichen Waldbeständen.

Die sich nach dem zweiten Weltkrieg neu entfaltende Fachrichtung Mittelalterarchäologie hat sich inzwischen, mit verfeinerten Methoden und großem Elan, der Erforschung der mittelalterlichen Keramik zugewandt. Allein auch sie klammert Bodenbeläge und Fliesen weitgehend aus, „da die Baukeramik in den Bereich der Architektur gehöre“[1]; mit einem gewissen Recht, wie die ersten grundlegenden Arbeiten ergaben. In den großen Zentren[2], in denen die Gebrauchskeramik des 12.–14. Jahrhunderts entstand, haben sich nur ganz vereinzelt Fliesen gefunden.

Auch in dieser Arbeit können nur Ansätze gemacht, erstes Material zusammengetragen und die Probleme der Erforschung von Werkstätten aufgezeigt werden. Da die wissenschaftlichen Untersuchungsmethoden (archaeometrische Messungen, Thermolumineszenzverfahren, Spektralanalyse, um nur einige zu nennen), jetzt vermehrt zur Bestimmung von Entstehungszeit und Tonmaterial herangezogen und laufend verfeinert werden, ist es vielleicht in Bälde möglich, die Arbeiten einer bestimmten Werkstatt genauer einzukreisen. Leider haben sich diese Untersuchungen in Deutschland noch nicht den mittelalterlichen Fliesen zugewandt. Erste Ergebnisse liegen aus Dänemark[3], England[4], Frankreich[4a], der Tschechoslowakei[5] und Ungarn[6] vor.

Da es nicht sinnvoll erscheint, die Publikation mittelalterlicher Fliesen in Deutschland länger hinauszuzögern, müssen wir uns mit den traditionellen Methoden, einem Vergleich der Muster und der Ausbeute, welche Stratigraphie und Archive liefern, begnügen.

Die Vermutung, daß die mittelalterlichen Fliesen in der Nähe der Bauten, für die sie später verwandt wurden, entstanden sind, trifft wohl vor allem für die frühen Fliesenprägungen zu. Bei den im vorhergehenden Kapitel erwähnten Fliesen aus den Klöstern Arnstein, Brunnenberg und Rommersdorf, aus Mainz, Worms und anderen Orten, welche dieselben Muster zeigen und deren Prägungen maßgenau übereinstimmen, während Scherben und Tonfarbe stark voneinander abweichen, müssen die Fliesen an verschiedenen Orten geprägt und gebrannt worden sein. Dies schließt nicht aus, daß z. B. Arnstein und Rommersdorf Fliesen gemeinsam prägten.

Schon die Fliesen der Kirchen in Becherbach, Flonheim, Pfaffen-Schwabenheim und Sponheim, welche dieselben Muster, gleiche Prägung, Tonfarbe und Oberflächenstruktur aufweisen, lassen die Vermutung zu, daß sie alle möglicherweise an einem Ort geprägt wurden, zumal sich in den benachbarten Orten Gensingen und Sprendlingen (beide Kr. Mainz-Bingen), schon im Mittelalter Töpferzentren entwickelten. Solange die Fliesen unter der Regie der Klöster hergestellt wurden, nutzte man sicher kleine, nahegelegene Tongruben aus, der Brand wurde vermutlich durch Laienbrüder ausgeführt und überwacht. In einigen Fällen waren diese klostereigenen ‚Ziegeleien‘ sicher der Anstoß, aus dem ein bodenständiges Töpfergewerbe erwuchs. So verdankt das Töpferdorf Aulhausen, das schon im Namen den

---

1 A. Matthys, 11.

2 Vgl. dazu: W. Janssen, Zur Typologie und Chronologie mittelalterlicher Keramik aus Südniedersachsen, Neumünster 1966. – H.-G. Stephan, 1981. – R. Haarberg, Die mittelalterliche Keramik in Niederhessen, Hess. Jb. für Landesgeschichte 23, 1973, 1–61. – J. Desel, Die mittelalterlichen Töpfer, Ziegler und Schüßler in Niederhessen, Hess. Bl. für Volks- und Kulturforschung 6, 1978, 1–60. – A. Bruijn, Die mittelalterliche keramische Industrie in Südlimburg, Ber. ROB 12/13, 1962/63, 356–459. – P. Hartmann, Keramik des Mittelalters und der frühen Neuzeit aus Nordfriesland. Untersuchungen aus dem Schleswig-Holsteinischen Landesmuseum für Vor- und Frühgeschichte in Schleswig, NF32, Neumünster 1975.
Auch in den rheinischen Töpferzentren Siegburg, Frechen und Raeren (Literaturangaben im Fundortkat.) fanden sich nur einzelne Fliesen.

3 B. A. Hansen, M. A. Sørensen, Comparison of medieval decorated floor-tiles with clay and tile fragments from the kilns at Bistrup. Preliminary results of neutron activation analysis, Proc. of the Nordic Conference on thermoluminescent dating and other archaeometric methods, Uppsala 1976, 134–141. – Dies., Provenance study of medieval decorated floor-tiles carried out by means of neutron activation analysis, Proc. of the 18th internat. symposium on archaeometry and archaeological prospection, Bonn 1978, 1–22. – Vgl. dazu außerdem: W. Endres, Neuere Methoden archäometrischer Keramikuntersuchungen – eine kurze Übersicht, Jb. für rhein. Volkskunde 24, 1982, 283–297.

4 M. J. Hughes [u. a.], Neutron activation analysis and petrology of medieval English decorated floor-tiles from the Midlands, British Museum occasional papers 32, 1982, 113–122.

4a M. Schvoerer [u. a.], Cathodoluminescence et microscopie électronique appliquées à l'étude physique de carreaux de pavement médiévaux d'Aquitaine, D. Deroeux, 174–185. – D. Deroeux, D. Dufournier, Les carreaux décorés du „Groupe de l'Artois occidental“. Caractérisation et diffusion, ebd., 186–206.

5 D. Hejdová, B. Nechvátal, 469–470.

6 G. Duma, 1956.

Beruf seiner Einwohner bewahrt[7], seine Entstehung wahrscheinlich dem Zisterzienserkloster Eberbach.
Als der Bedarf an Fliesen wuchs und diese, seit Beginn des 14. Jahrhunderts, in größerem Umfang und auch rationeller hergestellt werden sollten, griff man wohl auf größere Tonvorkommen zurück. Die Fliesentöpferei verlagerte sich vermutlich teilweise an Orte, in denen sich schon Töpfer für Gebrauchsgeschirr befanden. Dies läßt sich jedoch vorläufig noch kaum durch Urkunden belegen und kann nur als Hypothese gelten.
Trotz der sorgfältigen Ausgrabungen[8] der letzten Jahre und Jahrzehnte, die zahlreiche Töpferöfen aufdeckten und trotz einer methodischen Sichtung[9] des weitverstreuten Materials, sind, im Gegensatz zur Gefäßkeramik, nur sieben Herstellungsorte durch Ofenfunde, die Fliesen enthielten, mit Sicherheit zu belegen. An weiteren Orten konnte durch Aufgraben einer Abfallhalde gesichert werden, daß Fliesen, zusammen mit Tonstatuetten und Gebrauchsgeschirr, zumindest in unmittelbarer Nachbarschaft gefertigt wurden.
Selbstverständlich ist die Annahme, daß in den großen städtischen Töpferzentren neben der Gebrauchskeramik auch Fliesen für den jeweiligen Bedarf gebrannt wurden, sehr wahrscheinlich. Für die Fliesen der kleinen Dorfkirchen, die oft erstaunlich reiche und sorgfältig geschnittene Muster aufweisen, muß jedoch in vielen Fällen eine Fertigung am selben Ort bezweifelt werden.
Im folgenden werden alle Fakten zusammengetragen, die sich ermitteln ließen. Diese Aufzählung kann nicht anders als willkürlich erscheinen, da das Wissen über einzelne Töpferorte von ‚nicht vorhanden' bis ‚gründlich erforscht' reicht. Da sich eine alphabetische Reihung verbot, werden die Orte in einer, in einigen Fällen nicht ganz strikt eingehaltenen, Wanderung von Nord nach Süd erfaßt.
Den ersten aufschlußreichen Fliesenfund verdanken wir einem Erdrutsch, hervorgerufen durch den zu intensiven Abbau von Ton durch ein Industriewerk. Südöstlich von Urbar[10] bei Koblenz fanden sich 1906 neben den Trümmern mittelalterlicher Töpferöfen große Mengen halbfertiger, zum Teil im Brand zersprungener Töpferwaren. Neben Gefäßen und Ofenkacheln wurden gemusterte Tonfliesen aus rötlichem, graugelbem und gelblichweißem Ton in neun verschiedenen Mustern[11] entdeckt. Sie sind, bis auf 2 Fliesen (L49, R15), unglasiert, aus feingeschlämmtem Ton und von unterschiedlicher Qualität der Prägung. Die reichen Funde weisen auf einen ausgedehnten Werkstattbetrieb, den Koenen, aufgrund der Gefäßformen, ins Ende des 12. und an den Anfang des 13. Jahrhunderts datiert. Die Fliesenmuster deuten jedoch in spätere Zeit, das Maßwerkmotiv L49 dürfte kaum vor der Mitte des 14. Jahrhunderts entstanden sein.
Die früheste Fliese ist zweifellos R14 (Abb. 69), die sich an ein Fliesenmuster des nahegelegenen Klosters Rommersdorf anlehnt, jedoch weniger sorgfältig geprägt ist und dem 2. Viertel des 13. Jahrhunderts angehören könnte. Gleichzeitig oder kaum später ist R40 entstanden, welche dieselben Maße (8 × 8 cm) aufweist. H259 findet sich in ähnlicher Prägung in Rommersdorf, während L48 in Burg Eltz, und L36 in Kloster Arnstein, dem Arnsteiner Hof in Lahnstein, der ehemaligen Stiftskirche in Diez und in Burg Aull vorkommen. Die Blattfliese T7, eine grobe Kopie der in Kloster Arnstein und der Walpurgiskapelle in Boppard erhaltenen Fliese T6, gelangte in die Winneburg in Cochem (Mosel), nach Burg Eltz und wahrscheinlich auch nach St. Kastor in Koblenz. Die Maßwerkfliese L49 wurde in der Dominikanerkirche und in der Deutschordenskommende in Koblenz geborgen. J79, ein Muster des Klosters Eberbach, fand in der Originalprägung und in zahlreichen Nachschnitten eine so weite Verbreitung, daß für die Fundorte auf den Katalog verwiesen wird.
Schon diese Aufstellung zeigt die Probleme beim Verfolgen der Verästelungen von Fliesenherstellung und Fliesentransport. Denn die Urbarer Fliesen, von denen vermutlich nur ein Bruchteil der Muster bekannt ist[12], waren wohl ausschließlich für die Ausfuhr bestimmt.
Ein Transport auf dem Wasserwege (Rhein, Mosel, Lahn) wäre für die meisten Orte, an denen sich Fliesen der Urbarer Prägungen fanden, möglich. Zur mittelalterlichen Geschichte des kleinen Orts Urbar gibt es kaum Nachrichten, ein klares Bild entsteht erst, wenn man die drei benachbarten, alle am Rhein gelegenen Orte: Urbar, Vallendar und Bendorf als Einheit betrachtet. Von Vallendar aus wurde der im Kannenbäkkerland um Höhr und Grenzhausen gegrabene Ton auf dem Rhein verschifft[13]. Vallendar war Stapelplatz für die Kannenbäcker und hatte selbst eine rege Töpferindustrie. Wenn auch die Zahl von 141 Eulermeistern erst für das Jahr 1627 belegt ist[14], so dürfte diese Entwicklung doch schon im Mittelalter begonnen haben.

7 R. Hildebrandt, 340. – Aulhausen = ahd. ‚olla' der Topf. Die mittelalterlichen Töpfer wurden als ‚Ulner' oder ‚Euler/Eulner' bezeichnet. Auch Aulendiebach bei Büdingen war ein Töpferdorf. In Siegburg hat sich bis heute eine ‚Aulgasse' erhalten, eine ‚ulregasse' und ‚ulreporze' sind im 13. Jh. für Köln bezeugt und finden sich auch in anderen Orten (siehe Fundortkat.).
8 G. Reineking-von Bock, 18–21.
9 G. Spies. – U. Lobbedey, 1968.
10 C. Koenen, 339–343.
11 H. E. Kubach, F. Michel, H. Schnitzler, 340, Abb. 370. – Koenen (s. Anm. 10) bildet nur zwei Muster ab, die übrigen Fliesen wurden erst später gefunden.
12 Zu den Urbarer Fliesen müßte z. B. noch L30 gehören. Diese ist vorläufig nur aus Kloster Rommersdorf und St. Barbara, Braubach, bekannt. Auch die Fliesen der Koblenzer Kirchen, welche Muster des Klosters Eberbach zeigen, weisen durch ihren gelblichweißen oder gelbgrauen Scherben eher auf eine Herkunft aus Urbar.
13 E. Keyser, D. Stb. IV, 3, 174.
14 Hist. Stätten V, 384–385. – Seit 1232 hatte Heinrich III. Graf von Sayn Gerichtsbarkeit und Hoheit im Dorf Vallendar.

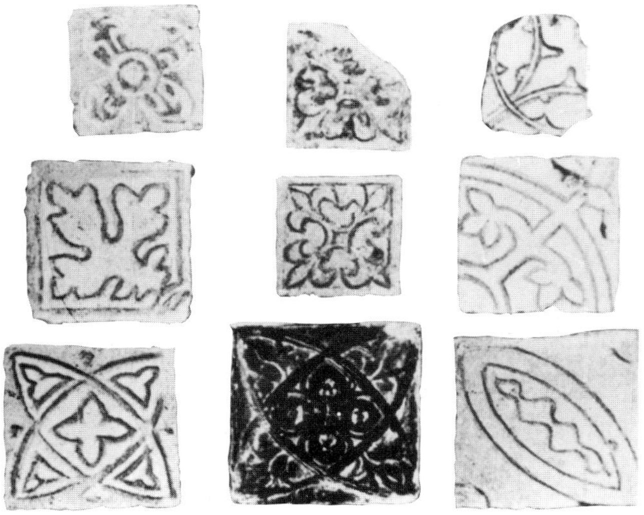

Abb. 69 Urbar bei Koblenz, Fliesenfunde aus einem 1906 aufgedeckten Töpferofen.

Dies würde bedeuten, daß spätestens in der Mitte des 13. Jahrhunderts eine Töpferwerkstatt nicht für den eigenen Bedarf oder einen Bau in nächster Nähe, sondern für fremde Auftraggeber arbeitete. Ob die Anregungen zur Fliesenherstellung von Kloster Marienstatt ausgingen, das in Urbar Besitz hatte[15], vom Prämonstratenserkloster Bendorf-Sayn oder von Rommersdorf, kann nicht mehr mit Sicherheit geklärt werden. Eine Variante des Musters H259 findet sich sowohl in Kloster Rommersdorf, in Marienstatt, auf Burg Sayn und in St. Kastor in Koblenz. L49 wurde in übereinstimmender Prägung in der Deutschordenskommende in Koblenz gefunden, welche in Vallendar-Mallendar einen Hof besaß[16].

Seit 1981 auf dem Gelände des ehemaligen Margarethenklosters in Köln ein Fliesenboden aufgedeckt wurde[17], dessen Fliesen eindeutig mit demselben Model geprägt wurden wie R40 aus dem Urbarer Fund, besteht die Möglichkeit, daß Urbarer Fliesen bis nach Köln gelangten. Ebenfalls nicht sicher zu klären ist die Frage, ob die Töpferorte des Westerwalds, des heutigen Kannenbäckerlandes, mit den Gemeinden Höhr, Grenzau und Grenzhausen, im Mittelalter schon Fliesen herstellten. Bei Um- und Neubauten seit dem Ende des 2. Weltkriegs, wurden dort immer wieder Brüchlingslager angeschnitten, die den Beweis erbrachten, daß lange vor der Auswanderung der Raerener und Siegburger Töpfer in den Westerwald, dort Werkstätten arbeiteten und im späten 13. Jahrhundert Gebrauchskeramik herstellten[18]. Denselben hartgebrannten, fast gesinterten weißlichgrauen und gelblichgrauen Scherben wie die dortige frühe Keramik, zeigen Fliesen, die um 1860 im Chor der Kirche von Arzbach (Unterwesterwaldkreis) geborgen wurden. Das Muster L3 findet sich in übereinstimmender Prägung auch in den Kirchen von Monreal und Koblenz-Arzheim, Burg Hammerstein, der Winneburg in Cochem, in einer Variante auf Burg Sayn und möglicherweise wurde es auch in den Klosterkirchen von Ravengiersburg und Klosterkumbd, sowie in der Pfarrkirche von Koblenz-Moselweiß gefunden[19]. Da jedoch die Werkstätten dieses Gebiets denselben oder zumindest einen sehr ähnlichen Ton verwandten, läßt sich nicht feststellen, ob diese Fliesen aus Höhr oder aus Urbar stammen.

Die Fliesen des 16. Jahrhunderts, die nach Demmin[20] in einem Haus in Höhr verlegt waren und bei denen es sich mit großer Wahrscheinlichkeit um das Muster K65 handelt, wurden wohl dort hergestellt. Ob die gleichen Fliesen in einem Haus bei Bacharach auch aus Höhr stammen oder ob es sich um Eberbacher Export handelt, läßt sich nicht sicher entscheiden. Die von Spiegel auf Burg Grenzau durchgeführten Grabungen, bei denen in den Kellern der Burg neben Gebrauchsgeschirr auch Bruchstücke von Fliesen gefunden wurden[21], lassen auf eine Werkstatt schließen, die sich, nach Spiegel, nach der Brandschatzung der Burg 1635 auf dem Burggelände angesiedelt hatte. Sie benutzte in der näheren Gegend vorhandene Vorlagen, die Prägungen sind jedoch besonders grob. Für die Fliesen unbekannter Herkunft J73, J86 und V3 ist die Herkunft aus dem Westerwald wahrscheinlich, auch die Fliesen G33 und G34 aus Schloß Montabaur wurden wohl in unmittelbarer Nähe des Fundorts hergestellt.

Eine zweite Werkstatt, die ebenfalls durch reiche Tonvorkommen begünstigt wurde und keinen bedeutenden Sakralbau in unmittelbarer Nähe hat, wurde durch eine Grabung im November 1952 und März 1953 in Paffrath (Rheinisch-Bergischer-Kreis), im Ortsteil Kaule[22] freigelegt[23]. In vier nachkarolingischen Töpferöfen, die nahe bei den alten Tonvorkommen lagen, fanden sich Kugeltopfscherben, kleine Gießbecher, glatte, unverzierte Fliesen und zwei Bruchstücke der Muster R15 und H244, das letztere mit brauner Glasur. Lung nimmt auf Grund der gefundenen Gefäße eine kontinu-

15 H. E. Kubach, F. Michel, H. Schnitzler, 339–340. – Auf der Urbarer Gemarkung lag das Franziskanerinnenkloster Besselich, das jedoch erst nach 1429 Bedeutung erlangte, 1315 wird es nur als Klause erwähnt. Durch einen von den Schweden gelegten Brand, der 1637 das ganze Dorf einäscherte, sind die Nachrichten über die mittelalterliche Geschichte Urbars besonders dürftig.

16 Hist. Stätten V, 385. – Der Hof kam 1216 an die Kommende.

17 S. Seiler, Ausgr. Rhld. 1981/82, 1983, 268–274.

18 Die erste Töpferordnung für Höhr wurde 1491 erlassen.

19 Das in Ravengiersburg gefundene Bruchstück läßt sich nicht sicher zum Muster L3 ergänzen, die Fliese aus Klosterkumbd ist nur durch Beschreibung, die aus Moselweiß nur durch eine flüchtige Skizze überliefert.

20 A. Demmin, 54, Nr. 536: „Fliese mit kreisartigen Verzierungen, gelblicher Ton, 15 × 15 cm". Die Sammlung Demmin kam in die Sammlung Nassauischer Altertümer in Wiesbaden. Dort befinden sich jedoch auch dieselben Muster aus Kloster Eberbach, eine Trennung nach Herkunftsort ist nicht mehr möglich.

21 H. Spiegel, 10.

22 Der Gewandname ‚Kaule' weist schon auf einen Töpferbetrieb. Die Tongruben, in denen die Töpfererde gegraben wurde, werden am Niederrhein als ‚Kaulen' bezeichnet.

23 W. Lung, 355–371, Abb. auf S. 369.

ierliche Fertigung vom 10.–13. Jahrhundert an. Fehlbrandstücke der über den Öfen liegenden Schichten und erhaltene Urkunden[24] beweisen, daß die Werkstatt erst nach der Mitte des 15. Jahrhunderts zum Erliegen kam. Für 1382 ist eine Lieferung von „gebackenen Steinen aus Paffroyde" für den Fußboden der Klosterkirche St. Heribert in Köln-Deutz bezeugt[25].

Die Datierung der Paffrather Fliese ist durch den zweiten Fund einer Fliese desselben Musters annähernd möglich. Bei der Ausgrabung der Neuerburg im Wiedbachtal[26] wurde sie 1955 als Füllmaterial in einer Trennmauer des 14. Jahrhunderts aufgedeckt. Außerdem findet sie sich im Kapitelsaal des Klosters Rommersdorf. Die sorgfältige Prägung weist daraufhin, daß sie dort noch dem ursprünglichen Boden und nicht einer späteren Ausflickung angehört, also wohl um 1233 verlegt wurde. Die Neuerburg wurde durch die Gräfin Mechthild von Sayn nach 1269[27] dem Erzstift Köln geschenkt. Sie bedang sich zwar noch ein Wohnrecht auf Lebenszeit aus, doch dürfte für diese Übergangszeit wohl kaum mit größeren Umbauten gerechnet werden. Die Fliese könnte demnach ebenfalls im 2. Viertel des 13. Jahrhunderts, im Auftrag der Mechthild von Sayn, die zu Rommersdorf enge Beziehungen[28] hatte, verlegt worden sein. Wie das Muster nach Paffrath gelangte, ist vorläufig nicht zu klären[29]. Die hervorragende Qualität der Paffrather Fliese spräche für eine frühe Datierung.

Da die ungemusterten Mosaikfliesen für die großen Fliesenrosetten der Kölner Kirchen[30] sicher nicht aus großer Entfernung bezogen, sondern vermutlich in unmittelbarer Nähe Kölns gebrannt wurden, müssen Werkstätten, die auch Fliesen herstellten, vorhanden gewesen sein. Mit Ausnahme des Paffrather Fundes haben sich jedoch bis jetzt durch Ausgrabungen keine weiteren Werkstätten belegen lassen.[31] Es fällt auf, daß für den ganzen Kölner Raum und sein Umland bis jetzt nur vier Fliesenmuster bekannt sind, die mit einer gewissen Sicherheit in der 1. Hälfte des 13. Jahrhunderts entstanden sein könnten. Es sind dies, neben den schon erwähnten Fliesen aus dem ehemaligen Margarethenkloster, Fliesen aus der ehemaligen Stiftskirche St. Aposteln (F36, S39), aus Burg Landskron (G36) und solche, die möglicherweise aus Burg Blankenberg (G37) stammen[32]. Die letzten drei sind jedoch in Technik und Bildmotiv von den Fliesen, die sich um Urbar, Sayn und Rommersdorf gruppieren, ganz verschieden.

Mit Sicherheit läßt sich die Herstellung von Fliesen in den Töpferzentren des Rheinlands erst zu Beginn des 15. Jahrhunderts nachweisen. Dieses Bild ist wahrscheinlich durch die spärlichen Fliesenfunde verfälscht, läßt sich jedoch vorläufig nicht korrigieren. Das späte Auftauchen gemusterter Tonfliesen hängt jedoch hier sicher wieder mit der Tatsache zusammen, daß viele im 12. und 13. Jahrhundert errichtete Kirchen Mosaikfliesenböden besaßen und einfach für einen längeren Zeitraum hindurch kein Bedarf an neuen Fliesen bestand.

Für den für die Herstellung des rheinischen Steinzeugs berühmten Ort Siegburg ist nur eine einzige Fliese (T24), deren genauer Fundort leider unbekannt ist, bezeugt. Sie dürfte jedoch erst zu Ende des 15. Jahrhunderts entstanden sein. Auch die neuesten Grabungen, welche die Fehlbrandhalden der Töpfer freilegten, haben keine Fliesenfunde ergeben[33]. Die typische Farbe der Fliese, die einen feingemagerten, graugelblichen, nicht gesinterten Scherben zeigt, ist auch noch bei anderen Fliesen unbekannter Herkunft im Hetjens-Museum, Düsseldorf, vertreten. Möglicherweise stammt die eine oder andere darunter ebenfalls aus Siegburg[34].

Für die Töpfereien des Kölner Vorgebirges haben die neuesten Grabungen[35], die in Pingsdorf und Walberberg eine Anzahl mittelalterlicher Töpferöfen freilegten, ebenfalls keine Fliesenfunde erbracht. Es darf jedoch nicht von der Hand gewiesen werden, daß die Fliesen der ehemaligen Zisterzienserinnen-Klosterkirche Walberberg noch am Ort hergestellt wurden, obwohl Böhner eine Kontinuität der Keramikproduktion nur vom 9.–13. Jahrhundert nachweisen konnte. Es wäre dennoch möglich, daß eine reduzierte Produktion

24 A. Jux, 10.

25 Ebd., 10.

26 A. Meinhardt, 1–4. – Th. Jung, 5–12.

27 Bei H. Neu, H. Weigert, 270, „1250". – Bei H. Gensicke, 1958, 140, „nach 1269".

28 A. Meinhardt, 2. – Mechthild von Sayn schenkt dem Kloster schon 1219 den Almosenzehnten von Waldbreitbach.

29 Die Verbindungen des Grafenpaares Heinrich III. und Mechthild von Sayn zu den rheinischen Klöstern waren so eng, daß es wohl kaum mehr gelingt, die Verflechtungen zu entwirren. Mechthild von Sayn besaß in Köln einen 1249 erstmals genannten Hof (St. Steffen, ebd., 117), den sie dem Zisterzienserkloster Sion in Köln vermachte, welches sie in ihrem Testament 1283 als „mein Kloster" (Ebd., 174) bezeichnete.

30 H. Kier, 1970. Neben den Kölner Kirchen St. Gereon (116/17), St. Pantaleon (120/21) erwähnt H. Kier die Benediktinerabtei Brauweiler, Chor und Krypta, um 1200, Kapitelsaal, 4. Viertel 12. Jh., (91–92); das ehem. Prämonstratenserkloster Knechtsteden, Kapitelsaal, nach 1170–80 (104); die ehem. Augustinerinnenkirche Merten, um 1160/70 (127); die ehem. Franziskanerkirche Seligenthal, um 1255 (133) und die ehem. Zisterzienserinnenkirche Walberberg, um 1197 (136–137). Seit 1970 wurden außerdem aufgedeckt: der schöne Boden der ehem. Benediktiner-Propsteikirche Oberpleis (H. Merian, Das Kosmosbild von Oberpleis, Monumenta Annonis. Köln und Siegburg. Weltbild und Kunst im hohen Mittelalter, Köln 1975, [120–123]) und der wohl um 1180 entstandene Fliesenboden von Groß-St. Martin in Köln (unpubliziert).

31 H. Keussen, 82–83, vermutet, daß auch Backsteine im Mittelalter auf dem Wasserweg nach Köln gekommen seien, da in den mittelalterlichen Flurbezeichnungen aus der Umgegend von Köln keine Bezugnahmen auf Ziegeleien zu finden seien, während solche in späteren Zeiten mehrfach erwähnt werden.

32 Vgl. Fundortkat.

33 B. Beckmann, 1975, (ersetzt die Aufsätze von 1963, 1964, 1967), 5ff. und Tafeln. Nach freundlicher Mitteilung von Herrn Dr. Beckmann fand sich bei den Grabungen weder eine verworfene Fliese noch ein Fliesenbruchstück.

34 Der Sammler Laurenz Heinrich Hetjens, dessen Sammlung den Grundstock des heutigen Hetjens-Museums bildete, hatte in Siegburg schon zu Ende des 19. Jh. auf eigene Faust gegraben.

35 K. Böhner, 372–387.

bis ins Ende des 15. Jahrhunderts, der Zeit, aus der die Fliesen vermutlich stammen, weiterbetrieben wurde.
Trotz der zahlreichen Fliesenfunde, die Restaurierung und Wiederaufbau von Burgen, zerstörten Häusern und Kirchen seit dem Ende des 2. Weltkriegs erbrachten, ist es immer noch nicht gelungen, mit Sicherheit die Werkstatt zu finden, die, seit etwa 1450, die Fliesen für Kölner Kirchen und Patrizierhäuser und für die Kirchen und Burgen der unmittelbaren Umgebung Kölns herstellte[36].
Gemeinsames Kennzeichen all dieser Fliesen sind die kleinen Maße, der hart gebrannte, fast weiße oder gelblichweiße dünne Scherben, das sehr flache Relief und die teilweise sehr sorgfältig aufgebrachte Glasur, die nur manchmal ganz charakteristische ‚Spritzer' aufweist. Außerdem kommen immer wieder dieselben stereotypen Ecklösungen vor, die sich von der 2. Hälfte des 15. bis in die Mitte des 16. Jahrhunderts nur wenig verändern.
Selbstverständlich sucht man diese Werkstatt zuerst in Köln, da sie in der 2. Hälfte des 15. Jahrhunderts bis etwa um 1570 vor allem Wappenfliesen für das Kölner Patriziat prägte. Einen schlüssigen Beweis gibt es dafür nicht, denn merkwürdigerweise wurde in den bis jetzt in Köln aufgedeckten Töpferwerkstätten und Abfallgruben weder eine einzige verworfene Fliese noch ein Fliesenbruchstück entdeckt[37], wohl aber Reste von Ofenkacheln[38], zusammen mit salzglasiertem Steinzeug. Dies spräche gegen eine Fertigung der Fliesen durch die Kölner ‚Duppenbäcker', da an anderer Stelle Ofenkacheln meist mit Fliesen im selben Ofen gebrannt wurden. Die bewegte Geschichte der Kölner Töpfer, in Ratsprotokollen und Beschwerdebriefen festgehalten, ist immer noch nicht völlig geklärt. Sicher ist nur, daß die ‚Kannenbäcker', nach lange schwelendem Streit, nach der Mitte des 16. Jahrhunderts auf Betreiben der empörten Kölner Bürgerschaft wegen ‚Umweltverschmutzung' die Stadt verlassen mußten. Sie siedelten sich vermutlich in Frechen an, dessen Tongruben sie schon früher genutzt hatten. Der Rat hatte ihnen 1551 die Einfuhr von Ton aus Frechen verboten und sie so an der empfindlichsten Stelle getroffen, nachdem das Abbrechen der Brennöfen im Auftrag des Rates offensichtlich wirkungslos geblieben war[39]. Denn in Köln waren die Brennöfen nicht wie in anderen Städten am Stadtrand[40], sondern mitten in der Stadt angesiedelt. Die stets latent vorhandene Brandgefahr, der hohe Holzverbrauch[41], der zum Steigen der Holzpreise führte, die Belästigung durch starke Rauchentwicklung und die beim Niederschlag der Salzglasur entweichenden Chlorwasserstoffdämpfe, hatten Rat und Mitbürger seit langem erbittert. Durch immer neue Verordnungen und Strafen versuchten sie sich der Töpfer zu entledigen, was ihnen nach mehreren Ansätzen 1566 endlich gelang.
Die sorgfältigen Untersuchungen von Unger [41a] zeigen, daß es sich hierbei jedoch nur um die ‚Kannenbäcker' gehandelt haben kann, ‚Düppenbäcker' sind noch bis in den Beginn des 17. Jahrhunderts in Köln nachzuweisen. Kölner Fliesen mit den Jahreszahlen 1570 (G67) und 1597 (G80) weisen darauf hin, daß auch noch vereinzelt Fliesen geprägt wurden. Der Modelbestand dieser Werkstatt oder Werkstätten muß jedoch, vor allem seit dem 2. Drittel des 16. Jahrhunderts, sehr klein gewesen sein, da sich die wenigen Muster in Abwandlungen wiederholen.
Was für die Kölner Abfallgruben gilt, findet seine Entsprechung in Frechen. Bei den reichen Bodenfunden, die dort früher durch Zufall und in den letzten Jahren durch systematische Grabungen gemacht wurden, fanden sich weder Bodenfliesen noch Bruchstücke von diesen. Einzig eine noch unveröffentlichte Fliese wurde in einem kleinen Herrenhaus geborgen. Auch die Archivalien[42] geben keinerlei Hinweise auf Prägung von Fliesen. Dies erklärt sich jedoch möglicherweise durch eine andere Technik für Bodenbeläge, die in der Gegend häufig anzutreffen ist. Kleine, quadratische oder rechteckige Tonplättchen, die beim Brand von Gebrauchskeramik, (Abstandsplättchen, die das Zusammenbacken glasierter Ware verhinderten) anfielen, meist als ‚Esterchen' bezeichnet, wurden senkrecht nebeneinander in den Lehmboden gesteckt. Man formte Kreis-, Zacken- oder Fischgrätmuster. Solche Böden haben sich in der ehemaligen Benediktinerabtei Brauweiler[43], in der kath. Pfarrkirche von Dirmerzheim[44] (Abb. 70),

---

36 Fliesen dieses Typus fanden sich in Köln, Bad Münstereifel, Bergheim (Erft), Bödingen, Brauweiler, Fischenich, Friesheim, Groß-Vernich, Heimerzheim, Konradsheim, Kraudorf, Landskron, Refrath und Türnich, aber auch in Aachen, Aachen-Kornelimünster, Düren-Arnoldsweiler, Düren (Schloß Burgau), Jülich, Lohn, Niederzier, Reifferscheid, und St. Jöris. Außerdem gehören die Fliesen aus Walberberg ebenfalls zum ‚Kölner' Musterbestand.
37 Nach freundlicher Auskunft von Herrn Dr. Werner Jüttner, Köln.
38 F. Brill, 258.
39 Eine ausgezeichnete Übersicht über diese Auseinandersetzungen gibt F. Brill. Er erwähnt, daß die Werkstätten der Düppenbäkker vor allem in der Glocken- und Hämmergasse sowie in der Breiten Straße lagen (259).
40 In Köln wurden bis jetzt 5 Töpferwerkstätten ausgegraben, 1889 in der Komödienstraße, 1897 in der Maximinenstraße, 1897 am Eigelstein (O. von Falke, 1908, I, 52–51), 1951 in der Streitzeuggasse (F. Brill, 255–274) und 1972 erneut in der Maximinenstraße (I. Unger, 98, 133–135, 143–144). Bei den letzten zwei Funden wurden auch Reste von Brennöfen aufgedeckt. Unger (ebd., 59–101) weist an Hand von Steuerlisten und Einwohnerverzeichnissen 29 Kachelbäcker nach, die zwischen 1484 und 1629 in Köln ansässig waren. Sie vermutet weitere Brennöfen in der Sterngasse und der Marcellenstraße.
41 In der Umgebung Kölns gab es im Mittelalter sehr wenig Wald, so daß die Stadt auf Einfuhr von Nutz- und Brennholz angewiesen war.
41a I. Unger, 10ff. Die Untersuchungen gelten allein Ofenkacheln, Fliesen werden nicht erwähnt. Unger (ebd., 14) vermutet, daß das Töpferhandwerk bald nach 1600 zum Erliegen kam, da man 1604 einen Kachelofen für den Ratssaal aus Frankfurt-Sachsenhausen kommen ließ.
42 Freundliche Mitteilung von Herrn Karl Göbels †, Frechen.
43 F. Kretzschmar, 22, Abb. 24.
44 Dehio, Rheinland, 115. – „Anfang 16. Jahrhundert".

Abb. 70 Erftstadt-Dirmerzheim, St. Remigius, Chor. Boden aus Abstandsplättchen, 17. Jh.

in der Ägidius-Kapelle auf dem Hofgut des ehemaligen Klosters Groß-Königsdorf in Frechen-Hücheln[45], im Pfarrhaus in Frechen-Bachem[46] und in einigen Privathäusern erhalten.[47]

Wie schon erwähnt, ist es schwierig, die Kölner Muster[48] von denen einer zweiten Werkstatt zu trennen, die sich möglicherweise in Aachen oder im Raum Düren befand. Diese Werkstatt kann nur verhältnismäßig kurze Zeit Fliesen geprägt haben. Die Muster und vor allem die Schilde der Wappenfliesen weisen auf eine Entstehungszeit zwischen dem 2. Drittel des 15. und dem 1. Drittel des 16. Jahrhunderts. Dies könnte damit zusammenhängen, daß anscheinend zu Ende des 15. Jahrhunderts die Tonvorkommen in der unmittelbaren Umgebung von Aachen erschöpft waren, was die Aachener Töpfer bewogen haben soll, in die Nähe ergiebigerer Tongruben nach Raeren, Hauset und Eynat-

45 K. Göbels, 103, 131. – „Vermutlich Anfang 17. Jahrhundert".
46 Ebd., 132–133. – „Anfang 18. Jahrhundert".
47 F. Kretzschmar, 23, nennt Böden in Häusern von Grouven, Kerpen, Bergheim, Sindorf, Wassenberg und Flamersheim.
48 So fand sich z. B. die Fliese mit dem Kölner Stadtwappen (G38) 1956 im Bereich der Deutschordenskommende St. Gilles nahe der Aachener Stadtmauer. Dies kann jedoch mit der Gepflogenheit zusammenhängen, daß die Höfe und der Grundbesitz von Kölner Kaufleuten und Bürgern an anderen Orten mit dem Kölner Wappen gekennzeichnet wurden. – H. Steuer, 1981, 96.

ten auszuwandern. In diesen Orten und in Aachen gefundene Fliesen gleichen Musters würden diese These erhärten. So fand sich in dem Raeren benachbarten Dorf Hauset, 12 km südlich von Aachen, die Fliese M44 auf einer Fehlbrandhalde[49]. Diese wurde 1903 ebenfalls aus den Gebäuderesten des ehemaligen Augustinerklosters in Aachen geborgen. Mayer weist auf eine Töpferei in Hauset[50], die vermutlich im 1. Viertel des 16. Jahrhunderts arbeitete.

Bis jetzt wurden in Aachen nur Töpferöfen aufgedeckt, welche Gefäße enthielten[51]. Die beiden Fliesen, A4 aus der Straße ‚Am Krugenofen' und G49 aus dem Töpfergebiet an der Franzstraße, stammen vermutlich aus Fehlbrandgruben. Sie zeigen jedoch keine Verformungen, Risse oder Glasurfehler. Beide Fliesen sind ausgezeichnete Beispiele dafür, wie problematisch die Zuweisung von Fliesen an eine bestimmte Werkstatt[52] gerade in diesem Raum ist. G49 zeigt das Wappen der südlich Aachens gelegenen Abtei Kornelimünster, verbunden mit dem Wappen des Abtes Heinrich von Binsfeld (1491–1531). Da die gleiche Fliese auch in Kornelimünster geborgen wurde, darf man annehmen, daß das Kloster die Fliesen von den Töpfern der Franzstraße bezog. Die ebenfalls im Kloster gefundenen Muster L26 und N62 kommen sowohl in Aachen wie in Köln vor. H165 und N62 fanden sich außerdem in dem Töpferdorf Langerwehe nahe Düren (ca. 32 km östlich Aachens). Dort wurden, mit großer Wahrscheinlichkeit, die Fliesen für die St. Martinskirche in Langerwehe, das Prämonstratenserinnenkloster Wenau, das Kreuzherrenkloster Schwarzenbroich, das Zisterzienserinnenkloster Sankt Jöris in Eschweiler-Kinzweiler, die Pfarrkirchen St. Silvester in Lohn und St. Arnold in Düren-Arnoldsweiler sowie für Schloß Burgau in Düren und die Wüstung Wüstweiler bei Niederzier hergestellt.

In Langerwehe wurden aus Fehlbrandhalden[53] und 1977 auch in der Nähe aufgedeckter Töpferöfen[54] Fliesen geborgen. Fliesen mit altem Bruch, bei denen die Glasur in Bildmitte an den Kanten herabgelaufen war, beweisen, daß es sich um Fehlbrände und nicht um später aus Gebäuden entfernte Fliesen handelt. Was Stephan für die Gebrauchskeramik vermutet: „Neben Siegburg war nach dem derzeitigen Forschungsstand Langerwehe, vor allem im 14. Jahrhundert und in der 1. Hälfte des 15. Jahrhunderts, das wichtigste exportorientierte Töpferzentrum des Rheinlandes"[55], könnte auch für die Herstellung von Fliesen gelten. Ein Vergleich der Langerweher Fliesen mit anderen, übereinstimmenden oder ähnlichen Fliesen der Umgebung legt die Vermutung nahe, daß die Muster möglicherweise nicht in Langerwehe entworfen, sondern fremde Model benutzt oder Fliesen kopiert wurden. So fand sich die in der Straße ‚Am Krugenofen' in Aachen geborgene Fliese A4 in Langerwehe ohne jede Abweichung. Die Arbeit nach fremden Vorlagen wird, wenigstens im späten 15. und im 16. Jahrhundert, auch für die Gebrauchskeramik vermutet[56]. Möglicherweise ist dies die Ursache für die Übereinstimmung so vieler Muster im Raum Köln–Aachen.

Kennzeichnend für die frühen Langerweher Prägungen sind die stereotypen Ecklilien (A4, H165, H210, L28, L29, L31, M44), für die späten Fliesen eine manganbräunliche Glasur auf einem klinkerhart gebrannten Scherben. Die früheste, allerdings nicht durch eine sichere Baugeschichte datierbare, Fliese aus Langerwehe dürfte H210 sein, die möglicherweise schon in der 1. Hälfte des 15. Jahrhunderts entstanden ist. Die übrigen Fliesen gehören der Mitte und dem Ende des 15. und der 1. Hälfte des 16. Jahrhunderts an. Andere, wie D70, wurden vermutlich schon mit Stempeln der Kannenbäcker geprägt. Die späten Fliesen sind weniger sorgfältig geschnitten und oft dick mit Glasur überzogen. Sie verraten nichts mehr von der Eleganz der Aachener (?) und Kölner Prägungen. Die Töpferei in Langerwehe geht, wie Funde ähnlich der Pingsdorfer Keramik vermuten lassen, ins 9.–10. Jahrhundert zurück. Urkundlich sind die Töpfereien jedoch erst seit dem 1. Viertel des 14. Jahrhunderts erwähnt[57].

Auch die vermutlich seit der Mitte des 16. Jahrhunderts in dem Töpferzentrum Raeren hergestellten Steinzeug-

---

49 Freundliche Mitteilung von Herrn Dr. Otto Erich Mayer, Raeren.

50 O. E. Mayer, 1977, 177–179.

51 Vgl. Fundortkat.: ‚Aachen, Am Krugenofen'. Die Bezeichnung weist darauf hin, daß hier Geschirrtöpfer angesiedelt waren. Es ließ sich jedoch in Aachen keine Töpferzunft nachweisen (A. Hermandung, Das Zunftwesen der Stadt Aachen bis zum Jahre 1681, Aachen 1908).

52 Neben den städtischen Töpfern scheint es in Aachen zu Ende des 15. Jh. auch noch eine Töpferwerkstatt in geistlicher Regie gegeben zu haben. C. Rhoen, 85, schreibt: „Die Alexianerbrüder ... beschäftigten sich meist mit der Fabrikation von Thonwaren, zu welchen sie den Stoff aus dem zu ihrem Kloster gehörenden Terrain entnahmen; daher auch der jetzige Alexianergraben, zu dieser Zeit Düppen- und Tziel-(Ziegel-)graben hieß." – Die Alexianer ließen sich an dieser Stelle 1481 nieder.

53 Die ersten Fehlbrandhalden wurden in Langerwehe zu Ende des 19. Jh. aufgegraben, ohne daß die Funde im einzelnen festgehalten wurden. Möglicherweise stammen einige Fliesen unbekannter Herkunft im Hetjens-Museum, Düsseldorf, die durch H. L. Hetjens in die Sammlung gelangten, aus Langerwehe.

54 W. Schwellnus, Ein spätmittelalterlicher Töpferofen aus Langerwehe, Kr. Düren, Ausgrabungen im Rheinland '77', 1978, 230–232. – 1977 wurden in Langerwehe mehrere Töpferöfen angeschnitten, „auf einem Gelände, auf dem auch schon früher Töpferöfen aufgedeckt, jedoch nicht untersucht wurden ... Der nach Osten abfallende Hang muß an dieser Stelle im ausgehenden Mittelalter mit Töpferöfen dicht besetzt gewesen sein, weil sich meterdicke Schuttschichten aus Keramikabfall gebildet haben". Schwellnus datiert den untersuchten Ofen auf Grund der vermauerten Fehlbrände um 1500. – Bei der Ausgrabung eines weiteren Ofens 1981 (A. Jürgens, B. Bös, Spätmittelalterliche und frühneuzeitliche Töpferöfen in Langerwehe, Kr. Düren, und Frechen, Erftkreis, Ausgrabungen im Rheinland '81/82', 1983, 201–204), den die Autoren „um 1400" datieren, wurden keine Fliesen im oder in der Nähe des Ofens entdeckt.

55 H.-G. Stephan, 1982, 107.

56 Nach freundlicher Mitteilung von Herrn Dr. Burkard Sielmann, Langerwehe, wurden in Langerwehe Raerener und Frechener Krüge kopiert und wohl auch mit fremden Patrizen gearbeitet.

57 J. Schwarz, 7, 13–14. – Der Ortsteil ‚Om Uhles' wird zum ersten Mal 1324 im Zinsregister der Herren von Stolberg erwähnt.

fliesen sind von den Arbeitstechniken der Kannenbäkker geprägt. Sie wurden mit denselben Stempeln dekoriert wie die Krüge und Kannen, mit Kobaltsmalte bemalt und mit Salzglasur versehen. Entweder ist die Fläche mit kleinen Stempelchen und Ritzdekor bedeckt oder durch Fischgrätmuster (X22.1)[58] und Diagonalkreuze mit Zackenkante gegliedert (O1). Die letzteren finden sich ähnlich, die Dreiecke abwechselnd gelb oder grün glasiert, im belgischen Töpferzentrum Andenne bei Namur[59].
Neben den durch Fliesenfehlbrände gesicherten Töpfereien (Aachen, Hauset, Langerwehe) muß es jedoch im niederrheinischen Raum noch eine ganze Anzahl anderer Töpfereien gegeben haben, die Fliesen herstellten, ohne daß sie bis jetzt sicher zu bestimmen sind[60]. Dennoch kann die Kontinuität der Fliesenprägung im Rheinland nicht bewiesen werden. Zwischen den schon erwähnten frühen Fliesen aus den Burgen Landskron und Blankenberg (?), aus der St. Clemenskirche in Mayen sowie den vermutlich aus Kloster Eberbach gelieferten (St. Victor, Xanten; Köln, an mehreren Orten im Stadtgebiet) oder durch Kloster Eberbach beeinflußten (Moers-Repelen, St. Martin) Fliesen und den etwa um 1400 einsetzenden Prägungen von Werkstätten im Raum Köln–Aachen, klafft eine Lücke von über 150 bis 170 Jahren.
Die im 15. und 16. Jahrhundert in diesem Gebiet geprägten Fliesen scheinen nur für diesen Bereich hergestellt worden zu sein. Es gibt keine Anzeichen, daß sie rheinauf- oder rheinabwärts verschifft wurden, noch, daß sie, wie die niederrheinische Gefäßkeramik, ihren Weg weit über die Grenzen Deutschlands hinaus fanden. Der Höhepunkt der Fliesenherstellung ist im 3. Drittel des 15. und 1. Drittel des 16. Jahrhunderts erreicht; spätestens zu Beginn des 17. Jahrhunderts scheint die Produktion von Bodenfliesen erloschen zu sein[61], während die Herstellung von Wandfliesen am linken Niederrhein im 18. Jahrhundert noch zu besonders reizvollen Lösungen gelangte.

Obwohl im Mittelalter Gebrauchskeramik im großen Umfang[62] dort hergestellt wurde, gehört das ganze Gebiet der heutigen Eifel, das westliche Moseltal mit Trier und Umgebung und das Saarland noch immer zu den weißen Flecken der Fliesenlandkarte. Die Grabungen und Funde der letzten Jahre in Thür, Starkenburg, Winneburg bei Cochem, Burg Monreal und Pyrmont, scheinen das Bild etwas zu verschieben. Es zeigt sich jedoch, daß die dort gefundenen Fliesen mit großer Wahrscheinlichkeit nicht in unmittelbarer Nähe gefertigt wurden, mit Ausnahme der einen Werkstatt, die vermutlich in Mayen[63] die Fliesen für die dortige Clemenskirche herstellte. Die Fliesenmuster des nördlichen Eifelvorlandes (Blankenheim, Münstereifel) sind Typen der Kölner Werkstätten, die Fliesen in Trier und im Moseltal vermutlich aus Kloster Eberbach und der Werkstatt in Urbar/Vallendar bezogen. Die Fliese ZL3 aus Daun dürfte Import aus Belgien sein. Für das Saarland sind bis heute nur die Fliesen des Zisterzienserklosters Wörschweiler bekannt.

Die Übersichtskarte der Fliesenfundorte (siehe Fundortkatalog) zeigt eine weitere Konzentration von Fundorten im Rheingau. Dies hängt natürlich mit der wichtigen Rolle zusammen, die Kloster Eberbach bei der Herstellung und Verbreitung von Fliesen spielte. Vermutlich wurden jedoch eine ganze Anzahl dieser Fliesen, vor allem seit dem 14. Jahrhundert, schon durch Werkstätten hergestellt, die zwar noch von Kloster Eberbach abhängig oder beeinflußt, doch bereits in eigener Regie produzierten. So erwägt Struck[64], ob die Fliesen des Klosters Johannisberg nicht in der heute zur Stadt Geisenheim gehörenden Hofsiedlung Düppenhausen gebrannt wurden. Für diese ist, in der 2. Hälfte des 13. Jahrhunderts und im frühen 14. Jahrhundert, die Herstellung von Gefäßkeramik durch Funde belegt.
In mittelalterlichen Urkunden werden außerdem wiederholt die reichen, vermutlich schon in römischer Zeit genutzten Tonvorkommen des kleinen Weilers Aulhausen (Stadt Rüdesheim) erwähnt. So gestattet das dem Patronat Kloster Eberbachs unterstellte Zisterzienserinnenkloster Marienhausen den Aulhausener Töpfern noch 1740, auf seinem Grund und Boden „wie seit urdenklichen Zeiten“ Ton zu gewinnen[65]. Von den Erzbischöfen von Mainz erhalten sie das Recht, im Mainzer Kammerforst das nötige Holz zu fällen und zu lesen. Es ist heute nicht mehr mit Sicherheit zu klären, ob das Kloster Eberbach, das hier Grundrechte besaß, die Töpfer ansiedelte oder ob es sich ein schon ansässiges Gewerbe nutzbar machte[66]. Es fällt jedoch auf, daß das

58 O. E. Mayer, 1977, 182, Abb.19.
59 R. Borremans, R. Warginaire, 34, Abb. 13, Nr. 9.
60 J. Schwarz, 208, erwähnt 113 bis jetzt bekannte Töpferorte im Rheinland. Nicht für alle kann jedoch die Fertigung von Tonwaren bis ins Mittelalter zurückverfolgt werden.
61 Durch Jahreszahl gesichert ist die Fliese G80 („1597“) aus Köln und G75 („160..“ letzte Zahl zerstört, 1–9) aus Heisterbach.
62 K. Freckmann, 12. – Mittelalterliche Töpfer in der Eifel werden erstmals 1293 in einer Urkunde erwähnt, eine Töpferzunft ist 1485 in den Orten Speicher, Herforst und Binsfeld nachzuweisen (ebd., 13, 16). Der Ort Speicher war im Mittelalter Besitz des Zisterzienserklosters Himmerod. Dort wurden bis jetzt noch keine Fliesen entdeckt, wohl aber in dem Himmerod gehörenden ‚Festen Haus‘ in Affalterlohe.
63 Zur Töpferei des 13. Jh. in Mayen fehlen Unterlagen. U. Lobbedey, 1968, 69–71, berichtet vom Fund eines Töpferofens, der Keramik des 10.–12. Jh. enthielt.
64 W.-H. Struck, 1977, 324, 340, Anm. 9. – Diese Möglichkeit dürfte jedoch nur für die späteren Fliesen in Johannisberg gelten, wo bis in die 2. Hälfte des 16. Jh. noch Fliesen verlegt wurden. Die Fliesen des 13. Jh. stimmen im Scherben, der Prägung und den Mustern so genau mit den Fliesen aus Kloster Eberbach überein, daß sie sicher noch in der Klosterwerkstatt gefertigt wurden.
65 F. Luthmer, 138.
66 W. Klötzer, 28, glaubt, daß Aulhausen sich zu keiner richtigen Gemeinde entwickeln konnte, weil das Kloster Marienhausen alles Acker- und Weideland an sich gezogen hatte und daß es deshalb „zu einer kümmerlichen Töpfersiedlung herabsank“.

Dorf in Urkunden zwischen 1108 und 1128 noch als ‚Husen' bezeichnet wird, erst ab 1210 taucht der Name ‚Vlenhusen', 1223 der ‚Ulnhusen' auf[67], der auf eine Töpfersiedlung hinweist. Neben Gefäßen scheinen in Aulhausen schon früh Fliesen gebrannt worden zu sein. Die bei der Aufdeckung eines Töpferofens 1902 in Aulhausen gefundene Fliese N 82 ist nicht ganz so sorgfältig geschnitten wie ihre Eberbacher Vorlage aus der Mitte oder dem 3. Viertel des 13. Jahrhunderts, sie dürfte also etwas später entstanden sein. Dies ist die einzig gesicherte Fliese aus Aulhausen. Bei den späteren Funden von Töpferöfen[68] in Aulhausen kamen zwar ebenfalls Fliesen zum Vorschein. Sie wurden jedoch nicht besonders gekennzeichnet und befinden sich nun unter den zahlreichen Fliesen unbekannter Herkunft im Rheingauer Museum, Rüdesheim.

Auch die Muster der 1880 noch in situ vorhandenen Fliesen der Klosterkirche Marienhausen sind nicht sicher bekannt[69], möglicherweise handelt es sich hier jedoch um das Muster L 3. Wieviele der zahlreichen Fliesen, die in der Pfarrkirche, den Ortsburgen und den Bürgerhäusern Rüdesheims sowie in Kloster Eibingen gefunden wurden schon aus Aulhausen stammen, läßt sich auch noch nicht sicher ermitteln.

Die Muster all dieser Fliesen decken sich im wesentlichen mit dem Modelbestand von Kloster Eberbach. Wann die Loslösung der Töpfer von Kloster Eberbach erfolgte und ob sie im Zusammenhang mit im 15. Jahrhundert einsetzenden Gebietsverlusten und der Abnahme der Klosterdisziplin stehen, läßt sich heute nicht mehr klären. Fest steht, daß die Qualität der Fliesenprägung beträchtlich litt. Es fällt auf, daß gerade in und um Rüdesheim dieselben Muster bis in die Mitte des 16. Jahrhunderts in immer schlechteren Nachschnitten auftauchen, eine Tatsache, die die exakte Datierung einzelner Fliesen besonders erschwert.

Auch in dem kleinen Winzerort Lorch im Rheingau (nordwestlich von Aulhausen) muß sich eine mittelalterliche Töpferei befunden haben, die Fliesen herstellte. Leider sind die dort gefundenen Muster nicht mehr bekannt. Nach Dornbusch[70] wurde „einige Jahre vor 1876" eine Abfallgrube aufgedeckt, in der sich neben im Brand verzogenen Ofenkacheln auch Fliesen und Tonformen zur Herstellung von Kacheln fanden. Es muß sich um besonders schöne Stücke gehandelt haben, die Dornbusch ins 16. Jahrhundert datiert[71].

Obwohl für Wiesbaden schon im 13. Jahrhundert Töpfer nachzuweisen sind und 1375 ein „Henne Ulner" urkundlich erwähnt wird[72], dürften die Fliesen des Klosters in Wiesbaden-Klarenthal[73], die in Tonmaterial und Prägung mit denen Kloster Eberbachs übereinstimmen, wohl noch von dort gekommen sein, während die Fliesen der Mauritiuskirche, auch sie nach einem heute verlorenen Eberbacher Muster geschnitten, vermutlich schon von städtischen Töpfern gefertigt wurden. Auch die Fliesen aus Wiesbaden-Rambach und Wiesbaden-Naurod sind Eberbacher oder doch Zisterziensermuster (Marienstatt), während die 1604 entstandenen Fliesen aus Wiesbaden-Sonnenberg vermutlich von den Töpfern stammten, die ihre Werkstätten vor dem Sonnenberger Tor hatten[74]. Stets scheint der Schwerpunkt jedoch auf der Herstellung von Gebrauchskeramik und Ofenkacheln gelegen zu haben; die späten und auch ziemlich groben Fliesen waren etwas, was man nur gelegentlich brannte.

Sehr wenig weiß man bis jetzt über die mittelalterliche Töpferei in Mainz. Die Stadt scheint stets dem Handel vor der Güterproduktion den Vorzug gegeben zu haben. Außer den Goldschmieden treten alle Gewerbe ein wenig in den Hintergrund. Es ist anzunehmen, daß in Mainz, zumindest seit der 2. Hälfte des 13. Jahrhunderts, Fliesen geprägt wurden; die frühesten der in Mainz gefundenen Fliesen gehen in die 2. Hälfte des 12. Jahrhunderts zurück (C 1, M 3). Auch W 54 dürfte noch

67 Ebd., 28, Anm. 6: Mainzer Lehensurkunde von 1464 für Johann Brömser von Rüdesheim „wer es auch, das ulner zu Ulnhusen wonten, als vor zyten gewonet haben, die dupfen und kruge mechten, die sollen ime von iglichen rade eyn marck geben und mir auch kruge und duppen gnug alle hochgetziit geben in myn husß". (Frankfurt, Holzhausenarchiv, Kasten 63). – A. Bach, Die Siedlungsnamen des Taunusgebiets in ihrer Bedeutung für die Besiedlungsgeschichte, Bonn 1927, 70.

68 E. Ritterling, 113–114. – Bodenaltertümer in Nassau, 1953, 71 und ebd., 1954, 54. – 1953 wurde ein Töpferofen hinter dem Haus Hauptstr. 34 aufgedeckt, den F. M. Duchscherer auf Grund des Scherbenmaterials ins späte 14. Jh. datierte. 1954 wurde hinter dem Haus Hauptstr. 19 ein Töpferofen gefunden, der vermutlich um 1400 benutzt wurde. Das Material wurde von F. M. Duchscherer geborgen, war jedoch 1956 schon unter die übrigen Fliesenfunde unbekannter Herkunft im Museum Rüdesheim geraten und, da Aufzeichnungen fehlten, nicht mehr zu bestimmen. – Einen Überblick über die aufgedeckten Öfen und deren Inhalt gibt H. Elzner, 130–134. Fliesenfunde werden jedoch nicht erwähnt.

69 R. Forrer, 1901, Taf. 17, 11, bildet Fliesen ab, die aus Kloster Marienhaus bei Neuwied stammen sollen. Ein Kloster dieses Namens gibt und gab es im Umkreis Neuwieds nicht, nur das Kloster Marienthal, Kr. Ahrweiler, und Marienhausen bei Rüdesheim. W. Lotz, F. Schneider, 1880, 15–17, verzeichnet noch Fliesen im östl. Flügel des Kreuzgangs und in der östl. der Kirche liegenden Totenkapelle. Ende der 80er Jahre wurden Kloster und Kirche restauriert, die Fliesen entfernt. Möglicherweise kamen sie von hier in die Sammlung Forrer (heute im Victoria and Albert Museum, London, und im Museum Dortmund).

70 J. B. Dornbusch, 142. – Ein Teil des Fundes gelangte in den Besitz des Kaplans Dornbusch und von dort ins ehem. Gewerbemuseum, Berlin. Ihr Verbleib war nicht zu ermitteln.

71 Ebd., 142. Aus dem Text geht nicht hervor, ob sich die Datierung nur auf die Ofenkacheln bezieht.

72 O. Renkhoff, 255. – Schon 1455 wird eine Straße ‚Unter den Ulnern' erwähnt, vermutlich die heutige Häfnergasse (257). Renkhoff (ebd., 256) weist auf das Vorkommen verschiedenfarbiger Tone auf der Wiesbadener Gemarkung hin. Auf dem Erbenheimer Berg wurde weißer Ton gewonnen, ‚Auf den Rödern' gelber und am Rambach hinter dem Wiesenborn roter Ton.

73 G. Maag, 1972, Taf. 3. – Hier haben sich Muster erhalten (H 193, I 13), die in Eberbach inzwischen verloren sind.

74 E. Ritterling, Mitt. des Ver. für Nass. Altertumskunde u. Geschichtsforschung 1899/1900, Sp. 55–56, nennt Funde von spätmittelalterlichen Brennöfen (allerdings ohne Fliesenfunde) vor dem Sonnenberger Tor, am ‚Warmen Damm' und Ecke Paulinen-/Gartenstraße.

zu den sehr frühen, wohl aber schon im 13. Jahrhundert entstandenen Fliesen gehören.

Da ein großer Teil der in Mainz gefundenen Muster mit denen Kloster Eberbachs und einer zweiten, möglicherweise von Bau zu Bau wandernden Werkstatt, übereinstimmt, wäre für das 2. Drittel des 13. Jahrhunderts ein Import von Fliesen zu erwägen. Eine Fehlbrandgrube mit Fliesen wurde bis heute nicht aufgedeckt. Die zahlreichen Fliesenfunde lassen jedoch vermuten, daß etwa ab 1240 die meisten Mainzer Kirchen und Kapellen und nicht wenige Patrizierhäuser Fliesenböden erhielten. Für die späten Fliesen des 16. Jahrhunderts wurden wohl schon Kachelmodel der Ofentöpfer (X23) benutzt. Daß Mainz auf seinen Fliesen als Markenzeichen sein Wappen, das ‚Mainzer Rad' anbrachte, zeigt die späte Fliese K68 aus Kloster Disibodenberg[75].

In Worms scheinen sogar die mittelalterlichen Werkstätten wieder in der Nähe der antiken angesiedelt worden zu sein[76]. Sie lagen in der heutigen Speyerer Straße, der südlichste Turm der äußeren Stadtmauer heißt heute noch der Aulturm[77]. Die 1326 erstmals erwähnte städtische Ziegelhütte, die noch bis ins 16. Jahrhundert vor allem für die Ausfuhr arbeitete, bildete mit der ummauerten Fischerweide und den Holzplätzen eine eigene Vorstadt. Die Produkte[78] konnten auf diese Weise bequem auf dem Rhein verschifft werden. Töpferöfen oder Fehlbrandhalden mit Fliesen wurden bis jetzt nicht aufgedeckt, wohl aber zahlreiche Fliesen im ganzen Stadtgebiet gefunden, und zwar nicht nur an Stellen, an denen sich früher Sakralbauten befanden. Leider läßt sich bis jetzt immer noch nicht klären, ob auch Fliesen im Mittelalter rheinauf- oder rheinabwärts verschifft wurden. Die Wormser Muster sind so allgemein verbreitet, daß hier nur exakte mineralogische Untersuchungen der Scherben Klarheit bringen könnten. Es darf jedoch angenommen werden, daß die in den Kirchen und Burgen der nächsten Umgebung verlegten Fliesen mit Wormser Mustern aus Worms stammen, während für weiter entfernte Orte eher an einen Austausch von Modeln gedacht werden muß. Neue Fliesenfunde von 1979/80 in Kloster Arnsburg, bei denen Fliesen geborgen wurden, die nicht nur im Muster, sondern auch im Scherben auffallend mit Wormser Prägungen übereinstimmen[79], haben die Diskussion, woher diese Fliesen kamen, wieder entfacht. Denn diese Muster (C16, F36, R2, S44, S45) wurden außerdem auch in Kloster Lorsch gefunden. So besteht neben der von Morkramer vorgeschlagenen Möglichkeit, daß die Fliesen über Rhein-Main-Wetter nach Arnsburg verschifft wurden[80], die andere, daß sie in der Zeitspanne, in welcher das Kloster Lorsch von Zisterziensermönchen geführt wurde (1226–48), von dort nach Arnsburg gelangten. Fliesen wurden offensichtlich auch im Dominikanerinnenkloster in Worms-Liebenau gebrannt. Dort fand man bei Grabungen 1928–31 einen Töpferofen, der zwar keine Fliesen enthielt, in einem Nebenraum, der ganz offensichtlich als Lagerraum diente, waren jedoch „eine Anzahl keramischer Erzeugnisse", darunter anscheinend auch Fliesen, gelagert[81].

Wann in Worms mit der Prägung von Fliesen begonnen wurde, läßt sich nicht sicher feststellen, da ein großer Teil der Wormser Fliesen schon in der 2. Hälfte des 19. Jahrhunderts gesammelt wurde, ohne daß man die Fundorte festhielt. So kann nur durch Vergleich mit den frühen Fliesen anderer Fundorte angenommen werden, daß z.B. die Fliese F108 noch dem letzten Drittel des 12. Jahrhunderts angehört. Vermutlich sind auch Prägungen wie A1 sehr früh entstanden. Die große Menge der an vielen verschiedenen Stellen in Worms gefundenen Fliesen läßt ferner vermuten, daß wohl die meisten Wormser Kirchen im Mittelalter Fliesenböden besaßen. Diese scheinen alle nach den großen Stadtbränden (1221, 1231, 1234, 1242, 1259, 1269) erneuert worden zu sein, so daß im 14. Jahrhundert wenig Bedarf an Fliesen vorhanden war. Die Fliesenwerkstätten gingen wohl teilweise ein. Als im 15. Jahrhundert neue Fliesen geprägt werden sollten, fehlten anscheinend Erfahrung und Fertigkeit. So sorgfältig und phantasievoll die frühen Wormser Prägungen sind, so einfallslos und grob sind die späten.

Für Speyer, dessen Keramikgeschichte leider noch sehr spärlich erforscht wurde, ist 1314 im heutigen Flurbezirk ‚Ziegelofen' eine Ziegelhütte bezeugt. Sie war im Besitz des reichen Speyerer Bürgers Siegfried Retscheln. 1360 erließ der Rat von Speyer ein Ausfuhrverbot für Backsteine, da „Holz und Äcker" sehr Schaden litten, wenn man „gebackene Steine den Rhein ab verkoufe". Dieses Verbot wurde später auch auf „Zigel und Häfen" ausgedehnt[82]. Für Speyer gilt dasselbe wie für Worms: die Gebäude, in denen besonders frühe Prägungen gefunden wurden, sind nicht sicher zu datieren. Da die in Speyer gefundenen Fliesen in Plattenmosaik schon Muster tragen, (die ungemusterten Fliesen wurden vermutlich alle nicht geborgen), können sie kaum vor dem 1. Drittel des 13. Jahrhunderts verlegt worden sein. Sehr früh wirken A2 und F20, hier ist nicht sicher, ob es sich nicht doch um Wandfliesen han-

75 Zum ‚Mainzer Rad' auf der Fliese M17 vgl. S. 94. Diese Fliese findet sich zwar in Mainz und einigen im Auftrag der Mainzer Erzbischöfe erbauten Burgen, aber auch in den Zisterzienserklöstern Arnsburg und Eberbach und in Orten, in denen weitere Eberbacher Prägungen gefunden wurden. – H.-P. Mielke, 1976/77, 150, (150–157), glaubt, daß die Ofenkacheln mit dem ‚Mainzer Rad' in Oberroden und Dieburg gefertigt wurden, welche in diesem Zeitraum zu Kurmainz gehörten.

76 E. Grill, 8.

77 F. Reuter, 1971, 23, auch Nideckturm an der süd-östl. Ecke der Stadtmauer.

78 Ebd., 26. Der erste Hafner wird 1386 erwähnt (H. Boos, III, 59); der erste Ziegler: „Jeckelini dicti Zigelers ... dictis Zigelhove" 1350 (R. Reutter, 148).

79 M. Morkramer, 1982.

80 Vgl. S. 97.

81 O. Böcher, 1958, H. 7, 2 und Fundortkat.

82 K. Engelhardt, 33–34.

delt. Für die frühen Fliesenböden scheinen alle Model nach Speyer mitgebracht worden zu sein. Die Kreisfliese B7 weist auf eine große Rosette aus der Werkstatt, welche diese Rosetten zwischen Straßburg und Mainz verlegte[83]. Ein weiterer Boden wurde von einer Werkstatt geschaffen, welche vermutlich aus Lothringen kam und in der Katharinenkapelle in Oberhomburg gearbeitet hatte[84], andere Model waren zuvor in Pforzheim und Pirmasens benutzt worden[85]. Stets scheint jedoch Speyer eine Art Endstation gewesen zu sein. So zeigt z. B. der Model P11 in Kolmar und Worms noch dieselben Maße wie diese Fliese; in Speyer wurde er in eine größere Fliese geprägt. Dasselbe gilt für N76 aus Sesenheim, während F46 und W92 ursprünglich für einen Boden in Plattenmosaik bestimmt waren.

Im 14. Jahrhundert scheinen in Speyer eigene Model geschnitten worden zu sein, im 15. Jahrhundert wurden Fliesen wohl nur noch für Ausflickungen gefertigt. Die Fliesen des späten 15. und des 16. Jahrhunderts greifen auf alte Vorlagen zurück, die sie in grober Prägung und größeren Abmessungen wiederholen.

Fliesenwerkstätten im Hunsrück und in Rheinhessen, sind immer noch nicht sicher zu fassen. Wie schon erwähnt, steht die große Gruppe übereinstimmender Muster wohl in Verbindung mit einer Klosterwerkstatt (Ravengiersburg ? Sponheim ?)[86] oder einer Werkstatt, welche einen Fliesenboden nach dem anderen verlegte. Andere Fliesenbeläge können auf Grund der Muster und der kurzen Entfernung in Verbindung mit Eberbach und Mainz gebracht werden. Welche Fliesen dann schon von den Töpfern in Bad Kreuznach, Sprendlingen oder Alzey[87], die schon im späten Mittelalter eine rege Tätigkeit entfalteten, gebrannt wurden, läßt sich bis jetzt nicht feststellen. Das Maßwerkmuster L3 mit Varianten und Nachschnitten findet sich besonders häufig in den Kirchen und Burgen dieses Gebiets.

Ebenso schwierig ist es für die zahlreichen Fliesen, die in der Pfalz gefertigt wurden, exakte Herstellungsorte zu finden. Die reichen Tonvorkommen des Eisenberger Beckens scheinen für die Fliesenfertigung nicht genutzt worden zu sein[88]. Das mag daher rühren, daß in der Pfalz kleine Vorkommen gut brennbarer Tone an vielen Orten vorhanden waren.

Neben dem Maßwerkmuster L5, welches sich auch hier noch findet, sind es vor allem Eichblattmuster in zahlreichen Varianten und Nachschnitten, welche im späten 13. und im 14. Jahrhundert die Fliesenbeläge kleinerer Kirchen, Kapellen und einiger Burgen bilden. Diese Eichblattmuster finden sich natürlich auch in Speyer und Worms, so daß heute noch nicht erkennbar ist, ob die Vielfalt der Muster der Pfälzer Fliesen auf große, über einen langen Zeitraum arbeitende, nur in Speyer und Worms angesiedelte Werkstätten oder auf viele kleine, eher ländliche Töpfereien weist. So könnten die Fliesen für Burg Wachtenburg möglicherweise am Ort selbst gebrannt worden sein. Hier werden, in einer Obstbaumordnung von 1469, „ziegelscheuer und ziegelgärten“ zwischen Burgweg und Odinstal genannt[89].

Leider ist es für Hessen nicht möglich, durch Funde von Töpferöfen oder Abfallgruben mit Fliesen, Werkstätten zu ermitteln. Man darf bei zahlreichen Orten, in denen in Hessen vom 17. bis zum 19. Jahrhundert blühende Töpfereien bestanden, nicht annehmen, daß diese stets bis ins Mittelalter zurückreichen. Liegt ein solcher Ort jedoch in der Nähe von Bauten, in denen Fliesen verlegt waren, und verfügt er außerdem noch über Lager von brennfähigem Ton in unmittelbarer Umgebung, so kann immerhin vermutet werden, daß dieser Ton schon im Mittelalter abgegraben und die Fliesen an Ort und Stelle gebrannt wurden. Der große Waldreichtum und das Vorkommen ausgezeichneter Tone haben die Töpferei in Hessen auf jeden Fall sehr begünstigt.

Die ersten Impulse zur Fliesenprägung gingen, wie schon erwähnt, wohl von Kloster Arnsburg aus, welches in seinen Klosterhöfen (Friedberg, Gelnhausen, vermutlich außerdem in Marburg und Wetzlar) ebenfalls Fliesen verlegte und vermutlich auch in den ihm unterstellten Klöstern (Patershausen und Thron), die Fliesenherstellung anregte. Die Muster in den Klosterhöfen scheinen sehr rasch von städtischen Töpfern übernommen worden zu sein. Arnsburger Muster wurden mit kleinen Abweichungen[90] bis ins Ende des 15. Jahrhunderts wiederholt. In Friedberg[91], dessen Fliesen sich durch einen feingemagerten, besonders hart gebrannten Scherben auszeichnen, wurde zusätzlich eine dunkelbraune, dickflüssige Bleiglasur, allerdings wenig sorgfältig aufgetragen.

Für Gelnhausen ist eine Niederlassung von Ziegelbrennern auf dem anderen Kinzigufer, ein „Tzigelhus“, schon in Urkunden von 1280 und 1290[92] bestätigt. 1383 wird ein „peder czyegler“ erwähnt, 1418 „Henne Mil-

83 s. S. 106–108.
84 s. S. 101–102.
85 s. S. 100.
86 A. Spamer, 1933, 77 weist darauf hin, daß in Sponheim noch bis ins 20. Jh. Töpfer ansässig waren.
87 Eine Übersicht über die Töpfereien Rheinhessens gibt K. Freckmann, 9–10, 44, 51–55.
88 In unmittelbarer Nähe von Eisenberg liegt nur das Zisterzienserinnenkloster Rosenthal (mit Fliesen der Wormser Werkstatt) und die Burg Neuleiningen (mit einer Fliese, die sowohl in Rosenthal wie in Worms gefunden wurde).
89 F. Wendel, 301–302 (Stadtarchiv Wachenheim, Urkunde 3).
90 Es finden sich in Friedberg drei verschiedene Varianten des Arnsburger Musters J112–114 (M. Morkramer, 1982, 61–65), die zwar nur geringe Abweichungen zeigen, jedoch stets einen neuen Model voraussetzen.
91 W. Belz, Das Wetterau-Museum, Wetterauer Geschichtsbl. 15, 1966, 192 (191–207). – Für Friedberg ist eine Töpferei aus dem frühen 13. Jh. durch den Fund eines Brüchlingslagers auf dem Gelände des Hauses Usagasse 32 belegt. Da in Arnsburg (M. Morkramer, 1982, 46) „nur einzelne Fliesen eine Glasur tragen, kein Typ ist vollständig glasiert“, müssen diese Fliesen mit Arnsburger Muster in Friedberg hergestellt worden sein. Allerdings sind sie dort sicher erst im 14. Jh. entstanden.
92 A. Fuhs, 115–116. – Gelnhausen hat heute noch eine Töpfergasse.

denberger, der ziegler". Selbstverständlich kann nicht belegt werden, daß diese Ziegler mit den Fliesentöpfern identisch sind, es darf jedoch angenommen werden, daß die in der Pfalz, in den Kirchen, Klöstern und Bürgerhäusern Gelnhausens gefundenen Fliesen, am Ort gefertigt wurden[93], zumal Ton in ausgezeichneter Qualität vorhanden war.

Auch die früheste, der bis heute in Marburg gefundenen Fliesen ist ein Arnsburger Muster (J 76). Sie stammt nicht aus dem Arnsburger Hof, sondern wurde in der Firmaneikapelle des ehemaligen Elisabeth-Hospitals gefunden. Ein weiteres Zisterziensermuster (H 237), das heute aus Arnsburg nicht mehr bekannt ist, wurde ‚Auf der Kirchspitze' geborgen. Ob die Fliesen der Marburger Schloßkapelle von einheimischen Kräften gefertigt wurden oder ob fremde, für den Bau der Elisabethkirche ins Land gerufene Handwerker, den Boden ausführten, konnte noch nicht geklärt werden. Für einheimische Handwerker sprechen die großen Fliesen-Rosetten[94], die zwar aufwendiger und kunstvoller sind als die Rosetten der Kirchen Kölns und der Klöster Arnstein, Rommersdorf usw., dennoch aber in deren Tradition stehen. Die im Schachbrettmuster des Füllgrundes verteilten inkrustierten Fliesen lehnen sich dagegen in Technik und Dekor eng an französische Fliesen an. Zur Entstehungszeit der Fliesen, dem 1. Viertel des 14. Jahrhunderts, wird in Marburg schon ein Töpfer urkundlich erwähnt. Allerdings wird dieser 1319 erwähnte Ulner Dieleman[95] ausdrücklich als Gefäßtöpfer (figulus vasorum) bezeichnet. 1384 wird ein weiterer Töpfer im Dienst des landgräflichen Hofes genannt[96]. Die eigentliche Blüte der Marburger Fliesenprägung setzte jedoch erst zu Ende des 15. und in der 1. Hälfte des 16. Jahrhunderts ein. Beim Um- und Neubau von Fachwerkhäusern des städtischen Patriziats wurden offensichtlich auch neue Fliesen für diese Häuser geschaffen. Das auf den Fliesen des Estorschen Hauses (H 27) angebrachte ‚M', das sich auch sonst als Bestandteil des Marburger Wappens findet[97], könnte auf eine Verlegung von Fliesen in städtischen Gebäuden oder auf die Ausfuhr von Fliesen verweisen.

Zu Beginn des 16. Jahrhunderts werden die ersten Töpfer namentlich festgehalten, so 1526 der Olnermeister Heinrich Eckel[98], 1527 Hans Olner und 1525 Thomas Holtzscher, der glasierte Ofenkacheln für das Marburger Schloß lieferte[99]. Fliesen lassen sich jedoch keinem dieser Töpfer mit Sicherheit zuweisen. Sie stehen hinter den Ofenkacheln zurück und werden deshalb nie erwähnt.

Die Erforschung der mittelalterlichen Keramik Marburgs hat durch die Altstadtsanierung jetzt gerade wichtige Impulse erhalten. Leider sind die Ergebnisse noch nicht publiziert. Das Muster H 54 wurde wiederholt in zweiter Verwendung vermauert oder in den Kellern einzelner Gebäude gefunden, ohne daß die Fundorte im Einzelnen genau[100] festgehalten wurden. Dieses in der 2. Hälfte des 16. Jahrhunderts häufig in Hessen anzutreffende Muster scheint also auch in Marburg gefertigt worden zu sein.

Für einen weiteren bedeutenden mittelalterlichen Töpferort Hessens, Aulendiebach bei Büdingen, sind bis jetzt keine Fliesenfunde bezeugt. Es wäre jedoch möglich, daß die Fliesen des späten 15. und des 16. Jahrhunderts, die sich in großer Menge, jedoch in geringer Qualität in Büdingen fanden, von dort stammen.

Durch die sorgfältigen Forschungen Sprucks[101] konnte eine weitere Töpferei in der Nähe Büdingens ermittelt werden. Sie lag möglicherweise auf dem Gelände der ehemaligen Wasserburg Leustadt bei Stockheim und stellte Fliesen für die Burg her. Dieselben Prägungen (J 70) fanden sich außerdem auf Burg Ortenberg und im Augustinerkloster Hirzenhain. Daß diese auch aus Leustadt stammen ist möglich, jedoch nicht gesichert.

Im Gegensatz zum Rheinland gibt es in Hessen verhältnismäßig wenig glasierte Fliesen. So fallen die mit einer sorgfältigen grünen Bleiglasur versehenen Fliesen aus Steinau (a. d. Straße) auf. Für Steinau, welches nicht nur durch Tonvorkommen begünstigt war, sondern auch an zwei wichtigen mittelalterlichen Fernhandelsstraßen lag, sind sehr früh Töpfer bezeugt. Schon 1426 sichert der Rat von Steinau diese gegen die Konkurrenz von ungelernten Töpfern ab[102]. 1432 werden erstmals aus Steinau bezogene Schüsseln erwähnt. Der Ulner Hennchen Beyer stirbt 1467, 1495 sind in der Vorstadt von Steinau „Contz ulner, Heintz ulner, Cleßgin ulner, Hanß ulner, Egel zigeler, Hen zigeler und Heintz zigeler" ansäßig[103]. Die Art der Aufzählung zeigt, daß es sich hier noch nicht um Familiennamen, sondern um Gewerbe handelt.

---

93 R. Haarberg, 20–29, datiert die früheste bis jetzt in der Pfalz zu Gelnhausen gefundene Gebrauchskeramik ins 13. Jh. und weist auf einen ‚leuchtend roten' Scherben aus etwas späterer Zeit, der besonders häufig vorkam.

94 H. Kier, 1970, 125, Abb. 258–260, und Fundortkat.

95 A. Höck, 1972, 89. – Dieser Töpfer war im Gebiet der heutigen Aulgasse östl. des Marktplatzes ansässig. Höck vermutet, daß der Bau des Dominikanerklosters 1291 die Töpfer zum Ausweichen nach Weidenhausen zwang. Eine Abfallgrube wurde beim Ausschachten des Hauses Pilgrimstein 30 entdeckt. Sie enthielt allerdings nur Bruchstücke von Ofenkacheln und Gebrauchskeramik.

96 Ebd., 89.

97 W. Meyer-Barkhausen, Abb. 1. – Wappen über dem Rathauseingang von Ludwig Juppe, 1524.

98 K. Strauss, Die Töpferkunst in Hessen, Studien zur deutschen Kunstgeschichte 228, Straßburg 1925, 29–30.

99 A. Höck, 1972, 89.

100 Diese Fliesen gelangten meist in Privatbesitz und standen für die Auswertung nicht zur Verfügung.

101 Freundliche Mitteilung von Frau Gisela Spruck, Hofgut Leustadt, deren Publikation über diese Töpferei nicht vorgegriffen werden soll. Die Fliesenfunde weisen auf ein Bestehen der Töpferei seit dem frühen 15. Jh. Urkundlich erwähnt wird sie jedoch erst im 16. und 17. Jh.

102 E. Hartmann, 317–319.

103 A. Höck, Zur Töpferei im ehemaligen Kreis Schlüchtern, J. Naumann (Hrsg.), Hessische Töpferei zwischen Spessart, Rhön und Vogelsberg, Kat., Kassel 1975, 14 (14–23).

Aus Gießen war bis jetzt nur der Fund einer einzigen Fliese bekannt. Bei gezielten Grabungen und beim Aushub des Geländes für Neubauten wurden im letzten Jahrzehnt große Mengen von Gefäßkeramik geborgen. Vereinzelt fanden sich auch Fliesenfragmente, deren Veröffentlichung beabsichtigt ist. Eine frühe Töpferei in Gießen ist für 1393 bezeugt, Flurnamen wie ‚Lehmenkaute' und ‚Aulweg' weisen ebenfalls auf die Nutzung von Tonvorkommen im Mittelalter[103a].
Besonders sorgfältig geprägte Fliesen haben sich in der Dreifaltigkeitskirche und in der Walpurgiskirche in Alsfeld erhalten. Auch hier lehnt sich die frühe Prägung J51 noch an ein Arnsburger Muster an, die wohl Mitte des 15. Jahrhunderts entstandenen Fliesen wurden jedoch vermutlich schon von einheimischen Töpfern geliefert. Für Alsfeld sind früh städtische Töpfer bezeugt, in den Stadtrechnungen wird 1531 und 1535 ein „cunz ulner" erwähnt[104]. Eine weitere Töpferei wird zu Beginn des 15. Jahrhunderts in Laubach genannt[105]. Aus ihr stammt wahrscheinlich der heute noch in situ erhaltene Fliesenboden in Schloß Laubach.
Wie früh in Frankfurt Bodenfliesen hergestellt wurden, läßt sich nicht genau sagen. Die von Nahrgang[106] erwähnte Fliese ist z.Z. nicht aufzufinden, so daß nicht sicher ist, ob es sich wirklich um dieselbe Prägung wie in Burg Hain, Dreieich und Oberursel handelt. Da jedoch die Kirche in Oberursel noch zu Ende des 12. Jahrhunderts im Besitz des Frankfurter Bartholomäusstifts war, bestünde immerhin eine Verbindungslinie. Die bei Grabungen und Hausabbrüchen zu Ende des 19. Jahrhunderts geborgenen Fliesen zeigen einige Muster, die dem 2. Drittel des 13. Jahrhunderts angehören, ferner Fliesen aus dem 3. Viertel des 14. Jahrhunderts und zwischen Ende des 15. bis Ende des 16. Jahrhunderts entstandene Varianten der Muster H53 und H56. Bei den Fliesen des 13. Jahrhunderts ist noch nicht gewiß, ob es sich um einheimische Prägungen oder um Arbeiten einer fremden Werkstatt handelt[107]. Denn obwohl für Frankfurt und dessen unmittelbare Umgebung Tongewinnung und Töpferei in vorgeschichtlicher, römischer und fränkischer Zeit durch zahlreiche Funde belegt sind, und Hafner urkundlich schon zu Ende des 13. Jahrhunderts genannt werden[108], besteht eine auffallende Diskrepanz zwischen dem Reichtum und der Bedeutung der Stadt und der, im Gegensatz zu den Rheinmetropolen Mainz, Speyer und Worms, sehr mageren Fliesenausbeute.
Brückner[109] glaubt, daß die weniger glänzende Entwicklung des Töpfergewerbes auf den Mangel an guten Tonen zurückgeht, wichtige Tongruben waren möglicherweise erschöpft. Zumindest im 18. Jahrhundert mußten die Frankfurter Töpfer den Ton für viel Geld von auswärts beziehen; dieser kam per Schiff aus Miltenberg, Seligenstadt und Dettingen bei Aschaffenburg[110]. Auch aus der Gegend um Darmstadt und Homburg v.d. Höhe scheint Ton bezogen worden zu sein. Möglicherweise rührt die schlechte Qualität der späten Frankfurter Fliesen daher, daß sie aus einheimischen, nahe bei Frankfurt gegrabenen Tonen gefertigt wurden. Zu diesen groben Prägungen gehört die einzige Fliese (C66), die durch den Fund eines Töpferofens, in dessen Abraum sie lag, für eine Frankfurter Werkstatt beglaubigt ist. Seit dieses Muster 1979 auch in der Pfarrkirche des 26 km entfernten Ortes Nieder-Wöllstadt zutage kam, liegt die Vermutung, daß dieser Ofen in Frankfurt-Sachsenhausen noch in geistlicher Regie betrieben wurde, nahe. Das Patronat der Kirche von Nieder-Wöllstadt lag nämlich in der Hand der Deutschordenskommende Sachsenhausen, die in Nieder-Wöllstadt einen großen Hof besaß. Eine weitere in Frankfurt (Braubachstraße) aufgedeckte Fliese (J57) scheint von einer Fehlbrandhalde zu stammen. Wie fast in allen Städten (außer Köln) lagen auch in Frankfurt die Töpfereien am Stadtrand[111], die Braubachstraße verlief nahe der mittelalterlichen Stadtmauer.
Der Einfallsreichtum und die Kunstfertigkeit der Frankfurter Töpfer scheint sich im 16. Jahrhundert al-

---

103a K. Engelbach, Beitr. zur Gießener Töpferei I. Gießener Steinzeugkrüge des 17. Jahrhunderts, Mitt. Oberhess. Geschichtsver. 64, 1979, 149 (149–183). – 1393 wird ein „Cuntze Ulner", 1493 ein „Henchen Ulner" erwähnt.

104 K. S. von Galéra, Die Geschichte der Stadt Alsfeld, Alsfeld 1974, 108.

105 Freundliche Mitteilung von Ernst-Otto Graf zu Solms-Laubach †, Laubach.

106 K. Nahrgang, 1956, 88 (bei der Beschreibung der Fliese D1), „und neuerdings auch bei den Grabungen in der Frankfurter Altstadt gefunden worden".

107 Einige der frühen Frankfurter Fliesen kamen vermutlich über die Klosterhöfe der Zisterzienserklöster in die Stadt (Padershäuser Hof, Schönauer Hof). Die 1906 westl. des ‚Steinernen Hauses' gefundene Fliese mit ‚reitender Hexe' würde, falls es sich um A39 handelt, zum Modelbestand jener Werkstatt gehören, die in Pforzheim, Speyer und Worms Fliesenböden verlegt hatte. Genauso gut könnten die Fliesen aus Speyer oder Worms bezogen worden sein.

108 K. Bücher, Die Berufe der Stadt Frankfurt im Mittelalter, Leipzig 1914, 126. – Ein „ulner" wird erstmals 1291 genannt, es gab eine Straße ‚Unter den Ulnern' und einen Hausnamen ‚Zum Ulner'. Bücher glaubt jedoch, daß einige der erwähnten Ulner, „(die ulnern uff dem Samztagesberge (1333), der ulner by dem Lamparter (1346), Herczog murer und ulner (1389)" nicht Töpfer, sondern Geschirrhändler waren. Ebd., 140, 1291 wird auch der erste Ziegler erwähnt. Ziegler tauchen ab 1354–1510 ziemlich regelmäßig in den Bedebüchern auf. Vorher waren die Ziegel aus Worms bezogen worden.

109 H. Brückner, 18.

110 O. Lauffer, 103–104, Anm. 1 und 2. – Hafner-Akten vom 22. 1. 1743 „weilen man die Erde von Seligenstadt mit großen Kosten muß kommen lassen"; 6. 3. 1745 „da in allhiesigem territorio keine Erd oder Thon anzutreffen, welche zu Töpfen und andrem Geschirr zu machen, tüchtig seye, so hätten Prinzipales mit schweren Kosten und großen Gefahren von anderen Orten gute Erde kommen lassen müssen. 3. hätten Prinzipales mit der Gemeinde zu Dettingen einen Accord errichten müssen. Von dort beziehen sie den Thon per Schiff" (Stadtarchiv Frankfurt).

111 Auch in Worms lagen die Töpferöfen an der Stadtmauer (Aulturm), ebenso in Straßburg (Metzgerplatz). Die Siegburger Aulgasse lag außerhalb der Ansiedlung. Sogar die ‚ulreporze' in Köln deutet auf außerhalb der Stadt angesiedelte Töpfer, wenn diese sich auch später in der Stadtmitte niederließen.

lein auf Ofenkacheln konzentriert zu haben. Alle Fliesen- und Fliesenbruchstücke, die in jüngster Zeit[112] in Frankfurt geborgen wurden, zeigen nur Varianten der Muster H53 und H56.

Die Fliesen des Frankfurter Umlandes, aus den Burgen Bommersheim, Eppstein, Hattstein, Hofheim, Königstein, Kronberg und Reifenberg, den Kirchen in Kelkheim-Hornau, Niederhöchstadt und Rodheim v.d.Höhe, stammen mit großer Wahrscheinlichkeit nicht aus Frankfurt, obwohl die Muster teilweise mit denen des Saalhofes identisch sind. Die frühen Fliesen in Eppstein und Königstein[113] sind Muster des Klosters Eberbach und wurden vermutlich noch von dort bezogen. Die übrigen Fliesen, fast ausschließlich Prägungen des späten 15. und des 16. Jahrhunderts, stammen vermutlich aus Werkstätten, die in den einzelnen Orten arbeiteten. Noch läßt sich nicht bestimmen, welche Fliesen wo entstanden. Sicher wird die Fliesenherstellung nur am Rande betrieben worden sein, da sich verhältnismäßig wenige Muster häufig wiederholen. Auch hier dominieren die Prägungen von H53/H56, abweichende Scherben, verschiedene Maße und unterschiedliche Brandhöhe lassen vermuten, daß diese Fliesen wohl nicht aus einer Werkstatt stammen. Möglich ist eine Herkunft aus Seulberg, in dessen Nähe schon in römischer Zeit getöpfert wurde[114], aus Burgholzhausen v.d.Höhe[115], aus Rodheim v.d.Höhe[116] oder aus Oberhöchstadt. Aus Seulberg ist bis jetzt nur ein Muster bekannt (J69.1), der erste Aulofen wird 1634[117] genannt, ein Aulofen des 17. Jahrhunderts hat sich bis heute erhalten.

Das in Seulberg gefundene Fliesenbruchstück ist identisch mit einer in Kloster Ilbenstadt entdeckten Fliese. In Burgholzhausen fand sich neben besonders sorgfältigen Prägungen von H53 das Renaissancemuster X28, welches möglicherweise schon mit einem Kachelmodel geprägt wurde. Daß in Burgholzhausen sehr schöne Ofenkacheln gebrannt wurden haben die neuen Untersuchungen von Mielke[118] ergeben; die schriftlichen Urkunden reichen jedoch nur bis ins 4. Viertel des 16. Jahrhunderts zurück. Der Fliesenboden der Rodheimer Kirche weist ebenfalls ein ‚Tapetenmuster' (X22) auf und dürfte am Ort entstanden sein. In Oberursel, wo gerade in jüngster Zeit die Fliesen H58.1 und H228.1 im Keller eines alten Hauses aufgedeckt wurden, werden 1591 die ersten Töpfer erwähnt[119].

Nachmittelalterliche Töpfereien sind außerdem noch für die Orte Hanau, Babenhausen[120] und Pfungstadt[121] belegt, so daß möglicherweise auch die dort aufgedeckten Fliesen schon an Ort und Stelle gefertigt wurden. Für Dreieichenhain, wo im Palas der Burg Hain Fliesen, die vermutlich aus der 2. Hälfte des 12. Jahrhunderts stammen, gefunden wurden, ist durch die Aufdekkung eines romanischen Töpferofens, der allerdings keine Fliesen enthielt, zumindest eine Keramikproduktion nachgewiesen. Nahrgang[122] glaubt, daß dieser Ofen nach Beendigung des Baus aufgegeben wurde. Diese frühen Fliesen könnten aber immerhin in Dreieichenhain geprägt worden sein, während die späteren mit großer Wahrscheinlichkeit aus Dieburg kamen.

In Dieburg geht die Töpfertradition, wie zahlreiche Funde beweisen, bis in römische Zeit zurück, die Funde mittelalterlicher Keramik stammen aus Fehlbrandhalden, die immer wieder im Stadtgebiet angeschnitten wurden. Neben einer Fülle von Gebrauchskeramik wurden Fliesen des 13./14. Jahrhunderts geborgen, alle aus dem für Dieburg typischen, braunrötlich, graurötlich oder gelblichgrau brennenden Ton, wie ihn auch einige Fliesen des späten 13. und des 14. Jahrhunderts aus Burg Hain zeigen. Für das nahe Groß-Umstadt, in dessen Kirche ebenfalls Fliesen gefunden wurden, ist die Einfuhr von Keramik aus Dieburg urkundlich gesichert. Es haben sich Rechnungen erhalten, wonach beim Bau des Rathauses von Groß-Umstadt (1604–05) die Hafner aus Dieburg alles Material lieferten, da es in Groß-Umstadt selbst keine Töpfer gab[123]. Ob allerdings auch die Fliesen von dort stammen, ist nicht sicher, es handelt sich um vereinfachte Nachschnitte nach Mustern des Benediktinerklosters Amorbach im Oden-

112 s. Fundortkat. Frankfurt, Stadtgraben. Nach L. von Döry-Jobaháza, 1984, 58, Kat. Nr. 312, wurden 1976 beim U-Bahnbau auf der Zeil zwischen Konstablerwache und Langestraße zwei Gruben mit Fayenceabfall der Frankfurter Manufaktur angeschnitten. Bei der Bergung der Scherben fand sich auch eine Fliese des Musters H57.

113 s. Fundortkat. Eppstein und E. Gundermann, 141–151, Taf. 1–3. In beiden Burgen wurden mindestens in drei verschiedenen Zeitabschnitten Fliesen verlegt. Die Fliesen des 14. und des 15. Jh. könnten schon aus dort ansässigen Töpfereien stammen.

114 A. v. Cohausen, 127, 131. – K. Baeumerth, 209. – Die erste Zunftordnung für die Hafner und Ziegler von Seulberg und Köppern wurde 1613 erlassen.

115 Nach freundlicher Mitteilung von Herrn Dr. Herbert Zimmermann, Burgholzhausen, fanden sich im Ort spätmittelalterliche Fliesen vor allem als Untergrund für die Kornschütte auf den Dachböden einzelner Privathäuser. Vermutlich wurden diese in Burgholzhausen selbst oder im benachbarten Köppern hergestellt. In beiden Orten wird im Marktweistum 1454 je ein Brennofen erwähnt.

116 K. Baeumerth, 247, erwähnt Ziegler in Rodheim.

117 H. Zimmermann, 1979, 16.

118 H.-P. Mielke, Die Hafnerfamilie Kitz zu Burgholzhausen und ihre Arbeiten, Suleburc-Chronik 14, 1983, 33–36. – Für 1573 ist die Lieferung von Kacheln durch den Kachelmeister Philipp Kitz aus (Burg)holzhausen in die Kellerei Petterweil in Rechnungen für Schloß Laubach beglaubigt (ebd., 33). Vermutlich der Sohn dieses Töpfers, dessen Name sich auf 1982 in Schloß Höchst gefundenen Kacheln fand (Peter Kits), war 1616 Bürgermeister in Holzhausen. Es wäre durchaus möglich, daß diese Werkstatt auch Fliesen herstellte.

119 A. Spamer, 1939, 79.

120 R. Reutter, 145, nennt 1440 eine „Ziegelweide", 1472 ein „Ziegelhusze" in Babenhausen, J. Bühl, 58, das Gewann „bei dem leymenacker (1530), bei der leymenkautten hind der kirchen (1616)".

121 A. Spamer, 1939, 78.

122 K. Nahrgang, 1926, 101.

123 G. Füssler [u.a.], 44. – Nach O. Stamm, 1962, 160, bezog die Stadt Frankfurt im Jahre 1479 ‚Dieburger Kacheln'; Keramiklieferungen gingen im 15. Jh. außerdem nach Schloß Laubach.

wald[124], die Fliese H 12 in der Originalprägung wurde jedoch auch 1877 neben dem Ziegelofen des Klosters Lorsch gefunden[125].

Bei einer Untersuchung der Dieburger Fliesen fällt auf, daß sie fast alle mit fremden Modeln geprägt wurden. Bei den frühesten, wohl in der Mitte des 13. Jahrhunderts entstandenen, wurden bereits in der Katharinenkapelle in Oberhomburg verwandte Dreiecksstempel wahllos in eine quadratische Fliese geprägt (D 71).

Ein in der Benediktinerklosterkirche Klingenmünster und auf Burg Landeck noch für eine Fliese derselben Größe benutzter Holzmodel wurde, repariert und seitlich leicht verschoben, in Dieburg in eine weit größere Fliese (J 36) eingeprägt. Schließlich scheint nur noch die untere Modelhälfte übrig gewesen zu sein. Sie fand sich auf einer Fliese aus dem Palas der Burg Hain und, mit zweifacher Prägung, in Ober-Roden. Diese wurden, wie schon erwähnt, wohl in Dieburg gefertigt. Es gab am Ort offensichtlich keinen Formschneider. Dies bestätigt auch ein 1979 in der ev. Pfarrkirche von Großzimmern gemachter Fund (M 34), dessen Scherben ebenfalls auf eine Herkunft aus Dieburg weist. Hier wurde in eine große quadratische Fliese ein kleinerer Stempel einmal, ein beschädigter Stempel zweimal wahllos eingeprägt.

Diese Muster, bis jetzt noch von keinem anderen Fundort bekannt, dürften nicht im selben Zeitraum entstanden sein, so daß die Vermutung nahe liegt, daß in einer Werkstatt Model verschiedener Herkunft und verschiedenen Alters aufbewahrt wurden. Wie wichtig Dieburg als mittelalterlicher Töpferort war, geht schon daraus hervor, daß sich ein dort ansässiges Adelsgeschlecht „Ullner von Dieburg“ nannte[126]. Die Dieburger Hafnerordnung von 1527[127] wurde als Vorbild für andere Hafnerordnungen benutzt, der vorzügliche Ton zog sogar fremde Hafner aus Nürnberg, Ansbach und Kolmar in die Stadt[128].

Bei dieser kurzen Übersicht über die mittelalterlichen Fliesen Hessens fällt auf, daß sich die Fliesenherstellung vor allem auf den Taunus, die Wetterau und Oberhessen konzentriert. Für Nordhessen sind bis heute nur einige Fliesenfundorte bekannt. So weist Kulick[128a] nach, daß die im Burggraben der ehemaligen Burg Eisenberg bei Korbach entdeckten Fliesenfragmente (S 58) in dem kleinen Städtchen Niedenstein gefertigt wurden. Dort schnitt man 1974 eine Fehlbrandhalde an, welche übereinstimmende Prägungen zeigte.

In der sorgfältigen Arbeit von Desel über die mittelalterlichen Töpfer, Ziegler und Schüßler in Niederhessen[129] werden 64 Orte erwähnt, in denen im Mittelalter Töpfer und Ziegler arbeiteten. Weder in einem dieser Orte, noch in einer in deren Nähe gelegenen Burg oder Kirche, wurden bis jetzt Fliesen gefunden.

Was Lobbedey[130] für die Gebrauchskeramik hervorhebt: „Im Gegensatz zu den Gebieten am Niederrhein und in Norddeutschland, ist der Südwesten im ganzen Mittelalter arm an Importware“, scheint auch für Fliesen zu gelten. An keiner Stelle kann bis jetzt der Nachweis geführt werden, daß Fliesen über größere Strecken transportiert wurden. Dies scheint nicht nur an den fehlenden Wasserwegen zu liegen. Auch für eine Verschiffung von Fliesen auf der Donau ließen sich keinerlei Anhaltspunkte finden, wenigstens nicht für die Strecke Ulm–Passau, auf der sich doch gerade im Mittelalter (Ulmer ‚Schachteln‘) ein besonders lebhafter Güterverkehr abspielte. Auf dieser mangelnden Beweglichkeit beruht vermutlich die Vielfalt von Mustern und Varianten bei den Fliesen Süddeutschlands, die ganz offensichtlich immer nur in kleineren Mengen gefertigt wurden. Außer den Klöstern, die anscheinend sehr viel länger Fliesen herstellten als in anderen deutschen Landschaften, scheinen es hier vor allem städtische Töpfer gewesen zu sein, die neben der Gebrauchskeramik auch Fliesen fertigten.

Bis jetzt wurde im ganzen Gebiet nur ein Töpferofen aufgedeckt, der auch Bruchstücke von Bodenfliesen enthielt[131]. In Wimpfen am Berg schnitt man bei Bauarbeiten hinter dem alten Pfarrhaus, in einem Gebäude, das möglicherweise zum Komplex des ehemaligen Wormser Hofes[132] gehörte, drei Töpferöfen an, die vorwiegend Gebrauchskeramik und außerdem Fliesenscherben enthielten. Dieselben Fliesenmuster hatte man 1969 schon beim Aufgraben einer Fehlbrandhalde an der Rappenauer Straße entdeckt[133] und zu Beginn des Jahrhunderts an einer Stelle, die anscheinend ganz

124 Ein Vergleich der Scherben ergab, daß die Amorbacher Fliesen sicher nicht aus Dieburg stammen können. Dagegen wurden im Jahre 1486 Ofenkacheln von dort bezogen (M. Walter, 103).

125 Leider wurde dieser Ofen nicht systematisch ausgegraben, sondern nur die in der Umgebung liegenden Keramikbruchstücke eingesammelt. Eine Grabung hätte in tieferen Schichten oder in der Nähe sicher weiteren Keramikbruch ergeben.

126 M. Herchenröder, F. Behn, 44. Die Ullner von Dieburg werden 1236 mit einem Anselmus de Dieburg erstmalig erwähnt.

127 H. Weber, Die privilegierte Häfnerzunft zu Aschaffenburg vom Jahre 1593, mit Anhang A. Dieburger Häfnerordnung, F. Schneider (Hrsg.), Keramik am Untermain, Aschaffenburg 1964, 84–95.

128 G. Güterbock, Von Odenwälder Häfnern und ihrer Kunst, Der Odenwald. Heimatkundl. Zs. des Breuberg-Bundes 10, 1963, 50 (43–57).

128a J. Kulick, 99–107. Die Töpferei arbeitete etwa von 1500 bis um 1620.

129 J. Desel, 43–54.

130 U. Lobbedey, 1968, 23.

131 Alle Angaben verdanke ich Herrn Pater E. Herberg, Bad Wimpfen. Eine Publikation der Töpferöfen ist beabsichtigt, genauere Datierungen ergeben sich möglicherweise durch die gefundene Gebrauchskeramik.

132 Der Bischof von Worms besaß eine um 1230 erbaute Kurie in Wimpfen am Berg. Sie war das Verwaltungszentrum für den ganzen Besitz des Domstiftes in und um Wimpfen.

133 Nach freundlicher Mitteilung von Herrn Dr. Robert Koch, Nürnberg, hatten sich die Fliesen entweder während des Brandes gewölbt oder zeigten Tonrisse. Aus dem Fund geht eindeutig hervor, daß es sich nicht um die Fliesen eines heute verschwundenen Bauwerks, sondern um verworfene Fliesen handelt.

in der Nähe dieser Fehlbrandgrube lag[134]. Die Muster weisen auf ein Bestehen dieser Werkstatt von der Mitte des 14. Jahrhunderts an bis möglicherweise über die 1. Hälfte des 15. Jahrhunderts hinaus. Die Model sind ganz offensichtlich in Wimpfen geschnitten, lehnen sich jedoch an Wormser Vorlagen an.

Bis heute wurden in den Kirchen der beiden Orte Wimpfen im Tal und Wimpfen am Berg keine Fliesen gefunden. Es werden jedoch schon 1414 Hafner im Stadtrecht genannt[135], ein ‚Hafenmarkt am Steinhaus' wird 1391 erwähnt[136]. Der 1460 aufgeführte „G. Eulener"[137] war möglicherweise ebenfalls ein Töpfer. Es könnte sein, daß hier, im fränkischen Sprachraum, schon das Wort ‚Euler' verwandt wird, während sonst in ganz Süddeutschland nur der Name ‚Hafner' in verschiedenen Abwandlungen auftaucht. Es fällt außerdem auf, daß Wimpfen gleich zwei der seltenen mittelalterlichen Tonplastiken besitzt[138]; es könnte sein, daß auch diese in der Stadt hergestellt wurden.

Nicht sicher ist zu klären, ob auch die Fliesen der Deutschhauskirche St. Peter und Paul in Heilbronn, die enge Übereinstimmung mit den Fliesen aus Wimpfen aufweisen, hier geprägt wurden. Beide Städte waren nicht nur durch eine Wasserstrecke, sondern auch durch eine gute Straße verbunden (12 km). Heilbronn besaß allerdings auch eine bis ins Mittelalter zurückreichende Töpfertradition[139]. Bis jetzt wurden nur diese beiden Fliesenmuster entdeckt; im übrigen neckarfränkischen Gebiet sind Fliesenfunde noch seltener.

Leider sind Lage und Betrieb der mittelalterlichen städtischen Töpfereien noch zu wenig erforscht, um einen umfassenden Überblick zu erlauben. Es können deshalb auch hier nur die zufällig bekanntgewordenen Fakten zusammengetragen werden. Dennoch darf man annehmen, daß die Verhältnisse in den meisten Orten, in denen günstige Tonvorkommen zur Verfügung standen, ähnlich waren.

Möglicherweise lag die erste städtische Töpferei, die neben Gefäßen auch Fliesen herstellte, in Straßburg. Durch die sehr sorgfältigen, unter Aufsicht des elsässischen Altertumsvereins durchgeführten Grabungen anläßlich der Anlage der Straßburger Kanalisation, gelang es vor und nach 1900, zahlreiche mittelalterliche Fliesen zu bergen. Diese stammen vermutlich nicht nur aus aufgegebenen kirchlichen Gebäuden, sondern wohl auch schon aus Privathäusern. Da an ganz verschiedenen Stellen durch den Brand deformierte Fliesen gefunden wurden, möchte man eher auf verschiedene kleinere als auf eine größere Töpferei schließen. Forrer[140] weist auf eine dicht neben der Kirche von Alt-St. Peter gelegene Töpferei, die neben anderen Erzeugnissen schon im 13. Jahrhundert Tonfliesen brannte. Bei einer Ausgrabung fanden sich in der Langestr. 1 (Grand' Rue 1) neben Gefäßscherben, Kinderspielzeug aus Ton, Ofenkacheln und Ofenbekrönungen auch unglasierte Tonfliesen des Musters F125. Der Fund läßt den Schluß zu, daß es sich um beim Brand zerbrochene Ware handelt, die über einen längeren Zeitraum hindurch in dieser Abfallgrube gesammelt wurde. Dafür spricht, daß die Puppen nicht die sonst übliche Kolorierung zeigten und die Fliese, die in gleicher Prägung mit grüner Bleiglasur in Kloster Hohenburg auf dem Odilienberg[141] gefunden wurde, hier unglasiert war und keine Mörtelspuren aufwies.

Diese Töpferei wird auch in späteren Straßburger Urkunden wiederholt erwähnt[142]. Forrer nimmt die Datierung aufgrund der Tracht und Haartracht der Puppen vor und setzt ihre Entstehung in die Zeit unmittelbar nach dem großen Brand von 1220. Die Fliese dürfte jedoch eher schon gegen Ende des 12. Jahrhunderts entstanden sein. Aus derselben Zeit stammt vermutlich die romanische Kreisfliese (F162), die bei Brunnenarbeiten auf dem Metzgerplatz in Straßburg gefunden wurde. Forrer[143] glaubt aufgrund der fehlenden Mörtelspuren und des alten Bruchrandes annehmen zu dürfen, daß es sich auch hier um eine schon im Mittelalter verworfene Fliese handelt. Seyboth[144] erwähnt, daß sich auf dem erst im 18. Jahrhundert bebauten Metzgerplatz früher ‚Brennhütten' befanden.

Nach dem Umfang der Funde zu schließen, müssen viele Straßburger Bürgerhäuser im Mittelalter Fliesenböden besessen haben; es gelang an zwei Stellen (Blauwolkengasse 21, Stephansgasse 3), vollständig erhaltene Fliesenböden freizulegen. Auch wurden in Straßburg

---

134 Sie soll sich jenseits der Rappenauer Straße im Gebiet der ehem. Stadtmauer befunden haben. Die Fliese J74, früher im GNM Nürnberg, heute verloren, so daß ein Vergleich der Scherben nicht mehr möglich ist, könnte aus Wimpfen stammen. Sie müßte dann schon vor 1868 gefunden worden sein (Kat. Nürnberg 1868, 6, A16). Die Formulierung „an verschiedenen Orten im südlichen Deutschland" ist sicher ungenau, da sich das Muster an keiner anderen Stelle fand.

135 R. Jülich, 102.

136 Ebd., 115.

137 H. Bahlow, 126.

138 G. Dehio, Baden-Württemberg, 541, 546. – Pietà aus gebranntem Ton, südlicher Seitenaltar der ehem. Dominikanerkirche, Wimpfen am Berg, 1416. – Pietà, Nische an der südl. Chorschranke der Stiftskirche St. Peter im Tal, um 1430.

139 M. Tripps, Handwerk und Kunst in der mittelalterlichen Stadt. Prolegomena zu einer Geschichte der Handwerker und Künste und deren Bedeutung im mittelalterlichen Heilbronn, Hist. Ver. Heilbronn, Jb. 27, 1973, 78, 121, Anm. 37–38, (65–139). – Die Hafnerzunft ist in Heilbronn vor 1371 bezeugt, der Hafenmarkt hat sich bis heute erhalten. Der Hafenmarktturm ist der Turm der ehem. Franziskanerkirche.

140 R. Forrer, 1937, 169–175. Zu diesem und einem zweiten, neuentdeckten Töpferofen in der Grand' Rue vgl. E. Kern, Des travaux et des fours, Kat. Vivre au Moyen Âge, 73–78, 124–125.

141 Ders., 1901.

142 G. Seyboth, 284, „Der havenerin Hus an dem Kirchthor zum Alten St. Peter (1346)". – Ebd., 283, „Elbelin der Kacheler (1427)". – Ebd., 78, „Friedrich der Kacheler neben dem Zollthor" (1427). – Ebd., 79, „Christoffel Friedel, Kachler ... stoßet hinten auf der Stift Alt St. Peter Schul" (1587). In derselben Straße befindet sich außerdem (Grand Rue Nr. 47) „Schenk und Drink der Smit do der Kacheler sitzet" (1466)."

143 R. Forrer, 1909, 74.

144 G. Seyboth, 179.

noch zu Beginn des 16. Jahrhunderts hervorragende Fliesen geprägt, wie die schöne Fliese mit dem zarten Heckenrosenmuster (S 75) aus der Düntzenmühle beweist. Erst im 17. Jahrhundert scheint auch hier die Fliesenprägung eingestellt worden zu sein. In der 2. Hälfte des 16. Jahrhunderts wurden vor allem sehr große und schwere Fliesen gefertigt.[145].

Für Kolmar ist eine frühe Fliesenprägung nicht gesichert, doch ist anzunehmen, daß die Fliesen der Stiftskirche St. Martin am Ort gebrannt wurden. Für das 16. Jahrhundert ist eine Fliesentöpferei durch die Aufdeckung einer Abfallgrube in der Rue Bruat bestätigt[146]. Dieselben Muster fanden sich auch in Freiburg (Breisgau), wo sie noch 1880 in einem Raum des Collegium Theobaldi[147] erhalten waren. Bei den engen Verbindungen, die zwischen dem Elsaß und Baden bestanden [148], ist es durchaus möglich, daß diese Fliesen aus Kolmar bezogen wurden.

Durch einen glücklichen Fund gelang es 1960, eine weitere Fliesentöpferei in Lothringen festzustellen, die, in der heutigen Rue de la Victoire 18, Saarburg, gelegen, vermutlich nicht nur die Kirchen Saarburgs, sondern auch das nahegelegene Kloster Weyerstein, das Benediktinerinnenkloster Hessen, die Kirche in Rieding und die Burgen Girbaden[149], Groß-Geroldseck und Hohbarr mit Fliesen versorgte.

Bei Erdarbeiten wurde die Abfallgrube einer mittelalterlichen, damals noch außerhalb der Mauern gelegenen Töpferei aufgedeckt, die nicht nur intakte Gefäße, sondern auch Bodenfliesen in neun verschiedenen Mustern enthielt[150]. Außerdem entdeckte man kleine Tonstatuetten, Tonreliefs und die dazu gehörigen Model, sowie Teile von Werkzeugen einer Töpferei. Die Tonfiguren und die Fliesen, die sich in übereinstimmenden Mustern in dem schon 1365 zerstörten Dominikanerinnenkloster Weyerstein fanden, erlauben eine annähernde Datierung der Werkstatt. Die strengen Bandornamente von N 7 könnten schon im 2. Drittel des 13. Jahrhunderts entstanden sein, zumindest gehören sie, wie auch B 23, D 35 und E 62, noch dem 13. Jahrhundert an. Beyer setzt die Tonfiguren[151] in die Jahre um 1340–50, zu dieser Zeit dürfte auch die von den anderen Prägungen abweichende Reliefflies mit Maßwerkmuster L 40 entstanden sein. Fliesen aus späterer Zeit wurden bis jetzt nicht gefunden. Wo die Muster entwickelt wurden, die teilweise ein charakteristisches breites Diagonalband aufweisen, ob in Saarburg oder in Schlettstadt (vgl. F 161), läßt sich bis jetzt nicht klären. Die erhaltenen Dreiecksfliesen zeigen, daß die Fliesen in der Diagonale verlegt waren. Möglicherweise wurden diese, als man sie nicht mehr benötigte, zu quadratischen Fliesen ergänzt.

Die Fliesen der St. Fideskirche in Schlettstadt wurden vermutlich ebenfalls am Ort geprägt. Der 1283 rühmlich erwähnte Töpfer in Schlettstadt[152], der als Erfinder der Glasur noch immer durch viele Publikationen geistert, läßt zumindest auf einen schon im 13. Jahrhundert dort ansässigen Töpfer schließen, der offensichtlich kein Kleriker mehr war, da sonst die Formulierung der Urkunde sicher anders gelautet hätte.

Die Basler Fliesenwerkstatt ist bis jetzt noch nicht sicher zu fassen. Die wenigen erhaltenen Fliesen sind fast ausschließlich nach fremden Vorlagen geformt[153], wobei jedoch jeweils ein neuer Model geschnitten wurde. Die Farbe des Scherbens weicht jedoch sowohl von der der Speyerer wie der Straßburger Fliesen ab, so daß es sehr wohl möglich ist, daß sie in Basel gebrannt wurden[154].

Einen wichtigen Platz in der deutschen Fliesenkeramik nimmt die Stadt Konstanz ein. Es besteht wohl kein Zweifel, daß die Fliesen der Mauritiusrotunde des Münsters, des Stadionschen Domherrenhofes und der Pfalz auf der Insel Reichenau, in Konstanz selbst geprägt wurden.[154a] Die Wappendarstellung der Fliese G 1 steht in enger Beziehung zur Domkurie[155].

Geeignete Tonlager waren vorhanden; um einen besonders vorzüglichen blauen Ton auszunützen, errichtete die Stadt sogar in dem auf württembergischem Gebiet liegenden Ort Fischbach eine weitere Ziegelei[156]. Schon 1307 wird ein Ziegelhaus „extra muros Constantinensis" erwähnt[157], das dem Ziegelgraben und dem am Rhein gelegenen Ziegelturm den Namen gab. Die Stadt ließ es sich etwas kosten, einen eigenen Ziegler zu haben; alle Wege wurden ihm geebnet. Die Bezeichnungen gehen jedoch gerade in den Konstanzer Urkunden

---

145 Bei den Ausschachtungsarbeiten, Umbauten und Grabungen der letzten Jahrzehnte wurden in Straßburg vor allem Fliesen des 15.–16. Jh. an verschiedenen Stellen und von verschiedenen Gruppen gefunden. Diese Fliesen sollen veröffentlicht werden. Es ist möglich, daß dadurch die Geschichte der Straßburger Fliesenkeramik klarer zutage tritt.

146 G. Meyer, 1975, 37, C 10.

147 F. Geiges, 1882, 54.

148 K. Hillenbrand, Von den elsässischen Hafnern und ihren Beziehungen zu Baden, Badische Heimat 38, 1958, 267–271. Diese enge Verbindung prägt sich noch in den späteren Zunftregeln aus. So galt für das ganze Gebiet (Elsaß, Sundgau, Breisgau, Ortenau) dieselbe, 1622 bestätigte Zunftordnung (G. Spies, 20), und noch im 19. Jh. wurden die elsässischen Töpfergesellen in dem badischen Töpferdorf Kandern so aufgenommen, als ob sie in Kandern gelernt hätten.

149 H. Gachot, 111–115.

150 M. Lutz, V. Beyer, 131–137, Taf. 3.

151 Ebd., 154.

152 s. S. 19.

153 Vgl. A 12, F 105 aus Straßburg; A 15, B 24, C 25, J 25 aus Speyer.

154 R. Schnyder, 1972, 10. – Geschirrhafner siedelten sich verhältnismäßig früh in Basel an. Die erste datierte (1453), wahrscheinlich von dem Hafner Peter Hartlieb geschaffene Ofenkachel stammt ebenfalls aus Basel.

154a Die bei der Grabung 1984–86 auf dem Fischmarkt neu entdeckten Fliesen konnten nicht mehr in den Katalog aufgenommen werden. Vgl. hierzu: U. u. J. Goll-Gassmann, J. Oexle, Projekt Konstanz. Die Baukeramik aus der archäologischen Grabung am Fischmarkt in Konstanz, Stiftung Ziegelei-Museum Meienberg, Cham 1987 (1988), 55–58 (37–65).

155 s. Musterkat. G 1.

156 F. Hirsch, 105.

157 K. Beyerle, A. Maurer, Urkunde Nr. 131.

bunt durcheinander[158]. Schon 1158 wird in Konstanz ein „Hugo Hafinare" erwähnt, von dem Bahlow[159] glaubt, daß es sich um einen Hafner handelt. Eisele[160] nennt, ohne Angabe der Quelle, einen „Cunratus figulus", der 1227 in Konstanz auftritt. Wenig später dürfte auch der Beginn der Konstanzer Fliesenprägung anzusetzen sein, von der die heute noch erhaltenen und 1974 in der Mauritius-Rotunde des Münsters neu ausgegrabenen Fliesen sicher nur noch ein Abglanz sind. Leider wurde bei der Bergung der Fliesen im Stadionschen Domherrenhof 1898 nicht mit derselben Sorgfalt auf die ungemusterten wie auf die gemusterten Fliesen geachtet. So haben sich die Mosaikfliesen, die hier auch Fünfecke, ungleichmäßige Rauten und Astroidformen einschließen, nur in wenigen Exemplaren erhalten, die es nicht möglich machen, die ehemalige, sicher besonders reizvolle Musterung zu rekonstruieren. Über die Herkunft und Weitergabe der Muster wurde schon in Kapitel 9 gesprochen; erwähnt sei außerdem, daß die Punzierung der Kreise, Quadrate, Schlingornamente und Sterne doch auf eine engere Verbindung mit der Werkstatt in St. Urban weist.

Wie lange in Konstanz Fliesen geprägt wurden, ist nicht mit Sicherheit festzustellen. Die bei Hirsch[161] erwähnten buntglasierten Fliesen des Hauses Kanzleistraße 20 lassen sich nicht mehr identifizieren. So dürften die zu Beginn des 16. Jahrhunderts entstandenen, möglicherweise aus dem späteren Jesuitenkolleg stammenden Fliesen H 117 bis jetzt am Ende der Fliesenprägung stehen.

Nicht aus Konstanz, sondern sicher aus Stein selbst stammen die Fliesen des Klosters St. Georgen in Stein am Rhein. Dort sind seit Mitte des 15. Jahrhunderts Töpfer ansässig[162].

Wie Konstanz war auch Ulm durch das Vorkommen verschiedener Tone von ausgezeichneter Qualität begünstigt. Es muß sich sehr früh eine ortsansässige Ziegelindustrie entwickelt haben, die nicht nur für den städtischen Bedarf[163], sondern auch für das weitere Umland arbeitete. Die Qualität der Brände wurde durch eine ‚Ziegelschau' überwacht, die das Recht besaß, gegen Pfuscher Strafen zu verhängen. Vermutlich war hier das Kloster Söflingen der Initiator der Fliesenprägung, es besaß zwei Ziegelstadel, einen ‚Am Klosterwald' und einen ‚Am roten Berg' [164]. Wann die Fliesenprägung in weltliche Hände überging, ist nicht sicher zu sagen, es wurden jedoch schon in der 1. Hälfte des 14. Jahrhunderts neue, von Söflingen unabhängige Muster entwickelt. Der Ulmer Ziegelstadel lag nach Schefold[165] im Südwesten der Stadt; Lobbedey[166] glaubt jedoch, daß sich auch in der Stadt Töpfer angesiedelt hatten. Er vermutet, daß es sich bei den in der Dreikönigsgasse und der Frauenstraße 31 aufgedeckten Scherbenlagern um Abfallgruben von mittelalterlichen Töpfereien handelt. Diese beiden Gruben enthielten jedoch keine Fliesenbruchstücke, wohl aber fanden sich solche immer wieder bei Ausschachtungsarbeiten, Umbauten, sowie bei der Anlage von Heizungskanälen[167]. Leider ließ sich hier nicht einwandfrei feststellen, ob es sich um verworfene Fliesen oder um bei Umbauten des 19. Jahrhunderts entfernte Exemplare handelte. Denn in der Mitte des 19. Jahrhunderts scheinen in einer ganzen Reihe von Ulmer Bürgerhäusern[168] noch Fliesen in situ gelegen zu haben, andere wurden unter einem Holzdielenboden aufgedeckt. Alle diese Muster gehören jedoch wohl erst dem 15. Jahrhundert an; nach der Fülle und Qualität der Fliesen zu schließen, erreichte die Ulmer Fliesenkeramik in der 2. Hälfte des 15. Jahrhunderts einen Höhepunkt. Als früheste, einigermaßen sicher datierbare Fliesen, die vermutlich aus den städtischen Werkstätten stammen, dürfen die Fliesen des

158 F. Hirsch, 103. – 1439 heißt der Hafner Jörgen Plarer. Ihm wird gegen geringen Zins Haus und Garten auf 10 Jahre von der Stadt verliehen, damit er auf diesem Grund eine Ziegelhütte errichte („er soll ziegel darinn brennen"). Als die Stadt 1446 einen Vertrag mit „maister Petter Falbhen von Schletstat, dem ziegler" schließt, werden ihm „eiserne und hölzerne Mödel für Hohlziegel, Flachziegel und Ziegelsteine" geliehen. Fliesenmodel sind nicht erwähnt.

159 H. Bahlow, 197.

160 A. Eisele, Von der Hafner-Bruderschaft zwischen Basel, Straßburg und den beiden Gebirgen. Mein Heimatland 28, 1941, 198 (197–202).

161 F. Hirsch, 218.

162 K. Strauss, 1966, 48–51. – Der Geschlechtername „haffner" oder „hafner" wird in den Steiner Ratsbüchern seit 1465 geführt. Zwischen 1502 und 1511 wird ein „meister hermann haffner" im Sekelamtsbuch erwähnt, seit 1525 und 1529 zahlen eine ganze Reihe von Hafnern Ratssteuern. Da die großen Öfen des Klosters nachweislich von ihnen gefertigt wurden (1559 liefert der Hafner Konrad Ackermann zwei neue Öfen in das Kloster), besteht die Möglichkeit, daß auch die Fliesen nicht in einer Klosterwerkstatt, sondern im Auftrag des Klosters in der Stadt entstanden.

163 M. Schefold, 1924, 51. – Für die Bauwut, die Ulm in der Stadt und in seinem Territorium entfaltete, war die riesige Backsteinproduktion immer noch nicht ausreichend. Vom 13.–15. Jh. wurden in Ulm etwa 50 Klöster, Kirchen und Kapellen errichtet, dazu viele private und öffentliche Gebäude. Der Rat führte 1345 eine Polizeistrafe ein, die sicher einmalig in Deutschland ist: „Wer alte abgetane Händel aufs neue erregt, muß 1000 Zigelsteine an die Stadt geben und wer heimlich Bündnis stiftet 50000 Stück." Es dürfte in diesem Zusammenhang erwähnenswert sein, daß Ulm nicht nur große Mengen von Fliesen, sondern auch die in Württemberg sonst nicht üblichen Formsteine herstellte. Heraldische Lilienziegel wurden in waagrechten Streifen in die Gefache der Häuser eingefügt. – H. Pflüger, 1977, 702–704, Abb. 1 (Haus Platzgasse 31).

164 BOA Ulm II, 144.

165 M. Schefold, 1924, 51. – Die Ziegelerde kam aus der dem Ulmer Spital gehörenden Lehmgrube am Ziegelstadel.

166 U. Lobbedey, 1968, 196.

167 Ch. Seewald, vgl. Fundortkat. Ulm.

168 K. Hassler, 8. – Leider sind die Angaben Haßlers sehr vage, er geht nicht auf die näheren Fundumstände der Fliesen ein. – M. Schefold, 53, berichtet jedoch, daß Haßler um 1860 etwa tausend Fliesen für den Altertumsverein erwarb. Die Verluste des 2. Weltkriegs haben diesen Bestand stark dezimiert, unbekannt sind vor allem die zwischen 1862 und dem 2. Weltkrieg außerdem gefundenen Muster.

‚Grünen Hofes‘ gelten, die um 1370 verlegt wurden[169]. Der Ausstrahlungsbereich der Ulmer Werkstatt ist groß. Ulmer Muster finden sich in Nachschnitten und Varianten in einem Bereich, dessen Radius im Norden etwa 70 km, im Westen möglicherweise 80 km, gegen Süden jedoch höchsten 30–40 km weit reicht[170].

Bei der engen Verflechtung der Muster, als Beispiel seien nur die Fliesen O19–O25 genannt, läßt sich natürlich überhaupt nicht feststellen, wer von wem die Muster übernommen hat. Sicher haben in diesem Bereich die Klosterhöfe, auf deren Rolle schon ausführlich verwiesen wurde, wichtige Impulse gegeben[171]. Mit wenigen Ausnahmen sind es jedoch stets nur Anregungen, die von der Ulmer Werkstatt ausgingen. Selbst im Filstal, das seit dem Erwerb des Helfensteinschen Besitzes zum Ulmer Territorium gehörte, sind die Fliesen vermutlich an Ort und Stelle geprägt worden. Die Geislinger Hafner scheinen sehr früh nicht nur für den eigenen Bedarf, sondern auch für den Verkauf produziert zu haben. Schon 1419 wird ein ‚Hafenmarkt‘[172] erwähnt, eine Hafnerrechnung hat sich von 1485 erhalten. Die Fliesen der Stadtpfarrkirche in Geislingen und der über der Stadt gelegenen Burg Helfenstein stimmen in ihren Mustern mit denen der umliegenden Kirchen von Faurndau, Gerstetten, Reutti und Treffelhausen überein; ein anderes Muster findet sich in der alten Dreifaltigkeitskapelle bei Deggingen und in der Michaelskapelle der Limburg bei Weilheim.

Ähnliches gilt für die etwa 20 km nordöstlich von Ulm gelegene Stadt Langenau, die 1377 an Ulm verkauft worden war. Die Fliesen der St. Martinskirche in Langenau (H109, J9) lehnen sich zwar an Ulmer Muster an, sind jedoch wesentlich gröber in der Prägung. Sie könnten durchaus von einem noch ungeübten Töpfer am Ort gefertigt worden sein. Daß im 15. Jahrhundert in Langenau schon Töpfer ansässig waren, geht aus dem Fund eines in diesen Zeitraum datierten Siebtopfes hervor, der in einem Brüchlingslager im Ort 1932 entdeckt wurde[173]. Dieselben Muster wie in St. Martin, Langenau, finden sich in der ev. Pfarrkirche St. Vitus in Leipheim.

Dieser Ort kam 1453 an Ulm, auch dort sind im 15. Jahrhundert schon Töpfer nachzuweisen. Ebenso besaß Aalen 1364 eine Ziegelei, die bis 1446 in der Hand der Abtei Ellwangen war[174]. Die in der St. Johanniskirche geborgenen Fliesen sind wohl ebenfalls nach Vorlagen aus Ulm entstanden. Ungeklärt ist die Lage für Ravensburg, wo im 15. Jahrhundert besonders reizvolle Kachelöfen hergestellt wurden und dessen figürliche Firstziegel und glasierte Dachziegel (vom ‚Grünen Turm‘) im 19. Jahrhundert das Entzücken der Sammler waren. Hier ist ein „Ziegler Peter“ seit 1452 von der Stadt bestellt[175]. Da die Fliesenmuster sich jedoch eng an die des benachbarten Klosters Weingarten anlehnen, wäre es möglich, daß diese noch im Kloster geprägt wurden.

Weitere städtische Töpfereien sind für Reutlingen, Heidenheim und Esslingen bezeugt. Reutlingen besaß ein schon 1291 und 1337 erwähntes Ziegelhaus vor dem oberen Tor. 1496 wird eine Ziegelhütte vor dem unteren Tor verkauft, die erste Erwähnung eines Töpfers erfolgt 1384[176].

Die Reutlinger Fliesenwerkstatt, die nach dem heutigen Stand der Funde wohl nur vom 4. Viertel des 15. bis etwa zur Mitte des 16. Jahrhunderts arbeitete, verwandte zuerst fremde Vorlagen, wahrscheinlich aus Kloster Zwiefalten. Die Nachschnitte sind am kleineren Format, bedingt durch die Schwindung des Tons, zu erkennen. Es scheint, als hätte die Werkstatt versucht, durch Neuschnitte eigener Model die Muster immer noch zu vervollkommnen. Durch mangelnde Erfahrung bei der Brandführung sind die Fliesen oft bis zur Sinterung gebrannt.

Heidenheim besaß im Mittelalter fast ein Monopol für Gebrauchskeramik[177]. Es belieferte ganz Süddeutschland mit seiner Ware und gab nicht nur den Töpfern Heidenheims Arbeit und Brot, sondern begünstigte die Niederlassung von Töpfern in den umliegenden Dörfern[178]. Ob jedoch die Fliesen in Gerstetten[179] und Herbrechtingen[180] ebenfalls dort gebrannt wurden, ist nicht sicher. Die Ecklösungen weisen eher auf eine Verbindung zu den Fliesen der etwas weiter entfernten Kir-

169 U. Lobbedey, 1968, 47, weist auf einen Wandel der keramischen Gefäßproduktion hin, welcher sich ebenfalls in dieser Zeit (2.–3. Viertel 14. Jh.) vollzieht. Dieser bringt „Gefäße von veränderter, verbesserter technischer Qualität und von anderer Formgebung“ hervor und hängt möglicherweise „mit einer grundlegenden Neuerung in der Organisation der Töpferwerkstätten zusammen“.

170 Nachschnitte von Ulmer Mustern finden sich z.B. im Norden in Aalen, im Südwesten bis nach Kloster Zwiefalten, im Nordwesten bis Kirchheim (Teck) und Faurndau.

171 O19 findet sich in Söflingen und Zwiefalten, O20 in Bebenhausen, Söflingen, Ulm, Esslingen und Denkendorf, die Varianten O24 in Faurndau, O25 in Langenau. Bebenhausen hatte einen Klosterhof in Ulm und Esslingen, Denkendorf einen in Esslingen.

172 G. Burkhardt, 272–274.

173 A. Heckel, 245. – Der erste Ziegelstadel wird 1539 erwähnt (ebd., 244).

174 E. Keyser, Deutsches Städtebuch IV,2.2, 31.

175 K. Hillenbrand, 1964, 8.

176 BOA Reutlingen, 266.

177 E. Keyser, Deutsches Städtebuch IV,2.2, 110. – Der Grund für diese umfangreiche Produktion geht auf drei schon im Mittelalter ausgebeutete Tongruben mit vorzüglichem Ton zurück, die ganz in der Nähe Heidenheims liegen (Grill, Beiträge zur Vaterlandskunde. Die Thongruben in der Gegend von Heidenheim, Landwirtsch. Korrespondenzbl. des Kgl. württb. landwirtschaftl. Ver. NF 1834, 289–292).

178 BOA Heidenheim, 82. – Hafner saßen in Schnaitheim, Giengen, Steinheim, Mergelstetten, Bolheim, Königsbronn, Zang.

179 BOA Heidenheim, 179. – Gerstetten besaß ebenfalls eine Ziegelei.

180 Ebd., 215. „In einer dieser Staatswaldungen im Distrikt Stangenhau befindet sich eine vorzügliche Tongrube, aus welcher die Heidenheimer und die übrigen benachbarten Töpfer ihr Material holen ...“.

chen in Essingen[181] und Untergröningen. Nur Varianten dieser Prägungen sind Fliesen einer Werkstatt, die im Bereich der Städte Künzelsau oder Niedernhall angesiedelt gewesen sein könnte, wobei das erstere wahrscheinlicher ist. Das Muster H163 wurde in den Pfarrkirchen beider Orte gefunden, außerdem in St. Veit, Unterregenbach. Nachrichten über mittelalterliche Töpfer in diesen Orten fehlen. Niedernhall weist im 19. Jahrhundert eine Ziegelei auf, für Künzelsau sind in derselben Zeit 17 Ziegeleien und 11 Hafner belegt[182].

Die Fliesenherstellung in Esslingen ist besonders schwer zu fassen, da die Fundorte der Fliesen des Museums Esslingen nur in wenigen Fällen bekannt sind. Die zahlreichen Funde von Gebrauchskeramik lassen auf eine ungebrochene Töpfertradition seit dem frühen Mittelalter schließen. Eine Ziegelhütte vor dem oberen Tor wird 1300 erwähnt; sie geht 1595 aus städtischem Besitz in Privathand über[183]. Wenn die Fliesen C4 und C5 aus Esslingen stammen, dürften dort wohl im 2. Viertel des 13. Jahrhunderts Fliesen gebrannt worden sein. Die Anregung dazu kam vermutlich aus Speyer. Das dortige Domkapitel besaß seit 1213 die Stadtkirche St. Dionysius. Aus dessen ‚Speyerer Pfleghof' stammt die Fliese H59, welche zum Musterbestand einer Werkstatt gehört, die in Pforzheim und Speyer Fliesen verlegte. C5 wurde außerdem in der Turmbergruine in Karlsruhe-Durlach gefunden. Auch für die wohl später entstandene Fliese K12 könnte es ein heute verlorenes Vorbild in Speyer gegeben haben.

Für Biberach dürften für die Fliesenherstellung sowohl städtische Töpfer (Fliesen der Stadtpfarrkirche St. Martin), als auch die Herkunft aus einer Klosterwerkstatt in Frage kommen. 1430 wurden ein Ziegler und eine Ziegelhütte ‚Auf dem Buh' genannt, 1460 und 1519 ein ‚Äußeres Ziegelhaus'[184]. Die Fliesen des Ochsenhäuser Klosterhofs, deren Muster sich im Kloster selbst, in anderen Besitzungen des Klosters in Ulm und in der Pfarrkirche von Wain finden, stammen wohl aus einer klostereigenen Töpferei. Ob die Fliesen im nahegelegenen Kappel (H75), welche dasselbe Muster wie in St. Martin, Biberach zeigen, auch aus der Stadt stammen, ist nicht zu klären. Auch in Kappel geht die Ziegelherstellung vermutlich schon ins Mittelalter zurück[185].

Unter den städtischen Töpfereien, die vermutlich sehr früh Fliesen in eigener Regie brannten, muß noch Villingen erwähnt werden. Ausgezeichnete Tonlager in Stadtnähe begünstigten das rasche Aufblühen des Gewerbes. Wie weit die Tradition zurückreicht, konnte noch nicht geklärt werden. Die frühesten Fliesen, ganz offensichtlich mit mitgebrachten Modeln[186] geprägt, sind wohl kaum vor dem Ende des 13. Jahrhunderts entstanden. Schon 1364 wird eine ‚Hafnergasse' erwähnt, ab 1401 taucht mit einem „Cunrat Diem"[187] der erste Hafnername auf. Eine Töpferordnung wird 1435 erlassen, das nordöstliche Stadtviertel heißt schon um 1450 ‚Hafnerort'. Obwohl das Hauptinteresse der Töpfer, deren berühmter Vertreter Hans Kraut lange Jahre in Villingen wirkte, auch hier vor allem den Ofenkacheln galt, wurden in Villingen doch noch bis ins Ende des 16. Jahrhunderts Bodenfliesen hergestellt.

Besonders schwierig ist es, die Herstellungsorte für die zahlreichen Fliesen des Neckar-Fils-Gebietes aufzuspüren. Die Muster, teilweise an Ulmer Vorbildern orientiert, teilweise Nachschnitte oder Varianten von Fliesen der Klöster Alpirsbach und Maulbronn, vereinzelt Neuschöpfungen, die sich im übrigen Württemberg bis jetzt nicht gefunden haben, zeigen sowohl sorgfältige wie besonders nachlässige Prägungen. Das Relief ist oft so grob, daß die ursprüngliche Vorlage kaum mehr zu erkennen ist, bei den Fliesen aus der St. Martinskirche in Gruibingen so hoch, daß das Begehen sicher mühsam war. Die Fliesen, die meist während der spätgotischen Neu- und Umbauten der einzelnen Kirchen in der 2. Hälfte des 15. und zu Beginn des 16. Jahrhunderts verlegt wurden, sind zwar in kirchlichem Auftrag geprägt, dürften jedoch kaum mehr aus einer Klosterziegelei stammen[188]. Ebensowenig ist anzunehmen, daß in all den kleinen Dörfern[189], für deren Kirchen die Fliesen bestimmt waren, ein Töpfer saß. Unterschiede im Scherben, in den Maßen, in Prägung und Muster lassen jedoch erkennen, daß die Fliesen aus mehreren Werkstätten stammen müssen, die große Anzahl von Fundorten in einem verhältnismäßig eng begrenzten Gebiet läßt vermuten, daß sich diese Werkstätten möglicherweise auf Fliesenprägung spezialisiert hatten[190].

---

181 Für Essingen sind allerdings selbst sehr gute Tonvorkommen auf dem Albuch bei Tauchenweiler bezeugt. Im 19. Jh. werden zwei Ziegelhütten erwähnt, eine außerhalb des Dorfes, eine weitere bei dem Dorf Lauterburg. Es ist nicht bekannt, wie lange diese schon betrieben wurden (BOA Aalen, 286).

182 BOA Künzelsau, 13, 227.

183 BOA Esslingen, 177.

184 R. Preiser, 78.

185 J. Mohn, 57, „altes Gewerbe". – In Kappel war eine ausgezeichnete blaugraue Tonerde in großer Menge vorhanden. Die Ziegelhütte im Gewann ‚Ziegelgarten' wird jedoch erst ab 1721 urkundlich erwähnt.

186 Vgl. FO-Katalog „Villingen-Schwenningen, ehem. Franziskaner Kloster."

187 S. Bartenstein, M. Fuchs, 9–10.

188 Hierfür kämen die Klöster Adelberg und Faurndau sowie das Oberhofenstift in Göppingen in Frage. Die in Adelberg gefundenen Fliesen weichen von den Mustern, die für das Neckar-Fils-Gebiet typisch sind, ab. Faurndau kommt kaum dafür in Frage (siehe Fundortkat.). Ob das Oberhofenstift Fliesen in eigener Regie herstellte, läßt sich vorläufig nicht klären.

189 Im heutigen Kr. Göppingen liegen allein 17 Orte, von denen Fliesenfunde bekannt sind (Adelberg, Boll, Börtlingen, Deggingen, Donzdorf, Dürnau, Faurndau, Gammelshausen, Geislingen mit Burg Helfenstein und Aufhausen, Göppingen, Gruibingen, Hattenhofen, Hürbelsbach, Sulpach, Treffelhausen.

190 Für dieses Gebiet gibt es keine Übersicht über die dort ansässigen Hafner, wohl aber eine Aufzählung der Orte, in denen Ziegler saßen. In der Zieglerordnung von 1598, die nur die Bestätigung einer früheren, 1555 durch Herzog Christoph erlassenen Ordnung ist, werden (in Vierteln zusammengefaßt) folgende Orte genannt: Stuttgart, Musberg (für die Filderorte), Plochin-

Fortsetzung nächste Seite

Als Standorte dieser Werkstätten bieten sich, nach dem heutigen Stand der Funde, folgende Orte an:
1. Die Stadt Weilheim unter Teck. Dort wurden Fliesen in der Pfarrkirche St. Peter und in der Michaelskapelle der ehemaligen Burg Limburg über Weilheim gefunden. Dieselben Muster fanden sich in der Kapelle von Sulpach, in der Pfarrkirche Deizisau und in Wendlingen-Unterboihingen. Die Ziegler Weilheims erhielten um 1500 eine 1571 erneut bestätigte Zieglerordnung[191].
2. Die Stadt Plochingen. Hier war in beiden Kirchen, der ev. Stadtkirche St. Blasius und der Frühmeßkapelle St. Ottilien, der Fliesenboden noch bis ins Ende des 19. Jahrhunderts intakt erhalten. Es soll sich, besonders in St. Ottilien, um einen reich gegliederten Belag gehandelt haben. Für die Zeit (um 1431), in welcher dieser Boden vermutlich verlegt wurde, ist für Plochingen eine auf dem Gelände der Propstei Nellingen gelegene Ziegelhütte („an dem meyerhof hinder der kirche") gesichert. Sie wird 1402 erwähnt und wurde von ihrem ersten Besitzer, Haintz Rantz, errichtet[192].
3. Die Stadt Göppingen. Hier fanden sich Fliesen in der Oberhofenkirche, in der Kirche in Göppingen-St. Gotthardt und in der Kirche des ehemaligen Chorherrenstiftes Göppingen-Faurndau. Göppingen verfügte über ausreichende und gute Tongruben, die vor allem für Gebrauchskeramik ausgebeutet wurden. Töpfernamen des späten Mittelalters sind noch nicht bekannt. Daß jedoch Töpferei und Ziegelei eine wichtige Rolle unter den Gewerben der Stadt spielten, erhellt aus der Tatsache, daß Göppingen 1764 versuchte, eine eigene Hafnerlade[192a] zu errichten und für das frühe 19. Jahrhundert dort 18 Hafner und 18 Ziegler belegt sind[192b].
Außerdem bietet sich einer der wichtigsten schwäbischen Töpferorte, Häfner-Neuhausen, dem Spieß eine eingehende Untersuchung gewidmet hat, durch seine Lage als Herstellungsort von Fliesen an. Gerade hier, wo 1383 der erste Töpfer urkundlich erwähnt wird[193], gibt es jedoch keinerlei Belege, daß neben Gebrauchskeramik auch Fliesen getöpfert wurden. Von hier könnten sehr wohl die in der Pfarrkirche St. Martin in Weil im Schönbuch gefundenen Fliesen stammen[194].
Nicht sicher ist, ob die Fliesen der kleinen Pfarrkirchen der Stuttgarter Vororte Degerloch und Plieningen von dortigen Töpfern stammen. Sie lehnen sich sowohl in den Maßen wie im Muster an Fliesen des Klosters Bebenhausen an[195]. Dieses besaß in beiden Orten einen Hof. Ebenso schwierig ist es, die Werkstatt zu finden, die im Remstal Fliesen herstellte. Auch die Fliesen der Pfarrkirche in Remshalden-Grunbach gehen auf Vorlagen des Klosters Bebenhausen zurück. Die Fliesen der übrigen Orte, sowie einige Fliesen aus Kirchen des Jagsttals, wandeln ein Muster (Viertelsrond mit Lilienstab), welches schon auf den Fliesen des Neckar-Fils-Gebiets auftaucht, geringfügig ab. Die Fliesen aus Gaildorf, Großaltdorf und Murrhardt zeigen zusätzlich ein Wappenschild mit dem Kreuz des Deutschen Ordens[196].
Der Fund einer Töpfereiabfallhalde, die 1980 in Remshalden-Buoch aufgedeckt wurde,[197] ergab, daß sich in unmittelbarer Nähe des Ortes Remshalden-Grunbach eine mittelalterliche Töpferei befand. Diese stellte bis etwa um 1400 die begehrte ‚rotbemalte Feinware', vor allem Aquamanilien in Tierform, her. Wahrscheinlich erlosch diese Töpferei lange vor der Zeit, aus der die Fliesen der Kirche in Grunbach stammen; der Fund bestätigt jedoch, daß Ton in der Gemarkung vorhanden war. Ein weiterer möglicher Herkunftsort der Fliesen wäre Beutelsbach, wo sich in der ehemaligen Stiftskirche die wohl früheste Prägung dieser Gruppe von Fliesen fand (J 7). Hier stieß man um 1800 beim Abbruch der ehemaligen Burg Beutelsbach auf die Reste einer mittelalterlichen Ziegelei.
In Sindelfingen könnte der erste Hafner vom Stift eingesetzt worden sein. 1297/98 gehörte diesem „des hafeners hof"[198]. Durch den Fund einer Fliese beim Abbruch eines vermutlich zwischen 1470 und 1520 erbauten Hauses, in dem die erste, 1335 erwähnte Ziegelei vermutet wird, ist gesichert, daß dort Fliesen gefertigt wurden. 1969 wurde eine weitere Fliese in einem Gebäude gefunden, welches vermutlich von 1500–1880 eine Ziegelei beherbergt hatte[199].
Daß die Sindelfinger Töpfer sich nicht als unbedeutende kleine Handwerker fühlten, zeigt ein Wappenfen-

Fortsetzung Anm. 190
gen, Sindelfingen, Ehningen, Nürtingen, Bebenhausen, Waiblingen, Rems – Backnang, Murrhardt – Maulbronn – Kirchheim (Teck), Göppingen, Heidenheim, Königsbronn, Heubach, Herbrechtingen, Adelberg, Urach, Münsingen, Schorndorf, Strümpfelbach, Weilheim, Blaubeuren, Offenhausen – Calw, Ebingen. (Es wurden nur die Orte aufgeführt, in denen oder in deren unmittelbarer Umgebung Fliesen gefunden wurden). (Slg. sämtl. Handwercks Ordnungen Herzogth. Württbg., 5018–5019.) – Die im selben Band aufgeführte Hafner-Ordnung enthält nur die Satzungen, keine Orte (ebd., 1555).

191 K. Dreher, 42–43.

192 O. Wurster, 110–111. – Die Ziegelhütte geht 1553 in den Besitz der Gemeinde Plochingen über, sie ist jedoch der Propstei noch 1562 zinspflichtig.

192a G. Spies, 26.

192b BOA Göppingen, 69, 71, 122.

193 G. Spies, 9.

194 BOA Böblingen, 50, 235. – Für Weil ist allerdings auch eine Grube mit Töpfererde und eine Ziegelhütte bezeugt.

195 Bebenhausen prägte seit den ersten Anfängen besonders kleine Fliesen (9,5 × 9,5 cm, 10,5 × 10,5 cm). Auch die Fliesen in Degerloch und Plieningen sind nur 11 × 11 cm und 10,7 × 11,4 cm groß, während die übrigen schwäbischen Fliesen derselben Zeit Seitenlängen zwischen 14,5 und 22 cm besitzen.

196 Der Deutsche Orden erhielt 1209 in Mergentheim reichen Besitz und errichtete dort eine Kommende. Zu seiner Verbindung mit Gnadental s. Fundortkat.

197 U. Gross, Das Aquamanile der „rotbemalten Feinware" aus Speyer, Pfälzer Heimat 34, 1983, 146–155.

198 H. Weisert, 39.

199 Nach freundlicher Mitteilung von Herrn Eugen Schempp, Sindelfingen, gehörte diese Ziegelhütte 1335 den damaligen Stadtherren, den Grafen von Rechberg. Sie befand sich vermutlich an der Stelle des heutigen Gebäudes Ziegelstr. 20 und wurde vor 1580 an die Stelle beim jetzigen Rathausplatz verlegt.

ster, das einen Krug auf der Drehscheibe und die Signatur ‚H K 1555' aufweist[200].

Für die besonders sorgfältig geprägten Fliesen der Pfarrkirche in Hettingen ist möglicherweise der Töpfer bekannt. Dieser „Sigmund Hafner zue Hettingen" erhält 1472 eine Zahlung für zwei Öfen[201]. Es ist wohl kaum anzunehmen, daß das kleine Gemeinwesen zu dieser Zeit, in der auch die Fliesen entstanden sein müssen, mehr als einen Töpfer besaß.

Es ist nicht möglich, alle Nachrichten über Töpfer und Tonvorkommen der einzelnen Orte aufzuführen, weitere Nachrichten finden sich jeweils im Fundortkatalog. Zum Schluß sei nur kurz an Hand des Klosters Blaubeuren der Weg aufgezeigt, wie eine klostereigene Ziegelei in privaten Besitz gelangte. Die Fliesen des Klosters, die mit einer gewissen Sicherheit ins letzte Drittel des 15. Jahrhunderts datiert werden können, wurden möglicherweise schon in Auftrag gegeben. Lonhard[202] nimmt an, daß die Ziegelei in Weiler in Zusammenhang mit dem Neubau des Klosters ab 1466 errichtet wurde. Das Kloster verlieh dann am 9. 9. 1476 seinen Ziegelstadel als Erblehen an Heinrich Ringeler d. J. in Weiler, d. h. es ließ zwar die Ziegelhütte erbauen, betrieb sie aber nicht sehr lange in eigener Regie. Als die Bauarbeiten abgeschlossen waren, legte das Kloster die Ziegelei still. Inzwischen hatte sich nämlich in Blaubeuren ein Töpfer niedergelassen. Mit diesem Wechsel in der Regie hängt vermutlich auch die unterschiedliche Qualität der Fliesen des Klosters zusammen, welche neben so kunstlosen Mustern wie H1 und S9.1 eine so hervorragende Prägung wie S31 umschließt.

Es ist bedauerlich, daß es für die vielen übrigen Fundorte von Fliesen in Württemberg nicht ähnlich genaue Angaben gibt. Das Urkundenmaterial reicht oft kaum bis ins 16. Jahrhundert zurück, und von den im 17. bis zum 19. Jahrhundert genannten Töpfereien kann nicht immer mit Sicherheit auf Werkstätten des 15. Jahrhunderts geschlossen werden. Doch muß nochmals betont werden, daß die Klosterwerkstätten (Alpirsbach, Bebenhausen, Hirsau, Maulbronn, Schussenried, Zwiefalten und andere) gerade im 15. und frühen 16. Jahrhundert noch sehr qualitätvolle Fliesen prägten und diese wohl auch teilweise noch weitergaben.

Sehr viel schwieriger als in Württemberg sind Fliesentöpfereien in Bayern aufzuspüren. Denn aus all den bekannten Hafnerorten und -gebieten in Franken und Bayern[203] sind, mit wenigen Ausnahmen, keine Fliesenfunde bekannt. Die wenigen bis heute in Bayern gefundenen Fliesen stammen meist aus ganz kleinen Landkirchen, für die sich weder ein nahegelegenes Kloster noch ein benachbarter Töpferort belegen läßt.

Selbstverständlich gibt es Unterlagen für die größeren und kleineren Städte. So war z. B. Freising, auf dessen Gebiet das ehemalige Prämonstratenserkloster Neustift liegt, besonders früh ein Mittelpunkt der Backsteinherstellung und Baukeramik[204]. In Dießen am Ammersee haben die jüngsten Fehlbrandfunde[205] Beweise erbracht, daß auch hier die Töpferei bis ins 14. Jahrhundert zurückgeht. Die schöne Einhornfliese (F 93) von einem Gelände, auf dem heute wieder eine Töpferei arbeitet, die Fliesen aus dem ehemaligen Chorherrenstift St. Georg, Dießen, und aus der Kapelle in Dießen-Bierdorf wurden wohl im Ort gebrannt. Auch für Straubing sind sehr früh Hafner bezeugt. Die reichen Lößlehmvorkommen in der Umgebung Straubings wurden zuerst nur zur Backsteingewinnung benutzt[206]. Als erster Hafner wird 1444 ein „Thoman Hafner" genannt. Schäfer[207] weist Hafner vor dem ‚Oberen Tor' um 1462 nach. 1501 werden drei Hafner an derselben Stelle genannt, zwei Hafner vor dem ‚Steineren Tor' und ein „Hanns Hafner" vor dem ‚Nidern Thor'. Eine Hafnerzunft muß schon vor 1472 bestanden haben, denn zu dieser Zeit sind die Bedingungen, die sie erfüllen muß, gültig formuliert[208]. Die erhaltenen Rechnungen sind jedoch stets nur über den Ankauf von Gebrauchsgeschirr ausgefertigt. Die reizvollen Straubinger Fliesen, die 1901 zutage kamen, wurden bis jetzt stets ins Ende des 15. Jahrhunderts datiert. Neue Fliesenfunde in der kath. Stadtpfarrkirche St. Peter in Straubing[209] zwingen zu einer Korrektur. Wenn auch die Fliese F 142 kaum schon um 1220 entstanden sein kann, so dürfte sie doch noch dem späten 13. Jahrhundert angehören. Ein Teil der Model, mit den Wappen Straubinger Patriziergeschlechter, muß in Straubing geschnitten worden sein. Ein anderer Teil, mit vorwiegend geometrischen Mustern, könnte die Verbindung zu einer niederösterreichischen Werkstatt herstellen.[210].

---

200 G. E. Pazaurek, 33. Nach freundlicher Mitteilung von Herrn Eugen Schempp, Sindelfingen, wurde die aus dem Alten Rathaus stammende Wappenscheibe im 2. Weltkrieg zerstört.

201 Ebd., 15.

202 O.-G. Lonhard, 66. – Die Ziegelei war 1501 noch im Besitz Heinrich Ringelers; nach seinem Tode ging sie an Alexander Ringler, Bürger in Blaubeuren – wohl sein Sohn – über, dessen Witwe die Erbrechte daran 1530 an das Kloster zurückverkaufte. Alexander Ringler wird als „Ziegler und Hafner" 1539 in den Akten der Stadt genannt.

203 Wichtige Töpferorte in Franken sind Feuchtwangen, Nürnberg, Nördlingen, Weißenburg, Thurnau, Bayreuth, Kulmbach, Creussen und Kronach; in Bayern der Kröning, Regensburg, Landshut, Straubing und Obernzell nahe Passau. Vgl. hierzu W. Endres, 1982, 178–183.

204 M. Zoder, 7.

205 W. Lösche, 1983, 14. – Die Grabungen legten Scherben von Gebrauchskeramik, Bodenfliesen und die wohl 1469 entstandenen rot, grün und weiß glasierten Dachziegel (für die Klosterkirche) auf einem Gelände frei, auf welchem sich vermutlich schon im frühen 14. Jh. Töpfereien befunden haben.

206 G. Schäfer, Straubinger Töpfer statteten Schloß Neuburg aus. Die Gäubodenstadt wurde 1374 mit Ziegeln befestigt, Heimatglocken 3, Nr. 16, Passau 1951, o.Sz.

207 W. Schäfer, Straubinger Hafner in der frühen Neuzeit, W. Endres, 6–21.

208 V. Liedtke, Die Straubinger Hafnerzunft vom ausgehenden Mittelalter bis zum Ende des 19. Jh. und das Hafnerzentrum „um Wolferszell", Ars Bavarica 9, 1978, 51 (51–56).

209 W. Sage, 1976, 113–128. Zur Datierung vgl. Fundortkat.

210 Vgl. FO-Katalog „Lilienfeld, Zisterzienserstift".

Die Muster der Fliesen sind sehr einheitlich, sie wirken, als seien sie in einer einzigen Werkstatt entstanden. Hier scheinen sich die Ofentöpfer nicht mit Fliesen befaßt zu haben. Bei dem wichtigen Fund einer Abfallgrube vor dem ‚Nidern Thor'[211] wurde kein einziges Fliesenfragment geborgen. Wie weit Straubinger Fliesen für das Umland gefertigt wurden, läßt sich nicht mehr feststellen. Vermutlich stammen die Fliesen der Kirchen in Bogenberg und Pfaffmünster aus der Straubinger Werkstatt.

Nürnberg, durch Tonvorkommen im Stadtgebiet und der Umgebung begünstigt, besaß ebenfalls früh ein bodenständiges Töpfergewerbe. 1299 wird die „Ziegelgasse" erstmals erwähnt, schon 1301 wird das Bauen mit Ziegeln und das Decken der Dächer mit Platten zur Pflicht gemacht. Der erste Hafner wird 1345 genannt, 1363 zählte Nürnberg 11 Hafnermeister[212]. Dennoch sind bis heute keine frühen Fliesen aus Nürnberg bekannt. Auch das benachbarte Heroldsberg, dessen Tonvorkommen so begehrt waren, daß die Tone nach weit entfernten Orten ausgeführt wurden und der Nürnberger Rat diese Ausfuhr immer wieder bremsen mußte, besitzt nur Fliesen des späten 15. Jahrhunderts. Die wohl um 1525 entstandenen Fliesen aus verschiedenen Nürnberger Gebäuden sind dreifarbig glasiert. In diesem Zeitraum arbeitete die Werkstatt des Augustin Hirschvogel[213] schon an den ersten Versuchen zur Herstellung von Fayencekeramik. Es wäre möglich, daß diese Fliesen Nebenprodukte jener Werkstatt sind.

Die Fliesen der Würzburger Franziskanerkirche sind leider verloren, ihre Datierung ist nicht möglich. In Aschaffenburg konnte durch den Fund von Brüchlingen eine mittelalterliche Töpferei nachgewiesen werden[214], unter den Scherben fanden sich jedoch keine Fliesen. Eine Hafnerordnung wurde 1593 erlassen, die durch Jahreszahl (1607) datierten Fliesen G 25, G 26 wurden sicher von städtischen Töpfern gefertigt. In Rothenburg ob der Tauber läßt die Hafengasse[215] auf eine Ansiedlung von Töpfern und wohl auf einen Hafenmarkt schließen.

Dies ist leider eine sehr kärgliche Ausbeute für ein Land mit einer so reichhaltigen und vielfältigen Keramikproduktion[216]. Die Forschung steht gerade in Bayern für viele Einzelgebiete der Töpferei noch am Anfang; neue Funde werden möglicherweise die Lücken schließen. So erscheint es nicht überzeugend, wenn sich in einer Stadt, in der sich so großartige mittelalterliche Bausubstanz erhalten hat wie z. B. in Regensburg, bis jetzt nur ungemusterte mittelalterliche Fliesen in einem einzigen Haus[217] fanden, zumal das Keramikzentrum Prebrunn sozusagen vor der Türe lag und dort schon 1170 der erste Töpfer erwähnt wird[217a]. Aber möglicherweise spezialisierten sich die Prebrunner Töpfer, die sich um 1350 eine erste Hafnerordnung gaben, nur auf die großen Tontafeln, wie sie in St. Emmeram und an anderen Stellen der Stadt gefunden wurden.

Für Österreich, in dem die meisten der bis heute gefundenen Fliesen aus Klöstern stammen, sei für die Keramikgeschichte Wiens[218] auf die sorgfältigen Untersuchungen von Perger und Felgenhauer-Schmiedt verwiesen. Die Fliesen des Passauerhofes in Stein und der Gozzoburg in Krems stammen wahrscheinlich aus Krems selbst. Auch hier haben sich die Hafner schon 1547 die erste Handwerksordnung gegeben[219]. Ebenso war Korneuburg, für das die heute verschollenen Fliesen der St. Nikolauskirche bezeugt sind, ein Ort mit großer Hafnertradition, in dem schon 1471 eine Hafnerordnung erlassen wurde und das 1472 zehn Hafner aufwies[220]. Neben einer Hafnergasse gibt es dort sogar ein Hafnertor.

Im Gegensatz zu Süd- und Westdeutschland haben Nord- und Mitteldeutschland nur spärliche Fliesenfunde zu verzeichnen. Auch sie stammen wieder überwiegend aus Klöstern. Das schon für Bayern Gesagte gilt auch hier: gerade die großen und berühmten Kera-

---

211 W. Endres, 27–120.

212 W. Schultheiss, Nürnbergs Hafnergewerbe im Mittelalter, Neustadt (Aisch) 1956, 5.

213 G. Schiedlausky, Die ältesten deutschen Fayence-Gefäße im Germanischen Museum, Euro-Ceramic 10, Düsseldorf 1960, 87 (87–90, 148–149). – Augustin Hirschvogel wird 1531 ausdrücklich als Hafner bezeichnet. Er schickte einen Mann seiner Werkstatt (Hans Nickel?) nach Venedig, um dort die neue Fayencetechnik zu erlernen.

214 E. Schneider, Alte Töpferkunst im Aschaffenburger Museum, E. Schneider (Hrsg.), Keramik am Untermain, Aschaffenburg 1964, 17 (15–26).

215 W. Dannheimer, Ein Keramikfund aus der Hafengasse, Die Linde 38, Nr. 12, 1956, 95–96. – Hier wurde vermutlich das Depot eines Hafners aufgedeckt. Es enthielt allerdings nur Gebrauchskeramik (Haus Hafengasse 7).

216 So sind aus den Hochburgen des bayerischen Backsteinbaus Ingolstadt, Landshut, Moosburg und München keine mittelalterlichen Bodenfliesen bekannt. Für München dürfte die Ursache im Fehlen von ergiebigen Tonlagern in erreichbarer Nähe zu suchen sein. Lediglich Zieglerton wurde im Osten und Nordosten von München ergraben. Die ersten Hafner werden im Stadtrechtsbuch 1365 erwähnt (F. Brunner, Das Münchner Hafnerhandwerk im Mittelalter, Neue deutsche Töpfer-Ztg. 34, 1937, 3–7, ebd. 35, 1938, 7–9).

217 R. Strobel, Das Bürgerhaus in Regensburg. Mittelalter, Tübingen 1976, 103, Taf. 140a. – Es handelt sich um den Kapellenraum im Haus Heuport. Die Fliesen zeigen einen Farbwechsel von gelbbraun, dunkelrot und schwarz.

217a J. Widemann, Regensburger Urkundenbuch I, München 1912, 36. – Erwähnt wird ein „figulus Engilbertus". – Der Ort wird als „vicus figulorum" 1181 genannt (W. Endres, V. Loers, Spätmittelalterliche Keramik aus Regensburg. Neufunde in Prebrunn, Regensburg 1981, 10).

218 R. Perger, 11–19. – S. Felgenhauer-Schmiedt, 20–24. – Um 1300 wird der Bezirk ‚Unter den Hafnern' erwähnt. Er ist als ‚Hafnersteig' noch heute erhalten. Er lag, wegen der Brandgefahr, nahe der Uferböschung eines stadtnahen Donauarms.

219 H. Knittler, Abriß einer Wirtschafts- und Sozialgeschichte der Doppelstadt Krems-Stein, Kat. 1000 Jahre Kunst in Krems, 1971, 63 (43–73). – Einer der wichtigsten Plätze der Stadt heißt heute noch Hafnerplatz.

220 G. Melion, Die Hafner in Korneuburg, Unsere Heimat 41, Wien 1970, 78–81. – Die älteste Hafnerordnung wurde wohl gegen Ende des 14. Jh. erlassen, sie wird 1430 im „Handwerksordnungsbuch" wiederholt.

mikzentren haben anscheinend keine Fliesen hergestellt. So sollen nur die Funde erwähnt werden, die mit Sicherheit auf eine städtische Produktion schließen lassen.

Die Funde in Minden wurden in Kapitel 9 besprochen. Obwohl der 1353 erstmals erwähnte städtische Ziegelhof[221] auf dem Werder ganz in der Nähe der Stelle lag, an der auch die Fliesen gefunden wurden, ist doch nicht sicher, ob man diese in Minden fertigte. Dasselbe gilt auch für die Funde in der ‚Unteren Bäckerstraße'[222]. Dies sind Muster, deren Vorlagen wohl in Flandern oder den Niederlanden (ZA 1), möglicherweise auch in einem Kloster der Ostseeküste (Doberan?) (ZE 3) zu suchen sind.

Dagegen sind die in Göttingen und Northeim gefundenen Fliesen wohl in diesen Städten gebrannt worden. Für Göttingen[223] sind, wegen reicher Funde mittelalterlicher Keramik, eine oder mehrere städtische Töpfereien zu vermuten. In Northeim spricht die schlechte Qualität der Fliesen für eine Fertigung an Ort und Stelle. Man hätte sich wohl schwerlich die Mühe gemacht, diese Fliesen über weite Strecken herbeizuschaffen.

Für Westfalen sind Fliesen durch einen 1970 von Lobbedey und Stephan in Neuenheerse ausgegrabenen Töpferofen[224] bezeugt. In seiner Umgebung fanden sich Fragmente des Musters D 29 und ein zweites, noch nicht sicher rekonstruierbares Muster. In diesem Ofen wurde vermutlich in der 1. Hälfte des 14. Jahrhunderts gebrannt. Da er sich in so geringer Entfernung zur Kirche des Damenstifts Neuenheerse befand, waren die Fliesen wohl für diesen Bau bestimmt.

Eine städtische Töpferei darf auch für Osnabrück vermutet werden, wenigstens für die im 14. und 15. Jahrhundert entstandenen Fliesen. Ein „Thegelbrink" wird 1295 vor der Stadtmauer erwähnt, außerdem besaßen die Johanniter ein Ziegelhaus in der Neustadt, welches sie 1383 an das Augustinerkloster verkauften. Von diesem gelangte es 1385 in Privatbesitz. Der Rat der Stadt errichtete außerdem 1498 eine weitere Ziegelei in der Neustadt[225]. Töpfer werden für denselben Zeitraum nicht genannt.

Es erübrigt sich, auf die Keramikproduktion der nord- und ostdeutschen Küstenstädte einzugehen. Diese waren überwiegend ‚Backsteinstädte'. Fliesen waren wohl etwas, was man bei Bedarf nebenher fertigte. Die Anregungen dazu kamen, je nach Zeitraum, wohl aus ganz verschiedenen Richtungen. Auch hier steht die Forschung erst am Anfang. Aus dem Bild der bis heute gefundenen Fliesen schält sich jedoch klar heraus, daß nicht, wie früher vermutet wurde, Fliesen aus England oder Nordfrankreich eingeführt wurden, sondern daß nur die Technik dieser Gebiete nachgeahmt wurde.

---

221 M. Krieg, 45–46. – Das Moritzstift auf dem Werder gibt 1353 das Ziegelhaus und eine Fläche zum Lehmgraben für 10 Jahre an die Stadt. Später scheint es ganz an sie übergegangen zu sein und bestand noch bis 1584 an derselben Stelle.

222 G. Isenberg, 442, 445, Abb. 266 und Fundortkat.

223 Die dort gefundenen Fliesen sind noch nicht publiziert. S. Schütte, 58. – Ders. [u. a.], 5 Jahre Stadtarchäologie. Das neue Bild des alten Göttingen, Göttingen 1984, 24; zu den Funden von Gebrauchskeramik vgl. ebd., 5–6, 9, 16–19, 46–47, 67–68, 73–79. – Der erste Töpfer wird im Bürgerbuch 1423 erwähnt.

224 s. Fundortkat.

225 U. Dirlmeier, G. Fouquet, Eigenbetriebe niedersächsischer Städte im Spätmittelalter, Kat. Stadt im Wandel, III, 258 (257–279).

11. Töpfer und Formschneider

Wenn es im vorhergehenden Kapitel auch gelungen ist, einige Herstellungsorte von Fliesen mit einer gewissen Sicherheit zu bestimmen, so ist doch immer noch nicht geklärt, wer nun eigentlich die mittelalterlichen Fliesen prägte. Bei den Fliesen, die in klostereigenen Werkstätten entstanden, ist die Frage einfach zu beantworten. Hier wurden vermutlich die Laienbrüder[1] herangezogen. Eine Ziegelhütte wurde in den Gegenden, in denen Haustein nicht unbegrenzt zur Verfügung stand, meist ohnehin benötigt. Für die flachen Fliesen galten beim Brand dieselben Bedingungen wie für Ziegel, die Erfahrung und Handfertigkeit, die der Töpfer von Gebrauchsgeschirr benötigt, war nicht im selben Maße erforderlich. Schnyder[2] ist dieser Frage ausführlich nachgegangen, so daß sich eine nochmalige Aufzählung hier erübrigt. Er weist nach, daß in der Nachbarschaft aller Zisterzienserklöster der deutschen Schweiz früher oder später Ziegelbrennereien errichtet wurden und daß z. B. auch in den fränkischen Zisterzen Walderbach und Ebrach Ziegel gebrannt wurden. Rüttimann[3] erwähnt ein 1296 errichtetes „domus laterum" in Kloster Altenkamp und eine ausgedehnte Ziegelei in Kloster Hude[4], hier wurden 1981–82 Reste mehrerer Ziegelöfen ausgegraben. Für Kloster Doberan ist eine „curia lateraria"[5] bezeugt, für Zinna zu Ende des 14. Jahrhunderts eine ‚Ziegelscheune'[6], für Altenberg 1296 eine eigene Ziegelei[7], ebenso für Kloster Fürstenfeld[8] und Maulbronn[9]. In Løgumkloster wurde eine Ziegelei nördlich des Klosters durch Bodenfunde entdeckt[10], in dem böhmischen Zisterzienserkloster Nepomuk[11] wurden die Reste eines Töpferofens ausgegraben. Dort brannte man nicht nur Fliesen, sondern auch Formsteine. Die norddeutschen Zisterzienserklöster Chorin, Dargun, Eldena, Kolbatz, Lehnin, Reinfeld und Zinna[12] brannten Backsteine, Dachziegel und Formsteine nicht nur für die eigenen Bauten, sondern teilweise auch für den Verkauf; nur Pelplin scheint sich davon ausgeschlossen zu haben[13].

Was für die Zisterzienser durch Urkunden und Bodenfunde gesichert ist, gilt, mit Einschränkungen, auch für viele andere Klöster und Kirchen. So ist für das Augustiner-Chorherrenstift Klosterneuburg 1344 ein „zieglhoff" genannt[14], für den Bau der Rostocker Jakobikirche wird nach 1280 ein Ziegelhof errichtet[15]. Selbst Klöster, welche leicht abbaubaren Sandstein vor der Türe hatten, wie z. B. Schönau, verzichteten nicht auf den Bau von Ziegelhütten, da ihnen der Schiefer zur Dachdeckung zu teuer war. Es errichtete 1224 „ein festes und kostspieliges Gebäude zum Brennen von Backsteinen"[16].

In Klöstern, in denen Ziegelhütten nicht mehr nachzuweisen sind, hat sich ein Hinweis darauf oft in Flurnamen erhalten, so, wie schon erwähnt, in Ulm-Söflingen und dem Zisterzienserinnenkloster Gnadental[17].

Es war üblich, kunstfertige und erfahrene Mönche oder Laienbrüder an andere Klöster oder für große Kirchenbauten auszuleihen[18], für die Fliesenherstellung läßt sich dies in Deutschland bis jetzt nicht urkundlich nachweisen. In Frankreich zeigt die schon erwähnte Bestra-

---

1 Vgl. S. 137.

2 R. Schnyder, 1958, 27–30.

3 H. Rüttimann, 76. – Bei Ch. Verhallen, Die Abtei Kamp. Das erste deutsche Zisterzienserkloster in Vergangenheit und Gegenwart, Kamp 1967, 17, wird 1291 genannt. Es werden Backsteine und Dachziegel gebrannt.

4 G. Sello, 72. – D. Zoller, 49–54. – Die Bauten der Kirche und des Klosters wurden sofort mit Backsteinen errichtet, anderes Baumaterial wurde bisher nicht entdeckt. Daß die Fliesen und Formsteine im Kloster gefertigt wurden, ist durch den Fund von Fehlbränden belegt.

5 F. Schlie, 580.

6 W. Ribbe, J. Schultze, Das Landbuch des Klosters Zinna, Zisterzienser-Studien 2, 1975, 137.

7 H. Berger, 35.

8 L. Lampl, 103.

9 K. Hillenbrand, Ziegler und Ziegel, in unserer Heimat, Brettener Jb. Kultur und Gesch. 5, 1972/73, 53 (53–63): „Die erstmals 1293 in einem Kaufvertrag genannte Ziegelscheuer in Gölshausen befand sich 1483 im Besitz des Klosters".

10 J. A. Wissing, 90–91. – Die in Løgumkloster (Lügumkloster) gefundene Fliese bei R. Haupt, V, 54.

11 V. Kuthanova, 461–462.

12 D. Lohrmann, 17–22. – So lieferte das Kloster Zinna dem Erzbischof von Magdeburg die Ziegelsteine für den Bau seines Schlosses in Jüterbog (ebd., 20).

13 R. Frydrychowicz, Geschichte der Cisterzienser-Abtei Pelplin und ihrer Bau- und Kunstdenkmäler, Düsseldorf 1905, 348. – Aus Pelpin sind bis jetzt nur ungemusterte Tonfliesen bekannt. Hier wurden in einer Chronik erstmals Mengenangaben überliefert. In einem Brand wurden ca. 17000–18000 Ziegel gebrannt.

14 K. Drexler, 15.

15 A. Kamphausen, Backstein-Gotik, München 1978, 47–49. – Für Angaben zu frühen Backsteinbauten vgl. G. Binding, Das Aufkommen von Backstein und Ziegel in Deutschland, Gebrannte Erde, Beil. der Baumeister-Ztg., Dez. 1973, 1–8.

16 K. Christ, Sp. 99.

17 H. Bauer, 34. – Der Flurname ‚zigelhalde' ist aus der Nähe des Klosters überliefert.

18 Teilweise wurden erfahrene Architekten direkt von Kloster Clairvaux ausgeliehen, wie der Novizenmeister Achardus, der außer bei verschiedenen anderen Klöstern auch beim Bau des Klosters Himmerod (Eifel) mitwirkte. Der Mönch Gaufrid wurde von Bernhard von Clairvaux nach England geschickt, um den Bau von Fountains Abbey zu leiten (H. Rüttimann, 34). Die Ordensbauleute wurden jedoch nicht nur zu ordenseigenen Bauten herangezogen, sondern auch bei andern Bauten eingesetzt, so bei der Einwölbung des Trierer Doms (Himmerod), am Westchor und Querschiff des Bamberger Doms (Ebrach) und beim Bau des Bischofsganges im Magdeburger Dom (Walkenried), um nur einige Beispiele zu nennen (A. Schneider, 58).

fung des Abtes von Beaubec 1210, daß Mönche für die Herstellung und Verlegung von „zierlichen Fußböden" Privatleuten überlassen wurden.
Hier muß die Kentaurenfliese (F9) der Sammlung Figdor erwähnt werden, deren Umschrift: „WAS HAN ICH DIR GETAN MUNCH PETERMAN +OLH" von Walcher v. Molthein[19] als frühe Signatur verstanden wird. Er deutet die Buchstaben „OLH"[20] als Ulner = Töpfer und hält den Mönch Peterman für den Schöpfer dieser Fliese. Walcher v. Molthein ergänzt den Text „was han ich Dir getan" – daß Du auf mich (die Fliese) trittst! Diese Deutung ist nicht schlüssig, der Satz kann ebensogut als Anklage gegen den Mönch verstanden werden. Walcher v. Molthein, der annahm, daß die Fliese in der Umgebung Wiens entstanden sei, verweist in diesem Zusammenhang auf einen „Peter, der Estrichgießer" in Klosterneuburg. Solange der Herkunftsort dieser und einer Gruppe gleichzeitig entstandener Fliesen nicht bekannt ist, kann diese Frage nicht entschieden werden. Die neuesten Forschungen von Hejdová und Nechvátal[21] nehmen für diese auch in den Burgen Klingenberg und Orlik gefundenen Fliesen eine böhmische Werkstatt an, die deutschsprachigen Umschriften sprechen jedoch nicht für einheimische Kräfte.
Selbst wenn man zugrunde legt, daß einzelne Klöster auch über die Ordensgrenzen hinaus Fachkräfte austauschten oder in anderen Kirchen mitarbeiteten, so läßt sich dadurch kaum das Entstehen der großen Fliesenrosetten erklären, die in Kirchen und Klöstern, von St. Nikolaus, Straßburg im Süden bis Kloster Arnstein, ja möglicherweise bis Köln und Osnabrück im Norden, verlegt wurden. Die Fliesen zeigen, ohne Abweichung, dieselben Muster, ein Vergleich der in Tonfarbe und Material sehr verschiedenen Scherben ergibt jedoch, daß sie an ganz verschiedenen Stellen geprägt und gebrannt worden sein müssen.
Die Muster dieser Fliesengruppe, am vollständigsten in der ehem. Dompropstei in Mainz erhalten, finden sich jedoch nicht nur in Kirchen, sondern auch auf Burgen. Es ist vielfach belegt, daß die Klöster die Burgherren, die als Schirmherren und oft als großzügige Stifter auftraten, mit im Kloster gefertigten Produkten (Schuhe, Wolle, Tuch, Kerzen)[22] versahen. So kann man in vielen Fällen vermuten, daß auch die Fliesenbeläge der Burgen in Klosterwerkstätten entstanden. Dennoch drängt sich bei dieser Gruppe von Fliesenböden, deren kompliziertes Verlegeschema wohl die Erfahrung von Spezialisten forderte, die Vorstellung von einer von Bau zu Bau ziehenden Werkgruppe oder ‚Bauhütte' unwillkürlich auf[23].
Janssen[24] verneint für die mittelalterliche Gefäßkeramik die Figur des ‚wandernden Töpfers' aufs Entschiedenste. Er begründet dies mit der sorgfältigen Vorbereitung, die jeder Brand bedurfte, der mühseligen Errichtung der komplizierten Öfen und der sozialen Stellung des Töpfers, der meist in einem Abhängigkeitsverhältnis zu einem Grundherrn gedacht werden müßte. Außerdem gäbe es keine schriftlichen Belege, die auf wandernde Töpfer schließen ließen. Janssen hat sicher recht, soweit es sich um den Brand von Gebrauchskeramik handelt, deren Vertrieb ja auch bestimmten festen Gesetzen unterlag. Nicht so sicher dürfte dasselbe Prinzip für den Brand von Fliesen gelten, die ja ein Bestandteil der Kirchenausstattung waren. Beim Bau von Kirchen war es geradezu üblich, immer die besten Kräfte von auswärts zu berufen, gleichgültig ob es sich um Bauplastik, Freskenmalerei, Glasfenster oder architektonische Probleme handelte[25]. Außerdem war wohl bei vielen Kirchenbauten seit der Mitte des 13. Jahrhunderts ein Feldofen für Ziegelbrand vorhanden, der ohne große Mühe auch für den Brand von Fliesen benutzt werden konnte. Eames[26] vermutet wandernde Fliesentöpfer an verschiedenen Orten Englands, auch für Frankreich nimmt le Clert[27] solche an. In Deutschland können sie vorläufig nur als *eine* der Möglichkeiten zur Diskussion gestellt werden.
Da diese wandernden Fliesenleger nur für die Frühzeit der Fliesenprägung, also für die 1. Hälfte des 13. Jahrhunderts bis gegen 1260[28] angenommen werden, dürfte

19 A. Walcher v. Molthein, 1909, 306, Abb. 74.
20 Herr Prof. A. Wirth, München (mündliche Mitteilung) deutet das „OLH" als die im Mittelalter gebräuchliche Abkürzung für „Oh lieber Herr".
21 D. Hejdová, B. Nechvátal, 162, Nr. 99, 419, Abb. 45, 1.
22 W. Schich, 217.
23 Diese Fliesenböden zeigen nicht nur dieselben Muster, sondern scheinen alle nach demselben Schema verlegt gewesen zu sein, wobei die Anpassung an örtliche Gebenheiten sicher möglich war und zu geringen Abweichungen führte. Die Rosetten aus Plattenmosaik lassen sich nicht überall rekonstruieren, da die glatten, unverzierten Fliesen bei den Grabungen oft nicht geborgen oder beachtet wurden. Einzelne, an verschiedenen Fundorten dieser Gruppe erhalten gebliebene Mosaikfliesen weisen jedoch stets dieselben Formen und Abmessungen auf.
24 W. Janssen, 1969, 598. – F. Arens, 1977, 38, vermutet, daß es zumindest wandernde Ziegelbrenner, vielleicht Italiener, gab, die z. B. die Backsteine für die Burg in Babenhausen im Feldbrand herstellten.
25 J. Kulischer, I, 75–76, bringt Belege für die Wanderhandwerker des Mittelalters, so z. B. wandernde Glockengießer. Bischöfe und Äbte beriefen Künstler z. B. zur Herstellung von Reliquienschreinen, von Glasfenstern, zur Errichtung von Mühlen. Kulischer (76–77) geht auch auf das Problem der Freiheit oder Unfreiheit dieser Handwerker ein und weist nach, daß es wohl beides, eine begrenzte Freiheit und Arbeit im Auftrag eines Grundherrn, gegeben hat.
26 E. S. Eames, 1980, I, 792. Siehe: Index: itinerant(?) tilers, vor allem 180, 198–199, 202, 205, 207–208.
27 L. le Clert, 17, betont, daß die wandernden Töpfer ihre Model und Vorlagen mitführten und daß dadurch, ebenso wie durch die lange Aufbewahrung der Model in den Werkstätten, z. B. Wappenfliesen an Orte gelangten, wo die Wappen keinen Sinn mehr ergeben.
28 Spätestens um 1260–70 werden die Model, die für Dreiecke, Sechsecke, Kreise, Astroide, Rhomben und Randleisten bestimmt waren, in quadratische Fliesen geprägt. Entweder erlosch diese, im Verlegen komplizierter Fliesenmuster erfahrene Werkstatt ganz plötzlich, ohne ihr Wissen weiterzugeben oder fanden sich, in einer Zeit politischer Unruhe, nicht mehr genügend wohlhabende Auftraggeber. Teilweise werden Tonmodel auch einfach in den Werkstätten liegen geblieben sein.

das später so brennend werdende Problem der Holzbeschaffung noch keine so große Rolle gespielt haben. Für den Brand wurde stets nur minderes Holz verwandt[29], alles andere war zu kostbar. Leider gibt es in Deutschland, im Gegensatz zu England, noch keine Unterlagen über den Verbrauch von Holz. Dort wurde das Unterholz gebündelt verkauft, im 14. Jahrhundert reichten 1000 Bündel zur Feuerung von 10 Fliesenöfen[30]. In anderen Gegenden, z. B. in Hull, benutzte die Ziegel- und Fliesenindustrie im 14. und 15. Jahrhundert nur Torf zum Brennen[31]. Möglicherweise war dies auch in Norddeutschland (Hude?) der Fall. Während Steine und Erde nicht unter das Bergregal fielen, der Ton, wenigstens in der Frühzeit, überall ohne Abgaben gegraben werden durfte[32], unterlag der Verbrauch von Holz strengen Bestimmungen. Da jedoch Klöster immer und Kirchen sehr oft über eigenen Waldbesitz verfügten, die Fliesen überdies noch in kleineren Mengen gebrannt wurden, wird zu dieser Zeit der Holzverbrauch noch nicht allzu sehr ins Gewicht gefallen sein.

Was die sozialen Bindungen anbelangt, so waren diese Werkleute vermutlich eng an mittelalterliche Bauhütten gebunden. Diese unterlagen ihren eigenen Gesetzen, ihre Blütezeit nahm gerade in diesem Zeitraum ihren Anfang.

Neben diese, vorläufig nur als Hypothese angenommenen, wandernden Fliesentöpfer muß sehr rasch das städtische Töpferhandwerk getreten sein. Wann diese Ablösung eintrat, ist nicht mehr festzustellen. Der Übergang vollzog sich möglicherweise in den großen Städten Straßburg, Speyer, Worms und Mainz schon vor der Mitte des 13. Jahrhunderts oder wenig später. Die Ofenfunde, in denen Fliesen zusammen mit Gebrauchskeramik geborgen wurden, beweisen, daß die Fliesenprägung zu diesem Zeitpunkt in der Hand der Töpfer lag, was nicht ausschließt, daß sie zu einem späteren Zeitpunkt, als mit dem Aufkommen der strengen Zunftordnungen die Gebiete genau abgegrenzt wurden, in den Arbeitsbereich der Ziegler überging. Es wird, aus Mangel an Urkundenmaterial, sicher nicht gelingen, diese Frage endgültig zu klären, zumal im Laufe des 14. Jahrhunderts zu beiden Berufen noch der des „kachlers" hinzutrat. Es ist durchaus möglich, daß in verschiedenen Städten auch die Tätigkeitsbereiche ganz verschieden zugeordnet waren. In der österreichischen Reimchronik Ottokars aus der Geul, um 1305–09 entstanden und auf den Wiener Volksaufstand von 1288 bezogen, werden Handwerker, die „modlen die Ziegel" schon ausdrücklich erwähnt[33]. Außerdem gab es in Wien den Beruf des ‚Estrichgießers'. Walcher v. Molthein erwähnt einen Estrichgießer Michel Auer in der Huterstraße vor dem Widmertor. Dieser war „meister im plastern mit prennte stein"[34]. In Frankfurt am Main ist ungefähr zur selben Zeit, in der die Prägung der Fliesen für den Saalhof vermutet wird, von 1361–63 ein „kachilnbecker" bezeugt[35], während sonst in den meisten Urkunden immer nur die Bezeichnung „kacheler" verwandt wird. Ein 1449 erwähnter „kachilmecher" wird ausdrücklich als Fremder bezeichnet. Es ist nicht sicher, ob diese „kachilmecher" nur Ofenkacheln herstellten, da ja zusätzlich 1467 auch der Beruf eines „ofenmechers"[36] genannt wird und eiserne Öfen zu dieser Zeit noch kaum vorhanden waren.

Bei der Auswertung von Urkunden und Dokumenten liegen die Schwierigkeiten immer wieder in der Bezeichnung. Dies gilt noch nicht für die frühen Urkunden. Sobald die Berufsbezeichnung jedoch auch als Familienname auftritt, also schon seit der Mitte des 15. Jahrhunderts, kann oft nicht entschieden werden, ob der erwähnte „havener" oder „euler" auch ein ausübender Töpfer ist. Kommen jedoch in einem Ort Töpfernamen zusammen mit Gewandnamen, wie ‚Aulweg', ‚Leimenkaute', ‚Ziegelwiese' usw. vor, kann man wohl mit einer gewissen Sicherheit auf eine mittelalterliche Töpferei im Ort schließen[37]. Dabei muß jedoch stets berücksichtigt werden, daß die Bezeichnungen für den Töpfer nicht nur je nach Landschaft, sondern oft auch innerhalb desselben Sprachraums wechselten[38]. Während im Rheinland und in Nordhessen die Namen: „ulner, eulner, euler oder aulner" gebräuchlich waren

---

29 K. Christ, Sp. 199. – Das Zisterzienserkloster Schönau darf „für den Ziegelbrand jederzeit nur liegendes Abholz lesen". – A. v. Cohausen, 135, erwähnt einen Mainzer Lehensbrief von 1623: „Were es auch dass Ullner zu Ullenhausen (Aulhausen bei Rüdesheim) wohnten, als von Zeiten gewohnt haben, die Tüppen oder Krüg machen ... und dieselben Ullner sollen auch Recht haben, windfällig und heimbuchen Holz zu hauen in dem vorgeschriebenen Forst". (Das Hainbuchenholz war gering geachtet, da es nicht, wie Eiche und Rotbuche, Früchte für die Schweinemast lieferte). – Nach A. M. Burg, Les potiers de terre de Haguenau du XIII e au XIX e siècle, Artisans et ouvriers d'Alsace 9, 1965, 81, wurden die Töpfer von Hagenau und Umgebung, die seit der durch Friedrich I. Barbarossa gewährten Urkunde von 1164 ihr Holz aus dem Hagenauer Forst beziehen konnten, 1435 durch einen Vertrag eingeengt. Nun dürfen sie nur noch Kiefern und Eichenstubben, Äste gefällter Bäume und Krummholz, welches für den Bau nicht zu verwenden ist, sammeln. Vermutlich besteht ein ursächlicher Zusammenhang zwischen der reichen Fliesenproduktion in der Pfalz und in einigen Gebieten Hessens mit den dortigen ausgedehnten Wäldern, verbunden mit dem Vorhandensein von ergiebigen Tonvorkommen.

30 L. F. Salzmann, English industries of the Middle Ages, London 1923, 177.

31 H. E. J. le Patourel, Documentary evidence and the medieval pottery industry, Medieval Archaeology 12, 1968, 118.

32 E. Henn, Irdenware im Westerwald. – Töpferlandschaft des nordöstlichen Westerwalds I. II, Höhr-Grenzhausen 1980.

33 J. Feil, Wien's ältere Kunst- und Gewerbetätigkeit. Ber. u. Mitt. d. Altertumsvereins Wien 3, 1859, 210, Anm. 5 (204–307).

34 A. Walcher von Molthein, 1909, 306.

35 K. Simon, Beiträge zur Geschichte der Keramik in Frankfurt a. M., Der Cicerone 15, 1923, 82 (81–89).

36 K. Bücher, 91: „meinster Hansen Wetzel, offenmecher und meler".

37 Vgl. S. 124, Anm. 103. In Steinau (E. Hartmann, 318–19) werden neben verschiedenen Töpfernamen ausdrücklich „des ulners huß" (1476) erwähnt, außerdem Zigelgasse (1537), Ziegelwiese (1535) und Ziegelhaus (1538).

38 Einen ausgezeichneten Überblick bietet R. Hildebrandt, bes. 309–358, 426–433, sowie J. Schwarz, Die Langerweher Töpfer im Spiegel der Sprache, Langerwehe 1982, 5–11.

(von mlat. olla = Topf), fand sich in Niederhessen die Bezeichnung „gröper“ (mhd. grope = Topf), in Südhessen die des „dippe- oder duppenbeckers“. In ganz Süddeutschland wurde der Name „Häfner“ oder „Hafner“ verwandt, während in Norddeutschland die Töpfer, Pötter oder Pottmaker für die Herstellung von Gebrauchskeramik verantwortlich waren. Die Töpfer in Aachen und Raeren nannten sich „kruechenbecker“, später jedoch „pot- oder pottenbecker“[39]. In Köln wurde zwischen „kannebecker“ und „duppenbecker“ unterschieden. Reineking von Bock vermutet, daß die letzteren für die Herstellung von Ofenkacheln und Fliesen verantwortlich waren.
Nach v. Falke[41] werden in einem Beschwerdebrief in den Kölner Zunftakten in der 2. Hälfte des 16. Jahrhunderts „duppen-, kaechell- und erdenkannenbecker“ genannt. Hier scheinen die Gewerbe schon genau abgegrenzt gewesen zu sein, während in Langerwehe wohl die „kannenbecker“ alle anfallenden Töpferarbeiten erledigten. So findet sich eine ursprünglich für einen Prunkkrug bestimmte Matrize auf der Fliese D 61, diese zeigt außerdem, wie die übrigen Gefäße aus Langerwehe, Salzglasur.
Die Bedebücher der Stadt Frankfurt geben eine anschauliche Übersicht über alle Gewerbe, die sich in dieser Stadt mit Ton beschäftigten, ohne daß man bis heute genau weiß, welche Produkte der einzelne Handwerker herstellte[42]. Im 14. Jahrhundert finden sich vereinzelt die Namen „hafener, hefener“, „kacheler, kecheler“ (1389 u. 1392), „kachelmecher“ (1429), „kachilnbecker“ (1361 u. 1363), „ulner, ulener“ (seit 1291), „ziegelborner“ (1447), „ziegler“ (1290) und „ziegelmecher“ (1446). Büchner glaubt jedoch, daß es sich bei den Ulnern vor allem um Geschirrhändler, nicht um Töpfer gehandelt habe. Dafür spricht, daß die ‚Ullnergasse‘ unmittelbar im Altstadtbereich in der Nähe des Saalhofes lag[43]. Nach dem 1568 erschienenen Ständebuch des Jost Amman[44] (Abb. 71), welches sich wohl die Nürnberger Verhältnisse zum Vorbild nahm, ist die Kachel beim Bild des Hafners erwähnt. Fliesen zeigt weder das Bild des Hafners noch des Zieglers (Abb. 72). Im außerstädtischen Bereich, der nicht durch starre Zunftordnungen gebunden war, gab es vermutlich in früher Zeit überhaupt keine Trennung, das Gewerbe des Zieglers und des Hafners wird in einer Hand gelegen haben[44a]. Erst als im 15. Jahrhundert auch die ‚Landhafner‘ sich zu festen Verbänden zusammenschlossen, wie dies z. B. 1430 bei den im Umkreis von Stuttgart sitzenden Hafnern geschah[45], wurden die Arbeitsbereiche durch die Zunftordnungen scharf getrennt. So wird es den Hafnern in der württembergischen Zunftordnung von 1598 ausdrücklich verboten „Blättlen“ in rotem oder weißem Zeug herzustellen. Pazaurek[46] hält dies für einen der Gründe für das Fehlen von Wand- und Bodenfliesen in Württemberg in späterer Zeit.

Durch diese mittelalterlichen Hafnerordnungen, von denen die um 1350 in Prebrunn bei Regensburg entstandene die früheste bis heute bekannte ist, wurden alle

39 H. Hellebrandt, 40. – Der Begriff ‚Kannebäcker‘ wurde vor allem für die Hersteller von Steinzeugkrügen im 16. Jh. üblich.
40 G. Reineking-von Bock, 36.
41 O. von Falke, 1908, II, 117–118.
42 K. Bücher, 55, 64, 126, 140.
43 J. G. Battonn, IV, 105–106.
44 J. Amann, (Nachdruck 1960), 82 und 86.
44a So weist J. Desel, 1 und Anm. 3, 31 und Anm. 114 nach, daß der Beruf des Töpfers und Zieglers häufig in Personalunion ausgeübt wurde.
45 G. Spies, 10. – Die 1430 festgelegten Zunftordnungen wurden 1507 durch Herzog Ulrich bestätigt.
46 G. E. Pazaurek, 24.

Abb. 71 Aus: Jost Ammann, Beschreibung aller Stände (mit Reimen von Hans Sachs) 1568. Der Ziegler.

Der Ziegler.

Ein Ziegler thut man mich nennen/
Auß Lättn kan ich Ziegel brennen/
Gelatt vnd hell / Kälend darbey/
Daschen Ziegl / auch sonst mancherley/
Damit man deckt die Heusser obn/
Für Regen/Schnee vnd Windes tobn/
Auch für der heyssen Sonnen schein/
Cynira erfund die Kunst allein.

Einzelheiten der handwerklichen Tätigkeiten genau geregelt. Sie lassen vereinzelt Rückschlüsse über Art und Umfang der hergestellten Keramik zu. Aus der 1428 erlassenen Hafnerordnung des Kröning (Landkreis Vilsbiburg, Niederbayern) geht hervor, daß dort vermutlich nur Gebrauchskeramik, wahrscheinlich nicht einmal Ofenkacheln hergestellt wurden, während die Landshuter Ordnung von 1538 diese und die dazu benötigten eisernen Maße extra erwähnt[47].
Die Hafnerordnungen galten für ganz verschieden große Gebiete. Meist war es eine einzelne Stadt oder ein Zusammenschluß von ländlichen Gemeinden, wie im Kröning, in Württemberg oder zwischen Baden und dem Elsaß. Die Alzeyer Hafnerordnung von 1480[48] umschloß jedoch das ganze Land zwischen der Nahemündung im Norden, dem Hagenauer Forst im Süden und Bretten im Osten, also gerade ein Gebiet, aus dem besonders viele mittelalterliche Fliesen stammen. Obwohl in der Ordnung Ofenkacheln und verschiedene Typen von Gebrauchsgeschirr einzeln aufgezählt werden, sind Fliesen nicht genannt.
In den Städten, in denen keine eigene Hafnerzunft[49] bestand, waren die Töpfer ganz verschiedenen Zünften angegliedert. Nachrichten über Töpfer müssen daher stets in den Akten und Urkunden dieser Zünfte gesucht werden. So gehörten in Köln Krug- und Duppenbecker der Steinmetzgaffel an[50], in Freiburg die Hafner und Ziegler der ‚Bauzunft zum Mond‘[51]. In Speyer gehörten die Töpfer zur Zunft der Zimmerleute[52], die in Worms nur die Ziegler aufnahm, während die Hafner seltsamerweise der Ackerleutezunft zugerechnet wurden[53], in der Fuhrleute jeder Art zusammengeschlossen waren. In Leipheim bildeten die Hafner, zusammen mit Schmieden, Wagnern und Schreinern die ‚Zunft der Klopfenden‘[54]. Auch in Ravensburg und Biberach[55] wurden sie zur Schmiedezunft gerechnet. Vermutlich galt dies auch für Rothenburg (Tauber), wo sich auf einer Fliese der Franziskanerkirche (G23) das Wappen der Schmiedezunft erhalten hat. Die Mainzer Hafner waren der Zunft der Werkleute angeschlossen[56], die Villinger der der ‚Feuerwerker‘[57], in Marburg, zusammen mit Malern und Zinngießern, der ‚Schilderzunft‘[58], während in Wimpfen Hafner und Ziegler zur ‚Großen Gesellschaft‘ gehörten[59]. Auch die Hafner Frankens fanden sich 1496 zu einer ‚Großen Bruderschaft‘ zusammen[60].

Abb. 72 Aus: Jost Ammann, Beschreibung aller Stände. Der Hafner.

Der Hafner.

Den Leymen tritt ich mit meim Fuß
Mit Har gemischt/ darnach ich muß
Ein klumpen werffen auff die Scheiben
Die muß ich mit den Füssen treiben/
Mach Krüg/ Häffen/ Kachel võ Scherbē
Thu sie denn glassurn vnd ferben/
Darnach brenn ich sie in dem Feuwer/
Corebus gab die Kunst zu steuwer.

---

47 P. Stieber, Die Kröninger Hafnerordnung von 1428. Vollständiger Text, Glossar und Kommentar, München 1972, 26.
48 K. Freckmann, 1977, 55–56.
49 Eine genaue Übersicht über die Städte mit eigenen Hafnerzünften läßt sich aus Mangel an Urkundenmaterial noch nicht gewinnen. Straßburg erhielt z.B. schon 1436 eine eigene Hafnerordnung, Wien 1489, während Nürnberg den Hafnern keine eigene Zunftbildung erlaubte, sondern sie zu den „freien Künsten“ rechnete. Die Diss. von K. Martini, Das württembergische Hafnergewerbe. Ein Beitrag zur Geschichte der Zünfte, Leipzig 1920, war leider nicht zu erhalten. Ein Auszug (Jb. d. phil. Fakultät Leipzig, 1920, 213–216), erwähnt neben der ersten Bestätigung 1430 und den neuen Ordnungen von 1470 und 1507, daß sich von den reichsstädtischen Zünften nur die Ulmer Zunft restlos verfolgen ließ.
50 F. Brill, 262.
51 J. Ehrler, Geschichte der Freiburger Zünfte, Das Badener Land, 1909, Nr. 24, 1.
52 C. Weiss, Geschichte der Stadt Speyer, Speyer 1876, 59.
53 H. Boos, III, 58, 61.
54 E. Keyser, H. Stoob, Deutsches Städtebuch V.1, I 339.
55 E. Thurner, 199, nennt für Biberach eine Zunftordnung von 1485.
56 A. Ph. Brück, Aus dem Mainzer Zunftleben im 16. Jahrhundert, Mz. Zs. 67/68, 1972/73, 53 (51–59).
57 S. Bartenstein, M. Fuchs, 9–10.
58 A. Höck, 1972, 89.
59 R. Jülich, 109. Ordnung von 1481.
60 O. Languth, Vom ehrsamen Handwerk der Häfner mit besonderer Berücksichtigung der Wertheimer Häfner, Mein Heimatland. Bad. Bl. für Volkskunde 24, 1932, 198 (191–199). 1619 schlossen sich dann die Wertheimer Hafner zu einer eigenen Zunft zusammen.

Abb. 73 Lamm Gottes. Holzmodel aus dem Frauenkloster Wil (Kt. St. Gallen) 14. Jh. (?). Zürich, Schweizerisches Landesmuseum. ∅ 22/22,7 cm.

Leider fehlen, im Gegensatz zu Frankreich und England, in Deutschland noch immer Urkunden, die uns den Namen einzelner Töpfer überliefern. Auf Fliesen hat sich lediglich auf einer Platte aus der Kirche von Lörzweiler (U 16) die Zeile „(ioha)nnes me fec(it)„[61] erhalten. Die ganze Inschrift der Fliese ist immer noch nicht völlig gedeutet. Möglicherweise ergeben mehrere Fliesen aneinandergereiht den ‚Englischen Gruß', worauf der Anfang der Prägung „ae ma" hinweist. Außerdem haben sich einige Initialen erhalten, die wohl als Herstellersignaturen zu deuten sind. Eine Majuskel ‚A' findet sich auf einer Fliese aus Kloster Neustift (F 136) und auf der schon erwähnten Freiburger Fliese Y 7, ein ‚W' auf einer zweiten Fliese aus Neustift (E 63), ein spiegelbildliches ‚R' auf einer Fliese aus Oberkirch (D 13) und eine hauszeichenähnliche Signatur auf einer Fliese aus der Kirche von Kleinern (F 105).

So ungeklärt wie die Frage, wer jeweils die mittelalterlichen Bodenfliesen prägte und brannte, ist auch die nach den Modelschneidern. Auch hier haben sich nur in Frankreich Urkunden erhalten, welche die Arbeitsteilung zwischen Modelschneider und Töpfer festhalten. So lieferte 1447 der Modelschneider (tailleur d'images) Jehannin Fouqueret in Dijon dem Töpfer Denisot Jeot in Aubigny vier geschnittene Holzmodel, um die Fliesen für das Schloß der Herzöge von Burgund in Brazey-en-Plaine (Côte d'Or) zu prägen[62].

Bedauerlicherweise haben sich kaum Fliesenmodel erhalten[63]. Es ist jedoch nicht auszuschließen, daß man-

61 Freundliche Mitteilungen von Frau Dr. Renate Neumüllers-Klauser, Heidelberg.

62 A. Lesur et Tardy, I, 64

63 F. Bucher, 226, schreibt bei einer Besprechung der Fliesen von Bonmont: „Er ermöglicht eine einfachere Bearbeitung der Holzmodel, von denen einige noch erhalten sind (im Landesmuseum, Raum 49)." Hierbei handelt es sich jedoch nicht um Fliesenmodel.

che Holzmodel, die von den Bearbeitern als Gebäckmodel eingeordnet wurden, auch zur Fliesenprägung dienten. In diesem Zusammenhang sei nochmals auf den Model aus Kloster Wyl[64] verwiesen (Abb. 73). Von demselben Modelschneider stammt möglicherweise der von Walcher v. Molthein publizierte Holzmodel[65], für den er eine Herkunft aus Freiburg annimmt, da dort die Zunft der Feinbäcker einen Elefanten mit Turm als Zunftzeichen führte (Abb. 74). Beide, außerdem ein weiterer Model aus dem ehem. Klarissinnenkloster in Villingen[65a] (Abb. 75) zeigen die ‚Leitmotive' einer süddeutschen Schnitzerwerkstatt, spitze Sterne und kleine Malteserkreuze, die sich z. B. auch auf der Fliese E9 aus Konstanz finden (Abb. 76). Diese, ein Lebkuchenmodel mit steigendem Löwen aus Ulm[66] (Abb. 77) und der leider verlorene Holzmodel mit Löwe, Adler, Hirsch und Einhorn des Württembergischen Landesmuseums in Stuttgart (Abb. 78)[67] geben eine Vorstel-

Abb. 74 Holzmodel, Elefant mit Turm. Freiburg (?), 14. Jh. (?). Ehem. Slg. Figdor, Wien.

Abb. 75 Holzmodel aus dem Klarissenkloster Villingen. 2. Hälfte 13. Jh. Villingen, Klarissenkloster St. Ursula.

Abb. 76 Fliese E9 aus Konstanz, Stadionscher Domherrenhof.

Abb. 77 Gebäckmodel aus Holz. Löwe mit der Umschrift: DIS . SINT-. DIE . GUT . TEN . LEPKUOCHEN. MEN .GOT. Ulm, 14. Jh. Ehem. Slg. Figdor, Wien.

64 H. Kronberger-Frentzen, 35 und Abb. 16 (Zürich, Schweizerisches Landesmuseum, Ende 14. Jh.).

65 A. Walcher v. Molthein, 1924, 219 und Abb. 52.

65a G. Loes, Villingen, Klarissenkloster, Alemania Franciscana Antiqua 3, 1957, 61.

66 A. Walzer, Typen alter Holzmodel für Gebäck und für Teige, die getrocknet werden, Der Museumsfreund. Aus Heimatmuseen und Sammlungen in Baden-Württemberg 3, 1963, 35, Taf. 16, Abb. 42 (18–57) ehem. Sammlung Figdor, 14. Jh. Mit Umschrift: „Dis sint die guten Lepkuchen, men Gott".

67 Ebd., 23, Taf. 10, Abb. 27, Anfang 14. Jh. – Mit Umschrift: „AVE MARIA ...".

Abb. 78 Holzmodel mit Löwe, Adler, Hirsch und Einhorn, gerahmt vom „Englischen Gruß" (Ave Maria ...). Frühes 14. Jh. Ehem. Stuttgart, Württembergisches Landesmuseum.

lung davon, wie solche Model einmal ausgesehen haben.

Da die Binnenzeichnung durch Abnützung auf vielen Fliesen verloren ist, läßt sich oft nicht mehr feststellen, wie sorgfältig die für Fliesen bestimmten Model geschnitten waren. Eine Adlerdarstellung auf einem Kalksteinmodel aus der 2. Hälfte des 13. Jahrhunderts[68] (Abb. 79) könnte zumindest als Vorlage für Fliesen vom Typus B 25 gedient haben. In spätgotischer Zeit wurden für Gebäck bestimmte Tonmodel wohl auch unmittelbar für Fliesen verwandt. Ein im Landesmuseum Trier erhaltener Tonmodel mit der Darstellung des Pelikans, der seine Jungen nährt[69] (Abb. 80), weicht nur wenig vom Stempel der Fliese E 65 ab. Diese kleinen Oblatenmodel stammen möglicherweise alle aus derselben Werkstatt (Niederbayern?/Oberösterreich?)[70]. Auch die Prägungen der Fliesen A 7 aus Kloster Lilienfeld und A 6, von unbekanntem bayerischen oder doch süddeutschen Fundort, gehen wohl auf ähnliche, in den Klöstern schon vorhandene Model zurück. Aber auch

68 M. Wagner, Aus alten Backstuben und Offizinen, Esslingen 1961, 22–23, Abb. 14 und 15. – Zweiseitiger Model, auf der Rückseite möglicherweise eine Szene aus dem ‚Iwein' des Hartmann von Aue mit der Umschrift: „NIEMAN · SOL · GETRWEN · WOL KEIN FROVN · GONST", Museum für Kunst und Gewerbe, Hamburg.

69 E. Zahn, 235, Abb. 2.

70 Vgl. hierzu einen um 1500 entstandenen Eisentonmodel der Sammlung S. Wolf aus einem Salzburger Kloster mit der Darstellung der Geburt Christi (A. Haberlandt, Volkskunde des Burgenlandes. Hauskultur und Volkskunst, Baden 1935, 57, Abb. 37) mit der Prägung von E 65.

Abb. 79 Kalksteinmodel mit Adler. 2. Hälfte 13. Jh. Hamburg, Museum für Kunst und Gewerbe.

Abb. 80 Tonmodel mit Pelikan, seine Jungen nährend. 15. Jh., Trier, Rheinisches Landesmuseum.

größere Model, möglicherweise für Schaugebäck bestimmt, könnten zur Fliesenprägung verwandt worden sein. So wirkt z.B. die Fliese B60 aus Burg Lemberg, als sei diese Prägung nicht ursprünglich für eine Bodenfliese bestimmt gewesen.

Bei der verhältnismäßig großen Anzahl erhaltener Formmodel[71], Kachelmodel[72] oder Tonmatrizen der rheinischen Gefäßkeramik[73] erstaunt es, daß bis jetzt kaum ein Tonmodel gefunden wurde, der mit einer erhaltenen Fliesendarstellung übereinstimmt. Auch in den Fehlbrandgruben, wie z.B. in der Avenue de la Victoire in Saarburg, in der neben Fliesen auch Handwerkszeug des Töpfers entdeckt wurde, kamen zwar Model für kleine Statuetten[74] und Flachreliefs, jedoch keine Fliesenmodel zutage. Da die Übergänge zwischen den Reliefprägungen und den Fliesen mit vertiefter Prägung jedoch oft fließend sind, ist es durchaus möglich, daß zu Beginn der Materialsammlung ein solcher Model von der Bearbeiterin noch übersehen wurde. In jüngster Zeit kamen drei Prägungen zum Vorschein, bei denen es sich um Fliesenmodel handeln könnte: auf Burg Grenzau, in der Sammlung von Prof. Hans Spiegel, Düsseldorf, findet sich die späte Reliefprägung einer heute nicht mehr bekannten Variante von I6[75] (Abb. 81). Die im Katalog des Museums Villingen[76] abgebildete ‚Bodenfliese‘ 162, VII, 1 ist mit großer Wahrscheinlichkeit ein Model (R16). Zu der nur in einem Exemplar vorhandenen Hirschfliese C7 aus Espenkirchen entdeckte Morkramer, Heuchelheim, das Bruchstück einer Tonplatte, bei der die Zeichnung in erhabenen Stegen erhalten war[77]. Auch hier darf ein Model vermutet werden. Ferner ist nicht auszuschließen, daß es sich auch bei X27 um einen, ursprünglich für größere Fliesen bestimmten, Model handelt. In der Zusammensetzung von 4 Fliesen oder in eine größere Platte vierfach geprägt, ergibt sich ein sogenanntes ‚Kleeblatt‘ – oder ‚Mauritiuskreuz‘, eine im frühen 13. Jahrhundert häufig verwendete Form.

Für die Frühzeit der Fliesenprägung darf man annehmen, daß auch die Holzmodel in den Klöstern geschnitten wurden. Für den Schnitt der Model der St. Urban-Backsteine schlägt Schnyder[78] einen in St. Urban tätigen Schreiber als Modelschnitzer vor. Er begründet dies mit der noch tastenden Unsicherheit in der Handhabung des Schnitzmessers, mit den ganz flächigen, zeichnerisch aufgefaßten Mustern, deren Relief erst langsam Tiefe gewinnt. Wie wichtig der Modelschnitzer für den Bestand einer Werkstatt war, erhellt die Tatsache, daß in St. Urban, als ein augenscheinlich sehr begabter Modelschnitzer das Kloster verließ oder starb, nur noch wenige, ungelenke Model entstanden und der Betrieb rasch zum Erliegen kam[79].

Durch die Vorliebe für ein bestimmtes Rahmenschema und stets ähnliche, nur wenig variierte Blatt- und Blütenformen lassen sich in Kloster Eberbach mindestens zwei verschiedene Modelschneider trennen und Fliesen

Abb. 81 Möglicherweise Tonmodel. Höhr-Grenzhausen, Burg Grenzau, Slg. Spiegel.

aus anderen Fundorten, deren Muster in Eberbach inzwischen verloren sind, der Klosterwerkstatt zuweisen. Auch in Konstanz muß ein Modelschnitzer eng mit der Werkstatt verbunden gewesen sein oder ihr angehört haben. Dieser schnitt meist die alten Muster nach, brachte aber immer wieder kleine Änderungen an.

Vermutlich ist es auch hier so, daß die Arbeitsweise und Zuständigkeiten von Werkstatt zu Werkstatt, von Stadt zu Stadt wechselten. So hat es sicher Hafner gegeben, die ihre Model selbst schnitten, andere, die solche in

---

71 Zu den Formmodeln vgl. die vorzügliche Übersicht bei F. Arens, Die ursprüngliche Verwendung gotischer Stein- und Tonmodel mit einem Verzeichnis der Model in mittelrheinischen Museen, Mz. Zs. 66, 1971, 106–131, Taf. 17–49, mit ausführlichen Angaben über ältere Literatur.

72 Eine Publikation über Kachelmodel gibt es noch nicht. Fast bei jedem Fund von Ofenkacheln in Brüchlingslagern, Ofenfunden etc., kamen auch Model zutage. Sie befinden sich in den einzelnen Museen und Heimatmuseen, liegen dort jedoch meist im Depot.

73 Tonmatrizen finden sich in den Museen von Siegburg, Frechen, Raeren, Köln, Düsseldorf und in zahlreichen kleineren Sammlungen. Vgl. hierzu G. Reineking-von Bock, 15–16, Kat. Nr. 237–245.

74 M. Lutz, V. Bayer, 138–153, Abb. 1–19.

75 Dunkelroter, gesinterter Ton, 13,3 × 2 cm. – Die Ecklilie sitzt auf dem Schrägband auf und zeigt zur Fliesenecke. Die Herkunft des Models ist unsicher, möglicherweise stammt er aus dem Abfallschutt des Burgkellers.

76 S. Bartenstein, M. Fuchs. – Die Herkunft des Tonmodels ist nicht bekannt, er stammt jedoch aus Villingen. 15. Jh.?

77 Im Gegensatz zur Originalfliese (4 cm) betrug hier die Stärke nur 2 cm. Mörtelspuren auf einer Seite zeigen, daß das Exemplar vermutlich auch verlegt war. Die Stege des Reliefs sind an mehreren Stellen nachgearbeitet (Freundliche Mitteilung von Herrn Martin Morkramer, Heuchelheim).

78 R. Schnyder, 1958, 54–55.

79 Ebd., 56.

Auftrag gaben. Eine Frankfurter Urkunde von 1495[80] erwähnt einen „kilian began, meler von Sibenburgen“, der nicht nur Maler, sondern auch „brieftrucker (d.i. Holzschneider) und ofenmacher“ war. Hier liegt also möglicherweise Modelschnitt und Prägung in einer Hand. Der Name eines weiteren, um 1500 in Frankfurt tätigen Formschneiders „hartmann kistener“[81] ist ebenfalls bekannt.

Für Köln kann eine Trennung von Formschnitt und Prägung als gesichert gelten. Dornbusch[82] verweist auf eine Stelle in den Ratsprotokollen der Stadt Köln, in der der Rat über den Formenschneider Meister Merten klagt, der mit den Formen für die vom Rat bestellten Ofenkacheln in Verzug geraten sei, weil er sich „taglichen mit vergess der arbeit uff den weinbenken finden lest“. Es fällt auf, daß die Kölner Fliesen des späten 15. und des 16. Jahrhunderts immer wieder dieselben Eckornamente, Schildformen oder Blütenmuster aufweisen, die in winzigen Einzelheiten von Fliesenmuster zu Fliesenmuster variieren, während Prägung und Glasur der Fliesen jedoch sehr einheitlich sind. Es scheint, als wären in Köln immer wieder kleinere Aufträge für Privathäuser oder Hauskapellen erteilt worden, die dieselbe Werkstatt ausführte, deren Vorlagen, vor allem Wappen, aber je nach Wunsch neu geschnitten wurden.

Die Fliesen- und Kachelfunde der 1399 zerstörten Burg Tannenberg und der Schauenburg bei Dossenheim beweisen daß, zumindest am Mittelrhein, dieselben Modelschnitzer für Fliesen und Ofenkacheln arbeiteten. Hier finden sich dieselben Ornamente, die langgeschwänzten Flügeldrachen und stilisierten Eichenblätter[83], wie sie auch auf den Fliesen aus Worms, Mainz und Speyer zu sehen sind.

Auch sonst bestehen enge Beziehungen zwischen den mittelalterlichen Fliesen und den frühen Ofenkacheln. Nicht nur daß dieselben Prägetechniken, dieselben Glasuren und ähnliche Muster verwandt wurden, die Fliesen scheinen ganz offensichtlich bei den Ofenkacheln Pate gestanden zu haben. Im letzten Drittel des 13. Jahrhunderts war dieser Angleichungsprozeß noch nicht vollzogen, die Ofenkachel mußte zuerst die ihr gemäße, technisch vollkommene Form finden. Nach dem Übergang von den becherförmigen Topfkacheln zu den Nischen- und Blattnapfkacheln, scheinen die Töpfer diese Aufgabe mit großem Eifer ergriffen zu haben. Noch in der 2. Hälfte des 14. Jahrhunderts entstanden Fliesen und Ofenkacheln von etwa gleicher Qualität der Prägung, seit Beginn des 15. Jahrhunderts erfolgte eine Verschiebung zugunsten der Ofenkacheln. Da diese dem Verschleiß durch Betreten nicht ausgesetzt waren, lohnte es sich, an sie mehr Mühe und Sorgfalt zu verwenden. Dabei erfolgte nicht nur ein Wechsel in der Prägetechnik, die von den großflächigen Reliefs mit Darstellungen von Löwe, Adler und Fabeltieren zu feinziselierten, den frühen Holzschnitten entlehnten Bildern überging, es trat auch eine auffallende Änderung der Bildinhalte ein. Christus- und Mariendarstellungen, Engel, Apostel, Heilige und Könige, bewegte alt- und neutestamentliche Szenen, antike Sagen oder Bilder aus dem höfischen Leben fügen sich zu einer bunten Palette der Muster, während, zumindest in der deutschen Fliesenkeramik, die Scheu, solche figuralen Darstellungen mit Füßen zu treten, anhielt.

Die Model für die Ofenkacheln scheinen jeweils neu geschnitten worden zu sein. Obwohl sich die Bilder ähneln oder gleichen, gelang es bis jetzt nur wenige Muster zu finden, die gleichzeitig als Fliese und Ofenkachel benutzt worden waren. Sehr früh ist eine Kachel unbekannter Herkunft im Städtischen Museum Prag, die ein Schlingornament mit Perlband ähnlich N26 zeigt[84] (Abb. 82). Der Model entstand möglicherweise schon in der 1. Hälfte des 13. Jahrhunderts. Ob er solange aufbewahrt oder in späterer Zeit erneut von einer Fliese abgenommen wurde, ist nicht mehr zu klären. Ebenso rätselhaft ist das Auftauchen eines Musters, welches um 1270 in Kloster St. Urban[85] (Abb. 3b) entwickelt wurde, auf einer um 1500 entstandenen Ofenkachel der Burg Forchtenberg (Hohenlohe). Hier zeigen winzige Abweichungen, daß es sich wohl um einen Nachschnitt der Fliese handelt[86]. Ein Zeitraum von ca. 100 Jahren liegt wohl auch zwischen der Prägung der Fliese X26 für die Dreifaltigkeitskirche in Alsfeld und ihrer Verwendung als Ofenkachel. Diese kam bei einer Grabung 1973 auf dem ca. 28 km entfernten Klaushof (Gemarkung Neukirchen) zutage, die Prägungen stimmen genau überein[87].

Der in der 2. Hälfte oder zu Ende des 16. Jahrhunderts entstandene Fliesenboden eines Mainzer Patrizierhauses (X23) zeigt einen in der Kachelterminologie als ‚Tapetenmuster‘ bezeichneten Dekor, wie er, mit ganz geringen Abweichungen, auch auf Ofenkacheln vor-

---

80 K. Simon, 82, Anm. 5.

81 F. Arens, 1971, 117–120. – Dieser schnitt für den Frankfurter Patrizier Claus Stalburg d. Reichen „kuchelstaine“ und ist seit 1477 in Frankfurt nachweisbar. Die Geschichte dieses Modelkomplexes ausführlich bei Arens.

82 J. B. Dornbusch, 133.

83 J. von Hefner-Alteneck, F. Wolf, Taf. 2–4, sowie Westd. Zs. 17, 1898, Taf. 11, Nr. 1, 2, 3, Ofenkacheln aus Worms und H. Kraft (s. Fundortkat. Schauenburg). Die übrigen auf der Schauenburg gefundenen Ofenkacheln bei K. Strauss, 1972, I, Taf. 8, Nr. 7 und 8.

84 S. Ambrosiani, 65, A 127, Abb. 89. – 14 × 14 cm, 15. Jh.

85 R. Schnyder, 1958, 76, Kat.-Nr. 65 und Photo im Tafelteil (ohne Sz.). – Die Fliese wurde in St. Urban, im Predigerkloster in Zürich und möglicherweise auch in Kloster Wettingen gefunden. Es ist denkbar, daß der Kachelmodel in der Schweiz geschnitten und, wie dies an vielen andern Orten geschah, ins Hohenlohische verhandelt wurde.

86 D. Lutz, Ofenkacheln aus Heilbronn und seiner Umgebung, Heilbronner Museumsh. 2, 1973, 70–71, Kat. Nr. 24, Abb. 32. – Leider ist die Ofenkachel nur als Fragment erhalten, eine genaue Übereinstimmung somit nicht gesichert. Doch wäre selbst bei abweichendem Mittelbild die Ähnlichkeit des Rahmenschemas verblüffend. Lutz betont die Diskrepanz zwischen dem grobgemagerten Ton und der Feinheit des Reliefs.

87 A. Höck, 1974, 28–33. – H. Heidenreich, 142, Abb. 4.

Abb. 82 Blattkachel mit Flechtbandmuster. Anfang 14. Jh. (?). Prag, Museum der Hauptstadt Prag.

kommt[88]. Leider läßt sich heute nicht mehr nachprüfen, ob in diesem Raum ein Kachelofen gleichen Musters stand. Möglicherweise fertigte die Werkstatt, je nach Auftrag, beides.

Daß jedoch im 16. Jahrhundert Ofenkacheln als Bodenfliesen verwandt wurden, zeigt der 1566 entstandene Fliesenboden der Rosenburg in Stans, Kt. Unterwalden, Schweiz[89], der vom selben Töpfer geschaffen wurde wie der Kachelofen des Nebenraums. Die Fliesen zeigen auf der Rückseite die für Ofenkacheln typischen ‚Hälse'.

Um die engen Verflechtungen zwischen beiden Bereichen aufzuzeigen, sollen kurz einige Ofenkacheln genannt werden, deren Muster sich sehr ähnlich auf Fliesen finden. Diese stammen vor allem aus der Nordschweiz, Tirol, den Vogesen und dem Schwarzwald, also aus Gegenden, in denen, abgesehen von der Backsteinproduktion des Klosters St. Urban, nicht sehr viele Fliesenfunde belegt sind. Dies hat vor allem praktische Gründe. In einer Gegend, in der es jedes Jahr mindestens 6 Monate lang Winter war, gehörte ein Ofen zu den unabdingbaren Notwendigkeiten. Sobald nun der Hausbesitzer, der Herr einer kleinen oder größeren Burg oder eines städtischen Patrizierhauses, etwas begütert war, folgte dem Ofen aus Napf- oder Nischenkacheln bald der mit Bildkacheln. Für den Fußboden standen Steinplatten in ausreichender Menge zur Verfügung, konnten Bachkiesel oder Geröll in kunstvoller Anordnung verlegt werden. So finden wir in der Nordschweiz dieselben Darstellungen, die wir weiter nördlich im 13. und 14. Jahrhundert schon auf Fliesen finden, auf Ofenkacheln. Im 15. Jahrhundert tragen auch im übrigen süddeutschen Raum Ofenkacheln und Fliesen oft dieselben Bilder.

Der Zeit um 1330 gehören Ofenkacheln mit einem steigenden Löwen aus Burg Friedberg bei Meilen, Zürichsee[90], an, eine Prägung, wie sie sich ähnlich als Fliese auf der Cadolzburg (D 12) in Franken fand. Kacheln mit Adler-Muster ähnlich B 19 kamen auf Burg Madeln, Kt. Basel-Land[91], zutage. Auf dem Fischmarkt in Basel wurden 1927–28 Kacheln ausgegraben, die eine gekrönte Sirene[92] ähnlich F 24 und einen bogenschießenden Kentauren[93] in der Nachfolge von F 1 zeigen. Aus der Limmat in Zürich stammt eine Ofenkachel mit ‚Schlangengreif'[94], welche ein Muster, wie es z. B. F 67 aus dem Passauerhof in Stein (Donau) zeigt, wieder aufnimmt.

Dem 15. Jahrhundert gehört eine Ofenkachel mit geflügeltem Greif von der Burgruine Schauenburg (Gem. Oberkirch, Ortenaukreis), ähnlich der Fliese F 116 an[95], die Löwendarstellung von D 76 findet sich auf einer Kachel der Burgruine Wielandstein[96] wieder. Aber nicht nur Tierdarstellungen, sondern auch Kacheln mit ornamentalem Dekor nehmen Fliesenmuster auf. Sie sind dann meist reicher im Detail und sorgfältiger geschnitten[97].

Fließende Übergänge gibt es vor allem im späten 15. und 16. Jahrhundert. So sind die Ofenkacheln aus

---

88 Das „Annuaire du Musée des arts décoratifs et du Musée d'extrême orient" 11, 1968, 61, Abb. 1 (Bearb. F. Hopp) zeigt eine angeblich aus Winterthur stammende Kachel im Kunstgewerbemuseum Budapest. Ein Ofen dieses Musters aus dem Verwalterhaus des Benediktinerstiftes Admont steht im Kunstgewerbemuseum Graz (H. Nagel, Kachelöfen des 15.– 17. Jahrhunderts, Darmstadt o. J., Abb. 15, um 1540).

89 H. Angst, Der farbige Fliesenboden von 1566 in der Rosenburg, Stans, ASA 23, 1890, 304–305. – U. Bellwald, Winterthurer Kachelöfen, Bern 1980, 120. – Der Boden wurde, nach Bellwald, von dem Winterthurer Hafner Alban Erhart gefertigt, er befindet sich heute im Schweizerischen Landesmuseum, Zürich.

90 F. Müller, Die Burgstelle Friedberg bei Meilen am Zürichsee, ZAM 9, 1981, 31, Abb. 16, Nr. 18–20 (7–90).

91 J. Tauber, 107, Abb. 73, Nr. 36, 109. – Um 1350, nach 1940 ausgegraben.

92 Ebd., 146–147, Abb. 106, Nr. 6, 2. Viertel 14. Jh. – Die Kachel wurde in Basel außerdem noch im Imbergäßlein 11–15 und in der Rittergasse gefunden.

93 Ebd., 146, 148, Abb. 107, Nr. 2, 2. Viertel 14. Jh. Außerdem auf Burg Rohrberg, Auswil, Kt. Bern, gefunden.

94 R. Schnyder, 1972, 17 und Abb. 9, um 1385, Zürich, Schweizerisches Landesmuseum. Bruchstücke dieser Kachel wurden außerdem an einer Stelle in der Nähe des Fraumünsters gefunden, wo der Hafner Konrad 1356–82 seine Werkstatt hatte.

95 M. Wingenroth, 175, Fig. 98, 2. Hälfte 15. Jh. Dieselbe Kachel fand sich auch linksrheinisch in Gebweiler, Kolmar und Birkenfels (J.-P. Minne, 161–162, Nr. 80–83. Anfang 16. Jh.).

96 Ch. Bizer, Burgruine Wielandstein. Auswertung und Dokumentation der Kleinfunde, Burgen und Schlösser 22,I, 1981, 60, Abb. hf 44, (11–63). – Die gleiche Kachel fand sich auch in Birkenfels, auf der Ruine Lutzelburg und in Schloß Rathsamhausen (J.-P. Minne, 170, Nr. 92 a–c).

97 Ebd., 60. Kachel aus der Burgruine Wielandstein mit reichem Dekor des Typus P 20. Vgl. außerdem eine Kachel mit einem Muster ähnlich L 39–L 42, Bodenfund aus dem ehem. Spital in Gerolzhofen, Stadtmuseum Gerolzhofen, Anfang 16. Jh. (H. Ramisch, Bodenfunde von Ofenkacheln des 16. und 17. Jh. aus Gerolzhofen, Landkreis Schweinfurt, Jb. der bayer. Denkmalpflege 34, 1980, 128, Abb. 1 (127–158).

Villingen[98] und aus der Umgebung von Kolmar und Nancy[99] letzten Endes noch Fliesenmuster, während die Fliesen X18, X20, X21, X22 und X23 durch ihre Muster nahelegen, daß sie schon aus der Werkstatt von Kacheltöpfern stammen.

Für Ofenkacheln haben sich in zahlreichen Urkunden Preise erhalten, während diese für Fliesen immer noch fehlen. Wo sie genannt werden, haben die Angaben meist wenig Aussagekraft, da aus den Formulierungen „blätlin"[100] oder „bsetzblätle" (wie die Fliesen z. B. in Süddeutschland genannt werden), nicht hervorgeht, ob es sich um glatte oder gemusterte Fliesen handelte.

Zum Schluß sei noch eine Fliese genannt, welche die Töpfer möglicherweise in ‚eigener Sache' prägten. Eine Fliese aus Burkartsreuth (A8) in Oberfranken zeigt eine Darstellung Adams und Evas. Dieses Bild findet sich immer wieder als Wahrzeichen der Hafnerzunft[101], die sich darauf beruft: „Gott der Schöpfer war der erste Töpfer."

---

98 S. Bartenstein, M. Fuchs, 26, 95, Nr. II b 23, II b 25. Datierung „Übergänge Barock", sicher zu spät.

99 J. P. Minne, 121–122. – Nr. 25c, Gebiet von Nancy, entweder 1506 oder 1526, Nancy, Musée Historique Lorrain, und 126, Nr. 30a, Gebiet von Kolmar, Atelier d'archéologie médiévale de Kolmar. Die Reihe ließe sich beliebig fortsetzen.

100 Das Wort ‚Fliese', vom ahd. ‚flins' und mhd. ‚vlins' (F. Kluge, 206) taucht, soweit sich dies übersehen läßt, in mittelalterlichen Rechnungen überhaupt nicht auf.

101 L. Schmidt, Zunftzeichen. Zeugnisse alter Handwerkskunst, Salzburg 1973, Taf. 25. Bahrtuch einer Hafnerzunft, 1652, aus Zettlitz. Wien, Österr. Museum für Volkskunde. – Ferner W. Husa, 97, Prager Töpferzeichen, 1567.

12. Die Fliesenböden in ihrer Gesamtwirkung

Nur noch wenige der heute erhaltenen Fliesenböden vermitteln eine Vorstellung von der großartigen Wirkung dieser Beläge im Schiff einer großen Kirche oder im Kapitelsaal eines Klosters. Bis auf die Fliesenböden der Klöster Arnstein, Rommersdorf, Sponheim, Bebenhausen und Stein am Rhein, der Liebfrauenkirche in Hadamar und des Schlosses in Laubach haben sich keine größeren, zusammenhängenden Beläge in situ erhalten. Auch diese sind teilweise schon durch Reparaturen und Restaurierungen des 19. Jahrhunderts entstellt. Man kann sich jedoch an Hand dieser kärglichen Reste wenigstens eine annähernde Vorstellung davon machen, wie wichtig auch der Bodenbelag für die Gesamtwirkung eines Raumes war. Denn nicht das Einzelmuster der Fliesen, das dem Betrachter erst bei näherem Studium auffiel, sondern die oft raffinierte farbliche Wirkung stand bei der Verlegung der mittelalterlichen Fliesen im Vordergrund.

Der Versuch, einen Überblick über die Verteilung der Muster auf den einzelnen Fliesenböden zu geben, muß daher von diesen frühen Beispielen ausgehen. Ein intakter Boden aus gemusterten Fliesen des 12. Jahrhunderts hat sich nicht erhalten. Die vermutlich im 1. Drittel des 13. Jahrhunderts entstandenen Böden in Arnstein und Rommersdorf zeigen dann sofort ein fertiges, in der Folgezeit häufig nachgeahmtes Programm. Meist werden schmale Teppichfelder diagonal verlegter Fliesen von einem Randstreifen orthogonal angeordneter Fliesen gerahmt. In diese sind große Sternrosetten eingebettet oder es wechseln, wie in Sponheim, quadratische Felder mit Rosetten in Schachbrettanordnung. Diese Rahmung quadratischer oder rechteckiger Felder scheint bis ins Ende des 14. Jahrhunderts teilweise beibehalten worden zu sein, in vereinfachter Form findet sie sich noch im Boden der kurz vor 1379 erbauten Liebfrauenkirche in Hadamar (Abb. 83–85).

Daß die Farbwirkung über eine sinnvolle Anordnung der Muster gestellt wurde, zeigt am besten der Fliesenboden der ehemaligen Dompropstei in Mainz (Abb. 61). Der Boden, vermutlich noch im Mittelalter durch eine Erhöhung des Niveaus oder durch einen Umbau jedem zerstörenden Eingriff entzogen, zeigt teilweise eine, vermutlich durch eine spätere Ausflikkung verursachte, willkürliche Anordnung der Muster, das Farbmuster blieb jedoch streng gewahrt.

Leider wurde 1956 beim Fund des Fliesenbodens der 1566 abgebrochenen westlichen Joche der Klosterkirche Bebenhausen auf die Lage der einzelnen Fliesen nicht geachtet. Die heute im Dormitorium verlegten

Abb. 83–85 Hadamar, Liebfrauen- oder Totenkirche. Details des 1966 aufgedeckten Fliesenbodens. Um 1379. Landeskonservator von Hessen.

Abb. 84

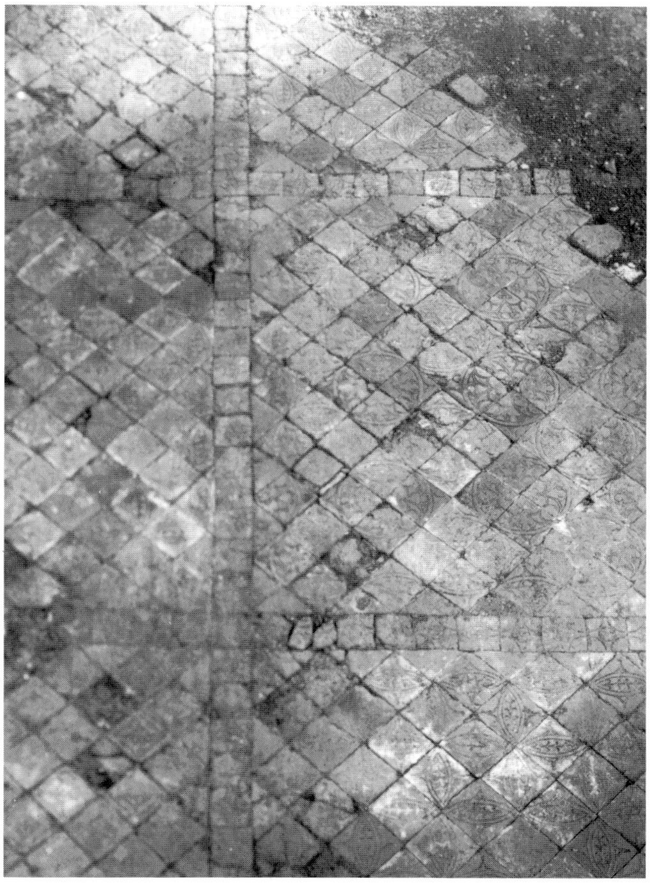

Abb. 85

Fliesen wurden teilweise aus anderen Klostergebäuden zusammengetragen und in der 2. Hälfte des 19. Jahrhunderts durch Neuprägungen ergänzt. Es darf jedoch angenommen werden, daß die dort noch vorhandenen Kreisrosetten wie in Arnstein zur Betonung bevorzugter Stellen des Sakralraumes, etwa des Mittelschiffs oder des Chores, dienten und nicht wahllos in die Fläche eingestreut waren.
Original ist sicher auch noch die Rahmung der Felder durch Bänder aus versetzten Dreiecken, die sonst in Süddeutschland nur noch für den Boden des Stadionschen Domherrenhofes in Konstanz vermutet werden kann[1].
Es läßt sich leider nicht mehr feststellen, ob die Muster jeweils noch in einem engeren ikonographischen Zusammenhang standen. Bei den seit dem Mittelalter oder seit dem 18. Jahrhundert unberührten Fliesenböden der Dompropstei in Mainz und der St.-Johannes-Kirche in Worms fehlte dieser. Löwen, Leoparden und Vogeldarstellungen waren ohne Beziehungen zueinander wahllos in der Fläche verlegt. Es ist jedoch sehr wahrscheinlich, daß die zahlreichen Ritter-, die Hirsch- und Hundefliesen zu zusammenhängenden Jagddarstellungen gehörten, daß Tiere und Fabelwesen in Kampfszenen gegeneinander antraten. Bei den Fliesen aus Kloster Neustift und dem Passauer Hof in Stein (Donau), welche die Vielfalt eines mittelalterlichen Bestiariums vor uns ausbreiten, wäre eher an eine bilderbuchartige Reihung der Tiere zu denken.
Der Übergang von den vielfältig gegliederten, mehrfarbigen Fliesenböden des 13. Jahrhunderts zu den einfarbigen, nur noch aus wenigen Mustern bestehenden Belägen ist je nach Landschaft verschieden. Er vollzog sich meist in der 1. Hälfte des 14. Jahrhunderts und war, mit wenigen Ausnahmen, zu Ende des 14. Jahrhunderts abgeschlossen. Die Vielfarbigkeit wurde zuerst aufgegeben, der Musterbestand ganz allmählich verringert. Am Ende standen dann einfarbige ziegelrote Fliesenböden, deren teppichartige Wirkung durch ein einziges Muster erzielt wurde. In der 2. Hälfte des 15. Jahrhunderts setzte, durch Verwendung verschiedenfarbiger Glasuren, erneut eine farbige Gliederung des Bodens ein. Ob diese Muster nun schachbrettartig verlegt oder, die Vielfalt der Farbnuancen bei den Glasuren läßt es vermuten, zu kunstvollen Mustern zusammengefaßt waren, läßt sich nicht mehr entscheiden, da sich kein einziger Boden unversehrt erhalten hat[2].
Beim Wechsel von den farblich differenzierten zu den einfarbigen Fliesenböden vollzog sich meist auch eine Verschiebung im Musterbestand. Die Einzelfliesen mit Tier- und Personendarstellungen, Blüten, Blättern und Schlingornamenten wichen zugunsten der großflächigen Muster, die oft erst in der Zusammensetzung von zwei, vier, acht oder 16 Fliesen das vollständige Bild ergaben. Diese Multiplikationsmuster sind nach allen Seiten hin unbegrenzt fortsetzbar und zeigen oft besonders reiz-

Abb. 86 Gurk, Kärnten, Dom, Fliesenboden der Westempore. Um 1220 (?), um 1260 (?).

volle Ornamente. Während diese meist in den Gruppen H, J, K, L, N, O und P zusammengefaßten Muster eine großzügige Flächenwirkung ergeben, überziehen die Rapportmuster der Gruppe V (teilweise auch bei S und X), den Boden in der Art eines feinmaschigen Ornamentgitters.
Nicht nur durch die Muster, auch durch die Art der Verlegung konnten noch zusätzlich reizvolle Effekte erzielt werden. Aus der Fülle der Möglichkeiten sei hier nur der Fliesenboden auf der Westempore des Domes zu Gurk, Kärnten[3], erwähnt (Abb. 86), der ein Schachbrettmuster zeigt und die Blattfliese T14 aus Burg Girbaden und aus Saarburg (Abb. 87), die sich zu drei verschiedenen Mustern zusammensetzen läßt[4]. Bei allen

1 Im Rheinland und im Kölner Raum wurden auch im 16. Jh. noch in der Diagonale geteilte Quadrate oder gleich als Dreiecke gebrannte Fliesen verwandt. Dies läßt darauf schließen, daß die Fliesenböden hier nach wie vor in Diagonalrichtung verlegt wurden.
2 Ein ähnlicher Fliesenbelag könnte noch in der St. Ottilien-Kapelle in Plochingen vorhanden gewesen sein, s. Fundortkat.
3 K. Ginhardt, B. Grimschitz, 29, Abb. 16.
4 Ch. Czarnowsky, 12–13, Abb. 5–7.

ähnlich gemusterten Fliesen der Gruppe T und bei den Fliesen der Gruppe I ergeben sich vor allem Zackenbänder, während bei den meisten der in der Gruppe W zusammengefaßten Fliesen angenommen werden muß, daß sie Teile jener frühen Kreisrosetten waren, in die, wie W59 aus Kloster Bebenhausen zeigt, auch quadratische Fliesen (S5) einbezogen waren (Abb. 46b).
Bei dem heutigen Stand der Fliesenfunde ist es nicht möglich, die Frage, ob in Sakral- oder Profanräumen verschiedene Muster verlegt wurden, mit Sicherheit zu beantworten. Gerade für das 13. Jahrhundert, das eine Fülle verschiedenster Muster aufweist, liegen zu wenig beglaubigte Fundorte vor. Vergleicht man einzelne, besonders häufig verwandte Muster, deren Herkunft bekannt ist, so ergibt sich, daß dieselben Fliesen in Kirchen wie auf Burgen gefunden wurden. Dies ist jedoch kein schlüssiger Beweis, da die frühen Fliesen in den Burgen und Pfalzen zum großen Teil aus den Burgkapellen stammen. Im späten 15. Jahrhundert gingen die Impulse dann vom Profanbau aus, die Kapellen und Kirchen, so z. B. die Hardenrathkapelle in der Stiftskirche St. Maria im Kapitol, Köln (G54, G55), die Nikasiuskapelle im Hackeneyschen Hof, Köln (G59, G60), die ehemalige Augustiner-Chorherren-Stiftskirche Bödingen (G56), die Kapelle St. Oswald in der Propstei Aachen (G45) und die Kirche der Johanniter-Kommende in Reicherdsroth (G22), wurden mit Stifterwappen geschmückt.
Daß zumindest kein Unterschied gemacht wurde zwischen christlichen und nichtchristlichen Bauten beweisen die über dem Speyerer Judenbad geborgenen Fliesen (H64), die in gleicher Prägung im Dom von Speyer vorkamen. Die Fliesenmuster aus einem Haus der Judenstraße in Löwen fanden sich auch in den Kirchen von Gent und Lüttich[5].
Für das 15. Jahrhundert könnten für Süddeutschland gewisse Einschränkungen gemacht werden, die Fliesen der Kirchen sind meist weniger aufwendig als die der Profanbauten. Die letzteren bevorzugten vor allem Ornamente, außerdem waren die Fliesen häufiger glasiert. Es dürfte in diesem Zusammenhang noch von Interesse sein, in welchen Räumen der einzelnen Klöster die Fliesen verlegt waren. Dies wird sich leider aufgrund des heutigen Denkmälerbestandes nicht mehr zufriedenstellend klären lassen, vor allem, da bei den Restaurierungen des 19. Jahrhunderts sehr oft die noch gut erhaltenen Fliesen aus einzelnen Gebäuden zusammengetragen und in einem kleineren Raum (Kapitelsaal) verlegt

Abb. 87 Fliese aus der Burgruine Girbaden und aus Saarburg (T 14) in wechselnder Anordnung (Zeichnung Charles Czarnowsky).

5 J. de Brouwer, 286. – J. Helbig, 222, Abb. 3,3 (aus der Abtei Val-Benoît, Lüttich).

Abb. 88 Mellecey (Saône-et-Loire). Schloß Germolles. Inkrustierte Fliese mit Lamm unter Esche. Um 1385.

Abb. 89 Mellecey (Saône-et-Loire), Schloß Germolles, Inkrustierte Fliese mit Distel. Um 1385.

wurden. Ein exaktes Bild geben lediglich die Ausgrabungsbefunde, die den Originalboden aufdeckten.
Vermutlich die ganze Fläche der Kirche war mit Fliesen ausgelegt in den Klöstern Bebenhausen, Eberbach, Heilsbronn, Johannisberg, Ilbenstadt und Sponheim; Fliesenböden besaß der Kapitelsaal von Altenberg, Arnsburg, Eldena, Rommersdorf und Wörschweiler. In den Dormitorien von Arnsburg, Bebenhausen, Eberbach, Lilienfeld und Schönau wurden Fliesen in situ gefunden, in Bebenhausen soll der Kreuzgang noch zu Beginn des 19. Jahrhunderts mit Fliesen belegt gewesen sein. Für die übrigen Klöster gilt sicher ähnliches, wobei sich beim Vergleich der Entstehungszeiten der einzelnen Fliesen ungefähr folgendes Bild herausschält: im 13. Jahrhundert scheinen Fliesen nur an besonders bevorzugten Stellen verlegt gewesen zu sein, oft nur im Chor oder Altarraum der Kirche und im Kapitelsaal. Bei der Erweiterung der Klostergebäude wurden dann auch andere Räume mit Fliesen ausgestattet. Sehr wenige Belege gibt es für Fliesen im Kreuzgang oder in den Vorhallen (Paradies), dagegen scheinen die zu den Klöstern gehörenden kleinen Kapellen jeweils zur Erbauungszeit mit Fliesenböden versehen worden zu sein.
Zuletzt soll noch auf ein Phänomen hingewiesen werden, für das sich in Deutschland durch Zerstörungen, Umbauten, Neuausstattung der Kirchen in der Barockzeit und die Übermalungen und Restaurierungen des 19. Jahrhunderts nur ganz wenige Beispiele erhalten haben. Es ist zu vermuten, daß die Ausstattung der Kirchen in viel stärkerem Maße, als wir es heute noch vor Augen haben, unter ein einheitliches Dekorationsschema gestellt wurde, daß also Ausmalung, Glasfenster, Kapitelle und Bodenbelag eine Einheit bildeten, die den künstlerischen Gesamteindruck noch erhöhte.
So finden sich dieselben Lilien und Rosen, die zarten Weintrauben und Rebblätter, Ahorn- und Eichblätter, welche die Fliesen in Bebenhausen zieren, auch in der Verglasung des großen Westfensters der Klosterkirche Bebenhausen[6], auf den Deckenmalereien des Kapitelsaals und des Sommerrefektoriums. Die kämpfenden Ritter, Adler, Löwen, Drachen und Fabeltiere, welche die Kapitelle von Kirchen und Rittersälen bevölkerten, spiegelten sich mit großer Wahrscheinlichkeit im Fliesenboden wider. Welch eindringliche Harmonie in Sakralgebäuden, welch zauberhafter Raumeindruck in Schlössern und Burgen auf diese Weise gewonnen wurde, läßt sich heute noch besser in Frankreich verfolgen. Im Hôtel-Dieu von Beaune schmücken die Devisen der Erbauer, des Kanzlers Nicolas Rolin und seiner Gattin, Guignonne de Salins, noch heute Wände, Tapisserien und Fliesen[7].
In Schloß Germolles (Chalon-sur-Saône), dessen Fliesen teilweise erhalten blieben, teilweise jetzt wiederentdeckt wurden, finden sich die Wappenblumen (Margerite) der Margarete von Flandern nicht nur auf den Fliesen, sondern auch auf den in jüngster Zeit freigelegten Wandfresken und auf den Deckengemälden. Sie sollen außerdem in den Glasgemälden der Fenster nochmals aufgenommen worden sein. Dasselbe gilt für das Motiv des Lamms unter der Esche, die Rosen und die Disteln aus dem Wappen Philips des Kühnen, Herzogs von

6. E. Paulus, 1886, Farbtafel 8. – Zeichnung vor der Restaurierung des Westfensters.
7 R. Oursel, L'Hôtel-Dieu de Beaune, Lyon 1968, Umschlagseiten und 21.

Abb. 90 Balkendecke aus dem Haus „zum Pfau", Köln, Sandbahn 12. Nach 1348 (im 2. Weltkrieg zerstört).

Burgund[8] (Abb. 88 und 89). Klaus Sluter hatte für das 1382 erbaute Schloß die heute verlorene Gruppe der ‚Pastorale' geschaffen, die Herzog und Herzogin, von Lämmern umgeben, unter einer Esche in einer Blumenwiese zeigte. Die ganze Dekoration hatte sich diesem Thema untergeordnet, Fliesen in 30 verschiedenen Mustern spiegelten die einzelnen Details wider.
Durch einen glücklichen Zufall ist uns auch in Deutschland ein Zeugnis der Malerei überliefert, das ein Beispiel für die Verschmelzung der verschiedenen Dekorationselemente gotischer Räume gibt. Oidtmann[9] publiziert die im 2. Weltkrieg verbrannte Balkendecke aus dem ‚Haus zum Pfau', Sandbahn 12, in Köln (Abb. 90). Es ist nicht bekannt, ob sich in diesem Haus ein Fliesenboden befand, die Decke könnte jedoch ein getreues Spiegelbild eines solchen sein. Sie zeigt durch schmale Balken gegliederte Bänder, die jeweils mit denselben oder ähnlichen Mustern überzogen sind wie die Fliesen N21, N23 und N98. Das Schuppenmuster des vierten Bandes spiegelt einen Belag wider, wie ihn die St. Johannis-Kirche in Niederlahnstein und das Kloster Wörschweiler besaßen. Der breite Unterzug zeigt abwechselnd einen heraldischen Adler und einen Löwen in denselben knappen Konturen wie sie für Fliesendarstellungen üblich sind. Wie Oidtmann nachgewiesen hat[10], haben sich ähnliche Muster auch in den Grisaillemalereien rheinischer Glasfenster erhalten. Es darf daher vermutet werden, daß bei vereinzelten Bauten bei der Ausgestaltung eines Raumes Decke, Fenster, Fußböden und möglicherweise auch die Textilverkleidungen der Wände sorgfältig aufeinander abgestimmt waren.

---

8 J. Devignes, 26–29, Abb. S. 29. – M. Pinette, 41–42, Taf. 19–20.
9 H. Oidtmann, 1911, Abb. 1–5. Früher in der Sammlung Schnütgen. „Um 1300". – H. Vogts, 1966 I, 223, Abb. 144, „nach 1348". – Auch das Haus ‚zur Landskrone', Kleine Sandkaul 3, Köln, in dem nachweislich Fliesen gefunden wurden, besaß eine mit Blattranken bemalte Holzdecke. Vogts, ebd., 226, Abb. 146, „2. Hälfte 15. Jahrhundert".
10 H. Oidtmann, 1911, Sp. 166.

13. Probleme der Haltbarkeit von Fliesenböden

Die ohnehin schon schwierige Frage der Datierung von Fliesen wird stets erschwert, wenn man auf einen Fliesenfund stößt, der schon im 19. Jahrhundert geborgen wurde. Meist existieren keinerlei Aufzeichnungen über die Lage der Fliesen, ihre Anordnung zueinander und das Bodenniveau des Fundes. Sehr oft sind diese Fliesen nicht nur in Größe und Prägung verschieden, die Ornamente scheinen ganz verschiedenen Zeitabschnitten anzugehören. Dies läßt sich zunächst durch die sehr lange Weiterverwendung einzelner Model erklären, oft auch dadurch, daß in einer Werkstatt ein noch der Tradition verhafteter und ein allen neuen Einflüssen aufgeschlossener Modelschneider nebeneinander arbeiteten.
Nur wenige Fliesenböden sind aus einem Guß, meist enthalten sie spätere Ausflickungen, die aufgrund der häufigen Zerstörungen und Brände notwendig wurden. Diese Ausflickungen bestehen entweder aus Neuprägungen oder aus Fliesen, die aus anderen Teilen der Kirche oder des Klosters zusammengetragen wurden.
Da Fliesenböden in jüngster Zeit immer häufiger zur Erhellung der Baugeschichte herangezogen werden (sie stehen ja meist am Ende der Arbeiten für die Innenausstattung), ist es wichtig, die Frage der Lebensdauer dieser Fliesen zu untersuchen.
Die Haltbarkeit der einzelnen Fliesen war je nach Tonmaterial, Brand und Verlegungsort sehr verschieden. Fliesen in kleinen Kapellen überdauerten die Jahrhunderte, die in großen Wallfahrtskirchen wurden rasch abgenutzt. Die schwach gebrannten frühen Fliesen der Klosterkirchen von Bleidenstadt, Eberbach und Ilbenstadt, der Einhardsbasilika in Steinbach und der Burgkirche in Hain, Dreieich, zerbrachen vermutlich schon nach einigen Jahrzehnten[1], die fast gesinterten Fliesen aus der Andreaskirche und anderen Fundorten in Worms bewahrten ihre Prägung in unverminderter Schönheit. Es ist jedoch nicht möglich, aus dem Grad der Abnützung immer auf die Dauer der Benutzung von Fliesen zu schließen. Fliesen an wenig begangenen Stellen, am Rande eines Belags, im Altarraum, unter einem später aufgestellten Taufstein, Seitenaltar oder unter dem Gestühl, wirken oft wie frisch geprägt, andere sind so abgelaufen, daß keine Musterung mehr zu erkennen ist. So wird der Eindruck oft verfälscht. Neue Ausgrabungen haben zum ersten Mal Anhaltspunkte ergeben, wie lange sich ein mittelalterlicher Fliesenboden ungefähr hielt.
Beim Einbau einer Heizung wurden 1967–68 in der ev. Pfarrkirche in Pfungstadt[2] drei übereinanderliegende Fliesenböden aufgedeckt. Der unterste, über einem Mörtelestrich des ersten Kirchenbaus, dürfte unter dem Einfluß der Lorscher Werkstatt (oder von dort bezogen) im 2. Drittel des 13. Jahrhunderts verlegt worden sein (H86). Ihm folgte, vermutlich um die Mitte des 15. Jahrhunderts, eine zweite, möglicherweise nur auf den Chor beschränkte Fliesenschicht (B4, T21). Über die ganze Ausdehnung des Kirchenbodens wurde zu Ende des 15. oder zu Beginn des 16. Jahrhundets ein neuer Fliesenboden (H38) verlegt, der beim Umbau der Kirche 1746–48 durch einen Ziegelplattenboden ersetzt wurde.
Fliesen aus drei verschiedenen Perioden ließen sich auch bei der Restaurierung der Liebfrauenkirche in Hadamar 1966 beobachten. Hier wurde ein kurz vor 1379 verlegter, in seiner Anordnung noch fast intakter Fliesenboden aufgedeckt. Vermutlich vor 1446 wurden bei Umbauten neue Fliesen verlegt, die, zumindest in den Seitenschiffen, 1907 noch vorhanden waren. Als der Chor für die Fürstengruft erhöht wurde, verlegte man dort einen neuen Fliesenboden, an anderer Stelle waren wohl schon bei der Wiederherstellung 1597–1602 neue Fliesen verlegt worden.
Es ist hier nicht möglich, auf alle Fundorte mit mehreren Fliesenschichten einzugehen, da sie im Katalogteil ausführlich besprochen werden. Erwähnt werden soll als Beispiel einer großen Wallfahrtskirche noch der St. Viktors-Dom in Xanten, in dem die gemusterten und ungemusterten Fliesen in Intervallen von ungefähr 70 bis 80 Jahren ausgewechselt wurden[3].
Nicht immer wurde beim Schadhaftwerden eines Fliesenbelags dieser durch einen darüber verlegten Boden ersetzt, da sich dadurch eine mehr oder minder starke Niveauerhöhung ergab. Meist versuchte man, zerbrochene oder stark abgenützte Fliesen durch Neuprägungen zu ersetzen. Dabei scheinen zwei verschiedene Wege beschritten worden zu sein. Einmal wurden die noch intakten Fliesen gesammelt und neu verlegt, wo-

---

1 R. Adamy, 1885, 26. – Beim Fund der Fliesen in der Einhardsbasilika in Steinbach „zerbröckelten diese bei der geringsten Berührung“. Auch bei den Fliesen der übrigen Fundorte ist das Muster kaum erkennbar.

2 Freundlicher Hinweis des Ausgräbers, Herrn Dr. Johannes Sommer, Darmstadt.

3 H. Kier, 1970, 141–142. – S. Beissel. – Der früheste, noch erhaltene um 1109–28 entstandene Fußboden besteht aus Stiftmosaik in Verbindung mit Plattenmosaik aus Marmor und Tonfliesen. Bei Beissel werden neue Bodenbeläge, allerdings teilweise in verschiedenen Teilen der Kirche, in folgenden Jahren erwähnt: 1358 (102), 1386 (122), 1394 (123), 1394–96 (170), 1469–72 (170), 1471–78 (20), 1522 (216), 1549 (220).

bei man, wie z. B. in der Johanneskirche in Worms[4], weder Rücksicht auf die farbige Anordnung noch auf sinnvolle Reihung der Muster nahm. Die Fliesen wurden kreuz und quer, teils auf dem Kopf stehend, verlegt; sie gehören jedoch offensichtlich alle derselben Zeit an. Bei anderen Fliesenböden wurden die Fliesen an Ort und Stelle belassen und nur mit neu geprägten Fliesen ausgeflickt. Da sich diese nicht immer, wie z. B. in der Benediktinerklosterkirche in Sponheim, durch schlechte Tonqualität und grobe Prägung unterscheiden, sondern oft in den Maßen und in der Feinheit der Prägung mit den alten Fliesen übereinstimmen, wird eine sichere Datierung des Belages besonders erschwert. Dies gilt vor allem für die Kirchen in Worms, die durch zwei schwere, in kurzem Abstand folgende Stadtbrände (1231 und 1242) in Mitleidenschaft gezogen wurden. Da Worms eine lebendige Werkstatttradition besaß, konnten die beschädigten Fliesen in St. Andreas, St. Paulus und St. Magnus sicher rasch ergänzt werden.

Das Offizialdekret des Erzbischofs von Trier, Balduin von Lützelburg vom 16. 2. 1347[5] zeigt, daß sich aber in Gegenden, in denen keine Fliesenwerkstätten fortlebten, schon im 14. Jahrhundert große Probleme bei der Ausbesserung von Fliesenböden ergaben. „Durch einen Official ließ Baldewin den Pfarreien der Stadt und Vorstadt Trier ferner eine Anordnung zugehen, welche die Aufrechterhaltung der Würde des Gottesdienstes sowie die Schonung der kunstvoll gearbeiteten Fußböden der Kirchen und Klöster beabsichtigt. Häufig kamen die Leute mit Holzschuhen, die zum Teil noch mit Eisen beschlagen waren, in den Gottesdienst, der dadurch entstehende Lärm störte denselben in unerträglicher Weise. Zugleich wurde aber auch der mit großer Kunst und Mühe wie für ewige Dauer gearbeitete Boden ausgetreten, zerrieben und verdorben, man glaubte nicht, ihn durch eine moderne Kunst ausbessern zu können. Deshalb erging der strenge Befehl, diesem Unfug sofort zu steuern; Widerspenstige sollte die kirchliche Zensur treffen."

Selbstverständlich lagen die Verhältnisse in den kleinen Dorfkirchen und Kapellen wesentlich anders. So haben sich z. B. in Württemberg die Fliesenböden der ländlichen Kirchen bis in die 1. Hälfte des 19. Jahrhunderts erhalten, um dann meist neugotischen Umbauten zum Opfer zu fallen. In anderen Kirchen wurden die Fliesenböden schon im Spätmittelalter durch die rasch wachsende Anzahl der Grabplatten verdrängt. Die begehrten Bestattungen in Kirchen, lange Zeit für Laien verboten, nahmen immer größere Ausmaße an, die Grabplatten ersetzten allmählich den Fußboden der Kirche, und statt auf Fliesen trat man auf zierliche steinerne Halskrausen und verschnörkelte Inschriften. Zeitgenössische Stiche[6] haben das Bild dieser Böden überliefert. Dies gilt jedoch vor allem für städtische Pfarrkirchen, Kloster- und Wallfahrtskirchen, in denen die Kontinuität des Messelesens gesichert war.

4 E. Grill, 5, Abb. 2 und 3.

5 A. Dominicus, Baldewin von Lützelburg. Erzbischof und Kurfürst von Trier. Ein Zeitbild aus der ersten Hälfte des 14. Jahrhunderts, Koblenz 1862, 517. – Den Hinweis auf diese Stelle verdanke ich Herrn Prof. Dr. Albert Verbeek †, Bonn.

6 Vgl. hierzu eine Radierung von Gouth, welche die Stiftskirche St. German und St. Moritz in Speyer zeigt (B. H. Röttger, Kdm Stadt Speyer, 1934, 536, Abb. 383), sowie eine Zeichnung von N. M. J. Chapuy von der Memorie des Mainzer Domes, um 1840, Stadtarchiv Mainz (H. Wothe, I, 128, Abb. 138).

14. Späte Fliesen

Die Verlegung von gemusterten Fliesen als Bodenbelag nahm kein plötzliches Ende. Man könnte eher von einem Prozeß des Versickerns sprechen, der sich in den einzelnen deutschen Landschaften ganz verschieden abspielte und auch von verschieden langer Dauer war. Die Reformation, die ein zeitweiliges Erliegen des Kirchenbaus im Gefolge hatte, bedeutete eine gewisse Zäsur, nachdem gerade in den Jahrzehnten davor die spätgotische Architektur zu ihren schönsten und vollkommensten Lösungen gefunden hatte. Trotz der wachsenden geistigen und religiösen Unruhe, trotz zunehmender Kritik an Kirche und Ordensgeistlichkeit, flossen reiche Spenden, die vor allem den Kirchenausstattungen zugute kamen. So wurden z. B. in Württemberg an zahlreiche Kirchen spätgotische Chöre angebaut und diese reich ausgemalt, mit kostbaren Tafelaltären, Wandtabernakeln, Chorgestühl und mit teilweise noch sehr sorgfältig geprägten Fliesenböden versehen. Die Bilderstürmer, welche die Altäre verbrannten, die Wandgemälde überstrichen und manchmal sogar die Glasgemälde zerstörten, verschonten meist die Fliesenböden. Da jedoch die Klöster verwaisten, die Kapellen leerstanden und häufig abgebrochen wurden, boten sich diese überdies als billige Quelle für Baumaterial jeder Art an. Über Jahrzehnte wurden kaum Kirchen gebaut und es wurde nicht sehr viel für die Ausstattung der Kirchen aufgewendet; ein Bedarf an Fliesen war kaum noch vorhanden. Wo Fliesen auftauchen, von denen vermutet werden kann, daß sie im 16. Jahrhundert geprägt wurden, zeigen diese kaum Renaissancecharakter, sondern spätgotischen Dekor in aufgelockerter oder leicht veränderter Form. Ein ausgezeichnetes Beispiel bieten dafür die Fliesen der 1591 erbauten Muttergotteskapelle in Neufra (K29) (Abb. 91). Das häufig benutzte Kreismuster ist etwas vereinfacht und vergröbert. Weitere späte Fliesen haben sich in der Klosterkirche Mariaberg erhalten, die 1682 nicht auf dem alten Fundament, sondern etwas weiter nördlich neu errichtet wurde. Ein kunstvolles Muster aus sechseckigen, ungemusterten Fliesen stammt wohl aus der Erbauungszeit, die Reliefflliese K33, die sich an ein vermutlich zu Beginn des 16. Jahrhunderts in Reutlingen geprägtes Muster anlehnt, könnte aus dem alten Kirchenbau übertragen sein. Sie könnte jedoch auch nach diesem Vorbild, zusammen mit der durch einfache Kreisbögen verzierten Fliese K27, erst im 17. Jahrhundert geschaffen worden sein. Außerdem sind möglicherweise einige Fliesen aus Ulmer Patrizierhäusern erst im 2. Viertel des 16. Jahrhunderts entstanden (X18, S32). Von der einzigen, vermutlich schwäbischen, Fliese mit Renaissancemuster (X20) ist leider der Fundort nicht mehr bekannt, während die bei Forrer[1] abgebildete Fliese P52, die aus der Stuttgarter Gegend stammen soll, wohl eher aus Nürnberg kommt.

Wo in Württemberg später in einzelnen Dorfkirchen (Boll, Oberhaugstett) noch Fliesen verlegt wurden, zeigen sie meist sehr grobe Volkskunstmuster, die eine sichere Datierung nicht mehr erlauben. Möglicherweise gehören einige dieser Fliesen auch keinem intakten Fliesenboden mehr an, sondern sind mühselige Ausflikkungen, da man sich scheute, als Ersatz nur glatte Fliesen zu verlegen. Hierzu gehören die unter X32 zusammengefaßten Fliesen aus Mengen, die mit Kammkratzmustern verziert sind und X33 aus Kloster Maulbronn mit gröberen Wellenrillen.

Außer den schwäbischen Fliesen sind für Süddeutschland nur ganz wenige späte Fliesen bekannt, so die Fliesen des Collegium Theobaldi in Freiburg und der Benediktiner-Abtei Schuttern (H41), welche vermutlich in Kolmar geprägt und dort an verschiedenen Stellen der Stadt gefunden wurden. Eine dreifarbige glasierte Fliese (O69) fand sich auf der Insel Reichenau, eine Fliese mit gekratztem Flechtwerkornament und der Jahreszahl 1670 im Kloster St. Georgen in Stein am Rhein. Als weiteres, vermutlich spätes Beispiel eines ohne Model hergestellten Musters, sei N41 aus Sulz unterm Wald (Soultz-sous-Forêts, Bas-Rhin) genannt, welches mit Hilfe eines Tonrädchens verziert wurde. In der Westschweiz entstanden noch im 18. Jahrhundert Prägefliesen, die, wären sie nicht durch die Jahreszahl 1771 sicher datiert, wohl sehr viel früher eingeordnet worden wären[2].

Noch ganz an gotische Rankenmuster knüpft eine Fliese aus dem Kreuzgang des Augustiner-Chorherrenstifts St. Georg in Augsburg (J101) an. Sie könnte jedoch auch schon um 1505 entstanden sein, da Augsburg sich gerade zu dieser Zeit den neuen, aus Italien einströmenden Formen bereitwillig öffnete.

Renaissanceformen zeigen die Nürnberger Fliesen, wo in verschiedenen Patrizierhäusern in der 1. Hälfte des 16. Jahrhunderts wohl aus derselben Werkstatt stammende, mehrfarbig glasierte Fliesen verlegt wurden (P39, P40, S40, X14). Da Franken jedoch ein ganz unergiebiger Boden für Fliesenprägung war, kam diese

1 R. Forrer, 1901, Taf. 3,6.

2 Ch. Bonnet, L'ancienne église de Collonge, Genf o. J., 188–189, Abb. 36–37. – Fliesen aus der Kirche von Collonge-Bellerive (Genf).

anscheinend rasch wieder zum Erliegen. Die letzten Ausläufer finden sich in den grün und gelb glasierten Wappenfliesen (G16, G17) des Deutschordenshauses in Aschaffenburg, die 1607 verlegt wurden.
Ein weiterer Ansatz zu mehrfarbig glasierten Fliesen, die vermutlich zwischen 1520–40 in einer noch nicht entdeckten, möglicherweise in Halle angesiedelten Werkstatt hergestellt wurden, sind die Fliesen aus dem Haus ‚Zum kühlen Brunnen' in Halle (S53, W92.1), (Abb. 92) und dem Haus Breite Straße 37 in Berlin (S42).
Die wenigen Fliesen des 16. Jahrhunderts, die aus Norddeutschland bekannt sind (Lüneburg, Rathaus; Rostock, St. Petrikirche; Güstrow, Schloß), sind ebenfalls meist zweifarbig glasiert. Sie übernehmen jedoch das alte Muster gekreuzter Spitzovale oder zeigen einfache Blatt- und Blütenmuster.
Anders ist die Lage bei den mittelrheinischen Fliesen. In Mainz, Worms und Speyer waren die Fliesenböden der Kirchen wahrscheinlich noch intakt. In einzelnen Kirchen waren sie noch zu Ende des 15. Jahrhunderts erneuert worden. Dort, wo die Kirchen nicht in protestantischen Besitz übergingen oder aufgegeben wurden, versuchte man, die Fliesenböden der Kirchen auszubessern. Es scheint jedoch, als seien die einst blühenden Werkstätten erloschen gewesen oder hätten zumindest nicht die Kraft und Fähigkeit besessen, neue Muster zu entwickeln. Es finden sich daher häufig Fliesen mit verdorbenen spätgotischen Mustern als Ausflickung, welche den Verfall der Fliesenkeramik besonders anschaulich zeigen. Ein ausgezeichnetes Beispiel bietet die u. a. in Kloster Lorsch, in Mainz, Speyer und Worms gefundene Fliese C51, die vermutlich im 3. Viertel des 14. Jahrhunderts entstand. Sie diente als Vorbild eines Nachschnitts (C52), die Fliesen wurden im 1595 erbauten Haus Rheinstraße 18 in Worms verlegt. Selbstverständlich könnte es sich hier auch um Übernahmen aus einem späteren Bau handeln, dagegen spricht jedoch, daß der Boden zu Ende des 19. Jahrhunderts noch intakt erhalten war und die Fliesen ein besonders grobes Eckmuster zeigen. Typisch für diese Vergröberung der Muster in den Mainzer, Wormser und Speyerer Werkstätten sind die Fliesen H45, H121, J126 und T27.
Während die Fliesenverlegung in den Kirchen zum Erliegen kam, fand sie in den Pfälzer Burgen noch einen gewissen Hort. Leider läßt sich die Verbreitung von Fliesen des 16. Jahrhunderts auf Pfälzer Burgen und Schlössern nicht mehr nachprüfen, da gerade diese in

Abb. 91 Neufra, Muttergotteskapelle, Fliesenboden, um 1591.

den Raubkriegen Ludwigs XIV. und durch die französischen Revolutionsheere zum großen Teil zerstört wurden. Einen spärlichen Abglanz ehemaliger Fliesenböden vermitteln die Funde auf Burg Lemberg[3], Burg Randeck und der Wasserburg Reipoltskirchen (K65). Die Fliesen der Burg Stolzenberg im Alsenztal (K23) gehören möglicherweise erst dem 17. Jahrhundert an.
Zu dieser Gruppe qualitätvoller Fliesen gehört ein reizvolles Muster (K65), das in der Folgezeit mehrfach variiert wurde. Es läßt sich heute nicht mehr feststellen, wo dieses Muster entwickelt wurde, ob in Kloster Eberbach oder in Mainz. In Gaubickelheim, das zahlreiche Höfe und Keltern von Mainzer Klerikern besaß, ist es sicher unter Mainzer Einfluß verlegt worden; in der Umgebung Bacharachs hatten sowohl Eberbach wie Mainz Besitz. Die Mainzer Fliesen wurden vermutlich zuerst in dem 1570 von Philipp von Bicken erbauten Wohnhaus, dem Bickenbau am Flachsmarkt verlegt; sie fanden sich außerdem in dem nicht sicher datierbaren ‚Halenza-Haus', am Höfchen 2. Die Fliesen in Gaubickelheim (K66) zeigen die Jahreszahl 1628. Auch sonst scheinen in der 2. Hälfte des 16. und im frühen 17. Jahrhundert in Mainz noch Fliesen hergestellt worden zu sein, die sich durch sorgfältige Bearbeitung (X23) auszeichnen und wohl auch nach auswärts geliefert wurden (Burg Eppstein). Dennoch muß betont werden, daß es sich auch hier nur um einige wenige Muster handelt.
Von den mittelrheinischen Fliesen unterscheiden sich wiederum die Fliesen in Hessen. Hier scheinen noch während des ganzen 16. Jahrhunderts Werkstätten vorhanden gewesen zu sein, die nicht nur ein Muster (H56) in zahlreichen Varianten nachschnitten, sondern auch neue und reizvolle Muster entwickelten. Es ist außerordentlich bedauerlich, daß die Fundorte so vieler später hessischer Fliesen nicht mehr bekannt sind und so eine Zuordnung zu einem bestimmten Gebäude nicht möglich ist. Einige besonders hübsche Muster des 16. Jahrhunderts scheinen aus Marburger Bürgerhäusern zu stammen (H27?, K61?, X21?). Sie wurden vermutlich auch in Marburg geprägt.
Durch feste Baudaten sind Fliesen in Rauschenberg (1588); in Dreieich, ‚Haus Pomerel' (1592); in Niederweisel (1554); Frankfurt, Stalburger Öde (nach 1552); in Seligenstadt (1617); dem Hasselhecker Hof (1588) und Schloß Braunfels (1679?) belegt. Eine weitere Fliese von der Burg Greifenstein dürfte ebenfalls erst im 17. Jahrhundert entstanden sein. Daneben finden sich nicht sicher datierbare Fliesen aus Rodheim v. d. Höhe, Burg Münzenberg, Hahnstätten, Idstein, reizvolle Muster aus Burgholzhausen und Volkskunstmuster wie E64 und H21 aus Hüttengesäß. Wie lange in Hessen noch Fliesen geprägt wurden, ist wegen der Unsicherheit über die Fundorte nicht auszumachen. Sehr späte, meist von Hand eingeritzte Fliesen, stammen aus dem 1782 erbauten Forsthaus in Götzenhain-Philippseich[4]. Diese zeigen nicht nur Hahn, Tulpe und

Abb. 92 Halle/Saale, Haus „zum kühlen Brunnen". Skizze des Fliesenbodens (S. 53, W 91.1). Um 1527.

Wappen, sondern auch einen Reiter in voller Rüstung, der sich wohl noch an mittelalterliche Vorbilder anlehnt. Sonst jedoch häufen sich die Nachschnitte von H56, vor allem in Frankfurt und auch in Büdingen. Die letzteren wurden möglicherweise im nahen Aulendiebach hergestellt. Die Fliesen dienten in Büdingen, wie auch in anderen Orten Hessens, als Unterlage des im Dachgeschoß aufgeschütteten Korns[5]. Warum dazu noch gemusterte und nicht glatte Fliesen verwandt wurden, ist unklar, es handelt sich vermutlich um eine Zweitverwendung. Für die späten Fliesen in der Art von E74 gilt dasselbe wie für die süddeutschen Muster. Es werden keine Model mehr geschnitten, sondern die Zeichnung in die Fliese eingeritzt, oder, wie bei einigen Fliesen aus Kloster Arnsburg, Köppern und Butzbach, mit den Fingerkuppen eingedrückt.
Neben diesen, vornehmlich für Neubauten geschaffenen Fliesen gibt es noch wenige späte Muster, die typi-

3 A. Eckardt, H. E. Kubach, 373.
4 K. Baeumerth, Ornamentierte Bodenfliesen vom Forsthaus Philippseich, Sammlung zur Volkskunde in Hessen, Langen 1976, 21–22, 4 Abb. Baeumerth weist darauf hin, daß diese Fliesen aus der Hand eines Zieglers stammen. Auf der Rückseite findet sich der Ansatz einer ‚Nase', wie sie sonst bei Biberschwanzziegeln üblich ist.
5 Ein Teil der Fliesen war mit der Musterseite nach unten verlegt, um einen ganz glatten Boden zu schaffen. Dies spricht dafür, daß die Fliesen entweder aus aufgegebenen Gebäuden stammen oder erst als sie aus Wohnräumen verbannt wurden auf den Schüttböden verlegt wurden.

sche Beispiele für den Versuch sind, beschädigte Fliesenböden in späterer Zeit auszubessern. Da am Ort oder in der Nähe meist keine fähige Werkstatt vorhanden war, sind sie in Tonmaterial und Prägung oft besonders grob (H204 und K70 aus der Benediktinerklosterkirche Sponheim, nach 1622) oder besonders einfallslos im Muster (K5 aus der Liebfrauenkirche Hadamar, vermutlich 1624). Dasselbe gilt für die Fliesen der Klosterkirche Limburg (Haardt) (H43, P9), wo die Mönche nach der Zerstörung des Klosters versuchten, die reichen Fliesenböden des Klosters wieder zu ergänzen (1551). Bezeichnend ist für all diese Flickfliesen, daß man zu besonders großen Formaten griff. So haben die wohl erst im 3. Viertel des 17. Jahrhunderts entstandenen Fliesen der Pfarrkirche in Grüningen (H3) eine Seitenlänge von 0,29 m. Ein Beispiel dafür, wie in einer abseits der großen Fernstraßen gelegenen Burg im Hunsrück mittelalterliche Vorlagen im 16. Jahrhundert aufgenommen und umgewandelt wurden, bieten die wohl im letzten Viertel des 16. Jahrhunderts entstandenen Fliesen der Schmidtburg im Hahnenbachtal[6].

Die Verhältnisse am Niederrhein unterscheiden sich nochmals von denen der übrigen Landschaften. Köln erlebte erst in der 2. Hälfte des 15. Jahrhunderts eine erste Blütezeit der gemusterten Bodenfliesen, seine schönsten Muster entwickelte es in der 1. Hälfte des 16. Jahrhunderts. Der Grund dafür wird auch hier in der Tatsache zu suchen sein, daß die Mosaikfliesenböden der Kölner Kirchen bis ins 15. Jahrhundert noch intakt waren. So wurden Fliesen vor allem in den Häusern des Kölner Stadtpatriziats und in den von diesem gestifteten Kapellen verlegt und zu einer Zeit, in der andernorts die Fliesenprägung zu Ende ging, eine Fülle sorgfältig geprägter Fliesen geschaffen. Die selbstbewußten Kölner Kauf- und Handelsherren bevorzugten Wappenfliesen. Man hinterließ seine Visitenkarte nicht nur auf den gestifteten Tafelbildern und Altären der Kirchen, auf Lettnern und Sängertribünen, sondern auch auf Glasscheiben, Deckengebälk, Bodenfliesen, Türmchen, Erkern und sonstigen Bauteilen. Die vermutlich in Köln ansässigen Fliesentöpfer erhielten im 16. Jahrhundert außerdem dadurch zahlreiche Aufträge, daß die Burgen der Umgebung entweder wieder aufgebaut oder neu ausgestattet wurden (Burg Konradsheim, Landskron, Groß-Vernich, Friesheim, Türnich). Späte Fliesen fanden sich außerdem auf den Burgen Blankenheim und Erp und auf Burg Altendorf bei Hattingen. In den Zentren der niederrheinischen Töpferindustrie, in Siegburg, Frechen und Raeren, scheint dagegen alle Liebe und alle Kunstfertigkeit der Töpfer allein der Gebrauchskeramik zugewandt worden zu sein. So zeigen die späten, in Raeren gefertigten Fliesen eine geradezu auffallende Schmucklosigkeit, der Dekor ist meist auf kleine, ausgesparte Dreiecke oder Diagonallinien beschränkt. In Frechen fand sich bis heute nur eine[7], in Siegburg keine späte Fliese.

Leider ist es nicht gelungen, alle Fundorte der teilweise besonders schönen, bei Forrer[8] abgebildeten und heute teilweise nicht mehr erhaltenen, Fliesen aus Köln zu ermitteln. Wie lange die Fliesentradition in Köln noch lebendig blieb, zeigt G84 aus einem Saal des Hauses Hohepforte 16 mit dem Wappen der Familie Eschenbrender, die erst seit dem 18. Jahrhundert in Köln ansässig war und das Haus von 1784–90 besaß. Es ist dies allerdings die einzig sicher belegbare Fliese des 18. Jahrhunderts und es wäre möglich, daß die Fliesen aus den rheinischen Besitzungen der Familie mitgebracht wurden[9]. Daß am Niederrhein eine bäuerliche Fliesenkeramik lebendig blieb, die dann unmittelbar in die schönen Wandfliesen der Orte Issum, Rayen, Rheurdt, Schaephuysen usw. mündete, zeigen die Fliesen aus St. Tönisberg[10], Sevelen[11] und Kamperbrück[12].

Abschließend wäre noch zu vermerken, daß mit Ausnahme des Niederrheins bei den späten Fliesen eine besondere Bevorzugung von Kreismustern auffällt (Fliesen der Gruppen H, J und K). Eine teppichartige Wirkung, meist durch ein einziges Muster, wird angestrebt. Mit wenigen Ausnahmen finden sich keine figürlichen Darstellungen, keine Tiere oder Fabeltiere mehr. Auch Blüten- und Blattmuster sind meist in die Kreise einbezogen, Schlingornamente (V15) ergeben ebenfalls Kreise. In Süddeutschland sind die meisten späten Fliesen nach wie vor unglasiert, während im Rheinland unglasierte Fliesen die Ausnahme bilden.

Nicht unerwähnt soll eine späte Verzierung von Fliesen bleiben, die sich in dem Zisterzienserinnenkloster Heiligkreuztal erhalten hat. Hier wurden Rosenkränze in unregelmäßiger Kreis- oder Ovalform in die Fliesen eingeprägt, eine Technik, die sich auch auf Dachziegeln[13] wiederholt findet. Dieser Dekor diente jedoch eher als Abwehr- oder Schutzzeichen, das Ornament trat dabei in den Hintergrund.

---

6 W. Erlenbach, F. Sauerwein, F. Schornick [u.a.], Abb. 693 unten links und rechts. Die Auswertung der Funde ist noch nicht abgeschlossen, verschiedene Fliesenbruchstücke konnten noch nicht zu einem Muster ergänzt werden. Weitere Muster s. Musterkat.

7 Eine Publikation dieser 1984 entdeckten Fliese durch Herrn Dr. Frank Kretzschmar, Bonn, wird vorbereitet.

8 R. Forrer, 1901, Taf. 52, 1–4. – Ein weiteres, wohl zu Beginn des 17. Jh., ebenfalls aus vier Fliesen zusammengesetztes Muster fand sich 1983 in der ehem. Pfarrkirche St. Kolumba, Köln (S29.1).

9 Freundlicher Hinweis von Herrn Prof. Dr. Hans Vogts †, Unkel.

10 R. Forrer, 1901, Taf. 61, 4–6. – Der Verbleib der Fliesen, früher in der Slg. Forrer, konnte nicht ermittelt werden. – Vgl. dazu M. Scholten-Nees, W. Jüttner, 173–174, Abb. 1029–1030, 1032, 1033; 667, Abb. 334, Tönisberg, Spitzoval mit Blütenviertel, 674, Abb. 348, Spitzoval mit Sternviertel (Niederrhein), 674, Abb. 347, Blütenpflanze im Topf (Niederrhein).

11 M. Scholten-Nees, W. Jüttner, 658, Abb. 323, reichvariierte Stern- und Kreismuster.

12 Ebd., 644, Abb. 258, aus Kamperbrück. Große und kleine Kreisblüten mit ‚Sonnengesicht', Blütenviertel in den Ecken.

13 K. Hillenbrand, 1964, Taf. 16, Abb. 65. Dachziegel aus Untermutschelbach, 17. Jh. Slg. Dr. Karl Hillenbrand, Pforzheim.

15. Fliesen der Nachbarländer

Die Geschichte der Fliesenkeramik in Deutschland kann nicht geschrieben werden, ohne die Entwicklung in den Nachbarländern zu berücksichtigen. Erst wenn es gelingt, die mannigfaltigen Einflüsse und Strömungen aufzuzeigen, die zwischen einzelnen Herstellungsorten der jeweiligen Länder bestehen, wird es möglich sein, zu genauen Datierungen und zu Erkenntnissen über die verschiedenen Werkstätten zu gelangen und den Weg einzelner Techniken und Muster zu verfolgen. Dies kann selbstverständlich keine gründliche Übersicht über die Fliesen Europas sein, sie soll nur, solange die geplanten, aber noch nicht erschienenen Fliesenkataloge der europäischen Länder fehlen, dem Leser ermöglichen, sich über Teilgebiete rasch zu informieren. Aus diesem Grunde werden möglichst umfassende Literaturangaben gemacht.

Die Fliesen Nord- und Mitteleuropas gliedern sich im wesentlichen in zwei Einflußbereiche: den der französischen Fliesen, die weitgehend mit den inkrustierten Fliesen gleichzusetzen sind, und in den der Relief- und Prägefliesen, die vor allem auf dem Boden des mittelalterlichen deutschen Reiches entstanden. Die Majolikafliesen Spaniens und Italiens bilden einen dritten Komplex, dessen Einflüsse nur vereinzelt über die Landesgrenzen hinausreichen.

Die Gruppe der inkrustierten Fliesen erstreckt sich auf Frankreich, die Westschweiz, Belgien, Südholland und England. Die Grenzlinie im Osten folgt teilweise dem Lauf des Rheins und einer gedachten Linie, die etwa 80–150 km westlich von diesem verläuft. Französische Einflüsse reichten möglicherweise zu bestimmten Zeiten bis nach Dänemark und Norwegen, ganz sicher jedoch, infolge der Gründung polnischer Zisterzienserklöster durch französische Mutterabteien, nach Polen, im 12. und 13. Jahrhundert vereinzelt auch nach Ungarn.

Fliesen mit vertiefter Prägung und Reliefflíesen finden sich vor allem in West- und Süddeutschland, im Elsaß, der Nordschweiz, in Österreich und Böhmen, in den nördlichen Niederlanden und in Dänemark. Zahlenmäßig geringer treten sie in Frankreich und England auf; in Nord- und Ostdeutschland, in Polen und in Ungarn überschneiden sich die Einflußbereiche.

15.1 Spanien und Portugal

In wohl keinem Land Europas erlebte die Fliesenherstellung eine ähnliche Blüte wie in Spanien. Hier wurden nicht nur Wände und Fußböden, sondern auch die Decken[1] mit Fliesen geschmückt. Die zeitliche Entwicklung der Fliesenkeramik in Spanien ist jedoch immer noch nicht vollständig erforscht. Sie setzte, obwohl maurischer Einfluß ganz sicher angenommen werden muß, nicht unmittelbar nach der maurischen Eroberung, sondern erst zögernd im 10. Jahrhundert ein. Einen ersten großen Aufschwung nahm sie nach der Rechristianisierung Spaniens seit der Schlacht von Navas de Tolosa (1212). Die Muster sind zuerst noch ganz von arabischen Vorbildern bestimmt. Übernommen wurde auch die hoch entwickelte Glasurtechnik, die schon Kobalt, Mangan, Eisen, Kupfer, Zinn, Blei oder Antimonoxyde verwandte, so daß die ganze brillante spätere Farbskala bereits im Kern vorhanden war. Da die in Spanien angewandten Techniken der Fliesenprägung sich von denen des übrigen Europas unterschieden, seien sie hier kurz beschrieben.

aliceres: auf glatten, farbig glasierten Fliesenplatten wurden mit Hilfe einer Schablone Muster aufgezeichnet und diese entweder herausgesägt oder, nach Ritzen mit einem scharfen Meißel, mit dem Hammer herausgeschlagen. Die Teilstücke wurden mit der Farbseite auf eine Platte als Muster ausgelegt, von der Rückseite mit Mörtel übergossen und anschließend auf Wänden und Fußböden verlegt. Für Wölbungen drückte man die kleinen Teilstücke sofort in den noch feuchten Mörtel. Um diesen langwierigen Prozeß abzukürzen, wurden die Muster (Sterne, Fünfecke, Rauten etc.) mittels Formen aus lederharten Tonplatten (in der Art unseres Weihnachtsgebäcks) ausgestochen oder ausgeschnitten, gebrannt, glasiert und zu kunstvollen Mustern zusammengefügt. Beide werden, meist etwas ungenau, als *alicatados* bezeichnet (Abb. 93).

cuerda seca (trockener Faden) (Abb. 94). Hier wurden ähnliche Muster, wie sie die Fliesenmosaiken zeigen, mit einem Model eingeprägt. Dies entspricht der Fliese mit vertiefter Prägung, nur daß die Rillen breiter sind. In diese Rillen wurden nach dem Schrühbrand mit

1 M. G. Marti, III, 342–369, Abb. 473–495, Taf. 8. – A. Lane, Taf. 46, Abb. A. – J. A. Berendsen [u. a.], Taf. neben 76, Abb. 1–3. – B. Klesse, 119–120, Kat. Nr. 188–191. – S. Alberti, Les tuiliers de Barcelone et leur caissons décoratifs de plafond, D. Deroeux, 157–164. – Die als *soccarats* bezeichneten Deckenfliesen waren quadratisch oder rechteckig, meist sehr schwer (bis zu 10 kg) und groß (44 × 35,5 cm/14,5 × 31 cm). Das sehr hohe Relief war teilweise nur mit weißer, rötlicher und schwarzer Leimfarbe bemalt, im 15. und 16. Jh. vereinzelt auch farbig glasiert. Die frühen Fliesen zeigen fast ausschließlich geometrische Muster, Blüten und Sterne, später kamen Tierdarstellungen, florale Motive und Wappen hinzu.

Abb. 93 Fliesenmosaik aus weißen, grünen, ockergelben, braunen und manganschwarzen Fliesen. Spanien, Andalusien, 14. Jh. Köln, Museum für Angewandte Kunst.

Wachs oder Öl getränkte Fäden gelegt, um das Ineinanderlaufen der Glasurfarben während des Brandes zu verhüten. Wurde dieser Masse zusätzlich Mangan beigemischt, blieben die Fäden nach dem Brand als feine dunkle Linien stehen.

Abb. 94 Vier Fliesen in Cuerda-seca-Technik. Aus einem arabischen Haus in Triana (Sevilla). Roter Ton mit weißer, gelber, grüner und brauner Glasur. 11 × 11 cm. Amsterdam, Rijksmuseum.

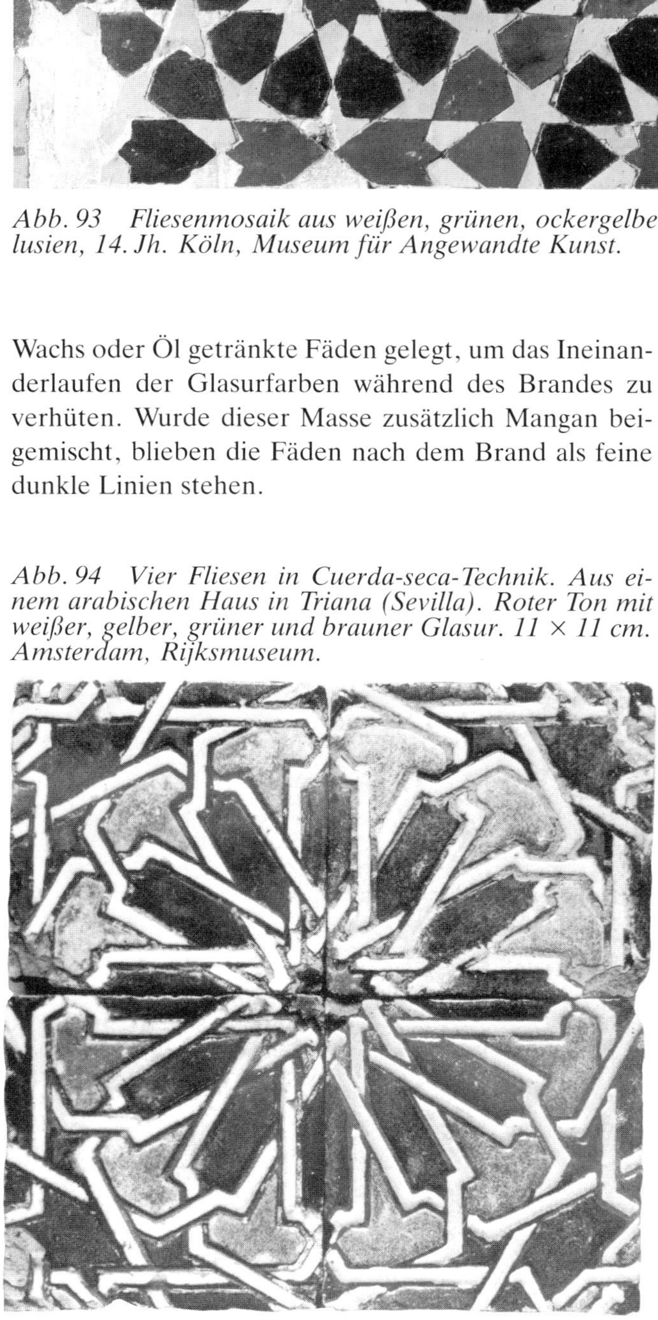

cuenca (Höhlung) oder *arista* (Grat, Kante). Die Stege der *cuerda seca*-Technik wurden hier durch einen Model erzeugt. Es handelt sich um eine Übertragung der Grubenschmelztechnik des Emails auf Keramik. Durch die Prägung wurden die Ränder hochgedrückt und bildeten so ebenfalls Stege. In die entstandenen Mulden wurden die farbigen Glasuren eingefüllt. Weiss[2] vermutet, daß zur Prägung nicht Model in Plattenform, sondern Wiege- oder Rollstempel benutzt wurden.

Im Gegensatz zu den übrigen europäischen Ländern fällt auf, daß diese Techniken sich in nicht so strenger zeitlicher Folge abwechselten, sondern daß sie oft nebeneinander verwandt wurden, wobei einzelne Orte und Provinzen der einen Technik vor der anderen den Vorzug gaben.

Natürlich wurden Sammler und Gelehrte von den reichgemusterten, buntglasierten Fliesen besonders angezogen, so daß Fliesen in anderen Techniken, die es ebenfalls gab, weniger beachtet und publiziert wurden. Marti erwähnt rautenförmige Reliefliesen des 7. (?) Jahrhunderts aus der Basilika von Burguillos (Badajoz)[3] und quadratische Fliesen mit Blatt- und Lilienkreuzen aus derselben Kirche[4]. Reliefliesen des 11. Jahrhunderts fanden sich in der Umgebung der Kir-

2 G. Weiss. 1979, 162.
3 M. G. Marti, I, 62, Abb. 58–61, 63, Abb. 62–63.
4 Ebd., 61, Abb. 57.

che San Felix in Játiva[5], in der Gegend von Valencia wurden vom 12.–14. Jahrhundert Fliesen in dünnem, fast strichartigem Relief gefertigt[6]. Fliesen mit kleinen Sternstempelchen wurden 1916 an der Stelle ausgegraben, an der sich heute die Markthalle von Valencia befindet[7], sie sollen ebenfalls sehr früh sein. Dazu gesellte sich seit dem 13. Jahrhundert die Fülle der bemalten Fliesen, zuerst noch mit Bleiglasuren, bald in echter Fayence. Diese *azulejos* (von pers. *al lazurd* = Lapislazuli oder dem arab. *al zulaich* = Mosaikstein) wurden besonders gerne in der Verbindung von quadratischen *(losetas)* und oblongen sechseckigen *(alfardones)* Fliesen verlegt. Es ist hier unmöglich, auf die verschiedenen und sehr reizvollen Spielarten der spanischen Fliesen einzugehen, das dreibändige Werk von Marti gibt einen fast lückenlosen und sehr ausführlichen Überblick[8].
Die Fliesen breiteten sich vom Süden Spaniens allmählich über die ganze Halbinsel aus. Die Zentren der Fliesenherstellung lagen im 13. Jahrhundert vor allem in Cordoba und Toledo. Einen ersten Höhepunkt erreichte die Verzierung mit Wand- und Bodenfliesen in den Fliesen der Alhambra in Granada (1353–91) und des Alcazars von Sevilla (um 1220/21) dessen Torre del Oro seinen Namen unmittelbar von den ihn verkleidenden Fliesen erhielt. Im 14. Jahrhundert verlagerte sich der Schwerpunkt der Produktion auf das Gebiet von Malaga und Sevilla (Triana), wo besonders qualitätvolle Fliesen gefertigt wurden. Durch einwandernde Künstler aus Italien[9] und Flandern[10] fand die Technik der Majolikafliesen Eingang in Spanien und löste in der 2. Hälfte des 16. Jahrhunderts die alten Techniken ab. Noch einmal erreichte die Fliesenkeramik in den Werkstätten von Talavera eine glänzende Blüte, um im späten 18. Jahrhundert in erstarrten, provinziellen Formen zu erlöschen.
Mehr als die Vielfalt der spanischen Fliesenproduktion interessiert in diesem Zusammenhang die seit der Mitte des 19. Jahrhunderts diskutierte Frage, ob die spanischen Fliesen den Anstoß zur Fliesenprägung in Frankreich gaben oder ob die französischen Fliesen, in Anlehnung an Steininkrustationen, eine eigenständige Entwicklung Nordfrankreichs waren. Diese Frage läßt sich auch heute noch nicht sicher beantworten. Die reichgegliederten Plattenmosaiken der Kathedrale von Tarragona, der Krypta der Kathedrale von Vic und der Klosterkirche von Santa Maria d'Alao (Alta Ribagorça)[11], die zu Beginn des 13. Jahrhunderts entstanden, sind alle noch aus Stein und Marmor gefertigt, zeigen jedoch teilweise dieselben Muster, die in englischen und französischen Zisterzienserklöstern aus Tonfliesen bestehen. Das in Zisterzienserkirchen weit verbreitete Muster N65 ist eine unmittelbare Kopie eines *alicatado* Musters. Es läßt sich von Spanien bis zu den islamischen Vorbildern zurückverfolgen[12].
Die frühesten Fliesen Portugals stammen aus dem Zisterzienserkloster Alcobaça, dessen Kirche um 1178 begonnen wurde[13]. Es handelt sich auch hier um Fliesen in Plattenmosaik, elf Felder mit verschiedenen Mustern konnten rekonstruiert werden, darunter ein Muster, wie es sich auch in Bordesley Abbey[14] fand. Farbig glasierte Fliesen scheinen vor dem 15. Jahrhundert in Portugal nicht hergestellt worden zu sein. Diese wurden in großen Mengen aus Valencia, Sevilla und Malaga bezogen. Nachdem jedoch seit der Mitte des 16. Jahrhunderts eine von Spanien unabhängige, blühende Fliesenindustrie erwachsen war, fertigte sie Fliesen in solcher Menge und von so überragender Qualität, daß sie diejenige Spaniens in jeder Beziehung übertraf.

15.2 Italien

Die Entwicklung des Fußbodenbelags in Italien wurde bis ins 15. Jahrhundert durch Böden in Stift- und Plattenmosaik und von Kosmatenarbeiten bestimmt. Auf Grund von Urkunden, erhaltenen Verträgen, überlieferten Zahlungen und der Erwähnung von kostbaren Böden in Beschreibungen von Zeitgenossen weiß man, wieviele herrliche Fußböden in Kirchen, Klöstern und Palästen lagen, die heute alle verloren sind. Der Reichtum an Marmor und farbigen Natursteinen machte eine Herstellung von Bodenfliesen aus Ton lange Zeit überflüssig. In den Backsteinkirchen der Lombardei und in kleineren ländlichen Kirchen lagen vereinzelt Ziegelböden in Fischgrät-, Würfel- oder Rautenmustern. Die Kunstfertigkeit und Phantasie der italienischen Töpfer scheint sich allein auf die *bacini* konzentriert zu haben,

5 Ebd., 67, Abb. 67. Museo Ceramico, Valencia. – Vgl. diese Fliese mit den Prägungen aus dem Priorat von Butley (J. N. L. Myres, Taf. 8 unten, Taf. 9 oben). Die Behandlung des Reliefs weist große Ähnlichkeit auf.

6 M. G. Marti, I, 70, Abb. 71, mit der Darstellung eines Wolfes, der von einer Dohle angegriffen wird. Mit Bleiglasur, aus Valencia, Valencia, Museo Ceramico.

7 Ebd., 59, Abb. 55.

8 Da die spanischen Fliesen in großer Fülle erhalten, in vielen Museen vertreten und ausführlich publiziert sind, wird auf jeden Hinweis auf Abbildungen verzichtet. Verwiesen sei auf R. Forrer, 1901, 9–20. – J. Font y Guma, Rajolas valencianas y catalanas, Vilanova y Geltru, 1905. – C. Cid. – M. G. Marti, I–III. – J. Ainaud de Lasarte. – A. Lane, 68–77, Taf. 41–48. – J. M. dos Santos Simões, Die Fliesen Spaniens und Portugals, A. Berendsen [u. a.], 65–73. – B. Klesse, 1966, Kap. Spanien und Nordafrika. Fliesen, 119–139. – Tj. Hausmann, 38–55. Weitere Literatur bei M. G. Marti.

9 C. Cid, 26. – So wurde der Altar für den Betraum des Alcazars von Sevilla 1504 durch Francesco Nicoluso aus Pisa geschaffen.

10 A. Lane, 75.

11 X. Barral i Altet, 1979, 101–116, Abb. 77–89, Taf. 6, 139–152, Abb. 114–123, 117–132, Abb. 94–101, Taf. 7.

12 J. Ainaud de Lasarte, 76, Abb. 180 und 183, aus der Kathedrale von Barcelona.

13 J. M. dos Santos Simões, Azulejaria em Portugal nos séculos XV e XVI. Introduçao geral, Lissabon 1969, 45–50, Taf. 1–5. J. Meco, R. Markgraf, Fliesenkultur in Portugal, Bramsche 1989, 6–14.

14 E. S. Eames, 1980, II, Abb. 45.

Abb. 95 Assisi, San Francesco, Oberkirche, Reste des Bodenbelags. Um 1250.

kreisrunde, leicht gewölbte Tonscheiben, zuerst einfarbig glasiert, später bemalt, die in die Außenwände von Kirchen, Klöstern, Türmen und Toren eingelassen wurden. Diese lassen sich bis in die Mitte des 11. Jahrhunderts zurückverfolgen[15].

Vermutlich wurde der Anstoß zur Fliesenprägung durch die Einfuhr spanischer Fliesen gegeben. Das Sternmuster der in der Oberkirche von San Francesco in Assisi gefundenen Fliesen erinnert an spanische *alicatado*-Muster (Abb. 95), eine zweite Fliese zeigt Sterne aus Spitzovalen, die ein endloses Teppichmuster ergeben (Abb. 96). Die Fliesen werden von Liverani in die Mitte des 13. Jahrhunderts datiert, Palumbo vermutet, daß sie schon um 1235–39 verlegt wurden[16]. Es handelt sich hier schon um frühe Fayencefliesen[17], das Muster hebt sich in Mangan vom weißen Grund ab. Bei den um 1284 entstandenen Fliesen der Badia von Florenz[18] wechselt die Technik, es finden sich sowohl weiße Blüten auf Mangangrund, wie manganfarbene Tatzenkreuze auf weißem Grund. Pica erwähnt außerdem die um 1350 in die Außenwand der Apsis von San Martino in Lucca eingelassenen Fliesen[19], die zur Gruppe der ‚Grün-purpurnen' *(vert/manganese)* Fliesen gehören, die von den Werkstätten Nordspaniens und Südfrankreichs hergestellt wurden. Diese Fliesen zeigen neben geometrischem Dekor erstmals Fabelwesen und menschliche Köpfe en face. Der erste sicher datierte Fliesenboden bleibt jedoch bis heute der zwischen 1427 und 1432 verlegte Belag der Capella Carracciolo

---

15 Ein Corpus-Werk der italienischen *bacini* ist in Vorbereitung. – Vgl. G. Liverani, 8–9. – A. Pica, 61–62. – G. Berti, L. Tongiorgi, I bacini ceramici medievali delle chiese di Pisa, Rom 1981, mit ausführlichen Literaturangaben.

16 G. Liverani, Sull'origine della maioli italiana, Faenza 25, 1937, 12–13 (3–17). – G. Palumbo, Un nuovo gruppo di ceramiche medievali assisiane: importante scoperta nel convento di S. Francesco. Atti dei convegni internazionali de ceramica, Albisola 4, 1971, 333–334 (329–362).

17 A. Klein, RDK VI, Sp. 876ff., s. v. Fayence. Bei den frühen Fliesen läßt sich nicht immer unterscheiden, ob es sich um echte Fayence oder um Halb-Fayence handelt. Bei der letzteren wurden die Tonfliesen mit weißer Engobe und dann mit einer farblosen Bleiglasur versehen. Bei echter Fayence wurde „ein wässeriger Brei mit Zinnoxyd als wichtigstem Bestandteil" auf die geschrühte Fliese aufgetragen. „Der poröse Scherben saugte das Wasser dieses Glasurbreis auf, so daß die Glasurmasse überzugartig haftete und antrocknete. Auf diesem Glasurauftrag konnte mit Scharffeuerfarben gemalt werden: Kobaltblau, Kupfergrün, [. . .], Antimongelb, Manganviolett und -braunschwarz, unter besonderen Voraussetzungen auch Eisenrot".

18 G. Cora, Taf. 1, Abb. 1a und b.

19 A. Pica, 10, 62.

Abb. 96 Assisi, San Francesco, Oberkirche, Reste des Bodenbelags. Um 1250.

del Sole in San Giovanni a Carbonara in Neapel[20]. Im Wechsel von Quadrat und Sechseck zeigt er steigende Löwen, weibliche Halbbüsten, Sonnen-, Blatt- und Blütenmuster und heraldische Motive.

Neue Forschungen und der Fund von Urkunden haben ergeben, daß nicht nur diese Fliesen aus Valencia bezogen wurden[21], sondern daß auch Fliesen für das Castel Nuovo, das Castel dell'Ovo, für einige Paläste und weitere Kirchen von Neapel aus den Fabriken von Manises kamen[22]. Auch die schönen Fliesen, die zwischen 1447–50 für die päpstlichen Gemächer der Engelsburg in Rom geschaffen wurden und überwiegend heraldische Motive zeigen, wurden in Spanien gefertigt[23]. Zu gleicher Zeit hatten sich jedoch auch schon italienische Handwerker neben der Gebrauchskeramik den Fliesen zugewandt. Es entstanden die glanzvollen Beläge für eine Reihe von mittel- und norditalienischen Kirchen und Palästen, die sich wie ein glänzender Teppich auf den Böden ausbreiteten. Zu den schönsten, die heute noch in situ vorhanden sind oder deren Fliesen wir kennen, gehören die in der Mazzatosta-Kapelle von Santa Maria della Verita in Viterbo[24], in San Petronio in Bologna[25], in der Capella Bichi von San Agostini in Siena[26], der Capella Lando von San Sebastiano in Ve-

20 Ebd., 62, Abb. S. 22. – A. Filangieri di Candida, Per il pavimento della cappella di Ser Gianni Caraciolo nella Chiesa di S. Giovanni a Carbonara in Napoli, Faenza 3, 1915, 33ff.

21 O. Rebuffat, I pavimenti maiolicati del quindicesimo e sedicesimo secolo esistenti nelle chiese di Napoli, Faenza 5, 1917, 67–70, zählt acht Kirchen mit einem Belag aus spanischen Fliesen auf.

22 R. Middione, Importazioni di azulejos valenzani a Napoli negli anni di Alfonso il Magnanimo, Faenza 65, 1979, 71–77. – 1446 werden an Joan al Murci für 13458 gemalte Fliesen aus Manises 3766 soldi gezahlt, 1449 werden erneut 30000 Fliesen, 1456 200000 Fliesen, mit dem Wappen und den königlichen Insignien darauf, bestellt. Die bei Ausgrabungen geborgenen Fliesen befinden sich im Museum auf dem Capodimonte, Neapel. – Vgl. außerdem M. G. Marti, III, 301–328, mit einer Übersicht über alle Muster. – C. Fregnac, 36, glaubt noch, daß die Fliesen in Neapel von toskanischen Töpfern geschaffen wurden.

23 A. Lane, Mattonelle spagnole in Castel Sant'Angelo, Faenza 27, 1939, 27–34, Taf. 7–9. – M. G. Marti, III, 621–643. – A. Pica, 16, 64–65.

24 A. Lane, 49, Taf. 26 E. – Die Fliesen wurden um 1470 in Faenza gefertigt, sie sind heute im Victoria and Albert Museum, London.

25 G. Liverani, 17–18, Taf. 12. – C. Fregnac, 61, Abb. 50. – Der Boden der Cappella San Sebastiano wurde 1487 von dem Kanonikus Donato Vaselli in Faenza bestellt. Er besteht aus 1083 sechseckigen Fliesen mit einer Rahmung aus Rechteckfliesen mit Palmettenmuster. Auf einer Fliese hat sich der Töpfer Petrus Andreas (G. Cora, Taf. 331, Abb. 331 a) malend dargestellt.

26 M. Bellini, G. Conti, Maioliche italiane del Rinascimento, Mailand 1964, 30, Abb. oben. – Die Fliesen wurden 1488 von den Sieneser Töpfern Piero und Nicolo Mazzaburroni gefertigt.

nedig[27] und dem Castello Vecchio in Mantua[28], um nur einige zu nennen. Leider wurden diese Fliesen im 19. Jahrhundert zum begehrten Sammelobjekt, so daß nur wenige Beläge in situ erhalten blieben und die übrigen Fliesen in Museen und Sammlungen der ganzen Welt zerstreut sind. Besonders gesucht waren die Fliesen der Robbia-Werkstatt[29]. Hier hat sich der Belag der Kirche Sant'Agostino in San Gimignano erhalten[30], der um 1475 in der Werkstatt des Andrea della Robbia entstand und der Belag, den dieser 1515 für die Kapelle Papst Leo X. in der Engelsburg schuf[31], während der Fliesenboden für die Loggien des Vatikans, 1518 durch dieselbe Werkstatt verlegt, 1869 entfernt wurde[32].

Bei all diesen und den im späten 16. Jahrhundert entstandenen Fliesen handelt es sich stets um Majolikafliesen[33]. Es gibt bis jetzt keine Unterlagen, daß im späten Mittelalter Reliefflieseen oder Fliesen mit vertiefter Prägung ähnlich der in Deutschland und Frankreich angewandten Techniken verlegt worden wären. Vereinzelt finden sich Majolikafliesen mit Mustern in Flachrelief, so in der Unterkirche von S. Francesco in Assisi[33a], sowie Fliesen, in die das Muster vor Auftrag der Glasur eingeritzt oder eingeprägt wurde[33b].

Der Einflußbereich der italienischen Fliesen reicht im Norden bis Trient, wo im Castello del Buon Consiglio ein Majolikaboden verlegt wurde[34], im Westen bis ins südliche Frankreich. Hier lassen sich jedoch italienische und spanische Einflüsse nicht sicher trennen. Für den Osten sind Majolikafliesen für die ehemalige Burg in Buda bezeugt. Dort war durch einen von König Matthias Corvinus aus Faenza berufenen Meister eine Werkstatt errichtet worden[35]. Meist lassen sich die italienischen Fliesen, deren Fundort nicht mehr bekannt ist, auf Grund der Farbstellung bestimmten Werkstätten zuweisen. So zeigt die Farbpalette der in und um Neapel gefundenen Fliesen zuerst nur Grün, Gelb, Mangan und Schwarzblau, der in Umbrien und der Toskana entstandenen Fliesen Grün, Orange, Blau und Mangan. In Ligurien fällt neben Gelb, Grün und Blau ein leuchtendes Eisenrot auf[36]. Die Muster sind besonders phantasievoll und vielfältig. Neben floralen und figürlichen Motiven finden sich vor allem Wappen, Devisen, allegorische Darstellungen und Porträtbüsten. Der Unterschied zwischen Boden- und Wandfliesen ist gering. Dieselben Muster, welche die Böden überziehen, finden sich bei den Wandfliesen als Hintergrund der dargestellten Szenen und Figuren[37].

15.3 Frankreich

Durch das rege Interesse, welches die französischen Forscher schon sehr früh den mittelalterlichen Fliesen Frankreichs entgegenbrachten, sind wir über deren Verbreitung, Herstellungsorte, Technik und Muster besonders gut orientiert. Außerdem fanden sich in Frankreich, im Gegensatz zu Deutschland, zahlreiche Urkunden[38], die Aufschluß über die Bestellung von Fliesen, über Preise, Transport, Töpfer und Modelschneider geben. Ferner haben sich auf Fliesen Töpfernamen[39] oder Signaturen erhalten; andere Fliesen sind durch Jahreszahlen datiert oder durch Urkunden zu datieren[40]. Die grundlegenden Arbeiten wurden jedoch schon in der Mitte und der 2. Hälfte des 19. Jahrhunderts veröffent-

---

27 A. Pica, 13 oben, 68. – Der um 1510 verlegte Boden wurde in Faenza gefertigt. Einzelne Fliesen sind auch im Victoria und Albert Museum, London, und zeigen u.a. die Darstellung einer frühen Brille mit Buch. – E. J. Grube, S. Coradeschi, Taf. 6 and 7 II.

28 A. Lane, 5, Taf. 27 A. – A. Pica, 17, 18, 25, 67. – Der Boden wurde 1494 verlegt, die Fliesen stammen aus der Werkstatt des Stefano (oder Pietro) de'Fedeli. Sie sind heute im Louvre, Paris, Victoria and Albert Museum, London, Gemeentemuseum, Den Haag und in den Museen von Mantua und Mailand. Vermutlich benützten die Töpfer verschiedene Vorlagen. Es findet sich die spanische Inschrift „buena fe non es mudable" (wahrer Glaube wankt nicht), das französische „vrai amour ne se change" (wahre Liebe vergeht nicht) und das altdeutsche Motto „bider craft" (gerechte Macht).

29 G. Gennari, Il pavimento Robbiano della Cappella Bentivoglio a S. Giacomo di Bologna, Faenza 43, 1957, 127–130, Taf. 58–59. – A. Pica, 66–67. – Aus der Werkstatt des Andrea della Robbia stammen wahrscheinlich die Fliesenböden in der Collegiata von Empoli und in San Fiora al Monte Amiata sowie der zwischen 1486 und 1494 verlegte Boden in der päpstlichen Hauskapelle von San Giacomo Maggiore in Bologna, der von Papst Johannes II. bestellt wurde.

30 G. Cora, Abb. 305a.

31 M. G. Marti, II, 654. – A. Pica, 64–65. Bei diesen Fliesen handelt es sich um Reliefflieseen, welche das Muster in weiß auf leuchtend blauem Grund zeigen.

32 M. G. Marti, II, 621–636. – A. Pica, 67.

33 Majolika (nach Mallorca, dem Umschlagplatz für spanische Keramik) ist in technischer Hinsicht gleichbedeutend mit Fayence (nach dem Herstellungsort Faenza).

33a H. Blake, 91, 99, Taf. 15c und d. Tribuna Nepis. Büsten, in Purpur auf grünem Grund, 3. Viertel 13. Jh.? 6 × 1,7 cm.

33b Keramikmuseum Faenza. Fliese mit der Darstellung einer zinnenbewehrten Burg, weiß auf blaugrünem Grund. Aus der Capella Terranova der Kirche Montoliveto in Neapel, Ende 15.–Anf. 16. Jh. (Della Robbia-Werkstatt?).

34 A. Pica, 66. – Der Auftraggeber war Kardinal Bernardo Clesio.

35 Vgl. S. 206.

36 C. Barile, Antiche ceramiche Liguri. Maioliche di Albisola, Mailand 1965, Taf. 6. Fliesen aus dem Säulengang des Palazzo Pavesi in Savona, heute im Museo Civico, Savona. Anf. 16. Jh. Die Fliesen kopieren spanische *cuerda seca* Fliesen, wurden jedoch in Ligurien hergestellt.

37 Ebd., Taf. 4, vom selben Fundort, Darstellung des Scipio, Museo Artistica Industriale, Rom. 16. Jh.

38 R. Forrer, 1901, 25–27. – Die Urkunden sind meist in den einzelnen Aufsätzen erwähnt und können hier nicht aufgeführt werden. Das wichtigste Material steht bei A. Lesur et Tardy. – Besonders zahlreich sind Urkunden für das letzte Drittel des 14. Jh., vgl. J. Houdoy, Histoire de la céramique précédée de documents inédits constatant la fabrication de carreaux peints et émaillés en Flandre et en Artois au 14ième siècle, Paris 1869. – René Fonvieille, Une famille de céramistes au service des Ducs de Bourgogne, Cah. Céramique 21, Sèvres 1961, 52–59.

39 A. de Barthélemy, 252–272.

40 C. Dehaisnes, Documents et extraits divers concernant l'histoire de l'art dans la Flandre, l'Artois et le Hainaut avant le XVe siècle, II, ... Lille 1886, Carreaux 611, 644, 683, 700, 713, 721, 769, 782, 794. – Von den vielen Einzelveröffentlichungen sei als Beispiel angeführt: M. Carette, D. Deroeux, L'artisanat du tuilier en Artois aux XIIIe et XIVe siècles, Carreaux de pavement médiévaux de Flandre et d'Artois (XIII–XIV s.), Arras 1985, 81–89.

licht[41]. Sie enthalten zahlreiche Ungenauigkeiten und Fehlschlüsse, haben aber dazu beigetragen, daß viele französische Fliesen gerettet wurden, die sonst unwiederbringlich verloren wären. Forrer gab 1901 eine erste Übersicht über den Stand der Forschung[42]. Leider fehlt noch immer ein umfassender Überblick über die französischen Fliesen; Berendsen widmet ihnen nur einen kurzen Abschnitt[42].

Die Fliesen, die bei den Grabungen der letzten Jahrzehnte zutage kamen, sind oft nur in kleineren Aufsätzen der Historischen Gesellschaften der verschiedenen Départements oder Provinzen veröffentlicht; viele liegen unbekannt in den Sammlungen einzelner Kirchen oder in den Museen kleinerer Städte. Die beiden Dissertationen, die zum Thema erschienen sind, konnten nicht eingesehen werden[44], der Katalog, den Norton[45] zu den Fliesen des Museums Carnavalet, Paris, schrieb, ist immer noch nicht gedruckt. So kann hier, mit gewissen Vorbehalten, nur versucht werden, das Bild der französischen Fliesen kurz zu zeichnen. Es ist möglich, daß einige Daten oder Sachverhalte durch die künftigen Publikationen korrigiert werden.

Wie in Deutschland, gingen auch in Frankreich den mittelalterlichen Fliesenböden solche aus Marmormosaik, Stift-, Platten- oder Kieselmosaik voraus. Da jedoch die meisten dieser Böden nur bruchstückhaft erhalten, manche nur durch schriftliche Quellen überliefert sind, ist es schwierig, ein sicheres und umfassendes Bild zu gewinnen.

Der Bestand an mittelalterlichen Stiftmosaiken ist jedoch weit größer als in Deutschland. Da die Bodenmosaiken in frühchristlichen Kirchen und Baptisterien und in spätantiken Landhäusern in Süd- und Südwestfrankreich vermutlich noch lange sichtbar waren, knüpften die mittelalterlichen Mosaizisten unmittelbar an die antike Tradition an. Kier[46] nennt frühe Mosaikböden des 9. Jahrhunderts, ihre Blütezeit erreichten die Stiftmosaiken jedoch vor allem zu Ende des 11. und in der 1. Hälfte des 12. Jahrhunderts. Diese blieben, wie Barral i Altet nachweist, nicht nur auf Kirchen beschränkt, sondern fanden sich zu Beginn des 12. Jahrhunderts schon in den schloßähnlichen fürstlichen Burgen[47].

Durch erhaltene Reste sind allein Mosaikböden in je fünf Kirchen der Städte Reims[48] und Lyon[49] bezeugt, durch Urkunden und Berichte weiß man, daß auch so wichtige Bauten wie Saint-Martin in Autun, Saint-Martin in Tours, Saint-Étienne in Nevers, die Kathedrale in Orléans und die Kirchen in Cluny, Flavigny, Tournus und Vézelay[50] Stiftmosaiken besaßen.

Die Böden in Stiftmosaik, die sich vor allem in Süd- und Südwestfrankreich erhalten haben, wurden inzwischen von Stern[51] und Barral i Altet[52] ausführlich publiziert. Sie sind besonders wichtig, weil auf ihnen teilweise schon in der Antike benutzte Muster weitergegeben wurden, die dann, entweder als Plattenmosaiken oder als Fliesenmuster, wieder auftauchen. Ausgezeichnete Beispiele dafür bieten die Böden der Kathedrale in Saint-Paul-Trois-Châteaux (Drome)[53], der Abteikirche in Sorde (Landes)[54] und der Pfarrkirche Saint-Martin in Layrac (Lot-en-Garonne)[55].

Fast gleichzeitig entstanden Beläge aus Plattenmosaik, zuerst noch aus Marmor, Natursteinen und vereinzelt aus Glasfluß, zu Beginn des 11. Jahrhunderts jedoch schon mit glasierten und unglasierten Tonfliesen gemischt. Einer der schönsten Böden dieser Art hat sich im Chor der Benediktinerabteikirche Saint-Bénoît-sur-Loire (Loire)[56] erhalten. Er gehört nicht, wie

---

41 A. de Caumont. – A. Ramé. – E. Amé. – H. Monceau. – E. Fleury. – s. Literaturverzeichnis.

42 R. Forrer, 1901, 21–36.

43 A. Berendsen [u. a.], 51–53, 91–99.

44 S. Willard, Le carrelage de terre cuite en France. Création et évolution jusqu'au début du XIVe siècle, Paris 1955, ungedrucktes MS im Besitz der Verf. – E. C. Norton, A study of 12th and 13th century decorated tile pavements in France and related material in England, Diss. Cambridge 1983. Die Arbeit kann vorläufig nicht gedruckt werden und soll, falls eine Drucklegung nicht möglich ist, in einzelnen Aufsätzen erscheinen. Erste Veröffentlichungen sind die Arbeiten über die Fliesen mit Zinnglasur (E. C. Norton 1984b) und über die Fliesengrabplatten im Jumièges (vgl. Anm. 93). Herrn Dr. E. C. Norton, York, verdanke ich wertvolle Auskünfte zur Datierung der französischen Fliesen, vor allem jedoch wichtige Korrekturen zu den Publikationen des 19. Jh.

45 E. C. Norton, Musée Carnavalet, Carreaux de pavage du Moyen Âge et de la Renaissance, Paris 1992. – Eine umfassende Bibliographie der französischen Fliesenpublikationen wurde inzwischen vom selben Verfasser erstellt (E. C. Norton, Bibliographie des carreaux médiévaux françaises, D. Deroeux, 321–348.)

46 H. Kier, 1970, 23, nennt Böden in der Kollegiatskirche von St. Quentin (Aisne), in Saint-Martial in Limoges (Haute-Vienne), Sainte-Croix in Poitiers (Vienne) und Saint-Germain in Auxerre (Yonne).

47 X. Barral i Altet, F. Avril, D. Gaborit-Chopin, 1984, 145–146, gibt ein Gedicht des Abts Baudri von Saint-Pierre in Bourgueil wieder, in dem er, zu Beginn des 12. Jh., im Auftrag von Adele, Herzogin von Blois und Tochter Wilhelm des Eroberers, den Mosaikboden ihres Gemachs beschreibt. Dieser stellte eine Weltkarte dar, die Beschreibung ist außergewöhnlich exakt und ausführlich.

48 X. Barral i Altet, Les mosaïques de pavement médiévales de la ville de Reims, Congr. arch. 135, 1980, 79–108.

49 H. Stern, Recueil général des mosaïques de la Gaule-Gallia, Supplément X, II. Province de Lyonnais I, Lyon, Paris 1967.

50 X. Barral i Altet, F. Avril, D. Gaborit-Chopin, 1984, 150. – Von den aufgeführten Orten hat sich nur in Cluny ein winziges Mosaikstück (19 × 17 cm) erhalten, ein Blütenstern aus Plattenmosaik in eine Fläche aus Stiftmosaik eingebettet. – F. Goddet, 7, vermutet, daß der Boden aus dem Ende des 11. oder dem Beginn des 12. Jh. stammt.

51 H. Stern, 1962, 13–33.

52 X. Barral i Altet, 1972. Seine Diss. Les mosaïques de pavement médiévales en France, Paris 1984 (mit Literaturübersicht), 1989 als „im Druck“ angekündigt, ist leider noch nicht erschienen.

53 H. Lavangne, Un atélier de mosaïque tardives en Provence, Gallia 36, 1978, 149, Taf. B, 150, Taf. C (143–161).

54 H. Stern, 1970, 86, Abb. 13 (81–97).

55 Ebd., 83, Abb. 3.

56 X. Barral i Altet, 1979, 15, Abb. 6, 17, Abb. 7 (hier die beste Farbtafel). – J. B. Berland, Fouilles récentes de la basilique de Saint-Benoît-sur-Loire, Bull. Soc. Nat. Antiqu. France, Paris 1960, 28–33. – Ders., Un carrelage de terre cuite découvert à Saint-Benoît-sur-Loire, ebd., Paris 1971, 60–65.

Abb. 97 Saint-Omer (Pas-de-Calais) Kollegiatskirche Notre-Dame, Belag aus inkrustierten Steinplatten. 13. Jh.

Kier[57] noch annimmt, dem 9. Jahrhundert an, sondern entstand wohl um 1026–30[58]. Barral i Altet vermutet, daß er von ins Land gerufenen italienischen Handwerkern verlegt wurde. Norton weist auf einen Belag hin, der sich in der Krypta der Kathedrale von Rouen[59] fand, auch er nimmt Muster, wie sie kurz darauf in Plattenmosaik aus Ton ausgeführt wurden, schon voraus.

Die Vielfalt der mittelalterlichen Kirchenböden in Frankreich wird noch durch solche aus Steininkrustationen bereichert. Hier wurden die Darstellungen als flache Reliefs in Steinplatten eingeschnitten und die freien Zwischenräume entweder mit dünnen Platten aus andersfarbigem Stein, mit Blei oder einer pechartigen Masse[60] gefüllt. Die schönsten Beispiele dieser Technik haben sich in der Kollegiatskirche von Saint-Omer erhalten[61] (Abb. 97). Sie zeigen, neben galoppierenden Rittern, eine Fülle von Fabelwesen und Fabeltieren, außerdem Darstellungen der Monatsarbeiten, der sieben freien Künste und Tierkreiszeichen. Ihre Datierung ist nicht gesichert, sie wechselt zwischen der 2. Hälfte des 13. Jahrhunderts und einer Herstellung in drei verschiedenen Abschnitten zwischen der 2. Hälfte des 12. und dem Ende des 13. Jahrhunderts[62]. Ähnliche Böden besaß die Benediktinerabteikirche von Andres (Pas-de-Calais)[63], die Kathedrale von Thérouanne (Pas-de-Calais)[64], die Kollegiatskirche von Saint-Quentin (Aisne)[65] und die Kathedrale von Arras (Pas-de-Calais)[66]. Der späteste heute noch erhaltene, besonders kunstvolle Boden, bei dem die Inkrustierung aus Blei bestand, wurde vermutlich zu Beginn des 14. Jahrhunderts für die Kirche Saint-Nicaise in Reims (heute Saint-Remi) geschaffen. Erhalten hat sich nur etwa ein Viertel der Muster, sie zeigen, in Sternformen und Rautenvierpässe eingebettet, Szenen aus dem Alten Testament[67].

Es gab jedoch nicht nur die großformatigen Platten mit figürlichen Motiven, welche unmittelbar von den inkrustierten Fliesen übernommen wurden, sondern auch kleinteilige Muster. Zwei Fragmente eines solchen Belags wurden auf dem Gelände der ehemaligen Abtei Cluny entdeckt[68]. Sie zeigen einen Kreis mit Blütenstern, ein zweiter mit heraldischen Lilien ist bruchstückhaft erhalten. Eine weitere Platte trägt Kreisringe mit einbeschriebenem Vierpaß und versetzten Dreiecken. Beide werden von Goddet in die 1. Hälfte des 12. Jahrhunderts datiert. In der 2. Hälfte des 12. Jahrhunderts war diese mühsame Technik schon durch verschiedenfarbig glasierte Tonfliesen ersetzt worden. Meist sind sie in einfachen geometrischen Mustern angeordnet; es finden sich aber auch die aus kleinsten Teilen kunstvoll zusammengesetzten Muster, wie sie z.B. in der Benediktinerabtei Jumièges (Seine-Inférieure)[69], in der Ka-

57 H. Kier, 1970, 149.
58 X. Barral i Altet, 1972, 128.
59 E. C. Norton, 1984a, 60. Dieser Bodenrest besteht ganz aus Naturstein, während ein 1956 in der Kathedrale von Châlons-sur-Marne aufgedeckter, um 1147 entstandener Belag schon gelbe und schwärzliche Tonfliesen und hellen Naturstein mischt (H. Kier, 1970, 35, und Abb. 358).
60 Diese Masse wird in der Literatur stets als Mastix bezeichnet. Echter Mastix, das Harz des im Mittelmeerraum (Chios) wachsenden Mastixstrauches, wäre zu kostbar gewesen. L. Deschamp de Pas, 1852, 144, gibt die Analyse der in Saint-Omer verwendeten Füllung: 50/55% Kieselerde, 20/25% Tonerde, 23/24% Kalk, ½% Eisen. Diese Mischung wurde nach dem Brennen pulverisiert und nochmals mit Kalk und Harz vermischt.
61 E. Wallet, Description du pavé de l'ancienne cathédrale de Saint-Omer, Douai/Saint-Omer 1834. – R. Forrer, 1901, Taf. 102. – H. Kier, 1970, Abb. 416. – M. Carette, D. Deroeux, 24–27, Taf. 3, 1–4.
62 M. Carette, D. Deroeux, 25.
63 Ebd., Taf. 2 unten, Fabeltier, von vier Vögeln angegriffen. 13. Jh., Musée de la Soc. Hist. Guines.
64 Ebd., Taf. 3, 5, Fabelwesen mit Fisch, sog. Bischof des Meeres, 26, 137. – Die Kathedrale von Thérouanne wurde 1553 durch die Truppen Karl V. zerstört, es ist möglich, daß die Platten in den Kirchen von Blaringhem (Nord) und der Kollegiatskirche von Aire-sur-la-Lys (Nord) ebenfalls von dort stammen. Um 1270–85. Saint-Omer, Musée Sandelin.
65 E. C. Norton, 1984a, 61, Abb. 6 und 7. Löwe und Basilisk, um 1225.
66 M. Carette, D. Deroeux, 25–26.
67 M. Bidault, C. Lautier, Le pavement de l'ancienne abbatiale Saint-Nicaise de Reims, Revue Art 31, 1976, 9–20.
68 F. Goddet, Abb. 6 und 7.
69 P. Oliver, Les carrelages céramiques de Jumièges, Congr. scientifique du XIIIe centenaire Rouen, 10–12 juin 1954, Rouen 1955, 539–541 (537–549), Abb. 1–3 zeigt Blüten und Palmetten aus mehreren Teilen zusammengesetzt. Jumièges hatte reiche

Fortsetzung nächste Seite

pelle Saint-Cucuphas und der Marienkapelle in Saint-Denis[70] oder der Zisterzienserabtei Pontigny[71] (Yonne) vorhanden waren. Diese Fliesen sind heute, bis auf wenige Teilstücke in Jumièges, verloren und nur durch die Zeichnungen Viollet-le-Duc's überliefert. Von den kostbaren und einfallsreichen Fliesenböden in Saint-Denis wurden nur drei Fliesen gerettet! Ob für die Mosaikfliesen in Saint-Denis, die teilweise mit denen aus Pontigny übereinstimmen, eine Zisterzienserwerkstatt angenommen werden darf, ist nicht zu klären. Die Funde der letzten Jahre haben gezeigt, daß genau dieselben Muster in Plattenmosaik, wie wir sie aus Zisterzienserkirchen kennen, auch in den Kirchen anderer Orden verlegt wurden. Als Beispiel seien die Beläge der Benediktinerabteien Ligugé (Vienne)[72], Nouaillé (Vienne)[73] und Jumièges genannt[73a].

Diese Plattenmosaiken aus Tonfliesen waren jedoch nach wie vor mühsam herzustellen und ebenso mühsam zu verlegen. In einer Zeit wie dem 2. Drittel des 13. Jahrhunderts, in der in rascher Folge ein großartiger Kirchenbau nach dem anderen in die Höhe wuchs, suchte man nach Wegen, den Herstellungsprozeß zu beschleunigen und gleichzeitig zu verbilligen. Da in Frankreich weißbrennender Pfeifenton in genügender Menge zur Verfügung stand, wurden nun die Muster gleich zweifarbig auf einer Fliese angebracht, meist in weiß auf rotem Grund; in seltenen Fällen in rot auf einer weißen Engobe ausgespart[74]. Wo nun diese inkrustierten Fliesen *(carreaux incrustés)* zuerst entstanden, ob im an Hausteinen armen, an Tonlagern reichen Norden[75] oder im Zentrum der Macht und Kunstfertigkeit, der Île-de-France, ist immer noch nicht sicher. Die neuesten Untersuchungen von Norton verweisen auf einen in der ehemaligen Zisterzienserinnen-Klosterkirche Maubuisson[76] entdeckten Fliesenboden, der in einem Belag aus Plattenmosaik die ersten inkrustierten Fliesen aufweist und vermutlich um 1240 verlegt wurde. Ähnliche Fliesen kamen in der Zisterzienserinnenkirche Royaumont zutage[77]. Um 1273 wurden nach Norton die Fliesen im Kapitelsaal der Benediktinerabtei Saint-Germain-des-Prés in Paris geprägt[78]. Auch hier waren die inkrustierten Fliesen: Rosen, Lilien und das ‚Schloß' der Bianca von Kastilien[79], zusammen mit Plattenmosaik verlegt, nur daß dieses nicht mehr aus einzeln ausgestochenen oder geschnittenen Mosaikfliesen bestand, sondern aus kleinen Quadraten und Dreiecken, die man entlang von Trennlinien aus größeren, glasierten Fliesen gebrochen hatte[80]. Während es sich

---

Fortsetzung Anm. 69
Fliesenböden aus geometrischem Mosaik, inkrustiertem Mosaik (Kreisrosetten), quadratischen Fliesen, außerdem große Grabplatten. P. OLIVIER datiert die kleinteiligen Mosaikfliesen (à la façon d'un Puzzle) ins Ende des 11. oder ins 12. Jh. (Zur komplizierten Baugeschichte von Jumièges vgl. J. TARALON, Jumièges, Paris, 2–40).

70 E. VIOLLET-LE-DUC, II, 262. – R. FORRER, 1901, Taf. 4, 3a und b. Hier ist eine heraldische Lilie (auf andersfarbigem Hintergrund) aus sieben Teilen zusammengesetzt, eine Vierpaßblüte und ein Sechseck aus je zwei Teilen. – E. C. NORTON, Les carreaux de pavage du Moyen Age de l'abbaye de Saint-Denis, Bull. mon. 139, 1981, 74, Abb. 7–8, 75, Abb. 9, 89, Abb. 1–2 (69–97). Norton vermutet, daß in der Marienkapelle Fliesen des 12. Jh. um 1253 in einem Boden aus spätem Plattenmosaik wiederverwandt wurden. Die Fliesen der beiden Kapellen und der Kapelle Saint-Hilaire werden bei Norton ausführlich behandelt.

71 E. AMÉ, 100. – H. MONCEAU, 508, erwähnt Fliesen desselben Typus aus Cluniazenserkirchen, ohne nähere Angaben.

72 J. COQUET, 1960, 109–144. (5–40). Die Fliesen wurden bei Ausgrabungen 1955 aufgedeckt. Erhalten haben sich ca. 80 cm. Mit Hilfe von 50 verschiedenen Mosaikteilen wurden wechselnde Muster geschaffen, von denen sich zwölf erhalten haben. Die Fliesen sind glasiert und wurden von Coquet ins 7. Jh. datiert, von anderen Autoren inzwischen zu Recht in den Beginn des 12. Jh. (J. HUBERT, in: Bull. Soc. Nat. Antiqu. France, 1956, séance 4.7., 98; séance 11.7., 98–99.) oder den Beginn des 11. Jh. (X. BARRAL I ALTET, 1972, 128) verwiesen. Hier sind die Muster, die sich später in Kloster Eberbach und den böhmischen Zisterzienserklöstern finden, schon vertreten. Exakt übereinstimmende Prägungen fanden sich in dem Zisterzienserkloster Les Châtelliers (vgl. S. 75, Anm. 39). Das Kloster wurde nach der Legende im 4. Jh., mit einer gewissen Sicherheit im 6. Jh. gegründet und im 2. Viertel des 9. Jh. erweitert; die Kirche wurde im 14. Jh. durch einen Neubau ersetzt.

73 R. CROZET, Nouaillé, Bull. Mon. 98, 1939, 265–297. – J. COQUET, 1960, 134–135. Bei Grabungen wurde in Nouaillé eine rechteckige, gelbglasierte Fliese gefunden, die genau mit der in dem nur wenige km entfernten Ligugé übereinstimmt. Coquet vermutet, daß das Kloster die gleichen Fliesenböden besaß wie Ligugé. Nouaillé wurde 678 gegründet, 868 durch die Normannen zerstört und, nach einem Brand Ende des 12. Jh., wiederaufgebaut. Vermutlich wurden die Fliesen in diesem Neubau verlegt.

74 Vgl. Kap. 1.4.

75 L. LESUR ET TARDY, I, 319. – In der 1944 zerstörten ehem. Benediktinerkirche Saint-Désir in Lisieux (Calvados) fand sich ein aus dem 11. (?) Jh. stammender Belag aus glasierten Fliesen, die teilweise Inkrustationen aus Glasfluß aufwiesen. Es handelte sich um einen auf neun Fliesen verteilten Stern, der ein Muster in Plattenmosaik nachahmt und einen Fries aus Drachen und Ranken, sowie andere noch nicht veröffentlichte Muster, deren Publikation M. F. Cottin vorbereitet und für die es bis jetzt nichts Vergleichbares in Frankreich gibt (G. LACHASSE, 1979, 317, Nr. 330, Abb. S. 118). Eine Übersicht über Vorformen inkrustierter Fliesen in England, der Normandie, der Île-de-France und in Burgund gibt E. C. NORTON, 1986, 256–293.

76 E. C. NORTON, 1984a, 63, 65, Abb. 15, 66, Abb. 16. – T. N. KINDER, Blanche of Castile and the Cistercians, an architectural Re-evaluation of Maubuisson Abbey, Cîteaux 1976, 161–188. Dieselben Fliesen wie in Maubuisson wurden vereinzelt auch in der ebenfalls durch Bianca von Kastilien gestifteten Zisterzienserinnenabtei Lys (Île de France) gefunden (s. S. 75, Anm. 4).

77 E. C. NORTON, 1984a, 63.

78 E. C. NORTON, M. G. HORTON, 69–78. Die Fliesen wurden 1882 gefunden und sind heute im Museum Carnavalet, Paris. – J.-P. NORTEL, Saint-Germain-des-Prés, Paris 1976, 2ff.

79 M. DE BAYE, L. PICHON. Dieses Wappen, zuerst durch Königin Bianca, Gemahlin König Ludwig d. Heiligen von Frankreich, ins Land gekommen, findet sich in zahlreichen Varianten noch auf Fliesen des 14. und 15. Jh.

80 Diese Art von Mosaik wird als *mosaïque rectiligne* bezeichnet. Im Deutschen gibt es dafür noch kein passendes Wort, weil es kaum gefunden wurde (Motte Kippekausen). Der Versuch, möglichst kleine Muster auf einer einzigen Fliese unterzubringen, der auf Fliesen aus Belgien und Holland weiterlebt, ist vermutlich eine Übertragung dieses Mosaiks auf Einzelfliesen. Vgl. hierzu Fliesen aus der Kathedrale von Laon (E. FLEURY, Abb. 9, 12 und 13), aus Précy-le-Sec (Yonne) (A. GUILLON, H. MONCEAU, I, 21), aus dem Hospital von Tonnere (Yonne) (A. GUILLON, H. MONCEAU, II, 17) und aus der Kapelle des Siechenhauses Saint-Jean bei Neufchâtel (J. E. DECORDE, Taf. 8, 9).

bei diesen im Raum Paris entstandenen Fliesen meist um kleine, quadratische Fliesen handelt, fanden sich in einer Reihe von Klöstern und Kirchen noch große Kreisrosetten und reichgegliederte Böden aus inkrustiertem Plattenmosaik. Diese können kaum später als die inkrustierten Fliesen der Pariser Werkstatt entstanden sein. Sie stammen meist aus Zisterzienserklöstern[81], einer der großartigsten uns überlieferten Fliesenböden hat sich jedoch in der Kirche (heute im Kapitelsaal) der Benediktinerabtei Saint-Pierre-sur-Dives (Calvados)[82] erhalten (Abb. 25). Dieser besteht aus neun breiten Kreisbändern; Löwen, Greifen und Doppeladler wechseln mit floralen Mustern. Der von Amé noch ins Ende des 12. Jahrhunderts datierte Boden wurde nach Norton erst im 2. Viertel des 13. Jahrhunderts verlegt. Amé erwähnt außerdem die große Rosette des Benediktinerpriorats Cunault (Maine-et-Loire)[83] und den Boden der Kirche Saint-Hippolite in Vivoin (Sarthe)[84]. Zu dieser Gruppe gehören ferner die Fliesen der Abteikirchen von Asnières[85] und Saint-Maur-de-Glanfeuil (beide Maine-et-Loire)[86], eine Reihe von Fliesen aus den Kirchen von Angers (Maine-et-Loire) und dessen Umgebung[87], der Boden der 1940 zerstörten Abtskapelle der Benediktinerabtei Breteuil (Oise)[88] und die Kreisrosetten des Schlosses von Coucy (Aisne)[89]. All diese Fliesen stammen noch aus dem 13. Jahrhundert. In der 1. Hälfte des 14. Jahrhunderts war dieser Entwicklungsprozeß abgeschlossen, es finden sich fast nur noch quadratische Fliesen, diese jedoch in so großer Menge, daß anzunehmen ist, daß auch in Frankreich jede wichtige Kirche im Mittelalter einen Fliesenboden besaß.

Wie die zahlreichen Funde beweisen, legten die französischen Töpfer und Fliesenleger jedoch meist mehr Wert auf die farbige Komposition der Fläche als auf die Muster der Fliesen. Sehr viele sind flüchtig geprägt, mit unscharfen Konturen und, im Gegensatz zu den englischen Fliesen, kaum vorhandener Detailzeichnung.

Die Muster der französischen Fliesen weichen teilweise sehr von denen der deutschen ab. Zwar überwogen in der Frühzeit ebenfalls geometrische Ornamente, sie wurden jedoch rasch von einer Fülle von Tieren und Fabeltieren, Menschen und Fabelwesen, Blatt-, Blüten- und Rankenmustern abgelöst (Abb. 98 und 99). Die heraldische Lilie *(fleur-de-lys)* beherrscht in zahlreichen Varianten und in jeder Größe das Feld, dagegen fehlen die stereotypen Eichblattfliesen, wie sie sich am Mittelrhein finden, fast ganz. Es gibt eine Fülle von Wappen, Burgen und Gebäuden, sehr viel mehr Personendarstellungen und auch sakrale Themen[89a]. Häufig sind auch Fliesen, die mit einer Devise oder mit Schrift versehen sind[90].

Als besondere Eigentümlichkeit sei noch auf die vor allem in der Normandie hergestellten *dalles tumulaire* verwiesen. Dies sind Grabplatten, die aus einzelnen Fliesen zusammengefügt wurden. Meist wurde die Zeichnung in eine große Tonplatte eingeritzt oder eingeprägt, diese dann in einzelne Teile zerschnitten, auf

81 Vgl. die Fliesen in Champagne, Les Châtelliers u. Paraclet-des-Champs (S. 74, Anm. 24, 39, S. 76, Anm. 49).

82 E. Viollet-le-Duc, II, 268. – R. Forrer, 1901, Taf. 4. – E. Amé, 127–129. – H. Kier, 1970, Abb. 363. – E. Gautier-Desvaux, Saint-Pierre-sur-Dives, Congr. arch. 132, 1974, Paris 1978, 188–214. Die zu Ende des 10. Jh. gestiftete Kirche wurde 1067 geweiht, 1106 niedergebrannt, der Wiederaufbau war 1255 noch nicht abgeschlossen. Die Fliesen stammen aus der Werkstatt von Pré d'Auge.

83 E. Amé, 136–138. Nach schriftlicher Mitteilung von Herrn Dr. E. C. Norton, York, konnte die Datierung der Fliesen in Cunault und die der von ihnen abhängigen oder gleichzeitigen Muster zum ersten Mal präzisiert werden. Norton glaubt an eine Prägung der Anjou-Fliesen im 3. Viertel des 13. Jh. Eine ausführliche Begründung dieser These bei E. C. Norton, 1986, 269.

84 E. Amé, 130–135. Die Muster waren in breiten Bändern angeordnet, im Chor liegt ein großer Stern (∅ 2,71 m) aus lauter verschiedenfarbigen Rauten.

85 J. Chappée, Carrelage de l'abbaye d'Asnières, Revue Art Chrétien 50, 1907, 289–296, Taf. 2. Das Kloster wurde zu Ende des 12. Jh. gegründet, die Bauten waren um 1230 abgeschlossen.

86 Ders., Le carrelage de l'abbaye de Saint-Maur de Glanfeuil d'après les pavés retrouvés dans les fouilles récentes, Revue Art Chrétien 48, 1905, 73–82, Taf. 3. Die Fliesen wurden 1898–99 gefunden. Sie müssen gleichzeitig mit den Fliesen in Asnières und Cunault entstanden sein.

87 H. de Morant, 1–5, Abb. 1–18.

88 E. Amé, 151–154. – H. Kier, 1970, Abb. 361 (nach E. Didron, 61–68). – Die Datierung ins Ende des 13. Jh. ist vermutlich zu spät.

89 E. Amé, 139–140. – D. Leistikow, Coucy-le-Château, Burgen und Schlösser 10, 1969 II, 63–68; 11, 1970 II, 37–42; 12, 1971 II, 13, 1972 II. Das 1917 gesprengte, bis dahin noch gut erhaltene Schloß wurde wohl im 1. Viertel des 10. Jh. erbaut, im 2. Viertel des 12. Jh. ausgebaut und in der 1. Hälfte des 13. Jh. bedeutend erweitert. Die Fliesen müßten noch vor der Mitte des 13. Jh. verlegt worden sein. – Erwähnt seien ferner die schönen, Fensterrosen ähnlichen, Rosetten aus einem alten Haus in Toucy (Yonne) (E. Amé, Taf. bei 54) sowie von einem unbekannten Fundort, heute im Museum von Auxerre (Yonne) (E. Amé, Taf. bei 57). Amé datiert sie ins 14. Jh., vermutlich gehören sie noch dem 13. Jh. an.

89a Neben Engeln, Bischöfen und Äbten, Mönchen und Betenden auf Bodenfliesen, finden sich Szenen des Neuen Testaments eher auf Wandfliesen, so eine Kreuzabnahme mit St. Andreas und St. Elisabeth und den Stifterfiguren Herzog Philipp d. Guten, seiner Gemahlin Isabelle von Portugal und ihren Kindern. Aus Autun (?), Paray-le-Monial, Musée d'Art sacré le Hieron. Von Hand eingeritzt. 39 × 26 × 1 cm. 15. Jh. (M. Pinette, 40, Nr. 154, Taf. 17. – Farbtaf. bei E. C. Norton, 1982, 38.) – Aus der ehem. Benediktinerabtei Longues (Calvados), Chapelle de Fumichon, hat sich eine ebenfalls von Hand geritzte Fliese erhalten, die Teil einer Anbetung der Hl. Drei Könige war. 25 × 25 × 3 cm. Mitte 14. Jh., Angers, Musée des Beaux-Arts. (E. C. Norton, in: Kat. Les Fastes du Gothique. Le siècle de Charles V, Paris 1981–82, 417, Nr. 357).

90 A. Ramé, Taf. 56. – Fliesen mit der Devise „seule" fanden sich im Haus des Kanzlers Nicolas Rolin, in Dijon (2. Viertel 15. Jh.) und liegen noch in dem von diesem gestifteten Hôtel-de-Dieu in Beaune in situ (um 1452); solche mit den Aufschriften *„vive labeur – a grat peine"* (auch als *„bien labeur"* = viel Arbeit gedeutet) fanden sich im Schloß der Herzöge von Burgund in Brazey-en-Plaine (Côte-d'Or), (M. Pinette, 34, Nr. 16–17, Taf. 2, 16–17), um 1447; eine zweite vom selben Fundort *„hic deum adora"* (A. Guillon, H. Monceau, II, 41) und das auf den 100jährigen Krieg gemünzte *„prenez a grâce la France"* aus Prémontré oder Etampes (Seine-et-Oise), um 1415–30 (R. Forrer, 1901, Taf. 30), um nur einige zu nennen.

Abb. 98 Inkrustierte Fliese mit der Darstellung eines „Windgottes" (?) aus einer Kirche in Etampes (Essonne) 14. Jh. Düsseldorf, Hetjens-Museum.

Abb. 99 Inkrustierte Fliese mit „Sphinx" (?) aus Château-Thierry (Aisne). 14. Jh. Düsseldorf, Hetjens-Museum.

der Rückseite ausgehöhlt (um das Gewicht zu vermindern und Brennrisse zu vermeiden), farbig glasiert und gebrannt. Von besonderer Schönheit sind die 1933 in den Ruinen der ehemaligen Abteikirche Sainte-Marie in Longues (Calvados)[91] entdeckten, dem Ende des 13. Jahrhunderts angehörenden Grabplatten. Sie zeigen die drei Toten, eine Dame und zwei Ritter, in Überlebensgröße (2,34×0,66 / 0,78m). Bei neueren Grabungen wurden 1961 in der Benediktinerabtei Deux-Jumeaux (Calvados) zehn weitere Grabplatten aus Ton gefunden, bei denen eine erhaltene Inschrift eine Datierung in den Beginn oder die 1. Hälfte des 14. Jahrhunderts erlaubt[92].
Von den zehn in der französischen Revolution zerstörten Grabplatten der Äbte der Benediktinerabtei von Jumièges (Seine-Inférieure) sind nur noch Fragmente erhalten[93], weitere Grabplatten sind aus den Zisterzienserabteien Fontenay (Côte-d'Or)[94] und Lieu-Dieu (Somme)[95] (Abb. 100) sowie der Ruine des Benediktinerklosters Hambye (Manche)[96] bekannt. Forrer zeigt sehr schöne Grabplatten mit zwei weinenden Engeln und einem lesenden Mönch aus Vimoutiers (Orne)[97], aus der Zeit um 1300 (Abb. 101).
In Deutschland läßt sich bis jetzt nur ein Grabmal dieser Art nachweisen. Es wurde für Papst Benedikt V. im ehemaligen Hamburger Dom zwischen 1320–30 errichtet und zeigte das Bild des Papstes in Lebensgröße, umgeben von Aposteln, Heiligenfiguren und kämpfenden Rittern (Abb. 102). Bruchstücke des 1806 beim Abbruch des Doms zerschlagenen Grabmals wurden bei einer Grabung 1949 entdeckt[98]. Sie zeigen in zarten Umrissen, weiß auf grünlichem Grund, den Oberkörper eines Heiligen und einen galoppierenden Reiter

91 A. P. Dewey, Les tombes de céramiques de l'abbaye de Longues, Gaz. Beaux-Arts 40, 1952, 93–99, 97, Abb. 6. Diese Grabplatten wurden mit großer Wahrscheinlichkeit in den Werkstätten von Molay (Calvados) hergestellt, die 1282 durch den aus Italien zurückkehrenden Jehan de Harcourt gegründet wurden und zu Beginn des 14. Jh. ihre Blütezeit erlebten, nach 1370 jedoch verschwanden (A. Lesur et Tardy, IV, 1246–47). In der Kirche von Longues fanden sich außerdem inkrustierte Fliesen in zahlreichen Mustern.

92 F. Salet, Fouilles du prieuré de Deux-Jumeaux (Calvados), Bull. Mon. 122, 1964, 177–182. Im Gegensatz zu Longues konnten die Muster hier nicht vollständig ergänzt werden. Außer diesen fanden sich Fliesen in 76 verschiedenen Mustern unter denen Salet die Darstellung eines Bischofs, eines thronenden Königs, von Tänzerinnen und galoppierenden Rittern hervorhebt.

93 E. C. Norton, The thirteenth-century tile-tombs of the abbots of Jumièges, Journal Brit. Arch. Ass. 137, 1984, 145–167, Taf. 25–31. Nicht sicher datierbar, vermutlich frühes 13. Jh.

94 A. de Caumont, 315. Betender Ritter mit Kettenhemd und Schwert. Es wurden noch zwei weitere Grabplatten gefunden, die jedoch nur erwähnt sind. 13. Jh.

95 D. François, P. Touzet, Decouvertes archéologiques à Beauchamps (Somme), Abbaye du Lieu-Dieu, Cah. Arch. Picardie 5, 1978, 256–261. Die Fliesen, auch hier ein betender Ritter im Kettenpanzer (Rogon de Beauchamps), wurden 1977 aufgedeckt. Rogon de Beauchamps starb vermutlich um 1215/16. Die Fliesen kamen wahrscheinlich aus der Mutterabtei Foucarmont, wo schon um 1130 eine Töpferei bezeugt ist.

96 A. Lesur et Tardy, IV, 1247. Die Bruchstücke dieser Grabplatten befinden sich heute im Museum von Avranches. Es lassen sich eine kniende Dame, das Grabmal eines Abtes und sechs Mönche erkennen. G. Lachasse, 1979, 330–333, Nr. 345, 345 bis, „Prozession von Mönchen", datiert die Platten ins 14. Jh.

97 R. Forrer, 1901, Taf. 18, 1–4.

98 R. Schindler, Zwei glasierte gotische Bildkacheln aus den Trümmern des ehem. Mariendomes in Hamburg, Faenza 37, 1951, 39–41, Taf. 12, 13, 14a. – K. Mathieu, Der Hamburger Dom. Unters. zur Baugeschichte im 13. und 14. Jahrhundert (1245–1329) und eine Dokumentation zum Abbruch in den Jahren 1804–1807, Mitt. Museum Hamburgische Gesch., NF 8, Hamburg 1973, 120–123. – A. Berendsen [u.a.], 61, bildet die Gestalt des Heiligen farbig ab. Bruchstücke im Museum für Hamburgische Geschichte. Das Grabmal wurde 1661 von dem Kupferstecher H. v. Winterstein gezeichnet.

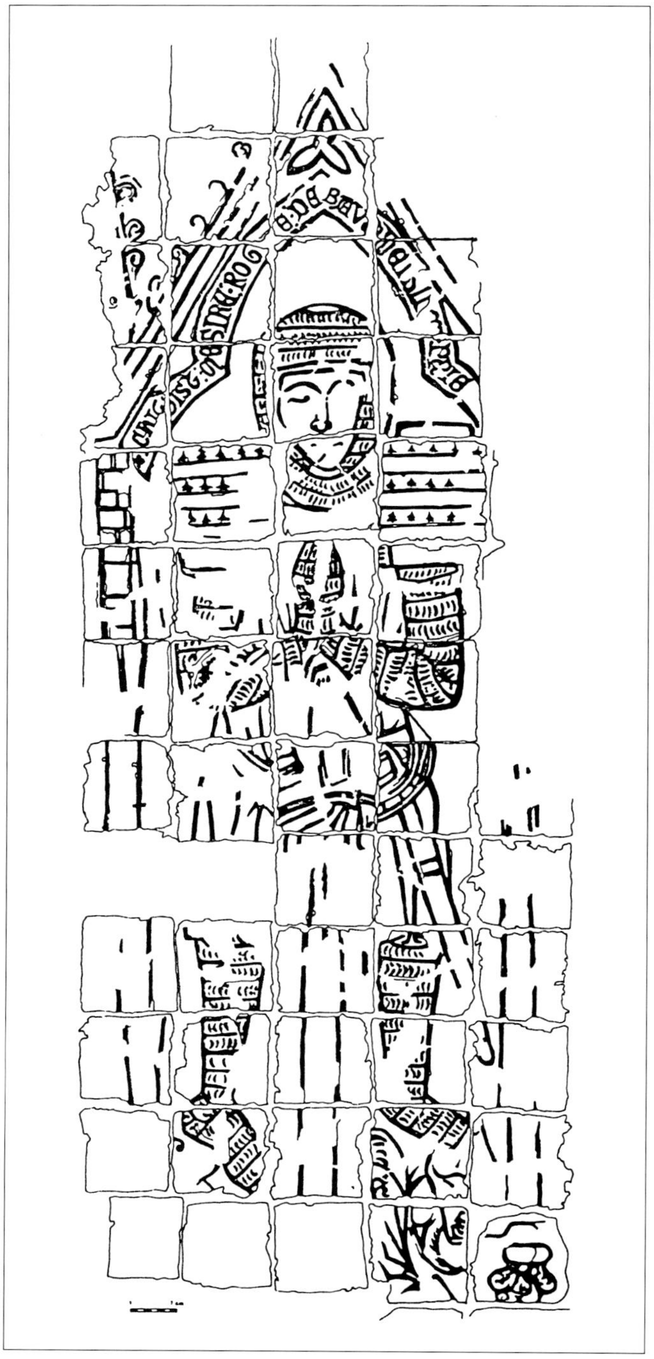

Abb. 100 Grabplatte des Rogon de Beauchamps. Inkrustierte Fliesen aus der Zisterzienserabtei Lieu-Dieu (Somme). 2. Viertel 13. Jh. (?), Zeichnung: D. François, P. Touzet.

Abb. 101 Inkrustierte Fliesen einer Grabplatte. Weinende Engel und lesender Mönch. Aus Vimoutiers (Orne). Um 1300. Dortmund, Museum für Kunst und Kulturgeschichte.

(Abb. 103 und 104). Das eigentliche Grabmal war anscheinend in Relieftechnik gefertigt[99]. Diese Fliesen gehören zur großen Gruppe der Fliesen mit zinngetrübter Glasur, der sogenannten ‚Grün-purpurnen Familie', für die bis jetzt in Deutschland alle weiteren Beispiele fehlen. Das Rätselraten um dieses Grabmal, das man zuerst für einen Import aus Spanien hielt und nun eher mit einer Werkstätte in Flandern oder den Niederlanden in Verbindung bringt, ist noch nicht gelöst. Norton weist nach, daß in Südfrankreich, wo zur selben Zeit die ersten Fliesen dieser Gruppe verlegt wurden, bis jetzt keine Grabplatten oder ähnliche monumentale Fliesenbilder entdeckt wurden[100].

Ebenfalls für Import aus Spanien hielt man lange Zeit

99 R. Schindler, ebd., 40. – Der Trümmerschutt des Hamburger Doms wurde 1807 zum Bau von Deichen abgefahren, so daß die restlichen Fliesen wohl verloren sind.

100 E. C. Norton, 1984b, 154.

die Fliesen, die im Papstpalast in Avignon[101], in einigen Gebäuden der Stadt, in Narbonne[102], Toulouse[103] und Montpellier[104] sowie in den Zisterzienserklöstern Belleperche, Bonlieu, Escale-Dieu und Flaran, dem Benediktinerkloster Moissac[105] (Tarn-et-Garonne) und in der Abtskapelle von Lagrasse (Aude)[106] gefunden worden waren. Ausgrabungen der letzten Jahre haben ergeben, daß all diese Fliesen in einheimischen Werkstätten oder von wandernden Töpfern hergestellt wurden. Die Fliesen für den Papstpalast in Avignon und das päpstliche Schloß in Châteauneuf-du-Pape bezog man zu Beginn des 14. Jahrhunderts aus den Werkstätten von Saint-Quentin-la-Poterie[107]. Norton und Gaignière sind allen Verästelungen dieser Werkstätten gründlich nachgegangen, so daß auf ihre Arbeiten verwiesen werden kann[108]. Hervorzuheben ist nur, daß die Fliesen die sehr einfachen geometrischen Muster (Tiere, Blüten und Ranken) nicht in den zarten grün-manganvioletten Konturen wie auf spanischen Fliesen derselben Zeit, sondern in kräftigen und satten Farben, die oft einen wesentlichen Teil der Fläche füllen, zeigen. Für Fliesen, die in den Schlössern der Herzöge von Burgund und des Herzogs von Berry in Dijon und Poitiers verlegt wurden, rief man allerdings spanische Töpfer ins Land[109]. Die Fliesenherstellung, obwohl sie von den Klöstern angeregt und möglicherweise noch einige Zeit in geistlicher Regie betrieben wurde, scheint jedoch schon sehr früh in weltliche Hand übergegangen zu sein. Zahlreiche Urkunden[110] lassen auf Werkstätten in vielen Städten und auch in ländlichen Bezirken schließen. So weiß man, daß die großen Grabplatten und die schönen Flie-

Abb. 102 Hamburg, ehem. Dom St. Marien. Grabmal Papst Benedikt V., um 1320 (zerstört), Kupferstich von H. V. Winterstein 1661.

101 S. Gagnière, Récentes découvertes au Palais des Papes et à Notre-Dame des Doms, Annuaire des Amis du Palais des Papes, 1962–63, 40, 46. – Dies., Le carrelage de la chambre du Pape, ebd., 1972, Aubanel 1973, 59–62. – E. C. Norton, 1984b, 135–137. – S. Gagnière, J. Thiriot, Aspects et provenances des carreaux de pavement du Palais des Papes d'Avignon au 14e siècle, D. Deroeux, 218–226.

102 E. C. Norton, 1984b, 135, 138, 164, Anm. 6, 165, Anm. 14, Taf. 7 A–D. Die Fliesen stammen zumeist aus dem Erzbischöflichen Palast in Narbonne und sind heute im Museum in Narbonne.

103 J. Esquié, Notes sur des carrelages émaillés trouvés à Toulouse, Mem. Acad. Sciences, Inscriptions Belles-Lettres Toulouse 7. s. X, 1878, 397–416. – E. C. Norton, 1984b, 135–138, 165, Anm. 12 und 20, Taf. 8, A–B. Die Fliesen wurden 1862 in der Propstei der Kathedrale von Toulouse und in den 20er Jahren des 20. Jh. im Kapitelsaale des Dominikanerklosters gefunden. Sie wurden vermutlich zu Ende des 13. Jh. verlegt.

104 E. C. Norton, 1984b, 138–139, 165, Anm. 17. Die Fliesen stammen aus der Johanniterkommende in Montpellier, sie wurden (nach Norton) von derselben Werkstatt, die die Fliesen in Toulouse und Lagrasse fertigte, im letzten Jahrzehnt des 13. Jh. hergestellt.

105 J. Monméja, Mosaïques du Moyen Âge et carrelage émaillés de l'Abbaye de Moissac, Bull. Arch. 1894, 189–206. – E. C. Norton, 1984b, 138–139, 165, Anm. 18. – Ders., 1984a, 69, Abb. 23. – Die Fliesen der Abtskapelle wurden 1880 entdeckt und sind inzwischen zum großen Teil verloren (Reste in der Abtei). Der um 1290 geschaffene Boden zeigte quadratische Flächen aus Plattenmosaik in wechselnden Mustern. Drei Quadrate und die doppelten Randfriese bestanden aus gemusterten Fliesen.

106 E. C. Norton, 1984b, 138–139, Anm. 13, Taf. 8, C–D. – Ders., 1984a, 70, Abb. 24. – Der wohl um 1296 verlegte Boden aus der Kapelle des Abtes Auger in Lagrasse zeigt ein ähnliches Bild wie der in Moissac. Zwischen die Flächen aus inkrustierten Fliesen sind einzelne Fayencefliesen eingestreut.

107 S. Gagnière, J. Granier, Les carrelages du Château de Jean XXII à Châteauneuf-du-Pape, Mém. Acad. Vaucluse 7, 1973–74, 29–62. Bei Grabungen wurden i. J. 1960 Fliesen in 35 verschiedenen Mustern gefunden, die übereinstimmend oder ähnlich auch im Papstpalast von Avignon vorkommen. Das Schloß wurde zwischen 1317 und 1333 erbaut, in der Französischen Revolution zerstört und 1944 teilweise gesprengt.

108 E. C. Norton, 1984b, 164, Anm. 3 und 4.

109 P. Quarré, Les carreaux de pavement de l'Oratoire ducal à la Chartreuse de Champmol, Mém. Commission Antiquités Dep. Côte-d'Or 23, 1947–1953, Dijon 1953, 234–240, erwähnt einen Meister Jean de Valence in den Diensten des Herzogs von Berry, der 1381 eine Fliesentöpferei in Poitiers leitete. Philipp der Kühne von Burgund ließ ‚Maître Jehan de Gironne' aus Spanien kommen, der zwischen 1383 und 1388 einen Töpferofen in Dijon betrieb und, wie die Urkunden berichten, 1389 verschwand „ohne Adieu zu sagen". Von ihm stammen vermutlich die Fliesen der herzoglichen Kapelle in der Kartause von Champmol.

110 V. Gay, I, 283–284. – A. Lesur et Tardy, I–IV, geben eine Übersicht (Stand des Wissens 1960) über alle Urkunden, die sich mit Töpfereien, Verkauf und Transport von Fliesen etc. beschäftigen.

Abb. 103 Hamburg, ehem. Dom St. Marien, Grabmal Papst Benedikt V., um 1320 (zerstört). Detail: Heiliger. Hamburg, Museum für Hamburgische Geschichte.

Abb. 104 Hamburg, ehem. Dom St. Marien, Grabmal Papst Benedikt V., um 1320 (zerstört). Detail: Ritter mit Lanze. Hamburg, Museum für Hamburgische Geschichte.

sen der Normandie schon zu Ende des 12. Jahrhunderts aus den Werkstätten von Molay bei Bayeux (Calvados) und Saint-Jean-de-Nehou (Manche)[111] (um 1230 erwähnt) kamen. Die Fliesen der Region um Lisieux wurden in den Töpfereien von Pré-d'Auge geprägt[112], für das Artois sind ebenfalls verschiedene Werkstätten gesichert[113]. Ein Teil dieser Töpfereien arbeitete bis ins 17. Jahrhundert; ein günstiges Netz kleiner Flüsse, die in die Seine mündeten, erlaubte den Transport von Fliesen bis nach Paris und in die Île-de-France. Muster und Größe der Fliesen wurden oft vom Besteller vorgeschrieben, die Preise waren, wie die erhaltenen Rechnungen zeigen, keineswegs gering[114]. Bedeutende Maler wie Melchior Broederlam lieferten Musterzeichnungen[115].

Im Gegensatz zu den deutschen Fliesentöpfern traten die französischen *carreleurs*, vor allem wohl, um sich gegen die Nachahmung ihrer Muster zu sichern, aus ihrer Anonymität heraus. Von einfachen Monogrammen bis zu den Inschriften:[116] „Colins de Henaut me fist"[117], „Martins me fist"[118], „Antonius me fit sibi"[119] und dem ausführlichen „Sil qui fit ce careel ha non Renier flus (filius) Lembert Mocaut de Chantemel"[120], finden sich zahlreiche Inschriften auf Fliesen. Auf anderen wieder ist der Besteller genannt oder durch sein Wappen verewigt[121].

Es gibt leider noch keine Übersicht über die in Frankreich gefundenen mittelalterlichen Brennöfen, die Fliesen enthielten oder mit in der Umgebung gefundenen Fehlbränden in Verbindung gebracht werden können. Es scheint jedoch, als seien dies, im Gegensatz zu England, auch nur sehr wenige. Ausführlich dokumentiert ist erst der 1972 in der Zisterzienserabtei Vauclair[122] entdeckte Ofen, bei dem es sich um den Typus eines ‚Tunnelofens' mit zwei gewölbten Brennkammern handelt.

---

111 G. Lachasse, 1979, 312–313.
112 Ebd., 313.
113 M. Carette, D. Deroeux, 29–35, 81–89.
114 L. de Vesly, 204.
115 V. Gay, I, 284, Urkunde von 1391. Melchior Broederlam (nachweisbar zwischen 1381 und 1409 in Ypern) zeichnete nicht nur Fliesenmuster, er versah auch seine Bilder mit vielfältig gemusterten Fliesenböden. Vgl. die Darbringung im Tempel, Dijon, Musée des Beaux-Arts (F. Deuchler, W. Drayer, Burgund, Königstein 1970, 171).
116 A. de Barthélemy, 252–272.
117 Ebd., 259. Fliese aus der Kapelle des heute verschwundenen Dorfes Haulzy (Marne).
118 Ebd., 263, Abb. 9, aus der Kathedrale von Verdun, vom selben Fundort eine Fliese „ROGIERS NAVDET ME FIT" (ebd., 262, Abb. 8).
119 A. Blomme, 260–261. Aus Villeneuve-le-Roi.
120 A. de Barthélemy, 268. Aus der Abtei von Nesle-la-Reposte (Marne).
121 Ebd., 266, Abb. 13. „JEHANS DE ORCHEANS DE FIT FAIRE", bei Ausgrabungen in Besançon gefunden.
122 ‚Groupe Sources', Un four tuilier médiéval à l'abbaye de Vauclair (Aisne), Cah. Arch. Picardie, 1975, 70–76. Eine Studie über die in der Umgebung des Ofens gefundenen Fliesen durch R. P. Courtois soll 1986 erscheinen. Nach (mündlicher Mitteilung von) R. P. Courtois wurden noch zwei weitere Fliesenöfen entdeckt.

Die größere Prachtentfaltung des französischen Adels im 14. und 15. Jahrhundert ist der Grund, daß sich im Verhältnis zu Deutschland sehr viel mehr Fliesen in Burgen und Schlössern fanden. Ein besonders prachtvolles Beispiel gab der Boden 1975 frei. Durch frühe Zerstörung (um 1350) und dicke Schichten feinen Sandes, hatten die Fliesenböden die Leuchtkraft ihrer Farben unversehrt bewahrt. Es handelt sich um den Boden einer kleinen Kirche, die zum Schloß der Herzöge der Bretagne in Suscinio auf der Halbinsel Rhuys (Morbihan) gehörte[123]. Breite Bänder mit Schriftfliesen trennten die einzelnen Quadrate, von denen jedes ein anderes Muster zeigte. In diese eingebettet lagen Kreise aus je sechzehn Fayencefliesen mit figürlichen Darstellungen, so das schöne Bild eines ‚Hofnarren'. Der früheste Boden gehört dem 13. Jahrhundert an, der Belag, der die Fayencefliesen enthielt, wird um 1330 datiert.

In Frankreich wurde die Verwendung von Bodenfliesen nicht in ähnlicher Weise unterbrochen wie in Deutschland und England. In Schlössern, Stadthäusern und städtischen Gebäuden fanden sich im 16. und 17. Jahrhundert noch vielfältige und farbenprächtige Beläge, jedoch nur noch zum Teil inkrustierte Fliesen, sondern vermehrt Reliefflieser (die vor allem auch als Wandverkleidung geschaffen wurden) und Fayencefliesen. Diese erreichten, sowohl von der technischen wie der künstlerischen Qualität, einen wohl einmaligen Höhepunkt in den 14000 Fliesen, die Masséot Abasquesne zwischen 1542 und 1559 für Schloß Ecouen (Seine-et-Oise) lieferte[124].

Daß man sich für bevorzugte Bauten jedoch auch ausländischer Hilfe bediente, beweist die Tatsache, daß Margarete von Österreich, die Witwe Herzog Philipp des Schönen von Savoyen, für den Fliesenbelag der Grabkapelle von Brou (Ain) Töpfer aus Deutschland und Italien, möglicherweise auch aus Antwerpen berief[125].

15.4 Belgien

Die mittelalterlichen Fliesen Belgiens schließen sich eng an das französische Vorbild an. Auch hier finden sich zahlreiche Fliesenbeläge aus Plattenmosaik in teilweise besonders raffinierter und kunstvoller Anordnung[126]. Was diese jedoch von den französischen Belägen unterscheidet, sind die geringen Maße. Es gibt hier, wie in den Niederlanden, Fliesenquadrate von 1 cm Seitenlänge; die sehr früh in die Plattenmosaiken eingebetteten inkrustierten Fliesen weisen Seitenlängen von 4–5 cm auf. Da die Herstellung und Verlegung dieser kleinen Fliesen doch zu mühselig war, griff man zu rationelleren Lösungen. In Fliesen der Größe 6 × 6 cm wurde ein Schachbrettmuster mit 49 Würfelchen eingeprägt, auf größeren Fliesen des Formats 10 × 10 cm und 12 × 12 cm wurden falsche Trennlinien vertikal, horizontal und diagnonal eingeritzt, die nicht mehr zur späteren Teilung bestimmt waren, sondern die Illusion von kleingefelderten Fliesen erzeugen sollten. Fliesen dieses Typus wurden 1973 in der völlig verschwundenen Zisterzienserabtei Cambron-Casteau (Hainaut)[127] ausgegraben. Dort fanden sich außerdem Stempelfliesen mit grüner Glasur, bei denen das Muster in schwarzer Glasur hervorgehoben war und inkrustierte Fliesen des 15. Jahrhunderts mit Teppichmustern[128].

Eine neue Untersuchung von Dequeker[129] erlaubt vielleicht, frühe inkrustierte Fliesen einigermaßen sicher zu datieren. Der zwischen 1890 und 1900 in der ehemaligen ‚Jodenstraat' in Löwen aufgedeckte Mosaikboden, dessen reichgegliedertes Plattenmosaik Einschübe von kleinen inkrustierten Fliesen mit Adler-, Löwen-, Lilien- und Rosettenmotiven enthielt, wurde bis jetzt stets für den Boden der alten Synagoge[130] gehalten. Dequeker weist nach, daß dieser Boden vermutlich im 1312 urkundlich erwähnten Haus des Moyses Iudeus, „presbyter Iudeorum" verlegt wurde. Es könnte sein, daß dieses Haus noch im 13. Jahrhundert entstand, nachdem 1267 den Juden ihre entzogenen Rechte wieder zurückgegeben worden waren.

Das Zentrum der Fliesenkeramik scheint, durch Vor-

---

123 P. André, Le pavement médiévale de Suscinio, Archeologia 97, 1976, 42–49. – Ders., Les pavements des Ducs de Bretagne au château de Suscinio, Morbihan (13e–14e siècles), D. Deroeux, 301–307.

124 A. Brejon de Lavergnée, Masséot Abaquesne et les pavements du château d'Ecouen, Revue du Louvre et des Musées de France 27, 1977, 307–315.

125 A. Lesur et Tardy, I, 138. Nachdem die Arbeit 1536 vollendet war, zerstreuten sich die Töpfer wieder. Einige gingen nach Lyon und Roanne, die andern kehrten in ihre Heimat zurück, Berendsen (u. a.), 102, 108–109, vermutet, daß die Töpfer aus Antwerpen kamen.

126 Die Fliesenböden aus Plattenmosaik in den belgischen Kirchen bestehen meist aus sehr kleinformatigen Fliesen in weißem, grauem und rotem Ton, sowie aus Fliesen mit gelber, grüner und brauner/braunschwarzer Glasur. Sie sind fast alle nach demselben Schema verlegt und gehören möglicherweise noch dem späten 12. und dem 13. Jh. an. Beispiele fanden sich in der „Jodenstraat" in Löwen (siehe Anm. 129), im Klosterhof der Zisterzienser-Abtei Saint-Baudeloo in Gent (Comte de Limburg-Stirum, Pavement en mosaïque de l'abbaye de Baudeloo à Gand, in: Messager des Sciences historiques de Belgique, Gent 1880, 397–412), in der Kirche Saint-Catheline in Gent (H. Kier, 1970, 137, Abb. 363) und im Schloß von Fagnolles (L. Lowagie, J.-M. Duffieux, Un carrelage émaillé à Fagnolles, Bull. Comm. Royale Monuments et Sites 9, 1980, 39–48), (um 1250?).

127 R. Sansen, L'abbaye de Cambron-Casteau. Carnet des Fouilles 1973, Bull. Cercle d'hist. et d'arch. d'Ath, 34/35, 1973, 242–263, bes. 244–245.

128 Ebd., 245, Abb. 6, 7, 8. – Das Bild der Fliesen in den belgischen Zisterzienserklöstern ist sicher verfälscht, da von den Bauten des 12. und 13. Jh. sehr wenig erhalten ist. Bei anderen, zerstörten Klöstern begann man erst in den letzten Jahren mit Ausgrabungen, deren Ergebnisse noch nicht veröffentlicht sind. Eine Übersicht gibt S. Brigode, L'architecture cistercienne en Belgique, Aureavallis. Melanges historiques réunis à l'occasion du 9ieme centenaire de l'Abbaye d'Orval, Lüttich 1970, 237–245.

129 L. Dequeker, De middeleeuwse mozaïkevloer van de synagoge (?) in de Jodenstraat te Leuven, Onze Alma mater 38, 1984, 101–127.

130 J. de Brouwer, 283–287.

kommen von besonders feinen weißbrennenden Tonen begünstigt, das ganze Mittelalter hindurch Tournai gewesen zu sein. Dort wurden nicht nur die üblichen kleinen (4×4 cm bis 6×6 cm) inkrustierten Fliesen hergestellt, sondern auch große Platten (58×58×3 cm) wie die Achteckfliese mit der Darstellung eines königlichen Gastmahls im Museum von Tournai[131].

Ein zweites Zentrum der Fliesenkeramik muß in Andenne bei Namur[132] bestanden haben. Die dort, in Namur und Hubinne (Hamois) geborgenen Fliesen lassen jedoch keine frühere Datierung als 14. Jahrhundert zu. Zu dieser Zeit scheint die Fliesenherstellung schon aus geistlicher in weltliche Hand übergegangen zu sein. Im Zisterzienserkloster Val Saint-Lambert bei Lüttich hat sich eine Anweisung erhalten, daß 1363 für die Erneuerung des Fußbodens im Kloster Fliesen im Töpferort Andenne bestellt werden und diese durch einen Handwerker (Maître Baudoin) aus Lüttich verlegt werden sollten[133]. Die Fliesen aus Andenne, inkrustiert und stets glasiert, beschränken sich auf wenige Muster. Neben Löwen, Adlern und Hirschen in einfachsten Konturen, finden sich geometrische Muster, heraldische Lilien, Rosetten und Vierpässe[134]. Wie weit diese Fliesen exportiert wurden, läßt sich noch nicht sicher feststellen; die Fliesen der Stiftskirche St. Gangolf in Heinsberg und des Hofes Kolverath bei Daun scheinen aus Andenne zu stammen.

Fliesen mit vertiefter Prägung sind bis heute aus Belgien kaum bekannt. Prägungen des Musters N41 und eine Variante eines in Kloster Fontenay vorhandenen Blütensterns fanden sich in der sogenannten Dünenabtei (Abbaye des Dunes) in Coxyde-les-Bains[135]. Diese gehören möglicherweise noch dem 12. Jahrhundert an[136]. Die inkrustierten Fliesen dieses Zisterzienserklosters, in dem in den letzten Jahrzehnten wiederholt Fliesenbeläge aufgedeckt wurden, zeigen Muster einer im Artois angesiedelten Werkstatt. Ob die Fliesen von dort bezogen oder mit deren Stempel im Kloster geprägt wurden, läßt sich noch nicht sicher feststellen[137]. Ebenso ist die Herkunft der Fliesen mit zinngetrübter Glasur, die 1954 in einem Raum der ehemaligen Prälatur aufgedeckt wurden und bis jetzt die frühesten dieser, der sogenannten ‚Grün-purpurnen Familie‘ angehörenden Fliesen in Belgien sind, noch nicht geklärt[138]. Diese vermutlich zu Beginn des 14. Jahrhunderts entstandenen Fliesen unterscheiden sich nicht nur in der Glasurtechnik, sondern auch in Ikonographie und Dekor von den übrigen belgischen Fliesen. Während dort sonst dem Einzelmuster der Vorzug gegeben wird und, wie in Deutschland, keine sakralen Themen auf Fliesen erscheinen, zeigen die Fliesen dieses Bodens einen betenden Mönch in einem Vierpaßrahmen; erst neun Fliesen ergeben, wie häufig in Frankreich und England, das fertige Bild. Erhalten haben sich außerdem Fliesen mit weiblichen und männlichen Köpfen und mit Fabeltieren[139].

In Belgien gibt es sehr frühe Belege, daß Fliesen in großer Menge exportiert wurden. So bestellte schon 1375 John Diggs, der Propst von Bishopbourne (Kent), eine Ladung flämischer Fliesen („tegulas de Flandres“), um den Chor der Kirche von Barham bei Canterbury zu belegen[140].

In der Kirche von Edmonton (Middlesex, jetzt Groß-London)[141] fanden sich Fliesen mit der Aufschrift: „De tijt is cort – die doot is snel – wacht u va sonden – soe doedi wel“ (Die Zeit ist kurz, der Tod ist schnell, erwach aus der Sünde, so tust Du wohl). Die gleichen Fliesen wurden auch im Kloster der Schwarzen Schwestern in Termonde[142] aufgedeckt, in Gent[143] und wohl auch in Holland[144]. Die reizende Fliese mit der Darstellung eines Frauenkopfes[145], nach dem Fundort, der Pfarrkirche von Cherinton (Hampshire) meist ‚Little Lady of Cherinton‘ benannt, ist wohl ebenfalls eine flämische Fliese. Sie wurde außer in London[146] noch in Brügge[147],

131 E. Soil, Potiers et faienciers Tournaisiens, Lille-Tournai 1886, 88, Taf. VII (15. Jh.). Der Boden des dargestellten Raums besteht ebenfalls aus Fliesen.

132 F. Courtoy, La fabrication de carreaux en terre cuite à Andenne au moyen âge, Namurcum 30, 1956, 43–49.

133 Ebd., 44.

134 Ebd., 45, Abb. 1, 2, 47, Abb. 3, 4; vgl. außerdem: R. Borremans, R. Warginaire, 66, Abb. 29, Nr. 1–5.

135 M. Carette, D. Deroeux, Taf. 2, oben.

136 Die Dünenabtei, ein zu Beginn des 12. Jh. entstandener Zusammenschluß von Anhängern des Eremiten Ligier, nahm 1128 die Zisterzienserregel an. Die erste Kirche wurde in der 1. Hälfte des 13. Jh. durch einen 1262 geweihten Neubau ersetzt, die Erneuerung der Klostergebäude folgte im 14. und 15. Jh. Wie die Ausgrabungen der letzten Jahrzehnte ergaben, muß wohl das ganze, 1566 durch die Geusen zerstörte Kloster, Fliesenböden besessen haben.

137 M. Carette, D. Deroeux, 56. Dieselben Fliesen fanden sich außerdem in den Benediktinerabteien Andres und Ham-en-Artois, in Schloß Hermelinghen und in den Kathedralen von Saint-Omer und Therouanne. – C. van Nerom, 309, 316–317, weist nach, daß die 1971 in der Brunnenkapelle aufgedeckten, mit Fliesen aus St. Bertin und dem Archivsaal der Kathedrale in Saint-Omer übereinstimmenden und ähnlichen Fliesen, wohl kurz nach 1318 verlegt wurden. In der Liste der Konversen werden 1305 ein „Johannes tegularius“ und ein „Gerardus tegularius“ erwähnt. Im selben Zeitraum fand jedoch auch schon ein lebhafter Verkehr von Küstenschiffen zwischen Saint-Omer und Coxyde/Koksijde statt.

138 A. M. Marien-Dugardien, 183–190.

139 Ebd., 190, Abb. 1–6.

140 J. B. Ward-Perkins, 1938, 442–444, Taf. 95, 96.

141 Ders., 1940, 235. Die Fliesen heute im Victoria and Albert Museum, London.

142 M. A. Blomme, 1885, 243–246 (nach 1495).

143 F. Fetis, Catalogue des collections de poteries, faiences et porcelaines, Musée Royal d'Antiquités et d'Armures. Brüssel 1882, 63, Nr. 210. Der exakte Fundort der Fliese in Gent ist nicht bekannt, sie befindet sich heute im Kgl. Museum in Brüssel.

144 E. M. Vis, C. de Geus, I, Taf. 1. Fliesen in der Sammlung Vis, Amsterdam, Herkunft nicht mehr bekannt.

145 L. Haberly, 19. Es wurden zwei Fliesen gefunden, die andere zeigt einen Männerkopf.

146 J. B. Ward-Perkins, 1940, 235, 247, 249, Abb. 81, Nr. 65. Früher im Guildhall-Museum, London, heute im London-Museum.

147 J. G. N. Renaud, 13. – Fliesen dieses Typus kamen in die Sammlung van Beuningen und Ottema, eine Fliese nicht geklärter Herkunft ins Museum von Gouda, eine weitere wurde in Brügge gefunden.

Leeuwarden (Friesland)[148] und möglicherweise auch in Gouda gefunden. Das Vorkommen dieser flämischen Fliesen beschränkt sich anscheinend auf das Gebiet in und um London, ein Zeichen dafür, daß der Wasserweg zum Transport benutzt wurde. Helbig[149] erwähnt ferner, daß schon im 13. Jahrhundert Fliesen auf der Schelde nach Frankreich verschifft wurden, daß jedoch auch aus dem Rheinland eingeführte Fliesen als Vorlagen dienten.
Wie weit diese Fliesen gelangten, zeigt ein neuer Fund, welcher bei den Ausgrabungen 1973–76 in der ‚Unteren Bäckerstraße' in Minden gemacht wurde. Dort fand sich eine inkrustierte Fliese mit neun Schachbrettfeldern. Jedes Feld zeigt, abwechselnd weiß auf rot oder rot auf weiß, einen kleinen Vogel[150]. In spiegelbildlicher Anordnung wurde diese Fliese sowohl in Brügge oder dessen unmittelbarer Umgebung[151], wie in der norwegischen Zisterzienserabtei Hovedø vor Oslo[152] entdeckt.
Ein Teil der übrigen, in Hovedø gefundenen Muster kommt übereinstimmend oder als Variante ebenfalls in Flandern vor, so daß möglich ist, daß diese Fliesen und wohl auch die in Minden, auf dem Wasserweg aus Flandern kamen.
In Deutschland wurden teilweise noch das ganze 16. Jahrhundert hindurch spätgotische Muster variiert und Renaissanceornamente nur zögernd aufgenommen. In Belgien fand jedoch, durch eingewanderte italienische Künstler, der reiche Formenschatz der oberitalienischen Majolikatechnik rasch Eingang. Schon in der 1. Hälfte des 16. Jahrhunderts entwickelte sich in Antwerpen ein Zentrum der Fliesenherstellung. Den schönen Fliesenboden für das Zisterzienserinnenkloster Herckenrode (Limburg)[153] fertigte nach 1532 Pieter Frans van Venedigen, Guido di Savini, später Guido Andries genannt[154], stellte die Fliesen des englischen Landsitzes ‚The Vyne' in Basingstoke (Hampshire)[155] und des Kastells in Breda[156] her.
Mit diesen Fliesen kam nicht nur die leuchtende Farbigkeit der italienischen Fliesen ins Land, auch Motive, die bisher nur den Wänden vorbehalten waren, fanden sich nun auf den Fußböden. So zeigen die um 1520 geschaffenen Fliesen in ‚The Vyne' Porträts und menschliche Figuren[157], die durch Inschriften genau definiert sind, außerdem Tiere und Vögel, Blumen, Früchte und Laub, sowie die auf italienischen Fliesen häufigen allegorischen Motive wie das durchbohrte Herz oder einen Totenkopf[158]. Auf den kunstvoll in Achteck- und Kreuzformen verlegten, vor 1538 entstandenen Fliesen des Kastells in Breda[159] öffnet sich in der Mitte jeder Fliese ein wachsames Auge gegen den Beschauer.
Diese Majolikafliesen drangen von Antwerpen aus rasch in die nördlichen Niederlande vor. Dort scheint es im frühen 16. Jahrhundert vor allem Fliesen mit Aufschriften gegeben zu haben. So findet sich die Devise „Alle dinc heeft synen tyt"[160] in verschiedenen Prägungen. Besonders witzig ist eine 1566 geprägte Fliese mit dem Bild einer leeren Hornschnecke und der Umschrift: „NIEMANZ T HUIES" (Niemand zu Hause)[161].

15.5 Holland

Selbstverständlich bildete im Mittelalter das Gebiet der heutigen Niederlande mit Belgien zusammen eine staatliche Einheit. Wenn es dennoch gesondert behandelt wird, so deshalb, weil sich hier zwei oder drei Einflußzonen überschneiden. Während in West- und Südholland der französische Einfluß überwiegt, sind die Fliesen Ostthollands möglicherweise rheinische Importware, wogegen die Fliesen Frieslands eher Ähnlichkeit mit dänischen Prägungen zeigen.
In der ehemaligen Benediktinerinnen-Abteikirche Rijnsburg (Prov. Leiden)[162] fanden sich 1949 bei Ausgrabungen Fliesen, die in engster Verbindung zu den Fliesenböden der Klöster Arnstein und Rommersdorf stehen. Eine Kreissegmentfliese mit derselben Kerbschnittrahmung wie bei der Adlerfliese B6 (Arnstein,

148 J. B. Ward-Perkins, 1938, Taf. 96, hier in quadratischem Rahmen mit kleinen Sternen.
149 J. Helbig, 226.
150 H. Isenberg, 445, Abb. 266, Nr. 3.
151 J. Helbig, 223, Abb. 36, gibt als Fundort: „Gruuthuse, Brügge" an. Nach freundlicher Mitteilung von Herrn St. Vandenberghe, Brügge, ist der Fundort unbekannt, die Fliesen befinden sich nur im Gruuthuse-Museum, sollen jedoch aus Brügge oder Umgebung stammen. Da jedoch bei Grabungen 1901 und 1908 die Fundamente des Vorgängerbaus des seit etwa 1425 in verschiedenen Zeitabschnitten neu errichteten Palais aufgedeckt wurden, wäre ein Fliesenfund nicht ganz auszuschließen. Eine exakte Datierung des Vorgängerbaus war nicht möglich. Das Haus liegt unmittelbar neben der Liebfrauenkirche, in die aus dem Palais ein eigener Zugang zu der der Familie Gruuthuse gehörenden Emporenkapelle bestand (L. Devliegher, Kunstpatrimonium van West-Vlaanderen, II. Du huizen te Brugge. Van Akademiestraat tot Muntport, Lanno/Tielt/Den Haag 1968, 72–80.
152 N. Nikolaysen, Taf. 9, 9.
153 H. Nicaise, Les carreaux en fayence anversoise de l'ancienne Abbaye d'Herckenrode, Bull. des Musées Royaux 7, Brüssel 1935, 92–104, 117–127. Die Fliesen befinden sich im Kgl. Museum in Brüssel.
154 A. Berendsen [u.a.], 101–117, gibt einen umfassenden Überblick über die Fliesenherstellung in Antwerpen. Die Werkstatt des Guido Andries nahm ihre Arbeit schon nach 1508 auf.
155 R. Rackham, 11–71.
156 W. Groneman, 1–25.
157 R. Rackham, 53–71, Taf. 3–15. – Neben einem Porträt des Federigo da Montefeltre, Herzogs von Urbino, finden sich Darstellungen der Lukrezia und des Herkules. Rackham, ebd. 75, weist nach, daß mit den Fliesen in ‚The Vyne' übereinstimmende Dekors auch an anderen Orten Englands gefunden wurden.
158 Ebd., Taf. 15, Taf. 5 oben.
159 W. Groneman, Abb. 5.
160 E. M. Vis, C. de Geus, I, Taf. 1, a und b, Sammlung Vis, Amsterdam. Auch diese Fliese wurde vermutlich in oder in der Umgebung von London gefunden (J. B. Ward-Perkins, 1937, Taf. 95, 1). – Früher im Guildhall-Museum, heute im London-Museum.
161 E. M. Vis, C. de Geus, I, 3. – Sammlung F. Claes, Antwerpen.
162 W. Glasbergen, 1950, 89–106, 1954, 46–49, siehe Fundortkat.

Rommersdorf und Worms) und zwei nebeneinander angeordneten Rundstempeln mit springenden Hirschen weist zumindest auf eine ähnliche Kreisrosette, während der Kreisstempel eines gekrönten Löwen (D25)[163] schon einer quadratischen Fliese einbeschrieben ist. Glasbergen[164] glaubt, daß der Fliesenboden vielleicht aus der 1309 für den ermordeten Grafen Floris V. von Holland gestifteten Kapelle stammt. Die Ausgrabungsergebnisse lassen jedoch auch eine Herkunft aus der Abteikirche zu[165]. Diese war nach einem Brand 1196 wiederhergestellt worden. Die Frage, ob die Fliesen möglicherweise im selben Zeitraum wie in Arnstein, im 1. Drittel des 13. Jahrhunderts oder, bei sehr langer Verwendung des Models, erst 1309 verlegt wurden, ist vorläufig nicht zu klären. Die Löwenfliese, die vermutlich nach dem Vorbild der Fliese D24 aus Rommersdorf und Koblenz-Moselweiß in späterer Zeit geprägt wurde, ließe auch die zweite Möglichkeit zu. Eine Verschiffung gerade dieser Fliesen auf dem Rhein böte sich nach Lage der Abtei an einem Rheinarm an.

Diesen Fliesen mit vertiefter Prägung stehen Reliefffliesen gegenüber, die vor allem in den Provinzen Groningen und Friesland gefunden wurden. Sie sind sehr hart gebrannt und überwiegend mit einer dicken gelblichen oder bräunlichen Bleiglasur überzogen; das Format schwankt zwischen Seitenlängen von 13–17 cm und einer Dicke von 3,8–4,3 cm. Das flache Relief, meist mit gewölbten Kanten, zeigt geometrische, aus Zirkelschlägen entwickelte Ornamente, kleine Blüten und Ranken, außerdem antithetische Tiere (Priorei Genazareth) (Abb. 105). Fabeltiere und einen Kriegselefanten mit Turm (Mariengaarde). Die Funde stammen aus den ehemaligen Prämonstratenserklöstern Dokkum[166] und Mariengaarde bei Hallum[167], aus dem Benediktinerkloster Foswerd bei Ferwerd[168], aus den Zisterzienserklöstern Aduard[169], Klaarkamp in Rinsumageest[170], Nijenkloster (Aula Dei)[171] und einer Priorei von Klaarkamp, Genazareth in Hallum[172]. Ein genauer Vergleich der einzelnen Muster zeigt, daß ein Teil der Model wohl

Abb. 105 Lebensbaum mit antithetischen Löwen. Reliefffliese aus (der Priorei des Zisterzienserklosters Klaarkamp) Genazareth in Hallum. 2. Viertel 13. Jh. (?) Leeuwarden, Friesisches Museum.

163 Der Fundort der Fliese D25 ist immer noch nicht bekannt. Nach Eintrag im Inventar des Kunstgewerbemuseums Köln stammt sie aus dem Rheinland. Da sie schon zu Ende des 19. Jh. ins Museum kam, wäre eine Herkunft aus Arnstein, dessen Fliesen zu diesem Zeitpunkt in verschiedene Sammlungen gelangten, möglich.

164 W. Glasbergen, 1950, 97–98.

165 T. Ter Keule, De Nederlandse Monumenten van Geschiedenis en Kunst, VII. De Provincie Zuidholland, Leiden en westelijk Rijnland, Den Haag 1944, 183–185.

166 H. Halbertsma, Bonifatius' levenseinde in het licht der opgravingen, Ber. ROB 10–11, 1960/61, 407, Abb. 10, Nr. 7 und 9. – Die Fliesen wurden bei einer Grabung 1935 entdeckt, sie befinden sich heute in der Altertümerkammer in Dokkum. Die Gebäude des 1175 gegründeten Klosters wurden 1588 zerstört und später abgetragen. Die Fliesen gehören vermutlich dem 13. Jh. an.

167 H. van den Berg, Het voormalige klooster Mariengaarde bij Hallum, Stichting Alde Fryske Tsjerke, Leeuwarden 1978, 69–76, 74, Abb. 5 und 6. – Dies., 1981b, 166, 200, Abb. 210–211. Nach freundlicher Auskunft von Mr. Paul Drury, Chelmsford, wurden Bruchstücke der Elefantenfliese auch in East Anglia gefunden. Kloster Mariengaarde wurde 1163 als Tochterkloster Steinfelds (Kr. Schleiden) gegründet, die Kirche unter dem 2. Abt Ento († 1183) errichtet, die Konventsgebäude anschließend erbaut. Der Westteil der Kirche wurde durch Abt Sibrand (1230–38) erstellt, aus dieser Periode könnten die Fliesen stammen. Sie wurden 1907 und vor 1912 gefunden und sind heute im Museum Princessehof in Leeuwarden. – Vgl. außerdem N. Ottema, 447–450.

168 N. Ottema, 446–447. – H. van den Berg, 1981b, 102–104, 122, Abb. 105, 106. Das Kloster wurde 1109 von Ameland aufs Festland verlegt, zur mittelalterlichen Baugeschichte der verschwundenen Gebäude ist nur bekannt, daß sie nach einem Brand 1369 wieder errichtet wurden. Die Fliesen fand man bei der Ausgrabung 1913, sie befinden sich im Friesischen Museum, Leeuwarden und im Admiralitätshaus in Dokkum.

169 A. E. van Giffen. – H. Praamstra, J. W. Boersma, 183–216. – H. van den Berg, 1981a, 21–28, Abb. auf S. 21, 22, 24. Die Fliesen wurden 1920 in situ gefunden. Aduard wurde als 2. Tochterkloster von Klaarkamp 1192 gegründet, die Kirche, als Nachfolgerin einer kleinen Kapelle, ab 1240 errichtet und 1263 geweiht. Sie blieb, nachdem das Kloster 1580 durch Brand zerstört und in der Folgezeit abgetragen wurde, als Dorfkirche erhalten.

170 N. Ottema, 454–455. – H. Praamstra, J. W. Boersma, 174–183. – H. van den Berg, 1981a, 26–27. – Dies., 1984, 142–149, 157, 171. Das wahrscheinlich 1163 gegründete, nur 5 km von Dokkum entfernte Kloster wurde 1580 zerstört und bald darauf abgetragen. Die Reliefffliesen gehören eher der 2. Hälfte des 13. Jh. an, die inkrustierten Fliesen weisen auf Bauten in der 2. Hälfte des 14. Jh.

171 N. Ottema, 450–452. Bei der Aufgrabung des Geländes 1922 wurde ein Fliesenboden mit kleinen inkrustierten Fliesen in situ gefunden, größere Fliesen mit heraldischen Lilien und einem Christuskopf fanden sich im Schutt.

172 C. H. Peters, 30, Abb. 40A. – H. van den Berg, 1981b, 170–171, 204, Abb. 220. Das Kloster wurde kurz vor 1191 gestiftet und in nicht bekannter Zeit abgetragen. Die Fliese wurde vor 1888 gefunden und ist heute im Friesischen Museum, Leeuwarden.

von derselben Hand geschnitten wurde, so daß die Vermutung nahe liegt, daß all diese Fliesen entweder in demselben Kloster gebrannt wurden oder doch mit dessen Modeln geprägt. Möglicherweise stammen die Fliesen aus Kloster Aduard, „im 13. Jahrhundert das reichste, größte und einflußreichste in der weiteren Umgebung. Es hatte fünf Dörfer, vier Frauen- und zwei Männerklöster unter sich"[173]. Die Fliese mit kreisenden Ranken (T41) fand sich in Aduard und dessen Tochterkloster Ihlow, außerdem in Dokkum und Foswerd. Die Herzpalmetten einer in Mariengaarde gefundenen Fliese[174] (Abb. 150) stimmen ganz auffallend mit denen der Fliese M5 aus Wörschweiler überein, sie wiederholen sich auf einer Randleiste in Aduard[175]. Ähnliche Übereinstimmung zeigen die Palmetten der Fliese aus der Priorei Genazareth[176] und der Randleiste W83 aus Kloster Ihlow.

Neu entdeckte, noch nicht veröffentlichte Fliesen aus Kloster Ihlow, auch sie in Prägung und Mustern entweder mit Aduard übereinstimmend oder ihnen sehr ähnlich, werden den heute bekannten Musterbestand der Fliesen in Aduard noch erweitern.

Alle diese Fliesen gehören vermutlich der Mitte oder der zweiten Hälfte des 13. Jahrhunderts an. Ob die Muster in Friesland entwickelt wurden, ist nicht sicher. In Clairvaux, zu dem besonders enge Verbindungen bestanden[177], sind vorläufig keine ähnlichen Muster entdeckt worden. Dagegen finden sich die aus Zirkelschlägen entwickelten Motive sowohl in Pontigny wie in Fontenay in ganz ähnlicher Form, ebenso in den Klöstern Arnsburg (N31) und Wörschweiler (N32). Erhalten haben sich diese geometrischen Muster in Friesland in den Klöstern Aduard, Foswerd und Klaarkamp.

In einigen der erwähnten Klöster (Foswerd[178], Klaarkamp[179], Nijenklooster[180]) wurden in späterer Zeit auch inkrustierte und engobegeprägte Fliesen verlegt. Da die Klöster meist vom Erdboden verschwunden sind, ist auch hier die Datierung schwierig. Eine Fliese mit feingezeichnetem männlichem Kopf aus der Abtei Klaarkamp[181] könnte noch aus dem Ende des 13. Jahrhunderts stammen. Die Fliesen des Klosters Mariendaal bei Utrecht wurden wohl erst nach dem Brand von 1383 verlegt[182]. Unter den 1957 geborgenen, sehr sorgfältig geprägten Fliesen mit Darstellungen von Drachen, Hirsch, Löwe, Ranken, Lilien und Blüten, sowie Wappen, fällt eine große Platte mit dem Bild eines Mönchskopfes auf, von Renaud als St. Bernhard gedeutet[183]. Ob diese Fliesen noch im Kloster geprägt wurden[183a], ist nicht sicher, da sich seit Beginn des 14. Jahrhunderts, möglicherweise aber schon weit früher, in Utrecht Fliesenwerkstätten angesiedelt hatten, welche zwar vor allem die reichen und farbig besonders reizvollen Beläge aus Plattenmosaik für die einzelnen Kirchen der Stadt schufen, aber auch, wie die jüngsten Funde ergaben, inkrustierte Fliesen und solche mit zinngetrübter Glasur.

Schöne Beispiele dieser Böden wurden im Chor der Kathedrale von Utrecht[184], im Domherrenhaus der dortigen Johanniskirche[185] (Abb. 106) und im Refektorium des ehemaligen Paulus-Klosters ebenfalls in Utrecht entdeckt. In Bändern aus gelb-, grün- und schwarzglasierten glatten Fliesen sind engobegeprägte Fliesen mit Lilien-, Adler- sowie Löwenmustern und gemalte Fliesen mit zinngetrübter Glasur eingebettet. Die letzteren zeigen Männer- und Frauenköpfe, erhalten hat sich außerdem die Figur eines Fiedlers[186]. Daß auch diese Fliesen in Utrecht gefertigt wurden, haben die neuen Funde

---

173 A. E. van Giffen, 311.

174 H. van den Berg, 1981b, 201, Abb. 212.

175 C. H. Peters, 8, Abb. 17.

176 H. van den Berg, 1981b, 204, Abb. 220.

177 In der Klosterchronik von Aduard wird erwähnt, daß die Klosterkirche genau nach dem Vorbild der Kirche von Clairvaux erbaut wurde. Man hatte einen Mönch dorthin geschickt, um den Bau zu studieren und später auszuführen. Der Mönch wurde zum Dank in der Klosterkirche bestattet.

178 H. van den Berg, 1981b, 124, Abb. 108–109. In Foswerd wurden dieselben Fliesen mit heraldischen Lilien gefunden, die auch in Klaarkamp, Nijenklooster und Mariendaal entdeckt wurden. Zwischen je vier Lilien ist immer ein dicker Punkt. Außerdem fanden sich 5 weitere Muster, die alle dem 14. Jh. angehören.

179 H. van den Berg, 1984, 157. Außer den Lilien hier eine Fliese mit Doppeladler, 1940 im Zugang zum Chor der Klosterkirche Klaarkamp gefunden. (Nur als Zeichnung erhalten.)

180 N. Ottema, 452.

181 H. van den Berg, 1984, 171, Abb. 229.

182 J. G. N. Renaud, 1958, 6–13. Renaud datiert die Fliesen des 1245 gegründeten Zisterzienserinnenklosters sehr spät. Er glaubt, für die Entstehung der ganz kleinen und der großen Fliesen erst das 16. Jh. annehmen zu dürfen, für die Fliesen der Seitenlänge von 10–12 cm gerade noch das 15. Jh. Vermutlich gehören all diese Fliesen der 2. Hälfte des 14. Jh. an, eine spätere Entstehung als in der 1. Hälfte des 15. Jh. ist kaum wahrscheinlich, da dann z. B. auch die Wappen in anderer Form gegeben würden. Die Fliesen befinden sich im Centraal Museum, Utrecht.

183 Ebd., 7, Taf. 1, 1 (26×26 cm). Eine Deutung als Porträt des Stifters, des Kanonikus von Oudmunster, Theodoricus, gen. Kovelwaet, wäre auch möglich.

183a J. Hollestelle, De steenbakkerij in de Nederlanden tot omstreks 1560, Diss. Assen 1961, 72, vermutet, daß die Fliesen von Mariendaal teilweise schon in Utrecht gefertigt wurden, da einige das Wappen der Familie Van Zuilen tragen. – Um 1450 lag in Holland das Gewerbe noch in einer Hand. Rechnungen zeigen, daß der Stadttöpfer von Zutphen sowohl Backsteine wie Bodenfliesen und Dachziegel fertigte (ebd., 73).

184 E. M. Vis, C. de Geus, II, Taf. 1. Fliesen mit Darstellungen von Löwen, Adlern, Sternornamenten und Frauenköpfen. Die Datierung der Autoren „Ende 14. Jahrhundert" kann nicht mehr aufrecht erhalten werden. – A. M. Marien-Dugardin, 189, Abb. 8 weist auf die enge Verwandtschaft der Darstellungen mit den Fliesen der Dünenabtei in Coxyde. H. L. de Groot, Tj. Pot, 159–161, weisen nach, daß die Werkstätten schon in der 1. Hälfte des 14. Jh. arbeiteten.

185 A. Berendsen [u. a.], 45, heute in Utrecht, Centraal Museum. Fliesen mit heraldischen Adlern und Lilien.

186 E. C. Norton, 1984b, 146, 168, Anm. 43. Der Fliesenboden im Refektorium wurde 1838 beim Umbau verdeckt, Teile davon 1955 wiedergefunden. Erhalten haben sich Fliesen mit der Darstellung eines Frauenkopfes (F. W. Hudig, Maiolica olandese del Trecento, Faenza 21, 1933, Taf. 24, Abb. 2), eines Drachens (F. W. Hudig, ebd., Taf. 24, Abb. 4), einer Rosette und eines Zackenbandes. Centraal Museum, Utrecht.

Abb. 106 Utrecht, aus der Propstei von St. Johannes. Detail des Fliesenbodens aus Plattenmosaik und inkrustierten Fliesen. 1. Hälfte 14. Jh. Amsterdam, Rijksmuseum.

in der Kaatstraat[187] und in der Nähe eines Fliesenofens in Oudenoord (früher am Stadtrand gelegen) bewiesen[188]. Die Fragmente weisen auf größere Fliesentableaus mit Architekturen[189], wie sie in England z. B. in Clarendon Palace und Chertsey Abbey gefunden wurden.

Wie weit der Einfluß oder der Export der Utrechter Werkstätten reichte, ist noch nicht sicher geklärt. Die Ähnlichkeit einer in der Kaatstraat gefundenen Reiterfliese (Abb. 107) mit ZA 1 aus Minden wurde schon erwähnt. Ähnliche Prägungen fanden sich in der kleinen Dorfkirche von Exmorra[190] und in der reformierten Kirche von Heukelum[191].

Zuletzt sei noch auf ein weiteres, ebenfalls noch nicht zu lösendes Problem hingewiesen. Im Reichsmuseum Amsterdam und im Museum Lambert van Meerten in Delft haben sich sechseckige Reliefflieen mit der Darstellung eines geflügelten Greifen erhalten, die aus Friesland[192] stammen sollen (Abb. 40). Bis jetzt war die Gruppe dieser Fliesen nur aus der St. Laurentiusbasilika auf dem Vyšehrad in Prag und aus einigen böhmischen Klöstern bekannt. Seit nun eine Variante dieser Fliesen in Kloster Frauenwörth im Chiemsee entdeckt wurde[193], ist die Möglichkeit, daß eine Gruppe von Werkleuten diese Fliesen auch in den Niederlanden verlegte, nicht mehr von der Hand zu weisen.

187 T. J. Hoekstra, Archeologische Kroniek van de Gemeente Utrecht over 1978/79/80, Utrecht 1981, 53–57, Abb. 54–57. Hoekstra weist noch auf eine wohl nur in Utrecht in solcher Perfektion geübte Technik hin. Dort wurden glatte Fliesen von 17 × 17 cm durch senkrechte, waagrechte und diagonale Trennlinien so geteilt, daß Fliesen jeder Größe (in Quadrat- und Dreieckform) von 1 × 1 cm aufwärts ausgebrochen werden konnten (ebd., 54, Abb. 52 a und b) – T. J. Hoekstra, H. L. de Groot, Rectilinear mosaic tiled floors and tile production in Utrecht in the 14th century, D. Deroeux, 241–255.

188 H. L. de Groot, Tj. Pot, 154–162. In der Nähe der schon 1978 in der Kaatstrat aufgedeckten Fehlbrandgruben wurden 1984 im Stadtteil Oudenoord im Gebiet des „Bemuurde Weerd" Töpferöfen freigelegt, die im Abraum zahlreiche Fliesenabfälle enthielten. Die Verfasser weisen nach, daß die Töpfer um 1398 aus dieser Gegend vertrieben wurden und daß die in den Kirchen und Patrizierhäusern von Utrecht gefundenen Fliesen dort gebrannt wurden. Auch hier fanden sich neben Fliesen mit steigenden Löwen vor allem wieder Fliesen mit heraldischen Lilien, außerdem drei Fragmente mit Zinnglasur.

189 E. M. Kylstra, 1980, 55, Abb. 56.

190 H. van den Berg, 1981 a, 26. Die Fliesen mit Darstellungen von Reitern, Falknern, Hirschen, Blattranken und großen Doppelrosetten wurden 1965 bei einer Restaurierung gefunden.

191 G. Berends, Th. van Stralen, Een tegelvloer in Heukelum, Niew-Bull. Nederlandsche oudheidkondige bond 18, 1965, 17–18, Abb. 1–3. Auch hier findet sich neben Fliesen mit Rankenmustern wieder die Lilienfliese mit mittlerem Punkt.

192 E. M. Vis, C. de Geus, II, 4.

193 Vgl. S. 64.

Abb. 107 Utrecht, Kaatstraat, Fragment einer Reiterfliese, 2. Viertel 14. Jh.

15.6 England, Schottland, Wales, Irland

Bedauerlicherweise ist es nicht möglich, in dieser Arbeit ausführlich auf die mittelalterlichen Fliesen Englands einzugehen. Da sie sich, sowohl durch die Fülle des erhaltenen Materials, das heute noch Tausende von verschiedenen Mustern umfaßt, wie auch durch abweichende Techniken, durch die Sorgfalt der Prägung und den Einfallsreichtum der Muster von den deutschen Fliesen unterscheiden, sollen diese wichtigen Unterschiede kurz hervorgehoben werden.
Den englischen Fliesen wurde schon vor der Mitte des 19. Jahrhunderts erhöhte Aufmerksamkeit gezollt, eine Tatsache, die sich nicht immer zu ihren Gunsten auswirkte. Viele Fliesen wurden verschleppt und sind heute nur noch durch Zeichnungen überliefert. Im Bemühen, die wenig ansehnlichen, abgetretenen Beläge zu ersetzen, wurde England mit einer Flut von Kopien *(minton-tiles)*[194] überschwemmt, teils exakte Nachahmungen, teils leider auch nachempfundene und freie Schöpfungen. Dennoch haben sich, da die Geschichte mit diesem Land glimpflicher umging, eine Fülle von Fliesen in situ erhalten, nicht nur in zahlreichen kleinen Landkirchen, sondern auch in den großen Kathedralen. Während sich in Deutschland in Landschaften, die reiche Vorkommen an Haustein besaßen, eine Fliesenkeramik erst gar nicht entwickelte, scheint in England, vor allem im Süden und in Mittel- und Ostengland, kaum eine mittelalterliche Kirche ohne Fliesenbelag gewesen zu sein. Die Muster, zweifellos in der Frühzeit durch französische Vorbilder beeinflußt, ließen diese Vorbilder rasch hinter sich. Sie sind schöner, phantasievoller und, wenigstens bis zur Mitte des 15. Jahrhunderts, auch sehr viel sorgfältiger geprägt als die meisten Fliesen des Kontinents.
Eine umfassende Übersicht über die englischen Fliesen ist immer noch nicht erschienen. Forrer[195] gab nur einen ersten Überblick über das Material, das ihm erreichbar war; Lane[196] über die Fliesen, die in die Sammlungen des Victoria and Albert Museums, London, kamen. Berendsen[197] beschäftigt sich vor allem mit inkrustierten Fliesen, Wight gibt Hinweise zu den verschiedenen Techniken und zu einzelnen Werkstätten, kann jedoch nur einen Bruchteil der Muster abbilden[198].
Einen zwar begrenzten, aber durch die Fülle des Materials eindrucksvollen Überblick bieten die Publikationen über die Fliesen der einzelnen Grafschaften[199]. Die hervorragenden Veröffentlichungen von Eames greifen Teilgebiete, vor allem die neuesten Ausgrabungen, auf[200]. Eames hat die Fliesen des Britischen Museums, London, neubearbeitet, legt 3108 Fliesenmuster vor und gibt im Textteil des Katalogs nicht nur eine bis in die Einzelheiten gehende gründliche Übersicht über alle technischen Fragen der Fliesenprägung, sondern auch eine präzise und umfassende Aufzählung der einzelnen Werkstätten sowie eine ausführliche Zusammenfassung der Geschichte der englischen Fliesenkeramik[201].
Die mittelalterlichen Fliesen Englands sollen jetzt, ebenfalls nach Grafschaften geordnet *(tile-census)*, erfaßt werden, der Band ‚Essex' in Kürze erscheinen. Außerdem gibt es sehr sorgfältige Untersuchungen über die Weitergabe einzelner Muster von Werkstatt zu

194 Die Firma Minton in Stoke-on-Trent (Staffordshire) nahm schon 1835 die Produktion von Kopien mittelalterlicher Fliesen auf. – J. und B. Austwick, The decorated tile, London 1980, 22–28. – J.-A. Wight, 20–36.
195 R. Forrer, 1901, 55–58.
196 A. Lane, 27–37.
197 A. Berendsen [u. a.], 43–50.
198 J.-A. Wight.
199 Wichtige Arbeiten sind: Ch. Hohler. – J. Ward, Notes on the medieval pavement and wall tiles of Derbyshire, Derbyshire Arch. and Nat. Hist. Soc. Journal 14, 1892, 119–140, Taf. A–F. – A. B. Emden, Medieval decorated tiles in Dorset, London 1977. – N. R. Whitcomb. – L. Haberly. – L. Way, Notices of decorative pavement tiles, especially those with heraldic bearings, existing in Churches in Somersetshire, Proc. of the Arch. Institut, London 1851, 263–269, 2 Taf. – Ph. B. Chatwin. – F. Stevens. – R. Holland-Martin, Medieval tiles in Worcestershire, Trans. of the Worcestershire Arch. Soc. 1933, 1934, 33–42, Taf. 1–6. – J. M. Lewis. – Die Arbeiten von Hohler, Emden und Whitcomb erfassen die Fliesen schon nach Mustern geordnet, die Luxusedition von Haberly gibt eine zusätzliche Übersicht über englische Fliesen und ein ausführliches Literaturverzeichnis bis 1937.
200 s. Literaturverzeichnis.
201 Stets als E. S. Eames, 1980, zitiert.

Abb. 108 Rievaulx (North-Yorkshire), ehem. Zisterzienserkloster. Fliesenboden aus Plattenmosaik. 13. Jh. London, Britisches Museum.

Werkstatt[202]. Neue Ausgrabungen[203] haben eine ganze Reihe von Fliesenböden, vor allem in den seit 1536 aufgehobenen Klöstern aufgedeckt, so daß gerade über die Farbwirkung der Beläge und die Anordnung der Muster authentische Unterlagen vorliegen.

Fliesen wurden in England in acht verschiedenen Techniken hergestellt. Wie auf einem Stickmustertuch haben sich in einzelnen Klöstern[204] und Kirchen[205] alle Techniken nebeneinander erhalten, in anderen wurden in aufeinanderfolgenden Fußbodenschichten jeweils Fliesen in anderer Technik entdeckt.

Am Beginn der Fliesenherstellung stehen auch in England meist Böden aus Plattenmosaik. Diese sind jedoch, im Gegensatz zu denen deutscher Bauten (für die französischen ist der Vergleich aus Mangel an Material noch nicht zu ziehen), sehr viel kunstvoller und komplizierter (Abb. 108). Für einzelne Beläge lassen sich 50–60 verschieden geformte Teilstücke nachweisen, durch die verschiedene Anordnung derselben Teilstücke konnten zusätzliche Muster erzielt werden[206]. Außerdem waren die Mosaikböden durch den Auftrag von Glasuren schon sehr früh farblich differenziert; eine weitere Belebung brachten farbig abgestufte Tone. Diese sehr komplizierten Plattenmosaiken waren natürlich schwierig herzustellen und noch schwieriger zu verlegen, auch die Ausflickung zerstörter Fliesen brachte Probleme. Deshalb wurden sie nach kurzer Zeit durch verzierte quadratische Fliesen ersetzt. Dies waren, in Anlehnung an französische Vorbilder, vor allem inkru-

202 Neben den schon erwähnten Publikationen sind wichtig: die Arbeiten von H. Shaw, Specimens of tile pavements drawn from existing authorities, London 1858. – F. Renaud, The uses and teachings of ancient encaustic tiles, Trans. of the Lancashire and Cheshire Antiquarian Soc. 9, 3–31, Abb. 1–24. – L. Ponsonby of Shulbrede. – J. B. Ward-Perkins, 1937 und 1940. – A. Lane.

203 Einen Überblick über alle neuen Fliesenfunde geben die Berichte: Medieval Britain, Medieval Archaeology, 1957 ff.

204 G. K. Beaulah, 130–132, über Fliesen in acht verschiedenen Techniken in dem Zisterzienserkloster Meaux (Yorkshire).

205 Die Kapelle des Priors Crauden (1324–25) südl. der Kathedrale von Ely (Cambridgeshire), zeigt Steininkrustationen, Mosaikfliesen mit vertiefter Prägung und mit Inkrustierung, Plattenmosaik, rechteckige inkrustierte Fliesen und einige Einsprengsel in Sgraffito-Technik. (J.-A. Wight, 90–97, Abb. 29–31. – E. S. Eames, 1980, I, s. Register s. V. Ely).

206 E. S. Eames, 1980, I, 72–82. Die Teilstücke wurden nicht nur in Model gepreßt oder mit Formen ausgestochen, sondern vermutlich auch mit Messern in der gewünschten Form ausgeschnitten. Außerdem wurden größere Tonplatten mit Teilungslinien versehen und nach dem Brand in Stücke gebrochen, eine Technik, welche in Deutschland fast nur für kleine Quadrate und Dreiecksfliesen verwandt wurde.

stierte Fliesen *(inlaid-tiles)*, die bei weitem den größten Prozentsatz aller englischen Fliesen ausmachen[207].
Die Fliesen mit vertiefter Prägung *(line-impressed)* fanden sich im 13. Jahrhundert sowohl unter den Mosaikfliesen der verschiedensten Formen[208] wie auch auf quadratischen Fliesen. Ihr mengenmäßiger Anteil an der englischen Fliesenkeramik wurde bis jetzt stets als sehr gering betrachtet; durch die neuesten Ausgrabungen scheint sich das Bild langsam etwas zu verschieben. Eames[209] glaubt, aufgrund der Feinheit der Prägung, daß für diese eher ein Metall- als ein Holzstempel verwandt wurde und, wegen des schwierigeren und umständlicheren Prägeprozesses, es in England zu keiner Massenproduktion der Fliesen mit vertiefter Prägung kam. Dem widerspricht die Fülle dieser Fliesen in den Rheinmetropolen. Es ist jedoch möglich, daß die Fliesen mit vertiefter Prägung sich rascher abnützten und deshalb in geringerer Menge erhalten sind.
Reliefliesen *(embossed tiles* oder *relief-tiles)*[210] wurden in kleinerem Umfang an verschiedenen Orten gefertigt. Sie fanden sich, mit Ausnahme der Abteien von St. Albans (Hertfordshire) und Canterbury (Kent), jedoch eher in kleineren Kirchen und Klöstern. Abnützungsspuren beweisen, daß auch Fliesen mit sehr hohem Relief auf dem Fußboden verlegt wurden. Bei den Fliesen in Sgraffito-Technik aus der Kirche in Tring (Hertfordshire)[211] handelt es sich jedoch wohl um Wandfliesen. Diese zeigen in bewegten Bildern Szenen aus der Kindheit Jesu, welche in apokryphen Evangelien überliefert sind und nehmen nicht nur in der englischen, sondern in der europäischen Fliesenkeramik eine Sonderstellung ein.
Die englischen Forscher verweisen wiederholt auf von Hand eingeritzte Fliesen *(incised tiles)*, es lassen sich jedoch nur ganz wenige Beispiele mit Sicherheit nachweisen[212]. Wight und Haberly nehmen außerdem die Existenz von bemalten Fliesen *(painted tiles)* an, von denen nur wenige erhalten seien, da sie naturgemäß der Abnützung besonders ausgesetzt wären[213].
Bruchstücke früher Fayencefliesen wurden in der Burg von Hadley (Essex)[214], ein Bruchstück einer Fliese mit heraldischen Lilien in der St. Johannes-Abtei in Colchester (Essex)[215] entdeckt. Norton glaubt, daß sie nicht in England gefertigt, sondern vom Kontinent importiert wurden[216]. Das Rahmenschema ähnelt dem der Fliesen aus der Dünenabtei von Coxyde[217] und von St. Bertin und der Kathedrale Notre-Dame in Saint-Omer[218].
Eine nach dem heutigen Stand der Funde nur auf England beschränkte Technik sind die Fliesen aus *opus sectile*-Mosaik. Hier wurden, ähnlich den Trennungen durch Bleiruten bei den mittelalterlichen Glasfenstern, große Bildkompositionen aus einzelnen Tonplatten zusammengesetzt, die jeweils entlang den Konturen ausgestanzt, gebrannt und farbig glasiert wurden. Sie zeigen eine zusätzliche Binnenzeichnung in vertiefter Prägung. Das schönste Beispiel, vermutlich nur noch der Rest eines weit großartigeren Belags, hat sich in der Kapelle des Priors Crauden in der Kathedrale von Ely erhalten[219]. Hier findet sich eine um 1324/25 entstandene Darstellung von Adam und Eva unter dem Baum der Erkenntnis, begleitet von Greifen, Löwen und Drachen. Fragmente eines ähnlichen Belags kamen inzwischen auf dem Gelände der ehemaligen Zisterzienserabtei Old Warden in Bedfordshire zutage. Diese lassen sich zum Bild eines Reiters (?) und eines Bischofs ergänzen und sind vermutlich im selben Zeitraum ent-

207 Hier wird nur von dem äußeren Bild der Fliese ausgegangen. Auf den Beschauer wirken die in verschiedenen Techniken hergestellten inkrustierten *(inlaid, two-colour)* und engobe-geprägten *(slip-decorated, two-colour)* Fliesen sehr ähnlich.

208 Mosaikfliesen mit vertiefter Prägung fanden sich vor allem in Westengland, Wales und Irland, bei jüngsten Grabungen auch in Südostengland. Häufiger tauchen sie in Zisterzienserklöstern auf, so in Buildwas (Shropshire), Basingwerk (Flintshire), Vale Royal (Cheshire) (E. S. Eames, L. Keen, Some line-impressed mosaic from western England and Wales, Journ. Brit. Arch. Ass. 35, 1972, 65–70) und Little Coggeshall (Essex), (J. S. Gardner, Coggeshall Abbey and its early brickwork, Journ. Brit. Arch. Ass. 18, 1955, 28–31 (19–32), Taf. 16, 3), aber auch in Augustinerklöstern wie Lilleshall (Shropshire) (s. o., E. S. Eames, L. Keen, 65–70) und Norton Priory, Runcorn (Cheshire) (J. P. Greene, Experimental Archaeology in England. How to make a medieval tile, Archaeology, New York 1981, 24–30), sowie der Abtei von Pipewell (Northhamptonshire).

209 E. S. Eames, 1980, I, 40–43.

210 Eine erste ausführliche Übersicht über Reliefliesen gibt J. B. Ward-Perkins, 1937, diese befinden sich heute im Brit. Museum, im Victoria and Albert Museum und im London-Museum, London.

211 M. R. James, Rare medieval tiles and their story, Burlington Magazine 42, 1923, 32–37, Taf. S. 34. – E. S. Eames, 1980, I, 14, 39–40, 56–61, Taf. 2. – Die Fliesen, vermutlich in der 1. Hälfte des 14. Jh. entstanden und nach 1840, sowie um 1870 aufgefunden, befinden sich heute im Brit. Museum (8 Fliesen) und im Victoria and Albert Museum (2 Fliesen), London. Von den 56 Szenen der Vorlage haben sich 15 erhalten. Hier wurde die Tonfliese mit einer weißen Engobe überzogen, die Zeichnung in den noch feuchten Ton geritzt, der Hintergrund der Figuren wieder abgekratzt und alles mit einer dicken Bleiglasur überzogen.

212 E. S. Eames, 1980, II, Nr. 32, 34, 37, zeigt Fliesen aus der Abtei Burnham (Buckinghamshire), von einem unbekannten Fundort und aus London. – J. A. Wight, 71, 73, Abb. 27, erwähnt eine Fliese mit der Darstellung eines Mannes aus der Kirche von Hitchin (Hertfordshire) und zwei gekratzte Inschriften auf zwei Grabplatten aus Reliefliesen in der Kirche von Lingfield (Surrey). – L. Haberly, 20, erwähnt andere von Hand geritzte Fliesen in den Kirchen von Effingham (Surrey) und Elstow (Bedfordshire).

213 L. Haberly, 17. Auf Fliesen aus der Kirche von Witham (Essex), jetzt im Brit. Museum, London, sind mit weißem Schlicker Blütenmuster aufgetragen.

214 P. L. Drewett, Excavations at Hadley Castle, Essex, 1971–1972, Journ. Brit. Arch. Ass. 38, 1975, darin L. Keen, Floor tiles, 131–133, 154.

215 E. C. Norton, 1984b, 149–150, Abb. 3.

216 Ebd., 150, weist Norton auf eine Urkunde über den Ankauf von 1500 flämischen Fliesen für Hadley Castle hin, der für 1364–66 bezeugt ist und schließt aus dem Preis, daß es sich um Bodenfliesen handelt. König Edward III. ließ dort (um 1370 vollendete) Umbauten durchführen.

217 A. Marien-Dugardin, Taf. 15, 1.

218 M. Carette, D. Deroeux, Taf. 40, Abb. 220, 221.

219 Vgl. Anm. 205.

standen[220]. Bruchstücke eines Löwenkopfes wurden vor 1972 außerdem bei Grabungen im Priorat Norton in Runcorn (Cheshire) entdeckt[221].

Den Übergang von den Mosaikfliesen zu den gemusterten Fliesen bilden inkrustierte Mosaikfliesen. Die inkrustierten quadratischen oder rechteckigen Fliesen wurden im späten 13. und im 14. Jahrhundert von der wohl ebenfalls aus Frankreich übernommenen Technik der *printed tiles* oder *stamped tiles* verdrängt. Die Diskussion um diese Fliesen ist seit einiger Zeit in Fluß gekommen. Der Begriff *printed*[222] wird neuerdings allgemein durch *slip-decorated* (engobe-geprägt) oder *two-colour-tiles* (zweifarbige) ersetzt. Da sehr viele dieser Fliesen noch in situ liegen und meist mit einer intakten Glasurschicht überzogen sind, läßt sich oft nicht feststellen, welche Technik angewendet wurde. Die inkrustierten Fliesen zeigen jedoch meist sehr scharf begrenzte Ränder und Muster mit einfachen Konturen, während bei engobe-geprägten Fliesen die Zeichnung oft verwischt ist und an Stellen, an denen der weiße Schlicker nicht haften blieb, manchmal Teile des Musters unter der Glasur fehlen.

Glasuren spielen bei den englischen Fliesen eine weit wichtigere Rolle als in Deutschland. Eames betont[223], daß die englischen Fliesen, auch die Mosaikfliesen, die mit vertiefter Prägung und die frühen Reliefflliesen grundsätzlich glasiert waren; fehlte die Glasur, kann dies nur aus Versehen geschehen sein. Sie erwähnt ferner[224], daß die englischen Fliesen in einem Arbeitsgang gebrannt und glasiert wurden, während bei den meisten Fliesen des Kontinents die Glasur wohl erst auf die geschrühte Fliese aufgetragen und diese dann einem Glasurbrand ausgesetzt wurde. Bei den englischen Fliesen verband sich dadurch die Glasur fester mit dem Scherben, sie splitterte nicht so leicht ab, wurde dadurch allerdings nicht so glänzend. Im Gegensatz zu den Fliesen Frankreichs, die schon früh eine Reihe von Farbnuancen zeigen, ist die Farbskala in England auf gelbliche, hell- und dunkelgrüne, sowie braune und schwärzliche Glasuren beschränkt[225].

Die mittelalterlichen Fliesen Deutschlands weisen fast immer eine glatte Rückseite auf, die englischen sind auf der Rückseite meist mit kleinen Aushöhlungen[226] *(keys)* versehen. Es wurde dadurch nicht nur das Gewicht verringert und dem Reißen der Fliese während des Brandes vorgebeugt, sondern auch eine festere Verbindung mit dem Mörteluntergrund erreicht. Die Anzahl der Höhlungen wechselt, es wurde versucht, an Hand dieser *keys* Fliesen Werkstätten zuzuweisen. Nähere Vergleiche ergaben, daß diese bei Fliesen eines Fundes nicht immer übereinstimmten, es scheint sich also um einen eher willkürlichen Vorgang zu handeln. Ebenso sind die abgeschrägten Kanten unterschiedlich verteilt, sie finden sich schon bei frühen Mosaikfliesen, teilweise nicht bei den sorgfältig arbeitenden Werkstätten aus der Mitte des 13. Jahrhunderts, dann wieder bei Fliesen aus ländlichen Kirchen.

Ein grundlegender Unterschied besteht wohl auch in der Verwendung der Fliesen. So fällt auf, daß in England weniger Fliesen in Burgen und Schlössern verlegt wurden, als z. B. in Frankreich. Für das 13. Jahrhundert, für das in Deutschland Fliesenböden in einer ganzen Reihe von Burgen nachgewiesen werden können, gibt es nur wenig Fundorte, diese stehen dann meist in Verbindung zum königlichen Hof. Ebenso müssen, aufgrund der Funde, Bürgerhäuser vor allem Beläge aus engobe-geprägten Fliesen besessen haben.

Der älteste bis jetzt bekannte Boden aus einem Privathaus wurde 1960 in Clifton House, King's Lynn (Norfolk) aufgedeckt[227], er wurde um 1325 verlegt. In London wurden Fliesen nicht nur in zahlreichen Kirchen, sondern auch in Bürgerhäusern gefunden[228], auch diese

---

220 E. S. Eames, 1980, I, 36–39. – E. Baker, Craftmanship and design in floors for the wealthy. Some implications of the Warden Abbey tile pavement, Rotterdam Papers 4, 1982, 5–21. Die Fliesen in Old Warden wurden 1961 und 1974 im Südschiff der Kirche und an einer Stelle, an der die Abtswohnung vermutet wird, aufgedeckt. Die einzelnen Teile waren nachweislich mit demselben Stempel geprägt wie in Ely. Old Warden wurde 1135 von Rievaulx aus gegründet und nach 1537 fast ganz abgetragen.

221 P. Greene, Norton Priory Excavation 1972, Runcorn Development Corp. Interim Report on the 1972 Season, Runcorn 1972. – Ders., Cheshire: Runcorn, Norton, Medieval Britain in 1972, Medieval Arch. 17, 1973, 153–154, Taf. 28A und Abb. 56. Bei der Ausgrabung des ehem. Augustinerpriorats wurden sowohl ein Fliesenofen als auch die Gruben gefunden, aus denen der Ton entnommen worden war. Neben den Bruchstücken in opus sectile wurden Mosaikfliesen mit vertiefter Prägung, Reliefffliesen und engobe-geprägte Fliesen entdeckt (ders.. Medieval Arch. 18, 1974, 188). Die Mosaikfliesen werden von Greene in die Zeit um 1300 datiert.

222 Zur Technik vgl. S. 32–35. Das Wort *printed* kann im Deutschen nicht mit geprägt übersetzt werden, da dieser Begriff durch die Fliese mit vertiefter Prägung schon besetzt ist. Es mit „gedruckt“ zu übersetzen, klingt gleichermaßen plump und unscharf. Es wurde deshalb die Formulierung engobe-geprägt verwandt.

223 E. S. Eames, 1980, I, 20.

224 Bei Absplitterung von Glasur auf Fliesen des 15. Jh., die am Mittel- und Niederrhein entstanden, läßt sich erkennen, daß sich die Glasur nicht fest mit dem Scherben verbunden hat. Bei Fliesen, die bei Grabungen zutage kamen und bei denen die Glasur lange chemischen Veränderungen ausgesetzt war, läßt sich ein schlüssiger Beweis nicht ohne Laboruntersuchungen treffen. Fliesen des 12. und 13. Jh. aus dem Elsaß und aus Bayern könnten ebenfalls in einem Arbeitsgang gebrannt und glasiert worden sein.

225 Gelbe Glasuren entstanden durch Auftrag auf eine weiße Engobe, braune durch solche auf den roten Scherben. Durch Beimischung von Kupferoxyd ergaben sich auf weißer Engobe hellgrüne, auf rotem Scherben dunkelgrüne Glasuren, erhöhte Kupferzugabe sowie die Entstehung von Bleisulfid während des Brandes erbrachten schwärzliche Glasuren.

226 E. S. Eames, 1980, I, 19.

227 E. S. Eames, Decorated tile pavements in English Medieval houses, Rotterdam Papers 2, 1975, 5–15. Die beiden Böden aus dem Haus eines begüterten Kaufmanns zeigen diagonal verlegte Bänder aus gemusterten und glatten Fliesen. Ein weiterer, um 1480 entstandener Fliesenboden aus dem Haus des reichsten Kaufmanns der Stadt Bristol, William Canynges, wurde jetzt im Brit. Museum, London, wieder rekonstruiert. (E. S. Eames, The Canynges pavement, Journ. Brit. Arch. Ass. 14, 1951, 33–46, Taf. 22–26, eine Farbtaf. bei E. S. Eames, 1980, I, Taf. 7).

228 J. B. Ward-Perkins, 1940, 240–249, Abb. 1–64, 251–252, Abb. 67–81; weitere Fliesen früher im Guildhall Museum, London, heute im London Museum.

jedoch erst aus dem späten 14. und dem 15. Jahrhundert. Es ist nicht sicher, daß die Fliesen dort ursprünglich verlegt waren und nicht aus nach 1536 aufgehobenen Klöstern stammen. Erhaltene Urkunden bestätigen, daß die Günstlinge Heinrich VIII. nicht nur ihre Häuser mit dem Inventar aufgelassener Klöster schmückten, sondern auch die Fliesenböden entfernten[229]. Auch manche Dorfkirche, in der besonders kostbare Fliesen gefunden wurden, mag erst nach 1536 in deren Besitz gekommen sein.

Was für die Fliesenforschung in Deutschland vorerst nur als Hypothese aufgestellt werden kann, das Vorhandensein wandernder Töpfer[230], die mit Modeln und Geräten von Ort zu Ort zogen und ihre Feldbrandöfen jeweils in der Nähe des Kirchenbaus errichteten, hat die englische Forschung durch Tonuntersuchungen und Mustervergleiche für England bestätigt[231]. Über die Herkunft dieser Töpfer gehen die Meinungen allerdings noch auseinander. Während Ponsonby[232] glaubt, daß die Fliesenherstellung fast ausschließlich in der Hand von Klerikern lag und Laien nur in späterer Zeit damit betraut wurden, verneint Lane[233] zwar die Herstellung der frühen Fliesen durch Kleriker nicht ganz, nimmt jedoch an, daß, seit die Herstellung von Fliesen im 13. Jahrhundert in größerem Umfang einsetzte, diese sich schon in der Hand von Handwerkern befand. Diese *tylers* werden in Urkunden[234] immer wieder erwähnt, meist handelt es sich jedoch hierbei nicht um Töpfer, sondern um die Leute, die die Fliesenböden verlegten. Wie Untersuchungen ergaben, wurden die Brennöfen, von denen oft mehrere nebeneinanderstanden, meist nur für eine kurze Zeitspanne benützt, die darin gebrannten Fliesen jedoch an mehrere Kirchen geliefert[235], wobei der Wasserweg anscheinend eine wichtigere Rolle spielte als in Deutschland.

In England sind bis 1980 durch glückliche Fügung 67[236] mittelalterliche Brennöfen für Fliesen aufgedeckt worden. In den meisten fanden sich noch verworfene Fliesen *(kiln-wasters)*, die mit erhaltenen oder ausgegrabenen Fliesen eines Klosters oder einer Kirche übereinstimmten. So wurden in einem Ofen in North Grange, Meaux bei Beverley (Yorkshire)[237] die Mosaikfliesen für das Zisterzienserkloster Meaux gebrannt; Reliefffliesen für das schottische Zisterzienserkloster North Berwick (East Lothian) fanden sich in einem nahegelegenen Ofen[238]. Der Töpferofen, der die berühmten Fliesen für die ehemalige Benediktinerabtei Chertsey in Surrey lieferte[239], wurde 1922 entdeckt, der für die Fliesen des Clarendon Palasts bei Salisbury (Wiltshire) 1937[240]. Ein Töpferofen, der sich wahrscheinlich im Besitz der Mönche des Priorats von Castle Acre befand und in Bawsey, King's Lynn, Norfolk zutage kam[241], scheint im 14. Jahrhundert die Umgebung mit Fliesen versorgt zu haben. Reliefffliesen dieser etwas gröberen Prägung fanden sich in der Abtei Croyland, dem Priorat von Castle Acre und in Castle Rising, einige davon auch mit Negativmodeln geprägt. Bei den jüngsten Funden von Töpferöfen in Little Brickhill, Buckinghamshire[242] und in Danbury, Essex[243] kamen vorwiegend engobegeprägte Fliesen zum Vorschein, in einem Ofen, der 1911 auf dem Gut Harefield in Stoke, Coventry (Warwickshire)[244] entdeckt wurde, vor allem inkrustierte Mosaikfliesen. Diese Ofenfunde sind deshalb so wichtig, weil für Deutschland und Frankreich und auch die meisten angrenzenden Gebiete solche Funde fast gänzlich fehlen. Wenn Öfen aufgedeckt wurden, dann in kaum rekonstruierbarem Zustand, während die englischen Öfen sich teils ausgezeichnet erhalten hatten[245].

Obwohl neben einigen Öfen Reste von Töpferwerkzeugen entdeckt wurden, hat sich auch in England kein mittelalterlicher Model erhalten. Der von Stevens

---

229 J. A. Wight, 18. Fliesen und das Fliesenhaus der Zisterzienserabtei Bordesley in Tardebridge (Worcestershire) wurden 1536 verkauft. Die übrigen Fliesen wurden in der St. Stephens Church in Green Church, Redditch, verlegt.

230 s. S. 138.

231 A. Lane, 30. – J. A. Wight, 36. – E. S. Eames, 1980, I, 126, 205, 233–234.

232 L. Ponsonby of Shulbrede, 23, 44.

233 A. Lane, 30.

234 Ch. Hohler, 22–23.

235 E. S. Eames, 1980, I, siehe Register, Stichwort: *distribution, tileries, tilers: itinerant* (?).

236 E. S. Eames, 1980, I, 735–742, gibt eine Liste aller bis heute bekannten Fliesenöfen, die mit gefundenen Fliesen in Verbindung gebracht werden können.

237 E. S. Eames, A thirteenth-century tile kiln site at North Grange, Meaux, Beverly, Yorkshire, Medieval Arch. 5, 1961, 137–168, Taf. 20–27 mit Rekonstruktionszeichnung des Töpferofens auf S. 159.

238 J. S. Richardson, 281–310.

239 J. S. Gardner, E. S. Eames, 24–42, Taf. 9–16.

240 E. S. Eames, 1958, 103.– Dies., 1963, 42.

241 E. S. Eames, The products of a medieval tile kiln at Bawsey, King's Lynn, Antiquaries' Journ. 35, 1955, 162–181, Taf. 24–28. Die Fliesen, von ganz unterschiedlicher Qualität, befinden sich jetzt im Brit. Museum, London.

242 D. C. Mynard, The Little Brickhill tile kilns and their products, Journ. Brit. Arch. Ass. 38, 1975, 55–80. Der 1930 zuerst und 1968 erneut ausgegrabene Ofen war vermutlich vom 15. bis zum frühen 16. Jh. in Benutzung. Die dort hergestellten Muster fanden sich in 18 Kirchen der näheren Umgebung.

243 P. Drury, G. D. Pratt, 92–164, Taf. 11–13. Bei den beiden 1939 und 1972–74 ausgegrabenen Öfen fanden sich eine Fülle von Fliesen und Fragmenten mit teilweise sehr sorgfältigen Prägungen, die sowohl für zahlreiche Kirchen (bis heute sind 20 davon bekannt), wie auch für weltliche Auftraggeber bestimmt waren und die zwischen 1275/85 und 1325/35 dort gebrannt wurden.

244 Ph. B. Chatwin, 2–3, Taf. 1.

245 Weitere Öfen mit Fliesenresten wurden schon im 19. Jh. entdeckt, so in Repton (Derbyshire) vor 1868 (L. Jewitt, On a tile kiln and some paving and other tiles recently discovered at Repton, Derbyshire, Reliquary, 8, 1868, 131–140, Taf. 7–13 und Taf. neben 129), in St. Mary Witton, Droitwich and Great Malvern (beide Worcestershire) (ebd., 132), in London, Farringdonstreet (J. E. Price, Medieval kiln for burning encaustic tiles discovered near Farringdon Road, Clerkenwill, in: Trans. of the London and Middlesex Arch. Soc. 3, 1870, 31–36, Abb. S. 32), ein weiterer in der Nähe des St. Bartholomew's Hospital in Rye (Sussex) (L. A. Vidler, Floor tiles and kilns near the site of St. Bartholomew's Hospital, Rye, Sussex Arch. Collections 73, 1932, 83–101; 74, 1933, 45–64; 77, 1936, 106–114. Für alle weiteren Ofenfunde siehe E. S. Eames, 1980, I, 23–32, 735–742.

1935[246] publizierte Model, der sich im Museum von Winchester befindet, hat sich inzwischen als viktorianisch entpuppt; ein Model für Reliefflies, welche im 17. und 18. Jahrhundert noch in North Devon geprägt wurden, fand sich in Barnstaple, auf dem Gelände der ehem. North Walk Töpferei[247].

Auch die wichtige Frage der Datierung der frühesten Fliesen steht in England auf sichererem Grund als in Frankreich und Deutschland. Als früheste englische Fliesen werden farbig glasierte Reliefflieſen betrachtet, die bei Grabungen 1961–63 an der Stelle des ‚Alten Münsters', Winchester (Hampshire)[248] zutage kamen, auf einer Ebene, die dem späten 10. Jahrhundert zugeordnet wird. Das Muster, welches in der Zusammensetzung von vier Fliesen einen Kreis mit breitem Andreaskreuz ergibt, wird durch breite Stege, welche die verschiedenfarbigen Glasuren trennen, gegeben; eine Art von Grubenschmelztechnik auf Keramik übertragen. Man weiß allerdings nicht, ob es sich hier um Wand- oder um Bodenfliesen handelt. Zu diesem außergewöhnlichen Fund, für den es auf dem Kontinent bis jetzt nichts Vergleichbares gibt, kamen wenig später Funde ähnlicher Fliesen in der Kirche All Saints in York[249], in der Abteikirche von St. Albans (Hertfordshire)[250], in Bury St. Edmunds (Suffolk)[251], in Polesworth (Warwickshire)[252] und im Schlamm eines Bachbetts in der Nähe eines Priorats in Coventry (Warwickshire)[253]. All diese Fliesen könnten noch vor der normannischen Eroberung Englands 1066 entstanden sein. Diese bedeutete nicht nur einen entscheidenden Einschnitt für die englische Nation, sondern auch für die Baugeschichte, die nun über einen längeren Zeitraum unter französischen Einfluß geriet. Sicher datiert werden kann erst wieder ein wohl vor 1220 entstandener Belag aus Plattenmosaik im Chorumgang der Kathedrale von Canterbury[254], an den sich in rascher Folge weitere Böden, so z. B. in der Kathedrale von Rochester (Kent) anschlossen. Wann die ersten Fliesenböden in Zisterzienserklöstern verlegt wurden, ist immer noch nicht sicher, ein „Ziegelhaus" wird in der Abtei Byland schon 1197 erwähnt. Möglicherweise wurden jedoch dort zu dieser Zeit nur Dachziegel gebrannt.

Den Auftakt bildete vermutlich der Boden in der Abtei von Fountains (Yorkshire)[255], der unter Abt John von Kent (1220–47) verlegt wurde. Gleichzeitig entstand wohl der im Südquerschiff der Ruinen der Abtei von Byland, North Riding (Yorkshire)[256], noch in situ erhaltene Mosaikboden, dessen vielfältige Muster einen gewissen Eindruck von der Schönheit dieser, meist in vier Farben gegeneinander abgesetzten Böden vermittelt. An diesen schließen sich die Beläge der benachbarten Klöster Rievaulx[257] und Jervaulx[258] (North Yorkshire) an, die der schottischen Klöster Melrose (Roxburgshire)[259], Newbattle (Midlothian)[260], sowie Fliesenböden in den Abteien von Revesby und Thornton[261] (beide Lincolnshire) und Old Warden (Bedfordshire)[262]. Der späteste Belag in Plattenmosaik wurde bis jetzt in der heute verschwundenen Abtei Meaux (Humberside) aufgedeckt, seine Entstehung wird durch Urkunden auf die Zeit zwischen 1249–69 begrenzt[263].

---

246 F. STEVENS, 359, Abb. 1.

247 L. KEEN, 148–149, Abb. 1.

248 M. BIDDLE, Excavations at Winchester, 1962–1963, second interim report, Antiquaries' Journ. 44, 1964, 202–211, Taf. 54 a–c. Das 903 geweihte ‚Alte Münster' wurde 1093 aufgegeben.

249 E. S. EAMES 1980, I, 33, 51, Anm. 40. Die Fliesen sind noch nicht veröffentlicht, sie befinden sich im Yorkshire Museum, York.

250 M. BIDDLE, B. KJØLBYE-BIDDLE, Englands premier abbey. The medieval Chapter House of St. Albans Abbey and its excavation in 1978, Expedition 22, 1980, 28, Abb. 12. Gefunden wurden Reliefflieſen, darunter ein Muster vom Typus N41 und Muster, die schon in früherer Zeit in St. Albans entdeckt wurden. Die Fliesen lagen in dem unter Abt Robert von Gorham (1151–66) erbauten Kapitelhaus und gehören vermutlich dem 12. Jh. an. Das Brit. Museum London, besitzt jedoch eine Fliese (E. S. EAMES, 1980, I, 53, ebd., II, Nr. 1) vom Typ der in Winchester gefundenen Fliesen, die möglicherweise vor 1066 entstanden ist.

251 E. S. EAMES, 1980, I, 53.

252 PH. B. CHATWIN, 15, Abb. 22, Nr. 8; 35 und Taf. 4, Abb. 1–2.

253 E. S. EAMES, G. K. BEAULAH, 265, 276–277. – E. S. EAMES, 1980, I, 34.

254 E. S. EAMES, 1980, I, 34.

255 A. DIMIER, 1971, 310–311. Die Kirche der 1132 gegründeten Abtei wurde 1135–1140 erbaut, sie erhielt 1230 einen neuen Chor. – Muster bei L. HABERLY, 6, Abb. 4 und H. KIER, 1970, Muster 33, 81, 83, 90, 101.

256 A. DIMIER, 1971, 9–10. Der Ostteil der in langen Etappen erbauten Kirche kann um 1180–1190 entstanden sein. Ein Teil der Fliesen kam ins Brit. Museum, London. E. S. EAMES, 1980, I, (Register), Farbtaf. 1a.

257 A. DIMIER, 1971, 29–30. Das Kloster wurde 1132 gegründet, die 1135–40 erbaute Kirche erhielt um 1230 einen neuen Chor. E. S. EAMES, 1980, I, Farbt. 1b. (Register).

258 E. S. EAMES, 1963, Taf. 28, 1. Die Fliesen, besonders reichgemusterte Kreisrosetten, wurden schon zu Ende des 18. Jh. entfernt. Baudaten des 1132 gegründeten Klosters sind nicht bekannt.

259 J. S. RICHARDSON, 284–286, 293–297, Taf. 3. Die Fliesen der 1136 gegründeten Abtei befinden sich noch in den Ruinen, sie wurden 1921 aufgedeckt. Außer Mosaikfliesen fanden sich inkrustierte Fliesen und Stempelfliesen.

260 Ebd., 284–292, Taf. 1–2. Die 1878 und 1895 ausgegrabenen Kreisrosetten stimmen in den Mustern mit denen in Byland Abbey überein. Sie gehören ins frühe 13. Jh. und sind heute im Klostermuseum Melrose und in den Museen von Edinburgh.

261 E. S. EAMES, 1980, I, 68–69, 99, 106. Das Kloster wurde 1142 von Rievaulx aus gegründet. Ausgegrabene Fliesen wurden wieder zugedeckt, ein Rest hat sich in der Pfarrkirche von Revesby erhalten. Diese gehören dem 13. und frühen 14. Jh. an.

262 L. E. WEBSTER, J. CHERRY, Bedfordshire, Old Warden, Medieval Britain in 1974, Med. Arch. 19, 1975, 233, Taf. 17A und B. Die von G. T. Rudd 1960–61 entdeckten Fliesen wurden von E. Baker 1974 ausgegraben, sie entdeckte außerdem einen zweiten Boden in Fliesenmosaik an der Stelle der vermuteten Abtswohnung. Neben einer großen Kreisrosette mit Arkaden fand sich vielfältig gemustertes Plattenmosaik mit kleineren Rosetten, Vierpässen, Sternen und Blüten.

263 G. K. BEAULAH, 116–136. Die ersten Fliesenbeläge des 1150/51 gegründeten Klosters wurden 1853 aufgedeckt, diese Fliesen sind zum größten Teil verloren, die Muster durch Zeichnungen erhalten. 1925–35 wurden nochmals Fliesen in situ gefunden, bei der Aufdeckung des Töpferofens auf der zu Meaux gehörenden Grangie (North Grange) wurden dieselben Muster auf verworfenen Fliesen entdeckt. Diese sind heute im Beverley Museum, im Museum Hull und im Brit. Museum, London (E. S. EAMES, 1980, I, Register). Der Fliesenboden der Kirche wurde unter Abt William de Driffiled (1249–69) wohl um 1253 verlegt.

Alle diese Fliesenböden stimmen teilweise miteinander überein, nehmen einzelne Muster oder die Gesamtkonzeption auf, variieren die Themen des Fliesenmosaiks auf die vielfältigste Weise. Selbstverständlich wurden Beläge aus Mosaikfliesen auch in den Kirchen anderer Orden gefunden[264], diese sind jedoch meist keine selbständigen Entwicklungen, sondern nehmen ganz oder teilweise Zisterziensermuster wieder auf. Bis jetzt ist es noch nicht gelungen, in den französischen Mutterklöstern (L'Aumône, Clairvaux, Savigny) Spuren ähnlicher Fliesenböden aufzudecken, doch scheinen die Anstöße zur Verlegung der Fliesen eher aus dem Anjou und Poitou als aus der Normandie gekommen zu sein. Für die inkrustierten Fliesen, deren erstes Auftauchen zu Ende des 12. Jahrhunderts vermutet wird, jedoch noch nicht bewiesen werden kann, nimmt Eames[265] Einflüsse aus der Normandie an.

So finden sich die frühesten Exemplare vor allem in Südengland, in den Kathedralen von Salisbury (Wiltshire)[266] und Winchester (Hantshire)[267], in der Benediktinerabtei Romsey (Hantshire)[268], der Prämonstratenserabtei Titchfield (Hantshire)[269] und der Zisterzienserabtei Cleeve (Somerset)[270].

Aus bescheidenen Anfängen entwickelte sich rasch ein Reichtum an Motiven, die allen Lebensbereichen entnommen wurden, so daß sich Glanz und Fülle der englischen Fliesenkeramik vor allem in den inkrustierten Fliesen spiegeln. Von im übrigen Europa kaum mehr erreichter Qualität und Schönheit sind die Fliesen, die schon im späten 18. Jahrhundert und erneut 1924 in den Ruinen der Benediktinerabtei Chertsey (Surrey) aufgedeckt wurden und vermutlich den Belag einer königlichen Kapelle bildeten[271].

Erhalten haben sich, aus einem Zyklus der Tristan-Sage, 39 verschiedene Muster, außerdem 9 Darstellungen mit Kampfszenen, die möglicherweise Sagen, die sich um Richard I. Löwenherz ranken, aufgreifen (Abb. 109). Gerahmt werden die Kreise und Quadrate durch Randfliesen verschiedenster Formen, die mit zartem Rankenwerk und leider nur bruchstückhaft erhaltenen Inschriften bedeckt sind. Durch eine Inschrift auf Fliesen, die ebenfalls in der Werkstatt von Chertsey geprägt wurden und sich im Prämonstratenserkloster Halesowen bei Birmingham (Worcestershire)[272] fanden, ist ihre Datierung annähernd gesichert. Sie müssen vor 1298 gefertigt worden sein. Eames nimmt an, daß sie um 1270 entstanden.

Fliesen des Chertsey-Typus fanden sich auch in der Zisterzienserabtei Hailes (Gloucestershire), die 1246 von Richard von Cornwall, dem Bruder König Heinrich III., erbaut worden war[273].

Von nahezu derselben Feinheit sind die zwischen

264 G. K. Beaulah, 120–121 nennt Fliesenbeläge der Klöster Sawley und Thornton, der Kathedrale von Rochester, ferner in Bristol, Kirkstall, Northallerton, Helmsley Castle und York.

265 E. S. Eames, 1968, 10.

266 F. Stevens, 364. Die um 1220/25 begonnene Kathedrale von Salisbury wurde zwischen 1258–66 vollendet. Die Fliesen sind mit denselben Modeln geprägt, wie die der Kathedrale von Winchester. Das Kapitelhaus, 1263–84 erbaut, besaß einen besonders schönen, im Achteck angeordneten Fliesenboden, der ohne Not 1870 durch Kopien ersetzt wurde (ebd., 365–366, Taf. 3).

267 G. E. C. Knapp, 16–24. – A. B. Emden, The medieval tile pavement in the Retro-Choir, Winchester Cathedral Records 17, 1948, 6–13. – E. C. Norton, The medieval tile pavement of Winchester Cathedral, Medieval art and architecture at Winchester, Brit. Arch. Ass. 1983, 78–93, Taf. 12–13. – Ders., The medieval pavingtiles of Winchester College, Proc. of the Hantshire Field Club Arch. Soc. 31, 1976, 23–42. In der 1079 geweihten Kathedrale of Winchester, die einst ganz mit Fliesen ausgelegt war, haben sich auf ca. 5000 Fliesen noch 65 Muster erhalten, die in enger Beziehung zu denen des königlichen Palastes in Clarendon stehen und in zahlreichen Kirchen und Klöstern der Umgebung zu finden sind. Die Fliesen wurden um 1240, um 1250, um 1260–80 und wohl auch noch um 1290 verlegt; die Fliesen des Ostchors stimmen in den Mustern teilweise mit denen in Winchester College überein, welche nachweislich 1396 und 1397 angekauft wurden.

268 J. A. Wight, Abb. 1 a, 3 g. Romsey wurde 1120–1230 erbaut, die Fliesen liegen teilweise noch in situ.

269 P. M. und A. R. Green, Medieval tiles at Titchfield Abbey, Hants, afterwards Place or Palace House, Papers and Proc. of the Hantshire Field Club and Arch. Soc. 17, 6–30, Taf. A–D. Die Fliesen wurden 1923 aufgedeckt und in situ belassen. Die Muster sind von Chertsey Abbey abhängig und wohl etwas später als diese (spätes 13. Jh., eine Fliese Ende 14. Jh. und 15. Jh.). Das 1232 gegründete Kloster wurde 1536 in ein Herrenhaus umgewandelt.

270 J. B. Ward-Perkins, A late thirteenth-century tile – pavement at Cleeve Abbey, Proc. of the Somerset Arch. and Natural Hist. Soc. 87, 1941, 39–55. – J. A. Wight, 122–123 mit Farbtaf. 1. Fliesen in fast 100 verschiedenen Mustern haben sich auf dem Boden des im 15. Jh. aufgegebenen Refektoriums erhalten. Unter den zwischen 1272 und 1300 entstandenen Fliesen sind die Ausflickungen des 14. und 15. Jh. zu erkennen. Die Muster stimmen mit denen des Kapitelhauses in Salisbury und des Palasts von Clarendon überein. Die 1198 gegründete Zisterzienserabtei stand dem Hof sehr nahe und wurde sowohl von König Heinrich III., wie von Richard von Cornwall reich dotiert. (J. B. Ward-Perkins, 1941, Taf. 2, 7 zeigt dasselbe Muster wie J 62 aus Kloster Eberbach).

271 Die ersten Funde in Chertsey wurden 1787 gemacht, weitere um 1820 und 1853; eine Reihe von Fliesen verschwand sofort. Die Gebäude der schon 964 gegründeten Abtei wurden nach 1537 abgetragen und zum Neubau des Schlosses Oatlands verwandt. Die teils gut erhaltenen, teils aus Tausenden von Bruchstücken rekonstruierten Muster wurden seit 1885 immer vollkommener publiziert. M. Shurlock, Tiles from Chertsey Abbey, Surrey, representing early romance subjects, London 1885. – W. R. Lethaby, The romance tiles of Chertsey Abbey, 2nd Annual Volume of the Walpole Soc. Oxford 1912–1913. – R. S. Loomis, Illustrations of medieval romance on tiles from Chertsey Abbey, Illinois 1916. – Ders., Arthurian legends in medieval art, New York 1938. – J. S. Gardner, E. S. Eames. – E. S. Eames 1980, I, 141–171, Taf. 4, ebd., II, Abb. 462–595.

272 E. S. Eames, 1980, I, 141–171, 179–181. Die zuerst vor 1871 entdeckten, 1928 und 1936 erneut ausgegrabenen Fliesen (heute wieder unter einer tiefen Sandschicht verschwunden), die teilweise mit denselben Modeln geprägt wurden wie in Chertsey, sind durch Inschrift datiert, die bezeugt, daß Abt Nikolaus († 1298/99) den Belag noch zu Lebzeiten in Auftrag gab. Mustervergleiche haben ergeben, daß die Fliesen in Chertsey vor denen von Halesowen geprägt wurden.

273 J. G. Coad, Hailes Abbey, London 1970, 5–8. – E. S. Eames, 1980, I, 202–203. Von 1270–77 wurde der Ostflügel der Abteikirche neu erbaut, um eine Hl. Blut-Reliquie aufzunehmen. Bei Ausgrabungen 1968 wurde der Boden dieses Baus in situ aufgedeckt.

Abb. 109 Chertsey (Surrey), ehem. Benediktinerkloster. Teil des Bodenbelags aus inkrustierten Fliesen. König Richard I. Löwenherz im Kampf mit Sultan Saladin. Um 1270. London, Brit. Museum.

1253–59 entstandenen Fliesen des Kapitelhauses der Westminster Abtei[274]. Man vermutet, daß sie von den in königlichen Diensten stehenden Töpfern des Schlosses Windsor geprägt wurden, die wiederum in engster Verbindung mit Chertsey standen. Daß es sich hier um höfische Kunst handelt, die durch königliche Auftraggeber zu nie wiederholten Leistungen angespornt wurde, zeigen auch die im ehemaligen königlichen Palast in Clarendon bei Salisbury aufgedeckten und heute im Britischen Museum rekonstruierten Fliesenböden, die aus dem Gemach der Königin[275] und vermutlich aus einer kleinen Privatkapelle des Königs stammten[276]. Durch erhaltene Urkunden (eine Abrechnung von Lohnkosten) können auch diese Böden kurz vor und um die Mitte des 13. Jahrhunderts datiert werden.

Während für die Fliesen von Chertsey Abbey bis heute keine französischen Vorbilder entdeckt werden konnten, weist Eames auf die große Ähnlichkeit des Belags in der königlichen Kapelle in Clarendon Palace mit dem in der Kirche des ehemaligen Benediktinerpriorats Cunault (Maine-et-Loire) hin[277]. Es scheint, als stünden all diese Böden in einem ursächlichen Zusammenhang mit dem verfeinerten Lebensstil, welcher durch die Heirat König Heinrich III. mit Eleonore von Provence (1236) am englischen Hof Fuß gefaßt hatte. Schon 1237 waren in der Kathedrale von Westminster drei Kapellen mit Fliesen versehen worden; diese sind leider nicht mehr erhalten. Die Fliesen dieser Periode zeigen entweder große Kreisrosetten oder figürliche Szenen, die in einen Rahmen von Architekturdarstellungen und Ranken eingebettet waren. Erst im 14. Jahrhundert wurden diese großen Kompositionen langsam durch Einzelbilder auf Fliesen abgelöst, wie sie in kleineren Kirchen und bescheidenen Klöstern von Anfang an verlegt worden waren. Eine Bevorzugung von Kreismustern und

274 P. B. Clayton, The inlaid tiles of Westminster Abbey, Arch. Journ. 69, 1912, 36–73. – E. S. Eames, 1980, I, 172–174. Die Fliesen des Kapitelhauses sind der einzige Belag, der sich vom 13. Jh. bis heute intakt in situ erhalten hat. Neben figürlichen und erzählenden Szenen finden sich besonders sorgfältig gezeichnete Fensterrosen, Wappen und Fabeltiere. Außer diesem Belag haben sich in Westminster noch sieben kleinere Böden erhalten, die durch Urkunden teilweise in die Jahre 1385 bis 1386 und 1389–90 datiert werden können.

275 E. S. Eames, 1958, 96–106, Taf. 32–35. – Dies., 1980, I, Taf. 6a, 187–188. Der vermutlich 1250–52 verlegte Fliesenboden im Gemach der Königin, der 1935 entdeckt wurde und sich nun im Brit. Museum, London, befindet, ist einer der ersten sicher datierbaren Beläge aus inkrustierten, quadratischen Fliesen.

276 E. S. Eames, 1963, 40–50, Taf. 27–30. – Dies., 1980, I, 134–140, Farbtaf. 5. – Die Fliesen, 1933–39 ausgegraben, wurden nach Eintrag in die Listen der königl. Ausgaben vermutlich 1244 bestellt. Im Mittelpunkt stehen große Kreisrosetten, jeweils ein Kreis mit glatten grünglasierten und einer mit gemusterten inkrustierten Fliesen, wie sie sich ähnlich auch in den Zisterzienserklöstern Beaulieu, Jervaulx und Kirkstall fanden. Die Überreste des Ofens, in dem die Fliesen gebrannt wurden, fanden sich in der Nähe des Palastes.

277 E. S. Eames, 1980, I, 138, vgl. A. Ramé, 46–47, Taf. 23–24. – E. C. Norton, 1986, 269, verneint die Abhängigkeit der Clarendon-Fliesen vom Vorbild Cunault. Er glaubt, daß die letzteren erst im 3. Viertel des 13. Jh. verlegt wurden und nimmt für Clarendon und Cunault eine gemeinsame Vorlage an, einen möglicherweise in der Normandie entstandenen Fliesenboden.

anderen aus Zirkelschlägen gebildeten Motiven bleibt jedoch bestehen, die Kreise sind aus vier, neun oder sechzehn Fliesen gebildet. Sonst unterscheiden sich die inkrustierten Fliesen wenig von den französischen Vorbildern, die heraldische Lilie *(fleur-de-lys)*, sicher von dort übernommen, kehrt in immer neuen Varianten wieder. Blüten und Blattranken sind von großer Feinheit der Zeichnung, ebenso die Fensterrosen, gotische Fialen und Baldachine, unter denen Könige, Königinnen und Bischöfe thronen[278] (Abb. 110).

Gekrönte Löwen und phantastische Fabeltiere sind sehr häufig vertreten, daneben alle Tiere, die zum Bereich der Jagd gehören, aber auch Schmetterlinge[279], Eichhörnchen[280] und die von der Konstanzer Fliese E9 bekannte Darstellung von drei Hasen mit drei gemeinsamen Ohren[281]. Religiöse Themen werden nicht vermieden[282], daneben finden sich außergewöhnlich viel Wappenfliesen, auch an Orten, zu denen der Wappenträger gar keine Beziehung mehr hatte[283]. Dies wird durch die lange Verwendung einzelner Model erklärt, durch wandernde Fliesentöpfer und durch Lieferung von Fliesen an weit entfernte Orte. Da die Umkehrung des Musters oft nicht beachtet wurde, erscheinen zahlreiche Wappen seitenverkehrt, ebenso die Inschriften auf Fliesen oder einzelne Buchstaben[284]. Meist sind diese Inschriften religiösen Inhalts[285], oder sie erlauben Datierungen, wie die schon erwähnte Fliese aus Halesowen oder aus der Kirche von Beachamwell (Norfolk)[286].

Die Datierungen werden außerdem durch zahlreiche erhaltene Urkunden[287] untermauert. Rechnungen über Aufträge an Töpfer, die auch die Preise der bestellten Fliesen nennen, sind überliefert. Auf anderen Fliesen fanden sich eingeprägte Jahreszahlen[288].

Die langsame Ablösung der inkrustierten durch die engobe-geprägten Fliesen wurde von der englischen Forschung meist in Verbindung mit der großen Pestepidemie (1347–48) gebracht. Durch den Tod vieler Handwerker sei die Suche nach vereinfachten Herstellungsmethoden ausgelöst worden. Neue Untersuchungen von Norton[289] haben jedoch ergeben, daß diese Technik schon zu Ende des 13. Jahrhunderts in England auftauchte. Die ersten Fliesen in Frankreich sind für die ehemalige Benediktinerabtei Saint-Germain-des-Prés um 1273 gesichert, für die Chorumgangskapellen der Kathedrale von Canterbury um 1285–90. Die Qualität dieser Fliesen, die sich von einem Zentrum um Penn (Buckinghamshire) rasch ausbreiteten und vor allem in und um London gefunden wurden, nahm während des 15. Jahrhunderts ständig ab. Es gab kaum mehr neuerfundene Muster, sondern nur noch die ewige Abwandlung vorhandener Motive, eine Parallele zu den verdorbenen Eichblattfliesen am Mittelrhein. Möglicherweise entstand diese Eintönigkeit jedoch durch den Wunsch, bei Ausbesserungen beschädigter Fliesenböden die alten Muster zu kopieren.

Wie schon erwähnt, gibt es neben den inkrustierten und engobe-geprägten Fliesen, die sich jeweils um örtliche Zentren[290] gruppieren, in kleinen Mengen auch Fliesen mit vertiefter Prägung[291] und Reliefffliesen[292]. Da die letzteren in der 2. Hälfte des 19. und im frühen 20. Jahrhundert vor allem in Ostengland gefunden wurden, nehmen fast alle Autoren an, daß diese entweder über Holland aus dem Rheinland bezogen wurden oder daß der Einfluß der Prägung doch von den ostenglischen Hafenstädten ausging, die lebhaften Handel mit dem Rheinland trieben und große Mengen rheinischen Steinzeugs einführten. Ein Vergleich der englischen und deutschen Reliefffliesen zeigt jedoch, daß aller-

---

278 G. E. C. Knapp, Taf. 1 zeigt ein großes, aus vier Fliesen bestehendes Bild eines stehenden Bischofs aus der Kathedrale von Winchester. – E. S. Eames, 1980, II, 1321–1325, zeigt Wandfliesen aus Great Malvern (Worcestershire) mit gotischem Gesprenge (1457–58). In Chertsey Abbey hatten sich die Darstellungen von König, Königin und Bischof erhalten (E. S. Eames, 1980, II, Abb. 1306–1316).

279 J. A. Wight, 46, Abb. 13d, aus den Kirchen von Morley und Ashbourne (Derbyshire), 14. Jh.

280 L. Haberly, 281, Abb. 243, 244. Aus der Kathedrale von Oxford und der Kollegiatskirche von Wallingford Castle (Oxfordshire).

281 F. Renaud, Abb. 19, aus der Kathedrale von Chester. – L. Haberly, 168, Taf. 113, aus der Abteikirche von Notley und der Kirche in Long Credon (Oxfordshire).

282 Eine Auferstehung Christi findet sich auf einer vermutlich aus Great Malvern stammenden Fliese (J. A. Wight, 139); eine Kreuzigung auf Fliesen aus Chertsey Abbey (J. S. Gardner, E. S. Eames, Taf. 12, b und c).

283 L. Haberly, 30. – A. Parker, Nottingham Pottery, Thoroton Soc. Trans. 36, 1932, 87, 90–93.

284 L. Haberly, 22–23.

285 Wegen der Fülle der Inschriften ist es unmöglich, diese einzeln aufzuzählen. Sie reichen von „Ave maria", „deo gracia", „fiat voluntat dei", „in domine confido" bis zu dem auf vier Fliesen verteilten Hilferuf: „Adjuva nos Deus salutaris noster et propter gloriam nominis Tuis Domine libera nos" aus der Kathedrale von Gloucester (E. S. Eames, 1980, II, Abb. 1499–1502), die wohl zwischen 1481–1515 entstanden.

286 E. S. Eames, 1980, I, 110, 112. „Orate pr(o) anima m(agistri) Rich(ard) Stowe vicarii". Diese Fliese wurde außerdem in dem in Bawsey entdeckten Fliesenofen und in Barwick gefunden. Der Vikar starb kurz vor dem 5. Okt. 1376. (E. S. Eames, 1980, II, Abb. 354).

287 Einige wichtige Urkunden bei Ch. Hohler, 21–24, die meisten jeweils bei den einzelnen Aufsätzen und bei E. S. Eames, 1980, I, Register unter *documents* und *manuscripts*, eine Aufzählung würde den Rahmen dieser Arbeit sprengen.

288 In der Kathedrale von Gloucester fand sich eine Fliese mit der Jahreszahl „1455" (J. A. Wight, 145), in Great Malvern eine mit „1453" bezeichnete Fliese (F. Renaud, 9), eine weitere von dort gibt das 36. Regierungsjahr (1456) von Heinrich VI. an (L. Haberly, 32).

289 E. C. Norton, M. C. Horton, 58–80 und E. C. Norton, 1984a, 63, 67–68.

290 Die einzelnen Zentren und Schulen (Chertsey und Westminster, Wessex, Northbanks und Midlands, Malvern und Severn etc.) sind bei E. S. Eames, 1980, hervorragend und ausführlich beschrieben. Das Bildmaterial hierzu muß ihrem Katalog und den Publikationen über die Fliesen der einzelnen Grafschaften entnommen werden.

291 Außer den Mosaikfliesen mit vertiefter Prägung fanden sich quadratische Fliesen in der Kirche von St. Mary Friars, Shrewsbury (Salop) (A. Lane, Taf. 19i), in Beauchief Abbey (Derbyshire), Pipewell Abbey (Northamptonshire) (E. S. Eames, 1968, Taf. 1, 4–5), in Lilleshall Abbey (Salop) und Meaux Abbey (Humberside), um nur einige zu nennen.

292 Vgl. hierzu E. S. Eames, 1980, I, 83–98.

Abb. 110 Chertsey (Surrey, ehem. Benediktinerkloster, Fliesen mit Bischof, Königin und König. Um 1290–1300. London, Britisches Museum.

höchstens von Anregungen, nicht jedoch von Import gesprochen werden darf.
Schon Ward-Perkins zieht den Vergleich zwischen einer Fliese aus der Abtei St. Albans[293] und einer Fliese aus St. Urban[294]; im Typus noch ähnlicher ist Y 12 aus dem Haus ‚zum Wolf' in Freiburg. Er verwies außerdem auch schon auf die Fliesen des Zisterzienserinnenklosters North Berwick[295], der Kathedrale von Bangor[296] und von Whitland Abbey[297]. Durch die Funde der letzten Jahrzehnte verschob sich der Anteil der Reliefflie-

293 J. B. Ward-Perkins, 1937, Taf. 1, 4, heute im Brit. Museum, London.

294 R. Schnyder, 1958, Kat. Nr. 65.

295 J. S. Richardson, 299–302, Abb. 15–19.

296 J. B. Ward-Perkins, 1937, 145, Abb. 6 Nr. 5. Dort wurden außerdem ikonographisch besonders interessante Fliesen mit vertiefter Prägung gefunden. Die Themen waren mittelalterlichen Bestiarien entlehnt (S. W. Williams, Tiles found during the restoration of Bangor Cathedral, Archeologia Cambrensis 50, London 1895, 107–11, außerdem bei J. M. Lewis, 32–33).

297 J. M. Lewis, 7, Abb. 4, 34, Abb. 39. Heraldische Lilien und Agnus Dei, umgeben von Fabeltieren, beide im Nationalmuseum von Wales, Cardiff.

sen im Bild der englischen Fliesenkeramik nochmals zu deren Gunsten. Zu den frühen Fliesen des 13. Jahrhunderts kamen Fliesen des 14. Jahrhunderts aus dem Priorat in Butley (Suffolk)[298] und ein großer Fliesenfund, welcher aus dem ehemaligen Aussätzigen-Hospital Burton Lazars (Leicestershire)[299] 1947 ins Britische Museum kam und wohl aus dem Ende des 15. Jahrhunderts stammt. Einzelne Reliefflesen fanden sich außerdem in einer Reihe kleinerer Orte über ganz England verteilt. Von allen erwähnten Orten sind die Fliesen aus North Berwick[300] am ehesten mit deutschen Prägungen zu vergleichen. Exakte Kopien, wie sie z. B. bei deutschen und französischen Fliesen vorkommen, gibt es bis jetzt nicht.
Für die übrigen in England gefundenen Reliefflesen[301] nimmt Eames an, daß sie das Werk wandernder Töpfer sind. Eine größere Werkstatt, die über einen längeren Zeitraum Fliesen herstellte, ist für Bawsey, King's Lynn, Norfolk[302] gesichert. Die Reliefflesen haben anscheinend auch den Verfall der englischen Fliesenkeramik am besten überstanden. In North Devon wurden noch im 17. und 18. Jahrhundert Fliesen hergestellt[303], die sich eng an mittelalterliche Vorbilder anlehnen. Wäre die Entstehungszeit nicht durch Jahreszahlen verbürgt, würde man sie dem 15. oder frühen 16. Jahrhundert zuordnen.
Die blühende Fliesenproduktion Englands kam in der 1. Hälfte des 16. Jahrhunderts rasch zum Erliegen. Die Ursache war nicht nur die unter Heinrich VIII. erfolgte Loslösung von Rom und die Aufhebung der Klöster 1536. Die mittelalterlichen Bodenfliesen waren eng an die gotische Architektur gebunden, neue Baugedanken bezogen auch die Neugestaltung des Fußbodens mit ein. Zu Beginn des 16. Jahrhunderts wurden noch einige besonders schöne Fliesen geprägt, so für die Abtei Hailes (Gloucestershire)[304] und das 1511 begonnene, jedoch nicht mehr vollendete Schloß Thornbury[305]. Im übrigen begnügte man sich damit, die verlassenen Klöster auszuschlachten. Gleichzeitig entstand durch die aus Antwerpen eingeführten farbigen Fayencefliesen den nur zweifarbigen Tonfliesenböden eine ernsthafte Konkurrenz. Das schönste Beispiel dieser neuen Technik hat sich in der Kapelle des Landhauses ‚The Vyne' bei Basingstoke (Hampshire) erhalten. Der Boden wurde um 1520 verlegt[306]. Zusätzlich führte man aus Neufchâtel-en-Bray (Seine-Inférieure) Steinzeugfliesen ein; dieselben Muster wurden für England mit grüner, für Frankreich mit blauer Glasur geliefert[307].
Der Katalog der mittelalterlichen Fliesen Irlands gibt einen umfassenden Überblick über die Muster aus 88, vorwiegend an der Ostküste gelegenen Fundorten[308]. Diese unterscheiden sich grundsätzlich kaum von den englischen Prägungen, es fällt allerdings auf, daß es verhältnismäßig mehr Fliesen mit vertiefter Prägung gibt[309]. Eine eigene Fliesenproduktion hat sich wohl nur um Dublin und Kilkenny entwickelt, andere Fliesen kamen möglicherweise auf dem Seeweg aus Chester. Auch hier kommt den Zisterzienserklöstern eine wichtige Rolle zu. Fliesen fanden sich in St. Mary's, Dublin, sowie in den Klöstern Baltinglass (Wicklow), Graignamanagh (Kilkenny), Jerpoint (Kilkenny), Mellifont (Louth) und Tintern Minor (Wexford). Die in den Zisterzienserklöstern geborgenen Muster kommen auch in den Klöstern anderer Orden, in Kirchen und z. B. dem Sitz des normannischen Erzbischofs, Swords Castle (Dublin)[310] vor, so daß vermutet werden kann, daß ein oder mehrere Klöster die Grafschaften mit Fliesen versorgten.

15.7 Dänemark

Wenn in England die schönsten mittelalterlichen Fliesen Europas geprägt wurden, so hat Dänemark unter seinen frühen Prägungen kaum weniger schöne und interessante Fliesen aufzuweisen. Obwohl der englische (oder französische?) Einfluß auf einer schmalen Kü-

---

298 J. N. L. Myres, 265–275. Neben Fliesen des 13. Jh. die denen von North Berwick ähneln, finden sich vor allem Fliesen mit Blatt- und Rankenornamenten des 14. Jh. Auch hier verweist der Verf. auf St. Urban, die Fliesen in Butley wirken jedoch altertümlicher. Die Baugeschichte würde eine Datierung ins späte 12. Jh. zulassen.

299 N. R. Whitcomb, 12–13, 25–26 und Abb. – E. S. Eames, 1980, I, 117–122, Farbtaf. 3. Die Fliesen zeigen vor allem heraldische Motive.

300 J. S. Richardson, 299, Abb. 15, Nr. 3. Das Muster, welches in Deutschland als Relieffliese und in vertiefter Prägung vorkommt (N 30–33), fand sich außerdem in der Abtei von Leicester, im Priorat von Ulverscroft und in den Ruinen der Burg Montsorrel (N. R. Whitcomb, 29, Kat. Nr. 1). – Inzwischen wurden die Muster N 30–N 31 auch in den Zisterzienserabteien Bordesley und Waverley entdeckt, eine Variante von N 41 in Boxley (E. C. Norton 1986b, 238, Abb. 30a u. b, 30f).

301 E. S. Eames, 1980, I, 104.

302 Der Fliesenofen in Bawsey, King's Lynn wurde 1843 aufgedeckt, 1928 wurden erneut Fliesen geborgen. Die Werkstatt arbeitete 1376, es ist nicht bekannt, wie lange sie Fliesen herstellte (vgl. Anm. 241).

303 L. Keen, 155, Abb. 3, Nr. 1–4, „1612, 1655, 1708".

304 E. S. Eames, 1980, I, 257–263, 259, Abb. 15, 262, Abb. 16.

305 Dies., 1980, I, 257. – Dies., 1980, II, Abb. 1482–1485. Ein aus vier Fliesen gebildetes Wappen mit den Insignien und dem Motto des Hosenbandordens: „HONI SOIT QUI MAL I PENSE". Der Bau wurde 1521 abgebrochen, weil der Besitzer, Edward Stafford, Herzog von Buckingham, wegen Hochverrats hingerichtet worden war.

306 Vgl. S. 177.

307 L. Keen, 145. Fliesen dieses Typus fanden sich außerdem in Keymer und Hurstpierpoint (Sussex).

308 E. S. Eames, Th. Fanning, Irish medieval tiles. Decorated medieval paving tiles in Ireland with an inventory of sites and designs and visual index, Dublin 1988. Mr. Fanning verdanke ich einen ersten Überblick über den neuesten Forschungsstand bei den irischen Fliesen.

309 W. Frazer, Early pavement tiles in Ireland, The Journ. Royal Soc. Antiquaries Ireland, 23, 1893, 357–366, Taf. 1–5; 24, 1894, 136–138, Taf. 1–5; 25, 1895, 171–175, Taf. 1–4.

310 Th. Fanning, A medieval tile pavement from Swords Castle, County Dublin, Medieval Arch. 19, 1975, 205–209, Taf. 16 A. Vgl. die Übereinstimmung einer Fliese aus Sword Castle und anderen Fundorten (ebd., 207, Abb. 81, Nr. 5) mit T32 aus Kloster Stams.

stenlinie, die einige norddeutsche Hansestädte (Bremen?, Lübeck, Lüneburg) berührt und östlich bis etwa in den Raum von Rostock reicht, zur Prägung von inkrustierten Fliesen führte, blieben die dänischen Fliesen von diesem Einfluß unberührt. Es sind eigenständige Prägungen, die sich, wenigstens im 12. und 13. Jahrhundert, auch kaum mit deutschen Fliesen vergleichen lassen. Am ehesten sind ihre Muster mit denen von Fliesen einiger nordfriesischer Klöster verwandt[311]. Größe, Gewicht und der stark mit Sand gemagerte Ton gleichen den Fliesen aus St. Fides, Schlettstadt.

Leider fehlt noch immer eine umfassende Übersicht über die dänischen Fliesen, ein Katalog[312] der Fliesen ist in Vorbereitung. Dank der vorzüglich gegliederten dänischen Kunstdenkmäler-Inventare kann trotzdem ein ungefährer Überblick über die dänischen Fliesen gewonnen werden[313]. Diese finden sich nur noch ganz selten in situ, meist wurden sie im 19. und frühen 20. Jahrhundert aus den Kirchen entfernt oder bei Ausgrabungen geborgen. Eine große Anzahl besitzt das Nationalmuseum Kopenhagen, eine leider nicht bekannte, anscheinend ebenso große Zahl befinden sich in privaten Sammlungen, einige in Kirchenmuseen.

Das Fehlen größerer Mengen von leicht abzubauendem Naturstein[314] ließ in Dänemark früh eine blühende Backsteinarchitektur entstehen. Daß diese eng mit den Klöstern verknüpft war, verrät der Name *munkesten* (Mönchsstein) für ein besonders großes Backsteinformat. Auch hier scheint die Initiative zur Fliesenprägung von den Zisterzienserklöstern ausgegangen zu sein[314a]. Die frühesten der bis heute bekannten Fliesen fanden sich in dem 1161 gegründeten Zisterzienserkloster Sorø in Mittelseeland und, wohl unter dessen Einfluß, in dem nur 16 km entfernten Benediktinerkloster Ringsted. Auch hier gingen den ersten Fliesenprägungen Fliesen aus Plattenmosaik voraus, diese wurden 1886 in der Ramel-Schesteds-Kapelle[315] in Sorø aufgedeckt. Unter den Mustern befindet sich eine Sechspaßfliese, wie sie auch in Kloster Heiligenkreuz[316] gefunden wurde und ein noch aus keinem anderen Fundort bekannter oblonger Vierpaß. Diese Plattenmosaiken trugen schon Bleiglasur. Wenig später müssen dann die großen Reliefffliesen geprägt worden sein, die, obwohl sie ebenfalls mit kleinen Stempeln bedruckt wurden, eine völlig andere Oberflächenwirkung zeigen als die der St. Urbanbacksteine. Hier wurden, in bis zu 0,35 m breite Platten, kleine Holzstempel entlang eingeritzten Hilfslinien so dicht nebeneinander eingeprägt, daß auf den ersten Blick der Eindruck einer mit einem flächengroßen Holzmodel gefertigten Fliese entsteht. Die Stempel zeigen Lilien und Rosetten, kleine und größere Kreuze, Rauten und Palmetten (Abb. 111).

Erst der Vergleich mehrerer Fliesen zeigt, daß die kleinen Stempelchen immer wieder neu angeordnet waren. Da zwei dieser Stempel auch in einem 1970 vor den Chorstufen der Klosterkirche in Sorø aufgedeckten Belag aus glasierten Rautenfliesen[317] verwandt waren, müssen beide Fliesentypen ungefähr gleichzeitig entstanden sein. Sie stammen, nach Ansicht von Hansen[318] noch aus der 2. Hälfte des 12. Jahrhunderts und wurden beim Brand der Klosterkirche 1247 zerstört[319]. An ihre Stelle traten Reliefffliesen, ebenfalls noch in sehr großen Abmessungen (32 × 23,5 cm), die sich von den deutschen Fliesen nicht nur durch eine besonders fehlerfreie Glasur, sondern auch durch phantasievolle und sorgfältig geschnittene Muster unterscheiden[320]. In Sorø taucht das aus anderen Zisterzienserklöstern bekannte Muster N 65 in 35 Einzelprägungen auf einer Großfliese auf, außerdem diagonale Flechtbänder, heraldische Lilien und zarte Ranken. Eine sehr frühe Fliese mit Hirsch und gekröntem Löwen stammt aus der Kirche des Be-

---

311 Vgl. hierzu die Fliesen der Klöster Aduard, Dokkum, Foswerd etc. Eine auffallende Übereinstimmung mit einem Fliesenfragment aus dem Zisterzienserkloster Ømkloster (Jütland). H. Søgaard, 32, Abb. 24 a, zeigt eine noch unpublizierte niederländische Fliese (Herkunft unbekannt) im Reichsmuseum Amsterdam, (Inv. Nr. 11810).

312 Der Katalog der dänischen Fliesen wird von Frau Birgit Als Hansen, Kopenhagen, erstellt. Ihr verdanke ich zahlreiche Hinweise, Erläuterungen und Photomaterial. Eine kurze Übersicht enthält B. A. Hansen, M. A. Sørensen, Le Danemark, De la couleur dans l'édifice médieval: carreaux et carrelages gothiques, Revue Art, 1984, 75.

313 Danmarks Kirker, hrsg. vom Nationalmuseum Kopenhagen, begonnen 1933, meist mit einer Übersicht Gulvfliser.

314 Für die frühen romanischen Kirchen wurde neben Holz der sogenannte Schwemmstein verwandt, daneben Granit. Für den in Meeresnähe gelegenen Dom von Ribe (Jütland) wurde Tuff aus der Nähe von Andernach, Trachyt vom Drachenfels und Wesersandstein eingeführt (R. Zeitler, 307).

314a Eine ausführliche Studie zu den Fliesen in Zisterzienserklöstern wird der Katalog von B. A. Hansen enthalten. Erwähnt werden sollen nur die Fliesen aus Lügumkloster, da sie für die Datierung der dänischen Fliesen wichtig sind. Sie wurden bei einer Grabung 1913 aufgedeckt, der Boden jedoch wieder zugeschüttet (R. Haupt, V, 54. – J. A. Wissing, 12). Die Fliesen können kaum vor dem 4. Viertel des 13. Jh. entstanden sein, da das 1173 durch Kloster Herrevad (Schonen) besiedelte Kloster erst um 1225 mit dem Bau der Kirche begann und dieser erst zu Ende des 13. Jh. abgeschlossen war. Frühe Fliesen fanden sich außerdem in Ømkloster (H. Søgaard, 31, Abb. 22) und Esrom (B. A. Hansen, M. A. Sørensen, 1984, 75, vgl. Anm. 312).

315 V. Hermansen, P. Norlund, 1936, 53, Abb. 28. Es fand sich eine Fläche von ca. 55 × 42 cm, heute in Kopenhagen, Nationalmuseum, Saxos Celle.

316 H. Kier, 1970, 180, Muster 74.

317 B. A. Hansen, Et fliseguly fra teglens barndom (Ein Fliesenboden aus der Frühzeit der Fliesenprägung), Hikuin 8, 1982, 155–164. Den Wechsel der Stempel auf den verschiedenen Fliesen zeigt ausgezeichnet ein neuer Fund, welcher 1978–79 in der kleinen Dorfkirche von Butterup (Holbæk, Nord-Seeland) gemacht wurde. – Drei verschiedene Fliesenmuster wurden mit jeweils neu angeordneten Stempeln gefertigt: B. A. Hansen, M. A. Sørensen, Den usynlige kirke. Butterups kirkes indre i middelalderen, in: Strejflys over Danmarks bygningskultur, FS til Harald Langberg, Kopenhagen 1980, 65–82; 76, Abb. 11, 77, Abb. 12 u. 13. – B. A. Hansen, 1982, 155–164, bes. Abb. 5–12.

318 Freundliche Mitteilung von Frau Birgit Als Hansen, Kopenhagen.

319 B. A. Hansen, 1982, 255 (s. Anm. 317). Auf dem Boden und auf einigen Fliesen fanden sich Spuren des von den Dächern während des Brandes abgetropften Bleis.

320 V. Hermansen, P. Nørlund, 1936, 52, Abb. 27, zwölf verschiedene Fliesenmuster.

Abb. 111 Mit Einzelstempel geprägte Fliese aus der Kirche von Herlufsholm (Skovkloster), Seeland. 2. Hälfte 12. Jh. Kopenhagen, Nationalmuseum.

nediktinerklosters Ringsted[321] (Abb. 112), große Fliesen mit Palmettenbändern aus dem Skovkloster[322] bei Naestved (Südseeland), mit Flechtwerkmuster aus dem Zisterzienserkloster Ømkloster bei Aarhus (Jütland)[322a]. Die Glasurfarben variieren vom hellen Gelbgrün bis dunkelgrün und bräunlicholiv, von ockergelb über bräunlichgrau bis fast zu schwarz. Für diese Fliesen gibt es außerhalb Dänemarks nichts Vergleichbares. Es muß deshalb nochmals die häufig diskutierte Frage angeschnitten werden, ob über die vermuteten Verbindungen zwischen dem oberitalienischen Zisterzienserkloster Chiaravalle[323] und Sorø, neben der Technik der Backsteinherstellung, nicht auch Anstöße zur Fliesenprägung in den Norden kamen. Gewisse stilistische Details in der Klosterkirche St. Benedikt in Ringsted, die etwa gleichzeitig mit dem Bau der Kirche von Sorø entstand, lassen vermuten, daß beim Bau möglicherweise lombardische Ziegelbrenner mitwirkten. Es fehlen jedoch, sowohl in Norditalien als in der Südschweiz die Bindeglieder, wie dies schon Schnyder[324] nachwies. Auch zu den Backsteinen von St. Urban gibt es keine unmittelbare Verbindung.

Daß die Fliesen in Sorø gebrannt wurden, zeigt der Fund einer Negativform und Funde von zusammengebackenen und verworfenen Fliesen[325]. Ob die reizvollen Muster vom Typus Sorø, die sich in den Landkirchen der Umgebung finden[326], alle aus Sorø stammen, kann vorläufig nicht festgestellt werden. Sorø und Ringsted hatten teilweise dieselben Muster; in Ringsted scheinen, vor allem im 14. Jahrhundert, ebenfalls Fliesen geprägt worden zu sein. Dort kommen außerdem inkrustierte Fliesen vor. Doch selbst diese, von denen dänische Forscher annehmen, daß sie von englischen oder französischen Vorbildern beeinflußt sind, wirken völlig anders als die Vorlagen. In Ringsted fanden sich inkrustierte Fliesen mit gekrönten Löwen, heraldischen Lilien und Lilienkreuzen[327], in der Kirche von Gyrstinge (Kr. Alsted) eine Greifendarstellung[328]. Eine inkrustierte Fliese mit der Darstellung eines Scheibenkreuzes aus Mark bei Emmelsbüll (Kr. Nordfriesland) wurde schon erwähnt[329] (Abb. 6).

Im Gegensatz zu den deutschen Fliesenfundorten fällt auf, daß es in Dänemark vergleichsweise sehr viel weniger Herstellungsorte gegeben haben muß. Da sich immer wieder dieselben Muster (Löwe, Hirsch, Greif, heraldische Lilien, Blüten, Blätter, Palmetten und geometrische Ornamente) in übereinstimmenden Prägungen finden, ist es möglich, daß einige Werkstätten große Teile des Landes mit Fliesen versorgten. Sehr viele der Kirchen, in denen bis heute Fliesen gefunden wurden, liegen an der Küste oder in Küstennähe, ein Wassertransport auf kleinen Schiffen entlang der Küsten wäre möglich und billig gewesen. Hansen nimmt außerdem

321 M. Clemmensen, 24, Abb. 51, 52, Taf. 22, 9. Das Kloster wurde um 1134/37 gestiftet, die erste Kirche wurde 1170–1200 durch die früheste Backsteinkirche in Dänemark ersetzt.

322 G. Boesen, Danish Museums, Kopenhagen 1966, 144. Das vor 1135 gegründete Benediktinerkloster wurde um 1200 aus Naestved in den Wald (Skov) verlegt. Es ist bis auf Kapelle und Kreuzgang verschwunden, an seine Stelle trat 1560 die Akademie Herlufsholm. Die Fliesen sind abwechselnd mit einem der drei Namen bezeichnet. Die großen Fliesenplatten stimmen mit denen Sorøs überein, die späten Fliesen wurden wohl im nahen Ringsted gefertigt.

322a H. Søgaard, 31, Abb. 22, außerdem Fragmente: 32, Abb. 23 A und B, Abb. 24 A und B. – Øm, eines der reichsten Klöster Dänemarks, wurde 1172 am jetzigen Ort gegründet und erhielt um 1246 einen zweiten Kirchenbau, der 1561 abgebrochen wurde.

323 A. Dimier, 1971, 32–33. Chiaravalle bei Mailand wurde 1135 durch den hl. Bernhard von Clairvaux gegründet; die Backsteinkirche um 1150/60 begonnen und 1221 geweiht.

324 R. Schnyder, 1958, 28–30.

325 V. Hermansen, P. Nørlund, 1936, 52.

326 Es können hier nicht alle Fliesen aufgeführt werden. Erwähnt seien nur die Fliesen der Kirchen in Alsted, Bjernede, Bringstrup, Haslev und Sneslev (V. Hermansen, P. Nørlund, 1936), Antvorskow, Gudum, Magleby, Herlufsholm, Næstved und Tystrup (V. Hermansen, P. Nørlund, 1938), sowie Bjeverskov (C. A. Jensen, V. H. Hermansen, 1933), Havnelev (C. A. Jensen, V. Hermansen, 1935) und Uggelose (E. Møller, H. Graebe, Uggeløse kirke i søgelyset, Fra Nationalmuseets Arbejdsmark, 1972, 76, Abb. 12, 13 (67–76).

327 M. Clemmensen, Taf. 22, Abb. 2, 1, 7, 8.

328 V. Hermansen, P. Norlund, 1938, 184, nicht abgebildet.

329 Nicht veröffentlicht, Schleswig, Schleswig-Holsteinisches Landesmuseum, möglicherweise um 1200 entstanden. Der Ort liegt heute südl. der dänischen Grenze auf deutschem Gebiet.

Abb. 112 Glasierte Reliefffliese. Hirsch und Löwe. Aus der Benediktiner-Klosterkirche Ringsted und der Pfarrkirche in Alsted (beide Seeland). Mitte 13. Jh. Kopenhagen, Nationalmuseum.

an, daß es wandernde Töpfer gab[330], da sich identische Fliesen in verschiedenen Öfen oder im Abraum dieser Öfen fanden. Einer dieser Fliesenöfen, der anscheinend einen großen Bereich von Südseeland mit Fliesen versorgte[331], wurde 1975 ausgegraben. Er lag, zusammen mit vier teils älteren und teils jüngeren Öfen, auf dem Gelände des ehemaligen Ortes Bistrup, welcher das ganze Mittelalter hindurch im Besitz der Bischöfe von Roskilde war. Gefunden wurden neben zwei für Backsteine bestimmten Öfen, ein rechteckiger ‚stehender Ofen' mit senkrechten Wänden und waagrechtem Boden (3,00 × 1,15 m), mit vier Abzügen an der Vorderseite und vier Feuerkanälen und ein ‚liegender' ovaler Ofen mit ansteigendem Boden und Resten einer Ofenkuppel (3,00 × 2,35 m). Hansen und Sørensen vermuten aufgrund der Funde, daß der erste Ofen für den Schrühbrand, der zweite für den Glasurbrand diente. Zahlreiche Fehlbrände in Ofennähe geben einen Überblick über die Produktion dieser Werkstatt, die neben Back- und Formsteinen, Plattenmosaik und Fliesen prägte. Von diesen haben sich fünf verschiedene Muster in vertiefter Prägung erhalten, von denen einige inzwischen in der Kirche von Ishøj[332] und einer Reihe kleiner Dorfkirchen, eines in Gamla Lödöse (Südschweden)[333] entdeckt wurden. Bei den gefundenen Plattenmosaiken handelt es sich um Muster, welche vor allem aus Zisterzienserkirchen[334] bekannt sind. Die Öfen waren vermutlich vom 13. bis in die Mitte des 16. Jahrhunderts in Betrieb, die Fliesen gehören wohl meist der 1. Hälfte des 14. Jahrhunderts an.

Schon zu Ende des 14. Jahrhunderts scheint die Blüte der Fliesenkeramik vorüber gewesen zu sein. Es wurden noch unglasierte Fliesen in weniger sorgfältiger Prägung hergestellt, denen im 16. Jahrhundert die ersten Fayencefliesen folgten. Auch diese scheinen exportiert worden zu sein. Ein dreifarbiges Lilienmuster, welches in den Kirchen von Ringsted, Marslet und Praestø[335] entdeckt wurde (ZX7) fand sich in übereinstimmender Prägung in der Kirche des Zisterzienserinnenklosters Kulm (Westpreußen) und im ehemaligen Dominikanerkloster Danzig.

Abweichend zu den übrigen europäischen Fliesen gab es in Dänemark verhältnismäßig viele Fliesen mit

330 B. A. Hansen, M. A. Sørensen, 1984, 75 (s. Anm. 312).

331 Dies., 1980, 3–48.

332 Dies., Ishøj kirke-et kirkerum fra 1100–arena og op gennem middelalderen, Nationalmuseets Arbejdsmark 1975, 118–128.

333 I. Nielsen, En sjællandsk gulvflise i Gamla Lödöse, Fornvännen, 71, 1976, 121–123.

334 B. A. Hansen, M. A. Sørensen, 1980, 37, Abb. 46. – Vgl. H. Kier, 1970, 163, Muster 32. Das Muster fand sich in Kloster Eberbach, in Pilis (Ungarn) und in einigen französischen Zisterzienserklöstern.

335 M. Clemmensen, 25, Abb. 53. – H. Søgaard, 50, Abb. 47. – (diese nennt als weitere Fundorte die Kirchen in Adslev und Aby) – C. A. Jensen, V. Hermansen, 1933, 32, Abb. 9.

Schrift[336]. Diese dienten als Ersatz für die kostbaren Grabplatten aus Stein. Sehr oft wurde vom Stempelschneider die Umkehrung der Schrift durch die Prägung nicht beachtet; diese Fliesen erscheinen dann in Spiegelschrift[337].

15.8 Norwegen

Was in Dänemark fehlte, war in Norwegen in Hülle und Fülle vorhanden, Steinmaterial jeder Farbe und Qualität. Die wenigen Steinkirchen besaßen meist Böden aus Steinplatten, die in der Anzahl überwiegenden Holzkirchen Estriche oder Holzböden. So war der Bedarf an Fliesen gering. Dennoch versuchte man die reichgegliederten Böden Mitteleuropas nachzuahmen, man wählte Steininkrustationen (Dom von Trondheim)[338], vor allem aber Beläge aus Plattenmosaik[339]. Diese waren farbig glasiert, meist in Schachbrettmuster, verschiedentlich jedoch auch in kunstvolleren Formen verlegt. Bis jetzt sind nur ganz wenig gemusterte Fliesen bekannt, so aus dem vor Oslo auf einer Insel gelegenen Zisterzienserkloster Hovedø, wo 1849 der Boden des Chors ausgegraben wurde. In der Umgebung des Hochaltars und an der Stelle des ehemaligen Refektoriums fanden sich inkrustierte Fliesen (12 × 2 cm) in 17 verschiedenen, sehr reizvollen Mustern[340]. Einige davon stimmen, wie schon erwähnt, mit Mustern des Klosters Doberan überein, eine Fliese fand sich, übereinstimmend in Brügge (oder Umgebung), spiegelbildlich angeordnet in der ‚Unteren Bäckerstraße' in Minden (ZE3). In Brügge (oder dessen Umgebung) tauchte noch ein weiteres, genau übereinstimmendes Muster auf, außerdem ein zweites, welches nur geringfügig von der Prägung in Hovedø abweicht, ein drittes fand sich in der ‚Dünenabtei' von Coxyde[341]. Bis jetzt gelang es noch nicht, den Ort zu finden, an dem die Fliesen geprägt wurden. Hovedø scheidet vermutlich aus; das Mutterkloster Kirkstead (Lincolnshire) wohl ebenfalls. Die Muster weisen eher ins Artois oder nach Flandern[342]. Die dort gefundenen Muster sind jedoch teilweise nur ähnlich und nicht exakt übereinstimmende Prägungen, abgesehen von dem Muster aus versetzten Dreiecken, welches überall gleich konstruiert wird. Eine in der St. Halvardskirche in Oslo entdeckte Reliefflíese[343] zeigt dagegen große Ähnlichkeit mit D 53 aus der Margarethenkapelle des Osnabrücker Doms. Aber auch hier kann nur ein Nachschnitt vorliegen, wie geringfügige Abweichungen zeigen.

Daß Keramik in großem Ausmaß eingeführt wurde, haben die Grabungen in der Osloer Altstadt ergeben. Diese kamen aus den verschiedensten Gebieten, wobei sich eine zeitliche Aufeinanderfolge beobachten läßt (Nördlicher Mittelrhein, Stamford-Ware, Keramik aus der Saintonge und aus Yorkshire)[344]. Molaug stellt bei der Gebrauchskeramik fest, daß um die Mitte oder in der 2. Hälfte des 13. Jahrhunderts die Einfuhr deutscher Keramik zurückgeht. An ihre Stelle tritt englischer und in geringerem Maße flämischer Import[345].

15.9 Schweden

Auch in Schweden gehen vermutlich die ersten Impulse zur Fliesenprägung von den Zisterzienserklöstern aus. Fliesen fanden sich in dem etwa 40 km landeinwärts, auf der Helsingör gegenüberliegenden Seite des Sundes,

336 Fliese mit einem Schriftrand in Majuskeln: „DOMINUS", um 1300, aus der Pfarrkirche von Havnelev (C. A. Jensen, V. Hermansen, 1935), Nationalmuseum Kopenhagen (C. A. Jensen, V. Hermansen, 1933, 465). – Fliesen mit Grabinschriften aus der Klosterkirche Ringsted (V. Hermansen, P. Nørlund, 1936, 137) und aus der Pfarrkirche von Bringstrup (ebd., 424). Nationalmuseum Kopenhagen. – H. Søgaard, 48–49, 51, Abb. 44, 45, 46, 48, zeigt grünglasierte Grabfliesen aus dem Dom von Arhus aus Arhus, Skolegade 21, und der Pfarrkirche von Gjerlev.

337 Eine Fliese mit spiegelverkehrter Majuskelschrift: „AVE MARIA GRA…" aus der Pfarrkirche von Sneslev (Kr. Ringsted), Nationalmuseum Kopenhagen (V. Hermansen, P. Nørlund, 1936, 543).

338 Th. Kielland, 1921, 145, 146 mit Abb. Der im Hochchor verlegte Plattenbelag ist heute rekonstruiert.

339 Ebd., 150–151. Böden in Plattenmosaik aus farbig glasierten Fliesen fanden sich im Zisterzienserkloster Lyse, in den Augustinerklöstern Halnø, Jonskloster in Bergen und in Trondheim, dem Kloster in Tonsberg und dem Franziskanerkloster St. Olav in Bergen.

340 N. Nicolaysen, 1–7, Taf. 9–10, Abb. 1–17. Neben geometrischen Ornamenten, Blattmotiven und Blüten finden sich Muster mit Tieren und Fabeltieren. Aus dem Rahmen fallen Fliesen mit der Darstellung von Schwertern, eines stehenden Königs, eines „Agnus Dei" und einer Gauklerfigur (Geldscheißer), ein für ein Zisterzienserkloster doch etwas ungewöhnliches Motiv. Hovedø wurde 1147 gegründet. Die Mönche nahmen eine schon vorhandene Kirche in Besitz und fügten in der 2. Hälfte des 12. Jh. Querhaus und Schiff hinzu. Das Kloster wurde 1532 niedergebrannt und blieb Ruine, die Steine wurden zum Bau der Feste Akershus verwandt. (G. Fischer, Klosteret på Hovedøya et Cistercienseranleg, Oslo 1935, Neudruck 1974, 58–60).

341 J. Helbig, 223, Abb. 36. Die Fliese stammt nicht, wie J. Helbig angibt, aus dem Palais Gruuthuse in Brügge, sondern sie befindet sich nur im dortigen Gruuthusemuseum (Freundliche Mitteilung von Herrn St. Vandenberghe, Brügge.) – G. Isenberg, 445, Abb. 226. – Das zweite, noch unpublizierte Fliesenmuster, auf das mich Herr Vandenberghe aufmerksam machte, deckt sich mit N. Nicolaysen, Taf. 10, 3, das dritte mit Taf. 9, 17, nur zeigt es zehn statt der acht Rosen im Kreis. – Die Fliese der Dünenabtei (C. van Nerom, 292, Taf. 1, Nr. 8) entspricht N. Nicolaysen Taf. 10, 1. – Herrn Vandenberghe verdanke ich den Hinweis auf eine weitere Fliese „aus Brügge oder Umgebung" mit einem Muster aus gebündelten Speeren. Sie könnte das Gegenstück zu der Fliese mit den drei Schwertern (N. Nicolaysen, Taf. 9, 12) aus Hovedø sein. (Die Fliesen „aus Brügge oder Umgebung" im Gruuthusemuseum, Brügge, 14. Jh.)

342 N. Nicolaysen, Taf. 10, 4. Büste einer Königin en face. Diese Darstellung findet sich sehr ähnlich auf Fliesen verschiedener Fundorte des Artois (M. Carette, D. Deroeux, Taf. 7, BB IIa, BB IIIa). Vgl. außerdem N. Nicolaysen, Taf. 9, 17 mit M. Carette, D. Deroeux, Taf. 9, DA IIa, DA IIb. Zur Fliese mit den neun Vögeln s. S. 98–99.

343 Th. Kielland, 1921, 153. Diese Abb. anscheinend falsch beschriftet, im Text (ebd., 155) korrekt bezeichnet.

344 P. B. Molaug, Oslo im Mittelalter. Ergebnisse der neuen archäologischen Ausgrabung, ZAM 3, 245 (217–260).

345 Ebd., 257.

1144 gegründeten Zisterzienserkloster Herrevad[346]. Die Fliesen stimmen in der Technik der Prägung mit den Fliesen der 2. Periode von Sorø überein, es haben sich jedoch andere Muster erhalten. Es kann vorläufig nicht sicher festgestellt werden, ob diese Fliesen möglicherweise aus Dänemark kamen oder schon in Herrevad gebrannt wurden. Sie werden von den schwedischen Forschern sehr früh (13. Jahrhundert) datiert[347]. Neben Fliesen mit geometrischen Mustern, Lilien, Blüten und Blättern in zartem Relief, wurden in Herrevad außerdem glatte Fliesen mit Trennlinien gefunden, aus denen sich kleine Quadrate und Dreiecke herstellen ließen, sowie eine inkrustierte Fliese[348].
Während sich auf den Fliesen aus Herrevad ausschließlich Ornamente fanden, zeigen die ebenfalls sehr frühen Fliesen der St. Peterskirche in Lund[349] fast nur Tiere oder Fabeltiere, außerdem Fliesen mit Schrift und solche, auf denen ein Schuppenmuster und ein Muster aus spitzwinkligen Dreiecken wohl mit Hilfe einer Schablone eingeritzt war[350]. Auch sonst kommen die meisten der in Deutschland bekannten Techniken vor, Reliefﬂiesen[351], kleine Stempelchen[352] und Fliesen mit vertiefter Prägung[353]. Die Funde beschränken sich bis heute allerdings auf die Süd- und Westküste von Schweden, sowie auf die Insel Gotland[354]. Es sind mengenmäßig noch sehr wenig Fliesen bekannt. Möglicherweise ändert sich dieses Bild der schwedischen Fliesenkeramik durch neue Funde, bis jetzt wirkt sie eher wie ein Ableger der dänischen Werkstätten[355]. Es fällt jedoch auf, daß im Gegensatz zu Dänemark inkrustierte und engobe-geprägte Fliesen früher als dort auftreten, so z. B. in dem 1243 gegründeten Dominikanerkloster in Gamla Lödöse (Västergötland)[356].

15.10 Tschechoslowakei

Die mittelalterlichen Fliesen Böhmens und Mährens wurden 1970 durch Hejdová und Nechvátal hervorragend und sorgfältig publiziert[357]. Neben einer fast lückenlosen Aufstellung aller frühen Fliesenmuster wurden Ergebnisse spektralanalytischer Untersuchungen von Ton und Glasur veröffentlicht, die beweisen, daß die Fliesen nicht etwa in Prag oder einem der anderen Fundorte geprägt und von dort an die übrigen Kirchen weitergegeben, sondern jeweils an Ort und Stelle aus dem Ton der vorhandenen Gruben gefertigt wurden.
Bei den frühen Fliesen steht auch fest, daß mit wenigen Ausnahmen dieselben Model benützt wurden[358]. Da die böhmischen Fliesen in Technik und Mustern den mittelalterlichen Fliesen Deutschlands ähnlich sind, wäre ihre Beschreibung hier nicht notwendig. Die tschechischen Forscher sind jedoch durch neue, 1968 auf dem Vyšehrad in Prag durchgeführte Ausgrabungen, zu neuen Datierungen der frühen Fliesen gelangt, die diese an den Beginn jeder Fliesenprägung in Europa stellen würden. Deshalb müssen ihre Thesen vorgestellt und zumindest vorsichtig erörtert werden.
Die ornamentierten Fliesen der heutigen Tschechoslowakei wurden vor allem in zwei Zentren gefertigt, in und um Prag und in Südböhmen. Für Nordböhmen sind zwei, für Mähren ein Fundort gesichert. Auf Burgen, in Kirchen und Klöstern fanden sich (mit Varianten) bis 1970 133 verschiedene Muster an 25 verschiedenen Stellen. Die Fliesen des 14. und 15. Jahrhunderts stammen meist aus kleineren Burgen und aus Städten. Die Fliesen liegen nicht mehr in situ, auch der schöne Fliesenboden der Burg Pisek[359] wurde 1903 an Hand von Originalen nachgebildet. Die bei Ausgrabungen gefundenen Fliesen sind nur selten in situ aufgedeckt worden, die Rekonstruktion der Beläge erfolgt meist aufgrund gefundener Teilstücke, die sich nur auf eine Weise sinnvoll zu bestimmten Mustern aneinanderreihen ließen[360]. Inkrustierte Fliesen wurden bis jetzt nicht gefunden, Fliesen mit vertiefter Prägung nur ganz vereinzelt[361].

---

346 C. Wahlöö, Kat. Nr. 574–585. Herrevad wurde 1144 von Cîteaux aus begründet, die Kirche 1158 begonnen. Ihr folgte nach einem Brand im frühen 13. Jh. ein aus Backsteinen errichteter Neubau.
347 Ebd., Kat. Nr. 574 (Muster N 12) – Nr. 587 (Muster N 65).
348 Ebd., Kat. Nr. 586.
349 Ebd., Kat. Nr. 561–564.
350 Ebd., Kat. Nr. 566–567. – Vgl. hierzu die Fliesen aus La Bénissons-Dieu (E. C. Norton, 1983, 90, Abb. 93) und aus dem ungarischen Kloster Pilis (ebd., Abb. 88–89).
351 C. Wahlöö, Kat. Nr. 565. Darstellung der Fabel vom Storch und Raben, Lund, 13. Jh., Lund, Kulturhistorisches Museum.
352 Ebd., Kat. Nr. 573. Fliese mit siebenzackigem Stern aus Lillöhus (Südschonen). Um 1500.
353 Ebd., Kat. Nr. 591. Aus einem Kloster in Ystad (bei Malmö), um 1400.
354 Ebd., Kat. Nr. 593. Inkrustierte Fliese mit Löwen, 13. Jh., aus Kloster Solberga in Visby, Gotland.
355 Nach freundlicher Mitteilung von Herrn Antiquar Göran Tegnér, Stockholm, finden sich Fliesen fast ausschließlich in den ehem. dänischen Westprovinzen Skane (Schonen), Blekinge und Halland.
356 C. Wahlöö, Kat. Nr. 594. Wappenschild. Die Verf. hat diese Fliese nicht gesehen, nach Photo wirkt sie nicht wie eine engobegeprägte, sondern wie eine echt inkrustierte Fliese. 13. Jh. In Gamla Lödöse fand sich außerdem eine Fliese mit Muster des Bistruper Ofens, vgl. Anm. 333.
357 D. Hejdová, B. Nechvátal. Durch Frau Dr. Dagmar Hejdová und Herrn Dr. Bořivoj Nechvátal erhielt ich außerdem in zuvorkommendster Weise neueste Publikationen und Grabungsberichte.
358 Ebd., 461, 469.
359 J. Soukup, 270.
360 D. Hejdová, B. Nechvátal, 464, 454, Abb. 55, 2. Fliesenboden aus dem ehem. Benediktinerkloster Ostrov, der 1962 als einziger noch in situ lag. Rautenfliesen waren als Fischgrätmuster angeordnet, die übrigen Beläge aus Ostrov sind rekonstruiert (ebd., 455, Abb. 55, 1, 456, Abb. 56).
361 V. Nekuda, K. Reichertova, 391, Taf. 86, 2. Fliese mit Blatt aus Burg Šostýn, mit Adler aus Burg Rokštýn (ebd., 406, Taf. 101, 1. – Fliesen mit Hirsch, Löwe und einem knienden Ritter mit Drachen (vermutlich eine St. Georgsdarstellung) aus Jablonce (Kr. Príbram), aus Něčin (südl. von Ostrov) und dem benachbarten Zvirotice und aus Rakovnik. D. Hejdová, B. Nechvátal, 174–176, 175, Abb. 30, Nr. 1, 2, 3, 468, vermutet rheinische Vorbilder, die jedoch bis jetzt nicht nachzuweisen sind. Vgl. ferner: P. Drda, Jablonecká skupina střevěkých dlaždic, Archeologické rozhledy 22, 1970, 733–736, Taf. 1. Ende 13. Jh.?

Alles andere sind Reliefflіesen, die jedoch zumeist und sehr früh mit Glasur[362] versehen waren.
Neben den gemusterten Böden fanden sich besonders phantasievolle und interessante Böden aus Plattenmosaik[363], die bis jetzt jedoch nur in Zisterzienserklöstern zum Vorschein kamen. Ihre Entwicklung scheint völlig getrennt von der der übrigen böhmischen Fliesen verlaufen zu sein, die Muster sind offensichtlich von Fliesenböden in französischen und deutschen Klöstern beeinflußt[364]. Sie entstanden vermutlich alle im 2. Drittel des 13. Jahrhunderts. Die Fliesen des südböhmischen Zisterzienserklosters Hohenfurt (Vyšši Brod), die möglicherweise erst dem 15. Jahrhundert angehören, sind wieder gemustert[365].
Am Beginn der böhmischen Fliesenprägung stehen sechseckige Fliesen, die im Verbund mit kleinen dreieckigen, ungemusterten Fliesen verlegt[366] und mit einer Randleiste aus quadratischen Fliesen gerahmt waren. Neben der Darstellung eines Löwen, eines geflügelten Greifen (Abb. 113 d) und eines geflügelten Fabelwesens, das von Hejdová als Sphinx gedeutet wird (Abb. 113), zeigen sie ein Herrscherporträt en face, das die spiegelverkehrte Umschrift „NERO" trägt, außerdem, an einem einzigen Fundort (Leitmeritz/Litoměřice), das Tierkreiszeichen für Fische[367]. Diese Fliesen fanden sich in der Peter- und Paulsbasilika und der St. Laurentiuskirche auf dem Vyšehrad in Prag[368], in dem südlich Prags gelegenen Benediktinerkloster Ostrov bei Davle[369], dem Benediktinerkloster Sasau/Sázava[370] südöstlich von Prag, in der St. Laurentiuskirche und der St. Petrus-Rotunde in Altpilsen/Starý Plzenec[371] und in geringer Menge in Saaz/Žatek (an der Eger)[372], Leitmeritz/Litoměřice (Elbe)[373] und in dem ehemaligen Prämonstratenserkloster Hradišt in Olmütz/Olomouc (March, Nordmähren)[374]. Diese Fliesengruppe wird von Hejdová und Nechvátal einheitlich in das letzte Drittel des 11. Jahrhunderts[375] datiert. Da bis jetzt alle Vergleichsbeispiele fehlten, wurden Einflüsse aus dem Mittelmeergebiet und aus Sachsen angenommen, die sich auch in der Bauplastik dieses Gebiets im selben Zeit-

362 D. Hejdová, B. Nechvátal, 469–470. Es handelt sich stets um bleihaltige Glasuren.

363 Plattenmosaiken aus Ton fanden sich in den Klöstern Plass bei Pilsen (Plasy, 1144 von Langheim aus gegründet), Nepomuk (südl. von Pilsen, 1144 von Ebrach aus gegründet), Hradist bei Münchengrätz (Mnichovo Hradiste, 1177 von Plass begründet) und Velehrad bei Ungarisch-Hradisch (Uherske Hradiste (March), 1205 von Plass begründet). Die königliche Kapelle in Plass, in der man die Fliesen 1962 entfernte, wurde 1265 vollendet (B. Nechvátal, L. Losos, Rekonstrukce raně středověké dlažby v královské v Plasech u Plzně / Die Rekonstruktion des frühmittelalterlichen Fliesenbodens der königlichen Kapelle in Plasny bei Pilsen, Archeologické rozhledy 24, 1972, 529–541 und B. Nechvátal, 1978, 115–130.) – Für Nepomuk, wo die Fliesen nur als Zufallsfund ans Licht kamen, fehlen alle Baudaten. V. Kuthanova, 449–463, datiert die Kirche auf Grund der gefundenen Bauteile ins 3. Viertel des 13. Jh. – Die Kirche in Hradist, deren farbig glasierte („honiggelb, braun, rot") Fliesen 1853/54 als einzige in situ aufgedeckt wurden und besonders reiche Muster aufweisen, wurde vermutlich zwischen 1240–70 erbaut (H. Kier, 1970, 102–103. – J. Kuthan, Pozustatky středověkých staveb cisterciáckého kláštera v Hradišti nad Jizerou / Die Reste des mittelalterlichen Zisterzienserklosters in Hradiště nad Jizerou, Památky a priroda 2, 1977, 597–608. – B. Nechvátal, 1978, 119, Abb. 5, 121–123). – Die Kirche in Velehrad wurde 1228 geweiht (J. Kuthan, 1982, 286–291), die Fliesen 1903–06 und 1937–41 geborgen (M. Pojsl, Raněstředoveká mosaiková dlazba na Velehradě / Eine frühmittelalterliche Mosaikpflasterung in Velehrad, Vlastivědný věstnik moravsky, 34, 1977, 68–72). Zu den Mustern all dieser Fliesen vgl. die ausführlichen Angaben bei B. Nechvátal, 1978, 115–130, zur Baugeschichte außerdem J. Kuthan, 1982, Hradist: 45–62, Nepomuk: 71–85, Plaß: 122–135, Hohenfurt: 175–209, Velehrad: 285–291.

364 Ähnliche Muster fanden sich z. B. in den Zisterzienserklöstern Les Châtelliers (Deux-Sèvres), Bonport und Mortemer (Eure), im Benediktinerkloster Ligugé (Vienne), der Bibliothek des Klosters Eberbach sowie in den Klöstern Walkenried (H. Kier, 1970, 137, Abb. 230–231) und Heiligenkreuz (ebd., 98–99, Abb. 244–254).

365 Vgl. K45, S17, U20. Das Kloster war der Mittelpunkt eines Töpferzentrums, welches schon früh im Besitz der Herren von Rosenberg war und z. B. auch Beneschau (A30) einschloß. Der Abt und Konvent von Hohenfurt bestätigte 1554 die Zunftartikel der Hafnerzunft in Hohenfurt und Kaltenbrunn (Studánky) (V. Scheufler, Die Töpferei im Kreisgebiet von Kaplice (Kaplitz), Keramos 64, 1974, 47–57).

366 A. Wiehl, Bericht des Konservators Wiehl über eine neuentdeckte romanische Kirche auf dem Prager Vyšehrad, Mitt. k. k. Zentral-Komm. für Erforschung und Erhaltung Kunst- und hist. Denkmale, 3. F. II, 12, 1903, 396–399, 398, Abb. 110. Die ersten Fliesen wurden 1884, weitere 1902 und bei einer erneuten Ausgrabung 1924–25 entdeckt.

367 Dieselbe Anordnung fand sich nur noch auf einer großen Rosette aus der Abtei Les Châtelliers (Deux-Sèvres) (X. Barbier de Montault, Abb. 7).

368 B. Nechvátal, 1972, 394–404. – Ders., K Stavebnéhistorickému vývoi Baziliky Sv. Petra a Pavla na Vyšehradě (Ein Beitrag zur Baugeschichte der Basilika St. Peter und Paul auf dem Vyšehrad), Umeni 22, 1974, 113–138. – Ders., Archeologický výzkum Vyšehradu v Letech 1971–1973 (Die archäologische Ausgrabung auf dem Vyšehrad in den Jahren 1971–1973), Archeologické rozhledy 27, 1975, 159–177. Der Vyšehrad, auf dem rechten Moldauufer gelegen, wurde zum Mittelpunkt der Stadt, als König Vratislav I (1061–92) seine Residenz hierher verlegte. Er gründete, wahrscheinlich um 1070, hier ein Domkapitel, zusammen mit der Peter- und Pauls-Basilika. Die St. Laurentiuskirche wurde wohl wenig später errichtet.

369 D. Hejdová, B. Nechvátal, 127–156 mit Abb. 463–466. Für die Klosterkirche St. Andreas wird ein Holzbau mit steinerner Kapelle angenommen, der, durch Brand 1136 zerstört, durch einen Steinbau ersetzt wurde. Die frühen Fliesen könnten aus dieser Kapelle stammen, die späten Fliesen werden von den Verf. der 2. Hälfte des 12. Jh. zugewiesen.

370 Ebd., 118–121, mit Abb. 460–463. Die Klosterkirche St. Maria und Johannes Bapt. wurde 1095 geweiht.

371 Ebd., 121–124, 460–463. Die St. Petrus Rotunde soll im späten 10., die St. Laurentiuskirche im späten 11. Jh. erbaut worden sein.

372 Ebd., 124–126, 460–463. Die 1004 erstmals erwähnte Kirche in Saaz wurde vermutlich zu Ende des 11. Jh. um- oder neuerbaut.

373 Ebd., 126–127, 460–463. Die vor 1058 erbaute St. Stephanskirche wurde 1664–81 durch einen Neubau ersetzt. Weitere Baudaten sind nicht bekannt.

374 Ebd., 124, 460–463. Die St. Stephanskirche wurde 1078 geweiht, nach 1138 wurde ein Erweiterungsbau nach Osten angefügt.

375 Ebd., 460–461. Die Datierung erfolgt nicht nur auf Grund der Ausgrabungsergebnisse, sondern durch einen ausführlichen Vergleich mit den auf böhmischen Denaren des 11. Jh. dargestellten Herrscherbildern mit Bügelkronen, auf den ich verweise. A. Merhautová, 251, Abb. 10 und 11, 252, Abb. 13 und 14, führt zum Vergleich Münzen des 12. Jh. an.

Abb. 113 a–d Prag, Vyšehrad, ehem. St.-Laurentius-Basilika. Sechseckige Reliefffliesen: Nero, Sphinx, Löwe und Greif. 3. Drittel 11. Jh. (?).

raum nachweisen lassen. Die Nachricht, daß die Greifenfliese in übereinstimmender Prägung in Friesland gefunden wurde[376], nahm man nicht sonderlich ernst, da ja sehr häufig im 19. Jahrhundert geborgene Fliesen mit falschen Fundorten in die Museen kamen.

Ein neuer Fund, der bei den Grabungen 1961–64 im ehemaligen Benediktinerinnenkloster Frauenwörth im Chiemsee gemacht wurde, gibt Anlaß, Datierung und Herkunft nochmals zu überdenken. Hier barg man, leider ohne feste Verbindung mit einem gesicherten Horizont, eine sechseckige Fliese mit der Darstellung eines Löwen, die ganz offensichtlich zum Modelbestand der später in Prag arbeitenden Werkstatt gehört[377]. Nun steht auch die Datierung der Kirche auf der Fraueninsel noch im Widerstreit der Meinungen, doch dürfte die Vollendung der Fresken auf den Hochschiffswänden und die Verlegung des Fliesenbodens nicht allzuweit auseinander gelegen haben. Diese Fresken werden von Sedlmayr um 1130, von Demus um 1160/1170 angesetzt. Bei allen strittigen Datierungen wurde in dieser Untersuchung stets der Ansicht des Ausgräbers[378] der Vorzug gegeben, da nur dieser an Ort und Stelle ein genaues Bild über die Lage der Fliesen und ihre Verbindung zum aufgehenden Mauerwerk gewinnen konnte. Auf Grund des neuen Fliesenfundes in Frauenwörth fällt eine Datierung der Fliesen vom Vyšehrad ins letzte Drittel des 11. Jahrhunderts etwas schwer, zumal die erneute Bautätigkeit auf dem Vyšehrad unter König Sobeslav I. (1125–40) eine Zeitstellung ergäbe, in welche sich die Fliesen, immer noch als besonders frühe Schöpfungen, ohne Schwierigkeiten einordnen ließen. Auch für einen Teil der übrigen Bauten, in denen sich dieselben Fliesen fanden, sind Neu- oder Umbauten im 12. Jahrhundert bezeugt[379].

Für die Herkunft des Motivs der ‚Nerofliese' weisen Hejdová und Nechvátal zu Recht auf Münzbilder, Sphinx und Greif könnten byzantinischen oder sassanidischen Geweben entlehnt sein. Unmittelbare Parallelen finden sich jedoch vor allem in Oberitalien, wo sich an Kirchen und Domen nicht nur ähnliche Steinskulpturen, sondern vor allem Terracottaplastiken erhalten haben[380]. Das sehr hohe und plastische Relief wirkt, als sei es nicht unmittelbar für den Fußboden bestimmt, sondern eher für eine auf Fernsicht berechnete Wandfliese geschaffen. Die Fliese mit Nerobüste wird (nicht später als 1176)[381] für die St. Johanneskirche in Dolni Chabry (heute Prag, Bezirk 8) nachgeschnitten und zeigt dann das Bild in einen Kreis einbeschrieben, in ganz flachem Relief auf einer quadratischen Fliese. Aus derselben Kirche hat sich eine zweite Fliese mit der Darstellung Daniels in der Löwengrube erhalten[382].

Sehr früh, in die 2. Hälfte des 12. Jahrhunderts, werden von Hejdová und Nechvátal auch die späteren Fliesen aus Ostrov und Sázava angesetzt. Diese zeigen Tiere und Fabeltiere in Kreismedaillons, die sich sehr gut mit Stempeln aus St. Urban[383], Fliesen mit Ranken und Palmetten, die sich mit Typen wie M5 aus Kloster Wörschweiler vergleichen lassen. Bei anderen Tierdarstellungen in breiten Rahmenleisten sind, wie bei den Fliesen aus Kloster Neustift, die Seiten jeweils verschieden ausgearbeitet (Fischgrätmuster, Dreiecke, Schrägkerben)[384].

Mit zu den schönsten und ikonographisch interessantesten Fliesen gehören die vermutlich nach der Mitte des 13. Jahrhunderts entstandenen Fliesen aus der Burgkapelle der Burg Klingenberg/Zvikov[385] in Südböhmen. Aus dieser Serie wurde F9 mit in den Katalog übernommen, da diese Fliese möglicherweise auf dem Gebiet des heutigen Staates Österreich gefunden wurde[386].

Die Fliesen zeigen, in einem breiten Rahmen, der teils mit Ranken, teils mit heraldischen Lilien, teils mit Umschriften in spätromanischen Majuskeln bedeckt ist,

---

376 Vgl. S. 180.

377 Vgl. S. 64–65.

378 B. Nechvátal, 1972, 401. „Die Nachgrabung in der St. Laurentiusbasilika und die neue Auslegung ermöglichten die Datierung des Fliesenbodens ... Es wurde festgestellt, daß die Schicht unter den Fliesen als ausgleichender Untergrund für den mit Kalkmörtel verstrichenen Fliesenboden gelegt wurde. Dadurch ist der Beweis erbracht worden, daß der Bau der Basilika und der Fliesenboden gleichzeitig sind. Sie stammen aus dem letzten Drittel des 11. Jahrhunderts ..."

379 D. Hejdová, B. Nechvátal, 462. Für die Peters- und Pauls-Basilika ist urkundlich überliefert, daß sie König Sobeslav 1129 mit einem „pavimentum pollitis" aus Steinen schmücken ließ; eine nicht ganz eindeutige Aussage, da dies sowohl „geglättet" wie „verziert" heißen kann. Im 2. Drittel des 12. Jh. wurde das verödete Kloster Sasau wieder erneuert, die Kirche in Ostrov wohl zwischen 1137–60 neu erbaut, die Klosterkirche Hradist in Olmütz nach 1138 erweitert. Eine späte Datierung dieses Fliesenkomplexes wird auch in der neuen Arbeit von A. Merhautová-Livorová, 1988, 507–522, vertreten, die sich auf die neuesten Ausgrabungen im böhmischen Benediktinerkloster Inula stützt. Hier finden sich weitere Angaben zu den seit 1970 neu entdeckten Fliesen.

380 G. Ferrari, La terracotta e pavimenti in laterizio nell'arte italiana, Mailand 1928, 65, Taf. 58, Tonfliese, Greif mit Beutetier, Museum Ravenna, 11. Jh., 66, Taf. 59, 67, Taf. 60, Vorhalle der Benediktiner-Abteikirche Pomposa, mit Terracottaskulpturen, 11. Jh.

381 A. Merhautová, 252, Abb. 14, 253, Abb. 15.

382 Ebd., 253, Abb. 16.

383 Vgl. R. Schnyder, 1958, Kat. Nr. 59, 109, mit D. Hejdová, B. Nechvátal, 139, Kat. Nr. 28, 137, Kat. Nr. 26, 141, Kat. Nr. 25. St. Urban muß immer wieder zum Vergleich herangezogen werden, da hier allein einigermaßen feste Daten für die Prägung der Fliesen gewonnen werden konnten. Diese liegen alle nicht vor der Mitte des 13. Jh.

384 D. Hejdová, B. Nechvátal, 146, Abb. 18, 1. – Vgl. mit B2, C10, E49.1 usw., sowie die ähnliche Bildung von Rachen und Augen auf einer weiteren Fliese aus Ostrov (ebd., 147, Abb. 19.3) mit den Fliesen aus Neustift.

385 D. Libal, in: H. Rokyta, J. Hilmera, Burgen und Schlösser in den böhmischen Ländern, Prag 1956, 279–282. Die 1234 erstmals erwähnte Burg wurde unter den Königen Vaclav I. (1230–53) und Premysl Ottokar II. (1253–78) erbaut, die Burgkapelle vermutlich in den 60er Jahren des 13. Jh. ausgeschmückt. Erhalten haben sich Fliesen in 15 verschiedenen Mustern (D. Hejdová, B. Nechvátal, 156–168, Abb. 21–23). – M. Schwarz, 458–462, verweist auf enge Verbindungen zwischen den Bauten in Klingenberg, der Zisterzienserarchitektur und der Hofbaukunst in Österreich unter den Premysliden.

386 A. Walcher von Molthein, 1909, 306, 309, Abb. 74.

kämpfende Kentauren, geflügelte Fabelwesen, Köpfe auf Füßen (ähnlich F30), Fabeltiere und, in einer später entstandenen Serie, Löwen und Hirsche[387]. Die Umschriften sind leider nicht alle gedeutet und wohl auch, wegen der Abnützung, nicht mehr alle zu entziffern[388]. Diese Fliesen – auch sie sind alle glasiert – gehören sicher eng zu der Gruppe jener aus dem Passauerhof in Stein (Donau), während die Fliesenmuster der Burg Pisek/Sand ihre Entsprechungen eher in oberrheinischen Mustern finden[389].

Mit den Fliesen der Burgen Klingenberg und Pisek ist wohl der Höhepunkt der böhmischen Fliesenkeramik erreicht. Alle späteren Fliesen sind erstarrte und vergröberte Varianten mit Blatt- und Blütenmustern. Sie finden sich meist auch nicht mehr in Sakralräumen, sondern eher in Bürgerhäusern und kleinen Burgen[390], da in Böhmen die Zäsur durch die hussitischen Wirren, die den Kirchenbau für lange Zeit zum Erliegen brachten, ja schon ein Jahrhundert früher einsetzte als durch die Reformation im übrigen Deutschland.

Die Muster, wenn auch in kleinerem Umfang, verteilen sich einigermaßen gleichmäßig auf die für diesen Katalog aufgestellten Gruppen. Da viele Fliesen noch dem 13. Jahrhundert angehören, überwiegen natürlich Darstellungen von Tieren und Fabeltieren. Diese finden sich auch noch in späterer Zeit; so stammen zwei zwischen 1434 und 1466 entstandene Fliesen mit dem Bild eines Kamels aus Pilsen[391]. Nur in Böhmen finden sich Fliesen, bei denen Flechtornamente ähnlich N2 mit kleinen längsrechteckigen Stempelchen geprägt wurden (aus Burg Libstejn, Bezirk Rokycany)[392]. Bei einigen Fliesen aus Pisek ist die Übereinstimmung mit Mustern auf süddeutschen Fliesen so groß, daß die Vermutung, daß sie durch einen wandernden süddeutschen Töpfer in Böhmen geprägt wurden, nicht von der Hand zu weisen ist. Daß Übertragungen nicht nur von West nach Ost, sondern auch in umgekehrter Richtung stattgefunden haben, zeigt der Fliesenziegel des Priors Johannis III. (G21), der sich in Kloster Heilsbronn fand.

15.11 Polen

Auch über die weitgehend noch unbekannten Fliesen in polnischen Kirchen und Klöstern haben jüngste Ausgrabungen neue Aufschlüsse gegeben. Noch fehlt eine vollständige Bearbeitung der mittelalterlichen Fliesen in Polen, einen ersten Überblick gewährt die Arbeit von Piątkiewicz-Déreniowa in Verbindung mit den neuen Fliesenfunden in Kloster Tyniec[393]. Leider gelang es nicht immer, die gewünschte polnische Literatur zu beschaffen, die jeweiligen Datierungen einzelner Fliesen sind sehr zwiespältig, vor allem wohl, weil es für eine Reihe von Kirchen an sicheren Daten zur Baugeschichte fehlt.

Neben den spärlichen Resten von Plattenmosaiken aus Tonfliesen im Dom von Gnesen[394], die von den Ausgräbern schon dem ersten Bau des 11. Jahrhunderts, spätestens jedoch dem 1064 geweihten romanischen Dom zugeordnet wurden, finden sich reiche Böden aus Plattenmosaik in dem ehem. Zisterzienserkloster Wąchok (Starachowice, Kleinpolen)[395]. Sie zeigen neben einem Schuppenmuster bis jetzt noch unbekannte Sternmuster und kunstvolle Pentagramme in Kreisen, außerdem Relieffliesen mit Blüten- und Palmettenmustern. Diese können jedoch kaum vor der Mitte des 13. Jahrhunderts entstanden sein[396]. Das bei Grabungen 1949–50 ent-

387 D. Hejdová, B. Nechvátal, 157, Abb. 23, Nr. 1–3.

388 Neben der schon auf S. 138 erwähnten Umschrift: „WAS HAN ICH DIR GETAN MUNECH PETERMAN + OLN", sind bis jetzt entziffert: „WER DICH BEI DER CEID OTER IS GAD TIR AN DEN LEIB" (D. Hejdová, B. Nechvátal, 161, Typ 98), „CHUENCH DU PIST DES FRIDES HORT DAS SAGENTIIV WORT" (ebd., 163, Typ 100), „DAS GEWELT MIR WOL DER EVA ECH IST CANEIR TUGENT WOL" (ebd. 164, Typ 103), „LEP PIN ICH KENANT MICH TREIT DER CUNENT VVA PEHEMLANT" (ebd., 164, Typ 104) und das unvollständige: „GIB IM DEM ... SEGEN UND WIRST IM SEIN" (ebd., 158, Typ 94).

389 J. Soukup, 270. Die nur 14 km von Klingenberg entfernte Burg wurde im 13. Jh. durch die Könige von Böhmen erbaut. Die Fliesen werden von D. Hejdová, B. Nechvátal, 467, als in drei verschiedenen Zeitabschnitten entstanden bezeichnet. Möglicherweise wurden jedoch nur Model aus verschiedenen Quellen verwandt. Die auf den Burgen Zwingenberg, Orlik und Pisek gefundene Fliese mit heraldischem Adler (Typ 101) kam auch ins GNM Nürnberg, ob als Geschenk eines böhmischen Museums oder aus einem süddeutschen Fundort ist nicht mehr bekannt. Engste Übereinstimmung besteht zwischen den in Pisek gefundenen Fliesen Typ 112 (D. Heydová, B. Nechvátal, 167, Abb. 26, Nr. 6) und O62; Typ 108 (ebd., 167, Abb. 25, Nr. 5) und den Fliesen H146, H148, H150; Typ 113 (ebd., 169, Abb. 27, Nr. 3) mit D55 aus Groß-Geroldseck und Saarburg. Die letztere stammt aus der Altstadt von Pisek.

390 Vgl. weitere Fliesen bei D. Hejdová, B. Nechvátal, 171–180, sowie Stempelfliesen aus dem ‚Welschen Hof', der ehem. Münzstätte in Kuttenberg (Kutná Hora), Burg Paběnic und Tschaslau (Caslav). – P. Klim, Dlaždice a jiné starožitnosti z hradu Paběnic, z Hrádku v Časlavi a z Vlaského dvora v Kutné Hoře, Památky archeologické 21, 1904/05, 231–234, 231, Abb. 1–4.

391 B. Nechvátal, 1984, 255, Abb. 12.

392 Ebd., 248, Abb. 6, 252, Abb. 7.

393 M. Piątkiewicz-Dereniowa, 239–265. Der Verfasserin, Frau Dr. Marie Piątkiewicz-Łeska (Dereniowa), Krakau, verdanke ich außerdem wertvolle schriftliche und mündliche Hinweise.

394 H. Kier, 1970, 95–96, Abb. 158–161. H. Kier bezweifelt, sicher zu Recht, eine so frühe Verlegung der Fliesen, weist aber gleichzeitig darauf hin, daß die Muster vermutlich nicht auf westliche, sondern auf byzantinische Einflüsse zurückgehen.

395 K. Bialoskorska, L'abbaye cistercienne de Wąchok, Cah. Civilisation Méd. 5, 1962, 344, 349–350 und Abb. 11. Die Fußbodenreste befinden sich heute im Südflügel des Querhauses, ihre ursprüngliche Lage ist unbekannt. K. Bialoskorksa glaubt eher an Einflüsse aus italienischen Zisterzienserklöstern (Fossanova in Latium) und verweist auf einen Belag der Kirche von San Cassiano di Controne bei Lucca. Dieses bei M. Salmi, (L'architettura romanica in Toscana, Mailand und Rom 1926, Taf. 36), aufgeführte Beispiel böte zwar eine ausgezeichnete Vorlage für die frühen böhmischen Fliesen, hat jedoch keine Ähnlichkeit mit dem Belag in Wąchok.

396 K. Bialoskorska, 1962, 335–336. Die Kirche St. Maria und Florian des 1179 durch den Erzbischof Giedion von Krakau gegründeten, mit Mönchen aus Morimond besetzten Klosters, war wohl nicht vor 1250 vollendet.

deckte Plattenmosaik der ehem. Klosterkirche in Trzemeszno (Bydgoszcz), mit gelber, grüner, „marineblauer“ und brauner Glasur, wird von Kaczmarek[396a] um 1120–30 datiert, eine Reliefffliese mit dem Bild eines Vogels ebenfalls ins 12. Jahrhundert.
Sicher kann der heutige Stand der Forschung noch kein exaktes Bild geben, da erst wenige Grabungen durchgeführt wurden[397], es scheint jedoch, als hätte sich die Fliesenprägung vor allem auf den Süden Polens konzentriert und ihren Einzug im Gefolge der ersten Backsteinkirchen gehalten. Piątkiewicz-Dereniowa vermutet, daß ihre Blüte auf einen verhältnismäßig engen Zeitraum begrenzt blieb, die Zeit zwischen dem ersten Mongoleneinfall (1241) und den Jahren des Wiederaufbaus nach dem zweiten Einfall (1259/60).
Der größte Fliesenfund, der bis heute auf polnischem Boden gemacht wurde, sind die über 800 Fliesen, die 1957 im Chorraum der 1800 abgetragenen Kirche St. Maria Magdalena in Krakau aufgedeckt wurden[398] Hier schälen sich vier verschiedene Mustergruppen heraus, von denen vor allem die sicher früheste Gruppe komplizierte und reizvolle Flechtbandmuster zeigt, für die es unter den deutschen Fliesen zwar Ähnliches, aber weit weniger Vollkommenes gibt. Die später entstandenen Fliesen mit Blattsternen, Blütenornamenten und einem figürlichen Muster ähneln dagegen den auch hier üblichen Fliesen. Möglicherweise haben für diese Ornamente in St. Maria Magdalena und in St. Jakob in Sandomir/Sandomierz (Kielecki)[399] (Abb. 114) unmittelbar Grisaillefenster als Vorlage gedient, wie sie sich ähnlich in Châlons-sur-Marne und La Bénissons-Dieu erhalten haben[400]. Der Bestand an Mustern, die möglicherweise alle aus *einer* größeren Werkstatt hervorgingen, ist nicht groß. Sie finden sich, wenn sie ein glücklicher Zufall bewahrte, in größerem, oft auch sehr kleinem Umfang in der Kirche St. Ägydius in Inowłódz (Rawa Mazowiecka)[401], in der Leonhardskrypta der St. Wenzel-Kathedrale auf dem Wawel in Krakau[402], dem Krakauer Dominikanerkloster[403] (Abb. 115), dem Zisterzienserkloster Mogila (Stadtteil Nowa Huta, Krakau)[404], und dem ebenfalls in der Nähe Krakaus gelegenen ehemaligen Benediktinerkloster Tyniec[405]. Vermutlich die frühesten Prägungen, Varianten des Musters N41, kämpfende Kentauren, Löwen und Greifen, sind die Fliesen der Klöster Mogila und Tyniec Prägefliesen mit breiten Rillen (Mogila) bilden einen Übergang zu den späteren Reliefffliesen. Dieselben Muster finden sich in Mogila und Tyniec als Relief, als sorgfältig inkrustierte Fliesen im Dominikanerkloster in Krakau. Bei einem genauen Vergleich dieser Muster drängt sich die Frage auf, ob nicht all diese Reliefffliesen Prägungen sind, bei denen die Füllung inzwischen ausgebrochen ist (Abb. 116 und 117). In Tyniec, dessen Fliesen 1961–65 in den Ruinen der Klosterkirche geborgen wurden, fand man neben den Reliefffliesen zwei besonders gut erhaltene inkrustierte Fliesen, die durch Bleiglasur zusätzlich geschützt waren. Bei anderen Exemplaren hatte man offensichtlich auf die Inkrustierung verzichtet, die Glasur schimmerte, je nach Untergrund, bräunlich oder grünlich auf dem Scherben. Noch ist keine Werkstatt bekannt, welche die Fliesen hergestellt hätte. Nirgends haben sich, wie z. B. in anderen Klö-

396a J. Kaczmarek, Romańskie plytki posadzkowe z Trzemeszna woj. Bydgoszcz / Romanesque pottery floor plates from Trzemeszno, Fontes archeologicis Posnanienses 32, 1981, 83–87.

397 Gerade die interessantesten Vergleiche sind nicht zu ziehen, da sich in den drei sog. kölnischen Zisterzienserklöstern Lond, Wongrowitz und Obra, die von Kloster Altenberg aus besiedelt und bis ins 16. Jh. immer wieder mit Mönchen aus dem Kölner Raum besetzt wurden, bis jetzt weder Fliesen fanden, noch Ausgrabungen durchgeführt wurden (A. Schneider, A. Wienand, W. Bickel, [u. a.], 74–79).

398 T. Lenkiewicz. – M. Piątkiewicz-Dereniowa, 245, 265. Für die Kirche in der Grdzkergasse wurde als Stiftungsdatum 1400 angenommen. Die Fliesenfunde, die aufgedeckten Fundamente und Reste des Mauerwerks beweisen, daß ein Vorgängerbau bestanden haben muß.

399 M. Piątkiewicz-Dereniowa, 262–265, Abb. 43–44. – A. Merhautova, 75. Die Kirche des Dominikanerklosters wurde zwischen 1226–41 aus Backsteinen erbaut. Auch die Bauplastik wurde, möglicherweise unter italienischem Einfluß, in Terracotta ausgeführt.

400 E. Frodl-Kraft, 1965. Vgl. die Abb. 18–20 mit T. Lenkiewicz, Abb. 7, Nr. 1–4, 8, Nr. 1–2, 9, Nr. 1–4 und mit M. Piątkiewicz-Dereniowa 262, Abb. 43, 263, Abb. 44. Piątkiewicz-Dereniowa weist (ebd., 265) außerdem auf Glasfenster in den Zisterzienserkirchen Wąchok und Koprzywnica und in den Dominikanerkirchen von Sieradz und Strzelno hin.

401 W. K. Henneberg, Kościół Św. Idziego w Inowlodzu, Biuletyn historii sztuki 6, 1938, 208–220, 216–220, Abb. 136–142. – M. Piątkiewicz-Dereniowa, 252–254, Abb. 24–27. Die 1936 gefundenen Fliesen zeigen Randleisten mit dünnen Palmetten, Blütenpflanzen und Hirschdarstellungen. Die unter Herzog Wladislaw Herman um 1086 gegründete Kirche, zu einem zerstörten Nonnenkloster gehörend, diente später als Burgkapelle einer im 14. Jh. daneben erbauten Burg. Für das 13. Jh. sind keine Baudaten überliefert.

402 A. Bochnak, K. Pagaczewski, 47, Abb 38. – M. Piątkiewicz-Dereniowa, 256, Abb. 30 a–c, Th. Bursze, J. Dabrowski, St. Szymanski, 352, Abb. 10. Die Leonhardskrypta gehört dem zweiten, unter Herzog Wladislaw Herman (1079–1102) begonnenen, 1042 geweihten Bau an, in der schon 1118 die erste Beisetzung stattfand. Die Fliesen können jedoch ebenfalls erst aus dem 13. Jh. stammen. M. Piątkiewicz-Dereniowa, 264, gibt eine durch Urkunden gesicherte Verlegung für 1250 an.

403 A. Bochnak, J. Pagaczewski, 48–49, Abb. 31–32. – M. Piątkiewicz-Dereniowa, 256–258, Abb. 31–36. – Die Fliesen, die außer den schon genannten Mustern eine interessante Jagddarstellung zeigen, befinden sich heute im Nationalmuseum Krakau. Nach dem Eintreffen der Dominikaner in Krakau (1223) wurde ab 1226 das Dominikanerkloster erbaut und die den Mönchen überlassene Holzkirche St. Trinitatis durch einen Backsteinbau ersetzt, deren Chor 1286/89, deren Langhaus 1321 vollendet war (L. Lepsky, Krakau, Leipzig 1906, 57. – Th. Bursze, J. Dabrowski, St. Szymanski, 351, Abb. 58–59).

404 A. Bochnak, J. Pagaczewski, 50–51, Abb. 33–34. Hier hat sich die vielfältigste Musterpalette erhalten, zehn verschiedene Muster, vor allem Flechtband und Palmettenmotive. Die Backsteinkirche des 1223 von Leubus aus besiedelten Klosters St. Wenzel war 1253 noch im Bau und wurde 1266 geweiht (Th. Bursze, J. Dabrowski, St. Szymanski, 350, Abb. 36–37).

405 M. Piątkiewicz-Dereniowa, 239–265, Abb. 1–15. Die im 11. Jh. errichtete Kirche des 1044 am Weichselufer gegründeten Klosters wurde im 15. Jh. umgebaut. Für das 13. Jh. sind keine Baudaten belegt, die Fliesen entstanden vermutlich zwischen 1240–60.

Abb. 114 Inkrustierte Fliese aus der St.-Jakobs-Kirche in Sandomir, (Wojwodsch. Kielecki). Mitte 13. Jh. (?).

Abb. 116 Inkrustierte Fliese aus der Dominikanerkirche in Krakau. Nach 1260 (?).

Abb. 115 Inkrustierte Fliese aus der Dominikanerkirche in Krakau. Nach 1260 (?).

Abb. 117 Mogila (Stadtteil Nowa Huta, Krakau), ehem. Zisterzienserkloster. Prägung wie Abb. 116 mit ausgebrochener Füllung.

stern, Spuren von Ziegelhäusern oder Nachrichten über solche erhalten. Auch ein Import von Fliesen ist wohl auszuschließen. Piátkiewicz-Déreniowa vermutet, daß die Prägung der so einheitlichen Fliesen in der Hand der Krakauer Dominikaner lag. Denn auch in der unter dem Patronat der Krakauer Dominikaner stehenden Kirche St. Jakob, Sandomir wurden Fliesen gefunden, deren Muster sich allerdings (N 47 und ein sonst nicht nachzuweisendes Flechtbandmotiv) besonders eng an Vorbilder der Zisterzienserornamentik anlehnen.

Aus späterer Zeit sind kaum Fliesen bekannt[406], möglicherweise verschiebt sich dieses Bild noch durch neue Ausgrabungen. Die Reliefffliese, die in der Kathedrale

406 Hier kann eine Fehlerquelle liegen. Die Publikation der polnischen Fliesen steht anscheinend erst am Anfang. In den Denkmälerinventaren sind keine Fliesen erwähnt, bei M. WALICKI, Sztuka polsky przedromańska i romańska do schylku XIII. wieku, Dzieje sztuku polskiej 1, 1971, findet sich ein Hinweis auf Fliesen in Danzig, Kruswica, Piekary, Strzelno und Thorn ohne nähere Angaben.

von Krakau im Grab der 1399 gestorbenen Königin Hedwig gefunden wurde, zeigt ein Andreaskreuz mit Glockenblüten, wie es sich ähnlich auch auf deutschen Fliesen findet[407].

Die Herkunft der Vorlagen ist hier besonders schwierig zu klären. Die Technik der inkrustierten, mit Bleiglasur versehenen Fliesen, weist unmittelbar nach Frankreich. Da sich die von Frankreich aus gegründeten Zisterzienserklöster ihren Nachwuchs nicht aus der polnischen Bevölkerung, sondern lange Zeit immer noch aus dem Mutterkloster holten, dürften hier französische Einflüsse weitergewirkt haben. Die Art der Prägung scheint jedoch eine eigenständige polnische Entwicklung zu sein, wenn auch Anregungen aufgenommen und Muster nachgeahmt wurden. Auf die engen Verflechtungen der französischen und polnischen Zisterzienserarchitektur im 12. und 13. Jahrhundert weisen Swiechowski und Zachwatowicz nachdrücklich und ausführlich hin[408].

Mit deutschen Fliesen gibt es nichts als eine oberflächliche Ähnlichkeit; zu den Fliesenmustern Böhmens und Mährens führt ebenfalls keine direkte Linie. Sehr einleuchtend ist dagegen der Vergleich, den Piątkiewicz-Déreniowa[409] zu den Fliesen des Zisterzienserklosters St. Urban zieht. Die Kreisrahmung mit Knoten, wie sie Fliesen aus Tyniec, Inowłódz und dem Dominikanerkloster in Krakau zeigen, findet sich sonst nur noch auf einer St. Urbanfliese[410]. Merkwürdigerweise finden sich ähnliche Fliesen noch an einer zweiten, weit entfernten Stelle, in dem schottischen Zisterzienserkloster North Berwick (East Lothian)[411].

15.12 Rußland

Um der Vollständigkeit willen sei noch erwähnt, daß sich Bodenfliesen auch in der westlichen Ukraine fanden. Sie wurden 1955–57, 1959 und 1980–81 an verschiedenen Stellen der verschwundenen Stadt Galič (Gebiet Ivano-Frankovsk)[412] ausgegraben und zeigen vorwiegend Kreismedaillons mit Tieren und Fabeltieren. Die Datierung der russischen Forscher (2. Hälfte 12. Jahrhundert und um 1230), dürfte wohl zu früh angesetzt sein, vor allem, da ein Teil der Fliesen schon gelbe, grüne und braune Glasur aufweist.

Später finden sich vor allem Wandfliesen, die zuerst unglasiert, später mit grünen Bleiglasuren versehen, an den Außenwänden der Gebäude angebracht wurden. Die frühesten, bis heute bekannten Wandfliesen stammen aus der Hl.-Geist-Kirche des Dreifaltigkeits- und Sergius-Klosters in Zagorsk. Sie wurden vermutlich 1476 geprägt und zeigen vor allem Rankenmotive. Aus derselben Zeit (1470–80) stammen Fliesen aus einer Kirche in Suzdal, aus der Christi-Mantel-Kirche des Moskauer Kremls (1485) und der Auferstehungskirche in der ehemaligen Burg von Volokolamsk (1480–90). Dem Typus der Fliesen von Nattheim, Marktbreit und einer unbekannten, wohl rheinischen Kirche, welche Tierreliefs im Kreis zeigen, entspricht eine Fliese aus der Christ-Geburts-Kirche im Kloster Ferapontov (1491)[412 a].

15.13 Ungarn

Es ist besonders schwierig, einen Überblick über die mittelalterlichen Bodenfliesen Ungarns zu gewinnen. Diese tauchen immer noch sehr spärlich auf. Dies liegt sicher nicht daran, daß es sie nicht gegeben hat, sondern an der Tatsache, daß die ungarischen Kirchen und Klöster durch den Mongoleneinfall 1241 schon in ihrer ersten Bauphase schwer geschädigt worden waren. Die seit der Mitte des 16. Jahrhunderts einsetzende türkische Eroberung, die immer neue Zerstörungen im Gefolge hatte, trug dazu bei, daß der mittelalterliche Baubestand nur vereinzelt gerettet wurde. An keiner Stelle haben sich Fliesen in situ erhalten. Zwar wurden schon im 19. Jahrhundert an verschiedenen Orten Fliesen ausgegraben, diese sind jedoch nur zum Teil veröffentlicht. Andere Fliesen gingen inzwischen wieder verloren. Sie sind zwar durch Zeichnungen überliefert, diese erlauben jedoch keine Rückschlüsse auf Prägung und Tonmaterial. Von weiteren Fliesen, die ins Historische Museum in Budapest kamen, ist der Fundort nicht mehr bekannt.

Bei den in früheren Jahrzehnten gefundenen Fliesen handelt es sich fast ausnahmslos um Reliefliesen des 14. und 15. Jahrhunderts sowie um Majolikafliesen, die unter der Herrschaft des Königs Matthias Corvinus

---

407 A. Bochnak, K. Buczowski, Kunsthandwerk in Polen, Wien 1982, 16 und Abb. 81. Die Fliese entstand vermutlich erst kurz vor 1399.

408 Z. Swiechowski, J. Zachwatowicz, L'architecture cistercienne en Pologne et ses liens avec la France, Biuletyn historii Sztuki, 20, 1958, 139–173 (141).

409 M. Piątkiewicz-Dereniowa, 250, Abb. 20 zieht einen weiteren Vergleich zu Fliesen aus dem Zisterzienserkloster Fontenay (= inkrustierte Fliese aus Tyniec, ebd., 245, Abb. 12). Eindringlicher wirkt jedoch der Hinweis auf einen Schlußstein aus der Kirche des Zisterzienserklosters Koprzywnica (ebd., 261, Abb. 42), dessen Muster ein Kreis aus vier Fliesen aus Tyniec widerspiegelt (ebd., 246–247, Abb. 14–15).

410 Ebd., 248, Abb. 16. Vergleich mit den Abb. 4, 24, 35. Dieser Vergleich fügt sich jedoch nicht in das von der Verf. aufgestellte Datierungsgebäude, da R. Schnyder, 1958, 81, diese Fliese erst um 1280 ansetzt.

411 J. R. Richardson, vgl. 299, Abb. 2 mit der Fliese aus St. Maria Magdalena in Krakau, Abb. 9, Nr. 6, die Tiere, Greif und Löwe, 316, Abb. 16, vor allem jedoch Abb. 18, Nr. 1 und die Randleiste Abb. 18, Nr. 5 mit den Fliesen aus Tyniec und Mogila.

412 M. V. Malevskaja, P. A. Rappoport, Verzierte keramische Fußbodenfliesen aus dem alten Galič, Slovenská Archeológia 26–1, 1978, 87–98. – Kat. 1000 Jahre russische Kunst. Zur Erinnerung an die Taufe der Rus im Jahre 988, Moskau, Schleswig und Wiesbaden 1988/89, 316, 320–321, Kat. Nr. 38, 40–45, Abb. S. 35.

412a S. Maslikh, Russian ornamental tiles, 15th to 19th centuries, Moskau 1983, Abb. 1–8.

durch eine italienische Werkstatt, wohl zwischen 1476 und 1485, gefertigt wurden.

Nachricht über frühe ungarische Fliesen gab bis vor kurzem nur die interessante Notiz und die Zeichnung im Skizzenbuch des Villard de Honnecourt[413] (Abb. 64). Dieser war vermutlich um 1233 im Gefolge der von den Königen von Ungarn berufenen Zisterzienser[414] ins Land gekommen. Er berichtet, daß er sich dort „manche Tage aufhielt und den Fliesenbelag einer Kirche sah“[415]. Dazu gibt er eine Zeichnung von fünf Fliesenmustern, die vorwiegend aus Zirkelschlägen entwickelt sind. Villard, dessen genaue Lebensdaten unbekannt sind, dessen Tätigkeit sich jedoch in den Jahren 1230–35 nachweisen läßt, muß demnach aus Frankreich keine ähnlichen Fliesen gekannt haben, so daß ihm die ungarischen Fliesen aufzeichnenswert erschienen. Wir wissen heute, daß die französischen Zisterzienserkirchen ähnliche Fliesenmuster besaßen, wie sie Villard zeichnete[416]. Diese wurden jedoch erst durch jüngste Grabungen aufgedeckt, so daß bis vor kurzem die ungarischen Forscher der Ansicht waren, daß es sich bei den von Villard gesehenen Fliesen um römische Ziegelmosaiken gehandelt habe[417]. Diese Vermutung wurde nun durch die Ausgrabungen von Gerevich widerlegt. Auf dem Gelände des völlig verschwundenen ehem. Zisterzienserklosters Pilis entdeckte man im Jahre 1967 Bruchstücke eines Fliesenbodens aus Plattenmosaik[418] (Abb. 118). Für zwei der von Villard gezeichneten Muster konnten übereinstimmende Prägungen gefunden werden[419]. Eine dritte Fliese zeigt das Muster N 35 in einfachster Form. Gerevich weist die Fliesen der Erbauungszeit des 1184 von Acey (Jura) aus gegründeten Klosters zu und glaubt, daß sie „um 1200“ entstanden. Als Vorlage führt er einen allerdings nicht sicher datierbaren Belag aus Plattenmosaik in der Kollegiatskirche von St. Quentin an, dessen Muster jedoch nur ähnlich sind, aber nicht exakt mit den Fliesen in Pilis übereinstimmen[420]. Muster, wie sie sich in Pilis erhalten haben, gibt es z. B. in den Zisterzienserklöstern Bonport und Mortemer (Eure), im Priorat von Grandmont[421], in La Bénisson-Dieu (Loire)[422], Les Châtelliers (Deux-Sèvres)[423] und Fontmorigny[424], um nur einige zu nennen. In Les Châtelliers fanden sich drei der Muster aus Pilis in exakter Übereinstimmung, außerdem ein Schuppenmuster, welches inzwischen in Esztergom/Gran[425] entdeckt wurde. Das zweite in Esztergom geborgene Muster ist eine Variante des Musters 2 aus Pilis, das dritte eine Variante eines Musters im Priorat von Grandmont, so daß zu vermuten ist, daß ein breites Spektrum französischer Plattenmosaiken unmittelbar an ungarische Klöster weitergegeben wurde.

Das seltene, besonders reizvolle Sternmuster aus Pilis kommt in der Abteikirche von Asnières (Maine-et-Loire)[426] vor. Daß Pilis auch in späterer Zeit noch sehr schöne Fliesen prägte, zeigen Muster des 14. (?) Jahrhunderts, die schon vor 1864 geborgen wurden[427]

Die Ausgrabungen des königlichen Palastes in Esztergom/Gran brachten neben Plattenmosaiken eine sicher ebenfalls sehr frühe Fliese mit der Darstellung eines mit Keule und Rundschild bewaffneten Kentauren[428] ans Licht, die den Kentaurenfliesen aus Schlettstadt (F1,

---

413 H. R. Hahnloser, Abb. 25. Villard, gebürtig aus Honnecourt (Schelde), einem Nachbardorf der Zisterzienserabtei Vaucelles, wude vermutlich gegen Ende des 12. Jh. geboren.

414 Die Zisterzienserklöster nahmen sozusagen die Rolle von königlichen Familienklöstern ein. 1183 hatte Abt Pierre von Cîteaux König Bela III. von Ungarn (1172–96) besucht. Die Heirat des Königs mit Margarete, Schwester König Philipp Augusts von Frankreich, hatte die Verbindung zwischen beiden Ländern noch enger geknüpft. Von allen 27 zu Ende des 12. Jh. unmittelbar von Frankreich aus besiedelten Zisterzienserklöstern blieb nur das 1232 gegründete Belapatfalva erhalten.

415 H. R. Hahnloser, 73 und Taf. 30. „Jestoie une fois en Hongrie la u ie mes maint jor la vi io le pavement d'une glise de si faite manière“ (J'étais une fois en Hongrie, la ou je demeurai vingt jours et j'y vis un pavement d'église fait de telle manière).

416 Vgl. Kap. 7.

417 Freundliche Mitteilung von Herrn Dr. Imre Holl, Budapest.

418 L. Gerevich, 1977, 155–198, die Fliesen auf 185–193, Abb. 47–55. – Ders., 1982, 371–392, Abb. 309–310. Piliszentkerest (Kom. Pest), 18 km von Esztergom entfernt, war eines der wichtigsten mittelalterlichen Klöster Ungarns. Es wurde nach der Zerstörung 1526 von den Türken als Steinbruch benutzt. Da jedoch vor allem die oberirdischen Teile abgetragen wurden, blieben Fundamente und Fußböden teilweise erhalten.

419 Gefunden wurden Varianten der Muster 32 und 75 bei H. Kier, 1970.

420 L. Gerevich, 1977, 187, Abb. 49. – E. Amé, 118–121, Taf. nach 120. Das Plattenmosaik wird von Amé in die Mitte des 12. Jh. datiert.

421 M. P. Suau, 213–215. – Ders., Les carreaux de pavement du chœur de Notre-Dame-du-Parc. Prieuré de Grandmont, Bull. Comm. dép. Antiquités Seine-Maritime 30, 1974/75 (1978), 193–212. Hier fanden sich vor allem die Muster, die einen Vierpaß oder ein Quadrat zusätzlich ausgeschnitten haben. (Pilis: Muster 4, 6 und 7, bei M. P. Suau, ebd., Taf. 2, 5, 16, 17, außerdem 19, 22, 23.

422 E. C. Norton, 1983, 90, Abb. 93.

423 J. Coquet, 1982, 298, Abb. 225.

424 Centre de Recherches, Inv. Nr. D 6632 (Pilis, Muster 2).

425 L. Gerevich, 1977, 188, Abb. 50 links und rechts, 190, Abb. 52 rechts. – I. Holl, 1975, 107–110. – D. Dercsényi, Der königliche Palast von Esztergom, Budapest 1965, 5ff. Der Palast wurde unter König Bela III. im letzten Drittel des 12. Jh. erbaut, 1256 wurde er dem Erzbischof von Esztergom als Residenz übergeben und im 14. und 15. Jh. erweitert und ausgebaut. Seit der ersten Zerstörung durch die Türken wechselte er wiederholt den Besitzer, zu Ende des 16. Jh. waren die Gebäude zum größten Teil schon verfallen, wurden abgetragen und überbaut. Seit 1934 wurde der Komplex ausgegraben.

426 Centre de Recherches, Inv. Nr. D 7128 (Pilis, Muster 1).

427 F. Romer, Taf. 1, 1–7. Die Fliesen zeigen in Vierpaßrahmen Adler, Drache, Hirsch und weitere Tierdarstellungen. Fliesen die vermutlich aus derselben Werkstatt stammen, fanden sich 1934–38 im Königlichen Palast zu Esztergom (I. Holl, 1975, 108) und vor 1893 in der St. Lorenzkirche zu Esztergom (Archaeologiai Ertesitö 1893, 58). Bei den Grabungen 1967 wurde in der ehem. Gästeherberge in Pilis eine weitere, möglicherweise noch der 1. Hälfte des 13. Jh. angehörende Fliese gefunden, die den Kampf eines Ritters (St. Georg?) gegen einen Drachen zeigt. (L. Gerevich, 1982, 392, Abb. 310).

428 I. Holl, 1975, 107–112, Taf. 31–33. Außer dieser grünglasierten Fliese fand sich ein Bruchstück, welches vermutlich zu einer Hirschdarstellung gehört. Für eine sehr frühe Datierung der Kentaurenfliese spricht vor allem der Rundschild mit Schildbuckel.

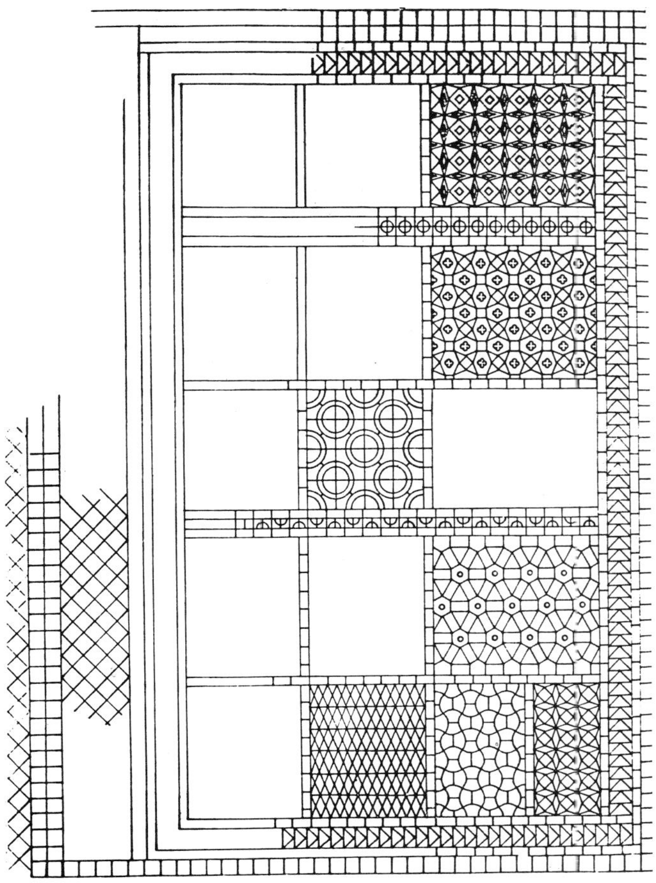

Abb. 118 Pilis, Ungarn, ehem. Zisterzienserkloster, Belag aus Plattenmosaik im Querschiff. Zeichnung E. Egyed.

F2) sehr nahesteht und wie diese, schon mit Bleiglasur überzogen ist. Die von Holl[429] vorgeschlagene Datierung ins Ende des 12. oder an den Beginn des 13. Jahrhunderts, als unter König Bela III. eine großzügige Bautätigkeit einsetzte, ist sicher richtig. Ob die Fliese allerdings schon in Esztergom geprägt wurde, ist nicht zu entscheiden. Bei einer Zufallsgrabung, bei der man 1902 auf die Mauern des mittelalterlichen Klosters Bel im Bakony-Wald stieß, kamen neben Plattenmosaiken ebenfalls sehr frühe Bodenfliesen zum Vorschein, die Tierdarstellungen und Pflanzenmuster trugen[430]. Leider sind auch hier nur zwei Muster veröffentlicht. Das eine, ein Bruchstück einer Sechseckfliese mit der Darstellung eines geflügelten Greifen[431] ist die seitenverkehrte Replik der auf dem Vyšehrad in Prag gefundenen Fliesen[432]. Diese werden von der tschechischen Forschung schon in die letzten Jahrzehnte des 11. Jahrhunderts datiert. Eine zweite, quadratische Fliese mit einem Kreuz aus Palmetten könnte mit einem Bruchstück, welches in der Klosterkirche von Sasau/Sazava gefunden wurde, übereinstimmen[433]. Da chemische Analysen ergaben, daß für die an verschiedenen Orten Böhmens gefundenen Fliesen zwar derselbe Model benutzt wurde, sie jedoch wohl jeweils an Ort und Stelle gebrannt worden waren, dürfte auch hier kein Import von Fliesen, sondern eine Fertigung in Ungarn vorliegen. Dies sind bis jetzt die frühesten Fliesen, bei denen sich eine, wenn auch vage, Verbindung zu einer nichtungarischen Werkstatt nachweisen läßt. Bei anderen Fliesen kann man sie vorläufig nur vermuten. So fällt auf, daß bei Fliesen, die vor 1864 in Hedervar (20 km westlich von Raab)[434] entdeckt wurden, dieselben schildförmigen Stempel mit Zackenrand auftauchen, wie sie auch die 1899 unter dem Riesentor von St. Stephan, Wien, gefundenen Fliesen zeigen. Gerevich weist darauf hin, daß bei neueren Grabungen in Buda und Pest österreichische Schwarzhafnerware mit Hafnerstempeln vor allem in der Nähe der Donau gefunden wurde, so daß anzunehmen ist, daß diese auf dem Schiffsweg nach Ungarn gelangte[435]. So zeigt eine vor 1864 am Ufer der Raab geborgene Fliese mit der Figur eines Löwen[436] dieselbe Rahmung aus Zacken und Rautenbändern, wie sie die meisten Fliesen aus Kloster Neustift aufweisen, außerdem wird wie dort der Rahmen von der Darstellung überschnitten. Ebenfalls am Donauufer, diesmal an der Nordspitze der Margaretheninsel in Budapest, stieß man vor 1850 auf das Bruchstück einer Bodenfliese mit der Darstellung eines berittenen Bogenschützen[437]. Bogenform und parthische Mütze lassen vermuten, daß sich hier der Mongoleneinfall im Bild niedergeschlagen hat. Man nimmt an, daß die Fliese aus einem ehemaligen Nonnenkloster stammt.

Für die ungarischen Fliesen gilt das schon für Böhmen Gesagte; es gibt bis jetzt keine inkrustierten Fliesen. Vermutlich brachten die Zisterzienser nur ihre frühen Dekorationstechniken ins Land. Als die Verbindung zu Frankreich nach dem Mongoleneinfall für einige Zeit abriß, griff man, als die Fliesenprägung wieder aufgenommen wurde, auf andere, möglicherweise aus Österreich ins Land gelangte Vorlagen zurück. Bei einigen,

429 Ebd., 110. Holl glaubt an eine Fertigung in einer Klosterwerkstatt, da die Anwendung von Glasur für Gebrauchskeramik in den städtischen Töpfereien in Ungarn erst sehr spät in der 2. Hälfte des 14. Jh. einsetzt.

430 P. Sörös, A bakonybéli apátság története / Geschichte der Abtei von Bakonybel I, Budapest 1903, 205. – I. Holl, 1975, 106–107.

431 P. Sörös, ebd., 204. Das Kloster wurde als Benediktinerkloster 1018 von König Stephan gestiftet. Urkunden zur frühen Baugeschichte fehlen.

432 D. Hejdová, B. Nechvátal, 107–110, Abb. 2, Nr. 2, 461. Diese Fliese wurde außerdem in Sazava, Olmütz-Hradiste und Ostrov gefunden. Der Greif ist jedoch hier stets nach links gewandt.

433 Ebd., 117, Abb. 5, Nr. 9, 120. – I. Holl, 1975, 106, erwähnt noch weitere Tierfiguren „(Pfau?, Greif?, Löwe?)“, sowie dreieckige Fliesen (siehe Vyšehrad). Ein Teil der Fliesen war mit einer hellbraunen Glasur versehen.

434 F. Romer, Taf. 2, 17. Hedervar liegt nur wenige km von der Donau entfernt.

435 L. Gerevich, The art of Buda and Pest, The middle ages, Budapest 1971, 28. Einen umfassenden Überblick über die Keramikimporte bietet I. Holl, Külföldi kerámia Magyarországon (XIII–XIV. század) / Ausländische Keramikfunde des XIII.–XVI. Jahrhunderts in Ungarn, Budapest Régiségei 16, 1955, 147–187.

436 F. Romer, 356, und Taf. 2, 14, vom selben Bauwerk wohl auch 2, 16.

437 Ebd., 355. – P. Weiner, 4, Abb. 3.

in Visegrád gefundenen Fliesen haben sich anscheinend Spuren weißer Engobe, aber keine Glasurreste erhalten. Fliesen mit vertiefter Prägung sind auch in Ungarn in der Minderheit.

Die in der Burgkapelle des Königlichen Palastes in Visegrád[438] (auch er am Donauufer gelegen) aufgedeckten Fliesen mit Löwen- und Hirschdarstellungen, haben eine auffallende Ähnlichkeit mit den Fliesen C32 und D58. Daneben fanden sich strenge, stark stilisierte Adler- und Löwenmuster[439], bei denen der freie Raum fast ganz mit Pflanzenornamenten ausgefüllt ist. Für diese dürfte die Datierung von Holl[440], der für eine Verlegung in der 2. Hälfte des 14. Jahrhunderts plädiert, wohl etwas zu spät angesetzt sein.

Aus Visegrád haben sich auch die ersten Fliesen mit Teppichmustern[441] erhalten, weitere wurden 1936 in Kirche und Kloster des ehemaligen Paulinerordens bei Budapest ausgegraben. Dieser in der südlichen Langhauskapelle entdeckte Belag stammt vermutlich nicht aus der Erbauungszeit (1300–04), sondern aus einem Erweiterungsbau zu Ende des 15. oder zu Beginn des 16. Jahrhunderts[442].

Zu dieser Zeit hatte in Budapest längst eine Majolikawerkstatt, die unter der Leitung des Meisters Petrus Andreas da Faenza stand, ihre Arbeit aufgenommen[443]. Sie schuf den Belag aus sechseckigen und quadratischen Fliesen für den königlichen Palast in Buda (Ofen)[444], den königlichen Jagdsitz Nyek (heute Stadtbezirk II in Budapest)[445] und für das Budapester Dominikanerkloster[446]. Bei den Grabungen im Palast stieß man seit 1947 auf Überreste der Brennöfen, sowie auf verworfene und nur halbdekorierte Stücke, die beweisen, daß die Fliesen in Budapest gefertigt wurden und nicht, wie man bisher glaubte, aus Italien importiert worden waren. Diese Fliesen zeigten meist heraldische Motive, der Rabe des Matthias Corvinus ist als Leitmotiv in allen Bauten vertreten. Dazu kamen Pflanzen- und Blütenmuster, Tiere und Schachbrettmuster. Die Farben (Kobaltblau, Ockergelb, Kupfergrün und Manganviolett auf weißem oder grauweißem Zinngrund) haben bis heute ihre leuchtende Farbigkeit bewahrt. Die Werkstatt löste sich nach dem Tode des Matthias Corvinus auf; durch den Einbruch der Türken wurden die Töpfer zerstreut. Die Werkstätten, die später noch arbeiteten, scheinen sich allein den Ofenkacheln zugewandt zu haben. Bodenfliesen des späten 16. Jahrhunderts sind bis jetzt nicht bekannt.

---

438 I. Holl, 1954, 192–196, 193, Abb. 1, 2. – P. Weiner, 4, Abb. 2.

439 Holl, ebd., 193, Abb. 4, 5.

440 M. Héjj, Der königliche Palast in Visegrád, Budapest 1970. Burg Visegrád wurde von König Karl Robert von Anjou (1308–42) als Sommerresidenz am rechten Donauufer 42 km nördl. von Budapest erbaut und unter Ludwig d. Gr. (1342–82) und Kaiser Sigismund (1387–1437) erweitert und ausgebaut. König Matthias Corvinus bereicherte ab 1474 den glanzvollen Bau durch kostbare Innendekorationen und Umbauten im Renaissancestil. Die durch die Türken zwischen 1526 und 1543 zerstörte Burg wurde seit 1872 ausgegraben. Ein zeitgenössischer Bericht (1536) erwähnt 350 Räume und eine Kapelle mit Mosaikarbeiten, „wie auch die meisten anderen Räume gepflastert". Diese Kapelle wurde bei den Ausgrabungen entdeckt. Im Schiff fanden sich Bodenfliesen des 14. Jh., im Chor Majolikafliesen aus der Zeit des Matthias Corvinus.

441 I. Holl, 1954, 193, Abb. 6, 195, Abb. 3. Hier ist der Model kleiner als die Fliesen, das Teppichmuster zeigt jeweils Zäsuren, der Model kann daher nicht für Visegrád geschnitten worden sein.

442 S. Garady, A Szent Lörincröl elnevezett budamelléki pálos-templom es kolostor / Die St. Lorenzkirche und das Kloster des Paulinerordens in der Umgegend von Buda, Budapest Régiségei 13, 1943, 173–184, 177, Abb. 6 (Deutsches Resumée, 514).

443 H. Bertalan, Budavári majolika padlótéglak / Les carreaux de majolique du château de Bude, Archaeologiai Ertesitö 79, 1952, 186–190. – J. Balogh, Die Anfänge der Renaissance in Ungarn. Matthias Corvinus und seine Kunst, Graz 1975, 278–279, Abb. 182–183. – P. Voit, Das Kunsthandwerk der Renaissance in Ungarn, Matthias Corvinus und die Renaissance in Ungarn, Kat., Schallaburg 1982, 110–111, Abb. 77 (108–112).

444 H. Bertalan, Keramik, Katalog Schallaburg 1982, 295–296, Kat. Nr. 207–209. Abb. bei J. Korek [u. a.], Museen von Budapest, Budapest 1976, Abb. 165, zur Baugeschichte vgl. L. Gerö, Die Überreste des mittelalterlichen Königsschlosses in Buda, Burgen und Schlösser 9, 1968, I, 7–10.

445 J. Balogh, Die Bauten des Königs Matthias und sein Palast in Visegrád, Kat. Schallaburg 1982, 361–362. Der Jagdsitz in Nyek wird 1482 erstmals erwähnt, der Bau war jedoch wohl schon durch König Sigismund um die Wende vom 14.–15. Jh. begonnen worden. Matthias Corvinus ließ ihn im letzten Drittel des 15. Jh. ausbauen, der Innenausbau wurde nach 1500 fortgesetzt. Die durch die Türken zerstörten Gebäude wurden 1931–33 und 1938–41 ausgegraben. Nach I. Holl, 1954, 196, fanden sich in Nyek dieselben Fliesen wie im Schloß von Buda und im Palast von Visegrád (vgl. M. Hejj, Der königliche Palast von Visegrád, Katalog Schallaburg 1982, 376–379).

446 P. Voit, in: Kat. Schallaburg 1982, Abb. 80. (Vgl. Anm. 443)

16. Fliesenböden in der bildenden Kunst

Neben den heute noch in situ erhaltenen Fliesenböden wird unsere Kenntnis des mittelalterlichen Bodenbelags hauptsächlich durch Darstellungen der Tafel- und Glasmalerei ergänzt und erweitert. Hier sind die meisten Böden in Innenräumen, gleichgültig ob es sich um einen Sakral- oder Profanraum handelt, als Fliesenböden gegeben; seltener werden Beläge aus großen Steinplatten, Marmor oder Holz gezeigt. Es dürfte sich natürlich in den meisten Fällen nicht um die Darstellung eines originalen Fußbodens handeln, der dem mittelalterlichen Künstler als Vorbild diente, sondern um ein freies Produkt seiner Phantasie[1]. Die Häufung von Fliesenböden in der Malerei seit der Mitte des 15. Jahrhunderts zeigt jedoch, daß die Anregung sicher von tatsächlich in Kirchen, Klöstern, Burgen und Privathäusern vorhandenen Fußböden ausging.

Den Anfang machen Fliesenböden, bei denen quadratische Fliesen meist schachbrettartig verlegt wurden; eine Bereicherung des Bodens erfolgt durch Teilung der Fliesen in der Diagonale und durch farbliche Differenzierung der einzelnen Fliesen. Es ergeben sich kunstvolle und raffinierte Muster. Eine erste Übersicht über Fliesenböden in der rheinischen und niederländischen Malerei gab Becking[2]. Dabei fällt auf, daß das Plattenmosaik, das sich ja in den Kölner Kirchen das ganze Mittelalter hindurch erhielt und nur vereinzelt von gemusterten Fliesen abgelöst wurde, auch in der kölnischen Malerei bevorzugt dargestellt wurde[3]. Der 1520 noch vollständig erhaltene Marmorplattenbelag des Aachener Domes machte auf Albrecht Dürer so großen Eindruck, daß er ihn im Silberstift-Skizzenbuch der niederländischen Reise festhielt[3a] (Abb. 65).

Mit die früheste Darstellung eines Bodens aus gemusterten Fliesen mit ‚Vierblatt' oder ‚Vierstern'[4] findet sich in der deutschen Malerei in dem „Chronicon episcoporum Verdensium" der Dresdener Landesbibliothek (HS 193), das zwischen 1332–40 entstand[5]. Dieses Muster wurde in der Folgezeit, meist in Schachbrettform, häufig angebracht. Es kommt, mit wenigen Ausnahmen, vor allem in der nord- und westdeutschen Tafelmalerei vor, so auf dem Passionsaltar Meister Bertrams[6], auf dem Grabower Altar desselben Meisters[7], auf dem Bild der Enthauptung des Thomas von Canterbury im Englandfahrer-Altar des Meisters Franke[8] (Abb. 119), auf dem Niederwildunger Altar des Konrad von Soest[9] und, vom selben Meister, auf dem Nikolausaltar in der Nikolaikapelle in Soest[10].

In der Kölner Malerei treten dieselben Fliesen auf einem, dem ‚Meister der Hl. Veronika' zugeschriebenen Bild der ‚Geißelung'[11] und auf einer ‚Verkündigung'[12] auf, die Beispiele ließen sich beliebig vermehren. An erhaltenen Fliesen läßt sich nicht nachweisen, daß sich gerade dieses Muster besonderer Beliebtheit erfreute. Es ist bis jetzt nur aus wenigen Fundorten bekannt, so aus der Gerichtslaube des Lüneburger Rathauses[13] (Abb. 5), aus der ehemaligen Stiftskirche St. Aposteln in Köln (S 39) und aus Kloster Neustift bei Freising (S 40). Hier ist die Platte fast ganz abgetreten, auch in Köln läßt sich das Muster nur noch mit Mühe auf wenigen Fliesen erkennen. Möglicherweise verschwanden diese, in ganz flachem Relief gehaltenen Prägungen, nach verhältnismäßig kurzem Gebrauch und sind heute nur noch als glatte Fliesen zu erkennen. Zwar nicht mit derselben Häufigkeit aber doch in einigen Beispielen,

---

1 Einen solchen Fliesenboden, der wohl kaum auf eine reale Vorlage zurückgeht, zeigt z. B. das Verkündigungsbild des Isenheimer Altars (G. Scheja, Der Isenheimer Altar des Matthias Grünewald [Mathis Gothart Nithart], Köln 1969, Titelbild).

2 E. Becking, Fliesenböden nach Gemälden des 15. und 16. Jahrhunderts, Stuttgart 1903.

3 ‚Meister der Verherrlichung Mariens': ‚Die Hl. Anna Selbdritt, Christophorus, Gereon und Petrus vor der Kulisse der Stadt Köln'. Köln, 2. Hälfte 15. Jh. Köln, WRM 120. (O. H. Förster, 18, Taf. 44) und vom ‚Meister des Marienlebens': ‚Geißelung' und ‚Abendmahl', um 1463 bis um 1490 (?) (ebd., Taf. 46, Köln, WRM 144, 145).

3a J. A. Goris, G. Marlier, Albrecht Dürer. Das Tagebuch der niederländischen Reise mit dem Silberstift-Skizzenbuch und der während der Reise ausgeführten Bildern und Zeichnungen, Brüssel 1970, Taf. 12.

4 Vierblatt = ein Vierpaß mit zugespitzten Wölbungen. Meist werden diese den Fliesenecken einbeschrieben und nur in der Mitte der Seitenkanten ein kleines Dreieck ausgespart.

5 A. Stange, 1934–61, I, Abb. 108.

6 H. Seiler, 16, ‚Christus vor Pilatus', Ende 14. Jahrhundert, Hannover, Niedersächsische Landesgalerie.

7 P. Portmann, Meister Bertram, Zürich 1963, Taf. 2, 17, 21. Einstiger Hauptaltar der St. Petrikirche in Hamburg, um 1379, Hamburg, Kunsthalle. ‚Erschaffung des Himmels'; ‚Isaak und Esau'; ‚Anbetung der Hl. drei Könige'. Der von Bertram von Minden beeinflußte ‚Meister der goldenen Tafel' von Lüneburg (um 1418, Hannover, Niedersächsische Landesgalerie) bringt auf allen Tafeln, in denen Innenräume widergegeben werden, dieselben Fliesenmuster an (H. Seiler, 68–71).

8 Kindlers Malereilexikon, 1976, 198. Thomas- oder Englandfahreraltar aus der St. Johanniskirche Hamburg, um 1424, Hamburg, Kunsthalle. Derselbe Boden auf einer ‚Geißelung Christi' desselben Altars (ebd., 201).

9 H. Th. Musper, 1961, 207, Taf. 184 unten – ‚Anbetung der Könige', ‚Darbringung im Tempel', Stadtkirche St. Nikolaus, Bad Wildungen, um 1403.

10 Kat. Die Parler, Resultatband, Taf. 86–87. Hl. Nikolaus, um 1395, kath. Nikolai-Kapelle, Soest.

11 O. H. Förster, Taf. 21, Köln, um 1404 bis um 1440. Passionsaltar, Köln, WRM 60.

12 Ebd., Taf. 26, Köln, WRM 59.

13 H. Kier, 1976, 66, Abb. 56 und 57. Hier handelt es sich um inkrustierte Fliesen.

Abb. 119 Meister Franke, Englandfahreraltar, Tod des hl. Thomas von Canterbury. Um 1424. Hamburg, Kunsthalle.

taucht dieses Muster auch in der süddeutschen Tafelmalerei auf, so auf zwei, vermutlich um 1420–30 in Nürnberg entstandenen Seitenflügeln mit der Darstellung der Hl. Katharina und Dorothea[14], sowie auf einer Verkündigung (um 1460) aus dem Dominikanerinnenkloster Adelhausen, Freiburg (Breisgau)[15].
Dieselben Muster finden sich auch in der Buchmalerei, so in dem um 1405 geschriebenen Sachsenspiegel des Eyke von Repgow[16] der vom ‚Meister der Goldenen Tafel' illustriert wurde. Der Phantasie und der Liebe zur Detailschilderung sind keine Grenzen gesetzt. Nichts spiegelt dies so treffend wider wie die Miniaturen aus dem Stundenbuch der Katharina von Kleve,

14 I. Hiller, H. Vey, Katalog der deutschen und niederländischen Gemälde bis 1550 (mit Ausnahme der Kölner Malerei) im WRM und im Kunstgewerbemuseum der Stadt Köln, Köln 1969, 117–118, Abb. 146, 147.
15 A. Stange, 1934–61, IV, Abb. 92.
16 A. Boeckler, 39. Widukind empfängt von Karl d. Gr. das neue Recht der Sachsen. Lüneburg. Ratsbibliothek (MS. jurid. 2).

Herzogin von Geldern, das um 1440 entstand[17]. Von 41 dort gezeichneten Fliesenböden gleicht kaum einer dem anderen. Sie zeigen Plattenmosaiken, Fliesen mit geometrischen und floralen Mustern, mit den Insignien der Heiligen und kunstvollem Maßwerk. Sehr viele dieser Muster sind gleich oder zumindest ähnlich durch Fußböden oder Fliesen überliefert.

Das Vierblattmuster wurde wenig später durch Vierpaßfliesen mit Binnenzeichnung bereichert. Sie finden sich auf dem Fliesenboden des zwischen 1410–20 entstandenen Falkenstein-Saarwerdenschen Altars im Aachener Münster[18]. Vermutlich unter dem Einfluß der niederländischen Malerei, wo auf den Gemälden Jan van Eycks Fliesenböden von größter Feinheit in stets wechselnden Mustern[19] vorkommen, wurden, vor allem in Westfalen, die Vierblattmuster allmählich abgelöst. Eine ‚Darbringung im Tempel' des Meisters von Liesborn[20] zeigt Fliesen mit Blütensternen, die denen des Genter Altars ähneln. Das dort vorkommende Gotteslamm ist hier allerdings durch Drachen und Löwen ersetzt.

In der Kölner Malerei finden sich im ausgehenden 15. Jahrhundert ebenfalls sehr schöne Fliesenböden, so

17 J. Plummer, Die Miniaturen aus dem Stundenbuch der Katharina von Kleve, Berlin 1966. Die meisten Innenraumdarstellungen zeigen schachbrettartig verlegte Fliesenböden. Gemusterte Böden und Fliesenböden auf den Abb. 1, 61, 66, 91, 92, 100, 109, 111–115, 117–121, 123, 127–130, 134, 136–157.

18 Jb. rhein. Denkmalpflege 27, 1967, 293, Abb. 242, 299, Abb. 250. Heraldischer Löwe, Adler und Drache in Vierpaßfliesen.

19 L. Baldass, Jan van Eyck, Köln 1952, 265–266, Taf. 113–115. ‚Verkündigung an Maria' (früher Jan van Eyck, heute einem Nachfolger zugeschrieben), um 1432–35, Washington, National Gallery. Gezeigt wird ein Fliesenboden in Sgraffito-Technik, ähnlich den Fliesen in Tring (Hertshire), vgl. Kap. 15, mit sorgfältig gezeichneten Szenen aus der Samson-Geschichte und Tierkreiszeichen. Der Genter Altar von Jan van Eyck (St. Bavo, Gent), 1432, ‚Singende und musizierende Engel' (inneres linkes und inneres rechtes Flügelbild) zeigt quadratische Fliesen mit floralem Dekor, Gotteslamm und Christusmonogramm. (L. Baldass, ebd., 259–263, Taf. 72, 73, 79). Fliesen des Musters N52 finden sich auf dem Boden des Bildes ‚Madonna mit einem Kartäusermönch' der Sammlung Frick, New York (E. Dhanens, Hubert und Jan van Eyck, Königstein 1980, 363, Abb. 228). Auch dieses Bild wird inzwischen Jan van Eyck abgesprochen.

20 A. Stange, 1934–61, VI, Abb. 37. Hochaltar des Klosters Liesborn, um 1465, London, National Gallery.

Abb. 120 Meister des Schottener Altars. Geburt der Maria und Verkündigung. Um 1370/1380. Schotten, Pfarrkirche.

auf einer ‚Verkündigung‘ vom ‚Meister des Marienlebens‘[21], die Fliesen mit Doppelrosetten, Blättern und einem Kreuz aus Spitzovalen zeigt und auf einer Darstellung der ‚Hl. Anna selbdritt‘ vom ‚Meister des Bartholomäusaltars‘[22], deren Fliesenboden durch eine Vielfalt der verschiedensten Muster auffällt.

Ein gutes Beispiel für ein Multiplikationsmuster aus Eichblattfliesen bietet der Fliesenboden der ‚Verkündigung‘ und der ‚Geburt Christi‘ des Schottener Altars[23], der Fliesen vom Typus H225 zeigt (Abb. 120).

Dennoch sind Darstellungen von Fliesenböden mit gemusterten Fliesen im Norden Deutschlands nicht so häufig wie in der süddeutschen Tafelmalerei. Hier gibt es nicht nur besonders reizvolle und reichgemusterte Fliesenböden, sondern auch solche, die mit süddeutschen Fliesenmustern große Ähnlichkeit besitzen, so daß für das eine oder andere Bild doch ein tatsächlich existierender Fliesenboden als Vorbild angenommen werden muß. Strauß[24] glaubt zwar, daß auf den meisten Bildern spanische Fliesen dargestellt sind, dies mag aber vor allem an der Übertragung in eine andere Materie liegen. Die Pinselführung ergibt zartere Linien, die Farbe des Bodens paßt sich der Farbharmonie des Bildes an.

So findet sich ein abwechslungsreicher Fliesenboden auf einer um 1470/80 entstandenen ‚Geburt der Maria‘[25] eines oberrheinischen Meisters, der nicht nur durch sechs verschiedene Muster (Rankenmuster, Vierpässe mit Ranken- und Blattmustern, Lilienkreuze) sondern auch durch die farbige Differenzierung (grün auf weiß, hellkarmin auf weiß, gelb auf schwarz) auffällt. Sicher sollten glasierte Fliesen dargestellt werden. Auf der ‚Werdenbergschen Verkündigung‘ des Museums in Donaueschingen[26] (Abb. 121) werden im Wechsel Löwe und Adler abgebildet; ganz ähnliche Löwen- und Adlerfliesen, bereichert um Maßwerkornamente und Akanthusranken, zeigt das um 1490 entstandene Werk eines unbekannten oberschwäbischen Malers ‚St. Cornelius und Cyprianus‘ in der Alten Pinakothek in München[27]. Ebenfalls ganz naturalistische Darstellungen von Krebs, Adler, Löwe und Hirsch weisen die Fliesen eines vermutlich um 1442 in Ulm entstandenen Gemäldes mit dem Bild des hl. Markus auf[28], zart gemusterte Fliesen mit Blüten- und Rankendekor zeigen die Fliesen einer ‚Anbetung‘ (um 1485), die dem Meister des Bopfinger Altars zugeschrieben wird[29].

Es ist nicht möglich, alle Tafelbilder mit schönen Fliesenböden aufzuführen. Erwähnt werden soll nur noch ein Gemälde aus der Wengenkirche in Ulm mit den Hl. Alex, Evetius und Theodolus[30], von einem Maler Hans 1504 geschaffen, dessen Fliesen Reichsadler, Löwen, Christusmonogramm und einen Vierpaß mit einbeschriebenen Blüten wiedergeben; ferner Fliesen auf dem Hutz-Altar von Martin Schaffner im Ulmer Münster[31] und auf der ‚Anbetung der Weisen aus dem Morgenland‘ des Konrad Witz[32].

Nur ein Muster, ähnlich dem Lilienkreuz R31, reiht sich auf dem Fliesenboden einer Darstellung des ‚Marientodes‘[33] aneinander. Dieser wurde von einem unbekannten schwäbischen Meister wohl im 3. Viertel des 15. Jahrhunderts gemalt. Für die Einfügung einzelner gemusterter Fliesen in einen sonst unverzierten Fliesenboden bieten das Pfingstbild des Kaufbeurener Sakristeischranks[34] und das um 1480–90 entstandene Flügelbild am Dreifaltigkeitsaltar der St. Georgskirche Dinkelsbühl[35] ausgezeichnete Beispiele. Viele Gemälde, auf denen Fliesenböden dargestellt werden, sind noch nicht publiziert, die schönsten finden sich oft in kleinen Landkirchen[36].

Das für die Tafelmalerei Gesagte gilt zu einem gewissen Teil auch für die mittelalterliche Graphik. Auch hier kommen auf frühen Einblattdrucken noch Fliesenböden in Plattenmosaik[37] vor, während in dem gedruckten Blockbuch der „Hystori von den syben weysen meystern“[38] wieder der Fliesenboden aus versetzten Vier-

21 A. Stange, 1934–61, V, Abb. 81. Meister des Marienlebens (um 1463 bis um 1490), Basel, Kunstmuseum.
22 Ebd., 122, Meister des Bartholomäusaltars (tätig um 1471 bis nach 1510, seit 1495 vermutlich ganz in Köln), München, Alte Pinakothek.
23 H. Deckert, R. Freyhan, H. Steinbart, Religiöse Kunst aus Hessen und Nassau, Tafelbd. 2, Marburg 1932, 192, Taf. 143c. – A. Stange, 1934–61, II, 108, Abb. 137–141. – Ders., 1967–70, II, 93. Meister des Schottener Altars (um 1370–80), Schotten, ev. Stadtkirche.
24 K. Strauss, 1972, I, 22.
25 W. Dexel, Taf. 4. Stuttgart, Württembergisches Landesmuseum.
26 A. Stange, 1934–61, VII, 45, Abb. 94. – Ders., 1967–70, I, 64. „Der am Oberrhein im Kreis des Hans Hirtz geschulte Meister war wohl in Konstanz um 1460–1490 neben den Murers tätig“.
27 R. Forrer, 1901, Taf. 31, 3.
28 A. Stange, 1934–61, IV, 90, Abb. 139, vermutlich aus Kloster Maulbronn, Stuttgart, Staatsgalerie.
29 A. Stange, 1934–61, VIII, 93, Abb. 202. Aus Schloß Erbach bei Ulm, Stuttgart, Württembergisches Landesmuseum.
30 K. Strauss, 1972, I, 22, Taf. 3, Abb. 2 und 3. München, Bayer. Staatsgemäldesammlungen (Inv. Nr. 4562).
31 R. Wortmann, 1972, 76–81. Familie des Alphäus und der Maria Cleophae. 1521.
32 K. Glaser, Die altdeutsche Malerei, München 1924, 66. Genf, Musée d'Art et d'Histoire, von einem Petrusaltar, 1444.
33 A. Stange, 1934–61, VIII, Abb. 331, Sigmaringen, Fürstl. Sammlungen.
34 Ebd., Abb. 262.
35 F. Mader, 1931, 46, Abb. 34. Die Hl. Crispus und Crispinian werden mit siedendem Öl begossen. Boden in Schachbrettmuster, auf den dunklen Fliesen große steigende Löwen, die hellen Fliesen sind ungemustert.
36 J. Baum, H. Klaiber, B. Pfeiffer, Taf. 10 und 11. – A. Stange, 1934–61, VIII, 22, Abb. 38. – Ders., 1967–70, II, 132. Hochaltarbild, vermutlich von Jörg Stocker in der Pfarrkirche St. Martin, Oberstadion (Alb-Donau-Kreis). Seitenflügel mit den Heiligen Paulus, Dorothea, Ulrich, Konrad, Katharina, Petrus. Fliesenböden mit Reichsadler, Vierpaß mit Lilienkreuz, Ranken. Letztes Jahrzehnt 15. Jh.
37 H. Th. Musper, 1964, 27, Abb. 10. Abendmahl, aus dem Zisterzienserkloster Neuberg, vermutlich in der Obersteiermark entstanden. – Vgl. außerdem: W. L. Schreiber, Handbuch der Holz- und Metallschnitte des 15. Jahrhunderts XI. Der Einblattholzschnitt und die Blockbücher des 15. Jahrhunderts, ausgewählt von H. Th. Musper, Stuttgart 1976, Abb. 35, 52, 70, 130, 133.
38 Ebd., 89, Abb. 59.

Abb. 121 Meister der Werdenbergschen Verkündigung. Um 1480. Donaueschingen, Fürstl. Fürstenbergische Sammlungen.

blättern auftaucht. Auf einem um 1450/60 wohl in Köln entstandenen Metallschnitt mit der Darstellung des Hl. Rochus[39] findet sich ein Fliesenboden aus Dreiecksfliesen mit Dreiblatt.

Neben Tafelmalerei und Graphik haben die Fliesenböden auch in der mittelalterlichen Glasmalerei ihren Niederschlag gefunden. Da in vielen Fällen das Einsetzen von Glasfenstern erst nach der Verlegung der Fliesenböden erfolgte, ist es durchaus möglich, daß Bezug auf tatsächlich vorhandene Böden genommen wurde. Am Beginn stehen auch hier Fliesenböden mit ‚Vierblättern', so auf Glasfenstern der Kirche St. Maria, Zweisimmen, Kt. Bern[40], der Gutleutkirche von Bürglen, Kt. Freiburg[41], der St. Nikolauskirche Staufberg, Kt. Aargau[42], in dem von der Krämerzunft gestifteten Verkündigungsfenster des Peter Hemmel von Andlau für den Chor des Ulmer Münsters[43] und im St. Kilians- und

39 Kat. Herbst des Mittelalters, 1970, 137, Nr. 309 Meister mit dem Kölner Wappen. Biblioteca Classense, Ravenna.

40 E. J. Beer, 1965, 175–182, Taf. 165, Fenster 1, Scheibe mit Johannes Bapt. und Hl. Bischof, um 1470?

41 Ebd., 188, 195, Taf. 15, 174, Fenster mit Marientod, nach 1466, Basel, Historisches Museum.

42 Ebd., 121–131, Taf. 108 a, Fenster mit Hl. Petrus, um 1420.

43 G. Hirth, Jg. 1910, Nr. 126, 1479–1480.
Weitere Fliesenböden mit Vierblättern auf den Glasfenstern des Malers Hans Acker im Ulmer Münster, um 1430 (Gottvater erschafft die Gestirne, Christus vor Pilatus), Besserer Kapelle. (W. Lehmbruck, Hans Acker. Maler und Glasmaler von Ulm, Ulm 1968, 9–29, Abb. 25, 43). Weitere Fliesen auf dem Passionsfenster des Berner Münsters (W. Lehmbruck, ebd., Abb. 62, 73).

Totnansfenster der Kilianskirche in Heilbronn[44]. Neben diesen rein schematischen Darstellungen entfalten die Glasfenster der Pfarrkirche in Partenheim, Rheinhessen, eine reiche Palette der verschiedenartigsten Fliesenböden. Sie zeigen sowohl Böden in Fliesenmosaik (Schachbrett-, Dreiecks- und Windradmuster), wie solche mit Viersternen, Vierpässen und kleinen Kreisen[45]. Eichblattfliesen weisen die Glasgemälde des unter dem Einfluß von Kloster Königsfelden erbauten Zisterzienserklosters Fille-Dieu bei Romont auf[46]; dieselben Fliesentypen lagen im Chor der Klosterkirche Königsfelden und in der Klosterkirche Allerheiligen in Schaffhausen. Die Technik, jeweils vier Fliesen zu einem Bild zusammenzufügen, wird ebenfalls auf Glasfenstern angewandt. Ein Glasfenster des Klosters Lorsch[47], in der Mitte des 13. Jahrhunderts entstanden, zeigt dieselben sich überschneidenden Rahmenlösungen und über den Fliesenrand greifenden Blattstiele wie viele Fliesen der Klöster Eberbach und Bebenhausen.

In der 2. Hälfte und zu Ende des 15. Jahrhunderts wird die Übereinstimmung zwischen Fliesenböden auf Glasgemälden und den originalen Fliesenböden der Kirchen noch überzeugender. Der Fliesenboden eines Fensters im nördlichen Seitenschiff des Kölner Doms (Abb. 122) zeigt das Muster L21, welches auf Fliesen der Stiftskirche St. Chrysanthus und Daria, Münstereifel und in der Pfarrkirche St. Gertrudis, Kraudorf gefunden wurde[48]. Sogar die Trennung des Kreismusters in zwei Halbkreise mit Vierpaßhälften wurde übernommen, obwohl dadurch die farbige Schachbrettmusterung die Teppichwirkung zerstört wird. Der zweite Fliesenboden desselben Fensters[49], der im Wechsel zwischen Stiftmosaik und ungemusterten Fliesen einen Bodenbelag wiedergibt, wie er im Fußboden des Altenberger Doms aufgedeckt wurde, legt nahe, daß hier vielleicht die Kopie eines ursprünglich vorhandenen Bodens versucht wurde. Auch die Darstellungen im Westfenster des Altenberger Doms zeigen Fliesenböden mit Schachbrett-, Dreiecks- und Windradformen. Aus den bei den jüngsten Grabungen in Altenberg gefundenen Teilen von Fliesenmosaik ließen sich die auf den Fenstern gezeigten Böden mühelos rekonstruieren[50].

Unter den weiteren zahlreichen Fenstern mit Fliesenböden im Kölner Dom seien noch die des Christgeburts-Fensters mit den Hl. Georg und Mauritius, Gregorius Maurus und Gereon[51] im nördlichen Seitenschiff, und das Passionsfenster mit Maria und Kind[52] erwähnt. Sein Boden zeigt Fliesen in Schachbrettmuster. Die hellen Fliesen tragen verschlungene Initialen, darunter auch die des Glasmalers Lewe von Keysserswerde. Inkrustierte Fliesen bilden den Belag des Bodens auf dem Fenster mit Johannes Ev. und St. Paulus aus der St. Peterskirche in Köln[53]. Einen Fliesenboden mit dem Bild eines kauernden Drachens zeigt das um 1487 entstandene St. Jakobusfenster der Kathedrale St. Pierre in Genf[53a].

Daß ein reich gemusterter Fliesenboden Bestandteil vieler mittelalterlicher Räume war, wird noch auf zahlreichen anderen Gebieten dokumentiert. So finden sich Fliesenböden auf Wandteppichen des 15. Jahrhunderts. Schon Forrer[54] weist auf einen wohl im Elsaß entstandenen Teppich des Straßburger Stephansstiftes mit der Darstellung der Odilienlegende, welcher sechs verschiedene Fliesenböden, darunter ein reizendes Blattmuster zeigt.

Ein tatsächlich vorhandener Boden könnte als Vorlage für die Fliesenböden auf dem Rotmarmor-Grabmal Kaiser Ludwig d. Bayern[55] in der Frauenkirche München gedient haben. Hier stehen die Herzöge Ernst und Albrecht III. auf einem reichgemusterten Boden, der ein Lilienkreuz vom Typus R31, einen Stern aus vier Fischblasen, Wirbelrosetten, Rankenwerk, heraldische Lilien und einzelne Initialen aufweist. Das Grabmal Herzog Johann I. von Kleve und seiner Gemahlin Elisabeth von Burgund in der Kirche St. Mariä Himmelfahrt, Kleve[56], ist mit einem sorgfältig gravierten Fliesenboden mit Blattmuster versehen.

Siegburger Schnellen des 16. Jahrhunderts haben vermutlich die Fliesenböden der Stichvorlagen übernommen, so eine 1573 entstandene Schnelle des Meisters ‚L. W.' mit der Darstellung ‚David spielt vor Saul'[57] und eine Schnelle von Hans Hilgers mit ‚Joseph und Potiphar'[58].

Ein spätes Zeugnis in eigener Sache sind Fliesenböden auf zahlreichen Ofenkacheln und ein Boden aus weißen, gelben, roten, blauen und grünen Rauten auf einer

44 H. Schmolz, H. Weckbach, Heilbronn. Geschichte und Leben einer Stadt in Bildern, Weißenhorn 1971. „1478", Abb. 287, 288.
45 S. Beeh-Lustenberger, I, Abb. 106–127, um 1440.
46 E. J. Beer, 1965, 74–75, Fenster 1 des geraden Chorschlusses, früher vermutlich im südl. Seitenschiff. Papst Silvester und Johannes Ev., Freiburg (Üchtland), Musée d'Art et d'Histoire.
47 S. Beeh-Lustenberger, I, Abb. 51. Darmstadt, Hessisches Landesmuseum.
48 H. Rode, 1968, 104, Abb. 49, Petrus und Wurzel-Jesse-Fenster mit der Darstellung des Hl. Sebastian, 1509. – H. Rode, 1974, 193–194, Taf. 218–219.
49 H. Rode, 1968, 106, Abb. 50, Petrus und Wurzel-Jesse-Fenster. Wurzel Jesse, 1509. – H. Kier, 1970, 153, Muster 6 und Abb. 235. – H. Rode, 1974, 196, Taf. 226, Abb. 539.
50 B. Lymant, Vgl. 232, Abb. 96, 238, Abb. 103, 250, Abb. 116 usw. Nur für das komplizierte Mosaikmuster 24, Abb. 106, fanden sich bis jetzt noch keine Teilstücke. Das Westfenster entstand vermutlich in den Jahren zwischen 1394–97.
51 H. Rode, 1974, 197–199, Taf. 236–237, Abb. 558–559, vor 1508. Stifter war der Rat der Stadt Köln.
52 Ebd., 190–191, 208–209, Abb. 507–508, 1508. Stifter ist der Domdechant und spätere Erzbischof Philipp v. Daun.
53 H. Rathgens, H. Roth, II, 1929, Taf. 6, westl. Fenster der Kreuzkapelle, 1528.
53a E. J. Beer, 1965, 240–241, Taf. 194.
54 R. Forrer, 1901, 75, Abb. 176.
55 H. Bleibrunner, I, 1979, Taf. neben 275. Von Mathäus und Marx Haldner, um 1490.
56 H. P. Hilger, Die Denkmäler des Rheinlandes. Kr. Kleve IV. Stadt Kleve, Düsseldorf 1967, 67–70, Taf. 194. Gestochen um 1512 von dem Kupfergräber Willem Loemann.
57 K. Koetschau, Taf. 24. Düsseldorf, Hetjens-Museum.
58 Ebd., Taf. 26. Düsseldorf, Hetjens-Museum, um 1580.

Abb. 122 Köln, Dom, nördl. Seitenschiff, Petrus- und Wurzel Jesse-Fenster. Erzbischof Philipp von Daun mit den heiligen Petrus und Sebastian. 1509. Fliesenboden des Musters L 21.

Tonplatte, welche fünf Hafner beim Umtrunk in der Zunftstube zeigt[59].

Sehr viel schwieriger als Bodenfliesen sind Darstellungen von Wandfliesen exakt nachzuweisen. Zwar weist Forrer auf eine Miniatur aus dem „Hortus deliciarum" der Herrad von Landsberg, bei der als Hintergrund einer Illustration von König Salomons Thron[60] (Abb. 26) zweifellos Wandfliesen wiedergegeben sind, deren Muster ihre Entsprechung auf frühen elsässischen Fliesen haben. Bei zahlreichen anderen Darstellungen der Tafel- und Glasmalerei, auf Flachreliefen und Geweben kann jedoch nicht mit Sicherheit entschieden werden, ob es sich wirklich um Wandfliesen handelt oder nur um die gemusterten, teilweise punzierten Hintergründe, wie sie in der Tafelmalerei üblich waren und von dort auf andere Techniken übergriffen. Daraus, daß sich so wenig Wandfliesen erhalten haben, kann geschlossen werden, daß sie im Spätmittelalter nicht dieselbe Rolle spielten wie Bodenfliesen.

Zum Schluß sei noch darauf hingewiesen, daß dieser Vorgang im übrigen Europa ganz gleich verläuft. Auf spanischen Gemälden, italienischen Fayencetellern, französischen Glasfenstern und Wandteppichen, in der englischen Buchmalerei und auf den zahlreichen Messinggrabplatten ist eine reiche Palette von Fliesenböden aller Techniken und in den verschiedensten Mustern ausgebreitet. Als besonders frühes Beispiel sei ein wohl schon zu Beginn des 12. Jahrhunderts entstandenes Wandgemälde mit der Marter des Hl. Laurentius aus der durch Cluny erbauten und im Auftrage Abt Hugos (1049–1109) ausgemalten Kapelle des Château des Moines in Berzé-la-Ville (Saône-et-Loire) erwähnt. Hier schimmern durch den Rost, auf dem der Heilige liegt, quadratische Fliesen mit zarten Stern- und Blütenmustern[61].

59 R. Franz, Abb. 344, sign. H. R. um 1570, Hamburg, Museum für Kunst und Gewerbe.

60 R. Forrer, 1901, Taf. 1, 1.

61 H. Fillitz, 273, Taf. 1.

17. Ikonographie der Fliesendarstellungen

Über den symbolischen Gehalt einzelner Darstellungen in der mittelalterlichen Kunst und der ihnen zukommenden Bedeutung gehen die Ansichten der Forscher, seit diese Diskussion in der Mitte des 19. Jahrhunderts einsetzte, weit auseinander. Von schroffer Ablehnung bis zur überbetonten detaillierten Auslegung finden sich alle Richtungen in der kunstgeschichtlichen Literatur. Noch Dehio[1] lehnte jede magische Bedeutung der die Bauornamentik und Kleinkunst bevölkernden Ungeheuer ab, er hielt sie für „Spiele eines phantastischen Humors, den ernst zu nehmen erst den gelehrten Exegeten unserer Tage vorbehalten blieb". Künstle[2] und Beissel[3] schlossen sich dieser Meinung an. Die Arbeiten von Molsdorf[4], Strzygowski[5], Bernheimer[6], Weigert[7] und von Blankenburg[8] haben jedoch gezeigt, daß man sich vor dem einen wie dem anderen Extrem hüten muß. Auch für die Auswahl der einzelnen Darstellungen auf Fliesen spielten sicher symbolische Gehalte eine wichtige, aber nicht unbedingt ausschlaggebende Rolle. Die meisten Motive waren schon in der Bauplastik, Wand- und Buchmalerei vorgebildet und wurden nur noch rein dekorativ übernommen; bei anderen, die den antiken und frühchristlichen Bodenmosaiken entlehnt wurden, war eine festgelegte Ikonographie sakraler oder apotropäischer Themen schon vorhanden. In der mittelalterlichen Literatur ist die Rolle, die der Fußboden in der Symbolik des Kirchengebäudes spielt, nicht eindeutig. Die Ansicht des Hl. Bernhard kennen wir aus seinem Brief an Abt Wilhelm von Thierry. Es ist eine Zone, „die man mit Füßen tritt, befleckt und besudelt" und die von allen sakralen Themen freigehalten werden sollte. Bei Guillaume Durandus , dem Bischof von Mende[9] und anderen Autoren wird der Kirchenfußboden als Fundament des Glaubens gedeutet: „... Sinnbildlich sind in der Kirche die Armen der Fußboden, das heißt die Armen im Geiste, die sich in jeder Sache als demütig erweisen; daher, auf Grund ihrer Demut, werden sie dem Pflaster gleichgesetzt. Das Pflaster, das man mit Füßen tritt, ist darüber hinaus Symbol für das Volk, dessen Arbeit die Kirche ernährt und erhält ... An bestimmten Orten wäscht man das Pflaster der Kirche und meint dabei die Armen Christi ... Derjenige wäscht daher das Kirchenpflaster, der um der Liebe Gottes willen die Füße der Armen oder seiner Brüder wäscht und an ihnen die anderen Werke der Barmherzigkeit übt ..."[10]. Andere Autoren betrachteten den Fußboden lange Zeit als eine jener Zonen, zu der das Böse, der menschlichen Seele und dem gläubigen Christen Gefährliche, Zutritt hatte. Dies sollte deshalb, gemäß dem im Mittelalter auf Christus bezogenen Wort des 91. Psalms „Super aspidem et basilicum ambulabis et conculabis draconem"[11] zu Boden getreten werden.

Wie einschneidend sich das Machtwort des Hl. Bernhard von Clairvaux und die vom Generalkapitel erlassenen Verbote auf die Motivwahl bei den Darstellungen auf Bodenfliesen ausgewirkt haben, läßt sich nicht mehr genau feststellen. Sicher ist jedoch, daß es, nach dem heutigen Stand der Funde, auf deutschen Fliesen kaum sakrale Darstellungen [11a] gab, dagegen im 13. Jahrhundert eine Häufung von Tieren und Fabelwesen.

Als Symbole des Bösen galten dem mittelalterlichen Menschen jedoch nicht nur Schlange und Basilisk, Drache und Löwe, sondern auch die menschlichen Mischwesen, Kentauren und Sirenen, sowie die phantastischen Fabelwesen, die die bedrohende Welt der Dämonen widerspiegelten.

Im folgenden soll kurz untersucht werden, aus welchen Gründen die einzelnen Tiere auf Fliesen dargestellt wurden, ob ihnen ein symbolischer Gehalt zugemessen werden kann, oder ob sie nur als interessanter fremdartiger Dekor übernommen wurden.

---

1 G. Dehio, Geschichte der deutschen Kunst, I, Berlin 1919, 6–177.

2 K. Künstle, 121.

3 St. Beissel, Zur Geschichte der Tiersymbolik in der Kunst des Abendlandes, Zs. christl. Kunst 14, 1901–02, Sp. 280–282 (Sp. 275–286), ebd., 15, 1902–03, Sp. 51–62.

4 W. Molsdorf, Führer durch den symbolischen und typologischen Bilderkreis der christlichen Kunst des Mittelalters, Leipzig 1920.

5 J. Strzygowski, Der Norden in der bildenden Kunst Europas, Wien 1926.

6 R. Bernheimer, Romanische Tierplastik und die Ursprünge ihrer Motive, München 1931.

7 H. Weigert, Die Bedeutung des germanischen Ornaments. FS für W. Pinder, Leipzig 1938, 81–116.

8 W. von Blankenburg, Heilige und dämonische Tiere, Köln ²1975.

9 Guillaume Durandus (1237–96) verfaßte das „Rationale divinorum officiorum", „eine für die Liturgiegeschichte des Mittelalters unentbehrliche, in ihrem theologischen Gehalt allerdings fragwürdige symbolisch-allegorische Gesamtdarstellung der römischen Liturgie" (Brockhaus Enzykl., V, 1968, 169).

10 X. Barral i Altet, F. Avril, D. Gaborit-Chopin, 1984, 148. – J. Sauer, 122–123.

11 „Auf den Löwen und Ottern wirst Du gehen und treten auf junge Löwen und Drachen" (Martin Luther).

11a G. Heckner, 98–99, Anm. 2. Die Vorstellung, daß sakrale Zeichen nicht auf dem Fußboden profaniert werden dürfen, findet sich schriftlich fixiert erst 1591 bei Jakob Müller, Kirchengeschmuck: „Der Boden in den Kirchen solle nirgendts bloß, sondern aller Orten mit gepalierten oder ausgehackten Blatsteinen, geläßten Ziegeln oder andern festen Steine zierlich besetzt und gepflastert seyn, auch welchem Pflaster oder Boden kein heiliges Bild, sonderlich aber daß Zeichen des hl. Kreuzes nit sollte seyn". Vermutlich gab es in Deutschland auch vorher schon genaue, heute verlorene, Anweisungen.

Die mittelalterliche Vorstellungswelt wurde vornehmlich von dem etwa im 1. Viertel des 2. nachchristlichen Jahrhunderts entstandenen „Physiologus“ beeinflußt[12]. Dieses Buch vermischt Vorstellungen griechischer Autoren mit aus dem Alten und Neuen Testament und den apokryphen Schriften übernommenen Erzählungen und versucht eine Umdeutung dieser Berichte auf die christliche Glaubenslehre. Isidor von Sevilla[13], Hrabanus Maurus[14] und Honorius von Autun[15], sowie andere, teils anonyme Autoren, schlossen sich eng an den „Physiologus“ an. Die vermutlich zwischen 397–431 verfaßte lateinische Übersetzung fand besonders weite Verbreitung. Aus ihr schöpften die Verfasser der mittelalterlichen ‚Bestiarien‘, ihr schlossen sich im 11. und 12. Jahrhundert auch französische und deutsche Übersetzungen[16] an. Der Einfluß des Physiologus auf weite Kreise muß, wie auch die zahlreichen Bearbeitungen durch die Minnesänger zeigen[17], sehr groß gewesen sein. Die verschiedenen Übersetzungen des Physiologus ins Armenische, Syrische und Äthiopische, die oft neue Auslegungen und Erzählungen hinzufügten, sind mit ein Grund für die wechselnde Bedeutung der einzelnen Tiere und die stark voneinander abweichenden Berichte über ihre äußere Gestalt. Zu den Berichten des Physiologus treten noch die Aussagen des Alten und Neuen Testaments, die schon in frühchristlicher Zeit zur Ausprägung bestimmter Tiersymbole geführt haben.

Der Kampf des Guten gegen das Böse ist in der frühmittelalterlichen Kunst eines der bewegendsten, häufig dargestellten Themen; auf den mittelalterlichen Fliesen wird es vor allem durch die Person des Kentauren verkörpert. Nach der Aussage des Physiologus gelten Kentauren als Symbol der Häretiker, die sich unter dem Schein von Glauben und Frömmigkeit in die Kirche einschleichen und die Gläubigen betrügen. Im späten Mittelalter wurde der Kentaur zum Symbol des Bösen, des Drohenden und Gefährlichen schlechthin.

Die Darstellungen in der Plastik und Malerei sowie auf Fliesen gliedern sich in zwei Gruppen: der Kentaur als Angreifer, der von Mensch oder Tier bekämpft wird[18] und, da sich nach mittelalterlicher Vorstellung auch die bösen Mächte bekriegen, der Kampf zwischen Kentauren und Fabelwesen[19]. Zur ersten Gruppe gehören vermutlich die Fliesen A 21 und F 13 aus dem Franziskanerkloster in Ulm[20], wie A 20 und F 12 aus der Kirche von Argenthal, bei der Reiter und Kentaur sich bekämpfen. Auf einer in Kloster Johannisberg, in St. Peter in Bacharach, in Mainz und Ober-Ingelheim gefundenen Fliese (F 14) legt der Kentaur seinen Bogen auf einen Hirsch an.

Zur zweiten Gruppe gehören die sich mit Schwert und Bogen angreifenden Kentauren auf Fliesen der St. Fideskirche in Schlettstadt (F 1, F 2) und aus Burg Klingenberg/Zvikov (F 9) sowie F 8 aus Speyer und F 7 aus Kloster Brunnenburg, St. Nikolaus, Straßburg, Mainz und Worms, bei der ein Kentaur gegen ein drachenähnliches Fabelwesen kämpft.

Selbstverständlich könnte das Vorbild für die Kentaurenfliesen auch aus den Tierkreisdarstellungen übernommen sein. Hier vertritt der Kentaur sehr häufig die Stelle des ‚Sagittarius‘ und wird meist als Bogenschütze dargestellt[21]. Schon Künstle wies darauf hin, daß Tier-

---

12 F. Lauchert. – Die Originaltexte bei F. Wilhelm, Denkmäler deutscher Prosa des 11. und 12. Jahrhunderts, München 1914/1916, ND 1960. – A. Kracher, Millstätter Genesis und Physiologus, Graz 1967. – F. Maurer, Der altdeutsche Physiologus, Tübingen 1967. – Der neueste Stand der Forschung bei E. Kirschbaum, III, Sp. 432–436.

13 Isidor (um 560–636), Erzbischof von Sevilla. Seine umfangreichen Schriften enthalten das gesamte Wissen seiner Zeit und haben die Bildung des Mittelalters wesentlich beeinflußt.

14 Hrabanus Maurus (780–856), Abt von Fulda und Erzbischof von Mainz, der ‚praeceptor Germaniae‘, verfaßte unter vielem anderem 22 Bände einer theologisch gefärbten Naturgeschichte: „De rerum naturis“, die wichtige Impulse für die Bildung seiner Zeit gaben. Vgl. Kat. Hrabanus Maurus in seiner Zeit. 780–1980, Mainz 1980. In seiner Schrift ‚De universo‘ erwähnt Hrabanus z. B. auch Bodenmosaiken als „sorgfältige Arbeiten aus ganz kleinen viereckigen Steinen, in der Art der Malerei aus verschiedenen Farben“ (ebd., W. Weber, Künstlerische Komponenten im Werk und Wirken des Hrabanus Maurus, Kat. Hrabanus Maurus, 23 [18–51]).

15 Honorius von Autun, in der 1. Hälfte des 12. Jh.s wahrscheinlich in Deutschland lebend. Seine Hauptwerke sind der ‚Speculum ecclesiae‘ und die ‚Gemma animae‘.

16 Die älteste deutsche Übersetzung wurde vermutlich um 1070 in Kloster Hirsau geschrieben. Ihr folgten um 1130 Reimchroniken (Millstatt) und Prosafassungen (Wien).

17 Gottfried von Straßburg († um 1210), Wolfram von Eschenbach (um 1170 bis um 1220), Reinmar von Zweter († vor 1260), Konrad von Würzburg (um 1220/30–87) und andere geben teils sehr ausführliche Bearbeitungen der Physiologus-Erzählungen.

18 R. Hamann, Die Abteikirche von St. Gilles und ihre künstlerische Nachfolge, Berlin 1955, II, Taf. 123. Bogenschießender Kentaur im Kampf gegen einen Hirsch, St. Gilles. Anf. 13. Jh. Dieselbe Darstellung in St. Aignan-sur-Cher (Loire-et-Cher), Kapitell des 2. Pfeilers des südl. Chorumgangs, 12. Jh. (B. Defarges [u. a.], Val de Loire roman, Paris 1956, Taf. 115), auf der Kanzel der Kirche San Giulio im Ortasee (E. Wrangel, Lunds Domkyrkas Kunsthistoria, Lund 1923, 215, Abb. 230), in Santa Maria del Tiglio, Gravedona, Westfassade, 12. Jh. (S. Chierici, Abb. 91) und im Bodenmosaik des Doms von Otranto, 1163–66 (W. Haug, Abb. 12–13, Reihe 2).

19 P. Genrich, Die Stiftskirche in Gernrode, Berlin 1954, 60. Kampf eines Kentauren gegen einen Drachen, Gernrode, Stiftskirche, Tympanon des Kreuzgangs, um 1130. Einen Kentauren mit Fischleib im Kampf gegen einen Löwen zeigt ein emailliertes Kästchen, Anf. 13. Jh., Brit. Museum, London (H. Mode, Abb. S. 109), den Kampf eines Kentauren gegen andere Fabelwesen ein Wandgemälde in der Apsis der Pfarrkirche St. Jakob in Kastelaz, Tramin, Südtirol, Anf. 13. Jh. (J. M. Plotzek, Mirabilia mundi, Kat.: Ornamenta Ecclesiae, I, 108).

20 Da die Fliesen nicht mehr in alter Lage aufgefunden wurden, kann hier der Gegner nicht sicher bestimmt werden. Es könnte auch der Löwe D 41 oder der Hirsch C 36 sein. Auch für die Kentaurenfliesen aus dem Passauerhof in Stein (Donau) (F 15) und St. Martin in Ettlingen (F 11) bieten sich Fabelwesen *und* Tiere als Gegner an.

21 Die Vorbilder finden sich so zahlreich in der Bauornamentik, Buchmalerei und Kleinkunst, daß eine Aufzählung unmöglich ist. Erwähnt werden soll nur ein Steinrelief aus der Armbruststraße in Speyer, um 1100, Speyer, Hist. Museum (E. Hausen, Romanische Tierplastik am Mittelrhein, Mitt. Hist. Ver. Pfalz 58, 1960, 146, Abb. 2 (145–149); eine Steinplatte aus St. Severin in Köln, 11. Jh., Köln, Schnütgen-Museum (Kat. Schnütgen-Museum, 1961, 22, Nr. 17, Abb. 17), eine Emailplatte aus dem Maas-Gebiet

Fortsetzung Anm. nächste Seite

kreiszeichen bevorzugt für den Schmuck von Fußböden verwandt wurden[22]. Kentauren finden sich z.B. in den Fußbodenmosaiken des Doms von Otranto[23] und der Kirche des Cluniazenserpriorats von Ganagobie (Basses-Alpes)[24].

Auf mittelalterlichen Fliesen wird das Bild des antiken Kentauren mit Pferdeleib und menschlichem Oberkörper in der 2. Hälfte des 12. Jahrhunderts exakt übernommen, sogar der Gürtel, der den Übergang zwischen Menschen- und Tierkörper verdecken soll, ist vorhanden (F1, F9). Im Laufe des 13. Jahrhunderts wandelt es sich jedoch immer mehr ins Fabelhafte, aus dem Pferde- oder Löwenkörper (F3, F9) wird ein Fischschweif (F11–F15), aus der phrygischen Mütze (F1) ein Spitz- oder Topfhelm (F3, F12, F13), der dann zum ‚Hütchen' (F8) oder zum Horn in Kopfmitte (F7) verkommt.

Es ist zweifelhaft, ob die auf Fliesen dargestellten Sirenen symbolische Bedeutung haben, wenn man von ihrem speziell auf Maria bezogenen Vorkommen in der Zisterziensersymbolik absieht. Zumindest scheinen sie hier nicht die ihnen sonst in der mittelalterlichen Vorstellungswelt zugedachte Rolle der Verführerinnen zu spielen. Die auf den Fliesen aus Kloster St. Urban[25], Bebenhausen und Lilienfeld dargestellten Fischsirenen sind gekrönt gegeben, die auf den Mosaikböden der Dome von Reggio Emilia[26] und Otranto[27], von San Giovanni Evangelista, Ravenna[28] und San Savino, Piacenza[29], stets ungekrönt[30]. Diese doppelschwänzigen Sirenen, stets en face gezeigt und in der Bauplastik häufig vertreten, wurden erst im Mittelalter geschaffen. Das Bild des antiken, einschwänzigen und hornblasenden Tritons[31] vertritt eine Fliese aus Koster Heiligenkreuz (F23), in nur auf Fischkörper und Menschenkopf reduzierter Form eine Fliese aus der St. Kilianskirche in Mellrichstadt (F24). Die Vogelsirenen mit ihren reizvollen Kopfbedeckungen (F19) und phrygischen Mützen (F20) zeigen die reinste Verkörperung des antiken Vorbilds[32]. Auch ihnen dürfte kaum Symbolcharakter zukommen, sie scheinen eher islamischen oder byzantinischen Vorlagen entlehnt zu sein[33].

Dasselbe gilt auch für die auf einer Fliese aus Osnabrück (F17) dargestellte Sphinx. Sie entspricht nicht dem uns bekannten, meist ungeflügelten Typus mit Löwenkörper, sondern mehr dem chaldäischen, der einen Stierkörper mit gespaltenen Hufen zeigt[34]. Für die Sphinx fehlen alle mittelalterlichen Quellen, sie ist weder im „Physiologus" noch in den verschiedenen „Bestiarien" vertreten, jedoch in der romanischen Bauplastik vereinzelt vorgebildet[35].

Zu den Unholden zählten im Mittelalter auch die Hundsmenschen (Kynokephalen)[36]. Sie werden verhältnismäßig selten abgebildet, deshalb sind die Darstellungen auf den Fliesen A33 aus Kloster Neustift und F149 aus Selz und Weissenburg besonders wichtig. Die erste zeigt einen Hundsmenschen im Kampf gegen einen Menschen (?; Kopf des Bildes zerstört), die zweite zwei Hundsmenschen mit Musikinstrumenten (?). Daß es sich um solche und nicht nur um musizierende Tiere handelt, deuten der weit geöffnete Mund und die ausladenden Gesten an. Die Überlieferung berichtet, daß sich diese vor allem durch Gebell und Gesten verständigten. Ob es sich bei dem auf F16 dargestellten, mit Rundschild und Keule bewaffneten Fabelwesen ebenfalls um einen Kynokephalos handelt, ist nicht sicher.

Fortsetzung Anm. 21
(?), um 1160–70, Paris, Louvre (X. Barral i Altet, F. Avril, D. Gaborit-Chopin, 1983, 239, Abb. 225), die Kentaurendalmatika des Halberstädter Doms, Halberstadt, Dom, Museum (R. Jaques, 41, Abb. 9a), eine Miniatur im ‚Hortus deliciarum' (J. Walter, II, Taf. 5), der zu derselben Zeit entstand wie die Schlettstadter Kentaurenfliesen F1 und F2 und eine Miniatur aus dem Missale von Seitenstetten, 13. Jh. (E. G. Millar, II, Abb. 48 l und m). – Vgl. außerdem H. Feldbusch, RDK II, Sp. 1028, s.v. Bogenschütze.

22 K. Künstle, 141.

23 W. Haug, Abb. 7, beim Bild des Dezember.

24 G. Barruol, Abb. 25.

25 R. Schnyder, 1958, Kat. Nr. 62, 98, 99, 102 (mit Photo).

26 H. Kier, 1970, 63 und Abb. 389, 1187–1210.

27 W. Haug, Abb. 13, 1163–66.

28 R. O. Farioli, 186, Abb. 13, 1213.

29 H. Kier, 1970, Abb. 369, Krypta, um 1107.

30 Auch die in der Bauplastik erhaltenen Sirenen sind meist ungekrönt, so auf einer Steinplatte aus St. Severin, Köln, 11. Jh., Köln, Schnütgen-Museum (H. Rathgens, H. Roth, 318, Abb. 190), aus der Pfalz in Hagenau (Bas-Rhin), 3. Viertel 12. Jh., (W. Hotz, 1981, Taf. 14a), aus der Kathedrale von Saint-Dié, Kapitell, Mittelschiff, 12. Jh. (X. Barral i Altet, F. Avril, D. Gaborit-Chopin, 1984, 37, Abb. 33) und an einem Langhaus-Kapitell des Großmünsters in Zürich, um 1180 (R. Hootz, Kunstdenkmäler der Schweiz, I, Darmstadt 1969, Abb. 330). Auch Jalabert weist keine gekrönten Sirenen nach. W. Deonna, La sirène, femme poisson, Revue arch. 27, 1928, 18–25, zeigt nur die Sirenendarstellung aus St. Urban.

31 Die Entwicklung der Sirenen von der Antike bis ins 13. Jh. ist bei D. Jalabert, 1936, 433–471, sehr ausführlich beschrieben. Alle Vergleichsbeispiele finden sich dort. Vgl. außerdem: R. Kohl, Das Melusinenmotiv. Eine symbolgeschichtliche Studie zur Sirenen-, Erd- und Sündendarstellung, Bremen 1934 sowie I. Adloff, 58–81.

32 I. Adloff, Taf. 21d, zeigt eine ähnliche Sirene auf einem Kapitell der Fassade von Notre-Dame-la-Grande in Poitiers.

33 Ebd., 35. – Vgl. außerdem die Vogelsirenen auf dem Relief vom Sockel des Nordportals der Kathedrale zu Metz, 2. Hälfte 13. Jh. (J. A. Schmoll gen. Eisenwerth, 1963, Taf. 65) sowie einen deutschen Brettstein des 12. Jh. Hamburg, Museum für Kunst und Gewerbe (A. Goldschmitt, 1926, Taf. 74, Abb. 297).

34 D. Jalabert, 1935, 71–104. Eine vergleichbare weibliche Sphinx findet sich auf der Wölbung des Südportals der Kirche Saint-Pierre in Aulnay (Charente-Inférieure) (ebd., 75, Abb. 2), auf einem Kapitell des Museums in Arles (ebd., 74, Abb. 3) und der Kirche in Saint-Loup-de-Naud (ebd., 103, Abb. 28) alle 12. Jh. Vgl. außerdem I. Adloff, 83 sowie R. Bernheimer, Abb. 84, mit einer sehr ähnlichen Darstellung auf den Holztüren des Moristan von Kalaun, Kairo.

35 R. Bernheimer, Abb. 134. Weibliche und männliche Stiersphinx auf einem Kapitell im Museum in Arles. Eine ähnliche Darstellung konnte in Deutschland bisher nicht entdeckt werden. Dies bestätigen auch die Untersuchungen von I. Adloff.

36 S. Zajadacz-Hastenrath, Sp. 766–773. – C. Lecouteux, Les Cynocéphales. Étude d'une tradition tératologique de l'Antiquité au XIIe siècle, Cah. Civilisation Méd. 24, 1981, 117–128, Taf. 1. Nach mittelalterlicher Vorstellung lebten hundsköpfige Menschen in Indien oder Libyen. Sie wurden ganz verschieden beschrieben und teilweise als Kannibalen betrachtet.

Eine sehr ähnliche Darstellung fand sich auf einem Bodenmosaik im Campo Santo der Kathedrale von Cremona mit der Aufschrift „CENTAVRUS“[37]. Auf der Hereforder Weltkarte sind in Aussehen und Körperhaltung übereinstimmende Gestalten als Hundsmenschen (verballhornt ‚Giganres‘) bezeichnet[38]. Ein Schwert trägt der auf dem Tympanon der Kirche von Vézelay[39] dargestellte Hundsmensch, mit Pfeil und Bogen ist er auf der Ebstorfer Weltkarte, mit Lanze und Schild auf einer Illustration zu den Reisen des Sir John de Mandeville bewaffnet[40]. Auffällig ist, daß die auf der Fliese F16 dargestellte Tierfigur keine Keule, sondern eher ein Lilienszepter in Händen hält; es gelang nicht, hierzu irgendwelche Parallelen zu finden. Da Aussehen und Attribute von Dämonen und Fabelwesen in der mittelalterlichen Kunst großen Schwankungen unterliegen, wurde die Gestalt vereinzelt auch als ‚Teufelsfigur‘ gedeutet. Eine solche ist bis jetzt nur von einer Fliese aus St. Urban[41] bekannt; die Fliese F33 aus Burg Girbaden und aus Saarburg zeigt zwar die typischen ‚Teufelshörner‘, aber sonst den Körper eines Drachens oder Vogels (?; ein Teil der Fliese ist zerstört).

In der christlichen Symbolik des Mittelalters erlangte der Löwe eine doppelte Bedeutung. Er war auf der einen Seite Symbol Christi, auf der anderen Sinnbild des Teufels. Die erste Deutung geht auf die Formulierung der Apokalypse 5,5 zurück: „Gesiegt hat der Löwe vom Stamme Juda“. Außerdem wurde die Stärke des Löwen als Symbol der Macht Christi angesehen. Eine weitere Auslegung gab der „Physiologus“[42]: „Der Löwe verwischt seine Spuren mit dem Schweif, damit ihn der Jäger nicht aufspüren kann. Dies bedeutet die Menschwerdung des Herrn, ein Geheimnis, das auch den himmlischen Mächten verborgen war“[43]. Es ist jedoch zweifelhaft, ob diese Christussymbolik die häufige Darstellung des Löwen auf Fliesen beeinflußte. Wichtiger dürfte hier die Rolle des Löwen als Verkörperung des Bösen, des höllischen Widersachers sein. Sie ergibt sich aus der Stelle des 22. Psalms: „Hilf mir aus dem Rachen des Löwen und errette mich vor den Einhörnern!“ Und aus dem 1. Petrusbrief (5,8): „Seid nüchtern und wachet, denn euer Widersacher, der Teufel, geht umher wie ein brüllender Löwe und sucht, wen er verschlingen könnte“.

Ganz eindeutig ist der Symbolgehalt auf der Fliese D4 aus dem Zisterzienserstift Lilienfeld. Sie zeigt den Löwen, der am dritten Tage seine totgeborenen Jungen durch sein Gebrüll zum Leben erweckt. Auch diese Szene basiert auf einer Erzählung des „Physiologus“, der daraus folgert: „So erweckte auch der Gott und Vater des Alls den Erstgeborenen vor aller Schöpfung, unsern Herrn Jesus Christus, seinen Sohn, von den Toten, damit er das verirrte Menschengeschlecht errette“[44].

Gerade bei Löwendarstellungen auf Fliesen muß die symbolische Deutung eingeschränkt werden. Als Christussymbol gesichert ist sie wohl nur für die Fliese F166, da hier gleichzeitig auch der Pelikan, der sich für seine Jungen opfert, vertreten ist. Bei einer Reihe von Fliesen (D35, D66, D67, D68) handelt es sich eindeutig um heraldische Darstellungen, bei weiteren darf dies vermutet werden[45]. Wahrscheinlich waren viele der auf Fliesen abgebildeten Löwen ursprünglich im Kampf mit einem anderen Tier oder Fabeltier dargestellt. Erhalten haben sich die Fliesen D20 (gegen F44), F87, F147 (?) und F155. Bei einer Reihe anderer Fliesen kann dies nur vermutet werden, bei den meist aus dem Zusammenhang gerissenen Fliesen ist eine sichere Zuordnung nicht möglich. Nach Forstner[46] gilt dieser Kampf der Tiere gegeneinander im Mittelalter als Symbol des Lebenskampfes. Sehr oft, vor allem seit die Tiersymbolik zu Beginn des 14. Jahrhunderts etwas an Bedeutung verlor, ist für die Darstellung des Löwen wohl der Wunsch entscheidend, ein so bedeutendes Tier, das sowohl Attribut der Heiligen, wie Begleiter von Kaiser und Königen war, zu zeigen. Dies gilt auch für die Darstellung des Leoparden[47], des mittelalterlichen ‚Gepards‘ oder ‚Pardeltiers‘. Sein Bild ist durch die Heraldik festgelegt. Diese zeigt ihn entweder ‚en face‘ oder mit rückwärts gewandtem Kopf (D72–D81), während

---

37 H. Kern, 227, Abb. 258.

38 K. Miller, Mappae mundi. Die ältesten Weltkarten, IV, Die Herefordkarte, Stuttgart 1930, 1ff. mit Karte.

39 C. Lecouteux, (s. Anm. 36), Taf. 1, Abb. 2.

40 S. Zajadacz-Hastenrath, (s. Anm. 36), Sp. 771.

41 R. Schnyder, 1958, 75, Kat. Nr. 64.

42 F. Lauchert, 4–6.

43 Ebd., 4. Vgl. außerdem: O. Beigbeder, Le symbolisme des lions, Zodiaque 50, Paris 1961, 2–12, Taf. 1–20.

44 Diese Szene zeigt ein um 1270–80 entstandenes Fenster aus der Ritterstiftskirche St. Peter in Wimpfen im Tal, Darmstadt, Hess. Landesmuseum (S. Beeh-Lustenberger, 1973, Taf. 33), ein Fenster des Freiburger Münsters, spätes 13. Jh. (F. Geiges, 1931, 217, Abb. 522), eine Chorgestühlwange des Münsters in Doberan (G. Gloede, Abb. 138, 139) und der Fürstpropstei Berchtesgaden, um 1340, München, Bayer. Nationalmuseum (H. Feldbusch, Sp. 726, Abb. 4), ein Schlußstein im Sommerrefektorium des Klosters Bebenhausen, 1335 (E. Paulus, 1886/87, 172), eine Miniatur im Evangelium von Averbode, Maas-Gebiet, um 1165–80, Lüttich Universitätsbibl. (X. Barral i Altet, F. Avril, D. Gaborit-Chopin, 1983, 108, Abb. 193) sowie das Scheibenkreuz (Flabellum) der Benediktinerabtei Kremsmünster, 1170–80, (O. Wutzel, 1200 Jahre Kremsmünster, Linz 1977, Abb. 4, 111, Abb. 47). – Weitere Hinweise bei F. Vongrey, 16, Anm. 24.

45 Zur Symbolik des Löwen in der Heraldik vgl. G. Scheibelreiter, 117–122. Dieser verweist vor allem auf die Rolle, die das Löwenwappen als Sinnbild des ‚christlichen Ritters‘ spielt. – Zur Darstellung auf Wappen vgl. W. Leonhard, 206–215.

46 D. Forstner, 303.

47 R. Viel, Du léopard en tant que panthée, de sa veritabe l'origine et de son sens profond, Archivum heraldicum 72, Lausanne 1958, 18–25, weist nach, wie sich das Wappenbild des Leoparden langsam aus dem des Löwen entwickelt. – G. Scheibelreiter, 122–124, gibt als frühestes Leopardenwappen das eines Reitersiegels Herzog Friedrich V. von Schwaben (1181) an. „Als schreitendes Tier erscheint der Leopard erst im 13. Jahrhundert“ (ebd., 123). Die früheste Leopardendarstellung auf Fliesen dürfte aus dem 2. Viertel des 13. Jh. stammen, die Fliese D77 aus Kloster Amorbach könnte sogar noch früher sein.

der Schweif meist zwischen den Läufen durchgeschwungen ist.

Die häufige Darstellung des Adlers auf Fliesen beruht vermutlich auf der Beliebtheit, die dieses Motiv schon in der Antike fand. Von den zahlreichen Denkmälern der römischen Kunst führt über die Tierornamentik der Völkerwanderungszeit (Adlerfibeln) eine ungebrochene Linie der Überlieferung bis in die romanische Kunst. Daneben hat der Adler sowohl als Christus-[48], wie als Evangelistensymbol und Heiligenattribut große Bedeutung erlangt. Auch hier muß bei der Darstellung auf Fliesen jedoch das heraldische Motiv vor die symbolische Bedeutung gestellt werden. Dafür spricht, daß der Adler auf allen Fliesen stets in heraldischer Stilisierung en face und nicht wie sonst üblich, von der Seite gegeben wird. So dürften die Vorbilder vornehmlich auf Münzen, Siegeln und Wappen, vor allem auch in den orientalischen und frühen deutschen Geweben zu suchen sein[49] (Abb. 135).

Dies gilt in gleicher Weise für den Doppeladler[50] (Abb. 136), ein Motiv, welches der Antike schon vertraut war, in der mittelalterlichen Bauplastik jedoch kaum vorkommt. Die Aufnahme des Doppeladlers in die Reihe der Wappenbilder hat zahlreiche Deutungen erfahren, der Einfluß der Kreuzzüge dürfte dabei eine entscheidende Rolle gespielt haben. Noch bevor der Doppeladler auf Denaren Otto IV. (1198–1218) und auf dem Siegel des Grafen Ludwig von Saarwercen erscheint (1185), zeigen ihn die Wandfliesen in St. Emmeram in Regensburg (Abb. 32), von denen Piendl und Gamber[51] vermuten, daß sie ursprünglich einen Raum der ehemaligen Pfalz Kaiser Arnulfs schmückten.

Das Saarwerdensche Wappen hat, da die Grafen von Saarwerden die Stifter des Klosters Wörschweiler waren, wohl unmittelbar als Vorlage für die Fliese B 53 gedient. Für die Unsicherheit, mit der man an anderen Orten an die Darstellung dieses neuen Motivs ging, spricht die Fliese B56, bei der der Doppeladler ein Auge und zwei scharfe Schnäbel zeigt. Jedoch auch diese Darstellung kann einem Gewebe entnommen sein, ein ähnliches Bild findet sich auf einem Doppeladlerstoff aus Quedlinburg im Kunstgewerbemuseum Berlin[52].

Die christliche Hirschsymbolik geht in erster Linie auf Psalm 42,2 zurück: „Wie der Hirsch lechzt nach frischem Wasser, so schreit meine Seele, Gott, zu dir." Der Hirsch ist das Sinnbild des gläubigen Christen, der den Sünden der Welt widersteht und das Böse überwindet. Darauf baut auch der „Physiologus" auf: „. . . der Hirsch ist ein Feind des Drachen. Wenn dieser vor ihm flieht und sich in eine Erdspalte versteckt, so nimmt der Hirsch Wasser aus einer Quelle auf und speit es hinein, wodurch der Drachen herausgetrieben wird und er ihn töten kann. So tötet der Herr den großen Drachen, den Teufel, mit dem himmlischen Wasser seiner Lehre"[53]. Auf diese Stelle aus dem „Physiologus" bezieht sich möglicherweise die Darstellung der Fliese C31 aus Basel und Speyer. Aus dem Maul des Hirsches hängt ein langes gewundenes Band[54]. Da beide Fliesen abgelaufen sind, ist nicht ganz sicher zu erkennen, ob dieses Band einen Wasserstrahl verkörpern soll oder ob es sich um die ‚Hirschwurzel' *(radix cervina alba et nigra)*[55] handelt. Mit ihr oder einem heilenden Kraut, welches ihm aus dem Maul hängt (C9, C91) wird der Hirsch im Mittelalter ebenfalls dargestellt. Sie soll dem waidwunden oder durch das Gift der Schlange (oder Drachens) versehrten Hirsch Linderung oder Heilung bringen.

Der Kampf des Hirsches gegen Drache oder Schlange, in der Buchmalerei und Bauplastik[56] häufig geschildert, wurde vermutlich auch auf Fliesenfolgen gezeigt, kann aber heute nicht mehr sicher rekonstruiert werden. C21 und F43 könnten zu diesen Fliesen gehören. Die meisten der übrigen Fliesen mit Hirschmotiven sind Jagddarstellungen, entweder auf einer Fliese vereint (A13, C48, C49, C51, C52, C53, C65) oder auf mehrere Fliesen verteilt (A12, C24, E25; A14, A15, C53 oder C54; A16, C32; A17, Gegenfliese fehlt; A18, C38, E24; C45, E31). Neben den Jagddarstellungen muß auch hier das heraldische Motiv betont werden, Hirsche finden sich besonders zahlreich auf Siegeln und Münzen des 13. Jahrhunderts[57].

Ganz eindeutig auf Christus bezogen sind jedoch zwei

---

48 Auf eine Wiedergabe der umfangreichen Physiologus-Erzählung wurde verzichtet, da für keine der Fliesendarstellungen (außer F166) eine Beziehung zur christlichen Symbolik nachzuweisen ist.

49 O. von Falke, I, 1921, Abb. 255, Adlerdalmatika aus Ambazzo, Halbseidenbrokat aus Regensburg, 13. Jh. – Zum Doppeladler, ebd., Abb. 117, Doppeladlerstoff, Irak, um 1200, Berlin, Kunstgewerbemuseum; Abb. 121, aus Siegburg und Abb. 141, aus Lyon (beide um 1220 in Bagdad entstanden); Abb. 185, aus St. Peter in Salzburg (Byzanz, 11.–12. Jh.)., Abb. 155, aus Siegburg (Sizilien, 12. Jh.). – Zur Darstellung des Adlers auf Wappen vgl. W. Leonhard, 182–188.

50 G. A. Seyler, 1885–89, 185–187, 283–285. – O. Neubecker, RDK IV, Sp. 157–161, s. v. Doppeladler. – F. K. Fürst zu Hohenlohe-Waldenburg, Zur Geschichte des heraldischen Doppeladlers, Stuttgart 1871. – E. Kornemann, Adler und Doppeladler im Wappen des alten Reiches. Zur Vorgeschichte des Doppeladlers, H. Dannenbauer, F. Ernst (Hrsg.), Das Reich. Idee und Gestalt. FS für Johannes Haller zu seinem 75. Geburtstag, Stuttgart 1940, 45–69. – H. J. von Brockhusen, Wetzlar und der Reichsadler im Kreis der älteren Städtewappen, Mitt. Wetzlarer Gesch. ver. 16, 1954, 93–126. – W. Leonhard, 193.

51 Kap. 5, Anm. 17.

52 H. J. Schmidt, 177, Abb. 150, aus Andalusien, 11. Jh.

53 F. Lauchert, 27, 30.

54 In der mittelalterlichen Kunst wird ein Wasserstrahl oft auf diese Weise dargestellt. H. Karlinger, 95, deutet das Band als Wurzel. Auch als solches würde es magische Kraft besitzen.

55 I. Mueller, Der Hirsch mit der Pflanze im Maul, Bayer. Heimatschutz 27, 1929, 40–43.

56 Den Hirsch mit der Schlange zeigt der Taufstein der Stadtkirche in Freudenstadt, um 1100 (H. Rommel, G. Kopp, Die Stadtkirche in Freudenstadt, Freudenstadt 1954, 11ff.) Vgl. hierzu W. v. Blankenburg (s. Anm. 8), 246–249.

57 G. Scheibelreiter, 127, verweist auf Siegel des Grafen Ludwig von Öttingen (um 1200) und des Otto von Lobdeburg. – O. von Alberti, I, 182, Abb. 639, zeigt das Wappen der Edlen von Falkenstein (1228), (ähnlich C44), A. Suhle, 70, Abb. 25, einen Brakteaten des Grafen Günther II. von Schwarzenburg (Münzkabinett Gotha), dessen Hirsch C14 auffallend gleicht.

Darstellungen auf Fliesen, das Gotteslamm *(agnus Dei)* mit Kreuzesfahne und Kreuznimbus auf einer Fliese aus Worms (E38) und aus dem Zisterzienserstift Lilienfeld (E39), und der Pelikan, der seine Jungen mit seinem Blut nährt, auf der Straubinger Fliese E65. Bei einem Vergleich der beiden letzteren fällt die stilistische Einheit in Duktus und Prägung beider Fliesen auf. Möglicherweise wurde für beide ein Hostien- oder Oblatenmodel aus derselben Werkstatt benutzt.

Die bis in frühchristliche Zeit zurückreichende Versinnbildlichung Christi als Gotteslamm geht auf verschiedene Textstellen in der Offenbarung und die Stelle bei Johannes (1,29): „Siehe, das ist Gottes Lamm, welches der Welt Sünde trägt", zurück. Die Darstellung hat sich seit ihrem ersten Auftreten im 4. Jahrhundert kaum verändert, sie ist so häufig, daß auf Hinweise über Vorlagen verzichtet wird.

Der Vergleich des Opfertodes Christi mit der Hingabe des Pelikans, geht wiederum auf eine ‚Physiologus'-Erzählung[58] zurück. Der Pelikan öffnet seine rechte Brust, um mit seinem Blut seine Jungen wieder zum Leben zu erwecken oder, nach einer anderen Version, er nährt sie mit seinem Herzblut, bis er selber stirbt. Dieses Motiv findet sich auf zahlreichen Werken der Bauplastik und Kleinkunst, vor allem jedoch auf Elfenbeinen und den Glasfenstern der gotischen Kathedralen[59].

Bei den auf den Fliesen E54 und E55 dargestellten Fischen ist eine Verbindung zur christlichen Symbolik, die den Fisch als eines der frühesten Sinnbilder für Christus verwendet, sehr zweifelhaft. Es liegt näher, bei dem reichen Programm an Tieren und Fabelwesen, welches die Fliesen aus Kloster Bebenhausen bieten, den Fisch als wichtigste Fastenspeise der Zisterzienser in die Bildfolge einzubeziehen. Dasselbe gilt wohl für die hübsche Krebsfliese E56 aus dem Zisterzienser-Nonnenkloster Gnadental, obwohl gerade hier auch ein heraldischer Bezug vorliegen kann[60]. Beide Tiere gehören außerdem dem Tierkreis an, der Krebs wird bei Konrad von Würzburg aber auch als Symbol Christi gedeutet[61].

Selbstverständlich wurden auch die übrigen der auf Fliesen dargestellten Tiere in den Kreis der christlichen Symbolik miteinbezogen, der Hahn als Symbol der Wachsamkeit, der Pfau als Verheißung des Paradieses, die Taube, sowohl als Sinnbild für Christus, den Hl. Geist und Maria und der Elefant als Symbol der Keuschheit. Es ist jedoch fraglich, ob sich diese Auslegungen noch auf den Fliesenbildern widerspiegeln. Die mittelalterlichen „Bestiarien", die etwa zur selben Zeit mit phantastischen Schilderungen und teilweise sehr präzisen Bildern der einzelnen Tiere erschienen, waren frühe Vorläufer von Brehms Tierleben. Bernheimer bezeichnet sehr treffend die Kirchen als Museen jener Zeit, in denen den Menschen anhand von Darstellungen in der Bauplastik und Wandmalerei das Wissen der Zeit vermittelt wird: „... war doch alles was die Erde hielt, und in einer Zeit des Wunderglaubens gerade das Unbekannte und Unwahrscheinliche, ein Beweis für die Allmacht Gottes und die Größe seiner Schöpfung ..."[62].

Ein glänzendes Beispiel für ein solches „Bestiarium" in Großformat bietet die Decke der St. Martinskirche in Zillis/Ziran (Kt. Graubünden)[63]. Auf den 43 Randfeldern, welche die 153 Deckenfelder mit Darstellungen des Lebens und der Passion Christi und Szenen aus dem Leben des Hl. Martin begleiten, tummeln sich Tiere und Fabeltiere, phantastische Mischwesen und Seeungeheuer. Da, wie an anderer Stelle ausgeführt[64], die Ausmalung des Raumes und der Bodenbelag häufig eine stilistische und ikonographische Einheit bildeten, darf man annehmen, daß sich die Bilder der Decken und Wände in den Fußböden widerspiegelten, sofern es sich nicht um sakrale Themen handelte.

Bei den Fabeltieren liegt der Symbolgehalt klarer zutage. Sie wurden fast ausschließlich zum Sinnbild des Dämonischen, das auf immer neue Weise versucht, dem Menschen zu schaden und ihn in seinen Bann zu ziehen. Drache und Schlange wurden als Teufelssymbole verwandt, während Einhorn und Greif in der Symbolik dieselbe Doppelrolle verkörpern wie der Löwe. Neben der schon erwähnten Psalmstelle „... errette mich vor den Einhörnern ...", spricht das Alte Testament wiederholt vom Einhorn als einem feindlichen und gefährlichen Tier[65]. In der mittelalterlichen, durch

58 F. Lauchert, 8–9.

59 Vgl. Schlußsteine im Chor und Kreuzgang des Erfurter Doms, 14. Jh. (E. Badstübner, Abb. 115, 116), in St. Katharinen in Lübeck, um 1320, (RDK III, Sp. 727, Abb. 5) und in der Annenkapelle des Hildesheimer Domkreuzgangs, um 1321 (R. Kroos, Abb. 218); ferner eine Chorstuhlwange aus Berchtesgaden, um 1340, München, Bayer. Nationalmuseum (RDK III, Sp. 726, Abb. 4), das Chorgestühl der Klosterkirche Scharnebeck, Mitte 14. Jh. (R. Kroos, Abb. 247) und ein Glasgemälde aus der Zisterzienser-Klosterkirche Hauterive (Kt. Freiburg), (E. J. Beer, Taf. 87b und d). – Vgl. außerdem Musterkat. E65.

60 Vgl. Musterkat. E56.

61 Konrad von Würzburg (um 1225–87), E. Schröder (Hrsg.), Die goldene Schmiede, Göttingen 1926, Zeile 900–929.

62 R. Bernheimer, 153.

63 E. Murbach, P. Heman, Zillis. Die romanische Bilderdecke der Kirche St. Martin, Zürich und Freiburg 1967. – Die Decke entstand in der 1. Hälfte des 12. Jh. Wichtig im Vergleich zu Fliesendarstellungen sind die Bilder A-IV (ein hornblasender Triton), J-IX (Kentaur mit demselben Bogengürtel wie F9) und M-IX (F131).

64 Vgl. Kap. 12. – Weitere ‚Bestiarien in Stein' finden sich z.B. an den Portalen der Kathedrale von Rouen (L. Pillion, Les portailes latéraux de la cathedrale de Rouen, Paris 1907, insbesondere 153 (Kentaur), 173 (Sirene, Drache, Harpyie), 211 (Vogelsirene ähnlich [F18]) und der Basilika San Michele in Pavia (G. Chierici, Die Skulpturen der Basilika San Michele in Pavia, Basel 1974). – Ein ausgezeichnetes Beispiel für die Darstellung von Tieren und Fabeltieren bietet ferner ein Elfenbein-Dyptichon des Louvre (um 850, Loiretal?), die sog. Tafel des ‚Irdischen Paradieses'. Sie zeigt u.a. Kentauren, Vogelsirenen, Kynokephalen, Greif und Einhorn, in der Form, wie sie die „Etymologiae" des Isidor von Sevilla beschreibt (D. Gaborit-Chopin, Elfenbeinkunst im Mittelalter, Berlin 1978, 60–61, Abb. 53–54, Kat. Nr. 52).

65 Vgl. hierzu 4. Mos. 23; 5. Mos. 33, 17; Hiob 39, 9–12, sowie Ps. 22, 22 und Ps. 92, 11. In den neueren Bibelübersetzungen wird statt ‚Einhorn' meist das Wort ‚Wildstier' verwandt.

den „Physiologus“ beeinflußten Literatur, findet es sich dagegen fast ausschließlich als christliches Symbol, das, wie eine Reihe anderer Sinnbilder, im späten Mittelalter auf Maria bezogen wird[66]. „Das wilde und ungebärdige Tier läßt sich von den Jägern nicht bezwingen und kann nur durch eine reine Jungfrau gefangen werden“[67]. Bei der innigen Marienverehrung der Zisterzienser kann es nicht verwundern, daß Einhorndarstellungen deshalb bevorzugt auf Fliesen der Zisterzienserklöster auftauchen (Bebenhausen, Eberbach, Heiligenkreuz, Heilsbronn, St. Urban, Zwettl). Bei der Fliese aus Bebenhausen (F87), ist das Einhorn allerdings im Kampf mit einem Löwen dargestellt; ob es hier das gute oder böse Element verkörpert, ist nicht zu entscheiden[68]. Dabei ist das Bild des Einhorns auf Fliesen variabler als bei irgendeinem der anderen dort vorkommenden Tiere. Es wird sowohl mit Pferde-, wie mit Bockskörper gegeben, das gewölbte oder starre, meist an der Oberkante gezackte Horn, ist in Stirnmitte oder am Hinterkopf angewachsen.

Der Greif, der vom lateinischen „Physiologus“ nicht erwähnt wird, dagegen in den mittelalterlichen „Bestiarien“ auftritt, dürfte auf der Fliese F166 aus Speyer als Christussymbol zu deuten sein. Er findet sich hier, zusammen mit Adler, Löwe und Pelikan als Tier, das die Kraft des Löwen mit der Stärke des Adlers verbindet. Nach Feldbusch[69] wird im Greifen die Königseigenschaft Christi verkörpert. So wie Christus der König des Himmels und der Erde ist, so ist der Greif König der Lüfte und der Erde. Den erhobenen Vorderfuß des Greifen, den auch viele Fliesenbilder übernehmen, deutet Forstner als Warngeste[70].

Die Figur des Greifen, wie die der Sphinx ägyptischen Ursprungs, war in der Antike schon ausgebildet[71] und wurde von der romanischen Kunst nur übernommen. Auf Fliesen wird er in drei verschiedenen Versionen gegeben. Der geflügelte Greif mit Stierkörper (F99) geht unmittelbar auf antike Vorlagen zurück, der Greif mit Löwenkörper, Adlerkopf mit Schnabel und kleinen spitzen Ohren (F100–117.1) ebenfalls. Auf Fliesen wird der Gegensatz zwischen den Löwentatzen des Hinterkörpers und den scharfen Vogelkrallen des Vorderleibs meist exakt eingehalten, die Flügel sind entweder eng am Körper angelegt oder zu beiden Seiten als mächtige Adlerschwingen gebreitet.

Der Schlangengreif[72], in der Antike mit Schlangenkopf, Schlangenschwanz, Flügeln, Tatzen und Krallen dargestellt, ist auf den mittelalterlichen Fliesen noch vielfältiger variiert und oft von der Gestalt des Drachens nicht zu unterscheiden. Er trägt eher einen Schweine- oder Hundekopf, hat meist nur zwei Tatzen oder Krallen, die gespreizten oder breitgefächerten Flügel verstärken den Drohgestus. Der Schweif ist zur Volute gerollt, geknotet oder schon zur Palmette umgebildet (F35–F60). Als geflügelte Schlange erscheint er nur auf den Fliesen aus Kloster Neustift (F64–F65). Spätere Greifendarstellungen haben meist nur noch heraldischen Charakter (F116, F117, F117.1), der Greif wurde bevorzugt als Schildhalter verwandt.

Drache und Schlange oder eine Verschmelzung beider Wesen, erfüllten wie kein anderes Tier die mittelalterliche Vorstellungswelt und wurden in immer wieder neuen Varianten in allen Bereichen der mittelalterlichen Kunst wiedergegeben. Beide sind die Verkörperung alles Bösen und Dämonischen, ein Sinnbild des Teufels und aller feindlichen Mächte[73]. Dies hält die mittelalterlichen Modelschneider jedoch nicht davon ab, die Drachen, neben zähnefletschenden Ungeheuern (F45, F58, F59, F67), als liebenswürdige gezähmte ‚Hausdrachen‘ (F52, F57, F78) abzubilden. Auch hier sind stets zwei Typen vertreten, der ungeflügelte Drache mit Pferde- oder Bockskörper, scharfen Hörnern und Flammenzunge, wie ihn die Fliese aus Kloster Heilsbronn (F121) zeigt und der Flügeldrache, dessen langer gebogener Hals sich in Körpermitte kaum verdickt und unmittelbar in einen langen Schweif übergeht. Dessen Bild hat eine Fliese aus Kloster Neustift (F63) bewahrt, alle anderen Muster sind meist phantasievolle Abwandlungen dieser beiden Themen. Auch der Drache dürfte schon im 13. Jahrhundert nicht nur symbolischen, sondern auch heraldischen Charakter besessen haben. So könnten die besonders häufig auf Wormser Fliesen vertretenen Drachen in Verbindung mit dem Wappen der Stadt Worms stehen. Auf Wormser Münzen finden sich Drachen in ähnlicher Form

66 Alle Aspekte zum Bild und zur Symbolik des Einhorns, sowie zahlreiche Kunstwerke, auf denen es dargestellt wird, sind bei R. R. Beer erschöpfend behandelt. Vgl. außerdem L. Wehrhahn-Stauch, RDK IV, Sp. 1504–1544, s. v. Einhorn.

67 F. Lauchert, 22–24.

68 Der Kampf eines Einhorns gegen einen Löwen findet sich auf dem Taufstein der ev. Stadtkirche in Freudenstadt (vgl. Anm. 56), im Psalter der Queen Mary, Anf. 14. Jh. (G. Warner, Queen Mary's Psalter, London 1912, Taf. 156c u. 211) und in der Boethius-Handschrift Karls des Kahlen (W. Köhler, Die karolingischen Miniaturen I. Die Schule von Tours, Berlin 1930, Taf. 92f.).

69 H. Feldbusch, Sp. 727.

70 D. Forstner, 356.

71 Vgl. I. Wegner, Studien zur Ikonographie des Greifen im Mittelalter, Diss. Leipzig 1928. – I. Flagge, Untersuchungen zur Bedeutung des Greifen, Diss. Köln 1972, St. Augustin 1975. – D. Forstner, 356–358. – H. Mode, 127–133.

72 Die Formulierung ‚Schlangengreif‘ wird schon von W. Wundt, Völkerpsychologie IV, Mythos und Religion, Leipzig [5]1920, verwandt. Darstellungen dieses Typus finden sich besonders häufig in der Bauplastik; die Fliesenbilder sind oft exakte Kopien (Vgl. W. v. Blanckenburg (s. Anm. 8), 304, Tympanon der Nikolauskapelle in Wartenberg bei Erding, 12. Jh.; H. Mode, 131, Tympanon der Stiftskirche in Hamersleben, 12. Jh.; H. Dellwing, H. E. Kubach, Die Kunstdenkmäler der Stadt und des Landkreises Zweibrücken II, München 1981, 604, Abb. 560, Abtei Hornbach, Lapidarium, romanisches Steinrelief).

73 Vgl. K.-H. Clasen, 13–36. – H. Weigert, RDK III, Sp. 1015–1027, s. v. Dämonen. – O. Böcher, 1970. – L. Stauch, RDK III, Sp. 342–366, s. v. Drache. – F. Rademacher, Zur Symbolik des Drachen im Mittelalter, Gedenkschrift für Günter Bandmann, Berlin 1978, 61–76. – E. Kemp, Schlange, Schlangen, E. Kirschbaum, IV, Sp. 75–81.

schon 1152–1250[74], ebenso auf geistlichen und weltlichen Siegeln. Aus Worms stammt ebenfalls eine besonders interessante Abwandlung des Drachenmotivs (F75). Das Tier trägt auf dem gewölbten Rücken eine verzierte Satteldecke mit Bogenrand und einem Knopf an der Spitze. Sorgfältige Vergleiche haben ergeben, daß es sich hier um die mittelalterliche Version eines Skorpions handelt[75]. Dieser wird in einigen Tierkreiszyklen krebsartig, in anderen als Drache mit Schildkrötenschale dargestellt.

Der König der Schlangen, der Basilisk[76], erscheint über dem Einhorn auf der Fliese F85 aus St. Martin in Ettlingen und vermutlich auch auf der Mainzer Fliese F32. Er galt im Mittelalter als besonders unheildrohend, schon sein Blick oder Gifthauch sollte Menschen und Tiere töten. Meist wird er mit Hahnenkopf, Krone und Schlangenkörper gegeben, bei F32 finden sich die ersten Ansätze zu einer Umbildung ins Groteske, bei den Nachschnitten F30[77] und F31 ist dieser Schritt endgültig vollzogen. Auf einer Fliese aus St. Urban ist der Basilisk dagegen mit all seinen Attributen peinlich genau geschildert und, damit man nicht fehlgeht, beschriftet: „Basilicus fera pessima“ (Der Basilisk, das allerschlimmste Tier)[78].

Zu den negativen Symbolen gehörte im Mittelalter auch der Fuchs als Symbol der Arglist und Verschlagenheit[79]. Er findet sich auf Fliesen der Klöster Arnsburg und Eberbach (E5, E6) und im Passauerhof in Stein (Donau) (E3). Auf einer Fliese aus Klingenmünster trägt er erhobenen Hauptes die erbeutete Gans von dannen (E4), auf einer Fliese des Klosters Eldena (E7) steht er in Mönchskutte predigend vor Gänsen. Dieselbe Szene zeigt eine zweite, stark zerstörte Fliese aus Eldena (E8), auf ihr ist nach Lämke[80] ein Kentaur mit Gänsen dargestellt. Das im Mittelalter besonders beliebte Motiv, das die unter den Menschen umhergehenden Irrlehrer geißeln sollte, ist die einzige Darstellung von Tierfabeln auf deutschen Fliesen. In St. Urban haben sich außerdem Fliesen mit den Fabeln vom Wolf in der Schule[81] und vom toten Fuchs, um den sich die Vögel sammeln[82], erhalten.

Der Hund galt zwar nicht, wie der Fuchs, als Sinnbild des Teufels, wohl aber als Vertreter dämonischer Mächte[82a]. Da er jedoch auf Fliesen stets sehr präzise als Dogge oder doch als Jagdhund gekennzeichnet ist, war er wohl Teil der verschiedenen Jagddarstellungen. Auch der Bär wurde häufig als Sinnbild des Teufels betrachtet[83]. Auf der Fliese F87 wird er im Kampf mit einem Einhorn gezeigt, auf E1, aus einer Quelle trinkend, dürfte er eher die Tiere des Paradieses versinnbildlichen. Ein nacktes Menschenpaar im Hintergrund kann wohl nur als Adam und Eva gedeutet werden.

Der Hase galt der mittelalterlichen Symbolik sowohl als Verkörperung der Unkeuschheit (Luxuria) wie der vom Jäger (Teufel) verfolgten Seelen[84]. Auf Fliesen dürfte er eher Teil der Jagdbeute darstellen, der hornblasende Jäger der Fliese A12 trägt ihn an einem Stock geschultert. Als Symbol der Dreifaltigkeit wurden lange Zeit drei Hasen[85] betrachtet, die, in einen Kreis einbeschrieben, zusammen nur drei Ohren besitzen. Diese Deutung wurde in jüngster Zeit bestritten, vor allem, weil sich diese Darstellungen oft nicht auf die Dreizahl beschränken, wie der aus vier Steinmetzen gebildete Wirbelkreis im Skizzenbuch des Villard de Honnecourt[86] zeigt. Auf Fliesen findet sich die Darstellung der drei Hasen auf einer schönen Prägung (E9), die in Konstanz, Worms und dem Benediktinerkloster Limburg (Haardt) gefunden wurde. In England kommt dieselbe Darstellung auf Fliesen der Kirchen von Long Crendon und Notley (beide Oxfordshire) vor[87].

Zuletzt müssen noch Fliesen erwähnt werden, die vermutlich apotropäischen Charakter besaßen. Dämonenmasken, wie sie die Fliese F135 zeigt, wurden vor allem in der Bauplastik als Abwehrzauber angebracht[88]. Auch

---

74 E. Kranzbühler, 137–138, Taf. 17. Der Drache taucht zuerst auf einem Siegel an einer Urkunde des St. Cyriakus-Stiftes Neuhausen (1253) auf, einem Siegel des Kanonikus Johannes des Wormser Paulusstiftes (1278) (ebd., 127, Taf. 14, Abb. 32), auf einem Siegel des Münzmeisters Rupertus (1279) (ebd., Taf. 14, Abb. 33 und 33a) etc.

75 Skorpione der angegebenen Form finden sich: in einem Augsburger Psalter der Staatsbibl. München (H. Swarzenski, Bd. 2, Abb. 740); in dem Würzburger Psalter der Staatsbibl. München, cod.-lat. 3900 (ebd., Abb. 1054); im ‚Hortus deliciarum‘ der Herrad von Landsberg (J. Walter, II, Taf. 5) und auf einem kölnischen Reliquiar, Ende 12. Jh., (Walroßzahn) auf den Dachschrägen des Mittelschiffs (A. Goldschmitt, III, 1923, Taf. 16, Abb. 53e).

76 H. Köhn, RDK I, Sp. 1488–1492, s. v. Basilisk. Die Gestalt des Basilisken ist im Mittelalter nicht einheitlich, bei einzelnen Darstellungen wird die Hahnengestalt, bei anderen die der Schlange betont.

77 Auch diese werden von M. Schefold, 53, Abb. 4, als Basilisken bezeichnet, während sie G. Berthold, 75, in Beziehung zur Siegfriedsage bringt: „Siegfried als Hofnarr im Drachenkampf“. Richtig ist die Benennung von E. Grill, 69: „Groteske“.

78 R. Schnyder, 1958, 71, Kat. Nr. 40.

79 D. Forstner, 282. – E. Kirschbaum, II, Sp. 63–65. – Rektor J. Widmann, 71–75. – H. A. Gräbke, Die Fuchsfabel auf einer Leinenstickerei des 14. Jahrhunderts in Lübeck, Pantheon 7, Nr. 14, 1934, 242–243. – D. Lämke, 34–35, 48–49, 52, 55–58, 60, 62–64, nennt alle Darstellungen des Motivs, soweit sie 1937 bekannt waren. Vgl. außerdem Musterkat. E7.

80 D. Lämke, 63.

81 R. Schnyder, 1958, 68–69, Kat. Nr. 22, um 1260.

82 Ebd., 68, Kat. Nr. 21, um 1260.

82a O. Böcher, 1970, 86–88.

83 L. Stauch, RDK I, Sp. 1442–1449, s. v. Bär. – E. Kirschbaum, I, Sp. 242–244. – G. Scheibelreiter, 90–91.

84 E. Badstübner, H. Neumann, H. Sachs, 162.

85 W. Deonna, Etres monstrueux à organs communs, Revue arch. 5, 31, 1930, 28–31. – J. Baltrusaitis, 136–137, Abb. 65. – A. Pfleger, Trois lièvres et trois oreilles. Le triquètre des lièvres et des poissons en Alsace, Cah. Als. 1, 1957, 193–200. – H. Schnell, Das Maßwerkfenster mit drei Hasen im Kreuzgang des Paderborner Doms. Zur Ikonographie des Hasen und der Dreifaltigkeit, Mz. Zs. 67/68, 1973, 169–175. – R. Bauerreiß, RDK IV, Sp. 415–419, s. v. Dreifaltigkeit (I). Alle Darstellungen dieses Themas sind bei den Autoren aufgeführt und teilweise abgebildet.

86 H. R. Hahnloser, 361, Nr. 47a, 99, Taf. 38a.

87 L. Haberly, 168, Abb. 113.

88 J. H. F. Kohlbrugge, Tier- und Menschenantlitz als Abwehrzauber, Bonn 1926, 22–31.

die Schlangen mit geblähten Bäuchen und verknoteten Hälsen (F 143), die an Köpfen und Schwänzen verbundenen Drachen (F 142) und die als Teufelsfigur gedeutete ‚Kröte' (?; F 138), gehören ins Gebiet jener Dämonen, die mit Füßen getreten werden sollten, während die auf Füßen laufenden Köpfe, wie sie die Fliese F 29 zeigt, zum Bereich der grotesken Fabelwesen zählen, wie sie die Phantasie des mittelalterlichen Bildhauers, oft in sehr derben Varianten, zur Freude und Belustigung des Beschauers schuf[89].
Hierzu gehören auch die Mischwesen, die sich z. B. auf den Fliesen des Stadionschen Domherrenhofes in Konstanz finden: geflügelte Greifen, deren Vorderbeine in Schwimmhäuten enden und die zwei oder drei Schwänze mit Palmettenquasten besitzen (F 132, F 133), und Hundeköpfe, die unmittelbar in Schwanz und Beine übergehen (F 130, F 131). Fliesen aus Kloster Neustift zeigen Tiere mit zwei Köpfen (F 136) oder einen Löwen mit zwei Körpern und nur einem Kopf (F 137), Fliesen aus Speyer (F 140) und der Ruine Groß-Geroldseck (F 141) Doppeltiere, die am Rücken oder Schwanz zusammengewachsen sind.
Es ist in diesem Rahmen nicht möglich, dem Symbolgehalt der Fliesenbilder bis in alle Verästelungen zu folgen. Die knappen Ausführungen zeigen jedoch, daß bei der Deutung der Fliesendarstellungen größte Zurückhaltung zu wahren ist. Sicher lagen Fliesenmustern des frühen 13. Jahrhunderts noch häufig symbolische Vorstellungen zugrunde. Als dieser Symbolgehalt durch die Wandlung des religiösen Denkens im 13. Jahrhundert langsam zurückgedrängt wurde, erfolgte bei der Darstellung der einzelnen Tiere immer stärker eine Abwandlung ins Fabelhafte. Die Tiergroteske trat an die Stelle der Dämonen, die Heraldik prägte den festgelegten Typus des Löwen und Adlers, des Greifen und Drachens, der in der Folgezeit nur noch wenig verändert wurde.
Nicht nur Tiere und Fabelwesen, auch Ornamente besaßen teilweise symbolischen Charakter. Die Lilie als Mariensymbol findet sich auf Fliesen der Zisterzienserklöster Bebenhausen, Eldena, Hude und Neuenkamp sowie auf einer rheinischen Fliese von einem nicht mehr bekannten Fundort (Aachen?, S 3). Hier ist sie von den Namen der Evangelisten umgeben.
Auch die Rose wird in der ‚Lauretanischen Litanei' und in frühen lateinischen Hymnen immer wieder auf Maria bezogen. Dennoch ist sie als Dekor so allgemein verbreitet, wird auf Fliesen so vielfältig abgewandelt, daß der Symbolgehalt sicher hinter der Freude an der schönen Form der Blüten zurücktrat. Dafür spricht auch die Tatsache, daß Rosenmuster auf Fliesen nicht überwiegen, sondern etwa gleich häufig wie Vierpaßblüten, Margeriten, Nelken und Sternblüten vorkommen.
Ähnliches gilt auch für die vielen Blattmuster auf Fliesen. Sie waren Begleitmotiv, welches die strengen geometrischen Formen auflockerte. Zuerst als Beiwerk in die Fliesenecken verbannt, füllten sie wenig später Spitzovale, Kreise und Eckquadrate, wurden zum selbständigen Ornament oder überspannen in zarten Ranken im späten 14. und im 15. Jahrhundert die ganze Fliesenfläche.
Eine Ausnahme bildet allerdings die Rebe. Gemäß dem Wort des Johannesevangeliums (15,1–6) „Ich bin der rechte Weinstock" und „Ich bin der Weinstock, ihr seid die Reben", gilt dieser seit frühchristlicher Zeit als Symbol Christi[90]. Die Tauben, die auf der Fliese K 22 über den Reben stehen, versinnbildlichen möglicherweise die Seelen, welche die ewige Seligkeit trinken[91]. Die Tauben spielten allerdings auch in der Zisterzienserikonographie eine wichtige Rolle, ebenso haben die Tauben auf dem Kelch einer Lilie (E 70) ganz verschiedene Deutungen erfahren[92]. Die reizvollsten Weinblattmotive zeigen die Fliesen des Klosters Bebenhausen.
Hier finden sich außerdem Efeumotive, Blätter von Akelei und Löwenzahn. Der erstere galt im Mittelalter als Symbol der Unsterblichkeit und des ewigen Lebens, die Akelei gleichzeitig als Christussymbol und als Begleitpflanze vieler Mariendarstellungen[92a], der Löwenzahn wurde mit der Passion Christi in Verbindung gebracht[93]. Wie weit bei diesen Darstellungen symbolische Gehalte beabsichtigt waren, läßt sich nicht sicher klären. Sie zeigen jedoch, wie auch die Fülle der übrigen, sehr präzise gezeichneten Blätter aus Bebenhausen, daß die Mönche die Kräuter ihres Gartens und die Pflanzen ihrer Umgebung sehr sorgfältig beobachteten.
Die Fliese F 150 nimmt das uralte Motiv des Lebensbaums auf, das schon auf einem Spielbrett aus den Königsgräbern von Ur[94] nachgewiesen werden kann. Häu-

---

89 J. Baltrusaitis, 11–53, gibt einen ausführlichen Überblick über Darstellungen von Köpfen, die auf Füßen laufen, bildet jedoch keine Figur ab, die sich mit dem Muster F 29 vergleichen ließe. Am nächsten kommt diesem einer der Köpfe von der Balkendecke eines Stadtpalais in Metz, (Hôtel du Voué), Ponceletstraße, die 1896 entdeckt wurde. Ein Teil der wohl zu Anfang des 13. Jh. entstandenen Holzbretter mit insgesamt 90 Bildern kam ins Museum Metz, ein Teil war schon verbrannt worden. W. Schmitz, Die bemalten romanischen Holzdecken im Museum zu Metz, Zs. für Christl. Kunst 1897, Nr. 4, Sp. 97–102, Beilage 4. – M. Carette, D. Deroeux, Taf. 1, unten. Vgl. außerdem R. Schilling, RDK IV, Sp. 567–581, s. v. Drôlerie.

90 H. Feldbusch, Sp. 730–731. – E. Kirschbaum, IV, Sp. 491–494.

91 E. Kirschbaum, IV, Sp. 495.

92 Diese Darstellung besitzt vermutlich Symbolcharakter, eine sichere Deutung ist jedoch nicht möglich. Der Vorschlag von G. Berthold, 1913, 26: „Staat und Kirche auf christlicher Grundlage" entbehrt nicht der Komik. Prof. Dr. H.-M. Decker-Hauff, Stuttgart (mündl. Mitteilung) sieht in den schnäbelnden Tauben ein Symbol der Liebe, die über den Tod (Hellebarde) triumphiert.

92a Vgl. R. Fritz, Aquilegia. Die symbolische Bedeutung der Akelei, WRJB 14, 1952, 99–110.

93 Zur Pflanzensymbolik vgl. E. Wolfhardt, Beiträge zur Pflanzensymbolik. Über die Pflanzen des Frankfurter ‚Paradiesgärtleins', Zs. Kunstwissenschaft, NF 8, Berlin 1954, 177–196. – L. Behling 1954. – Dies., 1964. – E. und J. Lehner, Folklore and symbolism of flowers, plants and trees, New York 1960.

94 R. Bernheimer, 85–90. – G. Engelhardt, Das Lebensbaummotiv in der Kunst, Steyr 1974, 7–16.

fig wird dieser nicht als Baum, sondern als Pflanze mit dreigeteilter Blüte (oder als Lilie) gegeben, zu beiden Seiten von antithetischen Vögeln gerahmt.
Magische Bedeutung kommt sicher dem Pentagramm (Drudenfuß) auf der Fliese M41 aus Stift Zwettl und dem Hexagramm auf den Fliesen aus Konstanz (M41.1), dem Bonner Münster (M43) und aus einer unbekannten Kirche in Oberhessen (M42) zu. Beides sind uralte Beschwörungs- und Abwehrsymbole, wobei der sechszackige Stern vor allem im jüdischen Kult (Davidsstern) eine überragende Rolle spielt. Daß dieses Symbol auf den Fußböden christlicher Kirchen vorkommt, weist vielleicht auf den großen Wert, den man dem fremden und deshalb vielleicht besonders wirkungskräftigen Zeichen zuwies.
Abwehrkräfte gegen Dämonen, Zauber und böse Mächte besaß auch der auf den Fliesen N8–N11 abgebildete Knoten, der als ‚Salomonsknoten'[95] bezeichnet, schon auf den Bodenmosaiken der frühchristlichen Kirchen auftritt (Abb. 123) und, wie die übrigen dort ebenfalls vorkommenden Flechtwerkmuster, Knotenbänder und Schlingornamente, übernommen wurde. Als bindende und bannende Kräfte gegen feindliche Mächte erscheinen diese Knoten in allen Bereichen des kirchlichen Kults und der sakralen Bauwerke[96], sogar Säulen wurden zu Knoten geschlungen[97]. Auf Fliesen finden sie sich vor allem im späten 12. und frühen 13. Jahrhundert, was natürlich auch damit zusammenhängt, daß die Zisterzienser sich zu Beginn der Fliesenprägung streng auf geometrische Muster beschränkten. Diese bestehen nicht nur aus Flechtwerk, sondern auch aus durch Zirkelschläge entwickelten Ornamenten. Da diese jedoch sehr häufig wieder von Diagonallinien durchzogen sind, erhalten sie auf der Fußbodenfläche erneut Flechtwerkcharakter. Besonders eindrucksvoll zeigen dies die Fliesen der Zisterzienserklöster Bonmont (N22, V9–V11) und Bebenhausen (N9, N70, N72, N73), die ein zartes Gitternetz über den Boden ausbreiten. Ähnliche Muster aus anderen Klöstern und Kirchen sind vor allem in der Gruppe N zusammengefaßt. Die bannende und bindende Macht des Knotens erscheint auf Fliesen außerdem bei den Löwen- und Drachendarstellungen. Die Kraft des Löwen wird durch den geknoteten Schweif verstärkt; bei sehr vielen Drachen ist der Schlangenschwanz entweder geknotet oder zur Volute gerollt, um die Gefährlichkeit des Tieres zu betonen[98]. Es fällt jedoch auf, daß gerade bei diesen Darstellungen der Schweif häufig in einer Quaste in Herz-, Blatt- oder Palmettenform endet. Dies soll nach Wienand[98a] den Bann wieder brechen („Das Laub am Ende des Schwanzes bedeutet aber, daß durch Buße und Gottes Barmherzigkeit das ewige Heil erreicht wird").
Zum Abschluß sei noch auf das magische oder symbolträchtige Motiv des Labyrinths verwiesen, das sich zwar auf deutschen Fliesen nicht in der klassischen Form findet, in Frankreich und England dagegen entweder aus

Abb. 123 Aquileia, Basilika teodoriana. Stiftmosaik. 314–319 n. Chr.

Fliesen gebildet wird oder auf einer oder mehreren Fliesen angebracht ist. Der Mythos des kretischen Labyrinthes, durch antike Schriftsteller und teilweise auch durch Nachfolgebauten überliefert, scheint die Menschen des Frühmittelalters so beeindruckt zu haben, daß sie es, unter christlichen Vorzeichen, wieder aufleben ließen. Durch Hindernisse und Irrwege soll die Seele zu Gott und zum wahren Glauben gelangen, die Kirche verbarg sich, wie es das um 324 entstandene

95 U. Zischka, 11, 41–54. „Ein Knoten aus zwei Ovalschlaufen die sich kreuzförmig ineinanderschieben und das Bild einer unauflöslichen, in sich geschlossenen Knotenform entstehen lassen". Zischka hält den Salomonsknoten für den Nachfolger des antiken ‚Herkulesknotens', der bis ins letzte Viertel des 7. Jh. v. Chr. zurückzuverfolgen ist und ebenfalls als magisches Zeichen angewandt wurde. Obwohl diese Knotenform häufig auf den Fußbodenmosaiken christlicher Kirchen und in der Bauplastik auftritt, kann er doch nicht als rein christliches Symbol betrachtet werden. Er findet sich schon auf antiken Mosaiken, so in Narli Kuyu, 4. Viertel 4. Jh. (L. Budde, Antike Mosaiken in Kilikien, II, Recklinghausen 1972, Abb. 102–103) und Savaria (Steinamanger), 1. Viertel 4. Jh. (E. Tóth, Der Mosaikfußboden der Aula Palatina von Savaria, Acta Arch. Acad. Scientiarum Hungaricae 28, Budapest 1976, 309, Abb. 10 (301–317). Hier auch ein Hexagramm. (Ebd. 305, Abb. 6).
96 Eine Aufzählung ist unmöglich. Ausführliche Belege bei G. A. Küppers-Sonnenberg, 479–601.
97 Knotensäulen haben sich im Würzburger Dom, in der Neumarktskirche in Merseburg, der Neuwerkskirche in Goslar, an einem Außenpfeiler der Schottenkirche in Regensburg und in der Kaiserpfalz in Wimpfen erhalten. (K.-H. Clasen, 16–17, 21, Abb. 16 und 19. – U. Zischka, 38, 42).
98 H. Weigert, 24. – U. Zischka, 8.
98a A. Wienand, 532, ohne Angabe der Quelle.

Labyrinth der St. Reparatusbasilika in Orléansville (Algerien)[99] zeigt, im Kern der Anlage. Labyrinthe aus Fliesen haben sich im Kapitelsaal der Kathedrale von Bayeux[100] erhalten, gerettet wurden sie aus der Klosterkirche Saint-Toussaint in Châlons-sur-Marne (16 Fliesen)[101], der Abteikirche von Cluny (1 Fliese)[102] (Abb. 124) und der Kathedrale von Mirepoix (Ariège; 9 Fliesen)[103]. Verloren sind die Fliesenlabyrinthe des Klosters Saint-Etienne in Caen[104] und der Propsteikapelle in Toulouse[105]. Auf einer Fliese aus der kath. Pfarrkirche St. Gereon in Titz-Spiel (X5) findet sich die Darstellung eines Quadrats, dem ein Rechteck einbeschrieben ist. Diese Zeichnungen, gelegentlich von Bauleuten in Quadersteine eingeritzt[106], wurden bisher immer als Spielfelder bezeichnet, was sie vermutlich meist auch waren. Auf einer 1958 in der Pfarrkirche St. Katharina in Schöllkrippen (Kr. Aschaffenburg) entdeckten Bildplatte[107], findet sich jedoch eine Zeichnung, die der der Fliese X5 sehr ähnlich ist. Jorns hält diese Ritzzeichnung für eine „christliche Interpretation antiker Vorstellungen des Labyrinths". Ellmers[108] sieht in ihr „eine mißverstandene Umbildung einer Darstellung des heiligen Grabes in Jerusalem". Da diese Zeichnung auf der Platte von Schöllkrippen in Verbindung mit weiteren sakralen Zeichen wie dem Kreuz und den vier Flüssen des Paradieses dargestellt wird, ist eine profane Deutung ausgeschlossen. Dasselbe könnte auch für die Fliese X5 zutreffen.

Bei dieser Übersicht blieben einige Fliesenmuster unberücksichtigt, bei denen entweder der Symbolgehalt offen zutage liegt oder nicht vorhanden ist, die jedoch ikonographisch besonders interessant oder künstlerisch reizvoll sind. So sei nur kurz auf eine Fliese mit dem Kampf des Hl. Erzengels Michael mit dem Drachen (Y1) verwiesen, auf die Fliesen A38 und A39, die vielfältige Deutungen erfuhren, jedoch wahrscheinlich den Kampf Samsons mit dem Löwen schildern, auf A9 mit der Darstellung eines thronenden Königs und auf A11, die einen Bettler mit Krücke wiedergibt.

Der Hl. Michael als Drachentöter galt das ganze Mittelalter hindurch als eine der Verkörperungen des Kampfes gegen den Satan, der sich in der Gestalt des apokalyptischen Drachens verbirgt[109]. Es ist dies die einzige Szene sakralen Inhalts, welche sich auf deutschen Fliesen erhalten hat. Die Darstellung in dieser Form findet sich vor allem in der Buchmalerei[110], meist fehlt jedoch dort der übergroße Schild, mit dem sich der Erzengel auf der Fliese gegen den geflügelten Drachen schützt.

Die Darstellung auf der Fliese A38 wird von Berthold als „Jungfrau auf dem Löwen" bezeichnet, er deutet sie als „Symbol der Kirche, die die Welt beherrscht"[111]. In Inventarnotizen werden A38 und A39 meist als ‚Hexenfliesen' erwähnt; man hat dabei wohl an die in Einblattdrucken des 15. und 16. Jahrhunderts dargestellten Hexenritte gedacht.

Ein Vergleich mit zahlreichen Samsondarstellungen zeigt, daß hier die beiden Versionen der Erzählung vertreten sind. Samson wird entweder auf dem Löwen reitend dargestellt, oder wie er auf dessen Rücken springt, ihm den Kopf emporreißt und die Kinnbacken auseinanderstemmt. Stets wird Wert auf die Darstellung der langen Haare, dem Sitz seiner riesenhaften Kräfte gelegt. Das Bild in dieser Form findet sich auf dem Bodenmosaik in St. Gereon, Köln[112] und der Kirche von

Abb. 124 Inkrustierte Fliese mit Labyrinth aus der Abtei Cluny (Saône-et-Loire). 13. Jh. Cluny, Abteimuseum; Dortmund, Museum für Kunst und Kulturgeschichte; Halle/Saale, Staatl. Galerie Moritzburg.

99 H. Kern, 232 und Abb. 161, heute in der Kathedrale von Algier. Nach D. Forstner, 71, fand sich in der Mitte des Labyrinths ein Buchstabenrätsel, das die Worte „SANCTA EC(C)LESIA" ergab.

100 H. Kern, 222.

101 E. Amé, 52.

102 M. Pinette, 41, Kat. Nr. 174. In Cluny hat sich anscheinend nur ein Bruchstück erhalten. Zwei unbeschädigte Fliesen kamen aus der Slg. R. Forrer, Straßburg, ins Museum für Kunst und Kulturgeschichte, Dortmund und in die Staatl. Galerie Moritzburg in Halle (Saale).

103 H. Kern, 231.

104 Ebd., 223.

105 Ebd., 241.

106 Vgl. Musterkat. X5.

107 W. Jorns, 49–55.

108 D. Ellmers, Die frühmittelalterliche Reliefplatte von Schöllkrippen-Ernstkirchen, Führer zu vor- und frühgeschichtl. Denkmälern 8, Mainz 1967, 47–49.

109 E. Kirschbaum, II, Sp. 255–265. Während St. Michael in frühchristlicher Zeit meist als Himmelsbote auftritt, entwickelt sich im 9./10. Jh. die Darstellung des ‚Drachentöters', die in den folgenden Jh. zum beherrschenden Bild wird. Die Darstellungen sind so zahlreich, daß eine Aufzählung nicht möglich ist. Vgl. Text S. 32 und A. Rosenberg, Michael und der Drache. Urgestalt von Licht und Finsternis, Olten-Freiburg 1955.

110 s. S. 32.

111 G. Berthold, 1913, 16, Abb. 17 und S. 18.

112 H. Kier, 1970, Abb. 86. Krypta, 1151–56.

Layrac (Lot-et-Garonne)[113], auf Kapitellen und in der Bauplastik romanischer Kirchen in Frankreich[114], auf Schlußsteinen[115], romanischen Leuchtern und Aquamanilen[116], sowie auf Brettsteinen[117] und in der Buchmalerei[118].
Bettlerfiguren sind meist mit der Legende des Hl. Martin verknüpft[119]. Der Stempel ist bei A 11 aus dem Zusammenhang gelöst, es ist durchaus möglich, daß eine Gegenfigur vorhanden war. Der Bettler tritt häufig als Krüppel auf, die Krücke dient als Attribut.
Ganz fehlen auf deutschen Fliesen die in Frankreich so häufigen Bilder von Tanzenden, von Gauklern und Narren. Personendarstellungen zeigen fast ausschließlich Reiter oder Jäger, sowie Menschen im Kampf gegen Tiere und Fabeltiere. Bei zwei Fliesen, A 36 und A 37, wäre ein symbolischer Gehalt des Bildes nicht von der Hand zu weisen; eine Deutung gelang bis heute nicht. A 36 könnte natürlich die etwas unbeholfene Darstellung einer Falkenjagd sein, der Vogel auf der Fliese A 37 muß eher als Adler angesprochen werden.

113 H. Stern, 85, Abb. 8, vollendet zwischen 1064 und 96 (mit weiteren Beispielen).

114 A. K. Porter, II, Abb. 18 (aus Ancy-le-Duc, Saône-et-Loire, 2. Hälfte 12. Jh.); ebd., VIII, Abb. 121 (aus der Kirche Saint-André-le-Bas, Vienne, Isère, um 1152); ebd., II, Abb. 46 (aus Sainte-Madeleine, Vézelay, Yonne, Narthex, nach 1140); ebd., II, Abb. 68 (aus Saint-Lazare, Autun, Saône-et-Loire um 1140); ebd., IV, Abb. 335 (aus der Abtei La Sauve-Majeure, Gironde, 12. Jh.). – J. A. Schmoll gen. Eisenwerth, 1963, Taf. 65, Relief vom Sockel des Nordportals der Kathedrale zu Metz, 2. Hälfte 13. Jh.

115 Kat.: English romanesque art. 1066–1200, hrsg. vom Arts Coucil of Great Britain, London 1984, 68, 194. – Schlußstein aus der Abtei von Keynsham (Somerset), um 1170–80, Wansdyke District Council.

116 O. von Falke, E. Meyer, Abb. 175 a und b, Abb. 219, 220, 221.

117 Vgl. H. Fillitz, in: Kat.: Die Zeit der Staufer, I, Kat. Nr. 638; ebd., II, Abb. 447, Deutschland, 2. Hälfte 12. Jh., Hamburg, Museum für Kunst und Gewerbe sowie ebd., I, Kat. Nr. 642, Abb. 449, Deutschland (Rheinland?), um 1200, Hannover, Kestner-Museum.

118 A. Boeckler, 18. Weltchronik des Rudolf von Ems, Bodenseegebiet, um 1300, St. Gallen, Stadtbibliothek. Auch hier wird der Samson mit wehenden Haaren gegeben.

119 Vgl. K. K. Eberwein, RDK II, Sp. 444–448, s. v. Bettler.

18. Herkunft der Muster und Motive

Der Reichtum der Bilder und die Mannigfaltigkeit der Ornamente auf mittelalterlichen Fliesen rufen die Frage nach der Herkunft dieser Motive wach. Geht man den einzelnen Darstellungen nach, so läßt sich rasch feststellen, daß die meisten Muster nicht für die Fliesenkeramik neu entwickelt wurden, sondern alle zu Beginn des 13. Jahrhunderts an anderer Stelle bereits vorgeformt waren. Sie fanden sich in der Bauornamentik, der Wand-, Glas- und Buchmalerei, auf Geweben, Teppichen, Stickereien und Paramenten, auf Chorgestühlen, Truhen und Minnekästchen, auf Reliquiaren, Metallgefäßen und Gürtelschließen sowie auf Elfenbeinen, Jagdhörnern und Brettsteinen, um nur einiges zu nennen. Einzelne Bilder und Muster hatten längst Einzug auf den Fußböden gehalten, sie lassen sich bis zu den antiken und frühchristlichen Mosaikböden zurückverfolgen.

Dennoch darf der Einfluß der letzteren nicht zu hoch bewertet werden, da sie nur noch an wenigen Orten sichtbar waren und sich auch nicht alle Muster für die Übersetzung auf kleine Quadrate eigneten. Auch die Bauornamentik dürfte als Vorbild nur eine zweitrangige Rolle gespielt haben, da hier die einzelnen Bilder und Ornamente meist mit dem Bau verschmolzen waren und sich nicht isoliert zur bequemen Kopie anboten. Für Fliesen wurden vermutlich vor allem Werke der Kleinkunst als Vorlagen benutzt. Zu den schon aufgeführten Gruppen müssen noch Bucheinbände, Münzen und Siegel hinzugefügt werden.

Es ist nicht möglich, alle Vorbilder für die einzelnen Fliesendarstellungen aufzuzeigen, da ja nur ein Bruchteil des mittelalterlichen Formenschatzes bis in unsere Zeit gerettet wurde. Vermutlich würden Vergleiche mit den längst untergegangenen Wandmalereien der Kirchen besonders überzeugende Parallelen ergeben. Es sollen in dieser knappen Übersicht einige besonders typische Beispiele besprochen werden, die dieselben Motive oder denselben Themenkreis wie die mittelalterlichen Fliesen zeigen. Auf weitere Vorlagen wird jeweils im Katalog verwiesen.

Die Muster der meisten mittelalterlichen Fliesen sind nicht einfach in die Fläche geprägt, sondern meist in einen festen Rahmen (Quadrat, Eckquadrat, Rautenvierpaß, Spitzoval und Kreis) einbezogen. Dieses Prinzip findet sich schon auf den antiken und frühchristlichen Mosaiken, außerdem ist auch dort der Rahmen oft zusätzlich noch mit einem Perlband, mit senkrechten, waagrechten oder schrägen Kerben verziert.

In Kreisen angeordnete Muster kommen oder kamen vor auf Fliesenmosaiken der Kirchen Santa Maria de Ripoll (Katalonien)[1], der Basilika teodoriana in Aquileia[2], in San Marco[3] und Sant'Ilario[4] in Venedig, dem Dom von Otranto[5], der Prioratskirche von Ganagobie[6] und in Saint-Irénée in Lyon[7]. Die Muster der Kirche von San Giovanni Evangelista in Ravenna[8] sind alle in rahmenverzierte Quadrate eingebettet, in Teurnia wechseln Kreis und Quadrat.

In diesen Kreisen und Quadraten tummeln sich dieselben Tiere und Fabeltiere, die später auf den Fliesen wiederkehren. Meist ist das Programm noch weiter gespannt, sakrale Themen nehmen einen ebenso breiten Raum ein, wie die Tiere und Fabelwesen[9], die Stern- und Blütenmuster[10], die Flecht- und Knotenornamente[11]. Die letzteren dienen in schmalen oder breiten Flechtbändern meist als Grenzlinien der einzelnen Flächen, sind aber auch schon als selbständige Motive auf

---

1 X. Barral i Altet, 1979, 55–94, Taf. 4–5. Der Mosaikboden lag 1878 noch in situ, jetzt sind nur noch spärliche Reste im Museum von Ripoll vorhanden. In 24 Kreisen waren Tiere aufgereiht, darunter z.B. zwei verschiedene Basilisken. Die Randborte bestand aus Palmettenranken, Ende 12.–13. Jh.

2 M. Salmi, Abb. 12. Im Nordteil der Kirche wechseln die Kreise mit breiten Spitzovalen, im Südteil größere mit kleineren Achtecken, die durch kleine Rechtecke verbunden sind (ebd., Abb. 13). Ebd., 314–319.

3 X. Barral i Altet, 1979, 72, Abb. 51. Hier mit Perlband. 4. Viertel 11. Jh.

4 M. Salmi, 48, Abb. 25. Mit Vogelsirene, Vögeln und Fabeltieren. 11. Jh. Heute im Archäologischen Museum, Venedig.

5 W. Haug, Abb. 6–7, 12–13. Insgesamt 28 Kreise mit Darstellungen der Monatsarbeiten und Tierkreiszeichen, 1163–66.

6 G. Barruol, Abb. 22–23, 28, 32, 34–36. Hier ein besonders schöner Elefant mit Turm, 1122–24.

7 X. Barral i Altet, F. Avril, D. Gaborit-Chopin, 1984, 363, Abb. 331. Mit Kentaur, Reiter, Löwen, andere Bilder zerstört, um 1150.

8 R. O. Farioli, 180–187, Abb. 6–14, 198–199, Abb. 27–28. Fische, Hirsch, Rind, Leopard, Einhorn, Greif, Vogelsirene, Fischsirene, Liebespaar, Begräbnis des Fuchses, Gans mit Weihrauchfaß, 1213.

9 Ein typischer Mosaikboden mit Tieren und Fabelwesen in Kreismedaillons ist z.B. der um 1100 entstandene Boden der Pfarrkirche in Pieve Terzagni bei Cremona (E. Aus'm Weerth, Der Mosaikboden von St. Gereon in Köln, Bonn 1873, 19 und Taf. 7). Zu den auf weiteren Mosaiken dargestellten Tieren und Fabelwesen vgl. H. Kier, 1970, 57–67.

10 Blütenmuster ähnlich S23 zeigt der Mosaikboden der Krypta von Santa Giustina in Sezzé (Lombardei) (J. Gardelles, Abb. 6), Sterne das Mosaik der Abteikirche von Sorde (Landes), Anf. 12. Jh. (H. Stern, 1962, Taf. 7, Abb. 18).

11 Eine Fülle von Flechtbändern zeigt z.B. das Bodenmosaik der frühchristlichen Basilika und des Baptisteriums von Mariana (Korsika). Hier und in Santa Maria della Piazza in Ancona (M. Salmi, 41, Abb. 20) finden sich die Vorformen der Netzmuster von V10 (G. Moracchini, Le pavement en mosaïque de la Basilique et du Baptistère de Mariana, Archéologia 5, 1965, 51–59), Ende 4. Jh.

Abb. 125 Bonmont, ehem. Zisterzienserkloster. Fliese mit vertiefter Prägung (V 9).

der Fläche verteilt oder in Kreisen und Quadraten eingeordnet. Eine Reihe der zur Gruppe N gehörenden Muster finden sich, genau übereinstimmend oder in Varianten, schon auf Mosaiken des 4.–6. und des 11.–12. Jahrhunderts. Am häufigsten ist der ‚Salomonsknoten' vertreten[12] (Abb. 123), der dann auf den Fliesen N 8–11 und V 2 wiederkehrt.

Das Muster N 13 fand sich im Boden der frühchristlichen Basilika des Dombereichs von Verona[13] und in der Prioratskirche von Ganagobie[13a], N 31 in der Kapelle Saint-Nicolas des ehemaligen Bischofspalastes von Die (Drôme)[14], in der Abteikirche von Sorde (Landes)[15] und der Kirche Saint-Martin d'Ainay in Lyon[16], N 41 in der Kirche S. Maria auf dem Pionta-Hügel in Arezzo[16a]. Das übereinstimmende Musterschema der Fliese V 9 aus Bonmont (Abb. 125) war schon im Boden der Kirche Sant'Ilario in Venedig[17] vorhanden (Abb. 126), es findet sich außerdem auf einer Chorschrankenplatte des 9. Jahrhunderts aus St. Peter bei Moosburg[18]

12 Salomonsknoten finden sich in den Mosaiken des Baptisteriums von Marseille, 4. Jh. (H. Stern, 1962, Taf. 1,1), in der Basilika teodoriano in Aquileia, um 400 (ebd., 1,3), in Santa Maria del Tiglio in Gravedona, 5. Jh. (M. M. Roberti, Un mosaico paleocristiano a Calcio, Stucchi e mosaici alto medievali. Atti dell'ottavo Congresso di Studi sull'arte dell'Alto Medieevo, Mailand 1962, 238–239, Abb. 9–10 [229–244], in San Giovanni Ev. in Ravenna, 1213 (R. O. Farioli, 208, Abb. 31) und der Abteikirche in Ganagobie, nach 1135 (G. Barruol, Abb. 37).

13 M. Salmi, Abb. 22, 5.–6. Jh.

13a G. Barruol, Abb. 34.

14 X. Barral i Altet, F. Avril, D. Gaborit-Chopin, 1984, 118, Abb. 112, 2. Hälfte 12. Jh.

15 H. Stern, 1962, Taf. 4, Abb. 11.

16 Ebd., Taf. 4, 12.

16a X. Barral i Altet, Un groupe de mosaïques romanes en Toscane: Pavements d'Arezzo, Florence et Prato. Ecole Française de Rome, Mélanges. Moyen Age, 1979, 703, Abb. 2 (Anfang 11. Jh.).

17 M. Salmi, 49, Abb. 26, 11. Jh., heute im Archäologischen Museum, Venedig.

18 G. A. Küppers-Sonnenberg, 494, Abb. 23, im Landesmuseum Klagenfurt.

Abb. 126 Venedig, Sant'Ilario, Stiftmosaik. 11. Jh. Venedig, Archäologisches Museum.

(Kärnten) (Abb. 127) und der Stiftskirche St. Arsatius in Ilmmünster[19]. Diese Chor- und Altarschranken, vor allem in Südösterreich und Dalmatien erhalten, haben weitere Muster bewahrt, so N 31, N 41 und V 9 auf dem Altar der Taufkapelle des Doms zu Split[20] und N 41 auf der Schrankenplatte des Hauptaltars der Friedhofskirche von Teurnia[21], N 11 (Abb. 128) auf einer Schrankenplatte aus St. Peter bei Moosburg (Abb. 129)[22] (Kärnten) und N 15 aus einer Kapelle der Insel Koločep (Dalmatien)[23]. Es ist nicht möglich, alle Flechtwerkornamente zu nennen, die sich in der Bauornamentik finden und deren Muster mit Fliesen übereinstimmen, stellvertretend seien das Flechtmuster der Kaminwange der Pfalz in Gelnhausen[24] (für N 13), Muster am Türsturz des Westportals der Pfarrkirche in Altenstadt (Bas-Rhin)[25] (für N 12) und Kapitelle der Benediktinerinnen-Klosterkirche Eschau (Bas-Rhin)[26] (für N 3–N 4 und O 11) erwähnt.

An erster Stelle der Vorbilder stehen vermutlich die Gewebe. Sie waren in den Kirchenschätzen der mittelalterlichen Dome und Kathedralen in großer Anzahl vorhanden. Sie dienten als Hüllen für Reliquien und Schreine, als Altarantependien, Wandbehänge und liturgische Gewänder. In den Burgen wurden die kalten Quadermauern mit gewebten und gestickten Teppichen verkleidet, Throne und Ehrensitze mit kostbaren Dek-

Abb. 127 St. Peter bei Moosburg (Kärnten). Schrankenplatte. 9. Jh. Klagenfurt, Landesmuseum.

ken behängt. Für Kleidung und Pferdeschabracken wurde ebenfalls sehr früh großer Aufwand betrieben. All diese Gewebe und Tuche waren nicht nur bunt gefärbt, sondern fast durchweg mit Bildern bestickt oder bedruckt. Zu ihnen hatte der mittelalterliche Künstler, ob nun noch Mönch oder schon Handwerker, am ehesten Zugang. Auch hier gilt das schon für die Stiftmosaiken Gesagte: die einzelnen Darstellungen wurden durch quadratische oder kreisförmige Rahmen hervorgehoben.

Auf einem Pluviale und einer Dalmatika aus Göß[27], vermutlich zwischen 1239–69 in der Steiermark entstanden, finden sich kleine Quadrate mit Bildern von Adler, Hirsch, Löwe, Einhorn, Greif, Elefant, Vögeln, Drachen und sonstigen Fabeltieren, wie sie ganz ähnlich auf Fliesen aus Kloster Arnstein (D 7), Speyer (B 18), Mainz (F 112) und Konstanz (E 68) vorkommen. Dieselben und ähnliche Tiere, in kleine Kreismedaillons gefaßt, schmücken den zu Anfang des 14. Jahrhunderts vermutlich in Süddeutschland entstandenen ‚Wartburgteppich' (Abb. 130)[28], der außer Tierbildern auch noch eine gekrönte Sirene vom Typus F 25, ein Einhorn ähnlich F 83 und ein leibhaftiges Kamel aufweist. Der in der 1. Hälfte des 14. Jahrhunderts in der Schweiz entstandene ‚Mauritiusteppich'[29] gibt Einhorn, Pelikan und Drachen wieder; eine Leinenstickerei des 14. Jahrhunderts aus dem Zisterzienserinnenkloster Isenhagen (Kr. Gifhorn) (Abb. 131)[30] weibliche Vogelsirenen (F 18), Löwen, Greife, einen Steinbock, Hunde, Hasen, Vögel und Drachen. Auch hier sind die Bilder durch Arkaturen mit Dreipaßbogen voneinander getrennt.

Weitere Anregungen mögen von sassanidischen, byzantinischen und italienischen Geweben ausgegangen sein. So zeigt eine italienische Kasel des 13. Jahrhunderts im Museum Braunschweig (Abb. 132)[31] teils Medaillons,

---

19 Ebd., 517, Abb. 62, Bayer. Nationalmuseum München. Eine fast übereinstimmende Platte fand sich im Domkreuzgang von Amalfi (ebd., 517, Abb. 61).
20 Ebd., 482, Abb. 2, 9. oder 10. Jh.
21 R. Egger, 63, Abb. 24a.
22 G. A. Küppers-Sonnenberg, 494, Abb. 24, 9. Jh., Landesmuseum Klagenfurt.
23 Ebd., 486, Abb. 10 unten.
24 W. Hotz, 1981, Taf. 26.
25 R. Kautzsch, Abb. 47.
26 R. Forrer, Les sculptures romanes de l'ancien cloître d'Eschau du XIIe siècle et les traces d'un fanum romain d'après les nouvelles découvertes, Cah. Arch. Hist. Alsace 5, 1930, Taf. 35, Abb. 8c und d.
26a A. Küppers-Sonnenberg, 525, Abb. 71. Kapitell einer Holzsäule aus Matrei, Osttirol, Innsbruck, Tiroler Landesmuseum (N 23).
27 Kat. Romanische Kunst in Österreich, 204–206, Kat. Nr. 17, Farbtaf. 15. Im Museum für angewandte Kunst, Wien.
28 S. Asche, Die Wartburg und ihre Kunstwerke, Eisenach 1954, 31, Wollstickerei, 200 × 160 cm, Wartburg, Eisenach.
29 D. Heinz, 38, Abb. 19, Thun, Historisches Museum.
30 R. Kroos, 73, Kat. Nr. 45, Abb. 217, 220–223, Kestner-Museum, Hannover.
31 O. v. Falke, 1921, Abb. 242.

Abb. 128 Bonmont, ehem. Zisterzienserkloster. Fliese mit vertiefter Prägung (N 11).

teils breite Streifen mit antithetisch angeordneten Elefanten, Adlern, Drachen, Pelikanen(?), Eulen(?) und Löwen. Der freie Raum ist so durchwoben, daß er, wie auch auf Fliesen, bis zum Rand gefüllt ist. Löwen und Doppeladler, im Verein mit kleinen Vögeln und Drachen, finden sich auf einem italienischen Seidengewebe derselben Zeit in der Sammlung der ehemaligen Staatlichen Museen Berlin[32], andere Gewebe könnten als unmittelbare Vorlage für die Fliesen F 145–F 146 (Abb. 133–134)[33] oder F 156 (Abb. 137)[34] gedient haben. Diese Muster schmücken jedoch nicht nur kostbare Seidenstoffe, sondern auch Zeugdrucke auf Leinengeweben, wenn auch hier das Motiv sehr oft schematischer und in knapperen Umrissen erscheint[35]. Zweifellos haben diese Gewebe viele Darstellungen der Kleinkunst und damit auch die mittelalterlichen Fliesen beeinflußt. Bei der Umsetzung in ein anderes, weniger geschmeidiges Material, erfolgte dann eine Reduzierung in Zeichnung und Kontur, wie sie auch für Fliesen bezeichnend

32 H. J. Schmidt, 22, Abb. 182.

33 Ebd., 264, Abb. 242. Seidenbrokat aus Kloster Lüne, Köln, 13. Jh., Hamburg, Museum für Kunst und Gewerbe. – Halbseidenbrokat aus Regensburg, um 1280 (H. Wichmann, Deutsche Ornamentfibel, Leipzig 1950, 41). – B. Tietzel, 136–137, Halbseidengewebe, Italien (Venedig), 13. Jh., Krefeld, Deutsches Textilmuseum.

34 H. J. Schmidt, 242, Abb. 210. Schwarzer Goldbrokat von einer Sargdecke, Venedig, 14. Jh., ehem. Danzig, Marienkirche. – B. Tietzel, 360–361, Goldbrokat, Venedig, 1. Hälfte 14. Jh. Krefeld, Deutsches Textilmuseum.

35 R. Forrer, Die Zeugdrucke der byzantinischen, romanischen, gotischen und späteren Kunstepochen, Straßburg 1898, Taf. 80, 96, Abb. 32, Rotdruckborte aus der sog. ‚Tapete von Sitten' (Kt. Wallis) zeigt Rautenvierpässe mit kämpfenden Kentauren, die mit Spitzschild und Schwert und mit Bogen bewaffnet sind. Außerdem Fabeltiere und weibliche Büsten. 14. Jh.

Abb. 129 St. Peter bei Moosburg (Kärnten). Schrankenplatte. 9. Jh. Klagenfurt, Landesmuseum.

Abb. 130 „Wartburgteppich". Wollstickerei, süddeutsch, 14. Jh. Eisenach, Wartburg.

Abb. 131 Leinenstickerei mit Fabelwesen und Fabeltieren aus Kloster Isenhagen. Norddeutsch, 14. Jh. Hannover, Niedersächsische Landesgalerie.

Abb. 132 Detail einer seidenen Kasel, Italien, 13. Jh. Braunschweig, Herzog-Anton-Ulrich-Museum.

Abb. 133 Halbseidengewebe, Medaillons mit adossierten Bären (?). Italien (Venedig [?]), 13. Jh. Krefeld, Deutsches Textilmuseum.

Abb. 134 Seidenbrokat, Medaillons mit adossierten Löwen, aus Kloster Lüne (Niedersachsen), 13. Jh. Hamburg, Museum für Kunst und Gewerbe.

Abb. 135 Halbseidengewebe, Medaillons mit Adlern. Südspanien, 13. Jh. Ambazac (Haute-Vienne), Kirche.

Abb. 136 Kelchdecke aus Seidenbrokat, Medaillons mit Doppeladlern 13. Jh. Halberstadt, Domschatz.

ist. Dies gilt vor allem für Schnitzarbeiten in Holz. Ein besonders interessantes Beispiel bietet eine vermutlich um 1300 in Westfalen entstandene gotische Truhe (Abb. 138)[36]. Einzelne der Tiermuster (Schwan, Einhorn, Greif, Löwe, Krebs, Hirsch, Adler, Hase und Hahn) könnten unmittelbar als Vorbilder für Fliesen gedient haben. Ähnliche Motive finden sich auf einer weiteren Truhenwand (Abb. 139)[37] aus Niedersachsen (mit einer reizvollen Vogelsirene ähnlich der Fliese F19 aus Straßburg) und auf einer Truhenwand aus Groß-Biewende bei Wolfenbüttel[38].

Auch die Minnekästchen und Briefladen des Mittelalters waren beliebte Objekte für die Einzeldarstellung von Tieren und Fabeltieren. Auf einem Minnekästchen der Slg. Figdor[39] finden sich Drache, Hase, Elefant, Steinbock, Sirene, Einhorn, Hirsch, Löwe, Adler und Hund; auf einem anderen, aus der fürstlichen Sammlung in Schloß Sigmaringen, Kentauren und Pelikane (E65)[40].

Die Medaillons eines Lederkastens aus dem Rathaus zu Lüneburg (nach 1293)[41], sind mit kämpfenden Rittern (A22), hornblasenden Jägern (A17–A18), Hirschen und Hunden (C12, C51) gefüllt.

Eine besonders kostbare ‚goldene Lade‘, vermutlich um 1300 in Köln entstanden, zeigt 20 feinziselierte Medaillons aus Zinnguß mit Tiermotiven[42]. Diese kleinen Zinnplaketten, aus dem Wunsch entstanden, das mühsame Schnitzen durch einen billigeren und rascheren Fertigungsprozeß abzulösen, zeigen oft in Anordnung und Motivwahl verblüffende Übereinstimmung mit Fliesen. Hier wie dort kommen Perlbandkreise mit Quadratrahmung vor, die freien Ecken sind mit stilisierten Lilien oder kleinen Blättchen gefüllt; die Muster der Kreise bestehen aus Tieren. Hirsch, Doppeladler, Löwe und Greif zeigt, neben anderen Fabeltieren, ein Reliquienkästchen des 14. Jahrhunderts im Bayerischen Nationalmuseum in München[43]. Eine Holzkassette mit Zinneinsätzen, um 1420 im Bodenseegebiet entstanden[44], gibt Pelikan, Doppeladler, Greif, Elefant und Einhorn wieder, der Deckel eines verlorenen Kästchens (früher im Kunstgewerbemuseum in Köln) Löwen, Adler und Greife[45].

Daß diese Themen sich steter Beliebtheit erfreuten,

36 H. Kreisel, Die Kunst des deutschen Möbels I. Von den Anfängen zum Hochbarock, München [2]1974, Abb. 22, Berlin-Köpenick, Kunstgewerbemuseum, Eiche geschnitzt, 160 × 90 cm.

37 Ebd., Abb. 23, Delmenhorst bei Bremen, um 1400, Hamburg, Museum für Kunst und Gewerbe.

38 O. v. Falke, 1924, um 1300, Museum Braunschweig.

39 W. Kohlhausen, 1928, Taf. 22. Zu Beginn des 14. Jh. am Oberrhein entstanden.

40 Ebd., Tafel 19, Bodenseegebiet.

41 H. Appuhn, Briefladen aus Niedersachsen und Nordrhein-Westfalen, Dortmund 1971, 23, Kat. Nr. 6. – Vgl. außerdem ein nicht näher beschriebenes Minnekästchen mit Jagdbild bei E. Jammers, Abb. 15. (Anm. 47).

42 H. Appuhn, Kat. Nr. 5, Münster, Landesmuseum für Kunst und Kulturgeschichte.

43 L. Mory, Schönes Zinn, München 1972, 74, Abb. 3, Deutsch(?), 33,5 × 13 × 8 cm. Vergoldete Zinnblechreliefs.

44 Ebd., 74, Abb. 4, Sammlung Dr. Ruhrmann, Wien, 25 × 19 × 9,5/11 cm.

45 H.-U. Haedecke, Kataloge des Kunstgewerbemuseums Köln III. Zinn, Köln 1968, 116, Kat. Nr. 160, 7 × 107 cm, Deutschland, 14. Jh.

Abb. 137 Seidengewebe mit Granatapfelmuster, Adler und Hund in einem Kahn. Italien, 1. Hälfte 14. Jh. Krefeld, Deutsches Textilmuseum.

zeigt vor allem das aus dem Ende des 13. Jahrhunderts stammende ‚Aschaffenburger Brett', ein in der Mensa des St. Valentinsaltars der Stiftskirche gefundener Reliquienbehälter, ursprünglich ein Schach- und ein Tric-Trac-Brett[46]. Auf kleinen Quadraten und Eckquadraten sind vor allem Kentauren und andere Mischwesen dargestellt, begleitet von ganz besonders furchteinflößenden Drachen.

Dienten Gewebe, Truhen und Behälter aller Art vor allem als Vorlagen für Tierdarstellung, so wurden für die schönen Reiterfliesen vorwiegend Motive aus der Buch- und Wandmalerei übernommen. Ein Vergleich der Fliesen A19/A20 aus Speyer/Basel und A21 aus Speyer mit den Bildern des Heinrich von Rugge[47] und des Hartmann von Aue[48] (Abb. 140) aus der Manesse-Handschrift, zeigt die auffallende Ähnlichkeit vor allem der Pferdedarstellungen. Auf die große Übereinstimmung zwischen Fliesenbildern wie A14 mit den Miniaturen aus dem Buch der Jagd des Gaston Phoebus, Comte de Foix, wurde schon an anderer Stelle hingewiesen[49]. Zahlreiche, den Fliesenbildern sehr ähnliche Jagddarstellungen finden sich vor allem in Stundenbüchern, erwähnt sei hier nur ein im frühen 14. Jahrhundert entstandenes Stundenbuch aus der Sammlung A. Ch. Beatty[50].

Darstellungen von Personen, Fabelwesen und Tieren nehmen auf den bis heute bekannten mittelalterlichen Bodenfliesen in Deutschland etwa ein Drittel der Muster ein. Der Rest besteht aus geometrischen, meist aus Zirkelschlägen und sich kreuzenden Linien entwickelten Mustern und einer Fülle von Pflanzen-, Blatt- und Blütenmustern. Hier sind die Trennlinien nicht so scharf zu ziehen, denn abgesehen von ganz wenigen Fliesen aus dem 1. und 2. Drittel des 13. Jahrhunderts verbinden und durchdringen sich beide Musterbereiche. Winzige Blüten- oder Blattviertel waren zuerst meist in den Fliesenecken angesiedelt und ergaben in der Zusammensetzung von vier Fliesen Blüten oder Sterne. Später eroberten sie als selbständige Form die ganze Fliesenfläche. Auf den frühmittelalterlichen und mittelalterlichen Bodenmosaiken sind diese Formen sehr spärlich vertreten[51].

Für diese Muster sind die Vorlagen vor allem auf drei Gebieten zu suchen, einmal in den mittelalterlichen Musterbüchern, (die natürlich auch Tierdarstellungen enthielten), zum anderen in den Blankverglasungen der Kirchenfenster und in der Kapitellornamentik.

Es wurde schon in Kapitel 12 darauf hingewiesen, daß die Dekoration des mittelalterlichen Kirchengebäudes wohl eine weit größere stilistische Einheit bildete, als es der fragmentarische Zustand, in dem Kirchen und Klöster auf uns gekommen sind, heute vermuten läßt. Dies läßt sich durch viele Beispiele belegen, es sei hier nur kurz an Hand der Zisterzienserornamentik aufgezeigt.

Das Generalkapitel der Zisterzienser wandte sich nicht nur gegen jeden Bauluxus, gegen hohe Glockentürme, kostbare Skulpturen, Malereien, goldene Kreuze und reichverzierte Fußböden, sondern auch gegen farbige Glasfenster in den Kirchen. Diese werden um 1134 ver-

46 K. HUESELER, Das Aschaffenburger Brettspiel, Aschaffenburger Jb. Gesch., Landeskunde und Kunst des Untermaingebietes 4, 1957, 595–623.

47 E. JAMMERS. Ab 1260, mit Erweiterungen um 1290–1300 und einer Neufassung ab 1313–14, Nachträge für die Neufassung um 1330, Taf. 50 (Fol. 122 r).

48 Ebd., Taf. 59 (Fol. 184 v).

49 Vgl. Musterkat. A 14.

50 E. G. MILLAR, Taf. XXL a, Nordfrankreich.

51 Spitzovale mit gezackten Blättern finden sich z. B. in St. Markus, Venedig, 4. Viertel 11. Jh. (H. KIER, 1970, Abb. 331) und der Benediktinerabteikirche Pomposa, 1026, (H. STERN, 1968, Taf. 1), Rebblätter in Ranken in der Pfarrkirche Saint-Martin, Layrac (Lot-et-Garonne), um 1096 (H. STERN, 1970, Abb. 1), der Abteikirche von Sorde (Landes), 1. Viertel 12. Jh. (H. STERN, ebd., Abb. 13) und der Abteikirche Saint-Sever-sur-l'Adour (Landes), 1. Viertel 12. Jh. (H. STERN, ebd., Abb. 14).

Abb. 138 Truhevorderwand (Eiche), geschnitzt und gepunzt, Niedersachsen. Um 1300. Berlin-Köpenick, Kunstgewerbemuseum. Höhe 90 cm, Br. 165 cm.

Abb. 139 Truhenwand (Eiche) aus Delmenhorst. Um 1400. Hamburg, Museum für Kunst und Gewerbe.

boten[52], das Verbot 1182[53] und in der Mitte des 13. Jahrhunderts erneuert. Erlaubt waren „Fenster einer Farbe, ohne Malerei, weiße Fenster ohne Kreuze und Bilder“. Dieses Verbot zwang die Mönche, nach neuen Lösungen zu suchen, um schlichte Fenster herzustellen, die dennoch durch ein bewegtes Ornament das Auge erfreuten. Zwei Lösungen fanden sich: Bei der ersten wurden kleine, in Form geschnittene Glasteilchen mit Bleiruten zu Ornamenten gefügt, zwei Fenster dieser Art haben sich in Kloster Marienstatt erhalten[54]. Bei der zweiten wurden größere Scheiben zusammengesetzt und ein streng geometrisches Ornament mit Schwarzlot aufgemalt, wie dies ein Fenster aus Kloster Eberbach zeigt[55]. Fenster dieser Technik wurden zuerst in den französischen Zisterzienserklöstern entwickelt, Reste haben sich in La Bénissons-Dieu (Loire), Bonlieu (Creuse), La Chalade (Meuse), Noirlac (Cher), Obazine (Corrèze) und Pontigny erhalten[56]. Die deutschen Klöster haben vermutlich sehr rasch diese Techniken übernommen.

Die Inschrift „Lupuldus frater“[57], die sich auf einer Scheibe in Kloster Haina findet, läßt vermuten, daß die Mönche selbst die Fenster bemalten. Zu dem schon erwähnten, wohl noch im 12. Jahrhundert entstandenen

52 J. Canivez, I, 31, LXXX. „De litteris et vitreis. Litterae unius coloris fiant, et non depictae. Vitreae albae fiant et sine crucibus et picturis.“

53 Ebd., 91: „Vitraea depictae infra terminum duorum annorum emendetur: Alioquin ex tunc abbas et prior et cellarius omni sexta feria ieiunent in pane et aqua, donec sint ememdatae“.

54 H. J. Roth, 1966, Abb. 92.

55 W. Bickel, 310 rechts. Jetzt im Museum Wiesbaden.

56 H. J. Zakin, 11–84, Abb. 5–9, 15–19, 29–49, 50–54, 59–65, 81–91.

57 H. Wentzel, 1951, (ohne Sz.): am Rand eines Fensterzwickels mit Akanthusblättern.

Fenster in Kloster Eberbach und demjenigen in Marienstatt (um 1230–40), kommen weitere, um oder nach der Mitte des 13. Jahrhunderts geschaffene Blankverglasungen in Neukloster in Mecklenburg[58], Doberan[59], Haina[60], der St. Elisabethkirche in Marburg[61] (beide wohl in derselben Werkstatt gefertigt) und im Kreuzgang des Zisterzienserklosters Heiligenkreuz[62]. Da Zakin die französischen ‚Grisaillefenster'[63] und Frodl-Kraft die deutschen ‚Flechtwerkfenster'[64] in gründlichen Studien behandelt haben und sowohl auf die islamischen und mozarabischen Vorbilder, wie auch auf die Vorlagen in der Bauornamentik ausführlich eingehen, erübrigt sich eine zusätzliche Aufzählung von Einzelheiten. Wichtig in diesem Zusammenhang ist nur, daß die Muster einiger Bodenfliesen die Muster der Blankverglasungen exakt widerspiegeln. So findet sich das Muster N65 aus Kloster Eußerthal (in Abwandlungen auch in Bebenhausen, Chorin und Wörschweiler vertreten), auf Fenstern des Klosters Haina[65] und der Zisterzienserabtei Neukloster in Mecklenburg (Abb. 141)[66], N41 ebenfalls in Neukloster[67] (Abb. 142) und N72–N 73 (Abb. 143) in Haina (Abb. 144)[68].
Auch hier dürften wieder Musterbücher die Vorlagen für Fenster und Fliesen gestellt haben. Nur so läßt sich diese fast vollkommene Übereinstimmung, wie sie das Fenster aus Haina und N65 (Abb. 67 und 68) aus Eußerthal zeigen, erklären.
Wie in allen anderen Bereichen der Zisterzienserkunst, wurden auch die Erlasse, die sich gegen farbige Glasfenster richteten, im Laufe des 13. Jahrhunderts nicht mehr streng befolgt. Man blieb zwar in den Farben noch zurückhaltend und gab dem Glas nur einen leicht gelblichen oder grünlichen Schimmer, bemalte auch die Scheiben (mit wenigen Ausnahmen) nicht mit figürlichen Szenen, dafür aber mit einer Fülle von Blatt- und Blütenmotiven, wie sie in den Fenstern des Altenberger Doms ihre vollkommenste Ausbildung erfuhren. Ähnliche Scheiben mit Blattmustern haben sich in Doberan[69], Pforte[70], Haina[71] (Abb. 145), Heiligenkreuz[72],

Abb. 140 Herr Hartmann von Aue. Aus der Manessischen Liederhandschrift (fol. 184 v). Heidelberg, Universitätsbibliothek.

58 Ebd., Abb. 3.
59 Ebd., Abb. 1, heute im Museum Schwerin.
60 A. Kippenberger, Taf. 10.
61 Ebd., Taf. 9.
62 E. Frodl-Kraft, 1972, Abb. 239, 267. Hier findet sich außerdem eine Variante des Netzgitters der Fliese V9–V10 aus Bonmont (ebd., Abb. 322–325). Der Kreuzgang wurde zwischen 1220–50 erbaut.
63 H. J. Zakin, 85–87, lehnt jedoch die Thesen von E. Frodl-Kraft, welche die Vorbilder der zisterziensischen Blankverglasungen in den aus Marmor oder Stuck gefertigten Fenstertransennen islamischer und mozarabischer Bauten sieht, weitgehend ab. Sie verweist als Vorlagen auf die im ganzen Mittelmeerraum vorhandenen römischen Mosaiken und geht vor allem der Verbreitung des Palmettenmotivs nach (H. J. Zakin, 88–89). Zakin (ebd., 95–113) nimmt an, daß die Zisterzienser sich vorwiegend langobardischer, merowingischer, karolingischer und romanischer Motive bedienten, die in der französischen Bauplastik und auf Bodenmosaiken schon vorhanden waren. Mit Fliesenmustern stimmen überein zwei Fenster aus Obazine (ebd., 215, Taf. 5, 219, Taf. 9) und ein Fenster aus La-Bénissons-Dieu (ebd., 225, Taf. 15). Das Muster N31 zeigt ein Fenster aus Saint-Pierre in Orbais (Marne) (ebd., 395, Taf. 185).
64 E. Frodl-Kraft, 1965, Abb. 1–3 zeigt deutsche und französische Blankverglasungen mit Flechtwerkcharakter. Ihre Vergleiche mit den islamischen, mozarabischen und italienischen Vorbildern überzeugen. Einige der Muster waren jedoch in der langobardischen Kunst schon ausgebildet, für andere könnte der Einfluß der Kreuzzüge von Bedeutung gewesen sein. So sind Muster wie N38–N39 und N41 mit Varianten, vertreten in einem Grisaillefenster aus Doberan (vgl. Anm. 59), schon in einem Fenstergitter des Wüstenschlosses Tabǵa (See Genezareth, Palästina, Anf. 8. Jh.) vorgebildet. (J. Zick-Nissen, in: Islamische Kunst in Berlin. Kat. Museum für Islamische Kunst, Berlin 1971, 48, Nr. 141, Abb. 30).
65 H. Brandt, 1968, 47. Hier finden sich sogar die dünnen Rahmenleisten und die kleinen Punkte. Die Kreuzblüte der Mitte hat sich wiederum auf den Fliesen N66 und N69 erhalten. Dasselbe Muster, mit einem Perlband auf der Mittellinie, zeigt ein Fensterfragment, das vermutlich aus dem Lichtgaden des Freiburger Münsters stammt (um 1270), heute im Augustinermuseum, Freiburg. Hier liegt das Flechtwerk in Gelb und Weiß auf blauem Grund (F. Geiges, 1931, 289, Abb. 677).
66 s. Anm. 58.
67 E. Frodl-Kraft, 1965, Abb. 23.
68 W. Bickel, 310 links.
69 E. Drachenberg, K. J. Merker, Ch. Richter, Mittelalterliche Glasmalerei in der Deutschen Demokratischen Republik, Berlin 1979, 179, Abb. 34, Ende 13. Jh.
70 Ebd., 227–228, Abb. 24, um 1260.
71 A. Kippenberger, Taf. 10 oben rechts (Eichblätter mit Eicheln), Taf. 10 unten rechts (Akanthus), Taf. 11 oben links (Efeu mit Blüten).
72 E. Frodl-Kraft, 1972, Abb. 246–254 (Palmetten und Palmettenbaum), Abb. 436–439 (Hahnenfuß- und Weinblatt).

Abb. 141–142 Glasfenster mit Schwarzlotzeichnung aus dem Zisterzienserkloster Neukloster (Mecklenburg). Schwerin, Museum.

Kappel (Kt. Zürich)[73] und im Maßwerk des großen Westfensters in Bebenhausen erhalten.[74]
Hier überall, vor allem jedoch in den Fenstern des Altenberger Doms, finden sich die scharf gesägten Blätter des Löwenzahns[75], des Ahorns[76] und des Efeus[77], in Ranken eingehüllte Eichen[78]- und Rebblätter[79] (Abb. 146 und 147), Akanthus- und Kleeblätter[80] und natürlich immer wieder Lilien und Rosen, wie sie ganz gleich auf Fliesen vorkommen. Die Kapitellplastik wiederholt dieselben Themen[81], die Wandmalerei hat sie vereinzelt bewahrt. Ein Vergleich all dieser Motive mit den Zeichnungen des „Reiner Musterbuches"[82] zeigt, wie exakt einzelne Vorlagen kopiert wurden, er zeigt auch, wie weit die Muster teilweise wanderten. Das Muster M5 (Abb. 148) einer Fliese aus Kloster Wörschweiler, findet sich als Flachrelief auf einem Quader der Klosterkirche Otterberg[83], im Tympanon des Südportals des Klosters Casamari (Latium)[83a], auf Schlußsteinen der Klöster Altzelle (Kr. Meißen)[84] und Santes Creus (Katalonien)[85], wie auf einer Blankverglasung aus Obazine (Corrèze)[86] (Abb. 149). Dasselbe Palmettenmuster

73 E. J. Beer, Taf. 14b und c. Auf den Kreisen und Kreuzen finden sich außerdem dieselben Perlleisten wie auf den Fliesen in Bebenhausen, (ebd., Taf. 20, Taf. 22a und c). Es sei hier noch auf die Glasfenster der Pfarrkirche Mariae Himmelfahrt in Romont (Kt. Freiburg) verwiesen, die um 1330 unter dem Einfluß des Klosters Königsfelden entstanden. Sie zeigen dieselben Eichblattmuster wie die Fliesen des Chors in Königsfelden. Heute in Freiburg (Üchtland), Musée d'Art et d'Histoire (ebd., Taf. 58).

74 E. Paulus, 1886–87, 84ff. Farbtaf. 8. Die Maßwerkfüllungen zeigen Lilien und Rosen, Efeu, Eichblätter, Hahnenfuß-, Löwenzahn- und Rebblätter. In den Scheiben der übrigen, vermutlich aus Bebenhausen stammenden Verglasungen (heute in Schloß Althausen und auf Burg Lichtenstein) finden sich weitere, den Fliesenmustern sehr ähnliche Blattmotive. H. Wentzel, 1958, 186 und Abb. 423.

75 B. Lymant, 193, Abb. 39, Seitenschiffenster Fn 16. Beide Fenster sind durch ein Band aus kleinen quadratischen Scheiben gerahmt, deren Muster teilweise exakt mit Fliesenmustern übereinstimmen.

76 Ebd., 80, Nr. 2, 180, Abb. 7, 8; 81, Nr. 4, 181, Abb. 11, 12.

77 Ebd., 84, Nr. 9, 183, Abb. 20; 184, Abb. 21; 95, Nr. 33, 202, Abb. 55.

78 Ebd., 80, Nr. 1, 180, Abb. 5, 6; 105, Nr. 57, 209, Abb. 69.

79 Ebd., 83, Nr. 7, Nr. 8, 183, Abb. 17–19; 186, Abb. 31; 92, Nr. 28, 197, Abb. 43. – Weitere Glasfenster mit Rebblättern, die eine verblüffende Übereinstimmung mit Fliesenbildern zeigen, finden sich in der Zisterzienserinnenkirche Kirchheim (Ries) (H. Wentzel, 1958, Abb. 522–523, für T4–T6) und in der Zisterzienserklosterkirche Kappel, Kt. Zürich (E. J. Beer, Taf. 14c, für T11 und T19).

80 B. Lymant, 94, Nr. 31, 202, Abb. 54. – Außerdem zahlreiche Blattmuster die botanisch nicht exakt einzuordnen sind. Die Grisaillefenster in Altenberg entstanden vorwiegend zwischen 1259–69, einige vor 1276 und in den 80er Jahren des 13. Jh.

81 H.-J. Roth, 1976, vor allem 66–68 und Abb. 1A–18A, 12B–14B. Der Altenberger Dom ist nur als Beispiel angeführt, ähnliche Blattkapitelle finden sich in den Klöstern Haina (H. Brandt, 1968, 20, 28. – O. Schürer, 113, Abb. 26, Schlußsteine, 115, Abb. 29, Dienstkonsolen), Walkenried (K. Steinacker, Die Bau- und Kunstdenkmäler des Kreises Blankenburg, 2. Hbd. Wolfenbüttel 1922, 309, Abb. 211–212; 288, Abb. 202), Chorin (E. Badstübner, 81, 131), Doberan (ebd., 129, 130) und Schulpforte (ebd., 126–128).

82 F. Unterkircher, fol. 11r, Muster in Reihe 2, Nr. 2.

83 E. Hausen, Abb. 107.

83a A. Dimier, 1971, Abb. 88.

84 H. Magirius, Taf. 27, Abb. 72, M6. Eine Variante des Musters N31 zeigt der Schlußstein M5 (ebd., Taf. 27, Abb. 71), Varianten der Muster R7 (Eberbach) und R12 (Bebenhausen) der Schlußstein M8 (ebd., Taf. 27, Abb. 73).

85 A. Dimier, 1971, Abb. 106.

86 H. J. Zakin, 215, Taf. 5.

Abb. 143 a, b Fliese N 72 und N 73 aus dem ehem. Zisterzienserkloster Bebenhausen. Um 1227.

Abb. 144 Haina, ehem. Zisterzienserklosterkirche, nördl. Seitenschiff, Sockelfenster. Um 1240–1250.

Abb. 145 Haina, ehem. Zisterzienserklosterkirche, nördl. Seitenschiff, Sockelfenster. Um 1240–1250.

zeigt außerdem die schon erwähnte Fliese aus Kloster Mariengaarde (Abb. 150). Dies gilt nicht nur für die floralen Muster, auch die Flechtwerkmuster des „Reiner Musterbuches"[87] wurden auf Fliesen aufgenommen, sie haben sich außerdem, fast übereinstimmend, in Wandmalereien des Zisterziensterklosters Walderbach (Oberpfalz)[88] erhalten.

Daneben gibt es natürlich eine Fülle von Mustern, die, obwohl ursprünglich im sakralen Bereich entstanden, längst in den der Volkskunstmuster abgewandert waren und nun auf Fliesen wieder auftauchten. Hierzu zählen die Kerbschnittmuster[89], die Streublüten- und Sternmo-

87 F. Unterkircher, fol. 12r und 12v.

88 G. Hager, Die Kunstdenkmäler von Oberpfalz und Regensburg I. Bez. Amt Roding, München 1905, Taf. 8–10. Hier findet sich außerdem das Muster N31 (ebd., 196, Abb. 186) und N1 (ebd., 194, Abb. 184).

89 Kerbschnittmuster wie auf M21, M21.1, M22 kommen z.B. schon auf dem Hochaltar der Kirche San Pietro in Valle in Ferentillo, Mitte 11. Jh., vor (A. Prandi, Romanisches Umbrien, Würzburg 1981, Abb. 53–54), auf dem Portalsturz der Pfarrkirche von Rufach/Rouffach (Haut-Rhin), 11. Jh., (R. Kautzsch, Abb. 75) und auf Kapitellen der Augustinerklosterkirche Marbach (Haut-Rhin), um 1115 (R. Kautzsch, Abb. 117). Das Kapitell (R. Kautzsch, Abb. 116) zeigt das Muster N23. Eine besonders frühe Version des Musters M21.1 weist ein fränkisches Reliquienkästchen aus Clermont-Ferrand auf, Hannover, Kestner-Museum, vorkarolingisch (H. Karlinger, 132, 451).

Abb. 146 Bebenhausen, Dormitorium, Reliefflliese T 19.

Abb. 148 Wörschweiler, ehem. Zisterzienserkloster, Reliefflliese M 5.

Abb. 147 Altenberger Dom, Chorumgang, Scheitelkapelle, Fenster mit Weinblattranken. 1259–1269.

Abb. 149 Glasfenster mit Blankverglasung aus der Zisterzienserkirche Obazine (Correze). Um 1190. Zeichnung Rainer Wohlrabe.

tive[90]. Eine besondere Stellung nehmen außerdem die Fliesen mit Maßwerkmuster ein. Ihre Ableitung vom Maßwerk der frühgotischen Kirchenfenster ist eindeutig, ihre Datierung dafür um so schwieriger, da für sehr viele der frühen Maßwerkfliesen sichere Baudaten des Fundortes fehlen. Ein in Varianten auf vielen Maßwerkfliesen auftauchendes Muster, der Vierpaß mit zur Mitte gekehrten Lilien, findet sich um 1230 an einem kleinen Fenster der Marienkirche in Freyburg (Unstrut)[91]. Das ähnliche Muster L 17 müßte im 3. Viertel des 13. Jahrhunderts entstanden sein. Für die ‚Maß-

90 Kerbschnittsterne und -blüten sind so häufig, daß eine Aufzählung nicht möglich ist. Als Beispiel seien hier Tympana und Türstürze aufgeführt, so über dem Mönchsportal der Klosterkirche Bebenhausen (und auf einer Basis im dortigen Laienrefektorium) (F. Arens, Die Türstürze und Tympana über Portalen der Zisterzienser und Prämonstratenser, B. Chauvin, 30, Abb. 17 und 18, [17–34]); auf der Spolie eines Türsturzes in St. Lambert, Bechtheim b. Worms (F. Arens, Romanische Türstürze an Main und Oberrhein sowie in Franken, Mz. Zs. 75, 1980, Taf. 26e, 62–96, Taf. 22–28); auf einem Türsturz der ev. Kirche in Niederhilbersheim (Kr. Mainz-Bingen, ebd., Taf. 28e) und aus der Turmburg ‚Schlössel' b. Klingenmünster, heute in Speyer, Historisches Museum, (ebd., Taf. 28d).

91 E. Badstübner, Abb. 45.

Abb. 150 Reliefffliese aus dem ehem. Prämonstratenserkloster Mariengaarde bei Hallum (Friesland). Anfang 14. Jh., Leeuwarden, Friesisches Museum.

Abb. 151 Siegel der Genossenschaft der deutschen Kaufleute auf Gotland. Um 1270/1280. Dm ca. 8 cm. Münster, Nordrhein-westfälisches Staatsarchiv. (Zu T 22).

Abb. 152 Wappen aus der „Züricher Wappenrolle" im Vergleich mit Fliesenmustern aus dem Stadionschen Domherrenhof, Konstanz, Zeichnung R. Forrer.

Abb. 153 Schreibtafel aus Lindenholz, Mittelrhein, 13. Jh., früher: Wetzlar, Dom.

werkfliesen' des Aachener und Kölner Raums könnten ebenfalls Musterbücher existiert haben, die von verschiedenen Handwerkern für ihre Zwecke benutzt wurden. So zeigen Ofenplatten aus der Eifel dieselben Halbkreise mit flachen Hohlkehlen wie z. B. die Fliese L26[92].

Es ist nicht möglich die ganze Fülle der Vorlagen und Vorbilder hier auszubreiten. Fast für jedes Fliesenmuster lassen sich Parallelen in der bildenden Kunst fin-

92 S. Theissen, 231, Abb. 804, Ofenplatte, mittlere Eifel, Anfang 16. Jh., verschiedene Privatsammlungen.

Abb. 154 Heilsbronn, ehem. Zisterzienserklosterkirche, Grabplatte einer Unbekannten, gerahmt von den Fliesen F 92 und F 121.

den. Zum Abschluß sei jedoch noch auf zwei Gebiete verwiesen, die bisher nur flüchtig berührt wurden.

Das erste ist das weite Gebiet der Heraldik, welches vor allem die Darstellung der Adler- und Löwenmuster auf Fliesen beeinflußt hat[93]. Die Bilder auf Siegeln (Abb. 151) und Münzen, auf Wappen und Fliesen stimmen sehr oft exakt überein; außerdem wurden Wappen unmittelbar auf Fliesen übertragen. Einzelne Fliesen, wie G 1 zeigen, daß auch Schilde kopiert wurden[94]. Schon Forrer brachte die Fliesen des Stadionschen Domherrenhofes in Konstanz in Verbindung mit den Bildern der um 1340 entstandenen ‚Züricher Wappenrolle'[95] (Abb. 152). Die zeitliche Differenz zwischen der Prägung der Fliesen und der Niederschrift der Wappenrolle darf hier nicht irritieren[96]. Meist waren Wappen, schon lange bevor sie gesammelt und schriftlich fixiert wurden, in ihren Formen festgelegt. Es wäre durchaus möglich, daß einige der Konstanzer Fliesen Wappen der im Bodenseeraum und in der Nordschweiz ansässigen Geschlechter wiedergeben, möglicherweise nahm auch hier der Fußboden die Bilder der Balkendecke auf. Das schönste Beispiel einer solchen Dekoration hat sich im ‚Haus zum Loch' in der Römerstraße in Zürich erhalten[97], einen weiteren Wappenfries bewahrte der Turm zu Erstfeld (Kt. Uri)[98] und der Wappensaal der Burg in Lauf (Pegnitz)[99].

Ein weiteres, der Heraldik entlehntes Ornament könnten die dort als ‚Lilienhaspel', in dieser Arbeit als ‚Lilienkreuze' bezeichneten Muster (R 9a, R 22–R 24, R 31–R 32, R 35.1, R 46, R 48) sein. Es handelt sich ursprünglich um Metallbeschläge, die zur Verstärkung auf den Schilden angebracht wurden, (entweder in der Form von Ankerkreuzen oder als gekreuzte Bänder mit Lilienenden[100]) und später zu erblichen Wappen aufstiegen. Für diese Formen gibt es in der Bauornamentik kaum Vorlagen, ähnliche Muster erscheinen höchstens in der Buchmalerei.

Das zweite Gebiet umfaßt all jene Bereiche der Kunst, die nicht nur Anregungen und Motive, sondern gleich die fertigen Vorlagen in Form von Quadraten, Eckquadraten und Kreisen lieferten. Als besonders überzeugendes Beispiel sei hier eine wohl am Mittelrhein entstandene Schreibtafel des 13. Jahrhunderts aus dem Wetzlarer Dom genannt[101] (Abb. 153). Da sich diese Muster oft erst im späten 13. und frühen 14. Jahrhundert entwickelten, wäre es möglich, daß eine gegenseitige Beeinflussung stattfand. Den Fliesenmustern

93 Eine Aufzählung ist unmöglich, einzelne Siegel und Münzen werden jeweils bei den Gruppen B und D vermerkt.

94 Schilde waren, in Form von Totenschilden, häufig über einer Grabstätte in den Kirchen aufgehängt. Es ist möglich, daß Fliesen zur Rahmung dieser Grabstätten verwandt wurden. Für St. Urban sind Wappenschilde der Wohltäter des Klosters im Kreuzgang überliefert (P. Ganz, I, Anm. 3), die Fliesen zeigen ebenfalls die Wappen dieser Geschlechter (R. Schnyder, 1958, 81, Nr. 103, 82, Nr. 104), um 1280. Erwähnt werden soll außerdem der um 1220 entstandene Löwenschild des Arnold von Brienz aus der Klosterkirche von Seedorf, heute im Schweiz. Landesmuseum Zürich, (W. Kohlhausen, I, 1969, 94) und die Schilde aus der St. Elisabethkirche in Marburg (heute im Universitätsmuseum Marburg), die zwischen 1240–1320 entstanden. (H. Nickel, Der mittelalterliche Reiterschild des Abendlandes, Diss. Berlin 1958, 28, Abb. 34, 39 und 40; 34, Abb. 41–43; 40, Abb. 44; 44, Abb. 47, 48; 48, Abb. 49, 53 und 54; 52, Abb. 56–59).

95 R. Forrer, 1901, 73, Abb. 159–167.

96 W. Merz, F. Hegi, 33 ff., Taf. 1–27. Die Wappenrolle enthält 559 Wappen und 28 Banner von ritterbürtigen Geschlechtern aus Deutschland und der Schweiz. Der Entstehungsort ist unbekannt, vermutet werden Konstanz, die Reichenau, St. Gallen oder eine Burg der habsburgischen Urlande. Ihren Namen erhielt sie vom späteren Aufbewahrungsort Zürich.

97 P. Ganz, 111–112. Ca. 200 Wappenschilde wurden um 1305/06 auf den Seitenflächen der Balkendecke in einem Saal des Hauses angebracht. Das Haus war im Besitz des Ritters Wisso Wiß.

98 Ebd., 110–111.

99 W. Meyer, E. Lessing, Deutsche Ritter – Deutsche Burgen, München 1976, 145. Kolorierte Flachreliefs, um 1360, auf Geheiß Kaiser Karl IV. angebracht.

100 P. Ganz, 36, Abb. 22.

101 H. Kohlhausen, Geschichte des deutschen Kunsthandwerks, Deutsche Kunstgeschichte 5, München 1955, 103, Abb. 87.

ähnliche oder verwandte Motive finden sich auf den Hintergründen der Glasfenster[102], auf den gepunzten Goldhintergründen von Tafelbildern und -altären[103], auf den Gewändern gotischer Skulpturen[104] und auf deren mit Modeln geprägten Gewandsäumen[105], auf den Flächen romanischer und gotischer Schreine[106], auf Behältern jeder Art aus Leder und Metall und vor allem auf Bucheinbänden[107].

---

102 R. Becksmann, Taf. 13. – E. Frodl-Kraft, 1972, Taf. 15–17.

103 A. Stange, II, 1936, 96–98, Abb. 117. Als Beispiel sei der um 1360/70 entstandene Klarenaltar (heute im Kölner Dom) genannt. Der Tafelgrund zeigt im Wechsel Wirbelrosetten und Blattsterne.

104 B. Beaucamp-Markowsky, Zu den Gewandmustern der Chorpfeilerfiguren im Kölner Dom, Kölner Dombl. 42, 1977, 75–92, zugleich ein weiterer Hinweis auf Gewebe, die als Vorlage für Fliesenbilder gedient haben könnten.

105 H. Westhoff, Typische Gewandsäume auf Skulpturen des 14. Jahrhunderts – Süddeutschland und angrenzende Gebiete, Maltechnik-Restauro 89, 1983, 23–27, vor allem Abb. 23 und 25.

106 Als frühe Beispiele seien erwähnt: Der Schrein des hl. Aetherius, Köln, um 1170, Köln, St. Ursula (M. Seidler, in: Kat. Ornamenta Ecclesiae 2, 350–351) mit Herzpalmetten, Blattpalmetten, Lilienkreuzen und dem Kampf Samsons mit dem Löwen; der Dreikönigsschrein des Kölner Domes, um 1181 bis um 1230 (R. Laier, ebd., 216–215, mit Literaturangaben). Die Hintergründe der Prophetenreihe mit Eckquadraten und Palmetten, die Trapezplatte mit Kreismedaillons mit kämpfenden Rittern, Kentauren, Samsondarstellung, Jagdmotiven, Drachen und Löwen. Wenig später sind die Quadrate wie auf einem Fliesenboden eng gereiht, so auf dem Armreliquiar der hl. Elisabeth, um 1240, Schloß Sayn (J.-H. Baumgarten, ebd., 3, 138–139). Quadrate und Rauten mit Blattrosetten und Akanthusblättern.

107 Aus der umfangreichen Literatur zu diesem Thema seien genannt: H. Knaus, Einbandstempel des 14. Jahrhunderts, in: FS Ernst Kyriss, Stuttgart 1961, 55–71; G. Laurin, Die Blindstempelbände des ehemaligen Zisterzienserstiftes Neuburg in Obersteiermark (ebd., 123–146); R. Kroos, Härkelse iut'n Westfölsken un Lippsken – Mittelalterliche Einbandstempel von Liesborn, Falkenhagen und Lippstadt, Westfalen 55, 1977, 40–52, mit Literaturangaben. Es finden sich vor allem Flechtwerkbänder, Blattsterne, Rosetten, Lilien, Adler, Löwen, Drachen und sonstige Tiere, aber auch sakrale Themen (Agnus Dei, Pelikan) und Schriftblöcke.

Literaturverzeichnis

Aufgeführt wird die mehrfach benutzte Literatur. Alle nur einmal erwähnten Veröffentlichungen und Aufsätze werden ungekürzt im Text, im Fundort- bzw. im Musterkatalog zitiert.

I. ADLOFF, Die antiken Fabelwesen in der romanischen Bauornamentik des Abendlandes. Diss. (ms.), Tübingen 1947.

I. ACHTER, Die Kirche, in: G. Busch (Hrsg.), Bödingen ist eine Wallfahrt wert, Siegburg 1981, 118–151.

E. ADAM, Baukunst der Stauferzeit in Baden-Württemberg und im Elsaß, Stuttgart – Aalen 1977.

R. ADAMY, Die Einhardsbasilika zu Steinbach im Odenwald, Hannover 1885.

R. ADAMY, Die fränkische Torhalle und Klosterkirche zu Lorsch a. d. Bergstraße, Darmstadt 1891.

R. ADAMY, Die Kdm im Ghzt. Hessen C. Prov. Oberhessen. Kreis Friedberg, Darmstadt 1895.

H. ADENAUER, J. BUSLEY, H. NEU, Die Kdm der Rheinprovinz 17, Die Kdm der Ämter Mayen-Stadt und -Land, Münstermaifeld, Niedermendig und Polch, Düsseldorf 1985.

E. ADENAW, Archäologische Funde in Aachen bis zum Jahre 1898, ZAGV 20, 1898, 179–228 mit Karte.

E. ADENAW, Archäologische Funde in Aachen nach dem Jahre 1898, ZAGV 36, 1914, 111–135.

P. AESCHBACHER, Die Burgen und Schlösser des Kantons Bern. Jura und Seeland. 2. Teil, Basel 1936.

J. AINAUD DE LASARTE, Ceramica y vidrio, Bd. X der „Ars Hispaniae", Madrid 1952.

M. AKERMANN, Topographie der historischen Sehenswürdigkeiten, in: Der Kreis Göppingen (Hrsg. P. GOES), Aalen 1973, 157–187.

P. P. ALBERT, M. WINGENROTH, Freiburger Bürgerhäuser aus vier Jahrhunderten, Augsburg 1923.

O. VON ALBERTI, Württembergisches Adels- und Wappenbuch, 2 Bde., Stuttgart 1889–1916.

W. ALTER (Hrsg.), Pfalzatlas, 2 Textbde., I, Speyer 1964, II, 1971.

J. AMANN, Stände und Handwerker. Mit Gedichten von Hans Sachs, München 1884.

S. AMBROSIANI, Zur Typologie der älteren Kacheln, Stockholm 1910.

E. AMÉ, Les carrelages emaillés du moyen-âge et de la renaissance, précédés de l'histoire des anciens pavages, mosaïques, labyrinthes, dalles incrustées, Teil I, II, Paris 1859.

A. ANTONOW, Burgen des südwestdeutschen Raumes im 13. und 14. Jahrhundert unter besonderer Berücksichtigung der Schildmauer, Bühl 1977.

A. ANTONOW, Planung und Bau von Burgen im süddeutschen Raum, Frankfurt 1983.

F. ARENS, Ein gotisches Patrizierhaus in Mainz, in: FS für Christian Eckert. Kultur und Wirtschaft im Rheinischen Raum, Mainz 1949, 137–147, 9 Abb.

F. ARENS, Die Kdm von Rheinland-Pfalz 4,1. Stadt Mainz, Kirchen St. Agnes – Heilig-Kreuz, München – Berlin 1961.

F. ARENS, Die ursprüngliche Verwendung gotischer Stein- und Tonmodel mit einem Verzeichnis der Model in mittelrheinischen Museen, Mz. Zs. 66, 1971, 106–131, Taf. 17–49.

F. ARENS, Der Saalhof zu Frankfurt und die Burg zu Babenhausen. Zwei staufische Wehr- und Wohnbauten am Mittelrhein, Mz. Zs. 71/72, 1976/1977, 1–56.

F. ARENS, Die staufischen Königspfalzen, Kat. Die Zeit der Staufer III, Stuttgart 1977, 129–142.

F. ARENS, Staufische Königspfalzen, Burgen und Schlösser, Düsseldorf 1978, II, 74–83.

E. PH. ARNOLD, Das Alt-Aachener Wohnhaus. Aachener Beitr. für Baugesch. und Heimatkunst 8, Aachen 1930.

L. ARNTZ, H. NEU, H. VOGTS, Die Kdm der Rheinprovinz VII, 3, Die kirchlichen Kdm der Stadt Köln, Düsseldorf 1934.

L. ARNTZ, H. NEU, H. VOGTS, Die Kdm der Rheinprovinz VII, 3, Ergänzungsbd. Die ehem. Kirchen, Klöster, Hospitäler und Schulbauten der Stadt Köln, Düsseldorf 1937.

M. AUBERT, M. DE MAILLE, L'architecture cistercienne en France, 2 Bde., 2. Aufl. Paris 1947.

M. BACKES, Burgen und Residenzen am Rhein, Frankfurt 1960.

M. BACKES, Dome, Kirchen und Klöster in Hessen, Frankfurt 1964.

M. BACKES, H. CASPARY, N. MÜLLER-DIETRICH, Die Kdm des Landes Rheinland-Pfalz VI. Rhein-Hunsrück-Kreis I. Der ehem. Kreis Simmern, 2 Bde., Berlin – München 1977.

N. BACKMUND, Die Chorherrenorden und ihre Stifte in Bayern, Passau 1966.

E. BADSTÜBNER, Kirchen der Mönche. Die Baukunst der Reformorden im Mittelalter, Wien 1981.

E. BADSTÜBNER, H. NEUMANN, H. SACHS, Erklärendes Wörterbuch zur christlichen Kunst, Hanau o. J.

K. BAEUMERTH, Töpferei in der Landgrafschaft Hessen-Homburg. Ein Beitr. zur Zunftgeschichte, Mitt. des Ver. für Gesch. und Landeskunde zu Bad Homburg v. d. Höhe 35, 1982, 208–280.

H. BAHLOW, Deutsches Namenslexikon, Frankfurt 1972.

G. BAIER, H. ENDE, R. KRÜGER, Die Denkmäler im Bezirk Rostock. Die Denkmäler des Kreises Greifswald, Leipzig 1973.

G. BAIER, H. ENDE, B. OLTMANNS, Die Bau- und Kunstdenkmäler in der mecklenburgischen Küstenregion, Berlin 1990.

J. BALTRUSAITIS, Études sur l'art médiéval en Géorgie et en Arménie, Paris 1929.

J. BALTRUSAITIS, Das phantastische Mittelalter. Antike und exotische Elemente der Kunst der Gotik, Frankfurt/Main – Berlin – Wien 1985.

J. BALTZER, F. BRUNS, H. RATHGENS, Die Bau- und Kdm der Hansestadt Lübeck IV. Die Klöster. Die kleineren Gotteshäuser der Stadt. Die Kirchen und Kapellen in den Außengebieten. Gedenk- und Wegekreuze und der Leidensweg Christi, Lübeck 1928.

X. BARBIER DE MONTAULT, Le carrelage de l'église abbatiale des Châtelliers (Deux-Sèvres) au Moyen Âge et à la Renaissance, Mémoires de la Soc. des Antiquaires de l'Ouest, XV, Série 2, 1892, 617–640, Taf. I–IV.

X. BARRAL I ALTET, Les débuts de la mosaïque de pavement romane dans le Sud de la France et en Catalogne, Les cah. de Saint-Michel de Cuxa III, 1972, 117–130.

X. BARRAL I ALTET, Els mosaics de paviment medievals a Catalunya (art romanic 10), Barcelona 1979.

X. BARRAL I ALTET, F. AVRIL, D. GABORIT-CHOPIN, Romani-

sche Kunst I. Mittel- und Südeuropa, 1060–1220, München 1983. II. Nord- und Westeuropa, 1060–1220, München 1984.
G. Barruol, Romanik der Hoch-Provence, Würzburg 1984.
S. Bartenstein, M. Fuchs, Hafnerkunst in Villingen. Bestandskatalog I des Museums Altes Rathaus Villingen. Abt. Kunsthandwerk, Villingen-Schwenningen 1978.
M. Barth, Hb. der elsässischen Kirchen im Mittelalter. Forschungen zur Kirchengesch. des Elsaß IV, Straßburg 1960.
A. de Barthélemy, Carreaux historiés et vernissés. Avec noms de Tuilliers, Bull. mon. 6, Série 3, Paris 1887, 252–272.
J. G. Battonn, Örtliche Beschreibung der Stadt Frankfurt a.M., hrsg. von L. H. Euler, Bd. 1–7, Frankfurt 1861–1875.
Die Baudenkmale in der Pfalz, gesammelt und hrsg. von der Pfälz. Kreisges. des bayer. Architekten- und Ingenieurs-Vereins, Ludwigshafen, I, 1884–1889, II, 1889–1892, III, 1893–1894, IV, 1894.
H. Bauer, Kloster Gnadenthal, Zs. des Hist. Ver. für das Wirtenbergische Franken 9, 1871, 34–73.
W. Bauer, Die Baugeschichte der Amanduskirche, Der Wormsgau II, H. 2, 1936, 89–96.
W. Bauer, Zur Lage und Form der Fundstellen auf dem Domberg, Der Wormsgau II, H. 2, 1936, 79–83.
J. Baum, Drei Mainzer Hallenkirchen, in: Studien aus Kunst und Gesch. FS Friedrich Schneider zum 70. Geburtstag, Freiburg 1906, 355–370.
J. Baum, Backsteine aus St. Urban, in: Bull. des relations artistiques France-Allemagne. L'architecture monastique. Actes et travaux de la rencontre franco-allemande des historiens d'art, Mainz 1951 (ohne Sz.).
J. Baum, Karolingische Bildnerkunst aus Ton und Stein im Iller- und Nagold-Tal, Beitr. zur Kunstgesch. des Frühmittelalters. Akten zum VII. Internation. Kongreß für Frühmittelalterforschung (21.–28. 9. 1958), Graz – Köln 1962, 167–178.
J. Baum, H. Klaiber, B. Pfeiffer, Die Kunst- und Altertums-Denkmale im Königreich Württemberg I, 5. Donaukreis I, Stuttgart 1914.
F. L. Baumann, Geschichte des Allgäus II. Das spätere Mittelalter (1268–1517), Kempten 1890, ND Aalen 1973.
M. de Baye, L. de Pinchon, La décoration héraldique dans les carrelages au moyen âge. Le Chatel de Castille, Bull. mon. 85, 1926, 157–178.
G. K. Beaulah, Paving tiles from Meaux Abbey, Transactions of the East Riding Antiquarian Soc. 26, 1929, 116–136.
H. Bechtel, Wirtschaftsstil des deutschen Spätmittelalters. Der Ausdruck der Lebensform in Wirtschaft, Gesellschaftsaufbau und Kunst von 1350 bis um 1500, München – Leipzig 1930.
N. Beck, Vom Dorf mit Effenkranz bis zur Feldkapelle Bettenheim, ein Beispiel für eine totale Ortswüstung. Ein Beitr. zur Wüstungsforschung in Rheinhessen, Koblenzer geographisches Kolloquium, hrsg. vom Seminar für Geographie der EWH Rheinland-Pfalz, Abt. Koblenz, 8, 1985, 5–15.
O. Beck, Kunst und Geschichte im Lkr. Biberach. Ein Reiseführer zu Kulturstätten und Sehenswürdigkeiten in der Mitte Oberschwabens, Sigmaringen 1983.
E. Becker, Weinbau und Weinhandel des Klosters Eberbach in älterer Zeit, Der Rheingau 3, 1930, 59–60.
B. Beckmann, Der Scherbenhügel in der Siegburger Aulgasse I. Die Formen der Keramik von ihren Anfängen bis zum Beginn der sogenannten Blütezeit (Perioden 1–4). Bonn 1975.
R. Becksmann, Die mittelalterliche Glasmalerei in Baden und der Pfalz (CVMA Deutschland II, Teil I), Berlin 1979.
S. Beeh-Lustenberger, Glasmalerei um 800–1900 im Hess. Landesmuseum in Darmstadt I. Bildteil, Frankfurt 1967, II. Textteil, 1973.
Ellen J. Beer, Die Glasmalereien der Schweiz aus dem 14. und 15. Jahrhundert ohne Königsfelden und Berner Münsterchor (CVMA Schweiz III), Basel 1965.
R. R. Beer, Einhorn. Fabelwelt und Wirklichkeit. München 1972.
L. Behling, Gestalt und Geschichte des Maßwerks, Halle 1944.
L. Behling, Dreipaß, RDK III, 1954, Sp. 526–537.
L. Behling, Die Pflanze in der mittelalterlichen Tafelmalerei, Weimar 1957.
L. Behling, Die Pflanzenwelt der mittelalterlichen Kathedralen, Köln – Graz 1964.
St. Beissel, Die Bauführung des Mittelalters. Studien über die Kirche des hl. Viktor zu Xanten. ND der 2. verm. Ausg. von 1889 (Freiburg), 3 Teile, Osnabrück 1966.
H. Bender mit den Architekten Schäfer, Becker und Guther, Stadt Ulm. Historische Bausubstanz, Ulm 1975.
L. Benoit, Fragments de carrelage découverts à Sarrebourg et à Fénétrange, Bull. de la Soc. d'histoire et d'archéologie de la Moselle VI, 1863, 83–84.
A. Berendsen, M. B. Keezer, S. Schoubye, J. M. dos Santos Simões, J. Tichelaar, Fliesen. Eine Geschichte der Wand- und Bodenfliesen, München 1964.
H. van den Berg, Middeleeuwse tegelvloeren in Friesland en omgeving, Leeuwarden (1981 a).
H. van den Berg, De Nederlandse Monumenten van Geschiedenis en Kunst. De Provincie Friesland II. Norderlijk Oostergo. Ferwerderadeel, Den Haag (1981 b).
H. van den Berg, De Nederlandse Monumenten van Geschiedenis en Kunst. De Provincie Friesland II. Norderlijk Oostergo. Dantumadeel, Den Haag 1984.
R. Bergau, Inventar der Bau- und Kdm in der Provinz Brandenburg, Berlin 1885.
H. Berger, Handbuch der bürgerlichen Kunstaltertümer in Deutschland II, Leipzig o. J.
H. Bergner, Beschreibende Darstellung der älteren Bau- und Kdm der Provinz Sachsen und angrenzenden Gebiete, 30. H. Kreis Wolmirstedt, Halle 1911.
Bericht des Historischen Museums der Pfalz in Speyer 1, 1913 ff. (G. Berthold).
R. Berliner, G. Egger, Ornamentale Vorlageblätter des 15.–19. Jahrhunderts, 1 Textbd., 2 Tafelbde., München 1981.
H. Bernhard, Fundberichte aus der Pfalz, 1961–1965, 1978, Mittelalter und Neuzeit, Mitt. des Hist. Ver. der Pfalz 81, 1983, 155–227.
R. Bernheimer, Romanische Tierplastik und die Ursprünge ihrer Motive, München 1931.
G. Berthold, Zur Siegfriedsage. Das Relief an der Kirche in Rüssingen, Ber. des Hist. Museums der Pfalz in Speyer I, 1913, 13–18.
G. Berthold, Bericht des hist. Museums der Pfalz in Speyer, Nr. 2, 1914, 26. (Dies ist kein Aufsatz, dort sind nur die Abb. der Fliesen in einen fremden Text eingestreut. S. 26–30, Abb. 22–29).
Beschreibung der württembergischen Oberämter, hrsg. vom Kgl. statistisch-topographischen Bureau, Stuttgart 1824 bis 1886, NF 1893–1930. Verwandt wurden folgende Bände:
1. Aalen, 1854
2. Backnang, 1871
3. Balingen, 1880
5. Biberach, 1837

6. Blaubeuren, 1850
7. Böblingen, 1850
9. Calw, 1860
11. Crailsheim, 1884
12. Ehingen, 1826
14. Eßlingen, 1845
15. Freudenstadt, 1858
16. Gaildorf, 1852
17. Geislingen, 1842
19. Gmünd, 1870
20. Göppingen, 1844
22. Heidenheim, 1844
23. Heilbronn, 1865
24. Herrenberg, 1855
26. Kirchheim, 1842
27. Künzelsau, 1883
28. Laupheim, 1852
31. Ludwigsburg, 1859
33. Maulbronn, 1870
34. Mergentheim, 1880
35. Münsingen, NF 1912
41. Oberndorf, 1868
42. Öhringen, 1865
43. Ravensburg, 1836
44. Reutlingen, NF 1893
45. Riedlingen, NF 1930
48. Saulgau, 1829
49. Schorndorf, 1851
52. Stuttgart-Amt, 1851
54. Tettnang, 1838
55. Tübingen, 1867
56. Tuttlingen, 1879
57. Ulm, 2 Bde. NF 1879.

K. Beyerle, A. Maurer, Konstanzer Häuserbuch II, 1. FS zur Jahrhundertfeier der Vereinigung der Stadt Konstanz mit dem Hause Baden. Hrsg. von der Stadtgemeinde. Geschichtliche Ortsbeschreibung, Heidelberg 1908.

G. von Bezold, B. Riehl, Die Kdm von Bayern I. Reg.-Bez. Oberbayern I, 1895; II, 1902; III, 1908 (München).

D. Bicheler, Die ehem. vorderösterreichische Donaustadt Mengen in Krieg und Frieden. Geschichte einer Kleinstadt im Spiegel alter Akten und Urkunden der Heimatliteratur zu ihrem 700jährigen Bestehen. 1257–1957, Mengen 1957.

W. Bickel, Die Kunst der Zisterzienser, in: A. Schneider, A. Wienand, W. Bickel, E. Coester, Die Cistercienser. Geschichte, Geist, Kunst, Köln 1974, 193–340.

L. Bickell, Die Bau- und Kdm im Reg.-Bez. Cassel VI, 1. Kreis Gelnhausen, Marburg 1901.

G. Binding, Zur Territorial- und Kunstgesch. der staufischen Wetterau, Wetterauer Geschichtsbl. 12, 1963, 1–47.

G. Binding, Pfalz Gelnhausen. Eine Bauuntersuchung, Bonn 1965.

G. Binding, M. Untermann, Kleine Kunstgeschichte der mittelalterlichen Ordensbaukunst in Deutschland, Darmstadt 1985.

G. Binding, W. Janssen, F. K. Jungklaass, Burg und Stift Elten am Niederrhein. Archäologische Untersuchungen der Jahre 1964/65, Düsseldorf 1970 (Rhein. Ausgrabungen 9).

G. Binding, L. Hagendorf, N. Nussbaum, G. Pätzold, U. Wirtler, Das ehem. romanische Zisterzienserkloster Altenberg, Köln 1975.

G. Bittner, Chorin. Gestalt und Geschichte eines Zisterzienserklosters, Leipzig 1980.

H. Blake, The archaic Maiolica of north-central Italy: Montalcino, Assisi and Tolentino, Faenza 66, 1980, 91–152.

S. von Blanckenhagen, E. von Gleichenstein, Felix mater Constantia. Die Stadt Konstanz und ihre Heiligen im 10. Jahrhundert. Katalog Ausstellung Konstanz 1975, 47–87.

W. von Blankenburg, Heilige und dämonische Tiere, 2. Aufl., Köln 1955.

H. Bleibrunner, Niederbayern. Kulturgeschichte des bayer. Unterlandes in 2 Bdn., Landshut 1979–1980.

A. Blomme, Un carreau vernissé, Bull. d'Acad. d'Archéologie de Belgique 4, 1885, 242–246.

A. Blomme, Carreux cérames épigraphiques, Ann. de l'Acad. Royale d'archéologie de Belgique LXII, 6, Série II, 1910, 251–298.

H. Blum, Dome, Kirchen und Klöster im Rheinland, Frankfurt 1964.

A. Bochnak, J. Pagaczewski, Polskie Rzemiosło Artystyczne Wieków Średnich (Polnisches Kunstgewerbe des Mittelalters), Krakau 1959.

F. Bock, Rheinlands Baudenkmale des Mittelalters, 4 Bde. Köln – Neuss, 1868–1872 (ohne Sz.), Neudruck Düsseldorf 1979, 3 Bde.

O. Böcher, Dämonenfurcht und Dämonenabwehr. Ein Beitrag zur Vorgeschichte der christlichen Taufe, Stuttgart 1970.

O. Böcher, Letzte Zeugen eines mittelalterlichen Kunsthandwerkes. Fundstätten von Bodenfliesen in Worms/Bomben förderten sie zutage/Beispiele aus der Slg. des Museums, Wonnegauer Heimatbl. 3, H. 7, 1958, 2–3.

O. Böcher, Zur Geschichte der Ebernburg, Der Turmhahn 22, 1978, 2–16.

J. Böckem, Zur Technik des Siegburger Steinzeugs, Heimatbl. des Siegkreises 24, H. 71, Siegburg 1956, 11–14.

A. Boeckler, Deutsche Buchmalerei der Gotik, Königstein 1959.

H. W. Böhme, Die Turmhügelburg bei Alsbach-Hähnlein und die Territorialentwicklung an der mittleren Bergstraße im Früh- und Hochmittelalter, Jb. des Röm.-Germ. Zentralmuseums Mainz 30, 1983, 503–517.

K. Böhner, Mittelalterliche Töpferöfen in Walberberg und Pingsdorf, Bonner Jb. 155/156, 1955/1956, 372–387.

H. Boos, Geschichte der rheinischen Städtekultur von ihren Anfängen bis zur Gegenwart mit besonderer Berücksichtigung der Stadt Worms, 4 Bde. Berlin. I, Vorzeit – 1254, 1897; II, 1897; III, 1899; IV, 1901.

W. Bornheim, gen. Schilling, Rheinische Höhenburgen, 3 Bde., Neuss 1964.

W. Bornheim, gen. Schilling, Zur Geschichte und Kultur von Burg und Schloß Montabaur (Akad. der Volksbanken und Raiffeisenbanken), Wiesbaden 1977.

R. Borremans, R. Warginaire, La céramique d'Andenne. Recherches 1956–1965, Rotterdam 1966.

R. Borrmann, Die Keramik in der Baukunst, Hb. der Architektur I, 4, Stuttgart 1897.

K. Bosl, Die Reichsministerialität der Salier und Staufer. Ein Beitrag zur Geschichte des hochmittelalterlichen deutschen Volkes, Staates und Reiches, I, Stuttgart 1950.

K. Bosl, Pfalzen und Forsten, in: Deutsche Königspfalzen. Beitr. zu ihrer hist. und archäologischen Erforschung I, Göttingen 1963, 1–29.

W. Boss, Zeugen alten Töpferhandwerks. Ornamentierte Fußbodenfliesen des Mittelalters im Dieburger Museum, Dieburger Anzeiger vom 23. 3. 1984.

F. Bouchholtz, Burgen und Schlösser im Elsaß, Frankfurt 1962.

G. Boulanger, Notes pour servir à la statistique monumentale de la Moselle, Mémoires de l'Acad. impériale de Metz, XXXIV Année 1852–1853, 1853, 296–298.

H. Brandl, Romanische Tontafeln aus Regensburg, Staedel-Jb. IX, 1935/36, 156–166.

H. Brandt, Die Wüstung Espe, im Volksmund „Espenkir-

chen" genannt, Zs. des Ver. für Hess. Gesch. und Landeskunde, 65/66, 1954/1955, 235–243.
H. Brandt, Das Kloster Haina. Die Zisterzienserabtei im hess. Kellerwald, Frankenberg 1968.
W. Braunfels, Abendländische Klosterbaukunst, 2. Aufl. Köln 1976.
T. Breuer, Bayer. KDM, Stadt und Landkreis Memmingen, München 1959.
A. Breuning, Die Barbarakirche in Apfelstetten. Eine bau- und kunstgeschichtliche Untersuchung, Apfelstetten 1973.
A. C. de Breycha-Vauthier, Les carreaux estampés de Bonmont, ZAK 15, 1954/1955, 7–10.
F. Brill, Die Töpferei in der Streitzeuggasse zu Köln, Veröffentl. des Kölner Geschichtsver. 29, 1969, 255–274.
K. J. Brilmayer, Rheinhessen in Vergangenheit und Gegenwart, Gießen 1905.
J. de Brouwer, Carrelage ancien conservé au Musée archéologique de l'Université de Louvain, Bull. de Metiers d'Art 5, 1905/1906, 283–287.
J. Brückmann, Der Kreis Jülich (Jakob Offermann, Geschichte der Städte, Flecken, Dörfer, Burgen und Klöster in den Kreisen Jülich, Düren, Erkelenz, Geilenkirchen und Heinsberg, nebst statistischen Angaben), Jülich 1912.
H. Brückner, Die mittelalterlichen Gebrauchsgeschirre im Städtischen Historischen Museum zu Frankfurt a. Main, in: Schriften des Hist. Museums Frankfurt a. M. II, 1926, 15ff.
J. Brülisauer mit H. Draeyer und Y. Jolidon, Alltag zur Sempacherzeit. Innerschweizer Lebensformen und Sachkultur im Spätmittelalter. Kat. der Ausstellung im Hist. Museum, Luzern 1986.
P. Buberl, H. Göhler, A. Wagner, Die Kdm des Zisterzienserklosters Zwettl, Baden b. Wien 1940 (Ostmärkische Kunsttopographie 29).
B. Bucher, Geschichte der technischen Künste, 3 Bde. Berlin – Stuttgart 1875–1893.
F. Bucher, Nôtre Dame de Bonmont und die ersten Zisterzienserabteien der Schweiz, Bern 1957.
J. Buchkremer, Die alten Schulgebäude am Klosterplatz (Die ehem. Dechanei des Aachener Krönungsstiftes), in: Städt. Realgymnasium Aachen, 1835–1935, Aachen 1935, 39–58.
K. Bücher, Die Berufe der Stadt Frankfurt a. M. im Mittelalter, Abh. der Philologisch-Hist. Klasse der kgl. Sächsischen Ges. der Wissenschaften XXX, Leipzig 1914.
J. Bühl, Heimatbuch der Stadt Babenhausen, 1236–1953, 2 Bde., Babenhausen, 1953–1957.
J. Bühring, K. Maier, Die KDM des Landes Niedersachsen 34. Die KDM des Landkreises Celle, Hannover 1970.
Das Bürgerhaus in der Schweiz XVII, Kt. Basel Stadt I (hrsg. vom Schweiz. Ingenieur- u. Architektenverein), Zürich 1926.
G. Burkhardt, Geschichte der Stadt Geislingen an der Steige. Von der Vor- und Frühgeschichte bis zum Jahre 1803, Konstanz 1963.
J. Burnouf, J. Maire, J.-P. Rieb, R. Schellmanns, M. Seiler, Les matériaux de construction en terre cuite en Alsace au moyen âge: Tuiles, briques, carreaux, poterie de poêle, in: D. Deroeux (Hrsg.) Terres cuites architecturales (siehe dort), 94–107.
Th. Bursze, J. Dabrowski, St. Szymanski, Die sakrale Kunst in Polen 1. Architektur, Warschau 1956.
F. Busch, Die Freusburg (Burgenberichter 2), Siegen 1972.
F. Busch, Schloß Hainchen. Eine Wasserburg am Hang, Siegen 1981.
H. J. Busley, Die Traditionen, Urkunden und Urbare des Klosters Neustift bei Freising, Quellen und Erörterungen zur bayer. Gesch. NF 19, München 1961.
Ph. Buxbaum, Die Einhards-Basilika in Steinbach im Odenwald. Handschriftl. Ms. 1951.
F. Caramelle, Die Gotik in Stams, in: 700 Jahre Stift Stams, 1273–1973, Stams 1973, 26–46.
M. Carette, D. Deroeux, Carreaux de pavement médiévaux de Flandre et d'Artois (XIII–XIV s.), Arras 1985.
J. M. Canivez, Statuta Capitulorum Generalium Ordinis Cisterciensis ab Anno 1116 ad Annum 1786, Bd. 1–8, Löwen/Louvain 1933–1941.
A. de Caumont, Abdécaire ou rudiment d'archéologie I, Paris 1851.
A. Cechner, Topographie der historischen und Kunstdenkmale. Der politische Bez. Kaplitz, Prag 1929.
Centre de Recherches sur les Monuments Historiques. Einzelblätter.
J. Chappée, Le carrelage de l'abbaye de Champagne (Sarthe), Revue de l'art chrétien 47, 1904, 349–355, Taf. VI–VII.
Ph. Chatwin, The medieval patterned tiles of Warwickshire, Birmingham and Midland Inst. Archaelogical Soc. Transactions 60, 1936, 1–40.
B. Chauvin, Mélanges à la mémoire du Père Anselme Dimier III. Architecture cistercienne 6. Ordre, Fouilles, Arbois 1982.
J. Cherry, De la couleur dans l'édifice médiévale: Carreaux et carrelages gothiques III. L'Europe: un seminaire au British Museum en mars 1983, Revue de l'Art 63, 1984, 72–78.
S. Chierici, Romanische Lombardei, Würzburg 1978.
J. Choux, Dictionnaire des Châteaux de France. Lorraine, Paris 1978.
K. Christ, Die Schönauer und Lobenfelder Urkunden von 1142 bis 1225 in Auszügen, Übersetzungen und Erläuterungen, Mannheimer Geschichtsbl. V, 1904, Sp. 76–82, 113–117, 129–134, 156–161, 199–205; VI, 1905, 33–42, 52–57, 176–182, 198–205.
H. Christ, H. Klaiber, Die Kunst- und Altertums-Denkmale in Württemberg, Donaukreis II, Esslingen 1924. (O. A. Göppingen, 1914; O. A. Kirchheim, 1921).
Chronique des fouilles médiévales, Archéologie médiévale, Caen 1971ff.
B. Cichy, Murrhardt. Sagen. Steine. Geschichte. Murrhardt 1963. – 30.
C. Cid, Los Azulejos, Barcelona 1950.
K.-H. Clasen, Die Überwindung des Bösen. Ein Beitrag zur Ikonographie des frühen Mittelalters, in: Neue Beitr. deutscher Forschung. Wilhelm Worringer zum 60. Geburtstag, Königsberg 1943, 13–35.
P. Clemen, Die Kdm der Rheinprovinz II, 1. Kr. Rees, Düsseldorf 1892.
P. Clemen, E. Polaczek, Die Kdm der Rheinprovinz IV, 1. Landkreis Köln, Düsseldorf 1897.
P. Clemen, Die Kdm der Rheinprovinz V, 3. Stadt und Kreis Bonn, Düsseldorf 1905.
P. Clemen, H. Neu, F. Witte, Die Kdm der Rheinprovinz VI, 3. Der Dom zu Köln, Düsseldorf 1937.
P. Clemen, E. Polaczek, Die Kdm der Rheinprovinz IV, 2. Kreis Rheinbach, Düsseldorf 1898.
P. Clemen, E. Renard, Die Kdm der Rheinprovinz IV, 4. Kreis Euskirchen, Düsseldorf 1900.
M. Clemmensen, Ringsted Kirke, Kopenhagen 1927.
L. le Clert, Musée de Troyes. Carrelages vernissés, incrustés, historiés et faiencés. Catalogue, Mémoires de la Soc. Académique d'Agriculture, des Sciences, Arts et Belles-Lettres du département de l'Aube, Troyes 1892, 5–101.
E. Coester, Die einschiffigen Cistercienserinnenkirchen West- und Süddeutschlands von 1200 bis 1350. (Quellen und Abhandlungen zur mittelrhein. Kirchengesch. 46), Mainz 1984.
A. von Cohausen, Der Aulofen in Seulberg und die Wölbtöpfe, Nass. Ann. 14, 1877, 127–138.

J. Como, Alt-Bingen (Rheinhessen in seiner Vergangenheit, Bd. 4 und 5), 2 Bde., Mainz 1924–1926.
J. Coquet, Les carrelages vernissés du VIIe siècle de l'abbaye de Ligugé et le témoins étrangers au site, Revue Mabillon 1960, 109–144, Taf. 1–16.
J. Coquet, Quelques précisions nouvelles sur l'église de l'abbaye des Châtelliers, in: B. Chauvin, Mélanges, 1982, 291–303.
G. Cora, Storia della maiolica di Firenze e del Contado. Secoli XIV e XV, 2 Bde., Florenz 1973.
R. Courtois – Groupe Sources, Quinze ans de fouilles à l'abbaye de Vauclair. Bilan provisoire (1966–1981), in: B. Chauvin, Mélanges ..., 1982, 305–351.
R. Courtois – Groupe Sources, La première église cistercienne (12e siècle) de l'abbaye de Vauclair (Aisne), Archéologie médiévale 2, 1972, 103–125.
F. Courtoy, La fabrication de carreaux en terre cuite à Andenne au moyen âge, Namurcum 30, 1956, 43–49.
U. Craemer, Das Hospital als Bautyp des Mittelalters, Stuttgart 1963.
Ch. Czarnowsky, Le revêtement des sols en Alsace au Moyen-Age, Les cahiers techniques de l'art, Straßburg 1954, 11–19. (Das MS wurde gekürzt, es ergaben sich dadurch Auslassungen, die den Text verfälschen).
W. H. Damman, K. Henkelmann, Die Kdm im Ghzt. Hessen A. Provinz Starkenburg. Kreis Bensheim, Darmstadt 1914.
H. Dahlhelm, Scherben aus dem Mittelalter lagen in drei Meter Tiefe. Neue Funde bei den Arbeiten im Reutlinger „Spitalhof", Reutlinger Generalanzeiger vom 30. 10. 1979.
H. Dannenberg, Die deutschen Münzen der sächsischen und fränkischen Kaiser, 4. Bde., 1 Tafelbd., Berlin 1876–1905.
A. Dauber, D. Lutz, Remchingen-Wilferdingen (Enzkreis). Fundchronik FuB 6, 1979, 272–273.
V.-H. Debidour, Le Bestiaire sculpté du Moyen Age en France, Paris 1961.
K. H. Debus, Früher kirchlicher Fernbesitz, in: Pfalzatlas (hrsg. von W. Alter), Textbd. II, Speyer 1971, 861–912.
H.-M. Decker-Hauff, Geschichte der Stadt Stuttgart 1. Von der Frühzeit bis zur Reformation, Stuttgart 1966.
J. Decku, Deutsche Länder- und Städtewappen, 2. Aufl. Bonn 1960.
J.-E. Decorde, Pavage des églises dans la Pays de Bray, Rev. de l'art chrétien I, 1857, 481–492.
H. Degering, Die Schrift. Atlas der Schriftformen des Abendlandes vom Altertum bis zum Ausgang des 18. Jahrhunderts, Tübingen 1964.
G. Dehio, Handbuch der deutschen Kunstdenkmäler.
Baden-Württemberg, bearb. von F. Piehl, München – Berlin 1964.
Bremen/Niedersachsen, bearb. von G. Kiesow, H. Ch. Hoffmann, R. Poppe, H. Reuther, W. Wulf u. a., München – Berlin 1977.
Franken. Die Reg.-Bez. Oberfranken, Mittelfranken und Unterfranken, bearb. von T. Breuer, F. Oswald, F. Piel, W. Schwemmer u. a., München – Berlin 1979.
Niederbayern, bearb. von M. Brix, mit Beitr. von F. Bischoff, G. Hackl, V. Liedke, München – Berlin 1988.
Schwaben, bearb. von B. Bushart, G. Paula, München – Berlin 1989.
München und Oberbayern, bearb. von E. Götz (u. a.), München – Berlin 1990.
Hamburg/Schleswig-Holstein, bearb. von J. Habich, München – Berlin 1971.
Hessen, bearb. von M. Backes, 1. Aufl. 1966, 2. Aufl. München – Berlin 1982.
Rheinland, bearb. von R. Schmitz-Ehmke, München – Berlin 1967.
Rheinland-Pfalz/Saarland, bearb. von H. Caspary, W. Götz, E. Klinge, 1. Aufl., München – Berlin 1972, 2. Aufl., überarb. von H. Caspary, P. Karn, M. Klewitz, 1984.
Westfalen, bearb. von D. Kluge, W. Hansmann, München – Berlin 1969.
Die Bezirke Berlin/DDR und Potsdam, bearb. von der Abt. Forschung des Instituts der Denkmalpflege, München – Berlin 1983.
Die Bezirke Dresden, Karl-Marx-Stadt, Leipzig, bearb. von der Arbeitsstelle für Kunstgesch. bei der Deutschen Akad. der Wissenschaften zu Berlin, München – Berlin 1965.
Der Bezirk Halle, bearb. von der Abt. Forschung des Instituts der Denkmalpflege, München – Berlin 1976.
Der Bezirk Magdeburg, bearb. von der Abt. Forschung des Instituts der Denkmalpflege, München – Berlin 1974.
Die Bezirke Neubrandenburg, Rostock, Schwerin, bearb. von der Arbeitsstelle für Kunstgesch. bei der Deutschen Akad. der Wissenschaften zu Berlin, München – Berlin 1968.
G. Dehio, E. Gall, Handbuch der deutschen Kunstdenkmäler.
Oberbayern, München – Berlin 1956.
Östliches Schwaben, München – Berlin 1956.
Die Rheinlande von der holländischen Grenze bis zum Rheingau, München – Berlin 1949.
Dehio-Handbuch: Die Kunstdenkmäler Österreichs. Hrsg. vom Institut für österr. Kunstforschung des Bundesdenkmalamts.
Burgenland, bearb. von A. Schmeller-Kitt, Wien 1976.
Kärnten, bearb. von E. Bacher u. a. (nach Vorarbeiten von K. Ginhardt), Wien 1976.
Nieder-Österreich, bearb. von R. K. Donin u. a., 5. Aufl., Wien 1972.
Ober-Österreich, bearb. von E. Hainisch, K. Woisetschläger u. a., 5. Aufl., Wien 1971.
Tirol, bearb. von H. Hammer, J. Ringler, H. Waschgler, M. Mayer, 4. Aufl., Wien 1960.
H. von Dehn-Rothfelser, W. Lotz, Die Baudenkmäler im Reg.-Bez. Kassel, Kassel 1870.
H. Dellwing, Kulturdenkmäler in Rheinland-Pfalz 1, Stadt Speyer (Denkmaltopographie Bundesrepublik Deutschland), Düsseldorf 1985.
A. Demmin, Beschreibendes Verzeichnis seiner Sammlungen für bildende und gewerbliche Künste in zeitfolgiger, Länder- und gattungsgemäßer Aufstellung, Leipzig 1882.
W. Dersch, Hessisches Klosterbuch Quellenkunde zur Geschichte der Stifte, Klöster, Niederlassungen von geistlichen Genossenschaften, 2. Aufl., Marburg 1940.
D. Deroeux (Hrsg.), Terres cuites architecturales au moyen âge. Musée de Saint-Omer. Colloques des 7–9 juin 1985, Arras 1986.
L. Deschamps de Pas, Essai sur le pavage des églises antérieurement au XVe siècle: Ann. Arch. X, 1850, 233–241, 305–311, XI, 1851, 16–23, 65–71, XII, 1852, 137–153.
J. Desel, Die mittelalterlichen Töpfer, Ziegler und Schüßler in Niederhessen, Hess. Bl. für Volks- und Kulturforschung 6, Gießen 1978, 1–60.
L. Desvignes, Le château de Germolles, Archéologia 49, 1972, 26–32.
W. Dexel, Das Hausgerät Mitteleuropas. Wesen und Wandel der Formen in zwei Jahrtausenden. Deutschland, Holland, Österreich, Braunschweig 1962.
Ph. Dieffenbach, Geschichte der Stadt und Burg Friedberg in der Wetterau, Darmstadt 1857.
H. A. Diepen, Die romanische Bauornamentik in Klosterrath und die nordfranzösische bauplastische Invasion am Maas

und Niederrhein im letzten Drittel des XII. Jahrhunderts, Den Haag 1931.
J. DIETZ, Topographie der Stadt Bonn vom Mittelalter bis zum Ende der kurfürstlichen Zeit, Bonner Geschichtsbl. 16, 1962.
A. DIMIER (mit J. PORCHER), L'art cistercien I. France, Pierre-qui-Vire 1962.
A. DIMIER, L'art cistercien hors de France. Pierre-qui-Vire 1971. (Dimier II).
L. VON DÖRY-JOBAHÁZA, Keramika I. Frankfurt als Herstellungsort und Markt für keramische Erzeugnisse im 16. und 17. Jahrhundert, (Katalog), Ausstellung des Hist. Museums, Frankfurt 1978.
L. VON DÖRY-JOBAHÁZA, Keramika II. Frankfurter Fayencen des 18. Jahrhunderts. (Katalog), Ausstellung des Hist. Museums, Frankfurt 1984.
L. DOLBERG, Cistercienser-Mönche und Conversen als Landwirthe und Arbeiter, Studien und Mitt. aus dem Benediktiner- und dem Cistercienserorden und seinen Zweigen 13, Würzburg 1892, 216–228, 360–367, 503–509.
H. DOLMETSCH, Der Ornamentenschatz. Ein Musterbuch voller Ornamente aus allen Kunstepochen, Stuttgart 1887.
J. B. DORNBUSCH, Über Intaglien des Mittelalters und der Renaissance, Bonner Jb. 57, 1876, 120–147.
W. DRACK, Zur Baugeschichte des Münsters zu Schaffhausen. Die Entdeckungen von 1955 im Langhaus und von 1957 in der Vorhalle, ZAK 17, 1957, 14–45.
A. DREHER, Geschichte der Reichsstadt Ravensburg und ihrer Landschaft von den Anfängen bis zur Mediatisierung 1802. 2 Bde., Ravensburg 1972.
K. DREHER, Weilheim a. d. Teck, einst und jetzt, Kirchheim u. d. Teck 1939.
K. DREXLER, Das Stift Klosterneuburg, Wien 1894.
P. DRURY, G. D. PRATT, A late 13th and early 14th-century tile factory at Danburg, Essex, Medieval Archaeology 19, 1975, 92–164, Taf. XI–XIII.
G. DUMA, Untersuchungen einer figuralen Bodenfliese aus dem Mittelalter. A. Budapesti Történeti Muszeum Évkönyve, Budapest Régiségei XVII, 1956, 345–351.
G. DUMA, Farbige Bleiglasuren im Spätmittelalter. Mitt. der Kommission für Burgenforschung und Mittelalter-Archäologie 24, Anz. der phil.-hist. Klasse der Österr. Akad. der Wissenschaften 115, Wien 1978, 249–274.
G. DURAND, Eglises romanes des Vosges, Paris und Lille 1913.
F. DWORSCHAK, Krems, Stein und Mautern, Augsburg 1928.
E. S. EAMES, A tile pavement from the Queen's Chamber, Clarendon Palace, Wiltshire, dated 1250–1252, Journ. of the Brit. Arch. Association 20/21, 1957/1958, 95–106, Taf. XXXII–XXXV.
E. S. EAMES, A 13th-century tile pavement from the King's Chapel, Clarendon Palace, Journ. of the Brit. Arch. Association 26, 1963, 57–85, Taf. XXV–XXIX.
E. S. EAMES, Medieval tiles. A Handbook, London 1968.
E. S. EAMES, Catalogue of medieval lead-glazed earthenware tiles in the Department of Medieval and Later Antiquities. British Museum, 2 Bde., London 1980.
E. S. EAMES, English medieval tiles, London 1985.
E. S. EAMES, G. K. BEAULAH, The 13th-century tile mosaic pavements in the Yorkshire Cistercian Houses, Cîteaux in de Nederlanden 7, Antwerpen 1956, 264–277, Taf. 1 und 11.
B. EBHARDT, Deutsche Burgen, 2. Hbd. Berlin 1898.
B. EBHARDT, Der Wehrbau Europas im Mittelalter, Bd. I, Bd. IIa und IIb, Berlin 1939.
A. ECKARDT, Die Kdm von Bayern IV, 10. Reg. Bez. Niederbayern. Bez.-Amt Pfarrkirchen, München 1923.
A. ECKARDT, Die Kdm von Bayern IV, 1. Reg.-Bez. Pfalz. Stadt und Bezirksamt Neustadt a. d. Haardt, München 1926.
A. ECKARDT, Die Kdm von Bayern IV, 2. Reg.-Bez. Pfalz. Stadt und Bezirksamt Landau, München 1928.
A. ECKARDT, Die Kdm von Bayern IV, 4. Reg.-Bez. Pfalz. Bezirksamt Bergzabern, München 1935.
A. ECKARDT, Die Kdm von Bayern IV, 3. Reg.-Bez. Pfalz. Stadt und Lkr. Frankenthal, München 1939.
A. ECKARDT, T. GEBHARDT, A. FRHR. VON REITZENSTEIN, Die Kdm von Bayern IV, 1. Reg.-Bez. Pfalz. Stadt und Landkreis Kaiserslautern, München 1942.
A. ECKARDT, H. E. KUBACH, Die Kdm von Rheinland-Pfalz 2. Stadt und Landkreis Pirmasens, München – Berlin 1957.
M. ECKOLDT, Schiffahrt auf kleinen Flüssen Mitteleuropas in Römerzeit und Mittelalter, Oldenburg 1980.
R. EDELMAIER, Das Kloster Schönau bei Heidelberg. Ein Beitrag zur Baugeschichte der Zisterzienser, Heidelberg 1915.
R. EGGER, Teurnia, 5. Aufl., Klagenfurt 1963.
W. EHESCHEID, Wer lebte auf der Wiligartaburg? Heimatkalender 1973 für das Pirmasenser und Zweibrücker Land, Weißenthurm 1973, 148–151.
P. EICHHOLZ, Die Burg der Erzbischöfe von Mainz zu Eltville: Nass. Ann. 33, 1902–1903, 99–112.
W. EINSINGBACH, Die Kdm des Landes Hessen. Kreis Bergstraße, München 1969.
D. ELLMERS, Frühmittelalterliche Handelsschiffahrt in Mittel- und Nordeuropa, Neumünster 1972.
K. ELM, P. JOERISSEN, H.-J. ROTH, Die Zisterzienser. Ordensleben zwischen Ideal und Wirklichkeit. Eine Ausstellung des Landschaftsverbandes Rheinland, Katalog, Bonn 1980. Ergänzungsband, hrsg. von K. ELM, P. JOERISSEN, Köln 1982.
H. ELZNER, Zur Geschichte der Töpferei im Rheingau. Das Töpferdorf Aulhausen, Rhein.-westf. Zs. für Volkskunde 29, 1984, 129–145.
W. ENDRES, Straubinger Renaissance-Keramik einer Hafnerwerkstätte „vorm niedern Tor", mit einem Beitrag von W. SCHÄFER, Straubinger Hafner in der frühen Neuzeit, Beih. zum Jahresber. des Hist. Ver. für Straubing und Umgebung 83, Straubing 1981.
W. ENDRES, Zum Stand der Keramikforschung in Süddeutschland vom 12./13. Jahrhundert an, – Mit einer Bibliographie, ZAM 10, 1982, 171–206.
K. ENGELBACH, Mittelalterliche Schmuckfußböden. Fliesen wie ein bunter Teppich / Geheimnisvolle Botschaft aus einem fernen Jahrhundert, Heimat an Lahn und Dill, 105, 1979, 1.
K. ENGELHARDT, Geschichtliche Erinnerungen von Speyer. An Hand der Speyerer Flur- und Gassennamen. Speyer 1981 (Erstaufl. 1934).
W. ERLENBACH, F. SAUERWEIN, F. SCHORNICK, U. WÖLLNER. Freilegungsarbeiten auf der Schmidtburg, Hunsrücker Heimatbl. 13, 1973, 895–903.
J. ESCHWEILER, Das bischöfliche Diözesanmuseum in Köln, Köln 1936.
A. ESSENWEIN, Norddeutschlands Backsteinbau im Mittelalter, Karlsruhe 1855–1856.
A. ESSENWEIN, Einige Reste mittelalterlicher Ziegelfußböden aus der Umgegend Wiens, Mitt. der k.k. Centralkommission zur Erforschung und Erhaltung der Baudenkmale, VII, Wien 1862, 48–51.
W. EWALD, Rheinische Heraldik, Düsseldorf 1934.
W. EWALD, H. RATHGENS, Die Kdm der Rheinprovinz VI, 4. Die kirchlichen Kdm der Stadt Köln (St. Alban–St. Georg), Düsseldorf 1916.
H. EVERSBERG, Beitr. zur Geschichte der Burg Altendorf an der Ruhr, 2. H., Hattinger heimatkundliche Schriften 18, Hattingen 1971.

H.-P. Eydoux, L'église abbatiale de Morimond, Bull. mon. 114, 1956, 153–166.
A. Fahne, Geschichte der Kölnischen. Jülichschen und Bergischen Geschlechter in Stammtafeln, Wappen, Siegeln und Urkunden, 2 Bde., Köln 1848–1853.
L. Falck, Mainz um 1620, in: A. Ph. Brück, Mainz vom Verlust der Stadtfreiheit bis zum Ende des 30jährigen Krieges. 1462–1648. (Gesch. der Stadt Mainz V), Düsseldorf 1972, mit Stadtplan. 79–122.
O. von Falke, Das rheinische Steinzeug, 2 Bde., Berlin 1908.
O. von Falke, Kunstgeschichte der Seidenweberei, Berlin 1921.
O. von Falke, Deutsche Möbel des Mittelalters und der Renaissance, Stuttgart 1924.
O. von Falke, E. Meyer, Broncegeräte des Mittelalters 1. Romanische Leuchter und Gefäße. Gießgefäße der Gotik, Berlin 1935.
R. O. Farioli, I mosaici pavimentali della chiesa di San Giovanni Evangelista in Ravenna, Felix Ravenna. Rivista di Antichità Ravenate. Christiane e bizantine. 4. Serie 1, 1970, 169–222.
M. Fath, Die Baukunst der frühen Gotik im Mittelrheingebiet, Mz. Zs. 63/64, 1968/1969, 1–38, 65, 1970, 43–92.
H. Fautz, Die Burg Schiltach, Die Ortenau. Veröffentlichungen des hist. Ver. für Mittelbaden 21, Offenburg 1934, 417–427.
K. Faymonville, Die Kdm der Rheinprovinz IX, 2. Die Kirchen der Stadt Aachen mit Ausnahme des Münsters, Düsseldorf 1922.
K. Faymonville, J. Laurent, R. Pick, M. Schmid-Burgk, Die Kdm der Rheinprovinz IX, 3. Aachen: Quellen und Geschichte. Das römische Aachen. Die Profanbauten, Denkmäler, Museen und Sammlungen, Düsseldorf 1924.
G. P. Fehring, Einführung in die Archäologie des Mittelalters, Darmstadt 1987.
G. P. Fehring, Heidenheim, Nordwürttemberg. Ehem. Stadtpfarrkirche St. Nikolaus und Michael, Nachrichtenbl. der Denkmalpflege in Baden-Württemberg 13, 1970, 81–82 (1970a).
G. P. Fehring, Veringendorf, Kr. Sigmaringen, Hohenzollern. Kath. Pfarrkirche St. Martin, Nachrichtenbl. der Denkmalpflege in Baden-Württemberg 13, 1970, 100 (1970b).
G. P. Fehring (mit Beitr. weiterer Autoren), Unterregenbach. Kirchen, Herrensitz, Siedlungsbereiche. Die Untersuchungen der Jahre 1960–1963 mit einem Vorbericht über die Grabungen der Jahre 1964–1968, 3 Bde., Stuttgart 1972.
G. P. Fehring, A. Ress, Bayer. KDM. Die Stadt Nürnberg, München 1961.
H. Feldbusch, Christussymbolik: RDK III, 1954, Sp. 720–732.
S. Felgenhauer-Schmiedt, Überblick über die mittelalterliche Keramik aus Wien, in: Kat. keramische Bodenfunde aus Wien, Wien 1982, 20–24.
Festschrift der Prov. Rheinhessen zur Hundertjahrfeier 1816–1916. (Beitr. zur rheinisch-hessischen Geschichte). Hrsg. H. Bechtolsheimer, J. R. Dieterich, K. Strecker, Mainz 1916.
K. Fichtner, Die Geschichte des Fußbodenbelags in Deutschland und seinen Grenzgebieten, Diss. Dresden 1929.
J. Ficker, Denkmäler der Elsässischen Altertumssammlung zu Straßburg im Elsaß. Christliche Zeit. Straßburg 1907.
E. Fiechter, J. Baum, Die Kunst- und Altertums-Denkmale in Württemberg. Oberamt Münsingen, Esslingen 1926.
H. Fillitz, Das Mittelalter I. (Propyläen Kunstgeschichte 5), Berlin 1969.
I. Fingerlin, Gürtel des hohen und späten Mittelalters, München 1971.
F. W. Fischer, Die spätgotische Kirchenbaukunst am Mittelrhein, 1410–1520, an charakteristischen Beispielen dargestellt, nach Schulen geordnet und mit historisch-topographischen Darlegungen verknüpft. Diss. Heidelberg 1962.
H. Fischer, Stadt Blankenberg. Burg, Stadt und Kirche in Vergangenheit und Gegenwart, Blankenberg 1964.
H. Flamm, Geschichtliche Ortsbeschreibung der Stadt Freiburg i. Br. Teil 2 (Häuserstand 1400–1806), Freiburg 1903. Teil 1 (siehe R. Poinsignon).
E. Fleury, Etudes sur le pavage émaillé dans le département de l'Aisne, Bull. de la soc. académique de l'Aisne, 1855.
O. H. Förster, Das Wallraf-Richartz-Museum in Köln, Köln 1961.
D. Forstner, Die Welt der Symbole, Innsbruck–München 1968.
R. Forrer, Der Odilienberg, seine vorgeschichtlichen Denkmäler und mittelalterlichen Baureste, seine Geschichte und seine Legenden, Straßburg 1899.
R. Forrer, Geschichte der europäischen Fliesenkeramik vom Mittelalter bis zum Jahre 1900, Straßburg 1901.
R. Forrer, Romanische Rundfliese vom Metzgerplatz, Anz. für elsäss. Altertumskunde 3/4, 1909, 74–75.
R. Forrer, Une fabrique strasbourgeoise des carrelages et du jouets d'enfants en terre cuite du XIIIe siècle, Cah. d'archéologie et d'histoire d'Alsace Straßburg 1937, 169–175.
W. Foth, Der Engstlatter Seelhof des Klosters Alpirsbach, Heimatkundliche Bl. für den Kr. Balingen 7, 1960, 315–316.
K. Franck-Oberaspach, E. Renard, Die Kdm der Rheinprovinz VIII, 1. Reg.-Bez. Aachen. Der Kreis Jülich, Düsseldorf 1902.
K. Franck-Oberaspach, E. Renard, Die Kdm der Rheinprovinz VIII, 3. Reg.-Bez. Aachen. Kreis Heinsberg, Düsseldorf 1906.
D. François, P. Touzet, Découvertes archéologiques à Beauchamps (Somme), Abbaye du Lieu-Dieu, Cah. Arch. Picardie 5, 1978, 256–261.
R. Franz-Berdau, Die Anfänge der Zierkachel, Keramos 3, 1959, 3–14.
R. Franz, Der Kachelofen. Entstehung und kunstgeschichtliche Entwicklung vom Mittelalter bis zum Ausgang des Klassizismus, 2. Aufl., Graz 1981.
R. Frauenfelder, Die Kdm der Schweiz. Kt. Schaffhausen I. Die Stadt Schaffhausen. Entwicklung, Kirchen und Profanbauten, Basel 1951.
R. Frauenfelder, Die Kdm der Schweiz. Kt. Schaffhausen II. Der Bezirk Stein am Rhein, Basel 1958.
R. Frauenfelder, Eine romanische Terrakottaplatte aus dem Kloster Allerheiligen zu Schaffhausen, ZAK 15, 1954/1955, 236–238, Taf. 71–72.
K. Freckmann, Rheinisches Töpferhandwerk. Eifel. Mosel. Hunsrück. Nahe. Rheinhessen, Köln 1977.
C. Fregnac, Europäische Fayencen, Stuttgart 1976.
K. Frei, Zur Geschichte der aargauischen Keramik des 15.–19. Jahrhunderts, ASA NF 33, 1931, 73–202.
Freiburg im Breisgau. Die Stadt und ihre Bauten. Hrsg. vom Badischen Architekten- und Ingenieursverein, Freiburg 1898.
D. Frey, K. Grossmann, Die Denkmäler des Stiftes Heiligenkreuz (Österr. Kunsttopographie XIX), Wien 1926.
F. Friebe, Enkirch. Ein Führer durch seine alten Straßen und malerischen Fachwerkhäuser, Trier 1909 (Friebe a).
F. Friebe, Enkirch, Zs. für Bauwesen 59, Berlin 1909, Sp. 403 – 427, Taf. 60. (Friebe b)
F. Friedensburg, Die Symbolik der Mittelaltermünzen, 2 Bde., Berlin 1922.

E. FRODL-KRAFT, Das „Flechtwerk" der frühen Zisterzienserfenster. Versuch einer Ableitung, Wiener Jb. für Kunstgesch. XX, 1965, 7–20, Taf. 1–6.
E. FRODL-KRAFT, Die mittelalterlichen Glasgemälde in Niederösterreich 1. Albrechtsberg bis Klosterneuburg (CVMA Österreich 2,1), Wien – Köln – Graz 1972.
M. FRÜH, Das Tier, das es nicht gibt, Kunst & Antiquitäten VI, München 1983, 12–19.
Führer zu vor- und frühgeschichtlichen Denkmälern, Bd. 37–39, Köln, Mainz 1980.
R. FÜHRER, Die Fliese. Ein keramisches Belagselement zur Innenraumgestaltung in der europäischen Baukunst des vergangenen Jahrtausends. Diss. Wien 1950.
G. FÜSSLER, 1200jähriges Umstadt. Ein Streifzug durch seine Geschichte, in: 1200 Jahre Umstadt, Groß-Umstadt 1955, 7–46.
A. FUHS, Gelnhausen. Städtebaugeschichtliche Untersuchung (Veröffentlichung der Hist. Kommission für Hessen und Waldeck 25), Marburg 1960.
H. GACHOT, Les carreaux en terre cuite de Guirbaden, Cah. alsaciens XXII, 1979, 111–115.
P. GÄRTNER, Geschichte der bayerisch-rheinpfälzischen Schlösser und der dieselben ehemals besitzenden Geschlechter, nebst den sich daran knüpfenden romantischen Sagen II, Speyer 1855.
P. GANZ, Geschichte der heraldischen Kunst in der Schweiz im 12. und 13. Jahrhundert, Frauenfeld 1889.
J. GARDELLES, Les mosaïques de pavement romanes du Sud-Ouest et les mosaïques de pavement médiévales, Revue du Pau et du Béarn, 1977, 31–39.
J. S. GARDNER, E. S. EAMES, A tile kiln at Cherstsey, Journ. of the Brit. Arch. Association 17, 1954, 24–42, Taf. IX–XVI.
O. GAUL, Dreipaß, RDK IV, 1958, Sp. 526–537.
V. GAY, Glossaire archéologique du moyen-âge et de la renaissance, 2 Bde., Paris 1887/1928.
A. GEBESSLER, Bayer. KDM. Stadt und Landkreis Dinkelsbühl, München 1962.
F. GEIGES, Der mittelalterliche Fensterschmuck des Freiburger Münsters, Freiburg 1931.
F. GEIGES, in: F. Schneider, Mittelalterliche Thonfließe aus Freiburg i. B., Schau ins Land' 9, 1882, 55.
V. GEISSLER, Das ehem. Spital zum Hl. Geist in Mainz. Zum Umbau und zur Renovierung 1975/76, Denkmalpflege in Rheinland-Pfalz 29/30, 1976, 37–50.
V. GEISSLER, Einzelberichte über durchgeführte Baumaßnahmen 1982–83, Denkmalpflege in Rheinland-Pfalz 1982–1983, 1984, 342–356.
E. GEMEINDER, Denkmäler der Kunst, in: Heimatbuch des Landkr. Göppingen, Göppingen 1956, 397–442.
H. GENSICKE, Landesgeschichte des Westerwaldes (Veröffentlichungen der Hist. Kommission für Nassau XIII), Wiesbaden 1958.
L. GEREVICH, Pilis abbey, a cultural center, Acta Archaeologica Academia Scientiarium Hungaricae 29, 1977, 155–198.
L. GEREVICH, Les fouilles de l'abbaye hongroise de Pilis, in: B. CHAUVIN, Mélanges à la mémoire du Père Anselme Dimier, 1982, 371–392.
J. GERHARDT, H. NEU, R. RENARD, A. VERBEEK, Die Kdm der Rheinprovinz 17, 1. Kreis Ahrweiler, Düsseldorf 1938.
L. GERSTER, Fliesen aus Kappelen, Kt. Bern, ASA 20, 1887, 439.
L. GERSTER, Die Backsteinfliesen von Straßberg und Gottstatt, ASA NF 17, 1916, 204–208.
A. GIEBEL, Töpfer und Ziegler auf dem Klaushof und in Seigertshausen, Hess. Familienkunde 12, 1974, Sp. 145–154.
W. GIERTZ, Bleiglasierte Irdenwarenfliesen des 13.–14. Jahrhunderts. Ein Fundkomplex aus Huy an der Maas, Die Keramik vom Niederrhein und ihr internationales Umfeld (Internat. Keramik-Symposium in Duisburg, Düsseldorf und Neuss) J. NAUMANN (Hrsg.), Düsseldorf 1988, 16–19.
E. GIESSLER-WIRSIG, Die Beziehungen mittel- und niederrheinischer Zisterzienserklöster zur Stadt Köln bis zur Mitte des 13. Jahrhunderts. Ein Beitrag zur Verkehrsgeschichte, Zisterzienser-Studien IV, 1979, 61–132.
A. E. VAN GIFFEN, Das St. Bernarduskloster in Aduard, Bonner Jb. 168, 1968, 307–314.
K. GINHARDT, B. GRIMSCHITZ, Der Dom zu Gurk, Wien 1930.
W. GLASBERGEN, De Abdijkerk van Rijnsburg. Opgravingen in 1949, Jaarboekje voor Geschiedenis en Oudheidkunde van Leiden en Omstreken, 1950, 89–106, Abb. 6–9 und 1954, ebd., 46–49.
D. GLASS, Studies on Comatesque pavements, Oxford 1980 (BAR Internat. Series 82).
K. J. GLATZ, Geschichte des Klosters Alpirsbach auf dem Schwarzwalde, Straßburg 1877.
K. GLÖCKNER, Codex Laureshamensis. 3 Bde. ND, Darmstadt 1963.
G. GLOEDE, Das Doberaner Münster, Berlin 1961.
F. GODDET, Les pavements en pierre de Cluny, in: M. PINETTE, Les carreaux de pavage dans la Bourgogne médiévale. Katalog der Ausstellung in Autun, 1981, 7–9.
K. GÖBELS, Rheinisches Töpferhandwerk, gezeigt am Beispiel der Frechener Kannen-, Düppen- und Pfeifenbäcker, Frechen 1971.
W. GÖRICH, Marburger „Behausungen" des Wetterau-Klosters Arnsburg. „Steinernes Haus" und „Arnsburger Hof", Zs. des Ver. für Hess. Gesch. und Landeskunde 86, 1976/77, 21–31.
K. GOETTERT, Mittelalterliche Bauten in der Achse des Domes, Kölner Dombl. 18/19, 1960, 139–150.
A. GOLDSCHMITT, Deutsche Elfenbeinskulpturen aus der Zeit der karolingischen und sächsischen Kaiser. 3 Bde., Berlin 1923.
A. GOLDSCHMITT, Die Elfenbeinskulpturen aus der romanischen Zeit. XI–XIII. Jahrhundert (Bd. 4), Berlin 1926 (ND 1975).
J. GOLL, Zwei Bodenplatten des 14. Jahrhunderts, in: Stiftung Ziegelei-Museum Meienberg Cham, Jahresber. 1985, 29–36.
S. GOLLUB, Die Motte Kippekausen bei Bensberg-Refrath, Rheinisch-bergischer Kreis, Beitr. zur Archäologie des Mittelalters II (Rhein. Ausgrabungen 9), Düsseldorf 1971, 199–236.
B. GONDORF, Die Burgen der Eifel und ihrer Randgebiete. Ein Lexikon der „festen Häuser", Köln 1984.
E. GRADMANN, Die Kunst- und Altertums-Denkmale im Königreich Württemberg 3. Jagstkreis I, Esslingen 1907. – 4. Jagstkreis II. Oberamt Heidenheim, Esslingen 1913.
H. GRAF, Darstellung des alten schwäbischen Klosters Bebenhausen in elf Kupfertafeln, Tübingen 1828.
M. GRANDJEAN, Die Kdm der Schweiz, Les monuments d'art et d'histoire du Canton de Vaud I. La ville de Lausanne, Basel 1965.
W. GREISCHEL, Das Landesmuseum für Kunst und Kulturgeschichte in Münster nach dem Kriege, Westfalen 32, 1954, 1–25.
E. GRILL, Wormser mittelalterliche Bodenfliesen, Veröffentlichungen der Städt. Sammlungen Worms, H. 1, Worms 1922, 3–12, Taf. I–IV.
K. GRÖBER, Die Kdm von Bayern IV, 12. Reg.-Bez. Niederbayern, Bezirksamt Straubing, München 1925.
E. GROHNE, Topfdeckel mit Ritz- und Stempelverzierungen, in: Ehrengabe des Museums für Hamburgische Geschichte zur Feier des hundertjährigen Bestehens, Hamburg 1939, 16–27.

A. Groneman, De 16 e-eeuwse tegelvloeren in het kasteel der Nassau's te Breda en einige andere producten van oudnederlandse majolica nijverheid; een nieuwe toeschreijving aan Guido Andries, Mededelingenblad Vrienden van de Nederlandse Ceramiek 16, 1959, 1–25.
H. L. de Groot, T. Pot, Oudenoord, in: Archeologische en bouwhistorische Kroniek van de Gemeente Utrecht over 1984, Utrecht 1985, 154–162.
G. Groschopf, Das Hafnerbuch, 3 Bde., ungedrucktes Ms. Geislingen 1936.
M. Gross, W. Piepers, Titz, Kr. Düren, in: Jahresber. des Staatl. Vertrauensmannes für kulturgeschichtliche Bodenaltertümer vom 1. 1. bis 31. 12. 1974, bearb. von A. B. Follmann, U. Heimberg, H. E. Joachim, F. Münten, Bonner Jb. 176, 1976, 435–438.
D. Grossmann, Alsfeld, 2. Aufl. München 1976.
U. Grossmann, Zusammenstellung der schutzwürdigen Teile und Interieurs in der Marburger Altstadt, Marburg 1975.
E. J. Grube, S. Coradeschi, Ceramica decorativa dalle origini al Novecento, Mailand 1983.
E. Gruber, Geschichte des Klosters Ochsenhausen von den Anfängen bis zum Ende des 16. Jahrhunderts, Diss. Tübingen 1956.
Gruibingen (Hrsg. Ev. Kirchengemeinde), Martinskirche Gruibingen. Gestalt und Geschichte, Stuttgart 1975.
E. Gümbel, Was ist von Burg Tannenfels geblieben? in: Dannenfels, Chronik eines Dorfes, hrsg. von der Gemeinde Dannenfels 1981, anläßlich der 650-Jahr-Feier der Stadterhebung, 36–39.
A. Günther, Zur Geschichte der Töpferei in unserer Gegend, Mittelrhein. Geschichtsbl. (Monatsbeilage zur Koblenzer Volksztg.) 8, 1928, Nr. 3, S.4.
A. Guillon, H. Monceaux, Les carrelages, historiés du Moyen-Âge et de la Renaissance, 2 Bde., Paris – London 1887.
E. Gundermann, Ornamentierte Bodenfliesen. – Funde auf der Burg Königstein, Archäologie um Königstein. Heimatliche Geschichtsbl. 8, 1982, 141–152.
E. Guther, St. Nikolauskirche Gerstetten. Innenerneuerung 1967/1968, Gerstetten 1968.
J. Gyss, Der Odilienberg. Legende, Geschichte und Denkmäler, Rixheim 1874.
Rh. Haacke (Hrsg.), Die Benediktinerklöster in Nordrhein-Westfalen (Germania Benedictina VIII), St. Ottilien 1980.
W. Haarbeck, Geschichte der veldenz-zweibrückischen Burg Lichtenberg, 2. Aufl., Kusel 1975.
R. Haarberg, Mittelalterliche Keramik aus der Kaiserpfalz Gelnhausen, Geschichtsbl. für Stadt und Kreis Gelnhausen 1968, 20–29.
H. Habel, Bayer. KDM. Landkreis Mindelheim, München 1971.
H. Habel, Edelstetten. Kath. Pfarrkirche, ehem. Damenstiftskirche, München 1980.
L. Haberly, Mediaeval English Pavingtiles, Oxford 1937.
HDA = Handwörterbuch des Deutschen Aberglaubens, Hrsg. unter besonderer Mitwirkung von E. Hoffmann-Krayer und Mitarbeit zahlreicher Fachgenossen von H. Bächtold-Stäubli, Bde. 1–10, Berlin – Leipzig 1927–1942.
Handbuch der Architektur, hrgs. von E. Schmitt II. 4.4, Stuttgart 1903.
Handbuch der Historischen Stätten Deutschlands, benutzt wurden folgende Bände:
I. Schleswig-Holstein/Hamburg, hrsg. von O. Klose, 3. Aufl. Stuttgart 1976.
II. Niedersachsen/Bremen, hrsg. von K. Brüning, H. Schmidt, 3. Aufl. Stuttgart 1969.
III. Nordrhein-Westfalen, hrsg. von F. Petri, G. Droege, K. Flink und F. von Klocke, J. Bauermann. 2. Aufl. Stuttgart 1970.
IV. Hessen, hrsg. von G. W. Sante, 2. Aufl. Stuttgart 1967.
V. Rheinland-Pfalz und Saarland, hrsg. von L. Petry. 2. Aufl. Stuttgart 1965.
VI. Baden-Württemberg, hrsg. von M. Miller, F. Taddey. 2. Aufl. Stuttgart 1980.
VII. Bayern, hrsg. von K. Bosl. 2. Aufl. München 1965.
VIII. Sachsen, hrsg. von W. Schlesinger, Stuttgart 1965.
IX. Thüringen, hrsg. von H. Patze, Stuttgart 1968.
X. Berlin und Brandenburg, hrsg. von G. Heinrich, Stuttgart 1973.
XI. Provinz Sachsen-Anhalt, hrsg. von B. Schwineköper, Stuttgart 1975.
Ost- und Westpreußen, hrsg. von E. Weise, Stuttgart 1966.
Handbuch der Historischen Stätten. Österreich.
I. Donauländer und Burgenland, hrsg. von K. Lechner, Stuttgart 1970.
II. Alpenländer mit Südtirol, hrsg. von F. Huther, Stuttgart 1966.
H. Hahn, Die Grabsteine des Klosters Werschweiler, Vierteljahreschr. für Wappen-, Siegel- und Familienkunde 28, 1900, 1–152.
H. Hahn, Die frühe Kirchenbaukunst der Zisterzienser. Untersuchungen zur Baugeschichte von Kloster Eberbach im Rheingau und ihren europäischen Analogien im 12. Jahrhundert, Berlin 1957.
H. R. Hahnloser, Villard de Honnecourt, Kritische Ausgabe des Bauhüttenbuches ms. fr. 19093 der Pariser Nationalbibl. 2. Aufl. Graz 1972.
H. Hamann, Briques Suisses ornées de bas-reliefs du XIIIe et du XIVe siécle. Mémoires de l'institut National Genevois 13, 1869–1877, Genf 1877.
H. Hammer, Das Prämonstratenserstift Wilten, Tirol, Heimat – Kunst – Leben, 3. H. 1/2, Innsbruck 1931, 3 ff.,
B. A. Hansen. M. A. Sörensen, Bistrup Teglvaerk, Hikuin 6, 1980, 223–264.
B. A. Hansen, M. A. Sörensen, Et flisegulv fra teglens barndom, Hikuin 8, 1982, 155–164.
B. A. Hansen, M. A. Sörensen, Le Danemark, De la couleur dans l'édifice médiéval: Revue de l'Art 1984, 75–76.
M. Hartig, Die oberbayerischen Stifte II, München 1935.
E. Hartmann. Geschichte der Stadt und des Amtes Steinau a. d. Straße I, Steinau 1971.
P. Hartmann, E. Renard, Die Kdm der Rheinprovinz IX, 1. Reg.-Bez. Aachen. Kr. Düren. Düsseldorf 1910.
G. Haselier, Geschichte der Stadt Breisach am Rhein. 1. Von den Anfängen bis zum Jahre 1700, Breisach 1969.
K. Hassler, Schwäbische Fliese, Ulm 1862.
K. Hauck, Tiergarten im Pfalzbereich, in: Deutsche Königspfalzen. Beitr. zu ihrer hist. und archäologischen Erforschung (Veröffentlichungen des Max-Planck-Inst. für Gesch. 1), Göttingen 1963, 30–74.
M.-L. Hauck, Die Kirchen St. Peter und Paul und St. Adelphi in Neuweiler/Elsaß. Ein Beitrag zur Geschichte der Kirchenbaukunst im oberrheinisch-lothringischen Raum, Saarheimat 5, 1961, 34–44.
W. Haug, Das Mosaik von Otranto. Darstellung, Deutung und Bilddokumentation, Wiesbaden 1977.
H. Haug, R. Will, Das romanische Elsaß, Dijon 1966.
G. Haupt, Die Bau- und Kdm. der Stadt Darmstadt, Darmstadt, Bd. 1, 1952, Bd. 2, 1954.
R. Haupt, Die Bau- und Kunstdenkmäler der Provinz Schleswig-Holstein II, Kiel 1888; V. Geschichte und Art der Baukunst im Herzogtum Schleswig, Heide 1924.
E. Hausen, Otterberg und die kirchliche Baukunst der Hohenstaufenzeit in der Pfalz, Kaiserslautern 1936.
Tj. Hausmann, Majolika. Spanische und italienische Kera-

mik vom 14.–18. Jahrhundert. Kat. des Kunstgewerbemuseums Berlin VI, Berlin 1972.
K. HECHT, Die mittelalterlichen Bauten des Klosters, insbesondere die beiden ersten Münster, in: FS zur 900-Jahr-Feier des Klosters 1056–1956. Ein Beitr. zur Geistes- und Gütergesch. der Abtei Weingarten, 1956, 254–303.
K. HECHT, Von der karolingischen Cella zur spätromanischen Stiftskirche. Das Ergebnis der Ausgrabungen in der Faurndauer Kirche, Stauferland (Heimatbeil. der NWZ), 1957, Nr. 5.
A. HECKEL, Geschichte der Stadt Langenau, Langenau – Ulm 1964.
G. HECKNER, Praktisches Handbuch der kirchlichen Baukunst. Zum Gebrauch des Clerus und der Bautechniker, Freiburg 1886.
J. VON HEFNER-ALTENECK, Kunstwerke, Trachten und Gerätschaften vom frühen Mittelalter bis zum Ende des 18. Jahrhunderts, 10 Bde., Frankfurt 1879–1886.
J. v. HEFNER-ALTENECK, Kunstsammlungen des verewigten Herrn Geheimrats Dr. Jakob von Hefner-Alteneck, Auktion München 1904.
J. VON HEFNER, J. W. WOLF, Die Burg Tannenberg und ihre Ausgrabungen, Frankfurt 1850.
J. HEHLE, Geschichtliche Forschungen über Ehingen und Umgebung, Ehingen 1925.
H. HEIDENREICH, Teppichmuster an Renaissance-Öfen im Museum der Schwalm, Schwälmer Jb. 1978, 140–143.
D. HEINZ, Europäische Wandteppiche, I. Von den Anfängen der Bildwirkerei bis zum Ende des 16. Jahrhunderts, Braunschweig 1963.
J. HEISE, B. SCHMID, Die Bau- und Kdm der Prov. Westpreußen 2. Kulmerland und Löben; 5. Danzig 1887–1895.
D. HEJDOVÁ, B. NECHVÁTAL, Raněstredověké dlaždice v Čechách (Frühmittelalterliche Fliesen in Böhmen), Památky archeologické LXI, 1970, 100–471.
A. HEINA, Das „Schlößle" zu Hummertsried. Ein Burgstall des 13. bis 17. Jahrhunderts. Mit Beitr. von A. BUSCHLE und U. WIEDEMANN (FuB 2), Stuttgart 1974.
J. HELBIG, Ancienne céramique de carrelage et de revêtement en Belgique, Revue belge d'archéologie et d'histoire de l'art 22, 1953, 219–240.
H. HELLEBRANDT, Raerener Steinzeug in: H. HELLEBRANDT, O. E. MAYER, Steinzeug aus dem Raerener und Aachener Raum, 2. Aufl., Aachen 1977, 9–171.
J. HEMMERLE, Die Benediktinerklöster in Bayern, München 1951.
M. HERCHENRÖDER, Die Kdm des Landes Hessen. Der Rheingaukreis. (Mit Beitr. von W. EINSINGBACH, H. SCHOPPA, W.-H. STRUCK), München 1965.
M. HERCHENRÖDER, F. BEHN, Die Kdm in Hessen V. Die Kdm des Landkreises Dieburg, Darmstadt 1940.
E. HERDTLE, Flächenverzierungen des Mittelalters und der Renaissance, 2. Bde., Stuttgart 1869/1870.
V. HERMANSEN, P. NORLUND, Danmarks Kirker. Sorø Amt I. Kopenhagen 1936; II. 1938.
H.-W. HERRMANN, Geschichte der Grafschaft Saarwerden bis zum Jahre 1527 (Veröffentlichungen der Kommission für Saarländische Landesgesch. und Volksforschung 1), 2 Bde., Saarbrücken 1957/1958.
K. HEUSOHN, Ortenberg. Burg, Stadt und Landgericht unter der Linde, Ortenberg 1927.
R. HILDEBRANDT, Ton und Topf. Zur Wortgeschichte der Töpferware im Deutschen (Beitr. zur deutschen Philologie 30), Gießen 1963.
F. K. HILDENBRAND, Plätze, Straßen und Gassen in Speyer, in: Stadt-Buch der Kreishauptstadt Speyer a. Rh. 1921/1922, Speyer 1921, S. XVII–XXI.
K. HILLENBRAND, Dachziegel und Zieglerhandwerk, Der Museumsfreund. Aus Heimatmuseen und Sammlungen in Baden-Württemberg 4/5, 1964, 7–52.
K. HILLENBRAND, Volkskunst der Ziegelbrenner. Stempel, Symbole, Heilszeichen in Ton, München 1981.
I. HILLER, H. VEY, T. FALK, Katalog der deutschen und niederländischen Gemälde bis 1550 (mit Ausnahme der Kölner Malerei) im Wallraf-Richartz-Museum und im Kunstgewerbemuseum der Stadt Köln V, Köln 1969.
G. HIMMELHEBER, Die Kdm in Württemberg. Ehem. Oberamt Künzelsau, Stuttgart 1962.
H. HINZ, W. ZIMMERMANN, Die Ausgrabungen in der alten reformierten Kirche in Wuppertal-Elberfeld, Wuppertal 1954.
H. HINZ, H. SCHLÄGER, G. DREWES, Kaster (Bergheimer Beitr. zur Erforschung der mittleren Erftlandschaft 5), Bedburg 1964.
F. HIRSCH, Konstanzer Häuserbuch, Bd. I der FS zur Jahrhundertfeier der Vereinigung der Stadt Konstanz mit dem Hause Baden, Heidelberg 1906.
G. HIRTH, Der Formenschatz. Eine Quelle der Belehrung und Anregung für Künstler und Gewerbetreibende, Bd. 1–35, München 1877–1911.
A. HÖCK, Kurze Geschichte der Marburger Töpferei, Marburg 1972.
A. HÖCK, Geschirr-, Kachel- und Ziegelreste vom Klaushof in der Gemarkung Neukirchen, Schwälmer Jb. 1974, 28–33.
A. HÖCK, D. KRAMER, Verzeichnis der volkskundlichen und kulturgeschichtlichen Bestände der hess. Museen, Marburg 1970.
S. HOFMANN, Stift Steingaden 1147–183, Schongau 1947.
F. K. FÜRST ZU HOHENLOHE-WALDENBURG, Zwei Fliesen aus dem 15. Jahrhundert, Anz. für Kunde der deutschen Vorzeit NF. 22, 1875, Sp. 8–11.
C. HOHLER, Medieval pavingtiles at Buckinghamshire, Records of Buckinghamshire, 14, 1942. Teil 1 und 2, 1–49, 99–131.
I. HOLL, A visegrádi palota kápolnájának padozata (The pavement of the chapel in the palace of Visegrád), Archaeologiai Ertesitö 81, 1954, 192–196.
L. HOLL, Ausländische Keramikfunde des 13.–16. Jahrhunderts in Ungarn (Külföldi kerámia Magyarországon, 12.–16. század), Budapest Regiségei 17, 147–197.
I. HOLL, Zur Verbreitung romanischer Tonfliesen in Ungarn, Mitt. des archäologischen Inst. der ungarischen Akad. der Wissenschaften 4, 1973, 1975, 105–112, Taf. 31–33.
I. HOLL, P. VOIT, Die Majolika-Werkstatt von Matthias Hunyadi in der Ofener Burg (Hunyadi Mátyas majolikgyáró mühelye), Budapest Regiségei 17, 1956, 73, 90–91.
A. HORN, W. MEYER, Die Kdm von Bayern VII, Reg.-Bez. Schwaben V. Stadt und Landkreis Neuburg a. d. Donau, München 1958.
F. HOSSFELD, H. VOGEL, Die Kdm Hohenzollerns 1. Kreis Hechingen, Hechingen 1939.
F. HOSSFELD, H. VOGEL, H. GENZMER, Die Kdm Hohenzollerns 2. Kreis Sigmaringen, Stuttgart 1948.
W. HOTZ, Staufische Reichsburgen am Mittelrhein, Berlin 1937.
W. HOTZ, Das Marienmünster im Odenwald, München 1938.
W. HOTZ, Gelnhausen, Amorbach 1951.
W. HOTZ, Burg Wildenberg im Odenwald. Ein Herrensitz der Hohenstaufenzeit, Amorbach 1963.
W. HOTZ, Handbuch der Kdm im Elsaß und in Lothringen, Darmstadt – München 1965.
W. HOTZ, Amorbacher Cicerone. Kunstgeschichtlicher Wegweiser durch Abtei und Stadt mit Amorsbrunn, Gotthard, Wildenberg, Waldleiningen und den Pfarrdörfern, Amorbach 1976.

W. Hotz, Kleine Kunstgeschichte der deutschen Burg, Darmstadt 1979.
W. Hotz, Pfalzen und Burgen der Stauferzeit. Geschichte und Gestalt, Darmstadt 1981.
F. W. Hudig, Maiolica olandese del Trecento, Faenza 21, 1933, 131–141.
L. Hugot, Kornelimünster (Rhein. Ausgrabungen 2), Köln 1972.
L. Hugot, Aachener Steinzeug, in: H. Hellenbrand, O. E. Mayer, Steinzeug aus dem Raerener und Aachener Raum, 2. Aufl., Aachen 1977, 225–272.
H. Hummel, Der gotische Kirchenbau und seine Ausstattung im Land an Fils und Lauter, in: Gotik an Fils und Lauter, hrsg. von W. Ziegler, K.-H. Ruess, Weißenhorn 1986, 9–66.
W. Husa, Homo faber. Der Mensch und seine Arbeit, Prag 1967.
H. Huth, Die Kdm Badens X, 3. Landkreis Mannheim ohne Stadt Schwetzingen, München – Berlin 1967.
H. Huth, Die franziskanischen Niederlassungen in Worms, Alemania Franciscana Antiqua 18, 1973, 243–282.
Inventaire générale des monuments et des richesses artistiques de la France. Commission régionale d'Alsace, Canton Saverne, Bas-Rhin, bearb. von B. Parent, R. Lehni, M.-Ph. Scheurer, Paris 1978.
G. Isenberg, Die Ausgrabungen an der Bäckerstraße in Minden, 1973–1976, Westfalen 55, 1977, 427–449.
L. Jacobi, Das Römerkastell Saalburg bei Homburg v.d. Höhe, Homburg v.d. Höhe 1897.
K. Jäger, Kloster Thron, Nass. Ann. 64, 1953, 70–88, Taf. V.
F. Jaennicke, Grundriß der Keramik, Stuttgart 1879.
D. Jalabert, De l'art oriental antique à l'art roman. Recherches sur la faune et la flore romanes I. Le sphinx, Bull. mon. 94, 1935, 71–104. II. Les sirenes, Bull. mon. 95, 1936, 433–471.
E. Jammers, Das königl. Liederbuch des deutschen Minnesangs. Eine Einführung in die sogenannte „Manessische Handschrift", Heidelberg 1965.
W. Janssen, Besprechung von U. Lobbedey, Untersuchungen mittelalterlicher Keramik vornehmlich aus Südwestdeutschland. Arbeiten zur Frühmittelalterforschung 3, Berlin 1968, Bonner Jb. 169, 1969, 596–600.
W. Janssen, Mittelalterliche Keramik im Rheinland, in: W. Janssen, B. Follmann, 2000 Jahre Keramik im Rheinland. Ausstellung zur Eröffnung des Museums des Kr. Grevenbroich in Zons, Grevenbroich 1972, 13–44.
W. Janssen, Studien zur Wüstungsfrage im fränkischen Altsiedelland zwischen Rhein, Mosel und Eifelnordrand (Beihefte der Bonner Jb. 35), 2 Bde., Köln 1975.
W. Janssen, Handwerksbetriebe und Werkstätten in der Stadt um 1200, in: Zur Lebensweise in der Stadt um 1200. Ergebnisse der Mittelalter-Archäologie, hrsg. von H. Steuer (ZAM. Beih. 4), Köln 1986, 301–378.
W. Janssen, Der technische Wandel der Töpferöfen von der Karolingerzeit zum Hochmittelalter, dargestellt anhand rheinischer Beispiele, La céramique (V^{e}–XIXe s.). Fabrication, Commercialisation, Utilisation (Congrès International d'Archéologie Médievale, Paris 1985) Caen 1987, 108–119.
R. Jaques, Deutsche Textilkunst, Krefeld o.J.
H. Jenny, Kunstführer durch die Schweiz, 5. Aufl., 3 Bde., Zürich 1971, 1976, 1982.
C. A. Jensen, V. Hermansen, Danmarks Kirker IV. Praesto Amt I und II, Kopenhagen 1933/1935.
P. Jeulin, Quelques découvertes et constatations faites à Clairvaux depuis un vingtaine d'années, Bull. de la Soc. Nat. des Antiquaires de France, 1960, 1962, 94–118.
E. Johann, Handwerk in Butzbach. Eine Dokumentation zur Handwerksgeschichte und Kat. der Abt. III des Butzbacher Museums, Butzbach 1983.
W. Jorns, Frühmittelalterliche Symbolik. Versuch einer Deutung der Bildplatte von Schöllkrippen, Wetterauer Geschichtsbl. 25, 1977, 49–55.
R. Jülich, Die Entwicklung des Wirtschaftsplatzes Wimpfen bis zum Ausgang des Mittelalters (Veröffentlichungen der Kommission für geschichtliche Landeskunde in Baden-Württemberg), Stuttgart 1961.
Th. Jung, Die Neuerburg, Burgen und Schlösser 7, 1966, 5–12.
W. Jung, Die Klosterkirche zu Zinna im Mittelalter. Ein Beitr. zur Baugesch. der Zisterzienser, Straßburg 1904.
R. Jung, J. Hülsen, Die Baudenkmäler in Frankfurt am Main III. Privatbauten, Frankfurt 1914.
A. Jux, Die Paffrather Töpfer. Das Zeugnis der mündlichen und schriftlichen Überlieferung. Zwischen Wipper und Rhein. Heimatbl. für den Rheinisch-bergischen Kreis, 1953, 1–3.
K. Kaiser, Das Kloster St. German vor Speyer, Speyer 1955.
K. Kaiser, Die Bodenfunde der Jahre 1949–1952 in der Pfalz, Mitt. des Hist. Ver. der Pfalz 54, 1956, 5ff.
K. Kaiser, L. Kilian, Fundberichte aus der Pfalz für die Jahre 1956–1960, Mitt. des Hist. Ver. der Pfalz 66, 1968, 130–135 (Mittelalter und Neuzeit).
H. Karlinger, Deutsche Volkskunst, Berlin 1938.
O. Karpa, Kloster Loccum. 800 Jahre Zisterzienser-Abtei in Niedersachsen, Hannover 1963.
Katalog der im Germanischen Museum befindlichen Bautheile und Baumaterialien aus älterer Zeit. Nürnberg 1868.
Katalog: Das Schnütgen-Museum. Eine Auswahl, 2. Aufl. Köln 1961.
Katalog: Romanische Kunst in Österreich, Krems/Donau 1964.
Katalog: Herbst des Mittelalters. Spätgotik in Köln und am Niederrhein. Kunsthalle Köln, 1970.
Katalog: 1000 Jahre Kunst in Krems, Krems/Donau 1971.
Katalog: Rhein und Maas. Kunst und Kultur 800–1400. Eine Ausstellung des Schnütgen-Museums der Stadt Köln und der belgischen Ministerien für französische und niederländische Kultur. 2 Bde., Köln 1972.
Katalog: Wien im Mittelalter. 41. Sonderausstellung des Historischen Museums der Stadt Wien, Wien 1976.
Katalog: 1000 Jahre Babenberg in Österreich. Stift Lilienfeld 1976.
Katalog: Die Zeit der Staufer. Geschichte. Kunst. Kultur. Hrsg. von R. Hausherr (I), Ch. Väterlein, U. Schneider, H. Klaiber (II) u. a. (III–V), 5 Bde., Stuttgart 1977, 1979.
Katalog: Kloster Maulbronn 1178–1978. Ausstellung anläßlich der 800-Jahr-Feier der Kirchweihe Maulbronns. Hrsg. Seminarephorat Maulbronn, LDA Baden-Württemberg, Maulbronn 1978.
Katalog: Die Parler und der schöne Stil 1350–1400. Europäische Kunst unter den Luxemburgern, hrsg. von A. Legner. 3 Bde., Köln 1978. Resultatband, Köln 1980.
Katalog: Die Kuenringer. Das Werden des Landes Niederösterreich, Niederösterreichische Landesausstellung 1, Wien 1981.
Katalog Schallaburg: Kat. Matthias Corvinus und die Renaissance in Ungarn, Schallaburg 1982.
Katalog: Burgen der Pfalz, Pfalzgalerie Kaiserslautern 1982.
Katalog: Ornamenta Ecclesiae. Kunst und Künstler der Romanik. Schnütgen-Museum, Köln, 3 Bde. (Hrsg. A. Legner), Köln 1985.
Katalog: Stadt im Wandel. Kunst und Kultur des Bürgertums in Norddeutschland 1150–1650. Landesausstellung Nieder-

sachsen in Braunschweig. (Hrsg. C. MECKSEPER), 4 Bde. Stuttgart 1985.
Katalog: Vivre au Moyen Age. 30 ans d'archéologie médiévale en Alsace, Straßburg 1990.
Catalogue: Saint Bernard et l'art des Cisterciens, Musée de Dijon 1953.
Museen der Stadt Köln: Katalog der Sammlung Lückger, Köln 1964.
R. KAUTZSCH, Der romanische Kirchenbau im Elsaß. Freiburg 1944.
R. KAUTZSCH, E. NEEB, Die Kdm im Freistaat Hessen. Stadt und Kreis Mainz II, 1. Der Dom zu Mainz, Darmstadt 1919.
L. KEEN, A series of 17th and 18th-century lead-glazed relief-tiles from North-Devon, The Journ. of the Brit. Arch. Association 32, 1969, 144–170.
K. KEIM, Alt-Reutlingen. Bilder, Berichte, Erinnerungen, Reutlinger Geschichtsbl. 13, 1975, 5–61.
J. KEIPER, Reichsherrschaft Hohenfels-Reipoltskirchen, Mitt. des Hist. Ver. der Pfalz 44, 1927, 47–119.
P. KEPPLER, Württembergs kirchliche Kunstaltertümer, Rottenburg 1888.
H. KERN, Labyrinthe. Erscheinungsformen und Deutungen – 5000 Jahre Gegenwart eines Urbilds, München 1982.
P. T. KESSLER, Reiche spätmittelalterliche Glas- und Keramikfunde auf dem Domberg in Worms, Der Wormsgau II, H. 2, 1936, 66–79.
J. G. VON DER KETTEN, Das große Stamm- und Wappenbuch der Freien Reichsstadt Köln. 8 Bde. Ms. im Hist. Archiv der Stadt Köln, vor 1744.
E. KEYSER, Deutsches Städtebuch.
Benutzt wurden folgende Bände:
Badisches Städtebuch, Stuttgart 1959 (D. Stb. IV, 2).
Bayerisches Städtebuch, 2 Bde. Stuttgart 1971/1974. (D. Stb. V, 1 und 2) (E. KEYSER, H. STOOB).
Hessisches Städtebuch, Stuttgart 1957 (D. Stb. IV, 1).
Städtebuch Rheinland-Pfalz und Saarland, Stuttgart 1964 (D. Stb. IV, 3).
Rheinisches Städtebuch, Stuttgart 1956 (D. Stb. III, 3).
Westfälisches Städtebuch, Stuttgart 1954. (D. Stb. III, 2).
Württembergisches Städtebuch (D. Stb. IV, 2.2).
O. KIECKER, H. LÜTGENS, Die Kdm der Prov. Hannover III. Reg.-Bez. Lüneburg 4. Kreis Gifhorn, Hannover 1931.
TH. KIELLAND, Middelalderligs Fliesegulver i Norge, Foreningen for Norske Fortidsminnesmerkers Bevaring, Aarbok 77, 1921, 144–156.
TH. KIELLAND, Kunsthaandverket i middelalderen, Norsk kunsthistorie 1, Oslo 1925, 239–266.
H. KIER, Der mittelalterliche Schmuckfußboden unter besonderer Berücksichtigung des Rheinlandes (Die Kdm des Rheinlandes, Beih. 14), Düsseldorf 1970.
H. KIER, Schmuckfußböden in Renaissance und Barock, München 1976.
H. KIER, U. KRINGS, Die romanischen Kirchen in Köln. Köln 1985.
A. KIES, Die Töpfermarken des Wiener Raumes, in: Keramische Bodenfunde aus Wien, Mittelalter– Neuzeit. Katalog. Wien 1982, 25–30.
G. KIESOW, Gotik in Hessen, Stuttgart 1988.
A. KIPPENBERGER, Grauteppichfenster der Elisabethkirche zu Marburg und des Zisterzienserklosters Haina, in: FS RICHARD HAMANN zum 60. Geburtstag, Burg b. Magdeburg 1939, 40–45, Taf. 9–11.
E. KIRSCHBAUM (Hrsg.), Lexikon der christlichen Ikonographie, Bd. 1–4, Rom – Freiburg – Basel – Wien, 1968, 1970, 1971, 1972.
K. KIRSCHMER, Neue Forschungen über Kloster Adelberg, Stauferland 1957, Nr. 4 und 5.
H. KISKY, Burgen, Schlösser und Hofesfesten im Kreis Euskirchen, Euskirchen 1960.
H. KISKY, Schlösser und Herrensitze im Rheinland, Frankfurt 1960.
W. KISKY, Rheinisches Wappenlexikon, Sonderband: Rheinischer Adel, Köln, Bd. 1, 1951, Bd. 2, 1953, Hrsg. R. STEIMEL.
C. KISSEL, Alte historische Adelshöfe in Mainz, Mainz 1899.
C. KISSEL, Alte Mainzer Klosterhöfe und Profangebäude, Mainz 1899.
C. KISSEL, Alt-Mainzer Häuser. Mainzer Gebäulichkeiten und ihre Eigenart, Mainz 1909.
E. KITTEL, Siegel, Braunschweig 1970.
H. A. KLAIBER, R. WORTMANN, Die Kdm in Baden-Württemberg. Ehem. Oberamt Ulm ohne die Gemarkung Ulm, München 1978.
A. KLEIN, J. ZICK-NISSEN, E. KLINGE, Islamische Keramik. Katalog. Hetjens-Museum, Düsseldorf 1973.
E. KLEIN, Das städtische Museum in Weißenburg, in: 8. Jahresber. des Ver. zur Erhaltung der Altertümer in Weißenburg und Umgegend (1912), 1913, 49–112.
G. KLEIN, Au Musée de Saverne. Les collections de céramique du bâtiment. Soc. d'Histoire et d'Archéologie de Saverne et environs. 4. Trimestre 1958, 10–12.
G. KLEIN, Tuiles décorées en Alsace, in: Art populaire en France, Straßburg 1960, 161–170.
G. KLEIN, Céramiques populaires Alsaciennes. Exposition, Straßburg 1973.
G. KLEIST, Zur Stadtarchäologie in Northeim. Reliefflíesen in St. Blasien beweisen Backsteingotik in Südniedersachsen, Der Heimatfreund, Beil. der Northeimer Neuesten Nachr. 1978, Nr. 15, 16 und 33.
B. KLESSE, Majolika. Katalog des Kunstgewerbemuseums Köln II, Köln 1966.
P. KETTLER, Die Kunst im österreichischen Siegel, Wien 1927.
F. KLINGENDER, Animals in Art and Thought to the end of the Middle Age (Hrsg. E. ANTAL, J. HARTHAN), London 1971.
H. KLOER, Das Zisterzienserkloster Eldena in Pommern, Berlin 1929.
W. KLÖTZER, Die Fundierung des Klosters Marienhausen im Rheingauer Kammerforst, Nass. Ann. 73, 1962, 27–36.
J. KLOFT, Territorialgeschichte des Kreises Usingen, Marburg 1971.
F. KLUGE, Ethymologisches Wörterbuch der deutschen Sprache, 21. Aufl. Berlin 1975.
G. E. C. KNAPP, The medieval tiles of Winchester Cathedral, Winchester Cathedral Records 25, 1956, 16–24.
K. KNEER, Spätgotische Bodenfliesen im Ochsenhäuser Hof, Südwestpresse/ Schwäb. Donauztg. vom 1. 4. 1969.
U. KOCH, Die Baugeschichte der St. Johanniskirche zu Niederlahnstein im 19. Jahrhundert. Die Innenrestaurierung 1960–1962, Denkmalpflege in Rheinland-Pfalz XVI–XVII, 1961–1962, 1964, 96–137.
W. KÖFLER, Zur Wirtschaftsgeschichte des Stiftes Stams, in: 700 Jahre Stift Stams, 1273–1973, Stams 1973, 172–191.
ST. KÖHL, Burg Montfort bei Bad Kreuznach. Archäologisch-baugeschichtliche Untersuchungen unter besonderer Berücksichtigung des Westteils der Kernburg, Bad Münster am St. 1987 (ms. MS).
C. KOENEN, Gotische Töpferei bei Urbar, Bonner Jb. 114/115, 1906, 339–343.
H. KOEPF, Ulmer Profanbauten. Ein Bildinventar (Forschungen zur Gesch. der Stadt Ulm. Reihe Dokumentation, 4), Ulm 1982.
K. KOETSCHAU, Rheinisches Steinzeug, München 1924.
KOHL, RAUCHHELD, TENGE, Die Bau- und Kunstdenkmäler des Hzt. Oldenburg IV. Die Ämter Oldenburg, Delmenhorst, Elsfleth und Westerstede, Oldenburg 1907.

W. KOHL, E. PERSOONS, A. WEILER, Monasticon Windeshemense II. Deutsches Sprachgebiet, Brüssel 1977.

W. KOHLHAUSEN, Europäisches Kunsthandwerk I. Vorromanik und Romanik, Frankfurt 1969.

W. KOHLHAUSEN, Minnekästchen des Mittelalters, Berlin 1928.

M. KOHNEMANN, Auflagen auf Raerener Steinzeug. Raeren 1982.

H. KOPP, Die Anfänge der Stadt Reutlingen, Reutlingen 1961.

H. KRAFT, Eichenblätter und Fabeltiere. Interessante Funde auf der Dossenheimer Schauenburg, Heidelberger Tagbl., Heimatseite, 19/20. 11. 1960, S. 8.

E. KRANZBÜHLER, Verschwundene Wormser Bauten. Beitr. zur Baugeschichte und Topographie der Stadt Worms, Worms 1905.

E. KRANZBÜHLER, St. Martin in Worms. Zur Geschichte des Stifts und seiner Kirche, Darmstadt 1926.

E. KRANZBÜHLER, Worms und die Heldensage. Beitr. zur Siegel- und Wappenkunde, Münz- und Baugeschichte der Stadt Worms, Worms 1930.

W. KRATZ, Kiedrich und Scharfenstein. Landschaft, Baudenkmale und Geschichte, Rheingauer Heimatbriefe 63, 1968, 6–10; 64, 8–14; 65, 2–11.

W. KRATZ, Rüdesheim mit Eibingen, Nothgottes und Niederwald. Landschaft, Geschichte und Baudenkmale, Rüdesheim 1975.

F. X. KRAUS, Kunst und Alterthum in Elsaß-Lothringen.
I. Unterelsaß, Straßburg 1876.
II. Oberelsaß, Straßburg 1884.
III. Lothringen, Straßburg 1889.
IV. Nachträge, Straßburg 1892.

F. X. KRAUS, Die Kdm des Großhzt. Baden 1. Kreis Konstanz, Freiburg 1887.

F. X. KRAUS, Die Kdm des Großhzt. Baden VI, 1. Lkr. Freiburg, Tübingen – Leipzig 1904.

J. A. KRAUS, Alte Wand- und Bodenfliesen, Hohenzollersche Heimat 24, 1974, 27–28.

E. KRAUSEN, Die Klöster des Zisterzienserordens in Bayern (Bayer. Heimatforschung 7), München-Pasing 1953.

CH. KRAUSKOPF, Die Norgrabung im Langenselbolder Schloßpark im Bereich der ehem. Klosteranlagen. Neues Magazin für Hanauische Geschichte 5, 1983, 253–257.

K. KRAUSS, Schloß Auerbach an der Bergstraße, Darmstadt 1905.

K. KRAUSS, Die ev. Kirche zu Egelsbach, Ländlein Dreieich. Bl. für Heimatforschung 1. Nr. 10, 1931, 45–48.

R. KRAUTHEIMER, Die Kirchen der Bettelorden in Deutschland, Köln 1925.

F. KRETZSCHMAR, Historische Fußböden im westlichen Rheinland, Denkmalpflege im Rheinland 2, 1984, 20–23.

M. KRIEG, Der städt. Ziegelhof auf dem Werder, Mindener Heimatbl. 27, 4/5, 1955, 45–46.

K. KROESCHELL, Deutsche Rechtsgeschichte 2 (1250–1650), Reinbek 1973.

H. KRONBERGER-FRENTZEN, Die alte Kunst der süßen Sachen. Backformen und Waffeleisen vergangener Jahrhunderte, Hamburg 1959.

R. KROOS, Niedersächsische Bildstickereien des Mittelalters, Berlin 1970.

I. KRUPP, Die Geschichte der Herren von Elkerhausen und ihrer Burgen, Mitt. des oberhess. Geschichtsver. 67, 1982, 13–56.

H. E. KUBACH, W. HAAS, Die Kdm von Rheinland-Pfalz. Der Dom von Speyer, 2 Textbde. 1 Tafelbd., München 1972.

H. E. KUBACH, F. MICHEL, H. SCHNITZLER, Die Kdm der Rheinprovinz 16,3. Die Kdm des Landkreises Koblenz, Düsseldorf 1944.

H. E. KUBACH, A. VERBEEK, Romanische Baukunst an Rhein und Maas. Katalog der vorromanischen und romanischen Denkmäler, 3 Bde., Berlin 1976.

K. KUBES, J. RÖSSL, Stift Zwettl und seine Kunstschätze, St. Pölten – Wien 1979.

F. KÜCH, B. NIEMEYER, Die Bau- und Kunstdenkmäler im Reg.-Bez. Kassel 8. Kreis Marburg-Stadt, 1. Teil, Atlas, Kassel 1934.

K. KÜNSTLE, Ikonographie der christlichen Kunst I, Freiburg 1926.

G. A. KÜPPERS-SONNENBERG, Flechtwerk, Knotenband und Knotendrachen, Carinthia I. Geschichtliche und volkskundliche Beitr. zur Heimatkunde Kärntens 158, 1968, 479–601.

H. KUHN, Hesse, son ancienne abbaye, son prieuré, son église et ses annales, Nancy 1872.

J. KULICK, Niedensteiner Ofenkacheln der Renaissance auf Burg Eisenberg, Hess. Heimat 35, 1985, 99–107.

J. KULISCHER, Allgemeine Wirtschaftsgeschichte des Mittelalters und der Neuzeit I, 1, München und Berlin 1928.

B. KURTH, Die deutschen Bildteppiche des Mittelalters II, Wien 1926.

J. KUTHAN, Die mittelalterliche Baukunst der Zisterzienser in Böhmen und Mähren. Berlin 1982.

V. KUTHANOVA, Byvaly cisterciácky Klášter Nepomuk (Das ehem. Zisterzienserkloster Nepomuk), Umeni 25, 1977, 449–463.

E. M. KYLSTRA, 12. Kaatstraat, in: Archeologische Kroniek van de Gemeente Utrecht over 1978–1979–1980 (Hrsg. T. J. HOEKSTRA), Utrecht 1980, 53–57.

O. K. LAAG, Die Bodenfliesen des 13. Jahrhunderts von St. Moritz auf dem Werder zu Minden. Mindener Heimatbl. 27, 4/5, 1955, 37–44.

G. LACHASSE, Les carreaux de céramique médiévale, Bull. de la Soc. des Antiquaires de Normandie 1961/1962, 1962, 526–568.

G. LACHASSE, Les pavés de ceramique médiévale, in: Catalogue: Trésors des Abbayes normandes, Rouen – Caen 1979, 309–348.

E. LACROIX, Zur Topographie des römischen und mittelalterlichen Pforzheim, Baden 3, 1951. 7–11.

D. LÄMKE, Mittelalterliche Tierfabeln und ihre Beziehungen zur bildenden Kunst in Deutschland, Diss. Greifswald 1937.

F. LAIB, F. J. SCHWARZ, Formenlehre des romanischen und gotischen Baustyls, Stuttgart 1858.

L. LAMPL, 700 Jahre Kloster Fürstenfeld, Heimatbuch Stadt und Landkreis Fürstenfeldbruck. Vergangenheit und Gegenwart. Hrsg. R. A. Hoeppner, Assling – Pörsdorf 1963, 101–112.

E. LANDGRAF, Ornamentierte Tonfliesen des Mittelalters in West- und Süddeutschland. 1150–1500, Diss. Tübingen 1958 (ms. MS).

E. LANDGRAF, Ornamentierte Bodenfliesen des Mittelalters in Schwaben, Der Museumsfreund. Aus Heimatmuseen und Sammlungen in Baden-Württemberg 4/5, 1964, 72–92. Taf. XXXIII–XLI.

E. LANDGRAF, Bodenfliesen, G. P. FEHRING, Spätmittelalterliche Befunde und Funde aus U. L. Frau in Asch. Alb-Donau-Kreis, Fundber. aus Baden-Württemberg 1, 1974, 658–664.

E. LANDGRAF, Mittelalterliche Bodenfliesen aus den Klöstern Eberbach und Bebenhausen, Die Zisterzienser. Ordensleben zwischen Ideal und Wirklichkeit, Bonn 1980, 530–536.

E. LANDGRAF, Mittelalterliche Bodenfliesen aus Ton in Kirchen, Klöstern und Burgen des Kreises Göppingen, Gotik an Fils und Lauter, hrsg. von W. ZIEGLER und K.-H. RUESS. Weißenhorn 1986, 291–308.

E. LANDGRAF, Mittelalterliche Bodenfliesen, Ausgrabungen

in Minden. Bürgerliche Stadtkultur des Mittelalters und der Neuzeit. Hrsg. B. TRIER, Münster 1987, 65–74; 105, Taf. 9.
Der Landkreis Tübingen. Amtl. Kreisbeschreibung II, Stuttgart 1972.
A. LANE, A Guide to the Collections of Tiles, Victoria and Albert Museum, 2. Aufl. London 1960.
W. LANG, Archäologische Beobachtungen in der Kirche St. Martinus in Donzdorf, Kr. Göppingen. Arch. Ausgrabungen in Baden-Württemberg 1987, Stuttgart 1988, 218–220.
H. LANGE VON WALLIS, Der Ziegel als Sammelobjekt, Sammler-Journal, 1979, 692–696.
F. LAUCHERT, Geschichte des Physiologus, Straßburg 1889.
O. LAUFFER, Der Kachelofen in Frankfurt, FS zur Feier des 25jährigen Bestehens des städt. Hist. Museums in Frankfurt am Main, Frankfurt 1903, 103–147.
J. LAURENT, Kaiser-Karls-Gymnasium. Beschreibung des neuen Schulgebäudes, Aachen 1906 (mit Tafeln).
M. LEBEAU, Les pavages de l'abbaye de Cîteaux, Mémoires de la Soc. d'archéologie de Beaune 59, 1977/1978. (1978), 178–181.
H. LECLERCQ, Carreaux éstampés et moulés, in: F. CABROL, H. LECLERCQ, Dictionnaire d'archéologie chrétienne et du Liturgie II, Paris 1924, Sp. 2178–2189.
P. LEHFELDT, G. VOSS, Bau- und Kunstdenkmäler Thüringens, Herzogtum Sachsen-Meinigen, I, 1, H. 34. Amtsgerichtbez. Meiningen. Die Stadt Meiningen und die Landorte, Jena 1909.
P. LEHFELDT, G. VOSS, Bau- und Kunstdenkmäler Thüringens, Großherzogtum Sachsen – Weimar – Eisenach II, H. 14, Amtsgerichtsbez. Apolda und Buttstädt, Jena 1892.
J. G. LEHMANN, Urkundliche Geschichte der Burgen und Bergschlösser in den ehem. Gauen, Grafschaften und Herrschaften der bayerischen Pfalz, Bd. 1 und 2, München 1913. Bd. 3. Urkundliche Geschichte des gräflichen Hauses Leiningen-Hartenburg und Westerburg in dem ehem. Wormsgaue, München 1913.
H. LEHNER, W. BADER, Baugeschichtliche Untersuchungen am Bonner Münster, Bonner Jb. 136/137, 1932, 3ff.
W. LEHNHÄUSER, Glasuren und ihre Farben, 2. Aufl. Düsseldorf 1966.
L. J. LEKAI, A. SCHNEIDER, Geschichte und Wirken der weißen Mönche. Der Orden der Cistercienser, Köln 1958.
T. LENKIEWICZ, Kościół Marii Magdaleny w Krakowie w świetle ostatnich odkryć archeologcznych, Biuletyn Krakowski I, 1959, 78–98.
A. LENTZ, Ein schöner Fund aus der Burg in Gangelt, Heimatjb. des Selfkantkreises Geilenkirchen – Heinsberg 1959, 70–71.
W. LEONHARD, Das große Buch der Wappenkunst, München 1976.
H. E. J. LE PATOUREL, Documentary evidence and the medieval pottery industry, Medieval Archaeology 12, 1968, 101–126.
A. LESUR ET TARDY, Les poteries et les faïences françaises. 4 Bde., Paris 1957–1960.
J. LEUSCHNER, E. SCHALLMAYER, 1200 Jahre Ober-Roden in der Rödermark. Chronik 786–1986, Rödermark 1986.
H. LEVY, Eutzingen, Pfälzisches Museum 24, 1907, 4–11.
J. M. LEWIS, Medieval Welsh Paving Tiles, Cardiff 1976.
I. LIEBSCHER, F. WILLERT, Technologie der Keramik. Keramisches Schaffen I, Dresden 1955.
U. LIESSEM, Baugeschichtliche Beobachtungen an einigen stauferzeitlichen Burgen in der Region Koblenz, Burgen und Schlösser 18, 1977, 29–47.
U. LIESSEM, Zur Baugeschichte von Burg Sayn, in: A. FÜRST ZU SAYN-WITTGENSTEIN-SAYN, Sayn. Ort und Fürstentum, Sayn 1979, 37–51.
U. LIESSEM, Beobachtungen zur Baugeschichte des Burghauses von Eltz zu Koblenz-Rübenbach, Denkmalpflege Rheinland-Pfalz 31/33, 1976/1979, 1979, 65–71.
U. LIESSEM, Bodenfliesen aus Schloß Sayn. Rezeption spätstaufischen Formengutes im 19. Jahrhundert. Ein Beitrag zum Werk von J. C. VON LASSAULX (1781–1848), Jb. für westdeutsche Landesgesch. 7, 1981, 303–310.
U. LIESSEM, Bemerkungen zur Stellung der Jesuitenkirche in der rheinischen Baugeschichte, in: Historisches Rathaus der Stadt Koblenz, Gebäude II, Hrsg. Stadt Koblenz 1985, 63–74.
U. LIESSEM, U. LÖBER, Ausgewählte Burgen an Rhein, Mosel und Lahn (Veröffentlichungen des Landesmuseums Koblenz 3), Koblenz 1979.
G. C. F. LISCH, Über die Fürstin Woizlova, Gemahlin des Fürsten Pribislav von Mecklenburg, und die Kapelle zu Althof, Jb. des Ver. für mecklenburgische Gesch. und Altertumskunde 19, 1854, 138–167.
G. LIVERANI, Italienische Majolika, Köln 1960.
U. LOBBEDEY, Glasierte Keramik des frühen Mittelalters in Süddeutschland, Bonner Jb. 164, 1964, 130–132.
U. LOBBEDEY, Untersuchungen mittelalterlicher Keramik vornehmlich aus Südwestdeutschland (Arbeiten zur Frühmittelalterforschung 3), Berlin 1963.
U. LOBBEDEY, Kurze Berichte über Ausgrabungen, Westfalen 50, 1972, 19.
U. LOBBEDEY, Borgholzhausen. Archäologie einer westfälischen Kirche (Denkmalpflege und Forschung in Westfalen 3), Bonn 1981.
U. LOBBEDEY, Mittelalterliche Fliesenfabrikation in Neuenheerse, Bad Driburg (Stadt), Kr. Höxter, Denkmalpflege in Westfalen-Lippe 1977–1980. Bauforschung und Grabungen, Westfalen 61, I, 1983, 254–255.
U. LOBBEDEY, H. MERIAN, A. VERBEEK, Baugeschichtliche Beiträge zu rheinischen Landkirchen (Hrsg. Landeskonservator Rheinland, Beih. 19), Baugeschichtliche Untersuchungen I, Düsseldorf 1975, 111–169.
W. LÖSCHE, Dießener Keramik – ein historischer Überblick, in: Erde, Asche, Feuer-Keramische Glasuren. Geschichte und Technologie der Glasuren am Beispiel der Dießener Keramik, München 1983, 14–18.
W. LÖSCHE, „Plab und Weiß Geschirr aus Diessen". Die Werkstattbruchgrube eines Diessener Hafners. Beiträge zur Erschließung einer Hafnergeschirrproduktion des 17. Jahrhunderts in Altbayern, München 1985.
D. LOHRMANN, Remarques sur quelques tuileries et briqueteries cisterciennes de l'Allemagne du Nord-Est (13e–14e siècles), in: Terres cuites architecturales au moyen âge. Musée de Saint-Omer, Colloque des 7–9 juin 1985 (Hrsg. D. DEROEUX), ARRAS 1986, 17–22.
O.-G. LONHARD, Das Spital zum Heiligen Geist in Blaubeuren, UO 39, 1970, 26–80.
W. LOTZ, F. SCHNEIDER, Die Baudenkmäler im Reg.-Bez. Wiesbaden, Berlin 1880.
W. LUNG, Die Ausgrabung nachkarolingischer Töpferöfen in Paffrath, Gem. Bergisch-Gladbach, Rheinisch-Bergischer Kreis, Bonner Jb. 155/156, 1956, 355–371.
M. LURKER, Symbol, Mythos und Legende in der Kunst. Die symbolische Aussage in Malerei, Plastik und Architektur, 2. Aufl. Baden-Baden 1974.
F. LUTHMER, Die Bau- und Kunstdenkmäler im Reg.-Bez. Wiesbaden I. Der Rheingau, Frankfurt 1902; II. Östlicher Taunus. Landkreis Frankfurt. Kreis Höchst. Kreis Obertaunus. Kreis Usingen, Frankfurt 1905; III. Lahngebiet. Oberlahnkreis. Kreis Limburg. Unterlahnkreis, Frankfurt 1907; V. Kreis Unterwesterwald. Kr. St. Goarshausen. Untertaunus-Kreis. Kreis Wiesbaden Land. Kreis Wiesbaden Stadt, Frankfurt 1914.

D. Lutz, Die Untersuchungen auf dem Turmberg bei Karlsruhe-Durlach (FuB 4), Stuttgart 1977, 173–207.

M. Lutz, V. Beyer, Un trésor de céramique sarrebourgeoise du XIVe siècle, Cah. alsaciens 8, 1964, 131–155.

B. Lymant, Die mittelalterlichen Glasmalereien der ehem. Zisterzienserkirche Altenberg, Bergisch Gladbach 1979.

G. Maag, Die Klausurgebäude und die Kirche des Klarissenklosters Wiesbaden-Klarenthal, Nass. Ann. 83, 1972, 23–44, Taf. III.

G. und I. Maag, Die Gebäude des Klausurbezirks des ehem. Klosters Brunnenburg a.d. Lahn, Teil 1, Nass. Ann. 87, 1976, 46–68, 2. 90, 1979, 39–67, 3. 92, 1981, 42–58, 4. 94, 1983, 101–136, 5. 95, 1984, 55–74.

H. F. Macco, Aachens Wappen und Genealogien, 2 Bde. Aachen 1907/1908.

F. Mader, Die Kdm von Bayern III. Reg.-Bez. Unterfranken, 19, Stadt Aschaffenburg, München 1918.

F. Mader, Die Kdm von Bayern IV. Reg.-Bez. Niederbayern 6, Stadt Straubing, München 1921.

F. Mader, Die Kdm von Bayern V. Reg.-Bez. Mittelfranken 1, Stadt Eichstätt, München 1924.

F. Mader, Die Kdm von Bayern V. Reg.-Bez. Mittelfranken 4, Stadt Dinkelsbühl, München 1931.

F. Mader, H. Karlinger, Die Kdm von Bayern III. Reg.-Bez. Unterfranken 18, Bez.-Amt Miltenberg, München 1917.

H. Magirius, Die Baugeschichte des Klosters Altzella (Abhandlungen der sächsischen Akad. der Wissenschaften zu Leipzig, Phil.-hist. Klasse 53, H. 2), Berlin 1962.

Y. Mailfert-Labande, R. Crozet, Poitou romane. Pierre-qui-vire 1957.

L. Mang, Th. Zink, Das Wirtschaftsleben der Pfalz in Vergangenheit und Gegenwart, München o. J. (um 1933).

A.-M. Marien-Dugardin, Carreaux de pavement du Moyen-Âge à décor „vert et manganèse" trouvés en Belgique, in: Atti V. convegno internazionale della Ceramica. Albisola 1972, 1973, 183–190.

M. G. Marti, Ceramica de Levante Espanol. Siglos Medievales, 3 Bde., Barcelona – Madrid 1952.

A. Martin, Geschichte des Dorfes und der Stadt, der Saline und des Bades Nauheim, Sd. aus: Bad-Nauheim. Von der Frühzeit zur Gegenwart, Bad-Nauheim 1937.

G. Matthes, Der Lettner von St. Maria im Kapitol zu Köln von 1523, Diss. Bonn 1967.

W. von Matthey, Die Kdm in Württemberg. Kreis Saulgau, Stuttgart – Berlin 1938.

W. von Matthey, H. Klaiber, Die Kunst- und Altertumsdenkmale in Württemberg. Kreis Riedlingen, Stuttgart – Berlin 1936.

A. Matthys, La céramique. Typologie des Sources du Moyen-Age occidental, Turnhout 1973.

E. Maurer, Die Kdm der Schweiz. Kt. Aargau III. Das Kloster Königsfelden, Basel 1954.

L. Maxe-Werly, Étude sur les carrelages au Moyen-Age, Mémoires de la Soc. nat. des Antiquaires de France, 6. Série, 3, 1892, 1893, 257–265.

O. E. Mayer, Fünfundzwanzig Jahre Grabungen im Raerener Land, in: H. Hellebrandt, O. E. Mayer, Steinzeug aus dem Raerener und Aachener Raum, 2. Aufl. Aachen 1977, 172–224.

O. E. Mayer, Probleme der Raerener Töpferbetriebe, Zs. des Eupener Geschichtsver. 1, Nr. 2/3, 1951, 50–51.

O. E. Mayer, Töpfereibetriebe des 12.–18. Jahrhunderts in Eynatten (Kanton Eupen), Zs. des Eupener Geschichtsver. 2, 1952, 35–50.

F. van der Meer, Atlas de l'Ordre Cistercien, Brüssel – Haarlem – Paris 1965.

A. Meinhardt, Die Neuerburg im Fockenbachtal, Kr. Neuwied, Burgen und Schlösser 7, 1966, 1–4.

M. Merlin, Carreaux de terre cuite découverts aux environs d'Hadjeb-el-Aïoun (Tunis), Bull. arch. du Comité des Traveaux historiques et scientifiques, 1909, 149–153, Taf. 14–16.

J. Meissner, Bau- und Kunstgeschichte des Klosters Cismar, in: W. K. Ehlers, Grömitz. Das Bad auf der Sonnenseite (Ostholstein, Vergangenheit und Gegenwart), Grömitz 1972, 101–117.

J. Meissner, Baugeschichte und Rekonstruktion des Benediktinerklosters Cismar/Ostholstein, Diss. Kiel 1976.

A. Merhautová, Romanische Kunst in Polen, der Tschechoslowakei, Ungarn, Rumänien, Jugoslawien, Wien 1974.

A. Merhautová-Livorová, Figürliche und ornamentierte Tonfliesenböden in Böhmen. Baukunst des Mittelalters in Europa, Hans Erich Kubach zum 75. Geburtstag. Hrsg. F. J. Much, Stuttgart 1988, 507–522.

J. J. Merlo, Die Familie Hackeney, ihr Rittersitz und ihre Kunstpflege, Köln 1863.

H. Merz, Ornamentierte Bodenfliesen des 13. Jahrhunderts in der Sakristei des ehem. Dominikanerinnenklosters in Rothenburg o. d. T., Die Linde, Beil. zum Fränk. Anz. für Gesch. und Heimatkunde von Rothenburg/Tbr. Stadt und Land, 62. Nr. 2, 1980, 9–12.

W. Merz, F. Hegi, Die Züricher Wappenrolle, Zürich 1930.

A. Mettler, Das alte Münster in Zwiefalten, WVjH 38, 1932, 213–262.

H. Meurer, Plastiken, Altarmalereien, in: (Katalog) Kloster Maulbronn, 1178–1978. Ausstellung anläßlich der 800-Jahr-Feier der Kirchweihe Maulbronns, Maulbronn 1978, 19–20.

C. Meyer, Die Augustiner-Klosterkirche zu Ravengiersburg. Diss. Berlin 1908.

G. Meyer, L'architecture civile urbaine en Alsace à l'époque médiévale, Saisons d'Alsace 27, NS 80–81, 1983, 97–152.

G. Meyer, Le revêtement de sol en terre cuite. Archéologie Médiévale. Catalogue de l'exposition présentée à la bibliotheque de la Ville de Colmar, 1975, 35–47. (1975 a)

G. Meyer, Le début des Fouilles Historiques à Colmar, Annuaire de la Soc. d'Histoire et d'Archéologie de Colmar 1974/1975, 1975, 105–126. (1975 b)

G. R. Meyer, Altorientalische Denkmäler im Vorderasiatischen Museum zu Berlin, Leipzig 1965.

H. Meyer, Les carreaux de revêtement du sol et des murs de l'église Sainte-Foy de Sélestat du XIIe siècle, Annuaire Les Amis de la Bibliothèque Humaniste de Sélestat, 1987, 11–19.

W. Meyer-Barkhausen, Marburg an der Lahn, München 1957.

F. Michel, Die Kdm der Rheinprovinz 20. 1. Die kirchlichen Denkmäler der Stadt Koblenz, Düsseldorf 1937.

F. Michel, Die Kdm von Rheinland-Pfalz I. Koblenz. Die profanen Denkmäler und die Vororte, München – Berlin 1954. (Michel 1954 a)

F. Michel, Geschichte der Stadt Niederlahnstein, Niederlahnstein 1954. (Michel 1954 b)

F. Michel, Geschichte der Stadt Oberlahnstein, Oberlahnstein 1960.

H. Miedel, Die Prämonstratenserklosterkirchen Arnstein, Beselich und Brunnenburg im Lahntal. Ein Beitr. zur Baukunst des Prämonstratenserordens im 12. und frühen 13. Jahrhundert. Diss. ms. Ms., Frankfurt 1956.

H.-P. Mielke, Zur Typologie und Datierung gotischer Nischenkacheln mit dem „Mainzer Rad", Mz. Zs. 71/72, 1976/1977, 150–157.

H.-P. Mielke, Zur Baugeschichte der Burg Hattstein im Taunus, Nass. Ann. 93, 1982, 197–211.
E. G. Millar, The Library of A. Chester Beatty. A descriptive catalogue of the Western Manuscripts, Oxford 1930, Taf. bd. II.
V. Milojčić, Bericht über die Ausgrabungen und Bauuntersuchungen in der Abtei Frauenwörth auf der Fraueninsel im Chiemsee 1961–1964 (Bayer. Akad. der Wissenschaften, Phil.-hist. Klasse, Abhandlungen NF 65 A, München 1966.
J.-P. Minne, La céramique de Poêle de l'Alsace médiévale, Straßburg 1977.
K. J. Minst, Lorscher Codex (Deutsch). Urkundenbuch der ehem. Fürstabtei Lorsch. Nach dem lateinischen Text der Urschrift wiedergegeben von Lamey (1768–1770) und Glöckner (1929–1936), 3 Bde., Lorsch 1966, 1968, 1970.
A. Mitterwieser, Der Dom zu Freising zu Ausgang des Mittelalters, Sammelbl. des Hist. Ver. Freising 11, 1918, 1ff.
H. Mode, Fabeltiere und Dämonen. Die phantastische Welt der Mischwesen, 2. Aufl., Leipzig 1977.
W. Möller, Stammtafeln westdeutscher Adelsgeschlechter im Mittelalter. Bd. 1–3, Darmstadt 1922, 1933, 1936. NF 1 und 2, Darmstadt 1950–1951.
W. Möller, Farbenangaben in Siegeln des 13. Jahrhunderts, Nass. Ann. 61, 1950, 106–114.
E. Mörike, Bilder aus Bebenhausen, 2. Aufl. Tübingen 1961.
J. Mohn, Kappel, das Dorf über dem Federsee, Bad Buchau 1971.
H. Monceaux, Les carreaux de Bourgogne, Revue des arts décoratifs 1885, 505–510, 601–608.
Monumenta Annonis. Köln und Siegburg. Weltbild und Kunst im hohen Mittelalter. Katalog hrsg. von A. Legner, Köln 1975.
H. de Morant, Les carrelages gothiques du Musée Saint-Jean, Les cah. de Pincé et des Musées de la Ville d'Angers, 27, 1959, 1–16.
M. Morkramer, Fliesenfunde im Bereich der Allerheiligenkapelle, in: S. Oppermann u. a., Die Allerheiligenkapelle von Kloster Arnsburg. Ergebnisse der Ausgrabungen 1979/1980, Mitt. des Oberhess. Geschichtsver. NF 67, Gießen 1982, 113–115 (95–158).
M. Morkramer, Mittelalterliche Fliesen in Kloster Marienstatt, Cistercienser-Chronik 1983, 136–137.
M. Morkramer, Mittelalterliche Fliesen in Kloster Arnsburg. Magisterarbeit. ms. Ms. Gießen 1982. Ein Auszug aus dieser Arbeit mit gleichem Titel in: Wetterauer Geschichtsbl. 33, 1984, 33–66.
M. Morkramer, Spuren der Heiligkreuzkapelle bei Kloster Arnsburg, Hessische Heimat. Aus Natur und Technik, 12, vom 9. 6. 1984, 45–48; 13, vom 23. 6. 1984, 52.
Ch. Mossig, Grundbesitz und Güterbewirtschaftung des Klosters Eberbach im Rheingau. 1136–1250, Darmstadt und Marburg 1978.
K. R. Müller, Kritische Bemerkungen zu Bildern aus dem alten Speyer IV. Die Kirche auf dem Germansberg vor Speyer, Pfälzer Heimat 11, 1960, 137–141. VIII. Die St. Valentinskapelle, Pfälzer Heimat 15, 1964, 95–103.
H. Müller-Brodmann, Die alten Kirchen und Klöster der Stadt Marburg/Lahn, Marburg 1952.
H. Müller-Wille, Mittelalterliche Burghügel („Motten") im nördlichen Rheinland (Bonner Jb. Beih. 16), Köln – Graz 1966.
H. Th. Musper, Gotische Malerei nördlich der Alpen, Köln 1961.
H. Th. Musper, Der Holzschnitt in fünf Jahrhunderten, Stuttgart 1964.
J. Musty, Medieval pottery kilns, in: Medieval pottery from excavations. Studies presented to Gerald Clough Dunning with a bibliography of his works. (Hrsg. V. I. Evison, H. Hodges, J. G. Hurst), London 1974, 41–65.
G. F. Muth, Altdeutsche Tonfliesen aus der Zeit vom 12.–15. Jahrhundert im Paulusmuseum, Vom Rhein 4, 1905, 68–70.
J. N. L. Myres, Butley Priory 5. The finds, the tiles, Arch. Journ. 90, 1934, 265–275.
K. Nahrgang, Die Ausgrabungen in der Burg Hain in der Dreieich, Ber. der freiwillig tätigen Arbeitsgemeinschaft zur Förderung der Heimatforschung 3, 1924, 41–47, 4, 1925, 71–77.
K. Nahrgang, Ein spätromanischer Töpferofen mit Bauopfer in Dreieichenhain, Ber. der freiwillig tätigen Arbeitsgemeinschaft zur Förderung der Heimatforschung 5, 1926, 96–103.
K. Nahrgang, Ältere Kapellen unter der Dreieichenhainer Pfarrkirche im Burggarten, Landschaft Dreieich, NF 3, 1956, 87–94.
K. Nahrgang, Zur Baugeschichte des Palas der Burg Dreieichenhain. Stadt und Landkr. Offenbach, Studien und Forschungen 8, 1962, 193–209.
K. Nahrgang, Ein befestigter Jagdhof ottonischer Zeit, Studien und Forschungen. Stadt- und Landkreis Offenbach am Main, H. 9, Frankfurt 1963, 243–263.
S. Nassauer, Burgen und befestigte Gutshöfe um Frankfurt am Main. Geschichte und Sage, Frankfurt 1919.
B. Nechvátal, Výsledky nového výskumu Vyšehradu (Die Ergebnisse der neuen Ausgrabung auf dem Vyšehrad), Archeologické rozhledy XXIV, 1972, 394–402.
B. Nechvátal, Französische mittelalterliche Fliesen mosaikartigen Typs in Böhmen, Casopis ustava teorie a dejin umeni ceskoslovenske akad. ved rocnik XXVI, 1978, 115–133.
B. Nechvátal, Nálezy středověkých dlaždic v západnich Céchach. (Funde mittelalterlicher Fliesen in Westböhmen), archeologia historica 9, Prag 1984, 247–261.
E. Neeb, Verzeichnis der Kdm der Stadt Mainz 1. Teil. Privatbesitz, Zs. des Ver. zur Erforschung der rhein. Gesch. und Altertümer in Mainz, 4. Bd., Mainz 1905.
E. Neeb, Ber. über die Vermehrung der Sammlungen des Altertumsver. der Stadt Mainz vom April 1909–April 1911, Mz. Zs. VI, 1911, 149–150.
E. Neeb, Zur Lage und Baugeschichte der Mainzer Dompropstei, Mz. Zs. XII, 1917, 184–190.
E. Neeb, K. Nothnagel, F. Arens, Die Kdm im Freistaat Hessen II, 2. Bestehende und verschwundene Mainzer Kirchen. 1. Lieferung A–G. Darmstadt 1940.
V. Nekuda, K. Reichertová, Středvěká Keramika v Čecháv a na Morave (Mittelalterliche Keramik in Böhmen und Mähren), Brünn 1968.
C. van Nerom, Le pavement du lavatoire de l'Abbaye des Dunes de Coxyde et ses similitudes avec les pavements de Saint-Omer, Cîteaux 35, 1984, 285–318.
F. Neu, Zur Geschichte des Franziskanerklosters, der Kirche und Pfarre zum hl. Nikolaus in Aachen. Aachen 1881.
H. Neu, H. Weigert, Die Kdm der Rheinprovinz 16, 2. Kreis Neuwied, Düsseldorf 1940.
O. Neubecker, Heraldik, Wappen – ihr Ursprung, Sinn und Wert, Frankfurt 1977.
H. Nick, Eine Wanderung durch Alt-Boppard, in: Boppard am Rhein. Ein Heimatbuch (Hrsg. Stadtverwaltung), Boppard 1953.
E. Nickel, Ein mittelalterlicher Hallenbau am Alten Markt in Magdeburg. Ergebnisse der archäologischen Stadtkernforschung in Magdeburg (Schriften der Sektion für Vor- und Frühgesch. Deutsche Akad. der Wissenschaften, Berlin), Berlin 1960.

N. NICOLAYSEN, Hovedø Kloster og dets ruiner, Christiania (Oslo) 1891.
H. NORDSIEK, Zur Topographie und städtebaulichen Entwicklung Mindens, in: Minden. Zeugen und Zeugnisse seiner städtebaulichen Entwicklung, Hrsg. Stadt Minden, 1979, 13–140.
E. C. NORTON, M. G. HORTON, A Parisian workshop at Canterbury. A late 13th-century tile pavement in the Corona Chapel and the origins of Tyler Hill, Journ. of the Brit. Arch. Association 134, London 1981, 55–80.
E. C. NORTON, Les carreaux de pavage de la Bourgogne médiévale. Archéologia Nr. 165, 1982, 34–45.
E. C. NORTON, Varietates pavimentorum. Contribution à l'étude de l'art cistercien en France, Cah. arch. 31, 1983, 69–113.
E. C. NORTON, Les carreaux de pavage en France au moyen âge, in: De la couleur dans l'edifice médiéval: carreaux et carrelages gothiques, Revue de l'Art 1984, 59–72 (57–82). (Norton 1984 a)
E. C. NORTON, Medieval tinglazed painted tiles in North-West Europe, Medieval Arch. XXVIII, 1984, 133–172, Taf. VII–XI. (Norton 1984 b)
E. C. NORTON, The origins of two-colour tiles in France and in England, in: D. DEROEUX (Hrsg.), Terres cuites architecturales, (siehe dort), 256–293. (Norton 1986 a)
E. C. NORTON, Early Cistercian tile pavements, in: Cistercian Art and Architecture in the British Isles, hersg. von CH. (= E. C.) NORTON and D. PARK, Cambridge 1986, 228–255, Abb. 105–118. (Norton 1986 b).
W. NOTH, K. G. BEYER, Die Wartburg. Denkmal und Museum, Leipzig 1983.
K. NOTHNAGEL (bearb. von F. ARENS), Staufische Architektur in Gelnhausen und Worms, Göppingen 1971.
A. VON OECHELHAEUSER, Die Kdm des Ghzt. Baden IV, 1. Kreis Mosbach, Amtsbezirk Wertheim, Freiburg 1896.
A. VON OECHELHAEUSER, Die Kdm des Ghzt. Baden, VIII, 2. Kreis Heidelberg, Amtsbezirk Heidelberg, Tübingen 1913.
J. OEXLE, A. ZETTLER, Grabungen in der „Pfalz" zu Reichenau-Mittelzell, Denkmalpflege in Baden-Württemberg 10, 1981, 95–98.
H. ÖZELT, Stift Zwettl (Großer Kunstführer), München 1959.
P. OFFERGELD, Die persönliche Zusammensetzung des alten Aachener Stiftskapitels, Diss. Aachen 1974.
A. OHM, A. VERBECK, Die Denkmäler des Rheinlandes, 15–17. Kreis Bergheim, 3 Bde. Düsseldorf 1970–1971.
H. OIDTMANN, Die frühgotische Balkendecke im romanischen Saale der Slg. Schnütgen, Zs. für christl. Kunst 14, 1911, Sp. 161–166.
H. OIDTMANN, Die rheinischen Glasmalereien vom 12. bis zum 16. Jahrhundert, 2 Bde. Düsseldorf 1912/1929.
TH. OLDHAM, Ancient Irish pavement tiles, exhibiting thirty-two patterns, illustrated by forty engravings after the originals existing in St. Patricks Cathedral and Howth, Mellifont and Newtown Abbeys, Dublin o. J. (um 1850).
H. P. L'ORANGE, P. J. NORDHAGEN, Mosaik, München 1960.
G. OSTERMAY, Ehem. Cistercienserklöster im Norden des Bistums Berlin, Cistercienser-Chronik 156, 1982, 53–61.
F. OSWALD, L. SCHAEFER, H. R. SENNHAUSER, Vorromanische Kirchenbauten. Katalog der Denkmäler bis zum Ausgang der Ottonen. Veröffentlichungen des Zentralinstituts für Kunstgesch. in München III, München 1966.
H. OTTE, Handbuch der kirchlichen Kunst-Archäologie des deutschen Mittelalters, 5. Aufl. 2. Bde., Leipzig 1883–1884.
N. OTTEMA, Friesche Klosterterpen, in: En kwart-eeuw Oudheidkundig Bodemonderzoek in Nederland, Gedenkboek A. E. van Giffen, Meppel 1947, 445–456.
F. PAUKERT, Die Zimmergotik in Deutsch-Tirol. 6 Bde., Leipzig 1893–1897.
E. PAULUS, Die Cistercienser-Abtei Bebenhausen, Stuttgart 1886–1887.
E. PAULUS, Die Kunst- und Altertums-Denkmale im Königreich Württemberg 1. Neckarkreis, Stuttgart 1889.
E. PAULUS, Die Kunst- und Altertums-Denkmale im Königreich Württemberg 2. Schwarzwaldkreis, Stuttgart 1897.
G. E. PAZAUREK, Württembergische Hafnerkeramik, Berlin 1929.
R. PERGER, Die Wiener Hafner im Mittelalter, Katalog Keramische Bodenfunde aus Wien, Wien 1982, 11–19.
C. H. PETERS, Oud-Groningen. Stadt & Land, Groningen 1921.
M. PETZET, Bayer. KDM Stadt und Landkreis Kempten, München 1959.
W. PFEFFERKORN, Schloß Waldmannshofen. Ein Beitr. zu Baugeschichte, Burgen und Schlösser 1979, H. 1, 59–63.
H. PFLÜGER, Ulm, das alte Stadtbild in Fotos, 2 Bde., Weißenhorn 1963, 1964.
H. PFLÜGER, Das Bild der Stadt. Die Altstadt, in: Der Stadtkreis Ulm, hrsg. von der Landesarchivdirektion Baden-Württemberg, Ulm 1977, 690–746.
M. PIĄTKIEWICZ-DÉRENIOWA (PIĄTKIEWICZ-ŁESKA), Plytki posadzkowe z opactwa Benedyktynów w Tyńu (Les carreaux de céramique romane de l'abbaye bénédictine de Tyniec), Folia Historiae Artium 7/8, 1972, 239–265.
A. PICA, Keramikfliesen. Tübingen 1970.
B. PICARD, Burg Eppstein in alten Zeiten, Hess. Heimat NF 23, 1973, 2–18 (Picard a).
B. PICARD, Untergang und Bewahrung von Burg Eppstein, Hess. Heimat, NF. 23, 1973, 19–28 (Picard b).
R. PICK, Aus Aachens Vergangenheit, Aachen 1895.
L. PICKERT, Kaichen und seine Kirche, Friedberger Geschichtsbl. 13, 1938, 33–81.
W. PIEPERS, Ausgrabungen in der ehem. Stiftskirche von Heinsberg, in: A. VERBEEK, H. MERIAN, W. PIEPERS, U. LOBBEDEY, Baugeschichtliche Untersuchungen I (Die Kdm des Rheinlandes, Beiheft 19), Düsseldorf 1975, 65–92.
M. PINETTE, Les carreaux de pavage dans la Bourgogne médiévale. Katalog der Ausstellung, Autun 1981.
M. PINETTE, De la couleur dans l'édifice médiéval. Carreaux et carrelages gothiques. IV. Le service des Monuments historiques de la France: château de Germolles, Revue de l'Art 63, 1984, 78–79.
R. PITTIONI, Figuralverzierte Bodenfliesen aus dem Stift Heiligenkreuz, Niederösterreich. Ein Beitr. der Mittelalter-Archäologie zur Physiologusforschung. Sonderdruck (Anz. der phil.-hist. Klasse der Österr. Akad. der Wissenschaften 107), Wien – Köln – Graz 1970, 74–89.
R. PITTIONI, Zisterziensische Sachkultur am Beispiel archäologischer Funde aus der Abtei Heiligenkreuz bei Baden, NÖ, in: Sitzungsber. der Österr. Akad. der Wissenschaften, Phil.-hist. Klasse 367, Wien 1980, 365-379.
G. PLETZER, Die mittelalterliche Keramik von Regensburg. Diss. München 1974.
E. E. PLOSS, Ein Buch von alten Farben, Heidelberg–Berlin 1962.
R. POINSIGNON, Geschichtliche Ortsbeschreibung der Stadt Freiburg i. Br. 1, Freiburg 1891; Bd. 2, bearb. von H. FLAMM (Häuserbestand 1400–1806), Freiburg 1903.
LORD PONSONBY OF SHULBREDE, M. PONSONBY, Monastic paving tiles with special reference to the tiles discovered at Shulbrede Priory, Lynchmere, Sussex Arch. Collections relating to the History and Antiquities of the County LXXV, Cambridge 1933, 19–64.
A. K. PORTER, Romanesque sculpture of the Pilgrimage Roads, 10 Bde., Boston 1923.
H. PRAAMSTRA, J. W. BOERSMA, Die archäologischen Untersuchungen der Zisterzienserabteien Clarus Campus (Klaar-

kamp) bei Rinsumageest (Fr.) und St. Bernardus in Aduard (Gr.), Palaeohistoria 19, 1975/1977, 173–259.

R. Preiser, Biberacher Bau-Chronik. Beitr. zu einer solchen. (Kunst- und Altertumsverein Biberach), Biberach 1928.

F. Pressel, Ulmisches Urkundenbuch I. Die Stadtgemeinde, Stuttgart 1873.

L. Pressouyre, T. N. Kinder, Saint-Bernard et le monde cistercien, Katalog der Ausstellung, Paris 1990.

F. Quarthal (in Zusammenarbeit mit H. M. Decker-Hauff und K. Schreiner), Die Benediktinerklöster in Baden-Württemberg (Germania Benedictina V), Augsburg 1975.

F. Quarthal, Das Steinhaus und die Nikolauskirche des kaiserlichen Notars Marquard in der historischen Überlieferung, in: E. Schmidt, B. Scholkmann, Die Nikolauskapelle auf dem Grünen Hof in Ulm. Ergebnisse einer archäologischen Untersuchung (FuB 7) Stuttgart 1981, 303–370.

B. Rackham, Early Netherlands Majolica, with special reference to the tiles at „The Vyne" in Hampshire, London 1927.

O. E. Radczewski, Die Rohstoffe der Keramik. Minerale und Vorkommen, Berlin – Heidelberg 1968.

R. Rahn, Zur Statistik schweizerischer Kunstdenkmäler. Serie 1 in: ASA 1872–1876. Serie 2: ASA 1881–1889.

A. Ramé, Etudes sur les carrelages historiés du XIIe au XVIIe siècle en France et en Angleterre, Straßburg 1858.

H. Rathgens, Die Kdm der Rheinprovinz VII, 1. Die kirchlichen Kdm der Stadt Köln. St. Gereon, St. Johann Baptist, die Marienkirchen, Groß-St. Martin, Düsseldorf 1911.

H. Rathgens, H. Roth, Die Kdm der Rheinprovinz VII, 2. Die kirchlichen Kdm der Stadt Köln. Minoritenkirche, St. Peter, St. Severin, Düsseldorf 1929.

Ch. Rauch, Die Kdm im Volksstaat Hessen. Reg.-Bez. Rheinhessen I, 1. Kreis Bingen, Darmstadt 1934.

Reallexikon zur deutschen Kunstgeschichte (RDK), hrsg. von O. Schmitt, E. Gall, L. Heydenreich, H. M. Frh. von Erffa und K.-A. Wirth, Bd. 1–7, Stuttgart 1937–1981.

M. Rech, Untersuchungen an Schloß Burgau, Stadt Düren, in: Ausgrabungen im Rheinland „77" (Das Rheinische Landesmuseum Bonn, Sonderheft), Bonn 1978, 244–249.

R. Recht, Dictionnaire des châteaux de France. Alsace. (Bas-Rhin, Haut-Rhin, Territoire-de-Belfort), Paris 1980.

R. Recht, G. Braeuner, Connaître Colmar, Colmar 1978.

H.-H. Reck, Die Pfarrkirche St. Ursula in Oberursel am Taunus. Die Bauuntersuchungen und Grabungen 1976–1979 I. Grabungsergebnisse und Baugeschichte, Frankfurt 1981.

A. Reichensperger, Die Kamperhofkapelle in Köln, in: F. Bock, Rheinlands Baudenkmale des Mittelalters, 1. Serie, Köln–Neuss, 1869–1872 (ohne Sz.).

Reichsland (Das) Elsaß-Lothringen. T.3. Ortsbeschreibung, Straßburg 1901–1903.

G. Reineking-von Bock, Steinzeug. Katalog. Kunstgewerbemuseum der Stadt Köln, Köln 1971.

G. Reineking-von Bock, A. und M. Jürgens, Brühler Keramik des Mittelalters. Katalog, Brühl 1985.

H. Reiners, Die Kdm der Rheinprovinz, Reg.-Bez. Aachen IX, 2. Landkreis Aachen und Eupen, Düsseldorf 1912.

H. Reinhard, Die ehem. Prämonstratenser-Abtei Rommersdorf. Vorträge und Untersuchungsergebnisse, Teil III, Neuwied 1976–1979. Ms. Ms.

H. Reinhard, Der mittelalterliche Schmuckfußboden in der ehem. Abtei Rommersdorf. Geschichte, Technik, Rekonstruktionsversuche, Heimatjb. Neuwied 1981, 48–51.

E. Renard, Die Kdm der Rheinprovinz VIII, 2. Reg.-Bez. Aachen. Kreis Erkelenz und Geilenkirchen, Düsseldorf 1904.

E. Renard, Die Kdm der Rheinprovinz V, 4. Reg.-Bez. Köln. Siegkreis, Düsseldorf 1907.

E. Renard, L'abbaye d'Aulps en Chablais (Haute-Savoie), Genf 1940.

F. Renaud, The uses and teachings of ancient encaustic tiles, Trans. Lancas. and Ches. Antiquarian Soc. 9, 1892, 3–31, Taf. 1–24.

J. G. N. Renaud, Middeleeuwse vloertegels, Mededelingenblad Vrienden van de Nederlandse ceramiek 12, 1958, 6–13.

Th. de Renesse, Dictionnaire des figures héraldiques, 7 Bde. Brüssel 1894–1903.

O. Renkhoff, Wiesbaden im Mittelalter (Gesch. der Stadt Wiesbaden II), Wiesbaden 1980.

A. Ress, Die Kdm von Bayern, Reg.-Bez. Mittelfranken V, 8. Stadt Rothenburg o.d. Tauber I (Kirchen), München 1959.

F. Reuter, Worms um 1521, in: Der Reichstag von Worms, hrsg. von A. Ph. Brück, L. Petry, F. Reuter, H. Steitz, Worms 1971, 13–58.

F. Reuter, Warmaisa. 1000 Jahre Juden in Worms (Der Wormsgau, Beiheft 29), Worms 1984.

R. Reutter, Zur Geschichte der Ziegelproduktion im Rhein-Main-Neckar-Gebiet, in: Zur Kultur und Gesch. des Odenwaldes. FS für Gotthilde Güterbock. Hrsg. W. Wackerfuss, P. Assion, R. Reutter, Breuberg – Neustadt 1976, 137–154.

M. Reyle, Ev. Oberhofenkirche Göppingen, München 1966.

C. Rhoen, Die ältere Topographie der Stadt Aachen, Aachen 1891.

J. S. Richardson, A 13th-century tile kiln at North Berwick, East Lothian and Scottish medieval ornamented floor tiles, Proceedings of the Soc. of Antiquaries of Scotland 63, 1929, 281–310, Taf. I–IV.

A. Rieber, Auf der Suche nach dem Grab Heinrich Seuses. Von Grabungen und Bodenaufschlüssen in Kirche und Kloster der Dominikaner in Ulm 1612–1966, in: Heinrich Seuse. Studien zum 600. Todestag, Köln 1966, 457–477.

A. Rieber, K. Reutter, Die Pfalzkapelle in Ulm. Bericht über die Ergebnisse der Schwörhausgrabung 1953, 2 Bde., Weißenhorn 1974.

A. Rieth, Neue Untersuchungen zur Baugeschichte der Wurmlinger Kapelle, in: Der Spitzberg bei Tübingen, hrsg. von der Landesstelle für Naturschutz und Landschaftspflege Baden-Württemberg, Ludwigsburg 1966, 28–66.

J. B. Rietstap, Armorial général. Précédé d'un dictionnaire des termes du blason, 2 Bde., verbesserte Aufl. Berlin 1934.

J. Ringler, Tiroler Hafnerkunst, Innsbruck 1965.

D. Rippmann, B. Kaufmann, J. Schibler, B. Stopp, Basel Barfüßerkirche, Grabungen 1975–1977. Ein Beitrag zur Archäologie und Geschichte der mittelalterlichen Stadt, Olten – Freiburg/Brsg. 1987.

E. Ritterling, Aulhausen, alte Töpferei, Mitt. des Ver. für Nass. Altertumskunde und Geschichtsforschung 1902/1903, 113–114.

H. Rode, Der Kölner Dom. Glasmalereien in Deutschlands größter Kathedrale, Augsburg 1968.

H. Rode, Die mittelalterlichen Glasmalereien des Kölner Domes (CVMA IV, 1, Köln: Dom), Berlin 1974.

V. Roeser, H. G. Rathke, St. Remigius in Nagold (FnB 9, 1986) enthält: V. Roeser, Die Grabung 1961 bis 1964. Ergebnis und landesgeschichtliche Bedeutung. H.-G. Rathke, Die Geschichte der Pfarrei bis zur Reformation, Tübingen 1986.

B. H. Röttger, Die Kdm von Bayern, Reg.-Bez. Niederbayern XX. Bezirksamt Bogen, München 1929.

B. H. Röttger, Die Kdm von Bayern, Reg.-Bez. Pfalz III. Stadt und Bezirksamt Speyer, München 1934.

B. H. RÖTTGER, K. BUSCH, M. GOERING, Die Kdm von Bayern, Reg.-Bez. Pfalz VII. Bezirksamt Kirchheimbolanden, München 1938.

F. ROMER, A középkori téglaépitészetröl Magyarországon (Über mittelalterliche Ziegelarchitektur in Ungarn). Konferenz der Ärzte und Naturforscher, Pest 1864.

K. ROSSEL, Urkundenbuch der Abtei Eberbach im Rheingau, 2 Bde., Wiesbaden 1862–65.

F. ROSSI, Malerei in Stein. Mosaiken und Steinintarsien, Stuttgart 1969.

H. ROTH, Burg und Stadt Friedberg. Ein Wegweiser durch ihre Sehenswürdigkeiten und ihre Geschichte, Friedberg 1949.

H.-J. ROTH, Abtei Marienstatt. Ein Führer zu Architektur und Kunst. Marienstatter gesammelte Aufsätze II, 1966.

H.-J. ROTH, Die Pflanze in der Bauplastik des Altenberger Domes. Ein Beitrag zur Kunstgeschichte und zur mittelalterlichen Botanik, Bergisch Gladbach 1976.

H. RÜTTIMANN, Der Bau- und Kunstbetrieb der Cistercienser unter dem Einfluß der Ordensgesetzgebung im 12. und 13. Jahrhundert, Cistercienser-Chronik 23, 1911, 3–114.

H. SACHS, E. BADSTÜBNER, H. NEUMANN, Erklärendes Wörterbuch zur christlichen Kunst, Hanau o.J.

W. SAGE, Das Bürgerhaus in Frankfurt a.M. bis zum Ende des Dreißigjährigen Krieges, Das deutsche Bürgerhaus II, Tübingen 1959.

W. SAGE, Die Ausgrabungen in St. Peter zu Straubing, Jahresber. Hist. Ver. Straubing 79, 1976, 113–128.

CH.-L. SALCH, Dictionnaire des châteaux de l'Alsace médiévale, Straßburg 1976.

CH.-L. SALCH, Dictionnaire des châteaux et fortifications du Moyen Âge en France, Straßburg 1979.

M. SALMI, Stucchi e litostrati nell'altomedioevo italiano, in: Stucchi i mosaici alto medioevali. Atti dell'ottavo Congresso di studi sull'arte dell'alto Medioevo, Mailand 1962, 21–51.

J. SALMON, Morimond, son ancienne abbaye, Breuvannes 1957.

Sammlung der sämtlichen Handwercks Ordnungen des Herzogthums Würtemberg wie solche von Zeit zu Zeit in das Land promulgirt und ausgeschrieben worden, Stuttgart 1758.

J. SAUER, Symbolik des Kirchengebäudes und seiner Ausstattung in der Auffassung des Mittelalters mit Berücksichtigung von Honorius Augustodunensis, Sicardus und Durandus, Freiburg 1924.

F. PRINZ ZU SAYN-WITTGENSTEIN, M. FRFR. VON BIBRA, Schlösser in Bayern. Residenzen und Landsitze in Altbayern und Schwaben, München 1971.

K. A. SCHAAB, Geschichte der Stadt Mainz, 4 Bde., Mainz 1841–1851.

M. SCHAAB, Die Zisterzienserabtei Schönau im Odenwald, Heidelberg 1963.

H. SCHADE, Dämonen und Monstren. Gestaltungen des Bösen in der Kunst des frühen Mittelalters, Regensburg 1962.

C. SCHÄFER, Die Abtei Eberbach im Mittelalter, 2 Bde., Berlin 1901.

G. SCHÄFER, Die Kdm im Ghzt. Hessen A. Prov. Starkenburg. Kreis Offenbach, Darmstadt 1885.

G. SCHÄFER, Die Kdm im Ghzt. Hessen A. Provinz Starkenburg. Kreis Erbach, Darmstadt 1891.

G. SCHÄFER, Die Kdm im Ghzt. Hessen A. Provinz Starkenburg. Ehem. Kreis Wimpfen, Darmstadt 1898.

H. SCHÄFER, M. WALLISER, K.-H. RUESS (Hrsg.), Oberhofenkirche Göppingen. Archäologie, Geschichte, Denkmalpflege. Begleittexte zur Ausstellung des LDA Baden-Württemberg und des Stadtarchivs Göppingen, Göppingen 1986 (Vervielfältigung).

L. SCHÄFER, Spiel, in: U. LOBBEDEY, H. MERIAN, A. VERBEEK, Baugeschichtliche Beitr. zu rheinischen Landkirchen, (Baugeschichtliche Untersuchungen I, Die Kdm des Rheinlandes, Beih. 19), Düsseldorf 1974, 113–169.

W. SCHÄFER, Fliesenböden im Kloster Eberbach/Rheingau, Keramik am Bau 1, Frankfurt 1964, 16–21.

A. SCHAHL, Die Kdm in Baden-Württemberg. Die Kdm des Rems-Murr-Kreises, 2 Bde., München 1983.

A. SCHAHL, Kunstbrevier Oberschwaben, Stuttgart 1961.

A. SCHAHL, W. VON MATTHEY, Die Kdm in Württemberg. Ehem. Kreis Waldsee, Stuttgart – Berlin 1943.

A. SCHAHL, W. VON MATTHEY, P. STRIEDER, G. S. GRAF ADELMANN VON ADELMANNSFELDEN, Die Kdm in Württemberg. Ehem. Kreis Wangen, Stuttgart 1954.

K. SCHEFOLD, Die Griechen und ihre Nachbarn, Propyläen Kunstgeschichte 1, Berlin 1967.

M. SCHEFOLD, Das Ulmer Stadtbild 1493–1850, Ulm 1924.

M. SCHEFOLD, Alte ulmische Fliesen, Das schwäbische Museum 1929, 52–56.

G. SCHEIBELREITER, Tiernamen und Wappenwesen. Veröffentlichungen des Inst. für Österr. Geschichtsforschung XXIV, Wien – Köln – Graz 1976.

G. SCHELLACK, W. WAGNER, Burgen und Schlösser im Hunsrück, Köln 1979.

E. SCHEMPP, Die Sindelfinger Ziegelhütte in der Ziegelstraße, Aus Schönbuch und Gäu, Nr. 3/4 vom 30. 3. 1974, 15–16.

W. SCHICH, Die Wirtschaftstätigkeit der Zisterzienser im Mittelalter: Handel und Gewerbe, in: Die Zisterzienser. Ordensleben zwischen Ideal und Wirklichkeit. Kat.: Bonn 1980, 217–284.

R. SCHINDLER, Zwei glasierte gotische Bildkacheln aus den Trümmern des ehemaligen Mariendoms in Hamburg, Faenza 37, 1951, 39–41, Taf. 12, 13, 14a.

M. SCHLAMP, Die Prämonstratenser in Neustift bei Freising, Freising 1934.

E. SCHLEICH, Die Peterskirche in München. Ihre Baugeschichte und ihre Beziehungen zur Stadt im Mittelalter. Dargestellt auf Grund der Ausgrabungen, Diss. München 1957.

H. M. SCHLEICHER, Die genealogisch-heraldische Sammlung des Kanonikus Johann Gabriel von der Ketten in Köln I. 1983; II. 1984; III, 1985; IV–V, 1986 (Köln).

H. SCHLERETH, Mittelalterliche Bodenfliesen in Mellrichstadt. Ein Beitrag zur Baugeschichte von St. Kilian, Heimatbl. Rhön-Grabfeld 8, Nr. 1, 1981, 1–3.

W. SCHLICHER, Der Klosterberg bei Oberotterbach, Pfälzer Heimat 35, 1984, 108–110.

F. SCHLIE, Die Kunst- und Geschichtsdenkmäler des Ghzt. Mecklenburg-Schwerin I, Schwerin 1896; II. 1897; III. 1899; IV. 1901.

E. SCHMIDT, Die historisch-topographische Situation des Grünen Hofes im Rahmen der Ulmer Stadtgeschichte, in: E. SCHMIDT, B. SCHOLKMANN, Die Nikolauskapelle auf dem Grünen Hof in Ulm. Ergebnisse einer archäologischen Untersuchung, FuB 7, Stuttgart 1981, 304–308.

E. SCHMIDT, Ergebnisse einer archäologischen Notuntersuchung in der ev. Johanneskirche in Amstetten-Stubersheim, Alb-Donau-Kreis, Archäologische Ausgrabungen in Baden-Württemberg 1984, 1985, 204–207.

H. J. SCHMIDT, Alte Seidenstoffe, Braunschweig 1958.

W. SCHMIDT, A. RENG, Straubinger Geschlechterwappen, Straubinger Hefte 13, Straubing 1963.

L. SCHMIDT, Volkskunst in Österreich, Wien – Hannover 1966.

R. SCHMIDT, H. BUCHHEIT, Die Kunst- und Altertums-Denkmale in Württemberg. Oberamt Ravensburg, Stuttgart – Berlin 1931.

P. Schmidt-Thomé, Hölzernes Tischgeschirr des 13. Jahrhunderts, in: Zur Lebensweise der Stadt um 1200. Ergebnisse der Mittelalter-Archäologie, hrsg. von H. Steuer (ZAM, Beih. 4), Köln 1986, 129–158.
P. Schmitt, Kayersberg, Congr. arch. 136, 1982, 136–147.
R. Schmitz-Ehmke, Die Kdm von Nordrhein-Westfalen, Rheinland 9,1. Die Bau- und Kdm des Kreises Euskirchen. Stadt Bad Münstereifel, Berlin 1985.
J. A. Schmoll gen. Eisenwerth, Das Kloster Chorin und die askanische Architektur in der Mark Brandenburg. 1260–1320. (Veröffentlichung der Berliner Hist. Kommission beim Friedrich-Meinecke-Inst. der FU Berlin 2), Berlin 1961.
J. A. Schmoll gen. Eisenwerth, Die Mosel. Von der Quelle bis zum Rhein, München 1963.
I. Schnack, Marburg. Bild einer alten Stadt. Impressionen und Profile, 2. Aufl., Hanau – Bad Honnef 1964.
A. Schneider, A. Wienand, W. Bickel, E. Coester, Die Cistercienser. Geschichte. Geist. Kunst, Köln 1974.
C. Schneider, Von den alten Gebeinen waren die Kinder hell begeistert. Pfarrer und Konfirmanden helfen bei Grabungen, Albbote vom 21. 4. 1983.
F. Schneider, Mittelalterliche Thonfließe aus Freiburg i. Br., „Schau ins Land“ 9, Freiburg 1882, 51–58.
F. Schneider, Der Dom zu Mainz. Geschichte und Beschreibung des Baues und seine Wiederherstellung, Berlin 1886.
F. Schneider, Mühlespiel mittelalterlicher Werkleute auf dem Wormser Dom, Vom Rhein II, Worms 1903, 70–71.
R. Schneider, Stadthöfe der Zisterzienser: zu ihrer Funktion und Bedeutung, Zisterzienser-Studien IV, 1979, 11–28.
R. Schnyder, Die Baukeramik und der mittelalterliche Backsteinbau des Zisterzienserklosters St. Urban (Berner Schriften zur Kunst VIII), Bern 1958.
R. Schnyder, Keramik des Mittelalters, Bern 1972.
Th. Schön, Die Kirchen und Kapellen des mittelalterlichen Reutlingen, Diözesan-Archiv von Schwaben 14, 1896, 1–5, 17–21, 68–70, 88–89.
Th. Schön, Die Klosterhöfe in der Reichsstadt Reutlingen, Diözesan-Archiv von Schwaben 15, 1897, 11–15, 37–43, 59–63, 108–112, 172–175, 180–183.
A. Schoenwerk (bearb. von H. Flender), Geschichte von Stadt und Kreis Wetzlar, 2. Aufl. Wetzlar 1975.
J. E. Schöttle, Geschichte von Stadt und Stift Buchau samt dem stiftischen Dorf Kappel, Waldsee 1884.
B. Scholkmann, Eberhardzell, Kr. Biberach, Südwürttemberg, Kath. Pfarrkirche St. Margarete, Nachrichtenbl. der Denkmalpflege in Baden-Württemberg 13, 1970, 71–73.
M. Scholten-Nees, W. Jüttner, Niederrheinische Bauerntöpferei. 17.–19. Jahrhundert (Werken und Wohnen. Volkskundliche Untersuchungen im Rheinland 7), Düsseldorf 1971.
P. E. Schramm, Die deutschen Kaiser und Könige in Bildern ihrer Zeit. I. 751–1152. 2 Bde., Berlin 1928.
P. E. Schramm, F. Mütherich, Denkmale der deutschen Könige und Kaiser. Ein Beitrag zur Herrschergeschichte von Karl d. Großen bis Friedrich II. 768–1250, I, München 1962.
P. Schreiner, Pulheimer Realschüler retteten Renaissance-Tonplatten aus dem 16. Jahrhundert, Rhein. Heimatpflege, NF 13, 1976, 109–111.
A. Schuchert, Der Dom zu Mainz, Ein Handbuch, Mainz 1963.
O. Schürer, Die Baugeschichte der Klosterkirche Haina, Marburger Jb. für Kunstwissenschaft 2, 1925/1926, 91–170.
S. Schütte, Geschichte unter der Stadt. Archäologische Funde aus Südniedersachsen. Eine Ausstellung des Städt. Museums Göttingen, 1979.
Schulte vom Brühl, Deutsche Schlösser und Burgen 2, Leipzig o. J. (1889).
K. Schulz, Fernhandel und Zollpolitik großer rheinischer Zisterzen, Zisterzienser-Studien IV, 1979, 29–59.
H. K. L. Schulze, Die ehem. Prämonstratenserabtei Rommersdorf. Untersuchungen zur Baugeschichte unter besonderer Berücksichtigung des 12. und 13. Jahrhunderts, Mainz 1983.
J. Schwarz, Die Bedeutung des Langerweher Töpfergewerbes in der Vergangenheit, ZAGV 58, Aachen 1937, 1–56.
J. Schwarz, Das rheinische Töpferhandwerk, seine Entstehungsgrundlage, sein Wesen und seine Entwicklung, Rhein. Heimatpflege 9, 1937, 208–217.
M. Schwarz, Die Baukunst in Österreich zur Regierungszeit Ottokars II. Přemysl (1251–1276), in: Ottokar-Forschungen. Jb. für Landeskunde von Niederösterreich NF 44/45, Wien 1978/1979, 453–469.
W. Schwemmer, Das Bürgerhaus in Nürnberg (Das deutsche Bürgerhaus XVI), Tübingen 1972.
H. Schwenkel, Heimatbuch des Kreises Nürtingen Bd. II, Nürtingen 1953.
O. Seel, Der Physiologus, Zürich – Stuttgart 1960.
Ch. Seewald, Zur Topographie der mittelalterlichen Fundstellen und Funde des Kreises Ulm, in: Aus Archiv und Bibliothek. Studien aus Ulm und Oberschwaben. Max Huber zum 65. Geburtstag, Weißenhorn 1969, 11–51.
W. Seidenspinner, Ladenburg am Neckar. Die Bedeutung der Stadt für die Archäologie des Mittelalters, Denkmalpflege in Baden-Württemberg 10, 1981, 137–144.
H. Seiler, Niedersächsische Landesgalerie Hannover, Köln 1969.
S. Seiler, St. Kolumba, Führer zu vor- und frühgeschichtlichen Denkmälern 38, Köln II, Exkursionen Nördliche Innenstadt, Mainz 1980, 48–56.
G. Sello, Das Cistercienserkloster Hude bei Oldenburg, Oldenburg 1895.
A. Seyboth, Das alte Straßburg vom 13. Jahrhundert bis zum Jahre 1870. Geschichtliche Topographie nach den Urkunden und Chroniken, Straßburg 1890.
A. Seyboth, Adreßbuch von Straßburg i. Elsaß mit den Vororten sowie Kehl-Stadt und Kehl-Dorf. Nach amtlichen Quellen, Straßburg 1908.
G. A. Seyler, Geschichte der Siegel, Leipzig 1894.
H. Siebern, E. Fink, Die Kdm der Provinz Hannover IV. Reg.-Bez. Osnabrück 1 und 2. Stadt Osnabrück, Hannover 1907.
J. Siebmacher, Großes und allgemeines Wappenbuch, Nürnberg 1854–1961, Neudruck Neustadt a. d. Aisch ab 1970.
G. A. Seyler, Geschichte der Heraldik, J. Siebmachers Großes Wappenbuch A. Nürnberg 1885–1889 (1890), Neudr. Neustadt a. d. Aisch 1970.
D. Söder, Denkmaltopographie der Bundesrepublik Deutschland. Kulturdenkmäler in Hessen, Kr. Offenbach, hrsg. Landesamt für Denkmalpflege Hessen, Braunschweig – Wiesbaden 1987.
J. Söhn, Geschichte des wirtschaftlichen Lebens der Abtei Eberbach im Rheingau vornehmlich im 15. und 16. Jahrhundert, Wiesbaden 1914.
H. Søgaard, Lertøj fra nørrejydke Museer. Bidrag til jysk keramika historie, Arhus 1958.
Fr. Solger, O. Korn, P. Eichholz. Die Kdm der Prov. Brandenburg III, 3. Die Kdm des Kr. Angermünde H. 1, Berlin 1934.
J. Sommer, Die ev. Martinskirche in Pfungstadt (Beitr. zur Gesch. des Kirchenbaus 8). Mit einem „Überblick über die Kirchengeschichte“ von J. F. Battenberg), Pfungstadt 1985.

J. Soukup, Soupis památek historikých v politichem okresu Píseckém (Die Kdm des politischen Bezirks Pisek), Prag 1910.
A. Spamer, Vorbemerkungen zu einer Darstellung der hessischen Töpfer- und Zieglerkunst, Hess. Bl. für Volkskunde 32, 1933, 52–99, Taf. III.
A. Spamer, Hessische Volkskunst, Jena 1939.
G. Spies, Hafner und Hafnerhandwerk in Südwestdeutschland (Volksleben 2), Tübingen 1964.
H. E. Specker, H. Tüchle (Hrsg.) Kirchen und Klöster in Ulm. Ein Beitrag zum kath. Leben in Ulm und Neu-Ulm von den Anfängen bis zur Gegenwart, Ulm 1979.
H. Spiegel, Über die Entwicklung des historischen Steinzeugs am Beispiel des Westerwälder Steinzeugs, Beitr. zur Keramik I. Deutsches Steinzeug des 17.–20. Jahrhunderts, Düsseldorf 1980, 4–19.
J. Sprissler, Die Töpferei im ehem. Städtchen Neuleiningen und in anderen Orten der Pfalz, Pfälzisches Museum 9/10, 1931, 298–306.
J. Staab, Baudenkmäler, in: 1000 Jahre Kiedrich im Rheingau (Hrsg. Gemeinde Kiedrich), Kiedrich 1979, 28–54.
G. Stachel, Johanneskirche Künzelsau. Ergebnis der archäologischen Untersuchungen, Württembergisch Franken 57, 1973, 49–85.
K. J. Stahl, Hadamar. Stadt und Schloß. Eine Heimatgeschichte anläßlich der 650-Jahr-Feier der Stadtrechteverleihung der Stadt Hadamar 1974, Hadamar 1974.
O. Stamm, Spätrömische und frühmittelalterliche Keramik der Altstadt Frankfurt am Main (Schriften des Frankfurter Museums für Vor- und Frühgeschichte), Frankfurt 1962.
O. Stamm, Der königl. Saalhof zu Frankfurt am Main. Mit einem Vorbericht über die Ausgrabungen des Museums für Vor- und Frühgeschichte 1958–1961, Schriften des Hist. Museums Frankfurt XII, Frankfurt 1966, 5–63.
A. Stange, Deutsche Malerei der Gotik, Bd. 1–11, Berlin und München 1934–1961.
A. Stange, Die deutschen Tafelbilder vor Dürer. Kritisches Verzeichnis, 2 Bde., München 1967–1970.
G. Stanzl, Die Klosterruine Disibodenberg. Neue baugeschichtliche und archäologische Untersuchungen, Worms 1992.
St. Steffen, Das Grafenpaar Heinrich III. und Mechthilde von Sayn und die Cistercienser, Cistercienser-Chronik 23, 1911, 129–148, 172–185, 197–200.
M. Steger, Essai de restitution de l'église de l'abbaye de Beaupré, in: B. Chauvin, Melanges. 1982, 713–735.
H. Stegmann, Über eine Anzahl mittelalterlicher, zu Konstanz gefundener Bodenfliesen, Mitt. aus dem GNM Nürnberg 1899, 30.
A. Steichele, Das Bisthum Augsburg, historisch und statistisch, Bd. II, Augsburg 1864; Bd. V (mit A. Schröder), Augsburg 1895.
R. Steimel, Rheinisches Wappenlexikon, 5 Bde., Köln 1949–1968.
R. Steimel, Mit Köln versippt, 2 Bde., Köln 1955, 1956.
G. Stein, Das „Schlössel" bei Klingenmünster. Zur Baugeschichte einer salischen Turmburg, Mz. Zs. 67/68, 1973, 108–117.
G. Stein, Burgen und Schlösser in der Pfalz, Frankfurt 1976.
K. Steiner, Vom alten Graz, Graz 1951.
G. Steinwascher, Die Zisterzienser-Stadthöfe in Köln, Bergisch-Gladbach 1981.
F. Stelz, Rommersdorfer Kostbarkeiten aus Romanik, Gotik und Barock, in: 850 Jahre Abtei Rommersdorf. 1135–1185, hrsg. von der Abtei Rommersdorf-Stiftung, Neuwied 1985, 15–18.
W. Stengel, Kulturgeschichtliche Erwerbungen von Ostern 1932 bis Herbst 1933, Märkisches Provinzial-Museum 7, Berlin 1933.
W. Stengel, Alte Wohnkultur in Berlin und der Mark im Spiegel der Quellen des 16.–19. Jahrhunderts, Berlin 1958.
E. Stephan, Rheinhessische Orte um Mainz im Mittelalter, Mz. Zs. 50, 1955, 1–21.
E. Stephan, Das Bürgerhaus in Mainz (Das deutsche Bürgerhaus XVIII), Tübingen 1974.
H.-G. Stephan, Weserkeramik und Weserware. Zentren der Renaissancekeramik im Werraland und an der Oberweser, Keramik an Weser, Werra und Fulda, Hrsg. H.-P. Mielke, Minden 1981, 69–90 (1981 a).
H.-G. Stephan, Coppengrave. Studien zur Töpferei des 13.–19. Jahrhunderts in Nordwestdeutschland. (Unter Mitarbeit von J. M. Baarth, H. J. E. van Beuningen, J. G. Hurst, S. Jennings, L. Kilb, M. Schlünz und S. Schütte), Hildesheim 1981 (1981 b).
H.-G. Stephan, Die mittelalterliche Keramik in Norddeutschland (1200–1500), in: Aus dem Alltag einer mittelalterlichen Stadt. Hb. zur Sonderausstellung im Bremer Landesmuseum für Kunst und Kulturgeschichte. Hrsg. R. Pohl-Weber, Bremen 1982, 65–122.
H. Stern, Mosaïques de pavement préromanes e romanes en France, Cah. de la Civilisation médiévale, X–XIII siècles, 5, 1962, 13–33.
H. Stern, Le pavement de la Basilisque de Pomposa (Italie), Cah. arch. 18, 1968, 157–169.
H. Stern, Une mosaïque de pavement romane de Layrac (Lot-et-Garonne), Cah. arch. 20, 1970, 81–97.
H. Stettner, Die Ihlower Fliesen. Versuch einer näheren Bestimmung, Ostfriesland 3, Leer 1980, 9–13.
H. Steuer, Das Wappen der Stadt Köln, Köln 1981.
H. Steuer, Die Heiligen Drei Könige und das Wappen der Stadt Köln, in: Die Heiligen Drei Könige-Darstellung und Verehrung. Katalog, Köln 1982, 97–111.
F. Stevens, The inlaid paving tiles of Wiltshire, Wiltshire Archaeological and Natural History Magazine 47, 1935, 358–378.
U. Stevens, Burgkapellen im deutschen Sprachraum, Diss. Köln 1978.
R. Stillfried, Kloster Heilsbronn, Berlin 1877.
F. Stöhlker, Die Geschichte des kirchlichen Lebens in Königstein von den Anfängen bis 1803, in: Königstein in Vergangenheit und Gegenwart. Aus Anlaß der 650-Jahr-Feier der Verleihung der Stadtrechte (Hrsg. Stadtverwaltung), Königstein 1963, 144–164.
W. Stotzer, Grabungen am Schloßhügel in Büren a. A., Urschweiz XIII, 1949, 14–16.
K. Strauss, Eine bedeutende Kachelwerkstätte in Stein am Rhein, in: K. Strauss, Die Kachelkunst des 15. und 16. Jahrhunderts in Deutschland, Österreich und der Schweiz, Straßburg 1966, 38–51.
K. Strauss, Über die sog. Halbzylinderkacheln des 15. Jahrhunderts der Tannenbergkacheln und verwandte Gruppen, in: K. Strauss, Die Kachelkunst des 15. und 16. Jahrhunderts in Deutschland, Österreich, der Schweiz und Skandinavien II. NF, Basel 1972, 11–29, Taf. 1–21 (enthält falsche Fundorte). (1972 a)
K. Strauss, Keramikgefäße, insbesonders Fayencegefäße auf Tafelbildern der deutschen und niederländischen Schule des 15. und 16. Jahrhunderts. Keramikfreunde der Schweiz 84, 1972, 24–41, Taf. 1–52 (1972 b).
K. Strauss (Hrsg. K. Degen und H. Langner), Die Kachelkunst des 15.–17. Jahrhunderts in europäischen Ländern. III. Teil, München 1983.
E. Striebel, Mörgen, in: W. Czysz, G. Krahe, Ausgrabungen und Funde in Bayerisch-Schwaben. Mittelalter und

Neuzeit, Zs. des hist. Ver. für Schwaben und Neuburg 75, 1981, 58–68.
W.-H. STRUCK, Quellen zur Geschichte der Klöster und Stifte im Gebiet der mittleren Lahn bis zum Ausgang des Mittelalters I. Das St. Georgenstift, die Klöster, das Hospital und die Kapellen in Limburg an der Lahn. Regesten 910–1500, Wiesbaden 1956; II. Die Kollegiatsstifte Dietkirchen, Diez, Gemünden, Idstein und Weilburg. Regesten (vor 841 bis 1500), Wiesbaden 1959; III. Die Klöster Bärbach, Beselich, Dirstein und Gnadenthal. Das Johanniterhaus Eschau und die Klause Fachingen. Regesten (vor 1153 bis 1634), Wiesbaden 1961.
W.-H. STRUCK, Das Cistercienserkloster Marienstatt im Mittelalter. Urkundenregister, Güterverzeichnisse und Nekrolog, Wiesbaden 1965.
W.-H. STRUCK, Johannisberg im Rheingau. Eine Kloster-, Dorf-, Schloß- und Weinchronik, Frankfurt 1977.
J.-P. SUAU, Note sur quelques carreaux de pavement cisterciens trouvé à Bonport et à Mortemer, Bull. de la Comm. Départémentale des Antiquaires de la Seine-Maritime 30, 1974–1975, 1978, 213–215.
A. SUHLE, Münzbilder der Hohenstaufenzeit, Leipzig 1938.
H. SWARZENSKI, Die lateinischen illuminierten Handschriften des 13. Jahrhunderts in den Ländern an Rhein, Main und Donau, 2 Bde., Berlin 1936.
J. SYDOW, Das Kloster Bebenhausen. Stationen seiner Geschichte, Tübinger Bl. 66, 1979, 8–14.
J. SYDOW, Die Zisterzienserabtei Bebenhausen, Germania Sacra, NF 16, Bistum Konstanz 2, Berlin 1984.
L. TAMPE, Bodenfliesen im ehem. Benediktinerkloster in Zwiefalten, Denkmalpflege in Baden-Württemberg 9, 1980, 27–29 (gekürzte Fassung des Original-Ms.).
J. TAUBER, Herd und Ofen im Mittelalter. Untersuchungen zur Kulturgeschichte am archäologischen Material vornehmlich der Nordwestschweiz (9.–14. Jahrhundert), Olten – Freiburg 1980.
S. THEISSEN, Der Eifeler Eisenkunstguß im 15. und 16. Jahrhundert (Werken und Wohnen. Volkskundliche Untersuchungen im Rheinland 4), Düsseldorf 1962.
J. THIRION, Ganagobie et ses mosaiques, Revue de l'Art 49, 1980, 50–69.
E. THURNER, Zur mittelalterlichen Wirtschaftsgeschichte von Biberach a. d. Riß, ms. Diss. Tübingen 1949.
H. TIETZE, M. HOERNES, M. NISTLER, Die Denkmale des politischen Bezirks Krems (Österr. Kunsttopographie I), Wien 1907.
B. TIETZEL, Deutsches Textilmuseum Krefeld. Italienische Seidengewebe des 13., 14. und 15. Jahrhunderts (Kataloge des Deutschen Textilmuseums Krefeld 1), Köln 1984.
C. TILLMANN, Lexikon der deutschen Burgen und Schlösser, 4 Bde., Stuttgart 1958–1961.
F. J. TSCHANN, St. Bernward of Hildesheim, 3 Bde., Indiana 1952.
A. TSCHIRA, Die mittelalterlichen Baubestände der Stadtkirche St. Martin in Ettlingen, in: Geschichte der Stadt Ettlingen und ihrer Menschen I, Karlsruhe 1968, 7–20.
R. UHLAND, Klöster und Klosterhöfe in der Reichsstadt Esslingen, Schwäb. Heimat 12, 1961, 112–124.
H. ULBRICH, Burg Hainchen. Ein verpflichtendes Kleinod des Siegerlandes, Siegen 1963.
K. ULRICH, Dreieichenhain. Burg und Stadt. Vergangenheit und Gegenwart, Langen 1965.
I. UNGER, Kölner Ofenkacheln vom 14. Jahrhundert bis um 1600, Diss. Bonn 1982.
F. UNTERKIRCHER, Reiner Musterbuch. Faksimilé-Ausgabe im Originalformat des Musterbuches aus dem Codex Vindobonensis 507 der Österr. Nationalbibliothek, Graz 1979.
M. UNTERMANN, Kirchenbauten der Prämonstratenser. Untersuchungen zum Problem einer Ordensbaukunst im 12. Jahrhundert, Diss. Köln 1984.
F. PH. USENER, Beitrag zur Geschichte der Ritterburgen und Bergschlösser in der Umgebung von Frankfurt am Main, II, Frankfurt 1852.
A. VERBEEK, Kölner Kirchen. Die kirchliche Baukunst in Köln von den Anfängen bis zur Gegenwart, 2. Aufl., Köln 1969.
L. DE VESLY, La céramique ornementale en Haute-Normandie pendant le Moyen-Age et la Renaissance, Congr. millenaire de la Normandie II, Rouen 1912, 189–63.
C. J. H. VILLINGER, Alt-Speyerer Hausnamen, Der Trifels 9, 1931 (ohne Sz.).
E. VIOLLET-LE-DUC, Dictionnaire raisonné de l'architecture du XIe au XVIe siècle II, Paris 1895.
E. M. VIS, C. DE GEUS, Altholländische Fliesen, 2 Bde., Leipzig 1926–1933.
C. D. VOGEL, Beschreibung des Herzogtums Nassau, 2. Bde., Wiesbaden 1843.
H. VOGTS, Kölner Hauskapellen, Zs. für christl. Kunst XXV, 1912, Sp. 191–202, 223–240.
H. VOGTS, Die Kdm der Rheinprovinz VII, 4. Die profanen Denkmäler der Stadt Köln, Düsseldorf 1930.
H. VOGTS, Die Kdm der Rheinprovinz XIX, 3. Kreis Zell an der Mosel, Düsseldorf 1938.
H. VOGTS, Das Kölner Wohnhaus bis zur Mitte des 19. Jahrhunderts, 2 Bde., 2. Aufl., Neuss 1966.
P. VOLKELT, Die Fußbodenfliesen der ehem. Zisterzienserabtei Wörschweiler, 18. Ber. der Staatl. Denkmalpflege im Saarland, 1971, 19–40, Taf. 12–15.
H. VOLKMANN, Frühe Bauten der Renaissance in Halle, Halle 1956.
F. VONGREY, Ornamentierte mittelalterliche Bodenfliesen in Stift Lilienfeld, Österr. Zs. für Kunst und Denkmalpflege XXVI, 1972, 9–19.
E. WACKENRODER, Die Kdm der Rheinprovinz IX, 2. Kreis Schleiden, Düsseldorf 1932.
E. WACKENRODER, Die Kdm von Rheinland-Pfalz 3. Kreis Cochem, 2 Bde., München – Berlin 1959.
E. WAGNER, Die Turmberg-Ruine bei Durlach, Veröffentlichungen der großhzgl. badischen Sammlungen für Alterthums- und Völkerkunde in Karlsruhe II, 1895, 35–44, Taf. VIII.
G. W. J. WAGNER, Die vormaligen geistlichen Stifte im Ghzt. Hessen I. Provinzen Starkenburg und Oberhessen, Darmstadt 1873; II (mit F. SCHNEIDER) Provinz Rheinhessen, Darmstadt 1878.
H. WAGNER, Die Kdm im Ghzt. Hessen 7. Provinz Oberhessen. Kr. Büdingen, Darmstadt 1890.
W. WAGNER, Das Zisterzienserinnenkloster Kumbd, Düsseldorf 1973.
C. WAHLÖÖ, Keramik 1000–1600 i svenska Fynd, Lund 1976.
H. WALBE, K. EBEL, Die Kdm im Freistaat Hessen IV. Prov. Oberhessen 2. Kloster Arnsburg und Altenburg, Darmstadt 1919.
H. WALBE, Die Kdm im Volksstaat Hessen IV. Prov. Oberhessen, Kreis Gießen 3. Südl. Teil, Darmstadt 1933.
H. WALBE, K. EBEL, C. WALBRACH, H. KRÜGER, Die Kdm im Volksstaat Hessen IV. Prov. Oberhessen, Kreis Gießen 1. Nördl. Teil. Darmstadt 1938.
A. WALCHER VON MOLTHEIN, Die deutschen Keramiken der Sammlung Figdor, 1. 2. Kunst und Kunsthandwerk XII, Wien 1909, 1. S. 1–46, 2. S. 301–362.
A. WALCHER VON MOLTHEIN, Sammlung Alfred Ritter Walcher von Molthein. Deutsche Keramik des XV.–XIX. Jahrhunderts, sowie Töpferarbeiten aus den angrenzenden sla-

wischen Sprachgebieten. Versteigerung ... den 10. 12. 1917 (Wawra), Wien 1917.
A. WALCHER VON MOLTHEIN, Zur Geschichte der Formmodel für Feingebäck und Zuckerwerk, Belvedere 5, 1924, 201–220.
H. VON WALDBURG-WOLFEGG, Vom Nordreich der Hohenstaufen, München 1961.
H. WALLAU, Alte Häusernamen in Mainz, in: Adreßbuch für Mainz 1891, S. X–XVI.
H. WALLIS, Italian ceramic art. The majolica pavement tiles of the fifteenth century, London 1902.
H. E. WALTER u. a. Beutelsbach, die Wiege Württembergs. Von der Gründung bis zur Bildung von Weinstadt, Schloß Dätzingen 1976.
J. WALTER, Herrade de Landsberg, abesse du Mont Saint-Odile, 1167–1195. Recueil de cinquante planches ... suivi du catalogue complet de 344 miniatures et du commentaire iconographique, Paris – Straßburg 1952.
M. WALTER, Zur Geschichte der Häfnerware im hinteren Odenwald, in: Keramik am Untermain, hrsg. von E. SCHNEIDER, Aschaffenburg 1964, 96–119.
J. B. WARD-PERKINS, English medieval embossed tiles, Arch. Journ. 94, 1937, 128–153, Taf. I–VIII.
J. B. WARD-PERKINS, Late medieval Flemish inlaid tiles in England, The Antiquaries Journal 18, 1938, 442–44. Taf. 95, 96.
J. B. WARD-PERKINS, London Museum Catalogues No 7. Medieval Catalogue, London 1940, 229–253, Taf. LXV, Abb. 76–83.
G. WASMUTH, Lexikon der Baukunst IV, Berlin 1932.
W. WEBER, Ornamentierte Fußbodenfliesen aus St. Paulin in Trier, Trierer Zs. 46, 1983, 239–245.
E. WEGNER unter Mitwirkung von H. CASPARY, P.-G. CUSTODIS, L. FALCK und G. RUPPRECHT; Denkmaltopographie der Bundesrepublik Deutschland, Kulturdenkmäler in Rheinland-Pfalz, Bd. 2. 2, Stadt Mainz. Altstadt, Düsseldorf 1988.
H.-H. WEGNER, Die archäologischen Untersuchungen in der ehem. Hospitalkapelle „St. Jakobus" zu Lahnstein, in: FS Die Hospitalkapelle „St. Jakobus" in Lahnstein (Hrsg. Stadt), Lahnstein 1984, 19–25.
H. WEIGERT, Magische Bänder und Knoten, in: Sammelwerk vom Bauen, Bilden und Bewahren. FS für Willi Weyres, Hrsg. J. HOSTER, A. MANN, Köln 1964, 21–32.
W. WEIMAR, Monumental-Schriften vergangener Jahrhunderte von ca. 1180–1812 an. Stein-, Bronze- und Holzplatten, Wien 1898.
P. WEINER, Zur geschichtlichen Entwicklung der Keramik in Ungarn, Keramos, H. 89, 1980, 3–20.
H. WEISERT, Geschichte der Stadt Sindelfingen, Sindelfingen 1975.
G. WEISS, Alte Keramik – neu entdeckt, Berlin 1979.
G. WEISS, Keramik-Lexikon, Berlin 1984.
G. WELLSTEIN, Die Cistercienserabtei Marienstatt im Westerwald, Limburg 1955.
H. WELTERS, Lechenich – Bastion im kurkölnischen Burgengürtel, Beitr. zur Niederrhein. Burgenkunde, Niederrhein. Jb. 4, 1959, 31–37.
F. WENDEL, Geschichte der Stadt Wachenheim an der Weinstraße, Neustadt a. d. Weinstraße 1967.
M.-D. WATON, Strasbourg, Saint-Thomas, Kat. Vivre au Moyen Âge. 30 ans d'archéologie médiévale en Alsace, Straßburg 1990, 57–60, 235–240.
H. WENTZEL, Die Glasmalerei der Zisterzienser in Deutschland, in: L'architecture monastique. Actes et travaux de la rencontre franco-allemande des historiens d'art (Arbeitsbericht der deutsch-französischen Kunsthistoriker-Tagung), Mainz 1951, ohne Sz.
H. WENTZEL, Die Glasmalereien in Schwaben von 1200–1350 (CVMA Deutschland I), Berlin 1958.
R. WESER, Bodenfliesenfund in Söflingen, Archiv für christl. Kunst 33, 1915, 90–99.
J. WETTER, Geschichte und Beschreibung des Domes zu Mainz. Begleitet mit Betrachtungen über die Entwicklung des Spitzbogenstyls, das neugotische Constructionssystem in Deutschland und Frankreich und den Einfluß der lombardischen und byzantinischen Kunst auf diese Länder, Mainz 1835.
N. R. WHITCOMB, The medieval floor-tiles of Leicestershire (Leicestershire Archaeological and Natural History Soc.), Leicester 1956.
H. WICHMANN, Deutsche Ornamentfibel, Bamberg 1950.
F. WIBEL, Die alte Burg Wertheim am Main und die ehem. Befestigung der Stadt, Freiburg – Leipzig 1895.
REKTOR WIDMANN, Der Fuchs predigt den Gänsen, Nass. Ann. 19, 1885/1886, 71–75.
A. WIEDENAU, Romanischer Wohnbau im Rheinland, (16. Veröffentlichung der Abt. Architektur des Kunsthistorischen Inst. der Universität Köln). Diss. Köln 1979.
A. WIEDENAU, Katalog der romanischen Wohnbauten in westdeutschen Städten und Siedlungen, Das deutsche Bürgerhaus 34, Tübingen 1984.
M. WIELAND, Das Cistercienserinnenkloster Gnadenthal in Württemberg, Cistercienser-Chronik 18, 1906, 65ff.
A. WIENAND, Heils-Symbole und Dämonen-Symbole im Leben der Cistercienser-Mönche, in: A. SCHNEIDER u. a., Die Cistercienser (siehe dort), 509–552.
J. A. WIGHT, Medieval Floor Tiles, Their Design and Distribution in Britain, London 1975.
R. WIHR, Die Rebhütter Chronik, Ludwigshafen 1937.
R. WIHR, Fußböden. Stein, Mosaik, Keramik, Estrich. Geschichte, Herstellung, Restaurierung, München 1984.
TH. WILDEMANN, Rheinische Wasserburgen und wasserumwehrte Schloßbauten (Jb. des Rhein. Ver. für Denkmalpflege und Heimatschutz), Neuss 1954.
H. WILKE, Die Burg Montfort, H. 3 der heimatkundlichen Schriftenreihe der Stadtverwaltung Bad Münster am Stein-Ebernburg, Bad Münster 1981.
R. WILL (en collaboration avec J. J. HATT), Nouvelles découvertes sous l'église St. Nicolas à Strabourg, Vestiges de la période médiévale, Cah. d'Archéologie et d'Histoire d'Alsace 39, 1948, 193–201.
R. WILL, Les châteaux des Vosges, in: Les Vosges alsaciennes, Straßburg 1966.
M. WINGENROTH, Die Kdm. des Ghzt. Baden VII. Kreis Offenburg, Tübingen 1908.
F. WINTER, Die Zisterzienser des nordöstl. Deutschlands. Ein Beitrag zur Kirchen- und Kulturgeschichte des deutschen Mittelalters, 3 Bde., Gotha 1868–1871 (ND Aalen 1966).
H. WINTER, Das Bürgerhaus in Oberhessen (Das deutsche Bürgerhaus 6), Tübingen 1965.
J. A. WISSING, Das Kloster Lögum im Rückblick. Erinnerungen, Betrachtungen, Vermutungen (Schriften der Heimatkundlichen Arbeitsgemeinschaft für Nordschleswig 26), Apenrade 1972.
H. WISWE, Grangien niedersächsischer Zisterzienserklöster. Entstehung und Bewirtschaftung spätmittelalterlich-frühneuzeitlicher landwirtschaftlicher Großbetriebe, Braunschweiger Jb. 34, 1953, 5–134.
E. WÖRNER, Die Kdm im Ghzt. Hessen. Prov. Rheinhessen. Kreis Worms (Stadt und Land), Darmstadt 1887.
D. WOLF, Vom alten Nieder-Wöllstadt. Wöllstadter Heimatbuch 1, 1977.
F. WOLFF, Elsässisches Burgenlexikon. Verzeichnis der Burgen und Schlösser im Elsaß, Straßburg 1908.

F. Wolff, Einrichtungen und Tätigkeit der staatl. Denkmalpflege im Elsaß in den Jahren 1899–1909, Straßburg 1909.

K. Wolf, R. Jung, Die Baudenkmäler in Frankfurt am Main. I. Kirchenbauten, Frankfurt 1896 II. Weltliche Bauten, Frankfurt 1898.

R. Wortmann, Das Ulmer Münster, Stuttgart 1972.

R. Wortmann, Die Kirchenbauten in Ulm von den Anfängen bis zur Gegenwart in: H. E. Specker, H. Tüchle, Kirchen und Klöster in Ulm. Ein Beitr. zum kath. Leben in Ulm und Neu-Ulm von den Anfängen bis zur Gegenwart, Ulm 1979, 506–562.

H. Wothe, Mainz. Ein Heimatbuch, 2. Bde., Mainz 1928–1929.

O. Wurster, Heimatgeschichte von Plochingen, Plochingen 1948.

E. Zahn, Der Pelikan auf zwei spätgotischen Tonmodeln im Landesmuseum, Kurtrierisches Jb. 14, 1974, 234–237.

S. Zajadacz-Hastenrath, Fabelwesen, RDK VI, 1971, Sp. 739–816.

H. J. Zakin, French cistercian grisaille glass. Relationships with cistercian patterns in other media. New York – London 1979.

J. Zaun, Über die Lage der Karthause im Petersthale, Nass. Ann. 14, 1877, 122–126, Taf. IV.

R. Zeitler, Dänemark. Kunstdenkmäler und Museen, Stuttgart 1978.

H. Zeller-Werdmüller, Verzierte Bodenfliese von Straßberg, ASA 18, 1885, 113, Taf. X.

J. Zemp, Die Backsteine von St. Urban, SA aus der Festgabe auf die Eröffnung des Schweizer Landesmuseums in Zürich am 25. Juni 1898, Zürich 1898.

J. Zeune, Oberursel-Bommersheim. Eine Burgengrabung stellt sich vor, Burgen und Schlösser 1990 I, 29–30.

W. Ziegler, Die Kulturdenkmale des Kreises Göppingen, Göppingen 1974.

E. J. Zimmermann, Hanau, Stadt und Land, 2. Aufl. Hanau 1917.

H. Zimmermann, Neues zum Seulberger Aulofen und zur Häfnerzunft, Suleburc Chronik 10, v. d. Höhe 1979, 16–21.

H. Zimmermann, Bodenfliesen aus Seulberg, Köppern und Burgholzhausen, Suleburc Chronik 16, 1985, 12–21.

H. Zimmermann, Bodenfliesen aus Köppern und Burgholzhausen, Suleburc-Chronik 17, 1986, 43–46.

W. Zimmermann, Die Kdm der Rheinprovinz 18, 1. Kr. Kreuznach, Düsseldorf 1935.

U. Zischka, Zur sakralen und profanen Anwendung des Knotenmotivs als magisches Mittel, Symbol oder Dekor. Eine vergleichende volkskundliche Untersuchung, München 1977.

M. Zoder, Studien zur Entwicklung des mittelalterlichen Backsteinrohbaus in Niederbayern, Passau 1929.

D. Zoller, Ziegelöfen des Zisterzienserklosters Hude, Gem. Hude, Lkr. Oldenburg, Archäologische Mitt. aus Nordwestdeutschland 5, 1982, 49–54.

H. Zumstein, Châteaux forts du XIIe siècle en Alsace, Cah. alsaciens XI. 1967, 375–384.

Abkürzungsverzeichnis

Zeitschriften und Publikationen:

Ann. Arch.	Annales Archéologiques.
Ann. Ndrh.	Annalen des Historischen Vereins für den Niederrhein, insbesondere für die alte Erzdiözese Köln.
Anz. GNM	Anzeiger des Germanischen Nationalmuseums.
Arch. Korrbl.	Archäologisches Korrespondenzblatt.
ASA	Anzeiger für schweizerische Altertumskunde.
Ber. Prov.Komm.	Berichte über die Tätigkeit der Provinzialkommission für die Denkmalpflege in den Rheinprovinzen.
Bonner Jb.	Jahrbücher des Vereins von Altertumsfreunden im Rheinlande, später: Jahrbücher des Rhein. Landesmuseums in Bonn.
Bull. Mon.	Bulletin monumental.
Cah. Als.	Cahiers alsaciens d'archéologie, d'art et d'histoire.
Cah. Arch.	Cahiers archéologiques. Fin de l'antiquité et moyen-âge.
Congr. Arch. France	Congrès archéologique de France.
CVMA	Corpus Vitrearum Medii Aevi.
Dehio	Georg Dehio, Handbuch der deutschen Kunstdenkmäler.
FDA	Freiburger Diözesanarchiv.
FuB	Forschungen und Berichte der Archäologie des Mittelalters in Baden-Württemberg.
Hist. Stätten	Handbuch der historischen Stätten Deutschlands.
Korrbl.	Korrespondenzblatt des Gesamtvereins der deutschen Geschichtes- und Altertumsvereine.
Mz. Zs.	Mainzer Zeitschrift. Zs. des römisch-germanischen Centralmuseums und des Vereins zur Erforschung der rheinischen Geschichte und Altertümer.
Med. Arch.	Medieval Archeology (Journal of the Society for Medieval Archeology).
Mitt. hist. Ver.	Mitteilungen des historischen Vereins der Pfalz.
MGH	Monumenta Germaniae historica.
Nass. Ann.	Annalen des Vereins für Nassauische Altertumskunde und Geschichtsforschung.
Quartalsbl.	Quartalsblätter des Historischen Vereins für das Großherzogtum Hessen.
RDK	Reallexikon zur deutschen Kunstgeschichte.
UO	Mitteilungen des Vereins für Kunst und Altertum in Ulm und Oberschwaben, später: Ulm.
WRJB	Wallraf-Richartz-Jahrbuch.
Westdt. Zs.	Westdeutsche Zeitschrift für Geschichte und Kunst.
WVjH	Württembergische Vierteljahreshefte für Landesgeschichte.
ZAGV	Zeitschrift des Aachener Geschichtsvereins.
ZAK	Zeitschrift für schweizerische Architektur und Kunstgeschichte.
ZAM	Zeitschrift für Archäologie des Mittelalters.
ZGO	Zeitschrift für die Geschichte des Oberrheins.

Allgemeine Abkürzungen:

Abb.	Abbildung
Abh.	Abhandlung(en)
Acad.	Académie, Academy
Anz.	Anzeiger
Arch.	Archäologie, Archéologie, Archaeology
arch.	archäologisch, archéologique, archaeologic

bad.	badisch
Bd., Bde.	Band, Bände
BDM	Baudenkmale
bayer.	bayerisch
Beil.	Beilage
Beitr.	Beitrag
Ber.	Bericht
bes.	besonders
BH.	Bezirkshauptmannschaft
Bl., bl.	Blatt, Blätter
BOA	Beschreibung der württembergischen Oberämter
Brit. Mus.	Britisches Museum
Cah.	Cahier
Congr.	Congrès
Coll.	Collection(s)
DM	Denkmale, Denkmäler
Dép.	Département
Diss.	Dissertation
Dm.	Durchmesser
ebd.	ebenda
ehem.	ehemalig
Erg.	Ergänzung
FS	Festschrift
Gem.	Gemeinde
gen.	genannt
Gesch.	Geschichte
gesch.	geschichtlich
Geschbl.	Geschichtsblatt
Ges.	Gesellschaft
GNM	Germanisches Nationalmuseum Nürnberg
Ghzt.	Großherzogtum
Hb.	Handbuch
Hs.	Handschrift
H.	Heft – Hälfte (bei Daten)
Hl.	Heilige, Heiliger
hess.	hessisch
Hrsg.	Herausgeber
hrsg.	herausgegeben
hist.	historisch
Inv.	Inventar
Jb.	Jahrbuch
Jg.	Jahrgang
Jh.	Jahrhundert

Jz.	Jahreszahl
Journ.	Journal
Kt.	Kanton
Kap.	Kapitel
Kat.	Katalog
kgl.	königlich
Komm.	Kommission
Korr.	Korrespondenz
Kr.	Kreis
KDM	Kunstdenkmale
Kdm	Kunstdenkmäler
Lkr.	Landkreis
MS	Manuskript
ms.	maschinenschriftlich
Mél.	Mélanges
Mém.	Mémoires
M.	Mitte (bei Daten)
Mitt.	Mitteilungen
Nachr.	Nachrichten
nat.	national
ND	Neudruck, Nachdruck
NF	Neue Folge
NÖ	Niederösterreich
NS	Neue Serie, Nouvelle Série, New Series
Nr.	Nummer
OA	Oberamt
o.J.	ohne Jahr
Proc.	Proceedings
PKG	Propyläenkunstgeschichte
Prov.	Provinz
Red.	Redaktion
ref.	reformiert
Reg.Bez.	Regierungsbezirk
Rev.	Revue
Rheinl.	Rheinland
rhein.	rheinisch
Slg.	Sammlung
St., Ste.	Sankt, Saint, Sainte
Sl.	Seitenlänge
Ser.	Serie
Soc.	Société, Society
sog.	sogenannt
SD	Sonderdruck
Sp.	Spalte

Stud.	Studien
S.	Seite
Taf.	Tafel
TL.	Teil
Trans.	Transactions
Ver.	Verein
Verf.	Verfasser, Verfasserin
Verh.	Verhandlungen
westf.	westfälisch
WRM	Wallraf-Richartz-Museum
württ.	württembergisch
Zs.	Zeitschrift
Ztg.	Zeitung

Ortsregister

Hier sind nur die im Textband erwähnten Orte enthalten. Alle Fundorte finden Sie in einem eigenen Register des Bandes 2 (Muster-Katalog)

A
Aachen 10, 20, 22, 29, 35, 52, 88, 89, 99, 110, 111, 117, 118, 119, 120, 140, 152, 207
Aachen-Kornelimünster 88, 117, 119, 120
Aalen 131
Abbeville 54
Aby 194
Acey 73, 204
Aclou 46
Adelberg 88, 92, 132, 133
Admont 147
Adslev 194
Aduard 36, 178, 179, 192
Ägypten 39, 41
Affalterlohe 120
Affolderbach 84
Afghanistan 42
Ahrweiler 88
Aiguebelle 73
La Aire-sur-le-Lys 168
Alcobaça 163
Allerheiligen 92
Alpirsbach 88, 91, 132, 134
Alsenztal 97
Alsfeld 88, 125, 146
Alsted 193, 194
Altdorf/Altorf 88, 107
Altenbaumburg 27, 95, 97, 108
Altenberg/Dhünn 36, 84, 85, 87, 89, 90, 137, 153, 201, 212, 235, 236, 238
Altenberg/Lahn 88, 91
Altendorf 160,
Altenhohenau 88
Altenkamp siehe Kamp
Altenstadt 229
Altpilsen/ Starý Plzenec 197
Altzella 84, 236
Alzey 123, 141
Amalfi 229
Ambazac 232
Amorbach 26, 88, 126, 218
Amsterdam 35
Anagni 48
Ancona 227
Ancy-le-Duc 226
Andalusien 162
Andenne 120, 176
Andernach 96, 192
Andres 168, 176
Angers 170
Anjou 170, 187
Ansbach 127
Antvorskov 193
Antwerpen 175, 177, 191
Apfeltrach 30
Aquilea 48, 224, 227, 228
Arcy 53
Arezzo 228
Argenthal 25, 216
Arhus 195
Arles 217
Arnsburg 20, 53, 75, 80, 81, 82, 84, 85, 86, 89, 91, 94, 97, 98, 122, 123, 124, 125, 153, 159, 179, 222
Arnstein 16, 19, 28, 30, 68, 88, 89, 90, 91, 97, 101, 105, 113, 114, 124, 138, 149, 151, 177, 178, 229
Arras 168
Artois 35, 174, 176, 195
Arzbach 115
Aschaffenburg 88, 91, 101, 135, 158, 233
Ashbourne 189
Asnières 170, 204
Aspisheim 97
Assisi 164, 165, 166
Assur 39, 41
Auerbach 106, 107
Augsburg 88, 157
Auhausen 88
Aulendiebach 114, 124
Aulhausen 85, 113, 120, 121, 139
Aull 114
Aulnay 217
Aulps 53, 74, 77
L' Aumone 187
Autun 167, 170, 226
Auxerre 56, 167, 170
Avignon 173
Avon 96

B
Babenhausen 126, 138
Babylon 40, 43,
Bacharach 10, 29, 42, 85, 89, 92, 97, 101, 115, 159, 216
Backnang 133
Bad Herrenalb 31, 84, 85
Bad Kreuznach 89, 97, 123
Bad Münstereifel 88, 117, 120, 212
Bad Wimpfen 10, 91, 92, 94, 127, 128, 141, 218, 224
Baden 85, 129, 141
Badorf 16, 96
Balkh 42
Baltinglass 191
Bamberg 137
Bangor 190
Barcelona 163
Barham 176
Barnstaple 16, 186
Barwick 189
Basel 26, 51, 88, 103, 129, 147, 219, 233
Basingstoke 177, 191
Basingwerk 183
Bawsey (King's Lynn) 185, 189, 191
Bayern 37, 66, 134, 144, 184
Bayeux 225
Bayreuth 134
Beachamwell 189
Beaubec 88, 138
Beauchief 189
Beaulieu 188
Beaumais 46
Beaune 153, 170
Beaupré 74, 78, 80, 82
Beauvais 46
Bebenhausen 15, 20, 22, 27, 28, 29, 73, 77, 78, 80, 81, 84, 85, 86, 89, 90, 92, 131, 134, 149, 151, 153, 212, 217, 218, 220, 221, 223, 224, 235, 236, 237, 238
Becherbach 108, 113
Bechtheim 238
Béja 43
Bel im Bakonywald 64, 205
Belapatfalva 204
Belgien 32, 35, 120, 161, 169, 175-177
Belleperche 74, 173
Bellersheim 27, 91, 108
Bendorf 114
Benediktbeuern 51
Beneschau/Benešov 197
La Bénissons-Dieu 25, 73, 74, 77, 196, 201, 204, 234, 235
Bensberg-Refrath 17, 117
Berchtesgaden 218, 220
Bergen 96, 195
Bergheim/Erft 117, 118
Berlin 10, 20, 158
Bern 88
Beromünster 31
Berzé-la-Ville 214
Besançon 174
Beselich 88, 89, 97, 109
Besselich 89, 115
Beutelsbach 133
Biberach 89, 132, 141
Biedesheim 98
Bingen 89, 90, 97
Binsfeld 120
Birkenfels 147
Bistrup 193, 196
Bjernede 193
Bjeverskov 193
Blankenberg 116, 120
Blankenheim 120, 160
Blaringham 168
Blaubeuren 88, 92, 133, 134
Bleidenstadt 13, 22, 30, 68, 88, 92, 155
Blekinge 196
Bodenseegebiet 232
Bödingen 29, 88, 117, 152
Böhmen, böhmisch 72, 161, 169, 180, 196, 197, 200, 205
Börtlingen 132
Bogenberg 135
Bolanden siehe Hane (Kloster)
Bolheim 131
Boll 132, 157
Bologna 165, 166
Bommersheim siehe Oberursel
Bonlieu 74, 173, 234
Bonmont 53, 74, 77, 224, 228, 230, 235
Bonn 36, 97, 224
Bonnefont 74

Bonnencontre 80
Bonport 74, 82, 197, 204
Boppard 89, 90, 91, 94, 97, 98, 114
Bordesley 163, 185, 191
Bornhofen 88
Boxley 191
Braubach 89, 114
Braunfels 95, 159
Brauweiler 88, 96, 104, 116, 117
Brazey-en-Plaine 142, 170
Breda 177
Breisgau 129
Bremen 13, 37, 192
Breteuil 82, 170
Bretten 141
Bringstrup 193, 195
Bristol 184, 187
Bristol-Kanal 96
Brou 175
Brügge 36, 99, 176, 177, 195
Brunnenburg 16, 27, 88, 97, 106, 109, 113, 216
Buch 84
Budapest 147, 166, 205, 206
Büdingen 18, 124, 159
Buildwas 183
Burg Hain siehe Dreieich
Burgholzhausen v.d. Höhe 126, 159
Burguillos 162
Burgund 22, 30, 169
Burnham 183
Burton Lazars 191
Bury St.Edmunds 186
Butley 163, 191
Butterup 192
Butzbach 159
Byland 186
Byzanz 49

C
Cadolzburg 147
Caen 225
Calberlah 99
Calw 133
Cambron-Casteau 175
Candeil 74
Canterbury 183, 186, 189
Casamari 236
Castle Acre 185
Castle Rising 185
Châalis 74, 82
Châlons-sur-Marne 56, 168, 201, 225
Chalons-sur-Saône 96
Champagne 74, 82, 83, 170
Charlieu 53, 54, 77
Château-Thierry 171
Châteauneuf-du-Pape 173
Cherinton 176
Chertsey 179, 185, 187, 188, 189, 190
Chester 189, 191
Chiaravalle 193
Chorin 81, 84, 137, 235, 236
Chur 49, 50
Cismar 13, 37, 88
Cîteaux 73, 74, 76, 78, 80, 81, 92, 196
Clairlieu 74
Clairvaux 74, 76, 77, 137, 179, 187
Clarendon Palace 18, 179, 185, 187, 188
Cleeve 187
Clermont-Ferrand 237
Cluny 53, 167, 168, 225
Colchester 183
Colonge-Bellerive 157
Conques 55
Cordoba 163
Corduba 46
Cortrat 46
Coucy 170
Couëron 45
Coutances 32
Coventry 185, 186
Coxyde 176, 179, 186
Cremona 218
Creussen 134
Cunault 170, 188

D
Dänemark, dänisch 72, 98, 113, 161, 177, 191-195
Danbury 185
Danzig 194, 202
Dargun 84, 137
Darmstadt 10, 70, 125
Daun 35, 120, 176
Deggingen 131, 132
Deizisau 133
Delmenhorst 232, 234
Delphi 47
Denkendorf 88, 90, 92, 131,
Dettingen/Main 125
Deutschland, deutsch 9, 13, 17, 18, 19, 21, 29, 35, 36, 47, 53, 54, 57, 65, 66, 72, 138, 139, 166, 167, 171, 175, 176, 181, 182, 184, 185, 186, 196, 197
Deux-Jumeaux 171
Die 228
Dieburg 28, 48, 102, 122, 126, 127
Dierstein siehe Dirstein
Diessen 21, 134
Dietkirchen 89
Diez 109, 114
Dijon 170, 173
Dirmerzheim 117, 118
Dirstein 27, 88, 108, 109
Disibodenberg 85, 122
Doberan 13, 28, 36, 84, 86, 99, 136, 137, 195, 218, 235, 236
Doberlug 84
Dokkum 178, 179, 192
Donau 63, 98, 127, 205
Donzdorf 132
Dordrecht 97
Dorestad 96
Douar-ech-Chott 43
Drachenfels 192
Dreieich 13, 19, 22, 30, 68, 94, 95, 98, 109, 125, 126, 155, 159
Droitwich 185
Dublin 191
Düppenhausen 120
Düren 117, 118, 119
Düren-Arnoldsweiler 117, 119
Dürnau 132
Düsseldorf 10, 127, 145

E
East Anglia 178
Eberbach (Burg) 94
Eberbach 13, 14, 16, 19, 22, 29, 30, 68, 69, 74, 75, 80, 81, 82, 83, 84, 85, 89, 90, 91, 92, 94, 96, 97, 98, 109, 113, 114, 115, 120, 121, 122, 123, 126, 145, 153, 155, 159, 169, 194, 197, 212, 222, 234, 235, 236
Eberhardzell 26
Ebersecken 31
Ebingen 133
Ebrach 137, 197
Ebstorf 218
Ecouen 175
Edelstetten 92
Edmonton 176
Effingham 183
Ehningen 133
Eichstätt 92
Eifel 120, 240
Eisenberg (Burg) 127
Eisenberg 16, 123
Elchingen 90
Eldena 37, 84, 86, 137, 153, 222, 223
Ellwangen 131
Elsaß, elsässisch 9, 22, 52, 54, 56, 77, 84, 93, 97, 98, 102, 103, 107, 129, 141, 161, 184
Elstow 183
Elten siehe Hochelten
Eltz 97, 114
Ely 182, 189
Empoli 166
Engelburg 29
Engelthal 91
England, englisch 10, 35, 52, 72, 81, 82, 96, 98, 113, 137, 138, 139, 142, 161, 169, 174, 175, 176, 181-191, 193, 214, 224
Engstlatt 28, 91
Enkirch 97
Eppstein 16, 94, 97, 107, 109, 126, 159
Erfurt 220
Erp 160
Erstfeld 241
L' Escale-Dieu 74, 173
Eschau 229
Esrom 192
Essex 181
Essingen 132
Esslingen 16, 27, 89, 90, 92, 100, 131, 132
Esztergom 21, 204
Etampes 170, 171
Ettlingen 27, 216, 222
Eutzingen (Landau) 91
Eußerthal 28, 81, 84, 92, 112, 235
Exmorra 180
Eynatten 118

F
Faenza 165, 166
Fagnolles 175
Ferapontov 203
Ferentillo 237
La Ferte-sur-Grosne 74

Feuchtwangen 134
Fils/Filstal 29, 131, 132, 133
Finstingen/Fénétrange 10
Fischbach 129
Fischenich 117
Flamersheim 118
Flandern 36, 136, 163, 172, 176, 177, 195
Flaran 74, 75, 173
Flavigny 167
Flonheim 27, 88, 108, 113
Florenz 49, 164
Foigny 74, 75, 82
Fontenay 70, 74, 75, 78, 80, 82, 171, 179, 203
Fontenelle 74, 75, 82
Fontmorigny 74, 75, 82, 204
Forchtenberg 146
Fossanova 200
Foswerd 178, 179, 192
Foucarmont 74, 75
Fontaine-Milon 55
Fountains 137, 186
Franken 134, 141, 157
Frankenthal 90, 91
Frankfurt-Sachsenhausen 91, 125
Frankfurt/Main 10, 89, 91, 125, 126, 139, 140, 146, 159
Frankreich, französisch 10, 35, 49, 51, 52, 53, 70, 73, 82, 86, 96, 113, 138, 142, 153, 161, 163, 166-175, 176, 177, 182, 184, 186, 191, 193, 197, 199, 203, 204, 214, 224
Franzburg siehe Neuenkamp
Fraubrunnen 31
Frauenwörth 64-65, 66, 88, 180
Frechen 35, 113, 117, 118, 145, 160
Freiburg/Breisg. 13, 31, 69, 73, 129, 141, 142, 143, 157, 190, 218, 235
Freising 61, 70, 134
Freudenstadt 219, 221
Freyburg 238
Friedberg (Burg) 147
Friedberg 88, 89, 91, 94, 123
Frienisberg 31
Friesheim 117, 160
Friesland 32, 64, 98, 177, 178, 179, 180, 192, 199
Fürstenfeld 84, 85, 92, 137
Fulda 90, 107
Fulda [Fluß] 98

G
Gaildorf 133
Galič 203
Gamla Lödöse 194
Gammelshausen 132
Ganagobie 217, 227, 228
Gaubickelheim 29, 159
Gebweiler/Guebwiller 147
Geisenheim 120
Geislingen 131, 132
Gelnhausen 88, 89, 91, 93, 123
Genf 28
Gengenbach 88
Gensingen 113
Gent 152, 175, 176
Germersheim 98
Germolles 96, 153
Gernrode 216
Gerolzhofen 147
Gerstetten 131
Ghazni 42, 45
Giengen 131
Gießen 125
Girbaden/Guirbaden 56, 129, 151, 152, 218
Gjerlev 195
Glandières 90
Gleiszellen 91, 92
Gloucester 189
Gnadental 84, 137, 220
Gnadenthal 84
Gnesen 200
Goddelau 89, 97
Gölshausen 137
Göppingen 132, 133
Göppingen-Faurndau 88, 131, 132
Göß 229
Gößelstein 32
Göttingen 88, 136
Götzenhain-Philippseich 25, 159
Gordion 47
Gorze 90
Goslar 224
Gotha 10
Gotland 196
Gotthardsberg 84
Gouda 177
Graignamanagh 191
Granada 163
Grandmont 204
Grandselve 74, 75
Gravedona 216, 228
Graz 147
Great Malvern 185, 189
Greifenstein/Château du Griffon 56
Greifenstein (Hessen) 159
Grenzau 115, 145
Groningen 178
Grouven 118
Groß-Ammensleben 88, 99
Groß-Biewende 232
Groß-Geroldseck 23, 25, 56, 129, 200, 223
Groß-Königsdorf 118
Groß-Rohrheim 90
Groß-Umstadt 26, 126
Groß-Vernich 117, 160
Groß-Zimmern 127
Großaltdorf 133
Gruibingen 132
Grüningen 160
Gudum 193
Güstrow 158
Gurgan 43
Gurk 151
Gyrstinge 193

H
Hadamar 23, 89, 109, 149, 150, 155, 160
Hadjeb-el-Aïoun 43, 45
Hadley Castle 183
Häfner-Neuhausen 133
Hagenau 93, 95, 139, 141, 217
Hahnstätten 159
Hailes 187, 191
Haina 84, 89, 91, 112, 234, 236, 237
Halberstadt 52, 232
Halesowen 187, 189
Halland 196
Halle/Saale 20, 158, 159
Hallum 178, 179
Halnø 195
Ham-en-Artois 176
Hambacher Schloß 98, 100, 101, 102, 110
Hamburg 10, 144, 171, 174
Hambye 171
Hamersleben 221
Hammerstein 115
Hanau 126
Hane (Kloster) 98
Haslev 193
Hasselhecker Hof 159
Hattenhofen 132
Hattstein 126
Haulzy 174
Hauset 118, 119, 120
Haute-Rive 220
Haute-Seille 80
Havnelev 195
Hedervar 205
Heidelberg 96
Heidenheim 131, 133
Heilbronn 128
Heiligenberg 86, 88
Heiligenkreuz 26, 82, 84, 85, 192, 197, 217, 221, 235
Heiligkreuztal 84, 160
Heilsbronn 28, 153, 200, 221, 241
Heimerzheim 88, 117
Heinsberg 23, 35, 88, 176
Heisterbach 97, 120
Helmsley Castle 187
Helmstedt 51
Herbrechtingen 88, 131, 133
Hereford 218
Herkenrode 177
Herlufsholm 54, 192, 193
Hermelinghen 176
Heroldsberg 135
Herrevad 192, 196
Hessen (Moselle) 88, 129
Hessen, hessisch 22, 23, 25, 29, 51, 85, 98, 123, 124, 140, 159
Hettingen 134
Heubach 133
Heukelum 180
Hildesheim 51, 57, 220
Himmerod 97, 120, 137
Hirsau 26, 64, 88, 134
Hirzenhain 88, 124
Hispalis 46
Hitchin 183
Hochelten 36, 88
Höhr-Grenzhausen 29, 114, 115
Höningen 88, 90, 91
Hofheim 26, 91, 126
Hohbarr/Haut-Barr 129
Hohenfurt/Vyšši Brod 76, 197

Hohnstedt 99
Holland (Niederlande) 10, 35, 72, 97, 98, 136, 161, 169, 172, 175, 176, 177-180, 189, 207, 209
Homburg v.d. Höhe 125
Hornbach 90, 91, 100, 221
Hovedø 36, 99, 177, 195
Hradišt bei Olmütz/Olomouc 197, 199, 205
Hradišt/Mnichovo Hradište 197
Hubinne 176
Hude 13, 36, 84, 85, 137, 139, 223
Hürbelsbach 132
Hüttengesäß 159
Hull 139
Hunsrück 15, 123
Hurstpierpoint 191

I
Idstein 159
Igny 74, 75, 82
Ihlow 13, 36, 84, 85, 86, 179
Ilbenstadt 13, 19, 22, 30, 68, 88, 91, 126, 153, 155
Île-de-France 169, 174
Ilmmünster 88, 229
Ilsenburg 51
Ingelheim siehe Ober-Ingelheim
Ingolstadt 135
Inn 64
Inowlódz 201, 203
Inula 199
Irland 181, 191
Isar 63
Isenach 96, 98
Isenhagen 229, 231
Ishøj 194
Issum 160
Italica 46
Italien 49, 51, 52, 99, 161, 163-166, 168, 175, 177, 200, 204, 206, 214, 230, 231, 233

J
Jablonce 196
Jagsttal 133
Játiva 163
Jerpoint 191
Jervaulx 186, 188
Johannisberg 13, 22, 30, 69, 85, 88, 92, 107, 110, 120, 153, 216
Jülich 117
Jüterbog 137
Jumièges 75, 168, 169, 171

K
Kästenburg siehe Hambacher Schloß
Kairo 217
Kaiserslautern 89, 95
Kaisheim 90, 92
Kaltenbrunn/ Studanky 197
Kalydon 47
Kamp 89, 90, 137
Kamp-Bornhofen 88, 97
Kamperbrück 160
Kandern 129
Kantir 39
Kappel 132, 236
Karlsruhe-Durlach 132
Karthago 43
Kaschan 41
Kasseriine 46
Kaub 96
Keitum 96
Kelkheim 91, 97, 126
Kellmünz 59
Kempten 29
Kerpen 118
Keymer 191
Keynsham 226
Kiedrich 89, 94, 101, 107
Kilkenny 191
King's Lynn 184
Kinzig 96, 98
Kinzweiler (St.Jöris) 84, 85, 117, 119
Kippekausen 36, 169
Kippenheim 102
Kirchdorf/Iller 59
Kirchheim/Ries 236
Kirchheim/Teck 131, 133
Kirchheimbolanden 98
Kirkstall 187, 188
Kirkstead 36, 195
Klaarkamp 178, 179
Kleinern 142
Klingenberg/Zvikov 138, 199, 200, 216
Klingenmünster 28, 91, 92, 117, 127, 222
Klosterkumbd 85, 108, 115
Klosterneuburg 28, 88, 137, 138
Knechtsteden 104, 116
Koblenz 19, 27, 85, 88, 89, 90, 97, 98, 114, 115, 178
Köln, kölnisch 10, 20, 21, 22, 29, 35, 51, 52, 85, 88, 89, 90, 97, 104, 105, 107, 114, 115, 116, 117, 119, 120, 124, 125, 138, 140, 141, 145, 146, 152, 154, 160, 207, 209, 213, 216, 225, 232, 242
Königsbronn 85, 89, 131, 133
Königsbrück 93
Königsfelden 88, 212, 236
Königstein 94, 97, 107, 126
Köppern 126, 159
Kolbatz 137
Koleĉep (Insel) 229
Kolmar/Colmar 56, 88, 102, 123, 127, 129, 147, 148, 157
Konradsheim 17, 117, 160
Konstanz 15, 23, 25, 26, 27, 28, 92, 102, 103, 110, 129, 130, 143, 145, 151, 222, 223, 224, 229, 239
Koprzywnica 201, 203
Korneuburg 19, 135
Krakau 200, 202, 203
Kraudorf 117, 212
Krems 38, 135
Kremsmünster 218
Kreuzenstein, (Burg) 19
Kronach 134
Kronberg 126
Kröning 134, 141
Kruswica 202
Künzelsau 132
Kürnbach 29, 88
Kulm 194
Kulmbach 134
Kuttenberg/Kutná Hora 200

L
La Chalade 73, 74, 75, 234
La-Sauve-Majeur 226
Ladenburg 25, 90, 91, 98
Lagrasse 173
Lahn 96, 97, 103, 114
Lahnstein 89, 95, 97, 114
Lahntal 14, 16, 27, 88, 104
Laître-sous-Amance 80
Lamniana 43
Landau 91
Landeck siehe Klingenmünster
Landsberg (Burg) 56
Landshut 29, 63, 134, 135, 141
Landskron 116, 117, 120, 160
Langenau 88, 131
Langenselbold 88, 91
Langerwehe 21, 119, 120, 139, 140
Langheim 197
Laon 169
Laubach 125, 126, 149
Lauf 241
Lausanne 31
Lauterburg/Lauterbourg 132
Layrac 167, 226, 233
Leeuwarden 177
Lehnin 137
Leicester 191
Leipheim 131, 141
Leitmeritz/Litoměřice 197
Lemberg 145, 159
Les Châtelliers 73, 74, 75, 82, 83, 169, 170, 197, 204
Leustadt 124
Libšteijn 200
Lichères 54
Liebenstein, (Burg) 97
Liechtenstein, (Burg) 70
Lieu-Dieu 73, 75, 171, 172
Ligugé 82, 169, 197
Ligurien 166
Lilienfeld 17, 30, 73, 85, 134, 144, 153, 217, 218, 220
Lilleshall 183, 189
Lillöhus 196
Limburg/Hardt 16, 25, 26, 88, 90, 98, 100, 102, 110, 160, 222
Limoges 167
Lingfield 183
Lisieux 169, 174
Lisle-en-Barrois 73, 75, 82
Little Brickhill 185
Little Coggeshall 183
Loccum 36, 84
Lörzweiler 89, 97, 107, 142
Löwen/Louvain 152, 175
Løgumkloster 137, 192
Lohn 17, 117, 119
Lombardei, lombardisch 70
Lond 201
London 49, 176, 177, 183, 184, 185, 189
London (Westminster) 187, 189
Long Crendon 189, 222

Longues 170
Lorch 89, 97, 121
Lorsch 16, 17, 25, 28, 46, 52, 70, 84, 88, 89, 90, 92, 97, 98, 122, 127, 158
Lothringen, lothringisch 35, 55, 78, 90, 129
Lucca 164
Luçon 45
Ludwigsburg 89
Lübeck 13, 24, 37, 192, 220
Lüne 230, 231
Lüneburg 13, 20, 34, 35, 49, 158, 192, 207, 232
Lüttich/Liège 35, 152, 176
Lützel/Lucelle 31, 35, 76, 77, 78
Lützelburg/Lutzelbourg 147
Lützelstein/La Petite-Pierre 55
Lund 196
Lyon 167, 175, 227, 228
Lys,Notre-Dame du 73, 75, 169
Lyse 195

M
Madeln 147
Mähren 196
Magdeburg 19, 52, 88, 99, 137
Magleby 193
Mailand 52, 93
Mainfranken 81
Mainz 13, 15, 22, 23, 25, 29, 30, 68, 71, 85, 88, 89, 90, 91, 92, 94, 97, 98, 99, 100, 101, 106, 107, 109, 110, 113, 129, 121, 122, 123, 125, 138, 139, 141, 146, 149, 156, 158, 159, 216, 222, 229
Maisdon 45
Malaga 163
Malvern 189
Manises 165
Mannheim 38
Mantua 166
Marbach 237
Marburg 13, 25, 37, 88, 90, 91, 95, 123, 124, 141, 159, 235, 241
Maria Lach 96
Mariaberg 157
Mariana 227
Mariendaal 179
Marienfeld 84
Mariengaarde 178, 179, 237, 239
Marienhausen 84, 120, 121
Marienstatt 84, 94, 109, 115, 121, 234, 235
Mariental 84
Mark 35, 193
Marktbreit 96, 203
Marseille 228
Marslet 194
Maubuisson 73, 75, 169
Mauchenheim 84
Maulbronn 84, 89, 90, 91, 132, 133, 134, 137, 157
Mayen 120
Meaux 182, 186, 189
Medinet Habu 39, 40
Meerholz 91
Mellifont 191
Mellrichstadt 217
Melrose 186
Memmingen 63, 88, 112
Mengen 157
Mergelstetten 131
Mergentheim 133
Merseburg 224
Merten 116
Metz 35, 217, 223, 226
Midlands 189
Miltenberg 125
Minden 13, 36, 52, 88, 98, 99, 136, 177, 179, 195
Mirepoix 225
Mittelmeergebiet 197
Mittelrhein 10, 14, 16, 23, 85, 92, 104, 184, 189, 195, 240
Mitterfischen 16, 28
Moers-Repelen 89, 120
Mogila 201, 202
Moissac 173
Molay 171, 174
Monreal 94, 107, 115, 120
Montabaur 115
Monte Amiata 166
Montecassino 49
Montfort 97
Montgaroult 46
Montheron 77
Montot 96
Montpellier 173
Montsorrel (Burg) 191
Moosburg 135
Mores 73, 75
Morimond 70, 73, 75, 76, 78, 85
Morley 189
Mortemer 73, 75,82, 197, 204
Mosel 96, 114, 120
Moskau 203
Motya 47
Mousson 80
München 29, 61, 62, 63, 135
Münsingen 133
Münster 92
Münzenberg 94, 159
Murano 49
Murrhardt 133
Musberg 132

N
Naestved 193
Nahe 96, 97, 141
Namur 176
Nancy 148
Nantes 45
Narbonne 173
Narli Kuyu 224
Nassau (Burg) 89, 97
Natanze 41
Nattheim 203
Neapel 165, 166
Něčin 196
Neckar 29, 98, 132
Nellingen 133
Nennig 45
Nepomuk 137, 197
Nesle-la-Reposte 174
Neu-Leiningen 98, 123
Neubolanden 94, 98, 106
Neuburg/Neubourg 77, 93, 97
Neuenheerse 17, 88, 136
Neuenheim 90
Neuenkamp 13, 37, 84, 223
Neuerburg 94, 116
Neufchâtel 169
Neufchâtel-en-Bray 191
Neufra 157, 158
Neukirchen 146
Neukloster 235, 236
Neuss 52, 88
Neustift 29, 69-70, 88, 134, 142, 151, 199, 205, 207, 217, 221, 223
Neuweiler/Neuwiller-lès-Saverne 66
Nevers 167
Newbattle 186
Nidda 96, 98
Nideck, (Burg) 50
Niedenstein 127
Nieder-Wöllstadt 88, 91, 125
Niederhessen 86, 127, 140
Niederhilbersheim 238
Niederhummel 61, 70
Niederhöchstadt 126
Niederlahnstein 17, 68, 89, 154
Niedernhall 132
Niederrhein 120, 160, 184
Niedersachsen 36, 232, 234
Niederweisel 88, 159
Niederzier 117, 119
Nienburg 51
Nierstein 89
Nijenkloster 178, 179
Nördlingen 134
Noirlac 234
Nordafrika 43, 49
Norddeutschland 9, 13, 32, 158, 161, 210
Nordfrankreich 163
Nordhessen 127, 139
Nordschweiz 9, 56, 147, 161
Nordseeküste 37, 98
Normandie 169, 174, 187, 188
North Berwick 185, 190, 191, 203
North Devon 191
North Grange, Meaux 18, 19, 185
Northallerton 187
Northbanks 189
Northeim 136
Norton Priory, Runcorn 183, 184
Norwegen 99, 161, 195
Notley 189, 222
Notre-Dame du Gard 73
Nouaillé 169
Nürnberg 10, 20, 88, 127, 134, 135, 140, 141, 157
Nürtingen 133

O
Obazine 73, 76, 234, 235, 236, 238
Ober-Ingelheim 89, 92, 94, 97, 103, 216
Ober-Mörlen siehe Hasselhecker Hof
Ober-Roden 13, 22, 122, 127
Oberfell 97
Oberflörsheim 90

Oberhaugstett 157
Oberhessen 86, 127, 224
Oberhomburg/Hombourg-Haut 95, 101, 102, 123, 127
Oberhöchstadt 126
Oberitalien 193, 199
Oberkirch 92, 142
Obernzell 134
Oberpleis 116
Oberrhein, oberrheinisch 23, 54, 56, 200, 232
Oberschwaben 29
Obersteigen 88
Oberursel 13, 22, 30, 68, 89, 91, 97, 125, 126
Oberwalluf 97
Oberwesel 89, 97
Obra 201
Ochsenhausen 88, 89, 132
Odenwald 96, 98
Odilienberg/Mont Sainte-Odile 20, 55, 56, 93, 128
Odilienberg (Niedermünster) 56
Österreich 9, 49, 98, 134, 135, 144, 161, 199, 205
Offenhausen 88, 133
Oldenburg 10
Old Warden 183, 184, 186
Olten 30
Olynth 47
Ømkloster 192, 193
Orbais 235
Orléans 167
Orléansville 225
Orlik 138, 200
Ortenau 129
Ortenberg 124
Oslo 195
Osnabrück 99, 107, 136, 138, 195, 217
Ostdeutschland 9, 161
Osterspai 89, 97
Ostrov 64, 196, 197, 199, 205
Otranto 48, 216, 217, 227
Otterberg 81, 84, 90, 236
Ourscamp 76
Oxford 189

P
Păbenic, (Burg) 200
Paderborn 52, 58
Paffrath 15, 17, 18, 115, 116
Pairis 93
Palermo 49
Paraclet-de-Champs 55, 76, 82, 170
Paradies siehe Mauchenheim
Paray-le-Monial 53, 54
Paris 170, 174
Paris (Saint-Germain-des-Près) 169, 189
Passau 127
Patershausen 123, 125
Pavia 220
Pella 47
Pelplin 137
Penn 189
Persien 41
Peterspay 85, 89, 97, 109
Pfaffen-Schwabenheim 27, 88, 90, 94, 104, 108, 109, 113
Pfaffmünster 135
Pfalz 9, 14, 16, 23, 51, 123
Pforte 84, 235, 236
Pforzheim 25, 28, 100, 110, 123, 125, 132
Pfrimm 95, 98
Pfullingen 88
Pfungstadt 28, 29, 126, 155
Piacenza 217
Piekary 202
Pieve Terzagni 227
Pildenau 61
Pilis 21, 194, 196, 204, 205
Pilsen/Plzeň 200
Pingsdorf 17, 96, 116, 119
Pipewell 183, 189
Pirmasens 91, 100, 123
Pisa 163
Pisek 196, 200
Plass/Plasy 74, 75, 84, 197
Plochingen 132, 133, 151
Poitiers 167, 173, 217
Poitou 187
Polen, polnisch 72, 161, 200–203
Polesworth 186
Pomposa 49, 199, 233
Pontigny 73, 76, 78, 80, 82, 169, 179, 234
Portugal 10, 161, 163
Praestø 194
Prag 26, 64, 65, 146, 180, 196, 197, 198, 199, 205
Pré d'Auge 170, 174
Prebrunn 135, 140
Précy-le-Sec 169
Prémontré 170
Pyrmont 27, 108, 120

Q
Quedlinburg 219

R
Raab 205
Raeren 113, 115, 118, 119, 140, 145, 160
Rakka 41
Rakovnik 196
Ramberg 38
Randeck 27, 108, 159
Rathsamhausen 147
Rauschenberg 159
Ravengiersburg 27, 85, 88, 90, 94, 108, 115, 123
Ravenna 52, 99, 217, 227, 228
Ravensburg 131, 141
Rayen 160
Redditch 185
Regensburg 59–61, 134, 219, 224, 230
Reggio Emilia 217
Reggio di Calabria 49
Reichenau 129, 157
Reicherdsroth 88, 152
Reifenberg 126
Reifferscheid 117
Reims 35, 167, 168
Rein 76, 111, 112, 236, 237
Reinfeld 137
Reipoltskirchen 29, 159
Rems, Remstal 133
Remshalden-Buoch 133
Remshalden-Grunbach 113
Repton 185
Restigné 46
Reutlingen 22, 25, 89, 92, 131, 157
Reutti 131
Revesby 186
Rezé-les-Nantes 45
Rhein 90, 96, 97, 98, 103, 114, 122, 161
Rheingau 14, 85, 88, 120, 121
Rheingrafenstein (Burg) 97
Rheinhessen 15, 27, 29, 123
Rheinland, rheinisch 10, 22, 97, 100, 124, 139, 160, 177, 178, 189, 196, 203, 207, 223
Rheinstein (Burg) 97
Rheurdt 160
Ribe 96, 192
Riddaghausen 99
Rieding/Réding 129
Rievaulx 182, 184, 186
Rijnsburg 28, 30, 88, 97, 177
Ringsted 192, 193, 194, 195
Ripoll 227
Roanne 175
Rochester 186, 187
Rodheim v. d. Höhe 126, 159
Rohrberg (Burg) 147
Rokštyn (Burg) 196
Rom 49, 52, 58, 99, 124, 165, 166
Rommersdorf 19, 30, 88, 94, 105, 106, 113, 114, 115, 116, 149, 153, 177, 178
Romont 236
Romsey 187
Rosenthal 90, 91, 98, 123
Rostock 20, 137, 158, 192
Rothenburg o. d. Tauber 13, 37, 88, 135, 141
Rouen 75, 168, 220
Royaumont 76, 169
Rüdesheim 89, 94, 96, 97, 121
Rüdesheim-Eibingen 88, 89, 121
Rüdigheim 91
Rufach/Rouffach 237
Rußland 203
Rye 185

S
Saalburg 48
Saarburg/Sarrebourg 88, 129, 145, 151, 152, 200, 218
Saarland 120
Saaz/Źatek 197
Sachsen 197
Saint-Aignan-sur-Cher 216
Saint-Bénoit-sur-Loire 167
Saint-Denis 56, 58, 81, 169
Saint-Dié 55, 217
Saint-Fiacre 45
Saint-Gilles 216
Saint-Jean de-Nehou 174
Saint-Jean-de-Losne 96
Saint-Loup-de-Naud 217
Saint-Maur-de Glanfeuil 170

Saint-Omer 56, 168, 176, 183
Saint-Paul-Trois-Châteaux 167
Saint-Pierre-sur-Dives 55, 170
Saint-Quentin 167, 168, 204
Saint-Quentin-la-Poterie 173
Saint-Sever-sur-l'Adour 233
Saintonge 195
Salem 90, 92
Salisbury 187
Salzach 64
Salzburg 63
San Cassiano di Controne 200
San Gimignano 166
San Giulio im Ortasee 216
Sandhausen 86, 90
Sandomir/Sandomierz 201, 202
Santa Maria d'Alao 163
Santes Creus 236
Sassau/Sázava 64, 197, 199, 205
Savaria/Steinamanger 224
Savigny 187
Savona 166
Sawley 187
Sayn 88, 94, 115, 242
Schaephuysen 160
Schaffhausen 61–62, 88, 212
Scharnebeck 220
Schauenburg (Oberkirch) 147
Schauenburg 86, 90, 146
Schelde 177
Schlettstadt/Seléstat 13, 19, 22, 31, 54, 55, 61, 66, 88, 93, 110, 129, 192, 204, 216
Schlössel (Turmburg) 238
Schmidtburg 160
Schnaitheim 131
Schöllkrippen 225
Schönau 84, 85, 86, 90, 92, 125, 137, 153
Schonen/Skane 99, 196
Schorndorf 133
Schottland 181
Schulpforta siehe Pforte
Schussenried 88, 103, 134
Schuttern 51, 88, 157
Schwabenheim 89
Schwarzenbroich 119
Schwarzwald 147
Schweden 195–196
Schweiz 9, 49, 193
Seedorf 241
Seeland 97
Seine 174
Seligenstadt 17, 18, 88, 107, 125, 159
Seligenthal 116
Selz/Seltz 25, 28, 93, 102, 217
Sens 54
Sesenheim/Sessenheim 93, 102, 123
Seulberg 126
Sevelen 160
Severn 96, 189
Sevilla 162, 163
Sezzé 227
Shrewsbury 189
Siegburg 15, 35, 113, 114, 115, 116, 125, 145, 160, 212
Siena 165
Sieradz 201
Sindelfingen 133
Sindorf 118
Sinsheim 88
Sitten 230
Sizilien 49
Skovkloster siehe Herlufsholm
Sneslev 193, 195
Sorde 167, 227, 228, 233
Sorø 192, 196
Soštyn (Burg) 196
Southampton 96
Spanien, spanisch 10, 52, 161–163, 164, 165, 172, 173, 210, 214
Speicher 120
Spesburg/Spesbourg 56
Speyer 14, 15, 22, 23, 25, 26, 27, 28, 38, 51, 70, 71, 88, 89, 90, 91, 92, 95, 96, 98, 99, 100, 101, 102, 103, 104, 110, 122, 125, 129, 132, 139, 141, 146, 152, 156, 158, 216, 220, 223, 233
Speyerbach 96, 98
Split 229
Sponheim 27, 88, 94, 108, 109, 113, 123, 149, 153, 156, 160
Sprendlingen 97, 113, 123
Stahleck siehe Bacharach
St. Albans 183, 186, 190
St. Georgen 88
St. Goar 97
St. Jörgenberg/Inn 32
St. Peter bei Moosburg 228, 229, 230
St. Peter im Holz siehe Teurnia
St. Tönisberg 160
St. Urban 9, 13, 16, 30, 31, 32, 54, 56, 73, 85, 86, 130, 145, 146, 190, 191, 192, 193, 199, 203, 217, 218, 221, 229, 241
Stamford 195
Stams 85, 191
Stans 147
Starkenburg 27, 94, 97, 108, 120
Stein a. Rh. 88, 130, 149, 157
Stein a. d. D. 29, 70, 135, 147, 151, 200, 216, 222
Steinau 124, 139
Steinbach 13, 19, 22, 30, 47, 68, 70, 71, 155
Steinfeld 178
Steingaden 21, 37, 88
Steinheim 131
Sterrenberg (Burg) 97
Stolzenberg (Burg) 97, 159
Straubing 13, 26, 30, 73, 134, 135, 219
Straßberg 28, 31, 54, 56
Straßburg/Strasbourg 10, 15, 23, 55, 56, 92, 97, 99, 102, 103, 107, 123, 128, 129, 138, 139, 141, 216, 232
Strzelno 201, 202
Strümpfelbach 133
Stuttgart 10, 91, 132, 133, 140, 143, 144, 157
Stürzelbronn 77
Südböhmen 196, 199
Süddeutschland, süddeutsch 9, 22, 23, 70, 127, 131, 140, 144, 148, 151, 152, 157, 160, 161, 200, 210
Südengland 181, 187
Südfrankreich 164, 167, 172
Südholland 161, 177
Südseeland 193
Sulpach 132, 133
Sulz unterm Wald/Soultz-sous-Forêts 157
Sundgau 129
Sus/Sousse 46
Susa 41, 44
Suscinio 175
Susteren 52
Suzdal 203

T
Tabǵa 235
Talavera 163
Tannenberg 95, 146
Taparura 43
Tarragona 163
Le Tart 76
Tauchenweiler 132
Taunus 88, 127
Tell-Halaf 39, 42
Tell-el-Amarna 39
Termonde 176
Teurnia 49, 227, 229
Teutleben 42, 84
Themse 96
Thérouanne 168, 176
Thorn/Toruń 202
Thornbury 191
Thornton 186, 187
Le Thoronet 76
Thron 84, 91, 123
Thurnau 134
Thür 120
Tintern Minor 191
Tirol 147
Titchfield 187
Titz-Spiel 225
Toledo 163
Tonnere 169
Tonsberg 195
Toskana 166
Toucy 170
Toulouse 173, 225
Tournai 176
Tournus 167
Tours 58, 167
Tramin 216
Treffelhausen 131, 132
Trent 96
Trient 92, 166
Trier 52, 97, 98, 99, 120, 137, 144, 156
Trifels 93
Tring 183, 209
Trois-Fontaines 76
Trondheim 195
Troyes 54
Trzemeszno 201
Tschaslau/Časlav 200
Tschechoslowakei 113, 196–200
Türnich 117, 160
Tyniec 200, 201, 203
Tystrup 193

U
Uggelose 193
Ukraine 203
Ulm 13, 15, 23, 25, 28, 29, 38, 58, 59, 61, 88, 90, 103, 127, 130, 131, 132, 141, 143, 157, 216
Ulm-Söflingen 25, 28, 88, 90, 101, 103, 130, 131, 137
Ulsnis 96
Ulverscroft 191
Umbrien 166
Ungarn 25, 72, 98, 110, 113, 161, 203–206
Untergröningen 132
Untermutschelbach 160
Unterregenbach 132
Urach 133
Urbar 16, 17, 19, 114, 115, 120
Ursberg 70
Urspring 88
Utrecht 36, 99, 179, 180, 181

V
Vale Royal 183
Valencia 163, 165
Vallendar 16, 114, 115, 120
Vaucelles 76, 204
Vauclair 76, 174
Vauluisant 76
Vaux de Cernay, Les 76
Velehrad 74, 197
Venedig 48, 49, 165, 227, 228, 230, 233
Verdun 174
Verona 228
Vertou 45
Vézelay 167, 218, 226
Vic 163
Vienne 226
Villeneuve-le-Roi 174
Villingen 13, 26, 69, 132, 141, 143, 145, 148
Vimoutiers 171, 172
Visby 196
Visegrád 206
Viterbo 165
Vivoin 56, 170
Vogesen 147
Volokolamsk 203

W
Wąchok 200, 201
Wadgassen 90
Waiblingen 133
Wain 132
Walberberg 84, 116, 117
Walderbach 137, 237
Wales 181
Walkenried 82, 84, 137, 197, 236
Wallingford Castle 189
Wartburg 103, 230
Wartenberg 221
Wassenberg 118
Waverley 191
Weihenstephan 61, 70
Weil 133
Weiler 134
Weiler-Bettnach/Villers-Bettnach 55, 66, 92
Weilheim (Limburg) 131, 133
Weingarten 26, 88, 131
Weinheim 53, 70, 97, 98, 101
Weißenburg/Bay. 134
Weißenburg/Wissembourg 88, 102, 217
Wenau 88, 119
Wendlingen-Unterboihingen 133
Werra 98
Wertheim 141
Weschnitz 96, 97
Weser 98
Wessex 189
Westerwald 26, 115
Westfalen 36, 99, 136, 209, 232
Westschweiz 9, 31, 54, 157, 161
Wetter 97, 122
Wetterau 86, 127
Wettingen 146
Wetzlar 89, 91, 94, 97, 123, 240, 241
Weyerstein siehe Saarburg
Whitham 183
Whitland 190
Wielandstein 147
Wien 98, 135, 138, 139, 141, 205
Wienhausen 84, 99
Wiesbaden 14, 89, 97, 121
Wiesbaden-Klarenthal 88, 97, 121
Wildenberg (Burg) 69
Wilgartswiesen 91
Wilten 88
Winchester 186, 187
Windsor 187
Winneburg 114, 115, 120
Wintherthur 147
Wiślica 51
Wörschweiler 13, 19, 22, 26, 28, 30, 55, 66, 67, 68, 80, 81, 84, 89, 120, 153, 154, 179, 199, 219, 235, 236, 238
Wolfsburg 99
Wongrowitz 201
Worms 10, 14, 15, 17, 18, 22, 23, 25, 27, 28, 29, 30, 38, 52, 53, 70, 71, 73, 76, 88, 89, 90, 91, 92, 94, 95, 97, 98, 99, 100, 101, 103, 104, 107, 109, 110, 113, 122, 125, 127, 128, 139, 141, 146, 151, 155, 156, 158, 178, 216, 220, 221, 222
Württemberg 22, 23, 29, 51, 85, 132, 134, 140, 141, 157
Würzburg 48, 135, 224
Wyl 143

X
Xanten 51, 52, 85, 97, 120, 155

Y
York 96, 186, 187
Yorkshire 195
Ystadt 196

Z
Zabern/Saverne 55
Zagorsk 203
Zang 131
Zillis 220
Zinna 84, 137
Zofingen 30
Zürich 146, 147, 217, 239, 241
Zvirotice 196
Zwettl 84, 85, 221, 224
Zwiefalten 88, 89, 91, 92, 103, 131, 134
Zwingenberg/Zvikov 28

Sach- und Personenregister

Abdruck
- Holzmaserung 16, 17, 26
- Hundetatzen 16
- Leinentuch 16
- Rückseite 16, 17, 26
Abstandsplättchen 16, 18, 117
Analyse, chemische- 21, 22, 98
Antoniter 88
Augustiner-Chorherren 88, 136, 137
Aushöhlungen (keys) 17, 171, 184
Austausch von Modeln 68, 69, 103, 122
bacini 163, 164
Backsteine 96, 97, 116, 122, 137, 194
- geritzt 25
- gestempelt 32
Bauplastik 219, 220, 226, 227
Benediktiner 88, 178, 187, 192
Besteller 174, 176, 189

Bildmotive:
- Adam und Eva 22, 45, 86, 148, 183
- Adler 35, 38, 43, 45, 70, 76, 144, 146, 147, 153, 154, 175, 176, 179, 196, 200, 204, 209, 210, 219, 221, 229, 230, 232
- Allegorische Darstellung 166, 177
- Antike Sagen 146
- Apostel/Heilige 73, 146, 171
- Architekturmotive 170, 180, 188, 189
- Astroide 26, 73, 74
- Basilisk 215, 222, 227
- Baum/Lebensbaum 68, 223
- Bettler 56, 225, 226
- Biblische Szenen,
- - Altes Testament 45, 46, 48, 51, 146, 168, 199
- - Neues Testament 45, 48, 61, 62, 146, 170, 183, 220
- Bischof 73, 170, 171, 181, 189, 190
- Blattmuster 35, 75, 76, 151, 153, 158, 160, 165, 177, 191, 193, 195, 196, 200, 201, 210, 212, 223, 236
- Blütenmuster 35, 37, 42, 45, 73, 74, 76, 151, 153, 158. 159. 160, 165, 166, 168, 169, 170, 173, 177, 179, 193, 195, 196, 200, 201, 206, 210, 214, 223, 236
- Burg 76, 166, 169, 170
- Bär 86, 222
- Christuskopf 178
- Christussymbol 218, 219, 220, 221, 223
- Doppeladler 42, 60, 61, 66, 74, 170, 179, 219, 230, 232
- Drache 35, 36, 37, 51, 54, 55. 57, 60, 61, 69, 73, 74, 75, 76, 86, 100, 146, 169, 179, 183, 196,204, 209, 212, 215, 216, 219, 220, 221, 223, 224, 229, 230, 232, 233
- Dämonen 171, 215, 218, 222
- Eichblattmuster 29, 123, 146, 153, 170, 189, 210, 212, 236
- Eichhörnchen 189
- Einhorn 30, 86, 134, 144, 220, 221, 222, 227, 229, 232
- Elefant 31, 69, 70, 143, 178, 220, 227, 229, 230, 232
- Engel 146, 170, 172
- Evangelistenymbol 32, 73
- Fabeltiere 42, 48, 56, 69, 74, 75, 86, 146, 153, 170, 176, 178, 188, 189, 190, 195, 196, 197, 198, 199, 200, 203, 218, 220, 227, 229, 232
- Fabelwesen 36, 55, 73, 151, 164, 168, 171, 200, 215, 216, 218, 227
- Falkner/Jäger 36, 180, 222
- Fisch 54, 75, 86, 220
- Flechtbandmuster 48, 60, 74, 75, 77, 78, 86, 146, 151, 160, 192, 200, 201, 227, 229
- Freie Künste 168
- Früchte 177
- Fuchs 222
- Gaukler/Narren 175, 195, 242
- Geometrische Muster 48, 74, 168, 170, 173, 176,178, 179, 193, 195, 196
- Gotteslamm 73, 143, 190, 195, 209, 220
- Greif 25, 30, 55, 58, 59, 60, 61, 64, 147, 170, 180, 198, 199, 201, 203, 218, 227, 229, 232
- Hahn 69, 159, 220, 232
- Hase 22, 35, 45, 57, 143, 189, 229, 232
- Heraldische Lilien 28, 54, 59, 73, 74, 75, 76, 86, 106, 107, 153, 178, 179, 180, 183, 189, 190, 192, 193, 197, 212
- Heraldische Motive 93, 165, 191, 206, 218, 219,221, 223
- Hexagramm 36, 224
- Hirsch 30, 32, 43, 68, 69, 101, 144, 151, 176, 179,180, 192, 193, 200, 210, 216, 219, 227, 229, 232
- Höfische Szenen 176
- Hund 25, 42, 45, 56, 151, 222, 229, 232
- Hundsmensch siehe Kynokephalus
- Jagddarstellung 51, 74, 75, 91, 93, 95, 151, 189,200, 201, 219, 222, 229, 232, 242
- Jäger siehe Falkner
- Kentaur 26, 31, 36, 55, 56, 86, 147, 200, 201, 204, 215, 216, 217, 222, 227, 232, 233, 242
- König/Königin 146, 171, 189, 190, 195, 225
- Köpfe/Köpfe auf Füßen 164, 176, 179, 200
- Krebs 210, 226, 232
- Kreise/Sonnen 160, 165, 188
- Kreuze 45, 54, 74, 75, 76, 120, 186, 192, 193, 203, 205, 210, 212
- Kynokephalus 217, 218
- Labyrinth 224, 225
- Lamm 43, 75, 153,
- Leopard 151, 218, 227
- Lilie 35, 169, 175, 179, 192, 196, 223, 236
- Lilienkeuz 26, 108, 241, 242
- Löwe 30, 32, 35, 37, 42, 43, 45, 58, 59, 64, 68,69, 70, 73, 86, 143, 144, 146, 151, 153, 154, 165, 170, 175, 176, 179, 180, 183, 189, 192, 193, 199, 200, 201, 203, 205, 206, 210, 215, 216,218, 219, 220, 221, 224, 227, 229, 230, 232
- Maßwerkmuster 28, 37, 123, 129, 210, 238
- Mischwesen 220, 223, 233
- Monatsarbeiten 168, 227
- Mönch 170, 172, 176, 179
- Nero 26, 197, 198, 199
- Palmetten 73, 76, 77, 80, 168, 179, 192, 193, 242
- Pelikan 73, 144, 218, 220, 221, 229, 230, 232
- Pentagramm 200, 224
- Personen 51, 54, 73, 74, 151, 165, 166, 170, 171,175, 177, 179, 188, 201, 227
- Pfau 43
- Pferd 54, 69
- Porträtbüsten 165, 166, 177
- Ranke/Rankenband 26, 37, 45, 51, 54, 63, 73, 75, 76, 80, 169, 173, 179, 180, 188, 189, 191, 199, 203, 210, 212
- Raute 25, 192
- Rebe/Weinlaub 75, 76, 80, 153, 223
- Reiter/Ritter 25, 26, 36, 73, 74, 101, 151, 153,159, 168, 171, 180, 181, 183, 196, 205, 216, 227,232, 242
- Rind 43
- Rose/Rosetten 74, 75, 86, 129, 153, 169, 175, 176, 179, 189, 192, 210, 212, 223, 236
- Sakrale Themen 48, 73, 146, 170, 189, 209, 210,215, 220
- Salomonsknoten 224, 228
- Samson 209, 225, 242
- Schlange 215, 219, 220, 221, 223
- Schlangengreif 147, 221
- Schmetterling 147, 221
- Schrift 35, 42, 74, 142, 170, 175, 176, 177, 187,189, 195, 196, 199, 200
- Sieben Weise 51
- Sirene/Triton 74, 86, 147, 215, 217, 227, 229, 232
- Skorpion 222
- Sphinx 171, 197, 198, 199, 217
- Spitzoval 63, 75, 76, 160
- St.Georg 196, 204
- St.Michael, Drachentöter 32, 73, 225
- Steinbock/Bock 42, 43, 45, 69, 229, 232
- Sterne 37, 42, 45, 58, 73, 75, 76, 77, 179, 196,200, 201, 204, 212. 214, 227
- Tanzende 75, 171, 226

– Taube 220, 223
– Teufelsfigur 218, 223
– Thron Salomons 29, 55, 56, 214
– Tiere 42, 48, 51, 73, 151, 170, 189, 195, 196, 199,200, 203
– Tiere, adossierte 55, 56, 231
– Tiere, antithetische 178, 224, 231
– Tierfabel 86, 196, 222, 227
– Tierkreiszeichen 56, 168, 197, 209, 216, 227
– Tristan 187
– Tugenden 51
– Vierblatt 207, 209, 212
– Vierpaß 176, 209, 210, 212
– Vierstern 26, 207, 212
– Viertelskreis 73, 76
– Vogel 36, 55, 56, 69, 73, 76, 151, 177, 229, 230, 232
– Waffen 195
– Wappen 26, 29, 54, 70, 74, 75, 117, 133, 152, 160, 165, 166, 170, 174, 179, 188, 189, 200, 239
Binnenzeichnung 27, 28
Blankverglasung 73, 201, 233
Brand
– Glasur- 20, 22, 184, 194
– Schrüh- 20, 161, 184, 194
Brandführung 15, 23, 66, 131
Brandtemperatur 18, 19, 20, 22, 66, 68, 155
Brennmaterial 18, 113, 117, 120, 139
Buchmalerei 219, 225, 233
Burgen/Schlösser 83, 93, 94, 124, 138, 152, 158, 160, 175, 184, 196
Burgkapellen 56, 94, 95, 152
Dachziegel 15, 57, 86, 131, 137, 160
Damenstift 88
Deckenfliesen 161
Deckenmalerei 154
Deutschordenskommende 88, 90, 133
Diagonalteilung 23, 151
Dominikaner 88
Druckstock 32
Ecklösungen 25, 117, 119, 146
Engobe 14, 15, 20, 21, 27, 34, 35, 37, 74, 86, 206
Estrich 47, 49, 195
– Gips- 49-51
– Kalkmörtel- 29, 49, 50, 65, 155
– Lehm- 29
Estrichgießer 139
Estrichleger 100
Fehlbrand
– grube/-halde 91, 114, 116, 117, 119, 120, 121, 123, 125, 126, 127, 128, 129, 130, 131, 133, 134, 135, 145, 194
Fehlprägung 17, 26
Feierabendziegel 25
Fliesen
– achteckig 23, 42, 55, 176, 177
– bemalt 13, 38, 163, 183
– dreieckig 55, 65, 100, 101, 197
– engobegeprägt 32, 34, 36, 53, 179, 184, 185, 189, 196
– Fayence/Majolika-37, 43, 74, 161, 163, 164, 166, 173, 175, 177, 183, 203
– glatt (ungemustert) 19, 36, 52, 75, 85, 104, 108, 115, 116, 130, 135, 137, 155, 212
– inkrustiert 13, 27, 28, 32-37, 53, 54, 74, 75, 84, 86, 161, 169, 171, 175, 176, 178, 181, 184, 186, 187, 189, 192, 193, 195, 196, 210, 203, 205, 207, 212
– mit Jahreszahl 120, 166, 189
– mit Trennlinie 22, 23, 36, 55, 68, 70, 73, 75, 82, 85, 86, 169, 175, 180, 182, 196
– Rautenform 22, 23, 28, 55, 66, 75, 100, 101, 162, 192
– Relief- 13, 20, 27-29, 35, 36, 41, 42, 53, 54, 70, 74, 75, 86, 117, 129, 132, 161, 162, 163, 166, 175, 178, 183, 184, 185, 186, 189, 190, 192, 196, 197, 200, 201, 203
– römisch 47
– sechseckig 23, 64, 196, 197, 199, 205, 206
– Steinzeug- 19
– Stempel- 13, 30-32, 54, 75, 76, 103, 127, 175, 186, 196, 200
– vertiefte Prägung 13, 23-17, 54, 74, 75, 76, 77, 84, 85, 161, 166, 176, 178, 183, 189, 190, 191, 194, 196, 201, 206
– verworfene 76, 117, 127, 185, 193, 194, 206
– von Hand geritzt 25, 71, 73, 74, 75, 77, 120, 159, 166, 170, 175, 183
Fliesenanordnung 14, 106, 149-151, 170, 182
Fliesenböden
– auf Gemälden 207-210
– auf Grabmal 212
– auf Ofenplatten 212
– auf Schnellen 212
– auf Wandteppichen 212
– in der Buchmalerei 208
– in der Graphik 207-210
Fliesenexport 124, 159, 176, 194
Fliesenformen 51, 130
Fliesengröße 22, 23, 66, 68, 73, 117, 160, 175
Fliesenhandel 30, 85
Fliesenimport 36, 120, 122, 183, 191
Fliesenkopien 19. Jh. 19, 36, 89, 181
Fliesenleger 161, 169, 170, 185
Fliesenmosaik 130, 182, 212
– inkrustiert 74, 75, 182, 184, 185
– vertiefte Prägung 23, 101, 182, 189
Fliesenpreise 166, 174, 183, 189
Fliesenrechnungen 179
Fliesenrosette 22, 23, 27, 36, 55, 68, 70, 73, 75, 82, 85, 86, 97, 100, 101, 103, 104, 105, 106, 108, 116, 123, 124, 138, 151, 169, 170, 186, 197
Fliesenstempel 13, 16, 30, 31, 32, 36, 68, 69, 119, 127, 192, 200
Fliesentöpfer 19, 103, 120, 121, 122, 123, 124, 125, 126, 127, 128, 129, 130, 131, 134, 135, 139, 140, 142. 148, 160, 166, 173
Formmodel 23, 27, 145
Formschneider 24, 69, 127, 146
Formstein 70, 130, 137, 194
Franziskaner 88
Glasur 14, 19, 20, 21, 22, 37, 39, 41, 54, 68, 80, 82, 105, 114, 115, 117, 184, 194, 117, 119, 129, 146, 152, 157, 158, 160, 161, 162, 166, 168, 169, 171, 175, 182, 183, 184, 186, 191, 193, 197, 199, 201, 203, 204, 205
– Blei- 19, 20, 21, 34, 42, 123, 128, 163, 165, 192, 197, 201, 203, 205
– Lehm- 21
– Lüster- 41
– mehrfarbige 20, 130, 135, 157, 158, 161, 185, 194
– Rückseite, auf der 20
– Salz- 21, 120, 140
– Zinn- 21, 39, 42, 74, 75, 107, 176, 179, 180, 206
Grabplatten 30, 75, 167, 169, 170, 171, 173, 183, 195
Grisaillefenster 201
Grün-purpurne Familie 164, 172, 176, 179
Hafnerzunft siehe Töpferzunft
Inkrustierung
– mit Blei 168
– Mörtel- 34, 35, 36, 49
– Stein- 32, 73, 168, 182, 195
– Ton- 35
– Vertiefungen, der-26, 27, 28
Inschriften 35, 74, 142, 187, 189
Intarsienböden 49, 73
Johanniter 37, 88, 91, 136, 152
Kacheltöpfer 148
Kammuster 47, 157
Kanten
– glasiert 20, 22, 26
– unterschnitten 16, 17, 27, 64, 184
Kapitellornamentik 233
Kartäuser 88
Klarissinen 88
Klosterhöfe 89-92
Klosterwerkstätten 66, 75, 97, 123, 132, 134, 137, 138, 205
Klosterziegelei 36, 70, 73. 134, 137
Kosmatenböden 48, 49, 161
Kreisrosette siehe Fliesenrosette
Lederhärte 16, 21
Magerung 13, 16, 21
– mit Sand 13, 14, 16, 64, 192
– mit Schamotte 13, 14
– mit Trachyt 16
Manessehandschrift 233
Marmorplatten 42, 207
Metallstempel 24, 183
Model 16, 26, 29, 30, 56, 64, 66, 86, 89, 100, 103, 108, 109, 127, 129, 131, 132, 134, 138, 142, 143, 144, 155, 162, 179, 185, 186, 196, 205, 296
– Holz- 21, 24, 25, 28, 31, 61, 70, 103, 142, 143, 145, 183, 185, 192
– Holz-, gebrochene 25, 28, 85
– Kachel- 122, 126, 145
– Ton- 24, 28, 103, 138, 145
Modelriß 25, 28, 61, 100, 101, 102
Modelschneider 25, 26, 27, 29, 56, 69, 85, 95, 102, 142, 145, 155, 166, 195, 221
Mosaik
– antik 47, 204, 227
– frühchristlich 48, 227

– mittelalterlich 46, 57, 175, 225
– Kiesel- 47, 49, 167
– Marmor- 58, 167
– Stift- 48, 51, 73, 155, 163, 167
Mosaikfliesen 18, 22, 68, 84, 86, 108, 130, 138, 169, 182
Mosaikfliesenböden 46, 58, 116, 167, 186
Münzen 219, 221
Muster
– Fischgrät- 23, 56, 77, 120, 163, 196
– Rapport/Teppich- 77, 151, 160, 175, 206
– Schachbrett- 15, 36, 81, 86, 124, 151, 175, 177, 195, 206, 207, 212
– Schuppen- 196, 200, 204
– Tapeten- 126, 146
– Zirkelschlag- 25, 73, 112, 189, 204, 224
Musterbuch 76, 85, 110, 111, 112, 233, 235, 236, 237
Nachschnitte 22, 25, 26, 28
Nagellöcher 17, 29, 58, 61, 63, 74
Ofenkacheln 122, 124, 125, 126, 128, 129, 132, 139, 140, 141, 146, 147, 148, 206
Ofenplatten 183
Opus sectile 47

Personen
Achardus 137
Acker, Hans 211
Balduin von Lützelburg 215
Benedikt V. (Pabst) 171
Bernhard von Clairvaux 72, 137, 193, 215
Bernward von Hildesheim 57, 58
Bianca von Kastilien 75, 169
Bretagne, Herzöge von 175
Burchard II. von Worms 90
Dürer, Albrecht 110, 112, 207
Eleonore von Provence 188
Eyck, Jan van 209
Eycke von Repgow 208
Floris V. von Holland 178
Fouqueret, Jehannin 142
Friedrich I. Barbarossa 93, 95
Friedrich I. von Schwaben 93
Friedrich II. (Kaiser) 93, 95
Friedrich II. von Schwaben 93
Friedrich von Saarwerden 66
Gaufried 137
Gottfried von Viterbo 93
Guido Andries (Guido di Savini) 177
Guignonne de Salins 170
Guillaume Durandus 215
Hackeney, Nicasius 26
Hardenrath, Johannes 26
Hartmann Kistener 146
Hartmann von Aue 233, 235
Heinrich III. von England
Heinrich III. von Sayn 92, 114
Heinrich von Binsfeld 119
Heinrich von Lorsch 68
Heinrich von Rugge 233
Heraklius 20
Herrad von Landsberg 55, 214, 222
Hirschvogel, Augustin 135
Honorius von Autun 216
Hrabanus Maurus 216
Isidor von Sevilla 216
Jean de Valence 173
Jehan de Gironne 173
Jeot, Denisot 142
Konrad von Soest 207
Konrad von Würzburg 220
Ludwig der Deutsche 98
Maes, Johannes 26
Masséot Abasquesne 175
Matthias Corvinus 166, 203, 206
Mazzaburoni, Piero und Nicolo 165
Mechthild von Sayn 116
Meinwerk von Paderborn 58
Meister Bertram von Minden 207
Meister Franke 207, 208
Meister der Hl. Veronika 207
Meister der Verherrlichung Mariens 207
Meister der goldenen Tafel 207
Meister des Bartholomäusaltars 210
Meister des Marienlebens 207
Meister des Schottener Altars 209
Meister von Liesborn 209
Melchior Broederlam 174
Nicoluso, Francesco 163
Oderisio, Pedro 49
Ottokar aus der Geul 139
Peter Hemmel von Andlau 211
Petrus Andreas da Faenza 165, 206
Philipp von Bolanden 94
Philipp von Falkenstein 94
Pieter Frans van Venedigen 177
Rantz, Haintz 133
Richard I. Löwenherz 187, 188
Richard von Cornwall 187
Robbia, Andrea della 166
Rogon de Beauchamps 171, 172
Rolin, Nicolas 170
Sluter, Klaus 154
Sponheim, Grafen von 94
Stefano di Fedeli 166
Stocker, Jörg 210
Sylvius, Balthasar 112
Thietmar von Merseburg 99
Werner von Bolanden 94
Wilhelm von Thierry 72, 215
Pfalzen 58, 61, 93, 95, 152
Pfeifenton 13, 34, 35, 54, 169, 176
Physiologus 216, 217, 218, 219, 220, 221
Plattenmosaik 19, 29, 40, 49, 51, 52, 53, 73, 74, 75, 76, 81, 82, 83, 84, 86, 87, 104, 105, 108, 122, 123, 138, 155, 163, 167, 168, 169, 170, 173, 175, 179, 182, 186, 192, 194, 195, 197, 200, 2o1, 204, 205, 207, 209, 210
Prägetechniken 54, 73, 76, 182
Prägung 23, 27, 66, 104, 146
Prämonstratenser 70, 88, 178, 187
Rollstempelmuster 47, 162
Schablone 13, 24, 38, 131
Scherbenfarbe 14, 15, 85, 97, 100, 103, 106, 113, 116, 117, 126, 129, 130
Sgraffitotechnik 182
Siegel 219, 222, 239, 241
Sockelfliese 23, 29
Tafelmalerei 207
Templerorden 91
Tone 13, 14
Tongruben 14, 86, 98, 113, 115, 117, 118, 121, 123, 125, 126, 129, 130, 131, 133, 134, 135, 136, 184
Tonmatrize 145
Tonschwindung 13, 21, 22, 131
Tonvorbereitung 16
Tonzusammensetzung 13
Topfdeckel, verziert 32
Transport 104, 191, 193
– Landweg 99-100, 110, 166, 189
– Wasserweg 96-99, 104, 110, 114, 120, 122, 174. 177, 185, 189
Trocknung 22
Tunnelofen 174
Töpfer 19, 120, 121, 122, 123, 124, 125, 126, 127, 128, 129, 130, 131, 134, 135, 139, 140, 141, 142, 148, 166
– wandernde- 100, 107, 138, 139, 173, 189, 191, 193, 200
Töpferdorf 85, 114, 119, 121
Töpfermarken 32, 68, 69
Töpfernamen 73, 75, 142, 160, 174
Töpferöfen 15, 17, 18, 114, 115, 116, 117, 119, 121, 122, 125, 126, 127, 128, 136, 173, 174, 179, 180, 184, 185, 188, 194, 206
Töpferöfen mit Fliesen 17, 18, 76, 114, 115, 119, 121, 122, 125, 127, 136, 174, 185, 194
Töpferordnung 115, 126, 127, 129, 132, 133, 135, 141
Töpfersignaturen 69, 138, 142, 166, 174
Töpferwerkstätten 27, 29, 31, 108, 115, 117, 119, 120, 121, 122, 128, 129, 132, 133, 134, 136, 146, 173
Töpferwerkstätten städtische- 90, 99, 114, 121, 122, 123, 124, 125, 179
Töpferwerkstätten wandernde 69, 122, 138
Töpferzunft 119, 120, 128, 134, 148
Urkunden 116, 119, 120, 121, 122, 123, 124, 125, 126, 128, 129, 133, 135, 137, 139, 141, 163, 165, 166, 167, 173, 183, 185, 186, 188, 189
Wandfliesen 29, 57-63, 120, 122, 140, 160, 163, 166, 175, 183, 199, 203, 214, 219
Wappen 219, 239, 241
Weitergabe von Fliesen 88, 90, 103
Weitergabe von Modeln 66, 90, 92, 100-104, 110
Weitergabe von Mustern 76, 80, 90, 109, 181
Ziegel 70, 96, 97, 125, 137
Ziegelhaus/-hütte 86, 90, 97, 113, 122, 123, 126, 129, 130, 131, 132, 133, 186
Ziegelöfen 17, 137
Ziegler 122, 123, 125, 126, 127, 129, 132, 139, 140, 141, 159
Zieglerordnung 66, 72, 86, 88, 92, 137, 204, 205, 221, 224, 233
Zisterzienser 66, 72, 86, 88, 92, 137, 187, 204, 205, 221, 224, 233
Zisterzienserkirchen/Klöster 54, 73, 109, 137, 161, 163, 169, 170, 175, 177, 178, 192, 193, 194, 195, 204
Zünfte 141
Zunftordnung 139, 140, 197

Abbildungsnachweise

Abb. 1: G. Reineking von Bock, A. und M. Jürgens, 1985, 21. – Abb. 2: E. S. Eames, 1968, 5, Abb. 1. – Abb. 3 a: Foto aus Privatbesitz, Karlsruhe – Abb. 3 b: Schweizerisches Landesmuseum, Zürich – Abb. 4: M. Pinette, 1981, 17, Abb. 11. – Abb. 5: Pressefoto Macovec, Lüneburg – Abb. 6: Schleswig-Holsteinisches Landesmuseum, Schleswig – Abb. 7: Landesamt für Denkmalpflege Hessen, Marburg (J. Michler, Tübingen) – Abb. 8: Staatliche Sammlung Ägyptischer Kunst, München – Abb. 9: E. Böhm, Mainz – Abb. 10: Vorderasiatisches Museum, Berlin – Abb. 11: Vorderasiatisches Museum, Berlin – Abb. 12: Foto Marburg, Marburg – Abb. 13: Foto Marburg, Marburg – Abb. 14: Museum für Islamische Kunst, Berlin – Abb. 15: Linden-Museum, Stuttgart (U. Didoni) – Abb. 16: M. Merlin, 1909, Taf. XVI, Abb. 2. – Abb. 17: M. Merlin, 1909, Taf. XVI, Abb. 6. – Abb. 18: M. Merlin, 1909, Taf. XIV, Abb. 4. – Abb. 19: Odenwald-Museum, Michelstadt – Abb. 20: Foto Marburg, Marburg – Abb. 21: Editions Zodiaque. La Pierre qui vire, St. Leger Vauban – Abb. 22: P. Hemann, Basel – Abb. 23: H. und E. Landgraf – Abb. 24: L. Viollet-le-Duc, II, 1895, 265. – Abb. 25: R. Forrer, 1901, Taf. IV, Abb. 8. – Abb. 26: J. Walter, 1952, II Taf. 36 a. – Abb. 27: F. J. Tschann, 1952, III, Abb. 260. – Abb. 28: F. J. Tschann, 1952, III, Abb. 258. – Abb. 29: Ulmer Museum (Foto-Siegel) – Abb. 30: Ulmer Museum (Foto-Siegel) – Abb. 31: Stadtarchiv, Ulm – Abb. 32–35: H Brandl, 1936, 156, Abb. 176–179. – Abb. 36: Museum zum Allerheiligen, Schaffhausen – Abb. 37: Prähistorische Staatssammlung, München – Abb. 38: Stadt- und Kreismuseum, Landshut – Abb. 39: Prähistorische Staatssammlung, München – Abb. 40: Rijksmuseum, Amsterdam (Photo-Commissie) – Abb. 41–44: Kunsthistorisches Institut der Universität des Saarlandes, Saarbrücken – Abb. 45: H.-H. Heck, Trier – Abb. 46: E. Paulus, 1886–1887, 168. – Abb. 47: Foto-Feist, Pliezhausen – Abb. 48: Citeaux, Commentarii Cistercienses, Nuits-St. Georges – Abb. 49: Citeaux, Commentarii Cistercienses, Nuits-St. Georges – Abb. 50: H. und E. Landgraf – Abb. 51: M. Pinette, 1981, Taf. IX, Abb. 84. – Abb. 52: M. Zabel, Gütersloh. – Abb. 53: Musée Cluny, Paris. Documentation de la Réunion des Musées Nationaux – Abb. 54: M. Morkramer, Heuchelheim – Abb. 55: C. Schäfer, 1901, II, Abb. 41. – Abb. 56: Landesamt für Denkmalpflege Hessen, Wiesbaden – Abb. 57: U. Wirtler in: G. Binding (u. a.), 1975, 35, Abb. 24; 37, Abb. 34. – Abb. 58: Rhein. Amt für Denkmalpflege, Pulheim (Lieven) – Abb. 59: F. Luthmer, III, 1907, 222, Abb. 161. – Abb. 60: H. Neu, H. Weigert, 1940, 376, Abb. 338. – Abb. 61: E. Neeb, 1911, Taf. 1. – Abb. 62: Foto W. Bickel, Armsheim – Abb. 63: W. Zimmermann, 1935, 394, Abb. 292. – Abb. 64: H. R. Hahnloser, 1972, Taf. 30. – Abb. 65: Germanisches Nationalmuseum, Nürnberg – Abb. 66: F. Unterkircher, 1979, fol 8 v, fol 11 v, fol 13 r, fol 13 v. – Abb. 67: H. und E. Landgraf – Abb. 68: W. Strüwe, Bielefeld – Abb. 69: H. E. Kubach, F. Michel, H. Schnitzler, 1944, 340, Abb. 370. – Abb. 70: Rhein. Amt für Denkmalpflege, Pulheim (Steinhoff) – Abb. 71–72: Jost Ammann (ND 1960), Bild 82 und 86. – Abb. 73: Schweizerisches Landesmuseum, Zürich – Abb. 74: A. Walcher von Molthein 1924, Abb. 52. – Abb. 75: Klarissinnenkloster St. Ursula, Villingen – Abb. 76: H. und E. Landgraf – Abb. 77: A. Walzer, 1963, 35, Taf. 16. – Abb. 78: Württembergisches Landesmuseum, Stuttgart – Abb. 79: Museum für Kunst und Gewerbe, Hamburg – Abb. 80: Rheinisches Landesmuseum, Trier – Abb. 81: H. Spiegel, Düsseldorf – Abb. 82: Museum der Hauptstadt Prag – Abb. 83–85: Landesamt für Denkmalpflege Hessen, Wiesbaden – Abb. 86: K. Ginhardt, B. Grimschitz, 1930, 29, Abb. 16. – Abb. 87: Ch. Czarnowsky, 1954, 12, Abb. 3–6; 13, Abb. 7. – Abb. 88: M. Pinette, Autun – Abb. 89: M. Pinette, Autun – Abb. 90: H. Oidtmann, 1911, Sp. 166. – Abb. 91: H. Hell, Reutlingen – Abb. 92: H. Volkmann, 1956, 56, Abb. 30. – Abb. 93: Rheinisches Bildarchiv, Köln – Abb. 94: Rijksmuseum, Amsterdam (Photo-Commissie) – Abb. 95: Archivo Fotografico Sacro Convento, Assisi – Abb. 96: Archivo Fotografico Sacro Convento, Assisi – Abb. 97: R. Forrer, 1901, Taf. CII – Abb. 98: H. und E. Landgraf – Abb. 99: H. und E. Landgraf – Abb. 100: D. François, P. Touzet, 1978, 259, Abb. 3. – Abb. 101: H. und E. Landgraf – Abb. 102: R. Schindler, 1951, Taf. 12. – Abb. 103: Museum für Hamburgische Geschichte, Hamburg – Abb. 104: Museum für Hamburgische Geschichte, Hamburg – Abb. 105: Rijksdienst voor Monumentenzorg, Zeist – Abb. 106: Rijksmuseum, Amsterdam (Photo-Commissie) – Abb. 107: F. Kneefel, Utrecht. – Abb. 108: British Museum, London – Abb. 109: British Museum, London – Abb. 110: R. Forrer, 1901, Taf. V, Abb. 9–11. – Abb. 111: National-Museum, Kopenhagen – Abb. 112: National-Museum, Kopenhagen – Abb. 113: Foto O. Hilmerovà, Prag – Abb. 114: M. Piątkiewicz-Dérenoiwa, 1972, 262, Abb. 43. – Abb. 115: M. Piątkiewicz-Dérenoiwa, 1972, 258, Abb. 36. – Abb. 116: M. Piątkiewicz-Déreniowa, 1972, 256, Abb. 32. – Abb. 117: M. Piątkiewicz-Dérenoiva, 1972, 255, Abb. 28. – Abb. 118: L. Gerevich, 1977, 186, Abb. 48. – Abb. 119: Kunsthalle Hamburg (R. Kleinhempel) – Abb. 120: Foto Marburg – Abb. 121: Fürstl. Fürstenbergische Sammlungen, Donaueschingen – Abb. 122: J. Hannesschläger, Augsburg – Abb. 123: H. P. L'Orange, P. J. Nordhagen, 1960, Taf. 41. – Abb. 124: Staatliche Galerie Moritzburg, Halle (W. Danz) – Abb. 125: F. Bucher, 1957, 110, Abb. 2. – Abb. 126: Archäologisches Museum, Venedig – Abb. 127: Landesmuseum für Kärnten, Klagenfurt – Abb. 128: F. Bucher, 1957, 110, Abb. 8. – Abb. 129: Landesmuseum für Kärnten, Klagenfurt – Abb. 130: S. Asche, Freiburg – Abb. 131: Niedersächsische Landesgalerie, Hannover – Abb. 132: O. von Falke, 1921, Abb. 50. – Abb. 133: Deutsches Textilmuseum, Krefeld – Abb. 134: Museum für Kunst und Gewerbe, Hamburg – Abb. 135: O. von Falke, 1921, Abb. 264. – Abb. 136: O. von Falke, 1921, Abb. 251. – Abb. 137: Deutsches Textilmuseum, Krefeld – Abb. 138: Kunstgewerbemuseum, Berlin-Köpenick – Abb. 139: Museum für Kunst und Gewerbe, Hamburg – Abb. 140: W. Klein, Wiesbaden – Abb. 141: H. Wentzel, 1951 (ohne SZ.) – Abb. 142: H. Wentzel, 1951 (ohne SZ.) – Abb. 143: H. und E. Landgraf – Abb. 144: Landesamt für Denkmalpflege Hessen, Wiesbaden – Abb. 145: Landesamt für Denkmalpflege Hessen, Wiesbaden – Abb. 146: H. und E. Landgraf – Abb. 147: B. Lymant, 1979, 181, Abb. 9. – Abb. 148: Kunsthistorisches Institut der Universität des Saarlandes, Saarbrücken – Abb. 149: B. Lymant, 1979, 214, Abb. 75 b. – Abb. 150: Rijksdienst voor Monumentenzorg, Zeist – Abb. 151: Nordrhein-Westfälisches Staatsarchiv, Münster – Abb. 152: R. Forrer, 1901, 73, Abb. 159–167. – Abb. 153: Foto H. Kohlhausen, Coburg – Abb. 154: R. G. Stillfried, 1877, Taf. 78.

VERÖFFENTLICHUNGEN DES LANDESDENKMALAMTES BADEN-WÜRTTEMBERG

Archäologische Denkmalpflege

I. FORSCHUNGEN UND BERICHTE ZUR VOR- UND FRÜHGESCHICHTE IN BADEN-WÜRTTEMBERG

Kommissionsverlag Konrad Theiss Verlag Stuttgart

Band 1	Rolf Dehn, Die Urnenfelderkultur in Nordwürttemberg (1972).
Band 2	Eduard Neuffer, Der Reihengräberfriedhof von Donzdorf (Kr. Göppingen) (1972).
Band 3,I	Robert Koch, Das Erdwerk der Michelsberger Kultur auf dem Hetzenberg bei Heilbronn-Neckargartach (in Vorb.).
Band 3,II	Alix Irene Beyer, Die Tierknochenfunde. Das Erdwerk der Michelsberger Kultur auf dem Hetzenberg bei Heilbronn-Neckargartach (1972).
Band 4,I	Gustav Riek, Das Paläolithikum der Brillenhöhle bei Blaubeuren (Schwäbische Alb) (1973).
Band 4,II	Joachim Boessneck, Angela von den Driesch, Die jungpleistozänen Tierknochenfunde aus der Brillenhöhle (1973).
Band 5	Hans Klumbach, Der römische Skulpturenfund von Hausen an der Zaber (Kr. Heilbronn) (1973).
Band 6	Dieter Planck, Arae Flaviae I. Neue Untersuchungen zur Geschichte des römischen Rottweil (Text- und Tafelband) (1975).
Band 7	Hermann Friedrich Müller, Das alamannische Gräberfeld von Hemmingen (Kr. Ludwigsburg) (1976).
Band 8	Jens Lüning, Hartwig Zürn, Die Schussenrieder Siedlung im „Schlößlesfeld", Markung Ludwigsburg (1977).
Band 9	Klemens Scheck, Die Tierknochen aus dem jungsteinzeitlichen Dorf Ehrenstein (Gemeinde Blaustein, Alb-Donau-Kreis). Ausgrabung 1960 (1977).
Band 10	Peter Paulsen, Helga Schach-Dörges, Das alamannische Gräberfeld von Giengen an der Brenz (Kr. Heidenheim) (1978).
Band 11	Wolfgang Czysz u. a., Römische Keramik aus dem Vicus Wimpfen im Tal (1981).
Band 12	Ursula Koch, Die fränkischen Gräberfelder von Bargen und Berghausen in Nordbaden (1982).
Band 13	Mostefa Kokabi, Arae Flaviae II. Viehhaltung und Jagd im römischen Rottweil (1982).
Band 14	Udelgard Körber-Grohne, Mostefa Kokabi, Ulrike Piening, Dieter Planck, Flora und Fauna im Ostkastell von Welzheim (1983).
Band 15	Christiane Neuffer-Müller, Der alamannische Adelsbestattungsplatz und die Reihengräberfriedhöfe von Kirchheim am Ries (Ostalbkreis) (1983).
Band 16	Eberhard Wagner, Das Mittelpaläolithikum der Großen Grotte bei Blaubeuren (1983).
Band 17	Joachim Hahn, Die steinzeitliche Besiedlung des Eselsburger Tales bei Heidenheim (1984).
Band 18	Margot Klee, Arae Flaviae III. Der Nordvicus von Arae Flaviae (1986).
Band 19	Udelgard Körber-Grohne, Hansjörg Küster, Hochdorf I (1985).
Band 20	Studien zu den Militärgrenzen Roms III. Vorträge des 13. Internationalen Limeskongresses in Aalen 1983 (1986).
Band 21	Alexandra von Schnurbein, Der alamannische Friedhof bei Fridingen an der Donau (Kr. Tuttlingen) (1987).
Band 22	Gerhard Fingerlin, Dangstetten I. Katalog der Funde (Fundstellen 1–603) (1986).
Band 23	Claus-Joachim Kind, Das Felsställe – eine jungpaläolithisch-frühmesolithische Abri-Station bei Ehingen-Mühlen, Alb-Donau-Kreis. Die Grabungen 1975–1980 (1987).
Band 24	Jörg Biel, Vorgeschichtliche Höhensiedlungen in Südwürttemberg-Hohenzollern (1987).
Band 25	Hartwig Zürn, Hallstattzeitliche Grabfunde in Württemberg und Hohenzollern (Text- und Tafelband) (1987).
Band 26	Joachim Hahn, Die Geißenklösterle-Höhle im Achtal bei Blaubeuren I (1988).
Band 27	Erwin Keefer, Hochdorf II. Die Schussenrieder Siedlung (1988).
Band 28	Arae Flaviae IV. Mit Beiträgen von Margot Klee, Mostefa Kokabi und Elisabeth Nuber (1988).
Band 29	Joachim Wahl und Mostefa Kokabi, Stettfeld I. Mit einem Beitrag von Sigrid Alföldy-Thomas (1988).
Band 30	Wolfgang Kimmig, Das Kleinaspergle. Mit Beitr. von Elke Böhr u. a. (1988).
Band 31	Der prähistorische Mensch und seine Umwelt. Festschrift für Udelgard Körber-Grohne (1988).
Band 32	Rüdiger Krause, Die endneolithischen und frühbronzezeitlichen Grabfunde auf der Nordstadtterrasse von Singen am Hohentwiel (1988).
Band 33	Rudolf Aßkamp, Das südliche Oberrheintal in frührömischer Zeit (1989).
Band 34	Claus-Joachim Kind, Ulm-Eggingen. Die Ausgrabungen 1982 bis 1985 in der bandkeramischen Siedlung und der mittelalterlichen Wüstung. Mit Beitr. von Georg Dombek u. a. (1989).
Band 35	Jörg Heiligmann, Der Alb-Limes (1990).
Band 36	Helmut Schlichtherle, Die Sondagen 1973–1978 in den Ufersiedlungen Hornstaad-Hörnle I. Siedlungsarchäologie im Alpenvorland I (1990).
Band 37	Siedlungsarchäologie im Alpenvorland II. Sammelband mit Beitr. von Manfred Rösch u. a. (1990).
Band 38	Ursula Koch, Das fränkische Gräberfeld von Klepsau im Hohenlohekreis (1990).
Band 39	Sigrid Frey, Bad Wimpfen I (1991).
Band 40	Egon Schallmayer u. a., Der römische Weihebezirk von Osterburken I. Corpus der griechischen und lateinischen Beneficiarier-Inschriften des Römischen Reiches (1990).
Band 41/1	Siegwalt Schick, Das Gräberfeld der Merowingerzeit bei Oberflacht (Gemeinde Seitingen-Oberflacht, Lkr. Tuttlingen). Mit Beitr. von Paul Filzer u. a. (1992).
Band 41/2	Peter Paulsen, Die Holzfunde aus dem Gräberfeld bei Oberflacht und ihre kulturhistorische Bedeutung (1992).

VERÖFFENTLICHUNGEN DES LANDESDENKMALAMTES BADEN-WÜRTTEMBERG

Archäologische Denkmalpflege

II. MATERIALHEFTE ZUR VOR- UND FRÜHGESCHICHTE IN BADEN-WÜRTTEMBERG

Kommissionsverlag Konrad Theiss Verlag Stuttgart

Heft 1	Christian Uhlig, Zur paläopathologischen Differentialdiagnose von Tumoren an Skeletteilen (1982).
Heft 3	Kurt Gerhardt, Anatomie für Ausgräber und Sammler (1985).
Heft 4	Berichte zu Ufer- und Moorsiedlungen Südwestdeutschlands I (1984).
Heft 5	Veronika Gulde, Osteologische Untersuchungen an Tierknochen aus dem römischen Vicus von Rainau-Buch (Ostalbkreis) (1985).
Heft 6	Helga Liese-Kleiber, Pollenanalysen in der Ufersiedlung Hornstaad-Hörnle I. Untersuchungen zur Sedimentation, Vegetation und Wirtschaft in einer neolithischen Station am Bodensee (1985).
Heft 7	Berichte zu Ufer- und Moorsiedlungen Südwestdeutschlands II (1985).
Heft 8	Inken Jensen, Der Schloßberg bei Neuenbürg. Eine Siedlung der Frühlatènezeit im Nordschwarzwald (1986).
Heft 9	Andreas Heege, Grabfunde der Merowingerzeit aus Heidenheim-Großkuchen (1987).
Heft 10	Karin Meier-Riva, Die Steinartefakte von Hardberg bei Istein (Efringen-Kirchen, Kr. Lörrach) (1987).
Heft 11	Sigrid Alföldy-Thomas u. Helmut Spatz, Die „Große Grube" der Rössener Kultur in Heidelberg-Neuenheim (1988).
Heft 12	Tamara Spitzing, Die römische Villa von Lauffen a. N. (Kr. Heilbronn) (1988).
Heft 13	Karl Keller, Die jungsteinzeitliche Knochentrümmerstätte des Stadels im Hohlenstein (Lonetal) (1992).
Heft 14	Hartwig Zürn u. Franz Fischer, Die keltische Viereckschanze von Tomerdingen (Gem. Dornstadt, Alb-Donau-Kreis) (1991).
Heft 15	Beate Grimmer-Dehn, Die Urnenfelderkultur im südöstlichen Oberrheingraben (1991).
Heft 16	Wolfgang Kimmig, Die „Wasserburg Buchau" – eine spätbronzezeitliche Siedlung. Forschungsgeschichte-Kleinfunde (1992).
Heft 17	Gerhard Wesselkamp, Die bronze- und hallstattzeitlichen Grabhügel von Oberlauchringen, Kr. Waldshut. Mit einem Exkurs über Steingrabhügel am Hochrhein (1993).

III. FORSCHUNGEN UND BERICHTE DER ARCHÄOLOGIE DES MITTELALTERS IN BADEN-WÜRTTEMBERG

Kommissionsverlag Konrad Theiss Verlag Stuttgart

Band 1	Günter P. Fehring, Unterregenbach. Kirchen, Herrensitz, Siedlungsbereiche (1972).
Band 2	Antonin Hejna, Das „Schlößle" zu Hummertsried. Ein Burgstall des 13. bis 17. Jh. (1974).
Band 3	Barbara Scholkmann, Sindelfingen, Obere Vorstadt. Eine Siedlung des hohen und späten Mittelalters (1978).
Band 4	Aufsatzband (1977).
Band 5	Hans-Wilhelm Heine, Studien zu Wehranlagen zwischen junger Donau und westlichem Bodensee (1979).
Band 6	Aufsatzband (1979).
Band 7	Aufsatzband (1981).
Band 8	Aufsatzband (1983).
Band 9	Volker Roeser u. Horst Gottfried Rathke, St. Remigius in Nagold (1986).
Band 10/1	Hirsau St. Peter und Paul 1091–1991. Teil I: Zur Archäologie und Kunstgeschichte. Mit Beitr. von Hermann Diruf u. a. (1991).
Band 10/2	Hirsau St. Peter und Paul 1091–1991. Teil II: Zur Geschichte eines Reformklosters. Mit Beitr. von Lieven van Acker u. a. (1991).
Band 11	Michael Schmaedecke, Der Breisacher Münsterberg. Topographie und Entwicklung. Mit einem Anhang von Peter Hering (1993).
Band 12	Uwe Gross, Mittelalterliche Keramik zwischen Neckarmündung und Schwäbischer Alb. Bemerkungen zur räumlichen Entwicklung und zeitlichen Gliederung (1991).
Band 13/1	Die Stadtkirche St. Dionysius in Esslingen. Archäologie und Baugeschichte I. Günter P. Fehring und Barbara Scholkmann, Die archäologische Untersuchung und ihre Ergebnisse (ca. 1993).
Band 13/2	Die Stadtkirche St. Dionysius in Esslingen. Archäologie und Baugeschichte II. Peter R. Anstett, Die Baugeschichte von der Spätromantik zur Neuzeit (ca. 1993).
Band 13/3	Die Stadtkirche St. Dionysius in Esslingen. Archäologie und Baugeschichte. Tafelband (ca. 1993).
Band 14	Eleonore Landgraf, Ornamentierte Bodenfliesen des Mittelalters in Süd- und Westdeutschland 1150–1550. Bd. 1–3 (1993).
Band 15	Ilse Fingerlin, Die Grafen von Sulz und ihr Begräbnis in Tiengen am Hochrhein (1992).
Band 16	Dorothee Ade-Rademacher, Reinhard Rademacher, Der Veitsberg bei Ravensburg. Vorgeschichtliche Höhensiedlung und mittelalterliche Höhenburg (Veitsberg/Ravensburg) (1993).

FORSCHUNGEN UND BERICHTE DER ARCHÄOLOGIE DES MITTELALTERS
IN BADEN-WÜRTTEMBERG

LANDESDENKMALAMT BADEN-WÜRTTEMBERG

FORSCHUNGEN UND BERICHTE DER ARCHÄOLOGIE DES MITTELALTERS IN BADEN-WÜRTTEMBERG

BAND 14/3

LANDESDENKMALAMT BADEN-WÜRTTEMBERG

ELEONORE LANDGRAF

Ornamentierte Bodenfliesen des Mittelalters in Süd- und Westdeutschland 1150–1550

Fundortkatalog

1993
KOMMISSIONSVERLAG · KONRAD THEISS VERLAG · STUTTGART

HERAUSGEBER: LANDESDENKMALAMT BADEN-WÜRTTEMBERG
ARCHÄOLOGISCHE DENKMALPFLEGE

Die Deutsche Bibliothek – CIP-Einheitsaufnahme

Landgraf, Eleonore:
Ornamentierte Bodenfliesen des Mittelalters in Süd- und Westdeutschland 1150–1550 / Eleonore Landgraf. Hrsg.: Landesdenkmalamt Baden-Württemberg, Archäologische Denkmalpflege. – Stuttgart : Theiss.
(Forschungen und Berichte der Archäologie des Mittelalters in Baden-Württemberg ; Bd. 14)
ISBN 3-8062-1041-1
NE: GT

3. Fundortkatalog. – 1993

Redaktion und Herstellung
Dr. Jutta Ronke mit Verlags- und Redaktionsbüro André Wais, Stuttgart

Produktion
Satz: Setzerei Lihs, Ludwigsburg
Druck: Wilhelm Röck, Druckerei und Großbuchbinderei, Weinsberg

Das Manuskript wurde 1985 abgeschlossen. Nachträge und Literaturangaben konnten später nur noch vereinzelt eingeschoben werden.

Printed in Germany
ISBN 3-8062-1041-1

Vorbemerkung

Um eine rasche Übersicht zu gewähren und bei den einzelnen Mustern nicht immer wieder auf Baugeschichte und Fundumstände eingehen zu müssen, wurde die Baugeschichte der einzelnen Fundorte hier zusammengefaßt. Es kann sich in diesem Rahmen immer nur um einen mehr oder weniger kurzen Überblick handeln. Auch war es nicht möglich, zu allen Gebäuden gleich sorgfältige Angaben zu machen, da diese oft noch nicht eingehend untersucht wurden. Da jedoch die Datierung der Fliesen nur in den seltensten Fällen durch Urkunden zu belegen ist, wurden stets auch spätere Umbauten genannt, damit der Leser sich selbst ein Urteil bilden kann und möglicherweise zu anderen Datierungen gelangt.

Die neuesten Forschungsergebnisse wurden, wo dies möglich war, berücksichtigt; auf manches mußte leider verzichtet werden, da es von den Ausgräbern in naher oder ferner Zukunft selbst publiziert werden soll. Da in der Sekundärliteratur oft die widersprüchlichsten Zahlen genannt werden (auch bei Dehio und in den Handbüchern der Historischen Stätten Deutschlands), konnten trotz aller aufgewendeten Gründlichkeit nicht alle Fehlerquellen ausgemerzt werden. Bei der Fülle der Fundorte ist nicht auszuschließen, daß Kenner der Lokalgeschichte eines einzelnen Ortes noch Fehler entdecken.

Auf Nennung von Einzelliteratur zur Baugeschichte wurde verzichtet, wenn diese in einem Inventarband ausführlich verzeichnet ist. Es wird jedoch verhältnismäßig viel ältere Literatur erwähnt, da oft nur dort auf Fliesen eingegangen wird oder diese abgebildet wurden. Die Anordnung der Ortsnamen folgt Dehio „Handbuch der deutschen Kunstdenkmäler". Ist ein Ort dort nicht genannt, so dem „Handbuch der historischen Stätten Deutschlands". Die jüngsten Eingemeindungen vieler Orte konnten nicht immer berücksichtigt werden. Bei wichtigen Klöstern und Burgen wurde der bekanntere Name gewählt (so Kloster Altenberg unter „A" und nicht unter „Odenthal"). Gehören Kloster oder Burg heute zum engeren Stadtgebiet, so werden sie unter der Stadt aufgeführt (Bacharach, Burg Stahleck; Wiesbaden, Kloster Klarenthal).

Anklänge an Dehio-Formulierungen waren nicht in allen Fällen zu vermeiden, da Kürze erwünscht war und der Dehio an Präzision kaum zu überbieten ist. Ist das Fundjahr einer Fliese nicht bekannt, wird wenigstens der ungefähre Zeitpunkt angegeben, fehlt der Fundort, so wird versucht, wenigstens das Gebiet, aus dem die Fliese stammen könnte, zu nennen oder zur Diskussion zu stellen.

Die Fundorte, aus denen Fliesenfunde bekannt sind, das Muster in einer größeren Sammlung jedoch nicht mehr ausfindig zu machen ist, werden im Anhang erwähnt, damit dieses Wissen nicht verloren geht. In den Katalog aufgenommen wurden außerdem Fundorte, von deren Fliesen das Muster bekannt ist, deren Fliesen jedoch inzwischen verschollen oder gerade nicht auffindbar sind. Es besteht die Hoffnung, daß sie, wie in den vergangenen Jahren häufig geschehen, plötzlich wieder auftauchen.

Leider sind manche Angaben zur Fundgeschichte sehr spärlich, da meist auf die Lage der Fliesen bei der Aufdeckung des Fußbodens nicht geachtet wurde. Überall wo Literaturangaben zum Fund fehlen, stammen die Angaben aus den Eingangs-Inventaren und Akten der einzelnen Museen. Bei größeren Fundkomplexen, vor allem des 19. Jahrhunderts, ist selten bekannt, aus welchem Teil der Kirche oder des Klosters die Fliesen stammen. Es wurde dann versucht, zusammengehörende Gruppen auf Grund des Scherbens und nach stilistischen Kriterien zu ordnen. Bei großen Klosterkomplexen muß stets vermutet werden, daß die Fliesen aus verschiedenen Perioden stammen. Es wurde versucht, die einzelnen Perioden zu trennen, was nicht immer überzeugend gelang, da diese vermutlich oft in sehr kurzen Abständen nacheinander folgen oder sich überschneiden. Die einzelnen Fliesen werden hier jedoch nicht nach Perioden getrennt nochmals aufgeführt, sie finden sich im alphabetischen Register der Fundorte und Fliesen.

Es ist im Rahmen dieser Arbeit leider nicht möglich, auf den Widerstreit der Meinungen zur Datierung einiger vieldiskutierter Bauten einzugehen, da dies den Rahmen der Arbeit sprengen würde. Hier wurden stets die letzten Forschungsergebnisse benutzt, in einigen Fällen wurden abweichende Meinungen vorgetragen.

Bei Literaturangaben ohne Seitenzahlen handelt es sich um kleine Schriftchen, bei denen der ganze Inhalt auf das Thema Bezug hat, bei den übrigen ist meist nur die Baugeschichte bis zur Mitte des 16. Jahrhunderts berücksichtigt.

A

Aachen

Stadtgebiet

Fundumstände
Zur Fundsituation der Fliesen unbekannter Herkunft aus dem Stadtgebiet von Aachen muß vorausgeschickt werden, daß bei dem großen Stadtbrand von Aachen 1656 die wichtigsten Kirchen, Kapellen und Gebäude ausbrannten. Die Fliesen, alle mehr oder minder zwischen 1450 und 1550 entstanden, wurden vermutlich beim Auf- und Neubau verworfen. Das Vorkommen von Kölner Prägungen und von inkrustierten Fliesen des flämischen Typs hängt möglicherweise mit den Niederlassungen und Häusern der auswärtigen Klöster und Prälaten zusammen. So hatte der Bischof von Lüttich ein Haus, welches möglicherweise in der Jakobstr. 24 lag, der Bischof von Cambrai ein Haus in der Hartmannstraße und der Abt von Stablo ein Gebäudegeviert zwischen Ursuliner- und Hartmannstraße.[1] Die Abtei Kornelimünster besaß ein Haus hinter der Aldegundiskapelle in der Ursulinenstr. 6, der Erzbischof von Köln ein Haus an einem heute nicht mehr bekannten Platz.[2]

Literatur
F. Neu, 43–47.
C. Rhoen, 35–41, 60–76, 84–93, 99–105.
E. Ph. Arnold, 79–80.

1 E. Ph. Arnold, 79–80.
2 Ebd., 79 und Anm. 5.

Kath. Pfarrkirche St. Foillan

Fundumstände
Die Fliesen wurden bei den Aufbauarbeiten nach der Zerstörung der Kirche im 2. Weltkrieg gefunden.

Baugeschichte
Die um 1180 errichtete Kirche wurde in der 2. Hälfte des 15. Jahrhunderts durch einen Neubau ersetzt und 1482 geweiht. Beim Stadtbrand 1656 schwer zerstört, bis gegen 1672 mühsam aufgebaut, wurde sie 1837 und 1872–1888 durchgreifend restauriert. Möglicherweise wurden bei dieser Gelegenheit schon Fliesen entfernt. Eine Verlegung des Fliesenbodens um 1482 ist möglich, das Muster weist jedoch eher auf eine Entstehung im 1. Viertel des 16. Jahrhunderts. Der Model wurde möglicherweise noch bis zur Mitte des 16. Jahrhunderts benutzt.

Literatur
K. Faymonville, Kdm Aachen II, 52–61.
G. Dehio, Rheinland, 23.

Kath. Pfarrkirche St. Nikolaus, ehem. Franziskanerklosterkirche und Klostergebäude

Fundumstände
„18 Bruchstücke von gebrannten Tonfliesen mit ornamentalen Verzierungen wurden beim Abbruch des alten Kreuzgangs 1895 gefunden und später zwischen Rahmenwerk zusammengesetzt“[1]. „Außerdem fanden sich im Bauschutt (bei der Freilegung des Chores und beim Abbruch der Sakristei) noch eine große Anzahl interessanter Bodenbelegsteine aus gebranntem Ton, die ornamentale Verzierungen und Wappen enthalten. Diese Bodenfliesen gehören dem Schluß des 15. Jahrhunderts an“.[2] Beim Abbruch der Fundamentmauern des Klosters 1925 wurde ein Fliesenboden in situ gefunden. Er enthielt ca. 30 stark abgetretene Fliesen mit einem Muster aus gekreuzten Spitzovalen.[3] Die Fliesen befinden sich mit großer Wahrscheinlichkeit im Suermondt-Museum der Stadt Aachen. Da sie in die Rückwand eines Kamins eingelassen wurden, Aufschriften auf der Rückseite daher nicht sichtbar sind und Aufzeichnungen über die gefundenen Muster fehlen, ist es nicht möglich, festzustellen, welche der Fliesen aus St. Nikolaus stammen.

Baugeschichte
Das zu Beginn des 11. Jahrhunderts gegründete Kollegiatsstift wurde 1237 in ein Franziskanerkloster umgewandelt und entweder neu- oder umgebaut. Es erhielt erst zu Beginn des 14. Jahrhunderts eine eigene Kirche, deren Bau mit der Weihe 1327 abgeschlossen scheint. Gleichzeitig oder kurz danach wurde der 1367 erstmals erwähnte Kreuzgang hinzugefügt. Die Kirche wurde um 1390 nach Osten erweitert. Nach dem Stadtbrand 1656 wurden Kirche und Kloster bis gegen 1664 wieder aufgebaut, die baufälligen Klostergebäude jedoch 1828 abgebrochen, die Kirche 1876–96 renoviert und umgebaut. Die Fliesen mit gekreuzten Spitzovalen sind vermutlich zu Ende des 15. oder im 1. Viertel des 16. Jahrhunderts entstanden. Baudaten aus dieser Zeit sind nicht überliefert.

Literatur
J. Buchkremer, Freilegung des Chores der Nikolauskirche zu Aachen, Aus Aachens Vorzeit 8, 1895, 92–94.
K. Faymonville, Kdm Aachen II, 150–173.
G. Dehio, Rheinland, 23–24.

1 K. Faymonville, 170.
2 J. Buchkremer, 92–94.
3 Freundliche Mitteilung von Herrn Dr. Otto Erich Mayer†, Raeren. Das Photo, welches den Fliesenfund festhielt, wurde vermutlich durch Kriegseinwirkung vernichtet; es ist nicht auffindbar. Bei dem Muster handelt es sich entweder um N 57 oder um die Varianten N 58–N 61.

Ehem. Augustinerkloster, an seiner Stelle heute das Kaiser-Karls-Gymnasium, Augustinerbach 9

Fundumstände
Beim Abbruch einiger Gebäudereste des ehem. Augustinerklosters 1903 und beim Aushub der Baugrube für das Gymnasium 1905 sowie beim Abtragen des Vorplatzes an der Augustinerbachstraße, wurden im Schutt mittelalterlicher Backsteingebäude Fliesen in 5 verschiedenen Mustern gefunden.

Baugeschichte
Das Kaiser-Karls-Gymnasium wurde teilweise auf dem Gelände des ehemaligen Augustinerklosters errichtet. Die Augustiner, die vermutlich im 4. Viertel des 13. Jahrhunderts nach Aachen kamen, erbauten eine 1291 noch nicht vollendete Kirche. Zur Erbauung der Klostergebäude fehlen Urkunden. Die 1627 sehr baufälligen Gebäude brannten beim Stadtbrand 1656 ganz ab, sie wurden vermutlich gegen Ende des 17. Jahrhunderts durch Neubauten ersetzt. Das Kloster

wurde 1802 aufgehoben und seit 1805 als Mittelschule benützt.
Die Fliesen sind in der Prägung uneinheitlich, wahrscheinlich wurden vorhandene Model verwandt. Die späteste Fliese ist G 45, sie wurde vermutlich im 2. Viertel des 16. Jahrhunderts verlegt, die übrigen Fliesen könnten schon zu Ende des 15. Jahrhunderts entstanden sein.

Literatur
J. LAURENT, 11–12 m. Taf.
K. FAYMONVILLE, Kdm Aachen II, 84–89.

Ehem. Karmeliterkloster, Ponellgasse/Karmeliterstraße, heute „An den Frauenbrüdern"

Fundumstände
Die Fliese wurde bei Kanalisationsarbeiten 1894 in der Ponellgasse gefunden, sie zeigte den „Aachener Stadtadler". Nach Pick[1] ist es „nicht unwahrscheinlich, daß sie dem ehem. Karmeliterkloster entstammt".

Baugeschichte
Die 1287 erstmals in Aachen nachgewiesenen Karmeliter, die sich vermutlich zuerst mit Notbauten begnügt hatten, übernahmen 1354 unvollendete Klostergebäude von den Klarissen. Sie vollendeten sie und errichteten auf zusätzlich erworbenem Gelände eine 1359 geweihte Kirche. Der Bau der Klostergebäude war 1366 abgeschlossen, 1527 wurde eine kleine Kapelle an die Kirche angefügt. Die Klosteranlagen wurden 1736 durch einen prächtigen Neubau ersetzt, seit 1802 als Kaserne benützt und 1907–10 abgetragen. Bei der Fliese handelt es sich entweder um B 44 oder B 45; beide könnten sehr wohl noch um 1527 verlegt worden sein.

Literatur
R. PICK, Alterthumsfunde in Aachen, Echo der Gegenwart, 104, 1894.
E. ADENAW, 217.
K. FAYMONVILLE, Kdm Aachen II, 320–323.

1 R. PICK, Nr. 104 o. Sz. datiert die Fliese ins 15. Jahrhundert.

Ehem. Deutschordenskommende St. Gilles, Pontstr. 76–80

Fundumstände
Die Fliesen wurden 1965 bei Grabungen im Bereich der früheren Deutschordenskommende gefunden. Savelsberg erwähnt 1918 „den großen, mit Tonplatten bedeckten Rittersaal" als Gegensatz zu den übrigen Räumen, die „leider in einem traurigen Zustand sind".[1] Hätte es sich um ungemusterte Platten gehandelt, wären sie ihm wohl nicht erwähnenswert erschienen.

Baugeschichte
Die 1312 geweihte Kapelle St. Ägidius wurde 1320 mit dem dazugehörenden Gutshof durch Reinhard von dem Bongard vom Aachener Schöffen Konrad von Pont gekauft und 1322 durch Goswin von Geucht dem Deutschen Orden geschenkt. Sie soll 1328 durch einen Neubau ersetzt worden sein. Für die Zeit vor und nach 1500 sind keine Baudaten bekannt. 1630 erfolgte eine Einwölbung der Kapelle sowie ein Neubau der Kommende. Die nach dem Stadtbrand 1656 neu errichteten Gebäude dienten nach 1802 als Wachhaus und als Stallungen. Die 1944 abgebrannte Kommende wurde bis auf einen Torso der östlichen Hoffront abgebrochen, die Reste der Kapelle in ein Wohnhaus verbaut. Die Fliesen wurden vermutlich gegen Ende des 15. oder im 1. Viertel des 16. Jahrhunderts verlegt.

Literatur
J. H. HENNES, Deutschordensbesitzungen im Rheinland und in Westfalen 6. Die Commende Aachen, Monatsschrift für rheinisch-westfälische Gesch.forschung und Alterthumskunde, 1877, 98–105 (94–105).
H. SAVELSBERG, Die Deutschordenskommenden zu Aachen und Siersdorf, Echo der Gegenwart 185, 1918.
K. FAYMONVILLE, Kdm Aachen II, 296–299.
E. PH. ARNOLD, 30, 87.
E. QUADFLIEG, Das Deutsche Haus zu St. Gilles in Aachen, ZAGV 78, 1966/67, 161–173.

1 H. SAVELSBERG, Nr. 185.

Ehem. Dechanei des Aachener Münsterstifts, Klosterplatz 9, 11, 13

Fundumstände
Aus der Slg. R. Forrer kam eine Fliese ins Kunstgewerbemuseum Berlin (ZE 1), welche die Fundortbezeichnung „Dechanei Aachen" trägt. Zwei gleiche Fliesen finden sich ohne Herkunftsangabe im Museum Dortmund und im Hetjens-Museum Düsseldorf. Zum selben Musterbestand könnten die Fliesen ZC 3, ZE 1b und ZS 1 des Reichsmuseums Amsterdam gehören. Da die Bezeichnungen der beiden Gebäudekomplexe „Dechanei" und „Propstei"[1] hoffnungslos durcheinandergehen, ist nicht sicher, ob die Fliesen wirklich aus diesem Gebäude stammen.
Gesichert ist jedoch die Herkunft der Fliesen G 45. Sie wurden 1899 beim Abbruch der alten Dechaneigebäude, an deren Stelle heute das Verwaltungsgebäude des Aachener Rathauses steht, geborgen und zeigen das Wappen des Dechants Johannes v. Schönrath. Die Abweichungen unter den einzelnen Prägungen lassen sich wohl durch das Neuschneiden von Modeln im Verlauf der Bauzeit erklären. Die Fliesen kamen ins Suermondt-Museum und in das Wohnhaus Messow, Wallstraße 50. Vermutlich stammen die Fliesen, welche sich ohne Herkunftsangabe in den Museen Dortmund, Düsseldorf, Halle/Saale, Hamburg und Stuttgart finden, ebenfalls aus diesem Fund.

Baugeschichte
Der Dechant nahm unter den Würdenträgern des Aachener Krönungsstiftes den zweiten Platz ein, mit der Verpflichtung des ständigen Wohnsitzes in Aachen. Die Dechanei bestand aus einer Gruppe von fünf Gebäuden zwischen Klosterplatz und Katschhof, die verschiedenen Bauperioden angehörten. Das vermutlich älteste Haus war das von dem Dechanten Heinricus de Foresto 1226 dem Münsterstift übereignete Gebäude, das schon zu Beginn des 19. Jahrhunderts durch einen Neubau ersetzt wurde. Der Bau des 15. Jahrhunderts entstand nach Buchkremers Vermutung unter Dechant Petrus Wimar, seit 1457 Kanonikus des Münsterstifts, der sich für die Erneuerung der Bauten einsetzte und dies wohl noch vor seinem Ausscheiden 1491 (†1520) erreichte. Da dieser Bau einen großen, festsaalähnlichen Raum besaß, ist es möglich, daß die inkrustierten Fliesen dort in der 2. Hälfte des 15. Jahrhunderts verlegt wurden. Die wichtigsten Bauten der Dechanei verdanken ihre Entstehung dem päpstlichen Protonotar Johannes von Schönrath, der an vielen Stellen sein Wappen, oft auch

Inschrift und Jahreszahl anbringen ließ (1530, 1534, 1538). Die dem hl. Oswald geweihte Hauskapelle wurde 1534 durch Johannes v. Schönrath neu errichtet. Nach dem Stadtbrand 1656 und im 18. Jahrhundert wurden Erneuerungs- und Erweiterungsbauten durchgeführt, 1835 wurde die höhere Bürgerschule dort installiert.

Literatur

E. PH. ARNOLD, 90–92.

J. BUCHKREMER, 1935, 39–58.

A. WIEDENAU, 191–205, 370–371.

---

1 A. WIEDENAU, 199–200, „Vor 1225 ist das Anwesen an der NO-Seite des Klosterplatzes Dechanei (mit angrenzender, 1215 erwähnter Oswaldkapelle). Beim Stadtbrand 1225 wird auch die Dechanei zerstört, die Kapelle anscheinend verschont. 1226 kauft der Dechant Sibodo das Kanonikerhaus des Heinrich von Forst (alte Dechanei).“ In der 2. Hälfte des 13. Jahrhunderts wird das Dechanatsgebäude wieder aufgebaut und 1314 durch den Dechanten Garsilius von Molenarke dem Stift geschenkt. Dieses Gebäude wird bis zum Abbruch als neue Dechanei bezeichnet.

Komplex des „claustrum“, ehem. „Propstei“, und Kanonikerhäuser am Klosterplatz, „Romanisches Haus“, Klosterplatz 1/Klostergasse 4

Fundumstände

Unbekannt. Es ist nicht gesichert, daß die Fliesen aus einem dieser Gebäude stammen. Da sie jedoch die Wappen von Kanonikern des Aachener Münsterstifts zeigen und die Propstei nachweislich Fliesenböden besaß, wäre eine Herkunft der Fliesen aus diesen Bauten möglich.

Baugeschichte

Das in der 2. Hälfte des 12. Jahrhunderts erbaute „Romanische Haus“, welches Bock für den ehem. Propsteibau hielt, wurde nach 1226 um einen Anbau mit einer der hl. Katharina geweihten Kapelle erweitert. Diese wurde von dem Kanonikus Adam v. Bongard 1507 neu dotiert und erweitert. Das Eckhaus des Gebäudekomplexes scheint also damals als Kanonikerhaus in seinem Besitz gewesen zu sein (Romanisches Haus), die Propstei muß sich daher auf die weiter westlich liegenden Gebäude ausgedehnt haben. Sie besaß eine dem Hl. Servatius geweihte Hauskapelle. Das „Romanische Haus“ wurde 1944 zerstört, die letzten Reste der Gebäude 1951 abgetragen. Vom selben Modelschneider wie die Wappenfliese G 44 des Adam v. Bongard (A. de Pomerio) wurde G 43 mit dem Wappen des Johannes Vlatten geschnitten. Dieser war seit 1511 Kanonikus des Marienstiftes, seit 1525 Propst. Eines der Propsteigebäude scheint sich im Besitz der Familie Vlatten befunden zu haben. 1590 verkaufte der Propst Heinrich von Vlatten[1] ein Haus „zu Aich uff des Stifts Cloister nachst der propsteien behausung an einer an der ander seyden nechst der straßen gelegen“. Möglicherweise stammt G 43 aus diesem Haus. Beim Stadtbrand 1656 wurde ein Teil des „Romanischen Hauses“ mit der angrenzenden Propstei zerstört[2]; ein Wiederaufbau scheint in kleinerem Umfang erfolgt zu sein.

Literatur

F. BOCK, Die ehem. Propstei des kaiserlichen Krönungsstiftes zu Aachen, F. BOCK, Bd. 2.

R. PICK, 1895, 370–372.

E. PH. ARNOLD, 89–92, 201.

J. BUCHKREMER, 1935, 48.

A. HUYSKENS, Die geschichtliche Bedeutung des Aachener Romanischen Hauses, ZAGV 62, 1949, 57–76.

A. OFFERGELD, Die persönliche Zusammensetzung des alten Aachener Stiftskapitels bis 1614. Diss. Aachen 1974.

H. E. KUBACH, A. VERBEEK, Bd. 1, 19–20.

A. WIEDENAU, 191–205, 370–371 (dort weitere Literatur).

---

1 R. PICK, 370, Anm. 1.

2 A. WIEDENAU, 200.

Rathaus, Reichssaal

Fundumstände

Die Fliese B 49 wurde zu Ende des 19. Jahrhunderts, F 98 und L 23 wurden beim Wiederaufbau nach dem 2. Weltkrieg im Mauerwerk gefunden. Diese Fliesen sind zweifellos echt. Für den 1871 von Ark gefertigten Fußboden wurden offensichtlich mittelalterliche Fliesen als Vorlage benützt. So hat sich die Kopie von B 49, gelb/braun inkrustiert, im Rheinischen Amt für Denkmalpflege erhalten. Zu den Fliesen aus dem Aachener Reichssaal könnten auch noch G 46 mit dem Reichsadler und G 47 mit dem apokryphen Wappen Karls d. Gr. gehören. Es ist jedoch nicht mehr mit Sicherheit festzustellen, was Arksche Erfindung, was Original ist, da einige der Fliesen in die Wand eingelassen und dadurch die Rückseite nicht überprüfbar ist.

Um künftigen Verwechslungen vorzubeugen, folgt der Wortlaut der Beschreibung Laurents: „Zur gänzlichen Fertigstellung des Saales bedurfte es noch der Erneuerung des Fußbodens ... Da nach Ansicht Arks die beiden Vorschläge dem mittelalterlichen Charakter des Gebäudes wenig entsprachen, kam auf seinen Vorschlag ein nach eigenem Entwurf hergestellter Belag in gebrannten und gemusterten Tonfliesen zur Ausführung. Ark erläutert den Entwurf wie folgt: Jeder der zehn Felder (Gewölbejoche) besteht aus einer Menge kleiner Quadrate von 4 × 4 Fliesen, welche im mittelalterlichen Charakter mit stilisiertem Laubwerk, Adler und Wappen gemustert sind. Der einköpfige Adler mit ornamentaler Einfassung, das Wappen des deutschen Königs, bildet den Mittelpunkt jeder der 10 Abteilungen des Saales. Denselben umgeben in den vier umliegenden Quadraten, die Wappen der drei geistlichen Kurfürsten von Mainz, Cöln und Trier und des hiesigen Stiftkapitels, der vier weltlichen Kurfürsten von Böhmen, der Pfalz, Sachsen und Brandenburg und von vier Reichsstädten, Frankfurt, Aachen, Cöln und Nürnberg. Der Belag hat einschließlich aller Arbeiten und der Unterbettung 4938 Taler gekostet. Er wurde 1871 fertiggestellt ...“[1]. Kerz berichtet über die im 2. Weltkrieg zerstörten Fliesen: „Der Fußbodenbelag bestand aus ... mehrfarbigen Tonfliesen. Der mittelalterliche Fliesenboden lag ca. 30 cm unter dem heutigen Niveau“[2].

Baugeschichte

Das über den Grundmauern der karolingischen Pfalz errichtete Rathaus übernahm von dieser einen Teil des Sockelmauerwerks und den viergeschossigen Granusturm. Der gotische Bau entstand in der 1. Hälfte des 14. Jahrhunderts, der Ausbau zog sich bis 1376 hin. Der Reichssaal wurde bis 1531 für das Krönungsmahl der deutschen Könige benutzt, er verlor seit der Verlegung der Krönung von Aachen nach Frankfurt an Bedeutung. Die Muster der Fliesen weisen alle auf eine Entstehung nach 1500, sie wurden jedoch schwerlich noch nach 1531 verlegt.

Literatur

R. PICK, J. LAURENT, Das Rathaus zu Aachen, Aachen 1914, 158–159.

K. FAYMONVILLE [u. a.], Kdm Aachen III, 106–144.

M. Röntgen, Das gotische Rathaus zu Aachen. Baugeschichtliche Untersuchungen an seinem im Kriege schwer beschädigten Baukörper vor der Wiederherstellung, in: A. Huyskens, B. Poll, Das alte Aachen, seine Zerstörung und sein Wiederaufbau, Aachen 1953, 106–155.

Ph. Kerz, Zum Aufbau des Reichssaales im Rathaus, ZAGV 69, 1957, 123–133.

G. Dehio, Rheinland, 24–26.

1 R. Pick, J. Laurent, 158–159.

2 Ph. Kerz, 125–126.

„Haus zum Papagei", Jakobstraße 23?

Fundumstände

Unbekannt. Über die Herkunft der Fliese ist, wie bei anderen Aachener Wappenfliesen, nichts bekannt. Da die Fliese mit dem Wappen Bestoltz vor oder nach 1500 entstanden sein muß, könnte sie aus dem „Haus zum Papagei" stammen.

Baugeschichte

Der Aachener Bürger Thys Bestoltz (sein Sohn Mathias war 1475/76 Bürgermeister in Aachen) erwarb 1469 das neben dem Weißfrauenkloster gelegene „Haus zum Papagei". Durch Erbschaft kam es an seinen Sohn Peter, der nach 1504 viermal zum Bürgermeister gewählt wurde. Das Haus blieb bis zum Brand von Aachen 1656 unversehrt, mußte jedoch zwischen 1717–20 einem Neubau weichen. In diesem wurde 1823 das Hauptpostamt eingerichtet.

Literatur

H. F. Macco, I, 34, Taf. 8.

E. Ph. Arnold, 234.

L. Fr. v. Coels von der Brüggen, Das Haus zum Papagei, ZAGV 57, 1963, 54–62.

Mheerener Hof, Jakobstraße 25

Fundumstände

„Bei einem vor einigen Jahren geschehenen Umbau wurden Spuren dieses Brandes sowie auch etwa 1 m tief in der Erde verschiedene Ziegelbeläge, von denen einer auf das 14. Jahrhundert hinwies, aufgefunden."[1]

Baugeschichte

Der Hof erstreckte sich in die Tiefe von der Jakob- bis zur Bendelstraße. Er hieß im Mittelalter „Zur Kandel", wohl nach den 1364 erwähnten Ratsherren Goswin und C. up den Canel. Später war er im Besitz der Familie Segroide, 1487 in dem von J. Hoen von Cartiils, anschließend in dem Hermanns von Buwinghausen. Das Haus ging beim Stadtbrand 1656 zugrunde und wurde wieder aufgebaut. Keine der Wappenfliesen läßt sich zu einem der Besitzer in Verbindung bringen. Es muß sich jedoch nicht um eine Wappenfliese handeln. Der Boden könnte auch zum dicht danebenliegenden Weißfrauenkloster gehört haben. Das nach 1215 gegründete, 1278 erstmals erwähnte Kloster lag innerhalb des Bereichs Jakobstr. 23, Jakobstr. 48, Klappergasse 168 und Bendelstr. 23.[2]

Literatur

C. Rhoen, Die adeligen Höfe und Patrizierhäuser in Aachen, Aachen, o. J., 5.

Ders., Topographie, 61–62.

E. Ph. Arnold, 85.

1 C. Rhoen, 5.

2 Ders., 61–62.

„Haus op ed Pervesch" („au Parvis"), Klostergasse, früher Haus E 23

Fundumstände

Beim Graben eines Kellers im Garten des dem Stiftskapitel gehörenden Hauses „au parvis" wurden 1823 im Brandschutt viele Fliesen „mit Platten und erhabenen Verzierungen, worunter die Lilie oft vorkommt" gefunden. „Von gleicher Materie ein Stück von einem Hunde, 2 Zoll groß. Der frühere Eigentümer hat den ganzen Fund der Münsterkirche geschenkt."[1] Von den bis jetzt bekannten Fliesen könnte eigentlich nur S 3 als Fliese „mit Lilien" bezeichnet werden. Diese kam, ohne Herkunftsangabe, über den Kunsthandel in die Museen von Düsseldorf, Köln und Schleswig. Die Initialen der Evangelisten weisen auf einen Sakralraum, die Lilie als Mariensymbol könnte eine Verbindung zum Marienstift herstellen.

Baugeschichte

Der ehemalige Bau scheint durch einen Brand vollständig zerstört worden zu sein. Der Brandschutt fand sich ungefähr in 14 Schuh Tiefe (ca. 4,35 m), die gefundenen Ausstattungsstücke (Granitsäulen ähnlich denen des Münsters, Marmormosaik), lassen auf einen begüterten Vorbesitzer oder einen Kirchenraum schließen. Die Zerstörung erfolgte vermutlich erst nach Ende des 15. Jahrhunderts, aber wohl doch vor dem Stadtbrand 1656.

Der heutige Domhof war das Atrium oder Paradies des Münsters, volkstümlich „parvisch", ein Name, der sich später auf den danebenliegenden Platz, den heutigen Fischmarkt übertrug. Zu beiden Seiten des Parvischs standen Kapellen, die im 15. Jahrhundert noch erhalten waren. Die Katharinenkapelle wurde 1730 wegen Baufälligkeit geschlossen, von den anderen weiß man nichts.

Literatur

Fr. Nolten, Aachener Volkszeitung 256, 1885.

R. Pick, Der angebliche „Eisenmarkt" in Aachen, in: R. Pick, 1895, 340–347.

E. Adenaw, 1898, 202–204.

E. Ph. Arnold, 18.

1 E. Adenaw, 1898, 202–203.

Gelände hinter Haus Krugenofen 41

Fundumstände

Die Fliese A 4 fand sich im Scherbengraben eines 1898 ausgegrabenen Töpferofens, zusammen mit Bruchstücken weiterer Fliesen desselben Typus. Der Fund dieser Fliese verleiht der These vom Auszug eines oder der Aachener Töpfer nach Langerwehe eine gewisse Wahrscheinlichkeit. Dieselbe Prägung wurde als Fehlbrand, der nur an Ort und Stelle verworfen worden sein kann, in Langerwehe gefunden.

Ortsgeschichte

Die Bezeichnung „Kruchenofen" wird 1457 erstmals erwähnt und hat sich bis heute erhalten. In der Umgebung wurden wiederholt Töpferöfen angeschnitten oder, meist durch Bagger beim Aushub von Erde schon zerstört, gerade noch gesichtet. Der 1898 entdeckte Ofen enthielt nur Krüge, ein Ofen, der ausschließlich für Fliesen benutzt wurde, konnte bis heute nicht gefunden werden[1]. Die Fliese gehört vermutlich der 2. Hälfte des 15. Jahrhunderts an. Bei der langen Weiterverwendung einzelner Model kann sie noch, wie die meisten der übrigen in Aachen gefundenen Fliesen, um 1490–1500 entstanden sein. Ein aus einem mittelalterlichen Fliesenboden stammendes Exemplar fand sich in dem ehem. Zisterzienserinnenkloster St. Jöris (Eschweiler-Kinzweiler), ca. 27 km von Aachen, ca. 10 km von Langerwehe entfernt.

Literatur
E. ADENAW, 1914, 125–126.
L. HUGOT, 1977, 226–228.

1 E. ADENAW, 125–126.

Franzstraße 70–72, 107

Fundumstände
Bei Ausschachtungsarbeiten für zwei Neubauten wurden 1969 und 1970[1] ein gut erhaltener, ein unversehrter und mehrere zerstörte Töpferöfen entdeckt. Die ersteren enthielten einfache Gebrauchskeramik, Bartmannskrüge und Krüge mit dem Bild eines Dudelsackpfeifers. Die Funde wurden von den Bauarbeitern sofort verkauft. Alle Angaben über die ebenfalls dort gefundene Fliese G49 fehlen. Die Töpferöfen und die teilweise wiederbeschafften Funde werden bei Hugot[2] ausführlich beschrieben.

Ortsgeschichte
Hugot[3] umreißt den Aachener Töpfereibezirk als zwischen Marschiertor und Aureliusstraße (möglicherweise noch über diese hinausreichend), zu beiden Seiten der heutigen Franzstraße gelegen. Die Töpferöfen waren terrassenartig übereinander in den Hang gegraben. Fliesen scheinen jedoch ein Nebenprodukt dieser Werkstätten gewesen zu sein, sonst hätten sich doch wohl mehr gefunden. Durch die Fliese G49 mit dem Wappen des Abtes Heinrich von Binsfeld (1498–1531 Abt der Benediktinerabtei Kornelimünster), ist gesichert, daß diese Öfen mindestens noch zwischen 1500–30 betrieben wurden und, unter anderem, Fliesen für Kornelimünster brannten, wo G49 ebenfalls gefunden wurde (siehe dort).

Literatur
L. HUGOT, 1977, 229–236, 260, Abb. 34–35, 261.

1 L. HUGOT, 1977, 229–231.
2 Ebd., 231–259.
3 Ebd., 234–235.

Aachen – Kornelimünster

Ehem. Benediktinerabteikirche St. Kornelius, heute kath. Pfarrkirche

Fundumstände
Bei der Grabung anläßlich eines Heizungseinbaus 1959–61 wurden auf der Westempore Fliesen in alter Lage gefunden. Sie waren diagonal zur Kirchenachse verlegt und reichten von der Brüstung bis zur Westmauer der Kirche. Diese Fliesen zeigten einheitlich das Muster H165. Die übrigen Fliesen wurden vereinzelt im Schutt gefunden. Ein Teil der Fliesen wurde in der Kirche neu verlegt. Vermutlich besaß früher die ganze Kirche Fliesenböden, die 1822 einem Plattenbelag aus Blaustein weichen mußten.

Baugeschichte
Das 814 durch den Hl. Benedikt gestiftete Kloster Inden, seit Beginn des 11. Jahrhunderts dem hl. Kornelius geweiht, hat als vielbesuchter Wallfahrtsort eine lange und wechselvolle Baugeschichte. Die auf Vorgängerbauten des 9. und 11. Jahrhunderts, nach einem Brand ab 1310 entstandene Kirche, wurde im 2. Viertel des 14. Jahrhunderts, in dessen 2. Hälfte und zu Beginn des 15. Jahrhunderts umgebaut und zur fünfschiffigen Hallenkirche erweitert. Die Bauzeit der Westempore ist unsicher, Hugot[1] glaubt, sie erst nach 1532 ansetzen zu können. Möglicherweise wurden die Fliesen dort nachträglich verlegt. Die übrigen Fliesen stammen vermutlich aus den Erweiterungsbauten, die Abt Heribert von Lülsdorf (1450–81) nach 1470 ausführte, der, laut Inschrift, die südlichen Seitenschiffe errichten ließ. Die Fliese G50 mit dem Wappen des Abtes Heinrich von Binsfeld (1491–1531)[2] stammt wohl aus den während seiner Amtszeit erbauten Nordschiffen, die Schlußsteine mit seinem Wappen tragen. Die Datierung der Fliese H165 bietet besondere Schwierigkeiten. Das Muster weist in das frühe 14. Jahrhundert, sie könnte bei den Erneuerungsarbeiten nach dem Brand von 1310 verlegt worden sein. Die Verwendung einer gelben und grünen Glasur erlaubt jedoch höchstens eine Datierung ins frühe 15. Jahrhundert. Möglicherweise wurde ein noch vorhandener Model benutzt. Da diese Fliese 1978 auch in St. Martin, Langerwehe, geborgen wurde, ist wahrscheinlich, daß auch die Fliesen für Kornelimünster dort gebrannt wurden.

Literatur
H. REINERS, Kdm Lkr. Aachen, 42–56.
L. HUGOT, Kornelimünster. Untersuchung über die baugeschichtliche Entwicklung der ehem. Benediktinerklosterkirche, Diss. Aachen 1965, 123, 158–201.
Ders., 1972, Taf. 23, Abb. 2, Taf. 36, Abb. 1 und 2.
G. DEHIO, Rheinland, 421–424.
H. E. KUBACH, A. VERBEEK, Bd. 1, 634–639.
L. HUGOT, 1977, 225–272.

1 L. HUGOT, 1965, 198.
2 H. REINERS, 44, erwähnt einen Bericht von 1510, der die Kirche als „von Grund aus neu umgebaut" bezeichnet.

Aalen, Ostalbkreis

Ev. Pfarrkirche St. Johannis Evangelista, heute Friedhofskirche

Fundumstände
Bei der Restaurierung der Kirche 1922 wurde der Altar nach Osten abgerückt und dadurch zahlreiche Fliesen freigelegt, die zur Untermauerung des Altars gedient hatten. Sie wurden erneut unter der Kanzel in den Boden eingelassen, scheinen jedoch in späterer Zeit entfernt worden zu sein. Da die Fliese J13 auch 1922 in das heutige Württembergische Landesmuseum, Stuttgart, kam, ist es wahrscheinlich, daß sie von hier stammt. Bei Bauarbeiten im Sommer 1973 wurde ca. 50 cm unter dem heutigen Niveau ein Fliesenboden in situ aufgedeckt. Die Anordnung der Fliesen wurde nicht festgehalten. Sie kamen nur im alten Teil der Kirche, nicht im Erweiterungsbau zum Vorschein.[1]

Baugeschichte
Die vor dem Ausfalltor des römischen Limeskastells Aalen liegende Kirche wurde vermutlich im 10. oder 11. Jahrhundert unter Verwendung von römischen Steinen erbaut. 1360 wurde in der Kirche eine Kaplanei gestiftet, um 1560 wurde die Kirche durchgreifend erneuert und erweitert. Ein Vergleich mit Fliesen desselben Typus aus St. Martin, Langenau, und St. Mang, Kempten, lassen auf eine Entstehung im 4. Viertel des 14. oder 1. Viertel des 15. Jahrhunderts schließen. Da die Abtei Ellwangen, die auch die Baulast der

Kirche trug, eine 1364 erstmals erwähnte Ziegelei[2] vor dem Ellwanger Tor unterhielt, ist es wahrscheinlich, daß die Fliesen unter dem Einfluß Ellwangens in Aalen gefertigt wurden.

Literatur
BOA Aalen, 71.
H. Häussler, Das St. Johanniskirchlein im Friedhof zu Aalen, Aalen 1923, 19, 30–31, 43.
E. Keyser, D. Stb. IV, 2,2, 30–31.
B. Cichy, St. Johanniskirche vor dem Ausfalltor (porta praetoria) des Kastells Aalen mit römischen Steinen erbaut, Philipp Filtzinger, Limesmuseum Aalen, Stuttgart [2]1975, 13–16.

1 Freundliche Mitteilung von Herrn Stadtarchivar Plickert†, Aalen.
2 Die Ziegelei wurde 1446 von Ellwangen abgetreten. Für eine Fertigung in Aalen spricht, daß im dortigen Stadtwald „Eichert" ein ausgezeichneter Ton gewonnen wurde.

Adelberg, Lkr. Göppingen

Ehem. Prämonstratenserkloster, St. Ulrichskapelle, heute ev. Pfarrkirche

Fundumstände
Die Fliesen lagen 1888 noch in Resten um den Taufstein und wurden vermutlich zu Ende des 19. Jahrhunderts entfernt.[1]

Baugeschichte
Das 1178 von Volknand von Ebersberg gestiftete Kloster brannte 1361 fast völlig ab. Die Fliesen stammen jedoch nicht aus der 1202 geweihten Klosterkirche, sondern aus der unter Abt Berthold Dürr nach 1490[2] erbauten Ulrichskapelle. Da ihre Ausstattung erst unter dessen Nachfolger Abt Lienhard Dürr (1501–35) abgeschlossen wurde, können die Fliesen noch im 1. Jahrzehnt des 16. Jahrhunderts verlegt worden sein.

Literatur
P. Keppler, 315.
K. Kirschmer, Neue Forschungen über Kloster Adelberg, Stauferland, 1957, Nr. 4 und 5.
G. Dehio, Baden-Württemberg, 2–3.
Hist. Stätten VI, Baden-Württemberg, 5–6.
W. Ziegler, Kloster Adelberg, München–Zürich 1977, 2–23.

1 P. Keppler, 315.
2 K. Kirschmer, 2, gibt die Grundsteinlegung für den Ostersonntag 1500 an (nach Inschrift).

Affalterlohe, heute **Affalterloch,** Gem. Waldsee, Kr. Ludwigshafen

Ehem. Burg, sog. „Festes Haus"

Fundumstände
Bei Nachgrabungen vor 1892 fanden sich „eine größere Anzahl Bodenfliesen", deren Muster jedoch nicht mehr bekannt sind. Eines davon, M20, hat Wihr[1] überliefert, die übrigen Fliesen befinden sich im Museum Speyer. 1978 wurden drei weitere Fragmente an der Fundstelle aufgelesen. Da es sich auch hierbei um das Muster M20 handelt, wäre es möglich, daß der Boden einheitlich nur dieses Muster zeigte.[2]

Baugeschichte
Der im 8./9. Jahrhundert erstmalig erwähnte Ort, auch Affolterloch oder Affelderle genannt, befand sich auf einer ehem. Rheininsel und bestand im frühen Mittelalter aus etwa 6 Höfen, von denen einer Ende des 12. Jahrhunderts im Besitz des Klosters Weißenburg, ein anderer in dem des Nonnenklosters Frankenthal war. Diese und wohl auch die anderen Höfe kamen im 13. Jahrhundert in den Besitz des Zisterzienserklosters Himmerod. Es ist nicht bekannt, von wem das „Feste Haus" im heutigen Gewann „Die Burg" erbaut wurde, vermutlich wurde es erst nach 1318 befestigt. Es ging vor 1349 in den Besitz des Kurfürsten von der Pfalz über und wurde 1349 von dem Heer Kaiser Karl IV. und den Bürgern von Speyer zerstört und nicht wieder aufgebaut. Das Fliesenmuster gehört nicht zum Bestand der in den Zisterzienserklöstern verbreiteten Muster, sondern zu dem der Speyerer Werkstatt. Seine Prägung nach 1318 ist durchaus möglich, vermutlich wurde jedoch ein schon im 13. Jahrhundert gefertigter Model verwandt. Dieses Muster wurde außerdem in St. German und im Dom von Speyer gefunden.

Literatur
R. Wihr, Affolterloch, Palatina, 1927, 353–354, 360–361, 367–368.
Ders., 1937, 12.
B. H. Röttger, Kdm Stadt Speyer, 738–739.
Hist. Stätten V, Rheinland-Pfalz, 393.
H. Bernhard, 1978, 225.

1 Mitt. Hist. Ver. Pfalz 16, 1892, 196.
2 H. Bernhard, 225.

Affolderbach, Gem. Miehlen, Rhein-Lahn-Kreis

Ehem. Zisterziensierinnenkloster

Fundumstände
Die Fliesen wurden 1882 gefunden, der genaue Fundort ist unbekannt.[1]

Baugeschichte
Das 1222 von Graf Ruprecht v. Nassau gestiftete Kloster, zu dessen Baugeschichte alle Urkunden fehlen, wurde 1544 dem Kloster Walsdorf inkorporiert. Schon in der Mitte des 16. Jahrhunderts in Verfall geraten, wurde es in einen Hof umgewandelt. Von den Klostergebäuden und der bis 1636 noch erhaltenen Klosterkirche sind alle Spuren verschwunden. Die Fliesen, vermutlich durch Kloster Eberbach beeinflußt, wurden wohl im 1. Viertel des 14. Jahrhunderts verlegt.

Literatur
E. Gross, Miehlen. Aus siebenhundert Jahren seiner Geschichte nebst der Geschichte des Klosters und Hofguts Affolderbach, Oberlahnstein 1953, 216ff.
Hist. Stätten V, Rheinland-Pfalz, 2.

1 Westd. Zs. 2, 1883, Museographie 1882, 213. – Nass. Ann. 18, 1883/84, 292.

Alberweiler, Gem. Schemmerhofen, Lkr. Biberach

„Schlößle"

Fundumstände
„Wenige" Fliesen wurden bei der Restaurierung 1968 gefunden.[1]

Baugeschichte
Während einer feindlichen Besetzung wurde 1487 der Vorgängerbau von den Besitzern, den drei Brüdern Warthausen, belagert und verbrannt. Das wiedererbaute Wasserschloß war dann seit 1586 im Besitz der Herren von Stadion, im 19. Jahrhundert in dem der Zimmermannsfamilie Mohr. Die Fliese ist so abgetreten, daß sich die wohl sehr feine Prägung kaum erkennen läßt. Sie stammt wahrscheinlich aus dem 1494 durch Bartholomäus v. Warthausen errichteten Neubau. Es wäre möglich, daß sie in Biberach gefertigt wurde, dem die Kirche von Alberweiler seit 1449 inkorporiert war.

Literatur
J. Baum, J. Klaiber, B. Pfeiffer, Kdm Donaukreis I, 89.
J. Forderer, Das Schlößle zu Alberweiler, Schwäb. Zeitung 195, 1966.
S. Krezdorn, A. Schahl, Schemmerhofen, Sigmaringen 1980, 80–83.

1 Freundliche Mitteilung von Frau R. Roth, Alberweiler. Den Fund dieser Fliese verdanke ich Herrn Michael Geyer, Ulm-Mähringen.

Allgramsdorf, Stadt Rottenburg a. d. Laber, Kr. Landshut

Filialkirche St. Stephan

Fundumstände
Die Fliese fand sich bei Grabungen, vermutlich 1901, ca. 1 m unter dem heutigen Fußbodenniveau.

Baugeschichte
Die schlichte, vermutlich im 14. Jahrhundert entstandene Kirche, zu der alle Urkunden fehlen, enthält zwei, sich an spätgotische Formen anlehnende Apostelfiguren aus der Zeit um 1550. Dies ließe an Ausstattungsarbeiten in dieser Zeit denken. Das einfache Fliesenmuster erlaubt keine sichere Datierung, es wäre schon im 14. und noch im 16. Jahrhundert möglich.

Literatur
A. Eckardt, Die Kdm von Bayern IV., 22, Reg.-Bez. Niederbayern. Bez.-Amt Rottenburg, München 1930, 20–22.

Alpirsbach, Lkr. Freudenstadt

Ehem. Benediktinerkloster mit Klosterkirche St. Benediktus

Fundumstände
Die ersten Fliesen gelangten schon vor 1862 in die Sammlung des königlichen Conservatoriums Stuttgart. 1877 müssen im Dormitorium und im Konventsaal noch Fliesen in situ verlegt gewesen sein[1], während Keppler 1888 nur noch von Fliesen im Konventsaal berichtet. Wenige Fliesen sind noch heute vor dem Ofen des Kapitelsaals und in einer Mönchszelle neu verlegt oder dienen als Belag der Fensterbrüstungen in den Emporen des Mittelschiffs. Die Fliesen des ehem. Refektoriums, heute kath. Pfarrkirche, sind Kopien nach vorhandenen Mustern. Vermutlich wurden die erhaltenen Fliesen bei den Restaurierungen 1869 und 1879–81 wahllos neu verlegt, möglicherweise stammen einige davon aus der 1839 abgebrochenen Marienkapelle.
Weitere Fliesen fanden sich bei der Restaurierung 1967 als Streufunde[2], darunter ein bis dahin unbekanntes Muster (M48).

Baugeschichte
Das 1095 gestiftete Kloster, mit Kirche und Kapitelsaal aus dem 1. Drittel des 12. Jahrhunderts, wurde unter Abt Hieronymus Hulzing (1479–95) erweitert und umgebaut. Vermutlich stammen die Fliesen aus dem in dieser Zeit in Einzelzellen umgewandelten Dormitorium, dem 1481–94 errichteten Kreuzgang und Konventsaal oder dem 1482 umgebauten Abtshaus. 1506 wurde außerdem die Apsis der südlichen Seitenkapelle angefügt.[3] Sollte die aus dem Kunsthandel mit dem Fundortvermerk „Alpirsbach" stammende Fliese B9 wirklich von dort sein, so könnte sie wohl nur aus der an die südliche Seitenkapelle um 1230 angebauten Sakristei stammen.[4] Früher als die übrigen Fliesen muß auch M48 entstanden sein. Möglicherweise wurde sie in der 1. Hälfte des 15. Jahrhunderts verlegt, als unter Abt Hugo von Leinstetten (1414–32) die Apsis bis auf die Altarbühnen abgerissen und durch einen gotischen Chor ersetzt wurde. Da sich auf der Markung Alpirsbach Töpferton findet, wurden die Fliesen wohl am Ort geprägt.
Die Fliesen des Pfarrhauses Wittendorf, Kr. Freudenstadt, stammen ebenfalls aus Kloster Alpirsbach, da dieses für die Instandhaltung des Pfarrhauses verantwortlich war.[5]

Literatur
K. Hassler, Taf. 4, 1. – 86. 183.
K. J. Glatz, 215.
P. Keppler, 259.
A. Mettler, Kloster Alpirsbach, Augsburg 1927, 23ff.
E. Keyser, D. Stb. IV., 2,2, 320.
G. Dehio, Baden-Württemberg, 8–10.
P. V. Fiala, Die Baugeschichte und Patrozinien der Klosterkirche von Alpirsbach, Alemannisches Jb. 1964/1965, 1966, 233 (225–238).
F. Quarthal, 1975, 117–124.

1 K. J. Glatz, 215, „... Auf den Fußböden dieser (Dorment und Konventsaal) und anderer Räume erhielten sich schön gemodelte Fliesen ..."
2 Freundliche Mitteilung von Herrn Dr. A. Rieth †, Tübingen.
3 K. Hassler, 7, datiert die Fliese F158 noch ins 13. Jh. Ein Vergleich mit den übrigen Mustern dieses Typus zeigt jedoch, daß gerade diese Fliese besonders spät entstanden sein muß. Sie könnte am ehesten aus dieser Apsis stammen.
4 G. Dehio, 10. Die Sakristei weist Kreuzrippengewölbe der „Maulbronner Schule" auf (Paradieswerkstatt). Eine Verbindung zu den Zisterziensern (das Muster B9 kommt sonst nur in Bebenhausen vor) wäre demnach durchaus möglich.
5 Freundlicher Hinweis von Herrn Pfarrer A. Friz, Wittendorf.

Alsfeld, Vogelsbergkreis

Ehem. Augustiner-Eremiten-Klosterkirche, heute ev. Dreifaltigkeitskirche

Fundumstände
Die Fliesen wurden bei der Restaurierung 1961–63 aufgedeckt und blieben im Besitz der Kirchenverwaltung. Möglicherweise stammt die Fliese X26 im Museum Marburg ebenfalls aus Alsfeld und wurde dort schon im 19. Jahrhundert

entfernt. H 56 fand sich in derselben sorgfältigen Prägung, wie sie auch die Fliesen aus dem Goethehaus in Frankfurt zeigen. Es kamen außerdem ungemusterte Fliesen zutage, bei denen ein Rautenmuster durch Eintauchen der Ecken in weiße Engobe erzielt worden war (16,8 × 2,5 cm. Privatbesitz).

Baugeschichte
Die Kirche des wohl 1244 gegründeten Klosters wurde in der 2. Hälfte des 14. Jahrhunderts erbaut und 1415–36 durch ein Hauptschiff nach Westen erweitert. Für Umbauten in späterer Zeit gibt es weder Urkunden noch stilgeschichtliche Hinweise, nach der Aufhebung des Klosters 1527 dürften jedoch kaum mehr Bauarbeiten ausgeführt worden sein. Das Muster der Fliesen ließe eine Entstehung um 1435 zu, das starke Relief und die Doppelrosetten von X26 weisen eher in den Beginn des 16. Jahrhunderts. Die Kirche wurde um 1662 restauriert und 1664 der ev. Gemeinde übergeben. Die Fliesen wurden wohl in Alsfeld geprägt, da dort schon früh Töpfer ansäßig waren und die Alsfelder Hafnerzunft ohne Unterbrechung bis ins 19. Jahrhundert bestand.
Es muß jedoch erwähnt werden, daß der Model, mit dem X26 geprägt wurde, in der Töpfersiedlung Klaushof (Kirchdorf Florsheim in der Gemarkung Neukirchen) für eine Ofenkachel verwandt wurde.[1]

Literatur
G. W. J. Wagner, 20–27.
G. Fröhlich, Das Zunftwesen in Alsfeld bis zum Beginn des 19. Jahrhunderts, Diss. Frankfurt (Schramberg) 1935, 12.
K. A. Mengel, Die Kirche des Augustinerklosters, Hess. Heimat, N. F. 8, 1958/59, 18–19.
H. Rübeling, Die Wiederherstellungsarbeiten der Dreifaltigkeitskirche zu Alsfeld, Alsfeld 1963, o. Sz.
D. Grossmann, 17–19.
G. Dehio, Hessen, 9.

1 A. Giebel, 146–154. Die „Zigellhütt Florshaina" wird 1580 erstmals erwähnt, der erste namentlich bekannte Töpfer ist „Cuntz Budener, Zigeler auf der Clausen" (†1611). Der Hof liegt etwa 32 km von Alsfeld entfernt.

Ev. Stadtkirche St. Walpurgis

Fundumstände
Die Fliesen wurden bei der Grabung 1971–72 gefunden. Leider wurde nicht festgehalten, an welcher Stelle des Kirchenbaus die Fliesen lagen.

Baugeschichte
Die vielleicht im Zusammenhang mit der Verleihung der Stadtrechte (1240) in der Mitte des 13. Jahrhunderts begonnene Kirche erhielt im 3. Drittel des 13. Jahrhunderts einen gotischen Chor, welcher den Einfluß der Arnsburger Klosterbauhütte zeigt. In der Mitte des 14. Jahrhunderts erfolgte eine Erweiterung des südlichen Seitenschiffes, das nördliche Seitenschiff wurde nach 1393 (Jahreszahl im Chor) zusammen mit dem Neubau der Sakristei um das Doppelte verbreitert. Um die Mitte des 15. Jahrhunderts entstand der Umbau des Langhauses zur Hallenform (Jahreszahl 1472). Die Maße der Fliesen weisen auf eine Verlegung in diesem letzten Umbau, J 51 lehnt sich sicher noch an eine Arnsburger Vorlage an, die möglicherweise in der Kirche vorhanden war.

Literatur
W. Meyer-Barkhausen, Die Stadtkirche St. Walpurgis in Alsfeld, Hess. Heimat, N. F. 8, 1958/59, 19–23.
Hist. Stätten IV, Hessen, 3.
J. Michler, Die Walpurgiskirche zu Alsfeld. Ihre Baugeschichte und kunstgeschichtliche Einordnung, Festgabe des Gesch.- und Mus.ver. Alsfeld zum 750-Jahrestag der Stadt Alsfeld, Alsfeld 1972, 65–97.
D. Grossmann, 11–17.
G. Dehio, Hessen, 7–9.

1 Den Fund dieser Fliese verdanke ich Herrn Dr. Peter Weyrauch, Darmstadt.

Altdorf/Altorf, Bas-Rhin, Frankreich

Ehem. Benediktinerklosterkirche St. Cyriakus

Fundumstände
1875 wurde der Boden im ganzen Langhaus ca. 30 cm tief ausgehoben. Hierbei stieß man auf einen Teil des alten Bodenbelags und auf Grabplatten.[1] Die Fliesen kamen in den Besitz der Gesellschaft zur Erhaltung geschichtlicher Denkmäler in Straßburg, eine weitere Fliese in Privatbesitz ging 1940 verloren. Da das Muster D 7 1934 bei Arbeiten auf dem Friedhof erneut gefunden wurde, scheint es möglich, daß die Kiste im Depot des Frauenhausmuseums Straßburg die nicht mehr auffindbaren Fliesen aus Altdorf enthält, zumal diese mindestens seit 1907 im Museum gewesen sein müssen.[2] In diesem Zusammenhang muß erwähnt werden, daß die Burgkapelle von Girbaden durch Kloster Altdorf versorgt wurde. Möglicherweise erlauben die dort gefundenen Fliesen Rückschlüsse auf Muster in Altdorf.

Baugeschichte
Das Kloster wurde 974 durch Graf Hugo II. von Egisheim-Dagsburg gegründet, der Hochaltar der Kirche 1049 durch Papst Leo X. geweiht. Ein wohl 1192 begonnener Umbau war vermutlich erst um 1230 abgeschlossen, eine Weihe von sechs Altären durch den Straßburger Bischof Heinrich v. Veringen (1202–23) ist bezeugt. Nach schwerer Zerstörung von Kloster und Kirche 1262 und Plünderung im Bauernkrieg 1525 wurden die Klostergebäude vernachlässigt und endlich während der französischen Revolution abgebrochen. Chor und Querschiff der Kirche wurden 1725 barock umgebaut. Das Kloster besaß eine eigene Ziegelei. Wenn die im Frauenhausmuseum aufbewahrten Fliesen aus Altdorf stammen, dann müßte die Kirche einen ähnlichen Boden besessen haben wie St. Nikolaus in Straßburg, eine Wormser Kirche, die Dompropstei Mainz usw. Will[3] betont die enge Verbindung zwischen Altdorf und „einigen Wormser Kirchen, an erster Stelle der Dom". Altdorf ist bis jetzt der südlichste Ort, an welchem die „Leitfliese" D 7 gefunden wurde, eine Verlegung kurz nach der Einwölbung (um 1215–20) würde in das zeitliche Schema passen.

Literatur
F. X. Kraus, Kdm Elsaß-Lothringen I, 2–4.
M. Sattler, Kurze Geschichte der Benediktiner-Abtei von Altdorf, Straßburg 1887, 242.
J. Heilig, Die Benediktiner-Abtei Altdorf, Bull. Soc. Conservation Monuments Hist. Alsace, Straßburg, 2. Ser. 17, 1893, 158–175.
R. Kautzsch, 270–274.
A. Sieffert, Altdorf. Geschichte von Abtei und Dorf, Straßburg-Königshofen 1950, Alsatia monastica I, 65.

R. WILL, L'église abbatiale d'Altorf, Ann. Soc. Hist. Arch. Molsheim, Straßburg 1973, 12–17.

1 Bull. Alsace 2. Ser. 1897, 96.
2 J. FICKER, Taf. 40, 9, bildet D7 ab. Diese Fliese kann nicht aus St. Nikolaus stammen, sie muß vor 1907 gefunden worden sein.
3 R. WILL, 15.

Altenbaumburg, Gem. Altenbamberg, Kr. Bad Kreuznach

Burgruine der Raugrafen von Dhaun

Fundumstände
Die ersten Fliesen fanden sich vor 1884 bei Aufräumungsarbeiten in der Burgkapelle[1], am 12. 11. 1912 wurden weitere Fliesen geborgen.[2] Bei Erdarbeiten kamen immer wieder Fliesen als Lesefunde zutage, weitere wurden bei Arbeiten an der Ruine in den letzten Jahren gefunden. Leider befinden sich eine Reihe von Fliesen von der Altenbaumburg in Privatbesitz, eine Erfassung der Muster wurde nicht gestattet. So ist der Musterbestand unvollkommen. Der Wiederaufbau des Palas 1980–83 förderte nochmals zwei bisher unbekannte Muster zutage.[3]

Baugeschichte
Die vermutlich um 1130, vielleicht von Emich I., erbaute Stammburg der Raugrafen, wird 1129 erstmals erwähnt. 1253 führte Raugraf Konrad II. Neubauten aus, darunter die Vorburg Treuenfels. Die Burg, 1482 schon als verfallen bezeichnet, wurde beim Bau der Ebernburg als Steinbruch benutzt. Die Restburg des aus drei Teilen bestehenden Komplexes wurde nach einer Beschädigung im 30jährigen Krieg von den Franzosen 1689 endgültig zerstört. Die Muster der in der Burgkapelle gefundenen Fliesen D21 und N28 weisen auf eine Entstehung in der Mitte des 13. Jahrhunderts.[4] Sie gehören zum Musterbestand einer Werkgruppe, die in den Burgen und Kirchen der näheren und weiteren Umgebung arbeitete, möglicherweise sind es jedoch Fliesen des Klosters Ravengiersburg. Nur wenig später, im 3. Viertel des 13. Jahrhunderts, müssen die Fliesen verlegt worden sein, die zum großen Musterkomplex Lorsch/Mainz/Weinheim/Worms, vermischt mit Arnsburger und Eberbacher Mustern, gehören. Die übrigen Fliesen stammen möglicherweise aus Ausbesserungsarbeiten. Es sind grobe Prägungen des späten 14. und des 15. Jahrhunderts, die eine sichere Datierung nicht mehr erlauben, vermutlich jedoch eine geraume Zeitspanne vor 1482 verlegt wurden. Der Fund einer ungemusterten Mosaikfliese (spitzwinkliges Dreieck) weist auf eine Fliesenrosette.

Literatur
Bdm Pfalz I, 209–214, 212, Abb. 330.
Hist. Stätten V, Rheinland-Pfalz, 7–8.
Kat. Burgen der Pfalz, 62–63.
V. GEISSLER, 1984, 342–347.
G. DEHIO, Rheinland-Pfalz, 15–17.
E. COESTER, Die Klosterkirche von Marienthal am Donnersberg und weitere frühe Bauten der klassischen französischen Gotik am Mittelrhein, Mz. Zs. 81, 1986, 39–47.

1 Bdm Pfalz I, 212, Abb. 330.
2 Durch dieses Datum auf der Rückseite konnten Fliesen des Museums Speyer diesem Fund zugeordnet werden. Es ist außerdem gesichert, daß Fliesen von der Altenbaumburg ins Museum Worms kamen.
3 V. GEISSLER, 1984, 345, Abb. 127.
4 E. Coester, 47, datiert die Burgkapelle in die Mitte oder das 6. Jahrzehnt des 13. Jh. und weist auf die engen Beziehungen der Raugrafen zum Zisterzienserinnenkloster Rosenthal hin, wo sich teilweise dieselben Fliesenmuster fanden.

Altenberg/Dhünn, Gem. Odenthal, Rheinisch-Bergischer Kreis

Ehem. Zisterzienserkloster

Fundumstände
Die ersten Fußbodenreste wurden bei Grabungen 1908–10 gefunden. Es handelte sich um Plattenmosaik, welches meist als zweifarbiges Schachbrettmuster verlegt war. In diese ungemusterten (?) oder abgelaufenen (?) Fliesen war ein Streifen mit diagonal verlegten Platten des Musters ZX1, mit Dreiecksfliesen begrenzt, eingefügt.[1] Bei neuen Grabungen 1974 wurden im Kreuzgang und im Kapitelsaal zum ersten Mal gemusterte Fliesen geborgen. Die Fliesen im Kreuzgang wurden teils als Schuttauffüllung in Gräbern, im Kapitelsaal in der bis zu einer Tiefe von ca. einem Meter gestörten Auffüllschicht entdeckt.[2] Es läßt sich daher nicht genau feststellen, ob die ungemusterten Fliesen auch schon im Kapitelsaal verlegt waren; die des Kreuzgangs stammen vermutlich aus dem darüber liegenden Dormitorium. Weitere gemusterte Fliesen, fast durchweg glasiert, kamen aus Schuttauffüllungen des 19. Jahrhunderts zutage.

Baugeschichte
Das von den Grafen Adolf I. und Eberhard von Berg 1133 gestiftete Kloster wurde von Mönchen aus Kloster Morimond besiedelt. Die um 1145 begonnene, 1160 geweihte Klosterkirche wurde 1259–1379 durch einen Neubau ersetzt. Die Klosterbauten wurden mit dem um 1210/20 erbauten Ostflügel begonnen, um 1250 mit dem Westflügel beendet. Nach der Aufhebung des Klosters 1803 gingen Kirche und Kloster in Privatbesitz über und wurden 1815 durch Brand zerstört.
1857 wurde die Kirche wieder instandgesetzt, Kreuzgang und Kapitelsaal im Ostflügel jedoch 1870 abgetragen. Die im Chor der Kirche gefundene Fliese ZX1, wohl auf französische Vorbilder zurückgehend, wird vermutlich bei der Vollendung des Chors um 1267 verlegt worden sein. Auch für die Plattenmosaiken haben möglicherweise französische Fliesenböden unmittelbar als Vorlage gedient.
Die Fliesen des Kapitelsaals, durchweg in sehr kleinen Abmessungen, müssen ein farbenprächtiges Bild geboten haben. Neben schwarzgrauen, vermutlich auch roten und durch eine Engobe weiß gefärbten Fliesen finden sich glasierte Fliesen in mindestens neun Farbabstufungen. Sie werden von Wirtler[3] ins 14. Jahrhundert datiert, einige von ihnen, vor allem D69, gehören jedoch sicher noch dem 13. Jahrhundert an. Das Kloster besaß einen eigenen Ziegelofen, den es 1440 verpachtete[4]. Bei H134 handelt es sich wohl um eine Ausflickung in späterer Zeit. Die grobe Prägung kann noch zu Ende des 16. Jahrhunderts entstanden sein. Die Muster wurden bis jetzt an keinem anderen Ort gefunden, sie wurden vermutlich in Altenberg selbst entwickelt. Wie bei Kapitellen und Glasfenstern fällt auch hier die Bevorzugung floraler Motive auf.

Literatur
A. POTTGIESSER, Die Kirche der Zisterzienser-Abtei Altenberg, Ratingen 1955, 25–27, 34–40.
H. MOSLER, Urkundenbuch der Abtei Altenberg II, Düsseldorf 1955.

G. Dehio, Rheinland, 525–530.
H. Kier, 1970, 86–87, Abb. 178, 180, 235, 236.
G. Binding [u. a.], 1975, 7–9 (L. Hagendorf), 12–16 (G. Pätzoldt), 25–32 (N. Nußbaum), 33–38, Fußbodenfliesen (U. Wirtler), 39–41 (G. Binding).
H. E. Kubach, A. Verbeek, Bd. 1, 31–36.
B. Lymant, 32–37 (hier Literaturübersicht).

1 H. Kier, 1970, Abb. 235.
2 U. Wirtler, 33–38.
3 Ebd., 36.
4 H. Mosler, Nr. 129.

Altenberg/Lahn, Stadt Solms, Lahn-Dill-Kreis

Ehem. Prämonstratenserinnenkloster St. Maria und Michael, heute Königsberger Diakonissenmutterhaus der Barmherzigkeit

Fundumstände
Die Fliesen liegen in situ auf der Nonnenempore. Sie wurden beim Neueinbau der 2. Orgel 1757 durch ein Holzpodest verdeckt. Bei der Restaurierung 1978 wurden die Fliesen neu eingebettet, sie lagen jedoch schon vorher nicht mehr in ungestörtem Verband. Vermutlich wurden sie in unbekannter Zeit aus der Kirche oder den Klostergebäuden dort zusammengetragen. Es ist nicht sicher, daß alle Muster erfaßt wurden, bei der Überholung der Orgel 1976 wurden Aufnahmen einzelner Fliesen gefertigt. Andere Fliesen sind anscheinend sehr stark abgetreten.

Baugeschichte
Das zwischen 1164 und 1179 gegründete Tochterkloster von Rommersdorf wird urkundlich 1192 erstmals erwähnt. Unter der Tochter der Hl. Elisabeth, der Sl. Äbtissin Gertrud (1248–97), erlebte das Kloster eine Zeit besonderer Blüte. Die um 1251 begonnene Kirche erhielt spätestens 1271 Chor und wahrscheinlich auch Querschiff, das Langhaus wurde um 1280–1300 erbaut. Die Flügelbauten um den Kreuzgang wurden um 1265–70 begonnen. Das Kloster wurde 1802 aufgehoben und kam in den Besitz der Grafen v. Solms-Braunfels.
Die Fliesen können wohl kaum aus der Erbauungszeit stammen, es sei denn, sie wären von völlig ungeübten Händen geschnitten worden. Möglicherweise stehen H 256, J 102 und O 32 in Zusammenhang mit dem erst 1334 errichteten Hochgrab der Sl. Gertrud (Umrandung?), O 24 weist eher in einen nicht durch Baudaten zu belegenden Zeitabschnitt des 15. Jahrhunderts. Obwohl Altenberg immer Rommersdorf unterstellt war, sind die Muster nicht von dort beeinflußt, sondern stimmen entweder genau mit Prägungen der Klöster Arnsburg, Ilbenstadt und Thron überein oder sind Nachschnitte dieser Muster mit geringfügigen Abweichungen.

Literatur
M. E. Fritze-Becker, Das ehem. Prämonstratenserinnenstift Altenberg/Lahn, Diss. Göttingen 1959 (Masch.schriftl. MS).
Dies., Die Wandmalereien der ehem. Prämonstratenserinnen-Stiftskirche Altenberg/Lahn, Jb. Hess. Landesgesch. 10, Marburg 1960, 44–54.
Hist. Stätten IV, Hessen, 4–5.
A. Schoenwerk, H. Flender, 211–217.
G. Dehio, Hessen, 682–685.
E. Coester, Die Franziskanerkirchen in Oberwesel und Münster/Westfalen und ihre stilistische Verwandtschaft mit Kirchen des Lahngebiets, Kunst und Kultur am Mittelrhein. FS für Fritz Arens zum 70. Geburtstag, Worms 1982, 33–39.

Altendorf, Stadt Essen

Burgruine

Fundumstände
Bei der Ausgrabung der Burgruine 1967–68 wurden im Schutt um den Wohnturm zahlreiche Bruchstücke von Fliesen und einige unbeschädigte Exemplare gefunden. Es konnte jedoch keine Fläche ungestörten Fliesenbodens freigelegt werden.[1]

Baugeschichte
Die in der Mitte oder der 2. Hälfte des 12. Jahrhunderts erbaute Wasserburg der 1252 erstmalig erwähnten Herren von Altendorf wurde nach Übernahme durch die Herren von Vietinghoff (1368) zu Beginn des 15. Jahrhunderts erweitert und ausgebaut. Eine weitere Aufstockung erfolgte mit großer Wahrscheinlichkeit nach 1533 durch Christoph von dem Vietinghoff, gen. Schele (1501–57). Da die zeitweise unbewohnte oder nur landwirtschaftlich genutzte Burg seit dem 19. Jahrhundert als Steinbruch ausgebeutet wurde, haben sich außer dem Mauerwerk keine Baudetails erhalten. Die Verlegung von H 17 in einem zu Beginn des 15. Jahrhunderts entstandenen Bau ist möglich. H 36 wurde mit Sicherheit erst für die nach 1533 errichteten Bauten geprägt.[2] Das Eckornament weist als Vorbild auf eine Kölner Fliese, möglicherweise wurden die Fliesen unmittelbar aus Köln bezogen.

Literatur
A. Ludorff, Die Bau- und Kunstdenkmäler von Westfalen 29, Kr. Hattingen, Münster 1907, 15–16, Taf. 1–4.
H. Eversberg, Beiträge zur Bau- und Kulturgeschichte der Burg Altendorf a. d. Ruhr, Hattingen 1968.
Ders., 1971, 93–96, 100–101, Abb. 15, 16.
E. G. Neumann, Burg Altendorf/Ruhr. Grabungen, Bauuntersuchungen und vorläufiges Ergebnis, Château Gaillard V, 1972, Caen 1973, 133–141.

1 Für alle Angaben zu den Fliesenfunden danke ich Herrn Dr. Heinrich Eversberg, Hattingen.
2 E. G. Neumann, 134, datiert beide Fliesen „um 1400“ und bezeichnet sie als Wandkacheln. Dem widersprechen jedoch die deutlich sichtbaren Abnützungsspuren, wie sie nur durch Begehen einer Fliese entstehen.

Altenhohenau am Inn, Gem. Griesstätt, Kr. Rosenheim

Ehem. Dominikanerinnen-Klosterkirche St. Peter und Paul

Fundumstände
Die Fliesen wurden bei der Restaurierung 1922 „den Altarmensen entnommen“[1] und friesartig am Kircheneingang vermauert. Es ist nicht sicher, ob es sich ursprünglich um Bodenfliesen oder um einen Sockelfries handelte. Dehio-Gall schreibt unkorrekt: „Am Ausgang gebrannte Steine mit *eingeritzter* Zeichnung eines Ungeheuers.“

Baugeschichte
Das 1235 durch Graf Konrad von Wasserburg gegründete Kloster erhielt schon 1239 eine Kirche, die nach dem Klosterbrand 1379 durch einen wohl 1411 abgeschlossenen Neubau ersetzt und in der 2. Hälfte des 17. Jahrhunderts barock umgebaut wurde. Nach der Säkularisierung 1803 wurden Kirche und Klostergebäude 1822 verkauft, die Klostergebäude anschließend zum größten Teil abgebrochen. Nach der erneuten Übernahme durch Dominikanerinnen wurde die Kirche 1922 restauriert und ein neues Klostergebäude errichtet. Die Fliesen, vermutlich aus der früh erwähnten Klosterziegelei, die auch große Mengen von Ziegeln und Dachplatten für Kirchen und Burgen der Umgebung lieferte, könnten schon aus der ersten Kirche stammen. Mitterwieser schließt auf Grund einer neuen Altarweihe 1308, daß in dieser Zeit Um- oder Erweiterungsbauten stattfanden. Das Fabeltier, noch ganz in romanischen Formen, jedoch von Blattpalmetten umgeben, die eher dem 14. Jahrhundert angehören, könnte zu Beginn des 14. Jahrhunderts entstanden sein. Eine Prägung für den Neubau nach 1379 ist weniger wahrscheinlich.

Literatur
A. M. Mitterwieser, Das Dominikanerinnenkloster Altenhohenau am Inn. 1235 bis heute, Augsburg 1926, 14–15, 33–37, 46.
M. Hartig, 37–40.
G. Dehio, E. Gall, Oberbayern 386–387.
Hist. Stätten VII, Bayern, 11.

1 A. M. Mitterwieser, 34.

Altheim, Alb-Donau-Kreis

Ev. Pfarrkirche, ehem. St. Maria

Fundumstände
Ca. 20 Fliesen wurden bei einer Restaurierung 1974 in Balkenlöchern der Wände geborgen.

Baugeschichte
Die gotische Kirche wurde 1669 wegen Baufälligkeit durch einen von Heinrich Hacker errichteten Neubau ersetzt, der gotische Chorturm, dessen untere Teile ins späte 12. oder ins frühe 13. Jahrhundert zurückreichen, in diesen Neubau übernommen. Angaben zum Bau der ersten Kirche haben sich nicht erhalten. Zwei Glocken, die eine 1410 oder 1412, die andere 1416 gegossen, weisen darauf hin, daß zu dieser Zeit Geld für Ausstattungsarbeiten aufgewandt wurde. Vor 1436 wurde das Schiff auf die heutige Breite und Höhe erweitert. Vermutlich wurden die Fliesen zu dieser Zeit verlegt. Der Kirchensatz mit Widum und Zehnten kam 1383 an Ulm, 1439 wurde die Kirche dem Ulmer Spital inkorporiert. Vermutlich handelt es sich auch bei den Fliesen um Ulmer Prägungen. Die Klöster Anhausen, Elchingen, Urspring und das Ulmer Barfüßerkloster waren jedoch ebenfalls in Altheim begütert.

Literatur
BOA Ulm II, 377–378.
G. Dehio, Baden-Württemberg, 12.
H. A. Klaiber, R. Wortmann, Kdm ehem. O. A. Ulm, 93–99, die Fliesen 96, Abb. 24.

Altmühlmünster, Stadt Riedenburg, Kr. Kelheim

Kath. Pfarrkirche St. Johannes Baptista, ehem. Johanniter-Komturei-Kirche

Fundumstände
Es ist nicht gesichert, daß es sich hierbei um die Fliesen B 34 und D 49 handelt. Die Fliesen in Altmühlmünster wurden vor 1882 gefunden und werden von Ziegler ins 12. Jahrhundert datiert. Da diese Fliesen jedoch in den Besitz des „Historischen Vereins" gelangten, dessen Sammlungen später den Grundstock des Museums Regensburg bildeten und außerdem keinerlei Nachrichten von Fliesenfunden in oder um Regensburg vorliegen, wäre eine Herkunft aus Altmühlmünster möglich. Die irrtümliche Datierung könnte aus Mangel an Vergleichsmaterial entstanden sein.[1]

Baugeschichte
Der von den Grafen Heinrich und Otto v. Riedenburg 1155 als Templerniederlassung gestiftete Besitz ging nach 1312 an die Johanniter über, die die Komturei bis 1808 besaßen. Die wohl in der 2. Hälfte des 12. Jahrhunderts erbaute Kirche wurde im 15. Jahrhundert um einen Chor, zwei Seitenkapellen und eine Sakristei erweitert, eine Restaurierung 1586 vorgenommen.
Auch die Fliesen B 34 und D 49 sind nicht sicher zu datieren. Sie werden vom Museum Regensburg auf „um 1350" angesetzt, dürften jedoch schon in der 1. Hälfte des 14. Jahrhunderts entstanden sein.

Literatur
C. Ziegler, Über Fliesen des Klosters Altmühlmünster aus dem 12. Jahrhundert, Verh. hist. Ver. Oberpfalz 38, 1884, 54.
F. H. Hofmann, K. Mader, Kdm Bayern II, 13, Bez.-Amt Beilngries II, Amtsgericht Riedenburg, München 1908, 19–23.
G. Neckermann, Die Johanniter (Malteser) Komturei Altmühlmünster mit den inkorporierten Pfarreien Altmühlmünster, Mühlbach, Zell und Wolfsbuch, Sulzbacher Kalender 1910, 67–69, 1911, 19–23.
Hist. Stätten VII, Bayern, 16.
G. Dehio, Niederbayern, 37.

1 C. Ziegler, 17. „Am 29. Juli 1882 berichtete Herr Bauamtmann Ziegler über Fliesen aus dem Kloster Altmühlmünster, welche dem 12. Jahrhundert angehören und brachte dem Verein mehrere Exemplare mit." Die Fliesen sind in keiner Publikation über Altmühlmünster abgebildet.

Altscharfeneck, Gem. Frankweiler, Kr. Südliche Bergstraße

Burgstelle

Fundumstände
Zwei Fliesenbruchstücke wurden 1976 als Lesefunde auf der Burgstelle geborgen.

Baugeschichte
Die Burg auf dem Ringelsberge wurde vermutlich schon vor 1200 im Auftrag Kaiser Friedrich I. Barbarossas erbaut. Sie kam an den Statthalter Kaiser Friedrich II. und Bischof von Speyer, Konrad von Scharfeneck (1200–24) und durch ihn

an seinen Bruder und dessen Schwiegersohn Johann I. von Scharfeneck-Metze, in dessen Besitz sie 1232 erwähnt wird. 1416 gelangte sie an Kurpfalz. Der schon im 15. Jahrhundert einsetzende Verfall wurde durch den Bauernkrieg 1525 und den 30jährigen Krieg vollendet. Das Mauerwerk der Burg wurde 1688 zum Bau der Festung Landau, 1834 zum Bau der Festung Germersheim abgetragen. Die Burg stand in enger Verbindung zu dem nahen Zisterzienserkloster Eußerthal, die Scharfenecker übten zeitweilig dort Vogteirechte aus. Die Fliese, wohl H70, entstand vermutlich im 2. Viertel des 13. Jahrhunderts.

Literatur

J. G. Lehmann, Burgen, II, 170–189.

Dr. Grünenwald, Burg Scharfeneck und der Orensberg in der Mittelhaingeraide, Pfälz. Heimatkunde, Speyer 1924, 33–34.

A. Eckardt, Kdm Kr. Landau, 10.

1 Der Fund der Fliesen glückte Herrn Albert Schwarz, Rülzheim.

Altzella, Stadt Nossen, Lkr. Meißen, Bez. Dresden

Ruine des ehem. Zisterzienserklosters

Fundumstände

Bei Grabungen 1953–56 wurde im nördlichen Querhaus der Kirche ein Fußboden in Plattenmosaik aufgedeckt;[1] im Kreuzgang kam ein diagonal verlegter Fliesenboden aus roten und grauen Fliesen im Schachbrettmuster zutage.[2] Bei dieser Grabung „fanden sich unmittelbar nördlich neben der erhaltenen Basis der Eckstütze zwei rote Ziegelplatten mit einem Rosettenmuster in Modelpressung.“[3] In der ehem. Andreaskapelle wurde eine große, wohl um 1349 entstandene Kreisrosette aufgedeckt.[4]

Baugeschichte

Das 1162 durch Kaiser Friedrich I. Barbarossa bestätigte Benediktinerkloster wurde 1175 von Zisterziensermönchen aus Kloster Pforte bei Naumburg übernommen. Zu dieser Zeit wurde im Kloster schon gebaut. Die Kirche wurde 1198 geweiht, die übrigen Klosterbauten vermutlich erst im 13. Jahrhundert vollendet. Die Andreaskapelle an der SW-Ecke der Kirche wurde 1349, eine östlich an den Kapitelsaal anschließende Kapelle 1441 geweiht. Das Kloster, eines der reichsten der mitteldeutschen Ordensprovinz, wurde 1540 säkularisiert und schon nach 1555 allmählich abgebrochen. Die Fliesen dürften aus der Erbauungszeit des Kreuzgangs stammen, die Plattenmosaiken werden von Kier ins späte 13. Jahrhundert datiert.

Literatur

C. Gurlitt, Das Zisterzienserkloster Altenzella in Sachsen, Dresden 1922, 43.

H. Magirius, 17–43, 103–105, 112, 114, 147.

Hist. Stätten VIII, Sachsen, 3–5.

H. Kier, 1970, 87–88, Abb. 263.

G. Dehio, Dresden/Karl-Marx-Stadt/Leipzig, 302–304.

1 H. Kier, 1970, 87, 176, Muster 65, 191, Muster 92.

2 H. Magirius, 103. Dieser verweist außerdem noch auf ein bei Kier nicht erwähntes Mittelband aus gelben, schuppenförmigen Tonfliesen in einer Kapelle (H. Magirius, 114).

3 H. Magirius, 103. Trotz wiederholter Versuche gelang es nicht, Auskunft über diese „Ziegelplatten mit Rosettenmuster“ zu erhalten. Sie sollen im Heimatmuseum Nossen sein.

4 H. Kier, 1970, 87–88, Abb. 263.

Amorbach, Kr. Miltenberg

Ehem. Benediktinerkloster St. Maria

Fundumstände

Eine systematische Grabung hat bisher nicht stattgefunden. Zu Ende des 19. Jahrhunderts wurden Fliesen beim Bau einer Wasserleitung auf dem Gelände des Marstallhofes entdeckt.[1] Diese gehören vermutlich zum Bodenbelag der Jakobskapelle; H12 scheint in zweiter Lage im Kreuzgang verlegt gewesen zu sein. Im Sommer 1913 wurden weitere Fliesen bei Entwässerungsarbeiten auf dem Gelände des ehem. Mönchsfriedhofs gefunden. An dieser Stelle befand sich wohl früher die an den Nordflügel der Kirche angefügte Michaelskapelle. Hotz vermutet, daß die Fliesen aus dem Boden des unter der Michaelskapelle liegenden Beinhauses stammen.[2]

Baugeschichte

Von der Kirche des im frühen 8. Jahrhundert gegründeten, 849 erstmals erwähnten, reichen und angesehenen Klosters haben sich, nach dem barocken Umbau (1742–47), nur die vermutlich in der 1. Hälfte des 12. Jahrhunderts errichteten Westtürme erhalten. Mit dem um 1220 entstandenen, eng mit den Bauten in Gelnhausen (Pfalz), Seligenstadt und Burg Wildenburg verbundenen Kreuzgang, begann eine längere Bauperiode, die durch eine Neuweihe der Kirche 1286 abgeschlossen scheint. An der Nordseite der Kirche lag eine offenbar mit dem Friedhof verbundene Michaelskapelle, über deren Aussehen jedoch nichts bekannt ist, daneben eine unter Abt Richard III. begonnene, 1182 geweihte Jakobskapelle.

Bei den Amorbacher Fliesen handelt es sich um besonders frühe Prägungen. B5, C14, D77, F102, N16 und R11 gehören vermutlich noch dem 3. Jahrzehnt des 13. Jahrhunderts an, H12, welches sich in Kloster Lorsch, R13, welches sich ähnlich in der Pfalz zu Gelnhausen fand, sind eher im 2. bis 3. Viertel des 13. Jahrhunderts entstanden. Um 1253 sind Bauarbeiten bezeugt.

Literatur

F. Mader, H. Karlinger, Kdm Miltenberg, 26–40, Abb. 68, Fig. 48.

W. Hotz, 1938, 12–33, 42, 45 mit Abb.

Ders., Amorbacher Cicerone, 24.

Ders., Das karolingische Marienmünster zu Amorbach und seine Gestaltung bis 1286, Der Odenwald 9, 1, Darmstadt 1962, 17–25.

J. Hemmerle, 28–32.

G. Dehio, Franken, 20–21.

R. M. Gorenflo, Die mittelalterliche Baugeschichte der ehem. Abteikirche Amorbach, Diss. Frankfurt 1983, 63, 124–125, 232–241 (hier ausführliche Literaturangaben).

1 R. M. Gorenflo, 323, und mündlicher Mitteilung von Herrn Heiner Heimberger, Adelsheim. Gorenflo fand in der von M. Walter 1942 bearbeiteten Inventarkartei des Fürstl. Leiningenschen Lapidariums eine zusätzliche Notiz über Fliesenfunde zu Beginn des 20. Jahrhunderts.

2 W. Hotz, 1938, 24.

Ruine des ehem. Zisterzienserinnenklosters auf dem Gotthardsberg

Fundumstände
Das Fliesenbruchstück fand sich ca. 0,30 m unter dem heutigen Bodenniveau der Kirchenruine.[1]

Baugeschichte
Das 1168 erstmals erwähnte, mehrfach verlegte Kloster, wurde vermutlich im 4. Viertel des 12. Jahrhunderts erbaut. Es soll 1235 einigermaßen[2] vollendet gewesen sein, 1245 wurde es Propstei des Klosters Amorbach. Nachdem das Kloster schon zu Beginn des 15. Jahrhunderts verödet lag, wurde es 1525 zerstört. Der Versuch eines Wiederaufbaus 1629–30 wurde durch erneute Zerstörung im 30jährigen Krieg vereitelt. Die Kirche ist seit einem Blitzschlag 1714 Ruine. Die Fliese, deren Muster sich an Hand des Bruchstücks nicht sicher ermitteln läßt, ist möglicherweise in der Mitte des 13. Jahrhunderts entstanden.

Literatur
F. J. Hildenbrand, Die Gotthard-Ruine, Amorbach 1892. – F. Mader, H. Karlinger, Kdm Miltenberg, 135–142.
H. Reuther, Dome, Kirchen und Klöster in Franken, Frankfurt 1963, 144, 153.
G. Dehio, Franken, 22.
R. M. Gorenflo, 123 (siehe Amorbach, St. Maria).

1 Freundlicher Hinweis von Herrn Dr. Max Walter †, Amorbach.
2 F. Mader, H. Karlinger, 128, „iam aliquamdiu perfectum".

Amstetten – Reutti, Alb-Donau-Kreis

Ev. Pfarrkirche, ehem. St. Ägidius und Katharina

Fundumstände
Das Jahr der ersten Fliesenfunde ist nicht bekannt. 1964 kamen bei der Erneuerung der Kirche nochmals Fliesenbruchstücke zutage[1].

Baugeschichte
Der 1396 mit der Helfensteiner Herrschaft an Ulm verkaufte Ort besaß eine dem Kloster Blaubeuren inkorporierte Kapelle, war jedoch Filial von Urspring und erhielt erst 1502 eine eigene Kirche. Die Fliesen, die außerdem in der Pfarrkirche von Westerstetten und in St. Nikolaus, Gerstetten, gefunden wurden, stammen aus der Erbauungszeit.

Literatur
BOA Ulm II, 597–601.
G. Jauss, Kurzgefaßte Dorfchronik von Reutti, mit Erg. von G. Burkhardt, Helfenstein. Geschichtl. Mitt. von Geislingen und Umgebung 17, 1962, 46–52, 52–54.
H. A. Klaiber, R. Wortmann, Kdm ehem. O. A. Ulm, 580–581

1 H. A. Klaiber, R. Wortmann, 580.

Amstetten-Stubersheim, Alb-Donau-Kreis

Ev. Pfarrkirche, ehem. St. Johannes Baptista

Fundumstände
Bei der Innenrenovierung der Pfarrkirche wurde 1984 ein Fliesenboden vor dem Triumphbogen des Chors in situ aufgedeckt. Dieser zeigte orthogonal zur Kirchenachse angeordnete Fliesen des Musters J21.[1]

Baugeschichte
In die Kirche, deren Schiff 1584 erbaut wurde, übernahm man den Chorturm eines vermutlich im 13. Jahrhundert errichteten Vorgängerbaus. Dieser war in nicht bekannter Zeit um 5 m nach Westen verlängert worden.[2] Bei den Fliesen handelt es sich um die sehr späte Reliefprägung eines Musters, welches, in vertiefter Prägung, zuerst um 1370/80 in Ulm entstand und in verschiedenen Varianten in den Kirchen des heutigen Alb-Donau-Kreises verlegt wurde. Vermutlich wurde der Boden während der Erweiterung nach Westen, möglicherweise zu Ende des 15. oder im 1. Viertel des 16. Jahrhunderts, verlegt.[3] Bei der langen Verwendung gotischer Motive in Württemberg, wäre eine Verlegung um 1584 nicht auszuschließen. Das Dorf hatte auf seiner Gemarkung größere Ton- und Bolusgruben: es ist nicht auszuschließen, daß dort auch ein Töpfer ansässig war.

Literatur
BOA Geislingen, 235–237.
J. Baum, H. Klaiber, B. Pfeiffer, Kdm Donaukreis I, 155–157.
E. Schmidt, 1985, 204–207.

1 E. Schmidt, 205, Abb. 188, 207, Abb. 190.
2 Ebd., 206.
3 Ebd., 207, „Fertigung in der 2. Hälfte des 14. Jahrhunderts". Diese Datierung orientiert sich vermutlich an den Fliesen mit vertiefter Prägung. Zur Datierung vgl. J15, J16, J20, welche nur geringfügige Abweichungen in der Prägung zeigen.

Andernach, Kr. Mayen–Koblenz

Kath. Pfarrkirche Mariä Himmelfahrt (Liebfrauenkirche)

Fundumstände
Die Fliese H 263 mit Aufschrift „Andernach" auf der Rückseite befindet sich seit Ende des 19. Jahrhunderts im Museum für Kunst und Kulturgeschichte, Marburg. Bei Sicherungsarbeiten an den Gewölben des Mittelschiffs kamen 1988 im Boden der Seitenemporen dieselben Fliesen im Auffüllschutt unter dem modernen Plattenbelag zutage.

Baugeschichte
Für die wohl um 1200 über einem, vermutlich beim Stadtbrand 1198 beschädigten Vorgängerbau errichtete Kirche fehlen Baudaten. Das Langhaus und die Westfassade mit Türmen dürften im 2. Viertel des 13. Jahrhunderts vollendet gewesen sein. Statische Probleme machten Erneuerungsbauten um die Mitte des 13. und zu Beginn des 14. Jahrhunderts notwendig. Die kunstlosen Fliesen sind schwierig zu datieren; sie könnten in der 2. Hälfte des 14. Jahrhunderts verlegt worden sein.

Literatur
F. Bock, Die Pfarrkirche zu Andernach, Bd. 1.
H. Adenauer, J. Busley, H. Neu, Die KDM des Kr. Mayen 1, 1. Hbd., Düsseldorf 1941, 84–109.
H. E. Kubach, A. Verbeek, Bd. 1, 44–49.
G. Dehio, Rheinland-Pfalz, 26–29.

Andlau, Bas-Rhin, Frankreich

Ehem. Stiftskirche St. Salvatoris, heute kath. Pfarrkirche St. Petrus und Paulus

Fundumstände
Die Fliesen wurden in nicht bekannter Zeit in der Kirche gesammelt und in der südlich. Sakristei neu verlegt[1].

Baugeschichte
Neben einer schon vorhandenen St.-Salvator-Kirche stiftete Richardis, Gemahlin Kaiser Karls III., 880 auf ihrem Gut eine Abtei Eleon, die 1499 in ein adliges Damenstift umgewandelt und in der Französischen Revolution aufgehoben wurde. Vom Bau des 11. Jahrhunderts, 1049 durch Papst Leo IX. geweiht, ist nur die Krypta erhalten. Die nach 1130 begonnenen Umbauten wurden 1160/1161 durch Brand zerstört, die Kirche danach wiederhergestellt und nach einem weiteren Brand von 1698/1703 teilweise neu errichtet.
Für die Zeit, in der die Fliesen verlegt worden sein müssen, gibt es keine Nachrichten über Umbauten[2]. Um oder nach der Mitte des 13. oder Beginn des 14. Jahrhunderts wurde die Kirche jedoch, wie Meyer[3] nachweist, mit reichem Figurenschmuck versehen. Möglicherweise wurden zur selben Zeit auch Bodenfliesen verlegt.
Bei den Fliesen handelt es sich um ein in Zisterzienserklöstern entwickeltes, später vielfach abgewandeltes Muster, das vermutlich durch das nahe gelegene Kloster Baumgarten vermittelt wurde. Andlau stand mit diesem seit 1214 in Gebetsverbrüderung, außerdem waren die Äbte von Baumgarten die Beichtväter der Andlauer Stiftsfrauen. Die frühest mögliche Zeit für die Verlegung dieses Musters wäre um 1230/1240; da die Fliesen grüne Glasur tragen, könnten sie noch zu Ende des 13. Jahrhunderts entstanden sein. Im 14. Jahrhundert dürfte kaum mehr Geld für die Ausstattung aufgewendet worden sein, die Vermögensverhältnisse des Klosters verschlechterten sich rasch.

Literatur
R. Kautsch, 53–55.
W. Hotz, Kdm Elsaß und Lothringen, 8–10.
M. Barth, Sp. 64–68.
J.-Ph. Meyer, 91–114, Abb. 20.

---

1 J.-Ph. Meyer, 106–107.
2 W. Hotz, 9, vermutet einen „gotischen Umbau in eine Hallenkirche".
3 J.-Ph. Meyer, 91–93, 95–97.

Apfeltrach, Kr. Unterallgäu

Kath. Wallfahrtskapelle St. Leonhard

Fundumstände
Die Fliesen fanden sich bei Grabungen 1962/63 unter dem Stufenpodest des Hauptaltars. Sie wurden zur Sicherung hinter der freistehenden Mensa neuverlegt.

Baugeschichte
Die Feldkapelle befindet sich außerhalb des Dorfes beim ehem. Pestfriedhof. Die vermutlich im 14. Jahrhundert erbaute Kirche, deren Kirchensatz seit 1318 beim Domkapitel Augsburg war, erhielt wohl kurz nach 1400 oder etwas später ein Langhaus angefügt. Die Stiftung einer Frühmesse 1459 und die zwischen 1450–60 entstandenen Fresken des Chorraums, zeugen von neuem Interesse an der Kapelle. Möglicherweise sind die Fliesen, bei deren Prägung offensichtlich ältere, vorhandene Model benutzt wurden, zur selben Zeit entstanden. Bei O 1 könnte es sich um eine Ausflickung in späterer Zeit handeln.

Literatur
A. Steichele, Bisthum Augsburg II, 309–310.
G. Dehio, E. Gall, Östl. Schwaben, 155.
H. Habel, Kdm Lkr. Mindelheim, 40–45.

---

1 Freundliche Mitteilung von Herrn Erwin Holzbauer, Mindelheim.

Argenthal, Rhein-Hunsrück-Kreis

Ev. Pfarrkirche, ehem. St. Johannis Baptista

Fundumstände
„Während der Restaurierungsarbeiten 1964–66 wurden auf dem Kirchhofsgelände mehrere gotische Fußboden-Tonfliesen des 13. und 14. Jahrhunderts mit ornamentalen und figürlichen Linienzeichnungen gefunden."[1]

Baugeschichte
Über die Baugeschichte der unbedeutenden, 1593 durch Brand nach einem Blitzschlag schwer beschädigten, 1766–70 neu erbauten Kirche ist nichts bekannt. Das Dorf jedoch war altes Reichsgut, das durch eine Schenkung Kaiser Heinrich IV. 1091 an das Hochstift Speyer kam. Die Fliese zeigt offensichtlich ein echtes Wappen, das jedoch nicht mit den Herren von Argenthal, einer Seitenlinie der Herren von Schönberg, in Verbindung gebracht werden kann (vgl. Musterkat. A24). Die Fliesen, nach Mainzer, Wormser oder einem verschwundenen Speyrer Vorbild entstanden, wurden vermutlich im 4. Viertel des 13. Jahrhunderts oder um 1300 geprägt.

Literatur
W. Möller, Bd. 1, 92–95.
Hist. Stätten V, Rheinland-Pfalz, 16.
M. Backes, H. Caspary, N. Müller-Dietrich, Kdm Rhein-Hunsrück-Kreis I. 1, 130–135, Abb. 72.

---

1 M. Backes, H. Caspary, N. Müller-Dietrich, 133.

Arnsburg, Stadt Lich, Kr. Gießen

Ehem. Zisterzienserkloster St. Maria

Fundumstände
Der Ruine scheinen schon im 19. Jahrhundert wiederholt Fliesen entnommen worden zu sein, die in einzelne Privatsammlungen und Museen gelangten, ohne daß der Fundort in jedem Fall festgehalten wurde. 1895 lagen Fliesen noch in der Sakristei des Klosters.[1] Bei den Grabungen zur Sicherung des seit 1812 als Steinbruch genutzten Klosters, wurden 1907 und 1918 im Schutt des Dormitoriums Fliesen in 7 verschiedenen Mustern gefunden.[2] Bei den Grabungen im Klostergelände anläßlich der Umwandlung in eine Kriegergedenkstätte und der Restaurierung des Kapitelsaals 1958–60 wurde der Fliesenboden des Kapitelsaals aufgedeckt.[3] Neben anscheinend unverzierten oder durch starke Abnützung als gemustert nicht

mehr erkennbaren Fliesen fanden sich zahlreiche Platten mit den bei Walbe veröffentlichten Mustern, sowie neue, unbekannte Prägungen. Ihr exakter Fundort auf dem Klostergelände wurde nicht in jedem Fall festgehalten.[4] Die geringen, in situ aufgedeckten Fliesenreste, ließen in den Seitenschiffen auf eine Anordnung von vier Bändern mit diagonal verlegten Fliesen schließen, die durch Streifen orthogonal angeordneter Fliesen getrennt waren. Bei der Restaurierung wurde dieses Bild im ganzen Kapitelsaal rekonstruiert und geringfügig variiert. 1979–80 wurden neue Grabungen durchgeführt, so an der Stelle der ehem. „Allerheiligen-Kapelle" und der Nordseite des Kapellenkranzes. Hierbei wurden nicht nur zahlreiche Fliesen, darunter neue, unbekannte Muster, im Schutt, sondern auch an einigen Stellen in situ gefunden. All diese Fliesen sowie die bei früheren Grabungen gefundenen hat Morkramer sorgfältig untersucht.[5] Für alle Einzelfragen sei auf diese umfassende und gründliche Arbeit verwiesen.

Baugeschichte

Das von Konrad II. von Hagen-Arnsburg 1151 als Benediktinerkloster gegründete Altenburg wurde 1171 wieder aufgehoben und statt dessen von seinem Sohn Kuno I. von Hagen-Münzenberg 1174 an der Stelle der väterlichen Burg neubegründet. Mit Zisterziensern aus Kloster Eberbach besetzt, nahm es rasch großen Aufschwung. Der wohl um 1200 begonnene Kirchenbau muß eine Unterbrechung erfahren haben (ca. um 1220), bei einer Weihe 1246 dürfte die Kirche in den wichtigsten Teilen vollendet gewesen sein. Gleichzeitig mit dem ersten Bauabschnitt der Kirche entstand der Ostteil des Kreuzgangs; die übrigen Klosterbauten wurden vermutlich im Anschluß an die Kirche errichtet. Verschiedene Ablässe zwischen 1256–58 deuten auf die Beendigung dieser Bauperiode. Weitere Daten zur Baugeschichte sind nicht überliefert. Die „Allerheiligenkapelle" ist durch eine Inschrift auf dem Gedenkstein der Stifter Johann von Linden und Guda von Bellersheim auf 1394 datiert[6], bei der angrenzenden Kapelle könnte es sich um die 1367 durch den Bischof von Verden und Notar Kaiser Karls IV., Rudolf Rule von Friedberg, gestiftete Grabkapelle handeln.[7] Die Abtei, die im 14. Jahrhundert Besitz in 270 Orten hatte, verlor im 15. Jahrhundert an Macht und Ansehen und konnte das 1457 durch Brand zerstörte Laiendormitorium nur mühsam wiederaufbauen. Nach schwerer Zerstörung im 30jährigen Krieg war erst 1672 wieder Gottesdienst in der Kirche möglich. Bei dieser Wiederherstellung der Kirche müssen die Fliesen verdeckt oder ausgewechselt worden sein, ein „neues Pflaster" wird erwähnt.[8] Nach der Aufhebung des Klosters 1803 diente ein Teil des Klosters den Grafen von Solms-Laubach als Schloß, der übrige verfiel und wurde teilweise abgebrochen. Morkramer hat aufgrund des Scherbenmaterials die Arnsburger Fliesen in 8 Gruppen gegliedert.[9] Unter diesen Gruppen sind vier, welche entweder durch die Art der Prägung oder aus stilistischen Gründen, eine überzeugende Einheit bilden (2, 4, 6, 7). Für die Fliesen der Gruppe 2 nimmt Morkramer eine Herkunft aus Worms an. Es stellt sich deshalb die Frage, warum noch Fliesen von auswärts bezogen wurden, wenn die Fliesen der Gruppe 1, Fliesenmosaik und die Prägungen J76, N19 und N96, welche sicher am Beginn der Arnsburger Fliesenproduktion stehen, schon in Arnsburg gefertigt wurden. Bei den Gruppen 3, 5 und 8 gibt es ebenfalls Fliesen, die in Prägung und Muster stark von einander abweichen. Dies kann jedoch teilweise durch das besonders lange Überleben einzelner Model in der Werkstatt erklärt werden. Morkramer[10] begründet jede Datierung ausführlich. Wenn hier in einigen Fällen abweichende Datierungen vorgelegt werden, so ergeben sich diese vor allem aus der Zusammenfassung der Fliesen in größeren Musterkomplexen.

Von Interesse ist, daß die Mosaikfliesen wohl nicht aus einem Boden ähnlich der Eberbacher „Bibliothek" stammen, sondern aus Rosetten, die wohl gleichzeitig mit den ersten gemusterten Fliesen verlegt wurden. Das Muster N96, in Eberbach in eine quadratische Fliese geprägt, schmückt hier den Außenkreis einer größeren Rosette: N19 wurde hier, wie in Eberbach, als Modelbruchstück verwandt. Diese ersten, tastenden Versuche könnten noch vor der Weihe von 1246 unternommen worden sein. Kirche, Kreuzgang, Refektorium und Dormitorium scheinen fast gleichzeitig einen Fliesenboden erhalten zu haben. Es ist nicht möglich, die Fliesen der 1. Periode (1246–58) nochmals zu trennen, da die Zeitspannen zwischen der Verlegung in den verschiedenen Gebäuden zu kurz sind. Es ergibt sich jedoch klar, daß die Model für all diese Fliesen noch nicht in Arnsburg geschnitten wurden, sondern aus Eberbach oder möglicherweise aus Worms oder Lorsch[11] stammen. Ob nun nur die Model weitergegeben oder die Fliesen von auswärts bezogen wurden, läßt sich nur durch eine Tonanalyse endgültig klären. Diese frühen Muster (siehe Fundortregister) zeigen neben geometrischen und floralen Motiven schon die ersten Darstellungen von Tieren und Fabeltieren. Zu Ende des 13. Jahrhunderts scheint die Verlegung von Fliesenböden im Kloster abgeschlossen. Die für die späten Böden verwandten Fliesen wurden vermutlich schon im Kloster geprägt; diese Fliesen wurden dann auch an Klosterhöfe und andere Kirchen weitergegeben. Zu ihnen gehören vor allem J112–J114. Für die „Allerheiligenkapelle"[12] wurden 1394 neue Fliesen geschaffen. Auch diese tauchen an zahlreichen anderen Orten wieder auf, wurden jedoch vermutlich auch schon im Kloster als Flickfliesen benutzt. Die nicht mehr geprägten, sondern mit den Fingerkuppen verzierten Fliesen könnten beim Wiederaufbau des Laiendormitoriums 1457 oder bei späteren Ausflickungen entstanden sein. So ergibt sich das Bild einer Werkstatt, die zuerst mit fremden Modeln oder Vorlagen das ganze Kloster und die frühen Klosterhöfe mit Fliesen versorgte. Als die Model nach längerer Zeit abgenützt und unbrauchbar geworden waren, schnitt man neue Muster, meist Variationen zu den schon im Kloster vorhandenen Lilienstäben mit Viertelsrond. Mit Fliesen dieser Muster wurden befreundete Klöster und die nähere Umgebung versorgt. Mit dem wirtschaftlichen Niedergang des Klosters scheint die Werkstatt erloschen zu sein. Die groben Prägungen und einfallslosen Muster der Spätzeit sind möglicherweise gar nicht mehr im Kloster selbst entstanden, sondern wurden in dessen Auftrag von einem einheimischen Töpfer gefertigt. Aus einer fremden Werkstatt könnte auch die Wappenfliese G27 stammen. Einzelne mit Nagellöchern versehene Fliesen des Musters H53 zeigen, daß diese als Wandfliesen angebracht waren[13].

Literatur

B. Sauer, C. Ebel, Die Zisterzienserabtei Arnsburg in der Wetterau, Gießen 1895, 66.

H. Walbe, K. Ebel, Kdm Kr. Gießen II, 1–26, 124.

A. Matthaei, Beiträge zur Baugeschichte der Zisterzienser, Darmstadt 1893, 8.

W. Zschietzschmann, Ausgrabungen in Kloster Arnsburg 1958, Kunstchronik 1959, 67–79.

Ders., Die Sakristei von Kloster Arnsburg, Mitt. Oberhess. Gesch. Ver., N. F. 44, 1960, 70 (67–75).

Ders., Das Dormitorium in Kloster Arnsburg, Hessen-Journal 3, Nr. 8, 1961, 9–11.

G. Binding, 1963, 27–30.

Hist. Stätten IV, Hessen, 13–14.

A. Wagner, Der Gedenkstein Linden-Bellersheim in Kloster Arnsburg, Hess. Heimat 19, 1969, 84–88.

H. Kier, 1970, 88, Abb. 208–209.

W. Zschietzschmann, Kloster Arnsburg in der Wetterau. Ein Bericht über die letzten 20 Jahre (1952–1972), Mitt. Oberhess. Gesch. Ver. N. F. 57, 1972, 167–203.
M. Morkramer, 1982 I, 3–221 (mit weiterer Literatur).
S. Oppermann, Grabungsbericht und Baugeschichte der Allerheiligenkapelle, in: S. Oppermann [u. a.], Die Allerheiligenkapelle von Kloster Arnsburg. Ergebnisse der Ausgrabungen 1979/80, Mitt. Oberhess. Gesch. Ver. N. F. 67, 1982, 99–108.
M. Morkramer, 1982, 113–115.
Ders., 1984 I, 33–66.
G. Dehio, Hessen, 23–27.

1 B. Sauer, K. Ebel, 72. „In der ... Sakristei liegen einzelne Bauteile ... und ... eine Anzahl von gar nicht oder sehr einfach verzierten Fußbodenplatten."
2 H. Walbe, K. Ebel, 124.
3 W. Zschietzschmann, 77–78. – H. Kier, 1970, 88.
4 Alle Angaben über diese Grabungen und die Muster der neu gefundenen Fliesen verdanke ich S. E. Ernst-Otto, Graf zu Solms-Laubach †, Laubach.
5 M. Morkramer, 1982 I, 135. „Fliesen und Fliesenbruchstücke fanden sich im Kreuzgang, in der Klostergasse, im Dormitorium, in der Sakristei sowie in der Abteikirche im Südquerhaus, in der Vierung, im Nordseitenschiff, in der Nordapsis, im Kapellenkranz sowie in der ‚Allerheiligenkapelle'." Ebd., 161.
Die Muster verteilen sich wie folgt auf die einzelnen Räume:
Kirche: H53, H90, H245, J50a, J53, J54, J76, J113, J114, K57, N31, Q1, W27.
Dormitorium: E6, J53, J76, J114, N29, N31, Q1.
Kapitelsaal: J113, H245 (?).
Kreuzgang: H245, J50a, J52 (?), J54, J63, J76, J113, Q1.
Refektorium: F40, J76 (?), J113, R2, S56, S59.
„Allerheiligenkapelle": H53, H56, H256.
6 H. Walbe, K. Ebel, 23. – A. Wagner, 84.
7 W. Küther, Rudolf Rule von Friedberg, Propst zu Wetzlar, Bischof von Verden und Notar Kaiser Karls IV., Archiv für hess. Gesch. und Altertumskunde, N. F. 37, 1979, 108–109, 117–120, (79–151).
8 H. Walbe, K. Ebel, 22.
9 M. Morkramer, 1982, 105–112, Gruppe 1: Fliesenmosaik, J76, N19, N96, nach M. Morkramer, I, 106, in Arnsburg hergestellt.
Gruppe 2: F40, C22, N21, R38, S56, S59, nach M. Morkramer, ebd., 106, aus Worms bezogen.
Gruppe 3: J54, O61, M. Morkramer, ebd., 107, „aus Arnsburg".
Gruppe 4: H53, H56, M. Morkramer, ebd., 107, „aus Arnsburg".
Gruppe 5: J50a, J50e, J254, N31, Q1, M. Morkramer, ebd., 107, „aus Arnsburg".
Gruppe 6: J112, J113, J14, M. Morkramer, ebd., 108, „aus Arnsburg".
Gruppe 7: O61k.
Gruppe 8: C49, E5, E6, H88, H90, H230, H275, J43, J52, J53, J62, J63, J65, K57, L38, N29, O15, M17, P44, R2, R3, W24, W27 (drei Varianten), M. Morkramer, ebd., 108–110, „die Fliesen teils aus Eberbach bezogen, teils mit Eberbacher Modeln in Arnsburg hergestellt".
10 Ebd., 148–170.
11 Nach freundlicher Mitteilung von Herrn M. Morkramer wurden die mit Lorsch und Worms übereinstimmenden Muster vor allem im Refektorium und im Chor der Kirche gefunden.
12 Vgl. Musterkat. und M. Morkramer, 1982 II, 113–115. Da die Verbreitung der einzelnen Muster bei Morkramer sorgfältig festgehalten wurde, wird auf ihre nochmalige Aufzählung hier verzichtet.
13 M. Morkramer, 1982 I, 140–141.

Heiligkreuzkapelle auf dem Hainfeld

Fundumstände
Das vor den Klostermauern gelegene Hainfeld wurde erstmals 1982 in einer Luftaufnahme erfaßt. 1982 und 1983 kamen Fliesen in drei verschiedenen Mustern, sowie Fragmente von möglicherweise weiteren Mustern, als Lesefunde zutage. Die Fliesenfunde der Grabungen 1984 und 1985 sind noch nicht publiziert.

Baugeschichte
Auf dem Hainfeld wurde auf Wunsch der Mönche eine 1399 geweihte Pilgerkapelle errichtet. Diese sollte den Andrang der Pilger aufnehmen und das Kloster von den Begleiterscheinungen des allmählich entstandenen Marktes bewahren. Diese Heiligkreuzkapelle wurde 1623 zerstört, Reste der Gebäude waren noch 1893 sichtbar. Die gefundenen Fliesen gehören zu den auch sonst im Kloster vertretenenem Mustern. Es ist möglich, daß sie nicht nur aus einem, sondern aus mehreren Gebäuden stammen.

Literatur
H. Walbe, K. Ebel, Kdm Arnsburg, 24.
M. Morkramer, 1984, 45–48, 52.
F.-R. Herrmann, Lich-Arnsburg, Kr. Gießen. Römisches Kastell–Burgen–Klöster. Führungsblatt zu den Denkmälern beim Kloster Arnsburg und der Berger Mühle. (Archäologische Denkmäler in Hessen 6), Wiesbaden ^{2}1989, o. Sz.

Arnstein, Gem. Seelbach, Rhein-Lahn-Kreis

Ehem. Prämonstratenserkloster und Klosterkirche St. Marien und Nikolaus

Fundumstände
In der Klosterkirche ist noch heute ein reichverzierter Fliesenboden aus Plattenmosaik im Mittelschiff vorhanden (Abb. 59). Dieser wird von Kier ausführlich gewürdigt.[1] In den großen Kreisrosetten des Mittelstreifens ist die Rundfliese der Mitte mit einem Muster versehen, die Zeichnung bei Bock[2] zeigt auf den Kreissegmenten außerdem kleine Stempelkreise. Diese sind heute durch Abnützung kaum mehr zu erkennen, ein hervorragend erhaltenes Exemplar bewahrt das Historische Museum in Frankfurt. Gemusterte quadratische Fliesen müssen schon vor 1864 entfernt worden sein, sie kamen zu dieser Zeit ins heutige Diözesanmuseum in Köln. Vermutlich gelangten auch andere Fliesen, deren Fundort heute unbekannt ist, im 19. Jahrhundert aus Arnstein in verschiedene Sammlungen, gesichert sind die Fliesen in den Museen von Marburg, Wetzlar und Wiesbaden. Im Handexemplar des Domträbendanten Prälat Schneider[3] haben sich Zeichnungen von Fliesen aus Arnstein erhalten. Lotz sah 1880 noch den unrestaurierten Boden, er stellt fest, daß die Zeichnungen bei Bock ungenau seien und gibt als Muster der geprägten Fliesen „Maßwerk- und Blattornamente" an. Weitere Verwirrung stiftete eine Bemerkung Luthmers[4], daß in Kloster Brunnenburg gefundene Fliesen in Kloster Arnstein neu verlegt werden sollen. Heute liegen noch stark abgetretene Fliesen in der Taufkapelle, Luthmer sah 1907 dort noch Fliesen „in ziemlicher Menge". 1875 war außerdem noch der Fliesenboden des südlich der Kirche gelegenen Refektoriums erhalten.[5] Er war entweder mit Fliesen des Musters L12 oder L36 belegt („schönes Maßwerkmuster"). In dem als Holzschuppen benutzten Bau des Konvents wurden 1884 ca. 20 qm Fliesenboden aufgedeckt[6]. Dieser zeigte einheitlich gut erhaltene Fliesen des Muster L36. Bei der Zuschreibung Eschweilers[7], der Hirschfliese C48, handelt es sich möglicherweise um eine Verwechslung. Dagegen dürfte die Vorlage für C2 ebenfalls aus Arnstein stammen, da Luthmer[8] betont, daß sich unter

den konzentrischen Kreisen der Rosetten auch Hirschfliesen befinden.

Baugeschichte
Der letzte Graf von Arnstein, Ludwig III. übergab 1139 seinen Besitz an Prämonstratensermönche aus Kloster Gottesgnaden an der Saale und trat selbst als Laienbruder ins Kloster ein. Zur Erbauungszeit der vermutlich um 1140 mit dem Westchor begonnenen Kirche fehlen alle Urkunden, sie war möglicherweise bei der Weihe 1208 noch nicht ganz vollendet. Ein Erweiterungsbau erfolgte unter Abt Wilhelm v. Staffeln nach 1359. Nach der Aufhebung des Klosters 1803 wurden 1814 das Querhaus und große Teile der Klostergebäude abgebrochen. Das Querhaus wurde 1884–87 wieder aufgebaut, gleichzeitig wurden die Fliesenböden restauriert und im Chor durch Kopien ergänzt. Baudaten des Refektoriums sind nicht bekannt. Zu den frühesten, möglicherweise noch im 1. Drittel des 13. Jahrhunderts entstandenen Fliesen, gehören die in den Plattenmosaikboden einbezogenen Muster B6, C2, D78 (oder D27?)[9], außerdem D7, D8, D43, R54, T8 und W79. Die Fliesen T6, L12 und W88 dürften etwas später entstanden sein. W88 ist auf der Zeichnung bei Schneider noch als Randleiste von L12 zu erkennen[10]. Sie hat sich heute nur noch im Arnsteiner Hof in Niederlahnstein erhalten. Später, vermutlich im 3. Viertel des 14. Jahrhunderts, könnte die Fliese L36 entstanden sein, möglicherweise ein Gegenstück zu der heute noch in Rommersdorf und Braubach erhaltenen Fliese L30.

Literatur
F. Bock, Die ehemalige Prämonstratenser-Abteikirche zu Arnstein, F. Bock, Bd. 3, 18, Fig. 6.
W. Lotz, F. Schneider, 12–13.
F. Luthmer, Kdm Reg. Bez. Wiesbaden III, 222.
J. Eschweiler, 25–28.
H. Miedel, 129–137.
Hist. Stätten V, Rheinland-Pfalz, 16–17.
H. Kier, 1970, 88–89, Abb. 192–197.
H. E. Kubach, A. Verbeek, Bd. 1, 60–64.
G. Dehio, Rheinland-Pfalz, 42–45.
B. Krings, Das Prämonstratenserkloster Arnstein a. d. Lahn im Mittelalter (1139–1527), Wiesbaden 1990, 411–430, 439–443, 455–461.

1 H. Kier, 1970, 88–89, Abb. 192–197.
2 F. Bock, Fig. 6. Die winzige Zeichnung läßt das Muster nicht sicher erkennen. In Analogie zu den Fliesen in Rommersdorf handelt es sich wohl um D27 oder D28 oder um die in Kloster Brunnenburg und der Dompropstei in Mainz gefundenen Muster D7 oder D78. Ausführliche Angaben zu den ungemusterten und gemusterten Fliesenböden bei B. Krings, 443, Anm. 161.
3 W. Lotz, F. Schneider, Zeichnung vor 11 und zwischen 12 und 13. Frankfurt/Main, Universitätsbibliothek.
4 F. Luthmer, 223.
5 W. Lotz, F. Schneider, 13.
6 Protokoll des Architekten R. Rönnebeck, 13. 12. 1884. Rönnebeck schlug vor, daß die Fliesen in der Kirche verlegt würden, um Kosten zu sparen. Dies ist vermutlich auch geschehen. Den Hinweis auf dieses Protokoll verdanke ich Frau Ingrid Maag, Wiesbaden.
7 J. Eschweiler, Nr. 89, Nr. 73. Im Katalog des Diözesanmuseums wird die bis jetzt nur in Arnstein gefundene Fliese T8 nicht unter diesem Herkunftsort vermerkt, jedoch C48, sonst nur in Bacharach und Mainz gefunden, als aus Arnstein stammend, vgl. B. Krings, 443, Anm. 161.
8 Vgl. die Angaben bei „Rijnsburg". Gesichert für die Kreisrosetten ist B6.
9 Da der Gründer des Klosters, Graf Ludwig III. von Arnstein, einen gekrönten Löwen im Wappen zeigt, wäre D27 oder D28 wohl die wahrscheinlichere Lösung.
10 Diese Fliesen waren damals noch auf der Westseite der Kirche verlegt. Der Fliesenboden des Refektoriums wird von dem sehr erfahrenen F. Schneider als „spätgotisch" bezeichnet, so daß auch hier eher L36 als L12 verlegt war.

Ruine der Margarethenkirche

Fundumstände
Schon 1867 fand eine erste Grabung in der Kirche statt. Da als Fundort immer nur „Arnstein" vermerkt ist, könnten Fliesenfunde des 19. Jahrhunderts auch von hier stammen. Michel[1] erwähnt Fliesen, gibt jedoch keine Muster an. Bei der letzten Restaurierung der Kirche scheinen weitere Fliesen gefunden worden zu sein.[2] Sie wurden von Arbeitern geborgen und weitergegeben, eine exakte Auskunft über die gefundenen Fliesen war nicht zu erhalten, die Muster „sollen dort gefunden worden sein". Da es sich teilweise um Muster handelt, die auch in der Klosterkirche lagen, ist diese Herkunft wahrscheinlich.

Baugeschichte
Bei der am Fuß des Klosterberges gelegenen Ruine handelt es sich um die ehem. Eigenkirche der Grafen von Arnstein, die 1139 dem Kloster inkorporiert wurde und bis 1813 als Pfarrkirche diente. Urkunden zur Baugeschichte fehlen. Die erhaltenen Baureste weisen auf eine Kirche des 11. Jahrhunderts. Diese wurde 1813 auf Abbruch versteigert und ausgeschlachtet. Der Fliesenboden dürfte gleichzeitig mit dem der Klosterkirche im 1. Drittel des 13. Jahrhunderts verlegt worden sein, die Fliese L36 könnte aus einer späteren Ausflickung stammen.

Literatur
F. Luthmer, Kdm. Reg. Bez. Wiesbaden III, 225–226.
F. Michel, Die St. Margarethenkirche bei Kloster Arnstein, Zs. für Heimatkunde der Reg. Bez. Coblenz und Trier und der angrenzenden Gebiete 3, 1922, 310–312.
H. E. Kubach, A. Verbeek, Bd. 1, 64.
G. Dehio, Rheinland-Pfalz, 45.

1 F. Michel, 311: „Innen lag der Chor ca. 25 cm höher als der Boden des Langschiffes. Einige aufgefundene Plättchenreste von weißem, gebranntem Ton, lassen vermuten, daß er ehedem ganz mit solchen geplättet war, während der Boden des Schiffes mit unregelmäßigen Schieferplatten bedeckt war. Ca. 20 cm darunter fand sich ein ähnlicher, älterer Belag."
2 Freundlicher Hinweis von Herrn Georg Peltner, Höhr-Grenzhausen, Töpferei-Museum.

Arzbach, Westerwaldkreis

Kath. Pfarrkirche St. Peter und Paul

Fundumstände
Die Fliesen wurden laut Inventarvermerk 1866 in „Augst bei Arzbach" gefunden. Vermutlich stammen sie aus der um 1860 abgebrochenen mittelalterlichen Kirche.

Baugeschichte
Die „Bübelskirche" des 1235 erstmalig erwähnten Ortes Arzbach wurde auf dem Boden des alten Römerkastells Arzbach[1] erbaut und 1376 zuerst genannt. Der mit römischen Backsteinplatten erbaute Chor wurde 1629 erneuert, das Schiff 1751 vergrößert, Chor und Seitenschiffe um 1860 abgebrochen und neu erbaut. Anhaltspunkte zur Datierung der mit-

telalterlichen Kirche bietet nur ein in den 1. Jahrzehnten des 13. Jahrhunderts geschaffener Taufstein und die Fliesen, die vermutlich in der 2. Hälfte des 13. Jahrhunderts geprägt wurden.

Literatur
C. D. VOGEL, Bd. 2, 676.
W. LOTZ, F. SCHNEIDER, Bdm Reg. Bez. Wiesbaden, 15.
H. GENSICKE, Aus der Geschichte der Aust, FS anläßlich der Konsekration der renovierten Pfarrkirche zu Arzbach, Limburg 1963, 6–16.
G. DEHIO, Rheinland-Pfalz, 46.

1 H. GENSICKE, 6–16. Als „Aust“ oder „Augst“ wird das Kirchspiel Arzbach mit den Dörfern Arzbach, Kadenbach, und Eitelborn mit Neuhäusel, die Höfe Denzerhaid, die Sporkenburg und das Sporkental bezeichnet. Der ungewöhnlich schöne Fliesenboden einer kleinen Dorfkirche geht möglicherweise auf den Einfluß der Herren der nahen Sporkenburg zurück. Diese wurde allerdings erst vor 1310 von Heinrich von Helfenstein erbaut.

Arzenheim/Artzenheim, Haut-Rhin, Frankreich

Ehem. Pfarrkirche St. Jakobus

Fundumstände
Bei der Abtragung der mittelalterlichen Kirche vor dem Neubau 1851/52 wurden Bodenfliesen in zwei verschiedenen Mustern gefunden; die Lage der Fliesen wurde nicht festgehalten.

Baugeschichte
Über Aussehen und Baugeschichte der Kirche ist nichts bekannt. Sie geht vermutlich schon in fränkische Zeit zurück, wurde 1371 erstmals erwähnt und 1666 umgebaut. Kraus datiert die Fliesen ins 13. Jahrhundert, wahrscheinlich wurden sie erst gegen Ende des Jahrhunderts geprägt. In Arzenheim waren wichtige Klöster begütert. Vorkommen von Töpferton lassen vermuten, daß die Fliesen am Ort gefertigt wurden.

Literatur
F. X. KRAUS, Kdm Elsaß-Lothringen II, 24–25, Abb. 7 und 8.
M. BARTH, Sp. 76–77.

Aschaffenburg

Kath. Pfarrkirche St. Peter und Alexander, ehem. Kollegiat-Stiftskirche (?)

Fundumstände
Unbekannt. Es ist nicht gesichert, daß die Fliesen aus der Stiftskirche stammen. Es wäre jedoch möglich, daß sie bei der Restaurierung 1881–82 entfernt wurden. Bei den von Klewitz 1949 durchgeführten Grabungen, die sich allerdings leider auf Stichgrabungen beschränken mußten, wurden keine Fliesen gefunden.[1] Die Fliesen könnten außerdem aus einem der an die Kirche angrenzenden Stiftshöfe der Kanoniker stammen.[2]

Baugeschichte
Auf einer 885 erbauten Gruftkapelle wurde in der Mitte des 10. Jahrhunderts eine 974 geweihte Kirche errichtet. Nach einem Brand im 12. Jahrhundert erfolgte in der 2. Hälfte des 12. Jahrhunderts der Neubau eines Langhauses, dem zu Beginn des 13. Jahrhunderts[3] Querhaus und Chor angefügt wurden. Offensichtlich nach Vollendung des Chores und des etwa gleichzeitig entstandenen Kreuzganges wurden die Vorhallen an der West- und Nordseite errichtet. Die gesamten Bauarbeiten scheinen jedoch erst gegen 1281–83 abgeschlossen worden zu sein[4]. Die Fliesen, deren Muster mit denen der etwa zur selben Zeit entstandenen Bauten in Worms und Ulm-Söflingen übereinstimmen[5], müssen im 3. Viertel des 13. Jahrhunderts verlegt worden sein. Die Fliesen sind in Prägung und Muster sehr uneinheitlich, die Model müssen daher aus verschiedenen Quellen stammen.

Literatur
F. MADER, Kdm Aschaffenburg, 25–37.
M. KLEWITZ, Die Baugeschichte der Stiftskirche St. Peter und Alexander zu Aschaffenburg, Aschaffenburg 1953, 10–50.
M. FATH, 1970, 72–73.
K. NOTHNAGEL, F. ARENS, 149–158.
G. DEHIO, Franken, 39–40.

1 Freundliche Mitteilung von Herrn Prof. Dr. Martin Klewitz, Saarbrücken.
2 F. MADER, 303 ff. Erhalten sind z. B. der im späten 12. Jahrhundert erbaute Hof von Bienbach, die Kurie zur „Alten Dechantei“, sowie die Kurie Starkenburg.
3 Die Diskussion um die Erbauungszeit des Chores ist durch die Arbeiten von M. KLEWITZ und M. FATH wieder in Bewegung geraten. Eine Zusammenfassung der verschiedenen Theorien gibt K. NOTHNAGEL, F. ARENS, 149, 157 ff.
4 F. MADER, 25–26. Ablässe des Bischofs Friedrich von Speyer 1281 und die Verlegung des Kirchweihtages 1283 machen einen gewissen Abschluß der Arbeiten wahrscheinlich.
5 Neben Worms und Ulm-Söflingen fanden sich die Muster auch in Weinheim und Mainz, sowie in den Klöstern Bleidenstadt, Johannisberg und Lorsch. Bei den engen Beziehungen zu Mainz, (Erzbischof Werner von Eppstein (1259–84), dessen Anwesenheit in Aschaffenburg 32 Mal bezeugt ist, verlegt die Residenz in erhöhtem Maß nach Aschaffenburg), wäre der Einfluß einer Mainzer Werkstatt am wahrscheinlichsten. Mißtrauisch stimmt die Fliese S29 aus Kloster Söflingen, die wohl erst zu Ende des 15. Jahrhunderts entstanden sein kann. Es ist nicht auszuschließen, daß die Fliesen als Geschenk des Museums Ulm nach Aschaffenburg kamen. Der Bruch des Fragments S29 ist jedoch alt, es wäre ungewöhnlich ein solch kleines Bruchstück herzuschenken. In den Inventaren des Museums ließen sich keine Belege für irgendwelche Schenkungen finden.

Deutschordenshaus, Pfarrgasse 8

Fundumstände
Die Fliesen wurden vor 1868 entfernt, kamen in die bayerischen Museen und in den Besitz von J. v. Hefner-Alteneck. Die Wappenfliesen waren in einen Boden aus ungemusterten, glasierten Fliesen eingefügt.

Baugeschichte
Das von Erzbischof Johann Schweikard von Kronberg, dem Erbauer des Aschaffenburger Schlosses, errichtete Haus, wurde vermutlich 1591 (Jahreszahl über einem Portal) vollendet. Die auf den Fliesen mit dem Wappen Kronberg und von Karben angebrachte Jahreszahl weist auf ein Ende der Arbeit für die Innenausstattung im Jahre 1607. Das Haus kam durch Schenkung des Kardinals Hugo Damian von Schönborn 1743 in den Besitz des Deutschen Ordens.

Literatur
Kat. GNM Nürnberg, 10, A66, A67.
J. v. HEFNER-ALTENECK, 1904, 388.
F. MADER, Kdm Aschaffenburg, 296–297.

Aspisheim, Kr. Mainz-Bingen

Ev. Pfarrkirche, ehem. St. Martin

Fundumstände
Die Fliesen wurden bei der Restaurierung der Kirche in den Jahren 1963/64 gefunden.[1]

Baugeschichte
Die vermutlich im 11. Jahrhundert erbaute Kirche wurde durch Erzbischof Siegfried III. von Mainz 1236 dem Mainzer Johannisstift inkorporiert. Urkunden zur Baugeschichte fehlen; erhalten ist der Anfang des 13. Jahrhunderts erbaute Chorturm. Baudetails weisen auf einen Umbau des Langhauses in gotischer Zeit. Dieses wurde 1824 durch einen Neubau ersetzt. Einen möglichen Hinweis für eine Änderung der Ausstattung gibt die Nachricht, daß Margaretha, die Witwe des Ritters Diether von Selzen 1330 einen Katharinenaltar und ihren Besitz in Aspisheim zum Unterhalt eines Geistlichen für den Altar stiftete[2]. Das Muster der Fliese, sonst nur noch aus Kloster Arnsburg bekannt, weist jedoch eher in die Mitte oder das 3. Viertel des 13. Jahrhunderts. Möglicherweise handelt es sich hier um ein heute verlorenes Muster des Klosters Eberbach. Es könnte jedoch auch über Kloster Lorsch vermittelt worden sein, welches seit 1229 Besitz im Ort hat.[3]

Literatur
CHR. RAUCH, Kdm Bingen, 191–192.
A. PH. BRÜCK, Aus der Geschichte der kath. Gemeinde Aspisheim, Bingen 1951, 4.
G. DEHIO, Rheinland-Pfalz, 47.

1 Den Hinweis auf diese Fliese verdanke ich Herrn Dr. Peter Weyrauch, Darmstadt
2 A. PH. BRÜCK, 4.
3 K. H. DEBUS, 869.

Auerbach, Stadt Bensheim, Kr. Bergstraße

Ehem. Burg Auerberg, „Auerbacher Schloß"

Fundumstände
Zwei Fliesen fanden sich 1892 in der SW-Wallmauer des Schlosses[1], eine weitere 1896 an einer unbekannten Fundstelle.[2] Im Sommer 1903 wurden bei Grabungen weitere Fliesen geborgen.[3] Beim Ausräumen des Zwingers nach Einsturz der Zwingermauer 1966 kamen nochmals drei weitere Muster zutage.[4]

Baugeschichte
Zur Baugeschichte der wahrscheinlich zu Anfang des 13. Jahrhunderts unter Graf Diether II. von Katzenelnbogen erbauten Burg fehlen Unterlagen. Der Anstoß zum Bau scheint von Kloster Lorsch ausgegangen zu sein. Die Burg wurde in der Mitte des 14. Jahrhunderts mit Wohn- und Wirtschaftsgebäuden versehen und auch im 15. Jahrhundert erweitert, ihre Befestigungen verstärkt. Nach dem Übergang an Hessen 1497 verlor sie an Bedeutung, wurde 1635 und 1674 zerstört und verfiel. Seit der Mitte des 19. Jahrhunderts setzten Aufbauarbeiten ein, die 1902–07 zu einer umfassenden Restaurierung führten.
Da die Fliesen mit Mustern aus Mainz und Kloster Lorsch übereinstimmen, wurden sie vermutlich erst nach 1232 verlegt, als Mainz mit dem Erwerb des Klosters Lorsch auch die Lehenshoheit über die Burg erlangte. Teilstücke weisen auf das Vorhandensein einer Fliesenrosette gleich oder ähnlich der in der ehem. Dompropstei in Mainz. Diese dürfte im 2. Drittel des 13. Jahrhunderts entstanden sein, als 1247 und 1258 die ersten Burgmannen erwähnt werden. W22 fand sich auch in Burg Hain in der Dreieich. Bei der Erweiterung der Burganlage, nach der Aufteilung der Burg an Bertold II. und Eberhard II. von Katzenelnbogen 1318, wurden vermutlich die Fliesen N52 und O62 verlegt, die erstere wurde auch in der nahegelegenen Burg Tannenberg gefunden.

Literatur
K. KRAUSS, 1905, 3, 6, 29.
W. EINSINGBACH, Kdm Bergstraße, 117.
G. DEHIO, Hessen, 34.

1 Westd. Zs. 12, 1893, Museographie 1892, 382.
2 Ebd., 16, 1897, Museographie 1896, 332.
3 K. KRAUSS, 1905, 29: „Fußbodenplatten mit allerlei eingedrückten Ornament- und Tiermustern". Die Fliesen kamen teilweise ins Museum Bensheim, einige wohl auch ins Hessische Landesmuseum, Darmstadt. Es ist nicht sicher, ob alle Muster aus Auerbach bekannt sind. Die Fundakten tragen nur den Vermerk: „Bodenfliesen, rot und gelb, wie Tannenberg, aber noch reicher im Muster." Freundliche Mitteilung von Herrn Helmut Behr, Darmstadt.
4 Freundlicher Hinweis von Frau Dr. Irmgard Spieß, Bensheim.

Augsburg

Ehem. Augustiner-Chorherren-Stiftskirche St. Georg, heute kath. Stadtpfarrkirche

Fundumstände
Die Fliesen wurden bei der Wiederherstellung der 1944 zerstörten Anlage im östlichen Kreuzgangflügel gefunden.

Baugeschichte
Die Kirche des 1135 gegründeten Augustiner-Chorherrenstiftes wurde 1142 geweiht, Teile des Turmunterbaus in den Neubau von 1499–1505 übernommen. Nach barockem Umbau wurde die Kirche im 19. Jahrhundert wieder regotisiert. Die mittelalterlichen Klostergebäude waren 1702–05 durch neue Bauten ersetzt worden. Die Fliesen können wohl nur aus der Zeit des Kirchenneubaus im 1. Jahrzehnt des 16. Jahrhunderts stammen, obwohl das Muster eher in die 1. Hälfte des 16. Jahrhunderts weist. Da jedoch seit 1534 der kath. Gottesdienst in der Kirche verboten war, der Konvent sich von 1537–47 im Exil in Schloß Guggenberg und in Polling befand, wurden zu dieser Zeit sicher keine Fliesenböden verlegt.

Literatur
G. DEHIO, , Schwaben, 70–71.
T. BREUER, Bayer. Kdm. Die Stadt Augsburg, München 1958, 27–29.
N. BACKMUND, 52–55.

Auhausen, Lkr. Donau-Ries

Ev. Pfarrkirche, ehem. Benediktinerklosterkirche St. Maria

Fundumstände
Bei Grabungen wurde 1972 unter einem jüngeren Boden ein in größeren Flächen erhaltener Ziegelboden aufgedeckt. Die-

ser war aus zahlreichen Teilflächen zusammengestückelt, die zum großen Teil aus ungemusterten Fliesen oder Backsteinen bestanden, zum kleineren Teil aus gemusterten Fliesen.[1]

Baugeschichte
Auhausen wurde zu Beginn des 12. Jahrhunderts von den Herren von Auhausen als päpstliches Eigenkloster gegründet und Benediktinern übergeben, die außerdem ein vor 1269 entstandenes Spital neben dem Kloster betreuten. Nach Zerstörungen im Bauernkrieg 1525 wurde das Kloster 1534 durch die Markgrafen von Ansbach eingezogen. Die Klostergebäude wurden 1824–26 abgebrochen; erhalten ist der Abtsbau und einige Nebengebäude.
Von dem um 1120 begonnenen Kirchenbau hat sich der etwa um 1230 errichtete Nordturm und der 1334 erneuerte Südturm erhalten. Die Fliesen stammen mit großer Wahrscheinlichkeit aus der 1519 umgebauten Kirche oder der 1521 errichteten „Neuen Abtei". Nach 1525 wurden sicher keine Fliesen mehr verlegt. Das Wappen von G19 konnte nicht gedeutet werden. Es gehört nicht dem letzten Abt und Stifter des Chores, Georg Truchseß von Wetzhausen, obwohl die Tartsche für diese Zeit spricht und dieser auf Schlußsteinen und Glasfenstern sein Wappen anbringen ließ. Möglicherweise wurden die Fliesen im Kloster hergestellt. Dieses enthält eine um 1440/50 entstandene Tonfigur des Hl. Christophorus, die größte erhaltene Tonfigur Deutschlands.[2] Auhausen war außerdem ein begehrter Begräbnisplatz des fränkischen Adels, die Wappenfliese könnte als Rahmung einer Grabplatte gedient haben.

Literatur
K. Gröber, A. Horn, Kdm Bayern VII, Reg. Bez. Schwaben, Bez. Amt Nördlingen, München 1938, 47–77.
G. Dehio, , Schwaben, 145–148.
Hist. Stätten VII, Bayern, 73.
J. Hemmerle, 51–54.

1 Freundliche Mitteilung von Herrn Prof. Dr. Walter Haas, Darmstadt.
2 K. Gröber, A. Horn, 70, Abb. 56.

Aull, Rhein-Lahn-Kreis

„Alte Burg"

Fundumstände
Bruchstücke von Fliesen fanden sich bei Umbauten. Sie ließen sich zu Muster L36 ergänzen.

Baugeschichte
Die ehem. Wasserburg wird 1284 im Besitz der Herren von Helfenstein erwähnt. Der Kernbau muß 1558 erneuert worden sein (Jahreszahl am Portal), in späterer Zeit wurde er durch Fachwerkanbauten erweitert. Die Fliese, ein vermutlich in Kloster Arnstein geschaffenes Muster, könnte von dort oder aus der Töpferei von Urbar bezogen worden sein. Sie wurde vermutlich nach der Mitte des 14. Jahrhunderts verlegt.

Literatur
P. G. Custodis, Denkmalpflege auf dem Dorf. Ein Zwischenbericht, Rhein. Heimatpflege 16, N. F. 1979, 246–248 (245–249).
U. Liessem, U. Löber, 66–69.
G. Dehio, Rheinland-Pfalz, 48.

Aulps, Haute-Savoie, Frankreich

Ehem. Zisterzienserkloster Ste.-Marie

Fundumstände
Diese Fliesen werden nur erwähnt, weil die Muster mit denen der Zisterzienserabtei Bonmont übereinstimmen und möglicherweise Einfluß auf die Fliesenprägung in elsässischen oder süddeutschen Zisterzienserklöstern ausübten. Sie wurden bei Grabungen um 1930 in den Chorseitenkapellen geborgen und befinden sich heute in der Kirche St. Jean in Aulps, im Musée des Beaux-Arts in Dijon und in der Sammlung Costa de Beauregard. Sieben Muster stimmen mit denen von Bonmont überein, M 21 ist dort nicht mehr vorhanden. Die Fliesen wurden mit denselben Modeln geprägt, weisen jedoch im Gegensatz zu Bonmont eine Dicke von 3–4 cm auf.

Baugeschichte
Das Kloster wurde 1094 gegründet und 1136 dem Zisterzienserorden inkorporiert. Die um 1150 begonnenen Bauarbeiten waren erst zu Ende des 13. Jahrhunderts abgeschlossen. Die Kirche wurde 1824 teilweise abgerissen, um Steinmaterial für Straßenbauarbeiten zu gewinnen.
Zur Datierung der Fliesen s. Bonmont.

Literatur
E. Renard, 1940, 47–48.
A. C. de Breycha-Vauthier, 7–10.
F. Bucher, 109–111.
M. Thibout, L'abbaye d'Aulps, Congr. arch. 123, 1965, 228–328.
A. Dimier, J. Porcher, I, 53.
E. C. Norton, 1983, 104.

B

Babenhausen, Kr. Darmstadt-Dieburg

Ev. Pfarrkirche, ehem. St. Nikolaus

Fundumstände
Bei der Restaurierung der Kirche 1939 wurden in der Sakristei ca. 0,40 m unter heutigem Niveau „unter der aufgefüllten Sandschicht die Reste des Fußbodenbelags aus spätgotischen ornamentierten Fliesen" aufgedeckt.[1]

Baugeschichte
Der vermutlich in den ersten Jahrzehnten des 13. Jahrhunderts entstandenen, 1262 erstmals erwähnten Kirche wurde 1383 ein Chor angefügt. Das Langhaus und die Sakristei wurden 1472–73 neu erbaut und vermutlich gleichzeitig der Fußboden verlegt.

Literatur
M. Herchenröder, F. Behn, Kdm Kr. Dieburg, 16–21.
J. Bühl. Bd. 1, 11–14, Bd. 2, 12–16.
Hist. Stätten IV, Hessen, 19–20.
G. Dehio, Hessen, 36–37.

1 M. Herchenröder, F. Behn, 18.

Ehem. Wasserburg, Schloß

Fundumstände
In der Vorhalle der ehem. Wasserburg liegt ein mit Kopien des Musters J28 gefertigter Fliesenboden[1], welcher vermutlich bei der Restaurierung der Vorhalle 1901 verlegt worden war.[2] Da dieses Muster zu dieser Zeit, außer möglicherweise aus Worms, von keinem anderen Fundort bekannt gewesen sein kann, wäre es möglich, daß die Fliesen nach einem in der Burg entdeckten Vorbild geprägt wurden.

Baugeschichte
Die Wasserburg, deren Mauern ganz aus Backstein erbaut sind, wurde vermutlich nach 1197[3] begonnen und im wesentlichen in den beiden ersten Jahrzehnten des 13. Jahrhunderts vollendet. Im 3. Viertel des 15. Jahrhunderts, um 1560–80 und im 18. Jahrhundert wurde sie erweitert und umgebaut. Die Fliese könnte aus der Zeit eines weiteren Ausbaus im 2. Viertel des 13. Jahrhunderts stammen. Sie kann schon um 1240 und noch um 1260 verlegt worden sein.

Literatur
Hist. Stätten IV, Hessen, 19–20.
F. Arens, 1976/77, 25–43.
G. Dehio, Hessen, 37.
G. Kiesow, Romanik in Hessen, Stuttgart 1984, Abb. 177.

1 G. Kiesow, Abb. 177.
2 Nach freundlicher Mitteilung von Frau Maria Fischer, Stadtarchiv Babenhausen, fehlen Aufzeichnungen über die vor 1898 und 1901 unternommenen Umbauten.
3 F. Arens, 1976/77, 25. Datierung durch Jahresringchronologie.

Bacharach, Kr. Mainz-Bingen

Ev. Pfarrkirche St. Peter

Fundumstände
Zwischen 1869 und 1872 müssen die Fliesen teilweise noch in der Kirche in situ gelegen haben.[1] Beim Brand der Kirche 1872 und der anschließenden Restaurierung kamen die Fliesen vermutlich in den Kunsthandel und wurden, meist ohne daß sich eine Herkunftsangabe erhalten hat, weit verstreut.[2] Da die Fliesenmuster sowohl technisch wie stilistisch und zeitlich voneinander abweichen, die Fundortangaben meist sehr vage „aus einer Kirche in Bacharach" lauten, ist es durchaus möglich, daß einige Fliesen auch aus der nie vollendeten Wernerkapelle stammen. Die von Bock erwähnte Adlerfliese konnte noch nicht identifiziert werden. Da D11 ebenfalls in Mainz gefunden wurde, könnte es sich um die bis jetzt nur aus Mainz bekannte Fliese B12 handeln.

Baugeschichte
Die Kirche der seit 1094 dem St. Andreasstift in Köln inkorporierten Pfarrei St. Peter wurde, unter Einbeziehung von Mauerwerk des frühen 12. Jahrhunderts, vermutlich zu Beginn des 13. Jahrhunderts begonnen und um 1230/40, spätestens jedoch um 1269, vollendet. Baudaten fehlen. Im 15. Jahrhundert wurden Turm und Fenster umgebaut, eine Empore und Netzgewölbe eingezogen. 1895 wurde ein neuer Fußboden verlegt. Zu den frühesten Fliesen, die noch vor der Mitte des 13. Jahrhunderts entstanden sein könnten, gehören D11 und B12 (?), möglicherweise auch C48. Die andern wurden vermutlich erst in der 2. Hälfte des 13., C33 wohl erst zu Beginn des 14. Jahrhunderts geprägt. Es ist nicht sicher, daß die Fliesen in Bacharach gefertigt wurden. Das Muster C33 fand sich sowohl auf Burg Lach, Rüdesheim, als auch in Köln, D11 ist ein Muster aus Kloster Eberbach und wurde mit C33, C48 und A23 auch in Mainz gefunden. Es ist möglich, daß die Muster so uneinheitlich wirken, weil ein Teil der Fliesen aus Kloster Eberbach, der andere aus Mainz kam.

Literatur
Fr. Bock, Die St. Peterskirche zu Bacharach und die Wernerskapelle daselbst, Fr. Bock, Bd. 1, 10.
P. Clemen, Die Wiederherstellung der ev. St. Peterskirche, Ber. der Provinzialkom. 1, 1896, 14.
R. Forrer, 1901, 87, Fig. 103.
H. E. Kubach, A. Verbeek, Bd. 1, 69–71.
G. Dehio, Rheinland-Pfalz, 49–52.

1 Fr. Bock, „Nicht ohne Interesse sind die Überreste von Belegplatten im unteren Teil der Kirche, welche mit Löwen und Adlern gemustert sind und wahrscheinlich der Erbauungszeit des Thurmes angehören ...".
2 Nach freundlicher Mitteilung von Herrn J. Lehmann, Leipzig, wurden die Muster C48, D11 und E21 aus dem bei der Restaurierung anfallenden Schutt geborgen.

Bürgerhaus?

Fundumstände
Die Fliese stammt nach Forrer „aus einem Haus bei Bacharach", nach der Beschriftung des GNM Nürnberg aus einem Haus „in Bacharach". Berichte über diesen Fliesenfund waren nicht zu ermitteln, die Fliesen müssen vor 1868 entfernt worden sein.

Geschichte
Das Muster K65 kommt in gleicher Prägung in Mainz und Eberbach vor. Beide hatten sowohl in Bacharach wie in den Gemeinden des Viertälergebiets Besitz. Zu nennen wären verschiedene Häuser in Oberdiebach, von denen eines noch das Mainzer Wappen zeigt, desgleichen in Niederheimbach. In Bacharach haben sich einige Häuser, die im 4. Viertel des 16. Jahrhunderts erbaut wurden, erhalten.

Literatur
R. Forrer, 1901, Taf. 103.
K. Theile, Bilder aus der Chronik Bacharachs und seiner Thäler, Gotha 1891, 37.
E. Keyser, D. Stb. IV, 3, 61–69.

Burg Stahleck, heute Jugendherberge

Fundumstände
Unbekannt, vor 1901. Beim Umbau der Burg zur Jugendherberge 1925–27 kamen keine Fliesen zum Vorschein.

Baugeschichte
Die 1135 erstmals im Besitz Goswins von Stahleck genannte Burg kam 1142 in Reichsbesitz, 1214 in die Hände des Pfalzgrafen bei Rhein, Otto von Wittelsbach. Sie diente vor allem in der 1. Hälfte des 14. Jahrhunderts, als sie bis 1354 an den Erzbischof von Trier, Balduin von Lützelburg, verpfändet war, als Ort glanzvoller Feste und Fürstentage. Im 30jährigen Krieg achtmal belagert, wurde sie 1689 von den Franzosen gesprengt. Die teilweise abgetragene Ruine wurde 1925–27 restauriert. Die Burg ist im Kern ein Bau des 12. Jahrhunderts, Prägung und Glasur der Fliesen weisen auf eine Verlegung in der 1. Hälfte des 15. Jahrhunderts.

Literatur
R. Forrer, 1901, Taf. 103, 24.
W. Bornheim, gen. Schilling, 1964, Bd. 1, 22, 34, 36, 49, 57.
H. E. Kubach, A. Verbeek, Bd. 2, 1050.
G. Dehio, Rheinland-Pfalz, 53–54.

Bacharach-Steeg

Burgruine Stahlberg? Ev. Pfarrkirche? Eberbacher Klosterhof?

Fundumstände
Unbekannt. Die Fliesen müssen vor 1901 gefunden worden sein. Sie können aus Burg Stahlberg[1], der Dorfkirche und aus dem ehem. Klosterhof des Klosters Eberbach stammen. Obwohl es Eberbacher Muster sind, müssen sie nicht unbedingt im Eberbacher Hof gefunden worden sein. W18 kam auch in der Burg „auf der Lach“, Rüdesheim, und in der Pfarrkirche von Lörzweiler vor.

Baugeschichte
Burg Stahlberg wurde vermutlich zu Beginn des 13. Jahrhunderts von Erzbischof Engelbert von Köln erbaut und kam als Lehen an die Pfalzgrafen bei Rhein. Diese scheinen sie ausgebaut und stärker befestigt zu haben.
Die ev. Pfarrkirche (St. Anna) wurde wohl zu Beginn des 14. Jahrhunderts erbaut, im 15. Jahrhundert eingewölbt und um 1558 erweitert und mit einer Empore versehen. Die Kirche wurde 1849, der Turm 1875 restauriert, bei dieser Gelegenheit könnten Fliesen gefunden worden sein. Zur Baugeschichte des Eberbacher Klosterhofs, der zur Verwaltung der umfangreichen Weinberge, die das Kloster dort besaß, errichtet wurde, fehlen alle Urkunden. Die Fliesen dürften im 2. bis 3. Viertel des 13. Jahrhunderts geprägt worden sein.

Literatur
R. Forrer, 1901, Taf. 7, 5; 103, 8.
G. Dehio, Rheinland-Pfalz, 998–999.

1 Denkmalpflege in Rheinland-Pfalz, Jahresbericht 1965–1967, Mainz 1970, 98. Burg Stahlberg: 1967. „Ausbesserungsarbeiten an beiden Türmen und an Teilen der Brüstungsmauer. Bei den Arbeiten am runden Turm wurden Keramikplättchen gefunden.“ Nach freundlicher Auskunft von Herrn Dr. Hans Caspary, Mainz, waren diese gelb, orange, grün und grau glasierte Fliesen mit der Darstellung des Mainzer Rades (M17?), Eicheln und Eichblättern und einem Wappen mit zwei übereinanderstehenden Sparren. Die Fliesen konnten bis heute nicht wiedergefunden werden.

Backnang?, Rems-Murr-Kreis

Ev. Stadtkirche, ehem. Chorherren-Stiftskirche St. Pankratius

Fundumstände
Der Fundort der Fliese ist nicht mehr bekannt. Sie muß zu Ende des 19. Jahrhunderts ins Museum Stuttgart gekommen sein. Das Wappen verweist auf eine Burg oder Kirche, zu der Baden und Württemberg gemeinsame Beziehungen hatten, das Muster auf ein Bauwerk in den Kreisen Backnang, Waiblingen oder Schwäbisch Hall.[1] Die St. Pankratiuskirche erfüllt beide Bedingungen, die Herkunft der Fliesen von dort ist jedoch nicht gesichert. Da der an Fliesen interessierte Architekt Heinrich Dolmetsch an der Restaurierung der Kirche 1895 mitwirkte, könnte er die Fliesen weitergegeben haben.

Baugeschichte
Eine schon vor 1116 bestehende Pankratiuskirche wurde von den Markgrafen von Baden einem Augustiner-Chorherrenstift gegeben. Um 1300 kam die Schirmvogtei von Baden an die Grafen v. Wirtemberg, das badische Erbbegräbnis wurde von Backnang nach Kloster Lichtenthal verlegt, 1477 das Chorherrenstift dann in ein weltliches Kollegiatstift umgewandelt. An die romanische Kirche wurde um 1504 ein gotischer Chor angefügt, das Langhaus 1697 neu erbaut. Auf den Schlußsteinen im Chor[2] findet sich ebenfalls das badische und das wirtembergische Wappen. Die Schildform weist auf eine Entstehung der Fliese in der 1. Hälfte des 15. Jahrhunderts. Falls die Fliese jedoch in der Kirche vorhandene Schilde kopierte, wäre eine Entstehung um 1504 noch möglich.

Literatur
BOA Backnang, 125–129.
G. Dehio, Baden-Württemberg, 19.
Hist. Stätten VI, Baden-Württemberg, 34–35.
A. Schahl, Die Stiftskirche St. Pankratius in Backnang, München 1976, 2–15.
Ders., Kdm Rems-Murr-Kreis I, 208–223.

1 Vgl. Musterkat. G2.
2 A. Schahl, 1983, 220.

Bad Buchau, Lkr. Biberach

Kath. Stadtpfarrkirche St. Cornelius und Cyprian, ehem. Damenstiftskirche

Fundumstände
Die Fliesen wurden bei einer Restaurierung vor dem 1. Weltkrieg[1] einer nicht mehr genau bekannten Stelle innerhalb der Stiftskirche entnommen.

Baugeschichte
Die vermutlich im 9. Jahrhundert gegründete, im 11. und 14. Jahrhundert umgebaute Kirche des dem Augustinerorden nahestehenden Stiftes, wurde durch den Umbau 1773–76 völlig verändert. Erhaltene Reste sowie die spätgotischen Maßwerkfenster an der Südwand des Langhauses weisen auf eine Einwölbung des Chors und den Einbau einer Empore im Nordschiff.[2] In dieser Zeit müssen auch die Fliesen verlegt worden sein, die entweder im Kloster selbst oder im nahegelegenen Kloster Schussenried geprägt wurden.

Literatur
J. E. Schöttle, Bd. 2, 311–312.
H. A. Klaiber, Stift und Stiftskirche zu Buchau, Augsburg 1929.
W. von Matthey, H. Klaiber, Kdm Riedlingen, 55–56.
G. Dehio, Baden-Württemberg, 73–74.
Th. Baumann, Buchau am Federsee und die Federseelandschaft, Tübingen 1948, 35, 45.

---

1 Diese Mitteilung verdanke ich Herrn Prof. Dr. Hans Reinerth, Unteruhldingen.
2 Th. Baumann, 35. Die Verlegung der Fliesen müßte während der Amtsperiode der Äbtissin Margarete von Werdenberg (1449–97) erfolgt sein. Von ihr sind jedoch keine Nachrichten über Umbauten überliefert, während ihre Nachfolgerin, Barbara von Gundelfingen (1497–1523) „... die Ringmauer und die Türme um das Stift baute, das sie noch mit anderen Bauten schmückte" (J. E. Schöttle, 312).

Bad Buchau-Kappel, Lkr. Biberach

Kath. Pfarrkirche St. Peter und Paul

Fundumstände
Die Fliesen wurden vor 1967 bei einer Restaurierung im Chor gefunden.

Baugeschichte
Von der 1228 erstmals genannten, doch älteren Kirche haben sich nur der romanische Chor mit frühgotischem, dreiseitigem Schluß und der um 1473 entstandene Turm sowie Fresken aus der Mitte des 12. Jahrhunderts erhalten. Baudaten sind nicht überliefert, in die Kirchenmauer fand sich die Zahl 1423 eingegraben. Die Fliesen, die außerdem in der Pfarrkirche St. Martin in Biberach und in Memmingen gefunden wurden, könnten auf Grund des Musters schon in der 2. Hälfte des 13. Jahrhunderts entstanden sein. Sie wurden jedoch vermutlich gleichzeitig mit denen in St. Martin erst im 2. Drittel des 14. Jahrhunderts verlegt.

Literatur
J. E. Schöttle, Bd. 2, 451–454.
W. von Matthey, H. Klaiber, Kdm Riedlingen, 81–84.
G. Dehio, Baden-Württemberg, 237.
J. Mohn, 57–58, 144–148.

Bad Gandersheim?, Kr. Gandersheim

Ev. Münsterkirche, ehem. Kanonissen-Stiftskirche St. Anastasius und Innocentius

Fundumstände
Unbekannt. Die Fliese soll aus der Stiftskirche in Gandersheim stammen und vor 1914 gefunden worden sein.[1] Bei den jüngsten Restaurierungen nach dem 2. Weltkrieg kamen keine Fliesen zum Vorschein. Es waren jedoch 1912 umfangreiche Bauarbeiten (Gewölbe, Empore im südlichen Chorarm usw.) durchgeführt worden. Möglicherweise wurden bei dieser Gelegenheit Fliesen gefunden.

Baugeschichte
Die frühe Baugeschichte des liudolfinischen Familienstiftes und seiner auf einem Vorgängerbau von 856–881 im frühen 12. Jahrhundert errichteten Kirche darf hier vernachlässigt werden. Die Fliese kann kaum vor dem 15. Jahrhundert entstanden sein und könnte am ehesten aus einer der Seitenkapellen stammen, welche 1432 (Andreaskapelle), 1462 (Antoniuskapelle) und 1439 (Kapelle St. Peter und Paul) an die Kirche angefügt wurden. Die grobe Prägung hat große Ähnlichkeit mit süddeutschen Mustern aus der Umgebung von Ulm. Dies gilt auch für die im nahen Northeim gefundenen Fliesen.

Literatur
K. Steinacker, Kdm Kr. Gandersheim, Wolfenbüttel 1910, 68–129.
Hist. Stätten II, Niedersachsen/Bremen, 158–161.
G. Dehio, Bremen, Niedersachsen, 83–87.
W. Baumann, M. Gosebruch, Stift Gandersheim, Königstein o. J., 4–48.

---

1 Freundliche Mitteilung von Herrn Ernst Dossmann, Iserlohn.

Bad Herrenalb, Lkr. Calw

Ehem. Zisterzienserkloster St. Maria

Fundumstände
Die Fliesen, bis jetzt die einzigen Exemplare des St.-Urban-Typus auf deutschem Boden, wurden bei Grabungen vor 1951 gefunden. Da die Fliese in dieser Prägung bis jetzt aus der St.-Urban-Werkstatt nicht bekannt ist, könnte sie sehr wohl in Herrenalb entstanden sein.[1]

Baugeschichte
Das durch Berthold III. und Uta von Eberstein 1149 gegründete Zisterzienserkloster, mit einer 1175 erst teilweise vollendeten Kirche und einem 1428 erbauten Chor, wurde 1642 weitgehend zerstört. 1739 und 1903–04 wurde ein Teil der Kirche wieder aufgebaut und erneuert. Baudaten des 13. Jahrhunderts sind nicht überliefert. Da die Fliese nur im 3. Viertel des 13. Jahrhunderts entstanden sein kann[2], stammt sie möglicherweise aus der vielleicht für den Speyerer Bischof Konrad von Eberstein († 1245) errichteten Kapelle neben der Sakristei.

Literatur
J. Baum, 1951, 2, Abb. 3.

C. SEILACHER, Geschichte des Klosters Herrenalb in Einzelbildern, Karlsruhe 1952, 9–11.
G. DEHIO, Baden-Württemberg, 212–213.

1 J. BAUM, 1951, 2, Abb. 3, nimmt an, daß die Fliesen im 13. Jh. aus St. Urban importiert wurden. Es ist jedoch durchaus möglich, daß sich in Herrenalb eine von St. Urban beeinflußte Werkstatt befand, die ihre Model selbst schnitt.

2 R. SCHNYDER, 1958. Am nächsten stehen der Fliese die bei Schnyder abgebildeten Nr. 64, 95 und 101, die er in den Zeitraum zwischen 1270 und 1280 datiert. Es fällt jedoch auf, daß der Elefant altertümlicher wirkt als dieselbe Darstellung auf einer um 1270 entstandenen St.-Urban-Fliese (Kat. Nr. 65).

Bad Kreuznach

Kath. Pfarrkirche St. Nikolaus, ehem. Karmeliterklosterkirche

Fundumstände
Unbekannt. Die Fliesen finden sich auf einer Zeichnung von Ludwig Arntz.[1] Es sind sieben verschiedene Muster erkennbar. Bei den 1980/81 durchgeführten Restaurierungsarbeiten wurden keine Spuren dieser Fliesen mehr gefunden. In der Kirche lagen nur die um 1900 von Villeroy & Boch, Mettlach, gefertigten Fliesenkopien.[2]

Baugeschichte
Eine 1266 erbaute Kapelle wurde 1281 den Karmelitern übergeben, die bald darauf eine neue Kirche erbauten. Eine Weihe von drei Altären 1308 legt das Ende der Bauzeit nahe. 1432 wurde ein Gewölbe eingezogen, außerdem wurde im 15. Jahrhundert eine Engelskapelle an die Kirche angefügt. Das Kloster wurde 1565 aufgehoben, die Klostergebäude jedoch im 18. Jahrhundert erneuert und im 19. Jahrhundert bis auf den Südflügel abgerissen. Die Fliesen können aus stilistischen Gründen nur im 15. Jahrhundert entstanden sein, vielleicht wurden sie gleichzeitig mit der Einwölbung verlegt. Vier der Fliesen stammen sicher aus der Hand desselben Modelschneiders, während L5 ein in dieser Gegend weitverbreitetes Muster ist.

Literatur
W. ZIMMERMANN, Kdm Kr. Kreuznach, 73.
G. DEHIO, Rheinland-Pfalz, 68–69.

1 Der Fund der Zeichnung gelang Herrn Udo Liessem, Koblenz. Graphiksammlung des Landesdenkmalamts Mainz, Inv.-Nr. 640. Möglicherweise wurden die Fliesen bei der Restaurierung der Kirche 1898–1905 entdeckt.

2 Freundliche Mitteilung von Herrn Karl M. Buss, Bad Kreuznach.

Bad Münster am Stein-Ebernburg, Kr. Bad Kreuznach

Ebernburg

Fundumstände
Lesefund. Genaue Angaben fehlen.

Baugeschichte
Die 1209 erstmals erwähnte Burg kam 1448 als Pfälzer Lehen in die Hand der Herren von Sickingen. Da die Fliese durch Jahreszahl auf 1603 datiert ist, muß sie aus den Aufbauarbeiten nach der Zerstörung der Burg 1523 stammen. Diese setzten nach der Rückgabe der Burg an die Söhne Franz von Sickingens 1542 ein und erstreckten sich über die ganze 2. Hälfte des 16. Jahrhunderts. An den Fensterwänden eines Wohngebäudes findet sich die Zahl 1581. Die Burg wurde 1697 geschleift, als Steinbruch ausgebeutet und erst ab 1838 teilweise wieder aufgebaut.

Literatur
O. BÖCHER, 1978, 2–16.
Kat. Burgen der Pfalz, 1982, 64–65.
G. DEHIO, Rheinland-Pfalz, 232.
O. BÖCHER, Die Ebernburg in Bad Münster am Stein-Ebernburg, Köln 1985, 3–22.

Burgruine Rheingrafenstein

Fundumstände
Bei dem Versuch, die Ruine zu sichern und wieder zugänglich zu machen, wurde 1979 ein Fliesenbruchstück gefunden.

Baugeschichte
Die Burg ist der erste Stammsitz der Herren von Stein, der späteren Wild- und Raugrafen. Die spärlichen Reste der 1688 durch die Franzosen gesprengten Burg lassen kaum Rückschlüsse auf die Bauzeit zu, Nachrichten zur Baugeschichte sind nicht überliefert. Da die Burg nach Erwerb der Wildgrafschaft 1350 und 1406 nur noch Nebensitz war, dürften die Fliesen vor 1350 verlegt worden sein. Die Fliese, ein spätes und grobgeprägtes Muster des Klosters Eberbach, wurde dort vermutlich im 1. Drittel des 14. Jahrhunderts gefertigt.

Literatur
G. DEHIO, Rheinland-Pfalz, 66.
P. CARTANO, Rheingrafenstein, Burgen und Schlösser 20, 1979, 115–116.
Kat. Burgen der Pfalz, 1982, 66–67.

Bad Münstereifel, Kr. Euskirchen

Kath. Pfarrkirche St. Chrysanthus und Daria, ehem. Benediktiner-Stiftskirche

Fundumstände
Für die ersten Fliesenfunde sind Fundort und -jahr nicht mehr bekannt, sie wurden vermutlich bei Aufräumungsarbeiten in der im 2. Weltkrieg schwer beschädigten Kirche entdeckt. Sechs Bruchstücke eines Musters fanden sich beim Graben einer Kanalisationsleitung unmittelbar vor der Stiftskirche. Bei den Grabungen 1963–64 wurden Fliesen und Fliesenbruchstücke im völlig zerwühlten Bauschutt des Untergrundes gefunden, weitere kamen 1966 zutage. Auf der Südempore der beiden an das Westwerk anschließenden Kreuzflügel befanden sich Reste eines Fliesenbodens in situ, diese wurden jedoch nach Abschluß der Restaurierungsarbeiten größtenteils mit dem Bauschutt auf eine Halde gekippt.[1] Die sorgfältig geprägten Muster und die verschiedenfarbigen Glasuren lassen auf einen reichen Fliesenbelag schließen, der vermutlich bei der Restaurierung 1876–93 teilweise entfernt, teilweise verdeckt wurde. Ein kleiner Fliesenrest wurde auf der Südempore neu verlegt.

Baugeschichte
Schriftliche Überlieferungen zur mittelalterlichen Baugeschichte der Kirche fehlen ganz. Das vermutlich um 830 durch Abt Markward von Prüm gegründete Kloster, das seit der Übertragung der Gebeine der Hl. Chrysanthus und Daria 844 erhöhte Bedeutung gewann, wurde wahrscheinlich in der 1. Hälfte des 12. Jahrhunderts in ein Kollegiatsstift umgewandelt. Der auf Vorgängerbauten um 1100 errichtete Bau mit einem wohl aus der Mitte des 11. Jahrhunderts stammenden Westwerk wurde in der Mitte des 12. Jahrhunderts eingewölbt und dann bis zur Aufhebung des Klosters 1803 nicht wesentlich verändert. Die mit großer Wahrscheinlichkeit im 4. Viertel des 15. oder zu Beginn des 16. Jahrhunderts entstandene Fliese L21, die außerdem in Kloster Schillingskapellen (Heimerzheim), Kraudorf und Reifferscheid gefunden wurde, könnte möglicherweise mit einer Schenkung des Kanonikus Friedrich Roir[2] in Verbindung gebracht werden. Nachrichten über Um- oder Neubauten in dieser Zeit fehlen. Die einzigen überlieferten Daten, 1560 und 1584, sind für die Fliesen L34 und N100 fast schon zu spät; einer Datierung ins 2. Viertel oder 2. Drittel des 16. Jahrhunderts wäre der Vorzug zu geben.

Literatur
G. Dehio, Rheinland, 489–492.
H. Borger, W. Sölter, Die Ausgrabungen in der ehem. Stiftskirche St. Chrysanthus und Daria zu Münstereifel in den Jahren 1963 und 1964. Vorbericht 1, Rhein. Ausgrabungen 1, Köln/Graz 1968, 241–257.
Hist. Stätten III, Nordrhein-Westfalen, 45–47.
T. Hürten, Chronik Münstereifels in Daten von 760–1816, Euskirchen 1969.
H. E. Kubach, A. Verbeek, Bd. 2, 801–807.
R. Schmitz-Ehmke, Kdm Münstereifel, 15–30, Taf. 30, Abb. 63, 64.

1 Alle Angaben zu den Fliesen verdanke ich den Herren Carl Mönnig †, Köln, und Toni Hürten †, Münstereifel. Sie retteten einen Teil der Fliesen aus dem Schutt.
2 T. Hürten, 17. Dieser schenkt der Stiftskirche 1480 ein Sakramentshäuschen, welches im Chor neben dem Hochaltar aufgestellt wird. Im selben Jahr erhält die Kirche außerdem ihre 3. Glocke.

Burgruine

Fundumstände
Die Fliesen wurden bei Sicherungsarbeiten an der Ruine nach dem 2. Weltkrieg gefunden.

Baugeschichte
Die von den Grafen v. Blankenheim wahrscheinlich nach 1272 erbaute Burg dürfte bei der Nennung von Münstereifel als „oppidum" 1298 größtenteils vollendet gewesen sein, weitere Ausbauten folgten in der 1. Hälfte des 14. Jahrhunderts. Für das Ende des 15. und die 1. Hälfte des 16. Jahrhunderts, der Zeit, in der die Fliesen entstanden sein müssen, fehlen alle Baunachrichten. Die Burg wurde 1689 durch die Franzosen zerstört. Die Fliesen N57 und N64 wurden außerdem in Aachen gefunden.

Literatur
P. Clemen, E. Polaczek, Kdm Rheinbach, 106–109.
H. Kisky, 111–112.
G. Dehio, Rheinland, 493.
Hist. Stätten III, Nordrhein-Westfalen, 45–47.
B. Gondorf, 28–29.
R. Schmitz-Ehmke, Kdm Münstereifel, 82–85.

Bad Nauheim, Wetteraukreis

Ehem. Johannisbergkirche, vermutlich St. Johannes Evangelista

Fundumstände
„Die Ausgrabung im Winter 1933/1934 hat ergeben, daß der Turm nicht auf älterem Gemäuer steht. Die anschließende Kirche hatte einen Bodenbelag aus Bruchsteinen. Glasierte, braune, mit zwei leicht verschiedenen gotischen Blattornamenten gezierte Tonfliesen, wie sie im Nauheimer (zugeschütteten) Burgteich und im Schlafraum des Klosters Arnsburg gefunden wurden, lagen etwas entfernter vom Turm."[1]

Baugeschichte
Die wohl in der 1. Hälfte des 8. Jahrhunderts entstandene Kirche wird 1255 erstmals erwähnt. Erhalten ist nur ein Rest des im 13. (?) Jahrhundert entstandenen Turms. Auf spätgotische Umbauten weisen Fenster auf der Nord-, Süd- und Ostseite. Seit 1555 wurden keine Morgenpredigten auf dem Berg mehr abgehalten, die Kirche begann zu verfallen. Bad Nauheim gehörte zur Münzenberger Herrschaft, das Patronatsrecht der Kirche kam 1254 durch Ulrich II. von Münzenberg an das Mainzer Domkapitel. Arnsburg kaufte von Kloster Seligenstadt einen Hof in Nauheim, welcher 1297 noch in dessen Besitz war und 1446 wieder von ihm erworben wurde. Die Fliese, ein Arnsburger Muster, könnte zu Beginn des 14. Jahrhunderts verlegt worden sein.[2]

Literatur
R. Adamy, 1895, Kdm Kr. Friedberg, 7–8.
A. Martin, 2–5.
Hist. Stätten IV, Hessen 27.
G. Dehio, Hessen, 52–53.

1 A. Martin, 3.
2 Zur Datierung siehe „Wetzlar, Franziskanerkirche". Nach Ansicht von M. Morkramer wurde eine Fliese desselben Musters nach dem Stadtbrand 1334 verworfen.

Burgteich

Fundumstände
Siehe Bad Nauheim, ehem. Johannisbergkirche

Baugeschichte
Die Burg lag am Fluß des Johannisberges. Sie war altes münzenbergisches Lehen, das wohl die Herren von Nauheim innehatten. Sie kam Anfang 15. Jahrhundert an die Herren von Selbold, 1578 an die von Rheinberg und 1702 an die von Greifenclau. Alle Reste sind heute verschwunden.

Literatur
R. Adamy, 1895, Kdm Kr. Friedberg, 9.
A. Martin, 10.
F. M. Saltenberger, Die Nauheimer Burg: ein Beitrag zu ihrer Baugeschichte, Wetterauer Gesch.bl. 38, 1989, 11–126.

Bad Neuenahr-Ahrweiler, Kr. Ahrweiler

Ehem. Franziskanerkloster Kalvarienberg, heute Ursulinenkloster, Ahrweiler

Fundumstände
Bei Restaurierungen wurde 1975 der Rest eines Fliesen-

bodens aufgedeckt. Gefunden wurden glasierte Fliesen in zwei Mustern und drei als Randleiste verwandte Fliesen.

Baugeschichte
Auf dem als Richtstätte dienenden, südlich vor der Stadt gelegenen Kalvarienberg wurde 1440 statt des Galgens eine Wallfahrtskapelle errichtet. Diese wurde 1629 den Franziskanern aus Brühl übergeben, die dort nach 1634 ein Kloster und 1664–78 eine Klosterkirche erbauten. Das 1802 aufgehobene Kloster wurde 1838 von Ursulinen bezogen, die Klostergebäude 1897 durch Neubauten ersetzt. Die Fliesen, vermutlich im späten 16. oder im frühen 17. Jahrhundert geprägt, könnten noch nach 1634 in den Klostergebäuden verlegt worden sein. Sie stammen jedoch wohl kaum noch aus der 1678 vollendeten Kirche. Eine zweite Möglichkeit ist, daß sie aus der ehem. Wallfahrtskapelle übernommen wurden, aus der auch eine spätgotische Kreuzigungsgruppe stammt. Für diese, als Ersatz für einen Holzbau errichtete Kapelle, ist das Weihedatum 1505 überliefert. Zu dieser Zeit können die Fliesen jedoch noch nicht entstanden sein.

Literatur
J. Gerhardt [u. a.], Kdm Kr. Ahrweiler, 100–102.
G. Dehio, Rheinland-Pfalz, 6–7.

Bad Neuenahr-Ahrweiler, Ortsteil Lohrsdorf

Burgruine Landskron

Fundumstände
Die Fliesen wurden 1910 in Haus B des Südflügels ausgegraben, den v. Behr[1] für das ehem. „Königshaus" hält.

Baugeschichte
Die von König Philipp von Schwaben vermutlich zwischen 1206–12 erbaute Burg kam nach 1215 als Reichsbesitz in die Verwaltung des Reichsministerialen Gerhard von Sinzig, dessen Geschlecht sich später nach der Burg „von Landscron" nannte. Die Fliese G 36, die zweifellos zu den frühesten deutschen Fliesen gehört, kann, da sie das Wappen Landskron trägt, erst nach 1215 verlegt worden sein, vermutlich unter Gerhard I. von Sinzig (1206–43). In einer Urkunde wird 1526 ein „Newer Bau" erwähnt, der auch eine kleine Kapelle besaß, den v. Behr jedoch mit einem wohl schon 1396 entstandenen Bau in der oberen Vorburg in Verbindung bringt.[2] Da die Burg 1677 durch Brand zerstört und 1714 bis auf die Grundmauern abgetragen wurde, gibt es auf Grund von Bauteilen keine Anhaltspunkte für eine Datierung der Fliese H 35. Sie muß jedoch in der 1. Hälfte des 16. Jahrhunderts entstanden sein.

Literatur
H. v. Behr, 379–398, Abb. 5, 6.
J. Gerhardt [u. a.], Kdm Kr. Ahrweiler, 394–404.
Hist. Stätten V, Rheinland-Pfalz, 195–196.
G. Dehio, Rheinland-Pfalz, 569.
H. E. Kubach, A. Verbeek, Bd. 2, 648.

1 H. v. Behr, 391–392. Die Ausgrabung wurde 1906 begonnen, war jedoch bei v. Behrs erstem Bericht 1912 noch nicht abgeschlossen. Er erwähnt, daß bei einigen der gefundenen Fliesen die Darstellung der Krone fehlt. Von diesem Muster konnte keine Fliese mehr aufgefunden werden.
2 Ebd., 387–388, 394.

Bad Schussenried, Lkr. Biberach

Kath. Pfarrkirche St. Magnus, ehem. Prämonstratenser-Klosterkirche

Fundumstände
Die Fliesen wurden bei Bauarbeiten 1909 vor dem Westportal der Klosterkirche gefunden.

Baugeschichte
Das 1183 von den Brüdern Berengar und Konrad von Schussenried gestiftete, mit Mönchen aus Kloster Weissenau besiedelte Kloster, errichtete im späten 12. Jahrhundert die heute unter der barocken Stuckierung erhaltene Kirche mit dem durch Georg Lutz 1493–94 neu erbauten Chor. 1482 wurde im Westen die sog. „Alte Abtei" angefügt, die jedoch, 1590 umgebaut, den 1647 beginnenden barocken Neubauten teilweise zum Opfer fiel. Der Rest wurde seit 1837 als Hüttenwerk genutzt. Ob die Fliesen nun aus dem vor dem Westportal gelegenen Teil der Alten Abtei stammen oder bei der Barockisierung aus dem Chor entfernt und dort als Schutt verworfen wurden, ist heute nicht mehr zu klären. Sie könnten außerdem noch aus der unter Abt Heinrich Österreicher um 1493 erbauten, heute verschwundenen Christophskapelle herrühren. O 53, O 54 und S 76, mit einem die ganze Fläche überspinnenden zarten Rankenwerk, entstammen wohl derselben Hand und könnten vor H 144 entstanden sein.

Literatur
A. Schahl, W. v. Matthey, Kdm ehem. Kr. Waldsee, 208.
A. Kasper, Die Bau- und Kunstgeschichte des Prämonstratenser-Stiftes Schussenried, Schussenried 1957, 7–28.
G. Dehio, Baden-Württemberg, 430–431.
Hist. Stätten VI, Baden-Württemberg, 606.

Bad Wimpfen, Lkr. Heilbronn

Stadtgebiet, Fehlbrandgrube Rappenauer Straße

Fundumstände
In nicht mehr bekannter Zeit, jedoch schon vor dem 2. Weltkrieg, wurden in Wimpfen Fliesen in vier verschiedenen Mustern an einer nicht mehr bekannten Stelle gefunden. Da die Stiftskirche St. Peter im Tal, die Dominikanerkirche Hl. Kreuz und die Cornelienkirche anscheinend schon im Mittelalter einen Belag aus Sandsteinplatten trugen, kommen als mögliche Fundorte die ev. Stadtkirche Beata Maria Virgine, die Burgkapelle und die Wohngebäude der Pfalz sowie die ehem., heute zum Gasthaus umgewandelte Heilig-Geist-Stiftskirche in Frage. Bei Neubauten wurden 1969 westlich der Altstadt von Wimpfen zwei Fehlbrandgruben angeschnitten, in denen, zusammen mit mittelalterlicher Gebrauchskeramik, Fliesenbruchstücke gefunden wurden, darunter auch das schon früher in Wimpfen geborgene Muster H 285. Bei einer Versuchsgrabung im Garten des Pfarrhauses in Wimpfen am Berg wurde 1972 ein Steingebäude angeschnitten, das außerhalb des Pfalzgeländes lag. Im Mörtelschutt wurden erneut eine größere Anzahl Fliesen gefunden, die dieselben Muster wie in der Rappenauer Straße zeigten.[1] Angeblich sollen in früherer Zeit auf der gegenüberliegenden Seite der Rappenauer Straße ebenfalls Keramikreste zutage gekommen sein.

Ortsgeschichte
In dem aus einem fränkischen Königsgut hervorgegangenen Ort erbauten die Staufer etwa seit 1200 eine Kaiserpfalz, die ein großes Areal umschloß. Die Anlage und Bestimmung des außerhalb der Pfalz gelegenen Steingebäudes konnte noch nicht ermittelt werden. Leider fehlen auch alle Urkunden, die sich auf mittelalterliche Töpfer in der seit der Mitte des 14. Jahrhunderts zur Reichsstadt erhobenen Stadt beziehen. Die Funde weisen jedoch darauf hin, daß, zumindest in der 2. Hälfte des 14. Jahrhunderts, in der heutigen Rappenauer Straße, also außerhalb der Stadtmauer, eine Töpferei bestanden haben muß, die mit großer Wahrscheinlichkeit auch die Fliesen für die Deutschhauskirche in Heilbronn prägte. Die Doppelrosetten der Fliesen H208 und P22 lassen vermuten, daß diese Töpferei bis in die Mitte des 15. Jahrhunderts bestand. Das Drachenmuster der Fliese F77 läßt Wormser Einfluß erkennen. Der Bischof von Worms besaß eine Kurie in Wimpfen, den um 1230 entstandenen „Wormser Hof".[2]

Literatur
G. Schäfer, Kdm Kr. Wimpfen, 158–163.
Hist. Stätten VI, Baden-Württemberg, 51–52.

---

1 Für Angaben zu den Grabungen danke ich den Herren Dr. Robert Koch, Heilbronn, und Pater E. Herberg, Wimpfen. Es ist immer noch beabsichtigt, diesen Fund ausführlich zu publizieren.
2 G. Schäfer, 158–163. Der Hof liegt unmittelbar gegenüber der ev. Pfarrkirche unweit der Kaiserpfalz auf dem westlichen Plateau der Neckarhalde. Die Fundstelle könnte zum Komplex des „Wormser Hofes" gehört haben.

Bargau, Stadt Schwäbisch Gmünd, Ostalbkreis

Ev. Pfarrkirche, ehem. St. Jakob

Fundumstände
1870 lagen im Chor noch „schöne gemodelte aus der früheren Kirche stammenden Fließe".[1] Sie wurden beim Abbruch der Kirche 1911 entfernt.

Baugeschichte
Über die Baugeschichte der kleinen mittelalterlichen Kapelle ist nichts bekannt. Sie muß jedoch schon 1459 bestanden haben, als Heinrich von Rechberg dort eine ewige Messe stiftete.[2] 1471 wurde Bargau, das bis dahin Filiale von Heubach war, zur Pfarrei erhoben. Die Kirche wurde 1729 durch einen Neubau ersetzt, die Fliesen im Chor neuverlegt. Die Fliesen, die sich auch in der benachbarten Kirche von Heubach fanden, wurden vermutlich um die Mitte des 15. Jahrhunderts verlegt (Heubach 1441) und wohl in Heubach oder Bargau gefertigt. Bargau verfügte auf seiner Gemarkung über die einzige Stelle, in der im OA Gmünd Töpferton gegraben wurde.[3]

Literatur
BOA Gmünd, 87, 294–298.
P. Keppler, 123.
E. Gradmann, Kdm Jagstkreis I, 426.
J. Seehofer, Bargau in Geschichte und Gegenwart, Schwäbisch Gmünd 1953.

---

1 BOA Gmünd, 294.
2 Ebd.
3 Ebd., 87.

Baden, Kt. Aargau, Schweiz

Aus der Stadt?, der Umgebung?, dem Zisterzienserkloster Wettingen?

Fundumstände
Forrer erwähnt den Fundort nicht. Da das Historische Museum Baden jedoch nur Kunstwerke aus der engeren Umgebung besitzt, muß die Fliese aus dem Umkreis von Baden stammen. Es ist bis jetzt nicht gelungen, die Fliese im Museum zu finden, noch Angaben über den Herkunftsort aufzuspüren.[1] Der einzige Bau von Bedeutung ist das nahe Zisterzienserkloster Wettingen.[2] Die Model gehören nicht zum Musterbestand des Klosters St. Urban, die Punzierung des Kreises verrät jedoch eine gewisse Abhängigkeit von dieser Werkstatt. Die Fliese entstand vermutlich in der 2. Hälfte des 13. Jahrhunderts.

Literatur
R. Forrer, 1901, Taf. 16, 6.
H. Jenny, Kunstführer Schweiz I, 83–86.

---

1 Nach freundlicher Auskunft von Herrn Konservator Hugo W. Doppler, Baden, sind noch nicht alle Keramikbestände des Museums bearbeitet und zugänglich.
2 H. Jenny, 83. Die Kirche des 1227 gegründeten und mit Mönchen aus Kloster Salem besiedelten Klosters wurde 1256 geweiht; die Klosterbauten waren um 1294 vollendet. 1883 wurden dort einige Gebäude abgebrochen. Es wäre möglich, daß bei dieser Gelegenheit Fliesen gefunden wurden.

Basel, Kt. Basel-Stadt, Schweiz

Ehem. Barfüßerkirche

Fundumstände
Ein Fliesenbruchstück ohne Abnützungsspuren fand sich bei den Grabungen 1975–77 auf dem Areal der ehem. Barfüßerkirche (heute Casino), in einer Schicht[1], die nach Rippmann vor 1250 abgelagert wurde.

Baugeschichte
Die Franziskaner siedelten 1250 aus der Spalenvorstadt in die Stadt über und erbauten von 1250–56 ihre erste Kirche. Die Klostergebäude waren 1274 ebenfalls schon bewohnt. Der Neubau der heutigen Barfüßerkirche wurde nördlich davon errichtet, entweder nach einem Brand 1298 oder schon ab 1275. Sie wurde während der Regierungszeit Bischofs Gerhards von Vuippens (1309–25) vollendet, der Bau des Chors war 1324 noch nicht abgeschlossen. Die alte Kirche riß man im 1. Viertel des 14. Jahrhunderts ab.
Die Grabungen legten unter der Kirche Reste von Handwerkerhäusern aus Holz und einer Kirche frei, die, wohl in der 2. Hälfte des 11. Jahrhunderts erbaut, gegen Ende des 12. Jahrhunderts abgerissen wurde.[2]
Die Fliese, durch Reliefprägung, Muster und Glasur von allen bis heute bekannten Fliesen der Region abweichend, bietet ein widersprüchliches Bild und läßt sich noch nicht sicher einordnen. Rippmann datiert sie in die Mitte oder die 2. Hälfte des 12. Jahrhunderts und setzt sie in Beziehung zu den (vertieft geprägten) Fliesen des Zisterzienserklosters Bonmont[3], für die sie die Datierung Breycha-Vauthiers übernimmt. Die

Fliese zeigt ein typisches Zisterziensermuster, welches allerdings bis jetzt nicht früher als um 1230 nachzuweisen ist. Eine Herkunft aus einem der Handwerkerhäuser ist kaum wahrscheinlich, da Fliesen in diesem Zeitraum nur in Sakralräumen verlegt wurden. Es könnte sich, da das Areal am Stadtrand lag, um einen Fehlbrand aus einer Töpferwerkstatt handeln, dagegen spricht, daß sonst keinerlei Fehlbrände entdeckt wurden.[4] Die Fundlage erlaubt keine Zuweisung an den Boden der ersten Barfüßerkirche, eine Verlegung der Fliese um 1256 wäre auf Grund des Musters[5] noch möglich.

Literatur
C. H. Baer, Kdm Kt. Basel-Stadt III. Die Kirchen, Klöster und Kapellen 1: St. Alban bis Kartause, Basel 1941, 197–250.
D. Rippmann [u. a.], Barfüßerkirche, 15–38, 56–57, 88, Abb. 67, 196–197. Hier weitere Literatur.

---

1 D. Rippmann (s. o.), 196–197, Abb. 28. Schicht I/1–3, Profil 13, Fläche 9 Süd.
2 Ebd., 57.
3 Ebd., 196. Zur Neudatierung siehe „Bonmont".
4 Freundliche Mitteilung von Frau Dorothea Rippmann, Basel, der ich für alle Angaben zu diesem Fund herzlich danke.
5 Vgl. hierzu ähnliche Fliesen (allerdings mit vertiefter Prägung) aus Kloster Arnsburg, dem Königshaus in Boppard, den Klöstern Eberbach und Eußerthal und den Burgen Ehrenfels, Eppstein, Königstein und Neubolanden, welche vor oder nach der Mitte des 13. Jh. verlegt wurden.

Ehem. Bischofshof, Münsterhof 1

Fundumstände
Der Fliesenboden ist in situ in der Kapelle des ehem. Bischofshofes erhalten. Die Fliesen sind in der Diagonale verlegt, wobei U 14 das Grundmuster bildet und U 15, mit dem Wappen des Erbauers, in vier großen Kreisen symmetrisch auf den Raum verteilt ist.

Baugeschichte
Der Bischofshof, das älteste erhaltene Wohngebäude Basels, wurde um die Mitte des 15. Jahrhunderts von Bischof Arnold von Rotberg (1451–58) erbaut. Als vornehmstes Wohnhaus der Stadt diente es als Unterkunft von Kaisern und Königen. Das Gebäude hat sich bis heute fast unverändert erhalten.

Literatur
Das Bürgerhaus in der Schweiz, 17, Kanton Basel-Stadt, Teil 1, Schweiz. Ingenieur- und Architektenverein (Hrsg.), Zürich 1926, 17–19, Taf. 7.

Haus „Zum Grauen Bären" (Zunft der Hausgenossen), Freie Straße

Fundumstände
Unbekannt.

Baugeschichte
Für dieses Haus gibt es keine urkundlichen Nachrichten, die ins 13. Jahrhundert zurückreichen. Das Haus wurde von der Gesellschaft der „Hausgenossen" (der Wechsler), die zusammen mit den Goldschmieden und den Gießern die „Zunft der Hausgenossen" bildeten, zwischen 1377–88 erworben.[1] Die Fliesen sind entweder genaue Kopien (B 24, C 31, D 42) oder seitenverkehrte (A 20) Nachschnitte von Fliesen aus Speyer. Da für die Vorlagen aus Speyer genaue Daten fehlen, ist auch die Datierung der Basler Fliesen schwierig. Vermutlich sind sie erst im 4. Viertel des 13. Jahrhunderts entstanden.

Literatur
Keine.

---

1 Freundliche Mitteilung Herrn Dr. U. Barth, Staatsarchiv Basel

Haus in der Sattelgasse, Nr. unbekannt

Fundumstände
Unbekannt.

Baugeschichte
Über die mittelalterliche Baugeschichte der Häuser in der Sattelgasse war nichts in Erfahrung zu bringen. Bemerkenswert waren anscheinend nur die Häuser Nr. 5, 7 und 11, auch diese mehr durch nachmittelalterliche Details. Auch die Fliese J 29 ist ein Speyrer Muster. Die Zeichnung stimmt exakt überein, dennoch scheint die Fliese nicht mit demselben Model geprägt worden zu sein. Die Vorlage in Speyer könnte schon im 3. Viertel des 13. Jahrhunderts verlegt worden sein. Wahrscheinlich stammt die Fliese aus derselben Werkstatt und entstand gleichzeitig mit den Fliesen aus dem Haus „Zum Grauen Bären".

Literatur
Keine.

Bebenhausen, Stadt Tübingen, Lkr. Tübingen

Ehem. Zisterzienserkloster St. Marien

Fundumstände
Die Fliesen liegen heute im Dormitorium. Der Fußboden der später abgetrennten Mönchszellen ist teilweise durch alte Holzriemenböden verdeckt, so daß eine genaue Untersuchung unmöglich ist. Die heutige Anordnung entspricht jedoch nur teilweise dem ursprünglichen Zustand. Bis 1863 war anscheinend der ganze Dorment noch mit einem Bretterboden verdeckt.[1] Bei der Restaurierung des Dorments nach 1864 wurden vermutlich die im Kloster noch vorhandenen Fliesen, die durch „vielfache und Jahre dauernde Verschleppung"[2] stark dezimiert waren und deren Zerstörung Eduard Mörike bei seinem Aufenthalt in Kloster Bebenhausen[3] bitter beklagte, dort zusammengetragen. Die Originale kamen jeweils in einem oder mehreren Exemplaren in das königliche Conservatorium (heute Württembergisches Landesmuseum) in Stuttgart. Eine Reihe von Mustern wurde durch sorgfältige Kopien, die sich durch härteren Brand und größere Abmessungen von den Originalen unterscheiden, ergänzt. Als bei der Entfernung einer eingezogenen Wand der unberührte Fliesenbelag zum Vorschein kam[4], wurde versucht, die räumliche Anordnung der Fliesen wieder herzustellen. Nach Herdtle[5] war die Fläche durch ungemusterte Fliesen oder durch eine Borte gemusterter Fliesen in rechtwinklige Felder geteilt. Diese waren jeweils mit Fliesen eines Musters gefüllt. Unsicher ist, ob die großen Kreisrosetten ursprünglich im Dormitorium verlegt waren. Die an sie angepaßten quadratischen Fliesen sind willkürlich beschnitten. Herdtle sah noch Fliesen im Kreuzgang, gibt jedoch nicht an, um welche Muster es sich handelte.
Die Fliesen aus Bebenhausen wurden in drei verschiedenen Techniken geprägt, ihre Muster gehören mindestens drei verschiedenen Zeitabschnitten an. So ist zu vermuten, daß wohl die meisten Räume des Klosters einen Fliesenboden besaßen. Von diesen Fliesen ist sicher nur ein Bruchteil der Muster auf uns gekommen.[6] Schon 1857 war man im Garten an der Ost-

seite des damaligen Forstamtsgebäudes auf die Fundamente eines alten Baus gestoßen, den Tscherning[7] für eines der beiden Abtshäuser hielt. Dabei fand man „eine Menge schöner Fliese“, deren Muster ebenfalls nicht festgehalten wurden. Bei zufälligen Grabungen stieß man 1956 vor der NW-Seite der heutigen Klosterkirche, auf dem Gelände der um 1537 abgetragenen Langhausjoche, in einer Tiefe von ca. 0,40 m unter dem Erdniveau, auf einen Rest des alten Fliesenbelags.[8] Dieser wurde weder vermessen noch aufgezeichnet. Die dort gefundenen Muster, unter denen sich noch zwei bisher unbekannte Motive befanden, gehören in die Zeit der frühen Kreisrosetten und bildeten wohl den ersten Fliesenboden der Kirche. Die Kreisrosetten betonten vermutlich, wie in der Klosterkirche von Arnstein und in anderen Kirchen, die Achse des Mittelschiffs.

Baugeschichte
Die Kirche des um 1185 durch Pfalzgraf Rudolf von Tübingen gegründeten und 1191 mit Zisterziensern aus Kloster Schönau besiedelten Klosters wurde von 1188 bis 1228 erbaut. Gleichzeitig entstanden Kapitelsaal und Parlatorium. Unter Abt Friedrich (1281–99 und 1300–03) wurden Kreuzgang, Infirmarium und Wirtschaftsgebäude errichtet. Unter Abt Konrad von Lustnau (1320–35) folgte der gotische Chor der Klosterkirche mit dem großen Maßwerkfenster, um 1335 das Sommerrefektorium sowie eine Marienkapelle und weitere Abtsgebäude. Der Kreuzgang wurde durch Meister Hans von Bebenhausen zwischen 1471–96 umgebaut. Zur selben Zeit begann man den Bau des Winterrefektoriums. Unter Abt Johannes von Friedingen (1493–1534), dem letzten großen Bauherren des Klosters, wurde das Dormitorium entweder neu erbaut oder durch Aufteilung des Schlaftrakts in Einzelzellen umgestaltet. Späte Bauten sind auch ein wohl 1522 errichteter, im 19. Jahrhundert abgebrochener Anbau am Chor der Kirche, das neu erbaute Abtshaus, das 1513 vollendete Winterrefektorium und das wohl um 1530 nur umgebaute Laienrefektorium. Nach der Aufhebung des Klosters 1536 diente dieses von 1560 bis 1807 als Schule, später als königliches Jagdschlößchen.
Obwohl Bebenhausen eine Prägung seines Mutterklosters Schönau übernahm (die übrigen waren vermutlich ebenfalls vorhanden und sind nur heute verloren), scheinen die Impulse zur Fliesenverlegung wohl nicht ausschließlich von dort gekommen zu sein. Rosetten, wie sie in Bebenhausen liegen, sind bis jetzt aus keiner anderen Kirche in Deutschland bekannt. Ihre Vorbilder sind vermutlich im Elsaß[9] oder in Lothringen[10] zu suchen. Die Kreisrosetten und zahlreiche, von derselben Hand geschnittene Muster, stammen wahrscheinlich aus der Kirche, möglicherweise aus dem Kapitelsaal und dem Parlatorium. Ob die Fliesen bei der Weihe der Kirche 1228 schon verlegt waren, kann nicht sicher geklärt werden; sie gehören jedoch auf jeden Fall dem 2. Viertel des 13. Jahrhunderts an. Nur wenig später müssen die Fliesen der 2. Periode entstanden sein. Vielleicht stammen sie aus dem nach der Mitte des 13. Jahrhunderts errichteten Westflügel. Der Stilbruch innerhalb einer Mustergruppe ließe sich erklären, wenn man annimmt, daß vorhandene Model lange weiterbenutzt, durch neugeschnittene Model ergänzt und die Fliesen noch in den zu Ende des 13. Jahrhunderts entstandenen Bauten verlegt wurden.
Die frühen Fliesen bilden nicht nur eine stilistische Einheit, sie sind außerdem durch den Wechsel von roten und grauen Fliesen, die auch bei den Rosetten die einzelnen Kreisbänder gegeneinander absetzen, gekennzeichnet. Wie die strengen, meist aus Zirkelschlägen entwickelten Kreis- und Bandornamente, vereinzelt von Lilien, Palmetten, Blüten, Tieren und Fabeltieren begleitet, durch reiche und phantasievolle Blattmuster abgelöst wurden, verschwand auch die Zweifarbigkeit und machte im 1. Drittel des 14. Jahrhunderts roten Tonfliesen Platz. Schon im 13. Jahrhundert traten auch die ersten Teppichmuster auf, bei denen nicht mehr jeweils eine oder vier Fliesen das Bild ergeben, sondern das Muster die Fliesen wie ein feines Netz überzieht. Diese Fliesen dürften kurz nach der Mitte oder im 3. Viertel des 13. Jahrhunderts entstanden sein.
Da die Bautätigkeit in Bebenhausen sehr langsam voranschritt, ist es möglich, daß diese Fliesen vielleicht noch aus dem Kapitelsaal stammen.
Die Fliesen der 3. Periode sind wesentlich gröber, ohne den Erfindungsreichtum und die sorgfältige Prägung der frühen Zeit. Die Blattstäbe und Diagonalkreuze stimmen mit Ulmer Mustern überein. Ob diese Muster durch den Bebenhäuser Klosterhof nach Ulm vermittelt wurden oder ob sich das Kloster durch Ulmer Prägungen beinflussen ließ, läßt sich nicht mehr feststellen. Diese Fliesen könnten im 2. Viertel des 14. Jahrhunderts beim Bau des Sommerrefektoriums verlegt worden sein. Die Reliefliesen der 4. Periode, die teilweise mit verschiedenfarbigen Glasuren versehen waren und mit zu den schönsten auf uns gekommenen Fliesen zählen, stellen möglicherweise den ursprünglichen Belag des Kreuzgangs oder des Dormitoriums dar. Mörike sah sie dort noch an Ort und Stelle. Es haben sich gerade von ihnen sehr wenige erhalten, da sie durch die Feinheit der Prägung und die reizvollen Muster vermutlich die Andenkenjäger besonders lockten.[11] Es fällt schwer, diese Fliesen ins Ende des 15. oder den Beginn des 16. Jahrhunderts zu datieren. Sie nehmen teilweise den Reliefschnitt der Fliesen des frühen 13. Jahrhunderts wieder auf. Eine Prägung im 1. Viertel des 15. Jahrhunderts, einer Zeit, in der nichts über irgendwelche Bautätigkeit bekannt ist, würde sehr viel besser dem zarten Relief und den Mustern entsprechen.[12]
Vermutlich ist die Datierung der Fliesen aus Bebenhausen deshalb so schwierig, das Bild so verwirrend, weil die Mönche stets versuchten, neugeprägte Muster den alten anzugleichen. Wie eingewurzelt diese Vorliebe für die schon auf den frühen Kreisrosetten auftauchenden Blatt- und Blütenmuster ist, zeigen die nach dem Wegzug der Mönche 1536 nach Kloster Stams in Tirol möglicherweise von Bebenhausener Mönchen geprägten Fliesen, welche diese Motive wieder aufnehmen.
Die Ziegelhütte des Klosters lag außerhalb der Klostermauer am oberen Tor.[13] Sie bestand aus zwei offenen Häusern und einem offenen Trockenschuppen und war anscheinend 1828 noch erhalten. Bebenhausen scheint seine Klosterhöfe und einige Kirchen der engeren Umgebung (Wurmlinger Kapelle) mit Fliesen versorgt zu haben. Bei den Fliesen in Ulm ist nicht sicher, daß sie aus Bebenhausen stammen; sie können auch mit Modeln des Klosters schon dort geprägt worden sein. Muster des Klosters Bebenhausen wurden im 15. Jahrhundert in einigen kleinen Dorfkirchen in sehr grober Prägung kopiert.

Literatur
H. Graf.
K. Klunzinger, Artistische Beschreibung der vormaligen Cistercienser-Abtei Bebenhausen, Stuttgart 1852, 7.
E. Herdtle (die Tafeln zeigen vorwiegend Fliesen aus Bebenhausen, sind jedoch nicht im einzelnen beschriftet).
F. A. Tscherning, Mittheilungen aus der Geschichte des Klosters Bebenhausen, Stuttgart 1877, 17, 20.
E. Paulus, 1886/87, IXff., 147.
P. Keppler, 345.
A. Mettler, Kloster Bebenhausen, Augsburg 1927, 19.
H. P. Eydoux, Das Cistercienserkloster Bebenhausen, Tübingen 1950, 6–60.
E. Mörike, 1961, 191–198.

G. DEHIO, Baden-Württemberg, 36–39.
M. KAZMAIER, Ruhesitz erlauchter Gäste, Tübinger Bl. 61, 1974, 33–43.
Der Landkreis Tübingen, Amtliche Kreisbeschreibung, Bd. 1–3, 1967–74, Bd. 2, 31–44.
J. SYDOW, 1979, 8–14.
Hist. Stätten VI, Baden-Württemberg, 67–69.
J. SYDOW, 1984, 12–38.[14]

1 EDUARD MÖRIKE schreibt in einem Brief 1863: „Dieser Dorment mit seinem Bretterboden ist für mich, zumal bei schlechtem Wetter ... ein unbezahlbar großer Vorteil." (F. SEEBASS, EDUARD MÖRIKE, Unveröffentlichte Briefe, Stuttgart 1945, 371) und 1874 „Ich sah zum ersten Mal die schöne Restauration des letzteren ... (Dorment)", ebd., 484.
2 E. HERDTLE, im Vorwort.
3 EDUARD MÖRIKE dichtete seine „Bilder aus Bebenhausen" 1864 während eines Aufenthalts dort (E. KAZMAIER, 33–38).
4 E. HERDTLE, Vorwort.
5 Ebd., Vorwort.
6 Im Dormitorium hat sich nur noch eine Rosette erhalten, eine zweite bildet E. PAULUS, Taf. 18 oben, ab. Die Fliesen E55 und K6 sind vermutlich Teile einer weiteren Rosette. Andere Fliesen, die über den Kunsthandel in Museen und Privatbesitz gelangten und von denen vermutet wird, daß sie aus Bebenhausen stammen, werden im Register aufgeführt. Herdtle sah noch „mehr als 50 verschieden gemusterte Fliesen", er bildet jedoch nicht alle ab. P. Keppler erwähnt nur noch Fliesen im Dorment. Da er ein gründlicher und sorgfältiger Beobachter war, lagen vermutlich zu dieser Zeit im übrigen Kloster keine Fliesen mehr.
7 F. A. TSCHERNING, 17: „Im Garten selbst stoßt man auf die Substruktionen eines Gebäudes und sind vor etwa 20 Jahren eine Menge schöner Fliesen gefunden worden, so daß am Vorhandensein eines reich ausgestatteten Wohngebäudes an dieser Stelle nicht zu zweifeln ist."
8 Freundliche Mitteilung des Klosterverwalters Herrn Haug. Die Fundstelle wurde, ohne daß der Boden untersucht wurde, sofort wieder zugeschüttet. Einige Fliesen wurden entnommen. Möglicherweise liegen an dieser Stelle noch weitere Muster.
9 Siehe Text S. 77.
10 Siehe Text S. 78.
11 Nach freundlicher Mitteilung von Herrn Prof. Dr. Hans-Martin Decker-Hauff †, Stuttgart, finden sich in Reisebriefen des 19. Jahrhunderts wiederholt Angaben, daß Fliesen als Andenken mitgenommen wurden.
12 E. PAULUS, 171–172, weist für diesen Zeitraum Arbeiten an der Ausstattung nach, so das Wandgemälde am nördlichen Chorpfeiler (1393–1412), die Erbauung der Wärmstube (1432–56) und Bau sowie Ausmalung der Konventstube (1440–49).
13 F. A. TSCHERNING, 20 und Plan 2, Nr. 29 (gezeichnet von KECKEISEN 1828).
14 Es war in diesem Rahmen nicht möglich, auf alle Einzelheiten der Baugeschichte einzugehen. Genauere Angaben sowie ein ausführliches Literaturverzeichnis finden sich hier.

Becherbach b. Kirn, Kr. Bad Kreuznach

Ev. Pfarrkirche

Fundumstände
Beim Einbau einer Heizung wurde 1972 ca. 30 cm unter dem heutigen Fußboden ein etwa 2 m² großes Fußbodenstück aufgedeckt. Es zeigte ungemusterte und ca. 80 gemusterte Fliesen in sechs verschiedenen Prägungen. Das Muster R31 stellte den Hauptanteil der Fliesen, die übrigen Muster waren nur in wenigen Exemplaren vertreten.[1] Die Fliesen wurden schachbrettartig hinter der Altarmensa unter der Orgelempore neu verlegt, sie sind jedoch jetzt durch den Taufstein zum größten Teil wieder verdeckt.

Baugeschichte
Über die Erbauungszeit der Kirche ist nichts bekannt. Erhalten hat sich ein wohl im 12. Jahrhundert entstandener Westturm, an den 1783–86 ein Saalbau angefügt wurde. Die Pfarrei wird 1345 erstmals genannt. Die Fliesen, deren Muster sich auch in Burgen und Kirchen der Umgebung (Altenbaumburg, Sponheim, Ravengiersburg) finden, wurden vermutlich im 2. Viertel oder in der Mitte des 13. Jahrhunderts verlegt.

Literatur
W. ZIMMERMANN, Kdm Kr. Kreuznach, 118–120.
Denkmalpflege Rheinland-Pfalz, Tätigkeitsbericht 1968–73, 77.
G. DEHIO, Rheinland-Pfalz, 80.

1 Den Hinweis auf diese Fliesen verdanke ich Herrn Dr. Hans Caspary, Mainz, die Angaben zur neuen Verlegung Herrn Pastor K. F. Mayer, Becherbach.

Bellersheim, Stadt Hungen, Kr. Gießen

„Alteburg" im Bellersheimer Markwald, Distrikt Streubel

Fundumstände
Die Fliesen fanden sich vor 1864 in der römischen Villa „Alteburg" im Bellersheimer Markwald, Distrikt Streubel.[1] Die Steine der Alteburg wurden von der Gemeinde Bellersheim zur Schotterung eines Weges benutzt. Nachdem ein großer Teil der Steine schon weggeschafft war, wurde man auf die Fliesen aufmerksam. Vermutlich gingen die meisten Muster verloren.

Baugeschichte
Im Distrikt Streubel fanden sich schwache Spuren einer römischen Siedlung. Bei der Ausgrabung wurden sonst nur römische Reste geborgen. Vermutlich wurde auf mittelalterliche Einbauten nicht geachtet. Urkundlich ist nichts über einen Burgenbau an dieser Stelle überliefert. Die Herren von Bellersheim hatten im Dorf Bellersheim, welches alter Besitz der Herren von Hagen-Münzenberg war, zuerst einen, dann drei Burgsitze. Da die Fliesen kaum Abnützungsspuren zeigen, wurde das Gebäude vermutlich nach verhältnismäßig kurzer Zeit zerstört oder verlassen. Das Muster der Fliesen weist in das 2. Viertel oder in die Mitte des 13. Jahrhunderts. Trotz der engen Beziehungen der Hagen-Münzenberg und der Bellersheim zu Kloster Arnsburg, handelt es sich bei den Fliesen jedoch nicht um Arnsburger Muster, sondern um die einer Baugruppe, die im Nahetal, Hunsrück und Lahntal Fliesen verlegte.

Literatur
C. TILLMANN, Bd. 1, 72.
H. WALBE, Kdm Kr. Gießen III, 1–2.

1 Quartalsbl. 1864, Nr. 3, 7.

Bergheim, Haut-Rhin, Frankreich

Pfarrkirche St. Marien? / Marienkirche der Tempelherren?

Fundumstände
Der genaue Fundort ist unbekannt. Die Fliesen sollen sich zu Beginn der 60er Jahre in einer Abbruchstelle gefunden

haben. Ein weiteres Fragment fand sich im Mauerwerk eines alten Hauses.[1]

Baugeschichte
Die Fliesen könnten aus der vermutlich nach 1320 begonnenen, 1347 geweihten Pfarrkirche stammen und nach deren Umbau 1768 entfernt worden sein. Sie besaß einen um 1400 entstandenen Chor und Westturm. Als weiterer Fundort käme der 1257 erstmalig genannte Tempelhof und dessen Kapelle in Frage, deren besonders reiche Ausstattung (jetzt im Unterlinden-Museum, Colmar) auch das Vorhandensein eines Fliesenbodens nahelegen würde. Dieser kam nach der Auflösung des Templerordens 1312 an die Johanniter von Schlettstatt, 1388 an die von Straßburg. Die Fliesen wirken, als seien sie, nach älterer Vorlage, im 14. Jahrhundert geprägt worden.

Literatur
F. X. Kraus, Kdm Elsaß-Lothringen II, 29–31, 33–34.
M. Barth, Sp. 124–128.
W. Hotz, Kdm Elsaß und Lothringen, 15–16.

1 Freundliche Auskunft von Herrn Albert Schwein, Bergheim.

Bergheim/Erft, Erftkreis

Kath. Pfarrkirche St. Remigius

Fundumstände
Bei der Untersuchung der Fundamente, anläßlich der Restaurierung der Kirche nach Kriegsbeschädigung 1948–53 wurden Fliesen gefunden. Möglicherweise stammen die Fliesen unbekannter Herkunft im Hetjens-Museum Düsseldorf ebenfalls aus St. Remigius. Sie könnten bei der Restaurierung und dem Umbau der Kirche 1863–67 dort entdeckt worden sein.

Baugeschichte
Die vermutlich um 1175 erbaute, seit 1257 der Abtei Kornelimünster inkorporierte Kirche erhielt nach 1480 ein neues, dreischiffiges Langhaus. Die Form der heraldischen Lilie spricht gegen eine Entstehung zu Ende des 15. Jahrhunderts. Möglicherweise zogen sich die Arbeiten für die Ausstattung der Kirche länger hinaus und wurde der Fliesenboden erst im 1. Viertel des 16. Jahrhunderts verlegt.

Literatur
G. Dehio, Rheinland, 54–55.
Hist. Stätten III, Nordrhein-Westfalen, 62–64.
A. Ohm, A. Verbeek, Kdm Kr. Bergheim I, 52–54.
H. E. Kubach, A. Verbeek, Bd. 1, 87–88.
M. Weber, Kath. Pfarrkirche St. Remigius und St. Georgskapelle in Bergheim an der Erft, München 1983, 3–19.

Bergisch Gladbach, Ortsteil **Bensberg-Frankenforst,** Rheinisch-Bergischer Kreis

Ehem. Wasserburg Kippekausen

Fundumstände
Bei einer Grabung wurde 1961 der Plattenboden des Steinausbaus (Periode IVa) aufgedeckt. In Raum C fanden sich in ca. 0,50 m Tiefe Fliesen aus rotem und schiefergrauem Ton. Sie waren glasiert und wirkten „dunkel- bis blaugrün“ und „dunkel- bis rotbraun“. Die Fliesen aus weißlichem Ton zeigten „gelbweiße oder hellgrün gefleckte Glasur“. Beide waren schachbrettartig verlegt, begrenzt von einem Band aus diagonal verlegten Fliesen, durch dunkle Dreiecke ergänzt.[1] „Daran schloß sich ein ebenfalls dunkel und hell gemusterter Boden aus größeren Platten (13,5 cm) an ... Die hellen und dunklen Platten ... waren durch tief eingeschnittene Rinnen in vier gleichmäßige ... Felder unterteilt ... Auch die dreieckigen Plättchen stammen von größeren und kleineren, diagonal geteilten Platten.“ Außerdem fand sich eine Fliese mit 25 Schachbrettfeldern in dunkelbraun und weiß mit einer fast farblosen Glasur. Es handelt sich um dasselbe Muster, welches auch im Altenberger Dom aufgedeckt wurde. Gollub glaubt, auf Grund eines Vergleichs der Gebrauchskeramik und der ungemusterten Fliesen, daß diese möglicherweise aus der Töpferei in Paffrath stammen.[2]

Baugeschichte
Die Burg wird 1404 als „Kippingkhusen“ erwähnt und im 15./16. Jahrhundert vermutlich schon verlassen. Die Grabung wies Holzbauten aus dem 10./11. Jahrhundert und einen Steinausbau im 12./13. Jahrhundert nach. Für eine gewaltsame Zerstörung des Rittersitzes fanden sich keine Anhaltspunkte. Die Fliese X14 könnte aus dem 3. Viertel des 13. Jahrhunderts stammen (siehe Altenberg). Eine sichere Datierung dieses Musters ist nicht möglich.

Literatur
S. Gollub, 199–236, Abb. 14, Nr. 5.
H. E. Kubach, A. Verbeek, Bd. 1, 459.

1 S. Gollub, 217 und Abb. 9.
2 Ebd., 232.

Bergisch Gladbach, Ortsteil **Bensberg-Refrath**

Kath. Pfarrkirche St. Johannes Baptista

Fundumstände
Bei einer 1968 durchgeführten Grabung wurde im Chor der Kirche ein Tonplattenboden freigelegt, der nach Binding „diagonal verlegt war und aus wechselnd schwarzgrauen und rosagelben (vereinzelt weißgrauen) 13/14 × 13/14 × 2,0–2,3 cm großen Platten, mit teilweise je vier unterseitigen, kegelförmigen Vertiefungen für bessere Mörtelhaftung“ bestand. Eine Platte hatte Rosettenverzierungen auf den Ecken. „Der Boden ist stark belaufen, durch Gräber gestört und von einer bis 2 cm dicken Trampelschicht überzogen.“[1]

Baugeschichte
Durch die Grabung wurde eine bald nach 800 entstandene Holzkirche, eine Steinkirche des 10./11. Jahrhunderts und ein vor oder um 1200 errichteter Bau nachgewiesen, der vermutlich bei der ersten Erwähnung der Kirche 1233 fertiggestellt war. In der 1. Hälfte des 13. Jahrhunderts wurde ein neuer Chorbau errichtet, die Kirche um 1425 ausgemalt. Die seit 1860 unbenutzte Kirche wurde nach Sturmschaden 1898 erst 1907/1908 wiederhergestellt. Binding weist den Tonplattenboden dem Bau III zu. Dagegen spricht jedoch das eher nachmittelalterliche Muster sowie die Aushöhlungen der Fliesenunterseite, die sich ebenfalls bei mittelalterlichen Fliesen kaum finden. Eine sichere Datierung des in der Volkskunst häufigen Musters ist nicht möglich, der Fliesenboden könnte beim Umbau der Kirche 1765–66 verdeckt worden sein. Mül-

ler weist darauf hin, daß die Ritter Johann und Dietrich[2] von Stommel die Kirche umbauen ließen.

Literatur
G. Dehio, Rheinland, 53–54.
G. Binding, Grabungen in Kirchen außerhalb des Archidiakonats Xanten, Rhein. Ausgrabungen 9 (Beitr. zur Archäologie des Mittelalters II), Düsseldorf 1971, 73, Abb. 30, Nr. 2 (68–75).
G. Müller, Refrath. Ein Beitrag zur Geschichte des Bergischen Landes, 1974, 30ff. (siehe Register).
H. E. Kubach, A. Verbeek, Bd. 2, 950–951.
A. Ohm, A. Verbeek, Bd. 1, 58–59.

1 G. Binding, 74–75.
2 G. Müller, 79. Nach einer Fensterinschrift im Chor, die im 19. Jahrhundert verlorenging. Die Lebensdaten der Brüder sind nicht bekannt, ihr Bruder Arnold wird jedoch 1468 erwähnt. Johann von Stommel heiratete 1450 Sophie von Harff.

Bergisch Gladbach, Ortsteil **Paffrath,** Rheinisch-Bergischer Kreis

Töpferofen, Dellbrücker Straße, Ofen 2

Fundumstände
Durch nach dem 1. Weltkrieg gemachte Zufallsfunde angeregt, begann man im Oktober 1952 in einem Garten der Dellbrücker Straße (Ortsteil Kaule) mit Grabungen. Es wurden vier nachkarolingische Töpferöfen in verschiedenen Graden der Zerstörung freigelegt. In dreien der sog. „Liegenden Öfen" wurden nur Scherben von Kugeltöpfen aus weißgrauem, teilweise blaugrau verschmauchtem Ton geborgen. In Ofen 2 fand man außerdem Bruchstücke von unverzierten quadratischen und rechteckigen Tonplatten aus weißgrauem, seltener blaugrauem bis rötlichbraunem Ton. Außerdem fand sich die Fliese H 244, deren Muster inzwischen an zwei anderen Fundorten in Köln auftauchte, (in Paffrath mit brauner Bleiglasur) und die glasierte Relieffliese R 15. Lung hält beide für verlagerte Einzelfunde.[1]

Datierung
Auf Grund der gefundenen Gebrauchskeramik nimmt Lung für die Paffrather Töpfereien eine kontinuierliche Fertigung vom 10. bis 13. Jahrhundert an. Fehlbrandstücke der über den Öfen befindlichen Schichten und Urkunden[2] beweisen, daß diese erst nach der Mitte des 15. Jahrhunderts zum Erliegen kam. Die Töpfereien des kleinen Ortes arbeiteten wohl ausschließlich für den Export. So sind die Fliesen für St. Heribert, Köln-Deutz (siehe dort), in Paffrath hergestellt worden. Ferner ergibt sich eine Beziehung zu Vallendar (und damit zu dem benachbarten Urbar, wo ähnliche Muster, allerdings aus späterer Zeit gefunden wurden).[3] Die Fliese R 15 gehört noch dem 13. Jahrhundert an (zur Datierung siehe Neuerburg). H244, ein häufig nachgeprägtes, weitverbreitetes Muster, kann auch noch in der 1. Hälfte des 14. Jahrhunderts entstanden sein.

Literatur
A. Jux, Bd. 1, 2–4; Bd. 2, 8; Bd. 3, 10.
W. Lung, 355–371, 369, Abb. 8.

1 W. Lung, 363.
2 A. Jux, 8.
3 Ebd., 8. In einem Sendweistum des Paffrather Fronhofes von 1451 wird als Zeuge ein „Hennen Uleners son to Vaelner Treirsch Gestichts" erwähnt.

Berkach, Stadt Ehingen/Donau, Alb-Donau-Kreis

Kath. Filialkapelle St. Petrus und Paulus

Fundumstände
Unbekannt. Vermutlich waren die Fliesen 1870 schon aus der Kapelle entfernt, da Herdtle als Fundort nur noch „Schwaben" angibt. Es wäre möglich, daß auch B 38, die laut einer Inventarnotiz „aus einer Kirche des Oberamts Ehingen" stammt[1], dort gefunden wurde.

Baugeschichte
Die Kapelle ist ein spätgotischer Bau. Urkunden zur Baugeschichte fehlen. Hehle vermutet, daß ein von dem Priester Hieronymus Winkelhofer (1469–1538) gestiftetes, zwischen 1500–09 entstandenes Votivbild zur ursprünglichen Ausstattung der Kapelle gehört und dieser Priester, der auch sonst großzügige Stiftungen machte, die Kapelle in Berkach bedachte. Die Lilie, die sich in ganz ähnlicher Form im Wappen Winkelhofers findet, könnte ein Hinweis auf den Stifter sein. Das einfache Muster könnte im 4. Viertel des 15. Jahrhunderts, jedoch auch noch im 1. Jahrzehnt des 16. Jahrhunderts entstanden sein.

Literatur
E. Herdtle, Bd. 2, Taf. 12.
J. Baum, H. Klaiber, B. Pfeiffer, 573.
J. Hehle, 158–162.

1 Trotz sorgfältiger Suche gelang es nicht, eine Kirche im Oberamt Ehingen zu finden, die im 19. Jahrhundert Fliesen ans Museum Stuttgart abgab. Gerade dort gibt es jedoch zahlreiche, in spätgotischer Zeit neu- oder umgebaute Kirchen.

Berlin-Ost

Alter Marstall, Breite Str. 37 (Berlin-Mitte)

Fundumstände
Die Fliese kam beim Abbruch eines Teils des Marstallgebäudes für den 1896–1902 von Ernst v. Ihne errichteten Neubau zutage.[1]

Baugeschichte
Zur mittelalterlichen Baugeschichte des Hauses ist nichts bekannt. Es war schon zu Beginn des 17. Jahrhunderts in der Hand des Hauses Hohenzollern, wurde 1604 erweitert und umgebaut und nach einem Brand 1666 um 1670 neu erbaut. Es ist heute der einzige erhaltene frühbarocke Bau Berlins. Die Datierung „um 1540" wird von Stengel nicht begründet. Er hält einen Transport der Fliesen auf dem Wasserwege aus Sachsen für möglich, schließt jedoch eine Herstellung in Berlin nicht aus. Die Fliese ist eng verwandt mit dem um 1527 geprägten Muster S 53 aus Halle.

Literatur
R. Borrmann, Die Bau- und Kunstdenkmäler von Berlin, Berlin 1893, 346–348.
W. Stengel, 1933, 9–10.
Ders., 1958, 51, Taf. 3.
Kollektiv der Abt. Forschung (Red. H. Trost), Die Bau- und Kunstdenkmale in der DDR. Hauptstadt Berlin I. München 1983, 76–78.

1 W. Stengel, 1933, 9–10.

Haus Leipziger Straße 79 / Ecke Jerusalemer Straße, heute Otto-Grotewohl-Straße (Berlin-Mitte)

Fundumstände
Die Fliese wurde bei Ausschachtungsarbeiten 1889 gefunden. Über das ursprünglich an dieser Stelle stehende Haus konnte nichts in Erfahrung gebracht werden.

Literatur
W. STENGEL, 1933, 10.

Haus Unterwasserstraße 8

Fundumstände
Die Fliese wurde 1891 bei Ausschachtungsarbeiten gefunden. Über die Baugeschichte des früher dort stehenden Hauses ist nichts bekannt.

Literatur
W. STENGEL, 1933, 10.

Bern, Schweiz

Ehem. Barfüßerkloster (Casinoplatz)

Fundumstände
Unbekannt. Die restlichen Gebäude des ehem. Klosters wurden 1905 niedergelegt, möglicherweise wurden die Fliesen bei dieser Gelegenheit geborgen. Sie kamen in das ehem. Benediktinerkloster St. Georgen in Stein am Rhein (vgl. dort Anm. 6) und wurden im „Alten Refektorium" und dessen Vorraum neu verlegt. Dort sind sie heute nicht mehr von den aus Ulm stammenden Fliesen zu trennen.

Baugeschichte
Die Stadt Bern war kirchlich getrennt, das Gebiet rechts der Aare, auf welchem das Franziskanerkloster stand, gehörte zum Bistum Konstanz, das Gebiet links der Aare zum Bistum Lausanne. Die Franziskaner wurden 1255 nach Bern berufen. Sie errichteten zuerst einfache, teils aus Holz bestehende Klostergebäude und eine Kirche, deren Chor um 1325 neu errichtet wurde, aber erst um 1376 vollendet war. Beim großen Stadtbrand 1405 brannte das ganze Kloster ab und konnte nur notdürftig wiederaufgebaut werden, 1479–83 erfolgte ein vollständiger Neubau von Kirche und Klostergebäuden. Nach der Reformation wurde die Kirche 1535 abgebrochen und an ihrer Stelle 1577 die neue Lateinschule errichtet, die sich im Lauf der Jahrhunderte zur Universität mauserte. Als diese 1903 das neue Gebäude bezog, wurden auch die restlichen Klosterbauten 1905 abgebrochen (heute Casino und Stadt- und Bürgerbibliothek).
Die in St. Georgen heute noch vorhandenen Muster zeigen ausschließlich Ulmer Prägungen. Da jedoch ein Teil dieser Fliesen aus dem Ulmer Franziskanerkloster stammt, wäre es möglich, daß in Bern ähnliche Muster verlegt waren.

Literatur
P. LACHAT, Bern, Franziskaner-Konventualenkloster, Alemania Franciscana Antiqua 4, 1958, 6–58.

Beromünster, Kt. Luzern, Schweiz

Stiftskirche St. Michael

Fundumstände
Bei der Verlegung eines neuen Fußbodens im Schiff und bei der Restaurierung des Chores wurden 1882 mit Engobe bemalte und glasierte Bodenfliesen gefunden. Diese waren schon in einem Bericht des Kaplans Johannes Dörflinger 1463 erwähnt worden: „Daß damals die Kirche mit verschiedenen bemalten Ziegelplättchen belegt worden sei".[1] Erhalten hat sich jedoch nur ein Muster, außerdem anscheinend Fragmente mit Spuren von blauer und grüner Glasur. Vor diesem Fund waren in der Galluskapelle und im Schutt des Chores schon Fliesen vom St.-Urban-Typus entdeckt worden, die Schnyder inzwischen ausführlich beschrieben hat.[2]

Baugeschichte
Die vermutlich von einem Grafen von Lenzburg im 10. Jahrhundert gestiftete Kirche wird 1036 erstmals erwähnt. Aus dieser Zeit stammt der heutige Bau, der durch Brände 1223, 1352 und 1386 beschädigt, um 1600 umgebaut und 1691–1708 barockisiert wurde. Die Fliesen wurden in Beromünster hergestellt, im Anniversarurbar von 1346/47 wird ein Grundstück „Ziegelschür" erwähnt. Schnyder glaubt, daß die Werkstatt um 1270 gegründet wurde, möglicherweise eine Zeitlang stillstand und später nur noch Bodenfliesen und Ziegel herstellte.

Literatur
J. R. RAHN, Fundberichte aus Bero-Münster, ASA 16, 1883, 373–376, Taf. 28, Abb. 3.
A. REINLE, Kdm Kanton Luzern IV. Das Amt Sursee, Basel 1956, 19–44, 124–127.
R. SCHNYDER, 1958, 11, 23, 38, 48, Abb. 7.
Ders., Die Baukeramik aus Beromünster, ZAK 19, 1959, 209–219.
H. DRAEYER, Y. JOLIDON, J. BRÜLISAUER, 234–236, Nr. 318–323.

---

1 Urkundenbuch Beromünster, Bd. 1, 19: „Hoc anno domini (1463) de capitula apposerunt fundamento pavimenti lateros diversis coloribus decoctos." Diese Formulierung ist nicht eindeutig, es könnte sich hier genausogut um die Sechseckfliesen handeln (A. REINLE, 37, Anm. 2). Welcher Art die „verzierten Fliesen" waren, die 1895 mit Zementguß verdeckt wurden, ließ sich nicht ermitteln.
2 R. SCHNYDER, 1958, 209–219.

Beselich, Gem. Niedertiefenbach, Rhein-Lahn-Kreis

Ehem. Prämonstratenserinnen-Klosterkirche St. Marien, Petrus und Paulus

Fundumstände
Bei Grabungen wurden 1954 im Langhaus[1] zusammenhängende Teile eines Fliesenbodens freigelegt der diagonal zur Ost-West-Achse verlegt war und einen Farbwechsel von roten, gelblichen und dunkelgrauen Fiesen zeigte. Weitere Fliesenbruchstücke fanden sich an verschiedenen Stellen der Seitenschiffe. Leider wurde der Fundort der einzelnen Muster nicht notiert, so daß nicht feststeht, ob die vermutlich später entstandene Fliese B52 im intakten Fliesenboden oder im Schutt der Seitenschiffe aufgedeckt wurde. Bei Bauarbeiten

wurden 1978 in der Nähe der Klosterkirche ca. 0,40–0,50 m unter der Erdoberfläche nochmals Teile eines Fliesenbodens freigelegt.[2] Auch hiervon wurden nur vereinzelte Fliesen geborgen.

Baugeschichte
Eine von einem Priester Gotfried 1138–43 erbaute Ägidienkapelle wurde von diesem 1163 mit einem Hof dem Kloster Arnstein gestiftet. Dies ließ dort wohl bald danach ein Prämonstratenser-Nonnenkloster errichten. Die vermutlich ab 1170 erbaute Kirche muß spätestens 1234 vollendet gewesen sein, da zu diesem Zeitpunkt Messen gelesen werden.[3] Nach der Auflösung des Klosters in der Mitte des 16. Jahrhunderts verfiel die Klosterkirche und wurde seit 1631 als Steinbruch benutzt.
Die Fliesen stammen aus der Erbauungszeit der Kirche, N2 und R10 könnten schon im 1. Drittel des 13. Jahrhunderts verlegt worden sein. Paschali[4] vermutet, daß der 1978 aufgedeckte Rest eines Fliesenbodens zu einem Raum des Konvents gehört. Daraus ergibt sich, daß die Klosterbauten, wie dies auch anscheinend in Kloster Brunnenburg der Fall war, im Anschluß an die Kirche erbaut wurden und die Fliesen (B58 und J76 sind Eberbacher Muster) zu diesem Zeitpunkt, dem 2. Drittel des 13. Jahrhunderts, aus einer anderen Quelle bezogen wurden.[5]

Literatur
F. Luthmer, Kdm Reg.-Bez. Wiesbaden III, 37–39.
G. Wagner, Kloster und Wallfahrtsstätte Beselich, Wiesbaden-Dotzheim, 1935.
H. Miedel, 84.
W. H. Struck, Bd. 3, 19ff., 148–283.
Hist. Stätten IV, Hessen, 44–45.
„tk". Jahrhundertealter Fußboden der Klosterruine gefunden. Rosetten und stilisierte Adler zieren die Steinplatten, Nassauische Landesztg. v. 9. 3. 1978.

1 H. Miedel, 91–96, Abb. 29, 35, 37.
2 Nass. Landesztg. v. 9. 3. 1978.
3 W. H. Struck, 150.
4 Nass. Landesztg. v. 9. 3. 1978, Zitat von Herrn Dr. Eike Paschali, Landesamt für Denkmalpflege, Wiesbaden.
5 Vgl. hierzu „Brunnenburg". Zum selben Musterkomplex gehört wohl noch die bis heute nur in Arnstein gefundene Fliese D43.

Beutelsbach, Stadt Weinstadt, Rems-Murr-Kreis

Ev. Pfarrkirche, ehem. Stiftskirche St. Leodegar

Fundumstände
Unbekannt. Die Fliesen müssen vor 1862[1] entfernt worden sein, vermutlich beim Umbau der Sakristei 1834 (?). Ferner wurde 1907 und 1909 die Ringmauer der ehem. Wehrkirche angeschnitten. Hierbei stieß man auf eine ältere Anlage, in deren unteren Schichten das Fragment einer gotischen Bodenplatte gefunden wurde.[2]

Baugeschichte
Das in der Mitte des 13. Jahrhunderts durch Graf Ulrich I., den Stifter, erneuerte oder erweiterte weltliche Chorherrenstift wurde zwischen 1316 und 1321 nach Stuttgart verlegt. Die vermutlich um 1220/30 erbaute romanische Kirche wurde um 1500 umgebaut; erhalten haben sich die Jahreszahlen 1505 am südwestlichen Torturm und 1507 am Glockenstuhl. Die Zahl 1522 am Maßwerk des südlichen Chorfensters zeigt sicher das Ende der Bauarbeiten an. Die Fliese müßte noch aus dem Vorgängerbau stammen und eher in der 1. Hälfte des 15. Jahrhunderts entstanden sein. Sie ist das Grundmuster der zahlreichen Varianten, welche sich daraus bis ins 1. Viertel des 16. Jahrhunderts entwickeln. Dennoch besteht die Möglichkeit, daß auch diese einfache Form erst zu Beginn des 16. Jahrhunderts entstand. Die Fliesen wurden vermutlich in Beutelsbach gefertigt. Beim Abtragen der Reste der mittelalterlichen Burg, deren Steine schon 1538 zum Bau der Festung Schorndorf verwandt worden waren, entdeckte man um 1800 die Spuren einer mittelalterlichen Ziegelhütte.

Literatur
BOA Schorndorf, 128–130.
K. Hassler, Taf. 21, 2.
G. Dehio, Baden-Württemberg, 44.
H.-M. Decker-Hauff, 143, 190.
H. E. Walter, Die Vorgängerin der Stuttgarter Stiftskirche, Ders. [u. a.], 214–217.
Hist. Stätten VI, Baden-Württemberg, 80.
A. Schahl, Kdm Rems-Murr-Kreis II, 1280–1290, 1292.

1 K. Hassler, Taf. 21, 2.
2 A. Schahl, 1284.

Burgstelle auf dem Kapellberg

Fundumstände
Bei einer Grabung anläßlich der Rebflurbereinigung wurden 1968–69 die Mauerreste der Burg untersucht. „Auf der ganzen beobachteten Fläche der Oberburg und in dem Gebäude der Unterburg wurden zahlreiche Tonscherben von Gebrauchsgefäßen und Ofenkacheln, Bodenfliesen ... geborgen."[1]

Baugeschichte
Die möglicherweise schon um 1000 erbaute Burg war um 1080 im Besitz Konrad d. Ä., des 1. Grafen von Wirtemberg. Die bei den jüngsten Grabungen gefundene Bauinschrift mit Jahreszahl 1252 weist daraufhin, daß zu dieser Zeit zumindest wichtige Neu- oder Umbauten durchgeführt wurden. Die Burg soll 1311 oder 1312 durch die schwäbischen Reichsstädte zerstört worden sein; umfangreiche Teile des Mauerwerks müssen erhalten geblieben sein, bis diese 1538 zum Bau der Festung Schorndorf abtransportiert wurden. Im 17. Jahrhundert stand am Berg noch ein Haus und ein dicker Turm, das endgültige Zerstörungswerk soll 1760 begonnen haben. In der ehem. Unterburg muß eine Kapelle bestanden haben, hier fand Wein „Fliesenreste des 15. Jahrhunderts".[2]

Literatur
H. E. Walter, Wer hat die Stammburg Württemberg erbaut?, Ders. [u. a.], 46–53.
G. Wein, Die Bauanlage der Burg Beutelsbach, ebd., 54–60.
A. Schahl, Kdm Rems-Murr-Kreis II, 1312–1313.

1 G. Wein, 59. Das Keramikmaterial soll von Herrn Dr. Gerhard Wein veröffentlicht werden.
2 A. Schahl, 1312.

Biberach/Riß, Lkr. Biberach

Simultane Stadtpfarrkirche St. Maria und Martin

Fundumstände
Die Fliesen wurden bei der Restaurierung der Kirche 1964–67 gefunden. Leider wurde nicht festgehalten, welches Muster an welcher Stelle lag.[1] „Der gotische Fußboden wurde bei einer

späteren Erneuerung, wahrscheinlich im Barock, entfernt. Er lag auf derselben Höhe wie der heutige Boden. Daher war er noch bis zur letzten Renovation 1966 unter dem 1748 aufgestellten barocken Chorgestühl zu sehen. Er bestand aus kleinen gemusterten Tonfliesen im Format 15,5 × 15,5 cm, von denen je vier im Quadrat verlegt ein Ornament bildeten. Das Muster war stark abgetreten und nur noch auf den Platten in unmittelbarer Wandnähe deutlich zu erkennen. Einige dieser Tonfliesen wurden aufbewahrt. Allerdings war dieser Tonfliesenboden wohl nicht der ursprüngliche. Bei Grabarbeiten im Chor konnte etwa einen halben Meter tiefer ... der ursprüngliche Chorboden ... mit Tonfliesen belegt ... aufgedeckt werden."[2] „An der Südseite des Chors in der heutigen Candiduskapelle ... wurde bei Grabarbeiten ein Mauerfundament gefunden ... Im Innern des Fundamentvierecks konnten lediglich Reste eines Fußbodenbelags aus ähnlich gemusterten Tonfliesen wie im Chor festgestellt werden, der etwa 18 cm unter dem heutigen Fußboden lag."[3]

Baugeschichte
Auf vermuteten, noch nicht durch Grabung belegten Vorgängerbauten wurde im 2. und 3. Viertel des 14. Jahrhunderts eine Kirche erbaut, die wohl um 1330 mit dem Chor begonnen und um 1389 mit dem Westwerk vollendet wurde.[4] Nach der Mitte des 15. Jahrhunderts wurde die Kirche teilweise umgebaut. Sie erhielt 1466 Chorkapellen und 1470 eine Sakristei; 1473 wurde die „Gesellschaftskapelle" der Familie Brandenburger angefügt. Der Innenraum wurde nach 1746 barock umgestaltet. Den ersten Fliesenboden der Kirche müssen die wohl nach Speyerer (?)[5] Vorbild geschaffenen Fliesen H75 gebildet haben. Sie wurden auch in der Kirche in Kappel bei Buchau und in Memmingen gefunden. Die Fliese H77, die sonst nur noch in Burg Leofels und in dem Zisterzienserinnenkloster Gnadental, beide weit von Biberach entfernt, vorkam, legt die Vermutung nahe, daß versucht wurde, das Blattmuster H75 im 15. Jahrhundert zu ergänzen. Die Fliese H145, die durch Funde an anderer Stelle ins letzte Jahrzehnt des 15. Jahrhunderts datiert werden kann, könnte am ehesten in Zusammenhang mit der Stiftung des Lamparteraltars 1509 verlegt worden sein.[6] Die Fliesen wurden wohl schon in Biberach geprägt, 1430 wird ein Ziegelhaus, 1460 ein zweites „äußeres Ziegelhaus" erwähnt.[7] Außerdem wurde auch die Kirche fast ausschließlich aus Ziegeln erbaut; die später eingezogenen Gewölberippen bestehen aus Ziegelformsteinen.

Literatur
R. Preiser, 78, 109–111.
E. Thurner, 159.
N. Lieb, Stadtpfarrkirche Biberach a. d. Riß, München 1950.
E. Keyser, Dt. Städtebuch IV, 2,2, 328–331.
G. Dehio, Baden-Württemberg, 44–45.
M. Zengerle, St. Martin zu Biberach a. d. Riß und die alten Kapellen, Biberach 1967, 7–17.
K. Schaal, Die Stadtpfarrkirche St. Martin zu Biberach. Untersuchungen zu ihrer Baugeschichte bis 1584, Biberach 1976, 11–64.

1 Alle Angaben zu den Fliesen und Auskünfte über die Grabung verdanke ich den Herren: Mesmer Emil Heilig † und Dr. Max Zengerle †, Biberach.
2 K. Schaal, 26.
3 Ebd., 24.
4 Ebd., 15. Der Beginn und Fortgang der Arbeit ist vor allem durch Meßstiftungen für verschiedene Altäre zu belegen, so 1322, 1331, 1343. Bei der am 23. 11. 1389 erfolgten Stiftung einer Pfründe für den Allerseelenaltar, der auf der linken Seite unter dem Gewölbe lag, muß die Kirche fast oder ganz vollendet gewesen sein.
5 Eine übereinstimmende Fliese wurde noch nicht entdeckt, ähnliche Muster gibt es sowohl in Speyer wie in den Zisterzienserklöstern Eußerthal, Maulbronn und Wörschweiler. Es ist in diesem Zusammenhang besonders interessant, daß das Patronat der Kirche seit der 1. Hälfte des 14. Jahrhunderts im Besitz des Klosters Eberbach war, dem sie 1359 inkorporiert wurde. Eberbach besaß außerdem einen Klosterhof und einen Zehntstadel in Biberach (E. Thurner, 159).
6 K. Schaal, 16.
7 R. Preiser, 78, 1430 „Ziegler und Ziegelhütte auf dem Buh"; 1460 und 1590: „äußeres Ziegelhaus".

Ochsenhäuser Hof, heute Altenbegegnungsstätte, Gymnasiumstraße 28

Fundumstände
Die Fliesen sollen zu Beginn des 20. Jahrhunderts gefunden worden sein. Sie gingen vermutlich durch Kriegseinwirkung 1945 verloren und sind heute nicht mehr aufzufinden. Die Nachricht über die Fliesen stammt von Paulus in einem Bericht über die im Museum Biberach aufgestellte Kleinkunst: „Gotische Bodenfliesen aus dem Ochsenhäuser Hof".[1] Bei der Sanierung des Hauses wurden 1977 im Schutt Bruchstücke von zwei Fliesen gefunden.[2]

Baugeschichte
Der Ochsenhäuser Hof war ein Komplex aus verschiedenen Häusern. Das erste wurde dem Kloster 1318 durch Heinrich Lütburger geschenkt. 1400 wurde ein zweites Haus angekauft, abgebrochen und in den Hof einbezogen. Ein weiteres Haus schenkte 1415 Adelheid Faber ihrem Sohn, der Abt von Ochsenhausen war, 1428 kamen noch zwei Häuser hinzu. Zu Beginn des 16. Jahrhunderts müssen größere Umbauten stattgefunden haben, vielleicht ausgelöst durch den Stadtbrand von 1516. Aus dieser Zeit oder dem Ende des 15. Jahrhunderts müssen die Fliesen stammen.

Literatur
J. Baum, H. Klaiber, B. Pfeiffer, Donaukreis I, 61.
E. Preiser, 84–86.
E. Thurner, 158.
E. Gruber, 98.

1 J. Baum, H. Klaiber, B. Pfeiffer, 61.
2 Freundlicher Hinweis von Herrn Robert Gerster, Biberach. Es ist nicht sicher, daß es sich bei den beiden neuentdeckten Mustern um die von E. v. Paulus, genannte Fliese handelt. In Frage käme außerdem noch H146, welches sich z. B. im Ochsenhäuser Hof in Ulm und der Kirche in Wain fand.

Haus Zeughausgasse 4

Fundumstände
Das Fliesenbruchstück wurde 1978 im Keller vermauert gefunden.

Baugeschichte
Zur mittelalterlichen Baugeschichte des Hauses ist nichts bekannt. Es lag ca. 50 m vom „Ochsenhäuser Hof" entfernt und wird 1567 erstmals im Besitz des Veit Straub erwähnt. Da die Fliese eine Variante des im „Ochsenhäuser Hof" gefundenen Musters T17 ist, wäre es möglich, daß auch dieses Haus zu Ende des 15. Jahrhunderts in Klosterbesitz war.

Literatur
C. Kleindienst, Beiträge zu einem Häuserbuch der Kreisstadt Biberach mit Häuserschlüssel und Register, 3 Bde., Biberach 1961, 1086.

1 Der Fund des Bruchstücks und seine Ergänzung gelang Herrn Robert Gerster, Biberach.

Bickenbach, Gem. Alsbach, Kr. Darmstadt-Dieburg

Sog. „Weilerhügel", Alt-Bickenbach

Fundumstände
Die Fliese fand sich bei Ausgrabungen des Weilerhügels 1876,[1] an einer Stelle in der NW-Ecke der Alsbacher Gemarkung, an die Bickenbacher Gemarkung anstoßend.

Baugeschichte
Die anläßlich der Weihe der Burgkapelle St. Bartholomäus 1130 erstmals erwähnte Wasserburg der Herren v. Bickenbach wurde vermutlich schon in der Fehde um die Lorscher Vogteirechte bald nach 1232 zerstört. Möller glaubt einer Urkunde Ulrich I. v. Bickenbach entnehmen zu dürfen, daß die 1310 als „curia antiqua" bezeichnete Burg zu Beginn des 14. Jahrhunderts noch bewohnt war.[2] Da jedoch die Herren v. Bickenbach schon 1241 ihre „Neue Burg" in Alsbach bewohnten, scheint es fraglich, ob in der Wasserburg nach der Jahrhundertmitte noch Fliesen verlegt wurden. Das Muster weist ins 2. Viertel des 13. Jahrhunderts, könnte jedoch gerade noch kurz vor 1232 verlegt worden sein.

Literatur
Quartalbl. 2, 1876, 2–6.
Quartalbl. N. F. 6, 14/15, 1922, 318.
W. H. Damann, K. Henkelmann, Kdm Bensheim, 107.
W. Möller, Ein altes Befestigungssystem im Ried, Archiv für hessische Geschichte und Altertumskunde N. F. 14, 1925, 119–128.
Hist. Stätten IV, Hessen, 46–47.
R. Kunz, Heimatbuch der Gemeinde Alsbach, Alsbach 1970, 33, 74–84.
H. W. Böhme, 503–517, 507, Abb. 3/13.

---

1 Quartalbl. 2, 1876, 2. In einer Besprechung der Funde wird die Fliese nicht erwähnt, wohl aber „einige geriefelte Ziegelstücke". Dies könnte sich möglicherweise auf W 98 beziehen, deren Fundort noch immer unbekannt ist.
2 W. Möller, 120, Anm. 1.

Biding, Gem. Burgheim-Ortlfing, Kr. Neuburg/Donau

Kath. Pfarrkirche St. Martin

Fundumstände
Die Fliesen liegen in situ unter der Westempore der Kirche. Erhalten ist eine Fläche von ca. 1 m^2, alle übrigen wurden bei einer Restaurierung im 19. Jahrhundert entfernt.

Baugeschichte
An das romanische Langhaus wurde in der 2. Hälfte des 15. Jahrhunderts ein netzgewölbter Chor angefügt. Aus derselben Zeit stammt das Untergeschoß des Turmes und die heute noch erhaltenen Fliesen. Die Beschreibung Steicheles deutet auf das Vorhandensein weiterer Muster.[1]

Literatur
A. Steichele, 713–714.
A. Horn, W. Meyer, Kdm Neuburg, 421, Abb. 374.

---

1 A. Steichele, 714: „... der Fußboden bestand noch vor kurzem (1864) aus kleinen Ziegelquadraten, welche mit Arabesken geziert, eine Art Ziegelmosaik bildeten ..." Das Muster H 203 kann kaum als „Arabeske" bezeichnet werden.

Biedesheim, Donnersbergkreis

Ev. Pfarrkirche, ehem. St. Andreas

Fundumstände
Bei Grabungen 1963–64 wurden am Nordrand des Kirchensaals ca. 24 cm unter heutigem Niveau die Reste eines ungestörten Fliesenbodens aufgedeckt.[1] Die Fliesen, fünf verschiedene Blattmuster, scheinen jedoch unregelmäßig verlegt zu sein. Das durch die Spitzovale entstehende Kreismuster ist, möglicherweise durch Ausflickungen, gestört.

Baugeschichte
Die 1100 von Kloster Hornbach der Propstei Zell übergebene Kirche ist ein romanischer Bau, an den in spätgotischer Zeit eine Sakristei angefügt und eine Westempore eingebaut wurde. Das Südportal trägt die Jahreszahl 1458. Die Grabungen haben jedoch Anhaltspunkte für frühere Umbauten ergeben. Der Fliesenboden macht einen uneinheitlichen Eindruck. Er wurde vermutlich um die Mitte oder im 3. Viertel des 14. Jahrhunderts verlegt. Das Muster H 105 könnte schon in der 1. Hälfte des 14. Jahrhunderts geschnitten worden sein. Schwierig zu datieren ist auch H 283. Möglicherweise stammt es erst aus den Bauten von 1458. Die Fliese H 119 fand sich außerdem in der 1351 zerstörten und nicht wieder aufgebauten Burg Hohenfels und in Burg Lach in Rüdesheim, die wahrscheinlich ebenfalls schon im 14. Jahrhundert zerstört wurde.

Literatur
B. H. Röttger, Kdm Bez.-Amt Kirchheimbolanden, 29–32.
Denkmalpflege Rheinland-Pfalz, 1963/64, 87.
H. Bernhard, 1978, 164.
G. Dehio, Rheinland-Pfalz, 107.

---

1 Für den Hinweis auf diese Grabung danke ich Herrn Dr. Karlwerner Kaiser, Speyer; für nähere Angaben und Fotos Herrn Dipl.-Ing. Jürgen Waldherr, Kirchheimbolanden.

Billigheim-Ingenheim, Kr. Südl. Weinstraße

Ev. Pfarrkirche, ehem. St. Martin

Fundumstände
Die Fliese Q 45 wurde am 9. 2. 1961 gefunden, H 70 entdeckte man[1] später auf einem Schutthaufen neben der Kirche. Sie war offensichtlich bei der Kirchenrestaurierung 1961–64 weggeworfen worden.

Baugeschichte
Die von Kaiser Konrad II. gestiftete, 1220 wegen Baufälligkeit abgebrochene und neu erbaute Kirche erhielt um 1400 einen neuen Chor. Langhaus und Sakristei wurden vor 1522 erneuert. Die Fliesen müssen aus der Zeit des Neubaus stammen. Möglicherweise wurden sie nach 1234 verlegt, nachdem das Patronat der Kirche an das Speyerer Domkapitel übergegangen war.

Literatur
A. Eckardt, Kdm Bez.-Amt Bergzabern, 117.
Hist. Stätten V, Rheinland-Pfalz, 43.
G. Dehio, Rheinland-Pfalz, 108–109.

---

1 Der Fund der Fliesen gelang Herrn Dr. Karl Hillenbrand †, Pforzheim.

Bingen, Kr. Mainz-Bingen

Kath. Pfarrkirche St. Martin und ehem. Kreuzgang des Chorherrenstifts

Fundumstände
Die heute in der Krypta der Kirche verlegten Fliesen sind Kopien eines, wie die neuen Funde ergeben haben, sicher ursprünglich in der Kirche vorhandenen Musters. Als am 3./4. Januar 1910 der Boden der Krypta aufgegraben wurde, ließ sich feststellen: „Daß der ursprüngliche Fußboden nur ganz wenig tiefer als das heutige Niveau mit in Kalk verlegten Ziegelplatten gedeckt gewesen sein muß."[1] Im Juli 1981 wurden bei Ausschachtungsarbeiten an der Stelle des ehem. Kreuzgangs nahe der Kirche ca. 2,5 m unter Niveau im losen Schutt Fliesen in zwei verschiedenen Mustern gefunden.[2] Eines dieser Muster (I14) deckt sich mit den Kopien der Krypta.

Baugeschichte
Das 1006 erstmals erwähnte, vielleicht von Erzbischof Willigis von Mainz gegründete Stift wurde 1672 aufgehoben, die Kirche seitdem als Pfarrkirche genutzt. Von der romanischen Kirche aus der 1. Hälfte des 11. Jahrhunderts, die 1403 durch Brand zerstört wurde, hat sich nur die Krypta erhalten. An den 1416 geweihten Neubau wurde 1502–05 eine kleine Pfarrkirche angefügt. Zur Erbauung der 1819 abgebrochenen Stiftsgebäude gibt es keine Urkunden. Der Wiederaufbau nach dem Brand von 1165 scheint sich endlos hingezogen zu haben. 1220 und 1249 erlassen die Erzbischöfe von Mainz Vergünstigungen, die dem Bau zufließen sollen.[3] Der Kreuzgang wird erstmals 1336 erwähnt.[4] Die Fliesen, Eberbacher Muster aus dem 6. Jahrzehnt des 13. Jahrhunderts, können aus diesen neuerbauten Stiftsgebäuden stammen. Sie können natürlich auch nach dem Brand 1403 aus der Kirche entfernt und im Kreuzgang neu verlegt worden sein.

Literatur
J. COMO, Bd. 1, 19–28.
CH. RAUCH, Kdm Bingen, 47–72.
Hist. Stätten V, Rheinland-Pfalz, 43–45.
G. DEHIO, Rheinland-Pfalz, 109–111.

1 J. COMO, Bd. 1, 67.
2 Freundliche Mitteilung von Herrn Helmut Stegmann, Bingen.
3 CH. RAUCH, 50. Wegen der geringen Einkünfte des Martinsstifts werden nach dem Tode eines Kanonikers die Einkünfte der Präbende zwei Jahre lang dem Stift zugewendet „daß es die Ruinen seiner Gebäude wieder herstellen".
4 An den um zwei Höfe gelagerten Kreuzgang schloß sich eine Totenkapelle an. Beides wurde 1817 auf Abbruch versteigert. Die Fliesen könnten auch aus dieser Kapelle stammen.

Ehem. „Mainzer Hof", Schmittstraße

Fundumstände
Der Mainzer Hof wurde 1980 abgerissen. Bei Ausschachtungsarbeiten für ein Wohnhaus wurden 1981 Fliesen in fünf verschiedenen Mustern aus dem Schutt geborgen.[1]

Baugeschichte
Zur Baugeschichte des Mainzer Hofes fehlen alle Urkunden. Als Wohnsitz der Erzbischöfe von Mainz erbaut, ging er 1437 an das Mainzer Domkapitel über. Baudetails wiesen auf wiederholte Umbauten, vor allem unter Erzbischof Siegfried III. von Eppstein in der 1. Hälfte des 13. Jahrhunderts. Die Fliesen, Eberbacher Prägungen, die vermutlich zwei Zeitabschnitten angehören, d. h. in verschiedenen Räumen verlegt waren, können vor der Mitte des 13. Jahrhunderts und um 1260/70 entstanden sein. W24 weist auf einen in der Diagonale verlegten Boden. Die Fliese H244 könnte als Ausflickung gedient haben oder noch im 1. Drittel des 14. Jahrhunderts verlegt worden sein. Bei der langen Weiterverwendung der Eberbacher Model ist nicht auszuschließen, daß alle Fliesen gleichzeitig entstanden sind.

Literatur
J. COMO, Bd. 2, 62–63.
CH. RAUCH, Kdm Bingen, 154–157.

1 Freundliche Mitteilung von Herrn Helmut Stegmann, Bingen.

Blankenheim, Kr. Euskirchen

Burgruine

Fundumstände
Unbekannt. Die Herkunft aus Burg Blankenheim ist nicht durch Inventareintrag gesichert, jedoch wahrscheinlich.

Baugeschichte
Die 1292 erstmals genannte Burg ging 1469 in den Besitz der Grafen von Manderscheid-Blankenheim über und wurde seit dieser Zeit planmäßig ausgebaut und erweitert. Die unzerstörte Burg wurde zu Beginn des 19. Jahrhunderts auf Abbruch verkauft, im 20. Jahrhundert jedoch teilweise wieder erneuert. Die Fliese ist durch das Wappen in die Zeit des kunstliebenden Grafen Hermann von Manderscheid-Blankenheim (1548–1604) datiert. Sie entstand vermutlich kurz nach der Übernahme der Burg Blankenheim, zu deren Gunsten er Burg Manderscheid als Residenz aufgab.

Literatur
E. WACKENRODER, Kdm Kr. Schleiden, 71–84.
G. DEHIO, Rheinland-Pfalz, 67–68.
Hist. Stätten III, Nordrhein-Westfalen, 82–84.
B. GONDORF, 40–41.

Blaubeuren, Alb-Donau-Kreis

Ehem. Benediktinerkloster St. Johannes Baptista

Fundumstände
Die Fliesen befanden sich 1844[1] noch in situ auf der lettnerartigen Empore der Vierung. Sie wurden, vermutlich bei den Restaurierungen nach 1875, teilweise durch Kopien ersetzt. Bei den Restaurierungen 1978–85 wurden im „Chor" des Kapitelhauses Fliesen entdeckt.[2] Weitere Fliesen und Fliesenfragmente barg man in aufgemauerten Grüften oder in zweiter Lage im Mauerwerk.

Baugeschichte
Das 1085 von Pfalzgraf Sibotho von Tübingen gestiftete Kloster wurde 1466–1502 unter den Äbten Ulrich Kondig, Heinrich Fabri III. und Gregorius Rösch völlig neu erbaut. Die Klosterkirche wurde 1491–99 durch Meister Peter von Koblenz errichtet. Die Fliesen, ein in Württemberg unübliches Muster, da erst vier Fliesen eine Blüte ergeben, stammen vermutlich aus dem Ende der Bauzeit um 1499. Von den neuentdeckten Fliesen könnte O52a früher entstanden sein, vermutlich wurde jedoch nur eine ältere Vorlage benützt, die

übrigen Fliesen gehören dem letzten Drittel des 15. Jahrhunderts an. Sie wurden wohl in der Ziegelei des Klosters gefertigt, die dieses seit Mitte des 15. Jahrhunderts in Weiler besaß.[3]

Literatur
Verh. Ver. Kunst u. Altertum Ulm-Oberschwaben, Bd. 2, 17.
K. Hassler, Taf. 7, 2.
P. Keppler, 34.
J. Baum, Kloster Blaubeuren, Augsburg 1926, 2ff.
E. Imhoff, Blaubeurer Heimatbuch, Blaubeuren 1950, 413–431.
G. Dehio, Baden-Württemberg, 50–52.
O.-G. Lonhard, 26–80.
F. Quarthal, 1975, 160–174.

1 Ver. Ver. Kunst u. Altertum Ulm-Oberschwaben, Taf. 2.
2 Freundliche Mitteilung von Herrn Dieter Hauffe, Staatl. Hochbauamt, Ulm.
3 O.-G. Lonhard, 66. Das Kloster verlieh seinen Ziegelstadel 1476 als Erblehen an Heinrich Ringler d.J. von Weiler, der ihn noch 1501 innehatte.

Blaubeuren-Asch

Ev. Pfarrkirche, ehem. Unserer Lieben Frau

Fundumstände
Die Fliesen dienten anscheinend bis zur Restaurierung 1884 noch als Fußboden der Kirche. Bei einer Grabung 1962 fanden sich einzelne Fliesen als Streufunde.[1]

Baugeschichte
Durch Grabungen wurde für die um 1474 erbaute Saalkirche ein Vorgängerbau des 13. oder 14. Jahrhunderts nachgewiesen. 1497 wurde ein dreiseitiger Chorschluß angefügt. Die Fliesen, deren Muster mit denen der Pfarrkirche in Schmiechen übereinstimmen, wurden wohl schon im Langhaus verlegt. Bei der Erbauung des Chores wurde möglicherweise der Versuch unternommen, diese durch die Reliefflieses H158 zu ergänzen. Die Datierung der Fliesen ist schwierig. Details der Zeichnung wären schon im späten 13. und in der 1. Hälfte des 14. Jahrhunderts möglich.

Literatur
G. Dehio, Baden-Württemberg, 16.
G. P. Fehring, Spätmittelalterliche Befunde und Funde aus U. L. Frau in Asch, Alb-Donau-Kreis, Fundberichte aus Baden-Württemberg 1, 1974, 658–662, darin: E. Landgraf, Bodenfliesen, 662–664.

1 G. P. Fehring, 661.

Bleidenstadt, Stadt Taunusstein, Rheingau-Taunus-Kreis

Ehem. Benediktinerkloster St. Ferrutius, jetzt kath. Pfarrkirche

Fundumstände
Die Fliesen wurden vor 1899 im Kreuzgang gefunden. Bei Grabungen wurden unter dem heutigen Fußboden der Kirche vier oder fünf ältere Böden angeschnitten, jedoch nicht näher untersucht.

Baugeschichte
Die Kirche des um 768–786 durch Erzbischof Lullus von Mainz gegründeten Klosters wurde 812 geweiht. Unter Abt Baldewin, der gleichzeitig Abt der Klöster Lorsch und Bleidenstadt war, wurden in der Mitte des 12. Jahrhunderts bauliche Veränderungen vorgenommen, eine Neuweihe der Kirche fand 1258 statt. Nach der Umwandlung des Klosters in ein weltliches Ritterstift erhielt die Kirche vermutlich um 1500 ihre heutige Gestalt. Die Klostergebäude wurden 1389 durch Brand zerstört, wieder aufgebaut und 1632 und 1637 erneut niedergebrannt. Der Wiederaufbau erfolgte 1685–1718, 1802 wurde das Stift aufgehoben. Die Fliese C1 fand sich sowohl im nahegelegenen Kloster Eberbach wie in der eng mit Kloster Lorsch verbundenen Einhardsbasilika in Steinbach. Sie und F108 wurden vermutlich in der 2. Hälfte des 12. Jahrhunderts geprägt, während die übrigen Fliesen wohl in Verbindung mit der Kirchweihe von 1258 gebracht werden dürfen. Sie zeigen gesicherte (N20) und vermutete (S20)[2] Muster des Klosters Eberbach.

Literatur
F. Luthmer, Kdm Reg.-Bez. Wiesbaden V, 169–171.
Hist. Stätten IV, Hessen, 51.
G. Dehio, Hessen, 96–97.

1 Nass. Ann. 30, 1899, 16.
2 S20 zeigt dieselbe Ecklösung wie Eberbacher Fliesen, außerdem wurde es in Kloster Johannisberg mit anderen Eberbacher Mustern gefunden.

Börtlingen, Lkr. Göppingen

Ev. Pfarrkirche, ehem. St. Johannes Baptista

Fundumstände
Die Fliesen befanden sich 1914 noch in situ in der auf der Umfassungsmauer des Kirchhofes errichteten Ölbergkapelle.[1] Sie wurden wohl bei der Restaurierung 1917 entfernt.

Baugeschichte
Die Kirche von Börtlingen, eine der ältesten Besitzungen des Prämonstratenserklosters Adelberg, wird bei ihrer Weihe 1202 erstmals erwähnt. Die heutige Kirche ist im Kern spätgotisch, wurde jedoch mehrfach umgebaut. Die Ölbergkapelle entstand vermutlich um 1500. Die Fliesen werden von Klaiber ins 16.–17. Jahrhundert datiert, sie sind jedoch wohl eher schon um 1500 entstanden.

Literatur
H. Christ, H. Klaiber, Kdm Donaukreis II, 68–71, Abb. 55.
G. Dehio, Baden-Württemberg, 55.
W. Ziegler, 30.

1 H. Christ, H. Klaiber, 68

Bogenberg, Stadt Bogen, Kr. Straubing-Bogen

Kath. Wallfahrtskirche Hl. Kreuz und Mariae Heimsuchung

Fundumstände
Die Fliese findet sich in situ im Obergeschoß der Sakristei, als einzige gemusterte Fliese in einem sonst unverzierten Fliesenboden.[1]

Baugeschichte
Die 1295 begonnene Kirche wurde nach Zerstörung durch Blitzschlag und Brand (1412 und 1415) 1463 neu erbaut und 1478 noch prächtiger ausgestattet. Die zweigeschossige Sakristei scheint um 1500 angefügt worden zu sein, das Netzgewölbe des Obergeschosses zeigt auf einem Schlußstein die Zahl 1513. Die Fliese wurde sicher zu dieser Zeit mit einem älteren Model seitenverkehrt geprägt.

Literatur
B. H. Röttger, Kdm Bez.-Amt Bogen, 40–51, Abb. 29.
G. Dehio, Niederbayern, 70–71.

1 B. H. Röttger, 51, Abb. 29.

Bolanden, Donnersbergkreis

Klosterhof, ehem. Prämonstratenserkloster Hane

Fundumstände
Unbekannt. Die Fliese war früher am Ostfeld der Kirchensüdwand eingemauert. Es ist zu vermuten, daß einige der Fliesen mit unbekanntem Herkunftsort im Museum Kirchheimbolanden ebenfalls von hier stammen.[1] Bei Schürfungen in der Klosterkirche wurde 1961 das Bruchstück einer Bodenfliese mit Eichblattmuster gefunden.[2] Bei der Renovierung der Gebäude 1982 wurde der später aufgebrachte Lehmboden entfernt und das Niveau der gotischen Kirche wiederhergestellt. Hierbei fand man erneut Fliesen des Musters H93.[3]

Baugeschichte
Das 1129 durch Werner I. von Bolanden und seiner Frau Gudela von Hohenfels gegründete Prämonstratenserkloster wurde 1160 in ein Prämonstratenserinnenkloster umgewandelt und 1180/90 dem Kloster Rothenkirchen übergeben. Die um 1150 vollendete Kirche wurde im späten 15. Jahrhundert und nach 1706 umgebaut, nach alter Überlieferung unter Verwendung von Steinen aus der Burg Neubolanden.[4] Das Kloster wurde 1564 aufgehoben, die Kirche seit Beginn des 18. Jahrhunderts landwirtschaftlich genutzt. 1966–70 fanden erste Freilegungsarbeiten und eine Restaurierung der als Bauernhöfe dienenden Klostergebäude statt. Die Fliese H93, das einzige heute noch bekannte Muster, weist auf eine Verlegung eines Fliesenbodens in der Mitte oder dem 3. Viertel des 13. Jahrhunderts.

Literatur
B. H. Röttger, K. Busch, M. Goering, Kdm Bez.-Amt Kirchheimbolanden, 195–203.
G. Dehio, Rheinland Pfalz, 135–136.
H. Bernhard, 170.
K. Obry, Die spätgotische Klosterkirche Hane in Bolanden: Vermuteter Baubeginn 1487, Donnersberg-Jb. 6, 1983, 143–150.

1 Von den im Heimatmuseum Kirchheimbolanden gesammelten Fliesen ist nur von wenigen der Fundort bekannt. Sie sollen alle aus Kirchheimbolanden oder dessen unmittelbarer Umgebung stammen. Es ist zu vermuten, daß eine der vor 1938 gefundenen Fliesen auch ins Museum kam und daß diese, da noch keine gründliche Ausgrabung stattgefunden hatte, eher aus einer oberen Schuttschicht stammte, also dem Umbau aus dem späten 15. Jahrhundert angehört (L6?).
2 H. Bernhard, 170.
3 Für Angaben zu diesen Funden danke ich Herrn Dipl.-Ing. Jürgen F. Waldherr, Kirchheimbolanden. Vgl. außerdem K. Obry, 147.
4 B. H. Röttger, K. Busch, M. Goering, 195.

Burgruine Neubolanden

Fundumstände
Die ersten Fliesen wurden 1897 gefunden.[1] Sie kamen in Privatbesitz, bekannt sind nur die Muster D37 und J98. Bei der Grabung 1912 wurden weitere Fliesen entdeckt. Sie kamen ins Heimatmuseum Kirchheimbolanden und ins Museum Speyer.[2] Da Aufzeichnungen fehlen, sind nicht mehr alle dort gefundenen Muster bekannt. Der Fund der Fliesen W74, W75 und W78 weist auf das Vorhandensein einer großen Kreisrosette, W2 auf ähnliche Musterfelder wie in der ehem. Dompropstei in Mainz.

Baugeschichte
An der von Werner II. von Bolanden (1150–1219) errichteten Burg wurde wohl noch um 1206 gebaut. „Nach dem Bilde von Mirou war diese ehemals wohl eine der stattlichsten pfälzischen Burgen."[3] Sie wurde 1376 an Kurpfalz verkauft, war um 1625 anscheinend noch intakt und wurde 1689 niedergebrannt. Die geringen Mauerreste lassen keine Baudetails mehr erkennen. Die Fliesen wurden vermutlich erst im Gefolge der Ausstattungsarbeiten verlegt. Frühe Muster wie D14 und R53 lassen vermuten, daß der Boden wohl noch vor dem der Mainzer Dompropstei, wohl aber nach dem von Kloster Arnstein verlegt wurde. Die Fliese D8 fand sich außer in Arnstein auch im ehem. Königshaus in Boppard und auf Burg Eppstein, sowie auf dem Gelände der ehem. Pfalz in Worms. Da die Bolander eines der wichtigsten staufischen Ministerialengeschlechter waren, liegt die Vermutung nahe, daß sie auf ihren Burgen dieselben Werkleute beschäftigten, die auch in den staufischen Pfalzen tätig waren. Vermutlich wurden im 3. Viertel des 13. Jahrhunderts nochmals Fliesen in Neubolanden verlegt. Muster wie C26 und S14, die sich auch in Burg Neuhaus bei Kiedrich fanden, dürften aus dieser Zeit stammen.

Literatur
BDM Pfalz V, 136–137, 211, Abb. 299, 300.
B. H. Röttger, K. Busch, M. Goering, Kdm Bez.-Amt Kirchheimbolanden, 36–41; 40, Abb. 16.
Hist. Stätten V, Rheinland-Pfalz, 53.

1 BDM Pfalz V, 211, Abb. 299, 300.
2 Laut Inventar des Museums Speyer.
3 B. H. Röttger, K. Busch, M. Goering, 36.

Boll, Lkr. Göppingen

Ev. Pfarrkirche, ehem. Stiftskirche St. Cyriakus

Fundumstände
Die Fliesen liegen in situ im Untergeschoß des Glockenturmes.[1]

Baugeschichte
Die auf Vorgängerbauten um 1200 errichtete Kirche wurde in spätgotischer Zeit verändert. Möglicherweise erfolgten diese Umbauten, als das dem Stift Oberhofen in Göppingen seit 1464 inkorporierte Stift 1486 in eine Kaplanei umgewandelt wurde. Der Aufbau des Turmes wurde 1821 erneuert. Klaiber datiert die Fliesen ins 13. Jahrhundert. Das einfache Volkskunstmotiv erlaubt jedoch keine sichere Datierung. Die Fliesen weichen im Muster von den in der Umgebung im 15. und 16. Jahrhundert geprägten Typen ab. Sie sind eher nachmittelalterliche als frühe ungefüge Prägungen.

Literatur
BOA Göppingen, 163.
H. Christ, H. Klaiber, Kdm Donaukreis II, 71–73.
G. Dehio, Baden-Württemberg, 55.
Hist. Stätten VI, Baden-Württemberg, 102–103.
W. Ziegler, 31.

1 H. Christ, H. Klaiber, 1924, 74.

2 Ebd., 9. – F. Bucher, 226–227.
3 F. Bucher, 55ff., errechnet durch Vergleich mit anderen Zisterzienserbauten eine Bauzeit von ca. 20 Jahren, für eine Vollendung vor 1157 spricht das 1157 erlassene strikte Verbot von Turmbauten, das in Bonmont noch nicht berücksichtigt ist.
4 Schriftliche Mitteilung an A. C. de Breycha-Vauthier. Kenneth J. Conant gelangt durch Vergleiche mit Fliesen aus Cluny zu einer Datierung ins Ende des 12. oder ins 13. Jahrhundert (F. Bucher, 111).
5 E. C. Norton, 1983, 87.

Bonmont, Gem. Chéserex, Kt. Waadt/Vaud, Schweiz

Ehem. Zisterzienserkloster Notre-Dame

Fundumstände
Die Fliesen wurden bei Grabungen 1948–53 gefunden. 1948 stieß man zwischen dem Südquerschiff der Kirche und dem Gelände des ehem. Kapitelsaals in einer Tiefe von ca. 0,70 m unter dem heutigen Niveau auf den ca. 10 qm großen Rest eines Fliesenbodens[1] bei dem gelb und grün glasierte Fliesen des Musters T33 abwechselnd verlegt waren. Weitere Fliesen fanden sich als Rahmung eines Abtsgrabes aus dem späten 14. Jahrhundert, im Schutt des Kapitelsaals, vor dem Narthex und in der Kirche. Bis jetzt wurden 9 verschiedene Muster veröffentlicht, es wurden jedoch außerdem zahlreiche Bruchstücke mit abweichenden Mustern gefunden.[2]

Baugeschichte
Das 1123 als Benediktinerkloster gegründete Bonmont wurde 1131 durch Zisterzienser aus Kloster Clairvaux übernommen. Schriftliche Quellen zur Baugeschichte sind kaum überliefert, nur 1424 wird eine „aula nova" erwähnt. Die Kirche wurde, nach dem Vorbild der Klosterkirche von Fontenay, wohl bald nach 1131 begonnen und vermutlich vor 1157 vollendet.[3] Das Kloster wurde 1536 aufgehoben, die Klostergebäude 1736 abgebrochen. Die 1802 in Privatbesitz gelangte Klosterkirche wurde lange als Speicher benutzt und ist heute sorgfältig restauriert.
Die Fliesen gehören mindestens zwei, wenn nicht drei verschiedenen Zeitabschnitten an. Sie werden von de Beauregard[4] in das 2. Viertel des 12. Jahrhunderts datiert. Bucher hält eine Entstehung der rein geometrischen Muster im 12. Jahrhundert noch für möglich und schlägt für die Prägung der Lilienfliesen den Beginn des 14. Jahrhunderts vor, während Norton alle Fliesen einheitlich ins Ende des 12. Jahrhunderts datiert.[5] Die Fliesen aus Kloster Bonmont sind zweifellos sehr früh. Da sie jedoch alle farbige Glasuren tragen, sind sie wohl eher in der 2. Hälfte des 12. oder im frühen 13. Jahrhundert entstanden. Sieben der in Bonmont gefundenen Muster lassen sich auch in der Zisterzienserabtei Aulps (Haute-Savoie, Frankreich) nachweisen, das Muster N22 fand sich ohne Abweichung in Kloster Charlieu (Loire) und in verwandter Prägung in Kloster Bebenhausen. Die von Bucher für die Fliesen Nr. 5 und 6 (W85, W86) vorgeschlagene Datierung in den Beginn des 14. Jahrhunderts ist wohl etwas zu spät.

Literatur
A. C. de Breycha-Vauthier, 7–10.
F. Bucher, 19ff.
E. C. Norton, 1983, 69–113, 68, Abb. 67–73, 87, 90, Abb. 92, 104.
L. Pressouvre, T. N. Kinder, 256, Nr. 161, Abb. 161a–e.

1 A. C. de Breycha-Vauthier, 8, glaubt, daß an dieser Stelle möglicherweise die frühere Sakristei oder eine besonders reich ausgestattete Kapelle stand.

Bonn

Ehem. Stiftskirche St. Cassius und Florentinus, Barbara- oder Virneburgkapelle, Münster St. Martin

Fundumstände
Bei den Grabungen zur Erforschung der frühen Baugeschichte des Bonner Münsters stieß man 1928 auf die Fundamente der 1771 abgebrochenen Barbarakapelle. Neben zahlreichen kleinen, bunten, teilweise glasierten Fliesen, von einer Seitenlänge von ca. 6–6,5 cm fand man eine ungemusterte 12 × 12 cm große, „grauglasierte" Fliese und das Muster M43, die noch auf dem Fundamentabsatz der Kapelle festlagen. Andere Fliesen zeigten eine rötliche Schachbrettmusterung auf weißlich gebranntem Ton, wie sie Kier[1] ähnlich für Kloster Altenberg nachweist oder „eingeritzte, gerade Linienmuster".[2] Bader erwähnt besonders die grüne Sprenkelung der gelben Glasur, die auch für manche Kölner Fliesen des 15. Jahrhunderts typisch ist. Vermutlich waren die Fliesen in Schachbrettmuster im Wechsel zwischen gelb und braun glasierten Fliesen verlegt und die übrigen Fliesen wurden an bevorzugter Stelle oder als Ausflickung eingefügt. Spuren eines späteren Fußbodens wurden nicht gefunden. Die starke Abnützung der Fliesen läßt vermuten, daß sie bis zum Abbruch der Kapelle 1771 in situ lagen.

Baugeschichte
Die vermutlich kurz vor 1327 an der Nordseite des Münsterchors erbaute Barbarakapelle wurde von Erzbischof Heinrich II. von Virneburg als Grabkapelle errichtet. Er wurde 1332 in ihr beigesetzt. Da ein weiterer Stifter, der Dekan Johann von Bonn, im Jahre 1327 Weingüter zur Ausstattung der Kapelle bestimmt hatte[3], muß sie zu diesem Zeitpunkt im Bau vollendet gewesen sein. Bader schließt an Hand der Baudetails, daß die Kapelle von der Kölner Domhütte errichtet wurde.
Die reichen Funde weisen auf einen Originalfußboden aus unverzierten Fliesen. Die Fliese M43, auf Grund des Musters nicht sicher zu datieren, kann entweder als spätere Ausflickung oder möglicherweise als Umrahmung der Gruft nach 1332 verlegt worden sein. Das Hexagramm könnte apotropäischen Charakter besessen haben.

Literatur
H. Lehner, W. Bader, 130, 190.
G. Dehio, Rheinland, 70–74.
H. E. Kubach, A. Verbeek, Bd. 1, 107–116.

1 H. Kier, 1970, Abb. 235, datiert diese Fliesen in die Zeit der Vollendung des gotischen Chores um 1267.
2 H. Lehner, W. Bader, 126. Diese Fliesen wurden leider nicht abgebildet, sie gingen während des 2. Weltkriegs verloren.
3 Ebd., 119.

Ehem. Kanonikerhaus, Ecke Martinstraße und „Am Hof" 5a–7

Fundumstände
Die Fliese wurde bei Kanalisierungsarbeiten 1896 im Bauschutt etwa 1,85m unter Straßenniveau gefunden, zusammen mit einer romanischen Fenstersäule.[1] Man nahm an, daß sie zu einem Propsteigebäude des ehem. Cassiushofes gehörte.

Baugeschichte
Unbekannt. Das an Stelle des 1752 erbauten Kanonikerhauses bis ins 17. Jahrhundert erhaltene, als „aedes antiqua" bezeichnete Gebäude, dessen einziger, erhaltener Rest vermutlich die sogenannte „Helenakapelle" im Haus „Am Hof" 32–34 ist, könnte ein Teil der alten Propstei des Cassiushofes sein. Diese Hauskapelle, bei der Belagerung Bonns 1689 zerstört, 1760 neu geweiht, soll früher durch einen Gang mit der Münsterkirche verbunden gewesen sein. Sie wurde vielleicht um 1160 von Propst Gerhard von Are (1124–69) erbaut. Die Fliese, deren Muster auch in Mainz vorkommt und dort nicht vor 1272 verlegt worden sein kann, ist eher im 3. Viertel des 13. Jahrhunderts entstanden.

Literatur
P. Clemen, Kdm Kr. Bonn, 182.
J. Dietz, 350–352.
G. Dehio, Rheinland, 76.
H. E. Kubach, A. Verbeek, Bd. 1, 120–124.
A. Wiedenau, 1979, 373.

1 Bonner Archiv IV, 1892, 60–62. – Bonner Jb. 101, 1892, 173.

Gelände der Universität

Fundumstände
Die Fliese wurde bei Ausschachtungsarbeiten für den Neubau der Universität, wohl 1926, gefunden.

Baugeschichte
Die ehemalige kurfürstliche Residenz wurde 1818 der Universität überlassen und anschließend wiederholt an- und umgebaut. 1926–30 wurden in Richtung zur Stadt neue Flügel angefügt. Die Fliese kann entweder aus dem erzbischöflichen Hof, der 1112 erstmals erwähnt wird und innerhalb der Immunität des Cassiusstiftes lag, aus einem Kanonikerhaus oder einem Stiftsgebäude stammen. An die Stelle des erzbischöflichen Hofes trat im 13. Jahrhundert eine feste Burg, in der Erzbischof Engelbert von Falkenburg seit 1275 residierte und in der 1268 erstmals eine Kapelle genannt wird. Diese Burg wurde durch Erzbischof Salentin von Isenburg (1567–77) ausgebaut und 1633/34 nochmals erweitert. Nach der Zerstörung 1689 entstand ab 1697 ein Neubau. Bei der Erweiterung der Schloßbauten wurden zu verschiedenen Zeiten Häuser niedergelegt, so zwei Kanonikerhäuser, zwei Häuser des Klosters Engelthal, zwei im Besitz der Jesuiten befindliche und mehrere Bürgerhäuser. Das Muster der Fliese, ein in den Klöstern Arnsburg, Eberbach und Marienstatt gefundenes Zisterziensermuster, könnte sehr wohl aus einem Haus des Zisterzienserinnenklosters Engelthal stammen. Es wurde vermutlich im 3. Viertel des 13. Jahrhunderts verlegt.

Literatur
P. Clemen, Kdm Kr. Bonn, 154–157.
J. Dietz, 145, 162–168, 350–352.
G. Dehio, Rheinland, 80.

Boppard, Rhein-Hunsrück-Kreis

Ehem. „Königshaus", Remigiusplatz

Fundumstände
Unbekannt. Die Fliesen kamen 1916 ins Museum Boppard.[1] Die Herkunft aus der 1806 abgebrochenen Remigiuskapelle ist jedoch gesichert.

Baugeschichte
Urkunden zur Baugeschichte des von Kaiser Otto II. gegründeten Königshofes fehlen. Er diente vor allem in staufischer Zeit bei den Rheinreisen der Kaiser häufig als Aufenthaltsort; eine Verlegung der Fliesen ist somit nach den 1245 einsetzenden politischen Wirren kaum mehr wahrscheinlich. Die 1312 von den Bopparder Bürgern zerstörte Anlage mit der Pfalzkapelle St. Remigius, wurde nach der Übernahme durch die Beyer von Boppard 1331 wieder ausgebessert, 1497 jedoch erneut zerstört.
Beim Bau einer Straße wurde sie 1806 eingeebnet. Das Stadtbild von 1575[2] zeigt einen einstöckigen Bau mit romanischen Rundbogenfenstern. Bei den Fliesenmustern handelt es sich um weitverbreitete Prägungen, die sich sowohl in staufischen Pfalzen (Gelnhausen), den Burgen staufischer Ministerialen (Burg Hain in der Dreieich, Eppstein, Ehrenfels, Neubolanden, Monreal), wie in Klöstern und Kirchen finden (Arnsburg, Eberbach, Johannisberg, Lorsch). Auch hier ist es möglich, daß die Fliesen aus Kloster Eberbach, welches in Boppard einen Hof besaß, stammen.

Literatur
P. Oesterreicher, Neue Beiträge zur Geschichte, 4. Von den alten Königshöfen Teutschlands, Bamberg 1842, 44ff.
F. Pauly, Geschichte der Stadt Boppard, Boppard am Rhein. Ein Heimatbuch, Boppard 1953, 29–39.
H. Nick, 81–86.
F. J. Heyen, Reichsgut im Rheinland. Die Geschichte des königlichen Fiskus in Boppard, Rheinisches Archiv 48, 1956, 48–55.
A. Frhr. von Ledebur, H. Caspary, Kdm Rhein-Hunsrück-Kreis II.1, 402–403.

1 Bonner Jb. 123, 1916, 143.
2 H. Nick, 81, nach einem Stich von Braun und Hogenberg.

Ehem. Walpurgiskapelle

Fundumstände
Unbekannt.

Baugeschichte
Das Kloster Eberbach erhielt durch Schenkung 1257 ein Haus in Boppard, in welchem eine St. Walpurgis geweihte Hauskapelle eingerichtet wurde. Reste des Hofes haben sich in einem Wohnhaus des Walpurgisgäßchens nahe der südlichen Stadtmauer erhalten.[1] Die Abtei verkaufte den Hof 1612 an das Kloster St. Martin zu Boppard, 1839 wurden Kapelle und Klösterchen abgebrochen. Das Muster der Fliese H117 ist bis jetzt nur in einer Variante aus Kloster Eberbach bekannt, T6 wurde in Kloster Arnstein gefunden. Die Fliesen gehören vermutlich erst dem 2. Drittel des 14. Jahrhunderts an.

Literatur
J. Söhn, 72, 91.
H. Nick, 26.
H. E. Kubach, A. Verbeek, Bd. 1, 132.

A. Frhr. von Ledebur, H. Caspary, Kdm Rhein-Hunsrück-Kreis II.1, 399–400.

1 H. E. Kubach, A. Verbeek, 132.

Borgholzhausen, Kr. Gütersloh

Ev. Pfarrkirche, ehem. vermutlich St. Pankratius

Fundumstände
Bei einer Grabung fanden sich 1975 in den oberen Schuttschichten auf der Südseite des spätgotischen Chores zwei gemusterte Fliesen.[1] An anderer Stelle barg man zwei unverzierte Platten, darunter eine Dreiecksfliese. Bei einer Restaurierung der Kirche 1876, welche fast einem Umbau gleichkam, war der Boden im Innern der Kirche bis zu einer Tiefe von ca. 0,23 m abgetragen und die Steine herausgeschafft worden.[2] Bei dieser Gelegenheit könnten schon einmal Fliesen gefunden worden sein.[3]

Baugeschichte
Bei der Grabung wurden in der 1196 erstmals erwähnten Kirche Spuren von Vorgängerbauten entdeckt. Die heutige Kirche entstand vermutlich im letzten Drittel des 13. Jahrhunderts, wurde im 2. Viertel des 14. Jahrhunderts möglicherweise umgebaut[4] und erhielt 1496 einen spätgotischen Chor. Die Fliesen könnten noch aus dem Ende des 13. Jahrhunderts stammen, sie wurden jedoch wohl eher im 2. Viertel des 14. Jahrhunderts verlegt und vielleicht in dem etwa 30 km entfernten Osnabrück gefertigt.

Literatur
A. Ludorff, Bau- und Kdm Westfalen 28, Kr. Halle, Münster 1908, 7.
A. Güldner, Borgholzhausen und seine Kirche, Kirchliches Heimatbuch Borgholzhausen, 1951, 6–18.
G. Dehio, Westfalen, 67–70.
Hist. Stätten III, Nordrhein-Westfalen, 102.
U. Lobbedey, 1981, 11–24, 63, Abb. 18; 64, Abb. 19.

1 U. Lobbedey, 64.
2 Ebd., 13, Anm. 12.
3 In die Slg. A. Walcher v. Molthein, Wien, kamen zwei Fliesen unbekannter Herkunft. Die eine wurde inzwischen in Osnabrück, Bierstr. 16 (D 55), die andere jetzt in Borgholzhausen (F 72) gefunden. Es wäre möglich, daß diese Fliese entweder gleichzeitig mit D 55 in Osnabrück oder im 19. Jahrhundert schon in Borgholzhausen zutage kam.
4 U. Lobbedey, ebd., 38, verweist auf das Maßwerk der Fenster, das in Westfalen nicht vor 1320 möglich ist. Altarstiftungen von 1348 und 1357 waren wohl schon für den vollendeten Neubau bestimmt.

Braubach, Rhein-Lahn-Kreis

Ehem. ev. Pfarrkirche St. Barbara, jetzt Gemeinde-Jugendheim

Fundumstände
1880 befanden sich noch „Fußbodenfliesen mit eingepreßtem Maßwerk im Schiff“.[1] Diese Fliesen müssen bald danach verdeckt worden sein. Beim Einbau einer Heizung wurde 1970 ca. 0,50 m unter dem heutigen Niveau der gotische Fliesenboden freigelegt.[2] Er verschwand, ohne daß die Fliesen untersucht werden konnten, unter einer Betondecke. Es konnte nicht festgestellt werden, ob alle Fliesen dasselbe Muster trugen, nach der Angabe von Lotz „Maßwerk“ ist es jedoch wahrscheinlich.

Baugeschichte
Nach der Verleihung des Stadtrechtes 1276 kamen Burg und Stadt Braubach 1283 an die Grafen von Katzenelnbogen, die die Stadt rheinaufwärts erweiterten. Im Zuge dieser Stadterweiterung entstand die 1321 erstmals erwähnte zweite Pfarrkirche, die einen Stadtturm in den Bau mit einbezog und deren Schiff wohl erst in der 1. Hälfte des 14. Jahrhunderts errichtet wurde. Im 15. Jahrhundert wurden Maßwerkfenster eingepaßt, 1580 Emporen eingebaut. Die Fliesen, deren unmittelbares Vorbild sich in Kloster Rommersdorf findet, deren Model (nach einer Drehung um 22,5 Grad) für Fliesen aus Kloster Arnstein und in Urbar Verwendung fand, können wohl erst im 3. Viertel des 14. Jahrhunderts geprägt worden sein. Arnstein besaß seit 1197 einen Hof in Braubach[3], Stifter aus Braubach finden sich im Nekrolog der Abtei Arnstein. Es scheint sicher, daß die Fliesen nicht in Braubach geprägt wurden. Wie Gensicke[4] nachweist, finden sich in den mittelalterlichen Urkunden keine Hinweise auf Hafner, auch die Ziegel bezog man von außerhalb.

Literatur
W. Lotz, F. Schneider, BdM Reg. Bez. Wiesbaden, 41.
F. Luthmer, Kdm Reg. Bez. Wiesbaden V, 41–42.
Hist. Stätten V, Rheinland-Pfalz, 139.
R. Dölling, Die Umgestaltung der ehem. Barbarakirche in Braubach zu einem ev. Gemeindezentrum, Deutsche Kunst und Denkmalpflege 30, 1972, 128–131.
H. Gensicke, Geschichte der Stadt Braubach. 1276–1976, Braubach 1976, 143–148.
G. Dehio, Rheinland-Pfalz, 151.

1 W. Lotz. F. Schneider, 41.
2 Alle Angaben zu diesem Fliesenfund verdanke ich Herrn H. Klanert, Braubach, Marksburg.
3 H. Gensicke, 116.
4 Ebd., 245–247. Dies scheint vor allem auf Holzmangel zurückzugehen, außerdem waren die Fliesen, ob sie nun aus Arnstein oder Urbar kamen, auf dem Wasserweg leicht zu beziehen.

Braunfels, Lahn-Dill-Kreis

Schloß der Grafen von Solms-Braunfels

Fundumstände
Die Fliesen befinden sich in situ im Chor der Schloßkapelle unter dem Altar.[1] Mit Fliesen des Musters J 121 ist ein gewölbter Raum im 3. Stockwerk des alten Bergfrieds ausgelegt. Hier hat sich noch eine Fläche von ca. 25–30 m^2 erhalten.

Baugeschichte
Die Kapelle der 1246 erstmals erwähnten, nach 1260 ausgebauten Burg wurde unter Graf Otto II. (1459–1504) neuerbaut und um 1501 vollendet. Sie liegt über dem durch Jahreszahl 1491 datierten Torbau und wurde beim neugotischen Um- und Ausbau des Schlosses 1868 und 1904 gründlich restauriert. Die Lage einer unter Graf Bernhard II. († 1459) erbauten Kapelle kann nicht mehr nachgewiesen werden. Vielleicht ist die heutige Sakristei neben der Kirche ein Rest derselben. Die Fliesen H 57, O 24 und V 16 können um 1501 entstanden sein. Möglicherweise stammen sie jedoch aus der

1884 abgebrochenen, zur mittelalterlichen Burg gehörenden Kapelle und wurden, zusammen mit ergänzenden Kopien, neuverlegt.
Der sog. „Alte Stock", der ehem. Bergfried, der, im Kern 13. Jahrhundert, in spätgotischer Zeit seinen Oberbau erhielt, wurde vermutlich nach dem großen Brand von 1679 wieder aufgebaut und erhielt zu dieser Zeit seinen Fliesenboden. Eine zweite Möglichkeit ist, daß die Fliesen, deren Muster auch auf der Solmsschen Burg Greifenstein gefunden wurde, bei der Aufgabe der Burg 1693 nach Braunfels verbracht wurden.

Literatur
G. Seiler, Schloß Braunfels einst und jetzt. Ein Führer durch acht Jahrhunderte, Braunfels 1936, 30–36.
Hist. Stätten IV, Hessen, 59–60.
E. Herzog, Schloß Braunfels, München 1967, 2–14.
G. Dehio, Hessen, 102–104.

1 Nach freundlicher Mitteilung von Herrn Richard Reusch, Braunfels, soll der ehem. Baumeister des Schlosses, Schellenberg, stets betont haben, daß die Fliesen alter Bestand seien. Über ihre Herkunft fehlen jedoch Unterlagen. Da sie fest verlegt sind, ist eine Untersuchung der Rückseite nicht möglich. Es besteht, zumindest teilweise, der Verdacht auf geschickte Kopien. Es sind dies einige der wenigen Fliesen, welche die Verf. nicht sah.

Brauweiler, Gem. Pulheim, Erftkreis

Kath. Pfarrkirche St. Nikolaus und Medardus, ehem. Benediktiner-Abteikirche

Fundumstände
Bader erwähnt ein „aus Plättchen, zum Teil Renaissancemuster, eingelegtes Kreuz über dem Grab der Adelheid von Nivelles, das erst 1843 zusammengesetzt wurde".[1] Für die außerdem von ihm erwähnten „größeren, braunglasierten Tonfliesen im südlichen Seitenschiff" wird kein Muster angegeben, es kann sich auch um unverzierte Fliesen gehandelt haben. Bei der 1953 begonnenen Restaurierung der Kirche wurde 1965 im Chor ein Plattenmosaik aus gelben und grauen Fliesen aufgedeckt, das mit 22 Fliesen des Musters V15 ausgeflickt war.[2] Es ist nicht sicher, daß es sich dabei um das von W. Bader angegebene „Renaissancemuster" handelt. Da dieselben Fliesen jedoch schon zu Ende des 19. Jahrhunderts in einzelne Museen kamen, ist zu vermuten, daß ein größerer Teil des Fliesenbelags bei der Restaurierung durch Heinrich Wiethase 1866–76 entfernt wurde.[3]
Im November 1975 wurden dann im Keller des Pfarrhauses Reste eines alten Fliesenbodens aufgedeckt, nachdem anscheinend schon 1974/75 nach dem Einbau einer Heizungsanlage Fliesen mit dem Schutt abtransportiert worden waren. Die stark abgetretenen Fliesen, die aus der 1810 abgebrochenen Laurentiuskapelle stammen sollen, zeigten vorwiegend das Muster H34. Die übrigen drei Muster wurden nur vereinzelt gefunden.[4]

Baugeschichte
Die sehr komplizierte Baugeschichte der um 980 gegründeten, durch Neu- und Umbauten im 10., 11. und 12.–13. Jahrhundert ständig veränderten Kirche, kann hier vernachlässigt werden, da sie bei Bader ausführlich behandelt wird. Die von Kier beschriebenen Böden aus Stift- und Plattenmosaik, die wohl in der 2. Hälfte des 11. Jahrhunderts, um 1200 und im 4. Viertel des 12. Jahrhunderts (Kapitelsaal) verlegt wurden,[5] waren vermutlich das ganze Mittelalter hindurch intakt. Erst im 16. Jahrhundert bedurften sie der Ergänzung oder Ausbesserung. Es ist fraglich, ob die Fliesen erst für die nach einem Brand 1588 um 1604 wieder aufgebaute Laurentiuskapelle geschaffen wurden. Die Muster weisen eher in die Mitte des 16. Jahrhunderts. 1538 wurde unter Abt Hermann Lair ein neues Dormitorium und eine neue Bibliothek errichtet. Ein glücklicher Fund gelang Kretzschmar. Er entdeckte einen von Balthasar Sylvius 1554 veröffentlichten Ornamentstich[6], der möglicherweise als unmittelbare Vorlage für die Fliese V15 gedient hat.

Literatur
Fr. Bock, Die ehemalige Benediktiner-Abteikirche zu Brauweiler, Fr. Bock, Bd. 2.
W. Bader, Die Benediktinerabtei Brauweiler bei Köln. Untersuchungen zu ihrer Baugeschichte nach dem hinterlassenen Manuskript von Erika Huyssen, Berlin 1937, 88–89, 121–122.
G. Dehio, Rheinland, 89–94.
H. Kier, 1970, 90–92, Abb. 51–53, 185–189.
P. Schreiner, 109–111.
H. E. Kubach, A. Verbeek, Bd. 1, 141–150.
E. Wisplinghoff, Brauweiler, R. Haake (Hrsg.), 216–231.
F. Kretzschmar, 23, Abb. 26 und 27.

1 F. Bader, 1970, 89.
2 H. Kier, 1970, sichtbar auf Abb. 188.
3 Die Fliese V15 lag, mit unbekanntem Fundort, in den Museen von Düsseldorf, Köln und Stuttgart, H34 in Düsseldorf und Stuttgart (aus einem Ankauf rheinischer Fliesen). Erst der Neufund 1965 legte die Vermutung nahe, daß auch diese Fliesen aus Brauweiler stammen.
4 P. Schreiner, 109–111. Das Pfarrhaus wurde aus dem Material der abgebrochenen Kapelle errichtet (Akten des Pfarrarchivs).
5 H. Kier, 1970, 90–92, Abb. 51–53, 184–189.
6 F. Kretzschmar, 23, Abb. 26 und 27.

Breisach, Lkr. Breisgau-Hochschwarzwald

Ehem. Klosterberg, Kapuzinergasse

Fundumstände
Bei Grabungen wurden 1980–83 stark abgelaufene Fliesen und Fliesenfragmente gefunden, die zu zwei Mustern ergänzt werden konnten. Sie lagen im Abbruchschutt, der nach der Zerstörung der Stadt 1793 anfiel. Ein Fragment fand sich in zweiter Lage in einer spätgotischen Mauer.[1]

Ortsgeschichte
Die Stadt Breisach wurde 1185 als Kaufmannssiedlung auf dem Münsterberg angelegt. Bei einer Beschießung durch französische Revolutionstruppen ging 1793 die ganze Oberstadt, mit Ausnahme des Münsters, zugrunde. Die Fliesen könnten aus dem 1302 gegründeten Franziskanerkloster stammen, welches nördlich von dem nach 1607 erbauten Kapuzinerkloster lag. Die Adlerfliese B25.1 wurde in ähnlicher Prägung in der Kirche des nahen Arzenheim und in Kippenheim gefunden. Die etwas gröbere Reliefprägung weist eher in das 4. Viertel, als in den Beginn des 14. Jahrhunderts.

Literatur
F. X. Kraus, Kdm Kr. Freiburg, 1887, 71–74.
E. Keyser, D. Stb. IV, 2, 197–201.
G. Haselier, 109–110.
Hist. Stätten VI, Baden-Württemberg, 110–113.
M. Schmaedecke, Stadtarchäologie in Breisach a. Rh., Kreis

Breisgau-Hochschwarzwald, Archäologische Ausgrabungen in Baden-Württemberg 1983, 202–205. – Ders. Der Breisacher Münsterberg. Topographie und Entwicklung, Stuttgart 1992, 143, Abb. 102, 144, 239, 257, Taf. 53, Nr. 4.

1 Freundliche Mitteilung von Herrn Dr. Michael Schmaedecke, Listal. Dieser vermutet, daß das Fragment der Fliese F112.1 möglicherweise aus dem ehemaligen Zisterzienserinnenkloster Marienau stammt.

Brunnenburg, Gem. Bremberg, Rhein-Lahn-Kreis

Ruine der ehem. Prämonstratenserinnen-Stiftskirche

Fundumstände

Die ersten Fliesen wurden bei Grabungen 1879 und 1882 gefunden.[1] Ihre Lage wurde nicht im einzelnen festgehalten. Es ist nicht sicher, daß alle gefundenen Muster in die Slg. Nassauischer Altertümer kamen, noch ist bekannt, ob auch bei dieser Grabung schon Plattenmosaiken geborgen wurden. Die Ausgrabung 1953–54 durch Miedel legte im Langhaus zusammenhängende Teile des Fliesenbodens frei. Neben Plattenmosaik fanden sich vor allem östlich und westlich der Stufe zwischen den beiden Kreuzpfeilern des Mittelschiffs gemusterte Fliesen, die diagonal zur Kirchenachse verlegt waren.[2]

Bei den 1974–75 durch G. und I. Maag unternommenen Grabungen wurden weitere Fliesen, darunter bisher noch nicht aus Brunnenburg bekannte Muster an verschiedenen Stellen der Kirchenruine und des Klausurbezirks gefunden. Sie lagen vor allem „auf der Längsachse des Ostteils des Mittelschiffs, des Vorchors und wahrscheinlich des Westteils des Mittelschiffs“,[3] außerdem im Kreuzgang und im Ost- und Westflügel der Konventsgebäude. Da die Arbeit von G. und I. Maag die Lage jeder einzelnen Fliese sorgfältig vermerkt, sei für alle Detailangaben auf diese gründlichen Ausführungen verwiesen. Das Bild der schon von Miedel vermuteten großen Rosetten, wie sie sich in der Klosterkirche Arnstein erhalten haben und in der ehem. Dompropstei in Mainz aufgedeckt wurden, konnte durch die neuen Grabungen ebenfalls präzisiert werden. Die im Vorchor geborgenen Mosaikfliesen lassen sich zu den auch in Arnstein, Rommersdorf und Mainz vorkommenden Mustern (Kier 82 und 96)[4] ergänzen. Es ließ sich, da nur wenige der gemusterten Fliesen in situ gefunden wurden, jedoch nicht eindeutig klären, wie diese in den Verband der ungemusterten Fliesen eingebettet waren. Es scheint, als sei der Originalboden noch im 13. Jahrhundert durch spätere Prägungen ausgeflickt worden.[5] Da außer den gemusterten Fliesen auch viele glatte, quadratische Fliesen gefunden wurden, scheinen nicht alle Räume gleichmäßig kostbar ausgestattet worden zu sein.

Baugeschichte

Die Kirche des zwischen 1197 und 1211 gestifteten, wahrscheinlich Kloster Arnstein unterstellten Klosters wird 1211 erstmals erwähnt.[6] 1326 befand sich das Kloster in der Hand der Grafen von Katzenelnbogen, wurde 1479 an die Landgrafen von Hessen vererbt und von diesen 1542 aufgehoben. Die Klostergebäude wurden wenig später abgebrochen, 1587 werden Kloster und Kirche schon als Ruine bezeichnet. Der Bau der Kirche wurde wohl um 1200 begonnen. Verbeek[7] nimmt an, daß die Kirche schon vor 1211 vollendet war, Miedel glaubt an eine Fertigstellung in den „frühen 20er Jahren des 13. Jahrhunderts“.[8] Auf Grund der neuen Untersuchungen, die Baudetails freilegten, die bisher unbekannt waren, sprechen sich G. und I. Maag für eine Planänderung um 1220 und die Vollendung der Kirche um 1225/30 aus.[9] In diesen Zeitraum würde sich auch der Fliesenboden sehr gut einfügen. Das Schema scheint ganz vom Fliesenbelag des Klosters Arnstein abhängig zu sein, wenn er möglicherweise auch nicht so reich gegliedert war wie das dortige. Der Boden muß auf jeden Fall nach dem in Arnstein entstanden sein. Das Muster D78, das in Arnstein vermutlich noch als Mittelkreis der Rosette diente, wurde in Brunnenburg schon in eine quadratische Fliese geprägt. Neben Rhomben als Teil des Plattenmosaiks finden sich solche ebenfalls auf quadratische Fliesen übertragen. Die Fliese F7 scheint das Bindeglied zwischen dem Fliesenboden in Brunnenburg und dem der Dompropstei in Mainz zu sein.

Einer 2. Periode scheinen Fliesen anzugehören, die u. a. im Westflügel der Klausur gefunden wurden.[10] Es sind dies Muster des Klosters Eberbach, welche mit einer gewissen Sicherheit in das 6. Jahrzehnt des 13. Jahrhunderts datiert werden können. N20 fand sich z. B. in der 1258 geweihten Kirche des Klosters Bleidenstadt, D7 im Boden des um 1252 vollendeten Heilig-Geist-Spitals in Mainz, allerdings wohl auch noch in später entstandenen Bauten. Es scheint, als hätten die westlichen Klausurgebäude ihren Fliesenboden später erhalten, das im östlichen Teil der Klausur gefundene Muster W79 wurde sicher gleichzeitig oder nur wenig später als die Fliesen der Kirche verlegt. Der erste Boden der Kirche dürfte durch dieselben Kräfte wie der des Klosters Arnstein geschaffen worden sein, die späteren Fliesen, die sich auch im Scherben von den früheren unterscheiden, könnten aus Eberbach stammen.

Literatur

F. Luthmer, Kdm Reg. Bez. Wiesbaden III, 232–236 und Abb. 202.

H. Miedel, 104–115, Abb. 57, 59, 60, 64.

H. Kier, 1970, 92–93.

H. E. Kubach, A. Verbeek, Bd. 1, 159.

G. und I. Maag.

G. Dehio, Rheinland-Pfalz, 158.

1 Nass. Ann. 15, 1879, 415 und 17, 1882, 296. Die von Luthmer geborgenen Fliesen sind nur noch teilweise erhalten. 1904 wurden im Auftrag Luthmers nochmals 664 Fliesen geborgen, die in Kloster Arnstein wiederverwendet werden sollten. Es geht aus der Notiz (G. und I. Maag, Tl. 4, 114, Anm. 149) nicht klar hervor, ob es sich um gemusterte oder ungemusterte Fliesen handelte.

2 H. Miedel, 114–115, Abb. 57, 59, 60, 64.

3 G. und I. Maag, Tl. 5, 72, Tl. 4, 134, Abb. 88, 135. G. und I. Maag berichtigen den Fehler Miedels. Auch die gemusterten Fliesen waren diagonal verlegt, die orthogonal verlegten Fliesen waren die Bänder, welche, wie in der Liebfrauenkirche in Hadamar heute noch sichtbar, die einzelnen Fliesenfelder trennten.

4 H. Kier, 1970, 186, 194.

5 G. und I. Maag, Tl. 5, 66.

6 H. Miedel, 116–117 verweist auf die 1211 oder 1212 erfolgte Stiftung für das ewige Licht vor dem Hochaltar im Testament des Erzbischofs Johann I. von Trier. Diese spricht jedoch nicht notwendigerweise für eine Vollendung der Kirche um 1211/12.

7 H. E. Kubach, A. Verbeek, Bd. 1, 159.

8 H. Miedel, 117.

9 G. und I. Maag, Tl. 5, 60–66. Frau Ingrid und Herrn Günter Maag, Wiesbaden, danke ich herzlich für ausführliche Auskünfte über die Grabung und die rasche Überlassung der neuen Fliesenfunde, sowie für sorgfältige Angaben zu Beschaffenheit und Tonfarbe der Fliesen.

10 Dies., Tl. 2, 52, Abb. 66 L, 58; Tl. 4, 134, Abb. 88, C. D. G. H. I.

Büdingen, Wetteraukreis

Schloß der Fürsten zu Ysenburg und Büdingen

Fundumstände
Die Fliesen wurden bei Bauarbeiten im Schloß geborgen.

Baugeschichte
Die unter Hartmann von Büdingen in der 2. Hälfte des 12. Jahrhunderts erbaute, um 1180–90 vollendete Wasserburg wurde unter den Grafen Ludwig III. (1461–1511) und Anton (1518–60) von Ysenburg-Büdingen zum Schloß um- und ausgebaut. Die Fliesen wurden in der 1. Hälfte des 15. Jahrhunderts verlegt.

Literatur
H. Wagner, Kdm Kr. Büdingen, 49–72.
K. Heusohn, P. Niess, Büdingen, seine Geschichte und Denkmäler, Büdingen 1951, 74–86.
K. Winter, Büdingen, München 1969, 2–8.
G. Dehio, Hessen, 114–116.

Burkhartsreuth, Gem. Trabitz, Kr. Neustadt a. d. Waldnaab

Kath. Pfarrkirche St. Jakobus

Fundumstände
Laut Inventar des Bayerischen Nationalmuseums, München: „Gekauft von der Kirchenverwaltung Burkartsreuth, Febr. 1900, 1900, für 10 M.“[1]

Baugeschichte
Zur Baugeschichte der mittelalterlichen Kirche, die 1958 durch einen Neubau ersetzt wurde, fehlen Angaben. Erhalten blieb nur der gotische Chorturm.

Literatur
S. Lampl, Denkmäler in Bayern III, Oberpfalz. Ensembles, Baudenkmale, archäologische Geländedenkmale, München 1986, 195.

1 Vom Bayerischen Nationalmuseum wurde der Verfasserin 1956 der Fundort „Burkertsreuth, Stadt Helmbrechts, Kr. Hof“ genannt. Dort befindet sich heute kein baugeschichtlich interessantes älteres Gebäude mehr, noch hat der Ort eine bis ins 16. Jahrhundert zurückreichende Töpfertradition, obwohl es im weiteren Umkreis (Heinersreuth, Kirchenlamitz) Töpfereien gab, die qualitätvolle Töpferware herstellten. Herr Dr. Ingolf Bauer, München, entdeckte vor kurzem die Notiz mit der Schreibweise „Burkartsreuth“, wofür ich ihm herzlich danke. Mit großer Wahrscheinlichkeit stammt die Fliese aus diesem Ort.

Burladingen-Melchingen, Zollernalbkreis

Burgruine der Herren von Melchingen auf dem Pfaffenberg

Fundumstände
Die Fliesen wurden als Bruchstücke 1976 im Schutt gefunden, weitere Fliesen finden sich in situ in einer Fensternische des Obergeschosses.[1]

Baugeschichte
Die Burg wurde zu Beginn des 14. Jahrhunderts von den Herren von Melchingen erbaut. 1344 wird sie als württembergisches Lehen in der Hand des Burchard von Melchingen erwähnt. Teile der Burg kamen 1439 und 1451 an die Grafen von Werdenberg. Man weiß nicht, ob die Burg zerstört oder nur verlassen wurde. Sie wird 1580 als „Burgstall“ bezeichnet und ist 1592 in einer Karte als Ruine eingetragen. Die Fliesen wurden vermutlich in der 2. Hälfte oder zu Ende des 15. Jahrhunderts verlegt. Das Muster O 52 findet sich auch in Reutlingen, während für H 138 eher eine Ulmer Fliese als Vorbild gedient hat. Das Reutlinger Franziskanerkloster ist im 14. Jahrhundert in Melchingen begütert, außerdem die Klöster von Pfullingen und Offenhausen.

Literatur
F. Hossfeld, H. Vogel, Kdm Hohenzollern I, Kr. Hechingen, 237, 242–243.
Hist. Stätten VI, Baden-Württemberg, 438.
E. Viesel, Die Burgruine von Melchingen, 1200 Jahre Melchingen. Melchinger Heimatbuch, E. Viesel, E. Hipp, Th. Faigle (Hrsg.), Melchingen 1972, 48–51.

1 Freundliche Mitteilung von Herrn Wilfried Pfefferkorn, Filderstadt.

Burladingen-Ringingen, Zollernalbkreis

Wallfahrtskapelle „Unserer Lieben Frau“ an der Heerstraße

Fundumstände
Die Fliesen wurden anscheinend 1932 im Chor der Kirche in Altarnähe aufgedeckt. Sie lagen 1939 im Chor[1] und wurden in unbekannter Zeit entfernt.

Baugeschichte
Die Kapelle liegt etwa 1 km nordwestlich des Dorfes. Sie wurde als Wallfahrtskapelle gestiftet, vermutlich Ende des 15. Jahrhunderts erbaut und 1507 erstmals erwähnt. Nach einem Brand im 30jährigen Krieg erfolgte 1659 eine Neuweihe. Sie war entweder zu diesem Zeitpunkt oder erst 1683 nach Westen erweitert worden. Die Fliesenmuster bestätigen den Bau der Kapelle zu Ende des 15. oder zu Beginn des 16. Jahrhunderts.

Literatur
F. Hossfeld, H. Vogel, Kdm Hohenzollern I, Kr. Hechingen, 262–264.
J. A. Kraus, Die Ortsgeschichte von Ringingen, Hohenzollersche Jahreshefte 22, 1962, 184 (141–217).
Ders., Bodenfliesen, 27–28.

1 F. Hossfeld, H. Vogel, 263: „Der Fußbodenbelag besteht im Chor aus quadratischen Ziegelplatten (14 cm), im übrigen aus Ziegelpflaster . . .“

Butzbach, Wetteraukreis

Ehem. Michaelskapelle, heute Heimatmuseum

Fundumstände
In dem einfachen, teilweise mit Strichen durch Fingerkuppen verzierten Fliesenboden sind acht Fliesen des Musters H 56

eingelassen.[1] Es ist nicht gesichert, ob diese Fliesen ursprünglich aus der Michaelskapelle stammen.

Baugeschichte
Die Michaelskapelle, eine Doppelkapelle, wurde 1433 gestiftet und um 1500 umgebaut. Die Fliese H56, eine frühe Prägung dieses lange verwendeten Musters, könnte um 1433 verlegt worden sein.

Literatur
R. ADAMY, Kdm Kr. Friedberg, 38–39.
E. JOHANN, 72–93.
G. DEHIO, Hessen, 126.

1 Freundliche Mitteilung von Frau Elisabeth Johann, Butzbach.

Ehem. Hospitalkapelle St. Wendelin, Weiselerstraße

Fundumstände
Die Fliesen wurden bei der Sanierung der Kapelle 1980 im Schiff ca. 0,18 m unter dem Sandsteinplattenboden aufgedeckt. Weitere Fliesen fanden sich im Füllmauerwerk der Gefache[1].

Baugeschichte
Die Kirche, die älteste erhaltene Holzkirche Hessens, wurde auf den Fundamenten einer 1208 erbauten Kirche errichtet, der Chor zu Ende des 15. Jahrhunderts, das Schiff im 16. Jahrhundert. Bei den Fliesen handelt es sich um grobe, vermutlich mit den Fingerkuppen verzierte Platten, wie sie ähnlich auch in Kloster Arnsburg gefunden wurden.[2] Sie stammen vermutlich aus der 2. Hälfte oder dem Ende des 16. Jahrhunderts.

Literatur
R. ADAMY, Kdm Kr. Friedberg, 40–42.
A. BACH, Die Butzbacher St. Wendelinskapelle und der Hl. Wendelin, Butzbacher Gesch.- und Heimatbl. 4, 1933, 3, 6, 10, 18.
Förderkreis alter Kirchen und I. BOTT, P. WEYRAUCH, Fachwerkkirchen in Hessen, Königstein 1976, 10, 19, 64.
M. MORKRAMER, 1982[I], 72, 74, 165.
G. DEHIO, Hessen, 126–127.

1 Freundliche Mitteilung von Herrn Dr. Peter Weyrauch, Darmstadt.
2 M. MORKRAMER, 1984, 72, Abb. 69, 74, Abb. 73; 165. Morkramer datiert diese Fliesen (um 1433) wohl zu früh. In der 1. Hälfte des 15. Jahrhunderts wurden allerorts noch Model geschnitten. Erst als die Fliesenproduktion weitgehend erloschen war, griff man zu solchen Notbehelfen.

Butzbach-Niederweisel, Wetteraukreis

Johanniterkirche

Fundumstände
Die Fliesen wurden während der 1869–95 durchgeführten Restaurierung der Kirche in der südlichen Nebenapsis gefunden. Der Fußboden der Kirche war teilweise 0,90–1,20 m hoch mit Schutt aufgefüllt.

Baugeschichte
Die vermutlich schon zu Beginn des 13. Jahrhunderts erbaute, 1245 erstmalig erwähnte zweigeschossige Kirche eines Johanniter-Hospitals wurde im Obergeschoß erst 1554 endgültig ausgebaut. Sie diente ab 1811 als Kuhstall, wurde zum Abbruch ausgeschrieben, durch Restaurierung seit 1869 jedoch vor Verfall bewahrt. Die sehr späten Fliesen könnten gleichzeitig mit dem Ausbau des Obergeschosses verlegt worden sein.

Literatur
G. W. J. WAGNER, 311–318.
R. ADAMY, Kdm Kr. Friedberg, 224–232.
W. BOECK, Die Johanniterkirche zu Niederweisel, Heimat im Bild, Gießen 1929, Nr. 5.
F. KLAR, Geschichte des Dorfes Niederweisel in der Wetterau, Butzbach 1953, 276–280.
G. BINDING, Die Johanniterkirche in Niederweisel, Hessische Heimat 13, 1963, 15–17.
U. CRAEMER, 36–43, Abb. 14.
G. DEHIO, Hessen, 676–677.

Ev. Pfarrkirche, ehem. St. Nikolaus, Michaelskapelle

Fundumstände
Die Fliesen fanden sich in der vermutlich dem hl. Michael geweihten Kapelle des Obergeschosses. Sie wurden anscheinend zur selben Zeit (1895) geborgen, wie die Fliesen in der Johanniterkirche.[1]

Baugeschichte
Die Kirche wurde vermutlich im 12. Jahrhundert erbaut, als das Dorf im Besitz der Herren von Münzenberg war. Erhalten hat sich der Westturm mit Kapelle im Obergeschoß, das Langhaus wurde in spätgotischer Zeit verändert. Eine Portalinschrift „1545“ scheint das Ende der Bauarbeiten anzugeben. Eine Erweiterung nach Norden fand unter der Herrschaft der Grafen zu Hohensolms-Lich 1616 statt. Da die Johanniterkommende seit 1355 das Patronat der Pfarrkirche besaß, wurden die Fliesen in beiden Kirchen vermutlich um die Mitte des 16. Jahrhunderts verlegt.

Literatur
R. ADAMY, Kdm Kr. Friedberg, 222, 224.
F. KLAR, (siehe Johanniterkirche), 171.
G. DEHIO, Hessen, 676.

1 Freundliche Mitteilung von Herrn Dr. Ernst-Otto, Graf zu Solms-Laubach†, Laubach.

C

Cadolzburg, Lkr. Fürth

Ehem. Burg der Grafen von Zollern, Burggrafen von Nürnberg

Fundumstände
Unbekannt. Die Fliesen wurden vor 1868 entfernt.

Baugeschichte
Urkunden zur Baugeschichte der 1157 erstmals erwähnten Burg fehlen. Vermutlich wurde sie nach 1246, als Konrad, Burggraf von Nürnberg dort urkundet und die Zollern sich nach 1260 häufig dort aufhielten, ausgebaut und erweitert. Die Burgkapelle der Cadolzburg wurde 1379 umgebaut. Seit der Aufgabe der Burggrafenburg in Nürnberg 1427 folgten im 15. und 16. Jahrhundert weitere An- und Ausbauten, die durch den Brand der Burg (17. 4. 1945) meist vernichtet wurden. Die Fliesenmuster weisen auf eine Entstehung im 3. Viertel des 13. Jahrhunderts und gehören zu den frühesten Fliesen in Franken. Sicher war die Burg, auf der 1267 Konradin von Staufen und 1274 Rudolf von Habsburg zu Gast waren, besonders prächtig ausgestattet.

Literatur
Kat. GNM Nürnberg, 6, Taf. I, A 7, A 8, A 9.
J. Gegenfurter, Die Kadolzburg. Programm der Realschule Fürth 1883/84, Fürth 1884, 13.
A. Gebessler, Bayer. Kdm, Stadt und Lkr. Fürth, München 1963, 82–89.
G. Dehio, Franken, 200–201.

Calberlah, Kr. Gifhorn

Kapelle

Fundumstände
1931 waren auf dem Boden der Kapelle noch 7–8 teilweise beschädigte Fliesen vorhanden.

Baugeschichte
Der Ort wird nach 1318 erstmals erwähnt, die Kapelle jedoch erst 1534. Die Jahreszahl 1576 in der westlichen Giebelwand der Kapelle deutet auf einen Um- oder Neubau. Vermutlich stammen die Fliesen, wie die des Klosters Wienhausen, aus dem 2. Drittel des 13. Jahrhunderts, so daß anzunehmen ist, daß die Kapelle, im Kern ein spätromanischer Bau, zu der Zeit, als Heinrich von Wenden mit Höfen in Calberlah belehnt war, schon bestanden hat.

Literatur
O. Kiecker, H. Lütgens, Kdm Kr. Gifhorn, 35–37, Abb. 24.

Chorin, Kr. Eberswalde, Bez. Frankfurt/Oder

Ehem. Zisterzienserklosterkirche

Fundumstände
Bei Nachgrabungen im südlichen Seitenschiff wurde 1833 ein Teil des alten Fliesenbelags in situ gefunden. Neben „roten und blauen" (wohl blaugrau) unverzierten Fliesen lagen auf den Altarstufen der Ostkapellen geprägte Fliesen in vier verschiedenen Mustern[1], weitere kamen im südlichen Seitenschiff, zusammen mit roten und schwarzen, ungemusterten Fliesen zum Vorschein. Die meisten dieser Fliesen gingen jedoch im Lauf des 19. Jahrhunderts verloren. Bei der Entfernung des Gewölbeschutts im Langhaus wurde in jüngster Zeit erneut der alte Fliesenbelag an mehreren Stellen, vor allem im Konversenchor aufgedeckt.[2] Die Fliesen waren diagonal zur Kirchenachse verlegt. Von den Mustern der neuentdeckten Fliesen ist nur eines veröffentlicht.[3] Für die Kirche, den Konversentagesraum und den westlichen Kreuzgangflügel wurden Kopien nach alten Mustern gefertigt.

Baugeschichte
Das 1258 durch Johann I. von Brandenburg als Hauskloster und Grablege gegründete, mit Zisterziensern aus Kloster Lehnin besetzte Kloster „Mariensee", wurde zwischen 1270 und 1272 nach „Koryn" verlegt. Entgegen früheren Anschauungen glaubt Schmoll[4] die erste Bauphase 1285–90 abgeschlossen; die Kirche wurde sicher schon vor der Weihe von 7 Altären 1334 vollendet. Nach der Reformierung des Klosters 1542 verfielen die Bauwerke langsam. Die Kirche wurde seit Mitte des 17. Jahrhunderts als Steinbruch ausgebeutet, teilweise als Viehstall benutzt. Erste Sicherungsarbeiten erfolgten nach 1815 und führten 1884–85 und 1912 zu einer umfassenden Restaurierung.
Die Fliesen N 67 und O 65, Muster, wie sie sich ähnlich auch in den Klöstern Bebenhausen, Eußerthal und Wörschweiler fanden, gehören sicher der ersten Bauzeit der Kirche an und sind vermutlich im 1. Viertel des 14. Jahrhunderts entstanden. Das einfache Muster der übrigen Fliesen erlaubt keine sichere Datierung.

Literatur
W. Schleyer, Die Baugeschichte des Klosters Chorin, Prenzlau 1928, 33.
F. Solger, O. Korn, P. Eichholz, Kdm Kr. Angermünde, 77–78, Abb. 61, 58–106.
S. Dormeyer, Kloster Chorin, Berlin, 1944, 4.
G. Prange, Das Kloster Chorin, Berlin 1954, 26–27.
J. A. Schmoll gen. Eisenwerth, 1961, 171–172.
Hist. Stätten X, Berlin und Brandenburg, 153–154.
G. Bittner, Chorin, Abb. 76 unten.
G. Dehio, Die Bezirke Cottbus und Frankfurt/Oder, 50–57.

---

1 F. Solger, O. Korn, P. Eichholz, 78.
Abweichend davon berichtet W. Schleyer, 33: „Der alte Fußboden liegt zum Teil noch heute unter einer Schuttdecke von 25–75 cm Stärke. Im allgemeinen besteht er aus roten und schwarzen quadratischen Platten. Im östlichen Teil der Kirche, besonders in den Ostkapellen und dem Querhaus, wurden bei den Instandsetzungsarbeiten 1884/1885 Fußbodenplatten mit Ornamenten in sieben verschiedenen Mustern gefunden. An vielen Stellen waren die Fußbodenplatten bereits im Jahre 1884 verschwunden."
2 G. Prange, 26–27.
3 Trotz wiederholter Anfragen war es nicht möglich, über die nach 1945 ausgegrabenen Fliesen Auskunft zu erhalten. Ein bisher unbekanntes (oder ungenau gezeichnetes?) Muster findet sich bei G. Bittner, Abb. 76 unten.
4 J. A. Schmoll gen. Eisenwerth, 1961, 172, sieht die Tätigkeit der Bauhütte ab 1319 als beendet an. Die Arbeit an der Ausstattung dürfte sich allerdings noch einige Jahre hinausgezögert haben.

Cismar, Gem. Grömitz, Kr. Ostholstein

Ehem. Benediktinerklosterkirche St. Johannes, das Schiff heute Landesjugendheim, der Chor ev. Pfarrkirche

Fundumstände
Die Fliesen wurden bei den Ausgrabungen 1965–66 „im Sand der entfernten Bodenfüllung" des Chors gefunden. „Wegen ihrer Aufwendigkeit darf man annehmen, daß sie den Boden des Polygons um den Hochaltar schmückten".[1] Sie scheinen abwechselnd mit glatten, grünglasierten Platten verlegt gewesen zu sein. Das Muster wurde mit einer dünnen weißen Engobe aufgeprägt.

Baugeschichte
Die Mönche des Lübecker Johannesklosters wurden nach 1231 gezwungen, ihr Kloster aufzugeben und nach Cismar zu gehen. Ab 1238 wurden vermutlich die ersten Klosterbauten begonnen. Als der letzte Versuch, die Verlegung abzuwenden 1245 scheiterte, scheint auch der Bau einer Kirche rasch in Angriff genommen worden zu sein. Der Chor dieser um 1256 vollendeten Kirche wurde zwischen 1287 und 1296 erweitert, das Schiff um 1325 ebenfalls umgestaltet und vergrößert. Das Kloster wurde 1544 aufgehoben und diente ab 1560 als herzogliches Schloß. 1768–69 wurde das Schiff zur Amtmannswohnung umgebaut, die Klostergebäude allmählich abgebrochen.
Das Kloster unterhielt in unmittelbarer Nähe eine eigene Ziegelei[2], welche die Backsteine für Kirche und Konventsbauten und vermutlich auch die Fliesen brannte. Die Datierung der Fliesen ist schwierig. Die einfachen Blüten- und Sternmuster können schon zu Ende des 13. Jahrhunderts entstanden sein. Es ist jedoch möglich, daß beim Umbau des Schiffes ein neuer Fliesenboden, welcher auch gemusterte Fliesen einschloß, auf der ganzen Fläche verlegt wurde. Da Fliesen mit sehr flach eingeprägter Engobe erst im letzten Drittel des 13. Jahrhunderts von der Ile-de-France aus ihren Weg nach Westen und Norden fanden, wäre eine Verlegung der Fliesen im 2. Viertel des 14. Jahrhunderts wahrscheinlicher.

Literatur
H. Beseler, Bericht des Landesamtes für Denkmalpflege in Schleswig-Holstein über die Jahre 1966 und 1967, Nordelbingen 37, 1968, 154–155.
J. Meissner, 1972, 101–117.
Ders., 1976, 1ff.
U. Faust, Die Benediktinerklöster in Niedersachsen, Schleswig-Holstein und Bremen, St. Ottilien 1979, 101–107.

1 J. Meissner, 1976, 103.
2 Ebd. 58. Spuren der Ziegelei haben sich im Wald südlich der Klausur erhalten. Nach freundlicher Mitteilung von Herrn Dr. Jan Meissner, Mainz, wurden dort auch Tonplastiken gebrannt. Erhalten hat sich das Fragment einer Marienstatuette.

Cochem/Mosel, Kr. Cochem-Zell

Burgruine Winneburg (ca. 4 km nordwestlich der Stadt)

Fundumstände
Die Fliesen wurden bei Sicherungsarbeiten an der Burg im Herbst 1978 und im Frühjahr 1979 im Abhang unter dem Burgmannenhaus geborgen. Im Palas fanden sich außerdem ungemusterte Fliesen aus rotem Ton (20 × 4 cm), die spätmittelalterlich sein dürften[1].

Baugeschichte
Die wahrscheinlich von Cuno, Herr von Winesberg, in der Mitte des 13. Jahrhunderts erbaute Burg, wurde nach der Mitte des 15. Jahrhunderts erweitert. Sie erhielt vermutlich nach 1330 eine Burgkapelle, St. Felix und Adauctus geweiht; Ablässe sind für 1333 bezeugt. 1652 kam die Burg in den Besitz der Freiherren v. Metternich. Clemens Fürst v. Metternich kaufte die 1689 von den Franzosen zerstörte und 1802 auf Abbruch verkaufte Burg 1832 zurück. Die Fliesen, deren Muster auch in Burg Eltz vorkommt, deren Scherben auf eine Herkunft aus Urbar weist, könnten sehr gut zur Zeit des Kapellenbaus geprägt worden sein. L3 ist die etwas spätere Prägung eines Musters, welches vermutlich noch im 13. Jahrhundert entstand. Eine Verschiffung der Fliesen auf der Mosel wäre denkbar.

Literatur
E. Wackenroder, Kdm Kr. Cochem, Bd. 2, 791–801.
G. Dehio, Rheinland-Pfalz, 184.

1 Auskunft über den Fliesenfund erteilte freundlicherweise Herr Kurt Erbar, Cochem.

D

Dahn, Kr. Pirmasens

Burgruine Alt-Dahn

Fundumstände
Trotz wiederholter Fliesenfunde[1], vermutlich bei der Instandsetzung der Ruine nach 1936, in den 50er Jahren[2] und in späterer Zeit, sind diese Fliesen nicht mehr auffindbar. Eine weitere Fliese kam 1972 zufällig auf dem Burggelände zutage, das Muster H70 wurde vor 1982 gefunden.

Baugeschichte
Die Burg der 1127 erstmals erwähnten Herren von Dahn wurde vermutlich schon um 1100 erbaut. Sie war mindestens seit 1236, als Konrad IV. von Dahn (Tanne) Bischof von Speyer (1233–36) war, bis ins 17. Jahrhundert Lehen des Hochstiftes Speyer. Während der älteste Teil der Unterburg noch in die 1. Hälfte des 12. Jahrhunderts zurückreicht, wurde die Oberburg vermutlich im 13. Jahrhundert erbaut. In zwei Fehden, 1363 und 1372 wurde die Burg schwer beschädigt, ebenfalls 1406 und wohl auch 1426 und 1438. Die 1438 noch bewohnte und vermutlich nach dem Aussterben der Linie Altdahn (1509) verlassene Burg wurde im 30jährigen Krieg und 1689 erneut zerstört, der westliche Teil der Oberburg 1830 mit dem Hauptteil des Palas durch einen Felssturz vernichtet. Eine sichere Datierung der von den üblichen Fliesentypen der Pfalz abweichenden Bodenplatte ist nicht möglich, sie könnte eine ganz frühe Arbeit des 12. Jahrhunderts sein. Die Fliese H70, die auch in Burg Frankenberg, sowie den Kirchen von Billigheim und Oberotterbach gefunden wurde, gehört vermutlich dem 2. Viertel des 13. Jahrhunderts an.

Literatur
A. Eckardt, H. E. Kubach, Kdm Pirmasens, 212–237.
G. Stein, 1976, 150–157.
Kat. Burgen der Pfalz, 82–85.
G. Dehio, Rheinland-Pfalz, 190.

1 A. Eckardt, H. E. Kubach, 57: „... Reste von Bodenfliesen und Ofenkacheln wurden verschiedentlich gefunden und sind auf Altdahn und der Lemburg erhalten (1957)."
Ebd., 190: „aus dem Ortsbereich (von Dahn) liegen Funde von ... Fliesen hoch- und spätmittelalterlicher Zeitstellung vor ..."

2 Mitt. hist. Ver. Pfalz 54, 1956, 55–56: „Lesefunde von Oberverwaltungsrat Klotz aus den letzten Jahrzehnten, die vom Südhang des Burgberges Altdahn unterhalb des Palas stammen. Dreieckige gelbe Bodenplatte auf Gipsbasis (?) (vermutlich derselbe schwach gebrannte Ton, wie ihn die Fliesen aus Burg Hain und der Einhardsbasilika in Steinbach zeigen. Anm. d. Verf.) mit rillengetrennten Quadraten auf einer Fläche". Diese Beschreibung deckt sich mit dem Muster der 1972 gefundenen Fliese M1.

Dambach/Dambach-La-Ville, Bas-Rhin, Frankreich

Liebfrauenkapelle, westlich des Ortes auf dem Weg nach Burg Bernstein

Fundumstände
Reste des Fliesenbodens liegen in situ vor den beiden Seitenaltären.

Baugeschichte
Die Kapelle wird 1454 erstmalig erwähnt, der Chor ist durch Inschrift auf 1479 datiert. Die Fliesen gehören der 2. Hälfte des 15. Jahrhunderts an.

Literatur
F. X. Kraus, Kdm Elsaß-Lothringen I, 39–40.
M. Barth, Sp. 250–251.
W. Hotz, Kdm Elsaß und Lothringen, 36.

Dannenfels, Donnersbergkreis

Ehem. Burg Tannenfels

Fundumstände
Unbekannt, vermutlich Lesefund, da die Burg, von der nur geringe Spuren übrig blieben, noch nicht ausgegraben ist. Die Fliese wirkt eher wie eine Wand-, denn eine Bodenfliese.

Baugeschichte
Als Erbauer der Burg gelten entweder Philipp von Bolanden (um 1270) oder Graf Heinrich von Sponheim (nach 1288), dessen Sohn Philipp sich anscheinend 1336 erstmals als „Herr zu Dannenfels" bezeichnet. Eine Burgkapelle wird 1335 erwähnt. Nach der Verlegung des Herrschaftssitzes nach Kirchheimbolanden unter Heinrich II. von Sponheim (1320–93) verlor die Burg rasch an Bedeutung. Sie wurde 1485 an Rudolf von Alben verpfändet, der mit Reparaturarbeiten begann. Nach der Zerstörung im Bauernkrieg 1525 wurde die Burg anscheinend nicht mehr aufgebaut, sondern in den Jahrhunderten danach allmählich als Baumaterial abgetragen. Die Fliese, eine grobe Prägung, möglicherweise von einem einheimischen Handwerker gefertigt, könnte in Anlehnung an in der Burg vorhandene Fliesen bei den Bauarbeiten des 15. Jahrhunderts entstanden sein.

Literatur
B. H. Röttger, K. Busch, M. Goering, Kdm Kr. Kirchheimbolanden, 58–59.
Hist. Stätten V, Rheinland-Pfalz, 68–69.
R. Engels, Zur Geschichte von Dannenfels bis zum 30jährigen Krieg, Dannenfels, Chronik eines Dorfes, Gemeinde Dannenfels (Hrsg.), 1981 anläßlich der 650-Jahrfeier der Stadterhebung, 19–28.
E. Gümbel, Burg Tannenfels, ebd. 36–39, m. Abb.

Danzig/Gdansk, Polen

Ehem. Dominikanerkloster
Ehem. Deutschordensschloß Marienburg/Malbork

Fundumstände
„... im Kapitelsaal (der Marienburg) sind runde Einlagestücke gefunden worden, welche zwischen anderen Tonfliesen eingesetzt, Teile des Bodenbelags gebildet haben.[1] 1938 befanden sich noch zwei Fliesen des Musters auf der Burg.[2] Nachforschungen ergaben, daß diese Fliesen ursprünglich aus dem Dominikanerkloster in Danzig stammten." Zu allen diesen Bauten verwendete man größtenteils Ziegel nach dem Vorbild der alten, welche mit besonderer Sorgfalt verfertigt wurden. Alte Granitpfeiler lieferten andere ehem. Ordens-

burgen, farbige Fliesen u. a. das abgebrannte Dominikanerkloster in Danzig."[3]

Baugeschichte
Eine wohl um 1174 gegründete Kapelle St. Nikolaus wurde 1227 den Dominikanern überlassen, von ihnen abgebrochen und ab 1228 ein Neubau in Backstein errichtet. Dieser war 1239 vollendet, ein Neubau wurde 1348 begonnen und war 1388 noch nicht abgeschlossen. Im 3. Viertel des 15. Jahrhunderts wurde die Kirche eingewölbt, 1490 eine St. Ursulakapelle angefügt. Das Kloster wurde in der Reformation aufgelöst, Kloster und Kirche vom Danziger Senat übernommen. 1790 werden die Gebäude als baufällig bezeichnet. Kloster und St. Ursulakapelle wurden 1813 durch Brand vernichtet und 1840 abgebrochen, die Kirche blieb erhalten. 1817 wurden die Fliesen für den Wiederaufbau der Marienburg entnommen. Das Muster fand sich außerdem im Zisterzienserinnenkloster Kulm und in der Klosterkirche von Ringsted/Seeland. Ob die Fliesen in Westpreußen gefertigt wurden oder zu Schiff aus Seeland kamen, läßt sich noch nicht feststellen. Sie müssen auf jeden Fall vor 1564 entstanden sein, da danach nichts mehr für Kirche und Kloster aufgewendet wurde. Die Verwendung von blau für die Glasuren spricht jedoch für eine Entstehung nicht allzu lange vor diesem Datum. Möglicherweise stammen die Fliesen vom Boden der St. Ursulakapelle. Eine Verlegung um 1490 erscheint jedoch zu früh.

Literatur
J. VON EICHENDORFF, Die Marienburg (1844), Königstein 1965, 18, 30.
M. CLEMMENSEN, 25, Abb. 53.
K. FICHTNER, 38.
W. DROST [u. a], Die Kdm von Danzig III. St. Nikolai, St. Joseph, königl. Kapelle, Hl. Leichnam, St. Salvator, Stuttgart 1959, 11–17.
Hist. Stätten, Ost- und Westpreußen, 128–133.

1 K. FICHTNER, 38.
2 Freundliche Mitteilung von Herrn Dr. Aurich, Dortmund-Brechten.
3 J. v. EICHENDORFF, 30.

Dargun, Lkr. Malchin, Bez. Neubrandenburg

Ehem. Zisterzienserklosterkirche St. Marien

Fundumstände
1855 waren noch etwa 50 Fliesen erhalten. Diese lagen jedoch 1896 schon nicht mehr in situ. Außer den beiden abgebildeten Mustern scheint es noch weitere gegeben zu haben („gotische Zierformen des 15. Jahrhunderts ... wie z. B. das Fischblasenmuster und dergleichen"). Es werden ferner ungemusterte, gelb- und schwarzglasierte Rautenfliesen und quadratische Fliesen erwähnt.[1]

Baugeschichte
Die Kirche des 1172 vom dänischen Kloster Esrom aus begründeten, 1209 von Doberaner Mönchen neubegründeten Klosters, wurde zwar um 1225 begonnen, scheint jedoch erst ab 1240 erbaut worden zu sein. Sie wurde um 1270 vollendet und erhielt 1464 ein 1479 fertiggestelltes Querhaus mit Chor und Kapellenkranz. Das 1552 aufgehobene Kloster wurde um 1600 zum Schloß der Herzöge von Güstrow umgebaut, Kirche und Schloß brannten 1945 aus und sind immer noch Ruine. Die Maßwerkfliese mit rotierenden Fischblasen weist in die Zeit um 1479. Die Fliesen wurden wohl im Kloster gebrannt, welches über eine eigene, ca. 300m nördlich des Klosters gelegene Ziegelei verfügte. Diese stellte nicht nur Backsteine und Fliesen, sondern vor allem sehr qualitätvolle Ziegelreliefs[2] her. Neue Untersuchungen von Müller[3] haben ergeben, daß diese Ziegelei schon in der Mitte des 13. Jahrhunderts die ersten Reliefs prägte und daß sie zwischen 1282 und 1335 den eigentlichen Höhepunkt ihrer Produktion erreichte. Es wäre demnach möglich, daß die Fliese E45, deren Muster keine sichere Datierung erlaubt, auch schon früher entstanden ist.

Literatur
F. SCHLIE, Kdm Mecklenburg-Schwerin I, 537–538.
W. J. MÜLLER, Mittelalterliche Backsteinornamentik in Mecklenburg. 1250–1350, Diss. Rostock 1939/1948.
H. W. BENKENDORF, Kloster und Schloß Dargun. Ein Beitrag zur Baugeschichte des 13. Jahrhunderts. Unveröffentl. Diplomarbeit, Rostock 1957.
Ders. Grabungsbericht Klosterkirche Dargun. Unveröffentl. Arbeit, Institut für Denkmalpflege, [4]Schwerin 1959.
G. DEHIO, Neubrandenburg, 53–54.
G. SCHLEGEL, Das Zisterzienserkloster Dargun. 1172–1552, Leipzig 1980, 7, 19, 26–30, 57–61, Abb. 25–27.
R.-D. KAHLKE, Mittelalterliche Ziegelsteine mit menschlichen Fußabdrücken aus dem Zisterzienserkloster Dargun, Kr. Malchin. Ausgrabungen und Funde 30, 1985, 145–151.

1 F. SCHLIE, Bd. 1, 537. – Es gelang nicht, in Erfahrung zu bringen, ob bei den Grabungen 1956–57 weitere Fliesen gefunden wurden.
2 G. SCHLEGEL, 59–61, Abb. 25–27.
3 J. W. MÜLLER, 551 ff.
4 Diese Arbeiten waren nicht zu erhalten. Sie werden aufgeführt, weil sie vermutlich wichtige Hinweise enthalten und sie möglicherweise doch noch im Druck erscheinen.

Darmstadt-Bessungen

Ortsteil Bessungen, Gewann „Clappacher Feld"

Fundumstände
„Eine Thonplatte mit eingepreßtem Ornament (Frankensteiner Beil). Gefunden bei Bessungen im Clappacher Feld."[1] Diese Formulierung kann sich nur auf die Fliese N54 beziehen, die sich ohne Herkunftsangabe im Hessischen Landesmuseum Darmstadt befindet.

Ortsgeschichte
Der 1013 erstmals erwähnte Ort kam 1888 zu Darmstadt. Der Name „Klappacher Feldweg" weist auf das verschwundene, südöstlich von Bessungen gelegene Dorf Klappach. Die St. Martinskapelle im Bessunger Forst war vermutlich früher die Pfarrkirche des wohl schon im 16. Jahrhundert abgegangenen Ortes. Sie muß vor 1557 abgebrochen worden sein.[2] Das Muster der Fliese weist auf eine Entstehung im späten 15. Jahrhundert. Später kann sie kaum verlegt worden sein, da die Gemeinde Bessungen im 16. Jahrhundert zu arm war, um die Kosten für den Pfarrer aufzubringen. Da dieselbe Fliese in Kloster Lorsch gefunden wurde, dürfte auch diese Fliese von dort stammen, es sind jedoch auch in Bessungen Ziegeleien vorhanden gewesen. In der Mutterkirche der St. Martinskapelle, der 1002 erstmals genannten Peterskirche, befinden sich Grabplatten mit dem Frankensteiner Wappen (s. Musterkat. N54).

Literatur
H. Kraft, Die Namen der Gemarkung Bessungen. Flurnamenbuch des Volksstaats Hessen 1, Gießen 1930, 44.
K. Noack, Aus der Vergangenheit von Bessungen, Darmstadt 1931, 63–64.
G. Haupt, Bd. 1, 1952, 293–295; Bd. 2, 1954, 281, Abb. 579, 580, S. 320.

1 Quartalsbl. 1863, 12.
2 K. Noack, 63–64. Nach Angaben von H. Kraft, 44, soll das Dorf schon vor 1450 wüst gelegen haben.

Daun-Rengen

Hof Kolverath oder „Oberer Hof"

Fundumstände
Die Fliese wurde 1950 bei Straßenbauarbeiten gefunden.[1]

Ortsgeschichte
Bei Kolverath handelt es sich um eine ehemals römische Siedlung. Der Hof, 1345 erstmals erwähnt,[2] steht auf den Fundamenten römischer Gebäude. Er blieb, mit einem zweiten Hof, „dem Huse in dem Wyer", im Besitz der Herren und späteren Erbmarschälle von Daun, bis zu ihrer Übersiedlung an den Wiener Hof 1657. Unter den späteren Besitzern, die nach 1790 nach Daun zogen, verfielen die Höfe. Die Fliese, vom Typus der inkrustierten Fliesen mit sehr dünner Engobeprägung, stammt vermutlich aus den südlichen Niederlanden und war wohl in einer zum Hof gehörenden Kapelle verlegt. Die Herren von Daun hatten enge Beziehungen zum Raum Belgien/Luxemburg und dem nördlichen Lothringen.[3] Das einfache Vierpaßmuster ist nicht sicher zu datieren, es entstand wohl in der Mitte des 14. Jahrhunderts.

Literatur
W. Janssen, 1975, 233.
L. Jung, Die wechselvolle Geschichte Dauns etwa ab 1000 n. Chr., Daun und die vulkanische Eifel, Eifelverein (Hrsg.), Düren 1979, 7–17.
B. Gondorf, 58.

1 Alle Angaben zu diesem Fliesenfund verdanke ich Herrn Wilhelm Jung, Daun. Er gewährte mir auch Einblick in seine Studien über die Herren von Daun.
2 Urkunde vom 27. 10. 1345: Friedrich von Daun bekennt, daß er den Hof Kolverath von König Johann dem Blinden von Böhmen zu Lehen erhalten habe.
3 Enge Verbindungen bestanden z. B. zu dem Zisterzienserinnenkloster Clairefontaine, das schon 1256 und 1257 mit Stiftungen bedacht wird.

Deggingen, Lkr. Göppingen

Kath. Wallfahrtskapelle „Alt-Ave", Dreifaltigkeitskapelle

Fundumstände
Die Fliesen wurden bei einer Restaurierung 1965 gefunden.

Baugeschichte
Ein Vorgängerbau der 1469 erstmals erwähnten Kapelle wird schon 1372 genannt. 1481 stiftete Graf Friedrich von Helfenstein einen Neubau der vermutlich 1497 vollendet war und im 18. Jahrhundert entweder um- oder, unter Einbeziehung älterer Teile, neugebaut wurde. Die Fliesen, ein in der Gegend häufigeres Muster, wurden sicher um 1497 verlegt. Die Kapelle darf nicht mit der etwa 200 m bergabwärts gelegenen, 1716–18 erbauten Wallfahrtskirche Ave Maria verwechselt werden.

Literatur
J. Baum, H. Klaiber, B. Pfeiffer, Kdm Donaukreis I, 73.
G. Dehio, Baden-Württemberg, 84.
Hist. Stätten VI, Baden-Württemberg, 138.
M. Akermann, 166, 288.

Deizisau, Lkr. Esslingen

Ev. Pfarrkirche, ehemals St. Basilides, Cyrinus, Naborius und Nazarius

Fundumstände
Die Fliesen finden sich in situ als Ornamentband im Fußboden der Sakristei.[1]

Baugeschichte
Eine erste Holzkirche wurde von Kloster Lorsch zwischen 783–790 errichtet, der steinerne, 1353 erstmals erwähnte Nachfolgebau mußte 1495 wegen Baufälligkeit abgerissen werden. Die Weihe des Neubaus erfolgte noch im selben Jahr, die auf der Empore angebrachte Jahreszahl 1521 läßt darauf schließen, daß die Ausstattungsarbeiten sich noch länger hinzogen. Möglicherweise wurden die Fliesen erst im 1. Viertel des 16. Jahrhunderts verlegt.

Literatur
E. Paulus, Kdm Neckarkreis, 215.
Kirchner, Chronik des Dorfes Deizisau, Köngen 1931, 90.
G. Dehio, Baden-Württemberg, 84.
Hist. Stätten VI, Baden-Württemberg, 139.

1 Die Muster der Fliesen verdanke ich Herrn Pfarrer E. Clau, Deizisau.

Denkendorf, Lkr. Esslingen

Ev. Pfarrkirche, ehem. Augustinerchorherren-Stiftskirche St. Pelagius

Fundumstände
Unbekannt. Vermutlich wurden die Fliesen bei der Grabung 1930 gefunden. Mettler erwähnt, ohne nähere Angaben, einen „spätromanischen Boden aus Platten" und den mit „Backsteinplatten" belegten Boden der Grabkammer.[1]

Baugeschichte
Die Kirche des um 1129 gegründeten Klosters zum Hl. Grab wurde vermutlich um 1200 erbaut,[2] der Chor wohl um 1230–40 angefügt. Alle Baunachrichten fehlen. Nach Plünderung und Brand im Städtekrieg 1377 wurde sie mit geringfügigen Änderungen wieder aufgebaut. Seit erneuter Beschädigung 1449 wurden unter den Pröpsten Heinrich von Gutzmann (1467–77) und Peter Wolff (1477–1508) an der Kirche, am Kreuzgang und Kapitelsaal Umbauten und Änderungen

vorgenommen. Nach der Reformation 1535 zeitweilig als Klosterschule genutzt, wurden die Klosterbauten größtenteils 1810 und 1824–26 abgebrochen. Die Fliesen, deren Muster sich auch im Speyerer Pfleghof[3] in Esslingen fanden, weisen in die 1. Hälfte des 14. Jahrhunderts. Das häufig variierte Muster könnte jedoch auch noch nach 1377 verlegt worden sein.

Literatur

BOA Esslingen, 188–199.
A. METTLER, Die Stiftskirche Denkendorf und ihre Bauzeiten, WVjH, N.F. 36, 1931, 9–51.
H. WERNER, Denkendorf. Ein Gang durch seine Geschichte, Stuttgart 1953, 19–22.
G. DEHIO, Baden-Württemberg, 85–86.
K. ELM, St. Pelagius in Denkendorf. Die älteste deutsche Propstei des Kapitels vom Hl. Grab in Geschichte und Geschichtsschreibung, K. ELM, E. GÖNNER, E. HILLENBRAND (Hrsg.), Landesgeschichte und Geistesgeschichte. FS für Otto Herding zum 65.Geburtstag. Stuttgart 1977, 80–130.
Hist. Stätten VI, Baden-Württemberg, 140–141.
E. ADAM, 66.

1 A. METTLER (s.o.), 17.
2 E. ADAM, 66: „Kirche um 1220/1230, Vorhalle um 1200."
3 Denkendorf und Speyer stehen in enger Verbindung. 1207 wird dem Stift das Priorat Speyer inkorporiert und ihm dort eine vor den Toren der Stadt gelegene Kirche zur Errichtung eines Konvents übertragen.

Dieburg, Kr. Darmstadt-Dieburg

Fehlbrandhalde einer mittelalterlichen Töpferei, Eulengasse
Funde im mittelalterlichen Stadtschutt

Fundumstände

Bei der Ausgrabung der Fehlbrandhalde einer mittelalterlichen Töpferei in der Eulengasse wurden 1954–55 die Muster H69, H265 und I8 gefunden. H69 kam mit J31 außerdem im mittelalterlichen Stadtschutt zutage.[1] Weitere Fliesen wurden offenbar mit dem Schutt abgefahren, bevor man auf die Funde aufmerksam wurde.

Ortsgeschichte

Die Töpfertradition Dieburgs reicht, begünstigt durch umfangreiche Tonvorkommen, schon in römische Zeit zurück. Der Beginn der mittelalterlichen Töpferei in Dieburg ist zeitlich noch nicht genau bestimmt, die gleichzeitig mit den Fliesen gemachten Gefäßfunde weisen auf eine Benützung des Brüchlingslagers zwischen 1200–1400.[2] Im ausgehenden Mittelalter entwickelte sich die Töpferei in Dieburg zu großer Blüte. Sie befriedigte nicht nur den einheimischen Bedarf, sondern sandte ihre Gefäße bis zu weitentfernten Märkten. Schon 1527 erhielten die Dieburger Töpfer eine eigene Hafnerordnung. Die Eulengasse erinnert noch heute an dieses wichtige Gewerbe; eines der führenden Geschlechter waren die 1236 erstmals erwähnten Ullner von Dieburg. Die gefundenen Fliesen lassen jedoch vermuten, daß in der Stadt eigenartigerweise keine Model geschnitten wurden, sondern eingeführte Model, auch noch in verderbtem Zustand, lange weiterverwandt wurden. So wurde D71, Teil einer großen Fliesenrosette in der Katharinenkapelle Oberhomburg, Lothringen, in Dieburg wahllos in eine quadratische Fliese geprägt. Bei H69 und J36 wurden kleinere Model für größere Fliesen benützt. J36 zeigt denselben Zackenrand, den eine Werkstatt, die in Pforzheim, Speyer und auf Burg Landeck bei Klingenmünster arbeitete, bevorzugte. I8 ist ein Muster des Klosters Eberbach, das nachweislich seit 1208 in Dieburg Besitz hat. Auch N42 ist wohl die späte Ausformung eines in einem Zisterzienserkloster entwickelten Musters. Die Datierung der Fliesen ist durch diese anscheinend lange Wiederverwendung besonders schwierig. Mit Ausnahme von H265, handelt es sich wohl um Model des 13. Jahrhunderts in späteren Prägungen.

Literatur

M. HERCHENRÖDER, F. BEHN, Kdm Kr. Dieburg, 50, 52.
E. SCHNEIDER (Hrsg.), J. WEBER, Dieburger Häfnerordnung, in: Keramik am Untermain, Aschaffenburg 1964, 84–90. W. Boss.

1 Freundliche Mitteilung von Herrn Walter Boss, Dieburg. „Das Haus lag auf einer aufgelassenen Sumpfgrube, die mit Fehlbränden von Gebrauchskeramik des 15. und 16. Jahrhunderts gefüllt war."
2 Freundlicher Hinweis von Herrn A. Novotny, Dieburg.

Ehem. Haus Herz, Ritterstraße

Fundumstände

Die Fliese soll bei Erdarbeiten 1953 auf dem Grundstück gefunden worden sein.

Baugeschichte

Zur mittelalterlichen Baugeschichte des Hauses ist nichts bekannt. Der Model wurde in der Katharinenkapelle, Oberhomburg für eine Dreiecksfliese verwandt. Er wurde möglicherweise über Speyer weitergegeben. Die Fliese kann in Dieburg auch noch im 14. Jahrhundert geprägt worden sein.

Literatur

W. Boss.

Ehem. Frankensteiner Hof, Steinstr. 13

Fundumstände

Die Fliesen fanden sich 1957 bei Ausschachtungsarbeiten für den Neubau Rüth, Steinstr. 13, im mittelalterlichen Schutt.[1]

Baugeschichte

An dieser Stelle befand sich der Wohnsitz der Familie von Frankenstein, deren Wohnhaus allerdings schon 1812 durch einen Neubau ersetzt wurde. Ein Wappen des Achatius von Frankenstein, kaiserlicher Forstmeister zu Gelnhausen, mit der Jahreszahl 1545 könnte auf einen Neubau des 16. Jahrhunderts weisen. Die Fliese O58 ist vom Muster her nicht sicher zu datieren, sie könnte noch 1545 entstanden sein. Die übrigen in Dieburg gefundenen Fliesen geben jedoch keinen Hinweis, daß dort im 16. Jahrhundert noch Fliesen geprägt wurden. Der Model von N42 entstand im 13. Jahrhundert. Wie die übrigen Dieburger Model, wurde er wohl nicht in Dieburg gefertigt.[2]

Literatur

M. HERCHENRÖDER, F. BEHN, Kdm Lkr. Dieburg, 82–84.
W. Boss.

1 Freundliche Mitteilung von Herrn A. Novotny, Dieburg.
2 Dieses, in Zisterzienserklöstern häufig benützte Muster, zeigt die größte Übereinstimmung mit einem Model, welcher für Fliesen in dem belgischen Zisterzienserkloster Ter Duinen, Koksijde (Les Dunes, Coxyde) benutzt wurde. (M. CARETTE, D. DEROEUX, Taf. 2, oben Mitte).

Haus Steinstr. 30 (früher Eulengasse)

Fundumstände
Die Fliese fand sich 1954 bei Ausschachtungsarbeiten für ein Privathaus (Bäckerei Bonifer).

Baugeschichte
Zur mittelalterlichen Baugeschichte des Vorgängerbaus ist nichts bekannt. Der Straßenname weist darauf hin, daß hier möglicherweise im Mittelalter Töpfer angesiedelt waren. Es könnte sich um einen Fehlbrand handeln, der nach einer Vorlage des Klosters Eberbach vermutlich in der 2. Hälfte des 13. Jahrhunderts geprägt wurde.

Literatur
W. Boss.

Haus Eulengasse/Ecke Klostergasse 2

Fundumstände
Das Fliesenbruchstück wurde bei Kanalbauarbeiten im Hof des Grundstücks Frensch gefunden.[1]

Baugeschichte
s. Eulengasse. Auch hier wurde, wie in Dieburg üblich, ein fremder Model verwandt, der in eine größere Fliese eingeprägt wurde. Die Vorlage stammt vermutlich aus dem 2. Drittel des 13. Jahrhunderts.

Literatur
W. Boss.

1 Freundliche Mitteilung von Herrn Walter Boss, Dieburg.

Dießen/Ammersee, Lkr. Landsberg/Lech

Hofmark des ehem. Augustiner-Chorherrenstiftes St. Georg, heute Haus Kirchsteig 4 und kath. Pfarrkirche Mariae Himmelfahrt

Fundumstände
Die Fliese F93 fand sich 1955 beim Abbruch eines ehem. Söldnerhauses auf der Hofmark des früheren Augustiner-Chorherrenstiftes. Bei neuen Sondierungen wurde 1980 die Fliese H222, die auch in der Kapelle in Bierdorf liegt, in der heutigen Pfarrkirche, der ehem. Klosterkirche St. Georg gefunden.[1]

Baugeschichte
Eine möglicherweise schon 815 gestiftete klösterliche Niederlassung wurde 1140 mit dem Ort Dießen begabt, als Gründungsdatum des Augustinerstiftes gilt 1114. Die Klosterkirche, 1182 geweiht, wurde nach Brand 1318, unter Propst Konrad (1316–51) wiederaufgebaut. Der kaum vollendete Bau stürzte bis zum vorderen Chor wieder zusammen, der Wiederaufbau war 1340 abgeschlossen. Unter Propst Johannes Schön (1469–74) erfolgte eine gründliche Renovierung der Kirche und der Neubau des Chores. Die Klostergebäude wurden unter Abt Thomas Vendt (1444–46) begonnen, Dormitorium, Kapitelhaus und die Kapelle St. Michael unter Abt Konrad III. Sartori (1447–58) vollendet. Das Musterschema der Fliese F93 geht ins 13. Jahrhundert zurück. Sie könnte jedoch, bei Benutzung einer älteren Vorlage, für diese Konventsbauten geprägt worden sein. Auch die Fliese H222 muß aus den spätesten Umbauten des Kirchenraums in der 2. Hälfte des 15. Jahrhunderts stammen und wurde vermutlich beim Neubau der Kirche 1733–39 verdeckt. Die Fliesen wurden mit großer Wahrscheinlichkeit am Ort hergestellt. Diessen ist seit dem 12. Jahrhundert der bedeutendste Töpferort im Pfaffenwinkel. Der Kirchturm hatte schon im 15. Jahrhundert farbig glasierte Dachziegel.[2]

Literatur
J. A. Hugo, Chronik des Marktes und der Pfarrei Diessen nebst kurzgefaßter Geschichte des ehem. Chorherrenstiftes Diessen, Diessen 1901, 78, 87–88, 158–159.
Hist. Stätten VII, Bayern, 136–137.
N. Backmund, 71–75.
W. Lösche, Dießener Keramik – ein historischer Überblick, Erde-Asche-Feuer-Keramische Glasuren, München 1983, 14–18.
Ders., Die Werkstattbruchgrube eines Dießener Hafners. Beitr. zur Erschließung einer Keramikproduktion des späten 17. Jahrhunderts in Altbayern, München 1984, masch. MS.
G. Dehio, München und Oberbayern, 185–186.

1 Alle Auskünfte über die Keramikfunde in Dießen verdanke ich Herrn Töpfermeister Ernst Lösche, Dießen. Obwohl die Fliese anscheinend in Verbindung mit Werkstattbruch gefunden wurde, macht sie doch nicht den Eindruck eines Fehlbrandes. Vermutlich ist dies nur eines der in Dießen gefertigten Muster.
2 W. Lösche, 1983, 14–15, mit Abb. Ansicht der Kirche auf einer Pergamentminiatur von 1596. Der Kirchturm war 1469 von Grund auf neu errichtet worden und nach „altmosaiischer Art geziert“. Bei den Renovierungen 1980 fanden sich auch Fragmente solcher weißer, roter und grüner Dachziegel.

Dießen-Bierdorf/Ammersee

Kapelle Mariae Heimsuchung

Fundumstände
Die Fliesen liegen in situ im Langhaus der Kapelle. Sie sind einmal in der Form eines lateinischen, ein zweites Mal in der eines griechischen Kreuzes angeordnet, wobei die einzelnen Muster sorgfältig gegeneinander abgesetzt wurden. Im Chor haben sich außerdem Fliesen mit einer eingeritzten Hand, sowie mit eingepreßtem Baudatum und Meisterzeichen erhalten.[1]

Baugeschichte
Die Kapelle wurde 1607 noch in gotischen Formen erbaut. Die Fliese H222 kam 1980 auch im Turm der ehem. Kirche St. Georg in Dießen zutage.[2] Möglicherweise stammen die sehr uneinheitlichen Prägungen alle von dort oder aus einem Vorgängerbau der Kapelle. Lösche gelang es, das eingeprägte Töpferzeichen aufzulösen und einer Dießener Werkstatt zuzuweisen.[3]

Literatur
G. v. Bezold, B. Riehl, Kdm Bayern I, 517.
G. Dehio, München und Oberbayern, 139.

1 Planzeichnung. Benutzung mit freundlicher Genehmigung des Bayer. Landesamts für Denkmalpflege, München.
2 Freundlicher Hinweis von Herrn Ernst Lösche, Dießen.
3 Eine Fliese mit demselben Töpferzeichen fand sich in Dießen. Einer Publikation dieser Funde durch Herrn Ernst Lösche soll nicht vorgegriffen werden.

Diez, Rhein-Lahn-Kreis

Ev. Pfarrkirche, ehem. Stiftskirche St. Maria und Johannes Baptista

Fundumstände
Vermutlich wurden die ersten Fliesen bei der Restaurierung 1928–29 gefunden. Weitere Muster kamen 1965 zum Vorschein.

Baugeschichte
Die Kirche des von Graf Gerhard IV. von Diez gegründeten Stifts regulierter Chorherren wurde 1289 geweiht. Die Fliesen gehören vermutlich zwei verschiedenen Perioden an. Während R31 wohl nach älteren Vorlagen, sicher aus der Erbauungszeit stammt, könnte L36 noch in der Mitte des 14. Jahrhunderts entstanden sein.

Literatur
F. Luthmer, Kdm Reg. Bez. Wiesbaden III, 189–190.
F. Storto, Die Geschichte des Diezer Marienstiftes, Diezer Heimatbl. 15, 1968, 3–11, 15–18, 27–31.
Hist. Stätten V, Rheinland-Pfalz 75–76.
G. Dehio, Rheinland-Pfalz, 208–209.

Ehem. Benediktinerinnen-Klosterkirche St. Johannes, Dierstein oder Dirstein, heute Schloß Oranienstein

Fundumstände
Die Fliesen wurden bei einer ersten Grabung 1881 aufgedeckt,[1] bei späteren Amateurgrabungen scheinen weitere Fliesen gefunden worden zu sein, die teilweise ins Museum Wiesbaden, wohl aber auch in den Kunsthandel abwanderten. Neben gemusterten Fliesen fand sich offensichtlich auch eine Fliesenrosette aus Plattenmosaik, ähnlich den in den Klöstern Arnstein und Rommersdorf heute noch vorhandenen, als „Rundung aus alexandrinisch Werk" bezeichnet.[2] Die Fliesen waren besonders gut erhalten und zeigten in den Vertiefungen Inkrustierungen aus einer schwärzlichen Masse. Da Fundortangaben im Museum Diez verloren gingen und sich dort noch Muster unbekannter Herkunft befinden,[3] ist es möglich, daß auch sie aus Dierstein stammen und der Musterbestand größer als die heute noch bekannten 11 Muster war.

Baugeschichte
Für das 1153 erstmals erwähnte, wohl von den Grafen von Diez gestiftete Kloster, sind außer dem Weihedatum 1221 keinerlei Baudaten überliefert. Das reich begüterte Stift, das schon 1211 Besitzungen in 29 verschiedenen Orten innehatte, wurde im 15. Jahrhundert in ein adliges Damenstift umgewandelt und 1564 aufgehoben. Nach seiner Zerstörung 1634 wurde unter Benützung von Mauerresten auf dem Gelände der Kirche 1672–84 das Schloß Oranienstein erbaut. Es ist fraglich, ob der Fliesenboden bei der Weihe der Kirche schon vollendet war. Die Muster gehören zum Modelbestand einer Werkstatt, die in den Burgen Altenbaumburg, Bellersheim und Pyrmont, sowie in den Klosterkirchen Pfaffen-Schwabenheim, Ravengiersburg und Sponheim arbeitete. Er dürfte daher eher im 2. Drittel des 13. Jahrhunderts entstanden sein[4], einige Fliesen wie H37, L8 und L12 möglicherweise wesentlich später.

Literatur
Nass. Ann. 17, 1882, 25; 20, Teil 2, 1888, 301.
F. Luthmer, Kdm Reg. Bez. Wiesbaden III, 284–285.
W.-H. Struck, Bd. 3, S. XXXIIIff., 284–409.
H. Heck, Kloster Dierstein, Diez 1962, 46–50.
H. E. Kubach, A. Verbeek, Bd. 2, 911–912.
E. Coester, 13–14.
G. Dehio, Rheinland-Pfalz, 211.

---

1 Nass. Ann. 17, 1882, 25; 20, 1888, 301.
2 Eingangsinventar der Slg. Nass. Altertümer, Wiesbaden 1881. Skizze mit der Notiz „Stern, zum Theil glasiert." Die flüchtige Zeichnung zeigt zwei Innenkreise.
3 Beim Bau einer Heizungsanlage wurden 1934 Fundamente des Mittelbaus angeschnitten. Es war nicht zu ermitteln, ob bei dieser Gelegenheit auch Fliesen geborgen wurden.
4 W.-H. Struck, 289. 1267 wird ein Ablaß gewährt, dessen Zweck nicht näher bezeichnet ist.

Dill, Rhein-Hunsrück-Kreis

Burgruine

Fundumstände
Bei der Ausgrabung der Burg 1965–68 wurden im Palas im Schutt des Erdgeschosses (Flur und Küche) zahlreiche Bruchstücke des Musters L49 geborgen. N33 fand sich als Einzelstück an anderer Stelle ebenfalls im Palas.[1]

Baugeschichte
Die Burg der 1107 erstmals genannten Grafen von Dill wurde vermutlich schon im 11. Jahrhundert erbaut und kam durch Heirat, zusammen mit dem Vogteirecht über das Kloster Schwabenheim, bald nach 1124 an die Grafen von Sponheim. Sie wurde 1329 durch Erzbischof Balduin von Lützelburg zerstört, so daß ein teilweiser Wiederaufbau notwendig wurde.[2] Seit der Zerstörung durch die französischen Heere 1697 ist die Burg Ruine; an der Stelle der alten Burgkapelle wurde 1701 eine Kirche erbaut. Die Baugeschichte der Burg kann aus den spärlichen Resten nicht erschlossen werden. Die Fliese N33 könnte aus einem um oder vor der Mitte des 13. Jahrhunderts errichteten Bau stammen, während L49 wohl beim Wiederaufbau nach 1329 verlegt wurde. Eine Prägung der Fliesen in Nähe der Burg ist wenig wahrscheinlich. Das Muster läßt darauf schließen, daß diese möglicherweise aus den Töpfereien in Urbar bezogen wurden.

Literatur
J. Röhrig, Burg und Dorf Dill. Beitrag zur Geschichte des Hunsrücks, Simmern 1897, 3–49.
G. Castendyck, Ausgrabungen auf Burg Dill, Hunsrücker Heimatbl. 9, 1969, 258–265.
Ders., Diller Bestandsaufnahme, Hunsrücker Heimatbl. 10, 1970, 400.
M. Backes, H. Caspary, N. Müller-Dietrich, Kdm ehem. Kr. Simmern I, 241–252.
G. Dehio, Rheinland-Pfalz, 212.

---

1 Veröffentlichung mit freundlicher Erlaubnis des Ausgräbers Herrn G. Castendyck, Traben-Tarbach.
2 J. Röhrig, 1897, 44. In einem Schiedsspruch wird 1333 ausdrücklich das von Graf Walram „in die halbe Burg (Oberburg) verbaute Geld" erwähnt.

Dinkelsbühl, Kr. Ansbach

Kath. Stadtpfarrkirche St. Georg, ehem. St. Bartholomäus

Fundumstände
Die Fliesen kamen bei einer Restaurierung 1983/84 in zweiter Lage zutage.[1]

Baugeschichte
Von dem um 1220 entstandenen Vorgängerbau wurde nur der Westturm in den 1448 begonnenen Neubau übernommen. Dieser wurde 1488 geweiht, die Wölbung des Langhauses 1499 abgeschlossen. Mitte des 16. Jahrhunderts wurden Kapellen an den Chor angefügt.
Die Fliese H72.1 könnte noch aus dem Vorgängerbau stammen und in der 2. Hälfte des 14. Jahrhunderts verlegt worden sein. Vermutlich wurde jedoch auch hier eine alte Vorlage oder ein lange vorhandener Model benützt. Sie müßte dennoch sehr früh, mindestens bei der Weihe 1488 verlegt worden sein. O25.1 ist nicht sicher datierbar, auch sie könnte noch aus dem Vorgängerbau stammen. Eine vergleichbare Fliese ist aus keinem anderen Fundort bekannt. Die aus einer Hand stammenden Fliesen P12.1 und W36.2 sind spät. Sie könnten am ehesten in den Chorаußenkapellen verlegt worden sein.

Literatur
F. MADER, Kdm Stadt Dinkelsbühl, 13–40.
A. GEBESSLER, Kdm Stadt und Lkr. Dinkelsbühl, 13–17.
G. DEHIO, Franken, 221–224.

1 Für den freundlichen Hinweis auf diesen Fliesenfund danke ich Frau Evelyne Gundermann, Mühlheim/Main, und Herrn Strattner, Dinkelsbühl.

Ev. Heilig-Geist-Kirche, „Spitalkirche", Martin-Luther-Straße

Fundumstände
Die Fliesen wurden bei Bauarbeiten gefunden.

Baugeschichte
Ein Spital, das die wichtige Herbergspflicht der Stadt wahrzunehmen hatte, ist schon um 1280 nachweisbar. Eine sicher schon vorhandene Kirche wurde um 1380 neuerbaut und mit der Weihe dreier Altäre vermutlich 1383 vollendet. Vor dem Ende des 15. Jahrhunderts wurde die Nordmauer neu aufgeführt, die Westfassade folgte vermutlich erst in der Mitte des 16. Jahrhunderts, nachdem die Kirche 1532 evangelisch geworden war. Die Fliese, die bei den jüngsten Restaurierungen auch in der Stadtkirche St. Georg gefunden wurde, ist schwierig zu datieren. Sie dürfte im letzten Viertel des 15. oder zu Beginn des 16. Jahrhunderts entstanden sein.

Literatur
F. MADER, Kdm Stadt Dinkelsbühl, 86–88.
A. GEBESSLER, Kdm Stadt und Lkr. Dinkelsbühl, 28–30.
G. DEHIO, Franken, 224.

Dinkelsbühl-Segringen

Ev. Pfarrkirche, ehem. St. Vincentius

Fundumstände
Die Fliesen liegen in situ im Chor der Kirche. Der Belag scheint seit seiner Verlegung nicht mehr verändert worden zu sein.

Baugeschichte
Die Kirche wird 1156/60 erstmals als im Besitz des Klosters Hirsau erwähnt. Obwohl sie 1238 der Benediktinerpropstei Mönchsroth inkorporiert wurde, brachen die Beziehungen zu Hirsau erst 1460 ab. Urkunden zur Baugeschichte haben sich nicht erhalten. Das Langhaus wurde wohl um 1200, der Westturm 1220/40 errichtet. Der Chor wird von Gebeßler in die Mitte des 14. Jahrhunderts datiert. Die Fliesen können jedoch kaum vor der 2. Hälfte des 15. Jahrhunderts entstanden sein, jedoch wohl auch nicht später als 1510/20.

Literatur
A. GEBESSLER, Kdm Stadt und Lkr. Dinkelsbühl, 195.
Hist. Stätten VII, Bayern, 458.
G. DEHIO, Franken, 768.

Dirlau, Gem. Sievernich, Kr. Düren

Kath. Kapelle St. Petronella auf dem Hofgut Dirlau

Fundumstände
Die dem Verfall preisgegebene Kapelle wurde 1906–07 restauriert, das Langhaus 1906 abgebrochen. Vermutlich wurden bei dieser Gelegenheit die Fliesenreste aus der Kirche zusammengetragen. 1910 lagen in der Apsis glatte, im Chor gemusterte Fliesen. Heute liegen vor der Altarmensa glatte, glasierte Fliesen, die nicht sicher zu datieren sind. Auf beiden Seiten liegen fast völlig abgelaufene gemusterte Fliesen, deren Glasur und Muster gerade noch zu erkennen sind.

Baugeschichte
Die dem Prämonstratenser-Nonnenkloster Füssenich (Kr. Düren) gehörende Kapelle wird 1314 erstmals erwähnt. Chor und Apsis gehen im Kern auf das Ende des 12. Jahrhunderts zurück, das Langhaus wurde im 17.–18. Jahrhundert erneuert. Der Fliesenboden, ein Kölner Muster, wurde vermutlich in der Mitte oder der 2. Hälfte des 16. Jahrhunderts verlegt.

Literatur
P. HARTMANN, E. RENARD, Kdm Kr. Düren, 151.
H. E. KUBACH, A. VERBEEK, Bd. 1, 205.

1 Für freundliche Hilfe beim Auffinden der Fliesen danke ich Herrn Heinrich Appel, Düren.

Disibodenberg, Gem. Odernheim, Kr. Bad Kreuznach

Ruine des ehem. Benediktiner-, späteren Zisterzienserklosters

Fundumstände
Die ersten Fliesen waren vor 1893 geborgen worden. „Zum Teil farbig gebrannte, 0,16 × 0,16m große thönerne Fußbo-

denfließe mit gotischen Mustern". Seitdem waren bei Erdarbeiten immer wieder Bruchstücke auf dem Klostergelände entdeckt, jedoch nicht gesammelt worden. Die Fliesen befinden sich in einem verschlossenen, schwer zugänglichen Keller, wie viele verschiedene Muster dort liegen, ist nicht bekannt.[1] (Dieser Keller wurde bei den 1985–90 durchgeführten Untersuchungen geöffnet. Er enthielt Teile eines Fliesenbodens in Plattenmosaik aus gelben, roten und schwarzgrauen Fliesen, die sich zur selben Rosette wie die der Kirchen in Sponheim, Flonheim und Pfaffen-Schwabenheim ergänzen ließen und vermutlich im Chor der Kirche verlegt waren[2].)

Baugeschichte

An der Stelle der um 700 entstandenen Klause des irischen Mönches Disibod wurde 975 durch Erzbischof Willigis von Mainz ein Chorherrenstift errichtet, das 1095 mit Benediktinern aus St. Jakob vor Mainz besetzt wurde. Nach einer Zerstörung des Klosters um 1240 und einer Zeit wirtschaftlichen Niedergangs brachten Zisterziensermönche aus Kloster Otterberg seit 1259 das Kloster zu neuer Blüte, bis es 1559 aufgehoben wurde. Es verfiel, war 1724 schon Ruine und kam nach 1802 in Privatbesitz. Die 1108–43 erbaute Kirche ist nur noch in den Grundmauern erhalten, die frühgotische Marienkapelle und einige Klostergebäude teilweise. Der Boden aus Plattenmosaik weist ins 2. Drittel des 13. Jahrhunderts, wurde vermutlich jedoch erst in einer Ausbauphase nach 1259 verlegt. Das Muster der Reliefflíesen weist in die 2. Hälfte des 16. Jahrhunderts, für die keine Bauarbeiten mehr belegt sind. Stanzl[3] vermutet eine Herkunft aus dem 1611 noch bewohnten Abteibau.

Literatur

Bdm Pfalz, Bd. 3, 119–144, 122, 136.
W. Medding, Geschichte der ehem. Benediktiner-Abtei Disibodenberg, Kreuznacher Heimatbl. 1957, Nr. 6, 1–3, Nr. 7, 2, Nr. 8, 5, Nr. 9, 3–4.
Hist. Stätten V, Rheinland-Pfalz, 78–79.
G. Dehio, Rheinland-Pfalz, 216–217.
G. Stanzl, 9ff., 65–67, 179–181, 207–209, 240, Anm. 202.

1 Freundliche Mitteilung von Herrn H. L. Frhr. v. Racknitz, Disibodenberg.
2 G. Stanzl, 65–67 und Abb. 50.
3 Ebd. 169–181, 240, Anm. 202.

Doberan, Bez. Rostock

Ehem. Zisterzienserklosterkirche St. Marien

Fundumstände

Die Fliesen, kleine inkrustierte und glasierte Plättchen von ca. 6×6cm mit einer Fülle von Darstellungen[1] bedeckten 1855 noch den ganzen Altarraum der Klosterkirche und fanden sich außerdem an einigen Stellen des Chors. Bei der Aufdeckung eines Grabes, das Lisch für das des 1219 in Doberan bestatteten Fürsten Pribislav hielt, fand man in einer Tiefe von ca. 1,50m 25 Fliesen, die anscheinend vom Fußboden der Kapelle im nördlichen Querarm abgebrochen und bis zur Außenseite des Sarkophags abgerutscht waren. Sie hingen teilweise noch im alten Mörtelverband zusammen und waren ausgezeichnet erhalten. In der sogenannten Fürstenkapelle im Nordquerschiff, die bis 1550 als Begräbnisstätte aller mecklenburgischen Fürsten diente, fanden sich 1610[2] noch 12 Reliefflíesen mit dem mecklenburgischen Wappen, von denen 1855 noch 6 erhalten waren. Heute ist die Stelle mit nach ihnen gefertigten Kopien belegt, die restlichen Originalfliesen befinden sich auf der obersten Stufe vor dem Hochaltar und im Oktogon.

Baugeschichte

Das 1171 in Althof durch den Obotritenfürsten Pribislav gegründete, mit Mönchen aus dem niedersächsischen Kloster Amelungsborn besiedelte Kloster wurde nach der Zerstörung beim Wendenaufstand 1179 durch dessen Sohn Heinrich Borwin I. 1186 in Doberan neubegründet. Die zwischen 1190–1230 errichtete Kirche wurde 1232 geweiht, ein durch einen Brand 1291 notwendig gewordener Neubau 1368 abgeschlossen. Nach der Aufhebung des Klosters 1553 verfiel ein Teil der Anlagen langsam, andere wurden 1830 abgebrochen. Eine gründliche Restaurierung der Kirche 1881–94 sicherte den alten Bestand.

Die Fliesen, für die es in Deutschland bis jetzt außer den Fliesen der Zisterzienserklöster Hude und Ihlow, des Benediktinerklosters Cismar, den in Minden geborgenen Fliesen ZA 1 und ZE 3, sowie der Fliese ZD 4 aus der Löwen-Apotheke in Lübeck, keine Vergleichsbeispiele gibt, können entweder aus Flandern oder dem norwegischen Kloster Hovedø vor Oslo[3] eingeführt worden sein. Wahrscheinlicher ist, daß sie im Kloster selbst gefertigt wurden. Doberan besaß eine eigene große Ziegelgrube, die das Material für den großartigen Backsteinbau lieferte. Lisch weist die inkrustierten Fliesen dem Gründungsbau zu, er glaubt, daß der Fliesenboden bei der Beisetzung Pribislavs 1219[4] schon einige Zeit in Benutzung war. Selbst wenn man annimmt, daß die Fliesenvorlagen über das Mutterkloster Hovedø's Kirkstead Abbey, unmittelbar aus England kamen, wofür bis jetzt keinerlei Beweise vorliegen, ist diese Datierung sicher zu früh. Die Muster weisen eher in das 1. Viertel des 14. Jahrhunderts.[5]

Literatur

G. C. F. Lisch, 138–167, mit Abb. neben den S. 153–154.
Ders., Blätter zur Geschichte der Kirche zu Doberan, ebd., 348–351.
F. Schlie, Kdm Mecklenburg III, 551–681, Abb. S. 625, 684.
G. Gloede, 11–13, 46–55.
G. Dehio, Neubrandenburg, Rostock, Schwerin, 62–70.
Ch. Norton, 1986a, 256–293.
G. Baier (u. a.), 243–256.

1 G. C. F. Lisch, 154, zählt an Mustern auf: „Lindwürmer, Drachen, Kentauren, Hirsch, Gänse, Hähne, Pfauen und allerlei Untier, wie Kamele, denen die Vorderfüße fehlen, Kentaur mit Fischleib und heraldische Lilien." Bei F. Schlie, Bd. 3, 684, ist außerdem eine sechsblättrige Rose abgebildet. Ebd., 629, sind noch zu erkennen: Spitzoval mit Ranken, Blattpflanzen und eine Palmettenleiste ähnlich W 83 aus Kloster Ihlow. Über die heute noch vorhandenen Muster war nichts in Erfahrung zu bringen.
2 Ebd. 351. Die Wappengrabsteine dienten zur Bezeichnung der Grabstellen der einzelnen Linien der mecklenburgischen Häuser. So fand sich ein Schild mit dem Ochsenkopf der Herren von Werle, der um 1337 geprägt worden sein muß, daneben der Büffelkopf mit Halsfell der Fürsten von Mecklenburg, den Lisch ins 14. Jahrhundert datiert. Abb. bei G. Gloede, 11 oben.
3 Die Fliesen des 1147 gegründeten, 1532 zerstörten Klosters Hovedø wurden bei der Ausgrabung der Ruine 1846 gefunden. Sie zeigen dieselben Muster wie in Doberan, um einige weitere Darstellungen bereichert, nur sind jeweils vier Muster zu einer Fliese zusammengefaßt, während diese in Doberan zu Einzelfliesen zerschnitten wurden. Rahmenleisten und Prägung sind gleich; Lisch glaubt kleine Unterschiede in Glasur und Tonfarbe zu erkennen (156).
4 Die Leiche des 1178 bei einem Turnier getöteten Fürsten wurde zuerst in St. Michael, Lüneburg, beigesetzt und 1219 nach Doberan überführt.
5 Ch. Norton, 1986a, 256–293, gibt eine umfassende Übersicht über den heutigen Stand der Forschung und die Entwicklung und Datierung engobe-geprägter und inkrustierter Fliesen in West-Europa.

Kapelle in Althof

Fundumstände

Die Fliesen wurden 1823 im Altarraum der Kapelle, an der Stelle, an der sich vermutlich die Grabstätte der Fürstin Woizlava befand, aufgedeckt. Sie waren, mindestens seit 1610, durch einen Backofen verdeckt. Die Muster stimmen mit denen der inkrustierten Fliesen in Doberan überein. In der Kapelle sind heute Kopien des 19. Jahrhunderts verlegt.

Baugeschichte

Die Kapelle wurde am Ort der ersten Klostergründung durch die Gattin Pribislavs, vermutlich eine norwegische Königstochter, vor 1172 erbaut. Nach Beschädigung zwischen 1312–18 renoviert, wurde sie um 1450 umgebaut. Lisch glaubt, daß die Fliesen aus der Erbauungszeit stammen und sieht in der Herkunft der Fürstin Woizlava das Bindeglied zu dem norwegischen Kloster Hovedø. Auch hier dürften die Fliesen eher bei der Renovierung im 1. Viertel des 14. Jahrhunderts verlegt worden sein.

Literatur

Wie Doberan.
F. Schlie, Bd. 3, 682–691.
G. Baier (u. a.), 228.

Donnersberg, Donnersbergkreis

Ehem. Paulinerkloster St. Jakob

Fundumstände

Unbekannt. Die Fliese war 1938 schon in der Sakramentsnische des heutigen Waldhauses vermauert.

Baugeschichte

Auf der Höhe des Donnersbergs stand schon vor 1321 eine dem Hl. Jakob geweihte Waldkapelle, bei der nach 1371 ein durch Schenkungen von Graf Heinrich II. von Sponheim und Philipps von Bolanden ermöglichtes Paulinerkloster entstand. Anstelle des seit 1544 verfallenen Klosters trat ein gräfliches Jagdhaus, nach seiner Zerstörung ein Gutshof und später die Einöde Waldhaus, in die Teile der gefundenen Ausstattung vermauert wurden. Die Fliese stammt, entgegen der Ansicht Röttgers, wohl nicht aus der Waldkapelle, sondern wurde sicher erst beim Neubau des Klosters nach 1371 geprägt.

Literatur

B. H. Röttger, K. Busch, M. Goering, Kdm Kirchheimbolanden, 60–62. Abb. 33.
A. Hoffmann, Kloster St. Jakob auf dem Donnersberg, Speyer 1958.
A. Hanle, Das Kloster St. Jakobus und das Donnersberger Hofgut, Pfälz. Heimat 12, Speyer 1961, 45–47.
R. Engels, Die kirchlichen Verhältnisse in Dannenfels vor der Reformation, Dannenfels. Chronik eines Ortes. Gemeinde Dannenfels (Hrsg.), 71, 1981 anläßlich der 650-Jahr-Feier der Stadterhebung, 29–35.

Donzdorf, Lkr. Göppingen

Kath. Pfarrkirche St. Martin

Fundumstände

Die Fliesen fanden sich beim Einbau einer Heizungsanlage 1962/63 im Schiff unter dem Kirchengestühl.[1] Es war jedoch nur eine kleinere Fläche in situ erhalten.[2]

Baugeschichte

Von der vermutlich im 8. Jahrhundert gegründeten, im 15. Jahrhundert neuerbauten Kirche, ist nur noch der Turm erhalten. Schiff und Chor wurden vermutlich im 17. Jahrhundert umgebaut und 1778–79 durch einen Neubau ersetzt. Urkunden zur Baugeschichte haben sich nicht erhalten. Die Fliesen wurden wohl zu Ende des 15. Jahrhunderts verlegt. Ein um 1490 entstandener Schnitzaltar und die Jahreszahl „1490" an einer Emporensäule weisen auf Ausstattungsarbeiten in dieser Zeit. Die Fliesen wurden möglicherweise in Donzdorf hergestellt.[3]

Literatur

BOA Geislingen, 178–189.
J. Baum, H. Klaiber, B. Pfeiffer, 83–84.
K. Natter, R. Roeren, Ein Töpferofen des frühen Mittelalters von Donzdorf, Fundber. aus Schwaben, N.F. 16, 1962, 175, Anm. 7 (172–183).
G. Dehio, Baden-Württemberg, 92.
A. Schahl, Die Bau- und Kunstwerke von Donzdorf, Heimatbuch Donzdorf, Stadt Donzdorf (Hrsg.), 1976, anläßlich der 700-Jahr-Feier, 69–70 (68–110).
Hist. Stätten VI, Baden-Württemberg. 151.
W. Ziegler, 38.
W. Lang, 218–220.

1 Freundliche Mitteilung von Herrn Emil Gemeinder, Donzdorf.
2 E. Herdtle, Bd. 2, Taf. 18, bildet ohne Herkunftsangabe die Fliese U10 ab. Möglicherweise wurden schon vor 1870 Fliesen aus der Kirche entfernt oder stammen diese aus einer anderen nahegelegenen Kirche.
3 K. Natter, R. Roeren, 175, Anm. 7: „Bei einem Anbau an das Haus Schloßstr. 8 wurde ein Töpferofen des späteren Mittelalters angeschnitten und zum größten Teil zerstört. Zeitstellung vermutlich 12. Jahrhundert". Ein frühmittelalterlicher Töpferofen (2. Hälfte 7. Jahrhundert?) wurde 1959 aufgedeckt.

Donzdorf-Hürbelsbach

Kath. Kapelle St. Laurentius

Fundumstände

Die Fliesen müssen 1858 noch vorhanden gewesen sein, sind inzwischen jedoch längst verschwunden. Bei der Neuverlegung eines Plattenbodens bei der Renovierung 1964/65 waren unter dem alten Plattenboden keine Fliesen mehr sichtbar.[1]

Baugeschichte

Der 1275 erstmals erwähnten, zum Benediktinerkloster Anhausen gehörenden Kapelle des 14.–15. Jahrhunderts wurde wohl um 1493[2] ein neuer Chor angefügt. Das Schiff wurde 1881–82 neu erbaut. Die Fliesen wurden wahrscheinlich beim Chorneubau verlegt.

Literatur

F. Laib, F. J. Schwarz, 73, Abb. 11.
J. Baum, H. Klaiber, B. Pfeiffer, Kdm Donaukreis I, 98.
E. Gemeinder, 414.
E. Kohler, Die Hürbelsbacher Kapelle, Hohenstaufen 5, Göppingen 1966, 13–31.

1 Freundliche Mitteilung von Herrn Emil Gemeinder, Donzdorf.
2 Jahreszahl 1493 an einer Glocke, die Pfarrei wird 1493 wiedererrichtet.

Doveren, Stadt Hückelhoven, Kr. Heinsberg

Kath. Pfarrkirche St. Dionysius

Fundumstände
Die Fliese wurde bei den Ausgrabungen 1947 gefunden, die genaue Fundlage jedoch nicht festgehalten.

Baugeschichte
Die auf Vorgängerbauten des 8. und 9. Jahrhunderts errichtete mittelalterliche Kirche wurde 1771 durch einen Neubau ersetzt, der Turm des 15. Jahrhunderts in diesen miteinbezogen. Da die Kirche seit 1178 der Abtei Klosterrath inkorporiert war, ging der Impuls zur Fliesenverlegung vielleicht von dort aus. Das einfache Blütenmuster der Fliese ist nicht sicher zu datieren, doch könnte es dem 15. Jahrhundert angehören.

Literatur
E. Renard, Kdm Kr. Erkelenz, 28.
K. Böhner, P. J. Tholen, R. v. Uslar, Ausgrabungen in den Kirchen von Breberen und Doveren, Bonn. Jb. 150, 1950, 199–228.
G. Dehio, Rheinland, 117–118.
Hist. Stätten III, Nordrhein-Westfalen, 171–172.
H. Schroiff, 1100 Jahre Doveren, St. Dionysius. 800 Jahre der ersten urkundlichen Erwähnung unserer Pfarre, Hückelhoven 1978, 8–16.

Dreieich, Kr. Offenbach

Ehem. Wasserburg Hain, Dreieichenhain

Fundumstände
Bei ersten Grabungen wurden 1924 auf dem Gelände des Burghofs glasierte Bodenfliesen des 16. Jahrhunderts[1] gefunden. Weitere Grabungen 1931, vermutlich auch die Restaurierung 1938 und die Untersuchung des Palasgeländes 1965, erbrachten Streufunde von Fliesen. Beim Einbau einer Heizungsanlage in die Burgkirche 1956 wurde vor der südlichen Innenseite eine Fläche von 8×3m bis auf eine Tiefe von 3,10m unter dem heutigen Kirchenboden ausgeschachtet. 2,25m unter Niveau fand sich die Oberkante eines fast intakten Fliesenbodens des Musters C1 oder D1.[2] Zur weiteren Klärung der Baugeschichte wurde auf der Westseite des Altars eine Ausgrabung vorgenommen. In einer Tiefe von 1,60m stieß man auf die Reste eines „gotischen" Fliesenbodens in situ, einzelne Bodenfliesen lagen im Schutt. Dieser Boden lag 60cm über dem romanischen Fliesenboden. Leider wurde gerade hier Lage und Anordnung der Fliesen nicht festgehalten, noch die Muster notiert, so daß sich heute nicht mehr feststellen läßt, welche Fliesen zu diesem Boden gehörten.[3]

Baugeschichte
Die auf einem königlichen Jagdhof des 10.–11. Jahrhunderts, vermutlich nach 1085 errichtete Turmburg Hain, zu deren früher Baugeschichte alle Urkunden fehlen, war im Besitz der Herren von Hagen-Münzenberg. Sie erweiterten diese zwischen 1160–70 (?)[4] unter Einbeziehung der alten Bauteile. In dieser Zeit muß der Fliesenboden der Pankratiuskapelle verlegt worden sein. Ein weiterer Ausbau der Burg erfolgte vermutlich nach der Übernahme des Besitzes durch die Herren von Falkenstein 1256. In dieser Zeit soll das Langhaus der Pankratiuskapelle abgebrochen worden sein, der Chor zu einer Kapelle umgebaut, die dann später als Gesindekirche benutzt wurde. Da das östliche Drittel des Palas den Herren v. Hanau zugeteilt war, wurde über dem Schiff der alten Pankratiuskapelle eine neue, 1304 erstmals erwähnte Kirche erbaut, diese steht heute noch. Der Fliesenboden muß jedoch lange vor 1304 verlegt worden sein. Die Muster der Fliesen weisen auf eine enge Verwandtschaft des Bodens mit dem der Mainzer Dompropstei, des Königshauses in Boppard sowie der Klöster Brunnenburg, Eberbach und Johannisberg. Für eine gewisse zeitliche Distanz zu diesen Bauten, spricht die Tatsache, daß die Muster der Teilfliesen W3 und W79 schon in quadratische Fliesen eingeprägt wurden. Auf das Vorhandensein einer Anordnung ähnlich der der Dompropstei in Mainz weisen die Fliesen R20 und W22. Ob die dem 14. Jahrhundert angehörende Fliese O31 aus einem Profanbau stammt oder ob es sich um eine Ausflickung häufig begangener Stellen handelt, ist nicht zu klären. Die mit einem Modelbruchstück geprägte Fliese J36, deren Ergänzung sich in Dieburg fand, dürfte derselben Zeit angehören, der Model jedoch weit älter sein. Er zeigt dieselben Dreieckskerben, wie sie eine in Pforzheim und Speyer arbeitende Werkstatt anbrachte.[5] Die Fliesen H198 und O24 wurden mit großer Wahrscheinlichkeit bei der Wiederherstellung der Bauten nach einem Brand 1460 verlegt. Weitere Um- und Ausbauten erfolgten im 2. Viertel des 16. Jahrhunderts und 1591–92. Bald danach setzte der Verfall ein. Die Burg war seit dem 17. Jahrhundert Ruine, wurde jedoch erst zu Beginn des 19. Jahrhunderts teilweise abgebrochen.
Die Fliesen wurden vermutlich in Dreieichenhain gebrannt. Der Fund eines spätromanischen Töpferofens[6] auf dem Burggelände, der vermutlich in der 2. Hälfte des 12. Jahrhunderts beim Bau der Burg benützt wurde, weist auf das Vorhandensein einer frühen Werkstatt in Burg Hain. Es ist jedoch nicht sicher, ob nicht die späteren Fliesen von auswärts, seit dem 14. Jahrhundert möglicherweise aus Dieburg, bezogen wurden.

Literatur
K. Nahrgang, 1924, 41–47.
Ders., 1925, 71–77.
Ders., 1926, 98–103.
Ders., 1956, 87–94.
Ders., 1962, 193–209.
Ders., 1963, 243–263.
K. Ulrich, 1965, 6–27.
Hist. Stätten IV, Hessen, 94–95.
K. Nahrgang, Dreieichenhain – Königshof, Burg, Stadt, Burgen und Schlösser II, 1970, 51–60.
G. Dehio, Hessen, 170–171.

1 K. Nahrgang, 1924, 44. Die Fliesen gingen verloren, die Datierung Nahrgangs wurde übernommen.
2 K. Nahrgang, 1963, 243, 246–247, 257–258. Bei der Datierung des Fliesenbodens geht Nahrgang von der heute nicht mehr haltbaren Voraussetzung aus, daß die gleichartigen Fliesen der Einhardsbasilika in Steinbach schon 1073 verlegt wurden. Durch die neuen Funde des Musters D1 in der 1159 geweihten Klosterkirche Ilbenstadt ist ein sicherer terminus ante quem gegeben. Schwerlich wurden Model über einen Zeitraum von 100 Jahren benutzt. Ähnliche Stempel auf den Fliesen der Klöster Wörschweiler, Eberbach, Bleidenstadt und Johannisberg weisen alle in die 2. Hälfte des 12. Jahrhunderts. Die bei K. Nahrgang, ebd., 258, Abb. 100 links abgebildete Fliese, welche in Burg Hain nur stark abgelaufen geborgen wurde, fand man inzwischen auch auf dem Deutschhausplatz in Mainz.
3 K. Nahrgang, 1956, 88–89.
4 G. Dehio (M. Backes) nahm 1966, 156, noch einen Erweiterungsbau um 1160–70 an, während er 1982, 170, diesen eher ins Ende des 12. Jahrhunderts datiert. K. Nahrgang, 1970, 54, setzt die Pa-

laserweiterung in die Zeit von 1190–1220. Die Angaben über die Erbauung der Burgkirche sind widersprüchlich. K. NAHRGANG, 1970, 54, nimmt nebem dem Palas noch eine in späteren Urkunden als „Alte Kirche" bezeichnete herrschaftliche Burgkirche an, die umgebaute Pankratiuskapelle weist er dem Hofgesinde zu. Er glaubt, daß es sich bei der 1304 urkundlich erwähnten Kirche um die um 1300 über den Fundamenten der Pankratiuskapelle errichtete Burgkirche handelt. K. ULRICH, 13, setzt ihre Entstehung schon ins 3. Viertel des 13. Jahrhunderts. Auch die Muster der Fliesen weisen auf die Zeit um 1260/70.

5 Siehe Text S. 100.

6 K. NAHRGANG, 1926, 98–103; 1970, 54. Der Ofen lag zwischen „Altem Turm" und dem Hof des Zisterzienserklosters Petershausen. Er enthielt Dachziegel und Wölbtöpfe. Nahrgang nimmt an, daß diese erst nach Aufgabe des Töpferofens als Bauopfer eingeschichtet wurden.

Haus Pomerel, Fahrgasse 38

Fundumstände
Unbekannt.

Baugeschichte
Das Haus des Stadtschreibers Apollo Pomerel wurde 1592 erbaut. Die Fliesen stammen aus dieser Zeit.

Literatur
G. SCHÄFER, Kdm Kr. Offenbach, 27.

Duderstadt, Kr. Göttingen

Rathaus

Fundumstände
Die Fliesen des Musters D71 wurden im Ratsweinkeller entdeckt. Der kleine Kreisstempel wurde beliebig oft in die Fliese eingeprägt. So gibt es Fliesen mit einem, mit zwei und mit vier Stempelungen.

Baugeschichte
Ein Rathaus auf dem Gelände des Gropenmarktes wird 1230 erstmals erwähnt. An den durch neue dendrochronologische Untersuchungen[1] ins 1. Jahrzehnt des 14. Jahrhunderts datierten Bau des „Kouphuses", wurde zu Beginn des 15. Jahrhunderts eine offene Laube mit Kapelle, 1432–36 ein Erweiterungsbau an der Südostseite angefügt. 1528 entstand die Stadtschreiberei, 1532–36 eine neue Laube mit einem Fachwerkgeschoß. Der Ratsweinkeller gehört zu den nach 1432 entstandenen Bauten. Aus stilistischen Gründen dürften die Fliesen eher in der Zeit um 1536 verlegt worden sein. Möglicherweise nimmt der Löwe auf das Stadtwappen Bezug. Duderstadt hat allerdings zwei herschauende Löwen im Wappen.

Literatur
E. KEYSER, D. Stb. III, 1, 109.
G. DEHIO, Bremen/Niedersachsen, 279–290.
P. LEHMGRÜBNER, Mittelalterliche Rathäuser in Deutschland, Berlin 1905, 23–28.
K. B. KRUSE, Das „Kouphus", ältester Bauteil des Rathauses zu Duderstadt, Ausgrabungen in Niedersachsen. Archäologische Denkmalpflege 1979 bis 1985, Stuttgart 1985, 248–250.

1 K. B. KRUSE, 250. Die Eichen für die Kellerdeckenbalken wurden 1301/02 gefällt.

Düren

Kath. Pfarrkirche St. Anna?

Fundumstände
Unbekannt. Die Fliesen tragen auf der Rückseite nur den Vermerk: „aus Düren". Da jedoch die übrigen kirchlichen Gebäude in Düren erst während des 17. Jahrhunderts erbaut, die frühgegründeten Klöster schon im 16. Jahrhundert abgerissen und die Burgbauten erst jetzt näher untersucht wurden, ist eine Herkunft aus der St. Annakirche immerhin in Erwägung zu ziehen.
Vielleicht wurden die Fliesen bei der Restaurierung der Kirche 1879–82 entfernt. Zu Ende des 19. Jahrhunderts scheinen verschiedene Museen dieses Muster angekauft zu haben.[1] Bei der Ausgrabung 1952 wurden nur ca. 35 ungemusterte Tonfliesen (13 × 13 cm) in „grauschwarzem und ziegelbraunem" Ton gefunden. Dies könnte der im 1. Drittel des 14. Jahrhunderts verlegte Fliesenboden der Kirche gewesen sein.[2]

Baugeschichte
Die Kapelle der Pfalz zu Düren wird 775 erstmals erwähnt. Sie kam durch Schenkung Kaiser Otto I. 941 an das Aachener Münsterstift. Ein um 1200 entstandener Bau erfuhr im 1. Drittel des 14. Jahrhunderts Veränderungen. Nach Erwerb der St. Annenreliquie 1501 wurde der Bau verdoppelt, der Umbau zog sich lange hin, noch 1537 wurde daran gebaut. 1944 wurde die Kirche völlig zerstört. Das Muster der Fliese L28 weist in das 1. Viertel des 16. Jahrhunderts.

Literatur
P. HARTMANN, E. RENARD, Kdm Kr. Düren, 71–76.
G. DEHIO, Rheinland, 121.
W. LEHMBRUCK, Die Ausgrabungen unter der Annakirche in Düren, Dürener Geschichtsbl. 64, 1975, 5–61.

1 Die Fliese befindet sich in den Museen von Dortmund, Burg Grenzau, Hamm, Köln, London und Oldenburg. Nur in Hamm wurde der Fundort „Düren" notiert.

2 W. LEHMBRUCK, 29–30.

Wasserburg Schloß Burgau

Fundumstände
Bei Wiederherstellungsarbeiten wurden 1977 im Mitteltrakt des Herrenhauses „zahlreiche farbig glasierte Fliesen"[1] in zwei Mustern gefunden. Die Grabungen sollen fortgeführt werden.

Baugeschichte
Bei der 4 km südlich Dürens gelegenen Wasserburg, einer zweiteiligen Anlage mit Vorburg und Hauptburg, handelt es sich möglicherweise um eine Motte. Urkunden zur Baugeschichte fehlen, eine frühmittelalterliche Burgkapelle wird vermutet. 1391 wurde Ludwig von Auwe von den Herren von Heinsberg mit der Burg belehnt, der Wohnturm stammt wohl aus der Zeit um 1400. Johann von Elmpt und Katharina von Wesewórden heirateten 1532 und fügten nach der Mitte des Jahrhunderts einen Renaissanceerker an den Turm. Möglicherweise erbauten sie auch den gegenüberliegenden Flügel. Aus dieser Zeit könnten die vermutlich in Langerwehe gefertigten Fliesen stammen. Die Fliesen wurden wohl schon beim Umbau der Hauptburg 1676 verworfen.

Literatur
P. HARTMANN, E. RENARD, Kdm Kr. Düren, 262–266.
W. SIEPER, Burgau, Dürener Geschichtsbl. 27, 1961, 569–576.

W.-R. TOPEL, Schloß Burgau, Burgen und Schlösser II, 1977, 95–104.
M. RECH, 244–249.

1 M. RECH. 247–248, Abb. 241–242.

Düren-Arnoldsweiler

„Alte" kath. Pfarrkirche St. Arnold

Fundumstände
Bei Restaurierungs- und Sicherungsarbeiten wurde 1978 in der Kapellenruine die Schuttfüllung ausgeräumt. Dabei wurde eine Fliese in einer Gruft gefunden. Im Ostteil des Chores wurde ca. 1 m^2 Bodenfliesen in situ aufgedeckt, deren unterschiedliche Abnützungsspuren auf eine Verwendung in zweiter Lage schließen lassen. Unter diesen Platten lag „eine dünne, mit Brandresten durchsetzte Erdschicht"[1], darunter eine weitere Lage von glatten Fliesen mit weißer und schwärzlicher Engobe (16 × 2,5 cm), schachbrettartig angeordnet und diagonal verlegt. Der Bodenrest wird in der Kirche, zusammen mit anderen Funden, ausgestellt.

Baugeschichte
Von der 922 erstmals erwähnten Kirche haben sich Reste eines im 10. Jahrhundert errichteten Baus, der wohl im frühen 12. Jahrhundert oder nach 1159 Veränderungen erfuhr, erhalten. Mittelschiff und Chor sowie die Apsis des südlichen Seitenschiffs wurden um 1500 erbaut, nach Brandzerstörung 1671 im 17. Jahrhundert größer wiederhergestellt und das nördliche Seitenschiff angefügt[2]. Die Fliesen, wohl ebenfalls in Langerwehe geprägt, wurden für den spätgotischen Neubau, vermutlich aber später als „um 1500" geschaffen. Da der Fußboden der Kirche bei der Restaurierung von 1906–07 um 60 cm auf die alte Höhe gesenkt wurde, besteht natürlich die Möglichkeit, daß die Fliese L28 (siehe „Düren, St. Anna") hier entnommen wurde. Der Fund wäre dann wohl allerdings mit der Bezeichnung „Arnoldsweiler" gehandelt worden, da das damals selbständige Dorf 6 km von Düren entfernt liegt.

Literatur
P. HARTMANN, E. RENARD, Kdm Kr. Düren, 17–20.
G. DEHIO, Rheinland, 43.
Hist. Stätten III, Nordrhein-Westfalen, 28.
H. E. KUBACH, A. VERBEEK, Bd. 1, 59–60.
A. JÜRGENS [u. a.], Archäologische Untersuchungen an der alten Pfarrkirche „St. Arnold" in Düren-Arnoldsweiler, Ausgrabungen im Rheinland '78, Bonn 1979, 223–230.

1 A. JÜRGENS u. a. 227, Abb. 199.
2 Für rasche und ausführliche Auskünfte über diesen Fliesenfund danke ich Herrn R. Wyrsch, Westerstede.

Dürnau, Lkr. Göppingen

Ev. Pfarrkirche, ehem. St. Kilian und Cyriakus

Fundumstände
Die Fliesen lagen 1914 noch in situ in der Kirche.[1] Vermutlich wurden sie bei einer Restaurierung entfernt. Die Fliesen waren verschollen, bis vor einigen Jahren in einem nahe der Kirche gelegenen Bauernhaus eine größere Anzahl von Fliesen entdeckt wurde, die vermutlich aus der Kirche stammen[2].

Baugeschichte
Die seit 1340 dem Kloster Adelberg inkorporierte Kirche wurde 1583 auf älterer Grundlage erbaut. Die 1952 freigelegten Wandgemälde weisen auf eine Erneuerung der Ausstattung des Vorgängerbaus um 1500. Das einfache Muster erlaubt keine sichere Datierung, es wäre auch noch 1583 möglich. Vergleiche mit P23 aus Börtlingen und P24 aus Gruibingen machen es wahrscheinlich, daß die Fliesen zu Beginn oder im 1. Viertel des 16. Jahrhunderts verlegt wurden. Für Gammelshausen ist der Bau einer Sakristei 1499 gesichert.

Literatur
H. CHRIST, H. KLAIBER, 1914, 77–80.
E. KOHLER, Schicksale der kath. Pfarrei Dürnau, Alt-Württemberg 10, 1964, 2–3.
W. ZIEGLER, 52.
G. DEHIO, Baden-Württemberg, 93.

1 Die Zuschreibung des Fliesenmusters an Dürnau ergibt sich aus der bei H. CHRIST, H. KLAIBER, 71, unter Börtlingen zitierten Stelle: „Ferner Reste eines Tonfliesenbodens wie in Dürnau und Gammelshausen." Diese Formulierung ist ungenau, sie muß sich nur auf die Fliesen und nicht auf die Muster beziehen. H. CHRIST, H. KLAIBER, 77, bezeichnet das Muster als „Gemodelte Tonfliesen mit Sternmuster und s-förmigem Geschlinge".
2 Freundliche Mitteilung von Herrn Dr. Walter Ziegler, Göppingen.

Dürrenwaldstetten, Gem. Langenenslingen, Lkr. Biberach

Kath. Pfarrkirche St. Jakobus d. Ältere

Fundumstände
Die Fliese wurde bei der Grabung 1967 gefunden.

Baugeschichte
Zur mittelalterlichen Baugeschichte der 1275 erstmals erwähnten Kirche ist nichts bekannt. Ihr Turm wurde in den Neubau von 1781 übernommen. Das Benediktinerkloster Zwiefalten besaß schon früh einen Maierhof im Ort und erwarb 1350 die Vogteirechte, 1564 die Pfarrei und den Kirchensatz. Das Muster ist bis heute aus Zwiefalten nicht bekannt; es ist ein später Nachschnitt eines in Kloster Bebenhausen gefundenen Musters, das sich auch in St. Nikolaus, Veringenstadt fand. Möglicherweise wurden die Fliesen in unmittelbarer Nähe gebrannt. In dem heute zur Gemeinde Dürrenwaldstetten gehörenden Ortsteil Ohnhülben, der schon 1089 zur Pfarrei Zwiefalten gehörte, bestand eine Ziegelei des Klosters.[1] Die Datierung der Fliesen ist schwierig. Vermutlich wurden sie in der 1. Hälfte des 14. Jahrhunderts geprägt. Um 1350 erhielt die Kirche eine große Glocke; es wäre also möglich, daß auch sonst noch Aufwendungen für die Ausstattung gemacht wurden.

Literatur
W. v. MATTHEY, H. KLAIBER, Kdm Kr. Riedlingen, 102–105.
G. DEHIO, Baden-Württemberg, 94.
TH. STEIN, E. MÜNCH, J. KUBOVEC, Dürrenwaldstetten, Gem. Langenenslingen. Ein Albort feiert. Riedlingen 1982, 13, 31, 51, 68–69.

1 TH. STEIN, E. MÜNCH, J. KUBOVEC, 31. Urkunden zur mittelalterlichen Ziegelei fehlen. Es muß sich jedoch um ergiebige Tonlager gehandelt haben, da z. B. 1837 fünf Ziegler in Ohnhülben tätig waren.

E

Eberbach, Gem. Hattenheim, Rheingaukreis

Ehem. Zisterzienserkloster Eberbach und Klosterkirche St. Maria

Fundumstände

Die ersten Fliesen wurden schon im 19. Jahrhundert entfernt. Einige kamen vor 1888 in die Slg. Nassauischer Altertümer in Wiesbaden[1], vermutlich auch in die Slg. des Hessischen Altertumsvereins in Darmstadt und in Privathand. 1880 lagen nach Lotz[2] noch Fliesen in den Chorkapellen, 1901 nach Schäfer noch Fliesenböden „östlich im Kirchenraum, besonders zahlreich in den Ostkapellen. Allerdings sind die Steine, die sich da erhalten haben, bloß nothdürftig und ganz planlos zusammengelegt"[3]. Schäfer nennt 21 Muster. Bei der Restaurierung der Kirche 1936–37 wurden weitere Muster „an verschiedenen Stellen der Kirche"[4] gefunden und zwischen den Langhauspfeilern neu verlegt. Der übrige Fußboden der Kirche wurde mit ungemusterten, handgestrichenen Fliesen neu belegt. Gemusterte Fliesen, die man nicht verlegt hatte, wurden im Lapidarium des Klosters gesammelt, die genauen Fundorte jedoch nicht festgehalten[5]. Dies gilt auch für die Muster, die 1962 im Nordteil des Mönchdormitoriums zum Vorschein kamen[6]. Als man den Boden des Laiendormitoriums 1962 auf das ursprüngliche Niveau senkte, fanden sich im aufgefüllten Schutt und an einigen Stellen in situ weißengobierte, rote und grauschwarze ungemusterte Fliesen (15,5 × 15,5 cm), außerdem s-förmig geschwungene Platten[7]. Dies weist auf einen Belag, wie er sich z. B. in dem englischen Zisterzienserkloster Byland Abbey erhalten hat[8], ein weiterer Beweis, daß den gemusterten Fliesen Beläge aus ungemusterten Fliesen vorausgingen. Die in Prägung, Tonmaterial, Format und Farbe stark voneinander abweichenden Fliesen lassen darauf schließen, daß vermutlich ein großer Teil von Kirche und Klausur mit gemusterten Fliesen belegt war. Die zahlreichen, in der Diagonale geteilten oder als Dreiecke geprägten Fliesen weisen auch hier auf einen diagonal zur Kirchenachse verlegten Fliesenboden, der ähnlich wie im Kapitelsaal des Klosters Arnsburg, durch orthogonal verlaufende Fliesenbänder gerahmt war. Durch die Verwendung von Fliesen in sieben verschiedenen Farbwerten (hell-, mittel-, grünlich- und schwarzgrau, gelblich, gelbrötlich und ziegelrot) wurden zusätzliche Wirkungen erzielt. Auch die einzelnen Muster kommen oft in mehreren, teilweise bis zu sechs verschiedenen Varianten vor. Ursache dafür sind wohl die durch die rege Fliesenproduktion bedingten häufigen Nachschnitte der Model. Möglicherweise wurde auch mit verschiedenen Holzmodeln eines Musters gleichzeitig gearbeitet.

Die heute noch erhaltenen Fliesen des Klosters bieten ein widersprüchliches Bild, welches auch die exakte Datierung sehr erschwert. Dies rührt vermutlich daher, daß nur ein Bruchteil der Muster erhalten ist[9] und daß im Laufe der Jahrhunderte für neue Räume immer wieder neue Fliesenmuster geschaffen wurden.

Baugeschichte

Die Kirche des 1135 von Clairvaux aus gegründeten Klosters wurde, nach den neuesten Forschungen von Hahn, wahrscheinlich in zwei Bauabschnitten, 1145/50–60 und 1170–86, errichtet. Bei der Weihe der Kirche 1186 dürften, nach den überzeugenden Ausführungen Einsingbachs, die Klausurgebäude ebenfalls schon vollendet gewesen sein. Zwischen 1313 und 1335 wurden dem südlichen Seitenschiff neun Kapellen vorgelegt. Einsingbach[10] nimmt für die Konventsbauten folgende Daten an: Konversenbau und Hospital entstanden vermutlich gleichzeitig ab 1200, wobei für den ersteren eine Vollendung um 1215, für das Hospital um 1220 angenommen wird. Vor 1245 begann der frühgotische Umbau des Ostflügels der Klausur, der Umbau des Dormitoriums war vermutlich um 1270, der des Kapitelsaals nachweislich 1345 abgeschlossen. Um 1345 wurden außerdem dem Mönchsdormitorium zwei neue Joche angefügt, auch bei dieser Gelegenheit können neue Fliesen verlegt worden sein. Da für die Fliese C37 der Fundort „Hospital" gesichert ist, muß auch dieses, um 1220 erbaut, in der Mitte des 14. Jahrhunderts und um 1370 umgebaut, einen Fliesenboden besessen haben. 1502 erfolgte eine Renovierung des Dormitoriums und seine Aufteilung in Einzelzellen[11]. Um 1500 wurde im Westflügel der Klausur der sogenannte „Schwedenbau" zur Unterbringung der Klausur errichtet. Da die Fundorte der meisten Eberbacher Fliesen unbekannt sind, kann nur der Versuch gemacht werden, an Hand der Muster und auf Grund von Vergleichsdaten aus anderen Fundorten derselben Fliesen diese einzelnen Gebäuden zuzuordnen.

Woher Eberbach die ersten Impulse zur Fliesenprägung erhielt, läßt sich noch nicht sicher klären. Es wäre möglich, daß diese nicht unmittelbar aus dem französischen Mutterkloster Clairvaux, sondern eher aus einem lothringischen Kloster kamen. Die Fliesen C1, aus schwach gebranntem Ton und deshalb vermutlich nicht sehr lange haltbar, könnten aus den ersten Bauten des Klosters stammen. Durch Funde desselben Musters an anderen Orten[12] ist eine Prägung dieser Fliesen im 3. Drittel des 12. Jahrhunderts wahrscheinlich. Sie könnten z. B. einen Teil des Belags der 1186 geweihten Klosterkirche gebildet haben (Altarraum?). Die Verbote des Generalkapitels, welches im Statut von 1218 ausdrücklich die Entfernung aller verzierten Fliesenböden verlangte, wurden in Eberbach besonders genau befolgt, das zeigt der übrige Boden der Kirche, welcher aus ungemusterten Fliesen bestand, die Schäfer[13] 1901 noch an einzelnen Stellen des nördlichen Seitenschiffs entdeckte. Ein Belag aus ungemustertem Plattenmosaik hat sich außerdem in der sog. „Bibliothek"[14] erhalten, einem Teil der ehem. Abtswohnung, in dem vermutlich Reste eines großen und reichgegliederten Fliesenbodens aus dem Ende des 12. oder dem Beginn des 13. Jahrhunderts zusammengetragen wurden (Abb. 55).

Durch Übereinstimmung in Prägung und Tonmaterial schälen sich aus den Eberbacher Fliesen zwei größere Komplexe heraus, die durch Querverbindungen mit zahlreichen anderen Bauten einigermaßen sicher datiert werden können. Die Fliesen der ersten Periode zeigen oft gleiche Rahmung und gleiche Musterdetails, viele von ihnen sind ganz offensichtlich von derselben Hand geschnitten. Sie können ab 1230, müssen nach 1240 bis ungefähr 1260/70 geprägt worden sein. Entweder wurden sie in der Klosterkirche als Ersatz für die abgetretenen Fliesen des Musters C1 oder zur Bereicherung des glatten Fliesenbodens verlegt. Weitere Fliesen stammen vermutlich aus den um 1245 begonnenen Umbauten des Ostflügels (Parlatur) oder aus der Fraternei, die um 1260 um 5 Joche verlängert wurde, sowie aus dem um 1270 begonnenen Mönchsdormitorium[15].

Der zweite Komplex umfaßt Fliesen, deren Rillen so breit sind, daß die Muster sich allmählich als Relief abheben. Mit der Vergröberung der Prägung ist gleichzeitig ein Musterverlust verbunden, weniger Muster erscheinen in immer neuen Varianten und Nachschnitten. Diese Fliesen stammen mit großer Wahrscheinlichkeit aus den Kapellen am südlichen Seitenschiff (1313–35). Die Model, sichtlich von verschiedenen Händen geschnitten, sind von unterschiedlicher Qualität. Da dies jedoch die Epoche war, in der die Eberbacher Muster in großer Menge gefertigt und weithin verhandelt wurden, erscheinen gerade diese Muster an sehr vielen Fundorten. Ein Teil dieser Fliesen lag noch in situ in den Seitenschiffskapellen, bei den übrigen, in der 2. Hälfte oder gegen Ende des 15. Jahrhunderts entstandenen Fliesen gibt es keine Anhaltspunkte zur Herkunft aus bestimmten Bauten. Möglicherweise wurden diese Fliesen nur zur Ausflickung häufig begangener Stellen gefertigt. Sie könnten außerdem im sog. „Schwedenbau" oder beim Umbau des Dormitoriums verlegt worden sein. Der 2. Hälfte des 16. Jahrhunderts muß K65 angehören, ohne daß für diese Zeit irgendwelche Umbauten nachgewiesen werden können. Die späten Fliesen sind, mit Ausnahme von K65, besonders grobe und nachlässige Prägungen. Möglicherweise wurden sie schon nicht mehr im Kloster geprägt, sondern, in dessen Auftrag, in Aulhausen gebrannt. Der schlechte Erhaltungszustand der Fliesen dürfte vor allem in der Zweckentfremdung von Kloster und Kirche zu suchen sein. Die Kirche diente im 30jährigen Krieg als Pferdestall, nach der Aufhebung des Klosters 1803 wurde eine Straßendurchfahrt mitten durch die Kirche geschaffen, die erst nach 1945 beseitigt wurde. Zusätzliche Schäden entstanden durch eine Unterspülung der Fußböden bei der Überschwemmung von 1679.

Im Gegensatz zu den Fliesen anderer Zisterzienserklöster scheint in Eberbach bei der Gestaltung der Muster kein Musterbuch des Ordens vorgelegen zu haben, die Muster wurden vermutlich alle im Kloster entwickelt. Einzelmuster mit Tieren und Fabeltieren sind in der Minderzahl. Schon im 2. Drittel des 13. Jahrhunderts überwogen die Muster, deren Bild, aus vier Fliesen bestehend, immer wieder Kreise ergibt (Gruppe H und J).

Auf die Rolle, die Kloster Eberbach bei der Verbreitung der Fliesen spielte, wird an anderer Stelle eingegangen[16]. Erwähnt sei hier nur noch, daß sich die Einflußbereiche immer noch nicht klar scheiden lassen. So finden sich einige der Fliesen, die zum Modelbestand der Lahntalklöster gehören und dementsprechend früh datiert werden, auch in Kloster Eberbach oder sind, wie z.B. D8 über seine Klosterhöfe zu erschließen. Desgleichen muß die Fliese D7, die als „Leitfliese" einer Werkstatt gilt, die Fliesenböden von Straßburg bis Osnabrück (?) verlegte, auch in Kloster Eberbach vorhanden gewesen sein. Unsicher ist überdies, wie groß der Einfluß der Eberbacher Prägungen auf Mainz war; auch hier finden sich dieselben Muster, ohne daß feststeht, wem die Priorität zukommt. In zum Einflußbereich des Erzstuhls Mainz gehörenden Klöstern (Johannisberg) und in den von den Mainzer Erzbischöfen erbauten Burgen finden sich Eberbacher Prägungen. Hier kann allerdings vereinzelt, auf Grund der Farbe des Scherbens, nachgewiesen werden, daß die Fliesen im Kloster gebrannt wurden.

Literatur

K. Rossel, Urkundenbuch der Abtei Eberbach im Rheingau, 2 Bde., Wiesbaden 1862–65.
Nass. Ann. 20, Teil 2, 1888, 301.
W. Lotz, Fr. Schneider, Bdm Reg. Bez. Wiesbaden, 89, 496.
C. Schäfer, Textband und Abb. S. 85–86.
J. Söhn, 89–97.
H. Hahn, 51–55, Anm. 166.
W. Schäfer, 16–21.
H. Feldtkeller, Kloster Eberbach, Instandsetzungen seit Kriegsende, Hess. Heimat 13, 1963, 8–12.
M. Herchenröder, Kdm Rheingaukreis, 61–108.
W. Einsingbach, Bemerkungen zur Baugeschichte der Klostergebäude in der ehem. Zisterzienserabtei Eberbach im Rheingau, Kunst in Hessen und am Mittelrhein 11, 1971, 51–79.
H. Kier, 1970, 94, Abb. 239–241.
G. Schnorrenberger, Wirtschaftsverwaltung des Klosters Eberbach im Rheingau, 1423–1631, Wiesbaden 1977, 14–20, 25, 45, 58, 61, 84, 87–91.
Ch. Mossig, 3ff.
G. Dehio, Hessen, 174–182.

1 Nass. Ann. 20, 1888, 301.
2 W. Lotz, Fr. Schneider, 89.
3 C. Schäfer, 84.
4 H. Hahn, 51–52, Anm. 166. Nach schriftlicher Mitteilung des Verf. stieß er bei seiner Arbeit auf keinerlei archivalische Belege, die Angaben über die Herkunft der Bodenfliesen machen.
5 Die Fliesen des Lapidariums tragen zwar vereinzelt Fundnummern, die Unterlagen und der Schlüssel zu diesen Nummern waren jedoch nicht aufzufinden.
6 W. Einsingbach, 74, Anm. 56.
7 H. Feldtkeller, 12: „Es handelte sich aber nur um zusammenhanglose kleinere Flächen des alten Bestandes, so daß ein für den Gesamtraum bestimmbares Muster sich nicht mehr feststellen ließ". Nach freundlicher Mitteilung von Herrn Dr. Hans Feldtkeller fanden sich neben den schon genannten Fliesen auch noch solche in Rhombenform.
8 E. S. Eames, 1980, Bd. 2, Nr. 246.
9 Vgl. Fundortregister „Eberbach", vermutlich dort verlorene Fliesen.
10 W. Einsingbach, 64–65.
11 Ebd., 61, Anm. 28.
12 Vgl. Kap. 6.
13 C. Schäfer, 86, Abb. 42.
14 Vgl. Text S. 82–84.
15 G. Dehio, 179.
16 Vgl. Text S. 85, 96–97.

Eberhardzell, Lkr. Biberach

Kath. Pfarrkirche St. Margarethe (St. Maria Dolorosa)

Fundumstände

Die Fliese fand sich bei einer Grabung vor dem Neubau des Schiffes 1968.[1]

Baugeschichte

Durch die Grabung wurden in dem 1271 erstmals als „cella" genannten Ort unter der heutigen, im wesentlichen nach 1465 entstandenen Kirche drei Vorgängerbauten festgestellt, darunter eine Saalkirche des 14. Jahrhunderts. Das Patronat der Kirche ging 1456 an Kloster Schussenried, der von diesem schon 1456 begonnene Neubau zog sich wahrscheinlich länger hinaus; 1473 und 1500 sind Altarweihen genannt. Da das aus Kloster Weingarten stammende Vorbild der Fliese vermutlich im 1. Viertel des 14. Jahrhunderts entstand, wurden die Fliesen in Eberhardzell wohl wenig später verlegt.

Literatur

A. Schahl, W. von Matthey, 103–106, Kdm ehem. Kr. Waldsee.
A. Kasper, Eberhardzeller Pfarrkirche St. Margarethe, Zeit und Heimat 3, Biberach 1960, Nr. 4.
G. Dehio, Baden-Württemberg, 95.
B. Scholkmann, 1970, 71–72.
Hist. Stätten VI, Baden-Württemberg, 159.
O. Beck, 153–156.

1 B. Scholkmann, 72, Abb. 8 (vermutlich durch Druckfehler ins „15. Jahrhundert" datiert).

Eberhardzell, Ortsteil **Hummertsried**

Burgstall „Schlößle“

Fundumstände
Die Fliesen wurden 1967 anläßlich einer Notgrabung im Schutt des jetzt eingeebneten Burgstalls gefunden.

Baugeschichte
Für den 1256 erstmals genannten, vermutlich schon eine Zeit bestehenden Herrensitz, konnten durch Funde von Mauerresten und Keramik drei Bauphasen festgestellt werden: eine erste zwischen 1220–30, eine zweite 1260–1430 und eine dritte im 16.–17. Jahrhundert. Der zweite Umbau, vermutlich unter der Herrschaft der Familie Schindelin, zog sich wohl bis 1528 hinaus. 1482 ließen Nikolaus Schindelin und seine Frau Agathe von Stuben die Kapelle in Hummertsried erbauen.[1] Die Herrschaft Hummertsried wird 1613 an Kloster Ochsenhausen verkauft. Die Fliesen werden, analog zu denen aus der Kirche von Wain, zwischen 1490 und 1510 verlegt worden sein. Bei der geringen Entfernung kamen sie vermutlich aus Kloster Ochsenhausen. (Vgl. H146 aus dem „Ochsenhäuser Hof“ in Ulm).

Literatur
A. Hejna, Das „Schlößle“ zu Hummertsried. Ein Burgstall des 13.–17. Jahrhunderts, FuB 2, Stuttgart 1974, 37, 44–50, Taf. 15 a–b. Darin: A. Buschle, Das ehem. „Schlößle“ in Hummertsried und seine Besitzer, 51–60.

1 A. Buschle, 54, Nr. 43.

Ebingen, Stadt Albstadt, Zollernalbkreis

Ehem. Hohenberger Schloß, sog. „Spital“, Finsterer Gang

Fundumstände
1880 müssen die Fliesen noch in situ verlegt gewesen sein.[1] Nach dem Brand im April 1880 wurde das Spital abgerissen, die Fliesen kamen später ins Heimatmuseum Ebingen, wo sie Groschopf 1937 zeichnete.[2] Sie gingen bei der Zerstörung des Museums im 2. Weltkrieg verloren.

Baugeschichte
Das Schloß wurde 1463 von Graf Sigismund von Hohenberg erbaut und nach dessen Tode 1487 an das 1410 gestiftete „reiche Spital“ in Ebingen verkauft. Es wurde bis 1878 benützt und 1880 durch Brand zerstört. Vermutlich stammen die Fliesen aus der Erbauungszeit, eine Verlegung nach 1478 wäre allerdings noch möglich.

Literatur
BOA Balingen, 326.
G. F. Hummel, Geschichte der Stadt Ebingen 2. Aufl., Ebingen 1936, 28–29, 39.
W. Stettner, Von schwäb. Spitälern im allgemeinen und dem Ebinger Spital im besonderen, Balinger Volksfreund 3, 1956, 114–115, 117–119.

1 BOA Balingen, 326: „der alte ... Spital enthält im Innern noch schöne alte Tonfliese ...“
2 Freundlicher Hinweis von Frau Franziska Groschopf, Geislingen.

Echzell, Wetteraukreis

Ev. Pfarrkirche

Fundumstände
Die Fliesen wurden bei der Restaurierung 1961/62 gefunden.

Baugeschichte
Die Kirche wurde, unter Verwendung der Fundamente eines römischen Frigidarium (Kaltbad) vermutlich in karolingischer Zeit erbaut. Im 12. Jahrhundert, in der 2. Hälfte des 13. Jahrhunderts und der 2. Hälfte des 15. Jahrhunderts wurde sie erweitert und umgebaut, 1724 ein neuer Chor errichtet. Die Fliesen können kaum vor der Mitte des 16. Jahrhunderts verlegt worden sein.

Literatur
H. Wagner, Kdm Kr. Büdingen, 122–125.
Hist. Stätten IV, Hessen, 99–100.
G. Dehio, Hessen, 185.

1 Den Fund der Fliesen verdanke ich Herrn Dr. Peter Weyrauch, Darmstadt.

Edelstetten, Gem. Markt Neuburg a. d. Kammel, Kr. Günzburg

Kath. Kapelle St. Michael und Laurentius

Fundumstände
Vier Fliesen wurden bei der Restaurierung 1967 ca. 30cm unter dem heutigen Fußboden gefunden.

Baugeschichte
Die Kapelle auf dem Michaelsberg soll die ehem. Pfarrkirche des Dorfes Edelstetten gewesen sein und muß in der Mitte des 12. Jahrhunderts schon bestanden haben. An die besonders reichdotierte Kapelle wurde im 15. Jahrhundert ein Chor angefügt, 1736 wurde sie barockisiert. Die Fliesen, deren Muster eher Ähnlichkeit mit Speyerer Prägungen hat, werden von Habel in die „2. Hälfte 13./1. Hälfte 14. Jahrhundert“ datiert. Der frühen Datierung muß in diesem Fall der Vorzug gegeben werden.

Literatur
A. v. Steichele, A. Schröder, Bd. V, 168.
H. Habel, Bayer. Kdm, Lkr. Krumbach, München 1969, 96–98.
Ders., Edelstetten, Kath. Pfarrkirche ehem. Damenstiftskirche, München 1980, 20.
G. Dehio, Schwaben, 295.

Haus Nr. 25

Fundumstände
In diesem Haus sollen dieselben Fliesen gefunden worden sein. Möglicherweise wurden sie in unbekannter Zeit aus der Kapelle entfernt.

Baugeschichte
Unbekannt. Das Haus soll ab 1717 das Wohnhaus von Simpert Kramer, dem Stiftsmaurermeister des Klosters Ottobeuren gewesen sein. Es ist möglich, daß dieses Haus schon im

Mittelalter Stiftsbesitz war. Sollten die Fliesen ursprünglich in diesem Haus verlegt gewesen sein, könnten sie auf heute verlorene Prägungen aus Kloster Ottobeuren hinweisen.

Egelsbach, Kr. Offenbach

Ev. Pfarrkirche

Fundumstände
Bei Grabungen kurz vor 1931 wurden im Pfarrgarten die Fundamente des gotischen Chors der ehem. Kapelle freigelegt. Es fanden sich Fliesen in drei verschiedenen Mustern, die heute als Plattengang vor der Kirche verlegt sind.[1]

Baugeschichte
Die Fliesen stammen aus dem Chor der vor 1614 abgebrochenen Kapelle, die rechtwinklig zum heutigen Kirchenbau lag. Bei der Restaurierung 1912/13 aufgedeckte Wandmalereien wiesen in die Zeit um 1330. In dieser Zeit könnten auch die Fliesen entstanden sein.

Literatur
K. Krauss, 1931, 45–48.
G. Dehio, Hessen, 187.

1 Freundliche Mitteilung von Herrn Pfarrer Eberhard Kietzig, Egelsbach.

Eggartskirch, Gem. Taldorf, Lkr. Ravensburg

Kath. Pfarrkirche St. Isidor

Fundumstände
Die Fliesen lagen früher im Chor, wurden jedoch schon vor 1888 entfernt und kamen ins Altertumsmuseum Stuttgart[1].

Baugeschichte
Die 1275 erstmals erwähnte Kirche ist ein Neubau des 18. Jahrhunderts.[1] In diesen wurden die Fliesen offensichtlich übernommen. Die nördlich danebenliegende Sakristei, vielleicht das Erdgeschoß eines ehem. Nordturmes ist noch gotisch. Eine 1463 gegossene Glocke weist vielleicht auf Schenkungen in dieser Zeit. Die Fliese, die vermutlich im nahegelegenen Ravensburg geprägt wurde, ist jedoch eher in der 2. Hälfte des 14. Jahrhunderts entstanden.

Literatur
P. Keppler, 270.
R. Schmidt, H. Buchheit, Kdm Kr. Ravensburg, 136.

1 P. Keppler, 270.

Eichstätt

Dom St. Salvator, Maria und Willibald?

Fundumstände
Die Fliesen müssen vor 1900 gefunden worden sein. Möglicherweise wurden sie bei der Restaurierung des Doms 1881–84 entfernt. Bei dieser wirkte Fritz Geiges mit, der sich während seiner Tätigkeit in Freiburg schon mit Fliesen beschäftigt hatte. Vielleicht gab er Fliesen an Forrer weiter. Es muß jedoch hinzugefügt werden, daß nicht alle Angaben Forrers über Fliesenfundorte zuverlässig sind.[1]

Baugeschichte
Der nach 744 durch Bischof Willibald erbaute Dom hat eine wechselvolle Baugeschichte. Aus den Vorgängerbauten haben sich im heutigen Dom nur noch die Türme des 1060 geweihten Ostchors erhalten. Ein Westchor wurde 1259–69, ein neuer Ostchor 1365–69 erbaut, wenig später folgte das Langhaus. Die spätere Baugeschichte darf vernachlässigt werden, da die Fliesen, deren Muster außerdem in St. Peter, Bacharach, der Burgkirche in Ober-Ingelheim, in Kloster Johannisberg und in Mainz gefunden wurde, nur während der Bauzeit des Westchors verlegt worden sein können. Ein Vorkommen dieses Musters in so weiter Entfernung von Mainz ließe sich daraus erklären, daß der Sprengel Eichstätt der Mainzer Kirche unterstellt war, deren Kanzleramt seit dem 13. Jahrhundert die Bischöfe von Eichstätt versahen. So wurde z. B. 1243 der neuerbaute Kreuzgang des Mainzer Doms durch den Bischof von Eichstätt geweiht.

Literatur
J. Wetter, 37.
R. Forrer, 1901, Taf. VI, 4.
F. Mader, Kdm Eichstätt, 32–41.
Hist. Stätten VII, Bayern, 160–163.
E. Herzog, Th. Neuhofer, Der Dom zu Eichstätt, München 1970, 2–22.
W. Sage, Die Ausgrabungen im Willibaldsdom zu Eichstätt 1970–1972, Archäologisches Korrespondenzbl. 5, 1973, 107–114.

1 Nach freundlicher Mitteilung von Herrn Prof. Dr. Walter Sage, Bamberg, wurden bei den Grabungen im Dom von Eichstätt keinerlei Anzeichen für das Vorhandensein eines Fliesenbodens gefunden. Die Fußböden bestanden, soweit sich das überblicken ließ, aus einem Mörtelestrich aus vorromanischer Zeit, aus ungemusterten Ziegelplatten wohl des 13. Jahrhunderts und aus Jurakalkplatten seit dem 14. Jahrhundert. Es wäre allerdings möglich, daß ein kleiner Fliesenrest um 1881 noch in situ lag und dann entfernt wurde. Fliesen unbekannter Herkunft liegen in den Museen von Düsseldorf und Nürnberg, diese könnten, wie vermutlich die Exemplare im Museum Straßburg, jedoch auch aus rheinischen Fundorten stammen.

Eintürnenberg, Stadt Bad Wurzach, Lkr. Ravensburg

Kath. Pfarrkirche St. Martin

Fundumstände
Bei Renovierungsarbeiten 1967 kamen Fußbodenreste älterer Bauten zutage, darunter Bodenfliesen eines Musters.

Baugeschichte
Die 1275 erstmals erwähnte, nicht mit Sicherheit gleichzeitig mit dem Turm des 12. Jahrhunderts entstandene Saalkirche wurde im 15. Jahrhundert durch einen Neubau ersetzt und nach Brand (1645) nach 1671 erneuert. 1741 wurde ein Chorbau angefügt. Die Fliesen wurden, analog zu denselben Mustern in Kloster Schussenried und Schloß Wolfegg, vermutlich zwischen 1480–90 verlegt, nachdem der „Burgstall" 1480 an die Truchsessen von Waldburg gekommen war.

Literatur
A. Schahl, W. von Matthey, Kdm. ehem. Kr. Waldsee, 117–120.
B. Scholkmann, Eintürnenberg, Gde. Eintürnen, Kr. Wangen, Südwürttemberg, Kath. Pfarrkirche St. Martin, Nachrichtenbl. Denkmalpflege Baden-Württemberg 13, 1970, 72–73.

Eisenbach, Stadt Lauterbach, Vogelsbergkreis

Schloß der Riedesel, Freiherren zu Eisenbach

Fundumstände
Die Fliesen liegen in situ in der Schloßkapelle.

Baugeschichte
Die Burg der mächtigen Herren von Eisenbach wird 1217 erstmals genannt, sie ging nach dem Aussterben der Linie 1428 an die von Riedesel über. Die Burg besitzt zwei Sakralräume, eine 1671–75 auf den Grundmauern einer romanischen oder frühgotischen Kapelle errichtete Burgkirche und eine Burgkapelle im Turm der Hauptburg. Dieser wurde zwischen 1429–63 erbaut. Die Fliesen, deren einfaches Blütenmuster schwierig zu datieren ist, können aus dem 3. Viertel des 15. Jahrhunderts stammen. Sie könnten jedoch auch noch im 1. Drittel des 16. Jahrhunderts verlegt worden sein, als vor und nach 1515 und nach 1539 sich rege Bautätigkeit entfaltete.

Literatur
Hist. Stätten IV, Hessen, 103.
E. Brauns, Schloß Eisenbach am Vogelsberg, Hess. Gebirgsbote 73, 1972, 31–33.
G. Dehio, Hessen, 279–280.

Eisenberg über Goldhausen, Gem. Korbach, Kr. Waldeck-Frankenberg

Burgstelle

Fundumstände
Bei Schürfbohrungen am Eisenberg, dem einzig bekannten Goldberg Deutschlands, wurden Teile des zugeschütteten Burggrabens 1972 freigelegt und anschließend der gesamte Inhalt des Burggrabens geborgen. Dabei fand man 126 Fragmente von spätmittelalterlichen Fliesen.[1] Da nur zwei Fliesen Spuren von Abnützung zeigten, vermutet Kulick[2], daß die übrigen Fliesen als untere Verkleidung von Öfen oder als Wandfliesen angebracht gewesen waren.

Baugeschichte
Der Eisenberg wird 1126, eine Burg darauf 1367 erstmals genannt. Sie war im Besitz der Grafen von Waldeck, die sie ab 1475 um- und ausbauten. Nach einer Zerstörung 1621 wurde der Wiederaufbau versucht, dieser jedoch 1664 aufgegeben und die Burg später als Steinbruch genutzt. Der Burggraben enthielt den Keramik- und Bauschutt der Burg seit ca. 1450, 1670 wurde er eingeebnet. Nach Kulick[3] tauchen die ersten Fliesen in Schichten vom Ende des 15. Jahrhunderts auf. Nicht alle zeigen das Muster S58, den Stern des Waldecker Wappens. „Vom Eisenberg gibt es Fliesen mit und ohne Sternstempel, Fliesen mit Stern, der von ein- bis fünfspiraligen Kreisen im Durchmesser von 14 cm umrahmt wird, Fliesen mit Kreisdekor ohne Stern und halbe Fliesen ohne Dekor".[4] Die Fliesen könnten noch aus dem 1520 durch Graf Philipp III. v. Waldeck-Eisenberg und seine Gemahlin Anna von Kleve errichteten Wohnflügel stammen. Genaue Vergleiche von Scherben und Prägung machen es wahrscheinlich, daß die Fliesen in Niedenstein gebrannt wurden.

Literatur
G. Ganssauge, W. Kramm, W. Medding, Kdm Reg. Bez. Kassel, N.F. 3, Hess. Kreis des Eisenberges, Kassel 1939, 79–81 und Taf. 27, 2.
Hist. Stätten IV, Hessen, 104.
W. Noll, Der Goldberg mit dem Grafenschloß. Der Eisenberg bei Korbach hat eine interessante Vergangenheit, Waldecker Landeskalender 242, 1969, 73–79.
J. Kulick, Die Ausgrabungen auf dem Eisenberg, Waldecker Landeskalender 251, 1981, 41–46.
G. Dehio, Hessen, 344.
J. Kulick, 1985, 99–107.

1 Alle Angaben zu Grabungen und den Funden verdanke ich Herrn Dr. Jens Kulick, Wiesbaden.
2 J. Kulick, 1985, 101.
3 Ebd., 101.
4 Ebd., 101.

Eldena, Stadt Greifswald, Bez. Rostock

Ehem. Zisterzienserkloster

Fundumstände
Bei den Ausgrabungen der Klosteranlage 1926–27 wurden in fast allen Teilen des Klosters die mittelalterlichen Fußböden angeschnitten oder freigelegt. Neben in wechselnden Mustern angeordneten, unverzierten Quadrat- und Rhombenfliesen[1] fanden sich in der Kapelle, der Wärmestube und im Kapitelsaal gemusterte Fliesen. Im Kapitelsaal wurden drei verschiedene Fußbodenlagen festgestellt, von denen der erste[2] und zweite aus ungemusterten Fliesen bestand, der dritte, zwischen den Säulenbasen gelegen, aus Reliefflieseh und aus solchen mit vertiefter Prägung.
Der Fußboden der Kapelle war unter der Zumauerung in der Ostwand noch erhalten.[3] Neben hell- und dunkelgrün, gelb und rot glasierten glatten Fliesen fand sich die Reliefflliese H221.
Bei der Ausgrabung der Wärmestube wurden Fliesen mit Blatt- und Blütenmustern aufgedeckt, die jeweils zu einem Quadrat aus vier Fliesen zusammengesetzt, im Muster wechselten.[4] Außerdem fanden sich die einzig bis jetzt für Deutschland bekannten Fliesen mit der Darstellung von Tierfabeln. Auch hier dürfte nur ein kleiner Teil der ehem. Muster auf uns gekommen sein.[5] Die Grabungen im Chor der Kirche, im Langhaus und den Seitenschiffen sowie im Kreuzgang legten überall Fußböden aus ungemusterten Fliesen und Formsteinen frei.

Baugeschichte
Zur Baugeschichte des 1199 von Esrom aus gegründeten, mit flüchtenden Mönchen aus Dargun besiedelten Klosters, gibt es nur spärliche Nachrichten. Die Ansichten über den Beginn der Bautätigkeit schwanken von Beginn des 13. Jahrhunderts bis 1260, doch dürften vor 1249 die Ostteile der Kirche vollendet gewesen sein. Ein 2. Bauabschnitt folgte Ende des 14. Jahrhunderts, der den Bau des Langhauses und, wohl zu

Beginn des 15. Jahrhunderts, den der Westfront abschloß. Ein Teil der Klostergebäude muß 1265 im Bau gewesen sein, ihre Vollendung fiel vermutlich in die 1. Hälfte des 14. Jahrhunderts. Die in verschiedenen Techniken geprägten und in den Mustern stark voneinander abweichenden Fliesen vermitteln ebenfalls den Eindruck einer sich lange hinziehenden Bauzeit. Die frühesten Fliesen, die sich an Vorlagen anderer Zisterzienserklöster (Bebenhausen?) anlehnen, sind vermutlich die der Wärmestube. Sie könnten noch aus dem Ende des 13. oder dem Beginn des 14. Jahrhunderts stammen, sind aber doch wohl etwas später entstanden. Die übrigen Fliesen wurden wohl erst im späten 14. oder im 15. Jahrhundert geprägt. Das Kloster wurde 1533 aufgehoben und verfiel, nach schweren Zerstörungen im 30jährigen Krieg, im 17. und 18. Jahrhundert. Erst 1827–28 wurde der Ausbeutung als Steinbruch ein Ende gesetzt.

Literatur

H. Kloer.
G. Dehio, Neubrandenburg, Rostock, Schwerin, 120–123.
G. Baier, H. Ende, R. Krüger, Kdm Bez. Rostock, 135–146.
G. Osternmay, 53–55.

1 H. Kloer, 62, Abb. 50. Die quadratischen Fliesen waren in der Diagonale verlegt und von Bändern aus Rhombenfliesen und gleichschenkligen Dreiecken gerahmt.
2 Ebd., 60, Abb. 45, 47. „Der erste Fußboden bestand aus dunkel- und hellgrün glasierten, 3cm starken Tonplatten, die etwa 13 × 13cm groß waren. Von Säule zu Säule zog sich ein Streifen aus ganzen und halben rautenförmigen Platten und begrenzte damit einen quadratischen Raum auf dem Fußboden."
2 Ebd., 62–63, Abb. 49–52. Der Boden war ähnlich wie im Kapitelsaal gegliedert, die Fliesen waren in Mörtel verlegt, die des Kapitelsaals nur in Sand.
4 Ebd., 68–69, Abb. 55–56. Kloer gibt nicht an, ob die Fliesen, „die sich immer zu vier Steinen zusammensetzen lassen", auch in dieser Anordnung gefunden wurden.
5 G. Ostermay, 55. Auch hier wurden 1684 32000 Mauersteine ausgebrochen und für die Befestigungsanlagen in Greifswald und Stralsund verwandt. Darunter könnten sich auch Fliesen befunden haben.

Elkerhausen, Gem. Weinbach, Kr. Limburg-Weilburg

Ehem. Wasserburg

Fundumstände

Luthmer[1] erwähnt 1907 „einige Fliesen mit eingepreßtem gotischen Muster" im Obergeschoß eines Gebäudes. Bei der 1981 begonnenen Restaurierung der Burg wurden Fliesen und Fliesenbruchstücke in drei verschiedenen Mustern geborgen.[2]

Baugeschichte

Die Burg wird als Sitz der Herren von Elkerhausen 1191 erstmals erwähnt. Sie wurde 1352 durch Erzbischof Balduin von Lützelburg erobert und zerstört, ein Wiederaufbau untersagt. Ob dieses Verbot strikt eingehalten wurde, läßt sich nicht mehr feststellen.[3] Zu Beginn des 15. Jahrhunderts ließ sich eine Linie der Herren von Elkerhausen wieder in der Burg nieder und baute die Burg wohl in kleinerem Maßstab wieder auf. Erhalten haben sich nur zwei Wohngebäude, die in der Folgezeit verändert wurden. Diese scheinen bis zum Aussterben des Geschlechts 1725 bewohnt gewesen zu sein. Die Fliesen gehören vermutlich zwei verschiedenen Zeiten an. L12 und L36.1, welche beide auch in einem Burgmannenhaus in Runkel gefunden wurden, könnten noch vor der Zerstörung der Burg in der 1. Hälfte des 14. Jahrhunderts verlegt worden sein. H57 ist eine späte Prägung dieses weitverbreiteten Musters. Diese Fliese könnte aus Umbauten des späten 15. oder frühen 16. Jahrhunderts stammen. Eine Tür im Obergeschoß und ein Fenster im Erdgeschoß des jüngeren Baus belegen, daß zu dieser Zeit an der Burg gebaut wurde.

Literatur

F. Luthmer, Kdm Reg. Bez. Wiesbaden III, 42–43.
F. A. Schmidt, Geschichte der Elkerhäuser Burgen (1352–1396), Nass. Ann. 46, 1925, 57–63 (–80).
G. Dehio, Hessen, 197.
I. Krupp, 13–56.

1 F. Luthmer, 43.
2 Freundliche Mitteilung von Frau Dr. Ingrid Krupp, Elkerhausen.
3 I. Krupp, 22, 28, nimmt an, daß das Wohnhaus der Herren von Elkerhausen erhalten blieb und vermutlich nur der Befestigungsring geschleift, die Wassergräben zugeschüttet wurden.

Elten, Stadt Emmerich, Kr. Kleve

Kath. Pfarrkirche, ehem. Stiftskirche St. Vitus

Fundumstände

Die Fliesenbruchstücke wurden bei den Grabungen 1964–65 gefunden. Sie stammen „aus dem Auffüllschutt in der Geländeeintiefung der NW-Ecke, der vermutlich aus der Kirche stammt".[1] Es fanden sich außerdem Marmorplättchen in verschiedener Form und in vier Farben, die jedoch für eine Ergänzung der Muster nicht ausreichten. Ferner wurden zahlreiche ungemusterte Bodenplatten (ca. 460 Stück) mit schwarzer, goldbrauner, zitronengelber und grüner Glasur gefunden, darunter auch dreieckige Platten und solche, die durch eine geritzte Diagonallinie für den Bruch vorbereitet waren. Die kleinen Abmessungen (5,5 × 5,5 cm und 8,5 × 8,5 cm) weisen auf einen reichgegliederten Boden aus Plattenmosaik.[2] Die Reliefflíese S50 war dagegen nur in zwei Bruchstücken, die engobierte Fliese ZL3 in einem Fragment vertreten.

Baugeschichte

Das durch Gaugraf Wichmann 960 auf dem Eltenberg gegründete Kanonissenstift wurde 973 zum Reichsstift erhoben. Die erste Kirche des 10. Jahrhunderts wurde im 1. Drittel des 12. Jahrhunderts durch einen 1129 geweihten Neubau ersetzt, dieser in der 2. Hälfte des 14. Jahrhunderts nochmals verändert.
Nach schweren Beschädigungen 1670–77 wurde die Kirche verkleinert aufgebaut. Das 1811 säkularisierte Stift wurde 1834 auf Abbruch verkauft, die Klostergebäude fast ganz abgerissen. Die engobierte Fliese könnte in der 2. Hälfte des 14. Jahrhunderts aus den Niederlanden bezogen worden sein, die Reliefflíese S50 weist mit ihrer wellenförmigen Blattrippe in die 2. Hälfte des 15. Jahrhunderts.

Literatur

P. Clemen, Kdm Kr. Rees, 67–73.
G. Dehio, Rheinland, 158–161.
G. Binding, W. Janssen, F. K. Jungklaass, 189–191, 231, Abb. 69, 8 und 108a.
H. Kier, 1970, 102.

Hist. Stätten III, Nordrhein-Westfalen, 327–328.
H. E. KUBACH, A. VERBEEK, Bd. 1, 246–254.

1 G. BINDING, W. JANSSEN, F. K. JUNGKLAASS, 191.
2 Ebd., 192.

Eltville, Rheingau-Taunus-Kreis

Ehem. Burg der Erzbischöfe von Mainz

Fundumstände
Nach Eichholz[1] lagen 1902 im 2. Obergeschoß des Bergfrieds noch Fliesen des Musters H37 in situ. Fliesen des Musters J80 wurden bei einer Grabung im „Rheinzwinger" gefunden, in den nach der Zerstörung 1635 bei den Aufbauarbeiten 1660–62 der ganze mittelalterliche Schutt der Burg gekippt worden war.

Baugeschichte
Die 1301 zerstörte Wasserburg im Besitz des Erzstiftes Mainz wurde um 1330 durch Erzbischof Balduin von Lützelburg neu erbaut und von seinem Nachfolger, Heinrich von Virneburg, um 1345 vollendet. Sie war bis 1480 Residenz der Mainzer Erzbischöfe, wurde 1635 zerstört und 1682 wiederhergestellt. Die Fliesen, Eberbacher Muster, welche dort wohl im 1. Drittel des 14. Jahrhunderts verlegt wurden, stammen hier wahrscheinlich aus der Zeit um 1345.[2]

Literatur
P. EICHHOLZ, 99–132.
W. KRATZ, Eltville. Baudenkmale und Geschichte, 2 Bde., Eltville 1961/1962, 34–49.
M. HERCHENRÖDER, 116–120.
Hist. Stätten IV, Hessen, 106–107.
G. DEHIO, Hessen, 201.

1 P. EICHHOLZ, 121, Abb. 9.
2 Ebd., 110. An der Ausstattung scheint vor allem 1339–43 gearbeitet worden zu sein. 1343 werden Gobelins bestellt. Die Fußböden dürften daher zu diesem Zeitpunkt schon verlegt gewesen sein.

Eltville-Rauenthal, Rheingau-Taunus-Kreis

Kath. Pfarrkirche St. Antonius Abbas

Fundumstände
Die Fliesen wurden bei einer Restaurierung im Chor der Kirche gefunden.

Baugeschichte
Die um 1326–27 begonnene, vor 1339 vollendete Kapelle, wurde in der 2. Hälfte des 15. Jahrhunderts ausgebaut und erweitert. Ablässe weisen auf einen Baubeginn um 1459, die Südpforte entstand 1464. Möglicherweise war der Bau erst mit der Einwölbung 1492 abgeschlossen. Die Fliesen müssen aus dem ersten Kapellenbau stammen. Das Muster O13 wurde vermutlich schon im 3. Viertel des 13. Jahrhunderts entwickelt, kann jedoch noch um 1327 verlegt worden sein.

Literatur
M. HERCHENRÖDER, Kdm Rheingaukreis, 306–308.
G. DEHIO, Hessen, 729–730.

Eltz, Gem. Wierschen, Kr. Mayen – Koblenz

Burg der Grafen von Eltz

Fundumstände
Die Fliesen liegen in situ im sog. „Fahnensaal" des Rodendorfer Hauses. Das Originalmuster ist L3, fehlende Stellen wurden in späterer Zeit anscheinend mit Fliesen des Musters J80 ausgeflickt. Der Boden wurde in unbekannter Zeit mit einer dünnen Estrichschicht überzogen. Nach deren Abnützung kamen die Muster wieder zutage.[1] Weitere Fliesen in drei verschiedenen Mustern fanden sich bei Bauarbeiten und Restaurierungen.

Baugeschichte
Die Burg der um 1150–57 erstmalig genannten Herren von Eltz wurde vermutlich schon im 12. Jahrhundert erbaut. Nach der Stammesteilung 1263 entstanden bis zum 16. Jahrhundert verschiedene, eng aneinandergebaute Häuser, deren ältestes, „Platt-Eltz", noch vor 1263 erbaut worden sein muß. Das Rodendorfer Haupthaus, in dessen Erdgeschoß sich der Fahnensaal befindet, wurde 1470–1540 errichtet und in der 1. Hälfte des 16. Jahrhunderts durch Philipp von Eltz und seine Frau, Elisabeth von Pyrmont, ausgebaut. Die Burg wurde seit 1730 nicht mehr bewohnt und verfiel stark. Seit der Mitte des 19. Jahrhunderts wurde sie wieder restauriert, brannte jedoch 1920 fast aus. Die Fliesen, die, selbst wenn man eine lange Wiederverwendung von Modeln annimmt, nicht später als in der 2. Hälfte des 14. Jahrhunderts geprägt worden sein können, müssen aus einem andern Gebäude später ins Rodendorfer Haus verbracht worden sein. L3 könnte noch dem frühesten Bau um 1263 angehören. J80 könnte aus einer Kapelle stammen, deren Weihe 1326 durch Arnold von Eltz, Bischof von Kammin, vorgenommen wurde. Die Fliesen J80 und T7 wurden in Urbar gefunden, L48 stimmt genau mit der groben Prägung Urbars überein und H262 ist in einer Variante dort vertreten. Es darf daraus geschlossen werden, daß die Fliesen aus Urbar bezogen und vermutlich im 2. Drittel des 14. Jahrhunderts in Burg Eltz verlegt wurden.

Literatur
J. G. ZU ELTZ, Burg Eltz, Frankfurt 1931.
F. MICHEL, Burg Eltz, Berlin 1952.
W. BORNHEIM GEN. SCHILLING, 1964, Bd. 1, Register.
G. DEHIO, Rheinland-Pfalz, 249–253.
H. ADENAUER, J. BUSLEY, H. NEU, Kdm Kr. Mayen 2, I, 48–72.

1 Freundliche Mitteilung der Gräfl. Eltzschen Gutsverwaltung.

Emerkingen, Alb-Donau-Kreis

Kath. Kapelle St. Wolfgang

Fundumstände
Die Fliesenbruchstücke fanden sich bei einer Restaurierung im Unterbau des Altars, zusammen mit Feldsteinen und Ziegeln vermauert. Vermutlich wurden sie bei der Barockisierung der Kapelle, die auch ein Versetzen des Altars an die Stirnwand des Chors im Gefolge hatte, dort verwandt.[1]

Baugeschichte
Die Kapelle wurde zwischen 1478 und 1482 erbaut und um 1717 barock verändert. Da die Fliesen in Prägung, Maßen und

Tonfarbe genau mit der in der Kapelle des nahen Kleinallmendingen gefundenen Fliese übereinstimmen, dürften sie aus derselben Werkstatt stammen. Die Klöster Zwiefalten, Marchthal, Salem und Urspring waren in Emerkingen begütert. Die Fliesen wurden möglicherweise erst etwas später als 1482 verlegt.

Literatur
BOA Ehingen, 87–90.
J. Baum, H. Klaiber, B. Pfeiffer, Kdm Donaukreis I, 518.

1 Den Fund dieser Fliese verdanke ich Herrn Robert Gerster, Biberach.

Engstlatt, Stadt Balingen, Zollernalbkreis

Ev. Pfarrkirche, ehem. St. Petrus

Fundumstände
Unbekannt. Die Fliesen kamen im 19. Jahrhundert ins Altertumsmuseum Stuttgart.

Baugeschichte
Die vermutlich im 14. Jahrhundert erbaute Kirche erhielt 1471 einen Chor, der um 1510 ausgemalt wurde. Da das Kloster Alpirsbach in Engstlatt einen großen, 1390 erstmals erwähnten Seelhof besaß, das Kloster Zwiefalten ebenfalls dort begütert war, entstand die sehr schöne Fliese vielleicht unter dem Einfluß eines dieser Klöster.

Literatur
E. Paulus, Kdm Schwarzwaldkreis, 26.
W. Foth, 315–316.
G. Dehio, Baden-Württemberg, 110.

Enkirch, Kr. Bernkastel-Wittlich

Ev. Pfarrkirche

Fundumstände
Die Fliesen wurden vermutlich bei der Verlegung eines neuen Fußbodens 1877 in der Sakristei gesammelt. Dort waren sie 1938 noch vorhanden. Es war nicht festzustellen, wann die Fliesen entfernt wurden, sie sind inzwischen alle verloren.

Baugeschichte
An der Kirche, deren Kern ins 13. Jahrhundert zurückgeht, wurde sehr viel umgebaut. In den Hauptchor wurden im späten 14. und im 15. Jahrhundert neue Fenster eingefügt, im 14. Jahrhundert war ein Nordchor, zu Beginn des 16. Jahrhunderts ein Südchor errichtet worden. In der 2. Hälfte des 15. Jahrhunderts entstand eine Sakristei, in dessen Ende ein Vorjoch. 1616–18 wurde ein Südturm erbaut, das Langhaus 1718 durch einen Saalbau ersetzt. Bei den Fliesen handelt es sich um Muster des Klosters Eberbach. Mit Ausnahme von L38 zeigen sie kleine Abweichungen. Diese können jedoch auch von Friebe[1] ungenau gezeichnet sein, da möglicherweise die Oberfläche stark abgenützt und schlecht zu erkennen war. Außerdem könnte es sich um heute in Eberbach noch nicht entdeckte Varianten oder um Nachschnitte nach Eberbacher Vorlagen handeln. Die Muster in Eberbach gehören alle der 2. Hälfte des 13., L38 dem 1. Drittel des 14. Jahrhunderts an. Wann die Fliesen in Enkirch verlegt wurden, ist nicht sicher zu sagen, vermutlich geschah dies im 14. Jahrhundert.

Literatur
F. Friebe, 1909a.
Ders., 1909b, Sp. 403, Sp. 427, Abb. 23, Taf. 60, Abb. 38–44.
H. Vogts, Kdm Kr. Zell, 118–125, 129, 146, 152.
G. Dehio, Rheinland-Pfalz, 258.

1 F. Friebe, 1909b, Taf. 60.

„Haus zum Herrenberg" 20, früher Unterstr. 199

Fundumstände
„Im Untergeschoß spätmittelalterliche Fliesen aus der Pfarrkirche (zu vieren zusammengehörig 13 × 13, mit Blumen in maßwerkverzierten Kreisen, rot und schwarz)"[1]. Die Fliesen wurden bei einem Umbau des Hauses 1970 entfernt und sind bis auf eine Platte verloren.

Literatur
F. Friebe, 1909a, 32.
H. Vogts, Kdm Kr. Zell, 152.

1 H. Vogts, 152.
F. Friebe, 1909a, 32. 1909 lagen in dem Haus noch 30–40 Fliesen.

Entringen, Gem. Ammerbuch, Lkr. Tübingen

Ev. Pfarrkirche St. Michael

Fundumstände
Beim Einbau einer Heizanlage wurde 1967/68 eine Grabung durchgeführt. Dabei wurden Fliesen und Fliesenbruchstücke in drei verschiedenen Mustern gefunden.[1]

Baugeschichte
Die Apsis der auf Vorgängerbauten des 8.–9. und 10.–11. Jahrhunderts errichteten Kirche wurde kurz nach 1400 durch einen Polygonchor ersetzt. Im 3. Viertel des 14. Jahrhunderts[2] wurde im Schiff ein neuer Fußboden verlegt. Dieses wurde nach 1452 durch einen Neubau abgelöst. Die Pfarrei ist seit 1327 dem Kloster Bebenhausen inkorporiert, das in Entringen seit 1296 einen Pfleghof besaß. Dennoch lehnt sich nur N42 an eine Bebenhäuser Fliese an, während die vermutlich im 3. Viertel des 14. Jahrhunderts entstandene Fliese H168 eher dem Typus der Weingartener Fliesen gleicht (vgl. H182). Während H159 zweifellos aus dem Neubau von 1452 stammt, könnte N43 noch zu Beginn des 15. Jahrhunderts entstanden sein. Vermutlich wurden die Fliesen in Entringen geprägt. Dieses verfügte im 19. Jahrhundert über „mehrere Töpfergruben und eine Lehmgrube[3]", die wohl auch schon in früherer Zeit ausgebeutet wurden.

Literatur
BOA Herrenberg, 173.
G. Dehio, Baden-Württemberg, 110.
H. Krins, Entringen, Kr. Tübingen, Südwürttemberg, Ev. Pfarrkirche St. Michael, Nachrichtenbl. Denkmalpflege Baden-Württemberg 13, 1970, 73–74.
Hist. Stätten VI, Baden-Württemberg, 183.
J. Sydow, 1984, 202–203.

1 H. Krins, 74. Datierung durch Münzfund, ein Heller aus dem 3. Viertel des 14. Jahrhunderts.
2 H. Krins, ebd.
3 BOA Herrenberg 173.

Epfig, Bas-Rhin, Frankreich

Margarethenkapelle auf dem Friedhof

Fundumstände
In der Kapelle sind heute Kopien nach Originalfliesen verlegt. Diese fand man bei der Restaurierung der Kapelle 1873–76, als man den Schutt ausräumte, um das originale Bodenniveau wiederherzustellen.[1]

Baugeschichte
Die auf dem Grundriß eines lateinischen Kreuzes wohl im 1. Viertel des 11. Jahrhunderts errichtete Kapelle wurde vermutlich in der Mitte des 12. Jahrhunderts noch erweitert. 1516 wurde eine Kapelle im Winkel zwischen Chor und südlichem Querhaus angefügt. Die sehr grobe Prägung entzieht sich der sicheren Datierung. Aufgrund der Maße dürfte sie eher im 15. als in der 2. Hälfte des 13. Jahrhunderts[2] entstanden sein. Möglicherweise wurde sie erst bei den Bauarbeiten von 1516 verlegt.

Literatur
F. X. Kraus, Kdm Elsaß-Lothringen I, 53–54.
J. Baur, Sainte-Marguerite d'Epfig (Alsace), Notes d'art et d'archéologie, 1908, 101–104, 131–135.
R. Kautzsch, 60–61.
H. Haug, R. Will, 77–116.
G. Meyer, 1975 I, 37.

1 J. Baur, 103.
2 G. Meyer, 1975 I, 37.

Eppstein, Main-Taunus-Kreis

Burgruine

Fundumstände
Unbekannt. Seit Beginn der Restaurierungsarbeiten 1905 wurden Fliesen gesammelt, ohne daß jeweils festgehalten wurde, woher die einzelnen Muster stammten. Einzelne Fliesen fanden sich im Brandschutt des Jahres 1751 in den Wohngeschossen (Langer Stall und Kelterturm). Bei Ausschachtung des Brunnens 1909 wurden „Ziegelstücke mit figürlichen Darstellungen“[1] geborgen. Die Muster H 53 und K 65, jeweils in größerer Menge vorhanden, bildeten vermutlich die Ausstattung eines oder zweier Räume. Die Stelle, an der die erste, in der Reformation abgerissene Burgkapelle[2] stand, ist noch nicht ausgegraben. Möglicherweise liegt der Boden der Burgkapelle noch in situ unter der Erdaufschüttung im Burghof. Picard[3] glaubt außerdem an eine Verschleppung von Fliesen und anderen Bauteilen durch die Einwohner Eppsteins und der Nachbarorte.

Baugeschichte
Die vermutlich um 1100 gegründete Burg wird 1122 erstmals erwähnt. Zur mittelalterlichen Baugeschichte fehlen alle Daten. Die Bauten des 12. Jahrhunderts sind nicht mehr erkennbar, erhalten haben sich vorwiegend Mauern des 14. Jahrhunderts und des spätgotischen Ausbaus. Der Bau muß daher auf Grund historischer Ereignisse und kann teilweise auch an Hand der Fliesen erschlossen werden. Die Burg kam über den Grafen Gerhard von Nürings an Gerhard III. von Hainhausen (Kr. Offenbach), der zwischen 1186/89 in den Taunus übersiedelte und sich nach der Burg nannte. Ein Ausbau der Burg im 1. und 2. Drittel des 13. Jahrhunderts unter den Grafen Gottfried I. (etwa 1190 – um 1223) und Gottfried II. (1223–78) ist wahrscheinlich, vor allem als Macht und Ansehen der Eppsteiner, die dem Erzstuhl Mainz vier Bischöfe stellten, ständig wuchsen.
Die Burgkapelle St. Jakobus stammt wohl auch schon aus dem 12./13. Jahrhundert. Bauarbeiten fanden nach einem Brand der Burg 1350, zu Ende des 14. und in der 1. Hälfte des 15. Jahrhunderts statt; 1418 brachte ein Erbfall nochmals großen Landbesitz;[4] 1419 eine Heirat die Hälfte der Grafschaft Diez und der Herrschaft Altweilnau.
Der langsame Verfall setzte schon nach 1492 ein, als die Hälfte der Burg an Hessen verkauft wurde. Zu dieser Zeit wohnte schon kein Burgherr mehr dort. Der Palas wurde 1535 und 1577 durch die Beamten des Grafen Ludwig von Stolberg demoliert. Ausbesserungsarbeiten sind 1616 und 1619 erwähnt. Nach dem Brand 1751 wurden die beiden oberen Stockwerke des „Langen Stalls“ abgerissen, seit 1776 verfiel der hessische, seit 1803 der mainzische Teil der Burg.[5] Erst 1823 wurde der Abbruch und die Abfuhr von Baumaterialien aus der Burg gestoppt.
Die Vielfalt der gefundenen Muster legt nahe, daß die Burg in vielen Räumen Fliesenböden besaß. Aufgrund der Muster müßte der erste Fliesenboden um 1230/40 verlegt worden sein, wenig später ergänzt durch Fliesenböden, deren Fliesen wahrscheinlich schon aus Eberbach oder Arnsburg bezogen wurden (um 1250/60).[6] Für die frühen Fliesen gibt es zahlreiche Querverbindungen, sie fanden sich außerdem in der Pfalz in Gelnhausen, dem Königshaus in Boppard, den Klöstern Arnstein und Brunnenburg, St. Peter in Bacharach etc. Die Fliesen der 2. Periode, vermutlich nach dem Brand von 1350 beim Wiederaufbau verlegt,[7] kamen aus einer anderen Quelle, die Muster finden sich in Kloster Ilbenstadt, einem Klösterchen in Hofheim/Taunus und in Burg Königstein. Einige der Fliesen könnten aus dem zwischen 1492 und 1509 errichteten Küchenbau stammen.[8] In der 2. Hälfte des 16. Jahrhunderts müssen noch die Fliesen K 65 verlegt worden sein. Sie könnten jedoch wie die Jahreszahl „1628“ bei K 66 aus Gaubickelheim zeigt, auch noch aus dem im östlichen Teil der Burg 1624 errichteten Neubau stammen.

Literatur
F. Luthmer, Kdm Reg. Bez. Wiesbaden II, 121–125, 128–130.
Hist. Stätten IV, Hessen, 190.
B. Picard, Eppstein im Taunus, Geschichte der Burg, der Herren und der Stadt, Frankfurt 1968, 16, 24, 33–37, 148.
Ders., 1973 a.
Ders., 1973 b.
G. Dehio, Hessen, 206.

1 B. Picard, 1973 b, 26. Alle weiteren Angaben zu den Funden verdanke ich ebenfalls Herrn Dr. Berthold Picard, Großauheim.
2 B. Picard, 1968, 27. Die Burgkapelle wird erst 1409 erwähnt, ein Burgkaplan ist jedoch schon für das frühe 14. Jahrhundert bezeugt.
3 B. Picard, 1973 a, 17.
4 Hinzu kamen Hofheim, Königstein und Anteile an Burg Münzenberg. Dort lag z. B. das ebenfalls in Eppstein gefundene Muster O 61.
5 B. Picard, 1973 b, 19. 1803 meldet der nassauische Bauinspektor Florian „... indem alle Fußboden fehlen ...“
6 Dieser Boden muß nach dem der ehem. Dompropstei Mainz verlegt worden sein, da das Muster W 2 schon in eine quadratische Fliese geprägt wurde. Offensichtlich wurde in Eppstein keine Fliesenrosette mehr verlegt.
7 B. Picard, 1968, 35. Dieser Brand muß auch die Kernburg vernichtet haben, wahrscheinlich brannten auch die Steingebäude aus.
8 Hier soll nach Mitteilung von Herrn Dr. Picard das Muster O 61 gefunden worden sein.

Erftstadt-Erp, Erftkreis

Ehem. Burg der Grafen von Manderscheid-Blankenheim

Fundumstände
Unbekannt.

Baugeschichte
Von dem Burghaus der Grafen von Manderscheid, das 1780 noch im Besitz des Grafen von Salm-Reifferscheid war, haben sich keine Baureste erhalten. Das Wappen weist auf eine Entstehung der Fliese in der Mitte des 16. Jahrhunderts.

Literatur
P. CLEMEN, E. RENARD, Kdm Kr. Euskirchen, 34.
H. KISKY, 1960, 87.
B. GONDORF, 67–68.

Erftstadt-Friesheim, Erftkreis

Ehem. Burg in Friesheim

Fundumstände
Die Fliese wurde bei Aufräumungsarbeiten nach den Zerstörungen des 2. Weltkriegs gefunden. Es ist nicht mehr bekannt, aus welcher der Friesheimer Burgen sie stammt[1].

Baugeschichte
Das Vielburgendorf Friesheim war vom 9. Jahrhundert bis 1794 im Besitz des Kölner Domkapitels, seine Wasserburgen entstanden alle im 13. und 14. Jahrhundert. Erhalten sind die „Weiße Burg", mit einem 1645 erbauten Herrenhaus, die „Redinghovener Burg" und die „Krahesburg". Verschwunden sind „Effertsburg", im 14.–15. Jahrhundert Sitz der Erbvögte, „Wymarsburg" und die sog. „Schwarze Burg", die 1642 zerstört wurden. Die Fliese wurde zu Ende des 15. oder zu Beginn des 16. Jahrhunderts geprägt.

Literatur
P. CLEMEN, E. RENARD, Kdm Kr. Euskirchen, 62–63.
P. SIMONS, Friesheim. Geschichte der domkapitularischen Herrschaft, quellenmäßig dargestellt, Euskirchen 1933, 36–51.
H. WELTERS, 34–35.
G. DEHIO, Rheinland, 196.
Hist. Stätten III, Nordrhein-Westfalen, 236–237.
W. JANSSEN, 1975, Bd. 2, 101.
B. GONDORF, 68.

1 Eine Herkunft aus der mittelalterlichen Kirche ist wenig wahrscheinlich. Diese wurde 1877 abgebrochen. Ihr Fußboden bestand 1853 „aus einer bunten Zusammenstellung von Feld- und Ziegelsteinen" (P. SIMONS, 52).

Erftstadt-Lechenich, Erftkreis

Ehem. Wasserburg Konradsheim

Fundumstände
Die Fliesen wurden bei Wiederherstellungsarbeiten nach dem 2. Weltkrieg im Schutt des 16. Jahrhunderts gefunden. Der Fliesenboden wurde nach dieser Vorlage erneuert.

Baugeschichte
Die um 1300 durch Arnold von Buschfeld begonnene Burg, deren Offenhausrecht er 1337 dem Erzbischof von Köln übertrug, wurde auf dessen Geheiß 1354 „bis zur niedersten Fensterbank" abgetragen. Domsta[1] glaubt, daß dieser Befehl nie ausgeführt wurde und die Burg im 15. Jahrhundert durchaus gut erhalten war. Um- oder Ausbauten fanden jedoch statt, entweder in der 2. Hälfte des 15. Jahrhunderts[2] oder erst durch Wilhelm von Haes und Anna von Bernsau 1548 (Portalinschrift). Die Muster der Fliesen sprechen für eine Verlegung in zwei verschiedenen Perioden. H 177 wurde vermutlich schon nach 1494 geprägt, während L 23 und N 62 möglicherweise erst 1548 entstanden. Andere Funde derselben Muster weisen bei H 177 eher auf eine Herkunft aus einer Aachener als einer Kölner Werkstatt. L 23 und N 62 wurden wahrscheinlich in Langerwehe gebrannt.

Literatur
P. CLEMEN, E. RENARD, Kdm Euskirchen, 104–106.
TH. WILDEMANN, 87, Taf. 96.
H. WELTERS, 37.
H. KISKY, 90–91, 200 m. Abb.
G. DEHIO, Rheinland, 446.
Hist. Stätten III, Nordrhein-Westfalen, 425.
H. J. DOMSTA, Burg Konradsheim im Mittelalter. Untersuchungen zur Besitz- und Baugeschichte, Archivheft 11 (Landschaftsverb. Rheinl. Archivberatungsstelle) 1978, 61–77.
B. GONDORF, 69.

1 H. J. DOMSTA, 76.
2 Ein Teilungsvertrag von 1461 legt nahe, daß der Aufbau (falls dieser überhaupt stattfand) schon früher als bis jetzt angenommen durchgeführt wurde. Die Burg kommt 1494 an die Eheleute Johann von Haes und Ännchen Schall von Bell. Eine Verlegung der Fliesen um die Jahrhundertwende wäre durchaus möglich. Kisky betont, daß die Renaissanceformen des Baus noch merkwürdig gotisierend wirken. Auf Umbauten weist das Allianzwappen der Eheleute auf einem Torbogen der Burg.

Espenkirchen, Stadt Frankenberg/Eder, Kr. Waldeck-Frankenberg

Wüstung „Espe" oder „Espenkirchen"

Fundumstände
Bei Ausgrabung des Hügels, in dem Gebäude der Wüstung Espe vermutet wurden, fand man 1952–54 im Schutt eines sichtlich durch Brand zerstörten Gebäudes die Bruchstücke von zwei Bodenfliesen. Die Ausgrabung gab nicht die Gewißheit, daß es sich bei dem Gebäude um die gesuchte Espenkirche handelt, ohne Zweifel gehörte es jedoch zu dem Klosterhof des Zisterzienserklosters Haina.

Baugeschichte
Unbekannt. Der 1244 erstmalig als Grangie des Klosters erwähnte Hof wird in Urkunden bis 1420 öfters genannt. Brandt glaubt, daß der Hainaer Konvent von 1188–1221 auf der Grangie Espe wohnte und daß diese in den Wirren des Sternerkrieges um 1372 schwer beschädigt oder zerstört wurde.[1] Münz- und Keramikfunde weisen auf eine Besiedelung vom Beginn des 13. bis in die 1. Hälfte des 14. Jahrhunderts, der Fund eines frühgotischen Fensters in die Zeit um 1280. Sicher darf die Baugeschichte im engsten Zusammenhang mit der des Klosters Haina gesehen werden. Vermutlich entstand die Fliese zur Zeit des Langhausbaus um 1260–70. Sie ist der

einzige Hinweis auf heute nicht mehr erhaltene, im Mittelalter jedoch sicher vorhandene Fliesenböden des Klosters Haina.[2]

Literatur
H. Brandt, 1954/55, 235–243.
Ders., 1968, 9–17.
Hist. Stätten IV, Hessen, 197–198.

1 H. Brandt, 1954/55, 236–237.
2 H. Brandt, 1968, 43. Die heute in der Klosterkirche Haina verlegten Fliesenböden wurden von Prof. Lange, Marburg, 1851 in Anlehnung an spätmittelalterliche Fliesen entworfen. Das Grundmuster bildet die Fliese O61–O62, die in Eberbach und Arnsburg wie auf Burg Münzenberg gefunden wurde. Es ist durchaus möglich, daß dieses Muster auch in Haina lag und Lange nur Kopien anfertigte. Für die Eckfliesen wählte er ein Muster ähnlich R12–R13, für die Randleisten Palmetten in der Art der Fliese W59.

Essingen, Ostalbkreis

Ev. Pfarrkirche, ehem. St. Quirinus

Fundumstände
Die Fliesen fanden sich bei Grabungen 1963.

Baugeschichte
Die Jahreszahlen 1512 am Ostportal und 1517 am Südportal weisen auf Umbauten der im 15. Jahrhundert errichteten Kirche. Der Fliesenboden wurde ebenfalls zu Beginn des 16. Jahrhunderts verlegt und vermutlich in Essingen selbst hergestellt. Die Essinger Hafner besaßen einen ausgezeichneten Ruf, eine Ziegelhütte befand sich vor dem Ort, die Tonerde wurde auf dem Albuch bei Tauchenweiler gegraben.

Literatur
BOA Aalen, 71.
G. Dehio, Baden-Württemberg, 116.
Hist. Stätten VI, Baden-Württemberg, 190–191.

Esslingen, Lkr. Esslingen

Dominikanerkloster und -kirche St. Paul

Fundumstände
Fliese mit Aufschrift „aus dem Predigerkloster". Wie in Kloster Hirsau dürfte die Fliese mit Jahreszahl „1472" nur die Begleitfliese zu einem gemusterten Fliesenboden gebildet haben. Dieses Muster könnte sich unter den Fliesen unbekannter Herkunft im Museum Esslingen befinden[1].

Baugeschichte
Die Dominikaner ließen sich 1221 vor den Toren Esslingens nieder und siedelten 1233 in die Stadt über, wo sie um 1255 mit dem Bau einer Kirche begannen. Diese wurde 1268 durch Albertus Magnus geweiht. Die Klosterbauten entstanden etwa gleichzeitig. Seit 1480 fanden in der Kirche Erneuerungsarbeiten statt, 1482 wurde das westliche Seitenschiff eingewölbt. Die Klosterbauten wurden 1810 abgebrochen.

Literatur
R. Uhland, 114, 119.
G. Dehio, Baden-Württemberg, 120.
G. Merkle, Geist und Form der St. Paulskirche in Esslingen, 700 Jahre St. Paulskirche, Kath. Kirchengemeinde (Hrsg.), Esslingen 1968, 141–154 (129–154).
E. Adam, 77–80.

1 Bei Grabungen auf dem Gelände des ehem. Klosters wurden 1987 erneut Fliesen und -fragmente in mindestens sechs verschiedenen Mustern entdeckt, darunter auch C57. Diese Fliesen sollen zusammen mit den Ergebnissen der neuen Grabung veröffentlicht werden.

Bebenhäuser Pfleghof, Heugasse 9?

Fundumstände
Die Herkunft der Fliesen H193 und J92 ist nicht mehr bekannt. Da diese jedoch stilistisch eng mit den Fliesenmustern J91, J93 und J94 zusammenhängen, wovon J91 in der Grangie Geisnang (Ludwigsburg) des Klosters Bebenhausen, J94 in Bebenhausen und wohl im Bebenhäuser Hof in Reutlingen, H193 ebenda und J93 in Kloster Stams gefunden wurden, wäre es möglich, daß diese Fliesen aus dem Bebenhäuser Hof ins Museum Esslingen kamen.

Baugeschichte
Der Bebenhäuser Klosterhof, 1257 als „Steinhaus" erstmals erwähnt,[1] wurde durch Einbeziehung mehrerer Nachbarhäuser beträchtlich erweitert. 1339 stiftete der Priester Albrecht von Owen eine Kapelle, die jedoch 1770 zusammen mit dem Wohnhaus abgebrochen wurde. Erhalten hat sich nur der 1770 renovierte Vorderbau. Die Fliese, in der 1. Hälfte des 14. Jahrhunderts geprägt, könnte gut aus dem Kapellenbau von 1339 stammen.

Literatur
BOA Esslingen, 130.
R. Uhland, 122.
O. Borst, Über Alt-Esslingen. Wandlungen eines Stadtgesichts, Esslingen 1969, 338.

1 O. Borst, 338. Erste Erwähnung 1232.

Speyerer Pfleghof, heute Sektkellerei Kessler, Marktplatz 22

Fundumstände
Unbekannt.

Baugeschichte
Kaiser Friedrich II. schenkte 1213 dem Speyerer Domkapitel die Esslinger Stadtkirche St. Dionysius mitsamt ihren reichen Einnahmen und großem Grundbesitz. Das Domstift errichtete gegenüber dem Chor der Kirche einen 1230 schon als „Steinhaus" bezeichneten Pfleghof über elf Kellergewölben. Dieser ging 1547 an die Stadt Esslingen über und wurde 1600 umgebaut. Das Muster der vermutlich um 1230 oder wenig später geprägten Fliese H59 ist noch von Speyer beeinflußt. Es wurde von einer Werkstatt verlegt, die in Speyer und in der Altenstädter Kirche in Pforzheim[1] gearbeitet hat. Das Muster O29 kam vermutlich über den Klosterhof des Klosters Bebenhausen nach Esslingen, sie entstand wohl erst im 1. Drittel des 14. Jahrhunderts, während C57 möglicherweise erst im 15. Jahrhundert geprägt wurde.

Literatur
R. Uhland, 120–121.
Hist. Stätten VI, Baden-Württemberg, 192.

1 Vgl. Text S. 100.

Ettlenschieß, Gem. Lonsee, Alb-Donau-Kreis

Ev. Pfarrkirche, ehem. St. Georg und Bernhard

Fundumstände
Fliesen eines Musters wurden bei der Restaurierung 1965 gefunden.

Baugeschichte
Die wohl Mitte des 14. Jahrhunderts erbaute Kirche wurde vermutlich zwischen 1433 und 1448 nach Süden erweitert, der Chor eingewölbt (Jahreszahl 1448 ehem. am Chorbogen). Die Fliese könnte in der Mitte des 15. Jahrhunderts verlegt worden sein; das Muster, welches sich auch in St. Nikolaus, Gerstetten, fand, weist eher in die Zeit vor oder nach 1500.

Literatur
BOA Ulm II, 457–463.
H. A. KLAIBER, R. WORTMANN, Kdm ehem. O. A. Ulm, 228–232, Abb. 167.

Ettlingen, Kr. Karlsruhe

Kath. Pfarrkirche St. Martin

Fundumstände
Die Fliesen fanden sich bei Grabungen 1934 im Kirchenschiff. Weitere Fliesen waren in den harten Mörtel des Neubaus von 1459–64 eingebettet. Beim Einbau einer neuen Heizungsanlage 1986–87 wurde vor dem Altarraum in einer Tiefe von 0,20m „ein zusammenhängender, noch in situ liegender Teil des frühgotischen Kirchenbodens" aufgedeckt. „Dieser vermutlich kurz nach der Mitte des 13. Jahrhunderts eingebrachte Boden bestand aus knapp 100 Platten von ca. 20 × 20cm, die als Stempelornamente Fabelwesen, Tiere und pflanzliche Motive aufwiesen. ... Die Fliesen, welche z. T. sehr mürbe erhalten waren, wurden an Ort und Stelle gehärtet und unter genauester Markierung der Fundlage jeder einzelnen Platte geborgen[1]".

Baugeschichte
In die auf Vorgängerbauten im 12. Jahrhundert errichtete Kirche wurden im 13. Jahrhundert Wulstrippen auf Ecksäulen mit Knospenkapitellen eingezogen[1]. Im Schlußstein findet sich ein Wappen mit der Ebersteiner Rose, das die Gemahlin des Markgrafen Rudolf II. von Baden, Kunigunde von Eberstein, führte. Die Einwölbung muß demnach in engem Zusammenhang mit der 1248 erfolgten Schenkung des Patronatsrechts an das Zisterzienserinnenkloster Lichtenthal stehen. Nach den Grabungsbefunden muß die Erneuerung der Ausstattung und die Verlegung der Fliesen kurz nach diesem Zeitpunkt erfolgt sein. Weitere Bautätigkeit ist für 1358 belegt; beim Neubau des Hochchors 1459–64 wurden die Fliesen schon als Füllmaterial im Mauerwerk verwandt. 1733–39 erfolgte ein Neubau des Langhauses. Die Fliesen stammen offensichtlich alle aus einer Hand. Es wäre möglich, daß die Fliesen aus Kloster Lichtenthal bezogen wurden[2], die Muster weichen jedoch vom Schema der Zisterzienserfliesen aus der Mitte des 13. Jahrhunderts ab. Nach dem heutigen Stand der Funde kann es sich auch nicht um Muster des Klosters Weißenburg handeln. Dieses besaß in der 1. Hälfte des 13. Jahrhunderts noch die Kirchen in Ettlingen und Grötzingen (heute Durlach). In der dortigen Turmbergruine wurden dieselben Muster wie in Ettlingen gefunden; in Weißenburg jedoch Muster, die zum Bereich der Konstanzer/Elsässer Werkstatt gehören.

Literatur
K. WULZINGER, FR. GARSCHA, Die St. Martinskirche zu Ettlingen, 3. Bad. Fundber. H. 9, Freiburg 1935, 333–344.
E. LACROIX, P. HIRSCHFELD, W. PAESELER, Kdm Amtsbezirk Ettlingen, Karlsruhe 1936, 24–31, 28, Abb. 4.
G. DEHIO, Baden-Württemberg, 123–124.
A. TSCHIRA, Die mittelalterlichen Baubestände der Stadtkirche St. Martin in Ettlingen, Geschichte der Stadt Ettlingen und ihrer Menschen, Bd. 1b, Karlsruhe 1968, 7–20, 181.
R. STENZEL, Ettlingen von der frühdeutschen Siedlung zur Stadt, ebd. 21–111.
E. SCHALLMAYER, 1988, 220–224.
E. SCHALLMAYER, J. H. SCHLEIFRING, Bemerkenswerte Grablegen in der St. Martinskirche zu Ettlingen, Fundber. B.-W. 14, 1989, 495, (487–513).

1 E. SCHALLMAYER, 1988, 222.
2 A. TSCHIRA, 14.
3 In Kloster Lichtenthal wurden bis heute keine mittelalterlichen Fliesen entdeckt.

Eußerthal, Kr. Südliche Weinstraße

Ehem. Zisterzienserkloster St. Bernhard

Fundumstände
Unbekannt. Elf Fliesen in acht verschiedenen Mustern kamen 1903 ins Museum Speyer und befinden sich vermutlich heute noch dort, ohne daß sie, unter den zahlreichen Darstellungen von Drachen und Lilien[1], die gerade das Museum Speyer besitzt, ermittelt werden können. Eine Raute mit „Goldbronce" hat sich nicht erhalten, doch könnte diese auch inzwischen abgeblättert sein. Bei der Restaurierung der Kirche 1961–62 kamen Fliesen in sechs Mustern zutage. Vermutlich befinden sich aber unter dem stark erhöhten Fußboden noch weitere Fliesen.

Baugeschichte
Das 1148 von dem Ritter Stephan von Mörlheim gegründete Kloster wurde, wie Wörschweiler, von Mönchen aus Kloster Weiler-Bettnach/Lothringen besiedelt. Die Hauptbauzeit der wohl um 1200 begonnenen Kirche, von der sich keine Baunachrichten erhalten haben, fällt vermutlich in die Zeit um 1220. Die Kirche wurde 1262 geweiht. Die Klostergebäude, von denen nur spätgotische Gewölbeansätze an der Nordseite der Kirche erhalten sind, wurden 1460 und 1504 teilweise niedergebrannt, das Kloster 1560 aufgehoben. Seit 1655 diente es piemontesischen Flüchtlingen als Unterkunft und wurde 1805–21 zusammen mit den vier westlichen Langhausjochen der Kirche abgetragen. Da die im Museum Speyer aufbewahrten Drachenfliesen alle noch der 2. Hälfte des 13. Jahrhunderts angehören, die Rautenfliese auf das Vorhandensein einer Sternrosette oder auf Felder von Plattenmosaik ähnlich Arnstein weist, dürfte der Fliesenboden vielleicht gleichzeitig mit der Vollendung der Kirche um 1262 entstanden sein. Nur die Variante H68 könnte in Anlehnung an H67 im 14. Jahrhundert verlegt worden sein.

Literatur
A. ECKARDT, Kdm Bergzabern, 183–206.
K. LUTZ, Kloster und Kirche Eußerthal. 1148–1948 FS zum Gründungsjubiläum der ehem. Zisterzienserabtei, Neustadt a. d. Weinstraße 1948, 47–48.
G. DEHIO, Rheinland-Pfalz, 269–270.
E. HAUSEN, 82–84.

1 Mitt. hist. Ver. Pfalz 26, 1903, 118–119: „Elf Fliesen aus Eußerthal." ... „Lindwurm und Lilie finden sich auch auf den acht Eußerthaler Typen, die wesentlich von den Speyrer abweichen, wenn sie auch vom Speyrer Stil beeinflußt scheinen ... Auf einer rautenförmigen Fliese von Eußerthal (roter Backstein) waren Verzierungen von Goldbronce angebracht ..." Aufgrund des Scherbens, der Maße und des Musters könnte J27 aus Eußerthal stammen.

F

Feldkirchen, Lkr. Freising

Kath. Wallfahrtskirche St. Anna

Fundumstände
Bei der Restaurierung fanden sich „unter dem wohl barocken Boden kleine Reste eines wohl gotischen Ziegelbodens an der Nordseite des Mittelschiffs, westlich vor dem östlichen Pfeiler.“[1] Geborgen wurden ca. 12 gleichartige Fliesen in drei Mustern.

Baugeschichte
Die Kirche erscheint als Bau des 14. Jahrhunderts, der um 1500 umgestaltet wurde. „Am Turm über einem Fensterschlitz sechs gebrannte Ziegel mit dem gleichen Relief von Wolf und Kranich wie in Niederhummel (und Freising), um 1300.“[2] Das Muster der Fliesen wäre um 1300 gerade noch möglich, die Kirche müßte deshalb wohl zu Beginn des 14. Jahrhunderts erbaut worden sein.

Literatur
G. v. Bezold, B. Riehl, Kdm Bayern I, 395–397.
G. Dehio, E. Gall, Oberbayern, 85.

1 Briefl. Mitteilung von Herrn Dr. Klaus Kraft, München.
2 G. Dehio, E. Gall, Oberbayern, 85. Erwähnt wird außerdem: „Die Friedhofsmauer enthielt in den Nischen ehem. gotische Tonreliefs.“

Finstingen/Fénétrange, Moselle, Frankreich

Schloß?, Kirche?, Haus der Priesterbrüderschaft?

Fundumstände
Das Fliesenbruchstück fand sich 1861 im Bruchsteinmauerwerk einer alten Mauer am Saarufer, es könnte aus dem unmittelbar über dem Saarufer liegenden Schloß stammen. Die Herkunft aus der Pfarrkirche oder aus einem Gebäude der Priesterbrüderschaft ist gleichfalls nicht ausgechlossen. Kraus hielt die Fliese noch für römisch.[1]

Baugeschichte
Das mehrfach, zuletzt im 18. Jahrhundert, umgebaute Schloß ist im Kern noch mittelalterlich. Die spätgotische Burgkapelle wurde 1570 erneuert, bei diesem Umbau könnten die Fliesen entfernt worden sein. Die Pfarrkirche wurde im 15. Jahrhundert neu erbaut, die Vierung mit Turm und Querhaus aus dem Bau des 14. Jahrhunderts übernommen. Das Ende der Bautätigkeit ist durch Jahreszahlen an den Portalen (1492, 1496) belegt. Die Gebäude der 1414/16 durch Johann und Heinrich von Finstingen und Dietrich Beyer von Boppard gegründeten und reich mit Schenkungen begabten Priesterbrüderschaft sind heute verschwunden. 1429 wird ein Altar der Brüderschaft in der Kirche von Finstingen erwähnt. Die Fliese wurde vermutlich in der 2. Hälfte des 15. Jahrhunderts geprägt.

Literatur
L. Benoit, La chapelle castrale de Fénétrange, Bull. Mem. Soc. Arch. Lorraine 11, 1861, 107–162.
Ders., 1863, 83–84.
F. X. Kraus, Kdm Elsaß-Lothringen III, 128–129, 139–141.
F. Cuny, Une confrèrerie à Fénétrange au Moyen-Age, Rev. ecclésiastique de Metz, 1900, 404ff.
W. Hotz, Kdm Elsaß und Lothringen, 50–51.
J. Choux, 88.

1 F. X. Kraus, Bd. 3, 128.

Fischenich, Gem. Hürth, Erftkreis

Burgruine

Fundumstände
Fliesen in drei verschiedenen Mustern wurden bei Arbeiten auf dem Gelände der ehem. Burg 1984 gefunden.[1]

Baugeschichte
Zur Baugeschichte der Burg, von der nur noch geringe Mauerreste erhalten sind, fehlen Urkunden. Vermutlich wurde sie in der 2. Hälfte des 12. oder zu Beginn des 13. Jahrhunderts errichtet.[2] 1189 werden die Herren von Vischenich erstmals in einer Urkunde des Erzbischofs von Köln erwähnt, 1309 nahm Kuno (Konrad) von Vischenich die Burg vom Erzstift Köln zu Lehen. Nachdem im 15. Jahrhundert die Herrn von Vischenich zu Raubrittern geworden waren, kam die Burg 1502 an Albrecht von Zweiffel.[3] Die Fliesen weisen darauf hin, daß in der Burg in der 2. Hälfte des 16. Jahrhunderts (nicht vor 1554) Bauarbeiten durchgeführt wurden; zu Ende des 16. Jahrhunderts wurde sie zerstört und allmählich als Baumaterial abgetragen. Vermutlich wurden die Fliesen in Köln gefertigt. X24 wurde in der ehem. Stiftskirche St. Pantaleon, Köln gefunden, V15 in der ehem. Benediktiner-Abteikirche Brauweiler.[4]

Literatur
E. Polaczek, P. Clemen, Kdm Kr. Köln, 122–123.
C. Klug, Hürth, wie es war, wie es wurde, Köln 1961, 49–50, 57–58.
H. Kisky, Wasserburgen und Schlösser, Siegel und Wappen, Burgen und Schlösser im Landkreis Köln, Köln 1966, 75.
Hist. Stätten III, Nordrhein-Westfalen, 225.
H. E. Kubach, A. Verbeek, Bd. 1, 288.
F. Kretzschmar, 23.

1 Eine Publikation der Funde durch Herrn Dr. Frank Kretzschmar, Bonn, ist in Vorbereitung. Mit seiner freundlichen Erlaubnis werden die Fliesen hier erwähnt.
2 H. E. Kubach, A. Verbeek, Bd. 1, 288.
3. C. Klug, 57.
4. F. Kretzschmar, 23.

Flonheim, Kr. Alzey-Worms

Ev. Pfarrkirche, ehem. Augustiner-Chorherren-Stiftskirche Allerheiligen

Fundumstände
Hinter dem Altar der 1882–85 neu erbauten Kirche haben sich Fliesen erhalten, die aus der alten Stiftskirche geborgen wurden. Eine mit den Rosetten der Klosterkirche Sponheim

genau übereinstimmende Fliesenrosette wird von schachbrettförmig verlegten Fliesen des Musters R29 aus rotem und grauem Ton eingefaßt (Abb. 62).

Baugeschichte
Eine Kirche zu Flonheim wird schon 765/767 als Besitz des Klosters Lorsch erwähnt. Sie gelangte vor 1051 an das Kloster St. Maximin in Trier, ein Teil davon später an das Mainzer St. Albankloster. Das vor 1181 von den Wildgrafen gestiftete Augustiner-Chorherrenstift bekam diese Kirche übertragen. Es wurde 1454 in ein Kollegiatstift umgewandelt und 1554 aufgehoben, die Klostergebäude in unbekannter Zeit abgebrochen. Zur Baugeschichte der Kirche fehlen Daten. Es ist zu vermuten, daß nach der Gründung des Stiftes Umbauten erfolgten, der Fliesenboden weist auf eine Entstehung vor der Mitte des 13. Jahrhunderts. Die Tatsache, daß die Fliesen nur ein einziges Muster zeigen, könnte auf eine Entstehung vor dem des reicher gemusterten Fliesenbodens in Sponheim[1] schließen lassen. Es wäre jedoch möglich, daß hier noch vorhandene Restfliesen verlegt wurden.

Literatur
K. A. Schaab, Bd. 4, 90–95.
L. Clemm, Beiträge zur Geschichte des Stiftes zu Flonheim in Rheinhessen, Archiv hess. Gesch. und Altertumskunde, N.F. 1, Darmstadt 1923, 9-31.
G. F. Böhn, Beitr. zur Territorialgesch. des Lkr. Alzey (Mz. Abhandl. zur mittleren und neueren Gesch.), Meisenheim am Glan 1958, 140–141.
Hist. Stätten V, Rheinland-Pfalz, 99.
G. Dehio, Rheinland-Pfalz, 280.

1 G. F. Böhn, 140. Das Kloster Sponheim besaß zwei Höfe in Flonheim.

Frankenburg, Gem. Weyher, Kr. Südliche Weinstraße

Burgruine

Fundumstände
Bei Probegrabungen auf dem Gelände der Burgruine wurden 1974–75 zahlreiche Fliesenbruchstücke gefunden. Neben gemusterten Fliesen in fünf verschiedenen Typen fanden sich glatte Quadrat- und Dreiecksfliesen.[1]

Baugeschichte
Die Baugeschichte der Burg konnte bis jetzt noch nicht erhellt werden. Sie wird urkundlich 1327 erwähnt. Die Muster der Fliesen weisen auf eine Verlegungszeit des möglicherweise der Burgkapelle angehörenden Bodens kurz vor der Mitte des 13. Jahrhunderts; die Funde mittelalterlicher Gebrauchskeramik lassen auf eine Zerstörung der Burg schon in der 1. Hälfte des 14. Jahrhunderts schließen. Man darf annehmen, daß es sich um einen reicher gemusterten Boden handelte, der möglicherweise eine Fliesenrosette zeigte. Das Muster X3, das sich außerdem in der nahegelegenen Kirche von Gleiszellen fand, könnte zu einer Rahmenfliese ähnlich W80 gehört haben; die Prägungen fanden sich außerdem in der Klosterkirche Eußerthal (H67) und in der Kirche des nahen Billigheim (H70), in Gleiszellen und auf der Wiligartisburg.

Literatur
A. Eckardt, Kdm Landau, 163.

1 Alle Angaben zu den Fliesenfunden verdanke ich Herrn Albert Schwarz, Rülzheim.

Frankfurt/Main

Ehem. Dominikanerklosterkirche St. Maria? heute Haus der ev. Gemeindeverbände, Kurt-Schumacher-Straße 23

Fundumstände
Unbekannt, vermutlich nach 1945 geborgen.

Baugeschichte
Die Kirche wurde bald nach der Übersiedelung der Dominikaner 1233 nach Frankfurt um 1238 begonnen und entweder 1258 oder gegen 1280 vollendet. 1470–72 wurde der Chor durch Jörg Östreicher erhöht und mit Netzgewölbe und Maßwerkfenstern versehen. Nach der Zerstörung 1944 wurde nur der Chor in den Neubau von 1957–60 übernommen. Die um 1245 vollendeten, 1944 ebenfalls zerstörten Klostergebäude wurden 1955–57 neu erbaut. Die Fliese, bis heute nur noch in Burg Eppstein gefunden, könnte ausgezeichnet aus der Vollendung des Kirchenbaus im 3. Viertel des 13. Jahrhunderts stammen.

Literatur
H. H. Koch, Das Dominikanerkloster zu Frankfurt am Main, Freiburg 1892.
C. Wolff, R. Jung, Bdm Frankfurt I, 66–89.
G. Dehio, Hessen, 251.
G. Edelmann, Zur Baugeschichte der Dominikanerkirche in Frankfurt a. M., Schriften des Hist. Mus. 9, Frankfurt 1958, 37–48.

Ehem. Karmeliterkloster

Fundumstände
1981 kamen ca. 100–150 Fliesen mit der Fundortbezeichnung „Karmeliterkloster" in den Kunsthandel. Es handelte sich um sehr exakte Kopien des Musters B35, welches im ehem. Dominikanerkloster, Frankfurt gefunden worden sein soll, mit Sicherheit aber bis jetzt nur aus der Burgruine Eppstein bekannt ist. Nachforschungen ergaben, daß es sich bei den gefundenen Fliesenkopien vermutlich um den Bodenbelag des ehem. Historischen Museums in Frankfurt handelt, welcher nach dem 2. Weltkrieg teilweise in einem Nebengelaß des zerstörten Karmeliterklosters lag. Das Historische Museum war 1878 im Erdgeschoß des Stadtarchivgebäudes am Weckmarkt eröffnet worden. Es wurde 1893 durch das angrenzende Leinwandhaus vergrößert, 1921 wurde ihm außerdem das Haus zur „Goldenen Waage", Höllgasse 13, angegliedert. Mit großer Wahrscheinlichkeit wurden für die Kopien mittelalterliche, in Frankfurt gefundene Fliesen als Vorlage benutzt.

Ev. Katharinenkirche

Fundumstände
Die Fliesen wurden 1906 gefunden. Das Muster wurde nicht beschrieben oder aufgezeichnet. Die Fliesen haben sich möglicherweise in dem durch den 2. Weltkrieg dezimierten Bestand an Fliesen im Historischen Museum Frankfurt erhalten.[1]

Baugeschichte
Die Katharinenkirche war ursprünglich die Kirche eines Nonnenklosters bei einem 1344/46 gestifteten Hospital, das unter der Aufsicht des „Deutschen Ordens" stand. Das Kloster wurde 1526 aufgelöst, die Kirche 1678–81 neu erbaut,

1872–73 gründlich erneuert und, nach der Zerstörung 1944, 1953–54 in veränderter Form wieder aufgebaut. Eine Datierung der Fliesen ist vorläufig nicht möglich.

Literatur
C. Wolff, R. Jung, Bdm Frankfurt I, 232–260.
A. Dechent, Zum 200jährigen Jubiläum der St. Katharinenkirche, Mitt. Ver. Gesch. u. Altertum 6, 269ff.
G. Dehio, Hessen, 250.

---

1 In Frankfurt gefundene Fliesen, deren Muster nicht mehr bekannt sind, werden dennoch erwähnt, weil es möglich ist, daß Angaben über die Muster zum Vorschein kommen. So konnten die Fliesen des Goethe-Hauses bestimmt werden, weil Doubletten an das Museum für Kunst und Gewerbe, Hamburg, gingen und sich dort erhalten haben. Die Angabe des Inventars lautet „Vier Fliesen, drei zerbrochen". Auch dies genügt nicht mehr zur Identifizierung, da inzwischen auch andere Fliesen des Museums zerbrochen sind.

Saalhof, Saalgasse 31–33, Kleiner Saalhof, Saalgasse 29

Fundumstände
Zum Gebäudekomplex des ehem. Saalhofes gehörte ein dreistöckiges turmartiges Gebäude, das 1842 abgebrochen wurde. Beim Abbruch fanden sich die ersten Fliesen, von denen jedoch nur ein Muster (I14) veröffentlicht wurde.[1] Die östlich daran anschließende Saalhofkapelle, die zu jener Zeit als Warenlager diente, wird ausdrücklich als „mit altem Pflaster belegt"[2] erwähnt. Weitere Fliesen fanden sich bei der Grabung 1961 in Schacht 229 der Südringmauer auf der Mainseite, dicht südlich der Fensteröffnung, ganz offensichtlich in zweiter Lage verlegt.[3] Es ließen sich fünf verschiedene Muster feststellen; einige der Fliesen zeigten kaum Abnützungsspuren. Einzelfunde von Fliesen waren schon bei den Aufräumungsarbeiten 1958 geborgen worden. 1959 wurden im Schutt des Hauses Saalgasse 29, welches ebenfalls zum Komplex des ehem. Saalhofes gehörte, Fliesen des Musters H57 gefunden.[4]

Baugeschichte
Nach dem neuesten Stand der Forschung war der vermutlich in den ersten Regierungsjahren (nach 1138) Kaiser Konrad III. erbaute Saalhof nur ein Burgmannensitz und lag neben der eigentlichen, heute noch nicht entdeckten Königspfalz. Er wird erst 1277 erstmals erwähnt, war jedoch wohl um 1200 schon erweitert worden, so daß er die Teilnehmer des 1208 in Frankfurt abgehaltenen Hoftages aufnehmen konnte.[5] Er befand sich als Reichslehen 1317 in der Hand des kaiserlichen Landvogts Eberhard von Breuberg und wurde bei einer Erbteilung 1333 an den reichen Frankfurter Schöffen Jakob Knoblauch verkauft. Dieser ließ auf Anordnung Kaiser Ludwigs 1333 für 1200 Pfund Heller, 1334 nochmals für dieselbe Summe Bauarbeiten durchführen.[6] Nach Um- und Neubauten 1591 und 1604–20 wurde 1842 ein großer Teil der Gebäude abgerissen und in historisierendem Stil neu erbaut. 1944 wurde ein großer Teil des Komplexes zerstört. Erhalten hat sich vor allem die Kapelle des Saalhofs, andere Gebäudeteile wurden teilweise rekonstruiert.
Die Fliesen werden von Stamm[7] in die Mitte des 13. Jahrhunderts datiert, sie können jedoch frühestens aus den Bauten Knoblauchs stammen. Die Muster der Fliesen I11, I14 und K2 weisen in die Zeit des Umbaus von 1333–34, die Fliesen H255 und J107 könnten aus dem urkundlich belegten Umbau von 1355 stammen. Es ist anzunehmen, daß nach dem Tode Jakob Knoblauchs (†1357) die Bautätigkeit für längere Zeit zum Erliegen kam. H57 könnte noch den Neubauten von 1591[8] zugehören, da es sich um eine späte, gröbere Prägung dieses Musters handelt.

Literatur
R. Jung, J. Hülsen, Bdm Frankfurt II, 2, 1–19, 19, Abb. 10.
O. Stamm, 5–63.
F. Arens, 1976/77, 1–29.
Hist. Mus. Frankfurt – Mus. für Vor- u. Frühgesch. Ausstellung „Altstadtgrabung", Frankfurt 1977, Informationsbl. 10.1, 11.1, 11.2, 14.1, 15.2.
L. v. Döry-Jobaháza, 1978, 25.
G. Dehio, Hessen, 256–257.

---

1 R. Jung, J. Hülsen, 19, Fig. 19.
2 Ebd. 8.
3 O. Stamm, 37, Abb. 20. Auf S. 38 erwähnt Stamm außerdem „rotbemalte, sowie gelb- und grünglasierte Fliesen, teils mit Mustern". Diese Fliesen sind immer noch nicht bearbeitet.
4 L. v. Döry-Jobaháza, 1978, 25, Katalognr. 230. Dieses Haus war das Wohnhaus von Jakob Knoblauch.
5 F. Arens, 1977, 7, 26.
6 O. Stamm, 6–7. Neben den Umbauten sind für 1349 und 1355 außerdem Neubauten belegt.
7 Die Datierung stützt sich auf einen Vergleich der Fliesen mit in Kloster Arnsburg gefundenen Mustern, die Dr. Ernst-Otto Graf zu Solms-Laubach, Frankfurt, der Mitte des 13. Jahrhunderts zuwies. Da es sich jedoch gerade bei diesen Vorlagen nicht um frühe Arnsburger Fliesen handelt, ist der Vergleich irreführend.
8 1591 wurde ein Teil des Mittelbaus errichtet. Jahreszahl über einer Tür in der Durchfahrt nach dem kleineren Hof.

Römer, Am Römerberg 21 / Paulsplatz 3

Fundumstände
Beim Römerumbau 1903 wurden 27 Fliesen in der Füllung der Gewölbebogen des Untergeschosses[1] gefunden. Die Muster sind nicht bekannt.

Baugeschichte
Der Rat der Stadt Frankfurt kaufte 1405 zwei Häuser, das 1322 erstmals erwähnte Haus „Römer" und das ebenfalls 1322 genannte Haus „Goldener Schwan". Diese wurden 1405–08 durch Friedrich Königshofen und Wigel Sparre umgebaut.[2] Die Untergeschosse wurden bis 1846 als Messehallen benutzt, die beiden Obergeschosse des Hauses „Römer" enthielten den Kaisersaal, in dem ab 1562 die Krönungsbankette abgehalten wurden. Da die Fliesen wohl schon um 1405 vermauert wurden, kann es sich nur um Muster des 13. Jahrhunderts gehandelt haben.

Literatur
C. Wolff, R. Jung, Bdm Frankfurt II, 1, 135–205.

---

1 Da die Fliesen nachweislich im Haus „Römer" gefunden wurden, wird die Baugeschichte der übrigen neun Häuser, die vom Rat der Stadt Frankfurt allmählich hinzuerworben wurden, vernachlässigt.
2 In den städtischen Rechenmeister- und Baumeisterbüchern hat sich eine Notiz erhalten, nach der im Juni 1405 die „bonen", d. h. die Fußböden der einzelnen Stockwerke abgebrochen wurden. (C. Wolff, R. Jung, Bd. 2, 142).

„Steinernes Haus", Am alten Markt 44

Fundumstände
Bei Erneuerungsarbeiten 1901 wurden 17 Fliesen gefunden, die Muster sind nicht mehr bekannt. 1906 wurde bei der Ausschachtung eines Neubaus westlich vom „Steinernen Haus" eine Fliese mit „reitender Hexe" gefunden. Diese Formulierung wird wiederholt für die beiden Samson-Darstellungen A38 und A39 gebraucht.

Baugeschichte
Der reiche Kölner Handelsherr Johann von Melem erwarb 1456 das Frankfurter Bürgerrecht und kaufte zwei Häuser am alten Markt, das Haus „Bornfleck“, welches schon Ende des 13. Jahrhundert erwähnt wird und das Haus „zum Rauchfaß“. Er ließ sie 1464 abreißen und erbaute an ihrer Stelle nach dem Schema der Kölner Bürgerhäuser ein Haus mit zwei Türmchen und Zinnen. Das Haus kam 1898 an die Stadt Frankfurt und wurde 1944 zerstört. Im Bestand des Historischen Museums Frankfurt hat sich die Fliese L21 erhalten, eine rheinische Prägung, die außerdem in der Kirche von Kraudorf bei Bonn, in der Stiftskirche Münstereifel und in Kloster Schillingskapellen, Heimerzheim gefunden wurde. Da ins Museum Frankfurt nur Fliesenfunde aus Frankfurt und dessen unmittelbarer Umgebung kamen, stellt sich die Frage, ob Johann von Melem, der sein Haus getreu nach Kölner Vorbild baute, sich nicht auch rheinische Fliesen kommen ließ. Das Muster ist durch einen neuen Fund in der Wasserfaß-Kapelle in St. Kolumba, Köln datierbar. Dort muß es kurz vor 1463 verlegt worden sein. Die Fliese A38 oder A39, falls es sich um diese handelt, müßten aus einem der Vorgängerbauten stammen und in der Mitte oder dem 3. Viertel des 13. Jahrhunderts verlegt worden sein.

Literatur
J. G. Battonn, Bd. 3, 164–166.
R. Jung, J. Hülsen, Bdm Frankfurt II, 2, 41–60.
R. Jung, Das Steinerne Haus, Alt-Frankfurt. Vierteljahresschrift Gesch. u. Kunst 3, 1912, 1–6.
W. Sage, 18–20.

Ehem. Leinwandhaus, Am Weckmarkt 5

Fundumstände
1900 wurde an das Haus, das seit 1892 das „Historische Museum“ beherbergte, ein Anbau angefügt. Bei dieser Gelegenheit wurden aus einer alten Senkgrube, aus einer Tiefe von 2–2,50 m, innerhalb und außerhalb der alten Fundamente, zwei Fliesen geborgen. Die Muster sind nicht bekannt, die Fliesen jedoch wahrscheinlich heute noch im Historischen Museum vorhanden.

Baugeschichte
Der Vorgängerbau, das „Judenhaus“ oder „große steinerne Haus“ im alten Judenviertel war schon im 14. Jahrhundert in städtischem Besitz. 1397 wurde der Bau eines „Waagenhauses“ oder „Leinwandhauses“, vermutlich durch Madern Gerthener begonnen und wohl schon 1400 abgeschlossen. Das Haus diente in den folgenden Jahrhunderten wechselnden Zwecken, vom Turniersaal bis zum Gefängnis und Typhusasyl. Das 1944 zerstörte Haus wird seit 1980 wieder aufgebaut.

Literatur
J. G. Battonn IV, Frankfurt, 3–7.
O. Wolff, R. Jung, Bdm Frankfurt II, 1, 301–314.
W. Sage, Bürgerhaus, 17–18.
G. Dehio, Hessen, 259.

Haus Domplatz 9 (früher „Hinter dem Pfarreisen“)

Fundumstände
Fliesen in zwei verschiedenen Mustern wurden 1881 in dem „hinteren Querbau, Hof, der auf der alten Stadtmauer steht“ gefunden.

Baugeschichte
Bei dem Haus handelt es sich um den ehem. Hof des Zisterzienserinnenklosters Patershausen.[1] Dieser war von den Brüdern Synandus und Crafto von Radenhausen, Burgmannen in Gießen, 1306 an das Kloster verkauft worden und hieß später auch „Hof Fürstenberg“ oder „im Häbernbrey“.[2] Das Kloster verkaufte ihn 1430 wieder an Dechant und Kapital des St. Bartholomäusstiftes. Die Fliesen, ein auch in Kloster Eberbach vertretenes (J41) und ein heute dort verlorenes Muster (J5) wurden dort wohl schon im 3. Viertel des 13. Jahrhunderts geprägt. Es ist möglich, daß sie in Frankfurt erst nach 1306 verlegt wurden. Das Haus erscheint im Bedebuch der Stadt Frankfurt erstmals 1320[3].

Literatur
J. G. Battonn III, Frankfurt, 217–218.

1 Das Zisterzienserinnenkloster Jungfrauenkron, heute Gem. Heusenstamm, Kr. Offenbach, wurde 1252 mit aus Eisenach kommenden Zisterzienserinnen besiedelt. Es unterstand der Aufsicht des Klosters Arnsburg. Vermutlich wurden die Fliesen mit Arnsburger Modeln geprägt.
2 J. G. Battonn, 217.
3 Freundliche Mitteilung von Herrn Archivrat Bund, Frankfurt.

Domhof und Weckmarkt

Fundumstände
1896 und 1897 wurden auf dem Areal zwischen dem Pfarrturm, der Kirchhofmauer des Bartholomäusstiftes auf dem Weckmarkt und dem Leinwandhaus Grabungen durchgeführt, die vor allem vermuteten römischen Substruktionen galten. Bei dieser Gelegenheit wurden anscheinend Fliesen gefunden. „Mehr Aufschluß geben die Tonplättchen, die als Bodenfliese Verwendung gefunden hatten und von denen eine größere Anzahl mit interesanter seltener Ornamentierung dem Historischen Museum überliefert werden konnten. Sie reichen zurück bis zum Ausgang der romanischen Bauperiode; die jüngsten lassen bereits den Einfluß der Renaissance erkennen.“[1] Ein Teil dieser Fliesen ist vermutlich in den Beständen des Historischen Museums heute noch erhalten, ein Teil wurde wohl im 2. Weltkrieg zerstört. Da alle Unterlagen fehlen, sind die Muster nicht mehr zu bestimmen.

Literatur
Ch. L. Thomas, Die Ausgrabungen im Domhof und auf dem Weckmarkt 1896 und 1897, Arch. Frankfurter Gesch. u. Kunst, 3. F. 6, 1899, 314–322.

1 Ch. L. Thomas, 320.

„Frasskeller“, „Haus zum Frosch“, Buchgasse 3

Fundumstände
Bei den Grabungen 1897 auf dem Weckmarkt (s. Artikel Domhof und Weckmarkt) wurden im südwestlichen Teil des Domhofes die Fundamente des „Frasskellers“ angeschnitten. Die Keller des nordwestlichen Teils des Hauses reichten unter den südwestlichen Fialenpfeiler des Pfarrturmes. Im Schutt des Kellers fand sich der noch vorhandene Plattenboden, der nicht näher beschrieben wird. Im Keller des nicht abgebrochenen Hausteils, der vollständig mit Bauschutt ausgefüllt war, fanden sich „Fliessplättchen und glasierte Tonkacheln des 16. Jahrhunderts“.[1] 1902 wurden vor der Mauer des „Frasskellers“ drei Fliesen gefunden, deren Muster nicht mehr bekannt sind.

Baugeschichte
Der Hof wird 1288 im Besitz des Zisterzienserklosters Schönau erwähnt; 1430 wird der Patrizier Konrad Neuhaus als Besitzer genannt. Nach Battonn[2] bestand der Hof aus einem Hauptflügel und drei kleineren Fachwerkhäusern. Ein Teil des Hofes war 1355 von den Fabrikmeistern des Domkapitels mit Bewilligung des Rates gekauft worden.[3] Im Hof stand eine Kapelle, die 1802 abgebrochen wurde und die möglicherweise die alte Hauskapelle des Schönauer Hofes war. Umbauten scheinen in der Mitte des 16. Jahrhunderts stattgefunden zu haben. Auf sie weisen ein in die Hofwand des 1802 erbauten Hauses eingemauerter Türbogen mit der Jahreszahl „1534" und ein Relief mit Inschrift und Jahreszahl „1547".
Bei den Fliesen handelt es sich möglicherweise um Zisterziensermuster, von denen sich einige in der Slg. des Historischen Museums Frankfurt erhalten haben. Die erwähnten Fliesen des 16. Jahrhunderts, bei den Umbauten zwischen 1534–47 verlegt, könnten die in Frankfurt häufig gefundenen Muster H53 oder H56 gezeigt haben.

Literatur
J. G. Battonn, Bd. 5, 58–61.
Ch. L. Thomas, (siehe Artikel Domhof und Weckmarkt) 314–322.
Frankfurt am Main und seine Bauten, Architekten und Ingenieurverein (Hrsg.), Frankfurt 1886, 51.
W. Sage, 52.
M. Schaab, 1963, 96.

1 Ch. L. Thomas, 320–321.
2 J. G. Battonn, Bd. 3, 320.
3 Ch. L. Thomas, 320.

Großer Sandhof, Kleine Sandgasse 4

Fundumstände
1902 wurden im Hinterhaus Fliesen gefunden. Die Muster sind nicht bekannt.

Baugeschichte
Der Sandhof wird 1356 erstmals im Besitz der Familie Nygebuer erwähnt. Im Hof befand sich eine Kapelle, für die Bernhard Nygebuer 1383 einen Ablaß erlangte.[1] 1589 wurde das Haus neu erbaut. Möglicherweise stammen die Fliesen aus der Kapelle des Vorgängerbaus.

Literatur
J. G. Battonn, Bd. 4, 286–287.
W. Sage, 55, Taf. 23 a.

1 J. G. Battonn, Bd. 4, 286.

Ehem. Nürnberger Hof, Braubachstr. 33

Fundumstände
Beim Abbruch des Hofes für den Durchbruch der Braubachstraße wurden 1902 vier Fliesen gefunden, die als „gotisch" bezeichnet werden. Das Muster ist nicht mehr bekannt.

Baugeschichte
1280 wird ein Heintzel oder Hans von Glauburg als Besitzer des Hofes genannt; im 14. Jahrhundert hieß der südliche Teil der „Glauburger Hof". 1396 wird der Hof erstmals als Quartier der Nürnberger Messekaufleute erwähnt. Er erhielt wohl im 1. Viertel des 15. Jahrhunderts einen den Hof abschließenden Flügel, welcher auf Grund des Wappens wohl von Hert von Glauburg († 1424) und seiner Frau Guda († zwischen 1419 und 1424) erbaut wurde. Der nördliche Teil, der „Schmiedhof" wurde 1485 mit dem südlichen Teil vereint. 1497 kaufte der Nürnberger Patrizier Jakob Heller den ganzen Hof.
Es muß sich um einen prächtigen Bau gehandelt haben, Albrecht Dürer, Kaiser Friedrich III. (1486) und Kaiser Maximilina I. (1517) waren hier zu Gast. Die Fliesen könnten wohl am ehesten aus den Bauten des 1. Viertels des 15. Jahrhunderts stammen.

Literatur
J. G. Battonn, Bd. 3, 126–129.
W. Sage, 28–29, Taf. 11 a und b.
G. Dehio, Hessen, 263.

Goethehaus, Großer Hirschgraben 23

Fundumstände
Die Fliesen wurden 1886 als Bodenbelag eines eingebauten Schrankes entdeckt.

Baugeschichte
Der Hirschgraben wurde erst nach dem teilweisen Abbruch der staufischen Stadtmauer zwischen Katharinenpforte und Weißfrauenkloster 1582 aufgefüllt; die Fläche ab 1584 als Baugrund vergeben. Der Vorgängerbau des heutigen Goethehauses wurde wohl 1588 durch den Juwelier Matthias von Hinsberg errichtet, der ihn 1592 bewohnte. 1733 wurde dieses Haus und das Nachbarhaus von Goethes Großmutter, Cornelia Goethe, gekauft, es blieb bis 1795 im Besitz der Familie Goethe. Die heutige Gestalt verdankt es einem Umbau, durch Johann Ulrich Springer nach Plänen von Johann Friedrich von Uffenbach von 1755–56. Das Haus wurde 1863 zurückgekauft und zur Gedenkstätte umgewandelt. Nach der Zerstörung 1944 wurde es 1946–51 wieder aufgebaut. Die Fliesen, sorgfältige Prägungen der in Hessen verbreiteten Muster, müßten eigentlich zu Ende des 15. Jahrhunderts entstanden sein. Entweder wurden sie aus einem anderen Gebäude ins Goethehaus verbracht oder wurden tatsächlich zu Ende des 16. Jahrhunderts mit diesen Modeln in Frankfurt noch Fliesen geprägt.

Literatur
R. Jung, J. Hülsen, Bdm Frankfurt II, 2, 171–206.

Ehem. „Handwerkerhaus", Braubachstr. 18–22

Fundumstände
Bei Ausschachtungsarbeiten für den Neubau des Handwerkerhauses wurden 1925 im Schutt zahlreiche Fehlbrandstücke, Gefäßscherben und einige Bodenfliesen gefunden. Sie weisen auf eine im 14. Jahrhundert dort ansässige Töpferei, die vermutlich vorhandene Vorlagen (Kloster Eberbach) nachprägte[1]. Dieselbe Fliese wurde vor 1855 in einem nicht näher bezeichneten Haus in Frankfurt gefunden.[2]

Literatur
A. Essenwein, 1855/56, 22, Taf. 24, Abb. 12.
H. Brückner, 32–35, Taf. 3, 13.

1 Das wiederholte Vorkommen Eberbacher Fliesen in Frankfurt erklärt sich vermutlich aus der Tatsache, daß das Kloster dort Haus und Hof besaß, die ihm 1219 von Berthold von „Bruningesheim" und dessen Frau Jutta geschenkt worden waren. Dieser Hof wurde 1512 neu erbaut.
2 A. Essenwein, 1855/56, 22: „ein aus Fliesen zusammengesetzter Fußboden aus einem alten Haus zu Frankfurt."

Stadtgraben an der Bleichstr. 62–60 und Krögerstr. 1–1 a

Fundumstände
Die Fliesenbruchstücke wurden bei einer Notgrabung auf den oben erwähnten Grundstücken 1976 geborgen. Sie stammen aus angefahrenem mittelalterlichem Schutt, der unmittelbar vor der Stadtmauer abgeladen wurde. L. v. Döry-Jobaháza[1] vermutet, daß der dortige Stadtgraben zwischen 1627–32 aufgefüllt wurde. Bei den Fliesen handelt es sich um Prägungen des späten 16. Jahrhunderts.

Literatur
L. v. Döry-Jobaháza, Ein Scherbenfund aus dem Frankfurter Stadtgraben 1976, Keramos, Heft 75, 1977, 3–10.
Ders., 1978, 3, 49–54, 25, Kat. Nr. 230.

1 L. v. Döry-Jobaháza, 1978, 3.

Stalburger Oede

Fundumstände
Die Fliesen lagen vor 1859 noch im Garten hinter dem Haus als Unterlage für einen Wasserkübel.[1]

Baugeschichte
Das Haus wurde zu Ende des 15. Jahrhunderts durch Klas Stalburg von Peter Leideleben von Carben gekauft. Es brannte 1552 nieder und wurde durch Klas Stalburg wiederaufgebaut. Es blieb bis 1808 im Besitz der Familie Stalburg, kam um 1830 an das Haus Rothschild und wurde 1879 abgerissen. Das Muster der Fliesen fügt sich stilistisch sehr gut in die Zeit um 1552.

Literatur
R. Jung, J. Hülsen, Bdm Frankfurt III, 281–286, Abb. S. 283, Fig. 183.

1 R. Jung, J. Hülsen, 283, Abb. 183.

Frankfurt-Sachsenhausen

Grundstück Oppenheimerstr. 33

Fundumstände
Beim Abbruch des Hauses und den Ausschachtungsarbeiten für einen Neubau wurden 1908 zwei Brennöfen und deren Abraum aufgedeckt. Die gleichzeitig gefundenen Töpfe und Gefäßscherben ergaben für den oberen Ofen eine Datierung ins 18. Jahrhundert, während der untere Ofen, der vorwiegend graue und rotbraune geriefte Ware enthielt, möglicherweise zwischen Ende 14. und Anfang 15. Jahrhundert betrieben wurde. Die grobe Prägung der dort gefundenen Fliese C66 erlaubt keine sichere Datierung. Sie wurde inzwischen auch in der Kirche von Nieder-Wöllstadt gefunden.
Das Patronat dieser Kirche hatte die Deutschordens-Kommende Frankfurt-Sachsenhausen unter sich. Es wäre daher möglich, daß auch diese Brennöfen in Regie der Kommende betrieben wurden oder für diese arbeiteten. Vermutlich wurde die Fliese in der 2. Hälfte des 15. Jahrhunderts geprägt. Von derselben Hand wurde wohl B48 geschnitten.

Literatur
O. Lauffer, Zur Geschichte der Irdenware in Frankfurt a. M., Frankfurt 1908, 50–52.
H. Brückner, 27 und Taf. II, 8.

Franzburg, Lkr. Stralsund, Bez. Rostock

Ehem. Zisterzienserkloster Neuenkamp

Fundumstände
Erste Fliesen fanden sich vor 1952 in einem Haus, das auf dem Gelände des ehem. Klosters stand.[1] Bei den Grabungen 1959/1960 entdeckte man in der Nähe der Ostwandfundamente ...“ rechtwinklige und bogige Fußbodenplatten“. Diese weisen auf das Vorhandensein eines Bodens aus Plattenmosaik[2], vermutlich der erste Boden der Klosterkirche.
Da die Grabung mit Rücksicht auf bestehende Häuser nur auf dem Kirchenplatz durchgeführt wurde,[3] ist zu vermuten, daß noch Teile des ehem. Fliesenbelags im Boden vorhanden sind.

Baugeschichte
Die Kirche des 1231 von Fürst Witzlav I. gestifteten und durch Mönche aus Kloster Kamp (Niederrhein) besiedelten Klosters wurde von etwa 1280–1330/40 erbaut und nach der Aufhebung des Klosters 1535 bis auf den südlichen Querarm abgetragen. Dieser wurde zur Schloßkapelle, das Kloster zum Schlößchen umgebaut. Die Fliesen, möglicherweise durch Muster aus Kloster Eldena beeinflußt, dürften eher im 15. als im 14. Jahrhundert entstanden sein.

Literatur
M. Hertel, Bericht über die Ausgrabungen der Zisterzienserklosterkirche Neuenkamp, Wiss. Zs. Ernst-Moritz-Arndt-Universität Greifswald 10, 1961, 367–381.
Dies., Die Zisterzienserklosterkirche Neuenkamp (Franzburg) nach dem Befund der Ausgrabung 1959/1960, Greifswald-Stralsunder Jb. 5, Schwerin 1965, 129–148.
G. Dehio, Neubrandenburg/Rostock/Schwerin, 83–84.
G. Ostermay, 55–58.

1 Den freundlichen Hinweis auf Fliesen und Fundort verdanke ich Herrn Prof. Dr. Wolfgang Müller†, Kiel. Die Fliesen könnten bei der ersten Grabung vom 10.–14. 3. 1936 gefunden worden sein.
2 M. Hertel, 1961, 373, 374 Fig. 3 l – m.
Dies., 1965, 142. Nach freundlicher Mitteilung von Frau Margrit Matheisen-Hertel handelte es sich um quadratische Fliesen verschiedener Größen mit abgetretener Bleiglasur auf weißer Engobe und hellbrauner Glasur, um eine Halb- und eine Viertelskreisfliese.
3 M. Hertel, 1965, 132. Bei der Ausgrabung 1959–60 fand sich die Variante J108b. (Frau M. Matheisen-Hertel, Greifswald).

Frauenchiemsee, Gem. Chiemsee, Kr. Rosenheim

Ehem. Benediktinerinnen-Klosterkirche Frauenwörth

Fundumstände
Bei einer Grabung 1960–64 wurde das Bruchstück einer sechseckigen Fliese in Schicht VII in einem Grabungsschnitt zwischen Münster und Turm geborgen[1].

Baugeschichte
Das um 770, vermutlich durch Herzog Tassilo III. von Bayern gegründete Kloster wurde 782 geweiht und 907 beim Ungarneinfall zerstört. Mit dem Bau der heutigen Kirche wurde im 11. Jahrhundert begonnen, die Frage, in welcher Periode des 12. Jahrhunderts Umbauten und die Ausmalung der Hochwände durchgeführt wurden, konnte auch durch die Grabung nicht restlos geklärt werden. Das Schiff wurde 1472–76 eingewölbt, Kirche und Kloster 1491 durch Brand zerstört und in der Folge wiederaufgebaut. Bei der gefundenen Fliese handelt es sich um einen Fliesentypus, welcher bis jetzt nur aus Böhmen und aus dem ungarischen Kloster Bakonybel bekannt war.[2] Zur Datierung der böhmischen Fliesen gibt es abweichende Ansichten, sie werden von Hejdova und Nechvátal ins letzte Drittel des 11. Jahrhunderts datiert, Umbauten sind jedoch auch für das 2. Viertel des 12. Jahrhunderts bezeugt. Der Fliesenbelag in Frauenwörth könnte im selben Zeitraum wie die Hochwandfresken entstanden sein[3]. Von den beiden, von der jüngsten Forschung vorgeschlagenen Daten „um 1130“ und „um 1160/1170“ wäre der Frühdatierung der Vorzug zu geben. Noch ist nicht geklärt, ob Frauenwörth für diesen, möglicherweise von der Bauornamentik Oberitaliens beeinflußten Fliesentypus die erste Station auf der Wanderung nach Norden war oder ob die Fliesentöpfer aus Prag kamen.

Literatur
V. Milojčić, 7ff.
F. Oswald, L. Schaefer, H. R. Sennhauser, Kirchenbauten, 407–408.
F. Oswald, Rezension von V. Milojčić, Kunstchronik 23, 1970, 74–78.
V. Milojčić, Ergebnisse der Ausgrabungen auf der Fraueninsel im Chiemsee (1961–64), Heimatjb. des Lkr. Traunstein 2, 1969, 3–16.
Hist. Stätten VII, Bayern, 206–207.
W. Haas, Die Klosterkirche von Frauenchiemsee vor dem spätgotischen Umbau, Jb. bayer. Denkmalpflege, München 1982, 21–46.
G. Dehio, München und Oberbayern, 296–298.

1 V. Milojčić, Taf. 86a.
2 Alle Angaben zu diesen Fliesen Kap. 15.10, 197–199.
3 Vgl. Text S. 64–65.

Freiburg im Breisgau

Ehem. Heilig-Geist-Hospital, Ecke Kaiser-Joseph-Straße und Münsterstraße

Fundumstände
Die Fliesen wurden 1893 bei Bauarbeiten gefunden.[1]

Baugeschichte
Über die Baugeschichte des 1200 erstmalig erwähnten, ein ganzes Häusergeviert zwischen Kaiserstraße, Münsterplatz, Münsterstraße und Marktgasse einnehmenden Spitals ist nichts bekannt. Architekturteile weisen auf eine Entstehung kurz nach der Stiftung im 1. Drittel des 13. Jahrhunderts. Die Kirche wird bei der Verleihung der Pfarrechte 1255 erwähnt. Nach der Verlegung des Spitals in das Klarissenkloster 1806 wurden die Gebäude 1823 abgebrochen. Die Fliesen, zweifellos sehr früh, könnten zu Ende des 1. Drittels des 13. Jahrhunderts entstanden sein und stammen möglicherweise aus der Kirche des Heilig-Geist-Spitals.

Literatur
Freiburg, 1898, 206, 227 mit 3 Abb.
H. Flamm, 129–130.
J. Kuhn, Aus der Geschichte des Hl.-Geist-Hospitals zu Freiburg im Breisgau. Diss. Hildesheim 1914, 9–14.
Freiburg, Amtl. Kreisbeschreibung I, 2, 919.

1 Westd. Zs. 3, 1884, Museographie 1883, 171.

Haus „Zum Wolf“, ehem. Herrenstr. 45

Fundumstände
Die Fliesen fanden sich bei Umbauarbeiten 1881 in den Kellerräumen. Sie waren unregelmäßig, offenbar in zweiter Lage verlegt und stammen möglicherweise nicht aus diesem Haus.[1]

Baugeschichte
Das mehrfach umgebaute, seit Ende des 16. Jahrhunderts auch „Zum Fuchs“ genannte Haus, erlaubt keine Rückschlüsse auf die mittelalterliche Baugeschichte. Als frühester Besitzer ist 1460 ein „Snewlin im hoff zum wolf“ bekannt. Die Fliesen dürften jedoch auf jeden Fall, selbst bei langer Verwendung der Model, noch im 13. Jahrhundert entstanden sein.[2]

Literatur
F. Schneider, 1882, 51–54, Taf. 1–4.
H. Flamm, 105.
P. P. Albert, M. Wingenroth, 60.
Kunstepochen der Stadt Freiburg. Ausstellung zur 850-Jahr-Feier im Augustinermuseum, Freiburg 1970, 42, Kat. Nr. 28a.

1 F. Geiges (im Anhang zu F. Schneider, 54) glaubt, daß die Fliesen aus der an das Haus angrenzenden städtischen Münze, früher Haus „zum Schöttlin“ stammen könnten. Jedoch auch dieses Haus (H. Flamm, 105) läßt sich nur bis 1460 zurückverfolgen. Vgl. außerdem Y 7, Anm. 1.
2 Ausführliche Beschreibung der Fliesen s. Text S. 31–32.

Ehem. Collegium Theobaldi, Franziskanerstr. 11

Fundumstände
Die Fliesen fanden sich 1880 im 2. Stockwerk als Belag des Flurs.

Baugeschichte
Das Collegium Theobaldi, von Theobald Papst 1564 als eines der vier Kolleggebäude der Konvikte gestiftet, ist ein Teil des Hauses Franziskanerstr. 11 und bot Freiplätze für unbemittelte Studenten. Das Haus wird 1355 erstmalig als im Besitz der Tochter Konrad Dyetherich Snewlins, Frau Gisela v. Hatstat, erwähnt. Die Fliesen stammen jedoch zweifellos aus dem 1564–65 vorgenommenen Umbau.

Literatur
F. Schneider, 1882, 54.
H. Flamm, 70.
P. P. Albert, M. Wingenroth, 22.

Freusburg, Gem. Kirchen/Sieg, Kr. Altenkirchen

Burg Freusburg, heute Jugendburg

Fundumstände
Die Fliesen wurden vor 1972 und beim Umbau 1984 im alten Bauschutt gefunden, Kopien im „Historischen Flur" angebracht.

Baugeschichte
Die Burg, schon im 12. Jahrhundert im Besitz der Grafen von Vroitzberg, kommt um 1220 an die Grafen von Sayn und wird 1247 erstmals erwähnt. Über die Baugeschichte des 13. bis 15. Jahrhunderts gibt es keine Unterlagen. Ein Teil des Südflügels wurde 1540 errichtet; der Heinrichsbau (Heinrich IV. von Sayn) 1580 vollendet. Die Burg verfiel und wurde im 18. Jahrhundert teilweise abgetragen, die Reste 1923–28 wieder gesichert und neuerbaut. Bei den Fliesen handelt es sich um Muster des Klosters Eberbach aus der 2. Hälfte des 13. Jahrhunderts, die ähnlich auch in Kloster Marienstatt vorkommen. Auf die enge Beziehung zu den Zisterziensern weist die Tatsache, daß Aleydis von Freusburg das Kloster Marienstatt zum Andenken an ihren ersten Mann stiftete.[1]

Literatur
R. SEMMELROTH, Die Freusburg, Betzdorf 1930, 11–14, 17.
M. BITTERAUF-REMY, J. BUSLEY, H. NEU, Kdm Rheinprovinz 16.1, Kr. Altenkirchen, Düsseldorf 1935, 73–82.
Hist. Stätten V, Rheinland-Pfalz, 105–106.
F. BUSCH, 1972, o. Sz. mit Abb. der Fliesen.
H. L. KUBACH, A. VERBEEK, Bd. 1, 300.
G. DEHIO, Rheinland-Pfalz, 293.
H. GENSICKE, 1958, 188–190.

1 R. SEMMELROTH, 17.

Friedberg, Wetteraukreis

Ev. Stadtkirche, ehem. „Unserer Lieben Frau"

Fundumstände
Die Fliese D 39 wurde am 18. 5. 1897 im Schutt der Sakristei gefunden. E 6 fand sich bei Erdarbeiten 1955 in der Wolfengasse nahe der Liebfrauenkirche und stammt[1] vermutlich ebenfalls von dort. Bei der Restaurierung der Kirche 1896–1901 wurde das Fußbodenniveau der gotischen Kirche um 0,32 m auf das der romanischen Kirche gesenkt.[2] Die Sakristei wurde 1896 abgebrochen. Die vor 1900 ins Museum Friedberg gelangten Fliesen, deren Fundort nicht mehr bekannt ist, könnten möglicherweise mit anderen Bauteilen dort geborgen worden sein.

Baugeschichte
Bei Grabungen 1957–58 wurden die Grundmauern eines im letzten Viertel des 12. Jahrhunderts errichteten Vorgängerbaus der Kirche aufgedeckt. Bei der 1306 bezeugten Weihe der kurz vor 1260 begonnenen heutigen Kirche waren vermutlich Chor und Querschiff vollendet. Das in zwei Abschnitten ab 1310–20 entstandene Langhaus wurde 1340 und um 1370 abgeschlossen. Von 1380-1410 erfolgte der Bau der Türme. Die Fliesenmuster, Eberbacher Prägungen und wohl durch Kloster Arnsburg vermittelt, wurden möglicherweise schon in Friedberg gefertigt. Kloster Arnsburg besaß hier einen 1258 erstmals erwähnten Hof. Beide Fliesen sind vermutlich vor 1306 entstanden.

Literatur
R. ADAMY, Kdm Kr. Friedberg, 75–102.
H. KRATZ, Die Stadtkirche in Friedberg, Oberhessen. FS zu deren Wiederherstellung und zu der Neueinweihung am 26. 6. 1901, Friedberg 1901, 6.
H. ROTH, 27–29.
H. SEELIGER, Die Stadtkirche in Friedberg in Hessen. Ein Beitrag zur Geschichte der gotischen Baukunst in Hessen und am Mittelrhein, Diss. Heidelberg 1962, 3–14.
E. GÖTZ, Stadtkirche Friedberg, München 1966, 3–14.
G. DEHIO, Hessen, 272–274.

1 Freundliche Mitteilung von Herrn Wilhelm Belz, Friedberg.
2 H. KRATZ (s. o.), 6, „...hat sich die alte romanische Fußbodenanlage genau feststellen lassen ..." Der gotische Fußboden wurde ebenfalls 1897 vorgefunden. Bei keinem Boden wird jedoch erwähnt, wie er aussah.

Ehem. kaiserliche Burg mit Burgkapelle St. Georg

Fundumstände
Die Fliesen wurden bei Grabungen auf dem Burggelände von Ph. und G. Dieffenbach gefunden und kamen mit deren Sammlung 1892 in das Großherzogliche Museum in Darmstadt. Man weiß jedoch nicht, in welchem Teil des Burgareals die Fliesen geborgen wurden. Bei Ausschachtungsarbeiten für den Bau einer Turnhalle des Aufbaugymnasiums innerhalb des Geländes der ehem. Burg wurden 1962 die Fundamente der 1783 abgebrochenen Burgkirche teilweise freigelegt.
In der Nähe der Ostwand der Kirche wurden „drei verzierte Fußbodenplatten aus gebranntem Ton"[1] in situ gefunden. Die Fliese H 56 wurde als Lesefund am nördlichen Burgabhang geborgen.[2] Vermutlich stammen weitere Fliesen unbekannter Herkunft im Wetterau-Museum, Friedberg, aus der Burg.

Baugeschichte
Die Reichsburg Friedberg, an der Stelle des römischen Kastells um 1180 ausgebaut, wird 1216 erstmals erwähnt. Da die Fundorte der Fliesen teilweise unbekannt sind, ist es schwierig, sie einem der zahlreichen, zwischen dem 13. und 16. Jahrhundert auf dem weiten Burgareal errichteten Bauten zuzuweisen. Die Burgkapelle wird 1245 erstmals erwähnt, sie erhielt 1379–83 einen Chor. Aus ihr könnten die frühen, teilweise mit Mustern des Klosters Arnsburg übereinstimmenden Fliesen stammen,[3], J 71, O 23 und vermutlich auch O 62 könnten 1379 im Chor verlegt worden sein. Dieselben Muster finden sich vereinzelt auch in der Kaiserpfalz Gelnhausen und in Burg Hain in der Dreieich. Die vor oder nach 1500 entstandenen Fliesen H 56 lagen möglicherweise in einem der nach 1500 errichteten Burgmannenhäuser (Burgkanzlei 1512, Haus der Riedesel zu Bellersheim 1533, Brendel'sches Haus 1533) oder in dem 1491 in den Besitz der Kommende Frankfurt übergegangenen Deutschordenshaus.

Literatur
J. PH. DIEFFENBACH, 61–64.
R. ADAMY, Kdm Friedberg, 62–73, 106–124.
H. ROTH, 8 ff.
Hist. Stätten IV, Hessen, 145–148.
K. RÜBELING, Die alte Friedberger Burgkirche. Der Abbruch der Kirche und ihre Überlieferung, Wetterauer Gesch.bl. 14, 1965, 1–30.

M. Morkramer, 1982 I, 98.
G. Dehio, Hessen, 275–276.

1 K. Rübeling, 8. Leider wurden die Fliesen, ohne die Muster zu zeichnen, ins Museum gegeben, so daß auch hier nicht klar ist, welches Muster gefunden wurde. Ebd., 21, Rübeling stellt auch hier fest, daß der Boden dicht mit Grabplatten bedeckt war, der Fliesenbelag vermutlich deshalb schon sehr früh verworfen wurde.
2 M. Morkramer, 1982, 98.

Ehem. Franziskanerkloster, Kaiserstr. 11–19

Fundumstände
Die Fliese wurde 1939 bei Bauarbeiten auf dem Gelände des ehem. Franziskanerklosters gefunden.[1]

Baugeschichte
Das Franziskanerkloster wurde 1249 gestiftet, nach der Reformation 1542 von der Stadt erworben, die baufällige Kirche nach 1547 abgebrochen. In den Klostergebäuden wurde eine Lateinschule eingerichtet, im 18. Jahrhundert an deren Stelle Bürgerhäuser erstellt. Über die Erbauung von Kirche und Kloster gibt es keine Nachrichten. Die grobe Prägung des wohl noch im 13. Jahrhunderts entstandenen Musters, das sich auch in der Kirche des nahegelegenen Klosters Ilbenstadt fand, weist eher auf eine Entstehung im späten 14. oder im 15. Jahrhundert.

Literatur
J. Ph. Dieffenbach, 67–68.
W. Dersch, 31.

1 Friedberger Gesch.bl. 15, 1940, 181.

Ehem. Augustinerkloster, jetzt „Arnsburger Hof", Augustinergasse 8

Fundumstände
Unbekannt. Inventarnotiz: „vermutlich aus dem Augustinerkloster."

Baugeschichte
Das 1270 erstmals erwähnte Kloster muß schon vor 1260 gestiftet worden sein. Zum Bau haben sich keinerlei Urkunden erhalten. Die baufällige Kirche stürzte 1618 ein, die Klostergebäude wurden seit 1548 als Lateinschule genutzt. Die dem 16. Jahrhundert angehörenden Fliesen, deren Muster sich auch in anderen Gebäuden Friedbergs fanden, wurden möglicherweise erst nach 1548 verlegt.

Literatur
J. Ph. Dieffenbach, 66.
W. Dersch, 30.

Haus Kaiserstr. 71
Haus Kaiserstr. 93–95

Fundumstände
Die Fliesen wurden beim Abbruch der Häuser (Nr. 71: [1]1973, Nr. 93–95: 1957) gefunden. Sie wurden wohl in der 1. Hälfte des 16. Jahrhunderts geprägt. Über die Baugeschichte dieser Bürgerhäuser ist nichts bekannt.

1 Wetterauer Gesch.bl. 28, 1979, 188.

Gemarkung nahe dem Pfingstbrünnchen

Fundumstände
Die Fliese wurde 1965 gefunden.

Ortsgeschichte
Die Fundstelle liegt außerhalb der mittelalterlichen Stadtmauer von Friedberg. Mielke[1] vermutet, daß es sich um den Ort einer mittelalterlichen Töpferei handelt, die wie üblich außerhalb der Stadt angesiedelt war. Das Muster weist auf eine Entstehung in der 1. Hälfte des 16. Jahrhunderts.

1 Den Fund verdanke ich Herrn Dr. Heinz-Peter Mielke, Grefrath.

Friedrichsdorf-Burgholzhausen v. d. Höhe, Hochtaunuskreis

Haus Hauptstr. 20

Fundumstände
Die Fliesen wurden vor einigen Jahren und 1984 in diesem und in drei weiteren Privathäusern geborgen.[1] Woher die Fliesen ursprünglich stammten, ist nicht bekannt. In Frage kommt wohl nur die Walpurgiskapelle, da die übrigen Gebäude des Ortes entweder zu früh zerstört (Burg, 1241)[2] oder zu spät erbaut wurden. Die Fliesen lagen, meist mit der Musterseite nach unten, im Obergeschoß der Gebäude als glatter Untergrund zur Kornaufschüttung. Vermutlich sind nicht alle Muster bekannt, da die mit der Suche verbundene Zerstörung der Schüttböden von den Besitzern abgelehnt wird.

Ortsgeschichte
Burgholzhausen gehört wie Seulberg, Rodheim und Homburg v. d. H. zu den Töpferorten der Grafschaft Homburg. Werkstätten für Ofenkacheln waren dort vermutlich seit dem 16. Jahrhundert ansässig. Falls die Fliesen aus Burgholzhausen stammen, könnte eine Töpferei schon in der 2. Hälfte des 15. Jahrhunderts bestanden haben. Die Walpurgiskapelle, die Vorgängerin der heutigen ev. Pfarrkirche, wurde vor 1717 abgebrochen, die heutige Kirche 1717–19 errichtet.

Literatur
W. Bauer, Zur Keramik der Alten Burg bei Burgholzhausen v. d. H. Wetterauer Gesch.bl. 9, 1960, 37–44.
H. Zimmermann, 1979, 21.
Ders., Bodenfliesen, 12–21

1 Alle Angaben zu den Fliesenfunden verdanke ich Herrn Dr. Herbert Zimmermann, Burgholzhausen v. d. Höhe. Er hat sie inzwischen ausführlich publiziert, so daß für alle Einzelheiten auf diesen Aufsatz verwiesen wird.
2 W. Bauer, 37–44. Bei der 1950 auf dem Gelände der „alten Burg" durchgeführten Grabung wurden keine Fliesen gefunden.

Friedrichsdorf-Seulberg, Hochtaunuskreis

Rathaus

Fundumstände
Ein Fliesenbruchstück wurde 1984 im mit Schutt angefüllten Kriechkeller des Seulberger Rathauses entdeckt.[1] Die Fliese muß nicht aus dem Rathaus stammen, der Schutt scheint beim Umbau 1870 eingefüllt worden zu sein.

Ortsgeschichte
Nach Ausweis der Fundstücke soll die Töpfertradition Seulbergs bis ins 14. Jahrhundert zurückreichen, v. Cohausen[2] erwähnt, daß in einer Abfallgrube des Orts und nördlich von diesem auch römische Scherben, Ziegel der VIII. Legion, Hypokaustenröhren etc. gefunden wurden. Schriftliche Belege haben sich erst von 1687 erhalten, die gefundenen Ofenkacheln weisen in die 2. Hälfte des 16. Jahrhunderts. Erhalten hat sich auch der nachmittelalterliche „Aulofen", welcher bis 1847 in Betrieb war. Die Fliese, ein Muster des Klosters Ilbenstadt und wohl gegen Ende des 15. Jahrhunderts entstanden, soll nicht den typischen Seulberger Scherben zeigen.[3] Es wäre also möglich, daß die Fliesen aus Ilbenstadt kamen. Sie können wohl nur für einen Sakralraum bestimmt gewesen sein. Eine Kirche (St. Martinskapelle) wird erstmals 1326 erwähnt, sie wurde 1861 abgebrochen und durch einen Neubau ersetzt. Seit 1351 war sie im Besitz des Mainzer Domkapitels.

Literatur
A. v. Cohausen, 127–138.
Vergangenheit und Gegenwart. Jubiläumschrift zur 1200-Jahr-Feier der Gemeinde Seulberg/Taunus, Seulberg 1968, 44–47.
H. Zimmermann, 16–21.
H. Zimmermenn, 1985, 12–21.

---

1 Freundliche Mitteilung von Herrn Dr. Herbert Zimmermann, Burgholzhausen v. d. Höhe.
2 A. v. Cohausen, 127, 133.
3 Auskunft von Herrn Dr. Herbert Zimmermann (Anm. 1). Für die Annahme v. Cohausen (134), daß die Fliesen des Klosters Thron in Seulberg gefertigt wurden, ließen sich noch keine Beweise finden.

Fürstenfeldbruck

Ehem. Zisterzienserkloster Fürstenfeld, Klosterkirche Mariae Himmelfahrt, heute kath. Pfarrkirche St. Bernhard

Fundumstände
Bei Sicherungsarbeiten 1965 wurde der Stumpf der Westmauer der gotischen Vorhalle unter dem barocken Fußboden sichtbar. Im gotischen Mauerwerk war das Fragment einer offensichtlich nie begangenen Fliese vermauert.

Baugeschichte
Das zur Sühne für die ungerechtfertigte Hinrichtung seiner ersten Gemahlin durch Herzog Ludwig d. Strengen v. Bayern 1258 gestiftete Kloster, wurde 1263 auf das „Fürstenfeld" verlegt und von Zisterziensern aus Kloster Aldersbach übernommen. Nach schweren Zerstörungen im 30jährigen Krieg wurde die zwischen 1263–90 erbaute Kirche abgebrochen und ab 1701 durch einen 1741 vollendeten Neubau ersetzt. Die Fliese wurde wahrscheinlich im Kloster geprägt. Schon die Backsteine für den ersten Kirchenbau waren im Kloster gebrannt worden. Möglicherweise handelt es sich um einen nie verlegten Fehlbrand. Die Fliese kann erst im 15. Jahrhundert entstanden sein. Sie könnte vielleicht bei der Ausbesserung der Schäden nach der Schlacht von Alling 1422 oder in Bauten, die der baufreudige Abt Johannes Fuchs (1413–32) erstellen ließ, verlegt worden sein. Möglicherweise wurde die Fliese, deren Prägung eher an das Ende als an den Anfang des 15. Jahrhunderts weist, bei der Restaurierung der Kirche 1661 zur Ausbesserung von Schäden benutzt.

Literatur
G. v. Bezold, B. Riehl, Kdm Bayern I, 442–470.
M. Hartig, 113–120.
G. Dehio, E. Gall, Oberbayern, 125–128.
E. Krausen, Klöster, 40–43.
L. Lampl, 103–112.
Hist. Stätten VII, Bayern, 216–217.
L. Lampl, W. v. d. Mülbe, Die Klosterkirche Fürstenfeld, München 1981, 25–30.

G

Gaildorf, Lkr. Schwäb. Hall

Ev. Stadtkirche, ehem. St. Marien

Fundumstände
Die Fliesen müssen vor 1887 bekannt gewesen sein. Aus dem Text bei Dolmetsch geht nicht hervor, ob sich die Fliesen noch in situ oder schon im Museum befanden. Vermutlich wurden sie beim Umbau des Schiffes nach dem Stadtbrand 1868 entfernt.

Baugeschichte
Die 1417 gestiftete Marienkapelle wurde 1433 zur Pfarrkirche erhoben und 1435 umgebaut. Die Fliesen stammen vermutlich aus diesem Umbau und nicht aus den Erweiterungsbauten von 1518–21.

Literatur
H. Dolmetsch, Taf. 38, Abb. 30.
E. Gradmann, Kdm Jagstkreis I, 196.
G. Dehio, Baden-Württemberg, 153.

Gammelshausen, Lkr. Göppingen

Ev. Pfarrkirche, ehem. Kapelle St. Maria, St. Valentin, St. Bernhard, St. Veit, St. Barbara und St. Katharina

Fundumstände
Die Fliesen scheinen 1914 noch in situ verlegt gewesen zu sein.[1]

Baugeschichte
Einer 1436 errichteten, jedoch noch nicht geweihten Kapelle, wurde 1499 eine Sakristei angefügt. Die Fliesen, deren einfaches Muster nicht sicher zu datieren ist, wurden vermutlich 1499 verlegt.

Literatur
H. Christ, H. Klaiber, Kdm Donaukreis II, 93.
C. Anshoff, Gammelshausen. Dorf am Albrand zwischen „Köpfle" und „Lotenberg", Gammelshausen 1976, 34–37.
W. Ziegler, 68.

1 H. Christ, H. Klaiber, Bd. 2, 93. „Gemodelte Bodenplättchen wie in Dürnau."

Gangelt, Kr. Heinsberg

Ehem. Burg

Fundumstände
Ein Fliesenbruchstück wurde „einige Zeit vor 1959" in einem Garten auf dem ehem. Burggelände gefunden.

Baugeschichte
Die Erbauungszeit der Burg ist nicht bekannt. Sie war, als sie zusammen mit der Stadt 1484 abbrannte, im Besitz des Godart von Hanxler. Dieser baute sie 1511 wieder auf, während der Jülicher Fehde 1542/43 wurde sie erneut zerstört. Die Burggebäude wurden 1791 niedergelegt, erhalten blieb nur der Bergfried als Stadttor. Die Fliesen, möglicherweise ursprünglich für Aachen (vgl. G 46, G 47) geprägt, könnten um 1511 verlegt worden sein. Da sie sich jedoch von den vor oder nach 1500 in Aachen entstandenen Prägungen unterscheiden, wäre es möglich, daß sie erst aus dem Wiederaufbau nach 1542 stammen. Von Agnes von Bongard (†1559), der Gattin des Franz von Hanxler, wird berichtet, daß sie „die Burg erweiterte und verschönte"[1].

Literatur
E. Renard, Kdm Erkelenz, 145–150.
J. Kritzraedt, Stadtbuch Gangelt, Hrsg. J. Cloot, Düsseldorf 1926, 31, 33, 41, 44.
A. Lentz, 70–71.
Hist. Stätten III, Nordrhein-Westfalen, 242.

1 E. Renard, 1904, 147.

Gau-Bickelheim, Kr. Alzey-Worms

Haus Schmalzgasse 12 (Anwesen Christoph Krollmann)

Fundumstände
Die Fliesen befanden sich bis 1928 in situ in den Räumen des Hauses.

Baugeschichte
Die Fliesen des 1581 erbauten Hauses, das sich damals im Besitz der 1666 durch die Pest ausgelöschten Familie von Nievenheim befand[1], wurden, laut Jahreszahl auf der Fliese, 1628 geprägt. Als Vorlage diente ein vermutlich in Mainz entwickeltes Muster. Gau-Bickelheim war schon vor 1183 im Besitz des Erzstiftes Mainz und die Mainzer Stifte[2] sowie zahlreiche Angehörige des niederen Adels hatten hier Höfe und Besitz, vor allem Weinberge.

Literatur
F. J. Spang, FS zum 100jährigen Bestehen der Pfarrkirche St. Martin zu Gau-Bickelheim, 1853–1953, Gau-Bickelheim 1953, 13–17.

1 Freundliche Mitteilung von Herrn Franz Joseph Spang, Gau-Bikkelheim
2 F. J. Spang, 13. St. Maria ad Gradus, das Mainzer Domkapitel.

Gau-Odernheim, Kr. Alzey-Worms

Ehem. Kirche St. Peter auf dem Petersberg

Fundumstände
Als man 1877 nach den Fundamenten der Kirche grub, lagen im Schutt der Kirche „noch zahlreiche Überreste von Tonplättchen ... Diese messen meistens 13½, einige nur 11½ cm im Quadrate und tragen schöne Zeichnungen aus der romani-

schen Bauzeit, darunter auch den schreienden und schreitenden Löwen, das Einhorn, teils in schmalen, teils in breiten Linien eingepreßt; oft besteht das Ganze einer arabesken Zeichnung aus vier einzelnen Tonplättchen."[1] Wohin diese Fliesen kamen, war nicht zu ermitteln, möglicherweise beließ man sie an Ort und Stelle. Bei der Freilegung der Kirche 1947 fand man weitere Fliesen. „(Sandsteinplatten) ... als Unterlage der überall in großen Mengen gefundenen Fußbodenfliesen."[2] Diese Fliesen gelangten, bis auf wenige Ausnahmen in Privatbesitz, die Muster konnten nicht in den Katalog aufgenommen werden. Einige davon lassen sich aus den Beschreibungen bei Gredy[3] erraten.

Baugeschichte
Die Kirche wurde vom Metzer Stephansstift im 10. Jahrhundert (Behn: 9. Jahrhundert) auf dem Berg oberhalb des Ortes Otternheim erbaut. Die Grabungen legten eine Krypta des 12. Jahrhunderts frei. 1146 wurde die Propstei Petersberg durch die Herren von Bolanden dem nahen Kloster Gummersheim geschenkt und kam so in den Besitz von Kloster Arnstein, von dem es die Stadt Odernheim 1563 kaufte. 1754 wurde versucht die verfallende Kapelle zu restaurieren, sie wurde jedoch sehr bald wieder als Steinbruch benutzt und war schon im 3. Viertel des 18. Jahrhunderts verschwunden. Die Fliese F 38, eine Variante eines in Kloster Lorsch, Weinheim und Worms vorkommenden Musters, wirkt altertümlicher als deren Prägungen. Sie könnte schon in der 1. Hälfte des 13. Jahrhunderts entstanden sein. D 37, J 98 und N 91 sind durch das Vorkommen an anderen Orten (Kloster Rosenthal, Burg Neubolanden, Burg Scharfenstein und Burg Neuhaus) mit einer gewissen Sicherheit in die Zeit um 1260–70 zu datieren.

Literatur
H. Gredy, Geschichte der ehem. freien Reichsstadt Gau-Odernheim, 1883 (Neudr. 1954), 325–333.
F. Behn, Der Petersberg bei Gau-Odernheim, Mz. Zs., 41/43, 1946/1948, 52–59.
Hist. Stätten V, Rheinland-Pfalz, 110–111.
G. Dehio, Rheinland-Pfalz, 302–303.

1 H. Gredy, 328.
2 F. Behn, 54. Da Herr Prof. F. Behn, 58, die Arbeit von E. Grill über die Wormser Fliesen vermutlich kannte, schrieb er: „Aus gotischer Zeit stammen große Mengen verzierter Bodenfliesen mit teils ornamentalen, teils figürlichen Verzierungen, doch ohne neue und bisher in unserem Gebiet unbekannte Motive zu bieten."
3 H. Gredy, 328. Bei der von Gredy beschriebenen Einhornfliese kann es sich wohl nur um F 79 handeln. Eine der Fliesen kam ins Museum Worms (D 37), andere gelangten in die Slg. der Stadt Gau-Odernheim. Es ist nicht auszuschließen, daß von den 1877 entdeckten Fliesen ebenfalls Exemplare ins Museum Worms kamen. Dort fehlen alle Aufzeichnungen für die vor 1907 gefundenen Fliesen.

Gebweiler/Guebwiller, Haut-Rhin, Frankreich

Rathaus

Fundumstände
Die Fliesen wurden Ende 1974 bei der Restaurierung des Rathauses gefunden.

Baugeschichte
Das heutige Rathaus wurde, laut Inschrift, 1514 für den Tuchhändler Markard Hesser erbaut. Die Fliesen stammen aus dieser Zeit.

Literatur
W. Hotz, Kdm Elsaß und Lothringen, 55.
G. Meyer, 1975 a, 37, 45, Abb. C 7.
Ders., L'architecture haut-rhinoise au XVIe siècle, Annuaire de la soc. d'histoire et d'archéologie de Colmar 1975/76, 154–155 (153–167).

Gedern, Wetteraukreis

Ev. Pfarrkirche

Fundumstände
Die Fliesen wurden in der Gruft der Herren von Stolberg-Wernigerode unter der Gederner Kirche bei deren Umbau zum Heizkeller 1962 entdeckt, entfernt und dabei zum großen Teil zerstört.[1]

Baugeschichte
An Stelle einer 797 an Kloster Lorsch übertragenen Eigenkirche wurde vermutlich Anfang des 13. Jahrhunderts ein neuer Bau errichtet. Von diesem ist nur der spätgotische, um 1500 erbaute Westturm erhalten, das Schiff wurde 1845–47 neu erbaut. Gedern ging 1535 von den Herren von Eppstein-Königstein durch Erbschaft an die Grafen von Stolberg über, die eine Grablege in der Kirche errichten. Eine Beisetzung in der Kirche wird jedoch erst 1770 erwähnt, bis dahin ließen sich die Stolberger in Hirzenhain und Wertheim beisetzen. Vermutlich wurden die Fliesen, die in der 2. Hälfte des 15. Jahrhunderts und noch 1535 entstanden sein können, erst später in der Gruft verlegt.

Literatur
H. Thomée, Geriwarda. Ein Heimatbuch der Stadt Gedern, Gedern 1956, 174–176.
E. Keyser, D. Stb. IV, 1, 177–179.
Hist. Stätten IV, Hessen, 162–163.
G. Dehio, Hessen, 310.

1 Den Fliesenfund und alle Angaben zu den Fliesen verdanke ich Herrn Dr. Peter Weyrauch, Darmstadt.

Geislingen a. d. Steige, Lkr. Göppingen

Ev. Stadtpfarrkirche, ehem. St. Marien

Fundumstände
Die Fliese war 1858 noch in situ vorhanden, sie wurde vermutlich bei der Restaurierung 1892 entfernt.[1]

Baugeschichte
Die 1424 begonnene Kirche wurde 1440 vollendet. Die 1467 angefügte Vorhalle, die Jahreszahl 1471 unter der Empore und ein 1474 ausgeschriebener Ablaß zeigen, daß die Ausstattung der Kirche erst im 3. Viertel des 15. Jahrhunderts abgeschlossen war. Die Fliesen entstanden vermutlich erst gegen Ende des 15. Jahrhunderts oder stammen möglicherweise aus der 1518 errichteten Sakristei. Da die Kirche durch Kräfte der Ulmer Münsterbauhütte ausgeführt wurde, erklärt sich das Vorkommen ein und desselben Fliesenmusters in „ulmischen" Orten. Die Abweichung vom Original läßt vermuten, daß die Fliesen schon in Geislingen gebrannt wurden, das schon im 15. Jahrhundert ein bodenständiges Töpfergewerbe besaß.[2]

Literatur
F. LAIB, F. J. SCHWARZ, 73, Abb. 11.
P. KEPPLER, 113.
J. BAUM, H. KLAIBER, B. PFEIFFER, Kdm Donaukreis I, 25–29.
G. BURKHARDT, 136–148.
G. DEHIO, Baden-Württemberg, 155.
Hist. Stätten VI, Baden-Württemberg, 243–245.

1 J. BAUM, H. KLAIBER, B. PFEIFFER. 1892 wurde das gesamte Inventar erneuert. P. KEPPLER, 113, notiert 1888: „Fliesen", die zu diesem Zeitpunkt offensichtlich noch in der Kirche lagen.
2 G. BURKHARDT, 272–274. Der erste „Hafenmarkt" in Geislingen wird 1419 erwähnt.

Burgruine Helfenstein

Fundumstände
Mit ersten Grabungen an der Burgruine wurde 1922 begonnen, seit 1932 wurde sie systematisch ausgegraben und teilweise wieder aufgebaut. Die Fliesen fanden sich verstreut im Schutt vor einem kleineren, an die Ringmauer angebauten Gebäude, zusammen mit Resten eines Backofens. Es wurden drei verschiedene Muster aufgedeckt, weitere Muster unbekannter Herkunft im Museum Geislingen könnten jedoch auch aus Burg Helfenstein stammen, da sie in Prägung und Tonmaterial große Ähnlichkeit aufweisen. Vermutlich wurden sie bei späteren Grabungen gefunden.

Baugeschichte
Die zwischen 1099 und 1113 erstmals nachweisbare Burg kam wohl erst später an die Grafen von Helfenstein. Sie ging 1396 durch Kauf an die Stadt Ulm über und wurde von dieser zur mächtigen Festung ausgebaut. Vermutlich stammen die Fliesen aus dem zum „Neuen Schloß" umgewandelten Palas, dem Sitz des ulmischen Burgvogts. Die Burg wurde nach Eroberung 1552 verlassen und allmählich geschleift; das verbleibende Steinmaterial bis nach Ulm transportiert. Die Fliesen wurden zu zwei verschiedenen Zeiten verlegt: H169, H170, H227, O2 und P48 vermutlich zu Beginn des 15. Jahrhunderts unter ulmischer Herrschaft, J15 und K47 wohl erst im 1. Viertel des 16. Jahrhunderts.

Literatur
J. BAUM, H. KLAIBER, B. PFEIFFER, Kdm Donaukreis I, 717.
K. A. KOCH, Burg Helfenstein ob Geislingen a. d. Steige. Über die Ausgrabungen im Jahre 1922, Der Burgwart 27, 1926, 51–53.
G. BURKHARDT, 77–90.
H.-M. MAURER, Burgen und Adel in staufischer und nachstaufischer Zeit, in: PAUL GOES, Der Kreis Göppingen, Aalen 1973, 200–204 (195–221).
Hist. Stätten VI, Baden-Württemberg, 245–246.

Geislingen-Aufhausen

Ev. Pfarrkirche, ehem. „Unserer Lieben Frau"

Fundumstände
Bei der Innenrenovierung der Kirche 1983/84 wurde in der südlichen Hälfte des Kirchenschiffs in einer Tiefe von ca. 1,30 m ein Fliesenboden freigelegt. Er bestand einheitlich aus teilweise sehr mürben Fliesen des Musters J 16. Eine Fliese wurde im Chorraum in die Wand einer Nische vermauert[1].

Baugeschichte
Die Kirche wird 1353 erstmals als Kapelle des Chorherrenstiftes Wiesensteig erwähnt. Sie wurde wohl im letzten Drittel des 14. Jahrhunderts neu erbaut, das Langhaus in späterer Zeit nach Süden und Westen erweitert und 1584 mit Emporen versehen. Die Fliesen fanden sich nur in der südlichen Hälfte des Kirchenschiffs, sie wurden vermutlich bei der Kirchenerweiterung verlegt. Einen Anhaltspunkt für das Datum dieses Umbaus könnten die 1516 gegossenen, heute nicht mehr vorhandenen, Glocken geben. Die Fliesen, deren Muster sich in Varianten in einigen Kirchen des Umkreises findet, wurden möglicherweise zur selben Zeit verlegt.

Literatur
BOA Geislingen, 160–162.
J. BAUM, H. KLAIBER, B. PFEIFFER, Kdm Donaukreis I, 64–65.
FS anläßlich der Einweihung nach der Erneuerung der Pfarrkirche Aufhausen 8. Juli 1984 (Ev. Kirchengem. Aufhausen [Hrsg.]).
R. JENTE, K.-H. RUESS, P. THIERER, Wissenswertes aus den Städten und Gemeinden des Kreises, Heimat und Arbeit. Der Kreis Göppingen, Stuttgart 1985, 338 (329–354).

1 FS Aufhausen, 32.

Gelnhausen, Main-Kinzig-Kreis

Ev. Marienkirche

Fundumstände
Unbekannt. Die Fliesen gelangten als Geschenk Bickells vor 1900 ins Museum Marburg. Sie wurden vermutlich bei der Restaurierung 1877–79 entfernt. Die Inventarnotizen[1] lassen nicht mit Sicherheit erkennen, welche Muster aus der Marienkirche stammen, noch in welchem Teil der Kirche sie gefunden wurden. Der Tafelband des Inventarwerks[2], zeigt in der Nähe der Kanzel verstreut in einem Boden aus unverzierten Fliesen noch in Viererblöcken angeordnete Blattfliesen des Typus H.

Baugeschichte
Eine erste Kirche wird 1151 erwähnt, die noch bestehende Kirche wurde in fünf Bauabschnitten errichtet. Die wohl in der Mitte des 12. Jahrhunderts erbaute einschiffige Kirche, mit einem um 1170 angefügten Westturm, wurde zu Ende des 12. Jahrhunderts durch einen Neubau ersetzt. Dieser war, nach Planwechsel um 1220–25, vermutlich in der Mitte des 13. Jahrhunderts vollendet. Auf die Umgestaltung des Langhauses 1240–50 folgte 1446 eine Erhöhung der Seitenschiffe und 1467 der Bau einer Prozessionskapelle. Eine Sakristei war noch im Ende des 14. Jahrhunderts angebaut worden. Aus der Zeit der Umgestaltung des Langhauses könnte die Fliese J55 stammen. Die Fliesen J71, S26 und U17 könnten um 1446 verlegt worden sein; eine Erhöhung der Seitenschiffe war notwendigerweise mit der Verlegung eines neuen Fußbodens verbunden. Der Model für J71 dürfte jedoch noch zu Ende des 14. Jahrhunderts entstanden sein. Der Wechsel von der Fliese mit vertiefter Prägung zur Reliefliese im 15. Jahrhundert ist in Hessen nicht so ausgeprägt wie in anderen Gebieten.

Literatur
L. BICKELL, Kdm Gelnhausen, 30–44, Tafelbd. Taf. 94.
W. NOACK, Die Kirchen von Gelnhausen. Ein Beitrag zur

Geschichte der Architektur und Skulptur des 13. Jahrhunderts im Rhein-Main-Gebiet, Diss. Halle 1912, 20–30.
W. Hotz, 1951, 37–69.
E. Schubotz, Die Marienkirche in Gelnhausen, München 1969, 2–16.
M. Fath, 43–53.
K. Nothnagel, F. Arens, 51–54.

---

1 Um die Identifizierung der Fliesenmuster auf Grund der flüchtigen Zeichnungen Bickells machte sich Herr Dr. Carl Graepler, Marburg verdient. Es stammen zweifellos noch weitere Muster aus der Marienkirche, die bei der Verlegung des neuen Plattenbodens 1879 entfernt wurden.
2 L. Bickell, Tafelband, Taf. 94. Die kaum erkennbaren Fliesen scheinen ein Blatt mit Mittelrippe im Spitzoval zu zeigen. (Aufnahme von 1895).
3 Das Patronat der Marienkirche hatte das Prämonstratenserkloster Langenselbold inne. Vielleicht wurde das Fliesenmuster, das sich auch in der Kirche des Prämonstratenserklosters Ilbenstadt fand, von dort vermittelt. (In Langenselbold wurde bis jetzt nur das Muster J71 entdeckt).

Ehem. Franziskanerkloster, Ecke Töpfergasse und Stadtschreiberei

Fundumstände
Die Fliese wurde im letzten Jahrzehnt des 19. Jahrhunderts im „Schulhaus, Hinterbau, oberer Corridor" gefunden.[1] Sie stammt möglicherweise aus dem ehem. Franziskanerkloster.[2]

Baugeschichte
Das nach 1221 gegründete, 1248 erstmals erwähnte Kloster erhielt zu Beginn des 14. Jahrhunderts eine zweite Kirche an der Südseite des Kreuzgangs. Klostergebäude und Kreuzgang scheinen 1282 vollendet gewesen zu sein. Nach der Aufhebung des Klosters wurde es 1542 der Stadt als Lateinschule übergeben, ein Teil der Gebäude umgebaut und als Wohnbauten genutzt. Die zweite Kirche und ein Teil des Klosters wurden 1826 abgebrochen. Das Muster der Fliese, die sich im Museum Marburg befinden muß, konnte bis jetzt noch nicht geklärt werden, möglicherweise handelt es sich um S 37.

Literatur
L. Bickell, Kdm Kr. Gelnhausen, 89–92.
W. Dersch, 57.
A. Fuhs, 89.
G. Dehio, Hessen, 322.

---

1 Nach freundlicher Mitteilung von Herrn Dipl.-Ing. Gerd Mende, Gelnhausen, befand sich um 1890 die Schule Gelnhausens auf dem Obermarkt. Sie war nach Abbruch des Klosters auf dem ehem. Klostergelände errichtet worden. Vermutlich wurden Bauteile des Klosters in den Neubau übernommen.
2 L. Bickell, 90. „Dieser Westflügel bestand noch bis 1892 und besaß ... in einem oberen vor den Zimmern herlaufenden Corridor gepreßte einfache Ziegelfliesen, von denen eine Probe in der Slg. des Geschichtsvereins zu Marburg sich befindet."

Ruine der ehem. Kaiserpfalz

Fundumstände
Unbekannt. Vermutlich wurden die Fliesen bei der Grabung 1930/31 gefunden.[1] Einige Fliesen des Musters R13 sollen bei Probegrabungen vor 1939 geborgen worden sein.[2]

Baugeschichte
Da keine der in der Pfalz gefundenen Fliesen ins 12. Jahrhundert zurückreicht, dürfen in diesem Zusammenhang die zahlreichen Thesen um Gründung und Erbauung der Kaiserpfalz vernachlässigt werden.[3] Ehlers faßt aus historischer Sicht nochmals alle Tatsachen zusammen und stellt fest, daß es keine eindeutige Antwort gibt. Er neigt zur Spätdatierung des Baus und verweist auf die Ergebnisse der Jahresring-Chronologie, nach der ein Baum des unter dem ältesten Bau liegenden Pfahlrostes erst 1182 gefällt wurde. Aus kunsthistorischer Sicht gelangt Nothnagel zu ähnlichen Ergebnissen, er nimmt eine Vollendung des Baus für die Zeit um 1200 an. Die Ausstattung dürfte sich danach noch einige Zeit hingezogen haben. Zu den frühesten Fliesen gehören zweifellos N89, R13 und möglicherweise M2, die wohl im 2. Viertel des 13. Jahrhunderts geprägt wurden, während J62 wohl vor der Mitte des 13. Jahrhunderts entstand. J71 könnte wohl nur beim Umbau der Pfalzkapelle im 15. Jahrhundert[4] verlegt worden sein, da zu dieser Zeit in der übrigen Pfalz keinerlei Maßnahmen gegen den drohenden Verfall[5] unternommen wurden. Während die Pfalz verfiel[6] und als Steinbruch ausgebeutet wurde, diente die 1764 nochmals umgebaute Pfalzkapelle bis 1811 dem Gottesdienst.

Literatur
L. Bickell, Kdm Kr. Gelnhausen, 15–29.
W. Hotz, 1951, 19–34.
G. Binding, 1965, 4ff.
J. Ehlers, Zur Datierung der Pfalz Gelnhausen, Hess. Jb. für Landesgesch. 18, Marburg 1968, 94–130.
R. Haarberg, 20–29.
W. Einsingbach, Besprechung der Arbeit von G. Binding in Nass. Ann. 78, 1967, 342–346.
Ders., Gelnhausen, Kaiserpfalz, Bad Homburg 1975.
K. Nothnagel, F. Arens, 9–38, 50, 127–129.
M. Schäfer, Die Burgkapelle zu Gelnhausen, Heimatjb. Gelnhausen 1966, 131–135.
G. Dehio, Hessen, 323–325.

---

1 Die Grabung 1930–32 wurde von Dr. Karl Nothnagel und Baurat Albert Tuczek durchgeführt, die Ergebnisse sind jedoch nicht publiziert (Grabungsunterlagen beim Landeskonservator von Hessen, Wiesbaden). Die während der Grabung gefundene Keramik wurde von Rudolf Haarberg, Niedenstein, bearbeitet. Es gibt keine Anhaltspunkte, wo und wann die Fliesen gefunden wurden, diese sind lediglich durch Aufschrift „aus der Pfalz Gelnhausen" gesichert. Bei den Untersuchungen, die G. Binding 1961/62 in der Pfalz durchführte, wurden keine Fliesen entdeckt (freundliche Mitteilung von Herrn Prof. Dr. Dr. Günther Binding, Köln).
2 Freundliche Mitteilung von Herrn Dipl. Ing. Gerd Mende, Gelnhausen.
3 G. Binding, 1965, 60, nimmt den Baubeginn der Pfalz nach 1155, die Vollendung um 1170 an und glaubt, daß beim Reichstag 1180 die Ausstattung schon abgeschlossen war. Die übrigen Autoren sprechen sich meist für einen späteren Baubeginn aus, da nicht sicher ist, daß das in der Gründungsurkunde von 1170 genannte „castrum Geylenhusen" mit der Pfalz identisch ist.
4 L. Bickell, 15–16. 1479 wurde „in der neuen Stube auf der Kapelle ein Stubenboden gemacht." Nach Bickell kann es sich hierbei wohl nur um die Sakristei handeln, welche in dem alten Haupttreppenhaus eingerichtet war.
5 W. Hotz, 21–22. Während in der 1. Hälfte des 13. Jahrhunderts zahlreiche kaiserliche Besuche überliefert sind, klagen die Burgmannen schon in der Zeit König Wenzels (1378–1400), daß „des Reiches Turm und Haus der Burg Gelnhausen verbauet seien" und 1431 erneut „des Reiches Saal, daß Meßtor und die Kapelle wollen niederfallen."
6 Schon 1506 nahm Kaiser Maximilian I. in der Stadt Quartier.

Arnsburger Hof, Langgasse 41

Fundumstände
Die Fliesen wurden bei Umbauarbeiten gefunden. In der Slg. der Besitzer des Arnsburger Hofes finden sich jedoch auch Fliesen, die nachweislich aus der Pfalz in Gelnhausen stammen.

Baugeschichte
Vom ältesten Bau des Hofes der Abtei Arnsburg hat sich nur die um 1330 errichtete Marienkapelle erhalten. Das 1264 erstmals erwähnte Haus wurde 1742 durch einen Neubau ersetzt. Die Fliese J 62 müßte aus dem Gründungsbau stammen, während J 71 vermutlich gleichzeitig mit den Fliesen der Pfalz und der Marienkirche im 2. Drittel des 15. Jahrhunderts verlegt wurde.

Literatur
L. Bickell, Kdm Kr. Gelnhausen, 97–98.
J. Frey, Die Geschichte des Arnsburger Hofes in Gelnhausen, Heimatjb. Gelnhausen 1950, 24–26.
A. Fuhs, Plan 9.
G. Dehio, Hessen, 325–326.

„Gotisches Fachwerkhaus" Kuhgasse 5 (früher Kuhgasse 1)

Fundumstände
Unbekannt. Aus der Inventarnotiz Bickells geht nicht hervor, um welches der drei mittelalterlichen Fachwerkhäuser es sich handelt, die Fliesen wurden vor 1901 geborgen. Da bei der Restaurierung des Hauses 1963/64[1] jedoch drei verschiedene Fliesenflächen in situ gefunden wurden, von denen sich zwei Muster seit alters im Museum Marburg befanden, dürfte auch der erste Fliesenfund aus diesem Haus stammen. Nach einer neuentdeckten Inventarnotiz soll auch J 71 hier gefunden worden sein[2].

Baugeschichte
Für das Holz dieses Hauses ist mit Hilfe der Jahresring-Chronologie eine Fällzeit im Jahre 1351 ermittelt worden. Es dürfte also nicht sehr lange danach (um 1356?) erbaut worden sein. Die Fliesen H 275 und L 51 fügen sich sehr wohl in diese Zeitspanne, während J 50, ein Muster das auch in Kloster Arnsburg gefunden wurde, noch der 2. Hälfte des 13 Jahrhunderts angehört und möglicherweise aus einem anderen Bau übernommen wurde.

Literatur
H. Winter, 10–12, 68–71, 71–74.
G. Rösch, Über 600 Jahre alte Eichenbalken. Haus Kuhgasse 1 in Gelnhausen, Gelnhäuser Heimatjb., 31, 1979, 97–99.

1 Nach freundlicher Mitteilung von Herrn Dipl. Ing. Gerd Mende, Gelnhausen, fanden sich die Fliesen H 275 und J 50 im ehem. Eingang von der Kuhgasse, L 51 im großen Raum des 1. Obergeschosses in einer großen Fläche verlegt, ferner in der rückwärtigen Diele des Erdgeschoßes, an der rechten Außenwand am Kamin und an einer Zwischenwand gestapelt.
2 Freundliche Mitteilung von Frau Dr. Eva Scheid, Gelnhausen.

Küsterhaus, Im Höfchen 5

Fundumstände:
Bickell[1] erwähnt „Ziegelfliesen" in einem Haus am „Pfarrkirchhofdurchgang". Bei diesem Haus kann es sich nur um das ehem. Küsterhaus handeln. Das Muster der Fliesen konnte nicht ermittelt werden, sie sind vermutlich, wie die übrigen Fliesen aus Gelnhausen, im Museum Marburg.

Baugeschichte
Unbekannt. Das Haus wurde 1418 von Katharina von Münnerstadt erworben.

Literatur
L. Bickell, Kdm Kr. Gelnhausen, 111.
A. Fuhs, 38 und Plan 7.

1 L. Bickell, 111: „Gänge und Kammern sind mit Ziegelfliesen belegt (1901)".

„Eisen-Bindernagelsches Haus", Langgasse 25, Ecke Kuhgasse

Fundumstände
Die Fliesen, anscheinend noch in ursprünglicher Lage, wurden im Hof des Gebäudes gefunden.[1] N 34.2 soll aus diesem Fund stammen, es dürfte jedoch nicht das einzige dort gefundene Muster sein[2].

Baugeschichte
Das 1340 erstmals erwähnte Haus war 1398 im Besitz eines „Eberhard de lapidea domo", es muß also schon im 14. Jahrhundert aus Stein bestanden haben. Der Anbau ist durch Jahreszahl auf 1659 datiert, die Kleeblattbogen der Fenster weisen auf eine Entstehung in der Mitte des 13. Jahrhunderts.

Literatur
L. Bickell, Kdm Kr. Gelnhausen, 109–110.
L. Schmey, M. Schäfer, Alte Bürgerhäuser in Gelnhausen, Heimatbuch des Kr. Gelnhausen 1950, 187.
A. Fuhs, 53 und Plan 8.
G. Dehio, Hessen, 327.

1 L. Schmey, M. Schäfer, 187: „Außerdem enthalten die im Hof gefundenen Fliesen eines Bodenbelags dieselben Muster wie die Fliesen der Barbarossaburg aus romanischer Zeit."
2 Nach freundlicher Mitteilung der Fa. Eisen-Bindernagel, Gelnhausen, „wurden die Fliesen alle zerbrochen gefunden und deshalb nicht aufbewahrt".

Gemünden, Westerwaldkreis

Ev. Pfarrkirche, ehem. Stiftskirche St. Severus

Fundumstände
Die Fliesen wurden bei der Restaurierung der Kirche 1971–73 geborgen.

Baugeschichte
Die Kirche des in der Mitte des 9. Jahrhunderts durch Graf Gebhard vom Niederlahngau gegründeten Chorherrenstiftes wurde 879 geweiht. Baunachrichten für den heute noch erhaltenen, um 1100 errichteten Bau fehlen. Das Langhaus wurde nach einem Brand (um 1440) seit 1501 erweitert und umgebaut. Das Muster H 259 wurde auch in der Liebfrauenkirche des 17 km entfernten Hadamars gefunden. Die Fliesen können nicht am selben Ort gefertigt worden sein, die Fliesen in Hadamar zeigen einen einheitlich rötlichen Scherben. Die Datierung des häufig variierten und in dieser Gegend verbreiteten Musters geht von der kurz vor 1379 erbauten Kirche in Hadamar aus, es könnte in Kloster Marienstatt jedoch schon

um 1324 verlegt worden sein. Eine Verwendung des Models noch im 15. Jahrhundert ist nicht auszuschließen, aber doch weniger wahrscheinlich. Im Grunde ist dieses Muster überhaupt nicht sicher zu datieren, in Hadamar lag es jedoch im festen Verband mit allen übrigen Mustern, während es in Kloster Rommersdorf (Kapitelsaal) eher wie eine Ausflickung wirkt.

Literatur

F. LUTHMER, Kdm Reg. Bez. Wiesbaden IV, 146–149.
W.-H. STRUCK, 1959, 89, Nr. 667, 308ff.
R. DÖLLING, Die Restaurierung der ev. Kirche (ehem. Stiftskirche St. Severus) in Gemünden/Westerwald, Denkmalpflege in Rheinland-Pfalz. Jahresberichte 1968–73, Mainz 1973, 21–37.
Dies. Die ev. Pfarrkirche St. Severus in Gemünden (Westerwald), Köln 1976, 3–15.
H. E. KUBACH, A. VERBEEK, Bd. 1, 310–311.
G. DEHIO, Rheinland-Pfalz, 306.

Gengenbach, Ortenaukreis

Kath. Stadtpfarrkirche, ehem. Benediktinerklosterkirche St. Maria

Fundumstände

Die Fliese wurde 1967 gefunden.

Baugeschichte

Die um 740 gegründete Abtei wurde 761 mit Mönchen aus dem lothringischen Kloster Gorze besetzt, das Kloster 1461 in ein adliges Stift umgewandelt. Für Umbauten oder Veränderungen der in der 1. Hälfte des 12. Jahrhunderts erbauten Kirche während des 13.–15. Jahrhunderts gibt es keine Unterlagen. Für das 14. Jahrhundert ist ein Lettnerbau bezeugt, zu Anfang des 16. Jahrhunderts der Anbau einer Marienkapelle am nördlichen Seitenschiff. Die Fliese, deren Muster bis jetzt nur in Straßburg gefunden wurde, ist vermutlich in der 2. Hälfte des 13. Jahrhunderts entstanden. Der Bischof von Straßburg, Heinrich von Stahleck, eroberte 1247 Gengenbach und hatte es während des ganzen Interregnums (bis 1273) in seinem Besitz. Die Herkunft der in Straßburg gefundenen Fliese ist nicht bekannt. Der „Gengenbacher Klosterhof“ lag im Tränkgäßchen in Straßburg und wird 1378 erstmals erwähnt.

Literatur

A. SEYBOTH, 238.
M. WINGENROTH, Kdm. Kr. Offenburg, 337–375.
M. HESSELBACHER, P. SCHAAF (Hrsg.), Die Bdm der Stadt Gengenbach, Gengenbach, Konstanz 1960, 195–201 (bis 210).
G. DEHIO, Baden-Württemberg, 156–158.
R. END, Das Benediktinerkloster in Gengenbach, in: W. MÜLLER (Hrsg.), Die Klöster der Ortenau, Kehl 1978, 215–223, 235, (215–242).
Hist. Stätten VI, Baden-Württemberg, 247–248.

Germersheim

Haus Schloßstr. 36

Fundumstände

Die Fliese wurde 1907 vor dem Haus Schloßstr. 36 beim Erdaushub der bis in 7 m Tiefe gehenden Kanalisationsarbeiten geborgen.[1]

Ortsgeschichte

Das Haus Schloßstr. 36 liegt im selben Bereich, auf dem ehemals die 1175 erstmals erwähnte Reichsburg stand. Diese wurde 1674 von den Franzosen zerstört und darauf niedergelegt. Eine Burgkapelle wird zuerst 1180 genannt, sie wurde durch Kurfürst Friedrich den Siegreichen 1473 durch einen Neubau ersetzt. Die Fliese gehört zum Modelbestand jener Werkstatt, die vermutlich zuerst in der St. Katharinenkapelle in Oberhomburg arbeitete.[2] Sie muß nicht in Germersheim geprägt worden sein, sondern könnte auch aus Speyer stammen, wo dieses Muster ebenfalls gefunden wurde. Zwischen beiden Orten bietet der Rhein einen einfachen Transportweg. Eine Ziegelhütte in Germersheim ist erst für das 16. Jahrhundert belegt.

Literatur

J. PROPST, Geschichte der Stadt und Festung Germersheim, Speyer 1898, Neudruck 1974, 10–13, 153–154, 475–476.
Hist. Stätten V, Rheinland-Pfalz, 112–113.
Die Rheinpfalz, 14. 7. 1976.
L. HANS, Das Erscheinungsbild der Burg zu Germersheim im 16. und 17. Jahrhundert, Burgen und Schlösser I, 1987, 15–20.

1 Freundliche Mitteilung von Herrn Dekan Karl Wien, Speyer.
2 Vgl. Text S. 101–102.

Gerstetten, Lkr. Heidenheim

Ev. Kirche, „Untere Kirche“, ehem. St. Nikolaus

Fundumstände

Die Fliesen fanden sich bei einer Renovierung 1967.[1]

Baugeschichte

An die kleine Kapelle, möglicherweise vor 1000 als Eigenkirche entstanden, wurde wohl vor 1150 ein Schiff angefügt. Ein Umbau erfolgte zwischen 1330–50, eine Erweiterung nach Osten nach der Stiftung einer Frühmesse 1396 durch Anna von Helfenstein. Für Umbauten zu Ende des 15. oder zu Beginn des 16. Jahrhunderts, der Zeit, in der die Fliesen vermutlich entstanden, gibt es keine Belege, eine Erweiterung wurde erst 1585 gebaut.

Literatur

BOA Heidenheim, Stuttgart 1844, 179.
G. DEHIO, Baden-Württemberg, 162.
E. GUTHER, 12–35, 31, Abb. 16.
Ders. Gerstetten. Ein Dorf im Wandel der Zeiten, 2 Bde., Gerstetten 1976/78, 293–299, 410–412, 430–433.

1 Nach freundlicher Mitteilung von Herrn Ernst Guther, Gerstetten, lagen die Fliesen nicht in alter Lage. Das Muster J 16 soll auf Fundament A gefunden worden sein, dies wäre der Boden der 1. Kapelle! Guther hält es für möglich, daß der Fliesenboden bis ins 19. Jahrhundert an Ort und Stelle lag.

Gießen

Ev. Stadtkirche St. Pankratius

Fundumstände

Unbekannt. Vermerk im Inventar: „Gießen, Nordwand, Mittelschiff.“ Vermutlich wurden die Fliesen beim Umbau

1897 gefunden. Sie gehören zum alten Bestand des Museums Darmstadt.

Baugeschichte
Die Fliesen können nicht aus der 1484–1520 erbauten Kirche stammen, sondern müssen einem Vorgängerbau angehören. Die 1248 erstmals erwähnte Kapelle St. Pankratius und St. Marien lag vor dem Tor der alten Burg. Neben ihr wurde zu Ende des 13. Jahrhunderts eine Kirche erbaut, die 1334 erstmals als Pfarrkirche erwähnt wird. Baudaten sind nicht überliefert, zwischen 1307 und 1322, sowie 1319 wird über zwei Altargründungen berichtet. Ein Ablaß Papst Benedikts III. 1336 dürfte am Ende der Bauzeit stehen. Der 1484 errichtete Turm dieser Kirche wurde in den Neubau übernommen. Beim Abbruch des gotischen Langhauses 1809 fanden sich die Grundmauern einer kleinen Kapelle am Ostchor. Die Fliesen könnten noch aus dieser Kapelle stammen; eine Verlegung des häufig nachgeschnittenen Musters im 1. Viertel des 14. Jahrhunderts wäre noch möglich.

Literatur
H. Walbe [u. a.], Kdm Kr. Gießen I. Nördl. Teil, 130–133.
O. Trapp, Aus dem Leben der ev. Kirchengemeinde Gießens, in: K. Glöckner, Gießen. 1248–1948. 700 Jahre Gießen in Wort und Bild, Gießen 1948, 77–80.
M. Backes, 1964, 167.

Girbaden/Guirbaden, Gem. Mollkirch, Bas-Rhin, Frankreich

Burgruine

Fundumstände
Nachrichten über die ersten Fliesenfunde fehlen. Kraus erwähnt unter den Funden des 19. Jahrhunderts nur Basen und Kapitelle des 12. Jahrhunderts. Czarnowsky besaß Fliesen[1] (aus eigenen Grabungen?), die jedoch 1940 vernichtet wurden. Bei einer Orientierungsgrabung 1968 wurde der bei der Zerstörung 1633 angehäufte Schuttberg abgetragen. Dabei wurden, neben zahlreichen anderen Objekten, Fliesen in drei aus Girbaden noch unbekannten Mustern gefunden[2].

Baugeschichte
Die vermutlich auf den Resten eines römischen Kastells erbaute, 1056 als „castrum Burckberg", 1192 als „Girebaden" erwähnte Burg, diente zum Schutz der Benediktinerabtei Altdorf. Sie kam 1220 an das Bistum Straßburg und war seitdem als Lehen in der Hand wechselnder Adelsgeschlechter. Baudaten der aus drei Burgen bestehenden, 1633 zerstörten Anlage sind nicht überliefert. 1226 wird jedoch ein „castrum novum ante Girbaden noviter constructum" erwähnt. Altdorf hatte seit 1192 das Patronat der Burgkapelle St. Valentin inne. Der Chor der Burgkapelle stammt aus dem Ende des 12., die diesem zunächst liegenden Joche aus dem frühen 13. Jahrhundert. Die Fliesen C59, E30, F33, F160, deren Fundlage keine genaue Datierung erlaubt, deren Muster jedoch 1960 ebenfalls bei der Aufdeckung einer mittelalterlichen Töpferei in Saarburg gefunden wurden, entstanden wohl erst im 2. Viertel oder der 2. Hälfte des 13. Jahrhunderts. Die bewegten Blattmuster T13 und T14 könnten sogar noch im 14. Jahrhundert verlegt worden sein.

Literatur
F. X. Kraus, Kdm Elsaß-Lothringen I, 73–75.
Ch. Czarnowsky, 12–13, Abb. 5–7, 9.
F. Bouchholtz, 78–79.
A. Kiefer, Le château de Guirbaden, Cah. alsaciens 10, 1966, 101–110.
Ch. L. Salch, Dictionnaire, 106–110.
H. Gachot, 111–115.

---

1 Ch. Czarnowsky, 12–13, Abb. 5–7, 9.
2 H. Gachot, 111–115, Abb. 1–6.

Gleiszellen-Gleishorbach, Kr. Südliche Weinstraße

Ehem. kath. Kirche St. Dionysius, Anwesen Lehmann, Am Kirchberg 68

Fundumstände
Bei der Freilegung der Fundamente der abgegangenen mittelalterlichen Kirche wurde ein Teil eines Fliesenbodens freigelegt. Es fanden sich Fliesen in sechs verschiedenen Mustern, darunter die seltene Darstellung einer mittelalterlichen Burg.

Baugeschichte
Die Kirche, möglicherweise schon in merowingischer Zeit gestiftet, wurde 1136 dem Benediktinerkloster Klingenmünster inkorporiert. Zur Baugeschichte fehlen alle Angaben, doch muß der romanische Bau durch einen gotischen abgelöst worden sein. 1745 wurde die Kirche wegen Baufälligkeit abgerissen und 1746–48 an anderer Stelle neu errichtet. Die Fliesen stammen möglicherweise aus zwei verschiedenen Perioden. F45, H67, O45 und X2 wurden vermutlich im 2. Drittel des 13. Jahrhunderts verlegt, während K2 und X3 auch noch zu Ende des 13. oder zu Beginn des 14. Jahrhunderts verlegt sein könnten. Neue Funde in der Abtei Klingenmünster (1980) haben gezeigt, daß beide Kirchen wohl dieselben Muster hatten.

Literatur
A. Eckardt, Kdm Bergzabern, 216.
K. Kaiser, L. Kilian, 134.

Gnadental, Gem. Michelfeld, Lkr. Schwäb. Hall

Ehem. Zisterzienserinnenkloster

Fundumstände
Unbekannt.

Baugeschichte
Das 1243 durch Konrad und Kunigunde von Krautheim gestiftete und 1245 nach Gnadental verlegte Kloster konnte, obwohl reich mit Stiftungen bedacht, seine Bauten nur schleppend erstellen. Nach einer Altarweihe 1264 wurden 1289 noch immer Almosen für den Bau gesammelt[1]. Nach Coester[2] war die Kirche um 1270 vollendet. Mögliche Umbauten waren spätestens 1307 abgeschlossen, nicht jedoch der Bau der Klostergebäude. Aus den Baudaten ist kein Anhaltspunkt für die Verlegung der Fliesen zu gewinnen. Möglicherweise wurden sie bei der Instandsetzung nach einer 1459 beklagten Baufälligkeit[3] des Klosters verlegt. Nach der Reformation wurde 1557 der Kreuzgang abgerissen und der westliche Teil der Kirche umgebaut. Die Fliesen, deren Muster möglicherweise Bezug auf die Stifter und Wohltäter des Klosters nehmen[4],

wurden vermutlich im Kloster geprägt. Der Gewandname „Ziegelhalde“ hat sich bis heute erhalten.

Literatur
BOA Öhringen, 226–239.
H. Bauer, 34–73.
M. Wieland, 65 ff.
G. Dehio, Baden-Württemberg, 163.
G. und A. Kottmann, Ehem. Zisterzienserkloster Gnadental, München 1978, 2–19.
E. Coester, 96–100.

1 M. Wieland, 107.
2 E. Coester, 110.
3 H. Bauer, 67. Kraft von Hohenlohe klagt: „wie das Kloster fast unerbuwen ist“.
4 BOA Öhringen, 228. Der Sohn des Stifters, Kraft von Krautheim, Deutschordensbruder, ist in Gnadental beigesetzt. Sein Schild zeigt das Deutschordenskreuz. Zur Krebsdarstellung der Fliese E56 vgl. Musterkat.

Gnadenthal, Gem. Hünfelden-Dauborn, Kr. Limburg-Weilburg

Ehem. Zisterzienserinnenkloster St. Maria

Fundumstände
Die Fliese H44 wurde wohl 1883 im Kloster gefunden[1] und 1986 bei der Restaurierung im Äbtissinnenbau erneut geborgen[2].

Baugeschichte
Das 1235 gegründete Kloster wurde 1564 in ein adliges Damenstift, 1648 in ein Hofgut umgewandelt. Seitdem diente die durch dendrochronologische Untersuchungen auf 1275–77 datierte Kirche als Wirtschaftsgebäude. Das Äbtissinnenhaus war 1590 neu errichtet worden, die grob geprägte Fliese vermutlich gleichzeitig verlegt.

Literatur
F. Luthmer, Reg. Bez. Wiesbaden III, 265–267.
W.-H. Struck, 1961, XLIV–LV, 447–735.
Hist. Stätten IV, Hessen, 177.
G. Dehio, Hessen 150.

1 Vgl. Musterkat. H44, Anm. 1.
2 Freundliche Mitteilung von Frau Evelyne Gundermann, Mühlheim/Main. Einer Publikation der übrigen, in Kirche und Kloster gefundenen Fliesen, soll nicht vorgegriffen werden.

Goddelau, Gem. Riedstadt, Kr. Groß-Gerau

Ev. Pfarrkirche, früher Kapelle zum „Hl. Kreuz“

Fundumstände
1979 wurde beim Einbau einer Fußbodenheizung der alte Fliesenboden, von dem sich Reste an der Nordwestwand der Kirche erhalten hatten, ausgebrochen. Die Fliesen, teilweise sehr abgetreten, gingen bis auf wenige Exemplare verloren[1]. Erhalten sind drei Muster, möglicherweise waren ursprünglich sehr viel mehr Muster vorhanden.

Baugeschichte
Die Fliesen stammen aus der 1326 und 1340 urkundlich genannten Heiligkreuzkapelle. Diese wurde 1606 abgebrochen, das Baumaterial teilweise zum Bau der neuen Pfarrkirche verwandt. Daß die kleine Kirche eines abgelegenen Dorfes im hessischen Ried Fliesenbelag hatte, erklärt sich vielleicht aus der Tatsache, daß Kloster Eberbach eine Grangie in Leeheim (Gemeinde Riedstadt) besaß.[2] Das Kloster kaufte 1249 zusätzlich den Riedhäuser Hof nördlich von Leeheim vom Prämonstratenserkloster Ilbenstadt. Eine Verschiffung der Fliesen auf dem Rhein war möglich, vor dem Rheindurchstich stand die Goddelauer Kirche noch im 18. Jahrhundert „bei Rheinhochwasser knietief unter Wasser“.[3] H242 ist heute noch in Eberbach vorhanden, die Muster C51 und H120 sind durch ihr Vorkommen in der Kirche von Lörzweiler und auf Burg Lach, Rüdesheim als Eberbacher Muster gesichert. Die Fliesen wurden eher im frühen 14. als im 13. Jahrhundert verlegt; H242 ist dabei das älteste Muster.[4] Bei der engen Verbindung, die zeitweise zwischen den Klöstern Lorsch und Eberbach bestand, ist es natürlich auch möglich, daß die Fliesen aus dem nahen Lorsch kamen, wo C51 ebenfalls gefunden wurde.

Literatur
Goddelau. Heimat im Ried, Verkehrsverein Goddelau (Hrsg.), 1966, 115, 119 138.
Hist. Stätten IV, Hessen, 177.
Ch. Mossig, 235–236, 248.
G. Dehio, Hessen, 342–343.

1 Freundliche Mitteilung von Herrn Werner Jährling, Darmstadt. Den Fund der Fliesen verdanke ich Frau Evelyne Gundermann, Mühlheim/Main.
2 Ch. Mossig, 235–236. Heute „Hainer Hof“ oder Hof „Hayna“.
3 Goddelau, 138.
4 G. Dehio, Hessen, weist auf einen rechteckigen Sturz am Westportal, der möglicherweise noch dem 11. Jahrhundert angehört und ebenfalls aus dem Vorgängerbau stammt.

Göppingen, Lkr. Göppingen

Ev. Oberhofenkirche, ehem. Stiftskirche St. Martin und Maria

Fundumstände
Bei den Grabungen 1980–81 wurden Fliesen und Fliesenbruchstücke in sieben verschiedenen Mustern gefunden. Sie lassen sich noch nicht alle sicher ergänzen.

Baugeschichte
Auf vier Vorgängerbauten, darunter eine Holzkirche des 7. Jahrhunderts und eine um 1100 errichteten Steinkirche, wurde nach dem Stadtbrand von 1425 die heutige Kirche 1436 begonnen und an ihr 1448 durch Herzog Ulrich V. von Württemberg ein reich dotiertes Chorherrenstift errichtet. Die Kirche, um 1480/90 fast vollendet, verlor durch einen Brand 1562 Langhaus und Türme und wurde nur notdürftig wieder aufgebaut. Die von verschiedenen Händen geschnittenen, in Prägung und Tonmaterial voneinander abweichenden Fliesen, gehören mindestens zwei verschiedenen Zeitabschnitten an. Die außergewöhnlich sorgfältig geschnittene Fliese X16 dürfte im letzten Viertel des 15. Jahrhunderts entstanden sein, ebenfalls wohl noch J22 (?) und K48.1. Die Fliesenfragmente, mit ungewöhnlich hohem Relief, könnten noch aus der Zeit des Wiederaufbaus nach 1562 stammen. Vermutlich

wurden sie jedoch noch in der ersten Hälfte des 16. Jahrhunderts, wahrscheinlich von Göppinger Töpfern geprägt.

Literatur
H. Christ, H. Klaiber, Kdm Donaukreis I, 25–35.
W. Lipp, Alt-Göppingens bauliche Entwicklung, Göppingen 1962, 47.
W. Ziegler, 86.
G. Dehio, Baden-Württemberg, 165.
M. Reyle, Ev. Oberhofenkirche Göppingen, München 1986 (mit neuester Literatur). Oberhofenkirche Göppingen. Archäologie, Geschichte, Denkmalpflege. Begleittexte zur Ausstellung des LDA Baden-Württemberg und des Stadtarchivs Göppingen. H. Schäfer, M. Walliser, K.-H. Ruess (Hrsg.) Göppingen 1986 (Vervielfältigung).

Schloß

Fundumstände
Im Treppenhaus des Schlosses sind in die Wand Fliesen in vier Mustern auf einer Fläche von ca. 4 qm eingelassen. Diese stammen nicht aus dem Schloß, sondern aus der St. Martinskirche in Gruibingen.

Göppingen-Faurndau

Ev. Pfarrkirche, ehem. Benediktinerkollegiat-Stiftskirche Beata Maria

Fundumstände
Bei den Erneuerungsarbeiten des 19. Jahrhunderts müssen entweder einzelne Fliesen noch vorhanden gewesen[1] oder bei den Bauarbeiten zutage gekommen sein. Bei Grabungen fanden sich 1956 im Chor der Kirche erneut Fliesen, welche vermutlich hier zusammengetragen worden waren. Sie waren ohne Rücksicht auf die Muster wahllos verlegt[2]. Die 1858 noch vorhandene Fliese V13 ist inzwischen verloren.

Baugeschichte
Das schon vor der Erwähnung 875 vorhandene Klösterlein wurde 1228 in ein Chorherrenstift umgewandelt. Es ging 1421 mit dem Dorf Faurndau in den Besitz des Prämonstratenserklosters Adelberg über, kam 1506 an Württemberg und wurde 1536 aufgehoben. Der wohl um 1200 erbauten, im 2. Jahrzehnt des 13. Jahrhunderts vollendeten Kirche[3], gingen vier Vorgängerbauten voraus. Umbauten können nicht in der 1. Hälfte des 15. Jahrhunderts entstanden sein, da zu dieser Zeit niemand ständig im Kloster anwesend war. Erst seit 1459 konnten die Chorherren wieder von ihren Pfründen leben. In diese Zeit, nach 1467, setzt R. Hussendörfer den Neubau der an der Stelle des südlichen Nebenchores errichteten Sakristei[4]. Baunachrichten haben sich nicht erhalten. Quarthal nimmt als Zeitpunkt der Umbauten (Sakristei, Maßwerkfenster der Südseite, Erhöhung des Mittelschiffirstes) das frühe 16. Jahrhundert an. 1717 wurde der Fußboden der Kirche erhöht, möglicherweise wurden gleichzeitig die noch brauchbaren Fliesen aufgenommen und neu verlegt. Die Fliesen gehören vermutlich, jedoch nicht sicher, zwei verschiedenen Zeitabschnitten an. U3 könnte sehr wohl im letzten Drittel des 15. Jahrhunderts entstanden sein, während die Reliefffliesen, unter denen J15 noch durch andere Fundorte des Musters in den Zeitraum zwischen 1493 und 1522 zu datieren ist, eher in das 1. Viertel des 16. Jahrhunderts weist. Das uneinheitliche Bild der Faurndauer Prägungen könnte auch daherrühren, daß zur Prägung verschiedene Model verwandt wurden, die sich über einen längeren Zeitraum in einer Werkstatt angesammelt hatten.

Literatur
F. Laib, F. J. Schwarz, 73, Abb. 12.
P. Keppler, 1957, 140.
K. Hecht, 1957, 1–3, Abb. 7.
G. Dehio, Baden-Württemberg, 126–127.
R. Hussendörfer, Die ehem. Chorherrenstiftskirche in Faurndau. Ein Beitrag zur schwäb. Spätromanik, Göppingen 1975, 132–136, 279–283.
F. Quarthal, 1975, 224–228.
Hist. Stätten VI, Baden-Württemberg, 204.

1 F. Laib, F. J. Schwarz, 73, Abb. 12. P. Keppler, 140 schreibt schon 1888 „in der Kirche aufgefundene Reste“.
2 K. Hecht, Abb. 7 betont, daß die aus stilistischen Gründen früh zu datierenden Fliesen C58 „stets stark abgenützt waren“.
3 R. Hussendörfer, G. Dehio, 126, dagegen: „1220–1235“.
4 R. Hussendörfer, 8.

Göppingen-Holzheim, Ortsteil St. Gotthardt

Ev. Kapelle St. Gotthardt

Fundumstände
Die Fliesen scheinen 1914 noch in situ verlegt gewesen zu sein: „Gemodelte Bodenplättchen mit Kreisen und Sternen“[1]. Sie wurden zu einem nicht mehr bekannten Zeitpunkt entfernt. Das Muster ist nicht genau bekannt. Die Definition würde auf drei in nahegelegenen Kirchen gefundene Fliesenmuster passen: M33 aus der Pfarrkirche in Gruibingen, K28 aus der Pfarrkirche in Hattenhofen und P24 aus den Pfarrkirchen in Börtlingen, Dürnau und Gammelshausen. Die beiden letzteren ergeben in der Zusammensetzung von vier Fliesen ebenfalls „Kreise und Sterne“.

Baugeschichte
Die einfache, 1370 erstmals als Filial der Oberhofenkirche in Göppingen genannte Kapelle, wurde nach der Stiftung einer Kaplaneipfründe 1479 umgebaut. Vermutlich gehören die Fliesen diesem Zeitraum an.

Literatur
BOA Göppingen, 251–252.
H. Christ, H. Klaiber, Kdm Donaukreis I, 113.
M. Akermann, Quellen zur Geschichte von St. Gotthardt. Der Archivalienfund in dem Göppingen-Holzheimer Ortsteil, Alt-Württemberg, Heimatgeschichtl. Bl. 10, 1964, 5, 2–3.
W. Ziegler, 97.

1 H. Christ, H. Klaiber, 113.

Göttingen

Ehem. Barfüßerkloster, Ecke Barfüßerstraße/Burgstraße, heute Wilhelmsplatz

Fundumstände
Bei Grabungen anläßlich der Neugestaltung des Wilhelmsplatzes wurden 1979 im Bereich der ehem. Klosterkirche

„Teile des Kirchenbodens mit eingeprägten Verzierungen" aufgedeckt[1]. Die Fliesen waren stark abgetreten.

Baugeschichte
Den Franziskanern wurde 1268 die Niederlassung in Göttingen gestattet, Kirche und Kloster waren wohl um 1306 vollendet. Nach der Vertreibung der Franziskaner 1533 diente die Kirche als protestantisches Gotteshaus, bis sie um 1820 wegen Baufälligkeit abgebrochen wurde.

Literatur
S. Schütte [u.a.], 5 Jahre Stadtarchäologie. Das neue Bild des alten Göttingen, Göttingen 1984, 24.
J. Zahlten, Die mittelalterlichen Bauten der Dominikaner und Franziskaner in Niedersachsen und ihre Ausstattung. Ein Überblick, Kat. Stadt im Wandel 4, 375–376, 398 (371–412).

1 S. Schütte [u.a.] 24. Der Verfasser bereitet eine Studie über das Franziskanerkloster vor, in dem auch das Fliesenmuster publiziert werden soll. Dieser Arbeit soll nicht vorgegriffen werden, den Hinweis auf den Fliesenfund gestattete Herr Dr. Sven Schütte.

Gottlieben, Kt. Thurgau, Schweiz

Burg

Fundumstände
Unbekannt. Die Fliese kam vor 1887 ins Rosgarten-Museum, Konstanz[1]. Möglicherweise wurde sie schon beim Abbruch der Schloßkapelle 1830 geborgen.

Baugeschichte
Die Burg wurde um 1250/51 von dem zu dieser Zeit mit der Stadt Konstanz verfeindeten Bischof Eberhard II. von Waldburg erbaut. 1346 wurde ein schon 1352 teilweise wieder zerstörter Palas hinzugefügt, ein Ostflügel 1434–46, ein Nordflügel 1475–91 errichtet. Die Gräben der quadratischen Wasserburg wurden im 19. Jahrhundert zugeschüttet, das Hauptgebäude 1837/38 von Prinz Louis Napoleon Bonaparte völlig umgebaut. Die Fliese, deren Muster sich auch in der Benediktiner-Abtei Ochsenhausen fand und dort vermutlich um 1495 verlegt wurde, stammt wahrscheinlich aus dem 1491 vollendeten Nordflügel.

Literatur
F. X. Kraus, Kdm Kr. Konstanz, 280.
H. Jenny, Bd. 1, 667.

1 Bonner Jb. LXVI, 150: „Fliese aus Schloß Gottlieben und aus dem Jesuitenkolleg (13. Jh.)".

Gottstatt, Gem. Orpund, Kt. Bern, Schweiz

Ehem. Prämonstratenserkloster

Fundumstände
Da die Fliesen, obwohl vom Prägetypus den Fliesen aus St. Urban ähnlich, bei Schnyder nicht behandelt werden, sollen sie hier kurz erwähnt, jedoch nicht in den Musterkatalog aufgenommen werden. 1916 waren 19 verschiedene Muster bekannt, die an ganz verschiedenen Orten gefunden wurden. Einige Fliesen sind heute noch in der Kirche verlegt. Die bei Gerster unter den Nr. 6, 9, 10, und 11 abgebildeten Fliesen fanden sich im Kloster, 2 und 14 in Schloß Nidau, 13 in Schloß Mett, bei den übrigen wird der Fundort nicht genannt. Nr. 1 (F111) stammt aus dem Beinhaus von Kappelen, sie wird von Gerster ebenfalls der Gottstatter Werkstatt zugerechnet. Bei der Fliese 4 aus Dotzingen handelt es sich möglicherweise um eine Ofenkachelform, mit der eine Fliese geprägt wurde.

Baugeschichte
Das Kloster wurde 1247 durch den Grafen Rudolf I. von Neuenburg-Nidau gegründet. Für den Kirchenbau werden 1295, 1309 und 1314 Ablässe für Spenden gewährt. Letzte Bautätigkeit fand im Kloster zu Beginn des 16. Jahrhunderts statt. 1528 wurde es aufgehoben und in den Klostergebäuden eine bernische Landvogtei eingerichtet. Gottstatt besitzt durch Jahreszahlen „1471", „1486" und Inschrift „gotstat" gekennzeichnete Fliesen. Eine Fliese mit dem Wappenschild der Stadt Bern und des Berner Landvogtes Wölflin, der die Vogtei von 1565–67 verwaltete, zeigt, daß zu dieser Zeit noch Fliesen geprägt wurden. Die wohl späteste Fliese mit der Jahreszahl „1575", nimmt nochmals die schräge Rändelung auf, wie sie schon die frühen Straßberger Fliesen zeigen (F3, F147). Einige der Prägungen (5, 6, 10, 11) wirken, als seien sie mit Gebäckmodeln gefertigt. Früher als 15. Jahrhundert könnten einzig die Fliesen 2 (antithetische Vögel) und 3 (springender Hund) entstanden sein. Diese weisen eher in die 2. Hälfte des 14. Jahrhunderts, vielleicht wurden sie nach der Zerstörung des Klosters 1375 neu verlegt. Ob die Zuweisung der Fliese F111 an die Gottstatter Werkstatt aufrecht erhalten werden kann, ist fraglich. Diese müßte eher in der 2. Hälfte des 13. Jahrhunderts entstanden sein.

Literatur
L. Gerster, 1916, 208–212, Taf. 16, 17.
H. Jenny, Bd. 3, 593.

Graz, Steiermark, Österreich

Admonter Hof?

Fundumstände
Unbekannt. Möglicherweise um 1900 beim Abbruch der alten Stadtviertel an der Mur, in denen sich auch die Hafnergasse befand, gefunden oder aus dem nahegelegenen Admonter Hof stammend.[1]

Baugeschichte
Der 1897 noch an die Hafnergasse grenzende Admonter Hof wird 1317 erstmalig erwähnt, ist jedoch vermutlich schon Ende des 13. Jahrhunderts entstanden. Frühe Urkunden zur Baugeschichte fehlen ganz, erst ab 1549 ist eine neue Bautätigkeit urkundlich belegt. 1559, in dem auf der Fliese vermerkten Jahr, wird eine neue Treppe zur Kapelle, ein Saal und eine Erkerstube errichtet. Der Hafner Sebastian Bauer setzte einen neuen Kachelofen, möglicherweise verlegte er auch einen Fliesenboden. Die Bauarbeiten wurden unter Abt Valentin Abel, dessen Wappen sich am Torbogen des Einfahrtstors befindet[2] 1565 abgeschlossen.

Literatur
J. Wichner, Der Admonterhof in Graz, Mitt. hist. Ver. Steiermark 45, Graz 1897, 191–197.
K. Steiner, 112–122.
Hist. Stätten Österreich II, Alpenländer, 60.

1 Vermutung des Museums für Kulturgeschichte und Kunstgewerbe, Graz.
2 J. Wichner, 195.

Greifenstein, Lahn-Dill-Kreis

Ruine der Burg der Grafen von Solms-Greifenstein

Fundumstände
Unbekannt. Die Fliese J123 kam vor 1888 ins Museum Wiesbaden. Bei Aufräumungsarbeiten in den 70er Jahren des 20. Jahrhunderts wurden im Bereich der Kernburg Fliesen und Fliesenfragmente des Musters H52.1 gefunden.

Baugeschichte
Die vermutlich schon vor 1160 erbaute Burg der Herren von Beilstein-Greifenstein wurde 1298 zerstört und seit 1382 wieder aufgebaut. Nach ihrer Übernahme durch die Grafen von Solms-Braunfels, 1415, wurde sie seit 1432 ständig erweitert und ausgebaut. Graf Wilhelm I. von Solms-Greifenstein verstärkte den Ausbau zur Festung ab 1602, seit der Verlegung der Residenz nach Schloß Braunfels verfiel sie seit 1693 langsam. Die 1448–76 erbaute zweigeschossige Burgkapelle St. Katharina wurde 1618 zur Gruftkirche umgestaltet, 1683–91 im Obergeschoß zur Pfarrkirche ausgebaut. Die vermutlich im 1. Drittel des 17. Jahrhunderts entstandenen Fliesen könnten aus der Gruftkirche stammen. Das Muster H52.1 kann in der Kernburg und dem 1476 vollendeten Flügel verlegt worden sein. Da es sich um eine besonders frühe Prägung dieses häufig nachgeschnittenen Musters handelt, wäre eine Entstehung um 1476 glaubhaft.

Literatur
K. Ebel, Burg Greifenstein im Westerwald, Der Burgwart 6, 1904/05, 78–86, 89–91.
Hist. Stätten IV, Hessen, 182–183.
G. Dehio, Hessen, 350–351.

1 Nass. Ann. 20, Teil 2, 1888, 301.

Großaltdorf, Gem. Eutendorf, Lkr. Schwäb. Hall

Ev. Pfarrkirche, ehem. St. Martin

Fundumstände
Die Fliesen lagen 1888 noch in situ[1]. Bei der Restaurierung der Kirche 1964/65 wurde unter dem Blockgestühl des 16. Jahrhunderts der unversehrte Fliesenboden freigelegt. Die Fliesen wurden im Chorbereich neuverlegt[2].

Baugeschichte
Die im Kern ältere, 1347 als unter limpurgischem Patronat erwähnte Kirche, wurde vermutlich zu Ende des 15. Jahrhunderts neu erbaut. Sie besitzt eine 1498 entstandene Holzdecke. Die Fliesen stammen wohl aus derselben Zeit oder doch aus der 2. Hälfte des 15. Jahrhunderts. Sie wurden mit demselben Model geprägt wie die der Stadtkirche in Gaildorf und wohl auch in der dortigen Ziegelei gefertigt.

Literatur
P. Keppler, 72, 108.
G. Dehio, Baden-Württemberg, 168.

1 P. Keppler, 108.
2 Freundliche Mitteilung von Herrn Peter Haag †, Schorndorf.

Groß-Ammensleben, Kr. Wolmirstedt, Bez. Magdeburg

Ehem. Benediktiner-Klosterkirche St. Petrus und Paulus

Fundumstände
Die Fliesen lagen 1911 noch in situ. Ein mehrere Quadratmeter großer Fliesenboden fand sich in der südlichen Seitenkapelle (Michaelskapelle), verstreute Platten außerdem im Chorbereich. Neben den gemusterten Fliesen fanden sich glatte Fliesen mit weißer und grüner Glasur, sowie Rautenfliesen.[1] Bergner betont, daß die Fliesen so ausgezeichnet gebrannt waren, daß sich kaum Abnützungsspuren zeigen. Bei der Renovierung 1928 wurden sie in der Kreuzkapelle zu beiden Seiten des Altars in den Boden eingelassen.[2]

Baugeschichte
Das 1124 durch die Grafen von Ammersleben-Hillersleben als Augustiner-Chorherren-Stift gegründete Kloster wurde 1129 durch den Hl. Norbert in ein Benediktinerkloster umgewandelt. Eine erste Weihe fand 1140, eine zweite nach Brand 1231 statt. Nach Mißwirtschaft und Armut erfolgte unter Abt Bodo von Randau (1308–34) ein neuer Aufstieg, eine Nachricht erwähnt unter seiner Regierungszeit Umbauten[3] im Chor. Weitere Umbauten fanden anläßlich der Einwölbung der Kirche 1521 statt. Das Kloster wurde 1804 aufgehoben. Bergner[4] glaubt an eine Entstehung der Fliesen um 1140, diese können aber wohl erst bei der Neuweihe um 1231 verlegt worden sein. Das Muster wurde vermutlich über das Liebfrauenkloster in Magdeburg vermittelt, zu dem Ammensleben in enger Beziehung stand.

Literatur
H. Bergner, Kdm Kr. Wolmirstedt, 8–20, 139, Abb. 10.
K. Fichtner, 20, 88, Abb. 6.
O. Laeger, Zur Geschichte des Klosters Ammensleben, Zs. des Ver. für Kirchengesch. der Prov. Sachsen und des Freistaates Anhalt 28, Magdeburg 1932, 26.
G. Dehio, Bez. Magdeburg, 117–120.

1 K. Fichtner, 20, hält die ungemusterten Fliesen für den ersten Boden aus der Erbauungszeit: „Der braungelben und dunkelgrünen Glasur nach, die mit Fehlern, Schlieren und Streifen behaftet ist, dürfen die Fliesen wohl noch ins 12. Jahrhundert gehören." Diese Fliesen waren zu dem Muster Kier 6 zusammengesetzt. Die Rautenfliesen müssen, auf Grund der Glasurfarben: „braunrot, maigrün, graulila und weißblau" nachmittelalterlich sein.
2 Freundliche Mitteilung von Herrn Pfarrer Christoph Ewers, Groß-Ammensleben.
3 H. Bergner, 9. 1334 wird eine Marienkapelle geweiht.
4 Ebd., 139.

Groß-Geroldseck/Grand-Geroldseck, Gem. Hägen, Bas-Rhin, Frankreich

Burgruine der Herren von Geroldseck

Fundumstände
Die Ruine wurde seit 1905 freigelegt. 1912 fanden sich die ersten Fliesen, weitere Exemplare scheinen bei späteren Grabungen (vermutlich 1931) im Mauerschutt zum Vorschein gekommen zu sein[1].

Baugeschichte
Die zum Schutze der Abtei Maursmünster vermutlich zu Ende des 12. Jahrhunderts errichtete Burg wurde als Raubritternest 1471 und 1486 belagert und zerstört. Urkunden zur Baugeschichte fehlen. Die Fliesen, die zu den frühesten des Elsaß gehören, stammen wohl noch aus der Erbauungszeit, einige, wie H9, P5 und S55 dürften erst im 13. Jahrhundert entstanden sein. Die späten Muster fanden sich außerdem in der ehem. Stiftskirche St. Stephan in Saarburg. Der im Hof der Ruine bei den Grabungen 1965/66 aufgedeckte Töpferofen enthielt keine Fliesen, sondern Gebrauchskeramik des 14. und 15. Jahrhunderts.

Literatur
D. Fischer, Die Burgen Klein- und Groß-Geroldseck, Zabern 1875, 3–10.
F. Wolff, 1908, 92–95.
Ch. Czarnowsky, 16, Abb. 12, 14.
F. Bouchholtz, 64–65.
Ch.-L. Salch, Le four du Grand-Geroldseck, Pays d'Alsace 1971, Zabern 1971, 7–12.
Ch.-L. Salch, Dictionnaire, 100–103.

1 Diese Fliesen, im Besitz von Herrn Charles Czarnowsky, Straßburg, gingen 1940 verloren.

Groß-Rohrheim, Kr. Bergstraße

Ev. Pfarrkirche

Fundumstände
Die Fliese wurde bei der Restaurierung der Kirche 1963 gefunden.

Baugeschichte
Über die mittelalterliche Baugeschichte der Kirche ist nichts bekannt. Die 1438 erstmals erwähnte Kapelle St. Gertrud wurde wohl 1534 zur Pfarrkirche erhoben. Ein zweiter Kirchenbau wurde 1687 abgebrochen und 1688–1723 durch einen Neubau ersetzt. Die im Muster mit Fliesen aus Worms und Weinheim übereinstimmende Fliese wurde vermutlich in der 2. Hälfte oder gegen Ende des 13. Jahrhunderts verlegt.

Literatur
W. Einsingbach, Kdm Kr. Bergstraße, 186.

Groß-Umstadt, Kr. Darmstadt-Dieburg

Ev. Pfarrkirche St. Kilian, ehem. St. Peter

Fundumstände
Die Fliesen fanden sich bei einer Grabung 1967 in situ ca. 20 cm unter dem heutigen Fußboden. Eine weitere Fliese wurde aus dem Aushub eines Schachtes, der zur Untersuchung der Fundamente gegraben worden war, geborgen[1].

Baugeschichte
Eine Kirche zu Umstadt wird schon 741 erwähnt. Ein um 850 entstandener Steinbau wurde vermutlich im 13. Jahrhundert um- oder neuerbaut; erhalten hat sich nur der um 1270 errichtete Unterbau des Westturms. Der Neubau wurde 1488 mit dem Chor begonnen, das Mittelschiff von 1490–94 erstellt. Die Fliesen, vermutlich an Vorbilder des Klosters Amorbach angelehnt, können wohl nur im 2. Viertel des 13. Jahrhunderts verlegt worden sein. Möglicherweise wurden sie nicht in Groß-Umstadt, sondern in Dieburg geprägt[2].

Literatur
M. Herchenröder, F. Behn, Kdm Kr. Dieburg, 118–121.
G. Füssler, 1200jähriges Umstadt. Ein Streifzug durch seine Geschichte, 1200 Jahre Umstadt, Groß-Umstadt 1955, 7ff.
H. Hartmann, Zur Geschichte der Groß-Umstädter Stadtkirche, 1200 Jahre Umstadt, Groß-Umstadt 1955, 47–50.
Hist. Stätten IV, Hessen, 189.
Ev. Kirche Groß-Umstadt. Renovierung 1969. Bilder und Berichte zur Renovierung 1964–69, Kirchenvorstand der ev. Kirchengemeinde (Hrsg.), 1969, o. Sz. (wichtig C. Waltjen, Baubericht, G. Brenner, Bauliche Zeittafel).
G. Dehio, Hessen, 361.

1 Freundlicher Hinweis von Herrn Walter Boss, Dieburg.
2 Siehe Text S. 126–127.

Haus Curtigasse 4, „Jägerhaus"

Fundumstände
Bei einer Restaurierung des Hauses 1979 stieß man auf dem Dachboden auf einen aus ca. 80 Fliesen bestehenden Boden, dessen Oberfläche mit Mörtel verstrichen war[1].

Baugeschichte
Daten zur Baugeschichte des vierstöckigen Fachwerkhauses haben sich nicht erhalten. Nach Sommer wurde es vermutlich um 1550 erbaut und kam durch Kauf mit sechs weiteren Häusern aus dem Besitz von Umstädter und Raibacher Bürgern zwischen 1561 und 1575 in die Hand von Wolf I. Wamboldt von Umstadt. Während die übrigen sechs Häuser abgerissen wurden, um den Bau des Wamboldt-Schlosses zu ermöglichen, blieb dieses als einziges stehen, vermutlich weil es nicht lange zuvor erbaut worden war[2]. Es wurde als Jägerhaus benutzt. Die Fliesen stammen wahrscheinlich vom ersten Boden des Hauses. Möglicherweise wurde ein schon zu Ende des 15. oder zu Beginn des 16. Jahrhunderts geschnittener Model weiterbenutzt. Die alte Bemalung an Decken und Wänden hat sich ebenfalls erhalten.

Literatur
M. Herchenröder, Fr. Behn, Kdm Kr. Dieburg, 1940.
H. Winter, 185–187.
G. Brenner (Hrsg.), Umstädter Bilder 1. Von Gasse zu Gasse durch das historische Umstadt, Groß-Umstadt 1981, 6.

1 Den Fund und alle Angaben zu den Fliesen verdanke ich Herrn Dr. Johannes Sommer, Darmstadt.
2 G. Brenner, 6, und schriftliche Mitteilung von Herrn Georg Brenner, Groß-Umstadt.

Groß-Vernich, Gem. Weilerswist-Vernich, Kr. Euskirchen

Wasserburg Groß-Vernich

Fundumstände
Die Fliesen fanden sich bei Zufallsgrabungen 1970 auf dem Gelände der ehem. Burg[1].

Baugeschichte
Die aus dem Besitz der 1228 erstmals genannten Herren von Vernich in die der Brent von Vernich übergegangene Wasserburg wurde vermutlich in der 2. Hälfte des 14. Jahrhunderts erbaut und in der „Vernicher Fehde" durch die Stadt Köln 1460 teilweise zerstört. Der Torturm und wahrscheinlich auch Teile der Burg wurden in der 2. Hälfte des 15. Jahrhunderts wieder aufgebaut. Kisky[2] glaubt an einen Abschluß der Bauarbeiten vor 1500. Dafür spräche die Fliese H32, die aus derselben Werkstatt stammen muß, wie H31 mit dem Hauszeichen des Johannes Hardenrath.[3] H33 könnte später entstanden sein und möglicherweise aus der Zeit stammen, als Vernich durch Heirat 1501 an Damian von Orsbeck, Herr zu Kendenich, kam. Die Hauptburg wurde, mit Ausnahme des Torturms, im 19. Jahrhundert abgebrochen. Die Fliesen stammen mit großer Wahrscheinlichkeit aus einer Kölner Werkstatt.

Literatur
A. Fahne, 50, 314.
P. Clemen, E. Renard, Kdm Kr. Euskirchen, 76–78.
H. Kisky, Schlösser, 1960, 103–104.
Ders., Burgen, 1960, 118.
Hist. Stätten III, Nordrhein-Westfalen, 732–733.
B. Gondorf, 175.

1 Den Hinweis auf diese Fliese verdanke ich Herrn Carl Mönnig, Köln.
2 H. Kisky, 1960, 118. Datierung aufgrund der erhaltenen Fensterformen und anderer Bauteile.
3 Vgl. Text S. 142.

Groß-Zimmern, Kr. Darmstadt-Dieburg

Ev. Pfarrkirche, ehem. St. Bartholomäus

Fundumstände
Die Fliesen wurden beim Einbau einer Heizung im Sommer 1979 gefunden.

Baugeschichte
Von der mittelalterlichen Kirche ist nur noch der 1475 erbaute Chor und der Unterbau des Westturms erhalten. Das Schiff wurde 1778–81 von Hans Heller aus Wertheim erbaut. Bei der Fliese, die zwei verschiedene Muster unregelmäßig eingeprägt zeigt, handelt es sich vermutlich um ein Exemplar aus jener Dieburger Werkstatt, die auch D71 prägte und zerbrochene oder mitgebrachte Model verwandte. Im Gegensatz zu D71 sind die Muster dieser Model jedoch noch an keiner anderen Stelle aufgetaucht. Die sehr kleinen Model lassen sich am ehesten mit den Prägungen aus Kloster Altenberg/Dhünn vergleichen. Auch hier wurde ein Model verwandt, von dem ein Stück abgebrochen ist. Vermutlich wurden die Model in der 1. Hälfte des 13. Jahrhunderts geschnitten; wann die Fliesen verlegt wurden, ist unbestimmt.

Literatur
M. Herchenröder, F. Behn, Kdm Kr. Dieburg, 144–145.
G. Dehio, Hessen, 362–363.

Grüningen, Stadt Pohlheim, Kr. Gießen

Ev. Pfarrkirche, ehem St. Martin

Fundumstände
Die Fliesen sind in unregelmäßiger Anordnung, offensichtlich in zweiter Lage, im Schiff verlegt.

Baugeschichte
Die unter dem Patronat des Zisterzienserklosters Arnsburg stehende, 1151 erstmals erwähnte Kirche, erhielt in der 2. Hälfte des 13. Jahrhunderts einen Chorturm, dem 1520 ein zweiter, größerer Chor angefügt wurde. Walbe und Dehio nehmen eine Herkunft der Fliesen aus diesem Chorneubau an. Die außergewöhnliche Größe der Fliesen, die breiten Prägerillen und das primitive, sonst zu Anfang des 16. Jahrhunderts in Hessen noch nicht übliche Muster, verweisen jedoch eher in die Zeit des Wiederaufbaus der Kirche nach einem Brand 1634, der um 1660 abgeschlossen war.

Literatur
H. Walbe, Kdm Kr. Gießen III, 95–104.
Hist. Stätten IV, Hessen, 191.
G. Dehio, Hessen, 364–365.

Gruibingen, Lkr. Göppingen

Ev. Pfarrkirche, ehem. St. Martin

Fundumstände
Die Fliesen waren bis 1933 in der Nähe des Altars verlegt; heute finden sie sich in einem Holzverschlag unter der Emporentreppe.[1] Weitere Fliesen, die bei der Restaurierung 1865 entfernt worden waren, wurden in zwei Abstellräumen des Pfarrhauses neu verlegt. Eine Fläche von ca. 4 m^2 wurde an die Stadt Göppingen abgegeben und ist heute im Treppenhaus des Göppinger Schlosses in die Wand eingelassen.

Baugeschichte
Der ersten, über einem alemannischen Gräberfeld errichteten Kirche, folgten zwei steinerne Vorgängerbauten der heutigen, 1184 erstmals erwähnten Kirche. Zu dieser Zeit schenkte Walter von Schelklingen den Ort an das Prämonstratenserkloster Ursberg a.d. Mindel. Daten zum Bau der heute bestehenden Kirche fehlen. Möglicherweise steht er in Zusammenhang mit der Stiftung einer Frühmeßpfründe zu einem Altar „Unserer Lieben Frau" 1431. Frieß[2] glaubt, daß die Fliesen K69 aus der Zeit einer frühgotischen Erweiterung der Kirche nach Westen, gleichzeitig mit dem Bau des Turmes, stammen. Dagegen spricht das Eckornament von K 69, welches von derselben Hand geschnitten sein muß wie das von P24; P24 ist wiederum eng mit K55 verwandt. Diese Fliesen mit Lilienmuster sollen in dem in spätgotischer Zeit errichteten Langhaus und Chor verlegt gewesen sein. Eine sichere Datierung der einfachen Volkskunstmuster ist schwierig. Da P24 offensichtlich der Nachschnitt der um 1500 verlegten Fliese P23 ist und Fliesen mit so hohem Relief in Württemberg erst sehr spät geprägt wurden, könnten die Fliesen zu Ende des 15. oder im 1. Viertel des 16. Jahrhunderts entstanden sein[3]. Einzig J 9.1 könnte dem Ende des 14. oder dem Beginn des 15. Jahrhunderts angehören. Es ist möglich, daß sie in Gruibingen gebrannt wurden.[4].

Literatur
BOA Göppingen, 207–216.
H. Christ, H. Klaiber, Kdm Donaukreis II, 96.
W. Friess, Gruibingen 1953, 4–5.

H. SCHÄFER, Die ev. Martinskirche in Gruibingen, Kr. Göppingen. Ein archäologischer Beitrag zu ihrer Geschichte, Denkmalpflege in Baden-Württemberg 3, 1974, 9–18.
W. ZIEGLER, 102.

1 Freundliche Mitteilung von Herrn Pfarrer Krackenberger, Gruibingen.
2 W. FRIESS, 4.
3 W. ZIEGLER, 102, erwähnt eine 1511 gegossene Glocke und vermutet eine gleichzeitige Erneuerung oder Erweiterung der Kirche.
4 BOA Göppingen, 209. – W. FRIESS, 7, 9. Im 18. Jahrhundert stand eine Ziegelhütte im Gewand Benzenhau, doch lassen die in den Lagerbüchern des 16. Jahrhunderts erwähnten Lehmgruben auf eine frühe Ansiedlung von Töpfern oder Zieglern schließen.

Grunbach, Gem. Remshalden, Rems-Murr-Kreis

Ev. Pfarrkirche, ehem. St. Dionysius

Fundumstände
Die Fliesen wurden bei der Renovierung der Kirche 1905 entfernt und als Wegbelag im Pfarrgarten verwandt. Später wurden sie geborgen, im Pfarrhaus verwahrt und in nicht bekannter Zeit vermutlich bei einem Bazar verkauft.[1]

Baugeschichte
Bei der Grabung 1964 wurde der Vorgängerbau einer 1481 errichteten Kirche entdeckt. Vermutlich lagen die Fliesen bis zur Verlegung eines Terrazzobodens 1905 in situ. Sie lehnen sich im Muster an Fliesen des Klosters Bebenhausen an, sind jedoch sehr viel gröber in der Prägung. Da sie, in Württemberg verhältnismäßig selten, gelbe und grüne Glasuren zeigen, sind sie wohl erst um 1481 entstanden. Auf Grund des Musters könnten sie noch dem Vorgängerbau angehören und in den Neubau übernommen worden sein.[2]

Literatur
BOA, Schorndorf, 137–141.
G. SELBOLD, Die ev. Kirche in Grunbach, Remstal 29, 1972, 59–63.
A. SCHAHL, Kdm Rems-Murr-Kreis I, 776–784, 784, Abb. 590.

1 Freundliche Auskunft von Herrn Pfarrer Weimer, Grunbach. Im Pfarrhaus sind noch zwölf und eine halbe Fliese erhalten.
2 Vgl. hierzu das Stichwort „Plochingen, Frühmeßkapelle".

Güstrow, Bezirk Schwerin

Dom St. Maria, Johannes Ev. und Cäcilie

Fundumstände
Die Fliesen wurden 1943 beim Ausheben von Splittergräben auf dem Domgelände gefunden. Möglicherweise wurden sie bei der durchgreifenden Restaurierung 1865 weggeworfen.

Baugeschichte
Der kurz nach der Gründung eines Kollegiatsstiftes 1226 begonnene Dom wurde in drei Bauabschnitten errichtet und um 1355 mit der Weihe des Hochaltars abgeschlossen. Die um 1380/90 erbauten 3 Kapellen des südlichen Seitenschiffes wurden im 16. Jahrhundert erhöht, gleichzeitig erfolgte kurz vor 1500 der Anbau eines dritten Chorjoches und die Erneuerung der Chorwölbung. Vermutlich stammen die Fliesen aus dieser Zeit. Sie können kaum in der ersten Hälte des 16. Jahrhunderts entstanden sein, da die Güstrower zu dieser Zeit ausdauernd mit Reformationsstreit beschäftigt waren und sicher keine Bauten entstanden. Die Kirche wurde nach 1552 für längere Zeit geschlossen und 1565–68 gründlich erneuert. Bei der Restaurierung 1865–69 wurden mehrere Anbauten teilweise abgebrochen.

Literatur
F. SCHLIE, Kdm Mecklenburg-Schwerin IV, 196–203.
G. DEHIO, Neubrandenburg/Rostock/Schwerin, 137–139.
G. BOSINSKI, Güstrow und seine Kirchen, Berlin 1978, 14–20.

Schloß der Herzöge von Mecklenburg

Fundumstände
Unbekannt. Schlie erwähnt den Fund der Fliesen, gibt jedoch keinerlei nähere Angaben.

Baugeschichte
Das anstelle einer mittelalterlichen Burg 1558–66 erbaute, 1587–88 weitergeführte und bis 1594 vollendete Schloß geriet schon im 18. Jahrhundert teilweise in Verfall. Die 1795 nicht abgerissenenen Nord-, Süd- und Westflügel wurden im 19. Jahrhundert mehrmals restauriert, die ganze Anlage wird seit 1964 wiederhergestellt. Die Fliesen stammen wohl erst aus dem Neubau nach 1558.

Literatur
F. SCHLIE, Kdm Mecklenburg-Schwerin II, 364.
G. DEHIO, Neubrandenburg/Rostock/Schwerin, 141–142.

Guldental, Kr. Bad Kreuznach

Getreidespeicher des Bauernhauses Rothenbach, Fronhofstr. 6

Fundumstände
Die Fliesen lagen als Abdeckung auf einem Getreidespeicher. Vermutlich wurden sie in unbekannter Zeit aus einem Sakralgebäude (?) entfernt.

Baugeschichte
Der Getreidespeicher wurde 1608, das zugehörige Haus Rothenbach 1588, erbaut. Der Straßennamen deutet auf einen mittelalterlichen Fronhof. Das Patronat der dem Hause unmittelbar gegenüberliegenden Kirche hatte das Benediktinerkloster Hornbach. Es war jedoch als Lehen vergeben. Die im 12.–13. Jahrhundert entstandene Kirche wurde im 15. Jahrhundert umgebaut, 1592 erhielt sie eine Kanzel. Außer der Kirche gab es lediglich eine Not-Gotteskapelle an der mittelalterlichen Richtstätte vor den Toren der Stadt. Die Fliese, ein in der Gegend verbreitetes und häufig nachgeschnittenes Muster, kann schon in der 2. Hälfte des 15. und noch in der 1. Hälfte des 16. Jahrhunderts entstanden sein.

Literatur
W. ZIMMERMANN, Kdm Kr. Kreuznach, 174–175.

Gurk, BH St. Veit, Kärnten, Österreich

Dom Mariae Himmelfahrt

Fundumstände
Die Fliesen liegen in situ auf der Westempore, der sog. „Bischofskapelle". Sie sind teilweise als Schachbrettmuster verlegt (Abb. 86). Die bei Hartwagner genannten Muster: „Spiralen und Kreuzrosetten" haben sich nur vereinzelt erhalten. Ein Teil der Fliesen ist stark abgetreten, etwa ein Drittel der Fläche ist mit Kopien der Muster S34 a und X10 bedeckt. Die ins Museum Nürnberg gelangten Fliesen wurden vermutlich um 1850 entfernt.[1]

Baugeschichte
Die Kirche des von der Hl. Hemma gestifteten Nonnenklosters wurde 1043 geweiht und in der 2. Hälfte des 12. Jahrhunderts durch einen vor 1140 begonnenen Neubau ersetzt. Nach kleineren Umbauten zu Ende des 13. Jahrhunderts wurde das Querschiff Mitte des 15. Jahrhunderts, die Seitenschiffe 1525 und das Mittelschiff 1513 und 1591 eingewölbt. Die Westempore, an der 1213 noch gebaut wurde, erhielt ihre erste Ausmalung um 1220, eine zweite nach der Zerstörung durch Brand 1260 wohl 1263. Von allen Bearbeitern wurden die Fliesen bis jetzt in die Erbauungszeit der Westempore datiert. Die Stilisierung der heraldischen Lilien ist jedoch für die Zeit um 1220 ungewöhnlich, es ließen sich bis jetzt nur Vergleichsbeispiele aus späterer Zeit finden.[2] Auch die Löwendarstellung der Fliese S34 c kann schon um 1220 wie noch nach 1260 entstanden sein.

Literatur
K. Ginhardt, B. Grimschitz, 29, Abb. 16.
S. Hartwagner, Der Dom zu Gurk, Klagenfurt 1963, 18–23, Abb. 70.
Hist. Stätten Österreich II, Alpenländer, 222–223.
G. Dehio, Kärnten, 197–206.

---

1 Der preußische Konservator Ferdinand v. Quast entdeckte 1850 den fast vergessenen und durch Brand stark beschädigten Dom neu und setzte sich für dessen Rettung ein. Da im Nachlaß v. Quasts sich auch andere Zeichnungen von Fliesen fanden, ist zu vermuten, daß er sich für diese interessierte und wohl auch die Exemplare, die vor 1868 ins Museum Nürnberg kamen, dorthin vermittelte.

2 Eine Lilie mit ähnlich abgetreppter Basis findet sich z. B. auf dem Tympanon der St. Johanneskirche, Künzelsau (um 1290). G. Himmelheber, 45, Abb. 11.

H

Hadamar, Kr. Limburg-Weilburg

Kath. Liebfrauenkirche, „Totenkirche" am Elbufer

Fundumstände
Die Seitenschiffe scheinen um 1907 noch Fliesen des Musters K5[1] an sichtbarer Stelle besessen zu haben. Der erste Fußboden der Kirche wurde bei einer Restaurierung der Kirche 1966 aufgedeckt.[2] Etwa 15 cm unter dem Plattenbelag des 19. Jahrhunderts fand sich der fast intakte mittelalterliche Fliesenboden, der nur an einigen Stellen zerstört war oder Flickstellen aus späterer Zeit aufwies. Der Fliesenboden war jeweils durch orthogonale Bänder in Fliesenbreite in rechteckige Felder gegliedert. Diese waren mit diagonal verlegten Fliesen eines Musters gefüllt, die Ränder durch Dreiecksfliesen angeglichen (Abb. 85). Die Muster der einzelnen Felder wechselten, jedoch war das Mittelschiff nicht symmetrisch angelegt. Zwischen dem 2. und 3. südlichen Pfeiler von Westen, beim Südeingang, fand sich eine erhaltene und eine zerstörte Rosette (Abb. 83) vom selben Schema wie im Kapitelsaal des Klosters Rommersdorf. Weitere Fliesen der Muster G28, J111, K5 und L35 fanden sich vor dem südlichen Seitenschiff und im Chor über der Fürstengruft.[3]

Baugeschichte
Die vor 1379 von dem seit 1356 bezeugten gräflichen Kaplan Jakob von Treyse auf seinem Hof erbaute Kirche wurde im 2. Viertel des 15. Jahrhunderts umgebaut. Aus diesem, vor 1446 vollendeten Bau, stammen vermutlich die nicht zum ursprünglichen Bodenbelag gehörenden Fliesen des Chors und des in dieser Zeit errichteten 5. Joches.[4] Die spätesten Fliesen (J111, L35) wurden vermutlich erst bei der Instandsetzung der Kirche 1597–1602 oder bei der Erhöhung des Chorfußbodens zur Anlage einer Fürstengruft 1624 verlegt. Die Muster des Bodens der Erbauungszeit lehnen sich an Fliesen der Klöster Arnstein, Dierstein, Rommersdorf und Marienstatt an, lassen jedoch kleinere und größere Abweichungen erkennen. Die weniger sorgfältige Prägung zeigt, daß jeweils neue Model geschnitten wurden. Die Fliesen wurden möglicherweise in Hadamar selbst gefertigt. Stahl verweist auf eine „Auln- oder Ulenstraße" am Ortsrand.[5] Der einheitliche rötliche Scherben unterscheidet die Prägungen von denselben, im Lahntal oder um Urbar hergestellten Fliesen. Ob schon Eberbacher Fliesen im Ort vorhanden waren, wofür die Tatsache spricht, daß das Kloster seit 1190 hier einen Hof besaß, läßt sich nicht ermitteln. Dieser Hof wurde 1320 verkauft und lag an der Stelle des heutigen Schlosses.

Literatur

F. Luthmer, Kdm Reg. Bez. Wiesbaden III, 140–144.
W.-H. Struck, Das Kirchenwesen der Stadt Hadamar im Mittelalter, Arch. mittelrhein. Kirchengesch. 13, 1961, 49–80.
Hist. Stätten IV, Hessen, 194–195.
K. J. Stahl, 55–57, 166, 168, 216–218.
G. Dehio, Hessen, 372.
G. Kiesow, Gotik in Hessen, Stuttgart 1988, 213–214, Abb. 50.

1 F. Luthmer, Bd. 3, 144, gibt das Muster der Fliese falsch wieder. Bei dem abgebildeten Kreisornament handelt es sich nicht um eine, sondern um vier Fliesen, die erst in der Zusammensetzung dieses Muster ergeben.
2 Der ursprüngliche Zustand des Bodens wurde leider nicht sofort nach der Aufdeckung in allen Einzelheiten festgehalten. Entgegen den Wünschen des Landeskonservators für Hessen in Wiesbaden, wurden die nicht sehr hartgebrannten, vor allem an der Oberfläche mürben Fliesen an einigen Stellen aus dem Verband gelöst und der ganze Fliesenboden durch Bauarbeiter und Totengräber beschädigt. Bevor eine Restaurierung einsetzen konnte, wurden große Mengen an Fliesen durch einen oder einige Kunsthändler geborgen. Diese tauchen inzwischen, mit wechselnden Herkunftsbezeichnungen, im Kunsthandel auf.
3 Die späten Fliesen fallen vor allem durch voneinander abweichende Maße auf (Seitenlänge: 16 cm, 19,5 und 24,5 cm). Daraus könnte auf drei verschiedene Verlegungszeiten geschlossen werden. Diese Fliesen waren alle schon aus ihrer ursprünglichen Lage entfernt, so daß sich nicht feststellen ließ, ob sie nur zur Ausflikkung benützt oder auf einer größeren Fläche im Chor verlegt worden waren.
4 Die Fliese K5 ist nicht sicher datierbar, das Muster weist eher ins 16. Jahrhundert.
5 K. J. Stahl, 53.

Hahnstätten, Rhein-Lahn-Kreis

Ev. Pfarrkirche, ehem. St. Nikolaus

Fundumstände
Unbekannt.

Baugeschichte
Die 1211–17 durch Graf Heinrich II. von Diez gestiftete Kirche wurde in der 1. Hälfte des 13. Jahrhunderts erbaut und im 17. Jahrhundert, zu Ende des 17. und Anfang des 18. Jahrhunderts geringfügig verändert. Für die Zeit, in der die Fliesen wahrscheinlich entstanden, die 2. Hälfte des 16. Jahrhunderts, gibt es keine Baudaten.

Literatur

F. Luthmer, Kdm Reg. Bez. Wiesbaden II, 258–260.
H. E. Kubach, A. Verbeek, Bd. 1, 345.
Hist. Stätten V, Rheinland-Pfalz, 125.
G. Dehio, Rheinland-Pfalz, 341–342.

Haid, Gem. Eichendorf, Kr. Dingolfing-Landau a. d. Isar

Kath. Wallfahrtskirche Salvator mundi

Fundumstände
Von den 1926 im Turm der Kirche noch vorhandenen Resten eines Fliesenbelags „mit Tiergestalten und geometrischen Mustern" hat sich noch eine Fliese mit Maßwerkornament erhalten. Der Verbleib der übrigen Fliesen war nicht zu ermitteln.[1]

Baugeschichte
In die 1720–30 entstandene Barockkirche wurden die Langhausmauern und der Turmunterbau der mittelalterlichen Kirche übernommen. Zu ihrer Erbauung fehlen Urkunden. Ekkardt nimmt auf Grund des Glockendatums (1473) und der Entstehung der Wallfahrt 1470 einen Bau in dieser Zeit an. Das Muster der Fliese fügt sich sehr gut in das letzte Drittel

des 15. Jahrhunderts ein. Der Model dürfte etwas älter sein, er wurde hier in eine größere Fliese eingeprägt.

Literatur
A. Eckardt, Kdm Bayern IV, XIII. Bez. Amt Landau a. d. Isar, München 1926, 57–58.
G. Dehio, Niederbayern, 192.

1 Freundliche Auskunft des kath. Pfarramts Eichendorf.

Hainchen, Gem. Netphen, Kr. Siegen

Ehem. Burg

Fundumstände
Unbekannt, möglicherweise bei der Untersuchung des Wassergrabens vor 1963 geborgen.

Baugeschichte
Der seltene Typus der Höhenwasserburg wurde 1215 erstmals im Besitz des „Cunradus de Indagine" (von dem Hain) erwähnt. Sie wurde vermutlich um 1200 erbaut, 1313 an die Grafen von Nassau verkauft und gelangte 1443 durch Schenkung an deren Amtmann Philipp von Bicken. Sie kam 1711 an den Fürsten von Nassau-Siegen und war anscheinend 1777 noch in gutem Zustand, wurde jedoch dann dem Verfall preisgegeben und 1864 teilweise abgebrochen, teilweise als Forstamt verwandt. Die Burg enthielt eine schon im frühen 13. Jahrhundert entstandene achteckige Kapelle im 1. Obergeschoß des Turms. Diese wurde um die Mitte des 15. Jahrhunderts neu ausgebaut und 1457 geweiht. Die Wappenfliesen könnten schon nach 1313 entstanden sein (Spitzschild), sie stammen jedoch wohl eher aus den Umbauten nach 1443. Möglicherweise stehen die Fliesen im Zusammenhang mit dem nahen, vor 1239 durch Friedrich vom Hain gegründeten Prämonstratenserinnenkloster Keppel, welches Kloster Arnstein unterstellt war.[1]

Literatur
H. Ulbrich, 9–11, Abb. S. 10, 21–28.
G. Dehio, Westfalen, 196.
Hist. Stätten III, Nordrhein-Westfalen, 281.
F. Busch, 1981.

1 In Stift Keppel wurde bis jetzt nicht gegraben, die mittelalterlichen Klosterbauten wurden im 18. Jahrhundert und später durch Neubauten ersetzt.

Halle/Saale

„Haus zum kühlen Brunnen", Markt 16–18/Große Nikolaistraße

Fundumstände
Im Museum Halle hat sich nur noch die Fliese S53 erhalten. Nach Volkmann war der Boden 1840 noch vollständig im „Prunksaal" des Hauses sichtbar[1]. Die quadratischen Fliesen waren in ein Netz von oblongen Achteckfliesen eingebettet. An der Schnittstelle der Achteckfliesen lag eine kleine, ungemusterte Kreisfliese (Abb. 92).

Baugeschichte
Der „kühle Brunnen", der älteste Profanbau Halles, welcher Renaissanceformen zeigt, wurde von Andreas Günther für Hans von Schönitz (Schenitz), einen Günstling des Erzbischofs Kardinal Albrecht von Brandenburg, erbaut. Der Kardinal überließ Schönitz 1522 das Gelände der ehem. Lambertikapelle mit Friedhof als Baugrund, die ganze Anlage, ein Vierflügelhof, war 1532 vollendet. Volkmann gibt als Datum für die Fertigung der Fliesen 1527, die Fliese trägt in alter Beschriftung das Datum „1498"[2]. Auch hier scheint eine Einheit des Dekors angestrebt worden zu sein. Die Kassettendecke des Saales zeigte holzgeschnitzte Rosetten auf blauem Grund[3].

Literatur
G. Schönermarck, Beschreibende Darstellung der älteren Bau- und Kdm der Stadt Halle und des Saalekreises, Halle/Saale 1886, 387–388.
H. Volkmann, 35–71, 56, Abb. 30.
G. Dehio, Halle, 169.

1 H. Volkmann, 47: „Stapel sah im Jahre 1840 noch den Fußboden, von dem eine Skizze in der Mappe seiner Zeichnungen (Bl. 12) erhalten ist. Er notiert dazu: „Fußboden in dem Schenitz'schen Prunksaal, von glasierten Tonplatten in weiß, blau und gelb mit eingekratzten Mustern, aus dem Jahre 1527.""
2 Es ließ sich nicht ermitteln, wie das Museum zu dieser Datierung kam. Die Fliesen können schwerlich aus der Lambertikapelle übernommen worden sein; das Vorhandensein einer blauen Glasur spricht für eine Entstehung im 16. Jahrhundert.
3 H. Volkmann, 48.

Hammerstein, Ortsteil Oberhammerstein, Kr. Neuwied

Burgruine

Fundumstände
Die Fliese wurde 1971 bei Grabungen auf dem Burggelände gefunden.

Baugeschichte
Die wohl schon im 10. Jahrhundert erbaute Burg wurde 1020 von Kaiser Heinrich II. erobert, 1071 von Kaiser Heinrich IV. wiederhergestellt. Da auf ihr 1105 und 1125 die Reichsinsignien verwahrt wurden, muß es sich schon im 12. Jahrhundert um einen bedeutenden Bau gehandelt haben. Die Reichsburg kam 1374 als Lehen an das Erzstift Trier, Nachrichten über Neubauten sind 1410 überliefert. Als 1431 Graf Rupprecht von Virneburg mit der Burg belehnt wurde, verbaute dieser nach 1434 nochmals 1500 Gulden, 1576 wurden wiederum Erneuerungsarbeiten durchgeführt. Die 1654 durch den Erzbischof von Trier geschleifte Burg kam 1893 wieder an die Freiherren von Hammerstein. Aus den Trümmern kann kaum mehr auf die Baugeschichte geschlossen werden. Die Fliesen können schon im 4. Viertel des 13. Jahrhunderts verlegt worden sein, das häufig nachgeprägte Muster, das sich in den Kirchen und Burgen der Umgebung findet, kann noch bis in die 2. Hälfte des 14. Jahrhunderts (vgl. Hadamar) nachgeahmt worden sein.

Literatur
H. Neu, H. Weigert, Kdm Kr. Neuwied, 159–165.
H. E. Kubach, A. Verbeek, Bd. 1, 351.
Hist. Stätten V, Rheinland-Pfalz, 127.
G. Dehio, Rheinland-Pfalz, 347.
W. Schönhofen, Hammerstein am Rhein, Köln 1987, 3–8.

Hanau, Main-Kinzig-Kreis

Hospitalkirche St. Elisabeth? Kapelle des Hospitals zum Hl. Geist?

Fundumstände
Unbekannt. Die Fliese wurde nach gesicherten Vorlagen[1] (Grabplatte in der Kirche von Babenhausen) ergänzt.

Baugeschichte
Die vermutlich um 1320–30 gegründete Elisabethkapelle im Hospital wurde nach Brand 1370 wieder aufgebaut. 1500 wurde das Hospital zum Hl. Geist von der Marktstraße in die heutige Hospitalstraße verlegt. Es ist nicht sicher, ob die Fliese aus der ehem. Kirche oder der von 1501–05 neu errichteten Kapelle stammt. Wappen und Helmzier in dieser Form finden sich schon auf einem Grabstein des Reinhard II. von Hanau von 1451 in der Marienkirche Hanau, sowie auf einem Schlußstein des 1487 geweihten Chores derselben Kirche.

Literatur
E. J. Zimmermann, 208, 286–287.

1 E. J. Zimmermann, 52–53, 68.

Hattenhofen, Lkr. Göppingen

Ev. Pfarrkirche, ehem. St. Ägidius

Fundumstände
Die Fliesen fanden sich 1914 noch in situ in der Kirche[1].

Baugeschichte
Eine Kirche in Hattenhofen wird 1275, ein „leutpriester" 1293 erstmals genannt. Auf Grund des Patroziniums nimmt Walter[2] für die um 1400 erbaute Kirche einen in der 1. Hälfte des 12. Jahrhunderts errichteten Vorgängerbau an. Das Stift Oberhofen in Göppingen erhielt 1456 den Kirchensatz, 1475 wurde ihm die Pfarrei inkorporiert. Möglicherweise wurden nach diesem Zeitpunkt Erneuerungsarbeiten durchgeführt. Da das Muster der Fliesen eher in die 1. Hälfte des 16. Jahrhunderts weist, könnten sich Umbauten auch an die 1500 erfolgte Frühmeßstiftung angeschlossen haben.

Literatur
BOA Göppingen, 216–218.
H. Christ, H. Klaiber, Kdm Donaukreis II, 97–98.
W. Ziegler, 103.
E. Walter, Heimatbuch Hattenhofen. Ein Dorf und seine Bewohner im Wandel der Zeiten, Hattenhofen 1975, 75–86.

1 H. Christ, H. Klaiber, Bd. 2, 97, „Gemodelte tönerne Bodenplättchen mit Blättern in konzentrischen Kreisen".
2 E. Walter, 80.

Hauset, Kr. Eupen, Belgien

Töpferdorf

Fundumstände
Unbekannt. Die Fliesen waren im Brand zusammengebacken und verzogen. Sie stammten aus der Slg. des Aachener Antiquars Richard Nopperdey und trugen die Fundnotiz „Hauset".[1]

Ortsgeschichte
In Hauset bestand von ungefähr 1450 bis ins 1. Viertel des 16. Jahrhunderts eine Töpferei, die anscheinend vorwiegend Nischenkacheln herstellte. Das gefundene Fliesenmuster läßt eine zusätzliche Fertigung von „weißtonigen, glasierten und ornamentierten Bodenfliesen" im 1. Viertel des 16. Jahrhunderts vermuten. Möglicherweise wurden diese Fliesen nach Aachen geliefert. Dort fand sich M 44 auf dem Gelände des ehem. Minoritenklosters.

Literatur
O. E. Mayer, 1951, 50–51.
Ders., 1952, 81, Anm. 1.
Ders., 1977, 177–178, 182, Abb. 19.

1 Freundliche Mitteilung von Herrn Dr. Otto Erich Mayer†, Raeren. Die Fliesentöpferei konnte noch nicht lokalisiert werden. Bei den Grabungen der letzten 15 Jahre wurden keine ähnlichen Fliesen gefunden.

Heidelberg

Ruine der Michaelsbasilika auf dem Heiligenberg

Fundumstände
Der karge Text Schleunings[1] läßt die Annahme zu, daß bei den Ausgrabungen 1886 ein Fliesenboden in situ gefunden wurde. Möglicherweise stammen verschiedene Fliesen, die ohne Fundortangabe vor 1900 in einzelne Museen kamen, ebenfalls von dort. Bei neuen Grabungen 1965 fanden sich weitere Fliesen im Schutt der seit 1580 als Steinbruch ausgebeuteten Ruine.[2] Bei den Grabungen von 1980–82 und einer Nachgrabung im Sommer 1983 wurden bis jetzt keine neuen Fliesen geborgen.[3]

Baugeschichte
Auf der seit vorgeschichtlicher Zeit besiedelten, 1197 als „Aberinsberg" bezeichneten, später „Heiligenberg" genannten Bergkuppe wurde vermutlich unter dem Lorscher Abt Thiotroch (863–75) eine erste Kirche errichtet, die um 1030 durch einen unter Abt Reginbald (1018–33) erstellten Kirchenbau abgelöst wurde. An diesem Bau wurden wiederholt Umbauten vorgenommen, eine Erneuerung des Vierungsturms wurde vermutlich im frühen 13. Jahrhundert durchgeführt. Der von Schleuning beobachtete Fliesenboden, der über einem Kalkestrich des 11. Jahrhunderts lag, kann durch Münzfunde ins 14. Jahrhundert datiert werden.[4] Das Maßwerk des Kreuzgangs weist auf Veränderungen im 3. Viertel des 13. Jahrhunderts. Die Fliesen können nur auf Grund eines Vergleichs mit anderen Mustern datiert werden. H 90, ein Muster, welches sich in Kloster Arnsburg und in Worms fand, weist auf die Verlegung eines Fliesenbodens in der Mitte oder im 3. Viertel des 13. Jahrhunderts. H 95 und H 103, auf der benachbarten Schauenburg[5], in Ladenburg und Worms gefunden, dürften im 1. Viertel des 14. Jahrhunderts entstanden sein, H 114 möglicherweise noch etwas später.[6] Auch dieses Muster kommt in unmittelbarer Nähe (Burg Sandhausen) noch einmal vor. Woher die Fliesen kamen, ob aus Lorsch, der Ziegelei des Klosters Schönau oder über Ladenburg aus Worms, ist nicht sicher zu entscheiden. Die Muster all dieser Fundorte hängen eng zusammen.

Literatur
W. SCHLEUNING, Die Michaelsbasilika auf dem Heiligenberg bei Heidelberg, Heidelberg 1887, 38.
A. v. OECHELHAEUSER, 1913, 507–523.
W. v. MOERS-MESSMER, Der Heiligenberg bei Heidelberg – seine Geschichte und seine Ruinen, Heidelberg 1964, 18–29, 39–78.
V. MILOJČIĆ, Der Heiligenberg bei Heidelberg, Führer zu vor- und frühgeschichtl. Denkmälern 3, 1965, 175–181.
F. QUARTHAL, 1975, 269–273.
P. MARZOLFF, Grabungen in St. Michael auf dem Heiligenberg, Denkmalpflege in Baden-Württemberg 11, 1982, 129–141.
Ders., Die neuen Grabungen in St. Michael auf dem Heiligenberg, FuB 8, 1983, 57–78.

1. W. SCHLEUNING, 38. „Darüber wurde später, nicht vor dem 14. Jahrhundert, ein abermaliger Plattenbelag verlegt." Die Abb. „Fig. 12" läßt das Fliesenmuster nicht erkennen.
2. Die Vierung stürzte 1503 ein, 1537 wurde das Kloster aufgegeben und nach 1580 allmählich abgetragen. Nach W. v. MOERS-MESSMER, 28, waren auch bei der Ausgrabung 1910 Bodenfliesen gefunden worden, die ins Museum Heidelberg kamen, sich jedoch dort nicht erhalten haben. Die Fliesen, die jetzt dort liegen, stammen aus den Grabungen von Herrn Dr. Berndmark Heukemes 1965.
3. Freundliche Mitteilung von Herrn Dr. Peter Marzolff, Heidelberg.
4. W. v. MOERS-MESSMER, Taf. m. Grundriß, setzt die „gotischen Umbauten" um 1300 an.
5. F. QUARTHAL, 271. Die beiden Propsteien auf dem Heiligenberg blieben immer eng mit Kloster Lorsch verbunden. Nach 1248 „gehörten die Klöster zur Herrschaft der Edelfreien von Schauenburg bei Dossenheim, die sicher Lorscher und wohl auch Pfälzer Lehensleute waren."
6. P. MARZOLFF, 1982, 140–141, weist auf eine Umbauphase in der 1. Hälfte des 14. Jahrhunderts, die durch den erneuten Fund eines Hellers (Abb. 15g) belegt ist.

Heidenheim a. d. Brenz, Lkr. Heidenheim

Ev. Stadtpfarrkirche, ehem. St. Nikolaus und Michael

Fundumstände
Beim Einbau einer Heizungsanlage wurden 1965 Grabungen durchgeführt. Die Fliesen fanden sich im Schutt, der vermutlich dem Chorneubau des zweiten Kirchenbaus angehört.

Baugeschichte
Die in der Mitte des 14. Jahrhunderts auf einem Kapellenbau der 2. Hälfte des 12. Jahrhunderts errichtete, 1388 erstmals erwähnte Kirche, wurde gegen Ende des 15. Jahrhunderts durch einen Chorneubau erweitert. Die gleichzeitige Aufhöhung und Erneuerung des Fußbodens kann durch Münzfunde zwischen 1490–92 angenommen werden. Der Umbau des Langhauses zog sich vermutlich bis ins 1. Viertel des 16. Jahrhunderts hinaus. Die Fliesen wurden mit großer Wahrscheinlichkeit in Heidenheim hergestellt. Die Stadt besaß schon im Mittelalter und bis ins 19. Jahrhundert mehrere Töpfereien, die ihre Waren weit exportierten und vor allem Nordwürttemberg mit Gebrauchskeramik versorgten.

Literatur
BOA Heidenheim, 82–83, 123–124, 129.
E. GRADMANN, Kdm Jagstkreis II, 34–37.
G. DEHIO, Baden-Württemberg, 204.
G. P. FEHRING, 1970a, Abb. 27.
K.-H. BÜHLER, Heidenheim im Mittelalter. Besitzgeschichte – Topographie – Verfassung, Heidenheim 1975, 30ff.

Heilbronn

Kath. Pfarrkirche St. Peter und Paul, „Deutschhauskirche"

Fundumstände
Die Fliesenbruchstücke wurden beim Wiederaufbau der 1944 zerstörten Kirche 1969 in zweiter Lage in einem schuttgefüllten Mauerzwickel gefunden.[1]

Baugeschichte
Die um 1225 als Marienkapelle errichtete, um 1240 eingewölbte Kirche wurde 1340–50 umgebaut und um 1400 nochmals vergrößert. Die Kirche gehörte der Deutschordenskommende, beim Neubau der Kommende wurde sie 1718–22 barock verändert. Nach der Zerstörung am 4. 12. 1944 wurde sie 1949–51 in einfacher Form wiederaufgebaut. Die Fliese H209 könnte schon aus dem Umbau von 1340–50 stammen, H226 kann jedoch kaum vor 1400 entstanden sein. Die Prägung weist große Ähnlichkeit mit den in einer Fehlbrandgrube gefundenen Fliesen aus Bad Wimpfen am Berg auf.

Literatur
BOA Heilbronn, Bd. 2, 28–30.
E. KEYSER, D. Stb. IV, 2,2, 112.
G. DEHIO, Baden-Württemberg, 205–206.

1 Den Hinweis auf diese Fliesen verdanke ich Herrn Dr. Robert Koch, Nürnberg.

Heiligenkreuz, BH Baden, Niederösterreich

Zisterzienserkloster

Fundumstände
Neben den seit der Restaurierung 1871 unter dem Fußboden des Chores gefundenen Mosaikfliesen[1] wurde beim Niederreißen der Klostermauer 1939 die erste gemusterte Fliese gefunden. Weitere wurden 1969 entdeckt, in zweiter Lage in einer Gipsschicht im Vorraum der Stiftsbibliothek eingebettet.[2] Da 1970 in der Westmauer des Klosters[3] sowie in der östlichen Konventsmauer weitere Fliesen sichtbar waren, die jedoch noch nicht aus ihrem Verband gelöst werden konnten, sind möglicherweise noch neue Muster zu erwarten. Diese Fliesen wurden vermutlich um 1641 aus ihrer Lage entfernt und vermauert.

Baugeschichte
Die 1135/36 auf Veranlassung Otto von Freisings durch seinen Vater, Markgraf Leopold III. gestiftete und mit Mönchen aus Morimond besiedelte Klosteranlage, wurde in der 1. Hälfte des 13. Jahrhunderts erbaut. Die um 1135 begonnene Klosterkirche war vermutlich bei der Weihe 1187 noch nicht ganz vollendet, 1240 erfolgte die Weihe des ganzen Klosters. An die Klosterkirche wurde in der 2. Hälfte des 13. Jahrhunderts ein 1295 geweihter Hallenchor angefügt. Die Bautätigkeit setzte erst im 17. Jahrhundert mit dem Bau eines Gastflügels und eines neuen Stiftsgebäudes wieder ein. Pittioni datiert die Fliese F51 in die 2. Hälfte des 12. Jahrhunderts, die übrigen Fliesen jedoch in die 2. Hälfte und ins Ende des 13. Jahrhunderts.[4] Die statuarische Haltung des Löwen D4, offensichtlich von der selben Hand geschnitten wie F23, weist jedoch wohl in frühere Zeit. Möglicherweise wurden diese Fliesen im 1. Drittel des 13. Jahrhunderts im Kapitelsaal oder im Kreuz-

gang verlegt.[5] Die Fliesen F81 und F106 können nicht sehr viel später entstanden sein. Sie bilden den Übergang zu den Fliesen der Tochterklöster Lilienfeld und Zwettl. Pittioni vermutet, daß die Fliesen möglicherweise nicht im Kloster, sondern in Guntramsdorf gebrannt wurden.[6]

Literatur

D. Frey, K. Grossmann, 1–18, 253–254, Abb. 247.
F. Gaumannmüller, Die mittelalterliche Klosteranlage der Cistercienser-Abtei Heiligenkreuz, FS zum 800 Jahrgedächtnis des Todes Bernhards von Clairvaux, Wien 1953, 167–210.
P. H. Watzl, Das Stift Heiligenkreuz. Seine geschichtliche Sendung, Mödling 1967.
H. Kier, 1970, 98–99, Abb. 244–254.
R. Pittioni, 1970, 75–89, mit 6 Tafeln.
Ders., 1980, 365–379.
Hist. Stätten Österreich I, Donauländer, 313–316.
G. Dehio, Nieder-Österreich, 114–118.

1 D. Frey, K. Grossmann, 253, Abb. 247, 254.
H. Kier, 1970, Abb. 244–245. Der vielfältig gemusterte Boden aus Plattenmosaik wird von Kier in die Zeit der Weihe des gotischen Chors 1295 gesetzt. Dies dürfte für diesen Belag zu spät sein, zudem passen die strengen geometrischen Ornamente nicht zum Charakter des lichtdurchfluteten Hallenchors. F. Gaumannmüller, 181–183, belegt auf Grund von Grabungsergebnissen und neu entdeckten Urkunden, daß der Vorgängerbau einen zweiten Chorabschluß erhielt, welcher vermutlich zwischen 1210 und 1240 errichtet wurde. Eine solche Lösung entspräche den Zisterziensergewohnheiten, die stets den strengen Belag aus ungemusterten Fliesen den gemusterten Fliesen vorangehen ließen. Daß möglicherweise gleichzeitig, vermutlich in den Klostergebäuden, schon figurale Fliesen verwandt wurden, widerspräche diesem Schema nicht, da es auch hier Abstufungen zwischen sakralen und halbprofanen Räumen gab.
2 R. Pittioni, 1970, 74.
3 Ebd., 80. Anm. 4.
4 Ebd., 81. Pittioni verweist auf die Ähnlichkeit der Darstellungen mit den Heiligenkreuzer Codices derselben Zeit.
5 F. Gaumannmüller, 185–187, glaubt, daß zwischen 1210 und 1240 auch die Klosterräume umgebaut wurden und daß z. B. der wohl in Holz ausgeführte Kreuzgang durch einen Neubau in Stein ersetzt wurde.
6 R. Pittioni, 1980, 374.

Heiligkreuztal, Gem. Altheim, Lkr. Biberach

Ehem. Zisterzienserinnenkloster

Fundumstände

Die Fliese wurde 1962 im Schutt des Kreuzgang-Innenhofes gefunden.[1] Sie stammt vermutlich aus der sog. „Bruderkirche“.

Baugeschichte

Mit dem Bau der Kirche des nach 1227 gegründeten Klosters wurde nach 1237 begonnen, er scheint nach einer Altarweihe 1242 und einer Weihe des Klosters 1256 abgeschlossen. Auf Umbauten im 14. und 15. Jahrhundert weist eine Altarweihe 1319 in der Kirche und die Weihe des Kapitelsaals 1430. Zu Ende des 15. Jahrhunderts wird das Münster erneut renoviert und die beiden Seitenschiffe eingewölbt. Die „Bruderkirche“, das für Laien bestimmte Erdgeschoß des Frauenchorgebäudes, wurde bei den Umbauten unter der Regierung der Äbtissin in Veronica von Rietheim (1521–51) ebenfalls 1532 neu gestaltet. Vermutlich wurden die Fliesen anläßlich der barokken Neuausstattung 1699–1744 verworfen. Die Fliese, nach einem Ulmer Vorbild aus der 2. Hälfte des 15. Jahrhunderts geprägt, wurde möglicherweise auch erst 1532 verlegt, da auch die übrigen Bauformen aus der Mitte des 16. Jahrhunderts noch starke spätgotische Anklänge zeigen.[2]

Literatur

W. v. Matthey, H. Klaiber, Kdm Kr. Riedlingen, 145–153.
G. Dehio, Baden-Württemberg, 207–208.
G. Pape, Geschichte des ehem. Zisterzienserinnenklosters, Heiligkreuztal 1277–1977. Vergangenheit–Gegenwart–Zukunft, Rottweil 1977, 10–21.
S. Kummer, Vorbericht über die Instandsetzung des Klosters Heiligkreuztal, Denkmalpflege in Baden-Württemberg 7, 1978, 21–33.
Hist. Stätten VI, Baden-Württemberg, 322–323.

1 Freundlicher Hinweis von Frau Fanny Weidelehner, Bad Buchau.
2 Mitteilung von Herrn Max Haaf, Andelfingen, der besonders auf die Maßwerkformen des Kreuzgangs verwies.

Heilsbronn, Lkr. Ansbach

Ev. Pfarrkirche, ehem. Zisterzienserklosterkirche St. Maria

Fundumstände

Bei der ersten Freilegung der Gräber der Hohenzollernschen Burggrafen 1824 fand man in dem Grab, das für das des Burggrafen Friedrich III. galt, eine Fliese mit eingepreßtem Wappen.[1] Sie ist heute verloren, eine Zeichnung existiert nicht. Bei der Restaurierung der Klosterkirche 1851–66 wurde in den Seitenschiffen ca. 0,50 m unter dem heutigen Niveau ein Fliesenboden freigelegt. Es ist nicht angegeben, welche Muster aus diesem Fliesenboden stammen. Im Chor war ebenfalls, ca. 0,30 m über dem Estrich des ersten Baus ein Fliesenboden verlegt, der vorwiegend aus den Mustern F156 und H219 bestand.[2] Weitere Fliesen fanden sich, schachbrettartig wechselnd, als Umrahmung eines Frauengrabes aus der Mitte des 15. Jahrhunderts[3] (Abb. 154). Die Herkunft der Wappenfliese G21 ist nicht mehr zu ermitteln, Stillfried[4] nimmt an, daß sie aus einer Kapelle stammt. Er erwähnt ferner „verglaste Fliesen“[5], die in dem 1464–72 unter Abt Peter Wegel erbauten Kreuzgang lagen. Diese Fliesen werden jedoch weder beschrieben noch abgebildet.

Baugeschichte

Das 1132 durch Bischof Otto von Bamberg gegründete Kloster wurde 1141 mit Zisterziensern aus Kloster Ebrach besetzt. Der Chor der 1149 vollendeten Kirche wurde 1263–84 in zwei Bauabschnitten erweitert, die Stelle des alten Hauptaltars durch ein Kreuz aus weißglasierten Fliesen gekennzeichnet.[6] Auf der Südseite wurde 1412–33 eine zweischiffige Halle als Mortuarium angefügt. Die „Heideckerkapelle“ wurde zu Ende des 12., die „Ritterkapelle“ wohl in der 1. Hälfte des 14. Jahrhunderts erbaut. Nach der Säkularisation des Klosters 1525 wurde die Kirche nach 1706 und 1770–71 zur protestantischen Predigerkirche umgebaut, diese Einbauten teilweise schon 1851–66 und bei der letzten Restaurierung 1946–50 und 1955 entfernt.
Die Fliesen des Klosters sind in mindestens drei verschiedenen Zeitabschnitten entstanden, sie zeigen außerdem wechselnde Techniken. Dies läßt vermuten, daß bei jedem Neubau jeweils ein neuer Fliesenboden verlegt wurde und dieser dann nach einiger Zeit wieder der rasch wachsenden Zahl der Grabplatten weichen mußte. Besonders schwierig ist die Da-

tierung der Fliese B10. Die Adlerdarstellung legt eine Entstehung vor der Zeit des Chorneubaus nahe, dem widerspricht das auf Eberbacher Fliesen (H37) ähnlich auftretende Eckornament. Der Zeit dieses Neubaus gehört außer V14 möglicherweise auch H219 an, während das ebenfalls im Chor gefundene Muster F156 kaum vor dem 15. Jahrhundert entstanden sein kann. Im Mortuarium wurden vermutlich die Fliesen F92 und F121 verlegt, auf diese könnte sich eine erhaltene Rechnung in einer Urkunde von 1410[7] beziehen, die vermuten läßt, daß die Fliesen schon nicht mehr von Mönchen gefertigt wurden. Der Wappenziegel G21, der vermutlich vor 1342 gefertigt wurde, könnte aus der Ritterkapelle stammen.

Literatur

R. G. Stillfried, 57, 106, 218–219, Taf. 78–80.

G. Muck, Geschichte von Kloster Heilsbronn von der Urzeit bis zur Neuzeit. 3 Bde. Nördlingen 1879–1888, Bd. 3, 225.

F. Sperl, Das Kloster Heilsbronn, die Ahnengruft des Kaiserhauses, München 1915, 7–19.

A. Heidacher, Die Entstehungs- und Wirtschaftsgeschichte des Klosters Heilsbronn bis zum Ende des 15. Jahrhunderts, Bonn 1955.

G. P. Fehring, Bayer. Kdm, Stadt und Lkr. Ansbach, München 1958, 100–108.

G. Dehio, Franken, 355–359.

1 R. G. Stillfried, 106. Das Wappenschild soll einen Adlerflug gezeigt haben, das Schriftbild von einem Zackenband gerahmt worden sein.

2 Ebd., 219: „Die Klinker oder gebrannten Steine sind schon im Chor der Münsterkirche zur Herstellung eines mosaikartigen Pflasters verwendet worden. In den kleinsten Formaten fanden sich dergleichen buntfarbige Klinker von schwarzer, weißer und roter Farbe, zum Teil mit zierlichen Blattornamenten versehen, vor dem Hochaltar im neuen Chor." Da H219 die einzige Fliese mit weißer Inkrustation und Blattmuster ist, kann es sich wohl nur um diese Fliese handeln.

3 Ebd., 218. Die Umrahmung dürfte jedoch nur eine zufällige sein, die Maße der Fliesen wurden nicht für die Grabplatte geschaffen.

4 Ebd., 219. Die Fliesen fanden sich später in Bürgerhäusern in Heilsbronn.

5 Ebd., 81.

6 Ebd., 57.

7 Ebd., 57: „pro novo pavimento in choro et lapillis 11 fl."

Heimerzheim, Gem. Swisttal-Heimerzheim, Rhein-Sieg-Kreis

Ehem. Prämonstratenserinnenkloster St. Marien, Schillingskapellen

Fundumstände

Die Fliesen lagen 1898 im Untergeschoß der noch erhaltenen Westempore der Klosterkirche. Sie sind heute im Saal der Burg Heimerzheim vor einem Kamin verlegt. Nach Merlo[1] befand sich im Kapitelsaal 1878 ebenfalls noch ein Fliesenbelag. („Das Standbild [der Madonna] derselben wurde im Capitelsaal aufgestellt. Das geschah in der Mitte der Bodenfläche an einer gerundeten Stelle, die durch einen zierlichen Plattenbelag ausgezeichnet war.") Möglicherweise handelte es sich um eine Kreisrosette aus Fliesen.

Baugeschichte

Bei einer 1190 durch Ritter Wilhelm Schilling von Bornheim gestifteten Kapelle wurden 1197 Prämonstratensernonnen angesiedelt. Das Kloster wurde 1802 aufgehoben, die im letzten Jahrzehnt des 12. Jahrhunderts erbaute Kirche 1811 größtenteils abgebrochen. Die Fliesen, mit demselben Model geprägt wie die der Stiftskirche in Münstereifel, wurden vermutlich in der 2. Hälfte des 15. Jahrhunderts verlegt.

Literatur

J. J. Merlo, Das Frauenkloster zu Schillingskapellen, Ann. Ndrh. 32, 1878, 133–146.

P. Clemen, E. Polaczek, Kdm Kr. Rheinbach, 38.

G. Dehio, Rheinland, 226–227.

Hist. Stätten III, Nordrhein-Westfalen, 303.

H. E. Kubach, A. Verbeek, Bd. 2, 1001–1003.

1 J. J. Merlo, 138.

Heinsberg, Lkr. Heinsberg

Kath. Pfarrkirche St. Gangolf, ehem. Stiftskirche

Fundumstände

Bei der Grabung 1953 entdeckte man ca. 0,42–0,44 m unter dem Fußboden der gotischen Kirche den ersten aus roten und grauen Tonfliesen (14 × 14 cm) bestehenden Fußboden der romanischen Kirche, der diagonal zur Kirchenachse verlegt war.[1] Ca. 6 cm über diesem Boden lag ein ebenfalls diagonalverlegter Boden aus kleinen inkrustierten Fliesen in acht verschiedenen Mustern und vier Varianten. Die Glasuren in hell- und dunkelgelb, hell- und dunkelgrün, rötlichem und dunklem Braun waren nicht immer scharf abgegrenzt, sondern ineinandergeflossen. Die diagonal verlegten Flächen waren durch orthogonal verlegte Bänder in jeweils einer Farbe (Wechsel von braun/grün und braun/hellgelb) getrennt.[2] Außerdem fand man die Fliese H164, die inzwischen auch in der Motte „Altenburg" bei Jülich geborgen wurde. Mit den ausgegrabenen Fliesen ist heute das Altarpodest der Taufkapelle belegt.

Baugeschichte

Die um 1130 erbaute Kirche des 1128/29 durch Oda von Heinsberg begründeten Kanonikerstifts wurde wohl erst spät vollendet, eine Hochaltarweihe ist für 1262 bezeugt. Sie wurde nach 1400 durch einen ebenfalls langsam voranschreitenden Neubau ersetzt, der anscheinend erst 1482 abgeschlossen war. Während die Blattfliese H164 vermutlich diesem Neubau angehört und wohl schon in der 1. Hälfte des 15. Jahrhunderts entstand, glaubt Piepers, daß der Boden aus inkrustierten Fliesen um 1300 verlegt wurde[3], während die ungemusterten, um die Mitte des 12. Jahrhunderts entstandenen Fliesen, ebenfalls um 1300 in einem nördlichen Choranbau und im Westjoch der Krypta nochmals neu verlegt wurden. Da die inkrustierten Fliesen mit großer Wahrscheinlichkeit aus dem Raum um Andenne eingeführt wurden, dürfte eine Verlegung um 1300 etwas zu früh sein.[4] H164 wurde möglicherweise aus Langerwehe bezogen.

Literatur

K. Franck-Oberaspach, E. Renard, Die Kdm der Rheinprovinz VIII, 3, 1906, 36–39.

K. J. Kutsch, Die Pfarr- und Propsteigemeinde St. Gangolfus zu Heinsberg im Wandel der Jahrhunderte, H. P. Funken (Hrsg.), Heinsberg. 700 Jahre Stadt. Beiträge zur Stadtgeschichte aus Anlaß der 700-Jahr-Feier. 1255–1955, Heinsberg 1955, 41–53.

Ders., Die spätgotische Stiftskirche und ihre Ausstattung, ebd. 70–77.

G. DEHIO. Rheinland, 227–229.
W. PIEPERS, 65–92.
H. E. KUBACH, A. VERBEEK, Bd. 1, 367–368.
W. GIERTZ, 16–19.

1 W. PIEPERS, 83.
2 Ebd., 83–91, mit ausführlicher Beschreibung des Fußbodens und der Grabungsergebnisse.
3 Ebd., 88. Datierung durch den Fund einer französischen, zwischen 1266–70 geprägten Münze.
4 R. BORREMANS, R. WARGINAIRE, 66, Taf. 29, 1 und 5b.
J. HELBIG, 222, Nr. 3 Fliese aus Val-Bénoît, Lüttich. 13. Jh.
F. COURTOY, 45, Abb. 1, Fliese gleich ZS 2, aus einem Haus am Place St. Auban, Namur, eine Fliese ähnlich ZD5 wurde 1912 in der St. Agathe-Kapelle in Hubinne, Gem. Hamois entdeckt, ebd., 47, Abb. 4, zusammen mit Kupferpfennigen des Lütticher Bischofs Johann von Heinsberg (1419–54), beide in Namur, Archäologisches Museum. Die Fliesen in Heinsberg wurden nicht mit denselben Modeln geprägt, die Abweichungen sind jedoch minimal. Zur Herkunft der Fliesen vgl. außerdem W. GIERTZ, 16–19.

Ehem. Prämonstrateserinnenkloster, später „Klosterhof". Ehem. Adeliges Damenstift, Hochstraße

Fundumstände
Die ersten Fliesen wurden bei Entwässerungsarbeiten 1937 auf der Ostseite des „Klosterhofs" gefunden. Abgebildet wird nur das Muster G40; es scheinen jedoch noch andere Muster gefunden worden zu sein[1]. Beim Abbruch des Südflügels des 1944 zerstörten Adeligen Damenstifts (Haus 100, Lederhandlung Heinrichs) wurden „einige Jahre vor 1959" (wohl 1948) weitere Fliesen in einer Mauernische gefunden[2]. Sie waren meist stark abgelaufen; auch hier ist nicht sicher, ob außer B45, G40 und L21 nicht noch weitere Muster entdeckt wurden.

Baugeschichte
1150 wurde von Goswin I. von Heinsberg und seiner Gemahlin, Aleidis von Somersberg, ein Prämonstratenser-Doppelkloster gegründet, das später vor den Toren der Stadt lag. Es wurde 1396 zerstört und 1542 in der Jülicher Fehde erneut so schwer beschädigt, daß es aufgegeben wurde. In den verbliebenen Mauern wurde ein Gutsbetrieb („Klosterhof") eingerichtet, der eine kleine Kapelle erhielt. Der „Klosterhof" wurde 1944 vollkommen zerstört, nur die Kapelle wurde wiederaufgebaut.
Nach der Zerstörung von 1542 wurde das Kloster, das 1479 in ein Adeliges Damenstift umgewandelt worden war, in die Stadt verlegt und im Geviert Hochstraße, Klostergasse, Apfelstraße in spätgotischen Formen 1546–54 neu erbaut. Es wurde im 17. Jahrhundert erweitert und 1774 von dem Aachener Baumeister Jakob Couven umgebaut. Zu diesem Zeitpunkt müssen die Fliesen vermauert worden sein. 1804 wurden die Gebäude verkauft und in Wohnhäuser umgewandelt.
A. Lentz datiert die Fliesen in die Zeit um 1554. Die Muster weisen jedoch eher ins Ende des 15. Jahrhunderts. Da G40 an beiden Stellen gefunden wurde, ist zu vermuten, daß die Fliesen vielleicht bei Arbeiten zur Neuausstattung nach 1479 verlegt wurden und daß man sie nach 1542 barg und mit in die Stadt nahm, da bei Zerstörungen die Fußböden meist weniger in Mitleidenschaft gezogen wurden. Ob das Wappen G40 eine Beziehung zum Damenstift hat, ließ sich noch nicht klären; die Fliese L21 fand sich auch in der nahegelegenen Kirche von Kraudorf.

Literatur
K. FRANK-OBERASPACH, E. RENARD, Kdm Kr. Heinsberg, 58–59.
A. LENTZ, Schöne Funde, 70–71.
Ders., Zur Baugeschichte des ehem. Adeligen Damenstiftes in Heinsberg, Heimatkalender des Selfkantkreises Geilenkirchen-Heinsberg 1971, 58–72.
H. P. FUNKEN, Zur Baugeschichte des Klosterhofs in Heinsberg, ebd. Bd. 8, 1958, 44–47.

1. H. P. FUNKEN, 46: „In der Nähe des Hofes an der Ostseite fanden sich eine ganze Anzahl von gotischen Fußbodenplatten, ähnlich den Fliesen, die als Belag bei den Ausgrabungen in der Heinsberger Propsteikirche zutage kamen." (Dort wurde z.B. H164 gefunden.)
2. A. LENTZ, 1959, 71.

Heisterbach, Stadt Königswinter, Rhein-Sieg-Kreis

Ehem. Zisterzienserkloster St. Maria

Fundumstände
Die Fliese stak in einer aus Abbruchmaterial aufgeführten Gartenmauer im ehem. Klosterbezirk und wurde um 1960 geborgen. Zu dieser Zeit waren in der Mauer noch weitere Fliesen zu erkennen.[1]

Baugeschichte
Da die Fliese durch Jahreszahl auf „160." (01–09) datiert ist, erübrigt sich ein Eingehen auf die frühe Baugeschichte des 1189 gegründeten Zisterzienserklosters. Das Kloster wurde während der Reformation geplündert und schwer beschädigt, der Wiederaufbau war erst Mitte 17. Jahrhundert beendigt. Die Hauptbauzeit fiel in die Regierungszeit des Abtes Buschmann (1597–1628). Die Fliese wurde vermutlich beim Bau der Klostermauer unter Abt Augustinus Mengelberg um 1750 vermauert.

Literatur
E. RENARD, Kdm Siegkreis, 50–76.
G. DEHIO, Rheinland, 517–518.
Hist. Stätten III, Nordrhein-Westfalen, 305–306.
H. E. KUBACH, A. VERBEEK, Bd. 1, 369–377.

1 Freundlicher Hinweis von Frau Ingrid Maag, Wiesbaden.

Hennef-Blankenberg, Rhein-Sieg-Kreis

Ruine der ehem. Landesburg?

Fundumstände
Siehe Stichwort „Bödingen". Die sehr früh entstandene Fliese G35 kann nicht aus Bödingen stammen, sie wurde vermutlich mit anderen Bauteilen aus Blankenberg dorthin verbracht. Mühlberg beobachtete in der Oberkapelle: „in der mittleren Innenecke ist in originaler Lage eine kleine spätromanische Säulenbasis aus Andesit deutlich über einem ausgerissenen Fußboden eingebaut."[1]

Baugeschichte
Die um 1170/80 von den Grafen Heinrich II. und Eberhard II. von Sayn gegründete Burg Blankenberg wurde unter Graf

Heinrich III. von Sayn (1205–47) zu Beginn des 13. Jahrhunderts ausgebaut und befestigt. Sie enthielt eine vor 1208 geweihte, 1465 umgebaute Doppelkapelle St. Georg, welche 1644 als verfallen bezeichnet wird. Nach der Zerstörung im 30jährigen Krieg wurde die Burg um 1670 teilweise abgetragen und 1677 „auf Bitten des Priors des Klosters Bödingen" alle noch brauchbaren Bauteile (vermutlich auch die Fliesen) nach Kloster Bödingen verbracht. Man verwandte diese beim Bau des Sommerrefektoriums und in der Kirche.[2] Die Wappenfliese G35 weist in den Beginn des 13. Jahrhunderts, vermutlich wurde sie schon beim Bau der Kapelle verlegt.

Literatur
F. Mühlberg, Blankenberg, Köln 1958, 8.
H. Fischer, 7–58.
H. Gensicke, 1958, 201–202.
G. Dehio, Rheinland, 234.
Hist. Stätten III, Nordrhein-Westfalen, 81–82.
H. E. Kubach, A. Verbeek, Bd. 1, 101–102.

1 F. Mühlberg, 8.
2 H. Fischer, 58.

Hennef-Bödingen, Rhein-Sieg-Kreis

Kath. Pfarrkirche Mater dolorosa, ehem. Augustiner-Chorherren-Stiftskirche

Fundumstände
Die Fliesen wurden bei der Restaurierung der Kirche nach 1952 in der Nähe des Hochaltars aufgedeckt. Es ist jedoch schwer möglich, daß die Fliese G35 erst in der 2. Hälfte des 14. Jahrhunderts oder noch später geprägt wurde. Vermutlich stammt auch sie, wie verschiedene Bauteile des Sommerrefektoriums, aus Burg Blankenberg (siehe Stichwort „Hennef-Blankenberg").

Baugeschichte
Anstelle einer in der 2. Hälfte des 14. Jahrhunderts erbauten Wallfahrtskapelle, wurde 1397–1408 an einem etwas höher gelegenen Ort eine Kirche errichtet, die 1440 um ein Querhaus, 1490–1500 um einen Chor erweitert wurde. Für die durch Herzog Adolf von Berg berufenen Augustiner-Chorherren wurden 1417–24 Klostergebäude erstellt. Diese wurden zu Ende des 17. Jahrhunderts neu erbaut und um ein Sommerrefektorium erweitert.
Die Fliese C8 stammt vermutlich wie G35 aus dem Beginn des 13. Jahrhunderts. G56 und T25.1 müssen nach der Vollendung des Chorbaus um 1500 verlegt worden sein.[1]

Literatur
E. Renard, Kdm Siegkreis, 31.
H. Fischer, 58.
G. Dehio, Rheinland, 441–442.
J. Walterscheid, M. Mittler, Das Bödinger Memorienbuch (Siegburger Studien 6–7) Siegburg 1971.
H. E. Kubach, A. Verbeek, Bd. 1, 103.
I. Achter, 118–147, Abb. auf 142–144.
W. Beutler, Köln und Bödingen, G. Busch (Hrsg.), Bödingen ist eine Wallfahrt wert, Siegburg 1981, 221–229.
P. Nischang, Die Führer von Welt und Kirche pilgern nach Bödingen, G. Busch (Hrsg.), Bödingen ist eine Wallfahrt wert, Siegburg 1981, 279–298.

1 G56, aus derselben Werkstatt wie die Fliesen des Hauses Hackeney, Köln, Neumarkt 8–10, zeigt das Wappen Haes. Eine Verbindung der Familie mit Kloster Bödingen ließ sich bis jetzt noch nicht herstellen. Im Memorienbuch des Klosters ist kein Haes verzeichnet. Bei der engen Verbindung des Kölner Patriziats und des rheinischen Adels zu Bödingen, die sich in zahlreichen Stiftungen niederschlug (Wappen in den früher vorhandenen Glasgemälden), waren vermutlich auch die Haes an Stiftungen beteiligt. Es besteht außerdem noch die Möglichkeit, daß in der Werkstatt vorhandene Restfliesen, ohne Rücksicht auf den Wappenträger, in späterer Zeit beliebig verlegt wurden.

Herbrechtingen, Lkr. Heidenheim

Ehem. Augustiner-Chorherrenstift, Propsteigebäude

Fundumstände
Die Fliesen waren 1913 noch in der Torwartstube der ehem. Propstei verlegt. Seit der Umwandlung des Klosters in ein Kindergärtnerinnenseminar hat sich nur noch eine Fliese erhalten.

Baugeschichte
Zur Baugeschichte des um 774 durch Abt Fulrad von St. Denis gegründeten, durch Kaiser Friedrich I. Barbarossa 1171 mit Augustiner-Chorherren neu besetzten Klosters St. Veranus und St. Dionysius fehlen alle Daten. Die im 13.–14. Jahrhundert erbaute Kirche wurde um 1520 umgebaut, aus derselben Zeit stammt die Propstei und wohl auch die Fliese H152. N93 entstand wohl schon in der 2. Hälfte des 15. Jahrhunderts nach einer Ulmer Vorlage (vgl. L45) und war möglicherweise im spätgotischen Chor der Kirche verlegt. Die Fliesen wurden wohl im Kloster geprägt, da auf seiner Markung (heute Staatswald, Distrikt Stangenhau) eine ausgezeichnete Tongrube liegt, die nicht nur von den Töpfern in Herbrechtingen und Umgebung, sondern auch von den Töpfern Heidenheims ausgebeutet wurde.[1]

Literatur
BOA Heidenheim, 215.
E. Gradmann, Kdm Jagstkreis II, 175, 184, Abb. 181.
F. Quarthal, 1975, 273–276.
Hist. Stätten VI, Baden-Württemberg, 329–330.

1 BOA Heidenheim, 44. „Diese Gruben sind schon seit Jahrhunderten im Bau."

Herbsheim, Bas-Rhin, Frankreich

Ehem. Schloß der Bornhauser

Fundumstände
Die Fliesen fanden sich auf dem Speicher eines alten Bauernhauses und stammen nach der Vermutung von Nicklès[1] aus dem zerstörten Schloß der Bornhauser, später Grafenstein. Die Inschrift weist auf einen Sakralraum, die Fliesen könnten aus einer Schloßkapelle stammen.

Baugeschichte
Das Schloß zu Herbsheim wird 1347 als bischöfliches Lehen in der Hand der Herren von Grafenstein erwähnt. Die Fliesen können nur nach der Reformation entstanden sein, die Formulierung: „sund fest im glouwen" entbehrt vor dieser Zeit jeder Notwendigkeit.

Literatur
F. X. KRAUS, Kdm Elsaß-Lothringen I, 93.
Reichsland, 425.
F. WOLFF, 111.

1 N. NICKLÈS, Bull. Soc. Cons. Mon. Alsace 1, ser. 3, 18.

Heroldsberg?, Kr. Erlangen-Höchstadt

Ehem. Schloß der Familie Geuder?

Fundumstände
Unbekannt. Die Fliesen kamen vor 1868 und 1895 erneut ins Museum Nürnberg, haben sich dort jedoch nicht erhalten[1].

Baugeschichte
Der Ort Heroldsberg kam 1391 an die nürnbergische Patrizierfamilie Geuder. Sie errichteten dort vier Schlösser: Das „Grüne Schloß", Kirchenweg 5, das „Rote Schloß", Oberer Markt, das „Weiße Schloß", Kirchenweg 4 (heute Rathaus) und das „Gelbe Schloß", Hans-Sachs-Str. 2. Das erste wurde 1552 unter Benutzung älterer Bauteile von 1487 erbaut, das zweite 1487 und nach einem Brand 1522 wiederaufgebaut, das dritte vermutlich 1471 errichtet, nach Brand 1522 wieder- und 1587 neuerbaut, das vierte ist ein Neubau, der zwischen 1580 und 1611 entstand.

Literatur
A. GEBESSLER, Bayer. Kdm, Stadt und Lkr. Erlangen, München 1962, 122–125.
Hist. Stätten VII, Bayern, 286–287.
G. DEHIO, Franken, 364.

1 Kat. GNM Nürnberg, 10, A65.
Anz. GNM Nürnberg, 1895, 4: „vier tönerne Bodenfliesen mit dem Wappen der Geuder".

Hessen/Hesse, Moselle, Frankreich

Ehem. Benediktinerinnen-Klosterkirche St. Laurent

Fundumstände
Die Fliesen, von denen nur ein Muster durch Abbildung überliefert ist, wurden kurz vor 1872 im Schutt der Klosterkirche gefunden.

Baugeschichte
Die Kirche des um 1049 wohl von den Grafen Egisheim-Dagsburg gestifteten Klosters wurde um 1200 erbaut. Sie befand sich 1255 schon in ruinösem Zustand und wurde nach einer Zerstörung 1277 zu Ende des 13. Jahrhunderts nur notdürftig wiederhergestellt. Nach einer nochmaligen Zerstörung zu Beginn des 15. Jahrhunderts verließen die Nonnen 1442 das Kloster; dieses wurde 1447 mit dem Kollegiatstift St. Stephan in Saarburg und 1504 mit der Abtei Haute-Seille vereinigt, blieb jedoch bis zur Revolution bestehen. Von der Kirche sind heute nur noch die Ostteile und ein Langhausjoch erhalten. Die Fliese, die dasselbe Muster wie eine im Dominikanerinnenkloster Weyerstein bei Saarburg gefundene Fliese zeigt, kann wohl nur aus der Zeit des Wiederaufbaus nach 1277 stammen. Drückende Schuldenlasten hatten im 2. Drittel des 13. Jahrhunderts jede Bautätigkeit zum Erliegen gebracht.[1]

Literatur
H. KUHN, 67.
F. X. KRAUS, Kdm Elsaß-Lothringen III, 208–217.
Reichsland, 431.
W. HOTZ, Kdm Elsaß und Lothringen, 69–70.
D. GAIGNOUX, L'église abbatiale de Hesse en Lorraine, Saarburg o. J., 5–14.

1 F. X. KRAUS, Bd. 3, 209. Die Nonnen erhielten 1255 zwei Schutzbriefe von Papst Alexander IV. Sie verließen das baufällige Kloster für einige Zeit und wohnten in Bassing.

Hettingen, Lkr. Sigmaringen

Kath. Pfarrkirche St. Martin

Fundumstände
Die Fliesen waren 1948 noch in der Sakristei verlegt, seit der Renovierung der Kirche sind sie verschwunden.

Baugeschichte
Eine Steinskulptur im Chor der einheitlich spätgotischen Kirche weist auf eine Entstehung um 1470, die angefügte „Bubenhofensche Kapelle" wurde 1499 vollendet. Die Fliese dürfte eher aus der Zeit des Kapellenbaus stammen.

Literatur
F. HOSSFELD, H. VOGEL, W. GENZMER, Kdm Hohenzollern 15.
G. DEHIO, Baden-Württemberg, 215.
Hist. Stätten VI, Baden-Württemberg, 335.

Heubach, Ostalbkreis

Ev. Stadtkirche St. Ulrich

Fundumstände
1870 war noch der Boden der ganzen Kirche mit Fliesen bedeckt.[1] Heute liegen die Fliesen in der Sakristei, wohin sie beim Umbau des Langhauses 1899–1900 aus dem Chor verbracht wurden.

Baugeschichte
Von der romanischen Basilika ist heute nur noch der in der 1. Hälfte des 13. Jahrhunderts erbaute Kapellenraum, die jetzige Sakristei, erhalten. Der Kirche wurde 1441 ein spätgotischer Chor angefügt. Vermutlich stammen die Fliesen J118 und K51 aus diesem Chorbau. H171 müßte später entstanden sein, die Jahreszahl 1530 an den westlichen Teilen des Seitenschiffs läßt auf Umbauten in dieser Zeit schließen. Die Fliesen wurden wohl in Heubach gefertigt, das auf seiner Gemarkung Gruben für Lehm und Töpferton besaß.

Literatur
BOA Gmünd, 338, 341–342.
E. GRADMANN, Kdm Jagstkreis I, 435, Abb. S. 437.
W. AICHELE, Heubach, Schwäbisch Gmünd 1949, 8.
G. DEHIO, Baden-Württemberg, 215.
G. M. KOLB, Die St. Ulrichspfarre Heubach bis zur Reformation, Einhorn 20, 1973, 344–349.

1 BOA Gmünd, 338: „... bemerkenswert sind auch die gotischen Fliesen, womit der Fußboden der ganzen Kirche bedeckt ist."

Hirsau, Gem. Calw-Hirsau, Lkr. Calw

Kath. Pfarrkirche St. Aurelius, ehem. Benediktiner-Klosterkirche

Fundumstände
Die Fliesen F 117, H 50 und S 71 wurden nachweislich vor 1897 in St. Aurelius gefunden, vermutlich bei der ersten Aufdekkung des Fußbodens 1876.

Baugeschichte
Die kurz nach der Gründung des Klosters 830–838 erbaute Kirche wurde 1059–71 durch einen Um- und Neubau ersetzt. Für eine Bautätigkeit im 13. Jahrhundert fehlen alle Unterlagen. Diese lebte erst unter den Äbten Wolf Maiser von Berg (1428–60) und Bernhard von Gernsbach (1460–82) wieder auf. Die Kirche, nach Einführung der Reformation unbenutzt und baufällig geworden, sollte ganz abgebrochen werden. 1584 trug man den östlichen Teil, den Oberbau des Mittelschiffs und den oberen Teil der Türme ab, der Rest wurde als Scheune genutzt. Seit 1955 wurde die Kirche restauriert und ist wieder Gotteshaus. Da die St. Aureliuskirche seit der Überführung der Reliquien des hl. Aurelius nach St. Peter und Paul 1488 an Bedeutung verloren hatte, können die Fliesen wohl nur vor diesem Zeitpunkt verlegt worden sein. Es fällt auf, daß der Ton der Hirsauer Fliesen von außergewöhnlich schlechter Qualität ist. Die Fliesen machen den Eindruck, als hätte man die Fliesenprägung plötzlich wieder aufgenommen und das richtige Sumpfen, Schlämmen und Kneten des Tons nicht beherrscht. Möglicherweise griff man auch auf im Kloster noch vorhandene Model zurück. Die Fliese P 18 zeigt ein typisches Muster des 13. Jahrhunderts, sie ist durch die eingeritzte Jahreszahl auf „1472" datiert. Gleichzeitig oder wenig später scheinen neue, qualitätsvolle Model geschnitten worden zu sein. Zu den Modeln, die möglicherweise noch aus dem 13. Jahrhundert stammen, gehört neben P 18 auch N 14 und möglicherweise noch S 71.

Literatur
E. Paulus, Kdm Schwarzwaldkreis, 1897, 64.
K. Greiner, Hirsau, 1950, 29–31.
G. Dehio, Baden-Württemberg, 218–219.
W. Irtenkauf, Hirsau. Geschichte und Kultur, Konstanz 1966, 16–18, 32–40.
F. Quarthal, 1975, 281–303 (mit ausführlicher Literaturangabe).

Ehem. Benediktiner-Klosterkirche St. Peter und Paul

Fundumstände
Nach Inventarnotiz des Bayerischen Nationalmuseums München wurde die Fliese F 117 sowohl im südlichen Seitenschiff von St. Aurelius, wie im Kreuzgang von St. Peter und Paul und in der Marienkapelle gefunden. Die Herkunft der übrigen Muster aus Hirsau ist gesichert, der genaue Fundort jedoch unbekannt. Die Fliesen, die in Muster und Prägung voneinander abweichen, waren wohl in ganz verschiedenen Räumen verlegt. Klaiber[1] bezeichnet die Fliesen als „farbig", Glasurspuren haben sich jedoch auf keiner Fliese erhalten.

Baugeschichte
Von der 1082–91 erbauten Kirche steht nur noch der um 1110/20 errichtete „Eulenturm". Der Kreuzgang wurde 1485–94 erbaut, die Allerheiligenkapelle im Norden des Chors 1487, die Marienkapelle 1508–16. Das Kloster wurde 1558 aufgehoben und 1692, mit Ausnahme der Marienkapelle, durch die Franzosen zerstört. Für die Fliese P 18 ist die Datierung durch eingeritzte Jahreszahl „1472" gesichert, die übrigen Fliesen fügen sich stilistisch ausgezeichnet in die Erbauungszeit von Kreuzgang, Allerheiligen- und Marienkapelle ein. Die Ziegelei des Klosters lag auf der Südwestseite der Gebäude.[2]

Literatur
Da die umfangreiche Literatur zur Baugeschichte von Hirsau sich vorwiegend mit den frühen Bauten beschäftigt, wurde auf ihre Zitierung verzichtet.
K. Klaiber, Das Kloster Hirsau, Tübingen 1886, 35, 62.
E. Paulus, Kdm Schwarzwaldkreis, 1897, 43–60.
G. Dehio, Baden-Württemberg, 219–220.
W. Irtenkauf (siehe „St. Aurelius"), 10–15, 28–29.
F. Quarthal, 1975, 281–303.

1 K. Klaiber, 35: „... der Boden (der Paulskirche) war, soweit ihn nicht zahlreiche Grabplatten bedeckten, mit schön gemusterten farbigen Thonplatten belegt..." „Dieser Boden wurde 1835 an einen Bauunternehmer verkauft, der die Kirche solange ausschlachtete, bis ihm das Geld ausging" (K. Klaiber, 73).
2 Ebd., 62.

Hirzenhain, Wetteraukreis

Ev. Pfarrkirche, ehem. Augustiner-Klosterkirche St. Maria

Fundumstände
Die Fliesen waren schon 1890 bekannt.[1] Beim Abbruch der Restgebäude des Klosters 1967–68[2] wurde beim Aushub eines neuen Gebäudes über der Südseite des erhaltenen Gewölbekellers ein etwa 6m^2 großer Fliesenbelag unversehrt freigelegt, der Rest jedoch durch Baumaschinen zerstört.

Baugeschichte
Das 1437 durch Eberhard von Eppstein gestiftete Augustinerkloster übernahm eine 1357 erstmals erwähnte, vermutlich etwa von 1385–1431 erbaute Wallfahrtskapelle, als Chor in den Bau seiner 1448 geweihten Kirche. Die Fliesen, zumindest J 70, stammen wohl schon aus der Wallfahrtskapelle. Das Vorkommen von Glasur in drei verschiedenen Farbtönen läßt es möglich erscheinen, daß für den von 1437–48[3] errichteten Langhausbau nochmals neue Fliesen mit alten Modeln angefertigt wurden.

Literatur
H. Wagner, Kdm Kr. Büdingen, 158–169, 168, Abb. 80.
F. W. Fischer, 118–125.
W. Kohl, E. Persoons, A. Weiler, 210–217.
G. Dehio, Hessen, 427–428.

1 H. Wagner, 168, *Abb. 80*. Die Fliesen lagen 1890 nicht mehr in der Kirche, sondern wurden „vor einigen Jahren" auf dem ehem. Klosterareal ausgegraben.
2 Die sorgfältigen Angaben zu den Fliesen und zur Fundgeschichte verdanke ich Frau Gisela Spruck, Hofgut Leustadt.
3 G. Dehio, 427, wohl fälschlich 1488.

Höhr-Grenzhausen, Westerwaldkreis

„Altes Haus in Höhr"

Fundumstände
Die Fliesen stammen aus einem vor 1882 abgebrochenen Haus in Höhr.[1]

Ortsgeschichte
Die Fliesen wurden wohl sicher in Höhr oder in einem der unmittelbar benachbarten Töpferorte gefertigt. In Höhr selbst hat sich keine Fliese dieses Musters mehr erhalten. Es kann nicht bewiesen werden, daß alle Fliesen dieses Musters aus anderen Fundorten ebenfalls in Höhr gefertigt wurden.

Literatur
A. Demmin, 54, Nr. 536.

1 A. Demmin, 54, Nr. 536.

Höhr-Grenzhausen, Ortsteil Grenzau

Burgruine Grenzau

Fundumstände
Unbekannt. Bei den ersten Grabungen nach 1956 und Untersuchungen des Kellerschutts um 1971 wurden keine Aufzeichnungen gemacht. Unter der Fülle von Scherben Westerwälder Steinzeugs sollen sich auch Fliesen befunden haben. Da fast alle diese Fliesen nur in Bruchstücken vorhanden sind, stammen sie wahrscheinlich aus der Burg.[1]

Baugeschichte
Die 1213 als „Gransioie" (Grande Joie) erwähnte Burg wurde von Heinrich I. von Isenburg (1181–1222) erbaut. Der Bergfried entstand im 14. Jahrhundert, als die Burg seit 1328 trierisches Lehen war. 1337 wird ein Geistlicher für die Burgkapelle genannt. Bautätigkeit wird von Gensicke 1539 und 1558 vermutet.[2] Nach der teilweisen Zerstörung der Burg durch die Franzosen 1635 ließen sich Töpfer in der Restburg nieder. Diese werden 1676 erwähnt, 1759 wird die Burg dann als „gäntzlich ruiniert" bezeichnet. Im Dorf Grenzau sind die ersten Töpfer 1588 nachzuweisen, sie siedeln 1598 anscheinend wieder nach Grenzhausen über, 1614 soll ein Bertram Knütgen dort gearbeitet haben. Wenn die Scherben C37 und C40 aus der Burg stammen, so müßte für diese ein Fliesenboden angenommen werden, der vermutlich in der Kapelle lag und einer Ausbauzeit im 2. Drittel des 13. Jahrhunderts angehört. Beides sind Muster des Klosters Eberbach, C37 kommt seitenverkehrt auch in Kloster Marienstatt vor. Daß enge Beziehungen bestanden, bestätigt der Verkauf eines Hofes 1275 an Kloster Marienstatt. Die Muster der übrigen Fliesen sind so grob, daß eine genaue Datierung nicht möglich ist. Sie könnten aus um 1558 entstandenen Bauten stammen, sie könnten jedoch genauso gut noch von den nach 1635 hier arbeitenden Töpfern hergestellt worden sein. Die Platte I9, anscheinend sicher in Burg Grenzau gefunden, könnte ein Fliesenmodel sein. Auch hier handelt es sich um eine späte Variante eines Eberbacher Musters.

Literatur
O. v. Falke, 1908, Bd. 2, 71, 97–98.
H. Gensicke, Zur nassauischen Ortsgeschichte: Grenzau und Kammerforst, Nass. Ann. 73, 1962, 250–262.
G. Dehio, Rheinland-Pfalz, 324.
H. Spiegel, Chronik der Burg Grenzau, Burgen und Schlösser 25, 1984, 22–52 mit umfassender Literaturübersicht.

1 Herr Prof. Dr. Hans Spiegel†, der Besitzer der Burg, dem ich für freundliche Hinweise danke, sammelte neben dem aus der Burg geborgenen Brüchlingsmaterial Keramik aller Art, darunter auch Fliesen aus den verschiedensten Fundorten. Nur bei wenigen dieser Fliesen ist heute noch der genaue Fundort bekannt.
2 H. Gensicke, 253.
3 H. Spiegel, 41 und Anm. 36, ferner O. v. Falke, 1908, Bd. 2, 97–98.
4 H. Gensicke, 255.

Hofheim/Taunus, Main-Taunus-Kreis

Ehem. Nonnenkloster?

Fundumstände
Beim Lehmgraben für eine Ziegelei stieß man 1882 in 2 m Tiefe auf den unversehrten Fliesenboden eines etwa 7 × 3,50 m großen Raumes. Cohausen schloß auf Grund der örtlichen Überlieferung und des damals noch gebräuchlichen Gewandnamens „Nonnengarten" auf das Vorhandensein eines mittelalterlichen Frauenklosters.[1].

Baugeschichte
Für das zwischen Hochheim und Marxheim, ca. 300 Schritte südwestlich der Brücke gelegene Kloster fehlen alle Urkunden.[2] Wie die auf dem Fliesenboden liegenden, durch Brand verschlackten Steine zeigen, muß es durch Feuer untergegangen sein. Cohausen datiert die Fliesen auf das 12.–13. Jahrhundert. Die Fliesen, die durch das Vorkommen an anderen Fundorten teilweise datierbar sind, dürften eher zu Ende des 13. oder im 1. Drittel des 14. Jahrhunderts entstanden sein. Bei H198 handelt es sich möglicherweise um eine späte Ausflickung.

Literatur
A. v. Cohausen, Altes Kloster bei Hofheim, Nass. Ann. 17, 1882, 130.
F. Luthmer, Kdm Reg. Bez. Wiesbaden II, 45.
E. Keyser, D. Stb. IV, 1, 252.

1 A. v. Cohausen, 130.
2 Herr Dr. Helmuth Gensicke, Wiesbaden, verwies freundlicherweise darauf, daß 1358 eine Niederlassung des Zisterzienserklosters Arnsburg in Hofheim erwähnt wird. Dies würde das Vorkommen des in der Burg gefundenen Musters H112 erklären. N80 wurde bis jetzt nur in Kloster Eberbach, jedoch noch nicht in Arnsburg gefunden. K2 kam auf den Burgen Eppstein und Königstein vor, H198 jedoch bis jetzt nur in Burg Hain in der Dreieich.

Ehem. Wasserburg

Fundumstände
Die Fliesen werden bei Forrer als aus Burg Hofheim in Thüringen stammend genannt. Eine Burg dieses Namens gab und gibt es in Thüringen nicht. Da die Fliese H78 auch in Mainz, Münstergasse 5 gefunden wurde, die ehem. Burg in Hofheim Sitz eines mainzischen Amtsmanns war und die Stadt Mainz dort einen Keller hatte, ist es wahrscheinlich, daß die Fliesen aus Burg Hofheim im Taunus stammen. Die vor 1901 gefundenen Fliesen müssen in größerer Anzahl in den Kunsthandel gekommen sein.

Baugeschichte
Von der Wasserburg der schon im 13. Jahrhundert erwähnten Herren von Hofheim sind keine Reste mehr vorhanden. Sie wird 1369 erstmals erwähnt und 1643 durch Brand zerstört. Vermutlich wurden die frühen Fliesen J 112, ein Muster des Klosters Arnsburg, noch in der 2. Hälfte des 13. Jahrhunderts verlegt. L 8, außerdem in der Kapelle in Kelkheim-Hornau und in den Burgen Eppstein und Königstein gefunden, dürfte im 2. Drittel des 14. Jahrhunderts entstanden sein und wurde vermutlich schon in Hofheim oder Umgebung gefertigt. N 80 kann kaum vor Beginn des 16. Jahrhunderts verlegt worden sein, die grobe Prägung entstand möglicherweise noch wesentlich später.

Literatur
R. Forrer, 1901, Taf. 103, 19, 22.
F. Luthmer, Kdm Reg. Bez. Wiesbaden II, 44.
Hist. Stätten IV, Hessen, 233–234.

Hofheim-Lorsbach, Main-Taunus-Kreis

Klosterhof der Abtei Bleidenstadt?

Fundumstände
Unbekannt. Die Fliese C 1 zeigt auf der Vorderseite die Beschriftung „Lorsbach". Nach einer Notiz im Inventar des Museums Wiesbaden, sollen die Fliesen jedoch aus dem Kreuzgang des Klosters Bleidenstadt stammen. Möglicherweise wurden diese Muster an beiden Orten geborgen.

Ortsgeschichte
Über die mittelalterliche Geschichte des Ortes ist wenig bekannt. Kaiser Otto III. schenkte 995 ein „praedum" an Kloster Bleidenstadt. Die Fliese könnte aus einem Hof des Klosters stammen. Sie gehört vermutlich noch der 2. Hälfte des 12. Jahrhunderts an. Die erste Kirche in Lorsbach soll um 1300 errichtet worden sein. Sie wurde 1551 durch einen Neubau, dieser 1768 durch eine bis jetzt bestehende Kirche ersetzt.

Literatur
C. D. Vogel, Bd. 2, 533.
E. Kaiser, Aus Lorsbachs Vergangenheit (MS, Auszug von R. Fischer, in: Mitteilungsbl. der Gem. Lorsbach 1966/67).

Hohenfels, Gem. Imsbach, Donnersbergkreis

Burgstelle

Fundumstände
Die spärlichen Reste und Fundamente der in Vergessenheit geratenen Burgstelle wurden 1932–1933 ausgegraben. Es fanden sich zahlreiche Fliesen in mehreren Mustern[1], die ins Historische Museum der Pfalz in Speyer gelangten und dort zweifellos noch vorhanden sind. Leider wurden die Fliesenfunde dort nicht genau registriert, so daß nur noch von B 7, E 55.1, H 119 und V 18 der Fundort Hohenfels einwandfrei feststeht. Diese fanden sich im westlichen Flügel des Palas.

Baugeschichte
Die 1199 erstmals erwähnte Burg, der Sitz eines mit den Bolandern verwandten Ministerialengeschlechts v. Hohenfels, wurde 1350–51 als Raubritternest durch Walram von Sponheim und Heinrich von Veldenz erobert. Die Burg wurde nicht nur zerstört, sondern bis auf die Grundmauern geschleift. Die Fliesen stammen nicht aus derselben Zeit. H 119 kann erst kurz vor der Zerstörung verlegt worden sein, während E 55.1 und V 18 eher in der 1. als der 2. Hälfte des 13. Jahrhunderts verlegt wurden. B 7 wurde außerdem in Burg Monreal und im Königshaus in Boppard, in Mainz und Worms gefunden.

Literatur
J. Keiper, 47–119.
F. Sprater, Burg Hohenfels am Donnersberg, Zeitbilder. Illustr. Heimatbeil. der Pfälz. Presse, Kaiserslautern 38, v. 15. 4. 1934.
Hist. Stätten V, Rheinland-Pfalz, 151.
K. Deutschle, Die Burg Hohenfels bei Imsbach am Donnersberg, Nordpfälzer Gesch. ver. 49, 1969, 73–79.

1 F. Sprater (o. Sz.): „... Es fanden sich sehr viele mit einem Blatt verzierte Bodenfliesen, während von solchen mit figürlichen Darstellungen nur wenige gefunden wurden, darunter ein Stück mit einem Fisch."

Hohenfurt/Vyšši Brod, ČSFR[1]

Ehem. Zisterzienserkloster, Kapitelsaal

Fundumstände
1929 waren in den Stiftssammlungen noch Fliesen in drei verschiedenen Mustern vorhanden.[2] Anscheinend neu entdeckte Fliesen (8 Fliesen und 2 Bruchstücke) wurden 1942 vom Museum Linz erworben.[3] Diese werden hier erwähnt, da sie der neueren tschechischen Forschung nicht bekannt sind und im Muster eng an deutsche Fliesen anknüpfen. Im Kapitelsaal[4] sind heute Fliesenkopien, ganz offensichtlich ein Phantasiemuster, verlegt.

Baugeschichte
Das Kloster wurde 1259 von Peter Wok I. von Rosenberg gestiftet und mit Mönchen aus Kloster Wilhering bei Linz besiedelt. Die Kirche wurde zwischen 1281–1309 erbaut, zwischen 1290–1300 entstand auch wohl der Kapitelsaal und die Sakristei, um 1347 das Stiftsspital. Kreuzgang, Dormitorium und Refektorium scheinen um 1385 erneuert worden zu sein. Die Nachrichten über Zerstörungen in den Hussitenkriegen und im 30jährigen Krieg schwanken zwischen „kaum" und „schwer" beschädigt. Das Kloster wurde jedoch nicht säkularisiert, sondern erst 1950 enteignet. Eine Datierung der Fliesen ist schwierig. Die Fliese K 45 könnte noch aus dem 14. Jahrhundert stammen, ähnliche Blattmuster finden sich z. B. am Portal in der südlichen Querhauswand[5] und an Kapitellen und Gewölbeschlußsteinen. Die Fliese S 17 verweist wahrscheinlich auf das Wappen der Stifter, der Herren von Rosenberg.[6] Dieses ist im Kloster mehrfach angebracht. Die Fliesen könnten als Rahmung einer Grabplatte gedient haben. So soll der 1290 hingerichtete Závis von Falkenstein, dessen Grabplatte ebenfalls drei fünfblättrige Rosen zeigt, im Kapitelsaal bestattet worden sein.

Literatur
A. Cechner, 132–145.
S. Gottsmich, Hohenfurt, die Geschichte seines Stiftes und

seiner Pfarreien, Cistercienser-Chronik 1969, 27–44 (27–139).
J. KUTHAN, 175–209.

1 Das Kloster liegt in Südböhmen ca. 10 km jenseits der österreichischen Grenze.
2 A. CECHNER, 245, Abb. 240.
3 Freundlicher Hinweis von Frau Dr. Brigitte Wied, Linz.
4 J. KUTHAN, 195, Abb. 10.14.
5 Ebd. 187, Abb. 10.8.
6 A. CECHNER, 149, Abb. 149. Wappen über der Tür der St. Benedikt-Kapelle

Hohnstedt, Kr. Gifhorn

Ehem. Pfarrkirche

Fundumstände
Die Fliesen lagen 1931 im Flur des Hauses Nr. 30 in Ehmen. Sie sollen vom Fußboden der Hohnstedter Kirche stammen.

Baugeschichte
Die Kirche des vermutlich im 30jährigen Krieg zerstörten, 1669 als „öde" bezeichneten Hohnstedt wird 1311 und 1322 urkundlich erwähnt. Vermutlich war sie damals noch nicht allzu lange erbaut. Die mit Kloster Wienhausen und Calberlah übereinstimmenden Fliesen stammen wohl aus der Erbauungszeit.

Literatur
O. KIECKER, H. LÜTGENS, Kdm Kr. Gifhorn, 181–182.

Holzhausen über Aar, Gem. Hohenstein, Rheingau-Taunus-Kreis

Ev. Pfarrkirche, ehem. St. Johannes Baptista

Fundumstände
Die Fliesen werden bei Lotz zitiert: „Ziegelfliesen mit eingepreßten Mustern (Rad, Bandverschlingungen, romanisierende Blätter) in der Umgebung des Altars 1875 vorhanden."[1] Diese Fliesen sind heute nicht mehr aufzufinden. In einem von Dompräbendant Prälat Schneider benutzten Handexemplar entdeckte Mielke Zeichnungen der Fliesen.[2] Diese Fliesen erwähnt Luthmer noch 1914.

Baugeschichte
Über den mittelalterlichen Vorgängerbau der Kirche ist nichts bekannt. Der Chor wurde um 1500, das Schiff 1728 erbaut. Bei den Fliesen handelt es sich um Muster des Klosters Eberbach. Das Vorhandensein von W27 zeigt, daß der Boden diagonal zur Kirchenachse verlegt war. Für eine Entstehung im 6. Jahrzehnt des 13. Jahrhunderts sprechen die Fliesen M17 und N20.

Literatur
W. LOTZ, Bdm Reg. Bez. Wiesbaden, 237–238, Zeichnungen zwischen 236–237.
F. LUTHMER, Kdm Reg. Bez. Wiesbaden V, 180.
H.-P. MIELKE, Zur Typologie und Datierung gotischer Nischenkacheln mit dem „Mainzer Rad", Mz. Zs. 67/68, 1976/77 I, 147–152.
G. DEHIO, Hessen, 445.

1 W. LOTZ, 237.
2 H.-P. MIELKE, 153, Anm. 17.

Hude, Kr. Oldenburg

Ruine des ehem. Zisterzienserklosters, Gut v. Witzleben

Fundumstände
Bei Nachgrabungen im Chor der Ruine fand man 1876 Fliesen noch in alter Lage[1]. Nach Sello[2] wurde die Fliese W51 vor 1895 „in der Erde gefunden", die anderen Fliesen waren in der Gesindestube des Herrenhauses (Gut v. Witzleben) in der Sockelmauer eines eisernen Ofens vermauert. Es fanden sich unglasierte und glasierte Relieffliesen, ferner ungemusterte, klinkerrot gebrannte Fliesen und inkrustierte Fliesen. Eine mehrfarbig glasierte Fliese trug eine nicht mehr erkennbare Zeichnung. Nach Lührmann[3] fand man bei der Entfernung des Schutts in der Klosterruine im 1. Viertel des 19. Jahrhunderts „schöne glatte Steine, die alle gleichseitige Quadrate bildeten, grün, rot, gelb und in mehreren Farben glasurt und noch ganz unversehrt". Von all diesen Fliesen sind nur geringe Reste erhalten. Bei erneuten Grabungen in der Ruine fand man 1980 zwei Bruchstücke der Fliese F57. 1988 kamen beim Verlegen einer Abwasserleitung zwischen dem südlichen Querschiff und an der Stelle des ehem. Kreuzgangs, sowie vor dem Abtshaus Fliesenfragmente zum Vorschein (F.57, S4 und engobegeprägte Fliesen aus der 1. Hälfte des 14. Jahrhunderts in vier bis dahin unbekannten Mustern)[3a].

Baugeschichte
Das 1232 durch Mönche aus dem Zisterzienserkloster Marienthal besiedelte Kloster erwarb rasch reichen Landbesitz und besaß in Bremen, Oldenburg und Wildeshausen Klosterhöfe. Urkunden zum mittelalterlichen Kirchen- und Klosterbau fehlen. Die in der 2. Hälfte des 13. Jahrhunderts erbaute Kirche, ein reiner Ziegelbau mit reizvollen Konsolen aus Formsteinen, wurde nach der Auflösung des Klosters 1533 allmählich abgebrochen. Erhalten hat sich die Südwand des Mittelschiffs, die Nordostecke des Chores und die Nordwand des Querschiffs. Nach den Berichten zu schließen, bestand der Fußboden der Kirche aus glasierten Fliesen, die vor allem durch den Wechsel des Farbmusters wirkten. Die Klostergebäude dürften wohl gleichzeitig mit dem Bau der Kirche oder wenig später entstanden sein. Die Fliesen, in wechselnden Techniken ausgeführt und verschiedenen Zeiten angehörend, stammen vermutlich aus den einzelnen Räumen des Klosters. In der 2. Hälfte des 13. Jahrhunderts entstanden wohl die Fliesen W51, F57 und die inkrustierte Fliese ZF2, während S4 sicher erst dem 15. Jahrhundert angehört.
Die Fliesen wurden in Hude selbst hergestellt. Das Kloster besaß eine eigene Ziegelei am Ufer der Bäke, in der es die Backsteine zum Bau von Kirche und Kloster, Form- und Glasursteine brannte. Es lieferte seine Erzeugnisse auch nach auswärts,[4] noch 1498/99 war die Ziegelei in Betrieb. Reste der Ziegelöfen wurden bei einer Ausgrabung 1981–82 entdeckt[5].

Literatur
G. SELLO, Abb. auf 8, 16, 97, 128.
KOHL, RAUCHHELD, TENGE, Kdm Oldenburg IV, 106–118.

K. LÜHRMANN, Hude in alter Zeit, Hude 1966, 12.
Hist. Stätten II, Niedersachsen/Bremen, 246–247.
G. DEHIO, Bremen/Niedersachsen, 517–518.
D. ZOLLER, Hude, Lkr. Oldenburg, Zisterzienserkloster, Arch. Mitt. aus Nordwestdeutschland 5, 1982, 56–63.
Ders., Ziegelöfen, 49–54.

1 KOHL, RAUCHHELD, TENGE, 112.
2 G. SELLO, 73. Sello, 41, erwähnt ferner, daß in der Klosterkirche vorwiegend glatte, dreieckige Fliesen verlegt waren. Vermutlich handelt es sich dabei um Fliesen für die Randbegrenzung.
3 K. LÜHRMANN, 57.
3a Freundliche Mitteilung von Frau Elge Gerdes-Röben.
4 G. SELLO, 72. Urkunden bezeugen die Lieferung von Dachziegeln nach Esens (Kr. Wittmund), Norden (Ostfriesland) und Delmenhorst. Ein Leibeigener wurde 1373 mit 1000 Ziegeln bezahlt.
5 D. ZOLLER, 52–54, Abb. 4–6. Hier waren, über einer Grundplatte aus Ziegeln, die Außenwände anscheinend aus Erd- oder Torfplaggen hochgezogen und mit einer Lehmdecke überwölbt, die zusätzlich mit Dachpfannen bedeckt war. Neben den Öfen fand sich Ofenbruch in großer Menge.

Hüttengesäß, Gem. Ronneburg, Main-Kinzig-Kreis

Ev. Pfarrkirche?

Fundumstände
Unbekannt. Es ist nicht sicher, ob die Fliesen aus der Pfarrkirche stammen.

Baugeschichte
Die 1238 im Besitz des Prämonstratenser-Chorherrenstifts Langenselbold erstmalig erwähnte Kapelle, stammt vermutlich aus dem Ende des 12. Jahrhunderts. Sie wurde 1597 umgebaut und 1718 nach Osten verlängert. Die Fliesen entstanden sicher erst nach 1597 (vgl. Kat. E64).

Literatur
E. J. ZIMMERMANN, 220–221.
G. DEHIO, Hessen, 452.

I

Idstein, Rheingau-Taunus-Kreis

Stadtgebiet

Fundumstände
Der Fundort der Fliesen ist nicht bekannt. Sie sollen aus dem „Stadtgebiet" stammen. Die Stadt Idstein besitzt jedoch eine große Anzahl mittelalterlicher Bauten, die Zuordnung zu einem bestimmten Gebäude ist unmöglich.

Ortsgeschichte
Die Stadt Idstein nahm raschen Aufschwung, seit Graf Walram von Nassau 1255 dort seine Residenz bezogen hatte. Ein großer Teil des mittelalterlichen Stadtbildes ist ungestört erhalten. Die Fliesen J42 und W89 wurden vermutlich aus Kloster Eberbach bezogen und möglicherweise noch vor der Mitte des 13. Jahrhunderts (in einem Sakralraum) verlegt. H44 und L13, beide auch in der Kirche von Hahnstätten gefunden, gehören vermutlich erst dem 16. Jahrhundert an. Sie könnten aus der Burg stammen, an der 1565 und 1588 gebaut wurde; genauso gut jedoch aus einem der Bürgerhäuser der Zeit.

Literatur
F. Luthmer, Kdm Reg. Bez. Wiesbaden V, 153–165.
Hist. Stätten IV, Hessen, 241–242.
F. Geisthardt, Idsteins Geschichte, Idstein, Magistrat der Stadt (Hrsg.) 1971, 1–32 (Kirche: 21–23).
G. Dehio, Hessen, 455–458.

Ihlow, Gem. Ludwigsdorf, Kr. Aurich

Ehem. Zisterzienserkloster „Schola Dei"

Fundumstände
An der Stelle des verschwundenen Klosters wurden 1973 und 1977 Probegrabungen durchgeführt. Bei einem Grabungsschnitt, der mitten durch die Klosterkirche führte, wurden im August 1977 Fliesen geborgen. Neben einer Randleiste in flachem Relief fanden sich vor allem inkrustierte Fliesen in 11 verschiedenen Mustern. Diese weichen von den übrigen, aus Norddeutschland bekannten, inkrustierten Fliesen ab. Sie zeigen die Zeichnung nicht wie üblich in weißer Engobe auf dem roten Fliesengrund, sondern diese ist in rot auf weißer Engobe ausgespart. Bei einer neuen Grabung 1983 wurden nochmals Fliesen entdeckt, ihre Muster lassen sich noch nicht sicher aus den Fragmenten ergänzen. Diese Fliesen lagen, zwar zerstört, aber noch in situ, in der Vierung der ehem. Kirche[1]. Im Sommer 1985 wurde bei der Anlage eines Suchschnitts ein Fliesenboden aufgedeckt, an einer Stelle, auf der A. Weers das ehem. Abtshaus vermutet. Die Fliesen waren offensichtlich aus dem Kloster zusammengetragen und zeigten Muster, die mindestens drei verschiedenen Zeitabschnitten angehören müssen. Neben inkrustierten Fliesen der frühen Periode (ZD 1), bei denen die Zeichnung in weißer Engobe erscheint, fanden sich drei Reliefmuster, sowie Fliesen mit von Hand eingeritzten Buchstaben in frühen Majuskeln.[2]

Baugeschichte
Die Gründung des Klosters Ihlow ging seit 1217 in Etappen vor sich. 1218 wurde von aus Kloster Aduard gesandten Mönchen mit der ersten Bautätigkeit begonnen, 1228 erfolgte die Bestätigung des Klosters. Der Bau der Kirche soll nach Noah[3] um 1230 abgeschlossen worden sein; die Klosterbauten wurden vermutlich daran anschließend errichtet.
Urkunden zur Baugeschichte haben sich nicht erhalten. Das Kloster muß in der Mitte des 15. Jahrhunderts und erneut 1514 beschädigt worden sein. 1529 wurde es aufgehoben, vor 1744 abgerissen und von den Steinen teilweise ein Herrenhaus (heute Forsthaus) erbaut. Noah[4] vermutet, daß die Fliesen im Kloster selbst gebrannt wurden, ebenso die in großen Mengen gefundenen Formsteine. Der Erbauungszeit gehört wohl die Fliese W83 und wohl auch H291.1 an. Die Reliefliesen wurden entweder aus Aduard geliefert oder mit dortigen Modeln geprägt. T41 wurde in übereinstimmender Prägung im Mutterkloster Aduard und in dem ehem. Benediktinerkloster Foswerd gefunden[5]. Die beiden anderen Muster waren bis jetzt noch nicht bekannt, sie sind auf jeden Fall gleichzeitig und wohl auch von derselben Hand geschnitten. Die Datierung der Fliesen stößt auf Schwierigkeiten, da van den Berg[6] die Fliesen aus Aduard erst um 1297 ansetzt. Eine Datierung in das 2. Viertel oder die Mitte des 13. Jahrhunderts würden Muster und Prägung eher entsprechen. Für die inkrustierten Fliesen der Periode I gibt es noch keine Vorlagen in den Niederlanden, die Muster weisen auf eine Entstehung in der 2. Hälfte des 13. oder zu Beginn des 14. Jahrhunderts. Die inkrustierten Fliesen der Periode II, für die es im Muster,[7] jedoch nicht in der Technik vergleichbare Fliesen in niederländischen Fundorten gibt, können wohl erst in der 2. Hälfte des 14. Jahrhunderts entstanden sein, eine Fliese mit einem verschränkten Zackenband möglicherweise noch später. Die Fliesen vermitteln den Eindruck, als ob die Klosteranlage langsam wuchs und für neue Gebäude stets neue Fliesen benötigt wurden, für deren Prägung die Anregung aus verschiedenen Quellen kam. Der Fund von in der Diagonale geteilten Fliesen (ZS 9) zeigt, daß der Fliesenboden wohl auch diagonal zur Kirchenachse verlegt war.

Literatur
R. Noah, Zur Bestimmung baulicher Einzelheiten des ehem. Zisterzienser-Klosters Ihlow, Abhandl. und Vorträge zur Gesch. Ostfrieslands 59, 1978, 114–120.
H. van Lengen, Geschichte und Bedeutung des Zisterzienser-Klosters Ihlow, ebd. 86–101.
W. Schwarz, Archäologische Untersuchungen auf dem Gelände des Zisterzienser-Klosters Ihlow, ebd. 102–113.
Ders., Ergebnisse der archäologischen Untersuchungen auf dem Gelände des Zisterzienserklosters Ihlow, Lkr. Aurich, Arch. Mitt. aus Nordwestdeutschland 2, 1979, 27–32.
H. Stettner, Ihlower Fliesen, mit Abb. 9–13.

1 Alle Angaben zu den Funden, sowie wichtiges Bildmaterial verdanke ich Herrn Dr. Robert Noah, Aurich.
2 Einer ausführlichen Publikation des neu entdeckten Fliesenbodens, welcher nicht nur sorgfältig geprägte, sondern auch ikonographisch besonders interessante Muster aufweist, soll nicht vorgegriffen werden. Die Reliefliesen werden, mit Erlaubnis von Herrn A. Weers, Aurich, wegen der engen Verbindung mit den Prägungen in Wörschweiler, Aduard und Mariengaarde erwähnt.
3 Briefliche Mitteilung von Herrn Dr. Robert Noah, außerdem H. van Lengen, 89.
4 Nach vorsichtiger Schätzung von R. Noah wurden zum Bau ca. 1,2 Millionen Form- und Backsteine verwandt. Auch die Form der

Dachziegel weist auf eine Verfertigung an Ort und Stelle (R. NOAH, 119).
5 H. VAN DEN BERG, 19, 21, 23.
6 Ebd., 24. Die reformierte Kirche steht an der Stelle, an der sich vermutlich früher das Infirmarium befand. Dieses soll, nach der Chronik von Aduard, 1297 vollendet worden sein.
7 Die geometrischen Muster fanden sich in einer Reihe von niederländischen Kirchen, die übrigen Muster nicht in übereinstimmender, jedoch sehr ähnlicher Prägung an weiteren Fundorten (vgl. ZS9 mit einer Prägung aus der reformierten Kirche in Exmorra, H. VAN DEN BERG, 26, ZD2 mit einer Fliese, die in einer Fehlbrandgrube in Oudenoord (Utrecht) aufgedeckt wurde, H. L. DE GROOT, T. POT, 160, Abb. 220). Alle diese Fliesen gehören, soweit sie datierbar sind, erst dem 14. Jahrhundert an.

Ilmmünster, Lkr. Pfaffenhofen a. d. Ilm

Kath. Pfarrkirche St. Arsatius, ehem. Kollegiatsstiftskirche

Fundumstände
Bei Sicherungsarbeiten 1975 wurde ca. 10–15 cm unter dem heutigen Plattenboden des Langhauses das mittelalterliche Ziegelpflaster entdeckt. Es bestand aus verschiedenen Formaten und „Mustern“, es scheinen jedoch nur wenig verzierte Fliesen darunter gewesen zu sein[1].

Baugeschichte
Ein vermutlich um 762 als Tochterkloster von Tegernsee gestiftetes Benediktinerkloster war wohl um 925 schon wieder erloschen. Die Kirche des nach 1060 gegründeten Kollegiatsstifts wurde zu Ende des 12. Jahrhunderts erbaut (Dehio: 1210/20), sie hat sich fast unverändert erhalten. Das Kollegiatsstift wurde 1492/94 an die neuerbaute Frauenkirche in München verlegt. Die Ausstattung stammt im wesentlichen aus dem 15. Jahrhundert, die barocke Ausstattung war bei einer Erneuerung 1875 entfernt worden. Sage weist den Ziegelboden dem 13. Jahrhundert zu. Die Fliese kann jedoch erst, wie Vergleiche mit sicher datierbaren Eichenlaubfliesen zeigen, im 15. Jahrhundert entstanden sein. Vielleicht wurde sie verlegt, als unter Propst Conrad Syber 1449 oder 1467 das Chorgestühl aufgestellt oder unter Propst Theoderich Mayer, ebenfalls ein Kunstmäzen, 1472 die spätgotische Ausstattung erworben wurde. Nach 1492 wurden wohl kaum mehr Arbeiten ausgeführt.

Literatur
G. v. BEZOLD, B. RIEHL, Kdm Bayern I, 103, 122–126.
M. HARTIG, 59–64.
G. DEHIO, München und Oberbayern, 464–466.
W. SAGE, H. DANNHEIMER, Ausgrabungen in der Pfarr- und ehem. Stiftskirche St. Arsatius zu Ilmmünster, Lkr. Pfaffenhofen, Beitr. zur altbayer. Kirchengesch. 31, 1977, 165–174.
P. PFISTER, Das Kollegiatsstift Ilmmünster, Pfaffenhofen 1981.

1 W. SAGE, H. DANNHEIMER, 167, Anm. 7: „Nur an einer eng begrenzten Stelle von rund 1,05 : 1,25 m Fläche waren quadratische Platten mit einem frühgotischen vegetabilen Ornament verlegt. Warum diese eine Stelle nahe der nördlichen Arkadenreihe so ausgezeichnet war, ließ sich nicht klären; ein Grab befand sich jedenfalls nicht unter den verzierten Fliesen.“
2 Eine ausführliche Arbeit über die Baugeschichte von Herrn Dipl.-Ing. Helmut Fenner ist in Vorbereitung.

Ingelheim, Ortsteil Oberingelheim, Kr. Mainz-Bingen

Ev. Burgkirche, ehem. St. Wigbert

Fundumstände
Die aus dem Chor der Kirche stammenden Fliesen wurden schon 1934 in der Sakristei aufbewahrt. Sie waren nach den Kriegszerstörungen lange nicht auffindbar, der erhaltene Rest wurde 1959 neu verlegt. Seit der Erneuerung des Kirchenfußbodens 1975 sind die Fliesen verschwunden.[1]

Baugeschichte
Die im frühen 9. Jahrhundert erstmals erwähnte Kirche einer Fluchtburg wurde vermutlich in der 2. Hälfte des 12. Jahrhunderts erbaut. Von diesem Bau ist nur noch der Turm erhalten, die 3 Ostjoche des Langhauses wurden im 14. Jahrhundert, die beiden westlichen Joche 1449–62 vollendet, der Chor zwischen 1400 und 1415 von Johann von Diebach erstellt. Die Fliesen können nicht beim Bau des Chors verlegt worden sein, sie müssen aus dem romanischen Kirchenbau stammen. Die Muster, von Kloster Eberbach, das in Ingelheim seit 1213 Grundbesitz und seit 1238 einen Hof hatte, beeinflußt oder geprägt, weisen auf eine Verlegungszeit im 2. Drittel des 13. Jahrhunderts.

Literatur
C. RAUCH, Kdm Kr. Bingen, 519, Abb. 425, 479–494.
P. KRÄMER, Die Burg-Kirche zu Ober-Ingelheim, Ingelheim 1960.
E. EMMERLING, Die Ingelheimer Bau- und Kdm, J. AUTENRIETH (Hrsg.), Ingelheim am Rhein. Forschungen und Studien zur Geschichte Ingelheims, Stuttgart 1964, 289–290.
P. CLASSEN, Die Geschichte der Königspfalz zu Ingelheim bis zu ihrer Verpfändung an Kurpfalz 1375, in: AUTENRIETH (s. o.) 134–135 (87–146).
G. DEHIO, Rheinland-Pfalz, 402.

1 Nach Auskunft des ev. Pfarramtes Ingelheim.

Isenburg, Kr. Neuwied

Ruine der ehem. Kapelle „Beatae Mariae virgines“ in Hausenborn

Fundumstände
Die Fliesen wurden bei einer Sicherung der Ruine 1983 geborgen. Es fanden sich ungemusterte Fliesen in zwei Farben, die schachbrettartig verlegt waren, Teilstücke, die möglicherweise zu einer Fliesenrosette gehörten, das Muster N17, welches zum ersten Fliesenboden der Abtei Rommersdorf gehört und zwei Fliesenmuster aus späterer Zeit, alles offensichtlich in Zweitverlegung.[1]

Baugeschichte
Zur Baugeschichte der mittelalterlichen Kapelle ist außer einer Hochaltarweihe 1441 nichts bekannt. Sollten die Fliesen ursprünglich aus der Kapelle stammen und nicht bei einer Renovierung den Rommersdorfer Ruinen entnommen worden und dort verlegt worden sein, müßte der erste Boden der Kapelle schon ins 2. Viertel des 13. Jahrhunderts zurückgehen. Die Fliesen H263 und L11, fast prägefrisch, sind älter als das Datum der Altarweihe. Sie könnten in der Mitte oder der 2. Hälfte des 14. Jahrhunderts verlegt worden sein. Die Fliese

L11 stimmt in Tonmaterial und Prägung exakt mit einer in Burg Sayn geborgenen Fliese überein. H263 fand sich bis jetzt nur an einem nicht mehr bekannten Ort in Andernach, eine Variante mit zwei Streublüten in der Klosterkirche Sayn.

Literatur
H. Neu, H. Weigert, Kdm Kr. Neuwied, 165–166.

1 Alle Angaben zu diesen Fliesen verdanke ich Herrn Architekt Hermann Reinhard, Neuwied.

Isny, Lkr. Ravensburg

Archivstube des mittelalterlichen Spitals, Marktplatz 12

Fundumstände
Die Fliesen befinden sich, stark abgetreten, so daß möglicherweise nicht alle früher vorhandenen Muster mehr erkennbar sind, im Geheimgelaß des Spitals, dem sogenannten Archiv, in situ.

Baugeschichte
Das 1397 durch Elisabeth Bräwiss gestiftete, 1402 vollendete Spital wurde durch den Zukauf neuer Gebäude 1406 und durch einen Anbau 1483 erweitert. Da 1484 eine „obere Stube im nüwen hus" erwähnt wird[1] muß dieser Anbau 1484 schon fertig gewesen sein. Darstellung und Schrifttypus der Fliesen weisen auf eine Verlegung im 4. Viertel des 15. Jahrhunderts. Vermutlich wurden die Fliesen in Isny geprägt.[2]

Literatur
A. Weitnauer, H. Vietzen, Zinslisten des Klosters Isny vom 13.–15. Jahrhundert. Alte Allgäuer Geschlechter. Allgäuer Heimatbücher, 16, Kempten 1939, 53.
A. Schahl [u. a.], 173.

1 A. Schahl [u. a.], 173.
2 A. Weitnauer, H. Vietzen, 53, führen in den Zinslisten des Klosters Isny 1473 einen „Hans Kaltschmid, Hafner vom Garten" auf.

J

Jägersburg, Gem. Einhausen-Kleinhausen, Kr. Bergstraße

Ehem. Jagdschloß?

Fundumstände
Unbekannt. Nach Aussage von Herr Dr. Otto Müller, Seligenstadt, soll sich im Museum Darmstadt eine Fliese mit Löwendarstellung befinden, die aus Jägersburg stammt. Es käme dafür wohl nur D 17 in Frage.

Baugeschichte
Ein Jagdschloß wurde 1609 durch Landgraf Ludwig V. von Hessen erbaut. Es wurde im 18. Jahrhundert abgebrochen und durch ein Forsthaus ersetzt. Im Museum Darmstadt befindet sich keine Fliese mit Löwenmuster, die noch um 1609 entstanden sein könnte. Es wäre möglich, daß das Jagdschloß auf dem Gelände eines älteren Burghauses errichtet wurde. Die Fliese D 17, eine wenig sorgfältige Prägung, müßte dennoch schon im 14. Jahrhundert entstanden sein.

Literatur
W. Einsingbach, Kdm Kr. Bergstraße, 163–164.

Jedesheim, Stadt Illertissen, Kr. Neu-Ulm

Kath. Pfarrkirche St. Meinrad

Fundumstände
Die mit „zierlichen Ornamenten" versehenen Fliesen fanden sich beim Abbruch der Kirche ca. 0,45 m unter dem Fußboden. Es ist nicht sicher, ob alle Fliesenmuster geborgen wurden.

Baugeschichte
Über die mittelalterliche Baugeschichte der angeblich romanischen, 1855 abgebrochenen Kirche, ist nichts bekannt. Die Pfarrei wird 1275 erstmals erwähnt. Das einfache Muster läßt auf eine Verlegung des Fliesenbodens im 15. Jahrhundert schließen.

Literatur
24./25. Jahresber. des hist. Kreis-Ver. im Reg. Bez. von Schwaben und Neuburg, 1860, 11–12.
H. Habel, Kdm Lkr. Illertissen, München 1967, 127–128.

Johannisberg, Stadt Geisenheim, Rheingau-Taunus-Kreis

Kath. Pfarrkirche St. Johannes Baptista, ehem. Benediktiner-Klosterkirche

Fundumstände
Bei der Restaurierung der 1942 durch Bomben schwer beschädigten Klosterkirche, fand man unter dem Brandschutt von 1552 einen Teil des alten Fliesenbelags im südlichen Seitenschiff.[1] Die Fliesen, ein Eichblattmuster (wohl H 104?), waren in wechselnden Richtungen, offensichtlich in zweiter Lage verlegt.[2] Da die Fliesen, vor der Verlegung eines neuen Steinplattenbodens 1951 nicht registriert wurden,[3] läßt sich nicht mehr feststellen, wieviele verschiedene Muster dort vertreten waren. Weitere Fliesen fanden sich bei Zufallsgrabungen in den Weinbergen, als Füllmauerwerk in Mauern des 18. Jahrhunderts und zuletzt 1973 in einer Abflußrinne eines Faßlagers im Schloßkeller. Diese Fliesen wurden alle sorgfältig geborgen.

Baugeschichte
Das durch Erzbischof Ruthard von Mainz (1088–1109) von St. Alban aus gegründete Benediktinerkloster, besaß eine wohl 1108 geweihte Kirche, für die weitere Baudaten fehlen. Sie wurde 1717 barockisiert, 1826 umgebaut und 1942 schwer beschädigt; der Wiederaufbau erfolgte 1950–51 in veränderter Form. Die Fliesen stammen wohl nicht alle aus der Kirche, sondern vermutlich auch aus den mittelalterlichen Klostergebäuden, an deren Stelle 1718–25 ein Schloßbau errichtet wurde. Das Kloster war nach Beschädigung im Bauernkrieg 1525 und Brand 1552 von den Mönchen verlassen und 1563 aufgehoben worden.
Die Fliesen sind in mindestens vier, wenn nicht fünf verschiedenen Perioden entstanden. Die früheste Fliese F 168 dürfte noch der 2. Hälfte des 12. oder dem Beginn des 13. Jahrhunderts angehören. Sie wirkt schon fortschrittlicher als die ähnliche Prägung C 1 in Kloster Eberbach. Der Boden der Kirche, dem das Muster D 7 entnommen wurde, scheint ähnlich wie der Fliesenboden der ehem. Mainzer Dompropstei ausgesehen zu haben. Funde von „Rhomben, Kreissegmenten und Ähnlichem"[4] weisen auf eine Fliesenrosette oder einen ganzen Belag ähnlich Kloster Arnstein. Zu diesem Boden gehören wohl noch die Muster D 40 und D 81. Der Boden kann schon im 2. Viertel des 13. Jahrhunderts verlegt worden sein. Wenig später, um 1250/60 wurden die übrigen Fliesen, die nicht nur im Muster, sondern auch im Tonmaterial mit den Fliesen des Klosters Eberbach übereinstimmen, geprägt. Sie wurden wahrscheinlich von dort bezogen und stammen wohl eher aus den Klostergebäuden. Das Vorhandensein von Dreiecksfliesen zeigt, daß sie, wie dort, in der Diagonale verlegt waren. Auffällig ist der Fund des sonst nur aus der Ruine Tannenberg bekannten Musters H 191. H 39, mit demselben Model geprägt wie die Fliesen des Mainzer Salhofes in Rüdesheim, könnte aus den 1508[5] errichteten Bauten stammen. Schwierig ist die Datierung der sonst nur aus Mainz bekannten Fliese N 50, deren Prägung in die 2. Hälfte des 16. Jahrhunderts weist, aus historischen Gründen wohl kaum in dieser Zeit entstanden sein kann. Möglicherweise wurde sie als Ausflickung verlegt.[6] Ob alle Fliesen aus Eberbach kamen, ist nicht sicher festzustellen, die Fliesen des 13. Jahrhunderts, die dieselben gelben, gelblichgrünen, roten, graugrünen, grauen und schwarzgrauen Tönungen aufweisen, sind sicher dorther. Struck[7] nimmt an, daß einige Fliesen möglicherweise auch in dem Ort Düppenhausen bei Geisenheim gebrannt wurden.

Literatur
F. Luthmer, Kdm Reg. Bez. Wiesbaden I, 84–86.
M. Herchenröder, Kdm Rheingaukreis, 202–204.
W. H. Struck, 1977, 5 ff. 57–65 und Taf. 13.
J. Staab, Ch. Labonte, Die Schloß- und Pfarrkirche auf dem Johannisberg im Rheingau, München 1977, 2–8, 14–22.

1 Freundlicher Hinweis von Frau Dr. A. Klappenbach, Marburg. Nach Mitteilung von Herrn J. Staab, Schloß Johannisberg, wurden die Fliesen jedoch nicht, wie vom Denkmalamt Wiesbaden ange-

nommen und angeordnet, unter dem Plattenboden konserviert, sondern entfernt und auf eine Schutthalde geworfen.

2 Herr Diözesankonservator Dr. Rudolf Wahl, Stephanshausen, dem ich diesen Hinweis verdanke, schloß aus Verschiedenheit von Tonmaterial und Prägetechnik, daß die Fliesen nicht aus einer Zeit stammen können.

3 Herrn J. Staab, Schloß Johannisberg, danke ich für das große Entgegenkommen, das es mir ermöglichte, die jüngsten Funde noch in den Katalog aufzunehmen. Seiner Sorgfalt ist es zu danken, daß wenigstens einige der verstreuten Fliesen geborgen werden konnten.

4 Freundliche Mitteilung von Herrn J. Staab, Schloß Johannisberg. Die Mosaikfliesen wurden leider nicht geborgen.

5 W. H. Struck, 1977, 49.

6 Nach freundlicher Mitteilung von Herrn J. Staab, müssen auch nach der Aufhebung des Klosters 1563 noch Umbauten durchgeführt worden sein. Auf diese weist ein Türsturz mit dem Wappen des Erzbischofs von Mainz, Daniel Brendel von Homburg und der Jahreszahl „1572". Möglicherweise wurden zu dieser Zeit zwar keine neuen Fliesenböden mehr verlegt, aber die vorhandenen ausgeflickt.

7 W. H. Struck, 1977, 62.

Jülich-Altenburg, Kr. Düren,

Motte Altenburg

Fundumstände

Bei Erdarbeiten 1968 wurden aus der Zeit der Burg „einige Belagplatten mit grüngelber und brauner Glasur und eingepreßten Mustern" gefunden[1].

Baugeschichte

Die Motte liegt an der Straße von Jülich nach Düren. Erhalten hat sich ein Gutshof, in dem der Wirtschaftsbetrieb der ehem. Vorburg weiterleben dürfte. Aus den wenigen Funden lassen sich kaum Hinweise auf die Baugeschichte der Motte ableiten, alle Urkunden fehlen. Die Annahme von Gondorf, daß die Motte im 14. Jahrhundert zugunsten von Burg Hambach aufgegeben wurde, wird durch das Fliesenmuster wiederlegt. Die Blattprägung, in Anlehnung an ein Muster des Klosters Eberbach, könnte sehr wohl im 1. Viertel des 14. Jahrhunderts entstanden sein, die Glasur weist jedoch ins frühe 15. Jahrhundert. Die Fliese, außerdem in St. Gangolf in Heinsberg und St. Silvester in Lohn gefunden, könnte (Ecklösung) in Langerwehe gebrannt worden sein.

Literatur

A. Herrnbrodt, Jülich, Bonner Jb. 156, 1956, 541.
Ders., Jülich, ebd., 160, 1960, 510–511.
M. Müller-Wille, 86.
W. Scharenberg, W. Piepers, D. Haupt, Motte Altenburg, Bonner Jb. 170, 1970, 400.
B. Gondorf, 96.

---

1 W. Scharenberg, W. Piepers, D. Haupt, 400.

Jungingen, Zollernalbkreis

St. Annenkapelle, ehem. Marienkapelle auf der Leer

Fundumstände

1939 lagen die Fliesen noch in situ: der Inventarband beschreibt sie: „Der Fußboden hat Ziegelpflaster. Im Chorraum besteht dies aus quadratischen (0,18 m) Platten mit vertieftem Schablonenmuster (Ring mit Minuskeln, in der Mitte vier Lilien), 15. Jh." Die Fliesen wurden in unbekannter Zeit entfernt und kamen u. a. in die Hohenzollernsche Landessammlung, Hechingen.

Baugeschichte

Die wohl im 15. Jahrhundert erbaute Kapelle wurde 1743 erweitert. Die Fliesen weisen auf eine Verlegung zwischen 1490–1510.

Literatur

F. Hossfeld, H. Vogel, Kdm Hohenzollern I, 232–233.
J. A. Kraus, 27.
Hist. Stätten VI, Baden-Württemberg, 383.

K

Kaiserslautern

Ev. Pfarrkirche, ehem. Stiftskirche St. Martin und Maria

Fundumstände
Bei der Renovierung der im 2. Weltkrieg schwer zerstörten Kirche wurden 1965 im Schutt sowohl innerhalb der Kirche als auch im südlichen Außenbereich auf dem Gelände des ehem. Prämonstratenserklosters eine größere Anzahl von Fliesen und Fliesenbruchstücken gefunden. Da der eingefüllte Schutt nicht nur aus dem Kloster, sondern auch aus Teilen der früheren Barbarossaburg[1] stammte, sind diese Fliesen besonders schwierig einzuordnen. Die Häufung von Tier- und Jagdmotiven läßt eher an einen Profan- als einen Sakralraum denken.

Baugeschichte
Die Kirche des 1176 (oder 1158) von Kaiser Friedrich I. Barbarossa gestifteten, mit Mönchen aus Kloster Rot a. d. Rot besiedelten Klosters, wurde vermutlich um 1250/60 begonnen. An den Chor, der wohl bei der Weihe der an ihn angrenzenden Richardiskapelle 1291 vollendet war, wurde, vermutlich nach 1325, das Langhaus angefügt, gegen Ende des 14. Jahrhunderts die Nordvorhalle und wohl Anfang des 16. Jahrhunderts die Westtürme. Das Kloster wurde 1510/11 in ein weltliches Stift umgewandelt, dieses 1565 aufgehoben. Die Klostergebäude, die vermutlich zu Ende des 13. bis ins 1. Viertel des 14. Jahrhunderts erbaut wurden, sind verschwunden, 1819 wurde auch der Kreuzgang, 1806 die Richardiskapelle abgetragen. Die von Wörschweiler[2] abhängige Fliese P15 müßte eigentlich schon vor Baubeginn der Kirche geprägt worden sein. Sie könnte aus der vorher am selben Platz vermuteten Martinskirche[3] stammen oder als späte Prägung, zusammen mit H94 während einer verhältnismäßig frühen Periode des Baus verlegt worden sein. Die übrigen Fliesen, sicher aus der Hand eines Modelschneiders, fügen sich, sofern sie überhaupt aus der Kirche stammen, stilistisch sehr gut in die Zeit des Langhausbaus in der 1. Hälfte des 14. Jahrhunderts.

Literatur
Bdm der Pfalz, Bd. 1, 25–26.
A. Eckardt, T. Gebhardt, A. Frhr. v. Reitzenstein, Kdm Stadt und Lkr. Kaiserslautern, 47–64.
W. Bornheim gen. Schilling, Denkmalpflege in Rheinland-Pfalz, Bd. 1–3, 1945/1946–48/1949, Koblenz 1949, Bd. 1, 102–103.
Hist. Stätten V, Rheinland-Pfalz, 158–159.
W. Heyl, Archäologische Grabungen und historische Funde im Bereich der Stiftskirche Kaiserslautern, Jb. zur Gesch. von Stadt und Lkr. Kaiserslautern 5, 1967, 236–238.
G. Dehio, Rheinland-Pfalz, 412–414.
G. Steinwascher, Stadthöfe der Zisterzienserabtei Werschweiler. Ein Beitrag zur Handelsgeschichte eines Zisterzienserklosters, Jb. für westdeutsche Landesgesch. 11, 1985, 87–91, (71–95).

1 Freundliche Mitteilung von Herrn Dipl.-Ing. Werner Heyl †, Kaiserslautern, der alle Fliesenbruchstücke mit großer Sorgfalt barg, so daß ein klares Bild aller Varianten gewonnen werden konnte.
2 Wörschweiler besaß in Kaiserslautern einen Klosterhof (Am Altenhof 14). Außerdem stand die Familie der Stifter, der Grafen von Saarwerden, die in Wörschweiler ihre Grablege hatten, als kaiserliche Statthalter in engster Beziehung zum Hof und damit zur Kaiserpfalz Lautern.
3 Nach W. Heyl, 238, wurden von der Martinskirche Fundamentreste und ein Original-Mauerstück entdeckt. Diese zeigten, daß es sich nicht um eine Holzkirche, sondern um eine „dreischiffige spätromanische Steinkirche“ gehandelt hat.

Ehem. Barbarossaburg und Kasimirschloß

Fundumstände
Bei den zuerst 1934–38, dann 1959–64 durchgeführten Grabungen in der Kaiserpfalz wurden verschiedentlich Fliesen gefunden, die jedoch teilweise durch Kriegsereignisse wieder verlorengingen. Andere gelangten in Privatbesitz und sind der Bearbeitung immer noch nicht zugänglich. 1959 wurde auf dem Gebiet der ehem. Schloßmühle eine Fliese gefunden[1], 1967 am Südende des ehem. Pfalzplateaus[2] eine weitere.

Baugeschichte
Die neben einem fränkischen Königshof des 10. Jahrhunderts durch Kaiser Friedrich I. Barbarossa wohl 1152–58 errichtete Pfalz, die durch Anbauten unter Friedrich II. noch vergrößert wurde, scheint über eine besonders prächtige Aussattung verfügt zu haben. Die 1215 erstmals erwähnte Doppelkapelle (?) St. Nikolaus wurde etwa um 1220/30 eingewölbt. Die restliche Baugeschichte ist noch immer nicht sicher geklärt, der Palas scheint dem 3. Viertel des 12. Jahrhunderts angehört zu haben. Durch Sprengung im spanischen Erbfolgekrieg 1703 schwer beschädigt, wurde er, mit den Resten des neben ihr durch Pfalzgraf Johann Casimir 1570–78 erbauten Schlosses, ab 1818 beim Bau des Zentralgefängnisses abgetragen und eingeebnet. Nach 1934 wurden die noch erhaltenen Reste, zwei Geschosse der Südfront, gesichert. Die bis jetzt bekannten Fliesen P38 und L5 dürften zu Beginn des 14. Jahrhunderts entstanden sein. H25 kann erst beim Bau des „Kasimirschlosses“ um 1578 verlegt worden sein.

Literatur
Auf die Nennung der umfangreichen Literatur zu den Ausgrabungen wird verzichtet, da sich diese fast ausschließlich mit den frühen Pfalzbauten auseinandersetzt und weder Fliesenfunde noch Bauten des 14. Jahrhunderts erwähnt.
A. Eckardt, T. Gebhardt, A. Frhr. v. Reitzenstein, Kdm Stadt und Lkr. Kaiserslautern, 102–116.
H. Graf, Von den Resten der Hohenstaufenpfalz in Kaiserslautern, Pfälzer Heimat 7, 1956, 19–23.
K. Hauck, 59 (30–74).
E. Keyser, D. Stb. IV, 3, 337–338.
G. Stein, 1976, 39–46.
F. Arens, Die Bauten der Pfalz zu Kaiserslautern, Jb. zur Gesch. von Stadt und Lkr. Kaiserslautern 20/21, 1982/83, 55–77.

1 Es ist in diesem Zusammenhang nicht möglich, die zahlreichen Ausgrabungsberichte aufzuführen, zumal sie keine Daten und Hinweise auf eine Bauzeit im 14. Jahrhundert erbringen.
2 Fundliste des Amts für Bodendenkmalpflege, Speyer, Nr. 2/1960.
3 Ebd., Nr. 110/1967.

Kamp-Bornhofen, Ortsteil Bornhofen, Rhein-Lahn-Kreis

Kath. Wallfahrtskirche St. Maria

Fundumstände
Die Fliesen wurden vor 1888 gefunden.[1]

Baugeschichte
Die an der Stelle eines 1289 bezeugten Gnadenbilds vor 1224 errichtete Kapelle wurde durch einen von Johann Brömser von Rüdesheim († 1420) gestifteten Kirchenbau ersetzt, der 1435 vollendet war. Die Kirche wurde wegen Baufälligkeit 1813 aufgegeben, 1821 jedoch zurückgekauft und wiederhergestellt. Die Fliesen, möglicherweise aus Kloster Eberbach stammend, zeigen das häufig nachgeschnittene Muster J 80.[2] Es ist jedoch fraglich, ob dieses Muster auch 1435 noch verlegt wurde. Die Fliesen scheinen eher aus der alten Wallfahrtskapelle zu stammen, deren Mauerreste bei der Neuverlegung eines Fußbodens 1930 aufgedeckt wurden.[3]

Literatur
Nass. Ann. 20, Teil 2, 1888, 301.
F. Luthmer, Kdm Reg. Bez. Wiesbaden V, 92–95.
H. Neumann, 1000 Jahre Kamp-Bornhofen, Neuwied 1950, 104–106.
G. Dehio, Rheinland-Pfalz, 421–422.

1 Nass. Ann. 20, 301.
2 Kloster Eberbach hatte einen Hof und Weinberge in Kamp.
3 H. Neumann, 104. Es gelang nicht, in Erfahrung zu bringen, ob bei dieser Gelegenheit auch Fliesen gefunden wurden.

Burgruine Liebenstein

Fundumstände
Das Fliesenbruchstück wurde 1972 in dem bei Luthmer[1] mit VIII bezeichneten Gebäude gefunden.

Baugeschichte
Die Burg Liebenstein wurde vermutlich als Vorfestung der Burg Sterrenberg angelegt und zwischen 1284–90 durch Albrecht von Löwenstein, dem Sohn Kaiser Rudolfs von Habsburg, erbaut. 1294/95 kam sie an die Herren von Sterrenberg, die sich danach „von Liebenstein" nannten. Der Hauptturm entstand wohl noch im 13., der Wohnturm im 14. Jahrhundert. 1587 war die Burg noch bewohnt. Die Fliese, ein Muster des Klosters Eberbach, weist auf eine Entstehung im 1. Drittel des 14. Jahrhunderts.

Literatur
F. Luthmer, Kdm Reg. Bez. Wiesbaden V, 136–142.
W. Monschauer, Restaurierungsarbeitern auf Burg Liebenstein, Burgen und Schlösser 20, 1979, 67.
G. Dehio, Rheinland-Pfalz, 422.

1 F. Luthmer, Bd. 5, 139, Abb. 146.

Burgruine Sterrenberg mit Burg Liebenstein, zusammen als „Die feindlichen Brüder" bezeichnet

Fundumstände
Die Fliesen wurden 1879 bei einer Nachgrabung im Bergfried gefunden.[1] 1972 wurde ein Bruchstück desselben Musters im Wohnturm (Gebäude hinter der Schildmauer) entdeckt.[2]

Baugeschichte
Die wahrscheinlich als Reichsburg vor 1100 erbaute Burg war 1195 als Lehen in der Hand der Herren von Bolanden, kam dann als Pfand an die Grafen von Katzenelnbogen und 1320 an den Erzbischof von Trier. Baunachrichten sind nicht überliefert. 1322 verpflichtete sich der Ritter Friedrich Walpode d. Ä., der die Burg als Pfand besaß, 50 Mark auf ihren Bau zu verwenden. Die Zeit ihrer Zerstörung ist unbekannt. 1492 war sie noch Sitz eines kurtrierischen Amtes, 1568 schon verfallen und unbewohnt. Vermutlich wurden die Fliesen, bei denen es sich mit großer Wahrscheinlichkeit um Prägungen des Klosters Eberbach handelt, wie die der umliegenden Burgen, in der 1. Hälfte des 14. Jahrhunderts verlegt.

Literatur
F. Luthmer, Kdm Reg. Bez. Wiesbaden V, 136–140.
F. Th. Klingelschmitt, Die Burg Sterrenberg über Bornhofen, Nass-Heimat, Beil. zur Rhein. Volkszeitung, Nr. 5, Nr. 6, Juni/Juli 1922.
Hist. Stätten V, Rheinland-Pfalz, 160.
G. Dehio, Rheinland-Pfalz, 422.

1 Nass. Ann. 17, 1882, 24.
2 Freundliche Mitteilung von Herrn Udo Liessem, Koblenz.

Kappelen, Kt. Bern, Schweiz

Kapelle oder Beinhaus auf dem Friedhof

Fundumstände
Beim etwa um 1867 erfolgten Abbruch der „Kapelle" wurden die angeblich in der Decke vermauerten Fliesen entfernt und als Bodenbelag in der Küche eines Bauernhauses neu verlegt. 1887 wurden die Fliesen dort entdeckt und kamen in die Museen von Basel, Bern, Burgdorf, Zürich und in Privatbesitz.

Baugeschichte
Unbekannt. Der etwa 4 × 2 m große Raum, vermutlich ein Beinhaus, zeigte ein winziges romanisches Fenster. Gerster glaubt, daß die Fliesen in dem 1247 gegründeten Prämonstratenserkloster Gottstatt (siehe dort) geprägt wurden, da dieses bis zur Reformation die Kollatur von Kappelen innehatte. Die Fliese wurde jedoch bis jetzt nur in Kappelen gefunden. Für Gottstatt ist eine Fliesenproduktion nur zwischen der 2. Hälfte des 14. (?) und der 2. Hälfte des 16. Jahrhunderts gesichert. Die Fliese weicht außerdem im Typus von den Gottstatter Prägungen ab. Das Muster in dieser Form weist ins 13. Jahrhundert. Wenn sie wirklich in Gottstatt gefertigt wurde, kann dies nur in der 2. Hälfte des 13. Jahrhunderts geschehen sein.

Literatur
L. Gerster, 1887, 439, Taf. 28, Fig. 2.
Ders., 1916, 208–209.

Karlsruhe-Durlach

Turmberg-Ruine, ehem. Turmburg Grötzingen

Fundumstände
Die Fliesen fanden sich bei der Ausgrabung der Ruine 1894–95 im Schutt. Sie konnten teilweise nur mühsam aus Bruchstükken zusammengesetzt werden.[1] Die meisten Fliesen zeigten nur zwei konzentrische Kreise aus kleinen Kerben wie bei C 4, nur wenige trugen Muster. Nach einem Brand 1971 wurde eine erneute Grabung durchgeführt. Hierbei fanden sich in einem im Nordwesten an den Wohnturm angelehnten Gebäude nochmals Fliesen, jedoch keine neuen Muster.

Baugeschichte
Die vermutlich im letzten Viertel des 11. Jahrhunderts durch den Grafen des Pfinzgaus, Berthold von Hohenburg errichtete Turmburg, wurde in der Mitte des 12. Jahrhunderts umgebaut.[2] Seit 1219 war die Burg durch Tausch aus der Hand der Staufer in die der Markgrafen von Baden übergegangen, die sie mit ihren Dienstleuten, den Herren von Roßwag, besetzten.[3] Es steht nicht fest, ob eine teilweise Zerstörung oder der Wunsch nach umfangreicheren Wohn- und Wirtschaftsbauten Neubauten notwendig machten, doch scheinen diese um 1230–50 errichtet worden zu sein. Die Burg wurde 1279 durch Konrad III. von Lichtenberg, Bischof von Straßburg, niedergebrannt und dann offensichtlich nur in Teilen wiederaufgebaut; mehr eine Sicherung der Gebäude als ein großzügiger Ausbau. Die Burg verlor durch die Erbauung der Tiefburg Durlach rasch an Bedeutung und wurde seit Ende des 16. Jahrhunderts nur noch als Wartturm benützt. Die Fliesen wurden vermutlich etwa gleichzeitig mit denen der St. Martinskirche in Ettlingen vor der Mitte des 13. Jahrhunderts verlegt. Sie stammen wohl noch aus einer Klosterwerkstätte, es läßt sich jedoch bis jetzt nicht klären, aus welcher. Lutz verweist bei seiner Aufzählung der Quellen[4] auf Beziehungen zu den Zisterziensern in Frauenzimmern und Herrenalb. Da die Fliesenmuster jedoch nicht dem Typus von Zisterzienserfliesen aus der Mitte des 13. Jahrhunderts entsprechen, wäre auch an Einflüsse aus Speyer zu denken.

Literatur
Westd. Zs. 14, 1895, Museographie 1894, 360.
E. Wagner, 35–44, Taf. VIII.
Ders., mit gleichlautendem Titel, Karlsruhe 1917.
E. Lacroix, P. Hirschfeld, W. Paeseler, Die Kdm Badens 9, 5. Amtsbezirk Karlruhe Land, Karlsruhe 1937, 94–97.
G. Stein, 1973, 116–117.
D. Lutz, 173–207.

1 Nach freundlicher Mitteilung von Herrn Prof. Dr. Friedrich Garscha †, Karlsruhe, fällt auf, daß die Durlacher Fliesen sich in Farbe, Magerung und Sinterung des Tons stark voneinander unterscheiden. Durch schlechtes Kneten des Tons finden sich Partikel einer gelblichen Masse als Einsprengsel. Es ist möglich, daß die Fliesen aus zwei verschiedenen Werkstätten stammen.
2 D. Lutz, 176, 179.
3 Ebd., 184.
4 Ebd., 182–183. Bei der Übergabe der Kirche in Frauenzimmern an die Zisterzienser 1246 war ein Marquard von Grötzingen Zeuge, 1267 leistet Konrad von Grötzingen dem Kloster Herrenalb Sicherheit für die Belehnung von Vogteirechten in Unterderdingen. 1274 stellt Markgraf Rudolf I. von Baden eine Schenkungsbestätigung für Kloster Herrenalb in „castro nostro Grecingen“ aus.
5 Die Fliese C4 fand sich außerdem in Esslingen. Sie scheint zu den frühen Esslinger Prägungen zu gehören, die nach Speyerer Vorbildern entstanden. Auf der Grötzinger Gemarkung war außerdem das Benediktinerkloster Gottesaue begütert.

Kaster, Gem. Bedburg-Kaster, Erftkreis

Ruine der ehem. Burggräfte

Fundumstände
Die Fliesen wurden bei Grabungen 1975 entdeckt. Es sind drei verschiedene Muster bekannt.[1] Da die Fliesen jedoch in Privatbesitz gelangten, ist es möglich, daß noch mehr Muster gefunden wurden.

Baugeschichte
Die Burg, 1273 erstmals als Lehen in der Hand des Grafen Wilhelm IV. von Jülich erwähnt und vermutlich von den im 13. Jahrhundert ausgestorbenen Herren von Kaster erbaut, diente von 1328–1511 vor allem als Witwensitz der Grafen, später Herzöge von Jülich. Bauarbeiten sind nach einer Zerstörung 1542 und für 1561–77 belegt. Nach Brandschatzung 1648 wurde die Burg vor allem zum Wiederaufbau der Pfarrkirche in Kirchherten ausgeschlachtet. Die Fliesen könnten aus verschiedenen Räumen stammen. X25 kann nicht vor den Bauarbeiten 1561–77 entstanden sein, N60 wäre auch 1542 schon möglich. Da sie jedoch dasselbe Muster der Doppellinien zeigen, sind sie vermutlich gleichzeitig.

Literatur
H. Hinz, Zur Frühgeschichte der Stadt Kaster, H. Hinz, H. Schläger, G. Drewes, 17–23.
Hist. Stätten III, Nordrhein-Westfalen, 381–382.
M. Müller-Wille, 61–62.
G. Dehio, Rheinland, 272.
A. Ohm, A. Verbeek, Kdm Kr. Bergheim II, 60–62.
L. Theissen, Bedburg-Kaster, Köln 1982, 5–7.
B. Gondorf, 336.

1 Das Muster der 3. Fliese ist an der Oberfläche so abgelaufen, daß es nicht möglich war, es einer Gruppe zuzuordnen. Erkennbar ist ein kleiner Kreis mit achtteiliger Blüte aus Tropfenblättern in einer Ecke und das Viertel eines Vierpasses im Viertelskreis in der anderen.

Kaysersberg, Haut-Rhin, Frankreich

Haus am Kornmarkt

Fundumstände
Die Fliese wurde 1914 beim Abbruch eines mittelalterlichen Hauses am Kornmarkt gefunden.

Baugeschichte
Unbekannt. Das Haus wurde vermutlich erst nach 1371 erbaut, da erst zu diesem Zeitpunkt die Unterstadt mit dem Kornmarkt in den Mauerring einbezogen wurde[1]. Das Muster der Fliese weist allerdings auf eine Entstehung zu Ende des 13. oder Beginn des 14. Jahrhunderts. Möglicherweise wurde der in der Mitte gebrochene und geflickte Model noch sehr lange verwandt oder war der am Kornmarkt gelegene Bereich der Mauer schon in der 1. Hälfte des 14. Jahrhunderts vollendet. Außerdem läßt sich nie ausschließen, daß Fliesen in späterer Zeit aus einem Sakralbau geborgen und in einem Privathaus neu verlegt wurden.

Literatur
J. M. B. Clauss, Das alte Kaysersberg, Kaysersberg 1902, 4.
P. Schmitt, 136–147.

1 Freundliche Mitteilung von Monsieur Jean Ittel, Kaysersberg.
J. M. B. Clauss, 4, gibt als Daten für die zweite Ummauerung die Spanne von 1293 bis 1371 an.

Badstube/Étuve, Schmiedgasse/Rue des Forgerons

Fundumstände
Unbekannt.

Baugeschichte
Unbekannt. Das Haus wird bei Kraus als „gotisches Giebelhaus" bezeichnet. Es wurde um 1600 von dem Baumeister Hans Volrath erbaut, die Fliese muß deshalb aus einem Vorgängerbau stammen. Das Haus liegt sehr nahe bei dem ehem. Klosterhof des Zisterzienserklosters Pairis. Dieser besaß eine 1391 durch den Ritter Wetzel Berwart gestiftete Kapelle, die 1473 vergrößert wurde. Möglicherweise wurden Fliesen der Kapelle später in einem Privathaus verwandt. Das Muster der Fliesen weist in die 2. Hälfte des 15. Jahrhunderts.

Literatur
F. X. KRAUS, Kdm Elsaß-Lothringen II, 202–203.
CH. CZARNOWSKY, 14–15.
P. SCHMITT, 144–145.

Kelkheim-Fischbach, Main-Taunus-Kreis

Ehem. St. Johannes-Kapelle in Gimbach-Fischbach

Fundumstände
Lesefund.

Baugeschichte
Die Kapelle lag 1 km westlich des Bahnhofs Kelkheim in der Nähe des Hofes Gimbach. Sie wird zuerst 1287 unter dem Patronat der Herren von Eppstein erwähnt, geht jedoch möglicherweise auf eine frühchristliche Taufkirche des 5.–6. Jahrhunderts zurück. Vermutlich wurde sie im 13. Jahrhundert neu erbaut. Als sie als Wallfahrtskirche seit der Reformation nicht mehr genutzt wurde, verfiel sie langsam. Ein 1709 errichteter Neubau wurde 1830 abgebrochen, das Gelände ist heute Ackerland. Die Fliese, ein frühes Muster des Klosters Eberbach, weist auf eine Verlegung des Bodens vor oder nach der Mitte des 13. Jahrhunderts.

Literatur
F. A. COMO, Die Sankt-Johannes-Kapelle zu Gimbach bei Fischbach/Taunus. Ein Beitrag zu ihrer Geschichte, Königstein 1957, 7–39.
E. GUNDERMANN, 148, Nr. 21, 151, Nr. 21.

Kelkheim-Hornau

Kath. Kapelle St. Martin

Fundumstände
Auf der Suche nach alten Bestattungen wurde im Mai 1969 ca. 20 cm unter dem Fußboden im Chor der heutigen Kapelle ein ca. 3,20 × 3,00 m großes Stück des alten Fliesenbodens aufgedeckt. Die Fliesen eines Musters waren ohne Rücksicht auf die Musterung wahllos verlegt.[1]

Baugeschichte
Das Dorf Hornau wird erstmals 874 in einer Urkunde Ludwig d. Deutschen genannt. Das Martinspatrozinium weist auf einen sehr frühen Kirchenbau. Bezeugt ist jedoch nur eine 1490 errichtete Kapelle, die 1752 einem Neubau wich. Die Fliesen, die auch in der nicht weit entfernten Wasserburg Hofheim, in der Pfarrkirche in Königstein und den Burgen Eppstein und Königstein gefunden wurden, entstanden vermutlich in der 1. Hälfte des 14. Jahrhunderts. Sie müßten aus einem Vorgängerbau der Kapelle stammen und wurden möglicherweise in Hornau, einem Dorf mit alter Töpfertradition, gebrannt.[2]

Literatur
W. HILPISCH, Aus der Geschichte des ehem. Kirchspiels Münster mit seinen Filialen Kelkheim und Hornau, Königstein 1955, 26–29, 78–79, 125.
E. KEYSER, D. Stb. IV, 1, 286.
Alte Kapelle birgt Geheimnisse, Höchster Kreisblatt v. 23. 5. 1969.
D. KLEIPA, Kelkheim in alten Bildern, Kelkheim 1978.
25 Jahre St. Martinskirche in Kelkheim-Hornau, 1952–1977, hrsg. vom Pfarrgemeinderat der kath. Pfarrgemeinde, 1977.
G. DEHIO, Hessen, 450 (Datum 1752 falsch).

1 Der Ausgräber, Herr Dieter Kleipa, der mir seine Unterlagen freundlicherweise zur Verfügung stellte, vermutet eine Störung des Bodens durch Bestattungen um 1580.
2 W. HILPISCH, 78, „Bei dem Reichtum an Ton und Lehm stand von jeher die Häfnerei und das Zieglerhandwerk im Vordergrund. Schon zur Römerzeit scheint es hier Ziegelbrennereien gegeben zu haben. Für die Häfnerei wurde schon 1620 Georg Komp, ‚der alt Häfner', erwähnt. In Kelkheim war die Töpferei ebenfalls stark vertreten. An sie erinnert heute noch die Töpfergaß."

Kemel, Gem. Heidenrod, Rheingau-Taunus-Kreis

Ev. Pfarrkirche, ehem St. Katharina?

Fundumstände
Es ist nicht sicher, daß die Fliesen aus der Kirche stammen. Da jedoch der Ort keine größere Burg noch Adels- oder Klösterhöfe aufweist, ist diese Herkunft wahrscheinlich. Möglicherweise wurden die Fliesen schon beim Abbruch und Neubau des Chors 1843 entdeckt.

Baugeschichte
Zur Baugeschichte der 812 erstmals erwähnten Kirche, von der sich seit Abtragung des Schiffs 1827 (Dehio: 1819) und des Chors 1843 nur der Westturm des 13. Jahrhunderts erhalten hat, sind keine Baudaten überliefert. Die Fliesen, Muster des Klosters Eberbach und bei der geringen Entfernung wohl auch von dort bezogen, weisen auf eine Verlegung des Bodens in der 2. Hälfte des 13. Jahrhunderts.

Literatur
K. H. MAY, Kemel, ein Gang durch seine Geschichte, Der Untertaunus 1958, 33–44.
G. DEHIO, Hessen, 492.

Kempten

Ev. Pfarrkirche, ehem. St. Mang

Fundumstände
Unbekannt. Die meisten Fliesen befinden sich seit langem im Museum Kempten, vielleicht wurden sie schon bei der Restaurierung der Kirche 1911–13 entfernt. Einige Fliesen liegen neu verlegt am Ostende des nördlichen Seitenschiffs.

Baugeschichte
Über der um 725 gegründeten, nach 869 und 962 neu erbauten kleinen Kirche wurde 1426 ein Neubau errichtet, der mit der

Weihe des Chors 1427 und der Vollendung des Schiffs 1428 abgeschlossen war. Dorn[1] glaubt, daß Langhaus und Seitenschiffe erst nach 1431 erbaut und erst um 1440 vollendet waren. Die Fliesen stammen aus der Erbauungszeit. Die Stadt Kempten erstellte 1423 einen Ziegelstadel, vermutlich schon im Hinblick auf einen Neubau der Pfarrkirche.[2] Einige der Muster, so vor allem N 10, N 15 und O 11 weisen eher ins 13. Jahrhundert, obwohl sie in Tonmaterial und Maßen mit den übrigen Fliesen übereinstimmen. Sie wurden entweder aus einem früheren Bau übernommen oder es wurden ältere Vorlagen bei der Neuprägung benutzt. C 44 fand sich auch in der Frauenkirche in Memmingen.

Literatur
M. Petzet, Bayer. Kdm Stadt und Lkr. Kempten, 18–20.
W. Haberl, Die ev. St.-Mang-Kirche in Kempten, Kempten 1972, 2–14.
L. Dorn, Die Reichsstadt Kempten um 1450 und der Kirchenneubau St. Mang 1426–1450, Allgäuer Gesch.freund 76, 1976, 91–95 (80–100).
G. Dehio, Schwaben, 548–549.

1 L. Dorn, 91.
2 Ebd., 95.

„Londoner Hof", Rathausplatz 2

Fundumstände
Unbekannt. Die Fliesen müssen vor 1890 gefunden worden sein, da F. L. Baumann[1] diesen Fundort angibt.

Baugeschichte
Zur mittelalterlichen Baugeschichte des Vorgängerbaus ist nichts bekannt. Das Haus wurde 1764 für Johann Christoph Fehr erbaut und war 1827–32 Hotel. Im Hof standen bis 1899 drei Geschosse mit Arkadengalerien der Renaissance. Die groben Prägungen könnten frühestens zu Ende des 14. Jahrhunderts entstanden sein, gehören jedoch vermutlich erst dem 15. Jahrhundert an.

Literatur
F. L. Baumann, Bd. 2, 670–671, Abb. 430–431.
M. Petzet, Bayer. Kdm Stadt und Lkr. Kempten, 54–56.

1 F. L. Baumann, 670–671, Abb. 430–431.

„Ade-Haus", Rathausplatz 20

Fundumstände
Die ersten Fliesen müssen vor 1925 gefunden worden sein[1]; sie sollen „aus einem Haus am Rathausplatz" stammen. Bei der Sanierung des Hauses Rathausplatz 20 kamen 1980 erneut Fliesen des Musters F 116 zutage[2], die im Flur mit der Bildseite nach unten verlegt waren. Es ist nicht sicher, ob die Fliesen ursprünglich für dieses Haus geschaffen wurden. Das Muster der Fliesen, der Greif F 116, weist auf das Wappen der Stadt Kempten, das zwei Greifen als Schildhalter führt. Die Fliesen könnten aus dem Rathaus stammen; möglicherweise stand das Haus Rathausplatz 20 in einer Verbindung zum Rathaus oder wurden die Fliesen erst in späterer Zeit dort verlegt. Sie sind durch das Wappen G 20 auf die Zeit zwischen 1438–93 begrenzt, vielleicht sind sie um 1449 entstanden[3].

Baugeschichte
Das 1368 als Fachwerkbau, 1474 als Steinhaus errichtete Rathaus wurde 1562–64 umgebaut. Das Haus Rathausplatz 20 birgt im Untergeschoß Bauteile des 16. Jahrhunderts, der Flur wurde im frühen 17. Jahrhundert eingewölbt.

Literatur
M. Petzet, Bayer. Kdm Stadt und Lkr. Kempten, 36–37, 59.
E. Keyser, H. Stoob, D. Stb. V, 2, 291–295.
G. Weber, Bodenfliesen des 15. Jahrhunderts aus dem „Ade-Haus" in Kempten, Allgäuer Gesch.freund 86, 1986, 19–21.
J. Weigel, Bodenfliesen aus dem Mittelalter, Allgäuer Zt. 23. 1. 1989.

1 Die Fliese F 116 kam 1925 aus dem Kunsthandel ins Hessische Landesmuseum Darmstadt. Sie trägt allerdings die wohl falsche Bezeichnung: „Aus einem Haus in Ulm". Der Herkunftsort der Fliesen im Kunstgewerbemuseum Berlin und im Museum für Kunsthandwerk, Leipzig, ist nicht bekannt.
2 Den Hinweis auf diesen Fund verdanke ich Frau Annemarie Denisz, Kempten-St. Mang.
3 Alle Angaben zur Datierung unter G 20.

Kempten-Lenzfried, Gem. St. Mang

Ehem. Franziskanerkloster, heute Schloßgut Leichtle

Fundumstände
Die Fliese wurde in nicht bekannter Zeit im 19. Jahrhundert im Keller des Hofgutes gefunden.

Baugeschichte
Das Franziskanerkloster wurde 1466[1] erbaut und von den Mönchen 1548 verlassen. Das Reichsstift Kempten siedelte noch im selben Jahr „Graue Schwestern" in den Gebäuden an. Nach wechselnden Geschicken kamen die Klostergebäude bei der Säkularisation an den bayerischen Staat und wurden von diesem 1806 versteigert. 1855 kamen die Gebäude an die Familie Leichtle. Die Herkunft der Fliesen ist ungewiß. Sicher wurde der Model nicht für die Franziskaner geschnitten. Vermutlich wurden vorhandene Fliesen später in Lenzfried verwandt. Ob diese nun mit einem vorhandenen Model später geprägt und für das Kloster gebrannt wurden oder ob sie aus einem Gebäude in Kempten stammten, läßt sich nicht mehr klären. 1460 hatte Agnes Wissacher in einem ihr gehörenden Haus nahe der Pfarrkirche St. Mang in Kempten ein Franziskanerinnenkloster gegründet und 1502 dort ein kleines Kloster erbaut. Dieses war von den Nonnen 1537 verlassen worden.[2]

Literatur
H. Uhlig, St. Mang. Geschichte einer Allgäuer Gemeinde, Kempten 1955, 51–59, 147.
M. Petzet, Bayer. Kdm Stadt und Lkr. Kempten, 111–112.
Hist. Stätten VII, Bayern, 402–403.
G. Dehio, Schwaben, 633–634.

1 M. Petzet, 111. Gründung 1461, Grundsteinlegung 1463.
2 H. Uhlig, 59.

Kiedrich, Rheingau-Taunus-Kreis

Kath. Pfarrkirche St. Dionysius und Valentinus

Fundumstände
Die Herkunft der vor 1888 und um 1900 gefundenen Fliesen ist unbekannt, es wird nur „aus Kiedrich" angegeben. Sie könn-

ten bei der umfassenden Restaurierung der Kirche 1857–78 zutage gekommen sein.[1] Bei der jüngsten Renovierung wurde ca. 0,35 m unter dem heutigen Niveau ein Fliesenboden aus ungemusterten, diagonal verlegten Fliesen aufgedeckt. Einige gemusterte Fliesen lagen früher vereinzelt in einem Belag aus glatten Fliesen und Sandsteinplatten auf den Emporen.[2] Sie sind heute verschwunden, die Muster sind nicht mehr bekannt.

Baugeschichte
Die 1275 erstmals genannte, auf einem Vorgängerbau errichtete Kirche entstand in drei Bauabschnitten. An einen älteren Chor wurde um 1380–95 ein Hallenlanghaus angefügt und bis ca. 1430 das Untergeschoß des Westturms vollendet. Vermutlich ab 1454 wurde ein neuer Chor erbaut, an den sich ein etwa von 1480–93 errichtetes Langhaus anschloß. Die aus Kiedrich stammenden Fliesen, die dem Kirchenbau zugeordnet werden könnten, sind jedoch alles Muster, die eigentlich in der 2. Hälfte des 13., höchstens noch zu Beginn des 14. Jahrhunderts geprägt worden sein müssen. Es wäre möglich, daß diese aus dem Vorgängerbau stammen. Bei den Fliesen handelt es sich um Muster des Klosters Eberbach. Ob diese jedoch dort oder schon in Kiedrich gebrannt wurden, ist nicht festzustellen. In der Gemarkung „Dippenerde" wurde früh Ton gegraben[3]. Auch die „Aulgasse" weist auf Töpfer im Ort.

Literatur
F. Luthmer, Kdm Reg. Bez. Wiesbaden I, 188–202.
M. Herchenröder, Kdm Rheingaukreis, 218–224.
W. Kratz, 1968, 7–11.
J. Staab, 29, 51.
G. Dehio, Hessen, 494–497.

1 Nass. Ann. 20, Bd. 2, 1888, 301.
Mitt. Nass. Altertumskunde, 1900/01, 43.
Der Kirchenmaler, Prof. August Martin, Fürth, wurde von Baronet John Sutton, dem Mäzen Kiedrichs, nach Kiedrich geholt, um die Flügeltüren der Orgel zu malen. Die Fliesen in der Slg. Nass. Altertümer, Wiesbaden, sind ein Geschenk Prof. Martins. Sie könnten aus der Kirche stammen.
2 J. Staab, 29: „Der erste Kirchenbau an dieser Stelle ist ein kleines romanisches Gotteshaus gewesen, von dem sich Reste eines Tonplattenbodens unter dem heutigen Mittelschiff ... erhalten haben." Den Hinweis auf die gemusterten Fliesen verdanke ich Herrn Josef Staab, Schloß Johannisberg.
3 Ebd., 51.

Bassenheimer Hof, Suttonstraße

Fundumstände
Die Fliesen finden sich in zweiter Verwendung in einer Mauer des Hofes und als Teilbelag eines Flurs im Obergeschoß. Ca. 200 Fliesen desselben Musters, die 1941 im Garten des Pfarrhauses aufgestapelt waren, stammten möglicherweise ebenfalls von dort, sie können jedoch auch aus anderen sakralen oder profanen Gebäuden Kiedrichs dorthin verbracht worden sein.

Baugeschichte
Die mittelalterliche Baugeschichte des 1660–61 von Dompropst Adolf Hund von Saulheim neu errichteten Hofes ist unbekannt. Er kam 1694 an die Freiherren von Bassenheim und befindet sich heute im Besitz des Valentinusstiftes. Die Fliesen wurden zwar nach Eberbacher Vorbild, jedoch möglicherweise in Kiedrich selbst geprägt. Die heute noch erhaltene „Aulgasse", unmittelbar am Fuß des Scharfensteins, weist auf mittelalterliche Töpfer im Ort.

Literatur
M. Herchenröder, Kdm Rheingaukreis, 211–212.
W. Kratz, 1968, 13–14.

1 Freundliche Mitteilung von Herrn Josef Staab, Schloß Johannisberg.

Fundort unbekannt, Eberbacher Hof?, Suttonstr. 7–8

Fundumstände
Unbekannt. Die Fliesen wurden kurz vor 1888 gefunden, der Herkunftsort wird jedoch nirgends näher erläutert.[1] Vermutlich stammen sie nicht nur aus der Kirche, sondern auch aus anderen Fundorten. Da es sich z. B. bei J 80 um ein Eberbacher Muster handelt, käme auch noch der Eberbacher Hof in Frage. 1900 kamen weitere Fliesen aus Kiedrich ins Museum.[2]

Baugeschichte
Der 1312 erstmals erwähnte Eberbacher Hof stammt in seiner heutigen Form von 1735. Die 1312 als Dank für reiche Schenkungen der Geschwister Dydo und Elisabeth von Scharfenstein erbaute Margarethenkapelle im Eberbacher Hof wich 1706 einem Neubau.

Literatur
M. Herchenröder, Kdm Rheingaukreis, 210–211.
W. Einsingbach, Zum Hof des Klosters Eberbach in Kiedrich, Nass. Ann. 84, 1973, 214–218.
J. Staab, Ein wiedergewonnenes Kleinod. Die Eberbacher Kapelle in Kiedrich, Rheingauer Heimatbrief 81, Rüdesheim 1972, 4–6.
G. Dehio, Hessen, 498.

1 Nass. Ann. 20, Teil 2, 1888, 301.
2 Westd. Zs. 19, 1900, Museographie 1899, 378.
Mitt. des Ver. für nass. Altertumskunde 1900/01, 43.

Burgruine Scharfenstein

Fundumstände
Die Fliesenbruchstücke fanden sich bei der Aufräumung des Burgplatzes 1952 oder 1953. Eine Sammlung unbeschädigter Fliesen, die etwa dem Inhalt einer Schubkarre entsprach, wurde auf eine Schutthalde gekippt[1].

Baugeschichte
Die 1215 in einer Urkunde für Kloster Eberbach erstmals erwähnte Burg wurde vermutlich durch Erzbischof Konrad I. von Mainz (1161–65, 1183–1200) erbaut. Sie diente zum Schutz der Fernstraße von Eltville nach Limburg und war später häufig Residenz der Erzbischöfe. Nachdem die Burg von 1302–07 als Unterpfand in der Hand König Albrechts von Habsburg war, scheint der schlechte Bauzustand Bauarbeiten nötig gemacht zu haben. Für diese gab Erzbischof Peter von Aspelt (1302–1320) 600 Mark reinen Silbers aus. Durch das neu erbaute Schloß in Eltville (siehe dort) erlosch das Interesse an der Burg. Nach 1354 ist kein Aufenthalt der Erzbischöfe mehr bezeugt. Seit dem 16. Jahrhundert ist sie Ruine. Die Fliesen setzen sich teils aus Eberbacher Mustern zusammen, teils zeigen sie den Modelbestand einer Werkstatt, die in Kloster Limburg und auf der Burg Neubolanden arbeitete. Die Fliesen dürften zwischen 1240–60 verlegt worden sein, wobei der Frühdatierung der Vorzug zu geben wäre.

Literatur
F. LUTHMER, Kdm Reg. Bez. Wiesbaden I, 185.
M. HERCHENRÖDER, Kdm Rheingaukreis, 236.
Hist. Stätten IV, Hessen, 398.
W. KRATZ, 1968, 8–11.
G. DEHIO, Hessen, 499.

1 Nach Aussage von Herrn Josef Staab, Schloß Johannisberg, dem die Rettung einiger Fliesen verdankt wird.

„Alteburg", Burg Neuhaus, Thiergartenburg

Fundumstände
Die Fliesen wurden 1857 von einem Forstmeister in dem heute verlassenen Waldtal gefunden,[1] Bodenerhebungen wiesen noch auf Mauerreste. In neuerer Zeit wurden noch 2 weitere Muster dort entdeckt, außerdem ein Fragment, das noch nicht eingeordnet werden kann, sowie eine unverzierte Fliese. Diese, ein rechtwinkliges Dreieck, meist zusammen mit Rhombenfliesen verlegt, weist auf einen Boden aus Plattenmosaik.

Baugeschichte
Die Fliesen stammen aus der durch Erzbischof Werner zwischen 1259–74 erbauten Nebenburg Neuhaus. Sie verlor rasch an Bedeutung, diente noch einige Zeit als Jagdschloß und verfiel in unbekannter Zeit. Die Fliesen, deren Muster sich in Burg Neubolanden, Burg Ehrenfels, in den Klöstern Eberbach und Bleidenstadt und in Worms fanden, stammen aus der Erbauungszeit.

Literatur
J. ZAUN, 122–126, Taf. 4.
M. HERCHENRÖDER, Kdm Rheingaukreis, 236.

1 Periodische Bl. 3, 1857, 45.

Kienzheim/Kientzheim, Bas-Rhin, Frankreich

Kirche?, Bürgerhaus?

Fundumstände
Fundort und Fundjahr sind nicht mehr bekannt. Da die Fliese P20 in einem Bürgerhaus in Kaysersberg gefunden wurde, ist auch hier die Herkunft aus einem Wohnraum möglich. Die Baudaten der Kienzheimer Kirchen erlauben jedoch auch eine Zuweisung an einen Sakralraum.

Baugeschichte
Der Ort verfügt über eine Anzahl mittelalterlicher Häuser, die in späterer Zeit um- oder ausgebaut wurden. Die im späten 13. Jahrhundert entstandene Kapelle St. Felix und Regula wurde 1470 zur Wallfahrtskapelle umgebaut und erweitert. Die Oberkirche „Unserer Lieben Frau" wurde unter Miteinbeziehung von Teilen des ehem. Klarissinnen-Klosters zu Beginn des 15. Jahrhunderts erbaut. Die Fliesen könnten schon zu Beginn des Jahrhunderts entstanden sein, ihre Verlegung um 1470 wäre wahrscheinlicher.

Literatur
M. BARTH, Sp. 677–679.
W. HOTZ, Kdm Elsaß und Lothringen, 87.
CH. HECK, La chapelle Saint-Félix et Saint Régule et l'église paroissiale de Kientzheim, Congr. arch. 136, 1982, 117–135.

Kinzweiler, Stadt Eschweiler

Ehem. Zisterzienserinnenkloster St. Jöris

Fundumstände
Die Publikation dieses Fundes, bei dem Fliesen in vier verschiedenen Mustern geborgen wurden, wird durch Herrn Dr. Frank Kretzschmar, Rheinisches Amt für Denkmalpflege, Pulheim, erfolgen. Ihr soll nicht vorgegriffen werden. Die Fliesen werden nur erwähnt, weil dieser Fund eine neue Datierungshilfe (nach 1450) für die schon im Katalog genannten Muster aus anderen Fundorten bietet.

Kippenheim, Ortenaukreis

Ev. Pfarrkirche, ehem. St. Mauritius

Fundumstände
Unbekannt. Vermutlich wurden die Fliesen schon bei einer Restaurierung des späten 19. oder frühen 20. Jahrhunderts entfernt. Bei einer Grabung 1961, die unter dem heutigen Niveau fünf Fußböden freilegte, fand man unter dem obersten, nach 1631 verlegten Fußboden einen „seiner Ziegel weitgehend beraubten Tonfliesenboden", ca. 0,34 m unter dem jetzigen Niveau.[1]

Baugeschichte
Die 1007 erstmals erwähnte Kirche, mit einem Chorturm aus der 2. Hälfte des 12. Jahrhunderts, wurde in ihrer heutigen Form um 1501 neu erbaut. Für das 13. Jahrhundert sind keine Baudaten überliefert, doch dürfte der Fliesenboden, analog zu dem des Stadionschen Domherrenhofes in Konstanz, im 3. Viertel des 13. Jahrhunderts oder wenig später verlegt worden sein. Die Fliesen weichen im Tonmaterial stark von den in Konstanz geprägten ab , sie wurden sicher nicht von dort bezogen.

Literatur
F. X. KRAUS, Kdm Baden VI, Kr. Freiburg (Land), 258–265.
K. LIST, Der romanische Kirchturm in Kippenheim, Kr. Lahr, Nachrichtenbl. der Denkmalpflege in Baden-Württemberg, 5, 1962, 51–59.
Ders., Weitere Funde in der Kirche zu Kippenheim, ebd., 112.
G. DEHIO, Baden-Württemberg, 245–246.

1 K. LIST, 112.

Kirchberg a. d. Jagst, Lkr. Schwäbisch Hall

Ehem. Burg der Herren von Kirchberg?

Fundumstände
Unbekannt. Vermutlich stammen die Fliesen aus der Burgkapelle St. Maria oder aus der Burg.

Baugeschichte
Neben der von Raban von Sulz gegen 1240 angelegten Burg schloß die Kirchberger Markung drei weitere Burgen ein: Sulz, Altenberg und Hohenalten. Burg Sulz wurde 1525 zerstört, die beiden anderen waren schon im späten Mittelalter Ruinen. Burg Kirchberg wurde beim Bau des Schlosses durch

die Herren von Hohenlohe 1596–97 fast vollständig abgetragen. Die Burgkapelle wurde um 1300 Wallfahrtskirche. Möglicherweise stammen die Fliesen von dort und wurden, analog zu den Fundorten in Rückershagen (1449?) und St. Veit, Unterregenbach (um 1480?) wohl im 3. Viertel des 15. Jahrhunderts verlegt.

Literatur
TH. SANDEL, Kirchberg a. d. Jagst. Schicksal einer hohenlohefränkischen Stadt I, Nürnberg 1936, 24–73.
E. KEYSER, D.Stb. IV, 2,2, 125–127.
Hist. Stätten VI, Baden-Württemberg, 335.
G. DEHIO, Baden-Württemberg, 246.

Kirchberg, Rhein-Hunsrück-Kreis

Haus Marktplatz 7

Fundumstände
Fliesen und Bruchstücke des Musters H26 fanden sich 1988 bei der Renovierung eines neben der Pfarrkirche gelegenen Hauses im Bauschutt eines nicht unterkellerten Raumes, außerdem ein Fragment ähnlich S68, welches denselben Buchstaben „I" zeigt, wie einige Fliesen der Schmidtburg im Hahnenbachtal[1].

Baugeschichte
„Das Haus wohl um 1700 entstanden; das Dach gegen 1800[2]." Vermutlich stammen die Fliesen aus der kath. Pfarrkirche St. Michael. Sie wurden möglicherweise nach dem großen Brand 1689, bei dem auch die Kirche beschädigt wurde, entfernt. Der Chor der heutigen, auf drei Vorgängerbauten errichteten Kirche wurde um 1460, das Langhaus um 1490 erbaut. Die Fliesen, ganz offensichtlich die Vorlagen für die später in Kloster Disibodenberg verlegten, sind eher erst um 1490 als um 1460 entstanden. Sie fanden sich auch in übereinstimmender Prägung in der ca. 30 km entfernten Burgruine Schmidtburg im Hahnenbachtal.

Literatur
N. GÖHL, Aus Kirchbergs Vergangenheit, Kirchberg 1949, 63–64.
M. BACKES, H. CASPARY, N. MÜLLER-DIETRICH, Kdm Rhein-Hunsrück-Kreis, Bd. 1.1, 569.
G. DEHIO, Rheinland-Pfalz, 447–448.

1 Freundliche Mitteilung von Frau Hildegard Engelmann, Ober-Kostenz.
2 M. BACKES, H. CASPARY, N. MÜLLER-DIETRICH, 569.

Kirchheim unter Teck, Lkr. Esslingen

Ehem. Dominikanerinnen-Kloster St. Johannes Baptista (Finanzamt), Alleenstraße 120

Fundumstände
Unbekannt. Die Fliesen müssen vor 1972 gefunden worden sein[1].

Baugeschichte
Das Kloster wurde zu Beginn des 13. Jahrhunderts von den Herzögen von Teck gestiftet, es gehörte seit 1249 dem Dominikanerorden an. Die Klostergebäude und die Kapelle St. Johannes standen außerhalb der Stadtmauer. 1536 wurde das Kloster aufgehoben und kam an Württemberg. Durch einen Blitzschlag 1626 teilweise zerstört, wurde es anschließend als württembergische Kloster-Hofmeisterei wiederaufgebaut. Die Fliesen gehören dem Ende des 15. oder dem Beginn des 16. Jahrhunderts an. Die etwas grobe Prägung wurde möglicherweise schon in Kirchheim gefertigt. Die große Anzahl von Töpfern, die im 19. Jahrhundert in der Stadt arbeiteten (1842 gab es dort 16 Hafner und 11 Ziegler), lassen vermuten, daß die städtische Töpferei dort bis ins Spätmittelalter zurückgeht (Ziegelstraße außerhalb der Stadtmauer).

Literatur
BOA Kirchheim, 35, 79.
K. MEYER, Aus Kirchheims Vergangenheit, aufgrund handschriftlicher und gedruckter Quellen bearbeitet, Kirchheim u. Teck, 1913, 5–45.
H. SCHWENKEL, 403–404, 428.

1 Herrn Rainer Laskowski, M. A., Kirchheim, gelang es, den Fundort dieser Fliesen zu ermitteln, die zuvor fälschlicherweise für die Limburg über Weilheim in Anspruch genommen wurden.

Kirchheim-Jesingen, Lkr. Esslingen

Ev. Pfarrkirche, ehem. St. Petrus, Cosmas und Damian

Fundumstände
Bei der Restaurierung der Kirche wurde 1912 der „ursprüngliche Fußboden, der teilweise einen Belag von gotischen Tonplättchen besaß" aufgedeckt. Er lag ca. 0,45 m unter dem heutigen Fußboden.[1] Zwölf Fliesen sind heute in die Rückwand des Kanzelpfeilers eingemauert.[2]

Baugeschichte
Die aus einer Kapelle der 1284 erwähnten Propstei des Klosters St. Peter im Schwarzwald hervorgegangene Kirche des 13. Jahrhunderts wird erst 1419 genannt. Sie wurde zu Ende des 15. oder zu Beginn des 16. Jahrhunderts nach Westen erweitert. Die Fliesen stammen aus dieser Zeit.

Literatur
H. CHRIST, H. KLAIBER, Kdm Donaukreis II, 104, 115, Abb. 141.
H. SCHWENKEL, 365–366.
F. QUARTHAL, 1975, 331–334.

1 H. CHRIST, H. Klaiber, 1924, 104.
2 Heimatbuch der Gemeinde Jesingen, 1969, 63, 64.

Kirchheimbolanden, Reg. Bez. Pfalz

„Freihof", Mozartstr. 7

Fundumstände
Die Fliesen wurden 1973 bei einer Kanalgrabung im Hausbereich im Schutt geborgen.

Baugeschichte
Zur Erbauungszeit des Hauses, in dem jeder Schuldige drei Tage lang Zuflucht fand, ist nichts bekannt. Es befand sich

vermutlich schon im 15. Jahrhundert im Besitz der Herren von Stromberg, der späteren Freiherren von Geispitzheim. Auf einen Umbau zu Ende des 16. Jahrhunderts weist das Wappen des Johann Friedrich Faust zu Stromberg und seiner Gemahlin Eva von der Fels mit der Jahreszahl „1589“[1]. Die Fliesen, ein zeitloses Blütenmuster, könnten noch 1589 entstanden sein, sie könnten jedoch auch schon zu Ende des 15. Jahrhunderts verlegt und bei diesem Neubau verworfen worden sein.

Literatur
H. Hopp, Kulturgeschichtliches aus Kirchheims Vergangenheit. Nordpfälzer Gesch.bl. 11, 1905, 74. (Hier wird als Erbauer des Hauses ein Freiherr von Botzheim genannt.)

1 Alle Angaben zur Hausgeschichte verdanke ich Herrn Enders, Stadtarchiv Kirchheimbolanden.

Kleinallmendingen, Alb-Donau-Kreis

Kath. Filialkirche St. Laurentius

Fundumstände
Die Fliese wurde als Einzelstück bei einer vor 1967 ausgeführten Restaurierung gefunden.[1]

Baugeschichte
Von der 1516 mit einem Michaelspatrozinium erwähnten Kapelle blieb nur der spätgotische Chor erhalten, das Langhaus wurde im 18. Jahrhundert durch einen Neubau ersetzt. Die Fliesen, deren Model vermutlich vom selben Meister geschnitten wurden, wie die für die Fliesen (K49) in der Pfarrkirche von Hettingen und der Propsteikirche in Nellingen, dürften im 3. Viertel bis gegen Ende des 15. Jahrhunderts entstanden sein.

Literatur
J. Baum, H. Klaiber, B. Pfeiffer, Kdm Donaukreis I, 51.

1 Freundlicher Hinweis von Herrn Hans Peter Kneer†, Munderkingen.

Kleinern, Gem. Edertal, Kr. Waldeck-Frankenberg

Ev. Pfarrkirche

Fundumstände
Die Fliese wurde als einzige unversehrt, zusammen mit Bruchstücken desselben Musters und unverzierten Fliesen gleicher Größe, bei der Erneuerung der Heizung im Dezember 1980 im Bauschutt unter den Brettern des jetzigen Fußbodens der Kirche gefunden.[1]

Baugeschichte
Über einen Vorgängerbau der 1681–86 durch Graf Christian Ludwig von Waldeck erbauten Kirche ist nichs bekannt. Der Ort muß jedoch schon im 13. Jahrhundert eine Kirche besessen haben, da er 1225 erstmals in Zusammenhang mit dem Pleban Rotholf von Kleinern erwähnt wird.[2] 1688 wurde die Kirche mit Steinplatten gepflastert, offensichtlich wurden auch Fliesen aus dem Vorgängerbau übernommen. Die Fliese, die einzige bis jetzt bekannte aus diesem Gebiet, dürfte in der 2. Hälfte des 13. oder zu Beginn des 14. Jahrhunderts entstanden sein. Möglicherweise wurden die Fliesen im Ort hergestellt. Daß dort Ton gegraben wurde, zeigt eine im 18. Jahrhundert im Dorf vorhandene Ziegelhütte.[3]

Literatur
L. Schluckebier, Des Pfarrers Ludwig Schluckebier Geschichte des Dorfes Kleinern, Gesch.bl. für Waldeck und Pyrmont 34, 1934, 1–47.
G. Dehio, Hessen, 507.

1 Freundliche Mitteilung von Herrn Dr. Volker Brendow, Bad Wildungen.
2 L. Schluckebier, 26.
3 Ebd., 24.

Kleinheppach, Gem. Korb, Rems-Murr-Kreis

Ev. Pfarrkirche, ehem. St. Maria und Anastasius

Fundumstände
Die Fliesen waren am 5.6.1909 noch vorhanden. Gradmann[1] schreibt: „Diese Bretterdecke ... ist neben dem Fußboden von Ziegelplättchen ... das einzig Sehenswerte in der Kirche.“ Bei der letzten Renovierung 1956–57 konnten unter dem 1914 verlegten Plattenboden fast nur noch zerschlagene Fliesen festgstellt werden. Fünf Fliesen wurden unversehrt geborgen.[2]

Baugeschichte
Die 1355 als Kaplanei von Waiblingen gestiftete Kirche wurde im 4. Viertel des 15. Jahrhunderts erneuert. Die an einem Holzbalken der Empore angebrachte Jahreszahl „1480“ könnte auch als Datum für die Verlegung der Fliesen gelten.

Literatur
P. Keppler, 379.
E. Paulus, Kdm Neckarkreis, 501.
A. Ritter, Geschichte des Weinorts Kleinheppach, Ludwigsburg 1967, 168–171.
A. Schahl, Kdm Rems-Murr-Kreis I, 517–520.

1 A. Schahl, 1983, Bd. 1, 518. Bericht von E. Gradmann im LDA Stuttgart. Das Muster ist durch eine Federzeichnung von J. Cades (1918) überliefert (LDA Stuttgart).
2 Freundliche Mitteilung von Herrn Eugen Reinhard, der die Fliesen rettete.

Kleinmariazell, BH Baden, Niederösterreich

Ehem. Benediktiner-Klosterkirche Mariae Himmelfahrt, heute kath. Pfarrkirche

Fundumstände
Die Fliese wurde 1964 vor dem Südportal der Kirche beim Ausgang zum Kreuzgang gefunden.

Baugeschichte
Das von Kloster Niederaltaich aus besiedelte, 1136 durch Markgraf Leopold III. als Stiftung der Brüder Heinrich und Rapoto von Schwarzenburg-Nöstach begründete Kloster wurde 1782 aufgehoben, die Klostergebäude, mit Ausnahme

des Kreuzgangs und einer romanischen Halle, um 1960 abgetragen. Die im 12. Jahrhundert erbaute, nach Brand 1250 umgebaute und 1256 neugeweihte Kirche wurde 1562–1782 barock verändert. Die Fliese, die ebenfalls in Stift Lilienfeld gefunden wurde, fügt sich von der Thematik her ausgezeichnet in die um die Mitte des 13. Jahrhunderts errichteten Bauten. Die plumpe Prägung und das Eckornament weist dagegen eher ins 15. Jahrhundert. Sie könnte entstanden sein, als nach erneuten Ungarneinfällen 1466 Renovierungsarbeiten notwendig wurden. Zu dieser Zeit wurde auch der westliche Klosterhof gestaltet.

Literatur
D. Frey, Die Kdm des pol. Bezirks Baden (Öster. Kunsttopographie XVIII), Wien 1924, 322–324.
R. K. Donin, Die ehem. Stiftskirche in Kleinmariazell.
Ders., Zur Kunstgeschichte Österreichs. Gesammelte Aufsätze, Wien-Innsbruck-Wiesbaden 1951, 56–71.
Hist. Stätten, Österreich I, 352–353.
G. Dehio, Niederösterreich, 147–148.
R. Feuchtmüller, Kleinmariazell, NÖ, ehem. Benediktinerabtei, Kat. Romanische Kunst in Österreich, Krems 1964, 267–271.
F. Vongrey, 19, Anm. 47.

Klingenmünster, Kr. Südl. Weinstraße

Kath. Pfarrkirche St. Michael, ehem. Benediktiner-Klosterkirche

Fundumstände
Unbekannt. Vermutlich wurden die ersten Fliesen bei den Grabungen und Entwässerungsarbeiten 1928–29 gefunden. Die Fliesen, meist Bruchstücke, werden heute im Aufgang zur ehem. Emporenkapelle St. Nikolaus aufbewahrt. Bei Grabungen im Klostergarten wurden dann 1980 im aufgefüllten Bauschutt erneut Fliesen gefunden.[1] Im Juli 1981 grub man im nördlichen Teil des ehem. Klosterbezirks, an einer Stelle, an der früher zwei frühgotische Häuser standen. Auch hier fand man in einer Tiefe von 1,50 m Fliesenfragmente in drei noch unbekannten Mustern.[2] Darunter befand sich eine unbeschädigte Fliese der Prägung J 36, die später, mit zerbrochenem Model geprägt, in Burg Hain in der Dreieich vorkommt.

Baugeschichte
Die Kirche des wohl schon im 7. Jahrhundert gestifteten Klosters wurde nach Bränden um 1100 neu erbaut. Teile des in den barocken Umbau (1735–37) übernommenen Westbaus und der Emporenkapelle weisen auf Bauarbeiten und Veränderungen im 12., 13. und 15. Jahrhundert. Das Kloster wurde 1491 in ein weltliches Chorherrenstift umgewandelt, 1525 im Bauernkrieg verwüstet, die Klostergebäude bis auf den Ostflügel und Reste des im 12. Jahrhundert erbauten Kreuzgangs abgebrochen. Die Klosterkirche ist seit 1705 Pfarrkirche. Schon 1518 wurde das Kirchenpflaster um 70 cm höhergelegt, vermutlich wurden zu dieser Zeit schon die Fliesen verdeckt oder entfernt, um 1735 wurde der Boden nochmals um 80 cm aufgefüllt. Die Fliesen weisen auf eine Verlegung im 2. Drittel des 13. Jahrhunderts, wobei möglicherweise zwischen den frühen Fliesen wie J 36 und den später, vielleicht aus Kloster Lorsch bezogenen Fliesen H 267, ein Zeitraum von 20/30 Jahren liegen könnte. Die auch in Kloster Eußerthal gefundenen Fliesen H 67 und P 47 könnten, wie dort, im 6. Jahrzehnt des 13. Jahrhunderts entstanden sein. Ob die Fliesen in Klingenmünster gefertigt wurden, ist nicht sicher; auf jeden Fall zeigen die Fliesen des Klosters, der nahen Burg Landeck und der dem Kloster seit 1223 inkorporierten Kirche in Gleiszellen dieselben Muster.

Literatur
A. Eckardt, Kdm Bez. Amt Bergzabern, 215–272.
Hist. Stätten V, Rheinland-Pfalz, 175–176.
K. R. Müller, Eine unbekannte Ansicht von Klingenmünster (um 1620), Pfälzer Heimat 28, 1977, 128–143, ebd., 30, 1979, 51–64.
G. Dehio, Rheinland-Pfalz, 463–464.

1 Freundliche Mitteilung von Herrn Albert Schwarz, Rülzheim. Bei den Grabungen entdeckte man einen sehr sorgfältig gefügten Steinplattenboden (Einzelplatte 40 × 80 cm). Auf diesem lag ca. 0,60 m hoch Bauschutt, mit den Fliesenfragmenten vermischt, darüber ca. 0,40 m übereinandergeschichtete Dachziegel und Erde.
2 Alle Angaben über diese Grabung und die Funde verdanke ich Herrn Pfarrer Erhard Winter, Klingenmünster.

Burgruine Landeck

Fundumstände
Die Fliesen wurden bei den nach 1964 begonnenen Sicherungsarbeiten an der Ruine geborgen.[1]

Baugeschichte
Die um 1200 zum Schutz der Abtei Klingenmünster errichtete Reichsburg, war als Lehen 1237 in der Hand der Grafen von Leiningen. Nach deren Aussterben 1289 wechselten die Besitzer, bis durch Kauf 1485, 1570 und 1709 alle Teile an Kurpfalz kamen. Die im wesentlichen in der 1. Hälfte des 13. Jahrhunderts ausgebaute Burg erhielt vor 1407 einen neuen Wohnbau im östlichen Teil, um 1421 das südliche Wohngebäude. Sie wurde 1525 im Bauernkrieg beschädigt und 1689 von den Franzosen zerstört. Die Fliese, deren zerbrochener Model später noch in eine größere Platte geprägt wurde, die sich im Dieburger Fehlbrandschutt fand, zeigt die typische Zackenrändelung, wie sie andere Fliesen aus Speyer und Pforzheim aufweisen.[2] Sie müßte im 3./4. Jahrzehnt des 13. Jahrhunderts verlegt worden sein.

Literatur
J. G. Lehmann, Bd. 1, 263–304.
A. Eckardt, Kdm Bez. Amt Bergzabern, 288–300.
Hist. Stätten V, Rheinland-Pfalz, 175–176.
G. Stein, 1976, 55–65.
Kat. Burgen der Pfalz, 114–117.
G. Dehio, Rheinland-Pfalz, 465–466.

1 Für den freundlichen Hinweis auf diesen Fund danke ich Herrn Albert Schwarz, Rülzheim.
2 Vgl. Text S. 100.

Klosterkumbd, Rhein-Hunsrück-Kreis

Ehem. Zisterzienserinnen-Kloster St. Maria

Fundumstände
Die erste Nachricht über die Fliesen findet sich bei Zillesen: „Hier stieß man beim Ausbrechen von Backsteinen – angeblich zwei Stockwerke tief – auf einen Fußboden aus großen Tonplatten, die z. T. Figuren an der Oberfläche gehabt haben sollen (eine in der Sammlung 3½ cm dick, 30 cm breit, 41 cm lang)."[1] Ferner berichtet er von Funden auf dem Kloster-

gelände: „Die Wege im Garten waren mit Fußboden-Ziegelplatten bedeckt, die meist auf dem Boden der Klosterkirche gelegen hatten. Sie waren meist glatt, teils trugen sie Verzierungen mit Lilienmustern, Sternen, Vögeln, springenden Hirschen, Blättern und gotischen Bögen."[2] Diese Fliesen sind heute alle verloren, sie können aufgrund der in Ravengiersburg gefundenen Muster, mit Ausnahme der „Vögel", erschlossen werden. Gesichert ist lediglich ein Muster,[3] hier kann es sich nur um R29 handeln.

Baugeschichte

Das als Tochterkloster von Marienhausen/Rheingau für adlige Nonnen 1183 durch Heinrich von Dick gestiftete Kloster wurde 1196 bestätigt. Über seine Baugeschichte ist nichts bekannt. Es wurde nach Einführung der Reformation (1566) schon 1574 aufgehoben, nach 1598 als Hospital benutzt. 1706 war die Kirche nicht mehr benutzbar, die Klostergebäude waren vermutlich im 30jährigen Krieg zerstört worden. Obwohl Kumbd Kloster Eberbach unterstellt war, scheint es doch nicht Eberbacher Fliesen verlegt zu haben, sondern die des nahen Augustinerchorherren-Stifts Ravengiersburg. Diese dürften zwischen 1240–60 entstanden sein. Für die von Zillesen beschriebenen großen Platten gibt es keine Vergleichsbeispiele.

Literatur

A. Zillesen, Zur Geschichte des Hunsrücks, Hunsrücker Erzähler, Beil. zur „Hunsrücker Ztg." 1906, 168.
Hist. Stätten V, Rheinland-Pfalz, 64.
W. Wagner, 29–35, 44–46.
M. Backes, H. Caspary, N. Müller-Dietrich, Kdm Rhein-Hunsrück-Kreis, Bd. 1.1, 585–588.

1 A. Zillesen, 168.
2 Ebd., 188. Einige der hier beschriebenen Muster finden sich, (Ankaufsdatum und Herkunft unbekannt), in der Sammlung des Museums Gotha. Eine Sicherheit, daß es sich um die Fliesen aus Chumbd handelt, gibt es nicht, da die in Kloster Dierstein geborgenen Muster dieselben sind und ebenfalls schon im 19. Jahrhundert (1881) aufgedeckt wurden. Sowohl in Gotha wie im Museum Wiesbaden fehlen jedoch die Fliesen mit Vogelmuster.
3 M. Backes, H. Caspary, N. Müller-Dietrich, 588: „Zwei Tonfliesen, beide mit lilienbesetztem Andreaskreuz in diagonal verbundenen Quadraten. Außen Zickzackmuster und Randlinie. Quadratisch mit 8,2 cm Seitenlänge. Die Stärke schwankend zwischen 2,5 und 3 cm. Abgeschrägter Rand. Gelblichgrauer Ton mit grauen Einschlüssen. *Reste einer dunkelgrauen Glasur.* Vielleicht aus der ersten Bauzeit."

Klosterneuburg, BH Wien, Niederösterreich

Ehem. Augustiner-Chorherrenstift, „Thomasprälatur"

Fundumstände

Nach Essenwein[1] lagen 1862 „vor nicht sehr langer Zeit" noch „Bruchstücke von Ziegelfußböden in dem Gebäude der alten Prälatur". Zu diesen Fliesen gehörte das Rautenmuster W46, die Herkunft der Fliese L2 ließ sich nicht mehr ermitteln. In einem Erker der Prälatur fanden sich außerdem ungemusterte Rautenfliesen, die zu einem kunstvollen Sechseckmuster zusammengefügt waren.[2] Bei den gemusterten Fliesen hatte sich in beiden Fällen die mittelalterliche Inkrustierung noch erhalten. Weitere sechseckige Bodenplatten, von denen nicht angegeben wurde, ob sie ein Muster zeigten, fand man bei der Restaurierung der an der Ecke der West- und Südseite des Kreuzgangs gelegenen Wehinger-Kapelle.[3]

Baugeschichte

Das urkundlich 1108 erstmals erwähnte, wohl von Markgraf Leopold III. gestiftete Hauskloster, wurde 1133 in ein Augustiner-Chorherrenstift umgewandelt, seine Kirche 1114–36 erbaut. Als einzige gesicherte Baunachricht ist der Baubeginn des Südwestturms 1394 überliefert. Nach einem Brand 1158 scheinen Umbauten vorgenommen worden zu sein, ein zweiter verheerender Brand zerstörte 1318 das Kloster. Der Wiederaufbau erfolgte ab 1323 unter Abt Stephan v. Sierndorf (1317–35), die Wiederherstellung des Dormitoriums erst unter Propst Ortholph (1349–71). Die barocken Umbauten galten vorwiegend der Innenausstattung, die Türme erhielten ihre endgültige Form erst 1887–92. Die „Thomasprälatur" an der östlichen Seite des Kuchlhofes, ein Bau des 12. Jahrhunderts, wird 1385 erstmals erwähnt. Sie besaß eine Doppelkapelle, die in gotischer Zeit Maßwerkfenster erhielt und 1609 umgebaut wurde. Die „Wehingerkapelle" wurde 1394 geweiht. Eine sichere Datierung der Fliese W46 ist nicht möglich. Sie dürfte jedoch kaum vor dem 13. Jahrhundert entstanden sein. Möglicherweise gehört sie in die Zeit der großen Blüte Klosterneuburgs, als unter dem Babenberger Herzog Leopold IV. (1195–1230) die „Capella speziosa" der Burg erbaut wurde. L2 stammt möglicherweise aus der Zeit des Wiederaufbaus nach 1323. Ein „zieglhoff" im Kloster wird ausdrücklich 1344 erwähnt.[4]

Literatur

L. Ernst, L. Öscher, BDM des Mittelalters im Erzherzogtum Österreich III. Stift Klosterneuburg, Wien 1847, Blatt 1.
A. Essenwein, 1862, 48–51.
Kat. GNM Nürnberg, 8, A. 44.
K. Drexler, 1–60.
G. Dehio, K. Ginhart, Die Kdm in der Ostmark. Wien und Niederdonau, Wien 1941, 114.
R. Wagner-Rieger, Zur Baugeschichte der Stiftskirche von Klosterneuburg, Jb. des Stiftes Klosterneuburg, N.F. 3, FS für Alphons Lhotsky 1, 1963, 137–179.
F. Röhrig, Klosterneuburg, Wien 1972, 19–27.
A. Klaar, Eine bautechnische Untersuchung des Altstiftes von Klosterneuburg, Jb. des Stiftes Klosterneuburg, N.F. 9, 1975, 7–20.

1 A. Essenwein, 1862, 50, Abb. 8.
2 Ebd., 51, Abb. 9.
L. Ernst, L. Öscher, Blatt 1.
3 K. Drexler, 91, 104. Man versuchte, nach diesen Mustern neue Fliesen herzustellen, der Versuch mißlang. Vgl. hierzu auch die sechseckigen Fliesen aus der nahegelegenen Burgkirche zu Rehberg und aus der Frauenbergkirche in Stein, sowie aus dem Haus Spitalgasse 5 in Krems.
4 Ebd., 15. Der Ziegelhof wurde erst 1834 abgebrochen.

Klütz, Lkr. Grevesmühlen, Bez. Rostock

Ev. Stadtkirche St. Marien

Fundumstände

Die Fliesen waren noch 1898 in situ unter dem Gestühl im nördlichen Seitenschiff der Kirche erhalten, einige scheinen in unbekannter Zeit entfernt worden zu sein. Die restlichen Fliesen sind heute vor dem Altar neu verlegt[1].

Baugeschichte
Für die in der Mitte des 13. Jahrhunderts erbaute Kirche, deren Westturm im 14. Jahrhundert angefügt wurde, sind keine Baudaten aus späterer Zeit überliefert. Das Muster verweist auf eine Verlegung der Fliesen zu Ende des 15. oder in der 1. Hälfte des 16. Jahrhunderts. Analog zu dem ähnlichen Muster im Schloß zu Güstrow wäre jedoch auch eine spätere Prägung möglich; die Kirche erhielt 1587 eine schöne Kanzel.

Literatur
F. Schlie, Kdm Mecklenburg-Schwerin II, 364–365.
G. Dehio, Neubrandenburg/Rostock/Schwerin, 178–179.
G. Baier (u. a.), 54–57 mit Abb.

1 G. Baier (u. a.), 57.

Koblenz

Ehem. Dominikanerkloster und -kirche

Fundumstände
Auf den Seitenschiffsemporen der Liebfrauenkirche lagen 1928 durch einen Holzfußboden verdeckte Fliesen, die aus der Dominikanerkirche stammen sollen.[1] Es handelte sich dabei wahrscheinlich um Fliesen des Musters L36. Weitere Fliesen mit „Rosettenmuster“[2] sollen ins Museum Koblenz gekommen sein. Im Schutt der 1944 zerstörten Dominikanerkirche fanden sich weitere vier Fliesenmuster.[3]

Baugeschichte
Die Kirche des 1233 gegründeten Dominikanerklosters hat eine sich über einen langen Zeitabschnitt hinziehende Baugeschichte. Die Vollendung des ersten Bauabschnitts um 1245 wurde durch Brand verhindert, ein Neubau 1260 geweiht. Der um 1280 begonnene Weiterbau war um 1400 noch nicht abgeschlossen, seine Fertigstellung wurde durch einen zweiten Brand zunichte gemacht. Der erst 1489 abgeschlossene Bau wurde 1688 teilweise umgebaut, verfiel nach der Profanierung 1794 und wurde erst 1872, als die Kirche in ein Lazarett umgewandelt wurde, wieder restauriert. Nach der Zerstörung 1944 wurden die Überreste der Kirche 1955 und 1958 abgetragen. Die Fliesen weisen auf eine Entstehungszeit im 3. Viertel des 13. (I 17, J75, J85) und in der 1. Hälfte bis Mitte des 14. Jahrhunderts.[4] Es ist möglich, daß man die frühen Fliesen aus Kloster Eberbach bezog und für den Weiterbau sich der Töpferei in Urbar bediente. Dort fanden sich auch L36 und die Variante J79.

Literatur
A. Günther, Nr. 3.
F. Michel, Kdm Koblenz, 1937, 228–245, 174.
U. Liessem, Frühester gotischer Bau am Mittelrhein – Gedanken zur Baugeschichte des Dominikanerklosters, Ein Stück Koblenz. Geschichte und Geschichten rund um die „Weißergass“, Koblenz 1983, 13–19.
G. Dehio, Rheinland-Pfalz, 476.

1 A. Günther, Nr. 3: „Bodenplatten mit eingepreßtem gotischen Blätter- und Maßwerkmuster, wie solche früher in der Dominikanerkirche zu Koblenz gelegen und von hier zum Belag der Emporen der Liebfrauenkirche benutzt worden sind.“
F. Michel, 1937, 174: „Sie sind mit einem Muster, ähnlich einem spätgotischen Maßwerk, verziert (nach einer Originalzeichnung von A. W. von Zuccalmaglio im Besitz des Herrn P. Reichensperger).“ Diese Zeichnung war nicht auffindbar.
2 Die einzige Fliese, auf die diese Beschreibung paßt, ist S27. Sie befindet sich, mit unbekanntem Fundort, in der Sammlung des Staatl. Amtes für Bodendenkmalpflege, Festung Ehrenbreitstein, Koblenz.
3 Freundliche Mitteilung von Herrn Udo Liessem, Koblenz.
4 U. Liessem, 16, weist auf einen 1334 erteilten, 1344 bestätigten Ablaß, der mit der Vollendung des 6. Jochs der Kirche den Bau zu einem vorläufigen Abschluß bringt.

Kath. Pfarrkirche, ehem. Stiftskirche St. Kastor

Fundumstände
Die Fliesen sind auf einem um 1880 aufgenommenen Photo erhalten.[1] Sie wurden vermutlich bei der Erneuerung des rechten Seitenschiffes 1893–95 entfernt. Bei einer Grabung 1986 wurden erneut Fliesen gefunden, darunter, neben Plattenmosaik, auch B6. Vermutlich besaß die Kirche einen ähnlichen Belag wie die Klöster Arnstein und Rommersdorf[2].

Baugeschichte
Eine für die Gebeine des hl. Kastors erbaute Kirche wurde 836 im Beisein König Ludwigs d. Frommen geweiht. Unter Propst Buvo (nachweisbar 1147–58) wurde das Chorgeviert neu erbaut, das Langhaus nach Zerstörungen nach 1198. Bei der Weihe 1208 war der Bau noch nicht abgeschlossen. Die Türme wurden wohl erst im 1. Drittel des 13. Jahrhunderts vollendet. Nach dem Kirchenbau erfolgte der Bau der Stiftsgebäude, die nach der Säkularisierung des Stifts 1802 alle abgebrochen wurden. Für weitere Um- oder Neubauten fehlen alle Daten, der Bau des Kreuzgangs wird um 1236 angenommen. Nicht alle Muster lassen sich auf dem Photo eindeutig erkennen. Die sichtbaren Muster weisen ins Ende des 13. oder in die erste Hälfte des 14. Jahrhunderts.

Literatur
F. Michel, Kdm Stadt Koblenz, 1937, 75–86.
H. E. Kubach, A. Verbeek, Bd. 1, 483–489 (mit weiterer Literatur).
G. Dehio, Rheinland-Pfalz, 481–484.

1 Photo im Besitz von Herrn Udo Liessem, Koblenz. Es ließ sich nicht ermitteln, wohin die Fliesen kamen.
2 Der Veröffentlichung durch Herrn Dr. Günter Stanzl, Mainz, soll nicht vorgegriffen werden, für den freundlichen Hinweis danke ich Herrn Udo Liessem, Koblenz.

Kath. Pfarrkirche Liebfrauen

Fundumstände
Nach Bock[1] lagen die Fliesen um 1870 noch in Resten auf den Männerchören, weitere Fliesen wurden nach der Zerstörung 1944 aus dem Schutt der Kirche geborgen[2]. Liessem nimmt an, daß sie schon beim Neubau der Kirche 1428 verworfen wurden. Sie zeigen noch deutlich die sonst nicht mehr erhaltene Inkrustierung der Rillen.

Baugeschichte
Die 1182 erstmals erwähnte, auf Vorgängerbauten errichtete Kirche, wurde vermutlich um 1170 begonnen und wohl erst im 1. Drittel des 13. Jahrhunderts vollendet. Sie erhielt zwischen 1404–30 einen dreischiffigen Chor, 1463–66 sind Arbeiten an den Westtürmen, um 1487 die Neuwölbung des Mittelschiffs bezeugt. Die Fliesen, deren Muster ebenfalls in Urbar gefunden wurde, stammen vermutlich von dort und können im 2. Drittel des 14. Jahrhunderts verlegt worden sein.

Literatur
F. Bock, Die Liebfrauenkirche zu Coblenz, F. Bock, Bd. 2, 24.
F. Michel, Kdm Stadt Koblenz, 1937, 157–185.

H. E. KUBACH, A. VERBEEK, Bd. 1, 489–494 (mit weiterer Literatur).
G. DEHIO, Rheinland-Pfalz, 485–488.

1 F. BOCK, 24.
„Schließlich machen wir noch auf einen interessanten Flurbelag von kleinen gebrannten Steinen aufmerksam, der sich auf den Männerchören in großen Bruchresten vorfindet und der ein frühgotisches immer wiederkehrendes Ornament vertieft eingegraben erkennen läßt, in ähnlicher Formbildung, wie man solche Flurbelegsteine noch heute in einigen romanischen Kirchen in Worms antrifft."
2 Freundliche Mitteilung von Herrn Udo Liessem, Koblenz.

Kath. Pfarrkirche St. Johann, früher Jesuitenkirche. Ehem. Kirche des Zisterzienserinnen-Klosters „in der Leer"

Fundumstände
Nach der Zerstörung 1944 wurden die Fliesen in der Nachkriegszeit aus dem Schutt geborgen.

Baugeschichte
Eine 1242 gestiftete Beginenniederlassung nahm kurz darauf die Zisterzienserregel an und begann um 1255 mit dem Bau einer Kirche, die erst 1290 mit der Weihe des Hochaltars abgeschlossen wurde. Die Nonnen zogen 1580 auf die Insel Nonnenwerth im Rhein, damit die Jesuiten die Klostergebäude übernehmen konnten. In den Neubau 1613–17 wurde der Chor der Kirche miteinbezogen, nach der Zerstörung 1944 nur noch die Westfassade in den Neubau übernommen. Die Fliesen, Eberbacher Muster, die sich z. B. auch in dem Zisterzienser-Nonnenkloster Affolderbach und in Kloster Klarenthal fanden, wurden lange nachgeschnitten. Sie können in Klarenthal nicht vor dem Beginn des 14. Jahrhunderts verlegt worden sein und dürften in Koblenz aus dem letzten Viertel des 13. Jahrhunderts stammen.[1]

Literatur
F. MICHEL, Kdm Stadt Koblenz, 1937, 257–260.
E. COESTER, 303–306.
G. DEHIO, Rheinland-Pfalz, 479–480.
U. LIESSEM, 1985, 67.

1 E. COESTER, 304, verweist auf 1296 und 1299 ausgestellte Ablaßbriefe zugunsten der Ausstattung der Kirche.

Ehem. Deutschordenskommende, Deutsches Eck

Fundumstände
Bei der Restaurierung der Gebäude 1895–98 wurden an mehreren Stellen mittelalterliche Fliesenbeläge aufgedeckt. „Es wurden unglasierte Platten mit einfachen Mustern in Gelb und grünglasierte Platten mit reicheren Mustern gefunden."[1] Diese Fliesen wurden kopiert. „Für den gegenwärtigen Fußbodenbelag sind Tonplatten verwendet, welche die Färbung und die Muster der alten, einfachen Platten tragen."[2]

Baugeschichte
Die 1216 begründete Deutschordenskommende erwarb 1249 Haus und Hof von Ritter Ludwig von Rüdesheim und errichtete darauf eine schon 1251 erwähnte Kapelle. Eine nach 1300 erbaute, 1306 geweihte Kirche wurde 1811 versteigert und danach abgebrochen. Eine zweite Kapelle wurde 1354–55 erbaut und 1944 bis auf Teile der Außenmauern zerstört. Der Komplex der Wohngebäude des 13. und 14. Jahrhunderts wurde durch Umbauten zu Beginn des 18. Jahrhunderts stark verändert, Teile davon 1895 zum Staatsarchiv umgebaut, andere während des 19. Jahrhunderts abgerissen. Nach der Zerstörung 1944 wurde nur die Komturswohnung wiederaufgebaut. Da nur ein Muster, L49, mit Sicherheit bekannt ist, sind Angaben über die Verlegung der Fliesen nicht möglich. L49 müßte zur Zeit des Kapellenneubaus um die Mitte des 14. Jahrhunderts entstanden sein und wurde vermutlich ebenfalls in Urbar geprägt.

Literatur
HALTERMANN, Wiederherstellung des ehem. Deutsch-Ordenshauses, Bonner Jb. 103, 1898, 213.
R. FORRER, 1901, Taf. 103, 21.
A. GÜNTHER, Nr. 3.
F. MICHEL, Kdm Stadt Koblenz, 1937, 205–227.
A. WIEDENAU, 1979, 387–388.
G. DEHIO, Rheinland-Pfalz, 476.

1 HALTERMANN, 213.

Ehem. Kurfürstliche Burg an der Mosel, heute Stadtbibliothek und Rheinmuseum

Fundumstände
Unsicher. Die Fliesen sollen aus einer „alten Burg in oder bei Koblenz" stammen. Es wäre möglich, daß es sich um die kurfürstliche Burg handelt, da sonst wohl der Name der Burg mitüberliefert worden wäre.[1]

Baugeschichte
Die unter Erzbischof Heinrich von Vinstingen ab 1277 erbaute Burg wurde unter Erzbischof Balduin von Lützelburg zwischen 1334–40 erweitert und erhielt unter Erzbischof Otto von Ziegenhain (1418–30) ein als Kapelle dienendes Obergeschoß und einen Westturm. Weitere Anbauten erfolgten unter Kurfürst Johann von der Leyen (1556–67), ein Erweiterungsbau unter Kurfürst Johann Hugo von Orsbeck (1676–1711). Ein Teil der Gebäude wurde im 19. Jahrhundert abgebrochen. Die Muster der Fliesen würden sich noch in die Erbauungszeit der Burg, das 4. Viertel des 13. Jahrhunderts einfügen, die Model gehören jedoch meist dem 3. Viertel des 13. Jahrhunderts an. Die Fliesen könnten noch aus dem Vorgängerbau, dem Stammhaus der Herren von der Arken, herrühren. Es fällt auf, daß es sich hierbei meist um Wormser Muster handelt. Eine Verschiffung von dort wäre nicht auszuschließen.

Literatur
J. MAECKLER, Die Wiederherstellung der kurfürstlichen Burg in Koblenz, Bonner Jahrb. 106, 1901, 159–172.
F. MICHEL, Die kurfürstliche Burg zu Koblenz, 1928.
Ders., Kdm Stadt Koblenz, 1954, 80–94.
U. LIESSEM, Die „alte Burg" in Koblenz. Eine bau- und kunsthistorische Studie, Burgen und Schlösser 16, 1975, I, 21–33.
H. E. KUBACH, A. VERBEEK, Bd. 1, 494–495.
G. DEHIO, Rheinland-Pfalz, 489.

1 J. MAECKLER, 159–172, macht in seinem Bericht über die Wiederherstellung der Burg keine Angaben über Fliesenfunde. Nach freundlicher Mitteilung von Herrn Udo Liessem, Koblenz, steht auch in den erhaltenen Bauakten nichts über Fliesenfunde.

Koblenz-Arzheim

Kath. Pfarrkirche St. Adelgundis

Fundumstände
Ein Fliesenbruchstück wurde 1968 im Chor gefunden. Es zeigt keinerlei Abnützungsspuren.

Baugeschichte
Vorgängerbauten der Kirche werden um 1000 und um 1200 erwähnt. An einen in der ersten Hälfte des 15. Jahrhunderts erbauten Chor wurde 1900–01 ein Langhaus und 1970–71 ein südlicher Erweiterungsbau angefügt. Die Apsis, ein Chorjoch und der Westturm wurden in diesen Bau übernommen. Die Fliese L3 kann nicht mehr im 15. Jahrhundert entstanden sein. Sie müßte eher zu Ende des 13. oder in der ersten Hälfte des 14. Jahrhunderts verlegt worden sein.

Literatur
H. E. KUBACH. F. MICHEL, H. SCHNITZLER, Kdm Lkr. Koblenz, 60–63.
G. DEHIO, Rheinland-Pfalz, 46.

Koblenz-Lützel

Ehem. St. Peterskirche am Rheinufer

Fundumstände
Ein Fliesenbruchstück wurde 1970 in einer Scherben- und Schuttansammlung am Rheinufer in der Nähe des Standorts der ehem. Kirche, zusammen mit Gebrauchskeramik des 17. Jahrhunderts, gefunden. Liessem[1] vermutet, daß der Schutt aus der Kirche stammt.

Baugeschichte
Die 1218 erstmals erwähnte Kirche wurde um 1570 neu erbaut, 1632 zerstört und nach 1638 wiederhergestellt. Aus strategischen Gründen wurde sie 1688 ganz abgebrochen. Die Fliese, ein Muster des Klosters Eberbach, kann, je nach Qualität der Prägung, zwischen dem Ende des 13. und dem 3. Viertel des 14. Jahrhunderts verlegt worden sein.

Literatur
F. MICHEL, Kdm Stadt Koblenz, 1937, 308.

1 Freundliche Mitteilung von Herrn Udo Liessem, Koblenz, dem ich die Fliesenfunde in Koblenz-Arzheim, Koblenz-Lützel und Koblenz-Rübenach verdanke.

Koblenz-Moselweiss

Kath. Pfarrkirche St. Laurentius

Fundumstände
Die Fliesen müssen im 19. Jahrhundert noch sichtbar gewesen sein, da sich im Skizzenbuch de Noëls[1] drei Zeichnungen von Fliesen aus Moselweiss erhalten haben. Ein Teil dieser dort abgebildeten Fliesen ist heute verloren. Beim Einbau einer Heizung und der Instandsetzung der Kirche 1932 wurden Fliesen des Musters D27 gefunden, von denen eine in die Südwand des Chors eingemauert wurde.[2]

Baugeschichte
Die Kirche wurde, wahrscheinlich unter Übernahme eines älteren Turmes, nach 1201 begonnen, jedoch wohl erst einige Jahrzehnte später eingewölbt und vollendet. Im 19. Jahrhundert wurde das Langhaus nach Westen erweitert, vermutlich wurden bei dieser Gelegenheit die Fliesen entfernt. Die auch im Kapitelsaal des Klosters Rommersdorf[3] vorkommende Fliese D27 stammt sicher aus der Erbauungszeit, für die nur durch Zeichnung erhaltenen Fliesen (vermutlich die Muster L3, T8 und H239? kann dies nur für T8, die ebenfalls in Kloster Arnstein vorkommt, mit Sicherheit gesagt werden.

Literatur
F. WOLFF-METTERNICH, Die Ausmalung der kath. Pfarrkirche zu Koblenz-Moselweiß, Rhein. Heimatpflege Bd. 6, 1934, 131–133.
F. MICHEL, Kdm Stadt Koblenz, 1937, 310–313.
H. E. KUBACH, A. VERBEEK, Bd. 2, 795.
G. DEHIO, Rheinland-Pfalz, 507.

1 U. THIEME, F. BECKER, Künstler-Lexikon 25, Leipzig 1931, 499. MATHIAS JOSEPH DE NOËL, Kunstschriftsteller und Sammler, Maler und Zeichner, Köln (1782–1849). Das Skizzenbuch befindet sich im Kupferstichkabinett des WRM Köln, die Fliesen kamen ins Diözesanmuseum Trier und sind heute nicht mehr auffindbar.
2 F. MICHEL, 1937, 313.
3 Das Kloster besaß einen Hof in Moselweiß.

Koblenz-Rübenach

Wohnturm der Frh. von Eltz-Rübenach, Burgstr. 2

Fundumstände
Fliesen in zwei Mustern wurden bei der Restaurierung 1978 geborgen.

Baugeschichte
Der Wohnturm muß um 1250 oder kurz danach erbaut worden sein, da der zwischen 1264 und 1270 genannte Richard, Vogt zu Rübenach, bereits mit dem bestehenden Bau belehnt war.[1] 1678 wurde er umgebaut. Die Fliesen, Eberbacher Muster der frühen Periode, weisen auf eine Verlegung vor oder nach der Mitte des 13. Jahrhunderts.

Literatur
H. E. KUBACH, F. MICHEL, F. SCHNITZLER, Kdm Lkr. Koblenz, 294–298.
U. LIESSEM, 1979, 65–71, 68, Abb. 10.
G. DEHIO, Rheinland-Pfalz, 882.

1 U. LIESSEM, 1979 I, 65.

Köln

Domplatz

Fundumstände
Die Fliese wurde 1970 bei den Grabungen für den U-Bahn-Bau westlich des Domes als Streufund ca. 3 m südlich des karolingischen Pfeilers 998 geborgen. Es ist nicht gesichert, ob sie tatsächlich aus dem Dom stammt.[1]

Baugeschichte
Die Fliese könnte aus dem „Alten Dom" stammen, der wohl 870 geweiht und in der Zeit Erzbischofs Bruno (953–965) erneuert, nach 1050 zu einer fünfschiffigen Basilika erweitert wurde. Der alte Dom wurde bis 1322, teilweise bis ins 15. Jahrhundert benützt. Er besaß kostbare Böden aus Plattenmosaik, die vermutlich in den neuen Dom übertragen wurden.[2] Es wurden jedoch bis jetzt keine gemusterten Fliesen gefunden. Fliesen dieses Musters fanden sich außer in Köln nur auf Burg Lach, Rüdesheim und in St. Peter, Bacharach. Es könnte sich deshalb bei C33 um ein durch Kloster Eberbach vermitteltes Muster handeln. Möglicherweise besteht jedoch hier eine Verbindung zu dem westlich des Doms gelegenen St. Andreasstift, dem die Peterskirche in Bacharach inkorporiert war und dessen Kanoniker jeweils die Pfarrherren von St. Peter stellten. Die Fliese könnte außerdem aus den ehem. westlich des Doms gelegenen Stiftshäusern stammen. Da die Fliese frühestens um 1230/40 entstanden sein kann, wahrscheinlich jedoch eher später geprägt wurde, ist es fraglich, ob kurz vor der Grundsteinlegung des neuen Doms 1248 oder in der Zeit nach Baubeginn dort noch Fliesenböden verlegt wurden.

Literatur
P. Clemen, H. Neu, F. Witte, Kdm Köln VI,3, 391–398.
A. Verbeek, 42–47.
G. Dehio, Rheinland, 304–306, 322–327.
H. Kier, 1970, 105–108, Abb. 25–31, 125–127, Farbtaf. II.
H. Kier, U. Krings, 138–153 (bearb. von A. Wolff).

1 Freundliche Mitteilung von Herrn Dr. Peter la Baume †, Köln.
2 Ausführliche Beschreibung der Plattenmosaiken und der Grabungsergebnisse bei H. Kier, 105–109.

Kath. Pfarrkirche St. Aposteln, ehem. Kollegiatsstiftskirche

Fundumstände
Die Fliesen fanden sich 1965 bei der Erneuerung des Drainagesystems an der Nordseite des Westturms der Kirche. Die Tonfliesen lagen an den Stufen der Treppe, die vom Westquerschiff zu der 1643/44 zugeschütteten Krypta führte. Sie gehört nach Schaefer[1] der Erweiterung des nördlichen Winkelbaus an. Bei dem aus ca. 600 Fliesen bestehenden Bodenbelag[2] handelt es sich vorwiegend um glatte Platten aus rotem und schwarzgrauem Ton. Spuren einer Bemalung aus weißem Pfeifenton waren noch an einigen Stellen sichtbar (Quadrat als Betonung der Randlinie). Vermutlich trugen die stark abgetretenen Fliesen früher weitere Darstellungen. Die Greifenfliese F36, mit deutlich sichtbarer Prägung und Spuren von weißer Bemalung, fand sich in einem Exemplar, der Vierstern S39 auf 20 Fliesen. Leider wurde bei der Aufdeckung des Bodens keine Zeichnung gefertigt, die Anordnung und Farbverteilung der Fliesen festhielt.

Baugeschichte
Die unter Erzbischof Pilgrim (1021–36) auf einer vor 965 errichteten Apostelkapelle erbaute Kirche eines Kollegiatsstifts erhielt im 3. Viertel des 12. Jahrhunderts einen Turmchor. Vermutlich veranlaßte ein Brand 1192 den Neubau des östlichen Dreikonchenchors, an den sich die Wölbung des Langhauses 1219, die Vollendung von Langhaus und Westquerhaus bis gegen 1230 anschloß. Der Apostelchor im Westen wurde 1643/44 ausgebrochen, die Vorhalle des nördlichen Seitenschiffs 1786, die Stiftsgebäude und der Kreuzgang nach 1802 abgerissen. Die starke Abnützung der Fliesen spricht für ein langes Liegen des Bodens, so daß die Vermutung Schaefers[3], daß der nördliche Winkelbau erst im frühen 19. Jahrhundert abgebrochen wurde, sicher richtig ist. Die Fliesen, bei denen es sich auf Grund des schlecht gekneteten und mangelhaft gebrannten Tonmaterials und der noch unsicheren Prägetechnik vermutlich um frühe Versuche zur Fliesenherstellung handelt, könnten im 1. Drittel des 13. Jahrhunderts entstanden sein. Sie wären, nach dem heutigen Stand der Funde, somit die frühesten gemusterten Tonfliesen in Köln.

Literatur
W. Ewald, H. Rathgens, Kdm Köln I, 4, 102–162.
A. Verbeek, 47–48.
G. Dehio, Rheinland, 327–331.
L. Schaefer, Der Westchor von St. Aposteln in Köln. Ein Beitrag zur Rekonstruktion der frühromanischen Kirche, Beitr. zur Rhein. Kunstgesch. und Denkmalpflege. FS R. Wesenberg (Die Kdm des Rheinlandes, Beih. 16), Düsseldorf 1970, 1–28.
H. E. Kubach, A. Verbeek, Bd. 1, 513–522 (mit umfassender Literaturangabe).
H. Kier, U. Krings, 30–31, 183–208 (bearb. von G. Stracke, W. Schäfke).
N. Nussbaum, St. Aposteln in Köln, Köln 1985, 2–23.

1 L. Schaefer, 5–9, nimmt auf Grund der Grabungsbefunde an, daß zwei Winkelbauten die Verbindung zwischen Kirche und Krypta herstellten.
2 Freundliche Mitteilung von Herrn Dr. Werner Jüttner, Köln. Die als Raubgrabung geborgenen Fliesen wurden dem Museum erst später angeboten.
3 L. Schaefer, 9.

Ehem. Kartäuserkloster und Klosterkirche St. Barbara

Fundumstände
Kloster und Kirche hatten reichen Fliesenschmuck. Wie dieser aussah und wann er verschwand, läßt sich nur noch teilweise klären. Merlo[1] berichtet 1886: „die ganze Kirche und das Odaeum (Sänger- oder Musikbühne) waren mit einem mosaikartigen Estrich belegt." In einem Bericht, den Domvikar Alexander Schnütgen bei einer Besichtigung niedergeschrieben hatte,[2] heißt es von einem Gebäude, an dem sich die Jahreszahl 1541 erhalten hatte: „Die gemusterten Bodenfliesen, die sich in einigen Exemplaren noch vorfinden – das bekannte ovale Weckdessin, von dem je vier Plättchen das ganze Muster bilden – reichen aber noch bis an den Anfang des 16. Jahrhunderts zurück." Einige Fliesen fanden sich beim Ausräumen der zerstörten Brunnenschächte. Sie sind auf einem um 1925 entstandenen Photo[3] erhalten. Vermutlich wurden sie gefunden, nachdem Kloster und Kirche 1922 der ev. Kirchengemeinde Köln übergeben und ab 1923 instand gesetzt wurden. Einige Fliesen des Kunstgewerbemuseums Köln legen durch ihr Muster die Vermutung nahe, daß sie ebenfalls aus dem Kartäuserkloster stammen. Nach den Angaben von Merlo und Schnütgen dürfte es sich bei dem „mosaikartigen Estrich" um einen Belag aus Plattenmosaik gehandelt haben. Wäre das Material kostbarer gewesen, d. h. hätte es wie in anderen Kölner Kirchen aus Marmor bestanden, hätten sie dies sicher erwähnt.

Baugeschichte
Die um 1334/35 durch Erzbischof Walram von Jülich gestiftete Kartause erhielt ab 1365 eine 1393 geweihte Kirche.

Die Klostergebäude entstanden ebenfalls in der 2. Hälfte des 14. Jahrhunderts. Das Kapitelhaus wurde nach Brand 1451–55 neu erbaut. Eine Marienkapelle wurde 1427 geweiht, die 1425 geweihte Engelskapelle 1510–11 durch eine Sakristei ersetzt. 1488–89 entstand das Priorat, das Refektorium der Patres wurde um 1502 neuerbaut. Drei Fußböden sind urkundlich erwähnt, die vom Herzog von Jülich für das in der 2. Hälfte des 14. Jahrhunderts errichtete Refektorium gestiftete „Pflasterung[4], der 1481 durch einen Petrus Büllesheim gestiftete Plattenbelag der Kirche[5] und der in der Zelle des hl. Bruno 1534 verlegte Boden[6], bei dem extra betont wird, daß er aus „gebrannten Steinen" besteht. Ein Teil der Klostergebäude wurde nach 1794 abgerissen, der Rest im 2. Weltkrieg zerstört, die Kirche schwer beschädigt. Da die Fliesen keinem bestimmten Bau sicher zugeordnet werden können, ist ihre Datierung schwierig. Die nur durch Zeichnung überlieferte Fliese J 47 (?) müßte aus der allerersten Bauperiode stammen und noch im 14. Jahrhundert verlegt worden sein.
Die Fliese H 29, vermutlich aus derselben Werkstatt wie H 31 mit dem Wappen Hardenrath, ist durch diese in das letzte Drittel des 15. Jahrhunderts datiert. Sie könnte aus der Kirche stammen und zu dem 1481 verlegten Boden gehören. Die Wappenfliesen, deren Bestimmung wegen der starken Zerstörung der Muster schwierig ist, können auf Grund der Tartschenform erst im 16. Jahrhundert entstanden sein. Die 1511 vollendete Sakristei wurde von dem kaiserlichen Rechenmeister Nikasius Hackeney und dem Bürgermeister Johannes Hardenrath gestiftet, die in ihren Häusern und in der von letzterem erbauten Kapelle in St. Maria im Kapitol ebenfalls Wappenfliesen verlegen ließen. Bei den gefundenen Fliesen läßt sich trotz der starken Abnutzung erkennen, daß es sich nicht um die Wappen Hackeney, Hardenrath oder von Merle handelt[7].

Literatur

J. J. Merlo, Kunst und Kunsthandwerk im Kartäuserkloster zu Köln, Ann. Niederrhein 45, 1886, 1–52.
L. Arntz, H. Neu, H. Vogts, Kdm Köln VIII 3a, 137–177.
F. Mühlberg, Kartäuserkirche St. Barbara in Köln, Neuss 1956, 2–15.
A. Verbeek, 54.
G. Dehio, Rheinland, 344–345.
M. Zadnikar, A. Wienand, Die Kartäuser. Der Orden der schweigenden Mönche, Köln 1983, 312–313.

1 J. J. Merlo, 5.
2 Ebd., 9. Vermutlich handelt es sich hierbei um den im Obergeschoß des Kapitelhauses verlegten „Ziegelfußboden".
3 Freundlicher Hinweis von Herrn Dr. Albert Verbeek †, Bonn. Das Photo, sowie Zeichnungen zweier weiterer Fliesen, liegen im Rhein. Amt für Denkmalpflege, Pulheim. Es gelang bis heute nicht, sie wiederaufzufinden, so daß die Wappenfliesen nicht in den Katalog aufgenommen werden konnten.
4 Arntz-H. Rathgens, 144. Für das Refektorium werden 1362, 1365 (über 1000 Goldgulden), 1373 und 1375 großzügige Spenden gemacht, 1436 wird der Saal abermals erneuert.
5 J. J. Merlo, 36. Chronologie Carthusiae Coloniensis, 1481, Petro de Bulleshem: „Denique totam ecclesiam cum odaeo pavimento tesselato ... exornavit."
6 Ebd., 43: „Anno 1534 pavimentum in scello s.p. Brunonis novum fuit stratum e coctis lapidibus."
7 Kapitelhaus, Bibliothek und benachbarte Gebäude wurden nach einem Brand 1451 bis gegen 1455 neu erbaut. Dieser Bau wird durch eine Stiftung des Patriziers Johannes Rinck ermöglicht. Wappenfliesen mit dem Rinckschen Wappen kamen um 1910 in die Museen von Düsseldorf, Köln und Oldenburg. Diese können natürlich auch aus einem der anderen, von der Familie Rinck geförderten Bauten stammen.

Ehem. kath. Pfarrkirche St. Kolumba, Brückenstr./Kolumbastr. Ehem. St. Georgskapelle Hochaltar

Fundumstände

Fliesen des Musters B 46 tauchten schon vor 1901 in Köln auf, ohne daß der Fundort heute noch bekannt ist. Möglicherweise wurden, als die St. Georgskapelle um 1890 mit Fliesen von Villeroy & Boch, Mettlach, versehen wurde, schon mittelalterliche Fliesen geborgen. Bei den Ausgrabungen 1974–76 fand man an der Stelle der ehem. St. Georgs- oder „Wasserfaß"-Kapelle Fliesen der Muster B 46 und L 21.1, Bruchstücke und Fliesen des Musters S 29.1 waren in zweiter Lage im Unterbau des Hochaltars vermauert.

Baugeschichte

Die 1945 zerstörte und nur durch eine kleine Kapelle in der Ruine des Turmstumpfes („Madonna in den Trümmern") weiterlebende Kirche, war der 5. Bau. Der erste wurde vermutlich schon vor 850 errichtet, ihm folgten Erweiterungsbauten um die Mitte des 11., in der ersten Hälfte des 12. und in der 1. Hälfte des 13. Jahrhunderts.[1] Die Fliesen stammen mit Sicherheit erst aus dem 1457–63 nach Norden und um 1500 nach Süden erweiterten Bau. Dieser zog sich lange hin, Stiftungen für den Bau wurden noch 1533 gemacht.[2] Die St. Georgs-Kapelle im Norden der Kirche wurde von Goddaert von d. Wasserfaß d. Ä., von 1437–62 Bürgermeister in Köln, vor 1489[3] gestiftet. Die Fliesen wurden wohl schon früh verdeckt, 1704 wurde der Fußboden der Kirche um einen Fuß erhöht und neu beplattet. Die Fliesen S 29.1, in der 2. Hälfte des 16. oder zu Beginn des 17. Jahrhunderts entstanden, müssen schon vor 1720 im Hochaltar des Johann Franz van Helmont vermauert worden sein. Aus St. Kolumba können auch die Fliesen mit den Wappen der Familie Rinck (G 57, G 58) stammen, deren Herkunft immer noch unbekannt ist. Sie wurden, in Analogie zu den Fliesen G 59–G 60 im 1. Jahrzehnt des 16. Jahrhunderts geprägt. Das Rincksche Wappen findet sich in St. Kolumba sowohl auf den Schlußsteinen als auch auf einem Glasgemälde auf der Empore.[4]

Literatur

J. J. Merlo, Kunstwerke, gestiftet von der Kölner Patrizierfamilie von Wasserfass, Zs. für christl. Kunst 2, 1889, Sp. 75–80.
W. Ewald, H. Rathgens, Kdm Köln VI,4, 194–209.
G. Dehio, Rheinland, 345.
A. Verbeek, 54.
S. Seiler, Ausgrabungen in der Kirche St. Kolumba in Köln, ZAM 5, 1977, 97–119.
Ders., Führer Köln II, 48–56.
H. E. Kubach, A. Verbeek, Bd. 1, 548–549.
H. M. Schleicher, Bd. 5, 39.

1 S. Seiler, 1977, 104–110. Alle Angaben zur frühen Baugeschichte hier.
2 W. Ewald, H. Rathgens, 200.
3 Ebd., 200. Die Kapelle soll schon vor 1464 entstanden sein. Sie wird von J. J. Merlo, 1886, 76, fälschlicherweise erst seinem Enkel, Goddaert von dem Wasserfasse, zugeschrieben. Die Familie führt jedoch drei goldene Wasserkübel im blauen Feld im Wappen (A. Fahne, Bd. 1, 443).
4 Ebd., 200. „1464 stiftet Johann Rinck Messen auf dem Marienaltar in der von ihm erbauten Kapelle." Peter Rinck hinterläßt 1500 in seinem Testament zweihundert oberländische Gulden für den Kirchenbau.

Ehem. Margarethenkloster, Auf der Burgmauer

Fundumstände
Bei der Grabung auf dem Gelände des ehem. Margarethenklosters konnte 1981 ein anscheinend ungestörtes Stück des Fußbodens (ca. 90 × 80 cm) aufgedeckt werden. Die Fliesen, in der Nische der nördlichen Wandvorlage, aus rotem und grauem Ton schachbrettartig verlegt, zeigten nur ein Muster.[1] Sie waren teilweise sehr abgelaufen, waren also wohl lange Zeit in Benützung.

Baugeschichte
Das Kloster, dessen Gründungsdatum unbekannt ist, wird im Zusammenhang mit dem Stadtbrand 1150 erstmals erwähnt. Es wurde nach der Zerstörung wohl um 1190 wieder aufgebaut und vermutlich 1318 durch einen Neubau ersetzt. 1796 wurde es aufgehoben, die Kapelle 1802 säkularisiert und alles 1815 auf Abbruch verkauft. Die Kapelle stand genau in der Achse des Doms und war mit diesem eng verbunden. Die Margarethenbrüder stellten die Totenwache für die Erzbischöfe, das Kloster diente als Hospiz für die Kirchendiener. Größe, Tonmaterial und Prägung der Fliesen weisen auf eine Verlegung des Bodens im 1. Drittel des 13. Jahrhunderts. Es ist nicht sicher, daß die Fliesen schon in Köln hergestellt wurden. Das Muster R 40 fand sich auch in Urbar bei der Aufdekkung eines mittelalterlichen Töpferofens, ganz offensichtlich mit demselben Model geprägt. Da in diesem Ofen und in dem mittelalterlichen Töpferofen in Paffrath jeweils das Muster R 15 aufgedeckt wurde, könnte es sein, daß diese Fliese auch zum Formenbestand der Paffrather Töpferei gehörte.

Literatur
L. Arntz, H. Neu, H. Vogts, Kdm Köln VII, 3 a, 342–345.
K. Goettert, 142.
S. Seiler, Die Ausgrabung am Margarethenkloster im Pfarrsprengel von St. Kolumba, Ausgrabungen im Rheinland 81/82, Bonn 1982, 268–274.

1 S. Seiler, 271, Abb. 157.

Ehem. Herrenstiftskirche St. Maria ad Gradus?

Fundumstände
Beim Neubau des Museums Ludwig, welches teilweise auch auf dem Gelände der 1817 gesprengten Kirche entstand, wurden beim Baggeraushub 1983 Fliesen in zwei Mustern gefunden.[1] Da an dieser Stelle im 19. Jahrhundert sehr viel Erde bewegt und aufgeschüttet wurde, ist es nicht sicher, daß die Fliesen aus der Kirche stammen.

Baugeschichte
Die Kirche wurde schon von Erzbischof Hermann II. von Köln (1036–56) geplant, aber erst durch seinen Nachfolger, Erzbischof Anno (1056–75) erbaut. Sie war vermutlich um 1063 teilweise, 1075 ganz vollendet. Nach einem Brand 1080 wurde sie 1085 neu geweiht. Der Westchor wurde nach der Mitte des 12. Jahrhunderts neu errichtet, der Ostteil 1394–1488, 1531 stiftete der Kölner Professor Clapis eine Dreifaltigkeitskapelle. Die Fliesen, die möglicherweise das Wappen der Familie v. Gropper (oder Gröpper) tragen (vgl. G 63), zeigen eine ähnliche Form der Tartsche wie die 1570 entstandene Fliese G 67; Helmbusch und Bekrönung sind ähnlich G 78. Zu Ausstattungsarbeiten in der 2. Hälfte des 16. Jahrhunderts gibt es keine Unterlagen, lediglich am Propsteigebäude (Trankgasse 4), welches bis 1888 noch stand, wurde 1550 gebaut. Caspar Gropper ist 1551 Dekan von St. Maria ad Gradus († 9. 3. 1594), möglicherweise ist dies sein Wappen.

Literatur
L. Arntz, H. Neu, H. Vogts, Kdm Köln VII, 3 a, Ergbd. 5–28.
K. Goettert, 139–150.
H. E. Kubach, A. Verbeek, Bd. 1, 555–557.
H. Kier, U. Krings, 32–33, 557–561 (bearb. von H. Fussbroich).

1 Freundlicher Hinweis durch Herrn Dr. Hartmut Eisen, Köln, der die Erlaubnis zur Erwähnung der Fliesen gab.

Kath. Pfarrkirche St. Maria im Kapitol, ehem. Damenstiftskirche Hardenrathkapelle Hirtzkapelle

Fundumstände
Die Fliesen wurden in nicht mehr bekannter Zeit aus der Hardenrathkapelle entfernt. Die Aufzeichnungen über diese Funde gingen im 2. Weltkrieg unter.[1] Vogts erwähnt „einen schönen Fußboden aus bunten Kacheln mit spätgotisch stilisierten Blüten".[2] Es ist nicht bekannt, um welches Muster es sich handelt. Die Fliese H 31 zeigt die Hausmarke des Johannes Hardenrath, das Muster entspricht jedoch eigentlich nicht der Definition von „stilisierten Blüten". Nach Angaben des Katalogs der Slg. Lückger[3] stammt die Fliese G 55 aus der Hardenrath-Kapelle. Sie zeigt das Wappen der Frau Hardenraths, Sybilla Schlösgin. Die Fliese G 54 mit dem Wappen des Johannes Hardenrath kann sowohl aus der Hardenrath-Kapelle als auch aus dem Wohnhaus des Bürgermeisters Johannes Hardenrath stammen.
Die symmetrisch zur Hardenrath-Kapelle errichtete Hirtzkapelle soll ebenfalls einen Fliesenboden besessen haben, dessen Muster jedoch unbekannt ist.

Baugeschichte
Die über verschiedenen Vorgängerbauten errichtete Kirche des Damenstifts, vermutlich um 1040 begonnen und 1065 geweiht, erhielt 1466 eine von dem Kölner Bürgermeister Johannes Hardenrath und seiner Frau Sybilla Schlösgin gestiftete Kapelle mit Sängertribüne. 1493 ließ der Bürgermeister Johannes von Hirtz eine ähnliche Taufkapelle errichten. Die Fliese mit dem Schlösgin-Wappen wurde nicht von derselben Hand geschnitten wie G 54. Sie benützt ein Modelschema, das noch um 1508/10 bei den Fliesen des Hackeneyschen Hauses (G 59–G 60) verwandt wird. Es wäre möglich, daß die Fliesen der Kapelle und der Sängertribüne nicht gleichzeitig verlegt wurden.

Literatur
H. Rathgens, Kdm Köln VII, 1, 195, 216–217.
H. Vogts, 1966, Bd. 1, 218.
F. W. Fischer, 62–63.
A. Verbeek, 58–59.
H. E. Kubach, A. Verbeek, Bd. 1, 557–568.
H. P. Hilger, St. Maria im Kapitol zu Köln, Köln 1985, 3–31.

1 Freundliche Mitteilung von Herrn Prof. Dr. Hans Vogts†, Unkel/Rhein.
2 H. Vogts , 1966, Bd. 1, 218.
3 Kat. Slg. Lückger, 219, Nr. 1223.

Kath. Pfarrkirche Groß St. Martin, ehem. Benediktinerklosterkirche

Fundumstände

Beim Wiederaufbau der 1942–45 zerstörten Kirche wurden 1965/66 Reste des romanischen Fliesenbodens der Kirche gefunden. Es handelte sich um ungemusterte Platten, die auf der Rückseite die sonst in Deutschland nicht üblichen Aushöhlungen (keys) aufwiesen. Es wäre möglich, daß diese Fliesen aus den Niederlanden bezogen wurden oder daß sie ein fremder Töpfer in Köln fertigte. Gemusterte Fliesen wurden mit dem Bauschutt abgefahren, ein Bruchstück fand sich im Rest eines Schutthaufens, ein weiteres Fragment 1974 auf einer Kipphalde.[1]

Baugeschichte

Die 1172 geweihte Kirche des unter Erzbischof Bruno (953–965) gegründeten Kanonikerstiftes wurde nach einem Brand 1150 zwischen 1169/70 und 1206–11 weiter ausgebaut. Um 1220/25 erfolgte eine Verlängerung des Seitenschiffs nach Westen, ein Umbau des Mittelschiffs um 1235–40, der Bau einer Westvorhalle um 1250. Für das späte Mittelalter ist nur das Datum einer Umgestaltung des Kirchendachs 1450–60 überliefert. Das Stift war im 11. Jahrhundert in eine Benediktinerabtei umgewandelt worden, es erlebte unter dem Abt Adam Meyer (1454–99) nochmals eine Zeit großer Blüte. Da der genaue Fundort der Fliesen nicht bekannt ist, könnten sie auch aus den mittelalterlichen Klostergebäuden stammen, die 1707 durch einen Neubau ersetzt und 1821 abgebrochen wurden; außerdem aus der neben St. Martin liegenden, 1172 erstmals erwähnten, 1805–06 abgebrochenen Pfarrkirche St. Brigiden. Die Fliese J57, nach Eberbacher Vorbild geprägt[2], kann schon in der 2. Hälfte des 13. Jahrhunderts entstanden sein. Sicher war sie nur eines von zahlreichen anderen vorhandenen Mustern. H29 stammt eher aus dem letzten Viertel des 15. oder dem 1. Viertel des 16. Jahrhunderts. Sie könnte noch in der 1539 neugeweihten Maria-Magdalenen-Kapelle verlegt worden sein.[3]

Literatur

H. Rathgens, Kdm Köln VII, 1, 340–376.
G. Dehio, Rheinland, 366–369.
A. Verbeek, 60–61.
H. E. Kubach, A. Verbeek, Bd. 1, 572–579.
E. Giessler-Wirsig, 61–132.
H. J. Kracht, Groß St. Martin, in: R. Haake, 376–389.
H. Kier, U. Krings, 46–48, 410–446 (bearb. von R. Lauer).
H. Fussbroich, Die ehem. Benediktinerabteikirche Groß St. Martin zu Köln, Köln 1985, 3–35.

1 Alle Angaben zu diesen Funden verdanke ich Herrn Carl Mönnig, Köln.
2 E. Giessler-Wirsig, 113. Zwischen Eberbach und dem Stift St. Martin bestanden enge Beziehungen, die schon durch frühe Urkunden (um 1171/78) belegt sind.
3 H. Rathgens, 359. 1527 stürzte der südwestliche Flankierungsturm ein und zerstörte die unter ihm gelegene Maria-Magdalena-Kapelle. Diese wurde wieder aufgebaut und 1539 neugeweiht.

Kath. Pfarrkirche St. Pantaleon, ehem. Benediktiner-Klosterkirche, Antoniuskrypta

Fundumstände

Bei Grabungen in St. Pantaleon wurde 1952 in der Krypta unter der Katharinenkapelle ein größerer Fliesenboden freigelegt, der vorwiegend aus Fliesen des Musters H34 bestand und nur wenige Fliesen vom Typus X24 aufwies. Die Kirche besaß außerdem im Chor und der Vierung, auf der südlichen und nördlichen Westempore und in der Apostelkapelle Fußböden aus Stift- und Plattenmosaik mit großen Kreisrosetten aus ungemusterten Tonfliesen.[1]

Baugeschichte

Bei einer 866 erstmals erwähnten Kirche wurde 957 durch Erzbischof Bruno eine Benediktinerabtei gegründet. Die Kirche wurde nach Einsturz 966 wieder aufgebaut und 980 geweiht, zu Ende des 10. und nach der Mitte des 12. Jahrhunderts nochmals erweitert und ausgebaut. Sie war mit dem Umbau des südlichen Querhausflügels und der Errichtung von Katharinenkapelle und Antoniuskrypta 1216 vollendet. Diese Krypta wurde 1695/96 unter Abt Konrad Kochem zugeschüttet, der Fliesenboden verdeckt. Für eine Verlegung der Fliesen, die in der 1. Hälfte oder gegen Mitte des 16. Jahrhunderts erfolgt sein muß, gibt es keine Anhaltspunkte. Die ersten Instandsetzungsarbeiten und Neubauten wurden unter den Äbten Andreas Küchler (1487–1502) und Johann Lünninck (1502–14) ausgeführt.[2]

Literatur

H. Rathgens, H. Roth, Kdm Köln VII, 2, 42–154.
G. Dehio, Rheinland, 373–380.
A. Verbeek, 63–64.
H. Kier, 1970, 118–121, Abb. 116–121, 171–175.
H. E. Kubach. A. Verbeek, Bd. 1, 582–594.
H. J. Kracht, St. Pantaleon, in: R. Haake, 390–404.
K. H. Bergmann, St. Pantaleon in Köln, Köln 1982, 3–35.
H. Kier, U. Krings, 42–46, 447–473 (bearb. von H. Fussbroich).

1 H. Kier, 1970, 118–121. Vermutlich blieben die Mosaikböden der Kirche während des ganzen Mittelalters intakt, so daß erst im 16. Jahrhundert Ausbesserungsarbeiten notwendig wurden.
2 H. Rathgens, H. Roth, 59. „Johann von Lünninck errichtete den prächtigen Lettner und ließ verschiedene Bauten im Kloster ausführen und einen Teil des Kreuzgangs einwölben."

Ehem. Eberbacher Hof, Am alten Ufer 43

Fundumstände

Unsicher. Es ist keine Fliese bekannt, die mit Sicherheit im Eberbacher Hof gefunden wurde. Da es in den Kölner Museen jedoch Fliesen mit frühen Eberbacher Mustern gibt, deren Herkunft durchweg unbekannt ist und die schon im 19. Jahrhundert gefunden worden sein müssen, ist eine Herkunft von dort oder aus einem der anderen Häuser, die Eberbach ebenfalls in Köln besaß, zumindest zu erwägen.

Baugeschichte

1212 vermachten die Eheleute Werner und Blithildis und ihre Söhne dem Kloster einen Hof in Köln. Dieses erwarb 1162 von der Stadt Köln einen Teil des Servatiustores, 1191 schenkte ihm die Stadt außerdem eine eigene Rheinpforte am Servatiustor. Das Kloster hatte durch zusätzliche Hauskäufe das Areal erweitert, mit einer Mauer und, wohl schon im 13. Jahrhundert, mit einer Kapelle versehen.[1] Der Hof wurde, durch Verkäufe inzwischen schon in der Größe geschmälert, 1787 ganz verkauft, im 19. Jahrhundert wurde dort eine Zukkerraffinerie betrieben. 1623 werden Instandsetzungsarbeiten an der Kapelle erwähnt: „das Pflaster soll renoviert werden."[2] Es ist zu vermuten, daß Eberbach auch diesen Hof mit Fliesenböden ausgestattet hatte.

Literatur

K. Rossel, Urkundenbuch I, 151–152, II, 336–337.
E. Becker, 59–60.

H. VOGTS, 1966, Bd. 2, 405.
E. GIESSLER-WIRSIG, 104–106.
G. STEINWASCHER, 22–29.

1 Alle Angaben zu den weiteren Hauskäufen und Ausbauten bei G. Steinwascher, 22–29.
2 Ebd., 27.

Ehem. Kamper Hof, Am alten Ufer 61

Fundumstände
Die Fliesen waren 1872 teilweise noch in situ in der im 3. Stock des Hauptgebäudes liegenden Kapelle erhalten. Nach einem Brand 1872 wurde das Haus 1885 abgebrochen, die Fliesen, bis auf wenige, die in Museumsbesitz kamen, vernichtet. Der ganze Fliesenboden scheint aus einem Muster bestanden zu haben, in das einzelne Flickfliesen eingefügt waren.[1]

Baugeschichte
Der 1238 aus dem Besitz der Benediktinerabtei Brauweiler an das Zisterzienserkloster Kamp übergebene Hof wurde 1281 und 1384 vergrößert, 1285 wurde der Einbau einer Kapelle gestattet,[2] die wohl 1288 geweiht wurde. Seit etwa 1541 zogen sich die Mönche aus dem Hof zurück. Er erhielt 1560 ein neues „Gebu und Dach" und wurde 1561 an Privatleute auf Lebenszeit verliehen. 1808 kam er an die Stadt Köln, wurde zum Schlachthaus umgebaut und 1885 endgültig abgebrochen.[3] Die Fliesen, von Reichensperger noch ins 13. Jahrhundert datiert, können erst im 16. Jahrhundert entstanden sein. Aus seiner Zeichnung läßt sich am ehesten das Muster H34 erkennen. Es ist jedoch möglich, daß dies nur die von ihm erwähnten Flickfliesen waren und der Boden ein ebenfalls aus Spitzovalen bestehendes Muster des späten 13. Jahrhunderts zeigte. H34 könnte bei der Renovierung des Gebäudes 1560 verlegt worden sein.

Literatur
A. REICHENSPERGER, Die Kamperhof-Kapelle in Köln, F. BOCK, Bd. 1, 5.
H. VOGTS, 1912, 195–198.
Ders., 1966, Bd. 2, 409–411.
G. STEINWASCHER, 29–36.

1 A. REICHENSPERGER, 5: „Der Fußbodenbelag bestand aus Backsteintafeln, welche sich mittels ornamentierter Zirkelschläge zu einer Art von gemustertem Teppich gestalteten. Zum Theil ist diese Beplattung noch erhalten ... Die später, etwa im XVII. Jahrhundert, zum Zwecke der Ergänzung eingefügten Backsteine halten in keiner Beziehung mit den aus dem XIII. Jahrhundert stammenden den Vergleich aus."
2 G. STEINWASCHER, 32.
3 H. VOGTS, 1966, Bd. 2, 410.

Gülichsplatz

Fundumstände
Die Fliese wurde 1965 beim Bau der Ferngasleitung auf dem Gülichsplatz gefunden.

Baugeschichte
Der Gülichsplatz liegt an der Stelle des 1691 zur Strafe wegen Aufruhrs abgebrochenen Verhannenhauses des Nicolaus Gülich. Über die mittelalterliche Geschichte des Hauses ist nichts bekannt. Die beiden an den Gülichsplatz angrenzenden Häuser, Obermarspforten 34[1] und 36[2] gehen bis ins 13. Jahrhundert zurück. Die Fliese, ein später Nachschnitt eines durch Kloster Eberbach vermittelten Musters, dürfte der 1. Hälfte des 14. Jahrhunderts angehören.

Literatur
H. VOGTS, 1966, Bd. 1, 98, Bd. 2, 524, 766.

1 H. VOGTS, Bd. 2, 788. 1256 „Zum alten Dom". Neubau um 1720, 1918 abgebrochen.
2 Ebd., 1219 „Zum Birnbaum", Neubau um 1630 für Andreas von Waldorf, abgebrochen.

Haus Heumarkt 16 und 18

Fundumstände
Unbekannt. Die Fliese G78 muß vor 1901 gefunden worden sein, G79 befindet sich im GNM Nürnberg mit dem Vermerk „aus dem Haus zu den sieben Türmen, Köln".

Baugeschichte
Die Fliesen zeigen das Wappen der Familie Pilgrum. Sie müssen also aus einem von ihr erbauten Haus stammen. Das Haus Heumarkt 16 wurde zusammen mit den Nummern 14, 18 und 20 von dem Kölner Bürgermeister Gerhard Pilgrum d. Älteren erworben und nach 1541 neu erbaut. Nach seinem Tode 1551 wurde es von seinem Sohn, Gerhard Pilgrum d. J. „noch köstlicher gebaut und gezieret".[1] Vogts erwähnt einen schön gewölbten Raum im Erdgeschoß des Hintergebäudes, den er für eine Hauskapelle der Pilgrums hielt.[2] Eine um 1840 entstandene Zeichnung von Oedenthal zeigt die gotische Zinnenreihe[3] des Hauses Heumarkt 16, die vermutlich Anlaß zu der Bezeichnung „Haus zu den sieben Türmen" gab. Dieser lokale Namen hat sich in keiner Urkunde erhalten. Das Innere des Hauses wurde 1861 und 1899 umgebaut. Bei dieser Gelegenheit könnten die Fliesen gefunden worden sein. Haus Heumarkt 18 wurde 1593 durch Brand zerstört, es wäre möglich, daß die Fliese G80, mit demselben Musterschema, jedoch einem noch immer ungeklärten Wappen und der Jahreszahl 1597, aus dem Wiederaufbau dieses Hauses stammt. Heute sind beide Häuser verschwunden.

Literatur
R. FORRER, 1901, Taf. 53, 2.
H. VOGTS, 1912, Sp. 200.
Ders., Kdm Köln VII, 4, 461, Abb. 295, 465–467.
Ders., 1966, Bd. 2, 462–464, Abb. 253, 254, 768.

1 H. VOGTS, 1966, 462.
2 H. VOGTS, 1912, Sp. 200.
3 H. VOGTS, 1966, 462. Das Haus zeigte zuerst 5, später 6 Zinnen von 1,45 m Höhe. Die Zinnenreihe schloß auf einer Seite mit einer Figur, auf der anderen mit einem Wachttürmchen ab.

Haus Heumarkt 19 mit „Vor St. Martin 12"?

Fundumstände
Unbekannt. Die Fliese G81 muß schon vor 1901 gefunden worden sein, sie kam durch die Slg. Forrer ins Museum Halle/Saale. Fundjahr und Herkunft von G82 ist ebenfalls unbekannt.

Baugeschichte
Die Fliese G82 zeigt das Wappen Berchem. Ovalschild und Ornamente weisen auf eine Entstehung zu Ende des 16. Jahrhunderts. So könnte die Fliese aus dem 1597 durch den Ratsherrn und Weinmeister Balthasar von Berchem erbauten Haus stammen. Dieses besaß im Hintergebäude einen pracht-

vollen Saal im Erdgeschoß. Haus Heumarkt 19 wurde 1939, Haus Vor St. Martin 12 1940 abgebrochen.[1]

Literatur
H. VOGTS, 1966, Bd. 1, 98, Bd. 2, 472, 767, 783.

1 H. VOGTS, 1966, Bd. 2, 472. Hier steht „Abbruch 1943".

Haus Heumarkt 54, früher „Zum Crulle und zum Grasputz"

Fundumstände
Unbekannt. Die Fliesen kamen in die Slg. Lückger und in die Museen von Berlin und Bonn. Da Forrer die Gegenfliese G 71 abbildet, muß diese schon vor 1901 gefunden worden sein.

Baugeschichte
Die Fliesen zeigen Wappen und Hausmarke des Kölner Bürgermeisters (1573–86) Johannes Maes. Das Haus wurde 1556–59 von seiner Frau, Barbara Maes, erbaut. Es besaß eine eigene Hauskapelle. Es ist nicht sicher, jedoch sehr wahrscheinlich, daß die 1570 entstandenen Fliesen aus diesem Haus stammen. Die Hausmarken der Gegenfliesen konnten noch nicht gedeutet werden.

Literatur
R. FORRER, 1901, Taf. 53, 5.
H. VOGTS, Kdm Köln VII, 4, 468–469.
Ders., 1966, Bd. 2, 492.
Kat. Slg. Lückger, 221, Nr. 1232.

Haus Hohepforte 16

Fundumstände
Unbekannt. Möglicherweise waren die Fliesen bei der Grundrißveränderung 1895 noch in situ in der Hofstube verlegt.

Baugeschichte
Das Haus wird 1504–29 im Besitz des Steinmetzmeisters Heinrich Wulfrath erwähnt. Da die Fliesen jedoch das Eschenbrendersche Wappen zeigen, können sie nur aus dem zwischen 1784–90 erfolgten Neubau des Syndikus Johann Arnold von Eschenbrender stammen.

Literatur
H. VOGTS, Kdm Köln VII, 4, 478–479.
Ders., 1966, Bd. 1, 219, Abb. 141, Bd. 2, 595–596.

Haus Kleine Sandkaul 3, „Haus zur Landskrone"

Fundumstände
Unbekannt. Die Fliesen lagen im Saal des Hauses und wurden vermutlich bei dessen Abbruch 1906 geborgen. Das Muster ist nicht mehr bekannt, es steht nur fest, daß erst vier Fliesen ein Muster bildeten.[1]

Baugeschichte
Das Patrizierhaus der Hirtz von der Landskrone ging 1459 in den Besitz Ailffs van der Burg über. Es wurde um 1613 von Friedrich und Ulrich Overholz umgebaut.

Literatur
H. VOGTS, Kdm Köln VII, 4, 543.
Ders., 1966, Bd. 1, 219, Bd. 2, 437.

1 H. VOGTS, 1966, Bd. 1, 219. „Neben den kleinen Platten ... benützte man seit dem späten Mittelalter auch größere Fliesen ... in die Muster eingeprägt wurden, sei es, daß jede Platte einzeln eine Figur enthielt oder daß mehrere, meist vier, zusammen eine solche bildeten, wie es im Saal des Hauses zur Landskrone, Kleine Sandkaul 3, der Fall war." Die Unterlagen zu diesem Fund gingen im 2. Weltkrieg verloren. Herr Prof. Dr. Hans Vogts, Unkel, wußte nur noch, daß es sich um Wappenfliesen handelte. Da die Fliesen ins Kunstgewerbemuseum Köln kamen, dessen Bestände im 2. Weltkrieg erhalten blieben, müssen die Fliesen unter den Mustern dieses Katalogs sein.

Haus Marienplatz 26?

Fundumstände
Unbekannt. Es ist nicht gesichert, daß die Fliese aus dem Haus des Johannes Hardenrath stammt. Da sie jedoch dieselbe Hausmarke zeigt, wie sie auch auf den Gewölbeschlußsteinen des Sterngewölbes in einer Halle des Erdgeschosses vorkommt, besteht die Möglichkeit, daß auch der Fußboden dieses Zeichen wiederholte.[1]

Baugeschichte
Der Hof des 1135/42 erstmals genannten Vogtes Almarus kam zwischen 1197 und 1212 von Heinrich von Volmutstein an Everhard Kleinegedanc. 1455 erwarb ihn Johannes Hardenrath. Dieser ließ überall sein Wappen anbringen, so in der von ihm gestifteten Kapelle in St. Maria im Kapitol und an der Außenwand des seiner Wohnung gegenüberliegenden Sangmeisterhäuschens, welches ebenfalls die Wappen Hardenrath und Schlösgin zeigte.

Literatur
H. VOGTS, Kdm Köln VII, 4, 495.
Ders., 1966, Bd. 2, 405, 438–439.

1 H. VOGTS, 1966, Bd. 2, 441, Abb. 242.

Haus Neumarkt 8–10, „Palatium", Alexiuskapelle

Fundumstände
Unbekannt. Entweder wurden die Fliesen schon beim Abbruch der westlichen Haushälfte 1835 oder bei dem der östlichen Hälfte 1928 entfernt. Sie müssen auf jeden Fall schon 1901 bekannt gewesen sein (vgl. Kat. G 61). Ein erhaltenes Photo zeigt[1], daß die beiden Muster G 59 und G 60 schachbrettartig verlegt waren. Die Wirkung wurde noch durch den Wechsel zwischen gelber und grüner Glasur verstärkt.

Baugeschichte
Auf zwei von den Enkeln des Grafen von Moers erworbenen Grundstücken, auf denen die Häuser „Heydenreich" und „Schornstein" standen, erbaute der kaiserliche Rechenmeister Nikasius Hackeney um 1504 nach einem ihm von Kaiser Maximilian I. übersandten Plan ein großes Haus, welches wiederholt als kaiserliches Absteigequartier diente. Das Haus, in dessen im 1. Stockwerk gelegener Kapelle die Fliesen lagen, wurde vermutlich um 1508–10 vollendet. Es fand in Köln Bewunderung und Nachahmung. Nikasius Hackeney ließ sein Wappen nicht nur auf den Fliesen, sondern auch an der Laterne des Treppenturms und an einem Erker sowie auf den Gewölbeschlußsteinen anbringen.[2]
Das Haus diente bis ins 19. Jahrhundert wechselnden Besitzern, wurde zum Gasthof umgewandelt und beim Bau der Richmodstraße 1835 teilweise abgebrochen. Der östliche Teil folgte 1928. Die Fliesen stammen aus der Erbauungszeit.

Literatur
J. J. Merlo, 1863, 34–45.
H. Vogts, Kdm Köln VII, 4, 1930, 517–522.
Ders., 1966, Bd. 1, 218–219, Abb. 140, Bd. 2, 443–446.

1 Vermutlich lagen im Haus nicht nur diese zwei Fliesenmuster. S77 stammt, wenn nicht aus dem Haus Hackeney, so doch zweifellos aus derselben Werkstatt.
2 Es scheint, als ob die Verlegung von Wappenfliesen in Köln durch den Hackeneyschen Bau erst richtig in Mode gekommen wäre. Nicasius Hackeney brachte auch sonst, wo es ging sein Wappen an, so auf einer von ihm für Kaiser Maximilian I. geprägten Denkmünze (J. J. Merlo, 1863, 34) und auf der von ihm gestifteten Altartafel: Joos van Kleve, Tod der Maria, WRM, Köln, die aus der Kapelle des Hackeneyschen Hauses stammt und einer 2. Darstellung des selben Themas, die für den Kreuzaltar von St. Maria im Kapitol bestimmt war und sich heute in der Alten Pinakothek in München befindet (I. Hiller, H. Vey, T. Falk, Katalog WRM, V, 21–26).

Haus Rheingasse 14–16?

Fundumstände
Unsicher. Für die Fliese G51 ist nur die Herkunft aus Köln gesichert. Beim Vergleich aller Kölner Patrizierwappen, die einen springenden Hirsch im Felde führen, bleibt jedoch die Familie Crudener als einzige für den gesuchten Zeitraum übrig.

Baugeschichte
Das Haus Rheingasse 14–16 wurde um 1485 für den Kaufmann Godart Palm erbaut, der Innenausbau erfolgte teilweise nach 1555 durch den Weinhändler und Bürgermeister Heinrich von Crudener († 1590). Die Decken des Hauses waren mit kreisförmigen Medaillons mit Hirschdarstellungen verziert, die vermutlich auf das Crudenersche Wappen hinweisen. Das Haus wurde 1909 abgebrochen.

Literatur
H. Vogts, 1966, Bd. 1, 240, Bd. 2, 791.

Haus Rothgerberbach 52

Fundumstände
Die Fliesen waren 1930 noch als Fliesensockel in der zum Hof ausgehenden Erdgeschoßstube vorhanden; nach Abbruch des Hauses 1936 kamen sie ins Museum.

Baugeschichte
Das Haus wurde 1592 (Jahreszahl in Maueränkern) von dem Rotgerber Adam Duitzmann aus Rommerskirchen erbaut, die Ochsenköpfe beziehen sich auf das vom Erbauer ausgeübte Handwerk.

Literatur
H. Vogts, Kdm Köln VII, 4, 538.
Ders., 1966, Bd. 1, 219, Bd. 2, 504–506.

Haus Salzgasse 1

Fundumstände
Die Fliesen wurden beim Abbruch des Hauses 1934 geborgen. Sie sollen das „Wappen der Familie Aich" gezeigt haben.[1]

Baugeschichte
Das Haus, welches sich schon im 12. Jahrhundert in der Hand des Zisterzienserklosters Himmerod befand, wurde in der 2. Hälfte des 15. Jahrhunderts mit den Grundstücken Salzgasse 3 und Heumarkt 60–62 verbunden und kam dann in den Besitz des Bürgermeisters Johannes von Aich († 1519).
Aus der Ausstattung des 1934 abgebrochenen Hauses stammt vermutlich eine Wappenscheibe[2], welche das Wappen der Familie Aich, drei Merlen über drei senkrechten Balken zeigt. Es wäre möglich, daß die Fliese G77 eine stark stilisierte Form des Wappens wiedergibt. Sie dürfte dann jedoch eher von seinem Sohn, Johannes von Aich († 1549) in Auftrag gegeben worden sein.

Literatur
H. Vogts, 1966, Bd. 1, 219, Bd. 2, 793.

1 Die Unterlagen dieses Fundes gingen im 2. Weltkrieg verloren. Herr Prof. Dr. Hans Vogts, Unkel, konnte sich nicht mehr an das Muster erinnern.
2 H. Vogts, 1966, Bd. 1, 277, Abb. 178.

Severinstraße

Fundumstände
Das Fliesenbruchstück, aus der 1. Hälfte des 16. Jahrhunderts stammend, wurde 1974 in der Severinstraße gefunden. Da dies eine besonders lange Straße mit vielen mittelalterlichen Gebäuden war, ist eine Zuordnung zu einem bestimmten Bau nicht möglich.

Literatur
H. Vogts, 1966, Bd. 2, 796–799.

Köln-Deutz

Ehem. Benediktiner-Klosterkirche Alt St. Heribert

Fundumstände
Unbekannt. Die Fliesen werden „als aus der Abtei stammend" bezeichnet.[1] Erwähnt werden „vier gelbe Tonfliesen mit Reliefmusterung, in der Mitte eine Rosette, im Rande hintereinander schreitende Tiere. Renaissance". Die Fliesen kamen ins Provinzialmuseum Bonn, sind jedoch heute verloren. In unbekannter Zeit wurden außerdem Fliesen des Musters H29 gefunden.

Baugeschichte
Zur Baugeschichte der mittelalterlichen Klosterbauten haben sich keine Urkunden erhalten, eine Instandsetzung fand unter Abt Hartpern um 1160 statt, eine zweite nach der 1. Zerstörung des Klosters 1376. Unter Abt Nikolaus Vreden (1561–94) war eine große steinerne Halle im Kloster erbaut worden, die 1583 mit Kloster und Kirche zerstört wurde. Ein Wiederaufbau des Klosters erfolgte vor 1594, der Neubau eines Abteigebäudes 1776. Da die Fliesen jedoch möglicherweise erst nach der Zerstörung der Kirche in die Abtei verbracht wurden, muß die Baugeschichte der Klosterkirche ebenfalls in Betracht gezogen werden. Diese, auf einem Vorgängerbau errichtete, 1020 geweihte Kirche, wurde nach der Zerstörung 1376 zwischen 1382–89 wieder aufgebaut. Daß 1382 ein Fliesenboden verlegt wurde, beweist eine Urkunde, wonach 1382 die Stadt Köln durch Vermittlung des Erzbischofs mit dem Abt und Konvent zu Deutz einen Vergleich schloß, daß der Estrich des Chores im zerstörten Gotteshaus mit „gebackenen Steinen von Paffroyde" (Paffrath) belegt werden soll.[2] Vermutlich handelt es sich hier jedoch um glatte

Fliesen, die gemusterten stammen eher aus der Zeit der Äbte Wilhelm Laner von Breitbach, der die „Kirche kostbar ausschmückte“ und des Heinrich von Neuß (1517–45), der den Chor vergrößerte und „verschiedenen kostbaren Schmuck in der Kirche anbringen ließ“.[3] Eine Herkunft der Renaissancefliesen aus der im 3. Viertel des 16. Jahrhunderts erbauten Steinhalle des Klosters ist natürlich ebenfalls noch möglich.

Literatur

L. Arntz, H. Neu. H. Vogts, Kdm Köln VII, 3a, 191–224.
A. Jux, 10.
G. Dehio, Rheinland, 406–407.
A. Verbeek, 52–53.
H. E. Kubach, A. Verbeek, Bd. 1, 184–186.
J. Milz, Deutz, St. Heribert, in: R. Haake, 293–313.
H. Kier, U. Krings, 549–556 (bearb. von H. Fussbroich).

1 L. Arntz, H. Neu, H. Vogts, 217, Inv. Nr. 148, 149.
2 A. Jux, 10. Die Urkunde wird bei L. Arntz, H. Rathgens, 200, ebenfalls aufgeführt, der Passus über Paffroyde jedoch ausgelassen.
3 L. Arntz, H. Neu, H. Vogts, 201. Abt Wilhelm Laner resignierte 1491. Nach freundlicher Mitteilung von Herrn Dr. Albert Verbeek † fiel die Chorerweiterung in die Jahre 1520–40.

Königsbronn, Lkr. Heidenheim

Ehem. Zisterzienserkloster

Fundumstände

Die Fliesen wurden 1974 gefunden. Wohin die 1842 aufgedeckten „Teile des Fußbodens“[1], möglicherweise ebenfalls Fliesen, kamen, war nicht zu ermitteln.

Baugeschichte

Der Bau des 1303 von König Albrecht I. von Habsburg gestifteten, mit Mönchen aus der Abtei Salem besiedelten Klosters, wurde wohl erst nach 1310 begonnen und zog sich bis in die Mitte des 14. Jahrhunderts hin.[2] Noch 1423 wird die Kirche als „unausgebaut“ bezeichnet. Nachdem Kirche und Kloster 1552 durch Markgraf Albrecht von Brandenburg zerstört worden waren, brach man die Kirche bis auf die Sockelmauern des Chors ab; das Kloster wurde durch Herzog Christoph von Württemberg 1558–59 wieder erbaut und als Schule genützt. In einige der erhaltenen Gebäude zogen 1630–48 nochmals Zisterzienser ein, die 1565 neu erbaute Kirche wurde 1710 umgebaut. Die Fliesen N39 nehmen ein ursprünglich durch Kloster Bebenhausen verbreitetes Zisterziensermuster wieder auf. Die Maße, vor allem die Dicke von 5,8 cm, lassen vermuten, daß die Fliesen, vermutlich nach im Kloster noch vorhandenen Vorlagen, erst beim Wiederaufbau der Kirche 1565 geprägt wurden. M35 und L53 könnten sich an eine Vorlage aus Ulm anlehnen. Beide weisen auf eine Verlegung in der 1. Hälfte des 15. Jahrhunderts, möglicherweise sogar etwas früher.

Literatur

BOA Heidenheim, 245.
E. Gradmann, Kdm Jagstkreis II, 199–203.
G. Dehio, Baden-Württemberg, 254.
P. Weissenberger, Klosterbau in Königsbronn, Deine Heimat spricht zu Dir 12, 1973, o. Sz.
Hist. Stätten VI, Baden-Württemberg, 415–417.

1 BOA Heidenheim, 245.
2 P. Weissenberger zitiert eine päpstliche Urkunde von 1348: „de structura non sufficienter provisum esse.“

Königsfelden, Gem. Windisch, Kt. Aargau, Schweiz

Ehem. Klarissinnen- und Franziskaner-Klosterkirche

Fundumstände

Die Fliesen befinden sich teilweise in situ im Chor der Kirche, ein Teil wurde 1900 durch Kopien ersetzt.[1]

Baugeschichte

An der Stelle, an der König Albrecht I. von Habsburg 1308 ermordet worden war, stiftete seine Gemahlin Elisabeth 1310/1311 ein Doppelkloster, das mit Klarissinnen aus Kloster Söflingen besetzt wurde. Das um 1310 begonnene Langhaus war um 1318 vollendet, bei der Weihe 1320 war der Chor noch nicht eingewölbt. Die Fliesen wurden vermutlich nach Abschluß der Chorwölbung 1325–30 verlegt. Bei der Schlußweihe 1330 waren auch die Klostergebäude vollendet. Frei[2] glaubt, daß die Fliesen des Klosters schon von Hafnern der Stadt Brugg gefertigt wurden. Das Muster dürfte jedoch auf Ulmer Vorlagen zurückgehen.[3]

Literatur

K. Frei, 73–202.
E. Maurer, 15–19, 43–45, 56, Abb. 56.
M. Beck [u. a.], Königsfelden. Geschichte, Bauten, Glasgemälde, Kunstschätze, Olten-Freiburg 1970, 13–52.
E. Coester, 386–390.

1 E. Maurer, 54.
2 K. Frei, 85.
3 Die stark abgetretenen Fliesen geben wohl nicht das ursprüngliche Bild wieder. Vermutlich besaßen sie ebenfalls eine Binnenzeichnung mit Mittel- und Seitenrippen (vgl. H139 aus Kloster Söflingen). Wie ein Chronist um 1335 berichtet, soll Königin Elisabeth hier alles, was ihr in anderen Klöstern gefiel, verwirklicht haben.

Königstein, Hochtaunuskreis

Kath. Pfarrkirche Mariae Himmelfahrt

Fundumstände

Die Fliesen wurden bei der Restaurierung der Kirche 1954 gefunden.

Baugeschichte

Die 1448 errichtete Kirche muß einen Vorgängerbau gehabt haben. Bei den Grabungen 1954 stieß man auf wohl dem 12. Jahrhundert angehörende Mauerteile. Die Pfarrei wird erstmals 1275, ein Pleban Godeskalk 1277 erwähnt. Zur Baugeschichte haben sich keine Urkunden erhalten. Das Schiff wurde 1744–46, der Turm 1749–50 umgebaut, die Kirche 1756 neu geweiht. Die Fliese L8 kann wohl nur aus dem Vorgängerbau stammen, sie dürfte im 2. Drittel des 14. Jahrhunderts entstanden sein, während H57 wohl im Neubau, jedoch zu einem späteren Zeitpunkt als 1448, verlegt wurde.

Literatur

F. Luthmer, Kdm Reg.-Bez. Wiesbaden II, 81–82.
F. Stöhlker, 144–145, 158–161.
G. Dehio, Hessen, 512.
E. Gundermann, 148, Taf. 3, 18, 150, Nr. 18.

Ehem. Burg und Festung, jetzt Ruine

Fundumstände
Die Fliese J76 wurde 1839 in der Ruine losgebrochen. Bei neuen Grabungen in der Burgruine wurden 1964–77 durch Elbel erneut Fliesen und Fliesenbruchstücke im Burghof gefunden, die Gundermann[1] sorgfältig beschrieben hat. Bis auf D23, die im Bereich des ehem. Palas geborgen wurde, stammen die meisten Fliesen aus dem Schutt, so daß sie nicht bestimmten Gebäuden zugewiesen werden können.

Baugeschichte
Die wahrscheinlich von Kuno I. von Münzenberg (1160–1207) erbaute Burg wird 1225 erstmals erwähnt. Baudaten sind nicht überliefert. Die Baugeschichte der Burg ist durch die ständigen An- und Ausbauten besonders schwierig zu klären. Die Burg besaß zwei Kapellen, eine im Obergeschoß des Südflügels und eine über zwei Geschosse reichende Kapelle im Westflügel. Die letztere muß 1215 schon existiert haben,[2] auf jeden Fall wurde sie jedoch vor 1241 erbaut.[3] Der Unterbau des Bergfrieds stammt wohl ebenfalls noch aus dem frühen 13. Jahrhundert, Aus- und Umbauten fanden im 14. und 15. Jahrhundert statt, vor allem seit Werner von Falkenstein, Kurfürst von Trier (1388–1418), zu Beginn des 15. Jahrhunderts in den Besitz der Burg kam. Nach Verstärkung der Befestigungsanlagen 1535 und 1558 wurde die Burg 1796 von General Custine gesprengt und danach als Steinbruch ausgebeutet. Die Fliesen sind mindestens in drei verschiedenen Zeitabschnitten entstanden. Die frühen Fliesen, deren Muster teilweise in Kloster Eberbach noch vorhanden sind, teilweise durch andere Fundorte als Eberbacher Prägungen erschlossen werden können, zeigen in einem Fall das typische Grünlichgrau einzelner Eberbacher Fliesen, sowie übereinstimmende Prägung. Sie wurden vermutlich aus Eberbach bezogen und wohl in der Burgkapelle vor 1241 verlegt. Ob zwischen den sehr frühen Mustern wie D7, E60, M27, N13 und R41 und zwischen den im 6. Jahrzehnt des 13. Jahrhunderts entstandenen Eberbacher Prägungen (wie z.B. M17 und N20) ein zeitlicher Unterschied besteht oder ob diese nur mit in verschiedener Zeit geschnittenen Modeln geprägt wurden, läßt sich nicht sagen. Ein zweiter Boden (oder Ersatz beschädigter Fliesen) muß im 2. Drittel des 14. Jahrhunderts verlegt worden sein. Diese Fliesen (L8) wurden vermutlich schon in Königstein oder dessen unmittelbarer Umgebung gebrannt, da dieselben Fliesen auch in Kelkheim-Hornau und in Hofheim gefunden wurden. Dem Ende des 15. oder dem Beginn des 16. Jahrhunderts gehört wohl H53 an. Auf die Verlegung des 1. Bodens in Diagonalrichtung weist die Fliese W27.

Literatur

Nass. Ann. 20, Teil 2, 1888, 301.
F. Luthmer, Kdm Reg.-Bez. Wiesbaden II, 65–81.
S. Nassauer, 35.
F. Stöhlker, Die Kapelle des Schlosses Königstein, Heimatl. Gesch.bl. 5, 1961, 17–27.
Ders., 144–148, 161–162.
Hist. Stätten IV, Hessen, 273–274.
G. Dehio, Hessen, 512–513.
E. Gundermann, 141–152 mit 3 Taf.

1 E. Gundermann, 145–151.
2 F. Stöhlker, 1961, 19, weist nach, daß der 1215 erwähnte „capellanus de Kunegistein" nur ein Burgkaplan sein konnte.
3 Ebd., 20–24. Die Kapelle wurde seit der Reformation zweckentfremdet, 1562 wurden dort Waffen gelagert, 1581 war sie Abstellraum. Um 1690 wurde dann die neue Burgkapelle erbaut.

Kolmar/Colmar, Haut-Rhin, Frankreich

Stiftskirche St. Martin

Fundumstände
Unbekannt. Von 4 Fliesenmustern ist gesichert, daß sie aus St. Martin stammen. Wolff erwähnt 1909: „auch die alten Fußbodenplatten im Schiff der Kirche sind in sehr schlechtem Zustand, vielfach zerbrochen."[1] Er gibt jedoch nicht an, ob es sich um glatte oder gemusterte Fliesen handelt. Bei den 1956 noch vereinzelt im Langhaus vorhandenen, stark abgetretenen Fliesen, ließ sich nicht mit Sicherheit erkennen, ob es sich um Originale oder Kopien handelte. In den Kapellen des Chorumgangs wurden bei der Restaurierung 1900–10 Kopien verlegt. Da die Akten der Restaurierung 1944 in Straßburg verbrannten, läßt sich nicht mehr feststellen, ob die Vorlagen dieser Kopien ebenfalls aus St. Martin stammten.[2] Es besteht der Verdacht, daß die 1899 entdeckten Fliesen der Blauwolkengasse in Straßburg als Vorbild dienten. Die auf den Altarpodesten verlegten Kopien fanden sich im Original in der Kirche von Obersteigen. Bei der neuesten Grabung anläßlich einer gründlichen Restaurierung und beim Einbau einer Fußbodenheizung 1971 wurden nach Auskunft der Baubehörde keine Fliesen entdeckt. Fliesen in vier verschiedenen Mustern, die aus St. Martin stammen sollen, wurden jedoch vor einigen Jahren auf Flohmärkten gehandelt.[3] Dort tauchten inzwischen auch die früher in St. Martin verlegten Kopien auf.

Baugeschichte
Die Baugeschichte der St. Martinskirche hat durch die Untersuchungen von 1971/72 eine neue Deutung erfahren. Eine erste Kirche muß nach 865 durch den Abt des Klosters Münster im Gregoriental errichtet worden sein. Die Fundamente dieser spätottonischen Basilika wurden jetzt aufgedeckt, der Chor war, vermutlich nach dem Stadtbrand von 1106, eingewölbt worden. Um 1170 wurde sie erweitert und, nach der Gründung eines Kollegiatsstifts durch den Bischof von Basel 1234, durch einen Neubau ersetzt. Der Bau schritt, mit zahlreichen Unterbrechungen, jedoch nur zögernd fort. Anstett[4] nimmt sechs verschiedene Bauperioden unter drei Hauptmeistern an, eine Vollendung der Kirche erst um 1400.
Die frühen, für St. Martin gesicherten Fliesen, sind durch Funde an anderen Orten (Konstanz, Limburg/Haardt, Sesenheim, Speyer und Worms) in das 3. Viertel des 13. Jahrhunderts zu datieren. Sie könnten mit der Vollendung des Querhauses (eine Weihe von 2 Altären in den Querschiffsapsiden ist für 1263 bezeugt)[5] in Verbindung gebracht werden. Die späten Fliesen, sofern sie überhaupt aus St. Martin sind, dürften in der 1. Hälfte des 14. Jahrhunderts entstanden sein. Sie könnten sogar noch aus der Zeit der Vollendung von Langchor und Kapellenkranz 1350–1400 stammen. Die Verbindung zu Konstanz ergibt sich aus der Tatsache, daß das Pfalzgut Kolmar seit Anfang des 10. Jahrhunderts teilweise im Besitz der Dompropstei Konstanz war und der Konstanzer „Niederhof" einen der Siedlungskerne der Stadt bildete.

Literatur

F. X. Kraus, Kdm Elsaß-Lothringen II, 230–249.
F. Wolff, 1909, 60–66.
M. Barth, Sp. 221–227.
P. Anstett, Das Martinsmünster zu Colmar. Beiträge zur Geschichte des gotischen Kirchenbaus im Elsaß, Berlin 1966, 7ff.
W. Hotz, Kdm Elsaß und Lothringen (1976), 32–34.

B. Monnet, G. Meyer, La collegiale Saint-Martin de Colmar, in: Congr. Arch. 136, 33–51.

1 F. Wolff, 1909, 65.
2 Von den für St. Martin gesicherten Fliesen findet sich das Muster P 11 auch unter den Kopien des Chorumgangs. Es ist nicht auszuschließen, daß dieselben Muster in Straßburg und in Kolmar verlegt wurden. A 16 (Blauwolkengasse-Kolmar) fand sich z. B. auch als Bodenfund in der Nähe von Basel.
3 Die auf einem Flohmarkt erworbenen Fliesen B 32, D 44, D 59 und H 72 sollen aus St. Martin, Kolmar, stammen. H 72 war dort schon als Kopie vorhanden, so daß diese Nachricht stimmen dürfte. B 32 und D 59 gehören einer anderen Zeitperiode an. Sollten sie ebenfalls dort gefunden worden sein, so könnten sie wohl erst der Zeit um 1400 angehören. Der Fundort von D 44 ist nicht bekannt, die Fliese muß vor 1940 gefunden worden sein. Da die Fundlage so unsicher ist, wurden diese Fliesen nicht in den Katalog aufgenommen.
4 P. Anstett, 73.
5 M. Barth, Sp. 224.

Place du 2 Février 38, zum Komplex des ehem. Franziskaner-Klosters gehörend

Fundumstände

Die Fliesen fanden sich in einem gewölbten Keller, in dem Keramikbruch aus dem Kloster wohl während des 15. Jahrhunderts aufgehäuft worden war. Neben den Fliesen und der üblichen Gebrauchskeramik, barg man Bruchstücke und ganze Kacheln von mindestens drei verschiedenen Kachelöfen. Bei Grabungen in der Klosterkirche wurden 1987 im Chor Fliesen des Musters H 284.1 entdeckt[1].

Baugeschichte

Das Anwesen liegt auf dem Gelände des ehem. Franziskanerklosters. Die Kirche wurde anstelle einer älteren, um 1235 errichteten Anlage, zwischen 1292 bis gegen 1335 erbaut. 1491 wurde sie durchgreifend erneuert, möglicherweise wurden schon damals die Fliesen verworfen. Die Klostergebäude wurden nach Brand 1735 durch einen Neubau ersetzt. Sie hatten schon seit 1543 als Spital gedient, als das Kloster an die Stadt verkauft worden war. Die Fliese (es hat sich nur dieses eine Muster erhalten) steht in engem Zusammenhang mit den Prägungen T 13–T 14 aus Burg Girbaden, T 14 wurde außerdem in der mittelalterlichen Töpferei in Saarburg aufgedeckt. Es könnte sein, daß auch diese Fliesen aus Saarburg bezogen wurden, obwohl Kolmar in der Mitte des 14. Jahrhunderts sicher schon dort ansässige Töpfer aufwies. Die Fliesen aus dem Chor der Franziskanerkirche, vom Ausgräber ins 14. Jahrhundert datiert, könnten noch um 1491 entstanden sein. Vgl. hierzu H 284 aus Kloster Ochsenhausen, um 1495.

Literatur

F. X. Kraus, Kdm Elsaß-Lothringen II, 267–270.
M. Barth, Sp. 231–232.
W. Hotz, Kdm Elsaß und Lothringen, 30–32.
G. Meyer, 1975 a, 36, 43, Abb. C5.
Ders., 1975 b, 106, 124, Taf. 10, 3.
R. Recht, G. Braeuner, 62–63.

1 Freundliche Mitteilung von Herrn Gilbert Meyer, Kolmar.

Haus Rue Berthe Molly 14 sowie „an verschiedenen anderen Stellen“ in Kolmar

Fundumstände

Die Fliesen wurden bei der Renovierung der Häuser in den letzten Jahrzehnten geborgen.

Baugeschichte

Zur mittelalterlichen Baugeschichte des im Kern gotischen Hauses ist nichts bekannt. Es wurde im 19. Jahrhundert tiefgreifend verändert. Zu Ende des 15. Jahrhunderts war es im Besitz der Villinger von Schönberg, welche 1512 von Kaiser Maximilian die Herrschaft Heiligkreuz/Sainte-Croix-en-Plaine erhielten. Die dort gefundenen Fliesen werden von Meyer[1] in die Zeit um 1498 datiert. Da dasselbe Muster in Basel vermutlich um 1458 erstmals verlegt wurde, ist es durchaus möglich, daß es nach Kolmar gelangte (oder dort mit dem Basler Model geprägte Fliesen erst zu Ende des Jahrhunderts entstanden).

Literatur

R. Recht, G. Braeuner, 23.
G. Meyer, 1983, 130, Abb. D, 131.

1 G. Meyer, 1983, 131.

Rue Bruat 51

Fundumstände

Die Fliesen lagen in der Abfallgrube einer außerhalb der mittelalterlichen Stadtmauer liegenden Töpferei. Diese wurde 1969 aufgedeckt und enthielt vor allem Bruchmaterial von Ofenkacheln aus der 2. Hälfte und dem Ende des 16. Jahrhunderts. Die Fliese H 41 scheint weite Verbreitung gefunden zu haben.[1] Die Datierung Meyers ins Ende des 16. Jahrhunderts geht von der Erbauung des Hauses Rue Chauffour 8 (1595) aus, dieselbe Fliese wurde in Freiburg wohl 1565, in Kloster Schuttern vielleicht beim Wiederaufbau nach dem Brand von 1548 verlegt.

Literatur

G. Meyer, 1975 a, 37.
Ders., 1975 b, 107, Taf. 10, 2.

1 G. Meyer, 1975 a, 37. „Ce type de dallage est très repandu, avec différentes variantes, il est généralisé dans toute la région de l'est“.

Rue Chauffour 8 (frühere Korngasse), heute Musikschule

Fundumstände

Die Fliesen wurden in einer Abfallgrube, die in Verbindung mit dem bestehenden Gebäude stand, gefunden. Diese enthielt außerdem Scherben von Gebrauchskeramik und Ofenkacheln des 16. Jahrhunderts.

Baugeschichte

Der Patrizier Sebastian Wilhelm Link erwarb zwei baufällige Häuser und errichtete 1595 auf deren Grund einen prächtigen Neubau, in dem Ludwig XV. 1681 als Dauphin übernachtete[1]. Meyer nimmt an, daß die Fliesen ebenfalls aus der Töpferei der Rue Bruat stammen.

Literatur

A. Scherlen, Topographie von Alt-Colmar, Kolmar 1922, 156–157.
G. Meyer, 1975 a, 37, 48, Abb. C10. Ders., 1975 b, 108, Nr. 62.
R. Recht, G. Braeuner, 27.

1 Die Besitzgeschichte des Hauses ausführlich bei A. Scherlen, 156–157.

Place de la Sinne 6

Fundumstände
Die Fliesen waren in zweiter Lage in einem 1776 errichteten Mauerwerk verwandt. Als dieses jetzt abgebrochen wurde, konnten sie geborgen werden.

Baugeschichte
Über die Geschichte des Hauses ist nichts bekannt. Die Fliesen stammen wahrscheinlich ebenfalls aus der Töpferei in der Rue Bruat 51.

Literatur
G. MEYER, 1975a, 37.

Konstanz, Lkr. Konstanz

Münster „Unserer Lieben Frau", Mauritius-Rotunde, Hl. Grab

Fundumstände
„Fliesen und Fliesenbruchstücke fanden sich 1974 bei Grabungen an verschiedenen Stellen im Fundament des Hl. Grabes in der Mauritius-Rotunde als wiederverwendetes Baumaterial."[1]

Baugeschichte
Das urkundlich 780 erstmals erwähnte Münster, dessen erster Bau vermutlich schon 615 bestand, wurde im wesentlichen unter Bischof Lambert (991–1015) errichtet und, nach einer Zerstörung 1052, bis gegen 1080 wiederaufgebaut und 1089 neu geweiht. Die Mauritius-Rotunde wurde unter Bischof Konrad (934–975) nach der Rückkehr von seiner 2. Jerusalemreise 940 erbaut. Um 1260 scheint sie neuerrichtet worden zu sein, um 1300 wieder auseinandergenommen und auf einem um 1,65 m erhöhten Boden wieder aufgestellt.[2] Auch hierbei dürfte der große Brand von 1299 vielleicht eine Rolle gespielt haben. Bei dieser Gelegenheit wurden die Fliesen vermauert. Die Muster sind dieselben, wie im Stadionschen Domherrenhof, sie werden mit diesen gemeinsam behandelt.

Literatur
R. BUSCH, Das Hl. Grab zu Konstanz, Oberrh. Kunst 2, Freiburg 1926, 106–125.
H. REINERS, Das Münster Unserer Lieben Frau zu Konstanz (Die Kdm Südbadens I), Konstanz 1955, 499–516.
P. KURMANN, Zur Architektur des Konstanzer Hl. Grabes, Beitr. zur Gesch. des Bodenseeraumes, FS für A. Knoepfli, Bern 1969, 145–155.
Ders., Das Konstanzer Hl. Grab, sein stilistisches und zeitliches Verhältnis zu französischen Vorbildern, Kunstchronik 1972, 333–334.
Kat. Felix Mater Constantia. Die Stadt Konstanz und ihre Heiligen im 10. Jahrhundert, Konstanz 1975, 84–85, Abb. 75.
P. KURMANN, Zur Grabfigur des Hl. Konrad und zu den hochgotischen Nebenbauten des Konstanzer Münsters, Freiburger Diözesan-Archiv 95, 1975, 341–348 (321–352).

1 Kat. Konstanz (s. o.), 85.
2 P. KURMANN, 1975, gibt den letzten Stand der Forschung zu den widerstreitenden Meinungen zur Datierung des Hl. Grabes. Die von d. Verf. schon 1958 vorgelegte Datierung der Konstanzer Fliesen in den Zeitraum „um 1260/70" hat durch die neuen Funde eine unerwartete Bestätigung gefunden.

Ehem. Stadionscher Domherrenhof („Burghof"), früher St. Johanngasse 7 (zwischen Gerichtsgasse und Inselgasse)

Fundumstände
Nach der Zerstörung der auf dem Gelände des ehem. Domherrenhofes untergebrachten Brauerei Buck durch Brand am 30. 3. 1898 fanden sich bei den Aufräumungsarbeiten im Mauerwerk zahlreiche, teils ausgezeichnet, teils nur in Bruchstücken, erhaltene Bodenfliesen. Es ließen sich 45 verschiedene Muster zusammenstellen, Fliesen in Rhomben-, Dreiecks-, Astroid- und Kreisformen weisen auf ein kompliziertes Rosettenmuster aus teils unverzierten, teils gemusterten Fliesen. Bei den Kreissegmentbögen finden sich erste Ansätze zu farbigen Glasuren, die gemusterten quadratischen Fliesen sind alle unglasiert. Kier weist auf die Verwandtschaft einiger Muster[1] mit den Fliesenböden in Kloster Arnstein hin. Bruchstücke, die nicht zu ganzen Mustern ergänzt werden konnten, lassen vermuten, daß der Musterbestand noch wesentlich reicher war.

Baugeschichte
Da sich keinerlei Baudaten erhalten haben, kann die Entstehung des Gebäudes nur aus der Besitzgeschichte erschlossen werden. Hirsch[2] weist außerdem noch darauf hin, daß sich bei dem zutage gekommenen Mauerwerk dieselbe Technik des „opus spicatum" feststellen ließ, wie am ältesten heute erhaltenen Konstanzer Gebäude, dem sog. „Kapitelsaal" auf der Insel. Der erste nachweisliche Inhaber des Domherrenhofes war der Domherr Eberhard von Staufenegg (1269–82), sein Nachfolger Domherr Rudolf von Hewen (1274–1315), auf den wiedrum Heinrich von Werdenberg (1317–23) folgte. Die späteren Besitzer können auf Grund erhaltener Wappensteine nachgewiesen werden, die Umbauten unter Domherr Konrad von Stadion (1568–1606) gaben dem Hof bis ins 19. Jahrhundert seinen Namen und die gültige Gestalt. Der Domherrenhof besaß eine dem hl. Lucius geweihte Kapelle, vermutlich waren die Fliesen ursprünglich dort verlegt. Die frühesten, als Plattenmosaik verlegten, teilweise noch ungemusterten Fliesen, können noch im 2. Viertel des 13. Jahrhunderts entstanden sein und gehören vermutlich der Erbauungszeit des Hofes an. Die gemusterten Fliesen, die mit wenigen Ausnahmen aus der Hand *eines* Modelschneiders stammen, können kaum vor 1248/53 verlegt worden sein, da das auf den Fliesen dargestellte Waldburgwappen (vgl. Kat. G1) einen mit einem Nagel aufgehängten Schild (Totenschild) ziert. Es wäre demnach möglich, daß der Dompropst Peregrin von Waldburg (1216–53) der erste Inhaber der Kurie gewesen ist. Für eine Verlegung im 3. Viertel des 13. Jahrhunderts sprächen außerdem die unbeholfene Prägung der frühen Adlerfliese B56, die geometrischen Schlingornamente und die Bevorzugung von Fabelwesen auf den Fliesendarstellungen. Nach den schweren Bränden von 1299 und 1314[3] scheint der Boden mit neuen Fliesen ausgebessert worden zu sein. So erklärt sich vermutlich der Wechsel von Präge- zu Reliefrechnik, den wir, unter Beibehaltung desselben Musters bei der Fliese F133 beobachten. Obwohl keines der Fliesenmuster unmittelbar mit einer in St. Urban geprägten Fliese übereinstimmt, scheint sich der Einfluß der St. Urbaner Muster doch in Einzelheiten abzuzeichnen.[4] Hier wie dort finden wir mit einem kleinen Stäbchen punzierte Kreismedaillons, die auf den Kreisen aufsitzenden Ecklilien, die aus versetzten Winkeln gebildeten Zackenbänder.[5] Aufgrund des heutigen Fundmaterials ist es jedoch nicht möglich, die Einflußlinien sicher zu klären (siehe Text S. 102–103). Die Fliesen wurden mit großer Wahrscheinlichkeit in Konstanz geprägt. Dafür spricht, daß die meisten Motive in einem quadratischen Rah-

men erscheinen, der bei der Prägung derselben Muster in Kolmar teilweise, im Hambacher Schloß und in Speyer meist fehlt. Nun, da die neuen Grabungen dieselben Muster in der Mauritius-Rotunde des Konstanzer Münsters zutage gefördert haben, darf man eher die Münsterbauhütte mit ihren weitreichenden Verbindungen als Initiator der Fliesenprägung sehen. Das Muster F 16, ebenfalls in der ehem. Pfalz der Insel Reichenau gefunden, zeigt, daß dieselben Muster auch noch an anderen Orten der Umgebung verlegt wurden.

Literatur

F. X. KRAUS, Kdm Kr. Konstanz, 260–261.
H. STEGMANN, 30.
R. FORRER, 1901, 71.
F. HIRSCH, 39.
K. BEYERLE, A. MAURER, 430–433.
H. KIER, 1970, 123, Abb. 242–243.
U. WIRTLER, Das Bürgerhaus in Konstanz, Meersburg und Überlingen, Tübingen 1977, 26–27, Abb. 20.

1 H. KIER, 1970, 123. Keine der Fliesen wurde in alter Lage angetroffen. Deshalb kann auf die ehem. Anordnung nicht mit Sicherheit geschlossen werden. Kier setzt aus den gefundenen Plattenmosaiken das Kreismuster 82 (186) und eine Variante des Musters 25 (160) zusammen.
2 F. HIRSCH, 95. Zu den Bauten des ehem. Dominikanerklosters fehlen Baunachrichten. Vermutlich wurde mit dem Bau von Kirche und Kloster jedoch bald nach der Niederlassung der Dominikaner in Konstanz 1236 begonnen.
3 F. HIRSCH, 39. Schon 1253 verbrannte „die ganz statt ze Costentz", ein Brand, dem möglicherweise die erste Domkurie zum Opfer gefallen sein könnte. 1299 verbrannten 66 Häuser, das Glockenhaus und das halbe Dach des Münsters. Auch hierbei könnten die unmittelbar in Münsternähe gelegenen Domkurien in Mitleidenschaft gezogen worden sein. Dasselbe gilt für den Brand von 1314, der 140 Häuser zerstörte.
4 Die Verbindung zwischen dem Zisterzienserkloster St. Urban und Konstanz war sehr eng. Die Weihe von Kloster und Kirche wurde 1259 von Eberhard II. von Waldburg, Bischof von Konstanz, vorgenommen. R. SCHNYDER (1958), 36.
5 R. SCHNYDER, 1958, vgl. Kat.-Nr. 19, 64, 115. Nach freundlicher Mitteilung von Herrn Prof. Dr. Rudolf Schnyder, Zürich, würde er einer Datierung der Fliesen in die Zeit nach 1275 unter Domdekan Rudolf von Hewen den Vorzug geben.

Jesuitenkolleg, später Gymnasium, Münsterplatz 6

Fundumstände

Unbekannt. Die Fliesen kamen vor 1887 ins Rosgartenmuseum, andere 1882 ins Museum Karlsruhe.

Baugeschichte

An der Stelle des 1609 vollendeten Jesuitenkollegs standen seit dem 13. Jahrhundert drei Bauten: ein Domherrenhof, die Lateinschule und eine Katharinenkapelle. Der Domherrenhof, urkundlich zuerst im Besitz des 1278 erwähnten Domherren Friedrich Graf von Montfort, ging dann auf den Domherren Konrad von Blumenberg und von diesem 1292 auf den königlichen Protonotar Heinrich von Klingenberg über. Die Katharinenkapelle, nördlich der Kurie gelegen, wurde 1269 erstmalig erwähnt, die Lateinschule wurde 1344 durch Dompropst Diethelm von Steinegg (1317–58) im Garten des Domherrenhofes erbaut. Diesem wurden 1352 große Bauaufwendungen bestätigt.[1] Das ganze Gelände wurde 1603 von den Jesuiten aufgekauft, die darauf ihr Kolleg und ein Gymnasium errichteten. Aus welchem Gebäude die Fliesen stammen, ist nicht mehr zu klären. H 66, zwar nicht mit denselben Modeln geprägt, jedoch im Muster kaum abweichend von Fliesen der Zisterzienserklöster Wörschweiler und Maulbronn, dürfte schon im 2. Drittel des 13. Jahrhunderts entstanden sein. Die Fliesen J 120 und N 46, falls sie überhaupt aus dem Jesuitenkolleg stammen, wären eher den Bauten Diethelms von Steinegg zuzuordnen.

Literatur

F. X. KRAUS, Kdm Kr. Konstanz, 95, 280.
K. GRÖBER, Geschichte des Jesuitenkollegs und -Gymnasiums in Konstanz, Konstanz 1904, 50.
K. BEYERLE, A. MAURER, 210–216.

1 K. BEYERLE, A. MAURER, 211–212. Diethelm von Steinegg kommt nach dem Tode seines Onkels zwischen 1342/44 in den Besitz des Hofes. Er läßt 1344 die alte Lateinschule abbrechen und eine neue erbauen, 1352 wird ihm erlaubt, seinen Hof mit einer jährlichen Rente zu belasten, wegen „multas et graves expensas circa structuras curie sue claustralis".

Haus „Zur roten Kette", Markstätte 24

Fundumstände

Die Fliesen lagen 1906 noch im 3. Stock des Hauses auf einem Fußboden. Es handelte sich um „kleine, quadratische, gotisch ornamentierte Bodenplättchen aus gebranntem Ton von 15 cm Größe, von denen sich vier Stück zu einer Figur vereinigen".[1] Die Fliesen konnten nicht aufgefunden werden.[2]

Baugeschichte

Zur Baugeschichte des Hauses fehlen alle Angaben. Es befand sich bei seiner ersten Erwähnung im Besitz des Hans Peter (1418–30) und ging dann in raschem Wechsel an verschiedene Besitzer über.[3] Das Haus wurde später mehrfach umgebaut. Vermutlich wurden die Fliesen aus einem Vorgängerbau übernommen.

Literatur

F. HIRSCH, 218.
K. BEYERLE, A. MAURER, 2. (Ungedrucktes Ms. im Stadtarchiv Konstanz, zitiert mit freundlicher Erlaubnis von Herrn Dr. Helmut Maurer, Konstanz.)

1 F. HIRSCH, 218.
2 Nach freundlicher Mitteilung von Frau Dr. Judith Oexle, Konstanz, haben sich bei der Neuordnung des Rosgarten-Museums und in alten Beständen der Stadtverwaltung Fliesen wiedergefunden. Da inzwischen auch bei verschiedenen Grabungen in der Altstadt von Konstanz Fliesen geborgen wurden, sollen die Konstanzer Fliesen neu bearbeitet werden.
3 K. BEYERLE, A. MAURER 2. o. Sz., Heinrich Kolmant (1431–54), Konrad Ehinger „jung" (1452–54), Heinrich Ehinger (1455–78), Margarethe Ehinger (1479–88), Hans Ehinger (1489–1504).

Haus „Zum Meerwunder", Kanzleistr. 20

Fundumstände

Bei den im Haus gefundenen Fliesen handelt es sich nach Hirsch um dasselbe Muster wie in Haus Marktstätte 24, jedoch „bunt und glasiert". Sie wurden schon vor 1906 im Rosgarten-Museum aufbewahrt und „werden dem 15. Jahrhundert zugeschrieben".[1] Die Fliesen sind z. Zt. nicht auffindbar.

Baugeschichte

Das Haus war im 15. Jahrhundert im Besitz des Oberbaumeisters und Bürgermeisters Konrad Grünenberg, möglicherweise ist er auch der Erbauer des Hauses. 1528 war es vermutlich in der Hand der Familie Plarer, die Jahreszahl 1624 am Erker deutet auf einen Umbau in dieser Zeit.

Literatur
F. X. Kraus, Kdm Konstanz, 286.
F. Hirsch, 218.

1 Vgl. Anm. 2 des vorigen Artikels.

Kraudorf, Stadt Geilenkirchen, Kr. Heinsberg

Kath. Pfarrkirche St. Gertrudis

Fundumstände
Bei Instandsetzungsarbeiten der 1945 beschädigten Kirche wurden 1950 zwei Fliesen im Schutt gefunden.

Baugeschichte
Die vermutlich im 10.–11. Jahrhundert entstandene, mehrfach umgebaute Dorfkirche wird 1451 erstmals erwähnt. Die Fliesen wurden vermutlich in der 2. Hälfte des 15. Jahrhunderts verlegt. Dasselbe Muster fand sich außerdem im Prämonstratenserinnen-Kloster des nahen Heinsberg.

Literatur
E. Renard, Kdm Kr. Erkelenz-Geilenkirchen, 164.
P. J. Tholen, Baugeschichtliche Untersuchungen in der St. Gertrudiskirche zu Kraudorf, in: K. Böhner, W. Piepers, P. Tholen, A. Verbeek u. a., Früher Kirchenbau im Kr. Heinsberg, 1987, 243–247.

Krems/Donau, Niederösterreich

Ehem. Dominikaner-Klosterkirche St. Petrus und Paulus, heute Städtisches Museum

Fundumstände
Die Fliese wurde 1970 im Südtrakt des Kreuzgangs gefunden.

Baugeschichte
Das 1236 gegründete Dominikanerkloster lag zuerst außerhalb der Stadtmauer. Kirche und Klostergebäude waren zwischen 1263/65 vollendet, um 1320–30 wurde ein Chor angefügt. Nach der Reformation wurde das Kloster als Waffenlager benutzt und durch eine Pulverexplosion 1564 schwer beschädigt. Es wurde 1785 aufgehoben und ist heute nach Umbauten und Restaurierung Museum. Die Fliese läßt sich nicht sicher datieren,[1] möglicherweise diente sie als Umrandung einer Grabplatte.[2]

Literatur
H. Tietze, M. Hoernes, M. Nistler, Kdm Krems, 242–243.
G. Dehio, Niederösterreich, 165.
H. Kühnel, Das Dominikanerkloster. Kirche, Kloster, Kreuzgang, Kat. Krems, 133–151.
Ders. Baugeschichte, Restaurierung und Revitalisierung des ehem. Dominikanerklosters in Krems, Öster. Zs. für Kunst und Denkmalpflege 25, 1971, 156–166.
F. Eppel, Der Kreuzgang des Dominikanerklosters in Krems, ebd. 167–173.

1 Datierung des Museums: „14. Jahrhundert".
2 Nach frdl. Mitt. von Herrn Prof. Dr. Harry Kühnel, Krems, diente dieser Teil des Kreuzgangs als Grablege der Prioren und Patres des Klosters.

Gozzoburg, Katharinenkapelle, Hoher Markt 11 – Margarethenstr. 14

Fundumstände
Die Fliese wurde vor 1935 im Südgang der Gozzoburg gefunden.

Baugeschichte
In die Gozzoburg wurde eine in der 2. Hälfte des 11. Jahrhunderts errichtete Stadtburg miteinbezogen. Sie wurde im 3. Viertel des 13. Jahrhunderts durch den Stadtrichter und Kammergrafen Gozzo[1] auf dem „Hohen Markt" erbaut. Gozzos „Haus" wird 1258 erstmals erwähnt, eine Kapelle 1267. Die Burg kam nach dem Tod von Gozzos Sohn Irnfried an die Habsburger und war bis ins 16. Jahrhundert in deren Hand.[2] Nach einem Brand 1532 kam sie zu Ende des 16. Jahrhunderts in den Besitz der Stadt und wurde zu Wohnzwecken umgebaut. Die Fliese, aus der anscheinend besonders prächtig ausgestatteten, doppelgeschossigen Katharinenkapelle stammend, kann auf Grund der Baugeschichte erst kurz vor 1267 entstanden sein; aufgrund des Musters wäre sie weit früher zu datieren.[3] Sie ist die einzige bis heute bekannte Fliese dieser Technik aus Österreich.

Literatur
H. Tietze, M. Hoernes, M. Nistler, Kdm Krems, 265–266.
A. Klaar, Die Burgen der Stadt Krems, Mitt. des Kremser Stadtarchivs 3, Krems 1963, 1–11.
Kat. Rom. Kunst, 216, Nr. 199.
H. Kühnel, Krems a. d. Donau, München 1968, 9, 23–24.
Hist. Stätten, Österreich I, 366.
Kat. Krems, 108–109, 509, Nr. 628, Abb. 106.
G. Dehio, Niederösterreich, 167.
Kat. Kuenringer, 134.
M. Schwarz, 462–463.

1 Der Bürger Gozzo wird zuerst 1247 in Krems erwähnt. Er zog sich 1288 als Laienbruder in das Zisterzienserkloster Zwettl zurück und starb dort 1292.
2 Die Gozzoburg muß ein so großartiger Bau gewesen sein, daß Kaiser Maximilian I. 1515 den Auftrag gab, die „burckh zu Krembs abkunterfettern" zu lassen.
3 Nach A. Klaar, 5, ist es möglich, daß sich im Ostbereich der Burg eine frühere Kapelle befunden hat. Ihr Nachweis ist jedoch bautechnisch nicht mehr möglich.

Haus Spitalgasse 5

Fundumstände
Die Fliese wurde 1907 gefunden.

Baugeschichte
Zur frühen Geschichte des Hauses ist nichts bekannt. Der ganze Komplex war ehemals jüdischer Besitz und gelangte nach der Vertreibung der Juden in die Hand Herzog Albrecht V., der ihn anschließend weiterverschenkte und weiterverkaufte. Das Eckhaus (Hafnerplatz-Spitalgasse) stiftete er dem Augustiner-Chorherrenstift Wittingau (Třeboň, Böhmen), dieses verkaufte es 1431 an das Zisterzienserkloster Goldenkron (Zlatá Coruna, Böhmen). Es wurde einer der in Krems besonders zahlreichen Klosterhöfe, die zur Aufnahme der Weinlese bestimmt waren. Jaritz[1] schreibt: „Angehörige jener Familie Rosenberg üben nicht nur eine ... Schirmherrschaft über Goldenkron und seine Besitzungen aus, sondern fühlen sich, was auch im 16. Jahrhundert wieder deutlich hervortritt, oft bereits als Eigentümer des Klosters und seiner Güter." 1553 übergab Abt Bartholomäus Weinberge in Krems und den Goldenkroner Hof an die Herren von Rosenberg. Dieser Hof ist das Nebengebäude von Spitalgasse 5.

Wenn die Fliese S30 das Wappen der Rosenberg, welches wiederholt in dieser Form vorkommt, zeigt, könnte die Fliese aus dem Goldenkroner Hof stammen und später im Haus Spitalgasse 5 verlegt worden sein, wenn dieses nicht schon im Mittelalter zum Hofareal gehörte. Die Fliese ist, in Analogie zu G90, wohl erst im 16. Jahrhundert entstanden.

Literatur
Kat. Krems, 509, Nr. 630, Abb. 108.
G. JARITZ, Von „Lob dem Juden" zur Knabenvolksschule. Geschichte des Goldenkroner Hofes in Krems, Mitt. des Kremser Stadtarchivs 20, 1980, 27–37.

1 G. JARITZ, 29.

Burgruine Rehberg, Burgkirche St. Johannes Baptista

Fundumstände
Unbekannt. Die Fliesen müssen vor 1928 entfernt worden sein.

Baugeschichte
Die Brüder Otto II. von Lengenbach und Hertwicus de Rehperch werden 1141 als im Besitz der Herrschaft Rehberg erwähnt; die Burgkirche erscheint jedoch erst 1316 im Besitz der Königinwitwe Agnes von Ungarn. Die Burg wechselte häufig den Besitzer, seit 1822 wurde sie dem Verfall preisgegeben. Die Kirche, seit 1783 Filialkirche, verdankt ihre heutige Form einem Umbau von 1770. Daten zur mittelalterlichen Baugeschichte fehlen. 1521 wurde die Kirche mit neuem Gerät versehen, möglicherweise wurde zu diesem Zeitpunkt auch an der Ausstattung gearbeitet[1]. Die Fliese C63, bis jetzt meist ins 13. Jahrhundert datiert, ist seit dem Fund der Fliese G69 aus der Frauenbergkirche in Stein sicherer zu bestimmen. Beide stammen offensichtlich vom selben Modelschneider. Die Form der gedrungenen Tartsche bei G69 weist ins Ende des 15. oder ins frühe 16. Jahrhundert.

Literatur
H. TIETZE, M. HOERNES, M. NISTLER, Kdm Krems, 351–353.
F. DWORSCHAK, 99.
Hist. Stätten Österreich I, Donauländer, 368.
Kat. Krems, 509, Kat. Nr. 629, Abb. 107.

1 H. TIETZE, M. HOERNES, M. NISTLER, 352.

Krems-Stein/Donau

Frauenbergkirche Mariae Himmelfahrt

Fundumstände
Die Fliese wurde 1962 nach der Entfernung des barocken Hochaltars gefunden.[1]

Baugeschichte
Die 1401 erstmals genannte Kirche wurde um 1380 erbaut und erhielt 1480 ihre heute noch erhaltene Empore. Sie wurde 1785 säkularisiert, nach 1796 wieder benutzt und 1963 in eine Kriegergedächtnisstätte umgewandelt. Die Fliese stammt wohl aus derselben Werkstatt, welche die übrigen sechseckigen Fliesen für die St. Johanneskapelle in Burg Rehberg und für das Haus Spitalgasse 5 herstellte. Die Form der Tartsche des leider noch ungedeuteten Wappens weist eher in das 1. Drittel des 16. Jahrhunderts als in die Zeit um 1480.

Literatur
H. TIETZE, M. HOERNES, M. NISTLER, Kdm Krems, 421.
L. ECKART, Archäologische Beobachtungen in der Frauenbergkirche zu Krems-Stein a.d. Donau, Mitt. des Kremser Stadtarchivs 3, 1963, 189–192 und 6, 1966, 175–183 (hier „Eckhardt").
H. KÜHNEL, Erwerbungen der Stadt Krems, Mitt. des Kremser Stadtarchivs 3, 1963, 194–195 (mit Abb.).
Kat. Krems, 113–114, 509–510, Kat. Nr. 632.
G. DEHIO, Niederösterreich, 333.

1 H. KÜHNEL, 1963, 194.

Großer Passauer Hof, Steiner Landstr. 76

Fundumstände
Die Fliesen befanden sich bis ins erste Jahrzehnt des 20. Jahrhunderts in situ in einem Raum im Oberstock des Passauer Hofes, der vermutlich als Kapelle gedient hat. Es ist nicht sicher, ob es gelang, alle Muster zu erfassen, da die Fliesen teilweise früh in Privatbesitz kamen.[1]

Baugeschichte
Das 1263 erstmalig als Zehnthof des Bischofs von Passau genannte Gebäude wurde Mitte des 16. Jahrhunderts umgebaut, die Kapelle, die anscheinend bis 1783 geweiht war, später aufgehoben. Dworschak[2] glaubt, „daß die Fliesen aus der Gegend von Pöchlarn stammen, wo noch in neuerer Zeit Klinkersteine in gleicher Struktur und Farbe gebrannt wurden".[3] Die Fliesen, die durch Verwendung von Glasur sich von allen übrigen mittelalterlichen Fliesen Österreichs unterscheiden, dürften, nach Motiven und stilistischen Details, noch in der 2. Hälfte des 13. Jahrhunderts entstanden sein. Dvorschak datiert sie, durch einen Vergleich mit österreichischen Pfennigen der Zeit, in die Mitte des 14. Jahrhunderts, Kühnel ins Ende des 13. Jahrhunderts.

Literatur
H. TIETZE, M. HOERNES, M. NISTLER, Kdm Krems, 428.
A. WALCHER V. MOLTHEIN, 1917, 42, Nr. 324–328.
F. DWORSCHAK, 88, 99.
H. KÜHNEL, 1968, Abb. 32.
L. SCHMIDT, Abb. 59.
Kat. Krems, 121–122, 509, Kat. Nr. 631.
Hist. Stätten Österreich I, Donauländer, 564–566.

1 Möglicherweise stammen nicht alle Fliesen dieses Typus aus Stein. Nach freundlicher Mitteilung von Herrn Hofrat Dr. Josef Zykan, Wien, befanden sich auf der Orgelempore der Kirche St. Michael in der Wachau Fliesen, „die in flachem Relief Tierdarstellungen wie Hirsche etc. zeigten". Diese Fliesen wurden im Lauf der Zeit gestohlen und verschleppt, so daß nicht mehr nachgeprüft werden kann, ob es sich bei den Fliesen um dieselben Muster wie im Passauer Hof handelt. Möglicherweise wurden die Fliesen aus einem älteren Bau in die 1500–23 errichtete Kirche übernommen. St. Michael und der Passauer Hof zeigen übereinstimmende Lösung von Ecktürmchen und Zinnenkranz, die 1544 angebracht wurden.
2 F. DWORSCHAK, 86.
3 Vgl. dazu die Fliesen aus Kloster Neustift, Freising, die teilweise ähnliche Glasuren zeigen. Dessen umfangreicher Grundbesitz in Ebersberg ist Pöchlarn unmittelbar benachbart.

Kronberg, Hochtaunuskreis

Burg und Burgruine

Fundumstände
Die Fliesen wurden in Schuttschichten am Abhang des Burgbergs gefunden,[1] sie könnten bei der Restaurierung 1892 verworfen worden sein.

Baugeschichte
Die 1230 erstmals erwähnte Burg wurde zu Beginn des 13. Jahrhunderts von den Reichsministerialen von Eschborn erbaut, die sich dann Kronberg nannten. Nach einer Zerstörung 1246 wurde sie wieder aufgebaut. Durch Neubauten in der 1. Hälfte des 14. und im 15. Jahrhundert entstand allmählich eine Ober-, Mittel- und Unterburg. 1342 wurde die Burgkapelle in der Unterburg geweiht. Bei der Rückkehr Hartmut XII. von Kronberg (1488–1549) aus der Verbannung, fand er die Burg sehr verfallen vor und begann zwischen 1541 und 1550 umfangreiche Erneuerungsarbeiten. Die Fliese, deren Muster über einen langen Zeitraum in Hessen nachgeschnitten wurde, könnte aus diesen Bauten stammen, sie könnte jedoch auch schon beim Bau des Treppenturms (Jahreszahl 1505) und bei anderen Umbauten, die zu Ende des 15. Jahrhunderts in der Burg durchgeführt wurden, verlegt worden sein.

Literatur
F. Luthmer, Kdm Reg. Bez. Wiesbaden II, 82–96, 99–102.
Hist. Stätten IV, Hessen, 278–280.
H. Bode, Kronberg im Taunus. Beiträge zur Geschichte, Kultur und Kunst, Frankfurt 1980, 402–404.
H.-P. Mielke, 1982, 210, Anm. 59.
G. Dehio, Hessen, 521–522.

1 Freundliche Mitteilung von Herrn Dr. Heinz-Peter Mielke, Grefrath.

Künzelsau, Hohenlohekreis

Ev. Pfarrkirche, ehem. St. Johannes Baptista

Fundumstände
Beim Umbau einer Umluftheizung wurden 1970/71 Untersuchungen durchgeführt. In der nördlichen Sakristei fanden sich Fliesen in zweiter Lage, die hier vermutlich bei der Innenrenovierung 1765 oder 1768 neu verlegt worden waren.

Baugeschichte
Die vermutlich im 11. Jahrhundert entstandene Kirche wird um 1190 erstmals erwähnt. Sie wurde in der 1. Hälfte des 15. Jahrhunderts durch einen teilweisen Neubau ersetzt, möglicherweise um 1463[1] wurde der Fußboden im Chor erhöht und kleinere Bauarbeiten ausgeführt. Das Schiff wurde 1612–17 neu erbaut. Die Fliesen, deren Muster außerdem in der Pfarrkirche des Nachbarortes Niedernhall und in der Kirche von Unterregenbach gefunden wurden, stammen vermutlich aus der Zeit der Erhöhung des Fußbodens, die Stachel mit einem Glockenguß in Verbindung bringt. Sie könnten jedoch auch schon beim Neubau der Kirche um 1430 verlegt worden sein. Wo die Fliesen gebrannt wurden, läßt sich nicht sicher sagen, ergiebige Tongruben lagen bei Beringen und Oberkessach.

Literatur
G. Himmelheber, Kdm Kr. Künzelsau, 42–45.
G. Dehio, Baden-Württemberg, 268.
G. Stachel, 49–85, Abb. S. 80–81.

1 G. Stachel, 56–57.

Kürnbach, Lkr. Karlsruhe

Abgegangene Propstei des Benediktinerklosters Sinsheim

Fundumstände
Die Fliesen wurden bei Grabung eines Brunnens 1957 auf dem Gelände der ehem. Propstei gefunden. Die Propsteigebäude sind heute verschwunden.

Baugeschichte
Für die Propstei, an deren Vorhandensein nur noch die Flurnamen Klosterfeld, Klosterweg und Klosterbuckel sowie die Klostermühle erinnern, sind keine Baunachrichten überliefert. Sie wurde nach der Reformation aufgelöst. Das Benediktinerkloster St. Michael, zwischen 1092/99 von St. German, Speyer, nach Sinsheim verlegt, wurde 1496 in ein adliges Stift umgewandelt. Vielleicht haben anläßlich dieser Umwandlung Erneuerungsarbeiten stattgefunden, die sich auch auf die Propstei erstreckten. Die Fliesen dürften, nach der Form der heraldischen Lilie, in der Zeit um 1500 entstanden sein.

Literatur
G. Schaefer, Kdm Kr. Wimpfen, 306.
A. v. Oechelhaeuser, Die Kdm des Ghzt. Baden VIII. Ehem. Kr. Heidelberg 1, Die Amtsbezirke Sinsheim, Eppingen und Wiesloch, Tübingen 1909, 104–106.
Hist. Stätten VI, Baden-Württemberg, 437–438.

Kulm/Chelmno, Westpreußen, Polen

Ehem. Zisterzienserinnenkirche St. Johannes Baptista und Johannes Evangelista

Fundumstände
1887 lagen noch „wenige Fliesen zerstreut auf dem Altarplatz und haben auch Verwendung gefunden zur Verkleidung der zu demselben führenden Stufe“.[1] Es konnte nicht ermittelt werden, ob sich noch Fliesen erhalten haben.

Baugeschichte
Kulm wurde vom Deutschen Ritterorden 1232 angelegt. Gleichzeitig baute der Orden am äußersten Südwestabhang der Stadt ein Ordenshaus mit Wehrturm. Dieses kam um 1266, als sich der Orden langsam aus der Stadt zurückzog, in den Besitz von Zisterzienserinnen. Die Kirche wurde vermutlich in den ersten Jahrzehnten des 14. Jahrhunderts erbaut. Das Kloster wurde 1821 aufgehoben und ist seit 1825 Krankenhaus. Heise und Schmid vermuten, daß die Fliesen aus der Erbauungszeit stammen. Das Vorhandensein einer blauen Glasur spricht jedoch eher für eine Prägung im 16. Jahrhundert. Dieselben Fliesen, mit gleicher Prägung und abweichender Glasur, wurden im ehem. Dominikanerkloster in Danzig und in der Klosterkirche Ringsted/Dänemark gefunden. Es ist durchaus möglich, daß die Fliesen aus Dänemark kamen. Da Kirche und Kloster ganz aus Backsteinen erbaut sind, ist ihre Herstellung in Kulm jedoch ebenso möglich.

Literatur
J. Heise, B. Schmid, Kdm Kulmerland 5, 69–75.
Hist. Stätten, Ost- und Westpreußen, 111–113.

1 J. Heise, B. Schmid, 75.

L

Ladenburg, Rhein-Neckar-Kreis

Kath. Pfarrkirche Mariae Himmelfahrt, „Galluskirche“

Fundumstände
Unbekannt. Nach einer vagen Notiz bei K. S.[1] wurden Fliesen gefunden, die Muster konnten jedoch nicht ermittelt werden. Vermutlich handelt es sich um dieselben Wormser Typen, die von den anderen Fundorten Ladenburgs bekannt sind.

Baugeschichte
Auf die komplizierte Baugeschichte der auf fünf Vorgängerbauten errichteten, zu Ende des 15. Jahrhunderts vollendeten Kirche soll, da die Muster nicht bekannt sind, nicht eingegangen werden. Da die Fliesen als „gotisch“ bezeichnet werden, stammen sie vermutlich aus dem Ende des 14. oder dem Beginn des 15. Jahrhunderts.

Literatur
K. S. Die St. Galluskirche in Ladenburg VII, Der Lobdengau 10, Nr. 3, Dez. 1955, 3.
H. Huth, Kdm Kr. Mannheim, 148–164.

1 K.S.3. „Der Kirchenboden lag früher ca. 20 cm tiefer, vielleicht war er nur ein Lehmboden einige Zeit und später in Großformat mit gotischen Ziegeln belegt, wie gefunden, und auf den Säulenvorsprüngen stark abgelaufen.“

Ehem. Bischofshof

Fundumstände
Bei Grabungen wurden 1965 bei der kleinen Gartenmauer des westlichen „Saals“ in Fundamentgräben verschiedene Fliesen und Fliesenbruchstücke gefunden.[1]

Baugeschichte
Der vermutlich als Nachfolger eines fränkischen Königshofes entstandene „Saal“ kam schon vor der Mitte des 10. Jahrhunderts in den Besitz des Hochstiftes Worms. Er diente im Hochmittelalter (874, 1007, 1061, 1073 und 1196) verschiedentlich als Aufenthaltsort deutscher Könige. Der „Saal“ wurde 1885 beim Neubau der „Alten Schule“ abgerissen. Erhalten hat sich eine Wappentafel des Wormser Bischofs Friedrich von Domneck (1426–45) mit der Jahreszahl 1436, die jetzt an der Nordseite des Bischofshofes eingelassen ist. Im Innern soll sich die Zahl 1469 befunden haben[2]. Da die Fliesen nicht in alter Lage gefunden wurden, sondern möglicherweise nur bei der Auffüllung der Fundamentgräben dorthin gelangten, könnten sie auch aus dem heute als „Bischofshof“ bezeichneten Gebäude stammen. Dieser, im Kern auf das 13. Jahrhundert zurückgehende, 1319 erstmals erwähnte Bau, war 1390–1405 und 1499–1509 Residenz der vertriebenen Wormser Bischöfe. Er wurde 1590 und 1620 weiter ausgebaut und im 18. Jahrhundert, nach einer Zeit längeren Verfalls, erneuert und umgebaut. Die Fliesen, die alle mit Wormser Mustern übereinstimmen, wurden vermutlich in der 2. Hälfte des 14. Jahrhunderts geprägt. Ihre Verlegung zwischen 1390–1405 oder später (1436?) ist noch möglich.

Literatur
H. Huth, Kdm Kr. Mannheim, 177–189.
Hist. Stätten VI, Baden-Württemberg, 440–441.

1 Freundliche Mitteilung von Herrn Dr. Berndmark Heukemes, Heidelberg.
2 H. Huth, 178, 188, Abb. 121.

Jesuitenhof, früher „Bettendorfer Hof“, Jesuitenhof 1

Fundumstände
Die Fliese wurden 1890 in einer mittelalterlichen Abfallgrube in ca. 2 m Tiefe auf dem Gelände des Jesuitenhofes bei der Fundamentierung eines Neubaus gefunden.[1]

Baugeschichte
Zur Baugeschichte des 1339 erstmals erwähnten Hofes, der zu dieser Zeit in den Besitz des Deutschen Ordens, Kommende Weinheim, kam, ist nichts bekannt. Er gehörte um 1500 dem Junker von Hirschberg, dann den Herren von Bettendorf, ab 1736 dem adligen Damenstift Pforzheim, von dem er 1743 an die Jesuiten in Mannheim kam. Einzelne Bauteile weisen auf Bauten oder Umbauten im 15. Jahrhundert, das Muster der Fliese auf einen Boden aus dem 3. oder 4. Viertel des 14. Jahrhunderts.

Literatur
Protokollbuch des Mannheimer Alterthumsvereins 1890, 160, 163.
H. Huth, Kdm Kr. Mannheim, 228–232.
W. Seidenspinner, Ladenburg, 144.

1 Den Hinweis auf diese Fliese verdanke ich Herrn Dr. Franz Swoboda, Mannheim.

Sickinger Hof, Nadlerstraße/Große Klappergasse

Fundumstände
Die Fliesen wurden 1955 beim Anlegen einer Dunggrube neben dem Gebäuderest des ehem. Sickinger Hofes gefunden. Ca. 2 m unter dem heutigen Niveau stieß man auf einen Raum des Herrenhauses mit intaktem Fliesenboden.[1] Bei weiteren Grabungen fand man 1967 Fliesen einer früheren Periode. Einzelfunde von Fliesenbruchstücken scheinen auch schon 1952 gemacht worden zu sein.

Baugeschichte
Der Sickinger Hof wird um 1450 im Besitz des Ritters Hans von Sickingen genannt und blieb bis 1786 in der Hand der Sickingen. Im letzten Viertel des 19. Jahrhunderts wurde die Hauskapelle abgerissen und ein Teil der Gebäude verbaut. Eine Erkerkonsole des 13. Jahrhunderts[2] weist auf die frühe Entstehung des Hofes, für die sonstige Urkunden fehlen. Die Fliese H 80 dürfte schon in der Mitte oder im 3. Viertel des 13. Jahrhunderts verlegt worden sein, H 103 wohl erst zu Beginn des 14. Jahrhunderts. Bei H 109 könnte es sich um eine spätere Ausflickung handeln, die das Muster in grober Prägung kopiert.

Literatur
K. S. Die Sickingen in Ladenburg, Der Lobdengau 10, Nr. 3, 1955, 1–2.
E. Döpfner, Der Sickingen'sche Hof in Ladenburg, Der Lobdengau 17, 1963, Nr. 1, 2.

H. Huth, Kdm Kr. Mannheim, 232–233.
W. Seidenspinner, Ladenburg, 144, (137–144).

1 Freundliche Mitteilung von Herrn Karl Arnold, Ladenburg.
2 H. Huth, 232, Abb. 163.

Lahnstein, Rhein-Lahn-Kreis

Klosterkirche St. Johannes Baptista, ehem. kath. Pfarrkirche, Ortsteil Niederlahnstein

Fundumstände
Die Fliesen fanden sich bei der Restaurierung 1961 im fast meterhohen Schutt der Krypta. Weitere Fliesen wurden bei den Grabungen an verschiedenen Stellen aufgedeckt. Im Erdgeschoß des Westturms, eine Stufe unter heutigem Niveau, fand man Teile des mittelalterlichen Fliesenbodens.
Die Fliesen waren allerdings so morsch, daß die meisten bei der Bergung zerbröckelten[1] und so nicht mehr alle vorhandenen Muster ermittelt werden konnten. Dreiecke, Rauten, Kreissegmente und Schuppenfliesen weisen auf das Vorhandensein von Plattenmosaiken und großen Fliesenrosetten, gemusterte Fliesen wurden in vier verschiedenen Typen geborgen.

Baugeschichte
Die Kirche wurde anstelle von Vorgängerbauten um 1130/1140 errichtet. Baunachrichten aus späterer Zeit fehlen, lediglich ein 1326 erteilter Ablaß erlaubt Rückschlüsse auf eine gewisse Bautätigkeit. Nach einem Brand 1794 blieb die Kirche bis zum Wiederaufbau 1856–66 Ruine, 1906 wurde sie mit einem Kloster des Johannesbundes vereinigt. Kier[2] datiert die Rosetten auf die Zeit um 1220–1230/40. Gleichzeitig oder im Anschluß daran könnten höchstens die Muster I6 und X14 entstanden sein.[3] Bei den sich an Urbarer Muster anlehnenden Fliesen H261 und L48 handelt es sich möglicherweise um Ergänzungen des 14. Jahrhunderts, ihre Verlegung um 1326 wäre möglich.

Literatur
F. Michel, 1954b, 20–21, 67.
U. Koch, 96–137, 136, Abb. 61.
H. Kier, 1970, 129, Abb. 218–221.
H. E. Kubach, A. Verbeek, Bd. 2, 848–852.
G. Dehio, Rheinland-Pfalz, 524–525.

1 U. Koch, 132.
2 H. Kier, 1970, 129.
3 Nach freundlicher Mitteilung von Herrn Udo Liessem, Koblenz, sah Herr Victor Jakobs, Koblenz, in St. Johannis eine Fliese mit Hirschdarstellung. Da das Muster I6 hier und in der Klosterkirche Ravengiersburg gefunden wurde, käme als Muster der Hirschfliese vielleicht C25 in Frage.

Ehem. Arnsteiner Hof, heute Forstamt, Niederlahnstein

Fundumstände
Die Fliesen fanden sich im 19. Jahrhundert als Bodenbelag der gewölbten Kapelle im Erdgeschoß des Hofes. Bei der jüngsten, 1981 abgeschlossenen Restaurierung, wurde in dem Raum über der Kapelle erneut die Fliese L12 und ein Bruchstück von L36 gefunden.

Baugeschichte
Niederlahnstein war im 12. Jahrhundert Vogtei der Grafen von Arnstein. Der 1247 erstmals erwähnte Hof bestand schon, bevor er dem Kloster Arnstein geschenkt wurde. Der heutige Hof, dessen Hauskapelle noch erhalten ist, wird von Michel[1] in die Mitte des 15. Jahrhunderts datiert. Die Fliese W88 spricht für eine Verlegung des Bodens in der Mitte oder dem 3. Viertel des 13. Jahrhunderts. L12 und L36 könnten einem neuen Boden oder einer Ausflickung im 2. Drittel des 14. Jahrhunderts angehören.

Literatur
F. Michel, 1954b, 14, 34–35, 111–112.
Denkmalpflege in Rheinland-Pfalz 1979–1981, Mainz 1982, 232.
U. Liessem, Bauuntersuchungen am Arnsteiner Hof in Niederlahnstein. Rückgewinnung einer spätstaufischen Kapelle, Denkmalpflege in Rheinland-Pfalz 39, 1984, 253–258.

1 F. Michel, 1954II, 111.

Ehem. Hospitalkapelle St. Jakobus d. Ä., Oberlahnstein

Fundumstände
Vor Beginn der Restaurierung der Kapelle wurde im Februar 1982 eine Grabung durchgeführt. Dabei stieß man auf Reste des gotischen Fliesenbodens. Die zur Begrenzung des Randes dienenden Fliesen W24 wurden noch in situ gefunden, Fliesen in drei weiteren Mustern waren beim Ausheben eines Pilgergrabes auf das Niveau älterer Gebäude gerutscht („Keller"). Es ist nicht sicher, ob es sich um einen Vorgängerbau der Kapelle oder um profane Bauten handelt.[1]

Baugeschichte
Ein Priester am Hospital wird erstmals 1330,[2] die Kapelle 1332 erwähnt. Sie muß vor dieser Erwähnung schon einige Zeit bestanden haben. Der gotische Chor scheint jedoch erst im 14. Jahrhundert errichtet worden zu sein. Die Fliesen I13, N80 und W24, Muster des Klosters Eberbach, könnten frühestens im 6. Jahrzehnt des 13. Jahrhunderts verlegt worden sein. J80 ist eine sehr späte Prägung des Musters, die auch in Eberbach wohl erst im 1. Drittel des 14. Jahrhunderts verlegt wurde. Sie ließe darauf schließen, daß in der Zeit der ersten Erwähnung um 1330/32 Bauarbeiten in der Kapelle durchgeführt wurden. Der Boden des Schiffes der wiederhergestellten Kapelle wurde mit Kopien der Fliesen belegt.[3]

Literatur
F. Michel, 1960, 311.
G. Dehio, Rheinland-Pfalz, 527.
P.-G. Custodis, Die Wiederherstellung der Hospitalkapelle St. Jakob in Lahnstein aus der Sicht der Denkmalpflege, Die Hospitalkapelle „St. Jakobus" in Lahnstein, FS, hrsg. von der Stadt Lahnstein, 1984, 14–18.
H.-H. Wegner, 19–25.
W. Eisenbarth, Chronik des Lahnsteiner Hospitals und der Kapelle St. Jakobus, Die Hospitalkapelle „St. Jakobus" in Lahnstein, hrsg. von der Stadt Lahnstein, 1984, 35–42.

1 H.-H. Wegner, 22–24.
2 W. Eisenbarth, 36. Am 24. Juli 1330 verkauft der Priester Nikolaus (provisor hospitalis pauperum in Laynstein) Weinberge zu Caub.
3 P. G. Custodis, 16.
Für den Hinweis auf diese Fliesen danke ich den Herren Udo Liessem und N. N. Gadenz, beide Koblenz.

Burg Lahneck, Oberlahnstein, Burgkapelle St. Ulrich

Fundumstände
Die Fliesen befinden sich in situ unter dem beim Wiederaufbau der Burg nach 1854 verlegten Marmorboden der Burgkapelle.[1]

Baugeschichte
Die zur Sicherung des Mainzer Besitzes und eines Silberbergwerks um 1240–45 erbaute Burg, mit einer 1332 erstmalig erwähnten, 1386 neu erbauten Burgkapelle, wurde 1428 Sitz eines mainzischen Amtmanns. Sie wurde unter Erzbischof Diether von Isenburg (1463–1475) weiter ausgebaut, nach 1540 nur noch gelegentlich bewohnt und 1689 von den Franzosen zerstört. Der Wiederaufbau der Burgruine erfolgte nach 1854. Die Fliesen, nach einem Muster des Klosters Eberbach geprägt, weisen eher auf eine Verlegung in der 2. Hälfte des 13. oder zu Beginn des 14. Jahrhunderts.[2]

Literatur
G. Zülch, J. Bonn, Die Ulrichskapelle auf Schloß Lahneck, Rhenus, Beitr. z. Gesch. des Mittelrh. 1, 1883, 18–19.
F. Luthmer, Kdm Reg. Bez. Wiesbaden V, 88–92.
H. Beckby, Oberlahnstein. Schicksale einer rhein. Stadt, Oberlahnstein 1952, 23–26.
F. Michel, 1960, 134–137.
Hist. Stätten V, Rheinland-Pfalz, 217–272.
U. Liessem, U. Löber, 75–77.
G. Dehio, Rheinland-Pfalz, 527–528.

1 Freundliche Mitteilung von Herrn Prof. Dr. Werner Bornheim, gen. Schilling†, Mainz.
2 Die Zahlenangaben zur Geschichte und Baugeschichte der Burg Lahneck widersprechen sich in der Literatur ständig. So erfolgte die erste Erwähnung 1224 (Bodman), 1227 (Backes), 1244 (Gensicke), die Erbauung der Kapelle vor 1332 (Dehio) oder 1386 (Backes und Zülch). Der frühen Datierung ist der Vorzug zu geben. Obwohl H244 ein häufig nachgeprägtes Muster ist, dürfte es in dieser klaren Prägung noch dem 13. Jahrhundert angehören.

Martinsburg, Oberlahnstein

Fundumstände
Die ersten Fliesen wurden 1852 im Korridor des „Schlosses Oberlahnstein" gefunden.[1] Weitere Fliesen lagen im Obergeschoß des linken Flügels der Burg in situ. Sie waren „zwischen sichtbar gelassenen Balken „verlegt und zeigten ein „Maßwerkmuster". Sie kamen 1882 in die Slg. des Oberlahnsteiner Altertumsvereins und sind anscheinend verloren. Im 2. Stockwerk des Nordflügels waren bis vor kurzem ebenfalls noch Fliesen verlegt. Sie wurden vom jetzigen Besitzer der Burg entfernt und über einem Kamin in die Wand eingelassen.[2]

Baugeschichte
Die 1244 erstmals erwähnte, zum Schutze des Rheinzolls von den Erzbischöfen von Mainz errichtete Wasserburg, wurde zu Ende des 14. Jahrhunderts (1394?, 1395? 1398?) ausgebaut. Der Flügel, in dem die Fliesen lagen, soll erst 1495 (1497 ?) erbaut worden sein. Möglicherweise lagen die Fliesen dort nicht in erster Lage, sondern wurden bei den Umbauten des 18. Jahrhunderts unter Erzbischof Franz Lothar von Schönborn (1695–1727) dorthin verbracht. Die Fliesen, ein häufig nachgeprägtes Eberbacher Muster, könnten frühestens zu Beginn des 14., spätestens zu dessen Ende (1395 ?) verlegt worden sein. Auch die „Maßwerkfliesen" gehören meist dem 14. Jahrhundert an.

Literatur
W. Lotz, F. Schneider, Bdm Reg. Bez. Wiesbaden, 352–353.
B. Ebhardt, 1898, 246.
F. Luthmer, Kdm Reg. Bez. Wiesbaden V, 82–88.
F. Michel, 1960, 138–146.
Hist. Stätten V, Rheinland-Pfalz, 271–272.
U. Liessem, U. Löber, 29–32.
G. Dehio, Rheinland-Pfalz, 528–529.

1 Westd. Zs. 2, 1882, Museographie 1881, 213. – W. Lotz, 352.
2 Nach freundlicher Mitteilung von Herrn Udo Liessem, Koblenz, handelt es sich auch hier um das Muster J80. Das Vorhandensein von roten und grauen Fliesen weist auf eine Verlegung als Schachbrettmuster.

Landau, Reg.-Bez. Pfalz

Ehem. Kirche St. Peter im abgegangenen Ortsteil Eutzingen

Fundumstände
Die Fliesen wurden bei Grabungen 1907 im Boden des Turms und des Chors der verschwundenen Kirche in Einzelstücken aufgedeckt. Der Fußboden des Kirchenschiffs war mit glatten quadratischen und sechseckigen Platten belegt. Die Fliesen kamen ins Museum Landau. Sie wurden im 2. Weltkrieg zerstört.[1]

Baugeschichte
Die Kirche des 817 erstmals genannten Orts Eutzingen wurde vermutlich im 11. Jahrhundert erbaut. 1735 war sie noch erhalten, der Zeitpunkt des Abbruchs ist unbekannt. Das Dorf Eutzingen war schon im 15. Jahrhundert von den Bewohnern, die nach Landau zogen, verlassen worden. Die Fliese O41, ein häufig nachgeschnittenes Speyerer Muster, dessen schönste Prägung in der Kirche von Gleiszellen gefunden wurde,[2] könnte schon im 2. Drittel des 13. Jahrhunderts entstanden sein.
Die Qualität der Prägung und damit das ungefähre Alter läßt sich an Hand der Zeichnung nicht sicher beurteilen. Dasselbe gilt für H166, ein Muster des 13. Jahrhunderts, welches noch in der 1. Hälfte des 14. Jahrhunderts verlegt worden sein kann.

Literatur
H. Levy, 4–11.
E. Keyser, D.Stb. IV, 3, 229–230.

1 Freundliche Mitteilung von Herrn Dr. Hans Heß, Landau.
2 Da diese Fliese in Gleiszellen vorkam, dürfte sie auch in Klingenmünster vorhanden gewesen sein. Das Kloster hatte einen schon 1234 erwähnten Klosterhof in Landau.

Artilleriekaserne, Erweiterungsbau im Stadtteil Queichheim

Fundumstände
Die Fliese wurde 1937 beim Bau einer Kaserne für schwere Artillerie gefunden[1]. Deren Areal verläuft über die alte Insheimer Straße; die Fundstelle liegt etwa 1 km östlich der Fundstelle der Fliesen aus der ehem. Kirche in Landau-Eutzingen[2].

Ortsgeschichte
Über Bauten an dieser Stelle ist nichts bekannt. Die Fliese zeigt jedoch ein Muster, welches sich ganz ähnlich auf elsässischen Fliesen findet (D 57, D 58, D 59)[3]. Möglicherweise steht die Fliese in Verbindung mit Kloster und Kirche der Augustiner-Chorherren, die 1276 aus Kloster Obersteigen nach Landau gerufen wurden. Sie erbauten ihr Kloster bald nach 1276, eine Kirche ab 1279. Diese wurde schon nach 1309 durch einen Neubau ersetzt. Die Kreisfliese weist auf das Vorhandensein einer Fliesenrosette; der Boden müßte demnach noch zu Ende des 13. Jahrhunderts verlegt worden sein.

Literatur
A. Eckardt, Kdm Stadt und Bez. Amt. Landau, 27–30.
Hist. Stätten V, Rheinland-Pfalz, 192–194.
G. Dehio, Rheinland-Pfalz, 536–537.

1 Der Fund des Herkunftsorts dieser Fliese gelang Herrn Wolfgang Leitmeyer, Speyer.
2 Nach freundlicher Auskunft von Herrn Dr. Hans Hess, Landau.
3 D 59 wurde 1903 als Kopie in der Stiftskirche St. Martin, Kolmar, verlegt. Da die Altarpodeste des dortigen Chorumgangs mit Fliesenkopien nach dem Vorbild von Fliesen aus Obersteigen belegt wurden, ist es möglich, daß es hier eine Verbindung gibt. Die Beziehungen zum Elsaß waren eng. Landau wurde mit Hagenauer Stadtrecht begabt, eine wichtige Straße führte von Landau über Weißenburg direkt nach Straßburg.

Landsberg, Gem. Heiligenstein, Bas-Rhin, Frankreich

Burgruine

Fundumstände
1970 wurde bei Aufräumungsarbeiten im Palas ein ca. 1 m tiefer und 2 m breiter Graben ausgehoben. Im Aushub fanden sich Fliesenbruchstücke.[1]

Baugeschichte
Die 1144 von den Brüdern Egelolf und Konrad von Landsberg auf einem Ausläufer des Odilienberges gegründete Burg wurde vermutlich um 1150 vollendet, Vorburg und Zwinger im 1. Drittel des 13. Jahrhunderts hinzugefügt. Die Burg blieb bis zur Revolution im Besitz der Herren von Landsberg, wurde jedoch im 30jährigen Krieg 1632 oder 1633 zerstört. Das Muster des Fliesenbruchstücks ist zeitlich schwer einzuordnen, es gehört sicher nicht dem 12., sondern eher dem späten 13. Jahrhundert an.

Literatur
F. Wolff, 1908, 198–202.
F. Bouchholtz, 95–96.
W. Hotz, Kdm Elsaß und Lothringen, 91.
Ch.-L. Salch, Dictionnaire, 186–188.
R. Recht, Dictionnaire, 88–90.
G. Bronner, B. Metz, B. Schnitzler, Un Château double au XIIIe siècle: Le Landsberg à la lumière des travaux récents, Cah. als. 24, 1981, 71–94.
U. Stevens, 306–308.

1 Freundliche Mitteilung von Herrn Charles-Laurent Salch, Straßburg. Eine Veröffentlichung der Funde ist beabsichtigt. Die Funde einer 2. Grabung (1977–80) werden noch ausgewertet.

Landstuhl, Kr. Kaiserslautern

Burgruine Nannstein

Fundumstände
Die Fliesen wurden bei den nach 1856 begonnenen Ausgrabungen, jedoch vor 1892 gefunden.[1] Der genaue Fundort wurde nicht festgehalten. Der größte Teil der Fliesen ging in den folgenden Jahrzehnten wieder verloren, heute ist nur noch ein einziges Muster in zwei verschiedenen Prägungen erhalten. 1967 wurden an der Treppe zum kleinen Rondell nochmals Fliesenbruchstücke gefunden.

Baugeschichte
Die unter Kaiser Friedrich I. Barbarossa vermutlich um 1160 erbaute, 1189 erstmals erwähnte Burg, ging als Reichslehen in rascher Folge durch mehrere Hände, bis sie 1323 an den Raugrafen Konrad V. von Altenbaumburg kam. Die erhaltenen Bauteile der Ruine lassen heute keine baulichen Veränderungen des 14. und 15. Jahrhunderts erkennen, Baunachrichten sind nicht überliefert. Eine Bautätigkeit ist erst wieder für 1518–23 bezeugt, als Franz von Sickingen Herr der Burg war. Die beim Tode Sickingens zerstörte Burg wurde ab 1543 wiederaufgebaut. Sie ist seit Sprengung 1668 und Zerstörung 1689 Ruine. Das einfache Muster erlaubt keine sichere Datierung. Die Maße von 15,5 cm Seitenlänge weisen wohl eher ins 14. Jahrhundert. Das Muster wurde in ähnlicher Form (Kloster Limburg (Haardt) wohl auch noch im 1. Viertel des 16. Jahrhunderts geprägt. Der Fund einer Fehlbrandgrube 1937[2] am Fuße des Burghügels, die vor allem Bruchstücke von Ofenkacheln des 15. Jahrhunderts enthielt, läßt es möglich erscheinen, daß auch die Fliesen in Landstuhl gebrannt wurden.

Literatur
Bdm Pfalz, Bd. 3, 39 mit Abb.
A. Eckardt, T. Gebhardt, A. Frhr. v. Reitzenstein, Kdm Lkr. Kaiserslautern, 296–320.
Th. Knocke, Landstuhl in Vergangenheit und Gegenwart, Landstuhl 1951.
Ders., Chronik der Stadt Landstuhl, Kaiserslautern 1975, 34–35, 108.
G. Stein, 1976, 179–187.
Kat. Burgen der Pfalz, 20–23.
G. Dehio, Rheinland-Pfalz, 543–544.

1 Bdm Pfalz, Bd. 3, 39.
2 Th. Knocke, 1975, 108.

Langenau, Alb-Donau-Kreis

Ev. Pfarrkirche, ehem. St. Martin und Unserer Lieben Frau

Fundumstände
Einige der Fliesen waren schon vor 1937 bekannt,[1] andere fanden sich bei den Ausgrabungen 1954, 1961 und 1962, bei denen durch Stichgrabungen sämtliche aufeinanderfolgende Bodenschichten freigelegt wurden. Im südlichen Seitenschiff der Kirche barg man in Schicht 7 im Kalkmörtelbett zwei Fliesen des nach der Überschwemmung von ca. 1348 erneuerten Fußbodens. In Schicht 8 lagen weitere Fliesen, vorwiegend im Mittelschiff, vor den Altären und in den Portalbezirken. Sie waren teilweise mit der Schauseite nach unten verlegt

worden, Cichy nimmt an, daß sie ebenfalls aus dem hochwassergeschädigten Boden stammen.[2] Einige Fliesen fanden sich, offenbar nach dem Brand von 1389, im Obergaden vermauert. Leider läßt sich nicht mehr feststellen, welche Fliesen der Schicht 7, welche der späteren Schicht 8 angehörten. Die Fliesen wirken in der Prägung einheitlich.

Baugeschichte
Die Grabungen haben alle Vorgängerbauten, der heute bestehenden Kirche feststellen können. Die erste Kirche wurde vermutlich im 7. Jahrhundert als Eigenkirche eines adligen Geschlechts gegründet. Ihr folgten, wohl in der 2. Hälfte des 8. Jahrhunderts, im 10. Jahrhundert oder in der 1. Hälfte des 11. Jahrhunderts, weitere Kirchen. Eine Erweiterung des Baus kann um 1120 begonnen worden sein und war spätestens um 1150 beendigt. Die heute bestehende 5. Kirche erhielt wohl um 1301 einen Chor, der anschließende, in der 1. Hälfte des 14. Jahrhunderts errichtete Bau, wurde durch Hochwasser schwer beschädigt, so daß eine Neuverlegung des Fußboden notwendig wurde. Ein geplanter Langhausneubau nach der Erhebung zur Stadt 1376 wurde durch den Verkauf von Stadt und Patronat der Kirche an Ulm 1377 wohl nicht in allen Teilen vollendet. Nach dem Brand von 1389 wurde mit einem Neubau begonnen, der 1441 abgeschlossen war. Für die Fliese B38, die in der 2. Hälfte des 15. Jahrhunderts entstanden sein muß, käme möglicherweise das nach 1468 errichtete Turmuntergeschoß als Fundort in Frage.[3] Die übrigen Fliesen, alle an Ulmer Vorbilder angelehnt, jedoch nicht mit Ulmer Modeln geprägt, lassen auf eine Entstehung im 4. Viertel des 14. Jahrhunderts schließen. Lediglich O34 und möglicherweise noch J12 könnten vor 1348 entstanden sein. Die Fliesen wurden vermutlich in Langenau hergestellt, für das schon 1539 ein Ziegelstadel bezeugt wird.[4]

Literatur
B. Cichy, Die Ev. Stadtpfarrkirche St. Maria und St. Martin zu Langenau (Kr. Ulm). Das Bild ihrer Vor- und Baugeschichte nach den Ergebnissen der Ausgrabungen 1954, 1961 und 1962. Nachrichtenbl. der Denkmalpflege in Bad.-Württemb. 5, 1962, 63–71.
A. Heckel, 181–184, 244–246.
G. Dehio, Baden-Württemberg, 274.
H. A. Klaiber, R. Wortmann, Kdm ehem. O. A. Ulm, 343–357.
Hist. Stätten VI, Baden-Württemberg, 446–448.

1 Bei der Registrierung der Keramik in schwäbischen Heimatmuseen durch Herrn Günter Groschopf, Geislingen, wurde 1937 die Fliese B38 im Heimatmuseum Langenau gezeichnet.
2 B. Cichy, 70: „Hier fanden sich über einem Kalkmörtelbett Tonfliesen mit eingemodelten Rosetten-, Eichblatt- und Kreismustern."
3 Ebd., 71. B. Cichy vermutet, daß in diesem Raum der Kirchenschatz aufbewahrt wurde.
4 A. Heckel, 244.

Langenau-Hörvelsingen, Alb-Donau-Kreis

Ev. Pfarrkirche, ehem. St. Martin

Fundumstände
1963 wurden die Fundamente im Schiff freigelegt. Dabei kamen Fliesen in zwei verschiedenen Mustern zutage.

Baugeschichte
Die Kirche des 13,5 km von Ulm gelegenen Orts wurde 1219 von den Herren von Albeck dem Ulmer Wengenkloster geschenkt. Erhalten hat sich der romanische Unterbau des Chors, der mit dem Schiff wohl um 1491 eingewölbt wurde. 1683/84 wurde ein neuer Steinboden verlegt und wohl der Fliesenboden verdeckt. Die Muster der Fliesen stimmen mit denen in St. Martin, Langenau überein. Sie weisen auf Bauarbeiten in den letzten Jahrzehnten des 14. oder zu Beginn des 15. Jahrhunderts.

Literatur
BOA Ulm II, 486–490.
H. A. Klaiber, R. Wortmann, Kdm ehem. O. A. Ulm, 279–285, Abb. 219–220.

Langenburg-Bächlingen, Lkr. Schwäb. Hall

Ev. Pfarrkirche, ehem. St. Johannes Baptista, St. Maria und Johannes Evangelista

Fundumstände
Gradmann verzeichnet 1907: „Innen alte Fliesen." Diese sind heute verschwunden. Es haben sich keinerlei Aufzeichnungen erhalten, wann sie entfernt wurden und wohin sie kamen. Da das Muster J163 sich auch in der St. Veitskirche des benachbarten Unterregenbach fand, wäre es möglich, daß die Fliesen unbekannter Herkunft im Württembergischen Landesmuseum Stuttgart, aus der Kirche von Bächlingen geborgen wurden.

Baugeschichte
Die Kirche bildete die Urpfarrei für einen größeren Sprengel, sie war die Mutterkirche von Langenburg und wird 1335 erstmals erwähnt. Der heutige Bau stammt vermutlich aus dem 14. Jahrhundert. Die Fliesen könnten im 3. Viertel des 15. Jahrhunderts verlegt worden und am Ort hergestellt sein. Im benachbarten Dorf Nesselbach wurde Ziegel- und Töpferton gewonnen.

Literatur
BOA Gerabronn, 302–304.
E. Gradmann, Kdm Jagstkreis I, 238.
G. Bossert, Aus der Vergangenheit der Gemeinde Bächlingen, Stuttgart 1927, 6–10.
Hist. Stätten VI, Baden-Württemberg, 34.

Langenburg-Unterregenbach

Ev. Pfarrkirche St. Veit

Fundumstände
Bei den 1960–63 in der Kirche durchgeführten Grabungen wurde im Schiff der Kirche ein ca. 1 m^2 großes Fliesenbodenstück des Musters J115 in situ gefunden, sowie die Abdrücke von ca. 50 weiteren Fliesen. In dem um 1480 angefallenen Bauschutt entdeckte man Fliesen und Fliesenbruchstücke des Musters H163. Die Fliesen J115 gehören vermutlich einem um 1480 entstandenen Fußboden an.[1]

Baugeschichte
Die auf Vorgängerbauten des frühen 9. Jahrhunderts in der ersten Hälfte des 11. Jahrhunderts errichtete Kirche muß in der 1. Hälfte des 13. Jahrhunderts durch Brand zerstört worden sein. Sie wurde jedoch wieder aufgebaut und 1480 durch

einen Neubau ersetzt. Die Grabungen ergaben Anhaltspunkte, daß auch noch in der 2. Hälfte des 13. Jahrhunderts oder im 14. Jahrhundert umfangreiche Bauarbeiten durchgeführt wurden. Obwohl die Fliesen H 163 sich in dem um 1480 angefallenen Bauschutt fanden, sind sie wohl doch nicht sehr lange vor diesem Zeitpunkt geprägt worden. Das Muster, das außerdem in der Kirche von Niedernhall gefunden wurde, könnte in der 1. Hälfte oder dem 3. Viertel des 15. Jahrhunderts entstanden sein. Eine Variante der Fliese J 115 fand sich in Kirchberg/Jagst, eine weitere befindet sich im Württembergischen Landesmuseum Stuttgart. Diese könnte aus der Kirche des nahegelegenen Bächlingen stammen. Eine Prägung des Musters um 1480 wäre möglich.

Literatur

G. DEHIO, Baden-Württemberg, 503.
G. P. FEHRING, Bd. 1, 1972, 146–152, 207–208, Taf. 16b, Beilage 12, Taf. 70a und b.
Hist. Stätten VI, Baden-Württemberg, 449.

1 Freundliche Mitteilung von Herrn Prof. Dr. Günter P. Fehring, Lübeck.

Langenselbold, Main-Kinzig-Kreis

Ehem. Prämonstratenserkloster St. Johannes Baptista

Fundumstände

Im März 1982 wurden beim Ausbau des Langenselbolder Schlosses im Schloßpark Gräben für eine Fernheizungsleitung gezogen. Dabei stieß man auf die Reste des ehem. Klosters. In einem Schacht für die Entlüfung der Fernheizung etwas östlich der Grabungsfläche fanden sich zahlreiche Fliesen in drei verschiedenen Mustern, sichtlich in gestörter Lage.[1] Eine genaue Untersuchung konnte nicht mehr erfolgen, da der Boden um die Fundstelle schon gestört war.

Baugeschichte

Das kurz vor 1108 durch Graf Dietmar von Selbold gestiftete Augustiner-Chorherrenstift wurde 1139 in ein Prämonstratenserkloster umgewandelt. Es wurde 1372 verwüstet, wieder aufgebaut, 1525 erneut beschädigt und 1525 an Graf Anton I. von Isenburg verkauft. Nach 2 Jahrhunderten landwirtschaftlicher Nutzung wurden die Gebäude im 2. Viertel des 18. Jahrhunderts abgerissen, um dem Bau eines Schlosses durch die Grafen von Isenburg-Birstein Platz zu machen. Alle Nachrichten zur mittelalterlichen Baugeschichte fehlen. Bei der Fliese H 247.1 handelt es sich um ein wohl in Eberbach oder Arnsburg entwickeltes Muster. J 50 wurde in einem Haus gefunden (Gelnhausen, Kuhgasse 5), welches durch Jahrring-Chronologie auf etwa 1356 datiert ist. Die Model für H 27.1 und J 50 wurden in Arnsburg vermutlich noch im 13. Jahrhundert geschnitten. Wie lange sie benutzt wurden, ist nicht festzustellen. Es ist jedoch möglich, daß z. B. in Langenselbold um 1343 Fliesen verlegt wurden, als das Kloster zur Abtei erhoben wurde. Eine solche Erhebung hatte auch in anderen Klöstern Arbeiten an der Ausstattung oder Umbauten zur Folge. J 71 könnte bei Erneuerungsarbeiten nach 1372 verlegt worden sein. J 50 wurde mit dem Originalmodel aus Arnsburg geprägt (der kleine Strich auf dem Lilienstab findet sich bei allen Fliesen). Möglicherweise kamen die Fliesen über Gelnhausen nach Langenselbold. Das Kloster hatte das Patronat der dortigen Marienkirche inne. Es lag außerdem ebenfalls an der Kinzig, so daß ein Transport der Fliesen auf dem Wasserweg möglich gewesen wäre.

Literatur

H. BÜTTNER, Zur Geschichte von Stift Selbold und seiner Beziehungen zu den Erzbischöfen von Mainz im 12. und 13. Jahrhundert, Archiv für hess. Gesch. und Altertumskunde 20, 1938, 262–279.
Hist. Stätten IV, Hessen, 283.
P. JÜNGLING, CH. KRAUSKOPF, Grabungs-Info 3, 1982, 1–2.
CH. KRAUSKOPF, 253–257.
Ders., Archäologische Untersuchungen im Bereich des ehemaligen Stiftes Selbold, Archäologische Denkmäler in Hessen 37, 1983, o.Sz.

1 Den Hinweis auf diese Fliesen verdanke ich Frau Ingrid Maag, Wiesbaden.

Langerwehe, Kr. Düren

Kath. Pfarrkirche St. Martin, heute Friedhofskirche

Fundumstände

Die Fliesen H 210 fanden sich bei Grabungen in der Kirche. 1966 wurde im Nordnordosten der Kirche ein Scherbenhügel ausgegraben, in dem u. a. Fliesenbruchstücke lagen. 1978 wurde die Fliese H 165 ca. 0,50 m unter dem heutigen Fußbodenniveau der Kirche aufgedeckt.[1]

Baugeschichte

Die Eigenkirche eines kölnischen Fronhofes kam mit diesem durch Schenkung 1185 in den Besitz des Prämonstratenser-Nonnenklosters Wenau. Sie wurde in der heutigen Form 1493 errichtet (Jahreszahl am Nordportal). Die Datierung der Fliesen ist schwierig (vgl. Artikel Aachen-Kornelimünster). Beide zeigen Prägungen, die ins 1. Viertel des 14. Jahrhunderts weisen, sind andererseits jedoch beide glasiert und deshalb wohl kaum vor Beginn des 15. Jahrhunderts entstanden. Sie müssen beide noch aus dem Vorgängerbau stammen.

Literatur

P. HARTMANN, E. RENARD, Kdm Kr. Düren, 185–187.
G. DEHIO, Rheinland, 439.
Hist. Stätten III, Nordrhein-Westfalen, 445.

1 Freundliche Mitteilung von Herrn Dr. Burkard Sielmann, Langerwehe.

Funde im Töpfereibezirk „Om Uhles" (et Uhles)

Fundumstände

Bei Bauarbeiten und Ausschachtungen wurden im Ort immer wieder Fehlbrandhalden angeschnitten. Dabei wurden neben Gebrauchskeramik vereinzelt auch Fliesen geborgen, ohne daß früher Fundort und Fundumstände genau festgehalten wurden. Es ist möglich, daß einige der Fliesen, deren Muster oder Glasur auf eine Herkunft aus Langerwehe weist, schon im 19. Jahrhundert geborgen wurden und über den Kunsthandel in die Museen gelangten; der Fundort „Langerwehe" ist jedoch in keinem Eingangsinventar vermerkt. Für die Fliesen A 4 und L 29, die 1978 im ehem. Töpfereibezirk gefunden wurden, ist die Herstellung am Ort gesichert.[1]

Ortsgeschichte
Der Ortsteil „Om Uhles“ erscheint 1324 im Zinsregister der Herren von Stolberg. Sicher zu belegen ist Töpferei seit dem Ende des 12. oder dem Anfang des 13. Jahrhunderts. Wann die Fliesenherstellung begonnen hat, ist ungewiß. Es scheint, als hätten die Töpfer zuerst fremde, in der 1. Hälfte des 14. Jahrhunderts entstandene Muster (H164?), als Vorlage benutzt. Da jedoch eine ganze Reihe von Fliesen, frühe und späte Muster, dieselben Ecklösungen und Glasuren zeigen, wurden sie vermutlich alle innerhalb desselben Zeitraums gefertigt. Dieser könnte vom 1. Viertel des 15. Jahrhunderts bis in dessen Ende reichen. Fliesen geringerer Qualität scheinen noch bis etwa 1570/80 hergestellt worden zu sein. Für diese benutzte man teilweise Model der Gefäßkeramik. Wie viele der nahegelegenen Kirchen Langerwehe mit Fliesen versorgte, läßt sich noch nicht sicher klären. Wahrscheinlich ist es für die Kirche in Düren-Arnoldsweiler, Schloß Burgau in Düren, Stift Kornelimünster und die Pfarrkirche in Lohn. Vermutet wird eine Herkunft aus Langerwehe für die Fliese H164 aus St. Gangolf, Heinsberg, für Kloster Walwerberg und Burg Konradsheim, außerdem noch für eine Anzahl von Fliesen mit unbekannter Herkunft in den Museen von Aachen, Düsseldorf und Köln.

Literatur
J. Schwarz, 1937 II, 1–32.
G. Reineking - von Bock, 39–40.
A. Ohm, Ch. Schmitt, H. Brockmeyer, Die Langerweher Keramik, RWE Verbund-Werkzs. 76, 1971, 116–122.
W. Janssen, 1975, Bd. 2, 33–34.
J. G. Hurst, Langerwehe Stoneware of the Fourteenth and Fifteenth Centuries, Castle-Studies. Presented to C. Taylor, 1977, 219–238.
J. Schwarz, B. Sielmann, Die Langerweher Töpferei im Spiegel der Sprache, Langerwehe 1982, 4–28.
H.-G. Stephan, 1982, 107–111.

1 Fliesen aus Langerwehe, entweder korrekt mit Fundort „Langerwehe“ bezeichnet, oder, aufgrund von Muster, Scherben und Art der Glasur, aus Langerwehe stammend, tauchten in den letzten Jahren häufig im Kunsthandel auf. Es ist zu vermuten, daß ein großer Teil der Funde sofort in Privatbesitz gelangte.

Langerwehe-Merode

Schloß Merode?
Ehem. Kreuzherrenkloster Schwarzenbroich?

Fundumstände
Unbekannt. Es sollen[1] in Kloster Schwarzenbroich Fliesen gefunden worden sein. Da die Fliese das Wappen Merode zeigt, muß sie entweder für die Burg oder das Kloster bestimmt gewesen sein.

Baugeschichte
Der 1174 erstmals erwähnte Werner von Merode (de Rode) ließ die Burg wohl im 4. Viertel des 12. Jahrhunderts erbauen. Daten zur Baugeschichte fehlen, in den heutigen Bauten ist die Anlage des 15./16. Jahrhunderts noch zu erkennen. Der Ostflügel wurde 1876, der Südflügel 1901–03 erbaut. Das Kloster Schwarzenbroich liegt in unmittelbarer Nähe des Schlosses. Es wurde von Werner IV. von Merode 1341 gestiftet und diente als Hauskloster und Grablege der Herren von Merode. Kirche und Kloster wurden wohl bald nach der Gründung erbaut, die Klostergebäude im 16. Jahrhundert, die Kirche Anfang des 18. Jahrhunderts erneuert. Nach der Säkularisation wurde das Kloster 1802 verkauft, brannte 1837 ab und ist seitdem Ruine. Die Fliese wurde wohl eher in der 2. Hälfte des 16. Jahrhunderts in Langerwehe gebrannt.

Literatur
P. Hartmann, E. Renard, Kdm Kr. Düren, 50–59.
G. Dehio, Rheinland, 467.
Hist. Stätten, III, Nordrhein-Westfalen, 510.
H. J. Domsta, 800 Jahre Schloß und Herrschaft Merode. Kat. Düren, 1974.
W. Janssen, Bd. 2, 35.
B. Gondorf, 115–116.

1 Nach freundlicher Mitteilung von Frau Christa Schmitt, Langerwehe, wurden im Schutt der Klostergebäude wiederholt Fliesen gefunden. Sie kamen in Privatbsitz, die Muster sind nicht bekannt. Nach freundlicher Auskunft von Herrn Dr. Burkard Sielmann, Langerwehe, soll sich eine im Kloster gefundene Fliese „mit drachenähnlichem Motiv“ in Privatbesitz befinden. Sie konnte nicht ermittelt werden.

Langerwehe-Wenau

Kath. Pfarrkirche St. Katharina, ehem. Prämonstratenserinnen-Klosterkirche

Fundumstände
Die Fliese J88 wurde vor 1959 unter der Orgeltribüne gefunden. Bei einer Erneuerung des Kirchenfußbodens wurden 1963 die Reste eines Fliesenbelags unter der Empore aufgedeckt und vermessen. Es ist nicht sicher, ob alle Muster festgehalten wurden.

Baugeschichte
Die Kirche des 1122 (oder 1135) durch die Grafen von Limburg gegründeten und bis 1802 dem Abt von Floreffe (bei Namur, Belgien) unterstellten Klosters, wurde im 2. Viertel des 12. Jahrhunderts erbaut. Bei der Reformierung des Klosters um 1475 wurde sie bis gegen 1489 fast vollständig erneuert, der Chor entstand um 1500. Die Nonnenempore wurde im 17. und 18. Jahrhundert renoviert, im 19. Jahrhundert verkürzt. Die Fliesen L23, L24 und L33, in Langerwehe gefertigt, stammen aus den zu Ende des 15. Jahrhunderts errichteten Bauten. J88 fällt ganz aus dem Rahmen der Langerweher Prägungen. Es wandelt ein Muster des Klosters Eberbach aus der 2. Hälfte des 13. Jahrhunderts ab. Die kleinen Maße und der schwarzgraue Scherben weisen ebenfalls auf frühere Zeit. Die Fliese könnte noch zu Ende des 13. Jahrhunderts entstanden sein. Vielleicht kam sie über ein anderes Prämonstratenserkloster (Floreffe war das Mutterkloster von Rommersdorf!) nach Wenau.

Literatur
P. Hartmann, E. Renard, Kdm Kr. Düren, 333–338.
Notiz von H. Küpper, in: Jb. der rhein. Denkmalpflege 25, 1965, 96–97.
G. Dehio, Rheinland, 626, 627.
H. E. Kubach, A. Verbeek, Bd. 2, 1218–1219.
H. Candels, Das ehem. Prämonstratenserinnen-Kloster Wenau in Langerwehe bei Düren, Köln 1977, 3–19.

Laubach, Kr. Gießen

Schloß der Grafen zu Solms-Laubach

Fundumstände
Die Fliesen liegen in situ in der „Herrenstube" im Erdgeschoß des Kemenatenbau des Schlosses. Der Boden ist mit ca. 2000–3000 Fliesen fast noch vollständig erhalten und zeigt nur dies eine Muster.[1]

Baugeschichte
Die vermutlich von den Herren von Hanau zu Ende des 13. Jahrhunderts erbaute Burg kam 1341 an die Herren von Falkenstein, 1418 an die Grafen von Solms. Der Ostflügel, der „Bau auf der alten Kemenaten" wurde vermutlich nach 1418 erneuert und nach 1533 nochmals umgebaut. Die Fliesen stammen jeoch zweifellos aus dem Bau des frühen 15. Jahrhunderts. Die Anlage wurde durch Um- und Neubauten im 18. und 19. Jahrhundert noch erweitert.

Literatur
A. ROESCHEN, Zur Geschichte von Laubach, Mitt. Oberhess. Gesch.ver. NF 4, Gießen 1893, 136–140.
Hist. Stätten IV, Hessen, 285.
G. DEHIO, Hessen, 535–536.

1 Freundlicher Hinweis S. E. Ernst-Otto Graf zu Solms-Laubach†. Dieser glaubte, daß die Fliesen schon in Laubach gebrannt wurden, da dieses schon im 15. Jahrhundert über eine größere Ziegelei verfügte.

Leipheim, Lkr. Günzburg

Ev. Pfarrkirche, ehem. St. Veit

Fundumstände
Die Fliesen liegen, unregelmäßig angeordnet, in zweiter Lage in einem Abstellraum über der Sakristei. Wann sie dorthin kamen, war nicht zu ermitteln.

Baugeschichte
Die Kirche wurde an die Stelle einer fränkischen Missionskirche im 14. Jahrhundert erbaut. Die Stadt Leipheim wurde 1373 an Württemberg, 1453 an Ulm verkauft. Aus der Baugeschichte der Kirche ergibt sich kein Anhaltspunkt für die Verlegung der Fliesen. Diese stimmen mit den Mustern aus St. Martin, Langenau, überein, welche B. Cichy in eine nicht näher definierte Zeit vor der Überschwemmung von 1348 datiert. Diese Fliesen können jedoch erst nach denen des Reichenauer Hofs in Ulm entstanden sein. Da diese nach dem Ergebnis der neuesten Forschungen in die Zeit um 1370/1380 datiert werden, wäre auch für Leipheim eine Verlegung im 4. Viertel des 14. Jahrhunderts wahrscheinlicher.

Literatur
A. STEICHELE, A. SCHRÖDER, Bistum Augsburg 5, 551–561.
G. DEHIO, Schwaben, 627–628.
Hist. Stätten VII, Bayern, 401.

Lemberg, Kr. Pirmasens

Burgruine

Fundumstände
Die Fliesen fanden sich bei Sicherungs- und Grabungsarbeiten an der Burgruine. Die große Menge von Bruchstücken läßt auf Fliesenböden in fast allen Räumen der Burg schließen. Mit Ausnahme von drei Mustern lassen sich jedoch nicht alle Fliesen eindeutig als Bodenfliesen bestimmen, die bei Eckardt-Kubach abgebildeten Nr. 339 und 342 sind wohl eher Wandfliesen.

Baugeschichte
Die Burg wurde von Graf Heinrich von Zweibrücken kurz nach 1198 erbaut. Sie ging 1534 an Graf Jakob von Zweibrükken-Bitsch (1534–70) über, der sie durch Neubauten erweiterte und verschönte. 1636 zerstört, wurde sie nach zweiter Verwüstung im Pfälzischen Erbfolgekrieg 1689 als Steinbruch ausgebeutet. Die Fliesen, die dem 16. Jahrhundert angehören, stammen alle aus der Zeit des kunstsinnigen Grafen Jakob.

Literatur
A. ECKARDT, H. E. KUBACH, Kdm Lkr. Pirmasens, 371–38, 372, Abb. 339–342.
G. DEHIO, Rheinland-Pfalz, 553.

Leofels, Gem. Ilshofen, Lkr. Schwäb. Hall

Burgruine

Fundumstände
Die Fliesen wurden bei Sicherungsarbeiten an der Ruine gefunden.

Baugeschichte
Die 1268 erstmals erwähnte staufische Dienstadelsburg wurde vermutlich um 1235–45[1] erbaut. Sie kam 1303 an die Herren von Weiltingen, 1334 als Pfand an Graf Ulrich IV. von Württemberg. Dieser gab sie 1409 an die Herren von Vellberg, die sie im 15. Jahrhundert als Familiensitz ausbauten. Sie wurde nach Brand durch Blitzschlag (1707) 1864 auf Abbruch verkauft, die Reste erst 1969–76 wieder gesichert. Die Burg besaß eine Doppelkapelle. Die Fliesen, die möglicherweise aus Kloster Gnadental kamen, sind wohl eher in der 1. Hälfte des 15. Jahrhunderts verlegt worden. Eine Jahreszahl „1421" an einer Kemenate weist auf Bauten im 1. Viertel des 15. Jahrhunderts, eine andere „1481" am unteren Torbau scheint den Abschluß der Bauarbeiten anzuzeigen. Fleck[2] nimmt an, daß die Kapelle in spätgotischer Zeit neu erbaut wurde.

Literatur
K. SCHUMM, Burg Leofels, Württb. Franken, N.F. 53, 1969, 23–32.
A. ANTONOW, 1977, 191–193.
W.-G. FLECK, Burgen und Schlösser in Nordwürttemberg, Frankfurt 1979, 179–190.
Hist. Stätten VI, Baden-Württemberg, 462–463.

1 K. SCHUMM, 25, 32 mit Abb. der Fenster des Palas. Ein Vergleich mit der nördlich Roms gelegenen staufischen Burg Celano, die nach der Zerstörung von Kaiser Friedrich II. 1225–30 wieder aufgebaut wurde und in den Details der Fensterformen große Übereinstimmung mit Leofels zeigt, legt die Vermutung nahe, daß beide zur selben Zeit entstanden. A. ANTONOW, 193, weist die Formen schon dem hohenlohischen Kunstraum zu und nimmt einen Bau erst für 1235–45 an.
2 W.-G. FLECK, 189.

Leustadt, Gem. Glauburg, Wetteraukreis

Ehem. Wasserburg, heute Hofgut

Fundumstände
Die Fliesen fanden sich in 2. Lage in einem romanischen Kamin neben der Burgkapelle vermauert.[1] Weitere Fliesen kamen im zugeschütteten Wassergraben zutage, zahlreiche Bruchstücke fanden sich außerdem in der Umgebung der Burg. Sie können als Bauschutt dorthin gekommen sein, es könnte sich jedoch auch um Fehlbrandexemplare einer Töpferei handeln. Im Innern der Burg war der Fußboden der einzelnen Stockwerke unter den Dielenböden mit Sand und Fliesenscherben aufgefüllt.

Baugeschichte
Die um 1380 an die Herren von Wolfskehlen gelangte, 1401 als Besitz des Johann Wolfskehlen zu Fetzberg erstmals erwähnte Wasserburg ist wahrscheinlich älter. Die vor oder um 1400 erbaute Burgkapelle wurde um 1430 durch einen Neubau an anderer Stelle ersetzt. Aus dieser Zeit stammen wahrscheinlich die Fliesen J 70 und L 43, während H 57 eher in der Mitte oder der 2. Hälfte des 16. Jahrhunderts geprägt wurde.[2] Aus einer vor 1710 verfaßten Taxation geht hervor, daß damals eine Ziegelhütte im Dorf war.

Literatur
H. Wagner, Kdm Kr. Büdingen, 187–190.
F. H. Herrmann, Eine Taxation des Schlosses Leustadt, Wetterauer Geschichtsblätter 21, 1972, 53–56.
G. Dehio, Hessen, 840.

---

1 Alle Hinweise zur Fund- und Baugeschichte verdanke ich Frau Gisela Spruck, Hof Leustadt.
2 Nach Angaben von Frau G. Spruck wurden die Fliesen möglicherweise in Leustadt selbst geprägt, eine Publikation aller für eine mittelalterliche Ziegelhütte sprechenden Unterlagen ist vorgesehen.

Leutesdorf, Kr. Neuwied

Kath. Pfarrkirche St. Laurentius

Fundumstände
Die Fliesen fanden sich 1986 beim Bau von Heizungskanälen in zweiter Lage. Neben glatten Fliesen in grauem und rotem Ton (15 × 15 cm) barg man Teile von Plattenmosaik (gleichschenklige Dreiecke) und das Muster N 17[1]. Die Fliesen zeigten, eine Seltenheit für deutsche Fliesen, fünf konische Löcher auf der Rückseite.

Baugeschichte
Von der 1157 erstmals genannten Kirche ist nur noch der Chorturm aus der 2. Hälfte des 12. Jahrhunderts erhalten, an den 1728–30 eine Saalkirche angefügt wurde. Den vier Turmgeschossen wurde zu Beginn des 13. Jahrhunderts ein fünftes aufgesetzt. Daß zu dieser Zeit Aufwendungen für die Ausstattung gemacht wurden, beweisen ein um 1230 entstandener Taufstein und Reste von Wandmalerei aus derselben Zeit.
Der Fliesenboden, vermutlich unter dem Einfluß des nahegelegenen Prämonstratenserklosters Rommersdorf, wo sich N 17 ebenfalls findet, entstanden, wurde wohl im 2. Viertel des 13. Jahrhunderts verlegt. Vermutlich besaß die Kirche einen ähnlichen Boden aus Plattenmosaik, in den gemusterte Fliesen eingestreut waren, wie er sich im dortigen Kapitelsaal erhalten hat.

Literatur
H. Neu, H. Weigert, Kdm Kr. Neuwied, 200–203.
H. E. Kubach, A. Verbeek, Bd. 2, 661.
Hist. Stätten V, Rheinland-Pfalz, 201–202.
G. Dehio, Rheinland-Pfalz, 554.
W. Schönhofen, Leutesdorf am Rhein, Köln 1983, 15–21.

---

1 Alle Angaben zu diesem Fliesenfund verdanke ich Herrn Udo Liessem, Koblenz.

Lich, Kr. Gießen

Ehem. Stiftskirche St. Maria, heute ev. Pfarrkirche

Fundumstände
Die Fliesen liegen in situ im mittleren Teil des Chorumgangs, sie sind abwechselnd gelb und grün glasiert.

Baugeschichte
Die Kirche des 1316 gegründeten Kollegiatsstiftes wurde 1320 geweiht. Seit 1509 wurde sie im Auftrag des Grafen Philipp zu Solms-Lich durch einen Neubau ersetzt, dessen einzelne Bauphasen und Baumeister durch Aktennotizen genau festgehalten wurden. Das Langhaus entstand 1510–14, der Chor 1515–25, der Innenausbau zog sich, mit Unterbrechungen, bis gegen 1537 hin. Die wenig sorgfältig geprägten Fliesen sind wohl erst nach 1525 entstanden.

Literatur
H. Walbe, Kdm Kr. Gießen III, 242–245, 259.
H. Kahn, Die Marienstiftskirche und ihre Pfarrer, Licher Heimatbuch, Lich 1950, 25–38.
H. Roth, Die Marienstiftskirche zu Lich, ebd., 64–68.
G. Dehio, Hessen, 544–545.

Lichtenberg, Gem. Thallichtenberg, Kr. Kusel

Burgruine Lichtenberg

Fundumstände
Die Fliesen wurden 1960 im Mauerwerk des Westgiebels der ehem. St. Georgskapelle in der unteren Burg als Füllmaterial vermauert gefunden.[1] Weitere Fliesen aus früheren Funden wurden bei einem Einbruch ins Burgmuseum Lichtenberg entwendet. Ihre Muster sind unbekannt. Eine 1939 geborgene Fliese zeigte jedoch auch das Muster L 6.

Baugeschichte
Die von den Grafen von Veldenz gegründete, 1214 erstmals erwähnte Burg wurde um 1270–1300 um eine Oberburg erweitert. Sie kam 1444 an die Herzöge von Pfalz-Zweibrücken, brannte 1799 ab und wurde im 19. Jahrhundert als Steinbruch genutzt. Die Burg besaß einen östlichen, im frühen 14. Jahrhundert und einen westlichen, wohl nach 1425 errichteten Palas. Die Georgskapelle über dem Tordurchgang, 1245 erstmals erwähnt, anscheinend um 1580 umgebaut, wurde 1758 abgebrochen. Das grobe, ganz flach eingeprägte Muster, ein später Nachschnitt der Muster L 3–L 5 kann wohl kaum vor

Beginn des 16. Jahrhunderts geprägt worden sein und wurde vermutlich schon um 1580 vermauert. Seit die Burg in der Hand der Herzöge von Pfalz-Zweibrücken war, hielten sich diese sehr oft auf der Burg auf und Arbeiten zur Ausstattung der Räume sind wahrscheinlich.

Literatur

W. Haarbeck, 7–76, 25 m. Abb.

G. Stein, 1976, 212–221.

G. Dehio, Rheinland-Pfalz, 1011–1013.

---

1 Freundlicher Hinweis des ehem. Burgwarts, Herrn Daniel Hinkelmann, Thallichtenberg.

Liechtenstein, Gem. Maria-Enzersdorf, BH Mödling, Niederösterreich

Burg Liechtenstein

Fundumstände

Nicht mehr zu klären. Nach einer Mitteilung des Museums Mödling, „wurden die Fliesen um 1840 von Graf Liechtenstein kopiert". Erhalten sind grobe, dunkelrosa eingefärbte Gipsabgüsse, die nur noch erkennen lassen, daß es sich um besonders frühe Fliesen gehandelt haben muß.

Baugeschichte

Die um 1180–1220 nach dem Vorbild der Nürnberger Kaiserburg erbaute Burg wird 1330 erstmals genannt. Sie soll im Besitz des Minnesängers Ulrich von Liechtenstein (1199–1275) gewesen sein, der erste Burgherr war jedoch wohl Hugo von Liechtenstein-Petronell.[1] Klaar datiert die Burgkapelle schon in die Zeit um 1165, der Ausbau der Burg soll in der 1. Hälfte des 13. Jahrhunderts erfolgt sein.[2] Die Burg wurde 1480 durch den Ungarnkönig Matthias Corvinus, sowie in den anschließenden Türkeneinfällen zerstört, 1529–53 lag sie öde. Sie wurde wieder aufgebaut und 1683 durch die Türken erneut zerstört. 1808 wurde sie durch Fürst Johann von und zu Liechtenstein erworben und ab 1890 durch Walcher von Molthein und Kayser behutsam wieder aufgebaut. Die Fliesen, unter denen die Darstellung einer Burg auffällt, sind zweifellos sehr früh. Es gibt für sie bis jetzt weder Vorbilder noch Nachahmungen. Sie könnten schon in der 2. Hälfte des 12. Jahrhunderts entstanden sein, gehören jedoch möglicherweise der Ausbauzeit in der 1. Hälfte des 13. Jahrhunderts an.[3] Eine exaktere Datierung wäre nur an Hand der Originale möglich.

Literatur

K. Fuchs, Burg Liechtenstein bei Mödling, Ber. und Mitt. des Alterthumsver. zu Wien 41, 1908, 23–30.

R. Büttner, Burgen und Schlösser zwischen Wienerwald und Leitha (NÖ I/1), Wien 1966, 80–87.

Hist. Stätten Österreich I, Donauländer, 408.

G. Dehio, Niederösterreich, 186–187.

G. Seebach, Der Burgenbau der Babenbergerzeit, Kat. Babenberger, 465, Nr. 820, 466, Nr. 823.

---

1 R. Büttner, 84. Dieser wird ab 1136 mindestens sechs Mal im Salbuch des Stifts Klosterneuburg erwähnt. Die Liechtensteiner haben ihr Erbbegräbnis schon um 1190 im Zisterzienserkloster Heiligenkreuz.

2 Ebd., 82.

3 G. Seebach, 466, Nr. 823, datiert die Burgkapelle um 1180, die Fliesen ins 13. Jahrhundert.

Lilienfeld, BH Pölten, Niederösterreich

Zisterzienserkloster und -kirche Mariae Himmelfahrt

Fundumstände

Die ersten Fliesen wurden zu einem nicht mehr bekannten Zeitpunkt innerhalb des Klosters gefunden, ihr Herkunftsort ist unbekannt; teilweise sind sie verloren und nur noch als Photo erhalten. 1971 wurde im Klostergarten auf dem Gelände der ehem. Wolfgangskapelle eine Grabung durchgeführt und dabei der Kalkplattenboden der nach einem Brand 1810 abgebrochenen Kapelle aufgedeckt. Unter diesem fand sich in ca. 0,20 m Tiefe in drei größeren Flächen der Rest des mittelalterlichen Fliesenbodens, an anderen Stellen die Spuren der Fliesen in der Mörtelbettung.[1] Es wurden 130 Fliesen, etwa ein Viertel des ehem. Bestandes, geborgen. Die Fliesen waren wahllos, teilweise auf dem Kopf stehend, verlegt, Fliesen verschiedener Größe waren aneinandergereiht. Dies und die ungleiche Abnützung nebeneinanderliegender Fliesen legen die Vermutung nahe, daß sie in zweiter Lage dort angeordnet lagen.[2] Bei der Restaurierung des Laiendormitoriums wurden 1962 die Fliesen N 51 und H 291 in situ gefunden; andere Fliesen fanden sich bei Bauarbeiten 1951 und 1970 im Mönchsinfirmarium oder als Füllmaterial im Mauerwerk.

Bei neuen Grabungen im südwestlichen Teil des Presbyteriums der Stiftskirche wurde 1974 auf Niveau 4 der Rest eines etwa 3,40 × 1,05 m großen Fliesenbodens freigelegt. Von den 15 Fliesen zeigten vier das Greifenmuster F 100. Die übrigen waren so stark abgetreten, daß sich das Muster nicht mehr erkennen ließ. Melzer[3] nimmt an, daß derselbe Fliesenboden im ganzen Presbyterium vorhanden war und vor 1746 durch einen Belag aus roten Marmorplatten abgelöst wurde.

Baugeschichte

Die Kirche des 1201 von Herzog Leopold VI. gestifteten und 1206 von Mönchen aus Heiligenkreuz besiedelten Klosters wurde kurz darauf begonnen. 1217 wurden die ersten Altäre, 1230 der Hochaltar geweiht. Das Langhaus und die anschließenden Klosterbauten waren um 1263 vollendet. Die Wolfgangskapelle muß, auf Grund von Urkunden, zwischen 1333–82 erbaut worden sein, möglicherweise wurden die Fliesen damals aus anderen Klostergebäuden dorthin verbracht. Das Laiendormitorium in seiner heutigen Form ist durch Jahreszahl an einem Gewölbeschlußstein auf 1458 datiert, in diese Zeit würde sich das Muster der Fliese N 51 ausgezeichnet einfügen. Die Fliesen der Klosterkirche und der Wolfgangskapelle wurden vermutlich noch vor der Mitte des 13. Jahrhunderts, keineswegs jedoch später als 1263 verlegt.

Der Fliesenboden der Klosterkirche wurde bei den Umbauten des 18. Jahrhunderts verdeckt, zur selben Zeit waren wohl auch die übrigen Fliesen vermauert worden. Vermutlich waren die frühen Prägungen durch das Mutterkloster Heiligenkreuz beeinflußt. Später entwickelte Lilienfeld eigene Muster, die möglicherweise in den niederbayerischen und südböhmischen Raum ausstrahlten. So dürfte der Model der Fliese N 104 vom selben Modelschneider geschnitten worden sein, der auch den Model für N 103 aus St. Peter in Straubing schnitt. Dasselbe gilt für H 178 und ihre Variante aus Burg Rokstyn (bei Zeidler/Brtmiky, Kr. Rumburk)[4], für N 51 und ihre Varianten aus dem Zisterzienserkloster Hohenfurt (U 20) und Burg Rokstyn.[5] Natürlich wäre es möglich, daß die Muster aus Straubing sehr früh nach Lilienfeld vermittelt wurden.

Literatur

K. Oettinger, Die Entstehung von Lilienfeld, FS zum 800-Jahresgedächtnis Bernhards von Clairvaux, Wien 1953, 232–259.

N. Mussbacher, Das Stift Lilienfeld, Wien 1965, 13–26.
Hist. Stätten Österreich I, Donauländer, 385–387.
G. Dehio, Niederösterreich, 187–189.
F. Vongrey, 1972, 9–19.
G. Melzer, Lilienfeld, Fundber. aus Österr. 10, 1972, 135–137 und 13, 1975, 156–157.
A. Klaar, Zur Baugeschichte des Zisterzienserstiftes Lilienfeld, Jb. für Landeskd. von Niederösterreich N.F. 42, Wien 1976, 152–159.
N. Mussbacher, Das Stift Lilienfeld, Kat. Babenberger, 155–165.
H. Steininger, Keramik, ebd. 229, Nr. 253.
F. Vongrey, Kreuzgang, ebd., 167–170.
Ders., Stiftskirche, ebd., 328–329, 336, Nr. 439.
M. Schwarz, 453–454, 463–464.

1 Alle Angaben über Fund der Fliesen, Muster und ikonographische Deutung sind dem Aufsatz von F. Vongrey entnommen. F. Vongrey verdanke ich außerdem wertvolle Hinweise zur Baugeschichte des Klosters. Der Inventarband der Kdm des Stiftes Lilienfeld, bearbeitet durch F. Vongrey, ist in Vorbereitung.
2 F. Vongrey, 1972, 10, Abb. 10.
3 G. Melzer, 157. Die Fundumstände sprechen für eine Verlegung des Fliesenbodens bei der Vollendung der Kirche 1263.
4 V. Nekuda, K. Reichertová, 406, Taf. C, U, 2.
5 Ebd., 407, Taf. CII, 1.

Limburg, Gem. Sasbach, Lkr. Emmendingen

Burgruine

Fundumstände
Ein Fliesenbruchstück wurde am 4. 7. 1912 gefunden „auf der Limburg, unterer Schloßhof, neuer Weg bei der Bank."[1]

Baugeschichte
Die Burg wird 1078 im Besitz Herzog Bertholds von Zähringen erwähnt und kam zu einem nicht mehr bekannten Zeitpunkt an das Haus Habsburg. Kaiser Rudolf von Habsburg soll 1218 dort geboren worden sein. 1300 war sie in der Hand des Grafen Egon von Freiburg, kam wohl 1368 an Österreich und war zu Ende des 15. Jahrhunderts, der Zeit, in der die Fliesen vermutlich verlegt wurden, im gemeinsamen Besitz der Grafen von Tübingen-Lichteneck und der Herren von Rathsamhausen.
Die Zeit ihrer Zerstörung ist nicht bekannt. 1645 wurde die Burg und das Dorf Sasbach an Freiherr Franz Girardi von Kastel verliehen. 1701 wird sie schon als Ruine geschildert. Die letzten Reste wurden im 2. Weltkrieg vernichtet.

Literatur
F. X. Kraus: Kdm Lkr. Freiburg, 104–106.
E. Schuster, Die Burgen und Schlösser Badens, Karlsruhe 1908, Nr. 445.
Hist. Stätten VI, Baden-Württemberg, 472.

1 Freundlicher Hinweis von Herrn Carl Mönnig, Köln.

Limburg a. d. Haardt, Gem. Bad Dürkheim

Ruine des ehem. Benediktinerklosters Limburg a. d. Haardt

Fundumstände
Nachdem die Stadt Dürkheim 1843 die Oberfläche des Klosterberges gekauft hatte, begannen Aufräumungsarbeiten in der Ruine, bei denen einzelne Fliesen im Schutt gefunden wurden. Vor 1892 untersuchte Manchot die Ruine und führte kleinere Grabungen durch. Dabei fand sich ca. 2,50 m unter dem Kellerschutt des Sommerrefektoriums ein ungestörter Fliesenboden[1], der jedoch nicht näher untersucht wurde, so daß nicht bekannt ist, welche Fliesen aus diesem Boden stammen. Bei den Grabungen des Vereins „Pollichia" im letzten Viertel des 19. Jahrhunderts fand man im Winterrefektorium und im Schutt vor diesem, sowie im Chor über der Krypta und in der Krypta weitere Fliesen und Fliesenbruchstücke.
Nur in wenigen Fällen ist bekannt, welche Muster von welcher Stelle stammen. Es besteht außerdem der Verdacht, daß einige Fliesen unbekannter Herkunft im Museum Speyer ebenfalls aus Kloster Limburg stammen. Zu Ende des 19. Jahrhunderts wurden im Museum nur vereinzelt Aufzeichnungen über die Neueingänge von Fliesen gemacht.[2]
Außerdem besteht die Möglichkeit, daß nicht alle Fliesen im Museum von Bad Dürkheim aus Kloster Limburg stammen. Es sollen auch Fliesen auf der Hardenburg gefunden worden sein. Auch hierfür fehlen Aufzeichnungen.[3] Bei der Sicherung und Rekonstruktion der Krypta durch das Landesdenkmalamt Mainz 1978 wurden keine Fliesen geborgen. Der Boden der Krypta bestand aus einem Mörtelestrich.[4] Die Fliese H281 kam 1969 als Lesefund westlich des Refektoriums zutage.[4a]

Baugeschichte
Auf einer salischen Burganlage des 10. Jahrhunderts wurde von Kaiser Konrad II. 1025 ein Benediktinerkloster gestiftet, dessen Kirche, 1028/29 oder 1030? begonnen, 1042 geweiht wurde. Die umfangreichen Klosterbauten scheinen ebenfalls in der 1. Hälfte des 11. Jahrhunderts fertiggestellt worden zu sein. 1130 ist der Anbau einer Marienkapelle an den Chor bezeugt. Für Neubauten in der 1. Hälfte des 13. Jahrhunderts, in der die Fliesen der 1. Periode verlegt worden sein müssen, fehlen Baunachrichten und Hinweise auf Grund von Architekturresten. Lediglich ein Turm in der Südwestecke des Langhauses muß nach Einsturz um 1300 erneuert worden sein.[5] In der Fehde des Grafen Emich V. von Leiningen mit den Städten Worms, Mainz und Speyer wurde das Kloster 1367 beschädigt, der Nordflügel des Kreuzgangs wurde um 1400 erneuert. 1504 wurde das Kloster, dessen Mönche nach Speyer geflüchtet waren, ausgeplündert und eingeäschert. Der 1510 einsetzende Wiederaufbau ging nur schleppend voran. Die Wohnbauten waren 1540 notdürftig wiederhergestellt, der Chor der Kirche 1554 durch Einziehen einer Mauer wieder benutzbar gemacht. Nach der Aufhebung des Klosters 1574 verfielen die Gebäude wieder. Da Baudaten fehlen, können die Fliesen, die eng mit Wormser Prägungen verwandt sind, nur auf Grund der Muster datiert werden. Die Teilstücke weisen auf das Vorhandensein einer besonders sorgfältig geprägten Fliesenrosette mit sehr früher Anwendung von Glasur. Diese könnte schon zu Ende des 12. oder im 1. Drittel des 13. Jahrhunderts entstanden sein. Auf diese Reliefﬂiesen folgten, wohl in der Mitte oder dem 3. Viertel des 13. Jahrhunderts verlegte Fliesen mit vertiefter Prägung, deren Muster außerdem in Kolmar, Konstanz, Mainz, Oberhomburg, Sesenheim, Speyer und Worms gefunden wurden. Zu Beginn des 14. Jahrhunderts müßten nochmals Fliesen verlegt worden sein, möglicherweise zur Ausflickung eines bestehenden Fliesenbodens. Die sehr groben Prägungen der Spätzeit sind eindeutig während des Wiederaufbaus nach 1510 gefertigt, sie könnten aus der 1531–37 erbauten Abtswohnung oder aus dem Sommerrefektorium (1525–40) stammen.

Literatur
W. Manchot, Kloster Limburg a. d. Haardt, Mannheim 1892, 20–84.

F. WELLMANN, Kloster Limburg a. d. Haardt, Diss. Karlsruhe 1953, 47.
F. KLIMM, Führer durch die Limburg bei Bad Dürkheim/Pfalz, Speyer 1921.
Ders., Limburg, Kloster Seebach und Hardenburg, Speyer [4]1966, 3–12.
G. DEHIO, Rheinland-Pfalz, 558–560.
R. DÖLLING, Überlegungen zur Instandsetzung der Ruine der ehem. Benediktinerabtei Limburg a. d. Haardt, Denkmalpflege Rheinland-Pfalz 31/33, 1976–1978, Mainz 1979, 52–57.

1 W. MANCHOT, 21.
2 Ebd., 84: „Der kleine Raum zwischen dieser Treppe und dem Winterrefektorium ... Am Boden dieses Raumes wurden glasierte Wandkacheln gefunden." Diese Wandkacheln sind im Museum Dürkheim nicht mehr vorhanden. Es wäre möglich, daß die Fliese F20, deren Fundort unbekannt ist, die jedoch eine ähnliche Glasur aufweist, wie die frühen Fliesen aus Kloster Limburg, hier gefunden wurde.
3 Freundliche Mitteilung von Herrn Dr. Ludwig Spuhler †, Bad Dürkheim.
4 Denkmalpflege Rheinland-Pfalz, Jahresbericht 1979–1981, Worms 1982, 198.
4a H. BERNHARD, 1986, 82.
5 F. KLIMM, 22. „Mit ihm wurde ein Teil der Westfront (die gesamten oberen Stockwerke?) erneuert."

Limburg/Lahn, Kreis Limburg-Weilburg

Ehem. Stiftskirche St. Georg und Nikolaus, seit 1827 Dom

Fundumstände
Bei der Restaurierung des Doms wurden im Restbau des ehem. Kreuzgangs vereinzelt Bruchstücke des Musters L12 gefunden.[1]

Baugeschichte
Urkunden zur Baugeschichte des Kreuzgangs fehlen. Es wird angenommen, daß der ganze Komplex der Bauten auf dem Limburger Domfelsen bis etwa 1280 abgeschlossen war. Die Fliese könnte zu diesem Zeitpunkt schon geprägt worden sein, eine spätere Entstehung ist jedoch wahrscheinlicher. Als einziges Datum bietet sich die Erbauung der „Neuen Kapelle" über dem der Kirche anliegenden Südflügel des Kreuzgangs um 1330 an. Weyres vermutet, daß zu diesem Zeitpunkt auch die noch offenen Arkaden des Kreuzgangs geschlossen wurden. Eine gleichzeitige Erneuerung des Fußbodens wäre denkbar. Die „Neue Kapelle" wurde im Zuge der Instandsetzungsarbeiten (1865–77) abgerissen.

Literatur
W. WEYRES, Der Georgsdom zu Limburg, Limburg 1935, 23, 87.
H. E. KUBACH, A. VERBEEK, Bd. 2, 663–671.
G. DEHIO, Hessen, 548–556.
W. METTERNICH, Der Dom zu Limburg, Mainz 1986.

1 Freundliche Mitteilung von Herrn Restaurator Josef Weimer, Elz.

Ehem. Burg, heute Diözesanmuseum und Schule

Fundumstände
Die bei Luthmer (S. 122) erwähnten Fliesen: „Tonfliesen, ca. 1 qm, schönes Muster aus dem 13. Jahrhundert aus der jetzt einen Teil des Museums bildenden alten Schloßküche", sind vermutlich 1909 bei der Erneuerung des Fußbodens entfernt worden.[1] Das Muster ist unbekannt, möglicherweise handelte es sich ebenfalls um das Muster L12.

Baugeschichte
Die ehem. Burg der Grafen vom Niederlahngau war seit Beginn des 13. Jahrhunderts in der Hand der Herren von Ysenburg-Limburg und später in der der Erzbischöfe von Trier. Von der umfangreichen Anlage haben sich ein wohl um die Mitte des 13. Jahrhunderts errichteter Wohnturm und die zwischen 1289 und 1298 erbaute Burgkapelle St. Peter erhalten. Außerdem wurde wohl kurz nach 1379 ein zweistöckiger Saalbau an der Südseite des Burghofes errichtet, weitere An- und Umbauten erfolgten um 1534 und um 1600. Sollte es sich bei den Fliesen um das Muster L12 gehandelt haben, dann könnte es aus der Burgkapelle stammen oder aus dem Erdgeschoß des Wohnturms, dessen Gewölbe vermutlich um 1312 erneuert wurde.

Literatur
F. LUTHMER, Kdm Reg.-Bez. Wiesbaden III, 116–122.
G. DEHIO, Hessen, 558–559.

1 Freundliche Auskunft des Diözesan-Museums Limburg/Lahn.

Haus Römer 1, ehem. Burgmannenhaus

Fundumstände
Bei Umbau und Restaurierung des Fachwerkhauses wurden 1976/77 Bruchstücke des Musters L12 gefunden.[1]

Baugeschichte
Das Haus ist nach dem Haus Schellgasse 8 in Frankfurt-Sachsenhausen wohl der älteste, bis jetzt bekannte Fachwerkbau Deutschlands. Der rückwärtige Teil des Hauses wurde, durch dendrochronologische Untersuchung mehrerer Hölzer, auf 1296 datiert. Das Vorderhaus entstand um 1520. Eine Verlegung der Fliesen um 1296 wäre schon möglich, wahrscheinlich ist jedoch, daß sich die Ausstattung des Hauses bis in den Beginn des 14. Jahrhunderts hinzog.

Literatur
O. Verf., Limburg und historische Überraschungen, Frankf. Neue Presse 13, Ostern 1978.
R. BENTMANN, Die Altstadt, Lebensraum, Denkmal, künstlerisches Original-Modelfall Limburg, Hess. Heimat 29, Marburg 1979, 18 (17–29).
G. U. GROSSMANN, Der spätmittelalterliche Fachwerkbau in Hessen, Königstein 1983, 11, 21–23, 72, 103.
G. DEHIO, Hessen, 562.

1 Frankf. Neue Presse, 1: „Im Haus Römer 1 ... tauchten bei Umbau und Restaurierung Bruchstücke alter Tonfliesen auf, wie sie auch im Boden des ehem. Domkreuzganges gefunden wurden."

Linz/Donau, Oberösterreich

St. Martinskirche, Römerstraße

Fundumstände
Die Fliese wurde bei der Restaurierung 1947 gefunden. Juraschek/Jenny erwähnen nur das „gotische Ziegelpflaster". Vermutlich war dieses stark abgetreten, so daß die Muster meist verschwunden waren.

Baugeschichte
Die urkundlich 799 erstmals erwähnte Martinskirche wurde vermutlich zu Ende des 8. Jahrhunderts durch Ausmauern einer offenen Arkadenhalle in eine Kirche verwandelt. Im 15. Jahrhundert wurde ein gotischer Chor angefügt. Die Grabung legte einen Fußboden von „unverzierten Ziegeln verschiedener Gestalt und Größe" frei. In diesen waren vermutlich einzelne gemusterte Ziegel eingefügt. Ein Chronist des 18. Jahrhunderts berichtet von einem Chorbau 1448[1]. Dieses Datum würde sehr gut zum Muster der Fliesen passen.

Literatur
F. Juraschek, W. Jenny, Die Martinskirche in Linz, ein vorkarolingischer Bau in seiner Umgestaltung zur Nischenkirche, Linz 1949, 11, 39, 43, Abb. 30.
J. Schmidt, Die Linzer Kirchen (Österr. Kunsttopographie 36), Wien 1964, 283–294.
G. Dehio, Oberösterreich, 171.

1 F. Juraschek, W. Jenny, 11.

Loccum, Gem. Rehburg, Kr. Nienburg

Ehem. Zisterzienserkloster, heute ev. Akademie

Fundumstände
Die Fliesen bilden zwei schmale Streifen, in Breite von 8 Fliesen im sogenannten „Lesegang" des Kreuzgangs. Karpa vermutet, daß sie ursprünglich nicht dort lagen, sondern aus einem anderen Klostergebäude dorthin verbracht wurden. Bei den heute dort sichtbaren Fliesen handelt es sich um Kopien des 19. Jahrhunderts. Ob diese Kopien nach im Kloster vorhandenen Originalen hergestellt wurden oder ob das bei Paulus[1] abgebildete Mittelstück einer verlorenen Kreisrosette aus Kloster Bebenhausen als Vorlage diente, läßt sich nicht mehr klären.[2] Bei der zisterziensischen Gepflogenheit der Weitergabe von Mustern an Hand von Musterbüchern, wäre das Auftauchen zweier ähnlicher Muster an weit voneinander entfernten Orten nicht ungewöhnlich.

Baugeschichte
Das 1163 von Graf Wilbrand von Hallermunt gestiftete, mit Mönchen aus Volkerode besiedelte Kloster, erbaute erst nach 1240 eine Kirche. Bei deren Weihe 1277 scheinen auch der Kreuzgang und die wichtigsten Klosterbauten vollendet gewesen zu sein. Um 1330 hatte Loccum den Höhepunkt seiner Macht und Ausdehnung überschritten, Neubauten waren dem durch Verpfändungen und Landverkauf verarmenden Kloster wohl kaum mehr möglich. Das Kloster wurde nach der Reformation nicht aufgehoben, sondern bestand als reformiertes Kloster weiter. Im 18. Jahrhundert wurde jedoch eine Reihe von Gebäuden abgebrochen. Die Originalfliesen, deren Inkrustationstechnik eine sichere Datierung erschweren, können nur zwischen 1277 und dem 1. Viertel des 14. Jahrhunderts verlegt worden sein.

Literatur
U. Hölscher, Kloster Loccum, Hannover 1913, 96–97.
O. Karpa, 41.
Hist. Stätten II, Niedersachsen/Bremen, 302–304.
G. Dehio, Bremen/Niedersachsen, 783–788.

1 E. v. Paulus, 1886/87, Taf. 18 oben.
2 In den Akten des Kirchenamtes Hannover gibt es keine Unterlagen zur Verlegung der Fliesen. Nach Aussagen der Klosterverwaltung sollen die Fliesen aus einem anderen Kloster nach Loccum verbracht worden sein. Auch hierfür ließen sich keine Belege finden. Die Fliesen wurden im Kloster stets für Originale gehalten.

Lörzweiler, Kr. Mainz-Bingen

Kath. Pfarrkirche St. Michael

Fundumstände
Die Fliesen fanden sich beim Erweiterungsbau der Kirche 1969 ca. 0,85 m unter dem heutigen Chorniveau im Winkel zwischen der Nordostecke des Langhauses und dem Chor. Einige Fliesen wurden in ungestörter Lage aufgedeckt, andere fanden sich verstreut im Schutt und in einem Suchgraben.[1]

Baugeschichte
Der Ort, dessen Kirche 1336 erstmals erwähnt wird, kam aus dem Besitz des Kölner Gereonsstifts 1258 an das Kollegiatsstift St. Stephan in Mainz. Die mittelalterliche Kirche, über die außer dem Weihedatum 1308 nichts bekannt ist, muß einen Vorgängerbau gehabt haben. Gottwald[2] weist auf die geringen Ausmaße und die kräftigen Mauern des Chors, er vermutet, daß es sich um einen wohl schon in romanischer Zeit entstandenen Chorturm gehandelt haben könnte. Dieser Chorraum wurde vermutlich im Zusammenhang mit dem Anbau einer Sakristei 1484 erweitert, die ganze Kirche 1790–1792 durch einen Neubau ersetzt, der 1968–72 nochmals vergrößert wurde. Die Fliesen der Kirche bieten ein widersprüchliches Bild. Leider wurde versäumt, die Muster, die noch in situ lagen, gesondert festzuhalten. Entweder wurden Fliesen, die sich in einer Mainzer Werkstatt angesammelt hatten, noch 1308 verwandt oder wurde nach 1258 durch das Mainzer St. Stephansstift ein Fliesenboden im Vorgängerbau verlegt. Für das letztere spricht das Vorhandensein der Fliesen D 7, D 78 und E 60, die sich in der ehem. Dompropstei und im Heilig-Geist-Hospital (D 7) in Mainz fanden und um die Mitte des 13. Jahrhunderts entstanden sind. Die wohl aus derselben Werkstatt stammende Fliese D 79 wurde auf dem Gelände unmittelbar neben St. Stephan gefunden. Die übrigen Fliesen sind frühe Muster des Klosters Eberbach. Dieses besaß in Lörzweiler einen Hof, in der Nähe die Grangie Walheimer Hof,[3] außerdem beträgt die Entfernung zum Rhein nur wenige Kilometer. F 90, H 237, J 85 und W 18 könnten alle noch aus der Zeit nach 1258 stammen. Vermutlich wurde der Boden der verhältnismäßig kleinen Kirche 1308 noch mit weiteren Fliesen erweitert und wahrscheinlich in der 2. Hälfte des 14. Jahrhunderts ausgebessert. Die aus dieser Zeit stammende Schriftfliese U 16 ist wohl nur ein Teil eines längeren Schriftfrieses. Die Inschrift läßt sich noch nicht sicher deuten, doch scheint das „joanne . me.fct" (Johannes me fecit) eine Töpfersignatur zu sein.

Literatur
FS Rheinhessen, 349.
E. Stephan, 1955, 13–15.
R. Gottwald, Beiträge zur Baugeschichte einer gotischen Pfarrkirche in Lörzweiler, St. Michael, FS zur Wiedereröffnung der Kirche, Lörzweiler 1972, 7–15.
G. Dehio, Rheinland-Pfalz, 568.

1 Den Hinweis auf diese Fliesen verdanke ich Herrn Dr. Wilhelm Jung, Mainz; die Angaben zu den Funden Herrn Rüdiger Gottwald, Lörzweiler.
2 R. Gottwald, 14.
3 Ch. Mossig, 268–288.

Lohn, Stadt Eschweiler, Lkr. Aachen

Ehem. kath. Pfarrkirche St. Silvester

Fundumstände
Die Kirche wurde 1901 abgebrochen und eingeebnet, die 1902 erbaute Nachfolgerkirche mußte 1973 dem Braunkohleabbau weichen. Bei Ausgrabungen wurde der Innenraum bis auf den gewachsenen Boden freigelegt. „Im Schutt wurden viele glasierte und reliefierte dunkel-, hell- und gelbbraune keramische Fußbodenplatten mit Brandspuren gefunden. Diese werden den ersten Bodenbelag der gotischen Kirche gebildet haben.“[1] Weiterhin fanden sich im Schutt „graue Fußbodenplatten aus Keramik mit Mörtellöchern an der Unterseite, die jedoch keinem Fußboden zugeordnet werden konnten“.[2]

Baugeschichte
Die um 1220 erstmals genannte Kirche wurde über Vorgängerbauten, einer Holzkirche aus der 1. Hälfte des 9. Jahrhunderts, die im 12. Jahrhundert Turm und Chor erhielt, errichtet. Im 15. Jahrhundert wurde das Schiff neu erbaut, ein nördliches Seitenschiff angefügt. Nach einem Brand 1678 stürzte die Kirche zusammen und wurde 1696 wiederaufgebaut. Die Fliesen, vermutlich zu Ende des 15. Jahrhunderts im nahegelegenen Langerwehe gebrannt, wurden wohl bei diesem Brand beschädigt und anschließend verworfen. Die Fliesen E11, N61, N64 und X8, aus Langerwehe noch nicht bekannt, erweitern die Kenntnisse vom Modelbestand der Langerweher Werkstatt und machen es wahrscheinlich, daß diese möglicherweise auch die Fliesen für die Stiftskirche in Münstereifel und die Burg in Kaster geprägt hat.

Literatur
J. OFFERMANN, J. BRÜCKMANN, Kr. Jülich, 146–149.
Hist. Stätten III, Nordrhein-Westfalen, 477.
H. E. KUBACH, A. VERBEEK, Bd. 2, 678.
M. DOHRN-IHMIG, Ausgrabungen in der Pfarrkirche St. Silvester in Lohn, Kr. Aachen, Bonn. Jb. 178, 1978, 538–568.

1 M. DOHRN-IHMIG, 554.
2 Ebd., 552.

Lorch, Rheingau-Taunuskreis

Breidbacher Hof, Rittersaal

Fundumstände
Die Fliesen fanden sich bei Ausbesserungsarbeiten 1853 im Rittersaal.

Baugeschichte
Die heute stark veränderte Burg wird 1435 im Besitz des Johann Saneck von Waldeck erwähnt und kam später in die Hand der Ritter von Breidenbach. Die Fliesen, in der 2. Hälfte des 13. Jahrhunderts verlegt, entstanden vermutlich unter dem Einfluß des Klosters Eberbach. Dieses besaß einen Klosterhof mit Kapelle in Lorch. Es ist jedoch nicht sicher, ob die Fliesen nicht schon in Lorch geprägt wurden, der Fund einer Fehlbrandgrube mit verdorbenen Fliesen[1] bezeugt die Fertigung von Fliesen im Ort.

Literatur
J. B. DORNBUSCH, 142.
Nass. Ann. 20, Teil 2, 1888, 301.
F. C. ALTENKIRCH, Lorch im Rheingau. Die Geschichte der Stadt vom Ursprung bis zur Gegenwart, Lorch 1926, 131, 146.

1 C. B. DORNBUSCH, 142. „Vor einiger Zeit wurden in Lorch am Rhein eine Anzahl von beim Brennen verdorbener Kacheln und andere Ofentheile, sowie von Fliesen ausgegraben, außerdem auch einige Thonformen, die zur Anfertigung der Kacheln dienten.“ (Trotz intensiver Suche gelang es nicht, diese bei Dornbusch erwähnten Fliesen aufzufinden.)

Lorsch, Kr. Bergstraße

Ehem. Benediktinerkloster St. Peter und Paul und St. Nazarius

Fundumstände
Die ersten Fliesen fanden sich schon bei einer Grabung 1861, neben Stiftsmosaik „einige Fußbodenplatten“. Es wird jedoch weder das Muster noch der Fundort erwähnt. Dasselbe gilt für die Ausgrabung von 1882, die wieder „Tonfliesen“ erbrachte. Bei der Abtragung einer Sanddüne in Nähe des Klosters wurden 1877 die Reste einer mittelalterlichen Ziegelei aufgedeckt. Neben einer Wasserleitungsröhre fand man „sechs mittelalterliche ornamentierte Bodenfliesen“.[1] Die Eichblattfliese H209 wurde 1888 beim Abbruch eines Hauses im Klosterbezirk gefunden.[2] Bei den unter Leitung von Behn[3] in den Jahren 1927/28, 1932/33 und 1937 veranstalteten Ausgrabungen kam eine Fülle von Tonfliesen ans Licht, außerdem zahlreiche Bruchstücke. Mit Ausnahme eines kleinen Quadrats ungestörten Fliesenbodens handelte es sich bei allen anderen Fliesen um Streufunde, die bei der Abschälung des Geländes südlich und südöstlich gefunden wurden.[4] Die Fliesen scheinen offenbar schon in nachmittelalterlicher Zeit zerstreut worden zu sein.[5] Die Lage der Fliesen erlaubte keine Zuordnung zu einem bestimmten Gebäude, aus der Fülle der Funde und der in verschiedenen Zeiten entstandenen Muster muß jedoch geschlossen werden, daß das ganze Kloster weitgehend mit Mosaik- und Fliesenböden versehen war.

Baugeschichte
Den Fußböden wurde in der Baugeschichte des vor 764 durch Graf Cancor gegründeten, mit Mönchen aus Kloster Gorze besiedelten Klosters besondere Aufmerksamkeit geschenkt. Immer wieder erwähnt sie der Chronist[6], bis jede Nachricht über Fußböden nach der letzten Verlegung eines kunstvollen Bodens unter Abt Heinrich (1151–67) abbricht.[7] Für die Zeit, in der die Fliesen verlegt sein müssen, fehlt jede Nachricht über Neubauten oder Neuausstattung. Der seit 768 in verschiedenen Zeitabschnitten[8] entstandene umfangreiche und prächtige Komplex von Kloster und Kirche wurde 1090 durch Brand zerstört, nach verändertem Wiederaufbau 1130 neu geweiht. Zwischen 1141 und 1148 wurde die Kirche erweitert, 1266 nach einem nicht näher bezeichneten Brandunglück (1247) neu geweiht. Ein neuer schwerer Brand führte zum Abbruch der Westtürme 1358. Der Niedergang des mächtigen Reichsklosters und seines umfangreichen Besitzes setzte schon im 12. Jahrhundert ein. 1226 wurden Zisterzienser ins Kloster berufen, 1232 die Abtei dem Erzstift Mainz übergeben, das sie 1248 in eine Prämonstratenserpropstei umwandelte. Nach der Aufhebung des Klosters 1555 verfielen die Gebäude. Die Kirche wurde 1621 niedergebrannt, im 18. Jahrhundert alle Klosterbauten, außer der Torhalle, abgebrochen. Eine Raubgrabung um 1800 führte zu einer neuen Durchwühlung des Bodens, die Fußböden wurden vermutlich vor allem durch die Entfernung der Fundamente zerstört. Dies macht die Einordnung der Lorscher Fliesen besonders schwierig. Eine Datie-

rung muß deshalb vor allem von stilistischen Kriterien ausgehen. Durch Prägetechnik und Tonmaterial lassen sich die Fliesen außerdem in vier verschiedene Gruppen ordnen, wobei bei den Fliesen der Periode I nochmals eine zeitliche Differenzierung angenommen werden muß. Nicht sicher zu datieren ist die Lorscher Fliese W100 mit einfacher Rillenprägung. Es könnte sich um erste tastende Versuche handeln, an ein spätes nachmittelalterliches Produkt ist wegen der frühen Aufhebung des Klosters wohl kaum zu denken.
Anschließend an den kostbaren Boden aus Marmor und Plattenmosaik,[9] der im Codex Laureshamensis viermal erwähnt wird und dessen Herstellung sich vom 9.–10. Jahrhundert hinzog, muß eine große Fliesenrosette verlegt worden sein, von der sich allerdings nur klägliche Reste[10] erhalten haben. Möglicherweise war sie in einem kleineren Raum verlegt, da die Mosaikböden der Kirche noch intakt waren. Das Muster W41, im Bodenbelag der ehem. Dompropstei in Mainz und in einem wohl ähnlichen Boden auf Burg Auerbach gefunden, weist auf eine Verlegung dieser Fliesen im 2. Viertel bis zur Mitte des 13. Jahrhunderts. Kaum oder nur wenig später dürften die Fliesen entstanden sein, welche an der Oberfläche zusätzlich eine feingeschlämmte Engobe zeigen und besonders sorgfältig geprägt sind. Sie lehnen sich alle sehr eng an Wormser Vorbilder an, wobei natürlich nicht entschieden werden kann, von wo die ursprünglichen Impulse ausgingen. Die Muster finden sich außer in Lorsch in den Kirchen von Worms, Mainz, Speyer und Weinheim, in den Klöstern Amorbach und Arnsburg[11] sowie auf den Burgen Altenbaumburg, Neubolanden und Scharfenstein/Kiedrich. Ebenfalls aus dieser Periode muß eine Gruppe von Fliesen stammen, die sich von allen übrigen durch das charakteristische Aussehen des stark gebrannten Scherbens unterscheiden. Dieser zeigt vermutlich nicht völlig verkohlte organische Substanzen, die als kleine dunkle Pünktchen die Fläche sprenkeln. Die Muster, von einem phantasievollen Modelschneider aus zwei Grundmotiven entwickelt, variieren Blatt- und Palmettenformen. Die große Menge gefundener Fliesen und Fliesenbruchstücke läßt auf eine Ausstattung größerer Räume schließen. Für all diese Fliesen gibt es keine Anhaltspunkte aus der Baugeschichte. Vermutlich stehen sie jedoch in Zusammenhang mit dem Einzug der Zisterziensermönche ins Kloster, welcher die Fliesenprägung entweder erst auslöste oder ihr doch neue Impulse gab. Der Brand der Kirche 1247 und die Neuweihe der Kirche 1266 könnten Anfang und Ende dieser Periode bezeichnen. Möglicherweise errichteten die Prämonstratenser, die 1248 ins Kloster einzogen, auch kleinere Neubauten.[12] Auf einen engen Zusammenhang zwischen deren Bauten weisen die Fliesen H94 aus der ehem. Prämonstratenserklosterkirche Kaiserslautern und H266 aus Lorsch. Die Eckpalmette beider Muster muß vom selben Modelschneider geschnitten worden sein.
Die Fliesen der Periode III, in Prägung und Tonqualität stark vergröbert, stehen wohl in unmittelbarem Zusammenhang mit dem Brand von 1358.
Dieser führte zur Abtragung der Türme und machte sicher auch im Kloster Erneuerungsarbeiten notwendig.[13] Die Fliesen machen den Eindruck, als sei mühsam versucht worden, eine schon erloschene Kunst der Fliesenprägung wieder zu beleben. Für ein spätgotisches Gebäude waren wohl die Fliesen H276 bestimmt, die sich durch einen scharfen Brand des Scherbens und einen stark eisenoxydhaltigen Ton wiederum von den anderen Fliesen abheben.

Literatur

R. Adamy, 1891, 16–17, Taf. 5.
K. Henkelmann, E. Anthes, Das Kloster Lorsch, Bensheim 1922, 46, 86–87, 90.
F. Behn, Die karolingische Klosterkirche von Lorsch a.d. Bergstraße nach den Ausgrabungen 1927–1928 und 1932–1933, Berlin/Leipzig 1934, 122–142.
Ders., Ausgrabungen in Lorsch. Eine Übersicht über die archäologischen Untersuchungen im Kloster Lorsch, Laurissa Jubilans, Lorsch 1964, 115–122.
K. Glöckner, 1929–36.
W. Selzer, Das karolingische Reichskloster Lorsch, Kassel 1955, 12.
Ders., Die Geschichte des Klosters Lorsch von 1232 bis zum Jahre 1803, Laurissa Jubilans, Lorsch 1964, 153–158.
A. Brück, Lorsch und Mainz im Mittelalter, ebd., 145–152.
W. Einsingbach, Kdm Kr. Bergstraße, 339–340, 346–353 (mit ausführlichen Literaturangaben).
H. Kier, 1970, 123, Abb. 36.
G. Dehio, Hessen, 577–581.

1 Quartalbl. 1881, 4, 34, 35 und 1878, 9, 1883, 4.
2 Westd. Zs. 8, 1889, Museographie 1888, 253.
3 Alle Angaben zur Grabungsgeschichte verdanke ich Herrn Prof. Dr. Friedrich Behn†, Mainz. Die Aufnahme des intakten Fliesenbelags verbrannte im 2. Weltkrieg im Denkmal-Archiv Mainz, ebenso alle Aufzeichnungen zur Lage der Fliesen und Anordnung der Muster. Eine beabsichtigte Publikation der Fliesenfunde durch Herrn Prof. Behn kam durch dessen Tod nicht mehr zustande. Dieser glaubte sich zu erinnern, daß er Fliesenfunde aus Lorsch auch ans Städtische Museum Worms gegeben habe. Es wäre also möglich, daß einige bis jetzt als Wormser Prägungen geltende Fliesen in Wirklichkeit aus Lorsch sind.
4 Angaben über die Lage der Streufunde machte mir freundlicherweise Herr Dr. Ernst Samesreuther, Darmstadt, der mir außerdem seine Zeichnungen aller bei den Grabungen gefundenen Muster in großzügiger Weise zur Verfügung stellte. Die Rekonstruktion der Bruchstücke, die heute im Museum Darmstadt nicht mehr erhalten sind, erfolgte nach den Wormser Vorbildern. Es ist nicht ausgeschlossen, daß es sich bei einigen Fliesen um Varianten Wormser Muster handelt. Vermutlich haben sich im Museum Darmstadt weitere Fliesen aus Lorsch erhalten, bei denen der Fundort heute nicht mehr bekannt ist.
5 K. Henkelmann-E. Anthes, 46. Schon im Mittelalter wurde auf dem Klosterareal gegraben. So suchten die Prämonstratensermönche vor der Weihe der Kirche 1266 nach den sterblichen Überresten des hl. Nazarius.
6 K. Glöckner, Bd. 3, 285: „Helmericus, vir religiosus et sapiens ... pavimentum stravit." 289: „Richbodo, vir plane dilectus deo et hominibus ... pavimentus etiam coram altari vario stratum marmore sublimavit." 353: „Gerbodo, vir omni vite morumque ingenuitate spectabilis ... pavimentus ante altare sancte crucis usque in medium marmore stravit." 359: „Salemannus, vir deo dignus, divina humanaque sapientia plenus ... strate pavimenti finetenus perfecit."
7 W. Einsingbach, 346.
8 G. Dehio, 577–581.
9 H. Kier, 1970, 123. Die gefundenen Bruchstücke erlauben keine sichere Rekonstruktion des Mosaikbodens.
10 Es gelang nicht, alle noch vorhandenen Bruchstücke zu sehen, vermutlich wurden diese auch nicht mit derselben Sorgfalt gesammelt, wie die gemusterten Fliesen. Möglicherweise handelte es sich um eine Kreisrosette oder um ein Muster, das eine Verbindung von Plattenmosaik und gemusterten Fliesen zeigte.
11 Bei neuen Grabungen in Kloster Arnsburg (1979–80) wurden Fliesen gefunden, die durch einheitliches Tonmaterial gleichzeitige Entstehung verraten. Darunter finden sich Muster, die alle auch in Lorsch gefunden wurden. Falls, wie M. Morkramer annimmt, eine Verbindung zwischen den Fliesen aus Arnsburg, Lorsch und Worms besteht (vgl. Stichwort „Arnsburg"), so müßte sich diese zwischen 1226 und 1248 entwickelt haben. Eine Verschiffung der Fliesen aus Worms oder Lorsch nach Arnsburg (Weschnitz-Rhein-Main-Wetter) wäre möglich gewesen.
12 W. Selzer, 154, nimmt die von den Prämonstratensern durchgeführten Neubauten als beträchtlich an.
13 Die späten Lorscher Fliesen machen einen höchst uneinheitlichen

Eindruck. Es wäre möglich, daß einige darunter auch schon vor 1358 entstanden sind. W. SELZER, 154, erwähnt eine Fehde zwischen dem Erzstift Mainz und König Albrecht I. von Österreich, bei der die Truppen des letzteren das Kloster besetzen und besetzt halten. „Ob damals größere Schäden entstanden, ist allerdings nicht zu ermitteln."

Ludwigsburg, Lkr. Ludwigsburg

Grangie des ehem. Zisterzienserklosters Bebenhausen?

Fundumstände

Unbekannt. Die Stadt ist im wesentlichen eine Schöpfung des 18. Jahrhunderts. Da die Fliese ein Muster des Klosters Bebenhausen zeigt, liegt die Vermutung nahe, daß sie aus dem Wirtschaftshof des Klosters in Geisnang stammt.

Baugeschichte

Das Zisterzienserkloster Bebenhausen erwarb 1187 Besitz in Geisnang und kaufte im Laufe des 13. Jahrhunderts (um 1234, 1244, 1275, 1289) planmäßig Hof um Hof auf, bis der Ort nur noch aus einer einzigen Grangie des Klosters bestand. Die Kirche St. Johannis Baptista wurde 1267 dem Kloster inkorporiert und diente dann als Kapelle des Hofes. Da die Zahl der Konversen schon im 14. Jahrhundert zurückging, wurden die Höfe seit 1431 verpachtet, 1485 waren alle in der Hand von Pächtern. Nach der Reformation in die Hand von Württemberg gekommen, bildeten sie die Keimzelle für das spätere Ludwigsburg. Heute sind alle Höfe spurlos verschwunden. Die Fliese könnte zu Beginn oder in der 1. Hälfte des 14. Jahrhunderts entstanden sein.

Literatur

CH. BELSCHNER, Ludwigsburg im Wechsel der Zeiten, Ludwigsburg 1936, 23–30.
G. HESS, Zur Geschichte der Alt-Ludwigsburger Markung, Ludwigsburger Geschichtsblätter, 13, 1957, 43ff.
F. WIEDEMANN, Von Pfleghäusern und Klosterhöfen, „Hie gut Württemberg", Beilage der Ludwigsburger Kreiszeitung, 14, 1963, 11–12.
Hist. Stätten VI, Baden-Württemberg, 490.
J. SYDOW, 1984, 204.

Lübeck

Ehem. Augustinerinnenkloster St. Annen, heute Museum für Kunst und Kulturgeschichte der Hansestadt Lübeck

Fundumstände

Die Fliesen befinden sich in situ in der ehem. Sakristei des Klosters. Eine weitere grünglasierte Rautenfliese „mit hängenden Blumen" fand sich beim Abbruch des Klosters 1875 im Altarraum.

Baugeschichte

Das von 1502–25 durch Sysingus Hesse für die Lübecker Augustinerinnen errichtete Kloster wurde schon 1530 wieder aufgehoben. Es diente seit 1601 als Armenhaus. Die Kirche wurde 1875 abgebrochen, die Klostergebäude 1911 in ein Museum umgewandelt. Die Fliesen wurden wohl zu Ende der Bauzeit verlegt und stammen vermutlich aus der ehem. Töpferei im Haus Fischergrube 19, siehe dort.

Literatur

J. BALTZER, F. BRUNS. H. RATHGENS, Bau- und Kdm Lübeck IV, 281–293, 322–323 m. Abb.
G. DEHIO, Hamburg/Schleswig-Holstein, 366–368.

Ehem. Franziskanerklosterkirche St. Katharinen, heute Museum

Fundumstände

Der Fliesenboden des oberen Chorpolygons und des Langchors der Mönche ist in situ erhalten. Der Boden des Polygons besteht aus fünf Fliesenstreifen, das mittlere Band ist doppelt so breit wie die übrigen. Jeder Streifen ist mit einem abweichenden Muster aus weiß-, schwarz-, rot- und grünglasierten Fliesen gefüllt. Neben in Schachbrettmustern verlegten Rautenfliesen und „Florentiner[1]" Fliesen sowie Fischgrätmustern finden sich Rautenmuster aus Fliesenmosaik. Diese Muster wiederholen sich auf den vier Streifen des Langchores. Die Streifen sind durch orthogonal angeordnete Bänder aus je zwei quadratischen Fliesen getrennt, in die in regelmäßigen Abständen inkrustierte Fliesen eingefügt sind. Es ist nicht sicher, ob die heutige Anordnung die ursprüngliche ist, die ungemusterten Fliesen sollen nachträglich eingefügt worden sein.

Baugeschichte

Der Ostteil der auf einen nach 1225 errichteten Vorgängerbau seit 1300 erbauten Kirche wurde 1330 abgeschlossen, der 1335 begonnene Westteil um 1360 vollendet. Die Kirche war nach der Aufhebung des Klosters 1531 noch bis 1806 in Benützung, seit 1920 dient sie als Museum. Die Fliesen sind auf Grund des Musters nicht sicher zu datieren, sie können sehr gut um 1330 verlegt worden sein.

Literatur

J. BALTZER, F. BRUNS, H. RATHGENS, Bau- und Kdm Lübeck IV, 35–76, Abb. S. 57 und 58.
G. H. JAACKS, St. Katharinen zu Lübeck. Baugeschichte eines Franziskanerklosters, Lübeck 1968, 7–71.
G. DEHIO, Hamburg/Schleswig-Holstein, 355–359.

1 Handbuch der Architektur, Bd. 2, 4, 4, Stuttgart 1903, 254, Fig. 400, 401.

Haus Fischergrube 19

Fundumstände

Das Bruchstück einer Rautenfliese, wie sie in St. Annen, Lübeck, erhalten ist, fand sich nach dem 2. Weltkrieg im Schutt des Hauses.[1]

Ortsgeschichte

Beim Bau des Stadttheaters Lübeck stieß man 1909 auf eine Matrize für eine gotische Tafelkachel. 1939 wurden auf dem Gelände der Fischergrube mittelalterliche Abfallgruben ausgeräumt, die beim Aushub für das Magazingebäude des Stadttheaters entdeckt worden waren. Hierbei kamen 19 weitere Formen für Ofenkacheln zum Vorschein, außerdem Scherben von Gebrauchskeramik. Diese gehören dem Ende des 15. und der 1. Hälfte des 16. Jahrhunderts an. Die Modellierung ist von außergewöhnlicher Qualität. Die auf dem Gelände betriebene Töpferwerkstatt soll noch bis zu Beginn des 19. Jahrhunderts bestanden haben. Vermutlich wurden die Fliesen für St. Annen hier gefertigt.

Literatur
P. Pieper, Ein Fund mittelalterlicher Ofenkeramik in Lübeck, Lübeckische Bl.-Beil. Nr. 20 v. 19. 5. 1940, o. Sz.
M. Hasse, Lübeck, St. Annenmuseum. Bilder und Hausgerät, Lübeck 1969, 116–117.

1 Freundlicher Hinweis von Herrn Dr. Max Hasse, Lübeck.

Löwen-Apotheke, Johannisstr. 13, Rückseite Ecke Königsstr./Dr.-Julius-Leber-Str. 13

Fundumstände
Die Fliese wurde 1902 bei Bauarbeiten auf dem Grundstück gefunden.

Baugeschichte
Das Haus ist eines der ältesten erhaltenen Backsteingiebelhäuser Lübecks. Der 1942 eingestürzte Hintergiebel des Hauses, welcher vermutlich schon um 1230 entstand, wurde sorgfältig wiederaufgeführt. Der Vordergiebel wurde in der 1. Hälfte des 14. Jahrhunderts errichtet und vermutlich um 1460 umgebaut. Die Fliese ist nicht ganz sicher zu datieren, sie dürfte jedoch eher in der 1. Hälfte des 14. Jahrhunderts als um 1460 entstanden sein.

Literatur
H. Hübler, Das Bürgerhaus in Lübeck, Tübingen 1968, 14 und Taf. 11.
M. Hasse, Lübeck, Berlin/München, [5]1973, 40.
G. Dehio, Hamburg/Schleswig-Holstein, 406.
A. Wiedenau, 1983, 154–156.

Lüneburg

Rathaus

Fundumstände
Die Fliesen S72, zwei Variationen eines Grundmusters, liegen in situ im sogenannten Bürgermeisterzimmer östlich der Ratsstube, die Fliesen H6 als Doppelstreifen zwischen Bändern unverzierter Fliesen innerhalb des Ratsstuhls in der sogenannten „Ratsdörnse“ (Gerichtslaube). Krüger erwähnt jedoch, daß diese Fliesen nicht immer hier lagen, ohne anzugeben, wo sie sich früher befanden. Die Ratsdörnse besitzt einen reichverzierten Fußboden aus unglasierten und braunglasierten, rautenförmigen Ziegeln, die zusammen mit inkrustierten Mörtelfliesen so verlegt sind, daß sich ein Würfelmuster ergibt. Die Mörtelfliesen zeigen abwechselnd einen heraldischen Löwen und einen Vierstern[1] (Abb. 5).

Baugeschichte
Das aus verschiedenen Baukomplexen entstandene Rathaus reicht in seinen Anfängen ins 13. Jahrhundert zurück. Der Fußboden der Ratsdörnse könnte vielleicht mit dem in Kämmereirechnungen 1330 erwähnten Estrichboden in „novo consistorio“[2] identisch sein. Der Fliesenboden innerhalb des Ratsstuhls kann, da er wohl hier nicht ursprünglich lag, nicht mit den auf den Sandstein- und Eichenholzschranken eingeschnittenen Jahreszahlen 1598 und 1594 in Verbindung gebracht werden. Das einfache Muster, den Fliesen in Rostock und Güstrow ähnlich, entstand wohl eher im 3. Viertel des 16. Jahrhunderts. Die Bürgermeisterkammer befindet sich in dem 1564–67 errichteten Erweiterungsbau, dem „neuen Rathaus“. Die zweifarbig glasierten Fliesen stammen vermutlich aus dieser Zeit.

Literatur
F. Krüger, W. Reinecke, Die Kdm der Provinz Hannover III, Reg.-Bez. Lüneburg, 2 u. 3, Stadt Lüneburg, Hannover 1906, 232.
W. Reinecke, Das Rathaus zu Lüneburg, Lüneburg 1925, 54–56.
U. Boeck, Das Lüneburger Rathaus, Niederdeutsche Beiträge zur Kunstgeschichte, München 1969, Bd. 8, 41–60.
H. Kier, 1976, 66–67, Abb. 56, 57.
G. Dehio, Bremen/Niedersachsen, 608–613.

1 U. Boeck (s. o.), 46, Abb. 6.
H. Kier, 1976, Abb. 56, 57.
2 W. Reinecke, 12.
H. Kier 1976, 66, verneint die Verlegung dieses Bodens um 1330 mit der Begründung, daß Tonfliesenböden in Verbindung mit Estrichmassen vor dem 16. Jahrhundert nicht bekannt seien. Bei einer Verlegung des Bodens im 16. Jahrhundert würden diese Muster jedoch wesentlich anders aussehen (Vierstern!).

Lützelburg/Lutzelbourg, Moselle, Frankreich

Burgruine

Fundumstände
Unbekannt. Möglicherweise wurden die Fliesen um 1909 geborgen, als die Ruine durch Koeberle restauriert und teilweise wiederaufgebaut wurde. Welche der Fliesen, die sich heute im Museum in Zabern befinden, aus Lützelburg und welche aus der Kapelle St. Michael in Zabern kamen, ist leider nicht mehr bekannt.[1]

Baugeschichte
Die im 12. Jahrhundert durch Kloster Maursmünster gegründete Burg kam nach dem Tode des Grafen Reinald von Lützelburg († 1143) in den Besitz des Bistums Metz. Sie wurde in den Fehden des 12. und 13. Jahrhunderts wiederholt beschädigt, seit dem Ende des 14. Jahrhunderts als Ganerbenburg genützt und in der Fehde zwischen Franz von Sickingen und Kurfürst Ludwig V. von der Pfalz 1523 zerstört. 1827 wurde die Ruine auf Abbruch verkauft. Tympanonreste mit christlichen Symbolen weisen auf das Vorhandensein einer Burgkapelle, welche möglicherweise dem frühen 13. Jahrhundert angehört. Eine Datierung der Fliesen ist nicht möglich, solange die Muster nicht für Lützelburg gesichert sind.

Literatur
D. Fischer, Schloß und Dorf Lützelburg bei Zabern, Zabern 1879, 1–33.
E. Koeberle, Les ruines du château de Lützelbourg, 1909, 1ff.
G. Klein, 1973, 11.
W. Hotz, Kdm Elsaß und Lothringen, 100.
H. Zumstein, Remarques archéologiques sur le château de Lutzelbourg, Au pays de Lutzelbourg, cahier 82–83 de la Soc. Hist. Arch. de Saverne, Zabern 1973, 25–28.
Inventaire Saverne, 369.

1 Inventaire, 369 (übersetzt): „Museum Zabern. Sammlung von acht Bodenfliesen aus gebranntem Ton, verziert mit Lilien, heraldischen Löwen, Blüten und Doppeladler, vorwiegend aus Schloß Lützelburg und der Kapelle St. Michael.“

Luzern, Schweiz

Korporationsgebäude oder „Sonnenberghaus", Reußsteg 7

Fundumstände
Unbekannt. Die Fliesen müssen vor 1877 entfernt worden sein, möglicherweise bei einem Umbau 1842.

Baugeschichte
Die zwei selbständigen gotischen Steinhäuser wurden 1537 und 1569 an die Familie Sonnenberg verkauft und von dieser in der 2. Hälfte des 16. Jahrhunderts im Innern um- und ausgebaut. Ein 2. Umbau erfolgte 1670–73, die Innenausstattung wurde im 18. Jahrhundert nochmals reicher gestaltet. Die Fliesen können schon in der 1. Hälfte des 16. Jahrhunderts verlegt worden sein, stammen jedoch vermutlich aus den Umbauten nach dem Verkauf von 1569.

Literatur
H. HAMANN, 25 und Taf. 16, Fig. 77.
A. REINLE, Kdm Schweiz. Kanton Luzern III, 1, Basel 1954, 195–201.
H. JENNY, Kunstführer Schweiz, Bd. 1, 321–322.

M

Madenburg, Gem. Eschbach, Kr. Südl. Weinstraße

Burgruine „Eschbacher Schloß"

Fundumstände
Ein Fliesenbruchstück wurde als Lesefund auf dem Burggelände geborgen. Es deckt sich im Muster mit einer erst in jüngster Zeit im Museum Speyer wiederaufgefundenen Fliese, deren Fundjahr und Fundumstände unbekannt sind.[1]

Baugeschichte
Die vermutlich als Reichsburg gegründete, 1176 erstmals erwähnte Madenburg, kam zu Beginn des 13. Jahrhunderts als Lehen an die Grafen von Leiningen. Sie wurde Mitte des 14. Jahrhunderts Ganerbenburg, kam 1516 aus der Hand Herzogs Ulrich von Württemberg an den Bischof von Speyer und wurde im Bauernkrieg 1525 zerstört. Nach Wiederaufbau bis um 1550, erneuter Zerstörung 1552, wurden die ältesten, aus dem frühen 13. Jahrhundert stammenden Teile 1593–94 durch neue Wohnbauten ergänzt. Die Burg wurde 1693 durch General Monclar zerstört und seit 1826 als Steinbruch genutzt. Die Fliesen, die möglicherweise in der frühgotischen, 1415 erstmals erwähnten Burgkapelle St. Nikolaus lagen, könnten aus Erneuerungsarbeiten nach 1516 oder aus dem Wiederaufbau nach 1525 stammen.

Literatur

J. G. LEHMANN, Bd. 1, 304–331.
J. HAGEN, Urkundliche Geschichte der Burg und Herrschaft Madenburg 1923, 3–16.
A. ECKARDT, Kdm Bez.-Amt Landau, 238–254.
Hist. Stätten V, Rheinland-Pfalz, 213–214.
G. DEHIO, Rheinland-Pfalz, 266–267.
G. STEIN, 1976, 170–178.
H. HESS, Die Madenburg. Ein Führer durch die Burg und ihre Geschichte, Landau [4]1977, 2–15.

1 Freundliche Mitteilung von Herrn Wolfgang Leitmeyer, Speyer.

Mägerkingen, Gem. Trochtelfingen, Lkr. Reutlingen

Ev. Pfarrkirche, ehem. St. Blasius

Fundumstände
Die Fliesenbruchstücke wurden bei einer Kirchenrestaurierung 1955 gefunden.

Baugeschichte
Über die mittelalterliche Baugeschichte der 1777 durch einen Neubau ersetzten Kirche ist nichts bekannt. Vermutlich bestand sie schon 1275. 1476–1518, der Zeitraum, in dem die Fliese entstanden sein muß, wird ein Ludwig Haffner von Münsingen als Pfarrer erwähnt. Die Fliese, deren Muster sonst nur noch in Kloster Schussenried vorkommt, könnte unter dem Einfluß der Klöster Weißenau oder Zwiefalten entstanden sein, die beide in Mägerkingen Besitz hatten. Weißenau war wie Schussenried Prämonstratenserkloster, Zwiefalten liegt in unmittelbarer Nähe Mägerkingens. Daß es eine Verbindung zwischen Zwiefalten und Schussenried gab, zeigen die eng verwandten Fliesen H 143 und H 144.

Literatur

BOA Reutlingen, Bd. 2, 408–415.
J. SOMMER, Die Reutlinger Exklave im Hohenzollerischen. Aus der Geschichte von Mägerkingen, Hausen und Bronnen mit Mariaberg, Reutlinger Heimatbl. 15, 1951, 1 ff.

Magdeburg

Ehem. Prämonstratenserkloster „Unser Lieben Frauen"

Fundumstände
Unbekannt. Vier Fliesen sind in die Nordwand des südlichen Kreuzgangsflügels eingemauert. Aus welchem Teil des Klosters die Fliesen ursprünglich stammen, war nicht zu ermitteln. Beim Wiederaufbau nach der Zerstörung im 2. Weltkrieg wurden 1974 im Nordflügel, in der „oberen" Tonne, Platten mit Ritzornamenten nach mittelalterlichem Vorbild angefertigt und verlegt.[1]

Baugeschichte
Das von Erzbischof Gero 1017/18 als Kollegiatsstift gegründete Kloster wurde von Erzbischof Norbert von Xanten 1129 den Prämonstratensern übergeben. Die um 1064 begonnene, gegen 1125 vollendete Kirche wurde nach Brand 1188 umgebaut und von 1220–40 gotisch eingewölbt. Kirche und die in der 1. Hälfte des 12. Jahrhunderts entstandenen Klostergebäude bieten keinen Anhaltspunkt für die Verlegung der Fliesen, die spätere Baugeschichte des 1945 schwer zerstörten Klosters ist noch weithin ungeklärt. Die Fliesen stammen mit großer Wahrscheinlichkeit aus der Zeit der gotischen Einwölbung.

Literatur

K. WEIDEL, Das Kloster Unserer Lieben Frauen in Magdeburg, Augsburg 1925.
G. DEHIO, Magdeburg, 270–284.
R. RÜGER, Wiederaufbau und neue gesellschaftliche Nutzung des Klosters Unserer Lieben Frauen in Magdeburg, Denkmalpflege in der DDR 2, 1973, 11–21.

1 R. RÜGER, 16, 18 mit *Abb.* des Fußbodens im ehem. Refektorium, heute Ausstellungshalle.

Haus „Alter Markt 24"/Ecke Buttergasse

Fundumstände
Eine Fliese fand sich bei Aufräumungsarbeiten des zerstörten Hauses im mittelalterlichen Mauerwerk, dessen Entstehung ins Ende des 13. oder in den Beginn des 14. Jahrhunderts datiert wird.[1]

Baugeschichte
Das Haus „Alter Markt 24" bestand aus einem Komplex von 3 Häusern. Die Besitzgeschichte reicht jedoch nicht weiter als bis 1631 zurück. Zu dieser Zeit gehörte es dem Hieronymus Herfurt (Erfurt), Stiftsherr zu St. Peter und Paul in der Neustadt. Ähnliche Vorgänge in anderen Städten lassen darauf

schließen, daß das Haus vermutlich auch im Mittelalter in geistlicher Hand war. Analog zu J 48 aus dem Prämonstratenserkloster Magdeburg könnte die Fliese um 1240 verlegt worden sein. Es ist jedoch möglich, daß man später entstandene Fehlbrände auf diese Art nutzte.

Literatur
E. NEUBAUER, Häuserbuch der Stadt Magdeburg, Bd. 1, 1631–1720, Magdeburg 1931, 297.
E. NICKEL, Der alte Markt in Magdeburg, Berlin 1964, 6.

1 Freundliche Mitteilung von Herrn Priegnitz, Magdeburg.

Mainz, Rheinland-Pfalz

Dom St. Martin und Stephan

Fundumstände
Die Fliese N 62 muß sich 1868 noch in situ im Mainzer Dom befunden haben. Wann die Fliesen entfernt wurden, ist nicht bekannt, möglicherweise bei den Restaurierungen 1871–79. Wären in späterer Zeit noch Fliesen vorhanden gewesen, so hätten sie sowohl Schneider wie Neeb, beide in ihren sonstigen Veröffentlichungen stets auf Fliesen eingehend, sicher erwähnt. 1941 wurden, vermutlich bei den Sicherungsarbeiten zur Rettung der Kunstwerke des Doms, ebenfalls „80 ganze und 36 halbe" (Dreiecksfliesen?) Fliesen gefunden. Die Muster wurden nicht festgehalten, „vergleiche ähnliche Platten in der ev. Pfarrkirche zu Ober-Ingelheim"[1]. Man darf deshalb vermuten, daß es sich um Eberbacher Muster handelt, von denen einige sich heute noch im Diözesan-Museum, andere möglicherweise im Mittelrheinischen Landesmuseum Mainz befinden.

Baugeschichte
Der auf Vorgängerbauten durch Erzbischof Willigis 975–1009 errichtete, am Tag der Weihe zerstörte und von 1009–36 durch Erzbischof Bardo neuerbaute Dom, brannte 1081 abermals ab. Der um 1100 begonnene, 1135 fertiggestellte Neubau wurde 1137 erneut ein Raub der Flammen. Ein vierter Bau wurde 1183–1239 erstellt, an den zwischen 1279–91 (Nordseite) und 1300–19 (Südseite) an den Längsseiten Kapellenschiffe angefügt wurden. Der Neubau der Liebfrauenkirche an der Ostseite des Doms wurde 1311 geweiht, die Nassauer Gedächtniskapelle 1417 begonnen. Nach wechselnden Schicksalen, erneuten Bränden und Umbauten im 18. Jahrhundert wurde der 1793 schwer beschädigte Dom nach 1813 langsam wiederhergestellt. Die Fliesen könnten schon im 4. Bau um 1239 verlegt worden sein, vermutlich stammen sie jedoch eher aus den nördlichen Seitenkapellen. Der Hinweis auf Fliesen aus Ober-Ingelheim könnte sich auf F 14 beziehen, ein Muster, welches angeblich auch im Dom zu Eichstädt gefunden wurde. Interessant ist in diesem Zusammenhang eine Notiz, daß der Bischof von Eichstätt 1243 den Kreuzgang des Doms weihte[2]. Die Fliesen sind teilweise ausgezeichnet erhalten. Es wäre möglich, daß sie schon bei der Erhöhung des Fußbodens 1458 verdeckt wurden.[3]

Literatur
Kat. GNM Nürnberg, 6, A 19.
F. SCHNEIDER, 1886.
R. KAUTZSCH, E. NEEB, 16–26, 146–147.
A. SCHUCHERT, Neuerwerbungen des Mainzer Dom- und Diözesanmuseums, Mz. Zs. 36, 1941, 88 (81–91).
Ders., ^{4}1963, 5–23, 60–61 mit Literaturübersicht.
G. DEHIO, Rheinland-Pfalz, 583–592.
F. ARENS, Der Dom zu Mainz, Darmstadt 1982, 1 ff.

1 A. SCHUCHERT, 88. Die Fliesen wurden damals im Kapitelsaal verwahrt. Sie finden sich heute im Diözesanmuseum, teilweise mit Funden, die während des Wiederaufbaus nach dem 2. Weltkrieg geborgen wurden, vermischt. Ein Teil der Fliesen soll außerdem durch Kriegseinwirkung verlorengegangen sein. Die Muster der einzelnen Funde sind heute nicht mehr voneinander zu trennen.
2 R. KAUTZSCH, E. NEEB, 20.
3 J. WETTER, 57.

Domkapitelhaus, „stuba maior", Domstr. 3

Fundumstände
Bei der Ausschachtung von Heizungskanälen fand man 1957 ca. 1 m unter dem heutigen Fußboden der im Erdgeschoß befindlichen „stuba maior" unter alten Dielen Fliesen in zwei verschiedenen Mustern.

Baugeschichte
Die Kapitelstube, das Untergeschoß eines turmartigen, zweigeschossigen Gebäudes wurde um 1489 errichtet und 1730 geringfügig verändert. Während die Fliese H 39 sicher dem Ende des 15. Jahrhunderts angehört und um diese Zeit auch in anderen Bauten des Erzstiftes Mainz verlegt wurde, muß H 233 noch aus einem früheren Bau stammen. 1243 wurden gleichzeitig mit dem Kreuzgang auch die Stiftsgebäude des Doms von Bischof Friedrich von Eichstätt geweiht.[1]

Literatur
R. KAUTZSCH, E. NEEB, Kdm Mainz, 414–415.
A. SCHUCHERT, 1963, 61, 70–75.
F. ARENS, Die Raumaufteilung des Mainzer Domes und seiner Stiftsgebäude bis zum 13. Jahrhundert, Willigis und sein Dom, Festschrift zur Jahrtausendfeier, Quellen und Abhandlungen zur mittelrhein. Kirchengeschichte 24, Mainz 1975, 135–184.

1 R. KAUTZSCH, E. NEEB, 20.

Ehem. Dompropstei, Gutenbergplatz Gutenbergplatz/Ludwigstraße (vermutlich ebenfalls Dompropstei)

Fundumstände
Beim Umbau des Stadttheaters auf dem Gutenbergplatz stieß man 1910 in einer Tiefe von ca. 0,50–0,70 m unter dem heutigen Niveau auf einen ungestörten Fliesenboden von ca. 4,60 m Länge und 4 m Breite. Es gelang, den Boden sofort in allen Einzelheiten festzuhalten, so daß sowohl die farbige Gliederung als auch die Anordnung der Einzelmuster genau bekannt sind. Das Bodenstück bildete nur einen Teil des ursprünglichen Fliesenbelags, durch spätere Ein- und Umbauten war er sowohl in der Länge wie in der Breite beträchtlich verkleinert. Flickstellen an der ihn schräg durchschneidenden Mauer weisen auf das Vorhandensein einer weiteren großen Fliesenrosette, auch an anderen Stellen müssen, ohne Rücksicht auf die Musterung des Bodens zu nehmen, Fliesen ausgewechselt worden sein. (Abb. 61).
Der reichgemusterte und farblich raffiniert abgestufte Fliesenbelag besteht aus einem breiten Mittelstreifen, der durch zwei Bänder mit diagonal verlegtem Schachbrettmuster gerahmt wird. Zwischen Mittelstreifen und Rahmung schiebt sich ein drei Fliesen breites Band, dessen Mittelfeld aus über Eck gestellten, von Dreiecken gerahmten Quadraten besteht,

begleitet von orthogonal verlegten Fliesenbändern in Schachbrettanordnung. Das in einzelne Felder gegliederte Mittelband zeigt eine große Fliesenrosette aus spitzwinkligen Dreiecken und Kreisbögen, die Mitte bildet ein neunstrahliger Stern aus Fünfecken um eine Kreisfliese angeordnet. Neben diese reiht sich ein Feld aus farblich gegeneinander abgesetzten gleichschenkligen Dreiecken, auf der anderen Seite ein Muster aus Kreisbogen, Kreisvierteln und Schuppenfliesen.[1] Mit Ausnahme dieses Musters und der spitzwinkligen Dreiecke der Rosette sind alle Fliesen verziert, einzelne sind durch eine bräunliche Glasur zusätzlich betont. Während die Fliesen aus rotem Ton gut erhalten waren, zeigten sich die teils hellgrau, teils blauschwarz gebrannten Fliesen besonders mürbe. Gefunden wurden 14 verschiedene Muster.[2] Bei der Verlegung des Kanaleinlaufs an der Ludwigstraße, nahe dem Gutenbergplatz, waren 1903–04 schon einmal Fliesen gefunden worden.[3] Da diese Muster ungefähr derselben Zeit angehören, stammen sie möglicherweise vom selben Bodenbelag.

Baugeschichte

Zur Baugeschichte des ursprünglichen Raumes ist nichts bekannt. Neeb[4] weist darauf hin, daß es sich mit großer Wahrscheinlichkeit um ein Gebäude der mittelalterlichen Dompropstei gehandelt haben muß, das der Vorgänger der späteren, 1697 am selben Platz erbauten Stadionschen Dompropstei war. Sie besaß eine dem Hl. Andreas, Martinus und Mansuetus geweihte Kapelle, die jedoch beim Neubau der von Dompropst Damian Friedrich von der Leyen errichteten neuen Propstei 1786 abgerissen wurde. Der kostbare Bodenbelag läßt die Verlegung durch einen der stets reichbegüterten Dompröpste durchaus möglich erscheinen, zumal die mittelalterliche Propstei in Aufzeichnungen des späten 14. Jahrhunderts als „weiträumig und wohlerbaut“[5] geschildert wird. Da der Fliesenboden das aus dem Kapitelsaal des Klosters Rommersdorf bekannte Muster nicht nur wiederholt, sondern auch bereichert und ausschmückt, kann er nur nach diesem entstanden sein. Vermutlich wurde er im 2. Viertel oder kurz vor der Mitte des 13. Jahrhunderts verlegt.

Literatur

K. A. Schaab, Bd. 1, 458, Bd. 2, 189.

E. Neeb, 1911, 149–150, Abb. 8–9, Taf. 11.

Ders., Zur Lage und Geschichte der Mainzer Dompropstei, Mz. Zs. 12, 1917, 184–190.

F. Vigener, Die Mainzer Dompropstei im 14. Jahrhundert. Darmstadt 1913, 11–13.

H. Kier, 1970, 124–125.

---

1 H. Kier, 1970, 186, Muster 82. Dieses Kreismuster fand sich außerdem in den Klöstern Arnstein und Rommersdorf, möglicherweise auch im Stadionschen Domherrenhof in Konstanz. Die Rautenfliese W42 könnte auf ein ähnliches, in Arnstein gefundenes Muster hinweisen (H. Kier, 1970, 165, Muster 38).

2 E. Neeb, 1911, 149, Abb. 9, zeigt 13 verschiedene Muster, wobei die Fliese 5 aus zwei Fliesen zusammengesetzt ist. Auf Taf. 11 ist jedoch noch die Rautenfliese W42 zu erkennen.

3 Westd. Zs. 23, 1904, 369–370. „Zehn Fliesen aus dem 14. und 15. Jahrhundert mit Darstellungen von Tieren (Hirsch und Löwe) wurden bei Verlegung des Kanaleinlaufs an der Ludwigstraße, nahe dem Gutenbergplatz, erhoben (Taf. 8, Nr. 10). An gleicher Stelle kamen Plättchen mit linearem Ornament aus noch späterer Zeit zu Tage (Taf. 8, Nr. 14).“ Hier irrt Neeb. Das „lineare Muster“, R54, ebenfalls in Kloster Arnstein gefunden, ist sicher aus derselben Zeit wie D11, das außerdem auf den Burgen Auerbach und Wildenberg, in Peterspay und Bacharach gefunden wurde. Bei der nicht abgebildeten Hirschfliese könnte es sich wohl nur um die ebenfalls aus Kloster Arnstein und aus Bacharach stammende Fliese C48 handeln, die mit unbekanntem Herkunftsort im Museum Mainz liegt.

4 E. Neeb, 1917, 184–190.

5 F. Vigener, 11. „... habet hospitium satis amplum et latum, honorabile et bene constructum cum capella sibi contigua et alia sibi necessaria ...“

Ehem. Ritterstift St. Alban, heute verschwunden

Fundumstände

Die ersten Fliesen wurden 1907 gefunden.[1] Bei den Ausgrabungen 1908 wurde eine weitere Fliese im Mauerwerk in zweiter Lage entdeckt.[2] Die Muster der damals gefundenen Fliesen sind nicht mehr bekannt, die Formulierung „gotisch“ erlaubt eine gewisse zeitliche Einordnung.[3] Ein Lesefund auf dem Gelände der Zitadelle in Mainz könnte aus St. Alban stammen.[4]

Baugeschichte

Die auf Vorgängerbauten wohl um 787 errichtete, 805 geweihte Kirche des 796 gegründeten Benediktinerklosters, wurde in romanischer Zeit mit Westtürmen versehen und wird 1297 als verfallen bezeichnet. Baunachrichten haben sich nicht erhalten, doch darf angenommen werden, daß nach der Zerstörung von Kirche und Kloster durch die Mainzer Bürger 1329 die Bauten langsam wiederhergestellt wurden. Bei der Wiederaufnahme des Gottesdienstes vor 1354 war das Kloster anscheinend immer noch stark beschädigt, erst die Weihe des Hochaltars 1400 weist auf einen gewissen Abschluß der Bauten.[5] Fußbodenerneuerungen sind für 1137[6] und 1486 bezeugt. Neeb nimmt den Bau von Chor und Querhaus zwischen 1297–1329 an, Arens[7] glaubt eher an eine Fertigstellung nach Wiederaufnahme der Arbeiten um 1480. Die Einwölbung des Chors durch Meister Valentin von Friedberg 1491–94 ist durch Rechnungen belegt, die 1460 zerstörten Bauten des Lang- und Querhauses scheinen jedoch nicht mehr neu errichtet worden zu sein. Nach erneuter Zerstörung 1552 und nur zögernden Aufbauversuchen wurde das Kloster im 17. Jahrhundert als Steinbruch benutzt, Festungsbauten zerstörten sogar die Fundamente. Das Gebiet wurde nach den Ausgrabungen 1907–10 überbaut. Die in der Zitadelle gefundene Fliese H245, ein Eberbacher Muster aus der Periode der Seitenschiffskapellen, könnte aus dem Anfang oder dem 1. Viertel des 14. Jahrhunderts stammen.

Literatur

L. Lindenschmit, E. Neeb, Bericht über die Ausgrabungen der St. Albanskirche bei Mainz im Jahre 1907, Mz. Zs. 3, 1908, 92–98 (–100).

E. Neeb, Bericht über die Ausgrabungen der St. Albanskirche bei Mainz im Jahre 1908, Mz. Zs. 4, 1909, 34–46 (–49).

Ders., Zur Baugeschichte der St. Albanskirche bei Mainz, Mz. Zs. 3, 1908, 69–90.

F. Arens, Kdm Mainz, 11–18.

---

1 L. Lindenschmit, E. Neeb, 100. „Zwischen den beiden langen Mauern lagen im Erdreich zahlreiche gotische Bodenfliesen.“

2 E. Neeb (1909), 46. „In die Mauer waren einige Werkstücke und auch eine gotische Bodenfliese vermauert, woraus sich ergibt, daß sie nach etwa 1300 entstanden sein muß“.

3 Da die Möglichkeit besteht, daß Unterlagen zur Herkunft der ohne Fundortangabe im Museum Mainz liegenden Fliesen noch zum Vorschein kommen, werden alle Mainzer Fliesen so behandelt, als seien die Muster bekannt.

4 Den Fund der Fliese verdanke ich Herrn Baudirektor Veit Geißler, Mainz.

5 F. Arens, 1961, 14.

6 E. Neeb (1908), 82. Durch einen Erlaß des Erzbischofs Berthold von Henneberg wird der Wiederaufbau in allen Einzelheiten angeordnet.

7 F. Arens, Kdm Mainz, 17, verneint dies wegen des Fehlens aller Bau- und Weihenachrichten sowie aller Ablaßurkunden. Solange die Fliese nicht gefunden ist, kann nicht entschieden werden, aus welchem Bau sie stammt.

Armklarenkloster, Haus Klarastr. 15, „Thöngeshof“

Fundumstände

„Fünf gotische Bodenfliesen mit geometrischem Ornament und Blattwerk“ wurden 1898 in der Klarastr. gefunden. Hier ist nicht sicher, ob sie aus dem Armklarenkloster stammen. Die Fliese N4 wurde 1902/03 in dem Haus des Herrn Karl Theyer aufgedeckt. Herr Theyer wohnte, laut Adreßbuch der Stadt Mainz, zu dieser Zeit in der Klarastr. 15, dem sogenannten „Thöngeshof“.[1]

Baugeschichte

An dieser Stelle stand im Mittelalter das ehem. Antoniter- oder Thöngesherrenkloster, für das schon 1331 eine von einer Frau Mechtildis gestiftete St. Antoniuskapelle bezeugt ist, die wohl schon 1332 vollendet war. Das Langhaus scheint um 1400 umgebaut worden zu sein. 1528 wurde das Kloster dem Zisterzienserkloster Haina übereignet, nach 1574 die Kirche als Pferdestall benutzt. Nach Ankauf des Klosters durch aus Köln übersiedelte Klarissen 1619 erhielt es den Namen Armklaren-Kloster. Ein Neubau der Klostergebäude erfolgte 1725. Nach der Aufhebung des Klosters 1802 wurde es 1806–1903 als Entbindungsanstalt und zu Wohnzwecken benutzt. Nach der Zerstörung des Klosters 1942 wurden die Klostergebäude abgerissen und nur die Kirche als Kapelle des Kolpinghauses wieder restauriert. Die Fliese N4, ein Model der Werkstatt, welche Fliesen in Konstanz, Sesenheim, Limburg usw. verlegte, müßte in der Mitte oder dem 3. Viertel des 13. Jahrhunderts entstanden sein. Sie kann auf keinen Fall später als im Kirchenbau von 1331 verlegt worden sein.

Literatur

K. A. Schaab, Bd. 1, 388–389, 443, 581.
H. Wallau, 11.
Westd. Zs. 18, 1891, Museographie 1899, 409.
Ebd., 22, 1903, 431, Taf. 12, Abb. 4.
M. L. Brede, F. Arens, Kirche und Kloster St. Antonius (Armklaren) zu Mainz, Beiträge zur Geschichte der Stadt Mainz, 13 Mainz 1950, 1ff.
E. Arens, Kdm Mainz, 47–69.

1 M. L. Brede, F. Arens, 1. „Teilweise verwendete man die Gebäude seit 1901 auch wieder für Privatwohnungen (Theyer'sche Buchdruckerei).“

Ehem. kath. Pfarrkirche St. Christoph

Fundumstände

Die Fliesen fanden sich in situ in ca. 0,14/0,15m Tiefe unter dem heutigen Boden des nördlichen Seitenschiffs und erstreckten sich über dessen ganze Breite. Sie zeigten „stilisierte Fischblasen, in denen ein gezacktes Eichenblatt liegt.“[1]

Baugeschichte

Der 1272 erstmals erwähnten Kirche, mit einem, von einem früheren Kapellenbau erhaltenen, um 1240 entstandenen Nordturm, wurde zwischen 1280–1300[2] ein dreischiffiges Langhaus mit Chor angegliedert. Im 14. oder 15. Jahrhundert wurden Kapellen errichtet, von 1761–82 der Fußboden der Kirche erhöht. Nach der Zerstörung im 2. Weltkrieg 1942 und 1945 blieb die Kirchenruine als Mahnmal erhalten. Da die Fliesen nur ca. 15 cm unter dem heutigen Boden lagen, scheint der Fliesenboden erst im 18. Jahrhundert verdeckt worden zu sein. Die Fliesen, vermutlich ein Muster der Gruppe H, werden von Arens ins 14.–15. Jahrhundert datiert.

Literatur

H. Nitschke, F. Arens, Untersuchungen zur Baugeschichte der St. Christophskirche in Mainz, Mz. Zs. 52, 1957, 28–37.
F. Arens, Kdm Mainz, 131–140.
G. Dehio, Rheinland-Pfalz, 601–602.

1 H. Nitschke, F. Arens, 36. Das Muster der Fliesen ist z. Z. nicht aufzufinden. Bei einer beabsichtigten späteren Grabung soll geklärt werden, ob die Fliesen dort möglicherweise in zweiter Lage verlegt waren.

2 F. Arens, 1961, 138, gibt für den Abschluß der Bauarbeiten das Datum „um 1330“ an, G. Dehio, Rheinland-Pfalz, 601: „1280–1300.“

Ehem. kath. Pfarrkirche St. Emmeran?

Fundumstände

Unbekannt. Die Fliese J54 im Mittelrheinischen Landesmuseum Mainz soll aus St. Emmeran stammen.

Baugeschichte

Die Kirche der wohl im 9. Jahrhundert gegründeten Pfarrei wird 1220 erstmals erwähnt. Für den Neubau der Kirche sind keine Baudaten überliefert, doch dürfte ein 1296 gewährter Ablaß am Beginn des Baus stehen. Die Wappen der Schlußsteine im Schiff und in der Saktristei weisen auf eine Vollendung in der 2. Hälfte des 14. Jahrhunderts. Nach der Zerstörung der Kirche 1945 wurde sie 1978–81 in veränderter Form als Gemeindezentrum wiederaufgebaut.
Außer aus der Kirche könnte die Fliese aus der Kapelle der Wollweberzunft, St. Michael, auf dem Emmerans- und Quintinskirchhof stammen. Die 1330 erstmals erwähnte Kapelle war 1670 die Hauskapelle des Boyneburger Hofes, später Beinhaus und Totenkapelle. Sie wurde 1897 abgebrochen. Die Fliese, ein Muster der Klöster Arnsburg und Eberbach, kann schon im 3. Viertel des 13. Jahrhunderts verlegt worden sein. Nachschnitte waren, vor allem in Mainz, sicher noch über einen längeren Zeitraum üblich.

Literatur

F. Arens, Kdm Mainz, 191–194, 263–265.
G. Dehio, Rheinland-Pfalz, 602–603.

Ehem. Stiftskirche St. Gangolph?, Deutschhausplatz

Fundumstände

Beim Bau der Tiefgarage auf dem Deutschhausplatz wurden 1972 drei Fliesen im Bauschutt gefunden. Ihre Lage wurde nicht festgehalten. Sie können jedoch nicht aus der früher auf diesem Platz gelegenen Deutschhauskapelle St. Elisabeth stammen, da diese erst 1314 begonnen wurde, sondern müssen einem Vorgängerbau angehören, da die Muster in die 2. Hälfte des 12. Jahrhunderts weisen. In Privatbesitz befindet sich die Fliese W24, die ebenfalls auf dem Deutschhausplatz gefunden worden sein soll. Hierbei handelt es sich um ein Eberbacher Muster in verhältnismäßig grober Prägung, welches auch noch in der 1. Hälfte des 14. Jahrhunderts verlegt worden sein könnte.

Baugeschichte

Der Deutsche Orden erwarb 1256 von der Witwe des Mainzer Patriziers Arnold v. Bingen den Platz bei St. Gangolph.[1] Das Gangolphsstift war 960 durch den Mainzer Dompropst Theoderich, später Erzbischof von Trier, aus eigenen Mitteln erbaut worden. Über das Aussehen und die Baudaten der mittelalterlichen Kirche ist nichts bekannt. Man weiß nur aus Erwähnungen von 1222 und 1358, daß sie einen Kreuzgang und ein Kapitelhaus besaß.[2] Die möglicherweise um 977 vollendete Kirche wurde 1581 durch einen Neubau ersetzt, diente als erzbischöfliche Schloßkapelle und wurde nach 1814 abgebrochen. Die Fliese C1 zeigt ein Muster, welches auch in dem von Mainz aus gegründeten Kloster St. Ferrutius in Bleidenstadt gefunden wurde. Bei M3 handelt es sich möglicherweise um das erste Vorkommen des Mainzer Radwappens auf Fliesen. Zur Datierung siehe Text S. 68.

Literatur

E. NEEB, Zur Baugeschichte der ehem. Deutschordens-Commende (jetzt Großherzogliches Palais) zu Mainz, Mz. Zs. 5, 1910, 23–26 (–43).

F. ARENS, Kdm Mainz, 303–314.

K. H. ESSER, A. DE PAÇO, Feststellungen über die St. Gangolphkirche zu Mainz bei der Ausschachtung auf dem Deutschhausplatz, Mz. Zs. 67/68, 1972/73, 122–127.

K. H. ESSER, Jahresbericht des Mittelrheinischen Landesmuseums 73, 268, Mainz, für die Jahre 1970–1973, Mz. Zs. 67/68, 1972, 173, 268.

---

1 F. ARENS, Kdm Mainz, 310. Die alte Gangolphkirche lag auf dem Gelände des heutigen Deutschhausgartens.

2 Ebd., 308.

Ehem. Stiftskirche Heilig-Kreuz

Fundumstände

Bei den Ausgrabungen 1959–60 fanden sich große Teile des ursprünglichen Plattenbelags, der aus „verzierten gotischen Kacheln von 12×12 cm Größe" und aus „großen, unverzierten Fliesen" bestand.[1]

Baugeschichte

Zur Baugeschichte des möglicherweise nach 1011 durch Erzbischof Erkenbold gegründeten Stiftes gibt es kaum Nachrichten. Die Kirche soll durch Erzbischof Peter von Aspelt (1306–20) errichtet worden sein. Die vor der Sprengung durch die Franzosen 1801 entstandene Zeichnung[2] läßt diese Nachricht als möglich erscheinen. 1518 war die Kirche teilweise dem Einsturz nahe, sie wurde 1552 angezündet und bis gegen 1576 wieder aufgebaut. Bei der Belagerung von Mainz wurde sie 1792/93 erneut niedergebrannt, 1801 gesprengt, ganz ausgeschlachtet und der Grund zum Acker umgewandelt. Die Muster der Fliesen wurden nicht festgehalten, so daß vermutlich nur ein Teil der Muster bekannt ist.[3] Drei der geborgenen Fliesen sind Eberbacher Prägungen, unter ihnen dürfte M19 noch im 2. Drittel des 13. Jahrhunderts entstanden sein. Da die Muster H236 und L38 besonders häufig nachgeschnitten wurden, ist eine sichere Datierung schwierig. Sie könnten noch um 1320 verlegt worden sein.

Literatur

W. SELZER, Die Ausgrabungen im Gebiet des ehem. Stiftes „Heiligkreuz" 1959–1960, Mz. Zs. 56/57, 1961, 125–135.

F. ARENS, Kdm Mainz, 509–515.

---

1 W. SELZER, 132. Nach freundlicher Mitteilung von Herrn Dr. Wolfgang Selzer, Mainz, ist es z. Zt. nicht möglich, Unterlagen über die Muster der Fliesen aufzufinden.

2 F. ARENS, Kdm Mainz, 514, Abb. 378, 515, Abb. 379.

3 Drei Fliesenmuster wurden mir freundlicherweise von Herrn Prof. Dr. Fritz Arens†, Mainz, zur Verfügung gestellt.

Ehem. Karmeliterkloster, Karmeliterstraße

Fundumstände

Die Fliese wurde 1903 in einem Haus der Karmeliterstraße gefunden.[1] Der Besitzer, Karl Scheyer, konnte im Adreßbuch Mainz von 1904 nicht ermittelt werden. Die eine Seite der Karmeliterstraße wird von Bürgerhäusern, die andere fast ganz von der Karmeliterkirche eingenommen. Es darf vermutet werden, daß die Fliese in näherer Verbindung zu Kirche oder Kloster steht. Allerdings haben Funde beim Abbruch der alten Klostergebäude 1910/11 gezeigt, daß auch vorher in diesem Gebiet schon aufwendigere Gebäude[2] gestanden haben müssen.

Baugeschichte

Die Kirche der wohl nach 1271 nach Mainz gekommenen Karmelitermönche wurde 1326 begonnen, wohl aber erst in der Mitte des 14. Jahrhunderts vollendet und 1404 eingewölbt. Nach der Aufhebung des Klosters 1802 wurde die Kirche profaniert und erst 1924 nach gründlicher Wiederherstellung neu geweiht. Die Karmeliter hatten wohl zuerst in gemieteten Gebäuden gewohnt und erst im 14. Jahrhundert Klostergebäude errichtet, die dann besonders umfangreich und prunkvoll angelegt waren. Sie wurden 1710 durch Neubauten ersetzt. Die Fliese, deren Muster auch in den Klöstern Eberbach und Johannisberg gefunden wurde, kann auf Grund der Baugeschichte erst aus der 1. Hälfte des 14. Jahrhunderts stammen, das Muster wurde jedoch mit großer Wahrscheinlichkeit schon im 13. Jahrhundert entwickelt.

Literatur

F. ARENS, Kdm Mainz, 455–494.

G. DEHIO, Rheinland-Pfalz, 605–606.

---

1 Westd. Zs. 23, 1904, Museographie 1902/03, 369, Taf. 8, Abb. 13. „Auch aus der Karmeliterstraße stammen einige gute Muster, von denen eins ... wiedergegeben ist."

2 F. ARENS, Kdm Mainz, 489–490. Es fanden sich ein romanisches Trapezkapitell, die Fundamente eines frühromanischen (?) Baus und eine spätromanische rundbogige Pforte.

Quintinsgasse, kath. Pfarrkirche St. Quintin?

Fundumstände

Unbekannt. Alte Aufschrift auf der Rückseite der Fliesen J52 und L38. Neeb erwähnt in der Quintinsgasse kein mittelalterliches Haus.[1] Es ist möglich, daß die Fliesenfunde in Verbindung mit St. Quintin standen. Der Quintinsgasse zugekehrt war die ehem. Michaelskapelle.

Baugeschichte

Vorgängerbauten von St. Quintin, der ältesten Pfarrkirche von Mainz, werden schon 744 genannt. Die heutige Kirche wurde um 1288 begonnen, gegen 1330 vollendet. Nach einem Brand 1348 wurde sie erst 1425–30 wiederhergestellt und erhielt Anbauten zu beiden Seiten des Chors. Die Michaelskapelle wird erstmals 1299 erwähnt, ein Neubau erfolgte 1428. Beide Fliesen sind Eberbacher Prägungen. Während J52 vermutlich zwischen der Mitte und dem 3. Viertel des 13. Jahrhunderts entstand, könnte L38, bei der es sich um eine spätere Prägung mit breiten Rillen handelt, sehr wohl noch um 1330 verlegt worden sein.

Literatur

K. FORSCHNER, Geschichte der Pfarrei und Pfarrkirche St. Quintin in Mainz, Mainz 1905, 14ff., 70–74.

J. BAUM, 1906, 358–360.

G. Dehio, Rheinland-Pfalz, 607–608.
M. Morkramer, 1982 I, 97, 99.

1 E. Neeb, 1905, 545.

Ehem. Reichklarenkloster, heute Naturhistorisches Museum, Reichklarastraße 1

Fundumstände

Bei Abbrucharbeiten auf dem Gelände des ehem. Klosters kamen 1903 im Schutt der Gebäude auf der Südwestseite der Kirche und in den ebenerdigen Räumen zahlreiche Fliesen zutage. Sie fanden sich meist unter den Dielenböden der alten Wohn- und Wirtschaftsgebäude, andere verstreut im Bauschutt.[1] Nicht alle der von Lindenschmit beschriebenen Muster sind heute noch erhalten. Die in situ angetroffenen Fliesen mit einem Muster „aus Spitzovalen und stilisiertem Laub" (H80) werden von ihm als spätgotisch eingeordnet. Abgebildet werden die Fliesen F91, M19 und R49; erwähnt werden „schreitende Löwen und Panther" und „die seltenere Darstellung eines Adlers mit geöffneten Schwingen."[2]

Baugeschichte

Die Kirche des 1272 von dem Frankfurter Patrizier Humbert zum Widder gestifteten Klosters wurde um 1300 und in der 1. Hälfte des 14. Jahrhunderts erbaut. Beim Abbruch des 1781 aufgehobenen, nach 1797 verwüsteten Klosters kamen romanische Reste eines auf ca. 2 m tieferem Niveau erbauten Gebäudes zutage. Möglicherweise stammen die frühen Fliesen schon aus diesem Bau. Sie könnten schon im 2. Drittel des 13. Jahrhunderts geprägt worden sein. Die umfangreichen Klostergebäude stammen vermutlich aus dem Ende des 13. und Beginn des 14. Jahrhunderts, der Kreuzgang wird 1326 erwähnt.

Literatur

H. Schrohe, Geschichte des Reichklaraklosters in Mainz, Mainz 1904, 1–55.
G. Dehio, Rheinland-Pfalz, 608.
E. Coester, 376–386.

1 L. Lindenschmit, Die Vermehrung der vereinigten Sammlungen der Stadt und des Altertumsvereins aus dem Zeitraum von der Mitte des Jahres 1904 bis Ende des Jahres 1905 f. Die Erdbewegungen auf dem Gebiet des Reichklaraklosters, Mz. Zs. 1, 1906, 72. Westd. Zs. 23, 1904, Museographie 1902/03, 360, Taf. 8, Abb. 6, 7, 8.

2 L. Lindenschmit, (s. Anm. 1), 72. Bei der Adlerdarstellung kann es sich wohl nur um B 12 oder B 36 handeln, beide mit unbekanntem Fundort im Mittelrheinischen Landesmuseum Mainz. Als „Panther" wird in der Fliesenliteratur eigentlich stets D 7 bezeichnet.

Ehem. Stiftskirche St. Stephan, heute kath. Pfarrkirche

Fundumstände

Bei Aufräumungsarbeiten in der im 2. Weltkrieg schwer zerstörten Kirche wurden 1947 in der Nähe des Hochaltars Fliesen aufgedeckt.[1]

Baugeschichte

Die Kirche des zwischen 975 und 992 durch Erzbischof Willigis gegründeten Kollegiatsstifts scheint um 1250 baufällig gewesen zu sein. Baunachrichten haben sich nicht erhalten, doch wird die Hauptbauzeit der neuen Kirche durch Ablaßbriefe auf 1257–1338 festgelegt, wobei der wichtigste Bauabschnitt erst zu Ende des 13. Jahrhunderts mit Ostchor, Querschiff und erstem Langhausjoch einsetzte. Langhaus, Westchor und Turm waren vermutlich erst um 1350 vollendet. Der Kreuzgang, um 1450 begonnen, war 1499 fertig. Die Fliesen gehören wohl noch dem 4. Viertel des 13. Jahrhunderts an.

Literatur

J. Baum, 1906, 355–358.
F. Arens, Die Stephanskirche zu Mainz, München 1948, 2 ff.
G. Dehio, Rheinland-Pfalz, 608–610.

1 Freundlicher Hinweis von Herrn Dr. Wilhelm Jung, Mainz.

Ehem. Stiftsdechanei, Willigisplatz 2, Willigis-Gymnasium

Fundumstände

Die Stephansdechanei und der ganze Bezirk der Stiftsimmunität von St. Stephan ging 1803 in Privatbesitz über. Ein Stiftshaus blieb erhalten, in anderen Gebäuden wurde die Vohsensche Ölmühle eingerichtet. Auf diesem Gelände wurden immer wieder Fliesen gefunden, so durch Eduard Vohsen 1896 im Haus Stephansstr. 10 (D 79).[1] Nach dem Brand der Vohsenschen Ölmühle 1899 scheinen weitere Fliesen geborgen worden zu sein. Forrer bildet W 30 ab, gefunden „in der 1318 fertiggestellten St. Stephansdechanei in Mainz",[2] eine weitere Fliese desselben Fundorts kam aus der Sammlung Forrer ins Museum Halle (W 28). Beim Neubau des Willigis-Gymnasiums 1979 wurden in der Baugrube „Bruchstücke gotischer Bodenfliesen" gefunden.[3] Im Gegensatz zu den früheren Fliesenfunden handelte es sich hierbei ausnahmslos um Eberbacher Prägungen aus dem 3. Viertel des 13. Jahrhunderts, einzig J 62 dürfte erst im 1. Drittel des 14. Jahrhunderts entstanden sein.

Baugeschichte

Urkunden zur Baugeschichte der Stiftsgebäude von St. Stephan fehlen. Forrer nennt die Zahl 1318 ohne Quellenangabe, vermutlich bezieht sie sich nur auf einen der zahlreichen, für den Kirchenbau erteilten Ablässe.[4] Die Kirche war von Stiftskurien umgeben, die meist im 15.–16. Jahrhundert ergänzt und umgebaut und teilweise schon im 18. Jahrhundert abgebrochen wurden. Die Fliesen lassen auf einen Belag mit großen Kreisrosetten schließen, wie er sich ähnlich in der ehem. Dompropstei und im Hl.-Geist-Spital fand. Dieser Boden dürfte analog zu dem im Hl.-Geist-Spital vor oder um 1250 entstanden sein. Ein Nachschnitt der Fliese W 30 fand sich in der 1261 geweihten Kirche des Zisterzienserinnenklosters Maria im Rosenthal.

Literatur

E. Neeb, 1905, 127, 575.
H. Wothe, Bd. 1, 205, Abb. 274.
A. Gerlich, Das Stift St. Stephan zu Mainz, Jb. des Bistums Mainz, 1954, Ergänzungsband 4, 58.
E. Stephan, 1974, 54–55, Taf. 16.

1 Westd. Zs. 16, 1879, Museographie 1896, 357, Taf. 19, Abb. 4.

2 R. Forrer, 1901, Taf. 103, 2.

3 B. Stümpel, Jahresbericht 1976, Mz. Zs. 73/74, 1978/79, 363. Die Rettung der Fliesen gelang Herrn Manfred Hessinger, Mainz, dem ich für den Hinweis auf die Muster danke.

4 Nach freundlicher Mitteilung von Herrn Prof. Dr. Fritz Arens†, Mainz, ist ihm keine Urkunde bekannt, die eine Vollendung des Baus 1318 bestätigt. Nach A. Gerlich, 54 war zwischen 1315 und 1334 Hildebrand Selgending Dekan von St. Stephan.

Ehem. Weißfrauenkloster?, eher ehem. Zisterzienserinnenkloster St. Agnes

Fundumstände

Beim Legen eines elektrischen Kabels wurde 1902 an der Ludwigstraße und kleinen Präsenzgasse ein größeres Stück unversehrten Fliesenbodens aufgedeckt, der anscheinend nur Fliesen des Musters L37 enthielt und der „sich wahrscheinlich in einem zum ehem. Weißfrauenkloster gehörigen Hause befand."[1] Als Weißfrauenkloster wird in Mainz jedoch meist das vor 1247 gegründete ehem. Reuerinnenkloster bezeichnet,[2] welches mit Kirche und Klostergebäuden ein großes Areal am Tiermarkt (heute Schillerplatz), der Münstergasse und Emmerich-Josef-Straße bildete. Hier liegt möglicherweise eine Verwechslung vor. Zwischen Ludwigstraße und Präsenzgasse lag das ebenfalls mit Zisterzienserinnen (Weißfrauen) besetzte Kloster zu St. Agnesen[3].

Baugeschichte

Das 1259 gegründete Kloster siedelte 1275 vom heutigen Ballplatz in ein Areal über, welches zwischen Tiermarkt (Schillerplatz), Ballplatz und kleiner Präsenzgasse lag. Es wird von der 1809 angelegten Ludwigstraße durchschnitten. Mit dem Bau der Klostergebäude wurde nach 1275 begonnen, zwischen 1274–95 wurden 16 Ablässe zugunsten des Klosterbaus erteilt.[4] Die wohl gleichzeitig begonnene Kirche war 1326 noch nicht vollendet. Die Jahreszahl 1372 (oder 1379) auf dem Schlußstein einer Seitenkapelle weist auf eine besonders lange Bauzeit. Nach dem Niedergang des Klosters zu Ende des 16. Jahrhunderts wurde es 1582 an Augustiner-Kanonissinnen übergeben, brannte 1689 ab und wurde zwischen 1716–25 neu- und umgebaut. Nach der Aufhebung des Klosters 1802 wurde die Kirche 1809 abgebrochen, der Rest der Klostergebäude 1863 und 1873 bis auf ein Haus (Ballplatz 8) abgerissen. Die Fliesen, ein Muster des Klosters Eberbach, wurden vermutlich im 1. Drittel des 14. Jahrhunderts verlegt.

Literatur

G. W. J. Wagner, F. Schneider, 80–83, 146–156 (für Weißfrauenkloser), 124–134 (für St. Agnes).
H. Wothe, Bd. 1, 144, Abb. 166, 167.
F. Arens, Kdm Mainz, 3–7.
E. Coester, 332–333.

1 Westd. Zs. 22, 1903, Museographie 1902, 431, Taf. 12, Abb. 5.
2 Das Reuerinnenkloster trat zwischen 1291–93 zum Zisterzienserorden über. Kloster Eberbach hatte den Allerheiligen-Altar der Kirche inne.
3 G. W. J. Wagner, F. Schneider, II, 131–132: „Auch eine Menge gepreßter gothischer Thonfließe kamen zum Vorschein, die mit der Todtenleuchte der Abtheilung der Steindenkmäler im Eisernen Thurm überwiesen wurden" (beim Abbruch des Kreuzgangs von St. Agnes, vermutlich 1873).
4 F. Arens, Kdm Mainz, 4.

Ehem. Ottilienkapelle im Pumpengäßchen

Fundumstände

Bei Errichtung eines Neubaus wurden 1897 die Reste der alten Ottilienkapelle abgerissen. Dabei fand sich eine Fliese im Schutt.[1]

Baugeschichte

Über die Baugeschichte der 1278 in einem Salbuch des Klosters Altmünster erstmalig genannten Kapelle ist nichts bekannt. Der 1539 geplante Abbruch der baufälligen Kapelle wurde 1562 ausgeführt, die Reste 1897 entfernt. Ein bei dieser Gelegenheit gefundenes romanisches Fenster wird von Arens[2] in die 1. Hälfte bis Mitte 13. Jahrhundert datiert. Die Fliese D7, außerdem in St. Stephan und der Dompropstei Mainz gefunden, weist auf eine Entstehung des Bodens im 2. Drittel oder vor der Mitte des 13. Jahrhunderts.

Literatur

K. A. Schaab, Bd. 1, 366.
E. Neeb, 1905, 94–95.
H. Wothe, Bd. 1, 135, Abb. 150.

1 Westd. Zs. 17, 1898, Museographie 1897, 380, Taf. 11, Abb. 6.
2 Freundliche Mitteilung von Herrn Prof. Dr. Fritz Arens†, Mainz.

Ehem. Heilig-Geist-Spital, Rentengasse 2

Fundumstände

„Bei Anlage eines Bierkellers im Heilig-Geist-Restaurant wurde eine Tonfliese mit Rankenband verziert gefunden, angeblich unter dem alten Plattenfußboden in Säulenbasishöhe".[1] Hierbei handelt es sich vermutlich um das Muster W79. Es entspricht am ehesten der Definition „Rankenband" und ist durch den Fund in der ehem. Dompropstei für einen ähnlichen Boden gesichert. Bei den umfangreichen Umbauten 1975/76 wurden weitere Fliesen des ersten Bodens geborgen. Die Fliesen W74 und W75 waren Teil einer großen Fliesenrosette, D7 stellt die Verbindung zu den übrigen Mainzer Fliesenböden dieser Zeit her. Außerdem wurde in der Nordwand des Spitals, beim Türzugang, ein Teil des spätgotischen Fliesenbodens aufgedeckt. Dieser lag ca. 50 cm über dem romanischen Fußboden.[2] 1976 wurden außerdem Fliesen des Musters H39 gefunden, mit drei verschiedenen Modeln geprägt.[3]

Baugeschichte

Erzbischof Sigfried III. von Eppstein verlegte 1236 das Hospital vom Dom an das Rheinufer neben die St. Gereonskapelle und übergab es den Hospitalbrüdern vom Hl. Geist. Der Hospitalbau wurde wohl bald nach 1236 begonnen, vermutlich aber erst um 1252 abgeschlossen, da für dieses Jahr die Stiftung der als vorspringendes Chörchen an der Ostseite angebrachten Kapelle bezeugt ist. Im 15. Jahrhundert wurde eine zweischiffige Kapelle eingebaut. Geißler nimmt an, daß das Spital möglicherweise bei den Kämpfen um die Stadt bei der Übergabe an Adolf von Nassau 1462 beschädigt und danach erneuert wurde.[4] Die Erhöhung des Fußbodens, wurde durch die ständigen Hochwasser des Rheins notwendig. Die wohl im 4. Viertel des 15. Jahrhunderts verlegten Fliesen, zeigen dasselbe Muster wie die Fliesen der „stuba maior" des Domkapitels. Der romanische Fliesenboden, welcher ca. 1,80 m unter dem heutigen Niveau lag, wurde vermutlich gleichzeitig mit dem in der ehem. Dompropstei verlegt und sah wohl sehr ähnlich aus. Die Fliese W74 fand sich in beiden Böden. Die Fliese W75 schlägt die Verbindung zu einem ähnlichen Boden einer unbekannten Burg oder Kirche in der Nähe Kirchheimbolandens sowie einem zweiten Fundort in Hessen (?) (Burg Auerbach?).

Literatur

K. A. Schaab, Bd. 2, 173–176.
G. W. J. Wagner, F. Schneider, 305–310.
E. Neeb, 1905, 546.
Ders., Zur Baugeschichte des Hospitals zum Heiligen Geist und der mittelalterlichen Stadtmauer der Rheinseite zu Mainz, Mz. Zs. 15/16, Mainz 1921, 56–61.
U. Craemer, 54–56.
M. Fath, 1970, 67–71.
G. Dehio, Rheinland-Pfalz, 614–615.

A. DO PAÇO QUESADO, Archäologische Beobachtungen am Hospital zum Heiligen Geist und an der mittelalterlichen Stadtmauer zu Mainz, Mz. Zs. 71/72, 1976/77, 1977, 245–247.
V. GEISSLER, 1976, 37–50.

1 Mz. Zs. 30, 1935, Jahresbericht des Altertumsmuseum der Stadt Mainz, 88.
2 V. GEISSLER, 43, Abb. 15, 44.
3 Freundliche Mitteilung von Herrn Manfred Hessinger, Mainz.
4 V. GEISSLER, 37.

Ehem. Templerhaus, früher Bocksgasse 27, heute hinter Haus Rheinstraße 5

Fundumstände
Beim Abbruch des ehem. Templerhauses, dessen Rückseite 1871 abgerissen, dessen Vorderfront 1897 entfernt wurde, stellte man fest, daß der Vorplatz am Treppenaufgang mit mittelalterlichen Fliesen belegt war.[1]

Baugeschichte
Der im 13. Jahrhundert von den Tempelherren erbaute Hof kam nach Verbot des Ordens 1312 an die Johanniter, die ihn 1316 an Graf Wilhelm I. von Katzenelnbogen verkauften. Dieser überließ ihn 1319 für unbekannte Zeit dem Kloster Eberbach zur Nutzung. Der 1479 in den Besitz des Landgrafen von Hessen und später in den der Schenken von Schweinsberg gelangte Hof, verfiel seit dem Ende des 15. Jahrhunderts. Der Mainzer Erzbischof Daniel Brendel von Homburg kaufte ihn 1572 und teilte ihn in Handwerkerwohnungen auf. Das Muster der Fliese weist auf eine Verlegung des Fußbodens in der 2. Hälfte des 13. Jahrhunderts. Da es sich jedoch um die nur wenig veränderte Variante eines Eberbacher Musters handelt, dieses Muster zudem häufig nachgeprägt wurde, ist es durchaus möglich, daß die Fliese erst nach 1319 verlegt wurde.

Literatur
K. A. SCHAAB, Bd. 1, 578–580.
G. W. J. WAGNER, FR. SCHNEIDER, 280–283.
C. KISSEL, 1909, 5.
H. WOTHE, Bd. 1, 167, Abb. 211.
A. GERLICH, Der Tempelhof zu Mainz, Mainzer Almanach. Beiträge aus Vergangenheit und Gegenwart, Mainz 1960, 159–166.
E. STEPHAN, 1974, 22–23. Taf. 3a, b.
A. WIEDENAU, 1979, 426.
Dies., 1983, 161–162.

1 Den Hinweis auf diese Fliese verdanke ich Herrn Baurat Ernst Stephan, Mainz, der mich auf eine im Stadtarchiv erhaltene Zeichnung aufmerksam machte. Diese überließ mir freundlicherweise Frau Dr. U. von Dietze, Mainz.
2 A. WIEDENAU, 1979, 426, datiert das Haus auf Grund der Doppelarkadenfenster in die Zeit um 1250.

Ehem. Johanniterkommende zum Heilig-Grab?, Hollagasse

Fundumstände
Bei Bauarbeiten wurden erstmals 1975 und erneut 1980 Fliesen auf einem Gelände der Hollagasse gefunden, welches zum Bereich der ehem. Johanniterkommende gehörte. Deren unbebautes Gelände endete entlang der Hollagasse. Außerdem besaß die Kommende eine Reihe von Häusern in der Umgebung, welche sie an Privatleute vergeben hatte. Es ist möglich, jedoch nicht sicher, daß die Fliesen aus einem zur Heilig-Grab-Kommende gehörenden Gebäude stammen. Die verprägte Fliese F22/R47 könnte auch ein Fehlbrand sein.

Baugeschichte
Die Johanniter-Kommende wird erstmals 1278 und 1281 erwähnt. Man weiß nicht, ob der Orden neu baute oder bestehende Gebäude übernahm. Die Kommende besaß eine möglicherweise schon im 12. Jahrhundert erbaute Kapelle, von der ein Teil schon 1742, der Rest 1968 abgetragen worden war. Auf dem Gelände lag neben Hof, Stallungen und Garten auch ein eigener Friedhof. Das Ordenshaus, 1740–50 neu erbaut, war jedoch immer zur Heiliggrabgasse hin orientiert. Die Muster F22, H89 und R47 sprechen für eine Entstehung im 2. Drittel des 13. Jahrhunderts, L38 könnte noch im 1. Drittel des 14. Jahunderts verlegt worden sein.

Literatur
K. A. SCHAAB, Bd. 1, 473–475.
W. G. RÖDEL, Die Kommende Heilig-Grab des Johanniter-Ritter-Ordens zu Mainz. Beiträge zu ihrer Geschichte, Mz. Zs. 63/64, 1968/69, 67–75.
F. ARENS, Die Johanniterkommende zum Heilig Grab in Mainz, Mz. Zs. 76, 1981, 81–102.

Erbacher (Eberbacher) Hof, Grebenstraße, früher Erbacherhof-Gasse 3

Fundumstände
Die Fliesen wurden beim Umbau des Hofes in ein Bildungszentrum der Diözese Mainz 1976–77 geborgen. Vermutlich sind nicht alle gefundenen Muster bekannt. 1977 tauchten im Kunsthandel aus Mainz stammende Fliesen auf, deren Herkunft verschwiegen wurde. Sie zeigen alle Muster des Kloster Eberbach. Da sich jedoch Eberbacher Muster auch an anderen Fundorten in Mainz fanden und in der Stadt gleichzeitig mehrere große Baustellen bestanden, ist die Herkunft der Fliesen aus dem Erbacher Hof nicht sicher zu beweisen.

Baugeschichte
Ein Hof, der „Zur Hartliebe“, später „Zur schwarzen Henne“ hieß, wurde 1301 vom Stadtschultheiß Heinrich dem Kloster Eberbach übergeben. Er scheint ihm jedoch schon seit 1267 überlassen worden zu sein.[1] Eine St. Annenkapelle wurde 1296 geweiht.[2] Die für den Erbacher Hof gesicherten Fliesen J52 und R3 gehören zu den frühen Eberbacher Prägungen aus dem 3. Viertel des 13. Jahrhunderts.

Literatur
K. A. SCHAAB, Bd. 1, 359.
NEEB, 1905, 489.
C. KISSEL, 1909, 30.
Denkmalpflege Rheinland-Pfalz 31/33, Jahresbericht 1976–78, 1979, 193.
G. DEHIO, Rheinland-Pfalz (1984), 614.

1 Nach G. DEHIO, Rheinland-Pfalz, 614, wird der Hof schon 1177 erstmals erwähnt.
2 Ebd., Weihe der St. Annenkapelle „1259“. Auf welche neuentdeckten Urkunden diese Änderungen zurückgehen, konnte noch nicht ermittelt werden.

Lorscher Hof?, Raupelsweg

Fundumstände
Beim Bau eines Hauses am Raupelsweg wurden vor 1901 Fliesen „mit geometrischen Mustern und Pflanzenornamenten de-

koriert" gefunden.[1] Am Raupelsweg befand sich das ehem. Franziskanerkloster, das auf dem Gelände des früheren Lorscher Klosterhofs errichtet wurde. Vermutlich stammen die Fliesen aus dessen Gebäuden.[2]

Baugeschichte
Der Besitz des Klosters Lorsch mit einer dem Hl. Lampertus geweihten Kirche wird schon 764 erwähnt. Nach dem Übergang der Lorscher Besitzungen 1232 an den Erzbischof von Mainz überließ dieser in unbekannter Zeit den Hof einem sich in Mainz bildenden Beginenkonvent, der 1304 erstmals erwähnt wird und in der Folgezeit die Franziskanerregel des 3. Ordens annahm. 1612 wurde Hof und Konvent den Franziskanern übergeben, die dort 1622–28 eine neue Kirche und neue Klostergebäude errichteten. Nach einem Brand 1793 wurde nur die Kirche 1794–97 wieder aufgebaut, die Klostergebäude wurden nach der Aufhebung des Klosters 1802 als Wohngebäude benutzt, die Kirche 1834 abgebrochen. Die Fliesen dürften der 2. Hälfte des 13. Jahrhunderts angehören, eine sichere Datierung ist, solange die Muster nicht bekannt sind, nicht möglich.

Literatur
K. A. Schaab, Bd. 1, 525–527, Bd. 2, 169.
F. Arens, Kdm Mainz, 289–296.

1 Westd. Zs. 20, 1901, Museographie 1900, 360. Die Fliesen kamen ins Museum Mainz. Dort befindet sich eine Anzahl Fliesen unbekannter Herkunft, welche mit in Kloster Lorsch gefundenen Mustern übereinstimmen, darunter mindestens vier Typen, die als „geometrische Muster und Pflanzenornamente" angesprochen werden könnten. Diese Muster gehören dem 3. Viertel des 13. Jahrhunderts an.
2 Die Lage der ehem. Lampertuskirche ist unbekannt. In den Urkunden wird wiederholt betont, daß es sich bei dem Hof um einen größeren Gebäudekomplex handelte.

Ehem. kurfürstliches Schloß, frühere Martinsburg

Fundumstände
Die Fliesen wurden 1895 im Hof des kurfürstlichen Schlosses gefunden[1] und stammen wahrscheinlich aus der 1807 abgebrochenen Martinsburg. Das Muster ist nicht mehr bekannt.

Baugeschichte
Die Martinsburg wurde 1478–81 von Erzbischof Diether von Isenburg als Ersatz für den alten Bischofshof am Dom außerhalb der Stadt am Rhein errichtet. Der Holzbau brannte 1481 ab und wurde sofort in Stein neu erbaut. 1627 wurde westlich davon unter Erzbischof Georg von Greiffenclau das kurfürstliche Schloß begonnen. Bei dieser Gelegenheit wurde schon die Südwestseite der Burg abgebrochen. Nachdem die Burg durch die Franzosen 1793 zerstört und ausgeplündert worden war, wurde sie 1807 abgebrochen, das Steinmaterial zum Bau der Kaimauer verwandt. Die Fliesen könnten aus der im Obergeschoß nach der Rheinseite gelegenen Kapelle stammen. Es muß sich um späte, vor oder um 1481 entstandene Muster handeln. Sie könnten jedoch auch erst nach dem Brand der Kapelle 1522 und ihrem Wiederaufbau 1555 verlegt worden sein, da in Mainz im 16. Jahrhundert noch lange qualitätsvolle Fliesen geprägt wurden.

Literatur
K. A. Schaab, Bd. 1, 530–533.
H. Wothe, Bd. 1, 149, Abb. 176, 171, Abb. 219, Bd. 2, 174–175, Abb. 635–636.
G. Dehio, Rheinland-Pfalz, 612–613.

1 Westd. Zs. 15, 1896, Museographie 1895, 372.

Augustinerstr. 15, Haus „Zum kleinen und großen Zirkel"

Fundumstände
Beim Neubau eines Hauses wurde vor einigen Jahren eine Kellermauer angeschnitten. In dieser fand sich das Fragment einer Fliese vermauert.

Baugeschichte
Zur Baugeschichte des mittelalterlichen Hauses ist nichts bekannt. Das Muster der Fliese fand sich außerdem auf der von den Erzbischöfen von Mainz erbauten Burg Scharfenstein bei Kiedrich, in Burg Lach, Rüdesheim, in Kloster Limburg (Haardt) und in Worms. Diese Fliese entstand vermutlich im 2. Drittel des 13. Jahrhunderts.

Literatur
E. Wegner u. a., Denkmaltopographie Stadt Mainz, Altstadt, 126.

Haus Bauerngasse 11, „Lercherhof"?

Fundumstände
Bei Grabungen wurden 1896 120 Fliesen gefunden.[1] Es ist nicht sicher, ob die vier erwähnten Darstellungen den ganzen gefundenen Musterbestand umfassen.

Baugeschichte
Die Fliesen stammen aus einem von Neeb als „spätgotisch" bezeichneten Wohnhaus.[2] Über die frühe Baugeschichte des Hauses ist nichts bekannt. 1568 gehörte der Hof dem Junker Kaspar von Lerchen, 1594 dem Johann Christoh von Saulheim, später kam er in den Besitz des St. Albanstiftes in Mainz. Die Fliesen lassen auf einen reicher gegliederten Boden mit diagonal verlegten Fliesenflächen (W30) schließen. Er müßte im 2. Viertel oder in der Mitte des 13. Jahrhunderts entstanden sein. Das Muster B7 fand sich außerdem im Königshaus in Boppard, wohl auf der Burg Neubolanden, in Worms und Speyer, dort noch als Kreisfliese, vermutlich als Mittelpunkt einer großen Rosette. W36 wurde ebenfalls in der Dechanei von St. Stephan verlegt. Etwas später dürfte J81, ein von Kloster Eberbach entwickeltes Muster, geprägt worden sein. Es ist unwahrscheinlich, daß dieser Boden zu dieser Zeit in einem Wohnhaus verlegt war, er dürfte eher aus einem untergegangenen Sakralbau stammen.

Literatur
K. A. Schaab, Bd. 1, 521.
E. Neeb, 1905, 464.

1 Westd. Zs. 16, 1897, Museographie 1896, 357, Taf. 19, Abb. 5, 6, 12, 13.
2 E. Neeb (s. o.), 464. Möglicherweise wurde Neeb bei dieser Datierung durch einen an derselben Stelle gefundenen Wasserbehälter beeinflußt.

Brauerei „Zum Birnbaum", Birnbaumgasse 5

Fundumstände
Bei der Tieferlegung des Kesselbaus der Brauerei „Zum Birnbaum" im Jahre 1903 wurden 25 Fliesen gefunden. Neben der Eichblattfliese J109 werden „gewöhnliche geometrische Muster" erwähnt, jedoch nicht abgebildet.[1]

Baugeschichte
Das Haus „zum Birnbaum", früher „zum Maulbaum" genannt, wurde 1621, der Giebel 1667 erbaut. Die Reste einer

spätgotischen Pforte, die sich im Erdgeschoß erhalten hatte, weisen auf einen früheren Bau, der möglicherweise von dem Mainzer Patriziergeschlecht zum Mulbaum (de moro) errichtet wurde. Die Fliese J 109 bestätigt einen Neu- oder Umbau zu Ende des 15. oder zu Beginn des 16. Jahrhunderts. Möglicherweise wurde sie jedoch erst 1552 verlegt, als der Buchdrucker Franz Behem seine Druckerei aus der zerstörten Kartause hierher verlegte.

Literatur
K. A. Schaab, Bd. 1, 533.
E. Neeb, 1905, 468.
H. Wothe, Bd. 1, 194, Abb. 255.
E. Stephan, 1974, 74–75, Abb. 79.

1 Westd. Zs. 23, 1904, Museographie 1902/03, 370, Taf. 8, Abb. 12.

Invalidenhaus, früher Hof „Zum Esselweck", Hintere Christophstraße 2 und 4

Fundumstände
Unbekannt.

Baugeschichte
Das Haus, über dessen mittelalterliche Baugeschichte nichts bekannt ist, befand sich zuerst im Besitz des 1283 erstmalig genannten Mainzer Patriziergeschlechts zum „Esselweck" und kam dann an die Grafen von Isenburg, die es 1651 den Jesuiten verkauften. Das zum Komplex des Jesuitennoviziats gehörende Gebäude diente 1773–98 als Priesterseminar, bis 1814 als Lyceum, von 1814–41 als Kaserne und ab 1848 als Invalidenhaus. Es brannte 1942 ab und wurde 1953 abgebrochen. Die Fliesen, ein in Kloster Eberbach entwickeltes Muster, das in Mainz außerdem auf dem Gebiet des Weißfrauenklosters gefunden wurde, dürften im 1. Viertel oder der 1. Hälfte des 14. Jahrhunderts verlegt worden sein.

Literatur
K. A. Schaab, Bd. 1, 440–442, 558.
E. Neeb, 1905, 481.
C. Kissel, 1909, 65.
H. Wothe, Bd. 1, 151, Abb. 180.
F. Arens, Das Mainzer Jesuitennoviziat (ehem. Invalidenhaus), Mz. Zs. 48/49, 1953/54, 153–170.
Ders., Kdm Mainz, 339–345.

Ehem. Algesheimer Hof, Hintere Christophstr. 3 Haus „Zum Marschalk", später Walderdorfer Hof, Karmelitenplatz 4 Ehem. Buchdruckerei Theyer, Karmelitenplatz 6

Fundumstände
Die Fliesen wurden 1978 in einer großen Baugrube, welche die erwähnten Höfe einschloß, gefunden. Die Grenzen sind jedoch fließend und entsprechen nicht ganz den ehem. Grundstücksgrenzen. Die Fliesen weisen auf zwei verschiedene Böden. Der eine, möglicherweise im 1. Drittel des 13. Jahrhunderts entstanden, kann zu dieser Zeit wohl nur in einem Sakralraum verlegt gewesen sein. Er muß eine große Kreisrosette besessen haben. Der Model von F 35 wurde möglicherweise vom selben Modelschneider geschnitten, von dem auch die Model für die Fliesen der frühen Böden im „Hambacher Schloß" und in Kloster Limburg/Haardt stammen. Die Fliese J 80 ist ein spätes, lange nachgeprägtes Muster des Klosters Eberbach.

Baugeschichte
Der Hof war im 14. Jahrhundert Wohnhaus der Familie Algesheim und wurde im 15. Jahrhundert mit den Häusern „zur Bechtermüntz" und „zum Frauenstein" vereinigt. Es wurde nach 1462 eingezogen und von Bischof Dietrich von Isenburg 1478 der neuen Universität überlassen. 1725 neu erbaut, wurde es durch einen Gang mit der Jesuitenburse verbunden. Der Walderdorfer Hof hieß zuerst „zum Marschalk", bildete später einen Teil des „Stockheimer Hofes" und kam an die Herren von Walderdorf. Über die Baugeschichte dieser mittelalterlichen Häuser ist nichts bekannt. Neeb[1] erwähnt jedoch einen gotischen Treppengiebel im Hof des Hauses Algesheim, der möglicherweise von einer ehem. Kapelle herrührt.

Literatur
K. A. Schaab, Bd. 1, 440–442, 448, 467, Bd. 2, 165–167.
E. Neeb, 1905, 479, 481, außerdem die unter „Invalidenhaus" erwähnte Literatur zum Jesuitennoviziat.
C. Kissel, 1909, 60–61.
G. Dehio, Rheinland-Pfalz, 619.

1 E. Neeb, 481.

Haus Emmeranstr. 9, früher größeres Areal, Haus „Zur roten Mauer"

Fundumstände
Die über 300 ausgezeichnet erhaltenen Fliesen bildeten den Fußboden eines Wohnraumes. Sie wurden bei Bauarbeiten 1895 entdeckt.[1]

Baugeschichte
Die Baugeschichte sowie die früheren Besitzer des Fachwerkhauses sind nicht bekannt. Neeb datiert die Fliesen ins 17. Jahrhundert. Ein Vergleich mit Ofenkacheln aus Winterthur, die das sog. „Tapetenmuster" nur leicht variieren, legt ihre Entstehung in der 2. Hälfte des 16. Jahrhunderts nahe.

Literatur
E. Neeb, 1905, 483.

1 Westd. Zs. 15, 1896, Museographie 1895, 372, 16, 1897, Museographie 1896, 358, Taf. 20, Abb. 2.

Ehem. „Stadioner Hof", Flachsmarktstraße 1/Stadionerhofstraße

Fundumstände
Beim Abbruch des „Stadioner Hofes" 1902 und 1903/04 wurden in den Schuttgruben und in den Fensterlaibungen vermauert, zahlreiche Fliesen gefunden, die verschiedenen Zeiten angehörten. Leider wurde nur ein Teil der Muster abgebildet. Der Bericht erwähnt: „Löwen oder Panther, mit und ohne Umrahmung sind häufig vertreten, außerdem aber auch zahlreiche hübsche, geometrische Muster aus dem 14. und 15. Jahrhundert."[1] In einem in späterer Zeit angefügten Nebengebäude fanden sich, auch hier wieder in den Fensterwölbungen und -laibungen vermauert, grünglasierte Fliesen des Musters K 65. Möglicherweise ist die Fliese H 23 mit der Jahreszahl „1603" ebenfalls von hier.

Baugeschichte
Über die Baugeschichte der früher „Zum großen und zum kleinen Affen" benannten Gehöfte ist nichts bekannt. Sie wurden 1462 durch Erzbischof Adolf II. von Nassau als

Judenerbe eingezogen. Junker Philipp Bicken kaufte sie zusammen mit zwei weiteren Häusern auf. Erzbischof Johann Adam von Bicken ließ alles abreißen und 1603–04 darauf den sogenannten „Bickenbau“ zu errichten. Nach dem Aussterben der Familie kam er an die Herren von Stadion, wurde 1798 eingezogen und bis zum Abbruch 1903 als Kaserne benutzt. Die frühen Fliesen weisen auf einen zwischen Mitte und 3. Viertel des 13. Jahrhunderts verlegten Fußboden. K65 gehört sicher dem Bau von 1604 an.

Literatur

K. A. SCHAAB, Bd. 1, 439–440.
E. NEEB, 1905, 490.
C. KISSEL, 1909, 54.
H. WOTHE, Bd. 1, 175, Abb. 223, 224.
E. STEPHAN, 1974, 43–44, Taf. 11a.

1 Westd. Zs. 22, 1903, Museographie 1902, 431, Taf. 12, Abb. 1, 2, 3, 23, 1904, Museographie 1903, 353, Taf. 8, Abb. 14. Auch hier dürfte bei der erwähnten „Pantherfliese“ D7 gemeint sein. Es ist nicht sicher, ob die ins 14. und 15. Jahrhundert datierten Fliesen mit geometrischen Mustern wirklich dieser Zeit angehören.

Franziskanerstraße 1 1/10, ehem. „Kronenberger Hof“

Fundumstände

Die Fliesen wurden 1896 auf dem Gelände des Volksbads gefunden.[1] Dieses lag an der Franziskanerstr. 1 1/10.

Baugeschichte

Das Volksbad wurde an der Stelle des ehem. „Färber- oder Kronenberger Hofes“ errichtet. Er wurde von einem Johann von Kronenberg 1383 von den Nonnen von Tiefenthal erworben. Erzbischof Johann Schweikard von Kronberg (1604–26) kaufte ihn mit einigen anderen Häusern und errichtete dort ein stattliches Haus, das 1661 in den Besitz von Erzbischof Johann Philipp von Schönborn kam, als Priesterseminar diente und später in Wohnungen aufgeteilt wurde. Die Fliesen, Muster des Klosters Eberbach, wurden vermutlich im 3. Viertel oder der 2. Hälfte des 13. Jahrhunderts geprägt.

Literatur

K. A. SCHAAB, Bd. 1, 500–501.
H. WALLAU, 12.
C. KISSEL, 1909, 75–76.

1 Westd. Zs. 16, 1897, Museographie 1896, 357, Taf. 19, Abb. 14, 15.

Ehem. Halenza-Haus, Am Höfchen/Markt 2

Fundumstände

Die Fliesen fanden sich beim Abbruch des Hauses 1896.[1] Die große Menge der Fliesen des Musters K65 legt nahe, daß ein ganzer Fußboden aufgedeckt wurde, der aus roten Tonfliesen und solchen mit grüner Glasur bestand.

Baugeschichte

Das 1896 durch einen Kaufhausbau ersetzte, nach seinem Besitzer, dem Buchhändler Halenza benannte Haus, wurde im frühen 18. Jahrhundert errichtet. Es hieß früher „Zur alten Apotheke“. Über die mittelalterliche Baugeschichte des Hauses ist nichts bekannt, doch könnte es noch zum Areal des alten Bischofshofs gehört haben, der vor der Erbauung der Martinsburg den Bischöfen als Stadthaus diente. Es muß sich um einen prächtigen Bau gehandelt haben, in dem auch Kaiser Karl IV. 1372 abstieg. Dieses Haus wird jedoch stets gesondert als Haus „Zum Thiergarten“ oder „Weingarten“ bezeichnet. Die Fliesen stammen aus zwei verschiedenen Perioden. Die frühen Fliesen, darunter R37, welches zum Modelbestand einer Werkstatt gehörte, welche in Pforzheim, Speyer und Mainz arbeitete,[2] weisen in das 2. Drittel des 13. Jahrhunderts.

K65 kann in der 2. Hälfte des 16., jedoch auch noch im 1. Drittel des 17. Jahrhunderts verlegt worden sein.

Literatur

C. KISSEL, 1909, 20.
H. WOTHE, Bd. 1, 124, Abb. 131, 125, Abb. 132, 133.

1 Westd. Zs. 16, 1897, Museographie 1896, 357, Taf. 19, Abb. 7, 8, 9, 10.

2 Vgl. Text. S. 100. Die Model R37 und W19 wurden von derselben Hand geschnitten.

Kirschgarten

Fundumstände

Die Fliese wurde 1978 gefunden. Das Haus ist nicht genau zu bestimmen.

Baugeschichte

„Im Kirschgarten“ hießen nicht allein die um den Platz stehenden Häuser, sondern alle, welche zur Immunität des Domkapitels gehörten. Der Kirschgartenplatz ist der kleine Platz hinter der abgerissenen Blasiuskapelle neben der Augustinergasse. Er wird 1329 erstmals genannt. Die Fliese ist ein später, grober Nachschnitt eines in Mainz häufigen, zuerst wohl in der Mitte des 13. Jahrhunderts geschaffenen Musters. Sie kann noch in der 1. Hälfte des 14. Jahrhunderts verlegt worden sein.

Literatur

K. A. SCHAAB, Bd. 1, 385–386.
E. WEGNER [u.a.], Denkmaltopographie Stadt Mainz, Altstadt, 244.

Haus „Zum Stecken“, „Zum Kleeberg“, Ludwigsstraße 8–10

Fundumstände

„Beim Umbau des Hauses Ludwigstr. 8–10 wurde ein wohlerhaltenes Stück eines spätgotischen Bodenbelags freigelegt. Es bestand aus 66 im Wechsel gelegten roten und schwarzen Fliesen, die das sogenannte Wecken-(Eichblatt-)muster zeigten.“[1]

Baugeschichte

Über die mittelalterliche Baugeschichte des Hauses, welches auch „Zum alten, kleinen Schultheiß“ hieß, war nichts in Erfahrung zu bringen. Es muß vor 1518 bestanden haben, da es zu diesem Zeitpunkt Kurfürst Kardinal Albrecht von Brandenburg kaufte und als Präbentkurie des Domstiftes bestimmte. Er ließ das Haus 1537 neu erbauen und sein Wappen anbringen. Das bis ins 19. Jahrhundert gut erhaltene Haus wurde 1898 zum Teil abgebrochen. Die Fliesen sind Muster des Klosters Eberbach. Da sie sehr häufig nachgeschnitten wurden, ist der Boden nicht ganz sicher zu datieren. Die schmalen Rillen weisen auf eine verhältnismäßig frühe Prägung, wohl im 3. Viertel des 13. Jahrhunderts.

Literatur
K. A. SCHAAB, Bd. 1, 563–564.
F. SCHNEIDER, Die brandenburgische Domstiftskurie zu Mainz, Hohenzollern-Jahrbuch 3, 1899, 34–48.
C. KISSEL, 1909, 10.
E. NEEB, Jahresbericht des Altertumsmuseums der Stadt Mainz für die Zeit vom 1. 4. 1921 bis 1. 4. 1924, Mz. Zs. 17/19, 1921–24, 57.

1 E. NEEB, 1924, 57.

Haus Mailandgasse 3

Fundumstände
Der Häuserkomplex Mailandgasse 1, 3 und 5 sowie Korbgasse 14–20 wurde 1945 schwer beschädigt und 1946 teilweise abgerissen, teilweise renoviert. Im Obergeschoß des Hauses Mailandgasse 3 konnte ein vierteiliges, romanisches Fenster freigelegt werden, welches von Arens in die Zeit um 1250 datiert wird. Westlich dieses Fensters war eine kleine gemauerte Sitzbank erhalten, in der zwei Fliesen entdeckt wurden.[1] Der Fundort der 3. Fliese wird nicht genannt.

Baugeschichte
Die Häuser scheinen im Mittelalter ein zusammenhängender Besitz gewesen zu sein, der teilweise durch Türen verbunden war. Das Haus Nr. 1 trug den Namen „Zum ewigen Nest" (Öffgernest), das Haus Nr. hieß „Zum Himmel und Hölle". Für das erstere ist als Besitzer ein „Ortlieb zum jungen Aben" für 1322 gesichert, über die Bau- und Besitzgeschichte des letzteren ist nichts bekannt. Die Fliesen, Muster des Klosters Eberbach, weisen auf die Verlegung eines Bodens im 3. Viertel oder der 2. Hälfte des 13. Jahrhunderts. Es ist möglich, daß sie bei Um- oder Neubauten, für die Arens[2] auf jeden Fall den Zeitraum vor 1462 annimmt, schon vermauert wurden.

Literatur
K. A. SCHAAB, Bd. 1, 217, 438, 464.
E. NEEB, 1905, 523–524.
F. ARENS, 1949, 137–147.
E. STEPHAN, 1974, 44.
A. WIEDENAU, 1983, 165–166.

1 F. ARENS, 1949, 143, 147, Anm. 10 und Abb. 9.
2 Ebd., 144.

Haus „Zum Fuchs, Zum kleinen Widder", Münstergasse 5

Fundumstände
Die Fliese wurde 1896 gefunden.[1]

Baugeschichte
Über die mittelalterliche Baugeschichte des Hauses ist nichts bekannt. Es lag neben der Brigidenkapelle. Die Fliese, die außerdem in Burg Hofheim/Taunus gefunden wurde, stammt sicher erst aus dem 16. Jahrhundert.

Literatur
K. A. SCHAAB, Bd. 1, 452.
H. WALLAU, 14.

1 Westd. Zs. 16, 1897, Museographie 1896, 357, Taf. 19, Abb. 11.

Proviantamt, Bereich Münsterstraße/ Schillerstraße/Neue Universitätsstraße

Fundumstände
Beim Bau eines Zufahrtstunnels zu dem Parkhaus in der „Neuen Universitätsstraße" wurden 1979–80 Fliesen gefunden.[1] Da es sich um Streufunde handelt, ist eine Zuordnung zu mittelalterlichen Gebäuden schwierig. In der Umgebung befanden sich jedoch vor allem Gebäude, die zum Altmünsterkloster gehört haben.[2]

Baugeschichte
Über die mittelalterliche Baugeschichte der Häuser „Zum Abt" und „Zum Winterberg", welche ebenfalls auf dem Gelände lagen, ist nichts bekannt. Da es sich bei den Fliesen D37 und H242 um Zisterziensermuster handelt, wäre eine Herkunft aus Kanonikerhäusern nicht auszuschließen. Das 817/818 erstmals erwähnte Benediktinerkloster Altmünster trat 1243 zum Zisterzienserorden über und wurde dem Abt von Eberbach unterstellt.[3] 1656 werden Kirche und Kloster wegen des Festungsbaus abgerissen und auf „klostereigenen Boden" in die Münsterstraße verlegt.

Literatur
K. A. SCHAAB, Bd. 1, 438–439.
C. KISSEL, 1909, 108.
F. ARENS, Kdm Mainz I, 29–35.

1 Nach freundlicher Mitteilung von Herrn Manfred Hessinger, Mainz, fanden sich die Fliesen teilweise im Bereich der Grundstücke 1891–94 auf dem von L. FALCK edierten Stadtplan „Mainz um 1620", Nr. 2097.
2 C. KISSEL, 1909, 8. „Wenn wir in die Schillerstraße einbiegen, haben wir rechts bis an die nächstfolgende Ecke der Universitätsstraße lauter Klostergebäude, die früher zum alten Münsterkloster gehört hatten, was man an den Emblemen über den Türstürzen erkennen kann."
3 F. ARENS, Kdm Mainz, 32.

Pfaffengasse, Kloake nahe der ehem. Domstiftsvikarie

Fundumstände
Beim Aushub für das neue Polizeirevier Mainz Mitte im Straßengeviert Eppichmauergasse–Weihergartenstraße–Pfaffengasse und Weißliliengasse wurden mittelalterliche Schichten und Gruben angeschnitten.[1] In der Nähe der ehem. Domstiftsvikarie stieß man 1982 auf eine Kloake, die neben mittelalterlicher und neuzeitlicher Keramik auch Fliesen enthielt.

Ortsgeschichte
In diesem Bereich befanden sich außer der Domstiftsvikarie vor allem Domkurien. Die Fliesen gehören verschiedenen Zeiten an und weisen zumindest auf zwei verschiedene Fliesenböden. Da die Muster auch an andeen Orten, die eng mit dem Erzstift verknüpft waren, auftauchen (Burg Neuhaus bei Kiedrich, Kloster Lorsch) liegt die Vermutung nahe, daß es eine Töpferwerkstatt gab, welche vielleicht der Dombauhütte angeschlossen war oder in den Händen des Domstifts lag. Die frühen Fliesen wurden vermutlich im 2. Drittel des 13. Jahrhunderts verlegt. Der zweite Boden (oder die Ausflickungen), mit den Fliesen J80 und L38 dürfte im 1. Drittel des 14. Jahrhunderts verlegt worden sein.

Literatur
E. WEGNER [u.a.], Denkmaltopographie Stadt Mainz, Altstadt, 286.

1 Nach freundlicher Mitteilung von Herrn Manfred Hessinger, Mainz, lag die Fundstelle in der Nähe des Grundstücks 2109 (L. FALCK, Stadtplan „Mainz um 1620", Nr. 2097). Über die Geschichte des Hauses, das früher „Zur kleinen Kette" hieß und 1594 als Domvikarie genannt wird, ist nichts bekannt.

Postplätzchen 7 1/10, Brauhaus „Zum weißen Roß"

Fundumstände
Eine Fliese wurde 1900, eine zweite 1902 gefunden. Die erste, mit der Darstellung eines springenden Hirsches, ist nicht abgebildet.[1]

Baugeschichte
Unbekannt. Der im Hof sichtbare gotische Treppengiebel weist auf ein mittelalterliches Wohnhaus, während Doppelfenster im 1. Stockwerk Umbauten des 16. Jahrhunderts nahelegen. Das Haus wird in der Stadtaufnahme von 1567 als Herberge bezeichnet. Die Fliese N50, die sich auch in Kloster Johannisberg fand, muß dem Bau des 16. Jahrhunderts angehören,[2] die Hirschfliese dem gotischen Haus.

Literatur
K. A. SCHAAB, Bd. 1, 552.
E. NEEB, 1405, 542.
C. KISSEL, 1909, 74.
H. WOTHE, Bd. 1, 169, Abb. 216.

1 Fliesen mit Hirschdarstellungen und unbekanntem Fundort im Museum Mainz sind nur C11 und C21, die Fliese C51 wurde schon 1897 gefunden. C21 wurde mit Sicherheit um die Mitte des 13. Jahrhunderts geprägt, die grobe Prägung der Fliese C11 erlaubt keine sichere Datierung. Es dürfte sich jedoch eher um eine unbeholfene frühe, als eine verdorbene späte Prägung handeln.
2 Westd. Zs. 20, 1901, Museographie 1900, 360, 22, 1903, 431, Taf. 12. Abb. 6. Als Fundort der Fliese wird nur „Postplätzchen" angegeben. Es ist natürlich nicht ausgeschlossen, daß die Fliese aus dem nach 1689 von den Franzosen abgebrochenen Haus „zum kleinen oder roten Roß" stammt. Dieses stand auf dem jetzigen Postplätzchen und war 1689 im Besitz des kurfürstlichen Brückenbaumeisters Clemens Langen. Zur mittelalterlichen Baugeschichte des Hauses ist nichts bekannt.

Haus „Auf der Rose" („Zur Jungfrau in den Rosen"), Rosengasse 1, heute Kolpinghaus

Fundumstände
Die Fliese wurde 1896 gefunden.[1]

Baugeschichte
Das Haus ist in der Stadtaufnahme von 1567 schon aufgezeichnet, über seine Baugeschichte ist jedoch nichts bekannt. Der jetzige Bau stammt aus der 2. Hälfte des 18. Jahrhunderts. Der Fliesenboden müßte im 3.–4.Viertel des 13. Jahrhunderts verlegt worden sein.

Literatur
K. A. SCHAAB, Bd. 1, 550.
E. NEEB, 1905, 103.

1 Westd. Zs. 16, 1897, Museographie 1896, 357, Taf. 19, Abb. 1.

Haus „Zum Fridenstein" oder „Freienstein", Schustergasse 48

Fundumstände
Die Fliese wurde 1896 gefunden.[1]

Baugeschichte
Über die mittelalterliche Baugeschichte des Hauses ist nichts bekannt. Es stieß auf der Rückseite an den Kirchhof der St. Quintinskirche. Die Fliese, deren Muster sich außerdem in Bacharach fand, dürfte im 2. Drittel des 13. Jahrhunderts entstanden sein.

Literatur
K. A. SCHAAB, Bd. 1, 467.
H. WALLAU, 15.

1 Westd. Zs. 16, 1897, Museographie 1896, 357, Taf. 19, Abb. 3.

Weihergartenstraße, im Bereich der ehem. Domstiftspräbende

Fundumstände
Bei Bauarbeiten stieß man 1982 im Bereich der Weihergartenstraße auf mittelalterliche Fliesen verschiedener Zeitstellung. Der Fundort lag an der Stelle eines Hauses, welches im Mittelalter „zum Bruneck (Brauneck)" oder „zur roten Tür" hieß.[1]

Baugeschichte
Der untere Weihergarten gehörte dem Domkapitel und zu seiner Immunität. Er wurde 1788 zu einzelnen Bauplätzen aufgeteilt und darauf 16 neue Häuser, darunter drei Domherrenkurien, errichtet. Bei diesem Bau stieß man auf die Fundamente älterer Häuser. Das Haus „zum Bruneck" wird 1594 als Domherrenhaus bezeichnet, vor 1518 standen dort noch zwei Domstiftshäuser. Die Fliesen gehören der gleichen Zeit an und stammen möglicherweise aus derselben Werkstatt wie die Fliesen der Pfaffengasse. N30 wurde mit demselben Model geprägt, welcher auch in Kloster Lorsch verwandt wurde. H57 ist vermutlich eine Ausflickung aus dem späten 15. oder dem 1. Drittel des 16. Jahrhunderts.

Literatur
K. A. SCHAAB, Bd. 1, 408–409.
E. NEEB, 1905, 570.
E. WEGNER [u.a.], Denkmaltopographie Stadt Mainz, Altstadt, 324.

1 Freundlicher Hinweis von Herrn Manfred Hessinger, Mainz (L. FALCK, Stadtplan „Mainz um 1620", Nr. 2097).

Marburg

Marienkirche, heute ev.-luth. Kirche

Fundumstände
Je vier Fliesen in zwei verschiedenen Mustern wurden zu Ende des 19. Jahrhunderts „im Altar der lutherischen Kirche" gefunden und kamen ins Museum Marburg. Aus den Inventarnotizen von Bickell geht nicht hervor, um welche Muster es sich handelt.

Baugeschichte
Eine vermutlich nach 1127 begonnene Kirche wurde unter dem Patronat des Deutschen Ordens durch einen frühgoti-

schen, 1297 geweihten Neubau ersetzt. Ihm wurde wohl nach 1318 ein dreischiffiges Hallenlanghaus angefügt, das gegen 1390/95 vollendet war. Der Bau eines Westturms und die Verlängerung der Seitenschiffe erfolgte 1447–73. Die Fliesen könnten daher zu Ende des 13., des 14. und im 3. Viertel des 15. Jahrhunderts verlegt worden sein.

Literatur
H. Müller-Brodmann, 28–30.
G. Dehio, Hessen, 599–600.

Alte Firmanei, verschwundene Kapelle auf der Nordseite der St. Elisabethkirche

Fundumstände
Die Fliese wurde bei Grabungen 1972 gefunden.[1]

Baugeschichte
Neben dem ab 1235 errichteten Hospital des Deutschen Ordens wurde als Krankenhaus für die Brüder die Firmanei erbaut, deren Kapelle 1286 vollendet war. Bei den Kämpfen um das Elisabeth-Stadttor im Siebenjährigen Krieg wurde die Kapelle 1761 in Brand geschossen, die Ruine 1786 abgetragen. Die Fliese J76, ein frühes Muster des Klosters Arnsburg, gehört vermutlich zum ersten Boden der Kapelle.

Literatur
W. Meyer-Barkhausen, 12, 23.
I. Schnack, 279–281.

1 Freundlicher Hinweis von Herrn Dr. Jürgen Michler, Tübingen.

Ehem. Schloß der Landgrafen von Hessen, Schloßkapelle und Sakristei

Fundumstände
Die Schloßkapelle besitzt einen reich gegliederten Boden aus Plattenmosaik (Abb. 7), der bei Kier ausführlich beschrieben wird.[1] In diesen Boden sind, in einem Ring der großen Kreisrosetten, in der Schachbrettanordnung der sie umgebenden Felder und in einem aus 81 Fliesen bestehenden Quadrat inkrustierte Fliesen in vier Mustern eingefügt. Es ist heute schwierig zu entscheiden, welche Fliesen alt sind. Bei der Restaurierung der Kapelle 1929–32 wurden über 4000 neue Fliesen verlegt.[2]

Baugeschichte
Der Baubeginn der Schloßkapelle ist nicht bekannt. Sie wurde 1288 geweiht und durch die Bauhütte, die an der 1283 geweihten Elisabethkirche, Marburg, gearbeitet hatte, errichtet. Der Innenausbau zog sich wohl noch bis 1316 hin.[3] Der Fliesenboden in Plattenmosaik mit eingestreuten inkrustierten Fliesen ist der einzige dieses Typus, der sich in Deutschland erhalten hat. Die Kreisrosetten weichen von denen der rheinischen Kirchen ab. Aber auch in Frankreich, wo sich vereinzelt das Mäanderband des Seitenfeldes und die Zackenbordüre der Trennstreifen fand, konnte noch kein Boden entdeckt werden, welcher als unmittelbare Vorlage für den Fliesenboden der Marburger Schloßkapelle gedient haben könnte. Die Verwendung inkrustierter Fliesen weist den Belag als Arbeit eines zumindest in Frankreich geschulten Töpfers aus. Die Verlegung des kleinteiligen, raffiniert angeordneten Musters setzt eine Werkstatt voraus, die mit der Herstellung solcher Böden vertraut war. Die von Backes[4] vorgeschlagene Datierung des Bodens „um 1300" ist der Einordnung von Kier ins 1. Viertel des 14. Jahrhunderts vorzuziehen, da zu dieser Zeit schon die ersten einfarbigen Böden aus Vorstufen der späteren Reliefffliesen auftauchen. Der Fliesenboden der Sakristei ist heute durch eine Kopie ersetzt. Es ließ sich nicht nachprüfen, woher die Vorlagen für die kleinen, glasierten Reliefffliesen, die sich der Wand entlang erhalten haben, kamen.

Literatur
F. Küch, B. Niemeyer, Kdm Marburg, Tafbd. Taf. 127 und 180.
K. Justi, Das Marburger Schloß, Marburg, Marburg 1942, 21–25.
H. Kier, 1970, 125, Abb. 258–260.
H. J. Michler, Studien zur Marburger Schloßkapelle, Marburger Jb. 19, 1973, 33–84.
H. Müller-Brodmann, 25–28.

1 H. Kier, 1970, 125, Abb. 358–260.
F. Küch, B. Niemeyer, Taf. 180.
2 H. Müller-Brodmann, 27.
3 K. Justi, 25.

„Auf der Kirchspitze"

Fundumstände
Die Fliese wurde als Zufallsfund geborgen. Es waren jedoch auf diesem Hochplateau verschiedentlich Keramikfunde[1] gemacht worden.

Ortsgeschichte
Grenz deutet an, daß die nur namentlich bekannte „Casselnburg" auf der Kirchspitze gelegen haben könnte. Bei der gefundenen Fliese handelt es sich um ein Zisterziensermuster.[2] Möglicherweise stammen die Fliesen aus einer kleinen, heute nicht mehr bekannten Kapelle, der Name „Kirchspitze" deutet auf einen Sakralbau.

Literatur
R. Grenz, Die Vor- und Frühgeschichte von Marburg a. d. Lahn, Marburger Geschichte, E. Dettmering, R. Grenz (Hrsg.), Marburg 1980, 106–107 (11–116).
W. Görich, 21–31.

1 R. Grenz, 106, Abb. 43.
2 Das Muster ist heute in Arnsburg verloren, war jedoch wohl früher dort vorhanden. Vgl. H230.

„Steinernes Haus", Am Markt 18

Fundumstände
Die Fliesen fanden sich bei der Restaurierung 1976 zwischen dem Anbau des Erkers und dem alten Abbruch des gotischen Bestandes vermauert.

Baugeschichte
Das Haus wurde 1323 (nach Ausweis der Jahresring-Chronologie)[1] von dem Schöffen Arnold von Gambach und seiner Frau Mechthilde erbaut und 1328 dem Zisterzienserkloster Arnsburg als Reiseherberge geschenkt. Es kam vermutlich schon 1333 wieder in private Hände und wird 1523 im Besitz des Philipp Breitrück erwähnt. Die Fliese, die dem 16. Jahrhundert angehört, deren Muster jedoch keine exaktere Datierung erlaubt, wurde möglicherweise verlegt, als das Haus 1568/70 an den Ratsherrn Daniel Werner überging († 1575) oder als sein Schwiegersohn Hermann Wolff, der Leibmedicus des Landgrafen Wilhelm II., welcher das Haus vom Ende des 16. Jahrhunderts bis 1655 bewohnte, dort grundlegende

Umbauten vornahm.[2] In dem durch Umbauten stark veränderten Haus haben sich ein Anbau und Stuckdecken des 16. Jahrhunderts erhalten.

Literatur
W. Meyer-Barkhausen, 20, Abb. 61.
G. Dehio, Hessen, 608.
A. Klappenbach, Das Steinerne Haus in Marburg, Hess. Heimat, NF. 22, Kassel 1972, 38–42.
W. Görich, 21–31.

1 W. Görich, 27.
2 A. Klappenbach, 40–41. Daß das „Steinerne Haus" schon damals ein außergewöhnlicher Bau gewesen sein muß, verrät die beträchtliche Kaufsumme von 9600 Gulden.

„Jung-Stilling-Haus", An der Hofstatt 11

Fundumstände
Die Fliesen wurden 1968 in den doppelt gewölbten Kellerräumen des Hauses aufgedeckt. Sie können nicht sehr lange verlegt gewesen sein, da sich die Engobe vorzüglich erhalten hat.[1]

Baugeschichte
Das Haus wurde um 1580/90 erbaut und 1830/40 stark verändert. Die Fliesen stammen aus der Erbauungszeit.

Literatur
G. Dehio, Hessen, 608.
U. Grossmann, 14.

1 Freundliche Mitteilung von Herrn Dr. Jürgen Michler, Tübingen.

Ehem. „Haus 159", heute Kugelgasse 19

Fundumstände
Bei Grabungen wurde 1882 eine Fliese gefunden.

Baugeschichte
Im Haus ist der Rest eines gotischen Fenstergewändes und gotischer Fachwerkschnitzereien sichtbar. Es wurde vermutlich zu Ende des 15. Jahrhunderts erbaut. Die Besitzgeschichte geht nur bis 1750 zurück. Die Fliese, eine sehr sorgfältige Prägung, könnte in der Mitte des 16. Jahrhunderts verlegt worden sein.

Literatur
U. Grossmann, 24.

Haus Eberhard, Reitgasse 14

Fundumstände
Unbekannt. Das Haus wurde 1906 gründlich restauriert. Möglicherweise wurde die Fliese bei dieser Gelegenheit gefunden. Sie kam ins Museum Marburg, das Muster wurde in den Inventarnotizen nicht festgehalten.

Baugeschichte
Das Haus wurde vermutlich um 1510 von dem Kaufmann Johann Blankenheim erbaut. Es wurde 1571 und 1610 umgebaut und im 18. Jahrhundert um ein Obergeschoß vermehrt.

Literatur
H. Winter, 137–139.
G. Dehio, Hessen, 1966, 573.

„Estor'sches Haus", Steinweg 40

Fundumstände
Unbekannt. Die Fliese kam vermutlich nach einer Erneuerung des Hauses 1906 ins Museum Marburg.

Baugeschichte
Zur mittelalterlichen Baugeschichte des Hauses ist nichts bekannt, die Besitzgeschichte läßt sich nur bis 1750 zurückverfolgen. Vermutlich wurde das Haus im 18. Jahrhundert durch einen Neubau ersetzt.[1] Das Muster der Fliese weist auf eine Entstehung in der 1. Hälfte des 16. Jahrhunderts.

Literatur
Keine.

1 Freundliche Mitteilung von Herrn H. Bauer, Marburg.

Mariaberg, Gem. Gammertingen, Ortsteil Bronnen, Lkr. Sigmaringen

Ehem. Benediktinerinnenklosterkirche St. Maria, St. Johannes Evangelista und Johannes Baptista

Fundumstände
Im Chor der Kirche befindet sich ein kunstvolles Muster aus unverzierten Tonfliesen. Quadratische und schmale Sechseckfliesen sind jeweils so verlegt, daß vier Sechseckfliesen mit ihrer Spitze einen Stern bilden, dazwischen sind die quadratischen Fliesen eingebettet. Das Muster, in dieser Form auch nicht bei Kier (Der mittelalterliche Schmuckfußboden) erfaßt, ist aus keinem anderen Fundort bekannt. An den Rändern des Fliesenbodens sind stark abgetretene Relieffliesen in zwei Mustern willkürlich verlegt.

Baugeschichte
Das um 1265 vermutlich von den Grafen von Gammertingen gegründete Dominikanerinnenkloster wurde 1292 dem Benediktinerkloster Zwiefalten unterstellt, von 1481–90 war es Kloster Blaubeuren inkorporiert. Eine Kapellenweihe ist 1433, eine Kirchweihe 1450 bezeugt. Nach Zerstörungen im 30jährigen Krieg wurden Kirche und Kloster ab 1682 neu erbaut, die Kirche erst 1711 vollendet. Das Kloster wurde 1802 aufgehoben und 1841 in eine Heilerziehungsanstalt umgewandelt. Die gemusterten Fliesen, einfache wohl zu Ende des 15. oder Anfang des 16. Jahrhunderts entstandene Prägungen, wurden vermutlich aus der früheren Kirche übernommen, die südlich der neuen Kirche lag. Es ist jedoch nicht ausgeschlossen, daß die sehr grobe Prägung K27 noch zu Ende des 17. Jahrhunderts entstand.

Literatur
BOA Reutlingen, Bd. 2, 427–433.
W. Wittmann, K. Wacker, Mariaberg als Kloster und Anstalt. Gedenkschrift zur 90-Jahr-Feier der Heil- und Pflegeanstalt Mariaberg, Reutlingen 1937.
J. A. Kraus, Das Klösterlein Mariaberg, wie es entstand und wuchs, Hohenzollerische Jahreshefte 16, 1956, 110– 124.
G. Dehio, Baden-Württemberg, 304.
Hist. Stätten VI, Baden-Württemberg, 510–511.

Marienburg/Malbork, Woiwodschaft Danzig/Gdańsk, Polen

s. unter Danzig, Dominikanerkloster.

Marienstatt, Gem. Streithausen, Westerwaldkreis

Zisterzienserklosterkirche

Fundumstände
Die Fliesen befanden sich als Reste des ursprünglichen Fliesenbelags 1910 noch in den Chorkapellen. Eine Abbildung bei Luthmer zeigt rings um einen Beichtstuhl einen gut erhaltenen Fliesenboden der Mustergruppe H.[1] Vor 1927 wurden die Fliesen in den Kapitelsaal verbracht und dort neu verlegt, teilweise durch Kopien ergänzt. Bei Umbauarbeiten in den letzten Jahren wurden noch einzelne Fliesen gefunden, so daß nun 10 verschiedene Muster bekannt sind.[2]

Baugeschichte
Das 1212 durch Burggraf Eberhard von Aremberg gegründete, 1222 durch Graf Heinrich III. von Sayn und seine Gemahlin Mechthild neudotierte Kloster, wurde 1227 ins Nistertal verlegt und mit Mönchen aus Kloster Heisterbach besiedelt. Vermutlich wurde erst nach 1243 mit dem Bau einer Kirche begonnen, die 1324 durch Erzbischof Heinrich von Köln geweiht wurde. Die restlichen vier Langhausjoche waren jedoch wohl kaum vor dem 1. Viertel des 15. Jahrhunderts vollendet.[3] Die Klostergebäude wurden 1735–51 neu erbaut, die Kirche erhielt eine barocke Ausstattung. Das seit 1803 aufgehobene Kloster wurde 1888 wieder mit Zisterziensern besetzt. Vermutlich stellen die 10 erhaltenen Muster nur noch einen Bruchteil des ehemaligen Musterbestands dar. Die Hirschfliese C36 ist ein seitenverkehrter Nachschnitt der Fliese C37 aus Kloster Eberbach. Dies spräche für eine Prägung der Fliesen in Marienstatt. Die übrigen Muster, mit Ausnahme von H18[4] und H259, stimmen jedoch genau mit Eberbacher Prägungen überein. Dazu weist der graugrünliche Scherben einiger Fliesen auf eine Herkunft aus Eberbach. Da die Muster, wenn auch nicht allzu große, zeitliche Abstände erkennen lassen, wurden vermutlich die frühen Fliesen aus Eberbach bezogen, bis eine Klosterwerkstatt aufgebaut war. Möglicherweise wurden in einigen Räumen des Klosters Fliesen schon in der 2. Hälfte des 13. Jahrhunderts verlegt[5] oder die Fliesen, mit Modeln des 13. Jahrhunderts, erst vor der Weihe der Kirche 1324 geprägt. H259, ein Muster des Klosters Rommersdorf und der Urbarer Werkstatt, könnte aus Urbar bezogen worden sein. Marienstatt hatte dort einen Hof. Die Muster des Klosters Marienstatt wurden in der Liebfrauenkirche in Hadamar kurz vor 1379 nochmals kopiert. Es wurde jedoch dort schon das vielfältige Farbschema aufgegeben, der Boden ist einheitlich rot.

Literatur
F. Luthmer, Kdm Reg.-Bez. Wiesbaden IV, 114–131, 127, Fig. 137.
G. Wellstein, Kloster Marienstatt, Augsburg 1927, 7–45, Abb. auf 27, 29.
Hist. Stätten V, Rheinland-Pfalz, 226–227.
H.-J. Roth, 9–40, Abb. 94.
W.-H. Struck, 1965, 28–32.
G. Dehio, Rheinland-Pfalz, 640–645.
M. Morkramer, 1983, 136.

1 F. Luthmer, Bd. 4, Fig. 142 neben 130.
2 Angaben über die neuen Muster verdanke ich Herrn Martin Morkramer†, Heuchelheim. Da es mir nicht gestattet war, die Klausur zu betreten, erhielt ich durch ihn auch Angaben zu den Farbnuancen der Scherben. Diese gleichen fast der Farbskala des Kloster Eberbach: gelblich, hellrot, ziegelrot, braunrot, hellgrau, dunkelgrau, schwarzgrau, grünlichgrau. Für weitere Angaben über die Fliesen danke ich Pater A. Kloth, Marienstatt.
3 H.-J. Roth, 33–34. Datierung durch Schlußsteine. Der schleppende Fortgang der Bauarbeiten war wohl durch Geldmangel verursacht.
4 Für die modernen Kopien wurde das Muster H18 benutzt. Vermutlich war auch dieses Muster früher in Eberbach vorhanden.
5 G. Dehio, 1984, 640. Nach Ansicht der neueren Forschung waren Chor und Ostwand des Querhauses um 1243 schon vollendet.

Marköbel, Gem. Hammersbach, Main-Kinzig-Kreis

Ev. Pfarrkirche

Fundumstände
Die Fliesen wurden 1868 beim Abbruch der alten romanischen Kirche geborgen.

Baugeschichte
Zur mittelalterlichen Baugeschichte der über einer römischen Badeanlage erricheten Kirche ist nichts bekannt. Das magere Relief und die groben Ecklilien des Musters weisen auf eine Verlegung der Fliesen in der Mitte des 15. Jahrhunderts. Woher der Anstoß zur Verlegung der Fliesen kam, ist nicht sicher zu klären. An der Grenze der Gemarkung von Marköbel lag das Zisterzienserinnenkloster Marienborn; der „Baiersröder Hof“ war seit 1139 Eigentum des Prämonstratenserklosters Ilbenstadt.

Literatur
H. Bott, 1100 Jahre Marköbel, 839–1939. Aus der Geschichte eines Dorfes in der Wetterau, Hanau 1939, 17–21.
E. J. Zimmermann, 230–233.
G. Dehio, Hessen, 612.
Hist. Stätten IV, Hessen, 323–324.

Marktbreit, Kr. Kitzingen

Fundumstände
Die Fliese wurde beim Bau einer Staustufe im Main gefunden. Sie kann bei einem Schiffstransport verlorengegangen, wie auch mit Abfall aus der Stadt in den Fluß gewandert sein. Ihre Datierung ist schwierig. Die Tierdarstellung weist ins 13. oder frühe 14. Jahrhundert, die Prägung eher ins 15. Jahrhundert. Zu dieser Zeit wären jedoch die Maße von 9 × 9 cm höchst ungewöhnlich. Es wäre daher möglich, daß es sich hier um eine besonders frühe Fliese des späten 12. (?) Jahrhunderts handelt. Die einzig vergleichbaren Fliesen (E12, E42, E48 und F151) sind wesentlich größer und außerdem glasiert.

Literatur
Keine.

Mauchenheim, Kr. Alzey-Worms

Ehem. Zisterzienserinnenkloster Sion, am Berghang über der Selz

Fundumstände
Die Fliese wurde 1969 als Lesefund geborgen.

Baugeschichte
Alle Bauten des 1230 erstmals erwähnten Klosters, von denen bis 1836 „noch bedeutende Überbleibsel“[1] vorhanden waren, sind verschwunden. Das Kloster erhielt 1309 das Patronatsrecht der Remigiuskirche in Mauchenheim von Raugraf Heinrich II. von Altenbaumburg geschenkt. Vielleicht wurden zu dieser Zeit auch Um- oder Ausbauten vorgenommen. Die Fliese, ein Wormser Muster, welches außerdem in Kloster Lorsch gefunden wurde, entstand vermutlich in der 1. Hälfte des 14. Jahrhunderts.

Literatur

Bdm der Pfalz V, 146–147.
B. H. Röttger, Kdm Bez.-Amt Kirchheimbolanden, 223.
Hist. Stätten V, Rheinland-Pfalz, 228–229.

1 Bdm der Pfalz, Bd. 5, 147.

Maulbronn, Enzkreis

Ehem. Zisterzienserkloster

Fundumstände
Unbekannt. Keines der zahlreichen Werke über Maulbronn macht Angaben über dort gefundene Fliesen. Die Fliese H68 kam vermutlich schon im 19. Jahrhundert in die Altertumssammlung Stuttgart. K15 wurde 1934 gefunden, der Fundort innerhalb des Klosters ist unbekannt. Die Fliesen K17 und U5 scheinen bei Umbauarbeiten nach dem Kriege gefunden worden zu sein. Sie wurden 1957 vernichtet, ohne daß zuvor ein Photo angefertigt werden konnte.[1] Die besonders sorgfältig geprägten Fliesen, die zumindest zwei verschiedenen Perioden angehören müssen, lassen vermuten, daß auch Maulbronn reiche Fliesenböden besaß.[2]

Baugeschichte
Für die frühe Bauzeit des 1138/43 durch den Ritter Walter von Lomersheim gegründeten, 1146/47 nach Maulbronn verlegten und mit Mönchen aus Kloster Neuburg/Elsaß besetzten Klosters, ist nur das Weihedatum der Kirche 1178 bekannt. Die Klosterbauten müssen im wesentlichen in der 2. Hälfte des 12. und im 1. Drittel des 13. Jahrhunderts erbaut worden sein. Die Fliese H68, deren Muster sich auch in den Zisterzienserklöstern Eusserthal und Wörschweiler und als Variante in einer Konstanzer Domkurie fand, könnte noch zu Ende des 1. Drittels oder im 2. Viertel des 13. Jahrhunderts entstanden sein. Für die übrigen, dem 15. Jahrhundert angehörenden Fliesen, bieten sich folgende Herkunftsorte und Verlegungsdaten an: die Erweiterung des südlichen Seitenschiffs durch Kapellen 1424 und die gleichzeitige Ausmalung der Kirche, die vermutlich noch weitere Ausstattungsarbeiten miteinschloß, sowie die Neuweihe des Oratoriums 1446.[3] Ferner könnten die Fliesen aus dem 1384–1402 umgebauten Abtshaus, der zwischen 1491–1503 oder 1518–21 erbauten Bibliothek, dem 1493 errichteten Parlatorium oder aus dem zwischen 1512 und 1518 fertiggestellten Fürstengemach mit Speisesaal stammen. Nach der Aufhebung des Klosters 1530 wurden die Gebäude seit 1538 als ev. Seminar benutzt. Die späten Maulbronner Fliesen lehnen sich eng an Speyerer Vorbilder an, wobei allerdings nicht gesichert ist, ob diese in Speyer gefundenen Fliesen, deren Herkunft nicht bekannt ist, nicht aus dem dortigen „Maulbronner Klosterhof“ stammen. Schon in der 2. Hälfte des 16. Jahrhunderts verwandte man als Ausflickung nur noch grobe Fliesen, welche mit einem zinkenartigen Gerät verziert worden waren (vgl. X33).

Literatur

K. Klunzinger, Urkundliche Geschichte der vormaligen Cisterzienser-Abtei Maulbronn, Stuttgart 1854, 52.
Ders., Artistische Beschreibung der vormaligen Zisterzienserabtei Maulbronn, Karlsruhe 1861, 13.
E. Paulus, Die Cistercienser-Abtei Maulbronn, Stuttgart 1890.
R. W. Deusch, Kloster Maulbronn, Augsburg 1926, 1–22.
I. Dörrenberg, Das Zisterzienserkloster Maulbronn, Würzburg 1938.
O. Linck, Kloster Maulbronn, Berlin 1938.
G. Dehio, Baden-Württemberg, 307–313.
P. Anstett, Die Baugeschichte des Klosters, in: Kloster Maulbronn, 1178–1978, Ausstellungskatalog, 1978, 69–76 (mit weiterer Literatur). Katalog, 20, Nr. 67.

1 Die Fliesen befanden sich im Besitz des schwer erkrankten Klosterführers Gottfried Schempf, der sie gefunden hatte, aber keine Auskunft über ihren Fundort mehr geben konnte. Sie wurden nach seinem Tode weggeworfen.
2 Vermutlich wurde ein Teil der Fliesen schon in nachmittelalterlicher Zeit zerstört. K. Klunzinger, 1861, 13, erwähnt, daß 1849 noch fast der ganze Fußboden der Kirche mit Grabplatten bedeckt war.
3 K. Klunzinger, 1854, 52. „Am 29. September 1446 läßt Abt Berthold von Maulbronn durch Petrus von Franckford, Suffragan des Bischofs Reynard von Speier, das Oratorium in Maulbronn, dessen Boden gebrochen war, neu einweihen.“

Mayen, Kr. Mayen-Koblenz

Kath. Pfarrkirche St. Clemens und Maria

Fundumstände
Die ersten Fliesen wurden bei einer Grabung 1910 unter dem heutigen Bodenbelag gefunden. Bei einer weiteren Grabung 1926 wurden auf der Südseite der heutigen Kirche Grundmauern aufgedeckt. Es handelt sich dabei vermutlich um das südliche Seitenschiff des Baus IV. Auch hier wurden Fliesen gefunden.[1] Beim Wiederaufbau der 1944/45 schwer zerstörten Kirche wurden erneut Fliesen geborgen, die Muster jedoch nicht festgehalten. Die Fliesen gingen zum großen Teil inzwischen verloren,[2] bekannt sind lediglich zwei Muster, von denen man nur von H257 weiß, wo es gefunden wurde.

Baugeschichte
Nach der Verlegung des Augustinerklosters Lonnig nach Mayen durch Erzbischof Balduin von Lützelburg, wurde bald nach 1326 das Langhaus der romanischen Pfarrkirche neu erbaut. Eine erste Weihe fand durch Konrad von Altendorp (1378–1416) wohl um 1385 statt; vollendet wurde die Kirche erst um 1430. Die Fliese G30, mit einem noch ungeklärten, vielleicht auf einen Kreuzfahrer weisenden Wappen, stammt sicher noch aus dem in der Mitte des 12. Jahrhunderts errichtetem Vorgängerbau und wurde wohl schon in der 1. Hälfte des 13. Jahrhunderts geprägt. H257 erlaubt keine sichere Datierung. Vermutlich bildete sie den Boden des um 1430 vollendeten Baus. Da Mayen über eine alte Töpfertradition verfügt, darf angenommen werden, daß die Fliesen am Ort gefertigt wurden.

Literatur

H. Pieroth, St. Klemens mit dem schiefen Turm, FS zur 675-Jahr-Feier der Stadt Mayen. 1291–1966. Stadtverwaltung Mayen (Hrsg.), 1966, 45–48.
G. Dehio, Rheinland-Pfalz, 649–650.

H. E. KUBACH, A. VERBEEK, Bd. 2, 757–758.
H. ADENAUER, J. BUSLEY, H. NEU, Kdm Kr. Mayen 2, I, 1985, 181–189.

1 H. E. KUBACH, A. VERBEEK, Bd. 2, 757.
2 Für die Grabung liegt nur ein vorläufiger Grabungsbericht von J. Röder vor, in dem keine Fliesenfunde erwähnt werden. Vermutlich befinden sich die Fliesen aus St. Clemens mit einer Reihe anderer, von J. Röder geborgenen Fliesen, in den Beständen des Staatl. Amts für Bodendenkmalpflege in Koblenz. Die Fundorte der einzelnen Fliesen waren schon 1956 nicht mehr bekannt.

Meiningen, Bezirk Suhl

Ev. Stadtkirche, ehem. St. Martin

Fundumstände
Unbekannt, vor 1909. Vermutlich wurden die Fliesen beim Neubau der Kirche (1884–89) gefunden.

Baugeschichte
Von der Ende des 12. bis Anfang des 13. Jahrhunderts erbauten romanischen Kirche haben sich nur der in den Neubau einbezogene Nordturm und der 1443–55 angefügte Chor erhalten. Baunachrichten fehlen. Während die Fliese F83 typische Stilmerkmale des frühen 13. Jahrhunderts zeigt, ist die sichere Datierung von C11 besonders schwierig. Es kann sich um eine ungelenke Arbeit derselben Zeit handeln, sie kann jedoch auch noch im 15. Jahrhundert entstanden sein. Dieselbe Fliese fand sich auch in Mainz, leider ist hier der Fundort nicht bekannt. Da das Bestreben des Modelschneiders, jede Lücke mit Blattwerk zu füllen, auf beiden Fliesen auftritt, ist eine Datierung in die 1. Hälfte des 13. Jahrhunderts die wahrscheinlichere Lösung.

Literatur
P. LEHFELDT, G. VOSS, 1909, 111–112.
W. HOSSFELD, Von der Stadt Meiningen, Das Meininger Heimatbuch, Historiker-Kollektiv des Kreises Meiningen (Hrsg.), Meiningen, 1954, 28–30.
Hist. Stätten IX, Thüringen, 267–270.

Mellrichstadt, Kr. Rhön-Grabfeld

Kath. Pfarrkirche St. Kilian

Fundumstände
Bei der Restaurierung der Kirche 1969 wurde eine Grabung durchgeführt. Dabei wurde auf der Westseite in Nähe des Haupteingangs ein etwa 1 qm großer Fliesenrest in situ aufgedeckt. Er lag ca. 15 cm unter heutigem Niveau und bestand zum größten Teil aus beschädigten Fliesen, die jedoch möglicherweise erst während der Aufgrabung zerstört worden waren. Die Fliesen wurden weder photographiert noch untersucht. Vier Muster wurden geborgen, es ist nicht sicher, ob dies alle vorhandenen Muster waren.

Baugeschichte
Von der auf drei Vorgängerbauten, des 8., 11. und 12. Jahrhunderts errichteten mittelalterlichen Kirche, haben sich nur der Chor und die Türme aus dem letzten Drittel des 13. Jahrhunderts erhalten. Das Langhaus wurde zu Beginn des 17. Jahrhunderts erneuert, ein Umbau folgte 1710–16. Für den Bau des späten 13. Jahrhunderts, dem die Fliesen offensichtlich angehören, wird der Einfluß einer Zisterzienser-Bauhütte vermutet. Ein Vergleich der Muster mit Fliesen des Klosters Bebenhausen würde für diese Annahme sprechen, wenn auch als Vorbild der Muster hier eher ein Musterbuch gedient hat. Die Fliesen könnten in Mellrichstadt geprägt worden sein. Mindestens seit dem 16. Jahrhundert ist eine Ziegelhütte vor dem „oberen Tor“ nachzuweisen.

Literatur
K. GRÖBER, Die Kdm von Unterfranken und Aschaffenburg. Bezirksamt Mellrichstadt, München 1921, 56–76.
W. SAGE, Untersuchungen in der kgl. St. Martins- und späteren St. Kilianspfarrkirche zu Mellrichstadt in Unterfranken, Jahresber. der bayer. Bodendenkmalpflege 10, 1969, München 1971, 50–69.
G. DEHIO, Franken, 498.
H. SCHLERETH, 1–3.

1 Alle Angaben zu den Fliesenfunden verdanke ich Herrn Helmut Schlereth, Kronach.

Memmingen, Kr. Memmingen

Ev. Stadtpfarrkirche „Unserer Frauen“

Fundumstände
Unbekannt. Die Fliesen kamen im 19. Jahrhundert in das Bayerische Nationalmuseum München. Vermutlich wurden sie bei den Ausgrabungen 1890 gefunden. Einzelne Fliesen des Musters H217 liegen noch in situ in der Nähe des Eingangs.

Baugeschichte
Die 1258 erstmals erwähnte Kirche, mit einem Turm des 14. Jahrhunderts, wurde um 1447 um zwei Vorhallen bereichert, denen, vermutlich im 2. Viertel des 15. Jahrhunderts, eine Erweiterung der Seitenschiffe vorausgegangen sein dürfte. 1456–60 erfolgte ein Umbau der Kirche durch den Steinmetz Hans Stier, es schloß sich bis 1522 der Bau von drei weiteren Kapellen an. Die Fliesen, die dieselben Muster zeigen, wie die der 1428 umgebauten St. Mangkirche in Kempten, könnten aus den Seitenschiffen stammen. H217 dürfte jedoch eher der 2. Hälfte des 13. Jahrhunderts angehören. Die unter T39 beschriebenen Bruchstücke weisen in der Prägung Ähnlichkeit mit der Fliese A10 aus dem Buxheimer Haus in Memmingen auf. Die Datierung dieser Fliesen ist schwierig. Möglicherweise stammen sie aus dem Vorgängerbau, auf dessen Pfeilerfundamente und Apsisansatz man bei den Grabungen 1890 stieß. Man vermutet, daß es sich hier um die in karolingischer Zeit erbaute Kirche des Königshofs Memmingen handelt. Die Fliesen (oder Wandplatten?) könnten in der 2. Hälfte des 12. Jahrhunderts entstanden sein.

Literatur
T. BREUER, Bayer. Kdm Stadt Memmingen, 18–24.
G. DEHIO, Schwaben, 692–694.

Ehem. Kloster St. Antonius, Eremitus, Martin-Luther-Platz

Fundumstände
„Es wurde ferner das Dasein solcher Platten (gemusterte Tonfliesen) im Antoniuskloster zu Memmingen erwähnt“.[1] Der Fundort der Fliese H75 im Museum Memmingen ist nicht

mehr bekannt. Möglicherweise stammt sie von hier. 1990 wurden im Antonierhaus erneut ein Fliesenrest des Musters H75 aufgedeckt.

Baugeschichte
Das Antonierkloster wurde vermutlich schon um 1180[2] durch Welf VI. gestiftet, 1215 wurde ihm durch Kaiser Friedrich II. die Martinskirche inkorporiert, die während des 13. und 14. Jahrhunderts zum Gottesdienst benützt wurde. 1378 wurde eine eigene Kapelle für die Antonierherren geplant, die 1393 noch nicht vollendet war. An das wohl gegen 1400 fertiggestellte Kirchenschiff wurde 1472 ein Chor angefügt und nach 1486 das nördliche und wohl auch das südliche Seitenschiff. Der 1328 errichtete Klosterbau wurde 1454 durch den Hochmeister Petrus Mitte de Caprariis erneuert. Er ging 1562 in den Besitz der Stadt und 1814 in private Hände über. Dendrochronologische Zusammenhänge sprechen für eine Datierung des Raumes „um 1460[3]", das Fliesenmuster weist auf eine etwas frühere Entstehung. Es fand sich außerdem in der Stadtpfarrkirche Biberach und in der Kirche von Buchau-Kappel.

Literatur
T. Breuer, Bayer. Kdm Stadt Memmingen, 14–17.
N. Backmund, 236–239.

---

1 Correspondenzblatt des Gesamtvereins der deutschen Geschichts- und Altertumsvereine 6, 1858, 27. K. Hassler, ebd., datiert die erwähnte Fliese ins „14. Jahrhundert".
2 N. Backmund, 237, „um oder nach 1192".
3 Freundliche Mitteilung von Herrn Dr. Wolfgang Czysz, Augsburg.

Buxheimer Haus, Martin-Luther-Platz 7

Fundumstände
Die Fliese wurde bei Grabungen 1935 gefunden.

Baugeschichte
Über die Baugeschichte des Hauses, das 1406 aus dem Besitz des Ritters Heinrich von Eisenburg an die Reichskartause von Buxheim überging, ist nichts bekannt. Der heutige Bau geht im Kern auf das 16.–17. Jahrhundert zurück. Die Fliese, bei der es sich möglicherweise um das Bruchstück einer großen Grabplatte aus Ton handelt, wie sie vor allem in Nordfrankreich geprägt wurden, muß nicht notwendigerweise aus dem Hause stammen. Der davor liegende Platz war von 1378–1529 Begräbnisplatz der Stadt, davor stand an dieser Stelle das 1167 gegründete, 1529 abgebrochene Schottenkloster St. Nikolaus. Obwohl der Gründer dieses Klosters, Herzog Welf VI. 1191 in Steingaden beigesetzt wurde, könnte diese, sicher noch dem 12. Jahrhundert angehörende Fliese in Zusammenhang mit einer welfischen Grablege stehen.

Literatur
T. Breuer, Bayer. Kdm Stadt Memmingen, 29.
Hist. Stätten VII, Bayern, 439–441.

Mengen, Lkr. Sigmaringen

Kath. Pfarrkirche St. Martin

Fundumstände
Unbekannt.

Baugeschichte
Die vermutlich schon im 11. Jahrhundert erbaute, 1211 und 1275 erwähnte Kirche wurde 1819 durch Brand so schwer zerstört, daß im heutigen Bau nur noch einige romanische Reste erhalten sind. 1276 befand sich die Kirche im Besitz des Benediktinerkloster Beuron, 1304 kam sie durch Schenkung an das Wilhelmitenkloster in Mengen. Die primitive Zeichnung der möglicherweise an Vorbildern aus Kloster Bebenhausen orientierten Fliese erlaubt nur eine grobe Datierung ins 14. Jahrhundert. Baudaten aus dieser Zeit sind nicht überliefert, doch weisen Reste von Wandmalereien an einer Fensterlaibung ebenfalls in diese Zeit. Möglicherweise wurde die Kirche nach der Übernahme durch die Wilhelmiten neu ausgestattet.

Literatur
W. v. Matthey, Kdm Kr. Saulgau, 108–109.
D. Bicheler, 44–45.
E. Keyser, D. Stb. IV 2, 2, 382–384.
G. Dehio, Baden-Württemberg, 316.

Haus „Zur Geis", früher Badstube, Mittlere Straße

Fundumstände
Unbekannt.

Baugeschichte
Über die Baugeschichte des im 15. Jahrhundert als Wohnsitz Buchauischer Stiftsdamen dienenden Hauses ist nichts bekannt. Die Fliese könnte in der 1. Hälfte des 15. Jahrhunderts entstanden sein.

Literatur
W. v. Matthey, Kdm Saulgau, 110.
D. Bicheler, 160.

Ehem. „Selbherrsches Haus", Hauptstraße

Fundumstände
Die Fliese wurde 1896 gefunden[1]. Das Haus wurde vor einigen Jahren ganz abgebrochen, das Gelände überbaut.

Baugeschichte
Die Fliese wird durch die Jahreszahl auf „1503" oder „1506" datiert. Sie wurde sicher in Mengen geprägt, das im Mittelalter schon eine städtische Ziegelhütte besaß[2].

Literatur
BOA Saulgau, 159.
B. Schmid, Stadtarchäologische Untersuchungen in Mengen, Kreis Sigmaringen, Archäologische Ausgrabungen in Baden-Württemberg 1989, Stuttgart 1990, 344–347.

---

1 Westd. Zs. 6, 1887, Museographie 1886, 289.
2 B. Schmid, 345, weist die Reste eines Töpferofens nach, der wohl um 1500 in Betrieb war.

Meran/Merano, Südtirol, Italien

Landesfürstliche Burg

Fundumstände
1876 „hatte sich von den ursprünglichen Fliesen nur mehr eine geringe Zahl vorgefunden. Sie kamen in der anstoßenden Lokalität (der Kapelle im Obergeschoß) zur Verwendung, wogegen für den Vorsaal neue, jedoch genau nach dem alten Mu-

ster angefertigt wurden".[1] Andere Fliesen scheinen in den Kunsthandel gelangt zu sein, die Fliese K63 fand sich 1882 in der Slg. Demmin.[2]

Baugeschichte
Die Burg wurde im wesentlichen durch Herzog Sigismund den Münzreichen (1446–90) ausgebaut, sie scheint vor 1480 vollendet gewesen zu sein. Die Fliesen stammen sicher aus der Zeit. Es sind die einzigen bis heute bekannten Fliesen dieses Typus aus Südtirol, das Muster der Fliese K24 fand sich auch in der Abtei Steingaden. Möglicherweise wurden sie von eingewanderten Töpfern gefertigt, 1480 wird in Meran ein „Niklas – Hafner", 1483 ein „Thoman – Hafner" und 1487 ein „Jörg von Ulm – Krugmacher" erwähnt. Auch zu Beginn des 16. Jahrhunderts werden aus Augsburg zugewanderte Hafner als Bürger aufgenommen, etwas später kamen je ein Hafner aus Dinkelsbühl und Jagstberg/Württemberg.[3]

Literatur
D. Schönherr, Geschichte und Beschreibung der landesherrlichen Burg in Meran, Meran ²1892, 61–63.
F. Paukert, Bd. 2, Blatt 6, Abb. A, B, C.
O. von Lutterotti, Schloß Tirol und die Landesfürstliche Burg in Meran, Innsbruck 1953, 20–30.
M. Caminiti, F. H. Riedl, Führer zur Besichtigung der Burgen Südtirols, Bozen 1961, 191–196.
J. Ringler, 20, 119.
Hist. Stätten, Österreich II, Alpenländer, 536–538.

1 D. Schönherr, 61–63. Die sorgfältige Restaurierung der Burg wurde 1876–79 durchgeführt.
2 A. Demmin, 58, Nr. 580.
3 J. Ringler, 20, 119.

Mespelbrunn, Kr. Aschaffenburg

Wasserschloß

Fundumstände
Die Fliesen liegen in situ in der Halle des nördlichen Hauptflügels. Es handelt sich um sehr grobe Prägungen.

Baugeschichte
Die im frühen 15. Jahrhundert als Stammsitz der Echter (v. Mespelbrunn) errichtete Wasserburg, wurde 1493 erweitert und 1564–69 als Renaissanceschloß ausgebaut. Nach dem Aussterben der Familie Echter kam das Schloß 1665 an die Pfalzgrafen von Ingelheim. Eine sichere Datierung der Fliesen ist nicht möglich. Sie könnten um 1569 durch einen nicht mit Fliesenprägungen vertrauten Töpfer gefertigt worden sein. Eine Verlegung bei Umbauten um 1742 ist nicht auszuschließen.

Literatur
Schulte vom Brühl, 179.
Hist. Stätten VII, Bayern, 444.
G. Dehio, Franken, 500–501.

Mindelheim, Kr. Unterallgäu

Kath. Stadtpfarrkirche St. Stephan, Teckkapelle

Fundumstände
Die Fliesen befinden sich in situ im Untergeschoß des Turmes, der sogenannten „Teckkapelle". Es haben sich ca 20 Fliesen in zwei verschiedenen Mustern erhalten[1].

Baugeschichte
Anstelle der außerhalb der Stadtmauern gelegenen St. Stephanskirche wurde 1419 eine neue Kirche innerhalb der Stadt erbaut, die eine kleinere Kirche oder Kapelle an dieser Stelle ersetzte. Beim Abbruch der baufälligen Kirche 1712 wurde der Unterbau des Turmes in den 1713 vollendeten Neubau übernommen. Die Teckkapelle geht auf eine Stiftung des Herzogs Ulrich von Teck und seiner Gemahlin, Anna von Polen, zurück. Die Fliesen stammen wohl aus der Erbauungszeit und wurden vermutlich schon in Mindelheim gefertigt[2].

Literatur
F. Zoepfl, Geschichte der Stadt Mindelheim in Schwaben, 1948, 31, 196, 266–268.
H. Habel, Kdm Mindelheim, 232–237.
G. Dehio, Schwaben, 714–716.

1 Freundliche Mitteilung von Herrn Erwin Holzbaur, Mindelheim.
2 F. Zoepfl, 196. – In der 1423 erlassenen Kaufhausordnung Herzog Ulrichs wird kein Hafner erwähnt. Es fehlen jedoch auch andere wichtige und sicher damals schon in Mindelheim vorhandene Berufe. In den Steuerlisten werden um 1500 bereits Hafner aufgeführt.

Minden, Reg.-Bez. Detmold

Ehem. Benediktinerkloster St. Mauritius auf dem Werder

Fundumstände
Die Fliesen fanden sich 1909 bei Grabungen nach Ton auf dem Werder von Minden an der Stelle, an der früher das Mauritiuskloster stand[1].

Baugeschichte
Über die Baugeschichte des 1042 durch Bischof Bruno „auf der Insel zwischen den Brücken" gegründeten Benediktinerklosters ist nichts bekannt. Wegen der häufigen Weserüberschwemmungen und „wegen fortgesetzter Einbrüche von Räubern und Plünderern"[2] wurde es 1435 an die Simeonspfarrkirche innerhalb der Stadtmauern verlegt. Das Kloster wurde abgebrochen, erhalten blieb eine kleine Kapelle, die 1530 von den Mindener Bürgern abgetragen wurde. Die Fliesen, von besonders sorgfältiger Prägung, gehören mit zu den frühesten deutschen Fliesen. Ihre Muster fanden sich bis jetzt an keiner anderen Stelle. Da alle Vergleichsbeispiele fehlen, ist ihre Datierung schwierig. Sie können zu Ende des 12. Jahrhunderts, um 1200, aber auch noch im 1. Viertel des 13. Jahrhunderts geprägt worden sein. Die Fliesen wurden vermutlich nicht in Minden gefertigt[3].

Literatur
O. K. Laag, 38–44 mit Abb.
M. Krieg, 45–46.
Hist. Stätten III, Nordrhein-Westfalen, 517–521.
H. Nordsiek, 22–24, 45–48.
L. Schütte, St. Mauritz und Simeon, in: R. Haacke (Hrsg.), Benediktinerklöster, 491.
J. Wollasch, Benediktinisches Mönchtum in Westfalen von den Anfängen bis zum 12. Jahrhundert, Monastisches Westfalen. Klöster und Stifte, Münster 1982, 15–30.
E. Landgraf, Bodenfliesen (Münster 1987), 65–74.

1 O. K. Laag, 39–40.
2 H. Nordsiek, 46.
3 Vgl. Text S. 99, Anm. 32.

Untere Bäckerstraße 51 (Parzellen 51–59)

Fundumstände
Anläßlich der Sanierung des Altstadtgeländes wurde 1973–76 im Gebiet der unteren Bäckerstraße, im Bereich zwischen Helling- und Tränkestraße, eine Grabung vorgenommen. Dabei fanden sich auch Fliesen und Fliesenbruchstücke in einem Haus der westlichen Parzelle.[1]

Ortsgeschichte
Zur mittelalterlichen Geschichte des Hauses ist nichts bekannt. Die Grabung erbrachte folgende Ergebnisse. Die Holzwände des Hauses wurden im 13. Jahrhundert durch Seitenwände aus Sandsteinquadern ersetzt. Raumfolgen und Einzelfunde ergaben keinen Hinweis auf den Beruf seiner Bewohner, eine gefundene Goldfibel läßt jedoch auf eine gewisse Wohlhabenheit schließen. Isenberg vermutet, daß es sich möglicherweise um ein Kaufmannshaus handelte. Dafür spricht die Nähe zur Weser und die Tatsache, daß die Bäckerstraße die unmittelbare Fortsetzung der lange Zeit einzigen Weserfurt war. „Dort kreuzten sich zwei der berühmten Fernhandelsstraßen des Mittelalters, die Ost-West-Verbindung zwischen den Niederlanden und Mitteldeutschland und die Nord-Süd-Verbindung zwischen Warburg und Bremen."[2] Die Fliesen scheinen die Vermutung, daß es sich nicht um verschleppte Fliesen aus einem Sakralraum, sondern möglicherweise um Teile eines Schiffstransports handelt, zu bestätigen. T22 ist bis jetzt aus keinem anderen Fundort bekannt. Das Muster weist auf eine Entstehung im 4. Viertel des 13. oder im 1. Viertel des 14. Jahrhunderts. ZE3 fand sich spiegelbildlich und ohne Punkte im norwegischen Zisterzienserkloster Hovedø vor Oslo (auf anderen Fliesen aus Hovedø sind diese dicken Punkte noch erhalten)[3] sowie in Brügge[4]. Der Fliese mit reitendem Falkner (ZA1) entspricht eine sehr ähnliche Reiterfliese, welche 1979 in Utrecht, Kaatstraat, geborgen wurde[5], eine weniger sorgfältige Prägung fand sich in der Kirche von Exmorra, Friesland[6]. Es ist nicht auszuschließen, daß diese Fliesen weseraufwärts bis Minden verschifft wurden, zumal sich im Grabungsgebiet außerdem eine größere Menge von Importkeramik aus dem Rheinland fand. Die inkrustierten Fliesen ZA1 und ZE3 gehören wohl erst der 1. Hälfte des 14. Jahrhunderts an.

Literatur
G. Isenberg, Bäckerstraße, 427–449.
U. Lobbedey, Scherben schreiben Geschichte, Minden 1974, 17–32.
E. Landgraf, Bodenfliesen (Münster 1987), 65–74, mit Farbabb. S. 105, Taf. 9.
H. W. Peine, Untersuchungen zur mittelalterlichen Keramik Mindens. Auswertung der Stadtkerngrabungen Bäckerstraße und Nellingstraße, Bonn 1988, 14, 75–76.

1 G. Isenberg, 442, 445, Abb. 266.
2 U. Lobbedey, 18.
3 Vgl. Text S. 195.
4 J. Helbig, 223, Abb. 36.
5 E. M. Kylstra, 55, Abb. 55.
6 H. van den Berg, 1981a, 26, rechts unten, Abb. 2, vgl. außerdem Abb. 4.

Mitterfischen, Gem. Pähl, Kr. Weilheim-Schongau

Kath. Filialkirche St. Pankratius

Fundumstände
Die Fliesen wurden vor 1892 gefunden.

Baugeschichte
Zur mittelalterlichen Baugeschichte der schlichten, wohl im 15. Jahrhundert erbauten, im 17. Jahrhundert umgebauten Dorfkirche, fehlen alle Urkunden. Gemälde und zwei bemalte Holzplastiken aus der Mitte des 16. Jahrhunderts lassen auf Ausstattungsarbeiten in dieser Zeit schließen. Die Fliesen gehören jedoch eher dem 15. Jahrhundert an.

Literatur
G. Dehio, München und Oberbayern, 640.

Mörgen, Gem. Eppishausen, Unterallgäukreis

Kath. Pfarrkirche St. Georg

Fundumstände
Bei der Restaurierung der Kirche wurden 1980 ca. 0,50 m unter dem heutigen Fußbodenniveau ungefähr 35 Fliesen in zwei verschiedenen Mustern aufgedeckt.[1]

Baugeschichte
Bei der Restaurierung stieß man auf einen Vorgängerbau der um 1500 erbauten Kirche. Dieser wird von Striebel in Zusammenhang mit der ersten Erwähnung des Kirchensatzes 1316 gebracht. Die Kirche wurde 1627 umgebaut und wohl um 1695 nach Westen verlängert. Die Fliesen, eine etwas gröbere Prägung, die möglicherweise am Ort gefertigt wurde, sind aus keinem anderen Fundort bekannt. Sie könnten während des 15. Jahrhunderts noch im ersten Kirchenbau verlegt worden sein, gehören jedoch vermutlich dem um 1500 entstandenen Bau an.

Literatur
F. Drescher, Geschichtliches über die Kirche in Mörgen, Mittelschwäb. Sonntagspost Mindelheim, 15. und 29. 10., 5., 12. und 18. 11. und 10. 12. 1949.
H. Habel, Bayer. Kdm Kr. Mindelheim, 358–360.
E. Striebel, 62.

1 Für ausführliche Angaben zu dem Fliesenfund danke ich Herrn Ernst Striebel, Kirchheim.

Moers-Repelen, Kr. Wesel

Ev. Pfarrkirche, ehem. St. Martin

Fundumstände
Bei der Erneuerung der Kirche 1859 fand man in ca. 0,40 m Tiefe einen Bodenbelag, der aus sogenannten „Esterchen, kleinen viereckigen Steinen" bestand und den Kelter als frühchristlich ansprach. Bei der Sicherung der Kirche vor Bergschäden wurde 1956 eine Fliese in Dreiecksform entdeckt.[1]

Baugeschichte
Die Kirche wird 1069 im Besitz der Abtei Echternach erwähnt und wurde 1176 der Kellnerei des St. Viktorstiftes in Xanten inkorporiert. Die in der 2. Hälfte des 12. Jahrhunderts erbaute Kirche hatte möglicherweise zwei Vorgängerbauten. Sie wurde im 14. Jahrhundert fast völlig zerstört und als Halle neu errichtet. Die Reliefliese, der einzige bis heute aus dieser Gegend des Niederrheins bekannte Fund, könnte noch aus der romanischen Kirche stammen. Das Dreieck weist darauf hin, daß der Fliesenboden diagonal zur Kirchenachse verlegt

war. Vermutlich ist die Fliese unter dem Einfluß des nahen Klosters Kamp entstanden. Von dort sind, da Ausgrabungen fehlen, noch keine Fliesenfunde bekannt. Die Fliese könnte in der 2. Hälfte des 13. Jahrhunderts verlegt worden sein, ihre Verwendung in einem Neubau des frühen 14. Jahrhunderts wäre noch möglich.

Literatur

E. KELTER, Chronik der Gemeinde Rheinkamp. Geschichte einer niederrheinischen Gemeinde, Duisburg 1960, 244–251.
G. DEHIO, Rheinland, 552–553.
Hist. Stätten III, Nordrhein-Westfalen, 639.
G. BINDING, Bericht über die Ausgrabungen in niederrheinischen Kirchen II, Rhein. Ausgrabungen 9, Beiträge zur Archäologie des Mittelalters II, Düsseldorf 1971, 45–46 (2–63).
H. E. KUBACH, A. VERBEEK, Bd. 2, 955.

---

1 E. KELTER, 248–249. Der Bericht über den Bodenbelag ist nicht eindeutig. Als „Esterchen" werden Abstandsplatten bezeichnet, die beim Brand von Gebrauchskeramik anfallen und die, senkrecht nebeneinander, meist in einem einfachen Fischgrätmuster in einer Mörtelmasse verlegt werden. Sie sind am Niederrhein nicht vor der 1. Hälfte des 16. Jahrhunderts üblich. Daß E. KELTER der Begriff der „Esterchen"böden geläufig ist, zeigt eine Abbildung eines solchen Bodens im Hoffschen Hof in Baerl.

Mörstadt, Kr. Alzey-Worms

Ev. Pfarrkirche, ehem. St. Cyriakus

Fundumstände

Bei der Restaurierung der Kirche 1975 wurde ein diagonal verlegter Fliesenboden in situ aufgedeckt. Graue und rote Fliesen waren als Schachbrettmuster verlegt.[1] Das Bodenniveau war in der 2. Hälfte des 17. Jahrhunderts „um einen Schuh" erhöht worden[2].

Baugeschichte

Der Ort wird zuerst 763 in Schenkungen an das Kloster Lorsch genannt. Die Kirche liegt auf dem Areal eines römischen Gutshofes. Sie wird 1355 erstmals erwähnt. Das Patronat hatte das Wormser Domstift inne, es ging 1379 an das St. Cyriakusstift in Worms-Neuhausen. Die 1496 als baufällig beklagte Kirche wurde wohl 1509 durch einen Neubau ersetzt. Von diesem ist nur der Turm erhalten, das Schiff wurde in der 2. Hälfte des 18. Jahrhunderts erneuert. Die Fliesen weisen auf eine Verlegung des Bodens im 7. oder 8. Jahrzehnt des 13. Jahrhunderts. Es handelt sich um ein Wormser Muster, welches außerdem in Kloster Arnsburg und in St. Peter, Weinheim gefunden wurde.

Literatur

E. WÖRNER, Kdm Kr. Worms, 95–96.
K. J. BRILMAYER, Rheinhessen, 316–317.
W. RÖHLER, Zäher Kampf um die Erhaltung des Gotteshauses, „Wonnegauer Heimatbl. 3, H. 7, 1958, 3.
G. DEHIO, Rheinland-Pfalz, 684.

---

1 Freundliche Mitteilung des Ausgräbers, Herr Dr. Johannes Sommer, Darmstadt.
2 W. RÖHLER, 3.

Monreal, Kr. Mayen-Koblenz

Kath. Pfarrkirche zum Hl. Kreuz

Fundumstände

Die Fliese wurde 1895 auf dem Boden des Grabes eines Ritters von Virneburg gefunden.

Baugeschichte

Die durch Graf Heinrich von Virneburg 1210 gestiftete Kirche wurde 1460 durch einen Neubau ersetzt. Eine auf der Nordseite, gleichzeitig mit der Kirche erbaute Kapelle „Unserer Lieben Frau" wurde 1895 abgerissen. Vermutlich fand sich die in der 2. Hälfte des 13. oder zu Beginn des 14. Jahrhunderts entstandene Fliese hier. Sie muß noch aus dem ersten Kirchenbau stammen.

Literatur

H. ADENAUER, J. BUSLEY, H. NEU, Kdm Kr. Mayen 2, I, 233–239.
G. DEHIO, Rheinland-Pfalz, 686.

Kapelle am Aufgang zur Burg Monreal, Laukscher Hof

Fundumstände

Die Fliesen liegen vermutlich in 2. Lage. Sie sind stark abgetreten. Sie sollen aus der Burg stammen. Wahrscheinlicher ist jedoch eine Herkunft aus der Kirche „Heiligkreuz". Erhalten ist ca. 1 m^2 des Musters L3 und 8 Fliesen einer Variante von H238. Die Fliesen unterscheiden sich sowohl in der Prägung wie auch im Tonmaterial. Möglicherweise wurden sie an zwei verschiedenen Fundorten geborgen.

Baugeschichte

Die Kapelle weist dieselbe Profilierung des Portals auf wie die südliche Seitenkapelle der Pfarrkirche. Sie ist vermutlich zur selben Zeit wie diese entstanden.

Literatur

H. ADENAUER, J. BUSLEY, H. NEU, Kdm Kr. Mayen 2, I, 246.

Burgruine der „Großen Burg", sog. „Löwe"

Fundumstände

Die Fliesen wurden um 1975 als Lesefund in einem Garten des äußeren Burgbereichs geborgen.[1]

Baugeschichte

Die 1229 erstmals erwähnte Burg wurde um 1220 durch Graf Hermann von Virneburg erbaut. Sie blieb als Trierer Lehen im Besitz der Grafen von Virneburg; nach deren Aussterben 1545 diente sie bis zur Zerstörung durch die Franzosen 1689 als kurtrierischer Amtssitz. Sie besaß einen sechseckigen Kapellenanbau, welcher noch aus der Erbauungszeit stammt. Möglicherweise lagen die Fliesen in dieser Kapelle. Die Muster gehören zum Modelbestand einer Werkstatt, welche Fliesen im Königshaus von Boppard, den Burgen Scharfenstein, Eppstein und Auerbach sowie in einer Reihe ober- und mittelrheinischer Kirchen verlegte. In Monreal dürften sie vor oder nach der Mitte des 13. Jahrhunderts verlegt worden sein.

Literatur

H. ADENAUER, J. BUSLEY. H. NEU, Kdm Kr. Mayen 2, I, 246–251.

Hist. Stätten V, Rheinland-Pfalz, 238.
G. DEHIO, Rheinland-Pfalz, 687.
U. LIESSEM, 1977, 44–46.

1 Den Hinweis auf diese Fliesen verdanke ich Herrn Udo Liessem, Koblenz.

Montabaur, Westerwaldkreis

Schloß, heute Bildungszentrum der Deutschen Genossenschaftskasse

Fundumstände
Die Fliese wurde bei Bauarbeiten 1907 im Schloß gefunden, weitere Fliesen bei den Umbauarbeiten der letzten Jahre geborgen[1].

Baugeschichte
Die vermutlich von Herzog Hermann von Schwaben nach 910 erbaute, 959 als „Kastell Humbach" erstmals erwähnte Burg, wurde um 1220 von Erzbischof Dietrich II. von Wied neu befestigt und in „mons tabor" umbenannt. Da die Burg seit der Mitte des 13. Jahrhunderts häufig Residenz der Trierer Erzbischöfe war, wurde sie ständig erweitert und ausgebaut, so 1280–99, unter Erzbischof Johann von Baden (1456–1503), Richard von Greiffenclau (1511–31) und Johann Hugo von Orsbeck (1676–1711). Der äußere Torbau wurde unter Erzbischof Johann von Schönenburg (1581–99) neu erbaut oder verändert; die über dem Tor und an der Außenmauer des Rondells angebrachten Jahreszahlen „1588" und „1584"[2] weisen auf Bauten in dieser Zeit. Die Fliese mit dem Wappen Johann von Schönenburgs muß gleichzeitig entstanden sein, die Darstellung stimmt mit dem in die Wand eingelassenen Wappen[3] genau überein.

Literatur
F. LUTHMER, Kdm Reg.-Bez. Wiesbaden V, 10–11.
F. MICHEL, Die Geschichte der ehem. Grundherrschaft Humbach, des Bannforstes Spurkenberg und der Burg Humbach bzw. Montabaur, Jb. für Geschichte und Kultur des Mittelrheins und seiner Nebengebiete 1, 1949, 1950, 29–63.
G. DEHIO, Rheinland-Pfalz, 691–692.
W. BORNHEIM, gen. Schilling, 1977, 27–53.

1 F. MICHEL, 39, 55, Abb. 16.
2 Mitt. Ver. f. Nass. Altertumskunde, 1908, 40.
3 W. BORNHEIM, 1977, gen. Schilling, Abb. nach 228, Nr. 2.

Montfort, Gem. Duchroth-Oberhausen, Kr. Bad Kreuznach

Burgruine

Fundumstände
Die ersten Fliesen wurden bei Sicherungsarbeiten in unbekannter Zeit, jedoch vor 1955 gefunden, da Exner vermerkt: „es wurden früher auch solche in gelber, schwarzer und grauer Farbe gefunden."[1] 1976 wurde ein Fliesenfragment im Palas geborgen, andere Fliesen fanden sich vorwiegend im Schutt des Hauses L und im Torbereich der Burg. Bei einer erneuten Grabung 1983 fand man in Raum G die Fliesen F12 und J44, sowie eine große Anzahl, teilweise stark abgelaufener Fliesen des Musters H244[2] Dieses Muster lag immer wieder auch an anderen Stellen der Burg. Da die Kellerräume der einzelnen Häuser noch nicht ergraben und teilweise hoch mit Schutt aufgefüllt sind, können weitere Fliesenfunde erwartet werden.[3]

Baugeschichte
Die 1226 erstmals erwähnte Burg war als Lehen der Grafen von Veldenz in der Hand der Herren von Montfort und wurde schon seit 1257 als Ganerbenburg genutzt. Die Zahl der Ganerben erhöhte sich von sechs (1257) rasch auf fünfzehn (1325) und siebzehn (1444). Dies löste eine rege Bautätigkeit aus. Die Burg wurde 1456/57 im Auftrag von Kurfürst Friedrich I. von der Pfalz zerstört und ist seitdem Ruine. Neueste dendrochronologische Untersuchungen haben für einen Balken eines Burgmannenhauses das Fälldatum 1478 ergeben. Es muß also ein Wiederaufbau zumindest versucht worden sein. Der erste Fliesenboden kann in der wohl zu Ende des 12. Jahrhunderts erbauten Burg kaum vor Mitte des 13. Jahrhunderts verlegt worden sein. Vermutlich kamen die frühen Fliesen aus Kloster Eberbach. Dafür spricht auch das von Exner erwähnte Farbschema. Das Burghaus L, in dem vor allem Fliesen des Musters H244 lagen, wurde um 1400 erbaut. H244 ist ein später, grober Nachschnitt eines Eberbacher Musters, der sich auch in den nahen Burgen Rheingrafenstein und Altenbaumburg fand und möglicherweise schon in einer Werkstatt im Raum Kreuznach gefertigt wurde.

Literatur
Bdm Pfalz II, 155–160.
F. L. ARNOLD, Ganerben-Burg Montfort, Pfälzer Heimat 5, Speyer 1954, 129–130.
W. EXNER, Die Ganerbenburg Montfort mit Wappen und Stammtafeln, Mainz 1955 (ms. Ms. im Hist. Sem. der Universität Mainz).
G. DEHIO, Rheinland-Pfalz, 693–694.
G. STEIN, 121–125.
H. WILKE, 9ff., Abb. 29R auf S. 47.
St. Köhl, Burg Montfort I, 110–111, III, Abb. 56–57 (mit ausführlichem Literatur-Verzeichnis).

1 H. WILKE, 47, Anm. zu Nr. R.
2 Freundliche Mitteilung von Herrn Stefan Köhl, Bad Münster, und Herrn Herbert Wilke, Bad Kreuznach.
3 Freundlicher Hinweis von Herrn Stefan Köhl, Bad Münster.

Montheron, Stadt Lausanne, Kt. Waadt/Vaud, Schweiz

Ehem. Zisterzienserkloster Grâce-Dieu (Gratia Dei)

Fundumstände
Bei 1928–30 durchgeführten Grabungen kamen Fliesenbruchstücke zutage. Diese sind z. Z. nicht auffindbar. Es ist nicht sicher, ob bei Grandjean alle Muster abgebildet wurden. Bei den jüngsten Grabungen 1975–76 wurden keine Fliesen entdeckt.[1]

Baugeschichte
Kirche und Klostergebäude des 1135 von Bellevaux aus gegründeten Klosters sind verschwunden. Erhalten hat sich eine kleine, über den Strukturen des ehem. Klosters errichtete Kirche. Die wenigen ergrabenen Bauteile weisen ins 12. und

13. Jahrhundert. 1289 sind Schenkungen zum Bau des Kreuzgangs, 1290 zur Ausbesserung des Dormitiums überliefert. Das Kloster verlor rasch an Bedeutung, 1366 lebten nur noch 7 Mönche dort. In der 2. Hälfte des 15. Jahrhunderts wurden Kirche und Kloster durch Brand zerstört und unter Abt François de Colombier (1506–08) wohl nur notdürftig wieder aufgebaut. Nach der Aufhebung des Klosters 1536 verfielen die Gebäude, der Rest brannte nochmals nieder.
Die Fliesenfragmente weisen darauf hin, daß Montheron wohl denselben Fliesenboden wie die Klöster Aulps und Bonmont besaß. Erhalten hat sich V9, das Muster V19 ist aus Bonmont nicht bekannt.[2]

Literatur
M. Grandjean, Kdm Vaud I, 156–170.
P. Eggenberger, W. Stöckli, L'ancienne abbaye cistercienne de Montheron, Revue historique Vaudoise 85, 1977, 7–23.

1 Freundliche Mitteilung von Herrn Werner Stöckli, Moudon.
2 M. Grandjean, 166, Fig. 121.

Monzingen, Kr. Bad Kreuznach

„Alt'sches Haus"?, Hauptstraße 59
Ev. Pfarrkirche, ehem. St. Willigis und Martin

Fundumstände
Die Fliesen liegen, mit der Bildseite nach unten, in einem Kalk-Sand-Putz auf dem Speicher des Alt'schen Hauses. Einige davon wurden ausgelöst. Freckmann hält es für möglich, daß die Fliesen aus der Pfarrkirche stammen und bei deren Umbau 1860 erst dorthin verbracht wurden.[1]

Baugeschichte
Das „Alt'sche Haus" wurde, laut Türinschrift, 1589 von Mathias Knorr erbaut. Da es sich bei der Fliese um eine verhältnismäßig späte Variante eines schon in der 2. Hälfte des 13. Jahrhunderts auftretenden Musters handelt, wäre eine Verlegung der Fliesen um 1589 gerade noch möglich. Mit größerer Wahrscheinlichkeit stammen sie jedoch aus der im 12. Jahrhundert erbauten Kirche. Diese wurde gegen 1300 umgebaut und erhielt 1488 einen durch Philipp von Gmünd errichteten Chor. 1505 wurde am Ostende des Seitenschiffs eine Kapelle erbaut. In die Zeit dieser Neubauten würden sich die Fliesen am besten einfügen.

Literatur
W. Zimmermann, Kdm Kr. Kreuznach, 293–298, 300.
G. Dehio, Rheinland-Pfalz, 694.
K. Freckmann, 44.
W. Vogt, 1200 Jahre Monzingen. FS zur 1200-Jahr-Feier. 778-1978, Monzingen 1978, 30, 54–55, 79.

1 Freundliche Mitteilung von Herrn Dr. Klaus Freckmann, Sobernheim.

Mühlheim a. d. Donau, Lkr. Tuttlingen

Kath. Kirche St. Gallus, heute Friedhofskirche

Fundumstände
Die Fliese wurde bei Grabungen unter dem heutigen Fußboden der Kirche gefunden.

Baugeschichte
Die vermutlich aus der 2. Hälfte des 12. Jahrhundert stammende, 1275 erstmals erwähnte ehem. Pfarrkirche, besitzt einen frühgotischen Chor[1] und eine wohl zu Ende des 15. Jahrhunderts angebaute nördliche Seitenkapelle. Baunachrichten haben sich nicht erhalten. Das einfache Fliesenmuster weist auf eine Entstehung in der 2. Hälfte des 14. oder zu Beginn des 15. Jahrhunderts. Die Fliesen wurden vermutlich in Mühlheim selbst gebrannt, das über ausgezeichnete Tongruben auf seiner Markung verfügte.

Literatur
BOA Tuttlingen, 170, 199, 369–370, 374.
E. Gradmann, Die St. Galluskapelle bei Mühlheim und ihre Wandgemälde, Bl. des Schwäb. Albvereins 20, Stuttgart 1908, 277.
G. Dehio, Baden-Württemberg, 327.
Hist. Stätten VI, Baden-Württemberg, 450–451.
E. Blessing, Mühlheim an der Donau. Geschichte und Geschichten einer Stadt, Sigmaringen 1985, 394–395.

1 E. Blessing nennt für den Umbau des Chores die Jahreszahl 1430.

Münsingen-Apfelstetten, Lkr. Reutlingen

Ev. Pfarrkirche, ehem. St. Barbara

Fundumstände
Bei der Restaurierung der Kirche 1969–71 wurden im Chorraum, im Schutt um den Altar, ca. 40 Fliesen und Fliesenbruchstücke gefunden. 12 guterhaltene Fliesen wurden in die Westwand der Kirche eingelassen.[1]

Baugeschichte
Die einfache Dorfkirche in Renaissanceformen war bis zur Reformation Filialkirche von Buttenhausen. Die Restaurierung ergab das Vorhandensein einer romanischen Kapelle, die vermutlich in der 1. Hälfte des 11. Jahrhunderts erbaut, 1352 erstmals erwähnt und in der Mitte des 14. Jahrhunderts (oder 1378) umgebaut wurde. Vermutlich 1614 wurde die Kirche erneuert, die Fliesen möglicherweise schon bei diesem Umbau oder 1690 beim Wiederaufbau nach einem Brand im 30jährigen Krieg verworfen. Das Muster fand sich in Reutlingen und auf einem Hof des Klosters Zwiefalten in Reutlingen-Eningen. Zwiefalten und Reutlingen sind von Apfelstetten ungefähr gleich weit entfernt. Wer die zwischen 1490–1510 verlegten Fliesen lieferte, kann nicht entschieden werden.

Literatur
BOA Münsingen, NF. 1912, 567–570.
A. Breuning, 5–45, 38, Fig. 11.

1 Freundliche Mitteilung von Herrn Pfarrer J. Lippert, Buttenhausen.

Münsingen-Bichishausen

Burgruine

Fundumstände
Unbekannt.

Baugeschichte
Die wohl vor 1296 von Konrad von Gundelfingen erbaute Burg kam Mitte des 14. Jahrhunderts an die Truchsessen von

Magolsheim. Nach deren Aussterben fiel die Burg 1510 an Heinrich Treisch von Buttlar,[1] 1552 wurde sie an die Grafen von Helfenstein verkauft. Die Burg wird im 16. Jahrhundert schon als baufällig bezeichnet, an keinem Bauteil der Ruine sind noch Baudetails zu erkennen, die eine sichere Datierung erlauben. Das Muster der Fliese weist auf eine Entstehung im 2. Viertel des 16. Jahrhunderts.

Literatur

BOA Münsingen, NF. 1912, 585–588.
E. Fiechter, J. Baum, Kdm O. A. Münsingen, 46–47.
Hist. Stätten VI, Baden-Württemberg, 82.

1 BOA Münsingen, 586. „... Die Burg ... soll von der Familie Buttlar ... neu aufgebaut worden sein."

Münzenberg, Wetteraukreis

Burgruine

Fundumstände

Bei einer ersten Grabung um 1900 fand man zahlreiche, unversehrte Bodenfliesen, deren Muster jedoch nicht aufgezeichnet wurden. Da die Grabung 1960 die Muster J 112 und O 61, wenn auch nur in Bruchstücken, zutage förderte, darf vermutet werden, daß einige der Fliesen derselben Muster, die sich, mit unbekanntem Herkunftsort, in den Museen von Darmstadt und Marburg finden, vielleicht aus dieser ersten Grabung stammen. Die 1960 gefundenen Fliesen waren im Mauerwerk der Kapelle und im Gewölbe der Tordurchfahrt in zweiter Lage vermauert. Die ältesten Fragmente fanden sich nach Binding „ohne Abnutzungsspuren in Schuttschichten aus dem Ende des 13. Jahrhunderts". Binding weist ferner auf ungemusterte Fliesen mit Resten von schwarzer und weißer Bemalung, die in zwei Exemplaren geborgen wurden, deren Muster jedoch nicht mehr zu erkennen war, ferner auf ungemusterte Fliesen mit hellgelbbrauner und schwarzbrauner Glasur.[1]

Baugeschichte

Die wohl von Konrad II. von Hagen-Arnsburg 1152 begonnene, von seinem Sohn Kuno I. von Münzenberg weiter ausgebaute Burg, war vermutlich um 1174 teilweise fertig. Einsingbach befürwortet eine Vollendung des Baus in den 80er Jahren des 13. Jahrhunderts.[2] Nach dem Aussterben der Herren von Münzenberg kam die Burg 1255 an die Herren von Falkenstein, die sie, nach einer schweren Zerstörung in der Mitte des 13. Jahrhunderts, vermutlich nach 1268 ausbauten. Diese 2. Bauperiode, der „Falkensteiner Bau", scheint um 1300 abgeschlossen zu sein. Das Interesse an der Burg ließ zu Beginn des 14. Jahrhunderts nach. Erst um 1500 wurde der Westturm vollendet und eine neue Küche angelegt. Gewölbe und Maßwerkfenster der Kapelle weisen ebenfalls auf Umbauten in dieser Zeit. Die wohl schon stark verfallene Burg wurde im 30jährigen Krieg beschädigt und seitdem durch die Münzenberger Bürger als Steinbruch genützt. Binding datiert die wohl aus Kloster Arnsburg bezogenen Fliesen in das 4. Viertel des 13. Jahrhunderts. Dies könnte für J 112 und J 113 zutreffen. J 50 wurde wohl schon in den allerersten der fertiggestellten Bauten im 2. Drittel des 13. Jahrhunderts verlegt. Nicht sicher zu datieren ist O 61. Neue Funde des Musters in Kloster Arnsburg lassen vermuten, daß sie zu Ende des 14. Jahrhunderts entstanden ist. Nachprägungen könnten noch für die um 1500 veränderten Bauten verwandt worden sein.

Literatur

R. Adamy, Kdm Kr. Friedberg, 1895, 168–202.
H. L. N.Ködding, Geschichte der Stadt und Herrschaft Münzenberg von der Steinzeit bis zur Gegenwart, Eberstadt 1934, 18–50.
G. Binding, Burg Münzenberg in der Wetterau. Eine staufische Burganlage. Bonn 1963, 3ff., 71–71, 158–161.
Besprechung durch W. Einsingbach in Nass. Ann. 75, 1964, 326–328 und 83, 1972, 287.
Hist. Stätten IV, Hessen, 333–335.
K. Gruber, W. Küther, Minzinberg. Burg, Stadt, Kirche, Gießen 1968, 37–43, 46.
K. Nothnagel, F. Arens, 131–134.
W. Einsingbach, W.-A. Kropat, K. Staupendahl, Münzenberg. Burgruine, Amtlicher Führer, Bad Homburg v. d. Höhe 1978, 3–64.
G. Dehio, Hessen, 637–638.

1 G. Binding, 71–72. Die Funde aus Münzenberg kamen ins Wetterau-Museum Friedberg. Sie gerieten jedoch dort unter die Fliesenfunde aus Friedberg und sind heute nicht mehr sicher von ihnen zu trennen.

2 Für die Datierung des Münzenberger Palas wird meist die 1174 „in Minzenberch" ausgestellte Urkunde herangezogen, in der Kuno I. von Münzenberg den Zisterziensern das Gelände für Kloster Arnsburg übergab. Dies setzt jedoch noch nicht die Vollendung des ganzen Baus voraus. Die neuere Forschung befürwortet eine Vollendung in den beiden letzten Jahrzehnten des 12. Jahrhunderts (G. Dehio, Hessen, 637).

Haus Steinweg 21

Fundumstände

Die Fliesen wurden 1979 bei der Renovierung des Fachwerkhauses als Füllmaterial im Wandputz und im Fußboden gefunden. Es wird angenommen, daß die Fliesen aus der Burg stammen. Dies ist jedoch weniger wahrscheinlich. Die Muster weisen auf eine Verlegung im späten 16. oder frühen 17. Jahrhundert, einer Zeit, in der in der Burg wohl kaum mehr Aufwand für die Ausstattung getrieben wurde.

Baugeschichte

Zur Baugeschichte des gotischen Steinhauses mit Staffelgiebel gibt es keine Urkunden. Das Fachwerkobergeschoß stammt aus der 2. Hälfte des 17. Jahrhunderts.

Literatur

G. Dehio (1982), Hessen, 638.

Munderkingen, Alb-Donau-Kreis

Kath. Pfarrkirche St. Dionysius

Fundumstände

Die Fliesen wurden bei einer Restaurierung gefunden, es haben sich nur Fragmente erhalten.

Baugeschichte

Die 1262 erstmals erwähnte Kirche wurde 1382 dem Kloster Marchthal inkorporiert; 1500–10 wurde die romanische Basilika in eine spätgotische Staffelhalle umgebaut. Die aus dieser Zeit stammenden Fliesen wurden vermutlich beim barocken Umbau der Kirche um 1738 verworfen. Das Muster, mit der Aufforderung „trit mich", fand sich außerdem noch in der Propstei Nellingen und der Kirche in Veringenstadt.

Literatur
E. Keyser, D. Stb. IV, 2, 2, 389–391.
G. Dehio, Baden-Württemberg, 330.
Hist. Stätten VI, Baden-Württemberg, 453–454.

Murrhardt, Rems-Murr-Kreis

Ev. Walterichskirche auf dem Friedhof, ehem. St. Maria

Fundumstände
Die Fliesen befinden sich in situ im Chor der Kirche. Sie sind stark abgetreten, nur am Rand des Belags haben sich noch Muster erhalten.[1]

Baugeschichte
Die auf verschiedenen Vorgängerbauten errichtete frühere Pfarrkirche wurde nach Cichy um 1450, nach Dehio um 1490 umgebaut. Cichy führt eine Ritzzeichnung in der Chorwand mit der Jahreszahl „1453“ und eine 1451 gegossene Glocke an, Dehio beruft sich auf die über allen drei Schiffsportalen angebrachte Jahreszahl „1489“.[2] Ein Vergleich mit den wohl nach 1435 verlegten, fast übereinstimmenden Fliesen aus der Kirche in Gaildorf, spricht für eine Verlegung in Jahrhundertmitte. Keinesfalls sind die Fliesen, wie Haßler noch annimmt, im 13. Jahrhundert entstanden (Rundschild!).

Literatur
K. Hassler, Taf. 2, 1.
B. Cichy, 40–46.
G. Dehio, Baden-Württemberg, 331.
A. Schahl, Kdm Rems-Murr-Kreis I, 616–629.

1 B. Cichy, 42, 43.
2 A. Schahl, 617, nimmt an, daß die Erweiterungsbauten für das Schiff 1489 abgeschlossen waren.

Muttenz, Kt. Basel-Land, Schweiz

Reformierte Kirche St. Arbogast

Fundumstände
Die Fliese fand sich „in den Tortürmen der Kirche von Muttenz“. Vermutlich wurde sie bei der Erneuerung des nördlichen Chorturms nach dem Brand 1931 gefunden.

Baugeschichte
Die 1227 erstmals genannte, wohl zwischen 1180–1220 erbaute Kirche ist, neben der Valeria in Sitten/Sion, die einzige erhaltene Wehrkirche der Schweiz. Das Schiff des 14. Jahrhunderts wurde um 1507 ausgemalt und 1504 mit einer Holzdecke versehen. Das einfache Muster aus Spitzovalen erlaubt keine sichere Datierung. Die Fliese kann noch um 1500 verlegt worden sein.

Literatur
H. R. Heyer, Kdm Basel-Landschaft I. Der Bezirk Arlesheim, 321, 333, 337.
J. Ewald, Die St.-Arbogast-Kirche in Muttenz bei Basel, eine mittelalterliche Wehrkirche, Château Gaillard III. Actes du colloque international tenu à Bad Münstereifel, 30. 8.–4. 9. 1976, Caen 1977, 103–120.

N

Nagold, Lkr. Calw

Ev. Gottesackerkirche, ehem. St. Remigius und Nikolaus

Fundumstände
Die Fliese fand sich als Einzelfund bei den Ausgrabungen 1961–64, „wohl aus der Planierung unter dem jüngsten Plattenboden im Langhaus“[1]. Sie zeigt dieselbe Tonfarbe, übereinstimmende Maße und dasselbe oder ein sehr ähnliches Muster wie eine stark zerstörte Fliese unbekannter Herkunft, welche, vermutlich zu Ende des 19. Jahrhunderts, in die königliche Sammlung in Stuttgart kam. Es wäre möglich, daß auch diese Fliese aus Nagold stammt und vielleicht bei der Innenrestaurierung der Kirche 1884 geborgen wurde. Die Tatsache, daß man eine so stark zerstörte Fliese in die Sammlung aufnahm, spricht dafür, daß es sich entweder um eine wichtige Kirche oder um die einzige Fliese aus einem bis zur Unkenntlichkeit abgetretenen Boden handelte.

Baugeschichte
Die erste Kirche wurde vermutlich zu Ende des 6. oder zu Beginn des 7. Jahrhunderts unter teilweiser Benutzung der Fundamente eines römischen Wirtschaftshofes errichtet, zu Beginn des 9. und nach der Mitte des 10. Jahrhunderts umgebaut und zu Anfang des 12. Jahrhunderts mit einem Turm versehen. Sie wurde um oder nach 1300 erweitert, um 1320/1325 mit Wandfresken versehen und erhielt im 15. Jahrhundert und in der Mitte des 16. Jahrhunderts neue Maßwerkfenster. Um 1511 soll eine Seitenkapelle angebaut worden sein[2]. V. Roeser erwähnt einen durch zwei Münzen datierten Estrich, der nicht vor 1492 entstanden sein kann[3], schreibt jedoch, daß der Plattenboden der Kirche IVa schon zu Ende des 16. Jahrhunderts ausgeräumt wurde[4]. Das Muster der Fliesen weist ins späte 15. Jahrhundert oder in den Beginn des 16. Jahrhunderts. Da die Kirche seit 1386 dem Kloster St. Georgen in Stein am Rhein inkorporiert war, könnten die Fliesen unter dessen Einfluß verlegt worden sein[5].

Literatur
BOA Nagold, 104.
L. Merkelbach, W. Wrede, Die Ausgrabung in der Remigiuskirche, in: Die Remigiuskirche in Nagold. Bericht zu ihrer Erneuerung 1960–1965, 23–34.
D. Lutz, Die Remigiuskirche, Tübingen und das Obere Gäu (Führer zu archäologischen Denkmälern in Deutschland 3) 1983, 161–165.
V. Roeser, Die Grabung 1961–1964, 20ff., 157, 166, 186, Abb. 147, 188, Abb. 149, in: V. Roeser u. H. G. Rathke, 1986.
H. G. Rathke, Die Geschichte der Pfarrei, 201–254, in: V. Roeser u. H. G. Rathke, 1986.

1 V. Roeser, 166.
2 H. G. Rathke, 248.
3 V. Roeser, ebd., 155.
4 Ebd., 166.
5 H. G. Rathke, 221, 224. Ein Schaffner des Klosters wird in Nagold 1479 und 1531 erwähnt.

Nassau, Rhein-Lahn-Kreis

Burgruine Nassau

Fundumstände
Bei dem seit 1971 begonnenen Ausbau des Palas zu einer Gaststätte wurde 1979 ein Fliesenbruchstück im Schutt des Palas gefunden.[1]

Baugeschichte
Die 1101 von den Herren von Laurenburg gegründete Burg kam, nach einem Vergleich mit dem Besitzer des Burgberges, dem Hochstift Worms, 1159 an das Erzstift Trier und wurde den Laurenburgern wieder als Lehen überlassen. Sie nannten sich später Grafen von Nassau und bauten die Burg weiter aus. Diese besaß eine 1394 erwähnte Burgkapelle St. Johannis im Obergeschoß des Palas, welche noch 1515 mit einem eigenen Kaplan besetzt war. Die Burg wurde zuletzt 1501–02 ausgebessert. Sie wurde nicht zerstört, sondern verfiel, die Reste wurden 1945 schwer beschädigt und seit 1970 teilweise wieder rekonstruiert. Die Fliese, ein Muster des Klosters Eberbach, wurde vermutlich im 1. Drittel des 14. Jahrhunderts verlegt.

Literatur
F Luthmer, Kdm Reg.-Bez. Wiesbaden III, 202–207.
H. Gensicke, 1958, 79, 278–290.
A. Bach, Die Burg Nassau, Nassau ²1960, 6–9, 12–15.
Hist. Stätten V, Rheinland-Pfalz, 248–249.
G. Dehio, Rheinland-Pfalz, 710–711.
U. Liessem, U. Löber, 70–73.
V. Geissler, 1984, 349–354.

1 Freundlicher Hinweis von Herrn Udo Liessem, Koblenz.

Nattheim, Lkr. Heidenheim

Ehem. Pfarrkirche St. Martin?

Fundumstände
Unbekannt. Die Fliesen müssen in größerer Anzahl vor 1929 in den Kunsthandel gekommen sein. In keinem der Museen, die diese Fliesen ankauften, ist der Fundort bekannt, den einzigen Hinweis gibt Pazaurek.[1] Die Fliesen könnten beim Abbruch der Kirche 1865 geborgen worden sein.

Baugeschichte
Über die Baugeschichte der mittelalterlichen, unter dem Patronat des Klosters Herbrechtingen stehenden, 1497 erwähnten Kirche ist nichts bekannt.[2] Sie wurde 1865 durch einen Neubau ersetzt. Die Datierung der Fliesen ist besonders schwierig. Die Tierdarstellungen, vor allem der Adler B31, weisen auf das späte 13. Jahrhundert, die Doppellilie von S2 ist in dieser Form typisch für das 15. Jahrhundert.

Literatur
BOA Heidenheim, 260.
E. Gradmann, Kdm Jagstkreis II, 220.
G. E. Pazaurek, 8–9, Abb. 3, 4.
A. Ritz, Nattheim und Oggenhausen im Kranz der Nachbargemeinden, Heidenheim 1951, 136–139, 140–150.

1 G. E. Pazaurek, 9: „... im Ulmer Antiquitätenhandel erworben und die aus der Kirche in Nattheim bei Heidenheim stammen sollen.“
2 E. Gradmann, 220: „Die mittelalterliche Kirche soll romanische Formen gezeigt haben.“

Neckargröningen, Gem. Aldingen a. Neckar, Lkr. Ludwigsburg

Ev. Pfarrkirche, ehem. St. Martin

Fundumstände
Die Fliese wurde bei Grabungen 1965 gefunden.

Baugeschichte
Die Fliese müßte aus einem Vorgängerbau der heutigen, wohl um 1450 erbauten Kirche stammen. Vergleiche mit den in Basel, Pforzheim, Speyer und Worms gefundenen Fliesen J28–J29 legen nahe, daß sie in der 2. Hälfte des 13. Jahrhunderts verlegt wurde.

Literatur
E. Paulus, Kdm Neckarkreis I, 370.
G. Dehio, Baden-Württemberg, 334.

Neckarrems, Gem. Aldingen a. Neckar, Lkr. Ludwigsburg

Burgstelle Remseck?

Fundumstände
Die Fliese wurde am Abhang der heute völlig verschwundenen Burg Remseck gefunden.

Baugeschichte
Die 1268 erstmals erwähnte Burg der Grafen von Württemberg wurde nach Zerstörung 1306 neu erbaut, ein zweiter Wiederaufbau erfolgte nach erneuter Zerstörung 1440 durch Graf Ulrich den Vielgeliebten. Die Burg wurde, mit Ausnahme eines Turmes, 1576 abgebrochen. Dieser stürzte 1792 ein, seine Trümmer liegen heute noch am Fuß des Burgbergs. An Stelle der Burg trat 1850 ein neugotisches Schloß. Die Fliese fand sich, mit demselben Model geprägt, auch in Speyer. Sie stammt mit großer Wahrscheinlichkeit aus der Zeit des Wiederaufbaus nach 1306, ihre Prägung wäre jedoch auch schon in der 2. Hälfte des 13. Jahrhunderts möglich.

Literatur
E. Paulus, Kdm Neckarkreis I, 502.
H. Pfizenmayer, Burg und Schloß Remseck, in: FS Neckarrems, Bürgermeisteramt Neckarrems (Hrsg.), Ludwigsburg 1961, 19–20.
Hist. Stätten VI, Baden-Württemberg, 461.

Nellingen, Gem. Ostfildern, Lkr. Esslingen

Ehem. Propsteikirche St. Blasius

Fundumstände
Unbekannt. Möglicherweise wurde die Fliese beim Umbau der Kirche 1925/26 gefunden.

Baugeschichte
Das Benediktinerkloster St. Blasien gründete um 1250 neben einer ihm durch Anselm von Nellingen geschenkten, vor 1120 erbauten Eigenkirche eine Propstei, die 1449 durch Esslinger Bürger angezündet und geplündert wurde. Das nach dem Brand um 1450 neuerrichtete Kirchenschiff wurde 1777 durch einen Neubau ersetzt, in den der wohl kurz nach 1120 erbaute romanische Turm einbezogen wurde. Die Fliesen stammen vermutlich aus den nach dem Brand erstellten Neubauten, wurden jedoch eher zu Ende als in der Mitte des 15. Jahrhunderts verlegt.

Literatur
BOA Esslingen, 208–209.
R. Kapff, Geschichte von Dorf und Propstei Nellingen auf den Fildern, Esslingen 1927, 14, 21.
O. Schuster, Heimatbuch von Nellingen auf den Fildern, Esslingen 1948, 57–64.
G. Dehio, Baden-Württemberg, 337.
Hist. Stätten VI, Baden-Württemberg, 466–467.
O. Borst, Nellingen. Geschichte und Gegenwart einer Fildergemeinde, Stuttgart 1971, 71–93.
F. Quarthal, 1975, 402–408.

Neu-Bamberg, Kr. Bad Kreuznach

Burgruine

Fundumstände
Lesefund von zwei Fliesenbruchstücken.

Baugeschichte
Die Burg wurde um 1200 von Burg Altenbaumburg aus erbaut und diente einer Nebenlinie der Raugrafen als Wohnsitz. Sie kam 1337 als Pfand an Kurmainz, 1467 an die Grafen von Falkenstein und gelangte 1663 wieder an Kurmainz zurück. Seit der Zerstörung 1668 verfiel sie. Die Fliesen gehören zwei verschiedenen Zeiten an. H103 kann zwischen dem 4. Viertel des 13. und dem 1. Viertel des 14. Jahrhunderts entstanden sein. Eine Verlegung in nach 1337 errichteten Bauten wäre noch möglich. H109 ist eine späte grobe Fliese, möglicherweise als Flickfliese in der 2. Hälfte des 15. Jahrhunderts entstanden.

Literatur
G. Dehio, Rheinland-Pfalz, 718.
Kat. Burgen der Pfalz, 68–69.

Neuenheerse, Stadt Bad Driburg, Kr. Höxter

Ehem. Damenstiftskirche, heute kath. Pfarrkirche St. Saturnina
Töpferofen, wohl in Verbindung mit dem Stift stehend

Fundumstände
In nicht ganz 200 m Entfernung von der Kirche wurde 1970 ein Töpferofen ausgegraben. Er enthielt Gebrauchskeramik des 12. Jahrhunderts. In der Umgebung lagen zahlreiche Scherben anderer, jüngerer Öfen, darunter solche von unverzierten Fliesen und wenige Bruchstücke gemusterter Fliesen. Diese zeigten teilweise weiße Engobe auf der Oberfläche sowie einzelne Glasurkleckse. Diese könnten jedoch auch von der Gebrauchskeramik abgetropft sein.

Baugeschichte
Es ist zu vermuten, daß der Ofen für das ehem. hochadlig-freiweltliche Damenstift arbeitete. Dieses, 868 von Bischof Ruthard von Paderborn gegründet, besitzt eine im 1. Drittel

des 12. Jahrhunderts errichtete Kirche, der eine nach 868 erbaute Pfeilerbasilika vorangegangen war. Eine Weihe ist 1131 überliefert. Nach einem Brand 1165 waren die Aufbauarbeiten um 1190 abgeschlossen; Umbauten in der 1. Hälfte des 14. Jahrhunderts waren um 1350 vollendet. Die Fliesen fügen sich am ehesten in die Zeit dieser Umbauten.

Literatur
W. Grundmann, Die Stiftskirche zu Neuenheerse, J. Hilker, Neuenheerse. Bilder und Blätter aus reicher Vergangenheit. Heimatbuch anläßlich der 1100-Jahr-Feier 1968, 99–115.
G. Dehio, Westfalen, 399–402.
Hist. Stätten III, Nordrhein-Westfalen, 553–554.
U. Lobbedey, 1972, 19.
Ders., 1983, I, 254–255.

1 U. Lobbedey, 1983, 254–255.

Neuerburg, Gem. Niederbreitbach, Kr. Neuwied

Burgruine im Fockenbachtal

Fundumstände
Die Fliese fand sich bei den Grabungen 1948–64 im Palas der Burg in einer Trennmauer des 14. Jahrhunderts vermauert.[1] Außerdem wurden ungemusterte Fliesen „in wechselnden Farben rot, weiß, schwarz schrägversetzt" unter dem verkohlten Holzfußboden am rechten Fenster des „Rittersaals" gefunden[2].

Baugeschichte
Die wohl erst im 12. Jahrhundert erbaute, 1187 erstmals erwähnte Burg, war im 13. Jahrhundert im Besitz der Gräfin Mechthild von Sayn (1215–91). Sie behielt sich diese, als sie ihr Erbe 1250 und 1262 dem Erzstift Köln vermachte, auf Lebenszeit vor. Nach dem Übergang an Köln 1290 wandte Erzbischof Heinrich II. von Virneburg 1309 Mittel für den Bau auf.[3] Die Burg wurde im 30jährigen Krieg (1632) zerstört und war schon 1665 verfallen, sie diente im 18. und noch im 19. Jahrhundert als Steinbruch. Die Verlegung der Fliesen ging wohl unmittelbar von Kloster Rommersdorf aus, wo sich dasselbe Muster findet und dem das Grafenpaar Sayn 1219 den Almosenzehnten von Waldbreitbach schenkte.[4] Vermutlich wurden die Fliesen im 2. Viertel des 13. Jahrhunderts geprägt. Eine sichere Datierung ist durch die oft lange Verwendung der Model nicht möglich und hier gerade dadurch erschwert, daß dieselbe Fliese auch in einem Töpferofen in Paffrath bei Köln gefunden wurde. Dies würde eine Herkunft von dort und eine Verlegung nach 1290 ebenfalls möglich machen. Gensicke[5] glaubt, daß Mechthild von Sayn die Herrschaft Neuerburg schon vor ihrem Tode, aber nach 1269, dem Kölner Erzstift überließ. Doch wäre in dieser Übergangszeit wohl kaum an Neubauten zu denken.

Literatur
H. Neu, H. Weigert, Kdm Kr. Neuwied, 270–273.
H. Gensicke, 1958, 140.
Hist. Stätten V, Rheinland-Pfalz, 252–253.
A. Meinhardt, 1–4.
Th. Jung, 5–12.
G. Dehio, Rheinland-Pfalz, 738.
H. E. Kubach, A. Verbeek, Bd. 2, 822–824.

1 Freundliche Mitteilung des Ausgräbers, Herr Theodor Jung, Neuwied.
2 Th. Jung, 9. Jung glaubt, daß der Fliesenboden aus ungemusterten Fliesen wohl schon nach 1290 entfernt wurde.
3 A. Meinhardt, 3.
4 H. Gensicke, 140.
5 Ebd., 140.

Neufra, Lkr. Sigmaringen

Kath. Muttergotteskapelle

Fundumstände
Die Fliesen befinden sich in situ im Chor der Kirche (Abb. 91). Sie wurden bei der Restaurierung 1965 ausgebessert.

Baugeschichte
Die Kapelle wurde 1591 von Reichsfreiherr Hans Philipp Schad von Mittelbiberach und seiner Frau Margarethe, geb. Speth von Zwiefalten, errichtet. Der Fußboden stammt aus der Erbauungszeit und lehnt sich, wie die Wandmalerei und andere Baudetails, an ältere Vorlagen an.

Literatur
Fr. Hossfeld, H. Vogel W. Genzmer, Kdm Kr. Sigmaringen, 255, Abb. 347.
W. Genzmer, Die denkmalpflegerische Instandsetzung der Muttergotteskapelle in Neufra, Deutsche Kunst und Denkmalpflege 23, 1965, 45–50.
G. Dehio, Baden-Württemberg, 344.

Neukirchen, Gem. Thierhaupten, Lkr. Augsburg

Kath. Pfarrkirche St. Veit

Fundumstände
Bei Sanierungsarbeiten im Turm der Pfarrkirche konnten 1982 reichhaltige Keramikfunde des 15.–17. Jahrhunderts, gotische Fußbodenziegel sowie einige Münzen geborgen werden.[1] Es fanden sich fünf „Fliesen". Da sie mit der Bildseite nach unten verlegt waren, hatten sie sich ausgezeichnet erhalten. Das Muster H203 war zweimal nebeneinander auf einen Backstein der Größe $12 \times 25 \times 5$ cm geprägt worden, zwei Backsteine ergaben das vollständige Bild.[2]

Baugeschichte
Der Ort wird um 1230 erstmals genannt, die Erwähnung eines Dekans 1314 setzt eine Kirche voraus. Diese kam 1370 als Geschenk an das Benediktinerkloster Thierhaupten. Von der romanischen Kirche haben sich Reste in der Südwand des Schiffes erhalten; der Chor, die Nordwand und der Turm stammen aus der Mitte des 15. Jahrhunderts. In dieser Zeit wurden vermutlich auch die Fliesen verlegt. Das grobe Blattmuster entzieht sich einer exakten Datierung; der Anstoß zur Prägung ging vermutlich von Kloster Thierhaupten aus, das selbst früh ornamentierte Backsteine verwendete.[3]

Literatur
A. Horn, W. Meyer, Kdm Kr. Neuburg a.d. Donau, 555–556.
W. Czysz, G. Krahe, Ausgrabungen und Funde in Bayerisch-Schwaben 1982, Mittelalter und Neuzeit, Zs. hist. Ver. Schwaben und Neuburg 77, 1983, 60 (56–61).

1 W. Czysz, G. Krahe (s.o.), 60.
2 Alle Angaben verdanke ich Herrn Bürgermeister Fritz Hölzl, Thierhaupten.

3 A. Ortegel, Die Klosterkirche Thierhaupten und ihre romanischen Bauteile, Neuburger Kollektaneen-Bl. 107, 1953, 63–79.

Neu-Leiningen, Kr. Bad Dürkheim

Burgruine, ehem. Burg der Grafen von Leiningen-Dagsburg

Fundumstände
Die Fliese wurde 1978 bei der Restaurierung der Ruine gefunden. Sie lag entlang der Nordmauer des ehem. bischöflichen Baus.

Baugeschichte
Die Burg wurde 1238–41 von Graf Friedrich III. von Leiningen erbaut. Vermutlich schon vor 1308 war sie ein Lehen der Bischöfe von Worms und wurde 1468 als erledigtes Lehen eingezogen. 1508 kam eine Hälfte wieder an die Linie Leiningen-Westerburg. Die Burg wurde, im Gegensatz zu den meisten Burgen der Pfalz, weder im Bauernkrieg noch im 30jährigen Krieg beschädigt, sondern erst 1690 von den Franzosen zerstört. Der wormsische („bischöfliche") Teil der Burg stand noch bis 1804, er wurde nach 1806 abgebrochen. Darin befand sich ein „schöner, gewölbter und verzierter Saal".[1] Die Fliese dürfte nicht sofort während des Neubaus verlegt worden sein. Sie gehört eher dem 3. Viertel des 13. Jahrhunderts an. Das Muster fand sich ebenfalls in dem 1261 geweihten, nahegelegenen Zisterzienserinnenkloster Rosenthal, in Worms und Weinheim.

Literatur
A. Eckardt, die Kdm von Bayern IV, 8, Reg.-Bez. Pfalz, Stadt und Landkr. Frankenthal, München 1939, 417–425.
Hist. Stätten V, Rheinland-Pfalz, 255–256.
G. Dehio, Rheinland-Pfalz, 732–733.
G. Stein, 1976, 97–100.
H. Heiberger, Geschichte einer Bergfestung, Neu-Leiningen, 1979, 11–37.

1 H. Heiberger, 21.

Neustadt a. d. Weinstraße, Reg.-Bez. Rheinhessen-Pfalz

Kellereistraße

Fundumstände
Die Fliesenbruchstücke wurden 1964 in der Kellereistraße gefunden, nähere Angaben fehlen leider.

Baugeschichte
Die Kellereistraße gehört zum Altstadtkern der Stadt Neustadt. In ihr befand sich das im 13. Jahrhundert angelegte, schon 1366 wieder verlassene ehem. kurfürstliche Schloß, dessen südlicher Teil als „Armleuthaus" benützt wurde, während der nördliche Teil 1592 in eine kurfürstliche Kellerei umgebaut wurde. Die wohl zu Ende des 13. oder zu Beginn des 14. Jahrhunderts entstandene Fliese könnte aus einem dieser Gebäude stammen.

Literatur
A. Eckardt, Kdm Bez.-Amt Neustadt/Haardt, 92–106.

Neustadt-Hambach, Ortsteil Oberhambach

Kästenburg, seit 1832 auch „Hambacher Schloß" oder „Maxburg"

Fundumstände
Die ersten Fliesen B13 und W77 müssen vor 1901 gefunden worden sein. Es ist nicht sicher, ob dies die einzigen, in der 2. Hälfte des 19. Jahrhunderts geborgenen Fliesen waren. Bei den Instandsetzungsarbeiten 1956 und beim Legen eines Elektrokabels 1966 kamen weitere Fliesen zutage.[1] Auch hier steht die Anzahl der geborgenen Muster nicht fest, da die Fliesen teilweise in Privatbesitz gelangten.

Baugeschichte
Die in den ersten Jahrzehnten des 11. Jahrhunderts, vermutlich unter Kaiser Heinrich II., gegründete Reichsfeste, ging durch Bischof Johannes I. von Speyer 1100 in den Besitz des Speyerer Domstifts über und war in den folgenden Jahrhunderten bevorzugter Aufenthaltsort der Speyerer Bischöfe. Der Name „Kestenberg" (Kastanienberg) wird schon 1179 in einer Urkunde für Kloster Eußerthal genannt. Die Kernburg wurde im wesentlichen im 2. Drittel des 13. Jahrhunderts erstellt und im 14. Jahrhundert ausgebaut, ohne daß Baunachrichten überliefert sind. Vermutlich gab es zwei Kapellen, die spätere Michaelskapelle am Nordhang unterhalb der mittleren Ringmauer und eine im Burgareal, die nach 1816 gesprengt wurde. Die Michaelskapelle wird 1388 erstmals erwähnt.[2] Die Burg wurde 1315 beschädigt und danach vermutlich in wesentlichen Teilen neu errichtet. Sie wurde im Bauernkrieg 1525 und durch Markgraf Albrecht von Brandenburg 1552 verwüstet und 1689 endgültig zerstört. Die erhaltenen Reste wurden 1842 dem Kronprinzen Maximilian von Bayern zum Geschenk gemacht. Seitdem führt sie den Namen „Maxburg". Als „Hambacher Schloß" wurde sie durch das dort am 27. 5. 1832 abgehaltene „Hambacher Fest" bekannt. Der versuchte Wiederaufbau wurde 1849 wieder aufgegeben. Seit 1967 wurden Sicherungsarbeiten und umfangreiche Restaurierungsarbeiten unternommen.
Die Fliese W77, vermutlich Teil einer sehr großen Fliesenrosette (da die Teilstücke nur eine geringe Krümmung aufweisen) und bis jetzt aus keinem anderen Fundort bekannt, könnte schon in der 1. Hälfte des 13. Jahrhunderts verlegt worden sein, ebenso W76 und W93. Die frühe Verwendung einer ausgezeichneten Glasur hebt diese und die von derselben Werkstatt in Kloster Limburg/Haardt verlegten Fliesen von den übrigen Fliesen der Pfalz ab. Ein weiterer Fliesenboden muß in der Mitte oder dem 3. Viertel des 13. Jahrhunderts verlegt worden sein. Diese Muster finden sich in Worms und Konstanz sowie in einigen elsässischen Kirchen und in Kloster Limburg/Haardt wieder.[3] Die Fliese C21 wurde mit dem Model einer Werkstatt geprägt, welche in Pforzheim, Speyer, Pirmasens und Mainz Fliesen verlegt hatte.[4] O41 gehört möglicherweise erst den in der 1. Hälfte des 14. Jahrhunderts errichteten Bauten an.

Literatur
F. X. Remling, Die Maxburg bei Hambach, Mannheim 1844, 31ff.
R. Forrer, 1901, Taf. 7, 1, 103, 4.
J. G. Lehmann, Bd. 2, 303–324.
A. Eckardt, Kdm Lkr. Neustadt/Haardt, 1926, 182–192.
J. Straub, Neuere Untersuchungen zur Baugeschichte des Hambacher Schlosses, Beiträge zur Erneuerung des Hambacher Schlosses, Landratsamt Neustadt (Hrsg.), 1968/69, 45–50.

G. Dehio, Rheinland-Pfalz, 343–345.
G. Stein, 1976, 264–273.
P. Habermehl, Burgen über Hambach, Pfälzer Heimat 26, 1975, 87–93.

1 J. Straub, 49: „Bei den Instandsetzungsarbeiten im Jahre 1955 wurden eine Reihe von keramischen Fußbodenplatten gefunden, die darauf schließen lassen, daß die Wohnräume mit diesen Tonplatten auf Holzbalken im Mörtelbett belegt waren."
2 P. Habermehl, 89. Möglicherweise war der Fliesenboden der Kapelle noch bis ins 18. Jahrhundert erhalten. Ein Visitationsprotokoll von 1724 erwähnt: „Der mit Platten belegte Fußboden weist Löcher auf."
3 Siehe Text S. 102–103.
4 Siehe Text S. 100.

Neustift, Stadt Freising

Ehem. Prämonstratenserkloster

Fundumstände
Die Fliesen fanden sich bei Kanalisierungsarbeiten 1900 auf dem Gelände der Artilleriekaserne Freising. Diese befand sich seit der Säkularisierung in den Räumen des ehem. Klosters. Im Innenhof der Kaserne wurden in einer Tiefe von ca. 0,70 m Fliesen zuammen mit Brandschutt, Scherben von Gebrauchskeramik und Knochenresten gefunden. Bei einer anschließenden Probegrabung wurde ein zusammenhängendes Bodenstück aufgedeckt. Leider wurde die Grabung danach abgebrochen[1], so daß vermutlich nur ein Bruchteil der Muster aufgefunden wurde. An derselben Stelle fanden sich außerdem noch „unglasierte Fliesen aus späterer Zeit in drei verschiedenen Mustern". Der Berichterstatter erwähnt außerdem, daß die „Steine noch in bestimmter Ordnung aneinander zu liegen scheinen", gibt jedoch nicht an, wie diese Anordnung aussah.

Baugeschichte
Das von Bischof Otto von Freising (1137–58), dem Sohn des Babenberger Markgrafen Leopold III. und Biographen Kaiser Friedrich Barbarossas, 1142 gegründete Kloster Neuzelle, später Neustift, wurde mit Prämonstratensern aus Kloster Ursberg a. d. Mindel besetzt, obwohl Otto von Freising selbst dem Zisterzienserorden eng verbunden war; er starb 1158 auf dem Weg nach Kloster Morimond.[2] Eine erste Kirche war wohl um 1143 vollendet. Nach dem Stadtbrand 1159, der auch das Kloster vernichtete, erfolgte ab 1160 ein schleppender Wiederaufbau.[3] Durch einen Brand 1634 wurde das gesamte Klosterarchiv vernichtet; so fehlen alle Urkunden zur mittelalterlichen Baugeschichte. Das Kloster wurde 1642 wieder aufgebaut, die Kirche 1705–15 neu errichtet. Seit einem dritten Brand 1751 wurde der ganze Klosterkomplex durch eine einfachere Anlage ersetzt. Nach der Säkularisation 1803 wurde das Kloster Kaserne, ab 1906 Fabrikanlage. Die Kirche ist seit 1892 Pfarrkirche.
Die Datierung der Fliesen aus Kloster Neustift ist besonders schwierig. Selbst wenn man späte Ausflickungen wie H156 und H290 ausklammert, so ergeben auch die übrigen Fliesen ein widersprüchliches Bild. Nicht alle frühen Fliesen sind glasiert, dagegen zeigen die einfachen Ritzmuster (P42) oft zweifarbige Glasuren. Nach einer sorgfältigen Abwägung aller Tatsachen (siehe Text S. 69–70) ist einer frühen Datierung ins Ende des 12. oder den Beginn des 13. Jahrhunderts der Vorzug zu geben. Für diese Datierung sprechen vor allem die Tierdarstellungen, die aus ikonographischen und stilistischen Gründen so im 15. Jahrhundert nicht mehr möglich wären. Da die Ziegelei des Klosters in der Mitte des 15. Jahrhunderts noch große Aufträge entgegennahm,[4] ist es durchaus möglich, daß auch bei Ergänzungen die alten Vorlagen kopiert wurden.

Literatur
J. B. Prechtl, Das ehem. Prämonstratenserkloster Neustift bis zur Säkularisation. Beiträge zur Geschichte der Stadt Freising III, Freising 1877.
A. Mitterwieser, 87–88.
M. Schlamp, 3–8, 24–28.
M. Hartig, 11–18.
N. Backmund, Das Prämonstratenserkloster Neustift, Maschschr. Ts., 1955, 1–5.
H.-J. Busley, Zur Frühgeschichte des von Bischof Otto I. gegründeten Prämonstratenserklosters Neustift bei Freising. Otto von Freising-Gedenkgabe, Sammelbl. Hist. Ver. Freising 23, 1959, 49–64.
Ders., 1961, 21, 343.
Hist. Stätten VII, Bayern, 516–517.
N. Backmund, 172–174.

1 Briefliche Mitteilung von Herrn Alois Müller in den Akten des Bayer. National-Museums München, in die mir Herr Dr. Rainer Rückert, München, freundlicherweise Einblick gewährte. Müller glaubte, daß die Fliesen zuerst als Wandfliesen dienten und erst später als Bodenfliesen verlegt wurden.
2 Vermutlich geschah dies, weil das Kloster zu sehr in Stadtnähe lag und seine Aufgabe, die Betreuung eines Hospitals, schon festgelegt war.
3 Vgl. Text S. 69.
4 A. Müller erwähnt eine „einige hundert Meter vom Kloster entfernte Ziegelei, die noch vor wenigen Jahren (1900) betrieben wurde und die uralt gewesen sein soll". Vgl. außerdem Text S. 69.

Neuweiler/Neuwiller-lès-Saverne, Bas-Rhin, Frankreich

Ehem. Kollegiatstiftskirche St. Adelphi

Fundumstände
Unbekannt. K19 wurde möglicherweise vor 1918 gefunden,[1] S9 auf jeden Fall vor 1940, da die Fliese im Mai 1940 vernichtet wurde.[2]

Baugeschichte
Die um 1100 gegründete, 1147 erstmals erwähnte Kirche wurde in der heutigen Form gegen Ende des 12. Jahrhunderts erbaut. Im 14. Jahrhundert erhielt sie einen dreijochigen Chor, der 1842 abgerissen wurde. Das schlichte Muster von S9 erlaubt keine sichere Datierung. Die Fliese dürfte jedoch eher dem 14. als dem 13. Jahrhundert angehören. K19 ist auf jeden Fall noch später entstanden. Die Fliese geht zwar auf ein Musterschema zurück, welches vermutlich auf einer Fliese des 13. Jahrhunderts in einem elsässischen Kloster vorhanden war, die Prägung ist jedoch grob mit breiten und tiefen Rillen.

Literatur
M. Barth, Sp. 914–921.
M. L. Hauck, 34–43.
W. Hotz, Kdm Elsaß und Lothringen, 149–150.

1 Der Fundort „Neuweiler" findet sich auf der Rückseite der Fliese in deutsch, von derselben Hand, welche auch eine Fliese aus Girbaden beschriftete. Nach 1918 gefundene Fliesen des Museums Straßburg sind französisch beschriftet.
2 Bei Ch. Czarnowsky, 15, Taf. 11 wird als Fundort von S9 „Straß-

burg, St. Nikolaus" angegeben. Auf einem Photo aus dem Besitz von Ch. Czarnowsky war als Fundort auf der Rückseite „Neuweiler" vermerkt. Die Frage konnte nicht mehr geklärt werden, da Herr Czarnowsky inzwischen verstorben war. Herr Prof. Robert Will, Straßburg, bestätigte jedoch „Neuweiler, St. Adelphi" als Fundort.

Niddatal-Ilbenstadt, Wetteraukreis

Ehem. Prämonstratenserklosterkirche St. Maria, St. Petrus und Paulus, heute kath. Pfarrkirche

Fundumstände

Bei einer ersten Grabung 1964 wurde die Fliese D 1 im barokken Bauschutt vor dem Eingang zum Südturm sowie in situ vor der Tür zum Nordturm entdeckt.[1] Weitere Fliesen fand man bei der Renovierung der Kirche nach dem Brand 1963 in den Sockelsteinen des Gewölbes in der Südost- und Nordostecke des Chors vermauert sowie auf der inneren Mauer des Kreuzgangs, im sogenannten „Bandthaus", ebenfalls in zweiter Lage. Die Blattfliese H 194 fand sich im Fußboden von 1695 in zweiter Verwendung.[2] Bei Bauarbeiten wurden vor 1975 nochmals Fliesen geborgen, darunter vier neue Muster. Inzwischen sind viele Fliesen verloren. D 1 wurde bei Aufmauerung einer Steintreppe zerstört, andere Fliesen und Fliesenbruchstücke weggeworfen.[3]

Baugeschichte

Die Kirche des 1123 von Gottfried von Kappenberg gestifteten Prämonstratenserklosters wurde 1139 erstmals erwähnt und 1159 geweiht. Neuere Jahrring-chronologische Untersuchungen[4] haben ergeben, daß das Holz für die Flachdecke des Mittelschiffs und den Südturmhelm 1134 gefällt wurde, die Kirche also, entgegen früheren Anschauungen, bei der Weihe wohl vollendet war. Für das späte 12. und für das 13. Jahrhundert sind keine Baudaten überliefert. Die Kirche wurde unter dem Propst Rupprecht Dürnberger 1487–1501 eingewölbt, die Klostergebäude einer gründlichen und durchgreifenden Restaurierung unterzogen. 1707–15 wurden die baufälligen Klostergebäude durch Neubauten ersetzt, der Klosterostflügel und der Nordkreuzgang 1819 abgebrochen. Die beim Brand 1963 vernichteten Bauten wurden teilweise wieder aufgebaut.

Die Fliese D 1 gehört sicher zum ersten Fußboden der 1159 geweihten Kirche, das sehr ähnliche Muster C 1 fand sich in Kloster Eberbach. Ein weiterer Fliesenboden muß kurz vor oder nach der Mitte des 13. Jahrhunderts verlegt worden sein, ihm dürfte die Fliese B 11 und wohl auch J 55 angehören. Möglicherweise wurden die mit Mustern aus Kloster Arnsburg übereinstimmenden Fliesen von dort bezogen, da mit diesem Nachbarkloster Ilbenstadts engste Verbindung und Gebetsverbrüderung bestand. H 194, K 2 und wohl auch O 32 könnten in der Mitte des 14. Jahrhunderts entstanden sein[4a].

Das Vorkommen der sonst nur in Süddeutschland gefundenen Muster H 194 und O 32 weist ebenfalls auf eine Verbindung mit einem Zisterzienserkloster. Möglicherweise waren diese Muster früher auch in Eberbach oder Arnsburg vorhanden.[5] Weitere Funde von Fliesen und Fliesenbruchstücken in verschiedenen Teilen des Klosters legen nahe, daß wohl die meisten Räume Fliesenbelag hatten. Nur so lassen sich die zu ganz verschiedenen Zeiten entstandenen Muster erklären, die anscheinend auch aus verschiedenen Orten bezogen wurden. Die späten Fliesen, vermutlich gleichzeitig mit der Einwölbung zu Ende des 15. oder zu Beginn des 16. Jahrhunderts verlegt, finden sich zwar teilweise auch wieder in Eberbach oder Arnsburg, aber auch in unmittelbarer Umgebung, in Kloster Thron, Burg Eppstein und in Oberursel. Ein Bruchstück der Fliese J 69, mit demselben Model geprägt wie in Ilbenstadt, wurde 1984 im Kellerschutt des Rathauses von Seulberg gefunden.[6] Seulberg ist ein Töpferort mit einer bis ins Mittelalter zurückreichenden Tradition, es wäre möglich, daß die Fliesen für Ilbenstadt nicht im Kloster, sondern dort hergestellt wurden.

Literatur

R. Adamy, Kdm Kr. Friedberg, 136–150.

L. Clemm, Die Urkunden der Prämonstratenserstifte Ober- und Nieder-Ilbenstadt, Archiv für hess. Gesch. und Altertumskunde 14, 1925, 129–223.

F. P. Mittermaier, Zur Gütergeschichte der Prämonstratenserstifte Ober- und Niederilbenstadt in der Wetterau, ebd., N. F. 24, 1952/53, 89–118.

G. Binding, 1963, 18–24.

Hist. Stätten IV, Hessen, 242.

N. Bewerunge, Die Basilika von Ilbenstadt. Kurzer Führer durch Kirche und Kloster, Ilbenstadt 1957, 1–16.

Ders., Ilbenstadt, Geschichte der Prämonstratenserabtei, München 1972.

G. Dehio, Hessen, 459–461.

G. Binding, Die Prämonstratenser-Klosterkirche zu Ilbenstadt. Grabungs- und Bauuntersuchungsbericht 1961/1962, Ms. beim Landeskonservator von Hessen, Wiesbaden.

M. Untermann, 147, 154, 208.

---

1 Freundliche Mitteilung von Herrn Prof. Dr. Dr. Günter Binding, Köln. M. Untermann, 123–225, 438–508.

2 Herr Pfarrer Norbert Bewerunge nahm nach dem Brand 1963 sorgfältige Ausgrabungen und Vermessungen vor und legte Teile eines noch ungestörten Fliesenbodens frei. Alle Angaben über die Funde sowie Photomaterial verdanke ich ihm.

3 Mitteilung von Herrn Pfarrer Norbert Bewerunge.

4 N. Bewerunge, 1972, 6. – G. Dehio, Hessen, 459, außerdem Mittelschiff-Deckenbalken von 1132.

4a M. Untermann, 135, verweist auf eine starke Anhebung des Bodenniveaus in Chor und Chorschluß vor der Mitte des 14. Jahrhunderts und vermutet, daß zu dieser Zeit der romanische Bodenbelag durch gotische Tonfliesen ersetzt wurde.

5 Ob die Vorlagen von Eberbach oder von Arnsburg aus nach Ilbenstadt gelangten, kann heute nicht mehr geklärt werden. Ilbenstadt hatte Besitz in Eberbach, der allerdings schon vor 1266 verkauft wurde. Die Weitergabe von Mustern könnte auch hier über die Klosterhöfe verlaufen sein. Ilbenstadt hatte einen Hof in Frankfurt (1412 erwähnt) und in Friedberg (1304 erwähnt), W. Dersch, 88.

6 Freundliche Mitteilung von Herrn Dr. Herbert Zimmermann, Burgholzhausen v. d. Höhe.

Niddatal-Kaichen, Wetteraukreis

Ev. Pfarrkirche

Fundumstände

Die Fliesen wurden bei der Kirchenrenovierung 1937 im Auffüllschutt des 1737–38 errichteten Schiffs gefunden. Die ganze Kirche scheint einheitlich mit diesem einen Muster gepflastert gewesen zu sein.

Baugeschichte

Von der mittelalterlichen Kirche ist nur der spätgotische Westturm und ein um 1200 entstandener Taufstein erhalten. Die Fliese, eines der in Hessen am häufigsten Muster, muß aus der Zeit des spätgotischen Umbaus der wohl im 13. Jahrhundert entstandenen Kirche stammen. Unter den zum „Freigericht Kaichen" gehörenden Orten befanden sich auch die Klöster Ilbenstadt und Naumburg; ein Einfluß von dort ist nicht auszuschließen. Da es sich um eine frühe, sehr sorgfältige Prägung handelt, kann sie wohl nur vor oder nach 1500 entstanden sein, Kirchenrechnungen für einen Umbau haben sich jedoch nur aus der Zeit um 1600 erhalten.[1]

Literatur
R. Adamy, Kdm Kr. Friedberg, 158.
L. Pickert, 33–35, Abb. auf S. 34.
G. Dehio, Hessen, 471.

1 L. Pickert, 34.

Niedenstein, Schwalm-Eder-Kreis

Töpferei-Fehlbrandhalde am Untertor

Fundumstände
Bei Straßenbauarbeiten wurde 1974 in der Nähe des Untertores eine Fehlbrandhalde angeschnitten. Unter Bruchstükken von Gebrauchskeramik, Ofenkacheln und Kachelmodeln fanden sich drei Fliesenfragmente von S58. Eine beabsichtigte Publikation des ganzen Fundes unterblieb durch den Tod des Ausgräbers, Herrn Rudolf Haarberg, Niedenstein. Nach Kulick[1] stammen die Fehlbrände aus der Zeit zwischen etwa 1500 und 1620. Die Fliesen scheinen für Burg Eisenberg (siehe dort) bestimmt gewesen zu sein.

Literatur
J. Kulick, 101, Abb. 3.

1 J. Kulick, 101.

Niederhöchstadt, Stadt Eschborn, Main-Taunus-Kreis

Kath. Pfarrkirche St. Nikolaus

Fundumstände
Die Fliesen fanden sich beim Abbruch der mittelalterlichen Kirche vor 1951.

Baugeschichte
Urkunden zur Baugeschichte der wohl im Ende des 15. Jahrhunderts entstandenen Kirche fehlen. Das 1057 erstmals erwähnte Dorf war im Besitz der Herren von Bolanden, von denen es über die Grafen von Sponheim im 14. Jahrhundert an die Herren von Falkenstein kam. Das Fliesenmuster stammt aus der Erbauungszeit der Kirche und wurde möglicherweise im Ort oder in der Nähe geprägt. Im benachbarten Oberhöchstadt waren 1864 noch sechs Ziegelhütten in Betrieb. Sie lassen auf reiche Tonvorkommen in der Gemarkung schließen.

Literatur
H. Caspary, Frankfurt und die Gemeinden des Taunus I, Frankfurt 1962, 112, 114, 119–120.

Niedernhall, Hohenlohekreis

Ev. Pfarrkirche St. Laurentius

Fundumstände
Die Herkunft der Fliese wird im Inventarband nicht erwähnt. Möglicherweise wurde sie bei der Restaurierung der Kirche 1955 gefunden.

Baugeschichte
Die um 1210 begonnene Kirche mit einem um 1220/30 entstandenen Westportal wurde im 14. Jahrhundert gotisch umgebaut. In der 2. Hälfte des 15. Jahrhunderts wurde das südliche Seitenschiff nach Osten verlängert, die Verlängerung des nördlichen Seitenschiffs dürfte um 1520 abgeschlossen worden sein. Die Fliesen, die außerdem auch in St. Johannes, Künzelsau und in St. Veit, Unterregenbach gefunden wurden, sind vermutlich im 3. Viertel des 15. Jahrhunderts entstanden.

Literatur
G. Himmelheber, Kdm Kr. Künzelsau, 239ff., 255, Abb. 237.
G. Dehio, Baden-Württemberg, 348.

Nieder-Wöllstadt, Gem. Wöllstadt, Wetteraukreis

Ev. Pfarrkirche

Fundumstände
„Als vor einigen Jahren in die heutige ev. Kirche eine Heizungsanlage eingebaut wurde, kamen bei Erdaushubarbeiten in der Kirche die noch an ursprünglicher Stelle liegenden gebrannten tönernen Bodenplatten der Vorgängerkirche zum Vorschein."[1] Diese Fliesen wurden leider weder gezeichnet noch vermessen, einige Fliesen kamen in Privatbesitz. Bei einer Renovierung der Kirche 1979 wurden Bruchstücke von Fliesen geborgen. Der Fliesenboden (?) des ehem. Hofes der Deutschordenskommende Sachsenhausen, scheint 1845 aufgedeckt worden zu sein. Beim Fällen von Bäumen und bei Erdarbeiten im „Pfarrwäldchen" stieß der Pfarrer A. E. H. Buff „auf ein großes, aus schönen Steinen gefertigtes Pflaster".[2]

Baugeschichte
Zur Baugeschichte der mittelalterlichen Kirche, die 1716–18 durch einen Neubau ersetzt wurde, ist nichts bekannt. Sie wird 1221 erstmals genannt, als das Patronat aus der Hand der Herren von Münzenberg an die Deutschordenskommende Sachsenhausen überging. Ein spätgotischer Taufstein weist auf Ausgaben für die Ausstattung im 15. Jahrhundert. Die Fliesen, sehr grobe Prägungen, lassen sich nicht sicher datieren. In Analogie zu denselben Mustern in den Klöstern Arnsburg, Ilbenstadt und Thron entstanden sie vermutlich in der 2. Hälfte des 15. Jahrhunderts. Arnsburg und Ilbenstadt hatten beide Besitz in Nieder-Wöllstadt. Da das Muster C66 jedoch auch in einem Töpferofen in Frankfurt-Sachsenhausen gefunden wurde, ging der Impuls zur Verlegung der Fliesen wohl von der Kommende aus. Das 1967 abgebrochene mittelalterliche Pfarrhaus war ein Teil des alten Deutschordenshofes. Dieser wird 1306 erstmals erwähnt. Er wurde wohl bald nach 1418 aufgegeben, 1504 wird der Abbruch der Gebäude gestattet.

Literatur
G. Dehio, Hessen, 677.
D. Wolf, Zur Geschichte der Deutschordens-Besitzungen

in Nieder-Wöllstadt, Wetterauer Geschichtsbl. 24, 1975, 133–145.
Ders., 1977, 49–56, 127–128.

1 D. Wolf, 1977, 127.
2 Ebd., 54.

Niederzier, Lkr. Düren

Wüstung „Wüstweiler“, Walddistrikt „Jagen 20“, Hambacher Forst

Fundumstände
Die Fundstelle liegt im Bereich des künftigen Braunkohleabbaugebiets im Hambacher Forst. Um Erkenntnisse über Anlage und Baugeschichte zu gewinnen, wurden 1977 zwei Notgrabungen durchgeführt, Fliesen in zwei Mustern wurden als Streufunde geborgen. Die Grabung ist erst teilweise publiziert.

Ortsgeschichte
Der Hof, 1301 schon als „Wustwilre“ erwähnt, war im Besitz der Prämonstratenserabtei Steinfeld in der Eifel. Er wird 1366/69 und 1435 nochmals erwähnt und scheint 1542/43 in der Jülicher Fehde zerstört worden zu sein. Das heute mit Wald bedeckte Gebiet ließ keine zusammenhängenden Reste von Bebauung erkennen. Außer den Fliesen wurden graublaue Kugeltöpfe des 11.–13. und Tonrohre des 15. Jahrhunderts geborgen. Die Fliesen, welche außerdem in Schloß Burgau in Düren und in Burg Konradsheim gefunden wurden (dort die Variante L23), wurden vermutlich in der 1. Hälfte des 16. Jahrhunderts verlegt. Selbst wenn man für Konradsheim das (nicht gesicherte) Verlegungsdatum 1548 annimmt, wäre, bei dem langen Nachleben der Muster, eine Verlegung vor 1542/43 möglich. Außerdem wäre denkbar, daß der Hof nur beschädigt, die Fliesen aus einer Aufbauphase nach 1543 stammten und der Hof erst später verödete.

Literatur
G. Haskamp, Ober-Cyrin. Eine Chronik, Mönchengladbach 1967, 20–23.
J. Göbel, Wüstweiler, eine mittelalterliche Hofstelle im Hambacher Forst, Ausgrabungen im Rheinland ’77, Bonn 1978, 254–257.
W. Janssen, 1975, Bd. 2, 37–38.

Northeim, Kr. Northeim

Ehem. Benediktinerkloster und Klosterkirche St. Blasii

Fundumstände
Die Fliesenfragmente wurden bei Restaurierungsarbeiten 1978 auf dem Gelände des ehem. Kreuzgangs gefunden.

Baugeschichte
Ein Chorherrenstift wurde nach 1083 an der Stelle des Hofes der Grafen von Northeim gegründet und kurz vor 1117 in ein Benediktinerkloster umgewandelt. Die zwischen 1487 und 1517 begonnene neue Klosterkirche wurde durch den Einbruch der Reformation nicht mehr fertiggestellt und später teilweise abgebrochen. Erhalten ist nur ein Rest der Nordwand der Klosterkirche und die Nikolaikapelle mit Obergeschoß. Die Fliesen, eine späte Prägung eines im 15. Jahrhunderts in Ulm entstandenen Musters, wurden vermutlich zu Ende des 15. oder zu Beginn des 16. Jahrhunderts verlegt. Sie könnten aus derselben Werkstatt stammen wie die Fliesen, deren Fundort immer noch unbekannt ist und die „aus der Gegend von Northeim“ stammen sollen. Auch hier haben möglicherweise Muster aus der Ulmer Gegend als Vorlage gedient.

Literatur
G. Kleist, Stadtarchäologie, Nr. 15, 16, 33.
Hist. Stätten II, Niedersachsen/Bremen, 353–355.
G. Dehio, Bremen/Niedersachsen, 701.
M. Last, Northeim, Führer zu vor- und frühgesch. Denkmälern 17, 1970, 34–41.

Nürnberg, Reg.-Bez. Mittelfranken

Ehem. Augustinerkloster

Fundumstände
Unbekannt. Die Fliesen wurden vermutlich beim Abbruch des Klosters 1872 geborgen und 1904 dem GNM Nürnberg geschenkt.[1] Die Muster konnten bis jetzt noch nicht ermittelt werden.[2]

Baugeschichte
Das in der Gegend des heutigen Neutors gelegene Kloster wurde nach einem Brand 1265 an die Nordseite der jetzigen Augustinerstraße verlegt und dort bis gegen 1275 neu erbaut. Der mit Altarweihen 1278 und 1279 abgeschlossene Bau wurde um 1479 niedergelegt, das Langhaus bis gegen 1485 neu errichtet. Da die Fliese ausdrücklich als „von 1516“ bezeichnet wird, stammt sie möglicherweise nicht aus der 1486 vollendeten Kirche, sondern aus den Klostergebäuden. Diese wurden 1872 abgebrochen, die Hallenkirche war schon 1816 niedergelegt worden.[3]

Literatur
J. Rosenthal, Das Augustinerkloster in Nürnberg, Mitt. Ver. für Gesch. Stadt Nürnberg 30, 1931, 5–29.
G. P. Fehring, A. Ress, Kdm Stadt Nürnberg, 150–151.

1 Anz. GNM Nürnberg III, 1904, 39.
2 Im Museum befindet sich heute keine Fliese mehr, welche die Jahreszahl „1516“ zeigt. Es besteht jedoch die Möglichkeit, daß die Fliese aus einem Raum stammte, von dem der Finder der Fliese, Herr Architekt D. Röhm, wußte, daß er 1516 erbaut worden war. In den Urkunden wird diese Zahl nirgends erwähnt.
3 Hauptgebäude und Kreuzgang wurden ins Germanische Nationalmuseum übertragen und dort wieder aufgebaut.

„Fröscher“- oder „Fröschturm“

Fundumstände
Unbekannt. Vermutlich wurden die Fliesen beim Abbruch des Fröschturms 1869/70 geborgen.

Baugeschichte
Der Fröschturm war ein Turm der Nürnberger Stadtmauer, der dem Straßendurchbruch am Maxtor weichen mußte. Vermutlich wurde er in der 2. Hälfte des 13. Jahrhunderts errich-

tet, das Muster der Fliesen weist ins 1. Viertel des 16. Jahrhunderts.

Literatur
G. P. Fehring, A. Ress, Kdm Stadt Nürnberg, 26.
W. Schwemmer, Bürgerhaus, Taf. 7a.

Kath. Pfarrhaus, Winklerstr. 31

Fundumstände
Unbekannt. Die Fliesen müssen vor 1868 gefunden worden sein,[1] möglicherweise als das ehem. Patrizierhaus 1846 zum kath. Pfarrhaus umgestaltet wurde.

Baugeschichte
Das einstige Kaufmannshaus „Zur Lilie" war 1355 im Besitz der Patrizierfamilie Teufel und kam 1439 an die Familie Flückh. Im Kern ein Bau des 15. Jahrhunderts, wurde es 1519–1525 im Auftrag des Bartel Flückh grundlegend umgebaut. Weitere Änderungen erfolgten im späten 16. Jahrhundert, nachdem das Haus 1578 in die Hand der Familie Petzolt gekommen war. Die Fliesen stammen mit großer Wahrscheinlichkeit aus dem Umbau von 1519–1525.

Literatur
G. P. Fehring, A. Ress, Kdm Stadt Nürnberg, 177.
W. Schwemmer, 64, Abb. 56 und Taf. 85.

1 Kat. GNM Nürnberg, 9, Abb. 61, 62.

O

Oberfell, Ortsteil Bleidenberg, Kr. Mayen-Koblenz

Wallfahrtskirche „Unserer Lieben Frau" auf dem Bleidenberg

Fundumstände
Fliesen in zwei Mustern liegen vereinzelt im Chor der Kirche.[1]

Baugeschichte
Die Kapelle wurde 1248 von den Erzbischöfen von Trier und Köln zur Erinnerung an die siegreiche Belagerung der Burg Thurandt gestiftet. Schon 1256 sind Wallfahrten bezeugt. Die Bauten sind durch Ablaßbriefe annähernd zu datieren. Zwischen 1248 und 1253 erlassene Ablässe dürften sich auf den Bau des Mittelschiffs, von 1266 auf den des Seitenchors und von 1350 auf den Hauptchor beziehen. Auch der Umbau des Langhauses ist durch einen Ablaß von 1475 zu erschließen. Nach der Säkularisation 1803 verfiel die Kirche, der Hauptchor wurde 1856 als Kapelle instandgesetzt. Die Fliesen, späte Eberbacher Prägungen, wurden dort wohl im 1. Drittel des 14. Jahrhunderts verlegt. In Bleidenberg könnten sie noch um 1350 im Hauptchor verlegt worden sein, L38 stammt möglicherweise noch aus der Zeit des Seitenchors. Vermutlich wurden 1856 die restlichen Fliesen der Kirche an einer Stelle zusammengetragen.

Literatur
G. Dehio, Rheinland-Pfalz, 121–122.

1 Den Hinweis auf diese Fliesen verdanke ich Herrn Udo Liessem, Koblenz.

Obergröningen, Ostalbkreis

Ev. Pfarrkirche, ehem. St. Nikolaus

Fundumstände
Der Fliesenboden lag bis 1940/41 in situ im Chor der Kirche, er wurde dann entfernt. Die Fliesen fanden sich später auf einem Abfallhaufen des Pfarrgartens, es haben sich ca. 15 Fliesen erhalten, die heute im Pfarrhaus aufbewahrt werden.[1]

Baugeschichte
Über die Baugeschichte der unscheinbaren Dorfkirche ist nichts bekannt. Ein Sakramentshaus mit der Jahreszahl 1427 weist auf Arbeiten an der Ausstattung um diese Zeit, der Chor ist spätgotisch. Die Fliesen dürften, analog zu Adelberg und Essingen, wohl erst zu Ende des 15. oder zu Beginn des 16. Jahrhunderts verlegt worden sein, möglicherweise 1492, als auch eine Glocke gegossen wurde.

Literatur
E. Gradmann, Kdm Jagstkreis I, 214.
K. Kissling, Kunst in der Obergröninger Kirche, Ostalb-Einhorn 3, 1976, 260–269.

1 Freundliche Mitteilung von Herrn Pfarrer Manfred Gerw.

Oberhaugstett, Stadt Neubulach, Lkr. Calw

Ev. Pfarrkirche, ehem. St. Bartholomäus

Fundumstände
Unbekannt.

Baugeschichte
Zur Baugeschichte der romanischen Chorturmkirche in dem 1355 erstmals erwähnten Ort fehlen die Urkunden. Wandmalereien des 15. Jahrhunderts lassen auf Arbeiten an der Ausstattung schließen. Die Fliese, wohl nachmittelalterlich, ist nicht sicher datierbar, sie könnte noch im 17. Jahrhundert entstanden sein. Der Ort besaß eine Ziegelhütte.

Literatur
BOA Calw, 298.
E. Paulus, Kdm Schwarzwaldkreis, 72.
G. Dehio, Baden-Württemberg, 353.

Oberhomburg/Hombourg-Haut, Moselle, Frankreich

Katharinenkapelle

Fundumstände
Die Fliesen waren 1889 noch in situ im Chor der Kirche erhalten. Sie bildeten eine aus roten, weißlichgrauen und graublauen Fliesen zusammengesetzte Kreisrosette vor dem Altar. Der Innenkreis bestand jedoch nicht wie in Mainz aus neun, sondern aus elf Fünfecken. Kreisbogen und Dreiecke scheinen im Gegensatz zu den Sternrosetten in Arnstein, Rommersdorf, Mainz usw. ebenfalls gemustert gewesen zu sein. Außerdem fanden sich graue und rote quadratische Fliesen und rechteckige, offenbar als Randleisten dienende Stücke. Gemusterte Fünfecke haben sich nicht erhalten, dagegen weist das Vorkommen der kleinen Fliese R 3 auf eine ähnliche Rahmenfliese wie W 80 aus Mainz. Vermutlich wurde nur ein Bruchteil der Muster geborgen. Von den bei Kraus[1] erwähnten „Drachen, Greife und Basilisken" ist nur F 44 erhalten. Der Boden wurde um 1900 entfernt, ein Teil der Fliesen kam ins Museum Metz.[2]

Baugeschichte
Die Katharinenkapelle war vermutlich die Burgkapelle des ehem. Schlosses Rittersburg.[3] Zur Baugeschichte haben sich keine Daten erhalten, die Bauformen weisen auf die 2. Hälfte des 13. Jahrhunderts, die Muster der Fliesen auf eine Verlegung des Bodens eher kurz nach der Mitte des 13. Jahrhunderts. Anschließend an Oberhomburg muß diese Werkstatt in Speyer gearbeitet, dort jedoch wohl keine Fliesenrosette mehr geprägt haben. In Dieburg fand sich der Model D 72 wahllos in eine quadratische Fliese geprägt, das ebenfalls in Oberhomburg vorkommende Muster N 95 zieht die Verbindung zu den Fundorten Kolmar, Sesenheim, Straßburg, Konstanz, Kloster Limburg/Haardt, dem Hambacher Schloß, Mainz und Worms. Bei der in der Prägung und den Maßen abweichenden Fliese M 24 könnte es sich um eine zu Ende des 13. Jahrhunderts entstandene Ausflickung handeln.

Literatur
F. X. Kraus, Kdm Elsaß-Lothringen III, 832–835, Fig. 161, 162.
Westd. Zs. 20, 1901, Museographie 1900, 308–309, Abb. 6.

W. HOTZ, Kdm Elsaß und Lothringen, 158.
H. KIER, 1970, 130 und Abb. 210.

1 F. X. KRAUS, Bd. 3, 834, bezeichnet den Fußboden als einzigen dieser Art, der sich in Lothringen erhalten hat. Weitere Muster, die vermutlich zu diesem Boden gehörten, können aus den Funden in Straßburg und Speyer erschlossen werden.
2 Westd. Zs. 20, 1901, 308, Anm. 20, „Die dem Museum überwiesene Sammlung dieser Fliesen ist nicht vollständig."
3 Dies erklärt wohl auch das Vorkommen der sonst eher auf Profanbauten beschränkten Jagdmotive.

Oberkirch, Ortenaukreis

Kath. Pfarrkirche St. Cyriakus

Fundumstände
Die Fliesen fanden sich beim Abbruch der mittelalterlichen Kirche vor dem Neubau von 1863 in zweiter Lage im Mauerwerk. Von der erwähnten „großen Anzahl von Plättchen" hat sich anscheinend nur ein Exemplar erhalten. Die Fliesen sollen aus dem Chor stammen. Ungewöhnlich ist, daß anscheinend nur ein Muster gefunden wurde. Die meisten der in der 2. Hälfte des 13. Jahrhunderts geschaffenen Fliesenböden zeichnen sich durch eine Vielzahl von Mustern aus.

Baugeschichte
Eine Kapelle in Oberkirch wird erstmals 1225 erwähnt. Man weiß nicht, ob die Kapelle den Stadtbrand von 1246 überstand. Eine neue Kirche wurde in einiger Entfernung vermutlich kurz vor 1275 errichtet, 1337 wurde dieser die nördliche Sakristei und die südliche Turmkapelle angefügt. Zu Ende des 14. Jahrhunderts scheint der Chor nach Osten verlängert und der Chorfußboden erhöht worden zu sein; nach einem Brand 1689 folgte eine barocke Erneuerung. Möglicherweise wurde die Verlegung der Fliesen von dem nahen Prämonstratenserkloster Allerheiligen beeinflußt, welches das Patronatsrecht der Kirche, sowie einen Hof, eine Mühle, eine Badstube und einen großen Klosterkeller in Oberkirch besaß. Das Muster der Fliesen weist eher auf eine Entstehung vor 1275, es wäre zu erwägen, daß die Fliesen aus dem Vorgängerbau übernommen und schon in der 1. Hälfte des 13. Jahrhunderts geprägt wurden. D 13 ist eine der wenigen Fliesen mit Signatur. Vermutlich wurden die Fliesen auch in Oberkirch gebrannt, das auf seiner Gemarkung Lehmvorkommen von großer Mächtigkeit besitzt.

Literatur
Kat. GNM Nürnberg, 5, A. 2–A. 4.
M. WINGENROTH, Kdm Kr. Offenburg, 269–278.
Hist. Stätten VI, Baden-Württemberg, 493–495.
H. M. PILLIN, Die Entstehung der Oberkircher Pfarrei und der ersten beiden Pfarrkirchen, Oberkirch. Die Geschichte der Stadt von den Anfängen bis zum Jahre 1803, Oberkirch 1975, 168–175.

1 H. M. PILLIN, 175. Vor dem Abbruch der Kirche wurde diese von dem Oberkircher Malermeister Josef Walz gründlich untersucht. Dieser fand die Fliesen in der Überwölbung der Krypta und des vorderen Teils des Chores. Es gelang nicht, den Verbleib der anderen Fliesen zu klären, sie waren „zum Teil" dem Germanischen Museum zur Verfügung gestellt worden.

Ober-Mörlen, Wetteraukreis

Hof Hasselhecke, Kapelle St. Nepomuk

Fundumstände
Die Fliesen wurden zu einem nicht mehr bekannten Zeitpunkt aus der Kapelle des Hasselhecker Hofs entfernt.

Baugeschichte
Der 1367 erstmals im Besitz Philipps von Falkenstein erwähnte Hof wurde von ihm an Kuno von Büches verkauft und ging aus dem Besitz der Familie Büches 1588 an den kurmainzischen Rat Gernand von Schwalbach und seine Frau Anna von Hohenstein über. Diese erbauten die Kapelle nach 1588 oder erneuerten einen Vorgängerbau. Ihr Wappen mit der Jahreszahl „1592" findet sich über dem Eingang. Die Fliesen, eine späte und grobe Prägung, wurden wohl gleichzeitig verlegt.

Literatur
R. A. ZICHNER, Hof Hasselheck, Friedberger Gesch.bl. 14, 1939/42, 1943, 417–432.
K. P. DECKER, Eine Karte Nikolaus Persons vom Hof Hasselhecke, Wetterauer Gesch.bl. 32, 1983, 133–144.

Oberotterbach, Kr. Südliche Weinstraße

Ehem. Wallfahrtskirche St. Nikolaus, mit Klause auf dem Closenberg

Fundumstände
Die ersten Fliesen (H 70 und vermutlich H 63) wurden am 28. 1. und 25. 4. 1884 gefunden. Es wurde eine Bodenfläche von ca. 2 × 3 m aufgedeckt; der Ausgräber vermutete, daß sich die Fläche noch weiter erstreckte.[1] Bei einer Grabung auf dem Gelände der früheren Klause wurde dann 1976 in ca. 0,40 m Tiefe ein fast vollständiger Fliesenboden der Größe 9 × 12 m freigelegt. Dieser bestand zum größten Teil aus starkabgetretenen Fliesen, deren Muster nicht mehr zu erkennen war, mehreren Fliesen des Muster H 70 in unregelmäßiger Anordnung und einer Fliese des Musters E 26, bei der die linke Hälfte des Musters noch sichtbar ist.[2]

Baugeschichte
Eine erste Kirche auf dem Closenberg (St. Nikolausberg) wird 1301 erwähnt, in einer Urkunde erscheint sie 1385. Nach einem Überfall 1460, der vermutlich nur noch die geplünderten Gebäude übrigließ[3], wurde sie bis um 1490 von einem Eremiten bewohnt und dann dem Franziskanerkloster Weißenburg übergeben. Das Klösterlein wurde vor 1537 aufgehoben, die Kirche um die Mitte des 16. Jahrhunderts abgebrochen und die Steine für den Bau eines Hofes in Oberotterbach verwandt. Die Fliese H 70, ein in der Gegend häufiges Muster (Billigheim, Gleiszellen, Klingenmünster), stammt vermutlich aus der Erbauungszeit, ebenfalls E 26, welche außerdem auf der Wiligartaburg in Wilgartswiesen gefunden wurde. Nach Ausweis der Fliesen müßte die Kapelle im 2. Drittel des 13. Jahrhunderts erbaut worden sein. Schlicher[4] verneint, daß die Burg der Ritter von Otterbach, die vermutlich die Kapelle stifteten, auch auf dem Closenberg stand. Er nimmt sie am Fuß des Klosterberges im sogenannten „Herrenwingert" an. Es wäre jedoch möglich, daß die frühe Verlegung dieser Fliesen in einer kleinen Kapelle doch im Zusammenhang mit einem Burgenbau stand. Dafür sprächen weitere Funde des

Musters H70 auf Altscharfeneck, Alt-Dahn, Frankenburg, Burg Landeck über Klingenmünster und der Wiligartaburg.

Literatur

Dr. Mayerhofer, Der sogenannte Klosterberg bei Oberotterbach, Mitt. des Hist. Ver. der Pfalz XV, 1891, 243–244.

A. Eckardt, Kdm Bez.-Amt Bergzabern, 357–358.

W. Schlicher, Klosterberg, 108–110.

---

1 Freundliche Mitteilung von Herrn Wolfgang Leitmeyer, Speyer.

2 Alle Angaben verdanke ich dem Ausgräber, Herrn Walter Schlicher, Bad Bergzabern.

3 W. Schlicher, 108, 110, Anm. 5 zitiert die „Chronik von Weißenburg“ des Eikhart Artzt (Quellen und Erörterungen zur bayer. und deutschen Gesch. II, 178): die Mannen des Landfauths zu Hagenau und des Fauths zu Germersheim zogen „uff den Cloßberg, beraubten sant niclaus daselbst, namen darinn was sie getragen und gefüren mochten und das kam alles gein Weyssenburg zu der weysßen Kirchen“. Es ist in diesem Zusammenhang interessant, daß sich im Museum Weissenburg 16 Fliesen des Musters H70 finden, deren Herkunft nicht mehr bekannt ist, die jedoch aus Weissenburg stammen sollen.

4 W. Schlicher, 110.

Ober-Roden, Stadt Rödermark, Kr. Offenbach

Kath. Pfarrkirche St. Nazarius, Gelände des „Kirchgartens“

Fundumstände

Die Fliesen fanden sich bei einer Grabung 1985 westlich des Langhauses der heutigen Kirche als Einfüllung einer Grube auf dem Kirchenhügel[1].

Baugeschichte

Die heutige Kirche, Nachfolgerin der 1894 abgebrochenen mittelalterlichen Kirche, steht, wie E. Schallmeyer nachweist[2], vermutlich auf dem Gelände des ehem. adligen Nonnenklosters Rothaha. Dieses wird zuerst 786 in einer Schenkung an Kloster Lorsch erwähnt; das von Lorsch übernommene Patrozinium St. Nazarius hat sich bis heute erhalten. Bei der Grabung wurden die Fundamente eines wohl im 10. Jahrhundert errichteten Steinbaus und die der vermutlich in der Mitte des 13. Jahrhunderts erbauten Kirche entdeckt. Diese erhielt 1393 einen neuen Chor, 1518 das nördliche Seitenschiff. Nach einem Brand im 30jährigen Krieg wurde sie 1659/60 wieder aufgebaut.

Die gefundenen Fliesen gehören vermutlich zwei verschiedenen Fliesenböden an. C1.1 wurde wohl im dritten Drittel des 12. Jahrhunderts verlegt, möglicherweise unter dem Einfluß von Kloster Lorsch, mit dem das Kloster in enger Verbindung stand. Obwohl die übereinstimmende Prägung sich noch an keiner anderen Stelle fand, könnten die Fliesen dennoch aus dem Werkstattbereich stammen, der auch die Fliesen für die Einhardsbasilika in Steinbach, für Burg Hain in der Dreieich, die Klöster Bleidenstadt, Eberbach und Ilbenstadt sowie für St. Ursula in Oberursel fertigte. Diese Werkstatt scheint einheitlich Stempelfliesen der Größe 31 × 31 cm verlegt zu haben, die sich jeweils in der Farbe und Konsistenz des Scherbens unterscheiden. So ist nicht auszuschließen, daß die Fliesen schon in Ober-Roden, das sich später auf Grund der ergiebigen Vorkommen eines ausgezeichneten Tons zu einem Töpferdorf entwickelte, gebrannt wurden.

Bei J36 handelt es sich um eine wahrscheinlich in Dieburg mit dem Bruchstück eines Models geprägte Fliese (vgl. J36a). Dort fand sich dieselbe Prägung im ehem. „Frankensteiner Hof“, während in Burg Hain der zweite Teil des Models zur Prägung verwandt wurde (J36b). Der unbeschädigte Model ist auf einer Fliese des Benediktinerklosters Klingenmünster erhalten. Diese dürfte dem zweiten Drittel des 13. Jahrhunderts angehören. Wann die Fliesen mit dem Restmodel geprägt wurden, läßt sich nicht ermitteln, da diese Model vermutlich sehr lange in den Werkstätten lagen. Es wäre jedoch möglich, daß J36 den ersten Boden der mittelalterlichen Kirche bildete, C1.1 jedoch noch aus dem Vorgängerbau stammt.

Literatur

J. Leuschner, E. Schallmayer, 54–83, 103–106, 226–223.

---

1. Für alle Angaben zu diesem Fliesenfund danke ich Herrn Dr. Egon Schallmayer, Karlsruhe, herzlich.
2. J. Leuschner, E. Schallmayer, 64–71.

Obersteigen, Bas-Rhin, Frankreich

Kapelle des ehem. Augustiner-Chorherrenklosters

Fundumstände

An Stelle des ehem. Fliesenbodens, dessen Fliesen teilweise ins Museum Saarburg gelangten, befindet sich im Chor der Kapelle heute ein wahrscheinlich bei der Restaurierung der Kirche 1905–07 verlegter Boden aus sehr kleinen Fliesen des Musters N45. Es ist nicht sicher, ob diese Fliesen Kopien der Originale sind. Das in Saarburg erhaltene Muster Q3 weist eher auf einen Belag ähnlich dem in der Blauwolkengasse, Straßburg. Der Fliesenboden des Schiffes wurde 1884 renoviert. Auch hier war die ganze Fläche mit Grabplatten bedeckt gewesen.

Baugeschichte

Die Kapelle des um 1221 als Hospital gegründeten Klosters war vermutlich um 1230 vollendet. Da sich die Augustiner-Chorherren schon 1303 in der Oberstadt von Zabern ein neues Kloster bauten und nur wenige Geistliche in Obersteigen zurückblieben, wurde sicher von diesem Zeitpunkt an nicht mehr gebaut. Später wurde das Kloster nochmals mit Augustiner-Chorherren aus Ittenweiler besetzt, die jedoch 1512 wegzogen. Die Kirche wurde 1759 und 1861 ausgebessert. Falls es sich bei dem Muster N45 um eine dort ursprünglich verlegte Fliese handelt, kann diese um 1230 geprägt worden sein. Q3 muß vor 1303, aber wohl nicht früher als im 4. Viertel des 13. Jahrhunderts entstanden sein.

Literatur

F. X. Kraus, Kdm Elsaß-Lothringen I, 213–217.

M. Barth, Sp. 1005–1006.

R. Will, Recherches archéologiques sur l'église et le monastère d'Obersteigen, Bull. Soc. Hist. Arch. Saverne, 1962, 27–32.

W. Hotz, Kdm Elsaß und Lothringen, 159–160.

H. Haug, R. Will, 33–34.

---

1 Fliesenkopien dieses Musters wurden 1903 auch auf den Altarstufen des Chorumgangs von St. Martin, Kolmar, verlegt. Bei allen in der Kirche verlegten Kopien wurde auf mittelalterliche Vorlagen zurückgegriffen, so daß dies wahrscheinlich auch für N45 gilt.

2 R. Will, 1962, 27. Der Fliesenboden wurde durch eine Zeichnung von Audigier überliefert (Audigier, Mémoires sur Obersteigen, Bibliothek der Stadt Straßburg, ms. 26, fol. 6). Dieser war „mit einem Kreuz, flankiert von zwei Vierpässen“ (déorée d'une croix flanquée de deux rosaces géométriques) verziert. Dieses Bild entsteht jedoch nur, wenn man den Fliesenboden betrachtet, ohne auf die Trennlinie der Fliesen zu achten.

Oberursel, Hochtaunuskreis

Kath. Pfarrkirche St. Ursula

Fundumstände
Vor dem Einbau einer Fußbodenheizung wurden 1976/79 in der Kirche Grabungen unternommen. Dabei wurde im Hauptschiff der romanische Fliesenboden aufgedeckt,[1] der hier allerdings wohl in zweiter Lage verlegt war. Die Fliesen waren sehr weich gebrannt und stark abgenützt, so daß sich nicht sicher erkennen ließ, ob es sich um das Muster C1 oder D1 handelt. Im nördlichen Seitenschiff wurden, diagonal verlegt und regellos angeordnet, ca. 15 Fliesen des Musters D43 und wohl eine von J77[2] gefunden. Beide Böden lagen unter dem Fußboden der spätgotischen Kirche. Im Schutt wurde das Bruchstück einer Rhombenfliese gefunden, welche auf zusätzlich verlegtes Fliesenmosaik weist. Außerdem fanden sich Fliesen des späten 15. oder des 16. Jahrhunderts in zahlreichen Bruchstücken. Hier ließen sich die Muster meist nicht sicher rekonstruieren.[3]

Baugeschichte
Über einen spätromanischen Umbau der ersten Kirche eines 880 erwähnten Klosters, von der sich keine Reste erhalten haben, ist nichts bekannt. Das Mauerwerk des Chores gehört möglicherweise noch dem 14. Jahrhundert an. Um 1450 scheint der Bau der heutigen Kirche begonnen worden zu sein, für den 1457–59 Steinfuhren erwähnt werden. Im Turmuntergeschoß hat sich die Jahreszahl 1479–81 erhalten. Nach einem Brand 1645 wurde die Kirche bis 1663/64 wiederhergestellt.
Die Fliesen C1 oder D1, wohl beide aus derselben Werkstatt stammend und aus einer Reihe anderer Fundorte bekannt,[4] weisen auf einen zwischen 1160–80 verlegten Fliesenboden. Dieser muß gestört worden sein,[5] die Reste wurden gleichzeitig mit den neuen, vermutlich im 2. Drittel des 13. Jahrhunderts entstandenen Fliesen D43, welche bis jetzt nur aus Kloster Arnstein und aus einem Vorgängerbau des ehem. „Stadioner Hofes" in Mainz bekannt sind, neu verlegt. Zu diesem neuen Boden kann eine Fliesenrotte ähnlich der in Kloster Arnstein gehört haben. Die Fliesenbruchstücke stammen vermutlich vom Boden der spätgotischen Kirche. Einige besonders grobe Prägungen könnten der Erneuerung von 1663 angehören, bei der im Chor allerdings schon ein Sandsteinplattenboden verlegt wurde. Die Fliesen D43 und J77 könnten noch aus Kloster Eberbach oder aus Mainz bezogen worden sein, wo dieses Rahmenschema zuerst entwickelt wurde. Die späten Fliesen wurden wohl alle schon in Oberursel gefertigt.

Literatur
G. Dehio, Hessen, 701.
J. Friedrich, Die St. Ursulakirche zu Oberursel, München–Berlin 1967, 2ff.
Hist. Stätten IV, Hessen, 357–358.
H.-H. Reck, 1f., besonders 47–49, 75–77, 79–86, Abb. 22–23.

1 H.-H. Reck, 75–77, Abb. 22.
2 Ebd., Abb. 23.
3 Alle Angaben zu den Fliesenfunden verdanke ich Herrn Dr. Hans-Hermann Reck, Trier. Da er auf die Lage und das Scherbenmaterial der Fliesen in seiner Publikation gründlich eingeht, sei auf diese Arbeit verwiesen.
4 Vgl. Text S. 68.
5 H.-H. Reck, 77, nimmt an, daß der bestehende Bau um einen Westturm, das nördliche Seitenschiff und um einen neuen, größeren Chor erweitert wurde und daß bei dieser Gelegenheit der 2. Fliesenboden verlegt wurde.

Haus Marktplatz 1, früher Schulstr. 22a

Fundumstände
Beim Umbau des Hauses zum Heimatmuseum wurden 1983 im Keller des Hauses Fliesen in drei Mustern gefunden[1].

Baugeschichte
Das heute bestehende Haus wurde um 1705 erbaut und im Laufe des 18. Jahrhunderts umgebaut. Über die mittelalterliche und spätmittelalterliche Geschichte des Hauses ist nichts bekannt. Die Fliesen wurden vermutlich in der Mitte oder der 2. Hälfte des 16. Jahrhunderts verlegt und wohl schon am Ort gebrannt[2].

1 Freundliche Mitteilung von Herrn Dr. Hans-Hermann Reck, Trier.
2 A. Spamer, 1939, 79. Ein erster Töpfer ist für 1591 bezeugt.

Haus Strackstraße 7

Fundumstände
Fliesen in zwei Mustern wurden 1988 bei der Restaurierung des Hauses auf dem Speicher entdeckt. Sie waren mit der Bildseite nach unten verlegt und dienten, wie an anderen Orten in Hessen, als glatte Unterlage für die Kornaufschüttung.

Baugeschichte
Zur Baugeschichte des Hauses fehlen Urkunden. Die Fliesen stammen möglicherweise[1] aus der um 1830 abgebrochenen St.-Michaels-Kapelle, die neben der Pfarrkirche St. Ursula stand. In deren Oberstock war eine Lateinschule untergebracht, das Untergeschoß diente als Beinhaus. Die Fliese H55 kann durch die in der Kapelle im Hasselhecker Forst gefundenen Exemplare auf „um 1588" datiert werden; H57 dürfte gleichzeitig entstanden sein.

Literatur
F. Neuroth, Geschichte der Stadt Oberursel und der Hohemark, Oberursel 1955, 321.
R. Rosenbohm, Von unseren Kirchen, Ursella. Quellen und Forschungen zur Geschichte von Oberursel am Taunus, Bommersheim, Oberstedten, Stierstadt und Weißkirchen, Frankfurt 1987, 70.

1 Freundliche Mitteilung von Frau Marianne Broeker-Liss, Oberursel. Alle Literaturhinweise verdanke ich Frau Bott, Stadtarchiv Oberursel.

Oberursel-Bommersheim, Hochtaunuskreis

Burgruine der Grafen von Bommersheim

Fundumstände
Die Fliesen wurden 1940/41 beim Ausschachten eines Feuerlöschteiches auf dem Gebiet der ehem. Burg gefunden. Bei einer neuen Grabung 1988–89 wurden zusätzlich die Muster J69 und K2 entdeckt[1].

Baugeschichte
Die 1226 erstmals erwähnte Burg, vermutlich der Typ einer Turmburg ähnlich Burg Hain in der Dreieich, wurde 1376 von den Städten Mainz, Frankfurt und Worms eingenommen. Kaum wieder aufgebaut, wurde sie 1382 endgültig zerstört und ist heute gänzlich verschwunden. Die Reste des Mauerwerks wurden im 18. Jahrhundert zum Kirchenbau abgetragen. Die Fliesen, deren Muster sich außerdem im Saalhof zu

Frankfurt, in Friedberg (Burg ?) und der Klosterkirche zu Ilbenstadt fanden, wurden entweder im 3. Viertel des 14. Jahrhunderts oder während des Neuaufbaus nach 1376 verlegt. Die Burg hatte eine den Hl. Justina und Aureus geweihte Kapelle, die 1319 von Ritter Heinrich von Bommersheim erbaut wurde.

Literatur

F. Ph. Usener, Bd. 2, 26–33.
F. Luthmer, Kdm. Reg.-Bez. Wiesbaden II, 120.
S. Nassauer, 154–161.
F. Kutsch, Die Burg von (Oberursel) Bommersheim, Nass. Heimatbl. 41, 1951, 48–51.
J. Petrasch, K.-F. Rittershofer, P. Titzmann, sloß und veste des Wolff und Ruprecht von Bomersheim, Mitt. des Ver. für Gesch. und Heimatkunde Oberursel/Taunus 31, 1989, 20–28.
J. Zeune, 29–30.

1 J. Zeune, 30.

Oberwesel, Rhein-Hunsrück-Kreis

Ehem. Stiftskirche, heute kath. Pfarrkirche „Unserer Lieben Frau"

Fundumstände

In einem offenen Hohlraum hinter der Mensa des Hochaltars fand sich ein offensichtlich in zweiter Lage wahllos verlegtes Stück Fliesenboden aus ca. 30 Fliesen in sieben verschiedenen Mustern. Die Fliesen sind inzwischen wieder verdeckt und nicht mehr sichtbar.

Baugeschichte

An der Stelle der heutigen Kirche stand ein aus dem 12. Jahrhundert stammender, 1213 erstmals erwähnter Vorgängerbau. Dieser wurde 1308–31 durch einen Neubau ersetzt. Bei der Weihe des Hochchors durch Erzbischof Balduin von Lützelburg 1331 war das Schiff noch nicht vollendet. Die Fliesen, sämtlich Prägungen des Kloster Eberbach (und möglicherweise von dort bezogen),[1] müssen aus der alten Kirche übernommen worden sein. Möglicherweise wurden sie bei Umbauten oder Erneuerungsarbeiten verlegt, nachdem die Kirche 1258 zur Stiftskirche erhoben worden war. Bei J79 handelt es sich um eine besonders frühe Prägung dieses Musters, welche in der selben Prägequalität in Eberbach nicht mehr erhalten ist. Auch R39 ist dort nur noch in der Prägung für ein Dreieck vorhanden.

Literatur

P. O. Rave, Oberwesels kirchliche Baukunst, Oberwesel, eine mittelalterliche Rheinstadt, Zs. des Rhein. Ver. für Denkmalpflege und Heimatschutz 16, 1922, 45–56.
St. Campignier, Das Oberweseler Liebfrauen- und St. Martin-Stift. Ein Beitrag zur Geschichte, Einrichtung und wirtschaftlicher Grundlage, Oberwesel 1932, 25–52.
G. Dehio, Rheinland-Pfalz, 771–773.
A. Schwarz, Aus der Chronik der Liebfrauenkirche, 650 Jahre Liebfrauenkirche Oberwesel, 1331–1981, Oberwesel 1981, 28–35.

1 Kloster Eberbach besaß in Oberwesel einen Hof mit Katharinenkapelle, der 1253 erworben, 1312 erweitert und 1322 umgebaut wurde. Außerdem lag in Oberwesel das Zisterzienserkloster Allerheiligen, welches 1236 aus der Altstadt in die Vorstadt Niederburg verlegt wurde.

Burgruine Schönburg über Oberwesel

Fundumstände

Die Fliesen sind in der Kapelle auf der Vorderseite des Altartisches eingelassen. Es handelt sich um dieselben Muster, welche auch in Liebfrauen vorkommen. Neben Originalfliesen sind, vermutlich im 19. Jahrhundert hergestellte, Kopien verlegt, die teilweise ebenfalls schon abgelaufen sind.

Baugeschichte

Die 1149 als Lehen in der Hand Hermanns von Stahleck genannte Burg wurde spätestens im 14. Jahrhundert zur Ganerbenburg ausgebaut. Seit 1374 wieder im Besitz des Erzbistums Trier, scheint sie 1531 schon vom Verfall bedroht. Nach der Verwüstung 1689 wurde sie im 19. Jahrhundert teilweise wieder restauriert und 1950 zur Jugendburg ausgebaut. Die Burgkapelle wurde von den Ganerben, die sich drei befestigte Burgmannenhäuser erbaut hatten, gemeinsam genutzt. Die Fliesen stammen aus der Mitte oder dem 3. Viertel des 13. Jahrhunderts. Ob sie ursprünglich in der Schönburg verlegt waren oder bei der Restaurierung im 19. Jahrhundert aus aufgelassenen Kirchen in Oberwesel geborgen wurden, ist nicht zu klären.

Literatur

B. Hirschfeld, Die Schönburg bei Oberwesel, Zs. Rhein. Ver. für Denkmalpflege und Heimatschutz 16, 1922, 82.
St. Campignien, Oberwesel und die Ruine Schönburg. Geschichte, Entwicklung und Kunstdenkmäler, Oberwesel 1933, 73–79.
W. Bornheim gen. Schilling, 1964, Bd. 3, Abb. 518.
G. Dehio, Rheinland-Pfalz, 778–730.

Ober-Widdersheim, Stadt Nidda, Wetteraukreis

Ev. Pfarrkirche, ehem. St. Maria

Fundumstände

Die Fliesen wurden bei einer Kirchenrenovierung 1973/74 gefunden.

Baugeschichte

Die als Kapelle 1260 erstmals erwähnte Kirche war wohl Mitte des 13. Jahrhunderts erbaut worden, der Turm weist ins frühe 14. Jahrhundert. Das spätgotische Portal und Malerei auf den Gewölbekappen aus dem Ende des 15. Jahrhunderts lassen auf Ausstattungsarbeiten zu dieser Zeit schließen. Die Muster, bis jetzt noch aus keinem anderen Fundort bekannt, dürften auf heute verlorene Vorbilder aus Kloster Arnsburg zurückgehen. Arnsburger Einfluß läßt sich auch im frühgotischen Chor nachweisen. Die Fliesen sind vermutlich in der 2. Hälfte des 13. Jahrhunderts verlegt worden, J51 nach alter Vorlage wohl erst im 3. Viertel oder zu Ende des 15. Jahrhunderts.

Literatur

H. Wagner, Kdm Kr. Büdingen, 229–231.
G. Dehio, Hessen, 704.
H. G. Stelz, Ober-Widdersheim. Ein Blick in die Geschichte, Heimat im Bild, 10, 1970, o. Sz.

Ochsenhausen, Lkr. Biberach

Ehem. Benediktinerklosterkirche, heute kath. Stadtpfarrkirche St. Georg

Fundumstände
Das Vorhandensein eines spätmittelalterlichen Fliesenbodens im Kloster war von der Verfasserin lange vermutet worden. In der Kirche in Wain, seit 1510 im Besitz des Klosters, sowie in den Ochsenhäuser Klosterhöfen in Biberach und Ulm, fanden sich Fliesen desselben (H146) oder von derselben Hand geschnittenen Musters (T17). Erst durch die Restaurierung 1979–84, bei der Fliesen in fünf verschiedenen Mustern im Südflügel des Konventbaus (Erdgeschoß) aufgedeckt wurden, konnte diese Vermutung bestätigt werden. Diese Fliesen lagen dort vermutlich in zweiter Lage, sie waren als Höhenausgleich für den später aufgebrachten Boden aus Solnhofener Platten verwandt worden[1]. Es ist nicht sicher, daß alle in Ochsenhausen geborgenen Muster hier aufgeführt sind. Die Fliesen gelangten teilweise in Privathand und erschienen auf den Flohmärkten der Umgebung zum Verkauf.

Baugeschichte
Die wohl vor 1093 als Doppelkloster gestiftete Benediktinerabtei wurde von Mönchen aus St. Blasien besiedelt und gelangte rasch in den Besitz größerer Ländereien. An die Stelle älterer Bauten trat 1489–95 die spätgotische Klosterkirche, die 1725–32 barockisiert wurde. Die Klausurgebäude waren unter Abt Ryssel (1434–68) erbaut worden. Erhalten ist ein Teil des Kreuzgangs und die um 1500 errichtete Prälatur. Die Fliesenmuster müssen um die Muster H146 aus Wain und dem Ochsenhäuser Hof in Ulm, sowie F99 und T17 aus dem Ochsenhäuser Hof in Biberach ergänzt werden. Das Muster K43, außerdem in Kloster Weingarten gefunden, kann kaum erst aus der Zeit um 1495, in der vermutlich die übrigen Fliesen verlegt wurden, stammen. Es müßte dem Vorgängerbau angehört haben.[2] Eine exaktere Datierung als „2.–3. Viertel 14. Jahrhundert" ist nicht möglich, da auch für Weingarten für diese Periode genaue Baudaten fehlen. Bei sehr langer Verwendung des Models wäre eine Verlegung im Kreuzgang noch möglich. Dort wurden auch die beiden Fragmente B40 und H147 gefunden. Eine enge Verbindung scheint außerdem zu den Benediktinerklöstern Zwiefalten und Hirsau bestanden zu haben. Die Fliese H284 fand sich in Zwiefalten und Ochsenhausen, die Fliese B40 könnte als Vorlage von B39 aus Hirsau gedient haben. Es kann noch nicht sicher geklärt werden, ob Ochsenhausen möglicherweise die ganze Region mit Fliesen versorgte. Der Fliesenmodel für H144 aus Kloster Schussenried, der ehem. Damenstiftskirche in Bad Buchau und der Pfarrkirche in Eintürnenberg wurde von derselben Hand geschnitten wie der für H284 und T17. B40 fand sich außerdem in Schloß Gottlieben bei Konstanz.

Literatur

BOA Biberach, 41, 143–156.
J. Baum, H. Klaiber, B. Pfeiffer, Kdm Donaukreis I, 164–187.
E. Gruber, 98–99.
G. Dehio, Baden-Württemberg, 363–364.
Hist. Stätten VI, Baden-Württemberg, 603–605.
F. Quarthal, 1975, 454–464.

1 Freundliche Auskunft von Herrn H. Duschl, Ulm. Den Hinweis auf die neuen Funde verdanke ich Herrn Robert Gerster, Biberach.

2 Der aufgefüllte Bauschutt war nicht näher untersucht worden, so daß die Möglichkeit besteht, daß sich dort auch noch weitere Fliesen in vertiefter Prägung finden.

Odilienberg/Mont Sainte-Odile, Bas-Rhin, Frankreich

Klosterkirche Hohenburg

Fundumstände
Unbekannt. Die Fliesen wurden bei den sich lange Zeit hinziehenden Ausgrabungen in den letzten Jahrzehnten des 19. Jahrhunderts als Streufunde geborgen. Sie stammen vermutlich aus ganz verschiedenen Bauten.

Baugeschichte
Das um 670 auf dem Odilienberg gegründete Kloster umschloß acht Kirchen und Kapellen, die in verschiedenen Zeitabschnitten des 9.–12. Jahrhunderts entstanden sind. Es erlebte nach dem Eingreifen Kaiser Friedrich I. Barbarossas 1153 und unter der Herrschaft der Äbtissin Herrad von Landsberg (um 1167–97) eine Zeit großer Blüte, in der vermutlich auch die Fliese F145 geprägt wurde. Möglicherweise wurde sie jedoch erst beim Wiederaufbau des Klosters nach einem Brand 1199 verlegt. Häufige Brände (1224, 1243, 1248, 1301, 1400, 1473) machten immer wieder Erneuerungsbauten notwendig und führten zur raschen Verarmung des Klosters, das nach erneuten Zerstörungen 1525 und 1546 verlassen wurde. Seit dem 17. Jahrhundert verfiel es zusehends. Erst nach dem Ankauf des Geländes durch den Bischof von Straßburg 1853 setzten Erneuerungsarbeiten ein, die die völlige Zerstörung verhüteten. Die grobe Prägung der Fliese D64, die sich außerdem auch in St. Stephan, Straßburg fand, würde sich am sinnvollsten den Erneuerungsarbeiten nach dem Brand von 1400 einfügen.

Literatur

J. Gyss, 38–110, 112–122.
F. X. Kraus, Kdm Elsaß-Lothringen I, 231–239.
R. Forrer, 1899, 33–35, Abb. S. 79.
M. Barth, Sp. 1013–1016.
W. Hotz, Kdm Elsaß und Lothringen, 160–162.
H. Haug, R. Will, 308–312.

Ehem. Nonnenkloster St. Maria und St. Odilia, Niedermünster

Fundumstände
In den Berichten über die Ausgrabung 1901–03 werden keine Fliesenfunde erwähnt, es ist jedoch nicht sicher, ob nicht doch Fliesen gefunden wurden. Bei neuen Grabungen seit 1970 wurden zahlreiche Fliesenbruchstücke geborgen, die sich nicht immer zu Mustern ergänzen lassen. Da diese Grabungen noch nicht abgeschlossen sind, besteht die Möglichkeit, daß noch unversehrte Fliesen zum Vorschein kommen.[1]

Baugeschichte
Das am Fuß des Odilienberges gelegene, nach der Legende von der Hl. Odilia 707 gegründete Kloster, erlebte zur selben Zeit wie Hohenburg unter dem Schutz Kaiser Friedrich I. Barbarossas eine Zeit großer Blüte. Die um 1155/60 erbaute Klosterkirche wurde 1180 geweiht, 1375 verwüstet und 1525 von den Bauern niedergebrannt. Nach einem weiteren Brand 1542 wurde das Kloster verlassen und nicht wiederaufgebaut. Es diente bis zur Sicherung der Reste nach 1841 als Steinbruch, heute sind nur noch spärliche Reste und die 1850 erneuerte Nikolauskapelle erhalten. Die Fliesen müßten, soweit die Bruchstücke dies erkennen lassen, aus der Erbauungszeit, spätestens jedoch aus dem 1. Drittel des 13. Jahrhunderts

stammen. Durch ihre starke Zerstörung lassen sich die jeweils in allen vier Fliesenecken angebrachten Buchstaben noch nicht deuten.

Literatur
J. Gyss, 38–110, 122–124.
F. X. Kraus, Kdm Elsaß-Lothringen I, 202–204.
F. Wolff, Die Abteikirche St. Maria zu Niedermünster im Unter-Elsaß, Straßburg 1904, 3–54.
R. Kautzsch, 236–241.
M. Barth, Sp. 947–950.

1 Die Grabung soll vom Centre d'archéologie médiévale, Straßburg, veröffentlicht werden. Eine Erwähnung der Fliesen gestattete Herr Charles-Laurent Salch, Straßburg.

Offenhausen, Gem. Gomadingen, Lkr. Reutlingen

Ehem. Dominikanerinnenkloster St. Maria Gnadenzell

Fundumstände
Die Fliesen wurden 1909 beim Bau einer Wasserleitung gefunden.

Baugeschichte
Das 1258 gestiftete, 1278 in den Dominikanerorden aufgenommene Kloster, siedelte vor 1262 nach Offenhausen über. Das Kloster verödete schon nach 1537, wurde jedoch erst 1575 aufgehoben.[1] Die Klosterkirche wurde vermutlich im letzten Drittel des 13. Jahrhunderts erbaut. Ein um 1500 entstandenes Sakramentshäuschen weist auf Ausstattungsarbeiten in dieser Zeit. Vielleicht wurden diese durch die Berufung von Nonnen aus dem Dominikanerinnenkloster Schlettstadt (1480) und durch die Schenkung der Patronate der Kirchen von Gomadingen, Kohlstetten und Ohnastetten durch Herzog Eberhard im Bart (1496) erst ermöglicht. Auf Bauarbeiten an den heute verschwundenen Klosterbauten weist die Jahreszahl „1534“ am Torhaus. Die Fliesen entstanden wohl erst im 1. Drittel des 16. Jahrhunderts und wurden vermutlich im Kloster selbst gebrannt. Dieses besaß eine eigene Ziegelhütte, die 1599 samt Kalk- und Brennofen verkauft wurde.[2] Hafner- und Zieglerton fand sich auf der Gemarkung. Die Model kamen möglicherweise aus Kloster Zwiefalten, H284 fand sich auch dort.

Literatur
BOA Münsingen, 1825, 52, 156, NF 1912, 662–667.
E. Fiechter, J. Baum, Kdm O. A. Münsingen, 80.
Hist. Stätten VI, Baden-Württemberg, 610.

1 BOA Münsingen, 1912, 666. Das Kloster kam 1537 unter württembergische Verwaltung; die widerspenstigen Nonnen konnten sich jedoch bis in den Anfang des 17. Jahrhunderts im Kloster halten.
2 Ebd., 667.

Ortenberg, Wetteraukreis

Ev. Stadtkirche, ehem. St. Maria

Fundumstände
Die Fliesen wurden bei Instandsetzungsarbeiten an der Kirche nach dem 2. Weltkrieg gefunden.

Baugeschichte
Beim Neubau des Chores um 1380–85 wurden Teile der im 12. Jahrhundert errichteten Kirche übernommen. Zu Beginn des 15. Jahrhunderts wurde das Langhaus zu einer dreischiffigen Halle umgebaut. Der sich lang hinziehende, von demselben Baumeister wie in Kloster Hirzenhain ausgeführte Bau, war wohl erst um 1450 abgeschlossen. Die Fliese gehört vermutlich dem 2. Viertel des 15. Jahrhunderts an, eine genaue Datierung des schlichten Musters ist nicht möglich.

Literatur
H. Wagner, Kdm Kr. Büdingen, 235–240.
K. Heusohn, 70–76.
F. W. Fischer, 115–117.
G. Dehio, Hessen, 712.

Schloß der Fürsten zu Stolberg-Roßla, Torhaus

Fundumstände
Die Fliese H20 stammt aus dem 1953–56 freigelegten ehem. Torbau des Schlosses. Über der Toreinfahrt befand sich die im 16. Jahrhundert abgebrochene Kapelle, deren Bauschutt in den Torraum gefüllt wurde. Die übrigen Fliesen wurden bei Einzelgrabungen im Schutt oder als Streufunde außerhalb des Schlosses gefunden.[1]

Baugeschichte
Die kurz vor 1150 erstmals erwähnte Burg soll von dem 1131 und 1145 als Zeuge genannten Ortwin von Büdingen erbaut worden sein. Seit dem 13. Jahrhundert befand sie sich in den Händen einer stets wechselnden Ganerbenschaft (Breuberg, Trimberg, Hohenlohe-Ysenburg, Hanau), die in der 1. Hälfte und in der Mitte des 13. Jahrhunderts neue Bauten errichtete. Die Herren von Hanau erbauten im 15. Jahrhundert, die von Eppstein wohl um 1473[2] ein neues Haus. Bei den Umbauten des 18. und 19. Jahrhunderts wurden vermutlich alle Fliesen aus den Gebäuden entfernt und verworfen. Die Fliese H20 kann nicht lange vor dem Abbruch der Torkapelle verlegt worden sein, die übrigen Fliesen, die vermutlich aus ganz verschiedenen Bauten stammen, sind zwischen dem 2. Viertel des 15. und 1. Viertel des 16. Jahrhunderts entstanden, die späte Variante des Musters H57 wohl nicht vor Mitte des 16. Jahrhunderts.

Literatur
H. Wagner, Kdm Büdingen, 246–247.
K. Heusohn, 15–20.
P. Niess, Die Ausgrabungen von Ortenberg, Hessische Hefte 6, 1956, 289–291, 7, 1957, 19–21.
G. Dehio, Hessen, 712–713.
Hist. Stätten IV, Hessen, 361–362.

1 Freundliche Mitteilung von I. D. Johann Martin, Fürst zu Stolberg-Roßla†, Schloß Ortenberg.
2 P. Niess, 290.

Osnabrück

Dom St. Peter, Margarethenkapelle

Fundumstände
Die Fliesen lagen früher in der Margarethenkapelle. Sie müssen schon vor 1907 entfernt worden sein, möglicherweise bei der Neuausstattung der Kirche zwischen 1860 und 1900.

Baugeschichte
Der durch Karl den Großen bald nach 783 gegründete Dom besitzt eine wechselvolle frühe Baugeschichte. Durch einen Brand 1253 wurde ein von 1254–77 errichteter Neubau notwendig. An diesen wurde vor 1319[1] durch Heinrich von Mecklenburg die Margarethenkapelle, die später zur Schatzkammer umgestaltet wurde, angefügt. Die Fliesen stammen wohl sicher aus dieser Zeit.

Literatur
H. SIEBERN, E. FINK, Kdm Osnabrück, 39.
G. DEHIO, Bremen/Niedersachsen, 723–731.

1 Freundlicher Hinweis von Monsignore Christian Dolfen, Osnabrück.

Stadtwaage

Fundumstände
Unbekannt.

Baugeschichte
Die dicht beim Rathaus gelegene Stadtwaage wurde 1521 erbaut und 1553 umgebaut und als Stapelplatz eingerichtet. Die Fliese stammt vermutlich aus einem Vorgängerbau und kann nicht später als in der 1. Hälfte des 14. Jahrhunderts entstanden sein.

Literatur
H. SIEBERN, E. FINK, Kdm Osnabrück, 235–237.

Haus Bierstr. 16

Fundumstände
Unbekannt.

Ortsgeschichte
Zur mittelalterlichen Baugeschichte dieses Hauses war nichts zu ermitteln. Es war vermutlich im Stadtbrand 1613, der vor allem die Bierstraße betroffen hatte, untergegangen. Die Fliese dürfte in der 1. Hälfte des 14. Jahrhunderts entstanden sein.

Literatur
H. SIEBERN, E. FINK, Kdm Osnabrück, 256.

„Aus einem Privathaus der Dielingerstraße (Nr. unbekannt)

Fundumstände
Unbekannt.

Baugeschichte
Unbekannt. Die Fliesen zeigen dasselbe Muster wie die Fliesen der Margarethenkapelle des Doms und sind wohl ebenfalls im 1. Viertel des 14. Jahrhunderts entstanden.

Haus in der Hakenstraße

Fundumstände
Unbekannt.

Ortsgeschichte
„In der Hakenstraße lagen im Mittelalter die Stadthäuser des ländlichen Adels."[1] Der große Stadtbrand von 1530 begann in der Hakenstraße und legte in sechs Stunden 1107 Feuerstellen in Schutt und Asche. Die Fliese, welche möglicherweise zum Modelbestand einer Werkstatt gehört, welche am Ober- und Mittelrhein in zahlreichen Kirchen und einzelnen Burgen Fliesenböden verlegt hatte (siehe Text S. 106–107) und welche in Osnabrück durch E 60 vertreten ist, dürfte im 2. Drittel des 13. Jahrhunderts entstanden sein. Sie müßte in dieser Zeit eher aus einem Sakralraum als aus einem Wohnhaus stammen.

Literatur
H. SIEBERN, E. FINK, Kdm Osnabrück, 256.
R. POPPE, Osnabrück, München–Berlin 1972, 8.

1 R. POPPE, 8. Die zahlreichen Publikationen über Osnabrücker Bürgerhäuser behandeln vorwiegend die nachmittelalterliche Baugeschichte dieser Häuser. Über die mittelalterlichen Bauten ist kaum etwas bekannt.

Osterspai, Rhein-Lahn-Kreis

Ehem. Wasserburg

Fundumstände
Die Fliesen fanden sich vereinzelt in der Burg, vermutlich wurden sie bei der Restaurierung 1910 entdeckt.[1]

Baugeschichte
Das unmittelbar am Rhein gelegene, 1427 erstmals erwähnte Burghaus und die damit verbundene, 1236[2] dem Kloster Eberbach geschenkte Kapelle St. Petrus waren vermutlich im 13. Jahrhundert in der Hand der Herren von Burg Liebenstein. Erhalten hat sich ein Wohnturm des 14. Jahrhunderts. Die vermutlich in Kloster Eberbach geprägten Fliesen können schon in der 2. Hälfte des 13. und noch zu Beginn des 14. Jahrhunderts verlegt worden sein. Das Kloster besaß im Ort einen Klosterhof mit einer 1263 erwähnten Kapelle.

Literatur
F. LUTHMER, Kdm Reg.-Bez. Wiesbaden V, 113.
Hist. Stätten V, Rheinland-Pfalz, 283.
G. DEHIO, Rheinland-Pfalz, 802.

1 Freundliche Mitteilung von Herrn Dr. Rudolf Freiherr von Preuschen, Lahnstein.
2 G. DEHIO, E. GALL, 1949, 385.

Otterberg, Kr. Kaiserslautern

Ehem. Zisterzienserklosterkirche, heute simultane Pfarrkirche Mariä Himmelfahrt

Fundumstände
Nach Mitteilung des Pfarramtes Otterberg wurden bei der Restaurierung des Kapitelsaales 1924–25 Fliesenreste zusammengetragen und in der Saalmitte neu verlegt. Bei einer späteren Instandsetzung wurden diese als wertlos verworfen. Es ist nicht bekannt, ob es sich dabei um gemusterte oder ungemusterte Fliesen gehandelt hat.
Bei der umfassenden Restaurierung der Klosterkirche 1977–83 wurden erneut Fliesen geborgen, die sich in Privatbesitz erhalten haben. Von den früher vermutlich zahlreich vorhandenen Mustern sind nur H 84 und P 38 bekannt.

Baugeschichte
Die 1144 von Zisterziensern aus Kloster Eberbach begründete Abtei in der Otterburg wurde etwa 20 Jahre später ins Tal verlegt. Neuere dendrochronologische Untersuchungen[1] weisen auf eine lange Bauzeit – von etwa 1168 bis 1240 – hin. Die 1254 geweihte Kirche wurde nach der Aufhebung des Klosters 1561 zur reformierten Pfarrkirche und 1707 nach dem Einziehen einer heute wieder entfernten Trennwand zur Simultankirche umgewandelt. Von den Klostergebäuden hat sich nur der um 1225 erbaute Kapitelsaal erhalten.
Im 19. Jahrhundert wurde der Boden der Kirche gegen Feuchtigkeit um 2m höhergelegt. Vermutlich wurden bereits in Zusammenhang mit diesen Baumaßnahmen Fliesen verworfen.
Die Fliese H84 hat sich auch in einem anderen Tochterkloster Eberbachs, in Schönau, erhalten. Sie dürfte der Zeit kurz vor der Klosterweihe angehören. Eine wohl mit demselben Model geprägte Fliese fand sich auch in Worms an einem nicht mehr bekannten Ort. In Worms besaß Otterberg einen Hof, ebenso wie in Kaiserslautern, wo die wohl erst im frühen 14. Jahrhundert geprägte Fliese P38 ebenfalls gefunden wurde.

Literatur

E. Hausen, 13ff.
A. Eckardt, T. Gebhard, Kdm Stadt und Landkr. Kaiserslautern, 352–411.
H. Steinebrei, Die Grabungen im östlichen Klausurbereich des ehem. Klosters Otterberg, Heimatkalender für Stadt und Landkr. Kaiserslautern 1974, 173–180.
G. Kaller, Geschichte von Kloster und Stadt Otterberg, Bd. 1. Von den Anfängen bis zum 30jährigen Krieg, Otterbach 1976, 35–94.
G. Dehio, Rheinland-Pfalz, 1984, 804–808.

1 G. Dehio, 806.

Ottmarsheim, Haut-Rhin, Frankreich

Ehem. Benediktinerinnen-Stiftskirche, heute kath. Pfarrkirche St. Peter und Paul

Fundumstände
Die Originalfliesen des Musters X9 befinden sich noch in situ auf der Empore. Sie sind stark abgetreten, an allen nicht begangenen Stellen jedoch noch sehr gut erhalten. Im Kirchenraum liegen vereinzelt Kopien des späten 19. oder frühen 20. Jahrhunderts. Die bei Ramé abgebildete Fliese mit konzentrischen Spitzbogen ist nicht mehr erhalten,[1] auch die bei Kraus gezeichnete Fliese P2 fehlt.[2]

Baugeschichte
Die Kirche der um 1030 durch Rudolf von Altenburg gestifteten Benediktinerinnenabtei wurde 1049 durch Papst Leo IX. geweiht. Sie entstand nach dem Vorbild der Aachener Pfalzkapelle als achteckiger Zentralbau mit Kuppelgewölbe und Emporen. Durch Brände 1272 und 1445/46 erlitt sie schwere Beschädigungen. Nach der Umwandlung in ein adliges Damenstift wurde die Kirche 1582 wiederhergestellt, die Klosterbauten neu errichtet, 1790 die Abtei aufgehoben und die Klostergebäude danach abgebrochen. Eine Datierung dieser Fliesen ist besonders schwierig. Die Fliese X9 wirkt nach Brand, Scherbenmaterial und Art der Prägung wie eine Fliese des 15. Jahrhunderts. Sie könnte in der Zeit des Wiederaufbaus nach 1446 verlegt worden sein. Die Anordnung zeigt, daß es sich noch um den nur ausgebesserten Originalboden handelt. Die glatten Fliesen der oberen Chorkapelle, vermutlich 1582 verlegt, sind wohl ebenfalls noch alt. Meyer datiert die Fliesen, wie auch Ramé und Kraus ins 11. Jahrhundert. Er verweist auf die Glattfleche eines Pfeilers der romanischen Abteikirche St. Arbogast in Surburg (Bas-Rhin)[3], die genau dasselbe Muster wie die Fliese X9 zeigt und die wohl um 1050/60 entstand.[4] Obwohl dieser Vergleich überzeugend ist, wirken die Fliesen dennoch nicht wie Prägungen des 11. Jahrhunderts. Die bei Ramé abgebildeten Muster, die er jedoch ausdrücklich als „Deux grand pièces de carrelage“ bezeichnet,[5] könnten viel eher der Erbauungszeit angehören, die Fliese P2 dürfte wohl aus der Zeit des Wiederaufbaus nach 1272 stammen.

Literatur

A. Ramé, 46, Abb. 11.
F. X. Kraus, Kdm Elsaß-Lothringen, II, 496–503, 501, Abb. 77.
R. Kautzsch, 61–65, 133, Abb. 125.
M. Barth, Sp. 1049–1053.
W. Hotz, Kdm Elsaß und Lothringen, 166–167.
H. Haug, R. Will, 49–50.
P. Stintzi, Ottmarsheim, München 1978, 2–22.
G. Meyer, 1975a, 35, 38, Abb. C1.
F. Walter, L'église d'Ottmarsheim. Histoire et archéologie, Straßburg 1979.

1 A. Ramé, 46, Abb. 11.
2 F. X. Kraus, 1975I, 501, Abb. 77.
3 G. Meyer, 1975a, 35.
4 R. Kautzsch, 133, Abb. 125, 136, „Zwischen 1050 und 1060 erbaut“. W. Hotz, 245, „Mitte oder 3. Viertel 13. Jahrhundert“.
5 A. Ramé, 46, „33 × 33 cm“.

P

Palenberg, Gem. Übach-Palenberg, Kr. Heinsberg

Kath. Kapelle St. Peter, ehem. Pfarrkirche, auch „Karlskapelle"

Fundumstände
Bei einer Grabung anläßlich einer Restaurierung 1957 wurden die Reste einer spätmittelalterlichen Beplattung im Einfüllschutt der Gräber des 17.–18. Jahrhunderts gefunden. „Es handelt sich um quadratische und dreieckige Fliesen aus gelblich-weißem Ton mit gelber und grüner Glasur. Ihre Seitenlänge beträgt 6,6 bzw. 8,5 cm, ihre Dicke 1,7–2 cm. Einige Stücke sind mit einem diagonalen Rautenmuster verziert, dessen eingedrückte Felder grün und dessen Stege gelb glasiert sind."[1]

Baugeschichte
Die auf einem Vorgängerbau des 8. Jahrhunderts in der Mitte des 11. Jahrhunderts errichtete Kapelle wurde im 12. Jahrhundert um ein südliches Seitenschiff erweitert und erhielt kurz darauf einen neuen Chor. Für Umbauten in „spätmittelalterlicher Zeit" fehlen alle Unterlagen, sie sind erst wieder für 1650–53 bezeugt. Da das Muster der Fliesen kaum Anhaltspunkte zur Datierung bietet, kann bei der zeitlichen Einordnung nur von der Art der Glasur ausgegangen werden. Diese tritt im Aachener Raum auf Fliesen erst seit Beginn, meist jedoch erst in der 2. Hälfte des 15. Jahrhunderts auf.

Literatur
L. Schaefer, Die Ausgrabung in der Karlskapelle zu Palenberg, Bonner Jb. 157, 1957, 367–368.
G. Dehio, Rheinland, 603–604.
Hist. Stätten III, Nordrhein-Westfalen, 723.
H. E. Kubach, A. Verbeek, Bd. 2, 923–924.

1 L. Schaefer, 367. Die Fliesen sind z. Z. nicht auffindbar.

Perchtoldsdorf, BH Mödling, Niederösterreich

Kath. Pfarrkirche St. Augustin

Fundumstände
1862 befand sich hinter dem Altar des südlichen Seitenchors noch ein kleiner Rest von Kreisfliesen, die abwechselnd mit einer Fliese in Astroidform verlegt waren. Sie waren so stark abgetreten, daß schon damals die Zeichnung in der Mitte der Astroidfliese nicht mehr erkennbar war. Der Katalog des GNM Nürnberg[1] erwähnt jedoch eine Kreisfliese aus grauem Ton, die „in der Mitte in viereckigem Rahmen ein Einhorn" zeigt. Die Fliesen waren 1884 noch vorhanden, sind jedoch seit einer Renovierung der Kirche (1908?) verschwunden.[2] Die Fliesen des GNM Nürnberg waren unglasiert, Latschka[3] erwähnt jedoch „glasierte Fliesen".

Baugeschichte
Die 1216 erstmals genannte Kirche wurde um 1340 durch einen Neubau ersetzt. Das Langhaus wurde erst in der 1. Hälfte des 15. Jahrhunderts unter dem Pfarrer Thomas Ebendorfer (1435–64) vollendet. Vermutlich wurden die Fliesen in der Mitte des 15. Jahrhunderts verlegt.

Literatur
A. Essenwein, 1862, 50, Abb. 4, 5.
Kat. GNM Nürnberg, 9, A 53, A 54.
A. Latschka, Geschichte des niederösterreichischen Marktes Perchtoldsdorf, Wien 1884, 49.
G. Dehio, Niederösterreich, 246.
Hist. Stätten Österreich I, Donauländer, 457–458.

1 Bei der Restaurierung der Kirche war der Architekt August Essenwein, der spätere Direktor des GNM, beteiligt.
2 Alle Angaben zu diesen Fliesen verdanke ich Herrn Dr. Rudolf Weiß, Mödling.
3 A. Latschka, 49.

Peterspay, Gem. Spay, Kr. Mayen-Koblenz

Kath. Kapelle St. Peter und Paul

Fundumstände
Die Kapelle besitzt im Chor noch den ursprünglichen, teilweise stark beschädigten, diagonal verlegten Fliesenboden der Erbauungszeit.[1] Wegen der starken Abnützung sind nicht mehr alle Muster mit Sicherheit erkennbar. Unbeschrieben blieben je eine Fliese der Gruppe C, H und M[2].

Baugeschichte
Die Kapelle des durch Pest ausgestorbenen, seit dem 30jährigen Kriege verschwundenen Dorfes wird auf Grund der Bauformen und der noch erhaltenen Wandmalereien von allen Autoren als um 1300 entstanden angesetzt. Der Fliesenboden weist jedoch auf eine Entstehung in früherer Zeit. Die „von seinen Ahnen erbaute Peterskapelle mit Wohnhaus und Weingärten" wird von Dragebodo, einem Ritter von Osterspay, 1236 oder 1237 dem Kloster Eberbach geschenkt, das sie fortan von einem seiner Priester versehen läßt. Möglicherweise ließ Kloster Eberbach in der Folgezeit einen Um- oder Neubau ausführen. Die Fliesen sind, mit zwei Ausnahmen, Eberbacher Muster. Aber auch bei diesen kann es sich um Motive handeln, die heute durch Zufall in Eberbach nicht mehr vorhanden sind. Selbst bei langer Verwendung der Fliesenmodel ist nicht anzunehmen, daß das schon in Kloster Arnstein verlegte Muster D 8 noch um 1300 verwandt wurde. Der Boden dürfte eher nach der Jahrhundertmitte entstanden sein, auf jeden Fall nach dem der ehem. Dompropstei in Mainz, da hier der Model W 2 (wie auch in Burg Eppstein) schon in eine quadratische Fliese geprägt worden war.

Literatur
K. Rossel, Urkundenbuch Eberbach I, 309–310.
Pfitzner, Die Kapelle in Peterspay, Kr. St. Goar und ihre Wandmalereien, Rheinische Heimatpflege 6, 1934, 127–130.
G. Dehio, Rheinland-Pfalz, 972.

1 Pfitzner, 128, Abb. 33.
2 Herrn Dr. Hans Caspary, Mainz, danke ich herzlich für den Hinweis auf noch unbekannte Muster.

Pfaffenheim, Haut-Rhin, Frankreich

Kath. Pfarrkirche St. Martin

Fundumstände
In der Sakristei liegen Kopien des Musters X9. Diese waren offensichtlich früher auch im Chor verlegt, Reste sind in der Sakristei aufgestapelt. Es gelang nicht festzustellen, ob diese Kopien nach Originalfliesen, die früher in der Kirche vorhanden waren, gefertigt sind. Es ist durchaus möglich, daß Pfaffenheim und das nicht allzuweit entfernte Ottmarsheim im Mittelalter dieselben Fliesenböden hatten.

Baugeschichte
Beim Neubau der Kirche 1893 wurde der mittelalterliche Chor mit Chorjoch, das Turmuntergeschoß und die Sakristei in den neugotischen Bau mit übernommen. Die Sakristei entstand wohl gleichzeitig mit dem um 1215/30 errichteten Kirchenbau. Zur Datierung der Originalfliesen siehe Ottmarsheim.

Literatur
F. X. Kraus, Kdm Elsaß-Lothringen III, 510–513.
R. Kautzsch, 282–284.
H. Haug, R. Will, 34.
M. Barth, Sp. 1060–1063.

Pfaffen-Schwabenheim, Kr. Bad Kreuznach

Ehem. Augustiner-Chorherren-Stiftskirche, heute kath. Pfarrkirche Mariae Himmelfahrt

Fundumstände
Die Fliesen wurden bei der Restaurierung 1905 unter dem 1712 aufgeschütteten Fußboden des Chores gefunden und sind heute als kleiner Rest im Langhaus unter der Empore verlegt. Neben einer mit Arnstein, Rommersdorf, Flonheim und Sponheim übereinstimmenden Kreisrosette finden sich gemusterte quadratische Fliesen sowie Dreiecksfliesen mit Kreisstempel. Die Anordnung der Rahmenleisten wirkt willkürlich und entspricht sicher nicht der ursprünglichen Verlegung.

Baugeschichte
Das um 1045 durch Eberhard von Nellenburg gegründete, 1130 mit Augustiner-Chorherren besetzte Stift war im 13. Jahrhundert im Besitz der Grafen von Sponheim. Von der nach 1220/25 erbauten Kirche hat sich nur der etwa 1235–48 errichtete Chor und das wohl zwischen 1248 und 1260 erstellte Querhaus erhalten, eine Weihe ist für 1308 bezeugt. Es steht nicht fest, ob das Langhaus je vollendet wurde.[1] Nach der Aufhebung des Klosters 1566 wurde es Ende des 17. Jahrhunderts wieder mit Augustinern besetzt, bis 1712 der Chor erneuert und ein neues Langhaus erbaut, das 1762–66 abermals durch einen Neubau ersetzt wurde. Die Fliesen stammen mit großer Wahrscheinlichkeit aus der Erbauungszeit des Chores.

Literatur
U. Meyer-Husmann, Die Baugeschichte von Kirche und Kloster zu Pfaffenschwabenheim, Kr. Alzey, Diplomarbeit, Mainz 1964/65, 15.
Hist. Stätten V, Rheinland-Pfalz, 290–291.
H. Kier, 1970, 131–132, Abb. 200.
M. Fath, 59–60.
G. Dehio, Rheinland-Pfalz, 816–818.
W. Kohl, E. Persoons, A. Weiler, 320–327.

1 M. Fath, 59–60.

Pfaffmünster, heute Münster, Gem. Steinach, Kr. Straubing-Bogen

Kath. Pfarrkirche St. Martin

Fundumstände
Die Fliesen befinden sich in situ in einer Kapelle neben der Vorhalle der Kirche.

Baugeschichte
Die kurz nach 1157 erbaute Kirche wurde im 18. Jahrhundert barock erneuert. Für die Verlegung der Fliesen, die zu Ende des 15. oder zu Beginn des 16. Jahrhunderts geprägt worden sein müssen, gibt es keine Anhaltspunkte aus der Baugeschichte. Diese Fliese fand sich außerdem in der Kirche des nahegelegenen Bogenberg, möglicherweise wurden sie in Straubing geprägt.

Literatur
K. Gröber, Kdm Bez.-Amt Straubing, 104.
G. Dehio, Niederbayern, 416.

Pforzheim

Altenstädter Pfarrkirche St. Martin

Fundumstände
Bei Grabungen 1949–50 anläßlich des Wiederaufbaus der im 2. Weltkrieg schwer zerstörten Kirche wurde eine größere Anzahl gemusterter Fliesen und zahlreiche Bruchstücke gefunden. Bei der Freilegung des ebenfalls 1944 zerstörten Reuchlin-Museums fand man weitere Fliesen, deren Herkunftsort unbekannt ist, die jedoch vermutlich ebenfalls aus der St. Martinskirche stammen.[1] Für die Fliesen wurden teilweise dieselben Model benutzt, wie für die eines unbekannten Gebäudes in Speyer. Beide weisen an übereinstimmenden Stellen Bruchrisse des Models auf.

Baugeschichte
Die auf einem frühmittelalterlichen Vorgängerbau in der Mitte des 12. Jahrhunderts errichtete Kirche wird 1297 als unter dem Patronat des Klosters Hirsau stehend erwähnt. Um 1344–48 wurde die Apsis durch einen gewölbten Chor ersetzt, das Langhaus 1823–24, der Westturm 1874 erneuert. Da eine Datierung der Fliesen auf Grund der Baugeschichte nicht möglich ist, muß sich diese an den an anderen Fundorten[2] geborgenen Fliesen derselben Muster orientieren. Die Fliese D10 lehnt sich in Prägung und Bildung des Rahmenbandes eng an die Fliesen der St. Martinskirche in Ettlingen an, die wohl in der Mitte des 13. Jahrhunderts verlegt wurden. F75 fand sich in St. Amandus, Worms, A39 auf dem Gelände der ehem. Pfalz in Worms. Beide Fliesenböden dürften, auf Grund anderer dort gefundener Muster, noch vor der Mitte des 13. Jahrhunderts entstanden sein. Es fällt jedoch auf, daß das Muster J28 in Speyer und Pforzheim noch als Relieffliese, in St. Amandus, Worms, schon vertieft geprägt wurde. W43, in Speyer noch als Rhombus verlegt, wurde in Pforzheim schon zweimal nebeneinander in eine quadratische Fliese ge-

prägt. In Pirmasens und Pforzheim scheinen zumindest die Kreisrosetten aufgegeben worden zu sein, an beiden Orten findet sich der Viertelskreis F50 auf einer quadratischen Fliese. Der Boden wurde jedoch noch in der Diagonale verlegt, W19 diente als Randbegrenzung.

Literatur

E. LACROIX, P. HIRSCHFELD, W. PAESELER, Kdm Baden IX, 6. Stadt Pforzheim, 51.
E. LACROIX, 7–11, Abb. 2.
G. DEHIO, Baden-Württemberg, 376–377.

1 Freundlicher Hinweis von Herrn Albrecht Dauber†,Karlsruhe. In der St. Martinskirche wurden 1914 Bauarbeiten durchgeführt. Ein bei dieser Gelegenheit gefundener römischer Grabstein kam ebenfalls zu dieser Zeit ins Reuchlin-Museum.

2 Möglicherweise lag der Ort, an welchem der erste mit diesen Modeln geprägte Fliesenboden verlegt wurde, auch im Elsaß. N94, in Pforzheim und Speyer gefunden, liegt auch, mit nicht mehr bekanntem Fundort, im Museum Straßburg. Die Fliese ist so stark abgelaufen, daß nicht mehr zu erkennen ist, ob auch hier der Model gebrochen war.

Pfullingen, Lkr. Reutlingen

Ehem. Klarissinnenkloster St. Cäcilie

Fundumstände

Die Fliesen waren bis 1793 in zwei Räumen und dem Flur des Konventsgebäudes verlegt[1], ein Teil davon blieb bis ins Ende des 19. Jahrhunderts erhalten. Einige Fliesen wurden danach in die Wand der Kirche vermauert und von dort in jüngster Zeit entfernt.

Baugeschichte

Das Kloster wurde 1252 von den Herren von Rempen gegründet, Irmingild und Mechthild von Rempen traten in den Orden ein. Es wurde mit Nonnen aus Kloster Söflingen bei Ulm besetzt und erlangte rasch großen Grundbesitz[2]. Die Nonnen hausten zuerst in der „Vorderen Kapelle", 1278 wurden die fertigen Konventsgebäude bezogen, die Kirche war wohl zur selben Zeit errichtet worden. Das Kloster wurde nicht während der Reformation, sondern erst 1649 aufgehoben, ein Teil der Gebäude 1793, der Kreuzgang 1826 abgebrochen, die Kirche blieb erhalten. Bei den Fliesen handelt es sich um Prägungen, die vermutlich zu Ende des 15. oder im 1. Viertel des 16. Jahrhunderts in einer Reutlinger Werkstatt entstanden. Nach 1540, als die Klosterfrauen vorübergehend Pfullingen verließen, wurden keine Aufwendungen für Bau und Erhalt des Klosters mehr gemacht.

Literatur

BOA Reutlingen, Bd. 2, 1893, 253–262.
G. MAIER, Das Frauenkloster in Pfullingen, Reutlinger Gesch.bl. 3, 1892, 52–59.
E. PAULUS, Kdm Schwarzwaldkreis, 266–267.
W. KINKELIN, Pfullingen. Ein Heimatbuch der Stadt Pfullingen anläßlich der 1000-Jahr-Feier, 937–1937, 50–56.
G. DEHIO, Baden-Württemberg, 378.
Hist. Stätten VI, Baden-Württemberg, 632.

1 Nach einer Beschreibung der Klausur von 1785, Ms. im Stadtarchiv Pfullingen, 93 und 95. Auszug freundlicherweise überlassen von Herrn Schorp, Pfullingen.

2 Das Kloster besaß einen Teil des Dorfes Melchingen, die Klöster Hirsau, Offenhausen und Zwiefalten waren in Pfullingen begütert.

Pfungstadt, Kr. Darmstadt-Dieburg

Ev. Pfarrkirche, ehem. St. Martin und Marien

Fundumstände

Bei der Restaurierung der Kirche und beim Einbau einer Heizung 1967–68 konnte der Fußboden durch Stichgrabungen untersucht werden. Es wurden unter dem heutigen Niveau fünf ältere Fußbodenschichten angeschnitten. Die erste bestand aus einem ca. 10 cm dicken Kalkmörtelestrich, darauf folgte ein Belag aus kleinformatigen Fliesen eines auch in Kloster Lorsch gefundenen Musters (H86), der größtenteils ungestört war. In der darüberliegenden Schicht fanden sich vereinzelt glatte Tonfliesen, außerdem die Fugenabdrücke (20 × 20 cm) dieser Fliesen, die offensichtlich zur Wiederverlegung an anderer Stelle entfernt worden waren. Im ehem. Mittelschiff und im nördlichen Seitenschiff stieß man auf größere Teile des Fliesenbodens des Musters H38, an einer kleinen Stelle des Choreingangs hatten sich sechs Fliesen des Musters T21 erhalten. Diese stimmten mit ihren Abmessungen von 23,5 × 23,5 jedoch keineswegs mit den Fugenabdrücken der vorhergehenden Schicht überein. Die Fliesen des Musters H38 hatten sich, unter einem Ziegelbelag des 18. Jahrhunderts und einem zweiten, 1895–96 verlegten Fliesenboden, ausgezeichnet erhalten[1].

Baugeschichte

Die 1746–48 umgebaute Kirche hat nur noch im Westturm einen mittelalterlichen Kern bewahrt. Nachrichten zur Baugeschichte der möglicherweise schon im 9. Jahrhundert gegründeten Kirche fehlen. Vermutlich wurde der erste Fliesenboden in der 2. Hälfte des 13. Jahrhunderts verlegt und aus Lorsch oder Worms bezogen. Die Kirche wird erstmals 1277 erwähnt. Mit dem ganzen Lorscher Besitz 1232 an Mainz übergehend, gehörte sie im späten Mittelalter zum Archidiakonat des Propstes von St. Victor in Mainz. Herchenröder[2] vermutet die Erbauung des Chores im 15. Jahrhundert, Sommer[3] glaubt an einen Umbau der einschiffigen Kirche um 1400 und einen Erweiterungsbau um 1480. Das Muster H38 ist durch keinen der übrigen Fundorte sicher zu datieren, Muster und Maße weisen ins 14. Jahrhundert. Eine Verlegung um 1400[4] wäre noch möglich, Nachschnitte des Musters wurden bis ins letzte Jahrzehnt des 15. Jahrhunderts hergestellt. Der Boden des Chores, dessen Fliesen an Sorgfalt der Prägung und Schönheit des Musters wenig Vergleichbares haben, könnte dem von Sommer vorgeschlagenen Zeitraum „um 1480" angehören. Das Bruchstück B41, aus derselben Werkstatt stammend, beweist, daß dieser Boden nicht aus einem einzigen Muster bestand, wie es für diese Zeit schon üblich war[5].

Literatur

M. HERCHENRÖDER, FR. BEHN, Kdm Dieburg, 129.
F. KÖPP, Die Geschichte Pfungstadts bis ins 19. Jahrhundert, A. L. MUSHAKE, (Hrsg.), Pfungstadt. Vergangenheit und Gegenwart, Trautheim 1965, 27ff.
Hist. Stätten IV, Hessen, 365.
J. SOMMER, 1–19.

1 Alle Angaben zur Grabungsgeschichte, sowie ausführliche Detailskizzen und Photos verdanke ich der Freundlichkeit des Ausgräbers, Herrn Dr. Johannes Sommer, Darmstadt.

2 M. HERCHENRÖDER, FR. BEHN, 129.

3 J. SOMMER, 7–8.

4 Ebd., 9. Sommer erwähnt eine 1412 datierte Glocke.

5 Der Grabungsbefund läßt sich mit der zeitlichen Einordnung der Fliesen nach stilistischen Merkmalen nicht in Einklang bringen. Da

die Fliese T21 unter dem ungestörten Boden von H38 lag, müßte sie früher entstanden sein. Es ist jedoch schwer erklärlich, warum die wohlerhaltenen Fliesen nach so kurzer Zeit verdeckt wurden. Es fanden sich keinerlei Brandspuren. Es wäre möglich, daß die sechs Fliesen, wie dies auch an anderen Orten geschah, bei einer Bestattung innerhalb der Kirche in die Tiefe rutschten oder als Unterlage eines Sarges verlegt wurden.

Pildenau, Gem. Ering, Kr. Rottal/Inn

Kath. Pfarrkirche St. Johannes und Paulus

Fundumstände

Bei der Erneuerung des Pflasters der Pfarrkirche stieß man 1897 auf 8–12 Fliesen.[1] Das Greifenmuster F103 und eine bis jetzt unbekannte Fliese müssen jedoch noch in späterer Zeit gefunden worden sein. Der genaue Fundort ist nicht mehr bekannt: „aus einer Kirche in Bayern". Möglicherweise stammen auch diese Fliesen aus Pildenau.

Baugeschichte

Von der ersten, im 13. Jahrhundert erbauten Kirche ist nur noch das Schiff erhalten, das in den Neubau von 1468 übernommen wurde. Die Fliesen dürften schon in der 1. Hälfte des 13. Jahrhunderts entstanden sein. Für diese ungewöhnlich frühen und qualitätvollen Fliesen bietet sich in Bayern kein Vergleichsmaterial.[2] Sie könnten am Ort gefertigt worden sein, da in der Gemarkung gute Tonerde ansteht und der Ort in nachmittelalterlicher Zeit schon über zwei Hafner und einen Ziegelbrenner verfügte. Sie könnten jedoch auch auf dem nur 1 km entfernten Inn verschifft worden sein. Der heute unbedeutende Ort gehörte im Mittelalter (1009–1296) dem Hochstift Bamberg. Heinrich der Löwe hielt 1174 dort einen Landtag ab. Auf der Gemarkung lagen die bedeutenden Burgen Erneck und Frauenstein, das auf einer ehem. Burg errichtete Schloß Ering ist noch erhalten.

Literatur

M. ECKMÜLLER, Die Pfarrei Ering nebst Schloß Frauenstein, Ver. hist. Ver. Niederbayern 41, Landshut 1905, 257–334.
A. ECKARDT, Kdm Kr. Pfarrkirchen, 169–170.
E. PRINZ ZU SAYN-WITTGENSTEIN, M. FRF. V. BIBRA, 151–152.
G. DEHIO, Niederbayern, 577.

1 M. ECKMÜLLER, 330: „Vor ungefähr 10 Jahren wurde der einzige Seitenaltar entfernt und ein neues Pflaster gelegt; unter den Steinen des alten Pflasters befanden sich solche mit merkwürdigen Tiergestalten."

2 Die einzige Parallele bieten die Wandtafeln aus St. Emmeran, Regensburg (siehe Text S. 59–61), die noch dem 3. Drittel des 12. Jahrhunderts angehören. Hier finden sich ähnliche Blattranken und Palmetten, auf der Adlertafel außerdem die kleinen Füllornamente.

Pirmasens

Pirminskapelle?

Fundumstände

Beim Bau eines Gartenhauses auf dem Grundstück der Gerberei König wurde 1889 in einer Tiefe von ca. 2 m ein intakter Fliesenboden mit geringen Abnützungsspuren aufgedeckt, der aus Fliesen eines einzigen Musters (H280) bestand.[1] Am 3. 1. 1912 wurden nochmals dieselben Fliesen in Pirmasens gefunden, „20 m vom Wedebrunnen entfernt, vor einer alten Kapelle[2]", außerdem F50 und W92.

Baugeschichte

Nach Mehlis soll an dieser Stelle der Sage nach die Zelle des hl. Pirmin gestanden haben. Vermutlich stammen die Fliesen aus einem verschwundenen Meierhof des Benediktinerklosters Hornbach, der schon 820 erwähnt wird und bis 1333 in der Hand des Klosters war. Durch schwere Zerstörungen im 30jährigen Krieg sind heute ausschließlich Bauten des 18. Jahrhunderts erhalten. Die Lage des Meierhofes ist nicht mehr zu ermitteln, noch steht eindeutig fest, ob es sich bei der 1225 durch den Abt Eberhard dem Spital zu Hornbach überlassenen Kirche zu „Birmessens" um die spätere Pfarrkirche St. Juliane handelt. Eine zu Beginn des 14. Jahrhunderts abgebrannte Kirche wurde 1327 mit Hilfe des Klosters Hornbach wiedererbaut. Die Fliesen H280, deren Muster auf eine Entstehung in der 1. Hälfte des 14. Jahrhunderts weisen, könnten in diesem Zusammenhang entstanden sein. F50 (siehe Pforzheim) wurde vermutlich vor oder nach der Mitte des 13. Jahrhunderts verlegt, ihre besonders starke Abnützung weist auf eine längere Benutzung des Fliesenbelags. Sowohl F50 wie W92 müssen an anderer Stelle als Plattenmosaik verlegt gewesen sein.

Literatur

A. ECKARDT, H. E. KUBACH, Kdm Pirmasens, 84, 102.

1 Westd. Zs. 10, 1891, 109, Bericht von C. MEHLIS.

2 Mitt. Hist. Ver. Pfalz, 1893, 173. Fundjahr 1892–93 und freundliche Mitteilung von Herrn Wolfgang Leitmeyer, Speyer.

Plochingen, Lkr. Esslingen

Ev. Stadtkirche, ehem. St. Blasius, früher St. Ulrich

Fundumstände

Die Fliesen waren 1889 noch in situ vorhanden.[1] Sie kamen in die königliche Altertümersammlung in Stuttgart. Das Muster ließ sich bis heute nicht ermitteln.

Baugeschichte

Die Kirche wurde 1481–88 erbaut. Vorgängerin war vermutlich eine um 1078 erbaute Steinkirche, die 1157 im Besitz des Klosters St. Blasien erwähnt wird.

Literatur

P. KEPPLER, 102.
E. PAULUS, Kdm Neckarkreis I, 234.
O. WURSTER, 41–46, 243–249.
G. DEHIO, Baden-Württemberg, 379.

1 E. PAULUS, 234.

Ehem. Frühmeßkapelle St. Ottilien

Fundumstände

Der Fliesenboden lag bis 1877 in situ in der Kirche und kam dann in die königliche Altertümersammlung nach Stuttgart. Paulus erwähnt den „merkwürdigen, noch beinahe ganz erhaltenen gemodelten Fliesenboden mit schmalen Läufereinteilungen"[1], ohne jedoch auf die einzelnen Muster einzugehen. Da jedoch anscheinend die gesamten Fliesen des Belags nach Stuttgart kamen, darf vermutet werden, daß es sich um eine zusammengehörende Gruppe von Fliesen handelt, die in größerer Anzahl ohne Herkunftsbezeichnung im Museum liegen und auch in der Prägung und den Maßen übereinstimmen. Möglicherweise wurden die „Läufereinteilungen“, da sich im Museum keine rechteckigen Fliesen finden, durch farbige Glasur erzielt. Zu diesem Belag könnten die Muster J37, K9, P6 und V2 gehören. Neben roten Tonfliesen finden sich solche mit gelber und grüner Glasur. Alle gehen auf Vorlagen des Klosters Bebenhausen zurück, wurden jedoch offensichtlich erst im 15. Jahrhundert geprägt.

Baugeschichte

Die Frühmeßkapelle wird urkundlich erstmals 1328 erwähnt. Sie wurde vermutlich nicht lange davor errichtet. Nach der Stiftung einer Kaplanei 1428 wurde die Kirche um 1432 ausgemalt. Die Sakristei wurde 1839 abgebrochen. Die Fliesen, wenn sie aus St. Ottilien stammen, wurden vermutlich erst im 1. Drittel des 15. Jahrhunderts verlegt. Dafür spricht neben der Verwendung von Glasur die grobe Prägung. Sie könnten schon in Plochingen gebrannt worden sein, für das schon 1402 eine Ziegelhütte hinter dem Kirchhof bezeugt ist.[2]

Literatur

P. Keppler, 102.
E. Paulus, Kdm Neckarkreis I, 35.
O. Wurster, 76–78, 110.
G. Dehio, Baden-Württemberg, 379.

1 E. Paulus, 35.
2 O. Wurster, 110. Der 1402 erwähnte Ziegler Haintz Rantz war vermutlich der Erbauer der Ziegelhütte. Er war der Propstei Nellingen zinspflichtig.

Pyrmont, Gem. Naunheim, Kr. Mayen-Koblenz

Burgruine

Fundumstände

Von den im Schutt von Hausstellen des Wirtschaftshofes 1952 gefundenen Fliesen ging inzwischen eine wieder verloren. Die Muster zweier Fliesen blieben durch Zeichnung erhalten. Neben den gemusterten Fliesen fanden sich ungemusterte Teilstücke in Dreiecks- und Rechtecksform aus gelbem und grauem Ton.[1] Diese lassen auf das Vorhandensein einer Fliesenrosette, vermutlich vom Schema Sponheim, schließen. Wackenroder hält es für möglich, daß die Fliesen erst durch Verschleppung an die Fundstelle gelangten. Sie könnten aus der 1268 erwähnten Burgkapelle stammen.[2]

Baugeschichte

Die 1225 erstmals erwähnte, vermutlich durch Kuno I. von Schönberg (1209–25 genannt) erbaute Burg wurde in späterer Zeit nach Westen erweitert. Ein Burgkaplan wird 1268 erstmals erwähnt[3], die Burgkapelle erst 1455 genannt.

Die Burg wurde bis 1810 bewohnt, dann teilweise abgebrochen. Der neue Ausbau der Burg wurde 1965 abgeschlossen. Die Fliesen gehören zu einer Mustergruppe, die vor allem in Kirchen und Burgen im Hunsrück, Nahetal und an der Mosel verlegt wurde. Vermutlich stimmt die Anordnung des Fliesenbodens mit dem heute noch in der ehem. Benediktinerklosterkirche Sponheim erhaltenen Boden überein. Die Fliesen könnten durch das nahe Zisterzienserinnenkloster Rosenthal vermittelt worden sein, zu dem die Herren von Pyrmont in enger Verbindung standen.[4] Der Boden wurde vermutlich im 2. Drittel des 13. Jahrhunderts verlegt.

Literatur

E. Wackenroder, Kdm Kr. Cochem, Bd. 2, 683–695, Abb. 526.
Hist. Stätten V, Rheinland-Pfalz, 298.
G. Dehio, Rheinland-Pfalz, 836.
H. E. Kubach, A. Verbeek, Bd. 2, 940.
B. Gondorf, Burg Pyrmont in der Eifel. Ihre Geschichte und ihre Bewohner, Köln 1983, 13, 38, 69.

1 E. Wackenroder, 1959, 695, hielt anscheinend die schwarzgrauen, vermutlich schlecht gekneteten und deshalb aufschiefernden Fliesenscherben für Schiefer. Er verweist auf die trapezförmigen Kreissegmente in Sponheim und in der ehem. Dompropstei in Mainz. Die „Streifenstücke“ waren vermutlich die kaum gekrümmten Außenteile des Kreises. Auch die von ihm genannten Maße der Dreiecke stimmen mit den Maßen in Sponheim und Worms überein.
2 Ebd., 687.
3 Ebd., 694: „1268“, bei G. Gondorf, 22: „1258“.
4 Vgl. hierzu das auch im Zisterzienserinnenkloster Kumbd gefundene Muster R29.

R

Raeren, Kr. Eupen, Belgien

Fehlbrandhalden

Fundumstände
Die Bodenfliesen wurden bei zufälligen Grabungen im Schutt oder bei der Ausräumung von Fehlbrandhalden gefunden.

Ortsgeschichte
Der Beginn der Töpferei in Raeren und den eng mit ihm verbundenen Orten Eynatten, Hauset und Kettenis ist urkundlich nicht gesichert. Die Gefäßformen weisen erst auf das 15. Jahrhundert, in Eynatten gefundene Gefäßscherben lassen jedoch auf eine schon zwischen dem 12. und 14. Jahrhundert arbeitende Werkstätte schließen. Eine erste Blütezeit setzte im 1. Viertel des 16. Jahrhunderts ein, um im letzten Viertel des Jahrhunderts ihren Höhepunkt zu erreichen. Bodenfliesen aus der frühen Zeit wurden bis jetzt nicht gefunden. Mayer datiert die sehr sparsam dekorierten Steinzeugfliesen aus Raeren in die Zeit um 1600.

Literatur
R. Forrer, 1901, Taf. 3, Abb. 7.
O. E. Mayer, 1951, 50–53.
H. Hellebrandt, 178, 182, Abb. 19.

Randeck, Gem. Mannweiler-Cölln, Donnersbergkreis

Burgruine

Fundumstände
Die Fliesen und Fliesenfragmente wurden 1979 bei Freilegungsarbeiten durch den Burgenverein Mannweiler-Cölln geborgen.[1]

Baugeschichte
Ein Heinrich von Randeck wird 1202 in Zusammenhang mit einer Urkunde des Zisterzienserklosters Otterberg erstmals erwähnt. Zur Baugeschichte der Burg ist nichts bekannt. Sie wurde 1689 durch die Franzosen zerstört und 1817 auf Abbruch verkauft. Erhalten sind Reste der äußeren Umfassungsmauer. Vermutlich wurde die Burg in der 1. Hälfte des 13. Jahrhunderts erbaut. Die Fliesen weisen auf eine Erweiterung oder auf Ausstattungsarbeiten nach der Mitte des 13. Jahrhunderts und auf nochmalige Neubauten im 14. Jahrhundert. Als die Burg, nach dem Aussterben der Herren von Randeck 1489, an die Herren von Lewenstein überging, scheinen diese in der Mitte oder der 2. Hälfte des 16. Jahrhunderts nochmals Fliesen verwendet zu haben. Diese, nur in Bruchstücken erhaltenen Reliefliesen, dürften jedoch eher als Wandfliesen angebracht worden sein. Die frühen Fliesen F40, N21, R38 gehören in den Zusammenhang der „Worms – Lorsch – Weinheimer" Werkstatt, deren Muster 1979 alle auch in Kloster Arnsburg gefunden wurden. Sie könnten zwischen 1240–60 verlegt worden sein. Gleichzeitig oder kaum später sind wohl R26 und R30, welche sich vor allem in Kirchen und Burgen des Hunsrücks finden. L4 und H18 wurden noch kurz vor 1379 in der Liebfrauenkirche Hadamar verlegt, ursprünglich wurde H18 möglicherweise um 1324 für Kloster Marienstatt geschaffen. Bruchstücke von K65 weisen auf einen Boden, wie er z. B. in der pfälzischen Wasserburg Reipoltskirchen lag und möglicherweise noch 1628 in Gaubickelheim verlegt wurde. Die Model der vermutlich der 2. Hälfte des 16. Jahrhunderts angehörenden Wand(?)fliesen, dürften schon von Kachelbäckern geschnitten worden sein. Möglicherweise stellt D62 das Wappen der Herren von Lewenstein dar. Die Muster konnten noch nicht alle rekonstruiert werden.

Literatur
Bdm Pfalz II, 107.
W. Möller, Bd. 1, 82–83.
Hist. Stätten V, Rheinland-Pfalz, 300.
G. Dehio, Rheinland-Pfalz, 840.
Kat. Burgen der Pfalz, 57.

1 Für den raschen Hinweis auf die Fliesenfunde danke ich Herrn Stephan Köhl, Bad Münster, und Herrn Udo Liessem, Koblenz.

Rappoltsweiler/Ribeauville, Haut-Rhin, Frankreich

Ulrichsburg?, Burg Girsberg?, Hohrappoltstein?, Pfarrkirche?

Fundumstände
Unbekannt. „Aus Rappoltsweiler[1]".

Ortsgeschichte
Der 795 erstmals erwähnte Ort besaß eine Pfarrkirche, ein Augustinerkloster und eine Spitalskapelle. Rings um den Ort lagen drei Burgen, darunter die Ulrichsburg mit einer Burgkapelle und einem der größten und schönsten Palasbauten des 13. Jahrhunderts. Die Fliese B29 wird von G. Meyer ins Ende des 13. Jahrhunderts datiert. Sie könnte jedoch, nach älterer Vorlage, auch erst in der Mitte des 14. Jahrhunderts entstanden sein, da die Maße von 20,5 × 21,7 für das 13. Jahrhundert ungewöhnlich sind. Dies gilt auch für C3. H272, vermutlich von einem zweiten Fundort, gehört wohl erst der 2. Hälfte des 16. Jahrhunderts an.

Literatur
M. Barth, Sp. 1090–1095.
W. Hotz, Kdm Elsaß und Lothringen, 173–176.
R. Will, 141–142.
H. Zumstein, 380.
G. Meyer, 1975a, 36, 39, Abb. C2, 36, 41, Abb. C3a; 37, 47, Abb. C9.
Ch.-L. Salch, Dictionnaire, 259–264.
G. Meyer, Les trois châteaux de Ribeauville, Congrès arch. 136, 1982, 91–103.
J. Burnouf (u. a.), Matériaux, 100.
G. Ch. Rump, W. von Rappold, Die Ulrichsburg bei Ribeauville (Rappoltsweiler). Bemerkungen zu ihrer Geschichte, Rezeption und Restaurierung, Burgen und Schlösser, 1980/I, 2–8.

1 Nach einer Bemerkung bei J. Burnouf, 100: „Man findet sie (die Fliesen) auch in den Burgen und da besonders in den Burgkapellen, wie jener von St. Ulrich in Rappoltsweiler" (Übers. d. Verf.), wäre es möglich, daß eine der Fliesen aus der Ulrichsburg stammt. Die Obergeschosse des Palas und der Kapelle wurden im 13. Jahrhundert umgebaut.

Rauschenberg, Kr. Marburg-Biedenkopf

Bürgerhaus, Markt 4–6

Fundumstände
Die Fliese war zu Ende des 19. Jahrhunderts noch auf dem Flur des Obergeschosses verlegt und wurde später entfernt.

Baugeschichte
Das Haus wurde laut Inschrift 1588 erbaut, es wurde 1962 abgebrochen. Die Fliese S 25 wirkt jedoch, als sei sie schon im 15. Jahrhundert entstanden. Möglicherweise wurde sie aus einem früheren Bau übernommen.

Literatur
E. Bromm, Die Stadt Rauschenberg in Oberhessen. Geschichte und Beschreibung, Marburg 1889, 64.
G. Dehio, Hessen, 732.

Ravengiersburg, Rhein-Hunsrück-Kreis

Ehem. Augustiner-Chorherrenstift St. Christophorus, heute kath. Pfarrkirche

Fundumstände
Im Nordflügel des Kreuzgangs waren 1908 noch „eine große Anzahl gotischer Fliesen" erhalten.[1] Der Zeitpunkt ihrer Entfernung ist unbekannt, sie sind heute verloren, ein Muster ist durch Zeichnung überliefert. Bei der Ausgrabung der vermuteten Burgkapelle 1949, der Restaurierung 1962–64 und beim Einbau einer Heizung wurden unter dem barocken Tonplattenboden der Kirche im Auffüllschutt, sowie in Schichten außerhalb der Kirche zahlreiche Fliesen gefunden.[2] Einige Fliesen sind inzwischen wieder verloren, die Muster jedoch teilweise durch Aufnahmen gerettet[3], andere sollen in einem kleinen Museum im Westturm der Kirche Aufstellung finden. Der Fund unverzierter Mosaikfliesen in Quadrat-, Dreiecks-, Sechsecks- und Rautenform läßt auf das Vorhandensein einer ähnlichen Fliesenrosette wie in den Kirchen von Pfaffen-Schwabenheim, Flonheim und Sponheim schließen.

Baugeschichte
Das Augustiner-Chorherrenstift wurde 1074 durch Graf Berthold vom Trechirgau und seiner Gemahlin Hadewig auf dem Gelände ihrer Burg gestiftet. Zur Baugeschichte der vermutlich nach 1100 begonnenen und wohl im 2. Viertel des 12. Jahrhunderts vollendeten Kirche sind keine Nachrichten überliefert. Es haben sich nur die um 1230–40 errichteten Westtürme und die Reste der wohl zur selben Zeit umgebauten Krypta erhalten. Die Kirche wurde nach einem Brand 1440 erneuert. Die Geldmittel des Klosters, das im 13. Jahrhundert zu den reichsten Klöstern Westdeutschlands zählte, scheinen zu dieser Zeit schon erschöpft gewesen zu sein, so daß sich der Wiederaufbau bis 1487 hinzog, Langhaus und Chor waren 1481 fertig, der Kreuzgang 1487 vollendet. Nach der Aufhebung des Klosters und Umwandlung in eine weltliche Schaffnerei 1566 verfiel das Kloster, nur die Kirche wurde 1708–11 erneuert. Die Klostergebäude wurden 1794 fast ganz vernichtet und um 1805 abgebrochen. Seit 1921 wurden für das in Ravengiersburg gegründete Missionsseminar neue Gebäude errichtet, 1964 wurde es nochmals erweitert.
Der Fliesenboden, dessen Muster sich in den Klosterkirchen von Dirstein, Flonheim, Pfaffen-Schwabenheim und Sponheim sowie auf einer Reihe von Burgen fanden, könnte im Anschluß an den Bau der Westtürme im 2. Viertel des 13. Jahrhunderts verlegt worden sein. H 244 und L 3 sowie das im Nordflügel des Kreuzgangs geborgene Muster K 56 wurden vermutlich erst in der 2. Hälfte oder gegen Ende des 13. Jahrhunderts verlegt.

Literatur
C. Meyer, 3–20, 62, Fig. 61, 65.
R. Haeuser, Die Augustiner-Klosterkirche zu Ravengiersburg, Mitt. Rhein. Ver. für Denkmalpflege und Heimatschutz 3, 1909, 186–188.
G. Dehio, Rheinland-Pfalz, 841–844.
F. Arens, Ravengiersburg, Köln 1977, 2ff.
M. Backes, H. Caspary, N. Müller-Dietrich, Kdm Rhein-Hunsrück-Kreis I, 2; 729ff., 786–791.
W. Wagner, Das Augustiner-Chorherrenstift Ravengiersburg. Geschichte des Stiftes, der Grundherrschaft und des Besitzes von den Anfängen bis zur Aufhebung 1803, Simmern 1977, 41ff.

1 C. Meyer, 62, Fig. 61. R. Haeuser, 188: „Die Reste der Fußbodenplatten sind an einer Stelle des Kreuzgangs festgelegt worden." Vermutlich stammen die Fliesen also aus ganz verschiedenen Teilen von Kirche und Kloster.
2 M. Backes, H. Caspary, N. Müller-Dietrich, 762, 768. Unter dem Fliesenboden aus gemusterten Fliesen fand sich, durch eine Schuttschicht getrennt, ein Boden aus ungemusterten Fliesen. Vermutlich handelt es sich hier um den ersten Boden der Kirche.
3 Aufnahmen von Herrn Theodor Schauder.

Ravensburg, Lkr. Ravensburg

Rathaus

Fundumstände
Unbekannt. Vermutlich wurden die Fliesen 1876 beim neugotischen Umbau entfernt, 1887 befanden sie sich anscheinend schon im Museum Stuttgart.

Baugeschichte
Der älteste Bau des Rathauses war vermutlich das 1318 erwähnte Steinhaus am unteren Tor. Urkunden zur Baugeschichte des wohl gegen Ende des 14. Jahrhunderts vollendeten Neubaus haben sich nicht erhalten; zu Beginn des 15. Jahrhunderts scheint nochmals ein Umbau stattgefunden zu haben. Die Fliese, deren Muster sich ebenfalls in der Kirche des 4 km entfernten Klosters Weingarten fand, stammt wohl noch aus dem 1. Bau des Rathauses. Sie wurde wahrscheinlich in Kloster Weingarten geprägt, während die Varianten desselben Musters, die im 15. Jahrhundert in Ravensburger Patrizierhäusern[1] verlegt wurden, wohl aus der Hand von einheimischen Töpfern stammen.

Literatur
H. Dolmetsch, Taf. 38, Nr. 28.
R. Schmidt, H. Buchheit, Kdm Ravensburg, 28–34.
G. Dehio, Baden-Württemberg, 386.
A. Dreher, Bd. 1, 142–144.

1 Leider ist nicht bekannt, aus welchen Häusern die Fliesen stammen. Bei der Kopie wurde zwar das Fliesenbild übernommen, jedoch die Zeichnung dem Formgefühl des 15. Jahrhunderts angepaßt (Eckrosette).

Reichenau-Mittelzell, Lkr. Konstanz

Ehem. Pfalz

Fundumstände
1978–80 wurden Grabungen im Bereich der ehem. Pfalz, westlich oberhalb des Münsters, durchgeführt. Es wurde ein Fliesenfragment gefunden.[1]

Baugeschichte
Von der ehem. Pfalz hat sich nur noch der Flurname erhalten. Die noch vorhandenen spätmittelalterlichen Gebäude wurden nach 1824 abgebrochen. Die Pfalz war errichtet worden, um die weltlichen Besucher der Abtei zu beherbergen. Holzbauten des 9. (?) Jahrhunderts waren wohl unter Abt Witigowo (985–997) durch Steinbauten abgelöst worden. Nach einem Brand 1235 wurde die Pfalz 1313 durch Bischof Diethelm von Kastel wiederaufgebaut.[2] Abt Friedrich von Wartenberg (1427–53) veranlaßte Umbauten, Bischof Markus Sittich von Hohenems (1561–89) errichtete nochmals Neubauten. Die Fliese, deren Muster im Konstanzer Münster (Mauritiusrotunde) und im Stadionschen Domherrenhof, Konstanz, gefunden wurde, könnte bei langer Verwendung des Models noch um 1312 verlegt worden sein. Vermutlich stammt sie jedoch schon aus dem 3. Viertel des 13. Jahrhunderts. Erdmann betont, daß die Pfalz, trotz des Brandes, im 13. Jahrhundert benutzt wurde.[3] Vermutlich waren einige Räume bald nach dem Brand wiederhergestellt worden.
Die Fliese O 69, deren Fundort auf der Reichenau unbekannt ist, könnte möglicherweise ebenfalls aus der Pfalz stammen. Muster und die dreifarbige Glasur würden sich gut in die Zeit der Bauten unter Bischof Markus Sittichus einfügen.

Literatur
W. Erdmann, Zur archäologischen und baugeschichtlichen Erforschung der Pfalzen im Bodenseegebiet. Bodman, Konstanz, Reichenau, Zürich, Deutsche Königspfalzen, Veröffentlichung des Max-Planck-Instituts für Geschichte, Bd. 3, Göttingen 1979, 136–210.
Hist. Stätten VI, Baden-Württemberg, 650–652.
J. Oexle, A. Zettler, 95–98.

1 J. Oexle, A. Zettler, 98, Abb. 5.
2 W. Erdmann, 194.
3 Ebd., 195. Beim Abbruch der Bauten und der Umwandlung des Geländes in Weinberge wurde auch das Gebiet der ehem. Pelagiuskapelle zerstört. Für diese ist 1242 eine Neuweihe bezeugt.

Reichenweier/Riquewihr, Haut-Rhin, Frankreich

Ehem. Liebfrauenkirche?

Fundumstände
Unbekannt. Die einzige Nachricht über Bodenfunde ist der zufällige Fund der Fundamente des Chors der Liebfrauenkirche 1937. Fliesenfunde werden jedoch nicht erwähnt.

Ortsgeschichte
Der im 12. Jahrhundert erstmalig genannte Ort wird 1320 als Stadt bezeichnet und war der Mittelpunkt der württembergischen Herrschaft Reichenweier. Da die Fliese stilistisch zwar dem 13. Jahrhundert angehört, die Maße und Prägung jedoch in spätere Zeit weisen, könnte sie aus der 1337 durch Graf Ulrich von Württemberg gestifteten Liebfrauenkirche stammen. Ferner wäre eine Herkunft aus dem Vorgängerbau der 1437 errichteten Margarethenkirche, welche 1846 abgebrochen wurde, oder aus der im 14. Jahrhundert erbauten, 1441 neu errichteten Spitalkapelle St. Erhard möglich.

Literatur
R. Voegeli, Riquewihr, son histoire, ses institutions, ses monuments, Reichenweier 1938, 91–108.
M. Barth, Sp. 1098–1101.
W. Hotz, Kdm Elsaß und Lothringen, 176–179.
G. Meyer, 1975 a, 36, 39, C2.
H. Herz, Riquewihr, Congrès arch. 136, 1982, 330–339.

Reicherdsroth, Gem. Ohrenbach, Kr. Ansbach

Ev. Filialkirche, ehem. St. Johannes Baptista

Fundumstände
Die Fliesen wurden bei der Restaurierung 1889 entfernt und kamen ins GNM Nürnberg.[1] An ihre Stelle traten Kopien der Fliesenmuster.[2]

Baugeschichte
Die Kirche in Reicherdtsroth wurde 1182 durch Kaiser Friedrich I. Barbarossa zusammen mit einem Pilgerspital gestiftet. Der Besitz wurde durch Graf Albert von Hohenlohe[3] 1192 dem Johanniterorden übergeben und die vermutlich in den letzten Jahrzehnten des 12. Jahrhunderts begonnene Kirche 1254 geweiht. Nachdem seit Einführung der Reformation der Orden das Interesse an Kirche und Spital verloren hatte, verfiel sie rasch. 1612 stürzte der Chor ein, nach notdürftiger Herstellung erfolgte 1653 ein neuer, 1666 behobener Einsturz. Nach erneutem Einsturz des Langhauses 1680 wurde dieses 1806 abgetragen, Chor und Turm blieben erhalten. Der Fliesenboden wird von Ramisch irrtümlich in die Mitte des 13. Jahrhunderts datiert. Der Schild der Fliese G 22 kann in dieser Form jedoch erst in der 2. Hälfte des 15. Jahrhunderts entstanden sein. Das Wappen, das mit größter Wahrscheinlichkeit dem Johanniterkomtur Jörg von Melchingen gehört, engt die Zeit der Verlegung der Fliese auf vor oder nach 1488 ein.

Literatur
A. Ress, Kdm Rothenburg/Tauber, 363.
W. Dannheimer, Zur Geschichte von Reicherdsroth und seiner Kirche, Die Linde 46, 1964, 73–76.
R. Hahn, Die ältesten Urkunden über Reicherdsroth (1182, 1192), Die Linde 46, 1964, 76–77.
H. K. Ramisch, Bayerische Kdm, Lkr. Rothenburg o. d. T., 84–88.
G. Dehio, Franken, 699.

1 Anz. GNM, 1890, 6.
2 H. K. Ramisch, 87 erwähnt drei verschiedene Muster. Gesichert sind für Reicherdsroth jedoch nur G 22 und M 37.1.
3 R. Hahn, 77.

Reifferscheid, Gem. Hellenthal, Kr. Schleiden

Burgruine

Fundumstände
Die Fliesen wurden 1966 bei einer Grabung in der Burgruine im Schutt gefunden.

Baugeschichte
Die Burg wird 1106 erstmals im Besitz Herzog Heinrichs von Lothringen erwähnt, die Edelherren von Reifferscheid wer-

den 1195 genannt. Die frühe Burganlage wurde im 14. Jahrhundert ausgebaut und erweitert, sie wechselte wiederholt den Besitzer. 1669 wurde sie durch Brand zerstört, wiederaufgebaut und 1689 durch die Franzosen gesprengt. Aus der Baugeschichte der Burg lassen sich keine Anhaltspunkte zur Datierung der Fliesen gewinnen. Da die in den Burgbereich einbezogene Burgkirche St. Mathias jedoch 1489–91 umgebaut wurde und das Muster der Fliesen in diesen Zeitraum weist, wäre es möglich, daß Burg und Kirche gleichzeitig Fliesenbeläge erhielten. Fliesen in übereinstimmender Prägung wurden in der Kirche von Bad Münstereifel und in Kloster Schillingskapellen, Heimerzheim, gefunden.

Literatur

E. Wackenroder, Kdm Kr. Schleiden, 299–307.
W. Janssen, 1975, Bd. 2, 65.
G. Dehio, Rheinland, 230.
Hist. Stätten III, Nordrhein-Westfalen, 629.
B. Gondorf, 88.

Reinheim, Kr. Darmstadt-Dieburg

Ev. Dreifaltigkeitskirche

Fundumstände

Die Fliesen wurden bei Bauarbeiten 1972 gefunden[1]. Sie lagen ca. 0,50 m unter heutigem Niveau in der Nähe des Altars.

Baugeschichte

Die 1610–1611 nach Plänen des Baumeisters Martin Kersten erbaute Saalkirche war 1634 „noch nicht ausgebaut". Es ist kaum wahrscheinlich, daß die Fliesen, obwohl nicht sehr sorgfältig geprägt, aus diesem Bau stammen. Es hätte schwerlich dem Geist des strengen Protestantismus des damaligen Pfarrers Konrad Hack entsprochen, Fliesen mit Tierdarstellungen in seiner Kirche verlegen zu lassen. Die Fliesen wurden möglicherweise aus der 1435 erstmals erwähnten, 1811 abgebrochenen Nikolauskapelle übernommen, sie können jedoch auch aus dem Familiensitz des ausgestorbenen Geschlechts der Kalbe stammen, deren Wohnung und Hofplatz Landgraf Ludwig V. von Hessen der Gemeinde Rheinheim zum Bau ihrer Kirche überließ. Die Fliesen wurden vermutlich im 15. Jahrhundert geprägt, eine Prägung um 1611 wäre zwar noch möglich, aber wenig wahrscheinlich.

Literatur

F. Kopp, Reinheim in Vergangenheit und Gegenwart, Reinheim 1902, 121.
W. E. Schröder, Stadt Reinheim im Odenwald und das Tor zum Gersprenztal, Reinheim 1950, 16–19.
G. Dehio, Hessen, 680.
W. Hotz, Die Dreifaltigkeitskirche in Reinheim, Darmstadt 1972, 25.

1 Die Erwähnung dieses Fundes gestattete freundlicherweise Herr Dr. Johannes Sommer, Darmstadt.

Reipoltskirchen, Kr. Kusel

Ehem. Talburg

Fundumstände

Bei der Sicherung der Burgruine wurde 1956 eine Fliese gefunden.

Baugeschichte

Die 1276 erstmals erwähnte Wasserburg wurde vermutlich im 12. Jahrhundert von den Herren von Hohenfels auf einem künstlich aufgeschichteten Hügel erbaut. Nach der Zerstörung von Burg Hohenfels 1351 verlegten sie ihren Wohnsitz nach Reipoltskirchen. Nachrichten zur Baugeschichte haben sich nicht erhalten, ein Rundbogenfries mit gotischem Blendmaßwerk weist auf Aus- oder Umbauten im späten 15. Jahrhundert. Nach Erlöschen der Linie Hohenfels-Reipoltskirchen wechselte die Burg wiederholt den Besitzer, um 1793 wurde sie zerstört. Die Fliesen dürften in der Mitte oder der 2. Hälfte des 16. Jahrhunderts verlegt worden sein. Da das Muster sehr lange nachgeschnitten wurde, wäre es möglich, daß die neuen Besitzer der Burg, die Grafen von Dhaun, nach 1602 Fliesenböden verlegten.

Literatur

J. Keiper, 47–119, mit Abb. der Burg.
Hist. Stätten V, Rheinland-Pfalz, 303.
G. Stein, 1976, 132–134.
H. Bernhard, 1978, 208.
G. Dehio, Rheinland-Pfalz, 852.

Remchingen-Wilferdingen, Enzkreis

Ehem. Tiefburg Remchingen

Fundumstände

Beim Bau einer Wasserleitung 1966 und bei Ausschachtungsarbeiten für ein Freibad 1975 wurden Mauerreste der ehem. Burg angeschnitten. Bei dieser Gelegenheit wurden jeweils Kleinfunde geborgen. Neben Bruchstücken einer tönernen Wasserleitung, von Gebrauchskeramik des 15. und 16. Jahrhunderts sowie Napf- und Blattkacheln, fand sich eine Fliese.[1]

Baugeschichte

Das 1710 noch als Pfarrdorf bezeichnete, im Laufe des 18. Jahrhunderts verschwundene Dorf Remchingen lag in der Nähe des heutigen Bahnhofs Wilferdingen. Reste der Tiefburg sind etwa 500 m westlich des Bahnhofs zu erkennen. Die Burg wird 1304 erstmals erwähnt, als sie als Lehen an die Markgrafen von Baden kam, Herren von Remchingen werden jedoch schon 1160 genannt. Den Zehnten der Remchinger Kirche hatte Kloster Maulbronn inne, Kloster Weißenburg hatte im 13. Jahrhundert Besitz in Remchingen. Die Burg wurde 1692 zerstört und 1749 abgebrochen. Die Fliese geht auf Wormser Vorbilder zurück. Sie kann schon im 2. Drittel und noch in der 2. Hälfte des 13. Jahrhunderts verlegt worden sein.

Literatur

E. Lacroix, P. Hirschfeld, E. Paeseler, Kdm Baden IX, 7. Amtsbezirk Pforzheim-Land, 192–194.
Hist. Stätten VI, Baden-Württemberg, 753.
A. Dauber, D. Lutz, 272, 324, Abb. 58, Nr. 5.

1 A. Dauber, D. Lutz, 272.

Reutlingen, Lkr. Reutlingen

Ehem. Heiliggeist- oder Spitalkirche, Am Markt

Fundumstände

Die Fliese fand sich bei Sanierungsarbeiten 1979 im Mauerwerk des 1. Stockwerks.[1] Sie wurde vermutlich bei Erneuerungsarbeiten nach dem großen Stadtbrand von 1726 dort vermauert.

Baugeschichte
Die Spitalkirche wurde 1333 erbaut und 1542 mit den Steinen der 1539 abgebrochenen Barfüßerkirche gründlich um- oder neuerbaut. Die Fliese, ein Muster des Klosters Zwiefalten, ist vermutlich um 1490 bis 1500 entstanden. Sie kann aus dem Barfüßerkloster stammen, könnte, da es sich um eine Nachprägung handelt,[2] jedoch auch noch 1542 gefertigt worden sein.

Literatur
BOA Reutlingen, N.F. 1893, Bd. 2, 33–34, 42–43.
Th. Schön, 1896, 88–89.
J. J. Sommer, Neue Forschungen zur Geschichte des Reutlinger Spitals, Reutlinger Heimatbl. 10, 1951, 2 Seiten o.Z.
H. Dahlhelm.

1 Der Reutlinger Chronist Fizion schreibt 1621 in seiner Reimchronik über den Boden der Franziskanerkirche: „Der Boden der Kürch wor belegt von ganntz Werkstuckhen ueberdeckht."
2 Die Fliese zeigt die typischen Maßabweichungen, die durch Schwinden des Tones beim Brand entstehen, winzige Abweichungen im Muster sind bei genauer Betrachtung zu erkennen (Vorlage: 17 × 17 cm, Nachprägung mit Fliesenabdruck [?] 15,5 × 15,5 cm).

Ehem. Bebenhäuser Hof, auf dem Grundstück Wilhelmstraße 34

Fundumstände
Unbekannt. Die Fliesen kamen 1955 ins Museum Reutlingen. Der Fundort ist nicht mehr bekannt. Sie lagen bis 1982 in einer Kiste, verdeckt von Skeletten, die im Bereich des ehem. Barfüßerklosters gefunden wurden.[1] Die Übereinstimmung mit Mustern des Klosters Bebenhausen legt die Vermutung nahe, daß sie möglicherweise bei Bau- oder Umbauarbeiten im Bebenhäuser Hof zutage kamen. Dies ist nicht zwingend, da Kloster Bebenhausen noch weiteren Besitz in Reutlingen hatte.

Baugeschichte
Dem Kloster Bebenhausen wurde 1247 durch Pfalzgraf Rudolf von Tübingen ein Gut in Reutlingen geschenkt. Es baute dieses zum Klosterhof mit einer St. Bernhardskapelle aus. Der Hof wurde 1594 abgebrochen und als Adelssitz für Johann Jakob von Sulz wiedererbaut. Beim großen Stadtbrand 1726 brannte das Haus ab. J94 ist die Kopie einer vermutlich im 2. Drittel des 14. Jahrhunderts in Kloster Bebenhausen entstandenen Fliese. H193 ist ein vermutlich heute in Bebenhausen verlorenes Muster, welches über die Varianten H194, H195 zu erschließen ist.

Literatur
BOA Reutlingen, N.F. 1893, Bd. 2, 47.
Th. Schön, 1897, 41–43, 59–60.
J. Sydow, 1984, 216.

1 Freundliche Mitteilung von Herrn Dr. Rainer Canz, Reutlingen.

Ehem. Königsbronner Hof, heute Heimatmuseum, Oberamteistraße 32

Fundumstände
Die Fliese K33 findet sich noch in situ im 1. Stockwerk des frühgotischen Bauteils.[1] Es ist nicht sicher, ob dies das einzige Muster ist, welches aus dem Königsbronner Hof stammt.

Baugeschichte
Die Pfarrkirche St. Peter in den Weiden wurde 1308 durch König Albrecht I. aus Reichsbesitz dem Zisterzienserkloster Königsbronn geschenkt und wurde diesem 1326 inkorporiert. Der Hof des Klosters wurde vermutlich im 1. Viertel des 14. Jahrhunderts erbaut. Das heute noch bestehende Hauptgebäude entstand unter dem Abt Melchior Ruoff 1538, die Kapelle des Nebengebäudes wohl um 1500. Die Fliesen können schon um 1500, jedoch auch noch 1538 entstanden sein. Das erstere ist wahrscheinlicher.

Literatur
BOA Reutlingen, N.F. 1893, I, 266, II, 50–52.
Th. Schön, 1897, 60–63, 108–110.
J. Amann, Der Königsbronner Hof in Reutlingen, Reutlinger Geschichtsbl. 45, 1938, 1–6.
H. Kopp, 39–40, 75–76.

1 BOA Reutlingen, 266. „In manchen älteren Häusern, z. B. im Königsbronner Hof, finden sich hübsch figurierte Plattenfliesen."

Nürtinger Hofstraße 12a, ehem. Nebengebäude des „Salmansweiler Hofes"

Fundumstände
Die Fliese wurde beim Umbau des Gebäudes im Februar 1981 in einer Schutt- und Brandschicht gefunden.

Baugeschichte
Da schon 1304 eine Schenkung an den Salmansweiler Hof erwähnt wird, muß dieser Hof schon vorher bestanden haben. Möglicherweise kam durch Graf Berthold von Urach, der 1240/41 als Abt von Salem erwähnt wird, der Besitz in Reutlingen an das Kloster, welches dort dann einen Pfleghof errichtete. Der Hof blieb auch, nachdem Reutlingen protestantisch geworden war, in Klosterbesitz. Er brannte 1726 ab und kam 1738 an das Spital in Nürtingen. Die Fliesen gehören vermutlich dem letzten Viertel des 15. Jahrhunderts an. Möglicherweise stammen die Fliesen, welche sich seit Ende des 19. Jahrhunderts im Museum Stuttgart befinden, vom selben Fundort. Als Herkunftsort ist dort nur „Reutlingen" bekannt.

Literatur
Th. Schön, 1897, 11–15.
K. Keim, 52.

Ehem. Zwiefaltener Hof, Zwiefaltener Hofstraße 2

Fundumstände
Fliesen in zwei Mustern wurden 1964 beim Abbruch eines Weinberghäuschens im Gewann „Betzenried" gefunden.[1] Die Fliesen waren vermutlich aus der Stadt verschleppt. Da es sich bei H143 um ein Muster des Klosters Zwiefalten handelt, besteht die Möglichkeit, daß die Fliesen aus dem ehem. Zwiefaltener Hof stammen.

Baugeschichte
Der Zwiefaltener Hof ist vermutlich der älteste der fünf erhaltenen Klosterhöfe in Reutlingen. Zwiefalten kaufte schon 1137 ein Gut in Reutlingen, der Hof wird 1277 bei der Weihe der St. Johanniskapelle, welche 1550 abgebrochen wurde, erstmals erwähnt. Das 1509 von Abt Georg von Zwiefalten errichtete Kornhaus war nicht nur Vorratsspeicher, sondern enthielt auch stattliche Wohnräume. Unter Abt Nikolaus Bucher entstand 1557 das Hauptgebäude, von dem der Chronist Fizion berichtet: „Über des Abts Behausung und Gemach

braucht sich kein Graf zu schämen."[2] Der Hof fiel teilweise dem Stadtbrand 1726 zum Opfer, kam 1805 mit allen Gebäuden in Privathand und wurde 1974 abgebrochen. Da im nahen Hof des Klosters in Eningen ebenfalls Fliesen gefunden wurden, liegt es nahe, daß die Muster des Klosters Zwiefalten über diesen Hof nach Reutlingen kamen.

Literatur
BOA Reutlingen, N.F. 1893, Bd. 2, 44–46.
Th. Schön, 1897, 173–175, 180–183.
H. Kopp, 45–47.
K. Keim, 48–50.

---

1 Freundliche Mitteilung von Herrn Dr. Rainer Canz, Reutlingen.
2 Th. Schön, 1897, 39.

Ehem. „Reichen- oder Rast-Sammlung" bei den Barfüßern, Kanzleistraße

Fundumstände
„Da war die Rast-(von Rast- oder zur Rast-)Sammlung seit 1346 ... Sie heißt auch die Schwesternsammlung bei den Barfüßern. In der Nähe des ehem. Barfüßerklosters, auf der Südseite der Lindlingsgasse, wird heute noch ein Aggregat von Wohnungen, unter denen ein massives Kellergewölbe sich hinzieht und deren eine im Erdgeschoß schöne Steinfliesen aufweist, als Frauenhäusle bezeichnet."
Die Bezeichnungen für Fliesen variieren im 19. Jahrhundert sehr stark. Wenn es sich bei den erwähnten „Steinfliesen" nur um ungemusterte Steinplatten gehandelt hätte, wären sie sicher nicht erwähnt worden. Vermutlich lagen dort einige der Fliesen, die sich heute als alter Bestand, mit unbekanntem Fundort, in den Museen von Reutlingen und Stuttgart befinden.

Baugeschichte
Die Beginensammlung wurde im 13. Jahrhundert gegründet und nach der Reformation aufgehoben. Zur Baugeschichte des Hauses ist nichts bekannt.

Literatur
BOA Reutlingen, N.F. 1893, Bd. 2, 43.
W. Hülle, Die Kirchen und kirchlichen Bauten in der Geschichte der freien Reichsstadt Reutlingen, Reutlingen 1954, 26.

Obere Gerberstraße 14

Fundumstände
Bei der Renovierung des Fachwerkhauses wurden im Juli 1979 im 1. Obergeschoß die Holzböden entfernt. Unter diesen befand sich, vermutlich in erster Lage, im Mörtelbett ein Fliesenboden mit zwei verschiedenen Mustern.[1] Die Abnützung zeigt, daß der Boden über einen längeren Zeitraum begangen wurde.

Baugeschichte
Zur Baugeschichte des Hauses ist nichts bekannt. Eine dendrochronologische Untersuchung ergab, daß das Gebäude um 1560 errichtet wurde.[2] Die Fliesen, eine grobe und späte Prägung, können sehr wohl aus dieser Zeit stammen. Vermutlich sind die Fliesen, die seit Ende des 19. Jahrhunderts ohne Herkunftsangabe im Museum Stuttgart lagern, ebenfalls aus Reutlingen, wenn auch vielleicht nicht aus diesem Haus.

Literatur
Keine.

---

1 Freundliche Mitteilung von Herrn Dr. Rainer Canz, Reutlingen.
2 Bestimmung von Herrn Dr. Becker, Universität Stuttgart-Hohenheim.

Reutlingen – Eningen

Ehem. Hof des Klosters Zwiefalten?

Fundumstände
Die Fliesen stammen, laut Angaben der Heimatsammlung im Rathaus Eningen, „aus einer abgebrannten Scheuer", nach freundlicher Auskunft von Herrn Alfred Hagenlocher, Reutlingen, „aus dem Keller eines Hauses, welcher früher im Besitz des Klosters Zwiefalten war". Vermutlich handelt es sich bei diesem Haus um das 1914 abgebrannte Anwesen Nr. 270 in der Schwanenstraße gegenüber dem „Hirsch", unter dem sich ein großer Keller befand[1]. Als „Zwiefalter Hof" wurde jedoch wiederholt das Haus Albstraße 35 bezeichnet, ohne daß dies durch Urkunden zu belegen ist. Auch dieses besitzt einen riesigen, gewölbten Keller[2].

Baugeschichte
Unbekannt. Das Gut in Eningen wurde von Kloster Zwiefalten vor 1141 erworben[3]. Es wird 1330 nochmals erwähnt und muß der Mittelpunkt des durch zahlreiche Schenkungen belegten, sehr umfangreichen Grundbesitzes gewesen sein. Das Muster der Fliesen deutet auf eine Verlegung zu Ende des 15. oder zu Beginn des 16. Jahrhunderts.

Literatur
BOA Reutlingen, N.F. 1893, Bd. 2, 270–271.
Hist. Stätten VI, Baden-Württemberg, 182.
F. G. Brustgi, Eningen unter Achalm. Bildnis eines altwürttembergischen Handelsortes, Sigmaringen 1976.

---

1 F. G. Brustgi, 167.
2 Ebd., 48–50. Dieses Haus wurde 1717 neu erbaut und ist vermutlich identisch mit dem 1592 erwähnten Haus des Jakob Meilin Michels.
3 BOA Reutlingen, 271. „... Endlich kauft das Kloster ein Gut zu Eningen um 3 Talente ... Auf jene Verbindung scheint auch noch ein innerhalb des Dorfes vorhandener, großer und schöner Keller hinzuweisen, der der Sage nach zu einem früheren Kloster gehört haben soll; ohne Zweifel war dies, da von einem Kloster in Eningen sonst nichts bekannt ist, ein nach Zwiefalten gehöriger Klosterhof ..." Zur Lage des „Klösterle", vgl. F. G. Brustgi, 168.

Rheinfels, Stadt St. Goar, Rhein-Hunsrück-Kreis

Burg

Fundumstände
Bei Renovierungen wurde ein Fliesenbruchstück 1979 im Palas gefunden.[1]

Baugeschichte
Anstelle einer älteren Talburg wurde 1245 die Burg Rheinfels durch Graf Diether V. von Katzenelnbogen so rasch erbaut, daß sie schon 1255/56 einer längeren Belagerung standhielt. Unter Graf Wilhelm II. von Katzenelnbogen (1332–85) erfolgte ein weiterer Ausbau und die zusätzliche Errichtung von

Wohngebäuden. Als die Burg 1479 an die Linie Hessen-Kassel gelangte, wurde sie unter den Landgrafen Philipp II. von Hessen und Philipp d. Großmütigen um 1480 bis 1527 zur stärksten Festung am Rhein ausgebaut. Im 30jährigen Krieg durch spanische Truppen 1626 zerstört, wurde sie wieder aufgebaut und fiel erst 1792 in die Hände des Revolutionsheers. Bergfried und Schloß wurden 1797 gesprengt, die Burg seit 1818 zum Bau der Festung Ehrenbreitstein ausgeschlachtet, bis sie Prinz Wilhelm von Preußen 1843 erwarb und restaurieren ließ. Eine Burgkapelle wird 1315 genannt. Die Fliese, ein Muster des Klosters Eberbach, weist ins 3. Viertel des 13. Jahrhunderts und wurde vermutlich aus Eberbach bezogen.

Literatur
Hist. Stätten V, Rheinland-Pfalz, 328–330.
G. Dehio, Rheinland-Pfalz.
G. Spennemann-Weber-Haupt, H. Caspary, St. Goar mit Burg Rheinfels und Biebernheim, Köln 1973, 17–19.
U. Liessem, U. Löber, 17–21.

1 Freundliche Mitteilung von Herrn Udo Liessem, Koblenz.

Rheinland

Fundort unbekannt

Fundumstände
Unbekannt. Die Fliesen kamen mit der Slg. Lückger in die Kölner Museen. Es gibt keinerlei Hinweise auf den Fundort, die Formulierung „Ober- oder Mittelrhein" findet sich im Katalog. Zu den beiden Fliesen der Slg. Lückger gehören mit großer Wahrscheinlichkeit drei Fliesen, die sich, ebenfalls ohne Fundortangabe, im Hetjens-Museum, Düsseldorf, befinden. Die Fliesen fallen aus dem Rahmen der übrigen rheinischen Prägungen. Ihnen am nächsten stehen die unglasierten Fliesen aus der Kirche in Nattheim, doch läßt die kleine Wirbelrosette in den Ecken der Fliese F151 vermuten, daß die Fliesen tatsächlich aus einer rheinischen Werkstatt stammen. Eine Datierung der Fliesen ist schwierig. Sicher gehören sie nicht, wie Lückger vorschlägt, dem 12. Jahrhundert an. Das Motiv der antithetischen Vögel und die Kentaurendarstellung lassen auf eine Entstehung im 13. Jahrhundert schließen, die übrigen Tiermotive könnten genauso gut noch in der 2. Hälfte des 15. Jahrhunderts entstanden sein.

Literatur
Kat. Slg. Lückger, 217, Nr. 1210, 218, Nr. 1211.

Rheinstein, Gem. Trechtinghausen, Kr. Mainz – Bingen

Burg

Fundumstände
In den Räumen der Burg finden sich Kopien des 19. Jahrhunderts,[1] wie sie auch in Schloß Sayn 1981 entdeckt wurden. Die Entwürfe stammen vermutlich von Lassaulx, als Vorbild könnte eine englische Fliese gedient haben. Bei Umbauarbeiten in der Burg soll eine Fliese des Musters J44 gefunden worden sein.

Baugeschichte
Die Burg wird als „Voigstberg" oder „Faitsberg" 1279 erstmals erwähnt. Sie war vermutlich um 1260 durch Philipp von Hohenfels erbaut worden und wurde möglicherweise durch den Mainzer Erzbischof Peter von Aspelt (1306–20) zu Beginn des 14. Jahrhunderts ausgebaut. Die Ruine der nicht zerstörten, sondern aufgegebenen Burg wurde 1825 durch Prinz Ludwig Friedrich von Preußen erworben und 1825–29 wieder aufgebaut. Die Fliese, ein frühes Muster des Klosters Eberbach[2], würde die Erbauung der Burg im 3. Viertel des 13. Jahrhunderts bestätigen. Sie müßte gleichzeitig verlegt worden sein.

Literatur
M. Backes, 1960, 42.
Hist. Stätten V, Rheinland-Pfalz, 308.
G. Dehio, Rheinland-Pfalz, 862–863.
U. Rathke, Preußische Burgenromantik am Rhein. Studien zum Wiederaufbau von Rheinstein, Stolzenfels und Sooneck, (Studien zur Kunst des 19. Jahrhunderts, 42), München 1979, 12, 188.
U. Liessem, 1981, 305–307.

1 U. Rathke, 188, Abb. 27. Die Fliese links oben wurde in Schloß Sayn entdeckt, links unten vermutlich nach L42 aus Burg Stahleck geprägt. Ob es für die Fliese links Mitte eine mittelalterliche Vorlage gab, ist noch unbekannt.
2 Das Kloster hatte in Trechtingshausen einen Hof.

Rheinzabern, Kr. Germersheim

Kath. Pfarrkirche St. Michael?, ehem. bischöfliche Burg?

Fundumstände
Unbekannt. Die Fliesen könnten aus der katholischen Pfarrkirche stammen, die 1882 restauriert wurde. Zu dieser Zeit sammelte das Historische Museum in Speyer schon Bodenfliesen. Es könnte sich außerdem um einen Lesefund vom Gelände der heute verschwundenen Burg handeln.

Baugeschichte
Da die Fliese dem späten 15. oder dem 16. Jahrhundert angehören muß, können alle früheren Bauzeiten vernachlässigt werden. Die 880 erstmals erwähnte Kirche wurde zwischen 1479 und ca. 1502 neu erbaut, nach Beschädigungen 1660 und 1711 wieder instandgesetzt und 1777 durch einen Neubau, in den der spätgotische Turm einbezogen wurde, ersetzt. Ort und Burg waren im Besitz des Hochstiftes Speyer. Zur Baugeschichte der Burg fehlen alle Daten. Sie war 1675 noch intakt, wurde in den Reunionskriegen zerstört und ist heute verschwunden[1]. Das Fliesenmuster wäre um 1502 gerade schon möglich, dürfte jedoch eher dem zweiten Viertel des 16. Jahrhunderts angehören. Möglicherweise wurde die Burg, wie so viele andere Pfälzer Burgen, im Bauernkrieg 1525 beschädigt, danach wiederhergestellt und mit Fliesenböden versehen.

Literatur
W. Schoch, Allerhand aus dem Pfälzerland, Ludwigshafen 1911, 41.
A. Eckardt, A. v. Reitzenstein, Kdm Bez.-Amt. Germersheim, 11, 169–170, 175.
Hist. Stätten V, Rheinland-Pfalz, 309.

1 W. Schoch, 41: „... hatte noch im 16. Jahrhundert eine bischöfliche Residenz. Das Gasthaus zum Engel von Gauly ist noch ein Überrest davon."

Rieding/Réding, Moselle, Frankreich

Kath. Pfarrkirche St. Petrus und Paulus?

Fundumstände
Die „roten und blauen Fliesen, welche mit den 1863 in Saarburg gefundenen Fliesen übereinstimmen", kamen 1901 ins Museum Metz. Ein genauer Fundort in Rieding wird nicht genannt, doch war dort „kürzlich" (von 1903 gesehen) der gotische Kirchturm abgebrochen worden, so daß die Fliesen vermutlich von dort stammen.[1]

Baugeschichte
Nachrichten zur Baugeschichte der 1361 erstmals erwähnten Kirche fehlen. Sie wurde 1754 unter Beibehaltung des „gotischen" Kirchturms erneuert. Die Fliesen des 5 km von Saarburg entfernten Ortes wurden vermutlich in der 2. Hälfte des 13. Jahrhunderts oder nur wenig später dort geprägt.

Literatur
F. X. Kraus, Kdm Elsaß-Lothringen III, 869.
Lothringer Jb. 12, 1900, 389.
Reichsland, 894.

1 Reichsland, 894.

Riedlingen, Lkr. Biberach

Kath. Stadtpfarrkirche St. Georg

Fundumstände
Die Fliesen waren im Chor der Kirche verlegt. Sie waren schon vor 1888 entfernt worden.

Baugeschichte
Die vermutlich bald nach der Stadtgründung 1250 erbaute kleine Kirche wurde vor 1271 zur Pfarrkirche erhoben und um 1330 bis 1340/44 durch einen Neubau ersetzt. 1486 wurde der Chor eingewölbt, das Langhaus nach Westen erweitert und zu einer Pseudohalle (Dehio) umgestaltet. Möglicherweise wurde die Fliese, deren Muster sich an Ulmer Vorlagen anlehnt, gleichzeitig mit der Einwölbung des Chors verlegt, eine Entstehung des häufig variierten Musters wäre jedoch auch schon zu Ende des 14. Jahrhunderts möglich.

Literatur
P. Keppler, 284.
W. v. Matthey, H. Klaiber, Kdm Kr. Riedlingen, 426–430.
G. Dehio, Baden-Württemberg, 398.

1 P. Keppler, 284. „In der Kapelle des ehem. Spitals, jetzt Altertumsmuseum, noch einige Bodenfliesen aus der Stadtpfarrkirche."

Rijnsburg, Provinz Leiden, Niederlande

Ehem. adlige Benediktinerinnenabtei St. Laurentius

Fundumstände
Bei der ersten Ausgrabung der Abteikirche 1949 wurden auf dem Boden einer 1309 gestifteten Kapelle Bruchstücke von Bodenfliesen gefunden.[1] Sie lagen verstreut im Schutt des Chors, an einigen konnten noch Glasurreste festgestellt werden, außerdem Spuren einer weißen Engobe.[2] Neben der quadratischen Fliese D 28 fanden sich Bruchstücke einer in Größe und Randmusterung völlig mit der Kreissegmentfliese B 6 aus Arnstein, Rommersdorf und Worms übereinstimmenden Reliefflicse mit der Darstellung eines Hirsches (C 2)[2a]. Dies legt die Vermutung nahe, daß in Rijnsburg eine zumindest ähnliche Fliesenrosette existiert haben muß. Da die Fliese D 28 zu Ende des 19. Jahrhunderts auch an einem heute nicht mehr bekannten Fundort im Rheinland entdeckt wurde, gibt es vermutlich eine unmittelbare Verbindung von den Klöstern des Lahntals über dieses unbekannte Bauwerk nach Rijnsburg. Bei den von Glasbergen[3] als „stilisierte Pflanzenmotive" bezeichneten, nicht abgebildeten Fliesen handelt es sich um inkrustierte Fliesen des 14. Jahrhunderts, wie sie übereinstimmend und ähnlich auch in Kloster Mariendael bei Utrecht und an anderer Stelle (vgl. Kap. 15, Anm. 178) gefunden wurden[4].

Baugeschichte
Das Kloster wurde um 1133 durch Petronella von Sachsen, Gräfin von Holland, begründet und mit Nonnen aus Stötterlingenburg bei Halberstadt besetzt. Mit dem Bau der Kirche war wohl bald nach 1157 begonnen worden, anscheinend wurde sie erst 1183 geweiht und, nach einem Brand, 1196 wieder hergestellt. Die von Graf Willem III. von Holland 1309 für das Seelenheil des Grafen Floris V. gestiftete Kapelle war 1448 baufällig, wurde jedoch wieder renoviert. Nach Brand oder Zerstörung 1573 oder 1574 wurde die Kirche auf Abbruch verkauft, die Klostergebäude 1612 geschleift. Erhalten blieb der romanische Turm, der in den Neubau der reformierten Pfarrkirche von 1578 übernommen wurde. Glasbergen glaubt, daß die Fliesen beim Bau der Kapelle 1309 verlegt wurden. Obwohl der Bruch des Models der Fliese C 2 auf eine lange Weiterverwendung hinweist, wäre der Zeitraum zwischen den Fliesenböden von Kloster Arnstein (1. Drittel 13. Jahrhundert) und Kloster Rommersdorf (um 1233) und dem Anfang des 14. Jahrhunderts doch beträchtlich. Glasbergen nimmt wohl zu Recht an, daß die Fliesen rheinabwärts verschifft wurden, zumal am Westende des Mittelschiffs Trachyt vom Drachenfels verbaut ist. Möglicherweise stammen die Fliesen aus der Kirche und wurden beim Wiederaufbau der Kapelle 1448 dort in zweiter Lage verlegt. Eine sichere Datierung des Fundes ist nicht möglich.

Literatur
E. H. ter Kuile, De nederlandse Monumenten van Geschiedenis en Kunst VII. De Provincie Zuidholland, Leiden en westelijk Rijnland, Den Haag, 1944, 182–193.
W. Glasbergen.
Ders., H. H. van Regteren Altena, De Abdij van Rijnsburg. Opgravingen in 1960/61 en 1963/64, 1965, 144–157.
H. E. Kubach, A. Verbeek, Bd. 2, 962–963.

1 Den Hinweis auf diese Fliesen verdanke ich dem Ausgräber, Herrn Konservator W. Glasbergen†, Groningen.

2 W. Glasbergen, 1950, 98. Die von Glasbergen geschilderte gleichzeitige Verwendung von Glasur und Engobe auf einer Fliese ist durch die Abnützung der Fliesen in Arnstein und Rommersdorf nicht mehr nachprüfbar. Sie findet sich noch in Spuren auf der Fliese B 6 und der vermutlich demselben Fund entstammenden Fliese F 108, beide aus Worms.

2a Das Muster C 2 wurde, zusammen mit weiteren Mustern, 1988 auf dem Gelände der Oberburg in Kobern-Gondorf (Kr. Mayen-Koblenz) gefunden. Die Fliesen stammen wahrscheinlich aus der nach 1221 erbauten ehem. Burgkapelle St. Matthias. M. Daners-Schöll, Becher, Fliesen und Scherben. Archäologen förderten interessante Funde an der Koberner Oberburg ans Tageslicht, Rhein-Zeitung Koblenz, Ausg. B vom 8./9. Okt. 1988. Eine Publikation ist beabsichtigt.

3 W. Glasbergen, 1950, 98.

4 Freundliche Mitteilungen von Herrn Prof. Dr. H. H. van Regteren Altena, Amsterdam.

Rodheim v. d. Höhe, Stadt Rosbach, Wetteraukreis

Ehem. ev.-ref. Kirche auf dem alten Friedhof

Fundumstände

Bis zur Abtragung der Kirche im Juni/Juli 1956 lagen an einer nicht mehr bekannten Stelle der Kirche Fliesen in situ[1]. Sie waren vermutlich beim Abbruch der mittelalterlichen Kirche 1847 in den Neubau übertragen worden. Der Belag bestand aus ca. 10 bis 15 m^2 Fliesen der Muster H57 und X22. Dazwischen lagen vereinzelt kleine Flickfliesen des Musters J58. Die Fliesen wurden geborgen und kamen ohne Nennung des Fundorts in den Kunsthandel. 1985 wurde im nicht überbauten Gelände des ehem. Schiffs eine Probegrabung durchgeführt. Dabei fand man die Muster G27.1, M27, R41, H205 und J57[2].

Baugeschichte

Die Grabung legte in der 1162 erstmals erwähnten, 1483 geweihten, spätgotischen Kirche die Grundmauern von drei Vorgängerbauten frei. Diese waren vermutlich im 10., im 12. und (nach Ausweis der Fliesenmuster) in der Mitte des 13. Jahrhunderts entstanden[3]. Die Kirche wurde ab 1715 umgebaut, das Schiff 1847 durch einen Neubau ersetzt, der seit 1934 leerstand und 1956, mit Ausnahme des Turms, endgültig abgebrochen wurde. Die Fliesen H57 und X22 können kaum schon um 1483 entstanden sein, sie weisen eher ins letzte Drittel des 16. Jahrhunderts. Dem ersten, vermutlich zwischen 1230–50 verlegten Fliesenboden gehören die Muster M27 und R41 an, J58 könnte bei Erneuerungsarbeiten oder Umbauten im 14. Jahrhundert verlegt worden sein. Da die Fliesen M27 und R41 außerdem in den Taunusburgen Eppstein und Königstein gefunden wurden, muß es sich bei dem Vorgängerbau der spätgotischen Kirche ebenfalls um einen bedeutenderen Bau gehandelt haben. Um 1483 könnten G27.1, H205 und J57 entstanden sein.

Literatur

H. Lange von Wallis, 692–696, Abb. auf 694, 695 oben, 696 oben.

G. Dehio, Hessen, 747.

K. Rudzinski, Die Grundmauern von vier Kirchen in Rodheim. Ausgrabungen belegen die einstige Bedeutung des Wetterauer Fleckens, FAZ, 19. 8. 1985 (Ausgabe für Hessen).

1 Freundliche Mitteilung von Herrn Dr. Peter Weyrauch, Darmstadt.

2 Alle Angaben über die neuen Fliesenfunde verdanke ich Herrn Dr. Herbert Zimmermann, Burgholzhausen v. d. Höhe.

3 K. Rudzinski: „Schließlich verlängerte man dieses Bauwerk im 13. oder 14. Jahrhundert unter Erweiterung des Chors auf die volle Breite des Schiffs nach Osten und fügte dort auf der Nordseite eine Sakristei an.“

Rommersdorf, Stadt Neuwied, Ortsteil Heimbach-Weis

Ehem. Prämonstratenserkloster St. Maria und Johannes Ev.

Fundumstände

Der Fußboden befindet sich, stark abgetreten und wohl in späterer Zeit ergänzt, in situ im Kapitelsaal. Neben einem das Mittelschiff betonenden Band aus vorwiegend unverzierten Fliesen, finden sich in den Seitenschiffen, diagonal als Schachbrettmuster verlegte, gemusterte, teilweise auch glasierte Fliesen. Nur ein Bruchteil der Muster ist noch erkennbar, die ursprüngliche Anordnung wurde durch Ausflickungen und teilweise durch Neuverlegung verfälscht. Der Mittelstreifen zeigt im Wechsel große Fliesenrosetten des Typus Arnstein und quadratische Felder der Muster Kier 55 und 82,[1] die mit den Fliesenböden des Klosters Arnstein und der Dompropstei Mainz übereinstimmen. Er wird von einem Rahmen aus drei Fliesenbändern begrenzt, von denen das mittlere diagonal, die beiden seitlichen orthogonal verlegt sind (Abb. 60). Die sich an den Seiten hinziehenden Sitzbänke für das Kapitel sind mit groben, später geprägten Fliesen belegt.

Bei den 1977 begonnenen Grabungen und Sicherungsarbeiten im ganzen Klosterbereich wurde in der Kapelle des südlichen Turms der Schutt bis auf den Fußboden des 13. Jahrhunderts abgetragen. Gleichzeitig wurde das Kirchenschiff vom Schutt befreit, soweit dieses zur Säuberung freigegeben worden war.[2] Bei diesen Arbeiten kamen immer wieder Fliesenbruchstücke, Einzelfliesen und kleine Reste des Fliesenbodens in situ zum Vorschein. Es handelte sich vorwiegend um ungemusterte, rote und graue, vereinzelt gelbliche Quadratfliesen, welche als diagonal angeordnetes Schachbrettmuster verlegt waren.[3]

Es fanden sich jedoch auch Rauten, rechtwinklige, gleichseitige und gleichschenkelige Dreiecksfliesen in verschiedenen Größen[4], sowie ein Rechteck mit konkaven Seiten, wie sie z. B. zu den in Arnstein vorhandenen Mustern Kier 25 und 38 benötigt werden.[5] Die Funde im Schiff lassen den Schluß zu, daß dort ein ähnlicher Boden lag wie im Kapitelsaal, möglicherweise derselbe Fliesenboden wie im Schiff der Klosterkirche Arnstein. Außerdem fanden sich vereinzelt gemusterte Fliesen, teilweise dieselben Muster wie im Kapitelsaal, teilweise kleine Streublumen- und Sternchendekore, die bis dahin unbekannt waren. All diese Fliesen hat Reinhard sorgfältig vermessen und dokumentiert, für Einzelheiten sei auf dessen Arbeiten verwiesen.[6]

Baugeschichte

Die von Reginbold von Rommersdorf um 1102/17 gestiftete Benediktinerabtei wurde 1135 an Prämonstratenser aus dem Kloster Floreffe (Belgien) übergeben. Mit dem Bau der Klosterkirche wurde wohl bald begonnen, eine erste Weihe ist für 1179, eine zweite 1210 und die Weihe des Kreuzaltars und der „Alten Kapelle“ für 1233 bezeugt. Der Kapitelsaal, zwei Flügel des Kreuzgangs, das Dormitorium über dem Kapitelsaal und das alte Krankengebäude wurden unter Abt Bruno von Braunsberg (1214–33) erbaut. Während man bisher geneigt war, die Vollendung des Kapitelsaals erst um 1233 anzusetzen, glaubt Schulze, daß dieser spätestens um 1220 vollendet war.[7] Nach Zerstörungen in der Kirche wurde unter Abt Heinrich in der Mitte des 14. Jahrhunderts ein neuer Chor erbaut und 1351 der Hochaltar neu geweiht. Unter den Äbten Carl Wirtz (1671–1705) und Johann Wirtz (1705–29) wurde das Kloster gründlich erneuert. Möglicherweise wurden zu dieser Zeit Fliesen aus anderen Räumen in Kirche und Kapitelsaal neu verlegt. Das nördliche Seitenschiff war schon unter Abt Servatius Gerhard (1559–76) abgetragen worden, der Nordarm des Querhauses folgte. Nach der Aufhebung des Klosters 1803 verfiel die Kirche, ein Brand zerstörte 1913 das Chorgewölbe.[8]

Der heutige Zustand des Fliesenbodens im Kapitelsaal vermittelt vermutlich nur noch einen schwachen Abglanz des ehem. Bodens. Er hatte nacheinander als Lager- und Geräteraum, Kornkammer und Lazarett gedient (die Kirche als Branntweinbrennerei und Kuhstall). Mit Kloster Arnstein stimmen Anordnung und Muster der Kreisrosetten (B6) überein, nicht jedoch die übrigen quadratischen gemusterten Fliesen. So stellt der Boden von Rommersdorf entweder eine Weiterentwicklung von Arnstein dar oder sind die in Rommersdorf vorhandenen Muster in Arnstein inzwischen verloren. Neu[9] glaubt, daß Kapitelsaal, Abtskapelle und Kreuzgang von einer aus Floreffe kommenden Bauhütte errichtet wurden. Auf die Verlegung der Fliesen kann Floreffe wohl keinen Einfluß ausgeübt haben. Neueste Ausgrabungen haben ergeben, daß dort nur inkrustierte Fliesen verlegt waren.[10] Es fällt außerdem auf, daß die ehem. Dompropstei in Mainz und Kloster Arnstein teilweise dieselben Fliesenmuster aufweisen, nicht jedoch Rommersdorf und Mainz. Möglicherweise gehören nur die Muster D27 und N17 zum ersten, unter dem Einfluß von Kloster Arnstein entstandenen Boden des Kapitelsaals und der Kirche[11] und stammen die übrigen Fliesen aus anderen, jedoch wenig später entstandenen Räumen. Der Mitte des 14. Jahrhunderts gehören vermutlich H259 und L30 an, während die späten und groben Prägungen (H262, H264) möglicherweise aus Erneuerungsarbeiten nach dem Brand von 1541 stammen. Es ließ sich noch nicht klären, wo die Fliesen gebrannt wurden. Neue Funde in dem nur eine Stunde entfernten Prämonstratenserkloster Sayn lassen vermuten, daß vor allem die späten Fliesen für beide Klöster dort gefertigt wurden.

Literatur

H. Neu, H. Weigert, Kdm Neuwied, 363–378, 376, Abb. 338.
H. Kier, 1970, 132, Abb. 199.
G. Dehio, Rheinland-Pfalz, 874–877.
H. Reinhard, Die ehemalige Prämonstratenser-Abtei Rommersdorf bei Neuwied. Vorträge und Gedanken, Aufzeichnungen und Bestandsaufnahme, II. Neuwied 1977/78 (Privatdruck), III, 1979.
Ders., Gestalterische Symbolik in der ehemaligen Abtei Rommersdorf – Deutung abstrakter, geometrischer Sinnzeichen sowie Pflanzen und Tiersymbole, Heimatjb., Neuwied 1979, 46–50.
Ders., 1981, 48–51.
H. E. Kubach, A. Verbeek, Bd. 2, 970–973.
H. K. L. Schulze (siehe Register).

1 H. Kier, 1970, 172, 186.
2 H. Schulze, 30. „Die vier Joche des Mittelschiffes und die drei westlichen Joche des Süd-Seitenschiffes des Kirchenlanghauses sind heute noch landwirtschaftlich genutzt ... eine Freilegung in diesem Bereich ist vorläufig nicht möglich.“ Es können also auch hier noch Fliesen erwartet werden.
3 Ebd., 333, Plan 13, Süd-Querhaus der Kirche, Bodenfliesen unter dem ehem. Altar St. Norbert (13. Jh.), 37, Anm. 182, 38, Anm. 187, 40, Anm. 194.
4 H. Reinhard, 1977/78, Anlage, Abb. 18, 29, 39–44.
5 Ebd., 61. – H. Kier, 1970, 160, 165.
6 H. Reinhard, 1977/78, 22ff., 1979, 70ff. Für alle Angaben zu den Fliesenfunden danke ich Herrn Hermann Reinhard, Neuwied, herzlich.
7 H. K. L. Schulze, 101–102.
8 H. Neu, H. Weigert, 371.
9 Ebd., 377.
10 In der alten Sakristei wurden Fliesen mit Darstellungen von Rauten, Schachbrettmustern, Hirschen etc. gefunden und 1960 im Kapitelsaal neu verlegt. (Les constructions médiévales de l'ancienne Abbaye de Floreffe. Publié avec le concours du Petit Séminaire de Floreffe. Centre d'histoire de l'architecture et du bâtiment. Louvain 1973, 91, Fig. 34.)
11 Der Fund der Fliesen B6 (Reinhard, 1977/78, 71) und D27 (ebd., 56) im südlichen Seitenschiff beweist, daß der Boden der Kirche und des Kapitelsaals vermutlich genau übereinstimmten und wohl in geringem zeitlichem Abstand voneinander entstanden.

Rosenthalerhof, Gem. Kerzenheim, Donnersbergkreis

Ruine der ehem. Zisterzienserinnenklosterkirche „Maria im Rosenthal“, auch St. Remigius

Fundumstände

Die Fliesen wurden 1983 bei Sicherungsarbeiten ca. 0,50 m von der Südseite der Kirchenmauer entfernt im Bereich eines Fenster(?)ausbruchs gefunden. Vermutlich wurden die Fliesen durch dieses Fenster geworfen, um zur Aufschüttung des Außengeländes zu dienen. Andere, im Mauerwerk des Baus vermauerte Fliesen, konnten noch nicht geborgen werden.[1]

Baugeschichte

Das Kloster wurde 1241 durch Graf Eberhard II. von Eberstein und seine Gemahlin Adelheid von Sayn gestiftet. „Es war im Mittelalter das reichste und angesehenste adelige Frauenkloster der Nordpfalz“ (Dehio). Es wurde 1460 und 1525 im Bauernkrieg verwüstet, 1572 den Grafen von Nassau-Saarbrücken übergeben und in eine weltliche Schaffnerei umgewandelt. Die Kirche wurde 1261 geweiht und, vermutlich nach der Zerstörung von 1460, von 1492 bis 1494 umgebaut, wahrscheinlich von einer Werkstatt, die auch den Umbau der Klosterkirche Hane ausführte. Die Fliesen gehören, mit Ausnahme von H122, der Erbauungszeit an. Es sind Muster, die sich in den Klöstern Arnsburg und Lorsch, in St. Amandus, St. Andreas und St. Johannis in Worms und in St. Peter in Weinheim fanden, außerdem in weiteren Kirchen und auf Pfälzer Burgen. Es ist nicht sicher, daß die Fliesen in Rosenthal gefertigt wurden, obwohl das Kloster in unmittelbarer Nähe der reichsten Tonvorkommen der Pfalz liegt (Eisenberg). Eher könnten die Fliesen über den Wasserweg (Pfrimm oder Eisbach) aus Worms gekommen sein.[2] Das Vorhandensein der Dreiecksfliese W30 läßt vermuten, daß der Boden diagonal zur Kirchenachse verlegt war.

Literatur

B. H. Röttger, K. Busch, M. Goering, Kdm Bez.-Amt Kirchheimbolanden, 266–277.
Hist. Stätten V, Rheinland-Pfalz, 313.
G. Dehio, Rheinland-Pfalz, 877–878.
K.-H. Conrad, Kloster Rosenthal. Ein Beitrag zur Geschichte des Zisterzienserinnenklosters, Grünstadt 1986, 16–20, 112–114.

1 Eine ausführliche Publikation soll vorgelegt werden, sobald die Grabungen abgeschlossen sind. Für die Erlaubnis zur Erwähnung der Fliesen und für alle Angaben zu den Funden danke ich Herrn Dieter Wevers, Göllheim.
2 H. Bocs, Bd. 1, 154. Das Kloster hatte einen Hof in Worms, der 1390 erstmals erwähnt wird.

Rostock, Mecklenburg

Ev. Pfarrkirche St. Petri

Fundumstände

Unbekannt. Die Fliesen müssen vor 1868 entfernt worden sein.

Baugeschichte

Die vermutlich schon zu Ende des 12. Jahrhunderts erbaute Kirche wird urkundlich erst 1252 erwähnt. Der vor 1312 begonnene, vermutlich um die Jahrhundertmitte vollendete

Neubau erhielt im 15. Jahrhundert einen mächtigen Westturm. Für das 16. Jahrhundert, in dem die Fliesen verlegt sein müssen, sind keine Baunachrichten überliefert, doch weisen eine 1512 entstandene Broncetaufe und ein Stationsweg aus dem 1. Viertel des 16. Jahrhunderts auf Ausstattungsarbeiten in dieser Zeit.

Literatur
Kat. GNM Nürnberg, 9, Nr. A 60.
F. Schlie, Kdm Mecklenburg – Schwerin I, 101–105, II, 364.
G. Dehio, Neubrandenburg/Rostock/Schwerin, 327–328.

Rothenburg ob der Tauber, Kr. Ansbach

Ehem. Franziskanerkirche „Unserer Lieben Frau"

Fundumstände
Ein Teil der Fliesen befindet sich noch, stark abgetreten, im Chor in situ, die schönsten Exemplare wurden schon vor 1875 entfernt.

Baugeschichte
Die Kirche des 1281 gegründeten Klosters wurde wohl um 1285 begonnen. 1309 folgte die Weihe von Chor und Hochaltar, das Langhaus scheint jedoch erst um die Mitte des 14. Jahrhunderts vollendet gewesen zu sein. Stiftungen und gelegentliche Baunachrichten lassen darauf schließen, daß während des ganzen 15. Jahrhunderts noch an Kirche und Kloster gebaut wurden. Das letzte erhaltene Datum ist der Bau der Studierstube 1506. Dem seit der Reformation einsetzenden Verfall sollte durch Ausbesserungsarbeiten 1532 nochmals gegengesteuert werden, nach 1552 gingen jedoch Kloster und Kirche in den Besitz der Stadt über. Die zu Beginn des 19. Jahrhunderts sehr baufällige Kirche wurde ab 1844 schrittweise erneuert, die Klostergebäude jedoch nach 1841 abgebrochen. Die Fliesen, von Hohenlohe in die Mitte des 15. Jahrhunderts datiert, dürften nach der Form der dreifachen Rosette zu urteilen, eher zu Ende des Jahrhunderts verlegt worden sein.

Literatur
F. K. Fürst zu Hohenlohe-Waldenburg, 8.
Jahresber. hist. Ver. Mittelfranken 40, 1880, 51 und 38.
A. Ress, Kdm Rothenburg, 233–244.
G. Dehio, Franken, 725.

Ev. Stadtpfarrkirche St. Jakob

Fundumstände
Auf der Empore hat sich ein glatter Fliesenboden aus gleichschenklig dreieckigen Fliesen erhalten. Die für St. Jakob gesicherten Reliefflliesen J 117 müssen schon vor 1868 gefunden worden sein, vermutlich bei der Purifikation der Kirche durch Karl Alexander von Heideloff 1851–57. Ress[1] nimmt an, daß die engobegeprägten Fliesen, die sich heute im ehem. Dominikanerinnenkloster (Reichsstadtmuseum) befinden, aus der Heilig-Blut-Kapelle stammen. Es ist nicht sicher, ob der Rest eines sehr schönen und qualitätsvollen Fliesenbodens, ein kniender Ritter, umgeben von 12 Tieren und Fabeltieren, ebenfalls aus St. Jakob stammt[2].

Baugeschichte
Auf einen Vorgängerbau erfolgte nach 1310 ein Neubau, der mit dem Bau des Langhauses 1373 fortgesetzt wurde. Die Kirche war 1436 im wesentlichen vollendet, eine erste Weihe fand 1466, die Schlußweihe 1484, statt. Zwischen 1453 und 1471 entstand im Westen als Nachfolgerin einer 1266 geweihten und 1388 abgebrochenen Kapelle, die doppelgeschossige Heilig-Blut-Kapelle. Die Reliefflliesen J 117 stammen vermutlich aus der Zeit der Schlußweihe. Schwierig ist die Datierung der engobegeprägten Fliesen, da sich in Süddeutschland kaum Vergleichbares findet. Sie sind die einzigen, bis heute erhaltenen Fliesen, auf denen weiße und grüne Engobe abwechselnd verwandt wurde. Die Drachendarstellungen weisen ins frühe 14., Blüten, Laubwerk und das verhältnismäßig grobe Maßwerk ins 15. Jahrhundert. Sollten die Fliesen wirklich aus der Heilig-Blut-Kapelle stammen, so wurden sie wohl nicht lange vor 1471 verlegt.

Literatur
Kat. GNM Nürnberg, 1868, 8, Nr. A. 45–A. 48.
A. Ress, Kdm Rothenburg (mit ausführlicher Literaturangabe), 73–92, 107, 513, Abb. 448.
G. Dehio, Franken, 720–722.

1 A. Ress, 107.
2 Diese frühen Fayencefliesen, den Funden aus Kloster Steingaden verwandt, sollen in einer getrennten Untersuchung behandelt werden. Es dürfte sich jedoch nicht, wie bisher stets vermutet, um Importfliesen aus Spanien, sondern um eine einheimische Arbeit handeln. Die Fliesen wurden vermutlich nicht in Rothenburg, wohl aber in Bayern gefertigt. Eine Datierung ins letzte Drittel des 15. Jahrhunderts wäre gerade noch möglich. Für alle Angaben zu diesen Fliesen danke ich Frau Dr. Hilde Merz, Rothenburg.

Ehem. Dominikanerinnenkloster, heute Reichsstadtmuseum

Fundumstände
Die Fliesen wurden im Sommer 1979 bei Aufräumungsarbeiten in der Sakristei gefunden. Sie lagen teilweise noch in alter Lage, teilweise gestört und verschoben unter einem späteren Belag aus rechteckigen Ziegeln. Eine weitere Grabung ist geplant, sie könnte neue Fliesenfunde ergeben[1].

Baugeschichte
Den Nonnen des Klosters Neusitz wurde 1258 durch den Reichsküchenmeister Lupold von Nordenberg dessen Hof in Rothenburg geschenkt. Sie siedelten nach dort über und begannen wohl bald darauf mit dem Bau von Kirche und Kloster. Die Kirche, wohl um 1270 vollendet, erhielt vor 1350 einen neuen Chor. Die Bauarbeiten an Kirche und Konventsbauten zogen sich jedoch bis ins 15. Jahrhundert hin. Die Sakristei, im 3. Viertel des 13. Jahrhunderts wohl als Vorhalle erbaut, wurde nach 1350 als Sakristei genutzt und vermutlich im Innern verändert. Das Kloster kam 1540 in den Besitz der Stadt, 1812/13 wurde die Kirche auf Abbruch verkauft[2], ein Teil der Konventsbauten blieb erhalten. Die Fliese diente möglicherweise als Vorlage für die kurz vor oder nach 1488 entstandene Fliese M 37.1 aus der Kirche in Reicherdsroth, die eine wesentlich gröbere Prägung zeigt. Ein Vergleich mit H 72.1 aus St. Georg in Dinkelsbühl läßt die von Merz[3] vermutete Entstehung im 13. Jahrhundert kaum zu. Der Fliesenboden könnte um 1410–20 verlegt worden sein, als die Sakristei mit einem Wandfresko geschmückt wurde.[4]

Literatur
A. Ress, Kdm Rothenburg (mit ausführlichen Literaturangaben), 454–477.
G. Dehio, Franken, 727.
H. Merz, 9–12.

1 H. Merz, 9–12. Frau Dr. Hilde Merz, Rothenburg, danke ich herzlich für alle Angaben zu diesen Fliesen, für Fotos und die Möglich-

keit, die Fliesen noch in letzter Minute in den Katalog aufzunehmen.

2 A. Ress, 454–466.

3 H. Merz, 10–12, geht bei der Datierung der Fliesen von einem überzeugenden Vergleich mit der Fliese H 192 aus der Stiftskirche St. Arsatius in Ilmmünster aus, für die ihr als Entstehungszeit das 13. Jahrhundert genannt wurde. Zur Datierung von H 192, vgl. „Ilmmünster". Eine Reliefprägung dieser Art wäre für das 13. Jahrhundert höchst ungewöhnlich.

4 A. Ress, 475.

Fundort unbekannt

Fundumstände
Unbekannt. Die Fliesen kamen ins Museum Ulm und sind wahrscheinlich heute noch dort[1].

1 UO 1, 1876, 78 (Geschenke an den Verein für Kunst und Altertum): „Eine Anzahl merkwürdiger Fliese aus Rottenburg a. d. T. von Sr. Durchlaucht dem Fürsten v. Hohenlohe in Kupferzell". Da Eingangsinventare fehlen, können die Muster nicht bestimmt werden.

Rottweil, Lkr. Rottweil

Stadtgebiet? Ehem. Zisterzienserinnen-Reichsstift Rottenmünster?

Fundumstände
Der Fundort der Fliesen ist unbekannt, sie müssen jedoch aus Rottweil oder dessen unmittelbarer Umgebung stammen. Da sich in der sonst an mittelalterlichen Kunstschätzen reichen Stadt Rottweil und auch im weiteren Umkreis bis jetzt nirgends Fliesen fanden und sich außerdem zwei der Muster mit solchen des Zisterzienserklosters Bebenhausen decken, wäre eine Herkunft der Fliesen aus dem vor den Toren Rottweils gelegenen Zisterzienserinnenkloster Rottenmünster nicht auszuschließen.

Baugeschichte
Die bald nach 1220 gegründete, um 1223 dem Zisterzienserorden angeschlossene Frauenklause, verfügte als reichsunmittelbares Stift im späten Mittelalter über reichen Besitz. Über die Bauzeit der 1643 abgebrannten, von 1661–64 wieder erbauten Kirche ist nichts bekannt, doch dürfte diese wohl nicht lange nach der Gründung entstanden sein. Eine enge Beziehung zu Kloster Bebenhausen ließ sich nicht nachweisen, wohl aber zu Salem, dessen Abt die Klostergründung begünstigte. Die Fliesen könnten nicht nur aus den Klostergebäuden oder der Kirche stammen, das Stift erwarb auch seit 1339 mehrere Häuser in Rottweil.[1] Die Fliesen T 1 und V 7 könnten schon im 2. Drittel des 13. Jahrhunderts entstanden sein, H 188 und O 56 möglicherweise erst zu Beginn des 14. Jahrhunderts. Die beiden letzten Fliesen wurden in Villingen später nochmals kopiert, der Model wurde vierfach in eine größere Fliese geprägt.

Literatur
M. Reichenmiller, Das ehemalige Reichsstift und Zisterziensernonnenkloster Rottenmünster. Studien zur Grundherrschaft, Gerichts- und Landesherrschaft, Stuttgart 1964, 6–17.
Hist. Stätten VI, Baden-Württemberg, 572–573.
G. Dehio, Baden-Württemberg, 405.

1 M. Reichenmiller, 28, 129–132.

Rückershagen, Stadt Gerabronn, Lkr. Schwäbisch Hall

Ev. Kapelle, ehem. St. Wendelin

Fundumstände
Die Fliesen bildeten bis 1958 den Fußboden der Kapelle. Heute sind noch einige Fliesen auf der linken Seite des Altars verlegt, die übrigen auf dem Dachboden gelagert.[1]

Baugeschichte
Die 1331 erstmals erwähnte Kapelle wurde nach der Zerstörung durch die Rothenburger 1449 wohl noch im selben Jahr in kleinerem Umfang wieder aufgebaut. Vermutlich wurden die Fliesen in dieser Zeit verlegt.

Literatur
E. Gradmann, Kdm Jagstkreis I, 235–236.
K. Esslinger, Heimatkundliche Geschichte von Stadt und Oberamt Gerabronn, Gerabronn 1930, 298–300.

1 Freundliche Mitteilung von Herrn Pfarrer M. Bossert, Gerabronn.

Rüdesheim, Rheingau-Taunus-Kreis

Kath. Pfarrkirche St. Jakob

Fundumstände
Die Fliesen wurden beim Wiederaufbau der 1944 zerstörten Kirche seit 1949 im Schutt gefunden. Die Angaben über die gefundenen Muster sind nicht zuverlässig.[1]

Baugeschichte
Die 1197 erstmals genannte, wahrscheinlich im 11. oder 12. Jahrhundert erbaute Kirche, wurde auf Grund einer Stiftung des Vicedoms Johann Brömser von Rüdesheim zwischen 1390 bis 1400 neu erbaut, anscheinend jedoch erst 1489 eingewölbt. Der Turm der romanischen Kirche wurde in den Neubau einbezogen, 1912–13 ein südliches Seitenschiff angefügt. Die Muster der gefundenen Fliesen zeigen teils frühe, von Kloster Eberbach beeinflußte Prägungen[2], teils späte, verdorbene Nachschnitte.
Falls diese Fliesen aus St. Jakob stammen, müßten H 237, I 11 und wohl auch J 80 dem ersten Kirchenbau angehören und in der 2. Hälfte des 13., J 80 eher im 1. Drittel des 14. Jahrhunderts verlegt worden sein. H 121 könnte gleichzeitig mit der Einwölbung um 1489 oder noch später entstanden sein.

Literatur
M. Herchenröder, Kdm Rheingaukreis, 328–330.
G. Dehio, Hessen, 761–762.
W. Kratz, 1975, 50–54.

1 Für die meisten der in Rüdesheim gefundenen Fliesen existieren keine schriftlichen Aufzeichnungen. Die erwähnten Fliesen „sollen in der Jakobskirche gefunden worden sein". Vermutlich stammen eine Reihe weiterer Fliesen unbekannter Herkunft im Museum Rüdesheim ebenfalls aus dieser Kirche. (Freundliche Mitteilung von Herrn Georg Duchscherer †, Rüdesheim.)

2 Kloster Eberbach hatte in Rüdesheim einen Klosterhof mit einer „Bethlehemskapelle".

Ehem. Wasserburg „auf der Lach", Weißburg

Fundumstände

Bei Baggerarbeiten am Ostrand von Rüdesheim wurden 1959 auf einem nahe am Rhein gelegenen Gelände, der Gemarkung „auf der Lach", die Fundamente einer verschwundenen Burg angeschnitten und später teilweise ausgegraben. Bei den Grabungen wurden an mehreren Stellen, jeweils in einer Brandschuttschicht Bodenfliesen gefunden, so im Bereich des Wehrturms, in der Nordostecke der Burg in einem von Duchscherer für einen Wohnbau gehaltenen rechteckigen Fundamentgraben und in ca. 2 bis 4 m Tiefe unter dem Brandschutt der Südmauer.

Baugeschichte

Das Gelände, auf dem die verhältnismäßig kleine Burg lag, wird 1108 als „in loco Lachun", 1200 als „in der Lachen" erwähnt. Eine Burg ist jedoch weder durch Urkunden, noch durch mündliche Überlieferung bekannt.[1] Duchscherer setzt die Erbauung der Burg um 1100 an, ihren Untergang, nach einer ersten Zerstörung und darauffolgenden Wiederherstellung, um 1300. Die ganz offensichtlich mehreren Perioden angehörenden Fliesenmuster bestätigen die Tatsache von Erneuerungsarbeiten oder Umbauten. Die endgültige Zerstörung der Burg kann, auf Grund der Fliesenmuster, die auch aus anderen Fundorten bekannt sind, jedoch erst wesentlich später erfolgt sein. Die grobe Prägung der Fliese F79, die noch heute im Brömser Hof in Rüdesheim in situ erhalten ist, kann frühestens im 15. Jahrhundert, vermutlich jedoch erst gegen dessen Ende erfolgt sein.[2] Die Burg wurde in späterer Zeit, möglicherweise 1641[3], bis auf die Fundamente abgebrochen. Die Fliesen, mit wenigen Ausnahmen Eberbacher Prägungen, weisen auf einen in der 2. Hälfte des 13. Jahrhunderts verlegten Fliesenboden. Weitere Fliesen könnten um oder nach der Mitte des 14. Jahrhunderts verlegt worden sein.

Literatur

G. L. Duchscherer, Eine neuentdeckte Burg in Rüdesheim am Rhein, Nassauische Heimatbl. 50, 1960, 16–27.
M. Herchenröder, Kdm Rheingaukreis, 312–313.
W. Kratz, 1975, 70–76.
G. Dehio, Hessen, 762.

1 W. Kratz, 1975, 7, nennt eine Urkunde von 1526, in der Melchior von Rüdesheim Aussagen über sein Erbe macht und dabei auch die Weißburg und eine Aue bei Kempten nennt. Auf Grund dieser Angaben wird die „Burg auf der Lach" heute mit der Weißburg gleichgesetzt.

2 Ebd., 75–76. Die Herren der Weißburg, die Herren von Rüdesheim mit dem Lilienwappen, unterhielten im 13. und 14. Jahrhundert enge Beziehungen zu Kloster Eberbach. Schenkungen an das Kloster sind für 1265, 1268, 1312, 1314 und 1343 bezeugt, einige der Ritter wurden auch im Kloster beigesetzt. Vermutlich sind alle Fliesen aus Eberbach bezogen, bei C33 und H287 handelt es sich wohl um heute in Kloster Eberbach verlorene Fliesen.

3 Der Erzbischof von Mainz ordnete am 11. 8. 1641 die Zerstörung der Weißburg an, weil sie Wegelagerern als Unterschlupf diente.

Oberburg oder „Boosenburg"

Fundumstände

Unbekannt. Vermutlich wurden die Fliesen schon beim Abbruch der Burg 1836 geborgen.

Baugeschichte

Die Burg kam als mainzisches Lehen 1275/76 in den Besitz der Herren von Rüdesheim mit dem Flügelwappen. In der 1. Hälfte des 15. Jahrhunderts gelangte sie an die Boos von Waldeck, die sie 1830 verkauften. 1836 wurde sie, mit Ausnahme des Hauptturms, abgebrochen. Daten zur Baugeschichte der Burg, deren Bergfried schon im 12. Jahrhundert errichtet wurde, sind nicht überliefert. Die Fliesen, auch hier ein Muster des Klosters Eberbach, wurden vermutlich in der 1. Hälfte des 14. Jahrhunderts verlegt.

Literatur

M. Herchenröder, Kdm Rheingaukreis, 318–319.
G. Dehio, Hessen, 762–763.
W. Kratz, 1975, 63–68.

1 W. Kratz, 1975, 65–66. Kratz vermutet als erste Besitzer der Burg die „Füchse von Rüdesheim". Auch diese unterhielten enge Beziehungen zu Kloster Eberbach, wie aus mehreren Schenkungen (1251, 1292, 1320) hervorgeht.

Ehem. Salhof (Haus Jung), Marktplatz 14

Fundumstände

Die Fliesen wurden 1941 beim Niederlegen eines Kamins im Kamin vermauert gefunden.

Baugeschichte

Das an der Stelle des ehem. Salhofes als Kurmainzer Zehnthof 1494 errichtete (1973 abgebrochene) Gebäude wurde nach der Mitte des 18. Jahrhunderts umgebaut und 1944 bis auf die Umfassungsmauern zerstört. Die Fliesen stammen aus der Erbauungszeit. Sie sind Varianten eines Musters, welches sowohl in Mainz (Domkapitelhaus, „stuba maior", und Heilig-Geist-Spital), wie auch in den Klöstern Eberbach und Johannisberg gefunden wurde.

Literatur

M. Herchenröder, Kdm Rheingaukreis, 320.
G. Dehio, Hessen, 763.
W. Kratz, 1975, 98–100.

Brömserhof, Obergasse 6–10

Fundumstände

Die Fliesen befinden sich, stark abgetreten, in situ in einem Raum des Erdgeschosses, wohl der ehem. Kapelle. Die Fliesen sind unregelmäßig verlegt, vermutlich wurden schadhafte Stellen in späterer Zeit durch Ausflickungen ergänzt.

Baugeschichte

Der vermutlich in der Mitte des 13. Jahrhunderts errichtete Adelshof der Brömser von Rüdesheim hat eine noch ungeklärte Baugeschichte. Die Fliesen befinden sich im gotischen Kernbau, der wohl im 15. Jahrhundert den Gründungsbau ersetzte. Um 1500 wurde das Gebäude erweitert und 1609 sowie 1650–52 wesentlich vergrößert. Die Fliesen dürften nicht alle zur selben Zeit entstanden sein, F79 wurde vermutlich erst im Erweiterungsbau um 1500 verlegt.

Literatur

G. Ballin, Der Brömserhof und dessen Erbauer, Frankfurt 1902, 6.
M. Herchenröder, Kdm Rheingaukreis, 320–324.
G. Dehio, Hessen, 763.
W. Kratz, 1975, 78–92.

Rüdesheim

Burgruine Ehrenfels

Fundumstände
Die Fliesen wurden 1913 bei Grabungen im Hof der Ruine gefunden. Weitere Fliesen wurden 1937 bei der Errichtung der westlichen Bastionsmauer entdeckt.

Baugeschichte
Die um 1211 durch Philipp von Bolanden im Auftrag des Erzbischofs Siegfried II. von Eppstein erbaute Burg wurde seit Ende des 13. Jahrhunderts häufiger von den Erzbischöfen bewohnt. Seit 1356 wurde sie unter Kuno von Falkenstein zum erzbischöflichen Hoflager um- und ausgebaut, 1689 zerstört. Bornheim[1] glaubt eine zweite Bauphase nach 1270 zu erkennen. Die Fliesen, mit frühen Typen des Klosters Eberbach übereinstimmend, könnten um diese Zeit verlegt worden sein. Das Vorkommen des Musters M17 weist jedoch eher auf die Mitte des 13. Jahrhunderts. Dem Ausbau der Burg nach der Mitte des 14. Jahrhunderts könnten die Muster J80 und L37 angehören. Die Burg hatte eine der hl. Magdalena geweihte Kapelle.

Literatur
F. Luthmer, Kdm Reg.-Bez. Wiesbaden I, 48–54.
W. Bornheim, gen. Schilling, Zur Geschichte der ehemals mainzisch-rheinischen Burgen Heimburg, Ehrenfels und des Mäuseturms bei Bingen, in: Universitas. Dienst an Wahrheit und Leben, FS für Bischof Albert Stohr, Mainz 1960, 337–345.
M. Herchenröder, Kdm Rheingaukreis, 334–336.
G. Dehio, Hessen, 764–765.
Hist. Stätten IV, Hessen, 100–101.

1 W. Bornheim, gen. Schilling, 339–340.

Rüdesheim-Aulhausen, Rheingau-Taunus-Kreis

Ehem. Zisterzienserinnenkloster Marienhausen

Fundumstände
1880 hatte der östliche Flügel des Kreuzgangs noch „... gotische Fußbodenfliesen“. Außerdem waren in der vor der Kirche liegenden Totenkapelle noch gotische Fliesen erhalten.[1] Angaben zu den Mustern werden nicht gemacht. Möglicherweise handelt es sich hier um die bei Forrer[2] abgebildeten Fliesen aus „Kloster Marienhaus bei Neuwied“. Im näheren und weiteren Umkreis von Neuwied gab und gibt es kein Kloster dieses Namens. Allerdings ist die Fliese L3 ein Muster, welches bis jetzt aus Kloster Eberbach, dem Marienhausen unterstellt war, nicht bekannt ist.

Baugeschichte
Die Kirche des in der 2. Hälfte des 12. Jahrhunderts gegründeten, 1189 erstmals erwähnten Klosters, wurde 1219 durch den Erzbischof von Mainz geweiht, war jedoch wohl erst gegen 1240/50 vollendet. Zur weiteren Baugeschichte haben sich keine Daten erhalten. Die in „gotischer und nachgotischer Zeit“[3] erbauten Klostergebäude wurden 1752–53 neu errichtet. Nach der Aufhebung des Klosters 1810 folgten nochmals Um- und Erweiterungsbauten. Die Kirche wurde, nach einem Brand 1925, im Innern völlig erneuert. Sollte es sich bei den in Marienhausen gefundenen Fliesen um das Muster L3 handeln, so dürften sie eher gegen Ende des 13. Jahrhunderts als um 1250 verlegt worden sein.

Literatur
W. Lotz, F. Schneider, Kdm Reg.-Bez. Wiesbaden, 15–17.
M. Herchenröder, Kdm Rheingaukreis, 60.
Hist. Stätten IV, Hessen, 322.
W. Klötzer, 27–36.
G. Dehio, Hessen, 35.
E. Coester, 280–283.

1 W. Lotz, F. Schneider, 16.
2 R. Forrer, 1901, Taf. 17, Abb. 11.
3 M. Herchenröder, 60.

Töpferofen

Fundumstände
Die Fliese wurde 1902 in einem Töpferofen gefunden. Dieser wurde beim Abgraben eines Hanges südlich der Dorfstraße in Aulhausen aufgedeckt. Der Hang bestand ca. 9 m hoch nur aus Fehlbränden und Töpfereiabfall, sowie aus zerstörten Brennöfen, auf die die folgenden Öfen jeweils bis zu einer Höhe von vier Öfen aufgebaut waren. An Wand und Boden der Öfen hatte sich teilweise eine dicke, meist tiefgrüne Glasurschicht niedergeschlagen. Das Scherbenmaterial bestand zum größten Teil aus Gebrauchskeramik[1] aus hellrotem Ton oder grauer, fast steinzeugartiger Ware. Die Fliesen werden bei Ritterling[2] nicht erwähnt, vermutlich wurde auf Fliesenscherben nicht geachtet.

Geschichte
Die in einer Tongrube in Aulhausen gefundenen römischen Scherben lassen darauf schließen, daß diese schon in römischer Zeit ausgebeutet wurde. Versuche haben ergeben, daß der dort gefundene Ton eine ausgezeichnete Terra-sigillata-Ware ergibt.[3] An dieser Stelle entstand später im Kammerforst des Erzbischofs von Mainz eine Rodungs- und Töpfersiedlung, die 1108 und 1128 als „Husen“, seit 1210 als „Ulenhusen“[4] erwähnt wird. Die Töpfer hatten das Recht, alles liegende Holz im Kammerforst für ihre Öfen zu benutzen. Die Töpfer werden zwar erst 1623[5]; erwähnt; Ritterling datiert die Gebrauchskeramik der aufgedeckten Öfen zumindest ins 15. Jahrhundert. Bei der Fliese N82, einer späten Variante eines in Kloster Eberbach und in Mainz gefundenen Musters, handelt es sich sicher erst um eine Prägung des späten 15. oder des 16. Jahrhunderts. Es darf jedoch angenommen werden, daß ein großer Teil der in den Kirchen und Klöstern der Umgebung und in den Burgen Rüdesheims verlegten Fliesen in Aulhausen gebrannt wurden.

Literatur
E. Ritterling, Sp. 113–114.
F. Luthmer, Kdm Reg.-Bez. Wiesbaden I, 138–139.
Notiz in: Bodenaltertümer in Nassau III, Nass. Heimatbl. 43, 1953, „Aulhausen“, 71, und Bodenaltertümer in Nassau IV, Nass. Heimatbl. 44, 1954, „Aulhausen“, 54.
G. Schell, Die römische Besiedlung von Rheingau und Wetterau, Nass. Ann. 75, 1964, 86.
M. Herchenröder, Kdm Rheingaukreis, 58.
Hist. Stätten IV, Hessen, 322.
H. Elzner, Töpferei im Rheingau, 129–145.

1 E. Ritterling, 113–114, gibt eine ausführliche Beschreibung der einzelnen Typen und verweist auf die Funde von Brennöfen auf der Markung „Düppenhausen“ im benachbarten Marienthal, Gem. Geisenheim (Periodische Bl., Nr. 15/16, 1861, 448–449), die ähnliche Gefäßformen enthielten.

2 Nach Mitteilung von Herrn Georg Duchscherer, Rüdesheim stammt die Fliese N82 aus diesem Fund.
3 G. Schell, 86.
4 Vgl. Text S. 120–121.
5 F. Luthmer, 138. – Nach H. Elzner, 134–135, stammt die erste Zunftordnung für die Häfner des Rheingaus vom 27. Juni 1615.

Rüdesheim-Eibingen

Ehem. Benediktinerinnenkloster

Fundumstände
Unbekannt. Möglicherweise wurden die Fliesen nach dem Brand der Kirche 1932 gefunden.

Baugeschichte
Das 1148 als Augustiner-Doppelkloster gegründete, 1165 durch die Hl. Hildegard von Bingen mit Benediktinerinnen aus Kloster Rupertsberg besiedelte Kloster war bis ins 17. Jahrhundert intakt. Die Klostergebäude wurden 1683 abgerissen und 1681–84, sowie 1736–52 neu erbaut. Nach der Aufhebung des Klosters 1814 wurde die Kirche seit 1830 als Pfarrkirche benutzt, Süd- und Westflügel des Klosters abgebrochen. Über die mittelalterliche Baugeschichte ist nichts bekannt, ein 1255 ausgestellter Ablaßbrief läßt auf Bautätigkeit in dieser Zeit schließen. Die Fliesen stammen vermutlich aus verschiedenen Gebäuden. Die Muster I11 und I17 weisen auf eine Verlegung im 3. Viertel des 13. Jahrhunderts, J80 und möglicherweise auch H37 dürften im 1. Drittel oder bis zur Mitte des 14. Jahrhunderts entstanden sein.

Literatur
M. Herchenröder, Kdm. Rheingaukreis, 340.
G. Dehio, Hessen, 717–718.
(Die zahlreichen in den letzten Jahren erschienenen Aufsätze behandeln stets nur die Baugeschichte des Klosters seit 1681.)

Runkel, Kr. Limburg-Weilburg

Ehem. Burgmannenhaus, Burgstraße 31, früher Langgasse 31

Fundumstände
Bei der Restaurierung des Hauses kamen 1980 im Haus und unter der Hoffläche ca. 20 Fliesenbruchstücke in zwei Mustern zutage.[1]

Baugeschichte
Das vermutlich ältere Haus wird 1504 erstmals erwähnt. 1634 wurden Burg und Stadt durch Brand zerstört, beim Wiederaufbau könnten die Fliesen zum Schutt gewandert sein. Die Fliesen wurden, in genau übereinstimmender Prägung, 1983 in der ehem. Wasserburg Elkerhausen gefunden. Nach Krupp[2] besaßen die Herren von Elkerhausen ein Burgmannenhaus in Runkel, welches bis jetzt jedoch noch nicht identifiziert werden konnte. Möglicherweise besteht jedoch eine Beziehung zwischen den beiden Fundorten. L12 könnte noch zu Ende des 13. oder zu Beginn des 14. Jahrhunderts, L36.1 eher in dessen 2. Hälfte geprägt worden sein. Bei der langen Verwendung der Model wurden die Fliesen jedoch wohl zur selben Zeit verlegt.

Literatur
G. Dehio, Hessen, 770.
I. Krupp, 13.

1 Freundliche Mitteilung von Herrn Wolfgang Quaschinski, Runkel.
2 I. Krupp, 13 (freundlicher Hinweis der Verfasserin).

Rust, Burgenland, Österreich

Ehem. kath. Pfarrkirche St. Pankratius und Aegidius, sog. „Fischerkirche", Marienkapelle

Fundumstände
Die Fliesen liegen noch heute in der Marienkapelle. „Gotisches Ziegelpflaster, die romanische Apsis in Ziegellagen kenntlich gemacht. Einzelne Ziegel mit Wappenstempel (u. a. der Grafen von St. Georgen und Bösing."[1] Einige Fliesen wurden entfernt.

Baugeschichte
Die Kirche besteht heute aus zwei gotischen Chören und einem quergestellten spätgotischen Schiff. In der 2. Hälfte des 13. Jahrhunderts wurde an eine kleine Kirche des 12. Jahrhunderts eine Kapelle mit Gruft angefügt. Um 1400 entstand der gotische Pankratiuschor, der 1529 abbrannte. Das Querschiff wurde im 1. Viertel des 16. Jahrhunderts, eine Nordsakristei 1536, erbaut. Die Fliesen, mit kleinen Wappenstempeln ähnlich den Fliesen, die vor dem Riesentor von St. Stephan, Wien gefunden wurden, können erst nach 1393 verlegt worden sein. Zu dieser Zeit geht Rust teilweise, 1434 ganz an die Grafen von St. Georgen und Bösing über. Vermutlich wurden Teile des Fliesenbodens schon 1613 entfernt, als die Kirche neugepflastert wurde.[2]

Literatur
A. Csatkai, D. Frey, Die DM des politischen Bezirks Eisenstadt und der freien Städte Eisenstadt und Rust, Österr. Kunsttopographie 24, Wien 1932, 168–172.
A. Ratz, Kunstkleinod Fischerkirche Rust. Neufreigelegte Fresken und Studien zur Baugeschichte, Burgenländische Heimatbl. 11, 1949, 114–122.
G. Dehio, Burgenland, 259–262.

1 G. Dehio, Burgenland 260.
2 A. Ratz, 119, Zechmeisterrechnung von 1613: „Item 1200 Ziegl zu der Khirchen zu pflastern (4 fl.)."

S

Saarburg/Sarrebourg, Moselle, Frankreich

Avenue de la Victoire 18, Mittelalterliche Töpferei und Fehlbrandgrube

Fundumstände

Bei Erdarbeiten wurde 1960 eine Fehlbrandgrube freigelegt, die nicht nur intakte Gefäße, Scherben von Gebrauchskeramik, kleine Tonstatuetten und die für sie benötigten Model und Töpferwerkzeuge, sondern auch Fliesen in neun verschiedenen Mustern barg. Die Fliesen, deren frühestes Muster wohl N7, das späteste vermutlich L40 sein dürfte und die auch teilweise schon früher an anderer Stelle in Saarburg gefunden wurden, gehören einem Zeitraum vom 3. Viertel des 13. bis etwa zur Mitte des 14. Jahrhunderts an. Beyer datiert die Tonstatuetten auf die Zeit um 1350, Lutz die Gefäße in die 1. Hälfte des 14. Jahrhunderts.

Literatur

M. LUTZ, V. BEYER, 131–135, 137, Taf. 3.

Ehem. Stiftskirche St. Stephan

Fundumstände

Beim Bau einer neuen protestantischen Kirche wurden 1863 in einer Tiefe von über 2 m im Brandschutt zahlreiche Fliesen gefunden, die teilweise stark abgetreten waren. Einige Fliesen waren in der Diagonale geteilt. Benoit[1] berichtet von 7 verschiedenen Mustern, bildet jedoch acht Fliesen ab. Zu einem späteren Zeitpunkt, möglicherweise bei den durch Winkler durchgeführten Grabungen 1876–77,[2] kamen nochmals Fliesen zum Vorschein: „Adler, Drache, Leopard, Ornament".[3]

Baugeschichte

An der Stelle des 1256 durch Bischof Jakob von Lothringen gegründeten Kollegiatsstifts stand vermutlich schon eine ältere Kirche, die 1235 als Sitz eines Archidiakons erwähnt wird. Sie wurde im 18. Jahrhundert durch einen Neubau ersetzt, in den nur die romanischen Türme übernommen wurden; der Südturm wurde im 19. Jahrhundert abgebrochen. Die stilistisch sehr einheitlichen Fliesen weisen auf eine Entstehung nach der Mitte oder im 3. Viertel des 13. Jahrhunderts, sie könnten sehr wohl bei Umbauten nach 1256 verlegt worden sein. Noch ist nicht geklärt, woher der Anstoß zur Fliesenprägung kam, das Muster F48 fand sich auch in dem nahen Kloster Hessen, das schon vor 1050 im Besitz eines Drittels der Saarburger Stadtsteuer war.

Literatur

L. BENOIT, 83–84.
F. X. KRAUS, Kdm Elsaß-Lothringen III, 895.
W. HOTZ, Kdm Elsaß und Lothringen, 192.

1 L. BENOIT, 83. Die Aussagen zu diesem Fund sind widersprüchlich. Benoit gibt an, daß die Fundamente, innerhalb derer die Fliesen gefunden wurden, zum alten Schloß der Bischöfe von Metz gehörten, das 1552 durch Kardinal Albrecht von Brandenburg zerstört worden war.
2 F. X. KRAUS, Bd. 3, 894.
3 Westd. Zs. 20, 1901, Museographie 1900, 308: „Entsprechende Fliesen sind von der nämlichen Fundstelle bereits 1863 bekannt geworden."

Ehem. Dominikanerinnenkloster Weyerstein

Fundumstände

Beim Bau einer Kaserne und bei der Anlage einer Pumpstation auf dem Marxberg bei Saarburg stieß man 1890 links der Finstinger Straße, an der Stelle, an der das ehem. Kloster Weyerstein gelegen haben muß, auf Fliesen in drei verschiedenen Mustern.[1] Weitere Fliesen wurden zu einem nicht mehr bekannten Zeitpunkt geborgen, darunter nochmals fünf neue Muster.

Baugeschichte

Zur Baugeschichte des 1276[2] erstmals erwähnten Klosters gibt es keine Urkunden. Es wurde 1356[3] von den Saarburger Bürgern zerstört und nicht wieder aufgebaut. In der 2. Hälfte des 19. Jahrhunderts waren noch spärliche Reste des Klosters sichtbar. Die Fliesen, teilweise dieselben Muster wie in der St. Stephanskirche Saarburg, wurden vermutlich ebenfalls im 3. Viertel des 13. Jahrhunderts verlegt. L40 entstand möglicherweise erst im 2. Drittel des 14. Jahrhunderts, auf jeden Fall jedoch vor 1365.

Literatur

G. WOLFRAM, Die Ausgrabungen auf dem Marxberg bei Saarburg, Jb. der Ges. für lothringische Gesch. und Altkde. 3, 1891, 418–422.
F. X. KRAUS, Kdm Elsaß-Lothringen, III, 1038, IV, 72. Reichsland, 939–940.
M. LUTZ, V. BEYER, 136.

1 A. BENOIT, 419, 422.
2 Ebd., 419, bei F. X. KRAUS, Bd. 3, 1038: „1293".
3 M. LUTZ, V. BEYER, 136, bei A. BENOIT, 419: „1390".

Saargemünd/Sarreguemines, Moselle, Frankreich

Katharinenkapelle? Burgkapelle St. Nikolaus?

Fundumstände

Unbekannt. Die Fliese wurde „im Stadtgebiet" gefunden.[1] Da Saargemünd nur sehr wenige mittelalterliche Gebäude aufweist, wäre eine Herkunft aus einer der Kapellen nicht ausgeschlossen.

Baugeschichte

Die 1765–68 erbaute Kirche St. Nikolaus steht an der Stelle der 1386 errichteten, 1393 in ein Priorat umgewandelten Katharinenkapelle.

Die Burg wurde vermutlich zu Beginn des 13. Jahrhunderts durch Herzog Theobald von Lothringen erbaut und 1510 sowie zu Ende des 16. Jahrhunderts umgestaltet. Die Burgkapelle, wohl gleichzeitig mit der Burg erbaut, wurde 1757 abgetragen und mit ihren Trümmern der Stadtgraben aufgefüllt. Das Muster der Fliese weist auf eine Entstehung in der 2. Hälfte des 14. Jahrhunderts.

Literatur

F. X. KRAUS, Kdm Elsaß-Lothringen III, 899–905.
E. HUBER, Notes sur le château et le fortification de Sarreguemines, Jb. der Ges. für lothringische Gesch. und Altkde. 3, 1901, 312–324.
J. CHOUX, 208.

1 Den Hinweis auf diese Fliese verdanke ich Herrn Prof. Dr. A. Schmoll gen. Eisenwerth, München.

Sandhausen, Rhein-Neckarkreis

Ehem. Wasserburg

Fundumstände
Bei Zufallsgrabungen wurden 1896 sieben Fliesen an der Stelle der heute verschwundenen Burg gefunden.

Baugeschichte
Die Burg war als Lehen der Bischöfe von Speyer in der Hand der Herren von Bolanden und kam 1351 an Kurpfalz. Sie wurde nach der Schlacht von Seckenheim 1462 angezündet, anscheinend wieder aufgebaut und 1688 durch die Franzosen endgültig zerstört. Zur Baugeschichte ist nichts bekannt, an die Stelle der Burg erinnert nur noch der Flurname „Burgstadel". Die Fliesen wurden möglicherweise zu zwei verschiedenen Zeiten verlegt. H84, das sich auch im nahegelegenen Kloster Schönau findet, vermutlich im 3.–4. Viertel des 13. Jahrhunderts, H114 wohl erst zu Beginn oder in der 1. Hälfte des 14. Jahrhunderts.

Literatur
E. Schuster, Burgen und Schlösser Badens, Karlsruhe 1908, 324.
A. v. Oechelhaeuser, Kdm Heidelberg, 604.
C. Tillmann, Bd. 2, 927.
M. Schaab, 1963, 173.

Sankt Georgen, Schwarzwald-Baar-Kreis

Ehem. Benediktinerkloster „Unserer Lieben Frau"

Fundumstände
Bei der Anlage einer neuen Straße über dem Ort des einstigen Klosterfriedhofs wurde 1893 ein Stück eines „steinernen Fußbodens" gefunden.[1] Es ist nicht sicher, daß es sich dabei um einen Fliesenboden handelt. Da jedoch bei Grabungen 1958[2] weitere Bruchstücke von Fliesen zum Vorschein kamen, wäre dies immerhin möglich. Ein einfacher Steinplattenboden wäre wohl nicht erwähnt worden.

Baugeschichte
In dem von drei süddeutschen Adligen Hezelo, Hesso und Konrad 1084/86 gestifteten, nur kurze Zeit von Hirsau abhängigen Kloster, wurden die Holzbauten seit 1096 durch Steinbauten ersetzt. 1224 wurden Kirche und Klostergebäude durch Blitzschlag zerstört, der Wiederaufbau erfolgte seit 1255. Weitere Brände 1328, um 1350/60 und 1474 machten stets Neubauten notwendig, die vermutlich auch mit Arbeiten an der Ausstattung verbunden waren. Nach der Zerstörung des Klosters durch die Villinger 1633 wurde es nicht wieder aufgebaut. Die Fliesen, deren Muster auf eine Entstehung in der 2. Hälfte des 13. Jahrhunderts weist, können schon beim Neubau der Kirche 1255 verlegt worden sein. Wahrscheinlicher ist jedoch, daß sie aus der 1281 als Erbbegräbnis der Herren von Zimmern genannten Kapelle stammen oder einer zweiten Kapelle, die 1296 von den Herren Hugo, Krafto und Konrad von Burgberg gestiftet und 1297 geweiht wurde.

Literatur
K. Th. Kalchschmidt, Geschichte des Klosters, der Stadt und des Kirchspiels St. Georgen auf dem badischen Schwarzwald, Heidelberg 1895, 11ff.
Hist. Stätten VI, Baden-Württemberg, 578–579.
E. Stockburger, St. Georgen. Chronik des Klosters und der Stadt, St. Georgen 1972, 26–29.
F. Quarthal, 1975, 242–253.
A. Zettler, Bilder von der Klostergrabung 1958, FS 900 Jahre Stadt St. Georgen im Schwarzwald 1084–1984, hrsg. von der Stadt St. Georgen, 103–114.

---

1 K. Th. Kalchschmidt, 19.
2 Freundliche Mitteilung von Herrn Dr. Erich Schmidt.

Sankt Urban, Kt. Luzern, Schweiz

Ehem. Zisterzienserkloster

Fundumstände
Fliesen und verzierte Backsteine fanden sich nicht mehr in ursprünglicher Lage. Sie waren als Baumaterial vor allem in Privathäuser in Zofingen, Altbüron, Grünenberg, Olten, Hägendorf, Wynau-Lotzwil, Langenthal, Großdietwil, Wikon, Fraubrunnen und Zürich verbaut[1]. Sie wurden seit ca. 1860 meist aus diesen Gebäuden geborgen und in die Museen verbracht. 1981–83 wurden südlich der barocken Klosterkirche Grabungen durchgeführt. Dabei fanden sich bisher unbekannte grünglasierte Fliesen in der südlichen Chorkapelle[2]. Da sich diese von den bis jetzt bekannten, von Schnyder ausführlich behandelten „St.-Urban-Fliesen" unterscheiden, werden sie hier aufgeführt.

Baugeschichte
Ein 1184 gegründetes Chorherrenstift wurde 1194 den Zisterziensern übergeben und nach dem heutigen St. Urban verlegt. Im 2. Viertel des 13. Jahrhunderts ersetzte man die ersten, 1197/1201 geweihten Bauten des Klosters durch Neubauten. Reinle[3] vermutet, daß die Ostpartie der Kirche schon 1231/32 vollendet war. Unter Abt Ulrich I. (1246–49) begann man mit dem Bau des Kreuzgangs, um 1255 wohl mit dem der Kapitelbauten. Kloster und Kirche wurden 1259 durch den Konstanzer Bischof Eberhard II. v. Waldburg geweiht[4]. Die ganze Anlage soll aus Backsteinen bestanden haben. Nach einem Brand 1376 erfolgte der Wiederaufbau, unter Abt Nikolaus Hollstein (1441–80) eine Erweiterung der ganzen Anlage. Kreuzgang und Abtei wurden nach dem Brand von 1513 von 1544–46 neu erbaut und 1664–72 erneuert, die Kirche 1710 abgerissen und als Barockkirche neu errichtet. Schnyder vermutet, daß die Ziegelei von St. Urban zwischen 1250 und 1255 eingerichtet wurde und schon zu Ende des 13. Jahrhunderts erlosch. Die Herstellung von St.-Urban-Backsteinen wurde in den Tochterwerkstätten Beromünster (ab 1300), Fraubrunnen und Frienisberg noch im 14. Jahrhundert fortgesetzt. Grünglasierte Bodenfliesen waren bis jetzt aus St. Urban nicht bekannt. Abt Seemann erwähnt in seiner 1519 geschriebenen Klosterchronik, in der er die 1513 zerstörten Bauten schildert, „einen vornehmen Boden aus bemalten (?) Ziegeln (pavimentum eciam picturatis lateribus non inelegans)"[5]. Zemp weist auf Spuren von grüner und gelblicher Glasur bei einigen Bodenplatten aus Altbüron und dem St. Urbanhof in Zofingen[6].
Die Fliesen sind aufgrund des Musters nicht sicher zu datieren. Auch die Größe, bei sonstigen süddeutschen Fliesen ein einigermaßen sicheres Kriterium, spricht hier nicht für eine späte Entstehung, da die frühen St.-Urban-Fliesen ebenfalls vereinzelt schon Seitenlängen von 19,5 cm aufweisen[7]. Nach Goll[8] wurde die südlichste Chorkapelle als Grabkapelle der Herren von Ifenthal wohl im 14. Jahrhundert durch eine poly-

gone Apsis erweitert und gleichzeitig mit einem Fliesenboden versehen. Dieser könnte jedoch auch erst bei den Wiederaufbauarbeiten nach den Zerstörungen durch die Gugler 1375 verlegt worden sein. Das Muster in dieser Form wäre sogar noch im 2. Drittel des 15. Jahrhunderts möglich, die Fliesen könnten aus der Zeit der Erweiterungsbauten unter Abt Nikolaus Hollstein stammen.
Goll[9] hält es für möglich, daß diese Fliesen nicht in St. Urban gefertigt wurden. Er führt dafür die abweichende Farbe des Scherbens und die fehlende Magerung mit Schamotte an. Dies könnte jedoch auch durch Ausbeutung einer neuen Tongrube, durch veränderte Brandführung und andere Arbeitsmethoden einer Werkstatt, die nicht mehr an die alte Tradition anknüpfen konnte, ausgelöst worden sein[10].

Literatur

H. Hamann, 5ff. und Tafeln.
J. Zemp, Die Backsteine von St. Urban, Festgabe auf die Eröffnung des Schweizerischen Landesmuseums in Zürich am 25. Juni 1896, Zürich 1898, 109–170.
R. Schnyder, 1958, 7ff.
A. Reinle, Kdm Kt. Luzern, Bd. V, Das Amt Willisau mit St. Urban, Basel 1959, 289–342.
J. Goll, Die Kleinfunde aus der archäologischen Grabung in St. Urban, Kt. Luzern, 1981–1983, masch.schr. MS 1985.
Ders., Kleine Ziegelgeschichte. Zur Einordnung der Ziegelfunde aus der Grabung St. Urban, Stiftung Ziegelei-Museum Meienberg Cham, Jahresber. 1984, 29–102.
Ders., 1985, 29–36.

1 R. Schnyder, 1958, 17. Für alle Angaben zu den St.-Urban-Backsteinen und -fliesen sei auf die Arbeit von R. Schnyder verwiesen. Herrn Prof. Dr. Rudolf Schnyder danke ich für zahlreiche Hinweise und für ein aufschlußreiches Gespräch.
2 J. Goll, Bodenplatten, 30, Abb. 1, 32 33, Abb. 3–4.
3 A. Reinle, (s. o.) 333.
4 Vgl. die Wappenfliese G 1 mit dem Waldburg-Wappen und die Wappenfliesen aus St. Urban (R. Schnyder, 1958, Kat.-Nr. 103–105). Diese werden von R. Schnyder in die Zeit um 1280 datiert.
5 A. Reinle, (s. o.), 339.
6 J. Zemp, (s. o.), 161, Anm. 2, 169–170, Fig. 53.
7 Die Fliesen aus St. Urban weisen die Abmessungen 30 × 7 cm, 25 × 6 cm und 13 × 4 cm auf.
8 J. Goll, 30.
9 Ebd., 31.
10 Vermutlich wurden für den Eigenbedarf noch lange nach 1300 Ziegel und Fliesen gebrannt. Spuren von Brennöfen sollen um 1519 noch in den Wäldern um St. Urban sichtbar gewesen sein (A. Reinle, 327, Klosterchronik des Abtes Seemann). Der Gewanname „Ziegelwald" hat sich ebenfalls erhalten (J. Zemp, 112). Urkunden von 1747 und 1853 erwähnen einen „Ziegelacker". Die Klosterziegelei wird an der Stelle vermutet, wo heute noch die Ziegelei Roggwil steht (J. Goll, 1984, 70, Anm. 54).

Sargenroth, Rhein-Hunsrück-Kreis

Ev. Pfarrkirche, sog. „Nunkirche", auf dem Rochusfeld

Fundumstände

„Der Fußboden des Langhauses wurde 1957–58 in dunkelroten Fliesen erneuert. Einen Meter unter dem heutigen Fußboden fand man den alten Plattenbelag aus kleinen, mit altertümlichen Bildern und Zeichen versehenen Tonplatten."[1] Trotz intensiver Suche gelang es nicht, den Verbleib dieser Fliesen zu ermitteln[2]. Möglicherweise wurden sie wieder zugedeckt.

Baugeschichte

Die vermutlich vor 1072 errichtete Wallfahrtskirche wurde um oder nach 1250 neu- oder umgebaut. Im 14. Jahrhundert wurde sie erweitert, 1744–45 nach Westen verlängert. Es haben sich Gewölbemalereien aus der 2. Hälfte des 13. Jahrhunderts erhalten; aus dieser Zeit stammen vermutlich auch die Fliesen. Der gesamte Sargenrother Bannbezirk war bei der Gründung des Augustinerchorherrenstiftes Ravengiersburg 1074 in dessen Besitz gekommen. Es ist deshalb wahrscheinlich, daß sich die Fliesenmuster mit denen des nur wenige Kilometer entfernten Ravengiersburg decken.

Literatur

W. Wagner, Sargenroth in Vergangenheit und Gegenwart, Köln 1969, 44, 129–133,
G. Dehio, Rheinland-Pfalz, 932.
H. E. Kubach, A. Verbeek, Bd. 2, 881.
M. Backes, H. Caspary, N. Müller-Dietrich, Kdm Rhein-Hunsrück-Kreis I, 2, 871–883.

1 M. Backes, H. Caspary, N. Müller-Dietrich, Bd. 1, 878. Die Notiz stammt aus dem Pfarrarchiv. Eintragung des inzwischen verstorbenen Pfarrers Böttchers.
2 Freundliche Mitteilung von Herrn Willi Wagner, Ohlweiler.

Sayn, Stadt Bendorf, Kr. Mayen-Koblenz

Ehem. Prämonstratenserabtei St. Maria und Johannes Ev., heute kath. Pfarrkirche

Fundumstände

Bei Bauarbeiten wurde 1981 eine Mauer im Kreuzgangbereich aufgebrochen. In ihr fanden sich Fliesen in drei verschiedenen Mustern sowie ein noch nicht ergänzbares Bruchstück. 1982 wurden im südl. Querhausarm nahe der westl. Wand ca. 0,38 m unter dem heutigen Niveau erneut Fliesen gefunden. Diese waren offensichtlich in zweiter Lage verlegt[1].

Baugeschichte

Das Kloster wurde 1202 durch Heinrich III. Graf von Sayn gestiftet und von Kloster Steinfeld/Eifel aus besiedelt, die Kirche bald danach erbaut und um 1220, mit Ausnahme der Chorkapellen, vollendet. Diese und der Kreuzgang waren wohl gegen 1230 fertig. Das Schiff wurde in der 2. Hälfte des 13. Jahrhunderts um 3 Joche nach Westen erweitert, ein Ablaß ist 1256 bestätigt. Unter Abt Johannes Meinen wurde zwischen 1440–54 der Chor neuerbaut. Die Fliesen können aus dem Kreuzgang stammen, sie können jedoch auch im 17. und 18. Jahrhundert, als der nördliche Querarm, der Vierungsturm und die Nikolauskapelle abgetragen wurden, aus einem dieser Gebäude entfernt worden sein. Die Muster zweier Fliesen stimmen mit denen des Prämonstratenserklosters Rommersdorf überein, das dritte ist die Variante eines am Mittelrhein vom Ende des 13. bis zur Mitte des 14. Jahrhunderts häufig vertretenen Musters. Möglicherweise wurden die Rommersdorfer Fliesen, welche einen ganz ähnlichen weißlichgrauen und weißlichgelben Scherben aufweisen, in dem nur 5 km entfernten Sayn gefertigt. Bei Grabungen stieß man in der Nähe des Steinschen Burghauses der Burg Sayn auf Reste eines nachmittelalterlichen Töpferofens. Die Töpferzentren Vallendar und Urbar liegen in unmittelbarer Nähe. Die Fliesen H 262 und H 264 können nicht aus der Erbauungszeit der Kirche stammen. Die einfachen Muster sind schwierig zu datieren. Sie ließen sich am ehesten dem Neubau des Chores zuordnen. L 11 könnte schon zu Ende des 13. und noch in der 2. Hälfte des 14. Jahrhunderts entstanden sein. Die Prägung weist schon sehr breite Rillen auf, welche das Muster als Relief wirken lassen.

Literatur

H. E. KUBACH, F. MICHEL, H. SCHNITZLER, Kdm Lkr. Koblenz, 330–334.
F. H. KEMP, Die Prämonstratenserabtei Sayn, Bendorf ²1977.
F. H. KEMP, U. LIESSEM, Bendorf-Sayn, Köln 1984, 15–28.
G. DEHIO, Rheinland-Pfalz, 89–92.

1 Nachrichten über die Grabungen und die Funde der Fliesen verdanke ich Herrn Udo Liessem, Koblenz, die Erlaubnis zur Veröffentlichung erteilte freundlicherweise Herr Pfarrer Madauß, Bendorf-Sayn.

2 U. LIESSEM, 1979, I, 50. Der Ofen wurde nicht näher untersucht. Abfall von Gebrauchskeramik wies anscheinend ins späte 17. und frühe 18. Jahrhundert. Es ist durchaus möglich, daß diesem Ofen mittelalterliche Brennöfen vorausgingen.

Ruine der ehem. Burg der Grafen von Sayn

Fundumstände

Bei Restaurierungsarbeiten im Kernbereich der Burgruine Sayn wurden im Herbst 1983 die Fundamente der Burgkapelle aufgedeckt[1]. Im Chorbereich fand sich ein Boden aus ungemusterten Fliesen mit Kreisrosette vom Typ Kier 95[2], jedoch mit fünf Ringen. Als Rahmung dienten Bänder aus diagonal angeordneten Fliesen, begleitet von orthogonal verlegten Fliesen, sowie ein bei Kier noch nicht aufgeführtes Muster sich durchdringender Kreise. Im Palas der Kernburg wurden außerdem dieselben gemusterten Fliesen im Schutt gefunden, die auch in der Abteikirche geborgen worden waren[3].

Baugeschichte

Die Stammburg der Grafen von Sayn im Brexbachtal wurde 1152 zerstört. Um 1180/1200 wurde durch sie eine neue Burg auf dem Kehrberg errichtet. Sie enthielt eine wohl um 1220 bis 1230 erbaute Doppelkapelle.[4] Liessem weist auf Erweiterungsbauten in der Mitte des 14. Jahrhunderts.[5] Die Burg wurde nach 1561 Sitz eines kurtrierischen Amtsmanns und war seit der Zerstörung durch die Schweden 1633 unbewohnt. Die Fliesenrosette, deren Gliederung am ehesten mit derjenigen der St. Martinikirche in Siegen übereinstimmt[6], dürfte im 1. Viertel des 13. Jahrhunderts entstanden sein, die gemusterten Fliesen aus der Zeit der Umbauten in der Mitte des 14. Jahrhunderts stammen. Die Fliesen können nicht lange begangen worden sein. Sie zeigen kaum Abnützungsspuren, bei einigen Exemplaren war die dunkelgraue Inkrustierung noch ausgezeichnet erhalten.

Literatur

H. E. KUBACH, F. MICHEL, H. SCHNITZLER, Kdm Lkr. Koblenz, 303–307, 330–334.
H. KIER, 1970, 193.
U. LIESSEM, 1977, 38 (29–47).
Ders., 1979, I, 37–50.
Ders., 1981, 303–310.
Ders., Sayner Kapelle läßt Fachleute aufhorchen. Höhepunkt staufischer Baukunst am Mittelrhein freigelegt, Rhein-Zeitung, 3./4. 12. 1983.
F. H. KEMP, U. LIESSEM, Bendorf-Sayn, Köln 1984, 3–11.
G. DEHIO, Rheinland-Pfalz, 92–93.
U. LIESSEM, Bemerkungen zur Burgkapelle in Sayn – ein Vorbericht, Burgen und Schlösser 26, 1985, 130–131.

1 U. LIESSEM, 1983, Sayner Kapelle.
2 H. KIER, 193.
3 Freundliche Mitteilung von Herrn Udo Liessem, Koblenz.
4 F. H. KEMP, U. LIESSEM, 1984, 9–10.
5 Ebd., 11.
6 H. KIER, 1970, 133 und Abb. 162–163. Der Fliesenboden wird von Kier in die Zeit um 1100 datiert.

Burg Sayn, ehem. „Stein'sches Burghaus“

Fundumstände

Die Fliese H262 fand sich 1978 in der Verfüllung der Zwickel eines später eingezogenen Gewölbes, die übrigen Muster bei Sicherungsarbeiten 1978–79 an verschiedenen Stellen.[1]

Baugeschichte

Der 30 m unterhalb des mittleren Burghauses liegende Burgsitz der Herren von Stein wird 1389 erstmals erwähnt. Er war zum Schutz des Aufgangs zur Kernburg errichtet worden. Dieser verschiedentlich umgebaute Wohnturm wurde 1633 nicht zerstört, sondern war bis 1802 im Besitz der Herren von Stein. Erst dann wurde er aufgegeben und verfiel. Die Fliesen, deren Muster teilweise mit den übrigen in Sayn gefundenen Mustern identisch sind, dürften im 14. Jahrhundert entstanden sein. H262 ist nicht sicher zu datieren, da das Muster sehr grob geschnitten ist.

Literatur

H. E. KUBACH, F. MICHEL, H. SCHNITZLER, Kdm Lkr. Koblenz, 330–332.
U. LIESSEM, 1979, I, 45–48.
F. H. KEMP, U. LIESSEM, Bendorf-Sayn, Köln 1984, 11.
G. DEHIO, Rheinland-Pfalz, 92–93.

1 Alle Angaben zu den Funden verdanke ich Herrn Udo Liessem, Koblenz. Die bei U. LIESSEM, 1979, I, 46, publizierten Fliesen gehören dem 19. Jahrhundert an und wurden von Johann Claudius von Lassaulx (1781–1848) für das Schloß Sayn entworfen. Da zu Beginn der Aufräumungsarbeiten nur Bruchstücke im Schutt gefunden wurden, kam es zu dieser Fehldatierung.

Schaffhausen, Kt. Schaffhausen, Schweiz

Ehem. Benediktinerklosterkirche Allerheiligen

Fundumstände

Bei den Grabungen 1951–52 kamen nach Entfernung des Münsterbodens im nördlichen Nebenchor, im Nord- und Südteil des Querhauses, jedoch nicht in der Vierung, Reste eines spätgotischen Fliesenbodens zum Vorschein. Die Fliesen scheinen in der Diagonale verlegt und mit orthogonal angeordneten zwei- bis dreizeiligen Bändern in Schachbrettmuster gerahmt gewesen zu sein.[1] Bei der Grabung 1955 fanden sich weitere größere Flächen mit Fliesen des Musters D52 südlich und nördlich des Heiligkreuzaltars, andere kamen in den Einfüllschichten für die Löcher der Gerüststangen im Mittel- und Seitenschiff zutage.[2] Bei den drei gefundenen Mustern handelt es sich um zwei vergröberte Kopien von Fliesen aus Kloster Weingarten und aus Ravensburg, ein Muster stimmt genau mit einer Fliese des Klosters St. Georgen in Stein am Rhein überein.

Baugeschichte
Die Kirche des vor 1050 von Grad Eberhard III. von Nellenburg gegründeten Klosters wurde 1064 geweiht. Die heutige Klosterkirche wurde 1087 begonnen und, nach einer Planänderung, 1103/04 geweiht. Ihr wurde in der 2. Hälfte des 12. Jahrhunderts ein Chorquadrat, der Turm und eine Vorkirche zugefügt. Nach der Aufhebung des Klosters 1529 blieb der Baubestand größtenteils erhalten.
Da der Fliesenboden beim nordwestlichen Vierungspfeiler deutlich an die Chorschranken anstieß, muß er kurz vor oder nach deren Erbauung verlegt worden sein, d. h. vor oder nach 1500. Weitere Ausflickungen des Sandsteinplattenbodens nach dem Abbruch der Altäre und Chorschranken 1529 weisen auf eine Wiederverwendung vorhandener Fliesen. Vermutlich wurden die Fliesen erst 1753 verdeckt, als der Münsterboden um 12 cm erhöht wurde.

Literatur
R. Frauenfelder, Kdm Stadt Schaffhausen, 75–81.
W. Drack, 1953.
Ders., 1957, 14–45.

1 W. Drack, 1953, 19 20, Abb. 2 und Taf. 4, Abb. 27–28.
2 Ders., 1957, 27–30, 42–44, Taf. 9, Abb. 45, Taf. 14, Abb. 70–72.

Haus „Zur Treu", Kirchhofplatz 9

Fundumstände
Die Fliesen wurden in unbekannter Zeit entfernt.

Baugeschichte
Für das Haus sind nur Bauteile des 16. Jahrhunderts (Kalksteinsäule im Erdgeschoß und Sandsteinsäule mit Jahreszahl 1579 im Obergeschoß) zu belegen. Die Fliesen weisen auf eine Entstehung des Bodens im späten 15. Jahrhundert.

Literatur
R. Frauenfelder, Kdm Stadt Schaffhausen, 364.

Schauenburg, Gem. Dossenheim, Rhein-Neckar-Kreis

Burgruine

Fundumstände
Die ersten Fliesen wurden bei Grabungen 1886 gefunden. Sie sind inzwischen verloren, ihre Muster unbekannt. „Hälfte einer Tonfliese mit Reliefverzierung in gotischem Stil".[1] Fliesen in sieben verschiedenen Mustern kamen bei einer Grabung 1958 zutage. Sie lagen in einer ca. 70–80 cm dicken Brandschicht. „Zahlreiche Bruchstücke, aber auch einige ganze Exemplare (fanden sich) in den oberen Teilen der Brandschicht".[2] Das häufigste Muster war H 103. Bei Sicherungsarbeiten an der Ruine wurden 1991 erneut Fliesen geborgen, darunter ein noch unbekanntes, wohl vor der Mitte des 13. Jahrhunderts entstandenes Muster[2a].

Baugeschichte
Die 1130 erstmals erwähnten Herren von Schauenburg besaßen die wohl schon im 11. Jahrhundert durch Kloster Lorsch erbaute Burg von diesem zu Lehen. Sie kam nach dem Aussterben des Geschlechts 1303 an die Pfalzgrafen, 1319 durch Kauf an den Erzbischof von Mainz. 1460 wurde sie durch Pfalzgraf Friedrich den Siegreichen bis auf die Grundmauern zerstört und nie wieder aufgebaut.
Die Fliesen, die mit Mustern aus Kloster Schönau, Mainz, Speyer und Worms übereinstimmen, sind wohl nicht gleichzeitig entstanden. Schönau, das einen Hof und Weinberge in Dossenheim besaß[3], dürfte die Verlegung von H 83 wohl schon in der 2. Hälfte des 13. Jahrhunderts beeinflußt haben. Speyer besaß seit den 30er Jahren des 12. Jahrhunderts die Lehenshoheit über die Burg[4], das Muster P 33 kommt in mehreren Varianten sonst nur in Speyer vor. Die Fliese H 103 dürfte eher erst nach 1319 entstanden sein. Da es sich bei den Fliesen jedoch jeweils um Nachschnitte handelt, könnten sie außerdem zwischen 1290–1319 verlegt worden sein, als sich die Burg als Pfand im Besitz des reichen Wormser Patriziers Johann Holderbaum befand.[5]

Literatur
A. v. Oechelhaeuser, Kdm Heidelberg, 26–28.
Hist. Stätten VI, Baden-Württemberg, 128–129.
H. Kraft, 8.
R. Conzelmann, Dossenheim, Die Geschichte einer Bergstraßengemeinde, Dossenheim 1966, 24–26.

1 Mannheimer Geschichtsbl. 4, 1903, Anm. 239. Westd. Zs. 6, 1887, Museographie 1886, 294: „Frühmittelalterliche Thonfliese von der Schauenburg" (Mannheim, Vereinigte Slg. des großhzgl. Antiquariums und des Altertumsvereins).
2 H. Kraft, 8.
2a Freundliche Mitteilung von Herrn Christian Burkhart, Dossenheim, dem ich für zahlreiche Hinweise herzlich danke.
3 M. Schaab, 1963, 134; R. Conzelmann, 33–44.
4 R. Conzelmann, 25.
5 Ebd., 25, 32.

Scheer, Lkr. Sigmaringen

Schloß der Fürsten von Thurn und Taxis

Fundumstände
Unbekannt.

Baugeschichte
Die 1267 im Besitz des Grafen Hugo von Montfort erstmals erwähnte Burg wechselte im 14. und 15. Jahrhundert mehrmals den Besitzer, bis sie 1452/54 an die Truchsessen von Waldburg kam. Graf Andreas von Waldburg-Sonnenberg ließ durch Meister Lienhart aus Mengen die Burg 1486–96 neu erbauen; die Burgkapelle wurde 1505 geweiht. Die Fliesen, die vermutlich aus verschiedenen Räumen der Burg stammen, wurden in dieser Zeit wohl in Mengen geprägt, wobei E 33 vor N 27 entstanden sein dürfte.

Literatur
W. v. Matthey, Kdm Kr. Saulgau, 138–139.
Hist. Stätten VI, Baden-Württemberg, 698–699.

Schiltach, Lkr. Rottweil

Ehem. Mühle Wolber. Haus Schloßbergstraße 6

Fundumstände
Die Fliese wurde 1977 in der Mühle gefunden. 1934 befand sich ein Fliesenboden desselben Musters im 2. Stock des Hau-

ses Schloßbergstraße 6 noch in situ. Die Fliesen wurden wahrscheinlich alle beim Abbruch des Schlosses verschleppt.

Baugeschichte
Zur mittelalterlichen Baugeschichte der vermutlich in der Mitte des 12. Jahrhunderts errichteten Burg fehlen Urkunden. Sie kam aus dem Besitz der Herren von Geroldseck 1378 zur Hälfte, 1381 ganz an die Grafen von Württemberg. Nachdem sie 1643 niedergebrannt und gesprengt wurde, baute man sie teilweise wieder auf und erweiterte sie zur „Feste Hohe Landesehre". Nach ersten Abbrucharbeiten 1760 wurden die Reste 1829/30 bis auf die Grundmauern abgetragen. Die Fliese, Variante einer im nahen Kloster Alpirsbach gefundenen Fliese, entstand wie diese vermutlich im letzten Viertel des 15. Jahrhunderts. Möglicherweise wurde sie in Alpirsbach gefertigt.

Literatur
H. Fautz, 427.
Hist. Stätten VI, Baden-Württemberg, 703–704.

1 H. Fautz, 426: „1760 werden die Ziegelwaren und das Holzwerk an einen Privatmann verkauft, womit die eigentliche Abtragung der Burg beginnt. Was einigermaßen von Wert ist, wird im Städtchen unten verbaut ... und die Estriche der Gänge und Stuben des Schlosses zieren später das Bürgerhaus im Städtchen." (Das Wort „Estrich" fälschlicherweise benutzt, ein Estrich wäre nicht wiederverwendbar.)

Schleswig

Dom St. Peter, Domkreuzgang „Schwahl"

Fundumstände
Die Fliesen bedeckten 1888 noch den Fußboden des Kreuzgangs. Sie wurden bei der Restaurierung 1889/90 entfernt. Weitere Fliesen desselben Musters fanden sich vereinzelt in der Kreuzkapelle, andere, vermutlich aus dem Dom verschleppt, wurden 1921 in Schloß Gottorf entdeckt[1].

Baugeschichte
Der auf einem, vermutlich unter Bischof Alberus (1120–35) begonnenen, Vorgängerbau errichtete Dom erhielt um 1200 das heute noch erhaltene Querschiff. Er wurde von 1230/40–1270 zur Gewölbebasilika umgebaut. Nach dem Einsturz von zwei Türmen und Teilen der Kirche wurde bis gegen 1300 ein Hallenchor angefügt. Über die Erbauung des wohl um 1310/20 als Prozessionsweg entstandenen „Schwahls" gibt es keine Nachrichten, der Nord- und Westflügel wurden erst nach 1440 vollendet. Relief und Glasur der Fliesen weisen eher auf eine Prägung in der Mitte des 15. Jahrhunderts. Möglicherweise waren die Fliesen jedoch ursprünglich gar nicht in dem allen Witterungseinflüssen offenen Schwahl verlegt, sondern stammen aus dessen 1743 abgebrochenen Obergeschoß. Sie könnten außerdem noch in der von 1460–80 erstellten Sakristei gelegen haben.

Literatur
R. Haupt, Kdm Schleswig-Holstein II, 315, Abb. 1216.
D. Ellger (u.a.), Die Kdm des Landes Schleswig-Holstein. Stadt Schleswig II. Der Dom und der ehem. Dombezirk, München 1966, 58, 161–162.

1 R. Haupt V, 54.

Schlettstadt/Sélestat, Bas-Rhin, Frankreich

Ehem. Benediktinerpropsteikirche St. Fides

Fundumstände
Bei der Restaurierung der Kirche durch Winkler wurde 1876 im südlichen Seitenschiff, ca. 0,65 unter dem heutigen Plattenboden, ein anscheinend noch in situ liegender Fliesenboden aufgedeckt. Fliesen- und Fliesenbruchstücke wurden geborgen, die Anordnung des Bodens jedoch nicht aufgezeichnet. So weiß man z.B. nicht, ob die frühen, achteckigen Fliesen F1, F2, F99 im selben Verband und auf derselben Ebene wie F161 lagen. Nicht alle der teils in Relief-, teils in Prägetechnik hergestellten Muster ließen sich sicher ergänzen. Die Fliesen fallen durch ihr Gewicht, ihre Größe und die frühe Verwendung von Bleiglasur auf. Dorlan erwähnt außerdem noch das Vorhandensein eines Mosaiks, welches im Eingangsbereich ein Labyrinth mit den vier Paradiesesflüssen zeigte, im Querschiff die Tierkreiszeichen und im Chor die vier Evangelistensymbole.[1]

Baugeschichte
Mit dem Bau der 1087 von Hildegard, der Witwe Friedrichs von Büren, als Kapelle gestifteten Kirche, wurde vermutlich bald nach 1094 begonnen, als die Stiftung in ein Kloster umgewandelt und den Mönchen aus St. Fides (St. Foy) in Conques übergeben wurde. Der Bau scheint ins Stocken geraten zu sein und wurde wohl erst nach der Mitte des 12. Jahrhunderts wieder aufgenommen. Für eine frühe Vollendung des Baus zwischen 1152–60 sprechen sich Kraus, Forrer, Kautzsch[2] und in jüngster Zeit Will[3] aus; Durand, Dehio und Schnyder[4] glauben, daß die Kirche nicht vor 1175/80 fertig war. Die einzig sichere Nachricht ist die Stiftung eines Glasfensters im Chor durch Kaiser Friedrich I. Barbarossa 1162.[5] Da der Bau offensichtlich im Osten begonnen wurde und nach Westen fortschritt, der genaue Fundort im südlichen Seitenschiff jedoch nicht festgehalten wurde, können die Fliesen auch aus den zuletzt fertiggestellten Jochen stammen. Dennoch dürfte Verglasung und Bodenbelag zeitlich nicht allzu weit auseinanderliegen. Der Datierung der Fliesen kommt deshalb besonderes Gewicht zu, weil sie vermutlich die frühesten, bis heute bekannten Fliesen im Elsaß sind. Wie für den Bau von St. Fides lothringische[6] und burgundische Einflüsse angenommen werden, dürfte dies auch für die ganz aus dem Rahmen fallenden Fliesen gelten, ohne daß es bisher gelang, in Frankreich überzeugende Vorbilder aufzuspüren.

Literatur
F. X. Kraus, Kdm Elsaß-Lothringen I, 267–274.
C. Winkler, Bericht über die bei der Restaurierung der St. Fideskirche im Jahre 1892 gemachten Funde, Bull. Soc. Conservation Monuments Hist. Alsace 16, 1893, 8–11.
R. Forrer, 1901, 62–63, 64, Abb. 132–136, Taf. 2, Abb. 1, 2, Taf. 3, Abb. 1–4.
R. Kautzsch, 242–251.
A. Dorlan, Notice sur la restauration de l'église St. Foy par Winkler, Ann. Soc. Amis Bibl. Sélestat, 1953, 147–154.
M. Barth, Sp. 1242–1244.
H. Haug, R. Will, 231–248.
R. Will, Note archéologique sur l'église Sainte-Foy de Sélestat, Saisons d'Alsace 21, Straßburg 1975, 33–51.
H. Meyer, 11–19.

1 A. Dorlan, 149.
2 F. X. Kraus, Bd. 1, R. Forrer, 1901, 62, R. Kautzsch.
3 R. Will 1975, 40–51, weist ausführlich auf die Verbindung mit lothringischen Kirchenbauten hin und zeigt die Übereinstimmung

mit den Kirchen von St. Dié und die burgundischen Einflüsse auf. Übereinstimmende Steinmetzzeichen in St. Fides und der Kirche in St. Dié lassen ihn vermuten, daß die Bauleute aus St. Dié um 1160 nach Schlettstadt kamen. Er verweist außerdem auf die enge verwandtschaftliche Beziehung zwischen dem Propst Theoderich, dem Erbauer der Kirchen von St. Dié und seinem Onkel, Kaiser Friedrich I. Barbarossa (ebd., 51, Anm. 9).

4 G. Durand, 332: „Vollendung um 1175". G. Dehio, 1940, 70: „nahe an 1200". R. Schnyder, 96, Anm. 168, „um 1200".

5 Die Stiftungsinschrift: „Tempore quo rediit superatis Mediolanis nos Rex Romanus fieri iussit Fridericus", weist ausdrücklich auf den Sieg über Mailand 1162 hin.

6 R. Kautzsch, 83, 244, 250–251.

Schmidtburg, Gem. Schneppenbach, Rhein-Hunsrück-Kreis

Burgruine

Fundumstände

Die Fliesen wurden nach Freilegung der Ruine 1972 und bei weiteren Grabungsarbeiten 1974 im Schutt gefunden.[1] Neben ungemusterten, glasierten Fliesen in den Farbabstufungen gelblichbraun, grün, braunschwarz, fanden sich Bruchstücke gemusterter Fliesen, von denen bis jetzt 8 Muster mit Sicherheit rekonstruiert werden konnten.

Baugeschichte

Der Namen der im Hahnenbachtal gelegenen Burg wird 1084 erstmals erwähnt. Sie kam im 11. Jahrhundert in den Besitz der Wildgrafen und ging 1324 an Erzbischof Balduin von Lützelburg über, der sich 1341 auch auf der Burg aufhielt. Die Unterburg war 1549 nicht mehr bewohnt, die Oberburg wurde nur noch notdürftig instandgehalten. Aus einem Bericht von 1596[2] geht jedoch hervor, daß im letzten Viertel des 16. Jahrhunderts Erneuerungsarbeiten vorgenommen wurden. Die Oberburg diente zu Beginn des 17. Jahrhunderts noch als Sitz des Amtmanns, wurde von den Franzosen 1689 beschädigt und später als Steinbruch ausgebeutet. Es wäre möglich, daß die auch in Kloster Ravengiersburg gefundene Fliese S 15 noch aus dem bald nach 1328 durch Erzbischof Balduin erbauten Palas oder der 1339 errichteten Kapelle stammt. L 6 und L 50 könnten ebenfalls noch dem 14. Jahrhundert angehören, die übrigen Fliesen wurden jedoch sicher erst im 16. Jahrhundert, S 64 und andere grobe Prägungen wohl erst in dessen Ende gefertigt.

Literatur

Hist. Stätten V, Rheinland-Pfalz, 337.

G. Dehio, Rheinland-Pfalz, 939.

O. Conrad, Die Geschichte der Schmidtburg, Bernkastel ²1972, 61–75, 43–57, 53–70.

W. Erlenbach [u. a.], 690–694.

M. Backes, H. Caspary, N. Müller-Dietrich, Kdm Rhein-Hunsrück-Kreis, Bd. 2.2, 895–903.

W. Zwiebelberg, Die Burgmannen und Amtsleute der Schmidtburg, Jb. für Geschichte und Kultur des Mittelrheins 18/19, 1966/67, 11–59.

1 Freundliche Mitteilung von Herrn Gustav Schellack, Mengerschied.

2 O. Conrad, 1972, 73.

Schmiechen, Gem. Schelklingen, Alb-Donau-Kreis

Kath. Pfarrkirche St. Vitus

Fundumstände

Bei der Restaurierung der Kirche vor 1890 waren die Fliesen noch in situ als Bodenbelag vorhanden[1]. Mit den besten der drei erhaltenen Muster wurde eine kleine Fläche hinter dem Altar belegt; sie sind auch heute noch, stark abgetreten, an dieser Stelle. Nach Pazaurek[2] kamen Fliesen aus der Kirche in Schmiechen ins Museum Ulm.

Baugeschichte

Langhauswände und Turm der kleinen Kirche stammen aus dem 13. Jahrhundert. 1480 wurde eine Sakristei, 1492 durch Hans Bürer der netzgewölbte Chor erbaut. Dieser Zeit gehören sicher auch die Fliesen an, dieselben Muster fanden sich außerdem in der Kirche von Asch.

Literatur

E. Huck, Die Pfarrkirche in Schmiechen bei Ehingen und deren Restauration, Archiv für christl. Kunst, 1890, 106.

J. Baum, H. Klaiber, B. Pfeiffer, Kdm Donaukreis I, 1211.

G. Dehio, Baden-Württemberg, 424.

1 E. Huck, 106.

2 E. G. Pazaurek, 9.

Schmitten, Hochtaunuskreis

Burgruine Hattstein

Fundumstände

Bei Sondierungen 1969–72 wurde in einem der Schuttkegel unterhalb des Felsens ein kleines Fragment einer Bodenfliese gefunden.[1]

Baugeschichte

Die vermutlich um 1100 von den 1156 erstmals erwähnten Herren von Hattstein erbaute Burg war ein gefürchtetes Raubritternest. Sie wurde 1379, 1393 und 1429 belagert, 1432 erobert und in eine Ganerbenburg umgewandelt. 1467 wurde sie von Walter von Reifenberg erneut erobert und zerstört, kam in den Besitz der Herren von Eppstein, Nassau und Hattstein und wurde ab 1468 erneut aufgebaut. Nachdem dieser Aufbau 1496 unter Marquard von Hattstein abgeschlossen war, wurde die Burg noch bis 1656 oder 1667 bewohnt und anschließend dem Verfall preisgegeben. Die Fliesen stammen aus der Zeit des Wiederaufbaus, sie sind eher 1496 als nach 1432 verlegt worden. Dasselbe oder ein ähnliches Muster fand sich in den nahen Burgen Eppstein, Königstein, Kronberg und Reifenberg.

Literatur

F. Luthmer, Kdm Reg.-Bez. Wiesbaden II, 181–185.

A. Gottron, Die Geschichte des Dorfes Schmitten im Taunus, Usinger Land (Beil. zum Usinger Anzeiger) Nr. 5 und 6, 1952.

Hist. Stätten IV, Hessen, 406.

J. Kloft, 113–115, 118–122.

N. Marx, H.-P. Mielke, Zur Ruine Hattstein, Hochtaunusbl. 7, Heft 11, 1979, 2–4.

H.-P. Mielke, 1982, 197–211.

G. Dehio, Hessen, 786.

1 Freundliche Mitteilung von Herrn Dr. Heinz-Peter Mielke, Grefrath.

Schmitten-Oberreifenberg, Hochtaunuskreis

Burgruine Reifenberg

Fundumstände
Die Fliesen wurden bei einer Ortsbegehung als Lesefunde geborgen. Die Publikation über die Grabung in der Ruine steht noch aus.

Baugeschichte
Die vermutlich im 12. Jahrhundert errichtete Burg befand sich 1234 im Besitz des Kuno von Reifenberg.[1] Bei ihrer Umwandlung in eine Ganerbenburg wurde sie im 14. Jahrhundert ausgebaut, im Burgfrieden von 1384 werden 13 Ganerben genannt. Die Burg wurde 1587 zerstört, wieder aufgebaut, 1646 erneut zerstört und 1689 endgültig geschleift. Die Burgkapelle St. Othmar lag an der äußeren Seite der großen Schildmauer, ein Burgkaplan von Reifenberg und Hattstein wird schon 1294 erwähnt. Die Kapelle wurde 1631 abgerissen, 1684 wieder neuerbaut und im 19. Jahrhundert abgebrochen. Die Fliese könnte noch bei den Wiederaufbauarbeiten 1587 verlegt worden sein, vermutlich ist sie jedoch in der 1. Hälfte oder der Mitte des 16. Jahrhunderts entstanden.

Literatur
F. Luthmer, Kdm Reg.-Bez. Wiesbaden II, 188–195.
G. Dehio, Hessen, 696.
Hist. Stätten IV, 1967, 247–348.
J. Kloft, 116–118, 122–126.
H.-P. Mielke, Burg Reifenberg im Taunus, Rad und Sparren 4, 1978, 22–32.

1 H.-P. Mielke, 1978, 26. Kuno von Reifenberg nannte sich 1226–33 noch Kuno von Hattstein, er bezog die Burg wohl erst nach 1233. F. Luthmer, Bd. 2, 188, weist auf einen schon zu Ende des 12. Jahrhunderts erwähnten Hatto von Reifenberg.

Schönau, Rhein-Neckar-Kreis

Ehem. Zisterzienserkloster

Fundumstände
Bei der Ausgrabung des Dormitoriums wurden Fliesen in vier Mustern und einer Variante aus weißlichgelbem, rötlichgelbem, grauem und schwarzgrauem Ton gefunden, weitere Fliesen fanden sich über die ganze Fläche des Ostbaus verstreut.[1] Über die ursprüngliche Anordnung ist nichts bekannt, die Muster decken sich alle mit denen des Mutterklosters Eberbach. Die Fliesen waren 1913 noch in der städtischen Altertümersammlung und sind heute spurlos verschwunden. Das Muster H 15 wurde 1902 im Laienrefektorium ausgegraben.[2]

Baugeschichte
Das auf Wormser Grund und Boden 1142 von Bischof Buggo II. von Worms gestiftete Kloster wurde 1145 durch Mönche aus Kloster Eberbach besiedelt. Nachdem es im 12. und 13. Jahrhundert ausgedehnten Grundbesitz (unter anderem in Mainz, Speyer und Worms, Dürkheim, Dossenheim und Ladenburg) erworben und durch reiche Stiftungen immer größeren Einfluß erlangt hatte, geriet es schon in der 2. Hälfte des 14. Jahrhunderts in wirtschaftliche Schwierigkeiten und verlor rasch an Macht und Ansehen. Nach der Aufhebung des Klosters 1560 wurden im Lauf der folgenden Jahrhunderte alle Klosterbauten bis auf das um 1230–40 erbaute Herrenrefektorium zerstört und abgetragen. Das über dem Kapitelsaal gelegene Dormitorium entstand vermutlich nach 1195.[3] Mit der Weihe der Kirche vor 1220 scheinen die Bauten zu einem vorläufigen Abschluß gekommen zu sein. Edelmaier nimmt eine Einwölbung des Ostbaus nach 1290 an, diese soll für beide Geschosse um 1308 vollendet gewesen sein. Eine Verlegung der Fliesen zwischen 1195–1220 ist wenig wahrscheinlich. Eine Handhabe zur Datierung der sicher in Schönau geprägten Fliesen bietet der Kauf (1220) von zwei Morgen Land oberhalb des heutigen Ortes Ziegelhausen, zum Bau eines Ziegelwerkes (opus latericium). Nachdem die Mönche dort „ein festes und kostspieliges Gebäude zum Brennen von Backsteinen, wie es jener Ort zu tun pflegt“[4] errichtet hatten, werden in der Folgezeit dort neben Ziegeln wohl auch Fliesen gebrannt worden sein. Das Vorkommen von Schönauer Prägungen in Kirchen und Burgen der Umgebung (St. Michaelsbasilika auf dem Heiligenberg, Sandhausen, Schauenburg)[5], läßt vermuten, daß diese aus der Klosterziegelei stammen. Die Fliesen dürften im 2. Drittel des 13. Jahrhunderts entstanden sein, wobei H 15 und J 26 zweifellos frühe Muster sind, während H 84 auch noch aus den zu Ende des 13. Jahrhunderts vollendeten Bauten stammen könnte.

Literatur
M. Huffschmid, Beitr. zur Gesch. der Zisterzienserabtei Schönau bei Heidelberg, ZGO 45, 1891, 415–449 und 46, 1892, 69–103.
K. Christ, 1905, Sp. 198–205.
A. v. Oechelhaeuser, Kdm Heidelberg, 606–612, 614.
R. Edelmaier, 1915.
H. Derwein, Das Zisterzienserkloster Schönau mit den Zeichnungen des 16. Jahrhunderts aus dem GNM in Nürnberg, Frankfurt 1931, 16.
M. Schaab, 1963, 32ff.
Hist. Stätten VI, Baden-Württemberg, 708–710.
R. Hoppe, 750 Jahre Ziegelhausen, 1220–1970, Heidelberg 1970, 31–32.

1 R. Edelmaier, 54, Abb. 26–29.
2 Freundliche Mitteilung von Herrn Dr. Berndmark Heukemes, Heidelberg.
3 R. Edelmaier, 49. In einer Urkunde von 1196 werden die Erträgnisse eines der durch Pfalzgraf Konrad gestifteten Güter zum Bau des Kapitelsaals bestimmt.
4 K. Christ, 1905, Sp. 198–200. R. Hoppe, 31–32. Die Diskrepanz bei den verschiedenen Daten erklärt sich aus der Tatsache, daß die Urkunde zwar 1220 ausgestellt, jedoch erst 1224 bestätigt wurde. Die Ziegelhütte wurde von den Neuenheimer Bauern, auf deren Gemarkung sie lag, wohl kurz nach Erbauung zerstört, da sie ihr Allmendeholz gefährdet sahen. Ein Vergleich erlaubte dem Kloster den Wiederaufbau mit der Auflage, nur „liegendes Abholz“ für den Brand zu benutzen.
5 R. Edelmaier, 29–30. Die Ziegelei ging erst nach Aufhebung des Klosters 1560 ein.

Schöneck, Gem. Herschwiesen, Rhein-Hunsrück-Kreis

Burg

Fundumstände
Ein Bruchstück des Musters L 3, als einziges dieses Typus mit grüner Glasur, wurde 1979 gefunden. 1980 wurden nochmals drei Fragmente geborgen, mit gelblicher Glasur über einer roten Tonengobe, außerdem zwei Fliesen des Musters H 233.[1]

Baugeschichte
Die Burg wird 1222/24 als Reichslehen in der Hand des Philipp von Schöneck erstmals erwähnt. Sie kam 1336 teilweise, 1354 ganz in den Besitz des Trierers Erzstuhls unter Balduin von Lützelburg, 1375 erhielten die Herren von Schöneck die Burg wieder zu Lehen. Burgmannenhäuser müssen schon im 13. Jahrhundert errichtet worden sein, da es hierüber 1284 zu einem Streit zwischen den Burgmannen kommt. 1602 wurde die Burg nochmals gründlich instand gesetzt. Sie wurde nicht zerstört, sondern verfiel im 17.–18. Jahrhundert langsam, bis man sie nach 1846 wieder restaurierte und ausbaute. Die Fliese H233 kann schon im 3. Viertel des 13. Jahrhunderts verlegt worden sein und stammt möglicherweise aus Kloster Eberbach. Die Glasur von L3 weist auf eine Entstehung in der 2. Hälfte des 14. Jahrhunderts. Diese Fliesen könnten aus der Urbarer Werkstatt stammen.

Literatur
B. Hirschfeld, Schloß Schöneck, Mitt. des Rhein. Ver. für Denkmalpflege und Heimatschutz 3, 1909, 189–193.
Hist. Stätten V, Rheinland-Pfalz, 339.
G. Dehio, Rheinland-Pfalz, 943.
G. Schellack, W. Wagner, 26.
P. Kohlschmidt, Burg Schöneck im Ehrbachtal, Heimat zwischen Hunsrück und Eifel, 27. 6. 1979.
A. Frhr. von Ledebur, H. Caspary, Kdm Rhein-Hunsrück-Kreis II, 2, 819–829.

1 Freundlicher Hinweis von Herrn Udo Liessem, Koblenz.

Schuttern, Ortenaukreis

Ehem. Benediktinerabteikirche, heute kath. Pfarrkirche Mariae Himmelfahrt

Fundumstände
Bei Sondierungsgrabungen 1972 wurden außer Resten eines vorromanischen Bodenmosaiks auch Fliesen des Musters H41 gefunden.[1]

Baugeschichte
Die Baugeschichte des vermutlich von angelsächsischen Mönchen im 7. Jahrhundert gegründeten Klosters ist vor allem durch zahlreiche Brände und Zerstörungen gekennzeichnet. Da die Fliese dem 16. Jahrhundert angehört, könnte sie wohl nur nach dem 7. Brand 1548, der das Kloster ganz einäscherte, beim Wiederaufbau verlegt worden sein. Im nahen Freiburg fand sich dieselbe Fliese in einem 1564/65 errichteten Gebäude. Nach einem 8. Brand 1648 wurden die Gebäude 1655 neugeweiht, die Klosterkirche 1773 neuerbaut. Das Kloster wurde 1806 aufgehoben, die Klostergebäude abgebrochen.

Literatur
M. Wingenroth, Kdm Kr. Offenburg, 122–134.
L. Heizmann, Benediktinerkloster Schuttern in der Ortenau, Lahr 1915, 1–19.
G. Dehio, Baden-Württemberg, 431.
F. Quarthal, 1975, 562–572.
G. Kaller, Kloster Schuttern, W. Müller (Hrsg.), Die Klöster der Ortenau (Die Ortenau 58), Kehl 1978, 116–149.
K. List, Offoniscella-Kloster Schuttern. Eine merowingische Gründung in römischen Ruinen, Arch. Korrbl. 8, 1979, 119–130.

1 Freundliche Mitteilung von Herrn Karl List, Lahr.

Schwabenheim an der Selz, Kr. Mainz-Bingen

Kath. Pfarrkirche St. Bartholomäus

Fundumstände
16 Fliesen liegen in situ hinter dem Altar der Kirche.

Baugeschichte
Die Kirche der ehem. Propstei des Benediktinerklosters St. Maximin in Trier wird 962 erstmals erwähnt, als Pfarrkirche wird sie 1217 genannt. In die wohl um 1000 errichtete Kirche wurden im Chor spätgotische Fenster gebrochen, das Langhaus um 1700 verändert. Die Fliesen stimmen in Prägung und Scherbenfarbe mit den frühen Fliesen von Kloster Eberbach überein. Sie könnten schon in der Mitte des 13. Jahrhunderts verlegt worden sein. Kloster Eberbach hatte hier Haus und Hof (Sauer-Schwabenheim). Vermutlich sind die beiden erhaltenen nur ein Bruchteil der früher vorhandenen Muster.

Literatur
Chr. Rauch, Kdm Kr. Bingen, 551–557.
G. Dehio, Rheinland-Pfalz, 946.

Seeheim-Jugenheim, Kr. Darmstadt-Dieburg

Ev. Pfarrkirche, ehem. St. Nikolaus

Fundumstände
Die Fliesenbruchstücke wurden 1976 bei Bauarbeiten in der Kirche gefunden.

Baugeschichte
Als Nachfolgerin einer Kapelle wurde vermutlich im 13. Jahrhundert eine Kirche erbaut. Erhalten ist ein frühgotischer Chorturm, an den 1503 ein neues Schiff angefügt wurde. Wandmalereien des 13. Jahrhunderts haben sich im Chorraum erhalten. Das Muster O63 wurde auch in der zum Ort gehörenden Burgruine Tannenberg gefunden. Es ist wahrscheinlich, daß Kirche und Burg über Fliesenböden verfügten. Es wäre jedoch auch möglich, daß die Fliesen nach der Zerstörung der Burg 1399 von dort geborgen wurden.

Literatur
W. H. Damman, K. Henkelmann, Kdm Kr. Bensheim, 252–258.
G. Dehio, Hessen, 801.

Burgruine Tannenberg

Fundumstände
Bei der Ausgrabung der stark überwachsenen Ruine 1849 fanden sich Fliesen in drei verschiedenen Mustern. N52 fand sich nur in einem Exemplar, von H191 und O63 wurden zahlreiche Fliesen geborgen.[1] Die Farben der Fliesen wechseln von weißlichgelb über dunkles rötlichgelb zu graugelb. Es ist hier jedoch sicher nicht ein zusätzlicher Effekt durch Farbwechsel beabsichtigt, sondern Unvermögen des Töpfers bei Mischung des Tones und Brandführung die Ursache. Flüchtig geprägte und einzelne, im Brand leicht verzogene Fliesen weisen auf einen ungeübten Töpfer, der vermutlich nur für diesen einen Bau arbeitete.

Baugeschichte
Die vermutlich nicht lange zuvor erbaute Burg befand sich 1239 im Besitz Ulrichs I. von Hagen-Münzenberg und gelangte 1272 wieder an die Herren von Bickenbach, die sie wohl ursprünglich besessen hatten. Der Besitz, im 14. Jahrhundert immer stärker aufgesplittert, war 1382 in den Händen 17 verschiedener Ganerben und wurde 1399 als Sitz des Raubritters Hartmut d. J. von Kronberg von den Kurfürsten von Mainz, Trier und der Pfalz und den Reichsstädten Frankfurt, Speyer und Worms völlig zerstört und angezündet. Allein die Burgkapelle wurde noch bis 1460 benützt. Wolf glaubt, daß die beiden mit Fliesen belegten Räume, die sich in der Nordwestecke der Burg befanden, in der Zeit Hartmuts d. J (1396 erwähnt) eilig errichtet worden waren. Dagegen sprechen die Muster der Fliesen, von denen sich H191 ebenfalls in Kloster Johannisberg fand. Wenn sie nicht noch der 2. Hälfte des 13. Jahrhunderts angehören, so wurden sie kaum später als zu Beginn des 14. Jahrhunderts geprägt.

Literatur
J. v. Hefner-Alteneck, J. W. Wolf, 1–30, Taf.1, A–C.
K. Esselborn, W. Möller, Burg Tannenberg, Quartalbl. hist. Ver. Großhzt. Hessen, N. F. VI, 1922, 396–399.
Hist. Stätten IV, Hessen, 429.
G. Dehio, Hessen, 801.
U. Stevens, 310–311.

1 J. v. Hefner-Alteneck, J. W. Wolf, 12, 27. Wolf gibt nicht an, ob die beiden Räume, von denen der erste anscheinend der Vorraum eines Treppenaufgangs, der zweite ein Wohnraum mit Kachelofen war, dasselbe Muster zeigten oder mit abweichenden Fliesen belegt waren.

Seligenstadt, Kr. Offenbach

Ehem. Benediktinerklosterkirche St. Marcellinus und Petrus, „Einhardsbasilika“, heute kath. Pfarrkirche

Fundumstände
Unbekannt. Die Fliese R23 kam schon im 19. Jahrhundert ins Museum. Möglicherweise wurde sie bei den Umbauarbeiten 1867–78 geborgen.

Baugeschichte
Nach der Übertragung der Gebeine der Heiligen Marcellinus und Petrus aus Rom (827) begann Einhard, der Biograph Karls d. Gr., zwischen 831 und 834 mit dem Bau einer Wallfahrtskirche, in der er, nach ihrer Vollendung 840, beigesetzt wurde. Die Kirche und das von Einhard begründete Kloster kamen 1063 in den Besitz des Mainzer Erzstuhls, wo sie bis zur Säkularisierung 1802 verblieben. Der 1220 gestorbene Abt Egeno war gleichzeitig Abt von Seligenstadt und St. Alban in Mainz. Von ca. 1240–53 wurden die Ostteile der Kirche erneuert und umgebaut, die Apsis mit Ringkrypta durch einen Chorbau ersetzt. Die durch einen Brand verarmte Abtei konnte den Bau nur sehr langsam abschließen, doch scheint eine Altarweihe 1269 das Ende der Arbeiten anzudeuten. Weitere Ablaßerteilungen (1283, 1284, 1292) lassen jedoch darauf schließen, daß an der Kirche oder dem Kloster immer noch gebaut wurde. In der 1. Hälfte des 18. Jahrhunderts veränderten barocke Umbauten den Innenraum stark, 1867–78 wurden die Westtürme durch eine Doppelturmfassade ersetzt.
Die sehr frühe Prägung R23, die ebenfalls im Palas der nahegelegenen Burg Hain gefunden wurde, kann kaum später als um 1240 entstanden sein. Der Fund der Fliese E60 läßt vermuten, daß die Abteikirche wahrscheinlich einen ähnlichen Boden wie die ehem. Dompropstei in Mainz besaß. R23 könnte dann die Füllung eines Rahmens wie oder ähnlich wie W80 gebildet haben.

Literatur
F. Schneider, Über die Gründung Einhards zu Seligenstadt, Nass. Ann. 12, 1873, 290–308.
G. Schäfer, Kdm Kr. Offenbach, 168–186.
O. Müller, Die ehem. Abtei Seligenstadt, München 1964, 6ff.
Ders., Kurze Beschreibung der Einhardsbasilika in Seligenstadt, Archiv für hess. Gesch. und Altertumskunde N.F. 36, 1981, 87–116.
M. Fath, 1970, 54–58.
G. Dehio, Hessen, 802–805.

Ehem. Benediktinerkloster

Fundumstände
Die Fliesen fanden sich auf dem Dachboden des Konventbaus. Es war nicht mehr zu ermitteln, woher sie stammten und wann sie aus ihrer ursprünglichen Lage entfernt wurden.

Baugeschichte
Von den Bauten des 11. Jahrhunderts sind nur noch wenige Reste erhalten. Der Konventbau wurde 1685, die „Alte Abtei“ 1686 erbaut. Die sehr einfachen Muster der Fliesen lassen eine Entstehung in dieser Zeit als möglich erscheinen.

Literatur
G. Dehio, Hessen, 808–809.

Haus Römergassse 4

Fundumstände
Bei Umbauten wurden 32 Fliesen geborgen. Diese lagen 1885 noch als Bodenbelag im Flur des Hauses.

Baugeschichte
Das Fachwerkhaus ist laut Jahreszahl 1617 erbaut. Das Muster der Fliesen weist auf eine Prägung zur selben Zeit. Die Fliesen wurden wohl am Ort hergestellt. Hier wird schon 1493 ein „Ziegelgarten“, im 16. Jahrhundert eine Ziegelhütte erwähnt.

Literatur
G. Schäfer, Kdm Kr. Offenbach, 226.
R. Reutter, 147.
G. Dehio, Hessen, 811.

Selz/Seltz, Bas-Rhin, Frankreich

Scheune des Anwesens Schneider

Fundumstände
Die Fliesen wurden um 1950 beim Umbau einer Scheune entdeckt.[1] Es scheint ein ungestörter Fliesenboden gewesen zu sein, der jedoch weder vermessen noch untersucht wurde. Es wurden nur acht Fliesen verschiedener Muster geborgen. Es fällt auf, daß diese kaum Spuren von Abnützung zeigen.

Ortsgeschichte
Der Boden kann wohl nur zu einem Gebäude der ehem. Reichsabtei Selz gehört haben. Ihre genaue Lage ist immer noch nicht bekannt. Sie wurde um 987/991 von Kaiserin Adelheid, der Witwe von Kaiser Otto I., gegründet und 995 in ihrer und dem Beisein von Kaiser Otto III. geweiht. 999 wurde Adelheid dort beigesetzt. Zur Baugeschichte der romanischen Anlage fehlen Unterlagen. Der Königshof lag zwischen den Dörfern Beinheim und Selz nahe der damaligen Mündung der Moder in den Rhein. Kloster und Kirche wurden bei einem Hochwasser 1307 weggeschwemmt, der Wiederaufbau nach 1308 erfolgte an einem anderen, näher bei Selz gelegenen Ort.
1481 wurde das Kloster in ein Kollegiatstift, 1575 in eine ev. Ritterakademie umgewandelt. Von der spätgotischen, 1945 zerstörten Kirche ist nur noch der Chor erhalten. Die Fliesen weisen auf einen mit besonderer Sorgfalt hergestellten Boden. Die Muster gehören zum Modelbestand der Konstanz-Limburg-Wormser Werkstatt. Der in Konstanz noch unbeschädigte Model F150 weist in Kolmar, Selz und Straßburg denselben Modelriß auf. Auch N90 läßt sich bis Konstanz zurückverfolgen. Die Fliesen könnten im 3. Viertel des 13. Jahrhunderts verlegt worden sein, als das Kloster nach schwerem Brandschaden 1257 vermutlich wiederaufgebaut wurde.[2]

Literatur
M. Barth, Sp. 1283–1291.
W. Hotz, Kdm Elsaß und Lothringen, 210.
J. Wollasch, Das Grabkloster der Kaiserin Adelheid in Selz am Rhein, Frühmittelalterliche Studien 2, 1968, 135–143.
H. Banasch, Zur Gründung und älteren Geschichte des Benediktinerklosters Selz im Elsaß, ZGO 117, 1969, 97–160.

1 Den Hinweis auf diese Fliesen verdanke ich Herrn Abbé Dr. André Marcel Burg†, Hagenau.
2 M. Barth, Sp. 1286.

Sesenheim/Sessenheim, Bas-Rhin, Frankreich

Kath. Pfarrkirche „Unserer Lieben Frau"

Fundumstände
Die Fliesen wurden beim Abbruch der Kirche 1910 aufgedeckt und in dem kleinen Museum des Gasthofes „Zum schwarzen Ochsen/Au Bœuf Noir" aufbewahrt. Bei der Zerstörung des Gasthofes 1945 ging ein Teil der Fliesen verloren.[1]

Baugeschichte
Die 1314 erstmals erwähnte Kirche soll auf den Grundmauern einer Kapelle, die zu einem verschwundenen Kloster gehört haben soll, errichtet worden sein. In den 1911–12 erstellten Neubau wurde der Chor des 15. Jahrhunderts und der achtseitige Turm miteinbezogen. Die Fliesen müssen von derselben Werkstatt verlegt worden sein, wie die in Kloster Selz. Die Muster finden sich in Konstanz, Kolmar, Oberhomburg, Straßburg, Worms, Speyer, Kloster Limburg/Haardt, dem Hambacher Schloß und in Mainz. Es muß demnach im 13. Jahrhundert ein begütertes Kloster gewesen sein. Bei der geringen Entfernung zu Selz ist es allerdings nicht ausgeschlossen, daß die Fliesen dort geborgen und in der kleinen Dorfkirche verlegt wurden. Maßabweichungen lassen vermuten, daß die Fliesen in Sesenheim vor denen in Speyer und Worms geprägt wurden. Der Fliesenboden dürfte nach der Mitte des 13. Jahrhunderts entstanden sein.

Literatur
F. X. Kraus, Kdm Elsaß-Lothringen I, 683.
F. Wolff, 1909, 116–117.
Ch. Czarnowsky, 18, Abb. 18–25.
W. Guggenbühl, Sesenheim. Chronik einer elsässischen Landgemeinde, Zabern 1961, 87–91, 176–177.
M. Barth, Sp. 1299–1300.

1 Freundliche Auskunft von Herrn Ch. Czarnowsky†, Straßburg. Zu den Geschicken des kleinen Museums siehe W. Guggenbühl, 176–177. Für freundliche Hilfe bei der Aufnahme dieser Fliesen danke ich Mme. Brunner, Sesenheim und Herrn Dr. Peter Weyrauch, Darmstadt.

Siegburg, Rhein-Sieg-Kreis

Fundort unbekannt

Fundumstände
Die Fliese kam, vermutlich schon zu Ende des 19. Jahrhunderts, in die Sammlung Hetjens und mit dieser 1906 in das Hetjens-Museum, Düsseldorf.[1] Der Fundort Siegburg ist gesichert, der genaue Herkunfsort unbekannt. In den zahlreichen Publikationen[2] über den Töpferort Siegburg werden keine Fliesenfunde erwähnt. Auch die neuen Grabungen am Scherbenhügel der Aulgasse 1961–66, haben keine Fliesenfunde erbracht.[3]

Ortsgeschichte
Durch reiche Tonvorkommen eines sich fast weiß brennenden Tones begünstigt, entwickelte sich in Siegburg schon früh ein bodenständiges Töpfergewerbe, das in der befestigten Töpfervorstadt um die Aulgasse angesiedelt war. Die früheste Gebrauchskeramik ist für die Mitte des 12. Jahrhunderts belegt. Urkunden, die auf die durch Kölner Kaufleute weithin gehandelten Siegburger Gefäße Bezug nehmen, sind jedoch erst für das frühe 14. Jahrhundert erhalten. Bei der Untersuchung der Scherbenhügel, welche die durch strenge Zunftbestimmungen verworfenen Fehlbrände und die Bruchware aufnahmen, wurden auch mehrere Töpferöfen freigelegt, jedoch keine Fliesen gefunden. Es ist jedoch möglich, daß diese noch in tieferen Schichten liegen. Das Muster der Fliese weist auf eine Entstehung gegen Ende des 15. Jahrhunderts. Die im Typus und Tonmaterial sehr ähnliche Fliese T25 aus dem nahegelegenen Kloster Bödingen dürfte ebenfalls aus Siegburg stammen und wenig später entstanden sein.

Literatur
J. B. Dornbusch, Die Kunstgilde der Töpfer in der abteilichen Stadt Siegburg und ihre Fabrikate, Ann. hist. Ver. Niederrhein 25, 1873, 60ff.
O. v. Falke, 1908, Bd. 1, 66–138.
K. Koetschau, 25–37.
G. Reineking-von Bock, 30–35.
E. Klinge, Siegburger Steinzeug, Düsseldorf 1972.
B. Beckmann, 5ff. und Tafeln.

1 Der Sammler Laurenz Heinrich Hetjens grub von 1870–82 eigenhändig die ersten Scherbenhügel in Siegburg auf.
2 G. Reineking-von Bock, 84–85, E. Klinge, Anhang.
3 Mündliche Mitteilung von Herrn Dr. Bernhard Beckmann, Friedrichsdorf v. d. Höhe.

Sindelfingen, Lkr. Böblingen

Haus Rathausplatz 11

Fundumstände
Die Fliese fand sich 1969 bei Bauarbeiten.[1]

Baugeschichte
In Sindelfingen läßt sich schon 1335 eine dem damaligen Stadtherren, dem Grafen Hans von Rechberg, gehörende Ziegelhütte nachweisen. Die Ziegelei am Rathausplatz entstand vermutlich um 1500 und wurde bis etwa 1880 betrieben. Das Haus wurde 1943 zerstört. Zur Datierung der möglicherweise erst im 17./18. Jahrhundert entstandenen Fliese siehe Musterkatalog E 73.

Literatur
E. Keyser, D. Stb. IV, 2, 2, 212–215.
E. Schempp, 15.

1 Freundliche Mitteilung von Herrn Eugen Schempp, Sindelfingen.

Haus Ziegelstr. 20

Fundumstände
Die Fliese wurde beim Abbruch des Hauses 1973 gefunden.

Baugeschichte
Wahrscheinlich handelt es sich bei diesem Anwesen um die 1335 im Besitz des Grafen Hans von Rechberg erwähnte Ziegelhütte. Sie war 1495 im Besitz des Zieglers Hans Bächlin, 1523 in dem des Michael Ziegler. 1580 war sie nicht mehr in Betrieb. Beim Abbruch des Hauses wurde der mittelalterliche Kern freigelegt. Nach Schempp wurde das Haus zwischen 1470–1520 erbaut. Die grobe Prägung erlaubt keine ganz sichere Datierung. Die Fliese war wohl nicht im Hause selbst verlegt, es handelt sich eher um ein Fehlbrandstück der Werkstatt, das zwischen Ende des 15. bis Mitte des 16. Jahrhunderts entstanden sein kann.

Literatur
E. Schempp, 15.
H. Weisert, 39.

Spesburg/Spesbourg, Bas-Rhin, Frankreich

Burgruine

Fundumstände
Die Fliese wurde bei Sicherungsarbeiten 1964–66 gefunden[1].

Baugeschichte
Die 1321 erstmals als „turris in valle Andelahe" erwähnte Burg wurde, nach Ansicht älterer Autoren, in der Mitte des 13. Jahrhunderts durch Alexander von der Dicke, Burggraf von Straßburg, Vogt des Klosters Andlau, erbaut, nach Ansicht von Salch wohl eher erst im 1. Viertel des 14. Jahrhunderts errichtet. Sie kam 1386 in die Hand der Herren von Andlau und wurde in der Mitte des 16. Jahrhunderts durch empörte Bürger von Barr erobert und angezündet. Sie scheint danach wiederhergestellt worden zu sein, eine ebenfalls gefundene Ofenplatte zeigt die Jahreszahl „1550". Salch glaubt, daß auch die Fliese zur selben Zeit entstand. Die Burg wurde vermutlich im 30jährigen Krieg zerstört.

Literatur
F. Wolff, 1908, 119–122.
Ch.-L. Salch, Dictionnaire, 305–306.
Ders., Le château de Spesbourg, architecture et histoire, Straßburg 1977.
R. Recht, Dictionnaire, 30–32.

1 Die Fliese ist in der ersten Publikation über die Grabung (1977) nicht enthalten, eine Veröffentlichung des Musters durch das Centre d'Archéologie Médiévale, Straßburg, ist jedoch beabsichtigt.

Speyer

Stadtgebiet

Fundumstände
Wie in Worms begann man auch in Speyer kurz nach der Mitte des 19. Jahrhunderts mittelalterliche Fliesen zu sammeln. Meist wurde jedoch der Fundort nicht festgehalten oder, wenn dies geschah, die Fliesen so vage beschrieben („vegetabile Ornamente, Tierdarstellung, geometrische Muster"), daß sie heute in der Fülle der Fliesen, welche ohne Herkunftsangabe[1] im Museum Speyer liegen, nicht mehr auffindbar sind. Da die letzten Jahre gezeigt haben, daß immer wieder Notizen und Hinweise auftauchen, die zur Identifizierung einzelner Fliesen führten, werden hier, abweichend vom übrigen Aufbau des Katalogs, alle Nachrichten über Fliesenfunde aus Speyer zusammengetragen. Speyer hat, nach Worms, den reichsten Musterbestand an mittelalterlichen Fliesen. Es ist deshalb um so bedauerlicher, daß nur wenige Fliesen einem bestimmten Bauwerk zugewiesen werden können. Selbst wenn dies jedoch möglich ist, fehlen meist Unterlagen zur mittelalterlichen Baugeschichte dieser Gebäude. Dies erklärt sich aus der besonders verhängnisvollen Geschichte der Stadt. Speyer besaß im Mittelalter außer dem Dom drei Stiftskirchen, fünf Klosterkirchen, acht Pfarrkirchen und dreizehn Kapellen. Neben den zahlreichen Domherrenhöfen, Beginenklausen und den sechs Pfleghöfen auswärtiger Klöster, gab es umfangreiche städtische Bauten. Dies alles wurde bei dem von der französischen Verwaltung planmäßig angelegten Stadtbrand 1689 meist bis auf die Grundmauern zerstört und nur ein Bruchteil davon wieder aufgebaut. Nur wenige der durch mittelalterliche Urkunden bekannten Höfe und Häuser lassen sich genau lokalisieren. Zudem dürften die Fliesen, als man den Brandschutt abtrug und das Gelände einebnete, auch an andere Stellen als die ursprüngliche Lage gelangt sein. Ein erster Überlick über die Speyerer Fliesen zeigt, daß die meisten Muster dem 13. und frühen 14. Jahrhundert angehören. Späte, verdorbene Muster, wie sie in Worms häufig vorkommen, sind selten. Die Fundorte erwekken den Eindruck, als seien die meisten Kirchen im 13. Jahrhundert mit Fliesen belegt gewesen, so daß ab Mitte des 14. Jahrhunderts ein gewisser Sättigungsprozeß eintrat, bis die Fliesen in den Kirchen mehr und mehr durch Grabplatten verdrängt wurden,[2] wie dies eine 1783 entstandene Radierung, welche den Innenraum von St. German und St. Moritz wiedergibt, anschaulich zeigt.

Literatur
B. H. Röttger, Kdm Speyer, XIII–XXII.
E. Keyser, D. Stb. IV, 3, 384–409.
E. Voltmer, Von der Bischofsstadt zur Reichsstadt. Speyer im Hoch- und Spätmittelalter, W. Eger, Stadt Speyer I, 249–368. – W. Hartwich, Speyer vom 30jährigen Krieg bis

zum Ende der napoleonischen Zeit, ebd. II, 26–30 (1–113). H. DELLWING, 11–26.

---

1 Immer noch unbekannt sind die Fliesen, die 1875 beim Kellergraben in der „unteren Langgasse“ (Mitt. Hist. Ver. Pfalz 5, 1875, 149) und 1900 in der Lebkuchengasse (Mitt. Hist. Ver. Pfalz 24, 1900, 290) gefunden wurden.

2 B. ROLAND, Speyer. Bilder aus der Vergangenheit. Impressionen und Profile, Bad Honnef 1961, Taf. 23.

Dom St. Maria und Stephan

Fundumstände

Es ist nicht sicher, ob die in „BDM Pfalz“ abgebildeten, vor 1894 gefundenen Fliesen aus dem Dom stammen[1]. Die ersten gesicherten Fliesen wurden bei der Öffnung der Kaisergräber (16.–31. 8. 1900) gefunden. Ihre genaue Lage wurde jedoch nicht festgehalten, die Formulierung heißt stets „im Schutt der Kaisergräber“. Geborgen wurden 62 Fliesen in sieben (?) verschiedenen Mustern, die von Berthold nur vage beschrieben[2], nicht alle identifiziert werden konnten. Gesichert sind A38, D15, D31, F165 und W22, vermutlich außerdem K2 und M20, da diese bei den jüngsten Grabungen 1961 wieder gefunden wurden. Unter dem Sammelbegriff „geometrische Muster“ können sich natürlich noch eine Reihe weiterer Motive verbergen. Ein Teil dieser Fliesen kam ins Museum Speyer, ein Teil blieb im Besitz des Domkapitels, dieser wurde im 2. Weltkrieg zerstört. Bei der Restaurierung 1957–66 wurden an verschiedenen Stellen, jeweils in zweiter Lage, Fliesen und Fliesenbruchstücke aufgedeckt[3]. Es fällt auf, daß die im Dom gefundenen Fliesen kaum abgetreten sind. Sie wurden möglicherweise schon nach dem Dombrand 1289 entfernt.

Baugeschichte

Aus den Daten des um 1030 von Kaiser Konrad II. gestifteten, 1061 geweihten und nach 1082 umgebauten Doms, ergeben sich keinerlei Anhaltspunkte für eine Verlegung der Fliesen. Lediglich der Dombrand von 1289[4] könnte eine Erneuerung der Fußböden notwendig gemacht haben. Muster wie z. B. B24 könnten noch nach 1289 verlegt worden sein. Die übrigen Fliesen können aufgrund der Muster in einem im 2. Drittel des 13. Jahrhunderts beginnenden und bis etwa 1270 reichenden Zeitabschnitt entstanden sein. Das erst kürzlich wiederentdeckte Bruchstück von J28 beweist, daß die Werkstatt, die in Mainz, Pforzheim und Pirmasens arbeitete, auch Fliesen für den Dom prägte. Es ist durchaus möglich, daß diese Werkstatt der Dombauhütte unterstellt war und zuerst Fliesen für den Dom und erst in späterer Zeit für andere Bauten fertigte.

Die verhältnismäßig geringen Funde lassen vermuten, daß nicht die ganze Fläche des Domfußbodens mit Fliesen bedeckt war, sondern diese nur zur Ausflickung des romanischen Estrichs[5] oder an bevorzugten Stellen (Altäre, Krypta) verlegt waren. Da das Fußbodenniveau des Domes ungewöhnlicherweise von der Zeit der Vollendung des ersten Dombaus bis zum Wiederaufbau 1772–78[6] nicht verändert wurde, ist zu vermuten, daß die Fliesen nach verhältnismäßig kurzer Zeit entfernt und durch Steinplattenböden ersetzt wurden. Es ist nicht von der Hand zu weisen, daß die entfernten Fliesen nicht nur vermauert, sondern möglicherweise auch in den den Dom umgebenden Wohnungen der Stiftsgeistlichkeit neu verlegt wurden. In einer Reihe von Fundorten in Domnähe wurden dieselben Muster wie im Dom geborgen.

Literatur

Die umfangreiche Literatur zum Speyerer Dom (siehe R. BOHLENDER, Dom und Bistum Speyer. Eine Bibliographie, Speyer 1963 und H. E. KUBACH, W. HAAS, Kdm Speyer, Dom, Textbd. 3–7) wird nicht aufgeführt. Zitiert werden nur Publikationen, in denen Fliesen entweder erwähnt oder abgebildet sind.

Bdm Pfalz II, 62, Abb. 31.

G. BERTHOLD, Jahresbericht, Mitt. Hist. Ver. Pfalz 26, 1903, 81.

F. DETTWEILER, Führer durch die Dom-Ausstellung, 1030–1930, im Historischen Museum der Pfalz zu Speyer a. Rh. Funde von der Öffnung der Kaisergräber 1900, Speyer 1930, 18, Nr. 106.

B. H. RÖTTGER, Kdm Stadt Speyer, 31–244, 734, Abb. 515.

H. E. KUBACH, W. HAAS, Kdm Speyer, Dom, I, 187, II, 1109, Tafelbd. Abb. 1651–1656.

G. DEHIO, Rheinland-Pfalz, 975–984.

---

1 Bdm Pfalz, Bd. 2, 77 „... Fig. 51 auf S. 62 gibt Muster des vermuthlichen Bodenbelegs ...“ Abgebildet sind die allesamt sehr frühen Fliesen A9, B16, B24 und B55, von denen A9 von der Darstellung her, ebenso wie die Adlerfliesen, sehr wohl aus dem Dom stammen könnten.

2 G. BERTHOLD, 1903, 81, nennt „Reiterin, Löwe, Viertelsscheibe, Scheibe, Lilien, Vögel, geometrische Muster“. Daß es sich bei den meist sehr vagen Angaben von Berthold um mehrere Muster unter einem Sammelbegriff („Löwe“) handelt, beweist eine erst in jüngster Zeit durch Herrn Wolfgang Leitmeyer, Speyer, entdeckte Kiste mit Fliesenfragmenten aus der Öffnung der Kaisergräber 1900, die sowohl die Fliese D15 wie D31 enthielt.

3 H. E. KUBACH, W. HAAS, Bd. 2, 1109. Es fanden sich sieben verschiedene Muster, teils im Schutt, teils als Füllmauerwerk.

4 Ebd., 49. Es fehlen bis jetzt Fliesen des 15. Jahrhunderts (erneut großer Dombrand 1450).

5 Ebd., 187–188, 261–263, 639–641. Der Fußboden des romanischen Domes bestand aus einem teilweise rot eingefärbten, Mörtelestrich. Das genaue Alter eines im Querschiff aufgedeckten Ziegelpflasters und eines, ebenfalls noch mittelalterlichen, Sandsteinplattenbodens im Langhaus waren nicht sicher zu bestimmen.

6 Ebd., 187.

Speyer

Ehem. Ägidienkirche, Gilgenstr. 19
Ehem. Zollamt, Gilgenstr. 22
Ehem. Gasthaus zum Storchen, heute Postamt, Gilgenstr. 32

Fundumstände

Die Fliesen wurden 1912 beim Bau der Josephskirche gefunden. Es ist möglich, daß die 1900 im Gasthof „zum Storchen“[1], welcher der Josephskirche benachbart war, gefundenen Fliesen vom selben Gelände stammen. Diese Muster konnten bis jetzt nicht bestimmt werden. Auch die am 17. 2. 1910 auf dem Gelände des Zollamts entdeckten Fliesen O40 könnten zu diesem Komplex gehören.

Baugeschichte

Auf dem Gelände, auf dem um 1148 der Stiftsherr Burchard von St. Guido und seine Mutter eine Ägidienkapelle und ein Spital errichtet hatten, wurde 1912 die Josephskirche erbaut. Bischof Günter v. Henneberg übergab die Stiftung den Augustiner-Chorherren von Hördt, diese wurden wohl schon vor 1252 von Benediktinern aus Sinsheim abgelöst. 1623 wurde das Stift in ein Kapuzinerkloster umgewandelt und Kirche und Klostergebäude neu erbaut. Nach der Versteigerung der Kirche 1807 wurde sie seit 1886 als Zollmagazin benutzt, die Klostergebäude 1912 abgerissen. Das Muster die Fliesen weist auf eine Verlegung des Bodens im 2. Drittel des 13. Jahrhunderts, möglicherweise nahmen die Benediktiner nach 1252 Umbauten vor. Der Model von F44 gehört zum Modelbestand einer Werkstatt, welche, vermutlich vor Speyer, Fliesen in der Katharinenkapelle in Oberhomburg/Lothringen verlegt hatte. Der Model von C21 wurde außerdem in der Altenstädter Kirche St. Martin in Pforzheim benutzt.

Literatur
Mitt. Hist. Ver. Pfalz 24, 1900, 290.
B. H. Röttger, Kdm Stadt Speyer, 506–509.
H. Dellwing, 38–39.

1 Mitt. Hist. Ver. Pfalz 24, 290.

Ehem. Allerheiligenstift, Allerheiligenstraße/Lindenstraße

Fundumstände
Die ersten Fliesen fanden sich „beim Kellergraben" 1875 in der Allerheiligenstraße, es werden weder der genaue Ort noch die Muster genannt. 1900 werden in der Allerheiligenstraße erneut Fliesen gefunden, auch hier sind weder Ort noch Muster bekannt. Am 19. 9. 1911 und am 30. 3. 1912 wurden in der Lindenstraße anläßlich eines Neubaus Fliesen geborgen. Die alte Herkunftsbezeichnung fand sich noch auf drei Mustern, die genaue Lage des Hauses ist nicht mehr bekannt. Die Lindenstraße, vor 1884 der obere Teil der Allerheiligengasse, wurde teilweise unmittelbar über das Gelände des ehem. Allerheiligenstifts geführt.

Baugeschichte
Das Kollegiatsstift zur Hl. Dreifaltigkeit und Allen Heiligen wurde von Bischof Sigibodo I. (1039–51) in Form eines griechischen Kreuzes mit zwei seitlichen Kapellen erbaut. Nach dem Stadtbrand von 1689 wurde es im Gegensatz zu anderen Kirchen wieder aufgebaut. Es erstreckte sich über ein umfangreiches Gelände, umfaßte Klostergebäude mit Kreuzgang, Stiftskirchhof und Dechanei und die dem Stift in unbekannter Zeit inkorporierte St. Peterskirche.[1] Kirche und Stiftsgebäude wurden zwischen 1794–1803 abgerissen, die Peterskirche 1821, nach 1907 als letztes die Dechanei. Daten zur mittelalterlichen Baugeschichte des Stiftes und der St. Peterskirche sind nicht bekannt, Röttger erwähnt bei St. Peter einen „Umbau in gotischer Zeit". Die Fliesen, deren Model wohl ebenfalls aus Lothringen (Oberhomburg A36, vgl. A12) und dem Elsaß mitgebracht wurden, dürften im 3. Viertel des 13. Jahrhunderts entstanden sein. Bei N76 und P11 (Kolmar und Sesenheim) ist deutlich zu sehen, daß der Model in Speyer in eine größere Fliese geprägt wurde.

Literatur
Mitt. Hist. Ver. Pfalz 5, 1875, 150, 24, 1900, 290.
B. H. Röttger, Kdm Stadt Speyer, 510–511, 544, 559.
K. R. Müller, Kritische Bemerkungen zu Bildern aus dem alten Speyer V. Die St. Peterskirche, Pfälzer Heimat 12, 1961, 130–135. VI. Das Allerheiligenstift, Pfälzer Heimat 13, 1962, 121–129.
H. Dellwing, 54, 56.

1 K. R. Müller, 1961, 130. Die Reste der Peterskirche sind in dem heutigen Haus Allerheiligenstraße 21 verbaut.

Ehem. St. Georgskirche, St. Georgengasse/Große Himmelsgasse 2

Fundumstände
Die Fliesen wurden beim Bau des neuen Turms nach dem Brand der Dieffenbachschen Mühle 1891 gefunden und kamen ins Museum Speyer. Das Muster, ein „nach links schreitender Löwe", ist nicht zu identifizieren, das Museum besitzt vier verschiedene Fliesen mit nach links schreitenden Löwen, alle mit unbekanntem Fundort.[1]

Baugeschichte
Die vermutlich schon vor der Stiftung des 1259 bereits genannten Georgsspitals vorhandene Kapelle wurde wohl zu Beginn des 13. Jahrhunderts abgebrochen und vor 1307 durch einen Neubau ersetzt. In der 1. Hälfte des 15. Jahrhunderts wurde der Turm, die Kirche nach einem Brand 1484–89 neu erbaut. Die beim Brand Speyers 1689 erneut zerstörte Kirche wurde bis 1708 wiederhergestellt, dann jedoch, mit Ausnahme des Turms, 1822 abgebrochen. Da Fliesen mit Tierdarstellungen, vor allem schreitende Löwen, meist noch dem 13. Jahrhundert angehören, dürften die Fliesen noch aus der alten St. Georgskapelle stammen. Eine Verlegung beim Neubau zu Beginn des 14. Jahrhunderts wäre jedoch ebenfalls noch denkbar.

Literatur
Mitt. Hist. Ver. Pfalz 14, 1892, 197.
B. H. Röttger, Kdm Stadt Speyer, 442–446.
K. R. Müller, Kritische Bemerkungen zu Bildern aus dem alten Speyer IX. Die St. Georgskirche, Pfälzer Heimat 17, 1966, 129–140.
H. Dellwing, 44.

1 Da die Möglichkeit besteht, daß Fliesenmuster durch neu auftauchende Unterlagen oder durch Neufunde bestimmt werden können, werden die wichtigsten Daten zur Baugeschichte stets genannt.

Ehem. Franziskanerkloster. Areal zwischen Mönchs-, Allerheiligen- und Spitalgasse

Fundumstände
Am 18. 11. 1911 wurden Fliesen in der Spitalgasse gefunden. Gesichert sind anscheinend die Muster H189 und N86, es wurden jedoch offensichtlich weitere Muster entdeckt. Bei der Verlegung des Spitals 1834 an die Südseite des ehem. Franziskanerklosters wanderte auch der Name „Spitalgasse" mit, so daß dieser Fliesenfund keine Verbindung mit dem beim St. Georgshospital hat.

Baugeschichte
Die Franziskaner kamen 1221 nach Speyer und erhielten von Bischof Konrad III. von Scharfeneck vorläufig das Leprosenhaus an der heutigen Berghäuserstraße zugewiesen. Sie erbauten ab 1230 Kirche und Kloster, die Kirche wurde 1256 geweiht. Sie brannte beim Stadtbrand 1689 ab, wurde 1735 neu geweiht und nach 1806 zusammen mit den Konventsgebäuden abgebrochen. Die gefundenen Fliesen weisen ins 3. Viertel oder die 2. Hälfte des 13. Jahrhunderts. Sie stammen vermutlich nicht alle aus demselben Gebäude.

Literatur
B. H. Röttger, Kdm Stadt Speyer, 517.
K. Engelhardt, 23.

Ehem. Augustiner-Chorherrenstift St. German vor Speyer

Fundumstände
Als erste Fliese wurde A 9 in einem Weinberg auf dem Germansberg gefunden, vermutlich an der Stelle, die früher die Michaelskapelle einnahm. Weitere Bodenfliesen fanden sich, als man während des 2. Weltkriegs auf dem Gelände des ehem. St. Germansklosters einen Appellplatz anlegte[1]. Man traf mehrere Quadratmeter Fliesen noch in situ an, es wurden jedoch weder Fliesen geborgen noch Muster festgehalten. Die Grabungen am Germansberg wurden 1946–47 wieder aufgenommen. 1949 kamen, wohl aus zu Wirtschaftsgebäuden des Klosters gehörenden Fundamenten, erneut Bodenfliesen zutage, die Kaiser als „spätgotisch" bezeichnet[2]. Beim Bau der Umgehungsstraße fand man 1949 am Germansberg im Bauschutt des ehem. Kirchenschiffes Fliesen in sechs verschiedenen, 1966 in fünf weiteren Mustern. Die Fliesen kamen in das Staatliche Amt für Bodendenkmalpflege und später ins Historische Museum in Speyer. Nicht alle gefundenen Fliesen lassen sich heute noch bestimmen, da die Formulierung „Blatt" auf verschiedene Varianten angewandt wurde[3].

Baugeschichte
Das angeblich von König Dagobert I. 632 gegründete Benediktinerkloster wurde 1092 in ein Augustiner-Chorherrenstift umgewandelt und mit Chorherren aus Sinsheim besetzt. Die Speyerer Bürger zerstörten 1422 Kirche und Kloster und wurden gezwungen, beides wieder aufzubauen. Nachdem das Kloster 1462 erneut in Brand gesteckt worden war (vermutlich unter Schonung der Kirche), wurde es 1468 zur St. Moritzpfarrkirche in die Stadt verlegt. Die Kirche wurde, vermutlich 1806, abgerissen, der Klosterbereich eingeebnet und zu Ackerland umgewandelt. Daten zur Baugeschichte fehlen. Kaiser nimmt einen frühromanischen Bau an, der 1422 durch spätgotische Bauten ersetzt wurde.
Die Fliesen sind deshalb nur aufgrund der Muster zu datieren. Die Fliese A 9, möglicherweise eine Darstellung Kaiser Friedrichs II., dürfte noch der 1. Hälfte oder doch dem 2. Viertel des 13. Jahrhunderts angehören, die Palmetten könnten aus der Hand des Modelschneiders stammen, der Model für Oberhomburg und Speyer schnitt. Kaiser[4] weist darauf hin, daß das Vogteirecht des Klosters vermutlich in der Hand des deutschen Königs lag. Die von ihm angenommene Michaelskapelle über einem Durchgang könnte, wie auch an anderen Kirchen, der königlichen Andacht vorbehalten gewesen sein. Glatte, spitzwinklige Dreiecksfliesen weisen auf das Vorhandensein einer Fliesenrosette ähnlich der in der Dompropstei Mainz. Die im Bauschutt des Schiffes geborgenen Fliesen zeigen drei Muster, die sich auch dort fanden, vier andere stimmen mit im Palas der Burg Hain, Dreieich, gefundenen Fliesen überein, andere mit denen der Klöster Arnsburg und Lorsch, der St. Peterskirche Weinheim und der St. Johanniskirche Worms. Möglicherweise wurde der Boden in St. German noch vor dem in Mainz verlegt. Dies ergäbe eine Datierung in die Jahre um 1230/40. Die übrigen Fliesen könnten in der 2. Hälfte des 13. oder zu Beginn des 14. Jahrhunderts, H 112 in der 2. Hälfte des 14. Jahrhunderts oder noch beim Wiederaufbau 1422 verlegt worden sein.

Literatur
B. H. Röttger, Kdm Stadt Speyer, 518–519, 535.
F. Klimm, Die Ausgrabungen auf dem St. Germansberg zu Speyer 1946/47, Archiv für mittelrhein. Kirchengesch. 1, 1949, 251–254.
K. Kaiser, Das Kloster St. German vor Speyer, Speyer 1955, 11–127.
Ders., 1956, 60–61.
K. R. Müller, 1960, 137–141.

1 F. Klimm, 251. – K. Kaiser, 1955, 57. Diese Fliesen waren 1942 noch im nördlichen Raum des Ostflügels sichtbar.
2 K. Kaiser, 1955, 72–73: „Eine größere Anzahl von Bruchstücken der Fußbodenfliesen aus Ton kam aus Schuttgruben und eingefüllten Fundamentgräben der Kirche zutage ... Die eingepreßten Muster zeigen vor allem geometrische und pflanzliche Ornamente, doch auch Tierfiguren. Die meiste Anwendung fand das Fischblasenmotiv mit einem mehr oder weniger stilisierten Eichenblatt im Inneren." Kaiser nennt jedoch nur vier verschiedene Muster (F 78, H 62, H 71 (?), M 20 (?).
3 Fundbericht des Staatlichen Amtes für Bodendenkmalpflege, Speyer: „Stücke von Bodenplatten zwischen Priesterseminar und Kaserne Germansberg." K. Kaiser, 1956, 60–61, erwähnt außerdem: „Fischblase, Stern, Rosette, Lilie, Eichenblatt."
4 K. Kaiser, 1955, 16.

Königsplatz, an der Stelle der ehem. Pfarrkirche St. Moritz

Fundumstände
Unbekannt.

Baugeschichte
An der Stelle des heutigen Königsplatzes lag früher die 1285 erstmals erwähnte Pfarrkirche St. Moritz. 1468 beschloß man, das gefährdete St. Germanstift in die Stadt zur St. Moritzpfarrei zu verlegen. Für die ab 1473 neu erbaute Kirche wurden ab 1488 Bauteile aus St. German übertragen. Kirche und Stift wurden beim Stadtbrand 1689 zerstört und zu Beginn des 19. Jahrhunderts abgetragen. Der eingeebnete Platz heißt seit 1816 „Königsplatz". Die Fliese H 63 gehört der 2. Hälfte des 13. Jahrhunderts an[1].

Literatur
B. H. Röttger, Kdm Stadt Speyer, 535–540.
K. Engelhardt, 15.
H. Dellwing, 154.

1 Ein ebenfalls gefundener Schlußstein der Kirche wird von B. H. Röttger, 1934, 540, auf „um 1270" datiert. Das Setzen der Schlußsteine und das Verlegen des Fußbodens dürfte zeitlich eng zusammenfallen.

Ehem. Karmeliterkloster, Karmeliterstraße 4

Fundumstände
Die Fliesen wurden am 7. und 10. 11. 1911 beim Abbruch des Hauses Seidel gefunden. Sie stammen wahrscheinlich vom Areal des ehem. Karmeliterklosters. Auf diesem Gelände wurde 1913 nochmals ein Wohnhaus abgebrochen. Die Fliesen dieses Fundes sind jedoch nicht von denen eines zweiten in der Herdstr. 5 zu trennen, da beide das Funddatum „24. 6. 1913" tragen[1].

Baugeschichte
Die ersten Karmeliter kamen 1270 nach Speyer, Kirche und Kloster wurden ab 1294 erbaut. 1632 wurde das Kloster von den Schweden verwüstet, beim Stadtbrand 1689 jedoch verschont, da sich dort das Stabsquartier von Marschall Duras befand. Die Kirche wurde 1747–49 neu erbaut, 1803 jedoch der gesamte Klosterbesitz versteigert und mit Privathäusern bebaut. Die gesicherte Fliese H 60 kann also nicht vor Ende des 13. Jahrhunderts entstanden sein. Aus derselben Werkstatt müßten die Fliesen B 55 und wohl auch D 65 (Ecklösung) stammen. Die Fliese J 68 wurde mit einem gebrochenen Mo-

del geprägt, der möglicherweise aus dem Elsaß nach Speyer kam. Die Variante, bei der nur der Fries des Kreisbandes verändert ist, fand sich in der Kirche von Sesenheim.

Literatur
B. H. Röttger, Kdm Stadt Speyer, 525–528.

1 Die teilweise Entwirrung dieser Zusammenhänge gelang Herrn Wolfgang Leitmeyer, Speyer, dem ich für zahlreiche Hinweise auf Fundorte in Speyer herzlich danke. Er fand nicht nur verloren geglaubte Fliesen wieder auf, sondern konnte auch nicht mehr bekannte Fundumstände erhellen.

Ev. Heilig-Geist-Kirche, Johannesstraße 6

Fundumstände
Die Fliesen wurden 1979 im Keller der Kirche ausgegraben. Sie müssen aus zwei beim Brand Speyers zerstörten Bürgerhäusern stammen. O67 wurde 1977 im Hof des Pfarrhauses der Heilig-Geist-Kirche gefunden.

Baugeschichte
Die Heilig-Geist-Kirche wurde nach 1701 erbaut, die Kanzel trägt die Jahreszahl 1702. Ein Sakralbau läßt sich an dieser Stelle nicht nachweisen, möglicherweise lagen die Fliesen in einem Haus, welches in Verbindung mit der ehem. Johanniskirche stand.
Die Fliese, ein in Speyer wiederholt gefundenes Muster, läßt sich nicht sicher datieren, da sie sehr lange nachgeschnitten wurde. Die frühen Prägungen gehen bis in die Mitte des 13. Jahrhunderts zurück, die späten wurden vermutlich erst im 2. Drittel des 14. Jahrhunderts verlegt.

Literatur
B. H. Röttger, Kdm Stadt Speyer, 438–440.
H. Dellwing, 46.

Ehem. St. Markuskirche, Rheinhauserstraße/ Lindenstraße

Fundumstände
Bei Kanalisationsarbeiten in der Rheinhauserstraße/Lindenstraße wurden 1951 in ca. 1,80 m Tiefe Bodenfliesen „mit vegetabilen Mustern" gefunden. Die Fundstelle lag im Bereich der ehem. Kirche St. Markus. Die Fliesen sind z.Z. nicht auffindbar.

Baugeschichte
Die in unbekannter Zeit erbaute Markuskirche wurde 1195 dem St. Germansstift inkorporiert und von diesem 1317 dem neu gestifteten Wilhelmiterorden übergeben. Schon 1468 jedoch, als das St. Germansstift nach der Pfarrei St. Moritz verlegt wurde, verwandte man einen Teil der Steine des Markusklosters zum Aufbau der Stiftsgebäude. Der Rest der Klostergebäude wurde 1546 abgebrochen, die 1632 und 1689 schwer beschädigte Kirche war 1719 verschwunden. Über das Aussehen der Kirche gibt es keine Unterlagen, die bei Röttger abgebildete Zeichnung[1] stellt nicht die Ruine der Markuskirche, sondern die von St. German dar.

Literatur
B. H. Röttger, Kdm Stadt Speyer, 533–534.
K. Kaiser, 1956, 63.
K. R. Müller, 1960, 138.

1 B. H. Röttger, 1934, 533, Abb. 382, Korrektur durch K. R. Müller, 1960, 137–139.

Ehem. Deutschordenskommende mit Stephanskapelle Konsistorialgebäude (Prot. Konsistorium), Domplatz 5 Landesarchiv, Mirbachhaus, Domplatz 6

Fundumstände
Beim Bau des neuen Konsistorialgebäudes fanden sich 1892/1893 zwei Fliesen, eine mit Rosetten-, eine mit „Wecken"muster (wohl Gruppe H). 1901 wurden bei Umbauten des Staatsarchivs Fliesen gefunden, Berthold nennt: „ein Typus mit je einem schreitenden Lindwurm in zwei Varianten". Als das „Mirbachhaus" und die Stephanskapelle 1901 abgebrochen wurden, kamen 20 Fliesen mit zwölf verschiedenen Mustern zutage.[1] Alle diese Gebäude befanden sich im Bereich oder der Umgebung der ehem. Deutschordenskommende.

Baugeschichte
Ein seit unbekannter Zeit neben einer Stephanskapelle stehendes Hospital wurde 1220 von Bischof Konrad III. v. Scharfeneck dem Deutschen Orden übergeben, 1231 kam die vermutlich schon im 11. oder 12. Jahrhundert erbaute Stephanskapelle dazu. Baudaten sind nicht überliefert, die Kapelle wurde nach dem Brand Speyers 1689 vermutlich 1713 wiederhergestellt und 1901 abgerissen.
Das Mirbachhaus stand auf dem Platz des 1325 erstmals erwähnten „Slegilhofes", der im 14. Jahrhundert im Besitz des Stiftspropstes von St. Guido, Johann von Fleckenstein und des Domherren Gunther v. Landesberg war. Nach der Zerstörung 1689 wurde es von Domdekan Herrmann v. Auwach neu erbaut, 1750 von dem Domkapitular K. A. J. v. Mirbach, Herr zu Harff, übernommen und erweitert. Der Schlegelhof besaß eine Kapelle.
Solange die Muster der Fliesen nicht genau bekannt sind, ist eine Zuordnung schwierig. Bei den „Lindwurm"-Darstellungen, vermutlich Fliesen des Typus F41–F44, handelt es sich wahrscheinlich noch um Prägungen aus der 2. Hälfte des 13. Jahrhunderts, Rosetten und „Wecken" könnten auch noch später entstanden sein. Die Fliesen mit der Jahreszahl 1713 beweisen, daß in Speyer noch zu Beginn des 18. Jahrhunderts Fliesen geprägt wurden, möglicherweise jedoch nur zur Ausflickung des Fliesenbelags.

Literatur
Mitt. Hist. Ver. Pfalz 17, 1893, 173.
G. Berthold, 1903, 114–117, 118.
B. H. Röttger, Kdm Stadt Speyer, 513–516, 645.
H. Dellwing, 82–84.

1 G. Berthold, 117: „von den Bodenplättchen sind 6 älter als 1689, drei tragen die Buchstaben ‚HTL', darunter in zwei Fällen ‚1713'". Da Berthold die gefundenen Fliesen gemeinsam erwähnt, läßt sich nicht mehr feststellen, welche Muster in welchem Gebäude gefunden wurden.

Marienheim, Königstraße 15

Fundumstände
Die Fliesen wurden 1912 beim Neubau der Domkapitelhäuser geborgen.

Baugeschichte
Das Marienheim, eine Haushaltungsschule, wurde 1897 nordwestlich des Doms errichtet und 1909/10 abgebrochen, um Platz für neue Häuser für das Domkapitel zu schaffen[1]. An dieser Stelle stand im Mittelalter die alte Dompropstei mit der

Christophskapelle, die vom Domkapitel 1598 den Jesuiten übergeben wurde. Sie erbauten hier 1600–08 eine Kirche, die 1689 zerstört, 1727 wieder aufgebaut und 1880 abgebrochen wurde.
Bei den Fliesen handelt es sich um Prägungen, die möglicherweise dem späten 13., eher jedoch dem frühen 14. Jahrhundert angehören. Sie machen den Eindruck, als ob sie aus verschiedenen Gebäuden stammten und wohl auch nicht gleichzeitig verlegt wurden.

Literatur
B. H. Röttger, Kdm Stadt Speyer, 456–457.
K. Engelhard, 23.

1 Freundliche Auskunft von Frau Hopstock, Stadtarchiv Speyer.

Berghäuserstraße, ehem. Leprosenhaus?, Hl.-Geist-Kapelle?

Fundumstände
Die Fliese H120 wurde in nicht mehr bekannter Zeit in der Berghäuserstraße gefunden.

Ortsgeschichte
In der Berghäuserstraße, dem früheren „Gutleutweg", lag das 1239 erstmals erwähnte Leprosenhaus. Es wurde beim Stadtbrand 1689 vernichtet. Ebenfalls in der Berghäuserstraße soll eine Hl.-Geist-Kapelle gestanden haben. Ob diese Kapelle in Verbindung mit dem Leprosenhaus oder mit der Beginenklause zum Hl. Geist stand, ist nicht bekannt. Bei H120 handelt es sich um eine späte Prägung des 15. Jahrhunderts.

Literatur
B. H. Röttger, Kdm Stadt Speyer, 517–518.
K. Engelhardt, 31.

Ehem. Maulbronner Klosterhof, Johannesstraße 21–22

Fundumstände
„Neun Bodenplättchen verschiedener Form, geziert mit Arabesken, Blattornamenten und Rosetten, in Pyramidenform mit Blattornament, gefunden bei einem Bau (1891) in der ‚Armbrust' zu Speyer."[1] Die Fundstelle befand sich nahe der „Stadt Nürnberg". Dieses Gasthaus steht auf dem Gelände des ehem. Maulbronner Hofes. Nach der Beschreibung sicher zu erkennen ist nur W10. Da jedoch die Fliesen unbekannter Herkunft K16 und K17 im Museum Speyer so eng mit in Kloster Maulbronn gefundenen Mustern verwandt sind, besteht die Möglichkeit, daß diese Fliesen auch zu diesem Fund gehören.

Baugeschichte
Der Hof wurde wahrscheinlich um 1147 durch Bischof Günther von Henneberg dem Kloster Maulbronn geschenkt und befand sich nachweislich von 1159–1797 in dessen Besitz. Er hatte eine eigene Kapelle und umschloß ein großes Areal. In nicht bekannter Zeit wurde an seiner Stelle ein Wohnhaus erbaut. In der „Armbrust" (früher „An der Erdbrust", von einer Erderhöhung) standen außerdem das 1309 erstmals erwähnte Haus „Zur Armbrust"[2] und der 1305 genannte Hof der Steinmetzen, der 1529 abermals erwähnt wird. Die Fliese W10 war vermutlich Teil einer Kreisrosette, gehörte also zu einem größeren Fliesenboden. Sie dürfte vor oder kurz nach 1250 entstanden sein.[3]

Literatur
Mitt. Hist. Ver. Pfalz 16, 1892, 197, 201.
B. H. Röttger, Kdm Stadt Speyer, 654, 711, Abb. 494, 712.
K. Engelhardt, 55.
C. J. H. Villinger, o. Sz.
H. Dellwing, 140.

1 Mitt. Hist. Ver. Pfalz 16, 197.
2 C. J. H. Villinger, o. Sz. K. Engelhardt, 55.
3 Beim selben Bau wurde auch das Steinrelief eines bogenschießenden Kentauren gefunden (um 1120?), welches sich heute im Historischen Museum, Speyer, befindet.

Ehem. Eußerthaler Klosterhof, später „Wittelsbacher Hof", Ludwigstraße 2

Fundumstände
Die Fliese wurde 1914 durch Herrn Franz Sick dem Museum geschenkt.[1] Da dieser seit etwa 1873 den Wittelsbacher Hof bewohnte und teilweise auch erneuerte, ist zu vermuten, daß die Fliese dort zutage kam.

Baugeschichte
Ein Eußerthaler Hof in der Nähe des Rheintors wird 1212 erstmals erwähnt. 1285 kaufte das Kloster von dem Speyerer Bürger Konrad Schelre den Platz, auf dem der Eußerthaler Hof heute liegt. Er umschließt ein größeres Areal, dessen Westgrenze an der Sämergasse liegt und besaß eine eigene Kapelle. Er kam 1561 unter kurpfälzische Verwaltung, wurde beim Stadtbrand 1689 zerstört, danach wieder aufgebaut. Seit 1825 war er im Besitz der Familie des Postmeisters Sick.

Literatur
B. H. Röttger, Kdm Stdt Speyer, 654–655.
H. Dellwing, 168.

1 Ber. Hist. Mus. Pfalz 3, 1914–17, 1918, 21: „Bodenfliesen von Bauarbeiten in Speyer, z. T. Geschenke von Gastwirt F. R. Sick.".

Ehem. Judenbad, Areal des Judenhofes, Judenbadgasse 5

Fundumstände
Nach Stein[1] wurden schon vor 1869 zwei Bodenfliesen gefunden, deren Muster jedoch heute nicht mehr bekannt sind. Weitere Fliesen wurden bei den Grabungen 1965–67 aufgedeckt. Sie fanden sich in einem über dem 2. Gewölbe des Bades liegenden Gebäude, das wohl im 13. Jahrhundert errichtet und 1349 eingerissen wurde. Ein zweites Muster fand sich über einer Schicht des 13. Jahrhunderts im Gebiet des Judenhofes.

Baugeschichte
Der „Judenhof" umschloß ein größeres Areal, das neben weiteren, nicht näher bestimmbaren Gebäuden, die Männersynagoge, die Frauensynagoge und das rituelle Frauenbad (Mikwe) umfaßte. Auf die widersprüchlichen Datierungen (Krautheimer und Böcher „um 1200", Mann: „um 1100") soll hier nicht eingegangen werden, die letzten Grabungsbefunde veranlassen Stein die Entstehung des Frauenbades in die Zeit zwischen 1109–1128/30[2] zu setzen. Das über dem Frauenbad liegende Gebäude scheint in der 2. Hälfte des 14. Jahrhunderts wiedererrichtet worden zu sein, der ganze Komplex diente seit 1534 als städtisches Arsenal. Die Fliese H64, ein auch im Dom und in Domnähe gefundenes Muster, könnte im 2.–3. Viertel des 13. Jahrhunderts verlegt worden sein,[3] wäh-

rend H72 wohl eher erst dem Ende des 13. oder Beginn des 14. Jahrhunderts angehört.

Literatur

R. KRAUTHEIMER, Mittelalterliche Synagogen, Berlin 1927, 149f.

O. BÖCHER, Die alte Synagoge zu Worms, FS zur Wiedereinweihung der Alten Synagoge zu Worms, E. ROTH (Hrsg.), Frankfurt 1961, 51.

B. H. RÖTTGER, Kdm Stadt Speyer, 497–505.

G. STEIN, Zur Datierung des Speyerer Judenbades, Pfälzer Heimat 15, 1964, 87–94.

Ders., Grabungen im Speyerer Judenviertel, Speyerer Vierteljahreshefte des Verkehrsvereins, 3, 1966, 11–15.

Ders., Jüdisches Speyer, Lebendiges Rheinland-Pfalz 5, 1968, 115–117.

A. MANN, Zur Baudekoration des Speyerer Judenbades, Pfälzer Heimat 21, 1970, 10–12.

G. STEIN, H.-J. ENGELS, Die Grabung im Speyerer Judenhof 1965–1968, Pfälzer Heimat 22, 1971, 97–110.

G. DEHIO, Rheinland-Pfalz, 987.

H. DELLWING, 52–53.

1 G. STEIN, H.-J. ENGELS, 110, Anm. 34: „Zwei Bodenfliesen und der Kopf einer Tonstatuette sind im Inventar I des Hist. Museums, Mai 1869, Nr. 23, genannt."

2 Ebd., 107. Zum Problem der Datierung siehe G. STEIN, 1964, 87–94.

3 Ebd., 109. Zu den wenigen annähernd sicher datierbaren Bodenfunden aus diesem Zeitraum gehört eine Annweiler Prägung Friedrichs II. von etwa 1230/40.

Gymnasium, am Platz der ehem. Domherrenhöfe „Zum Kranich" und „Löwensteinscher Hof", Große Pfaffengasse 6/Steingasse

Fundumstände

Beim Bau des neuen Gymnasiums wurden 1901 42 Fliesen gefunden. Da der Boden schon beim Bau der Kavalleriekaserne 1820 durchwühlt worden war, ließ sich ihre ursprüngliche Lage nicht mehr feststellen. Berthold nennt fünf Muster: „Adler, Esel, Kampf zwischen Löwen und Adler, dann ein Typus mit zwei Adlern, endlich mit zwei Lindwürmern ..." Es ist jedoch nicht sicher, daß dies alle Muster sind. Zu diesem Fundkomplex könnte außerdem die Fliese H63 gehören, die 1910 in der Steingasse gefunden wurde.

Baugeschichte

Am Platz des heutigen Gymnasiums lagen im Mittelalter die Domherrenhöfe „Zum Kranich" und der „Löwensteinsche Hof". Beides müssen geräumige und prächtige Anwesen gewesen sein, da Kaiser Karl V. 1521 und 1530 im „Kranich" wohnte und Ferdinand, König von Ungarn und Böhmen, 1521 und 1531 im „Löwensteinschen Hof" abstieg. Über die mittelalterliche Besitz- und Baugeschichte der Häuser ist nichts bekannt. Nach der Zerstörung beider Höfe 1689 wurde dort zu Beginn des 18. Jahrhunderts ein neues Gebäude errichtet, das 1819 dem Bau der Artilleriekaserne weichen mußte. Vermutlich stammen die Fliesen auch hier aus geistlichen Hauskapellen. Nicht alle Muster ließen sich bis jetzt zuordnen, F152 und F153 (oder F154) gehören der 2. Hälfte des 13. Jahrhunderts an. Da von F166 auch ein Bruchstück existiert, das nur Löwe und Adler zeigt, meint Berthold vermutlich diese Fliese; der „Esel" ist auf einem Bruchstück von F165 sichtbar, der Adler bezieht sich möglicherweise auf ein Fragment von F166 mit der Adlerdarstellung auf einer Viertelsfliese.

Literatur

G. BERTHOLD, 1903, 117–118.

B. H. RÖTTGER, Kdm Stadt Speyer, 616–617.

H. DELLWING, 104.

Altes Rathaus, Maximilianstraße 12

Fundumstände

Die Fliesen wurden 1979 beim Umbau des Ratskellers im alten Rathaus gefunden.

Baugeschichte

Der Rat der Stadt Speyer kaufte 1340 den nordwestlich vom Dom gelegenen Hof des Ebelin von dessen Erben und baute ihn als Rathaus und Absteigequartier der deutschen Könige aus. Dort wohnten König Wenzel 1378, Kaiser Sigismund 1414. 1412 wurde der „Hof zur Hölle" erworben und dem Rathaus zugeschlagen, nachdem schon 1404 einige Wohnungen der Stuhlbrüder angegliedert worden waren. „Zuletzt bestand er aus fünf großen Hauptgebäuden und verschiedenen „kostbaren Gewölben".[1] Im Rathaus fand 1529 der Speyerer Reichstag statt, beim Stadtbrand von Speyer 1689 ging es unter, wurde notdürftig wieder aufgebaut und zum großen Teil 1819 abgebrochen. An seine Stelle trat ein klassizistischer Bau, das Vorderhaus war schon 1712–26 neu errichtet worden.

Die Fliese H72, in mehreren Varianten in Speyer gefunden, dürfte aus den ersten Ausbauten stammen. Die groben Prägungen von O41 und O47 können im 15.–16. Jahrhundert entstanden sein.

Literatur

B. H. RÖTTGER, Kdm Stadt Speyer, 596–598.

E. KEYSER, D. Stb. IV, 3, 387.

K. ENGELHARDT, 57.

G. DEHIO, Rheinland-Pfalz, 988.

H. DELLWING, 180–182.

1 K. ENGELHARDT, 57.

Historisches Museum der Pfalz, Große Pfaffengasse 10

Fundumstände

Die Fliese wurde 1964 bei Bauarbeiten auf dem Platz vor dem Historischen Museum gefunden.

Baugeschichte

Das Historische Museum wurde 1907–09 auf dem Gelände der ehem. Neuen Kavalleriekaserne (siehe Gymnasium) erbaut. An dieser Stelle stand zuvor der Hatzenbühlerische Hof und im 16. Jahrhundert die Domherrenkurie des Kapitulars Simon von Liebenstein. Über die mittelalterliche Geschichte des Hauses ist nichts bekannt, das Muster der Fliese weist auf eine Verlegung im 2.–3. Viertel des 13. Jahrhunderts.

Literatur

B. H. RÖTTGER, Kdm Stadt Speyer, 708.

H. BERNHARD, 219.

H. DELLWING, 104–106.

Gaststätte „Domnapf", Domplatz 1

Fundumstände

Die Fliese fand sich vor 1972 in einer Innenmauer des Hauses.[1]

Baugeschichte
Das heutige Anwesen bestand ursprünglich aus drei verschiedenen Gebäuden. Urkunden zur Baugeschichte reichen jedoch nicht über 1714 zurück. Sicher ist, daß das Haus und die angrenzenden Häuser wohl immer dem Domkapitel gehörten.

Literatur
G. Groh, Wo einst des Domglöckners Haus stand. Geschichte der Wirtschaft „Zum Domnapf", Rheinpfalz 15, 154 v. 9. 7. 1959.
H. Dellwing, 80.

1 Freundlicher Hinweis von Herrn Prof. Dr. Hans Erich Kubach, Speyer.

Ehem. Pfälzische Bank, Ecke Webergasse/ Kleine Pfaffengasse 25 Ehem. Landratsamt, Webergasse 11

Fundumstände
Die Fliesen wurden 1910 beim Bau der Pfälzischen Bank und 1942 auf dem Gelände des Landratsamtes gefunden.

Baugeschichte
Die beiden Gebäude standen in einem Gebiet, in dem sich im Mittelalter Domherrenkurien befanden. Deren Bau- und Besitzgeschichte konnte jedoch bis heute nicht geklärt werden[1]. Die Fliesen weichen in Prägung und Entstehungszeit voneinander ab, sie stammen vermutlich aus zwei oder drei verschiedenen Gebäuden. Der Mitte oder dem 3. Viertel des 13. Jahrhunderts dürfte F62.1 angehören, wenig später H71 und K2 entstanden sein. Schwierig zu datieren ist H60, die wohl von derselben Hand geschnitten wurde wie B55 und D65. Trotz des altertümlichen Gepräges von B55 stammen diese Fliesen wohl eher aus der 1. Hälfte des 14. Jahrhunderts, während F166 und wohl auch O40 der 1. Hälfte des 15. Jahrhunderts angehören dürfte. T35 weist sich auch durch die Maße (20 × 3 cm) als sehr späte Fliese aus, sie könnte noch im 16. Jahrhundert entstanden sein.

Literatur
K. Kaiser, Bodenfunde 1938–1949, Mitt. Hist. Ver. Pfalz 51, 1953, 83.
H. Dellwing, 152, 230.

1 Freundlicher Hinweis von Herrn Archivamtmann Günter Groh, Speyer.

Haus Kleine Pfaffengasse 26

Fundumstände
Beim Umbau der gewölbten Keller des Hauses zum Luftschutzkeller wurden um 1938 das Gewölbeteil eines Kellers, der sich bis unter den Hof hinzog, freigelegt. Im Aushub wurden Bodenfliesen in drei verschiedenen Mustern gefunden[1]. Obwohl das Haus zum Gebäude der „Pfälzischen Bank" (siehe dort) gehörte, stammen die Fliesen offensichtlich aus einem anderen Zusammenhang und werden deshalb getrennt erwähnt.

Baugeschichte
Über die mittelalterliche Baugeschichte des Hauses ist nichts bekannt. 1772 war es in der Hand des Geheimrats und Domsyndikus Ignaz Franz Bauer. Es darf angenommen werden, daß es sich auch im Mittelalter (wie die meisten Häuser der Pfaffengasse) in geistlichem Besitz befand. Ein Wappenschild des 14. Jahrhunderts, mit Spitzschild und steigendem Löwen, war in die Außenwand des Hauses vermauert. Das Muster der Fliesen, von denen sich D15 auch im Dom fand, weist ins 2. Drittel des 13. Jahrhunderts.

Literatur
B. H. Röttger, Kdm Stadt Speyer, 668.
H. Dellwing, 152–153.

1 Freundliche Mitteilung von Herrn Rektor Fritz Klotz, Speyer.

Bahnhofstraße 54–56, ehem. Haus Kaiser & Kirrmeyer, heute Volkshochschule und Stadtbücherei

Fundumstände
Beim Bau der Villa Kaiser und Kirrmeyer[1] wurden 1892 drei Fliesen gefunden „wovon zwei mit vertieften Arabesken, eine mit der Figur eines nach rechts galoppierenden Reiters geschmückt" war. Bei der letzteren kann es sich nur um die Fliese A18 handeln, da der Fundort der einzigen weiteren, nach rechts gewandten, Reiterfliese bekannt ist.

Baugeschichte
Zur mittelalterlichen Baugeschichte dieses Gebiets ist wenig bekannt. Es könnten dort höchstens dem St. Guidostift gehörende Häuser gestanden haben.[2] Die Fliese könnte schon in der 2. Hälfte des 13. und noch im 1. Viertel des 14. Jahrhunderts entstanden sein.
Die Fliese stammt aus der Hand des Modelschneiders, welcher auch C38 und E24 geschnitten hat. Auch bei diesen Fliesen ergibt sich aus der Geschichte des Fundorts keine sichere Datierung.

Literatur
Mitt. Hist. Ver. Pfalz 16, 1892, 197.
H. Dellwing, 68.

1 Bestätigt durch Vermerk im Eingangsinventar „Eisenbahnstraße".
2 Freundliche Mitteilung von Herrn Archivamtmann Günter Groh, Speyer.

Haus Engelgasse 2

Fundumstände
Die Fliesen wurden 1969 beim Bau des kath. Kindergartens gefunden.

Baugeschichte
Über die Baugeschichte des Vorgängerbaus ist nichts bekannt. Die Gasse heißt nach dem 1627 erwähnten „Haus zum Engel". Sie verbindet die große mit der kleinen Pfaffengasse, liegt also noch in der unmittelbaren Umgebung des Doms und der Domkurien. Die Prägungen sind uneinheitlich, sie gehören dem 3. oder 4. Viertel des 13. Jahrhunderts an.

Literatur
K. Engelhardt, 58.

Eselsdamm

Fundumstände
1892/93 wurde das Bruchstück einer Bodenfliese des 13. oder 14. Jahrhunderts beim Umgraben am Eselsdamm gefunden. Das Muster ist nicht mehr bekannt.

Ortsgeschichte
Die Angaben „Eselsdamm" sind zu vage, da sich dieser über eine geraume Länge erstreckt. Er berührt sowohl den Bereich, auf dem das ehem. St. Klaren- oder Kloster der schwarzen Nonnen stand, wie, am anderen Ende, den des Magdalenenkosters. Außerdem mündete die Straße „Am Ziegelofen" in den Eselsdamm, so daß es sich auch um eine auf dem Transport verlorene Fliese handeln könnte.

Literatur
Mitt. Hist. Ver. Pfalz 17, 1893, 173.
K. ENGELHARDT, 75.

Kleine Gailergasse

Fundumstände
„Bei Bodenarbeiten wurde 1966 das Bruchstück einer mittelalterlichen Bodenfliese gefunden."[1]

Baugeschichte
Unbekannt. Die Gailergasse (nach gyler = Bettler) zog sich an der alten Vorstadtmauer entlang. Es hatte hier nur sehr einfache Häuser. Die Fliese dürfte der 1. Hälfte des 14. Jahrhunderts angehören.

Literatur
K. ENGELHARDT, 66.
H. DELLWING, 146.
H. BERNHARD, 1968, 172.

1 Fundliste des Landesamt für Denkmalpflege.

Ehem. Munitionsfabrik Hess, St. Germanstraße 19

Fundumstände
Die Fliese soll, nach Angaben des Inventars, am 17. 3. 1913 beim Bau der Fabrik Hess gefunden worden sein.

Baugeschichte
Unbekannt. In dieser Gegend befanden sich im 18. Jahrhundert und früher Gärten mit Gartenhäusern begüterter Geistlicher, vorwiegend des Domkapitels und des St. German- und Moritzstifts[1]. Die Fliese mit dem Wappen der Grafen von Leiningen könnte auf einen Besitz Heinrich II. von Leiningen weisen, der 1245–72 Bischof von Speyer war. Die Prägung dürfte jedoch eher am Ende dieser Zeitperiode entstanden sein.

Literatur
G. BERTHOLD, 1913, 18.

1 Freundliche Auskunft von Herrn Archivamtmann Günter Groh, Speyer.

Kath. Vereinshaus, Herdstraße 5

Fundumstände
Am 24. 6. 1913 wurde beim Bau eines Hauses ein größerer Fliesenfund gemacht. Nachforschungen ergaben, daß dieser Neubau das kath. Vereinshaus war.

Baugeschichte
Der Vorgängerbau wurde zu Beginn des 18. Jahrhunderts im Auftrag des St. Moritzstiftes erbaut und gehörte 1772 dem Stiftskanoniker Kalt von St. German. Es darf angenommen werden, daß sich das Haus auch schon im Mittelalter in geistlicher Hand befand.[1] Die Fliesen deuten auf einen reichgegliederten Boden, wie er sich zu dieser Zeit wohl nur in einem Sakralraum oder einer kleinen Hauskapelle fand. F 140 weist auf das Verhandensein einer großen Kreisrosette, W 19 diente vermutlich als seitliche Begrenzung des diagonal verlegten Bodens oder von Fliesenbändern. Die Fliesen B 16 und W 19 stellen die Verbindung zu einer Werkstatt her, die in Pforzheim und Pirmasens arbeitete, F 5 und D 31 gehören vermutlich zum Modelbestand der Werkstatt, die in Oberhomburg die Fliesen der Katharinenkapelle verlegt hatte. Der Boden dürfte im 2. Viertel des 13. Jahrhunderts oder wenig später verlegt worden sein.

Literatur
H. DELLWING, 118.

1 Freundlicher Hinweis von Herrn Archivamtmann Günter Groh, Speyer.

Haus Herdstraße 16, Anwesen Bauer

Fundumstände
Die Fliesen wurden bei Bauarbeiten 1973 im Innenhof gefunden.

Baugeschichte
Über Vorgängerbauten dieses Hauses ist nichts bekannt. Der Fliesenboden kann erst im 14. Jahrhundert verlegt worden sein.

Literatur
Keine.

Ehem. Wirtschaft „Zum roten Löwen", Herdstraße 35/Mönchsgasse

Fundumstände
Die Fliesen wurden am 27. 11. 1913 beim Abbruch des Hauses Kotter geborgen.

Baugeschichte
Über die mittelalterliche Baugeschichte des Hauses ist nichts bekannt. Ein Haus „zum roten Löwen" wird 1301 erstmals genannt, es ist nicht sicher, ob die beiden Bezeichnungen dasselbe Gebäude meinen. Die Fliesen machen einen sehr uneinheitlichen Eindruck. Sie können jedoch nicht aus einer Fehlbrandgrube stammen, da sie deutliche Abnützungsspuren zeigen. Entweder wurden in dem Gebäude in zwei verschiedenen Zeitabschnitten Fliesen verlegt oder stammen die Fliesen aus einer Werkstatt, in der sich Model verschiedener Herkunft angesammelt hatten. Für das letztere sprechen die Fliesen R 46, (vom selben Modelschneider geschnitten, der auch die Fliesen für Kloster Limburg/Haardt fertigte) und W 92, die beide an anderer Stelle noch Teile eines reichgemusterten Bodens aus Plattenmosaik waren. A 39, F 75 und N 1 stellen die Verbindung zur Altenstädter Kirche in Pforzheim, W 92 zu Pirmasens und A 39 außerdem die zur ehem. Pfalz in Worms her. Die Fliesen sind ausnahmslos sehr früh, sie dürften im 2. Viertel oder kurz vor der Mitte des 13. Jahrhunderts verlegt worden sein und waren wohl eher für einen Sakral-, als für einen Wohnraum bestimmt.

Literatur
C. J. H. VILLINGER, o. Sz.
H. DELLWING, 120.

Haus Guttermann, Jakobsgasse, heute Heydenreichstraße 13

Fundumstände
Beim Bau des Hauses wurden 1874 drei Fliesen gefunden, deren Muster nicht mehr bekannt sind und die vom Bearbeiter ins 13. Jahrhundert datiert wurden.

Baugeschichte
Auf dem Gelände der Jakobsgasse stand die 1180 erstmals erwähnte Kapelle und spätere Pfarrkirche St. Jakob. Von der späromanischen Kirche war nur der Turm in den gotischen Bau übernommen worden. Die Kirche wurde beim Stadtbrand 1689 zerstört und nie wieder aufgebaut, ihre Reste zu Beginn des 19. Jahrhunderts abgebrochen.

Literatur
Mitt. Hist. Ver. Pfalz 4, 1874, 89.
B. H. Röttger, Kdm Stadt Speyer, 523–524.

Ehem. Lehrerseminar, Johannesstraße 10, heute Finanzamt

Fundumstände
Die Fliesen fanden sich beim Abbruch eines Kamins 1874. Sie werden als „Multiplikationsmuster" bezeichnet und vom Bearbeiter ins 14. Jahrhundert datiert.

Baugeschichte
Über die mittelalterliche Baugeschichte der beiden Häuser, die früher auf diesem Gelände standen ist nichts bekannt. Es ist nicht sicher, ob die am jetzigen Haus angebrachte, um 1500 entstandene Hausmadonna ursprünglich von dort stammt. Da das neu erbaute Anwesen 1714 im Besitz des bischöflichen Vizekanzlers Streit und des bischöflichen Hofrats Lieven war[1] wäre es möglich, daß sich Grund und Boden auch im Mittelalter schon in geistlicher Hand befanden.

Literatur
Mitt. Hist. Ver. Pfalz 4, 1874, 86.
B. H. Röttger, Kdm Stadt Speyer, 685.

1 Freundliche Auskunft durch Herrn Archivamtmann Günter Groh, Speyer.

Haus Langhauser, Korngasse 20

Fundumstände
Bei Ausschachtungsarbeiten für einen Neubau wurde in ca. 4 m Tiefe anscheinend ein ganzer Fliesenboden angeschnitten.[1] Nur vier Muster sind bekannt, eine Reihe anderere Muster gelangte in den Besitz eines unbekannten Sammlers, der Rest wanderte auf eine Schuttablage.

Baugeschichte
Über den mittelalterlichen Vorgängerbau des Hauses ist nichts bekannt. Ein Kornmarkt wird erstmals 1273 erwähnt, die Korngasse (kornesgasse) 1327 genannt. In diesem Areal sind keine Sakralbauten überliefert, das Lamprechter Salbuch erwähnt ein „Haus zu dem Korn". Die Fliesenmuster weisen auf einen Boden, der zwischen 1260–1300 verlegt wurde.

Literatur
K. Engelhardt, 63.

1 Für Angaben zu diesem Fund danke ich Herrn Albert Schwarz, Rülzheim.

Ehem. Haus Dorn, Ludwigstraße 33/34

Fundumstände
Die Fliese fand sich laut Inventarnotiz am 8. 12. 1909 beim Abbruch des Hauses Dorn. Für die zur selben Darstellung einer Hirschjagd gehörende Fliese A 18 ist der Fundort Bahnhofstraße, Speyer gesichert, E 24, mit unbekanntem Fundort, könnte ebenfalls aus dem Haus Dorn stammen.

Baugeschichte
Unbekannt. Die sorgfältig geprägten Fliesen lassen auf einen reich ausgestatteten Innenraum schließen. Eine sichere Datierung ist schwierig, eine Entstehung in der 2. Hälfte des 13. Jahrhunderts wäre möglich. Aus kostümgeschichtlichen Gründen wäre eine Zuordnung in das 1. Viertel des 14. Jahrhunderts wahrscheinlicher. Zur mittelalterlichen Baugeschichte fehlen Unterlagen, 1772 befand sich hier ein Grundstück des St. German- und Moritzstiftes, das auch für frühere Zeit auf alten kirchlichen Besitz schließen läßt.

Literatur
Keine.

Regierungsgebäude, Maximilianstraße 5

Fundumstände
Die Fliese wurde bei Bauarbeiten im Hof des Regierungsgebäudes gefunden.

Baugeschichte
Zur mittelalterlichen Baugeschichte des zu Beginn des 18. Jahrhunderts erbauten Hauses ist nichts bekannt. Es war vermutlich vor dem Stadtbrand 1689 im Besitz des Kurfürsten von Trier, Johann Hugo von Orsbeck, 1714 in der Hand seiner Erben oder der Familie des Freiherrn von Metternich. Die Fliese dürfte im 4. Viertel des 13. Jahrhunderts entstanden sein.

Literatur
B. H. Röttger, Kdm Stadt Speyer, 614.
H. Dellwing, 178.

Café Schlosser, Maximilianstraße 10

Fundumstände
Bei gelegentlichen Umbauten waren auch in früherer Zeit schon Fliesen auf dem Gelände gefunden worden. 1972 wurde ein zum Haus gehörender Brunnen bis zu einer Tiefe von 20 m vom mittelalterlichen Schutt befreit. Im Schutt fanden sich zahlreiche Fliesenbruchstücke in 7–9 verschiedenen Mustern, die der 2. Hälfte des 13. Jahrhunderts und dem frühen 14. Jahrhundert angehören. Es fällt auf, daß es sich meist um dieselben Muster handelt, die auch im Dom gefunden wurden. Es ist nicht sicher, daß die Fliesen, die vermutlich aus der Auffüllung nach dem Stadtbrand stammen, ursprünglich im Vorgängerbau des Hauses verlegt waren.

Baugeschichte
An dieser Stelle standen vor dem Stadtbrand 1689 zwei Häuser, zu deren mittelalterlicher Baugeschichte nichts bekannt ist. Das eine war als „obere apoteken beym mönster" 1523 im Besitz eines Reinhard Benedikt[1].

Literatur
„ps", Mit dem Putzeimer in die Römerzeit. Speyerer Konditor ging altem Brunnen auf den Grund, in: Mannheimer Morgen 26./27. 8. 1972, 10.
H. Dellwing, 178.

1 H. Dellwing, 178.

Kreis- und Stadtsparkasse, Maximilianstraße 93

Fundumstände
Bei den Ausschachtungsarbeiten für den Neubau der Sparkasse wurde 1950 hinter der Nordwand der „großen Fleischschranne" ein Schacht freigelegt. In diesem fanden sich „... Bodenfliesen mit geometrischen und pflanzlichen Mustern und Fabeltieren ..." Nur drei der Muster sind bekannt.

Ortsgeschichte
Nach der Fundlage dürfte es sich hier eher um einen aufgefüllten Brunnenschacht oder um eine Kloake handeln, die vermutlich nach dem Stadtbrand 1689 aufgefüllt wurde. Außer den Fliesen fanden sich Scherben von Gebrauchskeramik, Siegburger Steinzeug und ein buntglasierter Teller mit der Jahreszahl „170." Die Fliesen könnten u. a. aus der St. Valentinskapelle, aus dem nahen Retscherhof oder aus dem Zunfthaus der Metzger stammen, welches früher an dieser Stelle stand. Die Fliesen D 15 und D 17 gehören der 2. Hälfte des 13. Jahrhunderts an.

Literatur
K. Kaiser, 1956, 61.
K. R. Müller, 1964, 95–103, Anm. 18.

Ehem. Weckbachsches Haus, Maximilianstraße 94 a

Fundumstände
Die Fliese F 165 wurde 1937 beim Abbruch des Hauses gefunden. Auf seinem und dem benachbarten Gelände wurde ab 1950 die Kreis- und Stadtsparkasse errichtet (siehe dort).

Baugeschichte
Zur mittelalterlichen Baugeschichte des Hauses ist nichts bekannt. Die Prägung gehört zum Musterbestand der Werkstatt, welche in der Katharinenkapelle in Oberhomburg arbeitete und wurde wohl im 2. Drittel des 13. Jahrhunderts verlegt. Ob es sich um einen Streufund handelt oder ob sie aus einem der unter „Kreis- und Stadtsparkasse" genannten Bauten stammt, ist nicht zu entscheiden.

Literatur
keine

Ehem. Landesversicherungsanstalt, Maximilianstraße 100, heute Stadthaus

Fundumstände
Die Fliese, als „heftiger Drachenkampf" beschrieben, fand sich 1902 beim Bau der Versicherungsanstalt. Es kann sich wohl nur um das Muster F 8 handeln, da Berthold diese Fliese auch (ohne Nennung des Fundortes) abbildet.[1]

Baugeschichte
Auf dem Gelände der Versicherungsanstalt standen früher die Häuser „Zum bunten Mantel" und „Zum kleinen Widder" sowie das „Haus zum Trutzpfaff". Über deren mittelalterliche Geschichte ist nichts bekannt. Das Haus „Zum Trutzpfaff", das sich anscheinend im Besitz des St. Georghospitals befand, wurde 1667–68 durch den Stadtrat neu erbaut. Unter dem Fundament des „Trutzpfaffen" fand sich beim Ausgraben die Spur eines „sehr alten Feldbrandofens für Ziegel, dessen Zeit nicht näher bestimmbar ist, aber wohl in die Zeit vor den Saliern gehört"[2]. Die Fliese könnte, falls es sich um F 8 handelt, noch dem 2.–3. Viertel des 13. Jahrhunderts angehören.

Literatur
G. Berthold, 1903, 117–118.
B. H. Röttger, Kdm Stadt Speyer, 556, Abb. 396, 659.

---

1 G. Berthold, 1913, 16, Abb. 14.
2 G. Berthold, 1903, 117. Die Angaben Bertholds sind nicht immer zuverlässig. Es wäre möglich, daß es sich hier um einen mittelalterlichen Töpferofen handelte.

Haus Vogt/Winkler, Rheintorstraße 11

Fundumstände
Die Fliese wurde bei Bauarbeiten 1969 gefunden.

Baugeschichte
Unbekannt. Die Straße führte zur Brücke über den alten Stadtgraben. Die groben Prägungen gehören vermutlich dem 14. Jahrhundert an.

Literatur
K. Engelhardt, 36.
H. Bernhard, Fundberichte, 1986, 176.

Roßmarktschule, Roßmarktstraße 3 a

Fundumstände
1892/93 wurden beim „Schulhausneubau in Speyer" drei Fliesen in drei verschiedenen Mustern gefunden. Die zu dieser Zeit erbaute Schule war die Roßmarktschule. Die Muster sind nicht bekannt.

Baugeschichte
Auf dem Gelände der Roßmarktschule stand der ehem. domkapitularische Zehentstadel. Über die mittelalterlichen Vorgängerbauten ist nichts bekannt. Das Gelände dürfte jedoch in geistlicher Hand gewesen sein.

Literatur
B. H. Röttger, Kdm Stadt Speyer, 628.
H. Dellwing, 204.

Haus Roßmarktstraße 36

Fundumstände
Die Fliesen wurden bei Bauarbeiten 1953 gefunden.

Baugeschichte
Es gibt keine Unterlagen zum Vorgängerbau, über Sakralgebäude in unmittelbarer Nähe ist nichts bekannt. Die außerdem in St. German und möglicherweise im Dom gefundene Fliese kann noch im 2. Viertel des 13. Jahrhunderts geprägt worden sein, H 63 und H 107 wohl erst in dessen 2. Hälfte.

Literatur
K. Engelhardt, 64.

Kleine Sämergasse 13, Hinterhaus

Fundumstände
Die Fliese wurde 1964 bei Bauarbeiten gefunden.

Baugeschichte
Unbekannt. Die Sämergasse war die Straße, durch die der Warenverkehr Speyers lief.[1] Die Fliese entstand wohl schon im 2. Drittel des 13. Jahrhunderts.

Literatur
K. ENGELHARDT, 58.
H. BERNHARD, 1978, 221.

1 K. ENGELHARDT, 58 Sämergasse = Säumergasse, eine Straße durch welche Lasttiere vom Säumer geführt werden. Es gab außerdem an der Ecke der „kitschengasse" (Kutschergasse) ein „Haus zum Säumer". Vermutlich hatte es in dieser Straße auch eine große mittelalterliche Herberge.

Haus Schulerstraße 2

Fundumstände
Bei Arbeiten an der Kanalisation wurden 1951 vor dem Haus in 1,00–2,70 m tiefen Schuttschichten zahlreiche mittelalterliche Keramikreste gefunden, darunter auch eine Bodenfliese „mit nach links schreitendem Löwen". Das Muster ist z. Z. nicht auffindbar, doch dürfte es sich um einen Typus ähnlich D 15–D 17 handeln.

Baugeschichte
Das Grundstück gehörte noch 1772 und auch früher zum Gelände des hier gelegenen St. German- und Moritzstiftes. Die Schulergasse erinnert an die 1219 erstmalig erwähnte Stiftsschule von St. German.
Die übrigen, in Speyer gefundenen Fliesen „mit schreitendem Löwen" gehören alle der 2. Hälfte des 13. Jahrhunderts an.

Literatur
B. H. RÖTTGER, Kdm Stadt Speyer, 535–538.

Haus Boiselle, Wormserstraße 30

Fundumstände
Bei Bauarbeiten wurden 1965 Bruchstücke von Tonfliesen gefunden, welche z. Zt. nicht auffindbar sind.

Baugeschichte
Das Haus kann nur im Bereich des ehem. St. Guidostiftes gelegen haben. Dieses, nach der Legende durch Kaiser Konrad 1030 gegründete Kollegiatstift lag auf einem größeren Areal auf dem St. Weidenberg (Guidoberg). Die Kanoniker lebten schon früh in getrennten Häusern, außerdem gab es eine anscheinend weiträumige Dechanei. Das Stift fiel 1839 einem Brand zum Opfer.

Literatur
H. H. RÖTTGER, Kdm Stadt Speyer, 446–454.
H. BERNHARD, 1978, 214.

Sponheim, Kr. Bad Kreuznach

Ehem. Benediktinerklosterkirche, heute kath. Pfarrkirche St. Maria und Martin

Fundumstände
Die Fliesen sind in situ im Chorjoch und in den Apsiden verlegt, die letzteren stammen aus dem Querhaus und wurden vermutlich erst bei der Restaurierung 1868–70 dorthin verbracht. Der fast quadratische, in neun Felder aufgeteilte Belag des Querhauses zeigte fünf Rosetten aus ungemusteren Fliesen (in Form einer „Würfel-Fünf" angeordnet), dazwischen vier Felder diagonal verlegter, schachbrettartig gemusterter Fliesen aus gelblichem und grauem Ton mit den Mustern R29, R30 und R32. Gerahmt wurde das Ganze von einer breiten Bordüre aus diagonal im Schachbrettmuster verlegter Fliesen, jeweils in einen Rahmen von orthogonal verlegten Fliesen eingebettet (Abb. 63). Bei der Übertragung der Fliesen in die Apsiden wurde diese Anordnung geringfügig verändert.[1] Das Chorjoch wiederholt diese Anordnung mit kleinen Abweichungen. Zur Herstellung der schmalen Bänder werden sowohl rechtwinklige Dreiecke wie Rechteckfliesen verwandt. Fehlende Teile des Belags wurden in späterer Zeit mit grob geprägten Fliesen eines Volkskunstmusters ausgeflickt.

Baugeschichte
Die Kirche des um 1044/47 durch Graf Eberhard von Nellenburg gegründeten Chorherrenstifts wurde vermutlich nach 1101 durch einen Neubau ersetzt, der bei der Weihe 1125 wohl fast vollendet war. Gleichzeitig ließ Graf Stephan von Sponheim wohl auch die Klostergebäude errichten, in die 1124 Benediktiner aus St. Alban bei Mainz einzogen. Die Kirche wurde, nach einem Brand 1156, bis gegen 1188 neu erbaut, um 1230–35 wurde ein Mittelschiffsjoch mit Kapelle angefügt und die Kirche eingewölbt. Diese Bauperiode wurde jedoch erst 1291 abgeschlossen. Nach der Aufhebung des Klosters 1565, versuchten seit 1622 Mönche aus St. Martin in Köln die Restauration des Klosters. Nach ihrer Vertreibung 1652 wurden 1687 Mönche aus St. Jakob in Mainz angesiedelt, die nach 1699 ebenfalls eine Wiederherstellung der verfallenden Gebäude betrieben. Der Fliesenboden, der zur Gruppe der Beläge mit Kreisrosetten in Pfaffen-Schwabenheim, Flonheim, Arnstein und Rommersdorf gehört, muß noch vor der Mitte des 13. Jahrhunderts verlegt worden sein. Die nicht sicher zu datierenden Flickfliesen können sowohl im 2. Viertel des 17. wie zu Beginn des 18. Jahrhunderts entstanden sein.

Literatur
W. ZIMMERMANN, Kdm Kr. Kreuznach, 381–395, 394, Abb. 292.
M. FATH, 23–28.
H. KIER, 1970, 134–135, Abb. 201–207.
G. DEHIO, Rheinland-Pfalz, 911–993.

1 H. KIER, 1970, 134.

Sprendlingen, Kr. Mainz-Bingen

Ev. Pfarrkirche, ehem. St. Michael

Fundumstände
„Bei umfangreichen Erdarbeiten (Heizungseinbau) im Chor der jetzigen Kirche fand man mittelalterliche (gotische) Fliesen aus blauem und rotem Ton mit einfachem Muster, die möglicherweise im seinerzeitigen Westeingang der vorreformatorischen Kirche lagen."[1] Die Anordnung der 1965 gefundenen Fliesen wurde nicht festgehalten.

Baugeschichte
Die heutige ev. Kirche ist ein von 1819–30 entstandener neugotischer Bau, in den nur die Untergeschosse des Turms einbezogen wurden. Über die Erbauungszeit der mittelalterlichen Kirche ist nichts bekannt, 1251 hatte das Trierer Domkapitel das Patronat inne, seit 1698 war sie Simultankirche. Die Fliesen, Eberbacher Prägungen und durch den graugrünlichen Scherben als wohl im Kloster gefertigt zu erkennen,

dürften im 3. Viertel des 13. Jahrhunderts verlegt worden sein.

Literatur

V. Karst, Zur Geschichte der kath. Kirchengemeinde Sprendlingen, 1200 Jahre Sprendlingen, W. Gauweiler (Hrsg.), Neustadt a. d. W., 1967, 35 (35–39).

K.-H. Iber, Die ev. Kirchengemeinde und die Pfarrei Sprendlingen, ebd., 41–47.

E. Landgraf, Frühgotische Bodenfliesen in St. Michael, Sprendlingen, FS der ev. Kirchengemeinde Sprendlingen-St. Johann, Rheinhessen, Sprendlingen 1980, 44.

1 K.-H. Iber, 45.

Ehem. Kirche St. Michael des abgegangenen Ortes Bettenheim

Fundumstände

Bei Rodungsarbeiten zur Anlage neuer Weinberge wurden 1972 auf dem Gelände der ehem. Kirche „verzierte Fußbodenplatten aus Ziegelstein" gefunden[1]. Die Fliesen zeigen dasselbe Muster wie die in der St. Michaelskirche in Sprendlingen.

Ortsgeschichte

In dem nördlich von Sprendlingen gelegenen, 804 erstmals erwähnten Ort Bettenheim gab es einen Fronhof des Klosters Weißenburg und einen des Altmünsterklosters in Mainz. Ein Pfarrer an der mittelalterlichen Kirche wird 1396 genannt. Das Dorf verödete durch den Wegzug der Bewohner in das sichere, befestigte Sprendlingen zwischen 1440–76. Übrig blieb der „Bettenheimer Hof" und die Kirche, die im Bauernkrieg 1525 zerstört, 1722 nochmals aufgebaut wurde. Sie diente bis 1828 zum Gottesdienst und wurde 1838 wegen Baufälligkeit abgerissen. Die Fliesen, von Beck[2] ins 14. Jahrhundert datiert, dürften eher schon in der 2. Hälfte des 13. Jahrhunderts verlegt worden sein. Es handelt sich hier um eine besonders frühe Prägung des Musters H237 mit sehr feinen Rillen.

Literatur

K. J. Hirschmann, Ausgegangene Siedlungen in der Sprendlinger Urmark, Neustadt a. d. W., 1200 Jahre Sprendlingen, 1967, 23–27.

N. Beck, Dorf mit Effenkranz, 5–15.

1 N. Beck, 5, 11, 12, Abb. 1. (Den Hinweis auf diese Fliese verdanke ich Herrn Udo Liessem, Koblenz).

2 Ebd., 13.

Staden, Gem. Florstadt, Wetteraukreis

Ehem. Wasserburg „Isenburger Schloß"

Fundumstände

Die Fliesen waren 1895[1] noch in dem zweigeschössigen Haus neben dem „Isenburger Haus" erhalten. Sie lagen im 2. Stock des Hauses in situ, vermutlich auch in dem nur über dieses Stockwerk zugänglichen Geheimgemach. Vor 1929 kamen vier Fliesen ins Historische Museum, Frankfurt und sind möglicherweise noch heute dort. Da Aufzeichnungen fehlen, ist das Muster nicht bekannt.

Baugeschichte

Die Burg wurde um 1156 durch Wortwin von Büdingen erbaut. Sie kam nach dem Austerben des Herren von Büdingen an die Linie Ysenburg-Limburg und wurde 1404 an eine Ganerbenschaft verkauft. Bauten des 12. Jahrhunderts haben sich nur als Reste erhalten. Das „Isenburger Schloß" wurde 1574 errichtet. Vermutlich stammen die Fliesen aus der Erbauungszeit, möglicherweise handelt es sich um ein Muster ähnlich H53–H56, ein in Hessen weitverbreitetes Muster. Hiervon sind verschiedene Prägungen unbekannter Herkunft im Museum Frankfurt erhalten.

Literatur

R. Adamy, Kdm Kr. Friedberg, 263–267.

K. Dielmann, 650 Jahre Stadt Staden. Der Ursprung von Burg und Stadt, Wetterauer Geschichtsbl. 2, 1953, 64–76.

Hist. Stätten IV, Hessen, 420.

G. Dehio, Hessen, 824–825.

1 R. Adamy, 1895, 267.

Stams, BH Imst, Tirol, Österreich

Zisterzienserkloster St. Johannes

Fundumstände

Die Fliesen sind heute als Belag der Heiznischen der Kamine in den Klostergebäuden verwendet. Sie wurden bei der Erneuerung des Kreuzgangs 1898 entfernt, die Fliesen der Kirche waren schon 1716 ersetzt worden.[1] Diese Fliesen waren jedoch offensichtlich ungemustert. 1972 wurde in ca. 0,42 m Tiefe zwischen dem Hochalter und den Ostapsiden der Kirche „der aus roten, hartgebrannten, zu verschiedenen Mustern zusammengefügten Ziegeln verlegte gotische Boden fast ungestört freigelegt".[2] Da der Vorgängerboden dieses Ziegelbodens aus einem Kalkmörtelestrich bestand,[3] können die Fliesen wohl nur in den Klostergebäuden verlegt gewesen sein.

Baugeschichte

Das 1273 von Elisabeth und Meinrad von Görz-Tirol zur Erinnerung an den letzten Staufer Konradin gestiftete Kloster wurde, mit Mönchen aus Kloster Kaisheim besetzt, als getreues Ebenbild des Mutterklosters nach 1275 erbaut. Die Kirche wurde 1284 geweiht, 1306 eine Hl. Blut-Kapelle hinzugefügt. Der mittelalterliche Bau blieb unverändert, bis, nach einem Brand 1593, seit 1607 Um- und Neubauten einsetzten, die sich über die 2. Hälfte des 17. bis zur Mitte des 18. Jahrhunderts hinzogen.

Die Fliesen werden von Caramelle ins 14. Jahrhundert datiert. Dies trifft vielleicht für D26 und J93 zu, wohl nicht jedoch für die übrigen Fliesen, die spätgotische Muster mit Renaissanceelementen merkwürdig mischen. Es wäre möglich, daß diese Fliesen erst nach 1536 entstanden, als das im Bauernkrieg 1525 schwer beschädigte Kloster langsam wiederhergestellt wurde. 1536 wanderten nach der Aufhebung des Klosters Bebenhausen, Mönche nach Stams aus, darunter Sebastin Lutz, der als Bursner ein Jahr die Wirtschaft leitete. Er stellte eine genaue Abrechnung der Einnahmen und Ausgaben auf, die sich erhalten hat. Hier werden zwischen 16. August 1538 und 1. August 1539 unter anderem auch 208 Fl., 53 kr, 2 pr. als Zahlungen an Handwerker erwähnt, unter denen auch ein Hafner aufgeführt wird.[4] Fliesen wie K25 nehmen das Perlstabmotiv, T31, T32 die vielfältigen Blattmuster der Fliesen Bebenhausens auf. Diese Vermutung ist nicht durch sonstige Unterlagen zu erhärten, die Übereinstimmung der Muster kann natürlich auch durch gemeinsam benützte Musterbücher entstanden sein.

Literatur
F. Paukert, Bd. 3, Taf. 13, 14.
St. Mariacher, Die Gründungsgeschichte des Klosters Stams, Tirol. Natur – Kunst – Leben 3, 1931, 45–50.
P. K. Lindner, Entwicklung des Zisterzienserstifts Stams im Rahmen der Bau- und Kunstgeschichte, ebd., 51–50.
G. Dehio, Tirol, 197–199.
M. Bitschnau, Romanik in Stams, 700 Jahre Stift Stams, 1273–1973I., Stams 1973, 11–17.
F. Caramelle, 26–29 und Abb. 15–17.
W. Köfler, 172–191.
L. Plank, Stams, Fundberichte aus Österreich 12, Wien 1973, 159.

1 Freundliche Auskunft durch Herrn Kustos Josef Ernst, Stams.
2 L. Plank, 159.
3 Freundliche Mitteilung von Frau Dr. L. Zemmer-Plank, Innsbruck.
4 W. Köfler, 185. Die Bestätigung, daß in Stams noch lange Ziegel gebrannt wurden, gibt ein 1625 dort gefertigtes und verlegtes Ziegelpflaster im „Neuen Bau", ebd., 50.

Starkenburg, Kr. Bernkastel-Wittlich

Burgruine

Fundumstände
Die ersten Fliesen fand man 1853 im Anschluß an Straßenbauarbeiten. In den 20er Jahren des 20. Jahrhunderts soll ein Teil des intakten Fliesenbodens aufgedeckt und verkauft worden sein. Fliesen und Fliesenbruchstücke kamen zwischen 1978–83 als Lesefunde in den Weinbergen unterhalb der Starkenburg immer wieder zutage.[1] Da die Fliesen zum größten Teil in Privatbesitz sind, ist nicht bekannt, wieviel verschiedene Muster gefunden wurden.

Baugeschichte
Die Burg wird 1190/92 im Besitz des Grafen Gottfried II. von Sponheim erwähnt, vermutlich wurde sie nicht lange zuvor erbaut. Sie fiel bei der Erbteilung von 1234 an die ältere Linie Sponheim und war dann Hauptsitz der „Hinteren Grafschaft". Nach dem Bau der Grevenburg über Traben-Trarbach um 1360 verlor sie an Bedeutung und wurde vermutlich nach dem Aussterben der Sponheimer Grafen 1437 ganz aufgegeben. 1567 wird sie als „altes, verfallenes Haus" bezeichnet. Die Burg hatte eine 1338 genannte Burgkapelle St. Johannes Baptista, welche von Mönchen des Zisterzienserklosters Himmerod von ihrem Hof in Traben aus betreut wurde. Die Fliesen wurden vermutlich in einer Periode des Ausbaus nach der Erbteilung zwischen 1240–60 verlegt. Ein Teil der Muster stimmt mit denen des ebenfalls von den Sponheimer Grafen gegründeten Klosters Ravengiersburg überein, D36, H236, J85 und wohl auch R39 sind Eberbacher Muster, die nicht unmittelbar aus Eberbach stammen müssen; es könnte sich hier auch um nicht mehr bekannte Fliesen aus Kloster Himmerod handeln. Da die Fliesen anscheinend nicht sehr lange oder häufig begangen wurden, haben sich hier noch die ursprünglichen Engoben in rot und weiß erhalten. Selbst bei den Fliesenböden einer solch verhältnismäßig kleinen Anlage wurde der Boden durch Farbwechsel (weiß, rot, grau) belebt.

Literatur
H. Vogts, Kdm Kr. Zell, 293-294.
Hist. Stätten V, Rheinland-Pfalz/Saarland, 363.
G. Dehio, Rheinland-Pfalz, 997.

1 Alle Angaben zu den Fliesen und den Funden verdanke ich Herrn Helmut Wendhut, Traben-Trarbach.

Steckenroth, Gem. Hohenstein, Rheingau-Taunus-Kreis

Ev. Pfarrkirche

Fundumstände
Die Fliesen „Fußbodenfliesen mit eingepreßten Mustern, 16. Jh." waren 1880 noch vorhanden. Sie müssen zwischen 1880 und 1914 verschwunden sein, denn Luthmer, der stets alle vorhandenen Fliesen erwähnt, nennt sie (im Gegensatz zu denen in der Kirche von Holzhausen) nicht mehr. Die Muster waren unbekannt. Sie fanden sich inzwischen im Handexemplar von Schneider als Zeichnungen.

Baugeschichte
Erhalten hat sich ein spätgotischer Chor und ein 1791 erbautes Schiff. Die Fliesen, analog zu den übrigen Fundorten des Musters H32 wohl im letzten Jahrzehnt des 15. Jahrhunderts geprägt, stammen vermutlich aus dem Chorneubau. Die von Schneider flüchtig skizzierte Fliese H233 (?)[1] läßt auf einen früheren Boden aus der 2. Hälfte des 13. Jahrhunderts schließen. Für die 1451 erstmals erwähnte Kirche wäre damit eine frühere Entstehung als die bisher vermutete „um 1400" anzunehmen.

Literatur
W. Lotz, F. Schneider, Kdm Reg.-Bez. Wiesbaden, Zeichnungen neben S. 410 und 411.
F. Luthmer, Kdm Reg.-Bez. Wiesbaden V, 186.
G. Dehio, Hessen, 828.
W. Beyweihs, Steckenroth und seine Kirche, FS zum 600jährigen Jubiläum am 8./9./10. Juli 1967 anläßlich der Verleihung der Stadtrechte an die Gemeinde Steckenroth im Jahre 1367, Steckenroth 1967, 35–36.

1 H233 (und Varianten), ursprünglich Muster des Klosters Eberbach, muß nicht unmittelbar von dort vermittelt worden sein. Die Kirche von Steckenroth war Besitz der Benediktinerabtei Bleidenstadt. Dort fanden sich neben Eberbacher Mustern auch solche (S14), die eher auf eine Herkunft aus Worms weisen.

Stein am Rhein, Kt. Schaffhausen, Schweiz

Ehem. Benediktinerkloster St. Georgen

Fundumstände
Die Herkunft der Fliesen des Klosters ist kaum noch mit Sicherheit zu klären. Fest steht, daß das Kloster mittelalterliche Fliesen besaß. Bei Umbauten in jüngster Zeit kamen die Muster H142 und H220 zutage, das Muster M36 war schon vor Beginn der Restaurierungsarbeiten bekannt.[1] Frauenfelder erwähnt die Zerstörung des Fußbodens durch die Einquartierung der städtischen Schule (1834–52) und einer Seidenfabrik (nach 1858). Original ist der Fußboden einer Zelle des Dor-

mitoriums (Raum 25). Im Festsaal wurden Bruchstücke des ehem. Fliesenbodens 1909 unter den Bodenbrettern aufgedeckt. Es handelt sich um „rautenförmige gemalte und gebrannte Fliesen in grün, braun und weiß mit Blümchen in den Ecken".[2] Die Scherben ließen sich anscheinend nicht genau rekonstruieren. Original sind ferner die in der Vorhalle des Dormitoriums verlegten Fliesen. Vetter erhielt sie wohl von Münsterbaumeister von Beyer.[3] Nach Ulmer Vorlagen wurden die Kopien gefertigt, die im Vorraum des Refektoriums liegen. Exakte Kopien sind C42 und D46. Der Drache F74 müßte, wenn er aus Ulm stammt, nach 1862 gefunden worden sein, da ihn Haßler noch nicht abbildet.

A27 ist die geschickte Erfindung von Vetter. Durch geringfügige Zutaten (Nimbus, Kreuz im Schild) wurde die Reiterfliese A25 in einen Hl. Georg verwandelt. Für U13 wurde die 1893 von Paukert veröffentlichte Fliese K26 aus Stams verwandt.[4] Statt des Blattfrieses wurde ein Schriftband eingefügt. Schwieriger zu entscheiden ist, ob U12 ebenfalls nur aus der Ulmer Fliese H142 entwickelt wurde. Die Fliesen des Vorraums sind Kopien nach Fliesen des Museums in Schaffhausen.[5] Die Fliesen des alten Refektoriums sollen aus dem Barfüßerkloster in Bern stammen[6]. Im Schlafzimmer des Abtes David liegen ebenfalls Originalfliesen, „eine Anzal meist aus Ulm stammender Tonplättchen"[7]. Dieser Zustand wurde durch die Restaurierungen der letzten Jahre inzwischen nochmals verändert. Die 1958 noch erhaltenen Fliesenkopien des Raumes 3 im Erdgeschoß wurden inzwischen entfernt, ebenso die Kopien des Musters B59, für die anscheinend eine Prägung des Klosters Frienisberg als Vorlage gedient hatte. Über die Fliesen des Kaiser-Heinrich-Zimmers, „... der Fußboden des Gemaches war ... einst ein Fliesenboden" konnte nichts in Erfahrung gebracht werden.

Baugeschichte

Das um 966 durch Herzog Burkhart II. von Schwaben und seiner Gemahlin Hadwig auf dem Hohentwiel gegründete Kloster wurde vor 1007 nach Stein verlegt. Zur mittelalterlichen Baugeschichte fehlen Urkunden. Die ersten gotischen Umbauten begannen unter Abt Konrad II. Goldast (1383–1412) und wurden unter seinen Nachfolgern, den Äbten Johannes I. Send (1413–44), Johannes II. Singer (1444–60) und Jodokus Krumm (1460–90) weitergeführt. Unter dem letzten Abt des 1525 aufgehobenen Klosters, David von Winkelsheim (1499–1525) wurde die prächtige Ausstattung der Räume vollendet. Raum 15, eine dem Dormitorium vorgelagerte Halle, entstand in ihrer heutigen Ausdehnung 1614 unter dem Klosteramtmann Hans Ulrich Stadler. Wie lange im Kloster noch Fliesen verlegt wurden, zeigt eine große Fliese mit Schlingornamenten und der Jahreszahl 1670. Nach 1803 ging das Kloster aus der Hand der Stadt Zürich in wechselnden Privatbesitz über, wurde 1875 von der Familie Vetter erworben und durch Prof. Ferdinand Vetter[9] allmählich restauriert. Dabei mischte Vetter, ein von seiner Idee, den alten Glanz des Klosters wiederherzustellen, Besessener, geschickt Echtes mit Falschem. Er kaufte aus aufgelassenen Kirchen und Häusern, sowie auf dem Kunstmarkt Bauteile und Einrichtungsgegenstände, andere, wie z. B. den Kachelofen der Landesfürstlichen Burg in Meran ließ er mit großer Sorgfalt kopieren,[10] so daß es heute teilweise schwer fällt, dieses Gemisch aus Dichtung und Wahrheit zu entwirren.

Die Originalfliesen des Raumes 25, deren Muster sich außerdem in der Klosterkirche Allerheiligen in Schaffhausen fanden, wurden vermutlich während der Amtszeit des Abtes David von Winkelsheim verlegt, H220 und M36, beide auch in Kloster Alpirsbach gefunden, wohl im 4. Viertel des 15. Jahrhunderts. Des Klosters Ziegelhaus beim Kirchhof wird schon 1335 erwähnt.[11] Für das 16. Jahrhundert haben sich Amtsrechnungen erhalten, in denen auch die Zahlungen für gelieferte Fliesen enthalten sind.[12]

Literatur

F. Vetter, Das St. Georgenkloster, historisch-artistische Schilderung, Basel und Stein am Rh. 1884.

ders.: Klosterwerk. Ms. im Besitz der Gottfried-Keller-Stiftung, Zürich (Auszüge mit freundlicher Genehmigung von Herrn Dr. Hugo Wagner, Zürich).

R. Rahn, 1889, 250–260 und 278–280.

R. Frauenfelder, Kdm Bez. Stein am Rh. 43ff. 152, Abb. 200.

H. Waldvogel, Die Bauregesten des Klosters St. Georgen in Stein am Rhein, Ber. der Gottfried-Keller-Stiftung, 1973, 8–81.

---

1 R. Rahn, 1889, 259: „Eine einzige Zelle in der N.O.-Ecke ist noch in ihren ursprünglichen Abmessungen erhalten. Der Boden ist mit Backsteinfliesen belegt, die sich zu einer goth. Musterung von Rundpässen mit Eichenblättern verbinden. Dieselben Fliesen finden sich in Alpirsbach."

2 F. Vetter, 91.

3 Der Münsterbaumeister A. v. Beyer wirkte ab 1890 bei der Restaurierung des Klosters mit. Zwischen der Veröffentlichung des Werkes von Haßler über „Schwäbische Fliesen" 1862 und 1890 wurden z. B. 1876 „eine große Anzahl Fliesen" im Sammlungsstift gefunden, deren Muster nicht mehr veröffentlich wurden (Ulm-Oberschwaben 1, 1876, 12). Dies wird nicht der einzige Fund gewesen sein. Es ist deshalb möglich, daß neue, zuvor in Ulm noch nicht gefundenen Muster sofort nach St. Georgen kamen und dort möglicherweise als Vorlage für F74 dienten.

4 F. Paukert, Bd. 3, Blatt 13.

5 F. Vetter, 32.

6 Ebd., 230, Altes Refektorium und Vorraum. „Auch von dem alten Fußboden ist keinerlei Rest geblieben; er war aber ziemlich sicher in der heute durch Auffüllen wiederhergestellten Höhe mit Tonplatten belegt." Ein neuer Boden „ist aus Tonfliesen erstellt worden". Anm. Sie stammen aus dem ehem. Barfüßerkloster in Bern.

7 Ebd., 191.

8 Ebd.

9 R. Frauenfelder, 1958, 91, Anm. 2: „Vetters nach heutigen Begriffen der Denkmalpflege bisweilen fragwürdige Renovationen waren dem damaligen Zeitgeschmack verhaftet. An manchen Stellen täuschten unechte „Originale" die vormaligen echten vor und nicht wenige, von auswärts geholte Objekte geben sich dem Uneingeweihten als Klosterdinge aus."

10 K. Strauss, 1966, 42. Den Ofen brannte der Hafner Josef Keiser, Zug, um 1900.

11 H. Waldvogel, 9.

12 H. Waldvogel, 34, 1566 wird Meister Nikolaus Henseler erwähnt, der „den boden mit brennten steinen bsetzt hat". Der Boden auf dem Neuen Haus wird 1613 „mit Ziegelblättlinen bsetzt" (ebd., 54), 1614 werden nochmals 1650 Besetzblatten geliefert und der Boden im Amtmannssaal damit belegt (ebd., 55). Es geht aus der Rechnung nicht hervor, ob es sich um gemusterte Platten handelt. Für das Jahr 1670, in dem Fliesenherstellung durch das eingeprägte Datum belegt ist, sind keine Bauarbeiten erwähnt, 1671 werden jedoch nochmals 250 Bsetzblatten von dem Ziegler Isac Böschenstein geliefert (ebd., 80).

Steinau a. d. Straße, Main-Kinzig-Kreis

Schloß

Fundumstände

Die Fliesen befinden sich in situ vor den Fenstern des „Gästesaals", andere wurden vor 1900 entfernt.

Baugeschichte
Die vermutlich durch die Abtei Fulda gegründete, 1290 unter Graf Ulrich von Hanau ausgebaute Burg, wurde 1528–56 als hanauischer Witwensitz durch Baumeister Asmus um- und neuerbaut. Die Fliesen stammen wahrscheinlich aus dieser Zeit des Umbaus. J120 könnte schon zu Ende des 15. Jahrhunderts geprägt worden sein, ein Wappenstein mit der Jahreszahl 1479 weist ebenfalls auf bauliche Veränderungen.

Literatur
G. Dehio, Hessen, 829–830.
Hist. Stätten IV, Hessen, 425–426.

Steinbach, Kr. Erbach, Hessen

Einhardsbasilika

Fundumstände
Bei den Restaurierungsarbeiten in der Kirche wurde 1884 nach Wegräumen des Schutts im Kircheninnern, in der Vorhalle ein Teil des mittelalterlichen Fliesenbodens aufgedeckt. Dieser war jedoch so mürbe, daß er bei Berührung zerfiel. Es fanden sich Fliesen des Musters D1, während H216 im Südwestteil des Vorhofes gefunden wurde.[1] Bei einer weiteren Grabung 1939 fand sich das Bruchstück einer römischen Wandfliese, bei Entwässerungsarbeiten kam 1968 ein Bruchstück des Musters W98 zutage.[2]

Baugeschichte
Die nach 821 durch Einhard begonnene, 827 vollendete Kirche wurde nach dem Tode Einhards an Kloster Lorsch gegeben, welches 1073 dort eine Benediktinerpropstei einrichtete. Bauarbeiten sind für die Regierungszeit Abt Heinrichs I. von Lorsch (1153–67) belegt. In dieser Zeit wurden vermutlich die Fliesen D1, die außerdem in Burg Hain und Kloster Ilbenstadt gefunden wurden, verlegt. Die Propstei wurde 1232 in ein Frauenkloster umgewandelt und 1539 aufgehoben. Graf Eberhard von Erbach richtete 1542 darin ein Hospital ein, seit dem 17. Jahrhundert wurden Kirche und Kloster teilweise niedergelegt oder als Scheunen benutzt. Die von Adamy in die Zeit um 1500 datierte Fliese H216 dürfte im 13. Jahrhundert entstanden sein, entweder bei Umbauten nach 1232 oder zur selben Zeit, als die Arkaden des Mittelschiffs vermauert wurden[3].
Eine sichere Datierung der Fliese W98 ist nicht möglich.

Literatur
F. Schneider, Die karolingische Basilika zu Steinbach-Michelstadt, Nass. Ann. 13, 1874, 99–122.
R. Adamy, 1885, 25 und Taf. 4, 26, Abb. 23.
O. Müller, Die Einhartsbasilika zu Steinbach bei Michelstadt im Odenwald, Seligenstadt 1937.
G. Dehio, Hessen, 830–833.
Ph. Buxbaum, 38.

1 R. Adamy, 1885, 26, erwähnt unter den Fliesenfunden „eine rechteckige und zwei quadratische. Die rechteckigen Fliesen haben ein Format von 31 × 15 cm ... Die ersten beiden Sorten sind aus rotem Thon gebrannt." Diese rechteckige Fliese ist nicht mehr aufzufinden.
2 Freundliche Mitteilung von Frau Irmgard Spieß, Bensheim.
3 G. Dehio, Hessen, 778. Vermauerung der Arkaden bald nach 1300. Adamy stützt seine Datierung von H216 auf den gleichzeitigen Fund eines Hellers, dessen Prägung er um 1500 annimmt. Nach Mitteilung von Frau Spieß fanden sich dieselben Münzen erneut bei Entwässerungsarbeiten 1968. Sie konnten einwandfrei in das Ende des 13. Jahrhunderts datiert werden.

Steingaden, Kr. Weilheim-Schongau

Ehem. Prämonstratenser-Klosterkirche St. Johannes Baptista

Fundumstände
Fliesen des Musters N38 fanden sich als Fußboden im Glokkenhaus der Abteikirche. In der St. Annakapelle des Nordwestturms liegen Reste eines Fliesenbodens vom Muster K24. Weitere Fliesen dieses Musters wurden vermutlich bei der Restaurierung 1863 entfernt. 1861 wurden 70 Fliesen, die einem neuen Kirchenpflaster weichen mußten, dem Bayerischen Nationalmuseum in München übergeben. Sie zeigen auf weißer Zinnglasur Muster in zartem Kobaltblau.[1] Vor 1882 barg man aus einem nicht mehr bekannten Raum die Fliese ZE5, bei welcher das Muster in weißem Pfeifenton aufgetragen und durch Bleiglasur geschützt ist.

Baugeschichte
Das 1147 von Herzog Welf VI. von Bayern gestiftete Kloster wurde mit Prämonstratensern aus Kloster Rot an der Rot besiedelt. Zur Erbauung der Klostergebäude fehlen Urkunden, die 1176 geweihte Kirche wurde unter Abt Kaspar Suiter (1456–91) umgebaut. Er ließ auch die Vorhalle erbauen, die ursprünglich drei Kapellen besaß. Das Mittelschiff der Kirche wurde 1660–70 eingewölbt und 1740–50 barock umgestaltet. Das Kloster wurde 1525, 1646 und wohl auch 1402 in Brand gesteckt. Bezeugt sind eine 1255 geweihte Marienkapelle neben dem Kapitelsaal und eine nach 1167 erbaute Johanneskapelle, die 1511 auf den Friedhof übertragen wurde. Die Klostergebäude wurden 1919 abgebrochen, ein Flügel des Kreuzgangs blieb erhalten.
Das Muster der Fliese N38 weist ins 13. Jahrhundert, K24, welche sich außerdem in der Landesfürstlichen Burg in Meran fand, dürfte aus der Zeit des gotischen Umbaus stammen und im 4. Viertel des 15. Jahrhunderts entstanden sein. Das Stift hatte ausgedehnte Ländereien in Südtirol und im Etschtal. Dadurch wird die Übernahme oder Weitergabe des Musters K24 erklärt. Die Herkunft der Fliesen mit Zinnglasur ist noch nicht vollständig geklärt, neue Untersuchungen von Rückert[2] und Lösche lassen eine Fertigung in Diessen als möglich erscheinen.

Literatur
A. Demmin, 55, Nr. 548.
M. Hartig, 18–27.
S. Hoffmann, 21ff.
F. Ringmeier, Die ehem. Klosterkirche in Steingaden, München 1950.
G. Dehio, München und Oberbayern, 1132–1134.
N. Backmund, 194–198.
R. Rückert, Beiträge zur Dießener Keramik. Ein Fayencekrug vom Ammersee aus dem Jahre 1676, Kunst & Antiquitäten 6, 1984, 20–28, 24, Abb. 5.
W. Lösche.

1 R. Rückert, 24. A. Demmin, 55, Nr. 548.
2 R. Rückert, 20–28. W. Lösche.

Stockach, Lkr. Konstanz

Kath. Pfarrkirche Mariae Himmelfahrt und St. Oswald

Fundumstände
Die Fliesen fanden sich beim Ausheben der Fundamente für die neue Kirche 1931.

Baugeschichte
Die 1933 erbaute Kirche geht im Unterbau auf eine von Meister Heinrich Kilchenmurer 1402 erstellte Anlage zurück. Diese war seit Mitte des 11. Jahrhunderts im Besitz des Benediktinerklosters Allerheiligen in Schaffhausen. Vermutlich wurden die Fliesen jedoch nicht schon um 1410 (Vollendung des Chores), sondern eher gegen Ende des 15. Jahrhunderts verlegt. Für diese Zeit sind jedoch keine Nachrichten über Umbauten überliefert. Ein Brand 1638 und erneut 1704 machte einen 1708–17 errichteten Neubau notwendig. Die Fliese ist ein interessantes Beispiel für einen seitenverkehrten Nachschnitt, der Fundort der Vorlage ist jedoch nicht mehr bekannt (Kloster Hirsau?).

Literatur
F X. Kraus, Kdm Kr. Konstanz, 476–477.
G. Dehio, Baden-Württemberg, 462.
H. Schnell, Pfarrkirche Stockach im Hegau, München 1974, 2–18.

Stolzenberg, Gem. Bayerfeld-Steckweiler, Donnersbergkreis

Verschwundene Burg nahe Obermoschel

Fundumstände
Unbekannt. Eine Fliese kam nach 1868 ins GNM Nürnberg, die übrigen Fliesen wurden als Lesefund in unbekannter Zeit geborgen und in eine Altarwand der kath. Pfarrkirche in Bayerfeld eingelassen.

Baugeschichte
Die heute ganz verschwundene, vermutlich in der Mitte des 12. Jahrhunderts erbaute Burg, war Reichslehen und wird 1256 im Besitz des Raugrafen Konrad erstmals erwähnt. Sie kam Ende des 14. Jahrhunderts an Kurpfalz und wurde nach Gärtner 1471 von Kurfürst Friedrich dem Siegreichen verbrannt und bis auf die Grundmauern abgetragen. Ein Teil der Burg wurde 1515 an Graf Alexander von Zweibrücken verkauft; es gibt jedoch keine Nachrichten, daß dieser die Burg wieder aufbaute. Für einen, möglicherweise begrenzten Wiederaufbau spricht die Fliese K23, deren Muster eher ins frühe 17. Jahrhundert weist[1]. Selbst wenn der typischen, für eine Tulpe sprechenden Blattform keine Bedeutung zugemessen wird, so kann die Fliese jedoch kaum vor Ende des 15. Jahrhunderts entstanden sein. J43, J76 und wohl auch R8 sind Muster des Klosters Eberbach. Sie wurden vermutlich bei Um- oder Ausbauarbeiten unter den Raugrafen in der Mitte oder der 2. Hälfte des 13. Jahrhunderts verlegt.

Literatur
P. Gärtner, 42–47.
W. Bornheim, gen. Schilling, 1964, Bd. 1, 259.
G. Dehio, Rheinland-Pfalz, 79.
E. Zepp, Burg Stolzenberg im Alsenztal, Donnersberg-Jb. 6, 1983, 103–108.

1 Auch E. Zepp, 107, schreibt: „... dennoch schien man in der nachfolgenden Zeit einige Teile des Burgareals wieder aufzubauen und herzurichten, um sie wenigsten bewohnbar zu machen".

Straßberg, Kt. Bern, Schweiz

Burgruine

Fundumstände
Fliesen von Burg Straßberg waren, in vier verschiedenen Mustern, schon vor 1823 bekannt, gingen jedoch wieder verloren. Bei weiteren Ausgrabungen von Privatpersonen kamen 1849 und 1887 neue Fliesenmuster zum Vorschein. Diese waren teilweise stark zerstört, die Rekonstruktionen erfolgten oft nicht sehr genau, so daß es zu falschen Ergänzungen kam. Bei neueren, systematischen Grabungen seit 1949 wurden erneut zahlreiche Fliesen und Fliesenbruchstücke gefunden.[1] Diese lagen vor allem auf der Ostseite des Burghügels.

Baugeschichte
Die wohl schon um 1000 errichtete Burg der Herren von Straßberg kam zu Beginn des 13. Jahrhunderts in die Hände der Grafen von Neuenburg. 1236 wird sie als „in Trümmern liegend" bezeichnet. Sie scheint jedoch danach nochmals aufgebaut worden zu sein, da sie 1317 erneut erwähnt wird. Das schon 1364 ausgestorbene Geschlecht verlegte wohl schon vor 1300 seinen Wohnsitz in das zu Füßen der Burg liegende Städtchen Büren und scheint die Burg dem Verfall preisgegeben zu haben. Die Ruinen wurden erst nach einem Großbrand der Stadt Büren 1754 als Baumaterial abgetragen. Die Fliese F3 geht vermutlich auf eine Vorlage ähnlich F2 aus St. Fides, Schlettstadt zurück. Da kein kunstvoller Boden mehr verlegt wurde, prägte man den Achteckmodel in eine qadratische Fliese. Dies gilt auch für F147 und für die schmalen Rechteckmodel von A11 und E23. Diese Fliesen dürften noch vor der Zerstörung der Burg im späten 12. oder frühen 13. Jahrhundert geprägt worden sein. Einige Model, die auf spätere Entstehung hinweisen (M23, S44) könnten aus einer Zeit des Wiederaufbaus im 13. Jahrhundert stammen. Zur abweichenden Datierung bei Schnyder vgl. Text S. 31.

Literatur
H. Zeller-Werdmüller, 113, Taf. 10.
Ders., Fliesen aus Straßberg, ASA 21, 1888, 10–11.
L. Gerster, 1916, 204–208, Taf. 15.
P. Aeschbacher, 69–70.
W. Stotzer, 14–16.
R. Schnyder, 1958, 34–35, 96, Anm. 168 und 169.

1 Da die Fliesen, auch in jüngster Zeit immer wieder von privaten Ausgräbern geborgen wurden, gelang es nicht, den gesamten Musterbestand aufzufinden. In Straßberg wurden außerdem, ähnlich wie in St. Urban, wechselnde Muster zu Fliesenbildern vereinigt. Die neuesten Funde sind noch nicht publiziert.

Straßburg/Strasbourg, Bas-Rhin, Frankreich

St. Magdalenenkirche, Place St^{e}-Madeleine

Fundumstände
Die Fliesen wurden beim Neubau der Kirche 1904 gefunden. Die Muster werden als „Eichblatt, Lanzettblätter, Rosetten usw.[1]" bezeichnet und sind nicht auffindbar.

Baugeschichte
Die Kirche des um 1225/27 gegründeten Reuerinnenklosters vor dem Judentor wurde 1475 bei den Kämpfen gegen Karl den Kühnen abgebrochen und innerhalb der Stadt neu erbaut.

Das Kloster wurde 1789 aufgehoben, die Kirche 1904 durch Brand zerstört. Die Fliesen können wohl nur um 1485 entstanden sein.

Literatur
F. X. Kraus, Kdm Elsaß-Lothringen I, 339–341.
M. Barth, Sp. 1375–1380.
W. Hotz, Kdm Elsaß und Lothringen, 232–233.

1 Diese und die meisten übrigen Angaben zu Fliesenfunden in Straßburg stammen aus dem Eingangsinventar des Frauenhaus-Museums Straßburg.

Prot. Pfarrkirche St. Nikolaus/St-Nicolas

Fundumstände
Unbekannt. Da der Architekt Salomon, dessen heute verschollene Fliesensammlung Kraus erwähnt,[1] 1905 die Sakristei erbaute und andere Umbauten vornahm, fand er möglicherweise während dieser Bauarbeiten Fliesen. Bei der Restaurierung 1947 wurde in der Nordostecke des südlichen Anbaus und entlang der Südmauer des früheren Chors ein Fliesenboden in situ aufgedeckt. Die Muster werden mit „Löwen, Kentauren, Tauben etc." angeben (D 7, D 78, E 60, F 7), leider wurden nicht alle Muster festgehalten.[2] Czarnowsky erwähnt Fliesen mit Tierdarstellungen.[3]
Im Chor fand sich ein Fliesenboden, der von Bordüren des Musters W 2 gerahmt war.[4] Czarnowsky bildet ferner einen Boden ab, welcher im Schachbrettmuster Quadrate zeigt, in die ein andersfarbiges Fliesenquadrat eingelassen war.[5] Die Rahmen waren abwechselnd gelblich und rot, die Füllungen schwarzgrau. Es könnte sich natürlich um abgelaufene Fliesen des Musters W 80 handeln, zumal dieses Muster bei den anderen Fliesenböden dieser Gruppe dazugehört.[6]

Baugeschichte
An die 1182 durch Walter den Spender, teilweise auf römischen Mauerzügen, errichtete Kirche wurde um 1230 an der Südseite des Turmes eine Vorhalle angebaut. Der nach dem Pestjahr 1381 erfolgte Umbau erweiterte das Langhaus nach Westen. Durch Meister Diebold Mösung wurde 1454 ein nördliches Seitenschiff angefügt und ein größerer Chor errichtet. Teile dieser Umbauten wurden im 16. und 17. Jahrhundert wieder beseitigt.
Die Fliesen wurden mit denselben Modeln geprägt wie die der ehem. Dompropstei in Mainz, von St. Paulus in Worms und des Prämonstratenserklosters Brunnenburg (vgl. Text S. 106–107 und Musterkat. unter D 7). Nach dem heutigen Stand der Funde ist St. Nikolaus, Straßburg (oder das Benediktinerkloster Altdorf) der südlichste Ort, an welchem eine Werkgruppe übereinstimmende Fliesenböden verlegte. Will datiert den Boden in den Beginn des 13. Jahrhunderts. Dies dürfte vermutlich etwas zu früh sein, da dann zwischen Straßburg und den Böden in Worms (nach 1231) und Mainz (um 1250) eine zu große Zeitspanne entsteht. Eine Verlegung des Fliesenbodens im 1. Drittel des 13. Jahrhunderts erschiene glaubhafter.

Literatur
Th. Gerold, Geschichte der Kirche St. Nikolaus in Straßburg. Ein Beitrag zur Kirchengeschichte Straßburgs quellenmäßig bearbeitet, Straßburg 1904, 1–9, 95–99.
R. Schwarz, Zur Baugeschichte der Leutkirche St. Niklaus in Straßburg, Elsaß-Lothringisches Jb. 6, 1927, 177–193.
Ch. Czarnowsky, 15–17, Abb. 15 und 17.
M. Barth, Sp. 1472–1476.
J. J. Hatt, R. Will.

1 F. X. Kraus, Bd. 1, 571. E. Salomon besaß eine Slg. „mittelalterlicher Bodenfliesen, zum Teil sehr schön und vielleicht dem 13. Jahrhundert angehörend". Es ließ sich nicht ermitteln, wohin diese Fliesen gelangten. Aus der Slg. ist nur ein Muster bekannt, J 79 (R. Forrer, 1901, Taf. 7, 6), das jedoch schwerlich aus dem Elsaß stammen dürfte. Es ist ein aus zahlreichen anderen Fundorten bekanntes Muster des Klosters Eberbach.
2 J. J. Hatt, R. Will, 194.
3 Ch. Czarnowsky, 17.
4 J. J. Hatt, R. Will, Plan 2, 196. – Ch. Czarnowsky, 15, Abb. 15.
5 Ch. Czarnowsky, 16, Abb. A–E.
6 Für alle Auskünfte über diesen Fliesenboden danke ich Herrn Robert Will, Straßburg, herzlich.

Ehem. Stiftskirche Jung St. Peter/ St-Pierre-le-Jeune Kleine Kirchgasse und St. Leostraße

Fundumstände
Bei Anlage der Kanalisation wurde 1903 die Fliese D 59 in der „Kleinen Kirchgasse", 1900 das Muster B 32 in der St. Leostraße gefunden. Beide Fundorte liegen in unmittelbarer Nähe der Kirche Jung St. Peter, die Fliesen gehören offensichtlich einem Boden an. Es könnte sich um aus St. Peter verworfene Fliesen oder um solche aus Häusern des Stifts handeln. Die Kleine Kirchgasse hat sieben Häuser, die St. Leostraße vier Häuser und die Kirche Jung St. Peter.

Baugeschichte
Die Kirche des als Schottenkloster gegründeten Stifts wurde wohl ab 1031 erneuert und ab 1290 neu erbaut. In diesen Neubau wurde das Untergeschoß des Turmes und der zu Ende des 12. Jahrhunderts schon mit Backsteinen aufgemauerte Westturm übernommen. An die 1320 geweihte Kirche wurde 1360 die Johanneskapelle von Wilhelm von Marburg angefügt, die Trinitätskapelle 1491–94 durch Hans Hammer erbaut. Vom Kreuzgang haben sich drei Flügel des 11. und und ein Flügel des 14. Jahrhunderts erhalten. Die Fliesen B 32 und D 59 würden sich sehr gut in einen um 1320 verlegten Boden fügen, eine Herkunft aus der Johanneskapelle wäre ebenfalls noch denkbar. F 19 dürfte dagegen eher im 2. Drittel des 13. Jahrhunderts entstanden sein.

Literatur
A. Seyboth, 1890, 3.
A. Seyboth, Adreßbuch Straßburg 1908, Bd. 3, 98, 122–123.
M. Barth, Sp. 1397–1403.

Ehem. Damenstiftskirche St. Stephan/ St-Étienne

Fundumstände
Unbekannt, vor 1901 gefunden. Möglicherweise wurden die Fliesen entdeckt, als die wechselweise als Tabakmagazin, Synagoge und Theater benutzte Kirche 1853 wieder für kirchliche Zwecke eingerichtet und restauriert wurde.

Baugeschichte
Die Kirche des zu Beginn des 8. Jahrhunderts durch Herzog Adalbert († 722) gegründeten Klosters wird zu Anfang des 9. Jahrhunderts erstmals erwähnt. Sie wurde nach 1172 durch einen Neubau ersetzt, um 1210–30 müssen nochmals Umbauten stattgefunden haben. Für das 15. Jahrhundert, in der der

Fliesenboden verlegt worden sein muß, sind keinerlei Baunachrichten überliefert. Nachdem das Westwerk der Kirche schon 1802 teilweise abgerissen wurde, fiel sie bis auf Querhaus und Apsiden 1944 einem Bombenangriff zum Opfer. Die grobe Prägung weist auf späte Entstehung, Forrer datiert die Fliese „um 1400", sie kann jedoch auch noch zu Ende des 15. Jahrhunderts entstanden sein.

Literatur

F. X. Kraus, Kdm Elsaß-Lothringen I, 517–522.
R. Forrer, 1901, Taf. 17, 1.
J. Walter, L'église St.-Étienne, Arch. Alsaciennes 6, 1929, 1–14.
X. Ohresser, L'église St.-Étienne de Strasbourg, Straßburg 1935.
R. Kautzsch, 284–287.
M. Barth, Sp. 1485–1501.
H. Haug, R. Will, 29–41.

Ehem. Stiftskirche St. Thomas, Kapitelhäuser, Place St-Thomas

Fundumstände

Die Angabe, daß im September 1902 auf dem „Thomasplatz eine romanische Bodenfliese mit schreitendem Hirsch und eine Adlerfliese gefunden wurden", ist nicht ganz korrekt. Diese wurden beimn Abbruch der Häuser Thomasplatz 9–10 gefunden, die Aufschrift auf der Rückseite der Fliese: „Römer" deutet auf Nr. 10.

Baugeschichte

Das Haus Thomasplatz 9 „Zu dem Hanekrote" wird 1398 als Kapitelhaus von St. Thomas genannt., Nr. 10, „Zu dem Römer" 1362. Beide Häuser waren damals noch ein Gebäude und wurden erst später aufgeteilt. Über die Baugeschichte der Häuser ist nichts bekannt. Es ist möglich, daß dort dieselben Fliesen lagen wie in St. Thomas.[1] Die Fliesen stammen aus einer Straßburger Werkstatt, die vermutlich zu Ende des 13. und in der 1. Hälfte des 14. Jahrhunderts arbeitete und die auch die Fliesen in den Häusern Blauwolkengasse 21 und Stephansgasse 3 verlegte[2].

Literatur

A. Seyboth, 1890, 105.
J. Ficker, I, Taf. 40, 6.

1 Zur Baugeschichte von St. Thomas vgl. M. Barth, Sp. 1503–1514. Das Langhaus wurde zu Beginn des 14. Jahrhunderts zu einer gotischen Halle umgebaut, dies ist vermutlich der Zeitraum, in dem die Fliesen entstanden.

2 M.-D. Waton, Strasbourg, Saint-Thomas, 59, 122, 235–238. Grabungen legten 1988–89 in unmittelbarer Umgebung der Kirche (Rue Jean Sturm) einen wohl zwischen Ende des 13. und Beginn des 14. Jahrhunderts genutzten Töpferofen frei.

Blauwolkengasse/Rue de la Nuée bleue, Häuser Nr. 17–19, 21

Fundumstände

1899 wurde in der Blauwolkengasse 21 ein Fliesenboden in situ aufgedeckt. Die Anordnung der Fliesen wurde nicht festgehalten. Bei einigen Fliesen der Muster B 30 und F 123 hatte sich die rote Niellierung in den Rillen erhalten. Von F 123 fanden sich außerdem Fliesen mit grüner Glasur.[1]

1905 wurden beim Bau der „Neuesten Nachrichten" ebenfalls Fliesen derselben Muster entdeckt. Die „Neuesten Nachrichten" wurden auf den Grundstücken Blauwolkengasse 17–19 erbaut. Es darf angenommen werden, daß dieser Boden zu einem größeren mittelalterlichen Gebäude gehörte, welches sich über das Areal dieser drei Häuser erstreckte.

Baugeschichte

Seyboth verzeichnet 1890 in der Blauwolkengasse nur drei Häuser (1, 3, 5), zur Baugeschichte der Häuser 17–21 gibt es keine Unterlagen. Das Haus Nr. 25 ist der ehem. 1725 neu erbaute Dompropsthof. Es ist möglich, daß die umliegenden Häuser im Mittelalter ebenfalls geistlicher Besitz waren. Der Boden ist nicht sicher zu datieren. Prägung und Muster weisen noch ins Ende des 13. Jahrhunderts, die eingestreuten grünglasierten Fliesen in die 1. Hälfte des 14. Jahrhunderts.

Literatur

A. Seyboth, 1890, 7–8.
R. Forrer, 1901, 74, Abb. 168–172.
A. Seyboth, Adreßbuch Straßburg 1908, Bd. 3, 24–25.

1 R. Forrer, 74.

Haus Brandgasse 4/Rue Brûlée 4

Fundumstände

Bei Kanalisationsarbeiten wurden im Jahre 1900 Fliesenbruchstücke mit Eichblattmuster gefunden.

Baugeschichte

Bei Seyboth gibt es für die Brandgasse keine geraden Nummer. 1785 trug jedoch die spätere Nr. 7 die Nr. 4. Dieses Haus wird 1466 als Hof des Claus Wingersheim erstmals erwähnt, 1536 wohnte dort der Maler Hans Baldung gen. Grien. Die Fliesen sind späte Prägungen, vermutlich im 16. Jahrhundert, möglicherweise noch zu Beginnn des 17. Jahrhunderts entstanden.

Literatur

A. Seyboth, 1890, 20–21.

Fasanengasse/Rue du Faisan, „Rotes Haus" ?

Fundumstände

Die Fliesen wurden 1906 geborgen. Das zweite erwähnte Muster „Viertelskreis mit Viertel einer Blüte" war leider nicht mehr aufzufinden.

Baugeschichte

Die kleine Gasse hat nur sechs Häuser, ein „Rotes Haus" war dort nicht zu ermitteln. Die frühesten Nachrichten über die Häuser der Fasanengasse stammen aus der 1. Hälfte des 14. Jahrhunderts. Die Fliese F53, offensichtlich ein Nachschnitt nach Konstanzer Vorlagen, müßte noch um 1270/80 entstanden sein.

Literatur

A. Seyboth, 1890, 246.

Kaufhausgasse 1–3/Rue de la Douane, Maison Lauth

Fundumstände

Forrer schreibt über die Funde aus dem Stadionschen Domherrenhof in Konstanz: „... Einzelne derselben kommen zwar auch anderwärts vor, so der Hirsch Fig. 7, X, das Vogelmuster

Fig. 9, XI, der Löwe, Fig. 13, IX, das Einhorn, Fig. 5, X, das Kreuzornament, Fig. 5, X u.s.w. in Straßburg, (maison Lauth, Kaufhausgasse 1–3)."Bei dieser Beschreibung haben sich zwei Druckfehler oder eine Verwechslung durch Forrer eingeschlichen. Das „Kreuzornament" muß Fig. 5, Taf. XI sein (N 95), diese Fliese liegt auch im Museum Straßburg. Der Hirsch Taf. X, Fig. 7 ist jedoch eine rheinische Prägung (C40), welche mit der Slg. von Prof. Auf'm Weerth ins Museum kam.

Baugeschichte
Das Haus Lauth wurde 1869 mit dem Nebenhaus zusammengefaßt, den Umbau leitete der Architekt E. Salomon. Es bestand aus zwei mittelalterlichen Häusern, dem 1311 erstmals erwähnten „Haus zu dem Karpen" und dem „Haus zu dem Guldin Schoffe" (güldnes Schaff), welches ebenfalls 1311 erwähnt wird. Die Fliesen stammen vermutlich aus dem 3. Viertel des 13. Jahrhunderts. Das Haus könnte zu dieser Zeit erbaut worden sein.

Literatur
E. Salomon, Un coin du vieux Strasbourg, Bull. Soc. Conservation Monuments Hist. Alsace 1881, 196.
A. Seyboth, 1890, 119.
R. Forrer, 1901, 72.

Kronenburgerstr. 6/Rue du Faubourg de Saverne 6

Fundumstände
Die Fliese wurde 1901 gefunden. Möglicherweise wurde sie beim Neubau des Hauses 1869 verworfen. Die Kronenburgerstraße liegt außerhalb der Altstadt. Für das Haus werden im 16. und 17. Jahrhundert Seiler als Hausbesitzer erwähnt, zur Baugeschichte gibt es keine Nachrichten. Die Häuser auf der gegenüberliegenden Straßenseite (1, 3, 5, 7, 9, 11) gehörten jedoch im 15. Jahrhundert alle dem Kloster St. Marx. Es könnte sich um eine verworfene Fliese aus ehem. Häusern des Klosters handeln. Die Fliese dürfte in der 1. Hälfte oder der Mitte des 14. Jahrhunderts entstanden sein.

Literatur
A. Seyboth, 1890, 269–270.

Lange Straße 1/Grand' Rue 1/Ecke „Alter Weinmarkt"/„Vieux-Marché-aux-Vins"

Fundumstände
Die Fliese fand sich bei der Aufdeckung einer Abfallgrube. Sie war noch unglasiert (siehe Text S. 128), während dasselbe Muster in Kloster Hohenburg auf dem Odilienberg gelbgrüne Glasur trug. Zu diesem Fund gehört auch die Fliese, welche auf der Rückseite die Aufschrift „pharmacie Reeb" trägt. Herr Reeb war um 1886/87, als der Fund gemacht wurde, Besitzer der Storchenapotheke. Die Fliese kam zutage, als man bei der Vergrößerung des Hauses ein Gelände aushub, welches gerade gegenüber der Kirche Alt-St. Peter lag.

Baugeschichte
Über die mittelalterliche Baugeschichte des Hauses ist nichts bekannt. 1427 wird darin jedoch „Friederich der Kacheler neben dem Zollthor" erwähnt. Forrer nimmt an, daß sich hier schon im 13. Jahrhundert eine Töpferei befand, die unmittelbar nach der Errichtung der mittelalterlichen Stadtmauer (1202–20) ihren Ofen an diese anlehnte. Forrer nimmt die Datierung auf Grund der Haartracht und Kleidung der dort gefundenen Puppen in den Beginn des 13. Jahrhundert vor, die Fliese spricht jedoch eher für eine Enstehung im letzten Viertel des 12. Jahrhunderts. 1904 wurde in der Lange Straße ebenfalls eine deformierte Fliese gefunden, die genaue Herkunft war jedoch nicht zu ermitteln. Sie könnte ebenfalls aus der Umgebung des Hauses Nr. 1 stammen, außerdem jedoch auch aus der des Hauses Nr. 47, für das 1466 die Beschreibung „schenk und drink der Smit do der Kacheler sitzet"[1] erwähnt wird. Die Fliese F123 gehört eher der 1. Hälfte des 14. Jahrhunderts an.

Literatur
A. Seyboth, 1890, 78–79.
R. Forrer, 1937, 169–175.

---

1 A. Seyboth, 1890, 79.

Metzgerplatz/Place d'Austerlitz

Fundumstände
Die Fliese fand sich im August 1909 beim Aufgraben des Brunnenrondells. Forrer glaubt, daß der Bruch alt ist, die Fliese schon vor der Verwendung verworfen wurde.

Baugeschichte
Sämtliche Häuser des Metzgerplatzes wurden erst im 18. Jahrhundert erbaut. Seyboth erwähnt, daß zuvor „einige Pulverhütten, Brennhütten, Strehlhütten" auf dem Platz standen. Vermutlich darf auch hier, außerhalb des Stadtkerns eine mittelalterliche Töpferei angenommen werden. Die Fliese gehört mit zu den frühesten aus dem Elsaß bekannten Mustern, sie dürfte noch dem späten 12. Jahrhundert angehören.

Literatur
A. Seyboth, 1890, 197.
R. Forrer, 1909, 74–75, Abb. 89.

Düntzenmühle, Mühlenplatz 5/Rue des Moulins 5

Fundumstände
Unbekannt, vor 1902 gefunden.

Baugeschichte
Das 1302 als Wassermühle erstmals erwähnte Gebäude war 1409 im Besitz des Straßburger Thomasstiftes. Nach einem Brand 1500 wurde es vermutlich wieder aufgebaut, ein Neubau erfolgte 1580, sowie 1773 und 1812. Die Fliese stammt wohl aus der Zeit nach 1500.

Literatur
A. Seyboth, 1890, 162–163.
J. Ficker I, Taf. 40, 18.

Münstergasse 2/Rue du Dôme 2

Fundumstände
Die Fliesen wurden im Herbst 1899 beim Neubau des Hauses gefunden.

Baugeschichte
Dieses Haus, zwischen Brandgasse und Neukirchgasse, wird 1259 als Domkurie erstmals erwähnt. Es gehörte auch 1908 noch dem Thomasstift. Zur Baugeschichte des Hauses ist nichts bekannt. Die Fliesen dürften der 2. Hälfte des 13. Jahr-

hunderts angehören. Es fällt auf, daß es sich bei H73 um eine Speyerer Prägung handelt.

Literatur
A. Seyboth, 1890, 32.
J. Ficker I, Taf. 40, 19.

Neuer Markt/Place du Marché-Neuf

Fundumstände
Die Fliese wurde 1904 gefunden, der genaue Fundort nicht genannt.

Ortsgeschichte
Auf dem Neuen Markt stand der Hof des Dompropstes mit größerem Garten. Der Hof besaß eine Hl.-Kreuz-Kapelle. Der Fundort ist außerdem nicht weit entfernt vom ehem. Dominikanerkloster und seiner Kirche (Neukirche), die 1870 bei der Beschießung Straßburgs zerstört wurde.

Literatur
A. Seyboth, 1890, 46.

Pioniergasse 1/Rue des Sapeurs

Fundumstände
Die Fliese wurde 1902 beim Neubau der Höheren Töchterschule gefunden.

Baugeschichte
Über mittelalterliche Häuser in der Pioniergasse gibt es keine Unterlagen. Sie liegt außerhalb des eigentlichen Altstadtbereiches.[1] Die Fliese muß als Außenring (nur sehr geringe Krümmung) eines großen Kreises gedient haben. Sie gehört vermutlich noch der 1. Hälfte des 13. Jahrhunderts an.

Literatur
keine.

1 Nach freundlicher Mitteilung von Herrn Hans Zumstein, Straßburg, könnte die Fliese mit nach der Zerstörung von 1870 abgefahrenem Schutt in die Vorstadt gelangt sein.

Reibeisengasse/Rue de la Rape

Fundumstände
Im Dezember 1903 wurde eine Fliese mit der Darstellung eines „Fabeltiers“ gefunden. Das Muster konnte noch nicht ermittelt werden.

Baugeschichte
In der Reibeisengasse 1 befand sich der Hof des Klosters Allerheiligen im Schwarzwald, der 1688 abgebrochen wurde. Eine Herkunft der Fliese von dort wäre zu erwägen, da in Kloster Allerheiligen ebenfalls Fliesenböden vermutet werden.

Literatur
A. Seyboth, 1890, 240–241.

Große Stadelgasse/Ecke Kleberplatz/Grand Rue de la Grange/Place Kléber

Fundumstände
Die Fliese mit einem „Blattmuster“ wurde 1912 in einem Haus Ecke Große Stadelgasse/Kleberplatz gefunden. Diese Eckhäuser sind Große Stadelgasse 16 und 17. 1906 wurde am Kleberplatz vor dem „Roten Haus“ das Fragement einer romanischen Bodenfliese gefunden. Als Muster wird „vertiefte Greifdarstellung“ angegeben. Dies könnte möglicherweise F62 sein, die 1907 von Ficker abgebildet wird. Das „Rote Haus“ ist in der Großen Stadelgasse die Nr. 15.

Baugeschichte
Möglicherweise gehörten die Fliesen alle zu einem Boden, der in einem heute noch unbekannten mittelalterlichen Gebäude lag. Das „Rote Haus“ wird 1387 erstmals erwähnt, zu seiner Baugeschichte ist nichts bekannt. Nr. 16 ist das Haus „zu dem Rossisen“ (Roßeisen), es wird 1381 erstmals erwähnt, Nr. 17 ist 1509 im Besitz von Hieronymus Hertenstein, einem Schneider. Die Fliesen sind vorläufig nicht sicher zu datieren.

Literatur
A. Seyboth, 1890, 55–59, 64–65.
A. Seyboth, Adreßbuch Straßburg 1908, Bd. 3, 199.

Stampfgasse/Rue du Foulon

Fundumstände
Beim Abbruch des letzten Hauses dieser Gasse wurden 1912 eine „große Menge“ Fliesen des Musters H289 gefunden, offensichtlich ein ganzer Fliesenboden.

Baugeschichte
Die Stampfgasse bestand 1908 noch aus 14 bewohnten Häusern. Die Mieter waren zum großen Teil Tagelöhner, Trödler, Lumpensammler und Hausierer. Das Haus „nach dem Boulevard zu“ muß Stampfgasse 4 gewesen sein, die Ecke zum Gerbergrabenplatz 5. Dieses wird 1327 als „Des Schoubes Gotzhus“ erwähnt, ein von Ritter Gösselin Schoup gestiftetes Beginenhaus. 1552 heißt es „Zum Schoub“. Der Fliesenboden dürfte erst in der 2. Hälfte des 16. Jahrhunderts entstanden sein.

Literatur
A. Seyboth, 1890, 295.
A. Seyboth, Adreßbuch Straßburg 1908, Bd. 3, 200.

Stephansgasse 3/Rue St-Étienne 3

Fundumstände
Der Fliesenboden war in situ in dem Haus erhalten, er wurde 1902 durch das Museum Straßburg angekauft. Es ist nicht sicher, ob die bei Ficker abgebildete Anordnung, bei dem die Fliesen mit Tierdarstellungen als Rahmen eines Mittelstücks mit dem Muster H 236 dienten, der originalen Lage entspricht.[1] Es wurden ca. 100 Fliesen geborgen

Baugeschichte
Die Straße hat nur drei Häuser. Sie hieß im Mittelalter „Beim St. Stephanskloster“. In dem Haus Nr. 3 wird 1427 „Peter der Schreiber“ erwähnt. Vermutlich stand das Haus in enger Verbindung zum Kloster. Der in der 1. Hälfte des 14. Jahrhunderts entstandene Fußboden, der aus derselben Werkstatt stammt wie jener aus der Blauwolkengasse, fügt das Muster H236 zum Modelbestand dieser Werkstatt.

Literatur
A. Seyboth, 1890, 233.
Westd. Zs. 24, 1905, Museographie 1903/04, 334.
J. Ficker I, 41.

1 J. Ficker I, 41.

Straubing

Kath. Pfarrkirche St. Peter

Fundumstände
Anläßlich einer Gesamtrenovierung der Kirche 1974–77, wurde im Sommer 1974 eine Grabung durchgeführt. Dabei stieß man im südlichen Seitenschiff beim südlichen Langhauspfeiler auf acht gemusterte Fliesen (F142, N102, N103) und einige, die so abgetreten waren, daß sich das Muster nicht mehr erkennen ließ. Außerdem fanden sich Reste eines ungemusterten Ziegelbodens im Mittelschiff (2. Langhausjoch) und im nördlichen Seitenschiff desselben Jochs. Nach Sage gab es keine Anzeichen für einen anderen Boden, der zu der heute noch bestehenden Kirche gehört haben könnte.[1]

Baugeschichte
Eine in karolingischer Zeit errichtete Kirche wurde vermutlich im 1. oder 2. Viertel des 11. Jahrhunderts erweitert, nachdem die Kirche 1029 durch den Bischof von Augsburg dem Augsburger Domkapitel verliehen worden war. Zu Ende des 12. Jahrhunderts erfolgte ein Neubau, Urkunden zur Baugeschichte sind nicht erhalten. Die Fliesen sind besonders schwierig zu datieren. Sie lagen nicht im festen Verband, da der Boden durch später eingebrachte Gräber stark zerstört war. Sage nimmt jedoch an, daß es sich um den ursprünglichen Boden der bestehenden Kirche handelt.[2] Die in Straubing gefundenen Fliesen entsprechen fast alle demselben Schema. Es sind große Platten, in die ein Kreisstempel unterschiedlichen Durchmessers oder ein Stempel in Schildform eingeprägt wurde. Die Fliesen N102 und N103, auch im „Böhmhaus" in Straubing gefunden und auf Grund der gleichzeitig gefundenen Fliese U1 (mit einer Umschrift in gotischen Minuskeln) in die 2. Hälfte des 15. Jahrhunderts datiert, entsprechen im Prägeschema, im Scherben und in der Größe der Fliese F142. Diese zeigt eine Umschrift in Majuskeln und eine Drachendarstellung, welche eine Datierung ins 13. Jahrhundert erlauben würde. Eine mit den Straubinger Prägungen N102, N103 und N105 eng verwandte Fliese (N104) fand sich außerdem in der Wolfgangskapelle des Zisterzienserstiftes Lilienfeld, deren Erbauung durch Urkunden für den Zeitraum zwischen 1333–82 gesichert ist.[3] Es ist kaum vorstellbar, daß dasselbe Prägeschema für Fliesen über einen Zeitraum von 250 Jahren aufrecht erhalten wurde. Möglicherweise wurden die Fliesen in St. Peter verlegt, als in späterer Zeit eine Sakristei angebaut wurde.

Literatur
F. Mader, Kdm Straubing, 95–122.
W. Sage, 1976, 113–128.
K. Tyroller, Die Biographie des altehrwürdigen Pfarrgotteshauses St. Peter in der Altstadt von Straubing, Straubinger H. 29 (Jahresber. des Johannes-Turmair-Gymnasium), 1979, 4ff.
H. Bleibrunner, Bd. 1, 162–164, 172–173.
G. Dehio, Niederbayern, 677–679.

1 Für alle Angaben zu den Fliesen und zur Grabungsgeschichte danke ich Herrn Prof. Dr. Walter Sage, Bamberg.
2 Schriftliche Mitteilung vom 6. 4. 1984.
3 F. Vongrey, 12.

Haus Böhm, Ludwigsplatz 133, später Nr. 38

Fundumstände
Die Fliesen fanden sich beim Abbruch des Hauses 1901.

Baugeschichte
Über die Baugeschichte des abgebrochenen Hauses konnte nichts in Erfahrung gebracht werden. Das Nebenhaus Nr. 132 ist ein Bau des 16. Jahrhunderts. Unklar ist auch, warum an dieser Stelle so viele Wappenfliesen vereint waren. Es kann sich nicht um die Fehlbrandgrube einer Töpferei handeln, da das Haus mitten in der Stadt lag und die Straubinger Töpfer nachweislich sehr früh vor den Stadttoren angesiedelt waren[1]. Auch für einen Sakralraum, z. B. eine Totenkapelle an dieser Stelle gibt es keine Hinweise, ferner ebenfalls nicht für ein größeres Patrizierhaus, das eine Hauskapelle besessen haben könnte. Die Häufung von Wappen Straubinger Bürgergeschlechter läßt eher eine Zunft- oder Geschlechtertrinkstube vermuten. Dies ließe auch das Verlegen von Wappenfliesen über einen längeren Zeitraum möglich erscheinen.
Die Datierung stützt sich auf drei Kriterien, die Schildform, die den Übergang vom Spitzschild zum Rundschild zeigt, die komplizierte Form der Arabesken auf der Fliese N105, welche diese Fliese dem Ende des 15. Jahrhunderts zuweist und die gotische Minuskelschrift des Musters U1. Die Fliesen müßten in Abständen zwischen ca. 1400 und 1500 angebracht worden sein. Dies schlösse aus, daß N102 und N103, welche im Böhmhaus und in St. Peter, Straubing, gefunden wurden, dort um 1220 verlegt worden wären. Auch hier soll nochmals auf die Gleichartigkeit der Model bei E65 aus dem Böhmhaus und E39 aus dem Zisterzienserstift Lilienfeld hingewiesen werden.

Literatur
Jahresber. Hist. Ver. Straubing, 4, 1901, 16.
F. Mader, Kdm Straubing 364, Abb. 319.
H. Rohrmayer, Häusergeschichte der Stadt Straubing, Straubing 1961.

1 Für wertvolle Hinweise zu diesen Fliesen und zur Geschichte der Töpferei in Straubing danke ich Herrn Dr. Werner Endres, Regensburg, herzlich.

Stuttgart-Degerloch

Ev. Pfarrkirche, ehem. St. Maria

Fundumstände
Die Fliesen wurden beim Abbruch der Kirche 1889 entfernt.

Baugeschichte
Die mittelalterliche Kirche, als Kapelle vermutlich zwischen 1275 und 1360 erbaut, wurde 1449 von den Esslingern verbrannt. Die Fliesen wurden wohl beim Wiederaufbau verlegt. Sie könnten durch Vorbilder aus Kloster Bebenhausen beeinflußt sein, da das Kloster in Ittinghausen, einem abgegangenen Ort auf der Degerlocher Markung, Besitz hatte.[1] In den Neubau von 1889 wurde nur der romanische Turm übernommen.

Literatur
E. Paulus, Kdm Neckarkreis I, 456.
F. Keidel, Bilder aus Degerlochs Vergangenheit, Stuttgart 1926, 49–56.
H.-M. Decker-Hauff, 56, 60.

1 F. Keidel, 12–16. Der um 1000 erstmals genannte Ittinghäuser Hof kam 1241 teilweise, 1284 ganz an Kloster Bebenhausen. Erst 1746 konnte das Hofgut wieder von Degerloch erworben werden.

Stuttgart-Plieningen

Ev. Pfarrkirche, ehem. St. Martin

Fundumstände
Bei Grabungen anläßlich einer Renovierung der Kirche 1965–66 wurde auf dem Kirchplatz vor der Kirche eine Fliese gefunden, die dasselbe Muster wie die aus Degerloch zeigt.

Baugeschichte
An die Kirche des 12. Jahrhunderts wurden 1493 Westturm und Chor angefügt. Die Arbeiten scheinen jedoch erst im 1. Viertel des 16. Jahrhundert abgeschlossen worden zu sein, wie Jahreszahlen am Portal der Südseite (1517) und am Westportal bezeugen (1518). Auch hier liegt eine enge Beziehung zu Kloster Bebenhausen vor. Dieses erhielt 1291 den Kirchensatz, 1347 wurde die Pfarrei Plieningen dem Kloster inkorporiert. Die Fliese, aus einer Werkstatt, welche Fliesen des Klosters Bebenhausen nachschnitt[1], könnte noch aus der alten Kirche stammen und schon in der Mitte des 15. Jahrhunderts geprägt worden sein. Bei langer Verwendung der Model wäre eine Verlegung um 1493 noch möglich.

Literatur
E. Paulus, Kdm Neckarkreis I, 462–463.
G. Dehio, Baden-Württemberg, 470.
W. Metzger, Neuentdeckung einer romanischen Plastik an der Martinskirche zu Stuttgart-Plieningen, Nachrichtenbl. der Denkmalpflege in Baden-Württemberg, 10, 1967, 36–37.
J. Sydow, 1984, 214–215.

1 Vgl. Stichwort „Grunbach“ und „Plochingen“. Die Datierung dieser einfachen Muster ist besonders schwierig.

Sulpach, Gem. Ebersbach, Kr. Göppingen

Ev. Kapelle St. Laurentius

Fundumstände
Unbekannt. Die Fliesen U 8 werden bei Christ/Klaiber[1] zwar abgebildet, jedoch nirgends erwähnt. Bei einer Fundamentsanierung außerhalb der Kirche wurden 1984 Fliesen des Musters J 18 im Schutt gefunden.

Baugeschichte
Die Kapelle wurde vermutlich 1607 auf dem Grundriß einer älteren, umfangreichen Pfarrkirche erbaut“[3]. Die Fliesen, obwohl sicher spät entstanden, können nicht aus dem Neubau stammen, sondern müssen aus der alten, 1143 erstmals erwähnten Kirche übernommen worden sein. Die Muster stimmen mit in Weilheim/Teck (Ev. Pfarrkirche St. Peter, ehem. Michaelskapelle auf der Limburg) gefundenen Fliesen überein. Sie wurden vermutlich wie diese im 1. Viertel des 16. Jahrhunderts verlegt.

Literatur
H. Christ, H. Klaiber, Kdm Donaukreis II, 326–327.
W. Ziegler, 57.

1 H. Christ, H. Klaiber, 1914, 336, Abb. 238.
2 Freundlicher Hinweis der Herren Karl-Heinz Rueß und Walter Lang, Göppingen.
3 H. Christ, H. Klaiber, 1914, 326.

Sulz unterm Wald/Soultz-sous-Forêts, Bas-Rhin, Frankreich

Privathaus

Fundumstände
Die Fliesen fanden sich im Flur eines Privathauses.

Baugeschichte
Das Haus stammt in seiner heutigen Form aus dem 18. Jahrhundert.[1] Da dieselben Zackenlinien sich auf Dachgauben des Zieglers Jakob Kentzel aus Adamsweiler[2] finden, schließt Klein, daß die Fliesen auch erst zu Ende des 18. Jahrhunderts entstanden sind. Streublüten dieser Art finden sich jedoch auch schon auf Gebrauchskeramik des 16. Jahrhunderts, ebenso Verzierungen durch ein Tonrädchen. Eine sichere Datierung ist nicht möglich.

Literatur
G. Klein, 1960, 161–170.
E. Kern, J. Kenzel, Tuilier et artiste à Adamswiller (Bas-Rhin), Art populaire de la France de l'Est, A. Riff (Hrsg.), Paris 1969, 197–211.
V. Beyer, G. Klein, Céramiques populaires alsaciennes, Katalog, Straßburg 1973, 131, Nr. 430, Taf. 26, 3.

1 Die Angaben zu dieser Fliese verdanke ich den Herren Dr. Karl Hillenbrand †, Pforzheim, und Georges Klein, Straßburg. Über die mittelalterliche Geschichte des Hauses ist nichts bekannt.
2 G. Klein, 1960, 170, Abb. 6, Dachgaube mit Jahreszahl „1814“. Jakob Kenzel ist 1789 in „Totenberg“ zwischen Adamsweiler und Mackweiler nachzuweisen, der letzte von ihm signierte und datierte Ziegel, der bis heute bekannt ist, stammt von 1837. (E. Kern, 211).

T

Teutleben, Kr. Sömmerda

Ev. Pfarrkirche

Fundumstände
Auf der Westempore der Kirche befand sich 1888 ein „im Schwinden begriffener" Fußbodenbelag aus quadratischen Fliesen, die von schmalen, rechteckigen Fliesenbändern gerahmt waren. Der Boden wurde inzwischen durch Orgeleinbauten und durch die auf die Empore verbannte Schuljugend fast ganz zerstört. Als Material wird „Gips" angegeben, vermutlich handelt es sich jedoch um einen ähnlich schwach gebrannten, weißlichen Ton, wie ihn z. B. die Fliesen aus Steinbach, Burg Hain und Ilbenstadt aufweisen. Abgebildet werden nur zwei Fliesen und ein Rankenband, erwähnt werden „Palmetten, Rosetten, stilisierte Ranken etc."[1]

Baugeschichte
Die vermutlich in der Mitte des 12. Jahrhunderts erbaute, unter dem Patronat des Zisterzienserklosters Mariental (Kreis Helmstedt) stehende Kirche, wurde in späterer Zeit kaum verändert. Die sehr qualitätsvollen Fliesen sind vermutlich noch in der 2. Hälfte des 12. Jahrhunderts oder kurz nach 1200 entstanden.

Literatur
P. Lehfeldt, G. Voss, Kdm Thüringen, 14, Apolda und Buttstädt, 477–480, Abb. auf S. 478.

1 P. Lehfeldt, G. Voss, 1892, 478.

Thaur, BH Innsbruck, Österreich

Kath. St. Ulrichskirche

Fundumstände
Die Fliesen liegen in situ in der Kirche. Es sind Kopien des 19. Jahrhunderts,[1] die möglicherweise anhand einer Originalfliese gefertigt wurden.

Baugeschichte
Die Kirche ist ein Anbau an den ehem. Meierhof der hier verstreuten Güter des Hochstifts Augsburg. Die romanische Anlage wurde im 15. Jahrhundert erneuert, ein Teil der Innenausstattung stammt aus dem 3. Viertel des 15. Jahrhunderts. Die Vorlage des Fliesenmusters entstand vermutlich im 2. Viertel des 13. Jahrhunderts.

Literatur
G. Dehio, Tirol, 212.
Hist. Stätten Österreich II, Alpenländer, 485–486.

1 Nach freundlicher Mitteilung des Bundesdenkmalamts Innsbruck, Herrn Hofrat Menardi.

Thron, Gem. Wehrheim, Hochtaunuskreis

Ehem. Zisterzienserinnenkloster „thronus St. Mariae"

Fundumstände
Beim Abbruch des Nonnenbaus wurde 1873 die Fliese U4 in mehreren Exemplaren gefunden. 1932 grub man auf dem Gelände der 1807 abgebrochenen Kirche und entdeckte nochmals sechs weitere Fliesenmuster im Schutt.[1]

Baugeschichte
Die Kirche des 1243 von Graf Gerhard V. von Diez und seiner Gemahlin Agnes gegründeten Klosters wurde mit diesem 1262 geweiht. Das Kloster war 1247 dem Zisterzienserorden inkorporiert und Arnsburg unterstellt worden. Nach einer Blütezeit in der 1. Hälfte des 14. Jahrhunderts ging der Besitz des Klosters und die Zahl der Nonnen langsam zurück. Es wurde 1528 reformiert und 1576 von der letzten Nonne verlassen. Da von den Gebäuden jede Spur verschwunden ist und es seit der Weihe von 1262 keine Baunachrichten mehr gibt, ist eine Datierung der Fliesen schwierig. Die ersten Fliesen scheint Thron aus dem nur 30 km entfernten Arnsburg bezogen zu haben, dort fanden sich H256 und J113. H175 ist nur noch aus Kloster Eberbach bekannt, war jedoch wohl in Arnsburg ebenfalls vorhanden. Dieses Muster fand sich in jüngster Zeit auch in Frankfurt, wo Thron einen 1277 erstmals genannten Hof besaß.[2] Der Scherben und die groben Prägungen von J74 und J99 legen nahe, daß in Thron in späterer Zeit ebenfalls Fliesen gebrannt wurden, jedoch wurde J74 z.B. auch in Eberbach und Kloster Ilbenstadt gefunden, während R42, auf welcher sich die rote Engobe erhalten hat, in Burg Hain und in Frankfurt zutage kam. Auf Grund der Muster muß an drei verschiedene Zeitabschnitte gedacht werden, in denen Fliesen verlegt wurden, um 1262, im 1. Drittel des 14. Jahrhunderts und in nicht näher zu bestimmender Zeit nach der Mitte des 14. Jahrhunderts. Die Schrift der Fliese U4 mit der Devise „swig und lyt" (schweig und leide) weist ins 15. Jahrhundert.

Literatur
K. Jäger, 70–80, Taf. V, Abb. 5.
Hist. Stätten IV, Hessen, 272.
J. Kloft, 75–80.
E. Coester, 301–303.

1 K. Jäger, 81 und Taf. 5, Abb. 5.
2 Ebd., 85. Der Hof lag in der Münzgasse 18.

Thür-Fraukirch, Kr. Mayen-Koblenz

Kath. Wallfahrtskirche St. Maria, „Fraukirche in der Pellenz"

Fundumstände
Die Fliesen fanden sich in situ ca. 0,20 m unter der Sandschüttung des heutigen Chorfußbodens, eine weitere Fliese wurde in der Nähe der Substruktion des Kreuzaltars, ca. 1,30 m unter heutigem Niveau aufgedeckt.

Baugeschichte
Die auf einer karolingischen Saalkirche vermutlich zwischen 1250–60 errichtete Wallfahrtskapelle wird 1279 erstmalig ge-

nannt, für 1606 sind bauliche Veränderungen bezeugt. Nach dem Abbruch des Westturmes zwischen 1716/18 wurde die Kapelle 1764 nochmals hergestellt, dann jedoch 1804 verkauft und 1829 durch Niederlegung der Seitenschiffe verkleinert. Die Kirche liegt unmittelbar auf dem Gelände eines ehem. Klosterhofes des Klosters Maria Laach, das Fliesenmuster ist jedoch eine Variante einer Eberbacher Prägung. Seine Verlegung um 1260 wird durch das Vorkommen desselben Musters an anderen Fundorten wahrscheinlich gemacht.

Literatur
N. Kyll, J. Röder, Die Fraukirch in der Pellenz und die Genovevalegende, Rhein. Jahrb. für Volkskunde 2, 1951, 81–91.
G. Dehio, Rheinland-Pfalz, 285–286.
H. E. Kubach, A. Verbeek, Bd. 2, 299–300.
H. Adenauer, J. Busley, H. Neu, Kdm Kr. Mayen 2, I, 375–381.

Titz-Mündt, Kr. Düren

Kath. Pfarrkirche St. Urban, wohl ursprünglich St. Martin

Fundumstände
„Bei der Anlage einer Fußbodenheizung wurde das Erdreich bis zu einer Tiefe von 0,80 m unter dem bis 1973 vorhandenen Plattenbelag abgetragen"[1]. ... „Es wurden 9 Gräber aufgedeckt ..." „Aus der Verfüllung von Grab 4 wurden zwei aus Ton gebrannte Belagplatten geborgen." ... „Einige Muster sind kaum zu erkennen, weil der Fluß der Salzglasur beim Brennen so stark war, daß er die erhabene Zier verwischte oder einebnete."[2]

Baugeschichte
Bei der Kirche handelt es sich um eine spätgotische Backsteinhalle, die aus dem Umbau einer dreischiffigen Basilika verschiedener romanischer Bauperioden entstanden ist. Sie wurde 1621/22 durch die Spanier zerstört und 1640 wieder aufgebaut. Die Fliese, deren einfaches Volkskunstmuster nicht sicher zu datieren ist, dürfte beim Neubau der Kirche im letzten Jahrzehnt des 15. Jahrhunderts verlegt worden sein. Auf der Gemarkung Titz hatte das Zisterzienserkloser Altenberg seit 1237 einen Hof, das Aachener Marienstift seit 1317, das Kölner St. Gereonsstift seit 1290.

Literatur
K. Franck-Oberaspach, E. Renard, Kdm Kr. Jülich, 192–194.
G. Dehio, Rheinland, 600.
Hist. Stätten III, Nordrhein-Westfalen, 718–719.
M. Gross, W. Piepers, 435–438.

1 M. Gross, W. Piepers, 435.
2 Ebd. 438.

Titz-Spiel, Kr. Düren

Kath. Pfarrkirche St. Gereon

Fundumstände
Die Fliesen wurden beim Wiederaufbau der Kirche nach schwerer Kriegszerstörung 1958 geborgen. Am Westende der Langhausseitenwände fand sich eine Nische mit einem vermauerten Eingang. In diesem waren neben Bruchsteinen Bodenfliesen vermauert.[1] Einige konnten geborgen werden

Baugeschichte
Die 1166 erstmalig im Besitz des Kölner St. Gereonsstifts erwähnte Kirche wurde vermutlich in der Mitte des 12. Jahrhunderts, unter teilweiser Benützung von Bauteilen einer Kapelle des 11./12. Jahrhunderts, erbaut. Kubach vermutet einen Umbau des südlichen Seitenschiffs im 14./15. Jahrhundert. 1661 wurden Chor und Westturm angefügt, das südliche Seitenschiff im späten 17. Jahrhundert oder um 1716 wieder abgebrochen. Das Muster der Fliese, als „Labyrinth" oder „Neun-Steine-Spiel" gedeutet, ist nicht sicher zu datieren. Verbeek bezeichnet es als „romanisch". Die Fliese kann jedoch auch noch aus dem südlichen Seitenschiff stammen, da der Zeitpunkt, zu welchem der Eingang vermauert wurde, nicht feststeht.

Literatur
K. Frank-Oberaspach, E. Renard, Kdm Kr. Jülich, 224.
G. Dehio, Rheinland, 600.
U. Lobbedey, H. Merian, A. Verbeek, 161–167.
H. E. Kubach, A. Verbeek, Bd. 2, 1042–1043.

1 U. Lobbedey, H. Merian, A. Verbeek, 161.

Tomerdingen, Gem. Dornstadt, Alb-Donau-Kreis

Friedhofskapelle St. Martin

Fundumstände
Bei einer Grabung wurde 1985 ein zusammenhängender Teil von Fliesen des Musters J 15 in situ freigelegt[1].

Baugeschichte
Die auf Vorgängerbauten errichtete Kapelle wurde bald nach 1100 dem Kloster Elchingen gestiftet. Sie wird 1125 noch als „capella", 1275 als Pfarrkirche erwähnt und 1404 dem Kloster endgültig inkorporiert. Der wohl im 14. Jahrhundert entstandene Neubau muß zu Ende des 15. oder zu Beginn des 16. Jahrhunderts einen Fliesenboden erhalten haben. Die Werkstatt, in der diese und die Fliesen einiger naheliegender Kirchen gefertigt wurden, ist noch nicht bekannt (Kloster Elchingen?).

Literatur
G. Dehio, Baden-Württemberg, 479.
Hist. Stätten VI, Baden-Württemberg, 797.

1 Freundliche Mitteilung von Herrn Martin Geyer, Ulm.

Treffelhausen, Gem. Böhmenkirch, Lkr. Göppingen

Kath. Pfarrkirche St. Veit

Fundumstände
Unbekannt. Möglicherweise wurden die Fliesen schon beim Abbruch der mittelalterlichen Kirche 1859 geborgen.

Baugeschichte
Über die Baugeschichte der mittelalterlichen Kirche ist nichts bekannt. Ort und Pfarrei werden erstmals 1275 genannt. Ei-

nem Brand des Ortes 1449 fiel vermutlich auch die Kirche zum Opfer, 1593 werden Erneuerungsarbeiten durchgeführt. 1859 brannten Dorf und Kirche erneut ab. Die Fliesen könnten aus einem Neubau der Kirche nach 1449 stammen. Vermutlich wurden sie jedoch, wie die Fliesen desselben Musters in den nahen Orten Faurndau, Geislingen, Gerstetten und Reutti, zu Ende des 15. oder zu Beginn des 16. Jahrhunderts verlegt.

Literatur
J. Baum, H. Klaiber, B. Pfeiffer, Kdm Donaukreis I, 157.
W. Ziegler, 28.

Trier

Ehem. Stiftskirche St. Paulin, heute Pfarrkirche

Fundumstände
Bei einer Fußbodenerneuerung wurden im Mai/Juni 1979 Grabungen in der Krypta durchgeführt. Im westlichen Teil der Krypta fand man im Zerstörungsschutt von 1674 eine größere Anzahl Tonfliesen. „Besonders viele Stücke lagen geschichtet im Schutt unter dem dünnen Fundament des nördlichen barocken Seitenaltars“.[1] Die Fliesen waren teilweise so abgelaufen, daß die Muster nicht immer genau zu erkennen waren. Andere Fragmente zeigten noch Spuren einer grauen Füllmasse in den Vertiefungen. Bis jetzt konnten zwei Muster sicher aus Bruchstücken rekonstruiert werden.

Baugeschichte
Die erste, um 390 durch Bischof Felix über den Gebeinen des 358 in der Verbannung gestorbenen Trierer Bischofs Paulinus errichtete, vermutlich später noch erweiterte Kirche, brannte 1093 ab. Der in der 1. Hälfte des 12. Jahrhunderts erstellte, 1148 geweihte Neubau bestand bis zu seiner Zerstörung durch die Franzosen 1674. An seine Stelle trat die 1734–57 erbaute Barockkirche. Die Fliesen sind durch Muster, Prägung und den typischen, graugrünen Scherben als Eberbacher Prägungen zu erkennen. Es ist bis heute der am weitesten im Westen liegende Fundort von Eberbacher Fliesen. Diese kamen vermutlich auf der Mosel bis Trier; das Muster J85 wurde 1978 auch auf dem Gelände der ehem. Starkenburg geborgen. Weber[2] weist auf einen 1256 von dem Trierer Erzbischof Arnold von Isenburg (1242–59) gewährten Ablaß von 40 Tagen, für alle, die zur Vollendung der Bauten beitragen. Hierbei wird der Fußboden ausdrücklich erwähnt („in pavimentis ac aliis ornatibus“). Da die gefundenen Muster auch in Eberbach zu den frühen Prägungen gehören, würde eine Verlegung der Fliesen in St. Paulin nach 1256 ausgezeichnet ins Bild passen. Die sehr stark abgelaufenen Fliesen müssen lange gelegen haben. Möglicherweise blieb der Boden, der nach Weber[3] vermutlich aus dem Hochchor stammt, bis 1674 intakt.

Literatur
H. Bunjes [u. a.], Die Kdm der Rheinprovinz 13.3. Die kirchlichen Denkmäler der Stadt Trier mit Ausnahme des Domes, Düsseldorf 1938, 325.
H. E. Kubach, A. Verbeek, Bd. 2, 1132–1134.
F.-J. Heyen, Das Stift St. Paulin in Trier, Berlin 1972, 45.
G. Dehio, Rheinland-Pfalz, 1065–1067.
W. Weber, 239–245.

1 W. Weber, 239.
2 Ebd. 242.
3 Ebd. 242.

Trittelingen/Tritteling, Moselle, Frankreich

Kath. Pfarrkirche St. Martin

Fundumstände
Die Fliesen waren 1889 noch schachbrettartig in einem Teil des Chores verlegt. Sie wurden beim Umbau der Kirche 1909 entfernt und sind heute verschollen.[1]

Baugeschichte
In den Neubau der Kirche wurde 1728 der zu Ende des 12. oder zu Beginn des 13. Jahrhunderts errichtete Chor der Kirche als Sakristei einbezogen. Das Patronat der Kirche hatte die Benediktinerabtei St-Martin-des-Glandières in Longueville/Lubeln (Moselle) inne. Die Fliesen werden von Boulanger und Kraus als romanisch bezeichnet, die Herzform der Fliese weist jedoch eher ins 15. Jahrhundert. Eine eindeutige Datierung ist nicht mehr möglich.

Literatur
G. Boulanger, 296–298, Abb. auf S. 298.
F. X. Kraus, Kdm Elsaß-Lothringen III, 990–991.

1 Freundliche Mitteilung von M. l'Abbé J. Schaefer, Tritteling.

Türnich, Stadt Kerpen, Erftkreis

Schloß der Grafen von und zu Hoensbroech

Fundumstände
Die Fliesen wurden bei Grabungen zur Fundamentsicherung 1961 gefunden und gingen verloren.[1] 1988 wurden erneut Fliesen geborgen.

Baugeschichte
Die Vogtei über das 1208 erstmals genannte Türnich kam als Lehen 1233 in die Hand der Grafen von Jülich, 1476 wurde ein Degenhardt v. Haes mit der Herrlichkeit Türnich belehnt. Die Burg verblieb in der Hand der Familie Haes, bis sie nach dem Tode des Arnold von Haes 1591 an die Herren von Rolshausen kam, die die mittelalterliche Burg im 3. Viertel des 18. Jahrhunderts durch einen Barockbau ersetzten.
Da die Fliese das Wappen Haes zeigt, kann sie nur zwischen 1476–1591 geprägt worden sein. Sie könnte aus der Zeit des Wilhelm Haes stammen, der in Burg Konradsheim wiederholt sein Wappen (1548) anbringen ließ.

Literatur
A. Fahne, Bd. 1, 129.
G. Dehio, Rheinland, 601–602.
A. Ohm, A. Verbeek, Dm Kr. Bergheim 3, 97–99.
H. Firmenich, H. Roosen, Schloß Türnich, Neuss, 1975, 3–13.

1 Freundliche Mitteilung von Herrn Eugen Graf von und zu Hoensbroech, Schloß Türnich. Herr Dr. Rudolf Brandts, Bensberg, welcher die Fliesen nach der Ausgrabung sah, glaubt diese nach der Form der Tartsche eher in der 2. Hälfte des 16. Jahrhunderts entstanden.

U

Ulm/Donau

Ehem. Pfarrkirche „Unserer Lieben Frau über Feld“

Fundumstände

1879 wurden auf dem „Alten Friedhof“ in Ulm die Fundamente eines Gebäudes aufgedeckt. „Einige ornamentierte Fließe haben sich sowohl in der Gruft, wie auch als Korridorbelag längs der südlichen Mauer, beinahe auf der Höhe des natürlichen Terrains vorgefunden.“[1] Die Muster der Fliesen werden nicht genannt. Diese kamen wahrscheinlich ins Museum Ulm und sind dort heute nicht mehr auszumachen, da in Ulm für verschiedene Gebäude immer wieder dieselben Fliesen verwandt wurden. Diese Anlage wurde bei Grabungen für Luftschutzanlagen 1941 erneut aufgedeckt.

Baugeschichte

Man weiß heute, daß sich auf dem Gelände des „Alten Friedhofes“ die ehem. Pfarrkirche „über Feld“ befand (siehe Münster). Im 14. Jahrhundert wurde diese entweder neu- oder in großem Umfang umgebaut, wie nicht nur schriftliche Quellen, sondern auch die Jahreszahl „1356“ an einem Portal beweisen. Die kriegerischen Wirren der Jahre 1372–76 veranlaßten die Ulmer Bürger zum Abbruch der ungeschützten Kirche und zum Wiederaufbau innerhalb der Stadt. Das Patronat der Kirche hatte wohl seit 813 das Kloster Reichenau inne, seit 1325/27 war sie diesem inkorporiert.

Literatur

v. Arlt, Die Ausgrabungen auf dem Kirchhof in Ulm, WVjH 1880, 262–264.
M. Ernst, Die alte Pfarrkirche über Feld und ihr Sprengel, UO 25, 1927, 7–22.
C. Kraus, Zwei geschichtlich wichtige Zufallsgrabungen 1. Der Friedhof bei der alten Pfarrkirche „Über Feld“, UO 31, 1941, 63–65 mit Plan.
R. Wortmann, 1979, 507.

1 v. Arlt, 263.

Münster „Unserer Lieben Frau“

Fundumstände

Bei der Restaurierung des Ulmer Münsters wurde 1853 der Fußboden der Portalvorhalle aufgedeckt. Darunter fand sich, offensichtlich in geringer Tiefe, der intakte mittelalterliche Fliesenboden, der anscheinend nur aus dem Muster O28 bestand.[1]

Baugeschichte

Die im 7. Jahrhundert gegründete, „über veld“ vor den Toren Ulms liegende Pfarrkirche wurde 1376/77 abgebrochen und seit 1377 in der Nähe des Marktplatzes neu erbaut. Nach zwei ersten Weihen (Chor 1383, Mittel- und Seitenschiffe 1405) wurde noch während des ganzen 15. Jahrhunderts, bis zur Einstellung der Bauarbeiten 1529, am Münster gebaut. Die Portalvorhalle wurde um 1434 vollendet.
Die Fliesen, deren Muster vermutlich zuerst im Kloster Bebenhausen entwickelt wurde und über dessen Klosterhof nach Ulm kam, fand sich außerdem in Kloster Söflingen. Selbst bei langer Aufbewahrung der Model wurden diese Fliesen schwerlich im 2. Viertel des 15. Jahrhunderts geprägt, zumal die Ulmer Fliesen aus dieser Zeit andere Abmessungen und ganz andere Muster zeigen. Die Fliesen wurden entweder aus der alten Pfarrkirche „über veld“ übernommen, wie dies für eine Reihe anderer Baumaterialien bezeugt ist[2] oder sie bildeten den Boden eines Gebäudes, welches dem Münsterbau weichen mußte. Dafür kommen in Frage: der Bebenhäuser Hof mit Ausnahme seiner St. Georgskapelle, die 1490 noch stand,[3] das ehem. Sammlungsstift und der Garten des Franziskanerklosters, in dem sich möglicherweise auch noch ein kleineres Gebäude befand. Bei einer Herkunft aus dem Bebenhäuser Hof müßten die Fliesen nach 1292 entstanden sein, die Fliesen des Franziskanerklosters,[4] die in der Prägetechnik und im Scherben der Fliese O28 sehr ähnlich sind, wurden vermutlich im 1. Viertel des 14. Jahrhunderts geprägt.

Literatur

BOA Ulm, Bd. 2, 36.
K. Friedrich, Beiträge zur frühen Baugeschichte des Ulmer Münsters, UO 25, 1927, 23–32.
G. Dehio, Baden-Württemberg, 489–493.
R. Wortmann, 1972, 5–28.

1 Verh. Ver. Kunst u. Altertum UO, 1855, 54.
2 K. Friedrich, 23–25. Die Wiederverwendung von Bauteilen der alten Pfarrkirche ist uns schon durch den Ulmer Dominikanermönch Felix Fabri (1441–1502) überliefert. Gesichert sind drei Portale und zwei Sakristeieingänge sowie Teile der Gurtgesimse und einzelne Hausteinquader.
3 BOA Ulm II, 36. Kloster Bebenhausen kaufte 1292 einen Hof (heute Kramgasse 1–3) von dem Ulmer Bürger Ulrich Gwärlich und richtete dort einen großen Weinkeller ein. Die Stadt Ulm, durch den reichlichen Ausschank verärgert, nahm dem Kloster seine Häuser ab, „worauf die Gebäude niedergerissen“ und der Platz zum Teil für den Münsterbau verwendet wurde. Nach H. Pflüger (I, 5) waren die Ende des 13. Jahrhunderts erbauten Kellergewölbe des Bebenhäuser Hofes schon aus Backstein.
4 R. Wortmann, 1972, 6. Der Garten des Franziskanerklosters wurde in den Münsterbau miteinbezogen, auf dem Gelände des Sammlungsstiftes die Münsterbauhütte errichtet.

Ev. Dreifaltigkeits- oder Spitalkirche, ehem. Dominikanerklosterkirche

Fundumstände

Bei Grabungen, die Rieber 1966 in der 1944 zerstörten Kirche vornahm, entdeckte er ca. 0,48 m über dem Estrich eine Fensterbrüstung in der alten Südmauer, welche mit Tonfliesen belegt war.[1] Als die Kirchenruine, unter Wahrung der Außenmauern, bis 1984 zum Gemeindezentrum umgebaut wurde, fand man im Chor nochmals Fliesen des Musters H139.[2] Da der Boden der Kirche schon 1904 bei einer Grabung nach den Gebeinen des Dominikanerpaters Heinrich Seuse völlig durchwühlt worden war, ist nicht sicher, ob dieses Muster ursprünglich im Chor lag. Beim Umbau der Kirche wurde der ausgehobene Schutt ohne Prüfung abgefahren. Aus diesem Schutt konnten nochmals Fliesen in drei verschiedenen Mustern geborgen werden.[3] Dies ist vermutlich nur ein Bruchteil der ehem. vorhandenen Muster.

Baugeschichte

Die Dominikaner kamen 1281 nach Ulm und begannen sofort mit dem Klosterbau, der 1284 jedoch noch nicht abgeschlossen war. Die Kirche wurde wohl bald nach 1287, durch Stiftungen des Patriziers Otto Krafft am Stege begünstigt, begonnen, das Langhaus 1305, Chor und Hauptaltar 1321 geweiht.

Ab 1375 wurden Um- und Anbauten vorgenommen. Es entstand die 1378 geweihte Ehingerkapelle, für die 1375 der Bürgermeister Hans Ehinger 200 Gulden gegeben hatte,[4] die 1408 geweihte Umgelterkapelle und eine wohl 1410 vollendete Johanneskapelle der Familie Krafft. Nach der Reformation wurde die Kirche wegen Baufälligkeit 1538 teilweise abgebrochen. Der Orden verkaufte seinen Besitz an das „Reiche Spital" in Ulm und verließ 1580 die Stadt. Die Kirche wurde als Spitalkirche genutzt und 1617–21 in eine protestantische Predigerkirche umgebaut. Die Ehingerkapelle wurde 1776, die Johanneskapelle 1819 abgebrochen.
Die Fliesen H212 und J90 sind Muster des Klosters Bebenhausen. Sie stammen vermutlich aus derselben, möglicherweise schon städtischen Werkstatt wie die Fliesen des Franziskanerklosters und dürften 1321 im Chor verlegt worden sein. H139 und J10, wohl vom selben Modelschneider geschnitten, müßten im Laufe der Bauarbeiten zu Ende des 14. Jahrhunderts verlegt worden sein. Die Variante J9 wurde vermutlich um 1370/80 für den Reichenauer Hof geschaffen, der seit der Mitte des 14. Jahrhunderts im Besitz der Familie Krafft war.

Literatur
BOA Ulm II, 34–36.
J. Endriss, Die Dreifaltigkeitskirche in Ulm. Baugeschichte und Beschreibung, WVjH 20, 1911, 330–412.
Ders., Neues zur alten Predigerkirche in Ulm, WVjH 22, 1913, 103–111.
A. Rieber, 457–477.
G. Dehio, Baden-Württemberg, 495.
H. A. Klaiber, R. Wortmann, Kdm ehem. O. A. Ulm, 666.
R. Wortmann, 1979, 516–521.

1 A. Rieber, 464.
2 H. A. Klaiber, R. Wortmann, 355, Abb. 281.
3 Die Nachricht über diese Funde verdanke ich Herrn Michael Geyer, Ulm.
4 J. Endriss, 1913, 105.

Katharineninstitut, früher Langestraße 36, heute Adlerbastei 3

Fundumstände
„Ein Glasgemälde mit Wappen ... wurde aus dem Katharineninstitut, eine Anzahl gepreßter Ziegelfliese ebendaher aus einem sogenannten „Ofenloch" gerettet.[1] Die Muster der Fliesen konnten nicht ermittelt werden. Da sich die in der Dreifaltigkeitskirche gefundene Fliese H139 jedoch in St. Georgen in Stein am Rhein findet, ist es möglich, daß dies die Ulmer Fliesen sind, welche nach Stein gegeben wurden.

Baugeschichte
Bei dem Katharineninstitut handelt es sich um ein Gebäude, welches im rechten Winkel an den Chor der ehem. Dominikanerkirche anstieß. Vermutlich war dies der Ostflügel des Dominikanerklosters, in dem auch das Winterrefektorium lag.[2] In diesem wurde 1641 das Komödienhaus Furttenbach eingerichtet, 1702 eine Kaserne, 1817 die Katharinenschule und ein Waisenhaus. Zu Umbauten des 14. Jahrhunderts im Kloster gibt es keine Baunachrichten.

Literatur
Vgl. Dreifaltigkeitskirche.
H. Bender [u. a.], 2.

1 Verh. Ver. Kunst u. Altertum UO, 12, 1861, 159.
2 A. Rieber, 463.

Ehem. Franziskanerkloster, früher auf dem Münsterplatz

Fundumstände
Die Fliesen wurden 1856 beim Aufbrechen eines Zimmerbodens im alten Gymnasium, dem früheren Franziskanerkloster, gefunden.[1] Sie lagen anscheinend noch in alter Lage, die Anordnung der Fliesen wurde jedoch nicht festgehalten.

Baugeschichte
Zur Baugeschichte von Kirche und Kloster der 1229 von Franziskanern aus Schwäbisch Gmünd gegründeten Niederlassung haben sich keine Urkunden erhalten. Vermutlich begnügten sich die Mönche zuerst mit Notbauten, bis sie langsam das Geld für Kirchen- und Klosterbau zusammengetragen hatten. Es darf jedoch angenommen werden, daß das Kloster bei Abhaltung des ersten Provinzialkapitels in Ulm 1283 annähernd vollendet war. Das Refektorium wird 1293 erwähnt[2]. Nach einem Brand 1348 wurde die Kirche vermutlich durch Anbau eines Seitenschiffs vergrößert, die Schäden eines zweiten Brands 1392, der anscheinend Kirche und Kloster verheerte, waren 1409 wieder beseitigt. Nach der Vertreibung der Mönche wurde das Kloster 1534 als Gymnasium eingerichtet und 1879–80, zusammen mit der Kirche, abgerissen, um den Blick aufs Münster freizugeben. Eine sichere Datierung der Fliesen ist nicht möglich. Ein Vergleich mit den Fliesen aus Kloster Söflingen legt nahe, daß sie vermutlich später als diese geprägt wurden. Muster und Prägung weisen am ehesten in das 1. Viertel des 14. Jahrhunderts.[3] Dafür spricht auch die Tatsache, daß 1316 die Stadtmauer im Bereich des Klosters abgebrochen wurde, das Kloster hatte nun den nötigen Platz, um sich weiter auszubreiten. Die weitläufigen Klostergebäude lagen im Norden der Kirche, ihre genaue Lage läßt sich nicht mehr ermitteln[4].

Literatur
K. Hassler, 7, Taf. 3, Abb. 1–5.
F. Pressel, 291–292, 320–321.
BOA Ulm, Bd. 2, 1879, 29–30.
R. Krautheimer, Tabelle auf S. 128, Anm. 32.
M. Schefold, 52–53, Abb. 1–2.
Ders., Zur Baugeschichte der Ulmer Barfüßerkirche, Bl. für württb. Kirchengesch. N. F. Stuttgart 1931, 207–231.
R. Wortmann, 1979, 522–526.

1 Verh. Ver. Kunst u. Altertum UO, 11, 1857, 6.
2 F. Pressel, 208–209.
3 R. Krautheimer, 128, nimmt auf Grund bautechnischer Details an, daß der Chor der Kirche um 1300 vollendet war.
4 Die auf diesem Areal unter der Leitung von Frau Dr. Judith Oexle seit 1987 durchgeführten Grabungen erbrachten neue Fliesenfunde, darunter bis heute unbekannte Muster. Die Grabungspublikation ist in Vorbereitung.

Münsterplatz

Fundumstände
Beim Bau eines Löschwasserbehälters wurden 1941 Fliesen in drei verschiedenen Mustern geborgen. A26 war schon früher an einem heute nicht mehr bekannten Ort in Ulm gefunden worden. J57 und J90.1 sind Zisterziensermuster, die heute in genau übereinstimmender Prägung in Bebenhausen nicht mehr vorhanden sind. J90.1 fand sich als Variante in der Bebenhäuser Grangie Geisnang (Ludwigsburg) und möglicherweise im Bebenhäuser Hof in Esslingen; J57 ist, mit geringen Abweichungen, aus den Zisterzienserklöstern Arnsburg und Marienstatt bekannt. Es ist wahrscheinlich, daß der Lösch-

wasserteich auf dem Gelände des ehem. Bebenhäuser Hofs ergraben wurde. Vgl. „Ulm, Münster", Anm. 3. Die Fliesen könnten noch zu Ende des 13. Jahrhunderts verlegt worden sein.

Literatur
CH. SEEWALD, 38.

Südlicher Münsterplatz 47, heute Nr. 27

Fundumstände
Um 1947 wurde dort das Bruchstück einer verzierten Bodenfliese gefunden.[1]

Baugeschichte
Das Gelände am südlichen Münsterplatz 47 hieß früher „am Kirchle". Gemeint war die Kirche des Franziskanerklosters. Auch hier könnte es sich um beim Abbruch von Kirche und Kloster verworfene Fliesen handeln. Südlicher Münsterplatz 47 war jedoch zugleich auch der „Neue Bau". Dieser war 1585–93 von Hans Fischer gen. Adin und Matthäus Gaiser als reichsstädtischer Magazinbau und Sitz des Magistrats erbaut worden. Auf dem Gelände standen vorher der „Strölinhof" und vier weitere Häuser, welche die Stadt 1583–85 aufkaufte. Die Keller und einige Mauerreste des 13. und 14. Jahrhunderts wurden in den Neubau miteinbezogen. Solange das Muster der Fliese nicht bekannt ist, ist keine sichere Zuordnung möglich. Der „Neue Bau" wurde 1908 renoviert, brannte 1924 fast völlig aus, sein Westflügel wurde 1944/45 zerstört. Bei all diesen Gelegenheiten hätten Fliesen weggeworfen werden können.

Literatur
M. WAGNER, Zur Baugeschichte des „Neuen Baues" in Ulm, UO 24, 1925, 6875.
H. PFLÜGER, Stadtbild, Bd. 2, 28–29.
CH. SEEWALD, 37.
H. KOEPF, 151–152.

1 CH. SEEWALD, 37. Diese und eine Reihe weiterer, bei Seewald erwähnter Fliesen, sind immer noch nicht bearbeitet und waren bis jetzt unzugänglich gelagert. Sie sollen jedoch nun katalogisiert und wenn möglich auch veröffentlicht werden. Bekannt ist inzwischen das Muster L39. Diese Fliese trägt jedoch die Fundnr. des Jahres 1940. Sie müßte aus einem Vorgängerbau des „Neuen Baus" stammen.

Ehem. Augustiner-Chorherrenstift St. Michael zu den Wengen, Wengengasse

Fundumstände
Unbekannt. Die Fliesen aus dem Wengenkloster kannte Hassler 1862 noch nicht, Schefold und Pazaurek erwähnen sie beide 1929.[1] Sie kamen vermutlich ins Museum Ulm und sind dort unter einer Reihe gleichartiger Muster heute nicht aufzufinden. Wagner verweist wiederholt auf einen mittelalterlichen Tonplattenboden[2], der jedoch Fliesen der Größe 32 × 32 cm zeigte. Vermutlich wurden die Fliesen bei der Restaurierung der Kirche 1921–24 geborgen. Zu den erst im 20. Jahrhundert entdeckten Fliesen ungeklärter Herkunft im Museum Ulm gehört z. B. ZL 1.

Baugeschichte
Das 1183 durch Witegow von Albeck in Anwesenheit Kaiser Friedrich I. Barbarossas auf dem Michelsberg gestiftete Kloster wurde 1215 auf die Blauinseln verlegt, 1376 abgebrochen und 1399 innerhalb der Stadtmauern wieder aufgebaut. Die Kirche wurde 1402 geweiht, der Klosterbau unter Propst Berthold III. (1405–25) fast vollendet. Ein Umbau der Kirche erfolgte 1550–70, 1629–35 wurde sie als barocker Gewölbebau erneuert und 1738–66 nochmals umgestaltet. Die Fliesen können nicht vor dem 1. Jahrzehnt des 15. Jahrhunderts entstanden sein, sie werden von Pazaurek als „gotisch" bezeichnet. Dieser Zeitstellung würde sich ZL 1 einfügen.

Literatur
M. SCHEFOLD, 53.
G. E. PAZAUREK, 8.
M. WAGNER, Kloster und Kirche zu den Wengen in Ulm, Diss. Stuttgart 1923, 14ff.
M. ERNST, Wengenkloster und Wengenkirche in Ulm, UO 30, 1937, 85–113.
G. DEHIO, Baden-Württemberg, 495.
R. WORTMANN, 1979, 534–535.
H. E. SPECKER, Das Augustiner-Chorherrenstift St. Michael zu den Wengen (1183–1549). H. E. SPECKER, H. TÜCHLE, Kirchen in Ulm, 49–79.

1 M. SCHEFOLD, 53.
G. E. PAZAUREK, 8.
2 M. WAGNER, 123. Der gotische Tonplattenboden lag ca. 0,18 m unter dem heutigen Niveau der Kirche (ebd., 144, 155). Im Chor, im Schiff und in der 3 m unter dem Chorfußboden gelegenen Gruft wurden überall Plattenböden aus ungemusterten Fliesen aufgedeckt. Wagner erwähnt außerdem den „Roten Gang", der seinen Namen ebenfalls einem Belag aus roten Fliesen verdankt (ebd., 193).

Ehem. Sammlungsstift der Franziskanerinnen des 3. Ordens, Frauenstraße 24

Fundumstände
Unbekannt. Die Fliesen befanden sich schon vor 1862 in der Slg. des Altertumsvereins Ulm. Vermutlich wurden sie entdeckt, als das Sammlungsstift in der Mitte des 19. Jahrhunderts als Privatschule für Mädchen diente. 1876 wurde nochmals „eine große Anzahl Fliese" gefunden[1], deren Muster jedoch nicht mehr veröffentlicht wurden.

Baugeschichte
Der Zeitpunkt, an dem sich im 13. Jahrhundert eine Gruppe von Frauen zu einer „Sammlung" zusammenschloß, ist nicht bekannt. Sie wurden 1284 dem Franziskanerorden unterstellt und erhielten einen Bauplatz an der Mauer des Franziskanerklosters angewiesen. Nachdem dieser Platz 1377 für die Münsterbauhütte benötigt wurde, erwarben die Schwestern 1385 ein Haus in der Weberstraße, ein altes Lehen des Klosters Reichenau, das sie nach 1387 zu einem klosterähnlichen Geviert ausbauen ließen. Ihr altes Gebäude wurde 1390 abgebrochen (siehe Münster). Nach der Umwandlung der Sammlung in ein adliges Stift 1536 wurde um 1540 ein Nordanbau errichtet und größere Umbauten durchgeführt. Das Stift wurde 1808 aufgehoben, die Gebäude 1944 zerstört und danach abgebrochen. Die frühen Fliesen A 25, C 42, D 45 und Q 2 können nur aus dem Reichenauschen Anwesen stammen oder, was wahrscheinlich ist, von den Schwestern aus den alten Gebäuden mitgebracht worden sein. Die Muster decken sich mit denen des Franziskanerklosters. H 142 und J 96 wurden vermutlich bei Umbauten im 15. Jahrhundert verlegt. Eine Prägung dieser Muster um 1540 ist unwahrscheinlich.

Literatur
K. HASSLER, 7–8, Taf. 3, 1–5, Taf. 7, Taf. 8, Taf. 18, 3.
H. GREINER, Aus der 600jährigen Vergangenheit der Samm-

lung in Ulm. Ein Beitrag zur Kirchen- und Kulturgeschichte der Stadt, UO 24, 1925, 76–112.
H. KOEPF, 90.
K. S. FRANK, Die Franziskanertertiarinnen in der Ulmer Sammlung, H. E. SPECKER, H. TÜCHLE (Hrsg.), Kirchen in Ulm, 148–162.

1 UO 1, 1876, 34: „Von der städtischen Bauverwaltung eine große Anzahl Fliese, gefunden im Sammlungsgebäude unter einem hölzernen Zimmerboden.“

Reichenauer Hof/„Ehinger Hof“, heute Grüner Hof 2

Fundumstände
Die Fliesen befinden sich in situ in einem Raum des Hauses, dessen ursprüngliche Ausmalung ebenfalls erhalten ist. Der Fliesenboden ist stark abgetreten, an den Rändern mit Fliesen ausgeflickt, sicher jedoch noch in der ursprünglichen Anordnung.

Baugeschichte
Das vermutlich als Klosterhof des Zisterzienserklosters Salem im 13. Jahrhundert erbaute, 1246 erstmals erwähnte Gebäude, wurde 1264 an Kloster Reichenau abgetreten. Es war zu der Zeit, als die durch die gleichzeitigen Wandmalereien auf um 1370/80 datierten Fliesen entstanden, in der Hand des Bürgermeisters Lutz Krafft. Auf ihn und seine Frau Martha Ehinger weisen die Wappen der Schlußsteine der Gewölbe. Neueste Forschungen vermuten, daß es sich bei dem Raum um einen Festsaal des Ulmer Patriziats handelte. Der Hof wurde um 1535 erweitert und auch später noch mehrfach umgebaut. H135 und J9 sind vermutlich die ersten Relieffliesen, welche in Ulm die mit vertiefter Prägung ablösen.

Literatur
M. SCHEFOLD, 55, Abb. 7.
M. ERNST, Zur Geschichte des Reichenauer Hofs in Ulm, UO 26, 1929, 71–74.
Ders., Der grüne Hof in Ulm. Der Reichenauer Hof, UO 28, 1932, 71–85 (90).
I. GEISLER, Verborgenes Kleinod: Ulms älteste gotische Malereien. Die Fresken im Festsaal des Reichenauer Hofs, Südwestpresse, 4. 11. 1972, m. Abb. der Fliesen.
H. BENDER [u. a.], 122.
F. QUARTHAL, 1981, 363–369.
H. KOEPF, 126.
E. SCHMIDT, 1981, 304–308.

Ehem. Ochsenhäuser Hof, Grüner Hof 5

Fundumstände
Bei Restaurierungsarbeiten wurden 1969 in den Wänden der Erdgeschoß- und Kellerräume, sowie in der Halle des Obergeschosses, Fliesen als Füllmaterial im Mauerwerk entdeckt. 1968 waren schon im Schutt der Säulenhalle des Obergeschosses Fliesen über den Gewölben des Erdgeschosses gefunden worden.[1] Bei den Grabungen 1970–73, die das ganze Areal des Grünen Hofes miteinbezogen, wurde nochmals mittelalterliche Keramik, darunter anscheinend auch Fliesen gefunden. Diese Funde sind noch nicht ausgewertet.

Baugeschichte
Das Kloster Ochsenhausen erwarb 1390 erstmals Besitz in Ulm. Es gab diesen auf, um 1445 Ländereien am Grünen Hof aus ehem. Besitz des Klosters Reichenau zu erwerben. 1475 wurde ein Stadel angekauft, 1486 nochmals drei benachbarte Grundstücke hinzuerworben und ab 1490 der heutige Ochsenhäuser Hof erbaut, der 1498 vollendet war. Der Hof kam 1642 an die Stadt Ulm, nach 1810 an Württemberg. Er wurde 1944 teilweise zerstört und ist heute wiederaufgebaut. Die Fliesen, deren Muster als Variante inzwischen auch in Kloster Ochsenhausen gefunden wurden, stammen aus dem letzten Jahrzehnt des 15. Jahrhunderts.

Literatur
E. GRUBER, 98–99.
K. KNEER.
H. PFLÜGER, Stadtbild, Bd. 1, 66.
H. KOEPF, 128.
R. WORTMANN, Vorläufiges Domizil der Universitätsverwaltung. Der Ochsenhäuser Hof und seine Geschichte – Hauptgeschoß in der Art des Schuhhaussaales, Schwäbische Zeitung 31. 12. 1969.
E. SCHMIDT, 1981, 304–308.
F. QUARTHAL, 1981, 368.

1 Freundlicher Hinweis von Herrn August Rampf†, Ulm.

Gelände Grüner Hof 6

Fundumstände
1955 wurden an der Ecke Adlerbastei 1/Münsterpfarrhaus verzierte Bodenfliesen gefunden. Dies Gelände liegt auf einem Gartenstück, welches zum ehem. Dominikanerkloster gehörte. Die Fliesen könnten aus dem abgebrochenen Südflügel des Klosters stammen.

Baugeschichte
Das Gebäude Grüner Hof 6 wurde 1611 als Roßmühle erbaut. Es benutzt die Südwand der Dominikanerkirche als nördliche Hauswand.

Literatur
CH. SEEWALD, 32.
A. RIEBER, 461, 463.

Unbekannte Ulmer Bürgerhäuser

Fundumstände
Um die Mitte des 19. Jahrhunderts wurden von Haßler aus verschiedenen Ulmer Bürgerhäusern zahlreiche Fliesen geborgen, ohne daß die Fundorte im einzelnen festgehalten wurden. Die Formulierung lautet stets „aus einem Ulmischen Privathause“. Schefold gibt die Zahl der gesammelten Fliesen mit „gegen tausend zum großen Teil figürliche Fliesen“ an. Ein Teil der Fliesen kam an andere Museen[1] oder in den Kunsthandel, ein Teil wurde als Boden der Brigittenkapelle im heutigen Ulmer Museum wiederverwandt. Die von Haßler abgebildeten Fliesen gehören größtenteils dem 15. Jahrhundert an. Aus der Publikation Haßlers geht nicht hervor, ob sich seine Datierungen auf Urkunden oder auf Baudetails der betreffenden Gebäude stützen. Da einzelne Fliesenmuster durch Neufunde bestimmt werden konnten, werden im Katalog alle Nachrichten über Ulmer Fliesen genannt.

Literatur
K. HASSLER, 8 und die dort angeführten Tafeln.
M. SCHEFOLD, 53–55, Abb. 8–10.

1 Ulmer Fliesen gelangten mit Sicherheit in das Bayerische Nationalmuseum München, das GNM Nürnberg, das Württembergische

Landesmuseum Stuttgart und nach dem Kloster St. Georgen in Stein (Rhein). Fliesen mit typischen Ulmer Mustern, die ohne bekannten Fundort in Museen liegen, stammen meist nicht aus dem Einzugsgebiet dieser Museen, sondern sind vermutlich ein Geschenk oder Ankauf. Eine Ausnahme bildet das Museum Worms, dies sind echte Wormser Prägungen (siehe Ulm-Söflingen/Worms).

„Krafftsches Haus", Frauenstraße 26 (?), Frauenstraße 50 (?), Steingasse 2/Ecke Langgasse (auf dem Gelände des Hauses, heute die „Spitalhofschule")

Fundumstände
Unbekannt. „Ein gepreßter Flies aus dem ehem. Krafftschen Haus",[1] vermutlich 1859 gefunden. Die Fliese ist wahrscheinlich bei Haßler abgebildet, jedoch nicht näher bezeichnet.

Baugeschichte
Da die Familie Krafft in Ulm mehrere Häuser besaß, hat sich auch hier Unklarheit eingeschlichen. Endriß erwähnt 1911 bei einer Beschreibung der Dreifaltigkeitskirche und der Katharinenschule: „1817 wurde hier und in dem angekauften Haus des Storchenwirts Maiser, dem Krafftschen Haus, eine Industrieschule eingerichtet".[2] Dieses Haus würde vermutlich noch zum Einflußbereich des Dominikanerklosters gehört haben. Außerdem waren die Häuser Frauenstraße 26 und 50 im Besitz der Familie Krafft.[3]

Literatur
BOA Ulm II, 49.
H. Pflüger, A. Rieber, Ulmer Bdm. Ulm, 1963, o. Sz.
H. Pflüger, Stadtbild, Bd. 1, 27, 30.
Ders., Bild der Stadt, 729.
H. Koepf, 90, 102, 122.

1 Verh. Ver. Kunst u. Altertum UO, 12, 1861, 64.
2 J. Endriss, 1911 (siehe Dreifaltigkeitskirche), 411. Nach freundlicher Auskunft von Herrn Archivamtmann Fink, Stadtarchiv Ulm, wurde das Haus Steingasse 2 1944 zerstört und anschließend abgebrochen. Woher die Bezeichnung „Krafftsches Haus" für dieses Gebäude kam, ist nicht bekannt. Es wurde 1587 von Peter Schmid für den Patrizier Hans Ulrich Löw gebaut.
3 BOA Ulm II, 49. 1897 wird nur das Haus Frauenstraße 50 als Krafftsches Haus bezeichnet.

Haus Strauß, Hirschstraße 12, dort heute „Kaufhalle"

Fundumstände
Unbekannt. Die Fliesen wurden vor 1929 gefunden und werden von Pazaurek erwähnt, jedoch nicht beschrieben oder abgebildet. Sie befinden sich vermutlich auch heute noch im Museum Ulm, konnten jedoch bis jetzt nicht identifiziert werden.

Baugeschichte
Die im Leinwandhandel tätige Familie Strauß starb 1863 aus. Zur mittelalterlichen Baugeschichte des Hauses ist nichts bekannt, Pflüger bezeichnet es als „Renaissancehaus". Es wurde möglicherweise erst im 16. Jahrhundert erbaut.

Literatur
G. E. Pazaurek, 8.
H. Pflüger, Bild der Stadt, 700.

Mohrengasse, früher Kautengäßle

Fundumstände
Beim Ausheben eines Grabens für die Fernheizung wurde 1955 das Bruchstück einer verzierten Bodenfliese gefunden[1]. Möglicherweise handelt es sich um das Muster J 14.

Ortsgeschichte
In der Mohrengasse befand sich im Mittelalter die St. Jodokuskapelle, die 1337 schon bestanden haben muß und nach der Reformation 1535 abgebrochen wurde.

Literatur
A. Veesenmeyer, Ein Gang durch Kirchen und Kapellen Ulms um das Jahr 1490. Nach Felix Fabri's Sionpilgerin, Verh. Ver. Kunst u. Altertum UO, N. F. 1, 1869, 35 (29–44).
Ch. Seewald, 36.
R. Wortmann, 1979, 528.

1 Ch. Seewald, 36.

Patrizierhaus der Familie Schad, Nördlicher Münsterplatz 13

Fundumstände
Die Fliesen wurden bei Abbrucharbeiten in dem 1944 ausgebrannten Haus unter den später darüberverlegten Holzdielenböden gefunden. Es konnten etwa 25 Fliesen geborgen werden.

Baugeschichte
Das Haus wurde 1497 erbaut. Die Fliesen stammen aus der Erbauungszeit.

Literatur
H. Pflüger, A. Rieber, Ulmer Bdm, 1963, o. Sz.
H. Koepf, 100.

Kronenapotheke, Platzgasse 31/Neuer Graben

Fundumstände
„In den Dachräumen finden sich ohne festes Konzept verlegte gotische Tonbodenplatten verschiedener Schmuckmuster."[1] Von vier Dachbodenräumen sind drei mit Fliesen gepflastert. Da die Räume als Lagerräume genutzt werden, ist eine vollständige Untersuchung des Bodens nicht möglich. Vermutlich sind jedoch nicht mehr als drei Muster vorhanden. In einem Wohnraum des Hauses wurde außerdem ein stark abgelaufener Fliesenboden des Muster H 1 unter einem Holzdielenboden aufgedeckt.

Baugeschichte
Bei dem Haus handelt es sich um ein dreigeschossiges mittelalterliches Fachwerkhaus mit „angeblattetem" Fachwerk und Krüppelwalmdach. Zwischen den Fachwerkgefachen der Südseite sind lange Streifen des Ulmer „Terracotta-Fertigteil-Bauschmucks" der Spätgotik, der „Lilienziegel", vermauert.[2] Sie ergeben eine Spitzbogenfolge mit Dreipaßfüllung und unten angehängten Lilien. Pflüger vermutet, daß es sich möglicherweise um das Haus eines Hafners handelt, da hier die Lilienziegel nicht als Schmuckelement, sondern an einer fast unsichtbaren Stelle zur Ausfachung verwandt wurden. Da das Haus in der Nähe der mittelalterlichen Stadtmauer liegt, wäre dies plausibel. Pflüger erwähnt außerdem die Gewannbezeichnung „In der alten Leimgrub" nicht weit östlich der Platzgasse.[3] Die Muster H 1 und L 39 stammen aus der Hand

desselben Modelschneiders. L39 wurde vermutlich um 1492 in Kloster Söflingen verlegt.[4]

Literatur
H. Bender (u. a.), 275.
H. Pflüger, Bild der Stadt, 702–704.
H. Koepf, 158.

1 H. Pflüger, Bild der Stadt, 702.
2 Ebd., 703, Abb. 1, 704.
3 Alle Angaben zu Haus und Fliesen verdanke ich Herrn Hellmut Pflüger, Ulm. Schriftliche Mitteilung vom 20. 12. 1981.
4 Es kann sich hier natürlich auch um Restfliesen handeln, die bei einem großen Auftrag, z. B. für Kloster Söflingen, übrig blieben.

Ehem. Haus Störrengasse 6, dort heute „Salzstadeltiefgarage"

Fundumstände
Das Haus wurde im Januar 1978 abgebrochen. Die Fliesen müssen mit der Bildseite nach unten auf dem Speicherboden (Bühne) verlegt gewesen sein, das Reliefmuster war im Staub sichtbar. Die Fliesen wurden vor dem Abbruch geborgen.[1]

Baugeschichte
Zur Baugeschichte des Fachwerkhauses ist nichts bekannt. 1801 war es wie das eng benachbarte Haus Platzgasse 31 ein Weberhaus. Da der Ulmer Rat kurz nach 1500 untersagte, Häuser mit „angeblattetem" Fachwerk zu versehen, dürfte das Haus vorher entstanden sein. Es kann jedoch nicht ausgeschlossen werden, daß die Fliesen, dieselben Muster wie im Haus Platzgasse 31, aus irgendeiner der Kirchen und Kapellen, welche nach 1536 in Ulm abgebrochen wurden, stammen.

Literatur
H. Bender (u. a.), 339.

1 Freundliche Auskunft von Herrn Hellmut Pflüger, Ulm.

Weinhof 12 und 13

Fundumstände
Siedlungsfunde 1940: „verzierte Bodenfliesen im Hofraum, ehem. Weinhof 13 beim Bau des Luftschutzkellers".[1] Bei der Schwörhausgrabung 1953 wurden „Bodenfliesen und Bruchstücke von solchen, zum Teil verziert in der Gasse im Norden vom Weinhof vor Weinhof 12 und Weinhof Nord/Mitte"[2] geborgen. Gesichert ist bis heute nur das Muster J9.

Baugeschichte
Das Schwörhaus wurde 1612–13 durch Caspar Schmid und Laux Hemmerlin d. J. auf dem Gelände der ehem. Pfalzkapelle errichtet. Die Fliesen können deshalb nur aus verschiedenen Vorgängerbauten stammen. Diese frühe Prägung des in Ulm häufigen Musters J9 könnte um 1380 verlegt worden sein.

Literatur
H. Pflüger, Stadtbild, Bd. 1, Abb. 25, Bd. 2, Abb. 49.
H. Bender [u. a.], 362.
H. Koepf, 166–167.

1 Ch. Seewald, 44.
2 Ebd., 44. Diese Fliesen sind heute noch kaum zugänglich gelagert. Ihre Publikation ist beabsichtigt, ihr soll nicht vorgegriffen werden.

Ulm-Söflingen

Ehem. Klarissinnenkloster St. Elisabeth, heute kath. Stadtpfarrkirche St. Maria

Fundumstände
Die ersten Fliesen wurden beim Umgraben eines Gartenstücks auf dem ehem. Friedhof für die Klosterbeamten 1914 geborgen, F30 kam, ebenfalls beim Umgraben in der Nähe der Sakristei zutage. Etwa 150 Fliesen entdeckte Weser im selben Jahr in zweiter Lage in der Mauer des Pfarrgartens, weitere fanden sich bei der Renovierung des Pfarrhauses im Sommer 1914 im Mauerwerk. 1915 wurden erneut Fliesen aus der Mauer geborgen, so daß insgesamt ca. 260 Fliesen in 23 verschiedenen Mustern aufgedeckt wurden.[1] Da bei allen baulichen Veränderungen in späteren Jahren stets auf Fliesen geachtet wurde, konnten bei der Renovierung des Langhauses der ehem. Klosterkirche und heutigen Pfarrkirche 1958–60 im Schutt erneut Fliesen gesichert werden; andere waren schon 1955 beim Umbau des Pfarrhauses unter der Treppe gefunden worden, darunter vier neue Muster.[2] Der größte Teil der Fliesen zeigte einen ziegelroten Scherben. Wenige waren aus gelblichem Ton, einige, besonders hartgebrannte Fliesen fast schwarzgrau oder von bräunlicher Farbe. Die letzteren zeigten den schwächsten Brand.[3]

Baugeschichte
Das zwischen 1235/37 „auf dem Gries" in Ulm gegründete Kloster wurde vor 1239 in den Franziskanerorden aufgenommen und vor 1253 nach Söflingen verlegt. Mit dem Kirchenbau scheint, begünstigt durch reiche Schenkungen der Grafen von Dillingen, bald begonnen worden zu sein, möglicherweise war der Neubau 1258 schon vollendet.[4] Für den von Weser erwähnten Erweiterungsbau 1278 ließen sich keine Urkunden finden.[5] 1492 wurde durch die Äbtissin Elisabeth Reichnerin ein Neubau durchgeführt. Es wäre möglich, daß hierbei die frühen Fliesen schon verworfen wurden. Die Klosterkirche wurde 1688–93 neu erbaut, nach der Aufhebung des Klosters 1815 zur Pfarrkirche erhoben, die Klostergebäude 1818 abgebrochen.
Das Kloster, das durch großzügige Schenkungen des oberschwäbischen Adels zum reichsten Klarissenkloster Deutschlands aufstieg, scheint wohl in den meisten Räumen Fliesenböden besessen zu haben. Eine sichere Datierung der Fliesen stößt jedoch auf Schwierigkeiten. Fest steht nur, daß die frühen Fliesen mit großer Wahrscheinlichkeit schon am Ort geprägt, die Model jedoch wohl aus Worms übernommen wurden. Dafür spricht, neben der Verschiedenartigkeit der Scherben, die Tatsache, daß W42 in Worms noch als Raute geprägt, in Söflingen jedoch, da man keine Fliesenrosette mehr verlegte, in eine quadratische Fliese gestempelt wurde. Dasselbe gilt auch für W29, deren Prägung sich jedoch in Worms nicht erhalten hat. Für eine Herkunft der Fliese C41 aus Ulm wurde stets die als „U" (für Ulm) gedeutete Initiale in Anspruch genommen. Auch diese Prägung fand sich in Worms, das Tonmaterial weist sie eindeutig einer Wormser Werkstatt zu. Da die Fliesen in Worms vermutlich erst beim Wiederaufbau der Kirchen nach dem großen Stadtbrand 1242 verlegt wurden,[6] wäre eine Verlegung derselben Muster im Gründungsbau von 1258 durchaus möglich.
Vermutlich wurden jedoch auch hier einzelne Räume des Klosters noch in späterer Zeit mit Fliesen versehen. So könnten die Fliesen J38 und O28, von Fliesen des Klosters Bebenhausen beeinflußt, erst zu Ende des 13. Jahrhunderts entstanden sein.[7] Zweifellos später, in der Zeit um 1380, wurden H139 und J9 verlegt, während L39 und S29 vermutlich aus

dem Neubau von 1492 stammen. Neben Konstanz, Esslingen und Zwiefalten[8] ist Söflingen bis jetzt die einzige Stelle, an der rheinische Muster in Süddeutschland auftauchen. Der Söflinger Musterschatz erlaubt wiederum Rückschlüsse auf vermutlich verlorene Wormser Muster. Die Fliesen wurden mit großer Wahrscheinlichkeit im Kloster geprägt. Söflingen besaß zwei Ziegelstadel, den einen am Weg zum Klosterwald, den anderen am „roten Berg".[9]

Literatur

F. Pressel, 55–56, 101–102, 106–107.
BOA Ulm, Bd. 2, 615–623.
R. Weser, 1915, 90–99.
Ders., Die Klosteranlage in Söflingen, Ulmische Blätter für heimatliche Geschichte, Kunst und Denkmalpflege 2, 1926, 57–68.
R. Wortmann, Ulm-Söflingen, Stadtpfarrkirche St. Maria, ehem. Klarissenklosterkirche, Weißenhorn o. J. 3–9.
H. A. Klaiber, R. Wortmann, Kdm ehem. O. A. Ulm, 602–617, 662–667, Abb. auf S. 664–665, Abb. 601, 1–5, 7–25 und auf 667, Abb. 602–603, Nr. 26, 27.
K. S. Frank, Das Klarissenkloster Söflingen. Ein Beitrag zur franziskanischen Ordensgeschichte Süddeutschlands und zur Ulmer Kirchengeschichte, Ulm 1980, 9–38.

1 R. Weser, 91–92.
2 Alle Angaben über die 1955 und 1958–60 gemachten Funde verdanke ich, nebst ausgezeichneten Aufnahmen, Herrn August Rampf†, Ulm.
3 R. Weser, 93.
4 K. S. Frank, 37.
5 R. Weser, 99. Möglicherweise war dies eine Jahreszahl, auf die Weser bei seinen Forschungen gestoßen war. Er kommt jedoch in seinen später erschienenen Aufsätzen nicht mehr auf diese Zahl zurück. Dennoch würden sich einige Muster, so z. B. H87, H88, sehr wohl noch in diesen Zeitraum einfügen.
6 Mit Söflingen übereinstimmende Muster fanden sich in Worms in den Kirchen St. Amandus, St. Andreas, St. Johannis, St. Magnus, St. Paulus und im Bergkloster, ferner an anderen, nicht festgehaltenen Fundorten. Außerdem in Bacharach, Burg Neuhaus bei Kiedrich, Kloster Lorsch, Mainz (Stadtgebiet), Speyer und in St. Peter in Weinheim.
7 Kloster Bebenhausen erbaute nach 1292 einen Klosterhof in Ulm, dessen Kellergewölbe schon aus Backsteinen gefügt waren.
8 Zwiefalten besitzt ebenfalls die Muster O27 und P13. Die Baugeschichte des Klosters erlaubt keine exakte Datierung der Fliesen, vermutlich wurden sie während des Wiederaufbaus nach dem Brand von 1251 verlegt.
9 BOA Ulm II, 615.

Unterböbingen, Gem. Böbingen, Ostalbkreis

Kath. Kapelle St. Koloman

Fundumstände

Auf dem Gelände der ehem. Kapelle sollen, vermutlich schon zu Ende des 19. Jahrhunderts, Fliesen gefunden worden sein. Da das Muster J118 im Museum Stuttgart, dessen Herkunft nicht mehr bekannt ist, genau mit dem der Fliesen aus den Unterböbingen benachbarten Orten Bargau und Heubach übereinstimmt, könnte es sich um diese Fliese handeln.

Baugeschichte

Zur Baugeschichte der Kapelle ist nichts bekannt. Sie lag östlich des Ortes auf den sog. „Kollmannusäckern". 1870 waren noch die Grundmauern erhalten. Die Fliesen dürften in der Mitte des 15. Jahrhunderts verlegt worden sein.

Literatur

BOA Gmünd, 442.
W. Aichele, Zwischen Rems, Lein und Kocher, Schwäbisch Gmünd 1949, 25–26.

Unterfrauenhaid, Gem. Raiding, BH Oberpullendorf, Burgenland, Österreich

Kath. Pfarr- und Wallfahrtskirche Mariae Himmelfahrt

Fundumstände

Bei einer Grabung wurde am 18. 7. 1980 im Füllschutt vor der romanischen Apsis das Bruchstück eines „gotischen Pflasterziegels" gefunden.[1]

Baugeschichte

Die vermutlich im 12. Jahrhundert entstandene Kirche wird 1229 erstmals erwähnt. Der Ort wurde während eines Türkeneinfalls zerstört und wird 1425 als verödet bezeichnet. Eine neue Kirche wurde unter Einbeziehung der Reste der romanischen Kirche um 1456 errichtet und 1660 barock umgestaltet. Die Fliese zeigt zwei Töpferstempel einer in oder um Wien angesiedelten Werkstatt,[2] die im 14./15. Jahrhundert verwandt wurden. Die Fliese dürfte noch aus dem vor 1425 verwüsteten Bau stammen.

Literatur

Hist. Stätten Österreich I, Donauländer, 769.
G. Dehio, Burgenland, 306–307.
F. Berg, Innenrestaurierung der Pfarrkirche in Unterfrauenhaid (Burgenland), Österr. ZS. Kunst Denkmalpflege 35, 1981, 132–134.
K. Kaus, Unterfrauenhaid, Fundber. aus Österreich 20, Wien 1981, Wien 1982, 553.

1 K. Kaus, 553.
2 A. Kies, 27, Taf. 1, 29, Taf. 2.

Unterelkofen, Stadt Grafing, Kr. Ebersberg

Schloß Elkofen (Ölkofen)

Fundumstände

1902 befanden sich noch in mehreren Räumen, sowie im 2. Geschoß des Turmes Bodenfliesen in situ, heute haben sie sich nur noch in je einem Raum des ersten und zweiten Stocks erhalten. Die Fliesen aus grauem (?) Ton sollen früher stets zusätzlich einen roten Farbanstrich erhalten haben.[1]

Baugeschichte

Die vermutlich im 11. Jahrhundert erbaute, 1383 erstmals erwähnte Burg, ist im Kern ein spätgotischer Bau. Erste Umbauten sollen jedoch schon stattgefunden haben, als sie 1392 an die Herzöge von Bayern-Ingolstadt überging. Sie wurde im 16. Jahrhundert erweitert und 1665–76 nochmals umgebaut. Baunachrichten über einen Umbau, der auf Grund des Bauornamentik zu Ende des 15. oder zu Beginn des 16. Jahrhunderts erfolgt sein muß, fehlen, doch könnte dieser durch den Verkauf der Burg aus der Hand der bayerischen Herzöge 1516 an Hildebrand von Kitscher veranlaßt worden sein. Die mit den durch Jahreszahl auf 1607 datierten Fliesen aus Bierdorf übereinstimmenden Muster könnten sogar noch im späten 16. Jahrhundert geprägt worden sein. Von Sayn-Wittgenstein werden die Fliesen auf „um 1400“ datiert.

Literatur
G. v. Bezold, B. Riehl, Kdm Bayern II, 1398–1400.
Hist. Stätten VII, Bayern, 763.
F. Prinz zu Sayn-Wittgenstein, M. Frf. v. Bibra, 69–70.
G. Dehio, München und Oberbayern, 1207.

1 Freundliche Mitteilung von Wolfgang Graf v. Rechberg-Elkofen.

Unterstammheim, Kt. Zürich, Schweiz

Ev. Pfarrkirche, ehem. St. Maria

Fundumstände
Beim Aufstellen einer neuen Orgel wurde 1899 von der südwestlichen Mauer des Chores bis zu dessen Mitte ein Schacht gegraben, in dem ca. 1 m unter dem heutigen Niveau Fliesen- und Bruchstücke im Schutt zutage kamen. Leider wurde der Boden nicht aufgedeckt.

Baugeschichte
An die vermutlich um 1300 errichtete Kirche wurde 1515–17 ein größerer Chor mit Glockenstuhl angefügt. Das Schiff wurde 1688 und 1779–80 von Grund auf erneuert. Farner glaubt, daß die Fliesen aus dem ersten Chor der Kirche stammen. Das kleinteilige Maßwerkornament weist jedoch eher auf eine Entstehung um 1517.

Literatur
A. Farner, Unterstammheim, ASA, N. F. 1, Zürich 1899, 163–164.
H. Fietz, Die Kdm des Kantons Zürich I. Die Bezirke Affoltern und Andelfingen, Basel 1938, 370.

Urach, Lkr. Reutlingen

Haus am Gorisbrunnen, Stuttgarter Straße 15

Fundumstände
Die Fliese wurde bei der Restaurierung des Hauses 1980 gefunden.[1]

Baugeschichte
Das Fachwerkhaus am Goris-(Gregorius-)brunnen wurde unter Graf Eberhard im Bart (von Württemberg) zwischen 1476–79 erbaut. Neben dem Wahlspruch Eberhards „Attempto“, trägt es die Jahreszahlen 1476 und 1479. Es diente, solange die Landstände in Urach tagten, als deren Sitzungsgebäude. Dendrochronologische Untersuchungen des Holzes im 2. Obergeschoß ergaben das Jahr 1559 als Fälldatum, das Holz im Untergeschoß wurde 1475 geschlagen. Die Fliesen, von einfachstem Muster, sind nicht sicher datierbar. Sie könnten jedoch eher um 1559 als 1479 verlegt worden sein. Scholkmann verweist auf die Möglichkeit, daß das Haus in seiner 1. Phase nicht fertiggestellt wurde. Gründe dafür könnten die Aufgabe von Urach als Residenzstadt (1482) oder die Gründung der Universität Tübingen (1477) gewesen sein.

Literatur
H. Schwenkel, Uracher Heimatbuch, Urach 1933, 224, Bild 126, 271, Bild 164.
K. Scholkmann, Das Haus am Gorisbrunnen in Urach (Fachwerkbauten des 15. Jahrhunderts 2), Denkmalpflege in Baden-Württemberg 10, 1981, 99–106.

1 Freundliche Mitteilung von Herrn Dipl. Ing. Klaus Scholkmann, Tübingen.

Urbar, Kr. Koblenz

Abfallhalde einer mittelalterlichen Töpferei

Fundumstände
Im Bereich der südöstlich von Urbar und nördlich der Feste Ehrenbreitstein gelegenen Tonwerke kamen bei einem Erdrutsch 1905 mittelalterliche Töpferöfen, sowie eine große Menge Fehlbrandware zum Vorschein. Neben einer Anzahl verschiedenartiger Gefäße fanden sich zahlreiche unglasierte Tonfliesen (Abb. 69). Koenen kannte erst die Muster L48 und T7, bei späteren Grabungen und Zufallsfunden müssen noch weitere Muster geborgen worden sein. 1944 waren neun Muster bekannt. Da diese Fliesen ebenfalls in den Kirchen und Burgen der nahegelegenen Orte Koblenz, Arnstein, Rommersdorf, Marienstatt, Ober- und Niederlahnstein usw. gefunden wurden, ist anzunehmen, daß sich in Urbar im Mittelalter ein Töpferzentrum befand, das neben Gebrauchskeramik auch Fliesen herstellte. Koenen datiert den Fund an Hand der Gebrauchskeramik[1] in das Ende des 12. und den Anfang des 13. Jahrhunderts. Die Fliesen weisen mit Ausnahme von R14 und R15, die wohl in der Mitte des 13. Jahrhunderts entstanden sind, eher in die 1. Hälfte des 14. Jahrhunderts. Die späteste Fliese dürfte L49 sein, die im Deutschordenshaus in Koblenz wohl erst um 1355 verlegt wurde. Das Muster J79 wurde vermutlich durch Kloster Eberbach vermittelt und anscheinend besonders lange nachgeprägt, die Muster L36 und T7 scheinen in der Dominikanerkirche in Koblenz verlegt worden zu sein. Zu Kloster Marienstatt, das in Urbar Besitz hatte, bestand eine unmittelbare Beziehung, das Franziskanerinnenkloster Besselich stand ebenfalls auf Urbarer Markung. Noch nicht geklärt ist, ob die Urbarer Werkstatt in Verbindung zu dem nahen Prämonstratenserkloster Sayn stand. Dort wurde das Muster H259 ebenfalls gefunden.

Literatur
C. Koenen, 339–343.
A. Günther, 4.
H. E. Kubach, F. Michel, H. Schnitzler, Kdm Lkr. Koblenz, 339–340, Abb. 370.

1 C. Koenen, 342–343.

Urspring, Gem. Schelklingen, Alb-Donau-Kreis

Ehem. Benediktinerinnenkloster, heute ev. Landerziehungsheim „Urspringschule“

Fundumstände
Bei einem Schulhausneubau im Juni 1978 wurden auf dem Gelände des ehem. Klosters zahlreiche Fliesen im Aushub gefunden. Im Flurstück „Ochsenweide“ oberhalb des Ur-

springtopfes fanden sich ca. 100 Scherben von glatten, glasierten, möglicherweise fünfeckigen Fliesen. Außerdem wurden die Reste eines in den Hang gegrabenen Töpferofens freigelegt.[1]

Baugeschichte

In dem 1127 von den Herren von Schelklingen an das Kloster St. Georgen geschenkten Dorf Urspring wurde von diesem vor 1197 ein Benediktinerinnenpriorat errichtet. Nach einer Zerstörung 1250 setzten ab 1258 wieder erste Baumaßnahmen ein. Der Aufbau zog sich lange hin, die Kirche scheint erst 1289 vollendet gewesen zu sein. Um- oder Ausbauten fanden kurz vor 1325 statt, die nach einem Brand vor 1389 wiederhergestellten Klostergebäude waren im 3. Viertel des 15. Jahrhunderts so baufällig, daß sie alle ersetzt werden mußten. Nach der Klosterreform 1475 setzte unter der Meisterin Helene von Hirnheim eine Zeit starker Bautätigkeit ein, Kirche und Kloster waren wohl schon um 1485 fertiggestellt. Nach einem neuen Brand 1622 wurde die Kirche 1627 neu erstellt. 1832 wurde das Kloster verkauft, West-, Nord- und der größte Teil des Südflügels sowie der Kreuzgang abgebrochen. Die Fliesen, deren Muster mit denen der Kirchen in Schmiechen und Asch übereinstimmen, stammen wohl aus den nach 1475 errichteten Bauten. Das Kloster hatte seit 1468 den Kirchensatz von Schmiechen inne. Die Fliese H151, die sich in Prägung und Brand von den anderen Fliesen unterscheidet, könnte aus dem 1520 errichteten Priorat stammen, die grobe Prägung von H292 möglicherweise erst bei den Ausbesserungsarbeiten nach 1622 verlegt worden sein. Ob die Model in Urspring oder in Kloster Zwiefalten, wo sich L19 ebenfalls fand, geschnitten wurden, ist nicht sicher zu klären, schon seit 1208 bestanden enge Verbindungen zwischen beiden Klöstern. So war z. B. im 1. Viertel des 15. Jahrhunderts Anna von Stein, die Schwester des Zwiefaltener Abts Wolfgang von Stein, Meisterin in Urspring.

Literatur

B. Hell, Geschichte des Klosters Urspring, Kassel 1935, 12–53.

G. Dehio, Baden-Württemberg, 507–508.

I. Eberl, Geschichte des Benediktinerinnenklosters Urspring bei Schelklingen 1127–1806. Außenbeziehungen, Konventsleben, Grundbesitz, Stuttgart 1978, 69–70, 74, 290–296, 304, 329–331.

Hist. Stätten VI, Baden-Württemberg, 701.

---

1 Freundliche Mitteilung von Herrn Robert Gerster, Biberach.

V

Veringendorf, Gem. Veringenstadt, Lkr. Sigmaringen

Kath. Pfarrkirche St. Michael

Fundumstände
Bei einer Kirchenrenovierung wurden 1965–66 im Chor und im südlichen Seitenschiff Notgrabungen vorgenommen, bei denen sich im Schutt Fliesen in zwei verschiedenen Mustern fanden. Das Muster K31 muß schon vor 1889 gefunden worden sein, möglicherweise war zu dieser Zeit noch der originale Fliesenboden vorhanden.

Baugeschichte
Die Pfeilerbasilika, deren Erbauung früher um das Jahr 1000 angesetzt wurde, ist nach den Ergebnissen der neuesten Grabung doch wohl erst im 12. Jahrhundert entstanden. Im 14. Jahrhundert wurde der Chor unter Niederlegung der Hauptapsis erweitert, das Langhaus wurde nach 1723 als Saalbau erneuert. Da die Wandmalereien des Chors aus der Zeit um 1330 stammen, dürften die Fliesen, deren Muster in die Mitte des 13. Jahrhunderts weist, wohl erst um diese Zeit verlegt worden sein. Das schlichte Muster ist schwer zu datieren. K31 kann erst aus dem Anfang des 16. Jahrhunderts stammen. Daß auch damals an der Ausstattung der Kirche gearbeitet wurde, zeigen die um 1500 entstandenen Altarplastiken. Möglicherweise stammen diese Fliesen auch aus der im 16. Jahrhundert angefügten Sakristei.

Literaturen
F. Hossfeld, H. Vogel, W. Genzmer, Kdm. Kr. Sigmaringen, 382.
G. Dehio, Baden-Württemberg, 509.
G. P. Fehring, 1970b, 100, Abb. 59.

Veringenstadt, Lkr. Sigmaringen

Kath. Pfarrkirche St. Nikolaus

Fundumstände
Unbekannt. Möglicherweise wurden die Fliesen schon beim Abbruch der Kirche vor 1862 gefunden.

Baugeschichte
Von der mittelalterlichen, 1316 geweihten Kirche ist nur noch der zu Beginn des 13. Jahrunderts errichtete Turmunterbau vorhanden. Schiff und Chor wurden 1862 durch einen Neubau ersetzt. Die Fliesen, von denen sich N71 eng an ein Muster aus Kloster Bebenhausen anlehnt, wurden wohl um 1316 verlegt. Möglicherweise zeigt E37 einen Nachschnitt eines heute nicht mehr bekannten Musters desselben Klosters. K31 muß, falls es sich nicht um eine Verwechslung handelt und diese Fliese ebenfalls aus Veringendorf stammt, zu Beginn des 16. Jahrhunderts geprägt worden sein.

Literatur
F. Hossfeld, H. Vogel, W. Genzmer, Kdm Kr. Sigmaringen, 391.
G. Dehio, Baden-Württemberg, 509.

Villingen-Schwenningen, Ortsteil Villingen, Schwarzwald-Baar-Kreis

Ehem. Franziskanerkirche und -kloster

Fundumstände
Bei einer Grabung wurden die Negativabdrücke der Fliesenmuster im Sandbett gefunden und festgehalten, jedoch anschließend zerstört. Zahlreiche Fliesenbruchstücke fanden sich im Schutt, eines davon im Chorraum über dem Gewölbe.[1]

Baugeschichte
Die Kirche des 1268 gegründeten Klosters wurde 1292 geweiht. Die Klostergebäude aus dem letzten Drittel des 13. Jahrhunderts wurden im 30jährigen Krieg schwer beschädigt, 1704 wurden Kloster und Kirche in Brand geschossen und 1705–11 unter Verwendung der alten Mauern wieder aufgebaut. Der Kreuzgang, sowie eine Eingangstür auf der Nordseite, weisen auf Umbauten im 15. und zu Ende des 15. Jahrhunderts, ein Schlußstein mit der Jahreszahl „1594" in einem Flur auf weitere Bauarbeiten im Kloster. Nachdem dies im 19. Jahrhundert abwechselnd als Pferdestall, Kaserne, Kriegsmagazin, Feldbäckerei, Stall, Scheune, Fruchtspeicher und Viehtränke gedient hatte, wurde es 1932/33 renoviert und umgebaut und ist heute Museum.
Die Datierung der Fliesen ist besonders schwierig. H66 wurde mit einem, wohl im 3. Viertel des 13. Jahrhunderts in einer Domherrenkurie in Konstanz verwandten Model,[2] geprägt. Es entstanden große Platten (27 × 4,3 cm), in welche der Model vierfach eingeprägt ist. Diese Abmessungen finden sich in Süddeutschland sonst erst zu Ende des 15. Jahrhunderts. Für H188 und O57 dienten aus Rottweil oder Umgebung stammende Fliesen des späten 13. Jahrhunderts als Vorlage,[3] auch diese in große Platten geprägt. Obgleich es schwer fällt, an eine Verwendung von Modeln nach einer Spanne von zwei Jahrhunderten zu glauben, wäre es möglich, daß diese Fliesen erst für den Kreuzgang geschaffen wurden. Dessen Bau wurde durch Stiftungen der Franziskaner Heinrich Karrer (†1483) und Konrad von Bonndorf (†1510) ermöglicht.[4] Für eine späte Entstehung der Fliesen sprechen vor allem der sehr harte, hochrote, teilweise klinkerrote Brand.

Literatur
B. Stengele, Das ehem. Franziskaner-Minoriten-Kloster in Villingen, FDA 30, 1902, 193–218.
Ch. Roder, Die Franziskaner zu Villingen, FDA, N.F. 5, 1904, 232–312.
P. Revellio, Das Franziskanerkloster zu Villingen, Beitr. zur Geschichte der Stadt Villingen, Villingen 1964, 125–144.
J. Fuchs, Die Anfänge des Franziskanerklosters in Villingen, Villingen und die Westbaar, Bühl 1972, 148–154.
Hist. Stätten VI, Baden-Württemberg, 834–837.
W. Müller, Die Kirchengeschichte Villingens im Mittelalter, Villingen und die Westbaar, Bühl 1972, 100–191.

1 Freundliche Mitteilung von Herrn Dr. Josef Fuchs, Villingen.
2 Die Verbindung zu Konstanz läuft über die Patronatsherren. Graf Gottfried von Freiburg, Graf Konrad von Fürstenberg und sein Bruder Graf Gerhard von Fürstenberg sind 1319 und noch 1336 gleichzeitig Kanoniker in Villingen und Kanoniker des Konstanzer Domkapitels. (W. Müller, 110). Bei beiden Prägungen Modelfehler an derselben Stelle.
3 Beim Stichwort „Rottweil" wurde die Vermutung angedeutet, daß diese Fliesen aus dem Zisterzienserinnenkloster Rottenmünster stammen. Dieses stand in engster Verbindung zu Kloster Salem. Da es sich bei H66 ebenfalls um ein Zisterziensermuster handelt (siehe Maulbronn, Wörschweiler), wäre es möglich, daß dieses Mu-

ster über Salem nach Konstanz kam. Die vermutlich vorhandenen mittelalterlichen Bodenfliesen Salems konnten noch nicht entdeckt werden.

4 P. Revellio, 130.

Villingen

Stadtgebiet

Fundumstände

Die Fundorte der meisten in Villingen geborgenen Fliesen sind nicht mehr bekannt. Da auch die ganz frühen, vermutlich noch der 1. Hälfte des 13. Jahrhunderts angehörenden Model in große Platten geprägt wurden, können diese in beliebiger Zeit entstanden sein. Die Wappenfliesen G5 und G6 dürften eher aus Profanbauten stammen.

Ortsgeschichte

Villingen liegt am Kreuzungspunkt wichtiger mittelalterlicher Straßen (Zürich-Rottweil-Frankfurt und Zürich-Offenburg-Straßburg). Es wird 817 erstmals erwähnt und 1119 durch Herzog Berthold III. von Zähringen planmäßig neubegründet. Eine Zäsur für die Baugeschichte brachte der Stadtbrand von 1271, der jedoch das Franziskanerkloster anscheinend verschonte. Die Töpferei hat in Villingen, dank ausgezeichneter Tonlager in unmittelbarer Nähe, alte Tradition. Hafner sind schon im 14. Jahrhundert nachweisbar, eine Hafnergasse wird 1364 genannt. Um 1450 heißt ein ganzes Stadtviertel „Hafnerort". Die frühesten Fliesen wurden wohl kaum vor Ende des 13. Jahrhunderts, möglicherweise erst im 14. Jahrundert geprägt. Die übrigen Fliesen scheinen erst gleichzeitig mit der Blüte der Kachelprägung seit Ende des 15. Jahrhunderts entstanden zu sein.

Literatur

E. Keyser, D. Stb. IV, 2, 398–403.
H. Brüstle, Villingen. Aus der Geschichte der Stadt, Villingen 1971.
S. Bartenstein, M. Fuchs, 7–10 und Abb.
K. Spindler, Zur Topographie der Villinger Altstadt, Fundberichte aus Baden-Württemberg 4, 1979, 391–413.
Hist. Stätten VI, Baden-Württemberg, 835–837.

W

Wachenheim, Kr. Bad Dürkheim

Burgruine Wachtenburg

Fundumstände
„die bei den Ausgrabungen (um 1865) gemachten Funde hat Heim dem Heimatmuseum Bad Dürkheim überwiesen, wo sie noch heute zu sehen sind“.[1] Es fanden sich Fliesen in zwei verschiedenen Mustern.

Baugeschichte
Die vor dem 17. Jahrhundert Burg Wachenheim oder nach den Besitzern, den Blarern von Geisersberg (1607–1718), Burg Geyersberg genannte Burg wurde vermutlich im 12. Jahrhundert erbaut und wird 1257 erstmals erwähnt. Sie kam als Witwensitz 1274 in den Besitz der Tochter Rudolfs von Habsburg, Mechthild und war ein bevorzugter Aufenthaltsort der rheinischen Pfalzgrafen. 1340 kam die Burg durch Tausch einige Zeit in den Besitz des Trierer Erzbischofs Balduin von Lützelburg. Nach schwerer Zerstörung 1470 wurde ein Teil der Burg abgerissen. Im Bauernkrieg 1525 erneut beschädigt, ist sie seit der Zerstörung durch die Franzosen 1689 Ruine. Die Fliesen sind sicher nicht gleichzeitig gefertigt. Während H225 in die 2. Hälfte des 13. Jahrhunderts weist, möglicherweise bei Arbeiten zur Verschönerung der Burg nach 1274 entstanden, kann H229 kaum vor der Mitte des 14. Jahrhunderts verlegt worden sein. Hier wird sichtlich versucht, die frühe Fliese zu kopieren. Die Fliesen wurden möglicherweise schon in Wachenheim geprägt. Die Burg liegt auf dem „Zieglerberg“, eine starke Tonschicht kommt ganz in ihrer Nähe vor. „Ziegelscheuer und Ziegelgärten“ werden schon in einer Urkunde von 1469 erwähnt.[2]

Literatur
H. P. Niedhammer, Geschichte der Stadt und Burg Wachenheim a. d. Haardt, Wachenheim 1906, 37–49.
Hist. Stätten V, Rheinland-Pfalz, 389.
F. Wendel, 69–74.
G. Dehio, Rheinland-Pfalz, 1102.

1 F. Wendel, 72.
2 Ebd., 301–302.

Wain, Lkr. Biberach

Ev. Pfarrkirche, ehem. St. Michael

Fundumstände
Die Fliesen wurden bei der Restaurierung der Kirche 1966 unter den Ziegelplatten des Chors und im Schutt unter dem Fußboden des Schiffs gefunden. Acht Fliesen wurden hinter dem Altar neu verlegt.[1]

Baugeschichte
Die Chorturmkirche wurde vermutlich im 12. Jahrhundert erbaut, Urkunden zur Baugeschichte fehlen. Ein um 1490 entstandener Altar weist auf Arbeiten an der Ausstattung in dieser Zeit. Am Gestühl der Westwand findet sich die Jahreszahl „1578“, ein Erweiterungsbau ist für 1687 belegt. Die Fliesen können in zwei verschiedenen Zeitabschnitten geprägt worden sein. Da das Muster H146 sich außerdem im Ochsenhäuser Hof in Ulm fand, könnten sie nach 1510 verlegt worden sein, als Ort und Kirche aus der Hand des Grafen Philipp von Kirchberg an Kloster Ochsenhausen kam. Falls es sich um ein allgemein in Ulm gebräuchliches Muster handelt, welches Ochsenhausen nur übernahm, könnte es auch vor 1499 entstanden sein. Bis zu diesem Jahr war das Dorf samt Kirchensatz im Besitz der Ulmer Patrizierfamilie Ehinger (seit 1364).

Literatur
BOA Laupheim, 282–288.
G. Dehio, Baden-Württemberg, 513.
G. Schenk, Wain. Aus der Geschichte des Ortes, 1973, 104–107, 116.
Hist. Stätten VI, Baden-Württemberg, 842.

1 Freundliche Mitteilung von Herrn Pfarrer G. Müller, Wain.

Walberberg, Stadt Bornheim, Rhein-Sieg-Kreis

Ehem. Zisterzienserklosterkirche, heute kath. Pfarrkirche St. Walburgis

Fundumstände
Beim Wiederaufbau der 1944 schwer zerstörten Kirche wurden vor 1952 einige Fliesen im Schutt gefunden. 1961 wurde hinter der nachträglich verkürzten Abschlußwand der ehem. Nonnenempore der gotische Fliesenboden in situ aufgedeckt.[1]

Baugeschichte
Der wahrscheinlich für die Reliquien der hl. Walburgis in der 2. Hälfte des 11. Jahrhunderts errichteten Kirche, wurde 1197 ein Zisterzienserinnenkloster angegliedert, welches 1447/52 in ein Zisterzienserpriorat umgewandelt und der Abtei Heisterbach unterstellt wurde. Die zu Beginn des 13. Jahrhunderts angebaute Nonnenempore wurde im 14. Jahrhundert verlängert und mit einem reich gegliederten Belag aus Plattenmosaik versehen. Dieser hatte sich außerdem im Mittelschiff erhalten, die dort verlegte Rosette wird von Kier in die Zeit nach 1197 datiert[2]. Die gemusterten Fliesen, welche kaum vor 1500 oder dem 1. Viertel des 16. Jahrhunderts entstanden sein können, waren möglicherweise nur als Ausflickung der vorhandenen Fliesenböden verwandt worden.
Es besteht jedoch die Möglichkeit, vor allem bei dem Muster N62, daß sie erst nach 1591, bei Verwendung älterer Model, geprägt wurden, als Kirche und Kloster in den Besitz des Kölner Jesuitenstifts kamen und Umbauten durchgeführt wurden. Erhalten blieb nur die Kirche, die Klostergebäude wurden im 30jährigen Krieg zerstört.
Die Fliesen könnten aus Langerwehe bezogen worden sein. Es ist jedoch möglich, daß sie noch am Ort gefertigt wurden, wo durch Grabungen Töpferöfen, die jeweils in der Nähe der Ortsburgen lagen, ermittelt wurden. Die bis in karolingische Zeit zurückreichenden Töpferöfen zeigten im wesentlichen Scherben des 10. und 11. Jahrhunderts. Es wird jedoch angenommen, daß auch in späterer Zeit noch Keramik im Ort gebrannt wurde.

Literatur
P. Clemen, Kdm Kr. Bonn, 380–381.
W. Zimmermann, Zur Baugeschichte der Pfarrkirche in Walberberg, Rheinische Kirchen im Wiederaufbau, Mönchengladbach 1951, 91–95.

K. Böhner, 372–387.
G. Dehio, Rheinland, 574–575.
Hist. Stätten III, Nordrhein-Westfalen, 746–747.
H. Kier, 1970, 136–137, Abb. 181–183, 265.
H. E. Kubach, A. Verbeek, Bd. 2, 1202–1204.

1 H. E. Kubach, A. Verbeek, Bd. 2, 1203–1204.
2 H. Kier, 1970, 136. Der Rest dieses Bodens wurde in der Jodokuskapelle neu verlegt, er wurde 1945/46 in der Längsachse des Langhauses vor der Westempore aufgedeckt.

Waldmannshofen, Stadt Creglingen, Main-Tauber-Kreis

Ehem. Wasserburg, heute Rathaus und Feuerwehrmuseum

Fundumstände
Im „Großen Turm" sind im Erdgeschoß und im 1. Stock die Böden mit ungemusterten und gemusterten Fliesen belegt.[1] Es ist nicht sicher, ob die Fliesen dort in erster Lage liegen.

Baugeschichte
Pfefferkorn stellt für die Burg der 1140 erstmals erwähnten Herren von Waltmannshoven fünf Bauperioden fest, die durch Daten jedoch nicht zu belegen sind. Ein festes, auf einem Hügel gelegenes und von Wasser umgebenes Haus wurde in der Folge erweitert und mit Türmen versehen. Es kam 1484/85 in den Besitz des Erasmus von Baldersheim, von diesem an Kunz von Rosenberg, wurde 1523 durch den Schwäbischen Bund zerstört und bis gegen 1544 durch die Familie Rosenberg wiederaufgebaut. Die Fürsten von Hatzfeld, die es 1637 erwarben, bauten es zum Renaissanceschloß um.
Die Fliesen lehnen sich eher an hessische Vorbilder, als an die Fliesen des Kocher- und Jagstgebietes an. Das schlichte Muster entzieht sich einer genauen Datierung. Vermutlich wurden die Fliesen verlegt, nachdem Erasmus von Baldersheim die Burg gekauft und teilweise erneuert hatte.

Literatur
BOA Mergentheim, 773–777.
G. Dehio, Baden-Württemberg, 516–517.
Hist. Stätten VI, Baden-Württemberg, 717–718.
M. Pfefferkorn, 59–63, Abb. 7.

1 M. Pfefferkorn, 61.

Wartburg, Stadt Eisenach

Palas der Burg, Landgrafenzimmer

Fundumstände
Eine Fliese des Musters P46 befindet sich im Museum Eisenach. Ihre Herkunft ist nicht durch Inventareintrag gesichert, „sie soll von der Wartburg stammen." Diese vage Angabe, die auch den Fund von A22 mit einschloß wurde bestätigt, als 1983 ein Bruchstück desselben Musters in der Fußbodenverfüllung des Landgrafenzimmers aufgedeckt wurde. Diese Verfüllung müßte im 16. Jahrhundert erfolgt sein.[1] Die früher gefundenen Fliesen müssen nicht notwendigerweise aus demselben Raum stammen.

Baugeschichte
Die möglicherweise um 1067 durch Landgraf Ludwig d. Springer gegründete, 1080 erstmals erwähnte Wartburg wurde um 1190–1220 um einen großzügigen Palasbau bereichert. Das oberste Stockwerk wurde erst um 1250 aufgestockt. Nach einem Brand 1317 oder 1318, wurden im 14. Jahrhundert Umbauten vorgenommen, die sich auch auf den Palas erstreckten. Die wohl gleichzeitig entstandenen Fresken weisen in die Zeit um 1320. Die nie eingenommene Burg verfiel seit der 2. Hälfte des 16. Jahrhunderts, da die Landgrafen ihr Stadtschloß in Eisenach bevorzugten. Zwischen 1838–90 wurde die Wartburg ohne Rücksicht auf die historische Wahrheit wiederaufgebaut; besonders stilwidrige Zutaten des 19. Jahrhunderts wurden durch eine erneute Restaurierung 1953–59 beseitigt.
Das Landgrafenzimmer liegt im 1. Oberstock des Palas neben dem sog. „Sängersaal". Der erste Fußboden bestand aus einem Estrich, eine Fußbodenerneuerung soll in der 2. Hälfte des 13. Jahrhunderts erfolgt sein.[2] Nach der Beschreibung von Möller weicht der Scherben von dem der Speyerer Exemplare ab.[3] Es besteht die Möglichkeit, daß die Fliesen an Ort und Stelle geprägt wurden. Daß beim Bau erfahrene Hilfskräfte von auswärts, z. B. Steinmetzen, die zuvor beim Bau der Doppelkapelle in Schwarzrheindorf mitgewirkt hatten, zugezogen wurden, ist durch Stilvergleich belegt.[4] Ein Transport von Fliesen über eine so weite Strecke erscheint unwahrscheinlich, obwohl am Fuß des Berges die große Fernhandelsstraße von Frankfurt über Eisenach und Erfurt zu den Neusiedelgebieten des Ostens vorbeilief. Wenn man die Person der Bauherren näher betrachtet, wird verständlich, daß die Wartburg zur selben Zeit wie die großen rheinischen Dome und Klöster mit Fliesen versehen wurde. Die Landgrafen Ludwig III. von Thüringen (1172–90) und sein Bruder Hermann I. (1190–1217) waren weitgereist. Sie hatten in Paris studiert, verkehrten am staufischen Hof und kannten die rheinischen Dome.[5] Ihr Land erstreckte sich (mit eingesprengten Inseln anderer Herren) zwischen Lahn und Sieg im Westen und der Saale im Osten. So lag es nahe, einen an die kaiserlichen Pfalzen anklingenden Wohnbau zu errichten und hier alles an Schmuckelementen zusammenzutragen, was dort vorhanden war.[6] Eine exakte Datierung der Fliese A22 ist nicht möglich, durch sieben weitere Fundorte am Mittelrhein kann sie auf die Zeit zwischen 1240–60 begrenzt werden. P46 weist durch ihre Abmessungen ins 14. Jahrhundert, möglicherweise wurde sie erst nach dem Brand verlegt. Dies würde allerdings bedeuten, daß auch zu dieser Zeit noch eine ständige Verbindung zu Speyer bestand, was wenig wahrscheinlich ist.

Literatur
Hist. Stätten IX, Thüringen 462–468.
S. Asche, Die Wartburg. Geschichte und Gestalt, Berlin 1962, 9–43.
W. Noth, K. G. Beyer, 23–32.

1 Freundliche Mitteilung von Herrn Roland Möller, Erfurt. Die Publikation der Fliese erfolgt zusammen mit der wissenschaftlichen Dokumentation der Restaurierung durch das Institut für Denkmalpflege, Erfurt. Für die Erlaubnis, die Fliese schon jetzt zu erwähnen, danke ich dem Institut.
2 Schriftliche Mitteilung von Herrn Roland Möller, Erfurt.
3 Ebd., Schreiben vom 9. 4. 1984.
4 W. Noth, K. G. Beyer, 28, 32.
5 S. Asche, 20.
6 Ebd., 14. Bei der Restaurierung der Burg 1845 wurde Schutt und Erde in großer Menge abtransportiert. Möglicherweise befanden sich darunter auch Bodenfliesen.

Warthausen, Lkr. Biberach

Kath. Pfarrkirche St. Johannes Evangelista, um 1429 St. Maria

Fundumstände
Bei der Restaurierung der Kirche 1979 wurden die Fliesen mit dem Schutt abgefahren. Durch eine aufmerksame Beobachterin wurde ein Muster geborgen.[1]

Baugeschichte
Die Vorgängerkirche der heutigen, 1773 errichteten Kirche, wurde 1267 geweiht. Sie war von 1465–1875 Besitz der Universität Freiburg und muß zwischen 1490–1510 einen neuen Fliesenboden erhalten haben. Das Muster fand sich außerdem in der Kirche von Wain und im Ochsenhäuser Hof in Ulm. Da der Ort nur 3,5 km von Biberach entfernt ist, wurden die Fliesen möglicherweise dort gebrannt.[2]

Literatur
J. Baum, H. Klaiber, B. Pfeiffer, Kdm Donaukreis I, 243–246.
Hist. Stätten VI, Baden-Württemberg, 857–858.
W. v. Koenig-Warthausen, Zur Baugeschichte von Schloß Warthausen, UO 34, 1955, 145–152.

---

1 Freundliche Mitteilung von Herrn Robert Gerster, Biberach.
2 W. v. Koenig-Warthausen, 145–147, nimmt jedoch auf Grund der Baurechnungen von 1543–71, die sich in einem Rechnungsbuch im Schloßarchiv Warthausen erhalten haben, an, daß Dachziegel und Backsteine schon am Ort gebrannt wurden. Es wurden jedoch beim Wiederaufbau des durch Brand zerstörten Schlosses auch Biberacher Handwerker zugezogen.

Weidenstetten, Alb-Donau-Kreis

Ev. Pfarrkirche St. Peter und Paul

Fundumstände
Die Fliesen wurden bei der Innenrestaurierung der Kirche 1983 gefunden.

Baugeschichte
Bei der Grabung 1983 stieß man auf zwei Vorgängerbauten, eine vermutlich spätkarolingische und eine wohl in der Mitte des 10. Jahrhunderts erbaute Kirche. Diese wird erst 1370 erwähnt. Das Patronat der Kirche gelangte 1385 an die Stadt Ulm und von dieser 1421 an das Ulmer Spital. Die Fliesen zeigen dasselbe Muster wie die in der Kirche des 4 km entfernten Altheim und eine Fliese im Heimatmuseum Geislingen, die aus Burg Helfenstein stammen soll. Das einfache Muster ist nicht sicher zu datieren, vermutlich entstand es im 1. Viertel des 15. Jahrhunderts. Es wäre möglich, daß die Fliesen beim Abbruch von Burg Helfenstein nach Weidenstetten kamen.[1]

Literatur
BOA Ulm, Bd. 2, 641–650.
H. A. Klaiber, R. Wortmann, Kdm ehem. O.A. Ulm, 737–751.
C. Schneider.
E. Schmidt, Baugeschichtliche Beobachtungen in der ev. Pfarrkirche Peter und Paul in Weidenstetten, Alb-Donau-Kreis, Arch. Ausgrabungen in Baden-Württemberg, 1983, 218–220.

---

1 H. A. Klaiber, R. Wortmann, 751. 1553 wird „ein Haus auf Helfenstein zu einem Amtshaus gen Weidenstetten verordnet". Wortmann nimmt an, daß es sich um die Versetzung eines Fachwerkbaus handelte. Siehe auch unter „Geislingen, Burg Helfenstein".

Weil im Schönbuch, Lkr. Böblingen

Ev. Pfarrkirche, ehem. St. Maria

Fundumstände
Die Fliesen wurden, stark abgetreten, bei einer Grabung 1968 gefunden.

Baugeschichte
Der Ort Weil war durch Schenkung des Pfalzgrafen von Tübingen zur Hälfte an Kloster Bebenhausen gelangt. Schon 1204 hatte das Kloster den ganzen Ort an sich gebracht. Die im 12. Jahrhundert erbaute, 1188 erstmals erwähnte Kirche, scheint im 14. Jahrhundert neu- oder umgebaut worden zu sein. Sie wurde 1320 Kloster Bebenhausen inkorporiert. Das Schiff wurde 1508 erneuert, die ganze Kirche nach einem Brand 1558 neu erbaut.
Die sehr späten Fliesen könnten schon 1508, sie könnten noch 1558 verlegt worden sein. Vermutlich wurden sie in Weil gebrannt. Dieses besaß außerhalb des Ortes eine Ziegelhütte, auf seiner Gemarkung wurde an drei Stellen Töpferton gegraben. Zur Pfarrei Weil gehörte im Mittelalter auch das Töpferdorf Neuenhaus (Häfner-Neuhausen).

Literatur
BOA Böblingen, 232, 235.
E. Paulus, Kdm Neckarkreis, 108.
Das Land Baden-Württemberg II, 1, 297.

Weilheim/Teck, Lkr. Esslingen

Ev. Stadtpfarrkirche, ehem. St. Peter

Fundumstände
Bei Grabungen im Dezember 1982 und Januar 1983 stieß man auf die Reste älterer Fußböden und den Mörtelestrich des Vorgängerbaus. Im Auffüllschutt fanden sich etwa 10 Fliesen und Fliesenbruchstücke eines Musters in zwei kaum voneinander abweichenden Varianten.[1]

Baugeschichte
Die Kirche der 1073 gegründeten Benediktinerpropstei St. Peter, (seit 1093 in den Schwarzwald verlegt), wurde 1089 geweiht und 1489 durch einen Neubau ersetzt. Dieser stand unter der Leitung des Peter von Koblenz und war 1519 vollendet. Das Langhaus wurde 1522 eingewölbt, im Anschluß daran wurde wohl das Dach erstellt und die Fliesen verlegt. Die Fliesen wurden vermutlich schon am Ort gebrannt, die Ziegelhütte in Weilheim wird schon im 1555 mit Herzog Christoph von Württemberg geschlossenen Vertrag erwähnt.[2]

Literatur
H. Christ, H. Klaiber, Kdm Donaukreis II, 193–204.
K. Dreher, Weilheim, 167–168, 173–181.

H. SCHWENKEL, 1180, 1189–1194.
G. DEHIO, Baden-Württemberg, 526.
H. SCHÄFER, Die Basilika der ehem. Benediktinerpropstei in Weilheim an der Teck, Kr. Esslingen, Arch. Ausgrabungen in Baden-Württemberg, 1983, 231–233.
U. MARSTALKE, Die Peterskirche in Weilheim, Stuttgart 1983, 10–34.

1 Freundliche Mitteilung von Herrn Dr. Hartmut Schäfer, Stuttgart.
2 K. DREHER, 42–43. Zusammengefaßt wurden die Ordnungen erst 1571, nach Dreher soll die Hütte jedoch schon in die Zeit um 1500 zurückgehen. Zur württembergischen Zieglerordnung vgl. Text S. 132–133.

Michaelskapelle auf der Limburg über Weilheim

Fundumstände
Die Fliesen wurden bei der Ausgrabung der Burg 1913/14 gefunden. Sie bildeten den Bodenbelag des erhöhten Chors der Michaelskapelle.[1]

Baugeschichte
Die um 1060 durch Berthold I. von Zähringen über Weilheim erbaute Burg wurde schon in der Mitte des 12. Jahrhunderts verlassen und kam 1435 in den Besitz der Stadt Weilheim. Über den Trümmern der Burg und vermutlich aus ihren Steinen wurde im späten 15. Jahrhundert eine 1533 erstmals erwähnte Michaelskapelle erbaut, die 1557/58 schon wieder abgerissen wurde.[2] Die Fliesen, deren Muster außerdem in Kloster Alpirsbach und in den nahegelegenen Kirchen von Deizisau und Sulpach gefunden wurden, sind eher im 1. Viertel des 16. als zu Ende des 15. Jahrhunderts entstanden.

Literatur
H. CHRIST, H. KLAIBER, Kdm Donaukreis II, 232–234.
Der Teckbote vom 10. 6. 1913, Stadt und Umgebung, 2.
K. DREHER, 14–15, 172.
H. SCHWENKEL, 1953, 1186.
Hist. Stätten VI, Baden-Württemberg, 732–733.

1 H. CHRIST, H. KLAIBER, 1924, 234. – Der Teckbote: „... die Plättchen im Chor zeigten zwei verschiedene Muster, die aus dem 16. Jahrhundert stammen".
2 K. DREHER, 14–15. „In der Armenkastenrechnung von 1557/58 kommt der Posten 4 Pfund 4 Schilling für Abbrechen und Abebnen des Gemäuers auf dem Berg vor. Also stand die Kapelle nicht mehr."

Weingarten, Lkr. Ravensburg

Benediktinerabtei Hl. Blut

Fundumstände
Die Fliesen waren alle schon 1862 bekannt.[1] Sie wurden entweder damals gefunden oder waren noch in situ in einem der Klostergebäude verlegt. Bei Grabungen vor der Restaurierung 1952–56 anläßlich der 600-Jahr-Feier wurden im durchwühlten Schutt wiederholt Fliesen aufgedeckt. In der Marienkapelle fanden sich die Muster D 50 und H 278, im Südquerarm des 2. Münsters K 43 und K 60, im südlichen Seitenschiff des Münsters K 42. Die Fliesen K 42, K 43, K 60, H 182, D 50, B 37, E 22 und O 35 stammen aus dem Kreuzgang, sie wurden in der Nikolauskapelle und im Treppenhaus am Südquerarm neu verlegt.[2] Den Boden des Kreuzgangs schmücken Kopien des Musters K 42.

Baugeschichte
Das von dem Welfen Heinrich um 920 an der Stelle des heutigen Friedhofs gegründete Frauenkloster wurde nach 1053 auf den Martinsberg verlegt, eine erste Kirche 1055 geweiht. 1056 wurden die Nonnen nach Altomünster gesandt und von dort Benediktiner nach Weingarten berufen. Die 1124–82 erbaute zweite Kirche, eine der größten romanischen Klosterkirchen Deutschlands, wurde 1215 durch Brand schwerbeschädigt, 1217 neugeweiht, 1247 erneut zerstört und 1253 abermals geweiht. Der weitere Aufbau ging nur sehr schleppend vor sich. Seit der Weihe des Blutaltars 1276 blieb die Kirche ohne größere Eingriffe, bis sie 1715 abgebrochen wurde, um der 1724 vollendeten Barockkirche zu weichen. Von den mittelalterlichen Klostergebäuden haben sich die 1544 errichtete Kurie und ein Teil der Konventsgebäude erhalten.
Die frühen Fliesen wurden vermutlich um 1276 verlegt, so vor allem die sehr sorgfältig geprägten Muster B 37, D 50, H 182, K 42. Andere Fliesen könnten zu Beginn oder im 1. Viertel des 14. Jahrhunderts entstanden sein; die Nachschnitte in Anlehnung an vorhandene Muster in der Mitte oder der 2. Hälfte des 14. Jahrhunderts. Der ausgezeichnete Erhaltungszustand einzelner Fliesen legt nahe, daß diese schon nach dem Brand von 1477 verworfen wurden.

Literatur
K. HASSLER, 8, Taf. 11, 1, Taf. 12, 1 und 2, Taf. 13, 1 und 2, Taf. 14, 4, Taf. 15, 1 und 2.
R. SCHMIDT, H. BUCHHEIT, Kdm O. A. Ravensburg, 156–158.
K. HECHT, 1956, 254–303, Abb. 18.
G. DEHIO, Baden-Württemberg, 527–528.
F. QUARTHAL, 1975, 622–647.

1 K. HASSLER, 8 und Tafeln.
2 K. HECHT, 1956, 303.

Weinheim, Rhein-Neckar-Kreis

Ehem. ev. Kirche St. Peter

Fundumstände
Die Fliesen, insgesamt 18 verschiedene Muster, fanden sich beim Abbruch der Peterskirche 1910. Ihr genauer Fundort innerhalb der Kirche war nicht festgehalten worden. Ein Teil der Fliesen ging inzwischen verloren.

Baugeschichte
Urkunden zur Baugeschichte der auf Lorscher Grund etwa um 1000 erbauten Kirche fehlen ganz. Aus den Beobachtungen beim Abbruch konnte auf den Anbau einer Kapelle in der 2. Hälfte des 12. Jahrhunderts und auf das Einbrechen gotischer Fenster in der Nordmauer des Chores zu Ende des 13. Jahrhunderts geschlossen werden. In späterer Zeit wurde noch eine Kapelle an der Nordseite hinzugefügt. Eine Erweiterung der Kirche nach Süden 1721 und erste Abbrucharbeiten und Veränderungen zu Beginn des 19. Jahrhunderts folgten. Die Fliesen, deren Muster sich außerdem in den Klöstern Arnsburg, Lorsch und Rosenthal, in Mainz, Speyer und Worms (St. Amandus, St. Andreas, St. Johannis, St. Magnus) sowie auf den Burgen Altenbaumburg, Randeck und Rüdesheim-Ehrenfels fanden, wurden möglicherweise nicht alle gleichzeitig verlegt. Ob die Fliesen aus Worms oder aus Kloster Lorsch kamen, ist vorläufig nicht sicher zu klären, ihre Datierung wird von den Daten aus Worms (nach 1242), Arnsburg (um 1246–56) und Rosenthal (1261) eingegrenzt. Auch die qualitätsvollen Wandmalereien der Kirche gehörten der

2. Hälfte des 13. Jahrhunderts an. Nicht sicher geklärt werden kann das Alter der heute verlorenen Fliese W97. Möglicherweise handelt es sich hier um eine frühe Vorstufe zur Fliesenprägung.

Literatur
J. SAUER, Kirchliche Denkmalskunde und Denkmalpflege in der Erzdiözese Freiburg 1910/11, FDA N.F. 12, Freiburg 1911, 431ff.
H. HUTH, Kdm Lkr. Mannheim, 354–365, 364, Abb. 269.

Weißenburg/Wissembourg, Bas-Rhin, Frankreich

Ehem. Benediktinerabtei und Klosterkirche St. Peter und Paul?

Fundumstände
Trotz intensiver Suche gelang es bis jetzt nicht, die Herkunft der Fliesen des Museums Weißenburg[1] zu erhellen. Die Objekte wurden nach Gründung des Vereins zur Erhaltung der Altertümer in Weißenburg und Umgegend 1905 von überallher zusammengetragen und gestiftet und 1913 erstmals beschrieben. Zu dieser Zeit waren die Fliesen schon im Museum. Da bei den meisten der von Klein[2] aufgeführten Gegenstände der Fundort erwähnt wird, wäre dies wohl auch bei den Fliesen geschehen, wenn dieser noch bekannt gewesen wäre. Außer den zahlreichen Sakralbauten in Weißenburg und Umgebung kommen als Fundorte noch Burg Fleckenstein, die Hohenburg und Burg Wasigenstein in Frage. Die dort bei Grabungen im 19. Jahrhundert gefundenen Gegenstände kamen ebenfalls ins Museum[3]. Der wahrscheinlichste Fundort ist jedoch die Benediktinerabtei St. Peter und Paul.

Baugeschichte
Das um 660 gegründete, sehr rasch reich und mächtig werdende Kloster war eine der vier Reichsabteien. Es bestand vermutlich zu Beginn aus einem Komplex mehrerer kleiner Kirchen und Kapellen im Klosterbezirk. Der Chor der ersten bekannten Kirche wurde 1033 geweiht, wenig später durch einen 1074 geweihten Neubau ersetzt und unter Abt Edelin (1262–93) durch den heutigen Bau abgelöst. Eine Teilweihe ist für 1284 überliefert. Eine Verlegung der Fliesen, deren Muster außerdem auf dem Gelände der ehem. Benediktinerabtei Selz gefunden wurde[4], wäre um 1284 noch möglich. Das Kloster wurde 1522/23 in ein Kollegiatsstift umgewandelt und 1789 aufgehoben.

Literatur
J. RHEINWALD, L'abbaye et la ville de Wissembourg, Weißenburg 1863.
E. KLEIN, 49–112.
M. BARTH, Sp. 1678–1698.
H. HAUG, R. WILL, 42–43.

---

1 Für den Hinweis auf diese Fliesen danke ich Herrn Jean Maire, Straßburg.
2 E. KLEIN, 112.
3 Ebd., 89.
4 M. BARTH, Sp. 1686. Die Abtei hatte Besitz in über 300 Orten, vor allem im rechtsrheinischen Süddeutschland. Ihre Rolle bei der Weitergabe von Fliesenmustern ist immer noch ungeklärt, war jedoch vermutlich bedeutender, als dies die immer noch rein zufälligen Fliesenfunde erkennen lassen.
5 Da der Musterbestand des Fundes in Selz größer ist, ergeben sich durch ihn Querverbindungen zu Funden in Oberhomburg, Sesenheim, Straßburg, Kolmar und Konstanz.

Unbekanntes Gebäude

Fundumstände
Unbekannt. Der Boden muß im 2. Drittel des 13. Jahrhunderts verlegt worden sein. Bei der Fliese H70 handelt es sich um ein Muster, welches sowohl in den Kirchen wie in den Burgen der nahen Pfalz häufig verlegt wurde. Das Pfälzer Kloster Eußerthal hatte in Weißenburg Besitz, Kloster Otterberg dort eine St. Mauritiuskapelle, welche 1468 erwähnt und in unbekannter Zeit abgebrochen wurde.

Literatur
M. BARTH, Sp. 1711–1712.

Unbekanntes Profangebäude?

Fundumstände
Unbekannt. Die Fliesen befanden sich 1912 schon im Museum Weißenburg[1].

Baugeschichte
Der Fliesenboden ist durch Inschrift „IAKOBVS LINKER" signiert und durch die Jahreszahl „1567" datiert. Das auf einer Fliese angebrachte Wappen der Stadt Weißenburg weist auf ein Gebäude im städtischen Besitz. Dieses ließ sich jedoch bis jetzt nicht ausfindig machen.

Literatur
E. KLEIN, 112.

---

1 E. KLEIN, 112, „Bodenplatten... mit einem Weißenburger Wappen und der Zahl 1667" (falsch gelesen).

Wendlingen, Lkr. Esslingen

Ev. Pfarrkirche, ehem. St. Eusebius

Fundumstände
Haßler bildet zwei Fliesen ab mit der Herkunft „Wendlingen". Nach Keppler waren die Fliesen anscheinend 1888 noch in situ verlegt, vermutlich kamen sie später ins Museum Stuttgart.

Baugeschichte
Die 1263 erstmals genannte Kirche wurde vermutlich 1448 neu erbaut. Ihre heutige Gestalt verdankt sie im wesentlichen einem Umbau von 1511. Zu dieser Zeit dürften auch die Fliesen verlegt worden sein.

Literatur
K. HASSLER, 8, Taf. 6, 1 und 2.
P. KEPPLER, 72, 102.
H. SCHWENKEL, 1232–1233.
G. DEHIO, Baden-Württemberg, 533.

Wendlingen-Bodelshofen

Ev. Pfarrkirche, ehem. St. Johannes Baptista

Fundumstände
„Innen alte Fliesen."[1] Die Fliesen waren 1899 noch in der Kirche verlegt. Sie kamen vermutlich ins heutige Württembergische Landesmuseum in Stuttgart.

Baugeschichte
Zur Baugeschichte der vermutlich im 13. Jahrhundert entstandenen Kirche fehlen Nachrichten. Da jedoch in der engeren und weiteren Umgebung meist erst zu Ende des 15. Jahrhunderts Fliesen in den Kirchen verlegt wurden, wäre es möglich, daß auch diese Fliesen aus derselben Zeit stammen.

Literatur
E. Paulus, Kdm Neckarkreis I, 238.
H. Schwenkel, 1240.
G. Dehio, Baden-Württemberg, 53.

1 E. Paulus, 238. Nach freundlicher Auskunft des ev. Pfarramts Wendlingen kamen bei den Bauarbeiten der letzten Jahrzehnte keine Fliesen zum Vorschein, die es ermöglichen würden, die Muster genau zu bestimmen.

Wendlingen-Unterboihingen

Ehem. kath. Wallfahrtskirche „Unsere Liebe Frau im Hürnholz," heute Friedhofskapelle

Fundumstände
1888 waren im Chor noch „gemodelte Bodenfließe" vorhanden.[1] Sie kamen später vermutlich ins Museum Stuttgart. Das Muster ist nicht sicher zu bestimmen, wenn es sich nicht ebenfalls um J 19 oder K 46 handelt.

Baugeschichte
Die Kirche wird, früher als der Ort, 1275 erstmals erwähnt. Der Kirchensatz kam 1424 an das Spital in Esslingen, die Kirche wurde 1493 neu erbaut. Vermutlich stammen die Fliesen aus diesem Neubau.

Literatur
P. Keppler, 72, 256–257.
H. Schwenkel, 1230–1237.
Hist. Stätten VI, Baden-Württemberg, 742.

1 P. Keppler, 256–257.

Wertheim, Main-Tauber-Kreis

Ehem. Burg, Johannesbau

Fundumstände
Die Fliesen wurden vor 1895 in großer Menge aus einem Schutthaufen in nächster Nähe des Johannesbaus geborgen. Die Originale sind heute nicht mehr auffindbar. Mit nach 1915 hergestellten Kopien wurde im Fachwerkhaus „Zu den vier Gekrönten" in Wertheim die „Altdeutsche Küche" im Erdgeschoß belegt.[1]

Baugeschichte
Die zu Beginn des 12. Jahrhunderts erbaute, in acht Bauabschnitten ständig erweiterte Burg der Grafen von Wertheim war eine der größten Burganlagen Deutschlands. Sie erhielt um 1460–70 durch Graf Johann III. einen Anbau, der durch Graf Michael II. 1506–09 nochmals umgebaut wurde und zwischen 1613 und 1618 erneut Änderungen erfuhr. Nach der Zerstörung der Burg durch die kaiserlichen Truppen 1634 wurde nur ein kleiner Teil der Burg wiederhergestellt, der Rest, darunter auch der Johannesbau, dem Verfall überlassen. Wibel[2] datiert die Fliese ins 16., Oechelhaeuser[3] ins Ende des 15. Jahrhunderts. Die Zeichnung läßt nicht eindeutig erkennen, ob es sich um eine sorgfältige oder nachlässige Prägung handelt, das Muster wurde noch bis zum Ende des 16. Jahrhunderts verwandt.

Literatur
F. Wibel, 163, Abb. 72.
A. v. Oechelhaeuser, Kdm Wertheim, 224–228.
G. Dehio, Baden-Württemberg, 536.
Hist. Stätten VI, Baden-Württemberg, 880–882.

1 Freundliche Mitteilung von Herrn Stadtarchivar Erich Langguth, Wertheim.
2 F. Wibel, 163.
3 A. v. Oechelhaeuser, 1896, 228, Fig. 103.

„Aus einem alten Haus"

Fundumstände
Unbekannt. Vor 1906 wurde die Fliese laut Inventarnotiz „in einem alten Haus, Mauer war drüber gemauert" gefunden.[1]

Baugeschichte
Die Fliese zeigt in den Maßen, dem Rahmen und der Prägung eine auffallende Übereinstimmung mit B 63 aus dem Zisterzienserinnenkloster Frienisberg. Die Prägung ist für diese Gegend ungewöhnlich und es stellt sich die Frage, ob sie nicht ebenfalls aus einem Zisterzienserkloster stammen könnte. Dafür bietet sich das etwa 12 km südlich von Wertheim gelegene Kloster Bronnbach an. Ihm wurde 1244 von den Grafen von Wertheim ein Hof mit einer Ausschankgerechtigkeit für klostereigene Weine in der Stadt überwiesen.[2] Der Bronnbacher Hof, auf dem Gelände der jetzigen „Rosenbergschen Hofhaltung" gelegen, wurde 1565 an die Gräfin Katharina von Eberstein verkauft und von dieser 1566 sofort umgebaut. Die Fliese könnte um 1400 entstanden sein.

Literatur
A. v. Oechelhaeuser, Kdm Wertheim, 276–278.
B. Reuter, Baugeschichte der Abtei Bronnbach. Mit einer geschichtlichen Einführung von A. Friese, Mainfränkische Hefte 30, Würzburg 1958, 9.

1 Freundliche Mitteilung von Herrn Dr. Walter Franzius†, Karlsruhe.
2 B. Reuter, 9, nach einer Urkunde im Fürstl. Wertheim-Rosenbergschen Archiv in Wertheim VI, 14.

Westerstetten, Alb-Donau-Kreis

Kath. Pfarrkirche St. Martin

Fundumstände
Bei der Restaurierung der Kirche kamen 1972 „geringe Bruchstücke ornamentierter Bodenfliesen zutage".[1]

Baugeschichte
Zur mittelalterlichen Baugeschichte der 1717–21 durch einen Neubau ersetzten Kirche fehlen Urkunden. Sie wird 1225 erstmals erwähnt. Wortmann vermutet, daß das Schiff im späten 13. oder im 14. Jahrhundert, der Turm im 13. Jahrhundert erbaut wurde. Der Ort gehörte seit 1432 dem Kloster Elchingen, welches den Kirchensatz jedoch schon 1282 innehatte.

Von 1420–1563 ließ das Kloster die Pfarrstelle vom Mönchen versehen. Die Fliesen, deren Muster auch in anderen Kirchen der näheren Umgebung gefunden wurde, stammen vermutlich aus dem Ende des 15. oder dem Beginn des 16. Jahrhunderts. Sie wurden möglicherweise schon in Westerstetten gebrannt. In einer Kaufurkunde des Klosters Elchingen wird schon 1414 ein Ziegelstadel in Westerstetten erwähnt.[2]

Literatur
BOA Ulm, Bd. 2, 652–655.
G. Dehio, Baden-Württemberg, 537.
R. Wortmann, Die St. Martinskirche, E. Heisler, Westerstetten. Chronik eines Dorfes auf der Ulmer Alb, Westerstetten 1974, 66–67.
H. A. Klaiber, R. Wortmann, Kdm ehem. O. A. Ulm, 752–756.

1 H. A. Klaiber, R. Wortmann, 753.
2 BOA Ulm II, 654, „1414 aber kaufte das Kloster wieder den Kirchensatz mit der Vogtei über den Widdumhof und den Zehnten nebst der Mittermühle, der Badstube, Ziegelstadel ...“

Wetzlar, Lahn-Dill-Kreis

Ehem. Franziskaner-Klosterkirche, Schillerplatz

Fundumstände
„Die Fliesen wurden in einer Brandschicht gefunden, die auch außerhalb der Kirche in der unmittelbaren Umgebung des ehem. Klosters bei Bauarbeiten festgestellt werden konnte, und zwar mit darin enthaltener Keramik des 14. Jahrhunderts.“[1]

Baugeschichte
Die gegen Ende des 13. Jahrhunderts[2] erbaute Kirche des 1263 gegründeten Franziskanerklosters wurde möglicherweise beim großen Stadtbrand 1333/34 nicht zerstört,[3] jedoch anscheinend 1349 teilweise beschädigt. Das Kloster wurde 1555 aufgehoben, 1675 neubegründet und 1826 endgültig aufgelöst. Die Kirche ist heute geteilt. Das Langhaus wurde 1898 umgebaut, der Chor dient als ev. Stadtkirche. Die Fliesen, ein Muster des Klosters Arnsburg, wurden vermutlich gleich im Neubau verlegt. Arnsburg besaß in Wetzlar einen 1228 erstmals genannten Hof mit einer 1297 erwähnten Katharinenkapelle, die im 19. Jahrhundert abgebrochen wurde.[4]

Literatur
A. Schoenwerk, 123–124, 129–130.
H. Pohl, Das Kloster der „Kleinen Brüder“. Die Franziskaner und ihre Kirche in Wetzlar, Heimat an Lahn und Dill 77, Wetzlar 1977, 1–2.; 78, 1–2.
M. Morkramer, 1982, I, 93.
G. Dehio, Hessen 910–911.

1 M. Morkramer, 1982, I, 154, aufgrund einer Mitteilung von Herrn Klaus Engelbach, Braunfels. Morkramer vermutet, daß die Fliesen beim Stadtbrand 1333/34 verworfen wurden. Es ist nicht auszuschließen, daß Klostergebäude beschädigt wurden.
2 H. Pohl, 2. 1284 brechen die Franziskaner Steine in einem den Eheleuten Berno und Heidentrut gehörenden Steinbruch. 1290 wird das „claustrum Minorum fratrum“ erwähnt, es muß also fertig gewesen sein.
3 Ebd., 2.
4 Nach freundlicher Mitteilung von Herrn Klaus Engelbach, Braunfels, wurden im Stadtgebiet verschiedentlich Fliesen und Fliesenbruchstücke gefunden. Eine Publikation ist beabsichtigt.

Burgruine Kalsmunt

Fundumstände
Die Fliesen fanden sich als Bruchstücke bei Sicherungsarbeiten.[1]

Baugeschichte
Die Burg wurde unter Kaiser Friedrich I. Barbarossa als Reichsburg erbaut und war schon von Anbeginn mit Burgmannen besetzt. Der erste namentlich genannte Burgmanne ist Winter von Kalsmunt (1226). In der Burg befand sich die kaiserliche Münzstätte für die Denare Kaiser Friedrichs I. Eine Burgkapelle wurde vermutlich kurz vor 1269 erbaut. Sie wird 1486 noch erwähnt und ging vermutlich nach der Reformation ein. Auch die Burg verfiel seit dem 16. Jahrhundert allmählich. Engelmann nimmt aufgrund des Musters und der noch fehlerhaften Glasur an, daß die Fliesen aus Arnsburg bezogen wurden.[2] Dort finden sich übereinstimmende Prägungen. Sie wurden möglicherweise schon in der Burgkapelle verlegt, können jedoch auch noch aus den Wohnbauten stammen, von denen Schoenwerk annimmt, daß sie im letzten Drittel des 13. Jahrhunderts voll ausgebaut waren.[3]

Literatur
A. Schoenwerk, Die Reichsburg Kalsmunt bei Wetzlar und ihre Burgmannen, Frankfurt 1962, 1–35.
Hist. Stätten IV, Hessen, 247.
K. Engelbach, 1.
G. Dehio, Hessen, 913.

1 Auf Kalsmunt wurde 1928 und 1938/1939 durch Karl Metz gegraben. Die Fliesenfunde wurden weder registriert noch veröffentlicht.
2 Schriftliche Mitteilung von Herrn Klaus Engelbach, Braunfels.
3 A. Schoenwerk, 19.

Wien

Stephansdom

Fundumstände
„... gelegentlich der im Okt. 1897 erfolgten Legung neuer Wasserleitungsröhren ... wurde in dem Vorraum der Kirche beim Riesenthore unter dem Steinpflaster ein Fußbodenbelag aus Thonplatten bestehend gefunden, welcher der Form der aufgepreßten Stempel nach zu schließen, dem 14. Jahrhundert angehören dürfte. Dieser Thonbelag, 25 cm unter dem heutigen Pflaster gelegen, bestand aus gut gebrannten Platten in der Größe von 35,5 cm[1] im Quadrat und 25 mm Dicke, von welchen nur zwei mit in der Hauptsache gleichen Stempeln versehen, die übrigen aber glatt sind ... Die strenge, jedoch stilistisch sehr schöne Zeichnung der Stempel deutet auf die beste Zeit der Gotik, es ist daher möglich, daß dieser Stempel noch in der rudolphinischen Bauperiode entstanden ist.“[2] Bei der Wiederherstellung des Stephansdoms nach den Zerstörungen des 2. Weltkriegs wurden keine gemusterten Fliesen gefunden.[3]

Baugeschichte
Die in der 1. Hälfte des 12. Jahrhunderts als Pfarrkirche vor den Toren Wiens erbaute Kirche wurde 1363 von Herzog Rudolf IV. dem Kollegiatsstift St. Stephan inkorporiert. Die erste Kirche wurde 1147 geweiht, eine zweite, nach Brand 1258, 1363 vollendet. An die Stelle des romanischen Chorschlusses trat 1304–40 der gotische Chor. 1359 wurde mit dem Neubau

des Langhauses begonnen, dieses sowie Querschiff und der Umbau der Westteile war in den 1. Jahrzehnten des 15. Jahrhunderts vollendet. Da die Fliesen beim Riesentor lagen, können sie wohl nur dieser Bauperiode angehören. Vermutlich wurden sie auch in Wien hergestellt, das Wappen könnte als eine Art Beschauzeichen gedient haben.[4] Ähnliche Fliesen mit Wappen in Spitzschilden und demselben Zackenrand fanden sich außerdem in der Fischerkirche in Rust/Burgenland.

Literatur

J. HERMANN, Notiz 71, Mitt. der k.k. Central-Commission für die Erforschung und Erhaltung der kunst- und historischen Denkmale, N.F. Wien 1898, 66–67.

H. TIETZE, Geschichte und Beschreibung des St. Stephansdomes in Wien, Wien 1931, 1–87.

A. KIESLINGER, Die Steine von St. Stephan, Wien 1949, 276–277.

G. DEHIO, Wien, 42–54.

R. FEUCHTMÜLLER, Der Wiener Stephansdom, Wien 1978 (dort Übersicht über neue Literatur).

Kat. Wien im Mittelalter, 106.

1 Kat. Wien im Mittelalter, 106, Nr. 223 und 224. Die bei Hermann angegebenen Maße stimmen nicht. Die Fliesen sind 21,5 × 21,5 und 21,3 × 21,4 cm groß.

2 J. HERMANN, 6–67.

3 A. KIESLINGER, 277. Bei den jüngsten Grabungen wurden jeweils nur glatte Tonfliesen gefunden, so 1945 im Chor (20 × 20 cm, ca. 15/20 cm unter dem neuen Pflaster) und 1948 im nördlichen Seitenschiff des Langhauses (ebenfalls 20 × 20 cm).

4 Diese Stempel wurden nicht nur für Fliesen verwandt, wie ein neuer Fund in Oberndorf bei Raabs a. d. Thaya (Niederösterreich) beweist. Ein Stempel mit Spitzschild und Zackenrand und einem noch ungeklärten Wappen fand sich 1981 auf einem Gefäßbruchstück, das wohl von einem großen spätmittelalterlichen Vorratsgefäß stammt. Fundber. aus Österreich 21, 1983, 319, Abb. 118.

Wienhausen, Kr. Celle

Ehem. Zisterzienserinnenkloster St. Maria, Alexander und Laurentius

Fundumstände

Die Fliesen, insgesamt noch 28 Stück, sollen aus dem Erdgeschoß des südlichen Kreuzgangs stammen, sie liegen jetzt in einer Zelle des Westflügels. Außerdem wurden im Kloster noch unverzierte Fliesen gleicher Größe und kleinere, ocker, braun und grün glasierte Fliesen gefunden, ferner rechteckige, unglasierte Fliesen.[1]

Baugeschichte

Das wohl zwischen 1221/29 durch die Herzogin Agnes von Meißen gestiftete Kloster erhielt im 1. Viertel des 14. Jahrhunderts unter der Äbtissin Margarethe von Schöningen (nachweisbar 1301–17) einen großzügigen Erweiterungsbau. Dem um 1310 vollendeten Westflügel folgte das Winterrefektorium und um 1330 der Nonnenchor[2] sowie der Westteil des südlichen Kreuzgangs. Nachdem 1531 Refektorium, Dormitorium, vier Kapellen und sechs Amtshäuser abgebrochen worden waren, wurde das Kloster 1562 in ein ev. Damenstift umgewandelt. Bühring[3] glaubt, daß die Fliesen erst während der Amtszeit der Äbtissin Katharina von Hoya (1422–37 und 1440–69) verlegt worden seien, in deren Notizbuch die Ausgabe von acht rheinischen Gulden für das Pflastern der Kreuzgänge genannt wird. Das Fliesenmuster muß jedoch aus stilistischen Gründen in das 2. Drittel des 13. Jahrhunderts datiert werden. Es könnte noch den Erweiterungsbauten von 1310 angehören. Die Notiz kann sich ebensogut auf eine der anderen, im Kloster gefundenen Fliesentypen beziehen.[4] Es ist nicht sicher, ob das Muster in Wienhausen entwickelt wurde. Es findet sich außerdem im Kloster „Unserer Lieben Frau“ in Magdeburg, im Benediktinerkloster Groß-Ammensleben, in der St. Annenkirche in Wolfsburg und in zwei Wienhausen benachbarten Kapellen in Calberlah und Hohnstedt.

Literatur

H. APPUHN, W. GRUBENBECHER, Kloster Wienhausen, Hamburg 1955, 5–36.

Hist. Stätten II, Niedersachsen/Bremen, 488–490.

J. BÜHRING, K. MAIER, Kdm Lkr. Celle, 3–5, 25–43, 191–192, Abb. 39.

G. DEHIO, Bremen/Niedersachsen, 965–972.

1 J. BÜHRING, K. MAIER, 192.

2 Ebd., 4. Durch dendrochronologische Untersuchungen konnte der Nonnenchor auf 1339, der Westflügel auf 1310 datiert werden.

3 Ebd., 191–192.

4 Ebd., 192. Im Erdgeschoß des westlichen Kreuzgangs wurden 1964 unverzierte Tonfliesen aufgedeckt.

Wiesbaden

Ev. Mauritiuskirche

Fundumstände

Beim Abbruch der 1850 vollständig ausgebrannten Kirche fand man 1851 Teile des mittelalterlichen Fliesenbodens. Gesichert ist nur das Muster N 80, es sollen jedoch noch andere Muster gefunden worden sein.[1]

Baugeschichte

Die Kirche entstand, vermutlich als königliche Eigenkirche, inmitten der ältesten Siedlung wohl um 780/790, ein Nachfolgebau wurde 965 geweiht. 1214 wurde die Kirche durch Graf Heinrich von Nassau dem Deutschen Orden übergeben. Renkhoff vermutet, daß die Kirche bei der schweren Zerstörung der Stadt 1242 in Mitleidenschaft gezogen wurde, ebenfalls bei der Belagerung von 1318.[2] Danach scheint sie neu oder in Teilen neu erbaut worden zu sein. Nicht ganz gesichert ist die Nachricht über einen Ablaß, den Erzbischof Balduin von Lützelburg 1319 (oder 1329) zum Bau der Kirche erteilt haben soll.[3] 1488 plante Graf Adolf III. von Nassau einen Neubau der Kirche, für den noch 1493 Geld gesammelt, der aber nicht mehr vollendet wurde. Eine erste Weihe fand 1521 oder 1522 statt; 1717 wurde die Kirche nochmals erweitert. Das Muster der Fliese N 80 entstand schon in der 2. Hälfte des 13. Jahrhunderts. Es wurde jedoch so häufig variiert und nachgeschnitten, daß eine Verlegung im Chorbau im 1. Viertel des 14. Jahrhunderts sehr wohl möglich ist. Vermutlich wurden die Fliesen, nach einer Vorlage aus Kloster Eberbach, schon in einer Wiesbadener Töpferei gefertigt.

Literatur

K. ROSSEL, Die kirchlichen Altertümer von Wiesbaden, Denkmäler aus Nassau I, 1852, 6–15, Taf. 1–4.

W. LOTZ, F. SCHNEIDER, Bdm Reg. Bez.-Wiesbaden, 438.

F. LUTHMER, Kdm Reg.-Bez. Wiesbaden V, 200–201.

F. KUTSCH, Die Bauperioden der Mauritiuskirche in Wiesbaden, Nass. Ann. 62, 1951, 20–31.
O. RENKHOFF, 88, 172–175, 255.

1 K. ROSSEL, 9. Dafür sprechen die Formulierungen Rossels: „... die die zierlichsten Muster zeigten" und „... einige dieser Platten, von denen immer 4 mal 4 zusammen erst das vollständige Muster darstellen ..." Diese Beschreibung trifft nicht auf N80 zu.
2 O. RENKHOFF, 88.
3 Ebd., 173–174, Anm. 282.

Privathaus Metzgergasse

Fundumstände
Die Fliese wurde beim Abbruch eines Hauses 1900 geborgen.

Baugeschichte
Zur Geschichte des Hauses ist nichts bekannt. An einem Türpfosten fand sich die Jahreszahl 1602. Obwohl die Fliese ein Muster des 13./14. Jahrhunderts kopiert, weist die Strahlenblüte der Eckrosette auf eine Entstehung in späterer Zeit. Doch dürfte 1602 als Jahr der Verlegung kaum mehr in Frage kommen.

Literatur
Westd. Zs. 20, 1901, Museographie 1900, 333.

Wiesbaden-Klarenthal

Ehem. Klarissinnenkloster, Klarenthaler Straße

Fundumstände
Die ersten Fliesen fanden sich in unbekannter Zeit, sie waren 1888 schon in der Sammlung Nassauischer Altertümer, Wiesbaden.[1] 1965/66 wurden bei Umbauten und Grabungen in der Umfassungsmauer der ehem. Kapelle Fliesen in zweiter Lage im Mauerwerk gefunden. Weitere Fliesen und Fliesenbruchstücke kamen bei einer Probegrabung unter dem Fußboden der ehem. Kapelle, ca. 0,97 m unter dem heutigen Niveau, zutage. Im aufgeschütteten Gelände über dem ehem. Klosterniveau fanden sich ebenfalls gemusterte Fliesen, darunter zwei bis dahin noch nicht bekannte Prägungen.[2] Die drei Varianten der Dreiecksfliese W24 weisen darauf hin, daß der Boden, wie in Eberbach, in der Diagonale verlegt war.

Baugeschichte
Die Kirche des 1296 von König Adolf von Nassau gestifteten Klosters wurde wohl schon unter seiner ersten Äbtissin Richardis, einer Schwester des Königs, 1304 geweiht. Da diese 1311 im Kreuzgang beigesetzt wurde, muß dieser zu diesem Zeitpunkt schon fertig gewesen sein. Bei der Belagerung Wiesbadens durch Ludwig den Bayern 1318 wurde das vor den Toren der Stadt gelegene Kloster fast völlig zerstört und geplündert,[3] eine Neuweihe erfolgte 1321. Damit dürften die Bauarbeiten für dieses verhältnismäßig kleine Kloster abgeschlossen gewesen sein, nur der Kreuzgang wurde um 1430 bis 1440 erweitert. Nach der Aufhebung des Klosters 1559 verfielen die Gebäude rasch, die letzten Reste der Klosterkirche wurden 1756, der Äbtissinnenbau 1940 abgebrochen.
Die Muster der Fliesen stimmen mit Prägungen des Klosters Eberbach überein, vermutlich wurden sie von dort bezogen. König Adolf von Nassau hatte 1296 von Kloster Eberbach dessen Hof in Bierbach-Mosbach zur Ausstattung des Klosters erworben, beim Bau wirkte, neben anderen Ordensgeistlichen, ein „Plebanus Wigandus aus Moschbach" mit.[4]
Die Klarenthaler Fliesen sind der Beweis, daß noch zu Beginn des 14. Jahrhunderts Model, wie z. B. D40 und R3, die wohl in Eberbach schon um oder nach der Mitte des 13. Jahrhunderts entstanden, verwandt wurden.

Literatur
F. OTTO, Clarenthaler Studien, Nass. Ann. 29, 1897/98, 173–201, und 30, 1899, 1–55.
G. MAAG, 23–44, Taf. 3.
O. RENKHOFF, 182–187, und Taf. 19, 2.
H. LANGKABEL, Das Kloster Klarenthal als nassauisches Hauskloster im Mittelalter, Nass. Ann. 93, 1982, 19–33.
G. DEHIO, Hessen, 920.

1 Nass. Ann. 20, 1888, 301.
2 G. MAAG, Taf. 3, 3 und 13.
3 O. RENKHOFF, 183–184.
4 F. OTTO, 1899, 38 „Wigandus, plebanus de Moschbach, qui fideliter laboravit pro claustro construende".

Wiesbaden-Naurod

Ev. Pfarrkirche, ehem. St. Laurentius

Fundumstände
Die Fliesen wurden 1923 (oder 1932?) bei einer Restaurierung der Kirche geborgen. Zu diesem Zeitpunkt scheint der Fußbodenbelag entfernt worden zu sein. Möglicherweise waren die Fliesen in 2. Lage verlegt.

Baugeschichte
Vom Vorgängerbau der 1727–30 erbauten Kirche hat sich eine um 1580 entstandene Zeichnung erhalten, Urkunden zur Baugeschichte fehlen. Eine Pfarrei in Naurod wird 1445 erstmals erwähnt, das Patronatsrecht der Kirche hatte Kloster Bleidenstadt inne. Der Fliesenboden muß von der 1730 abgebrochenen in die neue Kirche übernommen worden sein, da diese nicht am selben Platz erbaut wurde. Die Fliesen, Muster des Klosters Eberbach und wohl auch von dort bezogen, weisen auf einen Boden, der zwischen 1260–80 verlegt worden sein kann.

Literatur
A. BECHT, Aus der Geschichte der Nauroder Kirche, Nauroder Hefte 3, 1979, 2–13.

Wiesbaden-Rambach

„Kastell" Rambach

Fundumstände
Das Kastell wurde 1845 und 1859 ausgegraben. Dabei fand man, vermutlich zwischen der westlichen Giebelwand der Kirche und dem Burggraben, zwei Fliesen.[1]

Baugeschichte
Zur Geschichte des „Kastells" gibt es keine Urkunde. In den Ruinen des römischen „castrums" lag die kleine Kirche und der Friedhof des Ortes.[2] Möglicherweise wurden die Reste des Kastells im Mittelalter, als sich der Ort in der Hand der Herren von Eppstein befand, nochmals befestigt und ausgebaut oder es handelt sich um aus der Kirche verschleppte Fliesen. Die Fliesen, ein Muster des Klosters Eberbach, könnten schon in der Mitte, spätestens jedoch im 3. Viertel des 13. Jahrhunderts verlegt worden sein.

Literatur

Dr. Reuter, Germanische Grabaltertümer mit besonderer Beziehung auf die Ausgrabungen bei Rambach, Nass. Ann. 6, 1859, 211–286.
Periodische Bl. 12, 1860, 332.

1 Periodische Bl. 12, 1869, 332. – Dr. Reuter, 245, Anm. 29.
2 Nach freundlicher Mitteilung von Herrn Prof. Dr. Gottfried Kiesow, Wiesbaden, gibt es keinerlei Unterlagen über die mittelalterliche Bebauung von Rambach. Auch zur Baugeschichte der Kirche ist nichts bekannt.

Wiesbaden-Sonnenberg

Wallfahrtskapelle zum Hl. Kreuz?

Fundumstände

Der genaue Fundort in Sonnenberg ist nicht mehr bekannt. Die eingeritzte Jahreszahl „1634" spricht gegen eine Herkunft aus der Burgruine, da für diese 1597 nur noch mit einem Wächter besetzte Burg kaum Aufwendungen gemacht wurden.

Baugeschichte

Die bald nach 1200 von den Grafen von Nassau errichtete Burg wurde zuletzt durch Graf Philipp (1554–66) zeitweise bewohnt und verfiel dann rasch. 1611 wird sie als unbewohnbar bezeichnet. Die als Marienkapelle zu Ende des 15. Jahrhunderts im Tal erbaute Kirche wurde 1535 neu erbaut und 1591 zur Pfarrkirche erhoben. Die Gottesdienste wurden jedoch zwischen 1625 und 1685 in der 1429 von Werner Hud von Sonnenberg gestifteten Wallfahrtskapelle zum Hl. Kreuz[1] abgehalten, da die Pfarrkirche durch Zerstörungen im 30jährigen Krieg baufällig geworden war. Die Fliesen könnten aus dieser Kapelle[1] stammen, der Ort hatte sonst nur noch kleine Bauern- und Handwerkerhäuser.

Literatur

C. D. Vogel, Nachrichten von der Burg Sonnenberg und dem an ihrem Fuße gelegenen Thale, Nass. Ann. 2, 3, 1837, 3–41.
C. Spielmann, Ruine Sonnenberg, Der Burgwart 2, 1900, 99–101.
Hist. Stätten IV, Hessen, 415–417.
G. Dehio, Hessen, 818.
P. A. Even, Zwei mittelalterliche Kapellen in Wiesbaden-Sonnenberg, Wiesbadner Leben 22, 1973, H. 1, 18; H. 2, 18.

1 P. A. Even, H. 2, 18. 1602 wird die Kapelle als „wüst, übel und zerfallen" bezeichnet. In diesem Zustand hätte man sie schwerlich zum Gottesdienst benutzt. Vermutlich wurde sie doch in geringem Umfang ausgebessert. Das solide Mauerwerk widersetzte sich einem 1730 beschlossenen Abbruch, so daß die Ruine noch heute steht.

Wildenburg, Gem. Preunschen, Markt Kirchzell, Lkr. Miltenberg

Burgruine Wildenberg oder Wildenburg

Fundumstände

Unbekannt. Die Fliese soll als Lesefund zu Beginn des 20. Jahrhunderts geborgen worden sein. Sicherungsarbeiten an der Burg fanden 1910/11 und 1935–37 statt. Bei weiteren Grabungen seit 1959 kam zwar sehr viel Gebrauchskeramik, jedoch keine Fliesen mehr zutage.[1] Allerdings ist das Gelände der Burg bis heute nur zu einem kleinen Teil ausgegraben.

Baugeschichte

Die von dem mächtigen staufischen Ministerialen Ruprecht von Dürn im letzten Viertel des 12. Jahrhunderts begonnene Burg wurde vermutlich um 1200–1220 vollendet und von seinem Enkel, Konrad II. von Dürn, um einen Palas-Saal erweitert, der wohl zwischen 1219 und 1226 entstand. Eine weitere Ausbauphase wird um 1235 angenommen.[2] Nach dem Tode Konrads (1253) verfiel die Macht der Herren von Dürn rasch, die Burg mußte durch Ulrich III. von Dürn 1271 an das Erzstift Mainz verkauft werden. Da die Burg 1356 und wohl auch 1348 durch Erdbeben stark beschädigt und 1525 im Bauernkrieg in Brand gesteckt worden war, verlegte der mainzische Amtmann 1547 seinen Sitz nach Amorbach und überließ die Burg dem Verfall. Die Datierung der Fliese ist besonders schwierig. Das Muster, außerdem in Kloster Eberbach, St. Peter in Bacharach, der Kapelle in Peterspay und auf Burg Auerbach gefunden, weist ins 2. Viertel des 13. Jahrhunderts. Sie könnte daher in der Ausbauphase um 1235 verlegt worden sein. Zu der kostbaren Ausstattung des Palas dürfte auch ein reizvoller Fußboden gehört haben. Die Fliese fand sich jedoch auch in Mainz, möglicherweise in Verbindung mit dem Boden der ehem. Dompropstei.[3] Bei Verwendung eines älteren Models könnten die Fliesen auch noch nach 1271 verlegt worden sein.

Literatur

F. Mader, H. Karlinger, Kdm Miltenberg, 326–343.
W. Möller, Bd. 1, 7–8.
C. Bronner, Odenwaldburgen, Bd. 3, Groß-Umstadt und Mainz 1927, 12–38.
H. v. Waldburg-Wolfegg, 92–94.
W. Hotz, 1963.
M. Walter, 98–105.
F. Arens, 1976/77, 23.
G. Dehio, Franken, 691.
Th. Steinmetz, Die stauferzeitliche Burg Prozelten und ihre Beziehung zur Burg Wildenberg, Burgen und Schlösser, 1988 I, 22–36.

1 Freundliche Mitteilung von Herrn Dr. Max Walter†, Amorbach.
2 Die Diskussion um die Früh- oder Spätdatierung der Burg soll hier unberücksichtigt bleiben, da aufgrund der übrigen Fundorte die Fliese kaum vor 1230 entstanden sein kann. F. Arens, 1976/77, 23, nimmt das von Ignaz Gropp 1936 überlieferte Datum „1216" als Mitte der Bauzeit an. Th. Steinmetz, 26, gibt eine Übersicht über den neuesten Stand der Forschung.
3 Die Fliese wurde bei Arbeiten an der Kanalisation in der Ludwigstraße nahe dem Gutenbergplatz gefunden. Da der Bodenbelag der ehem. Dompropstei nur teilweise aufgedeckt wurde, wäre es möglich, daß diese Fliesen ebenfalls noch im ehem. Propsteigelände lagen.

Wildpoltsweiler, Gem. Neukirch, Bodenseekreis

Kath. Pfarrkirche St. Georg

Fundumstände

Die Fliesen wurden bei einer Renovierung der Kirche 1973 in der im Turmgeschoß untergebrachten Sakristei (jetzt Taufkapelle) gefunden. Sie lagen in situ unter dem Holzfußboden.

Baugeschichte
Die 1249 erstmals erwähnte Kirche kam mit der Burg Summerau und dem Dorf 1269 als Schenkung an die Abtei Kempten. Vermutlich wurde die romanische Anlage im 13. bis 14. Jahrhundert von einem gotischen Bau abgelöst, der im späten 17. Jahrhundert barockisiert wurde. Bei den Fliesen handelt es sich um Muster des Klosters Weingarten. K43 stimmt genau mit der Prägung in Weingarten überein, K60 und H184 sind wohl heute in Weingarten verlorene Muster. Vermutlich wurden die Fliesen aus dem Kloster bezogen[1] und in der kleinen Dorfkirche im 1. Viertel oder der 1. Hälfte des 14. Jahrhunderts verlegt.

Literatur
BOA Tettnang, 719–720.
W. v. Matthey, A. Schahl, Die Kdm. in Württemberg, Kr. Tettnang, Stuttgart/Berlin 1937, 158–160.
B. Wiedmann (Hrsg.), Der Bodenseekreis (Heimat und Arbeit), Stuttgart 1980, 326–327.

1 B. Wiedmann, 326–327. Kloster Weingarten war in den heute ebenfalls zur Gemeinde Neukirch gehörenden Orten Landolz und Hinteressach begütert. Goppersweiler mit einer St. Martinskirche gehörte zur Burg Pflegelberg und kam mit dieser 1380 an Kloster Weingarten. Der Ort ist 4 km von Wildpoltsweiler entfernt.

Wilgartswiesen, Kr. Pirmasens

Wiligartaburg, „Altes Schloß", Burgstall

Fundumstände
Fliesen in zwei Mustern wurden bei einer Versuchsgrabung 1971 als Bruchstücke gefunden.[1]

Baugeschichte
Über die Baugeschichte der früh zerstörten Burg ist nichts bekannt. Sie wurde vermutlich zum Schutz des 828 durch Wiligart aus dem Geschlecht des Gaugrafen Wernher vom Bliesgau an Kloster Hornbach geschenkten Hofes und seiner Besitzungen errichtet. 1163 wird in einer Urkunde des Klosters Hornbach ein Ministeriale „Sevrido de willegardewisen" genannt.[2] Die Fliesen, deren Muster frühestens im 2. Viertel des 13. Jahrhunderts entstanden sein können, weisen darauf hin, daß die Burg nicht, wie früher stets angenommen, schon im 12. Jahrhundert zerstört wurde. E26 wurde außerdem in der St. Nikolauskapelle in Oberotterbach gefunden, H70 in einigen Kirchen und auf einigen Burgen der Umgebung. Es ist möglich, daß es sich um ein Muster des Klosters Hornbach handelt, wahrscheinlicher jedoch, daß die Fliesen aus dem nahen Kloster Eußerthal bezogen wurden. Dort fanden sich die Varianten H67 und H68.

Literatur
A. Eckardt, Kdm Kr. Bergzabern, 478–480.
Hist. Stätten V, Rheinland-Pfalz, 405.
W. Ehescheid, 148–151.
Ders., Die Wiligartaburg bei Wilgartswiesen, Wilgartswiesen 1984.
K.-H. Albrecht, Wilgartswiesen und das Pirminsland, FS Wilgartswiesen 828–1978, Wilgartswiesen 1978, 5–7.

1 W. Ehescheid, 1973, 150, H70 zu spät „Anf. 14. Jh." datiert.
W. Ehescheid, 1984, 37, Taf. 5. Alle Angaben zu den Fliesen verdanke ich dem Ausgräber, Herrn Rektor Walter Ehescheid, Wilgartswiesen.
2 W. Ehescheid, 1973, 149.

Wilten, Stadt Innsbruck, Tirol, Österreich

St. Bartholomäuskirche

Fundumstände
Der Fundort „Bartholomäuskirche" wird 1893 von Paukert genannt. Die Fliesen scheinen zu dieser Zeit schon nicht mehr am ursprünglichen Platz gewesen zu sein. Dieser Angabe scheint der Grabungsbericht von Menghin zu widersprechen, der 1954 folgende Bodenschichten feststellte: Fußboden aus sechseckigen Gußplatten um 1900, darunter quadratische Ziegel aus dem 17. Jahrhundert, darunter weißgrauer Kalkschüttboden und zuletzt ein mit Ziegelgrus rötlichgefärbter Kalkschüttboden.[1] Vermutlich lagen jedoch die Fliesen bis ins späte 19. Jahrhundert und wurden dann durch die „sechseckigen Gußplatten" ersetzt.

Baugeschichte
Die Bartholomäuskirche wurde vermutlich zwischen dem 10. und der 1. Hälfte des 13. Jahrhunderts als Wegkapelle unweit einer Straße zur Sillbrücke erbaut. Sie wird 1275 erstmals erwähnt, 1479 wurde sie unter Abt Johannes Lösche mit einem Sterngewölbe versehen. Gleichzeitig wurden Portal- und Fensterwölbungen erneuert und ein Dachreiter aufgesetzt. Eine Verlegung der Fliesen in dieser Zeit würde mit dem spätgotischen Ast- und Rankenwerk des Musters übereinstimmen. Die zusätzlich angebrachte Rahmenleiste läßt vermuten, daß es sich um einen Nachschnitt der Fliesen des Prämonstratenserstifts Wilten handelt.

Literatur
F. Paukert, Bd. 3, Blatt 14.
H. Hammer, 4–5, Abb. 17.
O. Menghin, Innsbruck, Untersuchung des St. Bartholomäusrundkirchleins, Fundber. aus Österreich 6, Wien 1967, 160–161.

1 O. Menghin, 160–161.

Ehem. Prämonstratenserkloster und Stiftskirche St. Laurentius?

Fundumstände
Die Fliesen fanden sich aufgestapelt auf dem Dachboden eines Ökonomiegebäudes. Es konnte nicht mehr festgestellt werden, zu welcher Zeit und aus welchem Gebäude die Fliesen dorthin verbracht wurden.[1] Es ist möglich, daß auch diese Fliesen aus der St. Bartholomäuskirche stammen, die große Anzahl der Fliesen spricht jedoch eher gegen eine Herkunft aus der kleinen Kirche. Da das hohe Relief der Fliesen wenig abgetreten war, müssen sie aus einem nicht so häufig begangenen Raum entfernt worden sein. Vielleicht wurden jedoch nur die intakten Fliesen aufbewahrt. In diesem Fall müßte es sich um einen größeren Raum gehandelt haben.

Baugeschichte
Ein möglicherweise im 9. Jahrhundert gegründetes Kollegiatsstift wurde um 1130 durch Bischof Reginbert von Brixen in ein Prämonstratenserkloster umgewandelt und mit Mönchen aus Kloster Rott am Inn besiedelt. Die zu Ende des 12. Jahrhunderts erweiterte, 1201 geweihte Kirche wurde nach einem Brand 1432 wiederhergestellt und von 1651–65 barock umgestaltet. Die Klostergebäude wurden, unter Beibehaltung des mittelalterlichen Grundrisses, ebenfalls 1670–96 umgebaut, zwei Kapellen jedoch ganz abgebrochen. Das Muster der Flie-

sen weist ins 15. Jahrhundert, sie könnten mit den Wiederherstellungsarbeiten um 1432 in Verbindung stehen.

Literatur
H. Hammer, 3–4.
G. Dehio, Tirol, 73–75.
Hist. Stätten Österreich II, Alpenländer, 488–489.
Auktionskat. Hauenstein, Frankfurt, 46/47, Nr. 2536.

1 Die Fliesen wurden teilweise von einem Kunsthändler aufgekauft. Sie kamen in Privatbesitz und in verschiedene Museen, zum Teil mit irreführenden Herkunftsangaben („rheinisch" im Rheinischen Freilichtmuseum Kommern).

Winterbach, Rems-Murr-Kreis

Ev. Pfarrkirche, ehem. St. Michael

Fundumstände
Bei der Erneuerung der Kirche 1958 wurden im Schiff unter dem Belag der Sandsteinplatten und unter den Holzdielen der Kirchenbänke vereinzelt Fliesen gefunden.[1] Leider wurden nur vier Fliesen aufbewahrt. Es ist nicht sicher, daß alle gefundenen Muster bekannt wurden.

Baugeschichte
Die 1309 erbaute Kirche muß zu Ende des 15. Jahrhunderts, möglicherweise 1498, um- oder neuerbaut worden sein. 1605 wurde die Westempore erweitert, eine Nordempore hinzugefügt. Die schönen Fliesen C47 und D76 dürften aus dem ersten Kirchenbau stammen, die grobe Prägung von S36 wäre in der Zeit um 1498 in dieser Gegend ungewöhnlich. Sie könnte noch bei den Erweiterungsbauten von 1605 oder als Ausflikkung nach dem Brand 1644 verlegt worden sein. Es wäre außerdem möglich, daß die Fliesen C47 und D76 aus dem 1466 durch Graf Ulrich den Vielgeliebten v. Württemberg gestifteten Augustiner-Eremitenkloster Engelberg bei Winterbach stammen. Die neben einer älteren Wallfahrtskapelle errichteten Klostergebäude wurden nach der Zerstörung im Bauernkrieg 1525 seit 1538 abgebrochen und ausgeschlachtet und nachweislich für Festungsbauten in Schorndorf verwandt.

Literatur
G. Dehio, Baden-Württemberg, 547.
A. Schahl, A. Nuding, Kunstgeschichte von Winterbach, Heimatbuch Winterbach, Winterbach 1972, 159–168.
J. W. Schneider, Zur Geschichte des Engelberges, Ebd. 253–158.
Hist. Stätten VI, Baden-Württemberg, 895.
A. Schahl, Kdm Rems-Murr-Kreis II, 1577–1585, 1600–1602.

1 Freundliche Mitteilung von Herrn Pfarrer Alfred Nuding, Winterbach.

Wittendorf, Gem. Loßburg, Lkr. Freudenstadt

Pfarrhaus

Fundumstände
Die Fliesen lagen früher in der Küche des Pfarrhauses und wurden bei einer Instandsetzung entfernt. Vermutlich stammen die Fliesen aus der mittelalterlichen Kirche, die 1786 durch einen Neubau ersetzt wurde.

Baugeschichte
Die im Muster mit denen des Klosters Alpirsbach übereinstimmenden Fliesen wurden vermutlich erst verlegt, als der Ort von den Herren von Geroldseck 1501 an Kloster Alpirsbach kam. Das Kloster hatte die Unterhaltspflicht für Kirche und Pfarrhaus, das letztere wurde 1770 und 1826/27 renoviert.

Literatur
BOA Freudenstadt, 329–333.

Wörschweiler, Stadt Homburg/Saar, Saar-Pfalz-Kreis

Ruine des ehem. Zisterzienserklosters

Fundumstände
Die ersten Fliesen wurden geborgen, als die Schuttmassen der Ruine 1876 abgeräumt wurden. Sie kamen teils in die Sammlung des Hessischen Altertumsvereins[1], teils in Privatbesitz. Nicht alle Muster sind bekannt.[2] Bei den Grabungen 1954–58 fanden sich Fliesen im Bauschutt des Kapitelsaals, vereinzelt lagen sie noch in situ an den Rändern der Sitzbänke. Weitere Fliesen kamen 1955 im Kreuzgang und in der Nähe des Armariums des Südquerschiffs zutage.[3] Die Grabungen im 4. Viertel des 19. Jahrhunderts hatten vor allem den Fliesenboden der Kirche aufgedeckt. Es wurde jedoch nicht genau festgehalten, ob dort auch ungemusterte Fliesen in Kreis-, Kreissegment- und Schuppenform lagen, die auf Beläge in Plattenmosaik oder Fliesenrosetten weisen. Diese kamen 1956 im Kapitelsaal[4] zum Vorschein, darunter auch das Bruchstück W64. Die gemusterten Fliesen waren in drei verschiedenen Techniken geprägt, teils ausgezeichnet erhalten. Glasuren bedeckten meist nur einen Teil des Musters, um dieses stärker hervorzuheben.

Baugeschichte
Das durch Graf Friedrich von Saarwerden 1131 gestiftete und mit Benediktinermönchen aus Kloster Hornbach besetzte Familienkloster wurde um 1170 von dessen Enkel Ludwig den aus Weiler-Bettnach (Villers-Bettnach, Moselle) gerufenen Zisterziensern übergeben. Die Grabungen durch Schmoll gen. Eisenwerth haben ergeben, daß die Kirche doch wohl nicht erst zu Beginn des 13. Jahrhunderts, sondern schon kurz nach 1170 begonnen wurde. Eine erste Weihe ist für 1189 überliefert. Bauornamentik und Grabungsbefunde weisen auf einen Weiterbau bis gegen 1235. Die Sakristei entstand vermutlich schon zu Beginn des 13. Jahrhunderts, während Kreuzgang, Kapitelsaal und die übrigen Klostergebäude wohl erst im 2. Viertel des 13. Jahrhunderts vollendet waren. Da alle Urkunden zur Baugeschichte fehlen, gibt es keine Anhaltspunkte für Umbauten im 14. und 15. Jahrhundert. Das Kloster wurde 1558 aufgelöst, ein weltlicher Schaffner eingesetzt. Es brannte 1614 nieder und blieb seitdem Ruine.
Dem Kirchenbau des letzten Jahrzehnts des 12. Jahrhunderts gehört vermutlich noch die Fliese W64 an, die denselben Kreisstempel verwendet, der auch auf den Fliesen in Kloster Eberbach, der Einhardsbasilika in Steinbach, in Kloster Ilbenstadt, der Burgkirche in Hain, Dreieich und in St. Ursula, Oberursel, vorhanden ist. Sie war wohl Teil einer größeren Rosette und eines Belags aus Plattenmosaik, von der als einzi-

ger Rest eine Fliese in Schuppen- und eine in Kreisform blieb. Erste tastende Ansätze einer neuen Technik zeigt N8, die zwar auch schon mit einem Model geprägt wurde, jedoch noch einen völlig ungeübten Modelschneider verrät. Das Wappen der Grafen von Saarwerden[5] (B53) sowie P15 und W49, die wahllos in große Fliesenquadrate geprägt wurden, stellen vermutlich die nächste Stufe dar. Sie könnten kurz vor oder nach 1200 entstanden sein. Die sorgfältig geprägten, zahlreich gefundenen Fliesen H65, H66, N44 und N66 zeigen ein völliges Beherrschen der Prägetechnik und sorgfältige Glasuren. Sie sind vermutlich im 1. Drittel des 13. Jahrhunderts entstanden, J4 gleichzeitig oder wenig später. 1257 berichtet eine Urkunde von der „neulich bei der Klosterpforte erbauten Kapelle", die wohl ebenfalls einen Fliesenboden besaß.
Es konnte bis jetzt noch nicht geklärt werden, von wo die Muster übernommen wurden.[6] Einige unter ihnen sind typische Zisterzienserprägungen, die später in der Pfalz weite Verbreitung fanden. Die frühen Muster könnten aus dem Mutterkloster Weiler-Bettnach stammen, das leider immer noch nicht ausgegraben ist. Die von Schmoll gen. Eisenwerth[7] ins 16. Jahrhundert datierte Fliese O49 ist wohl kaum so spät entstanden. Sie wäre eher dem 14. oder frühen 15. Jahrhundert zuzuordnen.

Literatur

Bdm Pfalz Bd. 1, 1884, 197–205, Abb. 313a–f.
H. Hahn, 1900, 129, Abb. 3.
J. A. Schmoll gen. Eisenwerth, Vorbericht über die Grabungen an der ehem. Ruine des Zisterzienserklosters Wörschweiler, Saarbrücker Hefte 1, 1955, 70–76.
Ders., Die mittelalterlichen Bauten der ehem. Zisterzienserabtei auf dem Wörschweiler Klosterberg. Dritter Vorbericht über die Bauuntersuchungen und Grabungen, Ber. der Staatl. Denkmalpflege im Saarland, Saarbrücken 1962, 57–68.
H. W. Herrmann, Bd. 1, 41–42, Taf. 2, 2.
Hist. Stätten V, Rheinland-Pfalz, 416–417.
P. Volkelt, Die Baukeramik und Ausstattungsbildnerei des frühen und hohen Mittelalters im Saarland, Veröffentlichungen des Inst. für Landeskunde des Saarlandes 16, Saarbrükken 1969, 207–217.
Ders., 1971, 19–39. Taf. 12–15.
H. Kier, 1970, 139, Abb. 216–216.
G. Dehio, Rheinland-Pfalz, 1147–1150.
E. Hausen, 85–87.

1 Quartalbl. 1880, 11: „Fußbodenfliesen ... gefunden auf der Besitzung der Frau Lilier in Zweibrücken in den Ruinen des Klosters Wersweiler." Die Fliesen sind vermutlich noch im Museum Darmstadt. Es ist nicht mehr bekannt, um welche Muster es sich handelt.
2 Bdm Pfalz, Bd. 1, 203. „Das Kirchenschiff hatte einen Bodenbelag aus zum Theil gemodelten rothen Thonfliesen, wovon Fig. 313a–f *einige* Muster zeigt. Bei den Fliesen f sind die würfeligen Felder, im Grunde schwarz mit roten Theilungslinien, durch Auftragen und Einbrennen gefärbten Thons hergestellt. Die Fliesen a tragen das Wappen der Stifter erhaben auf vertieftem Grunde."
3 J. A. Schmoll gen. Eisenwerth, 1955, 75.
4 Ders., 1962, 62 und schriftliche Mitteilungen.
5 Bdm Pfalz, Bd. 1, 203. „Laut einem Inventar vom Jahre 1562 waren (auch) die Kirchenfenster mit Saarwerdenschen Wappen geschmückt."
6 Neben Weiler-Bettnach dürften elsässische Einflüsse mitgewirkt haben (siehe Text S. 66). Teile der Bauornamentik weisen auf die Kirchen von Neuweiler, der Grundriß der Ostteile gleicht Kloster Eußerthal, wo sich auch eine Variante des Musters H56 fand. Vgl. P. Volkelt, 1969, 207–209.
7 Schriftliche Mitteilung des Ausgräbers, Herrn Prof. Dr. J. A. Schmoll gen. Eisenwerth, München.

Wolfegg?, Lkr. Ravensburg

Schloß der Fürsten von Waldburg

Fundumstände

Die Fliesen befinden sich seit längerer Zeit in Schloß Wolfegg. Ihre Herkunft von dort ist wahrscheinlich, jedoch nicht gesichert.

Baugeschichte

Die 1275 erstmalig genannte Burg befindet sich seit Ende des 13. Jahrhunderts in der Hand der Truchsessen von Waldburg. Vermutlich stammen die Fliesen aus dem nach 1490 von Hans Truchseß von Waldburg unter Beratung Burkhard Engelbergers erstellten Erweiterungsbau, der 1578 abbrannte und 1580–83 neu errichtet wurde. Als auch dieser Bau durch Brand vernichtet wurde, folgte 1649–90 ein dritter Schloßbau, der bis heute erhalten blieb.

Literatur

J. G. von Waldburg-Wolfegg, Schloß Wolfegg, München 1961, 3–8.
G. Dehio, Baden-Württemberg, 549–550.

Wolfsburg

Ev. Pfarrkirche, ehem. St. Annen

Fundumstände

Bei der Restaurierung der Kirche 1959–1961 wurden zwei Fliesen gefunden und neben dem Altar in den Fußboden eingelassen.

Baugeschichte

Die Kirche des 1938 in Wolfsburg aufgegangenen Ortes Heßlingen wird 1302 erstmals erwähnt, ist jedoch sehr viel älter. Durch Grabungen wurde eine im 10. Jahrhundert entstandene Saalkirche erschlossen, die in der Mitte des 13. Jahrhunderts durch den heutigen Bau ersetzt wurde. Dieser wurde nach Brand 1661 erneuert und 1867/68 umgebaut. Die Fliesen, die im Muster mit denen des Benediktinerklosters Groß-Ammensleben und des Prämonstratenserklosters „Unserer Lieben Frau" in Magdeburg übereinstimmen, sind vermutlich unter Magdeburger Einfluß entstanden, da das in Wolfsburg ansässige Geschlecht der Bartensleben die Wolfsburg vom Erzstift Magdeburg zu Lehen hatten. Möglicherweise war die St. Annenkirche das Zwischenglied für die Weitergabe des Musters von Magdeburg nach Wienhausen. Dieser Vorgang kann jedoch auch in umgekehrter Richtung verlaufen sein. Die Fliesen könnten aus der Mitte des 13. Jahrhunderts stammen.

Literatur

J. R. von Loewenfeld, Wolfsburg. Kirchen- und kulturgeschichtliche Bilder aus einem halben Jahrtausend, Wolfsburg 1925, 3–6.
Hist. Stätten II, Niedersachsen/Bremen, 508–509.
B. Wendte, Die St. Annenkirche in Wolfsburg – heute und einst, Wolfsburg 1970, 2–5.[1] (Herr Pastor Bendix Wendte gewährte mir freundlicherweise Einblick in sein ms.MS.)

Worms

Stadtgebiet

Fundumstände

Mit dem Sammeln von Fliesen begann man in Worms etwa im 3. Viertel des 19. Jahrhunderts[1]. Als das Paulus-Museum 1881 eingeweiht wurde, war schon ein stattlicher Grundstock von Fliesen vorhanden. Während man in Speyer wenigstens eine Reihe von Fliesenfundorten festhielt, wurde dies in Worms versäumt. Von den 111 Mustern, die Grill 1922 veröffentlichte, kennt man nur die 19 in der St. Johanneskirche geborgenen Muster, zwei weitere aus St. Paulus und vier aus der Andreaskirche. Alle übrigen Fliesenfundorte sind unbekannt und auch nicht mehr aus Publikationen des 19. Jahrhunderts zu erschließen. Man darf jedoch auch hier annehmen, daß die meisten Kirchen und Klöster im 13. und frühen 14. Jahrhundert Fliesenbelag erhielten. Daß weitaus die meisten Muster dem 13. Jahrhundert angehören, hängt vermutlich mit den verhängnisvollen Bränden zusammen, welche die Stadt im 13. Jahrhundert heimsuchten und immer neue Aufbauarbeiten oder Ausbesserungen notwendig machten. Zwar werden viele Fliesen der Brandhitze standgehalten haben, dann aber unter der Last herabstürzender Dachstühle zersprungen sein. Da diese Brände für die Baugeschichte von Worms so wichtig sind und vielleicht mit ein Grund, warum so viele Muster in einem verhältnismäßig knappen Zeitraum entwickelt wurden, sei hier kurz eine Zuammenstellung in der gedrängten Fassung durch Gensicke gegeben: „Die großen Brandkatastrophen des 13. Jahrhunderts, die ganze Stadtviertel in Asche legten, bestätigten in etwa diese Annahme einer dichten Bebauung wohl vorwiegend mit Bauten aus Fachwerk oder Holz. Der erste bezeugte größere Brand brach am 13. Juli 1221 im Haus des Reimar am Markt aus und verbrannte alle Krämerhäuser und alte Lauben bis zum alten Hospital neben der Johanniskirche und über die Hagenstraße hinaus den größeren Teil der Wollgasse. Ein zweiter Brand kam im Juli 1231 im Haus des Ritters Herbord auf in der Brotgasse, wohl in dem Teil der heute Schmiedgasse heißt, und verheerte den ganzen Ostteil der Stadt zwischen Judenpforte, Rhein und Pfauenpforte, wobei auch das Stift St. Paul niederbrannte. Am 22. Juni 1234 brannte es erneut im Hof des Sigelo Gozmar, der später Schöneck hieß, und es verbrannte ein ganzer Stadtteil unten bis zur Stadtmauer und oben bis zum Ende der Petergasse am Bachufer. Ein weiterer Brand kam am 13. April 1242 bei St. Andreas auf und legte den Südteil der Stadt mit den Kirchen in diesem Bereich in Asche. Schon 1259 verheerte erneut ein großer Brand, der im Haus eines Weinheimer gegenüber dem Hof des Wackerpil ausbrach, einen großen Teil der Stadt. Ein weiterer Großbrand wütete 1269 im Stadtteil rings um das Predigerkloster. Der letzte große Brand, von dem wir Nachricht haben, äscherte am 1. Mai 1298 den Stadtteil am Bachufer der Wollgasse und Gerbergass ein."

Literatur

H. Boos, Städtekultur, Bd. 1, 468.
H. Gensicke, Beiträge zur Wormser Stadtbeschreibung des Hochmittelalters, Der Wormsgau 3, H. 2, 1952, 49–63, Zitat: 55, Anm. 171–181.

1 Einer Bemerkung von Bock ist zu entnehmen, daß um 1870 in einigen Kirchen in Worms mittelalterliche Fliesen noch in situ lagen (siehe „Koblenz, kath. Pfarrkirche Liebfrauen", Anm. 1).

Ehem. Pfarrkirche St. Amandus

Fundumstände

Bei der Ausgrabung der Kirche 1934 wurden im Untergeschoß des Turmes und im Schutt der Krypta Fliesen in 12 verschiedenen Mustern gefunden.[1]

Baugeschichte

Die Baugeschichte der 1007 erstmalig erwähnten, nach 1791 langsam verfallenden und zu Beginn des 19. Jahrhunderts abgetragenen Kirche läßt sich nur aus den spärlichen Bauresten und dem Grabungsbefund rekonstruieren. Baunachrichten haben sich nicht erhalten. Der Chor einer frühromanischen Anlage wurde vermutlich zwischen 1010–30 umgebaut, eine Krypta und ein Turm angefügt, der um 1200 erhöht wurde. Nachdem das 1283 als Pfarrkirche erwähnte Gotteshaus 1318 dem Liebfrauenstift inkorporiert wurde, scheint ein Erweiterungsbau begonnen worden zu sein. Dieser wird 1450 als baufällig bezeichnet, anscheinend in der 2. Hälfte des 15. Jahrhunderts wieder instandgesetzt und um einen Kapellenanbau bereichert, der wohl erst um 1500 vollendet war. Die Kirche wurde 1632 zerstört, anschließend zwar wieder hergestellt, aber nie mehr wirklich aufgebaut.

Das Bild, welches die Fliesen von St. Amandus bieten, ist sehr unklar. Da nur so wenige Muster zutage kamen, läßt sich der Belag nur bruchstückhaft rekonstruieren. Es scheint, als ob die Fliesen mit einem über längere Zeit angesammelten Modelbestand geprägt worden wären. Zu den frühesten Fliesen gehören F75 und J28. F75 muß nach der Verlegung dieser Muster in Pforzheim und Speyer geprägt worden sein, da der Stempel in Worms in eine weit größere Fliese gepreßt wurde. Bei J28 wurde das Muster in Worms schon in vertiefte Prägung übertragen. Auch die übrigen Fliesen, mit Ausnahme von C52 und F80, könnten noch vor der Mitte des 13. Jahrhunderts entstanden sein. Es ist nicht sicher, ob St. Amandus vom großen Stadtbrand von 1242 in Mitleidenschaft gezogen wurde, wenn ja, dann könnten die Fliesen aus der Zeit des Wiederaufbaus stammen. Dieser ging, durch die großen Verluste, welche die Stadt erlitten hatte, nur sehr langsam vonstatten. Einen terminus ante quem bietet die Weihe des Zisterzienserinnenklosters Rosenthal[2] 1261, wo J28 und N83 in übereinstimmenden Prägungen gefunden wurden. Aus der Zeit des Erweiterungsbaus nach 1318 könnte M15 stammen, während C52 und F80 wohl erst in der 2. Hälfte des 15. Jahrhunderts entstanden.

Literatur

E. Wörner, Kdm Kr. Worms, 146.
E. Kranzbühler, 1905, 7–15.
F. M. Illert, Bericht über die Ausgrabungen bei der ehem. Amanduskirche zu Worms, Der Wormsgau 2, H. 2, 1936, 88–89.
W. Bauer, 1936a, 89–96.

1 W. Bauer, 1936I, 96. Zwei der Fliesen lassen sich nicht eindeutig feststellen. Bauer gibt die Muster an: „ähnlich den Mustern II, 51, 52, 54, 55 und III, 84, 87, 89 bei E. Grill."

2 H. Boos, 154. Auch dieses Kloster besaß einen Hof in Worms, der 1390 erstmals erwähnt wird.

Ehem. Kollegiatsstift St. Andreas, heute Museum der Stadt Worms

Fundumstände

Unbekannt. Die Fliesen wurden schon zu Ende des 19. Jahrhunderts geborgen. Nach Grill sind nur vier Muster für St. Andreas gesichert.[1] Vermutlich stammen jedoch eine ganze

Reihe weiterer Fliesen des Museums Worms ebenfalls aus St. Andreas.

Baugeschichte
Das vor 1000 vor der Stadt als Bergkloster gegründete Stift wurde von Bischof Burchard I. um 1020 in die Stadt an den späteren Fruchtmarkt verlegt. Die um 1180 in Trümmern liegende Kirche wurde bis gegen 1200 wieder aufgebaut und 1242 erneut durch den in den Mauern des Stifts entstandenen Stadtbrand zerstört. Beim Wiederaufbau wurden vermutlich Umbauten durchgeführt, die Einwölbung der Seitenschiffe scheint um 1250 vollendet gewesen zu sein. Nach der Aufhebung des Stiftes 1802 wurde die Kirche profaniert, 1928/29 wiederhergestellt und als Museum eingerichtet.
Die Fliesen werden von Grill „um 1300" datiert. Da sich die Muster jedoch auch in einer Reihe anderer Orte fanden, so A23 und F30 in Ulm-Söflingen, D37 in Burg Neubolanden und Kloster Rosenthal, so dürfte auch hier die Entstehung in die Zeit zwischen Stadtbrand 1242 und der Weihe von Rosenthal 1261 eingeengt werden.

Literatur
E. Wörner, Kdm Kr. Worms, 146–154.
G. W. Metzler, Zur Wiederherstellung des ehem. Andreasstiftes in Worms, Der Wormsgau 1, H. 8, 1931, 269–286.
G. Dehio, Rheinland-Pfalz, 1166–1168.

1 E. Grill, 6–7, Taf. I, 10, 14, 17, 19.

Ehem. Pfarr- und Taufkirche St. Johannis

Fundumstände
Bei der Suche nach den Fundamenten der neben dem Südquerhaus des Domes gelegenen, 1807 auf Abbruch verkauften Johanniskirche wurde 1907 im „nordöstlichen Chor ihres ehemals als Krypta dienenden Untergeschosses" ein Fliesenboden in situ aufgedeckt.[1] Die Fliesen lagen in Diagonalrichtung vor einem in Bruchstücken erhaltenen Steinaltar. Sowohl die willkürliche farbige Anordnung wie die ganz regellos verteilten Muster lassen darauf schließen, daß es sich hier nicht um die ursprüngliche Lage der Fliesen handelte. Vermutlich wurden bei einer Ausbesserung in späterer Zeit gut erhaltene Fliesen hier zusammengetragen. Die Muster D30, E16, P43, S56 und T26 kamen nur in je einem Exemplar vor. Sie gelangten nicht ins Museum und sind, bis auf S56, heute verloren.[2] Es fanden sich Fliesen in gelblichen, bräunlichrotem, rotem, hellgrauem und schwarzgrauem Ton in ziemlich einheitlicher Prägetechnik.

Baugeschichte
Die 1200 erstmalig erwähnte, vermutlich als Pfarrkirche der Kathedrale dienende Kirche, war wohl ursprünglich die Taufkirche des Domes gewesen. Urkunden zur Baugeschichte haben sich nicht erhalten. Arens[2] nimmt eine Entstehung der Kirche an Hand des erhaltenen Figurenschmucks und der Kapitelle in der Zeit zwischen 1210–30 an. Zu dieser Zeit kann der Fliesenboden jedoch noch nicht verlegt worden sein. Im Gegensatz zur Pauluskirche finden sich die sehr frühen Muster D7, D8 und D78 nicht mehr[4], auch keine Andeutung für das Vorhandensein von Fliesenrosetten. Der Boden kann jedoch auch nicht, wie Grill annimmt, erst um 1300 verlegt worden sein. Dagegen sprechen Muster wie D30 und N3, sowie die Tatsache, daß dieselben Fliesen durch zahlreiche andere Fundorte in ein Netz von möglichen Datierungen eingebunden sind.
Von wo die Model mitgebracht wurden (Elsaß?) läßt sich bis jetzt nicht sicher entscheiden. Die Wormser Kirchen scheinen im Abstand weniger Jahre Fliesenböden durch dieselbe Werkstatt erhalten zu haben, eine exaktere Zuschreibung als in den Zeitraum zwischen 1242 und ca. 1260 ist nicht möglich. Das Fehlen späterer Muster spricht jedoch bei St. Johannis für eine mögliche Verlegung des Bodens vor 1250.

Literatur
E. Kranzbühler, 1905, 16–53.
E. Grill, 4–7, Taf. 1 und 2.
O. Böcher, Bezaubernde Beispiele mittelalterlicher Keramik. Die einzigartigen Tonfliesen aus der verschwundenen Wormser Johanneskirche, Wonnegauer Heimatbl. 6, H. 9, 1961, 3.
F. Arens, O. Böcher, Studien zur Bauplastik und Kunstgeschichte der Johanneskirche zu Worms, Der Wormsgau, Bd. 5, 1961/62, 86–96.

1 E. Grill, 4.
2 E. Grill, 4, erwähnt achtzehn Muster aus der St. Johanniskirche, im Verzeichnis, 6, jedoch neunzehn Muster.
3 F. Arens, O. Böcher, 89.
4 Dies mag natürlich auf einem Zufall beruhen, St. Johannis und St. Paulus haben nach dem heutigen Stand der Funde nur das Muster R3 gemeinsam.

Ev. Pfarrkirche St. Magnus

Fundumstände
Die Fliesen fanden sich 1928–29 anläßlich einer Restaurierung ca. 22 cm unter dem heutigen Niveau. Leider sind nicht mehr alle gefundenen Muster feststellbar, da die Angaben zu vage sind.[1] Nach 1945 wurden bei Aufräumungsarbeiten in der Ruine zwei weitere Muster entdeckt.

Baugeschichte
Die 1016 und 1141 genannte Kirche gehörte dem benachbarten St. Andreasstift. Sie scheint sich auch im Bau eng an dieses angelehnt zu haben, Urkunden zur Baugeschichte sind jedoch nicht überliefert. Ein Bau des 8. Jahrhunderts wurde um 800 und im 11. Jahrhundert erweitert, zu Ende des 12. Jahrhunderts wohl ein Joch nach Westen angefügt. Die Kirche lag 1242 in unmittelbarer Nähe des Brandherdes und wurde wohl auch zerstört, im 14. Jahrhundert wurde das Langhaus nochmals überhöht und der Turm ausgebaut. Erneute Brände folgten 1595, 1689 und 1945, jedesmal wurde die Kirche wiederhergestellt. Die Muster der Fliesen weisen auch hier auf eine Verlegung nach dem Brand von 1242. Vermutlich ist der Boden in St. Magnus etwas älter als in St. Andreas. Dafür spricht das Muster D8, sowie die Teilstücke W41 und W55, wobei nicht klar ist, wie das Muster W55 verlegt war, da es offensichtlich in dieser Form geprägt wurde. H100 könnte zur Ausflickung des Bodens im späten 13. oder frühen 14. Jahrhundert verwandt worden sein.

Literatur
E. Wörner, Kdm Kr. Worms, 223–227.
H. Biehn, Zur Baugeschichte der Magnuskirche, Der Wormsgau 1, H. 10, 1933, 386–393.
H. Hüther, Zur Geschichte der Magnuskirche in Worms, ebd. 369–385.
W. Bauer, Baugeschichte der Pauluskirche und Magnuskirche zu Worms, Worms 1936, 29–41.
O. Böcher, 1958, 2–3.
G. Dehio, Rheinland-Pfalz, 1171–1172.

W. HOTZ, F. REUTER, O. KAMMER, Die Magnuskirche in Worms, Worms 1978, 3–26.

1 Der Wormsgau 1, H. 10, 1933, 400. Die Formulierung heißt: „Gefundene Stücke ähnlich den Abb. bei Grill, Taf. III, 81, 90, 82, 85, 72, 72b, Taf. II, 52, 59, Taf. I, 2, 20 ... Dazu einige Stücke, die in den städtischen Sammlungen nicht erhalten sind." Die Stücke konnten nur teilweise an Hand der Inventare aufgefunden werden.

Ehem. Stiftskirche St. Martin, heute kath. Pfarrkirche

Fundumstände

Beim Aushub eines Heizkanals wurden 1962 Bodenfliesen mit Eichblattornament gefunden.[1] Das Muster konnte noch nicht näher bestimmt werden.

Baugeschichte

Die angeblich über dem Kerker des hl. Martin errichtete, vermutlich unter Bischof Hildebold von Worms (979–998) neubegründete (?) Kirche erhielt um 1200 einen neuen Chor. Baunachrichten haben sich keine erhalten, es ist auch nicht sicher, ob die Kirche vom Stadtbrand 1242 betroffen wurde. Der Umbau von Langhaus und Westbau war vermutlich noch vor diesem abgeschlossen, für 1265 wird eine Schlußweihe bezeugt. Die Formulierung „Eichblattornament" erlaubt keine sichere Datierung, da ja die in Worms häufig gefundene Fliese H80 auch schon dem 3. Viertel des 13. Jahrhunderts angehören kann. Da die übrigen Wormser Kirchen wohl zur selben Zeit mit Fliesenböden versehen wurden, darf angenommen werden, daß der Fliesenbelag in der Zeit der Schlußweihe verlegt wurde.

Literatur

E. KRANZBÜHLER, St. Martin in Worms. Zur Geschichte des Stifts und seiner Kirche, Darmstadt 1926, 3–19, 46.

F. A. COMO, Das kaiserliche Kollegiatsstift St. Martin in Worms. Ein Beitrag zu seiner 900jährigen Geschichte, Koblenz 1962, 19–21.

G. DEHIO, Rheinland-Pfalz, 1172–1175.

O. BÖCHER, Die St. Martinskirche in Worms, Neuss 1976, 2–22.

1 Der Wormsgau 6, 1964, Fundbericht, 88.

Ehem. Stiftskirche St. Paulus, heute Dominikanerklosterkirche

Fundumstände

Bei einer ersten Versuchsgrabung 1857 wurden Fliesen entdeckt, die Muster der Fliesen jedoch nicht beschrieben. Bei einer weiteren Grabung 1928–29 und 1931 wurde der mittelalterliche Fußboden im Schiff ca. 90 cm unter dem heutigen Niveau freigelegt.[1] Die Fliesen lagen im 1. westlichen Joch des Schiffes. Ihre Anordnung wurde jedoch nicht festgehalten. Einige Fliesen und Fliesenbruchstücke fanden sich bei Aufräumungsarbeiten nach 1945 in der Nähe des Paulusstifts, weitere, vermutlich aus noch im 19. Jahrhundert gemachten Funden, liegen, dick mit Farbe überstrichen, als Fenstersohlbänke in den Türmen der Pauluskirche. Nicht sicher zu bestimmen ist das Fliesenmuster „Eichblatt", das nach Bauer[2] den Boden des Oratoriums und der Rekluse bedeckte. Das für St. Paulus gesicherte Muster H215 würde wohl kaum als „Eichblatt" bezeichnet werden können. Vermutlich stammt eine größere Anzahl der im Museum der Stadt Worms aufbewahrten Fliesen aus Kloster und Kirche, Schneider[3] gibt an, daß beim Abbruch der Sakristei 1828 auch der Bodenbelag der Kirche entfernt wurde. Die vor 1877 gefundenen, sorgfältig geprägten Rautenfliesen, weisen auf eine früher vorhandene Fliesenrosette.[4]

Baugeschichte

Zur Baugeschichte der durch Bischof Burchard I. auf der Stelle der 1002 abgebrochenen Salierburg errichteten, wahrscheinlich um 1016 vollendeten Kirche, gibt es nur spärliche Nachrichten. Ein Umbau wurde, vermutlich im Anschluß an den Kreuzzug von 1195–98 im 1. oder 2. Jahrzehnt des 13. Jahrhunderts durchgeführt. 1254 und 1261 werden Ablässe erteilt[5], um die Kirche „nach einem alten Brandschaden" wieder aufzubauen. Diese Nachricht bezieht sich vermutlich auf den Großbrand von 1231, es ist nicht sicher, ob die Kirche auch 1242 durch den Brand beschädigt wurde. Über den Bau der Klostergebäude ist nichts bekannt, der östliche Kreuzgangsflügel scheint gegen Ende des 13. Jahrhunderts, der südliche wohl später fertiggestellt worden zu sein. 1389 war der Bau anscheinend abgeschlossen. Im 15. Jahrhundert erfolgten Anbauten, nach erneutem Brand 1689 Umbauten zwischen 1706–16. Nach der Aufhebung des Stiftes 1802 diente die Kirche seit 1806 als Heumagazin, als Tabak- und Holzlager, von 1880–1928 als Museum. In dieser Zeit wurden Fliesen teilweise fest in Wände und Fußböden eingemauert, die dann bei der Zerstörung 1945 verloren gingen.

Obwohl Fliesen aus heute nicht mehr bekannten Fundorten in Worms (A1, B6, F108), die natürlich ebenfalls aus St. Paulus stammen könnten, auf einen noch älteren Fliesenboden hinweisen, dürfte der Fliesenbelag in St. Paulus doch zu den frühesten, der in Worms verlegten Böden gehören. Bauer glaubt, daß die auf den Fliesenboden aufgebrachte Brandschicht von dem Brand von 1231 und nicht von 1242 stammt[6], was sich allerdings nicht beweisen läßt. Demnach müßte der Boden wohl kurz vor 1231 verlegt worden sein. Die Muster D7, D8 und D78, sowie die nicht für St. Paulus gesicherten, jedoch in Worms gefundenen Muster F7, W2 und W80 lassen vermuten, daß St. Paulus denselben Boden besaß wie St. Nikolaus, Straßburg, und so vermutlich ein Zwischenglied bildete, bis dieser, um neue Muster bereichert, in der ehem. Dompropstei und im Hl.-Geist-Spital in Mainz verlegt wurde. Zu diesem Boden gehörte wohl auch die Rautenfliese W38. Noch ist nicht geklärt, wie eng die Verbindung zwischen Worms und den Lahnklöstern Arnstein[7] und Brunnenburg war und ob, wie Morkramer vermutet, wirklich Wormser Prägungen auf dem Rhein nach Norden verschifft wurden.[8] Die in St. Paulus gefundenen Muster H15 und H215 stellen Verbindungen zu Prägungen der Zisterzienser (Kloster Schönau) her.[9]

Literatur

H. BOOS, Urkundenbuch I, 199.

E. WÖRNER, Kdm Kr. Worms, 242–258.

F. SCHNEIDER, Die St. Pauluskirche zu Worms und ihre Geschichte, Mainz 1881, 18.

E. GRILL, Taf. 1–4.

E. SCHMIDT, Die Ausgrabungen in der St. Pauluskirche zu Worms, Mz.Zs. 23, 1928, 44–45.

W. BAUER, Baugeschichte der Pauluskirche und Magnus kirche zu Worms, Worms 1936, 5–28.

O. BÖCHER, 1958, 2.

G. DEHIO, Rheinland-Pfalz, 1175–1177.

W. P. ECKERT, Geschichte der Dominikaner in Worms und am Mittelrhein bis zum Zeitalter der Reformation, 750 Jahre

Dominikaner Worms. 1226–1976, Dominikanerkloster Worms (Hrsg.), Worms 1976, 74–95.

1 W. Bauer, 7–8, 11. Die Fliesen waren nur in der Nähe des Altars gut erhalten, sonst anscheinend stark beschädigt. Eine ganze Reihe von Fliesen im Museum Worms zeigt kaum Abnützungsspuren. Es könnte sein, das dies die hier geborgenen Fliesen sind.
2 Ebd., 16.
3 F. Schneider, 1881, 18.
4 Quartalsbl. 1877, H. 3/4, 10.
5 H. Boos, 199.
6 W. Bauer, 8.
7 H. Boos, 154, Kloster Arnstein besaß einen Hof in der Habergasse und einen anderen vor dem inneren Speyrertor.
8 M. Morkramer, 1982, I, 106.
9 M. Schaab, 1963, 94–95. Zu den Schönauer Höfen in Worms ebd. 190–194.

Sophienhaus, Paulusstr. 9

Fundumstände
Das Fliesenbruchstück und neun weitere Fliesen, deren Muster unbekannt sind, wurden 1928 beim Kanalbau im Sophienhaus gefunden.[1]

Baugeschichte
Das 1945 zerstörte Haus war ein Stiftsherrenhaus von St. Paul und kam nach der Aufhebung des Klosters 1803 in Privatbesitz. Es stand gegenüber der ehem. Rupprechtskirche. Über die mittelalterliche Baugeschichte ist nichts bekannt, doch dürfte der Fliesenboden wohl gleichzeitig mit dem in St. Paulus entstanden sein. Die Prägung, eng verwandt mit F75 und den Fliesen, die in Kloster Limburg/Haardt und auf dem Hambacher Schloß verlegt wurden, dürfte dem 2. Viertel des 13. Jahrhunderts angehören.

Literatur
Siehe St. Paulus
E. Grill, Städtische Sammlungen, Der Wormsgau 1, H. 5, 1928, 208.

1 E. Grill, 208.

Römerstraße

Fundumstände
1967 wurden bei Erdarbeiten an der Römerstraße zwei beschädigte Bodenfliesen gefunden.[1] Das Muster ließ sich nicht feststellen.

Ortsgeschichte
Es ist möglich, daß diese Fliesen aus dem Komplex des ehem. Dominikanerklosters stammen. Die Dominikanerkirche grenzte mit ihrem Chor an die Römerstraße. Kirche und Kloster wurden im 19. Jahrhundert abgetragen.

Literatur
E. Kranzbühler, 1905, 86–93.
W. P. Eckert, siehe St. Paulus, 74–79.

1 Der Wormsgau 8, 1967/69, Worms 1970, 82.

Ehem. Bergkloster, Andreasring

Fundumstände
„Bei umfangreichen Ausschachtungsarbeiten für den Neubau des ERW-Gebäudes an der Stelle des verschwundenen Bergklosters wurden in einer Tiefe von ca. 2 m Bodenfliesen ... gefunden."[1] Weitere Fliesen fanden sich 1961 bei der Anlage einer Freitreppe am Andreasring in einer Abfallgrube von 1,50 m Tiefe.[2] Bei diesem Fund wurden die Fliesenmuster festgehalten.

Baugeschichte
Die im 11. Jahrhundert noch auf einem Hügel außerhalb der Stadt gelegene Ansiedlung wurde um 1016 bei der Verlegung des Andreasstiftes in die Stadt verlassen, die 1141 erstmals erwähnte Kirche vor dem Andreastor blieb jedoch erhalten. Kirche und Friedhof wurden 1243 den Reuerinnen (Magdalenenorden) überlassen. Eine sich daran anschließende Bautätigkeit wird 1261 durch einen Ablaßbrief bezeugt. Zu dieser Zeit muß das Dormitorium vorhanden gewesen sein, ein Refektorium wird 1371 erwähnt. Das von den Bränden der folgenden Jahrhunderte verschonte, jedoch langsam verfallende Kloster wurde 1803 auf Abbruch versteigert. Es wird heute durch das Straßengeviert: Andreasring–Andreasstraße und „Am Bergkloster" ungefähr bezeichnet.
Die frühen Fliesen H80 und P12 weisen auf die Verlegung eines Fliesenbodens im 3. Viertel des 13. Jahrhunderts. Die groben Prägungen H95 und H119 stammen vermutlich aus den im 14. Jahrhundert errichteten Klostergebäuden.

Literatur
E. Kranzbühler, 1905, 80–85.
C. J. H. Villinger, Die „Reuerinnen" und ihre Schwestern, Wonnegauer Heimatbl. 15, H. 2, 1970, 1–2.
F. M. Illert, Die Rätsel des Bergklosters, Die Heimat 4, 1950.

1 Der Wormsgau 4, 1960, Fundbericht, 112.
2 Der Wormsgau 5, 1962, Fundbericht, 123.

Remayerhof, ehem. Wilhelmitenkloster

Fundumstände
Die Fliesen wurden bei Bauarbeiten nach dem 2. Weltkrieg gefunden.

Baugeschichte
Die nahe bei St. Amandus gelegene Remigiuskapelle wird 1207 erstmals erwähnt, sie war 1283 dem St. Cyriakusstift in Worms-Neuhausen inkorporiert. Bei dieser Kapelle befand sich eine Niederlassung des Wilhelmiten-Ordens, die 1401 erwähnt wird, vermutlich jedoch schon früher bestand. Das 1489 schon im Verfall begriffene Kloster verkaufte 1529 eine Kapelle nebst Haus, Garten und Weinberg. Von dem Käufer wurde eine Neuweihe der im Verfall begriffenen, wiederherzustellenden Kapelle gefordert. Kranzbühler[1] bezweifelt jedoch, daß diese Umbauten erfolgten. Die Fliese, deren Muster sich z. B. auch im Brömserhof in Rüdesheim fand, ist sicher sehr spät. Vermutlich stammt sie nicht mehr aus dem Wilhelmitenkloster, sondern aus dem von dem Käufer, dem Domherren A. Schlüchterer von Erpfenstein, nach 1530 erbauten, befestigten Hof. Dieser wurde beim Stadtbrand 1689 zerstört, um 1700 wieder aufgebaut und zwischen 1817 und 1819 abgebrochen. Eine im Untergeschoß gelegene Hauskapelle wird erwähnt.

Literatur
E. Kranzbühler, 1905, 111–113.

1 E. Kranzbühler, 1905, 113.

Ehem. Kaiserpfalz, Bischofshof, „Heylshof"

Fundumstände

Die Fliesen wurden bei Grabungen 1952 auf dem Gelände des heutigen Heylshofes im Schloßgarten gefunden.[1] Dieses Gebiet deckt sich mit der Stelle, an der der frühere Bischofshof stand. Zwei weitere Bodenfliesen wurden 1962 im Schloßgarten an der Stelle der ehem. Stephanshofkirche geborgen.[2] Ihre Muster konnten noch nicht ermittelt werden.

Baugeschichte

Nördlich des Doms stand im Mittelalter die schon in karolingischer Zeit bezeugte Kaiserpfalz, die einen Komplex verschiedener Gebäude (Königinnenbau = aula minor, Königsbau = aula maior, Torbau, Saalbau mit Saalstiege und Palastkapelle St. Stephan) einschloß. Etwas weiter westlich lag der 1213 erstmals erwähnte Bischofshof. Vermutlich war zu diesem Zeitpunkt ein Neubau an die Stelle älterer Gebäude getreten, da schon 1098 ein Bischofshof bestanden haben muß. Baunachrichten für den Bischofshof, der eine eigene Hauskapelle besaß, sind erst für die 2. Hälfte des 15. Jahrhunderts überliefert, in der das ausgebrannte und verwüstete Gebäude unter Bischof Reinhard v. Sickingen (1445–82) neu erbaut wurde. Erweiterungsbauten fanden 1577 und möglicherweise nach 1602 statt. Das im Stadtbrand von 1689 zerstörte Gebäude wurde erst nach 1719 auf der Westseite neu errichtet, das Gelände des niedergelegten Bischofshofes und der abgebrochenen Stephanskirche in einen Garten umgewandelt.
Wahrscheinlich stammen die auf dem Gelände gefundenen Fliesen nicht alle aus einem Bau. Die Fliese A39 gehört zum Modelbestand jener Werkstatt, die in der Altenstädter Kirche in Pforzheim, in Speyer, in Kloster Limburg/Haardt und in St. Amandus in Worms arbeitete. D8 fand sich in der St. Pauluskirche. W97, in St. Peter in Weinheim geborgen, ist nicht sicher datierbar, doch möglicherweise sehr früh. Der Fliesenboden könnte noch im 1. Drittel oder 2. Viertel des 13. Jahrhunderts verlegt worden sein, andere Muster weisen ins 3. Viertel des 13. Jahrhunderts.

Literatur

E. Wörner, Kdm Kr. Worms, 283–284.
E. Kranzbühler, 1905, 70–72, 117–124.
F. M. Illert, Bericht über die Ergebnisse der Bodenuntersuchung im Heylschen Schloßgarten, Herbst 1932, Mitt.bl. des Altertumsvereins 1932, 6ff.
Ders., Forum Germanum., 1. Umrisse zur Geschichte der Wormser Königspfalz, Der Wormsgau 2, H. 3. 1938, 110–125.
A. Heiss, 2. Versuch einer Rekonstruktion der Wormser Königspfalz, ebd. 126–139.
F. M. Illert, Bodenuntersuchungen im Heylshofgelände 1952/53, Der Wormsgau 3, 1953, 140–148.[3]
G. Dehio, Rheinland-Pfalz, 1163–1164.

1 F. M. Illert, 1953, 140–148.
2 Der Wormsgau 6, 1964, Fundbericht, 92.
3 Nach freundlicher Mitteilung von Herrn Fritz Reuter, Worms, haben die hier vorgetragenen Überlegungen neueren Forschungen auf diesem Gebiet nicht standgehalten.

Domberg

Fundumstände

Bei Einebnungsarbeiten südwestlich des Domplatzes, bei der Errichtung einer Freitreppe zur Andreasstraße, sowie bei der Untersuchung der Stadtmauer am sogenannten 3. Domplatz stieß man 1934 auf drei Gruben. Grube I, ein ausgemauerter viereckiger Keller, ergab neben zahlreichen mittelalterlichen Glas- und Keramikscherben drei verschiedene Fliesen. In den Abfallgruben II und III wurde nur in Grube III das Bruchstück einer zuvor in Worms nicht bekannten Fliese gefunden.[1] Bei der Aufgrabung einer mittelalterlichen Abortanlage (Grube IV) in der ersten Nische der Stadtmauer wurde eine Fliese des Musters H88 geborgen. Bei einer weiteren Grabung auf der Stelle des dritten Domplatzes, bei der nach Fundamenten der ehem. Thomaskapelle gesucht werden sollte, fand sich nach Bauer[2] „eine Fülle von Fliesen". Gerade bei dieser Grabung wurde versäumt, sich die einzelnen Muster zu notieren. Die Fliesen scheinen jedoch nicht zur Thomaskapelle gehört zu haben, deren Fundamente nicht gefunden wurden.

Baugeschichte

Die gefundenen Fliesen gehören der 2. Hälfte des 13. Jahrhunderts (P12) und dem 14. Jahrhundert an. Illert[3] vermutet, daß die Funde aus der Domdechanei, der Dompropstei und dem Bischofshof stammen und nach einer gewaltsamen Beschädigung von Häusern und Hausrat verworfen wurden. Da alle Spuren von Brandschutt in den Abfallgruben fehlten, glaubt Illert, daß die Schäden während der Besetzung durch schwedische Truppen im 30jährigen Krieg entstanden, die Worms 1631–35 schwer heimsuchten.

Literatur

P. T. Kessler, 66–67.
W. Bauer, Zur Lage und Form der Fundstellen auf dem Domberg, Der Wormsgau 2, H. 2, 1936, 79–83.

1 W. Bauer, 1936, 81 verweist auf die Nr. bei Grill, Taf. II, 44 und 45. „Die neue Fliese zeigt ein ähnliches, aber reichhaltigeres Muster."
2 Ebd., 82.
3 P. T. Kessler, 66–67, Anm. von F. M. Illert.

Stadtmauer am Luginsland

Fundumstände

Zwölf Fliesen wurden nach 1945 bei Ausschachtungsarbeiten im Keller eines Barockhauses an der Stadtmauer gegenüber dem Andreasstift geborgen.[1]

Baugeschichte

Die Fundstelle erlaubt keine Rückschlüsse auf die mittelalterliche Bebauung, doch ist es möglich, daß auf dem nach einem ehem. Stadtturm benannten Gelände ehemals zum Andreasstift gehörende Häuser standen. D78 weist auf einen frühen Fliesenboden, der noch im 2. Viertel des 13. Jahrhunderts verlegt worden sein kann (siehe St. Pauluskirche). Dieses Muster wurde vor 1905 schon einmal in Worms gefunden.[2] Derselben Zeitstellung gehört die bis jetzt nur aus Worms bekannte Fliese F96 an, die übrigen Fliesen stammen aus der 2. Hälfte des 13. Jahrhunderts.

Literatur

O. Böcher, 1958, 2, Abb. 4, 6, 16, 17, 19.
K. H. Armknecht, Die Wormser Stadtmauern, Der Wormsgau 9, 1970/71, 54–65 (59).

1 Freundliche Mitteilung von Herrn Prof. Dr. Dr. Otto Böcher, Mainz. Er gab außerdem wertvolle Hinweise auf nach 1945 in Worms geborgene Fliesen.
2 G. F. Muth, 69.

Herrenkeller, Am Herrenkeller

Fundumstände
Bei Abbruch- und Enttrümmerungsarbeiten 1952 wurden in einem Keller auf dem Gelände des ehem. Herrenkellers Reste von mittelalterlichen Bodenfliesen mit Blatt- und Tierornamenten ausgegraben.[1]

Baugeschichte
Zur mittelalterlichen Baugeschichte des als Trinkstube der Ratsherren dienenden Hauses ist nichts bekannt. Es lag in der Nähe der Pauluskirche, wurde 1945 zerstört und anschließend überbaut. Die Fliesen weisen auf einen im 3.–4. Viertel des 13. Jahrhunderts entstandenen Bodenbelag. Möglicherweise stand hier früher ein zum Komplex des Paulusstiftes gehörendes Haus.

1 Der Wormsgau 3, 1955, Fundbericht, 242.

Bauhofgasse, Nummer nicht bekannt

Fundumstände
Die Fliese wurde 1928 in der Bauhofgasse gefunden.

Baugeschichte
Da der genaue Fundort nicht bekannt ist, ist eine Zuordnung unmöglich. Im Westen der Bauhofgasse befanden sich die Klostergebäude des Paulusstiftes, im Osten nur Profangebäude aus der Stadterweiterung nach 1000.[1] Es wäre möglich, daß die Fliese, die im Ende des 13. oder in der 1. Hälfte des 14. Jahrhunderts entstanden sein kann, aus dem Bereich des Paulusstiftes stammt.

1 Freundliche Mitteilung von Herrn Archivdirektor Fritz Reuter, Worms.

Haus „Zum Bären", Judengasse 11

Fundumstände
Die Fliese soll im aufgefüllten Keller unmittelbar neben der Stadtmauer gelegen haben.[1]

Baugeschichte
Über die mittelalterliche Geschichte des Hauses, welches zuerst „zum Hufeisen" hieß, ist nichts bekannt. Es wird in der Häuserliste des Jahres 1500 erwähnt, war aber vermutlich älter. Der Keller wurde wohl im 14. Jahrhundert errichtet und wahrscheinlich zu Beginn des 18. Jahrhunderts, als über ihm ein zweigeschossiges Wohnhaus erbaut wurde, aufgefüllt. Die Fliese, eine Variante des Musters N 83 und wohl gleichzeitig oder wenig später im 3. Viertel oder der 2. Hälfte des 13. Jahrhunderts entstanden, kann wohl kaum mehr, wie zuerst vermutet, aus der Zeit des Wiederaufbaus nach der Judenverfolgung von 1349 stammen. Sie kann jedoch mit dem Schutt der zerstörten Häuser in den Keller gelangt sein oder dem Vorgängerbau angehören.

Literatur
F. Reuter, 1984, 90–99.

1 Alle Angaben zu diesem Fund und zur Geschichte des Hauses verdanke ich Herrn Archivdirektor Fritz Reuter, Worms.

„Raschi-Haus", Hintere Judengasse 6

Fundumstände
Die Fliesen fanden sich 1969 beim Entfernen des Schutts im Keller des Hauses.

Baugeschichte
In diesem, nach dem großen jüdischen Schriftgelehrten Rabbi Salomo b. Isaak (1040–1105) benannten Haus war die Thora-Schule untergebracht. Es wurde vermutlich gleichzeitig mit der Wormser Männersynagoge (1174/75) oder etwas später errichtet. Es diente vom 15.–18. Jahrhundert als Tanz- und Kopulationshaus der Juden, seit dem 19. Jahrhundert als Hospital und Altersheim und wurde 1971 abgebrochen. Die Fliese W 99 ist nicht sicher zu datieren, sie könnte noch dem Bau des 12. Jahrhunderts angehören. M 19, ein Muster des Klosters Eberbach, kann schon vor der Mitte des 13. Jahrhunderts entstanden sein.
Die übrigen Fliesen, typische Wormser Blattmuster des 14. Jahrhunderts, dürften aus der Zeit des Wiederaufbaus nach dem Judenpogrom von 1349 stammen. Die Juden kehrten 1355 wieder nach Worms zurück und errichteten ihre durch Brand zerstörten Häuser allmählich wieder.

Literatur
O. Böcher, Die alte Synagoge in Worms am Rhein, München und Berlin 1978, 10–12.
F. Reuter, 1984, 60–61, 90.

Haus Ecke Korngasse/Kämmererstraße 46

Fundumstände
Bei den Ausschachtungsarbeiten für den Neubau der „Stadtapotheke" wurde eine Bodenfliese mit Eichblattmuster gefunden.[1]

Baugeschichte
Zur mittelalterlichen Geschichte des Hauses ist nichts bekannt. Es handelt sich möglicherweise um ein Stiftshaus, das entweder dem Domstift oder dem St. Martinsstift gehörte. 1690 war es von einem Kanonikus Münche bewohnt.

Literatur
Keine

1 Der Wormsgau 8, 1967/69, Worms 1970, 88.

Haus in der Mähgasse, Nummer unbekannt

Fundumstände
Die Fliesen wurden vor 1952 gefunden. Während das Muster E 9 durch Inventareintrag bekannt ist, wurden die übrigen Fliesen „mit ornamentaler Blattverzierung"[1] leider nicht näher beschrieben. Vor 1900 waren schon einmal auf einem Grundstück Ecke Mähgasse und Paulusstraße 56 Fliesen geborgen worden.[2] Auch diese Muster sind unbekannt.

Baugeschichte
Die Mähgasse liegt wie die Bauhofgasse in dem Gebiet zwischen der Gartenmauer des Paulusstiftes und der hochmittelalterlichen Stadtmauer. In diesem Gebiet der Stadterweiterung befanden sich weder Klöster und Kapellen noch sonstiger geistlicher Besitz. Die Fliesen müßten demnach aus einem Profanbau stammen. Das Muster E 9, außerdem in Kloster Limburg/Haardt und dem Stadionschen Domherrenhof in Konstanz gefunden, gehört zu dem Modelbestand einer

Werkstatt, die auch noch die Fliese F76 aus dem Sophienhaus in Worms schuf. Durch den Fundort Konstanz kann die Fliese ins 3. Viertel des 13. Jahrhunderts datiert werden, es ist jedoch sehr wohl möglich, daß sie in Worms schon vor der Mitte des 13. Jahrhunderts geprägt wurde.

Literatur
Keine.

1 Der Wormsgau 3, 1952, Fundbericht, 95.
2 Vom Rhein 5, 1906, 8.

Haus Peterstraße 31/33, Eckhaus der früheren Zwerchgasse, heute Römerstraße

Fundumstände
Die Fliesen wurden um 1950 in dem Ruinengrundstück gefunden.

Baugeschichte
Zur Baugeschichte des 1944 zerstörten Hauses ist nichts bekannt. Da jedoch das Geviert Petersgasse–Hangasse (Hagenstraße)–Burgerhof bei der alten Münze und Laurerzunfthaus den Platz des ehem. Franziskanerklosters umschloß, ist es möglich, daß die Fliese aus Klostergebäuden stammt. Das Muster weist auf eine Entstehung im 1. Viertel oder der 1. Hälfte des 14. Jahrhunderts.

Literatur
O. Böcher, 1958, 2.
H. Huth, Franziskanische Niederlassungen, 246–247.

Haus Bönisch, Rheinstraße 18, „älterer Krappenbau"

Fundumstände
Die Fliesen waren 1887 noch auf dem Speicher des Hauses als Fliesenboden verlegt.[1] Sie wurden 1934 entfernt und kamen ins Museum Worms.[2]

Baugeschichte
Über die mittelalterliche Baugeschichte des Hauses ist nichts bekannt. Erhalten hat sich ein schönes Renaissanceportal mit der Jahreszahl 1595 und einer Inschrift, wonach das Haus durch Georg Krapff und seine Ehefrau Euphrosina von Ramingen erbaut wurde. Die Fliese C52 weist allerdings eher ins Ende des 15. Jahrhunderts. Es ist möglich, daß man vorhandene Fliesen zur Brandabwehr auf dem Speicher verlegte oder alte Model noch so lange Zeit benutzte.

Literatur
E. Wörner, Kdm Kr. Worms, 274.
K. H. Armknecht, Der Krappenbau, Der Wormsgau 5, 1961/62, 119–126.

1 E. Wörner, 274.
2 Mitteilungsblatt Worms 1934, 16.

Römerstraße 74

Fundumstände
Das Fliesenbruchstück wurde südwestlich hinter dem Grundstück in einem Suchgraben in ca. 1,50–2 m Tiefe geborgen. Eine exaktere Datierung als „14. Jahrhundert" ist nicht möglich.

Literatur
Keine.

Worms-Neuhausen

Ehem. Dominikanerinnenkloster St. Agnes, Ortsteil Liebenau

Fundumstände
Bei den Ausgrabungen von 1928–31 wurde in der Befestigungsanlage, welche in der Literatur meist als „Taubenhaus" bezeichnet wird, innerhalb des Polygons ein intakter „Plattenbelag" gefunden.[1] Illert nennt jedoch die Muster nicht, drei davon konnten durch Neufunde gesichert werden.[2] Illert erwähnt ferner nicht, ob in dem ebenfalls neben dem Keller aufgefundenen Töpferofen auch Fliesen lagen, sondern nennt nur allgemein „Bodenfliesen in großer Menge".

Baugeschichte
Die Geschichte Liebenaus ist eng mit der des St. Cyriakusstiftes in Worms-Neuhausen verbunden. Die diesem gehörende Befestigungsanlage scheint in der Fehde zwischen der Stadt Worms und ihrem Bischof 1288 zerstört worden zu sein und wurde durch den Wormser Bürger Konrad Holderbaum im selben Jahr vom Cyriakusstift erworben. Das Kloster wurde vermutlich vor 1300 von einem Verwandten Holderbaums, Jakob Engelmann und seiner Frau Lieba, begründet, die Kirche im Zeitraum zwischen 1290 und 1340 erbaut. Das durch Brand 1508 zerstörte und danach anscheinend noch einmal aufgebaute Kloster wurde 1563 von den Nonnen verlassen und kam 1570 in kurpfälzischen Besitz. In eine Schaffnerei umgewandelt, wurden die Gebäude in den pfälzischen Kriegen zertört, die Reste von Kloster und Kirche im 19. Jahrhundert abgetragen. Seit 1970 ist das ganze Gelände überbaut.
Die Fliesen, wahrscheinlich im Kloster selbst gebrannt, wurden teils in der Erbauungszeit (I4), teils in der 2. Hälfte des 14. Jahrhunderts hergestellt.

Literatur
G. W. J. Wagner, F. Schneider, 70–74.
F. M. Illert, Die Ausgrabungen im Liebenauer Klostergebiet, Der Wormsgau 1, H. 9, 1932, 354–369.
O. Böcher, 1958, 7, 2, Abb. 10–12.
Hist. Stätten V, Rheinland-Pfalz, 202–203.
C. J. H. Villinger, Vom Klosterbezirk zur Wohnsiedlung. Aus der Geschichte des Klosters Liebenau, Wonnegauer Heimatbl. 15, Nr. 6, 1970, 1–2.
E. Coester, 230–233.

1 Nach Mitteilung von Herrn Dr. Georg Illert, dem Sohn des Verfassers, gingen die Unterlagen über diesen Fund während des Krieges verloren, die Muster können nicht mehr festgestellt werden. Lediglich die drei bei Böcher abgebildeten Muster sind gesichert, außerdem soll (Dr. Illert) O41 aus Liebenau stammen.
2 O. Böcher, 1958: „Die Kleingärtner in der Umgebung der Lederwerke Liebenau finden auch heute noch beim Graben ... Bodenfliesen und Fliesenbruchstücke. Hier befand sich ... das Kloster Liebenau, in dessen Töpferwerkstatt Fliesen hergestellt wurden."

Ehem. St. Cyriakusstift

Fundumstände
Das Fliesenbruchstück fand sich bei einer Grabung 1935/36.

Baugeschichte
Das 847 auf dem Gelände eines merowingischen Palastes neben einer Dionysiuskirche gegründete Stift gelangte rasch zu großem Ansehen und Reichtum. Es wurde 1242 von den Wormser Bürgern teilweise zerstört, 1386 schwer beschädigt und 1460 erneut geplündert und verheert. Die danach noch-

mals aufgebauten Stiftsgebäude sind seit einem Brand 1793 endgültig vernichtet und heute gänzlich verschwunden. Die Dreiecksfliese, die wohl als Randleiste eines diagonal verlegten Fliesenbodens diente, könnte aus der Zeit des Wiederaufbaus nach 1242 stammen.

Literatur

G. W. J. WAGNER, F. SCHNEIDER, 70–74.
E. WÖRNER, Kdm Kr. Worms, 102–103.
PH. W. FABRY, Das St. Cyriakusstift zu Neuhausen bei Worms, Der Wormsgau, Beiheft 17, 1958.
Hist. Stätten V, Rheinland-Pfalz, 254.

Wuppertal-Elberfeld

Alte reformierte Kirche, ehem. St. Laurentius in Elberfeld

Fundumstände

Die Grabungen legten 1953 unter dem 1688–90 entstandenen Saalbau eine Saalkirche des 10.–11. Jahrhunderts und eine Pfeilerbasilika des 13. Jahrhunderts frei. Dabei wurde ein Fliesenboden aufgedeckt, der durch spätere Gräber und Einbauten größtenteils gestört war. Die Fliesen fanden sich in kleinen Flächen im Mittel- und Nordschiff sowie im Schutt des Chores. Sie waren diagonal zur Kirchenachse verlegt und durch orthogonal angeordnete Fliesenbänder getrennt. Zwischen den Pfeilern 2 und 3 fanden sich ferner senkrecht dazu stehende Felder. Unter den glatten (oder durch Abnutzung nicht mehr gemusterten) Fliesen fanden sich zwei Fliesen mit Streublütenmuster. Die glatten Fliesen zeigten eine weiße und blaue, meist abgeplatzte Engobe und je drei Haftlöcher auf der Rückseite.[1]

Baugeschichte

Nach Ansicht von Hinz, der die Basilika um 1200, und Zimmermann, der diese um 1230 datiert, gehören die Fliesen dem 13. Jahrhundert an. Dagegen sprechen die blaue Engobe, die Haftlöcher und auch die Seitenlänge von 16 cm. Die Streublüten, ein typisches Volkskunstmuster, und die erst im 16. Jahrhundert verwandte blaue Farbe legen eine Entstehung des Bodens in die Zeit nach 1536 nahe, als die Kirche nach einem Brand wieder aufgebaut wurde. Dieser Bau blieb bis zu einem Brand 1687 bestehen.

Literatur

H. HINZ, W. ZIMMERMANN, 18–20, 36, 51–55, 69–72, Taf. C, Abb. 2, Taf. D, Taf. S, Abb. 13, 14.
G. DEHIO, Rheinland, 647.
Hist. Stätten III, Nordrhein-Westfalen, 197–198.
H. E. KUBACH, A. VERBEEK, Bd. 1, 242.

1 H. HINZ, W. ZIMMERMANN, 19.

Wurmlingen, Stadt Rottenburg/Neckar, Lkr. Tübingen

Bergkapelle St. Remigius

Fundumstände

Nach Gradmann: „den Fußboden decken schönfarbige alte Tonplättchen“[1], muß der Fliesenboden 1920 noch in situ erhalten gewesen sein. Es ließ sich nicht ermitteln, wann die Fliesen entfernt wurden und wohin sie kamen. Bei der Restaurierung der Kapelle 1963 wurde ein Fliesenfragment geborgen.

Baugeschichte

Die ehem. Pfarrkirche auf dem Berg, die zwischen 1125 und 1185 dem Kloster Kreuzlingen bei Konstanz geschenkt wurde, wird 1213 erstmals erwähnt. Erhalten hat sich die um 1120–30 erbaute Krypta, Schmidt[2] nennt Umbau- und Erweiterungsarbeiten in „gotischer Zeit“. Die Kirche wurde 1644 zerstört und 1682 in schlichterem Rahmen wiedererbaut. Die gefundene Fliese zeigt dasselbe Muster, welches auch in der großen Fliesenrosette des Klosters Bebenhausen vorkommt. Es darf also angenommen werden, daß die Kapelle eine ebensolche besaß und die Fliesen aus Bebenhausen kamen. Dort wurden sie vermutlich im 2. Viertel des 13. Jahrhunderts verlegt, in Wurmlingen möglicherweise erst in späterer Zeit.

Literatur

E. PAULUS, Kdm Schwarzwaldkreis, 287.
E. GRADMANN, Die Wurmlinger Kapelle und ihre Überlieferungen, Reutlinger Geschichtsbl. 28/29, 1917/18, 12; 30/31, 1919/20, 1–5.
G. DEHIO, Baden-Württemberg, 551.
A. RIETH, Neue Untersuchungen zur Baugeschichte der Wurmlinger Kapelle. Der Spitzberg bei Tübingen, Landesstelle für Naturschutz und Landschaftspflege Baden-Württemberg (Hrsg.), 1966, 28–66.
Hist. Stätten VI, Baden-Württemberg, 902.
E. SCHMIDT, Die Wurmlinger Kapelle St. Remigius, Tübingen und das Obere Gäu, Führer zu archäologischen Denkmälern in Deutschland 3, Stuttgart 1983, 220–225.

1 E. GRADMANN, 5.
2 E. SCHMIDT, 223.

X

Xanten, Kr. Wesel

Dom Stiftskirche St. Victor, heute kath. Pfarrkirche

Fundumstände

Die Fliesen wurden bei der Grabung 1933/34 als Flickung eines älteren Bodens östlich des Lettners gefunden. Sie sind besonders stark abgetreten, müssen also lange benutzt oder sehr stark begangen worden sein. Der Grabungsbefund ergab, daß sie vor dem Neubau der gotischen Kirche verlegt worden sein müssen.[1] Beim Wiederaufbau der Kirche nach den Zerstörungen im 2. Weltkrieg wurden vereinzelt weitere Fliesen gefunden. Sie sind noch nicht bearbeitet, zeigten jedoch anscheinend dasselbe Muster.[2]

Baugeschichte

Die auf Vorgängerbauten des 4., 5. und 8. Jahrhunderts errichtete, vermutlich zwischen 967/969 geweihte Stiftskirche wurde nach einem Brand 1109 neu erbaut. Der 1128 geweihte Ostbau und das 1165 vollendete Langhaus wurden beim Neubau einer 1263 begonnenen fünfschiffigen Basilika wieder zerstört; erhalten blieb nur die 1213 abgeschlossene Westfassade. In einer sich lange hinschleppenden Bauzeit wurden die Ostteile 1263–1437 fertiggestellt, die Westteile 1483 bis Anfang des 16. Jahrhunderts vollendet. Da die Stiftskirche schon über einen reichgestalteten Bodenbelag in Platten- und Stiftmosaik aus Marmor und ungemusterten Fliesen verfügte[3], dienten die schlichten Fliesen wohl nur als Ausflickung.

Es handelt sich um ein in Kloster Eberbach entwickeltes und möglicherweise von dort bezogenes Muster. Nachrichten über den Bodenbelag des Domes haben sich in den Baurechnungen erhalten, doch wird selten präzisiert, um welche Art von Boden es sich handelt. Offensichtlich scheint der romanische Bodenbelag öfters ausgebessert worden zu sein, daneben werden „Lütticher Steine" verlegt. Bei H244 handelt es sich um ein lange nachgeprägtes Muster, welches nicht sicher datiert werden kann. 1358–59 wurden der Chorumgang, die Kirche und die Sakristei mit einem neuen Belag versehen. Meister Gobelinus ließ sich auf den Rat zweier Franziskaner „Steine über Düsseldorf" kommen.[4] Da jedoch der Wechsel zwischen grauen und roten Fliesen im Schachbrettmuster in der Mitte des 14. Jahrhunderts nicht mehr üblich ist, wurden die Fliesen möglicherweise schon zu Ende des 13. oder im 1. Drittel des 14. Jahrhunderts verlegt.

Literatur

St. Beissel, Bd. 1, 20, 102, 107, 123, 170, 220.

W. Bader, Die Stiftskirche des Hl. Viktor zu Xanten, Bd. 1.1, 1. Sanctor, Gräberfeld, Märtyrergrab und Bauten vom 4. Jahrhundert bis um oder nach 752–768 n. Chr. Ausgrabungen des Rheinischen Landesmuseums in Bonn unter dem Kanonikerchor, durchgeführt in den Jahren 1933/34. Kevelaer 1960.

H. Borger, Die Ausgrabungen unter der Stiftskirche des Hl. Viktor zu Xanten in den Jahren 1945–1960. Vorbericht 2, Bonn. Jb. 161, 1961, 396–448.

G. Dehio, Rheinland, 651–657.

Hist. Stätten III, Nordrhein-Westfalen, 807–811.

H. Kier, 1970, 141–142, Abb. 63–68.

1 Freundliche Mitteilung von Herrn Prof. Dr. Walter Bader †, Xanten.
2 Freundliche Mitteilung von Herrn Prof. Dr. Hugo Borger, Köln.
3 H. Kier, 1970, 141–142.
4 St. Beissel, 170.

Z

Zabern/Saverne, Bas-Rhin, Frankreich

St. Michaelskapelle im ehem. Bischofsschloß

Fundumstände
„Im Museum (Zabern) befinden sich 8 Bodenfliesen des 13. und 14. Jahrhunderts aus gebranntem Ton, verziert mit Lilien, heraldischen Löwen, Blumen, einem Doppeladler, vorwiegend aus Schloß Lützelburg und der Kapelle St. Michael“ (übersetzt).[1] Es kann nicht mehr festgestellt werden, welches Muster aus welchem Fundort stammt. Die Fliesen aus der Kapelle wurden möglicherweise bei der Restaurierung 1905/06 entdeckt.

Baugeschichte
Die zum Baukomplex des alten Bischofsschlosses gehörende zweigeschossige Kapelle wurde zu Beginn des 14. Jahrhunderts von Bischof Wilhelm von Straßburg errichtet und 1343 erstmals erwähnt. Ein Neubau wurde 1456 geweiht, das Obergeschoß 1504 eingewölbt.

Literatur
G. KLEIN, 1958, 10.
M. BARTH, Sp. 1816–1817.
H. HEITZ, La chapelle St. Michel et les bâtiments annexes de l'église paroissiale, Bull. Soc. Hist. Arch. Saverne 55/56, 1966, 57–63.
Inventaire Saverne, 317–318.

1 Inventaire Saverne, 369.

Burgruine Greifenstein/Château du Griffon

Fundumstände
Die Fliesen wurden bei Sicherungsarbeiten im Schutt gefunden.

Baugeschichte
Die 1217 im Besitz der Herren von Ochsenstein erstmalig genannte, aus zwei Burgen bestehende Feste wurde vermutlich im 12. Jahrhundert erbaut[1] und zu Beginn des 13. Jahrhunderts um einen Bergfried erweitert. In der Mitte des 14. Jahrhunderts war sie, als Lehen des Bischofs von Straßburg, wieder in der Hand der Herren von Greifenstein, nach deren Aussterben 1450 in der einer Ganerbenschaft. Nach der Zerstörung der Burg im 30jährigen Krieg wurden die Steine ab 1670 zum Bau des Schlosses in Zabern weggeschleppt, der Rest der Burg 1675 gesprengt. Erste Sicherungsarbeiten der Ruine wurden ab 1861 durchgeführt. Die Fliesen wurden vermutlich noch vor der Mitte des 13. Jahrhunderts geprägt.

Literatur
D. FISCHER, Notice historique sur le château de Greifenstein, Zabern 1873, 3–19.
F. WOLFF, 1908, 90–92.
CH.-L. SALCH, Dictionnaire, 115–116.
Inventaire Saverne, 365–367.
R. RECHT, Dictionnaire, 178–179.

1 Inventaire Saverne, 365. Ein Meribodo de Grifenstein wird schon 1156 als Zeuge in einer Urkunde genannt.

Burgruine Hohbarr/Haut-Barr

Fundumstände
Die Fliesen wurden bei Grabungen 1979/80 in der Ruine gefunden. Sie lagen in Erdaufschüttungen, die Ende des 15. bis Anfang des 16. Jahrhunderts durchgeführt worden waren.[1] E27 stammt aus dem Graben unter der Zugbrücke, H9b und M11 wurden in der Nähe der Fassade des Torhauses gefunden.[2] Die Grabungen sind noch nicht abgeschlossen.[3]

Baugeschichte
Die Burg war anscheinend um 1112 als Lehen der Bischöfe von Straßburg in der Hand eines „Merboto de Borre“, sie wird 1123 erstmals erwähnt und diente in der 2. Hälfte des 13. Jahrhunderts häufig als Wohnsitz der Bischöfe. Die Burgkapelle wurde 1295 geweiht, neue Altäre dort 1357 und 1397. Unter Bischof Johann von Lichtenberg wurde die Burg um 1360 erweitert, durch Bischof Johannes von Manderscheid 1583 umgebaut. Die 1649 geschleifte Burg wurde 1845 teilweise abgebrochen, die Reste 1880 restauriert. Die Fliesen sind Muster der Werkstatt von Saarburg, darunter ein bisher unbekanntes Muster. Sie wurden außerdem in Burg Groß-Geroldseck und in der Klosterkirche von Hessen gefunden. Sie gehören der 2. Hälfte des 13. Jahrhunderts an, ihre Verlegung um 1295 in der Burgkapelle wäre allerdings als sehr spät anzusehen.

Literatur
F. X. KRAUS, Kdm Elsaß-Lothringen I, 100–102.
M. BARTH, Sp. 72.
H. ZUMSTEIN, 375, 378.
CH.-L. SALCH, Dictionnaire, 25–28.
Inventaire Saverne, 361–363.
R. RECHT, Dictionnaire, 179–182.
R. KILL, B. HAEGEL, Recherches archéologiques au château du Haut-Barr. Présentation de la campagne des fouilles 1979–1980, Pays d'Alsace, Soc. Hist. Arch. Saverne, H. 113, IV, 1980, 2–5.
Dies. Les fouilles au château du Haut-Barr, 1979–1980, ebd. 1983, 109–134 (Etudes médiévales I).
Chronique des fouilles médiévales, Arch. médiév. 13, 1983, 321–322.
J. BURNOUF (u. a.), 100.

1 Alle Auskünfte über die Fliesenfunde verdanke ich Herrn René Kill, Zabern.
2 J. BURNOUF u. a., 100.
3 Chronique, 322, berichtet vom Fund eines Fliesenbodens 1982 ca. 0,75 m unter dem heutigen Niveau, auf der Nordseite des Grabungsgebietes. Die Publikation des Bodens steht noch aus. Nach freundlicher Mitteilung von Frau Anne Rebert, Illkirch, wurden 1987 weitere Fliesenfragmente in einer Tankzisterne in einer Schicht aus der 1. Hälfte des 16. Jahrhunderts geborgen. Zu dieser Zeit muß also der Boden verworfen oder ausgewechselt worden sein. Nicht alle Bruchstücke ließen sich bis jetzt sicher ergänzen. Auch sie gehören jedoch der 2. Hälfte des 13. Jahrhunderts an.

Zinna, Lkr. Jüterbog

Ehem. Zisterzienserkloster St. Jakob

Fundumstände
Die ursprüngliche Herkunft der Fliesen ist nicht bekannt. Bei einer 1904 durchgeführten Restaurierung wurden sie anscheinend teilweise ergänzt und in der Mitte des Chores vor dem

Hauptaltar neu verlegt. Sie zeigen, in sechs Reihen zu je vierzehn Fliesen, den Text des „Ave Maria". [1] Es ist möglich, daß sich im Kloster noch weitere Schriftbänder aus Fliesen befanden. Bei einer Grabung vor 1933 entdeckte man eine Fliese mit dem Buchstaben D. [2] Es fanden sich außerdem sechseckige Fliesen mit bräunlich-gelber Glasur, bei denen eine grünlich-schwärzlich glasierte Kreisscheibe in der Mitte eingesetzt war. Dies weist auf einen früher im Kloster vorhandenen Belag ähnlich Kier 75, der sich auch in anderen Zisterzienserklöstern fand. [3] Die ausgesparte Kreisscheibe ist bis heute nur aus dem böhmischen Zisterzienserkloster Hradist[4], aus der Abteikirche Saint-Ouen in Rouen (Tours aux Clercs)[5], aus der Prioratskirche Notre-Dame-du-Parc in Rouen[6] und der schottischen Zisterzienserabtei Newbottle[7] bekannt.

Baugeschichte

Die Kirche der 1171 als Tochterkloster von Altenberg gegründeten Abtei wurde vermutlich noch im späten 12. Jahrhundert begonnen und 1226 geweiht. Urkunden zur späteren Baugeschichte haben sich nicht erhalten, das Langhaus wurde wohl in der 2. Hälfte des 15. Jahrhunderts eingewölbt, eine spätgotische Vorhalle angefügt. Das Kloster wurde 1547 aufgehoben und 1588 sowie 1594 durch Brände schwer zerstört. Nach einer erneuten Beschädigung durch Blitzschlag 1752 wurden die Klostergebäude abgetragen, die Steine zum Bau neuer Häuser verwandt. Da das Kloster auf eigenem Grund und Boden eine große Ziegelgrube besaß, wurden die Fliesen wohl in Zinna gefertigt. Eine Datierung der Fliesen ist nur anhand der Schrift möglich. Da sich die Majuskeln jedoch über einen größeren Zeitraum hindurch gleich blieben, kann diese nur annähernd auf die Mitte oder das 3. Viertel des 14. Jahrhunderts festgelegt werden. [8] 1360 erhält die Kirche ein Chorgestühl. Für eine etwas frühere Datierung spräche die Tatsache, daß das Kloster, seit 1247 Domäne des Erzstiftes Magdeburg, im späten 13. und frühen 14. Jahrhundert eine Zeit besonderer Blüte und großen Reichtums erlebte.

Literatur

L. Puttrich, Denkmale der Baukunst des Mittelalters in Sachsen Bd. 2, 2. Mittelalterliche Bauwerke zu Jüterbog, Zinna und Treuenbritzen, Leipzig 1846, 21–29, Taf. 12
R. Bergau, 804–808.
W. Jung, 37–39.
W. Hoppe, Kloster Zinna. Ein Beitrag zur Geschichte des ostdeutschen Koloniallandes und des Zisterzienserordens, Leipzig 1914.
Hist. Stätten X, Berlin/Brandenburg, 405–406.
G. Dehio, Berlin/DDR und Potsdam, 257–260.

1 W. Jung, 38, Abb. 1.
2 W. Stengel, 1933, 9.
3 H. Kier, 1970, 181. Ein Belag mit Sechseckfliesen ohne ausgesparte Mitte fand sich in den Klöstern Eberbach, Les Châtelliers, Byland Abbey and Melrose Abbey.
4 B. Nechvátal, 1978, 119, Abb. 5.
5 L. de Vesly, Taf. 1, Abb. 1.
6 J.-P. Suau, Taf. 2, Nr. 17, Taf. 8.
7 J. S. Richardson, Abb. 6, Nr. 8.
8 Vgl. hierzu eine Bulle des Papstes Gregor XI. „de basilicae Lateranensis dignitate" von 1372, die bis auf wenige Ausnahmen übereinstimmende Buchstabenformen zeigt. (H. Degering, Taf. 87b) oder ein Konventssiegel des Klosters Eldena von 1345 (F. Schlie, 1901, 193), sowie die Umschrift der Deckplatte auf dem Bronze-Grabmal des Bischofs Heinrich von Bocholt (†1341) im Hochchor des Lübecker Doms (W. Weimar, 6, Taf. V, 9) und die Umschrift einer Rotmarmor-Grabplatte des Hiltprandus von Maezzenhausen (†2. Juni 1347) im Dom zu Freising (W. Weimar, 5, Taf. 4, 7).

Zwettl, BH. Zwettl, Niederösterreich

Zisterzienserstift

Fundumstände

Die Fliesen wurden 1909 im Vorkeller zwischen dem romanischen Dormitorium und dem Siebenstockkeller etwa 0,50 m unter dem Pflaster im Schutt gefunden. [1] Möglicherweise stammen sie aus dem Dormitorium. Nicht alle Fliesen dieses Fundes sind heute noch erhalten. 1979 wurden bei den Restaurierungsarbeiten in den zugemauerten Fenstern von Raum 12 (Schatzkammer/Auditorium) in Zweitverwendung einige weitere zugehörige Fliesen gefunden, die nicht nur neue Darstellungen brachten, sondern auch ungewöhnlich gut erhalten waren. [2] Sie wurden dort schon in der 1. Hälfte des 17. Jahrhunderts eingemauert. Außerdem fand man 1901 ein Plattenmosaik aus unverzierten Fliesen, welches möglicherweise aus der „Alten Abtei" stammt. [3]

Baugeschichte

Das 1138 von dem staufischen Ministerialen Hadamar I. von Kuenring gegründete Kloster wurde mit Mönchen aus Kloster Heiligenkreuz besetzt. Die 1159 geweihte Kirche erhielt 1343–83 einen neuen Chor mit Querschiff. 1490–95 wurden die östlichen Langhausjoche ersetzt, während die westlichen Joche in gotischen Formen erst im 18. Jahrhundert erbaut wurden. Die Klosterbauten, zu deren früher Baugeschichte es keine Nachrichten gibt, wurden seit 1646 ebenfalls durch Umbauten stark verändert. Das Dormitorium wurde vermutlich im letzten Viertel des 12. Jahrhunderts vollendet. Zu dieser Zeit können die Fliesen jedoch noch nicht entstanden sein. Kubes datiert die Fliesen sehr spät „... sie gehören aber sehr wahrscheinlich in die Baukampagne, die hauptsächlich mit dem Neuen Dormitorium von 1316, 1337 zu verbinden ist und waren möglicherweise sogar dort verlegt. ... Auch der Stil der Fliesen läßt sich auf die erste Hälfte des 14. Jahrhunderts fixieren." [4] Stilistische Gründe sprechen jedoch gerade gegen diese Spätdatierung. Ein Vergleich mit den in der 2. Hälfte des 13. Jahrhunderts entstandenen Fliesen des Passauerhofes in Krems-Stein a. d. Donau legt nahe, daß die Fliesen in Zwettl vor diesen entstanden sein müssen. [5] Folgende Bauphasen kommen dafür in Frage: der in der „zweiten großen Bauwelle"[6] entstandene Nordflügel des Kreuzgangs (um 1210), das wohl gleichzeitig erbaute Gästehaus oder die übrigen, wohl um 1230–40 entstandenen Flügel des Kreuzgangs. Daß zu dieser Zeit schon Ziegel im Kloster gebrannt wurden, beweisen die Gewölbeschalen aus Ziegeln im Lektionsgang. [7] Die spätest mögliche Datierung wäre eine Herkunft aus den an die Kirche angebauten Kapellen, für die Altarweihen 1257, 1262, 1267 und 1270 belegt sind. [8] Die Nikolauskapelle auf dem Karner wurde 1294 geweiht. Vermutlich sind nicht alle Fliesen gleichzeitig entstanden. B3 und C9 sind wohl gleichzeitig mit ähnlichen Fliesen (F51) aus Kloster Heiligenkreuz im 1. Drittel des 13. Jahrhunderts, die übrigen Fliesen eher in dessen 2. Hälfte entstanden.

Literatur

F. Buberl, H. Göhler, A. Wagner, Kdm Zwettl, 236, Abb. 272.
H. Özelt, 3–31, 19 mit Abb.
Hist. Stätten, Österreich I, 640–642.
G. Dehio, Niederösterreich, 401–406.
K. Kubes, J. Rössl, H. Fasching, 12–15, 17–28, 33–40, 44–46 und Abb. 29–30.
K. Kubes, Der mittelalterliche Klosterbau, in: Kat. Kuenringer, 142–144. Ders., Der Baubetrieb des Mittelalters, ebd., 497–504. Abb. 611d. Ders., Das Auditorium, ebd., 385.

F. Daim, Archäologische Grabungen im Stift Zwettl 1978 und 1979, ebd., 738–743.
H. Kier, 1970, 142–143, Abb. 255.

1 F. Buberl, 236
2 K. Kubes, 503–504.
3 H. Kier, 1970, 142–143, Abb. 255.
4 K. Kubes, 503.
5 Die Reliefliesen in Heiligenkreuz und Zwettl sind noch unglasiert, die in Krems-Stein bereits glasiert. Zwettl hat zu Stein enge Verbindungen, es ist dort seit dem 12. Jahrhundert begütert. Der Kremser Patrizier Gozzo (siehe Krems „Gozzoburg") tritt 1288 ins Kloster ein. Die Fliese ZB 1 aus der von diesem gestifteten Katharinenkapelle ähnelt in ihrer unbeholfenen Prägung den Fliesen aus Zwettl.
6 K. Kubes, J. Rössl, H. Fasching, 1979, 35.
7 Ebd., 36
8 Ebd., 46.

Zwiefalten, Lkr. Reutlingen

Ehem. Benediktiner-Reichsabtei St. Maria

Fundumstände
Bei einer Bodenuntersuchung wurde 1932 an der Stelle der nördlichen Außenwand des romanischen Münsters ein Wasserkanal angeschnitten. Etwa 1,45 m unter der heutigen Oberfläche stieß man „auf einen sorgfältigen, in 15 cm tiefen reinen Flußsand gebetteten Belag mit quadratischen Tonplatten von 16 cm Seitenlänge und 3,5 cm Dicke. Von den herausgenommenen fünf Platten tragen zwei auf der Oberfläche gotisches Laubwerkornament. Auf dem besseren Stück sehen wir einen Halbkreis auf jeder Seite und ein Eichenblatt in jedem der acht Felder."[1] Der Verbleib dieser Fliesen konnte nicht ermittelt werden. Das Muster muß H284 sein, ein Bruchstück wurde 1977 westlich des Fraterbaus gefunden. Hier stand vor 1659 der alte Konventbau. Bei neuen Grabungen anläßlich der Restaurierung des als Landeskrankenhaus genutzten Klosters wurden 1972 im Prälatenbau, 1973 im Erdgeschoß des Gastbaus, 1974 im Aushub zwischen Kapitelsaal und Münster, 1975 im Fraterbau und 1978 auf dem Gelände des Konventbaus Fliesen und Fliesenbruchstücke geborgen. 1976 fanden sich außerdem Fliesenfragmente in der Auffüllung unter dem Chor des Münsters, weitere Bruchstücke wurden aus dem abgefahrenen Schutt gerettet.
1978 fanden sich erstmals Bruchstücke von glasierten Fliesen, 1979 wurde F155 entdeckt. Leider lassen sich noch nicht alle Bruchstücke exakt ergänzen.[2]

Baugeschichte
Die von den Grafen Kuno und Liutold von Achalm 1089 gestiftete, mit Mönchen aus Kloster Hirsau besetzte Benediktinerabtei besaß eine 1109 geweihte Kirche, die 1740 abgebrochen und durch einen Barockbau ersetzt wurde. An die romanische Kirche war 1512 ein zweigeschossiger Anbau angefügt worden. Die ersten, noch aus Holz errichteten Klostergebäude waren 1097 bezogen worden. Sie wurden unter Abt Werner (1152–56) durch Steinbauten ersetzt und nach einer Zerstörung 1245 zwischen 1249 und 1251 wieder erbaut. Ein Brand vernichtete 1305 zahlreiche Gebäude, sie wurden vermutlich bald darauf wiedererrichtet. Unter Abt Georg II. Fischer (1474–1514) entstanden Neubauten, so 1491 ein Krankenhaus, ein größeres Dormitorium, der Kreuzgang, ein Kapitelhaus mit Marienkapelle, 1493 eine Bibliothek und 1508 ein Gästehaus.[3] Das Gebäude des ehem. Frauenklosters wurde schon 1517 abgebrochen.
Fliesen wurden in Zwiefalten in zwei, möglicherweise in drei verschiedenen Zeitabschnitten verlegt. Es gibt keine Anhaltspunkte dafür, daß die Fliesen im Kloster gebrannt wurden. Bei der Fülle der wohl ehemals vorhandenen Fliesen ist dies jedoch wahrscheinlich. Die fleckigen und innerhalb des Scherbens die Farbe wechselnden Glasuren sind typisch für eine Werkstatt, die zum erstenmal mit Glasuren experimentiert. Ein Vergleich der Muster legt nahe, daß die Model wohl nicht im Kloster geschnitten wurden oder sich zumindest an fremde Vorlagen anlehnten.
Für die ersten Fliesen, die möglicherweise bei den Aufbauarbeiten um 1251 verlegt wurden, scheinen Speyerer Fliesen als Vorlage benutzt worden zu sein. So dürfte es sich bei F155 um ein heute verlorenes Muster aus Speyer handeln (vgl. F152–F154), dasselbe gilt für H64 und J30. Hier stimmen die Prägungen genau mit dem Original der Fliesen aus Speyer überein. Der Viertelskreis trägt zusätzlich ein Zackenband, das Spitzoval eine Punktlinie, wie sie auch andere Fliesen aus Speyer zeigen. Auch die Löwenfliese D18 und H61 gehen auf Speyerer Vorlagen zurück. In diesem Zusammenhang scheint es wichtig, daß es im Mittelalter eine direkte Straße zwischen beiden Orten gab. (Riedlingen–Zwiefalten–Hayingen–Pfullingen–Lustnau–Heimsheim–Speyer).[4] Andere Muster stimmen mit Fliesen aus Kloster Söflingen überein. Ob diese von dort oder direkt aus Worms kamen, läßt sich noch nicht entscheiden. Möglicherweise geben neue Funde ein klareres Bild.
Auch für die zu Ende des 15. und zu Beginn des 16. Jahrhunderts geprägten Fliesen gibt es Fundorte, die unmittelbar in Verbindung mit Zwiefalten stehen (Urspring) und solche, zu denen sich eine direkte Verbindung schwer erkennen läßt (Schussenried). Hier stimmen die Prägungen genau überein. Zwiefalten scheint außerdem die Fliesenprägung in Reutlingen beeinflußt zu haben; auch hier finden sich Muster des Klosters, vermutlich aus den Stadthöfen übernommen.

Literatur
BOA Münsingen, N. F., 1912, 783–879.
A. Mettler, 213–262.
G. Dehio, Baden-Württemberg, 555–556.
F. Quarthal, 1975, 680–709.
L. Tampe, 27–29.

1 A. Mettler, 250 und Anm. 53.
2 Alle Angaben zu den Fliesen verdanke ich Herrn Ludwig Tampe †, Zwiefalten. Ohne seine nie nachlassende Aufmerksamkeit wären die meisten Fliesen aus Zwiefalten auf dem Schuttabladeplatz gelandet.
3 A. Mettler, 254.
4 E. Keyser, D. Stb. IV, 2, 2, 417.

Zwiefalten-Upflamör

Friedhofskapelle

Fundumstände
Die Fliesen lagen in situ in der Kirche. Sie wurden 1975 aufgenommen und vor dem Altar neu verlegt. Erhalten hat sich eine Fläche von ca. 5 qm.[1]

Baugeschichte
Die Friedhofskapelle wurde 1767 neu errichtet. Die Fliesen, vermutlich aus dem 4 km entfernten Kloster Zwiefalten über-

nommen, wo sie 1978 an der Stelle des mittelalterlichen Konventbaus gefunden wurden, dürften aus einem Vorgängerbau stammen. Das Kloster erhielt die Kapelle 1124 mit Gütern und Waldungen von einem gewissen Lambert, 1125 wurde sie durch den Bischof von Konstanz geweiht. Die Fliesen wurden wohl im letzten Jahrzehnt des 15. Jahrhunderts geprägt.

Literatur

W. Steuer, K. Theiss, Der Kreis Saulgau, Aalen 1971, 252–253.

L. Tampe, ms. MS, o. J., 6, Nr. 12.

1 Freundliche Mitteilung von Herrn Ludwig Tampe†, Zwiefalten.

Nachrichten über verschollene Fliesen

Da die Möglichkeit besteht, daß Unterlagen zutage kommen, an Hand derer die Fliesenmuster zu identifizieren sind, werden Nachrichten über Fliesenfunde hier erwähnt.

Budenheim, Kr. Mainz-Bingen

Fundumstände

In einer Übersicht über die Fliesen der Slg. Nassauischer Altertümer im Jahr 1888 werden Fliesen aus Budenheim aufgezählt.[1] Fundort und Muster werden nicht genannt.

1 Nass. Ann. 20, 1888, II. Führer durch das Museum, 301. Diese Erwähnung beruht möglicherweise auf einem Lesefehler. In einer Inventarnotiz von 1881, mit einer Skizze des Musters J79, ist der Fundort „Oberburg in Rüdesheim" so undeutlich geschrieben, daß er als „Budenheim" gelesen werden kann. In Budenheim gibt es keine Oberburg.

Drachenfels, Gem. Königswinter, Rhein-Sieg-Kreis

Burgruine Drachenfels

Fundumstände

„Tonfliese, gotisch, von der Burg Drachenfels."[1] Die Fliese kam ins Kunstgewerbemuseum und mit dessen Sammlung vermutlich ins Hetjens-Museum, Düsseldorf. Das Muster wird nicht beschrieben.

1 Bonner Jb. 105, 1900, 373.

Frankenthal

Fundumstände

„Im Frankenthaler Erkenbert-Museum (1914 im ehem. Langhaus der Klosterkirche eingerichtet) sah ich ... Bodenfließe ..."[1] Das Erkenbert-Museum wurde 1944 zerstört, die Bestände 1945 teilweise geplündert. Unter den erhaltenen Beständen konnten keine Fliesen mehr gefunden werden, noch haben sich Inventarhinweise auf Fliesen erhalten.

1 J. Sprissler, 306.

Gerhausen, Stadt Blaubeuren, Alb-Donau-Kreis

Burgruine

Fundumstände

„Ein alter, ornamentierter Ziegelstein in der Ruine der alten Burg Gerhausen."[1] Die Fliese kam ins Museum Ulm, das Muster ist nicht bekannt.

1 Verh. Ver. Kunst u. Altertum UO 7, 1850. 16.

Gernsbach, Lkr. Rastatt

Fundumstände

„Frühgotische verzierte Bodenfliese von Gernsbach."[1] Genaue Herkunft und Muster werden nicht genannt. Die Fliese kam 1898 in die Großherzogliche Sammlung, später ins Badische Landesmuseum Karlsruhe. Sie befindet sich vermutlich heute noch dort, kann jedoch, da es dort noch einige Fliesen unbekannter Herkunft gibt, nicht bestimmt werden.

1 Westd. Zs. 18, 1899, Museographie 1898, 381.

Heiligenberg, Gem. Lenningen, Lkr. Esslingen

Ehem. Franziskanerkloster

Fundumstände

„Bodenfliese von dem ehem. Klösterlein Heiligenberg bei Gutenberg, O. A. Kirchheim."[1] Die Fliesen kamen 1898 ins Württembergische Landesmuseum und sind sicher heute noch dort. Das Muster ist nicht bekannt.

1 Westd. Zs. 18, 1899, Museographie 1898, 377. Nach freundlicher Mitteilung der Gemeindeverwaltung Gutenberg haben sich dort keine Fliesen erhalten, noch wurden in den vergangenen Jahrzehnten Fliesen oder Fliesenbruchstücke auf dem Gelände des ehem. Klosters gefunden.

Höningen, Gem. Alt-Leiningen, Kr. Bad Dürkheim

Ehem. Augustiner-Chorherrenstift

Fundumstände

„Im Historischen Museum der Pfalz in Speyer betrachte ich Bodenfließe vom Höninger Kloster ..."[1] Diese Fliesen sind vermutlich heute noch im Museum. Früher wohl vorhandene Aufschriften gingen inzwischen verloren, so daß nicht mehr alle Fliesen des Museums Speyer bestimmten Fundorten zugeordnet werden können.

1 J. Sprissler, 306.

Hohnstein, Kr. Sebnitz, Sachsen

Hohnsteiner Schloß

Fundumstände
„In der Schloßkapelle zu Hohnstein in der Sächsischen Schweiz war der Fußboden des Vorraums ursprünglich mit Platten aus gebranntem Ton belegt, welche eine eingepreßte mit Laub umgebene Wecke (Gruppe H) zeigten. Dieser Verzierung nach zu schließen, gehört die Anfertigung in die Jahre um 1513."[1]

1 K. Fichtner, 58. Über Schloß Hohnstein, KZ-Gedenkstätte und Jugendherberge, war keine Auskunft zu erhalten.

Korneuburg, BH Korneuburg, Niederösterreich

St. Nikolauskirche

Fundumstände
„... reliefierte ... rote Bodenfliesen fanden in der Burg Kreuzenstein am Vorplatz zur Pfaffenstube Verwendung. Sie stammen ... aus der Nikolauskirche in Korneuburg."[1] Die Fliesen sind heute nicht mehr vorhanden. Auf Burg Kreuzenstein liegen nur noch Kopien der Muster A34 und F70 aus Stift Wilten und K25 aus Kloster Stams. In Kreuzenstein wurden 1916 und 1945 Teile der Einrichtung durch Brand vernichtet.

1 R. Führer, 22. Nach Mitteilung von Herrn Dr. Rudolf Finz, Korneuburg, wurde das Museum Korneuburg 1945 geplündert. Neben den Museumsstücken ging auch das Inventar verloren. Die Nikolauskirche war 1894 abgebrochen worden.

Mainz

Ehem. Mauritiuskapelle, Mauritzenplatz

Fundumstände
„Auf dem Mauritzenplatz war noch die große Schreinerei Jakob Gerster II ... Auf dem Grundstücke von Gerster hatte früher die Mauritiuskapelle gestanden ... Der alte Herr Jakob Gerster hat bei baulichen Veränderungen wohl mittelalterliche Grab- und Bodenplatten gefunden ..."[1] Diese Fliesen kamen möglicherweise nicht ins Altertumsmuseum Mainz, sondern in Privatbesitz. Die Muster sind nicht bekannt.

1 J. Hack, Alt-Mainzer Jugenderinnerungen, Mainzer Almanach, 1958, 194.

Mainz

Umgebung von Mainz

Fundumstände
„35 deutsche (Fliesen) von farbigem Thon aus der Nähe von Mainz."[1] Die Fliesen kamen in die Slg. Boch, Mettlach. Fliesen und Aufzeichnungen darüber gingen im 2. Weltkrieg verloren.[2]

1 Westd. Zs. 3, 1884, Museogrpaphie 1883, 189.
2 Freundliche Auskunft von Herrn Luitwin Graf v. Boch-Galhau, Mettlach.

Margrethausen, Stadt Albstadt, Zollernalbkreis

Kath. Pfarrkirche St. Margaretha

Fundumstände
„Im Chor liegen noch gemodelte gotische Fliese."[1] Die Fliesen wurden in unbekannter Zeit entfernt. Sie sind möglicherweise im Württembergischen Landesmuseum Stuttgart.

1 BOA Balingen, 435.

Nierstein, Kr. Mainz-Bingen

Ev. Schulhaus

Fundumstände
„Vier gotische Bodenfliesen mit geometrischen Mustern aus dem Keller des ev. Schulhauses Nierstein."[1] Die Fliesen kamen 1901 als Geschenk ins Altertumsmuseum Mainz. Da das Muster nicht abgebildet ist, sind sie unter den übrigen Fliesen mit geometrischen Mustern nicht auszumachen.

1 Westd. Zs. 21, 1902, Museographie 1901, 437. In Nierstein wurden in der Zwischenzeit keine Fliesen mehr gefunden.

Ramberg, Kr. Bergzabern

Burgruine Ramburg

Fundumstände
„Die einzigen bekannten eingelegten Fliesen sind die aus Speyer, Worms und Schloß Ramberg stammenden im Mannheimer Museum."[1] Die Fliesen müssen während des 2. Weltkriegs zerstört worden sein. Im Museum Mannheim ließen sich keinerlei Unterlagen über Fliesen aus Ramberg, die früher im Museum waren, finden.[2]

1 A. Demmin, 79, Nr. 730. Auch aus Speyer und Worms sind keine „eingelegten" Fliesen bekannt.
2 Freundliche Mitteilung von Herrn Dr. Franz Swoboda, Reiß-Museum, Mannheim.
3 Nach freundlicher Mitteilung von Herrn Robert Seiter, Ramberg, wurden bei den Schutträumungsarbeiten der letzten Jahre auf der Ramburg zwar zahlreiche Ofenkacheln, jedoch keine gemusterten Fliesen gefunden.

Treysa, Stadt Schwalmstadt, Schwalm-Eder-Kreis

Fundort unbekannt

Fundumstände
8 Fliesen kamen zu Ende des 19. Jahrhunderts ins Museum Marburg und sind wohl heute noch dort. Da im Eingangsinventar nur Ort und Zahl, nicht aber die Muster genannt werden, konnten die Fliesen bis jetzt nicht identifiziert werden.

Waiblingen, Rems-Murr-Kreis

Fundumstände
Nach hinterlassenen Aufzeichnungen von Herrn Günter Groschopf, Geislingen, befand sich 1937 eine Fliese, deren Herkunft er nicht notierte oder die nicht mehr bekannt war, im Museum Waiblingen. Diese Fliese ist inzwischen verlorengegangen.

Walluf, Ortsteil Oberwalluf, Rheingau-Taunuskreis

Kath. Pfarrkirche St. Martin

Fundumstände
„Bei Abbruch des Schiffs der mittelalterlichen Kirche für den Neubau der Oberwallufer Kirche fanden sich Fußbodenplättchen des 14. Jahrhunderts, die in den jetzigen Kirchenwänden eingemauert sich vorfanden."[1] Die Fliesen kamen vermutlich in die Slg. Nassauischer Altertümer, Wiesbaden. Das Muster ist nicht bekannt.

1 Mitt. Ver. Nass. Altertumskunde und Gesch.-forschung, 1900/01, 44–45.

Wien

St. Rupprechtskirche, Rupprechtsplatz

Fundumstände
„Daß sich im Mittelalter auch Wien an der Fliesenkeramik betätigte, ist aus den Funden im Fußboden unter dem Riesenthor von St. Stephan, weiteres aus jenem der St. Rupprechtskirche nachgewiesen."[1] Während sich die Fliesen aus dem Stephansdom im Historischen Museum Wien erhalten haben, gelang es nicht, eine Spur der Fliesen aus der St. Rupprechtskirche zu finden.

1 A. Walcher v. Molthein, 1909, 306.

Willmandingen, Gem. Sonnenbühl, Lkr. Reutlingen

Ev. Pfarrkirche, ehem. St. Gallus

Fundumstände
„Im Chorboden gemodelte Bodenplättchen."[1] Die Fliesen waren 1897 noch vorhanden, gingen jedoch beim Umbau der Kirche 1903 verloren.[2] Das Muster ist nicht bekannt. Da das Kloster Zwiefalten in Willmandingen Besitz und seit 1468 auch den Kirchensatz von Willmandingen innehatte, ist es möglich, daß es sich, ähnlich wie in Eningen und Upflamör, um Muster des Klosters Zwiefalten handelte.

1 P. Keppler, 283.
E. Paulus, Kdm Schwarzwaldkreis, 269.
2 Freundliche Mitteilung von Herrn Dr. Peter Anstett†.

Winterlingen, Zollernalbkreis

Fundumstände
„Mittelalterliche Tonfliese aus Winterlingen an der Schwäbischen Alb."[1] Die Fliese kam 1899 ins GNM Nürnberg. Durch die Vernichtung des Eingangsinventars im 2. Weltkrieg kann das Muster heute nicht mehr bestimmt werden. Außerdem gingen einige Fliesen des Museums vor 1925 verloren. Da in Winterlingen keine Bauwerke von Bedeutung stehen, kann die Fliese wohl nur aus der Kirche stammen.

1 Anz. GNM Nürnberg 1899, 4.

Wörth/Woerth, Bas-Rhin, Frankreich

Fundumstände
Museum Unterlinden: „Romanische Bodenbeläge aus der Kirche von Wörth u.a. (13. Jh.)."[1] Die Fliesen sind heute nicht mehr aufzufinden. Im Unterlindenmuseum haben sich nur Fliesen aus St. Martin, Kolmar, und der Kirche in Arzenheim erhalten.

1 F. X. Kraus, Kdm Elsaß-Lothringen II, 326.

Würzburg

Franziskanerklosterkirche

Fundumstände
„Sechs Stück mittelalterliche Tonfliese aus der Franziskanerkirche zu Würzburg."[1] Die Fliesen kamen ins GNM Nürnberg. Für sie gilt dasselbe wie für die Fliesen aus Winterlingen. Das Muster ist unbekannt.

1 Anz. GNM Nürnberg 1901, 72. (Nach freundlicher Mitteilung von Guardian Pater Leo Beck, Würzburg, fanden sich bei Grabungen anläßlich des Einbaus einer Fußbodenheizung 1986 in den Bodenschichten der Kirche weder Fliesen noch Fliesenfragmente.)

VERÖFFENTLICHUNGEN DES LANDESDENKMALAMTES BADEN-WÜRTTEMBERG

Archäologische Denkmalpflege

I. FORSCHUNGEN UND BERICHTE ZUR VOR- UND FRÜHGESCHICHTE IN BADEN-WÜRTTEMBERG

Kommissionsverlag Konrad Theiss Verlag Stuttgart

Band 1	Rolf Dehn, Die Urnenfelderkultur in Nordwürttemberg (1972).
Band 2	Eduard Neuffer, Der Reihengräberfriedhof von Donzdorf (Kr. Göppingen) (1972).
Band 3,I	Robert Koch, Das Erdwerk der Michelsberger Kultur auf dem Hetzenberg bei Heilbronn-Neckargartach (in Vorb.).
Band 3,II	Alix Irene Beyer, Die Tierknochenfunde. Das Erdwerk der Michelsberger Kultur auf dem Hetzenberg bei Heilbronn-Neckargartach (1972).
Band 4,I	Gustav Riek, Das Paläolithikum der Brillenhöhle bei Blaubeuren (Schwäbische Alb) (1973).
Band 4,II	Joachim Boessneck, Angela von den Driesch, Die jungpleistozänen Tierknochenfunde aus der Brillenhöhle (1973).
Band 5	Hans Klumbach, Der römische Skulpturenfund von Hausen an der Zaber (Kr. Heilbronn) (1973).
Band 6	Dieter Planck, Arae Flaviae I. Neue Untersuchungen zur Geschichte des römischen Rottweil (Text- und Tafelband) (1975).
Band 7	Hermann Friedrich Müller, Das alamannische Gräberfeld von Hemmingen (Kr. Ludwigsburg) (1976).
Band 8	Jens Lüning, Hartwig Zürn, Die Schussenrieder Siedlung im „Schlößlesfeld", Markung Ludwigsburg (1977).
Band 9	Klemens Scheck, Die Tierknochen aus dem jungsteinzeitlichen Dorf Ehrenstein (Gemeinde Blaustein, Alb-Donau-Kreis). Ausgrabung 1960 (1977).
Band 10	Peter Paulsen, Helga Schach-Dörges, Das alamannische Gräberfeld von Giengen an der Brenz (Kr. Heidenheim) (1978).
Band 11	Wolfgang Czysz u. a., Römische Keramik aus dem Vicus Wimpfen im Tal (1981).
Band 12	Ursula Koch, Die fränkischen Gräberfelder von Bargen und Berghausen in Nordbaden (1982).
Band 13	Mostefa Kokabi, Arae Flaviae II. Viehhaltung und Jagd im römischen Rottweil (1982).
Band 14	Udelgard Körber-Grohne, Mostefa Kokabi, Ulrike Piening, Dieter Planck, Flora und Fauna im Ostkastell von Welzheim (1983).
Band 15	Christiane Neuffer-Müller, Der alamannische Adelsbestattungsplatz und die Reihengräberfriedhöfe von Kirchheim am Ries (Ostalbkreis) (1983).
Band 16	Eberhard Wagner, Das Mittelpaläolithikum der Großen Grotte bei Blaubeuren (1983).
Band 17	Joachim Hahn, Die steinzeitliche Besiedlung des Eselsburger Tales bei Heidenheim (1984).
Band 18	Margot Klee, Arae Flaviae III. Der Nordvicus von Arae Flaviae (1986).
Band 19	Udelgard Körber-Grohne, Hansjörg Küster, Hochdorf I (1985).
Band 20	Studien zu den Militärgrenzen Roms III. Vorträge des 13. Internationalen Limeskongresses in Aalen 1983 (1986).
Band 21	Alexandra von Schnurbein, Der alamannische Friedhof bei Fridingen an der Donau (Kr. Tuttlingen) (1987).
Band 22	Gerhard Fingerlin, Dangstetten I. Katalog der Funde (Fundstellen 1–603) (1986).
Band 23	Claus-Joachim Kind, Das Felsställe – eine jungpaläolithisch-frühmesolithische Abri-Station bei Ehingen-Mühlen, Alb-Donau-Kreis. Die Grabungen 1975–1980 (1987).
Band 24	Jörg Biel, Vorgeschichtliche Höhensiedlungen in Südwürttemberg-Hohenzollern (1987).
Band 25	Hartwig Zürn, Hallstattzeitliche Grabfunde in Württemberg und Hohenzollern (Text- und Tafelband) (1987).
Band 26	Joachim Hahn, Die Geißenklösterle-Höhle im Achtal bei Blaubeuren I (1988).
Band 27	Erwin Keefer, Hochdorf II. Die Schussenrieder Siedlung (1988).
Band 28	Arae Flaviae IV. Mit Beiträgen von Margot Klee, Mostefa Kokabi und Elisabeth Nuber (1988).
Band 29	Joachim Wahl und Mostefa Kokabi, Stettfeld I. Mit einem Beitrag von Sigrid Alföldy-Thomas (1988).
Band 30	Wolfgang Kimmig, Das Kleinaspergle. Mit Beitr. von Elke Böhr u. a. (1988).
Band 31	Der prähistorische Mensch und seine Umwelt. Festschrift für Udelgard Körber-Grohne (1988).
Band 32	Rüdiger Krause, Die endneolithischen und frühbronzezeitlichen Grabfunde auf der Nordstadtterrasse von Singen am Hohentwiel (1988).
Band 33	Rudolf Aßkamp, Das südliche Oberrheintal in frührömischer Zeit (1989).
Band 34	Claus-Joachim Kind, Ulm-Eggingen. Die Ausgrabungen 1982 bis 1985 in der bandkeramischen Siedlung und der mittelalterlichen Wüstung. Mit Beitr. von Georg Dombek u. a. (1989).
Band 35	Jörg Heiligmann, Der Alb-Limes (1990).
Band 36	Helmut Schlichtherle, Die Sondagen 1973–1978 in den Ufersiedlungen Hornstaad-Hörnle I. Siedlungsarchäologie im Alpenvorland I (1990).
Band 37	Siedlungsarchäologie im Alpenvorland II. Sammelband mit Beitr. von Manfred Rösch u. a. (1990).
Band 38	Ursula Koch, Das fränkische Gräberfeld von Klepsau im Hohenlohekreis (1990).
Band 39	Sigrid Frey, Bad Wimpfen I (1991).
Band 40	Egon Schallmayer u. a., Der römische Weihebezirk von Osterburken I. Corpus der griechischen und lateinischen Beneficiarier-Inschriften des Römischen Reiches (1990).
Band 41/1	Siegwalt Schick, Das Gräberfeld der Merowingerzeit bei Oberflacht (Gemeinde Seitingen-Oberflacht, Lkr. Tuttlingen). Mit Beitr. von Paul Filzer u. a. (1992).
Band 41/2	Peter Paulsen, Die Holzfunde aus dem Gräberfeld bei Oberflacht und ihre kulturhistorische Bedeutung (1992).

VERÖFFENTLICHUNGEN DES LANDESDENKMALAMTES BADEN-WÜRTTEMBERG

Archäologische Denkmalpflege

II. MATERIALHEFTE ZUR VOR- UND FRÜHGESCHICHTE IN BADEN-WÜRTTEMBERG

Kommissionsverlag Konrad Theiss Verlag Stuttgart

Heft 1 Christian Uhlig, Zur paläopathologischen Differentialdiagnose von Tumoren an Skeletteilen (1982).
Heft 3 Kurt Gerhardt, Anatomie für Ausgräber und Sammler (1985).
Heft 4 Berichte zu Ufer- und Moorsiedlungen Südwestdeutschlands I (1984).
Heft 5 Veronika Gulde, Osteologische Untersuchungen an Tierknochen aus dem römischen Vicus von Rainau-Buch (Ostalbkreis) (1985).
Heft 6 Helga Liese-Kleiber, Pollenanalysen in der Ufersiedlung Hornstaad-Hörnle I. Untersuchungen zur Sedimentation, Vegetation und Wirtschaft in einer neolithischen Station am Bodensee (1985).
Heft 7 Berichte zu Ufer- und Moorsiedlungen Südwestdeutschlands II (1985).
Heft 8 Inken Jensen, Der Schloßberg bei Neuenbürg. Eine Siedlung der Frühlatènezeit im Nordschwarzwald (1986).
Heft 9 Andreas Heege, Grabfunde der Merowingerzeit aus Heidenheim-Großkuchen (1987).
Heft 10 Karin Meier-Riva, Die Steinartefakte von Hardberg bei Istein (Efringen-Kirchen, Kr. Lörrach) (1987).
Heft 11 Sigrid Alföldy-Thomas u. Helmut Spatz, Die „Große Grube" der Rössener Kultur in Heidelberg-Neuenheim (1988).
Heft 12 Tamara Spitzing, Die römische Villa von Lauffen a. N. (Kr. Heilbronn) (1988).
Heft 13 Karl Keller, Die jungsteinzeitliche Knochentrümmerstätte des Stadels im Hohlenstein (Lonetal) (1992).
Heft 14 Hartwig Zürn u. Franz Fischer, Die keltische Viereckschanze von Tomerdingen (Gem. Dornstadt, Alb-Donau-Kreis) (1991).
Heft 15 Beate Grimmer-Dehn, Die Urnenfelderkultur im südöstlichen Oberrheingraben (1991).
Heft 16 Wolfgang Kimmig, Die „Wasserburg Buchau" – eine spätbronzezeitliche Siedlung. Forschungsgeschichte-Kleinfunde (1992).
Heft 17 Gerhard Wesselkamp, Die bronze- und hallstattzeitlichen Grabhügel von Oberlauchringen, Kr. Waldshut. Mit einem Exkurs über Steingrabhügel am Hochrhein (1993).

III. FORSCHUNGEN UND BERICHTE DER ARCHÄOLOGIE DES MITTELALTERS IN BADEN-WÜRTTEMBERG

Kommissionsverlag Konrad Theiss Verlag Stuttgart

Band 1 Günter P. Fehring, Unterregenbach. Kirchen, Herrensitz, Siedlungsbereiche (1972).
Band 2 Antonin Hejna, Das „Schlößle" zu Hummertsried. Ein Burgstall des 13. bis 17. Jh. (1974).
Band 3 Barbara Scholkmann, Sindelfingen, Obere Vorstadt. Eine Siedlung des hohen und späten Mittelalters (1978).
Band 4 Aufsatzband (1977).
Band 5 Hans-Wilhelm Heine, Studien zu Wehranlagen zwischen junger Donau und westlichem Bodensee (1979).
Band 6 Aufsatzband (1979).
Band 7 Aufsatzband (1981).
Band 8 Aufsatzband (1983).
Band 9 Volker Roeser u. Horst Gottfried Rathke, St. Remigius in Nagold (1986).
Band 10/1 Hirsau St. Peter und Paul 1091–1991. Teil I: Zur Archäologie und Kunstgeschichte. Mit Beitr. von Hermann Diruf u. a. (1991).
Band 10/2 Hirsau St. Peter und Paul 1091–1991. Teil II: Zur Geschichte eines Reformklosters. Mit Beitr. von Lieven van Acker u. a. (1991).
Band 11 Michael Schmaedecke, Der Breisacher Münsterberg. Topographie und Entwicklung. Mit einem Anhang von Peter Hering (1993).
Band 12 Uwe Gross, Mittelalterliche Keramik zwischen Neckarmündung und Schwäbischer Alb. Bemerkungen zur räumlichen Entwicklung und zeitlichen Gliederung (1991).
Band 13/1 Die Stadtkirche St. Dionysius in Esslingen. Archäologie und Baugeschichte I. Günter P. Fehring und Barbara Scholkmann, Die archäologische Untersuchung und ihre Ergebnisse (ca. 1993).
Band 13/2 Die Stadtkirche St. Dionysius in Esslingen. Archäologie und Baugeschichte II. Peter R. Anstett, Die Baugeschichte von der Spätromantik zur Neuzeit (ca. 1993).
Band 13/3 Die Stadtkirche St. Dionysius in Esslingen. Archäologie und Baugeschichte. Tafelband (ca. 1993).
Band 14 Eleonore Landgraf, Ornamentierte Bodenfliesen des Mittelalters in Süd- und Westdeutschland 1150–1550. Bd. 1–3 (1993).
Band 15 Ilse Fingerlin, Die Grafen von Sulz und ihr Begräbnis in Tiengen am Hochrhein (1992).
Band 16 Dorothee Ade-Rademacher, Reinhard Rademacher, Der Veitsberg bei Ravensburg. Vorgeschichtliche Höhensiedlung und mittelalterliche Höhenburg (Veitsberg/Ravensburg) (1993).

FORSCHUNGEN UND BERICHTE DER ARCHÄOLOGIE DES MITTELALTERS
IN BADEN-WÜRTTEMBERG

LANDESDENKMALAMT BADEN-WÜRTTEMBERG

FORSCHUNGEN UND BERICHTE DER ARCHÄOLOGIE DES MITTELALTERS IN BADEN-WÜRTTEMBERG

BAND 14/2

LANDESDENKMALAMT BADEN-WÜRTTEMBERG

ELEONORE LANDGRAF

Ornamentierte Bodenfliesen des Mittelalters in Süd- und Westdeutschland 1150–1550

Musterkatalog

1993
KOMMISSIONSVERLAG · KONRAD THEISS VERLAG · STUTTGART

HERAUSGEBER: LANDESDENKMALAMT BADEN-WÜRTTEMBERG
ARCHÄOLOGISCHE DENKMALPFLEGE

Die Deutsche Bibliothek – CIP-Einheitsaufnahme

Landgraf, Eleonore:
Ornamentierte Bodenfliesen des Mittelalters in Süd- und Westdeutschland 1150–1550 / Eleonore Landgraf. Hrsg.: Landesdenkmalamt Baden-Württemberg, Archäologische Denkmalpflege. – Stuttgart: Theiss.
(Forschungen und Berichte der Archäologie des Mittelalters in Baden-Württemberg; Bd. 14)
ISBN 3-8062-1041-1
NE: GT

2. Musterkatalog. – 1993

Redaktion und Herstellung
Dr. Jutta Ronke mit Verlags- und Redaktionsbüro André Wais, Stuttgart

Produktion
Satz: Setzerei Lihs, Ludwigsburg
Druck: Wilhelm Röck, Druckerei und Großbuchbinderei, Weinsberg

Das Manuskript wurde 1985 abgeschlossen. Nachträge und Literaturangaben konnten später nur noch vereinzelt eingeschoben werden.

Printed in Germany
ISBN 3-8062-1041-1

Inhaltsverzeichnis

Vorbemerkung zum Musterkatalog 7
Zur Datierung der Fliesen 9
A. Menschendarstellungen 11
B. Tierdarstellungen – Adler 29
C. Tierdarstellungen – Hirsche 51
D. Tierdarstellungen – Löwen, Leoparden 77
E. Verschiedene Tiere 109
F. Fabelwesen und Fabeltiere 133
G. Wappen 193
H. Spitzovale 231
I. Gegenständige Palmetten 325
J. Viertelsrond mit Mittelstab 331
K. Viertelsrond mit Ranken, Blättern und Blüten 381
L. Maßwerkornamente 407
M. Kreisornamente 429
N. Schling- und Bandornamente 447
O. Gekreuzte Diagonallinien mit Quadraten und Kreisen 487
P. Astroide aus Viertelskreisen 509
Q. Diagonalkreuz mit Blättern 527
R. Lilienstäbe mit Quadrat, Kreis und Astroide 531
S. Blüten, Rosetten und Sternformen 555
T. Blatt- und Pflanzenformen 581
U. Fliesen mit Schrift 597
V. Fliesen mit endlosem Rapport 607
W. Fliesen verschiedener Formen 615
Dreiecke 616
Fünfecke 621
Sechsecke 621
Achteck 621
Rauten 622
Kreise und Kreissegmente 625
Spitzoval 626
Astroide 626
Randleisten und Kreisrahmungen 627
X. Verschiedene Muster und nachmittelalterliche Fliesen 651
Y. Stempelfliesen 665
Z. Inkrustierte und mit Engobe bemalte Fliesen 677

Fundortregister 695

Bildnachweis 740

Vorbemerkung zum Musterkatalog

Um die Fliesen übersichtlich zu gliedern, wurde der Versuch unternommen, die Fliesenmuster in einzelne Mustergruppen aufzuteilen. Hierbei wurde nicht immer ganz konsequent verfahren. Um einen geschlossenen Komplex der figürlichen Darstellungen zu bieten, wurden bei den Gruppen A–F (Menschen, Tiere, Fabelwesen) auch die Teilstücke, die sonst unter der Gruppe W zusammengefaßt sind, aufgeführt. Eine Zuordnung zu einzelnen Gruppen muß immer willkürlich erscheinen, da die Muster ineinander übergehen. Manche Fliese wäre mit derselben Berechtigung auch an anderer Stelle einzureihen gewesen. So gibt es auch unter den Maßwerkornamenten und den Blütenmustern Kreise; Blüten und Blätter bei den Flechtornamenten und Astroiden, während Spitzoval und Viertelsrond sehr oft als Rahmen bei figürlichen Fliesen vorkommen. Es wurde jeweils dem übergeordneten Bild der Vorzug gegeben.

Da die Arbeit vor allem stilistische und ikonographische Aspekte in den Vordergrund rückt, konnte auf alle Fragen der mineralogischen Tonbeschaffenheit nicht mit der wünschenswerten und für die spätere Erforschung der Fliesen erforderlichen Genauigkeit eingegangen werden. Es wurde daher auf eine ins Einzelne gehende Beschreibung des Scherbens verzichtet und die Tonzusammensetzung nur erwähnt, wenn diese wesentlich von der des üblichen gut aufbereiteten und geschlämmten Tones abweicht. Bei den Fliesen, welche die Verfasserin nicht mit eigenen Augen sehen konnte, steht die Farbangabe des Bearbeiters in Anführungszeichen. Bei allen anderen Fliesen steht die Angabe „roter Ton" für das normale Ziegelrot, die Formulierung „rötlicher Ton" wird benutzt, wenn die Farbe bläßlicher als dieses Ziegelrot ist oder wenn die Nuance nicht einer anderen Farbkategorie (gelbrot, braunrot, gelbbraun etc.) entspricht. Gerade bei Fliesen ist es sehr schwierig, genaue Farbwerte anzugeben, da diese, durch die ungleichmäßige Luftzufuhr beim mittelalterlichen Brand, auch innerhalb eines geschlossenen Fundes oft stark variieren. Sehr viele, vor allem frühe Fliesen zeigen Farbübergänge von Rot nach Grau innerhalb einer Fliese. Bei anderen Fliesenfunden ist die Oberflächenfarbe durch Lagern in der Erde, durch einen Brand oder chemische Prozesse verändert. Auch die Glasuren sind manchmal zersetzt. So läßt sich die wirkliche Farbe eines Scherbens nur bei verhältnismäßig frischen Bruchstücken feststellen.

Diese werden heute bei den Grabungen meist geborgen, während im 19. Jahrhundert nur unbeschädigte Fliesen in die Museen kamen.[1] Auch die Magerung des Scherbens läßt sich nicht mehr sicher feststellen. Die Fliesenoberfläche ist sehr oft von einer feinen Tonengobe bedeckt, während die Unterseite durch das „Sanden" beim Trocknen der Fliesen oft grobkörniger wirkt, als sie es in Wirklichkeit ist. So werden Angaben zur Magerung nur gemacht, wenn diese besonders ins Auge fällt, d.h. entweder sehr fein oder sehr grob ist. Dasselbe gilt für die Härte des Scherbens. Hier werden Abweichungen vom normalen mittelharten Brand nur erwähnt, wenn der Scherben entweder fast gesintert oder durch einen schwachen Brand sehr mürbe ist.

Werden bei einzelnen Fliesen Mängel erwähnt (Bruch, Wölbung, Einschlüsse), so bedeutet dies, daß sich nur ein Exemplar erhalten hat und dieses beschrieben wird.

Die Dicke der Fliese konnte oft nicht angegeben werden, weil die Fliesen noch in situ verlegt oder in den Museen in eine Wand, eine Tafel oder in den Fußboden eingelassen sind. Bei einzelnen Fliesen waren keine Größenangaben zu erhalten, bei heute verlorenen Fliesen waren oft weder Angaben zur Tonfarbe noch die Maße genannt.

Da leider zu Beginn der Mustersammlung nicht auf die seitliche Abschrägung der Fliesen geachtet wurde, findet dieses Detail nur gelegentlich Erwähnung. Auch auf die Nennung von Inventarnummern wurde verzichtet, da ein großer Teil der Fliesen in den einzelnen Museen überhaupt nicht inventarisiert war, bei anderen, von denen sich größere Mengen eines einzelnen Musters in einem Museum befinden, hätte sich eine Häufung von Nummern ergeben. Die Formulierung „Herkunft unbekannt" weist immer darauf hin, daß zwar der Fundort, nicht aber die genaue Herkunft der Fliese innerhalb einer Stadt oder eines Klosters bekannt ist. Wenn das Fundjahr bekannt war, wurde es stets genannt; ist es nicht bekannt, so zeigt die Jahreszahl bei einer schon publizierten Fliese, daß sie vor diesem Zeitpunkt geborgen wurde.

Die Anordnung der Fundorte innerhalb einer Nummer erfolgt alphabetisch. Sie wird geändert, wenn es sich z.B. um einen späteren Nachschnitt, eine von der zuerst beschriebenen Fliese abhängige Variante handelt oder wenn der Fundort sehr unsicher ist. Bei einigen Mustern (z.B. bei Fliesen des Rheingaus) werden zwei Varianten, auch wenn sie nur geringfügig voneinander abweichen, unter zwei Nummern behandelt, um die Übersicht zu erleichtern. Manchmal werden, um die Nummern nicht endlos anwachsen zu lassen, zwei Fliesen, die zu verschiedenen Zeiten und an verschiedenen Orten geprägt wurden, unter einer Nummer erwähnt, da sie im Muster fast völlig übereinstimmen. Um Fehler zu vermeiden, ist es wichtig, stets nachzuprüfen, ob die Datierung für alle erwähnten Fliesen gilt. Mit der Bezeichnung „00.1" wurden Fliesen im letzten Augenblick eingeschoben, wenn der Fund so wichtig war, daß er unbedingt erwähnt werden sollte. Eine gewisse

---

1 Leider hat Verf. versäumt, gleich zu Beginn der Suche nach Fliesenmustern auch kleinste Bruchstücke zu erfassen, da das oft kleine Teilstück kein sicheres Muster erkennen ließ. Dieses Versäumnis wurde in späteren Jahren durch erneutes Überprüfen der Fliesenbestände korrigiert. Es ließen sich jedoch nicht alle Reisen, die durch ganz Deutschland geführt hatten, wiederholen, so daß eine Reihe von Bruchstücken im Katalog fehlt. Inzwischen ist es, allein durch die Fülle gesammelter Muster, möglich, auch kleine Teilstücke zu erkennen und einzuordnen. Eine einfache Methode zum Prüfen von Modelabdrücken sei hier erwähnt. Von den Fliesen, sofern sie nicht ein zu grobes Relief zeigen, läßt sich mit Hilfe eines Pauspapiers und eines Blatts „Geha-Durchschreibepapier" (farbstärker als normales Kohlepapier) in Sekunden eine sehr klare Durchreibung fertigen. Durch Übereinanderlegen der durchsichtigen Pausen läßt sich einwandfrei feststellen, ob für zwei Fliesen derselbe Model benützt wurde; Fragmente lassen sich meist einwandfrei einordnen.

Französische Wissenschaftler haben eine zweite Methode entwikkelt, die, zuerst zum Vergleich keltischer Münzbilder bestimmt, nun auch zum Prüfen von Tonstempeln angewandt wird. A. Mattys (63–65) beschreibt einen „Comparateur", mit dessen Hilfe mittels optischer Analyse zwei Stempelbilder genau übereinandergelegt werden.

Eintönigkeit bei der Beschreibung der Fliesen ließ sich nicht vermeiden, ebensowenig das durch die unsichere Herkunft der Fliesen bedingte häufige Auftauchen der Formulierungen „vermutlich, wahrscheinlich, möglicherweise". Es war notwendig, die Fliesen so ausführlich zu beschreiben, da zu Beginn der Arbeit nicht feststand, wie viele und welche Abbildungen der Bildteil enthalten würde.

Die Datierung der Fliesen kann immer nur der Versuch sein, einen Annäherungswert zu erreichen. Bei Fehlen jeglicher Baudaten wird nicht immer von neuem erwähnt, daß sich diese nach stilistischen Merkmalen richtet oder durch einen Vergleich mit ähnlichen Fliesen, deren Entstehungszeit gesichert ist, bestimmt wurde. Ist eine sichere Datierung aus Unkenntnis des Fundortes oder wegen des einfachen Musters nicht möglich, wird nur das vermutete Jahrhundert genannt. So erscheint die Formulierung „2. Hälfte 13. Jahrhundert" leicht monoton. Fliesen eines bestimmten Musters können jedoch, beim Fehlen aller anderen Anhaltspunkte, nur so datiert werden, da nachweislich die meisten figürlichen Darstellungen, vor allem die Fabeltiere, noch vor 1300 entstanden sind.[2] Bei mehreren unter einer Nummer aufgeführten Fundorten konnte die Datierung nicht immer klar abgegrenzt werden, da es sich oft um Nachschnitte und Nachschnitte von Nachschnitten handelte. Hier werden die Entstehungszeiten in einem größeren Zeitabschnitt zusammengefaßt, die einzelnen Daten stehen dann bei der Baugeschichte des betreffenden Fundortes.

Text, Katalog und Musterliste wimmeln von Fragezeichen. Diese sind bewußt gesetzt, da sowohl Herkunft wie Datierung immer wieder fraglich sind. Nur mit diesen Vorbehalten ist es überhaupt möglich, ein gewisses Gerüst von Zuordnungen und Datierungen aufzustellen.

Leider war es nicht immer möglich, die Photos in der gewünschten Qualität zu erhalten. Sehr oft standen bei heute verlorenen Fliesen nur blasse Aufnahmen oder wenig scharfe Reproduktionen zur Verfügung. Durch ungünstige Aufnahmen zeigen die Fliesenphotos scheinbar statt des erwähnten Reliefs vertiefte Prägung und umgekehrt. Durch eine leichte Drehung des Bildes wird die Spiegelung aufgehoben und der Originaleindruck hergestellt. Für die meisten der abgebildeten Muster konnten Vorlagen in der bildenden Kunst nachgewiesen werden. Diese werden jedoch nur vereinzelt aufgeführt, da der Katalog sonst zu umfangreich geworden wäre.

---

2 Datierungshilfe boten außerdem die bei W. Leonhard abgebildeten Übersichten über datierbare Wappen mit Darstellungen von Adlern, Hirschen, Löwen und anderen Tiermotiven.

Zur Datierung der Fliesen

Da im Katalog nicht bei jeder Fliese die Datierung ausführlich begründet werden kann, erscheint es notwendig, einige Angaben zur Datierung vorauszuschicken. Die zeitliche Einordnung der Fliesen ist eine der heikelsten Aufgaben dieser Arbeit, da uns die deutschen Fliesenleger nicht wie die italienischen Mosaizisten den Gefallen taten, ihre Böden durch Inschriften zu datieren. Meist ergibt sich der gefundene Zeitraum erst aus einer Zusammenschau einzelner bekannter Baudaten, aus stilistischen Vergleichen, Eigentümlichkeiten von Prägung und Tonmaterial, Größe und Musterung der Fliesen. Irrtümer werden sich nie ganz vermeiden lassen, sie werden abnehmen, sobald durch immer neue Grabungsfunde Bodenbeläge in situ aufgedeckt und die noch unbekannte Baugeschichte einzelner verschwundener Burgen und Kirchen erhellt wird.

Das für die Gefäßkeramik so wichtige und nützliche Mittel der münzdatierten Keramik fällt für die Fliesenfunde leider fast ganz aus. Nur bei zwei Grabungen (Heidenheim, St. Michael; Steinbach, Einhardsbasilika) wurden auf demselben Horizont Münzen gefunden, die eine Einengung der Datierung erlauben. Weitere feste Daten lassen sich durch „termini ante quem und post quem" ableiten. Wenn z. B. eine Kirche oder Wallfahrtskapelle zu einem bestimmten Zeitpunkt an einem Ort gestiftet wurde, für den sich vorher noch keine Besiedlungsspur feststellen läßt, können die Fliesen erst nach diesem Datum entstanden sein, auch wenn sie ein altertümlicheres Gepräge zeigen. Ebenso können die Fliesen einer früh zerstörten Burg (Hohenfels, Bommersheim, Tannenberg, Schauenburg), die nicht wieder aufgebaut wurde, nur vor dem Zeitpunkt der Zerstörung verlegt worden sein.

Einwandfrei datierbare Fliesenbeläge sind zahlenmäßig gering. Bei einer Reihe von Kirchenbauten läßt sich durch Urkunden belegen, daß der Bau bei der Weihe noch lange nicht vollendet war. Auch die Ausstattung der Kirche zog sich oft noch sehr lange nach der Weihe des Hochaltars hin. Meist jedoch darf man annehmen, daß nicht lange nach der Vollendung der Fensterzone auch die Fußböden verlegt wurden, so daß bei Bauten, bei denen die ungefähre Bauzeit aus Urkunden bekannt ist, der Fliesenboden stets ans Ende der Bauzeit gesetzt wird. Es besteht jedoch stets die Möglichkeit, daß man sich zuerst mit einem einfachen Estrich begnügte und diesen erst nach einiger Zeit gegen Fliesen auswechselte. Da die Bodenbeläge nicht in unmittelbarem Verband zum Bau stehen, kann die nachträgliche Verlegung eines Fliesenbodens nur festgestellt werden, wenn dieser, wie es häufig geschah, einfach auf dem alten Boden aufgebracht wurde oder, wie z. B. im Xantener Dom, durch Urkunden und Baurechnungen zu belegen ist. Neue Böden wurden auch verlegt, wenn der Fußboden durch eine Überschwemmung (Langenau, St. Martin) ausgewaschen oder durch herabstürzendes Gebälk nach einem der häufigen Brände beschädigt worden war. Sehr oft erzwang auch die Feuchtigkeit des Untergrunds eine Erhöhung des Fußbodenniveaus oder es wurden durch ungleichmäßige Senkungen des Bodens entstandene Niveauunterschiede durch neue Böden ausgeglichen.

Bei der Datierung vor allem bei Bauten, die schon im 12. oder frühen 13. Jahrhundert errichtet wurden, darf man meist nicht davon ausgehen, daß der Fliesenboden gleich im ganzen Kirchenraum verlegt wurde. Die Fliesenfunde weisen eher darauf hin, daß zuerst im Chor, in einer Kapelle oder an sonst bevorzugter Stelle Fliesen verlegt wurden und dieser Belag dann später auf die ganze Fläche der Kirche ausgedehnt wurde.

In kleinen Klöstern, in denen es sehr oft an Geld fehlte und die Bauten nur schleppend fertiggestellt wurden, wird wohl stets ein größerer Zeitraum zwischen der Pflasterung der Kirche und der Konventsräume liegen.

In Württemberg kann man bei Fliesen, deren stilistische Merkmale für eine Entstehung im 15. Jahrhundert sprechen, meist annehmen, daß sie aus den Chören stammen, welche in vielen kleinen Dorfkirchen zu Ende des 15. Jahrhunderts angefügt wurden.

Bei einzelnen aus einer Kirche stammenden Fliesen ergeben sich mitunter große Widersprüche hinsichtlich der Datierung. Dies kann ganz verschiedene Ursachen haben. Entweder wurden, wie z. B. in der Liebfrauenkirche in Hadamar, der Klosterkirche Ilbenstadt und der Pfarrkiche in Pfungstadt, tatsächlich nacheinander verschiedene Fliesenböden verlegt, die in Schichten übereinander eine Erhöhung des ursprünglichen Fußbodens ergaben. Oder es wurde ein noch einigermaßen intakter Fliesenboden durch Neuprägungen ausgeflickt, manchmal auch, was die Datierung besonders erschwert, durch kaum wenig später entstandene, aus einem andern Teil der Kirche oder des Klosters stammende Fliesen ausgebessert (Klosterkirche Eberbach).

Derselbe heterogene Eindruck kann entstehen, wenn ein Fliesenboden zwar in seiner Gesamtheit aus einer Zeit stammt, dadurch aber, daß sich in einer Werkstatt Fliesenmodel, aus verschiedenen Zeitabschnitten und von verschiedenen Händen gefertigt, gesammelt hatten, die Prägungen in Technik und Qualität voneinander abweichen (Konstanz, Stadionscher Domherrenhof, Dieburg).

Weitere Schwierigkeiten entstehen, wenn ein Muster des späten 13. oder frühen 14. Jahrhunderts im ausgehenden 15. oder zu Beginn des 16. Jahrhunderts nochmals kopiert wird (D 52, H 143, N 14, P 18). Bei Fliesen, die nur ein sehr einfaches Muster (Kreis, Stern, Kreuz) aufweisen, kann aufgrund des Musters kaum entschieden werden, ob es sich um erste tastende Versuche einer Prägung oder um eine phantasielose Wiederholung des 16. Jahrhunderts handelt. Manche Fliesen sind, vor allem wenn Baudaten fehlen, nicht mit Sicherheit zu datieren.

Die meisten Datierungen des Katalogs wurden unter Abwägung all dieser erwähnten Beurteilungskriterien vorgenommen. In wenigen Fällen, so z. B. bei einigen Ulmer Fliesen, wurden die Datierungen Hasslers[1] übernommen, weil vermutet werden darf, daß er die Patrizierhäuser, aus denen die Fliesen stammten, noch aus eigener Anschauung kannte und seine Datierungen auf Grund vorhandener Baudetails traf.

In allen Fällen, in denen weder Baudaten des Bauwerks noch sonstige Datierungshilfen zur Verfügung standen, wurde nicht der Versuch gemacht, die Datierung auf ein Jahrzehnt einzuengen. Die daraus resultierende Formulierung, z. B. 2. Hälfte 13. Jahrhundert, wiederholt sich besonders häufig; eine präzisere Angabe wäre jedoch nicht zu verantworten.

---

1 K. Hassler, 7–8

Ein für die Datierung besonders schwieriges Problem bilden Fliesen, die sich in Gebäuden fanden, die in weit späterer Zeit errichtet wurden, als die Muster der Fliesen dies vermuten lassen. Hier muß an eine Übernahme aus einem älteren Bau gedacht werden[2]. Urkundlich belegt ist dies nur für die Fliesen aus den Kirchen von Bargau und Eggartskirch. Bei zahlreichen anderen Bauten weiß man jedoch, daß sie abgetragen und das gesamte Material an anderer Stelle weiterverwandt wurde.

So stammen z.B. die in einigen Bürgerhäusern der Stadt Schiltach gefundenen Fliesen aus dem ehemaligen Schloß, das 1760 auf Abbruch verkauft und dessen Holzwerk und Ziegel einem Privatmann überlassen wurden[3]. Zum Umbau des Reutlinger Spitals und der Spitalskirche wurden Steine der 1539 abgebrochenen Barfüßerkirche verwandt[4], so daß nicht sicher ist, ob die dort gefundene Fliese H143 aus dem alten Spital oder der Minoritenkirche stammt. Ähnliches gilt für die Ebernburg. Hier wurde es 1482 Schweikard von Sickingen gestattet, Steine aus der ruinösen Altenbaumburg zum Aufbau der Ebernburg zu holen[5]. Die Steine der Burg Altenscharfeneck wurden nach 1688 zum Bau der Festung Landau, 1834 zum Bau der Festung Germersheim verwandt[6]. Auch die beim Abbruch des Prämonstratenserklosters Adelberg[7] und des Augustiner-Eremitenklosters Engelberg gewonnenen Steine[8] wurden nach Schorndorf gekarrt und in die Festung verbaut. Möglicherweise befinden sich die schönen Fliesen des Zisterzienserklosters Hude, von denen sich nur einige wenige erhalten haben, im Turm der Kirche von Delmenhorst[9] vermauert, wohin 1675 mehrere tausend Steine verbracht wurden. Die Beispiele ließen sich beliebig vermehren, man scheute sich nicht, kostbares Stein- und Ziegelmaterial sogar über weite Strecken zu transportieren. Erwähnt sei in diesem Zusammenhang nur noch die Schleifung der ulmischen Festung Helfenstein über Geislingen. Alles vorhandene Steinmaterial wurde 1552 sorgfältig abgebrochen und nach Ulm gebracht. Desgleichen wurden möglicherweise nicht alle in Ulmer Patrizierhäusern verlegten Fliesen für diese geprägt, sondern nach der Reformation aus den leerstehenden Kirchen und Kapellen entfernt oder vor deren Abbruch geborgen[10].

Wie viele Fallstricke sich einer exakten Datierung in den Weg stellen, soll nur an einem einzigen Beispiel erläutert werden. Bei der Restaurierung des Ulmer Münsters wurde 1853 in der Portalvorhalle ein intakter Fliesenboden aufgedeckt, den man für den mittelalterlichen Boden des Münsters hielt. Aus der ganzen Baugeschichte des 1377 gestifteten Münsters ergibt sich, daß der Boden der Vorhalle wohl kaum vor der Vollendung des Westturms verlegt worden sein kann. Das Muster der Fliesen (O28), das übereinstimmend oder mit geringen Abweichungen (O29) in Kloster Söflingen, dem Franziskanerkloster in Ulm, in Kloster Bebenhausen, der Klosterkirche Denkendorf und dem Speyerer Pfleghof in Esslingen gefunden wurde, weist eigentlich auf eine Entstehung im frühen 14. Jahrhundert, ohne daß jedoch in diesem Fall ein sicherer Beweis dafür erbracht werden könnte. Es bieten sich nun drei verschiedene Möglichkeiten an. Entweder wurde der Model in der Ulmer Werkstatt noch bis ins 2. Viertel des 15. Jahrhunderts verwandt. Dies erscheint unwahrscheinlich, da die Fliesen des frühen 15. Jahrhunderts in Ulm anders aussehen; schon vom 4. Viertel des 14. Jahrhunderts an wurden vorwiegend Reliefflíesen geprägt. 2. Die Fliesen wurden aus der Pfarrkirche „über Feld“ beim Abbruch 1377 mitgenommen und wiederverwandt. Daß Bauteile der alten Kirche in den Neubau übernommen wurden, ist bewiesen[11]. Für diese Möglichkeit spräche ferner die Tatsache, daß an keiner anderen Stelle, bei den doch immerhin seit Mitte des 19. Jahrhunderts beträchtlichen Bauarbeiten, im Münster Spuren von Fliesen gefunden oder Fliesenböden aufgedeckt wurden. Man besaß nur eine begrenzte Zahl von Fliesen und verwandte diese zur Pflasterung der Vorhalle. 3. Da die Übereinstimmung in der Prägung mit Fliesen des Klosters Bebenhausen so auffällig ist, muß noch an eine weitere Möglichkeit gedacht werden. Als der Bau des Ulmer Münsters beschlossen wurde und man für den großen Grundriß genügend Platz benötigte, wurde unter anderem auch der Klosterhof des Klosters Bebenhausen von der Stadt erworben, die Gebäude niedergelegt und „deren Platz zum Teil für den Münsterbau verwendet“.[12] Es wäre also durchaus möglich, daß man bei der Grabung 1853 auf den Bodenbelag des ehemaligen Bebenhäuser Hofes stieß. Dieser könnte, da das Gelände 1292 vom Kloster erworben wurde, im 1. Viertel des 14. Jahrhunderts ausgebaut worden sein, ein Zeitraum, der mit der Prägetechnik der Fliesen einigermaßen übereinstimmt.

---

2 Vgl. die vermutlich zu Beginn des 14. Jh. entstandene Fliese J80, die sich im 1660–61 erbauten Bassenheimer Hof in Kiedrich als Bodenbelag fand.

3 H. Fautz, 426.

4 OAB Reutlingen, N. F. 1893, 33.

5 O. Böcher, 1978, 4.

6 A. Eckardt, 1928, 10

7 K. Kirschmer, 1.

8 Hist. St. VI, Baden-Württemberg, 895.

9 Kohl, Rauchheld, Tenge, Kdm Oldenburg IV, 87.

10 OAB Ulm II, 37–42. Im 1. Drittel des 16. Jh. wurden in Ulm acht Kirchen und Kapellen abgebrochen.

11 G. Dehio, Baden-Württemberg, 492: Nordwestportal, durch Jz. 1356 datiert, Südportal, ebenfalls vor 1377 entstanden.

12 vgl. Fundortkat.

Menschendarstellungen

A1 Worms

Wohl noch 2. Hälfte 12. Jahrhundert?
Hell- und dunkelroter, stark gebrannter, grobgemagerter Ton. Sehr flaches Relief, abgetreten, Ecke oben links beschädigt. 12 × 12,5 × 2,2 cm.
In quadratischem Rahmen Figurenpaar in groben Umrißlinien, die übergroßen Köpfe mit plumpen Nasen en face. Gewänder durch Längsfalten angedeutet. Rahmung durch zwei Pfosten, die vermutlich Bäume darstellen.
Fundort:
Worms, Herkunft unbekannt, vor 1922 gefunden[1].
E. Grill, I,3.
Worms, Museum der Stadt Worms.

1 Westd. Zs., Korrespondenzblatt 1, 1882, 14; 9, 1890, 397; 11, 1892, 242; 12, 1893, 289; 15, 1896, 360; 17, 1898, 369; 19, 1900, 385. Die Fundorte der im 19. Jh. ins Museum Worms gelangten Fliesen wurden nur in ganz wenigen Fällen festgehalten. Eine vorhandene Sammlung wurde 1882 bei Eröffnung des Paulus-Museums übernommen, weitere Fliesen kamen in den Jahren 1889, 1891, 1892, 1895, 1897 und 1899 ins Museum. Sie wurden alle entweder beim Umbau alter Häuser oder bei Straßenbau- und Kanalisationsarbeiten in Worms gefunden.

A2 Speyer

1. Hälfte 13. Jahrhundert.
Grobgemagerter hellroter und graurötlicher-gelbgrauer Ton. Flachrelief, abgetreten. 8 × 14 × 2,5 cm.
Flaches Rechteck mit drei gekrönten Büsten unter einem mit Doppeltürmchen besetzten Drillingsbogen. Der Grund mit einem feinen Gitternetz überzogen. Die Fliese diente vermutlich als Sockelfries oder Wandfliese, sie zeigt möglicherweise eine Darstellung der hl. drei Könige[1].
Fundort:
Speyer, bei Grabungen 1913 auf dem Gelände des Gasthauses „Zum roten Löwen", Herdstr. 35.
Speyer, Historisches Museum der Pfalz.

1 Die Darstellung der hl. drei Könige weicht im allgemeinen von der der Fliese ab, vgl. St. Waetzoldt, Drei Könige, RDK IV, Sp. 476–501. – G. Vezin, L'adoration et le cycle des Mages dans l'art chrétien primitif, Paris 1950, Taf. 10,b zeigt ein um 1140 entstandenes Reliquienkästchen aus St. Yved-de-Braisne (Paris, Musée de Cluny) mit dem Bild der hl. drei Könige unter einem Baldachin, allerdings in ganzer Figur. Auf Schreinen werden unter diesen Arkaturen vor allem die Apostel dargestellt, auf Elfenbeinen die handelnden Personen (Kluge und törichte Jungfrauen, Heilige, Bischöfe und „Pleurants"). Zu einer Dreiergruppe vereint zeigt das Mittelalter auch die drei bedeutendsten Könige der Christenheit: König Artus, Karl d. Gr. und den Kreuzfahrerkönig Gottfried v. Bouillon.

A3 Deutschland

2. Hälfte 14. Jahrhundert?
Feingemagerter roter Ton. Flachrelief, sehr stark abgetreten, Kante schräg, unterer Fliesenrand beschädigt. 13,5 × 15 × 3 cm.
Ungleichgroße Köpfe eines Paares. Durch die starke Abnützung sind nur die in leichten Wellen am Kopf anliegenden Haare, die Augen und der Nasenansatz sichtbar. Die Fliese fand möglicherweise als Rahmung einer Grabplatte Verwendung, wie dies im 13. und 14. Jahrhundert vor allem in Frankreich üblich war.
Fundort:
Unbekannt[1].
Düsseldorf, Hetjens-Museum.

1 Für die meisten Fliesen des Hetjens-Museums fehlen Fundortangaben. Sie kamen 1906 aus der Privatsammlung von Laurenz Heinrich Hetjens ins Museum. Die Sammlung wurde 1913 durch (ebenfalls nicht inventarisierte) Fliesen des Kunstgewerbemuseums Düsseldorf vermehrt. Während die letzteren vorwiegend aus dem Rheinland stammten, hatte L. H. Hetjens wahllos gesammelt und nicht nur deutsche und französische, sondern auch außereuropäische Fliesen zusammengetragen. Fliesen aus der Sammlung Lückger, die, ebenfalls ohne Fundortangaben, später ins Museum gelangten, vermehren die Unsicherheit.

A4 Aachen – Kinzweiler – Langerwehe

1. Hälfte bis Mitte 15. Jahrhundert (nach älterer Vorlage?).
Grauer Ton mit hellgrüner, an einigen Stellen ins Gelbliche wechselnder Bleiglasur. Flachrelief, abgetreten. 12 × 2 cm.
In der Diagonale der Fliese ritterliches Paar[1]. Der Mann hält in seiner Linken ein Schwert, die Rechte der Frau eine Lilie. Beide umschließen mit der rechten bzw. linken Hand einen zwischen ihnen aufgerichteten Lilienstab. Die Gesichter sind durch Abnützung unkenntlich. Das Haar legt sich in lockeren Wellen um den Kopf; die Kleidung besteht bei beiden aus gegürteten Röcken. In den Ecken kleine Vierpaßviertel mit heraldischen Lilien, die für die Werkstatt in Langerwehe typische Ecklösung.
Fundort:
a Aachen, bei der Ausschachtung einer Baustelle 1898 hinter dem Hause Krugenofen 41 in einer Fehlbrandgrube entdeckt[2].
Verbleib unbekannt. Da das Museum für Kunst und Gewerbe, Hamburg, jedoch zu Beginn des 20. Jh. eine Sammlung Aachener Fliesen ankaufte, dürfte diese Fliese nach dort gekommen sein.
Hamburg, Museum für Kunst und Gewerbe.
b Kinzweiler-St. Jöris, ehem. Zisterzienserinnenkloster, bei Bauarbeiten 1984 vor der Kirchenruine gefunden.
Pulheim-Brauweiler, Rheinisches Amt für Denkmalpflege.
c Langerwehe, bei einer Zufallsgrabung 1978 im Ort gefunden. Die Fliese war während des Brandes zersprungen, die Glasur an der Bruchstelle abgelaufen.
Langerwehe, Töpferei-Museum.

1 Diese Anordnung findet sich ähnlich auf Ofenkacheln, so auf einer Kranzkachel aus der Burgruine Alt-Wartburg, Oftringen, Kt. Aargau, die um oder nach 1400 entstand. (J. Tauber, 38, Nr. 93; 40, Abb. 19).

2 E. Adenaw, 1914, 125. Adenaw erwähnt einen damals wohl noch sichtbaren „Kinnbart" bei der männlichen Figur.

A5 Elsaß?

13. Jahrhundert?
Gelbgrauer Ton. Vertiefte Prägung mit sehr schmalen Rillen. 12,5 × 2,5 cm.
Fliese durch Doppellinie in der Diagonale geteilt. In die Dreiecke sind zwei Personen so einbeschrieben, daß sie die ganze Fläche füllen.
Links: Ritter mit barettartiger Kopfbedeckung, spitzer Nase und großem, zu weit hinten liegendem Auge. Die Rechte hält ein Rundschild, die Linke ein Schwert.
Rechts: Mensch oder Fabelwesen mit Knollennase und Guglhaube, die Linke hoch überm Kopf erhoben. Die Rechte um-

klammert einen kurzen, nicht erkennbaren Gegenstand. Während bei der Person der linken Seite die weitgestellten Beine vom Mantel verdeckt werden, ist hier nicht sicher erkennbar, ob es sich um ein flatterndes Gewand oder um den Fischschwanz eines Fabelwesens handelt.
Fundort:
Unbekannt, vermutlich schon im 19. Jahrhundert gefunden. Die Fliese zeigt die typische Trennlinie der Saarburger und Schlettstadter Werkstatt, weicht jedoch in den Maßen von deren Fliesen ab.
Düsseldorf, Hetjens-Museum.

A6 Bayern?[1]

15. Jahrhundert?
Dunkelroter, feingemagerter Ton. Flachrelief, stark abgetreten. Model wohl ursprünglich nicht für eine Bodenfliese bestimmt. 27 × 5,5 cm. Stempel: 13,5 × 10,5 cm.
Rahmen aus Kielbogen, der auf zwei gewundenen Säulen mit kleinen Kapitellen ruht. In der Mitte kaum erkennbare Heiligenfigur mit Gloriole. Der entblößte Oberkörper mit Lendentuch weist auf eine Christusdarstellung oder die Figur des Johannes d. Täufers. Der bärtige Kopf entspricht eher dem Typus der Petrusdarstellungen. Zu beiden Seiten leere (?) Schriftbänder.
Fundort:
Unbekannt.
München, Bayerisches Nationalmuseum.

1 Im Bayerischen Nationalmuseum befinden sich zwar vorwiegend Fliesen aus Bayern und Franken. Es kamen jedoch auch Fliesen aus Hirsau und Ulm dorthin.

A7 Lilienfeld

Um 1382?
Rötlicher Ton. Flachrelief, stark abgetreten. 19,5/20,6 × 5 cm. Stempel: 16,5 × 8 cm. Model wohl ursprünglich nicht für Bodenfliesen bestimmt.
In die Fliese nebeneinander ein schmaler Rechteckstempel und ein Kreisstempel eingeprägt. Im Rechteck ein zweiter Innenrahmen mit äußerer Zackenkante. Unter einer gotischen Baldachinarchitektur mit zwei Fialen und Kreuzblume eine en face gegebene Bischofsgestalt (St. Wolfgang?), deren brettartiger Ornat nur noch die Schuhspitzen freiläßt[1]. Die Handhaltung durch Abnützung nicht klar erkennbar. Auf dem Kreisstempel das unter E 39 beschriebene „Agnus Dei".
Fundort:
Lilienfeld, Zisterzienserstift, 1971 bei Grabungen auf dem Gelände der ehem. Wolfgangskapelle in situ im Fliesenboden gefunden.
Lilienfeld, Stiftsarchiv.

1 Die knappe Beschreibung kann und will nicht die sorgfältigen und in liturgischen Details ganz korrekten Ausführungen bei F. Vongrey, 18, ersetzen. Der Hinweis Vongreys, daß mittelalterliche Grabplatten von Bischöfen als unmittelbare Vorlage dieser Fliese gedient hätten, erklärt auch die altertümliche Darstellungsweise.

A8 Burkartsreuth

1. Hälfte 16. Jahrhundert.
Mittelfein gemagerter, rosabräunlicher Ton. Flachrelief, stark abgetreten, die untere Fliesenkante abgebrochen. Restgröße 30 × 26,3 × 5,6 cm. Dm: des Kreisstempels: 22,5 cm. Vermutlich als Wandfliese geschaffen, jedoch offensichtlich als Bodenfliese verlegt.
Etwas ins Breitoval gedrückter Kreisstempel mit einer Darstellung von Adam und Eva. Das Bild wird durch einen Baum mit flacher Krone und dünnem Stamm, um den sich die Schlange ringelt, geteilt; weitere Bäume füllen vom Bildrand her die freien Flächen. Links Eva mit flatterndem Haar, rechts Adam mit leicht angewinkelten Armen. Der Raum zu beiden Seiten mit den Tieren des Paradieses gefüllt: u. a. Störche, Vögel, Hirsch, Löwe, Pferd (?), Adler. Durch die starke Abnützung sind nicht mehr alle Feinheiten sicher erkennbar. Der Boden ist mit Gras und Blüten bedeckt.[1]
Fundort:
Burkartsreuth, Herkunft unbekannt.
München, Bayerisches Nationalmuseum.

1 Die Fliese wurde möglicherweise unmittelbar als Töpferzeichen geschaffen. Erhalten hat sich ein Prager Töpferzeichen mit Adam und Eva im Artikel der Gilde von 1567 (W. Husa, 97). Außerdem zahlreiche Darstellungen auf Krügen und Ofenkacheln, teilweise in Verbindung mit der Devise: „Gott der Schöpfer war der erste Töpfer."

A9 Speyer

3. Jahrzehnt bis Mitte 13. Jahrhundert.
Grauer Ton. Flacher, unregelmäßig eingeprägter Stempel. 15 × 2 cm. Abb. nach Gipsabdruck.
In quadratischem Rahmen Kreismedaillon mit nach rechts gewandtem, sitzendem König, auf dem rechten, waagrecht ausgestreckten Arm einen Falken, in der Linken ein Lilienzepter haltend. Der Thronsessel mit Rautenmuster, in den Ecken stilisierte Lilien mit flachen Palmetten. Herrscherbildnis, der Falke weist auf Friedrich II.[1]
Fundort:
a Speyer, unbekannt, möglicherweise aus dem Dom, vor 1894 gefunden[2], Fundort nicht erwähnt, 1934 noch vorhanden[3], heute nicht mehr auffindbar.
b Speyer, in einem Weinberg auf dem Gelände des ehem. Klosters St. German gefunden.
c Speyer, Roßmarktstraße, bei Grabungen 1953 gefunden.
Speyer, Historisches Museum der Pfalz, z. Z. nicht auffindbar.

1 Der Propst von St. German, der spätere Bischof von Speyer und Metz, Conrad von Scharfenberg (1200–24), war gleichzeitig Hofkanzler Friedrichs II. Der Kaiser hielt sich, mit Ausnahme der Pfalz in Hagenau, in keiner anderen Stadt so häufig auf wie in Speyer.
Vgl. hierzu das Bild des thronenden Kaisers aus der „Manfred-Ausgabe" des Falkenbuches (Rom, Biblioteca Apostolica Vaticana, Pal.lat. 1071, fol. I v), Unteritalien, 3. Viertel 13. Jh. (Kat. Die Staufer I, 658, Nr. 824, II, Abb. 616).
2 Bdm der Pfalz, IV, 1894, 62, F. 51.
3 B. H. Röttger, 1934, 722, Abb. 505, 1. Es handelt sich eindeutig um zwei verschiedene Fliesen.

A10 Memmingen

2. Hälfte 12. Jahrhundert.
Gelbroter Ton. Sehr flaches Relief. Bruchstück, erhalten ca. 20 cm, Dicke: 2,3 cm.
Wohl Fragment einer Wandplatte.[1] Teil einer linken Hand, vermutlich in Segensgestus erhoben. Sichtbar ist die Hand-

fläche mit dem Ansatz der Finger und des Daumens. Die Hand ragt aus dem verzierten Ärmel eines Gewandes.
Fundort:
a Memmingen, Buxheimer Haus, bei Grabungen 1935 gefunden.
Memmingen, Heimatmuseum.
b Erwähnt werden soll hier eine Fliese mit der Ritzzeichnung einer Hand (roter Ton, 35 × 35 cm), die in situ in der Kapelle Mariae Heimsuchung, Bierdorf, Gem. Rieden, im Chor liegt. Sie wurde vermutlich 1607 verlegt. *Nicht abgebildet.*

1 Alle Angaben hierzu im Fundortkat.

A 11 Straßberg

Ende 12.–1. Viertel 13. Jahrhundert.
Roter Ton. Flachrelief.
Bruchstück einer ehem. 18,5 × 3 cm großen Fliese.
Der Model war viermal nebeneinander in eine Fliese eingeprägt. Auf einer weiteren Fliese findet sich nur ein Stempel, zusammen mit drei kleinen, quadratischen Stempeln mit der Darstellung eines Steinbocks, eines Pferdes mit fliegendem Vogel über dem Rücken und eines Hasen. Diese sind an der Längsseite des Models aufgereiht. Schmaler, rechteckiger Model mit stehendem, nach links gewandtem Bettler mit spitzer Mütze. Die rechte Hand bis zur Höhe des Mundes erhoben, die linke auf eine Krücke gestützt. Die Kleidung wird sichtlich als zerschlissen angedeutet.
Fundort:
Straßberg, Kt. Bern, Burgruine. Erstmals zwischen 1815 und 1820 ausgegraben. Diese Fliese ging später verloren, 1887 wurde sie erneut gefunden. H. Zeller-Werdmüller, 1885, Taf. X. – L. Gerster, 1916, 206, Taf. XV, 4.
Verbleib unbekannt.

A 12 Oberhomburg

Mitte – 3. Viertel 13. Jahrhundert.
Tonfarbe: „rote und blaue" (vermutlich bläulichgraue) Fliesen. Vertiefte Prägung. Maße unbekannt.
In gleichschenkligem, mit der Spitze nach unten gerichtetem Dreieck ein nach links gewandter, stehender Jäger. Er bläst mit der Rechten ein Jagdhorn, mit der Linken trägt er an einem geschulterten Stock einen erbeuteten Hasen.
Fundort:
Oberhomburg, Katharinenkapelle, Chor, bis 1899 in situ[1]. Teil einer großen Kreisrosette. Vom selben Modelschneider stammt offensichtlich auch die Fliese A 32.
Metz, Städtisches Museum.

1 Westd. Zs. 20, 1901, 309, Abb. 6.

A 13 Selz – Straßburg

3. Viertel 13. Jahrhundert.
Hellroter Ton mit eingeschlossenen kleinen Kieseln. Vertiefte Prägung, Kante senkrecht. 13 × 2,5 cm.
In quadratischem Rahmen Darstellung einer Hirschjagd. Der nach rechts springende Hirsch wird im Rücken, von rechts oben und unten von Hunden angegriffen. Auf der linken Bildseite die Figur eines hornblasenden Jägers mit langem Gewand.
Fundort:
a Selz, um 1950 in einer Scheune aufgedeckt.
Hagenau, Musée Alsacienne.
b Straßburg, Herkunft unbekannt, vor 1901 gefunden[1]. Linke untere und rechte obere Ecke fehlen. Dunkelroter Ton, 13,5 × 3 cm. R. Forrer, 1901, Taf. VIII, 3.
Straßburg, Frauenhausmuseum.
London, Victoria and Albert Museum. A. Lane, Taf. 22 D.

1 Die Sammlung Forrer wurde 1902 vom Besitzer verkauft. Die Fliesen kamen ins Museum für Kunst und Kulturgeschichte, Dortmund, die Staatl. Galerie Moritzburg, Halle, ins Victoria and Albert Museum, London, und ein kleinerer Teil an verschiedene deutsche Museen. Weitere Fliesen gelangten über den Kunsthandel in Privatbesitz.

A 14 Gebweiler

1514.
Ziegelroter Ton. Vertiefte Prägung. 19,5 × 3,2 cm.
Viertelsrond mit breitem Kreisband. In der Ecke oben große, grobe heraldische Lilie mit seitlichen Palmetten, in der Ecke unten Viertel einer achtblättrigen Rose mit Kelchblättern. Darüber schmales Kreisband mit Kreis und zwei seitlichen Halbkreisen. In jeden Kreis zwei Fischblasen einbeschrieben. Auf dem breiten Band Jagddarstellung, auf zwei Fliesen verteilt.
1. Links hornblasender Jäger, an der Hüfte ein Kurzschwert, vor sich einen Hund, den er an der Leine führt. Davor springender Hund mit Halsband, halbkreisförmig gebogenem Schweif und hechelnder Zunge.
2. Links Gitter mit Diagonal-Stäbung, ein Fangnetz darstellend[1], in dem sich ein nach links springender Hirsch verfangen hat. Ihm nachsetzend und ihn berührend ein Windspiel.
Fundort:
Gebweiler, Rathaus, bei Restaurierungsarbeiten 1974 gefunden. G. Meyer, 1975 a, 37, 45, C 7.
Gebweiler, Rathaus, Städtische Sammlung.

1 G. Bise, Das Buch der Jagd von Gaston Phoebus, Comte de Foix, Genf 1978, 84, 99, 100. Es fällt auf, daß die Darstellung der Doggen, des Halsbandes, des Fanggitters sich eng an die Miniaturen zu dem „Buch der Jagd des Gaston Phoebus, Comte de Foix" anlehnen. Die meisten der 37 (nach anderen Quellen 44) Manuskripte entstanden im 15. Jahrhundert.

A 15 Kaiserslautern

1. Hälfte 14. Jahrhundert.
Rötlichbrauner Ton. Vertiefte Prägung. Drei Bruchstücke, die nur den oberen Teil der Fliese erkennen lassen. 12,5 × 3 cm.
Spitzoval, an der Breitseite vom Kopf eines nach rechts gewandten, hornblasenden Jägers unterbrochen. Zu seinen Füßen ein springender Hund, in der Ecke links oben zwei Blätter.
Fundort:
Kaiserslautern, Stiftskirche St. Martin und Maria, bei Grabungen 1966 im eingefüllten Schutt gefunden.
Kaiserslautern, Stiftskirche.

A 16 Straßburg – Basel – Kolmar (?)

1. Hälfte 14. Jahrhundert.
Roter Ton mit Resten einer mittelgrünen Bleiglasur. Andere Fliesen unglasiert. Vertiefte Prägung, abgetreten. 13,5 × 2,5 cm.

Im Kreis nach rechts schreitender hornblasender Jäger mit Kapuze, in der gesenkten Rechten eine Keule. In die freien Stellen des Kreises wachsen von unten zwei fünfzackige Blätter. In den Ecken der Fliese Viertel eines Vierblatts.
Fundort:
a Straßburg, Blauwolkengasse/Rue de la Nuée Bleue, 1899 gefunden. Forrer, 1901, 74, Abb. 169.
Straßburg, Frauenhausmuseum.
London, Victoria and Albert Museum.
b Straßburg, Rue St. Etienne 3, 1902 gefunden.
Straßburg, Frauenhausmuseum.
c Straßburg, Blauwolkengasse/Rue de la Nuée Bleue 17–19, 1905 beim Bau des Gebäudes der „Neuesten Nachrichten" gefunden.
Straßburg, Frauenhausmuseum.
Straßburg, Slg. Charles Czarnowsky, heute verloren[1].
d Bodenfund aus der Umgebung von Basel, der genaue Fundort wurde nicht festgehalten. *Nachschnitt* des Models mit geringfügigen Abweichungen. Bräunlichroter Ton ohne Glasur.
Basel, Historisches Museum.
e Kolmar, Stiftskirche St. Martin, unregelmäßig verstreut im modern ergänzten Fliesenboden des Schiffs. Die Fliesen der Chorumgangskapellen wurden 1903 als Kopien neu verlegt. Die Echtheit der Fliesen im Schiff kann durch die starke Abnützung weder bewiesen noch widerlegt werden.

1 Die Slg. Charles Czarnowsky, Straßburg, die vor allem elsässische Fliesen enthielt, wurde 1940 beim Einrücken der deutschen Truppen vernichtet. Die Muster sind teilweise als Löschpapierabdrucke erhalten. Photos der Fliesen, welche Herr Czarnowsky 1956 der Verf. zeigte, sind inzwischen nicht mehr auffindbar.

A 17 Straßberg

Ende 12.–1. Viertel 13. Jahrhundert.
Roter Ton. Flachrelief, abgetreten. In zwei Bruchstücken erhalten. Vermutlich 14 × 14 cm. Model gebrochen.
In quadratischem Rahmen nach links sprengender, hornblasender Reiter, begleitet von einer Bracke mit feingestricheltem Fell. Die sorgfältig gegebenen Details, Zaumzeug mit Zügel, Hundeleine und -halsband sind noch erkennbar, alles andere ist durch Abnützung zerstört.
Fundort:
Straßberg, Kt. Bern, Burgruine, vor 1823 und 1888 erneut gefunden. Abb. nach L. Gerster, 1916, 206, Taf. XV,3.
Bern, Historisches Museum.

A 18 Speyer

2. Hälfte 13. Jahrhundert.
Hellgrauer, feinkörniger Ton. Flach vertiefte Prägung, die Vertiefungen mit dunkelgrauer Farbe ausgefüllt. Linke untere Ecke fehlt, stark abgetreten. 13 × 2,5 cm.
In quadratischem Rahmen nach rechts sprengender Reiter mit Kapuze und gestreiftem Wams. Durch die schlechte Erhaltung ist die feine Binnenzeichnung kaum sichtbar.
Fundort:
Speyer, Bahnhofstr. 54–56, 1892 gefunden, zu C 38 und E 24 gehörend.
Speyer, Historisches Museum der Pfalz.

A 19 Speyer

4. Viertel 13. Jahrhundert.[1]
Hellroter Ton mit Einschluß von kleinen Kalkteilchen. Model unregelmäßig tief eingeprägt. 13,5 × 2,5 cm.
In quadratischem Rahmen nach rechts sprengender Ritter mit Topfhelm, Spitzschild und eingelegter Lanze. Diese wird, im Gegensatz zu der üblichen Führung, in der Linken gehalten. Der Modelschneider hatte vermutlich die Umkehrung der Zeichnung durch die Prägung nicht berechnet. Pferd mit spitzen langen Ohren und kurzer, geteilter, vorn in spitze Zipfel auslaufender Decke. Hinter dem Reiter ein durch zwei Blätter angedeuteter Baum.
Fundort:
Speyer, im Hof des Regierungsgebäudes, Maximilianstr. 5, bei Bauarbeiten am 1. 4. 1922 gefunden.
Speyer, Historisches Museum der Pfalz.

1 Die Datierung wird bestimmt durch die Form des niedrigen Topfhelms, des übergroßen Dreiecksschildes und der Roßdecke. Diese taucht zwar schon in einer 1196 geschriebenen illustrierten Handschrift des Petrus von Ebulo (Carmen in honorem Augusti?) auf, wird jedoch erst im 3. Viertel des 13. Jahrhunderts allgemein üblich (vgl. H. Nickel, Über einen ritterlichen Siegelring in der Schatzkammer der Residenz München, Stud. zum europ. Kunsthandwerk, FS Y. Hackenbroch, 1983, 39–43).

A 20 Basel

Ende 13. Jahrhundert.
Roter Ton. Vertiefte Prägung. 14 × 2,5 cm.
Seitenverkehrter *Nachschnitt* von A 19 mit kleinen Abweichungen. Die Lanze verläuft vor dem Körper des Reiters, der Spitzschild ist hinter dem Körper angehoben. Das Pferd mit kleinerem Kopf, langem schmalem Hals und großem runden Auge.
Fundort:
Basel, Zunft der Hausgenossen. (Haus „Zum grauen Bären"), Freie Straße.
Basel, Historisches Museum.

A 21 Speyer

3. Viertel 13. Jahrhundert.
Hellgrauer Ton mit Einschluß von kleinen Kalkteilchen. Model zweimal angesetzt, andere Fliese bei B. H. Röttger, 1934, 722, Abb. 505, II gleichmäßig geprägt. 14 × 2,5 cm.
In quadratischem Rahmen nach links gewandter Ritter mit dreieckigem Spitzschild, Topfhelm und Banner. Das Pferd fast mit A 15 übereinstimmend, die Vorderläufe stärker erhoben, die Decke reicht über den ganzen Hinterleib, das vordere Ende hängt bogig über. Es handelt sich offensichtlich ebenfalls um einen Nachschnitt, die Zeichnung hat an Klarheit verloren.
Fundort:
Speyer, Regierungsgebäude, beim Brunnengraben gefunden. Das Fundjahr ist nicht bekannt, doch wohl vor 1910. G. Hirth, 1910, Taf. 80, IV.
Speyer, Historisches Museum der Pfalz.

A 22 Koblenz? – Speyer – Wartburg – Weinheim – Worms

3. Viertel 13. Jahrhundert, einige Prägungen möglicherweise etwas später[1].

Grauschwarzer Ton. Vertiefte Prägung, Model mehrfach schräg eingeprägt, Kante senkrecht. 14 × 13,5 × 2,5 cm.
In quadratischem Rahmen nach links gewandter Ritter mit Topfhelm und gezücktem Schwert in der Rechten. Pferd ähnlich A 17.
Fundort:
a Unbekannt. Die Fliese soll aus einer alten Burg in Koblenz oder dessen unmittelbarer Umgebung stammen.
Koblenz, Mittelrhein-Museum.
b Speyer, Regierungsgebäude, beim Brunnengraben, wohl gleichzeitig mit A 21 entdeckt. Hellgrauer Ton mit Einschluß von kleinen Kalksplittern. 14,5 × 2,5 cm.
Speyer, Historisches Museum der Pfalz.
c Unbekannt, nach Ansicht des Museums Eisenach von der Wartburg[2]. Roter Ton. 14 × 13,5 × 2,5 cm.
Eisenach, Thüringer Museum.
d Weinheim, St. Peterskirche, beim Abbruch 1910 gefunden. H. Huth, 364, Abb. 269.
Weinheim, Heimatmuseum.
e Worms, St. Andreaskirche, vor 1922 gefunden. E. Grill, I, 19. Mittelgrauer und schwarzgrauer Ton. 13,5 × 2,5 cm.
Worms, Museum der Stadt Worms.
London, Victoria and Albert Museum (roter Ton).
f Worms, St. Johanniskirche, 1907 in situ im Chor der Krypta gefunden.
Worms, Museum der Stadt Worms.
g Aus Worms, *Nachschnitt* mit breiten Rillen, 1927 erworben.
Hamburg, Museum für Kunst und Gewerbe.
h Worms, Herrenkeller, bei Abbruchsarbeiten 1954 gefunden. Besonders feingeschlämmter gelbrötlicher Ton. Bruchstück.
Worms, Museum der Stadt Worms.
i Unbekannt, sehr feiner rötlichgelber Ton. Bruchstück.
Darmstadt, Hessisches Landesmuseum.

1 Vgl. das Siegel des Ritters Johannes Persin von 1274, (E. Kittel, 285, Abb. 187), welches eine sehr ähnliche (spiegelbildliche) Anordnung zeigt.
2 Die Fliesen A 22 und P 46 kamen zur selben Zeit ins Museum Eisenach. Die Wahrscheinlichkeit, daß A 22 aus der Wartburg stammt, wird durch einen neuen Fund von P 46 dort bestätigt.

A 23 Bacharach (?) – Mainz – Ulm-Söflingen – Worms

3.–4. Viertel 13. Jahrhundert.
Sehr feiner hellgrauer Ton. Vertiefte Prägung, Kante senkrecht. 13,5 × 2,3 cm.
In quadratischem Rahmen nach rechts gewandter Ritter mit Topfhelm, Spitzschild und Lanze. Schematischer Nachschnitt. Das Pferd ähnlich A 19, die Decke des Pferdes vorn in drei langen spitzen Zipfeln. Das Visier ist ganz geschlossen, der Schild hängt ohne Verbindung mit dem Körper in der Luft. Die Fliese unterscheidet sich von allen vorhergehenden Exemplaren durch eine Prägung in ganz schmalen Rillen.
Fundort:
a nach A. Lane, 1960, Taf. 22E, „aus Bacharach", bei R. Forrer, 1901, Taf. 6, 1 jedoch Fundort „Andreaskirche Worms"[1].
London, Victoria and Albert Museum (Slg. R. Forrer).
b Mainz, *Nachschnitt*, mit gerundetem Schild, „auf der Rose", vermutlich 1896 gefunden, hellgrauer Ton. Westd. Zs. 16, 1897, Taf. 19, Nr. 1.
Mainz, Mittelrheinisches Landesmuseum.
Berlin, Kunstgewerbemuseum
c Ulm-Söflingen, ehem. Klarissinnenkloster, schiefergrauer und gelblicher Ton, 1913/14 gefunden, R. Weser, 94, Nr. 20 – H. A. Klaiber, R. Wortmann, 664, Abb. 601, Nr. 1.
Ulm, Ulmer Museum.
d Worms, St. Andreaskirche, vor 1922 gefunden, E. Grill, Taf. 1, 17.
Worms, Museum der Stadt Worms.
Dortmund, Museum für Kunst und Kulturgeschichte.
Hamburg, Museum für Kunst und Gewerbe.
Stuttgart, Württembergisches Landesmuseum (aus den Beständen des Landesgewerbemuseums. Gelbrötlicher Ton).
e Worms, St. Johanniskirche, 1907 gefunden. Die Fliesen in gelbem, gelblichrosa, hellrotem, rotem, hell- und mittelgrauem, sehr feinem Ton wurden mit demselben Model geprägt. Es läßt sich nicht mehr feststellen, welche Fliesen aus St. Andreas, welche aus St. Johannis stammen.
Worms, Museum der Stadt Worms.

1 Es dürfte sich hier um ein Versehen von A. Lane handeln. Da die Fliesen aus der Slg. R. Forrer ins Museum kamen, ist dem von diesem genannten Fundort der Vorzug zu geben.

A 24 Argenthal

4. Viertel 13. Jahrhundert.
Grobgemagerter Ton mit kleinen Einsprengseln. Vertiefte Prägung. 12,5 × 2,5 cm.
Vergröberter *Nachschnitt* von A 19. Schild und Topfhelm größer, Lanze auf eine Fliesenecke zielend. Schild und Schabracke zeigen eine heraldische Lilie, die Rüstung Längsstreifen. Es gelang nicht, das Wappen einer dort oder in der Nähe ansässigen Familie zuzuweisen. Möglicherweise handelt es sich um ein Phantasiewappen.
Fundort:
Argenthal, Friedhof der Kirche, zwei Fliesen als Bodenfund. M. Backes, H. Caspary, N. Müller-Dietrich, I, 1, 135, Abb. 72, Nr. 3.
Simmern, Hunsrück-Museum.

A 25 Ulm

1. Viertel 14. Jahrhundert.
Roter feingemagerter Ton. Tief eingeprägter Model, die Vertiefungen mit Spuren roter Farbe. 13 × 3 cm.
Nach rechts sprengender Ritter mit eingelegter Lanze, Spitzschild und Topfhelm mit Helmzier. Das sorgfältig gezeichnete Pferd mit Mähne und buschigem Schweif. Im Gegensatz zu den vorhergehenden Fliesen sitzt der Reiter fest im Sattel.
Fundort:
a Ulm, ehem. Franziskanerkloster, vor 1862 gefunden.
b Ulm, Sammlungsstift, vor 1862 gefunden. K. Haßler, Taf. III, 3.
Ulm, Ulmer Museum
Nürnberg, Germanisches Nationalmuseum.
Stuttgart, Württembergisches Landesmuseum (rötlichgrauer Ton).
c Ulm, Münsterplatz, 1941 beim Bau eines Löschwasserteichs gefunden. Bruchstück mit Glasurstreifen auf der Rückseite.
Ulm, Prähistorische Sammlung

A 26 Ulm

1. Hälfte 14. Jahrhundert.
Roter Ton. Vertiefte Prägung. 13 × 2,5 cm.
Nachschnitt von A 25. Das Pferd trägt Zaumzeug und Steigbügel, der Schweif ist viergeteilt. Der Schild zeigt einen nach oben gerichteten Pfeil, vermutlich ein echtes Wappen[1].

Fundort:
a Ulm, Herkunft unbekannt.
Ulm, Ulmer Museum.
b aus Ulm.
Stein am Rhein, Kloster St. Georgen, in einem Vorraum des Obergeschosses, Einzelfliese.

---

1 Nach O. v. ALBERTI kommen als Wappenträger in Frage:
a v. FRISTINGEN (ebd., I, 201–203, Abb. 710). Die Familie war Mitte des 14. Jh. schon in Fellbach b. Stuttgart begütert, 1408 stiftet der Edelknecht Conrad Frustinger Güter zu Waiblingen für die Kirche. Das Wappen findet sich in der Barfüßerkirche zu Esslingen.
b LUPRECHT (ebd., I, 476, Abb. 1735). Die Familie wird 1343 in Ravensburg erstmalig genannt.
c MUNDELDINGEN (ebd., II, 531, Abb. 1966, 1967). Die Familie war Lehensträger der Truchsessen von Warthausen, sie hatte Besitz im Kreis Ehingen. Das erste nachweisbare Wappen stammt von 1342.
d RECK v. ALBISWEILER (ebd., II, 620, Abb. 2285). Rudolf der Rekke wird 1295 erstmals in einer Urkunde des Klosters Weingarten genannt. Die Familie war wohl im Kr. Tettnang begütert, ein zweiter v. ALVISWEILER erscheint 1316 in einer Urkunde des Spitals von Biberach.
Eine unmittelbare Beziehung zu Ulm konnte nicht hergestellt werden, es treten jedoch häufig Stifter aus Oberschwaben in Ulmer Urkunden auf. Dieselbe Form von Schild und Pfeil findet sich auf dem Bilde des Minnesängers Heinrich von Strettingen in der Manesse-Handschrift (E. JAMMERS, Abb. 8).

A 27 Stein am Rhein

Vorlage 1. Hälfte 14. Jahrhundert.
Roter Ton. Vertiefte Prägung. 13 × 2,5 cm.
Vermutlich freie Kopie von A 26.
Schild mit lateinischem Kreuz, der Helm von einer Gloriole umgeben. Gegenfliese des Drachens F 74. Vermutlich auf St. Georgen bezogene Darstellung des Kampfes St. Georgs mit dem Drachen.
Fundort:
Stein am Rhein, Kloster St. Georgen. Einzelfliese in Raum 9 des Obergeschosses. Kopien aus dem Ende des 19. Jahrhunderts[1] als Bodenbelag in Raum 15.

---

1 Die meisten der heute in St. Georgen verlegten Fliesen sind Ulmer Ursprungs. Aus einer Eintragung im sogenannten „Klosterwerk“ von Ferdinand Vetter, 191 „... eine Anzahl meist aus Ulm stammender Tonplättchen, die teilweise für den Boden der Dormisch-Halle als Vorlage gedient haben ...“ läßt sich nicht klar erkennen, ob diese Vorlagen nur kopiert oder auch variiert wurden. Das Kloster besaß jedoch auch eigene Fliesen, die bei den Restaurierungen und Bauarbeiten der letzten Jahrzehnte gefunden wurden.

A 28 Böhmen(?)

14. Jahrhundert.
Tonfarbe und Maße unbekannt. Flachrelief.
Doppelfliese. Links in quadratischem Rahmen nach rechts reitender Ritter mit eingelegter Lanze, Kübelhelm mit Nakkenschutz und hohem Helmbusch. Pferd sorgfältig gezeichnet, mit Zaumzeug und Trense, alle freien Flächen ausgefüllt. Links und rechts oben je ein Spitzschild, links mit Stern, rechts mit kaum erkennbarem Wappen, vor dem Pferdekopf ein „V“?, zwischen den Beinen ein großer hechtähnlicher Fisch. Die rechte Fliese zeigt einen nach links gewandten, feuerspeienden Drachen, den die Lanze des Ritters berührt. Er besitzt spitze Zähne, scharfe Krallen, ungegliederte Flügel und einen langen nach vorne gezogenen, mit Stacheln bewehrten Schweif. Auch hier die freie Fläche gefüllt. Über dem Tier geweihähnliches Zeichen, links oben Malteserkreuz, rechts oben Lilie, darunter langer „Stab“?, vor der linken Kralle Grasbüschel.
Fundort:
Unbekannt, vermutlich aus Böhmen. S. Ambrosiani, 123, Abb. 69.
Prag, Städtisches Museum. Der Verbleib der 1910 noch vorhandenen Fliese war nicht zu ermitteln. Sie wird bei D. Hejdová, B. Nechvátal nicht abgebildet. Die Fliese wird erwähnt, weil sie möglicherweise als Vorbild der Prägung aus Kloster Lilienfeld diente.

A 29 Lilienfeld

Vor 1382.
Rötlicher Ton. Vertieftes Relief (Model?) Modelgröße 15 × 15 cm, Fliese 21,5 × 5 cm, Kante schräg.
Seitenverkehrter *Nachschnitt* der Fliese A 28 oder einer ähnlichen Prägung. In quadratischem Rahmen Kreis mit nach links sprengendem Ritter. Lanze, Helmbusch und Sporen ähnlich A 28. Der Arm abgewinkelt, die Rüstung durch einen halblangen Waffenrock mit sorgfältig gelegten Falten ersetzt. Das Pferd mit abgewinkelten Vorderläufen, spitzem Kopf mit ovalem Auge und strähniger Mähne[1].
Fundort:
Zisterzienserstift Lilienfeld, 1971 auf dem Gelände der ehem. Wolfgangskapelle in situ gefunden. F. Vongrey, 12, Abb. 15.

---

1 F. VONGREY, 17, Abb. 25 gibt eine überaus sorgfältige Beschreibung, die hier nur durch eine kurze Skizze ersetzt wird. Er verweist auf österreichische Reitersiegel der Zeit, die als Vorbild gedient haben könnten. (Vgl. P. KLETTLER, Taf. I–VIII, Abb. 1–12). Die Darstellung auf der Fliese bleibt jedoch weit hinter der Lebendigkeit und dem Detailreichtum der Siegelbilder zurück.

A 30 Beneschau?

1. Viertel 14. Jahrhundert.
Vermutlich roter Ton. Flachrelief. 16,5 × 4 cm.
Nach rechts sprengender Ritter in hohem Turniersattel, mit Sporen und eingelegter langer Lanze, die Zügel in den Händen. Der hohe Turnierhelm mit Nackenschutz zeigt eine Helmzier aus Pfeil und Sichelbogen. Das Pferd sorgfältig geschnitten, mit beiden Vorderläufen zum Sprung ansetzend.
Fundort:
Nach R. Forrer, 1901, Taf. 7, 6 aus Beneschau bei Tabor, Südböhmen[1].
Burg Kreuzenstein, Niederösterreich, Slg. Graf Wilczek[2].

---

1 R. FORRER, 1901 gibt diese Angabe mit dem Vermerk: „gefertigt unter Tobias von Bechinie von Beneschau, Domherr zu Prag, der 1311 Beneschau an Zdislaw von Sternberg abtrat“, ohne die Quelle zu nennen. Im neuen Katalog der böhmischen Fliesen von D. Hejdová, B. Nechvátal, nicht erwähnt.
2 Die Sammlung des Grafen Wilczek vereinigte Fliesen ganz verschiedener Herkunft, sie wurden jedoch größtenteils aus dem Bereich der k. und k. Monarchie zusammengetragen.

A 31 Graz

Um 1460[1].
Roter Ton. Flachrelief, schräg eingeprägter Model. 22 × 22 cm.
In quadratischem Rahmen nach rechts gewandter Reiter auf stehendem Pferd, mit kurzem, gegürtetem Rock und langen

Haaren, in der Rechten einen Falken haltend. Das Pferd mit gelockter Mähne, Schweif aus feinen Parallelstrichen und angedeutetem Zaumzeug. Zwischen den Beinen dreitriebige Pflanze.
Fundort:
Graz, „Innenstadt", Herkunft nicht mehr zu ermitteln.
Graz, Museum für Kulturgeschichte und Kunstgewerbe.

1 Hier wurde die Datierung des Museums übernommen, die sich vielleicht auf dem Finder noch bekannte Baudaten stützt. Sie stimmt jedoch auch stilistisch mit dem auf Lebkuchenmodeln häufigen Volkskunstmotiv überein.

A 32 Speyer

Mitte bis 3. Viertel 13. Jahrhundert
Gelbroter Ton. Vertiefte Prägung, stark abgetreten, rechte obere Ecke fehlt. 13 × 2 cm.
In quadratischem Rahmen Kampf eines mit Rundschild bewehrten Menschen gegen einen sich in der linken Bildhälfte aufbäumenden Löwen. Der Model muß vom selben Modelschneider geschnitten worden sein wie die Fliesen aus Oberhomburg (vgl. A 12).
Fundort:
a Speyer, Herkunft unbekannt, vor 1954 gefunden.
Speyer, Historisches Museum der Pfalz.
b Speyer, Maximilianstr. 10, bei einer Brunnengrabung 1972 gefunden.
Speyer, Privatbesitz.

A 33 Neustift

Ende 12.–Anfang 13. Jahrhundert.
Roter Ton mit bräunlicholiver Bleiglasur. Flachrelief, abgetreten, Oberfläche stark zerstört, Kante senkrecht. 16 × 3 cm.
In quadratischem Rahmen mit Zackenrand Kampf eines mit Schild, Kurzschwert und Speer bewaffneten Menschen gegen ein aufrecht stehendes hundeköpfiges Fabelwesen[1] in der rechten Bildhälfte. Dieses umklammert mit der Linken eine keulenähnliche Waffe.
Fundort:
Ehem. Prämonstratenserkloster Neustift, vor 1905.
München, Bayerisches Nationalmuseum.

1 Vgl. hierzu den Mittelkreis des Labyrinths der Weltkarte der Kathedrale von Hereford (zwischen 1276 und 1283 entstanden). Hier steht links ein Ritter mit erhobenem Schwert, der sich gegen einen eselsköpfigen Menschen wendet. D. FREY, 22f. und Abb. 12 deutet diese Darstellung als Kampf des Theseus mit dem Minotaurus. Vgl. außerdem hier S. 217–218.

A 34 Wilten

Nach 1432? Um 1479?
Roter, grobgemagerter Ton. Hohes Relief, stark abgetreten. 20 × 3,5 cm.
Die Fliesen ergeben erst in der Zusammensetzung von vier Fliesen ein gültiges Bild. Bildfläche durch ein mit Weinblättern, Trauben und Blattknospen besetztes Viertelsrond geteilt. Unter dem Bogen kniender, bärtiger Ritter mit rundem Buckelschild und erhobener Keule in der Rechten. Die Gegenfliese ist der Drache F 70.
Fundort:
Wilten, Prämonstratenserstift, Herkunft nicht mehr bekannt (Bartholomäuskapelle?), auf dem Dachboden eines Wirtschaftsgebäudes gelagert.
Wilten, Stift.
Köln, Slg. Dr. Rolf Venator.
Kommern, Freilichtmuseum (irrtümlich als rheinische Fliesen erworben).
München, Bayerisches Nationalmuseum.
München, ehem. Slg. Dr. Konrad Strauß.
Salzburg, Slg. Dr. Rossacher.

A 35 Wilten

Nach 1432? Um 1479?
Tonfarbe und Maße wie A 34.
Unter demselben Viertelsbogen nach links gewandter Ritter mit ovalem Buckelschild und rundem, glattem Kopf, wie dieser beim Tragen eines Kettenhemdes erscheint. Die Gegenfliese, möglicherweise ebenfalls ein Drache, ist verloren.
Fundort:
Wilten, Prämonstratenserstift (wie A 34).
München, Bayerisches Nationalmuseum.
Es konnte nicht ermittelt werden, ob die übrigen Sammlungen jeweils beide Ritter besitzen.
Bad Zwischenahn, Slg. Hans-Jürgen Heger.

A 36 Speyer

Mitte bis 3. Viertel 13. Jahrhundert.
Hellrötlicher und mittelgrauer Ton. Flach vertiefte Prägung, stark abgetreten. Bruchstücke. 14,5 × 3 cm.
Der ursprüngliche, für eine Rechteckfliese bestimmte Model wurde vermutlich von einem zuvor in Oberhomburg tätigen Modelschneider geschnitten.
In Rechteckrahmen zwei einander zugewandte Menschen in halber Figur. In den erhobenen Händen halten sie die Fänge zweier antithetischer Vögel mit weitgespreizten Flügeln. Vermutlich Darstellung einer Falkenjagd.
Fundort:
Speyer, Lindenstraße, am 19. 9. 1911 gefunden[1].
Speyer, Historisches Museum der Pfalz.

1 G. BERTHOLD, 1913, 17, Abb. 20–23, vier Bruchstücke.

A 37 Konstanz

3. Viertel 13. Jahrhundert.
Roter und gelbgrauer Ton. Flach vertiefte Prägung, Oberfläche stark zerstört. 14 × 3 cm.
In quadratischem Rahmen zwei flache Bogen mit steilem Zackenband, durch einen Lilienstab getragen. Im rechten Feld eine Frauengestalt mit Kugelkopf, erhobenem rechtem Arm und quergestreiftem Rock. Im linken Feld Adler, darüber schwebt eine tildenartige Wolke. Deutung unsicher, als Vorlage diente möglicherweise ein byzantinisches Gewebe.
Fundort:
a Konstanz, Stadionscher Domherrenhof, 1898 gefunden.
Konstanz, Rosgartenmuseum.
London, Victoria and Albert Museum.
Nürnberg, Germanisches Nationalmuseum.
Zürich, Schweizerisches Landesmuseum.
b Variante vom selben Fundort. Der linke Bogen steiler, mit Zackenband aus Doppellinie, darunter statt der Tilde ein kleines Dreieck mit gewölbter Grundlinie. Die Querstreifen des Rockes fehlen.
Konstanz, Rosgartenmuseum.

A38 Speyer

3. Jahrzehnt bis Mitte 13. Jahrhundert.
Tonfarbe und Maße unbekannt. Vertiefte Prägung.
In quadratischem Rahmen nach links gewandter, auf einem steigenden Löwen sitzender Mensch mit langen Haaren. Dieser reißt den Kopf des Löwen zurück. Der Löwe zeigt einen geknoteten Schweif mit sorgfältig gezeichneter Palmettenquaste. Mit großer Wahrscheinlichkeit Kampf Simsons mit dem Löwen.
Fundort:
a Speyer, Dom, im Schutt der Kaisergräber 1901 gefunden, 1934 noch erhalten, heute nur noch acht Fragmente vorhanden.
B. H. Röttger: 1934, 734, Abb. 515 II.
b Speyer, Landauer Str., am 23. 11. 1971 erneut gefunden.
Speyer, Historisches Museum der Pfalz.

A39 Pforzheim – Speyer – Worms

Vor oder nach der Mitte des 13. Jahrhunderts.
Feiner hellrötlicher Ton. Flaches Relief, der Model bei allen Exemplaren in der Mitte gebrochen, Kante leicht schräg. 14,2 × 2,8 cm.
Quadrat mit feinen Zackenstegen, in diesem ein durch das Bild links oben durchbrochener Kreis. Auf einem nach rechts gewandten Löwen mit rückwärts gekehrtem Kopf reitet fast am Schwanzansatz ein Mensch mit langen, flatternden Haaren, der in den Rachen des Löwen greift. Auch dies ist vermutlich eine Simsondarstellung. Im Gegensatz zu den üblichen Löwendarstellungen der Zeit ist sowohl bei A38 wie A39 das Tier mit spitzer Schnauze und spitzen Ohren gegeben.
Fundort:
a Pforzheim, Altenstädter Kirche, bei Aufräumungsarbeiten nach 1954 gefunden. E. Lacroix, Abb. 2, Nr. 2.
Pforzheim, Heimatmuseum.
b Speyer, Gasthaus „Zum roten Löwen", 1913 gefunden.
Feiner, hellgrauer Ton. 15 × 2,5 cm.
Speyer, Historisches Museum der Pfalz.
c Worms, Heylshof, Schloßgarten, bei Grabungen 1952 gefunden. Bruchstück aus rötlichem-mittelgrauem Ton, 13,2 × 2,2 cm.
Worms, Museum der Stadt Worms.

A1

A2

A3

A4

A5

A6

A7

A8

A9

A10

A11

A11

A 12

A 13

A 14

A 14

A 15

A 16

A 17

A 18

A 19

A 20

A 21

A 22

A 23

A 24

A 24

A 25

A 26

A 27

A 28 A 28

A 29

A 30

A 31

A 32

A 33

A 36

A 34

A 35

A 37a

A 37b

A 38

A 39

Tierdarstellungen – Adler

B1 Speyer

1. Viertel 13. Jahrhundert.
Grauer Ton. Vertiefte Prägung. Länge (von Spitze zu Spitze der Astroide) 11 cm, Dicke 3 cm.
Teilstück in Astroidform[1], diese durch Randlinie betont. Adler in einfachsten Umrißlinien, mit drei durch Linien gegebenen hängenden Schwungfedern, den Kopf rechtsgewandt.
Fundort:
Speyer, Herkunft unbekannt[2].
Hildesheim, Roemer-und-Pelizaeus-Museum.

1 Diese Fliese ergab in Zusammensetzung mit Spitzovalen ein Kreismuster. Dieselbe Anordnung hat sich bei nicht gemusterten Fliesen der Zisterzienserklosterkirche Heiligenkreuz, Niederösterreich, erhalten. Vgl. D. Frey, K. Grossmann, 253, Abb. 247; H. Kier, 1970, 189, Muster 89, 190, Muster 90.
2 Die Fliese kam durch einen in Speyer tätigen, aus Hildesheim gebürtigen Maurermeister ins Museum.

B2 Neustift

Ende 12.–Anfang 13. Jahrhundert?
Roter Ton mit mittelbrauner Bleiglasur. Flachrelief, linke obere Ecke fehlt, Kante senkrecht. 16 × 3 cm.
In quadratischem Rahmen nach rechts blickender Adler mit plumpem Rumpf, an dem sehr hoch die asymmetrischen Fänge ansetzen. Der kurze Stoß kaum aufgefächert, die Schwingen kurz und senkrecht nach unten gerichtet. Der Rahmen ist an allen Seiten verschieden: Oben nur ein dünner Strich, unten einfaches Zackenband, rechts Schrägstege und links ein dreifacher Zackensteg.
Fundort:
Neustift, ehem. Prämonstratenserkloster, vor 1905.
München, Bayerisches Nationalmuseum.

B3 Zwettl

1. Hälfte 13. Jahrhundert.
Rötlicher Ton. Flachrelief, abgetreten. Bruchstück, 14,5 × 16 cm.
In rechteckigem Rahmen (möglicherweise Doppelfliese) nach rechts blickender Adler mit weitgebreiteten, schräggestellten, kammartigen Schwingen, die Schwingenenden zu Voluten gerollt. Die gespreizten Fänge ohne Krallen, in drei Lappen endend, der Stoß ein traubenartig hängendes, siebenteiliges Federbüschel.
Fundort:
Zwettl, Zisterzienserstift, 1909 aufgedeckt. Diese Fliese wurde bei Bauarbeiten 1979 in den zugemauerten Fenstern des Auditoriums erneut gefunden. Sie ist ebenfalls beschädigt, die Oberfläche jedoch gut erhalten. Hier sträuben sich die Halsfedern rechts spitz nach oben, links spitz nach unten. Kat. Die Kuenringer, 504, Nr. 611g (ohne Abb.).
Zwettl, Stiftsmuseum.

B4 Speyer – Weißenburg

2. Drittel 13. Jahrhundert.
Mittelgrauer, feingemagerter Ton. Vertiefte Prägung, Rahmen in Flachrelief, abgetreten. 14,5 × 2,5 cm.
In quadratischem Rahmen mit Zickzackband nach links blikkender Adler. Die Schwingen, durch schmalen Steg mit dem Rumpf verbunden, sind geschlossen, der Flügelbug besonders stark gewölbt. Die Fänge stehen auf den Seitenblättern des zur Lilie umgebildeten Stoßes.
Fundort:
a Speyer, Gasthaus „Zum roten Löwen", Herdstr. 35, 1913 gefunden[1].
Speyer, Historisches Museum der Pfalz.
b möglicherweise *Nachschnitt* von B4a. Kopf und Schnabel verkümmert, die Bugwölbung der Flügel breiter, die einzelnen Federn nicht nur durch Striche, sondern durch breite Kerben getrennt. Die Fänge berühren die Stoßfedern nicht. Der „Lilienkelch" nicht als Raute gegeben, sondern leicht aufgefächert. Bräunlicher Ton mit Einsprengseln von grauer Schamotte(?) oder Verunreinigungen. 12 × 12 cm. Weißenburg, Herkunft nicht mehr bekannt.
Weißenburg, Musée Westercamp.

1 Ber. hist. Mus. II, 1914, 26, Abb. 22.

B5 Amorbach

2. Viertel 13. Jahrhundert.
Roter Ton. Stark vertiefte Prägung. 13 × 2,8 cm.
In quadratischem Rahmen nach rechts blickender, asymmetrisch gezeichneter Adler. Die Strichzeichnung gibt links ein zur Volute gerolltes Schwingenende und einen Fang mit drei Krallen, rechts einen Flügel mit vier Schwungfedern und einen abgespreizten Fang, der statt der Krallen nur eine leichte Verdickung zeigt.
Fundort:
Amorbach, auf dem Gelände des ehem. Klosterfriedhofs gefunden. W. Hotz, 1938, 45, Abb. 2.
Amorbach, Fürstl. Leiningensche Sammlungen.

B6 Arnstein – Rommersdorf – Worms

1.–2. Viertel 13. Jahrhundert (a) – um 1233 (b).
Grauer, gelblicher und rötlicher Ton, der Kreisstempel mit gelber Bleiglasur. Flachrelief. 8,2 × 18,5 × 16,4 × 2,5 cm.
Teil eines Kreisbandes mit übereinander angeordneten Rundstempeln, die Außenkante fein und eng gestrichelt. Im Kreis Adler ähnlich B5, das Schwingenende zur geschlossenen Volute gerollt. Weitgespreizte Fänge, kurzer gefiederter Stoß, je drei Schwungfedern.
Fundort:
a Arnstein, ehem. Prämonstratenserklosterkirche, in situ. Teil der großen Kreisrosette im Mittelschiff, durch Abnützung kaum mehr erkennbar. R. Forrer, 1901, 69, Abb. 145.
Frankfurt/Main, Historisches Museum (weißgrauer Ton mit gelbbräunlicher Glasur, Kante kaum schräg).
b Rommersdorf, ehem. Prämonstratenserkloster, Kapitelsaal, in situ. Mit hellocker Bleiglasur. 8 × 16,5 cm. H. Reinhard, 1976–79, 61, Abb. 6.
c Worms, Herkunft unbekannt. Roter Ton mit Spuren weißer Engobe. Nach 1922 gefunden.
Worms, Museum der Stadt Worms.

B7 Boppard – Hohenfels – Neubolanden – Peterspay – Mainz – Monreal – Speyer? – Worms

2. Viertel – Mitte 13. Jahrhundert.
Grauer Ton. Vertiefte Prägung. Schräg eingesetzter Model, stark abgetreten, Kante senkrecht, 13 × 2,5 cm.
Im Kreis nach rechts blickender Adler. Asymmetrische

Strichzeichnung, der Rumpf mit Andeutung von Gefieder, große Krallen und stark gewölbter Schnabel, die Schwingen ganz verschieden gebildet.
Fundort:
a Boppard, aus dem ehem. Königshof.
Boppard, Heimatmuseum.
b Hohenfels, Burgruine, bei der Grabung 1932–33 geborgen. Speyer, Historisches Museum der Pfalz.
c Unbekannt, entweder aus Kirchheimbolanden oder dessen unmittelbarer Umgebung[1]. Stempel in die Diagonale geprägt. Gelblicher Ton, Bruchstück, 13,6 × 2,4 cm.
Kirchheimbolanden, Heimatmuseum.
d Mainz, Bauerngasse, 1896 gefunden[2]. Prägung mit B7b übereinstimmend.
Mainz, Mittelrheinisches Landesmuseum (z. Z. nicht auffindbar).
e Monreal, Burgruine, um 1975 gefunden.
Koblenz, Privatbesitz.
f Peterspay, Kath. Kapelle St. Peter und Paul, in situ, im Chorbereich.
g Speyer, Herkunft unbekannt. *Kreisfliese.* Früheste Prägung. Dunkelroter Ton mit brauner Bleiglasur in den Rillen. Durchmesser 10 cm. Es ist nicht gesichert, daß auch diese Fliese aus Burg Hohenfels stammt.
Speyer, Historisches Museum der Pfalz.
h Worms, Herkunft unbekannt, grauer Ton, Model mit B7a übereinstimmend. Nach 1922 gefunden?
Worms, Museum der Stadt Worms.

1 Das Heimatmuseum Kirchheimbolanden besitzt nur Fliesen, die entweder aus Kirchen oder Burgen der Umgebung stammen, so aus Kloster Hane, aus der Burgruine Dannenfels, der Burgstelle Hohenfels, vom Donnersberg und aus Burg Neubolanden. Der letzte Fundort ist der wahrscheinlichste.
2 Westd. Zs. 16, 1897, Museographie 1896, 357, Taf. 19,5.

B8 Ettlingen

Mitte 13. Jahrhundert.
Roter Ton. Flachrelief. 15 × 3 cm.
In breitem, quadratischem Rahmen mit zarten Blattranken nach rechts blickender Adler mit stilisierten Schwingen. Deren Oberseite gezackt, das Schwingenende zur geschlossenen Volute gerollt. Der Rumpf durch Kerben gegliedert, die Fänge winzig, der Stoß zu einer großen heraldischen Lilie umgeformt.
Fundort:
Ettlingen, Pfarrkirche St. Martin, 1934 gefunden. A. Tschira, R. Stenzel, 181, Nr. 5.
Ettlingen, Albgaumuseum.
Karlsruhe, Badisches Landesmuseum (im 2. Weltkrieg zerstört).

B9 Alpirsbach? – Bebenhausen

2. Viertel 13. Jahrhundert.
Grauer Ton. Vertiefte Prägung. Seitenlänge 12 cm, Dicke 2,5 cm.
Dreiecksfliese mit Randleiste. Nach links blickender Adler mit großem, gewölbtem Schnabel, weit gespreizten, leicht zur Volute gerollten Schwingen und zur Lilie umgewandeltem Stoß, der die Fliesenecke ausfüllt.
Fundort:
a Alpirsbach, aus dem Kunsthandel erworben[1].
Karlsruhe, Slg. Hermann.
b Bebenhausen, ehem. Zisterzienserkloster, bei einer Restaurierung im 19. Jahrhundert entfernt[2].
Stuttgart, Württembergisches Landesmuseum
c Bebenhausen, nach 1945 entdeckt. Ausgezeichnet erhaltenes Exemplar. Privatbesitz.

1 Die Herkunft aus Alpirsbach ist nicht gesichert, alle anderen Fliesen von dort stammen erst aus dem 15. Jh. Sie wäre jedoch immerhin möglich, da um 1230 eine Sakristei erbaut wurde.
2 Die Fliese wird bei E. Herdtle nicht abgebildet. Sie wurde vermutlich erst bei späteren Umbauten entdeckt.

B10 Heilsbronn

1263–84[1].
Roter Ton. Flachrelief, Oberfläche stark zerstört. 21,2 × 4,3 cm.
Doppeltes Spitzoval, in der Mitte durch zwei doppelte Viertelskreise so geschnitten, daß zwei schildförmige Dreiecke entstehen. Das eine zeigt einen nach rechts laufenden Hirsch mit kurzem Geweih und ausgehöhlten Klauen an den Läufen, das andere einen nach rechts blickenden Adler mit halbmondförmig gebogenen, am Rand mit kleinen Stacheln besetzten Schwingen. Der Schnabel stark gekrümmt, die Fänge klein, der Stoß zur Lilie geformt. In den Ecken Viertel einer achtblättrigen Rosette mit zwei Kreisvierteln als Blütenkorb.
Fundort:
Ehem. Zisterzienserklosterkirche Heilsbronn, Chor.
Heilsbronn, Konventsbau.
Berlin, Märkisches Museum (ausgezeichnet erhaltene Fliese).
München, Bayerisches Nationalmuseum.

1 Die Ecklösung (vgl. H37) spräche für eine spätere Datierung, die Adlerdarstellung in dieser Form dagegen.

B11 Arnsburg – Ilbenstadt

1246–56 (a), 3. Viertel 13. Jahrhundert (b).
Hellroter Ton. Vertiefte Prägung, abgetreten. 13,5 × 2,5 cm.
In quadratischem Rahmen nach links blickender, in die Diagonale gestellter Adler in Strichzeichnung. Die Schwungfedern ungleich an Zahl und Länge, die Fänge verkümmert, ohne Krallen, der Stoß zur Lilie umgeformt.
Fundort:
a Arnsburg, ehem. Zisterzienserkloster, bei Grabungen 1958 im Schutt des Kapitelsaals gefunden. M. Morkramer, 1982a, Nr. 10.2.4, 89, Abb. 99.
Ehem. Laubach, Slg. E.-O. Graf zu Solms-Laubach, heute verschollen, durch erhaltenes Photo überliefert.
b Ilbenstadt, ehem. Prämonstratenserkloster, nach 1963 vor dem Eingang zum Kreuzgang gefunden.
Ilbenstadt, Pfarramt.

B12 Bacharach? – Mainz

2. Viertel – Mitte 13. Jahrhundert.
Gelblichgrauer Ton. Vertiefte Prägung. Bruchstück, 13,7 × 2,4 cm.
Breiter quadratischer Rahmen, auf zwei Seiten steile Zackenstege, unten Palmettenranken, oberer Rand zerstört. In die Diagonale einbeschrieben nach rechts blickender Adler mit geöffnetem Schnabel, Schwingen mit Zackenrand, kleinen Fängen und zur Lilie umgebildetem Stoß, dessen Muster in den Fliesenecken nochmals aufgenommen wird.

Fundort:
a Mutmaßung: dies könnte die verlorene, „mit Adlern gemusterte" Fliese aus St. Peter, Bacharach, sein[1]. Es besteht große Ähnlichkeit in der Rahmenprägung mit D 10, die ebenfalls in Mainz und Bacharach gefunden wurde. Die Fliese ist vorläufig verschollen (viele Fliesen aus Bacharach kamen in Privatbesitz).
b Mainz, Herkunft unbekannt.
Mainz, Mittelrheinisches Landesmuseum.

1 F. Bock, Bd. 1, 10.

B 13 Neustadt

Mitte 13. Jahrhundert[1].
Tonfarbe unbekannt. Vertiefte Prägung? 13,5 × 13,5 cm.
Viertelskreismodel, mit der Spitze nach unten in quadratische Fliese eingeprägt. In das Dreieck einbeschrieben nach links blickender Adler mit breiten, fast waagrecht gespreizten Schwingen. Stoß und Fänge ähnlich B 12.
Fundort:
Neustadt-Hambach, „Hambacher Schloß" (Kästenburg), vor 1901 gefunden, R. Forrer, 1901, Taf. CIII, 4.
Verbleib unbekannt.

1 Die Fliese kann noch in der 2. Hälfte des 13. Jh. geprägt worden sein, der Model wurde jedoch wohl schon vor der Jahrhundertmitte als Teil einer Kreisrosette geschnitten.

B 14 Freiburg

1. Drittel 13. Jahrhundert?
Grobgemagerter gelblicher Ton. Flachrelief, Oberfläche stark zerfressen. 20 × 3 cm.
Breiter Rand mit quadratischem Rahmen, in ihm Kreis mit nach rechts blickendem Adler. Eckiger Rumpf, vier Schwungfedern mit zur Volute gerolltem Schwingenende, Stoß mit Knoten und dreigefächerter Spitze. In den Fliesenecken Palmetten mit Mittelblüte.
Fundort:
Freiburg, Herkunft nicht gesichert, doch mit großer Wahrscheinlichkeit 1883[1] im ehem. Heilig-Geist-Hospital gefunden.
Freiburg, Städt. Museen, Augustinermuseum.

1 Westd. Zs. 3. 1884, Museographie 1883, 171, und Freiburg, Stadt und Bauten, 227. Hier werden „Fundstücke aus romanischer Periode" erwähnt, die Fliesen abgebildet, ohne sie jedoch ausdrücklich miteinander in Verbindung zu bringen. Da jedoch der Fundort der übrigen aus Freiburg stammenden Fliesen bekannt ist, bleiben nur noch diese Fliesen für eine Herkunft aus dem Heilig-Geist-Spital übrig.

B 15 Kaysersberg

Nach 1371?[1] unter Verwendung eines älteren Models.
Roter Ton. Flachrelief, Model in der Mitte gebrochen. 22 × 16,5 × 3,8 cm.
Rechteckige Fliese mit quadratischem Model. Kreis mit nach links blickendem Adler mit breiten waagrechten Schwingen und kleiner Volute. Der Stoß breitgefächert, die Fänge berühren den Kreisrand. In den vier Ecken je ein auf dem Kreise sitzendes Ahornblatt.
Fundort:
Kaysersberg, 1914 beim Abbruch eines Eckhauses am Kornmarkt gefunden.
Kaysersberg, Slg. der Société d'Histoire de Kaysersberg et environs.

1 Für die späte Verwendung eines noch im 13. Jh. geschnittenen Models sprechen die Prägung in eine Rechteckform und die sorgfältige Flickung der Bruchstelle.

B 16 Pforzheim – Speyer

Vor oder nach der Mitte des 13. Jahrhunderts.
Roter Ton. Vertiefte Prägung, Model in der Mitte gebrochen. 14,4 × 2,8 cm.
In quadratischem Rahmen mit feinen senkrechten Stegen nach rechts blickender Adler, dessen weitgespreizte Schwingen den Raum der Fliese füllen. Starke Fänge und kleiner gefiederter Stoß.
Fundort:
a Pforzheim, Altenstädter Kirche St. Martin, bei Bauarbeiten 1914 und bei Grabungen 1949–50 gefunden. E. Lacroix, 50, Abb. 2, Nr. 1.
Pforzheim, Heimatmuseum.
b Speyer vor 1894 gefunden, möglicherweise im Dom (Herkunft nicht erwähnt). Bdm Pfalz, IV, 62, Fig. 51.
Speyer, Historisches Museum der Pfalz.
c Speyer, Gasthaus „Zum roten Löwen", Herdstr. 35, am 27. 11. 1913 gefunden. Mittelgrauer Ton, 13 × 3 cm. Beide Fliesen wurden mit demselben Model geprägt, unterscheiden sich jedoch in der Zusammensetzung des Scherbens.
Speyer, Historisches Museum der Pfalz.

B 17 Oberhomburg

2. Hälfte 13. Jahrhundert.
Roter und bläulichgrauer Ton. Vertiefte Prägung, abgetreten. Maße durch Vergleich mit anderen Fliesen desselben Fundes wohl 13,5 × 2,5 cm.
In quadratischem Rahmen ein vermutlich nach rechts blickender Adler mit weitgebreiteten Schwingen, großen Fängen und straff gebündeltem, fünffach gefiedertem Stoß.
Fundort:
Oberhomburg, St. Katharinenkapelle, 1889 noch in situ im Chor erhalten, 1899 entfernt. F. X. Kraus, III, 835[1].
Verbleib unbekannt.

1 Es ist nicht unmöglich, daß es sich hier um eine ungenaue Zeichnung handelt und daß B 17 mit B 16 identisch ist.

B 18 Speyer

3. Viertel 13. Jahrhundert.
Roter Ton. Unregelmäßig eingeprägter flacher Stempel. 14 × 2,5 cm.
In quadratischem Rahmen nach rechts blickender Adler mit geöffnetem Schnabel, gezacktem Stoß mit Knoten und drei eng am Körper anliegenden, stark aufgefächerten Schwungfedern.
Fundort:
Speyer, am 24. 6. 1913 gefunden.
Speyer, Historisches Museum der Pfalz.

B 19 Ulm-Söflingen

Nach 1278.
Roter Ton. Vertiefte Prägung. 13,5 × 3 cm.
Variante von B 18 mit einer vierten kurzen Schwungfeder und schmalerem, längerem Stoß.
Fundort: Ulm-Söflingen, ehem. Klarissinnenkloster, 1913/14 gefunden. R. Weser, 94, Nr. 21; H. A. Klaiber, R. Wortmann, 664, Abb. 601, Nr. 2.
Ulm, Ulmer Museum.

B 20 Konstanz

3. Viertel 13. Jahrhundert, nach 1299?
Rötlicher und graugelber Ton. Flachrelief. Verschiedene Bruchstücke, 13,5 × 3,5 cm.
In Kreis nach rechts blickender Adler mit weitgespreizten Schwingen und feinen, durch Strichelung angedeuteten Federn an Hals und Fängen. Kleiner Kopf mit spitzem Schnabel, gefiederter Stoß, alle Konturen mit feinen Zacken besetzt.
Fundort:
Konstanz, Stadionscher Domherrenhof, 1898 gefunden. R. Forrer, 1901, 71, Abb. 156.
Konstanz, Rosgartenmuseum.
London, Victoria and Albert Museum.
Zürich, Schweizerisches Landesmuseum (ausgezeichnet erhalten).

B 21 Worms

2. Hälfte 13. Jahrhundert.
Rotbrauner Ton. Vertiefte Prägung. 14 × 2,5 cm.
Im Doppelkreis, der in den Ecken jeweils von doppelten Viertelskreisen berührt wird, nach links blickender Adler mit senkrecht sich übereinander aufbauenden Schwungfedern. Dreigefiederter Stoß mit flachem Knoten, die Darstellung hervorragend dem Kreise zugeordnet.
Fundort:
Worms, Herkunft unbekannt, vor 1922. E. Grill, Taf. 1, 18. (vor 1905 gefunden, da bei G. Fr. Muth, 69 abgebildet).
Worms, Museum der Stadt Worms.

B 22 Saarburg

2. Hälfte 13. Jahrhundert.
Roter Ton. Vertiefte Prägung. 15 × 2,3 cm.
In quadratischem Rahmen Kreis mit Adler ähnlich B 21. Der Kopf mit geöffnetem Schnabel, der Hals mit Rillenzeichnung, die Schwingen mit Sichelmond belegt, der Stoß stärker gewölbt. In der Ecke rechts oben und links unten kleine stilisierte Lilie, links oben und rechts unten ein spitzgezacktes Ahornblatt.
Fundort:
a Saarburg, beim Bau der ev. Kirche 1863 gefunden, L. Benoit, 85, Abb. 1.
Metz, Städtisches Museum.
b Saarburg, Dominikanerinnenkloster Weyerstein, 1890 gefunden.
Saarburg, Regionalmuseum.

B 23 Saarburg

2. Hälfte 13. Jahrhundert.
Roter Ton. Vertiefte Prägung, Bruchstücke. Nicht abgebildet.
Quadratischer Rahmen, den vier Viertelskreise teilweise über- oder unterschneiden und so eine Astroide bilden. In den Ecken Viertel eines dreigeteilten Blattes. Sichtbar nur ein weitgespreizter Adlerflügel mit enggereihten Schwungfedern.
Fundort:
Saarburg, Avenue de la Victoire 18, Abfallgrube einer 1960 entdeckten mittelalterlichen Töpferei.
Saarburg, Regionalmuseum.

B 24 Basel – Speyer

4. Viertel 13. Jahrhundert.
Braunroter Ton. Vertiefte Prägung. 14 × 2,5 cm.
Im Kreis nach rechts blickender Adler mit großem, geöffnetem Schnabel, der die hochgezogenen Schwingen berührt. Drei Schwungfedern, gefolgt von zwei verkümmerten, nahe beim breiten, unmittelbar in einen langen Stoß auslaufenden Rumpf. Die plumpen Fänge abgesetzt, am Schwingenrand nach unten gerichtete Zacken.
Fundort:
a Basel, „Zunft der Hausgenossen", Freie Straße.
Basel, Historisches Museum.
b Speyer, vor 1894 gefunden, möglicherweise aus dem Dom. Roter Ton. 13 × 2,3 cm.
Speyer, Historisches Museum der Pfalz.

---

1 Bdm Pfalz, IV, 62, Abb. 51. Der Fundort wird nicht erwähnt, die Tafel ist jedoch bei der Beschreibung des Doms von Speyer eingefügt.

B 25 Arzenheim – Kippenheim(?) – Elsaß

3. oder 4. Viertel 13. Jahrhundert.
Bräunlichgelber Ton. Flachrelief. 16 × 14,5 × 3,5 cm, Kreisdm. 9,8 cm.
Im Kreis ein nach rechts blickender Adler mit vier Schwungfedern, großer Volute, verkümmerten Fängen ohne Krallen und großem, zur Lilie umgeformtem Stoß mit breitem Schaftring.[1]
Fundort:
a Arzenheim, aus der im 19. Jahrhundert abgetragenen Pfarrkirche. F. X. Kraus, II, Abb. 7.
Kolmar, Unterlinden-Museum.
b Angeblich aus Kippenheim, Pfarrkirche St. Mauritius. Derselbe Model, Außengröße der Fliese 13,5 cm, Dicke 3,5 cm.
Freiburg, Städtische Museen, Augustinermuseum.
c Unbekannt, doch sicher aus dem Elsaß, möglicherweise ebenfalls aus Arzenheim. Hellgrauer Ton.
Straßburg, Frauenhausmuseum.

---

1 Vgl. hierzu die Siegel der Städte Wimpfen (gegen 1250) und Rottweil (vor 1251?, vor 1280), die den Vierschwingentypus in der klarsten Form verkörpern. Kat. Zeit der Staufer, II, Abb. 77 und 78.

B 25.1 Breisach

4. Viertel 14. Jahrhundert?
Hellroter Ton. Flachrelief. 22 × 4,5 cm, Kreisdm. 13 cm.
Der Model senkrecht, auf den außerdem aufgefundenen Fragmenten leicht schräg, in die Fliese eingeprägt.

Variante von B25. Der Schnabel nicht so tief gespalten, die äußere Schwinge sehr kurz. Anstelle der verkümmerten Fänge breitgespreizte Krallen, der flache Schaftring zwischen Rumpf und Stoß fehlt[1].
Fundort:
a Breisach, Kapuzinergasse, Lesefunde 1980–83 im Schutt der Oberstadt. M. Schmaedecke, 1992, 143, Abb. 102 unten.
Freiburg, Landesdenkmalamt Baden-Württemberg.
b Fragment vom selben Fundort, anscheinend nicht mit demselben Model geprägt.
c Fundort wie a. *Variante*. Der Model von B25.1 a ohne Kreis in eine rechteckige Fliese geprägt. Die Flügelspitzen berühren den Fliesenrand. Sichtbar ist ein halber Adler, der Rest der Darstellung ist zerstört. Es wäre möglich, daß zwei Adler nebeneinander eingeprägt waren. 15,5 × 24 cm.
Freiburg, Landesdenkmalamt Baden-Württemberg.

1 Die Darstellung entspricht genau dem Breisacher Stadtsiegel, wie es zwischen 1273–1583 geführt wurde. G. Haselier, I, 1, Taf. 29.

B26 Baden?

Ende 13.–1. Viertel 14. Jahrhundert.
Roter, grobkörniger Ton. Kleiner Quadratstempel mit Flachrelief, abgetreten. 20 × 4 cm.
Im Kreis nach rechts blickender Adler ähnlich B25, der Schnabel eine waagrechte Kerbe, kleine Fänge mit Krallen. In den Fliesenecken winzige Rosetten.
Fundort:
Unbekannt, jedoch sicher aus Baden[1].
Karlsruhe, Badisches Landesmuseum.

1 Das Museum Karlsruhe besitzt nur Fliesen aus badischen Fundorten. Nach Mitteilung von Herrn Dr. Walter Franzius, Karlsruhe, könnte es sich bei diesem Muster um eine 1877 von einem Herrn Babo, Weinheim, geschenkte Fliese handeln.

B27 Konstanz

3. Viertel 13. Jahrhundert.
Roter Ton. Vertiefte Prägung. 13,5 × 3 cm.
In unregelmäßigem Kreis mit Perlband, Adler ähnlich B14, den weit geöffneten, linksgewandten Schnabel hochgereckt. Drei Schwungfedern, die Schwingenenden ganz eingerollt, die Fänge und der fünfgefächerte Stoß weit gespreizt.
Fundort:
Konstanz, Stadionscher Domherrenhof, 1898.
Konstanz, Rosgartenmuseum.
Karlsruhe, Slg. Philipp Hermann (Bruchstück).
London, Victoria and Albert Museum.
Nürnberg, Germanisches Nationalmuseum (grauer Ton).

B28 Baden (?)

Mitte – 3. Viertel 13. Jahrhundert.
Tonfarbe nicht genannt. Flachrelief. Ca. 20 × 20 cm.
Quadratische Fliese, in der Mitte Kreisstempel mit Punzierung ähnlich B27 und altertümlicher Adlerdarstellung, am ehesten mit B6 vergleichbar. Parallel zum Fliesenrand je ein schmaler Rechteckstempel mit hechtähnlichem Fisch. Hinter seiner Schwanzflosse ringelt sich eine kleine Schlange.
Fundort:
Unbekannt, doch wohl aus unmittelbarer Umgebung der Stadt Baden, Kt. Aargau. Nicht aus Kloster St. Urban. Vor 1901 gefunden. R. Forrer, 1901, Taf. XVI, 6.
Baden, Kt. Aargau, Historisches Museum, z. Z. nicht auffindbar.

B29 Bergheim – Rappoltsweiler

Mitte 14. Jahrhundert, möglicherweise nach älterer Vorlage.
Hartgebrannter roter Ton. Flachrelief, leicht deformiert und wohl durch Hitzeeinwirkung gesprungen. 21 × 17 × 3,5 cm.
Doppelkreis mit nach außen gekehrtem breitem Zackenband. Im Kreis nach rechts blickender Adler mit kleinem Kopf, großem Punktauge, halbkreisförmig gewölbten Schwingen und vier Schwungfedern in Strichform. Der Stoß setzt hoch am fast runden Rumpf an und endigt in heraldischer Lilie mit Rautenkelch. Vermutlich Gegenstück zu C3.
Fundort:
a Bergheim (Haut-Rhin), in einer nicht mehr bekannten Abbruchstelle gefunden. G. Meyer, 1975a, C3a.
Bergheim, Heimatmuseum.
b Rappoltsweiler (?), genaue Herkunft unbekannt, möglicherweise aus einer der Rappoltsweiler Burgen. Im Brand verzogen. 20,5 × 21,7 × 3,5 cm. G. Meyer, 1975a, 36, 41, Abb. C3[1].
Kolmar, Agence des Bâtiments de France du Haut-Rhin.

1 G. Meyer datiert die Fliesen um 1280/Ende 13. Jahrhundert.

B30 Kolmar? – Straßburg

1. Viertel 14. Jahrhundert.
Roter Ton, einzelne Fliesen mit hellgrüner Glasur. Vertiefte Prägung, abgetreten, Profil abgeschrägt. 13,5 × 3 cm.
Im Kreis nach rechts blickender Adler vom Typus B25, die Schwungfedern etwas breiter, der Stoß fächerförmig ausladend, die Fänge fehlen ganz. In den Ecken Viertel eines Viersterns.
Fundort:
a Kolmar, Stiftskirche St. Martin, Kopien im Chorumgang. Es ist nicht sicher, ob die Kopien nach dort vorhandenen Fliesen gefertigt wurden.
b Straßburg, Blauwolkengasse/Rue de la Nuée Bleue, 1899 gefunden, R. Forrer, 1901, 74, Fig. 168.
Straßburg, Frauenhausmuseum.
Delft, Museum „Huis Lambert van Meerten“ (Slg. R. Forrer).
Dortmund, Museum für Kunst und Kulturgeschichte (Slg. R. Forrer).
Halle/Saale, Staatl. Galerie Moritzburg (Slg. R. Forrer).
London, Victoria and Albert Museum (Slg. R. Forrer).
c Straßburg, Stephansgasse/Rue St. Etienne 3, 1902 gefunden. J. Ficker, Taf. XLI, 12.
Straßburg, Frauenhausmuseum.

B31 Nattheim

14. Jahrhundert?[1]
Roter Ton. Flachrelief, stark abgetreten. 14 × 3 cm.
Im Kreis nach rechts blickender Adler mit breit ausladenden Schwingen und großen, spitzen Krallen.
Fundort:
Nattheim, ev. Pfarrkirche, vor 1929[2].
Stuttgart, Württembergisches Landesmuseum (aus den Beständen des ehem. Landesgewerbemuseums).

Darmstadt, Hessisches Landesmuseum.
Düsseldorf, Hetjens-Museum.
Karlsruhe, Slg. Philipp Hermann.
Die Fundorte der Fliesen in den drei letztgenannten Sammlungen sind alle unbekannt, es ist jedoch wahrscheinlich, daß auch diese Fliesen aus Nattheim stammen.

---

1 Die Datierung der Nattheimer Fliesen ist äußerst schwierig. Die Häufung von Tierdarstellungen weist eher ins 13., die Art der Prägung ins 15. Jh.
2 G. E. Pazaurek, 8, Abb. 3, datiert die im Ulmer Antiquitätenhandel erworbenen Fliesen ins 14. Jh.

B32 Straßburg

1. Hälfte 14. Jahrhundert.
Roter Ton. Vertiefte Prägung. 13 × 2,5 cm.
Doppeltes Eckquadrat mit nach rechts blickendem Adler des Vier-Schwungfedern-Typus, der schmale Rumpf in einen langen, viergeteilten Stoß endigend. In den Ecken Viersternviertel.
Fundort:
a Straßburg, Leostraße, 1903 gefunden, J. Ficker, Taf. XL, 12, Gegenstück D59.
Straßburg, Frauenhausmuseum.
Straßburg, Slg. Charles Czarnowsky, seit 1940 verloren.

B33 Straßburg(?)

1. Hälfte 14. Jahrhundert.
Roter Ton mit mittelgrüner Glasur. Vertiefte Prägung. 12,8 × 2,5 cm.
Variante zu B32. Eckquadrat ohne Eckmuster. Adler in vereinfachten Umrißlinien, den Kopf nach links gekehrt, die Schwingen stärker gewölbt.
Fundort:
Bei G. Klein, 1958, 11 wird der Fundort St. Stephan, Straßburg, nur im Text, jedoch nicht ausdrücklich auf diese Fliese bezogen, genannt. Ein Vergleich mit D64 läßt jedoch diese Herkunft als möglich erscheinen.
Zabern, Städtisches Museum.

B34 Altmühlmünster? – Regensburg?

Um 1320–50.
Roter Ton, die Vertiefungen mit einer schwarzen, teerartigen Masse, vermutlich Pech, ausgefüllt. Vertiefte Prägung. 17 × 3,5 cm.
Eckquadrat wie B31, nach links blickender Adler ähnlich B27, mit kleinen Fängen und großem, fünfteiligem Stoß. In den Ecken zwei halbe, tiefgezackte Ahornblätter.
Fundort:
Unbekannt, aus demselben Fundort wie D49 (Regensburg?). Es könnte sich hier jedoch auch um die in Kloster Altmühlmünster gefundenen Fliesen handeln, die im Besitz des Historischen Vereins für Oberpfalz und Regensburg waren, und deren Verbleib nicht zu ermitteln ist. 1989 war diese Fliese im Museum mit „aus St. Emmeram" beschriftet. Im Museumsinventar fanden sich keine Unterlagen, die diese 1955 noch nicht bekannte Zuschreibung bestätigt hätten.
Regensburg, Museum der Stadt Regensburg.

B35 Eppstein – Frankfurt/Main

Um 1280?
Intensiv rotgebrannter Ton. Vertiefte Prägung, Kante senkrecht. 13 × 2,5 cm. Nicht abgebildet.
In der Diagonale Adler mit sehr schmalem Rumpf und fast senkrecht gestellten Schwingen. Der übergroße Schnabel in Verlängerung der Kopfwölbung. Großes Auge. Die Fänge fehlen oder sind nicht mehr sichtbar, der Stoß ist breit aufgefächert.
Fundort:
a Eppstein, Burgruine[1], 2 Bruchstücke. B. Picard, 10, Abb. 7.
Eppstein, Burgmuseum.
b Frankfurt, Dominikanerkloster, vermutlich beim Wiederaufbau geborgen. Grauer Ton. 12,5 × 1,7 cm. Trotz der Maßabweichung mit demselben Model geprägt wie B35a.
Diez, Privatbesitz.
c Frankfurt, Karmeliterkloster, ca. 100–150 Fliesen sind 1980 in den Kunsthandel gelangt. Bei diesen Fliesen handelt es sich um Kopien des späten 19. Jh. Sie waren nach 1944 lediglich im Karmeliterkloster gelagert.

---

1 Es handelt sich hier möglicherweise um ein echtes Wappen. Die heraldisch seitenverkehrte Darstellung entstand möglicherweise durch die Umkehrung des Bildes beim Prägen. Vgl. eine Glasscheibe aus dem Bartholomäus-Dom, Frankfurt, mit dem Wappen des Siegfried (?) von Eppstein, um 1239. (S. Beeh-Lustenberger, 1967, Abb. 14), Hessisches Landesmuseum Darmstadt.

B36 Mainz – Worms

2. Hälfte 13. Jahrhundert.
Mittelgrauer Ton. Breit vertiefte Prägung. 7,8 × 2,2 cm. Vermutlich Mittelstück einer Rahmenfliese ähnlich W80. Nicht abgebildet.
In quadratischem Rahmen ein in die Diagonale gestellter Adler mit vier Schwungfedern und Stoß in Lilienform. Der Schnabel ist tief gespalten, der Rumpf oval, die Fänge fehlen.
Fundort:
a Mainz, Herkunft unbekannt.
Mainz, Mittelrheinisches Landesmuseum.
b Worms, Herkunft unbekannt, vor 1922. E. Grill, Taf. IV, 98. Hier erscheint die Fliese seitenverkehrt. Schwarzgrauer Ton.
Worms, Museum der Stadt Worms, z. Z. nicht auffindbar.

B37 Weingarten

Um 1276?
Roter Ton. Vertiefte Prägung, besonders sorgfältig geschnittener Model. 15 × 3,6 cm.
In einem durch seitliche Stege begrenztem Viertelskreis nach rechts schauender Adler mit weit gespreizten, spitzen Schwingen, kleinem Kopf mit Halsfedern, übergroßen Fängen mit Krallen und kurzem, pfeilförmig zugespitztem Stoß mit Knoten. Über dem Adlerkopf Viertelskreis mit Sternviertel. In der Gegenecke Viertelskreis mit einbeschriebenem Viertel eines vierstrahligen Sterns und kleiner heraldischer Lilie.
Fundort:
Weingarten, Benediktinerkloster, vor 1862 bekannt.
K. Haßler, Taf. XII, 2. Bei neuen Grabungen 1954 im Kreuzgang gefunden.
Weingarten, Kloster, in der Nikolauskapelle und im Treppenhaus am Südquerarm neu verlegt.

B 38 Ehingen? – Langenau – Ulm

Um 1441 (b).
Roter, grobgemagerter Ton. Flachrelief. 19 × 4,5 cm.
In der Diagonale, in eine Fliesenecke einbeschrieben, nach rechts blickender Adler, dessen weitgespreizte Schwingen den Fliesenrand berühren. Halsfedern, lange Fänge, gefiederter Stoß. Der Adler steht über dem Viertel eines Vierpasses mit einer zur Mitte gekehrten Lilie. Im Vierpaß Viertel eines Viersterns mit der Hälfte einer heraldischen Lilie, die freien Flächen mit kleinen Blättchen gefüllt.
Fundort:
a Nach Vermerk im Inventar des Landesmuseums Stuttgart: „aus einer Kirche des Oberamts Ehingen"[1].
Ehingen, Heimatmuseum.
Stuttgart, Württembergisches Landesmuseum.
b Aus Langenau, vermutlich aus der Pfarrkirche St. Martin, vor 1937 bekannt.
Langenau, Heimatmuseum.
c Unbekannt, möglicherweise aus Ulm oder ebenfalls aus Langenau[2].
Ulm, Ulmer Museum.

1 Nach P. Keppler war zu dieser Zeit im Oberamt Ehingen die einzige Kirche mit Fliesenbelag die Kapelle zu Berkach. Diese Fliesen unterscheiden sich jedoch in Größe und Tonmaterial von B 38. Auch J. Baum, H. Klaiber, B. Pfeiffer, Kdm Donaukreis I, erwähnten keine Fliesen. Selbstverständlich kann der Fliesenboden lange vor 1888 entfernt worden sein.

2 Hist. Stätten VI, Baden-Württemberg, 447. Die Stadt Langenau ging durch Kauf 1377 an Ulm über. Es fanden sich dort Nachschnitte von Ulmer Mustern in St. Martin. Es kamen jedoch auch Fliesen aus der Umgebung von Ulm (Schmiechen, Gerhausen) ins Museum Ulm. Die Fliese kann sowohl aus Ulm wie aus Langenau stammen.

B 39 Hirsau

Um 1472? (2. Hälfte 15. Jahrhundert).
Schlecht gekneteter, roter Ton. Flachrelief, sehr stark abgetreten. 19,5 × 4,5 cm.
Viertelskreis mit kunstvollem Zackenband. Darunter nach rechts blickender Reichsadler mit Halsfedern, gefiedertem Rumpf, weitgebreiteten Schwingen und sich in Ranken auflösendem Stoß. Zu beiden Seiten zarte Blattranken und die Hälfte einer heraldischen Lilie. In der Ecke oben Viertel einer den Raum füllenden Blattastroide.
Fundort:
Hirsau, ehem. Benediktinerklosterkirche St. Aurelius.
Hirsau, Klostermuseum.
München, Bayerisches Nationalmuseum.

B 40 Gottlieben – Ochsenhausen

1491 (a), 1495 (b).
Roter Ton. Flachrelief, aus drei Bruchstücken rekonstruiert. 18,4 × 18,6 × 4,2 cm.
Doppelkreis, in den Ecken von Viertelskreisen über- und unterschnitten. Den Kreis ganz ausfüllender Adler nach Vorbild Hirsau. Übereinstimmend: Kopf, Rumpf mit Federkleid, Krallen und gefächerter Stoß. Abweichend: Flügel auf vier Schwungfedern reduziert.
Fundort:
a Gottlieben, ehem. Wasserburg der Bischöfe von Konstanz, vor 1877 gefunden.
Konstanz, Rosgartenmuseum.
b Ochsenhausen, ehem. Benediktinerkloster, bei der Restaurierung 1981 gefunden. Bruchstücke, Kopf fehlt.
Biberach, Privatbesitz, im Kunsthandel erworben.

B 41 Pfungstadt

2. Hälfte 15. Jahrhundert.
Roter Ton. Flachrelief, Bruchstück. Dicke: 3,5 cm.
Sichtbar sind nur ein feingezeichneter, mit kleinen Kleeblättern besetzter Randstreifen und die Schwingen eines Adlers. Darunter vermutlich Stück eines gefiederten Stoßes oder des Fangs.
Fundort:
Pfungstadt, ev. Pfarrkirche St. Martin und Marien, bei Grabungen 1967–68 in einer Auffüllschicht, zusammen mit T21 gefunden.
Pfungstadt, Pfarramt.

B 42 Straßburg? – Elsaß

14. Jahrhundert.
Dunkelroter, stark gebrannter Ton. Vertiefte Prägung. 14 × 3 cm.
Im Kreis nach links schauender kleiner Adler mit sehr kurzen Schwingen und Lilienstoß, die dreigelappten Fänge unbewehrt. In den Ecken rechts oben und links unten Viertelskreis mit Vierpaßviertel, links oben heraldische Lilie, rechts unten ein „T".
Fundort:
Unbekannt, aus Straßburg oder dem Elsaß. Vermutlich ist dies die Fliese, die 1900 in der Nähe der St. Thomaskirche gefunden wurde.
Straßburg, Frauenhausmuseum.

B 43 Aachen – Leeuwarden?

Um 1482 – 1. Viertel 16. Jahrhundert.
Hellroter Ton mit fast schwarzer Bleiglasur. Flachrelief. 12,3 × 2,8 cm.
Über den Seitenmitten Halbkreise, oben und unten mit kleinen Dreiblättern, rechts und links mit Kreisen verziert, durch schräge Stege mit Perlband verbunden. Im Mittelfeld nach links blickender Reichsadler[1] mit fünf Schwungfedern, Lilienstoß und überlangen Fängen mit spitzen Krallen. In den Halbkreisen oben und unten Hälfte einer heraldischen Lilie, rechts und links Hälfte eines Sechspasses mit einbeschriebener Sternblüte. In den Fliesenecken grobe, leicht schräg auf dem Steg sitzende heraldische Lilien.
Fundort:
a Aachen, Pfarrkirche St. Foillan, bei Aufräumungsarbeiten nach 1945 gefunden.
Aachen, Stadtverwaltung.
b Aachen, Herkunft unbekannt, nicht notwendigerweise vom selben Fundort, zu Ende des 19. Jahrhunderts gefunden[2].
Weitere Fliese mit bräunlichroter Glasur.
Aachen, Suermondt-Museum.
c Leeuwarden (Friesland). Die Fliese soll neben der Kirche gefunden worden sein (mit hellockergelber Glasur, 12,4 × 2,2/2,9 cm.)
Bad Zwischenahn, Slg. Hans-Jürgen Heger.

1 Da die Stadt Aachen den Reichsadler im Wappen führt, wird hier vermutlich schon Bezug auf dieses Wappen genommen.

2 Westd. Zs. 11, 1892, Museographie 1891, 254. Die Fliesen wurden 1891 dem Suermondt-Museum durch die Aachener Diskonto-Gesellschaft übergeben, die sie möglicherweise beim Bau ihres Bankgebäudes gefunden hatte. Es konnte jedoch nicht ermittelt werden, woher die Fliesen kamen und wie viele Muster darunter waren.

B 44 Aachen?

2. Hälfte 15. Jahrhundert? Um 1527?
Grauer Ton mit dunkelbrauner Glasur, rötlicher Ton mit rötlichbrauner Glasur. Flachrelief, Kante senkrecht. 12 × 1,7 cm.
Nach rechts schauender Reichsadler mit überlangem Hals und fünffach gefiedertem langen Stoß. Bei den Schwungfedern Wechsel zwischen breiten und schmalen Federn. In den Ekken Viertelskreise mit einbeschriebenem Vierpaßviertel und zur Mitte gekehrter Lilie.
Fundort:
Unbekannt, entweder aus Aachen oder dessen unmittelbarer Umgebung.
Aachen, Suermondt-Museum.
Hamburg, Museum für Kunst und Gewerbe.
Köln, Museum für Angewandte Kunst.

B 45 Aachen? – Heinsberg

Um 1527? (a), nach 1479? (b).
Roter Ton mit dunkelbrauner Bleiglasur. Flachrelief, Kante senkrecht. 12,5 × 3 cm.
Vereinfachte *Variante* von B 44. Kopf nach links, nur vier Schwungfedern, Stoß noch stärker gegliedert.
Die Ecklilien mit Rautenkelch sitzen unmittelbar auf dem Viertelskreis auf.
Fundort:
a Vermutlich aus Aachen, Herkunft unbekannt, wohl vor 1900 gefunden.
Dortmund, Slg. M. Aurich.
Hamburg, Museum für Kunst und Gewerbe.
Köln, Museum für Angewandte Kunst (in der Diagonale geteilt, mit mittelgelber Glasur).
b Heinsberg, ehem. Prämonstratenserinnenkloster, beim Abbruch des Südflügels (vor 1959) in einer Mauernische gefunden. 11,7 × 3 cm. A. Lentz, 1959, 71.
Heinsberg, Kreisheimatmuseum.

B 46 Köln

Um 1463 (a).
Roter Ton mit grüner Glasur, nach R. Forrer, 1901, Taf. XL,5 auch mit gelber Glasur. Flachrelief, abgetreten, Fliese in der Diagonale geteilt. 12 × 2,5 cm.
Variante von B 40. Kleiner Adler mit ovalem, gefiedertem Rumpf. Wellenlinien an der Oberkante der flach gebreiteten Schwingen, winzige Fänge und dreigeteilter Stoß. Die Ecklilien schmal, die Seitenblätter nicht überhängend.
Fundort:
a Köln, kath. Pfarrkirche St. Kolumba, mit L 21 als Bodenbelag der „Wasserfaß-Kapelle", bei Grabungen 1974 aufgedeckt. Glasuren: hell-ockergelb, mittelgrün, olivgrün und bräunlich, 12 × 2,5 cm, Kanten senkrecht oder leicht schräg, die Fliesen meist in der Diagonale geteilt.
Köln, Römisch-Germanisches Museum, Abt. Arch. Bodendenkmalpflege.
b „aus Köln", R. Forrer, 1901, Taf. XL, 3 und 5. Da der Boden aus Mettlacher Fliesen um 1890 verlegt wurde, ist es möglich, daß damals die noch vorhandenen Fliesen in den Kunsthandel kamen und alle aus St. Kolumba stammen.
Köln, Kölnisches Stadtmuseum.
Köln, Museum für Angewandte Kunst (ungeteilt, dunkelokkerbräunliche Glasur).
Köln, Erzbischöfl. Diözesan-Museum (gelber Ton mit braunschwarzer Glasur). J. Eschweiler, 27, Nr. 82.
Konstanz, Rosgartenmuseum. Gelbroter Ton mit Resten brauner Glasur. 11,6 × 12 × 2,5 cm. Nicht aus Konstanz.

B 47 Deutschland

13. Jahrhundert?
Gelbrötlicher Ton mit fleckiger brauner und gelblicher Glasur. Flachrelief. 8 × 1,3 cm.
In die Diagonale gestellter, nach links blickender Adler ähnlich B 30, mit breitem Rumpf, eng gereihten Schwungfedern und sorgfältig gezeichnetem Lilienstoß.
Fundort:
Unbekannt. Die fleckige Glasur taucht mehrfach auf rheinischen Fliesen auf, ist jedoch nicht auf diese beschränkt. Glasur und Relief weisen ins 15. Jahrhundert, das kleine Format eher ins 13. Jahrhundert. Die einfache Darstellung ohne jedes Beiwerk ist nicht sicher datierbar.
Düsseldorf, Hetjens-Museum.

B 48 Frankfurt/Main? – Hessen?

15. Jahrhundert.
Roter Ton. Vertiefte Prägung. 13 × 2 cm.
In der Diagonale nach links blickender Adler in grober Prägung. Die drei Schwungfedern ungleich hoch am plumpen Rumpf angesetzt, hängender Schnabel, verschieden lange Fänge, langer Lilienstoß mit Knoten.
Fundort:
Unbekannt, nach R. Forrer, 1901, Taf. XVII, 10 aus München. Forrer bildet den Adler zusammen mit C 66 (ebd., Taf. XVII,9) ab, der nachweislich bei Grabungen 1908 im Abraum mittelalterlicher Töpferöfen in Frankfurt-Sachsenhausen[1] gefunden wurde und sicher nicht aus München stammt. Eine weitere, mit diesen Fliesen zusammengehörige, angeblich aus München stammende Fliese (ebd., Taf. CIII, 15) fand sich in dem Zisterzienserinnenkloster Thron (ca. 30 km nördlich von Frankfurt). Sicher liegt hier eine Verwechslung vor, die Fliese B 48 stammt entweder aus Frankfurt oder dessen nächster Umgebung.
London, Victoria and Albert Museum.

1 H. Brückner, 27, Taf. II, 8.

B 49 Aachen – Frankfurt/Main?

Ende 15. Jahrhundert.
Roter Ton mit dunkelbraunvioletter Lehmengobe (?)[1] oder Glasur. Flachrelief, Kante senkrecht. 13,5 × 3 cm.
In quadratischem Rahmen diagonal gestellter nach rechts blickender Reichsadler mit langen spitzen Schwingen, die den ganzen Raum der Fliese füllen, kleinem Kopf mit Zunge, Halsfedern, der lange dreigeteilte Stoß mit stilisierten Lilienenden.
Fundort:
a Aachen, Rathaus, Reichssaal, vermutlich bei einer Restaurierung 1883–1901 entfernt.

Berlin, Kunstgewerbemuseum.
Köln, Museum für Angewandte Kunst.
b Variante, seitenverkehrt, Rahmen an der Außenseite Schrägkerben, die Innenseite mit kleinen Andreaskreuzchen. Grüne Glasur, 13,5 × 2,4 cm, nach R. Forrer, 1901, Taf. XL, 1 „aus Frankfurt". Es wäre durchaus möglich, daß die Fliese z.B. für den Römer geprägt wurde, dessen Räume ja dieselben Funktionen erfüllten wie der Reichssaal des Aachener Rathauses.
Verbleib unbekannt.

1 Die Oberfläche gleicht der der Fliesen der Langerweher Werkstatt.

B 50 Hohenzollern?

Ende 15. – 1. Viertel 16. Jahrhundert.
Rötlicher Ton. Vertiefte Prägung, sehr stark abgetreten, Model in der Mitte gebrochen. 16,2 × 15,6/15,4 cm.
Durch Benutzung eines kleineren Models entsteht ein quadratischer Rahmen. Diagonallinie, von Spitzoval überdeckt. In diesem, die ganze Fläche füllend, Adler (?) mit hochgerecktem Hals, großem, mandelförmigem Auge, eng am Rumpf anliegenden Flügeln und gefiedertem Stoß. Die Zeichnung ist nicht in allen Einzelheiten zu erkennen. In den Ecken der Fliese je zwei dreieckige Blätter mit tief eingezogenen Blattkerben.
Fundort:
Unbekannt, doch wahrscheinlich aus Hohenzollern.
Hechingen, Hohenzollerische Landessammlung.

B 51 Hessen?

2. Hälfte 14. Jahrhundert?[1]
Dunkelroter, stark gebrannter und gemagerter Ton, Ecke links oben fehlt. Vertiefte Prägung. 12,5 × 12,1 × 2,5 cm.
Nach rechts schauender Adler mit einfacher, auf den übergroßen Schnabel gerutschter Laubkrone und fast kreisrundem Rumpf. Die Flügel mit vier sichelförmigen Schwungfedern, die Schwingenenden zur Volute gerollt, das Auge aus einer Volute gebildet. Breiter gefächerter Stoß mit übergroßen, die Ecke füllenden Fängen.
Fundort:
Unbekannt, vermutlich aus Hessen.
Darmstadt, Hessisches Landesmuseum.

1 Die Darstellung weist ins späte 13. oder in die 1. Hälfte des 14. Jh. Da die Laubkronen in dieser Form jedoch erst seit der 2. Hälfte des 14. Jh. üblich sind, ist eine sichere Datierung schwierig.

B 52 Franken?

1. Hälfte 15. Jahrhundert.
Roter Ton. Flachrelief. 15 × 5,5 cm.
Viertelsrond mit Lilienstab, an der Spitze und am Grunde zu beiden Seiten noch ein dreigeteiltes Blatt, je ein Kleeblatt unter dem Bogenende. In den Feldern jeweils ein auf der Fliesenkante stehender gekrönter Reichsadler. Die Schwingen an der Oberkante stark gewellt, der Stoß mit Schaftring breit gefächert. Die Kreisbegrenzung unten rechts mit Zakken-, links mit Bogenrand.
Fundort:
Unbekannt, vor 1868 gefunden, Kat. GNM Nürnberg, 1868, 8, A. 39.
Nürnberg, Germanisches Nationalmuseum, vermutlich Gipsabdruck, seit 1945 vermißt. Das Original kam aus der Sammlung J. v. Hefner-Alteneck[1] 1904 in den Kunsthandel. Verbleib unbekannt.

1 Auktionskatalog Dr. J. v. Hefner-Alteneck, 1904, Nr. 387. Zur Versteigerung gelangten 20 Fliesen, von denen diejenigen, deren Fundort bekannt war, alle aus Franken (Heilsbronn, Aschaffenburg) stammten, so daß für B 52 der Fundort „Franken" oder nördliches Bayern (Dr. J. von Hefner-Alteneck war Direktor des Bayerischen Nationalmuseums München) wahrscheinlich ist.

Doppeladler

B 53 Wörschweiler

Ende 12. – Anfang 13. Jahrhundert.
Roter Ton. Stark vertiefte Prägung mit Reliefwirkung, Doppelfliese, abgetreten, Rand beschädigt. 10,4 × 19,7 × 4,3 cm.
In quadratischem Rahmen Doppeladler mit zwei Köpfen. Bildung der Schwingen ähnlich B 4. Großer, plumper Rumpf, kleine Fänge, breiter, dreigefächerter Stoß. Neben den Köpfen je ein kleiner Kreis. Wappen der Grafen von Saarwerden[1], der Stifter des Klosters.
Fundort:
a Wörschweiler, ehem. Zisterzienserkloster, bei den ersten Grabungen in der Ruine 1867, bei den Ausgrabungen 1954–57 erneut gefunden. Bdm Pfalz, I, 201, Abb. a. – P. Volkelt, 19, Nr. 1 a, Taf. 12, Abb. 1.
Wörschweiler, Depot der Klosterfunde.
b Bruchstück vom selben Fundort. Der Adler mit schmalen Hälsen, die Schwungfedern bis zum Ansatz geteilt. P. Volkelt, 20, Nr. 1 b, Taf. 12, Abb. 2.

1 H.-W. Herrmann, I, Taf. II, Abb. 2. Graf Ludwig I. von Saarwerden führte den Doppeladler vermutlich deshalb, weil er seine Doppelstellung als reichsunmittelbarer Graf im deutschen Reichsteil und als kaiserlicher Statthalter und Richter im burgundischen Reichsteil betonen wollte.

B 54 Nr. gelöscht

B 55 Speyer

1. Hälfte 14. Jahrhundert.
Grauer Ton. Vertiefte Prägung. Profil abgeschrägt. 12 × 2 cm.
Viertelsrond mit Doppeladler. Der Hals mit zwei Köpfen teilt den Viertelskreis, die Schwingen schmiegen sich seiner Rundung an. Der schmale Stoß füllt die Fliesenecke, die Fänge stehen ohne Krallen als Stäbchen vom Rumpf ab. In der Ecke oben Viertelskreis mit Viertel einer achtblättrigen Blüte. Aus derselben Werkstatt wie D 65, H 60 und wohl auch J 84.
Fundort:
Unbekannt, vor 1894 gefunden, möglicherweise aus dem Dom. Vgl. Anm. bei B 24. Bdm Pfalz, IV, 62, F. 51
Speyer, Historisches Museum der Pfalz.

B 56 Konstanz

3. Viertel 13. Jahrhundert.
Hellroter-gelblichroter Ton. Vertiefte Prägung. 13 × 3 cm.
In quadratischem Rahmen Doppeladler mit einem Kopf, einem Auge und zwei in ungleicher Höhe ansetzenden großen Schnäbeln[1]. Die Schwingen nur am Flügelrand eingeschnitten, der kurze Stoß mit Knoten dreigeteilt.
Fundort:
Konstanz, Stadionscher Domherrenhof, 1898.
Konstanz, Rosgartenmuseum.
Dortmund, Museum für Kunst und Kulturgeschichte.
Nürnberg, Germanisches Nationalmuseum.
Zürich, Schweizerisches Landesmuseum.

1 Einen ähnlichen Doppeladlertypus zeigt ein maurisches Seidengewebe aus Spanien, 11. Jh., früher Quedlinburg, jetzt Berlin, ehem. Staatl. Museum (H. J. Schmidt, Abb. 150, nach S. 176).

B 57 Konstanz

3. Viertel 13. Jahrhundert.
Roter, feingemagerter Ton. Vertiefte Prägung. 13,5 × 2,5 cm.
Kreis durch gegeneinander gesetzte Winkel gebildet. Doppeladler in der Körperbildung fast mit B 27 übereinstimmend, die Schwingenenden weniger eingerollt. Die Köpfe teilen sich erst sehr spät auf hohem Hals[1]. Alle Konturen mit feinen Stichelspuren.
Fundort:
a Konstanz, Stadionscher Domherrenhof, 1898.
Konstanz, Rosgartenmuseum.
London, Victoria and Albert Museum (hellgrauer Ton).
Zürich, Schweizerisches Landesmuseum.
b Konstanz, Münster, bei Grabungen 1974 im Fundamentbereich der Mauritiusrotunde und des Hl. Grabes gefunden. S. v. Blanckenhagen, E. v. Gleichenstein, 1975, 85, Nr. 75.
Konstanz, Staatl. Hochbauamt.
Freiburg, Landesdenkmalamt Baden-Württemberg.

1 Vgl. hierzu ein Seidengewebe aus Byzanz, 11. Jh., Vich, Erzbischöfliches Museum (H. J. Schmidt, 77, Abb. 56) und einen Seidenbrokat aus Bagdad, um 1200, Siegburg, kath. Pfarrkirche (ebd., 118, Abb. 85).

B 58 Beselich – Brunnenburg – Eberbach – Mainz

2. Drittel 13. Jahrhundert.
Roter Ton. Vertiefte Prägung. Bruchstücke. 14 × 2 cm.
Quadratischer Rahmen, der in drei Ecken von Viertelskreisen jeweils auf der rechten Seite überschnitten wird. In der Diagonale Doppeladler mit vier weit gespreizten Schwingen, auf beiden Seiten verschieden gebildet. Die Köpfe auf langen Hälsen, der gefächerte Stoß mit Knoten, durch zwei Bogen mit dem Rahmen verbunden. Dieselbe Darstellung findet sich auch mit einfachem Adler. Vom selben Modelschneider geschnitten wie D 43 und J 76.
Fundort:
a Beselich, ehem. Prämonstratenserinnenklosterkirche, bei Grabungen 1954 in der Kirchenruine gefunden. H. Miedel, Abb. 37.
Wiesbaden, Slg. Nassauischer Altertümer.
b wie a. 1977 erneut auf dem Gelände des ehem. Klosters gefunden. Nass. Landeszt. vom 3. 9. 1978.
Wiesbaden, Landesamt für Denkmalpflege Hessen.
c Brunnenburg, ehem. Prämonstratenserinnenkloster, 1974 bei Grabungen im Schutt gefunden. Dunkelgrauer Ton. G. und I. Maag, T. 4, 134, Abb. 88 G.
Wiesbaden, Privatbesitz.
Diez, Privatbesitz.
d Eberbach, ehem. Zisterzienserkloster, Einzelfliese, Fundumstände unbekannt. Gelblichgrauer Ton. 13,8 × 2,8 cm.
Kante senkrecht. Model leicht nach links verschoben. Seitenverkehrte Prägung.
Eberbach, Lapidarium.
e Mainz, Stadtgebiet, Herkunft nicht mehr bekannt, vor 1898 gefunden[1].
Mainz, Slg. des Vereins zur Erforschung der Rhein. Geschichte und Altertümer, heute unauffindbar.

1 Westd. Zs. 17, 1898, Museographie 1897, 380, Taf. 11,9.

B 59 Stein am Rhein

Nach 1499.
Vermutlich roter Ton. Flachrelief. 14,5 × 14,5 cm.
Rahmenmuster aus Durchdringung von Quadrat und Vierpaß gebildet, in die Diagonale gestellt. Doppeladler mit waagrecht gebreiteten Schwingen. Die kleinen Köpfe auf überlangen Hälsen, darüber eine Krone schwebend[1]. Der Körper walzenförmig schmal, mit großen Fängen, der Stoß zum Blattornament umgebildet. Zu beiden Seiten Pflanzen mit Kreuzblüte, die freien Stellen mit Ranken gefüllt. An der Fliesenkante der Stempel „Frienisberg"[2].

Fundort:
Stein am Rhein, ehem. Benediktinerkloster St. Georgen, früher als Kopie in situ in Raum 3. Bei der letzten Restaurierung entfernt; erwähnt, da die Kopie nach einer Originalfliese gefertigt. Ob diese allerdings früher in St. Georgen war, ist nicht gesichert. Abb. b. H. Hamann, Taf. XVII, 82.

1 R. Frauenfelder, 1958. Der gekrönte Reichsadler steht hier als echtes Wappen. Er findet sich in dieser Form mehrfach im Kloster, so als Wappen auf zwei Glocken der Klosterkirche (ebd., 63, Abb. 76, 77), auf einem Glasfenster gleicher Herkunft im Museum zu Allerheiligen Schaffhausen (ebd., 80, Abb. 103) und auf einem Torbogen zum inneren Hof (ebd., 92, Abb. 116). Der Reichsadler verweist auf die Stellung als freie Reichsstadt und die Klostergründung durch Kaiser Heinrich II.

2 Die Originalfliese wurde im Zisterzienserkloster Aurora in Frienisberg, Kt. Aargau, hergestellt oder doch der Model von dort entliehen. Dort wurden im 3. Viertel des 13. Jh. Formsteine nach St. Urbaner Modeln geprägt. Später entwickelte es von St. Urban unabhängige Muster, die allerdings nur für Fliesen verwandt wurden. Zemp setzt diese Fliesen in die 2. Hälfte des 14. Jh., die Form des Adlers spricht dagegen für eine Entstehung frühestens in der 2. Hälfte des 15. Jh. Es wäre durchaus möglich, daß St. Georgen dorthin Aufträge erteilte. Vgl. J. Zemp, 118–119, und R. Schnyder, 1958, 22–23, 94, Anm. 103.

B 60 Lemberg

Nach 1534.
Roter Ton. Flachrelief, in der Mitte gebrochen. 18 × 18 cm.
Kreisband mit schmaler Blüten- und Früchteranke. Doppeladler, die kleinen befiederten Köpfe mit Zunge, auf langen Hälsen bis zum Schwingenende gebogen. Weitgebreitete Flügel, sorgfältige Differenzierung von langen und kurzen Federn. Große Fänge mit Krallen, ein den Rahmen überschneidender Stoß.

Fundort:
Lemberg, Burgruine, bei Zufallsgrabungen lose im Schutt gefunden, teilweise aus Bruchstücken rekonstruiert. A. Ekkardt, H. E. Kubach, 373, Abb. 340.
Lemberg, Burgsammlung.
Primasens, Heimatmuseum.
Speyer, Landesamt für Denkmalpflege.

B 61 Randeck

1. Hälfte 16. Jahrhundert.
Bruchstück einer Relieffliese. Rötlicher Ton. Ca. 18 × 18 cm.
Sichtbar sind der Fang eines Adlers, der halbe Stoß und die Spitzen einer Flügelschwinge.

Fundort:
Bei Grabungen auf dem Gelände der ehem. Burg Randeck 1980 gefunden, zu den Löwenfliesen D 62 gehörend.
Mannweiler-Cölln, Depot des geplanten Heimatmuseums.

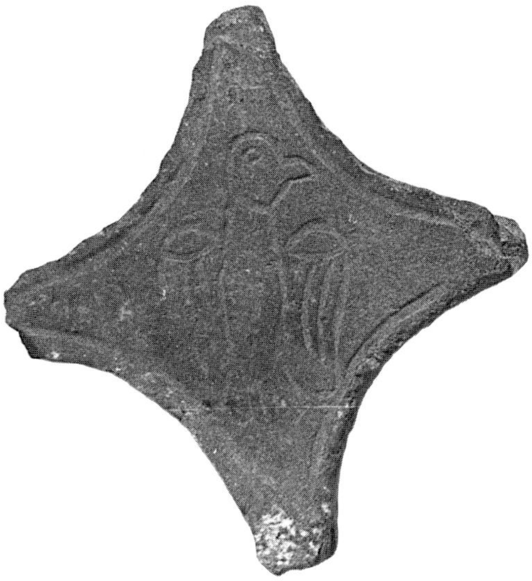
B1

B2

B3

B4a

B4b

B5

B6

B7

B8

B9

B10

B11

B 12

B 13

B 14

B 15

B 16

B 17

B 18

B 19

B 20

B 21

B 22

B 24

B 25

B 26

B 27

B 28

B 29

B 30

B 31

B 32

B 33

B 34

B 36

B 37

B 38

B 39

B 40

B 41

B 42

B 43

B 44

B 45

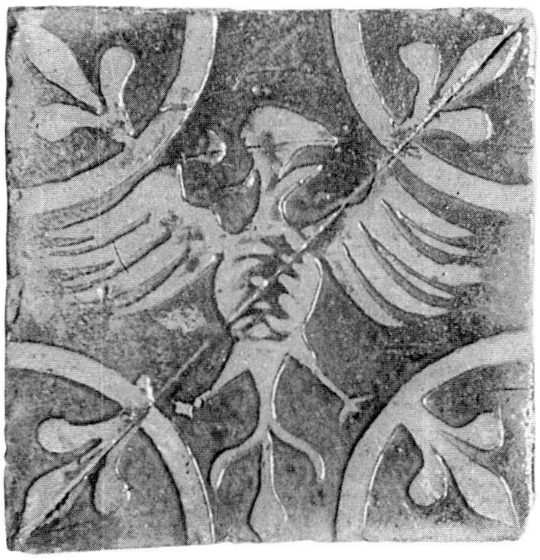

B 46

B 47

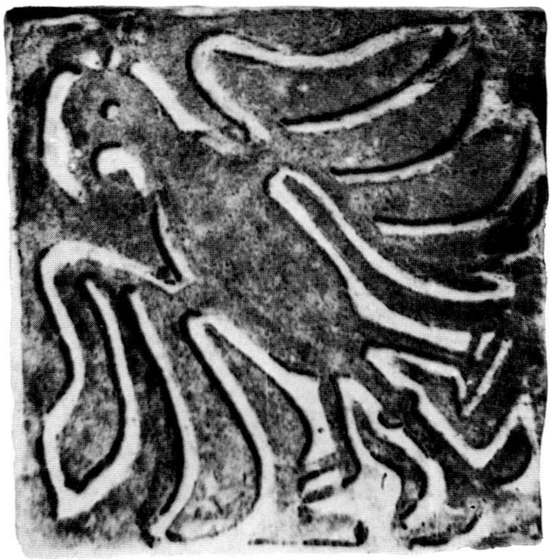

B 48

B 49 a

B 49 b

B 50

B 51

B 52

B 53

B 55

B 56

B 57

B 58

B 59

B 60

Tierdarstellungen – Hirsche

C1 Bleidenstadt – Eberbach – Mainz – Steinbach

3. Viertel 12. Jahrhundert (a). Um 1186? (b).
Rosigweißer, weißlicher oder rötlichgrauer Ton, in der Magerung wie mürber Sandstein wirkend. Flachrelief, Bruchstücke, sehr schwer. Dicke 4 cm.
Quadratischer Stempel mit breitem Kreisband. In diesem nach links springender Hirsch mit massigem Körper, kleinem Kopf und kurzem, zum Oval gewölbtem Geweih. Ein buschiger Schweif? nach oben umgeschlagen, die Läufe viel zu dünn für den schweren Rumpf. In den Ecken kleines, dreigeteiltes Blatt. Auf einem weiteren Bruchstück kleiner Medaillonstempel: Kreis mit sechsstrahligem Stern, dazwischen kleine Punkte[1]. Ein zweiter Kreisstempel mit kleiner Tanne?, ähnlich den Stempelchen bei D1. Es ist nicht sicher, zu welcher Fliese diese Stempel gehören.
Fundort:
a Bleidenstadt, ehem. Benediktinerkloster St. Ferrutius, vor 1899 im Kreuzgang gefunden[2]. Die alte Beschriftung „Lorsbach" ist möglicherweise falsch.
Wiesbaden, Slg. Nassauischer Altertümer.
b Eberbach, ehem. Zisterzienserkloster, Herkunft unbekannt, nur Bruchstücke mit zwei Sternstempeln. Gelblicher Ton, Dicke 4,3 cm.
Eberbach, Lapidarium.
c Mainz, Deutschhausplatz, 1972 beim Aushub einer Tiefgarage gefunden. Das Muster stark abgetreten, der Hirsch gerade noch erkennbar. Auf der Fliese keine Kreisstempel. Weißrötlicher Ton. Kante abgeschrägt. 28 × 8 cm, Stempel 11,5 × 11,5 cm.
Mainz, Mittelrheinisches Landesmuseum.
d Steinbach, Einhardsbasilika. Bruchstück mit Sternstempel, vor 1885 gefunden[3].
Verbleib nicht zu ermitteln, wohl verloren, da anscheinend ganz mürber Ton.

1 Dieser Stempel ähnelt stark den Bodenmarken der Töpfer. Vgl. R. Franz-Berdau, 5, Abb. 2e. Bodenmarke auf einer Kachel des 13.–14. Jh. aus dem „festen Hus Göltsch", Museum Rodewisch, Sachsen. M. Walter, Abb. 55. Bodenmarke von Burg Wildenberg, 13. Jh.
2 Nass. Ann. 30, 1899, 16, 114.
3 R. Adamy, 1885, 26: „Andere Reste von Fliesen, welche gleichfalls in der Basilika gefunden wurden, zeigten einen Stempel mit einem Rade von sechs Speichen und sechs Sternchen zwischen diesen."

C1.1 Ober-Roden

Um 1160–80.
Graurosa-rötlicher Ton. Kreisstempel (Dm. 6,5 cm) mit Flachrelief, sehr stark abgetreten, nur eine halbe Fliese erhalten, Originalgröße ca. 31 × 31 cm. Nicht abgebildet.
In Würfelanordnung fünf Kreisstempel mit nach rechts gewandtem, stehendem Tier, möglicherweise einem Hirsch, ähnlich C1. Der linke Vorderlauf nur leicht angehoben, das Geweih(?) etwas gesenkt. Möglicherweise aus demselben Werkstattbereich wie C1.
Fundort:
Ober-Roden, auf dem Gelände der ev. Pfarrkirche bei einer Grabung 1985 gefunden. J. Leuschner, E. Schallmayer, 69, Abb. 42, Nr. 1; 70, Abb. 43 unten[1].

1 Bei einer Grabung innerhalb der Kirche wurden 1991 erneut Stempelfliesen geborgen, deren Veröffentlichung durch Herrn Dr. E. Schallmayer vorbereitet wird. Die starke Zerstörung der Fliesenoberfläche läßt nicht sicher erkennen, ob die Abb. 42, Nr. 1 nicht einen zweiten, leicht abweichenden Stempel zeigt.

C2 Rijnsburg

Model 2. Viertel 13. Jahrhundert, Prägung der Fliesen möglicherweise erst 1309[1].
Hellbraunroter Ton mit weißer Engobe, Spuren von hell-dunkelgelber, grüner und bräunlicher Glasur. Flachrelief, Randleiste eines Kreises, Model in der Mitte gebrochen. 7,5 × 17 × 16 × 2 cm, Dm. des Kreises 6,5 cm.
Nebeneinander angeordnet zwei Kreisstempel mit nach rechts springendem Hirsch, das lange Geweih leicht gesenkt. Der Kreis außen mit feinen, senkrechten Kerben wie bei B6.
Fundort:
Rijnsburg, Provinz Leiden, Abteikirche, bei Grabungen 1949 gefunden. W. Glasbergen, Abb. 9.
Groningen, Archäologisches Institut.

1 Das Vorbild für die Fliese ist analog zu B6 vielleicht in Kloster Arnstein oder Kloster Rommersdorf zu suchen. Luthmer erwähnt (siehe Fundortkat.) „konzentrische Kreise mit Hirschdarstellungen".

C3 Rappoltsweiler – Reichenweier

13. Jahrhundert oder Mitte 14. Jahrhundert nach älterem Vorbild.
Ziegelroter Ton. Flaches Relief, im Brand verzogen. Bruchstück, Kante senkrecht. 20,5 × 3,5 cm.
Kreis mit Zackenband, in diesem ein nach rechts springender Hirsch, den linken Vorderlauf unbeholfen angewinkelt, das Geweih waagrecht. Seine Spitzen berühren den Kreisrand. Kopfbildung ähnlich C6. Vermutlich Gegenstück zu B29.
Fundort:
a Rappoltsweiler, Herkunft unbekannt. G. Meyer, 1975a, 36, 39, Abb. C2.
Rappoltsweiler, Städtisches Museum.
b Reichenweier, Herkunft unbekannt.
Kolmar, Agence des Bâtiments de France du Haut-Rhin.

C4 Karlsruhe – Esslingen?

Vor oder nach Mitte 13. Jahrhundert.
Graugelber, grobgemagerter Ton. Flachrelief und vertiefte Prägung. 19 × 3,5 cm.
Zwei durch enggereihte Stege gebildete Kerbkreise. Im Innenkreis stehender, nach rechts gewandter Hirsch mit vorgewölbtem Bug, großen, ausgehöhlten Klauen, sehr spitzem Kopf mit geöffnetem Maul und großem, waagrecht liegendem Geweih, das den Kreis berührt.
Fundort:
a Karlsruhe-Durlach, Turmbergruine, bei Grabungen 1894/95 gefunden. E. Wagner, Taf. VIII. Bei der Grabung 1972 erneut gefunden. D. Lutz, 207, Abb. 19.
Karlsruhe, Badisches Landesmuseum.
b Esslingen, Herkunft unbekannt, alter Bestand. 1987 bei Grabungen im Bereich des ehem. Predigerklosters erneut gefunden. Feingemagerter roter Ton, der Kerbkreis nicht ganz übereinstimmend.
Stuttgart, Landesdenkmalamt Baden-Württemberg.
Esslingen, Stadtmuseum.
c Karlsruhe-Durlach, Turmbergruine. *Variante.* Nur zwei Kerbkreise, ohne Hirsch, bei den Grabungen 1894/95 und 1972 gefunden. D. Lutz, 209, Abb. 19.
Karlsruhe-Durlach, Pfinzgaumuseum.
Karlsruhe, Badisches Landesmuseum.

d Esslingen, bei Grabungen im Bereich des ehem. Predigerklosters 1987 gefunden.
Stuttgart, Landesdenkmalamt Baden-Württemberg.

C5 Esslingen?

Mitte 13. Jahrhundert.
Dunkelroter, stark gebrannter Ton mit bläulicher Klinkertönung. Das Auge als schwarze Masse eingelegt. Zwischen den Geweihstangen Reste von gelbbrauner Glasur. Flachrelief, die Kerben in vertiefter Prägung, wohl ausnahmsweise mit einem Hölzchen eingeprägt. Stark abgetreten. 13,5 × 2,5 cm.
Im Kerbkreis nach links gewandter stehender Hirsch. Kopf und Körper schmäler als C4. Die beiden Vorderläufe setzen in Voluten an, das lange Geweih ist gewölbt.
Fundort:
Unbekannt, vermutlich aus Esslingen oder Umgebung.
Esslingen, Stadtmuseum.

C6 Karlsruhe – Ettlingen

Vor oder nach Mitte 13. Jahrhundert.
Roter, stark gebrannter körniger Ton mit Einsprengseln eines gelblichen Tones. Flachrelief. 15 × 3 cm.
Breiter quadratischer Rahmen mit zarten Palmettenranken, in diesem ein nach rechts gewandter stehender Hirsch, mit C3 fast übereinstimmend. Körper etwas schmäler und länger, Geweih leicht gesenkt.
Fundort:
a Karlsruhe-Durlach, Turmbergruine, bei Grabungen 1894/95 gefunden. E. Wagner, Taf. 7. Bei der Grabung 1972 erneut gefunden. D. Lutz, 1977, 207, Abb. 19.
Karlsruhe-Durlach, Pfinzgaumuseum.
b Ettlingen, Pfarrkirche St. Martin, 1934 gefunden. Feingemagerter roter Ton. A. Tschira, R. Stenzel, 181, Nr. 6.
Ettlingen, Albgaumuseum.

C7 Espenkirchen

Mitte 13. Jahrhundert – um 1270.
Roter Ton. Vertiefte Prägung. Bruchstücke. 25 × 4 cm. Spuren des Holzmodels sichtbar, der Model kleiner als die Fliese[1].
Breiter quadratischer Rahmen, von Eckquadrat überdeckt, in den Ecken kleine stilisierte Lilie, die eher einer keimenden Pflanze ähnelt. Nach rechts gewandter, stehender Hirsch mit langem, starkem Geweih. Erhalten ist nur die vordere Körperhälfte und die tief gespaltenen Klauen.
Fundort:
Wüstung Espe oder „Espenkirchen", Klosterhof des Zisterzienserklosters Haina. H. Brandt, 1955, 238.
Frankenberg, Privatbesitz.

1 Nach freundlicher Mitteilung von Herrn Martin Morkramer, Heuchelheim, wurde bei der Grabung auch ein Fragment geborgen, welches das Muster seitenverkehrt und in erhabenem Relief zeigt, vermutlich der Abdruck von einer fertigen Fliese. Diese Platte war nur 2 cm dick. Es könnte sich um einen Tonmodel handeln.

C8 Bödingen?

1. Viertel 13. Jahrhundert?
Gelblichgrauer Ton. Flachrelief, stark abgetreten. 12 × 2,7 cm.
In quadratischem Rahmen nach links gewandtes Rehböckchen mit langem, walzenförmigem Körper, Streichholzbeinen und rückwärts gekehrtem Kopf mit kleinem, aufrechtem Geweih. Hinter dem Rücken des Tieres ein kleines Bäumchen, der freie Raum mit Streublumen und Kreisrosetten ausgefüllt.
Fundort:
Bödingen, Augustinerchorherren-Stiftskirche Mater dolorosa, bei der Restaurierung nach 1952 gefunden, möglicherweise nicht ursprünglich dort verlegt. I. Achter, 143.
Pulheim-Brauweiler, Rheinisches Amt für Denkmalpflege.

C9 Zwettl

1. Hälfte 13. Jahrundert.
Rötlicher Ton. Flachrelief. 14,5 × 16 cm.
In rechteckigem Rahmen nach links springender Hirsch mit walzenförmigem Leib, der unmittelbar in den linken Hinterlauf endigt. Der rechte Vorderlauf fast tänzerisch erhoben. Schmaler Kopf mit schön gewölbtem, kurzem Geweih. Im Maul ein hängendes Kleeblatt.
Fundort:
Zwettl, Zisterzienserstift, 1909. H. Özelt. 1959, 19.
Zwettl, Stiftsmuseum.

C9.1 Zwettl

1. Hälfte 13. Jahrhundert.
Rötlicher Ton. Flachrelief. Doppelfliese, das Gegenstück D25. Diese nur zu einem Viertel erhalten. 14,5 × 16 cm.
Variante von C9. Im Kreis nach links gewandter Hirsch ähnlich C9, statt des Blattes eine Palmette im Maul. Das Geweih zeigt ähnliche Zacken wie die Schwingen der Adlerfliese B3. Der Bug ist vorgewölbt, der linke Vorderhuf steht fest auf dem Kreisrand. Die freien Stellen vor den Läufen und über dem Rücken sind mit Blüten und Blattornamenten gefüllt, in den Fliesenecken ebenfalls kleine Blättchen.
Fundort:
Zwettl, Zisterzienserstift, zwei Fliesen 1979 in den Fenstern des Auditoriums vermauert gefunden. Kat. Die Kuenringer, 503, Nr. 611d.
Zwettl, Stiftsmuseum.

C10 Neustift

Ende 12.–Anfang 13. Jahrhundert?
Roter Ton mit dunkelocker Glasur, auch an den senkrechten Kanten. Flachrelief. 16,2 × 3 cm.
Quadratischer Rahmen aus Fischgrätkerben mit nach rechts springendem Hirsch. Körper und Bildung der Läufe ähnlich wie beim Böckchen E49.1. Breiter Kopf mit großem Punktauge und kurzem, geradem Geweih.
Fundort: Neustift, ehem. Prämonstratenserkloster, vor 1905.
München, Bayerisches Nationalmuseum.

C11 Mainz – Meiningen

1. Hälfte 13. Jahrhundert?[1]
Roter Ton. Flachrelief. Bruchstück. 13,5 × 3 cm.
Nach rechts springender Hirsch. Der Körper mit angewinkeltem Vorderlauf in ansteigender Linie, das breite Maul geöffnet, die Klauen unbeholfen angedeutet. Jede freie Fläche mit Blättern verschiedenster Form ausgefüllt, in den Ecken schmale Dreisterne. Die Fliesen in Mainz und Meiningen mit demselben Model geprägt.
Fundort:
a Mainz, Herkunft unbekannt.
Mainz, Mittelrheinisches Landesmuseum.
b Meiningen, Stadtkirche, beim Neubau der Kirche 1884–89 gefunden. Rotbrauner Ton. 19,8 × 19,8 cm. P. Lehfeldt, G. Voss, 112 oben.
Meiningen, Staatl. Museen Schloß Elisabethenburg.

1 Die Datierung dieser Fliese ist besonders schwierig. Reliefprägung und Hirschdarstellung weisen ins frühe 13. Jh., als verdorbenes Fliesenmuster des 15. Jh. könnte es jedoch auch eine ganz späte Prägung sein.

C12 Worms

2. Hälfte 13. Jahrhundert.
Dunkelgrauer Ton. Mischtechnik aus Flachrelief und vertiefter Prägung. 13,3 × 2,5 cm.
Quadratischer Rahmen mit nach rechts springendem Hirsch. Die Vorderläufe sind rechtwinklig angehoben, das Maul weit geöffnet, das kurze gerade Geweih mit sich berührenden Stangen. Der Hirsch von zwei Hunden gejagt, die sich winzig klein über dem Rücken und zwischen den Läufen zeigen. Füllung des freien Raumes mit Baum, Farnwedel und Blüte, sowie einem Bogen mit Perlband vor dem Kopf des Tieres. Rechts oben der typische Stern der Werkstatt, die auch die Model für E9 und F76 schnitt.
Fundort:
Worms, Herkunft unbekannt, vor 1922 gefunden.
E. Grill, Taf. 4, 100.
Worms, Museum der Stadt Worms.

C13 Eberbach

13. Jahrhundert.
Sehr feiner, gelblicher Ton. Flachrelief, Bruchstück, 13,5 × 2,7 cm.
Nur der linke Teil der Fliese erhalten. Sichtbar ist, im quadratischen Rahmen, Hinterleib und Läufe eines nach rechts gewandten Hirsches mit weit ausladendem Geweih. Kleines Bäumchen wie bei C12, dieses teilt sich jedoch über dem Spiegel und neigt einen Ast über den Rücken des Hirsches.
Fundort:
Eberbach, ehem. Zisterzienserkloster, Einzelstück.
Eberbach, Lapidarium.

C14 Amorbach

2. Viertel 13. Jahrhundert.
Roter feinkörniger Ton. Vertiefte Prägung. 13 × 3 cm.
In quadratischem Rahmen nach rechts gewandter stehender Hirsch mit angewinkeltem, linken Vorderlauf, den Kopf leicht zurückgelegt, das dreizackige Geweih mit großem Zwischenraum zwischen den Stangen.
Fundort:
Amorbach, auf dem Gelände des ehem. Klosterfriedhofs gefunden. W. Hotz, 1938, 45, Nr. 4.
Amorbach, Fürstl. Leiningensche Sammlungen.

C15 Cadolzburg

3. Viertel 13. Jahrhundert?[1].
Roter Ton, eine Fliese mit grüner Bleiglasur. Flachrelief, abgetreten. 10 × 2 cm.
Nach rechts laufender Hirsch, die Vorderläufe nur leicht angehoben. Schmaler, walzenförmiger Körper, runde Klauen, Kopf zerstört.
Fundort:
Cadolzburg, Burg, vor 1868 gefunden. Kat. GNM Nürnberg, 6, A5, 6.
Nürnberg, Germanisches Nationalmuseum.

1 Die spärlichen Fliesenfunde in Franken bieten kaum Vergleichsmöglichkeiten. Die grünglasierten Fliesen aus Kloster Heilsbronn gehören sicher erst dem 15. Jh. an. Da das Bild des Hirsches sich vom 13.–15. Jh. kaum wandelt, ist eine sichere Datierung sehr schwierig.

C16 Liechtenstein

3. Drittel 12. Jahrhundert.
Vermutlich roter Ton, da Kopie des 19. Jahrhunderts, rötlich eingefärbt, Rechteckfliese, Flachrelief.
Im Hochrechteck in die Diagonale gestellter springender Hirsch, der schmale elegante Körper im Sprung gespannt. Der aus einer Volute ansetzende Vorderlauf stark geknickt, am Hinterleib zwei Läufe sichtbar. Schmaler Kopf, oval gewölbtes Geweih, darüber flacher Bogen mit Zackenlinie. In der gegenüberliegenden Ecke Hälfte eines Schlüsselbogens mit Zackenband und Punkten. Zwischen den Läufen ein dikker Punkt.
Die Gegenfliese wiederholt das Bild in spiegelbildlicher Darstellung ganz exakt.
Fundort:
Burg Liechtenstein, Mödling, NÖ, im frühen 19. Jahrhundert gefunden und durch Kopien erhalten.
Mödling, Heimatmuseum.

C17 Stein/Donau

2. Hälfte 13. Jahrhundert.
Roter Ton mit dunkelbrauner Bleiglasur. Flachrelief, stark abgetreten. 17, 8 × 17 × 3,6 cm.
Nach links laufender Hirsch, im Körperbau fast mit C15 übereinstimmend. Rumpf nicht ganz so lang. Schweres, stark gewölbtes Geweih, das bis zur Fliesenkante reicht.
Fundort:
Stein/Donau, Großer Passauerhof, zu Beginn des 20. Jahrhundert entfernt.
Krems, Heimatmuseum.
Wien, Niederösterreichisches Landesmuseum.

C18 Stein/Donau

2. Hälfte 13. Jahrhundert.
Roter Ton mit dunkelbrauner Bleiglasur. Flachrelief, abgetreten. 18, 5 × 18 × 3, 5 cm.

Variante von C17. Körperbau fast gleich, Kopf kaum mehr sichtbar. Das überlange Geweih pendelnd nach unten hängend, die Zacken an den parallelen Stangen jeweils nach oben links gerichtet.
Fundort:
Stein/Donau, Großer Passauerhof, zu Beginn des 20. Jahrhunderts entfernt.
Krems, Heimatmuseum.

C19 Stein/Donau

2. Hälfte 13. Jahrhundert.
Roter Ton mit dunkelbrauner Bleiglasur. Flachrelief, fast völlig abgetreten. 17,5 × 4 cm.
Nach rechts gewandter, stehender Hirsch. Kopf en face, das zu beiden Seiten gebreitete Geweih spielerisch in Palmettenranken aufgelöst. Zwischen den Läufen dreiblättrige Pflanze.
Fundort:
Stein/Donau, Großer Passauerhof, zu Beginn des 20. Jahrhundert entfernt. L. Schmidt, 2, Abb. 59.2.
Hamburg, Museum für Kunst und Gewerbe.
Wien, Österreichisches Museum für Volkskunde.
Wien, Niederösterreichisches Landesmuseum.

C20 Selz – Weißenburg

3. Viertel 13. Jahrhundert.
Roter Ton. Vertiefte Prägung. 13 × 2 cm. Kante senkrecht. Kaum abgetreten.
In quadratischem Rahmen nach links springender Hirsch, den Kopf mit kleinem Geweih rückwärts gewandt. Der Bug aus winzigen Bögen und die Rückenlinie verlaufen in Halbkreisbögen, der rechte Vorderlauf ist sehr hoch erhoben, der Spiegel wie ein spitzer Dorn geformt.
Fundort:
a Selz, 1950 in einer Scheune aufgedeckt.
Hagenau, Elsässisches Museum.
b Weißenburg, Herkunft unbekannt. Hellroter Ton.
Weißenburg, Musée Westercamp.

C21 Mainz – Neustadt – Pforzheim – Speyer

Vor oder nach der Mitte des 13. Jahrhunderts.
Grauer Ton. Vertiefte Prägung, Model gebrochen[1], 13,2 × 2,4 cm.
In quadratischem, mit Kerbschnitten verziertem Rahmen nach links springender Hirsch mit leicht angehobenen Vorderläufen und kurzem, gewölbtem, dreizackigem Geweih.
Fundort:
a Vermutlich Mainz, Herkunft unbekannt.
Mainz, Mittelrheinisches Landesmuseum.
b Neustadt-Hambach, Hambacher Schloß, bei der Restaurierung 1955 gefunden. Bruchstück, dunkelgrauer Ton. Dicke 2,8 cm.
Speyer, Landesamt für Denkmalpflege.
c Pforzheim, Altenstädter Kirche St. Martin, 1949/50 gefunden. Roter Ton. 14,1 × 13,8 × 2,9 cm. E. Lacroix, Abb. 2, Nr. 3.
Pforzheim, Heimatmuseum.
d Speyer, 1912 beim Bau der Josephskirche gefunden. Mittelgrauer Ton. 14 × 2,5 cm.
Speyer, Historisches Museum der Pfalz.

1 Bei den Fliesen aus Pforzheim und Speyer wurde derselbe gebrochene Model benutzt, nicht jedoch für die Fliese aus Mainz. Bei der Fliese aus Hambach ist die Stelle, an der der Riß sitzt, nicht erhalten.

C22 Altenbaumburg – Arnsburg – Rosenthal – Speyer – Weinheim – Worms

3. und 4. Viertel 13. Jahrhundert. 1246–56 (b), um 1261 (c).
Schwarzgrauer feinkörniger Ton. Vertiefte Prägung. 13,5 × 2,5 cm (Ton, Prägung, Größe für C22d).
In quadratischem Rahmen nach links springender Hirsch mit leicht angehobenen Vorderläufen, kleinem Kopf mit weit geöffnetem Maul und langem, leicht geneigtem, an den Enden geschlossenem Geweih.
Fundort:
a Altenbaumburg, Burgruine, beim Wiederaufbau des Palas 1980–83 gefunden. Dunkelgrauer und rötlicher Ton, mit zwei verschiedenen Modeln geprägt.
Altenbaumburg, Burgsammlung.
b Arnsburg, Ruine des ehem. Zisterzienserklosters, bei Grabungen 1979 gefunden. Fragment, grobgemagerter, roter Ton.
M. Morkramer, 1982a, Nr. 9.0.2, 83, Abb. 89.
Arnsburg, Klostersammlung.
c Rosenthalerhof, ehem. Zisterzienserinnenkloster Maria im Rosenthal, bei Sicherungsarbeiten 1983 gefunden.
Endgültiger Verbleib noch nicht geklärt.
d Speyer, Herkunft unbekannt.
Speyer, Historisches Museum der Pfalz.
e Weinheim, ev. St. Peterskirche, beim Abbruch 1910 gefunden. H. Huth, 364, Abb. 269.
Weinheim, Heimatmuseum.
f Worms, ehem. Herrenkeller, bei Grabungen 1952 gefunden. Bruchstück. Gelbrötlicher Ton. 14 × 2 cm.
Worms, Museum der Stadt Worms.

C23 Koblenz? – Lorsch – Worms

Wende vom 3.–4. Viertel 13. Jahrhundert.
Ockergelblicher Ton. Vertiefte Prägung, Kante leicht schräg. 13,5 × 2 cm.
Vergröberter *Nachschnitt.* Alle Konturen unschärfer. Besonders auffallend am Kopf mit strichartigem Unterkiefer und durch die fast verkümmerten Läufe.
Fundort:
a Nicht mehr bekannt, angeblich aus einer Burg in oder der Umgebung von Koblenz.
Koblenz, Mittelrhein-Museum.
b Ehem. Benediktinerkloster Lorsch, bei den Grabungen 1934–37 gefunden. Bruchstück aus feingeschlämmtem, hellrötlichem Ton.
Darmstadt, Hessisches Landesmuseum[1].
c Worms, St. Johanniskirche, bei der Grabung 1907 aufgedeckt. E. Grill, Taf. I, 21.
Worms, Museum der Stadt Worms.

1 Die Zeichnung von Dr. Ernst Samesreuther entspricht C22, im Hessischen Landesmuseum ist jedoch nur die Fliese C23 erhalten.

C24 Oberhomburg

Mitte–3. Viertel 13. Jahrhundert.
Roter und blaugrauer Ton. Vertiefte Prägung, abgetreten. 14,2 × 12 × 2,5 cm.
Randleiste mit Linienbegrenzung. Die Fliese nicht ganz ausfüllend nach rechts springender Hirsch ähnlich C22, mit bastigem, kleinem dreizackigen Geweih, schmalem, länglichem Kopf und kleinem, gerundeten Spiegel.
Fundort:
Oberhomburg, Katharinenkapelle, 1899 aus dem Chor entfernt[1].
Metz, Städtisches Museum.

1 Westd. Zs. 20, 1901, 309, Abb. 6.

C25 Altenbaumburg – Becherbach – Diez? – Klosterkumbd – Ravengiersburg – Starkenburg

2. Drittel 13. Jahrhundert.
Feingeschlämmter, rötlicher, braunrötlicher und grauer Ton. Vertiefte Prägung. 10,5 × 2,5 cm.
Nach rechts springendes Hirschböckchen mit kleinem, aufgerichtetem Geweih, geschlossenen Hinterläufen und klobigen Vorderklauen. Kopf mit Punktauge und spitzer Zunge.
Fundort:
a Altenbaumburg, Burgruine. Bruchstück. Roter Ton. Lesefund.
Altenbaumburg, Burgsammlung.
b Becherbach, ev. Pfarrkirche, bei der Restaurierung 1972 in situ gefunden, in der Kirche neu verlegt. Grauer Ton. 12 × 12 cm.
c Diez, ehem. Benediktinerinnenkloster Dierstein, bei Grabung 1881 gefunden.
Wiesbaden, Slg. Nassauischer Altertümer.
Oldenburg, Museum für Kunst und Kulturgeschichte (gelblicher Ton. 15 × 2,5 cm, durch Geschenk 1884 ins Museum gelangt).
d Unbekannt, entweder ebenfalls aus Dierstein oder aus der Stiftskirche in Diez. Diese Fliesen könnten jedoch erst zu Ende des 13. Jahrhunderts geprägt worden sein.
Diez, Nassauisches Heimatmuseum.
e Unbekannt, im 19. Jahrhundert gefunden.
Gotha, Schloßmuseum.
f Ravengiersburg, ehem. Augustinerchorherren-Stiftskirche, beim Heizungseinbau 1963 gefunden. *Variante.* Zeichnung übereinstimmend. Zwischen den Läufen achtblättrige, hinter dem Spiegel sechsblättrige Rosette. Bruchstück.
Inzwischen wieder verloren, nur auf Photo erhalten.
g Vermutlich diese Fliese im 19. Jahrhundert im ehem. Zisterzienserinnenkloster Kumbd gefunden (vgl. Fundortkat.). W. Wagner, 44. Verschollen.
h Starkenburg, in den Weinbergen unterhalb der Burgruine als Lesefund. Hier noch über dem Rücken ein Knotenband ähnlich N20 (ohne Eckquadrat) erhalten.
Traben-Trarbach, Privatbesitz.

C26 Kiedrich – Mainz – Neubolanden – Worms

1259–74, die Fliese aus Neubolanden etwas früher.
Weißlichgrauer Ton. Vertiefte Prägung, abgetreten. 14 × 2,5 cm.
Nach rechts springender kleiner Hirsch in einfachsten Umrißlinien. Der Kopf leicht erhoben, das kurze, dreizackige Geweih an den Enden geschlossen, der Bug stark vorgewölbt.
Fundort:
a Kiedrich, Burg Neuhaus im Peterstal (Alteburg), 1875 gefunden. J. Zaun, Taf. 4, 2.
Wiesbaden, Slg. Nassauischer Altertümer.
b Mainz, Pfaffengasse, 1982 in einer Kloake gefunden. Gelbbrauner Ton, hier noch Reste einer helleren Engobe in den Vertiefungen erhalten. Kante senkrecht, Bruchstück. Dicke: 2,3 cm.
Mainz, Landesamt für Denkmalpflege.
c Neubolanden, Burgruine, 1912 im Schutt gefunden.
Speyer, Historisches Museum der Pfalz.
d Worms, Herkunft unbekannt, vor 1922 gefunden. E. Grill, Taf. I, 22. Roter, grauer und schwarzgrauer Ton. 13,5 × 2 cm.
Worms, Museum der Stadt Worms.

C27 Konstanz

3. Viertel 13. Jahrhundert.
Hellocker-rötlicher Ton. Vertiefte Prägung. 13,8 × 11,5 × 2,5 cm.
In quadratischem Rahmen nach rechts springender Hirsch mit weit ausgestellten, vorne am Rumpf zu tief ansetzenden Läufen. Langer, breiter Hals, leicht angehobener Kopf mit geschlossenem Maul, kurzes Geweih in Strichzeichnung.
Fundort:
Konstanz, Stadionscher Domherrenhof, 1898.
Konstanz, Rosgartenmuseum.

C28 Straßburg?

2. Hälfte 13. Jahrhundert.
Roter Ton. Vertiefte Prägung. 13 × 2,5 cm.
In quadratischem Rahmen nach rechts springender Hirsch mit sehr kleinem Kopf, spitzem, geöffnetem Maul und mächtigem, vierzackigem Geweih. Die Vorderläufe plump vorgestellt, die Hinterläufe fast schwebend. Über dem Rücken große, nach rechts gerichtete heraldische Lilie mit Rautenkelch.
Fundort:
Unbekannt, vermutlich aus Straßburg oder dem Elsaß, vor 1907 gefunden. J. Ficker, Taf. XL, 6.
Straßburg, Frauenhausmuseum, z. Z. nicht auffindbar.

C29 Konstanz

3. Viertel 13. Jahrhundert.
Roter feinkörniger Ton. Vertiefte Prägung. 13,5 × 3,5 cm.
In quadratischem Rahmen nach rechts gewandter Hirsch mit leicht zurückgeneigtem Kopf, spitzem, geöffnetem Maul und waagrechtem, an den Enden geschlossenem, vierzackigem Geweih. Die plumpen Vorderläufe sind besonders stark nach vorn gewölbt, die Klauen fast zangenartig eingekerbt, ein langer Schwanz berührt den Rahmen.
Fundort:
Konstanz, Stadionscher Domherrenhof, 1898.
Konstanz, Rosgartenmuseum.
Zürich, Schweizerisches Landesmuseum.

C30 Elsaß?

2. Drittel 13. Jahrhundert?
Roter Ton. Vertiefte Prägung, stark abgetreten. 12,5 × 12,5 cm.
Nach rechts gewandter Hirsch mit ebenso stark vorgewölbten Läufen wie C23. Die Hinterläufe beide vorgestellt. Auf dem schmalen Kopf sitzt ein waagrechtes grätenähnliches, schweres Geweih.
Fundort:
Unbekannt, vermutlich aus dem Elsaß.
Straßburg, Slg. Charles Czarnowsky, seit 1940 verloren.

C31 Basel – Speyer

Ende 13.Jahrhundert (a), 4. Viertel 13. Jahrhundert (b).
Brauner Ton. Vertiefte Prägung. 14 × 2,5 cm.
Nach rechts gewandter, stehender Hirsch mit waagrechtem vierzackigem Geweih. Aus dem Maul hängt ein langes gewundenes Band bis zur Erde.
Fundort:
a Basel, „Zunft der Hausgenossen". (Haus „Zum grauen Bären"), Freie Straße.
Basel, Historisches Museum.
b Speyer, vermutlich vom selben Fundort wie A19. Hellroter Ton, 13,5 × 2,5 cm.
Speyer, Historisches Museum der Pfalz.
Winzige Abweichungen lassen erkennen (gerundete Klauen), daß auch hier der Model nachgeschnitten wurde. Vermutlich diente die Speyerer Fliese als Vorbild, im Gegensatz zu A19–A20 wurde das Bild jedoch übernommen.

C32 Kolmar? – Straßburg

1. Viertel 14. Jahrhundert.
Rötlichbrauner Ton. Vertiefte Prägung. 13,5 × 1,7 cm, abgetreten.
Im Kreis nach rechts schreitender Hirsch mit hoch angewinkeltem linkem Vorderlauf, zurückgelegtem Kopf und gewölbtem, aus kleinen Dreiecken gebildetem Geweih. Tief eingeschnittene Klauen, in den Fliesenecken Viersternviertel.
Fundort:
a Kolmar, Stiftskirche St. Martin, verstreut im modern ergänzten Fliesenboden. Originale Verlegung dort nicht gesichert. Fliesen in den Chorumgangskapellen, Kopien von 1903.
b Straßburg, Blauwolkengasse/Rue de la Nuée Bleue, 1899 gefunden. R. Forrer, 1901, 74, Abb. 171.
c Straßburg, Rue St. Etienne/Stephansgasse 3, 1902 gefunden. J. Ficker, Taf. XLI.
Straßburg, Frauenhausmuseum. (Hellroter und sehr körniger, dunkelrot gebrannter Ton. Es ist nicht feststellbar, welche der beiden Fliesen von welchem Fundort stammt.)
Delft, Museum „Huis Lambert van Meerten" (Slg. R. Forrer).
Dortmund, Museum für Kunst und Kulturgeschichte (Slg. R. Forrer).
London, Victoria and Albert Museum.
d Straßburg, Thomasplatz 9–10, beim Abbruch des Hauses 1902 gefunden.
Straßburg, Frauenhausmuseum.

C33 Bacharach – Köln – Rüdesheim

2. Drittel 13. Jahrhundert.
Mittelgrauer Ton. Vertiefte Prägung, abgetreten. 10,5 × 11,5 × 2,5 cm. Kante leicht schräg.
Rahmenfries, untere und obere Begrenzungslinie. Nach rechts gewandter stehender Hirsch mit hoch erhobenem linkem Vorderlauf und kleinem, fünfzackigem Geweih. Kreishälfte mit der Hälfte einer achtstrahligen Blüte den Spiegel berührend, vor dem Vorderhuf nur Halbkreis.
Fundort:
a Bacharach, Pfarrkirche St. Peter, vor 1901 entfernt, R. Forrer, 1901, 87, Abb. 193.
London, Victoria and Albert Museum.
b Köln, beim U-Bahn-Bau 1970 auf der Westseite des Doms gefunden.
Köln, Römisch-Germanisches Museum.
c Rüdesheim, Burg „auf der Lach", bei der Ausgrabung 1959 unter dem Brandschutt der Südmauer gefunden. Hellrötlicher Ton. Bruchstück. 11,7 × 2,2 cm.
Rüdesheim, Rheingauer Museum.

C34 Bacharach – Köln – Mainz – Oberwesel

2. Drittel 13. Jahrhundert.
Hellgelber Ton. Vertiefte Prägung, stark abgetreten. Kante senkrecht. 12,5 × 2,5 cm.
In quadratischem Rahmen nach rechts springender Hirsch mit angehobenem Kopf und leicht angewinkelten Vorderläufen. Schwerer, plumper Körper und langes, fünfzackiges, etwas gewelltes Geweih.
Fundort:
a Bacharach, Herkunft unbekannt, wohl aus St. Peter vor 1901 gefunden, R. Forrer, 1901, Taf. VI, 8.
Bonn, Rheinisches Landesmuseum.
Dortmund, Museum für Kunst und Kulturgeschichte.
London, Victoria and Albert Museum. A. Lane, 1960, Taf. 22g
b Köln, vor 1908 bei Ausschachtungsarbeiten gefunden (17 Fliesen). Herkunft unbekannt. Gelblicher und grauer Ton.
Oldenburg, Museum für Kunst und Kulturgeschichte.
c Mainz, Schustergasse 48, 1896 gefunden[1]. Mittelgrauer Ton. 12,8 × 2,5 cm.
Mainz, Mittelrheinisches Landesmuseum.
d Mainz, Willigisstraße, 1978 geborgen. Bruchstück. Roter Ton.
Mainz, Slg. M. Hessinger.
e Oberwesel, Liebfrauenkirche, hinter der Mensa des Hochaltars aufgedeckt.
f Unbekannt, aus Bacharach, Köln oder einer dritten Stelle.
Düsseldorf, Hetjens-Museum. Grauer Ton. 13 × 2,5 cm.
Karlsruhe, Badisches Landesmuseum.
Karlsruhe, Slg. Philipp Hermann. Roter Ton. 13 × 2,3 cm.
Köln, Erzbischöfl. Diözesan-Museum[2].
Köln, Museum für Angewandte Kunst.

1 Westd. Zs. 16, 1897, Museographie 1896, 357, Taf. 19.3.
2 J. Eschweiler, 1936, 27, Nr. 79.

C35 Friedberg

1. Hälfte 14. Jahrhundert?
Hellgelbrötlicher Ton, Oberfläche etwas dunkler getönt. Vertiefte Prägung, Model schräg eingesetzt, Bruchstück. Dicke 2,4 cm.

Quadratischer Rahmen. Sichtbar ist der Kopf eines Hirsches mit großem, ovalem Auge, gabelförmigem Geweihansatz und leicht geöffnetem Maul. Die Zeichnung offensichtlich durch Nachschnitt verunklärt.
Fundort:
Friedberg, Herkunft unbekannt, möglicherweise aus Burg Friedberg.
Darmstadt, Hessisches Landesmuseum.

C36 Marienstatt

Um 1324.
„Hellroter Ton mit weißlichen Flecken, hellgrauer, grauer, dunkelgrauer, fast schwarzer Ton." Vertiefte Prägung, sehr stark abgetreten. 14 × 2,5 cm.
In quadratischem Rahmen *Variante* von C28. Der Hals etwas länger, der linke Hinterlauf weiter vorne, das Geweih ohne Wellenlinien. Zwischen den Läufen dreigeteilte Palmette. Die Zeichnung bei G. Wellstein, 29, irreführend, der Hirsch füllt die ganze Fläche der Fliese. M. Morkramer, 1983, 137, Abb. 9.
Fundort:
Marienstatt, Zisterzienserkloster, 1907 noch in den Chorkapellen, heute im Kapitelsaal neu verlegt. Fünf Fliesen erhalten.

C37 Eberbach – Grenzau – Johannisberg – Rüdesheim

4. Viertel 13.–1. Viertel 14. Jahrhundert.
Gelber, roter und grauer Ton. Vertiefte Prägung, abgetreten, Kante senkrecht. 13,5 × 2,5 cm.
Nach links springender Hirsch, sicher die Vorlage für C36. Die Hinterläufe stärker ausgestellt, das Geweih gewölbt und leicht hängend.
Fundort:
a Eberbach, ehem. Zisterzienserklosterkirche, in situ zwischen den Pfeilern des Langhauses. Weitere Fliesen im Lapidarium.
b Eberbach, 1974 bei einer Notgrabung am Hospital gefunden.
Wiesbaden, Landesamt für Denkmalpflege Hessen.
c Grenzau, Burgruine. Herkunft unbekannt, möglicherweise von der Burg. Weißgrauer Ton. Bruchstück, welches nur die Vorderläufe zeigt.
Burg Grenzau, Slg. Prof. Dr. Hans Spiegel.
d Johannisberg, ehem. Benediktinerklosterkirche, bei der Wiederherstellung der Kirche nach Kriegszerstörung geborgen (grünlicher Ton).
Schloß Johannisberg, Domänenverwaltung.
Rüdesheim, Rheingauer Museum.
e Rüdesheim, Burg „auf der Lach", bei der Ausgrabung 1959 im Schutt gefunden. Hellgelblichroter und roter Ton. 13 × 3 cm.
Rüdesheim, Rheingauer Museum.
f Unbekannt. Braunroter Ton. 13 × 3 cm.
Darmstadt, Hessisches Landesmuseum.
Gotha, Schloßmuseum.

C38 Speyer

2. Hälfte 13. Jahrhundert.
Roter Ton mit Resten dunkelroter, grauer Ton mit Spuren dunkelgrauer Bemalung. Ganz flaches Relief, stark abgetreten. 12,5 × 2 cm.
In quadratischem Rahmen nach rechts springender Hirsch mit schmalem, emporgerecktem Kopf auf dünnem Hals. Waagrechtes, vierzackiges Geweih, weit ausgestellte Läufe und zarte Binnenzeichnung auf der Decke.
Fundort:
Speyer, 1909 beim Abbruch des Hauses Dorn (vermutlich Ludwigstr. 33/34) gefunden. Aus derselben Werkstatt wie A18 und E24.
Speyer, Historisches Museum der Pfalz.

C39 Worms

1. Hälfte 14. Jahrhundert?
Gelber und grauer Ton. Vertiefte Prägung, stark abgetreten. 13,5 × 2 cm.
In quadratischem Rahmen nach links schreitender Hirsch mit angehobenem rechten Vorderlauf. Gewölbtes Geweih mit vier Dreieckszacken. Alle Konturen, auch Läufe und Hufe, mit spitzen Zacken.
Fundort:
Worms, Herkunft unbekannt, vor 1922 gefunden. E. Grill, Taf. 1, 25.
Worms, Museum der Stadt Worms.

C40 Eberbach – Höhr – Ingelheim – Mainz – Bacharach?

2. Drittel 13. Jahrhundert.
Gelblichroter, an der Oberfläche braunroter Ton. Vertiefte Prägung, Bruchstück, Kante senkrecht. 14 × 2,5 cm.
In quadratischem Rahmen nach links springender Hirsch in Strichzeichnung. Körperbau und Stellung der Läufe mit C37 fast übereinstimmend, durch die andere Art der Prägung jedoch ganz verschieden wirkend. Schmaler Kopf, großes, rundes Auge, weit ausladendes Geweih.
Fundort:
a Ehem. Zisterzienserkloster Eberbach, Herkunft unbekannt.
Eberbach, Lapidarium.
Rüdesheim, Rheingauer Museum.
b Höhr-Grenzhausen, Burg Grenzau, kleines Bruchstück in der Burgsammlung, möglicherweise in der Burg gefunden. Roter Ton. Dicke 3 cm.
Burg Grenzau, Slg. Prof. Dr. Hans Spiegel.
c Oberingelheim, ev. Burgkirche St. Wigbert, vor 1934 aus dem Chor entfernt, früher in der Sakristei aufbewahrt, z. Z. nicht auffindbar.
„roter, weißer und blauer Ton"[1].
d Mainz, nach R. Forrer, 1901, Taf. X, 7 „aus dem Stadionschen Domherrenhof"[2].
Dortmund, Museum für Kunst und Kulturgeschichte.
e Mainz, Stadioner Hof, beim Abbruch 1902–03 gefunden[3].
Mainz, Mittelrheinisches Landesmuseum (z. Z. nicht auffindbar).
f Fundortvermerk „Bacharach"[4].
Halle/Saale, Staatl. Galerie Moritzburg.

---

1 Ch. Rauch, 519, Abb. 425.
2 R. Forrer, 1901, Taf. X, Abb. 7, 8, 9 (C34, N16, D35).
Hier ist Forrer eine Verwechslung unterlaufen. Die Fliesen stammen nicht aus dem Stadionschen Domherrenhof, Konstanz, sondern aus dem Stadioner Hof, Mainz.
3 Westd. Zs. 22, 1903, Museographie 1902, 431, Taf. 12, 3.

4 Die Fliesen des Museums Halle stammen ebenfalls aus der Sammlung Forrer. Es ist jedoch möglich, daß dieses Muster auch in Bacharach geborgen wurde, da die wohl vom selben Modelschneider geschnittene Fliese F 14 mit Sicherheit in Bacharach und Oberingelheim gefunden wurde.

C41 Ulm-Söflingen – Worms

4. Viertel 13. Jahrhundert.
Grauer Ton. Vertiefte Prägung. 14 × 2,5 cm.
Nach links springender Hirsch mit sehr schmalem Kopf, schon am Ansatz gewölbtem Geweih und hoch erhobenem, angewinkeltem rechtem Vorderlauf. Die Hinterläufe ausgestellt, der Spiegel nach oben gerichtet, zwischen den Läufen ein „U" mit Schnörkel. Die Initiale wird von Grill als „L", von Schefold als „U" (für Ulm) gedeutet.
Fundort:
a Ulm-Söflingen, ehem. Klarissinnenkloster, 1913–14 in zweiter Lage vermauert gefunden, außerdem eine *Variante,* bei der das „U" seitenverkehrt vorkommt.
R. Weser, 94, Nr. 17. – H. A. Klaiber, R. Wortmann, 664, Abb. 601, Nr. 3.
Ulm, Ulmer Museum.
b Worms, Herkunft unbekannt, vor 1922 gefunden. E. Grill, Taf. I, 24. Grauer und schwarzgrauer Ton.
Worms, Museum der Stadt Worms.

C42 Ulm

1. Viertel 14. Jahrhundert.
Roter, feinkörniger Ton. Vertiefte Prägung. 12,5 × 3 cm.
Nach rechts springender Hirsch mit langem, fünfzackigem Geweih, dessen Stangen streng parallel geführt sind. Hängender Unterkiefer, kleines Punktauge, der linke Vorderlauf unbeholfen geknickt.
Fundort:
a Ulm, ehem. Franziskanerkloster, vor 1862.
b Ulm, Sammlungsstift.
Ulm, Ulmer Museum.
Ulm, Privatbesitz.
Nürnberg, Germanisches Nationalmuseum.
Sigmaringen, Fürstl. Hohenzollerisches Museum (nicht mehr auffindbar). A. Demmin, 41, Nr. 406.
Stuttgart, Württembergisches Landesmuseum.

C43 Ulm

1. Viertel 14. Jahrhundert.
Roter und grauer Ton. Vertiefte Prägung. 12,5 × 2,5 cm.
Variante von C42. Zu der Zeichnung wurde eine Pflanze hinzugefügt, von der ein Stengel mit Efeublatt hinter dem Körper des Hirsches bis zur Geweihspitze aufsteigt.
Fundort:
Ulm, ehem. Franziskanerkloster? (Nicht durch Abb. bei K. Haßler gesichert, aber wahrscheinlich).
Ulm, Ulmer Museum.
Stuttgart, Württembergisches Landesmuseum.

C44 Kempten – Memmingen

Um 1428 (a), nach 1445? (b).
Roter Ton. Vertiefte Prägung. 15 × 3,5 cm.
Nach rechts gewandter stehender Hirsch, sehr ähnlich C42. Das leicht gewölbte Geweih an den Enden geschlossen, die Vorderläufe gesenkt.
Fundort:
a Kempten, ev. Pfarrkirche St. Mang, Reste in situ am Ostende des Seitenschiffes.
Kempten, Allgäuer Heimatmuseum.
b Memmingen, Frauenkirche.
München, Bayerisches Nationalmuseum.

C45 Hessen

14. Jahrhundert.
Roter Ton. Vertiefte Prägung, stark abgetreten. 12 × 12 cm.
In quadratischem Rahmen nach rechts springender Hirsch in einfachster Linienführung. Im Verhältnis zum walzenförmigen Körper, dem großen Kopf und dem vielgezackten, weitausladenden Geweih sehr kleine Läufe.
Fundort:
Unbekannt, vom selben Fundort wie E31, vermutlich aus Hessen[1].
Marburg, Museum für Kunst und Kulturgeschichte.

---

1 Die Fliesen des Museums Marburg, deren Fundorte bekannt sind, stammen alle aus Hessen. Es darf deshalb für die Fliesen unbekannter Herkunft wohl dasselbe angenommen werden.

C46 Speyer

14. Jahrhundert.
Roter Ton. Vertiefte Prägung, Zackenrand in Flachrelief, Bruchstück.
Quadratischer Rahmen mit sehr kleinem, springendem, nach links gewandtem Hirsch. Beide Vorderläufe erhoben, Maul weit geöffnet, kleines vierzackiges gesenktes Geweih.
Fundort:
Vermutlich aus Speyer, Herkunft unbekannt.
Speyer, Historisches Museum der Pfalz.

C47 Winterbach

Um 1309?, 2. Hälfte 15. Jahrhundert?[1]
Hellroter Ton mit Resten grüner Bleiglasur. Flachrelief, abgetreten. 13 × 2 cm.
In aus Zackenstegen gebildetem Rahmen nach rechts springendes Rehböckchen. Der Kopf en face, leicht geneigt, das kurze, aufgestellte Geweih zum Oval gewölbt. Zwischen den Läufen drei von der Fliesenkante aufsteigende Zweige mit Lanzettblättern, über dem Rücken ein durch Zirkelschläge gebildeter Sechsstern, dessen Spitzen durch Spitzovale verbunden sind.
Fundort:
Winterbach, Pfarrkirche, bei der Restaurierung 1958 unter dem Fußboden des Schiffes gefunden.
Winterbach, Pfarrhaus.

---

1 Die Fliese fällt ganz aus dem Rahmen der Prägungen dieses Gebiets. Eine Entstehung zur Zeit der Erbauung der Kirche 1309 wäre möglich, die Glasur und der gleichzeitig entstandene Löwe D65 weisen jedoch eher ins 15. Jh.

C48 Arnstein? – Bacharach – Mainz

2. Drittel 13. Jahrhundert.
Grauroter, grobgemagerter Ton mit Einschluß von größeren Verunreinigungen. Vertiefte Prägung, abgetreten. 13,5 × 2,5 cm.
In quadratischem Rahmen nach rechts springender Hirsch, der von links unten und rechts oben von Hunden angefallen wird. Diese teilen die Fliese fast in der Diagonale. Der Angriff der Hunde ist zeichnerisch nicht bewältigt, der Hund links schwebt in der Luft. Der Hirsch mit geöffnetem Maul, großem Auge, gewölbtem, vierzackigem Geweih und stark angewinkeltem Vorderlauf.[1]
Fundort:
a Nach Katalog Eschweiler, 25, Nr. 72, aus Kloster Arnstein, vor 1864 entfernt. Dieser Fundort sonst durch keine andere Notiz belegt.
Köln, Erzbischöfl. Diözesan-Museum.
b Bacharach, St. Peterskirche, 1895 gefunden. Roter Ton mit bläulicher Verfärbung.
Bonn, Rheinisches Landesmuseum.
Leipzig, Slg. F. Lehmann.
c Mainz, Herkunft unbekannt, *Nachschnitt*. Grauer Ton. 13,8 × 3 cm.
Mainz, Mittelrheinisches Landesmuseum.
Gotha, Schloßmuseum.
d Unbekannt, wohl aus einem der genannten Fundorte.
Düsseldorf, Hetjens-Museum. Weißlichgrauer Ton.
Straßburg, Frauenhausmuseum (vermutlich aus der Slg. Prof. Aus'm Weerth, 1888 erworben).
Stuttgart, Württembergisches Landesmuseum (mit anderen rheinischen Fliesen erworben).

1 Vgl. außerdem die Jagddarstellungen auf den Fliesen K13–K16.

C49 Arnsburg – Eppstein – Friedberg

1246–56 (a), 3. Viertel 13. Jahrhundert (b und c).
Roter, mit Sand gemagerter Ton. Vertiefte Prägung. Bruchstücke. 13 × 2,5 cm.
Kante senkrecht.
Nach rechts springender Hirsch, beide Vorderläufe waagrecht erhoben. Über dem linken Vorderlauf, unmittelbar aus dem Knieknick entspringend, ein kleines Tannenbäumchen. Das kurze, aufgerichtete Geweih berührt die obere Kante. Zwischen den Läufen kleine Dogge, die die Hinterläufe zaghaft angreift.
Fundort:
a Arnsburg, ehem. Zisterzienserkloster, Ruine, bei Grabungen 1979 eine Fliese und fünf Fragmente gefunden. M. Morkramer, 1982a, Nr. 9.0.5, 86, Abb. 92.
Arnsburg, Klostersammlung.
b Eppstein, Burgruine, Einzelfliese. Dunkelroter, hart gebrannter Ton. 12,7 × 2,5 cm. B. Picard, 10, Abb. 7.
Eppstein, Burgmuseum.
c Friedberg, aus der Sammlung Dieffenbach, mit großer Wahrscheinlichkeit aus Burg Friedberg[1].
Darmstadt, Landesamt für Denkmalpflege Hessen.

1 Nach freundlicher Mitteilung von Herrn H. Behr, Darmstadt, enthielt die Slg. Dieffenbach vor allem Funde aus Burg Friedberg.

C50 Eberbach

3. Viertel 13. Jahrhundert.
Gelblichroter Ton. Vertiefte Prägung, Kante senkrecht. Bruchstück. 13,2 × 3 cm.
Es ist nicht sicher, ob es sich ebenfalls um eine Hirsch- und Hunddarstellung handelt. Da die Fliese jedoch mit großer Wahrscheinlichkeit vom selben Modelschneider wie C49 geschnitten wurde, wird sie hier eingefügt. Sichtbar sind an der linken Fliesenseite Kopf, Oberkörper und Vorderpfoten eines Hundes. Die Pfoten parallel gestellt, der Kopf mit Schlappohr.
Fundort:
Eberbach, ehem. Zisterzienserkloster.
Eberbach, Lapidarium.

C51 Goddelau – Lörzweiler – Lorsch – Mainz – Rüdesheim – Schauenburg – Speyer – Worms

2. Hälfte 14. Jahrhundert/nach 1358? (c).
Ockerbräunlicher Ton. Vertiefte Prägung. 11,3 × 2,5 cm.
Breites Spitzoval mit nach rechts springendem Hirsch, von einem Hund, der sich unter dem langgestreckten Tierkörper duckt, verfolgt. Die Läufe fast waagrecht gestellt, die Klauen tief gespalten, das kurze fünfzackige Geweih oval gewölbt. In den Fliesenecken je ein heraldischer Adler mit asymmetrischen, weit gespreizten Flügeln, gerahmt von groben Palmetten.
Fundort:
a Goddelau, ev. Pfarrkirche, 1979 gefunden.
Goddelau, Pfarrhaus.
b Lörzweiler, kath. Pfarrkirche St. Michael, zwei Bruchstücke bei Grabung 1969 geborgen. Schwarzgrauer Ton. 11,5 × 2 cm.
Mainz, Landesamt für Denkmalpflege.
c Lorsch, ehem. Benediktinerkloster, bei den Ausgrabungen 1928–32 als Streufund. Stark abgetreten.
Darmstadt, Hessisches Landesmuseum.
d Mainz, Herkunft nicht genannt. 1897 gefunden[1].
Mainz, Mittelrheinisches Landesmuseum.
e Rüdesheim, Burg „auf der Lach", bei der Ausgrabung 1959 im Schutt gefunden. Hell- und mittelgrauer Ton. Kante gerade. 12 × 2,2 cm.
Rüdesheim, Rheingauer Museum.
f Dossenheim, Burgruine Schauenburg, Fundjahr unbekannt. Dossenheim, Heimatmuseum.
g Speyer, Herkunft unbekannt. Vor 1955 gefunden. Eine weitere Fliese (ohne Fundortangabe) kam 1960 aus der Slg. Ulmer ins Museum. Hellroter Ton. 12 × 2,4 cm.
Speyer, Historisches Museum der Pfalz.
h Worms, Herkunft unbekannt, vor 1922 gefunden. E. Grill, Taf. IV, 97, roter, grauer und schwarzgrauer Ton.
Worms, Städtisches Museum.
Hamburg, Museum für Kunst und Gewerbe.
London, Victoria and Albert Museum.

1 Westd. Zs. 17, 1898, ebd., Museographie 1897, Taf. 11. Abb. 8.

52 Worms

15. Jahrhundert.
Hellrötlicher, fast rosa Ton. Flachrelief, abgetreten. Kante leicht schräg. 11,5 × 2 cm.
Vergröberter *Nachschnitt* von C51. Der massive Körper des Tieres ist gewölbt, die Vorderläufe überlang, der Kopf des Hundes rückwärts gewandt. In den Ecken der Fliese zwei grobe Blatthälften.

Fundort:
a Worms, vermutlich aus St. Amandus, bei den Grabungen 1934/35 gefunden[1].
Worms, Museum der Stadt Worms.
b Worms, Rheinstr. 18, auf dem Speicher verlegt[2].
Roter Ton. 11,8 × 11,2 × 2,3 cm.
Worms, Museum der Stadt Worms.

1 W. Bauer II, 96. „Bei den Grabungen in St. Amandus fand sich eine bisher unveröffentlichte Fliese aus rotem Ton ähnlich Grill IV, 97." Es kann sich nur um diese Fliese handeln.
2 Mitt.bl. Worms 4, 1934, 16.

C53 Kaiserslautern

1. Hälfte 14. Jahrhundert.
Rötlichbrauner grobgemagerter Ton. Vertiefte Prägung. 15 × 3 cm.
Spitzoval mit nach rechts gewandtem, stehendem Hirsch, im Rücken von springender Dogge angefallen. In den Fliesenekken grobe Palmettenpaare.
Fundort:
Kaiserslautern, Stiftskirche, bei den Wiederaufbauarbeiten 1965 im Schutt gefunden.
Kaiserslautern, Stiftskirche.

C54 Kaiserslautern

1. Hälfte 14. Jahrhundert.
Rötlichbrauner Ton. Vertiefte Prägung. 11,5 × 2 cm.
Spitzoval mit etwas flacheren Palmetten in den Ecken. Hirsch mit schwerem, plumpem Körper auf Streichholzbeinen, das kurze, gewölbte Geweih gesenkt, den Kopf rückwärts nach oben gedreht.
Fundort:
Kaiserslautern, Stiftskirche, bei den Wiederaufbauarbeiten 1965 im Schutt gefunden.
Kaiserslautern, Stiftskirche.

C55 Mörgen

2. Hälfte 14. Jahrhundert?
Roter Ton. Flachrelief abgetreten. 18 × 3–4 cm.
In den Ecken kleine Viertelskreise. In der freien Fläche Teil eines (in der Zusammensetzung von mehreren Fliesen) fortlaufenden Tierfrieses. In der Mitte kleiner springender Hirsch, dahinter die Hälfte eines Hundes, davor die hintere Hälfte eines Pferdes (?). Bei einer Drehung um 90 Grad wird die vordere Hälfte eines springenden Hirsches (rechts) und die Hinterläufe eines nicht erkennbaren Tieres (links) sichtbar. Die Fliese sollte offenbar eng an die Fliese E47 anschließen, die Tierhälften sind jedoch nicht in Einklang zu bringen. Möglicherweise fehlt ein 3. Muster.
Fundort:
Mörgen, kath. Pfarrkirche St. Georg, vor 1980 unter dem Fußboden gefunden. E. Striebel, 1981, 64, Abb. 21, 1.
Mörgen, Pfarrkirche.
Kirchheim, Schwaben, Heimatmuseum im Rathaus.

C56 Kürnbach

2. Hälfte 15. Jahrhundert – 1500.
Hellroter, schwach gebrannter Ton. Sorgfältig geschnittenes Flachrelief, Bruchstück. 13,5 × 3,8 cm.
Erhalten hat sich ein Spitzoval mit den Vorderläufen eines springenden Tieres, wahrscheinlich eines Hirsches. Darunter zarte Blattranken, aus zwei farn- oder eichblattartigen Blättern in der Fliesenecke aufsteigend.
Fundort:
Kürnbach, 1956 bei einer Brunnengrabung gefunden.
Karlsruhe, Landesdenkmalamt Baden-Württemberg.

C57 Esslingen

1. Hälfte – Mitte 14. Jahrhundert.
Braunroter, stark gebrannter Ton. Stark vertiefte Prägung. 12,5 × 3,5 cm.
Viertelsrond, darunter ein nach rechts springender Hirsch mit tief eingekerbtem Maul und kleinem, vierzackigem Geweih in Strichzeichnung. Die Vorderläufe hoch erhoben, in der Ecke oben fünffingriges Blatt.
Fundort:
a Esslingen, Speyerer Pfleghof.
Esslingen, Stadtmuseum.
b Esslingen, ehem. Dominikanerkloster St. Paul, 1987 in der Prälatur gefunden.
Stuttgart, Landesdenkmalamt Baden-Württemberg.
c Unbekannt, vermutlich aus einem der beiden Fundorte.
Nürnberg, Germanisches National-Museum.
Stuttgart, Württembergisches Landesmuseum.

C58 Faurndau

3. Drittel 15. Jahrhundert.
Dunkelroter, stark gebrannter Ton mit Resten einer rotbraunen oder dunkelbraunen Bleiglasur. Ganz flaches Relief, abgetreten. Profil abgeschrägt. 14 × 4 cm.
Viertelsrond mit nach links springendem kleinem, zartgliedrigem Hirsch mit schmalem, vierzackigem Geweih und stark gewölbtem Leib. Eckornament zerstört.
Fundort:
Göppingen-Faurndau, ehem. Benediktinerkollegiat-Stiftskirche, bei Grabungen 1956 im Chor unter dem heutigen Fußboden gefunden. K. Hecht, 1957, 3. Abb. 7, Nr. 2.
Göppingen-Faurndau, ev. Pfarramt.

C59 Girbaden – Saarburg

2. Hälfte 13. Jahrhundert.
Roter Ton. Vertiefte Prägung, an beiden Ecken beschädigt. 16 × 2,6 cm.
Fliese durch Diagonalband geteilt. Auf einer Seite ein nach links springender Hirsch mit kurzem Geweih, dessen Spitzen beide nach oben gebogen sind und die Diagonallinie fast berühren. Der hochgereckte Hals folgt der Fliesenkante, die Läufe spannen sich über die Länge der anderen Kante. Auf der anderen Seite Drache vom Typ F33, die Flügel angelegt, der lange, einmal zur Volute gerollte Schweif in einem gehörnten Schlangenkopf endigend.
Fundort:
a Girbaden, Burgruine, bei Aufräumungsarbeiten 1968 gefunden. H. Gachot, 112, 114, Fig. 4.
Girbaden, Depot der Burgfunde.

b Unbekannt. Da die Fliese ins Museum Metz kam, kann es sich nur um eine Fliese aus St. Stephan, Saarburg (1863) oder aus der Kirche in Rieding handeln. Sie wurde vermutlich deshalb von L. Bénoit nicht publiziert, weil sie nur als Fragment erhalten ist. Roter Ton. Noch ca. 8,3 × 9,2 cm.
Metz, Städtisches Museum.
c Saarburg, 1960 bei der Aufdeckung einer mittelalterlichen Töpferei gefunden. Bruchstück des Kopfes, als Dreiecksfliese geprägt.
Saarburg, Regionalmuseum.

C60 Augsburg? oder Schwaben?

15. Jahrhundert.
Hellrotgrauer Ton. Flachrelief. 16,5 × 17 × 4,5 cm.
Kleiner Kreisstempel mit stehendem, nach rechts gewandtem Hirsch mit stark vorgewölbtem Bug, das Geweih der Kreisrundung angepaßt.
Fundort:
a Unbekannt, möglicherweise aus Augsburg, sicher jedoch aus Schwaben[1].
Augsburg, Kunstsammlungen.
b Variante. Die Zeichnung seitenverkehrt, der rechte Vorderlauf angehoben, das Geweih etwas länger. Wohl vom selben Fundort wie a.
Augsburg, Kunstsammlungen.

1 Alle Fliesen des Museums Augsburg kamen durch Ausgrabungen in der näheren Umgebung oder durch Schenkungen aus dem Kreis der Mitglieder des Historischen Vereins für Schwaben ins Museum.

C61 Villingen

Datierung unsicher. Prägung unter Benützung eines älteren Models noch in der 2. Hälfte des 15. Jahrhunderts möglich.
Roter Ton. Flachrelief, Bruchstück, etwa die halbe Fliese erhalten. 26 × 4 cm. Dm. der wohl 5 Kreisstempel 6,5 cm.
Sichtbar sind drei kleine Kreisstempel, unregelmäßig in die Fliese eingeprägt. Hirsch ähnlich C60, das Geweih sorgfältiger gebildet, der linke Vorderlauf erhoben. Zwischen den Läufen Blüte einer Heckenrose, die Hinterläufe der Kreisrundung angepaßt.
Fundort:
Villingen, Herkunft nicht mehr bekannt. S. Bartenstein, M. Fuchs, 164, VII, 2.
Villingen, Museum Altes Rathaus.

C62 Nordschweiz?

2.Hälfte 15. Jahrhundert.
Graugelber Ton. Sorgfältig gearbeitetes Flachrelief, auf der linken Seite beschädigt. 19 cm Dm. Dicke 4 cm. Model gebrochen und geflickt.
Kreis aus Schrägkerben mit liegendem, nach links gewandtem Hirsch. Das Maul mit Zunge leicht geöffnet, der rechte Vorderlauf erhoben und angewinkelt, die Zacken des schweren, leicht hängenden Geweihs alle nach oben gerichtet. Der freie Raum mit kleinen Sternen gefüllt.
Fundort:
Unbekannt, wohl aus der Nordschweiz[1].
Zürich, Schweizerisches Landesmuseum.

1 Vgl. dazu einen Holzmodel mit „Lamm Gottes" aus dem Frauenkloster Wil, Kt. St. Gallen. Schweizerisches Landesmuseum, Zürich (H. Kronberger-Frentzen, Abb. 16.).

C63 Krems-Rehberg

Vor 1521[1].
Rotbrauner Ton. Sechseckfliese mit Kreisstempel in Flachrelief. Dm. 21 cm, Dm. des Kreises 11,5 cm. Kantenlänge 12 cm.
Kreis aus Blattgirlande mit nach rechts springendem Hirsch. Kleiner Kopf auf mächtigem Körper, weit ausgestellte Läufe, das überlange, asymmetrische Geweih gesenkt. Unter dem Tierleib und vor dem Vorderlauf Pflanzen mit großen Kugelblüten, über den Läufen je eine Blattranke.
Fundort:
Rehberg, NÖ, Burgkirche St. Johannes Bapt. F. Dworschak, 99. – Kat. Krems, 509, Nr. 629, Abb. 107.
Krems, Museum der Stadt Krems.

1 Die vom Museum angegebene Datierung ins 14. Jh. kann seit dem Fund der Fliese G90 nicht mehr aufrechterhalten werden. Diese, vermutlich vom selben Modelschneider geschnitten, zeigt eine spätmittelalterliche Tartsche, die nicht vor Ende des 15. Jh. entstanden sein kann.

C64 Odilienberg

13. Jahrhundert?
Hellroter bis gelblichroter Ton. Flachrelief, Bruchstücke. 18,5 × 3 cm.
Kreis mit Kopf eines Hirsches, ähnlich C58. In den Ecken doppelter Viertelskreis mit Buchstaben „h". Es ist nicht sicher, welche Bruchstücke mit weiteren Buchstabenfragmenten noch zu dieser Fliese gehören.
Fundort:
Odilienberg, Klosterruine Niedermünster, bei Grabungen gefunden.
Straßburg, Centre d'Archéologie Médiévale.

C65 Isny

Um 1484.
Tiefroter Ton. Flachrelief, stark abgetreten. 21,3 × 4,5/5,5 cm.
Im Kreis nach rechts springender Hirsch mit langem, hängendem, feinverästelten Geweih und sehr dünnen Läufen, der linke Vorderlauf rechtwinklig erhoben. Aus dem Kreis ragt vor dem spitzen Kopf des Tieres die Halbfigur eines hornblasenden Jägers, im Rücken zeigt sich der Kopf eines Hundes. Zwischen den Läufen großblütige Glockenblumen.
Fundort:
Isny, ev. Spital, Geheimgelaß, in situ.
München, Bayerisches Nationalmuseum (vermutlich, jedoch nicht sicher, vom selben Fundort).

C66 Frankfurt/Main – Niederwöllstadt

15. Jahrhundert.
Grauer Ton. Grobe, vertiefte Prägung. 13 × 2 cm, inzwischen nur noch ein Bruchstück erhalten.
Primitive Darstellung eines nach links gewandten Hirsches in groben Umrißlinien. Kleiner Kopf mit vierzackigem, parallel laufendem Geweih, rechter Vorderlauf in Sichelform.

Fundort:
a Frankfurt-Sachsenhausen, bei der Aufdeckung eines mittelalterlichen Töpferofens 1908 gefunden. H. Brückner, 27 und Taf. II, 8.
Frankfurt/Main, Historisches Museum.
b Frankfurt/Main, vor 1885 in einem Bürgerhaus gefunden, inzwischen in Frankfurt verloren. Eine Fliese kam im Tausch nach Hamburg, Museum für Kunst und Gewerbe, und ist dort heute noch erhalten.
c Nach R. Forrer, 1901, Taf. XVII, 9, „aus München". Diese Angabe ist wohl falsch, vgl. B48, Anm. 1. Vermutlich kam auch diese Fliese aus Frankfurt.
London, Victoria and Albert Museum. Roter Ton.
d Niederwöllstadt, ev. Pfarrkirche, bei einer Renovierung 1979 in Bruchstücken gefunden.
Niederwöllstadt, Pfarramt.
e Unbekannt, in den letzten Jahren im Kunsthandel erworben. Roter Ton. 12,8 × 13,6 × 2,4/2,9 cm.
Bad Zwischenahn, Slg. Hans-Jürgen Heger.

C67 Basel?

15. Jahrhundert?
Roter Ton mit bläulichem Klinkerschimmer. Flachrelief, rechte obere Ecke fehlt. 23 × 24,5 × 3 cm.
Verdorbener Model mit primitiver Darstellung eines nach links schreitenden Hirsches in rechteckigem Rahmen. Kleiner Kopf mit vielzackigem, nach oben gerichtetem Geweih. Die Vorderläufe dünn, die Hinterbacken stark ausgeprägt. In den Ecken links oben und rechts unten Dreiecke mit Punkt, links unten kleiner Kreis.
Fundort:
Inventarvermerk „Basel?", Herkunft unbekannt, vermutlich im Kunsthandel erworben.
Stuttgart, Württembergisches Landesmuseum (aus den Beständen des Landesgewerbemuseums).

C68 Speyer

14.–16. Jahrhundert.
Roter Ton. Stark vertiefte Prägung, Kante schräg. 14 × 2,5 cm.
Nach rechts gewandtes, stehendes Tier, vermutlich Reh, in einfachsten Umrißlinien. Der Rücken ganz waagrecht, der Kopf spitz mit langen schmalen Ohren, die gespreizten Läufe mit gespaltenen Klauen. Über dem Rücken Bäumchen.
Fundort:
Vermutlich Speyer, Herkunft unbekannt.
Speyer, Historisches Museum der Pfalz.

C69 Wiesbaden

15. Jahrhundert, nach Vorlage aus dem Beginn des 14. Jahrhunderts?
Grauer, grobgemagerter Ton. Vertiefte Prägung, Ecke rechts unten fehlt. 13,2 × 2,7 cm.
In quadratischem Rahmen nach rechts springendes Reh mit schmalem Kopf, der unmittelbar in große Ohren übergeht. Der linke Vorderlauf angewinkelt, ein langer(!) Schweif hinter den Läufen zur Erde hängend. Im Rücken des Tieres steigt an leicht geneigtem Stengel eine Pflanze mit drei Efeublättern auf, die die ganze Fläche füllen.
Fundort:
Unbekannt, möglicherweise aus Wiesbaden.
Wiesbaden, Privatbesitz.

C70 Eberbach

15.–16. Jahrhundert.
Gelblichgrauer Ton. Vertiefte Prägung, Bruchstück, Kante fast senkrecht. Dicke 2,5 cm.
Später *Nachschnitt* einer Fliese des 13. (?) Jahrhunderts. Sichtbar sind in grober Prägung der schmale, eckige Kopf, ein Teil des Geweihs, ein angewinkelter Vorderlauf und drei efeuähnliche Blätter vor dem Kopf des Tieres.
Fundort:
Eberbach, ehem. Zisterzienserkloster, Herkunft unbekannt.
Eberbach, Lapidarium.

C71 Zwettl

1. Hälfte 13. Jahrhundert?
Vermutlich rötlicher Ton. Flaches Relief. Ca. 14,5 × 14,5 cm.
Die Fliese ist nicht auffindbar.
Bei H. Buberl, H. Göhler, A. Wagner, 1940, Abb. 272 findet sich eine kaum zu erkennende Fliese, auf die jedoch als einzige die Beschreibung „Hirschkuh mit säugendem Kitz" passen könnte.[1] Das Kitz ist winzig unten rechts sichtbar, die Läufe der Hirschkuh verschmelzen mit im Hintergrund angedeuteten Pflanzenstengeln oder kleinen Bäumen, der Kopf ist zerstört.
Fundort:
Zwettl, Zisterzienserstift, 1909 gefunden. Verbleib unbekannt.

---

1 P. Buberl, H. Göhler, A. Wagner, 236.

C72 Klingenmünster

2. Drittel 13. Jahrhundert?
Roter Ton. Vertiefte Prägung, Bruchstück. Dicke ca. 2,5 cm.
Nicht abgebildet.
Sichtbar das linke obere Sechstel (?) der Fliese mit den Enden eines Hirschgeweihs. Dahinter die Spitze einer aufsteigenden Pflanze mit schmalen, leicht überhängenden Blättern.
Fundort:
Klingenmünster, ehem. Benediktinerklosterkirche St. Michael, vermutlich bei früheren Restaurierungen geborgen.
Klingenmünster, Emporenkapelle.

C73 Zwiefalten

Vermutlich nach 1251.
Roter Ton. Stark vertiefte Prägung, Bruchstück. Dicke 2,5 cm.
Nicht abgebildet.
In quadratischem Rahmen die Hinterläufe eines nach rechts gewandten Hirsches mit stark gespaltenen Schalen. Die Spitze eines vermutlich langen und geneigten Geweihs berührt den Spiegel.
Fundort:
Zwiefalten, ehem. Benediktinerkloster, bei Bauarbeiten 1976 gefunden.
Zwiefalten, Privatbesitz.

C1

C1

C2

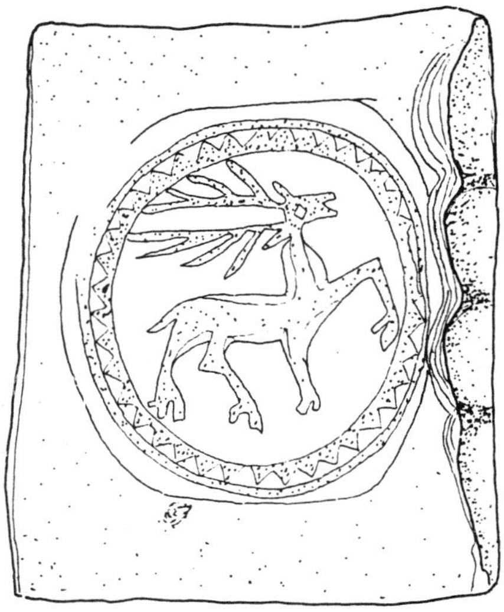

C3

C4

C5

C6

C7

C8

C9

C9.1

C10

C11

C12

C13

C14

C15

C16

C17

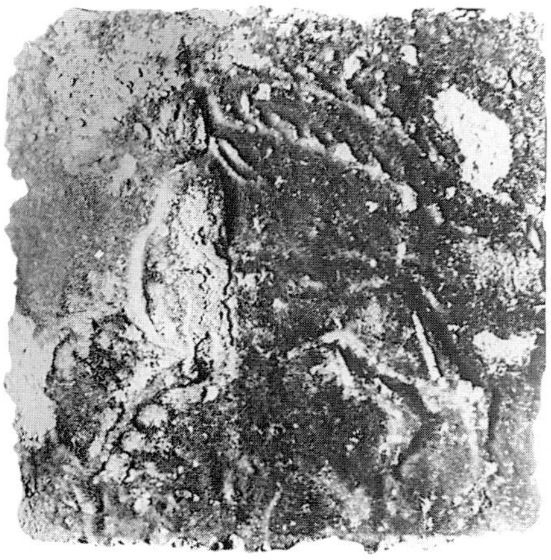

C18

C19

C20

C21

C22

C23

C24

C25c

C25f

C26

C27

C28

C29

C30

C31

C32

C33

C34

C35

C36

C37

C38

C39

C40

C41

C42

C43

C44

C45

C46

C47

C48

C49

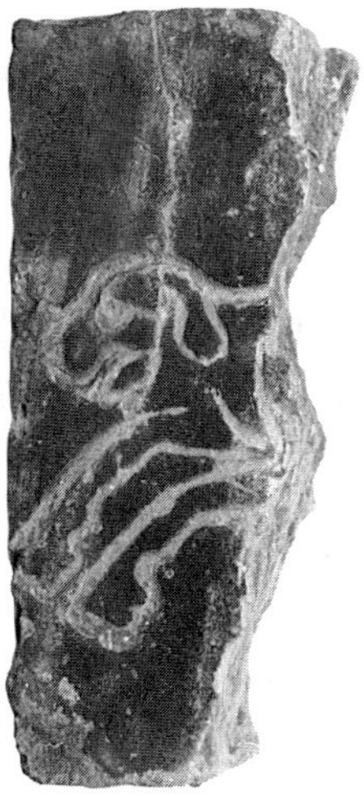

C50

C51

C52

C53

C54

C55

C56

C57

C58

C60

C61

C62

C63

C64

C65

C66

C67

C68

C69

C70

Tierdarstellungen – Löwen, Leoparden

D1 Bleidenstadt? – Dreieich – Ilbenstadt – Oberursel – Steinbach

6. Jahrzehnt 12. Jahrhundert – um 1180.

Hell- oder weißlichgelber, schwach gebrannter Ton. Bruchstücke. Originalgröße ca. 30 × 3,2 cm. Dm. des Kreisstempels: 3,5 cm. Flachrelief. Quadratstempel, umgeben von kleinen Kreisstempeln. Oberfläche bei allen Fliesen mehr oder minder stark zerstört.

Kleiner Kreisstempel mit nach links gewandtem Tier, vermutlich Löwe, mit über dem Rücken geschwungenem Schweif. Rahmung durch acht münzgroße Kreisstempel mit schwer erkennbarem Muster, als „Tanne" oder „Palme" bezeichnet, vermutlich derselbe Stempel wie auf W64 aus Kloster Wörschweiler; bei D1d der unter C1 erwähnte Stempel mit sechsstrahligem Stern.

Fundort:

a Bleidenstadt, ehem. Benediktinerkloster, bei Grabung 1899 im Kreuzgang ein Fragment mit dem Kreisstempel ohne das dazugehörende Musterquadrat gefunden.

Wiesbaden, Slg. Nassauischer Altertümer.

b Dreieich, Burg Hain, 1924/25 bei Grabungen auf dem Gelände der Burg gefunden. K. Nahrgang, 1963, 258, Abb. 100 rechts, 101.

Dreieich, Dreieich-Museum.

c Ilbenstadt, ehem. Prämonstratenserklosterkirche, 1961 vor dem Eingang in den Südturm im barocken Bauschutt gefunden[1]. Dieselben Fliesen, jedoch völlig abgetreten, in situ vor der Türe zum Nordturm. Hellgelber, schwach gebrannter Ton. 30 × 3,5 cm.

Ilbenstadt Pfarramt, inzwischen anscheinend verloren.

d Oberursel, kath. Pfarrkirche St. Ursula, bei Grabungen 1978–79 gefunden. Schwach gebrannter Ton in wechselnden Farbabstufungen von gelbrötlich. 30,5 × 2,5/3 cm. Sehr stark abgetreten. Auch hier zerfielen die meisten Fliesen bei der Aufdeckung in Fragmente. Erkennbar ist an geringen Resten des Flachreliefs im Mittelstempel, daß es sich um das Löwenmuster handeln muß[2].

Oberursel, Vortaunus-Museum.

e Steinbach, Einhardsbasilika, bei Grabungen 1884 im Mittel- und Querschiff gefunden. Weißlichgrauer Ton, der bei der geringsten Berührung zerbröckelte. Die Fliesen konnten nicht erhalten werden[3].

---

1 Freundliche Mitteilung von Herrn Prof. Dr. Dr. G. Binding, Köln. Binding hält die Fliese für ottonisch. Da die Klosterkirche jedoch frühestens 1149, vermutlich aber erst 1159 vollendet war und die Fliese, im Gegensatz zu Burg Hain, keinem anderen Bauwerk entnommen sein kann, dürfte diese Datierung zu früh angesetzt sein.

2 Freundliche Mitteilung von Herrn Dr. Hans-Hermann Reck, Trier.

3 R. Adamy, 1885, 26, Abb. 23. Adamy erwähnt weitere Fliesenreste, die einen „Stempel mit einem Rade von sechs Speichen und sechs Sternchen dazwischen zeigten". Vermutlich handelt es sich hier um die ebenfalls in Bleidenstadt gefundenen, bei C1 erwähnten Kreismedaillons.

D2 Teutleben

2. Hälfte 12. Jahrhundert.

Nach P. Lehfeldt, G. Voss[1], aus „Gips", vermutlich ein weißlicher Ton. Vertiefte Prägung. 10 × 10 cm.

Quadratischer Rahmen mit Perlband, in diesem nach links gewandter, stehender Löwe mit hängendem Schweif.

Fundort:

Teutleben, Pfarrkirche, 1888 noch in Resten auf der Westempore, heute zerstört.

---

1 P. Lehfeldt, G. Voss, 1892, 478.

D3 Minden

Um 1200.

Braunroter Ton mit sehr glatter, geschlämmter Oberfläche, wirkt wie nie betreten. Stark vertiefte Prägung, Bruchstück. Ca. 13 × 12 × 3 cm.

Erhalten ist ein quadratischer Rahmen mit dem Kopf eines nach links schreitenden Löwen mit erhobener Vordertatze. Der schmale Kopf mit geöffnetem Maul, großem, ovalem Auge, kleinem Ohr und rautenförmig stilisierter Mähne.

Fundort:

Minden, auf dem Gelände des ehem. Mauritiusklosters auf dem Werder, 1909 gefunden. O. K. Laag, 41.

Minden, Mindener Museum für Geschichte, Landes- und Volkskunde.

D4 Heiligenkreuz

1. Viertel 13. Jahrhundert.

Feingeschlämmter, ziegelroter Ton. Flachrelief, stark abgetreten. 19,9 × 20 × 3,8 cm.

In ungleichmäßigem quadratischem Doppelrahmen nach links gewandter, stehender Löwe mit erhobener rechter Vordertatze und sehr schmalem Leib. Kleiner Kopf mit angedeutetem Gebiß und Zunge, sorgfältig gewölbten runden Ohren und durch Sichelkerben gebildeter Mähne. Der lange, s-förmig über dem Rücken geschwungene Schweif mit fünffach gespaltener Quaste überschneidet den Rahmen.

Fundort:

Heiligenkreuz, Zisterzienserstift, 1969 als Füllmaterial im Mauerwerk vor dem ehem. Dormitorium gefunden. R. Pittioni, 1970, 77 und Taf. IV.

D5 Lilienfeld

1230–63.

Rötlicher Ton. Flachrelief. 19 × 22,2 × 5/5,4 cm.

Vermutlich in Anlehnung an D4 entstanden. Quadratischer Rahmen. Der Löwe nach rechts gewandt, etwas lebendiger in der Haltung, die Details sorgfältiger geschnitten, sicher erst nach D4 entstanden. Schweif und Schwanzquaste fast übereinstimmend, der Leib verkürzt, die linke Vordertatze mit scharfen Krallen hoch erhoben. Der Kopf mit spitzen Ohren und sorgfältiger, nach beiden Seiten fallender Mähne. Vor der rechten Vordertatze zwei winzige, aufgerichtete Löwenjungen auf einer Planke (Nest?), darunter kleine Sterne und Kreuze. (Diese Stelle ist auf der Fliese aus Heiligenkreuz stark beschädigt, eine ähnliche Darstellung läßt sich nur erahnen, aber nicht sicher feststellen.) Vor dem Kopf und zwischen den Läufen dünne Zackenlinien, jedoch kein Monogramm wie bei F136[1].

Fundort:

Lilienfeld, Zisterzienserstift, bei Grabungen 1971 auf dem Gelände der ehem. Wolfgangskapelle gefunden.

Lilienfeld, Stiftsarchiv.

---

1 F. Vongrey, 15–16, 11, Abb. 12, 15, Abb. 22 gibt eine sorgfältige und ausführliche Beschreibung, die auch auf die ikonographischen Fragen eingeht.

D6 Neustift

Ende 12. – Anfang 13. Jahrhundert?

Roter, stark gebrannter Ton ohne Glasurspuren. Flachrelief, unregelmäßig geschnittener Model, abgetreten. 15,5 × 3 cm.

In quadratischem, links unten vom Bild überdecktem Rahmen nach rechts gewandter, stehender Löwe mit erhobener rechter Tatze und hängendem, kurzem Schweif. Der Rücken in leicht ansteigender Linie, das Maul weit geöffnet, über dem Rücken große fünfblättrige Rose.
Fundort:
Neustift, ehem. Prämonstratenserkloster, vor 1905.
München, Bayerisches Nationalmuseum.

D7 Altdorf – Arnstein – Auerbach – Brunnenburg – Eppstein – Johannisberg – Kiedrich – Köln – Königstein – Lörzweiler – Mainz – Monreal – Straßburg – Worms

1. Viertel – Mitte 13. Jahrhundert.
Rötlicher Ton mit Spuren einer gelblichen Engobe. Vertiefte Prägung, kaum abgetreten. 13,5 × 2,5 cm.
Für die Prägung wurden zwei verschiedene Model verwandt. Die Zeichnung unterscheidet sich nur durch eine leichte Verschiebung der Proportionen (G. u. I. Maag, Tl. 4, 134, Abb. 88, E1 und E2) und eine dritte Kerbe am Ansatz des Vorderlaufs. Diese beiden Model wurden offensichtlich in derselben Werkstatt nebeneinander benutzt (Brunnenburg, Mainz). Tonmaterial und Tonfarbe sind jeweils sehr verschieden, so daß angenommen werden darf, daß die Fliesen in der Nähe der Fundorte geprägt wurden.
Nach links gewandter, stehender Löwe mit erhobener linker Vordertatze, langem, über dem Rücken geschwungenem Schweif mit Ovalquaste und kleinem Kopf mit runden Ohren. Die Mähne durch Zacken angedeutet, drei Einkerbungen am Ansatz des rechten Vorderlaufes.
Fundort:
a Altdorf, bei Bauarbeiten 1934 auf dem Friedhof vor der Kirche des ehem. Benediktinerklosters gefunden[1].
Straßburg, Frauenhausmuseum.
b Arnstein, ehem. Prämonstratenserklosterkirche, in situ in der Seitenkapelle des linken Querschiffes. Grauer Ton[2].
Wetzlar, Städtisches Museum (aus Arnstein) K. Engelbach, Nr. 105, 1.
c Unbekannt. Gelblichroter und graugelblicher Ton. Bei der ersten Fliese Spuren von roter, bei der zweiten von weißer Farbe in den Vertiefungen. Bruchstücke. Da die übrigen Löwenfliesen bekannt sind, kann es sich nur um die 1892 und 1896 in der Wallmauer des Auerbacher Schlosses gefundenen, ausdrücklich als Bruchstücke bezeichneten Löwenfliesen handeln[3].
Darmstadt, Hessisches Landesmuseum.
Bensheim-Auerbach, Auerbacher Schloß, eine Fliese, hellgelber Ton mit der Aufschrift „Museum Darmstadt“.
Bensheim, Bergsträßer Heimatmuseum.
d Brunnenburg, ehem. Prämonstratenserinnen-Kloster, bei Ausgrabungen 1879 und 1882 gefunden[4]. Bei der Grabung 1953 bis 54 wurden zusammenhängende Teile des Fliesenbodens mit demselben Muster freigelegt[5]. Gelbgrauer und grauer Ton mit Spuren gelbbrauner Bleiglasur, rötlicher Ton mit Resten weißer Engobe. 13,5 × 2,6 cm.
Wiesbaden, Slg. Nassauischer Altertümer (Fliesen aus allen drei Grabungen).
Brunnenburg, bei Grabung 1974–75 erneut gefunden, mit weißer Engobe. G. und I. Maag, Tl. 4, 134, Abb. 88, E1, E2.
Wiesbaden, Privatbesitz.
e Unbekannt, vermutlich aus Brunnenburg, roter und gelbgrauer, sehr grob gemagerter Ton.
Diez, Nassauisches Heimatmuseum.
f Eppstein, Burgruine, drei Bruchstücke. Hellbräunlichroter, stark gemagerter Ton, die Quarzkörner an der Oberfläche ausgespült. An der Bruchfläche grauer Kern sichtbar. Kante senkrecht. 13,5 × 2 cm. B. Picard, 10, Abb. 7.
Eppstein, Burgmuseum.
g Johannisberg, ehem. Benediktinerklosterkirche, beim Wiederaufbau 1950–51 aufgedeckt, unter dem Plattenboden des rechten Seitenschiffs belassen, einige Fliesen entfernt. 14 × 2,5 cm.
Marburg, Universitätsmuseum.
Marburg, Privatbesitz.
h Kiedrich, Burgruine Scharfenstein, bei Zufallsgrabungen entdeckt. Bruchstück. Bläulichgrauer Ton.
Schloß Johannisberg, Domänenverwaltung.
i Köln, im Bauschutt eines Kölner Hauses nach 1945 gefunden[6].
Köln-Rath, Slg. Dr. C. Füngling.
j Königstein, Burgruine. Fünf Bruchstücke bei Grabungen 1964–65 und 1973 gefunden. Gelbrötlicher, feingemagerter Ton. 14 × 2 cm. E. Gundermann, 149 und 142, Taf. 1, 4.
Frankfurt/Main, Institut für Vor- und Frühgeschichte.
Königstein, Stadtmuseum Altes Rathaus.
k Lörzweiler, kath. Pfarrkirche St. Michael, bei Erweiterungsbau 1969 gefunden.
Mainz, Landesamt für Denkmalpflege.
l Mainz, Ottilienkapelle im Pumpengäßchen, beim Abbruch 1897 gefunden[7].
Mainz, Mittelrheinisches Landesmuseum.
m Mainz, Gutenbergplatz, bei Bauarbeiten 1910 gefunden. Helles und dunkles Rot mit roter Farbe in den Vertiefungen, grauer Ton mit Spuren hellerer Farbe. 14 × 2 cm und 12 × 2,2 cm. E. Neeb, 1911, 149, Abb. 9.1.
Mainz, Mittelrheinisches Landesmuseum (72 Fliesen).
n Mainz, Heilig-Geist-Spital, bei der Restaurierung 1976 gefunden. Hellgrauer Ton mit schwarzer Farbe in den Vertiefungen. 12 × 11,8 × 2,2 cm.
Harxheim, Slg. Dederer.
o Monreal, Burgruine, um 1975 gefunden.
Privatbesitz.
p Unbekannt, aus Straßburg oder dem Elsaß, vor 1907 gefunden[8]. Roter Ton. 14 × 2 cm. J. Ficker, Taf. 40, 9.
Straßburg, Frauenhausmuseum.
Straßburg, ehem. Slg. Charles Czarnowsky, seit 1940 verloren.
q Straßburg, St. Nikolaus, beim Wiederaufbau 1947 in situ gefunden.
Straßburg, Städtisches Denkmalamt.
r Worms, St. Pauluskirche, vor 1922 gefunden, E. Grill, Taf. 1, 1. Gelblichroter, braunroter, mittel- und dunkelgrauer Ton. Nach Grill „dunkelbraun mit weiß inkrustiert“. Diese Fliese nicht mehr auffindbar. Besonders feingemagerter Ton. 13,5 × 2,3 cm.
Worms, Museum der Stadt Worms.
Hamburg, Museum für Kunst und Gewerbe (1927 aus Worms erworben).
s Unbekannt, im Kunsthandel erworben. Rötlicher Ton. 14 × 2 cm.
Leipzig, Slg. F. Lehmann.
t Unbekannt, im Kunsthandel erworben. Rosabräunlicher Ton, dem Scherben Brunnenburg ähnelnd.
Burg Grenzau, Slg. Prof. Dr. H. Spiegel.

1 Im Depot des Frauenhausmuseums Straßburg befindet sich eine Kiste, in der sich außer dem Löwen D7 noch folgende Fliesen befinden: D78, E60, F7, W2, W80, teilweise stark abgetreten und beschädigt. Diese Fliesen sind in den Eingangsinventaren des Museums nicht zu finden. Da das Muster D7 jedoch 1934 in Altdorf gefunden wurde, könnte es sein, daß hier die von Sattler gefunde-

nen und 1875 dem Museum geschenkten Fliesen lagern. Nummern, die sich auf der Rückseite vereinzelt erhalten haben, weisen darauf hin, daß die Fliesen auf jeden Fall vor 1907 gefunden worden sein müssen.

2 F. Luthmer, 1907, 236, 234, Abb. 202, schreibt im Ausgrabungsbericht über Kloster Brunnenburg: „Eine Anzahl Fußbodenplatten aus gebranntem Ton mit eingepreßten Tierfiguren spätromanischen Charakters haben sich bei Aufgrabungen gefunden und sollen in der Kirche von Arnstein Verwendung finden." D7 scheint an beiden Orten vorhanden gewesen zu sein.

3 Westd. Zs. 12, 1893, Museographie 1892, 382. – ebd., 16, 1897, Museographie 1896, 332. Geschenke an das Museum Darmstadt.

4 Nass. Ann. 15, 1879, 415.

5 H. Miedel, 114–115 und Abb. 57.

6 Die Lage des Kölner Hauses war nicht mehr zu ermitteln. Es besteht natürlich die Möglichkeit, daß die Fliesen nicht aus einem früheren Bau, sondern aus einer vernichteten Privatsammlung stammen.

7 Westd. Zs. 17, 1898, Museographie 1897, 380, Taf. 11,6.

8 A. Ramé, 1855, 47, Nr. 9197 bildet die Fliese ohne Herkunftsbezeichnung ab. L. de Vesly, 217, Abb. 8, gibt als Fundort die Benediktinerabtei Jumièges an. Nach freundlicher Mitteilung von Mr. Christopher Norton, York, ist die Fundortangabe bei Vesly falsch. Möglicherweise wurde auch diese Fliese im Elsaß gefunden. Vor 1855 entdeckt, wäre sie natürlich in ein französisches Museum gekommen. Im Museum Sèvres, wo sich die Fliese immer noch befindet, ist der Fundort unbekannt.

D8 Arnstein – Boppard – Eppstein – Neubolanden – Peterspay – Speyer? – Worms

2.–3. Viertel 13. Jahrhundert.
Roter Ton. Vertiefte Prägung, abgetreten. 13,5 × 2,3 cm. Kante senkrecht.
Nach rechts gewandter, schreitender Löwe. Walzenförmiger Leib mit dreieckigen Kerben. Spitzer Kopf mit spitzen Ohren, Zackenmähne, langer, s-förmig über dem Rücken geschwungener Schweif mit Knoten und dicker Quaste. Die beiden linken Läufe stark angewinkelt.
Fundort:
a Arnstein, ehem. Prämonstratenserklosterkirche, vor 1864 entfernt, J. Eschweiler, 27, Nr. 81.
Köln, Erzbischöfl. Diözesan-Museum.
b Boppard, aus dem ehem. Königshof, vor 1916[1] gefunden. Roter und grauer Ton. 13 × 13 cm.
Boppard, Heimatmuseum.
c Eppstein, Burgruine, vier Bruchstücke. Sehr feingemagerter steingrauer Ton, grober, hartgebrannter, rosabräunlicher, hellroter und schwarzgrauer Ton. Kante leicht schräg: 13,8/14 × 2,2/2,5 cm. B. Picard, 10, Abb. 7.
Eppstein, Burgmuseum.
d Neubolanden, Burgruine, bei Grabungen 1912 gefunden. 14,8 × 2,7 cm.
Kirchheimbolanden, Heimatmuseum.
e Peterspay, kath. Kapelle St. Peter und Paul, in situ im Chor. Grauer und grauschwarzer Ton.
f Unbekannt, nicht sicher aus Speyer. Da Fliesen aus der Grabung Neubolanden auch ins Museum Speyer kamen, kann die Fliese auch zu diesem Fund gehören. Roter Ton. 15 × 2 cm.
Speyer, Historisches Museum der Pfalz.
g Worms, St. Magnuskirche, bei der Renovierung der Kirche 1929–32 gefunden. Bräunlichrosa Ton.
Worms, Museum der Stadt Worms.
h Worms, St. Pauluskirche, vor 1922, E. Grill, 1922, Taf. 1, 2. Grauer Ton. 13,2 × 2,7 cm.
Worms, Museum der Stadt Worms.
i Worms, Heylshof, Schloßgarten, bei Grabungen 1952 gefunden. Bruchstück. Hellroter Ton.
Worms, Museum der Stadt Worms (die Fliesen wurden von verschiedenen Werkstätten geprägt, da sie teils gerade, teils schräge Kanten aufweisen).
Hamburg, Museum für Kunst und Gewerbe (1927 aus Worms erworben).

1 Bonner Jb. 123, T. 1, 1916, 143.

D9 Karlsruhe – Ettlingen

Kurz vor oder nach der Mitte des 13. Jahrhunderts.
Rötlicher, grobgemagerter Ton. Vertiefte Prägung. 15 × 3 cm.
Breiter Quadratrahmen mit zarten Palmettenranken. Nach rechts schreitender Löwe mit schmalem Körper und Zackenmähne, ähnlich D7. Rachen weit geöffnet, die spitzen Ohren waagrecht angelegt, der s-förmige Schweif mit schmaler Blattquaste.
Fundort:
a Karlsruhe-Durlach, Turmbergruine, 1894/95 bei einer Grabung gefunden. E. Wagner, Taf. 8.
Karlsruhe-Durlach, Pfinzgaumuseum.
b Ettlingen, Pfarrkirche St. Martin, 1934 aufgedeckt. Feingemagerter roter Ton. A. Tschira, R. Stenzel, 181, Nr. 1.
Ettlingen, Albgaumuseum.
Heidelberg, Kurpfälzisches Museum.

D10 Pforzheim

Vor oder nach der Mitte des 13. Jahrhunderts.
Roter Ton. Vertiefte Prägung, stark abgetreten. Rechte obere Ecke fehlt. 14,5 × 14,8 × 2,7 cm.
Nachschnitt oder *Variante* von D8. Rahmen mit Zickzackstegen und winzigen Palmetten. Der Kopf des Löwen zurückgeworfen, das Maul weit geöffnet, die linke Pranke bis in Kopfhöhe erhoben. Die ganze Zeichnung wirkt stark vergröbert.
Fundort:
Pforzheim, Altenstädter Kirche St. Martin, 1949 gefunden. E. Lacroix, Abb. 2, Nr. 6.
Pforzheim, Heimatmuseum.

D11 Bacharach – Eberbach – Mainz – Peterspay – Wildenburg

2. Drittel 13. Jahrhundert.
Weißlich-hellgrauer Ton. Vertiefte Prägung. 13,5 × 2,5 cm.
Breiter, quadratischer Rahmen mit kleinen Kreisen und Ecklilien. Nach rechts gewandter Löwe mit leicht angehobenem Oberkörper, erhobenen Vordertatzen und breitem, von der Mitte an gespaltenem Schweif.
Fundort:
a Bacharach, St. Peterskirche[1], 1895 gefunden.
Bonn, Rheinisches Landesmuseum.
Leipzig, Slg. F. Lehmann.
b Eberbach, ehem. Zisterzienserkloster, Herkunft unbekannt. Gelbrötlicher Ton. Model zweifach eingeprägt, Kante senkrecht. 13,5 × 3 cm.
Eberbach, Lapidarium.

c Mainz, bei der Verlegung des Kanaleinlaufs an der Ludwigstraße nahe dem Gutenbergplatz 1903/04 gefunden[2]. Mittelgrauer-gelblichgrauer Ton.
Mainz, Mittelrheinisches Landesmuseum.
d Peterspay, kath. Kapelle St. Peter und Paul, vor 1932 entfernt[3]. Roter Ton. 13,5 × 2,3 cm.
Köln, Erzbischöfl. Diözesan-Museum.
e Wildenburg, bei Grabungen, vermutlich in den 30er Jahren[4] gefunden. Rötlichgrauer Ton. 14 × 2,7 cm.
Aschaffenburg, Schloßmuseum der Stadt Aschaffenburg.
f Unbekannt. Beim Brand wurde ein großer Kiesel im gelbrötlichen Ton belassen, der später an der Stelle des Löwenkopfes ausbrach[5].
Darmstadt, Hessisches Landesmuseum.
g Unbekannt, möglicherweise aus der Slg. Aus'm Weerth, Kessenich bei Euskirchen, 1888 erworben.
Straßburg, Frauenhausmuseum.
h Unbekannt, möglicherweise aus Mainz.
Gotha, Schloßmuseum.
i Unbekannt (aus dem Kunsthandel Frankfurt). Gelblichgrau. 13,3 × 2,3 cm.
Bad Zwischenahn, Slg. Hans-Jürgen Heger.

---

1 Fr. Bock, Bd. 1, 10, über St. Peter, Bacharach: „Überreste von Belegplatten im unteren Teil der Kirche, welche mit Löwen und Adlern gemustert sind."
2 Westd. Zs. 23, 1904, Museographie 1903, 370, Taf. 8.
3 J. Eschweiler, 28, Nr. 92. Möglicherweise liegt hier eine Verwechslung vor, die hier genannte Abb. bei R. Forrer, 1901, Taf. VIII, 2 ist die Fliese D 7 aus Peterspay. Da die Kapelle in Peterspay jedoch durchweg Eberbacher Muster besitzt, wäre eine Herkunft von dort dennoch möglich.
4 M. Walter, 1964, 98 ff.
5 Ins Museum Darmstadt kamen mehrere Bodenfunde aus Mainz, deren Muster nur teilweise bekannt sind.

D 12 Cadolzburg

3. Viertel 13. Jahrhundert.
Roter, grobgemagerter Ton mit gelber und bräunlicher Glasur. Flachrelief. 10 × 2 cm.
In quadratischem Rahmen nach rechts schreitender Löwe mit hoch erhobener linker Vordertatze, schmalem, sich nach hinten stark verjüngendem Körper und langem, geringeltem Schweif mit Palmettenquaste.
Fundort:
Cadolzburg, Burg, vor 1868 gefunden, Kat. GNM Nürnberg, 6, A 7, A 8.
Nürnberg, Germanisches Nationalmuseum (seit 1925 vermißt).

D 13 Oberkirch

Um oder kurz vor 1275.
Hellgelber Ton. Flachrelief. 18/20 × 21/23 × 3 cm.
Nach links schreitender Löwe mit geöffnetem Maul, spitzen Ohren, leicht angehobener linker Vorderpranke und s-förmig geschwungenem Schweif mit Mittelknoten und Quaste von Kopfgröße. Schräg unterhalb des Löwenkopfes Monogramm, vermutlich „R", das durch die Umkehrung spiegelbildlich erscheint.
Fundort:
Oberkirch, Pfarrkirche St. Cyriakus, beim Abbruch der alten Kirche vor 1863 gefunden. Kat. GNM Nürnberg, 5, A 2–4, Taf. I, 2–4.
Nürnberg, Germanisches Nationalmuseum.

D 14 Neubolanden?

2. Viertel 13. Jahrhundert.
Hellgelber Ton. Vertiefte Prägung, abgetreten, in der Mitte gebrochen, linke obere Ecke fehlt. 13,6 × 3 cm.
Kleiner, quadratischer Stempel mit nach links schreitendem Löwen. Der Kopf mit großen Kugelaugen und runden Ohren, auch alle sonstigen Konturen gerundet. Der bis zur Spitze gleich breite Schweif s-förmig geschwungen, die rechte Vordertatze hoch erhoben.
Fundort:
Unbekannt, aufgrund des Scherbens vermutlich aus der Burgruine Neubolanden. Derselbe Stempel auf einer Fliese der Größe 8,2 × 2,6 cm. Da die Oberfläche der beiden Fliesen an abweichenden Stellen zerstört ist, entsteht der Eindruck, als sei die Zeichnung verschieden.
Kirchheimbolanden, Heimatmuseum.

D 15 Speyer

2. Hälfte 13. Jahrhundert.
Dunkelgrauer, feingemagerter Ton. Vertiefte Prägung. 14 × 2,3/3 cm.
In quadratischem Rahmen nach rechts gewandter, stehender Löwe mit kleinem Kopf, weit geöffnetem Maul, Kugelohren und langem, über dem Rücken gleichmäßig geschwungenem Schweif.
Fundort:
a Speyer, Dom St. Peter, bei der Öffnung der Kaisergräber 1900 geborgen. Bruchstück. G. Berthold, 1903, 81. Abb. bei B. H. Röttger, 1934, 734, Abb. 515, III.
Speyer, Historisches Museum der Pfalz.
b Speyer, Dom St. Peter, bei den Grabungen 1961 in der Krypta, Südquerarm, in der Vermauerung der Wandblende gefunden. H. E. Kubach, W. Haas, I, 1109, Nr. 117; II, Abb. 1651.
Speyer, Landesamt für Denkmalpflege.
c Speyer, Kleine Pfaffengasse 26, beim Aushub eines Luftschutzkellers 1938 gefunden. Bruchstück.
Speyer, Privatbesitz.
d Speyer, ehem. Fleischschranne, beim Bau der Sparkasse 1950 in einer Abfallgrube geborgen.
Speyer, Historisches Museum der Pfalz.
e Speyer, Regierungsgebäude, am 1. 4. 1922 im Hof gefunden. *Variante.* Die Ohren spitzer, das Auge größer, der Rachen nicht so weit geöffnet. Der Schweif folgt nicht der Körperlinie, sein Ende berührt fast die Fliesenkante. 13 × 13 cm.
Speyer, Historisches Museum der Pfalz.

D 16 Speyer

2. Hälfte 13. Jahrhundert.
Hellroter Ton. Vertiefte Prägung. 15 × 14,5 × 2,8 cm. *Nicht abgebildet.*
Variante von D 15. Körperbildung übereinstimmend, der kürzere Schweif mit Palmettenquaste, das Bild durch Nachschnitt linksgewandt.
Fundort:
Speyer, Kleine Sämergasse, Hinterhaus, 1964 gefunden.
Speyer, Landesamt für Denkmalpflege.

D17 Hessen? – Speyer

1. Hälfte 14. Jahrhundert.
Roter, grobgemagerter Ton. Vertiefte Prägung. Obere rechte Ecke fehlt. Kante schräg. 14,5 × 2,5 cm.
Später *Nachschnitt* einer Fliese ähnlich D15. Der Körper ist gedrungener, das rechte Ohr sitzt tiefer, die linke Vorderpranke ist bis zur Kopfhöhe erhoben. Kopf und Rücken treffen sich im rechten Winkel. Wohl vom selben Fundort wie J61[1].
Fundort:
a Unbekannt, aus Rheinhessen, Hessen oder der Pfalz.
Darmstadt, Hessisches Landesmuseum.
b Variante. Die eckige Bildung des Hinterkörpers übereinstimmend, die rechte Vorderpranke weiter vorgestellt, der Bug gewölbt. Der Schweifansatz berührt fast die Rückenlinie, folgt ihr und biegt dann im rechten Winkel nach hinten. Ecke links unten fehlt. 13,5 × 2,5 cm. Speyer, ehem. Fleischschranne, beim Bau der Sparkasse 1950 in einer Abfallgrube geborgen.
Speyer, Historisches Museum der Pfalz.

1 Nach freundlicher Mitteilung von Herrn Dr. Otto Müller, Seligenstadt, befand sich im Museum Darmstadt vor dem 2. Weltkrieg eine Löwenfliese aus Jägersburg. Es könnte sich um diese Fliese handeln.

D18 Zwiefalten – Ulm-Söflingen

Nach 1251?
Hellroter Ton. Vertiefte Prägung. 15 × 14,5 × 2,8 cm. Einzelfliese und Bruchstücke.
In quadratischem Rahmen nach links blickender, stehender Löwe. Das Maul weit geöffnet, der Schweif s-förmig aufgerichtet, die dreigeteilte Quaste berührt den Rahmen. Grobe dreigelappte Tatzen.
Fundort:
a Ulm-Söflingen, ehem. Klarissinnenkloster, bei Aufräumungsarbeiten im ehem. Kreuzgang gefunden.
Ulm, Privatbesitz.
b Zwiefalten, ehem. Benediktinerklosterkirche, bei Bauarbeiten 1976 unter dem Hochaltar gefunden, zwei weitere Fliesen 1978 aus Rohrgräben im Konventsbereich geborgen. L. Tampe, 27, Abb. 2.
Zwiefalten, Privatbesitz.

D19 Speyer

2. Drittel 13. Jahrhundert.
Grauer Ton. Vertiefte Prägung. Bruchstück, etwa die halbe Fliese erhalten. 15 × 2,5 cm.
In quadratischem Rahmen nach links gewandter Löwe mit Walzenleib, winzigem, spitzem Kopf mit tief eingekerbtem Maul, das eher wie ein Schnabel wirkt. Unbeholfen sperrig ausgestellte Läufe, langer, geschwungener Schweif mit kleiner Palmettenquaste.
Fundort:
Speyer, ehem. Augustiner-Chorherrenstift St. German, bei einer Grabung 1949 gefunden.
Speyer, Historisches Museum der Pfalz.

D20 Germersheim – Oberhomburg – Speyer?

Mitte–3. Viertel 13. Jahrhundert.
„Grauer Ton mit rötlichen Einsprengseln". Vertiefte Prägung. 15 × 15,5 × 3 cm.
In eng an den Rand gepreßtem quadratischem Rahmen nach links gewandter, stehender Löwe mit großem Kopf, kleinen, spitzen Ohren und weit geöffnetem Maul. Der Körper verjüngt sich, die Hinterbacken sind stark ausgeprägt, der Schweif mit Palmettenquaste bildet ein „U" mit zwei Bogen.
Fundort:
a Germersheim, Haus Schloßstr. 36, bei Kanalisationsarbeiten 1907 auf dem Aushub gefunden. „Die Rheinpfalz", 14. 7. 1976.
Speyer, Privatbesitz.
b Oberhomburg, St. Katharinenkapelle. Ohne Rahmenleiste, abgetreten. 13 × 13 cm.
Metz, Städtisches Museum.
c Vermutlich aus Speyer, Herkunft unbekannt. Hellgrauer Ton, die Vertiefungen dunkelgrau eingefärbt. 15 × 3 cm. Außerdem eine Doppelfliese, auf der linken Seite der Drache F44.
Speyer, Historisches Museum der Pfalz.

D21 Altenbaumburg

Möglicherweise nach 1253.
Hellgrauer Ton mit dunkelgrauen Flecken. Vertiefte Prägung, stark abgetreten. 13 × 2,5 cm.
Vergröberte *Variante* von D20. Der Hinterkörper läuft in einen im linken Hinterlauf mündenden Schlauch aus, die rechte Vordertatze ist erhoben, der Kopf sehr schmal und spitz. Der kurze, sichelförmige Schweif setzt in Körpermitte an.
Fundort:
Altenbaumburg, Burgruine, bei Grabungen an der Stelle, an der die Burgkapelle vermutet wird, 1911 gefunden.
Speyer, Historisches Museum der Pfalz.
Altenbaumburg, Burgsammlung.

D22 Dreieich – Speyer

Nach 1256 (a), Mitte 13. Jahrhundert (b).
Mittelgrauer, hart gebrannter Ton mit Kieselmagerung. Vertiefte Prägung, der Stempel in die untere Bildhälfte verrutscht. 14,3 × 2,2 cm.
Nach links gewandter Löwe ähnlich D21. Der schmale Körper mit drei tiefen Kerben am Ansatz des Vorderlaufes leicht steigend, beide Vorderpranken erhoben. Der Kopf spitz mit rundem Auge und Kugelohren, die Mähne durch Kerben angedeutet. Schweif nach vorne in Zackenlinie aufsteigend mit großer Herzblattquaste, vor den Vorderläufen Kreisstempel mit vier winzigen Spitzovalen.
Fundort:
a Dreieich, bei Grabungen in der Burg Hain gefunden.
Dreieich, Dreieich-Museum.
b Speyer, ehem. Augustiner-Chorherrenstift St. German, bei einer Grabung 1949 gefunden. Hier fehlt die Kreisrosette, das Bild sitzt in der Fliesenmitte. Ecke rechts unten fehlt.
Speyer, Historisches Museum der Pfalz.

D23 Königstein

3. Viertel 13. Jahrhundert.
Feingemagerter, hellgrauer Ton. Vertiefte Prägung. 13 × 3 cm.
Seitenverkehrte *Variante* zu D22. Die Ohren sind spitz, beide Vorderläufe nach oben gereckt, der Schweif in S-Form mit Knoten kurz über der Ansatzstelle. Die „Blüte" und die Strichelung der Mähne fehlen.
Fundort:
Königstein, Burgruine, bei Grabungen im Palasbereich gefunden. E. Gundermann, 142, Taf. 1, Abb. 1, 149.
Königstein, Stadtmuseum Altes Rathaus.

D24 Freiburg

1. Drittel 13. Jahrhundert.
Grober, gelblicher Ton. Flachrelief. 20 × 3 cm.
In quadratischem Rahmen Kreis mit nach rechts gewandtem stehendem Löwen mit erhobener linker Vorderpranke, schmalem Leib und leicht zurückgeworfenem Kopf, dessen Maul weit geöffnet ist. Der s-förmige Schweif mit dreigeteilter Quaste in der Mitte geknickt. In den Ecken Herzornamente mit Palmetten.
Fundort:
Freiburg, vermutlich aus dem ehem. Heilig-Geist-Hospital, 1883 gefunden, vgl. Anm. zu B14[1].
Freiburg, Städtische Museen, Augustinermuseum.

1 Nach freundlicher Mitteilung von Frau Dr. I. Krummer-Schroth, Freiburg, weist das nicht ganz zuverlässige Inventar des Augustinermuseums diese Fliesen ebenfalls dem „Haus zum Wolf" in Freiburg, zu. Sie werden jedoch bei F. Schneider, 1882 weder erwähnt noch abgebildet und unterscheiden sich in der Tonzusammensetzung völlig von den Fliesen dieses Fundes.

D25 Zwettl

1. Hälfte 13. Jahrhundert.
Rötlicher Ton. Flachrelief, Bruchspuren, die Gegenfliese fehlt. 14,6 × 16 cm.
Im Kreis nach rechts springender Löwe mit stark gezackter Mähne, das Löwenfell durch Sichelbogen auf dem walzenförmigen Leib angedeutet. Die Hinterläufe mit Klauen ungelenk abgestemmt, die viel zu kurzen Vorderläufe in der Luft schwebend. Über dem Rücken zum Kreis geschwungener Schweif mit dreigespaltener Quaste. Aus dem Maul hängt ein Kleeblatt, zwischen den Läufen wächst eine Sternblüte, in den Fliesenecken je ein Dreiblatt.
Fundort:
Zwettl, Zisterzienserstift, 1909 gefunden. H. Özelt, 1959, 19. 1979 wurde erneut ein Bruchstück mit der Gegenfliese C9.1 in den zugemauerten Fenstern des Auditoriums gefunden, außerdem ein zweites, stark abgetretenes Fragment. Kat. Die Kuenringer, 504, fälschlicherweise als 611b beschrieben.
Zwettl, Stiftsmuseum.

D25.1 Franken?

1. Hälfte 13. Jahrhundert.
Hellziegelroter Ton. Flachrelief, kaum abgetreten, Oberkante beschädigt. 15 × 15,7 × 3/3,4 cm.
Quadratischer Rahmen und Kreis ähnlich D25, in den Ecken je eine auf dem Kreisrand sitzende heraldische Lilie. Nach rechts schreitendes Tier, vermutlich Löwe. Das gebogene Haupt stark geneigt, der Rachen mit sichtbaren Zähnen geöffnet, die Mähne durch Flammenbüschel an der Außenkontur angedeutet. Walzenförmiger Leib mit kurzen Beinen, die Tatzen sorgfältig mit je fünf Krallen gezeichnet. Langer Schweif über dem Rücken nach vorn geschwungen, Knoten im 1. Drittel. Hier teilt sich der Schweif in zwei Bänder, die sich nochmals kreuzen. Vom Kreisrand unten steigt schöne Palmette mit Lilienstab auf; vor der rechten Pranke ein Malteserkreuz.
Fundort:
Unbekannt, angeblich aus Franken. Aus dem Kunsthandel erworben, die Herkunft konnte trotz intensiver Suche nicht ermittelt werden. Möglicherweise stammt die Fliese ebenfalls aus einem Zisterzienserkloster (vgl. D25).
Bad Zwischenahn, Slg. Hans-Jürgen Heger.

D26 Stams?

13. Jahrhundert?[1] Nach 1536 nach älterer Vorlage?
Roter Ton. Flachrelief. 13,3 × 13,3 cm.
Im Kreis nach links schreitender, gekrönter Löwe mit hängender Zunge, scharfen Krallen und kurzem, über dem Rücken s-förmig geschwungenem Schweif. In den Ecken, auf dem Kreis aufsitzend, dreigeteilte Pflanze mit Lindenblättern.
Fundort:
Vermutlich aus Stams, die Herkunft jedoch nicht gesichert, Paukert[2] kannte die Fliese nicht. F. Caramelle, 29, Abb. 16.
Stams, Klostersammlung.

1 Im Gegensatz zu den übrigen Fliesen aus Stams zeigt diese Fliese keinerlei Renaissanceelemente. Die Darstellung des Löwen in dieser Form weist eher ins 13. Jh.

2 F. Paukert, Bd. 3, nach freundlicher Mitteilung von Herrn J. Ernst, Stift Stams, könnte diese Fliese von Abt Stephan Mariacher (1895–1937) für die Sammlungen des Klosters erworben worden sein.

D27 Köln – Koblenz-Moselweiss – Rommersdorf

2. Viertel 13. Jahrhundert/um 1233 (c).
Hellrötlicher, feingeschlämmter Ton, in den Vertiefungen Spuren roter Farbe. 12,8 × 2,4 cm.
Im Kreis nach links steigender Löwe, beide Vorderläufe hoch erhoben. Der Kopf mit Zackenmähne, weit geöffnetem Maul, ovalem Auge und Krone mit breitem Reif. Der walzenförmige, langeL3eib mit in der Mitte verdicktem, s-förmigem Schweif, der sich der Kreisrundung anpaßt.
Fundort:
a Vermerk im Inventar Oldenburg „gefunden in Köln", 1908 von dem Kölner Händler Peter Schmitz erworben. Rötlicher Ton.
Oldenburg, Museum für Kunst und Kulturgeschichte.
b Koblenz-Moselweiss, Kath. Pfarrkirche St. Laurentius, beim Einbau einer Heizung 1932 aufgedeckt[1].
Moselweiss, eine Fliese in die Südwand des Chors vermauert.
Köln, Slg. F. Lenz.
c Rommersdorf, ehem. Prämonstratenserkloster, Kapitelsaal, stark abgetreten in mehreren Exemplaren in situ. Dunkelroter Ton. 13,5 × 13,8/14 cm. Die Abb. bei F. Stelz, 18, Nr. 1 ist seitenverkehrt!

1 Die Fliesen müssen im 19. Jh. noch in situ vorhanden gewesen sein, wie aus einer Zeichnung DeNoels hervorgeht (vgl. FO-Kat. „Ko-

blenz-Moselweiss"). Sie sollen ins Diözesanmuseum Trier gelangt sein, sind dort jedoch heute nicht mehr auffindbar. Vermutlich wurden die Fliesen in Rommersdorf geprägt, das einen Hof in Moselweiss besaß.

D28 Rheinland? – Rijnsburg

Vorlage: 2 Viertel 13. Jahrhundert. Model möglicherweise später geschnitten. Fliesen vielleicht erst 1309 verlegt.
Gelblicher Ton mit Spuren von dunkelgrüner Glasur. Vertiefte Prägung. 12 × 12 cm.
Im Kreis mit kleinen Randkerben ähnlich C2 nach links steigender Löwe in Anlehnung an D27. Die Zeichnung sehr viel gröber. Sehr breite Rillen, die Krone zu drei kleinen, unmittelbar auf dem schmalen Kopf aufsitzenden Kugeln umgebildet, der Schweif mit zwei Zacken. Der Grund des Kreises mit feinem Gitternetz übersponnen.
Fundort:
a Unbekannt, nach Inventar des Museums Köln „Rheinland". Da die Abtei Rijnsburg im Besitz des Klosters Echternach war, ist es möglich, daß diese Fliese ebenfalls aus einer dem Kloster nahestehenden Kirche des Rheinlandes stammt.
Köln, Museum für Angewandte Kunst.
b Rijnsburg, Prov. Leiden. Abteikirche, bei Grabungen 1949 gefunden[1].
Groningen, Archäologisches Institut der Universität.

1 W. Glasbergen, Abb. 7. Die Fliesen wurden zwar mit demselben Model geprägt, der Scherben weist jedoch auf zwei verschiedene Herstellungsorte.

D29 Neuenheerse

1. Hälfte 14. Jahrhundert?
Ziegelroter Ton mit blauem Kern im Bruch. Auf zwei Stükken einzelne Kleckse von Glasur, drei der Bruchstücke sind mit weißer Engobe überzogen, Kante schräg, vertiefte Prägung. Ca. 13,5 × 1,7 cm.
Im Kreis ein linksblickender, steigender, gekrönter Löwe. Außerdem sichtbar zwei Vorderläufe mit Tatzenansatz und eine Kurve des gebogenen Schweifes. Grobe Prägung von Kopf, geöffnetem Rachen und rhombenförmigem Auge.
Fundort:
Neuenheerse, in der Umgebung eines Töpferofens 1971 gefunden. U. Lobbedey, 1983, 255, Abb. 194.
Münster, Westfälisches Museum für Archäologie.
Neuenheerse, Privatbesitz.

D30 Ulm-Söflingen – Worms

Nach 1258? 3. Viertel 13. Jahrhundert.
Grauer Ton. Vertiefte Prägung. 13,5 × 2 cm.
In quadratischem Rahmen nach rechts gewandter, stehender, gekrönter Löwe mit über dem Rücken geschwungenen Schweif. Aus dem geöffneten Maul hängt ein langes, zungenähnliches, gewundenes Band, am Ansatz des Vorderlaufs tiefe Kerben.
Fundort:
a Ulm-Söflingen, ehem. Klarissinnenkloster, 1913/14 gefunden.
R. Weser, 94, Nr. 19.
H. A. Klaiber, R. Wortmann, 664, Abb. 601 Nr. 4.
Ulm, Ulmer Museum.
b Worms, St. Johanneskirche, 1907 gefunden. Grauer und grauschwarzer Ton. 13,5 × 2,5 cm. E. Grill, Taf. 1, 11.
Worms, Museum der Stadt Worms (nicht mehr auffindbar).

D31 Speyer

3. Viertel 13. Jahrhundert.
Hellgrauer Ton. Vertiefte Prägung, stark abgetreten. 13,5 × 3 cm.
In quadratischem Rahmen nach rechts gewandter, stehender, gekrönter Löwe mit weit geöffnetem Maul, Zackenmähne und hoch erhobener linker Vordertatze. Der in der Mitte verdickte Schweif über dem Rücken geschwungen, an den Ansätzen der Läufe volutenartige Schnörkel.
Fundort:
a Speyer, am 24. 6. 1913 in einem Privathaus gefunden.
Speyer, Historisches Museum der Pfalz.
b Variante. Das Ohr schmäler, die Tatze kaum eingekerbt, der ganze Leib mit flachen Zackenbändern bedeckt. B. H. Röttger, 1934, 734, Abb. 516, 1. Speyer, Dom, 1900 im Schutt der Kaisergräber gefunden. Grauer Ton. Bruchstück. 13 × 2,6 cm.
Speyer, Historisches Museum der Pfalz.

D32 Speyer

Wenig später als D31.
Hellgrauer Ton. Vertiefte Prägung, abgetreten. 13 × 3 cm.
Nachschnitt von D31. Der Körper durch tiefe Kerben geteilt, die Läufe an der Hinterkante gezackt, in dreigelappte Tatzen auslaufend, der Kopf spitzer, der Schweif mit Zacken und Palmettenquaste.
Fundort:
Speyer, beim Bau des kath. Vereinshauses, Herdstr. 5, gefunden. B. H. Röttger, 1934, 722, Abb. 505, 6.
Speyer, Historisches Museum der Pfalz.

D33 Kippenheim? – Konstanz – Neustadt – Straßburg

3. Viertel 13. Jahrhundert.
Gelber, grobkörniger Ton. Vertiefte Prägung. 13,5 × 14 × 3,5 cm.
Kreis mit Zackenband aus gleichschenkligen Dreiecken. Nach links steigender, gekrönter Löwe mit weitgespreizten, dreigeteilten Pranken mit scharfen Krallen. Der aufsteigende Schweif in der Mitte verdickt, mit hängender Palmettenquaste und zur Volute gerollten Zacken. Die Krone mit vier Punkten als Bügel.
Fundort:
a Vermutlich aus Kippenheim.
Freiburg, Städtische Museen, Augustinermuseum.
b Konstanz, Stadionscher Domherrenhof, 1898 gefunden. Feinkörniger, gelbrötlicher Ton. 13,5 × 4 cm.
Konstanz, Rosgartenmuseum.
Berlin, Kunstgewerbemuseum.
Karlsruhe, Badisches Landesmuseum.
London, Victoria and Albert Museum. A. Lane, Taf. 22B.
Nürnberg, Germanisches Nationalmuseum.
Zürich, Schweizerisches Landesmuseum.
c Konstanz, Münster, 1973 bei Grabungen im Fundament des Hl. Grabes und der Mauritiusrotunde gefunden. Bruchstück.
Konstanz, Staatl. Hochbauamt.

Freiburg, Landesdenkmalamt Baden-Württemberg (Bruchstück in hellgrauem Ton).
d Neustadt-Hambach, „Hambacher Schloß", bei Grabungen um 1955 gefunden. Gelblichgrauer Ton. Model nach links zum Rand verschoben, Kante senkrecht. 13,6 × 13,2 × 2,5 cm.
Speyer, Landesamt für Denkmalpflege.
e Straßburg, Kaufhausgasse 1–3, vor 1901 gefunden. R. Forrer, 1901, 72.
Straßburg, Frauenhausmuseum.

D34 Speyer

Kurz vor oder nach der Mitte des 13. Jahrhunderts.
Schwarzgrauer Ton. Vertiefte Prägung, Zackenrahmen in Flachrelief, Fliese im Brand verzogen, Oberfläche mit Brandrissen und Daumeneindrücken? 13 × 3 cm.
Quadratischer Rahmen mit Zackenstegen, in diesem nach links steigender, gekrönter Löwe ähnlich D33. Weit geöffnetes Maul, winzige Tatzen, die Krone schematisch durch drei Zacken angedeutet. Schweif in der Mitte abgewinkelt, mit scharfen Zacken und nach außen hängender großer Palmettenquaste.
Fundort:
Speyer, vermutlich aus derselben Werkstatt wie B4. Diese wurde in der Wirtschaft „Zum roten Löwen" gefunden.
Speyer, Historisches Museum der Pfalz.

D35 Saarburg

1. Hälfte 14. Jahrhundert?
Roter Ton. Vertiefte Prägung, Bruchstück. 15,5 × 2,5 cm.
Quadratischer Rahmen mit zwei adossierten, steigenden Löwen mit Krone und steil aufgerichtetem Schweif mit Knoten und dicker Quaste. Die Fliesenkante unten begleitet ein breites gezacktes Band, wohl eine Hirschstange. Die Fliese gibt offensichtlich ein Wappen wieder, das jedoch noch nicht gedeutet werden konnte. Die Hirschstange nimmt vermutlich Bezug auf das Stadtwappen von Saarburg, das drei Hirschstangen zeigt[1].
Fundort:
Saarburg, Avenue de la Victoire 18, bei der Aufdeckung der Abfallgrube einer mittelalterlichen Töpferei 1960 gefunden.
Saarburg, Regionalmuseum.

1 Vgl. A. Benoit, Mémoires sur les sceaux et les armoires de Sarrebourg, Journal Soc. Arch. Lorraine, 1878, 69–73 und L. Germain, Observations sur des monuments héraldiques relatifs à Sarrebourg. Mém. Acad. Stanislas 18, Nancy 1901, 168–177.

D36 Eberbach – Mainz – Oberwesel – Starkenburg

Mitte – 3. Viertel 13. Jahrhundert[1].
Grauer Ton. Vertiefte Prägung, abgetreten. 13 × 2,5 cm.
In quadratischem Rahmen nach links schreitender Löwe mit erhobener rechter Vorderpranke und s-förmig geschwungenem Schweif mit Knoten. Der große, sorgfältig gezeichnete Kopf mit geöffnetem Maul und spitzem Eckzahn.
Fundort:
a Eberbach, ehem. Zisterzienserklosterkirche und Lapidarium.
b Mainz, St. Stephansdechanei, R. Forrer, 1901, Taf. VI, 5.
London, Victoria and Albert Museum. A. Lane, Taf. 22 K.
c Mainz, möglicherweise vom selben Fundort wie D36b. Vor 1898 gefunden[2].
Mainz, Mittelrheinisches Landesmuseum.
d Unbekannt, vermutlich aus Mainz.
Gotha, Schloßmuseum.
e Oberwesel, Liebfrauenkirche, hinter der Mensa des Hochaltars aufgedeckt, heute nicht mehr sichtbar.
f Starkenburg, in den Weinbergen unterhalb der Burgruine als Lesefunde. Die Oberfläche mit weißer Engobe überzogen, ausgezeichnet erhalten.
Traben-Trarbach, Privatbesitz.

1 R. Forrer, 1901, Taf. CIII, 2, datiert die Fliese auf „1318" ohne Quellen anzugeben. Es gelang nicht, für dieses Datum irgendwelche Anhaltspunkte bei älteren Autoren, noch in der neueren Forschung zu finden.
2 Westd. Zs. 17, 1898, Museographie 1897, 380, Taf. 11.7.

D37 Gau-Odernheim – Kiedrich – Koblenz? – Lorsch – Mainz – Neubolanden – Rosenthal – Speyer? – Worms

3. Viertel 13. Jahrhundert, um 1261 (j).
Grauer Ton. Vertiefte Prägung, Bruchstück. Größe der übrigen Fliesen 13,5 × 3 cm. Kante senkrecht.
Unregelmäßig eingeprägter quadratischer Rahmen mit Löwen, der in der Haltung D32 ähnelt, jedoch sichtlich später entstanden ist. Schlankerer Körperbau, Kopf spitz mit kleinen Ohren, das Maul weit geöffnet, der Schweif länger und ohne Knoten.
Fundort:
a Gau-Odernheim, Kapelle auf dem Petersberg, Bruchstück bei Grabung 1947 gefunden.
Gau-Odernheim, Rathaus.
b Kiedrich, Burgruine Scharfenstein, bei Zufallsgrabungen gefunden.
Schloß Johannisberg, Domänenverwaltung.
c Angeblich aus einer Burg in oder in der unmittelbaren Umgebung von Koblenz.
Koblenz, Mittelrhein-Museum.
d Lorsch, ehem. Benediktinerkloster, bei den Grabungen 1928–32 gefunden. Bruchstück. Gelbrötlicher Ton mit feingeschlämmter Engobe.
Darmstadt, Hessisches Landesmuseum.
e Vermutlich aus Mainz, Herkunft unbekannt. Gelbgrauer Ton. Bruchstück. 13,8 × 2,4 cm.
Mainz, Mittelrheinisches Landesmuseum.
f Mainz, auf dem Gelände des Proviantamts 1979/80 gefunden. Bruchstück. Hellgrauer Ton.
Mainz, Slg. M. Hessinger.
g Mainz, Pfaffengasse, 1982 in einer Kloake der ehem. Domstiftsvikarie gefunden. Gelbbrauner Ton, Vertiefungen mit hellerer Farbe gefüllt, andere Fliesen mit dunkler pechartiger Masse in den Rillen, Bruchstück in grauem Ton. Kante schräg. 14 × 2,5 cm.
Mainz, Landesamt für Denkmalpflege.
h Mainz, Weihergartenstraße, im Bereich der ehem. Domstiftspräbende 1982 gefunden. Bruchstück. Grauer Ton. Kante schräg. Dicke 2,4 cm.
Mainz, Landesamt für Denkmalpflege.
i Neubolanden, Burgruine. 1897 bei Aufräumungsarbeiten gefunden. Gelblichgrauer Ton. 13,8 × 14 × 2,5 cm. Bdm Pfalz, V, 211, Abb. 299.
Kirchheimbolanden, Heimatmuseum.

j Rosenthal, ehem. Zisterzienserinnenkloster Maria im Rosenthal, bei Sicherungsarbeiten 1983 gefunden.
Eisenberg, Historischer Verein für Rosenthal und Umgebung.
k Unbekannt, vom selben Fundort wie W43 (Inv. Nr. 3/113). Aus Speyer oder aus der Pfalz.
Speyer, Historisches Museum der Pfalz.
l Worms, St. Andreaskirche, vor 1922 gefunden. Grill unterscheidet zwei Prägungen, E. Grill, Taf. 1, 4 und 10, die jedoch in der Zeichnung genau übereinstimmen. Mittelgrauer, dunkelgrauer und fast schwarzer, feinkörniger Ton. Es ist möglich, daß eine Fliese aus gelblichrotem Ton von einem anderen Fundort in Worms stammt. 13,5 × 3 cm.
Worms, Städtisches Museum.
Dortmund, Museum für Kunst und Kulturgeschichte.
Hamburg, Museum für Kunst und Gewerbe (die Fliese zeigt deutlich Abdrücke der Holzmaserung des Models, 1927 aus Worms erworben).

D38 Eberbach?

1. Viertel 14. Jahrhundert oder noch später.
Roter Ton. Vertiefte Prägung. 11,8 × 3,7 cm.
Grober Nachschnitt von D37. Alle Konturen schematischer, die Ohren nur noch hörnchenartige Ausbeulungen des flachen Kopfes.
Fundort:
Nach Angaben des Museums soll die Fliese aus Kloster Eberbach stammen.
Frankfurt/Main, Museum für Kunsthandwerk.

D39 Brunnenburg – Eberbach – Friedberg – Mainz

2. Hälfte 13. – 1. Viertel 14. Jahrhundert.
Rötlichgelber Ton. Vertiefte Prägung. 13,5 × 2,5 cm.
In quadratischem Rahmen Löwe ähnlich D33. Der Leib ist schmaler, der Kopf gedrungener, das Auge größer. Der Schweif zeigt Knoten und Zackenquaste.
Fundort:
a Brunnenburg, ehem. Prämonstratenserinnenkloster, 1969 an der Stelle der ehem. Südapsis gefunden. G. und I. Maag, IV, 134, Abb. 88F.
Diez, Privatbesitz.
b Eberbach, ehem. Zisterzienserkloster, Herkunft unbekannt. Roter Ton. Bruchstück.
Eberbach, Lapidarium.
c Friedberg, Liebfrauenkirche, bei der Restaurierung 1897 im Schutt der Sakristei gefunden. Model bei mehreren Fliesen schief und viel zu tief eingeprägt, der Rand der Zeichnung wird abgeschnitten. Dunkelrot gebrannter Ton.
Friedberg, Wetterau-Museum.
d Mainz, Stadioner Hof, vgl. Anmerkung zu C34, jedoch vor 1901 gefunden. R. Forrer, 1901, Taf. 10, 9. Hellrötlicher Ton. Model exakt eingeprägt. In Mainz nicht mehr erhalten.
Dortmund, Museum für Kunst und Kulturgeschichte (Slg. Forrer).
e Unbekannt, möglicherweise 1888 aus der Slg. E. Aus'm Weerth erworben. Hellgrauer Ton. 12,5 × 3 cm.
Straßburg, Frauenhausmuseum.

D40 Eberbach – Johannisberg – Köln – Mainz – Wiesbaden

2. Hälfte 13. Jahrhundert, (a–e, h), um 1321 (f).
Gelblicher, roter und grauer Ton. Vertiefte Prägung, abgetreten. 13 × 2,5 cm.
In quadratischem Rahmen nach rechts gewandter, stehender Löwe mit erhobener Tatze und über dem Rücken geschwungenem Schweif mit Palmettenquaste. Ansatz des Vorderlaufs aus einer Volute, die Mähne durch Wellenlinie angedeutet. In den Fliesenecken Viertelskreise, die das Quadrat nur berühren, nicht überschneiden.
Fundort:
a Eberbach, ehem. Zisterzienserklosterkirche, in situ zwischen den Pfeilern und im Lapidarium.
Wiesbaden, Sammlung Nassauischer Altertümer (im 19. Jahrhundert entfernt).
b Johannisberg, ehem. Benediktinerklosterkirche, beim Wiederaufbau 1950/51 aufgedeckt, durch den neuen Plattenboden wieder verdeckt. Roter, gelblicher und grauer Ton.
Schloß Johannisberg, Domänenverwaltung.
Rüdesheim, Rheingauer Museum.
c Bei Ausschachtungsarbeiten in Köln gefunden, 1908 erworben. Grauer Ton.
Oldenburg, Landesmuseum für Kunst und Kulturgeschichte.
d Mainz, Gutenbergplatz, 1910 gefunden. E. Neeb, 1911, 149, Abb. 9, 2. Ziegelroter, braunroter und grauer Ton.
Mainz, Mittelrheinisches Landesmuseum.
e Mainz, Stadioner Hof, beim Abbruch 1902/03 gefunden[1].
Mainz, Mittelrheinisches Landesmuseum.
Dortmund, Museum für Kunst und Kulturgeschichte (nach R. Forrer, 1901, Taf. VI, 7 „aus Mainz", jedoch möglicherweise von einem dritten Fundort).
Gotha, Schloßmuseum (wohl ebenfalls aus Mainz).
f Wiesbaden-Klarenthal, ehem. Klarissinnenkloster, G. Maag, 33, Taf. 3, 12.
Wiesbaden, Slg. Nassauischer Altertümer.
g Unbekannt. Grauer Ton.
Düsseldorf, Hetjens-Museum.
h Nach R. Forrer, 1901, Taf. VI, 7 fand sich diese Fliese „schwarz nielliert auf grauem Ton auch in Worms".
Hier liegt sicher eine Verwechslung vor[2].
i Unbekannt, in Frankfurt gekauft. Grauer Ton. 12,3 × 12,7 × 2,2 cm.
Bad Zwischenahn, Slg. Hans-Jürgen Heger.

---

1 Westd. Zs. 22, 1903, Museographie 1902, 431, Taf. 12,2.
2 E. Grill bildet diese Fliese nicht ab. Die Niellierung bezieht sich auf Grill, Taf. I, 4. Es fanden sich in Worms auch keinerlei Bruchstücke des Musters.

D41 Hessen

2. Hälfte 13. Jahrhundert.
Tiefroter Ton. Vertiefte Prägung. Rechte obere Ecke abgebrochen. Kante senkrecht. 14,3 × 2,4 cm.
Variante von D40 ohne Rahmung. Zeichnung fast übereinstimmend, der Model jedoch besonders sorgfältig geschnitten. Ansatz des Vorderlaufs ohne Volute, Ohr spitzer, Schweifquaste mit großer, tief eingekerbter Palmette.
Fundort:
Unbekannt, doch sicher aus Hessen. Die Fliese könnte auf Grund der Musterähnlichkeit aus Kloster Arnsburg stammen, sie wurde jedoch dort bei den jüngeren Ausgrabungen nicht gefunden.
Marburg, Museum für Kunst und Kulturgeschichte.

D 42 Basel – Speyer

Ende 13. Jahrhundert.
Bräunlicher Ton. Vertiefte Prägung. Ecke rechts unten abgebrochen. 14 × 2,5 cm.
In quadratischem Rahmen nach rechts gewandter stehender Löwe, der die ganze Fläche füllt. Linke Pranke hoch erhoben, großer Kopf mit tief eingeschnittenem Maul, stark gewölbter Vorder- und sehr kleiner Hinterleib. Schweif mit zwei Zacken ohne Quaste.
Fundort:
a Basel, Zunft der Hausgenossen, (Haus „Zum grauen Bären"), Freie Straße.
Basel, Historisches Museum.
b Speyer, Herkunft unbekannt. Übereinstimmende Prägung. Rötlicher Ton. 13 × 13 cm.
Speyer, Historisches Museum der Pfalz.

D 43 Arnstein – Mainz – Oberursel

2. Drittel – 3. Viertel 13. Jahrhundert.
Rötlicher Ton. Vertiefte Prägung. 12,5 × 2,9 cm.
Variante von D 40. Rahmen an den Ecken von doppelten Viertelskreisen teils unter-, teils überschnitten, Schema wie B 58. Zeichnung bewegter, der Kopf leicht zurückgelegt, das Maul fast zum Vogelschnabel umgebildet, die rechte Vorderpranke ebenfalls angehoben, der Schweif besteht aus einem einzigen Strich.
Fundort:
a Arnstein, ehem. Klosterkirche, vor 1864 entfernt. J. Eschweiler, 1936, 28, Nr. 87.
Köln, Erzbischöfl. Diözesan-Museum.
Köln, Museum für Angewandte Kunst.
b Mainz, Stadioner Hof, beim Abbruch 1903/04 in den Fensterwölbungen vermauert gefunden[1].
Mainz, Mittelrheinisches Landesmuseum (heute verschollen).
c Oberursel, kath. Pfarrkirche St. Ursula, bei einer Grabung 1979 gefunden. H.-H. Reck, Abb. 23.
Oberursel, Vortaunus-Museum.
d Vergröberter *Nachschnitt.* Schweif als Doppellinie, alle Konturen weniger sorgfältig. Fundort unbekannt.
Dortmund, Museum für Kunst und Gewerbe.

1 Westd. Zs. 23, 1904, Museographie 1903, 353 und Taf. 8, Abb. 5.

D 44 Elsaß

4. Viertel 13. – 1. Viertel 14. Jahrhundert.
Tonfarbe unbekannt. Vertiefte Prägung. Ca. 14 × 14 cm.
In quadratischem Rahmen nach rechts gewandter, steigender Löwe mit erhobenen Tatzen, geöffnetem Maul, Bogenmähne und langem, von der Mitte ab geteiltem Schweif mit Zackenquaste.
Fundort:
Unbekannt, sicher aus dem Elsaß.
Straßburg, Slg. Charles Czarnovsky, seit 1940 verloren.

D 45 Ulm

1. Viertel 14. Jahrhundert.
Stark gebrannter roter Ton, die Vertiefungen mit roter Farbe nachgezogen. 12,5 × 3 cm.
Nach links steigender Löwe mit erhobenen Tatzen, Kopf mit kleinen, ovalen Ohren und geöffnetem Maul. Der s-förmig über dem Rücken geschwungene Schweif teilweise wie ein Hahnenkamm gezackt, die Quaste mit drei Enden ähnlich einer Kornblumenblüte. Die kräftigen Läufe bis zum Schenkelansatz mit Bogenlinien auf der Hinterseite.
Fundort:
a Ulm, ehem. Franziskanerkloster.
b Ulm, Sammlungsstift, K. Haßler, Taf. 3, 2.
Ulm, Ulmer Museum.
Ulm, Privatbesitz.
Düsseldorf, Hetjens-Museum (grauer Ton).
München, Bayerisches Nationalmuseum.
Nürnberg, Germanisches Nationalmuseum.
Stuttgart, Württembergisches Landesmuseum. Roter und grauer Ton.
c Nach R. Forrer, 1901, Taf. CIII, 13 „aus München". Diese Angabe ist sehr zu bezweifeln, alle Nachforschungen ergaben, daß die Fliesen bis jetzt nur in Ulm gefunden wurden. A. Lane, Taf. 22 I.
London, Victoria and Albert Museum (Slg. R. Forrer).
d Spiegelbildliche *Kopie.* Die Zeichnung genau übereinstimmend, eine weit vorgestreckte Zunge hinzugefügt. Roter Ton. 13,5 × 13,5 cm.
Stein am Rhein, ehem. Benediktinerkloster St. Georgen, in situ in Raum Nr. 15.

D 46 Mainz – Speyer

2. Viertel 13. Jahrhundert.
Ziegelbraunroter und grauer Ton. Vertiefte Prägung, die Randleiste in Flachrelief, Model im oberen Drittel gebrochen. 13,8 × 2,5 cm.
Löwe ähnlich D 30. Beide Vorderpranken hochgereckt, statt der Krone kleine Ohren, Maul geschlossen. Der Schweif beginnt mit flachem Knoten, ist mit Flammenbüscheln besetzt und endigt hinter dem Kopf in dreigeteilter Quaste. Der Rahmen aus Zackenstegen schmaler und weniger sorgfältig.
Fundort:
a Mainz, Herkunft unbekannt.
Mainz, Mittelrheinisches Landesmuseum.
b Vermutlich aus Speyer, Herkunft unbekannt. Hellroter, feinkörniger Ton. 12 × 2 cm.
Speyer, Historisches Museum der Pfalz.

D 46.1 Pildenau?

2. Drittel 13. Jahrhundert.
Rötlicher Ton mit Spuren von grünlicher Glasur in den Vertiefungen. Flachrelief, abgetreten. 19,5 × 2 cm.
Breiter quadratischer Rahmen mit Inschrift in Majuskeln, die Schrift durch Umkehrung spiegelbildlich: „T R I T ..." der Rest nicht zu entziffern.
Im Mittelfeld nach rechts steigender Löwe mit schwerem Körper und großem Kopf, der eher einem Eselskopf gleicht. Die rechte Pranke berührt die obere Randleiste, der sehr dünne Schweif mit Palmettenquaste steigt senkrecht nach oben. Unten rechts vermutlich Pflanze, durch die zerstörte Oberfläche nicht klar erkennbar.
Fundort:
„Aus einem Ort in Oberbayern", zusammen mit F 103 gefunden, vermutlich also ebenfalls aus der Kirche in Pildenau[1].
Privatbesitz.

1 Den Hinweis auf diese Fliese verdanke ich Herrn Prof. Dr. Fritz Arens, Mainz.

D 47 Bebenhausen

2. Viertel 13. Jahrhundert.
Roter und grauer Ton. Vertiefte Prägung, abgetreten. 10,5 × 3 cm.
Im Kreis nach rechts gewandter, aufgerichteter Löwe ähnlich D 42 mit etwas massiverem Körper, spitzeren Tatzen und Schweif mit Knoten am Ansatz. Dieser teilt sich in drei Strähnen mit Dreipaßquasten. Der Kreis durch Mittellinie aus kleinen Eckquadraten verziert, in den Fliesenecken Viertel einer Rosette. Die Fliese kommt auch seitenverkehrt vor.
Fundort:
Bebenhausen, ehem. Zisterzienserkloster, in situ im Dormitorium.
Stuttgart, Württembergisches Landesmuseum.

D 48 Ulm-Söflingen

Nach 1258?
Tonfarbe nicht genannt. Vertiefte Prägung, Bruchstück. Nicht abgebildet.
Muster nicht sicher zu erkennen. Sichtbar sind der Hinterlauf eines nach rechts gerichteten Löwen (?) auf einem Perlbogen stehend. Die Zuordnung erfolgt aufgrund der buschigen Schweifquaste. R. Weser, Nr. 22.
Fundort:
Ulm-Söflingen, ehem. Klarissinnenkloster, 1915 gefunden, heute verschollen.

D 49 Altmühlmünster? – Regensburg?

Um 1320–50.
Roter Ton, die Vertiefungen mit einer körnigen, pechartigen Masse gefüllt. 17 × 3,5 cm.
Eckquadrat mit nach rechts aufgerichtetem Löwen ähnlich D 47. Der Körper langgestreckt, die Pranken gerundet, schmales Auge und kleines rundes Ohr, der Unterkiefer leicht hängend. Der geknotete Schweif mit dreigeteilter Quaste in der Mitte unförmig verdickt. In den Ecken Blatthälften auf Viertelskreis.
Fundort:
Unbekannt, vom selben Fundort wie B 34, möglicherweise aus Regensburg oder aus Altmühlmünster, vgl. hierzu B 34.
Regensburg, Museum der Stadt Regensburg.

D 50 Weingarten – Ravensburg

Um 1276? (a), um 1318? (b).
Roter, feinkörniger Ton. Vertiefte Prägung. 15,5 × 3,5 cm.
Nach rechts schreitender Löwe mit erhobener linker Vordertatze, kleinen spitzen Ohren und Zackenmähne. Der Vorderleib spitzt sich nach hinten konisch zu, der Schweif teilt sich am Ansatz in zwei Strähnen mit Kleeblattquaste und einem in der Mitte geknoteten Schweif mit Kammquaste. Rahmung ähnlich B 37, das Kreisband etwas breiter, die Viertelskreise aus jeweils drei Linien. In den Ecken auf beiden Seiten heraldische Lilien, eine dritte auf dem Kreisbogen zwischen den Läufen, eine weitere vor der Vordertatze. Die Fliese kommt auch seitenverkehrt vor.
Fundort:
a Weingarten, Benediktinerkloster, vor 1862 bekannt, K. Haßler, Taf. 12, 1. Bei den Grabungen 1954 in der Marienkapelle gefunden, in der Nikolauskapelle und im Treppenhaus am Südquerarm neu verlegt, K. Hecht, 1956, 303, Abb. 18g.
Stuttgart, Württembergisches Landesmuseum (Abguß).
b Nach H. Dolmetsch, Taf. 38, Abb. 28, aus dem Rathaus in Ravensburg. Verbleib unbekannt.
Berlin, Kunstgewerbemuseum (aus einem der beiden Fundorte).

D 51 Ravensburg

Ende 14.–Anfang 15. Jahrhundert.
Roter Ton. Vertiefte Prägung. 14,5 × 4 cm.
Später *Nachschnitt* von D 50. Die Zeichnung lebendiger, gestraffter, das Viertelsrond ohne Füllsel. Die Löwenmähne unregelmäßig gezackt, der gesenkte Schweif mit dreigeteilter Quaste. In der Ecke oben die Lilie durch das Viertel einer vielblütigen Rose ersetzt.
Fundort:
Ravensburg, aus „verschiedenen Patrizierhäusern", vor 1869 bekannt, E. Herdtle, II, Taf. 23.
Ravensburg, Heimatmuseum.
Stuttgart, Württembergisches Landesmuseum.

D 52 Schaffhausen

1500–25.
Dunkelroter, grobgemagerter, stark gebrannter Ton. Vertiefte Prägung. 14,6 × 15,3 × 3,5 cm.
Nachschnitt der Fliese D 50 (nach ca. 200 Jahren). Die Zeichnung teilweise verzerrt, die Konturen aufgelöst und verunklärt. Viertelsrond mit Perlband, Löwe mit Lockenmähne und heftig geflammtem Schweif, die Läufe stark behaart. Die Lilie des oberen Viertelskreises auf der Ecke aufsitzend.
Fundort:
a Schaffhausen, Klosterkirche Allerheiligen, bei Grabungen 1951/52 und 1955 gefunden. W. Drack, Taf. 14, Abb. 72.
Schaffhausen, Allerheiligen-Museum.
b Variante. Dasselbe Muster als Reliefflíese, 1955 nördl. des Heiligkreuzaltarpodiums gefunden. W. Drack, Taf. 14, Abb. 71.
Schaffhausen, Museum zu Allerheiligen.

D 53 Osnabrück

Kurz vor 1319.
Hellroter, körniger, stark mit Füllstoffen verunreinigter Ton. Vertiefte Prägung. 16,5 × 5,5 cm.
In die Diagonale gestellter, nach rechts lebhaft ausschreitender Löwe mit großem Kopf, geöffnetem Maul, kaum sichtbaren Ohren, stark gespreizten Tatzen mit Krallen und geknotetem, gezacktem Schweif.
Fundort:
a Osnabrück, Dom St. Peter, Margarethenkapelle. W. Greischel, 9, Abb. 2.
Osnabrück, Kulturgeschichtliches Museum.
Hannover, Kestner-Museum.
Münster, Westfälisches Landesmuseum für Kunst und Kulturgeschichte.
b Osnabrück, Privathaus, Dielingerstraße.
Osnabrück, Kulturgeschichtliches Museum.

D 54 Osnabrück?

Wenig später als D 53.
Hellroter, stark gebrannter Ton. Flach vertiefte Prägung. 15,5 × 5 cm.
Spiegelbildlicher *Nachschnitt* mit vergröberter Zeichnung. Der Löwe richtet sich auf, die Mähne mit ganz spitzen Zakken, der Schweif dünner und länger.
Fundort:
Angeblich aus dem Osnabrücker Dom, in der Tonbeschaffenheit jedoch abweichend.
Hildesheim, Roemer- und Pelizaeus-Museum.

D 55 Osnabrück

2. Hälfte 14. Jahrhundert.
Roter Ton. Flach vertiefte Prägung. 12,5 × 4 cm.
Nach links schreitender Löwe, die rechte Vorderpranke berührt die Fliesenecke. Das Maul weit aufgerissen, die Mähne zu Flammen gesträubt, der aus einem Strich sichelförmig gewölbte Schweif mit dreigeteilter Quaste. Die bewegte Zeichnung zeigt eine Übergangsform zwischen Löwe und Fabeltier.
Fundort:
a Osnabrück, Privathaus Bierstraße 16.
Osnabrück, Kulturgeschichtliches Museum.
b unbekannt, Slg. A. Walcher v. Molthein.
Wien, Österreichisches Museum für Volkskunde. L. Schmidt, 2, Abb. 59, Nr. 12.

D 56 Osnabrück

2. Hälfte 14. – Anfang 15. Jahrhundert.
Roter Ton. Flach vertiefte Prägung mit breiten Rillen. 12,2 × 13 × 3,5 cm.
Sitzender, nach rechts gewandter Löwe, dessen Kopf in scharfer Drehung rückwärts gekehrt ist. Durch die starke Verkürzung sind nur Kopf, Mähne, Tatzen und der steil nach oben gerichtete Schweif mit Pinselquaste sichtbar. Die komplizierte, nicht bewältigte Zeichnung läßt vermuten, daß unmittelbar nach einer malerischen Vorlage gearbeitet wurde.
Fundort:
Angeblich aus Speyer. Vermutlich liegt hier eine Verwechslung vor, die Fliese entspricht in Tonzusammensetzung und Typus eher den Osnabrücker Fliesen[1].
Hildesheim, Roemer- und Pelizaeus-Museum.

1 Dem Museum wurden um 1865 einige Fliesen von einem in Speyer tätigen, aus Hildesheim gebürtigen, Maurermeister geschenkt. Die Schenkung enthielt Fliesenfunde aus Speyer und Osnabrück.

D 57 Arzenheim

Ende 13. Jahrhundert.
Bräunlichgelber Ton. Flachrelief. 14,5 × 15 und 15 × 15 cm.
Kleiner Kreis mit nach rechts schreitendem Löwen. Der spitze Kopf mit hörnerartigen Ohren, der lebhaft geschwungene, geknotete Schweif mit Palmettenquaste.
Fundort:
Arzenheim, Pfarrkirche, beim Abbruch der mittelalterlichen Kirche im 19. Jahrhundert entfernt. F. X. Kraus, II, 8.
Kolmar, Unterlinden-Museum, in eine Brüstung eingelassen.

D 58 Landau – Straßburg

1. Hälfte 14. Jahrhundert *(a)*, Ende 13. Jahrhundert? *(b)*.
Roter Ton. Vertiefte Prägung. Die Oberfläche ist durch den Brand stark verbogen, sie kann nie als Bodenbelag verwandt worden sein. Vermutlich handelt es sich um einen Fehlbrand. Maße ca. 13 × 13 cm.
Im Kreis nach rechts schreitender Löwe mit über dem Rücken geschwungenem Schweif und stark behaarten Läufen. Der Kreis wird an vier Seiten von halben Spitzovalen mit der Hälfte eines aus regelmäßigen Bogen gebildeten Blatts berührt.
Fundort:
a Straßburg, bei Kanalisationsarbeiten gefunden.
Straßburg, Museum im Palais Rohan.
b Variante. Kreisfliese. Körperhaltung sehr ähnlich. Mähne und Prankenhaare fehlen. Der Schweif mit Knoten, zwei Zakken und zum Körper geneigter Spitze. Roter Ton. Bruchstück. Dm. ca. 9,7 cm. Landau, 1937 beim Bau der neuen Artilleriekaserne gefunden.
Speyer, Historisches Museum der Pfalz.

D 59 Straßburg

1. Hälfte 14. Jahrhundert.
Roter Ton. Vertiefte Prägung. 13 × 2,5 cm.
Doppeltes Eckquadrat, die Ecken vom Fliesenrand abgeschnitten. Nach rechts aufsteigender Löwe mit scharfen Krallen, der Schweif in Form eines Fragezeichens mit breit aufgefächerter Quaste. In den Ecken Viersternviertel.
Fundort:
a Straßburg, Kleine Kirchgasse, 1903 bei Kanalisationsarbeiten gefunden. J. Ficker, Taf. XL, 13, aus derselben Werkstatt wie B 32.
Straßburg, Frauenhausmuseum, z. Z. nicht auffindbar.
b Variante, vermutlich nur Kopie. Löwe und Eckornamente übereinstimmend, in einen Kreis einbeschrieben. Kolmar, Stiftskirche St. Martin, Kopien von 1903 in den Chorumgangskapellen, möglicherweise nach vorhandenen Originalen geprägt.

D 60 Schlettstadt

14. Jahrhundert.
Hellziegelroter Ton. Vertiefte Prägung. 15,5 × 3 cm.
Eckquadrat ohne Eckornamente, steigender Löwe ähnlich D 59, jedoch nicht dieselbe Prägung. Der Kopf nicht gewölbt, sondern rechteckig, die Tatzen plumper. Die Schweifquaste füllt die ganze Ecke.
Fundort:
Unbekannt, möglicherweise aus Schlettstadt.
Schlettstadt, Stadtbibliothek.

D 61 Odilienberg

13. Jahrhundert?
Hellroter bis gelblichroter Ton. Flachrelief, kaum abgetreten, Bruchstücke. Ganze Fliese ca. 18,5 × 3 cm. Nicht abgebildet.
Sichtbar nur Kreisbogen mit Kopf eines, nach rechts steigenden Löwen. Zottelmähne, große Pranken, aufgefächerte Schweifquaste, zum Kopf hin hängend. In der Ecke doppelter Viertelskreis mit Buchstabe „h“. Auf weiteren Bruchstücken, andere, nicht sicher zu erkennende Buchstaben.

Fundort:
Odilienberg, Klosterruine Niedermünster, bei Grabungen in jüngster Zeit gefunden.
Straßburg, Centre d'Archéologie Médiévale.

D62 Randeck

16. Jahrhundert.
Rötlicher Ton. Flachrelief, drei Bruchstücke. Fliese ca. 16 × 2,6 cm. Nicht abgebildet.
Nach rechts steigender heraldischer (pfälzischer?) Löwe mit sehr schmalem Leib und strichförmig aufsteigendem Schweif mit großer Schwanzquaste. Die übrige Darstellung noch nicht sicher zu ergänzen. Ein weiteres Bruchstück gehört vermutlich zu einer zweiten Löwenfliese (nach links gewandter, kauernder Rumpf), zwei gekreuzte Schweifquasten könnten zu adossierten Tieren gehören.
Fundort:
Randeck, Burgruine, bei Grabungen 1979 gefunden.
Mannweiler-Cölln, Heimatmuseum.

D63 Straßburg

1. Hälfte 14. Jahrhundert.
Roter Ton. Vertiefte Prägung, abgetreten, Kante schräg. 13,5 × 3 cm.
Im Kreis nach links aufgerichteter Löwe mit kleinem Kopf, großen Tatzen und in der Mitte verdicktem Schweif mit Lilienquaste.
Fundort:
Unbekannt. Diese Fliese entspricht in Tonmaterial, Größe und Eckornament den Fliesen aus der Blauwolkengasse Straßburg. Sie stammt zumindest aus derselben Werkstatt.
Straßburg, Frauenhausmuseum.

D64 Odilienberg – Straßburg

Um 1400.
Roter Ton mit grüner Bleiglasur. Vertiefte Prägung. 12,8 × 2,5 cm.
Eckquadrat mit nach links aufgerichtetem heraldischem Löwen in groben Konturen. Jede Binnenzeichnung ist verlorengegangen.
Fundort:
a Odilienberg, Kloster Hohenburg, bei den Sicherungsarbeiten zu Ende des 19. Jahrhunderts gefunden[1].
Odilienberg, Klostermuseum.
b Straßburg, St. Stephanskirche, vor 1901 gefunden[2]. Roter Ton ohne Glasur. 12 × 2 cm.
Straßburg, Frauenhausmuseum.
Straßburg, Slg. Charles Czarnowsky (seit 1940 verloren).
London, Victoria and Albert Museum.
Zabern, Städtisches Museum.

1 R. Forrer, 1899, 79.
2 R. Forrer, 1901, 74. Das Kloster Hohenburg unterstand dem St. Stephansstift.

D65 Speyer

1. Hälfte 14. Jahrhundert.
Roter Ton. Vertiefte Prägung. 13,5 × 2,5 cm.
Nach rechts aufgerichteter plumper Löwe mit langem, dünnem, im 2. Drittel umgeknicktem Schweif. Die übergroßen, an der Rückseite gezackten Läufe beherrschen die rechte Bildhälfte. In den Ecken Viertelskreis mit Rosettenviertel. Aus derselben Werkstatt wie B55, H60 und wohl auch J84.
Fundort:
Unbekannt, vermutlich Speyer, vor 1914 gefunden[1].
Speyer, Historisches Museum der Pfalz.

1 Ber. Hist. Mus. 2, 1914, 27, Abb. 25.

D66 Köln

2. Hälfte 15. Jahrhundert.
Hellgrauer Ton mit hellgrüner Bleiglasur. Flachrelief, stark abgetreten. 12,5 × 2,5 cm.
Nach links aufgerichteter heraldischer Löwe in einfachsten Umrißlinien. Dicker Kopf mit Punktauge, breite Pranken, aufsteigender Schweif mit Blattquaste. Wappen, durch die Häufigkeit der Darstellung nicht sicher zu ermitteln.
Fundort:
Köln, vor 1901 gefunden, R. Forrer, 1901, Taf. XL, 6[1].
Köln, Kölnisches Stadtmuseum.
Köln, Mus. für Angewandte Kunst. (Roter Ton mit mittelgrüner und hellgelber Glasur).
Köln, Erzbischöfl. Diözesan-Museum. J. Eschweiler, 26, Nr. 78.
Dortmund, Museum für Kunst und Kulturgeschichte.
Düsseldorf, Hetjens-Museum.

1 „J.", Tegelvondst in de kerk van Nevele, Ons Heem, 19, 1965, 209–210, Abb. 178. Dieselbe Fliese mit grüner Glasur, in seitenverkehrter Darstellung, wurde in der Kirche von Nevele (Belgien), 1965 gefunden.

D67 Aachen? – Köln?

2. Hälfte 15. Jahrhundert.
Rötlicher Ton mit dunkelbrauner Bleiglasur. Flachrelief. 10 × 2,3 cm.
Nach links schreitender heraldischer Löwe mit weit ausgestreckter Zunge, lockiger Mähne und gezacktem, über dem Rücken geschwungenem Schweif. Die linke Vorderpranke waagrecht, alle Konturen mit kleinen dünnen Haarlocken besetzt. In den Ecken Vierpaßviertel mit Lilie wie bei B44.
Fundort:
a Unbekannt, entweder aus Aachen oder dessen unmittelbarer Umgebung.
Aachen, Suermondt-Museum.
Hamburg, Museum für Kunst und Gewerbe (weitere Fliese in grauem Ton mit hellgelber Glasur).
b Unbekannt, möglicherweise aus Köln. Fliese in der Diagonale geteilt, mit dunkelbrauner und dunkelgelber Glasur.
Köln, Museum für angewandte Kunst.
Bad Zwischenahn, Slg. Hans-Jürgen Heger.

D68 Köln? – Walberberg

2. Hälfte 15. Jahrhundert–Anfang 16. Jahrhundert.
Roter Ton mit gelbbrauner Bleiglasur. Flachrelief, abgetreten. 12 × 2,5 cm.
Spätere, vereinfachte *Variante* von D67. Der steigende Löwe rechtsgewandt, der spitze Kopf ganz verformt, der kurze Schweif mit einer Zacke. Ecklösung wie bei B45.

Fundort:
a „aus Köln“, R. Forrer, 1901, Taf. XL, 2.
Hamburg, Museum für Kunst und Gewerbe.
London, Victoria and Albert Museum (gelbe Glasur).
b Walberberg, ehem. Zisterzienserpriorat, kath. Pfarrkirche St. Walpurgis, beim Wiederaufbau 1952 im Schutt gefunden.
Pulheim-Brauweiler, Rheinisches Amt für Denkmalpflege.

D 69 Altenberg/Dhünn

13. Jahrhundert?
Rötlicher Ton. Ohne Spuren einer Engobe. Sehr feines Flachrelief. Kante senkrecht. Bruchstück, 13,2 × 2,5 cm.
Nach links steigender Löwe. Sichtbar sind der schmale Kopf auf langem Hals, die rechte Vordertatze und das Ende des langen Schweifes mit Lilienquaste, sowie ein Bruchstück mit Hinterlauf und Schweifansatz.
Fundort:
a Altenberg/Dhünn, ehem. Zisterzienserkloster, bei Grabungen 1974 im Kreuzgang gefunden[1].
Bonn, Rheinisches Landesmuseum.
b Variante, in Haltung und Anordnung ähnlich. Sichtbar sind ein Kopf mit noch stärker hervorgehobenen, vogelähnlichen Zügen und die scharfen, überlangen Krallen. Vermutlich handelt es sich hier um eine Greifendarstellung. Etwas stärker gebrannter Ton, mit weißlichgelber, fest haftender Engobe. Dicke 3 cm. Fundort wie oben.
Bonn, Rheinisches Landesmuseum.

1 G. Binding u. a.: 1975, 36, Abb. 28 gibt nur die Löwendarstellung, das andere Muster ist durch die starke Abnützung schwer erkennbar. Die Datierung ist besonders schwierig, das feine Relief und die Form der Schwanzquaste spricht eher für eine Datierung ins 13. Jh. Ganz ähnlich ist die seitenverkehrte Darstellung eines Löwen auf einer St. Urbanfliese, die von R. Schnyder, 1958, 75, Kat. Nr 63, in die Zeit um 1270 datiert wird. Diese Fliese wurde in Zofingen und Kloster Fraubrunnen gefunden.

D 70 Langerwehe

Um 1575[1].
Gelbgrauer Ton mit kölschbrauner Salzglasur. Negativmodel, das Muster ist vertieft. 13 × 1,8 cm.
Im Kreis nach rechts gewandter, steigender heraldischer Löwe mit vorgestreckter Zunge und in Zotteln streifenartig übereinander geordneter Mähne. Stark bewehrte, zottige Pranken, gespaltener, schön geschwungener Schweif, der den Hinterkopf berührt. Vermutlich eine aus der Gebrauchskeramik übernommene Form, eher für eine Wand- als für eine Bodenfliese bestimmt[2].
Fundort:
Langerwehe, Herkunft unbekannt.
Langerwehe, Töpferei-Museum.
Köln, Slg. W. Lung, (Fehlbrandstück, Stempel seitlich verschoben).

1 Datierung des Museums.
2 H. Hellebrandt, 68, Abb. 60. Fast derselbe Stempel in ovalem Medaillon auf einem Prunkkrug des Jan Baldems, Raeren, durch Inschrift auf „1602“ datiert. Köln, Mus. für Angewandte Kunst. Jan Baldems ist urkundlich schon 1589–(1613) nachweisbar. Vgl. außerdem M. Kohnemann, 163, Abb. 2 (ohne Jahreszahl) und Abb. 3 „W. E. 1600“.

D 71 Duderstadt

Um 1536?
Hart gebrannter dunkelroter Ton. 23 × 23 cm. Mit kleinem Reliefstempel Dm. 7 cm.
Kreis mit Blattgirlande aus schmalen Lorbeerblättern. In diesem nach links gewandter steigender Löwe, der in den erhobenen Pranken ein spiegelbildliches „D“ hält. Der Schweif als dünner Strich, s-förmig geschwungen, mit hängender Quaste, die Pranken behaart. Der Rachen mit Zunge weit geöffnet, die Mähne nicht mehr sichtbar. Vor der linken Hinterpranke nicht mehr erkennbares Objekt.
Fundort:
Duderstadt, Rathaus, Ratsweinkeller. Es fanden sich weitere Fliesen mit zwei und vier Stempeln.
Duderstadt, Rathaus, Salzkammer.
Duderstadt, Heimatmuseum.

Leoparden

D72 Oberhomburg – Dieburg

Mitte – 3. Viertel 13. Jahrhundert (a), 4. Viertel 13.–1. Viertel 14. Jahrhundert (b).
Roter und bläulichgrauer Ton. Vertiefte Prägung. Gleichschenkliges Dreieck. Grundlinie 8,5 cm, Seitenlänge 10 cm.
Dreiecksfliese mit nach rechts aufgerichtetem leopardiertem Löwen[1]. Der Kopf mit Augen, Nase, geschlossenem Maul, der gerade aufsteigende Schweif in der Mitte leicht verdickt.
Fundort:
a Oberhomburg, Katharinenkapelle, 1892 noch vor dem Altar im Chor als Teil einer Fliesenrosette verlegt, 1899 entfernt. F. X. Kraus, IV, 835.
Metz, Städtisches Museum.
b Dieburg, angeblich Grundstück Herz, Ritterstraße, der Model dreimal wahllos in eine quadratische Fliese eingeprägt. Bräunlicher Ton. 17 × 2,7 cm. W. Boß, Abb. 13.
Dieburg, Stadt- und Kreismuseum.

1. Die mittelalterliche Heraldik unterscheidet zwischen Löwen und Leoparden. Bei übereinstimmendem Körperbau wird der Kopf des Löwen stets im Profil, der des Leoparden „hersehend“ (en face) gezeigt. Eine Vorderpranke ist erhoben, der Schweif vereinzelt unter den Hinterbacken durchgezogen. Neben schreitenden Leoparden finden sich auch aufgerichtete („zum Grimmen geschickte“) Tiere.

D73 Mainz

2. Drittel 13. Jahrhundert.
Hellroter Ton, an den vertieften Stellen des Flachreliefs die dunklere Engobe völlig erhalten. Abgetreten, Kante schräg. 13,5 × 2,5 cm.
In quadratischem Rahmen nach links schreitender Leopard. Kopf en face, mit spitzen Ohren, die rechte Tatze bis in Augenhöhe erhoben. Weitere Einzelheiten durch die Abnützung vernichtet.
Fundort:
Mainz, an der Stelle des ehem. Proviantamts, zwischen Münsterstraße und Schillerstraße 1979–80 gefunden.
Mainz, Slg. M. Hessinger.

D74 Speyer

3. Jahrzehnt – Mitte 13. Jahrhundert.
Hellroter Ton mit Einschluß kleiner Kalkteilchen. Model nicht gleichmäßig tief eingeprägt, Fliese wohl während des Brandes verzogen, zwei Bruchstücke. 15 × 2,5 cm.
Nach links gewandter, stehender, gekrönter Leopard, die rechte Vorderpranke erhoben. Der breite Kopf mit menschlichen Zügen en face, die Läufe sehr dünn, der Schweif mit breiter, wenig sorgfältig geschnittener Palmettenquaste. Das Bild von Blattranke in Wellenlinie gerahmt.
Fundort:
Speyer, wohl aus einer Fehlbrandgrube.
Speyer, Historisches Museum der Pfalz.

D75 Feldkirchen

13. Jahrhundert.
Roter Ton. Flachrelief. Vermutlich Bruchstück einer rechteckigen Doppelfliese oder eines Frieses.
Nach links schreitender, gekrönter (?) Leopard. Die rechte Pranke bis zur Augenhöhe erhoben. Die winzigen Läufe stehen in keinem Verhältnis zum massigen Körper. Der Schweif mit Herzblattquaste s-förmig über dem Rücken geschwungen. An der unteren Fliesenkante links noch die Pfote des antithetischen Tieres sichtbar.
Fundort:
Feldkirchen, Wallfahrtskirche St. Anna, 1976 gefunden.
München, Bayer. Landesamt für Denkmalpflege.

D76 Winterbach

Um 1309? – Eher 2. Hälfte 15. Jahrhundert.
Hellroter Ton mit Resten grüner Glasur. Flachrelief, stark abgetreten. 13 × 2 cm.
Nach rechts schreitender leopardierter Löwe mit lockiger Fransenmähne, das Gesicht durch Abnützung leider völlig zerstört. Die bewehrten Pranken mit großen Zotteln, der Schweif mit Dreiblattquaste von einer Perllinie begleitet. Unter der hochgereckten Pranke kleine Rosette aus sieben, zwischen den Läufen aus vier Punkten.
Fundort:
Winterbach, ev. Pfarrkirche St. Michael, bei der Restaurierung 1958 in situ im Schiff und lose im Bodenschutt gefunden.
Winterbach, Pfarrhaus.

D77 Amorbach

2. Viertel 13. Jahrhundert.
Roter Ton. Vertiefte Prägung. 12,5 × 3 cm.
In quadratischem Rahmen nach rechts gewandter, stehender leopardierter Löwe, den Kopf mit geöffnetem Maul scharf rückwärts gewandt. Dieser berührt fast den s-förmig zwischen den Hinterläufen durchgeschwungenen Schweif mit kleiner Palmettenquaste.
Fundort:
Amorbach, ehem. Benediktinerkloster, auf dem Gelände des ehem. Klosterfriedhofs gefunden. Abb. Nach W. Hotz, 1938, 45, Abb. 5.
Amorbach, Fürstl. Leiningensche Sammlungen.

D78 Arnstein? – Brunnenburg – Lörzweiler – Mainz – Straßburg – Worms

2. Viertel – Mitte 13. Jahrhundert.
Roter Ton mit Resten weißer Inkrustierung. Vertiefte Prägung, abgetreten. 14,5 × 15 × 2 cm.
Im Kreis nach links gewandter, leopardierter Löwe, von E. Grill, 6, Nr. 13 als „Wolf“ gedeutet. Der schmale Kopf rückwärts gewandt, der Körper mit D6 übereinstimmend, der Schweif zwischen den Läufen sichelförmig nach hinten geschwungen.
Fundort:
a Arnstein, ehem. Prämonstratenserklosterkirche, durch Abnützung fast unkenntlich, nach der Zeichnung bei Bock[1] vermutlich dieses Muster als Mittelkreis der großen Fliesenrosette.

b Brunnenburg, ehem. Prämonstratenserinnenklosterkirche, bei Grabungen in der Ruine 1879 und 1882 gefunden, vgl. D 7.
Diez, Nassauisches Heimatmuseum.
c Lörzweiler, kath. Pfarrkirche St. Michael, bei Erweiterungsbau 1969 gefunden.
Mainz, Landesamt für Denkmalpflege.
d Mainz, Gutenbergplatz, beim Legen eines Kabels 1910 aufgedeckt. Dunkelroter und dunkelgrauer Ton. 13,8 × 2,1 cm. Derselbe Stempel auf einer Kreisfliese, die den Mittelpunkt der großen Rosette bildet. Roter Ton mit brauner Glasur. Dm. 10,2 cm.
Mainz, Mittelrheinisches Landesmuseum.
e Straßburg, St. Nikolaus, beim Wiederaufbau 1947 in situ gefunden.
Straßburg, Städtisches Denkmalamt.
f Unbekannt, aus Straßburg oder dem Elsaß, vgl. Anm. zu D 7.
Straßburg, Frauenhausmuseum.
g Worms, St. Pauluskirche, vor 1905 gefunden[2].
Dunkelbrauner und hellroter Ton mit Resten weißer Inkrustierung. 14 × 2 cm.
Worms, Museum der Stadt Worms.
h Worms, an der Stadtmauer beim Luginsland nach 1945 gefunden. O. Böcher, 1958, H. 7, 2, Abb. 6.
Mainz, Privatbesitz.

1 F. Bock, Kapitel Arnstein.
2 G. F Muth, 1905, 69. – E. Grill, Taf. 1, 13.

D 79 Mainz

2. Drittel 13. Jahrhundert.
Tonfarbe unbekannt. Vertiefte Prägung. 13,5 × 13,5 cm. Nicht abgebildet.
Variante von D 78. Zeichnung seitenverkehrt, ohne Kreis, linke Vordertatze erhoben.
Fundort:
Mainz, Stephansstraße 10, vermutlich ebenfalls aus der ehem. Stephansdechanei oder der Stephanskirche stammend[1]. Vor 1897 gefunden.
Mainz, Mittelrheinisches Landesmuseum (nicht auffindbar).

1 Westd. Zs. 16, 1897, Museographie 1896, 357 und Taf. 19, 4.

D 80 Speyer

2. Drittel 13. Jahrhundert.
Hellroter Ton. Vertiefte Prägung, stark abgetreten. 14 × 3 cm. Nicht abgebildet.
Spiegelbildliche *Variante* von D 78. Die linke Vordertatze erhoben, der Kopf durch die Zerstörung nicht erkennbar. Die Läufe mit krallenartigen Pranken, der Schweif über dem Rükken geschwungen.
Fundort:
Speyer, unbekanntes Privathaus, am 24. 6. 1913 gefunden. (Kath. Vereinshaus?, Herdstraße 5).
Speyer, Historisches Museum der Pfalz.

D 81 Johannisberg – Mainz

2. Drittel 13. Jahrhundert.
Grauer Ton. Vertiefte Prägung. Bruchstück. Möglicherweise Rechteckfliese, vermutlich als Rahmenleiste benutzt. Erhaltene Fliese ca. 11 × 9,5 × 2,5 cm.
Vermutlich ähnliche Ranke wie W 84. Sichtbar sind Kreisbogen mit Rankenansatz und untere Randleiste. In diesem nach rechts gewandter stehender Leopard, den spitzen Kopf mit geöffnetem Rachen, kleinen runden Ohren und mandelförmigem Auge nach rückwärts gewandt. Kleiner Schweif mit verdickter Quaste, die Hinterläufe mit tief eingekerbten Tatzen auf dem Boden stehend. Aus dem zerstörten Teil der Fliese schlingt sich eine sorgfältig gezeichnete Palmette um den Hals des Tieres.
Fundort:
a Johannisberg, ehem. Benediktinerkloster, bei Zufallsgrabung gefunden.
Schloß Johannisberg, Domänenverwaltung.
b Mainz, Stadtgraben, offensichtlich als Schutt dort abgeladen. Bruchstück, nur der Kopf sichtbar, der Model jedoch in eine übergroße Fliese (vermutlich 22 × 20 × 2 cm) eingeprägt. „Hellgelblichbrauner, glimmerhaltiger Ton“.
Harxheim, Slg. Dederer.

D1

D1

D2

D3

D4

D5

D6

D7

D8

D9

D10

D11

D 12

D 13

D 14

D 15

D 17

D 18

D 19

D 20

D 21

D 22

D 23

D 24

D 25

D 25.1

D 26

D 27

D 28

D 29

D 30

D 31

D 32

D 33

D 34

D 35

D 36

D 37

D 38

D 39

D 40

D 41

D 42

D 43

D 44

D 45

D 46

D 46.1

D 47

D 49

D 50

D 51

D 52

D 53

D 54

D 55

D 56

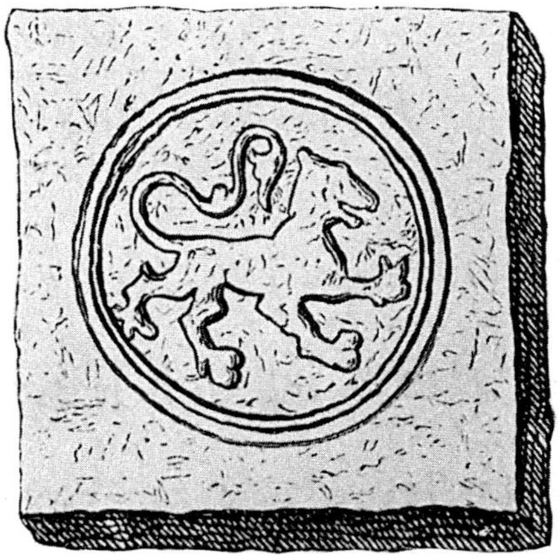
D 57

D 58a

D 58b

D 59

D 60

D 63

D 64

D 65

D 66

D 67

D 68

D 69

D 70

D 71

D 71

D 72

D 73

D 74

D 75

D 76

D 77

D 78

D 80

D 81

Verschiedene Tiere

E1 Bebenhausen

4. Viertel 15. Jahrhundert?
Bräunlicher, feinkörniger Ton. Flachrelief. 10 × 3 cm.
Die Bildfläche beherrschend, nach links geneigter Bär, der vermutlich aus einer Quelle trinkt. In der linken Bildhälfte nacktes Menschenpaar. Die Frau mit langen, offenen Haaren und gesenktem, keulenähnlichem Gerät, der Mann mit kurzem Haar und spitzer Nase, seine Bewegungen durch Beschädigung schwer erkennbar. In den Ecken der Fliese rechts oben und links unten zartes Weinblatt auf Viertelskreis, alle sonstigen freien Stellen mit feingezackten Blattranken bedeckt. Wohl eine Paradiesesdarstellung mit Adam und Eva.
Fundort:
Unbekannt. Tonbeschaffenheit, Größe und die Behandlung des Blattwerks lassen es als sicher erscheinen, daß die Fliese aus Kloster Bebenhausen stammt. Vgl. T 19. Nicht bei E. Herdtle.
Stuttgart, Württembergisches Landesmuseum.

E2 Neustift

Ende 12.–Anfang 13. Jahrhundert.
Roter Ton mit helloliv-dunkelocker Bleiglasur. Flachrelief, abgetreten. 16 × 3 cm.
Nach rechts gewandter Elefant mit zinnengeschmücktem Turm. Der walzenförmige Leib, der vorn in den Rüssel, hinten unmittelbar in das rechte Bein übergeht, auf hohen Beinen, die Rückenlinie durch kleine Kreise betont. Kleines Auge, spitze Ohren und dicke Sohlenpolster.
Fundort:
Neustift, ehem. Prämonstratenserkloster, vor 1905.
München, Bayerisches Nationalmuseum.

E3 Stein/Donau

2. Hälfte 13. Jahrhundert.
Roter Ton mit dunkelbrauner Bleiglasur. Flachrelief. 18 × 17,5 × 4 cm.
Nach links schreitendes Tier, vermutlich Fuchs (oder Wolf) mit spitzem, gesenktem Kopf, geöffnetem Maul, kleinen spitzen Ohren. Der gewölbte, mit Stichelhaaren besetzte Rücken endet in langer, hängender Rute.
Fundort:
Stein/Donau, Großer Passauerhof, zu Beginn des 20. Jahrhunderts entfernt.
Krems, Stadtmuseum.
Hamburg, Museum für Kunst und Gewerbe.

E4 Klingenmünster

3. Viertel 13. Jahrhundert.
Hellroter Ton. Vertiefte Prägung. 13 × 12,5 × 2,5 cm. Ein Dreieckstück an der Unterkante ausgebrochen.
In quadratischem Rahmen nach links gewandtes Tier, vermutlich Fuchs. Der emporgereckte Fuchskopf mit spitzen Ohren, weit geöffnetem Maul, das Fell durch Bogen angedeutet, die Rute hängend. Auf der linken Seite noch ungeklärte Darstellung: Gans?, Bäumchen?
Fundort:
Klingenmünster, ehem. Benediktinerklosterkirche, St. Michael, 1980 gefunden.
Klingenmünster (Depot für das künftige Heimatmuseum).

E5 Arnsburg – Eberbach – Rüdesheim

3. Viertel 13. Jahrhundert.
„Grauer, mit Sand gemagerter Ton." Vertiefte Prägung. Kante senkrecht. 13 × 2,5 cm.
In quadratischem Rahmen, dessen Ecken von Viertelskreisen geschnitten werden, nach rechts in die Diagonale aufsteigendes Tier, vermutlich Fuchs. Schmaler Körper mit langem, am Ansatz geknotetem Schweif mit dreigeteilter Quaste, kleinem Kopf mit geöffnetem Maul und spitzen Ohren.
Fundort:
a Arnsburg, ehem. Zisterzienserkloster, bei Grabungen 1958 im Kapitelsaal, 1979 erneut auf dem Klostergelände gefunden. M. Morkramer, 1982a, Nr. 9.o.3. 84, Abb. 90.
Arnsburg, Klostersammlung.
Laubach, Schloß, Slg. E. O. Graf zu Solms-Laubach.
b Eberbach, ehem. Zisterzienserkloster, in situ zwischen den Pfeilern des Mittelschiffs, 1937 neu verlegt. Grauer Ton. Stark abgetreten. Einzelfliese. 13 × 13 cm. W. Schäfer, 17, Nr. 4.
c Rüdesheim, Burg „auf der Lach", bei Ausgrabung 1959 im Schutt gefunden. Bruchstück. Schwarzgrauer Ton.
Rüdesheim, Rheingauer Museum.

E6 Arnsburg – Friedberg

3. Viertel 13. Jahrhundert.
„Roter, mit Sand gemagerter Ton." Vertiefte Prägung. Kante kaum schräg. 13 × 2,5 cm.
Quadratischer Rahmen ähnlich E5 mit nach rechts aufsteigendem Tier, vermutlich Fuchs. Schmaler Leib, Kopf mit spitzer Schnauze und spitzen Ohren, der geknotete, in der Mitte verdickte Schweif steil aufgerichtet. In der linken Bildhälfte kleines, feinverzweigtes Bäumchen.
Fundort:
a Arnsburg, ehem. Zisterzienserkloster, Dormitorium, bei der Ausgrabung 1893 gefunden. H. Walbe [u. a.], 124, Abb. 108, 1. Bei der Grabung 1979 erneut gefunden. M. Morkramer, 1982a, Nr. 9.o.4, 85, Abb. 91.
Arnsburg, Klostersammlung.
Laubach, Schloß, Slg. E. O. Graf zu Solms-Laubach.
b Unbekannt, vielleicht aus Arnsburg.
Frankfurt/Main, Historisches Museum (grauer Ton, zerbrochen).
c Friedberg, Wolfengasse, vermutlich vom Fußboden der Liebfrauenkirche[1]. Sehr feingemagerter, grauer Ton. 13,5 × 2,7 cm.
Friedberg, Wetterau-Museum.

1 Freundliche Auskunft von Herrn W. Belz, Friedberg. Die Fliesen wurden möglicherweise bei der Restaurierung 1896–1901, bei der Chor und Querschiff abgetragen und neu erbaut wurden, weggeworfen.

E7 Eldena

1. Hälfte 14. Jahrhundert.
Hellroter Ton mit Spuren von hellrosa Farbresten in den Vertiefungen. Stark abgetreten und beschädigt. Kante schräg. 11,5 × 11 × 3 cm.
Doppelter quadratischer Rahmen mit nach rechts blickendem, stehendem Fuchs in Mönchskutte. Sichtbar sind eine predigend erhobene Pfote und die Köpfe zweier Gänse. Der Rest der Darstellung ist zerstört[1].

Fundort:
Eldena, ehem. Zisterzienserkloster, Calefaktorium (Wärmstube), bei Ausgrabungen 1926/27 gefunden. H. Kloer, 68.
Greifswald, Museum der Stadt Greifswald.

1 Diese im Mittelalter sehr beliebte Tierfabel, der Fuchs (oft Wolf), der den Gänsen predigt, findet sich in ganz ähnlicher Form auf den Blattnapfkacheln eines Ofens aus dem Zisterzienserkloster Neuzelle (Niederlausitz) (K. Strauss, 1966, 9–13, Taf. 2, Abb. 3) und auf einer Ofenkachel, die aus Schlesien stammen soll, heute im Nationalmuseum in Warschau (J. Smoleńska, Śląskie kafle średniowieczne w zbiorach Museum Narodoweg w Warszawie/Mittelalterliche Keramikkacheln aus Schlesien im Nationalmuseum Warschau, Annuaire du Musée Nationale de Varsovie 19, 1975, Abb. 4), sowie auf einem 1884 in der Burgruine Dernbach ausgegrabenen Tonrelief, im Museum Wiesbaden, vermutlich 15. Jh. (J. Widmann, 71–75, Abb. S. 72), auf einem Schlußstein der St. Katharinenkirche in Lübeck (J. Baltzer, R. F. Bruns, H. Rathgens, Kdm Lübeck IV, 2, 55, Abb. 6), und auf einem Säulenschaft am Portal zwischen südlichem Querschiff und Kreuzgang der ehem. Prämonstratenserklosterkirche Jerichow, um 1200 (E. Badstübner, Taf. 61).

E 8 Eldena

1. Hälfte 14. Jahrhundert.
Farbe, Maße und Prägung wie E 7. Stark zerstört?
Variante von E 7. Die beiden Gänse in der linken Bildhälfte. Das Tier auf der rechten Seite ist bei Kloer nicht sicher zu erkennen. Lämke[1], welche die Fliesen noch selbst sah und sie als „sehr gut erhalten" (vor 1937) bezeichnet, beschreibt die Szene als „ein Kentaur flötet vor zwei vor ihm stehenden Gänsen". Sichtbar sind zwei Läufe mit großen Hufen und ein langer, buschiger Schweif.
Fundort:
Eldena, ehem. Zisterzienserkloster, Calefaktorium (Wärmstube), bei Ausgrabungen 1926/27 gefunden, heute anscheinend im Museum Greifswald nicht mehr erhalten. H. Kloer, 68.

1 D. Lämke, 63.

E 9 Konstanz – Limburg a.d. Haardt – Worms

3. Viertel 13. Jahrhundert.
Roter, feinkörniger Ton. Flachrelief. 13,5 × 2,5 cm.
Kreis mit Zackenband ähnlich D 33 mit drei springenden Hasen. Die spitzen Löffel sind in Kreismitte zu einem Dreieck geordnet, so daß der Eindruck von sechs vollständigen Ohren entsteht. Die freien Flächen mit vier- und achtstrahligen Sternen sowie kleinen Sternchen und Malteserkreuzen gefüllt.[1]
Fundort:
a Konstanz, Stadionscher Domherrenhof, 1898. R. Schnyder, 1972, Abb. 18, Nr. 3.
Konstanz, Rosgartenmuseum.
Zürich, Schweizerisches Landesmuseum.
b Limburg a.d. Haardt, ehem. Benediktinerklosterkirche, bei Ausgrabungen zu Ende des 19. Jahrhunderts gefunden. Zwei Bruchstücke. Braunrötlicher und dunkelgrauer Ton mit Kieseleinschluß in Erbsengröße, an den Kanten abgetropfte bräunlichgrüne Glasur.
Bad Dürkheim, Heimatmuseum.
c Worms, bei Bauarbeiten nach 1945 in einem Privathaus der Mähgasse gefunden. *Nachschnitt* mit geringfügigen Abweichungen. Stern durch Malteserkreuz ersetzt, Stern zwischen den Hinterläufen eines Hasen. Gelblichroter Ton. 14 × 2,5 cm.
Worms, Museum der Stadt Worms.

1 Vgl. hierzu einen Model für ein Agnus-Dei-Täfelchen (Spitzoval), der sich im ehem. Klarissenkloster in Villingen erhalten hat. Dieser zeigt genau dieselben Sterne, außerdem ein Malteserkreuz (G. Loes, Villingen, Klarissenkloster, Alemania Franciscana Antiqua 3, 1957, 61 oben). Diese Darstellung findet sich auch auf englischen Fliesen (Vgl. L. Haberly, 168, Abb. 113) aus der Kirche von Long Crendon und aus Notley, beide Oxfordshire.

E 10 Kempten

Um 1428.
Roter Ton. Stark vertiefte Prägung. 14 × 3,5 cm.
Nach rechts springender Hase, die Löffel zurückgelegt, die Hinterläufe unbeholfen angewinkelt.
Fundort:
Kempten, ev. Pfarrkirche St. Mang, kleiner Rest im Ostende des Seitenschiffs neuverlegt.
Kempten, Allgäuer Heimatmuseum.

E 11 Lohn

2. Hälfte 15. Jahrhundert?
Hellrosa-bräunlicher Ton mit hellocker-grünlicher Glasur in den Rillen. Vertiefte Prägung, Bruchstück. Kante senkrecht, Dicke 2 cm.
Sichtbar nur der Teil eines breiten Quadratrahmens mit Zackenband an der Oberkante. Fast parallel dazu die Rückenlinie eines nach links laufenden Tieres mit langen Ohren, Hase oder Esel?
Fundort:
Lohn, kath. Pfarrkirche St. Silvester, 1973 in Grab 36 gefunden.
Bonn, Rheinisches Landesmuseum.

E 12 Rheinland?

13. Jahrhundert?
Roter Ton mit dunkelolivgrüner Glasur. Ganz flaches Relief. Kante senkrecht. 14,5 × 3 cm.
Im Kreis ein nach rechts aufsteigendes Tier, dessen Kopfform auf einen Hasen schließen läßt. Langer Hals mit winzigem Kopf, im Gegensatz zum schweren Körper ungewöhnlich dünne Läufe.
Fundort:
Unbekannt[1], vermutlich aus dem Rheinland.
Düsseldorf, Hetjens-Museum.

1 E 12 gehört zu einer Gruppe von Fliesen, die in die Slg. Lückger und in die Museen von Düsseldorf und Köln gelangten. Ihre Herkunft konnte nicht ermittelt werden, die Bezeichnung des Kat. Lückger, 217, 218, „Ober- oder Mittelrheingebiet", ist nur eine Vermutung.

E 13 Mengen

Nach 1304?
Dunkelroter Ton. Schwach vertiefte Prägung, stark abgetreten, linke untere Ecke fehlt. 14,5 × 6 cm.
Viertelsrond mit Punkten, von Lilienstab über- und unter-

schnitten. Zu beiden Seiten adossierte Tiere, wahrscheinlich Hasen.
Fundort:
Mengen, kath. Pfarrkirche St. Martin.
Mengen, Heimatmuseum.

E 14 Liechtenstein

3. Drittel 12. Jahrhundert.
Vermutlich roter Ton. Flachrelief, Kopie des 19. Jahrhunders. Ca. 12,5 × 14 × 3 cm.
Nach rechts gewandte Dogge, den übergroßen, rechteckigen Kopf mit leicht geöffnetem Maul rückwärts gekehrt. Breites Halsband, Lockenmähne, ein Vorderlauf mit Krallen, dessen Ansatz in U-Form aus dem walzenförmigen Leib geschnitten ist. Die Hinterläufe hochgestellt, das Tier bildet von der Schnauze bis zu den Pfoten eine seitenverkehrte S-Form.
Fundort:
Liechtenstein, Burg, im frühen 19. Jahrhundert kopiert.
Mödling, Heimatmuseum.

E 15 Liechtenstein

3. Drittel 12. Jahrhundert.
Vermutlich roter Ton. Flachrelief. Kopie des 19. Jahrhunderts. Ca. 12,5 × 14 × 3 cm.
Gegenfliese zu E 14. Nach links gewandt, der Kopf größer, mit hängender Zunge, der Körper deutlich in Ruhehaltung. Der aus einer Volute ansetzende Vorderlauf am Körper parallel zur Fliesenkante angelegt, die Hinterläufe als dünne Linien angehängt. (Möglicherweise ist dies die Schuld der mangelhaften Kopie.)
Fundort:
Liechtenstein, Burg, im frühen 19. Jahrhundert kopiert.
Mödling, Heimatmuseum.

E 16 Weinheim – Worms

3. Viertel oder Wende vom 3. zum 4. Viertel des 13. Jahrhunderts.
Grauer Ton. Vertiefte Prägung. Ecke rechts oben fehlt. 13,5 × 2,5 cm.
In quadratischem Rahmen nach links gewandtes, stehendes Tier, vermutlich Hund[1] mit weit geöffnetem Maul, erhobener rechter Vorderpfote und S-förmig über dem Rücken geschwungenem Schwanz.
Fundort:
a Weinheim, St. Peterskirche, beim Abbruch 1910 gefunden. H. Huth, 364, Abb. 269.
Weinheim, Heimatmuseum (inzwischen verloren).
b Worms, St. Johanniskirche, 1907 gefunden, E. Grill, Taf. 15.
Worms, Museum der Stadt Worms (nicht auffindbar).

1 Es ist bei den folgenden Fliesen nicht immer mit Sicherheit zu entscheiden, ob es sich um einen Hund oder einen Wolf handelt. Wo nicht ganz sichere Merkmale für einen Wolf gegeben sind, wird der Hund als geläufigeres Bild verwandt.

E 17 Konstanz

3. Viertel 13. Jahrhundert.
Rötlicher, feinkörniger Ton. Vertiefte Prägung. 12,5 × 13,5 × 3 cm.
In rechteckigem Rahmen nach rechts gewandter, stehender Hund mit geöffnetem Maul, spitzer Schnauze, großem Auge. Die linke Vordertatze erhoben, der aufgestellte lange Schwanz mit dreigeteilter Quaste.
Fundort:
Konstanz, Stadionscher Domherrenhof, 1898 gefunden.
Konstanz, Rosgartenmuseum.
Dortmund, Museum für Kunst und Kulturgeschichte.
Karlsruhe, Badisches Landesmuseum.
Nürnberg, Germanisches Nationalmuseum.
Zürich, Schweizerisches Landesmuseum.

E 18 Straßburg

2. Hälfte 13. Jahrhundert.
Roter Ton mit Spuren grüner Glasur. Vertiefte Prägung. 13,5 × 2,5 cm.
Variante von E 17. Die Vorderläufe fast waagrecht vorgestreckt, mit der Kehle einen Halbkreis bildend. Der breitere Leib nicht gegliedert, der Schweif mit Palmettenquaste über dem Rücken nach oben zeigend.
Fundort:
Straßburg, 1906 beim Bau der Kanalisation gefunden. J. Ficker, Taf. XL, 7.
Straßburg, Frauenhausmuseum.
Straßburg, Slg. Charles Czarnowsky (seit 1940 verloren, Fundort unbekannt).

E 19 Selz

2. Drittel 13. Jahrhundert.
Ziegelroter Ton. Vertiefte Prägung, abgetreten. 13 × 2,4 cm. Kante senkrecht.
Kleiner Quadratrahmen mit Hund ähnlich E 17. Kopf mit spitzen Tütenohren, Stellung der Vorderläufe ähnlich E 18, die Hinterläufe fest auf dem Boden stehend. Kleiner gebogener Schwanz mit Kleeblattquaste.
Fundort:
Selz, 1950 in einer Scheune aufgedeckt.
Hagenau, Elsässisches Museum.

E 20 Saarburg

2. Hälfte 13. Jahrhundert.
Roter Ton. Vertiefte Prägung. 15,5 × 15 × 2,6 cm.
In quadratischem Rahmen Kreis mit nach links springendem Hund. Die Zunge weit heraushängend, beide Vorderpfoten erhoben, der S-förmig geschwungene Schweif mit Palmettenquaste. In den Ecken kleine, auf dem Kreis aufsitzende, grobe Dreipässe.
Fundort:
a Saarburg, beim Bau der ev. Kirche 1863 gefunden. L. Benoit, 85, III.
Metz, Städtisches Museum.
b Saarburg, ehem. Dominikanerinnenkloster Weyerstein, 1890 gefunden.
Saarburg, Regionalmuseum.

E21 Bacharach

2. Drittel 13. Jahrhundert.
Grauer, grobgemagerter Ton. Vertiefte Prägung. 12,5 × 3 cm.
Nach rechts springender Hund mit sehr kurzen Vorderbeinen, waagrecht gestrecktem, walzenförmigem Körper, dünnem, kurzem Schwanz und fast rechteckigem Kopf. Die lange Zunge zur Palmette umgebildet. In den Ecken rechts unten und links oben stilisierte Lilie, über und unter dem Tierkörper je drei auf dem Fliesenrand aufsitzende Palmetten.
Fundort:
Bacharach, nach Angabe von F. Lehmann „aus einer Kirche in Bacharach".
Leipzig, Slg. F. Lehmann.

E22 Weingarten

1. Viertel–Mitte 14. Jahrhundert.
Roter Ton. Vertiefte Prägung, eine Ecke abgebrochen. 14,5 × 4 cm.
Viertelsrond mit nach links springender Dogge, der Kopf mit langen Schlappohren rückwärts gewandt. Der kurze Schwanz eingerollt, die Pfoten mit scharfen Krallen, um den Hals ein Schellenband gelegt. In der Ecke unten Viertel einer Blüte, oben Viertelskreis mit einbeschriebenem Vierpaßviertel und Kreuzblume.
Fundort:
Weingarten, Benediktinerkloster, vor 1862 bekannt. K. Haßler, Taf. XI, 1. Bei den Grabungen 1954 in der Marienkapelle gefunden. K. Hecht, 1956, 303, Abb. 18i.
Weingarten, in der Nikolauskapelle und im Treppenhaus am Südquerarm neu verlegt.
Stuttgart, Württembergisches Landesmuseum.

E23 Straßberg

1. Viertel 13. Jahrhundert.
Roter Ton. Flachrelief 15 × 16 cm.
In quadratischer Fliese übereinander je ein rechteckiger Model mit zwei hintereinander stehenden, linksgewandten Hunden. Schmale Köpfe mit Halsband, gestricheltes Fell und lange, hängende Rute.
Fundort:
Straßberg, Burgruine, vor 1888 gefunden. L. Gerster, 1916, Taf. 15, 5.
Büren, Slg. Schmalz, anscheinend bei den Grabungen erneut gefunden. Rechteckfliese, nur ein Model sichtbar. W. Stotzer, 15, Abb. 10, 1.

E24 Speyer

2. Hälfte 13. Jahrhundert.
Gelblicher Ton, die Vertiefungen mit roter Farbe betont. 12,5 × 2 cm.
In quadratischem Rahmen zwei nach rechts in der Diagonale aufsteigende Windhunde mit schmalem, langgestrecktem Körper, der zusätzlich eine feine Kerbzeichnung aufweist. Die Vorderläufe leicht erhoben, der kurze Schwanz beim rechten Tier hängend, beim linken aufgewölbt.
Fundort:
Vermutlich Speyer. Herkunft unbekannt, aus derselben Werkstatt wie A 18 und C38.
Speyer, Historisches Museum der Pfalz.

E25 Oberhomburg

Mitte–3. Viertel 13. Jahrhundert.
Roter oder bläulichgrauer Ton. Vertiefte Prägung. Stark abgetreten. Teilstück eines Kreisbandes, da nur schwach gewölbt, vermutlich der Außenrand. 15,6 × 6,3 cm.
Auf schmalem Band zwei nach rechts jagende Doggen mit sorgfältig beobachtetem Körperbau.
Fundort:
Oberhomburg, St. Katharinenkapelle, 1899 aus dem Chor entfernt[1].
Metz, Städtisches Museum.

1 Westd. Zs. 20, 1901, Museographie 1900, 309, Abb. 6.

E26 Oberotterbach – Wilgartswiesen

2. Drittel 13. Jahrhundert.
Roter Ton. Vertiefte Prägung, abgetreten. 13,5 × 2,5 cm.
In der oberen Fliesenhälfte nach rechts springende Dogge ähnlich E25 (nicht mit demselben Model geprägt), die Rute aufgestellt. Links unten ein kleiner bellender Hund mit spitzen Ohren, die Vorderläufe schräg auf den Boden gestemmt. Die rechte Seite durch Abnützung zerstört.
Fundort:
a Oberotterbach, St. Nikolauskapelle auf dem Klosterberg, bei einer Grabung 1976 als Einzelfliese in einem fast ungestörten Fliesenboden gefunden. W. Schlicher, 109.
Speyer, Landesamt für Denkmalpflege.
b Wilgartswiesen, Wiligartaburg, bei Grabungen auf der Burgstelle 1971 gefunden. Bruchstück, auf diesem rechts noch der Hinterlauf eines weiteren Tiers sichtbar. W. Ehescheid, 150.
Wilgartswiesen, Verbleib noch ungeklärt.

E27 Hohbarr

3. Viertel 13. Jahrhundert.
Roter Ton. Vertiefte Prägung, zwei Ecken beschädigt. Kante fast senkrecht. 13 × 2,3 cm.
Astroide B (siehe H1, Anm. 2), in der Mitte stilisierter Lindenbaum. In der Ecke rechts unten springender Hase, links unten und oben springender Hund. Körperbau ähnlich E27.1, beide mit verschiedenen Stempeln geprägt. Die Ecke rechts oben so stark zerstört, daß das Bild nicht eindeutig bestimmbar (Hase?) ist. In der Zusammensetzung von vier Fliesen ergibt sich ein Kreis sich jagender Tiere.
Fundort:
Hohbarr, Burgruine, bei Grabungen 1979–80 in einer Erdaufschüttung gefunden. J. Burnouf [u. a.], Abb. 7a.

E27.1 Worms

14.–15. Jahrhundert?
Hellgelblichrot Ton, Oberfläche bräunlichrot. Vertiefte Prägung. 12,5 × 2,5 cm.
Nach rechts gewandte, stehende Dogge, den schmalen Kopf mit geöffnetem Maul und spitzen Ohren zurückgelegt. Der Rücken gewölbt, die Läufe weit gespreizt, der Schwanz halbkreisförmig nach oben gebogen. Über dem Rücken des Tieres zwei aufsteigende Linien, die sich an der Fliesenkante in leicht gewellte Bogen (Tilde) teilen.

Fundort:
Unbekannt, vermutlich Worms, vor 1922 gefunden. E. Grill, Taf. 1, 16.
Worms, Museum der Stadt Worms.

E28 Mainz

1. Viertel 14. Jahrhundert.
Mittelgrauer Ton. Vertiefte Prägung, beide Ecken links abgebrochen. 13,5 × 3 cm.
Im quadratischem Rahmen nach links in der Diagonale aufsteigender Hund, der in Fliesenmitte eine vom Grund aufsteigende Pflanze mit Dreipaßblüten überdeckt. Langgestreckter Körper mit spitzem Kopf und kleinem, eingerolltem Schwanz, die beiden Vorderbeine hoch erhoben.
Fundort:
Vermutlich Mainz. Herkunft unbekannt.
Mainz, Mittelrheinisches Landesmuseum.

E29 Kolmar – Straßburg

1. Hälfte 14. Jahrhundert.
Roter Ton, vereinzelte Fliesen mit dunkelbrauner Glasur. Vertiefte Prägung. 13,5 × 2,5 cm.
Im Kreis nach rechts aufsteigender Hund mit weit geöffnetem Maul, spitzen Ohren und kurzem, nach oben umgeschlagenem Schwanz. Zwischen den Beinen fünffingriges Blatt, das aus dem Kreisrand wächst, in den Fliesenecken Vierblattviertel.
Fundort:
a Kolmar, Stiftskirche St. Martin, vereinzelt im Langhaus, Kopien in den Chorumgangskapellen.
b Straßburg, Blauwolkengasse/Rue de la Nuée Bleue, 1899 gefunden. R. Forrer, 1901, 74, Fig. 170.
London, Victoria and Albert Museum.
c Straßburg, Stephansgasse 3, 1902 gefunden.
J. Ficker, Taf. XLI. Einzelne Fliesen mit grüner Glasur.
Straßburg, Frauenhausmuseum.
Straßburg, Slg. Charles Czarnowsky (seit 1940 verloren).

E30 Girbaden – Saarburg

2. Hälfte 13. Jahrhundert.
Roter Ton. Vertiefte Prägung. Eine Ecke abgebrochen. 16,2 × 2,5 cm.
Fliese durch Diagonalband geteilt. Auf der einen Seite Hund, einem Dackel ähnelnd. Kleiner Kopf mit dreieckigem Auge, das Maul mit spitzen Zähnen leicht geöffnet. Die kurzen Beine mit dreigeteilten Tatzen jeweils auf dem Fliesenrand aufsetzend, die an der Unterseite gelappte Rute über dem walzenförmigen Leib geschwungen.
Auf der Gegenseite nach rechts springendes Tier, von Gachot als „Lamm" bezeichnet, eher ebenfalls ein Hund. Der Körper straff gespannt, fast parallel zur Trennlinie, der Schweif gewellt, die spitzen Ohren waagrecht nach hinten gestellt.
Fundort:
a Girbaden, Burgruine, bei Aufräumungsarbeiten 1968 gefunden. H. Gachot, 112, Fig. 3.
b Saarburg, Herkunft unbekannt. Möglicherweise ebenfalls 1863 beim Bau der ev. Kirche gefunden und von Benoit nicht veröffentlicht, da nur ein kleines Bruchstück gefunden. Der Ausschnitt vermittelt einen völlig anderen Eindruck, die Tatzen verstärken das Bild eines kauernden Fabeltiers.
Metz, Städtisches Museum.

E31 Hessen

14. Jahrhundert.
Roter, grobkörniger Ton. Vertiefte Prägung. 12 × 12 cm.
In quadratischem Rahmen nach rechts springender Hund in einfachsten Umrißlinien. Sehr spitzer Kopf, große Ohren, sichelförmige Vorderbeine, nach oben gebogener Schwanz.
Fundort:
a Unbekannt, vermutlich aus der Umgebung von Diez/Lahn.
Diez, Nassauisches Heimatmuseum.
b Unbekannt, doch wohl aus Hessen, aus derselben Werkstatt wie C45.
Marburg, Museum für Kunst und Kulturgeschichte.

E32 Osnabrück

2. Drittel 13. Jahrhundert?
Roter Ton mit grauen Brandspuren und sehr fleckiger Oberfläche. Vertiefte Prägung. 12 × 2,5 cm.
Leicht deformierter Kreis mit nach rechts gewandtem Hund. Breiter, gedrungener Vorder- und sehr schmaler Hinterleib, der Kopf auf kurzem Hals hochgereckt, die schmalen Beine abgewinkelt, der längere Schwanz sichelförmig gebogen.
Fundort:
Osnabrück, Privathaus, Hakenstraße.
Osnabrück, Kulturgeschichtliches Museum.

E33 Scheer a. d. Donau

Um 1500.
Dunkelroter, stark gebrannter Ton. Vertiefte Prägung, Bruchstück. 17 × 4 cm.
Quadratischer Rahmen mit Viertelsrond, auf dem zwei antithetische Wolfshunde sitzen. Der Hinterkörper mit dem zwischen den Beinen nach oben aufsteigenden Schwanz ruht auf dem Boden, Vorderbeine und Oberkörper sind aufgerichtet. Der geneigte Kopf mit aufgestellten Ohren sorgfältig gezeichnet. In der Ecke oben Vierpaßviertel, unten zwei schmale Blatthälften.
Fundort:
Schloß Scheer a. d. Donau.
Mengen, Heimatmuseum.

E34 Kempten

Um 1428.
Roter Ton. Vertiefte Prägung, fast bis zur Unkenntlichkeit abgetreten. 14,5 × 3 cm.
Nach rechts gewandtes stehendes Tier in einfachsten Umrißlinien. Möglicherweise ein Hund oder Wolf.
Fundort:
Kempten, ev. Pfarrkirche St. Mang, Fliesenreste am Ostende des Seitenschiffs neu verlegt.
Kempten, Allgäuer Heimatmuseum.

E35 Kaiserslautern

1. Hälfte 14. Jahrhundert.
Rötlichbrauner Ton. Vertiefte Prägung. 11,5 × 2,3 cm.
Breites Spitzoval mit Ausbeulung, in diesem nach rechts schreitendes Tier, auf der Grenze zwischen Hund und Fabeltier. Überlanger Körper, spitzer Kopf, plump angewinkelte

Beine und schräg gestellter Schwanz. In den Fliesenecken große, grobe Palmetten.
Fundort:
Kaiserslautern, Stiftskirche, beim Wiederaufbau 1965 im Schutt gefunden.
Kaiserslautern, Stiftskirche.

E36 Raeren

Um 1500.
Graugelblicher Ton mit dunkelbrauner Glasur. Flachrelief, Fehlbrand. „8 × 5,5 cm". Nicht abgebildet.
Astroide aus doppelten Viertelskreisen, die Form jedoch nicht geschlossen, ein Drittel der Fliesenseite bleibt offen. In der Mitte ein nach links schreitendes Kamel. O. E. Mayer[1] vermutet, daß es zu einem Fries mit der Darstellung der hl. Drei Könige gehört haben könnte.
Fundort:
Raeren (Belgien), Fehlbrandhalde. O. E. Mayer, 1977, 186, Abb. 13.
Raeren, Töpfereimuseum.

1 O. E. Mayer, 1977, 186.

E37 Veringenstadt

Um 1316?
Roter Ton. Vertiefte Prägung, durch die breiten Rillen Reliefwirkung, Modelschnitt möglicherweise nach nicht mehr ganz verstandener Vorlage. 8 × 5,5 cm.
Kleiner Mittelkreis mit nach rechts gewandtem, stehendem Tier, wahrscheinlich Lamm. Der linke Vorderlauf erhoben, die spitzen Ohren nach beiden Seiten abstehend. Der Kreis von den Seiten durch Halbkreise, von den Ecken durch flache Viertelskreise geschnitten, die sich gegenseitig ebenfalls überschneiden und verflechten. In den freien Flächen Blatt- und Blütenornamente.
Fundort:
Veringenstadt, ev. Pfarrkirche St. Nikolaus, beim Abbruch der mittelalterlichen Kirche 1862 geborgen.
Veringenstadt, Heimatmuseum.

E38 Worms

13. Jahrhundert.
Roter Ton. Flachrelief, so stark abgetreten, daß Zeichnung kaum mehr erkennbar, linke untere Ecke fehlt. 13 × 2,5 cm.
Kleiner, rechteckiger Stempel mit Zackenrand, ähnlich F32 oder F39, in diesem nach rechts gewandtes, stehendes Gotteslamm mit zurückgewandtem Kopf, Gloriole und Kreuzfahne. (Es ist nicht sicher, ob die Zeichnung Forrers ganz korrekt ist). Das Vorderbein stark rückwärts abgewinkelt, der Leib lang und leicht gebogen. Das Lamm ist hier eindeutig als Christussymbol gekennzeichnet.
Fundort:
a Nach R. Forrer, 1901, Taf. XVII, 4 „aus Worms", dort nicht mehr erhalten oder wiedergefunden.
London, Victoria and Albert Museum.

E39 Lilienfeld

Um 1382?
Alle Angaben bei A7.
Kreisstempel mit ähnlichem, jedoch nach links gewandtem Gotteslamm wie bei E37. Übereinstimmung in der Zeichnung, auch der Vorderlauf ist genau gleich abgeknickt. Die Kreuzfahne ist größer, in drei Wimpel geteilt und leicht gewellt. Das Kreisband zeigt an der Innenkante ein nach außen gekehrtes Zackenband. Hinter dem Schweif Ahornblatt. Jeweils zusammen mit A7 und N104 auf eine Fliese geprägt.
Fundort:
Lilienfeld, Zisterzienserstift, bei Grabung 1971 in der ehem. Wolfgangskapelle gefunden. F. Vongrey, 12, Abb. 14, 17, Abb. 26.
Lilienfeld, Stiftsarchiv.

E40 Neustift

Ende 12.–Anfang 13. Jahrhundert?
Roter Ton mit dunkelbrauner Glasur, auch an den Seitenkanten. Flachrelief. 16 × 3 cm.
Nach rechts springendes Pferd mit schmalem Körper, kleinem Kopf und großem Punktauge, spitzen Ohren und Zackenmähne. Die rechte Vorderhand gestreckt, die linke angewinkelt. Rahmenlinie nur auf der rechten Seite erhalten.
Fundort:
Neustift, ehem. Prämonstratenserkloster, vor 1905.
München, Bayerisches Nationalmuseum.

E41 Neustift

Ende 12.–Anfang 13. Jahrhundert?
Roter Ton mit bräunlich-ockeroliver Glasur, an einer Kante mittelbraun, an einer anderen dunkelgrün. Flachrelief, Oberkante zerstört. Kante senkrecht, 16 × 3,5 cm.
Rahmen durch gegenständige Leisten aus Halbkreisbogen gebildet. In diesem ein nach rechts springendes Tier, wohl ebenfalls Pferd. Vom Kopf nur sichtbar das gesenkte, spitze Maul, das Auge und ein Teil der Zackenmähne im Rücken. Die linke Vorderhand nicht angewinkelt, sondern parallel zur rechten geführt, die Körperlinie stärker aufsteigend.
Fundort:
Neustift, ehem. Prämonstratenserkloster, vor 1905.
München, Bayerisches Nationalmuseum.

E42 Rheinland?

13. Jahrhundert?
Rötlicher Ton mit olivgrüner Glasur. Flachrelief, abgetreten, Kante senkrecht. 15 × 3,5 cm.
Im Kreis nach links schreitendes Pferd mit sehr kleinem Kopf auf massigem Körper. Das Maul geöffnet, die rechte Vorderhand waagrecht vorgestreckt.
Fundort:
Unbekannt, vgl. Anm. zu E12.
Düsseldorf, Hetjens-Museum.

E43 Minden

Anfang 13. Jahrhundert.
Dunkelgrauer, fast schwärzlicher Ton, die breiten Rillen mit weißer Engobe und gelblicher Glasur ausgefüllt. Vertiefte

Prägung, Bruchstück. Ca. 9 × 5 × 2 cm erhalten. Nicht abgebildet.
Hinterteil eines Huftiers, die klobigen Hufe sehr exakt gezeichnet.
Fundort:
Minden, an der Stelle des ehem. Mauritiusklosters auf dem Werder, 1909 gefunden. O. K. Laag, 1955, 42.
Minden, Mindener Museum für Geschichte, Landes- und Volkskunde.

E44 Kempten

1428.
Roter Ton. Vertiefte Prägung. 14,5 × 3 cm.
Nach links gewandtes plumpes Pferd (?), der Vorderkörper eher en face gegeben, der Kopf jedoch zur Fliesenecke blikkend. Der schwere Hinterkörper mit kleinem Schwanzstummel.
Fundort:
Kempten, ev. Pfarrkirche St. Mang, neu verlegt am Ostende des Seitenschiffes.

E45 Dargun

Nach 1464–um 1479.
Vermutlich roter Ton. Flachrelief. 21 × 21 cm.
Breiter quadratischer Rahmen. Nach rechts gewandtes, pferdeähnliches Tier mit schmalem Kopf und langen Beinen. Im Rücken des Tieres Bäumchen mit einem Blattwedel.
Fundort:
Dargun, ehem. Zisterzienserklosterkirche St. Marien. F. Schlie, II, 557. 1898 noch vorhanden, nicht sicher, ob noch in situ verlegt. Der Verbleib der Fliesen war nicht zu ermitteln.

E46 Kaiserslautern

1. Hälfte 14. Jahrhundert.
Braunrötlicher Ton. Vertiefte Prägung, Bruchstück, nur eine Fliesenhälfte erhalten. 14,5 × 3 cm.
Spitzoval mit nach rechts gewandtem, stehendem Tier, vermutlich Pferd. Vor dem gesenkten Kopf ein kleines, nach links sprengendes Tier, wohl ein Fohlen. In den Ecken große Doppelpalmetten.
Fundort:
Kaiserslautern, Stiftskirche, beim Wiederaufbau 1965 im Schutt gefunden.
Kaiserslautern, Stiftskirche.

E47 Mörgen

2. Hälfte 14. Jahrhundert?
Roter Ton. Flachrelief, abgetreten. 18 × 3/4 cm.
Gegenstück zu C55. Anstelle des Hirsches Pferd, links die vordere Hälfte eines Löwen (?), derselbe Stempel wohl auch über der Seite oben. Die Tiere rechts und auf der unteren Seite nicht sicher zu erkennen.
Fundort:
Mörgen, kath. Pfarrkirche St. Georg, bei der Restaurierung vor 1980 unter dem Fußboden gefunden. E. Striebel, 64, Abb. 21, 2.
Mörgen, Pfarrkirche
Kirchheim/Schwaben, Heimatmuseum im Rathaus.

E48 Rheinland ?

13. Jahrhundert?
Roter Ton mit olivgrüner Glasur. Flachrelief, Kante senkrecht. 15 × 3,5 cm.
In Kreis schräg eingesetzt nach links gewandtes, stehendes Rind. Auch hier der Kopf im Vergleich zum Körper sehr klein.
Fundort:
Unbekannt, möglicherweise aus dem Rheinland, vgl. Anm. zu E12.
Düsseldorf, Hetjens-Museum.

E49 Zwettl

1. Hälfte 13. Jahrhundert.
Rötlicher Ton. Flachrelief, Doppelfliese mit breitem Zwischenbalken. Ca. 16 × 14,5 × 3,5 cm.
In quadratischem Rahmen nach links gewandter stehender Steinbock. Die Körperbildung fast übereinstimmend mit Hirsch C9.1, der rechte Vorderlauf noch etwas höher erhoben. Hörner mit vier Bogen, Ziegenbart, im Maul eine Pflanze mit S-förmig geschwungenem Stengel. Zwischen den Läufen, vom Grund aufsteigend, zwei weitere Blattpflanzen, über dem Rücken, die ganze Fliesenecke füllend, gegenständige dreigeteilte Blattpflanze mit gezähnten Einzelblättern.
Fundort:
Zisterzienserstift Zwettl, Niederösterreich, 1979 in den Fenstern des Auditoriums vermauert gefunden. Kat. Die Kuenringer, 503, Kat. Nr. 611e (ohne Abb.).
Zwettl, Stiftsmuseum.

E49.1 Neustift

Ende 12.–Anfang 13. Jahrhundert.
Roter Ton mit hellgelbbrauner Bleiglasur, auch an den senkrechten Kanten. Flachrelief. 16 × 3 cm.
In quadratischem, mit dreifachen Zackenkerben sorgfältig verziertem Rahmen nach rechts springender Steinbock. Der Kopf geneigt, das lange Gehörn leicht hängend, die Vorderläufe unbeholfen angewinkelt.
Fundort:
Neustift, ehem. Prämonstratenserkloster, vor 1905 gefunden.
München, Bayerisches Nationalmuseum.

E50 Selz

3. Viertel 13. Jahrhundert.
Ziegelroter Ton. Vertiefte Prägung, Model waagrecht gebrochen. Kante leicht schräg. 13,2 × 2,5 cm.
Rahmen aus Zackenband, in jedem Dreieck ein Punkt. Nach links springendes Böckchen mit zwei spitzen Ohren und etwas längeren Hörnern, welche die Rahmenecke berühren. Körper ähnlich E49, die Vorderläufe nicht so stark angewinkelt.
Fundort:
Selz, 1950 in einer Scheune gefunden.
Hagenau, Elsässisches Museum.

E51 Nattheim?

14. Jahrhundert?
Roter Ton. Flachrelief. Stark abgetreten. 14 × 3 cm.
Im Kreis nach rechts springender Steinbock mit sehr spitzem Kopf und langem, schleppendem Gehörn.
Fundort:
Unbekannt, analog zu B30 wohl aus Nattheim, ehem. Pfarrkirche.
Darmstadt, Hessisches Landesmuseum.
Düsseldorf, Hetjens-Museum.
Karlsruhe, Badisches Landesmuseum.
Stuttgart, Württembergisches Landesmuseum, aus den Beständen des ehemaligen Landesgewerbemuseums. (Vermerk im Inventar „Württemberg".)

E52 Stein/Donau

2. Hälfte 13. Jahrhundert.
Roter Ton mit brauner Bleiglasur. Flachrelief. 17,5 × 3,5 cm.
Nach links gewandtes Tier mit massigem Körper, der fast ein Spitzoval bildet. Die großen Hauer weisen auf ein Wildschwein. Tief eingeschnittenes Maul an der Unterseite des mit dem gewölbten Rücken verschmolzenen Kopfes, die Läufe mit tief eingekerbten Klauen.
Fundort:
Stein/Donau, Großer Passauerhof, zu Beginn des 20. Jahrhunderts entfernt. L. Schmidt, 2, Abb. 59, 6.
Krems, Museum der Stadt Krems.
Hamburg, Museum für Kunst und Gewerbe.
Wien, Österreichisches Museum für Volkskunde.

E53 Stein/Donau

2. Hälfte 13. Jahrhundert.
Roter Ton mit dunkelbrauner Glasur. Flachrelief, stark abgetreten. 14,5 × 4 cm.
Nach links gewandter Wolf mit scharfem Gebiß und hängender Rute. Über dem Rücken des Tieres große Radenblüte?
Fundort:
Stein/Donau, Großer Passauerhof, zu Beginn des 20. Jahrhunderts entfernt. L. Schmidt, 2, Abb. 59, 9.
Krems, Museum der Stadt Krems.
Hamburg, Museum für Kunst und Gewerbe.
Wien, Österreichisches Museum für Volkskunde.
Wien, Niederösterreichisches Landesmuseum.

E54 Bebenhausen

2. Drittel 13. Jahrhundert.
Roter, feingemagerter Ton. Vertiefte Prägung. 10,3 × 2,8 cm.
Doppeltes Spitzoval, das sich an den Spitzen jeweils überschneidet, mit nach rechts gewandtem Fisch. Großes Auge, Halsring, sorgfältig gezeichnete Schuppen und Zackenflossen zu beiden Seiten. In der Ecke oben Viertel einer spitzblättrigen Rosette, unten Weinblatt mit zarten Rippen.
Fundort:
a Bebenhausen, ehem. Zisterzienserkloster, Dormitorium in situ. E. Herdtle, II, Taf. 21.
Stuttgart, Württembergisches Landesmuseum.
b Bebenhausen, bei Ausgrabungen 1956 im Bereich der ehem. Klosterkirche gefunden.
Bebenhausen, Klosterverwaltung.
c Variante, mit zusätzlicher schmaler Ovallinie. 12,2 × 2,7 cm.
Dormitorium Bebenhausen.
Stuttgart, Württembergisches Landesmuseum.

E55 Bebenhausen

Um 1228? Sicher vor E54 entstanden.
Roter Ton. Wechsel zwischen vertiefter Prägung und Flachrelief. 10 × 2,9 cm.
In der Diagonale nach rechts gewandter Fisch mit größeren Schuppen, senkrecht gekerbter, gezackter Rückenflosse und zweigeteilter Schwanzflosse. Auf der Bauchseite zwei kleine Flossen. In der Ecke oben Viertelskreis mit dicken Punkten, unten Viertel eines breiten Palmettenbandes.
Fundort:
Bebenhausen, ehem. Zisterzienserkloster, in situ im Dormitorium. Dort weitere Fliesen der Größe 12,5 × 12,5 cm.
E. Herdtle, I, Taf. 22.
Stuttgart, Württembergisches Landesmuseum.

E55.1 Hohenfels

13. Jahrhundert.
„Hellocker Ton mit Einsprengseln von Kalksinter." Vertiefte Prägung. Vermutlich ursprünglich rechteckiger Model oder Rahmenleiste. Bruchstück. Erhalten hat sich eine Fliese der Größe 13,5 × 8 cm. Dicke 2,5 cm.
Sichtbar sind ein waagrechtes Band mit dem Kopf und den Vorderflossen eines karpfenartigen Fisches, mit großem, rundem Auge, geöffnetem Maul und Andeutung von Kiemen und Schuppen.
Fundort:
Hohenfels, Burgstelle, bei der Grabung 1932–33 gefunden.
Speyer, Historisches Museum der Pfalz.

E56 Gnadental – Leofels

2. Viertel–Mitte 15. Jahrhundert.
Dunkelroter Ton. Stark erhabenes Relief. 17 × 5 cm.
In quadratischem Rahmen Spitzoval mit Krebs, von oben gesehen. Die Darstellung geht sorgfältig auf Einzelheiten der Scheren und Glieder ein. In zwei Ecken der Fliese derbe stilisierte Lilie. In den freien Dreiecksflächen je ein Pfeil und ein flachgedrücktes „B", in der Zeichnung von Herdtle noch sichtbar. Möglicherweise handelt es sich hier ursprünglich um ein Wappen[1].
Fundort:
a Gnadental, ehem. Zisterzienserinnenkloster.
Schwäbisch Hall, Keckenburg-Museum.
b Burgruine Leofels, bei Grabungen vor 1951 gefunden.
Neuenstein, Schloßmuseum.
c Unbekannt, möglicherweise aus einem der beiden Fundorte, bei E. Herdtle, II, Taf. 25 wird der Herkunftsort nicht erwähnt. Da jedoch beide Fliesen zusammen mit H77 gefunden wurden, könnte die Fliese auch aus dem dritten Fundort von H77, der St. Martinskirche in Biberach, stammen und dort im 19. Jahrhundert entfernt worden sein.
Stuttgart, Württembergisches Landesmuseum.

1 Die Fliese könnte das Wappen der Familie von Kresberg oder Krebsberg darstellen (O. v. Alberti, I, 422, Abb. 1519 und BOA Crailsheim, 1884, 364–366, 504–505). Die von 1252–1378 er-

wähnte, nicht weit von Gnadental in dem heutigen Marktlustenau ansäßige und mit den Gründern Gnadentals, den Krautheim und Hohenlohe versippte Familie, war bis um 1360 Besitzer der Burg Kreßberg. Das Wappen scheint jedoch von den Nachfolgern mit dem Besitz übernommen worden zu sein. Eine urkundliche Verbindung zu Gnadental und Leofels ließ sich bis jetzt nicht herstellen.

E57 Auhausen? – Oettingen?

Ende 15.–Anfang 16. Jahrhundert.
Roter Ton. Flachrelief, stark abgetreten. 16 × 4 cm. Nicht abgebildet.
Spitzoval mit grobem Krebs ähnlich E56. In den Ecken drei konzentrische Viertelskreise mit nicht mehr erkennbarem Ornament.
Fundort:
Unbekannt, aus Oettingen oder Umgebung. Da die zweite Fliese des Oettinger Museums aus Kloster Auhausen stammt und dieser im Tonmaterial und Prägung gleicht, ist es möglich, daß auch diese Fliese dort gefunden wurde.
Oettingen, Rieser Heimatmuseum.

E58 Reinheim

Ende 15. Jahrhundert? Um 1610?
Roter Ton. Flachrelief, abgetreten. 21,5 × 2,5 cm.
Variante von E57. Auffallende Übereinstimmung der Zeichnung bei veränderten Abmessungen.
Doppeltes Spitzoval, in den Ecken doppelte Viertelskreise mit heraldischer Lilie, Kelch und Blätter bis zum Kelchgrund getrennt. Der Krebs mit breitem, waagrecht ausgestrecktem Schwanz.
Fundort:
Reinheim, ev. Dreifaltigkeitskirche, bei Bauarbeiten 1972 gefunden.
Reinheim, Pfarrhaus.

E59 Straßburg

1. Hälfte 13. Jahrhundert.
Roter Ton. Vertiefte Prägung, abgetreten. 13 × 2,5 cm.
Kreis mit nach links gewandtem, stehendem Vogel. Kleiner, spitzer Kopf, Flügel aus drei spitz zulaufenden Linien, die Beine parallel, mit gespreizten Krallen.
Fundort:
Straßburg, bei Kanalisationsarbeiten 1906 gefunden. J. Fikker, Taf. XL, 1.
Straßburg, Frauenhausmuseum (z. Z. nicht auffindbar).

E60 Königstein – Lörzweiler – Mainz – Osnabrück – Straßburg – Seligenstadt – Speyer

2. Drittel 13. Jahrhundert.
Dunkel-schwarzgrauer, feingemagerter Ton. Der Model schräg und außermittig in die Fliese geprägt. Bruchstück, 13,5 × 2 cm.
Variante von E59. Die Haltung des nach rechts gewandten Vogels weniger steif. Aus dem gekrümmten Schnabel biegt sich eine Linie mit Pfeilspitze nach oben. Der angelegte Flügel überschneidet die Schwanzspitze, die befiederten Beine haben genau beobachtete Krallen.
Fundort:
a Königstein, Burgruine, 1975–76 gefunden. E. Gundermann, 149, 142, Taf. 1, 3.
Königstein, Stadtmuseum.
b Lörzweiler, Pfarrkirche St. Michael, bei Grabungen 1969 als Bruchstück gefunden.
Mainz, Landesamt für Denkmalpflege.
c Mainz, Gutenbergplatz, beim Legen eines Kabels 1910 aufgedeckt. E. Neeb, 1911, 149, Abb. 9, 6, gelbbrauner Ton, 14,2 × 2,2 cm.
Mainz, Mittelrheinisches Landesmuseum.
d Osnabrück „aus dem Stadtgebiet“, Herkunft unbekannt.
Osnabrück, Kulturgeschichtliches Museum.
e Speyer, ehem. Augustiner-Chorherrenstift St. German, bei einer Grabung 1949 gefunden.
Speyer, Historisches Museum der Pfalz.
f Straßburg, Herkunft unbekannt, vor 1907 gefunden. J. Fikker, Taf. XL, 2. Roter Ton. 13 × 2,5 cm.
Straßburg, Frauenhausmuseum, vgl. Anm. zu D7.
g Unbekannt. Die Zusammensetzung des gelblichroten Tones mit feiner Schlämmschicht an der Oberfläche ist ähnlich der der Fliesen der frühen Periode aus Kloster Lorsch. Dieses Muster wurde jedoch bei den Ausgrabungen 1928–32 nicht gefunden. Bruchstück, 14 × 2,4 cm.
Darmstadt, Hessisches Landesmuseum.
h Variante, ohne Kreisrahmung, Zeichnung übereinstimmend. Schwarzgrauer Ton. 11,5 × 12 × 2,2 cm. Ehem. Benediktinerabtei Seligenstadt, in späterer Zeit auf dem Dachboden des Konventsgebäudes verlegt.
Seligenstadt, Landschaftsmuseum.
i Vermutlich aus Speyer, Herkunft unbekannt. Grauer Ton. 14 × 3 cm. Bruchstück.
Speyer, Historisches Museum der Pfalz.
j Straßburg, St. Nikolaus, beim Wiederaufbau der Kirche 1947 in situ gefunden.
Straßburg, Städtisches Denkmalamt.
k Unbekannt, im Frankfurter Kunsthandel erworben. Rosabräunlicher, feingemagerter Ton. 14 × 14,4 × 2,2/2,6 cm.
Bad Zwischenahn, Slg. Hans-Jürgen Heger.

E61 Marktbreit

15. Jahrhundert?
Roter Ton. Flachrelief, abgetreten. 9 × 3,5 cm.
Breiter Kreis mit nach links schreitendem Vogel mit breitem, gesenktem Schwanz, die Krallen eher Schwimmflossen ähnlich.
Fundort:
Marktbreit, im Main beim Bau einer Staustufe gefunden. Die Herkunft der Fliese war nicht zu ermitteln.
Würzburg, Mainfränkisches Museum.

E62 Saarburg

2. Hälfte 13. Jahrhundert.
Sehr feiner, dunkelgrauer Ton. Vertiefte Prägung mit breiten Rillen, keine Abnützungsspuren. 15 × 11,5 × 2,2 cm.
Rechtwinkliges Dreieck. Nach rechts gewandte, dem Dreieck einbeschriebene zischende Gans mit breiten Flügeln und langem Bürzel.
Fundort:
Saarburg, aus der Abfallgrube einer 1960 in der Avenue de la Victoire 18 aufgedeckten mittelalterlichen Töpferei.
Saarburg, Regionalmuseum.

E 63 Neustift

Ende 12.–Anfang 13. Jahrhundert.
Roter Ton mit grünlichgelber und dunkelbrauner Bleiglasur. Flachrelief. 16 × 3,5 cm.
In quadratischem Rahmen nach links gewandter stehender Hahn mit spitzem Schnabel, langen Krallen und buschigem Schwanz. Alle Einzelheiten: Kamm, Kehllappen, Sporen sind genau beobachtet. Vor dem Tier aufsteigendes Kleeblatt, unter dem Schwanz hochgestelltes „W".
Fundort:
Neustift, ehem. Prämonstratenserkloster, vor 1905.
München, Bayerisches Nationalmuseum.

E 64 Hüttengesäß

Nachmittelalterlich, möglicherweise um 1597 oder später.
Roter, poröser Ton. Vertiefte Prägung, abgetreten. 16,5 × 16,5 cm.
Spitzoval mit nach rechts schreitendem kleinem Hühnervogel auf hohen Beinen, die Schwanzfedern nicht gewölbt, sondern fächerartig gebreitet. In den Ecken je eine kleine Tulpe oder Glockenblume[1].
Fundort:
Hüttengesäß, Herkunft aus der Kirche möglich, jedoch nicht gesichert.
Pforzheim, Slg. K. Hillenbrand.

1 Die sehr schwierige Datierung der in der Volkskunst in dieser Form häufig auftretenden Darstellung hängt von der Deutung der Blüte ab. Sieht man sie als Tulpe, so kann die Fliese erst in der 2. Hälfte des 17. Jh. entstanden sein, da erst zu dieser Zeit Tulpen in deutschen Bauerngärten auftauchen. Sie könnte beim Erweiterungsbau der Pfarrkirche 1718 verlegt worden sein. Bei einer Deutung als stilisierte Glockenblume ist eine Prägung ab der 2. Hälfte des 15. Jh. möglich.

E 65 Straubing

1. Hälfte (?) oder Ende (?) 15. Jahrhundert.
Roter, grobgemagerter Ton. Flachrelief, abgetreten, drei Kreisstempel im Uhrzeigersinn unregelmäßig eingeprägt. 25 × 4,5 cm.
Kreis aus feinem Kerbband mit nach rechts gewandtem Pelikan, der mit dem Schnabel seine Brust öffnet, um seine Jungen zu nähren. Die winzigen Köpfe der Jungen, vom Kreisrand aufsteigend, sind durch den Blutstrom mit dem Vogel verbunden. Zart gefiederte, farnartige Pflanze im Rücken des Tieres. Der Pelikan steht hier als Christussymbol[1].
Fundort:
Straubing, Böhmhaus, Ludwigsplatz 133, 1901 beim Abbruch des Hauses gefunden. F. Mader, 1921, 364, Abb. 319.
Straubing, Stadt- und Gäuboden-Museum.

1 Dieselbe Darstellung, mit ganz geringfügigen Abweichungen, zeigt ein ebenfalls kreisrunder Tonmodel, Dm. 10,5 cm, um 1500, im Landesmuseum Trier. E. Zahn, 235, Abb. 2. Vgl. Abb. 80.

E 66 Neustift

Ende 12.–Anfang 13. Jahrhundert.
Roter Ton mit olivbräunlich-gelber Glasur. Flachrelief, abgetreten. 16,5 × 3,5 cm.
In quadratischem Rahmen zwei antithetische Pfauen, durch den abweichenden Körperbau deutlich als Paar gekennzeichnet. Der Vogel links mit Federkrone und langen, hängenden Federbüscheln mit Spiegeln, der Vogel rechts mit großem, gebogenem Schnabel und besonders langen Beinen.
Fundort:
Neustift, ehem. Prämonstratenserkloster, vor 1905.
München, Bayerisches Nationalmuseum.

E 67 Aachen

2. Hälfte–Ende 15. Jahrhundert.
Hellrötlicher Ton mit elfenbeingelber Glasur. Flachrelief. 11,5 × 2,5 cm.
Zwei gekreuzte Spitzovale auf doppeltem Eckquadrat. In der Mitte, die Ovale teils überdeckend, prächtiger Vogel mit geöffnetem Schnabel, Federkrone, sehr schmalem Hals und angelegten, großen Flügeln. Die befiederten Krallen umklammern das Oval. Von rückwärts zielt ein breiter Pfeil auf den Hals des Vogels. In der Ecke links oben und rechts unten kleine Rosetten, in den gegenüberliegenden heraldische Lilien.
Fundort:
Unbekannt, doch sicher aus dem Rheinland. Eher aus einer Aachener, denn einer Kölner Werkstatt.
Hamburg, Museum für Kunst und Gewerbe.

E 68 Kippenheim – Konstanz

3. Viertel 13. Jahrhundert.
Gelber, grobgemagerter Ton. Vertiefte Prägung. 13,5 × 3 cm.
In quadratischem Rahmen sich nach links aufbäumender, fauchender Schwan mit U-förmig gebogenem Hals, gespreizten Schwimmhäuten und großen, am Körper angelegten Flügeln. Die Federn sind am Flügelbug durch kleine Dreiecke und Punkte, die Schwingen durch straff zu den Flügelspitzen gezogene Linien gegeben.
Fundort:
a Kippenheim, Pfarrkirche St. Mauritius.
Freiburg, Städtische Museen, Augustinermuseum.
b Konstanz, Stadionscher Domherrenhof, 1898. Rötlichgelber, feingemagerter Ton.
Konstanz, Rosgartenmuseum.
Dortmund, Museum für Kunst und Kulturgeschichte.
Karlsruhe, Badisches Landesmuseum.
London, Victoria and Albert Museum (Slg. R. Forrer). A. Lane, Taf. 22 H.
Nürnberg, Germanisches Nationalmuseum.
Zürich, Schweizerisches Landesmuseum.
c Konstanz, Münster, Mauritiusrotunde, 1973 im Fundament des Hl. Grabes vermauert gefunden. S. v. Blanckenhagen, E. v. Gleichenstein, 85, Nr. 75.
Freiburg, Landesdenkmalamt Baden-Württemberg (gelbgrauer Ton).
Konstanz, Staatl. Hochbauamt.

E 69 Nattheim

14. Jahrhundert?
Roter Ton. Flachrelief, teilweise abgetreten. 14 × 3 cm.
In Kreis nach rechts gewandter stehender Storch mit S-förmig gebogenem Hals, spitzem Schnabel und großen Krallen.

Fundort:
Unbekannt, analog zu B 31 aus der Kirche von Nattheim.
Darmstadt, Hessisches Landesmuseum.
Düsseldorf, Hetjens-Museum.
Karlsruhe, Badisches Landesmuseum.
Stuttgart, Württembergisches Landesmuseum, aus den Beständen des ehemaligen Landesgewerbemuseums. (Inventarvermerk: „Württemberg").

E 70 Speyer

3. Viertel 13. Jahrhundert.
Gelbroter Ton. Vertiefte Prägung, abgetreten. 13,5 × 2,5 cm.
Quadratischer Rahmen, in diesem Eckquadrat mit stilisierter Lilie (Hellebardenspitze). Auf dem Kelchblatt sitzen zwei ungleich große, schnäbelnde Tauben. In den Ecken der Fliese grobgezackte Palmetten.
Fundort:
Speyer, 1913 beim Bau des kath. Vereinshauses, Herdstr. 5, gefunden[1].
Speyer, Historisches Museum der Pfalz.

1 Ber. hist. Mus. 2, 1914, 26, Abb. 23.

E 71 Neustift

Ende 12.–Anfang 13. Jahrhundert.
Roter Ton mit mittelbrauner Glasur, auch an den Seitenkanten. Flachrelief. 16 × 3 cm.
Unregelmäßiger, quadratischer Rahmen mit nach rechts gewandtem, stehendem Vogel. Spitzer Kopf mit gezackten Kammfedern, lange, zur Palmette umgebildete Zunge. Flügel mit vier Schwungfedern und breitem, gefächertem Stoß.
Fundort:
Neustift, ehem. Prämonstratenserkloster, vor 1905.
München, Bayerisches Nationalmuseum.

E 72 Neustift

Ende 12.–Anfang 13. Jahrhundert.
Roter Ton mit mittelbrauner Glasur, auch an den Kanten. Flachrelief. 16 × 3 cm.
In quadratischem Rahmen, dem die Grundleiste fehlt, nach rechts gewandter Vogel mit kleinem Kopf, spitzem Schnabel und nach beiden Seiten weitgespreizten Flügeln. Im Fang hält er ein raupenartiges Beutetier, dessen Schwanzborsten gleich wie die des Vogels gebildet sind.
Fundort:
Neustift, ehem. Prämonstratenserkloster, vor 1905.
München, Bayerisches Nationalmuseum.

E 73 Sindelfingen

15.–17. Jahrhundert.
Roter Ton. Flachrelief, sehr gut erhalten, wahrscheinlich schon nach dem Brand verworfen. 18,5 × 19,5 × 4,5 cm.
In zwei gegenüberliegenden Ecken je doppelte Viertelskreise mit kleinem, auf der Fliesenecke stehendem, rechtsgewandtem Vogel. Der eine vermutlich Gans, der andere eher Rabenvogel. In Fliesenmitte fünf Punkte in Würfelanordnung, darüber je eine zur Ecke gekehrte Tulpe. Vgl. Anmerkung zu E 64.
Fundort:
Sindelfingen, aus einem Hause hinter dem Gebäude Rathausplatz 9, einer ehem. Ziegelei.
Sindelfingen, Stadtmuseum.

E 74 Marburg

16.–18. Jahrhundert?
Roter, grobkörniger Ton. Flach vertiefte Ritzzeichnung. 17,5 × 2,5 cm.
Grobe, bäuerliche Arbeit. Nach links gewandter wiedehopfähnlicher Vogel mit ausgebreiteten Flügeln und Federhaube. Das Federkleid durch kleine Bögen angedeutet, in der Ecke rechts unten möglicherweise kleines Tier.
Fundort:
Marburg, Herkunft unbekannt, im 19. Jahrhundert gefunden.
Marburg, Museum für Kunst und Kulturgeschichte.

E1

E2

E3

E4

E5

E6

E7

E8

E9

E10

E11

E12

E13

E14

E16

E17

E18

E19

E 20

E 21

E 22

E 23

E 24

E 25

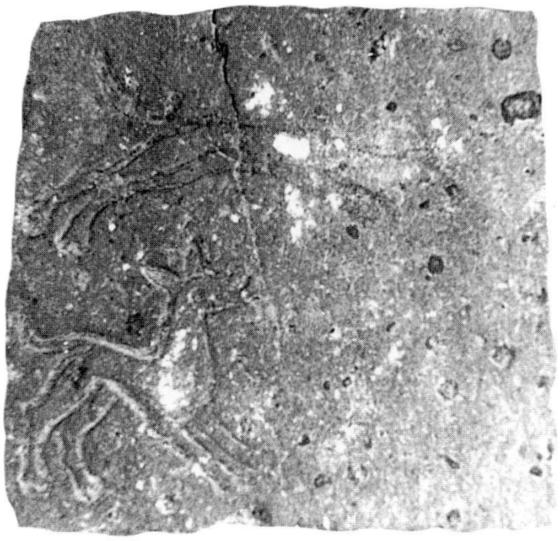

E 26

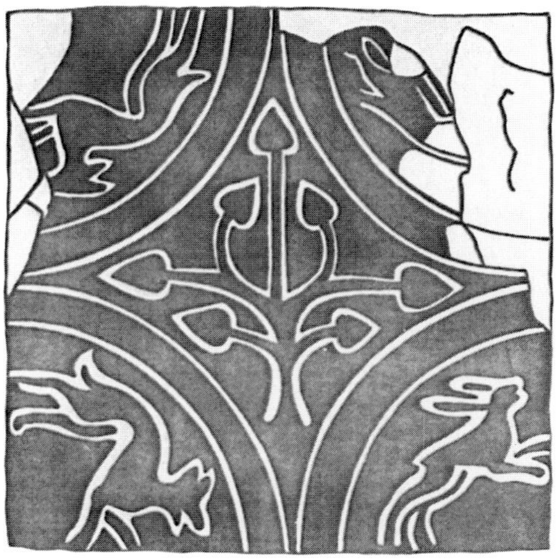

E 27

E 27.1

E 28

E 29

E 30

E31

E32

E33

E34

E35

E37

E 38

E 39

E 40

E 41

E 42

E 44

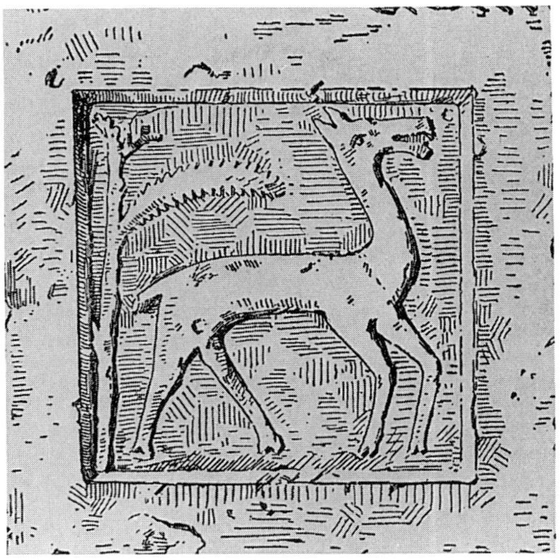

E 45

E 46

E 47

E 48

E 49

E 49.1

E 50

E 51

E 52

E 53

E 54

E 55

E 56

E 58

E 59

E 60

E 61

E 62

E 63

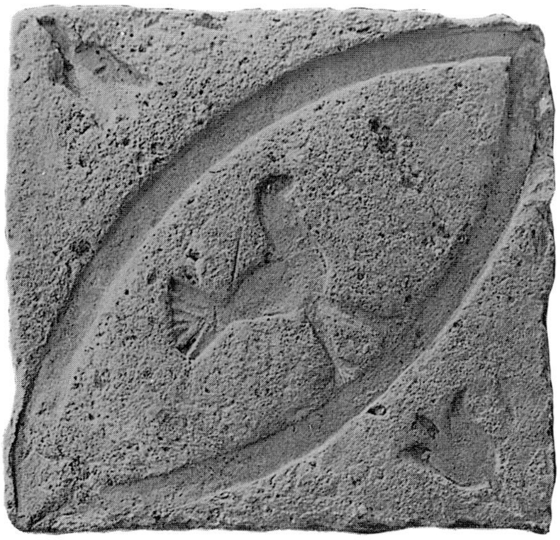

E 64

E 65

E 66

E 67

E 68

E 69

E 70

E 71

E 72

E 73

E 74

Fabelwesen und Fabeltiere

Kentauren

F1 Schlettstadt

3. Viertel 12. Jahrhundert.
Roter, stark mit Sand gemagerter, dunkel gebrannter Ton mit gelbbrauner Bleiglasur in den Vertiefungen. Flachrelief, stark abgetreten, Achteckfliese. Durchmesser 22,5 cm, Seitenlänge ca. 10 cm, Dicke 4 cm.
In Achteckrahmen nach rechts schreitender Kentaur, den Oberkörper rückwärts gewandt, mit gespanntem Bogen auf einen nicht im Bild befindlichen Gegner zielend. Die Kopfbedeckung ähnelt einer phrygischen Mütze, soll jedoch wohl einen normannischen Helm darstellen. Der Ansatz des an der Unterseite mit Kerben versehenen Pferdeleibs wie beim antiken Kentauren durch einen Gürtel verdeckt.
Fundort:
Schlettstadt, Pfarrkirche St. Fides, bei der Restaurierung 1892 gefunden. R. Forrer, 1901, 62, Taf. II, 2.
Schlettstadt, Stadtbibliothek (Bruchstücke).
London, Victoria and Albert Museum, A. Lane, Taf. 23C.

F2 Schlettstadt

3. Viertel 12. Jahrhundert.
Ton und Maße wie bei F1. In der Mitte gebrochen.
In Achteckrahmen nach rechts gewandter Kentaur gleich F1, mit schräg links geteiltem Spitzschild in der Linken und gezücktem Schwert in der Rechten. Der Helm leicht nach vorn geneigt.
Fundort:
Schlettstadt, St. Fides, gleichzeitig mit F1, R. Forrer, 1901, 62 und Taf. II, 1.
Schlettstadt, Stadtbibliothek (Bruchstücke).
Dortmund, Museum für Kunst und Kulturgeschichte.
London, Victoria and Albert Museum, A. Lane, Taf. 23A.

F3 Straßberg

Ende 12.–Anfang 13. Jahrhundert.
Roter, feingemagerter Ton. Achteckiger Stempel in quadratischer Fliese, Flachrelief. 16,6 × 3 cm.
In durch unregelmäßige Schrägkerben gebildetem Kreis nach rechts gewandter Kentaur, dessen Oberkörper en face, der Kopf (mit normannischem Spitzhelm) im Profil nach rückwärts gewandt gegeben ist. Schwert- und Schildhaltung übereinstimmend mit F2, der Rundschild mit Strahlenornament, der Kopf bärtig, statt des Pferdekörpers ein Löwenleib mit feiner Netzaderung und langen Krallen.
Fundort:
Straßberg, Burgruine, bei Ausgrabungen vor 1823, dann 1888 erneut gefunden. L. Gerster, Taf. 15, 1.
Zürich, Schweizerisches Landesmuseum.
Basel, Historisches Museum (Gipsabguß?).

F4 Rheinland?

13. Jahrhundert?
Rötlicher Ton mit einer stark zersetzten, ockerolivfarbigen Glasur. Flachrelief, stark abgetreten. 14,5 × 14,3 × 3,2 cm.
Im Kreis nach rechts gewandter stehender Kentaur mit langem, leicht nach hinten geneigtem Oberkörper. Die Rechte hält eine lange, geschulterte Keule. Der Schweif des Pferdes hängt.
Fundort:
Unbekannt, möglicherweise aus dem Rheinland. Aus derselben Werkstatt wie E12, E42, E48.
Kat. Lückger, 1964, 218, Nr. 1211.
Köln, Museum für Angewandte Kunst.

F5 Speyer

3. Viertel 13. Jahrhundert.
Hellroter Ton mit Einschluß kleiner Kalkteilchen. Vertiefte Prägung, Profil abgeschrägt. 13,5 × 3,5 cm.
In quadratischem Rahmen nach links schreitender Kentaur mit walzenförmigem Löwenleib und großem Kopf. Das Haar mit Stirnlocke in einem nach oben gerollten Schopf endigend, der Mund tief eingeschnitten und geöffnet. Dünne, kurz unter dem Halsansatz angeklebte Arme halten einen Rundschild und ein Schwert. Der Löwenschweif ist s-förmig gebogen.
Fundort:
Speyer, Privathaus, am 24. 6. 1913 gefunden.
B. H. Röttger, 1934, 722, Abb. 505.
Speyer, Historisches Museum der Pfalz.

F6 Speyer – Worms

2. Hälfte 13. Jahrhundert.
Feiner, mittelroter Ton. Vertiefte Prägung. 12 × 14,5 × 2,5 cm.
In rechteckigem Rahmen nach links gewandter Kentaur mit Tierkopf. Die Linke hält den langen S-förmig gewölbten Schweif, die Rechte einen kleinen Rundschild. Der Kopf mit spitzen Ohren, das Maul weit geöffnet. Die Vorderpranken, mit breiten Tatzen, zum Sprung ansetzend.
Fundort:
a Speyer, Dom St. Peter, bei Grabungen 1962 in der SO-Ecke der Krypta, in einer Aufmauerung über dem salischen Estrich gefunden. H. E. Kubach, W. Haas, I, 1109, Nr. 119, II, Abb. 1652.
Speyer, Landesamt für Denkmalpflege.
b entweder *Variante* oder ungenaue Zeichnung. Der Tierkopf sitzt nicht unmittelbar auf dem Leib, sondern auf langem Oberkörper. Der Schweif ist stärker gewölbt. Hellgrauer Ton, 13,3 × 2,5 cm. E. Grill, Taf. 1, 9. Vermutlich aus Worms.
Worms, Museum der Stadt Worms (nicht mehr auffindbar).

F7 Brunnenburg – Mainz – Straßburg – Worms

2. Drittel 13. Jahrhundert.
Gelblicher Ton. Vertiefte Prägung. 11,8 × 13,8 × 2,2 cm.
Kampf eines Kentauren gegen ein in der rechten Bildhälfte aufgerichtetes, vogelähnliches Fabeltier. Der eben abgeschossene Pfeil trifft den Hals des Tieres; der Kentaur, mit Pferdeleib und Horn in Kopfmitte, verharrt noch in der Haltung des leicht rückwärts geneigten Bogenspanners. An der oberen und unteren Kante Begrenzungslinien.
Fundort:
a Brunnenburg, ehem. Prämonstratenserinnenklosterkirche, bei Grabungen 1954 gefunden. H. Miedel, 115, Nr. 4 und Abb. 59. – G. und I. Maag, Tl. 4, 134, Abb. 88O.
Diez, Nassauisches Heimatmuseum.
Wiesbaden, Slg. Nassauischer Altertümer (z. Z. nicht auffindbar).

b Vermutlich aus Mainz, Herkunft unbekannt. Roter Ton. Es fand sich außerdem eine Fliese, deren Darstellung durch eingeprägte Zwischenlinien fast unkenntlich ist.
Mainz, Mittelrheinisches Landesmuseum.
c Unbekannt, nicht sicher aus Straßburg, vor 1907 gefunden. J. Ficker, Taf. XL, 4. 13 ×2,5 cm.
Straßburg, Frauenhausmuseum, vgl. Anm. zu D7.
d Straßburg, St. Nikolaus, beim Wiederaufbau 1947 in situ gefunden.
Straßburg, Städtisches Denkmalamt.
e Worms, Herkunft unbekannt, möglicherweise analog zu D7 aus der Pauluskirche. Tiefroter und hellbraunroter Ton mit Resten einer weißen Engobe. Bruchstücke. Vor 1922 gefunden. E. Grill, Taf. 1, 7.
Worms, Museum der Stadt Worms.
Hamburg, Museum für Kunst und Gewerbe.

F8 Speyer

1. Hälfte des 13. Jahrhunderts.
Dunkelroter Ton, die Vertiefungen mit roter Farbe nachgezogen. 14, 8 × 2,7 cm.
Durch *Nachschnitt* eines Models entstandene Variante von F7. Der Hinterleib des Kentauren stark verkürzt, das Horn in kleines Hütchen umgebildet. Die ganze Zeichnung primitiver und jedes schmückenden Beiwerks beraubt.
Fundort:
Speyer, Herkunft unbekannt, vor 1913 gefunden.
G. Berthold, 1913, 16, Abb. 14.
Speyer, Historisches Museum der Pfalz.

F9 Österreich? – Klingenberg

Um 1260?
Roter, feingemagerter Ton. Flachrelief. 16,5 × 16,5 cm.
In quadratischem Rahmen nach rechts gewandter Kentaur mit unter dem Kinn gebundener Haube. In der Rechten Schwert, in der Linken Spitzschild mit Binde, dem Wappen Österreichs. Der Löwenleib durch einen Bogengürtel vom bekleideten Oberkörper abgesetzt, der Schweif aus zwei Linien mit Palmettenquaste. Der Rahmen trägt in Majuskeln die Umschrift: „WAS HAN ICH DIR GETAN MUNICH FETERMAN + OLH".
Fundort:
a Unbekannt, nach R. Forrer, 1901, 68, Abb. 144 „aus Österreich"[1].
Wien, Österreichisches Museum für angewandte Kunst (Slg. Dr. A. Figdor).
b Klingenberg/Zvikov, Burg.
c Orlik, Burg[2].
Beide Pisek, Städtisches Museum.

1 Die Herkunft der Fliese war nicht zu klären. Alle Anzeichen, die deutsche Schrift und der österreichische Bindenschild, deuten darauf hin, daß der Model von einem deutschen Handwerker geschnitzt und die Fliese wohl auch an einem nicht mehr bekannten Ort in Österreich verlegt wurde. Das schließt jedoch keineswegs die Weiterverwendung auf böhmischen Burgen aus.
2 D. Hejdová, B. Nechvátal, 162, Typ 99, 419, Abb. 45, 3. Hier finden sich alle übrigen Fliesen, die aus dieser Werkstatt stammen.

F10 Wertheim

2. Hälfte 15. Jahrhundert?
Roter, feingemagerter Ton. Flachrelief, abgetreten. 18 × 19 × 3,5 cm, Stempel 10 × 10 cm.
Kleines Eckquadrat in große Fliese eingeprägt. In diesem ein nach links gewandter, bärtiger und behaarter Kentaur, eher dem Typ der „Wilden Männer" entsprechend. Der Kopf wächst unmittelbar aus dem Pferdeleib, die Vorderläufe sind fast waagrecht nach vorne abgeknickt. Der aus Verschmelzung von Vierpaß und Quadrat[1] (Rautenvierpaß) gebildete Rahmen ist so dicht mit Pflanzen gefüllt, daß der Eindruck eines Waldes vermittelt wird.
Fundort:
Wertheim, Main, vor 1906 in der Mauer eines alten Hauses gefunden.[2]
Karlsruhe, Badisches Landesmuseum.
Wertheim, Historisches Museum.

1 Diese Rahmung findet sich übereinstimmend bei einer mit einem Model des Schweizer Zisterzienserklosters Frienisberg geprägten Fliese (B59). Kopie in Kloster St. Georgen, Stein am Rhein. Auch dort ist die Fläche ganz mit kleinen Blüten und Ranken gefüllt. Möglicherweise besteht eine Verbindung (über Kloster Bronnbach) zu dieser Werkstatt.
2 Nach freundlicher Mitteilung von Herrn Dr. Walter Franzius (†), Karlsruhe, fand sich gleichzeitig ein Backstein mit dem Allianzwappen Hohenlohe-Castell. Dieser befindet sich heute im Historischen Museum in Wertheim.

F11 Karlsruhe-Ettlingen

Vor oder nach Mitte 13. Jahrhundert.
Roter, grobgemagerter Ton. Flachrelief. 15 × 3 cm.
In ungleichmäßig breitem, mit zarten Palmettenranken bedecktem Rahmen, nach rechts gewandtes Fabelwesen mit menschlichem Oberkörper. Der Vorderleib endigt in Entenfüßen, der Hinterleib in einem gezackten Fischschwanz. Die Arme zu beiden Seiten des Körpers angewinkelt und zur Faust geballt. Zu Füßen und im Rücken Blüten und Pflanzen.
Fundort:
a Karlsruhe-Durlach, Turmbergruine, bei Grabungen 1894 bis 95 gefunden. Bruchstück bei der Grabung 1972 erneut entdeckt. E. Wagner, Taf. 8, D. Lutz, 207, Abb. 19.
Karlsruhe-Durlach, Pfinzgaumuseum.
b Ettlingen, ev. Pfarrkirche St. Martin, 1934 gefunden. A. Tschira, R. Stenzel, 181, Nr. 3.
Ettlingen, Albgaumuseum.

F12 Argenthal – Montfort

Ende 13. Jahrhundert.
Roter Ton. Vertiefte Prägung. Model gebrochen.
13,2 × 2,3 cm.
In quadratischem Rahmen nach rechts gewandtes Fabelwesen mit Entenfüßen und breitem, dreigezacktem Fischschwanz. Auf dem Kopf Topfhelm mit Helmzier und Halsberge, in der Rechten Rundschild mit Blume, in der Linken Keule[1].
Fundort:
a Argenthal, als Lesefund auf dem Friedhof, sicher aus der mittelalterlichen Kirche stammend. M. Backes, H. Caspary, N. Müller-Dietrich, 1977, I, 1, 135, Abb. 72, 2.
Simmern, Hunsrück-Museum.
b Montfort, Burgruine, bei einer Grabung 1983 drei Fliesen in Raum G gefunden. St. Köhl, Abb. 56b.
Mainz, Landesamt für Denkmalpflege.
c Unbekannt, nicht notwendigerweise vom selben Fundort, doch wohl ebenfalls vom Mittelrhein. Nicht mit demselben

Model geprägt, vermutlich vor F12a entstanden. Hellrötlicher Ton mit schwarzgrauer Brandverfärbung. 13 × 2 cm.
Bonn, Rheinisches Landesmuseum.
Düsseldorf, Hetjens-Museum.

1 Vgl. hierzu eine Gürtelschnalle aus Vieil Hesdin, frühes 13. Jh., Paris, Slg. Enlart, die ebenfalls einen Kentauren mit Schlangenschwanz, Rundschild und Keule zeigt (I. Fingerlin, 37, Abb. 14, Kat.-Nr. 413).

F13 Ulm

1. Viertel 14. Jahrhundert.
Roter und mittelgrauer Ton. Vertiefte Prägung, die Rillen teilweise mit roter und grauer Farbe gefüllt.
Nach links gewandtes Fabelwesen ähnlich F12 mit breitem Fischschwanz, Topfhelm mit geschlossenem Visier, Spitzschild, Schwert und Bogengürtel, die Vorderbeine mit Hufen.
Fundort:
a Ulm, ehem. Franziskanerkloster, vor 1862 gefunden. K. Haßler, Taf. 3, 4.
b Ulm, Sammlungsstift[1].
Ulm, Ulmer Museum.
Nürnberg, Germanisches Nationalmuseum.
Stuttgart, Württembergisches Landesmuseum.
c Stein/Rhein, ehem. Benediktinerkloster St. Georgen, in situ in Raum 15. Hier das Bild unverändert übernommen, der Spitzschild mit leicht konkaver Oberkante. Roter Ton. *Kopie.*

1 M. Schefold, 53, Abb. 3, gibt als Fundort dieser Fliese Söflingen an. Hier muß eine Verwechslung vorliegen. Die Fliese wird weder von Weser erwähnt, noch fanden sich bei den jüngsten Grabungen Fliesen oder Bruchstücke des Musters in Söflingen. Nach freundlicher Auskunft von Herrn Dr. Max Schefold, Stuttgart, besitzt er leider keine Unterlagen mehr, die diese Frage klären könnten.

F14 Bacharach – Eichstätt? – Ingelheim – Johannisberg – Mainz

2. Drittel 13. Jahrhundert.
Rötlichgelber Ton. Vertiefte Prägung. 13 × 3 cm.
In quadratischem Rahmen nach rechts gewandtes, gehörntes Fabelwesen mit menschlichem Oberkörper. Der Vorderleib mit Pferdehufen nach hinten in einen steil nach oben steigenden, geringelten Fischschwanz endigend. Der „Kentaur" spannt den Bogen gegen einen nicht mehr im Bild befindlichen Gegner, wahrscheinlich den Hirsch C40.
Fundort:
a Bacharach, ev. Pfarrkirche St. Peter, 1895 gefunden.
Bonn, Rheinisches Landesmuseum.
b nach R. Forrer, 1901, Taf. VI, 4 „aus dem Dom zu Eichstätt". Dieser Fundort ist, bei der engen Verbindung zwischen Mainz und Eichstätt, zwar möglich; die neuesten Domgrabungen brachten jedoch keinerlei Hinweise auf gemusterte Fliesen[1]. Hellgrauer Ton.
Dortmund, Museum für Kunst und Kulturgeschichte.
c Ingelheim, ev. Burgkirche St. Wigbert, Ober-Ingelheim, früher im Chor verlegt, heute anscheinend verloren. Ch. Rauch, 519, Abb. 425.
Ober-Ingelheim, 1934 noch in der Sakristei aufbewahrt.
d Johannisberg, Benediktinerklosterkirche, beim Wiederaufbau 1950/51 im rechten Seitenschiff gefunden. Roter Ton.
Rüdesheim, Rheingauer Museum.
e Mainz, Herkunft unbekannt, vor 1896. 1900 eine zweite Fliese, möglicherweise aus einem anderen, ebenfalls unbekannten Fundort in Mainz gefunden. Analog zu C40 könnte diese Fliese auch aus dem Stadioner Hof sein[2].
Mainz, Mittelrheinisches Landesmuseum (z. Z. nicht auffindbar).
f Unbekannt, möglicherweise aus ganz verschiedenen Fundorten.
Düsseldorf, Hetjens-Museum.
Nürnberg, Germanisches Nationalmuseum.
Straßburg, Frauenhausmuseum (diese Fliese vermutlich 1888 von Herrn Prof. Aus'm Weerth erworben).

1 Die Grabung wurde 1971 abgeschlossen. Nach freundlicher Mitteilung von Herrn Prof. Dr. Walter Sage, Bamberg, fanden sich nur Fußböden in Mörtelestrich, ungemusterte Ziegel- und Jurakalkplatten. Allerdings hatte gerade vor Erscheinen des Werkes von Forrer eine durchgreifende Restaurierung des Doms (ab 1881) stattgefunden.

2 Westd. Zs. 16, 1897, Museographie 1896, Taf. 19, 2 und Westd. Zs. 20, 1901, 360. Die Fliese ist stilistisch eng mit C40 verwandt, mit der sie in der ev. Burgkirche in Ober-Ingelheim auch zusammen gefunden wurde.

F15 Stein/Donau

2. Hälfte 13. Jahrhundert.
Roter Ton mit dunkelbrauner Bleiglasur. Flachrelief, stark abgetreten. 17 × 17,5 × 4 cm.
Nach rechts gewandtes Fabelwesen mit Löwentatzen und geschupptem Fischleib, der in einer Borstenflosse endigt. Der Oberkörper von vorn, der Kopf zerstört, die Arme fast waagrecht zu beiden Seiten gebreitet, in der Rechten einen Rundschild haltend.
Fundort:
Stein/Donau, Großer Passauerhof, zu Beginn des 20. Jahrhunderts entfernt.
Krems, Museum der Stadt Krems.
Hamburg, Museum für Kunst und Gewerbe.
Wien, Österreichisches Museum für Volkskunde.

Fabelwesen, Sphingen und Sirenen

F16 Konstanz – Insel Reichenau

3. Viertel 13. Jahrhundert.
Roter, feingemagerter Ton. Vertiefte Prägung. 13,5 × 2,5 cm.
In quadratischem Rahmen nach links schreitendes, aufrechtstehendes Fabelwesen, wohl ein Kynokephalos (Hundsmensch), mit Lilienkeule in der Linken, Rundschild mit Handhabe in der Rechten. Die Füße mit Schwimmhäuten, der geringelte, die Erde berührende Schweif mit Dreiecksquaste.
Fundort:
a Konstanz, Stadionscher Domherrenhof, 1898.
Konstanz, Rosgartenmuseum.
Karlsruhe, Badisches Landesmuseum.
London, Victoria and Albert Museum, A. Lane, Taf. 22N.
Nürnberg, Germanisches Nationalmuseum.
Zürich, Schweizerisches Landesmuseum.
b Konstanz, Münster, Mauritiusrotunde und Hl. Grab, 1973 im Fundamentbereich bei Grabungen gefunden.
Konstanz, Staatl. Hochbauamt.
Freiburg, Landesdenkmalamt Baden-Württemberg.
c Insel Reichenau-Mittelzell, ehem. Pfalz, bei Grabungen 1970–80 als einzige Fliese gefunden. Bruchstück. J. Oexle, A. Zettler, 89, Abb. 5.

F17 Osnabrück

1. Hälfte 14. Jahrhundert?
Roter Ton mit Einschluß kleiner Kalkteilchen. Vertiefte Prägung. 12,5 × 4 cm.
Nach rechts gewandte, liegende Stiersphynx mit Frauenkopf, je zwei Flügelschwingen zu beiden Seiten gebreitet.
Fundort:
Osnabrück, Hinter der alten Stadtwaage.
Osnabrück, Kulturgeschichtliches Museum.

F18 Osnabrück

Kurz vor 1319.
Roter, körniger, stark gemagerter Ton. Vertiefte Prägung, abgetreten. 16,5 × 5,5 cm.
Nach rechts gewandtes, hockendes weibliches Fabelwesen mit Zipfelhaube, breiten Tatzen und langem, geringeltem Fischschwanz mit geteilter Quaste.
Fundort:
a Osnabrück, Dom St. Peter, Margarethenkapelle, vor 1907 entfernt.
Osnabrück, Kulturgeschichtliches Museum.
Hannover, Kestner-Museum.
Hildesheim, Roemer- und Pelizaeus-Museum.
Münster, Westfälisches Landesmuseum.
b Osnabrück, aus einem Privathaus der Dielinger Straße, Nr. nicht bekannt.
Osnabrück, Kulturgeschichtliches Museum.
c Variante mit nach oben eingerollter Haube, Würfelband längs der Rückenlinie und ausgeprägten Löwentatzen. Osnabrück, Dom, Margarethenkapelle, heute verloren. Abb. bei H. Siebern, E. Fink, 39.
d Unbekannt. Nienburg/Weser, Museum.

F19 Straßburg – Kolmar?

Ende 13.–1. Viertel 14. Jahrhundert.
Roter, sehr dunkel gebrannter Ton. Vertiefte Prägung. 14 × 2,8 cm.
In quadratischem Rahmen nach rechts gewandte weibliche Vogelsirene mit weit gespreizten Flügeln, der linke hängend, der rechte aufgerichtet. Der en face gegebene hübsche Mädchenkopf mit seitlichen Locken und flacher, geraffter Kappe. Große Vogelfüße und ein in die Ecke links oben mündender Fischschwanz[1].
Fundort:
a Straßburg, bei Kanalisationsarbeiten 1903 in der Kleinen Kirchgasse gefunden. J. Ficker, Taf. 40, 15.
Straßburg, Museum im Palais Rohan.
b Variante, nicht sicher ob nach alter Vorlage oder ob nur moderne Kopie. Die übereinstimmende Darstellung einem Kreis einbeschrieben, die Flügel daher verkürzt. Eckornament Viertel eines Vierblatts (Muster Blauwolkengasse). Roter Ton, die Kopien des Chorumgangs mit brauner Glasur. Kolmar, Stiftskirche St. Martin, Kopien 1903 verlegt.

1 Vgl. hierzu eine Gürtelschnalle aus dem Schatzfund von Oppeln. Breslau, Schlesisches Museum für Kunst und Gewerbe. Mitte 14. Jh. (I. FINGERLIN, 316–317, Abb. 351, Kat.-Nr. 30) mit fast übereinstimmender Darstellung.

F20 Speyer? – Limburg?

3. Drittel 12. Jahrhundert?
Gelbgrauer Ton mit fleckiger, grüngelblicher Bleiglasur und bräunlichen Glasurspritzern, wie sie die Fliesen aus Kloster Limburg a. d. Haardt zeigen. Flachrelief. 15,5 × 2 cm. Möglicherweise nicht Boden-, sondern Wand- oder Sockelfliese. Die Oberfläche zeigt allerdings Abriebspuren.
In rechteckigem Rahmen zwei adossierte bärtige Vogelsirenen mit phrygischen Mützen, eng an den Körper angelegten, mit der Spitze die andere Kante berührenden Flügeln und Entenfüßen. Die Schwänze mit zarten, hängenden Palmettenquasten kreuzen sich in Bildmitte.
Fundort:
Unbekannt, aus Speyer oder der Pfalz, der Werkstatt von Kloster Limburg a. d. Haardt nahestehend.
Speyer, Historisches Museum der Pfalz.

F21 Schlettstadt

3. Viertel 12. Jahrhundert.
Roter, stark mit Sand gemagerter, dunkel gebrannter Ton mit Spuren von braungelber Bleiglasur, die an manchen Stellen ins Grünliche spielt. Flachrelief. Kopf vermutlich nach Bruchstücken ergänzt. Höhe 30,5 cm, Dicke 3,5 cm.
Rhombe mit gezackter Randleiste. Fabelwesen mit Adlerkörper, der auf langen Hälsen zwei bärtige, nach außen gewandte Männerköpfe trägt. Der Rumpf sorgfältig gefiedert, die Flügel eng angelegt und am Ansatz zur Volute gerollt, der Stoß mit Knoten und Strahlenfiederung.
Fundort:
Schlettstadt, Pfarrkirche St. Fides, bei der Restaurierung 1892 aufgedeckt. R. Forrer, 1901, Taf. III, 1.
Schlettstadt, Stadtbibliothek (Bruchstücke).
Dortmund, Museum für Kunst und Kulturgeschichte.
London, Victoria and Albert Museum.

F22 Mainz

2. Drittel 13. Jahrhundert.
Rosarötlicher Ton. Vertiefte Prägung, stark abgetreten, nur ganz dünne Ritzlinien. 12,5 × 10,5 × 3 cm.
Dreiecksfliese mit Fabelwesen. Der behelmte Kopf sitzt unmittelbar auf zwei weitausschreitenden Beinen, ein langer Spitzschild deckt den Körper.
Fundort:
a Mainz, Stadioner Hof, beim Abbruch 1902/03 gefunden[1].
Mainz, Mittelrheinisches Landesmuseum (nicht auffindbar).
b Mainz, 1977 erneut gefunden, Herkunft nicht bekannt.
Köln, Privatbesitz.
c Mainz, Hollagasse, 1975 gefunden, *Fehlprägung*. Über das Dreieck der Model von R13 geprägt. Gelbbrauner Ton. Kante schräg. 18,8 × 13 × 2,3 cm.
Harxheim, Slg. Dederer.
d Unbekannt.
Düsseldorf, Hetjens-Museum.

1 Westd. Zs. 20, 1903, Museographie 1902, Taf. 12, Abb. 1.

F23 Heiligenkreuz

1. Viertel 13. Jahrhundert.
Roter, feingemagerter Ton. Zartes Flachrelief, der Model gebrochen und zweimal angesetzt, daher die Kontur „verwakkelt". 20,2 × 19,7 × 3,8 cm.
Quadratischer Rahmen aus drei Linien mit nach rechts gewandter, hornblasender Fischsirene. Der halbkreisförmig geschwungene, zweigeteilte Fischschwanz berührt die obere Fliesenkante, die spitze Gugelmütze reicht bis zur Fliesenecke links oben. Das schmale Gesicht blickt nach rechts, der rechte Arm ist am Körper entlang leicht angewinkelt, der linke hält das Horn, von der Hand jedoch von vorn und nicht sinngemäß von rückwärts umgriffen.
Fundort:
Heiligenkreuz, Zisterzienserstift, 1969 im Mauerwerk eines Vorraums des Dormitoriums gefunden, eine zweite Fliese lag im Schutt der Bernhardikapelle. R. Pittioni, 1970, 77, Taf. 5.
Heiligenkreuz, Stiftsmuseum.

F24 Mellrichstadt

3. Drittel 13. Jahrhundert.
Roter Ton. Vertiefte Prägung. Wechselnde Maße: 14,3/14,7 × 12,3/12,8 × 3/3,3 cm.
Fast die ganze Fläche füllend nach rechts gewandte Sirene. Das Gesicht mit mandelförmigem Auge in Stirnhöhe, Knollennase, spitzem Kinn, halbmondförmig von Gugelmütze begrenzt. Der schmale, lange Hals mit vier Punkten geht in einen breiten, kurzen Fischleib über. Schuppen und Schwanzflosse angedeutet, die Arme fehlen ganz.
Fundort:
Mellrichstadt, kath. Pfarrkirche St. Kilian, bei Grabungen 1969 gefunden. H. Schlereth, 2, Abb. 3.
Kronach, Privatbesitz.

F25 Bebenhausen

2. Viertel 13. Jahrhundert.
Roter und grauer, sehr feinkörniger Ton. Vertiefte Prägung. 10,2 × 2,5 cm.
In einem durch zarte Schrägkerben verzierten Rundbogen gekrönte, doppelschwänzige Fischsirene von vorn. In den ausgestreckten Händen hält sie die nach oben gerichteten, gespaltenen Schwanzenden.
Fundort:
a Bebenhausen, ehem. Zisterzienserkloster, im 19. Jahrhundert entfernt. Nicht bei E. Herdtle.
Stuttgart, Württembergisches Landesmuseum.
b aus Bebenhausen, nach 1945 dort aufgelesen, ausgezeichnet erhaltenes Exemplar.
Privatbesitz.

F26 Limburg a. d. Haardt

2. Viertel 13. Jahrhundert?
Bräunlicher Ton, im Kern mit grauen Einsprengseln. Flachrelief, Bruchstück. Dicke 2 cm.
Kreis aus zarten Ähren mit Grannen. Sichtbar ist nur die Hand eines Fabelwesens mit Fischschwanz.
Fundort:
Limburg a. d. Haardt, ehem. Benediktinerkloster.
Bad Dürkheim, Heimatmuseum.

F27 Lilienfeld – Kleinmariazell

Um 1458.
Roter Ton. Stark vertiefte Prägung mit breiten Rillen. 21,7 × 5 cm.
Viertelsrond, darunter gekrönte Sirene ähnlich F25. Die Hände umklammern die bis in Augenhöhe erhobenen Schwanzflossen von vorn, der Körper plump, fast herzförmig, die Arme kurz und kaum vom Körper abgesetzt. Der Kopf mit langwallendem Haar, Dreiecksnase und Kugelaugen, die Krone mit drei spitzen Sternzacken. Über dem Rond Viertel eines großen achtstrahligen Sterns.
Fundort:
a Lilienfeld, Zisterzienserstift, bei Bauarbeiten 1970 hinter der Tür des gotischen Refektoriums als Füllmaterial im Mauerwerk gefunden. F. Vongrey, 1972, 19, Abb. 19.
Lilienfeld, Stiftsmuseum.
b Kleinmariazell, ehem. Benediktinerkloster, 1964 vor dem Südportal beim Ausgang zum Kreuzgang entdeckt. F. Vongrey, 19, Anm. 47.
Wien, Diözesanmuseum.

F28 Isny

Um 1483.
Tiefroter, grobgemagerter Ton. Unregelmäßig eingeprägtes, sehr flaches Relief, stark abgetreten, Kante senkrecht. 21 × 4,5/5 cm.
In Doppelkreis mit durch Abnützung unleserlicher Umschrift in gotischen Minuskeln, Fischsirene von vorn. Schmaler Kopf und Oberkörper, Taille ganz eingeschnürt, rechts und links von zwei kleinen Kreisen gerahmt. Die angewinkelten Arme halten die überlangen Schwanzenden.
Fundort:
Isny, ev. Spital, in situ in einem Geheimgelaß.
München, Bayerisches Nationalmuseum.

F29 Neustift

Ende 12.–Anfang 13. Jahrhundert.
Roter Ton mit dunkelocker Bleiglasur, auch an den Kanten. Flachrelief, abgetreten. 15,5 × 3 cm.

Breiter, quadratischer, mit Schrägkerben verzierter Rahmen mit nach rechts ausschreitendem Fabelwesen. Ein großer, kahler Kopf mit hängender, zur Palmette umgebildeter Zunge und spitzer Nase, geht auf sich wurzelartig verjüngenden Beinen. Am Hinterkopf unregelmäßig verteilte Punkte, der Mitte entwächst ein lang herabhängender Zopf.
Fundort:
Neustift, ehem. Prämonstratenserkloster, vor 1905.
München, Bayerisches Nationalmuseum.

F30 Aschaffenburg? – Mainz – Ulm-Söflingen – Speyer – Weinheim – Worms.

3. Viertel 13. Jahrhundert, einige Prägungen wohl erst 4. Viertel 13. Jahrhundert.
Dunkelgrauer und roter Ton. Vertiefte Prägung. 13,5 × 2 cm.
In quadratischem Rahmen nach links gewandtes phantastisches Mischwesen. Unförmiger Kopf auf zwei Beinen mit Tatzen, schmaler, ungegliederter Flügel und langer geringelter Schwanz mit Palmettenquaste. Auf dem Kopf sitzt über dem Auge ein zweiter menschlicher Kopf mit langer Zipfelmütze und eiförmigem Oberkörper. Aus dem Maul des Fabelwesens ringelt sich eine Schlange, die in einem Hundekopf endigt[1].
Fundort:
a Unbekannt, möglicherweise aus Aschaffenburg oder dessen unmittelbarer Umgebung[2].
Aschaffenburg, Schloßmuseum der Stadt Aschaffenburg.
b Mainz, Herkunft unbekannt, 1897/98 gefunden[3].
Mainz, Mittelrheinisches Landesmuseum (z. Z. nicht auffindbar).
c Speyer, 1916 „eingemauert am Speyerbach gefunden“. Hellgrauer Ton[4].
Speyer, Historisches Museum der Pfalz.
d Ulm-Söflingen, ehem. Klarissinnenkloster, 1913/14 gefunden.
R. Weser, 94, Abb. 18. H. A. Klaiber, R. Wortmann, 664, Abb. 601, Nr. 5.
Ulm, Ulmer Museum.
Stuttgart, Württembergisches Landesmuseum.
e Weinheim, 1910 beim Abbruch der St. Peterskirche gefunden. H. Huth, 364, Abb. 269.
Weinheim, Heimatmuseum.
f Worms, St. Andreaskirche, vor 1922 gefunden, E. Grill, Taf. I, 14.
Worms, Museum der Stadt Worms.
g Worms, St. Johanniskirche, 1907 in situ gefunden. Fliesen in gelblichem, hellgrauem, mittel- und schwarzgrauem Ton. 14 × 2 cm. Es kann nicht mehr festgestellt werden, welche Fliesen aus welchem der beiden Fundorte stammen.
Worms, Museum der Stadt Worms.
London, Victoria and Albert Museum.
Stuttgart, Württembergisches Landesmuseum (aus den Beständen des Landesgewerbemuseums).

1 Eine ganz ähnliche Darstellung findet sich im Chor der Pfarrkirche in Buchenbach, einem Bau des 13. Jh. (G. Himmelheber, 112, Abb. 82).
2 Vgl. Fundortkat.: „Aschaffenburg, Stiftskirche“.
3 Westd. Zs. 17, 1898, Museographie 1897, 380, Taf. 11, Abb. 4.
4 Die Fliese ist ein Geschenk von Prof. Sick, Hamburg. Ein Gastwirt F. R. Sick schenkte dem Museum vor 1918 ebenfalls Fliesen, die aus Bauarbeiten in Speyer stammten (Ber. hist. Museums. 3, 1918, 21).

F31 Speyer

4. Viertel 13. Jahrhundert?
Roter Ton. Vertiefte Prägung, Bruchstück. 13 × 2,5 cm.
Variante von F30. Beide Köpfe wirken fischähnlicher, der gedrungene Körper des zweiten Fabelwesens sitzt auf dem Kopf des ersten und auf den weit gebreiteten Flügelschwingen auf. Die Schlange nur hakenförmig gebogen, der größere Kopf nach unten, statt nach links zeigend.
Fundort:
Vermutlich aus Speyer, Herkunft unbekannt, vor 1913 gefunden. G. Berthold, 1913, 17, Abb. 25.
Speyer, Historisches Museum der Pfalz.

F32 Mainz – Sesenheim

2. Drittel 13. Jahrhundert.
Dunkelbrauner Ton. Vertiefte Prägung, der Rahmen als Flachrelief. 13,5 × 2,4 cm.
Variante von F30, doch nicht notwendigerweise in Anlehnung an diese entstanden. In quadratischem Rahmen mit Perlband nach links schreitendes Fabelwesen, vermutlich Basilisk. An den großen Kopf, der auf Löwentatzen geht, setzen unmittelbar tief eingeschnittene Schwingen an, die den Ansatz des langen, geringelten, parallel zur Fliesenkante aufsteigenden Schwanzes verdecken. Aus der Stirne wächst ein Hahnenkopf.
Fundort:
a Mainz, Herkunft unbekannt, vor 1897 gefunden[1].
Mainz, Mittelrheinisches Landesmuseum.
b Sesenheim, kath. Pfarrkirche, beim Abbruch 1910 geborgen. Rosabräunlicher Ton, verwaschene Prägung.
Sesenheim, Restaurant ‚Au Bœuf Noir‘.

1 Westd. Zs. 17, 1898, Museographie 1897, 380, Taf. 11.

F33 Girbaden – Saarburg

2. Hälfte 13. Jahrhundert.
Rötlicher Ton. Vertiefte Prägung, Bruchstück. 16,5 × 2,5 cm.
Fliese durch Diagonalband geteilt. Sichtbar ist ein Fabelwesen mit Vogelkörper, plumpen, breiten, dreigeteilten Tatzen und angelegtem, geschlossenem Vierschwingenflügel. Der runde Kopf mit Zähnen, mandelförmigem Auge, kleinen, spitzen, vom Hinterkopf abstehenden Ohren und U-förmigen Teufelshörnern. Die Abbildung der anderen Seite verloren.
Fundort:
a Girbaden, Burgruine, bei Grabungen 1968 gefunden. H. Gachot, 112, 114, Fig. 5.
Girbaden, Burgruine.
b Saarburg, vermutlich 1863 beim Bau der ev. Kirche gefunden und nicht publiziert, da Bruchstück. 16,8 × 8,8 (16,8) cm. Auch nur diese Seite vorhanden!
Metz, Städtisches Museum.

Drachen

F34 Friedberg?

Ende 12.–Anfang 13. Jahrhundert?
Sehr feinkörniger roter Ton. Flachrelief, Bruchstück. Dicke 3 cm. Zackenrahmen ähnlich E38 aus Worms.
Quadratischer Stempel mit spitzen, zur Mitte gekehrten Randzacken. Kampf zweier Fabelwesen, ähnlich F7–F8. Sichtbar ist nur noch der in der rechten Bildhälfte aufgerichtete geflügelte Drache, vom Gegner, vermutlich einem Kentauren, ein Arm mit Rundschild und eine Vogelklaue. Der Drache mit schmalem Kopf, leicht geöffnetem Maul, langen Ohren und einem hängenden, durch einen Steg mit dem Körper verbundenen, feingezeichneten Flügel. Der lange Schwanz nach vorn geringelt.
Fundort:
Unbekannt, möglicherweise aus Friedberg. Die Fliese hat im hessischen Raum nichts Vergleichbares, in der Prägung steht sie frühen Fliesen des Elsaß nahe.
Friedberg, Wetterau-Museum.

F35 Mainz

1. Drittel 13. Jahrhundert.
Grauer Ton. Hohes Relief. Spitzwinkliges Dreieck, leicht gewölbte Grundlinie 10 cm, Seitenlänge 13 cm. Dicke 2,5 cm. Kante schräg, die Spitze abgebrochen. Teil eines Kreises.
In Dreieck, mit der Spitze nach unten, dünner Rahmen einbeschrieben. In diesem Flügeldrache, die aus dünnen Strichen bestehenden vier und fünf Flügelschwingen zu beiden Seiten halbkreisförmig gewölbt. Kopf mit großem, mandelförmigem, zum Hals verrutschten Auge (vgl. F144 aus Groß-Geroldseck), der Rachen weit geöffnet. Die langen Vorderläufe unbeholfen vorgestreckt, der geringelte Schwanz zur Spitze des Dreiecks gesenkt. Die Fliese möglicherweise vom selben Modelschneider wie F26, W20, W57 aus Kloster Limburg und F109 aus dem Hambacher Schloß.
Fundort:
Mainz, Algesheimer Hof, 1978 gefunden.
Harxheim, Slg. Dederer.

F36 Köln

Um 1230?
Roter, grobgemagerter Ton. Kaum vertiefte Prägung, Spuren weißer Bemalung, fast bis zur Unkenntlichkeit abgetreten, Kante schräg. 7,8/8 × 1,8/2 cm.
Nach rechts gewandter geflügelter Drache, die Flügel in Strichzeichnung. Die Darstellung kaum erkennbar.
Fundort:
Köln, ehem. Stiftskirche St. Aposteln, Nordseite des Querhauses, beim Wiederaufbau 1966 gefunden.
Köln, Kölnisches Stadtmuseum (z. Z. nicht auffindbar).

F37 Ettlingen – Karlsruhe

Vor oder nach Mitte 13. Jahrhundert.
Roter, starkgemagerter Ton. Flachrelief. 15 × 3 cm.
Breiter quadratischer Rahmen mit zarten Palmettenranken. Nach rechts gewandter geflügelter Drache mit Schlangenschwanz. Der Kopf mit spitzen Ohren aufgerichtet, das Maul leicht geöffnet, die Flügel bis zum Ansatz gespalten. Breite Löwentatzen, zwischen denen aus der Ecke rechts unten eine Pflanze aufwächst. Der eingerollte Schweif mit fünfteiliger Quaste.
Fundort:
a Ettlingen, ev. Pfarrkirche St. Martin, 1934 gefunden. A. Tschira, R. Stenzel, 181, Nr. 4.
Ettlingen, Albgaumuseum.
b Karlsruhe-Durlach, Turmbergruine, bei Grabungen 1895 gefunden. E. Wagner, Taf. 8.
Karlsruhe-Durlach, Pfinzgaumuseum.

F38 Gau-Odernheim – Speyer

2. Drittel 13. Jahrhundert.
Poröser, bräunlichgelber und weißlichgelber Ton. Vertiefte Prägung, abgetreten. Kante senkrecht. 13,8 × 3 cm. Ein Bruchstück Dicke 2 cm.
In quadratischem Rahmen geflügelter Drache, nach links gewandt, mit geringeltem, steil zur Fliesenecke aufsteigendem Schwanz. Schmaler Fuchskopf mit spitzen Ohren, die Flügel ungeteilt, nahe der Schwanzspitze endend.
Fundort:
a Gau-Odernheim, Kapelle auf dem Petersberg, bei Grabungen 1947 gefunden.
Worms, Museum der Stadt Worms.
b Variante. Bruchstück, sichtbar die halbe Fliese ähnlich F 38a. Der Rachen weiter geöffnet, die spitzen Ohren hochgestellt, die rechte Tatze etwas höher erhoben, der Flügel in einzelne Schwingen geteilt. Grauer Ton. 13 × 2,5 cm.
Speyer, Herkunft unbekannt.
Speyer, Historisches Museum der Pfalz.

F39 Edelstetten

2. Hälfte 13. Jahrhundert.
Roter Ton. Vertiefte Prägung in dünnen Ritzlinien. 16 × 5 cm.
In quadratischem Rahmen nach rechts gewandter Flügeldrache. Die Ohren eher hängend, der Flügel waagrecht am Körper angelegt, der breite Schweif erst steil nach oben stehend, dann eingerollt.
Fundort:
a Edelstetten, Michaelskapelle, bei der Restaurierung 1967 gefunden. H. Habel, 1980, 20.
Freiburg, Landesdenkmalamt Baden-Württemberg.
Weitere Fliesen in Privatbesitz.
b Edelstetten, Haus Nr. 25.
Edelstetten, Privatbesitz.

F40 Arnsburg – Lorsch – Randeck – Weinheim – Worms

1246–1256 (a), 3. Viertel 13. Jahrhundert.
Grobgemagerter rötlicher Ton. Vertiefte Prägung, abgetreten, Kante senkrecht. 13,5 × 2,5 cm.
Nach rechts gekehrte Variante von F38. Drache mit Hundekopf, ungegliederten, leicht gewölbten Flügeln, die unmittelbar aus den Vordertatzen aufsteigen und eng geringeltem Schwanz.
Fundort:
a Arnsburg, ehem. Zisterzienserkloster, bei Grabungen 1978–79 gefunden. M. Morkramer, 1982a, Nr. 9.0.1. 82, Abb. 88.
Arnsburg, Klostersammlung.

b Lorsch, ehem. Benediktinerkloster, bei den Grabungen 1928–32 als Bruchstück gefunden. Hellgelblichroter Ton mit besonders feiner Schlämmschicht.
Darmstadt, Hessisches Landesmuseum.
c Randeck, Burgruine, bei Grabungen 1979 gefunden. Schwarzgrauer Ton. Zwei Bruchstücke. 13,7 × 13 × 2/2,5 cm.
Mannweiler – Cölln, Heimatmuseum.
d Weinheim, St. Peterskirche, beim Abbruch 1910 gefunden. Grauer Ton. H. Huth, 364, Abb. 269.
Weinheim, Heimatmuseum.
e Worms, Herkunft unbekannt, vor 1922 gefunden. E. Grill Taf. 1, 20. Hellroter Ton. 13,5 × 2 cm.
Worms, Museum der Stadt Worms.
f Worms, St. Magnuskirche, bei Grabungen 1929–31 gefunden. Hellroter, gelblichroter und gelblicher Ton.
g Worms, Heylshof, Schloßgarten, bei Grabungen 1952 gefunden. Bruchstück.
h Worms, Herrenkeller, bei Grabungen 1954 gefunden. Bruchstück.
e–h Worms, Museum der Stadt Worms.

F41 Speyer

2. Hälfte 13. Jahrhundert.
Hellgrauer Ton mit Einschluß kleiner Kalkteilchen. Vertiefte Prägung. 15 × 3 cm.
In quadratischem Rahmen nach rechts gewandter, geflügelter Drache ähnlich F40. Der sichtbare Flügel in vier Schwingen gegliedert, der enggeringelte Schwanz mit ovaler Quaste. Das Maul weiter geöffnet, die spitzen Ohren schräggestellt.
Fundort:
Speyer[1], die Fliese soll sowohl am 17. 1. 1912 beim Bau der Josefskirche wie am 24. 6. 1913 in der Herdstraße 5 (kath. Vereinshaus) gefunden worden sein.
Speyer, Historisches Museum der Pfalz.

1 Ber.Hist. Mus. 2, 1914, 28, Abb. 26.

F42 Worms

2. Hälfte 13. Jahrhundert.
Rotbrauner Ton. Vertiefte Prägung, die beiden unteren Ecken abgebrochen. 12 × 2,5 cm.
Variante von F41. Der Rahmen fehlt, die Ohren sind breiter und kürzer, die Schwingen fast gleich lang und parallel, die Schwanzquaste hängt an einem dünnen Strich.
Fundort:
Worms, Herkunft unbekannt, vor 1905 gefunden. E. Grill, Taf. 1, 8F. Fr. Muth, 1905, 69.
Worms, Museum der Stadt Worms.

F43 Mainz – Pforzheim – Speyer

Kurz vor oder nach Mitte 13. Jahrhundert.
Bräunlichroter Ton. Vertiefte Prägung, Zackenrahmen in Flachrelief. 13,8 × 2,4 cm.
In gezacktem, leicht trapezförmigem Rahmen nach rechts schreitender geflügelter Drache. Kopf ähnlich F40, doch mit geschlossenem Maul. Bug stark gewölbt, Flügelansatz unmittelbar über der rechten Vordertatze. Die Spitze des nach oben gerichteten, wie ein Schneckenhaus gerollten Schwanzes, hängt in Wellenlinien abwärts.
Fundort:
a Vermutlich aus Mainz, Herkunft unbekannt.
Mainz, Mittelrheinisches Landesmuseum.
b Pforzheim, Altenstädter Pfarrkirche St. Martin, bei Grabungen 1949/50 gefunden. E. Lacroix, Abb. 2, Nr. 4.
Pforzheim, Heimatmuseum.
c Vermutlich aus Speyer, Herkunft unbekannt, könnte analog zu A39 aus dem Gasthaus ‚Zum Roten Löwen‘ stammen. Roter Ton. 14 × 2,5 cm.
Speyer, Historisches Museum der Pfalz.
Die Fliesen F43b und c wurden mit demselben Model geprägt, für F43a wurde bei übereinstimmender Zeichnung ein anderer Model verwandt.
d Kopie, im ‚Gotischen Zimmer‘ des Mainfränkischen Museums, Würzburg, in den Boden eingelassen.

F44 Oberhomburg – Speyer

2. Drittel 13. Jahrhundert.
Grauer, grobgemagerter Ton. Vertiefte Prägung, abgetreten. 15 × 3,5 cm.
Nach rechts gewandter, geflügelter Drache mit Schweinekopf und zwei Flügeln, deren Schwingen nur durch Striche angedeutet sind. Am Flügelansatz kleine Punkte, der nach oben geringelte Schwanz mit sehr kleiner Palmettenquaste.
Fundort
a Oberhomburg, Katharinenkapelle, bei der Restaurierung 1899 aus dem Chor entfernt. Außerdem Bruchstück einer zweiten Fliese, vermutlich ein leicht abweichender Nachschnitt, 13,4 × 8,3 cm[1].
Metz, Städtisches Museum.
b Speyer, beim Bau der Josephskirche 1912 gefunden[2] (s. Ägidienkirche, Gilgenstraße).
Speyer, Historisches Museum der Pfalz.
c Doppelplatte mit Rahmen und Teilungsstrich, links F44, rechts vermutlich der Löwe D20. Gelbgrauer, grobgemagerter Ton. Dicke 4,5 cm. Die rechte Bildhälfte bis auf schmale Leiste abgebrochen. Speyer, Gasthaus ‚Zum Roten Löwen‘, Herdstraße 35. Am 27. 11. 1913 gefunden.
Speyer, Historisches Museum der Pfalz.

1 Westd. Zs. 20, 1901, Museographie 1900, 309, Abb. 6.
2 G. Berthold, 1913, 16, Abb. 16.

F45 Gleiszellen

2. Drittel 13. Jahrhundert.
Hellroter Ton. Vertiefte Prägung. 13 × 13 cm.
Ein sich zum Angriff duckender, nach rechts gewandter geflügelter Drache mit besonders schmalem Rumpf und sehr langem, geringeltem, an der Spitze wieder abwärts gekehrtem Schweif. Spitzer Kopf mit langen Ohren und ein aus dem Vorderlauf wachsender, großer gezackter Flügel, der die Bildfläche beherrscht.
Fundort:
Gleiszellen, ehem. Kirche St. Dionysius, bei Grabungen 1959 freigelegt.
Speyer, Landesamt für Denkmalpflege.

F46 Speyer

Mitte 13. Jahrhundert?
Dunkelgrauer Ton. Vertiefte Prägung, stark abgetreten, rechteckiger Model mit konkaven Seiten, später in eine Rechteckfliese geprägt. 8 × 16,5 × 3 cm.

Liegender, nach rechts gewandter Drache vom Typus F43, den langen Schweif mit Palmettenquasten zur Volute gerollt. Vgl. außerdem den Drachen bei K12.
Fundort:
Vermutlich aus Speyer, Herkunft unbekannt.
Speyer, Historisches Museum der Pfalz.

F47 Saarburg

2. Hälfte 13. Jahrhundert.
Dreiecksfliese. Tonfarbe unbekannt. Vertiefte Prägung. 15 × 20,5 × 2,8 cm. Ecke rechts unten abgebrochen.
Rahmen übereinstimmend mit F55, in die freie Fläche langgestreckter Drache ähnlich F46 einbeschrieben.
Fundort:
Saarburg, Avenue de la Victoire 18, 1960 beim Fund einer Fehlbrandgrube geborgen.
Saarburg, Regionalmuseum (z. Z. nicht auffindbar).

F48 Saarburg

2. Hälfte 13. Jahrhundert.
Vermutlich roter Ton. Vertiefte Prägung, Bruchstück einer Dreiecksfliese (vgl. Text zu C59). Seitenlänge vermutlich 15,5 cm.
Sichtbar sind nur der ähnlich F46 zur Volute gerollte Schlangenschwanz, dessen Spitze in einen Basiliskenkopf endigt, sowie eine viergeteilte Flügelschwinge und mit F33 übereinstimmende Tatzen.
Fundort:
Saarburg, Herkunft unbekannt, vermutlich 1863 beim Bau der ev. Kirche gefunden und nicht publiziert, da Bruchstück.
Metz, Städtisches Museum.

F49 gelöscht

F50 Pforzheim – Pirmasens

Vor oder nach der Mitte 13. Jahrhundert.
Grauer Ton. Vertiefte Prägung. Kreisviertel, später in quadratische Fliese eingeprägt. Bruchstücke, 14 × 2,5 cm.
In Rahmen aus senkrechten Kerben nach links gewandter, stehender geflügelter Drache ähnlich F43, die geschlossenen Flügel mit feiner Strichelung, der Schweif ohne Quaste, beides dem Kreisrund angepaßt. Kopf und Krallen wie F43.
Fundort:
a Pforzheim, Altenstädter Kirche St. Martin, bei Grabungen vor 1914 gefunden.
Pforzheim, Heimatmuseum.
b Pirmasens, 1912 gefunden. Ganz erhalten, jedoch stark abgetreten.
Speyer, Historisches Museum der Pfalz.

F51 Heiligenkreuz

Um 1200–1. Viertel 13. Jahrhundert.
Roter, feiner Ton, vereinzelt kleine Steinchen eingeschlossen. Abdruck von Jahresringen des Holzmodels sichtbar. Kleiner, quadratischer Model mit Reliefprägung, abgetreten. 22,2 × 3 cm, Modelgröße 12 × 10,6 cm.
Kleiner nach links gewandter, geflügelter Drache, über dessen querrechteckigem Kopf eine große, dreigezackte Laubkrone schwebt. Das Maul leicht geöffnet, der quadratische Flügel angelegt und gestrichelt, die Tatzen mit scharfen Krallen, der dünne Schweif nach oben geringelt.
Fundort:
Heiligenkreuz, Zisterzienserstift, beim Niederreißen der Konventsmauer längs der Badener Straße 1939 im Mauerwerk gefunden. R. Pittioni, 1970, 75 und Taf. 1.
Heiligenkreuz, Stiftsmuseum.

F52 Konstanz

3. Viertel 13. Jahrhundert.
Hellocker-rötlicher Ton. Vertiefte Prägung, zweimal gebrochen. 13,9 × 3 cm.
In quadratischem Rahmen nach rechts gewandter, liegender Flügeldrache. Kopfbildung übereinstimmend mit der des Hundes E18, die schmalen, spitzen Flügel einmal gekerbt. Linke Vordertatze unbeholfen aufwärts gewinkelt, der Schwanz mit dreigeteilter Quaste nach oben geringelt.
Fundort:
Konstanz, Stadionscher Domherrenhof, 1898 gefunden.
Konstanz, Rosgartenmuseum.

F53 Straßburg

3. Viertel 13. Jahrhundert.
Roter Ton mit Spuren grüner Glasur. Vertiefte Prägung. 14 × 3 cm.
Variante oder *Nachschnitt* zu F52. Der Kopf spitzer, die Ohren länger, die Flügel etwas steiler gestellt, die Quaste breiter an ganz dünnem Schwanzende. Beide Vorderbeine mit kaum angedeuteten Tatzen nach oben gebogen.
Fundort:
Straßburg, Fasanengasse, bei Kanalisationsarbeiten 1906 gefunden. J. Ficker, Taf. XL, 8.
Straßburg, Frauenhausmuseum.

F54 Hessen – Hohbarr – Saarburg

Nach 1277? (a), 2. Hälfte 13. Jahrhundert.
Roter Ton. Vertiefte Prägung. Maße unbekannt, wohl wie F54d.
Quadratischer Rahmen aus vier Einzelbalken, von Viertelskreisen jeweils in Seitenmitte über- und unterschnitten, so daß eine Astroide entsteht. Nach links gewandter Flügeldrache ähnlich den Speyerer Typen mit weit geöffnetem Maul und tief eingekerbtem, gespreiztem Flügel. Der kurze Schweif bis zur Spitze der Astroide geringelt, die breiten Tatzen weit vorgestellt. In den Ecken dreigeteiltes Blattornament.
Fundort:
a Hessen (Moselle), ehem. Benediktinerinnenkloster, vor 1872 im Schutt der zu Ende des 18. Jahrhunderts zerstörten Bauten gefunden[1].
Verbleib nicht zu ermitteln.
b Hohbarr, Burgruine, bei Ausgrabungen 1979–80 im Schutt gefunden. Bruchstück. Roter Ton. Dicke: 1,5 cm. Kante schräg.
c Saarburg (Moselle), beim Bau der ev. Kirche 1863 gefunden. L. Benoit, 85, Abb. 5.
Metz, Städtisches Museum.

d Saarburg, ehem. Dominikanerinnenkloster Weyerstein, 1890 gefunden. Roter Ton. 14,7 × 2,1 cm.
Saarburg, Regionalmuseum.

1 F. X. KRAUS, III, 1889, 2. – H. KUHN, 211. Es scheinen noch andere Muster gefunden worden zu sein. Abgebildet wird jedoch bei beiden Autoren nur diese Fliese. Das Funddatum wird 1872 als „récent" = kürzlich bezeichnet.

F55 Saarburg

2. Hälfte 13. Jahrhundert.
Roter Ton. Vertiefte Prägung, Bruchstück, ca. ¼ der Fliese erhalten. Nicht abgebildet.
Variante von F54. In den Ecken dasselbe Dreiblatt wie bei F47. Der Drache nach rechts gewandt, die Flügelspitzen steiler, der Kopf mit spitzen Ohren, der Schweif endigt in Mitte der linken Seitenkante.
Fundort:
Saarburg, Avenue de la Victoire 19, beim Fund einer Fehlbrandgrube 1960 geborgen.
Saarburg, Regionalmuseum.

F56 gelöscht

F57 Hude

2. Hälfte 13. Jahrhundert.
Blaßroter Ton. Sehr feines, flaches Relief, Bruchstück, Rautenstempel, die beiden Spitzen zerstört. 16 × 14 × 4 cm.
Raute mit Mittelkreis. In diesem ein nach links gewandter, kauernder Drache, den langen Schweif mit Palmettenquaste brezelartig um den Leib geflochten. Die Spitzen der Raute mit symmetrischen Palmettenranken gefüllt. Zu beiden Seiten langgestreckte, mit den Rücken der Rautenkante anliegende Drachen desselben Typus. Die kleinen Fänge am Kreisrand, der schmale Kopf mit hechelnder Zunge, die langen Schweife zweifach geringelt und in die Spitze der Raute mündend. Die Behandlung der Palmetten, mit feinen Trennlinien zwischen den Blattbögen, stimmt auffallend mit jener auf frühen St.-Urban-Backsteinen überein (R. Schnyder, Kat.-Nr. 14, Abbildungsteil).
Fundort:
Hude, ehem. Zisterzienserkloster, 1888 in die Sockelmauer eines Ofens im Gutshaus vermauert gefunden. G. Sello, 97, Abb. VII. 1980 zwei weitere Bruchstücke als Lesefund geborgen. 1981 wurde ein weiteres Fragment, bei dem Inkrustierung und Bleiglasur erhalten, das Relief jedoch abgelaufen war, auf dem Gelände zwischen südlichem Querschiff und dem ehem. Kreuzgang gefunden.
Oldenburg, Museum für Kunst und Kulturgeschichte.
Hude, Klostermuseum.
Rastede, Institut für Siedlungsarchäologie.

F58 Bebenhausen

2. Viertel 13. Jahrhundert.
Roter Ton. Vertiefte Prägung. 11 × 3 cm.
Kreis mit eingepunzten kleinen Eckquadraten. In diesem nach links gewandter, liegender, geflügelter Drache mit spitzen, zurückgelegten Ohren, breitem, geöffnetem Rachen mit spitzen Zähnen und erhobenen Tatzen. Die tief eingekerbten, zu beiden Seiten des Körpers steil aufgestellten Schwingen und der lange, geringelte und wellenförmig verlaufende Schweif passen sich der Kreisrundung an. In den Ecken Viertelskreis aus einem Band liegender Rauten.
Fundort:
Bebenhausen, ehem. Zisterzienserkloster, in situ im Dormitorium. Dort kommt die Fliese auch spiegelbildlich vor. E. Herdtle, II, Taf. 22.
Stuttgart, Württembergisches Landesmuseum.

F59 Bebenhausen

Um 1228, vor F58 entstanden.
Vermutlich roter Ton. Vertiefte Prägung. 13,5 × 13,5 cm.
Viertelsrond, in der Ecke links oben von kleinem Viertelskreis überschnitten, rechts unten von Viertelskreis berührt. Zum Sprung geduckter Flügeldrache ähnlich F58. Der schmale Kopf eng zwischen die Tatzen gepreßt, die Flügel mit Kante aus kleinen Quadraten hochgestellt, der doppelt geringelte Schwanz mit Pfeilquaste die Ecke füllend. In der Ecke oben Viertel einer Strahlenrosette, unten Viertel eines Zaksterns, das Viertelsrond mit Band aus kleinen Eckquadraten.
Fundort:
Nach E. Herdtle, II, Taf. 26, „aus Schwaben", nach Eck- und Rahmenornamenten kann die Fliese nur aus dem ehem. Kloster Bebenhausen stammen.
Verbleib unbekannt.

F60 Bebenhausen

2. Viertel 13. Jahrhundert.
Grauer, feingemagerter Ton. Vertiefte Prägung, abgetreten. 10 × 3 cm.
In Doppelkreis mit eingepunzten kleinen Rauten nach links aufgerichteter Flügeldrache ähnlich F58. Kopf und Körper schmaler, die Flügel an beiden Seiten gewölbt, der geringelte Schweif nach vorne geschlungen. In den Ecken kleine Viertelskreise mit Rauten.
Fundort:
Bebenhausen, ehem. Zisterzienserkloster, im 19. Jahrhundert entfernt. Nicht bei E. Herdtle abgebildet.
Stuttgart, Württembergisches Landesmuseum.

F61 Lilienfeld

1230–1263?
Rötlicher Ton. Flachrelief, abgetreten. Kante schräg. 21,2/21,6 × 4,8/5,5 cm.
In quadratischem Rahmen nach links gewandter, mit einem Bein senkrecht auf dem Kreis stehender Drache. Kopf und Ohren ähnlich F60, mit gespaltener Zunge und angedeuteten Halsfedern. Die beiden fast dreieckigen Flügelschwingen mit Federsaum an der Unterkante zu beiden Seiten des Kopfes ausgebreitet, die rechte, scharf bewehrte Kralle abgespreizt, der kurze Fischleib mit gespaltener Flosse den Kreisrand rechts unten überschneidend.
Fundort:
Lilienfeld, Zisterzienserstift, bei Grabungen 1971 auf dem Gelände der ehem. Wolfgangskapelle in situ gefunden. F. Vongrey, 16, Abb. 23.
Lilienfeld, Stiftsarchiv.

F62 Gengenbach – Straßburg

2. Hälfte 13. Jahrhundert?
Dunkelgrauer Ton. Vertiefte Prägung, Bruchstück. 14,5 × 3 cm.
In der Diagonale nach rechts aufsteigender Flügeldrache mit langem, gewölbtem Hals, kleinem Kopf mit spitzen Ohren und großem Auge. Halsbeuge und Tatzen geschuppt, der breitgefächerte, wie ein Kamm wirkende Flügel hochgestellt. Der geringelte Schweif mit geteilter, in zwei Palmetten endigender Quaste.
Fundort:
a Gengenbach, ehem. Benediktinerkloster, 1976 gefunden.
Stuttgart, Landesdenkmalamt Baden-Württemberg.
b Vermutlich aus Straßburg, vor 1907 gefunden. J. Ficker, Taf. XL, 5.
Straßburg, Frauenhausmuseum.

F62.1 Speyer

2. Hälfte 13. Jahrhundert
Rötlicher Ton. Vertiefte Prägung. Das linke untere Viertel der Fliese ausgebrochen. 14 × 2,5 cm.
In dicht am Fliesenrand verlaufendem quadratischem Rahmen nach rechts aufgereckter Drache mit s-förmig gewölbtem Hals, spitzen Ohren und übergroßen Tatzen, die linke in Kopfhöhe an den Rand gepreßt, die rechte füllt die Ecke rechts unten. Die Drachenflügel fünffach aufgespalten, die ganze obere Ecke füllend.
Fundort:
Speyer, Bezirksamt, 1942 gefunden.
Speyer, Historisches Museum der Pfalz.

F63 Neustift

Ende 12. – Anfang 13. Jahrhundert?
Roter Ton mit braungelber Glasur. Flachrelief. 16 × 3 cm.
In quadratischem Rahmen nach rechts schreitender, geflügelter Drache mit langem, gebogenem Hals, spitzem Kopf und schmalen, langen Ohren, einem viergeteilten, zugespitzten Flügel und langem, unter den Tatzen nach vorn gezogenem Schwanz.
Fundort:
Neustift, ehem. Prämonstratenserkloster, vor 1905.
München, Bayerisches Nationalmuseum.

F64 Neustift

Ende 12.–Anfang 13. Jahrhundert?
Roter Ton mit gelbbrauner Bleiglasur. Flachrelief, abgetreten. 16 × 3 cm.
Quadratischer Rahmen, in leichter Wellenlinie verlaufend. In diesem ein nach rechts gewandter Flügeldrache mit kleinerem Kopf und Körper als F63. Die linke Vordertatze erhoben, die beiden Flügel breiter aufgefächert und vom Körper gelöst, das Schwanzende nach oben geringelt.
Fundort:
Neustift, ehem. Prämonstratenserkloster, vor 1905.
München, Bayerisches Nationalmuseum.

F65 Neustift

Ende 12.–Anfang 13. Jahrhundert.
Roter Ton mit mittelbrauner Glasur, auch an den senkrechten Kanten. Flachrelief, abgetreten. 16 × 3 cm.
Rahmen mit Schrägkerben. Drache nach links gewandt, mit übergroßem Punktauge (?) (oder ausgebrochenem Kieselsteinchen) und weit geöffnetem Rachen. Der Schweif s-förmig bis zur Ecke rechts oben geschwungen, eine viergeteilte Flügelschwinge am Körper angelegt. Kleine, gebogene Hörnchen.
Fundort:
Neustift, ehem. Prämonstratenserkloster, vor 1905.
München, Bayerisches Nationalmuseum.

F66 Stein/Donau

2. Hälfte 13. Jahrhundert.
Roter Ton mit dunkelbrauner Bleiglasur. Flachrelief, sehr stark abgetreten. 18 × 3,8 cm.
Nach links gewandter, stehender Drache mit mächtigen, gleich einem Pfauenrad gespreizten Flügeln. Der geschuppte Hals trägt einen Vogelkopf mit Schnabel, der lange Schwanz ist nach oben geringelt.
Fundort:
Stein/Donau, Großer Passauerhof, zu Beginn des 20. Jahrhunderts entfernt. L. Schmidt, Abb. 59.3.
Krems, Museum der Stadt Krems.
Hamburg, Museum für Kunst und Gewerbe.
Wien, Österreichisches Museum für Volkskunde.

F67 Stein/Donau

2. Hälfte 13. Jahrhundert.
Roter Ton mit dunkelbrauner Bleiglasur. Flachrelief, abgetreten. 17,5 × 4 cm.
Nach rechts gewandter geflügelter Drache mit Schlangenschwanz ähnlich F55. Der Kopf mit scharfen Zähnen emporgereckt, die Flügel etwas schmaler, die Beine in Schreitstellung.
Fundort:
Stein/Donau, Großer Passauerhof, zu Beginn des 20. Jahrhunderts entfernt. L. Schmidt, Abb. 59.5.
Krems, Museum der Stadt Krems.
Wien, Österreichisches Museum für Volkskunde.

F68 Stein/Donau

2. Hälfte 13. Jahrhundert.
Roter Ton mit dunkelbrauner Bleiglasur. Flachrelief, stark abgetreten. 18 × 17,8 × 3,8 cm.
Geflügelter Drache. Der ungefüge Kopf auf langem, gedrehtem Hals in Bildmitte, die weitausladenden, aus dünnen Stegen aufsteigenden Flügel zu beiden Seiten gebreitet. Hohe Beine mit gezackter Kante, und breite, zur Erde gesenkte Schwanzflosse.
Fundort:
Stein/Donau, Großer Passauerhof, zu Beginn des 20. Jahrhunderts entfernt. L. Schmidt, Abb. 59.8.
Krems, Museum der Stadt Krems.
Hamburg, Museum für Kunst und Gewerbe.
Wien, Österreichisches Museum für Volkskunde.

F69 Straßburg

1. Viertel 14. Jahrhundert.
Roter Ton, durch Brand deformiert. Vertiefte Prägung. 12,5 × 12,5 cm.
Eckquadrat mit spitzbogigem Vierpaß, in den Ecken von den Vierteln desselben Vierpasses berührt. In Bildmitte Flügeldrache[1]. Die fast symmetrisch gebreiteten Flügel füllen zwei Vierpaßbogen, zwei Beine mit Krallen und ein hundeähnlicher Kopf mit kleinen Ohren die beiden anderen.
Fundort:
Straßburg, Thomasplatz 9–10, beim Abbruch des Hauses 1902 gefunden.
Straßburg, Frauenhausmuseum.

1 J. Ficker, Taf. XL, 16, bezeichnet diese Fliese als ‚Adler'. Dieser wird jedoch stets mit Vogelkopf gegeben.

F70 Wilten

Nach 1432? Um 1479?
Roter, grobgemagerter Ton. Flachrelief, abgetreten. 20 × 3,5 cm.
Rahmung wie bei A34. Auf dem Viertelsbogen, die ganze Fläche füllend, geflügelter, langgeschwänzter, feuerspeiender Drache. Der lange, hochgereckte Hals eng dem Rücken anliegend, zwei breite gespreizte Tatzen mit Krallen auf dem Rankenwerk des Bogens stehend.
Fundort:
Wilten, ehem. Prämonstratenserstift, Herkunft unbekannt, in einem Wirtschaftsgebäude gelagert.
Wilten, Stiftsmuseum.
Köln, Slg. Dr. R. Venator.
Kommern, Rheinisches Freilicht-Museum (irrtümlich als rheinische Fliesen angekauft).
München, Bayerisches Nationalmuseum.
Salzburg, Slg. Dr. Rossacher.
Bad Zwischenahn, Slg. Hans-Jürgen Heger.

F71 Bebenhausen?

2. Hälfte 13. Jahrhundert?
Grauer Ton. Vertiefte Prägung, fast ganz abgetreten. 10 × 2,5 cm.
Nach links ausschreitender Drache. Der gewölbte Rücken mit Zackenkamm auf zwei mächtigen Beinen. Schmaler Kopf mit geöffnetem Maul und gefletschten Zähnen, die gezackten Hörner stark gewölbt. In der Ecke oben Viertelskreis mit kleiner Rosette.
Fundort:
Unbekannt. Tonfarbe, Größe und die Art der Darstellung sprechen für eine Herkunft aus dem Kloster Bebenhausen.
Stuttgart, Württembergisches Landesmuseum.

F72 Borgholzhausen – Osnabrück?

1. Hälfte 14. Jahrhundert?
Roter Ton. Vertiefte Prägung, Kanten senkrecht. 15,5 × 15 × 5 cm.
Nach rechts gewandter, geflügelter Drache, den dicken Kopf mit weit geöffnetem Maul nach links gedreht. Flügel mit drei geschlossenen Schwingen eng am Körper angelegt, von Bogenkante mit Punkten begrenzt. Hängende Schlappohren und gerundeter Zackenkamm an Hals und Schwanz.
Fundort:
a Borgholzhausen, ev. Pfarrkirche, zwei Fliesen bei einer Grabung 1975 gefunden. U. Lobbedey, 1981, 63, 65, Abb. 18, Abb. 19.
Münster, Westfälisches Museum für Archäologie.
b Unbekannt, früher in der Slg. A. Walcher v. Molthein. Möglicherweise wie D55 aus Osnabrück. L. Schmidt, Abb. 59.11.
Wien, Österreichisches Museum für Volkskunde.

F73 Nattheim

14. Jahrhundert?
Roter Ton. Flachrelief, abgetreten. 14 × 3 cm.
Im Kreis ein nach rechts gewandter Drache, den pferdeähnlichen Kopf mit spitzen Zähnen und vorgeschnellter Zunge nach rückwärts gewandt. Der walzenförmige Körper mit gewölbten Zacken besetzt, die dünnen Beine mit Hufen am Hinterleib angeklebt, der lange Schweif zwischen den Beinen durchgezogen.
Fundort:
Nattheim, aus der abgebrochenen Dorfkirche. G. E. Pazaurek, 9, Abb. 4.
Darmstadt, Hessisches Landesmuseum.
Düsseldorf, Hetjens-Museum.
Karlsruhe, Badisches Landesmuseum.
Stuttgart, Württembergisches Landesmuseum (aus den Beständen des ehem. Landesgewerbemuseums).

F74 Ulm?

1. Viertel 14. Jahrhundert?
Roter Ton. Vertiefte Prägung. 13 × 2,5 cm.
Nach links gewandter, kauernder, wenig Furcht einflößender Drache. Die rechte Vordertatze erhoben, der massige Körper in einem mehrfach geringelten Schwanz mit Pfeilquaste endigend. Breiter Kopf mit geöffnetem Maul und gewellter Zunge, Zackenkamm von den kleinen spitzen Ohren bis zum Schwanzansatz. Gegenstück von A27. Möglicherweise existierte für diese Fliese ebenfalls ein heute verlorenes Ulmer Vorbild, das K. Haßler jedoch weder abbildet noch erwähnt.
Fundort:
Stein am Rhein, ehem. Benediktinerkloster, Kopie als Belag in Raum 15.

F75 Pforzheim – Speyer – Worms

Vor oder nach der Mitte des 13. Jahrhunderts.
Grauer, hartgebrannter Ton. Flachrelief, Dreiecksfliese, nur der Drache mit Sattel gefunden. 13,5 × 18 × 2,6 cm.
Quadratischer Rahmen, in der Diagonale durch zwei Linien geteilt. In dem entstandenen Dreieck nach rechts schreitender Drache mit gewölbtem Rücken, dickem, wellig zur Fliesenecke verlaufendem Schwanz und spitzem Kopf mit langem Horn. Der Rücken trägt einen runden Sattel mit Bogenrand und Kugelknopf (das mittelalterliche Attribut des Skorpions). Im zweiten Dreieck Drache in sehr komplizierter Haltung. Der Kopf mit langem, dünnem Hals ruht auf der Mittellinie, der Rumpf mit Zackenkamm ist zur Kugel gerollt. Sichtbar ist außerdem ein langes Bein mit dickem Schenkel und der dünne, gewellte Schwanz.
Fundort:
a Pforzheim, Altenstädter Kirche St. Martin, bei Grabungen 1949/50 gefunden. Bei Grabungen vor 1914 muß sich außer-

dem ein stark zerstörtes Exemplar der quadratischen Fliese gefunden haben. Hellroter Ton, 14 × 14,5 × 2,6 cm.
Pforzheim, Heimatmuseum.
b Speyer, Gasthaus ‚Zum Roten Löwen', Herdstr. 35, bei Bauarbeiten 1913 gefunden. Hellroter Ton, 19,5 × 2,7 cm (ohne Rand).
Speyer, Historisches Museum der Pfalz.
c Speyer, die Dreiecksfliese auf einem Schuttabladeplatz entdeckt.
Speyer, Historisches Museum der Pfalz.
d Worms, Herkunft unbekannt, vor 1922 gefunden. E. Grill, Taf. 4, 104. Grauer Ton, 13 × 2,5 cm.
e Worms, St. Amanduskirche, bei Grabungen 1934/35 gefunden. Roter Ton.
Worms, Museum der Stadt Worms.

F76 Worms

Mitte–3. Viertel 13. Jahrhundert.
Gelblichgrauer Ton. Flachrelief. Bruchstück einer Dreiecksfliese. Dicke 2,3 cm.
In Dreiecksrahmen vermutlich ähnlicher Drache wie F75. Sichtbar nur der bogenförmig zur Erde gesenkte Schwanz, ein angewinkelter Hinterlauf und vier Füllsterne. Vermutlich aus derselben Werkstatt wie E9.
Fundort:
Worms, bei Grabungen 1928 im Sofienhaus gefunden.
Worms, Museum der Stadt Worms.

F77 Bad Wimpfen

2. Hälfte 14. Jahrhundert?
Dunkelroter, fast gesinterter Ton. Flachrelief. 13 × 3 cm.
Vier Fliesen ergeben in der Zusammensetzung eine Durchdringung von fünf, in Würfelform angeordneten Kreisen. Die Einzelfliese zeigt an zwei sich berührenden Seiten Halbkreise über den Fliesenkanten, in den dazugehörenden Ecken Viertelskreise, alle aus drei Parallelbändern. Die leere Fläche füllt ein nach rechts gewandter Drache mit angelegtem Flügel, die Federn durch kleine, gewölbte Spitzovale gegeben. Der lange gewölbte Hals trägt einen großen Kopf mit weit geöffnetem, mit großen scharfen Zähnen besetztem Rachen und kleinen spitzen Ohren. In den Flächen zwischen den Kreissegmenten vier Lindenblätter.
Fundort:
Bad Wimpfen am Berg, 1969 westlich der Altstadt in einer Fehlbrandgrube der Rappenauer Straße gefunden.
Stuttgart, Landesdenkmalamt Baden-Württemberg.

F78 Speyer

Ende 13.–1. Hälfte 14. Jahrhundert.
Roter und schwarzgrauer Ton, in den Vertiefungen Spuren von hellerer Farbe. Vertiefte Prägung. 14 × 2,5 cm.
Breites Viertelsrond mit nach rechts gewandtem Fabelwesen, vermutlich ebenfalls Drache, in Form und Haltung am ehesten einem Känguruh vergleichbar. Schmaler Rehkopf mit langen Ohren, gewölbter Rücken und dünner, nach oben umgeschlagener Schwanz. Die beiden Beine mit Hufen setzen in Körpermitte an, der linke Vorderlauf ist angehoben. In der Ecke oben dreiteiliges Blatt, unten Viertelskreis mit winzigem Blatt.
Fundort:
a Speyer, bei Bauarbeiten 1922 auf dem Hof des Regierungsgebäudes gefunden.
Speyer, Historisches Museum der Pfalz.
b Speyer, bei den Grabungen 1947/48 auf dem Gelände des ehem. Klosters St. German vor Speyer gefunden. Bruchstück.
Speyer, Landesamt für Denkmalpflege.

F79 Eberbach? – Rüdesheim – Worms

Die Datierung: „15.–16. Jahrhundert" wird durch den Fund dieser Fliese auf der früh zerstörten Burg Lach, Rüdesheim, in Frage gestellt[1].
Hellbraunroter und grünlichgrauer Ton. Flachrelief, abgetreten. 12 × 2,5 cm und 11 × 2 cm.
Im Spitzoval, liegender, gehörnter Drache[2] mit einem breit gefächerten Flügel in der rechten Bildecke, gewölbtem Hals und, im Verhältnis zum ungefügen Körper, sehr kleinem Kopf. Die Beine mit Hufen, der kurze, zweigeteilte Schweif gezackt. In den beiden Ecken je vier flache Bögen mit verdorbenen heraldischen Lilien.
Fundort:
a Angeblich aus Kloster Eberbach. Dort heute nicht mehr vorhanden[3].
Rüdesheim, Rheingauer Museum.
b Rüdesheim, Burg „auf der Lach", bei den Ausgrabungen 1959 in Bruchstücken im Schutt gefunden. Gelblichroter und roter Ton.
Rüdesheim, Rheingauer Museum.
c Rüdesheim, Brömserhof, in situ in einem Raum der ältesten Anlage. Grauer und dunkelroter Ton.
Rüdesheim, Rheingauer Museum (einige Fliesen entfernt).
d Worms, Herkunft unbekannt, vor 1922 gefunden. E. Grill, Taf. IV, 105. Schwarzgrauer Ton. 12 × 2,3 cm.
Worms, Museum der Stadt Worms.
London, Victoria and Albert Museum (diese vor 1901 gefunden).
e Worms, Remayerhof, bei Grabungen nach dem Kriege im Schutt gefunden. Roter Ton.
Worms, Museum der Stadt Worms.

1 Die Prägung der Fliese ist so grob, daß diese umöglich in die Zeit vor der angenommenen Zerstörung der Burg im frühen 14. Jh. datiert werden kann. Da sich dort jedoch noch andere späte Fliesen fanden, ist es möglich, daß die Burg nochmals aufgebaut und bewohnt wurde.
2 Der geflügelte Drache in dieser Form findet sich auch im Wappen der Stadt Worms. Das Drachensiegel war zuerst das Wappen der kgl. Münzbeamten, um 1500 wurde es als neues Stadtsiegel eingeführt. (E. Kranzbühler, 1930, 122–135, Taf. 14–17.)
3 Vor der Neuordnung des Rheingauer Museums in jüngster Zeit wurden die Fliesen aus verschiedenen Fundorten dort ungeordnet aufbewahrt. Verwechslungen sind also durchaus möglich.

F80 Worms

15.–16. Jahrhundert?[1]
Schwarzgrauer Ton. Flachrelief. 11 × 2 cm.
Variante von F79. Der Körper noch plumper, der Flügel aufgestellt, der kurze Schweif mit scharfen Zacken.
Fundort:
a Worms, Herkunft unbekannt, vor 1922 gefunden. E. Grill, Taf. IV, 103.
Worms, Museum der Stadt Worms.
London, Victoria and Albert Museum (gelblichroter Ton, vor 1901 gefunden).

b Worms, St. Amandus, bei Grabungen 1934/35 gefunden. Worms, Museum der Stadt Worms.

1 Vgl. F79, Anm. 1. Muster und Prägung sprechen für eine späte Entstehung, die Maße und der schwarzgraue Ton sind jedoch im 16. Jh. nicht mehr üblich. Eine sichere Datierung der Fliesen F79 und F80 ist nicht möglich.

Einhorn

F81 Heiligenkreuz

1. Viertel 13. Jahrhundert – um 1240.
Feinkörniger roter Ton mit Einschluß größerer Steinchen. Flachrelief, an der Oberfläche stark zerstört. 19,8 × 20 × 3,2/3,7 cm.
In quadratischem Rahmen nach links gewandtes stehendes Einhorn mit Pferdekörper, weit geöffnetem Maul mit Zunge und langem, spitzem, schräg nach oben gestelltem Horn. Die Vorderläufe angehoben, die Hinterläufe ausgestellt. Kurzer Stummelschwanz. Hinter dem Rücken des Tieres steigen als Andeutung eines Waldes Pflanzen auf, teils mit Rebblättern, teils mit spitzovalen Blättern. Weitere Pflanze vor dem Maul des Tieres.
Fundort:
Heiligenkreuz, Zisterzienserstift, in einem Vorraum des Dormitoriums als Füllmaterial im Mauerwerk 1969 geborgen. R. Pittioni, 1970, 76 und Taf. III.
Heiligenkreuz, Stiftsmuseum.

F82 Zwettl

1. Hälfte 13. Jahrhundert.
Rötlicher Ton. Stark erhabenes Flachrelief, abgetreten, Doppelfliese. Maße der Einzelfliese 14,5 × 16 cm.
In quadratischem Rahmen Kreis mit nach links aufgerichtetem Einhorn. Kleiner Kopf mit geneigtem, leicht gewölbtem, gezacktem Horn. Pferdekörper mit Rückenmähne, die Pferdebeine unbeholfen vorgestreckt und ganz unorganisch angewinkelt. Hinter dem Rücken aufsteigende Pflanze mit Lanzettblättern. In den Fliesenecken je drei kleine feingezackte Blätter. Gegenfliese F119.
Fundort:
Zwettl, Zisterzienserstift, 1909 gefunden.
Zwettl, Stiftsmuseum.

F83 Meiningen

1. Hälfte 13. Jahrhundert?
Dunkelbräunlichroter, an den Rändern grau verfärbter Ton. Flachrelief. 19,8 × 20,2 × 3 cm.
Quadratischer Rahmen, oben und unten mit flachen Zackenstegen, rechts und links mit kleinen Bögen und Schrägstegen. Nach rechts springendes Einhorn mit Pferdekopf und -körper, das gezackte, hängende Horn nach vorn gewölbt. Vor den angewinkelten Vorderläufen Dreiblatt, dieselben Blätter im Rücken des Tieres als Rahmung eines großen fünffach gezackten Blattes. Vom Boden aufwachsend ebenfalls kleine Pflanze.
Fundort:
Meiningen, ev. Stadtkirche, vermutlich beim Neubau 1884–89 gefunden. P. Lehfeldt, G. Voss, 112, links unten.
Meiningen, Staatl. Museen Schloß Elisabethenburg.

F84 Neustift

Ende 12.–Anfang 13. Jahrhundert.
Roter Ton mit oliv-hellockerbräunlicher Bleiglasur. Stark abgetreten. 16 × 3 cm.
Quadratischer Rahmen, links und unten mit senkrechten Kerben, rechts und oben mit kleinen Andreaskreuzen verziert.

Nach rechts gewandtes, leicht aufgerichtetes Einhorn mit geradem, leicht gezacktem Horn, das über dem Auge ansetzt, sich neigt und den Rahmen überschneidet. Pferdekörper fast gleich E41, die Vorderläufe angewinkelt.
Fundort:
Neustift, ehem. Prämonstratenserkloster, vor 1905.
München, Bayerisches Nationalmuseum.

F85 Ettlingen

Vor oder nach Mitte 13. Jahrhundert.
Roter, feingemagerter Ton. Vertiefte Prägung. 15 × 3 cm.
In quadratischem Rahmen mit (möglicherweise mit einem Stichel eingedrückten) Punkten nach links springendes Einhorn. Der schmale Körper im Sprung gedehnt. Der Typus des mittelalterlichen Einhorns noch nicht fest ausgebildet, das Tier zeigt einen Bockskörper mit Tatzen. Ovales Auge, gesenktes, geschlossenes Maul und nach vorn gewölbtes kurzes Horn. Über dem Rücken Basilisk, zu seinen Füßen heraldische Lilie.
Fundort:
Ettlingen, ev. Pfarrkirche St. Martin, 1934 gefunden. A. Tschira, R. Stenzel, 181, Nr. 2.
Ettlingen, Albgaumuseum.

F86 Worms

2. Hälfte 13. Jahrhundert.
Hellgrauer Ton. Vertiefte Prägung. 13,5 × 2,5 cm.
In quadratischem Rahmen nach links gewandtes, stehendes Einhorn mit kleinem, rundem, rückwärts gedrehtem Kopf mit großem Auge. Kleine Stirnhörner und langes, waagrecht stehendes Horn am Hinterkopf. Pferdekörper, die Drehung des Halses durch Kerben angedeutet. Die rechte Vorderhand stark angewinkelt, der lange Schweif mit Quaste S-förmig über dem Rücken geschwungen.
Fundort:
a Worms, Herkunft unbekannt, vor 1922 gefunden. E. Grill, Taf. I, 6.
Worms, Museum der Stadt Worms.
b Worms, Stadtmauer am Luginsland, nach 1945 gefunden. O. Böcher, 1958, Nr. 7, 2, Abb. 4.
Mainz, Privatbesitz.

F87 Bebenhausen

2. Drittel 13. Jahrhundert.
Grauer Ton. Vertiefte Prägung, fast bis zur Unkenntlichkeit abgetreten. 11,5 × 3 cm.
In einem Kreis Kampf eines Bären mit einem Einhorn. Das in der rechten Bildhälfte aufgerichtete Einhorn mit zierlichem Pferdekörper und kurzem, geradem, gezacktem Horn, mit Zackenmähne, Stummelschwanz und unbeholfen vorgestreckten Läufen. Der Bär mit großem Kopf, breiten Tatzen und aufwärts gestelltem Schweif.
Fundort:
Unbekannt. Tonbeschaffenheit, Größe und Prägung verweisen die Fliese nach Kloster Bebenhausen. Sie muß schon vor 1870 entfernt worden sein.
Stuttgart, Württembergisches Landesmuseum.

F88 Konstanz – Neustadt – Straßburg? – Worms

3. Viertel 13. Jahrhundert.
Gelbrötlicher, feingemagerter Ton. Vertiefte Prägung. 13,5 × 2,5 cm.
Nach links gewandtes, doppelt geschwänztes Einhorn mit gesenktem Kopf auf gewölbtem Hals. Das Maul geöffnet, das Horn an der Oberseite gekerbt, der rechte Vorderhuf so weit erhoben, daß er fast das Horn berührt. Die eine Schwanzhälfte mit leicht verdickter Quaste aufgerichtet, die andere in langem Bogen zwischen den Läufen hindurch zum linken Vorderhuf geführt.
Fundort:
a Konstanz, Stadionscher Domherrenhof, 1898 gefunden.
Konstanz, Rosgartenmuseum.
Zürich, Schweizerisches Landesmuseum.
b Konstanz, Münster, Mauritiusrotunde und Hl. Grab, bei Grabungen 1973 im Fundamentbereich gefunden. Bruchstück.
Konstanz, Staatl. Hochbauamt.
c Neustadt-Hambach, Hambacher Schloß, bei Restaurierungsarbeiten 1955 gefunden. Zwei Bruchstücke, gelbrötlicher und mittelgrauer Ton, Kante senkrecht, die Ecken nachträglich abgeschlagen und als Kreisfliese verlegt. 13 × 2,2 cm.
Speyer, Landesamt für Denkmalpflege.
d Straßburg, Kaufhausgasse 1–3, vor 1901 gefunden. Grauer Ton. 13 × 3 cm. Nicht mit demselben Model geprägt. R. Forrer, 1901, 72.
Straßburg, Frauenhausmuseum.
e Worms, Herkunft unbekannt, vor 1922 gefunden. Hellgrauer, poröser Ton. Kante schräg. Mit einem von F88a und F88d abweichenden dritten Model geprägt. E. Grill, Taf. I, 5.
Worms, Museum der Stadt Worms.

F89 Franken?

2. Hälfte – Ende 13. Jahrhundert.
Tonfarbe und Maße unbekannt. Vertiefte Prägung.
Im Kreis, der in den Ecken der Fliese durch rechte Winkel geschnitten wird, nach rechts gewandtes Einhorn ähnlich F87, mit zurückgelegtem Kopf und langem, an der Oberseite gewölbtem Horn.
Fundort:
Unbekannt, möglicherweise aus Franken. Slg. Dr. Jakob v. Hefner-Alteneck, München[1].
Verbleib unbekannt[2].

1 J. v. Hefner-Alteneck, III, Taf. 159c.
2 Ebd., Anm. zu den abgebildeten Fliesen: „Aus den Museen von Sigmaringen, Ulm, München." Die Fliese befindet sich nicht mehr in den Museen von Ulm oder München. Die hier und auch bei A. Demmin, 41 erwähnten Fliesen des Museums Sigmaringen sind unauffindbar.

F90 Eberbach – Lörzweiler

2. Hälfte 13. Jahrhundert.
Hellroter und bräunlichgelber Ton. Vertiefte Prägung. 12,5 × 18 × 3 cm.
Dreiecksfliese mit Randleiste. Aufgerichtetes, nach rechts springendes kleines Einhorn mit kurzem, spitzem Horn, schmalem Körper und erhobenen Vorderläufen. Vom Grund der Fliese wachsen vier kleine heraldische Lilien.

Fundort:
a Eberbach, ehem. Zisterzienserkloster, Einzelfliese in situ in der Kirche, zwei weitere im Lapidarium. W. Schäfer, 17, Abb. 5.
b Eberbach, Hospital, 1974 bei einer Notgrabung gefunden. Wiesbaden, Landesamt für Denkmalpflege.
c Lörzweiler, Pfarrkirche St. Michael, bei Grabungen 1969 gefunden.
Mainz, Landesamt für Denkmalpflege.
d Unbekannt.
Bad Zwischenahn, Slg. Hans-Jürgen Heger.

F91 Johannisberg – Mainz

4. Viertel 13. Jahrhundert.
Graugrünlicher Ton. Vertiefte Prägung, 13 × 2,5 cm. Abgetreten und teilweise zerstört.
Zwei steigende antithetische Tiere, das rechte ein Einhorn, das linke möglicherweise auch. In der Körperform nicht ganz spiegelbildlich. Der Kopf en face, beim Einhorn der rechte Hinterlauf erhoben, beim andern Tier beide Läufe auf dem Boden stehend. Mit den Vorderläufen halten beide Tiere eine Blütenpflanze mit geöffnetem Kelch.
Fundort:
a Johannisberg, ehem. Benediktinerkloster, bei Grabungen im Klosterbezirk gefunden.
Johannisberg, Schloß, Domänenverwaltung.
b Mainz, beim Abbruch einiger Gebäude auf der SW-Seite der Klosterkirche Reichklaren 1903 im Schutt gefunden[1].
Mainz, früher Altertumsmuseum, heute nicht auffindbar.

1 Westd. Zs. 23, 1904, Museographie 1903, Taf. 8, 6.

F92 Heilsbronn

1412–1433.
Roter Ton mit mittelgrüner Bleiglasur. Flachrelief, abgetreten. Profil abgeschrägt. 15,5 × 3 cm.
In schräg eingeprägtem quadratischem Rahmen nach links galoppierendes Einhorn mit Pferdekörper, schmalem Kopf mit geöffnetem Maul, dünnem, hängendem Horn und angewinkelten Vorderläufen. Hinter dem Tier fünf Bäume mit flachen, feinverästelten Kronen, auf dem Boden Gräser.
Fundort:
Heilsbronn, ehem. Zisterzienserkloster, bei der Restaurierung der Kirche 1851–66 im Chor gefunden.
R. G. Stillfried, Taf. 78.
Berlin, Märkisches Museum.
München, Bayerisches Nationalmuseum.
Nürnberg, Germanisches Nationalmuseum.

F93 Dießen

Mitte 15. Jahrhundert?
Feingemagerter, hellroter Ton. Flachrelief. 19 × 4 cm.
Spitzoval mit nach rechts springendem Einhorn. Pferdekörper mit gezackter, flatternder Mähne und ebensolchem, über dem Rücken geschwungenem Schweif. Das nur an der Oberkante dreieckig gesägte Horn bis zur Spitze des Ovals reichend, die rechte Hinterhand füllt die andere Ovalspitze. In den Ecken Viertelskreise mit Achtpaßviertel und schönem, stilisierten Kleeblatt.
Fundort:
Dießen, Ammersee, 1955 in einem Haus auf der Hofmark des ehem. Augustiner-Chorherrenstiftes gefunden.
Dießen, Privatbesitz.

F94 Württemberg? – Südbaden?

1. Hälfte 15. Jahrhundert.
Roter, grobgemagerter Ton. Flachrelief. 17,5 × 5 cm.
Zwei sich schneidende Spitzovale. In der Mitte nach rechts springendes Einhorn mit langem, gesenktem, geradem Horn und verkümmerten Läufen ohne Hufe. In den seitlichen Bogen Dreiblatt mit Mittelrosette.
Fundort:
Württemberg, Herkunft unbekannt. Vgl. Fundortkat. Hirsau. Dem Typus und der Prägung nach könnte die Fliese im Einflußbereich des Klosters entstanden sein.
Stuttgart, Württembergisches Landesmuseum.

F95 Stockach

Um 1402? Eher 4. Viertel 15. Jahrhundert.
Roter Ton. Flachrelief. 17,5 × 5 cm.
Seitenverkehrter Nachschnitt von F94. Die Stege der Spitzovale nicht gerundet, sondern kantig. Der Modelschneider war sichtlich bemüht, die Darstellung des Pferdes zu verbessern, was ihm jedoch nur beim Hinterkörper gelang. Die Vorderläufe nur noch kleine Haken, die Ohren spitz und aufgerichtet, das Horn leicht gebogen und gerieft.
Fundort:
Stockach, kath. Pfarrkirche St. Maria und Oswald, beim Aushub der Fundamente für den Kirchenneubau 1931 gefunden.
Stockach, Heimatmuseum.

F96 Biberach

Um 1480–1490.
Roter Ton. Flachrelief, aus Bruchstücken rekonstruiert[1]. 20 × 4 cm. Nicht abgebildet.
Breiter Rahmen aus zwei Kielbogen, bei denen die Spitze durch kleine, konkave Halbkreise ersetzt ist, mit je 18 Punkten besetzt. In diesem ein nach rechts springendes Einhorn ähnlich F94, das Horn an der Spitze leicht aufgewölbt, die dünnen Läufe weit vorgestreckt, der Schweif s-förmig über dem Rücken geschwungen. In den Fliesenecken kleine Blattornamente, unter dem rechten Vorderlauf aufsteigendes Kleeblatt.
Fundort:
Biberach, Ochsenhäuser Klosterhof, bei dessen Sanierung 1977 im Schutt gefunden.
Biberach, Privatbesitz.

1 Rettung und Rekonstruktion der Fliese durch Herrn Robert Gerster, Biberach.

F97 Villingen

1. Hälfte 16. Jahrhundert.
Hochroter, feingemagerter Ton. Vertiefte Prägung, Kante senkrecht. 21,5 × 2,8 und 21 × 3 cm.
In unregelmäßiger, kreisähnlicher Kettengirlande nach rechts springendes Einhorn. Der Körper fast nur durch Striche ange-

deutet, der Schweif ebenfalls in Form zweier Kettenglieder aufrecht stehend, das Horn stark gesenkt.
Fundort:
Villingen, Herkunft nicht mehr bekannt.
S. Bartenstein, M. Fuchs, 162, Taf. VII, 14 und 15.
Villingen, Museum Altes Rathaus.

F98 Aachen

1. Viertel 16. Jahrhundert?
Hellroter Ton mit gelblicher Glasur. Flachrelief, abgetreten, erst vier Fliesen ergeben das vollständige Bild, die Gegenfliesen sind jedoch nicht bekannt. 12 × 2,5 cm.
Linke Seite und obere Kante Teil eines breiten Rahmens mit zartem Rankenwerk, von Perlleiste des Schemas –..–..– begleitet. Nach rechts springendes Einhorn mit Pferdekörper, das lange Horn waagrecht, der lange, buschige Schweif über dem Rücken geschwungen.
Fundort:
Aachen, Rathaus, Reichssaal, bei der Wiederherstellung 1953 im Mauerwerk über dem mittleren Fenster, Joch 7, gefunden.
Aachen, Stadtverwaltung.

Greif

F99 Schlettstadt

3. Viertel 12. Jahrhundert.
Roter, hartgebrannter, stark gemagerter Ton, der der gelbbraunen Glasur eine rauhe Oberfläche verleiht. Flachrelief. 22,5 × 4 cm.
Achteckfliese mit Rahmen. Nach rechts gewandter, geflügelter Greif mit Stierkörper, kleinem Kopf mit einem spitzen Ohr und vier dünnen Fängen mit spitzen Krallen. Der Schwanz unter dem Körper nach oben geschwungen.
Fundort:
a Schlettstadt, Pfarrkirche St. Fides, bei der Restaurierung 1892 gefunden. R. Forrer, 1901, 62 und Taf. III, 4. Der Verbleib war nicht zu ermitteln.
b wie a, Bruchstück mit abgetrepptem Profil, möglicherweise für eine andersfarbige Rahmenleiste bestimmt. Es kann sich nicht um einen Model handeln, da das Bild ebenfalls ein Flachrelief zeigt.
Schlettstadt, Stadtbibliothek.

F100 Lilienfeld

1230–1263.
Roter Ton. Flachrelief, teilweise stark abgetreten. 22,8 × 21,8 × 4,8 cm.
In quadratischem Rahmen nach rechts gewandter, stehender, geflügelter Greif mit Löwenkörper und Vogelkopf mit Schnabel und spitzen Ohren. Die Hinterläufe mit Tatzen, vorne Fänge mit großen, weitgespreizten Krallen. Die geschlossenen Flügel spitz zulaufend, der Schweif mit Herzblattquaste über dem Rücken geschwungen.
Fundort:
a Lilienfeld, Zisterzienserstift, auf dem Gelände der ehem. Wolfgangskapelle 1971 in situ gefunden. F. Vongrey, 11, Abb. 11, 15, Abb. 21.
b ebd., 1974 bei Grabungen in der Klosterkirche in situ im Presbyterium gefunden.
Lilienfeld, Stiftsmuseum.

F101 Lilienfeld

1230–1263.
Roter Ton. Flachrelief, Bruchstück. Nicht abgebildet.
Variante von F100. Doppelrahmen mit geflügeltem Greif, nur Kopf, Flügel und Schweif sichtbar. Der Kopf deutlicher als Adlerkopf gebildet, der Schnabel stärker gewölbt, die spitzen Ohren aufgerichtet. Die Flügel steiler, den Fliesenrahmen fast berührend, in sieben Schwingen gefächert. Der Schweif mit Herzblattquaste ohne Schwingung aufgewölbt.
Fundort:
Lilienfeld, Zisterzienserstift, beim Umbau des Mönchsinfirmarium 1951 gefunden. F. Vongrey, 11, Abb. 13, im Musterkat. nicht erwähnt.
Lilienfeld, Stiftsmuseum

F102 Amorbach

2. Viertel 13. Jahrhundert.
Roter Ton. Vertiefte Prägung. 13 × 3 cm.
In quadratischem Rahmen nach rechts gewandter, stehender, geflügelter Greif mit Löwenkörper und Adlerkopf. Die klei-

nen Ohren gerundet, der Schnabel ungewöhnlich groß, die Flügel mit vier Schwingen und Bogenrand am Ansatz. Der lange Schweif zwischen den Hinterläufen bis zu den Krallen geschwungen.
Fundort:
Amorbach, ehem. Benediktinerkloster, zu Ende des 19. Jahrhunderts auf dem Gelände des ehem. Mönchsfriedhofes gefunden. W. Hotz, 1938, 45, Abb. 3.
Amorbach, Fürstl. Leiningensche Sammlungen.

F103 Pildenau

2. Drittel 13. Jahrhundert.
Stark gemagerter, weißlichgelber, schwach gebrannter Ton. Stempel schräg eingeprägt, Fliese im Brand etwas verzogen, Kante leicht schräg. 19,5 × 19 × 2 cm.
Breiter quadratischer Rahmen mit Wellenband und sorgfältig geschnittenen Palmettenranken. Nach rechts springender, geflügelter Greif mit Löwenkörper. Alle Läufe mit Tatzen, das Fell durch eine zarte Binnenzeichnung angedeutet. Adlerkopf mit einem Ohr, schmale, spitze, eng anliegende Flügel, am Ansatz mit Lochpunzen. Auf allen freien Flächen kleine Ornamente und Ranken.
Fundort:
a Pildenau, kath. Pfarrkirche, bei der Erneuerung des Fußbodens 1897 gefunden. Früher fälschlicherweise mit dem Fundort ‚Ering' bezeichnet.[1]
München, Bayerisches Nationalmuseum.
b Unbekannt, aus Oberbayern, wohl ebenfalls aus Pildenau. Zwei Fliesen, stark abgetreten.
Privatbesitz.

1 Den richtigen Fundort entdeckte Herr Dr. Rainer Rückert, München.

F104 Stein/Donau

2. Hälfte 13. Jahrhundert.
Roter Ton mit dunkelbrauner Bleiglasur. Flachrelief, abgetreten. 17 × 3,8 cm.
Nach links schreitender Greif mit leicht angehobenem Adlerkopf und sorgfältig gezeichnetem Löwenkörper. Die zu beiden Seiten gebreiteten Schwingen mit ovalen Bogen am Ansatz. Vogelkrallen, Löwentatzen und S-förmig nach oben geschwungener Schweif.
Fundort:
Stein/Donau, Großer Passauerhof, zu Beginn des 20. Jahrhunderts entfernt. L. Schmidt, Abb. 59.1.
Krems, Museum der Stadt Krems.
Wien, Österreichisches Museum für Volkskunde.
Wien, Niederösterreichisches Landesmuseum.

F105 Kleinern

2. Drittel 13. Jahrhundert?
Ziegelroter Ton. Flachrelief, Rechteckstempel 9 × 11 cm in eine Fliese 13,7 × 14,5 geprägt. Abgetreten.
Nach rechts gewandter Greif mit Vogelkopf auf überlangem Hals, im gewölbten Schnabel Kleeblatt, die Fiederung des Halses als kleine Grannen abstehend. Der Leib am Flügelansatz besonders schmal, der Schweif fünffach aufgefächert und steil nach oben gerichtet. Zu beiden Seiten je eine große Flügelschwinge mit je sieben Schwungfedern, die linke über dem Ansatz der Kralle nur gerade noch mit dem Körper verbunden. Vor der linken Kralle Signatur in Form einer „4" auf einem Kreuzbalken stehend.
Fundort:
Kleinern, ev. Pfarrkirche, beim Erneuern der Heizung 1980 gefunden.
Bad Wildungen, Heimatmuseum.

F106 Heiligenkreuz

1. Viertel 13. Jahrhundert – um 1240.
Feiner ziegelroter Ton mit vereinzelten kleinen Steinchen. Oberfläche sehr beschädigt. 19,8 × 20 × 3,2/3,7 cm.
Quadratischer Rahmen mit nach links schreitendem Fabeltier. Der Wechsel von Vogelkrallen und Löwentatzen läßt einen Greifen ähnlichen Typus wie F102 vermuten. Sichtbar sind nur noch der schmale Hinterleib, ein nach oben geschwungener Schweif, ein Dreiblatt vor den Krallen des Tieres und eine Pflanze ähnlich F81 über dem Rücken aufsteigend. Nicht abgebildet.
Fundort:
Heiligenkreuz, Zisterzienserstift, in einer Mauer im Vorraum des Dormitoriums 1969 als Füllmaterial gefunden. R. Pittioni, 1970, 76 und Taf. II.
Heiligenkreuz, Stiftsmuseum.

F107 Neustift

Ende 12.–Anfang 13. Jahrhundert.
Roter Ton mit grünlich-bräunlicher Glasur. Flachrelief. 16 × 3 cm.
Quadratischer Rahmen, von der Darstellung in der Ecke links unten unterbrochen. Nach links gewandter, geflügelter Greif von plumpem Körperbau. Kopf mit breitem Schnabel und hörnerartigen Ohren, die schmalen Schwingen drei- und viergeteilt, alle Läufe in Krallen endigend.
Fundort:
Neustift, ehem. Prämonstratenserkloster, vor 1905.
München, Bayerisches Nationalmuseum.

F108 Bleidenstadt – Worms

3. Drittel 12.–1. Drittel 13. Jahrhundert.
Weißlichgrauer-rosaweißlicher, sehr brüchiger Ton. Flachrelief. 22 × 2,5 cm. Dm. des Kreises 3,6 cm.
Im Kreis nach links gewandter stehender Löwengreif mit Adlerkopf, stark gewölbtem Schnabel und kleinen Ohren. Fünf Flügelschwingen unmittelbar unterhalb des Halsansatzes in dünnen Strichen angedeutet. Walzenförmiger Körper mit erhobener rechter Vorderkralle und über dem Rücken geschwungenen Schweif mit geteilter Quaste.
Fundort:
a Bleidenstadt, ehem. Benediktinerkloster, 1899 im Kreuzgang gefunden.
Wiesbaden, Slg. Nassauischer Altertümer.
b Vermutlich aus Worms, Herkunft unbekannt. Der Kreisstempel hier in das Teilstück eines Kreisbogens, vermutlich wie bei B6 zweimal nebeneinander eingeprägt. Rotbrauner Ton, Bruchstück 6 × 7 × 1,7 cm. Auf der Oberfläche und an den Seitenkanten Reste einer rötlichen Engobe. Vor 1922 gefunden. E. Grill, Taf. IV, 99.
Worms, Museum der Stadt Worms.

F108.1 Villingen

1. Hälfte 13. Jahrhundert.
Bläulichrot gebrannter, feingemagerter Ton. Kante senkrecht. Bruchstück. 27 × 4,5 cm. Ein Kreisstempel, Dm. ca. 8,3 cm in Fliesenmitte als Flachrelief.
Nach links schreitender Greif (?), der Kopf zerstört. Sichtbar die gesträubten Flügelschwingen zu beiden Seiten, der schmale Schlangenleib mit dreifach gegliedertem, aufwärts gerichtetem Schweif und die weitgespreizten, großen Vogelkrallen.
Fundort:
Villingen, Herkunft nicht mehr bekannt.
Villingen, Franziskanermuseum Villingen.

F109 Limburg a. d. Haardt

3. Drittel 12.–Anfang 13. Jahrhundert.
Roter Ton mit guterhaltener, olivbräunlicher Glasur. Flachrelief, Bruchstück, nur die Hälfte der Darstellung erhalten. Breite ca. 6,5 cm, Dicke 1,5 cm.
Teil eines Kreisbogens, die seitlichen Kanten jedoch nicht schräg, sondern leicht konkav. Form durch zwei Randlinien betont. Nach links gewandter, geflügelter Greif, die in Strichen gegebenen Flügel zu beiden Seiten gebreitet. Adlerkrallen, Löwentatzen, großer, gewölbter Schnabel und dreigeteilter Schweif.
Fundort:
Limburg a. d. Haardt, ehem. Benediktinerkloster, zu Ende des 19. Jahrhunderts gefunden.
Bad Dürkheim, Heimatmuseum.

F110 Neustadt

3. Drittel 12.–Anfang 13. Jahrhundert.
Hellrötlicher Ton mit olivgrüner Bleiglasur, über die leicht schrägen Kanten herabgelaufen. Flachrelief, Teil eines Kreissegments mit schrägen Seiten, die Ergänzung müßte ein Dreieck mit gewölbter Grundlinie und konkaven Seiten sein. Bruchstück. Ca. 6,8 × 16 × 22 × 2,8 cm.
Nur eine Rahmenlinie. Darstellung in der Mitte durch Zakkenband getrennt. Rechts sichtbar noch Krallen und Flügel des Greifs F109, links ein liegender, gehörnter Drache mit breitem Flügel. Der grätenartig aufgefächerte Hinterleib mündet in Lanzettblätter.
Fundort:
Neustadt-Hambach, Hambacher Schloß, bei Restaurierungsarbeiten 1955 gefunden.
Neustadt, Landratsamt.

F111 Kappelen

13. Jahrhundert.
Dunkelroter Ton. Kleiner Quadratstempel mit Flachrelief, meist einmal, auf einer Fliese fünfmal in die Fläche gepreßt. Stempel 10 × 10,5 cm, Fliese 14,2 × 3,2 cm.
Nach links schreitender Löwengreif vom Typus F104, die rechte Vorderkralle erhoben. Die mit feinen Zacken gesäumten Flügelschwingen wachsen unbeholfen aus dem Rücken und dem Hals des Tieres. Der kurze Schweif aufgerichtet, die Hintertatzen mit Zotteln.
Fundort:
Kappelen, Kt. Bern, beim Abbruch des Beinhauses um 1867 gefunden. 1888 wurde eine weitere Fliese entdeckt, die den Stempel viermal trug. L. Gerster, 1887, 439–440, Taf. 28, Abb. 2.
Zürich, Schweizerisches Landesmuseum.
Weitere Fliesen sollen in die Museen Basel, Bern, Burgdorf und in eine Privatsammlung gekommen sein.

F112 Mainz

2. Viertel–Mitte 13. Jahrhundert.
Roter Ton. Vertiefte Prägung. 14,5 × 14,5 cm.
Von Randleiste oben und unten begrenzt. Nach rechts gewandter Löwengreif mit schmalem Kopf, breitem, vorgewölbtem Vorderkörper, Adlerkrallen und Löwentatzen. Je drei dünne Flügelschwingen zu beiden Seiten, der lange Schweif mit Zacken und mehrfach geteilter Quaste über dem Rücken geschwungen.
Fundort:
Mainz, Gutenbergplatz, bei Grabungen 1910 in situ gefunden. E. Neeb, 1911, 149, Abb. 9, 3.
Mainz, Mittelrheinisches Landesmuseum (z. Z. nicht auffindbar).

F112.1 Breisach

4. Viertel 14.–1. Viertel 15. Jahrhundert.
Gelblicher Ton. Flachrelief. Drei Bruchstücke. Original 20,5 × 4 cm, Dm. des Kreises ca. 12 cm.
Im Kreis ein nach rechts gewandter Löwengreif, die Flügel zu beiden Seiten des stark zerstörten Kopfes gespreizt. Der Löwenleib ähnlich D57, die Schweifquaste schwingt jedoch zum Kreisrand. Die Krallen kleiner und breiter wie F112, die Flügelschwingen zu einer scharfen Spitze zulaufend.
Fundort:
Breisach, Kapuzinergasse, 1983 im Schutt gefunden. Das Fragment, welches den Hinterkörper des Greifen zeigt, fand sich in 2. Lage in einer Mauer aus dem 2. Viertel des 16. Jahrhunderts[1]. M. Schmaedecke, 1992, 143, Abb. 102 oben, 257, Taf. 53, Nr. 4.
Freiburg/Brg. Landesdenkmalamt Baden-Württemberg.

1 Nach freundlicher Mitteilung von Herrn Dr. Michael Schmaedecke könnte dieses Fragment aus dem ehem. Zisterzienserinnenkloster Marienau stammen.

F113 Konstanz – Limburg a. d. Haardt – Neustadt – Worms

3. Viertel 13. Jahrhundert.
Feiner gelbrötlicher Ton. Vertiefte Prägung. 13,5 × 2,5 cm.
In quadratischem Rahmen nach rechts gewandter geflügelter Greif ähnlich F102. Die Schwingen hier gerundet, die Ohren spitz, der Schweif mit Quaste nach oben gebogen. Die Fänge mit stumpfen Krallen kürzer als die Hinterläufe.
Fundort:
a Konstanz, Stadionscher Domherrenhof, 1898 gefunden.
Konstanz, Rosgartenmuseum.
Berlin, Kunstgewerbemuseum.
Dortmund, Museum für Kunst und Kulturgeschichte.
Zürich, Schweizerisches Landesmuseum (R. Schnyder, 1972, Abb. 18.4).
b Konstanz, Münster, Mauritiusrotunde und Hl. Grab, 1973 zwei Bruchstücke bei Grabungen im Fundament gefunden.
Konstanz, Staatl. Hochbauamt.

c Limburg a. d. Haardt, ehem. Benediktinerkloster, bei Grabungen zu Ende des 19. Jahrhunderts im NW der Kirche gefunden. Graubrauner Ton. Bruchstück ohne Rahmung.
Bad Dürkheim, Heimatmuseum.
d Neustadt-Hambach, Hambacher Schloß, Bruchstück, bei Grabungen gefunden. Rötlicher Ton. Kante leicht schräg. Dicke 2,5 cm.
Speyer, Landesamt für Denkmalpflege.
e Variante, ohne Rahmen. Prägung nach rechts verschoben. Hellgrauer Ton. 13,5 × 2,5 cm. Worms, Herkunft unbekannt, vor 1922 gefunden. E. Grill, Taf. I, 12.
Worms, Museum der Stadt Worms.

F114 Konstanz

3. Viertel 13. Jahrhundert.
Gelbrötlicher Ton. Vertiefte Prägung. 13,5 × 2,5 cm.
In quadratischem Rahmen nach rechts gewandter geflügelter Greif, für dessen Körper ebenfalls das Vorbild E17 verwandt wurde. Die Ohren etwas spitzer, die Hinterläufe mit Krallen, die Quaste des kürzeren Schweifes nach vorn gedreht. Zwei spitz zulaufende, nur an den Enden eingekerbte Flügel.
Fundort:
Konstanz, Stadionscher Domherrenhof, 1898.
Konstanz, Rosgartenmuseum.
Nürnberg, Germanisches Nationalmuseum.
Zürich, Schweizerisches Landesmuseum.

F115 Osnabrück

Vor 1319.
Roter, stark gemagerter, hartgebrannter Ton. Vertiefte Prägung. 16,5 × 5,5 cm.
In der Diagonale nach rechts ausschreitender geflügelter Greif in besonders sorgfältiger Prägung. Hinterleib, Tatzen und Schweif mit D53 übereinstimmend. Adlerkopf mit Sichelschnabel und gewellten Ohren, ein über der rechten Vorderkralle ansetzender sechsteiliger Flügel mit gerundeten Enden, die linke Kralle hoch erhoben.
Fundort:
Osnabrück, Dom St. Peter, Margarethenkapelle. W. Greischel, 9, Abb. 2.
Osnabrück, Kulturgeschichtliches Museum.
Hannover, Kestner-Museum.
Hildesheim, Roemer- und Pelizaeus-Museum.
Münster, Westfälisches Landesmuseum für Kunst und Kulturgeschichte.

F116 Kempten

3. Viertel 15. Jahrhundert/um 1466.
Roter, feinkörniger Ton. Flachrelief. 21,5 × 3 cm.
In quadratischem Rahmen nach links aufsteigender Flügelgreif von sorgfältigster Zeichnung. Kleiner Kopf auf langgestrecktem Körper mit spitzen Ohren und kurzer Zunge. Das Gefieder durch versetzte Rauten angedeutet, der Flügel an der Oberkante zweifach gewölbt, der Schweif mit Zackenquaste zwischen den Hinterläufen nach oben geschwungen. An allen Läufen breite Tatzen mit spitzen Krallen, alle freien Flächen mit Ranken und Blüten aus drei oder sechs Punkten gefüllt.
Fundort:
a Kempten, Haus Rathausplatz 20[1], vor 1890 gefunden, 1980 erneut entdeckt. F. L. Baumann, II, 1890, 663, Abb. 426.
Kempten, Allgäuer Heimatmuseum.
b Kempten-Lenzfried, ehem. Franziskanerkloster, beim Umbau des Kellers gefunden.
Kempten, Allgäuer Heimatmuseum.
Kempten-Lenzfried, Slg. Leichtle.
c Unbekannt, vermutlich vom Fundort F116a.
Berlin, Kunstgewerbemuseum.[2]
Darmstadt, Hessisches Landesmuseum (aus dem Kunsthandel, angeblich „aus einem Haus in Ulm").
Leipzig, Museum des Kunsthandwerks[3] (abgetreten).

1 E. Keyser, Dt. Stb. V, 1, 295. Im Wappen der Stadt Kempten sind seit 1489 zwei geflügelte Greifen als Schildhalter belegt. Dieses Wappen (vgl. G20) könnte am ehesten im Rathaus oder in einem mit diesem in Verbindung stehenden Bau verlegt worden sein. Die Fliesen müssen vor 1925 entfernt worden sein, da sie in diesem Jahr im Inventar des Museums Darmstadt auftauchen.
2 W. Scheffler, L. Wiesinger, T. Hausmann, Kunstgewerbemuseum Berlin, Ausgewählte Werke, Berlin 1963. Titelbild „Deutschland, 14. Jh."
3 Kat. Museum des Kunsthandwerks, Leipzig 1960, 38–39, Nr. 31. Inv.-Nr. 1411. Fundort (nur Vermutung) Oberrhein (?), „um 1400". K. Strauss, 1983, 10, Taf. 6, Abb. 2 und 4.

F117 Hirsau

Um 1472.
Roter, dunkel gebrannter Ton. Flachrelief. 19,5 × 4,5 cm.
In der Diagonale Kielbogen mit teils senkrechten, teils schrägen Kerben, unten durch einen Viertelskreis mit Perlband begrenzt, so daß etwa die Form einer gerundeten Mitra entsteht. In dieser ein nach rechts schreitender Greif mit weitgespreizten Flügeln zu beiden Seiten des Löwenkörpers. Adlerkopf ähnlich F115, der Schnabel geöffnet, die Fänge mit spitzen Krallen. In drei Ecken der Fliese Teile einer Blattrosette, im Viertelskreis nach rechts schreitender (heraldisch links!) leopardierter, gekrönter Löwe auf Dreiberg, das Wappen der Grafen von Calw[1], der Gründer des Klosters Hirsau.
Fundort:
Hirsau, St. Aurelius, bei Grabungen 1876/77 im südlichen Querschiff gefunden. E. Paulus, 1897, 64.
Hirsau, Klostermuseum.
Karlsruhe, Badisches Landesmuseum.
München, Bayerisches Nationalmuseum.
Stuttgart, Württembergisches Landesmuseum.

1 O. v. Alberti, I, 105–106, Abb. 380.

F117.1 Luzern oder Umgebung

2. Hälfte 15. Jahrhundert.
Roter Ton. Flachrelief. Dm. des Kreisstempels 15,5 cm. Fliese 21 × 20 × 4 cm.
Großer Kreisstempel mit Rahmen. Auf diesem, zwischen Perlbändern, Tierfries (Hirsche, Hunde, durch kleine Blättchen angedeuteter Wald). Im Kreis nach rechts gewandter Greif ähnlich F117. Ein einziger Flügel fächerartig über dem Rücken ausgebreitet. Die rechte Kralle erhoben, der Boden und der freie Raum mit kleinen Pflanzen gefüllt.
Fundort:
Unbekannt, aus Luzern oder Umgebung. Der Tierfries zeigt große Ähnlichkeit mit K15 aus Kloster Maulbronn. Auch hier die Rahmung mit Perlbändern.
Luzern, Historisches Museum.

F118 Franken?

15. Jahrhundert.
Roter Ton mit dunkelbraunroter Glasur. Flachrelief. 12,5 × 3 cm.
Doppelter quadratischer Rahmen mit liegendem, nach rechts gewandtem Flügelgreif. Der Hals weit zurückgelegt, der geöffnete Rachen mit Zunge und spitzen Zähnen, am Kopf kleine runde Ohren. Kräftige, scharf bewehrte Hinterpranken mit Zotteln. Der Flügel, der nach vorn geringelte Schweif und das Fell durch zarte Linien mit Endvoluten angedeutet.
Fundort:
Unbekannt, könnte aus dem ehem. Zisterzienserkloster Heilsbronn sein.
Nürnberg, Germanisches Nationalmuseum (Inv.-Nr. A591).

Verschiedene Fabeltiere

F119 Zwettl

1. Hälfte 13. Jahrhundert.
Rötlicher Ton. Flachrelief. Doppelfliese. Maße der Einzelfliese 14,5 × 16 cm.
In quadratischem Rahmen Kreis mit nach rechts aufgerichtetem Fabeltier, dessen Körperbau dem der Gegenfliese F82 ähnelt. Statt der Hufe Tatzen mit Krallen, die Läufe nach oben gebogen, der Stummelschwanz durch großen aufgerichteten Schweif mit Knoten und Palmettenquaste ersetzt. Eckblätter wie F82.
Fundort:
Zwettl, Zisterzienserstift, 1909 gefunden.
Zwettl, Stiftsmuseum.

F119.1 Zwettl

1. Hälfte 13. Jahrhundert.
Rötlicher Ton. Flachrelief, Doppelfliese. 14,5 × 32 cm. Gegenstück ist E49.
In Kreis nach rechts gewandtes Fabeltier. Mit F119 hat es den Hals mit Zackenmähne gemeinsam, nur ist dieser länger und fast kreisrund gewölbt. Der Kopf winzig, mit hängender Zunge. Der Körper walzenförmig, von einer Rahmenlinie begleitet, das Fell als Zackenband angedeutet. Die Läufe, wie bei romanischen Miniaturen, am Ansatz tropfenförmig betont, der linke Vorderlauf bis in Kopfhöhe hochgereckt. In der Halsbeuge dasselbe Kleeblatt wie bei C9.1 und D25. Zwischen den Vorderläufen Sternblüte, unter dem rechten Vorderlauf viergeteilte Palmette, über dem Rücken ahornähnliches, großes Blatt. Die Hinterläufe überschneiden den Kreis und stehen auf der Grundlinie.
Fundort:
Zwettl, Zisterzienserstift, 1979 in den Fenstern des Auditoriums vermauert gefunden. Die Kuenringer, 503–504, Kat.-Nr. 611e und j (ohne Abb.).
Zwettl, Stiftsmuseum.

F120 Bebenhausen

2. Viertel 13. Jahrhundert.
Roter, feinkörniger Ton. Vertiefte Prägung, rechte obere Ecke fehlt, Ecke unten links beschädigt. 12,5 × 3 cm.
In quadratischem Rahmen nach links gewandtes eselsähnliches Fabeltier, auf Viertelsrond mit Schrägkerben stehend. Aus dem rückwärts gewandten, sorgfältig gezeichneten Kopf schnellt eine lange, gleichmäßig breite Zunge bis zur Fliesenecke. Lange Ohren, Zottelmähne und kurzer Stummelschwanz. In der Ecke rechts unten zwei adossierte Hundeköpfe? auf langen Hälsen.
Fundort:
Unbekannt, nach der Inventarnummer muß die Fliese zu dem Fund aus dem ehem. Kloster Bebenhausen gehören. Dort nicht mehr erhalten, vor 1870 entfernt.
Stuttgart, Württembergisches Landesmuseum.

F120.1 Speyer?

13. Jahrhundert?
„Grauer Ton mit Einschlüssen lichten Ockers, grober Ton mit feinkörnigem Kiesel gemagert“. Flaches Relief, stark abgetre-

ten, Bruchstück einer Doppelfliese, von der Gegenseite ist nur noch der Ansatz mit schmalem Kreisbogen erhalten. 13,8 × 19 × 5 cm.
In quadratischem Rahmen Kreis mit nach links gewandtem, drachenartigen Tier. Der Körper ähnlich F121, der lange Hals S-förmig gewöbt, die rechte Tatze erhoben, der Schweif mit dicker Quaste über dem Rücken geschwungen. Spitzer Hermelinkopf mit Flammenkamm an der Oberseite, der Rachen geschlossen. In den Fliesenecken je drei kleine Punkte.
Fundort:
Unbekannt, aus Speyer oder der Pfalz.
Speyer, Historisches Museum der Pfalz.

F121 Heilsbronn

1412–1433.
Roter Ton mit hellgrüner Bleiglasur. Flachrelief, abgetreten, an der Oberfläche Kratzspuren, die vor dem Brand angebracht wurden. 16 × 15,5 × 3 cm.
In quadratischem Rahmen nach rechts gewandtes Fabeltier mit schmalem Kopf, langer, fünfgespaltener Zunge, Zähnen und zum Oval gebogenen Hörnern. Die Vorderläufe mit gespreizten, gezackten Krallen, die Hinterläufe mit tief gespaltenen Hufen. Der kurze Schweif teilt sich im Ansatz in drei Strähnen. Der Boden ist mit Gräsern bedeckt, die schilfartig hinter dem Rücken des Tieres aufsteigen.
Fundort:
Heilsbronn, ehem. Zisterzienserklosterkirche, bei der Restaurierung 1851–66 im Chor gefunden. R. G. Stillfried, Taf. 78.
Berlin, Kunstgewerbemuseum.
Berlin, Märkisches Museum.
München, Bayerisches Nationalmuseum.
Nürnberg, Germanisches Nationalmuseum.

F122 Stein/Donau

2. Hälfte 13. Jahrhundert.
Roter Ton mit brauner Bleiglasur. Flachrelief, sehr stark abgetreten. 17,5 × 3,5 cm. Nicht abgebildet.
Darstellung kaum erkennbar. Fabelwesen mit Pferdekörper (?), den langen Hals zurückgelegt und als Bogen vorgewölbt. Schlangenkopf?
Fundort:
Stein/Donau, Großer Passauerhof, zu Beginn des 20. Jahrhunderts entfernt. L. Schmidt, Abb. 59, Nr. 7.
Wien, Österreichisches Museum für Volkskunde.

F123 Basel – Straßburg

1. Hälfte 14. Jahrhundert.
Roter Ton, vereinzelte Fliesen mit hell-mittelgrüner Bleiglasur. Vertiefte Prägung, teilweise stark abgetreten. Kante abgeschrägt. 13,5 × 2,5 cm.
In quadratischem Rahmen nach links gewandtes, stehendes Fabeltier mit kleinem Kopf, großem, plumpem Körper und vier Beinen mit Hufen. (Würde heute als Lama bezeichnet.) Der lange Schweif ist zwischen den Läufen vor dem Körper nach oben gezogen und teilt sich in zwei fast waagrecht abstehende Enden mit Quasten. Forrer deutet das Tier als Panther.
Fundort:
a Bodenfund aus der „Umgebung von Basel".
Basel, Historisches Museum.
b Straßburg, Blauwolkengasse/Rue de la Nuée Bleue 21, 1899 gefunden. R. Forrer 1901, 74, Abb. 172.
Straßburg, Frauenhausmuseum.
Delft, Museum „Huis Lambert van Meerten" (Slg. R. Forrer).
Dortmund, Museum für Kunst und Kulturgeschichte.
London, Victoria and Albert Museum. Graurötlicher Ton.
c Straßburg, Apotheke Reeb, Lange Gasse/Grande Rue. Grauer Ton.
Straßburg, Frauenhausmuseum.

F124 Neustift

Ende 12.–Anfang 13. Jahrhundert.
Roter Ton mit schwarzbrauner Bleiglasur. Flachrelief, abgetreten. 16 × 3 cm.
Nach links schreitendes Fabeltier auf zwei hohen Beinen, der ovale Hinterleib mit kräftigen Schenkeln auf der Höhe des rechteckigen Kopfes mit spitzen Ohren. Der lange, dünne, halbkreisförmig nach unten hängende Schweif endet im geöffneten Maul.
Fundort:
Neustift, ehem. Prämonstratenserkloster, vor 1905.
München, Bayerisches Nationalmuseum.

F125 Neustift

Ende 12.–Anfang 13. Jahrhundert.
Roter Ton mit gelbbrauner Bleiglasur, auch an den Kanten. Flachrelief, stark abgetreten. 16 × 3 cm.
In quadratischem Rahmen mit Zierleiste aus aneinandergereihten Astroiden nach rechts aufgerichtetes Fabeltier mit Hundekörper, Eselskopf, vier Beinen mit ungefügen Tatzen mit Krallen und nach oben gestelltem Schweif mit Palmettenquaste.
Fundort:
Neustift, ehem. Prämonstratenserkloster, vor 1905.
München, Bayerisches Nationalmuseum.

F126 Neustift

Ende 12.–Anfang 13. Jahrhundert.
Roter Ton mit braungelber Glasur. Flachrelief, stark abgetreten. 16 × 3,5 cm.
Rahmen wie F125, jedoch sorgfältiger geschnitten. Fabeltier ähnlich F125. Kopf etwas spitzer, mit kleinem Geweih und Zackenmähne, die Vordertatzen nicht ganz so hoch erhoben, der Schweif mit Knoten und Palmettenquaste über dem Rükken nach vorn gewölbt.
Fundort:
Neustift, ehem. Prämonstratenserkloster, vor 1905.
München, Bayerisches Nationalmuseum.

F127 Neustift

Ende 12. – Anfang 13. Jahrhundert.
Roter Ton mit dunkelbraungelber Bleiglasur, auch an den Kanten. Model schräg eingeprägt, Oberfläche teilweise zerstört und abgetreten, Flachrelief. 16,5 × 3 cm.
In quadratischem, mit Schrägkerben verziertem Rahmen nach rechts in der Diagonale aufsteigendes Fabeltier ähnlich F126. Die Beine vom schmalen Körper unbeholfen abge-

spreizt, der Kopf rückwärts gewandt, der Schweif mit hängender Palmettenquaste vor dem Körper nach oben gewölbt.
Fundort:
Neustift, ehem. Prämonstratenserkloster, vor 1905.
München, Bayerisches Nationalmuseum.

F128 Lorsch

1. Viertel 14. Jahrhundert?
Dunkelroter, durch Einschluß verkohlter Pflanzenteilchen verunreinigter Ton. Vertiefte Prägung. Maße unbekannt.
Zwei sich schneidende Spitzovale. In der Mitte kleines, nach links gewandtes Fabeltier mit Pferdekörper und -kopf, geöffnetem Maul, großem Auge und nach oben gewölbtem Schweif mit Palmettenquaste.
Fundort:
Lorsch, ehem. Benediktinerkloster, bei den Grabungen 1928–32 gefunden. Nicht mehr auffindbar, durch Zeichnung[1] überliefert.

1 Für die freundliche Überlassung der Zeichnung und Angaben zur Tonbeschaffenheit danke ich Herrn Dr. Ernst Samesreuther, Darmstadt.

F129 Konstanz

3. Viertel 13. Jahrhundert.
Gelblichroter, feingemagerter Ton. Vertiefte Prägung. 13,5 × 3,5 cm.
In quadratischem Rahmen nach links gewandtes, hundeähnliches Fabeltier mit hoch erhobener Vordertatze, gespaltener Zunge und zur Ecke rechts oben geführtem Schweif mit Blattquaste. Der schmale Kopf endigt in einem eingerollten Schopf.
Fundort:
Konstanz, Stadionscher Domherrenhof, 1898.
Konstanz, Rosgartenmuseum.
Berlin, Kunstgewerbemuseum.

F130 Konstanz

3. Viertel 13. Jahrhundert.
Gelblichroter, feingemagerter Ton. Vertiefte Prägung. 13,5 × 3 cm.
In leicht trapezförmigem Rahmen nach rechts gewandtes Fabeltier mit Fuchskopf, zwei Beinen und bis zur Kopfhöhe erhobener linker Vordertatze. Ein Rumpf fehlt, die Läufe, eine Flügelschwinge und der dreigeteilte geringelte Schweif, der in einer Palmettenquaste und zwei Blattquasten endigt, setzen unmittelbar am Vorderleib an.
Fundort:
Konstanz, Stadionscher Domherrenhof, 1898.
Konstanz, Rosgartenmuseum.
Dortmund, Museum für Kunst und Kulturgeschichte.
Karlsruhe, Badisches Landesmuseum.
Nürnberg, Germanisches Nationalmuseum.
Zürich, Schweizerisches Landesmuseum. R. Schnyder, 1972, Abb. 18.6.

F131 Konstanz

3. Viertel 13. Jahrhundert.
Rötlichgelber, feingemagerter Ton. Vertiefte Prägung. 13,5 × 2,5 cm.
In quadratischem Rahmen nach links gewandtes Fabeltier mit Fuchskopf, stark gewölbtem Bug und großen Entenfüßen. Der zweigeteilte Schweif mit schönen, symmetrischen, den Fliesenrand begleitenden Palmettenquasten setzt sofort über den Füßen an, eine ähnliche, zur Palmette umgebildete Zunge hängt weit aus dem geöffneten Maul.
Fundort:
Konstanz, Stadionscher Domherrenhof, 1898.
Konstanz, Rosgartenmuseum.
London, Victoria and Albert Museum (gelblichgrauer Ton).
Zürich, Schweizerisches Landesmuseum.

F132 Konstanz – Sesenheim – Worms

3. Viertel 13. Jahrhundert.
Roter, feingemagerter Ton. Vertiefte Prägung. 13 × 2,5 cm.
Model beim Einprägen verrutscht.
In quadratischem Rahmen nach links gewandtes, zweibeiniges Fabeltier mit Greifenkopf. Auf der rechten Seite eine, auf der linken drei Flügelschwingen. Tatzen- und Beinhaltung ähnlich F130, der Schweif wie F131 gebildet. Palmetten schmaler und unsymmetrisch, das untere Ende länger, mit einer vierten Zacke.
Fundort:
a Konstanz, Stadionscher Domherrenhof, 1898.
Konstanz, Rosgartenmuseum.
Dortmund, Museum für Kunst und Kulturgeschichte (Fliese im Brand verzogen, gebrochen und ergänzt).
Nürnberg, Germanisches Nationalmuseum.
Zürich, Schweizerisches Landesmuseum.
b Sesenheim, beim Abbruch der mittelalterlichen Kirche 1910 gefunden. *Variante*, ohne Rahmen, das untere Schweifstück mit einer langen, fünften Zacke.
Sesenheim, ehem. Restaurant „Au Bœuf noir", seit 1945 verloren. Ch. Czarnowsky, 18, Abb. 22.
c Vermutlich aus Worms, nach 1922 gefunden. Hellrötlicherrosabräunlicher, poröser Ton. 13,5 × 2,5 cm. Profil abgeschrägt. *Variante* ohne Rahmen, Zeichnung übereinstimmend.
Worms, Museum der Stadt Worms.

F133 Konstanz

3. Viertel 13. Jahrhundert (a), nach 1299? (b).
Roter, feingemagerter Ton. Vertiefte Prägung. 13,8 × 3,5 cm.
Aus mehreren Elementen der vorhergehenden Fliesen zusammengesetztes, nach links gewandtes Fabeltier. Kopf, Entenfüße und Palmettenzunge ähnlich F131, die Zunge ohne obere Volute, die Füße leicht angehoben, der Kopf schmaler. Hinterkörper mit einer spitzen Flügelschwinge auf hohen Beinen mit Hufen, der lange Schweif zweigeteilt. Ein Ende mit Palmettenquaste über die Hinterläufe nach vorn geführt, ein zweites mit zwei Herzblattquasten aufgestellt.
Fundort
a Konstanz, Stadionscher Domherrenhof, 1898.
Konstanz, Rosgartenmuseum.
Nürnberg, Germanisches Nationalmuseum.
Zürich, Schweizerisches Landesmuseum.
Berlin, Kunstgewerbemuseum. (Diese Fliese nicht mit demselben Model geprägt, Zunge länger.)
b Variante, dieselbe Zeichnung als Flachrelief. Körper schmaler, eine weitere Schwanzzacke zwischen den Hinterläufen. Vom selben Fundort.
Zürich, Schweizerisches Landesmuseum.

F134 Konstanz

3. Viertel 13. Jahrhundert.
Rötlichgelber, feinkörniger Ton. Vertiefte Prägung. 13,5 × 2,5 cm.
In einem Doppelkreis mit Punktleiste sitzendes Fabeltier in Rückansicht. Schmaler Körper mit Fuchskopf und geteiltem Schweif nach Vorbild F131 zu beiden Seiten in einer leicht asymmetrischen Palmette aufsteigend. In der Ecke rechts oben und links unten stilisiertes Blatt, in den anderen Ecken kleine Lilie.
Fundort:
Konstanz, Stadionscher Domherrenhof, 1898.
Konstanz, Rosgartenmuseum.
Gotha, Schloßmuseum.
Zürich, Schweizerisches Landesmuseum.

F135 Neustift

Ende 12.–Anfang 13. Jahrhundert?
Diese Fliese möglicherweise später.
Roter Ton ohne jede Spur von Glasur. Vertiefte Prägung, in Flachrelief übergehend, abgetreten und in der Mitte gebrochen. 14,5 × 3,5 cm.
Kleiner, unregelmäßiger, quadratischer Rahmen mit Tiermaske en face. Vermutlich ein Katzenkopf mit großen, glotzenden Augen, spitzen Ohren und schmaler Nase. Kinnpartie zerstört, eine Bogenlinie könnte als Schnurrhaar gedeutet werden.
Fundort:
Neustift, ehem. Prämonstratenserkloster, vor 1905.
München, Bayerisches Nationalmuseum.

Doppeltiere und antithetische Tiere

F136 Neustift

Ende 12., Anfang 13. Jahrhundert.
Roter Ton mit gelbbrauner Bleiglasur. Flachrelief, abgetreten. 16 × 3 cm.
Trapezförmiger Rahmen mit nach rechts gewandtem, zweiköpfigem Fabeltier. Aus dem rückwärts gedrehten Pferdekopf hängt eine Zunge mit Kleeblattende. Unter dem löwenähnlichen Tierkörper, mit erhobener linker Vordertatze und hängendem Schweif, als Majuskel der Buchstabe „A" mit geknicktem Querbalken.[1]
Fundort:
Neustift, ehem. Prämonstratenserkloster, vor 1905.
München, Bayerisches Nationalmuseum.

1 Eine sichere Datierung anhand dieser Buchstabenform ist nicht möglich. Sie findet sich schon auf einer Sandstein-Grabplatte der Äbtissin Adelheid († 14. Januar 1045) in der Schloßkirche zu Quedlinburg („VANITATI") W. WEIMAR, 5, 1, Taf. I–II.

F137 Neustift

Ende 12.–Anfang 13. Jahrhundert.
Schlechtgekneteter roter Ton mit gelbgrüner und dunkelbrauner Glasur. Flachrelief, abgetreten. 16 × 3,5 cm.
In dicht am Fliesenrand verlaufendem quadratischem Rahmen adossiertes Doppeltier mit Löwenkörper und nur einem gemeinsamen Kopf, der auf dem Körper des rechten Tieres aufsitzt und rückwärts gedreht ist. Die Läufe in der Haltung der heraldischen Löwen, der kurze Schweif zur Erde hängend.
Fundort:
Neustift, ehem. Prämonstatenserkloster, vor 1905.
München, Bayerisches Nationalmuseum.

F138 Straßburg

1. Hälfte 13. Jahrhundert?
Roter Ton mit Resten einer olivgrünen Bleiglasur. Segment eines großen Außenkreises, Seiten nur leicht konisch verlaufend, vertiefte Prägung, der untere Teil fehlt, Kante senkrecht. Restgröße: 9 × 10 × 3 cm.
Tier mit einem Kopf und zwei Körpern, das Gesicht en face, die Rippen durch Querstriche angedeutet, je zwei ungleich große Läufe zu beiden Seiten ausgebreitet. Die Fliese erfuhr vielerlei Deutungen: „Dämon, Teufel, Kröte". Es könnte sein, daß dies der Versuch ist, eine Fledermaus darzustellen.[1]
Fundort:
Straßburg, Pioniergasse, beim Bau der Höheren Töchterschule 1902 gefunden. Vermutlich erst durch Schuttablagerung dorthin gelangt.
Straßburg, Frauenhausmuseum.

1 Vgl. eine Darstellung bei F. UNTERKIRCHER, Reiner Musterbuch, Blatt 11, welche natürlich weit naturalistischer gegeben ist.

F139 Neustift

Ende 12.–Anfang 13. Jahrhundert.
Roter Ton mit braungelber Bleiglasur. Eine Fliese ohne Glasur. Flachrelief, abgetreten. 16 × 3,5 cm.

In Trapezrahmen adossiertes Doppeltier mit zwei Pferdeköpfen, je einem Schenkel mit erhobenem Huf und einem sichelförmigem Schwanz mit kleinen Punkten.
Fundort:
Neustift, ehem. Prämonstratenserkloster, vor 1905.
München, Bayerisches Nationalmuseum.

F 140 Speyer

2. Drittel 13. Jahrhundert.
Gelblichgrauer Ton. Vertiefte Prägung, leicht gewölbte Randleiste einer Kreisrosette. 7 × 16 × 14 × 2 cm.
In einem der Fliesenform folgenden Rahmen liegt ein im Rücken zusammengewachsenes Doppeltier. Das linke mit Geweih und Tatzen, das rechte mit Bockshörnern und Hufen.
Fundort:
Speyer, am 24. 6. 1913 in einem Privathaus gefunden.
Speyer, Historisches Museum der Pfalz.

F 141 Groß-Geroldseck

1. Hälfte 13. Jahrhundert.
Roter Ton mit Resten einer rötlichbraunen Glasur. Vertiefte Prägung, abgetreten, Kante senkrecht. 5 × 15 × 3 cm.
Rechteck mit plumpem, am Schwanz verwachsenem Doppeltier. Alle Konturen mit feinen senkrechten Stichelkerben. Das eine Tier truthahnähnlich mit zur Erde hängendem Schnabel oder Kehllappen und kurzen Beinen, das andere, vermutlich ein Drache mit zwei Beinen am Vorderkörper, auf dem Rücken liegend.
Fundort:
Groß-Geroldseck, Burgruine, bei Grabungen 1912 gefunden.
Straßburg, Slg. Charles Czarnowsky, seit 1940 verloren.

F 142 Straubing

Um 1220?, eher Ende 13. Jahrhundert.[1]
Roter Ton. Flachrelief, eine Fliese abgetreten, ein Bruchstück besser erhalten. 25 × 24,5 × 5,5 cm.
Fliese mit Kreisstempel, der größer als der der übrigen Straubinger Fliesen ist (Dm. 21,8 cm) und an einer Seite den Fliesenrand fast berührt. Auf dem breiten Kreisband Schrift in gotischen Majuskeln, der Beginn durch ein Malteserkreuz bezeichnet wie bei U 1. Sie ist durch die Prägung seitenverkehrt und lautet möglicherweise: ICH P(I)N ELLEND WO ICH HINEN (hingeh?)[2].
Im Mittelkreis zwei adossierte stehende Drachen mit verschlungenen Hälsen und verknoteten Schweifen, zwei große Pranken mit Krallen zum Kreisrand erhoben. Der Kopf ähnelt dem eines Krokodils, mit einer Doppelreihe von spitzen Zähnen und hängender Zunge, am Hals gesträubte Haarbüschel.
Fundort:
Straubing, kath. Pfarrkirche St. Peter, bei Grabungen 1974 gefunden.
Über Verbleib noch nicht entschieden.

1 Zur Datierung vgl. Fundortkat. Straubing. Frau Dr. R. Neumüllers-Klauser, Heidelberg schlägt eine Datierung der Schrift ins Ende des 13., möglicherweise noch ins 14. Jh. vor. Vgl. hierzu auch Abb. 33.
2 Die Entzifferung gelang Frau Anna-Maria Jandesek, M. A., Pfaffenberg.

F 143 Stein/Donau

2. Hälfte 13. Jahrhundert.
Roter Ton mit brauner Bleiglasur. Flachrelief, abgetreten. 17,5 × 4 cm.
Zwei an den Hälsen verschlungene Schlangen mit geblähten Bäuchen und langen, mehrfach geringelten Schwänzen.
Fundort:
Stein/Donau, Großer Passauerhof, zu Beginn des 20. Jahrhunderts entfernt. L. Schmidt, Abb. 59, 10.
Krems, Museum der Stadt Krems.
Graz, Museum für Kulturgeschichte und Kunstgewerbe.
Wien, Österreichisches Museum für Volkskunde.

F 144 Groß-Geroldseck

1. Hälfte 13. Jahrhundert.
Roter Ton mit rötlichbrauner Glasur. Vertiefte Prägung. Winkelstück aus zwei Rhomben, ergibt in der Fläche ein Fischgrätmuster. Seitenlänge des Rhombus 7 cm. Dicke 2,5 cm.
Kampf zweier antithetischer Fabeltiere. Auf der rechten Fliesenseite ein Tier mit Hundekörper, Gänsekopf und drohend erhobenen Tatzen auf vier Beinen, auf der linken ein truthahnähnliches Tier auf zwei Beinen. Bei letzterem wird der Körper durch einen primitiv gezeichneten Flügel in Form einer Feder mit Kiellinie verdeckt.
Fundort:
Groß-Geroldseck, Burgruine, bei Grabungen 1912 gefunden.
Straßburg, Slg. Charles Czarnowsky, seit 1940 verloren.
Straßburg, Frauenhausmuseum.

F 145 Odilienberg

Ende 12. Jahrhundert.
Roter, unregelmäßig gebrannter Ton. Nach Forrer mit gelbgrüner Glasur[1]. Kante schräg. 14 × 14,5 × 3 cm.
Doppelkreis mit 12 kleinen Kreisen mit sechsstrahligen Sternen. In Kreismitte zwei steigende, adossierte Löwen mit schmalen Körpern und erhobenen Pranken, die Köpfe einander zugewandt.[2] Die aufgestellten Schweife bilden ein Herzornament. In den Fliesenecken zarte Blattranken.
Fundort:
Odilienberg, Kloster Hohenburg, bei Wiederherstellungsarbeiten zu Ende des 19. Jahrhundert gefunden. R. Forrer, 1937, Taf. XXXIII, 14.
Verbleib nicht zu ermitteln.

1 R. Forrer, 1901, Taf. III, Abb. 5.
2 Vgl. hierzu einen mehrfarbigen Druck auf Seide, rheinisch, 12./13. Jh. im GNM Nürnberg, Inv.-Nr. GW 2207 (E. E. Ploss, Frontispitz), einen Regensburger Halbseidenbrokat aus Kloster Lüne, 13. Jh., Hamburg, Museum für Kunst und Gewerbe (H. J. Schmidt, 264, Abb. 242) und ein Seidengewebe aus Lucca, 13. Jh. in der Valeria in Sitten (H. J. Schmidt, 217, Abb. 175), vor allem jedoch einen Halbseidenstoff, Italien (Venedig?), des 13. Jahrhunderts im Deutschen Textilmuseum Krefeld (B. Tietzel, 136–137, Nr. 13).

F 146 Straßburg

Ende 12. Jahrhundert.
Grauer Ton. Ergänztes Bruchstück, vermutlich an die Fliese F 145 angelehnt. Nicht abgebildet.
Im Kreis statt des Löwen links ein Hirsch, sichtbar das Geweih und die anders als bei F 145 ansetzenden Läufe.

Fundort:
Straßburg, Lange Straße 1/Grand' Rue 1.
Straßburg, Frauenhausmuseum. R. Forrer, 1937, Taf. XXXIII, 9.

F147 Straßberg

1. Viertel 13. Jahrhundert.
Roter, feingemagerter Ton. Flachrelief in achteckigem Stempel, mehrere Bruchstücke. 12,5 × 3 cm.
Kreis mit Fischgrätkerben. In diesem zwei adossierte, aufgerichtete Tiere, die Köpfe einander zugewandt. Rechts ein Löwe mit scharfen Krallen und S-förmig geschwungenem Schweif, links ein Drache mit mehrfach geringeltem Schweif und großen Vogelkrallen. Das Fell wie bei A17 durch feine Kerben angedeutet.
Fundort:
Straßberg, Burgruine, bei Grabungen 1887 gefunden. R. Forrer, 1901, 63, Abb. 129.
Bern, Historisches Museum.

F148 Schlettstadt

Ende 12. Jahrhundert–1. Drittel 13. Jahrhundert?[1]
Ziegelroter Ton. Flachrelief, abgetreten und etwas beschädigt. 16,3 × 28,2 × 3,5 cm.
Querrechteckiger Rahmen mit breitem Zackenband. In diesem zwei antithetische Löwen vom Typus D8.
Der Schweif mit Mittelknoten parallel zum Bildrand in S-Form über dem Rücken. Der Kopf ebenfalls rechteckig, die Vorderpranken leicht erhoben. Auf der linken Seite sichtbar ein Majuskel „E", auf der rechten Seite „ES" in Spiegelschrift, die übrigen Buchstaben nicht mehr zu entziffern.
Fundort:
Schlettstadt, Herkunft unbekannt. G. Meyer, 1975a, 36, 42, C4.
Kolmar, Privatbesitz.

1 G. Meyer a gibt als Datierung „um 1250–1280" an. Dies dürfte zu spät sein, dieser starre Löwentypus gehört eher noch dem 12. Jh. an.

F149 Selz – Weißenburg

3. Viertel 13. Jahrhundert.
Ziegelroter Ton. Vertiefte Prägung, Kante senkrecht. 13 × 13,5 × 2,5 cm.
In quadratischem Rahmen zwei antithetische musizierende Tiere, aufgerichtet, mit hängenden, spitzen Schwänzen. Links ein zimbelschlagendes Tier mit Hufen, Löwenkopf (?) und einer hutähnlichen Kopfbedeckung; rechts ein Tier mit Hundekopf und Tatzen, in beiden eine Holzklapper (?).
Fundort:
a Selz, um 1950 in einer Scheune aufgedeckt.
Hagenau, Elsässisches Museum.
b Weißenburg, Herkunft unbekannt. Klinkerhart gebrannter Ton, bräunlichrosa mit bläulichem Stich. 12,5 × 12,5 cm.
Weißenburg, Musée Westercamp.

F150 Kolmar – Konstanz – Limburg a. d. Haardt – Neustadt – Selz – Sesenheim – Straßburg

3. Viertel 13. Jahrhundert.
Hellgrauer, an der Oberfläche stark zerstörter Ton. Vertiefte Prägung, waagrechter Modelriß in Fliesenmitte. 13 × 3 cm.
In quadratischem Rahmen zwei adossierte Vögel mit weitgespreizten Krallen. Die Schwänze gehen unmittelbar in eine die Vögel überragende, stilisierte, in der Mitte aufgerichtete Pflanze mit Herzblüten über. Der zur Mitte gekehrte Flügel gesenkt, der äußere in zwei Bogen weit geschwungen. Die Köpfe zur Mitte gewandt, die geöffneten Schnäbel ergreifen eine der Herzblüten oder Früchte.
Fundort:
a Kolmar, Stiftskirche St. Martin, bei den Restaurierungsarbeiten zu Ende des 19. Jahrhunderts entfernt.[1]
Kolmar, Unterlinden-Museum.
b Konstanz, Stadionscher Domherrenhof. Feingeschlämmter, gelbrötlicher Ton. Ohne Modelriß.
Konstanz, Rosgartenmuseum.
Berlin, Kunstgewerbemuseum.
London, Victoria and Albert Museum.
Nürnberg, Germanisches Nationalmuseum.
Zürich, Schweizerisches Landesmuseum.
c Limburg a. d. Haardt, ehem. Benediktinerkloster, bei Grabungen zu Ende des 19. Jahrhunderts vor dem gewölbten *Kellerchen* im Westen des Refektoriums im Schutt gefunden. Roter Ton. Bruchstück. Dicke 2,4 cm. Model vierfach verschoben.
Bad Dürkheim, Heimatmuseum.
d Neustadt-Hambach, Hambacher Schloß, bei Grabungen gefunden. Bruchstück, kein Modelriß sichtbar. Dunkelgrauer Ton, im Brand gewölbt. 12,8 × 13 × 2,6 cm.
Speyer, Landesamt für Denkmalpflege.
e Selz, um 1950 in einer Scheune gefunden. Ausgezeichnet erhalten, Modelriß deutlich sichtbar. 14 × 3,4 cm.
Hagenau, Elsässisches Museum.
f Sesenheim, beim Abbruch der mittelalterlichen Kirche 1910 gefunden. Bruchstück.
Sesenheim, Restaurant „Au Bœuf Noir".
g Straßburg, Kaufhausgasse 1–3, vor 1901 gefunden. Modelriß (wie F150a). R. Forrer, 1901, 72.
Straßburg, Frauenhausmuseum.

1 Im Gegensatz zu den Fliesen A12, B30 usw. stammt diese Fliese mit Sicherheit aus St. Martin, Kolmar.

F151 Rheinland?

13. Jahrhundert?
Rötlicher Ton mit olivgrünlicher-ockergelber Glasur. Ganz flaches Relief, abgetreten. 14,5 × 3 cm.
Kreis mit zwei antithetischen, storchartigen Vögeln, deren Flügel am Körper angelegt sind. Pflanze mit schmalen Blättern in Bildmitte, in den Fliesenecken winzige Wirbelrosetten.
Fundort:
Unbekannt, möglicherweise aus dem Rheinland. Zu E12, E42, E48 gehörend. Katalog Slg. Lückger, 1964, 217, Nr. 1210.
Köln, Museum für Angewandte Kunst.

F152 Speyer

2. Hälfte 13. Jahrhundert.
Roter Ton. Vertiefte Prägung. 13,5 × 2,5 cm.
Breites Viertelsrond mit zwei adossierten Vögeln, deren Schwanzspitzen eine stilisierte Lilie berühren. Geöffnete Schnäbel mit Zungen, viergeteilte Flügel und kleine Fänge. In den Ecken unten und oben Viertelskreise mit Vierpaßviertel.

Fundort:
Speyer, Herkunft unbekannt, vor 1914 gefunden.[1] Nach der Formulierung Bertholds[2] kann es sich nur um die 1903 beim Bau des Gymnasiums gefundenen Fliesen handeln.
Speyer, Historisches Museum der Pfalz.

1 Ber. hist. Mus. 2, 1914, 30, Abb. 28. Bildunterschrift „Lindwürmer".
2 G. Berthold in Mitt. Hist. Ver. Pfalz 26, 1903, 117 „... dann ein Typus mit zwei Adlern, endlich mit zwei Lindwürmern..."

F153 Speyer

2. Hälfte 13. Jahrhundert.
Gelblichgrauer, mittelgrauer, schwarzgrauer und roter Ton. Vertiefte Prägung. 13,5 × 2,5 cm.
Variante von F152. Die Flügel übereinstimmend, die Lilie nur noch sehr klein. Statt der Vogelköpfe Drachenköpfe auf gewölbtem Hals, spitze Ohren und die linke Kralle jeweils hoch erhoben. Eckverzierung wie F152.
Fundort:
Speyer, beim Bau des neuen Gymnasiums 1903 gefunden, vgl. Anm. zu F152.
Speyer, Historisches Museum der Pfalz.

F154 Speyer

2. Hälfte 13. Jahrhundert.
Roter Ton. Vertiefte Prägung. 13,5 × 2,5 cm.
Variante von F153. Die geschlossenen Flügelspitzen der Drachen berühren sich. Die Lilie fehlt, statt der spitzen, kleine runde Ohren.
Fundort:
Speyer, vermutlich ebenfalls 1903 beim Bau des neuen Gymnasiums gefunden, vgl. Anm. zu F152.
Speyer, Historisches Museum der Pfalz.

F155 Zwiefalten

Nach 1251?
Roter Ton. Vertiefte Prägung, Bruchstück. 13,5 × 2,5 cm.
In demselben Rahmen, mit denselben Ecklösungen adossierte Tiere. Links steigender Löwe mit runden Ohren und behaarten Pranken, rechts steigender Hirsch. Bei allen Bruchstükken ist diese Seite beschädigt.
Fundort:
Zwiefalten, ehem. Benediktinerkloster, bei Bauarbeiten 1977 und 1979 Bruchstücke im Hof zwischen Frater- und Gartenbau, an der Stelle der ehem. „Capella" gefunden. L. Tampe, 27, Abb. 1.
Zwiefalten, Privatbesitz.

F156 Heilsbronn

Zwischen 1412 und 1433.
Roter Ton mit dünner, uneinheitlicher Glasur, in der Farbe von olivgrün/mittelgrün zu hellem Gelbgrün wechselnd, manche Fliesen sorgfältiger glasiert. Flachrelief, Baum und Boot in vertiefter Prägung, Kante leicht schräg. 15,5 × 3,5 cm.
Ein in die Diagonale gestellter Eichbaum, der aus der Mitte eines Kahns wächst, füllt eine Fliesenecke. An seinem Stamm sind zwei sich aufbäumende adossierte Hunde angekettet. Die Köpfe sind dem Baum zugewandt, die Pfoten in Höhe der Halsbänder erhoben, der Hinterleib vom Boot verdeckt. Zu beiden Seiten Blumenranke mit Granatapfelblüten, an der Außenkante des Bootes Flammenlinien, die wohl Wellen darstellen sollen.[1] Die Fliese wird irrtümlicherweise immer wieder auf dem Kopf stehend abgebildet. Es entsteht ein bärtiges Sonnengesicht.
Fundort:
Heilsbronn, ehem. Zisterzienserkloster, bei der Restaurierung 1851–66 im Chor gefunden. R. G. Stillfried, 219 und Taf. 79.
Berlin, Kunstgewerbemuseum.
Berlin, Märkisches Museum.
München, Bayerisches Nationalmuseum.
Nürnberg, Germanisches Nationalmuseum.

1 Diese Darstellung, vermutlich italienischen Seidenstoffen entlehnt, hat ebenfalls Ähnlichkeit mit dem Wappen eines fränkischen Geschlechts „von Scheffau", das 1350 erstmals erwähnt wird und dessen Burg bei Unterscheffach liegt. Hier sind zwei adossierte Löwen in einem Boot durch einen Stab mit drei Blättern getrennt. O. v. Alberti, II, 680. Vgl. hierzu Kap. 18, Anm. 34.

F156.1 Beromünster

1463?[1]
Roter Ton mit weißer Engobe. 21 × 19,5 × 4 cm.
Die Zeichnung ist durch geritzte Konturen gerahmt, das Muster hebt sich weiß (durch die Bleiglasur gelblich) vom braunroten Grund ab. Auf der Rückseite vier durch Stege getrennte Ausbuchtungen.
In Fliesenmitte Lindenbaum mit Gabelwurzel und kleinen, aufwärtsgerichteten Blättchen. An diesen zwei adossierte Löwen angekettet, mit großen Fängen, Zottelmähne, den Kopf rückwärts gewandt. Darüber zwei antithetische Adler, deren Krallen direkt über dem Lindenbaum stehen, die Köpfe rückwärts zum den ganzen Raum füllenden Gefieder gewandt. In der Fliesenmitte oben kleine heraldische Lilie, auf der Grundlinie unten Staketenzaun mit spitzen Pfosten und je einem Nagel, an beiden Seiten pfeilerartige Begrenzung mit den Baum fast umschließenden Doppelranken. Abweichend von der Symmetrie der Darstellung rechts eine einfache Rahmenlinie, links eine gedrechselte Säule.
Fundort:
Beromünster, Stiftskirche St. Michael, bei der Verlegung eines Fußbodens 1882 aufgedeckt. J. R. Rahn, 1883, Taf. XXVIII.
Luzern, Historisches Museum.

1 Zur Datierung siehe Fundortkat. Beromünster.

F157 Württemberg

2. Hälfte 15. Jahrhundert.
Roter, dunkel gebrannter Ton. Vertiefte Prägung. 17 × 4 cm.
Viertelsrond mit zwei Bogen und Lilienstab, am Kelchgrund je ein schmales Blatt. Zu beiden Seiten ein aufsteigender Löwe mit rückwärts gewandtem Kopf und langem, hängendem Schweif. Der Hinterleib fehlt fast ganz, möglicherweise soll das linke Tier einen Drachen darstellen. An der Fliesenkante anliegend je ein Eichblatt des Ulmer Typus.
Fundort:
Unbekannt. Aus einer Ulmer oder oberschwäbischen Werkstatt.
Stuttgart, Württembergisches Landesmuseum.

F158 Alpirsbach – Deizisau – Weilheim

4. Viertel 15. Jahrhundert–Anfang 16. Jahrhundert.
Roter, grobgemagerter Ton. Flachrelief, Kante abgeschrägt. 14 × 3,5 cm.
Viertelsrond mit Lilienstab. Zu beiden Seiten auf der Fliesenkante stehender Fabelvogel mit flachgedrücktem Kopf, langen Ohren und angelegten Flügeln, die langen Schwanzspitzen zur Erde gebogen.
Fundort:
a Nach K. Haßler, Taf. IV, 1 aus Kloster Alpirsbach, dort heute nicht mehr vorhanden.[1]
Stuttgart, Württembergisches Landesmuseum (zahlreiche Fliesen).
b Deizisau, ev. Pfarrkirche St. Basilides, in situ als Ornamentband in der Sakristei.
c Unbekannt.
Bad Zwischenahn, Slg. Hans-Jürgen Heger.
d Variante, stark erhabenes Relief, doppelter Kreisbogen, die Schwanzspitze den Fliesenrand berührend. Limburg b. Weilheim (Teck), bei der Ausgrabung der ehem. Michaelskapelle 1913/14 im Chor gefunden.
Kirchheim/Teck, Museum der Stadt Kirchheim.
Nürnberg, Germanisches Nationalmuseum.

1 K. J. Glatz, 215, „Auf den Fußböden dieser und anderer Räume erhielten sich schön gemodelte Fliese." Vermutlich sah Haßler diese Fliesen noch in situ.

F159 Straßburg

13. Jahrhundert.
Roter Ton. Vertiefte Prägung. 13 × 2,5 cm.
Fliese durch zwei Diagonallinien in Dreiecke geteilt. Im ersten ein nach links gewandtes Einhorn mit Pferdekörper und gezacktem waagrechtem Horn, der rechte Hinterlauf schlägt gerade aus. Zottelmähne und hängender Schweif mit aufgefaserter Quaste. Im zweiten Dreieck ein nach links laufendes Tier mit plumpem Robbenkopf ohne Ohren, vorgeschnellter, gespaltener Zunge und kurzen Beinen mit schwimmflossenähnlichen Tatzen. Der Schweif mit Palmettenquaste geringelt. In zwei Ecken Viertel einer Blüte.
Fundort:
Straßburg, bei Bauarbeiten 1906 gefunden. J. Ficker, Taf. XL, 3.
Straßburg, Frauenhausmuseum.

F160 Girbaden

2. Hälfte 13. Jahrhundert.
„Roter Ton. Vertiefte Prägung. Ca. 17 × 17 cm."
Fliese durch Diagonalband in zwei Dreiecke geteilt. Auf der einen Seite „ein Adler", auf der anderen „ein Reh".[1]
Fundort:
Girbaden, Burgruine, nicht von H. Gachot veröffentlicht.
Straßburg, Centre d'Archéologie Médiévale.

1 Freundliche Mitteilung von Herrn Ch. L. Salch, Straßburg. Da die in den letzten Jahren gefundenen Fliesen vom Centre Arch. Méd. selbst veröffentlicht werden sollen, wird diese Fliese nur erwähnt.

F161 Schlettstadt

2. Hälfte 13. Jahrhundert?
Roter Ton. Vertiefte Prägung. 17 × 3,5 cm.
Nur Bruchstücke, von Forrer nicht ganz korrekt ergänzt.
Fliese durch Diagonalband des Saarburger Typus geteilt. Auf der einen Seite sorgfältig gezeichnete, nach rechts gewandte Taube mit angelegten Flügeln und Fächerschwanz. Auf der anderen Seite Drache mit geschlossenem, viergeteiltem Flügel und gespaltenem Fischschwanz. Der Drachenkopf ist im Gegensatz zur Zeichnung Forrers eher ein Hahnenkopf mit Kamm, so daß die Darstellung vermutlich einen Basilisken zeigen soll. Diese Fliese auch in spiegelbildlicher Prägung.
Fundort:
Schlettstadt, Pfarrkirche St. Fides, bei der Restaurierung 1892 gefunden. R. Forrer, 1901, 64, Abb. 135, 136.
London, Victoria and Albert Museum.

F162 Straßburg

Ende 12. Jahrhundert.
Grauschwarzer, stark gebrannter Ton. Flachrelief, Profil abgeschrägt, Bruchstück. Dm. 12,5 cm, Dicke 1,5 cm.
Kreisfliese mit vier Innenkreisen. Oben zwei antithetische Löwen mit stark verkürztem Hinterleib und über dem Rücken geschwungenen, dünnen Schweifen. Darunter zwei adossierte geflügelte Drachen mit sich aufspaltender Palmettenzunge und langen, halbkreisförmig gebogenen Schwänzen.[1] Zunge, Flügel und Schwanz überschneiden den Kreis. In Kreismitte Gitterquadrat, die freien Flächen mit Ranken und kleinen Blättchen gefüllt.
Fundort:
Straßburg, bei Grabungen auf dem Metzgerplatz 1909 gefunden. Wahrscheinlich von einer Halde mit Fehlbrandstücken rührend.[2]
Verbleib unbekannt.

1 Vgl. hierzu die Drachen auf den Beschlägen des St.-Annen-Portals von Notre-Dame in Paris, 12. Jh. (V.-H. Debidour, 59–60, Abb. 56).

2 R. Forrer, 1909, 74. Da der Bruch alt ist und alle Mörtel- oder Kalkspuren fehlen, nimmt Forrer an, daß es sich um eine verworfene Fliese handelt.

F163 Bad Herrenalb

3. Viertel 13. Jahrhundert.
Roter Ton. Flachrelief, Bruchstück, vermutlich die Hälfte der Fliese erhalten.
Rechteckfliese. Erhalten sind in breitem Palmettenrahmen zwei aus Ranken gebildete Kreise. Im rechten ein nach links gewandter, stehender Elefant mit Säulenbeinen, gesenktem Kopf und schmalem Turm mit Zinnen auf dem Rücken. Gegen ihn wendet sich im linken Kreis ein fauchendes Fabeltier mit Kugelleib, nach oben gebreiteten spitzen Flügeln und hängendem, gewelltem Schweif.
Fundort:
Herrenalb, ehem. Zisterzienserkloster, im Klosterbezirk vor 1952 gefunden.[1] Abb. bei J. Baum, 1951.
Stuttgart, Württembergisches Landesmuseum.

1 Die Fliese zeigt Anklänge an die St.-Urban-Fliese Musterkat. F95 (R. Schnyder, 1958), jedoch ist hier nur die Rahmung ähnlich. Elefant und Fabeltier in dieser Form haben sich in St. Urban nicht erhalten. Die Fliese F163 ist bis jetzt die einzig bekannte Fliese des St.-Urban-Typus auf deutschem Boden.

F 164 Minden

Vor 1200–Anfang 13. Jahrhundert.
Braunroter Ton mit sehr glatter, geschlämmter Oberfläche. Keine Spuren von Abnützung, vertiefte Prägung, Kanten leicht schräg. 21,5 × 3,2 cm.
Je zwei antithetische Tiere übereinander angeordnet. Links oben stehendes Tier mit Löwenkörper und über dem Rücken geschwungenem Schweif. Das Fehlen der Mähne und die spitzen, aufgestellten Ohren lassen vermuten, daß ein Wolf dargestellt ist. Rechts oben springender Bock mit spitzen Hörnern und Ziegenbart. Links unten Greif mit Löwenkörper und sorgfältig gekerbten Flügeln. Rechts unten vermutlich Leopard oder Panther, mit erhobener rechter Vorderpranke und zwischen den Hinterläufen nach oben gezogenem Schweif.
Fundort:
a Minden, ehem. Mauritiuskloster auf dem Werder, beim Tongraben 1909 gefunden. O.-K. Laag, 40.
Minden, Museum für Geschichte, Landes- und Volkskunde.
b wie a. Bruchstück einer Fliese, welche spiegelbildlich den Hinterkörper des Leoparden zeigt. Dunkelgrauer, fast schwärzlicher Ton, in den Vertiefungen Spuren einer weißen Engobe und Reste von gelblicher Bleiglasur. Kante leicht schräg. 9 × 5 × 2 cm. O.-K. Laag, 42.
Minden, Museum für Geschichte, Landes- und Volkskunde.

F 165 Speyer

Mitte 13. Jahrhundert.
Schwarzgrauer Ton mit Einschluß kleiner Kalkteilchen. Vertiefte Prägung mit zweimal angesetztem Model. 15 × 2,5 cm.
In quadratischem Rahmen vier Tiere. Links oben Storch oder Kranich, auf einem Bein stehend. Ihm gegenüber Fuchs (mit Eselskopf) und hängender Rute, die linke Vorderpfote mit Stock erhoben. Links unten Vogel mit Fuchskopf, ihm gegenüber Falke mit angelegtem Flügel und langem Schwanz mit Lilienquaste. Möglicherweise handelt es sich bei der Darstellung um eine Tierfabel, deren Inhalt jedoch nur bei Fuchs und Kranich zu deuten wäre.
Fundort:
a Speyer, Dom, 1900 im Schutt der Kaisergräber gefunden. Neun Fragmente.
Speyer, Historisches Museum der Pfalz.
b Speyer, 1912 in der Germanstraße gefunden. Aus derselben Werkstatt wie A 36. G. Berthold, 1913, 16, Abb. 15.
Speyer, Historisches Museum der Pfalz.
c Speyer, 1937 (möglicherweise auf dem Marktplatz) gefunden. Mit demselben Model geprägt, die Fliese wird jedoch durch eine breite Rille mit Reliefzackenband in ein oberes und unteres Rechteck getrennt.
Speyer, Historisches Museum der Pfalz.

F 166 Speyer

1. Hälfte 15. Jahrhundert.
Heller, gelbgrauer Ton. Flachrelief, abgetreten. 15,5 × 2,5 cm.
In quadratischem Rahmen Vierpaß. In den Kreisen Adler, geflügelter Greif, Pelikan und Löwe. In Bildmitte kleine Blüte, in Seitenmitte Dreiblätter. Die Darstellung des Pelikans spricht für eine Deutung der Tiere als Christussymbole.
Fundort:
Speyer, am 16. 8. 1914 beim Umbau der Pfälzischen Bank gefunden.
Speyer, Historisches Museum der Pfalz.

F 167 Hessen? – Pfalz

15. Jahrhundert?
Roter, dunkel gebrannter Ton. Flachrelief, abgetreten. 20 × 3,5 cm.
In eine Fliese sind vier kleine Quadratstempel so eingeprägt, daß der Zwischenraum ein lateinisches Kreuz bildet. Links oben und rechts unten Hirsch mit rückwärts gewandtem Kopf und kleinem Geweih. Rechts oben und links unten, jedoch auf dem Kopf stehend, Hahn mit Kamm, drei gezackten Schwanzsicheln und Kehllappen.
Fundort:
a Unbekannt, möglicherweise aus Hessen oder der Pfalz.
Kassel, Hessisches Landesmuseum.
Speyer, Historisches Museum der Pfalz.
b Variante mit vier Hirschstempeln. Herkunft unbekannt.
Hamburg, Museum für Kunst und Gewerbe.
Speyer, Historisches Museum der Pfalz.

F 168 Johannisberg – Villingen

3. Drittel 12. Jahrhundert?
Roter Ton. Vertiefte Prägung, Mittelkreis flaches Relief. Ergänztes Bruchstück. 28 × 28 cm. Dm. Mittelkreis 10,5 cm, Seitenkreise 8,5 cm.
Große quadratische Fliese mit fünf Kreisen in Würfelanordnung. In der Mitte löwenähnliches Fabeltier, dessen ovaler, ungefüger Kopf rückwärts gewandt. Übergroßes mandelförmiges Auge (oder angelegtes Ohr), das Maul wird von der Pinselquaste des über dem Rücken geschwungenen Schweifes berührt. In den vier Ecken kleinere Kreise mit jeweils demselben Bild: Das Kreisrund voll ausfüllend ein nach rechts gewandter Vogel mit flach ausgebreitetem Gefieder. Kopf und spitzer, leicht geöffneter Schnabel rückwärts gekehrt, die linke Kralle leicht gehoben.
Fundort:
a Johannisberg, ehem. Benediktinerkloster, Zufallsfund auf dem Klostergelände. W.-H. Struck, 1977, 48, Taf. 13.
Johannisberg, Klosterkirche, bei der Sakristeitür eingemauert.
b Variante mit winzigen Abweichungen. Die Flügelschwinge wölbt sich leicht nach unten, die Vorderkralle nicht erhoben, sondern auf dem Kreis stehend. Teil des Kopfes und der Hinterleib zerstört. Dunkelroter, feingemagerter Ton. Ein Kreisstempel, Dm. 8,5 cm, in Fliesenmitte als Flachrelief eingeprägt, die Vögel fehlen. 26 × 5 cm. Villingen, Herkunft unbekannt.
Villingen, Franziskanermuseum Villingen.

F 169 Straßberg

1. Hälfte 13. Jahrhundert.
Roter Ton. Flachrelief. 15,5 × 3 cm.
Übereinander angeordnet drei Stempelbänder, die die Fliese in neun rechteckige Felder teilen. In den Feldern von links nach rechts:
1. Nach rechts springender Steinbock mit langen Hörnern.
2. Nach rechts springendes Pferd, die Fläche über dem Rükken durch fliegenden Vogel ausgefüllt.

3. Nach links gewandter, stehender Hase mit langen, aufgestellten Löffeln. Derselbe Model wurde auch mit der Bettlerfliese A 8 zusammen verwandt.
Fundort:
Straßberg, Burgruine, vor 1888 gefunden. L. Gerster, 1915, Taf. 15, 6.
Verbleib nicht zu ermitteln, im Historischen Museum Bern nur das Bruchstück der Bettlerfliese erhalten. W. Stotzer, 15, Abb. 10, 2.

F 170 Rheinland

15. Jahrhundert?
Roter Ton. Vertiefte Prägung, Kante schräg, ausgezeichnet erhalten. 16 × 2,5 cm.
Spitzoval mit zwei antithetischen Tieren in groben Umrissen. Links ein Wildschwein, rechts Pferd oder Löwe. In einer Ecke Pferd mit Reiter, in der anderen ein nach links laufendes Fohlen.
Fundort:
Nach R. Forrer, 1901, 76, Abb. 177 „aus dem Regierungsbezirk Trier".
London, Victoria and Albert Museum.

F 171 Altenhohenau

Um 1308?
Roter, grobgemagerter Ton. Flachrelief. 16,8 × 28,5 cm.
Rechteckfliese, an den Ober- und Unterkanten von Band gerahmt. Nach rechts schreitendes Fabeltier mit Löwenkörper und plumpem, nashornähnlichem Kopf mit großem Auge und spitzen Ohren. Die Vordertatzen unbeholfen abgespreizt, vor den Hintertatzen der überlange Schweif nach oben links gezogen. Die ganze Fläche mit Füllornamenten übersät; plumpe, flache Palmetten, Dreisterne und Blüten aus vier herzförmigen Blättern, kleine Grasbüschel und Sterne.
Fundort:
Dominikanerinnenkloster Altenhohenau am Inn, bei der Restaurierung 1922 den Altermensen entnommen und am Kircheneingang in die Wand eingelassen.

F1

F2

F3

F4

F5

F6

F7

F8

F9

F10

F11

F12

F13

F14

F15

F16

F17

F18

F19

F20

F21

F21

F22d

F22c

F23

F24

F25

F26

F27

F28

F29

F30

F31

F32

F33

F34

F35

F36

F37

F38

F39

F40

F41

F42

F43

F44

F45

F46

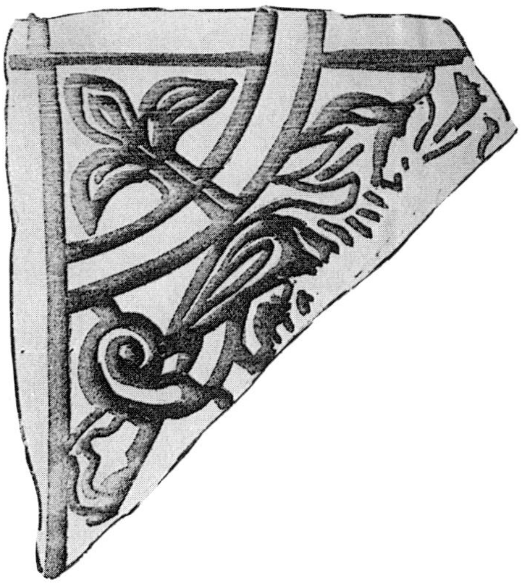

F47

F48

F50

F51

F52

F53

F54

F57

F58

F59

F60

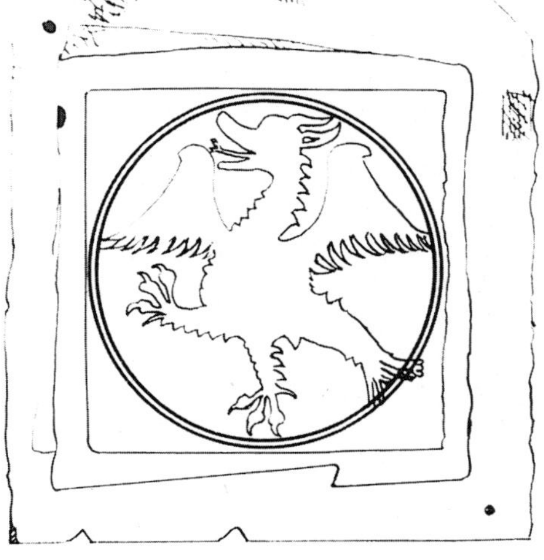

F61

F62

F62.1

F63

F64

F65

F66

F67

F68

F69

F70

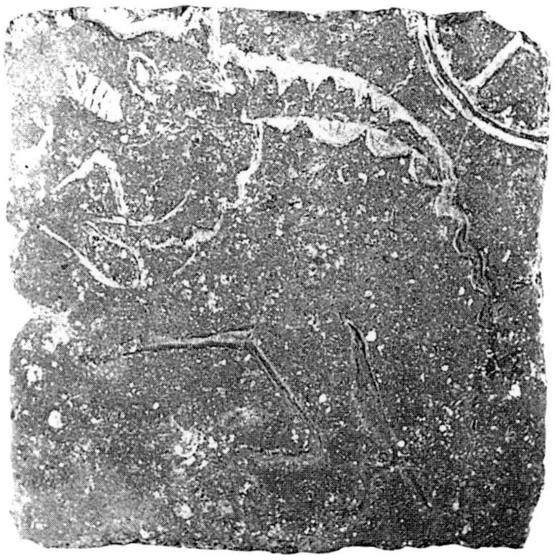

F71

F72

F73

F74

F75

F76

F77

F78

F79

F80

F81

F82

F83

F84

F85

F86

F87

F88

F89

F90

F91

F92

F93

F94

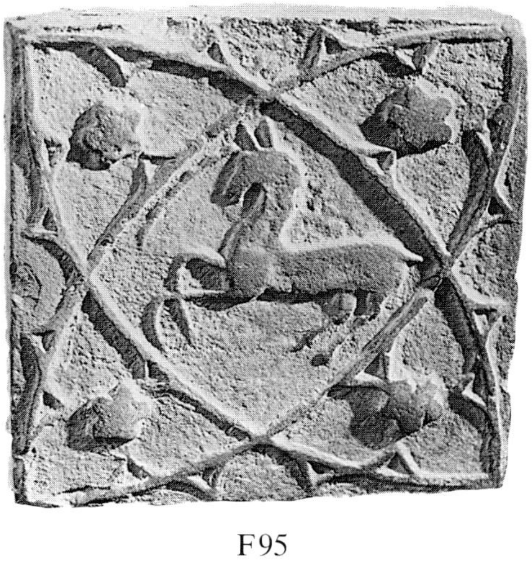

F95

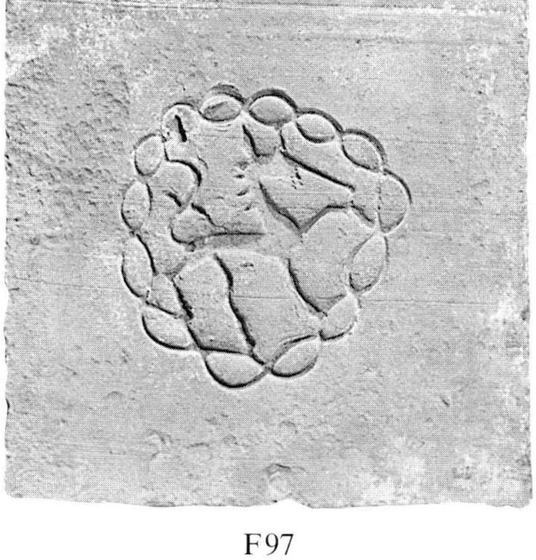

F97

F98

F99

F100

F102

F103

F104

F 105

F 107

F 108 a

F 108 b

F 108.1

F 109

F110

F111

F112

F112.1

F113

F114

F115

F116

F117

F117.1

F118

F119

F119.1

F120

F121

F123

F124

F125

F126

F127

F128

F129

F130

F131

F 132

F 133

F 134

F 135

F 136

F 137

F138

F139

F140

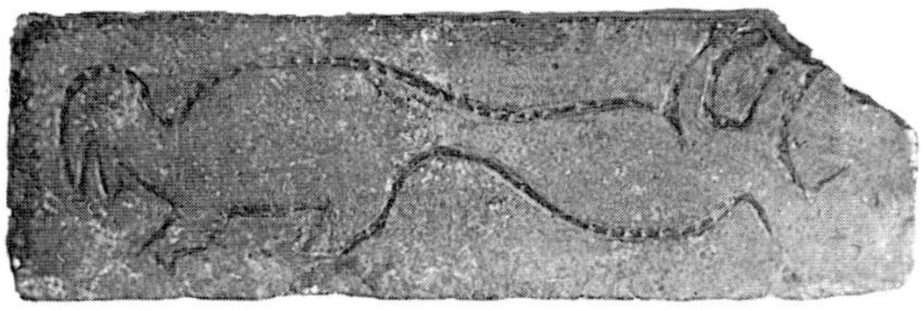

F141

F142

F143

F144

F145

F147

F148

F149

F150

F151

F152

F153

F154

F155

F156

F 156.1

F 157

F 158

F 159

F 161

F 162

F 163

F 164

F 165

F 166

F 167

F 168 a

F168b

F169

F171

F170

Wappen[1]

1 Es werden hier nur Wappen aufgeführt, die durch einen Schild eindeutig als solche gekennzeichnet sind. Unter den übrigen Fliesengruppen findet sich noch eine Reihe von Fliesen, die entweder mit Sicherheit oder vermutlich ein echtes Wappen zeigen. Bei wenigen anderen Fliesen könnte es sich um ein erfundenes Wappen handeln.
Vgl. hierzu: A24, A26, A28, B36, B53, D35, E56 (?) L32, N42, O51, S17, S58.

G1 Konstanz[2]

Zwischen 1248 bis kurz nach 1275.
Roter, feingemagerter Ton. Wechsel zwischen vertiefter Prägung und Flachrelief. 13,5 × 13 × 3 cm.
Zwei konzentrische Kreise, der äußere mit Punkten verziert, in diesem ein an einem Nagel aufgehängter Spitzschild, ebenfalls mit Punktleiste und Zackenband an der Innenkante. Zwischen Schild und Kreisrand durch Zacken gefelderter Grund. Das Wappen zeigt drei rechtsgewandte[3] leopardierte Löwen mit Zackenmähne und s-förmig über dem Rücken geschwungenem Schweif. In den freien Räumen vier-, sechs- und achtzackige Sterne. Wappen der Truchsessen von Waldburg[4].
Fundort:
a Konstanz, Stadionscher Domherrenhof, 1898 gefunden.
Konstanz, Rosgartenmuseum.
Berlin, Kunstgewerbemuseum.
Zürich, Schweizerisches Landesmuseum
b Konstanz, Münster, Mauritiusrotunde und Hl. Grab, 1973 bei Grabungen im Fundament gefunden. Bruchstück.
Konstanz, Staatl. Hochbauamt.
Freiburg, Landesdenkmalamt Baden-Württemberg.

---

2 Eine sinnvolle Reihung nach Motiven war bei den Fliesen der Gruppe G nicht möglich. Sie werden deshalb nach Fundorten in der alphabetischen Folge der Bundesländer aufgeführt. Wenn möglich, werden innerhalb dieser Reihe die frühen Fliesen zuerst genannt. Im Köln-Aachener Raum werden Fliesen, die vermutlich aus derselben Werkstatt stammen, zu Gruppen geordnet.

3 Nach den Grundsätzen der heraldischen Wappenbeschreibung werden nachfolgend die termini rechts und links immer vom Schildträger und nicht vom Standpunkt des Betrachters aus bezeichnet.

4 G. A. Seyler, 1894, 91, Fig. 39 und O. v. Alberti, II, 964–69, Abb. 964, I, II. Das Wappen zeigt drei schwarze, schreitende, leopardierte Löwen im goldenen Schild. Die Sterne sind vermutlich kein Bestandteil des Wappens, sondern wie bei E9 nur Füllsel. Als Wappenträger kommen in Frage
Heinrich v. Waldburg, Bischof v. Konstanz (†1248).
Eberhard v. Waldburg, Bischof v. Konstanz (1235–74).
Dompropst Peregrin v. Waldburg (1216–53).
Dompropst Konrad v. Waldburg (†1275).
Da für die Fliese offensichtlich ein im Münster (?) aufgehängtes Wappenschild als Vorlage benützt wurde, kann sie kaum vor 1248 entstanden sein. Fliesen, bei denen der Nagel, an welchem die Schilde aufgehängt sind, sichtbar ist, finden sich auch in Frankreich, so auf einer Wappenfliese mit drei Adlern aus Château-Thierry (Aisne) und Coucy-le-Château (Aisne). R. Forrer, 1901, Taf. 16, 10 (im Museum für Kunst und Kulturgeschichte, Dortmund).

G2 Württemberg

1. Viertel 15. Jahrhundert.
Roter Ton. Flachrelief, stark abgetreten. 16 × 16,5 × 5 cm.
Viertelsrond mit kurzem Lilienstab. Zu beiden Seiten leicht spitz zulaufende Rundschilde, das Schildhaupt parallel zum Lilienstab. Auf dem Schild rechts drei Hirschstangen, das Wappen Württembergs, links ein Schrägrechtsbalken, das Wappen Badens. Begrenzung der Felder durch gezackte Blatthälften. Über dem Viertelsrond in gotischen Minuskeln fast unleserliche Schrift, vielleicht: „maria-josef".
Fundort:
Unbekannt, jedoch aus Württemberg[1].
Stuttgart, Württembergisches Landesmuseum.

---

1 Als Fundort der Fliese kommt ein Kloster oder eine Kirche in Frage, bei der Württemberg und Baden gemeinsam als Stifter auftreten. Nach H. M. Decker-Hauff, I, 142, gibt es für ein Allianz-Wappen folgende Möglichkeiten: Ulrich I. mit dem Daumen, Graf von Wirtenberg (um 1220?–65), vermählt mit Mathilde von Baden (nach 1225–nach 59/60) oder:
Eberhard der Erlauchte, Graf von Wirtenberg (1265–1325), vermählt mit Irmgard von Baden (um 1265/70–nach 1301). Nach freundlicher Mitteilung von Herrn Prof. Dr. H. M. Decker-Hauff könnte das Wappen jedoch auch von Mathildes Tochter Adelheid (seit 1263 Äbtissin des Zisterzienserinnenklosters Lichtenthal) oder von Irmgards Sohn Ulrich (seit 1316 am Bau des Alten Schlosses in Stuttgart mitwirkend) als Elternwappen angebracht worden sein.
Lichtenthal kommt als Fundort kaum in Frage, die Fliesen wären nicht ins Württembergische Landesmuseum gelangt. In Analogie zu den Fliesen G3 aus Gaildorf, Gnadental und Murrhardt und J7 aus Beutelsbach müßte die Fliese im Umkreis dieser Kirchen entstanden sein.
Herrn Dr. E. Gönner, Hauptstaatsarchiv Stuttgart, verdanke ich den Hinweis auf die Stadtkirche St. Pankratius, Backnang, der Kirche des von den Markgrafen von Baden gestifteten ehem. Augustiner-Chorherrenstiftes, dessen Schirmvogtei 1297 an das Haus Württemberg überging. Da die Kirche, bis zur Verlegung nach Lichtenthal im 19. Jahrhundert, als Grablege mehrerer Mitglieder des Hauses Baden diente, wurde auf den um 1500 angebrachten Gewölbeschlußsteinen des Chors neben dem württembergischen auch das badische Wappen dargestellt. Die Zeitstellung könnte aus der Schildform geschlossen werden. Das Wappen Graf Eberhards III. von Württemberg (1399–1417) zeigt noch die Hirschstangen im spitzen Schild, während Graf Ludwig I. (1419–50) schon einen Rundschild führt (O. v. Alberti, I, Taf. 3, Abb. 7, 8). Eine Herkunft der Fliesen aus Backnang, das ebenfalls seit Ende des 13. Jahrhunderts die Hirschstangen im Wappen führt (E. Keyser, D. Stb. IV, 2, 2, 37–38), wäre also durchaus möglich. (K. Bruder, Von den Backnanger Wappen, Unsere Heimat, Beil. zur Backnanger Kreisztg. 1952, Nr. 12.)

G3 Gaildorf–Großaltdorf–Murrhardt–Gnadental

Um 1435 (a), nach 1450 (c).
Roter Ton. Flachrelief, abgetreten. 15 × 3,5 cm.
Viertelsrond mit breiterem Lilienstab als G2. In den Seitenfeldern Rundschilde mit Deutschordenskreuz, das Schildhaupt zum Kreisbogen gekehrt. Randbegrenzung durch je eine Eichblatthälfte.
Fundort:
a Gaildorf, ev. Stadtkirche, wahrscheinlich vor 1887 entfernt.
H. Dolmetsch, Taf. 38, Abb. 30.
Verbleib unbekannt.
b Großaltdorf, ev. Filialkirche, in situ im Chor der Kirche.
c Murrhardt, Walterichskirche, Chor. Kleiner Fliesenrest in situ. Roter Ton. 15 × 15 cm. Das Kreuz ist hier vertieft eingeprägt. K. Haßler, Taf. 2, 1. – B. Cichy, 43.
d Variante. Spitzschild, das Kreuz zusätzlich als Relief aufgelegt. 14,5 × 3 cm. Gnadental, ehem. Zisterzienserinnenkloster[1].
Schwäbisch Hall, Keckenburg-Museum.
e Unbekannt. Model sorgfältiger geschnitten als G3d. Vermutlich von einem vierten Fundort.
Stuttgart, Württembergisches Landesmuseum.

---

1 Möglicherweise stand diese Fliese in Zusammenhang mit dem heute noch in Gnadental vorhandenen Grabstein des Deutschordensritters Kraft v. Krautheim, welcher ebenfalls ein Deutschordenskreuz zeigt. M. Wieland, 107.

G4 Freiburg

15. Jahrhundert?
Hellroter Ton. Vertiefte Prägung, teilweise wohl durch Ritzzeichnung ergänzt. 20 × 2,5 cm.

Vier unregelmäßig, in Anlehnung an die Form eines Andreaskreuzes eingeprägte Rundschilde, das Schildhaupt durch mit einem Stab eingedrückte Punkte kronenartig gewölbt. In der Mitte Kreuz aus fünf ähnlich eingedrückten Punkten, an den Fliesenseiten pfeilähnliche Dreiecke in dünner Ritzzeichnung. Ein Wappen, möglicherweise das der Stadt Freiburg, ein lateinisches Kreuz[1], ein anderes Wappen, vielleicht der Familie Schnewelin[2]: geteilter Schild, im unteren Schildteil Kreuzschraffur. Die beiden anderen kaum zu erkennenden Wappen konnten noch nicht geklärt werden.
Fundort:
Freiburg/Br., angeblich ebenfalls aus dem „Haus zum Wolf". Bei Schneider nicht erwähnt[3], möglicherweise weil zu unbedeutend im Muster. Die Fliese könnte in späterer Zeit in den Fliesenboden eingefügt worden sein.
Freiburg, Städtische Museen, Augustinermuseum.

1 J. Decku, 90. Das ursprüngliche Siegelbild der Stadt Freiburg, eine Burg, wird seit 1390 durch das Kreuzsiegel, das ins Wappen übernommen wurde, verdrängt. Die Fliese könnte deshalb kaum vor Ende des 14. Jh. geprägt worden sein, die Rundschilde sprechen für eine noch spätere Datierung!

2 Freundliche Mitteilung von Frau Dr. I. Krummer-Schroth, Freiburg. Ein „Snewlin im hoff zum Wolf" wird 1460 urkundlich erwähnt. Das Schnewlin-Wappen zeigt jedoch die Kreuzschraffur nicht in der unteren, sondern in der oberen Schildhälfte. Vgl. H. Nehlsen, Die Freiburger Familie Snewlin, Freiburg 1967, 234. Wappen des Johannes Snewli, 1371 und 1397. Freiburg, Stadtarchiv.

3 F. Schneider, 1882.

G4.1 Ochsenhausen

Um 1495.
Ziegelroter Ton. Flachrelief, sehr stark abgelaufen, Kante senkrecht. 21 × 19 × 4,5 cm. Nicht abgebildet.
Vermutlich Helmzier einer nicht mehr erhaltenen Gegenfliese. Sichtbar ist das Schildhaupt eines schräg gestellten Schildes mit nicht erkennbarer Helmzier, über der sich große, dreigeteilte Federbüsche wölben. Es ist möglich, daß sich auf der rechten Seite eine Adler- oder Vogeldarstellung befindet, die linke zeigt einen Turnierhelm (?).
Fundort:
Ochsenhausen, ehem. Benediktinerkloster, 1980–81 Bruchstücke im Erdgeschoß des Südflügels des Konventbaus gefunden.
Ulm, Staatl. Hochbauamt.

G5 Villingen

Mitte 16. Jahrhundert?
Hochroter, feingemagerter Ton. Vertiefte Prägung, Kante senkrecht. 21,5 × 3 cm.
Leicht schräg eingeprägte Tartsche mit kielbogenförmig gewölbtem Schildhaupt. In dieser Einhorn nach links. Der Körper mager, fast in Strichzeichnung, das lange Horn geht bis zum Schildrand. Noch nicht geklärtes Villinger Wappen.
Fundort:
Villingen, Herkunft nicht mehr bekannt, vgl. F97
S. Bartenstein, M. Fuchs, 7, 2.
Villingen, Museum Altes Rathaus.

G6 Villingen

Mitte 16. Jahrhundert?
Hochroter, feingemagerter Ton. Vertiefte Prägung, Kante senkrecht. 21,5 × 2,5 cm.
Tartsche, in der Mitte geteilt. Zu beiden Seiten Halbkreis mit der Hälfte einer vierblättrigen Blüte (?). Noch nicht geklärtes Villinger Wappen.
Fundort:
Villingen, Herkunft nicht mehr bekannt, vermutlich vom selben Fundort wie G5.
S. Bartenstein, M. Fuchs, 165 links unten.
Villingen, Museum Altes Rathaus.

G7 Neustift

Mitte 15. Jahrhundert?[1]
Roter, grobgemagerter Ton ohne Glasur. Flachrelief, abgetreten. 14,5 × 15 × 3 cm.
Quadratischer Rahmen, unten aus vier Linien, oben und an den Seiten(?) durch kaum mehr erkennbare Blattranken gebildet. Rundschild mit zwei schräggekreuzten Schlüsseln, die Bärte nach oben und außen gewandt. Die Petersschlüssel beziehen sich hier auf den Patron der Klosterkirche St. Petrus[2].
Fundort:
Neustift, ehem. Prämonstratenserkloster, vor 1905.
München, Bayerisches Nationalmuseum.

1 Die Fliese unterscheidet sich durch die Maße und das Fehlen der Glasur von den anderen Fliesen des Fundes.
Da der Rundschild in dieser Form erst in der 1. Hälfte des 15. Jh. zögernd verwandt wird, kann die Fliese nicht früher entstanden sein. Vielleicht wurde sie zum Ausflicken beschädigter Stellen geprägt, der nicht richtig einkalkulierte Schwund des Tones würde die verkleinerten Maße erklären.

2 H.-J. Busley, Taf. im Anhang, Abb. IV und V. Konventssiegel des Klosters (1319 und 1390) zeigen einen thronenden St. Peter mit Schlüssel.

G8 Bogenberg – Pfaffmünster

Ende 15. Jahrhundert–um 1513.
Roter Ton. Flachrelief. 25 × 5,5 cm.
Leicht schräg eingeprägt: Etwas spitz zulaufendes Rundschild mit diagonal gestelltem Pflug, Rad und je ein Stern zu beiden Seiten. Stadtwappen von Straubing[1].
Fundort:
a Bogenberg, Wallfahrtskirche Heilig-Kreuz und Mariä Himmelfahrt, anscheinend noch eine Fliese in einem Belag aus unverzierten Fliesen in der Sakristei. B. H. Röttger, 1929, 51, Abb. 29. 19 × 19 cm.
b Pfaffmünster, St. Martinskirche, teilweise noch in situ in der Kapelle neben der Vorhalle. K. Gröber, 104, Abb. 87.
Straubing, Stadt- und Gäubodenmuseum.

1 J. R. Schuegraf, Kritische Untersuchung über den Ursprung des Straubing'schen Stadtwappens mit dem Pflug und das Rathsgeschlecht der Straubinger von Regensburg, Verh. hist. Ver. Oberpfalz 8, 1844, 93ff., und J. Keim, Das Wappen von Straubing, Jahresber. des Hist. Ver. Straubing 18, 1915, 10ff.
Das Stadtwappen von Straubing führt seit 1306 einen Pflug mit Lilie, darüber zwei Schilde mit den bayerischen Wecken. Das Fehlen der anderen Attribute auf der Fliese läßt darauf schließen, daß es sich bei dem Wappen möglicherweise nicht um das Stadtwappen, sondern um das des alten Ratsgeschlechtes der Ritter von Straubing handelt, wie es sich in ähnlicher Form auf dem Grabstein der Elisabeth Straubingerin (1314) findet. Es ist jedoch auch möglich, daß das Stadtwappen nur in vereinfachter Form wiedergegeben wurde.

G 9 Nr. gelöscht.

G 10 Straubing

15. Jahrhundert.
Hellroter Ton. Flachrelief, zwei Ecken abgebrochen.
25 × 5,5 cm.
Rundschild mit nach links angewinkeltem Arm mit weitem hängendem Ärmel, die Hand geschlossen. Möglicherweise handelt es sich hier um das Wappen der Familie Preu[1].
Fundort:
Straubing, Böhmhaus, Ludwigsplatz 133, beim Abbruch des Hauses 1901 gefunden.
Straubing, Stadt- und Gäubodenmuseum.

1 W. Schmidt, A. Reng, 62–64, Taf. V, 2. Das Wappen der Familie Preu vom Findelstein zeigt einen Fisch in der geschlossenen Hand. Es wäre allerdings möglich, daß dieses Merkmal auf der Fliese vernachlässigt wurde.

G 11 Straubing

15. Jahrhundert.
Hellroter Ton mit Brandschwärzung, Flachrelief.
25 × 5,5 cm.
Rundschild mit nach links gewandtem Bockrumpf mit gewellten Hörnern. Möglicherweise handelt es sich hier um das Wappen der Familie Haydelfinger[1].
Fundort:
Straubing, Böhmhaus, Ludwigsplatz 133, 1901 gefunden.
Straubing, Stadt- und Gäubodenmuseum.

1 Sammelbl. 5, 1884, 668 und W. Schmidt, A. Reng, 60, Taf. III, 3 Das Wappen zeigt im roten Feld einen schwarzen Geisbockrumpf mit weißem Ohr.

G 12 Straubing

15. Jahrhundert.
Hellroter Ton. Flachrelief, Unterkante abgebrochen, abgetreten. 25 × 5 cm.
Leicht zugespitztes Rundschild mit zwei aufrechten Rauten. Das Wappen konnte bis jetzt noch keiner Straubinger Familie zugewiesen werden, möglicherweise handelt es sich um das Rautenwappen der Grafen von Bogen[1] oder um die Wecken aus dem Stadtwappen von Straubing, vgl. G 8, Anm. 1.
Fundort:
Straubing, Böhmhaus, Ludwigsplatz 133, 1901 gefunden.
Straubing, Stadt- und Gäubodenmuseum.

1 Die Rauten, in der Heraldik meist als „Wecken" bezeichnet, sind das Wappen der 1242 ausgestorbenen Grafen von Bogen. Sie kamen durch Heirat der Erbtochter Ludmilla 1247 in das Herzogswappen der Wittelsbacher und dadurch in das Wappen des Landes Bayern. Vgl. Wappen in Bayern. Kat. der Ausstellung des bayer. Hauptstaatsarchivs München in Verbindung mit der bayer. Staatsbibliothek aus Anlaß des 12. Internat. Kongresses für genealogische und heraldische Wissenschaften, München 1974, 126–127, Kat. Nr. 202–204.

G 13 Straubing

15. Jahrhundert.
Hellroter Ton. Flachrelief. 18,5 × 4,5 und 25 × 6 cm. Model gleich groß.
In die Diagonale geprägtes Rundschild, durch zwei Querbalken in drei Felder geteilt. Im oberen Feld zwei aufgerichtete, im untersten Feld ein hängender Roßkamm. Das Wappen konnte bis jetzt noch nicht geklärt werden, möglicherweise steht es in Verbindung mit dem Wappen der Familie Strigel[1].
Fundort:
Straubing, Böhmhaus, Ludwigsplatz 133, 1901 gefunden.
Straubing, Stadt- und Gäubodenmuseum.

1 W. Schmidt, A. Reng, 65, Taf. VI, 6. Das Wappen der Familie Strigel zeigt einen linken Arm, der einen Roßkamm (Pferdestriegel) emporhält.

G 14 Straubing

15. Jahrhundert.
Hellroter Ton. Flachrelief. 25 × 6 cm.
In die Diagonale geprägter, leicht spitz zulaufender Rundschild mit zwei übereinander angeordneten Krukenkreuzen. Das Wappen konnte bis jetzt noch nicht geklärt werden.
Fundort:
Straubing, Böhmhaus, Ludwigsplatz 133, 1901 gefunden.
Straubing, Stadt- und Gäubodenmuseum.

G 15 Straubing

15. Jahrhundert.
Hellroter Ton. Flachrelief, in der Mitte gebrochen. 21 × 4 cm.
Diagonal gestellter Rundschild mit gestürzter halbierter Spitze. Die Aussparungen sollen die Schildfarben versinnbildlichen. Wappen der Familie Schambeckh zu Schambach[1].
Fundort:
Straubing, Böhmhaus, Ludwigsplatz 133, 1901 gefunden.
Straubing, Stadt- und Gäubodenmuseum.

1 W. Schmidt, A. Reng, 64, Taf. V, 10.

G 16 Straubing

15. Jahrhundert.
Hellroter Ton. Flachrelief, stark abgetreten. 18,5 × 4,5 cm.
Leicht schräg eingeprägter, nach links verschobener Rundschild mit sechszackigem Stern, der sich mit spitzeren Zacken in der Mitte wiederholt. Die Außenzacken aus kleinen Quadraten gebildet, die eine vierblättrige Blüte zeigen. Das Wappen konnte noch nicht geklärt werden.
Fundort:
Straubing, Böhmhaus, Ludwigsplatz 133, 1901 gefunden.
Straubing, Stadt- und Gäubodenmuseum.

G 17 Straubing

15. Jahrhundert.
Hellroter Ton. Flachrelief, stark abgetreten, Oberfläche beschädigt, eine Ecke abgebrochen. 25 × 5,5 cm.
Diagonal gestellter, leicht zur Fliesenecke verschobener Spitzschild mit breitem, den Schildrand berührendem Sparren. Das Wappen konnte noch nicht geklärt werden[1]. Links oben Stern.

Fundort:
Straubing, Böhmhaus, Ludwigsplatz 133, 1901 gefunden.
Straubing, Stadt- und Gäubodenmuseum.

1 W. Schmidt, A. Reng, 61, Taf. IV, 2. Als einzige Straubinger Familie tragen die Lerchenfelder einen Sparren in dieser Form im Wappen, darin eine flugbereite Lerche. Es wäre natürlich möglich, daß auf Grund der komplizierten Darstellung beim Modelschnitt auf die Lerche verzichtet wurde.

G 18 Straubing

15. Jahrhundert.
Hellroter Ton. Flachrelief. 25 × 5,5 cm.
Diagonal gestelltes Hochrechteck mit Querbalken am Schildhaupt, darunter züngelnde Flammen. Wappen der Straubinger Familie Prennberger[1].
Fundort:
Straubing, Böhmhaus, Ludwigsplatz 133, 1901 gefunden.
Straubing, Stadt- und Gäubodenmuseum.

1 W. Schmidt, A. Reng, 62, Taf. IV, 11. Das Wappen zeigt unter rotem Schildhaupt einen flammenweise rot/weiß geteilten Schild.

G 19 Auhausen

Ende 15. – Anfang 16. Jahrhundert.
Roter Ton. Ganz flache Reliefzeichnung. 17/17,5/18 × 3,7/5 cm.
Grobes, unregelmäßig gezeichnetes Vierblatt, die Mitte von Tartsche überdeckt. Das Schildhaupt geteilt im Verhältnis 1:3, im unteren Teil zwei weckenähnliche Gebilde (Hütchen?). Das Wappen konnte bis jetzt noch nicht bestimmt werden[1].
Fundort:
Auhausen, ehem. Benediktinerklosterkirche, 1977 gefunden.
München, Bayerisches Landesamt für Denkmalpflege.

1 Obwohl im Kloster heute noch zahlreiche Wappen zu sehen sind, konnte dieses Wappen nicht entdeckt werden. Es handelt sich nicht um das Wappen des Abtes Georg Truchseß von Wetthausen, welches sich z.B. auf dem Denkmal des Loy Hering (1521) und auf einem Glasgemälde im Chor (1527), auf den Schlußsteinen, am Dachgesims des Chores und am Sakramentshäuschen findet.

G 20 Kempten

3. Viertel 15. Jahrhundert, um 1466?[1]
Roter, sehr feingemagerter Ton. Flachrelief, die meisten Fliesen kaum abgetreten. 21 × 2,5 cm.
In quadratischem Rahmen Knappe als Schildhalter. Den Körper verdeckt das Wappen des Hauses Habsburg[2], der Reichsadler mit Bindenschild. Sichtbar sind der Kopf des Knappen mit flacher Kappe und die Füße in Schnabelschuhen. Zu beiden Seiten je zwei Blüten an dünnen Ranken, in den Ecken Viertelskreise mit Vierpaßviertel und Fischblasenhälften. Das ganze Bild ergibt sich erst in Zusammenhang mit F116[3].
Fundort:
Kempten, Haus Rathausplatz 20, vor 1890 entdeckt. F. L. Baumann, II, 662, Abb. 425.
Kempten, Allgäuer Heimatmuseum.
Berlin, Kunstgewerbemuseum.

1 Nach freundlicher Auskunft durch Herrn Prof. Dr. H.-M. Decker-Hauff, Stuttgart, ist die Anbringung des Reichsadlers mit Bindenschild nur zwischen 1438 (Albrecht II.) und 1493 (Friedrich III.) möglich. Erzherzog Sigismund hielt 1449 in Kempten einen großen Ball zu Ehren seiner Braut, einer Prinzessin von Schottland, ab. Die Prägung von Fliesen zur Vorbereitung oder als Erinnerung an dieses Ereignis wäre durchaus möglich.
2 Brockhaus Enzyklopädie IV, 1968, 489, Abb. 7. Prunkschild Friedrichs III. von 1493. Eine ähnliche Anordnung von Wappen, Doppeladler und Bindenschild findet sich auf einem vermutlich im 3. Viertel des 15. Jh. in Ravensburg hergestellten Kachelofen, früher Lindau, dann Slg. A. Walcher v. Moltheim, Wien.
3 Seit 1489 zeigt das Kemptener Wappen zwei geflügelte Greifen als Schildhalter. E. Keyser, D. Stb. V. 2, 295.

G 21 Heilsbronn

Originalmodel vor 1342? Prägung wohl erst später.
Dunkelrot gebrannter grobgemagerter Ton. Flachrelief. 20,5 × 17,3 × 4/5,5 cm.
Rechteckiger Rahmen mit Spitzschild. Das Wappen zeigt einen knorrigen Baum mit fünf wellenförmigen Wurzeln und drei gezackten Rebblättern. Rechts und links unten Dreistern. Im Rahmen die Unterschrift in Majuskeln: „ARMATURA.IOHANNIS.III.PRAGENSIS.ECCLESIE.ERI“ (bei R. Forrer, 1901, Taf. 15, fälschlich „PRI“), vermutlich verschrieben für „EPI“ = episcopus.
Fundort:
a Unbekannt, vor 1901 in der Slg. Figdor, Wien[1].
Verbleib unbekannt.
b Heilsbronn, ehem. Zisterzienserklosterkirche, schon 1877[2] verstreut in Privathäusern Heilsbronns, anscheinend aus einer Kapelle stammend. Spiegelbildliche Prägung.
Heilsbronn, Konventshaus.
München, Bayerisches Nationalmuseum (Stempel schräg eingeprägt).
Regensburg, Museum der Stadt.

1 A. Walcher v. Moltheim, 1909, 301ff. Abb. 73. Der Fundort der Fliese war schon W. v. Moltheim nicht mehr bekannt, doch wird die Fliese dort und bei Forrer stets seitenrichtig abgebildet. Quellen für die Datierung „um 1300“ werden nicht genannt.
2 R. G. Stillfried, 219, Taf. 80, gibt den Tod des Bischofs Johannes mit 1342 an und verweist auf die engen Beziehungen zwischen Abt Arnold von Heilsbronn und dem Hofe Karls IV. in Prag. Der seitenverkehrte *Nachschnitt* dürfte erst nach dem Tode des Wappenträgers erfolgt sein.

G 22 Reicherdsroth

Kurz vor oder nach 1488.
Roter Ton. Flachrelief. 17 × 17,5 × 4,5 cm.
Leicht spitz zulaufender Rundschild mit drei konkaven Wölbungen am Schildhaupt. Flügelschwinge, darunter Johanniterkreuz[1].
Fundort:
Reicherdsroth, Filialkirche, ehem. Kirche eines Johanniterspitals. Bei der Restaurierung 1889 entfernt und durch Kopien ersetzt.
Nürnberg, Germanisches Nationalmuseum.

1 A. Ress, 363, Abb. 302. Bei dem Wappen handelt es sich mit großer Wahrscheinlichkeit um das des Jörg von Melchingen († 1488). Es findet sich auf seinem Grabdenkmal in der ehem. Johanniterkirche, Rothenburg o.d.T., und zeigt einen Vogelflug, gerahmt von Schilden mit Johanniterkreuzen. Die Inschrift bezeichnet den Toten ausdrücklich als „Sant. Johanns. Ordens. Comethur. zv. Rotenburg vnd zvm Reichhortzrode“. Die Form des Schildes wäre im 4. Viertel des 15. Jh. schon möglich.

G23 Rothenburg o. d. Tauber

Mitte – 2. Hälfte 15. Jahrhundert[1].
Tiefroter Ton. Vertiefte Prägung, abgetreten. 18,5 × 18 × 5,5 cm/19,2 × 4,5 cm.
Zwei sich schneidende Spitzovale, von Tartsche überdeckt, in den seitlichen Bogen gedrückte Dreipässe. Das Wappen zeigt in der Diagonale eine senkrecht stehende Schlange zwischen Hammer und Zange, das vermutlich aus der Wilkina-Sage übernommene Wappen der Schmiedezunft[2]. Aus derselben Werkstatt wie N56.
Fundort:
Rothenburg o. d. Tauber, Franziskanerkirche, Reste noch in neuer Verlegung in situ, die schönsten Fliesen schon 1875 entfernt[3].
München, Bayerisches Nationalmuseum.
Nürnberg, Germanisches Nationalmuseum.

1 Zur Datierung vgl. N56. Doppelrosetten in dieser Form kommen eher gegen Ende des 15. Jh. vor. Sollte es sich bei N56 auch um ein Wappen handeln (das Grabmal der Kunigunde Schmidtmayrin, deren Mann 1496 als Stifter genannt wurde, zeigt drei Rosen), wäre eine Datierung ins letzte Jahrzehnt des 15. Jh. wahrscheinlich. Auf Grund der Baugeschichte wäre die letzte Verlegung von Fliesen bei Vollendung der Studierstube 1506 möglich.
2 F. K. Fürst zu Hohenlohe-Waldenburg, 8 und F. Geiges, 1931, 104–109. Das Wappen in dieser Form findet sich schon in der Manesse-Handschrift bei dem Bild des Schmiedes Barthel Regenbogen, 1327 auf Siegeln der Schmiedezunft zu Halle und Speyer, sowie auf späteren Zunftsiegeln der Städte Augsburg, Magdeburg, Mainz, Köln und Tangermünde.
3 A. Ress, 244, 255, Abb. 181. Das Schmiedewappen kann für keine der Rothenburger Familien nachgewiesen werden. Möglicherweise gehört es zu der Grabplatte des Jakob Schmid (†9. 8. 1499), ebd., 285, die allerdings nur ein Hauszeichen aufweist. Ebd., 286, Nr. 4. (Auf dem Epitaph des Laurentius Sailer [†1475], ebd., 283, Abb. 215, ist als Wappen ein Seilerhaken angebracht.)

G24 Heroldsberg

Angabe des Museums: 16. Jahrhundert.
Roter Ton. Vertiefte Prägung. 23 × 23 cm.
„Ein Quadrat, dessen Seiten mit denen des Plättchens parallel laufen, mit kleinen geometrischen Figuren. In der Mitte das Geuder'sche Wappen"[1]. (Katalog GNM Nürnberg, 10, A.65.)
Fundort:
Heroldsberg, Herkunft unbekannt, vermutlich aus einem der vier Geuder-Schlösser. Vor 1868 entfernt, 1895 erneut geschenkt[2].
Nürnberg, Germanisches Nationalmuseum (die Fliese ging schon vor 1925 verloren).

1 O. v. Alberti, I, 231. Die Geuder führen drei von einem gleichschenkligen Dreieck in der Mitte gehaltene Sterne.
2 Anz. GNM, 1895, 4.

G25 Aschaffenburg

1607.
Gelblichgrauer Ton mit gelber und mittelgrüner Glasur. Flachrelief. 15 × 1,6 cm.
Symmetrische Tartsche mit gewelltem Schildhaupt, im Schild drei Garben. Mit großer Wahrscheinlichkeit das Wappen der Frei von Dehrn[1]. In den Ecken unten die Jahreszahl 16–07.
Fundort:
a Aschaffenburg, Deutschordenshaus, vor 1868 entfernt. Kat. GNM Nürnberg, 10, A.66.
Nürnberg, Germanisches Nationalmuseum (nicht mehr auffindbar).
München, Bayerisches Nationalmuseum.
Die Fliesen aus der Slg. Dr. J. v. Hefner-Alteneck, München, 1904 versteigert[2], und der Slg. A. Demmin, Leipzig[3], kamen wohl in Privatbesitz.
b nach Notiz im Eingangsinventar des Historischen Museums, Frankfurt, wurde eine „Wappenfliese mit drei Garben" vor 1913 in Frankfurt gefunden.
Frankfurt, Historisches Museum (verschollen).

1 Die Frei v. Dehrn führen in Blau unter goldenem Schildhaupt 3 (2:1) silberne Garben (J. Siebmacher, H. v. Goeckingk, VI, 7, 1882, 20). Nach H. Gensicke, Zur Geschichte des nassauischen Adels: Die Frei von Dehrn, Nass. Ann. 97, 1986, 181 (175–192), heiratet Anna Kunigunde v. Dehrn 1603 den kurmainzischen Rat und Viztum in Aschaffenburg Hartmut von Kronberg (s. G26). Er wird 1609 in Aschaffenburg begraben.
2 Abb. bei K. Hassler, Taf. 9, Abb. 2 und J. v. Hefner-Alteneck, 1904, Nr. 388.
3 A. Demmin, 40, Nr. 396. Nach Mitteilung von A. Demmin war die Fliese des GNM Nürnberg unglasiert.

G26 Aschaffenburg

1607.
Gelblichgrauer Ton mit gelber und mittelgrüner Glasur. Flachrelief. 15 × 1,6 cm.
Tartsche wie G25. Wappen der Familie Kronberg (Cronenberg). Der Schild viergeteilt. In Feld 2 und 3 vier Eisenhüte, in Feld 1 eine Krone, in Feld 4 damaszierter Grund. Jahreszahl 16–07[1].
Fundort:
Aschaffenburg, Deutschordenshaus, vor 1868 entfernt. Kat. GNM Nürnberg, 10, A.67.
Nürnberg, Germanisches Nationalmuseum (nicht mehr auffindbar).
München, Bayerisches Nationalmuseum.
Die Fliesen aus der Slg. Dr. J. v. Hefner-Alteneck[2] und der Slg. A. Demmin[3] kamen wohl in Privatbesitz.

1 W. Möller, III, 250–252. Das Wappen ist zugleich auch das des Mainzer Erzbischofs Johann Schweickardt v. Kronberg (1604–26), dem Erbauer des Aschaffenburger Schlosses und des Deutschordenshauses. Es findet sich in ähnlicher Form auf einer 1616 entstandenen Wappenscheibe in einem Südfenster der heutigen Jesuitenkirche in Aschaffenburg, sowie auf zwei Wappenscheiben des Züricher Glasmalers Josias Murer (1610), vermutlich aus Schloß Johannisburg, heute im Museum Aschaffenburg (B. v. Roda, nach 40 Jahren wieder ausgestellt. Wappenscheiben des Kurfürsten von Mainz im Aschaffenburger Schloß, Kunst & Antiquitäten 1, 1984, 45, Abb. 2). Nach freundlicher Mitteilung von Herrn Dr. Spies, Aschaffenburg, befindet sich im Museum Aschaffenburg eine Kopie der „Verspottung Christi" von Mathias Grünewald (München, Alte Pinakothek), welche 1603 anläßlich der Hochzeit Kronberg-Dehrn angefertigt wurde. Sie zeigt die Wappen Kronberg, Landsberg, Dehrn und Schönborn (A. F. Wolfert, Aschaffenburger Wappenbuch, 1983, 115).
2 J. v. Hefner-Alteneck, 1904, Nr. 338.
3 A. Demmin, 49, Nr. 398, bezeichnet es fälschlich als „Wappen der Stadt Cronberg/Taunus".

G27 Arnsburg

2. Hälfte 15. Jahrhundert.
Rötlicher Ton. Flachrelief, Bruchstück. Erhaltene Seitenlänge ca. 10 cm.
Sichtbar ist der Teil eines Kreises (?), die Außenkante mit enggereihten, winzigen heraldischen Lilien (oder Rauten,

oben und unten von Punkten gerahmt). Im Kreis Teil einer Tartsche mit der Hälfte eines Radwappens, mit großer Wahrscheinlichkeit zum Wappen des Erzbistums Mainz zu ergänzen[1].
Fundort:
Arnsburg, ehem. Zisterzienserkloster, bei Grabungen 1979 in der Ruine gefunden. M. Morkramer, 1982a, Nr. 10.1.3, 88, Abb. 95.
Arnsburg, Klostersammlung.

1 Es ist bis jetzt nicht gelungen, das Wappen einem bestimmten Wappenträger zuzuweisen. Unter den zahlreichen in Arnsburg erhaltenen Grabplatten trägt keine ein Mainzer Wappen. Da das Rad im Schild eng an den Rand gepreßt ist, könnte es sich auch um ein Allianzwappen handeln. Die Verbindungen von Arnsburg zu Mainz waren eng und rege. Das Kloster gehörte zum Archidiakonat von Mainz, es hatte in Mainz Besitz und einen Klosterhof.

G27.1 Rodheim v. d. Höhe

Nach 1483.
Ziegelroter Ton mit gelblicher Bleiglasur. Flachrelief, das Muster auf dem Schild als zusätzliches Relief, Kante schräg, Bruchstück. Erhalten ist eine Fläche von ca. 9 × 8 cm. Dicke: 2,5 cm.
Viertel einer Tartsche. Sichtbar ist auf der linken Seite der Teil einer Wolfsangel (?). Das Wappen konnte noch nicht bestimmt werden.
Fundort:
Rodheim v. d. Höhe, ehem. ev. Kirche auf dem Friedhof. Bei einer Grabung 1985 in der SO-Ecke des Turms in einem Grab gefunden.
Privatbesitz.

G28 Hadamar

Um 1450?
Gelbrötlicher Ton mit Spuren einer weißen Engobe in den Vertiefungen. Flachrelief, teilweise ohne Spuren von Abnützung, Kante schräg. 13,5 × 13,8 × 2,5 cm.
Fliese mit zwei Querbalken, darüber zwei Johanniterkreuze[1]. Weitere Fliesen zeigen nur die beiden Balken.
Fundort:
Hadamar, Liebfrauenkirche, bei der Aufdeckung des Fußbodens 1966 gefunden. Die Fliese gehört nicht zum ursprünglichen Boden der Kirche. Sie wurde in späterer Zeit verlegt (Grabumrahmung?) und vermutlich bei der Erhöhung des Chorfußbodens zur Anlage einer Fürstengruft 1624 schon wieder verdeckt.
Wiesbaden, Landesamt für Denkmalpflege Hessen.
Privatbesitz.

1 Die Kreuze könnten in Anlehnung an das Stadtsiegel von Hadamar angebracht worden sein. Dieses zeigte zuerst Sterne, die später in Kreuze umgewandelt und als Friedenssymbole gedeutet wurden (K. J. Stahl, 59).

G28.1 Randeck

Nicht sicher zu datieren.
Roter Ton. Flachrelief. 10 × 3 cm.
Fünf Balken. Mittelbalken 3 cm breit, zu beiden Seiten je ein Balken von einer Breite von 1 cm, anschließend einer von 0,8 cm. Möglicherweise Anspielung auf das Wappen der Herren von Randeck[1].
Fundort:
Randeck, Burgruine, bei Grabungen 1979 gefunden.
Cölln-Mannweiler, Depot des geplanten Heimatmuseums.

1 W. Möller, I, 82–83. Die Herren von Randeck führten in weißem Schilde einen roten Balken, von drei roten Lilien im Verhältnis 2:1 begleitet.

G29 Hanau

Um 1505.
Roter Ton. Vertiefte Prägung, linke Seite der Fliese ergänzt. 26,6 × 4 cm.
In quadratischem Rahmen Helmzier, Schwan mit gewölbtem Hals und weitgespreizten, zum Halbkreis gebreiteten Flügeln[1].
Fundort:
Hanau, Hospitalkirche.
Hanau, Historisches Museum.

1 M. Herchenröder, F. Behn, 27, Abb. 22. Die Helmzier gehört zum Wappen des Philipp v. Hanau-Lichtenberg. Sie findet sich spiegelbildlich auf seiner Grabplatte in der Kirche von Babenhausen (1538). Vermutlich trug eine zweite, heute verlorene Fliese das Wappen der Grafen von Hanau-Lichtenberg. Vgl. außerdem E. J. Zimmermann, 1–2, Siegel des Grafen Philipp v. Hanau von 1476.

G30 Mayen

1. Hälfte 13. Jahrhundert?
Roter, dunkel gebrannter Ton. Flachrelief. 11,5 × 2 cm.
In der Diagonale Pflanze mit sechs geknickten Wurzelenden und drei Blättern mit einbeschriebenen Blattadern. Auf der rechten Seite Krukenkreuz mit vier kleinen Schilden, auf der linken Spitzschild mit Hahn[1].
Fundort:
Mayen, St. Clemenskirche, bei Grabungen 1949–51 gefunden.
Mayen, Eifelvereins-Museum.

1 Das Wappen konnte noch nicht geklärt werden. Das Krukenkreuz deutet auf einen Jerusalemfahrer. Die „Wurzelenden" der Lebensbaumpflanze könnten auch als die vier Paradiesflüsse: Pischon, Gihon, Tigris und Euphrat gedeutet werden, vgl. die Bildplatte von Schöllkrippen (W. Jorns, 53). Diese zeigt statt der vier fünf Verästelungen.

G31 Speyer

3. Drittel 13. Jahrhundert.
Hellroter Ton. Vertiefte Prägung mit breiten Rillen, das Wappen in Flachrelief, die rechte Hälfte der Fliese schräg abgebrochen. 15 × 2 cm.
Spitzschild mit drei heraldischen, im Dreieck angeordneten Adlern. Wappen der Grafen von Leiningen[1].
In den Fliesenecken Viertelskreise mit Vierpaßvierteln, über den Seiten Halbkreise mit der Hälfte eines Vierpasses.
Fundort:
Speyer, Germanstraße, Privathaus, am 17. 3. 1913 gefunden[2].
Speyer, Historisches Museum der Pfalz.

1 G. A. Seyler, 1894, 364, Abb. 359. Das Siegel des Grafen Godefrid von Leiningen von 1311 zeigt übereinstimmende Form, während „Ermichonis comitis de lininge" 1262 noch einen steigenden Löwen führt (O. v. Alberti, I, 446). Die drei Adler treten zum ersten Mal auf dem Siegel und Rücksiegel des Teilungsvertrags

zwischen Friedrich III. und Emich IV. von Leiningen 1239 auf (J. G. LEHMANN, III, Abb. 3 und 34–35). Als Wappenträger für diese Fliese dürfte Heinrich, Graf v. Leiningen, Bischof von Speyer (1245–72), seit 1247 außerdem Reichskanzler der Könige Wilhelm von Holland, Alfons von Kastilien und Richard von Cornwall in Frage kommen.

2 G. BERTHOLD, 1913, 17, Abb. 24. Von Berthold wird die Fliese ohne nähere Angaben auf 1320 datiert.

G 32 Wörschweiler

1. Hälfte 13. Jahrhundert.
Roter Ton. Flachrelief, die Holzmasern des Models sind sichtbar, rechte Seite abgebrochen, Platte noch ca. 41 × 15 × 5 cm.
In Rechteckfliese Spitzschild mit zwei Balken, der obere mit drei, der untere mit zwei Kugeln besetzt. Vermutlich das Wappen eines Burgmannengeschlechts der Burg Lichtenberg[1].
Fundort:
Wörschweiler, ehem. Zisterzienserkloster, vor 1899 bei ersten Grabungen in der Ruine gefunden[2].
Wörschweiler, Gut Gutenbrunnen.

1 H. HAHN, 1900, 129, Abb. 3, 130–139. Der Verfasser untersucht Grabsteine und Urkunden des Klosters Wörschweiler, sofern sie sich auf Geschlechter beziehen, die Kugelbalken im Wappen führen und in Verbindung mit dem Kloster standen. Es gelingt ihm jedoch nicht, das Wappen einem namentlich bekannten Burgmannen zuzuschreiben. Hahn geht bei der Datierung von der Form des Schildes aus und weist dieses ins Ende des 13. bis Anfang des 14. Jh. Die Prägung stimmt jedoch eher mit den frühen, im 1. Drittel des 13. Jh. entstandenen Fliesen des Klosters überein, die Schildform ist zu Beginn des 13. Jh. schon möglich.

2 Den Hinweis auf diesen Fund verdanke ich Herrn Albert Schwarz, Rülzheim.

G 33 Montabaur?

1581–1599.
Roter Ton mit mittelgrüner Bleiglasur. Flachrelief, Abnützungsspuren weisen darauf hin, daß die Fliesen als Bodenbelag benutzt wurden. 15 × 1,7 cm.
Astroide mit reichverziertem Renaissancewappen.
Der kleine Schild mit drei Kreuzen[1] von großen Akanthusranken der Helmzier fast erdrückt. In der Mitte Turnierhelm mit großem Federbusch. In den Ecken Viertelskreise mit Viertel einer Blüte.
Fundort:
„Westerwald“, mit großer Wahrscheinlichkeit aus Schloß Montabaur.
Wiesbaden, Slg. Nassauischer Altertümer.
Bad Zwischenahn, Slg. Hans-Jürgen Heger (sehr gut erhalten, aber auch mit Abnützungsspuren).

1 W. MÖLLER, I, 92–93. Wappen der Familie Schönberg vor dem Same. Diese führt drei silberne Kreuze in Schwarz. Vgl. G 34.

G 34 Montabaur

1581–1599.
Tiefroter Ton, bei einigen Fliesen grauer, ganz poröser Scherben (Gasbläschen?). Hellolivfarbige, leicht ins gelbliche wechselnde Glasur. Flachrelief, abgetreten, eine Ecke abgebrochen, Kante stark abgeschrägt. 16,5 × 3,5 cm.
Fliese quadriert mit Herzschild, in diesem ein Agnus Dei, das Wappen der Abtei Prüm. Feld 1 und 4 ein Kreuz, Wappen des Erzstifts Trier, in Feld 2 und 3 drei Kreuze, Wappen der Familie Schönberg, vgl. G 33 Wappen des Trierer Erzbischofs Johann VII. von Schöneburg (1581–99)[1].
Fundort:
Montabaur, Schloß, bei Umbauten 1908 gefunden.
Wiesbaden, Sammlung Nassauischer Altertümer.
Höhr-Grenzhausen, Töpferei-Museum G. Peltner.
Höhr-Grenzhausen, Burg Grenzau. Slg. Prof. Dr. H. Spiegel (hellgrün, ohne Abnützungsspuren).
Montabaur, Privatbesitz.

1 W. EWALD, Die Siegel der Erzbischöfe von Trier 959–1795, Rhein. Siegel 4, II, 1911, 49, Taf. 17, Abb. 8. Das Wappen findet sich in gleicher Form über dem Vortor von Schloß Montabaur (W. BORNHEIM, gen. SCHILLING, 1972, Abb. o. Sz.), 1588, ferner auf einer Feldflasche der Knütgenwerkstatt (aus Höhr oder Siegburg), um 1590, im South Kensington Museum, London (O. v. FALKE, I, 105) und auf einer Ofenplatte aus der kath. Pfarrkirche in Zell-Kaimt, Mosel, von 1582 (S. THEISSEN, Abb. 115).

G 35 Bödingen

Um 1208?
Weißgelblicher Ton mit feiner Engobe. Flachrelief, Kante schräg. 13 × 12,6 × 3 cm.
Fliese quadriert, in allen vier Feldern nach links schreitende, gekrönte Löwen mit gespaltetem Schweif. In der Mitte liegender Herzschild mit gestürztem Sparren[1].
Fundort:
Bödingen, ehem. Augustiner-Chorherrenstiftskirche, beim Wiederaufbau nach 1952 in der Nähe des Hochaltars gefunden. I. Achter, 142[2]. Diese Fliese muß, vermutlich zu Ende des 19. oder zu Beginn des 20. Jh., schon einmal gefunden worden sein, da sich der Gipsabguß einer in der Diagnonale getrennten Fliese bei den von H. L. Hetjens gesammelten Fliesen des Hetjens-Museums, Düsseldorf, befindet (Fundort unbekannt).
Pulheim-Brauweiler, Rhein. Amt für Denkmalpflege.
Köln, Privatbesitz.

1 W. EWALD, 1934, Taf. 2. Das Wappen konnte bis jetzt noch nicht eindeutig bestimmt werden. Vermutlich zeigt es jedoch das Wappen der Grafen von Sayn, die zwar einen doppeltgeschwänzten, jedoch keinen gekrönten Löwen im Schild führen. Nach freundlicher Mitteilung von Herrn Prof. Dr. H. Gensicke, Hauptstaatsarchiv Wiesbaden, könnte es sich um das Wappen der Herren von Rennenberg handeln (W. MÖLLER, N. F. II, 1951, 84). Diese führten einen Sparren im Wappen und trugen um 1240 ihre Burg Rennenberg bei Linz/Rhein von der Gräfin Mechthild v. Sayn zu Lehen. Die Löwen des Saynschen Wappens stünden in diesem Fall als Zeichen der Oberhoheit des Lehensherrn Sayn.

2 Die Fliese ist mit den Baudaten der nach 1397 errichteten Kirche nicht in Einklang zu bringen, da die Form der Löwendarstellung in frühere Zeit weist. Da jedoch 1723 für den Bau des Sommerrefektoriums (G. DEHIO, Rheinland, 443) Säulen aus der abgebrochenen Burgkapelle der Burg Blankenberg geholt wurden, ist es denkbar, daß auch Fliesen aus der wohl 1208 geweihten, von den Grafen von Sayn gestifteten Burgkapelle geborgen und in Bödingen neu verlegt wurden.

G 36 Landskron

Nach 1215.
Schwarzgrauer, hart gebrannter Ton. Flachrelief. 12 × 2,5 cm.
Zwei flachgedrückte Viertelskreise teilen die Fliese. Auf der Bogenmitte ein Ornament das ungefähr den Umriß eines Un-

terarms mit geballter Faust zeigt. Im „Faust“kreis Kreuz mit vier Punkten, im Schaft zwei gerade und zwei schräge Balken. Links eine Bügelkrone, rechts ein Spitzschild mit Schrägbalken. Unterhalb des Bogens zwei übereinander angeordnete Linien mit kammartigen Zacken, die teilweise schräg stehen. Nicht sicher zu deutendes Wappen, die Krone bezieht sich auf das Wappen Landskron[1].

Fundort:

Landskron, Burgruine, bei den Grabungen 1906–1912 im Südbau gefunden[2].

Pulheim-Brauweiler, Rhein. Amt für Denkmalpflege.

1 A. Fahne, I, 236. Da die Fliese wohl noch während der Erbauungszeit der Burg oder kurz danach geprägt wurde, kann es sich nur um das Wappen des Gerhard I. von Sinzig (1206–43) handeln, dem 1215 die Verwaltung der Burg übertragen wird und dessen Geschlecht sich nach der Burg v. Landskron nannte.

2 H. v. Behr, 389–390, Abb. 6. Ebd., S. 379, ein Siegel von 1235, das die Bügelkrone noch in derselben Form zeigt. Sie findet sich außerdem auf dem Wappen des Gerhard II. von Sinzig im Hauptchorfenster der kath. Pfarrkirche St. Mauritius in Heimersheim (Bad Neuenahr-Ahrweiler), 3. Viertel 13. Jh. (H. Oidtmann, I, 93, Abb. 110).

G37 Blankenheim? – Erp

Mitte 16. Jahrhundert.

Braunroter Ton mit weißgrauen Schlieren, in den Vertiefungen Reste einer grünen Glasur. Flachrelief. 14 × 2,3/2,7 cm.

Doppelkreis mit Schriftband: „H.G.Z.M.-V.B.H.Z.-I.D. V. E.-A. G. = Hermann Graf zu Manderscheid und Blankenheim, Herr zu Jünkerath, Daun und Erp, Arenberg, Gülich. Das Wappen quadriert, in Feld 1: Zackenband (Manderscheid), in Feld 2 und 3: nach rechts steigender Löwe (Blankenheim), in Feld 4: Rautengitter (Daun)[1]. In den Ecken und an den Seiten Rollwerkkartuschen.

Fundort:

a Unbekannt, sehr wahrscheinlich aus der Burgruine Blankenheim.

Blankenheim, Kreisheimatmuseum.

b Erp, Burgstall.

Bensberg, Privatbesitz.

1 W. Möller, III, 214–216, ders., N. F. 1, 1950, 17–18. G. Strasser, Das Wappen der Herren von Manderscheid in der Eifel, an der Saar und an der Mosel, Mitt. der Westd. Ges. für Familienkunde 2, 1918–1921, 110–113, 138–142, 169–173.

G38 Aachen – Köln

4. Viertel 15. Jahrhundert.

Hellrötlicher Ton mit dunkelbrauner und schwärzlicher Bleiglasur. Flachrelief. 11,5/12 × 2,5 cm.

Rundschild, waagrecht geteilt, im oberen Feld drei Kronen, das untere Feld leer. Vereinfachtes Wappen der Stadt Köln[1]. In den Ecken der Fliese Viertelskreis mit heraldischen Lilien.

Fundort:

a Aachen, Pontstraße, bei Grabungen 1956 in der Barbarossamauer im Bereich der ehem. Deutschordenskommende St. Gilles gefunden[2].

Aachen, Stadtverwaltung.

b nach R. Forrer, 1901, Taf. XL, 4 zusammen mit B46 und D68 in Köln gefunden. Herkunft nicht angegeben.

Köln, Museum für Angewandte Kunst.

Verbleib der Fliese der Slg. R. Forrer unbekannt.

1 Das Wappen der Stadt Köln zeigt im oberen roten Feld drei goldene Laubkronen, im unteren weißen Feld elf Hermelinschwänzchen. Seit ungefähr 1300 bleibt das untere Feld oft leer. Die älteste erhaltene Darstellung des Wappens in den Chorfenstern des Doms entstand um 1320. Auf dem 1392 geschaffenen Siegel der Universität Köln (H. Steuer, 1982, 99, Abb. 3) zeigt der Schild noch eine leichte Spitze, ebenso auf der Brieflade aus dem Altar der Ratskapelle (um 1450). (H. Steuer 1982, 100, Abb. 4.) Einen Rundschild mit freiem unteren Feld zeigt der vor 1475 angebrachte Schlußstein des Gewölbes in der Rentkammer des Rathauses. (H. Steuer, 1981, 77, Abb. 27.)

2 Das Vorkommen des Kölner Wappens auf Aachener Fliesen kann zwei verschiedene Ursachen haben. Entweder wurden in der Werkstatt vorhandene Model eines für Köln bestimmten Auftrags später wiederverwandt oder die Fliese stand in Verbindung mit einem der Stadt Köln gehörenden Gebäude. (H. Steuer, 1981, 96.) Aus dem Jahr 1510 (Ratsmemorial IV, fol. 76) ist die stadtkölnische Anordnung überliefert, das Stadtwappen zum Zeichen der Oberhohheit an allen Hospitälern anbringen zu lassen. Auch die Höfe und der Grundbesitz von Kölner Kaufleuten, Handwerkern und anderen Stadtkölnern außerhalb der Stadt wurden mit dem Wappen gekennzeichnet. Ein Hof in Esch ist – so für 1473 überliefert – „mit unser statth wapen gezeichnet“, ein Hof zu Graurheindorf ist „bewympelt mit unser stat wapen“. Da die Fliese nur „im Bereich“ der Deutschordenskommende gefunden wurde, muß sie nicht unbedingt aus diesem Gebäude stammen.

G39 Aachen – Köln?

4. Viertel 15. Jahrhundert.

Rötlicher Ton mit bräunlichroter Glasur. Flachrelief, Fliese in der Diagonale geteilt. 12,5 × 2 cm.

Rundschild, mit den ersten Ansätzen zur Umbildung zu einer Tartsche. Sparren mit drei Sternen[1]. In den Ecken genau mit G38 übereinstimmende Viertelskreise mit heraldischen Lilien.

Fundort:

a wahrscheinlich aus Aachen, möglicherweise aus dem „Haus zum Papagei“, Jakobstr. 23.

Aachen, Suermondt-Museum.

b unbekannt, möglicherweise auch aus Köln. Hellroter Ton mit grüner Glasur.

Hamburg, Museum für Kunst und Gewerbe.

1 Als Wappenträger kommen zwei verschiedene Familien in Frage, die identische Wappen führen. 1. Die Aachener Patrizierfamilie Bestoltz wird 1450 erstmalig erwähnt. Thys Bestoltz kaufte 1469 das „Haus zum Papagei“ in der Jakobstraße. Der 1460 geborene Peter Bestoltz wurde seit 1504 wiederholt Bürgermeister und war 1515 Sendschöffe der Stadt Aachen. Er besaß das Haus bis 1523 (H. F. Macco, 34. – E. Ph. Arnold, 234). 2. Nach A. Fahne, I, 223 führt das wahrscheinlich aus dem Dorf Krufft in der Eifel stammende kölnische Patriziergeschlecht Krufft dasselbe Wappen. Die Brüder Jakob und Johann von Krufft werden 1481 erstmals erwähnt.

G40 Aachen – Heinsberg

Ende 15. Jahrhundert, nach 1479 (b).

Rötlicher Ton mit dunkelbrauner Bleiglasur. Flachrelief, abgetreten. 12 × 2 cm.

Leicht schräg gestellte Tartsche mit drei heraldischen Lilien[1]. Das Wappen konnte noch nicht sicher gedeutet werden.

Fundort:

a Aachen, Herkunft nicht sicher bekannt, vermutlich aus derselben Werkstatt wie B46.

Aachen, Suermondt-Museum.

b Heinsberg, Klosterhof, 1937 gefunden. H. P. Funken, 46.

Heinsberg, Kreisheimatmuseum.

c Heinsberg, ehem. Adeliges Damenstift, beim Abbruch des Südflügels 1948 entdeckt. A. Lentz, 71.
Heinsberg, Kreisheimatmuseum.

1 H. F. Macco, I, 35, Taf. 9. Die einzige Aachener Familie, die drei Lilien im Wappen führt ist die Familie „in den Beyndt". Das letzte bekannte Siegel ist jedoch von 1395, Nachrichten für das Ende des 15. Jh. fehlen.

G40.1 Aachen?

Ende 15. Jahrhundert.
Hellgrauer Ton mit kaltgrüner Glasur. Flachrelief. 11,8 × 11,8 cm. Analog zu G40 wohl ebenfalls 2 cm dick.
Schild und Eckornamente mit G40 übereinstimmend. Statt der Lilien drei Herzen in der Anordnung 2:1. Diese Formen werden jedoch in der rheinischen Heraldik stets als „Seeblätter" bezeichnet.
Fundort:
Unbekannt („Rheinland"), mit großer Wahrscheinlichkeit aus Aachen[1].
Köln, Museum für Angewandte Kunst.

1 H. F. Macco, I, 191, Taf. 49. Dieses Wappen führt Gilles von Heylberg, gen. Heyss, der 1511 und 1512 Richter in Aachen und Mitglied der Sternzunft war.

G41 Aachen

Ende 15. Jahrhundert.
Hellroter Ton mit schwarzbrauner Glasur. Flachrelief, beim Modelschnitt die Umkehrung des Bildes nicht berechnet. 11,8 × 2,8 cm.
Schräggestellter Rundschild mit zwei Balken. Helmzier mit Helmdecke, Bügelhelm und zwei Fasanenfedern, auf denen sich die Balken wiederholen. Vermutlich Wappen der Familie Fürstenberg[1]. In den Ecken Viertelskreise mit heraldischen Lilien.
Fundort:
Aachen, Pontstraße, bei Grabungen 1956 im Bereich der Deutschordenskommende St. Gilles gefunden.
Aachen, Stadtverwaltung.

1 A. Fahne, I, 106. Neben dem, nach einer kurkölnischen Landesburg benannten Adelsgeschlecht der Fürstenberg (Vorstenberg), das mit Wilhelm von Fürstenberg (1319–49) beginnt, gab es auch eine kölnische Patrizierfamilie dieses Namens. Ein Henrich Fürstenberg (1472–1502) war Senator zu Köln, das Wappen des Abtes Johann von Fürstenberg (1517–50) war im ehem. Siegburger Hof, Köln, an einem Frührenaissancekamin angebracht (H. Vogts, I, 1966, 296–297, Abb. 191). Eine Verbindung der Familie mit Aachen ließ sich noch nicht finden, wenn nicht das allerdings sehr späte Datum, das Wilhelm von Fürstenberg als livländischen Ordensmeister (1557–59), in Verbindung mit der Deutschordenskommende bringt, als Hinweis gelten kann.

G41.1 Aachen?

Ende 15. Jahrhundert.
Rötlicher Ton mit braunschwarzer Glasur, abgetreten. Flachrelief. 12 × 2 cm.
Eckornamente und Lilien wie G41, Schild und Helmbekrönung spiegelbildlich. Der Schild zeigt einen Mittelbalken, die Helmzier vermutlich einen Hundekopf[1].
Fundort:
Unbekannt, mit großer Wahrscheinlichkeit aus Aachen.
Köln, Museum für Angewandte Kunst.

1 H. F. Macco, I, 107, Taf. 28. Das einzige übereinstimmende Wappen ist das der Familie von Droeten. Dieses zeigt einen gelben Balken in Blau, auf dem Helm einen Windhundkopf. Heymerisch von Droeten, Drost des Herzogs Wilhelm von Jülich zu Wilhelmstein und Nothberg, ist jedoch nur bis 1430 nachzuweisen, sein Sohn Heymerisch d. J. sagte 1437 der Stadt Aachen Fehde an.

G42 Aachen?

Ende 15. – Anfang 16. Jahrhundert.
Roter Ton mit hellgelber Glasur. Flachrelief. 11 × 2,5 cm.
Kreis mit leicht spitz zulaufendem Rundschild, am Schildhaupt zwei konkave Einwölbungen. Auf der rechten Seite drei Hufeisen, im linken Feld Schrägrechtsbalken. Vermutlich Zunftwappen der Hufschmiede, möglicherweise ein heute nicht mehr bekanntes Bürgerwappen. In den Ecken Vierpaßviertel mit einbeschriebener heraldischer Lilie, an den Seiten kleine Halbkreise mit fünf Punkten.
Fundort:
Unbekannt, eher aus einer Aachener als einer Kölner Werkstatt stammend[1].
Hamburg, Museum für Kunst und Gewerbe.

1 E. Ph. Arnold, 43. Das Zunfthaus der Schmiede lag in Aachen neben den „Drei Königen".

G43 Aachen

1. Viertel 16. Jahrhundert.
Roter Ton mit hellgelber oder dunkelbrauner Glasur. Flachrelief, abgetreten. 11,5 × 2,5 cm.
Kreis mit leicht spitz zulaufendem Rundschild, das Schildhaupt etwas eingezogen. Drei Pfähle, über dem Pfahl rechts außen ein Stern. Wappen der Familie Vlatten aus dem Haus Merode[1]. Der Grund der Fliese ist zur Tinkturangabe diagonal gefeldert, in jedem Quadrat ein kleiner Punkt. In den Fliesenecken Viertel einer Kartusche[2]: zwei winzige Kreise mit Punkten.
Fundort:
Aachen, Herkunft nicht mehr bekannt, aufgrund des Wappens aus einem der Kanonikerhäuser beim Münster oder aus der Dompropstei[3].
Aachen, Suermondt-Museum.
Düsseldorf, Hetjens-Museum.
Hamburg, Museum für Kunst und Gewerbe.

1 H. F. Macco, II, 206–207, Taf. 104. Das Wappen zeigt in Gelb vier rote Pfähle, im rechten blauen Obereck einen goldenen Stern. Wahrscheinlich handelt es sich um das Wappen des Johann v. Vlatten, der seit 1511 Kanonikus des Aachener Marienstifts, seit 1525 dort Propst war. Er war einer der bedeutendsten Männer seiner Zeit. Er studierte in Köln, Paris und Freiburg Theologie, Philosophie und Jura, wurde Doktor beider Rechte, vertrat das Land auf allen Reichstagen und wurde von Kaiser Karl V. hochgeschätzt. Er war außerdem Propst zu Xanten, Kranenburg und Kerpen, seit 1554 Kanzler der Herzogtümer Jülich und Berg, ein enger Freund des Erasmus von Rotterdam. (P. Heusgen, Die ehem. Königspfalz zu Vlatten bei Zülpich, R. Haass, J. Horster [Hrsg.], Zur Geschichte und Kunst im Erzbistum Köln. FS f. Wilh. Neuss, Studien zur Kölner Kirchengeschichte 5, 1960, 48–65.) Wie häufig das Wappen in dieser Form verwandt wurde, zeigt eine Schnabelkanne

des Jan Emens von 1591 in Raeren, Töpfereimuseum (H. HELLEBRANDT, O. E. MAYER, 132, Nr. 213, 31, Abb. 16).

2 W. MÖLLER, I, 1950, 106–114. Diese Felderung steht in der mittelalterlichen Heraldik für die Farbe Rot.

3 Angaben bei G 44.

G 44 Aachen

1. Viertel 16. Jahrhundert.
Rötlicher Ton mit hell- und dunkelgelber Glasur. Flachrelief. 10,5 × 2 cm.
Rundschild, Kreis, Felderung und Eckornament wie G 43. Im Wappen ein Balken mit Stern, vermutlich das Wappen der Familie Bongardt[1].
Fundort:
Aachen, Herkunft nicht mehr bekannt, möglicherweise aus der Dompropstei.
Aachen, Suermondt-Museum.
Düsseldorf, Hetjens-Museum.
Hamburg, Museum für Kunst und Gewerbe.

1 H. F. MACCO, I, 50, Taf. 13. Das Wappen (1463) zeigt in weiß einen mit einem gelben, sechsstrahligen Stern belegten Balken. Als mögliche Wappenträger kommen in Frage: der Theologe Dr. Johann von dem Bongardt (†1462), seit 1459 Kanonikus, seit 1462 Dechant des Aachener Münsterstifts, eher jedoch Adam von Bongardt, der 1507 für das sog. Romanische Haus, Aachen, Klostergasse, eine Kapelle der Hl. Katharina und Odilia stiftete und der noch 1557 im Besitz des Eckhauses der Dompropstei am Münsterplatz war (R. PICK, 370 und E. PH. ARNOLD, 89–92).

G 45 Aachen

Zwischen 1524 und ca. 1540.
Rötlicher Ton mit hellgelber, grüner, rötlichbrauner, dunkelbrauner und fast schwarzbrauner Glasur. Flachrelief, relativ abgetreten. 11,3 × 2,5 cm.
Diagonal gestellter Rundschild, das Schildhaupt zweimal konkav gewölbt. Wappen quadriert, Feld 1 und 4 kleiner Baum, Feld 2 und 3 geschachteter Rechtsschrägbalken. Über dem Schild Hut eines päpstlichen Protonotars[1]. In den Ecken gedrückte Dreipässe.
Fundort:
a Aachen, beim Bau des Kaiser-Karls-Gymnasiums, vor 1906 auf dem Gelände des ehem. Minoritenklosters gefunden. J. G. Laurent, 12, Nr. 1 d und Taf.
Aachen, Suermondt-Museum.
Dortmund, Museum für Kunst und Kulturgeschichte (dunkelgelbe Glasur, 10,5 × 2,3 cm).
Düsseldorf, Hetjens-Museum (hellbraune Glasur).
Halle/Saale, Staatl. Galerie Moritzburg (grüne und braune Glasur).
London, Victoria and Albert Museum (gelbe und grüne Glasur).
Stuttgart, Württembergisches Landesmuseum (gelbbraune Glasur).
b Aachen, Dechanei, 1899 gefunden[2]. *Variante*, der Schild am Schildhaupt vierfach gewölbt, an den Seiten zweifach, unten sehr spitz zulaufend.
Aachen, Suermondt-Museum.
Hamburg, Museum für Kunst und Gewerbe (grüne Glasur), Stuttgart, Württembergisches Landesmuseum (dunkelocker Glasur).
c Variante mit schwarzbrauner Glasur. Der Rundschild wurde senkrecht in die Fliese geprägt.
Aachen, Suermondt-Museum.

1 H. F. MACCO, II, 131, Taf. 93. Das Wappen zeigt blau über gelb geteilt rot und weiß geschachte Rechtsschrägbalken. Es ist das Wappen der 1363 erstmals erwähnten Familie Scoenrode (Schönroide, Schönrath), deren Stammburg im SO Aachens liegt. Wappenträger muß Johann v. Schönrath sein, seit 1504 Kanonikus, seit 1524 Dechant des Marienstifts. Da er Protonotar des Hl. Stuhls war, führt er gleichzeitig das von Papst Julius II. (1503–13) übernommene Della-Rovere-Wappen, behält es wohl sicher auch noch nach dem Tode Julius' II. bei.

2 Vgl. Fundortkat. Diese Fliesen stammen vermutlich aus der 1534 erbauten Kapelle. Sie werden bei R. FORRER, 1901, 45, Abb. 88–89, noch als italienische Fliesen abgebildet.

G 46 Aachen?–Gangelt

Um 1510.
Dunkelroter Ton mit dunkelbrauner Bleiglasur. Verwaschenes Flachrelief. 11,5 × 2,5 cm.
Diagonal gestellter Rundschild mit Doppeladler. Die halbkreisförmig gebreiten Flügel füllen das Rund. In den Ecken Viertelskreise mit stilisierten heraldischen Lilien, die freien Flächen von kleinen Blättern gefüllt.
Fundort:
a Aachen, Herkunft unbekannt. O. E. Mayer, 1977, 155, 1 oben.
Aachen, Suermondt-Museum.
Düsseldorf, Hetjens-Museum.
Köln, Museum für Angewandte Kunst (hier auch die Rückseite glasiert).
Privatbesitz.
b Gangelt, „einige Zeit vor 1959" auf dem Gelände der ehem. Burg gefunden. Bruchstück. Da nur die untere Seite erhalten war, von A. Lentz, 1959, 70 falsch ergänzt. 11,2 × 2,2 cm.
Heinsberg, Kreisheimatmuseum (z. Zt. nicht aufzufinden).

G 47 Aachen?

Um 1510.
Rötlicher Ton mit dunkelbrauner Glasur. Flachrelief. 11,2 × 11,5 × 2,5 cm.
Rundschild und Rahmung mit G 46 übereinstimmend. Apokryphes Wappen Karls des Großen[1]. Schild gespalten, im rechten Feld Hälfte des Reichsadlers, im linken die französischen Lilien. In den freien Flächen jeweils drei oder vier kleine Punkte.
Fundort:
Unbekannt, vermutlich aus Aachen. Aus derselben Werkstatt wie G 46.
Aachen, Suermondt-Museum.
Hamburg, Museum für Kunst und Gewerbe.

1 Ein Wappen für Karl d. Gr. ist erstmals um 1275 nachgewiesen. Es findet sich um 1360 auf den Wappen der guten Helden im Hansesaal des Kölner Rathauses und um 1409 in der Wappenchronik des Herolds Beyeren (Brüssel, Bibliothèque Royale, MS 17914, fol. 12r). O. NEUBECKER, 1977, 30. Auf früheren Darstellungen werden Reichsadler und Lilien meist noch getrennt angebracht. Dieses apokryphe Wappen Karls d. Gr. ist bis heute auch das Wappen des Aachener Domkapitels.

G48 Aachen

1. Viertel 16. Jahrhundert.
Roter Ton mit hellockergelber, gelbbrauner und dunkelbrauner Glasur. Flachrelief, abgetreten. 10,5 × 2,5 cm.
Zwei in der Diagonale steigende Löwen zwischen schrägen Rauten. Wappen Pfalz–Bayern.
Fundort:
Aachen, Klosterplatz, bei Grabungen nach 1945 gefunden. Vermutlich von einem der ehem. Kanonikerhäuser.
Aachen, Stadtverwaltung.
Aachen, Suermondt-Museum.
Hamburg, Museum für Kunst und Gewerbe (diese Fliese kam zu Beginn des 20. Jahrhunderts ins Museum Hamburg).

G49 Aachen–Kornelimünster

Um 1520?
Roter Ton mit bräunlicher Glasur, Bruchstücke auch mit gelblicher und grüner Glasur. Flachrelief, abgetreten. 12 × 2 cm.
Kleiner Rundschild mit Eselsrückenbogen am Schildhaupt. In Schildmitte zusätzlich ein Herzschild über gekreuzten Abtsstäben. Nach L. Hugot[1] in diesem ein steigender Löwe, das Wappen des Abtes Heinrich von Binsfeld (1491–1531)[2]. In den Fliesenecken Viertelskreise mit heraldischen Lilien, deren einzelne Blätter bis zum Kelchgrund getrennt sind. An den Seiten je eine sorgfältig geschnittene Vierpaßrosette.
Fundort:
a Aachen, Franzstraße, 1969–70 beim Ausschachten eines Neubaus in der Nähe ehem. mittelalterlicher Töpferöfen gefunden. L. Hugot, 1977, 260, Abb. 34–35.
Aachen, Stadtkonservator.
b Kornelimünster, ehem. Abteikirche, bei Grabungen nach 1961 im Schutt und „im Obergeschoß des kleinen quadratischen Annexbaues an der Südseite des Westanbaues“[3] gefunden.
Aachen–Kornelimünster, Schatzkammer der Kirche.

1 Die Kenntnis der Fliesen, sowie alle Auskünfte über die Grabung, verdanke ich Herrn Dr. Leo Hugot(†), Aachen.
2 A. Fahne, I, 31. Die Binsfeld führen einen goldenen Löwen auf schwarzem Feld. Die gekreuzten Abtsstäbe sind das Wappen der Abtei Kornelimünster.
3 L. Hugot, 1977, 261.

G49.1 Aachen–Kornelimünster?

Um 1520?
Weißgelblicher Ton mit braunschwarzer Glasur. Flachrelief. 12 × 2 cm.
Schild und Rahmen übereinstimmend mit G49. Im Schild noch ungeklärtes Wappen mit drei Balken und schmalem Schrägrechtsbalken.
Fundort:
Unbekannt, in Anlehnung an G49 wohl aus der ehem. Benediktinerabtei Kornelimünster.
Hamburg, Museum für Kunst und Gewerbe.

G49.2 Aachen–Kornelimünster

Um 1520.
Weißgelblicher Ton mit hellockergelber und schwarzbrauner Glasur. Flachrelief, abgetreten. Kante leicht schräg. 11,2 × 2,2/2,6 cm.
Schild und Rahmen übereinstimmend mit G49. Im Schild noch ungeklärtes Wappen mit Zackenkreuz[1].
Fundort:
Aachen–Kornelimünster, ehem. Benediktinerabtei, vermutlich bei den Umbauten nach 1961 entfernt.
Bad Zwischenahn, Slg. Hans-Jürgen Heger (im Kunsthandel erworben).

1 Das Zackenkreuz ist, auch unter Aachener Familien, ein so weit verbreitetes Wappenbild, daß es noch nicht möglich war, es einem bestimmten Wappenträger zuzuweisen (vgl. H. F. Macco I, Taf. 4, 24 und 42).

G50 Aachen–Kornelimünster

1520–1530.
Rötlicher Ton mit hellrotbrauner Glasur. Flachrelief, abgetreten. 13,5 × 2,5 cm.
Fast rechteckiger Rundschild mit kleiner Spitze, in den Fliesenecken Viertelskreise, die den Schild schneiden oder berühren. Nach rechts steigender heraldischer Löwe mit bewehrten und behaarten Pranken, der Schweif senkrecht mit hängender Quaste. Wappen des Abts Heinrich von Binsfeld.
Fundort:
Kornelimünster, Abteikirche, bei Grabungen nach 1961 gefunden.
Kornelimünster, Pfarrhaus.
Aachen, Stadtkonservator.

G51 Köln?

1. Hälfte 16. Jahrhundert. Nach 1565?
Rötlichgelber Ton mit grünoliv-gelber Glasur. Flachrelief. 13,5 × 2,5 cm.
Quadratischer Rahmen aus sich in den Ecken überschneidenden Lilien. Schild mit großen konkaven Bogen am Schildhaupt, die Schildspitze eingezogen. Nach rechts springender Hirsch[1].
Fundort:
Unbekannt, vermutlich aus Köln.
Köln, Museum für Angewandte Kunst.

1 Da zahlreiche Kölner Geschlechter einen springenden Hirsch im Wappen führen, war dieses Wappen nicht sicher zu bestimmen. Der wahrscheinlichste Wappenträger ist der Kölner Weinhändler und Bürgermeister Heinrich von Crüdener (A. Fahne, I, 71), der in seinem 1555 neu ausgestatteten Hause, Rheingasse 14–16, die Balken der Decke ebenfalls mit Hirschen in Kreismedaillons schmücken ließ (H. Vogts, I, 240, II, 791).

G52 Aachen? – Heinrichskapelle

Ende 15. – 1. Hälfte 16. Jahrhundert.
Roter Ton mit braunschwarzer Glasur. Flachrelief. 12 × 2,3 cm.
Rundschild, gespalten. Im rechten Feld ein doppeltes Schlangenkopfkreuz, im linken ein steigendes Einhorn[1]. In den Ecken Viertelskreise mit zur Mitte gekehrten kleinen Lilien. Über der Mitte der Seitenkanten Dreiecke mit einem und zwei halben Punkten.
Fundort:
Unbekannt, aus einer Werkstatt in Aachen oder aus der Um-

gebung. Aufgrund des Wappens möglicherweise aus der sw. von Aachen gelegenen Kirche von Heinrichskapelle. Düsseldorf, Hetjens-Museum.

1 Das Wappen in dieser Form konnte bis jetzt nicht gedeutet werden, da sowohl Schlangenkopfkreuz wie Einhorn in zahlreichen Familienwappen auftreten. Nach freundlicher Mitteilung von Herrn Lothar Müller-Westphal, Düren, wäre ein mögliches Allianzwappen das des Simon Bertolf von Belven (Einhorn, H. F. Macco, I, 179–180, Taf. 47), der 1497 mit Agnes Krümmel von Eynatten (Schlangenkopf- oder Ankerkreuz, H. F. Macco, I, 244, Taf. 60) verheiratet war. Das Allianzwappen war als Ahnenwappen in der Kirche zu Heinrichskapelle/Henry-Chapelle angebracht und gehörte zu einem Grabmal des Everhard Bertolf von Belven und seiner Ehefrau Margarethe von Doenrath, die ebenfalls ein Ankerkreuz im Wappen führt (H. F. Macco, I, 105, Taf. 27). Ein Johann von Dobbelstein zu Doenrath wird (nach dem Tode seines Vaters 1512) mit Schloß und Herrschaft Eynenberg belehnt und ist mit Odilie Bertolf verheiratet. All diese Familien waren in und um Aachen begütert, die Bertolf von Belven (früher Hergenrath) und die Krümmel von Eynatten waren Aachener Schöffenfamilien. Ein Hermann von Doenrath war seit 1543 Kanonikus des Aachener Münsterstifts.

G53 Nr. gelöscht.

G54 Köln

1466? Eher 1. Hälfte 16. Jahrhundert[1].
Roter Ton mit dunkelbrauner, oft fast schwärzlicher Glasur. Flachrelief. 11,5 × 2,5 cm.
Wappenkartusche, durch Balken waagrecht geteilt. Oben zwei Köpfe, unten ein Kopf, alle mit flachen Hüten. Wappen der Kölner Familie Hardenrath[2]. An den Seiten kleiner Vierstern, in den Ecken Viertelskreise mit zur Ecke gekehrten Lilien.
Fundort:
Köln, St. Maria im Kapitol? Hardenrathkapelle?[3] Kat. Lückger, 1964, 219, Nr. 1223 oder 221, Nr. 1231[4].
Köln, Kölnisches Stadtmuseum.

1 Die Kartusche in dieser Form ist im 15. Jh. noch nicht üblich, sie wird erst seit der 1. Hälfte des 16. Jh. zögernd verwandt. Vgl. hierzu die Wappen Hardenrath und Schlösgin an den Konsolen der Stifterfiguren im Chor von St. Maria im Kapitol (H. Rathgens, Kdm Köln II, 1, 245, Abb. 178). Etwas bewegter und schon in Tartschenform sind die Wappen auf dem Wandgemälde der Stifter in der Hardenrathkapelle (ebd., 265, Abb. 188). Der Form des Wappens nach könnte die Fliese noch vom gleichnamigen Enkel Hardenraths, dem Stallmeister Kaiser Karls V., verlegt worden sein (R. Steimel, I, 104, Taf. 71). Tartschen dieser Form finden sich z. B. auf der Rückwand des 1544–52 geschaffenen Chorgestühls im Kapitelsaal des Domes in Münster (R. Busch, 36 und Taf. 39). Prägung und Ecklösung weisen diese Fliese eigentlich als Aachener Prägung aus (vgl. G38–G41).

2 A. Fahne, I, 137. Das alte Kölner Patriziergeschlecht der Hardenrath führte, vermutlich durch Verschwägerung mit der Familie Jüdden, drei goldene Schabbeshüte im blauen Schild. Der Senator Johann Hardenrath der Tapfere heiratete 1437 Sibilla Slösgin, beide stifteten die 1466 vollendete Salvatorkapelle in St. Maria im Kapitol.

3 Es ist nicht sicher, daß es sich bei dieser Fliese um eine der Fliesen von der Sängertribüne der Hardenrathkapelle handelt. H. Vogts, I, 218: „Einen schönen Fußboden aus bunten Kacheln mit spätgotisch stilisierten Blüten besaß die Hardenrathkapelle in St. Maria im Kapitol.“ (H31?) Möglicherweise stammt die Fliese aus dem Wohnhaus Hardenrath, Marienplatz 26, oder aus dem diesem gegenüberliegenden, von Hardenrath gestifteten Sangmeisterhäuschen. Dieses zeigte ebenfalls die Wappen Hardenrath und Slösgin an der Giebelseite. Ebd. II, 438, 442, Abb. 243.

4 Fundortangabe des Kat. Lückger. Es ließ sich nicht mehr sicher feststellen, ob diese Angaben von dem Sammler H. J. Lückger stammten. Die Unterlagen von Herrn Prof. Dr. H. Vogts, Unkel, (schriftliche Mitteilung), verbrannten im 2. Weltkrieg.

G55 Köln

1466?[1]
Roter Ton mit ockergelber Glasur. Flachrelief. 12 × 12,3 × 2,8 cm.
Rundschild mit zwei Roßkämmen im Schildhaupt, der Schildfuß senkrecht gerautet. In den Ecken sehr kleine Viertelskreise mit Vierpaßviertel. Vermutlich Wappen der Sibilla Slösgin[2].
Fundort:
Köln, St. Maria im Kapitol? Hardenrathkapelle, Sängertribüne, vgl. G54. Wohl kaum gleichzeitig mit dieser verlegt.
Köln, Museum für Angewandte Kunst (Slg. Lückger).
Nürnberg, Germanisches Nationalmuseum.
Kommern, Rheinisches Freilichtmuseum (mit falscher Fundortangabe „Nordeifel“[3]).

1 Die Fliese zeigt dieselbe Ecklösung wie die um 1508–10 entstandenen Fliesen G58–G59.

2 A. Fahne, I, 390. „Schlösgen, ein Kölner Patriziergeschlecht, das sich um St. Maria im Kapitol verdient gemacht hat, führt *drei* Roßkämme.“ Vermutlich ist dies dennoch das Wappen der Sibilla Slösgin. Aus Gründen der Bildkomposition sind nicht alle Wappen auf Fliesen heraldisch exakt ausgeführt. Das Wappen Slösgin findet sich in St. Maria im Kapitol am Sockel der Stifterfigur Sibilla Slösgin (H. Rathgens, Kdm Köln II, 1, 243, Abb. 178).

3 Kat. Kunst im Rheinland, 503–504, Abb. 506. Das Museum Kommern erwarb seine Fliesen teilweise aus dem Kölner Kunsthandel. Fundorte wurden oft bewußt falsch angegeben, um sich dem Einzugsgebiet des Museums Kommern anzugleichen. So finden sich dort z. B. auch die Fliesen des Prämonstratenserklosters Wilten bei Innsbruck als „rheinisch“.

G56 Bödingen

1490–1500.
Rötlichgelber Ton mit Spuren einer ockergelben Bleiglasur. Flachrelief in zwei Ebenen, der Hase zusätzlich aufgelegt. 13 × 13,2 × 3 cm.
Tartsche mit nach links aufsteigendem Hasen. In den Ecken mit G55 übereinstimmende Vierpaßviertel. Wappen der Familie Haes[1].
Fundort:
Bödingen, kath. Pfarrkirche Mater dolorosa, bei der Restaurierung nach 1952 gefunden. I. Achter, 143.
Pulheim-Brauweiler, Rhein. Amt für Denkmalpflege.

1 A. Fahne, I, 1848, 129. Das Wappen, ein nach rechts springender goldener Hase im roten Schild ist hier spiegelbildlich widergegeben. Die Familie Haes, mit weitgestreutem Besitz in Türnich, Bokkelum, Frechen, Bell, Hüls, Konradsheim und Sollbrüggen, besaß das Erzkämmeramt des Erzstiftes Köln. Eine unmittelbare Verbindung zu Bödingen ließ sich bis jetzt nicht finden.

G56.1 Türnich

3. Viertel 16. Jh.
Rötlichgelber Ton mit hellolivgrüner Glasur. Flachrelief, Kante abgeschrägt. 16,5 × 2 cm.

Variante zu G56. Bügelhelm und Helmdecke von derselben Hand wie G61 geschnitten, dem Schild fehlt eine leicht trapezförmige Einbuchtung auf beiden Seiten. Möglicherweise ist jedoch die Zeichnung von G61 nicht ganz korrekt. Das Wappen Haes wird auf dem Helm wiederholt.
Fundort:
Türnich, Schloß, bei Fundamentsicherungsarbeiten 1961 gefunden, 1988 erneut entdeckt.
Türnich, Slg. Graf von und zu Hoensbroech.

G57 Köln

Ende 15. Jahrhundert – um 1510.
Gelbgrauer Ton mit dunkelgrüner Bleiglasur. Flachrelief, an zwei Seiten abgebrochen, abgetreten. 13,3 × 2,3 und 14 × 2,5 cm.
Diagonal gestellte Tartsche mit drei Ringen, im Schema 2:1 angeordnet. Der Schild umgeben von einem Bandgeschlinge, dessen Spitze in einer Öse (Halfter) endet. Die zerstörte Seite wohl übereinstimmend mit G59. Wappen der Kölner Familie Spiegel[1] oder Rinck[2]. In den Ecken kleine Viertelskreise mit Lilien wie bei G56.
Fundort:
Vermutlich Köln, Herkunft unbekannt[3].
Köln, Museum für Angewandte Kunst.
Köln, Kölnisches Stadtmuseum (Slg. Lückger. Katalog Lückger, Nr. 1229 ohne Abb.).
Düsseldorf, Hetjens-Museum.

1 A. Fahne, I, 404–406. Die Spiegel sind ein seit dem 13. Jh. in Köln nachweisbares ritterbürtiges Geschlecht, das seinen Namen (de speculo) von dem Haus in der Brigittengasse ableitet. Hilger Spiegel ist 1505 Schöffe in Köln.
2 A. Fahne, I, 361–362: „Die Familie Rinck führt im goldenen Feld einen schwarzen, rechtsfliegenden Raben, der einen Ring im Schnabel trägt und auf dem Helme wachsend wiederholt ist.“ Es wäre möglich, daß dies in Analogie zu G59–G60, die Gegenfliese von G58 ist. Heraldische Gepflogenheiten waren um 1500 noch nicht so starr wie später.
3 H. Vogts, 1966, I, 21, 31, 157, II, 795. Da die Spiegel in Köln reich begütert waren, läßt sich kaum feststellen, aus welchem Haus (oder welcher Kirche) die Fliesen kamen. Das 1498 an der Schafporzen (Schaafenstr. 45) im Besitz der Spiegel erwähnte Haus wurde 1872 abgebrochen. Zu den Anwesen der Familie Rinck siehe G58, Anm. 1.

G58 Köln

1500–1510.
Grauer Ton mit gelbgrüner, braun gesprenkelter Glasur. Flachrelief, nur die rechte Hälfte erhalten. 14 × 2,5 cm.
Dies könnte die Gegenfliese zu G57 sein. Bügelhelm mit Helmdecke und Krone, als Helmzier wachsender Rabe mit Ring im Schnabel. Wappen der Familie Rinck[1]. Die Helmdecke in Laubwerk aufgelöst wie bei G60, auch die Ecklösung stimmt überein.
Fundort:
Unbekannt, vermutlich 1910 von dem Kölner Händler Peter Schmitz erworben. Herkunft wie G57.
Oldenburg, Museum für Kunst und Kulturgeschichte.

1 Vgl. G57, Anm. 2. Es ist nicht mehr möglich, die Herkunft dieser Fliesen sicher festzustellen, da die Familie Rinck in Köln zu vielseitig begütert war. In Frage kommen folgende Möglichkeiten:
Die Rincks hatten einen dem Nicasiushof ähnlichen dreiflügeligen Hof am Rinkenpfuhl bei St. Mauritius, der 1512 von Johann II. Rinck, Rentmeister und 1516 Bürgermeister der Stadt Köln, erbaut worden war. Dieser hatte einen, erst 1914 abgebrochenen Turm, welcher wie der des Nicasiushofes ebenfalls mit Wappen verziert war, darunter auch das Rincksche Wappen und das seiner 2. Frau, Aleid von Buschelmann. 1510 wohnte Johann Rinck noch im Haus Königstein, Schildergasse 24, für das er eine Hauskapelle gestiftet hatte (H. Vogts, 1912, Sp. 231–235). Außerdem ließ Johann Rinck das Seitenschiff der Pfarrkirche St. Kolumba erbauen (Schlußsteine mit Hausmarke) und schuf dort eine Familienkapelle. Da zu Ende des 19. Jh. auch die Fliesen der dortigen Wasserfaßkapelle in den Handel kamen, wäre es möglich, daß diese Fliesen ebenfalls aus St. Kolumba stammen. Fliesen wurden jedoch nachweislich auch in der Kölner Kartause gefunden, deren Kapitelhaus Johann Rinck nach einem Brand neu erbauen ließ. Auch Peter Rinck machte den Kartäusern reiche Stiftungen und ist dort beigesetzt. Er besaß das Haus Nideggen, Hohestr. 135, welches ebenfalls eine Hauskapelle hatte. Hermann Rinck, Rat des Königs von England und kaiserlicher Rat, erbaute 1513 das Haus zum goldenen Ring, Schildergasse 74–76, welches einen sehr schönen Saal besaß. Er stiftete eine Familienkapelle im Kreuzbrüderkloster (alle Angaben bei H. Vogts, 1966, I, 34–35, II, 446–451). Zum Hausbesitz und zu den Stiftungen der Familie Rinck vgl. ferner: F. Irsigler, Hansekaufleute. Die Lübecker Veckinchusen und die Kölner Rinck, Hanse in Europa, Brücke zwischen den Märkten. 12.–17. Jahrhundert. Kat. Köln 1973, 313–327 (303–327).

G59 Köln

Um 1508–1510.
Rötlicher Ton mit dunkelockergelber und mittelgrüner Glasur. Flachrelief. 14,5 × 2,5 cm.
Rahmung und Ecklösung wie G57, die Tartsche nur leicht schräg geneigt. Im Schild nach rechts gewandtes, stehendes Pferd, den Vorderlauf angewinkelt. Wappen des Nicasius Hackeney[1].
Fundort:
Köln, Haus Neumarkt 8–10, mit G60 als Schachbrettmuster verlegt. H. Vogts, I, 1966, 218, Abb. 140. Beim Abbruch 1928 entfernt.
Köln, Kölnisches Stadtmuseum, Kat. Lückger, 1964, 220, Nr. 1228.
Köln, Museum für Angewandte Kunst.
Köln, Erzbischöfl. Diözesan-Museum[2].

1 A. Fahne, I, 129 und J. J. Merlo, 33–45. Das mit Arnoldus de Heneggen 1356 erstmals erwähnte Geschlecht fand in dem kaiserlichen Rat, Rechenmeister und Generalzahlmeister der Truppen in den Niederlanden, Nicasius Hackeney, seinen glänzendsten Vertreter. In seinem nach 1507 rasch erbauten Hause, „der kaiserliche Hof“ oder „palatium“ genannt, war Kaiser Karl V. 1520 und 1531 zu Gast. Bei den Hackeney herrschte geradezu eine Sucht, überall ihr Wappen anzubringen, so auch am Gewölbeschlußstein des kleinen Erkers und im Sterngewölbe des Erdgeschosses ihres Hauses, in der Sakristei der Kölner Kartause, sowie auf dem von den Brüdern Hackeney gestifteten, für die Hauskapelle des Nicasius-Hofes bestimmten „Marientod“ des Joos van der Beke (I. Hiller, H. Vey, T. Falk, 1969, 21–27, Abb. 26–27, um 1515, Köln, Wallraf-Richartz-Museum) und auf dem 1523 von den Familien Hackeney, von Merle, Hardenrath, von Stralen, Salm und von Berchem gestifteten Lettner für St. Maria im Kapitol (G. Matthes, 86–87). Vgl. außerdem H. Vogts, II, 1966, 443–446.
2 J. Eschweiler, 26, Nr. 75. Die Fliese kam 1906 als Geschenk ins Museum. Es scheinen also schon vor 1928 Fliesen aus dem Nicasiushof entfernt worden zu sein.

G60 Köln

Um 1508–1510.
Hellgrauer Ton mit hellolivgrüner Glasur, roter Ton mit gelbbräunlicher Glasur. Flachrelief, abgetreten. 14,5 × 2,5 cm.

Bekrönung des Wappens Hackeney. Bügelhelm mit Krone und Oberkörper eines wachsenden Pferdes, die Helmdecke in zartes, die ganze Fliese überziehendes Rankenwerk aufgelöst. Ecklilien wie G57. Vgl. S 77.
Fundort:
Köln, Haus Neumarkt 8–10, mit G59 als Schachbrettmuster verlegt. H. Vogts, 1966, I, 218, Abb. 140. Beim Abbruch 1928 entfernt.
Köln, Kölnisches Stadtmuseum. Kat. Lückger, 1964, 220, Nr. 1228.
Düsseldorf, Hetjens-Museum.
Oldenburg, Landesmuseum für Kunst und Kulturgeschichte (1910 in Köln erworben).

G61 Friedberg? – eher Köln

3. Viertel 16. Jahrhundert.
Tonfarbe unbekannt, mit grüner Glasur. Vermutlich Flachrelief. 13,5 × 1,5 cm.
Verschmelzung der Darstellung von G59 und G60 auf einer Fliese. Die Tartsche in einer Form, wie sie erst nach der Mitte des 16. Jahrhunderts. üblich wird, mit stehendem Pferd, darüber Bügelhelm mit Helmbekrönung und Akanthusranken.
Fundort:
Nach R. Forrer, 1901, Taf. LIII, 1, aus Burg Friedberg[1].
Verbleib unbekannt.

1 Nach sorgfältiger Suche, unter freundlicher Mithilfe von Frau Margarete Thomas, Stadtarchiv Friedberg, konnte unter den Burgmannen der Burg Friedberg niemand gefunden werden, der ein Pferd im Wappen führt. Auch sonst ist kein Friedberger Wappen in dieser Form bekannt. Vermutlich handelt es sich hier um eine Verwechslung Forrers, die Darstellung stimmt exakt mit dem Hackeney-Wappen überein. Es könnte sich um eine in späterer Zeit für einen anderen Raum geprägte Wappenfliese handeln. Möglicherweise zeigt die Fliese jedoch das Wappen der Kölner Familie Roß, das bei J. G. von der Ketten, VII, 108 (H. M. Schleicher, IV, 326), in ganz ähnlicher Weise dargestellt wird. Nach H. Vogts, 1966, II, 460, war ein Heinrich Roß mit Gerhard Pilgrum d. Ä. und anderen Kölner Patriziern bei der Errichtung des Faßbinderzunfthauses am Filzengraben (1537–39) beteiligt, ein Wilhelm Roß, Lic. iur., war 1589 der Besitzer des „Hauses zum roten Schild“ Brükkenstr. 15.

G62 Köln

Um 1510.
Grauer Ton mit grüner Glasur. Flachrelief. Nur die obere Hälfte der Fliese erhalten. 14 × 2,5 cm.
Bügelhelm mit Krone ähnlich G58, nur rechtsgewendet. Ranken und Ecklösung wie G58, als Helmzier ein kleiner Vogel. Da die Fliese zum Kreis der Hackeney-Fliesen gehört, müßte das Wappen einer Familie gehören, die mit ihr versippt ist[1]. Vermutlich handelt es sich um das Wappen der Familie von Merle.
Fundort:
Unbekannt, aus Köln.
Oldenburg, Museum für Kunst und Kulturgeschichte, möglicherweise ebenfalls 1910 erworben.

1 Bei dem von den Brüdern Nicasius und Georg Hackeney gestifteten Lettner von St. Maria im Kapitol beteiligte sich auch die Familie von Merle. Außerdem war die Gemahlin des Nicasius Hackeney, Christina Hardenrath, in erster Ehe mit dem Kölner Bürgermeister Johann von Merle verheiratet (J. J. Merlo, 40–41). Das Wappen bei A. Fahne, I, 275, die Bekrönung jedoch nicht beschrieben.

G63 Köln

2. – 3. Viertel 16. Jahrhundert.
Hellrötlicher Ton mit dunkelgrüner Glasur. Abgetreten, untere Hälfte der Fliese fehlt. Kante fast senkrecht, auch diese glasiert. Flachrelief. 13,5 × 2 cm.
Tartsche ähnlich G78, jedoch anscheinend symmetrisch. In der oberen Hälfte große heraldische Lilie, an den Seiten Ansätze von Ranken ähnlich G60.
Wappen einer Kölner Familie, zu G64 gehörend[1].
Fundort:
Köln, 1983 bei Baggerarbeiten im Aushub der Baustelle des neuen Wallraf-Richartz-Museums geborgen, möglicherweise aus St. Maria ad Gradus stammend.
Köln, Römisch-Germanisches Museum, Abt. Archäologische Bodendenkmalpflege.

1 Das Wappen ist, da die untere Bildhälfte fehlt, nicht sicher zu bestimmen. Es ist jedoch möglich, daß diese fehlende Fläche leer ist. Nähere Angaben können aus der Helmbekrönung gewonnen werden. Nach freundlicher Mitteilung von Herrn Dr. Manfred Huiskes, Stadtarchiv Köln, zeigen vier Kölner Familien eine Lilie zwischen offenem Flug. Es sind dies: von Heumar, von Kerpen, von Gropper und Nobis. Von der Zeitstellung her käme vor allem die Familie von Gropper (oder Gröpper) in Frage (A. Fahne, I, 120, II, 50), die nach der Reformation aus Soest nach Köln zieht, um ihrem Glauben treu zu bleiben. Johann Gropper d. Ä. stirbt 1543 und wird in St. Gereon begraben. Seine vier Söhne sind entweder Geistliche oder stehen in enger Verbindung zur Kirche. Caspar Gropper (†9. 3. 1594) ist 1551 Dekan von St. Maria ad Gradus (H. M. Schleicher, II, 331). Es wäre möglich, daß dies sein Wappen ist.

G64 Köln

2.–3. Viertel 16. Jahrhundert.
Rötliches Braun mit hellkölschbrauner Salzglasur (?). Flachrelief, abgetreten. Kante stark schräg. 13,5 × 2,8 cm.
Gegenfliese zu G63. Helm mit Helmbusch und symmetrisch angeordneten Adlerflügeln[1]. Dazwischen eine heraldische Lilie, der Kelchgrund ebenfalls in Lilienform.
Fundort:
Köln, 1983 bei Baggerarbeiten im Aushub der Baustelle des neuen Wallraf-Richartz-Museums gefunden, möglicherweise aus St. Maria ad Gradus stammend.
Köln, Römisch-Germanisches Museum, Abt. Archäologische Bodendenkmalpflege.

1 Helm und Flügel sind fast identisch mit denen der Fliese G79. Der Model muß, wenn er nicht von derselben Hand geschnitten wurde, doch aus derselben Zeit stammen.

G65 Köln

1. Viertel 16. Jahrhundert.
Hellroter Ton mit einer braungelblichen/grüngelblichen Bleiglasur. Flachrelief. 13, 8 × 1,8 cm.
Fast den ganzen Raum füllend symmetrische Tartsche (Frühform), quadriert. In Feld 1 und 4 Elefant mit Palankin aus zwei kleinen Türmen, oben links-, unten rechtsgewandt. Feld 2 und 3 dreimal gespalten mit eckig geschobenem Querbalken. Noch ungeklärtes Wappen einer vermutlich aus Köln stammenden Familie[1].
Fundort:
Unbekannt, auf der Rückseite der Fliese der alte Vermerk „Wappen einer Kölner Familie“, im Kat. Lückger, 220,

Nr. 1225, als „Süddeutschland, letztes Viertel 16. Jh.“ bezeichnet.
Köln, Museum für Angewandte Kunst.
Oldenburg, Landesmuseum für Kunst und Kulturgeschichte (grauer Ton mit gelbbrauner und grüner Glasur, sehr gut erhalten) (1910 in Köln erworben).

1 A. Fahne, I, 147. Darstellungen von Elefanten auf deutschen Wappen sind selten. Einen Elefanten, jedoch ohne Turm, führt die ins Vasallenregister des Erzstiftes Köln eingetragene Familie Helfenstein. Sie findet sich z. B. auch unter den Stiftern für die Glasfenster des Kölner Domes.

2 Die Fliesen des Museums Oldenburg wurden 1910 von dem Kölner Händler Peter Schmitz erworben. Für den überwiegenden Teil dieses Kaufs ist der Herkunftsort „Köln“ gesichert.

G 66 Köln

1. Viertel 16. Jahrhundert[1].
Hellrötlicher Ton mit mittelgrüner, gelbgefleckter Bleiglasur. Flachrelief. 13,5 × 1,9 cm.
Möglicherweise Bekrönung des Wappens G 65. Zwei Bügelhelme von Ranken umgeben. Rechts wachsende männliche Figur (wilder Mann?) mit erhobenen Armen, links Löwe (?), wachsend, mit Fahne und Standarte. Die Umkehrung des Bildes zeigt die Majuskeln „A – M“.
Fundort:
Unbekannt, vermutlich aus Köln.
Köln, Museum für Angewandte Kunst (Kat. Lückger, 220, Nr. 1226).
Oldenburg, Museum für Kunst und Kulturgeschichte (1910 vom Kölner Händler Peter Schmitz erworben).

1 O. Neubecker, 77. Diese Schildform trägt bei Neubecker die Jahreszahl „1511“, das Wappen wird jedoch nicht genannt.

G 66.1 Köln

2. Viertel 16. Jahrhundert.
Hellgrauer Ton mit Glasur in kaltem Mittelgrün. Flachrelief, abgetreten. 13,5 × 13,5 cm.
Symmetrische Tartsche mit gewölbtem, herzförmig eingezogenem Schildhaupt und konkaven (ohrenartigen) Einbuchtungen zu beiden Seiten des oberen Drittels. Die untere Schildhälfte in den Umrissen eines halben Vierpasses. Im Schild drei nach links gewandte Bären, durch Rumpf, Kopf und vorgestreckte Tatzen gekennzeichnet. Wappen einer Kölner Familie[1].
Fundort:
Köln, Herkunft unbekannt.
Köln, Museum für Angewandte Kunst.

1 Nach freundlicher Mitteilung von Herrn Dr. Manfred Huiskes, Stadtarchiv Köln, handelt es sich hier vermutlich um das Wappen der Familie Drach von Geilenkirchen. Diese führen in Silber drei oberhalbe schwarze Bären (2:1) mit goldenen Halsbändern. Caspar Drach von Geilenkirchen war 1569 Ratsherr der Stadt Köln (H. M. Schleicher, I, 634, hier irrtümlich als Hundeköpfe bezeichnet). Er bewohnte 1589 das Haus Johannisstr. 51, zu dessen Baugeschichte nähere Angaben fehlen und das um 1840 abbrannte (H. Vogts, 1966, II, 774). Der Rittmeister Johann von Geilenkirchen baute 1545/46 und 1558 „ein schön kostliches Haus“ am Marsplatz 2, welches in unbekannter Zeit abgebrochen wurde (H. Vogts, 1966, II, 488, 782).

G 67 Köln

1570.
Roter Ton mit schwarzbrauner Glasur. Flachrelief, abgetreten. 14,5 × 2 cm.
Tartsche ähnlich G 63 etwas stärker gewölbt, mit Einziehungen und Kerben. Wappen geteilt, oben wachsender Löwe, unten ein gedrücktes Andreaskreuz. Wappen des Johannes Maes mit Jahreszahl 15 ... 70[1]. Beim Schnitt des Models wurde wohl bei der Jahreszahl, nicht jedoch beim Löwen die Umkehrung berücksichtigt.
Fundort:
Sicher aus Köln, Herkunft unbekannt. Möglicherweise aus dem Wohnhaus Maes, Köln, Heumarkt 54, das vor 1898 abgebrochen wurde[2].
Köln, Kölnisches Stadtmuseum, Kat. Lückger, 221, Nr. 1232[3].
Berlin, Kunstgewerbemuseum.
Bonn, Rheinisches Landesmuseum (die Glasur hat bei dieser Fliese die Farbe von Graphit).

1 A. Fahne, I, 265. Das alte kölnische Rittergeschlecht nannte sich nach seinem Wohnhaus an der Marsporten „von der maisen“ später Maes. Der Wappenträger Johannes Maes war 1573–86 Bürgermeister in Köln.

2 H. Vogts, 1966, II, 492 und ders., Kdm Köln II, 4, 1930, 468 f. Das Haus wurde 1559 erbaut, die Fassade vor 1898 abgebrochen, der Rest im 2. Weltkrieg zerstört. Da R. Forrer, 1901, Taf. 53, 5 die Gegenfliese abbildet, ist es möglich, daß die Fliesen beim Abbruch der Fassade geborgen wurden.

3 Lückger ebd. liest die Zahl als „1579“, Forrer ebd. gibt „1571“ an.

G 68 Köln

1570.
Gelblicher Ton mit hellocker Glasur. Flachrelief. 14,5 × 2 cm.
Tartsche und Jahreszahl übereinstimmend mit G 67. Auf dem Schild Hauszeichen in der Form eines „h“, von umgestülptem „u“ unten, im oberen Drittel von liegendem „A“ (ohne Balken) geschnitten.
Fundort:
Unbekannt, mit großer Wahrscheinlichkeit ebenfalls aus dem Haus Maes, Köln.
Bonn, Rheinisches Landesmuseum.

G 69 Köln

1570.
Dunkelocker Ton, eine weitere Fliese mit gelber Bleiglasur. Flachrelief. 14,5 × 2 cm.
Tartsche und Jahreszahl übereinstimmend mit G 67. Auf dem Schild Hausmarke in Form einer Wolfsangel, in der Mitte durchkreuzt von einer spiegelbildlichen „1“.
Fundort:
Unbekannt, wie G 67 wohl aus dem Haus Maes, Köln.
Bonn, Rheinisches Landesmuseum.
Bad Zwischenahn, Slg. Hans-Jürgen Heger (ehem. Slg. Bondy, 1938 nach den USA gerettet).

G 70 Köln

1571.
Rötlicher Ton mit mittelgelber und grüner Bleiglasur mit gelben Flecken. Flachrelief, Kante schräg. 14,4 × 1,7/2 cm.

Tartsche von fast quadratischer Form, am Grund treppenartig abgestuft, am Haupt die Kartuschen leicht eingerollt. Hauszeichen, eine auf dem Kopf stehende „1“, an der Spitze zu beiden Seiten flache Winkel. In Stabmitte rechts ein Kreuz, links zwei Bogen, den Linien eines „k“ gleichend, gerahmt von den Buchstaben „C M“[1].
Darunter 15 ... 71.
Fundort:
Köln, Herkunft unbekannt.
Dortmund, Museum für Kunst und Kulturgeschichte.
Bad Zwischenahn, Slg. Hans-Jürgen Heger.

1 Möglicherweise gehört diese Fliese auch zu dem „Maes-Komplex“. So könnte C M für Catharina von Merhem, die erste Frau des Johannes Maes, stehen.

G 71 Köln

1571.
Rötlicher Ton mit grüner Bleiglasur. Flachrelief. 14 × 1,7 cm.
Tartsche übereinstimmend mit G 70, jedoch ohne Jahreszahl. Hausmarke: Senkrechter Pfeilstab, am Grunde zwei „XX“. In Stabmitte nach rechts eine rechtwinklige Gabel angesetzt. Auf der rechten Seite die Buchstaben „AE“ (ligiert), links „S“ und ein „Kreuz“. Möglicherweise ebenfalls zu Maes zu ergänzen.
Fundort:
Nach R. Forrer, 1901, Taf. LIII, 5 „aus Köln“ von ihm als Pendant zu G 70 erwähnt.
Dortmund, Museum für Kunst und Kulturgeschichte.

G 72 Köln

3. Viertel 16. Jahrhundert.
Vermutlich rötlicher Ton mit gelber und grüner Glasur. Flachrelief. 14 × 2,5 cm.
Kreis, von einer dünnen Linie zu beiden Seiten gerahmt. (Dieselbe Rahmung zeigen auch die Fliesen G 76–G 77). Im Kreis eine an einem Ring aufgehängte Wappenkartusche ähnlich G 67, doch wohl später entstanden, am Schildhaupt und an den Seiten von Bändern begleitet. Hausmarke mit Monogramm „M G“. Die Hausmarke konnte bis jetzt noch nicht gedeutet werden[1]. In den Ecken Viertel einer Strahlenblüte.
Fundort:
Köln, Herkunft unbekannt.
R. Forrer, 1901, Taf. LIII, 3. Verbleib unbekannt.

1 Als mögliche Träger des Wappens konnten bis jetzt nur 2 Personen ermittelt werden: Mathias von Glehn, 1592–1618 Stadtbaumeister von Köln, der sich um 1590 ein Haus am Filzengraben baute (H. Vogts, 1966, II, 486) und ein nach 1600 in Köln ansässiger Melchior Gail.

G 73 Köln

2. Hälfte 16. Jahrhundert.
Rötlicher Ton mit grüner Bleiglasur. Flachrelief. 14 × 2,5 cm.
Im selben Rahmen wie G 72 Hausmarke: Zwei gekreuzte Dreschflegel mit Monogramm „H K“. In den Zwischenräumen des entstandenen Andreaskreuzes vier Sternchen. Das Monogramm konnte noch nicht gedeutet werden.
Fundort:
Köln, R. Forrer, 1901, Taf. LIII, 4 und A. Lane, Taf. 23H.
London, Victoria and Albert Museum.

G 74 Köln

2. Hälfte 16. – 1. Hälfte 17. Jahrhundert.
Grauweißer Ton. Eine Fliese mit hellbläulichgrüner Glasur mit Schlieren, die andere dunkelocker-bräunlichgelb. Sehr flaches Relief. 17,5 × 18 cm.
Wappen und Aufhänger wie G 73. Der Kreis fehlt, der etwas schmalere, diagonal gestellte Schild füllt fast die ganze Fläche. Im Schildhaupt die Buchstaben „SS–TG“ (der letztere spiegelbildlich). Darunter eine noch nicht geklärte Hausmarke.
Fundort:
Köln, Herkunft unbekannt.
Köln, Museum für Angewandte Kunst (Inventarangabe „Deutschland“).

G 75 Heisterbach

1601–1609.
Dunkelgrauer Ton mit Spuren von Glasur. Flachrelief, abgetreten, Kante schräg. 12 × 12,5 × 2 cm.
Ovale Girlande im breiten Oval, in den Ecken oben die Jahreszahl 16–0?. In der Mitte Hausmarke ohne Schild, Aufhängung ähnlich G 74, mit seitlicher Quaste. Zu beiden Seiten die Buchstaben „I B“, darunter je ein kleiner Stern[1].
Fundort:
Heisterbach, im Bezirk des ehem. Zisterzienserklosters, 1960 aus dem Abbruchschutt einer Gartenmauer geborgen.
Privatbesitz.

1 Vermutlich falsch kopiertes Besitzzeichen der Abtei Heisterbach. Auf Grenz- und Gütersteinen der Abtei ist das „I“ durch einen Balken mit der senkrechten Mittellinie verbunden und ergibt dann „H B“ für Heisterbach. Der Abtsstab ist fast zum Kreis geschlossen und mit einer Quaste versehen. H. Müller-Hengstenberg, Grenz- und Gütersteine der Abtei Heisterbach. Entstehung, Bedeutung, Verlust und erhaltener Restbestand, Rhein. Heimatpflege 28, NF 1991, 9–13.

G 75.1 Langerwehe

4. Viertel 16. Jahrhundert?
Rötlichgelber Ton. Vertiefte Prägung, abgetreten. 11,5 × 11,5 cm (in die Wand eingelassen).
Ovaler Damenschild mit symmetrisch gebildeter Tartsche. Wappen der Familie Merode[1]. In den Ecken feines Strichornament (Lilie?) mit seitlichen Ranken, Prägestempel der Raerener Töpfer[2].
Fundort:
Langerwehe, vor 1963 gefunden. Die Fliese war möglicherweise für Schloß Merode oder für das von den Merodes gestiftete Kloster Schwarzenbroich bestimmt.
Langerwehe, Töpferei-Museum.

1 Das 1131 mit Werner Rode, Vogt von Kerpen, erstmals erwähnte rheinische Uradelsgeschlecht, teilt sich in viele Nebenlinien auf, die jeweils das Stammwappen, fünf (vier) rote Pfähle in goldenem Feld, geringfügig ändern. (A. Fahne, I, 363. „Die Familie ist eine der allerverzweigtesten und würde ihre Genealogie allein schon ein ganzes Buch füllen“.) Da die Zeichnung in Feld 2 und 3 nicht sicher zu erkennen ist (Adler?, Merlen?) war es nicht möglich, das Wappen zu deuten. Ebd., 361, zeigt einen ähnlich quadrierten Schild mit zwei Löwen. Hier fehlt jedoch die Helmzier, die auf der Fliese mit Adlerflügeln (?), einer Kugel (?) mit Federbusch (?) angedeutet ist. Die Helmzier in dieser Form findet sich bei der Familie Loch, einem Zweig der Merode. Werner IV. von Rode stiftete das Kloster Schwarzenbroich. (R. Steimel, IV, 2, 1953, 66–67.)

2 Bei den von M. Kohnemann, 1982, gesammelten Auflagen auf Raerener Steinzeug ist dieses Wappen nicht enthalten.

G76 Köln

4. Viertel 15.–1. Viertel 16. Jahrhundert.
Roter Ton. Zwei Fliesen mit olivgelber, zwei mit apfelgrüner Glasur. Flachrelief. 15 × 2,8 cm.
Spitzoval, von Rahmenlinien begleitet, mit Mittelbalken. In einem Feld eine, im anderen zwei Vierpaßrosetten. In den beiden Ecken Viertel einer reich gegliederten Blattrosette mit Herzkelch, von vier Punkten begleitet. Auf der einen Seite der Buchstabe „C“, auf der anderen „G“[1].
Fundort:
Köln, Herkunft unbekannt, möglicherweise aus dem Hause Salzgasse 1, vgl. Anm. zu G77. Kat. Lückger, 1964, 220, Nr. 1224.
Köln, Museum für Angewandte Kunst.
Düsseldorf, Hetjens-Museum.

1 A. FAHNE, I, 373. Das jülichsche Rittergeschlecht der Rummel von Hetzingen führt in silbernem Feld einen schwarzen Querbalken, zwei Rosen über, eine unter demselben. 1490 besitzen die Brüder Franco und Conrad Rummel ein Haus in Köln, dessen Lage leider noch nicht ermittelt werden konnte, auch bei H. Vogts nicht erwähnt wird.

G77 Köln

4. Viertel 15.–1. Viertel 16. Jahrhundert.
Roter Ton mit mittel- und dunkelgrüner Glasur, Flachrelief, 15 × 3 cm.
Spitzoval und Rahmung genau wie G76, zwischen den Ranken die Buchstaben „I“ und „O“. Im Feld Schräglinksbalken, in jedem Feld ein Vogel mit angelegten Flügeln[1].
Fundort:
Köln, Herkunft unbekannt, möglicherweise aus dem Haus Salzgasse 1. Kat. Lückger, 1964, 221, Nr. 1223.
Köln, Kölnisches Stadtmuseum.
Köln, Museum für Angewandte Kunst.
Düsseldorf, Hetjens-Museum.

1 A. FAHNE, I, 3–4, H. VOGTS, I, 1966, 219, 277, Abb. 178. Ein Wappen in dieser Form wird von keiner kölnischen Familie geführt. Es ist jedoch möglich, daß man das Wappen der Familie Aich stilisierte, um es dem Oval anzupassen. Diese führen drei Balken, darüber im Schildhaupt drei linkssehende Merlen. H. VOGTS, ebd. erwähnt Fliesen mit dem Wappen der Familie Aich aus dem Haus Salzgasse 1, die 1935 gefunden wurden. Die Unterlagen über diesen Fund wurden während des Krieges vernichtet, vermutlich handelt es sich um diese Fliesen, die frühzeitig in die Slg. Lückger kamen.

G78 Köln

Nach 1541.
Roter Ton mit grüner Glasur. Flachrelief. 14 × 2 cm.
Durch Kreissegmente gebildete Astroide, die Bögen über den Seitenkanten. Diese zeigen als zusätzlichen Schmuck einen Perlstab des Typus: –. . .–. . .–. In der Zusammensetzung ergeben sich Spitzovale mit Blättern. In der Mitte stark gewölbte Tartsche ähnlich G61. Das Wappen zeigt einen Sparren und drei Pilgerstäbe, das Wappen der Kölner Familie Pilgrum[1].
Fundort:
Köln, in Analogie zu G79 wohl ebenfalls aus dem „Haus zu den sieben Türmen“, R. Forrer, 1901, Taf. LIII, 2.
Verbleib unbekannt.

1 A. FAHNE, I, 331–332. Das Wappen zeigt in blauem Feld einen goldenen Sparren mit drei goldenen Pilgerstäben, auf dem Helm einen blauen und einen goldenen Flügel, zwischen denen sich der Pilgerstab wiederholt. Als Wappenträger kommen in Frage: Gerhard Pilgrum d. Ä., Bürgermeister in Köln, †1551, Gerhard Pilgrum d. J., Bürgermeister in Köln, †1593.

G79 Köln

Nach 1541.
Roter Ton mit gelber Glasur. Flachrelief. 14 × 2 cm.
Rahmung wie G78, statt der Blattzacken eher Ranken (möglicherweise von Forrer bei G78 nicht exakt gezeichnet). Bekrönung des Wappens G78. Helmdecke mit Kübelhelm und weitgebreiteten Adlerschwingen, dazwischen ein Pilgerstab.
Fundort:
(Nach alter Aufschrift) „Köln, Haus zu den sieben Türmen“[1].
Nürnberg, Germanisches Nationalmuseum.

1 Ein „Haus zu den sieben Türmen“ gibt es in Köln nachweislich nicht. Da die Fliese jedoch das Pilgrum-Wappen zeigt, kann sie wohl nur aus dem nach 1541 von Gerhard Pilgrum d. Ä. erbauten Haus Heumarkt 16 stammen. Dieses, mit Heumarkt 18 zusammengefaßte Gebäude zeigte (nach einem Umbau) in der 2. Hälfte des 19. Jh. sechs Zinnen und einen Wachtturm.

G80 Köln

1587.
Rötlicher Ton mit hellocker und mittelgrüner Glasur. Flachrelief. 14 × 3 cm.
Astroide ähnlich G78, eine schmale Leiste auf ein breiteres Band gesetzt. Über den Seitenkanten symmetrisch angeordnete Blattranken. Im Mittelfeld gestürzter Mond auf Vierberg. Zwischen beiden die Buchstaben „GM“, in den Ecken die Jahreszahl „1587“[1].
Fundort:
Köln, Herkunft unbekannt[2].
Köln, Museum für Angewandte Kunst.
Berlin, Kunstgewerbemuseum (Slg. Figdor).

1 A. FAHNE, I, 129. Einen silbernen schwebenden Halbmond, jedoch über drei Lilien, führt die kölnische Schöffen-Familie Hackstein. Eine Tochter Anna des Bürgermeisters Wilhelm v. Hackstein (†1623) heiratet den Senator Gerhard Maes.
2 H. VOGTS, I, 1966, 219, erwähnt diese Fliese, wußte jedoch nicht mehr, woher sie stammt. Die Unterlagen über den Fund gingen im 2. Weltkrieg zugrunde (Freundliche Mitteilung von Herrn Prof. Dr. Hans Vogts, Unkel.)

G81 Köln? – Rheinland

2. Hälfte 16. Jahrhundert.
Rötlichgelber Ton mit grünlichbrauner Bleiglasur. Flachrelief. Abgetreten. Kante senkrecht. 14,5 × 3 cm.
In der Diagonale ovaler Blattkranz, in diesem nach rechts aufsteigender Greif mit weit heraushängender Zunge, spitzen Ohren und breit gefächerter Schweifquaste. In den Ecken der Fliesen Viertel einer Doppelrosette, in den Seitenmitten Hälfte einer vierblättrigen Sternblüte.
Fundort:
In beiden Museumsinventaren „Rheinland“. Die Fliese muß vor 1902 gefunden worden sein[1].
Halle/Saale, Staatl. Galerie Moritzburg (Slg. R. Forrer).

Köln, Erzbischöfliches Diözesan-Museum (mit olivgrüner Glasur)[2].

1 Da die Slg. R. FORRER schon 1902 zum Verkauf kam, müssen alle Fliesen der Sammlung zu diesem Zeitpunkt bekannt gewesen sein.
2 J. ESCHWEILER, 29, Nr. 93.

G 82 Köln

1597?
Rötlicher Ton mit mittelgrüner Bleiglasur. Flachrelief. Kante schräg. 14,5 × 2,8 cm.
Gegenfliese zu G 81. Rahmung und Eckblüten übereinstimmend. Der ovale Blattkranz durch Wellenbalken halbiert, in jeder Hälfte je ein Lindenblatt auf kurzem, schmalem Stengel. Wappen der Familie Berchem oder Bergheim[1].
Fundort:
Unbekannt, vermutlich aus Köln.
Köln, Erzbischöfliches Diözesan-Museum[2].

1 A. FAHNE, II, 211: „In Roth ein linksschräger, silberner Bach, von zwei grünen, einem nach oben und einem nach unten gekehrten Seeblatte begleitet." Der Ovalschild und die Ornamente verweisen die Fliese in das Ende des 16. Jh. Wappenträger könnte der Kölner Ratsherr und Weinmeister Balthasar von Berchem sein, der sich 1597 ein großes Haus (Heumarkt 19 mit „Vor St. Martin" 12) erbauen läßt. Das Greifenwappen konnte, wegen der Häufigkeit dieses Bildes, noch nicht sicher zugeordnet werden.
2 J. ESCHWEILER, 26, Nr. 74.

G 83 Köln

1592.
Hellroter Ton mit dünn aufgetragener Glasur, die von Hellbraun in Oliv wechselt. Flachrelief. 10,7 × 2 cm.
Ochsenkopf en face auf einem mit Punkten übersäten Fliesengrund. Wappen der Gerberzunft. In den Ecken Viertelskreise mit breiterem Mittelband, gerahmt von dünnen Außenbändern, in diesen Vierpaßviertel.
Fundort:
a Köln, Haus Rothgerberbach 52[1], 1936 gefunden.
Köln, Museum für Angewandte Kunst.
b Unbekannt, vermutlich vom selben Fundort. Nicht mit demselben Model geprägt. Die Stellung der Hörner ist verändert. Ockergelbe Glasur. 10 × 1,6 cm
Düsseldorf, Hetjens-Museum.

1 H. VOGTS, II, 1966, 504–505, Abb. 276. Das Haus wurde von dem Rotgerber Adam Duitzmann aus Rommerskirchen 1592 erbaut. Die Fliesen waren als Sockelfliesen angebracht.

G 84 Köln

1784–1790?
Fast orangeroter Ton mit olivgrüner, fleckiger Glasur. Fliesen mit gelber Glasur während des Krieges vernichtet. Flachrelief. 13,5 × 2,5 cm.
Viertelsrond, darunter reichverzierte Kartusche mit drei Kleeblättern. Wappen der Familie Eschenbrender. In der Ecke Palmette mit flatternden Bändern.
Fundort:
Köln, Haus Hohepforte 16, aus dem hinteren Saal[1].
Düsseldorf, Hetjens-Museum.

1 H. VOGTS, 1966, I, 219, Abb. 141, II, 595–596. Das Haus wurde von dem Syndikus Johann Arnold von Eschenbrender nach 1784 erbaut. Da die Eschenbrender erst seit dem 18. Jh. in Köln ansässig sind, kann die Fliese nicht früher geprägt sein. Herr Prof. Dr. H. Vogts hält es jedoch für möglich, daß die Fliesen aus einem früheren Haus der Familie, entweder dem nach 1720 erbauten Haus Königstein, Köln, Schildergasse 24, oder aus einer ihrer Besitzungen in Rheinbreitbach oder Unkel (nach 1660) mitgebracht wurden (Zeichnung von Ludwig Arntz, Blatt 4733, Mappe Köln-Stadt, Landeskonservator Rheinland, Pulheim-Brauweiler).

G 85 Köln?

Um 1570.
Roter Ton mit grüngelber Glasur. Auf der rechten Seite Brandspuren. Flach vertiefte Prägung, so stark abgelaufen, daß Muster nur schwer erkennbar. 13,5 × 2,5 cm.
Quadrat aus Doppellinie, in diesem ein Kreis, die Fläche füllend. Im Kreis symmetrische Tartsche ähnlich G 67, das Wappen nicht mehr erkennbar (Adler?).
Darüber Helm(?) mit weitausladendem, ebenfalls symmetrischem Helmbusch, der eine vom Helm aufsteigende Helmzier rahmt (Lilie?, Dreiblatt?). In den Fliesenecken kleine Ranke.
Fundort:
Unbekannt, wahrscheinlich wie die übrigen Fliesen dieses Ankaufs (1908 von dem Kölner Händler Peter Schmitz erworben) aus Köln.
Oldenburg, Museum für Kunst und Kulturgeschichte.

Österreich

G86 Wien

14. Jahrhundert.
Blaurötlicher Ton. Vertiefte Prägung. 21,5 × 22,8 × 2,2 cm. Größe des Stempels 10 × 7 cm.
In quadratischer Fliese Stempel eines Spitzschildes mit Zackenrand. In diesem dreizackige Laubkrone, darunter schräg eingeprägtes Spitzschild mit dem Wappen Wiens: Leistenkreuz, begleitet von drei Sternen.
Fundort:
Wien, Stephansdom, 1897 bei Bauarbeiten in der Nähe des Riesentores gefunden[1].
Wien, Historisches Museum der Stadt Wien.

1 Kat. Wien im Mittelalter, 106, Nr. 223.

G87 Wien

14. Jahrhundert.
Bläulichroter Ton. Vertiefte Prägung. 21,3 × 21,4 × 2,2 cm. Größe des Stempels 10 × 7 cm.
Variante von G85. Stempel eines Spitzschilds mit Zackenrand. Vierpaßblüte im Kreis, in der Spitze unten kleiner Stern, in den Ecken oben winzige Dreipässe.
Fundort:
Wien, Stephansdom, bei Bauarbeiten 1897 in der Nähe des Riesentores gefunden[1].
Wien, Historisches Museum der Stadt Wien.

1 Kat.: Wien im Mittelalter, 106, Nr. 224.

G88 Rust

Nicht vor 1393.
Rötlicher Ton. Flachrelief, Kante abgeschrägt. 18,3 × 3,5 cm. Stempelhöhe 7,3 cm. Stempel schräg eingedrückt, die Ecke des Bildes daher nicht vollständig.
Quadratische Fliese mit eingeprägtem Spitzschild in der Mitte. Zackenschild rechts dreimal gespalten, links ein heraldischer Adler. Wahrscheinlich Wappen der Grafen von St. Georgen und Bösing[1].
Fundort:
Rust, Burgenland, sog. „Fischerkirche", vom Boden der Marienkapelle.
Eisenstadt, Burgenländisches Landesmuseum.

1 L. Siebmacher, Großes und Allgemeines Wappenbuch, IV, 4. Der Adel Niederösterreichs I, 1909, 21 und Taf. 6. Der Wappenträger konnte nicht exakt ermittelt werden, doch ist er vermutlich in der Familie der Grafen von Georgen und Bösing zu suchen. Das Stammwappen trägt geviertelt einen Stern mit Adler.

G89 Rust

Nicht vor 1393.
Rötlicher Ton. Flachrelief, Kanten abgeschrägt. 17,6 × 4,3 cm. Stempelhöhe 7 cm.
Quadratische Fliese mit eingeprägtem Spitzschild mit Zackenrand. Oben fünfblättrige Rose im Kreis, darunter Baum (?), Palme (?).
Fundort:
Rust, Burgenland, vom Boden der Marienkapelle, „Fischerkirche".
Eisenstadt, Burgenländisches Landesmuseum.

G90 Stein/Donau

Um 1500.
Rotbrauner Ton. Vertiefte Prägung mit Reliefcharakter. Sechseck, Seitenlänge 12 cm, Dm. 20,5 / 21,5 cm.
Kreis mit derselben Girlande wie C63, in diesem breite, gedrungene Tartsche, viergefeldert. Noch ungeklärtes Wappen[1]. Über der Tartsche die Initialen „MH", zu beiden Seiten kleine Rose mit Kelchblattzipfeln.
Fundort:
Stein/Donau, Frauenbergkirche, nach Entfernung des barokken Hochaltars 1962 gefunden[2].
Krems, Museum der Stadt Krems.

1 Freundliche Mitteilung des Stadtarchivs Krems.
2 Kat. Krems, 509–510, Kat.-Nr. 632. Die übrigen Fliesen waren ungemustert.

G91 Graz

1559.
Roter Ton. Flachrelief. 18 × 17,5 cm. Rand ausgebrochen.
Fliese mit sechs unregelmäßig eingeprägten rechteckigen Stempeln. In den vier Ecken grobe Tartschen mit quadrierten Wappen, darüber die Jahreszahl „1559". In der Mitte Tartsche mit schmalem Rechtsschrägbalken mit der Hälfte eines nicht sicher zu deutenden Tieres. Darunter Astroide mit Malteserkreuz.
Fundort:
Graz, Herkunft unbekannt[1].
Graz, Museum für Kulturgeschichte und Kunstgewerbe.

1 K. Steiner, 99–118. In Graz bestand die Zuordnung der Gewerbe in einzelne Viertel und Straßen noch bis ins 19. Jh. Zwischen 1890 und 1900 wurde ein ganzes Stadtviertel, in dem sich auch das Hafnergaßl befand, für den Bau der Kaimauer der Mur abgerissen. Möglicherweise fand sich die Fliese bei diesen Abbrucharbeiten. Einen weiteren möglichen Herkunftsort stellt der ebenfalls bei der Hafnergasse gelegene Klosterhof des Stiftes Admont dar, in dem seit 1555 gebaut wurde und in dem 1559 nachweislich die Treppe zur Kapelle und ein neuer Altar in der Kapelle errichtet wurde.

Frankreich

G92 Weißenburg

1567.
Tiefrot gebrannter, gemagerter Ton. Zeichnung mit Stichel eingeritzt. 16,5 × 16,5 cm.
Tartsche mit Wappen der Stadt Weißenburg. Stadttor mit zwei Türmen, darüber Doppeladler[1]. In den Ecken „15--67".
Fundort:
Weißenburg, Herkunft unbekannt.
Weißenburg, Musée Westercamp.

1 Die Stadt Weißenburg führte zuerst den einfachen, später den Doppeladler im Wappen. Eine Wappentartsche in ähnlicher Form findet sich auf einer Ofenplatte von 1540 im Museum Weißenburg (E. Klein, 101, Abb. 28).

G1

G2

G3

G4

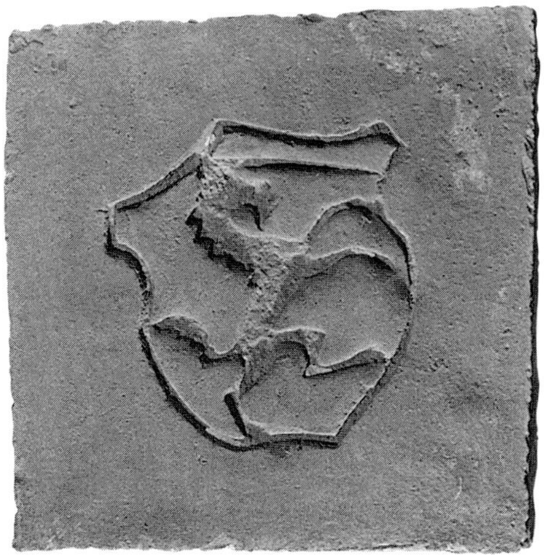

G5

G6

G7

G8

G10

G11

G12

G13

G14

G15

G16

G17

G18

G19

G 20

G 21

G 22

G 23

G 25

G 26

G27

G28

G29

G30

G31

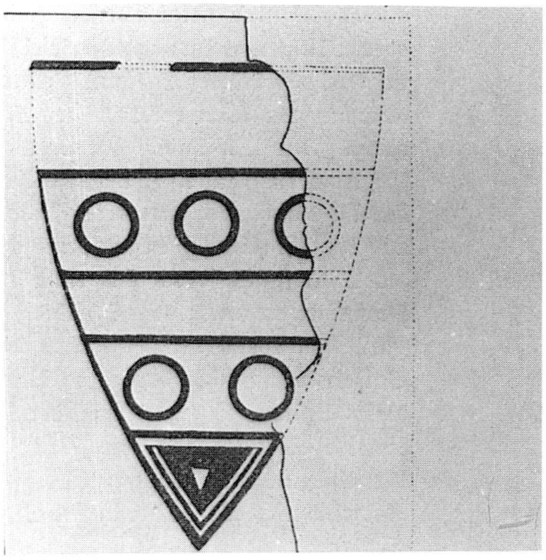

G32

G 33

G 34

G 35

G 36

G 37

G 38

G39

G40

G40.1

G41

G41.1

G42

G 43

G 44

G 45 a

G 45 b

G 46

G 47

G48

G49

G49.1

G49.2

G50

G51

G 52

G 54

G 55

G 56

G 56.1

G 57

G 58

G 59

G 60

G 61

G 62

G 63

G 64

G 65

G 66

G 66.1

G 67

G 68

G 69

G 70

G 71

G 72

G 73

G 74

G75

G75.1

G76

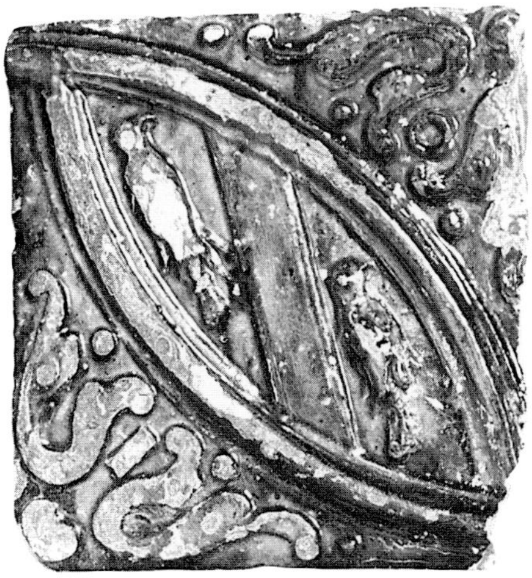
G77

G78

G79

G 80

G 81

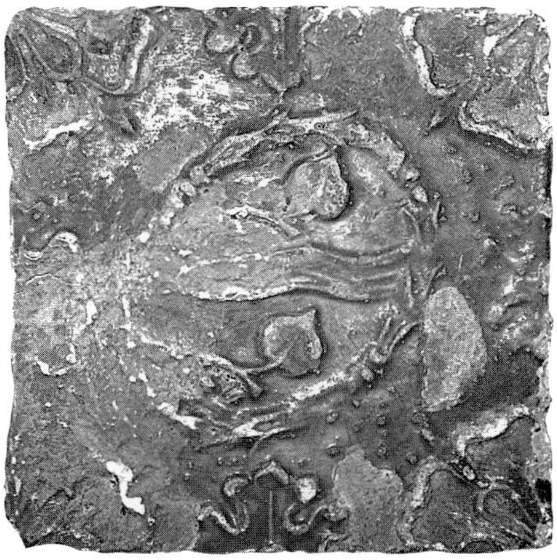

G 82

G 83

G 84

G 85

G86

G87

G88

G89

G90

G91

G 92

Spitzovale

Spitzovale mit Blüten, Blättern und Ranken

H1 Ulm–Blaubeuren

2. Hälfte 15. Jahrhundert. „Mitte 15. Jahrhundert" (K. Haßler)[1] (a), um 1492 (b), Ende 15.–Anfang 16. Jahrhundert (d). Dunkelroter, stark gebrannter Ton. Vertiefte Prägung. 17 × 4 cm.
Aus zwei Kreisbogen gebildetes Spitzoval A[2], welches bis in die Fliesenecken reicht. Zu beiden Seiten schmiegt sich das Viertel eines Viersterns eng an das Oval an.
Fundort:
a Ulm, Privathaus, vor 1862 gefunden, vom selben Fundort wie L39.
Stuttgart, Württembergisches Landesmuseum.
b Ulm, Haus Platzgasse 31, in situ in drei Räumen des Dachbodens.
c Ulm, Haus Störrengasse 6, beim Abbruch 1978 geborgen.
Ulm, Stadtverwaltung.
Ulm, Privatbesitz.
d Variante. Spitzoval ohne jede weitere Zutat. Hellrötlichgelber Ton. 16 × 15,5 cm. Blaubeuren, ehem. Benediktinerkloster, bei der Restaurierung 1978–85 vermauert gefunden.
Ulm, Staatl. Hochbauamt.

1 K. Hassler, Taf. XIX, 1. Möglicherweise kannte Haßler noch den Fundort und die mittelalterliche Baugeschichte des Hauses. Es ist nicht ausgeschlossen, daß es sich um das heutige Haus Platzgasse 31 handelt.
2 Um langwierige Beschreibungen zu vermeiden, werden die Spitzovale in drei Gruppen gegliedert:
A Spitzovale aus einer Linie gebildet.
B Spitzovale aus einer Doppellinie gebildet.
C Spitzovale aus einer Doppellinie, die jeweils an einer Seite den Kreisbogen überschneidet. Dieses Muster ergibt in der Zusammensetzung von 4 und 16 Fliesen sich durchdringende Kreise.

H2 Ebingen

Nach 1463?
Tonfarbe und Maße unbekannt. Vermutlich vertiefte Prägung. Nicht abgebildet.
Nach Zeichnung[1] mit H1 übereinstimmend. Im Oval zwei sich in Ovalmitte berührende, mit der Spitze zur Fliesenecke gerichtete Tropfenblätter.
Fundort:
Ebingen (Stadt Albstadt), aus dem „Finsteren Gang" des Hohenberger Schlosses. Vermutlich dort nach 1880 entfernt.
Albstadt-Ebingen, 1937 im Heimatmuseum vorhanden, seit der Zerstörung des Museums im 2. Weltkrieg verloren.

1 Zeichnung im Nachlaß von Herrn Günter Groschopf, Geislingen, in den mir Frau E. Groschopf freundlicherweise Einblick gewährte.

H3 Grüningen

Um 1520?[1], eher 3. Viertel 17. Jahrhundert. Nicht abgebildet.
Dunkelroter Ton. Vertiefte Prägung mit 10–12 mm breiten Rillen. Das Muster nicht mit einem Model, sondern möglicherweise von Hand in den Ton geritzt. Wenig sorgfältige Ausführung.
Schmales Spitzoval A, in den Ecken sehr kleine Viertelskreise.
Fundort:
Grüningen, ev. Pfarrkirche St. Martin, wahllos im Langhaus verlegt.
Darmstadt, Privatbesitz.

1 G. Dehio, Hessen, 365, „teilweise noch mit Renaissance-Tonplatten".

H4 Groß-Ammensleben

2. Jahrzehnt 14. Jahrhundert.
Roter Ton mit weißlicher und grüner Glasur. Vertiefte Prägung. Maße in Analogie zu J48 möglicherweise 20 × 5,5 cm. Nicht abgebildet.
Spitzoval A, in den Ecken kleine Viertelskreise, an den Seiten vermutlich Hälfte eines spitzen Blattes.
Fundort:
Groß-Ammensleben, Kr. Wolmirstedt, ehem. Benediktinerklosterkirche, in situ in der Kreuzkapelle zu beiden Seiten des Altars verlegt. H. Bergner, 20, Abb. 10.

H5 Güstrow

1558–1566?
Vermutlich roter Ton und vertiefte Prägung. Maße unbekannt. Nicht abgebildet.
Spitzoval A, in den Ecken kleine Viertelskreise mit Viertel einer spitzblättrigen sechzehnteiligen Rosette.
Fundort:
Angeblich aus dem Schloß zu Güstrow, bei Schlie (Beschreibung des Schlosses) nicht erwähnt. F. Schlie II, 364.
Verbleib konnte nicht ermittelt werden.

H6 Rostock–Lüneburg

1. Viertel 16. Jahrhundert? (a), um 1567? (b).
Roter Ton, das Spitzoval abwechselnd grün oder braun glasiert, der Grund mit gelber, die Eckrosetten mit weißer Glasur. Vertiefte Prägung. 15 × 15 cm.
Spitzoval A, in den Ecken Viertel einer rundblättrigen, zwanzigteiligen Margeritenblüte.
Fundort:
a Rostock, St. Petrikirche, vermutlich vor 1868 entfernt. Kat. GNM Nürnberg, 9, A. 60. – F. Schlie, II, 364.
Nürnberg, Germanisches Nationalmuseum.
b Lüneburg, Rathaus, Gerichtslaube, in situ[1]. Spitzoval weiß auf grünlichgelbem Grund, in den Ecken ockerfarbige Viertelsblüte. 15 × 15 cm.

1 H. Kier, 1976, 68 datiert den Boden der Gerichtslaube auf „um 1580". Da die Fliesen H6 jedoch erst in späterer Zeit dort eingefügt wurden (vgl. Fundortkat.), kann diese Datierung für H6 nicht übernommen werden.

H7 Klütz

2. Hälfte 15.–Beginn 16. Jahrhundert.
Roter Ton mit gelber und grüner Bleiglasur. Vertiefte Prägung. 14 × 3,5 cm.
Spitzoval A mit zwei gleichmäßig gekreuzten Enden, innen und außen von breiteren Linien gerahmt. In den Ecken Viertel einer feinstrahligen Sternblüte.

Fundort:
Klütz, Bez. Rostock, Stadtkirche St. Marien, unter dem Gestühl im nördlichen Seitenschiff der Kirche, heute vor dem Altar neu verlegt, andere in unbekannter Zeit entfernt. F. Schlie II, 364.
Lübeck, St. Annen-Museum.

H 8 Schleswig

1. Jahrzehnt 14. Jahrhundert? – eher wohl nach 1440[1].
Tiefrot gebrannter Ton. Flachrelief, abgetreten. 14 × 2,5 cm.
Spitzoval A, in den Ecken Viertel eines Blattsterns aus tiefgekerbten Palmetten.
Fundort:
Schleswig, Domkreuzgang, sogenannter „Schwahl", um 1890 entfernt. R. Haupt, II, 315, Abb. 1216, inzwischen verschollen.
Schleswig, Schleswig-Holsteinisches Landesmuseum.

1 Das in dieser Form über einen längeren Zeitraum vorkommende Muster erlaubt keine sichere Datierung.

H 9 Groß-Geroldseck – Hohbarr – Saarburg

2. Drittel 13. Jahrhundert (a), 2. Hälfte 13. Jahrhundert (c).
Roter Ton mit brauner Bleiglasur. Vertiefte Prägung. 10,5 × 10,5 cm.
Spitzoval C, in den Ecken doppelte Viertelskreise.
Fundort:
a Groß-Geroldseck, bei Grabungen am 4. 3. 1912 gefunden. Ch. Czarnowsky, 11, Abb. 2.
Straßburg, Slg. Charles Czarnowsky (seit 1940 verloren).
b Hohbarr, Burgruine, bei Grabungen 1987 in einer Zisterne gefunden. Bruchstück, vermutlich zu dieser Fliese zu ergänzen[1]. Binnenzeichnung sichtbar. Roter Ton. Kante schräg. Dicke 1,5 cm.
Zabern, Städtisches Museum.
c Saarburg, beim Bau der ev. Kirche 1893 gefunden. L. Benoit, 1863, 85, Abb. 6.
Saarburg, Regionalmuseum.
Zabern, Städtisches Museum.

1 Ergänzungszeichnung von Mlle. A. Rebert, Illkirch.

H 10 Münzenberg

16. Jahrhundert.
Rötlicher Ton. Vertiefte, grobe Prägung. 14,5 × 2 cm. Nicht abgebildet.
Spitzoval A mit zwei einbeschriebenen Ovalen, in den Ecken zwei Viertelskreise, in den freien Flächen je ein winziger Halbkreis zu beiden Seiten.
Fundort:
a Münzenberg, bei der Renovierung eines Fachwerkhauses als Füllmaterial 1979 im Wandputz und Fußboden gefunden, zusammen mit J 127, möglicherweise aus Burg Münzenberg stammend.
Münzenberg, Privatbesitz.
b Unbekannt, aus Oberhessen. Hellroter Ton, 14 × 2 cm. Die winzigen Halbkreise fehlen oder sind durch Abnützung nicht mehr zu erkennen.
Darmstadt, Privatbesitz.

H 11 Villingen

2. Hälfte 15. Jahrhundert?
Roter Ton, an der Oberfläche grau. Vertiefte Prägung, Bruchstücke. Dicke 4,5 cm.
Spitzoval B, in den Ecken Viertel einer Doppelrosette. Von dieser ausgehend zu beiden Seiten je die Hälfte einer heraldischen Lilie des Typus S 4.
Fundort:
a Villingen, Herkunft nicht mehr bekannt. S. Bartenstein, M. Fuchs, 163, Taf. VII, 3, 4, 5 und 164, Taf. VII, 6–8, 9.
Villingen, Museum, Altes Rathaus.
b Zahlreiche Bruchstücke ohne die seitlichen Lilien, außerdem Bruchstücke von zwei verschiedenen Ecklösungen, die zu diesen Fliesen gehören, aber nicht sicher zu ergänzen sind.
1. Viertelskreis mit kleinen Zacken an der Innenkante und dem Viertel eines zwölfstrahligen Margeritensterns. Roter, grob gemagerter Ton. Dicke 3,8 cm. Kante senkrecht.
Villingen, aus dem Franziskanerkloster.
2. Blütenviertel ohne Viertelskreis. Hochrot gebrannter Ton.
Villingen, Franziskanermuseum.
c Variante mit schmalerem Spitzoval, bei den Bruchstücken keine Ecklösung erhalten. Hellroter, schwächer gebrannter Ton. Kante senkrecht. 26,5 × 3,5/4 cm. Rillen 3–4 mm breit.
Villingen, aus dem Franziskanerkloster.
Villingen, Franziskanermuseum.

H 11.1 Köln oder Rheinland

16. Jahrhundert.
Blaßroter Ton. Flachrelief. 14,5 × 14,5 cm.
Spitzoval B mit je 15 dicken Punkten auf dem Ovalband. In den Ecken Viertelskreis mit Viertelsblüte aus kleinen Keilchen. Nicht abgebildet.
Fundort:
Unbekannt, doch wohl aus Köln oder dem Rheinland.
Köln, Museum für Angewandte Kunst.

H 12 Amorbach – Lorsch

2.–3. Viertel 13. Jahrhundert.
Roter Ton. Vertiefte Prägung, Kante schräg. 13,5 × 3 cm.
Spitzoval C mit stilisiertem Blatt aus drei kleinen, durch dünne Stege verbundenen Kreisen, zu beiden Seiten Blattspitze. In den Ecken Tropfenkreis mit zwei gezackten, schmalen Palmetten.
Fundort:
a Amorbach, ehem. Benediktinerkloster, beim Abbruch alter Klostergebäude geborgen. W. Hotz, 1938, 42.
Amorbach, Heimatmuseum.
Stuttgart, Württembergisches Landesmuseum (aus den Beständen des ehem. Landesgewerbemuseums).
b Lorsch, ehem. Benediktinerkloster, 1877 bei der Aufdeckung eines Ziegelofens gefunden[1]. Dunkelroter Ton, sehr stark abgetreten, 13 × 2,5 cm. Die seitlichen Blätter fehlen, es ist nicht sicher, ob sie nicht mehr sichtbar sind oder ob es sich um eine *Variante* handelt.
Darmstadt, Hessisches Landesmuseum.

1 Quartalbl. 1878,9: Liste der 1877 erhaltenen Geschenke.

H 13 Groß-Umstadt

2. Hälfte 13. Jahrhundert.
Graugelber, blaugrauer und hellroter Ton, die roten Fliesen am häufigsten. Vertiefte Prägung. 12,5 × 3 cm.
Variante zu H 12, ohne Seitenblätter, mit breiteren, nicht so scharf abgesetzten Stegen.
Fundort:
Groß-Umstadt, ev. Stadtpfarrkirche St. Kilian, bei Ausgrabungen 1967 gefunden.
Dieburg, Kreis- und Stadtmuseum.

H 14 Rheinland

15. Jahrhundert.
Roter Ton mit mittelgrüner Glasur. Vertiefte Prägung, Kante leicht schräg. 16 × 2,5 cm.
Spitzoval B, *Variante* zu H 12. Die Kreise zeigen je einen einbeschriebenen Kreis, der Mittelkreis ist größer als die beiden äußeren Kreise. In den Ecken stilisierte heraldische Lilien, der Kelch zur Mitte gewandt.
Fundort:
Unbekannt, vermutlich aus dem Rheinland.
Köln, Erzbischöfliches Diözesan-Museum.

H 15 Altenbaumburg – Köln – Mainz – Schönau – Worms

2. Drittel 13. Jahrhundert, nach 1242? (g).
Gelbgrauer Ton. Vertiefte Prägung. Kante senkrecht. 13 × 13,5 × 2 cm.
Spitzoval C mit zur Ecke gekehrten, stilisierten Kreuzblumen, am Schnittpunkt zu beiden Seiten je ein kleiner Kreis. In den Ecken Tropfenblatt.
Fundort:
a Altenbaumburg, Burgruine, Lesefund.
Altenbaumburg, Burgsammlung.
b „aus Köln“, Herkunft unbekannt, vor 1901 gefunden. R. Forrer, 1901, Taf. CIII, 27.
Halle/Saale, Staatl. Galerie Moritzburg.
London, Victoria and Albert Museum, roter Ton.
c Mainz, Herkunft unbekannt, gelblichroter Ton.
Mainz, Mittelrheinisches Landesmuseum.
d Mainz, Willigisstraße, 1978 gefunden (aus St. Stephan, der Stephansdechanei oder einem zu St. Stephan gehörenden Gebäude). Bruchstück. Roter Ton.
Mainz, Slg. Manfred Hessinger.
e Schönau, ehem. Zisterzienserkloster, Laienrefektorium, bei Grabungen 1902 gefunden. Grauer Ton. 13,8 × 2,4 cm.
Heidelberg, Kurpfälzisches Museum.
f Worms, Herkunft unbekannt, vor 1922 gefunden. Möglicherweise aus St. Paulus. Dort heute noch einige Fliesen auf der Fenstersohlbank der Türme vermauert. Mittelgrauer, grünlichgrauer und roter Ton. Kaum Abnützungsspuren, 13,6 × 2 cm. E. Grill, Taf. III, 81.
Worms, Museum der Stadt Worms.
g Worms, St. Magnuskirche, bei Grabungen 1929–31 gefunden.
Worms, Museum der Stadt Worms.
h Worms, Heylshof, Schloßgarten, bei Grabung 1952 gefunden. Bruchstück. Hellroter Ton.
Worms, Museum der Stadt Worms.
i Worms, vor 1928 gefunden.
Stuttgart, Württembergisches Landesmuseum (aus den Beständen des ehem. Landesgewerbemuseums).

H 16 Bebenhausen

2. Viertel 13. Jahrhundert.
Roter Ton. Vertiefte Prägung. 12 × 3 cm.
Spitzoval C mit drei in einer Linie angeordneten, sich leicht vergrößernden Herzen, die sich nicht berühren. Kleiner Stengel, in den Ecken Viertel einer Blüte.
Fundort:
Bebenhausen, ehem. Zisterzienserkloster, bei Erdarbeiten 1956 auf dem Gelände der ehem. Klosterkirche gefunden, im Dorment nicht erhalten.
Bei E. Herdtle noch nicht abgebildet.
Bebenhausen, Klosterverwaltung.

H 17 Altendorf

15. Jahrhundert? – 1. Hälfte 16. Jahrhundert.
Gelblicher, rötlichbrauner und bräunlicher Ton mit grauen Schlieren, in den Vertiefungen Reste einer olivgrünlichen Glasur, an anderen Stellen Reste gelblicher Glasur auf weißer Engobe und Spuren von grünlicher Glasur. Vertiefte Prägung. 12,9 × 13,1 × 2,3 cm.
Spitzoval A, an einer Seite von einer zweiten Linie begleitet. In der Mitte Herz, in den Ecken doppeltes Vierpaßviertel.
Fundort:
Altendorf (Stadt Essen), Burgruine, bei Grabungen 1967–68 im Schutt um den Wohnturm gefunden. H. Eversberg, Abb. 15.
Hattingen, Kreisheimatpfleger.
Münster, Westf. Museum für Archäologie, Amt für Bodendenkmalpflege.

H 17.1 Köln

2. Hälfte 16.–1. Hälfte 17. Jahrhundert.
Rötlicher Ton mit abgetretener brauner Glasur. Vertiefte Prägung. 11,3 × 11,5 cm.
Variante zu H 17. Breites Spitzoval, das Herz mit eingeschnürter Spitze, breit und in der Mitte geteilt.
Fundort:
Köln, Herkunft unbekannt.
Köln, Museum für Angewandte Kunst.

H 18 Hadamar – Marienstatt – Randeck

Um 1379 (a), um 1324 (b).
Gelbroter und hellgrauer Ton. Vertiefte Prägung, Kante schräg. 13,2 × 2,5 cm.
Spitzoval C mit schmalem, vierfach gefiedertem Blatt, die Endknospe als Raute. Zu beiden Seiten Viertel eines Viersterns ähnlich H 1.
Fundort:
a Hadamar, Liebfrauenkirche, bei Grabungen 1966 in situ aufgedeckt. Im Gegensatz zu den anderen Mustern ohne Abweichung von der Vorlage aus Marienstatt. G. Kiesow, 1988, 213, Abb. 50.
b Marienstatt, Zisterzienserkloster, in situ in den Chorkapellen. G. Wellstein, 29. – H. Morkramer, 1983, 137, Abb. 10.
Kopien nach der Originalvorlage.
Höhr-Grenzhausen, Privatbesitz.
Königstein, Stadtmuseum (aus Privatbesitz).
Wiesbaden, Landesamt für Denkmalpflege Hessen.
c Randeck, Burgruine, bei Grabungen 1979 gefunden. Roter Ton. 12,5 × 12,8 × 2,9 cm.
Mannweiler-Cölln, Heimatmuseum.

H19 Mainz

14. Jahrhundert?
Graubrauner Ton. Vertiefte Prägung. 13,3 × 2,2 cm.
Spitzoval C mit „X“ aus zwei flachen Bogen in der Mitte, je ein kleiner Winkel an den Seiten. In den Ecken doppelter Viertelskreis.
Fundort:
a Mainz, Herkunft unbekannt (alter Bestand).
Mainz, Mittelrheinisches Landesmuseum.
b Mainz, Algesheimer Hof, bei Bauarbeiten 1978 geborgen. Hellgelber Ton. Kante leicht schräg. 13 × 2,7 cm.
Harxheim, Slg. Dederer.

H20 Ortenberg

15. Jahrhundert.
Roter Ton. Vertiefte Prägung. 15 × 3,5 cm.
Spitzoval A mit zwei symmetrisch angeordneten fünfstrahligen Blütenornamenten. In den Ecken grobstilisierte Lilie.
Fundort:
Schloß Ortenberg, aus dem Torhaus der ehem. Burg.
Ortenberg, Schloßmuseum.

H21 Hüttengesäß

1597?
Roter Ton. Vertiefte Prägung. 15,4 × 15,4 cm. Nicht abgebildet.
Vergröberter *Nachschnitt* von H18. Die Ornamente kleiner und nachlässig geschnitten, die Ecklilien zur Bogenlinie umgebildet.
Fundort:
Hüttengesäß, genaue Herkunft nicht bekannt.
Pforzheim, Slg. Dr. K. Hillenbrand.

H22 Saarburg–Hohbarr

Ende 13.–Anfang 14. Jahrhundert.
Rötlicher Ton. Vertiefte Prägung. 15 × 2,5 cm.
Spitzoval C, an zwei Seiten von breiten Viertelskreisen unterschnitten. In der Mitte kleiner Kreis mit Radenblüte. In den Ecken der Fliese zwei konzentrische Viertelskreise, durch Diagonallinie getrennt.
Fundort:
a Saarburg, ehem. Dominikanerinnenkloster Weyerstein, bei Bauarbeiten 1890 gefunden.
Saarburg, Regionalmuseum.
b Saarburg, Avenue de la Victoire, bei der Aufdeckung einer Fehlbrandgrube 1960 gefunden. M. Lutz, V. Beyer, 137, Taf. 3.1.
Saarburg, Regionalmuseum.
c Saarburg, vor 1954 gefunden, Herkunft unbekannt. Ch. Czarnowsky, 15, Abb. 16.
d Zabern, Burgruine Hohbarr, Fragmente, wohl zu diesem Muster zu ergänzen, bei einer Grabung 1979–1980 gefunden. J. Burnouf u. a., 100, Abb. 7b. 1987 weitere Bruchstücke in einer Zisterne geborgen, möglicherweise Variante.
Depot der Grabung.
e Variante. Nur das Spitzoval mit Mittelblüte, ohne Viertelskreise. Rötlicher Ton. Kante leicht schräg. 15 × 14.5 × 2,5 cm. Große Ecke abgebrochen.
Saarburg, Herkunft unbekannt.
Saarburg, Regionalmuseum.

H23 Ebernburg – Mainz

1603.
Gelblicher Ton. Vertiefte Prägung. Kante senkrecht. Bruchstück. 14 × 1,5 cm.
Variante von H22, die Bänder etwas schmaler, in zwei Ecken von Viertelskreisen unter- und überschnitten, in den beiden anderen Viertelskreise mit Viertel einer Vierpaßblüte. In den drei leeren Flächen des Spitzovals die Zahl „1 60 3“.
Fundort:
a Ebernburg, Lesefund.
Braubach, Marksburg, Slg. der Deutschen Burgenvereinigung.
b Mainz, Herkunft unbekannt, die Jahreszahl könnte auf den Bickenbau verweisen. Hellrötlicher Ton.
Mainz, Mittelrheinisches Landesmuseum.

H24 Disibodenberg

2. Hälfte 16. Jahrhundert(?).
Hellziegelroter Ton. Vertiefte Prägung, Kante senkrecht. 15 × 1,5 cm.
Spitzoval B, die Mitte leer, der Innenrand mit kleinen, flachen Halbkreisbogen gesäumt. In der Mitte des Ovalrandes sitzt eine breite, stilisierte heraldische Lilie, die als solche eben noch zu erkennen ist. Zu beiden Seiten halbe Herzformen und kleine Halbkreise.
Fundort:
Disibodenberg, Ruine des ehem. Zisterzienserklosters, bei Grabungen vor 1893 gefunden.
Disibodenberger Hof, Privatbesitz.

H25 Kaiserslautern

Vermutlich erst nach 1576.
Gelblichgrau wirkender Ton, als „Sandstein“ bezeichnet. Flachrelief, abgetreten. 15,5 × 16 cm. Nicht abgebildet.
Variante von H24, weniger sorgfältig geschnittener Model. In der Mitte keine zusätzlichen Ovale einbeschrieben. Von der Außenkante des Ovals steigen zur Fliesenecke Ornamente ähnlich hängenden Kirschen auf.
Fundort:
Kaiserslautern, bei Aufräumungsarbeiten nach dem Kriege im Schloßbereich gefunden[1].
Kaiserslautern, Stadtarchiv.

1 Im Gegensatz zu den übrigen, im selben Bereich gefundenen Fliesen, handelt es sich hier nicht um eine Fliese aus der mittelalterlichen Pfalz, sondern eher um den Fliesenbelag des von Pfalzgraf Johann Casimir erbauten Schlosses.

H26 Kirchberg–Schmidtburg

Letztes Jahrzehnt 16. Jahrhundert?
Rötlicher Ton. Einige Fliesen unglasiert, andere mit hellgrüner, bräunlicher und schwarzbrauner Glasur. Vertiefte Prägung. 16 × 16,6 × 2,3 cm. Nicht abgebildet.
Variante von H24. Die kleinen Halbkreise öffnen sich nicht zum Mitteloval, sondern gegen den Rand. In beiden Ecken Arabesken aus einer großen „8“, an die zu beiden Seiten S-förmige Bogen angehängt sind.
Fundort:
a Kirchberg/Hunsrück, Haus Marktplatz 7, 1988 im Bauschutt unter einem nicht unterkellerten Raum gefunden.

Stark gemagerter Ton mit Einschluß von kleinen Kieseln. Kante senkrecht. 16 × 16,2 × 2,2 cm.
Oberkostenz, Privatbesitz.
b Schmidtburg, Burgruine, bei Grabungen 1972 gefunden.
Simmern, Hunsrück-Museum.

H27 Marburg

1. Hälfte 16. Jahrhundert.
Rötlicher Ton. Flachrelief. 22 × 3 cm.
Spitzoval A mit achtblättriger Blüte, gerahmt von stilisierten heraldischen Lilien mit großem, herzförmigem Domblatt. In zwei Ecken der Fliese großes „M", vermutlich für Marburg[1], mit Blütenviertel und schmalen Fiederblättern.
Fundort:
Marburg, Estorsches Haus, Steinweg 40, beim Abbruch 1906 gefunden.
Marburg, Museum für Kunst und Kulturgeschichte.

1 W. Meyer-Barkhausen, Abb. 1. Das „M" findet sich auch im Stadtwappen von Marburg, z. B. im Wappen über dem Rathauseingang von Ludwig Juppe, 1524.

H28 Seligenstadt

1617.
Roter Ton. Vertiefte Prägung. 19,4 × 2,6 cm.
Spitzoval A mit Mittelblüte aus vier breiten und vier schmaleren Ovalen, zu beiden Seiten gerahmt von drei schuppenartig von den Ovalenden aufsteigenden Herzornamenten, die zuerst geschlossen sind, sich dann öffnen und voneinander entfernen. In den beiden Ecken Viertel einer sechzehnteiligen Strahlenrosette.
Fundort:
Seligenstadt, Haus Römergasse 4, bei Umbauten gefunden.
Seligenstadt, Landschaftsmuseum, Klosterküche.

H29 Köln

1. Viertel 16. Jahrhundert.
Weißlichgrauer Ton mit tiefgelber Glasur. Flachrelief. Bruchstück. 12 × 2,5 cm.
Spitzoval A, an beiden Seiten von dünnen Linien gerahmt. Im Oval drei Rosen, die mittlere etwas größer. In den Fliesenekken grobe heraldische Lilien, den Kelch zur Mitte gewandt.
Fundort:
a Köln, kath. Pfarrkirche Groß-St. Martin, beim Wiederaufbau vor 1973 im Schutt gefunden.
Köln, Slg. Carl Mönnig.
b Köln, Kartäuserklosterkirche St. Barbara, Zeitpunkt der Entfernung unbekannt[1].
Köln, Erzbischöfliches Diözesan-Museum?
c Köln-Deutz, Benediktinerklosterkirche St. Heribert, beim Wiederaufbau nach 1945 gefunden. Rötlichgrauer Ton mit mittelgrüner Glasur.
Pulheim-Brauweiler, Rheinisches Amt für Denkmalpflege.
d Unbekannt, vermutlich jedoch aus einem Fundort in Köln. Da schon zu Ende des 19. Jahrhunderts geborgen, am ehesten aus dem Kartäuserkloster. Roter Ton mit dunkelgelber und grüner Glasur.
Düsseldorf, Hetjens-Museum.

1 J. Eschweiler, 28, Nr. 86: „aus Köln". Es ist nicht gesichert, daß die Fliesen im Diözesan-Museum die nur noch durch Zeichnung überlieferten Exemplare des Kartäuserklosters sind. Es sind jedoch die einzigen bekannten Fliesen, die in der 2. Hälfte des 19. Jh. noch in situ lagen und in die Museen kommen konnten (vgl. Fundort-kat.).

H29.1 Fischenich

Nach 1554.
Rötlicher Ton mit kaltdunkelgrüner Glasur. Vertiefte Prägung, abgetreten. 13,3 × 2,7 cm. Nicht abgebildet.
Variante von H29. Die Rosetten sorgfältig geschnitten, alle drei fast gleich groß, das Spitzoval aus drei gleichbreiten, dünnen Linien.
Fundort:
Burgstelle Fischenich, Hürth, bei Sicherungsarbeiten 1984 gefunden.
Pulheim-Brauweiler, Rheinisches Amt für Denkmalpflege.

H30 Köln?

Nach 1455 – Anfang 16. Jahrhundert.
Roter Ton mit dunkelocker Bleiglasur. Flachrelief, abgetreten. Kante leicht schräg. 13,5 × 2,8 cm.
Spitzoval wie H29, in der Mitte drei Doppelrosetten ähnlich H29. Die mittlere größer, die seitlichen Rosetten ganz in die Ecke des Ovals gerückt. In den Fliesenecken Viertel eines sorgfältig gezeichneten spitzen Blattsterns.
Fundort:
a Unbekannt, vermutlich aus Köln.
Köln, Erzbischöfliches Diözesan-Museum.
b Unbekannt, aus einem Ankauf rheinischer Fliesen. Braunschwarze Glasur. 14 × 3 cm.
Stuttgart, Württembergisches Landesmuseum.

H31 Köln

Nach 1455 – Anfang 16. Jahrhundert.
Roter Ton mit dunkelockergelber und dunkelgrüner Bleiglasur. Flachrelief, abgetreten. 14 × 3,3 cm.
Spitzoval mit H30 genau übereinstimmend. In der Mitte Blüte mit vier fast kreisrunden Blütenblättern, gerahmt von kleiner Blüte mit je drei kugeligen Blattknospen. In den Fliesenecken Tartsche mit Hausmarke[1].
Fundort:
Unbekannt, vermutlich aus derselben Werkstatt wie G55, G56 und H30. Im Inventar des Museums Schleswig (1939) der Vermerk „Rheinland". Im Kat. Lückger[2] „Kölner Hausmarke?".
Köln, Kölnisches Stadtmuseum (Slg. Lückger).
Schleswig, Schleswig-Holsteinisches Landesmuseum.

1 Es handelt sich hier um die seitenverkehrt eingeprägte Hausmarke des Kölner Bürgermeisters Johannes Hardenrath, die möglicherweise auch erst von seinem Sohn oder seinem gleichnamigen Enkel verwandt wurde. Sie findet sich auf einem Gewölbeschlußstein des Hauses Marienstr. 26 (H. Vogts, II, 441, Abb. 242), das seit 1455 im Besitz von J. Hardenrath war. Außerdem in einem Vierpaß im Chor von St. Maria im Kapitol, Köln (H. Rathgens, Kdm Köln II, 1, 243, Abb. 178), 1464.
2 Kat. Lückger, 221, Nr. 1230.

H32 Groß-Vernich

Nach 1501.
Gelbrötlicher feingemagerter Ton mit rehbrauner Glasur. Flachrelief, abgetreten. 13,5 × 2,5 cm.

Spitzoval und Mittelornament mit H31 übereinstimmend. In den Ecken große heraldische Lilien, den Kelch zur Mitte gekehrt.
Fundort:
Groß-Vernich, Kr. Euskirchen, Ruine der Wasserburg, bei Grabungen 1969/70 gefunden.
Köln, Slg. Carl Mönnig.

H33 Dirlau – Groß-Vernich – Köln

1. Viertel 16. Jahrhundert.
Rötlicher Ton mit Spuren von ockergelber, grüner und dunkelbrauner Glasur. Flachrelief, die meisten Fliesen stark abgetreten. 15,5 × 15,5 cm.
Die folgenden Fliesen mit verschiedenen Modeln geprägt.
Spitzoval, übereinstimmend mit H31. In diesem vierteilige, sternförmige Mittelblüte, gerahmt von zwei symmetrischen Mauresken, stark gewölbten Palmetten mit stilisierter Blüte und zarten Ranken. Die Ranken greifen unter dem Oval zum Eckornament über, das eine reichere *Variante* des Blattsterns von H30 darstellt.
Fundort:
a Dirlau, Gem. Sievernich, in situ in der Petronellakapelle des ehem. Hofgutes. Reste zu beiden Seiten des Altars neu verlegt.
b Groß-Vernich, Ruine der Wasserburg, bei Grabungen 1969/70 gefunden. Gelblichroter Ton ohne Glasur. 12,8 × 2,8 cm.
Köln, Slg. Carl Mönnig.
d Köln, Severinstraße, vor 1973 gefunden. Bruchstück mit dunkelgrüner Glasur.
Köln, Slg. Carl Mönnig.
e Köln, Herkunft unbekannt. Dunkelockergelbe Glasur. 14 × 2 cm.
Köln, Museum für Angewandte Kunst.
London, Victoria and Albert Museum (mit grüner und gelber Glasur, abgetreten). A. Lane, Taf. 23 K.
e Unbekannt, wohl ebenfalls aus Köln. Roter Ton mit olivgrüner Glasur. 13 × 2,4 cm.
Köln, Erzbischöfliches Diözesan-Museum.
Düsseldorf, Hetjens-Museum.

H34 Brauweiler – Köln

1. Hälfte 16. Jahrhundert – nach 1554.
Rötlicher Ton mit ockergelber, mittelgrüner und brauner Glasur. Flachrelief, abgetreten. 13,4 × 2 cm.
Vergröberte *Variante* von H33. Spitzoval A, die Rahmenlinien nur angedeutet. Der Mittelstern fehlt, die Palmetten sind breiter, die Blattrosette mit verschwimmenden Kanten. Je nach Grad der Abnutzung ergibt sich ein unterschiedliches Bild.
Fundort:
a Brauweiler, als Kellerboden des alten Pfarrhauses 1975 entdeckt, aus der nach 1810 abgebrochenen Laurentiuskapelle stammend. Die 407 Fliesen sollen im Lapidarium der Abteikirche neu verlegt werden. P. Schreiner, 111 unten.
b Köln, ehem. Benediktinerklosterkirche St. Pantaleon, Antoniuskrypta unter der Katharinenkapelle, bei Grabungen 1952 in situ aufgedeckt. Grüne und bräunlichgelbe Glasur. 14 × 2 cm.
Pulheim-Brauweiler, Rhein. Amt für Denkmalpflege.
c Unbekannt, nach Zeichnung v. Quast[1] und A. Reichensperger[2], vermutlich diese Fliesen beim Abbruch des „Kamper Hofes", Köln 1878 geborgen.
d Unbekannt, möglicherweise aus Fundort H28c.
Düsseldorf, Hetjens-Museum.
Köln, Museum für Angewandte Kunst.

1 Herr Dr. A. Verbeek, Bonn, gewährte mir freundlicherweise Einblick in hinterlassene Zeichnungen des Konservators F. v. Quast, der sich bis zuletzt dem Abbruch des Kamper Hofes widersetzt hatte. Die Zeichnung ist jedoch nicht so exakt, daß sich bestimmen läßt, ob es sich um das Muster H33 oder H34 handelt. Da der Fußboden der Kapelle 1872 noch erhalten war, gelangte vermutlich eine größere Anzahl von Fliesen in verschiedene Museen, möglicherweise auch in den Kunsthandel.
2 A. Reichensperger in: F. Bock, Bd. 1, Abb. 3, und H. Vogts, 1930, 409–411.

H35 Landskron

1. Hälfte 15. Jahrhundert.
Roter Ton mit gelbocker-bräunlicher Glasur. Flachrelief. 13 × 2,5 cm.
Variante von H33. Spitzoval aus drei gleichmäßig breiten Ovalen, das äußerste nicht bis zur Spitze geschlossen. In der Mitte an dünnen Ranken verkleinerter *Nachschnitt* der Palmetten, mit breiten Stegen, die einen kleinen Kreis halbieren. Die Blüte auf eine herzförmige Knospe reduziert, die Palmetten eher Herzblätter. In den Fliesenecken übergroße heraldische Lilien mit dünnen, zur Volute gerollten Hängeblättern.
Fundort:
Burgruine Landskron, bei der Ausgrabung 1906–12 im Südflügel gefunden. H. v. Behr, Sp. 389, Abb. 5.
Pulheim-Brauweiler, Rhein. Amt für Denkmalpflege.
Bonn, Rheinisches Landesmuseum.
Stuttgart, Württembergisches Landesmuseum (aus dem rheinischen Kunsthandel).

H36 Altendorf – Köln?

1. Hälfte 16. Jahrhundert.
Gelblichweißer, stark quarzhaltiger Ton mit Resten von dunkelgrüner und gelboranger Glasur. Flachrelief, abgetreten. 14 × 2 cm.
Variante zu H33. Oval übereinstimmend, Eckornament zur dreifach getreppten Blattrosette umgewandelt. In Ovalmitte durchgehender Stab, anstelle der Schaftringe ein Ornament in Pikenform, das auch die kleinen Dreipässe in den Ovalenden ersetzt. Die Palmetten sehr klein.
Fundort:
a Altendorf, Ruine der Wasserburg, bei Grabungen 1967–68 im Schutt gefunden. H. Eversberg, Abb. 16.
Hattingen, Kreisheimatpfleger.
Münster, Westfälisches Museum für Archäologie, Amt für Bodendenkmalpflege.
b Möglicherweise aus Köln, Herkunft unbekannt (1910 im Kölner Kunsthandel). Roter Ton mit grüner und gelbbrauner, gesprenkelter Glasur.
Oldenburg, Museum für Kunst und Kulturgeschichte.

H37 Arnsburg – Diez – Eberbach – Eltville – Mainz – Rüdesheim

3. Viertel 14. Jahrhundert? (a), 1. Drittel 14. Jahrhundert (c).
Nachprägungen vermutlich bis Ende des 14. Jahrhunderts.
Roter Ton. Vertiefte Prägung. 16,5 × 3 cm.

Spitzoval A mit kleinem, konkav gewölbtem Mittelquadrat. Auf zwei Seiten kleine, aus dem Quadrat wachsende heraldische Lilien; gegen die Ovalspitzen gerichtet, große gegenständige, spitzgezackte Palmetten mit ovaler Blütenknospe. In den Fliesenecken Viertel einer achtblättrigen Blüte mit gezacktem Blütenkorb, zu beiden Seiten die Hälfte einer Herzform.
Fundort:
a Arnsburg, ehem. Zisterzienserkloster, bei Grabung 1979 in der Ruine gefunden. Bruchstück, mit großer Wahrscheinlichkeit dieses Muster. M. Morkramer, 1982a, Nr. 10. 1.1, 87, Abb. 93.
Arnsburg, Klostersammlung.
b Diez, ehem. Benediktinerinnenkloster Dierstein, bei Grabungen 1881 gefunden. Gelblicher, hellroter, roter und schwarzgrauer Ton. In den Vertiefungen teilweise noch Spuren einer schwarzgrauen Füllmasse. 16,5 × 3,5 cm.
Wiesbaden, Slg. Nassauischer Altertümer.
c Eberbach, ehem. Zisterzienserkloster, einzelne stark zerstörte Fliesen in gelbem Ton in situ in der Klosterkirche.
d Eltville, Erzbischöfliche Burg, 1903 im 2. Obergeschoß des Bergfrieds, zusammen mit ungemusterten Fliesen in einer Ecke am Schornstein verlegt, heute verschwunden. P. Eichholz, 121, Abb. 9.
Möglicherweise Wiesbaden, Slg. Nassauischer Altertümer, unerkannt unter den Fliesen aus Dierstein.
e Rüdesheim-Eibingen, Benediktinerinnenkloster St. Hildegardis. Vermutlich vor dem Neubau 1904 geborgen. Roter Ton, 15,5 × 12,5 cm.
Rüdesheim, Rheingauer Museum.
f Nachschnitt. Zeichnung unverändert, jedoch mit neuem Model geprägt. Gelblichroter Ton. Bruchstück. Ca. 11 × 3 cm. Vermutlich aus Mainz, Herkunft unbekannt.
Mainz, Mittelrheinisches Landesmuseum.

H38 Eberbach? – Kiedrich – Pfungstadt – Steckenroth

14. Jahrhundert – möglicherweise noch 1. Hälfte 15. Jahrhundert.
Hellroter Ton. Vertiefte Prägung. 16,5 × 3 cm.
Spitzoval B. Gegenstück zu H37, vermutlich als *Nachschnitt* einer heute verlorenen Fliese entstanden. Die Lilien zur Astroide umgebildet, die Blätter schmaler und asymmetrisch, die Knospe auf einer Seite zur Raute geformt. Die Blütenblätter der Randblüte dreifach eingezogen, die Zacken des Blütenkorbs gerundet, eine schmale seitliche Blatthälfte bis zur Fliesenecke vorgezogen.
Fundort:
a Unbekannt, möglicherweise auch aus Kloster Eberbach[1].
Wiesbaden, Slg. Nassauischer Altertümer.
b Kiedrich, Herkunft nicht mehr bekannt.
Roter Ton. Kante schräg. 18 × 2,8 cm.
Wiesbaden, Slg. Nassauischer Altertümer.
c Pfungstadt, ev. Pfarrkirche St. Martin und Maria, bei Grabungen 1967 gefunden. Gelblicher Ton. 16,5 × 3 cm. J. Sommer, 7, oben rechts.
Pfungstadt, Kirchengemeinde.
d Steckenroth, ev. Pfarrkirche, 1880 noch vorhanden, heute verschollen. Zeichnung der Fliese bei W. Lotz, Fr. Schneider, nach S. 410 im Handexemplar von Fr. Schneider.

1 Ins Museum Wiesbaden kamen verschiedene Fliesen aus Kloster Eberbach, deren Muster nicht im einzelnen festgehalten wurden.

H39 Frankfurt/Main – Johannisberg – Mainz – Rüdesheim

Letztes Jahrzehnt 15. Jahrhundert – um 1510.
Weißlicher, gelbrötlicher und hellziegelroter Ton. Vertiefte Prägung, Kante schräg. 18,2 × 2,6/3,1 cm.
Variante zu H38. Die Palmette mit fünf regelmäßigen Zakken, die Astroide in Fliesenmitte kleiner, der Blütenkorb in den Ecken mit steilen Zacken.
Fundort:
a Frankfurt/Main, aus einem Bürgerhaus, wohl vor 1885 gefunden.
Frankfurt/Main, Historisches Museum.
b Unbekannt, vor 1868 gefunden. Ein Gipsabguß in Nürnberg, Germanisches Nationalmuseum. Kat. GNM Nürnberg, 8, A. 41, Taf. VI.
c Johannisberg, bei Bauarbeiten auf dem Gelände des ehem. Benediktinerklosters gefunden. Gröbere Prägung. Gelblicher, roter und grauer Ton. 18 × 5,5 cm.
Schloß Johannisberg, Domänenverwaltung.
d Mainz, Herkunft unbekannt. Alter Bestand. Bruchstück.
Mainz, Mittelrheinisches Landesmuseum.
e Mainz, Domkapitel, „stuba maior", bei Ausschachtungsarbeiten 1957 unter den Dielen gefunden. 16 × 2,5 cm.
Mainz, Diözesan-Museum.
f Mainz, Heilig-Geist-Spital, bei Bauarbeiten 1975 gefunden, 18 × 18 cm. V. Geißler, 1976, 43, Abb. 15.
Mainz, Landesamt für Denkmalpflege.
g Unbekannt, möglicherweise aus Mainz, Heilig-Geist-Spital?
Heidelberg, Privatbesitz.
h Rüdesheim, ehem. Salhof, 1941 in einem Kamin vermauert gefunden. *Varianten*, mit drei verschiedenen Modeln geprägt. Abweichungen ganz geringfügig. Bräunlicher Ton, teilweise durch Brandeinwirkung geschwärzt. 16 × 5,5/6 cm.
Rüdesheim, Rheingauer Museum.
i Unbekannt. Bruchstück. Seitenlänge 17,5 cm. Model wie Salhof, Rüdesheim.
Wiesbaden, Landesamt für Denkmalpflege Hessen.

H40 Rheingau?

15. Jahrhundert.
Roter Ton. Vertiefte Prägung. 17,5 × 17,5 cm.
Variante von H38. Die Palmette zum schmalen, vierfach gefiederten Blatt umgeformt, im Mittelquadrat ein Punkt, zu beiden Seiten der Eckblüte die Hälfte eines Herzblattes. Die Zeichnung streng symmetrisch, die Eckblüten sorgfältiger geschnitten als bei H38.
Fundort:
Unbekannt, vermutlich im Umkreis der Werkstatt von H38 entstanden.
Köln, Museum für Angewandte Kunst.

H41 Freiburg – Schuttern – Kolmar

1565 (a), nach 1548 (b), 2. Hälfte 16. Jahrhundert (d), um 1595 (e).
Hellroter, schlecht gebrannter Ton, winzige Reste einer schwärzlichen Glasur. Flachrelief. Abgetreten. 24,5 × 4 cm und 24 × 3,5 cm.
Spitzoval A mit gegenständigen, von der Mitte des Ovalrandes aufsteigenden Palmetten, die sich an der Spitze zu einem

Herzornament mit kleiner Knospe vereinen. In den Ecken Viertel eines Sterns mit je vier Margeritenpetalen. Drei verschiedene Model!
Fundort:
a Freiburg/Br., als Bodenbelag 1880 im 2. Obergeschoß des ehem. Collegium Theobaldi, Franziskanerstraße 11, gefunden. F. Geiges, 1882, 54.
Freiburg, Städtische Museen, Augustinermuseum.
Karlsruhe, Badisches Landesmuseum.
London, Victoria and Albert Museum.
Nürnberg, Germanisches Nationalmuseum.
b Schuttern, ehem. Benediktinerkloster, bei Grabungen 1972 im Schutt gefunden. Kaum abgetreten. Blütenblätter breiter.
Freiburg, Landesdenkmalamt Baden-Württemberg.
c Unbekannt, ähnlich Model Schuttern, wohl schon im 19. Jahrhundert gefunden. Blaß ziegelfarbiger Ton. Kaum Abnützungsspuren. 22,3 × 3,2 cm.
Mannheim, Städt. Reiß-Museum.
d Variante. Die Blattbogen in der Fläche des Ovals berühren sich fast, die Blütenpetale in den Ecken sind breit und ebenfalls fast bis an den Ovalrand ausgedehnt. Kolmar, Rue Bruat, bei Grabungen 1967 in einer Grube mit Fehlbränden in einzelnen Bruchstücken gefunden[1]. G. Meyer, 1975a, 37; 48, Abb. C 10[2].
e Kolmar, Rue Chauffour 8, in einer Abfallgrube gefunden, G. Meyer, 1975b, 108, Taf. 10, 2.
f Kolmar, Place de la Sinne, 6, in einem Mauerwerk von 1776 neuverbaut, G. Meyer, 1975, 37.
Kolmar, Agence des Bâtiments de France du Haut-Rhin.

1 Freundliche Mitteilung von Herrn H. Herz, Kolmar.
2 G. Meyer, I, 37: „Dieser Typus von Bodenfliesen ist weit verbreitet, in verschiedenen Varianten findet er sich in der ganzen östlichen Region (des Elsaß)."

H42 Lemberg

Nach 1543.
Roter Ton. Flachrelief. 14 × 14 cm.
Spitzoval A mit leicht gedrücktem Mittelkreis, gerahmt von zwei schmalen Blättchen, auf denen je ein mit der Spitze zur Ecke gewandtes Lindenblatt sitzt. In den Fliesenecken kleines Herz, von Dreiecken begleitet.
Fundort:
Burgruine Lemberg, in zahlreichen Exemplaren im Schutt gefunden. A. Eckardt, H. E. Kubach, 373, Abb. 341.
Burg Lemberg, Burgsammlung.
Pirmasens, Heimatmuseum, seit 1945 verloren.
Speyer, Landesamt für Denkmalpflege.

H43 Limburg a. d. Haardt

Nach 1551.
Roter Ton. Flachrelief. 16 × 3,5 cm. Nicht abgebildet.
Spitzoval A mit kleinem Mittelkreis, umgeben von vier zur Mitte gerichteten Halbkreisen auf dem Ovalrand. In den Ovalenden je ein kleines Lindenblatt auf kurzem Stengel, in den Fliesenecken dasselbe in Gegenrichtung.
Fundort:
Limburg a. d. Haardt, ehem. Benediktinerkloster, Ruine, im 19. Jahrhundert an nicht mehr bekannter Stelle gefunden.
Bad Dürkheim, Heimatmuseum.

H44 Gnadenthal – Hahnstätten – Idstein – Mainz(?)

2. Hälfte 16. Jahrhundert, 1590 (a).
Rötlicher, feingemagerter Ton mit bräunlicher und grünlicher Glasur. Sehr grobe, vertiefte Prägung. 12,5 × 2,5 cm und 13 × 1,9/2,6 cm.
Grobes Spitzoval A mit kleinem Mittelkreis und gegenständigem Herzornament, das Ganze durch Mittellinie geteilt. In den Fliesenecken grobe, gewellte Blätter, welche in der Zusammensetzung einen Stern ergeben.
Fundort:
a Dauborn[1], ehem. Zisterzienserinnenkloster Gnadenthal, vermutlich um 1883 gefunden (Bruchstück mit stumpfbrauner Glasur, 13 × 3 cm), bei Restaurierungsarbeiten 1986 erneut im Äbtissinnenhaus entdeckt.
Wiesbaden, Slg. Nassauischer Altertümer.
b Hahnstätten, ev. Pfarrkirche, bei einer Restaurierung geborgen.
Darmstadt, Slg. Peter Weyrauch.
c Idstein, Herkunft unbekannt, „in der Altstadt zwischen 1925 und 1939 gefunden".
Idstein, Heimatmuseum.
d Nach nicht ganz sicheren Angaben aus Mainz vor 1977 gefunden. Herkunft unbekannt. Gelbgrüne Glasur.
Köln, Privatbesitz.

1 Nass. Ann. 18, 1884, 294. Die Fliese trägt auf der Vorderseite die Aufschrift „Dauborn", auf der Rückseite „Katzenelnbogen". Die Inv. Nr. stimmt mit einem 1883 in Katzenelnbogen, Burgruine, gemachten Fund überein. Die neuen Fliesenfunde in Gnadenthal legen nahe, daß der Fundort Dauborn richtig ist.

H45 Mainz – Schauenburg

15.–16. Jahrhundert.
Gelbrötlicher Ton. Vertiefte, grobe Prägung. Bruchstück. 13 × 2 cm.
Spitzoval B, von einer dritten, am Außenrand gezackten Linie gerahmt. Im Oval verdorbenes Bogenmuster mit Mittellinie, in den Ecken Viertelskreis.
Fundort:
a Mainz, Herkunft unbekannt.
Mainz, Mittelrheinisches Landesmuseum.
b Dossenheim, Burgruine Schauenburg, vermutlich bei der Grabung 1959 gefunden.
Dossenheim, Heimatmuseum.

H46 Hessen

15.–16. Jahrhundert.
Hellrötlicher Ton. Vertiefte grobe Prägung. Bruchstück. Dicke 2,4 cm. Nicht abgebildet.
Variante zu H45. Gedrückte Bogen, in eine Form ähnlich einem Kinderdrachen endigend. Eckornament zerstört. Ein zweites Bruchstück, stark abgetreten, zeigt vermutlich dasselbe Muster.
Fundort:
Unbekannt, jedoch aus Hessen.
Darmstadt, Hessisches Landesmuseum (aus dem Besitz des Staatl. Amtes für Bodendenkmalpflege, Hessen).

H47 Mainz

15. Jahrhundert?
Braunroter Ton. Vertiefte Prägung, stark abgetreten, eine Ecke abgebrochen. 14,5 × 2,5 cm.
Spitzoval A mit Hausmarke im Oval. Über einem „M“ wächst ein Strich mit Andreaskreuz und Pfeilspitze. Zu beiden Seiten des Ovals die Buchstaben „W–M“, gerahmt von kleinen Halbkreisen.
Fundort:
Bodenfund aus Mainz, Herkunft unbekannt[1].
Mainz, Mittelrheinisches Landesmuseum.

1 Westd. Zs. 16, 1897, Museographie, 1896, Taf. 19, Nr. 6.

H48 Speyer

Mitte – 2. Hälfte 14. Jahrhundert.
Roter Ton. Vertiefte Prägung. 14 × 2,5 cm.
Spitzoval C mit Ahornblatt, das an dünnem Stengel aus einer Fliesenecke wächst. Zu beiden Seiten Blattpalmetten, die sich auf der Gegenseite, mit kleiner Mittelknospe wiederholen.
Fundort:
Speyer, Herkunft unbekannt.
Speyer, Historisches Museum der Pfalz.

H49 Johannisberg – Rüdesheim?

2. Hälfte 13. Jahrhundert.
Roter Ton. Vertiefte Prägung. 12,5 × 2,5 cm.
Spitzoval B, ganz von heraldischer Lilie mit breitem, ovalem Schaftring und rautenförmigem, durch Mittelstrich geteiltem Kelchblatt ausgefüllt. In den Fliesenecken flaches Herzblattviertel. Die Lilie steht möglicherweise mit dem Wappen der Brömser von Rüdesheim, die eine Lilie führen, in Verbindung.
Fundort:
a Johannisberg, bei Zufallsgrabungen im Bereich des ehem. Benediktinerklosters gefunden. W.-H. Struck, 1977, 48, Taf. 13, 2.
Schloß Johannisberg, Domänenverwaltung.
b Vermutlich aus Rüdesheim, Herkunft nicht mehr bekannt.
Rüdesheim, Rheingauer Museum.

H50 Hirsau

Um 1472.
Roter Ton, durch den Brand leicht gewölbt und verzogen. Flachrelief, nur in Bruchstücken erhalten. 19 × 5 und 20 × 4 cm.
Spitzoval A mit zur Spitze des Ovals gerichteter heraldischer Lilie. In den Ecken zwei heraldische Lilien mit übergroßem Domblatt auf gemeinsamem Stengel.
Fundort:
Hirsau, ehem. Benediktinerklosterkirche St. Aurelius, bei Grabungen nach 1876 gefunden. E. Paulus, 1897, 64.
Hirsau, Klostermuseum.
München, Bayerisches Nationalmuseum.

H51 Württemberg

1. Hälfte 15. Jahrhundert.
Dunkelroter Ton mit Spuren einer braunen Glasur. Flachrelief. 14 × 4 cm.
Spitzoval A, von Diagonalkreuz geschnitten. An den Kreuzspitzen heraldische Lilien, die mit ihren „Wurzeln“ in Fliesenmitte ein kleines Eckquadrat bilden.
Fundort:
Unbekannt, jedoch aus Württemberg, am ehesten der Ulmer Werkstatt zuzuordnen.
Stuttgart, Württembergisches Landesmuseum.

H52 Adelberg

Um 1500–1510.
Roter, grobgemagerter Ton. Flachrelief, abgetreten, die Ränder beschädigt. 16,5 × 17 × 5 cm.
Spitzoval A, die ganze Fliese gleichmäßig von Ranken und zartem Astwerk übersponnen. Die Spitzen mit kleinen Lilien besetzt oder zur Volute eingerollt.
Fundort:
Adelberg, ehem. Prämonstratenserkloster, nach 1888 entfernt.
Stuttgart, Württembergisches Landesmuseum.

H52.1 Greifenstein

Um 1476?
Rötlicher Ton. Vertiefte Prägung. 15 × 2 cm.
Möglicherweise das Originalmuster, nach dem die *Varianten* und *Nachschnitte* H53–H57 entstanden. Spitzoval und Ecklösung mit H53 übereinstimmend. Im Oval zwei gegenständige schmale Herzformen, in welche eine zur Spitze gewandte heraldische Lilie mit Rautenkelch und kleinen, fast kreisförmigen Hängeblättern einbeschrieben ist. In der Mitte Eckquadrat.
Fundort:
Greifenstein, Burgruine, Fliese und Bruchstücke „vor einigen Jahren“ (seit Beginn der Restaurierungsarbeiten 1972) gefunden.
Greifenstein, Burgmuseum des Greifenstein-Vereins.

H53 Arnsburg – Burgholzhausen v. d. Höhe – Eppstein – Frankfurt/Main – Königstein – Oberursel

Um 1394 (a) – 2. Hälfte 15. Jahrhundert.
Hart gebrannter, hellroter Ton mit Einschluß kleiner Kieselsteinchen. Vertiefte Prägung. Kante senkrecht. Neben ganzen Fliesen zahlreiche Bruchstücke. 15 × 1,5 cm.
Unter dieser Nummer werden alle sorgfältig geschnittenen Prägungen zusammengefaßt. Die Abweichungen sind so geringfügig, daß sie sich meist der Beschreibung entziehen. Es wurden jedoch verschiedene Model benutzt.
Spitzoval B mit Mittelraute, in dieser ein kleines Kreuz. Zu beiden Seiten verdorbenes asymmetrisches Ornament ähnlich einem Schlüsselbogen, möglicherweise in Anlehnung an das Muster H38 entstanden. In den Ecken Blütenviertel mit gezacktem Blütenkorb, zu beiden Seiten halbes Herzblatt.
Fundort:
a Arnsburg, ehem. Zisterzienserkloster, Allerheiligenkapelle, ohne Spuren von Abnützung, bei Grabungen 1979 gefunden. 1981 nochmals auf der Nordseite des Kapellenkranzes an der Stelle einer ehem. Kapelle vor dem Altar, teils in situ, teils als Ausflickung gefunden. M. Morkramer, 1982, Nr. 2.0.7 69, Abb. 64.
Arnsburg, Klostersammlung.

b Burgholzhausen v. d. Höhe, Haus Hauptstr. 28, auf dem Dachboden verlegt. H. Zimmermann, 1985, 17, Abb. 5.
c Eppstein, Burgruine, Einzelfliese. Mittelraute mit leicht konkaven Seiten, wohl dieselbe Prägung wie Arnsburg. 16 × 16 cm.
Eppstein, Burgmuseum.
d Frankfurt/Main, Goethehaus, 1886 als Bodenbelag eines Wandschrankes gefunden. Roter Ton. 13,5 × 2 cm.
Frankfurt/Main, Historisches Museum.
Hamburg, Museum für Kunst und Gewerbe (zwei Fliesen vom Museum Frankfurt erhalten).
e Unbekannt. Nicht mit demselben Model wie H53c geprägt. Roter Ton. 14 × 1,5 cm.
Dortmund, Museum für Kunst und Kulturgeschichte.
f Königstein, Burgruine, bei Grabungen 1958 und später gefunden. Rotbrauner, feingemagerter Ton. 14 × 2 cm. Die ganze Zeichnung schmaler, die Blütenblätter eher Sichelmonde. E. Gundermann, 150, 148, Taf. 3,19.
Königstein, Stadtmuseum.
g Variante, Prägung ähnlich wie H53g, das Mittelkreuz jedoch dick und klein. Fundort unbekannt. Roter Ton. 14,5 × 14,5 cm.
Marburg, Museum für Kunst und Kulturgeschichte.
h Variante, die Seiten der Mittelraute etwas konkav, das Kreuz breiter. Roter Ton. 14,5 × 14,5 cm.
Oberursel, Haus Marktplatz 1, 1982 bei einer Kellergrabung in zweiter Lage gefunden.
Oberursel, Vortaunus-Museum.
i Oberursel, kath. Pfarrkirche St. Ursula, bei der Grabung 1976–79 gefunden. Roter Ton. 16 × 1,8 cm.
Oberursel, Vortaunus-Museum.

H54 Friedberg – Marburg

2. Hälfte 16. Jahrhundert (a), um 1580/1590? (b).
Hellrötlicher Ton. Vertiefte Prägung. 14 × 14 cm.
Variante von H53. Grobe Prägung, Eckornament besonders groß.
Fundort:
a Friedberg, Haus Kaiserstr. 71, beim Abbruch 1973 gefunden.
b Friedberg, in der Nähe des „Pfingstbrünnchens“ gefunden.
Beide Fliesen: Friedberg, Wetterau-Museum.
c Variante. Roter Ton mit Resten einer helleren Engobe in den Rillen. 14,5 × 1,6 cm. Raute kleiner, Kreuz mit kurzen Kreuzarmen, der „Schlüsselbogen“ ganz dünn. Marburg, „Jung-Stilling-Haus“, An der Hofstatt 11, in den Kellerräumen gefunden.
Marburg, Museum für Kunst und Kulturgeschichte.
d Variante. Fast verwischte Prägung, breite Rillen, Eckblüten ohne exakte Konturen. Vermutlich auch aus Marburg, Herkunft unbekannt.
Marburg, Museum für Kunst und Kulturgeschichte.
e Unbekannt, im Kunsthandel erworben. Prägung wie H54a.
Bad Zwischenahn, Slg. Hans-Jürgen Heger.

H55 Butzbach – Echzell – Ober-Mörlen – Oberursel

1588? (c).
Tiefrot gebrannter Ton. Vertiefte Prägung mit sehr flachen, breiten Rillen. 13 × 1,9 cm.
Variante zu H53. Die Raute mit schräg eingeprägtem Kreuz, die seitlichen Bogen wie hohe Helme aufgesetzt.
Fundort:
a Butzbach, Herkunft unbekannt. E. Johann, 77 unten.
Butzbach, Museum in der Michaeliskapelle.
b Echzell, ev. Pfarrkirche, bei einer Restaurierung 1961–62 gefunden. Hellroter Ton. 13,5 × 1,5 cm.
Darmstadt, Slg. Peter Weyrauch.
c Ober-Mörlen, Kapelle im Haselhecker Forst? (kam mit H58 ins Museum Darmstadt, völlige Übereinstimmung in Prägung und Scherben). Roter, hart gebrannter Ton. 13,4 × 1,5 cm.
Darmstadt, Hessisches Landesmuseum.
d Oberursel, Strackgasse 7, 1988 als Bodenbelag auf dem Speicher entdeckt, mit der Bildseite nach unten verlegt. Gelblichroter Ton.
Oberursel, Vortaunusmuseum.

H56 Alsfeld – Frankfurt/Main – Hessen? – Arnsburg – Butzbach – Friedberg – Kaichen

2. Hälfte 15. Jahrhundert, um 1394 (d).
Roter, feingemagerter Ton. Vertiefte Prägung. 13,5 × 2 cm.
Gegenstück zu H53. Unter dieser Nr. sind alle sorgfältigen Prägungen zusammengefaßt. Die Abweichungen sind so geringfügig, daß sie sich der Beschreibung entziehen. Es wurden jedoch verschiedene Model benutzt.
Die Raute mit kleiner Innenraute etwas größer, das ganze Ornament im Oval breiter.
Fundort:
a Alsfeld, Dreifaltigkeitskirche, bei der Restaurierung 1960–62 gefunden. Eine Fliese in der Kirche in die Wand eingelassen.
Alsfeld, Regionalmuseum.
Darmstadt, Slg. Peter Weyrauch.
b Frankfurt/Main, Goethehaus, 1886 als Bodenbelag eines Wandschranks entdeckt. Roter, feingemagerter Ton. 13,5 × 2 cm.
Frankfurt/Main, Historisches Museum.
Hamburg, Museum für Kunst und Gewerbe (zwei Fliesen vom Museum Frankfurt überlassen).
c Unbekannt, vermutlich aus Hessen.
Darmstadt, Hessisches Landesmuseum.
Dortmund, Museum für Kunst und Kulturgeschichte.
d Variante. Der Schlüsselbogen mit abgeschnürter Spitze in Form eines Lindenblättchens. Arnsburg, Allerheiligenkapelle, bei Grabungen 1979 gefunden. Nagellöcher weisen auf eine Verwendung als Wandfliese. Hellroter, hart gebrannter Ton mit Einschluß kleiner Kieselsteinchen. Kante senkrecht. 14,2 × 1,5 cm. M. Morkramer, 1982, Nr. 2.0.8, 70, Abb. 65.
Arnsburg, Klostersammlung.
e Unbekannt, (Kunsthandel Wiesbaden). Hellroter Ton. 14 × 1,5 cm.
Bad Zwischenahn, Slg. Hans-Jürgen Heger.
f Butzbach, Herkunft unbekannt, möglicherweise aus der Markuskapelle. Hellrötlicher Ton. 11,5 × 12 × 2,5 cm.
Butzbach, Museum in der Michaeliskapelle.
g Friedberg, vermutlich aus dem ehem. Augustinerkloster, jetzt Arnsburger Hof, derselbe Model wie H56e.
h Friedberg, Haus Kaiserstr. 71, beim Abbruch 1973 gefunden.
i Friedberg, Kaiserstr. 93–95, beim Abbruch 1957 gefunden, Bruchstück.
j Friedberg, „nördlicher Burgabhang“. M. Morkramer, 1982, 98.
Friedberg, Wetterau-Museum (H56 g–j).

k Kaichen, ev. Pfarrkirche, bei der Restaurierung 1937 gefunden. Hellroter Ton. Meist Bruchstücke. L. Pickert, 34.
Darmstadt, Slg. Peter Weyrauch.

H 57 Braunfels – Büdingen – Burgholzhausen v. d. Höhe – Dreieich – Elkerhausen – Eppstein – Frankfurt/Main – Friedberg – Hattstein – Ilbenstadt – Köln? – Königstein – Kronberg – Leustadt – Mainz – Marburg? – Niederweisel – Oberursel – Ortenberg – Reifenberg – Rodheim v.d.H. – Wertheim

Ende 15.–Ende 16. Jahrhundert.
Varianten des Spitzovals H 56. Tonfarbe und Maße bei den einzelnen Fundorten.

Fundort:
a Braunfels, Schloßkirche, in situ unter dem Altar des Chors. Die Rahmung der Mittelraute breiter und in kleine Bogen aufgelöst. Rötlicher Ton. 16 × 16 cm.
b Büdingen, „aus einem spätgotischen Bürgerhaus". Grobe Prägung, alle Konturen unscharf. Gelblich-weißer, sehr leichter Ton. 12 × 1,7 cm.
Büdingen, Heusohn-Museum im Rathaus.
Hanau, Historisches Museum (12,5 × 2 cm).
c Büdingen, vermutlich aus dem Schloß.
Büdingen, Fürstl. Ysenburg-Büdingensches Schloßmuseum.
d Burgholzhausen v. d. Höhe, Haus Hauptstr. 28, auf dem Dachboden gefunden, möglicherweise aus der alten Walpurgiskapelle stammend. Hellziegelroter Ton. 13,5 × 1,8 cm.
Burgholzhausen v. d. Höhe, Privatbesitz.
Seulberg, Heimatmuseum.
e Dreieich, Haus Pomerel, Fahrgasse 38.
Sehr schmales Blattmuster, breite Stege, sorgfältig geschnitten. 1592. Tiefroter, stark gemagerter Ton. 15 × 2,5 cm.
Dreieich, Dreieich-Museum.
f Elkerhausen, ehem. Wasserburg. Bei Umbauten 1983 zwei Bruchstücke gefunden. Grobe Prägung mit breiten Rillen, das Zangenornament breit und gedrungen. Rötlicher Ton.
Elkerhausen, Privatbesitz.
g Eppstein, Burgruine. Dunkelroter, hart gebrannter Ton. Einzelfliese. Sehr schmales Oval mit breiten Rillen. 14 × 14 cm.
Eppstein, Burgmuseum.
h Eppstein, Burgruine. Prägung mit scharfen Kanten. Dunkelbraunroter, hartgebrannter Ton. 14 × 2 cm. Zahlreiche Fliesen und Bruchstücke, wahrscheinlich der ganze Boden eines Raumes. Die Fliesen wirken wie nie begangen.
Eppstein, Burgmuseum.
i Frankfurt/Main, Haus Saalgasse 29, bei Grabung 1959 im Schutt gefunden. Roter Ton. 15 × 1,8 cm.
Frankfurt/Main, Historisches Museum.
j Frankfurt/Main, Stadtgraben an der Bleichstraße, im aufgefüllten Schutt 1976 gefunden. Heller, fast weißer Ton mit hellgelber Glasur. Kante senkrecht. Eine Ecke fehlt. 15 × 1,5 cm. Außerdem Fragmente in rötlichem Ton. 15 × 1,5 cm. L. von Döry-Jobaháza, 1978, 25 Nr. 230.
Frankfurt/Main, Historisches Museum.
k Frankfurt/Main, U-Bahn-Bau, 1976. Fragment, Prägung wie H 57 b (Büdingen). Rötlicher Ton mit weißlichgelben Schlieren. Dicke 1 cm. L. von Döry-Jobaháza, 1984, 58, Kat.-Nr. 312.
Frankfurt/Main, Historisches Museum.
l Friedberg, Herkunft unbekannt. Grobe Prägung, die Blütenblätter unregelmäßig gewölbt, die Mittelraute zum Punkt geschrumpft. Hellroter Ton. 14,5 × 1,5 cm.
Friedberg, Wetterau-Museum.
m Hattstein, Burgruine.
Privatbesitz.
n Ilbenstadt, ehem. Prämonstratenserklosterkirche, nach dem Brand 1963 als Mauerabdeckung eines 1614 entstandenen Klosterflügels gefunden[1]. Bruchstücke. 14,3 × 1,8 cm. Muster übereinstimmend mit H 56 a, nur weniger sorgfältig geprägt. Eine ähnliche Fliese fand sich auch unter dem Skelett eines Grabes von 1532 im Schiff der Kirche.
Ilbenstadt, Pfarramt.
o Angeblich aus Köln[2]. In der Mitte winzige Raute mit Punkt, die Eckornamente im Oval etwas gedrückt. Graubräunlicher Ton. 13,5 × 1,8 cm.
Köln, Erzbischöfliches Diözesan-Museum.
p Königstein, kath. Pfarrkirche St. Marien, bei einer Restaurierung (1954?) gefunden. Gröbere Prägung. 14,5 × 1,8 cm.
Königstein, Privatbesitz.
q Kronberg, unterhalb der Burgruine gefunden.
Privatbesitz.
r Leustadt, ehem. Wasserburg, in einem romanischen Kaminzug als Ausflickung vermauert gefunden. Muster übereinstimmend mit H 57 t (Ortenberg).
Leustadt, Hofgut, Slg. Frau Gisela Spruck.
s Mainz, Heilig-Geist-Spital, bei der Restaurierung 1976 gefunden. Rotbrauner Ton. Kante schräg, mit drei verschiedenen Modeln geprägt. 13,5 × 13,8 × 1,5 cm.
Harxheim, Slg. Dederer.
t Mainz, Weihergartenstraße, 1982 im Bereich der ehem. Domstiftspräbende gefunden (der Prägung H 57 b = Büdingen am ähnlichsten). Roter Ton. Kante leicht schräg. 14,2 × 1,5 cm.
Mainz, Landesamt für Denkmalpflege.
u Herkunft unbekannt, möglicherweise aus einem Marburger Bürgerhaus. Ohne Mittelraute. Roter Ton, einige Fliesen mit grüner und dunkelocker Glasur. 15 × 15 cm.
Marburg, Museum für Kunst und Kulturgeschichte.
v Niederweisel, Johanniterkirche, bei der Wiederherstellung 1895 gefunden. Das Spitzoval etwas schmaler, der Bogen in der Mitte nicht geschlossen, die Mittelraute länglicher. Hellroter Ton. 18,2 × 18,5 cm.
w Niederweisel, Pfarrkirche, bei Erneuerungsarbeiten gefunden. Dieselbe Fliese wie H 57 v. Beide Fliesen, v und w:
Laubach, Schloß, Sammlung E.-O. Graf zu Solms-Laubach.
x Ortenberg, Herkunft unbekannt, vermutlich in den Neubauten des Schlosses im 16. Jahrhundert verlegt. Das Ornament durch wiederholten *Nachschnitt* völlig verändert. Im Spitzoval kleines gewelltes Oval mit groben Lilien an der Spitze, in der Mitte Kreis mit kleinen Nasen. Die Blütenviertel mit spitzen Blütenblättern. Roter Ton. Flachrelief. 15 × 15 cm. Möglicherweise wurde diese Fliese in Leustadt gebrannt.
Ortenberg, Schloßmuseum.
y Reifenberg, Burgruine, bei Begehungen gefunden.
Privatbesitz.
z Rodheim v. d. Höhe, ehem. Pfarrkirche. Das Innenoval eher in Wellenlinien. Tiefroter Ton. Kante senkrecht. 15 × 14,8 × 2 cm. H. Lange v. Wallis, 695 oben. Der Fundort vom Ausgräber nur als Wetterau bezeichnet. Die Fliesen kamen 1979 in großer Anzahl in den Kunsthandel und von dort in mehrere Privatsammlungen.
za Wertheim, Schloß, Johannisbau, im Schutt vor 1895 gefunden. Oval nicht mehr geschlossen, in den Ecken flache Vierpaßviertel mit kleinen Dreiecken. Roter Ton. 17,5 × 3,5 cm. F. Wibel, 163, Abb. 72.

Wertheim, Historisches Museum (Kopien als Fußboden des Museums).
zb Oberursel, Strackgasse 7, 1988 als Bodenbelag des Speichers entdeckt, mit der Bildseite nach unten verlegt. Gelblichroter Ton, Prägung ähnlich H57u.
Oberursel, Vortaunusmuseum.

---

1 Freundliche Mitteilung von Herrn Pfarrer Norbert Bewerunge, Viernheim.
2 J. Eschweiler, 1936, 28, Nr. 85 und Nr. 90.

H58 Butzbach – Ober-Mörlen

Um 1588? (c).
Tiefrot gebrannter Ton. Vertiefte Prägung mit sehr breiten Rillen. 14 × 1,5 cm.
Gegenstück zu H55. Die Raute zu einem Trapez, die seitlichen Bögen zu flachgedrückten Halbkreisen umgebildet, das Blütenviertel fast verkümmert.
Fundort:
a Butzbach, Herkunft unbekannt.
Butzbach, Museum in der Michaeliskapelle.
b Butzbach. Dasselbe Muster im Relief, möglicherweise Model. Roter Ton. 14 × 1,7 cm.
Butzbach, Museum in der Michaeliskapelle.
c Ober-Mörlen, Kapelle im Haselhecker Forst. 14,5 × 1,2 cm.
Darmstadt, Hessisches Landesmuseum.

H58.1 Oberursel

1. Hälfte 16. Jahrhundert?
Hellziegelroter Ton. Flachrelief, Kante senkrecht, zusätzlicher Abdruck des Musters auf der Rückseite. 14 × 2 cm. Nicht abgebildet.
Variante zu H57/H58. Im Spitzoval zweites Spitzoval in Wellenlinien. In der Mittelraute nur ein waagrechter Strich, auf den Spitzen der Raute grobes, winziges Oval.
Fundort:
Oberursel, Haus Marktplatz 1, 1982 bei einer Grabung im Keller in zweiter Lage gefunden.
Oberursel, Vortaunus-Museum.

Spitzoval mit „Fiederblatt"

H59 Esslingen – Pforzheim

2. Viertel–Mitte 13. Jahrhundert.
Roter Ton. Vertiefte Prägung mit Reliefwirkung. 14 × 15 × 2,5 cm.
Spitzoval C. Dieses wird ausgefüllt mit einem Blattornament, das eher wie eine Fischgräte oder ein „Tausendfüßler" wirkt. Schmales Oval mit nach rückwärts abstehenden enggereihten Stacheln. An einer Spitze kleine Raute mit Punkt, zu beiden Seiten kreisförmige „Augen". In den Ecken Blütenviertel in Herzform.
Fundort:
a Esslingen, Speyerer Pfleghof, bei Umbau in den 20er Jahren gefunden.
Esslingen, Stadtmuseum.
b Pforzheim, Altenstädter Pfarrkirche St. Martin, bei Grabungen 1949–50 gefunden. 14,4 × 2,8 cm. E. Lacroix, Abb. II,5.
Pforzheim, Heimatmuseum.

H60 Speyer

1. Hälfte 14. Jahrhundert?
Dunkelroter Ton. Flach vertiefte Prägung. 13 × 3 cm.
Spitzoval C mit tief eingeschnittenem gefiedertem Blatt. Zu beiden Seiten des Blattstiels „Augenpunkte" und flache Dreiecke. In den Ecken flach gedrückter Viertelskreis mit Vierpaßviertel. Aus derselben Werkstatt wie B55 und D65 und wohl auch J84.
Fundort:
a Speyer, am 16. 8. 1910 beim Bau der Pfälzischen Bank gefunden.
Speyer, Historisches Museum der Pfalz.
b Speyer, Karmeliterstr. 4, beim Abbruch des Hauses Seidel am 7. 11. 1911 gefunden. „Hellroter Ton. 10 × 2,5 cm".
Speyer, Historisches Museum der Pfalz.
c Speyer, bei Bauarbeiten um 1960 im Haus Maximilianstr. 10 gefunden.
Speyer, Privatbesitz.

H61 Zwiefalten

Nach 1251?
Roter Ton. Vertiefte Prägung. 13,3 × 2,4 cm.
Spitzoval mit eng gereihten Blattsparren, der verbindende Stengel noch sichtbar, das Ende wie eine Harpunenspitze gebildet. In den Ecken dem Ovalrand anliegende Doppelpalmetten, die in der Zusammensetzung einen Vierstern ergeben.
Vermutlich nach einer heute verlorenen Vorlage aus Speyer geschnitten.
Fundort:
Zwiefalten, ehem. Benediktinerkloster, bei Grabungen 1978 im Fundament des ehem. Konventbaus gefunden. L. Tampe, 29, Abb. 9.
Zwiefalten, Privatbesitz.

H61.1 Speyer

2. Hälfte 13. Jahrhundert.
Hellroter Ton. Vertiefte Prägung, Kanten beschädigt. 13,2 × 2 cm.

Variante zu H61. Sehr breites Spitzoval C. Fiederblatt mit sieben „Gräten" im Winkel von 70°, jedoch nicht durch Mittellinie verbunden. Auf dem Ovalband je drei halbe Palmetten, von denen zwei auf der Innenleiste, eine auf der Außenleiste sitzt. In der Ecke Viertelsblüte, den Ovalrand berührend.
Fundort:
Speyer, am 25. 3. 1919 gefunden, Herkunft unbekannt.
Speyer, Historisches Museum der Pfalz.

H62 Speyer

2. Hälfte 13. Jahrhundert.
Roter Ton. Vertiefte Prägung, abgetreten. 13,5 × 2,5 cm.
Spitzoval C mit Fiederblatt aus acht rechtwinkligen, sich zur Spitze verkleinernden Sparren mit Kugelknopf als Stiel, von kleinen Ovalen gerahmt. In den Ecken dasselbe Ornament wie bei H60.
Fundort:
Unbekannt, jedoch aus Speyer. Ein Vergleich mit den übrigen Fliesen ähnlichen Musters aus Speyer ergibt, daß es sich hier um die bei den Grabungen 1953/54 in St. German gefundene Fliese handeln muß[1].
Speyer, Historisches Museum der Pfalz.

1 K. Kaiser, 1955, 73, Fdnr. 45 K „Fischblase mit stark stilisiertem Eichblatt, welches in eine Anzahl ineinander steckender Winkel aufgelöst ist".

H62.1 Sesenheim

3. Viertel 13. Jahrhundert.
Roter Ton. Vertiefte Prägung. Bruchstück, ca. ¼ der Fliese.
Sichtbar ist ein halbes Spitzoval, *Variante* zu H62. Die „Gräten" nicht ganz symmetrisch und weniger sorgfältig geschnitten, der „Knopf" am Ende fehlt. Die Rillen breiter, zum Ovalrand hin dicker werdend.
Fundort:
Sesenheim, beim Abbruch der mittelalterlichen Kirche 1910 gefunden.
Sesenheim, Restaurant „Au Bœuf Noir".

H63 Neckarrems – Oberotterbach? – Speyer

Nach 1306 (a), 2. Hälfte 13. Jahrhundert.
Roter Ton. Vertiefte Prägung. 13,5 × 3 cm.
Spitzoval C. *Variante* von H62 mit sieben Sparren, dicken Augenpunkten und kleinem Dreieck an der Spitze. Viertelsblüte etwas breiter.
Fundort:
a Neckarrems, am Abhang der heute verschwundenen Burg Remseck gefunden.
Stuttgart, Württembergisches Landesmuseum.
b Vermutlich aus Oberotterbach, Klosterberg, Nikolauskapelle, am 28. 1. und 25. 4. 1884 gefunden (Inv.-Nr. nur noch schwach lesbar).
Speyer, Historisches Museum der Pfalz.
c Speyer, Steingasse, am 18. 2. 1912 gefunden.
Speyer, Historisches Museum der Pfalz.
d Speyer, Korngasse, bei Ausschachtungsarbeiten 1961 in 4 m Tiefe gefunden. Derselbe Model wie H63a.
Speyer, Privatbesitz.
e Speyer, Engelgasse, 1969 gefunden. Rötlicher Ton. Kante senkrecht. Bruchstück. Dicke 2,5 cm.
Speyer, Landesamt für Denkmalpflege.
f Speyer, Rheintorstr. 11, 1970 gefunden. Gelblicher Ton, Kern grau. 14 × 2,5 cm.
Speyer, Landesamt für Denkmalpflege.
g Speyer, Königsplatz, Fundumstände unbekannt.
Speyer, Historisches Museum der Pfalz.
h Variante. Die Sparren leicht gewölbt, das Eckornament flacher. Grobgemagerter roter und grauer Ton. 13 × 2,5 cm.
Speyer, Roßmarktstraße, 1953 gefunden.
Speyer, Historisches Museum der Pfalz.

H64 Speyer – Zwiefalten

2. Hälfte 13. Jahrhundert (a–d), nach 1251 (e).
Roter, feingemagerter, stark gebrannter Ton.
Vertiefte Prägung. 13,5 × 3 cm.
Spitzoval C. *Variante* von H63 mit nur noch fünf Sparren. In den ersten sind die Augenpunkte so eingebettet, daß der Eindruck einer Maske entsteht. Davor zwei spitze Dreiecke, in den Ecken Tropfenkreise. Die Sparren zeigen einen Winkel von ca. 100°.
Fundort:
a Speyer, Herkunft unbekannt, vor 1930 gefunden.
Speyer, Historisches Museum der Pfalz.
b Speyer, Judenbad, über dem zweiten Gewölbe 1967 geborgen.
Speyer, Historisches Museum der Pfalz.
c Speyer, Maximilianstr. 10, beim Umbau 1963 im Schutt gefunden.
Speyer, Slg. R. Schlosser.
d Variante. Die Sparren mit einem Winkel von ca. 80°. In den Ecken statt des Tropfenkreises Halbkreis. Roter Ton. 12,8 × 12,7 × 2 cm. Eine Ecke fehlt. Speyer, Dom, bei Grabungen 1958–62 gefunden. H. E. Kubach, W. Haas, I, 1109, Nr. 123, II, Abb. 1654.
Speyer, Landesamt für Denkmalpflege.
e Variante. Auf dem Spitzoval auf einer Seite 12, auf der anderen 13 Punkte, in den Ecken Viertelskreis mit Vierpaßvierteln. Gelbbräunlicher Ton. 13,3 × 2,4 cm. Zwiefalten, ehem. Benediktinerkloster, 1978 auf der Nordseite des Refektoriums im östlichen Hof gefunden.
Zwiefalten, Privatbesitz.

H65 Wörschweiler

2. Viertel–Mitte 13. Jahrhundert.
Roter Ton. Vertiefte Prägung mit ausgespartem Flachrelief. 11,2 × 11,3 × 2,7 cm.
Spitzoval C mit durch tiefe Kerbe in zwei Teile gegliedertem Blatt mit Zackenrand. An der Spitze mit dem Blatt verbundene Raute, zu beiden Seiten kleine Tropfenkreise. In den Ecken Herzblüte wie bei H62.
Fundort:
Wörschweiler, Ruine des ehem. Zisterzienserklosters, bei Grabungen 1954–57 gefunden. P. Volkelt, 20, Nr. 4, Taf. 12, Abb. 4.
Wörschweiler, Depot der Klosterfunde.

H66 Konstanz – Villingen – Wörschweiler

2. Hälfte 13. Jahrhundert (a und b), 2. Viertel–Mitte 13. Jahrhundert (c).
Braunrötlicher und gelblicher Ton. Vertiefte Prägung. 13,5 × 2,5 cm.

Spitzoval C. *Variante* von H65 mit gerundeten Blattbögen, das Oval wesentlich schmaler, das Endblatt mit vier Kerben.
Fundort:
a Konstanz, ehem. Gymnasiumsgebäude, Münsterplatz, vor 1882 gefunden.
Karlsruhe, Badisches Landesmuseum.
b Villingen, Franziskanerkloster. Der Model Konstanz viermal mit leichten Verschiebungen in eine Fliese geprägt. Grob gemagerter hellroter Ton. Kante senkrecht. Bruchstücke. Die ganze Fliese 27 × 4,3 cm.
Villingen, Franziskanermuseum.
c Wörschweiler, ehem. Zisterzienserkloster, bei Grabungen 1954–57 gefunden. *Variante* mit geringfügigen Abweichungen. Oval schmaler, das Endblatt mit nur drei Blattbögen. Roter Ton, Blatt und Herzblüten mit brauner Glasur. Wechselnde Maße: 11,3 × 2,4 cm – 12,8 × 2,5 cm. P. Volkelt, Taf. 12, Nr. 4.
Wörschweiler, Depot der Klosterfunde.

H67 Eußerthal – Frankenburg – Gleiszellen – Klingenmünster

2. Drittel 13. Jahrhundert.
Roter Ton. Vertiefte Prägung, Blatt als Flachrelief. Bruchstück. 13 × 2 cm.
Spitzoval C, *Variante* von H66c. Der Blattstiel gabelt sich und umschließt ein Dreieck, die Augenpunkte sehr klein, das Endblatt mit vier Blattpaaren.
Fundorte:
a Eußerthal, bei Zufallsgrabungen in der Umgebung der Zisterzienserklosterkirche gefunden.
Eußerthal, Pfarrhaus.
b Burgruine Frankenburg, mit demselben Model geprägt, bei Grabungen 1975 gefunden. Roter Ton. 13 × 2 cm.
Rülzheim, Privatbesitz.
c Gleiszellen, in einem Garten am Kirchberg 1959 gefunden, vermutlich aus der ehem. Kirche St. Dionysius. Roter Ton. 12,5 × 12,8 × 2,5 cm.
Speyer, Landesamt für Denkmalpflege.
d Klingenmünster, ehem. Benediktinerklosterkirche St. Michael, im 19. Jahrhundert entfernt. Prägung wie H67a.
Klingenmünster, Emporenkapelle.

H68 Maulbronn

2. Drittel 13. Jahrhundert.
Roter Ton. Vertiefte Prägung, Blatt als Flachrelief. 11,5 × 2,5 cm. Nicht abgebildet.
Variante von H67. Spitzoval B, die Gabelung umschließt eine Raute, die Augenpunkte sind dreieckig. Das erste Blatt mit fünf, das zweite mit drei Blattpaaren.
Fundort:
Maulbronn, ehem. Zisterzienserkloster.
Stuttgart, Württembergisches Landesmuseum.

H68.1 Eußerthal

2. Hälfte 14. Jahrhundert.
Roter Ton. Grobes Flachrelief. 13 × 2 cm.
Nachschnitt von H67 in späterer Zeit. Das Spitzoval als dünne Linie, vor dem Mitteleinschnitt zwei, dahinter drei grobe Blattpaare. Nicht abgebildet.
Fundort:
Eußerthal, ehem. Zisterzienserkloster, bei Grabungen gefunden.
Eußerthal, Pfarrhaus.

H69 Dieburg

13. Jahrhundert? 14. Jahrhundert?
Rötlichgelber, hartgebrannter und fein gemagerter, hellbräunlicher Ton. Vertiefte Prägung, das Blatt als Flachrelief, vorhandener Model in eine weit größere Fliese eingeprägt. 19,2 × 18,5 × 2,8 cm.
Spitzoval C mit *Variante* von H68. Der Stengel ebenfalls gegabelt, das Blatt jedoch sehr breit, deutlich eingekerbt. Erstes Blatt mit drei, zweites mit vier Blattpaaren. Augenpunkte rund, in der Ecke Raute.
Fundort:
a Dieburg, Haus Steinstr. 30, bei Ausschachtungsarbeiten 1954 gefunden. W. Boß, Abb. 5.
Dieburg, Kreis- und Stadtmuseum.
b Dieburg, Eulengasse. 1955 gefunden. Graugelblicher Ton. Bruchstück, ebenfalls schräg in größere Fliese geprägt. Erhalten ist das sehr sorgfältig geschnittene zweite Blatt.
Dieburg, Kreis- und Stadtmuseum.

H70 Altscharfeneck – Billigheim – Dahn – Frankenburg – Klingenmünster – Oberotterbach – Weißenburg – Wilgartswiesen

2. Drittel 13. Jahrhundert.
Roter, feingemagerter Ton. Vertiefte Prägung, Blatt hebt sich als ganz flaches Relief leicht ab. 13 × 13 cm.
Spitzoval C, Stengelform mit H65 übereinstimmend, das breitere Fiederblatt ähnlich H66. Beide Blatthälften ungefähr gleich groß, das Endblatt mit fünf Blattpaaren. Größere Kreise als Augenpunkte.
Fundort:
a Altscharfeneck, Burgruine, 1976 als Lesefund. Zwei Bruchstücke, vermutlich dieses Muster. Dicke 2,3/2,5 cm.
Landau, Privatbesitz.
b Billigheim-Ingenheim, neben der ev. Pfarrkirche auf einem Schutthaufen gefunden, vermutlich bei der Restaurierung 1961–64 weggeworfen.
Pforzheim, Slg. Dr. Karl Hillenbrand.
c Dahn, Burgruine Alt-Dahn, eine Fliese, zwei Bruchstücke als Lesefund.
Rülzheim, Privatbesitz.
d Frankenburg, Burgruine, bei Grabungen 1975 gefunden.
Rülzheim, Privatbesitz.
e Klingenmünster, ehem. Benediktinerklosterkirche St. Michael. Bruchstück, bei einer Restaurierung gefunden.
Klingenmünster, St. Nikolaus, Emporenkapelle.
f Oberotterbach, Klosterberg, ehem. Nikolauskapelle. Die ersten Fliesen am 28. 1. und 25. 4. 1884 entdeckt. Bei einer Grabung 1976 wurden in einem fast intakten Fliesenboden zahlreiche Fliesen in situ gefunden. W. Schlicher, 109, Abb. 1.
Speyer, Historisches Museum der Pfalz.
Speyer, Landesamt für Denkmalpflege.
g Weißenburg, Herkunft unbekannt.
Hellroter Ton (16 Fliesen).
Weißenburg, Musée Westercamp.
h Wilgartswiesen, Wiligartaburg, bei Grabungen 1971 gefun-

den. Hellroter, feingemagerter Ton. Bruchstück, Prägung wie H70e. W. Ehescheid, 150.
Wilgartswiesen, Privatbesitz.

H71 Speyer

Ende 13.–1. Hälfte 14. Jahrhundert.
Hellgrauer, feingemagerter Ton. Vertiefte Prägung. Kante schräg. 13,5 × 2,5 cm.
Spitzoval C. Ovales Blatt mit winzigen Halbkreisbogen am Rand. Kleine Augenpunkte, große Herzblütenviertel, die den Ovalrand fast berühren.
Fundort:
a Speyer, bei Ausgrabungen 1966 auf dem Gelände des ehem. Klosters St. German gefunden.
Speyer, Landesamt für Denkmalpflege.
b Speyer, bei Fundamentarbeiten 1910 auf dem Gelände der späteren „Pfälzischen Bank" gefunden. Roter Ton. 14 × 2,5 cm.
Speyer, Historisches Museum der Pfalz.

H72 Speyer – Worms – Kolmar

Ende 13.–1. Hälfte 14. Jahrhundert.
Gelblichgrauer Ton. Vertiefte Prägung, Blatt als Flachrelief. 13,5 × 2,5 cm.
Schmales Spitzoval C mit gleichmäßig tief eingebuchtetem Blatt mit sechs Blattzacken, die wie die Verzahnungen eines Puzzles aussehen. Stengel gegabelt, je ein kleiner Dreistern neben der ausgesparten Raute. Die Herzornamente der Ekken sehr flach.
Fundort:
a Speyer, Judenhof, bei Grabungen 1966 über einer Schicht des 13. Jahrhunderts gefunden.
Speyer, Historisches Museum der Pfalz.
b Speyer, Kloster St. German, zwei Bruchstücke bei Grabungen 1948–49 gefunden, das eine in einem Suchgraben durch die Mitte des Kreuzgangs, das andere in dessen NW-Ecke.
Speyer, Privatbesitz.
c Speyer, Herkunft unbekannt, vor 1955 gefunden, Roter Ton.
Speyer, Historisches Museum der Pfalz.
d Speyer, 1972 bei einer Brunnengrabung in der Maximilianstr. 10 gefunden. Bruchstück, vermutlich zu diesem Muster gehörend.
Speyer, Privatbesitz.
e Speyer, beim Umbau des Ratskellers, Maximilianstraße, 1979 gefunden. Helles Ziegelrot. Zwei Bruchstücke. Kante schräg. Dicke 2,5 cm.
Speyer, Landesamt für Denkmalpflege.
f Worms, bei Grabungen am 19. 9. 1960 gefunden, Herkunft unbekannt. *Variante* mit sieben Blattzacken, Oval etwas breiter. Gelbgrauer Ton mit Spuren einer roten Engobe. Kante senkrecht. 12,8 × 2 cm.
Worms, Museum der Stadt Worms.
g Kolmar, Stiftskirche St. Martin. Vor 1903 und 1972 erneut gefunden. Kopien nach alter Vorlage. *Variante* mit zehn Blattzacken, die Eckraute als Kreis gebildet. In den Fliesenecken kleine, mit dem Kelch zur Mitte gewandte heraldische Lilie.
Kolmar, die Kopien inzwischen aus der Kirche entfernt.
Straßburg, Privatbesitz.

H72.1 Dinkelsbühl

Um 1350? Möglicherweise erst um 1488.
Roter, mittelhart gebrannter Ton. Flachrelief. Bruchstück mit Modelriß. 15,5 × 3,5 cm.
Spitzoval mit fünfpaarigen zapfenförmigen Blattbogen ähnlich H72, die Spitze als Raute gebildet, ohne „Augenpunkte", stattdessen ein gegabelter Stengel und ein dicker Punkt an der Ovalspitze. Ecklösung: Viertelskreis, durch Rille geteilt.
Fundort:
a Dinkelsbühl, Spitalkirche.
München, Bayerisches Landesamt für Denkmalpflege.
b Dinkelsbühl, ev. Stadtpfarrkirche St. Georg, bei Restaurierung 1984 gefunden (intakte Fliese).
Verbleib noch nicht entschieden.

H72.2 Speyer

14. Jahrhundert.
Gelbrötlicher Ton. Vertiefte Prägung mit so breiten Rillen, daß sich die Zeichnung als Relief abhebt. 12,5 × 2,3 cm. *Nicht abgebildet.*
Spitzoval C mit grober *Variante* der Fliesen H72 und H74. Fünf unregelmäßig gewölbte Blattpaare, die Punkte fehlen, zwischen den Stengelenden kleines Trapez. In den Fliesenecken sehr grobes Blütenviertel.
Fundort:
Speyer, Herkunft unbekannt.
Speyer, Historisches Museum der Pfalz.

H73 Egelsbach – Straßburg

Um 1330 (a), 2. Drittel 14. Jahrhundert (b).
Roter Ton. Vertiefte Prägung. Maße unbekannt. *Variante* der Fliese H72. Breites Spitzoval, das Blatt mit vier Zacken, der kurze Stengel auf einem Dreieck aufsitzend. Anscheinend ohne Eckornament. Nicht abgebildet.
Fundort:
a Egelsbach, bei Grabungen vor 1931 im Pfarrgarten gefunden, vom Chor der abgebrochenen gotischen Kapelle. In einem Gang vor der Kirche neu verlegt. K. Krauß, 1931, 48, Abb. 4.
b Straßburg, 1899 beim Neubau des Hauses Münstergasse 2 gefunden. *Variante.* Das unterste Blattpaar leicht gewölbt, ebenso der Stengelansatz, Blatt schmaler. Roter Ton. 12,5 × 2,5 cm.
Straßburg, Frauenhausmuseum.

H74 Speyer

Ende 13.–1. Hälfte 14. Jahrhundert.
Roter Ton. Vertiefte Prägung, die Rillen mit roter Farbe eingefärbt. 13 × 2,5 cm.
Variante zu H73. Die Querleiste gerade, die vier Blattzacken eher gewellt als in runden Bogen.
Fundort:
a Speyer, Herkunft unbekannt, vor 1900 gefunden.
Speyer, Historisches Museum der Pfalz.
Hildesheim, Roemer- und Pelizaeus-Museum.
b Speyer, Haus Maximilianstr. 10, bei Umbauten 1963 gefunden. Das Blatt als Relief.
Speyer, Privatbesitz.
c Kopie, im Fußboden des „Gotischen Zimmers" verlegt.
Würzburg, Mainfränkisches Museum.

H75 Biberach – Kappel – Memmingen – Speyer

Um 1370 (a), 2. Hälfte 14.–Anfang 15. Jahrhundert.
Hellroter, feingemagerter Ton. Vertiefte Prägung mit Reliefwirkung. Ohne jede Abnützungsspuren. 16 × 3,6/3,8 cm.
Spitzoval B, *Variante* von H74. Das Oval nicht so stark gewölbt, das Blatt mit fünf Zacken, die wie die Glieder eines Puzzles vorgewölbt sind. Gerade, tief eingeprägte Mittelrippe, kleine Augenpunkte, das Dreieck an der Spitze zu einem Eckquadrat mit zwei konkaven Seiten umgebildet. Die Blütenviertel sehr spitz.
Fundort:
a Biberach, Stadtpfarrkirche St. Maria und Martin, bei der Restaurierung 1963–67 unter dem Chorgestühl gefunden.
Biberach, Kirchenverwaltung.
b Kappel, Stadt Bad Buchau, Pfarrkirche St. Peter und Paul, bei Grabungen im Chor gefunden. Hellroter Ton. 15,5 × 4 cm. Nicht mit demselben Model geprägt. Neuverlegt.
c Memmingen, Antonierhaus, 1858 gefunden, 1990 erneut ein Fußbodenrest aufgedeckt. Ganz flache Prägung, große Eckornamente. Bruchstück. Roter Ton. 16,5 × 3 cm.
Memmingen, Heimatmuseum.
d Unbekannt, vermutlich aus Oberschwaben. Bruchstück. 14 × 2,3 cm.
Stuttgart, Württembergisches Landesmuseum.

H76 Neubolanden – Speyer

1. Hälfte 14. Jahrhundert.
Roter Ton. Vertiefte Prägung, das Blatt als Relief. 13 × 2 cm.
Variante von H75. Die Ecklösung übereinstimmend, unter dem gegabelten Stiel kleine Raute. Das breite Blatt ohne Mittelrippe mit sechs eingezogenen Blattzacken.
Fundort:
a Neubolanden, Burgruine, am 10. 4. 1912 gefunden.
Speyer, Historisches Museum der Pfalz.
b Variante. Blatt schmaler, „Augenpunkte" kleiner. Weißlichgelber Ton. 15 × 2,6 cm.
Speyer, Engelgasse, 1969 gefunden.
Speyer, Landesamt für Denkmalpflege.
c Speyer, Maximilianstr. 10, bei einer Kellergrabung 1972 gefunden. Bruchstück.
Speyer, Privatbesitz.

H77 Biberach – Gnadental – Leofels

Nach Mitte 15. Jahrhundert (a), nach 1459? (b).
Roter Ton. Vertiefte Prägung mit Reliefwirkung. 16,5 × 3 cm.
Spitzoval C mit gefiedertem, schmalem Blatt mit neun tief eingezogenen Blattzacken, tief eingeprägter Mittelrippe und reliefartig aufliegenden Seitenrippen. In den Ecken Viertelsblüte mit schmalen Petalen.
Fundort:
a Biberach, Stadtpfarrkirche St. Maria und Martin, bei der Restaurierung 1963–67 lose im Bauschutt gefunden.
Biberach, Kirchenverwaltung.
b Ehem. Zisterzienserinnenkloster Gnadental, *Nachschnitt* ohne Mittelrippe. 17 × 2,4 cm.
Schwäbisch Hall, Keckenburg-Museum.
c Burgruine Leofels, bei Grabungen vor 1951 gefunden, mit b übereinstimmend.
Neuenstein, Schloßmuseum.

H78 Hofheim – Mainz

Ende 15.–Anfang 16. Jahrhundert.
Grauer Ton mit dunkelgrüner Glasur. Vertiefte Prägung mit Reliefcharakter. 13 × 1,8 cm.
Spitzoval A mit einer Art Schachbrettmuster aus kleinen Quadraten. Zu beiden Seiten zwei Punkte in kleinem Kreis, in der Ovalspitze verkümmerte Lilie. In den Ecken je drei Viertelskreise mit drei kleinen Sternchen im Außenband.
Fundort:
a Nach R. Forrer, 1901, Taf. CIII, 22, aus der Ruine der Burg Hofheim, fälschlicherweise als „in Thüringen" bezeichnet.
London, Victoria and Albert Museum (2 ×).
Dortmund, Museum für Kunst und Kulturgeschichte.
b Mainz, Münstergasse 5, bei Grabungen 1895 gefunden[1]. Roter Ton. Ohne Glasur. 12 × 1,8 cm.
Mainz, Mittelrheinisches Landesmuseum.
c Unbekannt, doch möglicherweise aus einem der zuvor erwähnten Fundorte.
Darmstadt, Hessisches Landesmuseum.
Düsseldorf, Hetjens-Museum.
Köln, Museum für Angewandte Kunst.
Straßburg, Slg. Charles Czarnowsky, seit 1940 verloren.
d Nicht aus Württemberg, vermutlich beim Ankauf rheinischer Fliesen ins Museum gelangt. *Variante.* Das Schachbrettmuster statt aus Quadraten aus kleinen Punkten gebildet. Mit grüner Glasur.
Stuttgart, Württembergisches Landesmuseum.

1 Westd. Zs. 16, 1897, Museographie 1896, Taf. 19, Abb. 11.

H79 Kirchheimbolanden

16. Jahrhundert.
Rotbrauner, grobgemagerter Ton. Hohes Relief. 13,5 × 2,5 cm.
Grobe Endform der vorhergehenden Muster. Zu beiden Seiten einer Mittellinie drei dicke Punkte und ein an einer Seite zugespitztes Oval als Rahmung. In den Fliesenecken Blütenviertel, Einzelblatt in Trapezform.
Fundort:
Unbekannt, aus Kirchheimbolanden oder Umgebung.
Kirchheimbolanden, Heimatmuseum.

Spitzoval mit Blättern und Palmetten

H80 Altenbaumburg – Auerbach – Ladenburg – Mainz – Worms

2. Drittel 13. Jahrhundert, Mitte 13. Jahrhundert (a) nach 1272? (d), nach 1242 (f).
Grauer Ton. Vertiefte Prägung. Bruchstück.
Spitzoval C mit besonders sorgfältig geschnittenem Blatt, dessen breiter, gegabelter Stengel das Oval auf der linken Seite über-, auf der rechten Seite unterschneidet. Je drei halbkreisförmige Blattzacken, in den Ecken je zwei symmetrische, gegen das Oval aufsteigende Palmetten mit denselben regelmäßigen Blattbogen.
Fundort:
a Altenbaumburg, Burgruine, Lesefund.
Altenbaumburg, Burgsammlung.
b Bensheim-Auerbach, Auerbacher Schloß, bei Grabung 1903–04 gefunden. Grauer Ton.
Bensheim, Bergsträßer Heimatmuseum.
c Ladenburg, bei der Anlage einer Dunggrube 1955 neben dem Gebäuderest des ehem. Stadthofes der Grafen von Sikkingen gefunden. Feingemagerter rötlicher und grauer Ton. 12,5 × 12,7 × 2 cm.
Ladenburg, Lobdengau-Museum.
d Mainz, Herkunft unbekannt. Wahrscheinlich 1902–03 beim Abbruch des Reichklarenklosters[1] gefunden. Grauer Ton. 14 × 2,2 cm.
Mainz, Mittelrheinisches Landesmuseum.
e Worms, Herkunft unbekannt, vor 1922 gefunden, E. Grill, Taf. 3, 90. Gelbrötlicher Ton, gelbliches Hellgrau, hellgrau, hellgrau mit dunkler Engobe in den Rillen, tiefrot. 13,5 × 2,5 cm.
Worms, Museum der Stadt Worms.
Stuttgart, Württembergisches Landesmuseum (1927 aus Worms erworben. Schwarzgrauer Ton, 14 × 13,8 × 2,2 cm).
f Worms, St. Magnuskirche, bei Grabungen 1929–31 gefunden. Kante senkrecht. 13,5 × 2 cm. 1945 erneut in der Ruine gefunden.
g Worms, Bergkloster, Andreasring, bei der Anlage einer Freitreppe 1961 in einer Abfallgrube gefunden[2].
Worms, Museum der Stadt Worms (*f* und *g*).
h Variante, der Stengel überschneidet rechts das Oval. Hellroter, grobgemagerter Ton. Aus Worms, Herkunft unbekannt.
Worms, Museum der Stadt Worms.
i Worms, Stadtmauer am Luginsland, nach 1945 gefunden. O. Böcher, 1958, H. 7, 2, Abb. 16.
Mainz, Privatbesitz.

1 Westd. Zs. 23, 1904, Museographie 1903, 360, Taf. 8, Abb. 9. Der Fundort wird nicht angegeben, bei den Funden aus dem Reichklarenkloster wird jedoch erwähnt: „die meisten zeigen das aus Spitzovalen und stilisiertem Laub gebildete Muster".
2 Wormsgau 5, 1961/62, 123.

H81 Gießen

Ende 13. Jahrhundert?
Grauer Ton mit Spuren von olivbrauner Glasur.
Vertiefte Prägung. Bruchstück. Ca. 13,8 × 13,8 cm. Nicht abgebildet.
Variante zu H80, die Palmetten flacher, die Blattbogen nicht so regelmäßig.
Fundort:
Nach alter Aufschrift „Gießen, Nordwand, Mittelschiff", vermutlich aus der Stadtkirche St. Pankratius.
Darmstadt, Hessisches Landesmuseum.

H82 Lorsch – Speyer – Worms

3. Viertel 13. – 1. Viertel 14. Jahrhundert.
Roter Ton mit verkohlten pflanzlichen Einschlüssen. Vertiefte Prägung. 14 × 2 cm.
Variante von H80. Die Blätter eher eckig, der Stengel überschneidet den Ovalrand nicht. Palmetten etwas tiefer eingekerbt, mit leicht verdickten Stielen. Nicht abgebildet.
Fundort:
a Lorsch, ehem. Benediktinerkloster, bei den Grabungen 1928–32 gefunden.
Darmstadt, Hessisches Landesmuseum.
b Speyer, an der Stelle des ehem. Klosters St. German, bei Grabungen 1966 gefunden. Nicht mit demselben Model geprägt. Gelblichgrauer und roter Ton. Bruchstück. Dicke 2 cm.
Speyer, Landesamt für Denkmalpflege.
Speyer, Historisches Museum der Pfalz.
c Variante mit mehr gerundeten Blattbogen, Stengel dünner. Aus Worms, Herkunft unbekannt.
Worms, Museum der Stadt Worms.

H83 Schauenburg

Ende 13. – Anfang 14. Jahrhundert.
Braunrötlicher Ton. Flach vertiefte Prägung. 13,2 × 2 cm. Nicht abgebildet.
Variante von H82. Bildung des Blattes wie H82*c*, die Palmetten etwas flacher. Der Stengel überschneidet an beiden Seiten das Oval.
Fundort:
Dossenheim[1], Ruine Schauenburg, bei Grabungen 1959 gefunden. H. Kraft, 8, Mitte rechts.
Dossenheim, Heimatmuseum.

1 Westd. Zs. 6, 1887, Museographie 1886, 294. Eine Fliese, deren Muster nicht genannt wird, wurde 1886 gefunden und kam ins Museum Mannheim. Sie ist heute dort nicht mehr vorhanden.

H84 Lorsch – Otterberg – Sandhausen – Schönau – Worms

2. Hälfte 13. – Anfang 14. Jahrhundert.
Graugelblicher Ton. Vertiefte Prägung. Verschiedene Bruchstücke, wohl mit verschiedenen Modeln geprägt. 13,6 × 2,3 cm.
Variante zu H80, die seitlichen Palmetten steiler, die Blattbogen nicht ganz regelmäßig.
Fundort:
a Lorsch, ehem. Benediktinerkloster, bei den Grabungen 1928–31 gefunden.
Darmstadt, Hessisches Landesmuseum.
Lorsch, Klostersammlung.
b Otterberg, ehem. Zisterzienserkloster, bei der Restaurierung 1979–1983 entdeckt.
Traben-Trarbach, Privatbesitz.
c Sandhausen, an der Stelle einer heute verschwundenen Wasserburg 1896 gefunden. *Variante,* die Blattbogen ähnlich H82, der Stengel mit H80 übereinstimmend.
Karlsruhe, Badisches Landesmuseum.

d Schönau, ehem. Zisterzienserkloster, bei Grabungen vor 1913 gefunden. Da nur durch Zeichnung überliefert, ist nicht eindeutig, ob H84*a* oder *b* gleichend. Gelblicher, roter, grauer und schwarzgrauer Ton. 13,5 × 2,3 cm. R. Edelmaier, 49.
Schönau, Städtische Altertümersammlung. Dort 1913 noch vorhanden (A. von Oechelhäuser, 1913, 614), heute unauffindbar.
e Worms, Herkunft unbekannt. Mittelgrauer Ton. Kante senkrecht. 14 × 2 cm. *Variante,* die seitlichen Palmetten tiefer geschlitzt.
Worms, Museum der Stadt Worms.

H85 Limburg a. d. Haardt

1. Viertel 14. Jahrhundert.
Schlecht gekneteter braunrötlicher Ton. Vertiefte Prägung, Model gebrochen. Bruchstück. Kante senkrecht. 12,5 × 2 cm. Nicht abgebildet.
Spitzoval mit Blatt ähnlich H80, die Palmetten flach, das Oval nicht berührend. Ecklösung nicht erkennbar.
Fundort:
Limburg a. d. Haardt, ehem. Benediktinerkloster, bei Grabungen zu Ende des 19. Jahrhunderts gefunden.
Bad Dürkheim, Heimatmuseum.

H86 Lorsch – Pfungstadt – Worms

4. Viertel 13. – 1. Viertel 14. Jahrhundert.
Hellroter Ton mit verkohlten pflanzlichen Einschlüssen. Vertiefte Prägung. 14 × 14 cm.
Nachschnitt von H80. Das Blatt bedeckt nur noch die Hälfte des Ovals, die breite Stielgabel schneidet ein Trapez aus. Die Palmetten mit regelmäßigen Bogen, dem Fliesenrand anliegend, das Oval berührend. Der Stengel kürzer.
Fundort:
a Lorsch, ehem. Benediktinerkloster, bei den Grabungen 1928–32 gefunden.
Darmstadt, Hessisches Landesmuseum.
b Pfungstadt, ev. Pfarrkirche St. Martin, bei Grabungen während der Restaurierung 1967 als unterste Fliesenschicht gefunden. Dunkelroter Ton. 13,5 × 13,5 cm. J. Sommer, 7, oben links.
Pfungstadt, ev. Kirchenverwaltung.
c Aus Worms, Herkunft unbekannt, vor 1927 gefunden, in Worms selbst nicht mehr erhalten. Schwarzgrauer Ton. 14 × 13,8 × 2,2 cm.
Stuttgart, Württembergisches Landesmuseum (aus den Beständen des ehem. Landesgewerbemuseums).

H87 Ulm-Söflingen

Nach 1278.
Schiefergrauer Ton. Vertiefte Prägung, Oberfläche beschädigt. 13,5 × 2 cm.
Variante von H86. Blatt mit vier flachen Blatträndern, das unterste doppelt so breit wie die übrigen. Der gleichmäßig breite, gegabelte Stiel überschneidet an beiden Seiten das an dieser Stelle endende Spitzoval. Statt der Eckpalmetten nur eine am Fliesenrand gegabelte Diagonallinie.
Fundort:
Ulm-Söflingen, ehem. Klarissinnenkloster, bei Bauarbeiten 1913–14 gefunden. R. Weser, 95, Nr. 13, und H. A. Klaiber, R. Wortmann, 665, Abb. 601, Nr. 18.
Ulm, Ulmer Museum.

H88 Arnsburg – Groß-Rohrheim – Mörstadt – Ulm-Söflingen – Weinheim – Worms

1246–56 (a), 3.–4. Viertel 13. Jahrhundert.
Sehr feiner hellbrauner und grauer Ton mit Einschluß von Kalkpartikelchen (Muschelreste?). Vertiefte Prägung, Kante kaum schräg. 13,5 × 2,5 cm.
Nachschnitt. Das Blatt ähnlich H82, die Palmetten fast im rechten Winkel dem Ovalrand anliegend, flacher ausgebreitet und tiefer gelappt, die ganze Fliesenecke füllend.
Fundort:
a Arnsburg, ehem. Zisterzienserkloster, bei Grabungen 1979 gefunden. M. Morkramer, 1982, Nr. 2.0.5, 68, Abb. 62.
Arnsburg, Klostersammlung.
b Groß-Rohrheim, ev. Pfarrkirche, bei der Restaurierung vor 1963 gefunden. Roter Ton. 13,2 × 2,1 cm.
Darmstadt, Hessisches Landesmuseum.
c Mörstadt, ev. Pfarrkirche, bei einer Restaurierung Fliesenboden in situ gefunden, graue und rote Fliesen im Schachbrettmuster diagonal verlegt.
d Ulm-Söflingen, ehem. Klarissinnenkloster, 1913–14 gefunden. Schiefergrauer und bräunlicher Ton. 13,5 × 2 cm. R. Weser, 95, Nr. 13, und H. A. Klaiber, R. Wortmann, 665, Abb. 601, Nr. 19.
Ulm, Ulmer Museum.
e Weinheim, ev. Pfarrkirche St. Peter, beim Abbruch 1910 gefunden. Roter Ton. Etwas breitere Blätter, nicht mit demselben Model geprägt. H. Huth, 363, Abb. 269.
Weinheim, Heimatmuseum.
f Worms, Herkunft unbekannt, vor 1922 gefunden. E. Grill, Taf. 3, 85. Gelblichroter, hellroter, tiefroter, gelbgrauer, hellgrauer, mittel- und dunkelgrauer sowie bräunlichgelber Ton. Model mit geringen Abweichungen. 13 × 2,6 cm.
Worms, Museum der Stadt Worms.
Stuttgart, Württembergisches Landesgewerbemuseum (dunkelroter, feinkörniger Ton. Kante leicht schräg. 13,5 × 2,4 cm. Vor 1928 gefunden).
g Worms, Bauhofgasse, 1928 gefunden. Hellgrauer Ton.
h Worms, St. Magnuskirche, bei Ausgrabung 1929–31 gefunden.
i Worms, St. Amanduskirche, bei der Grabung 1934–35 gefunden. Roter Ton.
j Worms, Domberg, bei einer Grabung 1935–36 in einer Abfallgrube gefunden. Grauer Ton. W. Bauer, 1936b, 81.
k Worms, Bergkloster, Andreasring, 1961 in einer Grube gefunden.
Alle Fliesen *(g–k)* Worms, Museum der Stadt Worms.

H89 Mainz

3. Viertel 13. Jahrhundert.
Grauer Ton. Vertiefte Prägung, eine Ecke fehlt. Kante leicht schräg. 13 × 2,7 cm.
Spitzoval mit Blatt ähnlich H88, der gegabelte Stengel umschließt einen kleinen Kreis. Die vier Blattpaare enger dem Stengel anliegend, die Eckpalmetten eher gezackt als gewölbt. An der Oberseite kleine quadratische Blattknospe.
Fundort:
Mainz, Hollagasse, 1980 bei Bauarbeiten gefunden.
Harxheim, Slg. Dederer.

H90 Arnsburg – Konstanz – Worms – Heidelberg

2. Hälfte 13. – 1. Viertel 14. Jahrhundert.
Sehr feiner hellbrauner und grauer Ton mit Einschluß von

Kalkpartikelchen (Muschelreste?). Vertiefte Prägung, Kante kaum schräg. 13,2 × 13,5 × 2,5 cm.
Spitzoval C mit dreifach gezacktem Blatt. Rahmen und Stengelbildung ähnlich H88, die Seitenblätter jedoch nicht senkrecht zum Ovalrand, sondern schräg zur Spitze des Ovals gerichtet.
Fundort:
a Arnsburg, ehem. Zisterzienserkloster, Dormitorium, bei der Restaurierung 1958–59 gefunden, bei den Grabungen 1979 erneut geborgen. M. Morkramer, 1982, Nr. 2.0.4, 68, Abb. 61.
Arnsburg, Klostersammlung.
Laubach, Schloß, Slg. E.-O. Graf zu Solms-Laubach.
b Konstanz, Herkunft unbekannt. *Variante.* Das dritte Blatt kleiner, die Palmetten etwas schmaler.
Konstanz, Rosgartenmuseum.
c Worms, Herkunft unbekannt. *Variante.* Die Blattzacken mehr gerundet, ihre Stellung leicht asymmetrisch. Roter und mittelgrauer Ton. Kante leicht schräg. 12,2 × 2,3 cm.
Worms, Museum der Stadt Worms.
d Variante mit vier Blattzacken. Heiligenberg über Heidelberg, Michaelsbasilika, am 24. 11. 1965 gefunden. Gelblichgrauer Ton. Zwei Bruchstücke. 13,5 × 13,5 cm.
Heidelberg, Kurpfälzisches Museum.

H91 Worms – Mainz

1. Hälfte 14. Jahrhundert.
Feingemagerter mittelgrauer Ton. Vertiefte Prägung, Kante senkrecht. 14 × 2,3 cm.
Nicht abgebildet. *Variante* zu H90. Spitzoval mit schmalem Blatt, die Blattzacken spitzer, der Stengel rechts den Rand überschneidend. Palmetten ähnlich H88.
Fundort:
a Worms, Herkunft unbekannt, nach 1922 gefunden.
Worms, Museum der Stadt Worms.
b Mainz, Mailandgasse 3, nach der Zerstörung des Hauses im 2. Weltkrieg gefunden. F. Arens, 1949, Abb. 9,1. Nicht sicher, ob mit demselben Model geprägt.
Verbleib unbekannt.

H92 Neu-Leiningen – Rosenthal – Weinheim – Worms

3. Viertel 13. Jahrhundert, um 1261 (d).
Heller, leicht gelblicher Ton. Vertiefte Prägung. Bruchstück, Dicke 2,6 cm.
Spitzoval C mit schmalem, dreigezacktem Blatt auf gleichmäßig gegabeltem Stengel. Die Blattwölbungen gerundet und tief eingebuchtet. Große, flach gebreitete, regelmäßige Eckpalmetten, deren Oberkante dem Ovalrand folgt.
Fundort:
a Neu-Leiningen, Burgruine. Bruchstück, vermutlich zu diesem Muster zu ergänzen.
Mainz, Privatbesitz.
b Rosenthalerhof, ehem. Zisterzienserinnenkloster Maria im Rosenthal, bei Sicherungsarbeiten 1983 gefunden. Prägung Weinheim.
Eisenberg, Historischer Verein für Rosenthal und Umgebung.
c Weinheim, St. Peterskirche, 1910 beim Abbruch gefunden. Grauer Ton. 13,5 × 2,2 cm. H. Huth, 364, Abb. 269.
Weinheim, Heimatmuseum.
d Worms, Herkunft unbekannt. Schwarzgrauer und tiefroter Ton, die Farbe wechselt innerhalb des Scherbens. Zwei verschiedene Prägungen. 13 × 2,3 cm.
Worms, Museum der Stadt Worms.

H93 Remchingen – Worms – Bolanden

2. Hälfte 13. Jahrhundert.
Roter Ton. Vertiefte Prägung. 12,5 × 2,5 cm. Zwei Ecken zerstört. Nicht abgebildet.
Variante von H92 mit vier Blattbogenpaaren, der Blattrand eng an den Ovalrand gepreßt. Kleiner, gegabelter Stiel, keine Eckpalmetten.
Fundort:
a Remchingen-Wilferdingen, 1958 an der Stelle der ehem. Tiefburg Remchingen gefunden. A. Dauber, D. Lutz, in: FuB, Bd. 6, 324, Abb. 58, Nr. 5.
Karlsruhe, Badisches Landesmuseum.
b Variante mit fünf Blattbogenpaaren, in den Ecken schmale Palmetten, mit großem, ausgespartem Dreieck. Mittelgrauer und roter, grobgemagerter Ton. Flache Prägung. 13,8 × 2,4 cm.
Worms, Herkunft unbekannt.
Worms, Museum der Stadt Worms.
London, Victoria and Albert Museum.
c Bolanden, Ortsteil Klosterhof, ehem. Prämonstratenserkloster Hane, bei der Restaurierung 1982 gefunden. *Variante*, das Blatt ähnlich H93*a*, an den Seiten jedoch die Blattpaare wie H93*b*. Rötlicher Ton. 13,5 × 2,5 cm.
Kirchheimbolanden, Privatbesitz.

H94 Kaiserslautern

2. Drittel 13. Jahrhundert.
Rötlichbrauner und schiefergrauer feinkörniger Ton. Vertiefte Prägung, Blatt in Flachrelief, teilweise stark abgetreten. 12,6 × 2,5 cm.
Spitzoval C mit sorgfältig geschnittenem Blatt mit fünf tiefeingekerbten, schräg liegenden Bogen. Der schmale, gegabelte Stiel überschneidet das Oval auf der rechten, unterschneidet es auf der linken Seite. Die Eckpalmetten flach, mit vier regelmäßigen Bogen und einem Punkt am Blattansatz.
Fundort:
Kaiserslautern, Stiftskirche, bei der Restaurierung 1967–68 im aufgefüllten, mittelalterlichen Schutt gefunden.
Kaiserslautern, Stiftskirche.

H95 Altenbaumburg – Heidelberg – Schauenburg – Worms

1. Viertel – Mitte 14. Jahrhundert.
Ziegelroter Ton. Vertiefte Prägung. Bruchstück. Dicke 2,5 cm. Kante leicht schräg.
Spitzoval C mit stilisiertem Eichblatt. Das breite Blatt mit drei flachen Zacken und kleinem, gegabeltem Stiel, gerahmt von zwei Punkten. Die Eckpalmetten mit tief eingekerbten Rändern eng am Ovalrand anliegend.
Fundort:
a Altenbaumburg, Burgruine, bei Sicherungsarbeiten als Lesefund und 1980–83 beim Wiederaufbau des Palas erneut gefunden. V. Geißler, 1984, 345, Abb. 127 oben links.
Altenbaumburg, Burgsammlung.
b Heidelberg, Ruine der Michaelsbasilika auf dem Heiligenberg, bei Grabungen 1965 gefunden. Graurötlicher Ton. 13,3 × 13,5 × 2,5 cm.
Heidelberg, Kurpfälzisches Museum.

c Dossenheim, Burgruine Schauenburg, vermutlich bei der Grabung 1959 gefunden.
Dossenheim, Heimatmuseum.
d Worms, St. Pauluskirche, in die Fenstersohlbänke des Turms vermauert.
e Worms, Herkunft unbekannt, möglicherweise auch aus St. Paulus, vor 1922 gefunden. E. Grill, Taf. 3, 84. Hellroter Ton, durch Rauchzutritt grau oder grauschwarz gefärbt. 13,6 × 1,2 cm.
Worms, Museum der Stadt Worms.
f Worms, möglicherweise in St. Amandus bei den Grabungen 1934–35 gefunden[1].
g Worms, Bergkloster, Andreasring, bei Grabungen 1961 gefunden. (Nach 1351?)
Worms, Museum der Stadt Worms.
h Worms, Herkunft unbekannt, vor 1901 gefunden.
Dortmund, Museum für Kunst und Kulturgeschichte (Slg. R. Forrer).
i Unbekannt, möglicherweise nicht aus Worms, mit einem anderen Model geprägt. Graurötlicher, graugelber und dunkelroter Ton.
Köln, Museum für Angewandte Kunst.

1 Das Muster ist nicht sicher zu klären. W. Bauer II, 96 gibt an: „darunter drei unveröffentlichte Fliesen ähnlich den Mustern Grill III, 84, 87, 89". Diese drei Muster sind so verschieden, daß eine sichere Entscheidung nicht möglich ist.

H96 Gelnhausen – Worms – Mainz

Mitte 14. Jahrhundert.
Dunkelgrauer Ton. Vertiefte Prägung. 12,5 × 2,4 cm.
Variante von H91. Das Spitzoval schmal, die Blätter nicht so tief eingekerbt, der Model tief eingeprägt.
Fundort:
a Gelnhausen, vermutlich dies die Fliese „aus einem gotischen Fachwerkhaus", vor 1890 gefunden.
Marburg, Museum für Kunst und Kulturgeschichte.
b Worms, Herkunft unbekannt. *Variante*, Palmetten etwas sorgfältiger geschnitten. Grauroter Ton, im Brand verzogen. 13 × 3 cm.
Worms, Museum der Stadt Worms.
c Worms, Herrenkeller, bei der Grabung 1952 gefunden.
Gröberer, roter Ton, durch Brand grau verfärbt. Kante senkrecht. 13 × 2,7 cm.
Worms, Museum der Stadt Worms.
d Worms, Heylshof, Schloßgarten, bei Grabung 1952 gefunden. *Variante* mit vier Blattzacken. Roter, sich zersetzender Ton. 13,6 × 2 cm.
Worms, Museum der Stadt Worms.
e Variante ähnlich H96*d*, nicht mit demselben Model geprägt. Mainz, bei Bauarbeiten 1977 gefunden, Herkunft nicht zu ermitteln. Grauer Ton. 13 × 2,8 cm.
Köln, Privatbesitz.

H97 Schauenburg

1. Viertel 14. Jahrhundert.
Rötlichbrauner Ton. Vertiefte Prägung, abgetreten. 13,2 × 2 cm.
Variante von H96 mit vier Blattpaaren, die beiden Seiten nicht symmetrisch.
Fundort:
Dossenheim, Burgruine Schauenburg, bei einer Grabung 1959 gefunden. H. Kraft, 8, unten Mitte.
Dossenheim, Heimatmuseum.

H98 Worms

1. Hälfte 14. Jahrhundert.
Mittelgrauer und dunkelgrauer, sehr feingemagerter Ton. Vertiefte Prägung. Kante fast senkrecht. 12,7 × 2,3 cm. Nicht abgebildet.
Spitzoval C mit schmalem Blatt ähnlich H95. Die Kerben ganz flach, der Stiel winzig, die Eckpalmetten mit spitzen Zacken.
Fundort:
a Worms, Herkunft unbekannt, vor 1922 gefunden.
E. Grill, Taf. 3, 89.
Worms, Museum der Stadt Worms.
b Worms-Liebenau, bei den Grabungen 1928–31 gefunden. Es ist nicht ganz sicher, ob es sich um dieses Muster handelt, da die Zeichnung bei O. Böcher, 1958, H. 7, Abb. 12 zu ungenau ist.
Worms, Museum der Stadt Worms.
c Worms, Domberg-Grabung I, 1935 gefunden. Roter Ton. 11,5 × 2,5 cm.
Worms, Museum der Stadt Worms.

H99 Worms

1. Hälfte – Mitte 14. Jahrhundert.
Gelbrötlicher Ton. Vertiefte Prägung. 13,2 × 2,2 cm.
Nicht abgebildet.
Variante zu H98. Das Blatt breiter, die Kerben fast zur Wellenlinie aufgelöst. Palmetten an der Spitze aufgebogen.
Fundort:
Worms, Herkunft unbekannt.
Worms, Museum der Stadt Worms.

H100 Worms

1. Hälfte 14. Jahrhundert.
Gelbrosabräunlicher und hellbräunlicher Ton. Vertiefte Prägung, Kante senkrecht. 12,7 × 2 cm. Nicht abgebildet.
Variante von H99. Das Blatt fast in drei verschieden große Quadrate aufgelöst. Blattzacken und Palmetten berühren den Ovalrand.
Fundort:
a Worms, St. Magnuskirche, 1945 in der Ruine gefunden. O. Böcher, 1958, Heft 7, 2–3, Abb. 15.
Worms, Museum der Stadt Worms.
b Variante mit breiterem Blatt, Palmetten wie H 77*b*. Schwarzgrauer Ton. Worms, Herkunft unbekannt, vor 1901 gefunden. R. Forrer, 1901, Taf. XVII, 7.
London, Victoria and Albert Museum.

H101 Eberbach – Johannisberg

3. Viertel 13. Jahrhundert.
Grauer Ton. Vertiefte Prägung. 13,5 × 13,5 cm.
Spitzoval C, der breite gegabelte Stiel den Ovalrand links überschneidend. Schmales Blatt mit drei Zackenbögen, ähnlich H98. In den Ecken je zwei vom Grund aufsteigende Blättchen.
Fundort:
a Eberbach, ehem. Zisterzienserklosterkirche. Fast ganz abgetreten. C. Schäfer, 86, Abb. 50.
b Johannisberg, Klosterbereich, bei Zufallsgrabungen gefunden. Roter und grauer Ton. W.-H. Struck, 1977, 48, Taf. 13, 2.
Schloß Johannisberg, Domänenverwaltung.

Marburg, Museum für Kunst und Kulturgeschichte (gelblicher Ton. Kante leicht schräg. Dicke 2,2 cm).

H 102 Eberbach – Gau-Odernheim

4. Viertel 13. – Anfang 14. Jahrhundert.
Grauer und gelblicher Ton. Vertiefte Prägung mit breiteren Rillen als H 101. 13 × 13 cm.
Variante zu H 101. Blatt mit fünf spitzeren Blattbogen, die Eckpalmetten auf gemeinsamen Stengel wie H 103.
Fundort:
a Eberbach, ehem. Zisterzienserklosterkirche, in situ.
b Variante, Bruchstücke, die Blattbogen noch spitzer gezackt, unregelmäßig, der Stengel dünner. Gau-Odernheim, Kapelle auf dem Petersberg, bei Grabungen 1947 gefunden. 12,5 × 2,5 cm.
Gau-Odernheim, Rathaus.

H 103 Heidelberg – Ladenburg – Mainz – Neu-Bamberg – Schauenburg – Speyer – Worms

Ende 13. – 1. Hälfte 14. Jahrhundert.
Rötlichgelber Ton. Vertiefte Prägung, zwei Bruchstücke. Spitzoval C mit breitem Eichblatt, dessen drei seitliche Blätter an den flachen Blattenden nochmals konkav gewölbt und durch gerundete Kerben getrennt sind. Kleiner gegabelter Stiel, die Eckpalmetten fast waagrecht, am Ende aufgewölbt auf einem gemeinsamen Stengel sitzend, der sich erst auf halber Höhe verzweigt.
Fundort:
a Heiligenberg über Heidelberg, bei Grabungen 1965 in der Michaelsbasilika gefunden.
Heidelberg, Kurpfälzisches Museum.
b Ladenburg, Sickinger Hof, bei Grabungen 1952 gefunden. Ockerfarbiger, blaßroter und schwarzgrauer Ton. 12,6/13,2 × 2/2,5 cm.
Ladenburg, Lobdengau-Museum.
c Neu-Bamberg, Burgruine. Bruchstück. Dicke 2,3 cm. Erhalten ist nur eine Palmette. Die Übereinstimmung der Prägung mit H 103 ist so groß, daß auf ein ähnliches Spitzoval mit Blatt geschlossen werden darf.
Mainz, Privatbesitz.
d Schauenburg, Dossenheim, Burgruine, bei Grabung 1959 gefunden. Braunrötlicher Ton. 13,2 × 2 cm. H. Kraft, 8, unten rechts.
Dossenheim, Heimatmuseum.
e Vermutlich aus Speyer, Herkunft unbekannt. Gelbroter Ton. Vor 1930 gefunden (Slg. Diernfellner).
Speyer, Historisches Museum der Pfalz.
f Worms, Petersstr. 31–33, um 1950 gefunden.
Mainz, Privatbesitz.
g Unbekannt, gelbgrauer Ton. 13,7 × 13,5 × 2,2 cm.
Wiesbaden, Slg. Nassauischer Altertümer.
h Mainz, bei Bauarbeiten 1977 gefunden, Herkunft unbekannt. *Variante*. Nicht mit demselben Model geprägt. Stengel der Palmette ganz getrennt. Dunkelgrauer Ton mit gelbgrauer Mantelung.
Mainz, Privatbesitz.

H 104 Johannisberg – Mainz

14. Jahrhundert.
Schwarzgrauer Ton. Vertiefte Prägung. 12,5 × 2,5 cm.
Nicht abgebildet.
Variante von H 103 mit flachen, gebuchteten Blättern und winzigem Stiel.
Fundort:
a Johannisberg, ehem. Benediktinerkloster, bei Bauarbeiten gefunden.
Schloß Johannisberg, Domänenverwaltung.
b Variante, der Stengel der Eckpalmetten als Negativform. Grauer Ton. Bruchstück. 11,5 × 2,2 cm. Modelriß. Mainz, Herkunft unbekannt.
Mainz, Mittelrheinisches Landesmuseum.

H 105 Biedesheim – Worms – Speyer

1. Hälfte 14. Jahrhundert.
Tonfarbe und Maße nicht festgehalten. Vertiefte Prägung. Nicht abgebildet.
Variante zu H 103. Schmales Spitzoval, ebenfalls schmales, dreigezacktes Blatt mit weniger tief eingebuchteten Rändern. Palmetten breiter, auf kurzem Stengel.
Fundort:
a Biedesheim, ev. Pfarrkirche St. Andreas, bei Grabungen 1965–66 aufgedeckt und an Ort und Stelle belassen.
b Worms, Heylshof, Schloßgarten, bei Grabungen 1952 gefunden. Hellgrauer Ton. Bruchstück. 12,5 × 2,8 cm.
Worms, Museum der Stadt Worms.
c Worms, Hintere Judengasse 6, am 24. 1. 1969 gefunden. Hellroter Ton. Bruchstück. 13,2 × 2,5 cm.
Worms, Museum der Stadt Worms.
d Variante. Auch hier, wie bei H 104*b*, der Stengel der Palmetten als Rille.
Speyer, Herkunft unbekannt.
Speyer, Historisches Museum der Pfalz.

H 106 Limburg a. d. Haardt – Lorsch? – Speyer – Worms – Straßburg/Elsaß

2. Hälfte 13. – 1. Hälfte 14. Jahrhundert.
Hellroter Ton. Vertiefte Prägung, Bruchstück. 12,3 × 2 cm. Nicht abgebildet.
Spitzoval C. Schmale *Variante* von H 97, die Palmettenstiele deutlich getrennt.
Fundort:
a Limburg a. d. Haardt, ehem. Benediktinerkloster, zu Ende des 19. Jahrhunderts gefunden.
Bad Dürkheim, Heimatmuseum.
b Unbekannt. Das Aussehen des Scherbens weist auf eine Herkunft aus Kloster Lorsch. Gelblichroter Ton mit Spuren verkohlter Einschlüsse. Nicht mit demselben Model geprägt.
Darmstadt, Hessisches Landesmuseum.
c Vermutlich Speyer, Herkunft unbekannt. Roter Ton.
Speyer, Historisches Museum der Pfalz.
d Worms, Herkunft unbekannt, nach 1922 gefunden. Sehr feiner, dunkelgrauer Ton. Abgetreten. 13,8 × 2,5 cm.
Worms, Museum der Stadt Worms.
e Aus Straßburg oder dem Elsaß. Grauer Ton. 13 × 2 cm.
Straßburg, Frauenhausmuseum.

H 107 Worms – Speyer

2.–3. Viertel 14. Jahrhundert.
Weißgrauer Ton. Vertiefte Prägung. 12,5 × 12,8 × 2,5 cm. Nicht abgebildet.
Spitzoval C mit schmalem Blatt. Die fünf Blattzacken des konkav gewölbten Blattrandes berühren das Oval. Stengel

gegabelt, die Palmetten flach ausgebreitet, die Stengel getrennt.
Fundort:
a Worms, Domberg-Grabung I.
Worms, Museum der Stadt Worms.
b Variante ohne Stengel, die Blattspitzen symmetrisch, die Eckpalmetten durch breites Band getrennt. Feiner, dunkelgrauer Ton, auf der Ober- und Unterseite Mörtelspuren. 12,3 × 2 cm. Aus Worms, Herkunft nicht bekannt.
Worms, Museum der Stadt Worms.
c Speyer. Blattbildung ähnlich H 103*b*, jedoch nicht so regelmäßig. Der gegabelte Stiel ragt rechts nur mit einer Linie über das sehr breite Oval. Dunkelgrauer Ton. 14,5 × 2,3 cm.
Speyer, Historisches Museum der Pfalz.
d Variante, möglicherweise jedoch ungenaue Zeichnung. Kleiner gegabelter Stiel, Palmetten am Stengelgrund verwachsen. Worms, Stadtmauer am Luginsland, nach 1945 gefunden. O. Böcher, 1958, Heft 7, 2, Abb. 17.
Mainz, Privatbesitz.

H 108 Worms

1. Hälfte 14. Jahrhundert.
Feingemagerter, roter und mittelgrauer Ton. Vertiefte Prägung, Kante senkrecht. 12,8 × 2,4 cm.
Nicht abgebildet.
Variante zu H 107. Die regelmäßigen Blattzacken in eine Linie mit konkaven Bogen aufgelöst. Die Palmetten ganz flach, der Stengel fehlt.
Fundort:
Worms, Herkunft unbekannt.
Worms, Museum der Stadt Worms.

H 109 Worms – Ladenburg – Neu-Bamberg

14. Jahrhundert (a), 15.–16. Jahrhundert (c).
Roter Ton. Vertiefte Prägung. 12,5 × 2,5 cm. Nicht abgebildet.
Späte Prägung des Musters H 99. Das Blatt sehr breit, die Kerben fast zur Wellenlinie aufgelöst.
Fundort:
a Worms, Herkunft unbekannt.
Worms, Museum der Stadt Worms.
b Variante. Verdorbener *Nachschnitt* von H 109. Die Blattzacken in Wellenlinie und asymmetrisch. Grauer Ton. 13 × 13 cm. Ladenburg, Sickinger Hof.
Ladenburg, Lobdengau-Museum.
c Variante. Bruchstück. Sichtbar nur ein breites Blatt mit grobgewellten Blattbogen. Es ist zu erkennen, daß die Palmetten fehlen, ein Eckornament könnte jedoch vorhanden gewesen sein. Dicke 1,8 cm. Neu-Bamberg, Burgruine, 1979 gefunden.
Mainz, Privatbesitz.

H 110 Lorsch – Worms

Nach 1358 (a), 3. Viertel 14. Jahrhundert.
Roter Ton. Vertiefte Prägung, Bruchstück. 13 × 2,2 cm.
Schmales Spitzoval C mit grobem, dreigezacktem Blatt, das fast wie aneinandergereihte Eckquadrate wirkt. In den Ecken flache Palmetten auf gemeinsamem Stengel.
Fundort:
a Lorsch, ehem. Benediktinerkloster, bei den Grabungen 1928–32 gefunden.
Darmstadt, Hessisches Landesmuseum.
b Vermutlich aus Worms, Herkunft unbekannt. Hellroter Ton, dunkler gefärbt. 13 × 1,7 cm.
Worms, Museum der Stadt Worms.

H 111 Worms

3. Viertel 14. Jahrhundert.
Feinkörniger, gelblichroter und hellroter Ton. Flachrelief. 12,5 × 2 cm.
Spitzoval A mit breitem Eichblatt mit fünf Zacken, Mittelrippe und Seitenrippen in zartem Relief aufgelegt. Der kleine Stiel gegabelt, die groben Palmetten in das Viertel eines Viersterns einbeschrieben. Dazwischen kleiner Dreistern mit drei Punkten.
Fundort:
Aus Worms, Herkunft unbekannt.
Worms, Museum der Stadt Worms.

H 112 Biedesheim – Lorsch – Mauchenheim – Speyer – Worms

3. Viertel 14. Jahrhundert, nach 1358? (b).
Tonfarbe und Maße unbekannt. Flachrelief.
Variante von H 111. Das Blatt schmaler, mit sechs Zacken; an der Stelle des Dreisterns kleines Dreieck.
Fundort:
a Biedesheim, ev. Pfarrkirche, bei der Restaurierung 1965–66 aufgedeckt und an Ort und Stelle belassen.
b Lorsch, ehem. Benediktinerkloster, bei den Grabungen 1928–32 gefunden. Rötlichgrauer und roter Ton mit Spuren pflanzlicher Einschlüsse. 13 × 2 und 12,8 × 2,5 cm.
Darmstadt, Hessisches Landesmuseum.
c Mauchenheim, am Abhang des Sioner Klosterberges (ehem. Zisterzienserinnenkloster Sion) 1969 gefunden. Rotbrauner Ton. Bruchstück. Kante senkrecht. Dicke 2 cm.
Speyer, Landesamt für Denkmalpflege.
d Speyer, auf dem Gelände des ehem. Klosters St. German, bei Grabungen 1960 gefunden. Hellroter Ton. Bruchstück. 12,3 × 2 cm.
Speyer, Landesamt für Denkmalpflege.
e Worms, vermutlich dies die Fliese aus der Domberg-Grabung I, 1935[1].
Worms, Museum der Stadt Worms, z. Z. nicht auffindbar.
f Variante mit breiterem Blatt. Grauer und roter Ton. 13 × 12,5 × 2 cm. Fundort unbekannt.
Dortmund, Museum für Kunst und Kulturgeschichte.

---

1 P. T. Kessler, 79, Abb. 8. Möglicherweise nur ungenaue Zeichnung.

H 113 Worms

3. Viertel 14. Jahrhundert.
Feingemagerter, hellroter Ton. Flachrelief, Kante senkrecht, Bruchstück. 12,2 × 2,2 cm. Nicht abgebildet.
Variante von H 112 mit noch schmalerem Blatt.
Fundort:
Worms, Hintere Judengasse 6, bei Grabungen am 24. 1. 1969 gefunden.
Worms, Museum der Stadt Worms.

H 114 Heidelberg – Lorsch – Sandhausen

3. Viertel 14. Jahrhundert.
Gelbgrauer Ton. Flachrelief. 12,2 × 12,5 cm. Nicht abgebildet.
Spitzoval A, ein schmales Oval einbeschrieben. Eichblatt mit fünf gleichmäßigen Blattbogen und kleinem, gegabeltem Stiel. Die Eckpalmetten dem Oval und dem Fliesenrand anliegend.
Fundort:
a Heiligenberg über Heidelberg, Michaelsbasilika, bei Grabung 1965 gefunden.
Heidelberg, Kurpfälzisches Museum.
b Lorsch, ehem. Benediktinerkloster, bei der Grabung 1928–32 gefunden. Hellroter Ton mit Resten von pflanzlichen Einschlüssen. 12,5 × 2,2 cm.
Darmstadt, Hessisches Landesmuseum.
c Sandhausen, an der Stelle der ehem. Wasserburg 1896 gefunden.
Karlsruhe, Badisches Landesmuseum.

H 115 Ladenburg – Speyer – Mainz

3. Viertel 14. Jahrhundert.
Mittelgrauer Ton, an der Oberfläche bräunlich. Flachrelief. 12,2 × 2,4 cm. Nicht abgebildet.
Variante von H 114. Das unterste Blatt mit rechtwinkliger Blattzacke, die Palmetten stärker gewölbt. Oval ohne Innenlinie.
Fundort:
a Ladenburg, Jesuitenhof, 1890 beim Fundamentieren eines Hauses in einer mittelalterlichen Abfallgrube gefunden.
Mannheim, Städt. Reiß-Museum.
b Vermutlich aus Speyer, Herkunft unbekannt. Roter Ton. 13,5 × 2,5 cm. Nicht mit demselben Model geprägt.
Speyer, Historisches Museum der Pfalz.
c Variante. Vergröberte Form mit vier Blattzacken mit flach abfallenden Schultern. Hellgelblicher Ton. 12,5 × 3 cm. Mainz, Herkunft unbekannt, 1977 gefunden.
Köln, Privatbesitz.

H 116 Biedesheim – Eberbach – Lörzweiler – Mainz – Rüdesheim – Worms

Mitte – 3. Viertel 14. Jahrhundert.
Tonfarbe und Maße unbekannt. Flachrelief.
Spitzoval A mit gleichmäßig schmalem Blatt mit sechs Zacken und breiter Mittelrippe. Das Dreieck flacher, mit einer dünnen Linie das Oval begleitend, die Palmetten sorgfältig geschnitten.
Fundort:
a Biedesheim, ev. Pfarrkirche St. Andreas, bei der Restaurierung 1965–66 aufgedeckt und an Ort und Stelle belassen.
b Eberbach, ehem. Zisterzienserkloster, Einzelfliese, Herkunft unbekannt. Graurötlicher Ton. Kante senkrecht. 12 × 2,2 cm.
Eberbach, Lapidarium.
c Lörzweiler, kath. Pfarrkirche St. Michael, bei der Restaurierung 1969 unter dem heutigen Fußboden gefunden.
Mainz, Landesamt für Denkmalpflege.
d Mainz, Herkunft unbekannt. Zeichnung übereinstimmend, Model weniger sorgfältig geschnitten. Mittelgrauer Ton. 11,5 × 2 cm.
Mainz, Mittelrheinisches Landesmuseum.
e Rüdesheim, Burg ‚auf der Lach', bei der Ausgrabung 1959 im Schutt gefunden. Hellgrauer, weißlichgrauer, dunkelgrauer, gelblichroter und roter Ton. Kante senkrecht. 12 × 2,5 cm.
Rüdesheim, Rheingauer Museum.
f Worms, Herkunft unbekannt, nach 1922 gefunden. Hellrötlicher Ton.
Worms, Museum der Stadt Worms.
g Unbekannt. Roter Ton. 12 × 2,5 cm.
Dortmund, Museum für Kunst und Kulturgeschichte.
h Variante. Blatt noch schmaler, mit Mittel- und Seitenrippen. Grünlichgrauer, hellgrauer, dunkelgrauer und rötlicher Ton. 11,8 × 1,6 cm. Aus Worms, Herkunft unbekannt, nach 1922 gefunden.
Worms, Museum der Stadt Worms.

H 117 Boppard

Nach der Mitte des 14. Jahrhunderts.
Graugelblicher Ton. Vertiefte Prägung, abgetreten. 12,5 × 2 cm.
Spitzoval B mit schmalem, spitzgezacktem Blatt mit vier Zakken, die Eckpalmetten bis zum Stielgrund eingekerbt.
Fundort:
Boppard, Walpurgiskapelle, an der Stelle der 1839 abgebrochenen Kapelle gefunden.
Boppard, Heimatmuseum.

H 118 Worms

1. Hälfte 14. Jahrhundert.
Sehr feiner, mittelgrauer Ton. Vertiefte Prägung, Kante leicht schräg. 12,5 × 11,7 × 2 cm. Nicht abgebildet.
Schmales Blatt in Spitzoval, der Stengel durch Blattzacke ersetzt, zu beiden Seiten kleiner Dreistern.
Fundort:
Worms, Herkunft unbekannt, nach 1922 gefunden.
Worms, Museum der Stadt Worms.

H 119 Biedesheim – Hohenfels – Lorsch? – Mainz – Randeck – Rüdesheim – Worms

2. Viertel – Mitte 14. Jahrhundert, vor 1351 (c).
Tonfarbe und Maße unbekannt. Flachrelief.
Spitzoval C mit schmalem, vierfach gezacktem Blatt, die untersten Blätter asymmetrisch aufgewölbt. Der Stiel schräg angesetzt, verschieden lang gegabelt, darunter kleine Raute. Palmetten mit drei Bogen flach den Ovalrand begleitend.
Fundort:
a Biedesheim, ev. Pfarrkirche St. Andreas, bei Grabungen 1965–66 in situ aufgedeckt und an Ort und Stelle belassen.
b Variante. Neben der Blattspitze zwei schmale spitze Blättchen, das Blatt breiter, die Gabelung gleichmäßiger. Alle anderen Angaben wie H 119*a*.
c Prägung H 119*a*. Burg Hohenfels bei Imsbach, bei der Ausgrabung des fast verschwundenen Burgstalls 1932–33 gefunden. Rotbrauner Ton. 11,6 × 2,5 cm.
Kirchheimbolanden, Heimatmuseum.
d Unbekannt. Das Aussehen des Scherbens weist auf eine Herkunft aus Kloster Lorsch. Grauer Ton mit Einschlüssen, hellgelblichroter Ton. 12 × 1,6 cm.
Darmstadt, Hessisches Landesmuseum.
e Mainz, Herkunft unbekannt. Nicht mit demselben Model geschnitten, Palmetten schmaler. Gelblichroter Ton. 12 × 2 cm.
Mainz, Mittelrheinisches Landesmuseum.

f Randeck, Burgruine, 1979 gefunden, Bruchstück. Blattbögen unregelmäßig gegeneinander verschoben. Es ist nicht sicher, ob dieses Blatt einen gegabelten Stengel zeigt. Grauer Ton. Dicke 1,9 cm.
Mannweiler-Cölln, Heimatmuseum.
g Rüdesheim, Burg ‚auf der Lach', bei der Ausgrabung 1959 im Schutt gefunden. Hellgrauer und roter Ton.
Rüdesheim, Rheingauer Museum.
h Worms, Hintere Judengasse 6, 1969 gefunden. *Variante.* Gabelung übereinstimmend, Blatt breiter. Hellroter, feingemagerter Ton, teilweise im Brand verzogen. Kante leicht schräg. 12 × 2 cm.
Worms, Museum der Stadt Worms.
i Worms, Herkunft unbekannt. *Variante,* die unteren Blätter gerundet, die Blattspitze mit dem nächsten Bogen verschmolzen. Roter und mittelgrauer Ton. 12,2 × 2,3 cm.
Worms, Museum der Stadt Worms.
j Worms, Bergkloster, Andreasring, bei Grabungen 1961 in einer Abfallgrube geborgen. *Variante.* Blatt sehr schmal, auf der linken Seite ein kreisförmiges Astloch des Holzmodels ausgebrochen. Diese Fliese wurde auch schon vor 1922 gefunden. E. Grill, Taf. 3, 87.
Worms, Museum der Stadt Worms.

H 120 Goddelau – Mainz – Rüdesheim – Speyer – Worms

15. Jahrhundert, einige Prägungen wohl 14. Jahrhundert.
Ocker-hellbrauner Ton. Flachrelief. 12 × 2,5 cm.
Variante von H 119. Spitzoval C. Der gegabelte Stengel aufgebogen, die Blattzacken ganz unregelmäßig und asymmetrisch, die Palmetten auf gemeinsamem Stengel, jedoch mit regelmäßigen Blattbögen. Keine der folgenden Fliesen mit demselben Model geprägt, die Abweichungen geringfügig.
Fundort:
a Goddelau, ev. Pfarrkirche, 1979 beim Einbau einer Fußbodenheizung gefunden.
Darmstadt, Privatbesitz.
b Mainz, Herkunft unbekannt, 1977 bei Bauarbeiten gefunden. Roter Ton mit grauer Mantelung.
Köln, Privatbesitz.
c Rüdesheim, Burg ‚auf der Lach', bei der Ausgrabung 1959 im Schutt gefunden. Hellroter, roter und dunkelgrauer Ton, Kante leicht schräg. 12 × 3 cm. Mit zwei verschiedenen, leicht von einander abweichenden Modeln geprägt.
Rüdesheim, Rheingauer Museum.
d Speyer, Berghauser Straße. Roter Ton. 12 × 12 cm. Blattbildung der beiden übergroßen Blattbogen symmetrisch.
Speyer, Historisches Museum der Pfalz.
e Worms, Herkunft unbekannt, vor 1922 gefunden. E. Grill, Taf. 3, 86. Hellgrauer, grünlichgrauer, dunkelgrauer, gelblicher und rötlicher Ton. Fliesen entweder stark oder gar nicht abgenutzt. 12,7 × 2,6 cm.
Worms, Museum der Stadt Worms.
f Worms, Bergkloster, Andreasring, bei Grabungen 1961 in einer Abfallgrube gefunden.
Worms, Museum der Stadt Worms.

H 121 Speyer – Worms – Rüdesheim

15.–16. Jahrhundert?
Roter und grauer Ton. Flachrelief. 11,5 × 2 cm.
Verdorbener *Nachschnitt* des Musters H 120. Doppeltes Spitzoval mit unregelmäßig gezacktem dreiteiligem Blatt, die Palmetten in dünnen Strichen.
Fundort:
a Vermutlich aus Speyer, Herkunft unbekannt.
Speyer, Historisches Museum der Pfalz.
b Worms, Herkunft unbekannt. Rötlichrosa Ton. Senkrechte Kante. 11,8 × 2,5 cm.
Worms, Museum der Stadt Worms.
c Rüdesheim, Pfarrkirche St. Jakob, beim Wiederaufbau 1949 gefunden. *Variante* mit groben Eckpalmetten.
Rüdesheim, Rheingauer Museum.

H 122 Rosenthal – Worms

Um 1480? (a).
Rötlicher Ton. Flachrelief. Bruchstücke. Nicht abgebildet.
Später *Nachschnitt* einer Fliese vom Typus H 93. Die Blattbögen fast wellenförmig verlaufend, der Stengel rechtwinklig gegabelt, die flachen asymmetrischen Palmetten kaum gekerbt und sehr kurz.
Fundort:
a Rosenthalerhof, ehem. Zisterzienserinnenkloster Maria im Rosenthal, 1983 bei Sicherungsarbeiten gefunden.
Eisenberg, Historischer Verein für Rosenthal und Umgebung.
b Worms, Herkunft unbekannt. Rötlichgrauer Ton. Kante senkrecht. 13 × 2,2 cm.
Worms, Museum der Stadt Worms.

H 123 Worms

1. Hälfte 14. Jahrhundert.
Feingemagerter, mittelgrauer Ton. Vertiefte Prägung, Kante leicht schräg. 14 × 2,3 cm. Nicht abgebildet.
Variante zu H 92. Blattzeichnung und Palmetten übereinstimmend, der gegabelte Stengel überschneidet das Oval auf der rechten Seite.
Fundort:
Worms, Herkunft unbekannt.
Worms, Museum der Stadt Worms.

H 124 Worms

14.–15. Jahrhundert.
Feingemagerter, mittelgrauer Ton mit Einschlüssen. Flachrelief, kaum abgetreten. Kante senkrecht. 12,2 × 2,4 cm. Nicht abgebildet.
Später *Nachschnitt* einer Fliese ähnlich H 110.
Der Stengel fehlt, zu beiden Seiten Blattspitzen, die Eckpalmetten getrennt.
Fundort:
Worms, Herkunft unbekannt.
Worms, Museum der Stadt Worms.

H 125 Speyer – Worms

14.–15. Jahrhundert.
Roter Ton. Vertiefte Prägung mit Reliefwirkung. 12 × 2,5 cm. Nicht abgebildet.
Später *Nachschnitt.* Die Blattbogen ähnlich H 116, jedoch sehr unregelmäßig. Die seitlichen Palmetten fast im rechten Winkel abgeknickt, an der Unterseite statt der Blattbogen nur Wellenlinie.

Fundort:
a Speyer, Herkunft unbekannt.
Speyer, Historisches Museum der Pfalz.
b Worms, Herkunft unbekannt. *Variante.* Das Spitzoval schmaler, die Unterkante der Palmetten gezackt. Braunrötlicher Ton, Kante fast senkrecht. 12 × 2 cm.
Worms, Museum der Stadt Worms.

H 126 Mainz – Worms

14. Jahrhundert.
Grauer Ton. Vertiefte Prägung. Kante fast senkrecht. 11,8 × 1,8 cm. Nicht abgebildet.
Später *Nachschnitt* einer Fliese ähnlich H 106, ohne Stengel, beide Blattspitzen ähnlich gebildet, grobgezackte Palmetten.
Fundort:
a Mainz, Herkunft unbekannt, bei Bauarbeiten 1977 gefunden.
Köln, Privatbesitz.
b Worms, Herkunft unbekannt. Mittelgrauer, feingemagerter Ton, Farbe im Scherben wechselnd.
Worms, Museum der Stadt Worms.

H 127 Hessen

Ende 13. – 1. Hälfte 14. Jahrhundert.
Schwarzgrauer Ton. Vertiefte Prägung. 11,7 × 1,6/2 cm. Nicht abgebildet.
Breites Spitzoval B mit breitem Blatt ähnlich H 117. Die Palmetten bilden kaum mehr Bogen, sondern eher Wellenlinien.
Fundort:
Unbekannt, jedoch aus Hessen.
Darmstadt, Slg. Peter Weyrauch.

H 128 Worms

14. Jahrhundert.
Roter Ton. Vertiefte Prägung. 11,5 × 2 cm.
Spitzoval C mit Eichblatt. Mittelrippe und die bis zum Rand laufenden Seitenrippen gliedern das Blatt in Einzelteile. Flach ausgebreitete Palmetten mit gezackten Rändern.
Fundort:
a Worms, Herkunft unbekannt (vor 1952).
b Worms, Herrenkeller, bei Grabungen 1952 gefunden. Weißlichgelber, im Bruch graugelber Ton. 13 × 2,7 cm.
Worms, Museum der Stadt Worms (*a* und *b*).

Spitzovale mit Eichblatt

H 129 Kürnbach

Um 1500.
Roter, feingemagerter und hartgebrannter Ton. Flachrelief, besonders sorgfältig geschnittener Model. 15,6 × 3,5 cm.
Spitzoval A mit schönem, tiefgekerbtem Blatt. Die gerade Mittelrippe und die leicht gewölbten Seitenrippen liegen auf dem Blatt als Binnenzeichnung. In den Ecken heraldische Lilien mit durchgehend geteilten Kelchblättern und waagrechtem Schaftring. Am Stengelansatz kleine Astroide.
Fundort:
Kürnbach, bei einer Brunnengrabung 1957 gefunden.
Karlsruhe, Landesdenkmalamt Baden-Württemberg.

H 130 Freiburg

15. Jahrhundert?
Tonfarbe und Maße unbekannt. Flachrelief. Nicht abgebildet.
Variante von H 129 mit nur acht Blattzacken, in den Ecken Viertel einer Rosette.
Fundort:
Unbekannt, aus Freiburg[1].
Verbleib nicht zu ermitteln.

1 Freiburg, Stadt und Bauten, 15. Die Fliese wird ohne Herkunftsangabe und Kommentar abgebildet, sie muß jedoch aus Freiburg stammen.

H 131 Sindelfingen

15. Jahrhundert.
Roter Ton. Flachrelief, abgetreten. 14,5 × 3 cm.
Sehr dünnes Spitzoval A mit gefiedertem Blatt mit acht Blattpaaren. Die Einzelblätter jedoch nicht in der Form eines Kielbogens, sondern eher sichelförmig gewölbt. In den Ecken grobe Lilien. Kelch und Kelchzipfel symmetrisch gebildet wie bei S 2.
Fundort:
Sindelfingen, 1973 beim Abbruch des Hauses Ziegelstraße 20 gefunden.
Sindelfingen, Stadtmuseum.

H 132 Ulm

3. Viertel 14. Jahrhundert.
Roter Ton. Vertiefte Prägung, das Blatt als Flachrelief. 18,5 × 3,5 cm.
Spitzoval A mit Eichblatt mit gerader Mittelrippe und leicht gewölbten Seitenrippen, in einem Dreieck endigend. Die Blattzacken in fast gleichmäßiger Wellenlinie. Von der Mitte des Ovalrandes zur Ecke aufsteigende Lilienstäbe mit sehr kleinen Lilien.
Fundort:
a Ulm, nach K. Haßler, Taf. XI, 2 aus einem Ulmer Privathaus[1].
Stuttgart, Württembergisches Landesmuseum.
Ulm, Privatbesitz (mit Spuren von Glasur, 18 × 3 cm).
b Ulm, nach M. Schefold, 55, Abb. 7, aus dem Reichenauer

Hof in Ulm. Dort heute in dieser Form nicht mehr vorhanden. Möglicherweise mit H135 verwechselt.

1 K. Hassler gibt die Maße als 10,8 × 10,8 und 10 × 10 cm an. Eine Fliese dieser Größe hat sich nirgends erhalten, die Zeichnung scheint außerdem ungenau.

H133 Ulm

1. Hälfte 15. Jahrhundert.
Hellroter Ton. Wechsel von vertiefter Prägung zu Flachrelief, Kante stark schräg. 18 × 4 cm. Nicht abgebildet.
Variante zu H132. Obwohl die Zeichnung kaum verändert ist, ergibt sich doch ein ganz verschiedenes Bild. Oval breiter, die Blattzacken wie bei einem echten Eichblatt eingezogen.
Fundort:
a Ulm, Herkunft unbekannt.
München, Bayerisches Nationalmuseum.
b Ulm, in Stein am Rhein, Benediktinerkloster St. Georgen, im Vorraum des Erdgeschosses in den Boden eingelassen, im 19. Jahrhundert gefunden.
c Ulm, ehem. Haus Schad, Münsterplatz 13, beim Wiederaufbau 1969 gefunden.
Ulm, Ulmer Museum.

H134 Altenberg/Dhünn

2. Hälfte – Ende 16. Jahrhundert.
Graurötlicher Ton mit dunkelgrüner Glasur, auch an den senkrechten Kanten. Bruchstücke auch mit brauner Glasur. Flachrelief. 14 × 2,5 cm. Nicht abgebildet.
Spitzoval mit ähnlichem Eichblatt wie H133. Vier Blattpaare, die Rippen etwas breiter, die Blattspitzen nicht kielbogenförmig, sondern fast waagrecht. In den Ecken Bekrönung ähnlich H142, doch sehr viel gröber ausgeführt.
Fundort:
a Altenberg/Dhünn, ehem. Zisterzienserkloster, bei der Grabung 1974 im Kreuzgang gefunden.
G. Binding [u. a.], 36, Abb. 25.
Bonn, Rheinisches Landesmuseum.
b Bruchstück einer anderen, möglicherweise ähnlichen Fliese. Sichtbar sind nur ein Teil des Ovals und eine heraldische Lilie in der Ecke. Fundort wie H134*a*. Abb. s. o., 36 links oben.
Bonn, Rheinisches Landesmuseum.

H135 Ulm

Um 1380.
Roter Ton. Flachrelief, Holzmodel gebrochen. 14 × 4,5 cm.
Spitzoval A mit Eichblatt, dessen Rand kielbogenförmig gezackt ist. Blattrippen und Stiel mit H132 übereinstimmend, in den Ecken sehr kleine Vierpaßviertel.
Fundort:
a Ulm, Reichenauer Hof, in situ, weitere Fliesen im Ulmer Museum.
b Ulm, möglicherweise aus einem anderen Fundort, am Stengelgrund kleines Dreieck.
Stuttgart, Württembergisches Landesmuseum.

H136 Riedlingen

1486?
Roter Ton. Vertiefte Prägung. 17 × 3 cm.
Variante von H135. Das Blatt übereinstimmend, das Spitzoval fehlt. In der Ecke Viertel einer Margeritenblüte. Nicht abgebildet.
Fundort:
Riedlingen, kath. Stadtpfarrkirche St. Georg, Chor, vor 1888 entfernt. P. Keppler, 284.
Riedlingen, Heimatmuseum.

H137 Ulm

4. Viertel 14. – Anfang 15. Jahrhundert.
Bräunlicher Ton. Vertiefte Prägung, Bruchstück. 15,5 × 2,8 cm. Nicht abgebildet.
Blatt übereinstimmend mit H135*a*, jedoch nicht so sorgfältig gekerbt. Die Seitenrippen treffen nicht in der Mitte des Kielbogens auf. In den Ecken Viertel einer breiten Rosette, die das Oval fast berührt.
Fundort:
a Ulm, Herkunft unbekannt.
Ulm, Privatbesitz.
b Unbekannt, vermutlich ebenfalls aus Ulm. Roter Ton. 16,5 × 3 cm.
Stuttgart, Württembergisches Landesmuseum.

H138 Melchingen

1. Hälfte 15. Jahrhundert?
Roter Ton. Vertiefte Prägung, Bruchstücke. Dicke 3–4 cm. Nicht abgebildet.
Variante von H135. Oval und Blatt übereinstimmend. In der Ecke kleiner, fast geschlossener Kreisbogen, darauf, zur Mitte gerichtet, Eichel, gerahmt von Kleeblättern. Den Ovalrand begleitend, je die Hälfte einer heraldischen Lilie.
Fundort:
Melchingen, Burgruine, 1976 bei der Restaurierung Bruchstücke im Schutt gefunden. Weitere Fliesen in einer Fensternische des Obergeschosses in situ.
Melchingen, Rathaus.
Filderstadt, Privatbesitz.

H139 Ulm – Ulm-Söflingen

4. Viertel 14. Jahrundert – 1. Hälfte 15. Jahrhundert.
Roter Ton. Vertiefte Prägung, Blatt als Flachrelief. 14 × 3,5 cm.
Nachschnitt von H135 in schmalerem Oval, mit kleinem Kreuz unter dem gegabelten Stiel. In den Ecken Viertel einer kleinen, achtstrahligen Blüte.
Fundort:
a Ulm, Chor der Dreifaltigkeitskirche[1], nach 1944 gefunden, 1981 erneut geborgen. A. Klaiber, R. Wortmann, 666.
Ulm, Ulmer Museum.
Ulm, Privatbesitz.
b Ulm-Söflingen, ehem. Klarissinnenkloster, noch nicht von Weser, sondern erst bei Grabungen 1955 gefunden. H. A. Klaiber, R. Wortmann, 665, Abb. 601, Nr. 17.
Ulm, Ulmer Museum.
c Aus Ulm, Stein am Rhein, Kloster St. Georgen, Vorraum des Obergeschosses, Fund des 19. Jahrhunderts.

1 Die Diskrepanz zwischen Baudaten des Fundorts (um 1321 erbaut) und Muster (kaum vor 1370 möglich) entstand möglicherweise durch die spätere Verlegung gut erhaltener Fliesenreste im Chor.

H 140 Langenau

Nach 1389 – 1. Hälfte 15. Jahrhundert.
Roter, grobgemagerter Ton mit bräunlicher Glasur. Gröbere Prägung. 14 × 3,5 cm. Nicht abgebildet.
Variante von H 139. Die Mittellinie nicht ein durchlaufender Strich, sondern aus den tief ansetzenden Seitenrippen gebildet, Oval breiter. Herzviertel bis fast an den Ovalrand reichend.
Fundort:
Langenau, ev. Stadtpfarrkirche St. Martin und Maria, bei Grabungen 1961–62 gefunden.
Stuttgart, Landesdenkmalamt Baden-Württemberg.

H 141 Langenau – Hörvelsingen – Leipheim

Nach 1389 – 1. Hälfte 15. Jahrhundert.
Roter, grobgemagerter Ton mit bräunlicher Glasur. Vertiefte, grobe Prägung. 14,5 × 3,5 cm.
Variante von H 140. Die Mittelrippe leicht gewellt.
Fundort:
a Langenau, ev. Stadtpfarrkirche St. Martin und Maria, bei Grabungen 1961–62 gefunden. H. A. Klaiber, R. Wortmann, S. 355, Abb. 281.
Stuttgart, Landesdenkmalamt Baden-Württemberg.
b Langenau-Hörvelsingen, ev. Pfarrkirche St. Martin, 1963 gefunden. H. A. Klaiber, R. Wortmann, 285, Abb. 220.
Verbleib unbekannt.
c Leipheim, ev. Pfarrkirche St. Veit, in 2. Lage in einem Abstellraum über der Sakristei.
München, Bayerisches Landesamt für Denkmalpflege.
Weitere Fliesen verstreut in Privatbesitz.

H 142 Ulm

1. Hälfte – Mitte 15. Jahrhundert.
Roter, feingemagerter Ton. Sehr flaches Relief, in den Vertiefungen Spuren einer dunkelbraunen Glasur. 19,2 × 3 cm.
Spitzoval A mit breitem Eichblatt vom Typus H 133, die Blattzacken etwas tiefer eingebuchtet. Gerade Mittelrippe, zarte, leicht gewellte Seitenrippen. In der Mitte des Ovalrandes kronenartiger Aufsatz, der in der Zusammensetzung von vier Fliesen ein Fischblasenornament mit eingezogenen Kreuzblumen ergibt.
Fundort:
a Ulm, Sammlungsstift (zu einem später verlegten Boden gehörend), K. Haßler, Taf. XVII, 2.
Stuttgart, Württembergisches Landesmuseum.
b Aus Ulm, Herkunft unbekannt, im 19. Jahrhundert gefunden. Hellziegelrot. Stark abgetreten.
Stein am Rhein, Kloster St. Georgen.
c Aus Ulm, Privathaus, möglicherweise analog zu H 133 aus dem Haus Schad, Münsterplatz 13, vor 1901 gefunden. R. Forrer, 1901, Taf. 28, 3.
London, Victoria and Albert Museum.
Ulm, Ulmer Museum.

H 143 Reutlingen – Upflamör – Zwiefalten

Letztes Jahrzehnt 15. Jahrhundert.
Ziegelroter Ton mit Brandschwärzung. Flachrelief durch besonders breite Rillen. 15,5 × 4 cm.
Variante ähnlich H 135*a*. Die gewölbten Seitenrippen endigen nicht in der Blattmitte, sondern in den Wölbungen. Zwei verschiedene Eckornamente. Diese ergeben in der Zusammensetzung einen Blattstern mit Mittelkreis und scharf gezähnten Rändern und einen zweiten mit derselben Eichblattrandung.
Fundort:
a Reutlingen, Spitalhof, bei Sanierungsarbeiten 1979 im Mauerwerk des 1. Obergeschosses gefunden. H. Dahlhelm v. 30. 10. 1979.
Reutlingen, Heimatmuseum.
b Reutlingen, 1964 beim Abbruch eines Weinberghäuschens im Gewann Betzenried gefunden[1]. 17 × 4 cm.
Reutlingen, Heimatmuseum.
c Upflamör, Friedhofskapelle, 1975 vor dem Altar neu verlegt.
d Zwiefalten, ehem. Benediktinerkloster, bei Grabungen 1978 an der Stelle des mittelalterlichen Konventbaus gefunden.
Zwiefalten, Privatbesitz.
Ein genauer Vergleich ergibt, daß die Fliesen mit drei verschiedenen Modeln geprägt wurden. Die Fliese H 143*a* ist vermutlich ein mittelalterlicher Tonabdruck, bei dem die Schwindung des Tons nicht berücksichtigt wurde.

1 Freundliche Mitteilung von Herrn Dr. Rainer Canz, Reutlingen.

H 144 Bad Buchau – Eintürnenberg – Schussenried – Wolfegg?

Um 1482, *Nachschnitte* bis 1490/1500.
Roter Ton. Flachrelief. 16 × 4,5 cm.
Spitzoval B mit Schrägkerben, in diesem Eichblatt mit Rand ähnlich H 135*a*, Spitze und Stielansatz symmetrisch gezeichnet. Gerade, aufgelegte Mittelrippe und zahlreiche, leicht gewölbte Seitenrippen. In den Ecken, das Oval begleitend, Viertel einer Sternblüte mit einbeschriebenem Vierpaß.
Fundort:
a Bad Buchau, kath. Stadtpfarrkirche St. Cornelius und Cyprian, bei einer Restaurierung vor dem 1. Weltkrieg gefunden.
Bad Buchau, Federsee-Museum.
b Eintürnenberg, kath. Pfarrkirche St. Martin, bei der Restaurierung 1967 im Seitenschiff gefunden. Dunkelroter Ton. 15,5 × 16 × 4,5 cm.
Stuttgart, Landesdenkmalamt Baden-Württemberg.
c Schussenried, Klosterkirche St. Magnus, 1909 bei Bauarbeiten vor dem Westportal gefunden.
Stuttgart, Württembergisches Landesmuseum.
d Fundort nicht gesichert, jedoch wahrscheinlich aus Schloß Wolfegg.
Wolfegg, Schloß.

H 145 Biberach – Hummertsried – Warthausen

Letztes Jahrzehnt 15. Jahrhundert. Um 1473? (a).
Roter Ton. Flachrelief. 18 × 5 cm und 19 × 4,3 cm. Nicht abgebildet.
Nachschnitt von H 144. Die Blattzacken tiefer eingekerbt, die Mittelrippe gewellt, die Blattspitze nach rechts geneigt. In den Ecken die Blütenrosette mit gekerbtem Viertelskreis und Sternviertel.
Fundort:
a Biberach, Stadtpfarrkirche St. Maria und Martin, bei der Restaurierung 1963–67 im Bauschutt gefunden. Stark abgetreten.
Biberach, Kirchenverwaltung.

b Hummertsried, bei der Ausgrabung des Burgstalls ‚Schlößle' 1968 gefunden. A. Hejna, 37 und Taf. 15 b.
Stuttgart, Landesdenkmalamt Baden-Württemberg.
c Warthausen, kath. Pfarrkirche St. Johannes Ev., bei einer Restaurierung 1979 gefunden.
Biberach, Privatbesitz.

H 146 Ulm – Wain

1498 (a), um 1510 (b).
Rötlichbrauner Ton. Flachrelief. 18,8 × 18,5 cm.
Nachschnitt von H 145. Blatt sehr tief und unregelmäßig gekerbt, die Mittelrippe in leichter S-Schwingung. Das Oval zeigt weniger Schrägkerben, der Viertelskreis keine. Statt des Sterns Blütenviertel in den Ecken.
Fundort:
a Ulm, Ochsenhäuser Hof, bei Restaurierungsarbeiten 1968 und 1969 gefunden. K. Kneer, 1. 4. 1969.
Ulm, Ulmer Museum.
Ulm, Privatbesitz.
b Wain, ev. Pfarrkirche St. Michael, bei der Restaurierung 1966 unter den Ziegelplatten des Chors und im Schutt unter dem Fußboden des Schiffs gefunden. Die Fliesenreste wurden neu verlegt.
Wain, Kirche.

H 147 Ochsenhausen

1495.
Roter Ton. Flachrelief. 19 × 4 cm.
Die Abbildung zeigt nur den Ansatz des Ovals.
Viertelskreis mit Perlband, von einer Ecke senkrecht zur Mitte aufsteigend Oval mit Blatt wie H 144. Dieses Oval gerahmt von je einem Halbkreis aus zwei Ringen mit der Hälfte einer Rose. Die freie Fläche mit Blattornament mit tief eingezogenen Spitzen gefüllt. Über dem Viertelskreis Blattornament, dessen Innenkante einen flach gewölbten Zahnschnittbogen zeigt, in der Ecke herzförmiges Blütenviertel.
Fundort:
Ochsenhausen, ehem. Benediktinerkloster, bei der Restaurierung 1979–84 im Kreuzgang gefunden.
Biberach, Privatbesitz.
Ulm, Privatbesitz.
Ulm, Staatl. Hochbauamt.

H 148 Schaffhausen

2. Hälfte 15. Jahrhundert.
Dunkelroter, stark gebrannter Ton. Flachrelief und vertiefte Prägung. 14 × 2,5 cm.
Spitzoval B mit kleinen Punkten gesäumt, das Innenoval fast ganz mit Eichblatt des Musters H 142 ausgefüllt. Mittelrippe in zarter Wellenlinie. Auf dem Ovalrand zur Ecke gewandte Nasen, die in der Zusammensetzung einen Vierstern mit ‚Malteserkreuz' ergeben.
Fundort:
a Schaffhausen, Haus ‚Zur Treu'.
Zürich, Schweizerisches Landesmuseum.
b unbekannt, möglicherweise vom selben Fundort.
Freiburg, Städtische Museen, Augustinermuseum.

H 149 Schaffhausen – Stein am Rhein

Um 1500–1525.
Roter, feingemagerter Ton. Flachrelief. Die Binnenzeichnung vermutlich durch Abnützung verloren. 15 × 3 cm.
Nachschnitt von H 148. Oval in Strichform, breites Blatt mit sechs Blattzacken. Die Nase in Pfeilform, von zwei Eichblatthälften gerahmt.
Fundort:
a Schaffhausen, Klosterkirche Allerheiligen, bei Grabungen 1951–52 im Chor gefunden. W. Drack, 1957, Taf. 14, Abb. 70.
Schaffhausen, Museum zu Allerheiligen.
b Stein am Rhein, Benediktinerkloster St. Georgen, in situ in Raum 25. Der ganze Fliesenboden erhalten. Braune und gelbe Glasur.

H 150 Konstanz

4. Viertel 15. Jahrhundert – um 1500.
Roter Ton. Flachrelief, Kante schräg. 15,5 × 3,5 cm.
Nachschnitt, eine Mischung der Muster H 148 und H 149. Blatt gleich breit wie H 149, jedoch mit fünf Zacken, Oval und Eckornament mit H 148 übereinstimmend.
Fundort:
a Konstanz, Herkunft nicht mehr bekannt, vermutlich dies die Fliesen aus dem Haus Marktstätte 24[1].
Konstanz, Rosgartenmuseum.
b Dieselben Fliesen sollen vor 1906, jedoch „bunt und glasiert" im Haus Kanzleistraße 20, Konstanz, gefunden worden sein[2].
Verbleib nicht zu ermitteln.
c Unbekannt, jedoch wohl aus Konstanz.
Darmstadt, Hessisches Landesmuseum.
Luzern, Historisches Museum (gelbbräunlicher Ton).

1 F. Hirsch, 218–219 erwähnt: „Kleine quadratische ornamentierte Bodenplättchen aus gebranntem Ton von 15 cm Größe, von denen vier Stück sich zu einer Figur vereinigen lassen, liegen im 3. Stock des Hauses Marktstätte 24 . . . Sie sind im Rosgarten-Museum aufbewahrt und werden dem 15. Jahrhundert zugeschrieben." Da sich sonst kaum Fliesen unbekannter Herkunft (ausgenommen solche des 13. Jh.) im Museum befinden, könnte es sich um diese Fliesen handeln.
2 Vgl. Fundortkat.

H 151 Urspring

Um 1520?
Hellroter Ton. Flachrelief. Kante schräg. 18,5 × 3,2 cm.
Sehr breites Oval mit Blatt ähnlich H 150, die gewellte Mittelrippe vertieft, die ebenfalls gewellten Seitenrippen in vier Blattbogen mündend. In den Ecken winzige Viertelskreise.
Fundort:
Urspring, ehem. Benediktinerinnenkloster, 1981 auf dem Gewann ‚Ochsenweide', dem vermuteten Ort der ehem. Klosterziegelei, gefunden[1].
Biberach, Privatbesitz.

1 Freundlicher Hinweis von Herrn Robert Gerster, Biberach.

H 152 Herbrechtingen

Ende 15. – Anfang 16. Jahrhundert.
Roter, grobgemagerter Ton. Flachrelief mit gerundeten Kanten. 15,5 × 4 cm.

Dreifaches Spitzoval, die beiden äußeren, breiteren Ovale nicht ganz geschlossen. Eichblatt mit stark gewellter Mittellinie, sonst ähnlich H139. In den Ecken Vierpaßviertel mit kleinen Punkten, bei anderen Fliesen fehlen diese.
Fundort:
Herbrechtingen, Propstei des ehem. Augustiner-Chorherrenstiftes, 1913 noch einzelne Fliesen in der Torwartstube, heute nur noch ein Exemplar dort erhalten. E. Gradmann, 1913, 184, Abb. 181.
Stuttgart, Württembergisches Landesmuseum.
Herbrechtingen, Kindergärtnerinnen-Seminar.

H153 Ulm

4. Viertel 15. Jahrhundert.
Roter Ton. Vertiefte Prägung. 17 × 4 cm.
Spitzoval A mit Eichblatt, dessen neun tief eingekerbte Zacken den Ovalrand berühren. Gerade Mittelrippe und gleichmäßig in Zackenmitte endigende gewölbte Seitenrippen. In den Ecken ein aus der Mitte des Ovalrandes aufsteigender Blattstab mit zwei Eicheln.
Fundort:
a Ulm, Herkunft unbekannt.
Ulm, Ulmer Museum.
b Ulm, im 19. Jahrhundert gefunden, in Stein am Rhein, Benediktinerkloster St. Georgen, der Vorraum des Erdgeschosses und Raum 15 des Obergeschosses mit Kopien ausgelegt.

H154 Zwiefalten

Um 1490–1500.
Ziegelroter Ton. Vertiefte Prägung. 18 × 3,2/3,6 cm.
Variante von H153, nicht ganz sicher, ob aus Bruchstücken richtig ergänzt. Das Blatt in der Prägung fast gleich, jedoch symmetrisch gebildet. In der Mitte zwischen zwei Wölbungen je ein Punkt. Die freie Fläche ganz vom Viertel eines Eichblattsterns ausgefüllt. Auch hier je eine kleine Raute zwischen der mittleren Wölbung.
Fundort:
Zwiefalten, ehem. Benediktinerkloster, im Erdgeschoß des Gastbaus bei einer Restaurierung 1973 gefunden.
Zwiefalten, Privatbesitz.

H155 Ulm

4. Viertel 15. Jahrhundert?
Roter Ton. Vertiefte Prägung, das Blatt als Flachrelief. 17 × 4 cm.
Nachschnitt von H154. Oval und Eichelstab unverändert, das schmale Blatt mit grober Blattkante wellenförmig gebogen. Die tief eingegrabenen Blattrippen reichen bis zum Blattrand.
Fundort:
a Ulm, Privathaus, vor 1862 gefunden. K. Haßler, Taf. XIV, 1.
Stuttgart, Württembergisches Landesmuseum.
b Ulm, Haus Platzgasse 31, in situ, vermutlich in zweiter Lage, auf dem Dachboden des Hauses.
c Ulm, Haus Störrengasse 6, beim Abbruch 1978 geborgen.
Ulmer Wohnungs- und Siedlungs GmbH.
Ulm, Privatbesitz.
d Ulm, Auf dem Gelände Neue Gasse – Salzstadel als Lesefund.
Ulm, Privatbesitz.

H156 Neustift?

15. Jahrhundert.
Roter Ton. Flachrelief, kaum abgetreten. 16,8 × 4 cm. Nicht abgebildet.
Variante zu H155. Oval und Eichblatt fast übereinstimmend, in den Ecken Viertel einer Doppelrosette.
Fundort:
Aufgrund der Inventarnummer müßte die Fliese aus dem ehem. Prämonstratenserkloster Neustift stammen. Die Ähnlichkeit mit den Ulmer Prägungen, von denen einige kurz zuvor ins Museum kamen, ist jedoch so groß, daß hier ein Fehler bei der Registrierung vorliegen könnte.
München, Bayerisches Nationalmuseum.

H157 Asch – Schmiechen – Urspring – Zwiefalten

Um 1474 (a), 4. Viertel 15. Jahrhundert.
Roter Ton. Vertiefte Prägung, fast wie eine Ritzzeichnung, jedoch mit Model geprägt. 15,5 × 2,5 cm und 16,4 × 2,7 cm.
Spitzoval A mit schmalem Eichblatt, mit gerader Mittelrippe und gewölbten Seitenrippen. Blattrand aus Halbkreisbogen, in den Ecken Viertel einer Rosette, Herzblätter mit schmaler Spitze.
Fundort:
a Asch, kath. Pfarrkirche Unserer Lieben Frau, bei Grabung 1962 gefunden. E. Landgraf, 1974, 663, Abb. 3,1.
Stuttgart, Landesdenkmalamt Baden-Württemberg.
b Schmiechen, kath. Pfarrkirche St. Vitus, bei der Restaurierung 1890 gefunden und hinter dem Altar neu verlegt. K. Haßler, Taf. VI, 4, abgebildet, im Text jedoch nicht erwähnt.
Ulm, Ulmer Museum.
c Urspring, ehem. Benediktinerinnenkloster, beim Neubau eines Schulgebäudes 1978 gefunden.
Urspring, Urspringschule.
d Zwiefalten, ehem. Benediktinerkloster, 1978 in Bruchstükken zwischen Hof und „Gartenbau“ gefunden. Roter Ton mit Resten von ineinandergelaufener „ockergelber, flaschengrüner, hell- bis dunkelbrauner“ Glasur. 16,5 × 2,2/2,7 cm.
Zwiefalten, Privatbesitz.

H158 Asch – Urspring

Um 1497?
Roter Ton. Flachrelief, Bruchstück. Dicke 2,9 cm. Nicht abgebildet.
Variante, das Blatt H157 als Relief. Die Blattzacken tief eingekerbt, die Seitenrippen leicht verschoben ansetzend. In den Ecken heraldische Lilie mit Rautenkelch.
Fundort:
a Asch, kath. Pfarrkirche Unserer Lieben Frau, bei Grabung 1962 gefunden. E. Landgraf, 1974, 663, Abb. 3,2 und 3,6. Möglicherweise entstand diese Fliese bei dem Versuch, das Eichblattmuster des Schiffes im Chor zu wiederholen.
Stuttgart, Landesdenkmalamt Baden-Württemberg.
b Urspring, beim Neubau eines Schulgebäudes auf dem Gelände des ehem. Benediktinerinnenklosters 1978 gefunden.
Urspring, Urspringschule.

H158.1 Göppingen

4. Viertel 15. Jahrhundert.
Roter Ton, Oberfläche durch leicht gelbliche Glasur braun-

rot. Sehr flaches Relief, Bruchstück. Dicke ca. 3 cm. Nicht abgebildet.
In Spitzoval B ähnliches Blatt wie H158, der Blattrand tief eingebuchtet, seitliche Rippen nicht sichtbar. In der Ecke winziger Viertelskreis.
Fundort:
Göppingen, Oberhofenkirche, bei der Grabung 1980/81 gefunden.
Göppingen, Städtisches Museum.

H159 Entringen

Nach 1452.
Roter Ton. Vertiefte Prägung, grob geschnittener Model. 16 × 3 cm.
Spitzoval A mit Eichblatt, welches die Fläche des Ovals ganz ausfüllt. Gerade Mittelrippe, gewölbte, bis zum Rand reichende Seitenrippen, kaum eingekerbter Blattrand. In den Ecken Viertel einer breiten Herzblattrosette.
Fundort:
a Entringen, kath. Pfarrkirche St. Michael, bei einer Grabung 1967–68 gefunden.
Stuttgart, Landesdenkmalamt Baden-Württemberg.
b Angeblich aus Ulm, im Kunsthandel erworben, „dunkelbraun". 15,5 × 2,8 cm.
Ulm, Privatbesitz.

H160 Kempten

15. Jahrhundert.
Roter, grobgemagerter Ton. Flachrelief durch stark vertiefte Prägung. 14,5 × 3 cm.
Nicht völlig geschlossenes Spitzoval A mit grobem Blatt, die Seitenrippen in verschiedener Höhe ansetzend. Blattrand mit vier Zacken, ein Vierpaßviertel die ganze Ecke füllend.
Fundort:
Kempten, ‚Londoner Hof', Rathausplatz 2. F. L. Baumann, II, 1890, 670, Abb. 430.
Kempten, Allgäuer Heimatmuseum.

H161 Aalen

Ende 14. – 1. Hälfte 15. Jahrhundert.
Roter Ton. Grobe, vertiefte Prägung, Modelrisse sichtbar. 14 × 3 cm.
Die Enden der Kreisbögen überschneiden sich, so daß in der Zusammensetzung sich verschlingende Kreise entstehen. Schmales Spitzoval mit grobem Blatt mit nur 3 Blattpaaren. An den Fliesenseiten je die Hälfte desselben Blatts, zwischen beiden kleiner Dreistern aus Ovalen.
Fundort:
Aalen, St. Johanniskirchlein, bei Grabungen 1973 gefunden.
Aalen, Heimat- und Schubartmuseum.

H162 Jedesheim

Mitte 15. Jahrhundert?
Roter Ton. Flachrelief. 14 × 3,5 cm.
Spitzoval A, außen von zwei nicht bis zur Spitze reichenden Linien gerahmt. Breites Blatt mit auf der Oberfläche liegenden Rippen und nur leicht gewellter Blattkante. In den Ecken Vierblattviertel mit Kreuz.
Fundort:
Jedesheim, beim Abbruch der mittelalterlichen Kirche 1855 gefunden.
Augsburg, Kunstsammlungen.

H163 Künzelsau – Niedernhall – Unterregenbach

Um 1463? (a), 3. Viertel 15. Jahrhundert (b), nicht lange vor 1480 (c).
Roter Ton. Vertiefte Prägung. 18 × 3,5 cm.
Spitzoval B mit sechsfach gezacktem Blatt. Die gerade Mittelrippe und die Seitenrippen durch Doppelstriche gegeben. In den Ecken Viersternviertel, durch Rahmenlinie betont.
Fundort:
a Künzelsau, ev. Pfarrkirche St. Johannes, bei Grabungen 1970 in zweiter Lage aufgedeckt. G. Stachel, 80, Abb. 14, 81, Abb. 15.
Unterregenbach, Privatbesitz.
b Niedernhall, ev. Pfarrkirche St. Laurentius, wohl bei der Restaurierung 1955 gefunden. G. Himmelheber, 255, Abb. 237.
Stuttgart, Landesdenkmalamt Baden-Württemberg.
c Unterregenbach, ev. Pfarrkirche St. Veit, bei den Grabungen 1960–63 gefunden. G. P. Fehring [u. a.], Taf. 70 a.
Stuttgart, Landesdenkmalamt Baden-Württemberg.

H164 Heinsberg – Jülich – Kinzweiler – Lohn

1. Hälfte – Mitte 15. Jahrhundert[1].
Gelbroter Ton mit hellockerfarbiger Glasur. Vertiefte Prägung. 13 × 2 cm.
Spitzoval C mit schmalem, fünfzackigem Blatt, die gerade Mittelrippe und die Seitenrippen auf dem Blatt aufliegend. In den Ecken Vierpaßviertel mit winziger, zur Ecke gekehrter Lilie (Ecklösung der Werkstatt in Langerwehe).
Fundort:
a Heinsberg, ehem. Kanoniker-Stiftskirche St. Gangolph, beim Wiederaufbau 1953 gefunden.
Bonn, Rheinisches Landesmuseum.
b *Variante.* Das Blatt etwas schmaler, ohne Blattrippen, die Blattpaare tütenartig ineinandergesteckt. Oval und Ecklösung wie H164*a*. Jülich, Motte Altenburg, Lesefund. Beschädigt. „Fehlerhafte bräunliche Bleiglasur, an einigen Stellen ins Gelbliche spielend". 12,5 × 2,5 cm.
Langerwehe, Töpferei-Museum.
c Kinzweiler, ehem. Zisterzienserinnenkloster St. Jöris, bei Ausschachtungsarbeiten 1984 auf dem Boden der ehem. Sakristei gefunden.
Kinzweiler, Förderverein Zisterzienserinnenkloster St. Jöris.
d Lohn, kath. Pfarrkirche St. Silvester, 1973 gefunden. Gelblichweißer, feingemagerter Ton mit bräunlicher Glasur. Bruchstücke. Kante leicht schräg. 12 × 2 cm.
Bonn, Rheinisches Landesmuseum.

1 Das Muster geht vermutlich auf eine Vorlage aus der 2. Hälfte des 13. Jh. zurück. Die Glasur spricht für eine Entstehung in späterer Zeit.

Spitzoval mit verschiedenen Blattformen

H165 Kornelimünster – Langerwehe

2. Hälfte 14. Jahrhundert?[1]
Weißlichgelber Ton mit hellcremefarbiger und dunkelbrauner Glasur. Flach vertiefte Prägung, Kante leicht schräg. 12,5 × 2,5 cm.
Spitzoval C mit schmalem Blatt mit gerader Mittelrippe und sechs unregelmäßig, teils spitz, teils rundlicher eingekerbten Zacken. In den Ecken Vierpaßviertel mit winziger Lilie, ähnlich H164.
Fundort:
a Kornelimünster, ehem. Benediktiner-Abteikirche St. Kornelius, bei der Restaurierung 1959–61 auf der Westempore gefunden. Mit gelber und grüner Glasur.
Aachen, Stadtkonservator.
b Langerwehe, ehem. Pfarrkirche St. Martin, 1978 eine Fliese und ein Bruchstück gefunden.
Langerwehe, Töpferei-Museum.

1 Da die Langerweher Töpfer offensichtlich ältere Vorlagen benutzten, ist die Datierung dieser Fliesen besonders schwierig. Möglicherweise wurden die Model sehr lange aufbewahrt. Dieselben Ecklösungen und Glasuren finden sich noch auf Fliesen, die nicht vor der Mitte des 15. Jh. geprägt worden sein können.

H166 Landau

14. Jahrhundert?
Tonfarbe und Maße unbekannt. Vertiefte Prägung. Nicht abgebildet.
Schmales Spitzoval B mit ähnlichem Blatt wie H165. Sieben Blattpaare, nicht ganz so tief und scharf eingekerbt. In den Ecken Viertel eines Doppelkreises mit Margeritenblüte.
Fundort:
Landau, vom Fußboden der abgetragenen Kirche in Landau-Eutzingen. H. Levy, 10.
Landau, Heimatmuseum, seit 1945 verloren.

H167 Altenbaumburg

Nicht datierbar.
Roter Ton. Vertiefte Prägung, Bruchstück. Nicht abgebildet.
Spitzoval, nur der Stengelgrund mit zwei Blattspitzen ähnlich H166 erkennbar, das Muster nicht sicher zu rekonstruieren.
Fundort:
Altenbaumburg, Burgruine, Lesefund.
Altenbaumburg, Burgsammlung.

H168 Entringen

3. Viertel 14. Jahrhundert.
Roter Ton. Vertiefte Prägung. 16,5 × 3 cm.
Spitzoval C, durch eng gereihte Punkte verziert. Schmales Blatt, die Mittelrippe gerade, die Seitenrippen leicht gewölbt, mit langem Blattstiel. In den Ecken punktierte Viertelskreise, das Muster durch Abnützung nicht erkennbar.
Fundort:
Entringen, kath. Pfarrkirche St. Michael, bei einer Grabung 1967–68 gefunden.
Stuttgart, Landesdenkmalamt Baden-Württemberg.

H169 Geislingen

Nach 1396 – Anfang 15. Jahrhundert.
Roter Ton. Vertiefte Prägung. 14 × 3,5 cm.
Schmales Spitzoval A, nicht bis zur Fliesenecke reichend, mit lanzettförmigem, sechsfach gefiedertem Blatt auf dünnem Stengel, die geraden Blattrippen aufliegend. In den Ecken Viertelskreise, von der Mitte des Ovalrandes aufsteigend Blattpflanze mit Eicheln.
Fundort:
Geislingen, Burgruine Helfenstein, bei der Ausgrabung 1932 gefunden.
Geislingen, Heimatmuseum.

H170 Geislingen

Nach 1396 – Anfang 15. Jahrhundert.
Roter Ton. Vertiefte Prägung. 14 × 3 cm.
Variante von H169. Spitzoval aus zwei sich überschneidenden Kreisbogen, übereinstimmend mit H169, Blatt kleiner, schmaler, mit vielen Sägezacken. Auf einer Seite Eichelstab wie H169, auf der anderen großes Kastanienblatt mit Rand aus kleinen Sägezacken.
Fundort:
Geislingen, Burgruine Helfenstein, bei Ausgrabung der Burg 1932 gefunden.
Geislingen, Heimatmuseum.

H171 Adelberg – Essingen – Heubach – Obergröningen

1500 – um 1517.
Roter, grobgemagerter Ton. Flachrelief. 16,5 × 4,5 und 14 × 4,5 cm.
Spitzoval B mit stark stilisiertem, gefiedertem Blatt. Die gerade Mittelrippe und die fast rechtwinklig abstehenden Seitenrippen gliedern das Blatt in einzelne torbogenförmige Felder. In den Ecken Viertel eines doppelten Viersterns: zwei von der Ecke ausgehende, den Ovalrand begleitende schlauchartige Gebilde.
Fundort:
a ehem. Prämonstratenserkloster Adelberg, ehem. Ulrichskapelle, 1888 noch in situ um den Taufstein erhalten, später entfernt.
Stuttgart, Württembergisches Landesmuseum.
b Essingen, ev. Pfarrkirche St. Quirinus, bei Ausgrabungen 1963 gefunden. 20 × 4 cm.
Stuttgart, Landesdenkmalamt Baden-Württemberg.
c Heubach, ev. Stadtpfarrkirche St. Ulrich, in situ in der Sakristei.
d Obergröningen, ev. Pfarrkirche St. Nikolaus, bis 1940/41 in situ im Chor erhalten, dann entfernt.
Obergröningen, Pfarrhaus.

H172 Eichstätt

15. Jahrhundert.
Roter Ton. Flachrelief. 15,5 × 7 cm.
Spitzoval A mit gefiedertem Blatt, dessen Zacken so tief eingezogen sind, daß sie fast bis zur geraden Mittelrippe reichen und durch diese eben noch zusammengehalten werden. In den Ecken Viertelskreise.

Fundort:
Eichstätt, „aus einem Privathaus“, vor 1860 gefunden. Es wurde der ganze Fußboden von 200 Fliesen geborgen[1].
München, Bayerisches Nationalmuseum.
München, Deutsches Museum.

1 St. Fitz, H. Kühn, Keramik. Kat. der Abt. Deutsches Museum, München 1982, 44, Abb. unten, Kat. Nr. 220.

H 173 Fürstenfeldbruck

1. Hälfte 15. Jahrhundert.
Blaßroter, hartgebrannter Ton. Flachrelief, Bruchstück. 16,5 × 3,7 cm. Nicht abgebildet.
Spitzoval mit Blatt ähnlich H 172, die Einzelblätter jedoch nicht spatelförmig, sondern nur schmale, leicht gewölbte Fiederblätter. In der Ecke Viertel einer kleinen Blüte.
Fundort:
Fürstenfeldbruck, ehem. Zisterzienserkirche Fürstenfeldbruck, bei der Restaurierung 1963–64 gefunden.
München, Bayerisches Landesamt für Denkmalpflege.

H 174 Eberbach – Frankfurt/Main

1. Viertel 14. Jahrhundert – 1335.
Gelblicher, roter und grauer Ton. Vertiefte Prägung, stark beschädigt und abgetreten. 12,5 × 2,5 cm.
Spitzoval B mit gefiedertem Blatt, das ohne Mittelrippe aus schmalen, tropfenförmigen Einzelblättern aufgebaut ist. In den Ecken Viertel einer großen, den Raum füllenden Blattrosette.
Fundort:
a Eberbach, ehem. Zisterzienserklosterkirche, in situ zwischen den Pfeilern des Schiffes, 1937 dort neu verlegt. Weitere Fliesen im Lapidarium.
b Unbekannt, möglicherweise ebenfalls aus Eberbach. Roter Ton.
Rüdesheim, Rheingauer Museum.
c Frankfurt/Main, auf dem Gelände des alten Befestigungsgürtels (zwischen alter Oper und Schwimmbad) aufgelesen. Hochroter Ton. Bruchstück. Dicke 2,5 cm.
Frankfurt/Main, Historisches Museum.

H 175 Thron

1. Hälfte 14. Jahrhundert.
Gelbroter Ton, an der Oberfläche dunkler eingefärbt. Einschluß von kleinen Steinchen und Quarzteilchen. Vertiefte Prägung. 13 × 2,5 cm.
Variante von H 174, vermutlich eine früher auch in Eberbach (oder Arnsburg) vorhandene Fliese. Die Prägung etwas gröber. In den Ecken großer Kreis, gerahmt von zwei Blatthälften.
Fundort:
Thron, ehem. Zisterziensernonnenkloster, bei den Ausgrabungen 1873 und 1932 gefunden.
Usingen, Heimatmuseum.
Wiesbaden, Slg. Nassauischer Altertümer.

H 176 Aachen

Ende 15. Jahrhundert.
Roter Ton mit brauner Bleiglasur. Sehr flaches Relief. 13 × 2 cm.
Spitzoval B mit fein gefiedertem Blatt (Schafgarbe?) aus zwölf schmalen Einzelblättern. In den Ecken konzentrische Viertelskreise mit Vierpaßviertel.
Fundort:
Aachen, beim Bau des Kaiser-Karls-Gymnasiums vor 1906 auf dem Gelände des ehem. Augustinerklosters gefunden. J. Laurent, 12 und Abb. 1a.
Aachen, Suermondt-Museum.
Hamburg, Museum für Kunst und Gewerbe.

H 177 Düren – Konradsheim – Niederzier

Ende 15. Jahrhundert.
Rötlicher Ton. Die Glasur wechselt innerhalb des Scherbens von bräunlichem Hellgelb mit grünen Flecken bis zu hellem Grün mit gelben Flacken. Flaches Relief, Kante leicht schräg. 11,8 × 2 cm.
Variante von H 176. Das Spitzoval von zwei dünnen Linien gerahmt. Das Blatt schmaler, die sieben Einzelblätter spitzer und steiler aufgerichtet. Die Eckkreise ohne Vierpaß. Vermutlich ebenfalls aus der Werkstatt in Langerwehe.
Fundort:
a Düren, Schloß Burgau, bei Aufräumungsarbeiten 1977 gefunden. M. Rech, 247, Abb. 214.
Bonn, Rheinisches Landesmuseum.
b Burg Konradsheim, Erftstadt, beim Wiederaufbau vor 1955 im Schutt des 16. Jahrhunderts gefunden.
Pulheim-Brauweiler, Rhein. Amt für Denkmalpflege.
c Niederzier, 1977 bei einer Grabung an der Stelle des Hofes Wüstweiler gefunden.
Bonn, Rheinisches Landesmuseum.

H 178 Lilienfeld

Um 1458.
Rotbräunlicher Ton. Vertiefte Prägung, ausgezeichnet erhalten, eine Ecke abgebrochen. 21,2 × 4,8 cm.
Spitzoval aus zwei Linien, Überschneidung wie H 161. Doppelte Mittelrippe mit fünf mondsichelförmigen Blattpaaren. In einer Ecke Viertel einer großen dreifach gestuften Rosette, die andere Ecke weniger sorgfältig ausgeführt.
Fundort:
Zisterzienserkloster Lilienfeld, Einzelfliese, Fundjahr und Herkunft unbekannt. F. Vongrey, 19, Abb. 18 und 30.
Lilienfeld, Stiftsmuseum.

H 179 Heidenheim

1490–1492.
Roter Ton. Flachrelief. 16 × 3,8 und 15 × 3 cm.
Spitzoval B mit gefiedertem, tief eingekerbtem Blatt ohne Mittelrippe, die Einzelblätter nicht gerundet, sondern aus flachen Trapezen oder spitzwinkligen Dreiecken gebildet. In den Ecken Viersternviertel ähnlich H 132.
Fundort:
Heidenheim, ev. Stadtpfarrkirche St. Michael, bei Grabungen 1965 gefunden. G. P. Fehring, 1970 a, 82, Abb. 27.
Stuttgart, Landesdenkmalamt Baden-Württemberg.

H 180 Auhausen? – Oettingen?

2. Hälfte 15. Jahrhundert.
Roter Ton. Flachrelief, abgetreten, Kante senkrecht. 16,5 × 16 × 4 cm. Nicht abgebildet.
Spitzoval A mit tief gekerbtem Blatt, die lanzettförmigen Einzelblätter weit gereiht. In den Ecken drei konzentrische Viertelskreise, deren äußerster das Oval fast berührt.
Fundort:
Unbekannt, aus derselben Werkstatt wie E 57. Möglicherweise analog zu S 31 aus Kloster Auhausen, auf jeden Fall aus dem Ries.
Oettingen, Rieser Heimatmuseum.

H 181 Ettlenschieß – Gerstetten

1448? (a), Ende 15. Jahrhundert?
Ziegelroter Ton. Flachrelief. Kante schräg, abgetreten, möglicherweise die Binnenzeichnung durch Abnützung verloren. 15,5 × 3 cm.
Spitzoval B mit Blatt ähnlich H 179. Die Blattzacken in Rautenform, gerade Mittelrippe und kleiner Blattstiel. In den Ecken Viertel einer Sternrosette, in Weiterentwicklung des Musters H 179 entstanden. Zwischen Blüte und Ovalrand Dreistern aus Ovalen wie H 161, der Rand der Blüte dreifach eingekerbt.
Fundort:
a Ettlenschieß, ev. Pfarrkirche St. Georg und Bernhard, 1965 gefunden und nicht aufbewahrt. H. A. Klaiber, R. Wortmann, 232, Abb. 167.
Ulm, Privatbesitz.
b Gerstetten, ‚Untere Kirche' St. Nikolaus, bei Grabungen 1966 gefunden.
Stuttgart, Landesdenkmalamt Baden-Württemberg.

H 182 Weingarten

Um 1253? Um 1276?
Dunkelroter, feingemagerter Ton. Vertiefte Prägung. 15 × 4 cm.
Besonders sorgfältig geschnittener Model. Spitzoval C mit schmalem, gefiedertem Blatt ohne Mittelrippe, die acht Blattzacken nur durch schmale Einschnitte getrennt, der Blattstiel mit dem untersten Blatt verschmolzen. Ovalrand mit weit gereihten Punkten verziert, in den Ecken doppelte Viertelskreise mit Vierpaßviertel.
Fundort:
Weingarten, Benediktinerkloster, Kreuzgang, teilweise vor 1862 entfernt. K. Haßler, Taf. XII, 1. Bei den Grabungen 1956 erneut gefunden, K. Hecht, 1956, 303, Abb. 18 f.
Weingarten, Kloster, heute in der Nikolauskapelle und im Treppenhaus am Südquerarm.

H 183 Zwiefalten

Nach 1251?
Roter Ton. Vertiefte Prägung. 13,6 × 2,4 cm.
Variante zu H 182. Oval breiter, das Vierpaßviertel der Ecke nur in einen Kreis einbeschrieben. Statt des gefiederten Blattes Sparren ähnlich H 64, diese jedoch durchgehend verbunden. Am Stengelgrund übergroße ‚Augenpunkte'.
Fundort:
Zwiefalten, ehem. Benediktinerkloster, 1978 im Fundament als Unterlage im Konventbau mitvermauert gefunden.
Zwiefalten, Privatbesitz.

H 184 Wildpoltsweiler

2. Hälfte 13. Jahrhundert – Anfang 14. Jahrhundert.
Roter Ton. Vertiefte Prägung. 16 × 16,8 × 4,5 cm.
Variante zu H 182. Das Spitzoval mit sorgfältigen Schrägkerben, der Blattstiel übernommen, das Blatt mit enggereihten kleinen gerundeten Blättchen. Im doppelten Viertelskreis der Ecke das Vierpaßviertel in eine Art Nelkenblüte umgewandelt.
Fundort:
Wildpoltsweiler, bei der Restaurierung 1973 in der Sakristei geborgen, vermutlich ein heute verlorenes Muster des Klosters Weingarten.
Wildpoltsweiler, Kirche.
Ulm, Privatbesitz.

H 185 Eggartskirch – Ravensburg – Schaffhausen

2. Hälfte 14. Jahrhundert, um 1500/1525 (c).
Roter Ton. Vertiefte Prägung. 17,5 × 5 cm.
Später *Nachschnitt* von H 142. Spitzoval mit eng gereihten Punkten verziert, Blatt mit gerader Mittelrippe und sieben etwas breiteren Blattzacken, die nur noch durch die Kerbe getrennt sind. In den Ecken Tropfenkreise mit Punkten, von Blatthälften gerahmt.
Fundort:
a Eggartskirch, Gemeinde Taldorf, kath. Pfarrkirche St. Isidor, vor 1888 aus dem Chorboden entfernt.
Stuttgart, Württembergisches Landesmuseum.
b Nach H. Dolmetsch, Taf. 38, Abb. 29, „aus einem Patrizierhaus in Ravensburg"[1].
Ravensburg, Heimatmuseum.
c Schaffhausen, Klosterkirche Allerheiligen, bei Grabungen 1951–52 und 1957 im Chor gefunden. *Nachschnitt.* Punkte größer und weiter gereiht, Tropfenkreise kleiner. 15 × 3 cm. W. Drack, Taf. 14, Abb. 70.
Schaffhausen, Museum zu Allerheiligen.

1 Die Fliesen scheinen zu dieser Zeit schon entfernt gewesen zu sein. In Ravensburg ist über ihre Herkunft nichts bekannt.

H 186 Altenbaumburg

13. Jahrhundert?
Tiefroter Ton. Vertiefte Prägung, Bruchstücke. Dicke 2,6 cm. Nicht abgebildet.
Spitzoval B oder C mit an der Ovalrandung anliegendem Blatt, die Blattzacken nur durch schräge Kerben gegeben. An den Fliesenseiten je die Hälfte eines ähnlichen Blattes, fast die ganze Fläche füllend. Von der Ecke aufsteigend eine Eichel auf kurzem Stengel.
Fundort:
Altenbaumburg, Burgruine, Lesefund.
Altenbaumburg, Burgsammlung.

H 187 Speyer

1. Hälfte 14. Jahrhundert.
Grauer Ton, im Brand stark verzogen, die Ecken nach oben gewölbt. Vertiefte Prägung. 12,5 × 2 cm.
Spitzoval C mit schmalem, spitzgezacktem Blatt, die Blattpaare wirken wie ineinandergeschobene Pfeilspitzen. In den Ecken doppelte Viertelskreise.
Fundort:
Speyer, Herkunft unbekannt.
Speyer, Historisches Museum der Pfalz.

H 188 Rottweil? – Villingen

1292? eher später.
Gelblicher Ton. Vertiefte Prägung. 12,5 × 12,8 × 2,6 cm.
Spitzoval C mit schmalem, spitzgezacktem Blatt, mit gerader Mittelrippe und breiten, leicht gewölbten Seitenrippen. Die Fliesenecken durch Diagonallinien geteilt, zu beiden Seiten Hälfte eines Ahornblatts.
Fundort:
a Unbekannt, aus Rottweil oder Umgebung, möglicherweise aus dem Zisterzienserinnenkloster Rottenmüster[1].
Rottweil, Stadtmuseum.
b Villingen, Franziskanerkloster. Der Model H 188*a* vierfach in eine Fliese geprägt, Kante und leichte Verschiebungen sichtbar. Roter Ton, Bruchstücke. Volle Fliesengröße 25/26 × 4,5 cm. Kante senkrecht, Bruchstück mit zweifach angesetztem Model. Weiteres Bruchstück in feiner gemagertem, hochrotem, klinkerhart gebranntem Ton.
Villingen, Franziskanermuseum.

1 Da zwei der vier Fliesen des Museums Rottweil mit Mustern des Klosters Bebenhausen übereinstimmen, liegt die Vermutung nahe, daß die Fliesen aus einem Zisterzienserkloster stammen. Das Museum besitzt außerdem weitere, nach der Säkularisierung entfernte Kunstschätze des Klosters Rottenmüster.

H 189 Speyer

1. Hälfte 14. Jahrhundert.
Roter, feingemagerter Ton. Vertiefte Prägung, das Blatt in Flachrelief. 12,5 × 2 cm.
Spitzoval C, am Stielende nicht geschlossen. Schmales, scharfgezacktes Blatt, die Zacken stehen nur noch als Stacheln vom Blattrand ab. Gerade Mittelrippe, in den Ecken Viertel einer achtblättrigen Blüte.
Fundort:
Speyer, Spitalgasse, am 18. 1. 1911 gefunden (Bereich des ehem. Franziskanerklosters).
Speyer, Historisches Museum der Pfalz.

H 190 Bebenhausen

Um 1227 – 2. Viertel 13. Jahrhundert.
Roter Ton. Vertiefte Prägung. 10 × 3 cm.
Spitzoval C mit schmalem vierzackigem Blatt, der Blattrand nur durch schräge Kerben gegliedert. Eckornament mit H 189 übereinstimmend.
Fundort:
a Bebenhausen, ehem. Zisterzienserkloster, bei Grabungen 1956 auf dem Gelände der Klosterkirche gefunden. Weitere Fliesen in situ im Dormitorium.
Stuttgart, Württembergisches Landesmuseum.
b Variante. Oval und Ecklösung übereinstimmend, die Blattzacken in Blattbogen umgewandelt. Die Form gleicht tütenartig ineinandergesteckten Dreiecken mit gerundeten Ecken. Alte Aufschrift „aus Bebenhausen“. E. Herdtle, II, Taf. 10.
Esslingen, Stadtmuseum.

H 191 Johannisberg – Tannenberg

1. Drittel 14. Jahrhundert.
Roter Ton. Vertiefte Prägung. 13 × 2,5 cm.
Spitzoval C, an beiden Spitzen durch Überschneiden ein Quadrat ausgespart. Schmales, viergezacktes Blatt ähnlich H 190, der lange Stengel ragt auf der linken Seite bis zum Fliesenrand. In den Ecken Viertel eines durch ein Kreuz viergefelderten Kreises.
Fundort:
a Johannisberg, auf dem Gelände des ehem. Benediktinerklosters, Lesefund.
Johannisberg, Domänenverwaltung.
b Tannenberg, Burgruine, bei der Ausgrabung 1848–49 als intakter Fliesenboden gefunden. J. v. Hefner-Alteneck, J. W. Wolf, Taf. I C. Die Tonfarbe wechselt von dunkelrötlichgelb über graugelb zu weißlichgelb. 12 × 2,3 cm.
Darmstadt, Hessisches Landesmuseum (mehrere Kisten).
Nürnberg, Germanisches Nationalmuseum, Kat. GNM Nürnberg, 1868, 7. A. 26.

H 192 Ilmmünster

2. Hälfte 15. Jh., jedoch einige Zeit vor 1495.
Dunkelroter Ton. Flachrelief. 15 × 4,5 cm.
Schmales Spitzoval A, die je fünf Blattzacken bis fast zur Mitte eingebuchtet, so daß das Blatt eher wie ein Zackenband wirkt. In den Ecken, auf Viertelskreis, zwei ähnlich gezackte Blätter, jeweils an den Fliesenseiten entlangzüngelnd.
Fundort:
Ilmmünster, ehem. Stiftskirche St. Arsatius, bei Grabungen 1975 gefunden. H. Merz, 11.
München, Bayerisches Landesamt für Denkmalpflege.

H 193 Esslingen – Stein am Rhein? – Reutlingen – Frankfurt/Main

2. Drittel – 2. Hälfte 14. Jahrhundert.
Dunkelroter, hart gebrannter, fast gesinterter Ton. Vertiefte Prägung. 11,7 × 3 cm.
Spitzoval C mit schmalem, unregelmäßig gezacktem Eichblatt ohne Blattrippen. Der leicht nach rechts gewölbte Stiel sitzt auf kleinem Viertelskreis, der die Ovalspitze links unter-, rechts überschneidet. In den Ecken Viertel einer großen achtteiligen Rosette, die einzelnen Blütenblätter fast Vollkreise.
Fundort:
a Esslingen?, Herkunft unbekannt, Bebenhäuser Hof?
Esslingen, Stadtmuseum.
b Stein am Rhein, ehem. Benediktinerkloster St. Georgen, in situ in einem Vorraum des Obergeschosses und im Museum. (Ohne Abweichungen.) Bläulichroter Ton. 12,4 × 12 cm. Es läßt sich hier nicht mit Sicherheit entscheiden, ob dies auch eine fremde Vorlage ist. Sie könnte aus Ulm stammen und nach 1862 gefunden worden sein (Bebenhäuser Hof?).
c Variante. Das Muster unverändert, das Blatt jedoch etwas breiter, der Model sehr tief eingeprägt. Reutlingen, 1955 gefunden. Herkunft nicht gesichert, möglicherweise unter dem Einfluß Kloster Bebenhausens entstanden.
Reutlingen, Heimatmuseum.
d Variante zu H 193*a*. Spitzoval aus drei Linien gebildet. Blatt und Ecklösung übereinstimmend, der Stengel nach links gewölbt. Orangeroter Ton mit roter Farbe in den Vertiefungen. Bruchstücke, Kante leicht schräg. 13,5 × 2,6 cm. Fundort unbekannt, vermutlich aus Frankfurt/Main.
Frankfurt/Main, Historisches Museum.

H 194 Eppstein – Ilbenstadt – Königstein

2. Hälfte 14. Jahrhundert.
Graurötlicher-rosagrauer Ton. Vertiefte Prägung. 12,5 × 2,5 cm.

Variante zu H193[1]. Der kleine Stiel senkrecht auf dem Kreisbogen, die sieben Blattzacken weniger tief eingekerbt.
Fundort:
a Eppstein, Burgruine, Einzelfliese.
Eppstein, Burgmuseum.
b *Nachschnitt* von schlechterer Qualität mit nur fünf Blattzacken, sonst unverändert. Roter Ton. 12,5 × 2,2 cm. Ilbenstadt, ehem. Prämonstratenserklosterkirche, bei Grabungen nach dem Brand von 1963 unter dem Fußboden von 1693 gefunden. Weitere Fliesen mit den Basissteinen im Chor vermauert.
Ilbenstadt, Pfarramt.
Darmstadt, Landesamt für Denkmalpflege Hessen.
c Königstein, Burgruine, bei Grabungen 1958 und später gefunden, eher wie H194*b*. Gelbrötlicher Ton, in den Vertiefungen Reste einer kräftig roten Engobe. 13 × 3 cm. E. Gundermann, 150, 148, Taf. 3, Nr. 20.
Königstein, Stadtmuseum.

1 Vermutlich handelt es sich hier um ein heute verlorenes Muster aus Kloster Eberbach.

H195 Esslingen?

2. Hälfte 14. Jahrhundert?
Roter, hart gebrannter Ton. Vertiefte Prägung, Bruchstück. 12,4 × 3 cm.
Gegenfliese zu H193. Blatt etwas breiter, Blattzacken regelmäßiger, der Viertelkreis größer. In den Ecken Viertel einer Rosette mit kielbogenförmigen Blütenblättern.
Fundort:
Esslingen oder Umgebung, Herkunft unbekannt.
Esslingen, Stadtmuseum.

H196 Finstingen

15. Jahrhundert.
Braunroter, feingemagerter Ton mit Glasurspuren. Flachrelief, Kante stark schräg. Bruchstück. Maße unbekannt, nach Zeichnung[1] ca. 24 × 24 cm?
Spitzoval A mit besonders breitem Eichblatt ähnlich H193, auch der Stiel gleich geformt. Eckornament durch Zerstörung nicht sichtbar.
Fundort:
Finstingen/Fenétrange, 1861 im Mauerwerk einer alten Mauer am Saarufer gefunden.
Nancy, Musée Lorrain.

1 Bull. Moselle 6, 1863, 83–84, mit Abb.

H197 Schlettstadt

15. – frühes 16. Jahrhundert.
Ziegelroter Ton. Flachrelief. Kante leicht schräg. 13,5 × 3 cm.
Spitzoval C mit schmalem Blatt ähnlich H192, durch die tiefe Einschnürung zerfällt es fast in drei unregelmäßige Vierecke. In den Ecken Viertel einer großen, groben Rosette.
Fundort:
Vermutlich aus Schlettstadt, Herkunft unbekannt.
Schlettstadt, Stadtbibliothek.

H198 Hofheim – Dreieich

14.–15. Jahrhundert.
Rötlichgrauer Ton. Vertiefte, sehr grobe Prägung. Abdruck eines zweiten, leicht eingeprägten Models in der Diagonale. 13 × 2,3 cm.
Später *Nachschnitt* von H193. Die flachen Zacken verlaufen im Uhrzeigersinn um den Blattrand, der Kreisbogen ist nach links geöffnet, die grobe Eckrosette flachgedrückt.
Fundort:
a Hofheim, bei einer Zufallsgrabung 1882 in einem intakten Fußboden gefunden[1].
b Vor kurzem aus dem Kunsthandel erworben. Möglicherweise an derselben Stelle nochmals gefunden oder von einem weiteren, unbekannten Fundort. Hellbräunlicher Ton. 12,1 × 12,5 × 2,5 cm.
Bad Zwischenahn, Sammlung Hans-Jürgen Heger.
c *Variante*. Noch gröberer Schnitt mit breiterem Blatt, die Viertelsrosette nur noch als zwei kleine Rechtecke. Rötlicher, ins Bläuliche spielender Ton. 13 × 12,6 × 2,5 cm.
Dreieich, Burgruine Hain, bei Grabungen gefunden.
Dreieich, Dreieich-Museum.

1 Nass. Ann. 18, 1882, 130.

H199 Saargemünd – Straßburg

Mitte 14. Jahrhundert? – um 1386?
Roter, grobgemagerter Ton, Spuren von Glasur in den Rillen. Vertiefte Prägung. 13 × 13,5 cm.
Spitzoval C mit Eichblatt, dieses fast mit H194 übereinstimmend. Zarte Mittelrippe und gewölbte Seitenrippen. In den Ecken Viertelskreis mit Vierpaßviertel.
Fundort:
a Unbekannt, anscheinend in der Altstadt von Saargemünd gefunden[1].
Saargemünd, Stadtbibliothek.
b Unbekannt, möglicherweise aus Straßburg, könnte jedoch ebenfalls aus Saargemünd stammen[2]. Roter Ton mit brauner Glasur, 13 × 2,5 cm.
Straßburg, Frauenhausmuseum.
c Straßburg, Kronenburger Str. 6, 1901 gefunden. J. Ficker, Taf. XL, 17.
Straßburg, Frauenhausmuseum.

1 Freundliche Mitteilung von Herrn Prof. Dr. J. A. Schmoll gen. Eisenwerth, München.
2 Aufgrund der Inventar-Nr. muß diese Fliese schon im 4. Viertel des 19. Jh. ins Museum gekommen sein.

H200 Königsfelden

1325–1330.
Dunkelroter, stark gebrannter Ton. Vertiefte Prägung mit Reliefwirkung. 13 × 2,5 cm.
Spitzoval A mit stilisiertem Eichblatt, die fünf Zackenpaare ähnlich gebildet wie H199. In den Ecken kleiner Viertelskreis mit Viertel einer achtteiligen Blüte.
Fundort:
Königsfelden, ehem. Klarissinnenkloster, in situ im Chor der Klosterkirche, teilweise durch Kopien ergänzt. E. Maurer, 61, Abb. 56.
Aarau, Kantonale Historische Sammlung.
Zürich, Schweizerisches Landesmuseum (ca. 100 Fliesen).

H201 Dinkelsbühl-Segringen

Ende 15. Jahrhundert?.
Roter Ton. Flachrelief. 17 × 5 cm.
Nicht abgebildet.
Spitzoval A mit sechs spitzen Blattzacken ähnlich den vorherigen Mustern. Ecklösung wie H 200.
Fundort:
a Dinkelsbühl-Segringen, ev. Pfarrkirche St. Vincentius, in situ als Bodenbelag im Chor.
b Unbekannt, möglicherweise vom selben Fundort.
Dinkelsbühl, Historisches Museum.

H202 Württemberg

15. Jahrhundert.
Roter Ton. Vertiefte Prägung, Blatt in flachem Relief. 16 × 3 cm.
Spitzoval A mit grobgezacktem, fünffach gekerbtem Blatt. In den Ecken Tropfenkreis.
Fundort:
Unbekannt, aus Württemberg.
Stuttgart, Württembergisches Landesmuseum.

H203 Biding – Neukirchen

Mitte – 2. Hälfte 15. Jahrhundert.
Rotbrauner Ton. Flachrelief. 13,5 × 13,5 cm. Nicht abgebildet.
Spitzoval A mit einfachem, unregelmäßig gezacktem Eichblatt vom Typus H 149. Auf der Mitte des Ovalrandes Nase mit Pfeilspitze, von Viertelkreis in Fliesenecke geschnitten.
Fundort:
a Biding, Gemeinde Ortlfing, kath. Pfarrkirche St. Martin, noch ca. 1 m^2 unter der Westempore in situ, die übrigen Fliesen vor 1864 entfernt. A. Horn, W. Meyer, 1958, 421, Abb. 374.
b Variante. Spitzoval mit ähnlichem, in der Mitte tief eingeschnürtem Blatt. In den Fliesenecken Viertel eines Blattsterns, ähnlich H 284. Der Model zweimal nebeneinander in einen Backstein geprägt. Roter Ton. 12 × 25 × 5 cm. Neukirchen, kath. Pfarrkirche St. Veit, bei einer Renovierung 1982 im Schutt des Turmes gefunden, mit der Rückseite nach oben verlegt.
Thierhaupten, Rathaus.

H204 Sponheim

16.–17. Jahrhundert.
Roter Ton. Flachrelief. 17 × 17 cm. Bruchstück. Nicht abgebildet.
Grobe Eichblattfliese, der Blattrand als Wellenlinie, in den Ecken grobes Blütenviertel.
Fundort:
Sponheim, ehem. Benediktinerklosterkirche, als Ausflickung in der linken Seitenapside.

H205 Rodheim v. d. Höhe

Ende 15. Jahrhundert?
Hellroter, mit Sand und Schamotte gemagerter Ton. Flachrelief, auf den vertieften Flächen Reste einer braunroten Engobe, Kante schräg. 10,8 × 11 × 2,3 cm. Nicht abgebildet.
Spitzoval A mit spitzgezacktem Blatt. Die Zacken legen sich fast wie fünf Stacheln um den Blattkörper. In den Ecken kleiner Viertelskreis.
Fundort:
a Rodheim v. d. Höhe, auf dem Gelände der ehem. Kirche bei einer Stichgrabung 1985 gefunden. Bruchstücke.
Über Verbleib noch nicht entschieden.
b Unbekannt, nach Tonbeschaffenheit, Brand und Glasurfarbe könnte die Fliese aus der Umgebung von Friedberg stammen. Roter Ton mit braunroter und dunkelbrauner Glasur. 9,6 × 2,2 cm.
Darmstadt, Hessisches Landesmuseum.

H206 Worms

1. Hälfte 15. Jahrhundert?
Roter Ton. Vertiefte Prägung. 12 × 2 cm.
Spitzoval C mit unregelmäßig rechtwinklig gezacktem Blatt an längerem Stiel. In den Ecken flache Viertelskreise mit verdorbenem Blütenviertel.
Fundort:
Worms, Herkunft unbekannt, nach 1922 gefunden.
Worms, Museum der Stadt Worms.

H207 Worms

15. Jahrhundert.
Grauer Ton. Bei E. Grill, Taf. 4, 102 als „brauner" Ton erwähnt. Flachrelief. 12,5 × 2 cm.
Spitzoval B, an der Spitze mit je drei abwärts gerichteten Zacken bewehrt. Im Oval Blattpflanze, die vier getrennte lanzettförmige Blattpaare, drei kleine Wurzeln und eine winzige Blüte zeigt. In den Ecken Dreieck.
Fundort:
Worms, Herkunft unbekannt, vor 1922 gefunden.
Worms, Museum der Stadt Worms.

H208 Bad Wimpfen am Berg

Ende 14. – 1. Hälfte 15. Jahrhundert.
Dunkelroter, fast gesinterter Ton. Flachrelief. 13,2 × 2,5 cm.
Spitzoval C mit Fiederblatt. Auf dünnen Stielen sitzen im ganzen sieben kleine Lindenblättchen am geraden Stengel. Reste der Hüllknospe am leicht verdickten Stengelende. In den Ecken das Oval berührende, dünne Viertelskreise mit dem Viertel einer achtblättrigen Doppelrosette.
Fundort:
Bad Wimpfen am Berg, Rappenauer Straße, 1969 in einer Fehlbrandgrube gefunden.
Heilbronn, Historisches Museum.

H209 Heilbronn

Ende 14. – 1. Hälfte 15. Jahrhundert.
Roter, grob gemagerter Ton. Flachrelief. Bruchstück.
Variante von H 208. Oval und Blättchen schmaler, Hüllknospe größer. In den Ecken Viertelskreis mit kleinem Doppelkreuz.
Fundort:
Heilbronn, Deutschhauskirche St. Petrus und Paulus, beim Wiederaufbau 1969 in zweiter Lage gefunden.
Heilbronn, Historisches Museum.

H210 Langerwehe – Kinzweiler – Lohn

1. Hälfte – Mitte 15. Jahrhundert.
Grauer Ton mit dunkelolivgrüner, meist abgesplitterter Bleiglasur. Die vertiefte Prägung mit ganz dünnen Linien wirkt wie eine Ritzzeichnung. Eine Ecke abgebrochen. 11 × 11,5 × 1,5 cm.
Schmales Spitzoval B mit sehr schmalem, spitzgezacktem Distelblatt. In den Ecken Vierpaßviertel mit winzigen Lilien.
Fundort:
a Langerwehe, kath. Pfarrkirche St. Martin, beim Wiederaufbau nach 1946 gefunden, wahrscheinlich in Langerwehe gebrannt.
Langerwehe, Töpferei-Museum.
b Variante. Oval so breit wie H164, das Blatt mit vier Blattzacken, die Einkerbungen nur angedeutet. Ecklösung übereinstimmend. Kinzweiler, ehem. Zisterzienserinnenkloster St. Jöris, bei Ausschachtungsarbeiten 1984 auf dem Boden der Sakristei gefunden. Bräunlichgelbe Glasur.
Pulheim-Brauweiler, Rheinisches Amt für Denkmalpflege.
Kinzweiler, Förderverein Zisterzienserinnenkloster St. Jöris.
c Lohn, kath. Pfarrkirche St. Silvester, 1973 in Grab 27 gefunden. Bruchstück, bräunlichgelbe Glasur.
Bonn, Rheinisches Landesmuseum.
d Unbekannt. Graubräunlicher Ton ohne Glasur.
Köln, Museum für Angewandte Kunst.

H210.1 Langerwehe

1. Hälfte 15. Jahrhundert.
Tonfarbe nicht sichtbar, da in die Wand eingelassen. Dunkelolivgrüne Glasur, wenig abgetreten. Flachrelief mit scharfen Kanten im Wechsel mit vertiefter Prägung. 11,5 × 11,5 cm.
Variante zu H210. Ecklösung und Oval genau übereinstimmend. Sehr schmales Blatt mit haarfeiner Mittelrippe und leicht gewölbten Seitenrippen, Blattrand in flachen, konkaven Bögen. Kleiner Kreis zwischen Oval und Vierpaßviertel.
Fundort:
Langerwehe, Herkunft unbekannt.
Langerwehe, Töpferei-Museum.

H211 Bebenhausen

2. Drittel 13. Jahrhundert.
Tonfarbe unbekannt, grau oder rot. Vertiefte Prägung. Analog zu den übrigen Fliesen wohl 10,5 × 2 cm.
Schmales Spitzoval C mit dreifach gezacktem Löwenzahnblatt ohne Mittel- und Seitenrippen. In den Ecken Ahornblatt auf kleinem Viertelskreis.
Fundort:
Bebenhausen, ehem. Zisterzienserkloster, im 19. Jahrhundert entfernt, heute verloren. E. Herdtle, I, Taf. 19.

H212 Ulm

1321.
Roter Ton. Vertiefte Prägung. 12,5 × 2 cm. Nicht abgebildet.
Variante von H211. Das Blatt breiter, ohne erkennbaren Stiel, die Ahornblätter ganz in die Ecke gedrückt, ebenfalls ohne Stengel und Viertelskreis.
Fundort:
a als grau eingefärbter Gipsabdruck, ohne Herkunftsangabe, in Stuttgart, Württembergisches Landesmuseum.
b Ulm, Dreifaltigkeitskirche, Chor, 1981 beim Abfahren des Schutts geborgen.
Ulm, Privatbesitz.

H213 Eberbach – Koblenz? – Lörzweiler – Marienstatt

3. Viertel 13. Jahrhundert, um 1324? (d).
Grauer Ton. Vertiefte Prägung. Kante schräg. 14 × 2,5 cm.
Spitzoval C mit einfachem, viergezacktem Blatt und breitem Stiel, die gerundeten Blattbogen nicht ganz symmetrisch. In den Ecken je ein mit Stengel auf dem Ovalrand aufsitzendes Kleeblattkreuz.
Fundort:
a Eberbach, ehem. Zisterzienserklosterkirche. Eine Fliese in situ. W. Schäfer, 17, Abb. 7.
Eberbach, Lapidarium (4 Fliesen).
b Unbekannt, aus Koblenz oder Umgebung. Schwarzgrauer Ton.
Koblenz, Mittelrhein-Museum.
c Lörzweiler, kath. Pfarrkirche St. Martin, bei der Restaurierung 1969 unter dem heutigen Fußboden gefunden. Bruchstück.
Mainz, Landesamt für Denkmalpflege.
d Marienstatt, Zisterzienserkloster, im Kapitelsaal neu verlegt. Hellroter Ton mit hellen Flecken. M. Morkramer, 1983, 137, Abb. 5.

H214 Eberbach? – Königstein – Freusburg

3. Viertel 13. Jahrhundert.
Grauer Ton. Vertiefte Prägung. 14 × 2,5 cm. Nicht abgebildet.
Variante zu H213. Oval und Blatt gleich, ohne Eckornament.
Fundort:
a Unbekannt, möglicherweise aus Eberbach, sicher jedoch aus dem Rheingau oder aus Mainz und Umgebung.
Wiesbaden, Slg. Nassauischer Altertümer.
b Königstein, Herkunft unbekannt, vermutlich aus der Burgruine. Gelbrötlicher, feingemagerter Ton. 14 × 3 cm. E. Gundermann, 141, Taf. 1, Nr. 5, 149.
Königstein, Stadtmuseum.
c Variante, in den Ecken kleiner Tropfenkreis. Burg Freusburg, vor 1972 und bei Umbauten 1984 gefunden. F. Busch, Abb. 4.

H214.1 Speyer

3. Drittel 13. – 1. Drittel 14. Jahrhundert.
Hellockerfarbener Ton. Vertiefte Prägung. 13 × 2 cm. Nicht abgebildet.
Spitzoval C mit stilisiertem Blatt, die Spitze an einer Seite in kurzen Stiel auslaufend. Sechs Blattbogenpaare in unregelmäßiger Halbkreisform. In den Ecken Viertelskreise mit Blütenviertel ähnlich H55, H60 etc.
Fundort:
Speyer, Marienheim, Königstraße 15, am 2. 1. 1912 gefunden.
Speyer, Historisches Museum der Pfalz.

H215 Worms

2.–3. Viertel 13. Jahrhundert.
Mittelgrauer, feingemagerter, hartgebrannter Ton. Hellgrauer Ton (Model zweimal angesetzt), teilweise tief einge-

prägt. Weitere Fliesen in gelblichrotem und dunkelrotem Ton. Vertiefte Prägung. 13,5 × 2,5 cm.
Spitzoval C mit fünfzackigem Blatt aus kleinen, unregelmäßigen Dreiecken. Stiel in Rautenform. In den Ecken Viertel einer sechsblättrigen Rosette.
Fundort:
a Worms, St. Paulus, auf den Fenstersohlbänken der Türme in zweiter Lage. Bei E. Grill, Taf. 3, 82, wird dieser Fundort nicht erwähnt, jedoch im Katalog GNM Nürnberg, A 25 „aus der St. Pauluskirche zu Worms".
Worms, Museum der Stadt Worms.
Nürnberg, Germanisches Nationalmuseum (roter und grauer Ton).
Stuttgart, Württembergisches Landesmuseum (1928 erworben, ehem. Slg. des Landesgewerbemuseums. Bräunlichroter Ton. 13,5 × 2 cm).
b Worms, St. Magnuskirche, bei Grabungen 1929–31 gefunden. Grünlichgrauer und braungelber Ton.
Worms, Museum der Stadt Worms.
c Nach R. Forrer, 1901, Taf. XVII, 8 „aus Köln". Diese Angabe ist mit Vorsicht zu behandeln.
Dortmund, Museum für Kunst und Kulturgeschichte.
London, Victoria and Albert Museum.

H216 Steinbach

Ende 13. Jahrhundert?[1]
Roter Ton. Vertiefte Prägung. Bruchstück. 17 × 17 cm.
Spitzoval B, in Doppelband auslaufend, ein Diagonalband überschneidend. Kleines, die Fläche ganz füllendes Blatt mit sechs kurzen schrägen Kerben und tief eingeprägter Mittelrippe. Ovalrand und Diagonalband unregelmäßig mit Stacheln besetzt, die kleine Fünfecke bilden.
Fundort:
Steinbach, Einhardsbasilika, bei der Ausgrabung 1884 im südwestlichen Teil des Vorhofes gefunden. R. Adamy, 1885, Taf. 4.
Darmstadt, Hessisches Landesmuseum, nicht auffindbar, vermutlich während des Krieges verlorengegangen.

1 R. Adamy, 1885, 26 beruft sich bei seiner Datierung „um 1500" vor allem auf zwei in derselben Schicht des Vorhofes gefundene Hellermünzen. Nach freundlicher Mitteilung von Frau I. Spiess, Bensheim, wurden bei Entwässerungsarbeiten 1968 dieselben Münzen erneut gefunden und mit Sicherheit ins Ende des 13. Jh. datiert.

H217 Memmingen

2. Hälfte 13. Jahrhundert.
Roter, feingemagerter Ton. Vertiefte Prägung. 14,5 × 5 cm.
Variante von H216, sehr viel sorgfältiger geprägt. Spitzoval A, etwas kleiner, Doppelrand in fühlerähnliche Knöpfe auslaufend. Die Blattpaare aus vier ineinander gesteckten Sparren gebildet, aus denen ein Stengel mit winziger Blüte in der Form eines Malteserkreuzes wächst. An zwei Seiten Rahmenleisten, in dem von Diagonalband und Oval gebildeten Winkel kleine, ausgesparte Vierecke, bei H216 Fünfecke.
Fundort:
a Memmingen, Frauenkirche.
München, Bayerisches Nationalmuseum.
b Unbekannt, nicht unbedingt vom selben Fundort wie H217*a*, jedoch sicher aus Bayern.
Augsburg, Kunstsammlungen.

H218 Kempten

Um 1428?[1]
Roter Ton. Vertiefte Prägung. 14 × 14 cm. Nicht abgebildet.
Variante von H217. Der Rahmen völlig übereinstimmend. Statt des Sparrens ein Fiederblatt mit sieben Blattpaaren (Tannenzweig).
Fundort:
Kempten, ev. Pfarrkirche St. Mang, in situ am Ostende des Seitenschiffs.

1 Das Muster scheint früher als „um 1428". Es wäre möglich, daß Fliesen aus einem Vorgängerbau übernommen wurden. Dagegen spricht, daß alle Fliesen der Kirche in den Maßen und im Scherben übereinstimmen.

Spitzovale mit symmetrisch geformten Blättern

H219 Heilsbronn

1412–1433.
Roter Ton. Flachrelief. Nach Katalog GNM Nürnberg, 9, A57, die Vertiefungen mit einer andersfarbigen Masse ausgefüllt, so daß eine zweifarbige Wirkung entstand. Von der Füllmasse keine Spuren übrig, Kante leicht schräg. 11,5 × 3,5 cm.
Bogenornament aus halbem Spitzoval und unterbrochener Diagonalleiste. Im Oval stilisiertes Blatt mit neun giebelförmigen Zacken und gleichmäßig runden Einbuchtungen. Zu beiden Seiten Dreiecke mit demselben Zackenrand, auf der Außenseite des Bogens die Hälfte eines aus kleinen Lilien gebildeten Kreuzes. Das Muster ist für einen endlosen Rapport bestimmt.
Fundort:
a Heilsbronn, ehem. Zisterzienserkloster, bei der Restaurierung 1851–66 im Chor gefunden. E. Herdtle, II, Taf. 17.
Berlin, Märkisches Museum.
Nürnberg, Germanisches Nationalmuseum (mit Inventarnotiz „Heilsbronn").
b Sicher ebenfalls aus Heilsbronn, die Zuschreibung des Inventars München an Kloster Steingaden ist wohl irrig[1].
München, Bayerisches Nationalmuseum.

1 Es muß hier eine Verwechslung vorliegen. Kloster Steingaden befand sich in dem Zeitraum, in dem die Fliesen entstanden sein müssen, in so großer wirtschaftlicher Not, daß es seine Mönche, um deren Lebensunterhalt zu sichern, in auswärtige Klöster schicken mußte. An Bau- oder Erneuerungsarbeiten war also sicher nicht zu denken, vgl. S. Hofmann, 21. Von den in Heilsbronn gefundenen Fliesen kam jeweils ein Muster ins Museum München, allerdings kamen auch die Fliesen aus Steingaden nach dort.

H220 Alpirsbach – Schiltach – Stein am Rhein

1479–1495.
Feingemagerter dunkelroter Ton. Flachrelief, sorgfältig geschnittener Model. 20 × 4 cm.
Spitzoval A mit stilisiertem Blatt, dessen Rand aus sieben Halbkreisbögen besteht. In einer Ecke zwei die Fläche füllende, gefiederte Blätter, in der anderen Viertel einer Sternrosette ähnlich H149.
Fundort:
a Alpirsbach, ehem. Benediktinerkloster, restliche Fliesen in einigen Räumen des Klosters neu verlegt.
Stuttgart, Württembergisches Landesmuseum.
Wittendorf, Pfarrhaus.
b Variante (?), möglicherweise auch durch starke Abnutzung nicht sicher erkennbar. Oval und Mittelblatt übereinstimmend, das Eckblatt möglicherweise nicht so stark eingekerbt. Roter Ton. 20,5 × 4 cm.
Schiltach, Mühle Wolber, 1977 gefunden, möglicherweise 1760 aus Schloß Schiltach entfernt. H. Fautz, 425.
Stuttgart, Landesdenkmalamt Baden-Württemberg.
c Stein am Rhein, ehem. Benediktinerkloster St. Georgen. Ziegelroter-bläulichroter Ton. 22,5 × 3,5 cm. Im Kloster gefunden. Prägung wie H220*a*.
Stein am Rhein, Klostermuseum.

H221 Eldena

Anfang 15. Jahrhundert.
Roter Ton mit dunkelolivgrüner Glasur. Flachrelief, Kante schräg. 10,7 × 2,7 cm.
Oval und Blatt mit H220 übereinstimmend, in den Ecken Viertel einer achtblättrigen Blüte mit Blütenkorb aus Viertelskreis.
Fundort:
Eldena, Zisterzienserklosterruine, bei der Ausgrabung 1926–27 als Einzelfliese in dem sonst ungemusterten Boden der Kapelle gefunden. H. Kloer, 62–63, Abb. 49.
Greifswald, Museum der Stadt Greifswald.

H222 Dießen – Bierdorf – Unterelkofen

2. Hälfte 15. Jahrhundert (a), 1607 (b), nach 1516 (c).
Gelbgraurötlicher Ton. Flachrelief, Kante senkrecht. 21 × 4 cm.
Spitzoval A mit stilisiertem Blatt. Die zehn Blattzacken sind U-förmig eingezogen. In den Ecken Viertelskreis mit kleinem Blütenviertel.
Fundort:
a Dießen, ehem. Stiftskirche St. Georgen, bei Bauarbeiten im Kirchturm 1980 gefunden.
Dießen, Privatbesitz.
b Bierdorf, Gemeinde Rieden, Kapelle Maria Heimsuchung, in situ im Langhaus der Kapelle, möglicherweise 1607 in zweiter Lage verlegt.
c Variante, mit etwas breiterem Oval und acht Blattzacken. Die Blattspitzen an beiden Seiten zur Lilie umgebildet. In den Ecken Sternblütenviertel. „steinfarbig". 22,5 × 4 cm.
Schloß Elkofen, Unterelkofen, in situ in einzelnen Räumen[1].

1 Abb. nach „Münchner Merkur mit Ebersberger Zeitung", Datum (vor 1956) nicht mehr feststellbar.

H223 Seligenstadt – Bad Wimpfen

Mitte 14. Jahrhundert.
Roter Ton. Vertiefte Prägung. 13,5 × 2,8 cm.
Spitzoval C mit vier Zackenpaaren, die Spitze jeweils ein gleichschenkliges Dreieck, die folgenden Zackenpaare mit gewölbten Zacken. In den Ecken, das Oval berührend, Viertel einer achtteiligen Blüte.
Fundort:
a Seligenstadt, „Stadtgebiet", ohne exakte Fundortangabe.
Seligenstadt, Landschafts-Museum.
b Bad Wimpfen, Fehlbrandgrube Rappenauer Straße (?). Hellgelbroter, feinkörniger Ton. Tief eingeprägter Stempel, Kante leicht schräg. Bruchstück. 13,5 × 2,6 cm.
Darmstadt, Hessisches Landesmuseum.

H224 Dreieich – Esslingen – Neustadt – Wetzlar

2. Hälfte 14. – 1. Hälfte 15. Jahrhundert?
Schwarzgrauer Ton (möglicherweise nur Brandschwärzung). Vertiefte Prägung, Blatt als Relief. Bruchstück. Dicke 2,5 cm.
Spitzoval B mit Blatt ähnlich H222, die Einkerbungen der sechs Blattzacken flacher und unregelmäßiger. In den Ecken Herzform.
Fundort:
a Dreieich, Burgruine Hain, bei Grabungen gefunden.
Dreieich, Dreieich-Museum.

b Unbekannt, aus Esslingen oder dessen nächster Umgebung. Feingemagerter, roter Ton. Kante stark schräg. 12 × 4 cm.
Esslingen, Stadtmuseum.
c Neustadt-Hambach, Hambacher Schloß, bei der Restaurierung 1955 gefunden. Bruchstück, vermutlich dieses Muster. Gelblichgrauer Ton. Dicke 1,8/2,2 cm.
Speyer, Landesamt für Denkmalpflege.
d Wetzlar, Stadtgebiet, bei Zufallsgrabungen gefunden. Bruchstück. Sichtbar sind nur drei ähnlich gebildete Zapfen, die Hälfte der Spitze sowie ein Teil des Ovals und der Herzform in der Ecke.
Wetzlar, Privatbesitz.

H225 Wachenheim

Nach 1340? – Ende 14. Jahrhundert.
Hellrötlicher Ton. Vertiefte Prägung, Blatt in Flachrelief. Ca. 14 × 2,5 cm.
Spitzoval C mit Blatt, das eine Verbindung von H224 und H200 darstellt. Fünf Zackenpaare, kleiner Stiel noch sichtbar. In den Ecken Blütenornament wie H223, doch breiter.
Fundort:
Wachenheim, Burgruine Wachtenburg (Geiersberg), bei Grabungen gefunden.
Bad Dürkheim, Heimatmuseum.

H226 Heilbronn

1. Hälfte – Mitte 15. Jahrhundert.
Rötlicher Ton. Flachrelief, beide Ecken abgebrochen, der Holzmodel mit Riß. 12,5 × 12,5 cm.
Spitzoval C mit breitem Blatt ähnlich H223, jedoch mit nur vier Zackenpaaren. Eckornament durch Zerstörung nicht sichtbar.
Fundort:
Heilbronn, Deutschhauskirche St. Peter und Paul, beim Wiederaufbau 1969 in einem schuttgefüllten Mauerwinkel gefunden.
Heilbronn, Historisches Museum.

H227 Altheim – Geislingen? – Weidenstetten

Anfang 15. Jahrhundert.
Gelblichbräunlicher und rötlicher Ton. Vertiefte Prägung mit Reliefwirkung. 13 × 3,5/4 cm.
Spitzoval A mit gekreuzten Spitzen. Die vier Zacken des Blatts mit fast kreisrund gestanzten Einbuchtungen am Ovalrand anliegend. In den Ecken Viertelskreis mit grobem Blütenviertel.
Fundort:
a Altheim, ev. Pfarrkirche St. Maria, bei der Restaurierung 1974 im Barockmauerwerk, zum Ausfüllen der Gerüstbalkenlöcher verwandt, gefunden. Aufbewahrungsort noch nicht geklärt. H. A. Klaiber, R. Wortmann, 96, Abb. 24. Ca. 20 Fliesen.
b Geislingen, Burgruine Helfenstein, bei den Grabungen 1932–38 gefunden.
Geislingen, Ödenturm (vier Fliesen).
Geislingen, Heimatmuseum.
c Weidenstetten, ev. Pfarrkirche, bei einer Renovierung im April 1983 gefunden. C. Schneider.
Weidenstetten, Pfarramt.

H227.1 Mittelrhein?

14. Jahrhundert?
Tonfarbe unbekannt. Vertiefte Prägung. Maße unbekannt, auf Grund von Vergleichsmessung ca. 13 × 13 cm.
Spitzoval mit Blatt ähnlich H227, jedoch nur je drei konkave Bogen. Die Außenkante des Spitzovals zusätzlich mit je vier Halbkreisbogen besetzt. In den Ecken Viertelskreise mit Viertel eines einbeschriebenen Vierpasses. Nicht abgebildet.
Fundort:
Unbekannt, „Deutschland". Da es sich jedoch bei den übrigen, gleichzeitig abgebildeten Fliesen um in Mainz, Worms, Eberbach und Lorsch gefundene Prägungen handelt, dürfte diese Fliese am Mittelrhein entstanden sein. R. Borrmann, 121, Abb. 69, Nr. 1.
Verbleib unbekannt.

H228 Württemberg?

15. Jahrhundert?
Blaßroter Ton. Flachrelief, abgetreten. 10 × 2,5 cm.
Spitzoval mit Blatt, die Spitzen der konkav gewölbten vier Blattpaare berühren den Ovalrand. Mittelrippe und schmale, senkrecht zur Blattspitze stehende Seitenrippen. In den Ecken je die Hälfte eines ähnlichen Blattes, die Blattspitzen jedoch diesmal gewölbt.
Fundort:
Unbekannt, mit großer Wahrscheinlichkeit aus Württemberg.
Stuttgart, Württembergisches Landesmuseum.

H228.1 Oberursel

16. Jahrhundert.
Heller Ton, mit Ziegelmehl gemagert. Vertiefte Prägung. 14,7 × 15 × 2 cm. Nicht abgebildet.
Spitzoval mit Blattoval ähnlich H228. Die vier konkaven Bogen ohne Berührung mit dem Oval. In der Mitte kleiner gepunzter Stern (Streublüte), daneben winziges Kreuz. In zwei Ecken flache Viertelsbögen.
Fundort:
Oberursel, Haus Marktplatz 1, im Keller in zweiter Lage gefunden.
Oberursel, Vortaunusmuseum.

H229 Wachenheim – Kirchheimbolanden

Nach 1274 – Anfang 14. Jahrhundert (a), 1. Hälfte 14. Jahrhundert (b).
Hellbraunrötlicher Ton. Flach vertiefte Prägung. 13,5 × 2 cm.
Spitzoval C mit schönem, sechsfach gekerbtem Blatt, der Blattrand nicht in runden Bogen, sondern in Richtung zur Spitze leicht gezackt. In den Ecken Viertelskreis mit Blütenviertel wie H223.
Fundort:
a Wachenheim, Burgruine Wachtenburg, bei Grabungen gefunden.
Bad Dürkheim, Heimatmuseum.
b Variante. Prägung ebenso flach, sechs regelmäßige flache Bogen. Ornament in den Ecken fehlt. Die Prägung wirkt, als sei der Holzmodel in Sechseckform gesägt gewesen. Feingemagerter, roter Ton. Kante senkrecht. 14,8 × 2,5 cm. Herkunft unbekannt, aus Kirchheimbolanden oder unmittelbarer Umgebung.
Kirchheimbolanden, Heimatmuseum.

H230 Arnsburg – Konstanz – Mainz – Marienstatt

1246–1256 (a), 3. Viertel 13. Jahrhundert (b und c), um 1324? (d).
Gelblicher Ton. Vertiefte Prägung. Bruchstück. Kante kaum schräg. 13 × 2,5 cm.
Breites Spitzoval C mit Blatt aus fünf gleichmäßigen Halbkreisbogen. In den Ecken Tropfenkreise. Diese Form wird bei den folgenden Mustern immer neu abgewandelt.
Fundort:
a Arnsburg, ehem. Zisterzienserkloster, bei Grabungen 1979 in der Ruine gefunden. M. Morkramer, 1982, Nr. 2.0.2, 66, Abb. 59.
Arnsburg, Klostersammlung.
b Unbekannt, vermutlich aus Konstanz. Grauer Ton. 13 × 2,3 cm.
Konstanz, Rosgartenmuseum.
c Mainz, Ludwigstraße 8–10, Haus ‚Zum Stecken'. Grauer und roter Ton. 13,7 × 2,6 cm.
Mainz, Mittelrheinisches Landesmuseum.
d Mainz, Herkunft unbekannt, bei Bauarbeiten 1977 gefunden. Gelblichroter Ton.
Köln, Privatbesitz.
Burg Grenzau, Slg. Prof. Dr. H. Spiegel.
e Marienstatt, Zisterzienserkloster, im Kapitelsaal neu verlegt. Sehr feingemagerter, grauer Ton. 14,5 × 2,5 cm. M. Morkramer, 1983, 137, Abb. 7.

H231 Marienstatt – Schönau – Bebenhausen?

2. Drittel 13. Jahrhundert.
„Gelblich bis grünlicher, sehr fein gemagerter Ton". Vertiefte Prägung. 14,5 × 2,5 cm.
Variante von H230 mit schmalerem Oval und Blatt mit sechs Bogen.
Fundort:
a Marienstatt, Zisterzienserkloster, aus dem Kloster und der Kirche zusammengetragen und im Kapitelsaal neu verlegt. M. Morkramer, 1983, 137, Abb. 8.
b Schönau, ehem. Zisterzienserkloster, Dormitorium. Farben (nach R. Edelmaier, 54) „schwarz, grau, rotgelb, gelb bis weißlich". 13,8 × 2,4 cm. R. Edelmaier, 54.
Schönau, Heimatmuseum, 1913 dort noch vorhanden, heute verloren.
c Unbekannt, möglicherweise aus Bebenhausen, welches auch das Muster J26 vom Mutterkloster übernahm. Ungewöhnlich für Bebenhausen wäre der gelblich-graue Ton und die Größe von 14 × 3 cm.
Stuttgart, Württembergisches Landesmuseum.

H232 Lorch

2. Hälfte 13. Jahrhundert.
Roter Ton. Vertiefte Prägung. 12,8 × 2,7 cm. Nicht abgebildet.
Variante von H231 mit größerem Tropfenkreis.
Fundort:
Lorch (Rheingau), Breitbachsche Burg, bei einer Ausgrabung 1853 im Rittersaal gefunden.
Wiesbaden, Slg. Nassauischer Altertümer.

H233 Johannisberg – Kemel – Mainz – Rheinfels – Rüdesheim – Schöneck – Steckenroth – Worms

2. Hälfte 13. Jahrhundert.
Roter, gelblicher und grauer Ton. Vertiefte Prägung. 14 × 3 cm.
Schmalere *Variante* von H231, die Viertelskreise in den Ecken oft nicht bis zum Rande reichend.
Fundort:
a Johannisberg, ehem. Benediktinerkloster, bei Zufallsgrabungen im Klostergelände gefunden.
Johannisberg, Schloß, Domänenverwaltung.
b Kemel, ev. Pfarrkirche St. Katharina, beim Neubau der Kirche 1843 gefunden. Roter Ton. 11,5 × 2,5 cm.
Wiesbaden, Slg. Nassauischer Altertümer.
c Mainz, Domkapitel, „stuba maior", 1957 bei der Ausschachtung der Heizungskanäle 1 m unter heutigem Niveau gefunden. Mit zwei verschiedenen Modeln geprägt.
Mainz, Diözesan-Museum.
d Mainz, kath. Pfarrkirche St. Stephan, bei Aufräumungsarbeiten 1947 am Hochalter gefunden. 13,5 × 2,5 cm.
Mainz, Diözesan-Museum.
e Mainz, Haus ‚Zum Stecken', Ludwigstraße 8–10, ein Fußboden in situ aufgedeckt. Grauer und roter Ton. 13,5 × 2,5 cm.
Mainz, Mittelrheinisches Landesmuseum.
f Unbekannt, die Prägung H233f in jüngster Zeit in den Kunsthandel gelangt, möglicherweise aus Mainz. Grauer und roter Ton. 13,3 × 13,7 × 2,5 cm.
Bad Zwischenahn, Sammlung Hans-Jürgen Heger.
g Rheinfels, Burgruine, Palas, Bruchstück. Dicke 2 cm, hellroter Ton. Kante leicht schräg.
Braubach, Marksburg, Sammlung des Deutschen Burgenvereins.
h Rüdesheim, Burgruine Ehrenfels, bei Grabungen im Hof gefunden. Rötlichgrauer Ton. 13,5 × 3 cm. Bei einer Grabung 1987 erneut aufgedeckt.
Wiesbaden, Slg. Nassauischer Altertümer.
Wiesbaden, Landesamt für Denkmalpflege Hessen.
i Schöneck, Burgruine, 1980 gefunden. Rotbräunlicher, feingemagerter Ton. Kante senkrecht, stark abgetreten, die Ecklösung nicht mehr zu erkennen, vermutlich dieses Muster. 13,5 × 2,9 cm.
Koblenz, Privatbesitz.
j Steckenroth, Pfarrkirche, 1880 noch vorhanden[1], heute verschollen. Ungenaue Zeichnung, dieses oder doch ähnliches Muster, die Ecklösung nicht sichtbar.
k Worms, Herkunft unbekannt. Helles Rot mit dunklerer Engobe, Farbe im Scherben wechselnd. 13,7 × 2,2 cm.
Worms, Museum der Stadt Worms.

1 W. Lotz, Fr. Schneider, Handexemplar von Fr. Schneider, eingeheftete Zeichnung nach 410.

H233.1 Andlau

2. Drittel 13. Jahrhundert.
Ziegelroter Ton mit Resten grüner Glasur in den Vertiefungen. Vertiefte Prägung, Kante schräg. 13/14 × 2/2,5 cm.
Variante zu H233 mit je fünf Blattbogen. In den Ecken statt des Kreises zwei Bogen, die sich in der Zusammensetzung von vier Fliesen zu einer Blüte mit Blütenkorb und Blütenblättern in Kielbogenform ergänzen.
Fundort:
Andlau, ehem. Abteikirche, in zweiter Lage in der südlichen Sakristei. J. Ph. Meyer, 1987, Abb. 20.

H234 Lorsch – Speyer – Worms – Köln – Mainz

2. Hälfte 13. – 1. Viertel 14. Jahrhundert.
Hellgrauer und gelbrötlicher Ton. Vertiefte Prägung, Bruchstücke. Ca. 14 × 2,2/2,5 cm.
Variante von H231, die Tropfenkreise übereinstimmend, die sechs Bogenpaare in einzelnen Ovalen aufgereiht, die durch die Berührung der Kerben entstanden sind.
Fundort:
a Lorsch, ehem. Benediktinerkloster, bei der Ausgrabung 1928–32 gefunden. Beide Fliesen mit verschiedenen Modeln geprägt, eine trägt den Vermerk: „Graben III, Nordschiff".
Darmstadt, Hessisches Landesmuseum.
Lorsch, Klostersammlung (sechs Bruchstücke).
b Speyer, Herkunft unbekannt. Mittelgrauer Ton. 13,7 × 2,2 cm.
Speyer, Historisches Museum der Pfalz.
c Worms, Heylshof, bei Grabungen 1952 im Schloßgarten gefunden.
Worms, Museum der Stadt Worms.
d Worms, in einem Haus an der Stadtmauer beim Luginsland um 1950 bei Aufräumungsarbeiten gefunden. O. Böcher, 1958, 2. Abb. 18.
Mainz, Privatbesitz.
e Worms, Herkunft unbekannt, anscheinend alle nach 1922 gefunden. Gelblichroter, ziegelroter, hellgrauer, mittel- und schwarzgrauer feinkörniger Ton. Kante senkrecht. 13,7 × 2,3 cm.
Worms, Museum der Stadt Worms.
f „aus Köln", grauer Ton.
London, Victoria and Albert Museum (Slg. R. Forrer).
g „aus Köln". *Variante* mit nur fünf Bogen. Gelblicher Ton.
London, Victoria and Albert Museum (Slg. R. Forrer).
h Mainz, Herkunft unbekannt. 13,5 × 2,5 cm.
Mainz, Mittelrheinisches Landesmuseum.
i Speyer, Korngasse 20, bei Ausschachtungsarbeiten 1961 in 4 m Tiefe gefunden. Gelblicher Ton. 13,5 × 2 cm.
Speyer, Privatbesitz.

H235 Kolmar?

1. Hälfte 14. Jahrhundert.
Roter Ton. Vertiefte Prägung. 13 × 13 cm. Nicht abgebildet.
Spitzoval B mit Blatt ähnlich H230, jedoch mit ganz flachen Bögen. In den Ecken Viertelskreis mit Vierpaßviertel.
Fundort:
Kolmar, Stiftskirche St. Martin, 1903 geprägte Kopie einer heute nicht mehr erhaltenen Fliese, diese nicht sicher aus St. Martin stammend.

H236 Eberbach – Mainz – Starkenburg – Straßburg

2. Hälfte 13. – 1. Viertel 14. Jahrhundert.
Grauer Ton. Vertiefte Prägung. 14 × 2,5 cm. Nicht abgebildet.
Spitzoval C mit schmalem Blatt aus sechs Halbkreisbögen, in den Ecken kleines Vierpaßviertel.
Fundort:
a Eberbach, ehem. Zisterzienserklosterkirche, in situ. Hier finden sich außerdem noch *Varianten* mit Viertelsrosetten in den Ecken; die Zeichnung ist durch die starke Abnützung nicht mehr sicher zu erkennen. C. Schäfer, Textbd., 86, Abb. 49 (ungenaue Zeichnung).
b Mainz, Stiftskirche Heilig-Kreuz, bei der Grabung 1959–60 gefunden. Grauer Ton.
Mainz, Privatbesitz.
c Mainz, kath. Pfarrkirche St. Stephan, bei Aufräumungsarbeiten 1947 am Hochaltar gefunden.
Mainz, Diözesan-Museum.
d Starkenburg, Burgruine, Bruchstücke als Lesefund in den Weinbergen unterhalb der Burg.
Traben-Trarbach, Privatbesitz.
e Straßburg, Stephansgasse 3/Rue St. Etienne 3, 1902 in einem in situ gefundenen Fliesenboden aufgedeckt. Die Fliesen bildeten das Mittelquadrat und waren von figürlichen Fliesen gerahmt. *Varianten* ohne Eckornament. J. Ficker, Taf. XLI.
Straßburg, Frauenhausmuseum.

H237 Auerbach – Eberbach – Johannisberg – Kemel – Koblenz – Lörzweiler – Mainz – Marburg – Rüdesheim – Sprendlingen – Wiesbaden-Naurod

2. Hälfte 13. Jahrhundert.
Gelbroter und grauer Ton. Vertiefte Prägung. 14 × 2,5 cm. Nicht abgebildet.
Varianten von H236 mit fünf Blattbögen.
Fundort:
a Bensheim-Auerbach, Auerbacher Schloß, bei Erneuerungsarbeiten in der Ruine gefunden.
Bensheim, Bergsträßer Heimatmuseum.
b Eberbach, ehem. Zisterzienserklosterkirche, in situ zwischen den Pfeilern der Kirche. Grauer Ton.
c Johannisberg, ehem. Benediktinerkloster, bei Zufallsgrabungen im Gelände gefunden. Roter, gelblicher und grauer Ton.
Johannisberg, Schloß, Domänenverwaltung.
d Kemel, ev. Pfarrkirche St. Katharinen, vermutlich 1843 gefunden. Roter Ton. 13 × 2,5 cm.
Wiesbaden, Slg. Nassauischer Altertümer.
e Koblenz, ehem. Jesuitenkirche, früher Zisterzienserinnenkloster, beim Abbruch der Kirche 1957 geborgen. 13,5 × 2,5 cm. U. Liessem, 1985, 67.
Koblenz, Privatbesitz.
f Koblenz-Rübenach, im Wohnturm der Grafen Eltz-Rübenach 1978 gefunden. Mittelgrauer, feingemagerter Ton. Kante senkrecht. 13 × 2,4 cm. U. Liessem, 1979, 68, Abb. 10 rechts.
Koblenz-Rübenach, Slg. Graf Eltz-Rübenach.
g Rüdesheim, Burgruine Ehrenfels, bei Grabungen im Hof der Burg gefunden. 13,5 × 2,7 cm.
Wiesbaden, Slg. Nassauischer Altertümer.
h Sprendlingen, ev. Pfarrkirche, 1965 beim Heizungseinbau gefunden. Grünlichgrauer und rötlicher Ton. 12,8 × 12,8 cm.
Sprendlingen, Pfarramt.
Sprendlingen, Privatbesitz.
i Sprendlinger Gemarkung, ehem. Kirche der Wüstung Bettenheim, 1972 gefunden. N. Beck, 1986, 12, Abb. 1.
Verbleib unbekannt.
j Wiesbaden-Naurod, ev. Pfarrkirche, bei einer Renovierung geborgen. Gelblicher und rosabräunlicher Ton.
Wiesbaden-Naurod, Heimatmuseum.
k Unbekannt. Prägung Eberbach. Gelblichgrauer Ton. 13,3 × 2,5 cm.
München, Bayerisches Nationalmuseum.
l Lörzweiler, kath. Pfarrkirche St. Michael, bei der Restaurierung 1969 unter dem heutigen Fußboden gefunden. *Variante* mit breiteren Rillen. Eckornament etwas größer.
Mainz, Landesamt für Denkmalpflege.

m Mainz, Herkunft unbekannt. Prägung wie H237l. Mittelgrauer Ton. 12,5 × 2,5 cm.
Mainz, Mittelrheinisches Landesmuseum.
n Rüdesheim, Stadtpfarrkirche St. Jakob, Brömserhof, verschiedene Privathäuser. Die Fundorte der einzelnen Fliesen wurden leider nicht festgehalten. *Varianten*, teilweise gröbere Prägungen, mit geringen Abweichungen in Tonfarbe und Größe.
Rüdesheim, Rheingauer Museum.
o Marburg, Kirchspitze, Zufallsfund. Bruchstück. Hellrotbräunlicher, gemagerter Ton. „Bruch und Oberfläche sehr rauh". Dicke 2,3 cm. *Variante*, die Zeichnung nicht sicher zu erkennen, die Bögen verlaufen flacher. Vierpaßviertel in der Ecke mit schmalen Rillen.
Koblenz, Privatbesitz.

H238 Thür – Monreal – Wiesbaden

2. Hälfte 13. Jahrhundert, 1321 (c).
Roter Ton. Vertiefte Prägung. 14 × 14 cm. Nicht abgebildet.
Variante von H236 mit vier Halbkreisbögen. Eckornament wie H236*a*.
Fundort:
a Thür, „Fraukirch" in der Pellenz, bei Grabungen 1951 gefunden.
Koblenz, Landesamt für Denkmalpflege.
b Monreal, Kapelle im Aufgang zur Burg, vermutlich in zweiter Lage. *Variante*, die Halbkreisbogen unregelmäßig, in einen zweiten Ovalrahmen einbeschrieben. Rötlicher Ton, in den Rillen Reste von brauner Glasur. Stark abgetreten.
c Wiesbaden-Klarenthal, ehem. Klarissinnenkloster, bei Grabungen und Umbauten 1965–66 gefunden. *Variante* mit sieben Halbkreisbögen. 13,2 × 13,2 cm. G. Maag, Taf. III, 1.
Wiesbaden, Privatbesitz.

H239 Koblenz-Moselweiß

1. Hälfte 13. Jahrhundert?
Tonfarbe und Maße unbekannt, wohl vertiefte Prägung. Nicht abgebildet.
Spitzoval mit Blatt aus zehn gleichmäßigen Halbkreisbogen. An zwei Stellen, parallel zur Fliesenkante, Stab mit der Hälfte einer heraldischen Lilie an der Spitze.
Fundort:
Koblenz-Moselweiß, kath. Pfarrkirche St. Laurentius, im 19. Jahrhundert noch erhalten[1], heute verschollen.

1 Die Fliese wurde von dem Kölner Maler, Baumeister und Restaurator M. J. de Noël gezeichnet. Köln, Wallraf-Richartz-Museum, Kupferstichkabinett, Skizzenbuch, Graph. Inv. Nr. 1936/29, S. 9. Die Fliesen sollen ins Museum Trier gekommen sein und sind dort heute nicht mehr vorhanden.

H240 Mittelrhein

1. Viertel 14. Jahrhundert?
Rötlichgrauer Ton. Vertiefte Prägung. 13,1 × 13,6 × 2,5/3 cm. Nicht abgebildet.
Spitzoval B mit fünf Halbkreisbögen, in der Ecke kleiner Viertelskreis.
Fundort:
Unbekannt, sonstige Prägung mit H241 (Eberbach) übereinstimmend, Rheingau oder Mittelrhein.
Bad Zwischenahn, Slg. Hans-Jürgen Heger.

H241 Eberbach – Johannisberg – Kiedrich – Mainz – Rüdesheim

4. Viertel 13. – 1. Drittel 14. Jahrhundert.
Gelblicher, roter, grauer und schwarzgrauer Ton. Vertiefte Prägung. 13 × 2,5 cm. Nicht abgebildet.
Spitzoval B mit Blatt aus vier Halbkreisbogen. In den Ecken kleine heraldische Lilie mit rautenförmigem Dom und Hängeblättern in Sichelform. Erste Prägung mit schmalen Rillen.
Fundort:
a Eberbach, ehem. Zisterzienserklosterkirche, in situ. Mindestens sechs verschiedene Prägungen mit winzigen Abweichungen.
b Johannisberg, Klosterbereich, bei Grabungen gefunden. Grauer und roter Ton.
Johannisberg, Schloß, Domänenverwaltung.
c Kiedrich, Burg Neuhaus im Peterstal (Alteburg), 1875 gefunden. J. Zaun, Taf. III, Fig. 20.
Wiesbaden, Slg. Nassauischer Altertümer.
d Mainz, Herkunft unbekannt, bei Bauarbeiten 1977 gefunden.
Köln, Privatbesitz.
Mainz, Mittelrheinisches Landesmuseum (alter Bestand).
e Rüdesheim, Burgruine Ehrenfels, bei Grabungen im Hof der Burg gefunden, bei einer Grabung 1987 erneut aufgedeckt.
Rüdesheim, Rheingauer Museum.
Wiesbaden, Landesamt für Denkmalpflege Hessen.

H242 Altenbaumburg – Bingen – Brunnenburg – Eberbach – Goddelau – Köln – Mainz – Montfort – Rüdesheim

4. Viertel 13. – 1. Drittel 14. Jahrhundert.
Roter und grauer Ton. Vertiefte Prägung. 13,5 × 2,5 cm. Nicht abgebildet.
Variante von H241 mit fünf Blattbögen. Ovale teils schmaler, teils etwas breiter, Ecklilien von verschiedener Größe.
Fundort:
a Altenbaumburg, Burgruine, Lesefund.
Altenbaumburg, Burgsammlung.
b Bingen, beim Abbruch des Mainzer Hofes 1981 gefunden. Zwei verschiedene Prägungen. Graugelblicher und rotbrauner Ton. 12 × 2,5 cm.
Bingen, Privatbesitz.
c Brunnenburg, Ruine des ehem. Prämonstratenserinnenklosters, bei Grabungen 1974 in situ gefunden. (Kleiner als die sonst dort verlegten Fliesen.) Gelblicher Ton. G. und I. Maag, Tl. 4, 134, Abb. 88 C.
Wiesbaden, Privatbesitz.
Nassauisches Heimatmuseum, Diez.
d Eberbach, ehem. Zisterzienserklosterkirche, in situ. Gelblicher, roter, grauer und schwarzgrauer Ton.
e Goddelau, ev. Pfarrkirche, beim Einbau einer Fußbodenheizung 1979 gefunden. Ocker-hellbräunlicher Ton. 13,3 × 2,5 cm.
Darmstadt, Privatbesitz.
f Unbekannt, aus Köln oder dem Rheinland. Rötlicher Ton. Bruchstück. 12,7 × 2,2 cm.
Köln, Erzbischöfliches Diözesan-Museum.
g Mainz, Herkunft unbekannt, bei Bauarbeiten 1977 gefunden.
Köln, Privatbesitz.
h Mainz, Neue Universitätsstraße, 1980 beim Aushub des Zufahrtstunnels zur Tiefgarage Proviantamt gefunden. Hellbrauner Ton. Kante schräg. 13,3 × 2,5 cm.
Mainz, Privatbesitz.

i Montfort, Burgruine, im Palas gefunden. Bruchstück. Graurötlicher Ton. Kante leicht schräg. 12 × 2,2 cm.
Braubach, Marksburg, Slg. der Deutschen Burgenvereinigung.
j Rüdesheim, Burg „auf der Lach“, bei Grabungen in der Burgstelle 1959 gefunden. Weißlicher, gelblicher und rötlichgelber Ton. Kante leicht schräg. 13 × 2,5 cm.
Rüdesheim, Rheingauer Museum.
k Rüdesheim, verschiedene Privathäuser, genaue Herkunft nicht festgehalten. Roter Ton. 12 × 2,5 cm.
Rüdesheim, Rheingauer Museum.
l Unbekannt, aus Hessen.
Darmstadt, Slg. Peter Weyrauch.

H243 Rüdesheim – Wiesbaden

4. Viertel 13. – 1. Drittel 14. Jahrhundert, um 1321 (b).
Variante von H241 mit sechs Blattbogen. Tonfarbe und Maße wie H242*i*. Nicht abgebildet.
Fundort:
a Rüdesheim, Burg „auf der Lach“, 1959 bei Grabungen in der Burgstelle im Schutt gefunden.
Rüdesheim, Rheingauer Museum.
b Wiesbaden-Klarenthal, ehem. Klarissinnenkloster, bei Grabungen und Umbauten 1965–66 gefunden. 11,2 × 11,4 und 12,5 × 12,2 cm. Außenrand des Ovals etwas breiter. G. Maag, Taf. 3, 3.
Wiesbaden, Privatbesitz.

H244 Altenbaumburg – Bingen – Köln – Mainz – Montfort – Oberfell – Lahnstein – Osterspai – Paffrath – Peterspay – Ravengiersburg – Rheingrafenstein – Ringingen – Xanten

Nachschnitte des Musters H241 vom Beginn des 14. bis zum Ende des 15. Jahrhunderts.
Die folgenden Fliesen sind mit wechselnden Modeln geprägt. Rötlicher Ton.
Vertiefte Prägung mit so breiten Rillen, daß sich das Blatt mit meist fünf Blattbogen als Relief abhebt. Die Ecklilien mit den Sichelbögen bis zum Rand reichend, oft schräg eingeprägt. Die Fliesen kleineren Formats sind meist noch sorgfältig geschnitten. Zur Datierung s. Fundortkat.
Fundort:
a Altenbaumburg, Burgruine, beim Wiederaufbau des Palas 1980–83 geborgen. V. Geißler, 1984, 345, Abb. 127 unten links.
Altenbaumburg, Burgsammlung.
b Bingen, 1981 beim Abbruch des Mainzer Hofes gefunden. Grauer, graugelblicher und ziegelroter Ton. 12 × 2,5 cm. Linie als Negativprägung.
Bingen, Privatbesitz.
c Köln, Privathaus am „Altermarkt“ (Hausnummer unbekannt), beim Aufbau eines Hauses nach 1945 ca. 0,80 m unter dem heutigen Niveau gefunden. Hellgrauer, feingemagerter Ton. 12,5 × 2,5 cm.
Köln, ehem. Slg. Rolf Venator (inzwischen verkauft).
d Köln, Herzogstraße, bei der Aufdeckung einer mittelalterlichen Abfallgrube 1966 gefunden. Rötlichbrauner Ton. Bruchstück. 12,5 × 2,2 cm.
Köln, Slg. Carl Mönnig.
e Lahnstein, Ortsteil Oberlahnstein, Burg Lahneck, Fliesenbelag unter dem Marmorboden des 19. Jahrhunderts in der Burgkapelle in situ vorhanden. Einige Fliesen entnommen. 11,6 × 11,8 cm.
Lahnstein, Slg. Freiherr v. Preuschen.
f Mainz, Herkunft nicht bekannt, möglicherweise von den 1941 im Dom geborgenen Fliesen.
Mainz, Diözesan-Museum.
g Mainz, Herkunft unbekannt, bei Bauarbeiten 1977 gefunden.
Burg Grenzau, Slg. Prof. Dr. Hans Spiegel.
h Montfort, Burgruine, bei Sicherungsarbeiten gefunden. Rotbrauner Ton. 12 × 2,5 cm. Schlechte Prägung mit sehr breiten Rillen. H. Wilke, 1981, 47, Abb. 29 R.
Dieses Muster wurde 1983 erneut in großer Anzahl in Raum G gefunden. Sehr schmales Blatt. Orange-ziegelroter Ton, durch Brand grau verfärbt. 11,5 × 2,1 cm.St. Köhl, 1987, III, Abb. 56a.
Bad Münster am Stein-Ebernburg, Bäderhaus, Heimatkundliche Sammlung.
Mainz, Landesamt für Denkmalpflege.
i Oberfell-Bleidenberg, Marienkapelle, im Chor vereinzelt noch in situ.
j Osterspai, Burghaus, einige Fliesen noch in situ. 11,8 × 11,8 cm.
k Paffrath, bei der Ausgrabung eines Töpferofens 1952 gefunden. Weißgrauer Ton mit brauner Glasur. Bogen sehr flach. W. Lung, 369, Abb. 8, Nr. 5 rechts.
Bonn, Rheinisches Landesmuseum.
l Peterspay, kath. Kirche St. Peter und Paul, in situ im Chor. Grauer und schwarzgrauer Ton.
m Ravengiersburg, ehem. Augustiner-Chorherrenstiftskirche, bei Grabungen 1963 unter dem Sandsteinplattenboden aufgedeckt. Weitere Bruchstücke 1966 außerhalb der Kirche gefunden.
Ravengiersburg, Missionsseminar.
n Rheingrafenstein, Burgruine, Lesefund. (Prägung wie H244*h*.)
Mainz, Privatbesitz.
o Ringingen, Marienkapelle, 1932 gefunden. Hellroter Ton. 11,8 × 2,2/2,5 cm.
Hechingen, Hohenzollerische Landessammlung.
p Xanten, Stiftskirche St. Victor, bei einer Grabung 1934 gefunden, weitere Fliesen beim Wiederaufbau der Kirche nach 1945. Grauer und roter Ton.
Bonn, Rheinisches Landesmuseum.
q Unbekannt, aus Bad Kreuznach oder Umgebung.
Bad Kreuznach, Karl-Geib-Museum.
r Köln, Herkunft unbekannt, vor 1901 gefunden. Hellgrauer Ton. R. Forrer, 1901, 76, Abb. 179.
Halle/Saale, Staatl. Galerie Moritzburg.
London, Victoria and Albert Museum.

H245 Arnsburg – Koblenz? – Mainz

Vor 1300 – 1. Hälfte 14. Jahrhundert. Um 1394 (a).
Grauer, mit Sand gemagerter Ton. Vertiefte Prägung. Kante kaum schräg. 12 × 2 cm.
Variante von H244. Der Model, mit sehr breiten Rillen, tiefer eingeprägt, die Ecklilie größer, das Spitzoval dem Typus C angenähert. Es ergibt sich eine abweichende Bildwirkung.
Fundort:
a Arnsburg, ehem. Zisterzienserkloster, bei Grabungen 1979 gefunden. M. Morkramer, 1982, Nr. 2.0.1, 66, Abb. 58. Im Bereich der Allerheiligenkapelle 1980 erneut gefunden. M. Morkramer, 1982, 115, Abb. 3.
Arnsburg, Klostersammlung.

b Unbekannt, aus Koblenz oder dessen Umgebung. Roter Ton. 12,5 × 2 cm.
Koblenz, Landesamt für Denkmalpflege.
c Mainz, in der Zitadelle gefunden, möglicherweise aus St. Alban stammend.
Mainz, Privatbesitz.
d Mainz, Herkunft unbekannt. Zeichnung leicht verändert. Ockergelber und dunkelgrauer Ton. 12,8 × 2,4 cm.
Mainz, Mittelrheinisches Landesmuseum.

H246 Altenbaumburg – Hessen? – Lahntal – Schmidtburg

15. Jahrhundert?
Grobgemagerter, graurötlicher Ton. Schlechte Prägung. Eine Ecke abgebrochen, stark abgetreten. 12 × 2 cm. Nicht abgebildet.
Späte *Nachschnitte* von H242, die Bogen unregelmäßig gewölbt, oft eher als Wellenlinie, die Lilien meist schräg eingeprägt.
Fundort:
a Altenbaumburg, Burgruine, Lesefund. V. Geißler, 1984, 345, Abb. 127, Nr. 12.
Mainz, Landesamt für Denkmalpflege.
b Unbekannt, wohl aus Hessen. Mittelgrauer Ton. 12 × 2,7 cm.
Darmstadt, Hessisches Landesmuseum.
c Unbekannt, aus einer Kirche oder Burg des Lahntals. Roter Ton.
Diez, Nassauisches Heimatmuseum.
d Schmidtburg, Burgruine, Bruchstück. Dicke 2,4/2,8 cm. Möglicherweise dieses oder ähnliches Muster, bei Grabungen 1972 gefunden.
Simmern, Hunsrück-Museum.

H247 Mainz

2. Hälfte 13. – Anfang 14. Jahrhundert.
Dunkelgrauer Ton. Vertiefte Prägung. 13,5 × 2,4 cm.
Variante von H242. Oval etwas breiter. Blatt mit sechs Bögen, in den Ecken plumpe Lilie mit fast runden Seitenblättern.
Fundort:
Mainz, Herkunft unbekannt.
Mainz, Mittelrheinisches Landesmuseum.

H247.1 Langenselbold

2. Hälfte 13. Jahrhundert.
Gelbrötlicher Ton. Vertiefte Prägung. 11,5 × 2,2 cm. Nicht abgebildet.
Variante von H246 mit sechs Bögen. Breite heraldische Lilien, im Gegensatz zu den übrigen Prägungen, mit der Kelchspitze zur Ecke gewandt.
Fundort:
Langenselbold, Schloßpark, auf dem Gelände des ehem. Prämonstratenserklosters im März 1982 ca. 20 Fliesen gefunden. Ch. Krauskopf, 1983, 257, Abb. 5 rechts.
Hanau, Hanauischer Geschichtsverein.

H248 Dreieich – Mainz

Nach 1256 – 2. Hälfte 13. Jahrhundert.
Graugelblicher Ton. Vertiefte Prägung. Kante senkrecht. 13 × 2,4 cm.
Spitzoval C mit *Variante* von H242. Die sechs Blattbogen tief eingezogen, das Blatt besonders schmal. Die Ecklilien mit großem Domblatt in Rautenform.
Fundort:
a Dreieich, Burgruine Hain, bei Grabungen im Palas gefunden.
Dreieich, Dreieich-Museum.
b Mainz, Herkunft unbekannt (alter Bestand).
Mainz, Mittelrheinisches Landesmuseum.

H248.1 Lützelburg? – Zabern?

1. Hälfte 14. Jahrhundert.
Roter Ton. Vertiefte Prägung. 12 × 2 cm. Nicht abgebildet.
Variante zu H248. Sehr schmales Blatt mit vier tief eingeschnittenen Halbkreisbogen. In den Ecken Viertel einer Blüte, in der Zusammensetzung ergibt sich eine Blüte mit vier Herzblättern.
Fundort:
Unbekannt, möglicherweise aus Zabern, St. Michaelskapelle oder aus der Burgruine Lützelburg (Moselle)[1].
Zabern, Städtisches Museum.

1 G. Klein, 1958, 10, nennt als Fundorte der Fliesen des Museums die Michaelskapelle, Lützelburg und St. Stephan, Straßburg. Es ist nicht mehr bekannt, welche Fliesen wo gefunden wurden. Da Fliesen aus St. Stephan auch in andere Museen kamen, können diese ausgeklammert werden.

H249 Mainz

2. Hälfte 13. Jahrhundert.
Grauer Ton. Vertiefte Prägung. 13 × 2,3 cm.
Variante von H248. Spitzoval B, Blatt mit fünf ganz flachen Bogen. Blattspitzen in Kielbogenform. Ohne Eckornament.
Fundort:
a Mainz, Herkunft unbekannt (alter Bestand).
Mainz, Mittelrheinisches Landesmuseum.
b Mainz, bei Bauarbeiten 1977 gefunden, Herkunft unbekannt. Hellgelber Ton.
Privatbesitz.

H250 Wiesbaden

Um 1321.
Roter Ton. Vertiefte Prägung. 13,2 × 13,2 cm. Nicht abgebildet.
Spitzoval C mit schmalem Blatt mit vier Doppelzacken, ähnlich einem Sägeblatt. In den Ecken Vierpaßviertel.
Fundort:
Wiesbaden-Klarenthal, ehem. Klarissinnenkloster, bei Grabungen und Umbauten 1965–66 gefunden. G. Maag, Taf. III, 2.
Wiesbaden, Privatbesitz.

H251 Eberbach – Mainz – Oberwesel – Frankfurt/Main

3. Viertel 13. Jahrhundert.
Grauer Ton. Vertiefte Prägung, stark abgetreten. 13 × 2,5 cm. Nicht abgebildet.
Spitzoval C mit schmalem Blatt, der Rand mit je vier fast rechtwinkligen Zacken. Spitze geschlossen, Stiel gegabelt. Ohne Eckornament.

Fundort:
a Eberbach, ehem. Zisterzienserklosterkirche, in situ und im Lapidarium.
b Mainz, Herkunft nicht mehr sicher, möglicherweise 1941 im Dom gefunden. Hellrötlicher Ton, an der Oberfläche hellgrau.
Mainz, Diözesan-Museum.
c Oberwesel, Liebfrauenkirche, Fliese hinter der Mensa des Hochaltars in zweiter Lage.
d Frankfurt/Main, vermutlich schon zu Ende des 19. Jahrhunderts gefunden. *Variante* mit nur vier Blattzacken. Gelblichgrauer Ton. Kante senkrecht. 14 × 3 cm.
Frankfurt/Main, Historisches Museum.
e Mainz, Herkunft unbekannt. Mittelgrauer Ton. 13,5 × 2,7 cm.
Mainz, Mittelrheinisches Landesmuseum.

H252 Rheinland

2. Hälfte 13. Jahrhundert.
Roter Ton. Vertiefte Prägung. 13 × 2,5 cm. Nicht abgebildet.
Variante zu H251. Schmales Blatt mit fünf Zackenpaaren, an beiden Spitzen geschlossen. Die Zacken berühren sich fast in der Blattachse. In den Ecken Viertel eines Zackensterns.
Fundort:
Herkunft nicht mehr zu ermitteln, jedoch aus dem Rheinland.
Bonn, Rheinisches Landesmuseum.

H253 Ober-Widdersheim

2. Hälfte 13. Jahrhundert.
Hellroter Ton. Vertiefte Prägung. 13 × 2,3 cm. Nicht abgebildet.
Spitzoval B mit breitem Blatt ähnlich H251, jedoch mit acht Zackenpaaren. Der kleine Stiel aus Doppellinie gegabelt, jedoch geschlossen. In den Ecken Blütenviertel in Herzform.
Fundort:
Ober-Widdersheim, ev. Pfarrkirche, bei einer Restaurierung 1973/74 gefunden.
Darmstadt, Slg. Peter Weyrauch.

H254 Arnsburg

2. Hälfte 13. Jahrhundert.
Hartgebrannter, grobgemagerter, dunkelroter Ton. Vertiefte Prägung. Kante schräg. Bruchstück. 13 × 3 cm. Nicht abgebildet.
Variante zu H252. Spitzoval A mit Zackenblatt von sieben Zackenpaaren. Beide Spitzen geschlossen. In den Ecken Viertelskreise mit halbkreisförmigen Blütenhälften (in der Zusammensetzung eine große, vierteilige Blüte). An der Stelle, an welcher der Kelchzipfel sitzt, steigt eine Diagonallinie auf, die den Ovalrand berührt.
Fundort:
Arnsburg, ehem. Zisterzienserkloster, bei Grabungen 1979 gefunden. M. Morkramer, 1982, Nr. 2.0.6, 69, Abb. 63.
Arnsburg, Klostersammlung.

H255 Oberursel – Frankfurt/Main

1376–1382? (a).
2. – 3. Viertel 14. Jahrhundert.
Hellroter Ton. Vertiefte Prägung. 13,5 × 2,5 cm.
Nachschnitt von H251. Spitzoval A, die flache Zackenlinie mit sechs Zacken an beiden Enden nicht mehr geschlossen. In den Ecken Viertel einer achtblättrigen Blüte.

Fundort:
a Oberursel, Burg Bommersheim, bei der Anlage eines Löschwasserteiches an Stelle der heute verschwundenen Burg 1940–41 gefunden, 1988/89 erneut entdeckt. J. Zeune, 1990, 30, Abb. 3.
Oberursel, Vortaunusmuseum.
Wiesbaden, Slg. Nassauischer Altertümer.
b Frankfurt/Main, Saalhof, bei den Grabungen 1958–61 in zweiter Lage gefunden. Nicht mit demselben Model geprägt. Gelbrötlicher, roter, grauer und blaugrauer Ton. Kante leicht schräg. Zwei Prägungen. 13,5 × 2,5 cm und 14,5 × 3 cm. O. Stamm, 37, Abb. 20.
Frankfurt/Main, Museum für Vor- und Frühgeschichte.
Frankfurt/Main, Historisches Museum.
London, Victoria and Albert Museum (vor 1902 gefunden).

H256 Altenberg/Lahn – Arnsburg – Frankfurt/Main – Ilbenstadt – Nieder-Wöllstadt – Thron

Um 1394 (b) – 1. Hälfte 15. Jahrhundert.
Rötlicher Ton. Vertiefte Prägung. 13 × 2,5 cm.
Breites Spitzoval B mit Blatt aus acht spitzwinkligen Zacken ähnlich H255, an beiden Spitzen geschlossen. In den Ecken Viertelskreise.

Fundort:
a Altenberg/Lahn, ehem. Prämonstratenserinnenklosterkirche, in situ auf der Nonnenempore.
b Arnsburg, ehem. Zisterzienserkloster, bei Grabungen 1979 als Wandfliese (Nagellöcher) gefunden. „Lehmiger, brüchiger, grauer Ton. Spuren der Holzmaserung des Models sichtbar. Ein Bruchstück mit Spuren roter Farbe.“ 13,5 × 2,5 cm. Kante schräg. M. Morkramer, 1982, Nr. 2.0.5, 67, Abb. 60. 1982/83 erneut auf dem Hainfeld vor der Klostermauer gefunden. M. Morkramer, 1984 II, 48, Abb. 44.
Arnsburg, Klostersammlung.
c Frankfurt/Main, vor 1885 in einem Bürgerhaus gefunden. Grauer Ton. 13 × 2,5 cm.
Frankfurt/Main, Historisches Museum.
Hamburg, Museum für Kunst und Gewerbe. (Im Tausch vom Historischen Museum Frankfurt/Main, vier Fliesen.)
d Ilbenstadt, ehem. Prämonstratenserklosterkirche, nach dem Brand von 1963 mit den Basissteinen im Chor vermauert gefunden.
Ilbenstadt, Pfarramt.
e Nieder-Wöllstadt, ev. Pfarrkirche, bei der Renovierung 1979 und „in früheren Jahren“ gefunden.
Nieder-Wöllstadt, ev. Pfarramt.
f Thron, ehem. Zisterzienserinnenkloster, bei den Grabungen 1873 und 1937 gefunden. Gelblicher Ton, an der Oberfläche und in den Rillen rot eingefärbt.
Usingen, Heimat- und Wilhelmj-Museum.
g Unbekannt, möglicherweise ebenfalls aus Thron. Roter Ton. 12,5 × 2,8 cm. In der Diagonale geteilt. Außerdem eine weitere, nicht mit demselben Model geprägte Fliese. 13 × 2,2 cm.
Darmstadt, Hessisches Landesmuseum.
h Ilbenstadt, ehem. Prämonstratenserklosterkirche, vor 1975 im Mittel- oder Seitenschiff gefunden. *Variante*, in einer Ecke kleine Lilie, in der anderen ein sechsstrahliger Stern.
Ilbenstadt, Pfarramt.

H257 Mayen

Um 1440–1450.
Roter Ton mit gelbbrauner Glasur. Flachrelief. Abgetreten. 8 × 1,8 cm.
Spitzoval A mit schmalerem Innenoval. Blatt aus drei quergestellten Rauten, an den Spitzen je ein winziges Oval. In den Ecken Herzform.
Fundort:
Mayen, Stiftskirche St. Clemens, bei einer Grabung 1910 unter dem jetzigen Bodenbelag gefunden.
Mayen, Eifelvereinsmuseum.

H258 Alsfeld

Um 1472.
Hellroter Ton. Vertiefte Prägung. Sehr abgetreten. 18 × 2,7 cm. Nicht abgebildet.
Spitzoval C mit tiefgezacktem Blatt, die Zeichnung nicht eindeutig erkennbar, anscheinend symmetrisch.
Fundort:
a Alsfeld, ev. Stadtkirche St. Walpurgis, bei der Renovierung 1971 gefunden.
Alsfeld, Regionalmuseum.
Darmstadt, Slg. Peter Weyrauch.
b Variante, in den Ecken zusätzlich Viertel eines breiten achtzackigen Sterns.
Darmstadt, Slg. Peter Weyrauch.

H259 Gemünden – Hadamar – Hofheim? – Koblenz? – Köln – Marienstatt – Rommersdorf – Sayn – Urbar

Vor 1379 (b), um 1324 (g), 2. Hälfte 14. – 1. Hälfte 15. Jahrhundert.
Gelbrötlicher Ton. Vertiefte Prägung. 13,8 × 14 × 2 cm.
Spitzoval B mit schmalem Blatt in unregelmäßigen Wellenlinien. Diese berühren sich an den Einbuchtungen fast, so daß zwei Segmente und zwei Blattspitzen entstehen. In den Ecken kleine Viertelskreise.
Fundort:
a Gemünden/Westerwald, ehem. Stiftskirche St. Severus, bei der Restaurierung 1972 gefunden.
Darmstadt, Slg. Peter Weyrauch.
b Hadamar, Liebfrauenkirche, in situ in dem 1966 aufgedeckten Fliesenboden.
Wiesbaden, Landesamt für Denkmalpflege Hessen.
Königstein, Stadtmuseum (aus Privatbesitz).
Ein Teil der Fliesen gelangte in den Kunsthandel.
c Angeblich aus Hofheim/Taunus. Graurötlicher und gelbrötlicher Ton. 14 × 2,2 cm.
Wiesbaden, Slg. Nassauischer Altertümer.
d Koblenz, St. Kastor. Nicht sicher, ob genau diese Prägung. Auf einem um 1880 entstandenen Photo sind in die Wand eingelassene Fliesen zu erkennen. Ihr Verbleib war nicht zu ermitteln.
e Notiz auf der Rückseite ‚Köln', Herkunft unbekannt.
Stuttgart, Württembergisches Landesmuseum.
f Unbekannt. Rosaweißlicher Ton. Kante senkrecht. 14,3 × 1,8 cm.
Köln, Erzbischöfliches Diözesan-Museum.
g Marienstatt, Zisterzienserkloster, aus den Chorkapellen in den Kapitelsaal verlegt. Stark mit Sand gemagerter hellroter Ton. 13 × 13 und 14 × 14 cm. M. Morkramer, 1983, 137, Abb. 6.
h Rommersdorf, ehem. Prämonstratenserkloster, Kapitelsaal, am Rande des Saals und auf der Estrade verlegt. Gelblicher Ton. 13 × 13 cm. H. Reinhard, 1979, Abb. 19.
i Sayn, ehem. Prämonstratenserklosterkirche, 1988/89 bei Grabungen im Chor, in der Vierung und im südlichen Querhaus gefunden. 13,2/13,5 × 2,5 cm.
Sayn, Klosterverwaltung.
j Sayn, Steinsches Burghaus, im Gewölbe des Pförtnerhauses 1979 vermauert gefunden. Hellrosabräunlicher Ton. 13,5 × 2,5 cm.
Sayn, Slg. Fürst zu Sayn-Wittgenstein-Sayn.
k Urbar, bei der Freilegung eines Töpferofens durch einen Erdrutsch 1906 gefunden. Nicht mit demselben Model geprägt. Hellrötlicher Ton. 14 × 2 cm. H. E. Kubach, F. Michel, H. Schnitzler, 340, Abb. 370.
Köln, Museum für Angewandte Kunst.
l Unbekannt, möglicherweise ebenfalls aus Urbar. Sehr viele Fliesen. Das Rahmenschema stimmt überein, das „Blatt" in vier verschiedenen Varianten. Graugelblicher Ton.
Düsseldorf, Hetjens-Museum.

H260 Koblenz – Rommersdorf

2. Hälfte 14. Jahrhundert.
Hellgelblicher Ton, in den Vertiefungen schwärzliche Kittmasse. Vertiefte Prägung. 14 × 2,5 cm. Nicht abgebildet.
Variante zu H259. Blatt mit abweichenden Wellenlinien, es entstehen drei Segmente.
Fundort:
a Koblenz, Liebfrauenkirche, nach dem 2. Weltkrieg geborgen. Zwei Fliesen, bei denen der Model zweimal nebeneinander eingeprägt ist.
Koblenz, Privatbesitz.
b Rommersdorf, ehem. Prämonstratenserkloster, Kapitelsaal, am Rande des Saals und auf der Estrade verlegt. Normale Prägung. H. Reinhard, 1979, Abb. Nr. 19.
c Unbekannt, mit einem anderen Model geprägt. Roter, schlechtgebrannter Ton, die Farbe wechselt im Scherben von gelbrot bis tiefrot. 13 × 2,5 cm.
Dortmund, Museum für Kunst und Kulturgeschichte.

H261 Köln? – Lahnstein – Marienstatt?

2. Hälfte 14. Jahrhundert.
Grauer Ton. Vertiefte Prägung. 13 × 2 cm. Nicht abgebildet.
Variante zu H259. Das Blatt breit, die Wellenlinien lassen einen breiten, freien Mittelraum. In den Ecken Viertelskreise.
Fundort:
a Unbekannt, „aus der Umgebung von Köln".
Köln-Rath, ehem. Slg. Dr. Carl Füngling.
b Lahnstein, Ortsteil Niederlahnstein, St. Johanniskirche, bei der Restaurierung 1960–62 gefunden. Weißlicher, schwachgebrannter, mürber Ton. 12,5 × 2 cm. U. Koch, 136, Abb. 61 oben links.
Niederlahnstein, Kloster.
c Marienstatt, Zisterzienserkloster? Eine Abb. bei G. Wellstein, 29, entspricht der Fliese der Slg. Füngling. Es wäre möglich, daß diese Fliese heute nicht mehr im Kloster erhalten ist. Möglicherweise liegt auch eine ungenaue Zeichnung von Wellstein vor.

H262 Rommersdorf – Sayn – Eltz

15. Jahrhundert.
Rötlichgelber Ton. Vertiefte Prägung. 11 × 2,5/3 cm. Nicht abgebildet.
Später *Nachschnitt* von H259. Spitzoval B, das Blatt eigentlich nur noch eine doppelte Wellenlinie. In den Ecken Viertelskreise.
Fundort:
a Rommersdorf, ehem. Prämonstratenserkloster, Kapitelsaal, vor allem am Rand des Fußbodens und auf der Estrade in situ.
b Sayn, ehem. Prämonstratenserkloster, in einer Mauer in Kreuzgangnähe 1981 gefunden, bei der Grabung 1988/89 im Chor der Kirche gefunden.
Sayn, Klosterverwaltung.
c Sayn, Steinsches Burghaus, bei Umbauten 1978 gefunden. Gelblichweißer Ton mit feiner Engobe. Kante senkrecht. 12 × 2 cm.
Sayn, Slg. Fürst zu Sayn-Wittgenstein-Sayn.
d Burg Eltz. *Variante.* In dem Blatt aus Wellenlinien zusätzliche Wellenlinie in der Mitte. Gelbbräunlicher Ton. 11 × 2 cm. Es ist nicht mehr bekannt, aus welchem der Gebäude die Fliese stammt.
Eltz, Burgsammlung.

H263 Andernach – Isenburg – Sayn

2. Hälfte 14. Jahrhundert.
Weißlichgelber, schlecht gekneteter Ton mit Einschluß kleiner Kieselsteinchen. Vertiefte Prägung. Kaum abgetreten. Kante schräg. 14,6 × 14,2 × 2,2 cm.
Spitzoval A mit Blattform aus vier flachen, konkav gewölbten Bogen. In der Mitte Stern aus sieben kleinen Keilchen. In den Ecken kleine Viertelskreise.
Fundort:
a Vermerk auf der Rückseite der Fliese „Andernach“. Herkunft nicht erwähnt. Der Scherben ähnelt dem der Urbarer Prägungen. 1988 erneut in der Liebfrauenkirche Andernach gefunden.
Marburg, Museum für Kunst und Kulturgeschichte.
b Isenburg, aus der Ruine der ehem. Kapelle in Hausenborn, 1983 geborgen. „Fast weißer Ton mit Ziegelsplittmagerung“. 16 × 16 cm. Eine Ecke abgebrochen. In der Mitte zwei nebeneinanderliegende Sternchen.
Neuwied, Privatbesitz.
c Sayn, ehem. Prämonstratenserklosterkirche, bei Grabungen 1988/89 im Chor, in der Vierung und im südlichen Querhaus gefunden. Dicke 1,5/1,8 cm. Identisch mit der Prägung H263*a*.
Sayn, Klosterverwaltung.

H264 Rommersdorf – Sayn – Grenzau

14.–15. Jahrhundert.
Gelblicher Ton. Vertiefte Prägung. Kante leicht schräg. 12,5 × 2,5 cm.
Spitzoval A mit breitem, gewelltem Blatt ähnlich H259. In diesem zwei Gruppen von drei kleinen Dreiecken.
Fundort:
a Rommersdorf, ehem. Prämonstratenserkloster, Kapitelsaal, am Rande des Fußbodens und auf der Estrade in situ. H. Reinhard, 1981, 50 unten.
b Sayn, ehem. Prämonstratenserkloster, Bruchstück, 1984 gefunden. Die Punzen sitzen an derselben Stelle und sind im selben Winkel zueinandergeneigt, ein Beweis, daß sie nicht von Hand eingeprägt, sondern in den Model geschnitten wurden. Bei der Grabung 1988/89 Fragment auch in der Klosterkirche geborgen.
Sayn, Klosterverwaltung.
c Ebd., *Variante* mit anderer Wölbung und nur zweimal zwei Dreieckspunzen. 1981 in einer Mauer im Kreuzgangsbereich gefunden.
Sayn, Klosterverwaltung.
Koblenz, Privatbesitz (Bruchstück).
d Möglicherweise aus Burg Grenzau. *Variante.* Weißlichgrauer Ton. Sehr späte und grobe Prägung. Bruchstücke. Dicke 2,5–3 cm. Erkennbar sind einbeschriebene, kaum gewellte Ovale.
Burg Grenzau, Slg. Prof. Dr. Hans Spiegel.
e Sayn, ehem. Prämonstratenserkloster, 1982 in der Kirche gefunden. *Variante.* Spitzoval und Eckkreise übereinstimmend mit H264*a*. Statt des „Wellenblatts“ Oval mit Kontur aus je vier flachen, konkaven Bögen, ähnlich H228. Im Innenraum ein kleines Kreuz und ein Sechsstern, mit großer Wahrscheinlichkeit mit dem Stempel von S63 gefertigt. Hellgelblichweißer, mit Ziegelsplitt gemagerter Ton. Alle Rillen mit dunkelgrauer Paste inkrustiert. 14,7 × 2 cm.
Sayn, Pfarrhaus.

H265 Dieburg

15.–16. Jahrhundert.
Rötlichgelber, hart gebrannter Ton, Oberfläche ziegelrot. Vertiefte Prägung, Kante schräg. Aus zwei Bruchstücken ergänzt. 15 × 16 × 1,8 cm.
Spitzoval B mit breitem, unregelmäßig gewelltem Blatt, die eine Spitze zum Stiel ausgezogen. In den Ecken schmales Blütenviertel.
Fundort:
a Dieburg, Frankensteiner Hof, Steinstraße 13, bei Ausschachtungsarbeiten 1951 gefunden.
Dieburg, Kreis- und Stadtmuseum.
b Dieburg, Steinstraße 30, 1954 gefunden. W. Boß, Abb. 9.
Dieburg, Kreis- und Stadtmuseum.

Spitzovale mit gegenständigen Blättern

H266 Lorsch

2. Drittel oder 3. Viertel 13. Jahrhundert.
Feingemagerter roter Ton mit Spuren verkohlter Pflanzenreste. Die Tonfarbe wechselt im Scherben von gelblichrot über ziegelrot zu tiefroten und graurötlichen Schattierungen. Vertiefte Prägung. Kante leicht schräg. Nicht alle Fliesen mit demselben Model geprägt. 14 × 2,2 cm.
Spitzoval C mit gegenständigen, sich an der Spitze berührenden ahornartigen Blättern mit sieben fast gleichgroßen Zakken. Der gespaltene Stengel überschneidet das Oval rechts, unterschneidet es links. In den Ecken breitflächige Palmetten, genau mit denen von H94 übereinstimmend.
Fundort:
Lorsch, ehem. Benediktinerkloster, bei den Grabungen 1928–32 gefunden.
Darmstadt, Hessisches Landesmuseum.

H267 Lorsch – Klingenmünster

2. Drittel oder 3. Viertel 13. Jahrhundert.
Tonbeschaffenheit und Farbe wie H266. Vertiefte Prägung. 13,2 × 2,5 cm.
Variante zu H266. Die fünf Blattzacken sehr viel spitzer, auf Kelchknoten sitzend, die Überschneidungen spiegelbildlich. Die Palmetten ganz flach, den Ovalrand begleitend, die Stengel in Form einer Acht verschlungen.
Fundort:
a Lorsch, ehem. Benediktinerkloster, bei den Grabungen 1928–32 und 1956 gefunden.
Bensheim, Bergsträßer Heimatmuseum.
Darmstadt, Hessisches Landesmuseum.
Lorsch, Klostersammlung (sehr abgetreten).
b Klingenmünster, ehem. Benediktinerkloster, bei einer Grabung 1981 im Pfarrgarten gefunden. Bruchstück, vorläufig hier eingeordnet. Sichtbar ein Eckstück mit dem Teil einer Bogenlinie, die sich vermutlich zu einem Spitzoval ergänzen läßt und einer Palmette ähnlich H267*a*. Die Stengel sind nicht zu einem Oval verschlungen, sondern in der Form eines Andreaskreuzes angeordnet, so daß sie einer Zange ähneln, die statt der Wölbungen Ecken zeigt. Roter Ton, vertiefte Prägung.
Klingenmünster, Kirchensammlung.

H268 Lorsch

2. Drittel oder 3. Viertel 13. Jahrhundert.
Tonbeschaffenheit und Farbe wie H266. Vertiefte Prägung. Stark abgeschrägt. 14,2 × 2,4 cm.
Variante zu H266. Die Blätter ähnlich H266, etwas schmäler. In den Ecken Viertelskreis mit Zackenband und kleinen Palmetten, darunter kleiner Viertelskreis.
Fundort:
Lorsch, ehem. Benediktinerkloster, bei den Grabungen 1928–32 gefunden.
Darmstadt, Hessisches Landesmuseum.

H269 Speyer

2. Hälfte 14. Jahrhundert.
Mittelgrauer Ton. Vertiefte Prägung. Blatt in flachem Relief. 16,5 × 3 cm.
Spitzoval B mit gegenständigen Eichblättern. Diese zeigen fünf Zackenpaare, gerade Mittelrippe und sparrenförmige Seitenrippen. Zu beiden Seiten dreieckiges Blattornament. In den Ecken Viertelskreise mit Vierpaßviertel.
Fundort:
Vermutlich aus Speyer, Herkunft unbekannt.
Speyer, Historisches Museum der Pfalz.

H270 Speyer

2. Hälfte 14. Jahrhundert.
Mittelgrauer Ton. Vertiefte Prägung, Blatt als Flachrelief. 13 × 2,4 cm.
Variante zu H269 mit je sieben Blattzacken, ohne Blattrippen. In den Ecken nur Viertelskreise.
Fundort:
a Speyer, Herkunft unbekannt, vor 1954 gefunden.
Speyer, Historisches Museum der Pfalz.
b Speyer, Korngasse 20, bei Ausschachtungsarbeiten 1961 in 4 m Tiefe gefunden. Gelblicher Ton. 13,5 × 3 cm.
Speyer, Privatbesitz.

H271 Dambach – Epfig – Schlettstadt

15. Jahrhundert?[1]
Roter Ton. Flachrelief. 20 × 20 cm.
Spitzoval B mit zwei an der Basis aufeinanderstehenden scharf gezähnten Blättern mit je fünf Blattpaaren. In einer Ecke heraldische Lilie mit schwebenden Hängeblättern, in der anderen Kleeblatt. Die kurzen, geraden Stiele jeweils zur Mitte gewandt.
Fundort:
a Dambach, Liebfrauenkapelle, in situ vor den beiden Seitenaltären.
b Dambach, Anwesen Schuhler, 22, rue Foch, 1969 in einer Scheune entdeckt, möglicherweise aus der Kapelle verschleppt.
Privatbesitz.
c Epfig, Margarethenkapelle auf dem Friedhof, heute die ganze Kapelle mit Kopien ausgelegt, die jedoch zweifellos exakt nach dem Original geprägt wurden.
d Schlettstadt, Herkunft unbekannt. Roter Ton. 19,4 × 3 cm. G. Meyer, 1975a, 37, 46, Abb. C8.
Kolmar, Agence des Bâtiments de France du Haut-Rhin.

1 G. Meyer datiert die Fliese „2. Hälfte 13. Jh.“ Dies erscheint im Hinblick auf die Form der heraldischen Lilie und aufgrund der Maße zu früh.

H271.1 Sesenheim

13. Jahrhundert?
Rötlicher Ton. Vertiefte Prägung. Bruchstück. 7,5 × 7 cm.
Fragment, nicht sicher ob ähnlich H271 oder zu einem Kreis zu ergänzen. Sichtbar sind Reste eines quadratischen Rahmens, durch innere Linie, die sich zu einem an der Basis offenen Dreieck formt, betont. Bogen eines Ovals mit Blattzacken ähnlich H271, von diesem zur Ecke aufsteigend heraldische, fast kreuzförmige Lilie.

Fundort:
Sesenheim, beim Abbruch der mittelalterlichen Kirche 1910 geborgen.
Sesenheim, Restaurant „Au Bœuf Noir".

H272 Rappoltsweiler?

15. Jahrhundert[1].
Roter Ton. Vertiefte Prägung. Muster aus drei Bruchstücken rekonstruiert. 19,5 × 3 cm.
Spitzoval mit Doppelblatt ähnlich H271, die beiden Eichblätter leicht gegeneinander versetzt. Am Stengelgrund zwei und drei abstehende Ästchen(?). Der Außenrand des Spitzovals ebenfalls mit spätgotischem „Astwerk" besetzt, in den Fliesenecken drei hängende Kirschen, die Stengel in der Mitte des Ovalrandes gebündelt.
Fundort:
Rappoltsweiler? Herkunft unbekannt. G. Meyer, 1975a, 37, 47 C 9.
Rappoltsweiler, Städtisches Museum.

1 G. Meyer datiert die Fliesen in die 2. Hälfte 16. Jh.

H273 Kienzheim

Anfang – 3. Viertel 15. Jahrhundert.
Roter grobgemagerter Ton. Flachrelief. Abgetreten. 16,5 × 4 cm.
Spitzoval A mit gegenständigen Eichblättern, die kurzen Blattstiele in leichter Drehung an einen Mittelkreis geschmiegt. Zackenränder tief eingekerbt, ohne Binnenzeichnung. In den Ecken je eine heraldische Lilie, der dreieckige Schaft mit Schaftring aus der Mitte des Ovalrandes wachsend.
Fundort:
Kienzheim, Herkunft unbekannt.
Kaysersberg, Slg. der Société d'Histoire de Kaysersberg et Environs.

H274 Kaiserslautern

4. Viertel 13. Jahrhundert, möglicherweise später.
Braunrötlicher, feingemagerter Ton. Vertiefte Prägung. Bruchstücke. Dicke 2–3 cm.
Spitzoval A mit gegenständigen, gezackten Blättern ohne Blattrippen, der kurze Stiel leicht linksschräg. In den Ecken dasselbe Blatt mit drei statt vier Zacken, nach links gerichtet, den Ovalrand berührend.
Fundort:
Kaiserslautern, Stiftskirche, beim Wiederaufbau 1967 im Schutt gefunden.
Kaiserslautern, Stiftskirche.

H275 Gelnhausen

Nach 1351.
Roter Ton. Vertiefte Prägung. 12,5 × 2,5 cm und 13 × 2,3 cm.
Spitzoval A mit gegenständigen Blättern, der kurze Stiel in Ovalmitte auf einer gemeinsamen Trennlinie aufsitzend. Der scharfgezackte Blattrand, mit Einbuchtungen in der Art eines Eichblatts, berührt den Ovalrand. In den Ecken spitzes Dreieck zwischen Eichblatthälften.
Fundort:
Gelnhausen, Haus Kuhgasse 1, zusammen mit J50 bei einem Umbau gefunden. Die Fliese muß zu Ende des 19. Jahrhunderts schon einmal gefunden worden sein.
Gelnhausen, Heimatmuseum.
Gelnhausen, Privatbesitz.
Marburg, Museum für Kunst und Kulturgeschichte.

H276 Lorsch

Ende 15. – 1. Hälfte 16. Jahrhundert.
Tiefrot gebrannter Ton. Auf der ganzen Oberfläche der Abdruck eines Tuches mit Leinenbindung. Flachrelief. Kante schräg. 19,5 × 19,8 cm.
Spitzoval A. Über der Seitenmitte des Ovals flachrechteckige Basis, aus der an dünnen Stengeln drei Eicheln steigen. Sie berühren fast die andere Ovalecke und werden von zwei, die übrige Fläche füllenden, tiefgezackten Eichblättern mit Mittel- und Seitenrippen gerahmt. In den Ecken, etwas vom Rande abgesetzt, Viertel einer dreifachen Rosette, die nicht mit derselben Sorgfalt wie die Eichblätter geschnitten ist.
Fundort:
Lorsch, ehem. Benediktinerkloster, bei Grabungen 1888 gefunden.
Darmstadt, Hessisches Landesmuseum.

Fliesen mit vier Spitzovalen oder vier Blättern

H 277 Sesenheim

3. Viertel 13. Jahrhundert.
Vermutlich roter Ton. Vertiefte Prägung. Ca. 12,5 × 12,5 cm.
Stern aus vier Spitzovalen, die sich in Fliesenmitte unter- und überschneiden. In jedem Oval einbeschriebenes Oval mit kleiner Raute, in Seitenmitte konkave Dreiecke mit einbeschriebenem Dreieck.
Fundort:
Sesenheim, beim Abbruch der mittelalterlichen Kirche 1910 gefunden. Ch. Czarnowsky, 18, Abb. 23.
Sesenheim, Restaurant „Au Bœuf Noir", seit Brand des Hauses 1945 verloren.

H 278 Weingarten

1. Viertel 14. Jahrhundert.
Roter Ton. Vertiefte Prägung. Kante schräg. 13 × 4 cm. Nicht abgebildet.
Stern aus vier doppelten Spitzovalen, die sich in Fliesenmitte zwar berühren, doch nicht überschneiden. Das Außenoval geht schleifenähnlich ins Innenoval über.
Fundort:
Weingarten, Benediktinerkloster, bei Grabungen vor 1956 in der Marienkapelle, bei früheren Grabungen im Kreuzgang gefunden, in der Nikolauskapelle und im Treppenhaus des Südquerarms neu verlegt. K. Hecht, 1956, 303, Abb. 181.

H 279 Sesenheim

3. Viertel 13. Jahrhundert?
Vermutlich roter Ton. Vertiefte Prägung. Ca. 12,5 × 12,5 cm.
Variante zu H 277. Die Spitzen der Ovale berühren sich im Mittelpunkt. In der Mitte der einbeschriebenen, an der Spitze leicht eingezogenen Ovale kleine Streublumen. Die seitlichen Dreiecke leer.
Fundort:
Sesenheim, beim Abbruch der mittelalterlichen Kirche 1910 gefunden. Ch. Czarnowsky, 18, Abb. 24.
Sesenheim, Restaurant „Au Bœuf Noir", seit Brand des Hauses 1945 verloren.

H 280 Pirmasens

2. Hälfte 14. Jahrhundert.
Dunkelroter, stark gebrannter Ton. Glasurreste an einer Seitenkante. Flachrelief. 17 × 3,5 cm.
Stern aus vier Spitzovalen B, die in Fliesenmitte an einem kleinen gegitterten Kreis (ähnlich Nagelkopf) mit Punkt ansetzen. In den Ovalen Fiederblatt mit scharfgezacktem Rand, bei drei Blättern mit zur Spitze verlaufenden Blattrippen (Gräte aus Sparren), beim vierten in Gegenrichtung. Rautenförmig verdickter Stiel mit seitlichen Halbkreisen, zum Typus der Fliesen H 59–H 77 gehörend. In Seitenmitte Halbkreis aus drei Ovalen mit der Hälfte eines ebenfalls aus Ovalen gebildeten Sechssterns. Der Model ist wenig sorgfältig geschnitten, bei zwei Blättern verlaufen die Zacken im Gegenuhrzeigersinn.
Fundort:
Pirmasens, 1889 beim Bau eines Gartenhauses ein völlig unversehrter Fliesenboden aufgedeckt. (Gerberei Gebr. König.)
Speyer, Historisches Museum der Pfalz.

H 281 Ladenburg – Limburg a. d. Haardt – Worms

Ende 14. – Anfang 15. Jahrhundert.
Grauer und gelblichgrauer Ton. Flachrelief. Kante schräg. 16 × 3 cm.
Stern aus vier sich überschneidenden Spitzovalen mit schmalen Eichblättern, deren stark gewölbte Blattränder und breite Mittelrippen jeweils verschieden geschnitten sind. Zwischen den Ovalen je ein zur Mitte gerichteter Pfeil, abwechselnd mit einem Kreis, einem Winkel, einem Dreieck und einem Strich an der Spitze[1].
Fundort:
a Ladenburg, Bischofshof, 1965 beim Graben eines Fundaments an der kleinen Gartenmauer auf dem Gelände des „westlichen" Saals gefunden.
Ladenburg, Heimatmuseum.
b Limburg a. d. Haardt, ehem. Benediktinerkloster, am Abhang des Klosterbergs 1969 gefunden. Stark gebrannter roter Ton. Bruchstück. Kante senkrecht. Dicke 2,5 cm.
Speyer, Landesamt für Denkmalpflege.
c Worms, vor 1922 gefunden, Herkunft unbekannt. E. Grill, Taf. IV, 101.
Worms, Museum der Stadt Worms.
Hamburg, Museum für Kunst und Gewerbe.
Stuttgart, Württembergisches Landesmuseum (aus dem Bestand des ehem. Landesgewerbemuseums).
d Worms, Hintere Judengasse 6, bei Grabungen 1969 gefunden. Bruchstück. Stark abgetreten. Mittel-schwarzgrauer Ton. Dicke 2,5 cm.
Worms, Museum der Stadt Worms.

---

1 Dieses Muster findet sich in ähnlicher Form schon zu Ende des 13. Jh. (?) in der Zisterzienserabtei Vauclair (Aisne). R. Courtois, 348, Abb. 271.

H 282 Lörzweiler – Worms

3. Viertel 14. – Anfang 15. Jahrhundert.
Tonfarbe unbekannt. Flachrelief. Zwei Bruchstücke.
Nachschnitt von H 281. Die am Rande nicht mehr geschlossenen Spitzovale aus sich überlagernden Halbkreisen gebildet. Einfache Eichblätter mit fünf gerundeten Zacken und ohne Rippen, die Pfeile kleiner.
Fundort:
a Lörzweiler, kath. Pfarrkirche St. Michael, bei Restaurierungsarbeiten 1969 gefunden.
Mainz, Landesamt für Denkmalpflege.
b Worms, Herkunft unbekannt, vor 1922 gefunden. E. Grill Taf. III, 88. Feingemagerter, ziegel- und dunkelroter Ton (bei Grill auch „schwarzer Ton"). Stark abgetreten, mit Kratzspuren. 11,5 × 2,2 cm.
Worms, Museum der Stadt Worms.
c Worms-Liebenau, Kloster, bei der Ausgrabung 1928–31 gefunden. O. Böcher, 1958, Heft 7, 2. Abb. 11.
Worms, Museum der Stadt Worms.

H 283 Biedesheim – Worms

Um 1458 (a), Mitte – 2. Hälfte 15. Jahrhundert (b).
Tonfarbe und Maße unbekannt. Vertiefte Prägung.
Nachschnitt der Fliese H 182. Die unregelmäßigen, teils ge-

zackten, teils gewellten Blätter in gröbster Prägung. Kleine Pfeile mit gespaltenem Schaft über der Mitte der Fliesenseite.
Fundort:
a Biedesheim, ev. Pfarrkirche, bei der Renovierung der Kirche 1965–66 in situ aufgedeckt und an Ort und Stelle belassen.
b Worms, Herkunft unbekannt. Roter Ton. 11 × 2 cm.
Worms, Museum der Stadt Worms.
c Worms, Luginsland, in einem Haus an der Stadtmauer um 1950 gefunden. *Variante* in Flachrelief, mit noch schmaleren Blättern in Wellenlinien wie H261.
Mainz, Privatbesitz.
d Unbekannt. Gelbrötlicher Ton. 12,7 × 2,3 cm.
Darmstadt, Hessisches Landesmuseum.

H284 Ochsenhausen – Offenhausen – Zwiefalten

1495 (a), letztes Jahrzehnt 15. Jahrhundert, nicht später als 1537 (b).
Dunkelroter Ton. Flachrelief. Kaum abgetreten. Kante senkrecht. 19 × 4,5 cm.
Stern aus vier Spitzovalen A, die sich nicht mehr berühren. In diesen Eichblatt des Ulmer Typus (H135), jedoch mit zusätzlich aufgelegten Mittel- und Seitenrippen. In Fliesenmitte kleiner Kreis. Die freien Flächen ganz mit der Hälfte eines Blattsterns gefüllt, welcher aus kleineren Eichblättern und je einer seitlichen Knospe (Eichel?) aufgebaut ist.
Fundort:
a Ochsenhausen, ehem. Benediktinerklosterkirche St. Georg, bei der Restaurierung 1979–84 gefunden.
Ulm, Staatliches Hochbauamt.
b Offenhausen, ehem. Dominikanerinnenkloster, 1909 beim Bau einer Wasserleitung gefunden. Bruchstück. Abgetreten. 18 × 4 cm.
Münsingen, Heimatmuseum.
c Zwiefalten, ehem. Benediktinerkloster, 1932 an der Stelle der nördlichen Außenwand des ehem. romanischen Münsters in situ in einem Fliesenboden gefunden. A. Mettler, 250 und Anm. 53.
Verbleib nicht zu ermitteln.
d Zwiefalten, ehem. Benediktinerkloster, 1977 im sog. „Waschhof" gefunden, 1978 ein zweites Bruchstück mit etwas abweichender Prägung westlich des Fraterbaus.
Zwiefalten, Privatbesitz
e Unbekannt, aus Württemberg.
Ulm, Privatbesitz.

H284.1 Kolmar

14. Jahrhundert?[1], um 1491?
Roter Ton. Sehr flaches Relief. Kante senkrecht. 17 × 3 cm.
Nicht abgebildet.
Variante zu H284. Die Ovale zur Mitte leicht geöffnet, der Punkt fehlt. Die Eichblätter mit gröberem Rand und gewellter, aufliegender Mittelrippe; an den Seiten statt des Blattsterns je die Hälfte einer heraldischen Lilie, der Kelch in Pikenform.
Fundort:
Kolmar, Franziskanerkirche, bei Grabungen 1987 im Chor entdeckt. Eine Neuverlegung von Kopien ist geplant.

1 Datierung des Ausgräbers Herrn Gilbert Meyer, Kolmar, dem ich für alle Angaben zu diesem Fund danke.

H285 Bad Wimpfen am Berg

Ende 14. – 1. Hälfte 15. Jahrhundert.
Roter, feingemagerter Ton. Flachrelief. Kante schräg. Zwei Bruchstücke. 13,2 × 2,5 cm.
Stern aus vier Spitzovalen C. In einem Pflanze mit drei Blattpaaren mit stumpfovalen Blättchen, im anderen vermutlich drei ineinandergeschobene Herzornamente. In den freien Flächen sehr grobe, auf der Mitte der Fliesenkante stehende Lilien.
Fundort:
a Bad Wimpfen, Herkunft unbekannt, vermutlich schon vor dem ersten Weltkrieg gefunden[1].
Darmstadt, Hessisches Landesmuseum.
b Bad Wimpfen am Berg, Rappenauer Straße, 1969 in einer Fehlbrandgrube gefunden.
Heilbronn, Historisches Museum.

1 Da die Fliesen ins Museum Darmstadt kamen, müssen sie gefunden worden sein, als Wimpfen noch zu Hessen gehörte. Nach freundlicher Mitteilung von Herrn Dr. Robert Koch, Heilbronn, sollen auf der gegenüberliegenden Seite der Rappenauer Straße schon in früherer Zeit Keramikfunde gemacht worden sein.

H285.1 Butzbach

2. Hälfte 14. Jahrhundert.
Schwach rötlicher Ton. Vertiefte Prägung mit Reliefwirkung. 12,5 × 13 × 2,5 cm.
Kreuz aus vier Spitzovalen, in diesen Blatt vom Typus J13, auf ebenso dünnem Stiel auf einem kleinen Quadrat in Fliesenmitte aufsitzend.
Fundort:
Butzbach, Herkunft unbekannt, möglicherweise aus der Markuskapelle.
Butzbach, Museum in der Michaeliskapelle.

H286 Bad Münstereifel

Mitte – 2. Hälfte 15. Jahrhundert.
Gelbgrauer, feingemagerter Ton. Sehr flaches Relief. Fast farblose Glasur, die zur Mitte grünlichgelb wird, an den Kanten herabgelaufen. 10,5 × 1,8 cm.
Stern aus vier sich unter- und überschneidenden Spitzovalen, aus drei Bändern gebildet. In den Ovalen schmale Blätter mit starker Mittelrippe, an der die sieben Blattpaare wie Perlen aufgereiht sind. In den Zwischenräumen Dreiblatt und leicht gewölbte Rahmenleiste.
Fundort:
Bad Münstereifel, Burgruine, bei der Restaurierung 1956–59 gefunden.
Bad Münstereifel, Toni-Hürten-Heimatmuseum.

H287 Kiedrich – Limburg a. d. Haardt – Mainz – Rüdesheim – Worms

3. Viertel 13. Jahrhundert.
Roter Ton. Vertiefte Prägung mit Flachreliefwirkung. Bruchstück (12,5 × 2 cm).
Stern aus vier Spitzovalen A. In zweien je zwei gegenständige Sparren, in den anderen die innersten Sparren durch einen Balken und einen kleinen Punkt ersetzt.
Fundort:
a Kiedrich, Burgruine Scharfenstein, im Schutt gefunden.
Schloß Johannisberg, Domänenverwaltung.

b Limburg a. d. Haardt, ehem. Benediktinerklosterkirche, bei Grabungen zu Ende des 19. Jahrhunderts in der Ruine gefunden. Dunkelgrauer, in der Mitte des Bruches schwarzgrauer Ton. Bruchstück. Dicke 2,1 cm
Bad Dürkheim, Heimatmuseum.
c Mainz, Augustinerstraße. Hellbrauner Ton. Kante leicht schräg. 12,5 × 12,2 × 1,8 cm.
Harxheim, Slg. Dederer.
d Rüdesheim, Herkunft unbekannt, vor 1955 gefunden. Roter Ton. 12,5 × 2 cm.
Rüdesheim, Rheingauer Museum.
e Rüdesheim, Burg „auf der Lach", bei der Ausgrabung 1959 im Schutt gefunden. Bruchstück. Roter Ton.
Rüdesheim, Rheingauer Museum.
f Worms, Herkunft unbekannt, nach 1922 gefunden.
Worms, Museum der Stadt Worms.

H288 Speyer

2. Hälfte 15. Jahrhundert.
Roter, braunrötlicher und mittelgrauer Ton. Vertiefte Prägung, Abdrücke der Holzmaserung auf einer Fliese. Kante schräg. 17 × 2,3 cm.
Diagonalkreuz aus vier Eichenblättern, deren gerade Mittelrippen als dünne Linien durchlaufen. Die Seitenrippen leicht gewölbt, die Blattränder halbkreisförmig gebogen. Zu beiden Seiten auf dünnen, am Blattgrund ansetzenden Stengeln kleine Eicheln.
Fundort:
Speyer, Herkunft unbekannt.
Speyer, Historisches Museum der Pfalz.

H289 Straßburg

16.–17. Jahrhundert.
Gelbweißer und rötlicher Ton. Vermutlich Flachrelief. 17 × 17 cm. Nicht abgebildet.
Fliese durch Diagonalkreuz in vier rechtwinklige Dreiecke geteilt. Die Kreuzlinien dienen gleichzeitig als Mittelrippen von vier Eichblättern, die zusätzlich noch fein verzweigte kleinere Blattrippen aufweisen.
Fundort:
Straßburg, Stampfgasse, im Februar 1912 „beim Abbruch des letzten Hauses dieser Gasse nach dem Boulevard" gefunden. Eine „große Anzahl" von Fliesen kam ins Kunstgewerbemuseum Straßburg. Sie sind z. Z. nicht aufzufinden.

H290 Neustift

15. Jahrhundert.
Roter Ton ohne Glasur. Flachrelief. Abgetreten. 15,5 × 3,5 cm.
Andreaskreuz aus vier symmetrisch gebildeten Eichblättern mit je zwei Blattpaaren. Dazwischen Kreuz mit je drei Eicheln an den Enden. In der Mitte kleiner Kreis mit Dreipaß.
Fundort:
Neustift, ehem. Prämonstratenserkloster, vor 1905 gefunden. Vermutlich späte Ausflickung des Fliesenbodens.
München, Bayerisches Nationalmuseum.

H291 Lilienfeld

Um 1458.
Ziegelroter-gelblichroter Ton. Flachrelief. Stark abgetreten. 19,4 × 20,4 cm. Nicht abgebildet.
Fliese mit doppeltem quadratischem Rahmen, durch Kreuz in vier Felder geteilt, in der Mitte von kleinem Kreis mit Sechspaß gehalten. In jedem Feld ein grobes, tief eingekerbtes, unregelmäßig gebildetes Eichblatt mit drei Zackenpaaren, die Spitzen zur Fliesenecke gewandt.
Fundort:
Lilienfeld, Zisterzienserstift, Laiendormitorium, in situ als einzelne Fliese im Belag aus glatten Fliesen erhalten. F. Vongrey, 16, Abb. 24.

H291.1 Ihlow

2. Drittel 13. Jahrhundert?
Rötlicher Ton mit bräunlicher Glasur. Flachrelief. Bruchstück. Dicke 2,4 cm.
Fliese durch Kreuz in vier Felder geteilt. In jedem Quadrat zur Fliesenecke aufsteigende Pflanze (?) oder Blatt ähnlich T6 mit tief eingeschnittenen Blattkerben.
Fundort:
Ihlow, ehem. Zisterzienserkloster, bei Grabung 1983 im Schutt gefunden.
Aurich, Ostfriesische Landschaft.

H292 Urspring

16. Jahrhundert.
Schwach gebrannter, rötlicher Ton, in Scherben, Brand und Prägung deutlich verschieden von den übrigen Fliesen des Fundortes, das Muster als Negativform eingeprägt, die Kanten nicht konisch, sondern zweifach geknickt. 19 × 5 cm.
Fliese durch Kreuz in vier Quadrate geteilt. In jedem grobes Eichblatt mit gewellter Mittelrippe, die Stiele treffen sich in Fliesenmitte.
Fundort:
Urspring, beim Neubau eines Schulgebäudes auf dem Gelände des ehem. Benediktinerinnenklosters 1978 gefunden.
Urspring, Urspringschule.

H293 Koblenz?

Ende 14. Jahrhundert.
Dunkelroter Ton. Vertiefte Prägung. 11,5 × 1,5 cm. Eine Seite beschädigt.
In quadratischem Rahmen vergröberte *Variante* von H288. Die Blattstiele und die Eichelbüschel steigen von einem kleinen Quadrat mit vierblättriger Blüte auf. Die Eichblätter mit nur zwei Blattpaaren und gewellter Mittelrippe, von drei Eicheln begleitet.
Fundort:
Unbekannt, aus Koblenz oder Umgebung.
Koblenz, Landesamt für Denkmalpflege.

H294 Frankfurt/Main

15.–16. Jahrhundert.
Graurötlicher Ton. Grobe, vertiefte Prägung. Abgetreten, eine Ecke fehlt. Kante schräg. 14,2 × 2,5 cm.
Variante zu H293. Die Eichblätter eher mit drei unregelmäßigen Blattzacken. Der Stiel der Eicheln nicht gewellt, sondern ein senkrechtes Kreuz bildend. Statt der Eicheln nur noch die Verzweigung des Stengels sichtbar.
Fundort:
Frankfurt/Main, Herkunft unbekannt.
Frankfurt/Main, Historisches Museum.

H1

H6a

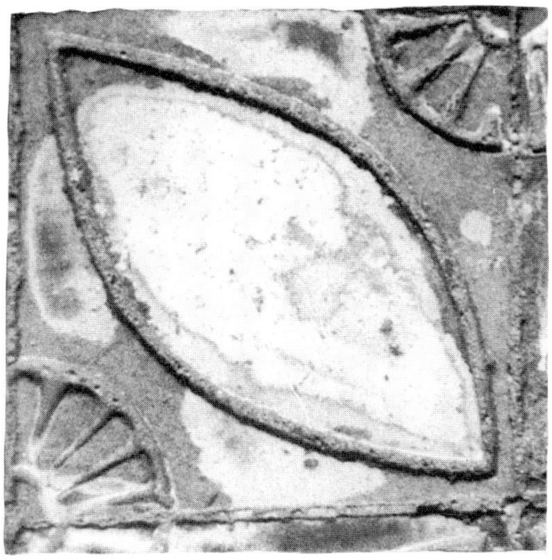
H6b

H7

H8

H9

H11

H12

H13

H14

H15

H16

H17

H18

H19

H20

H22

H23

H24

H26

H27

H28

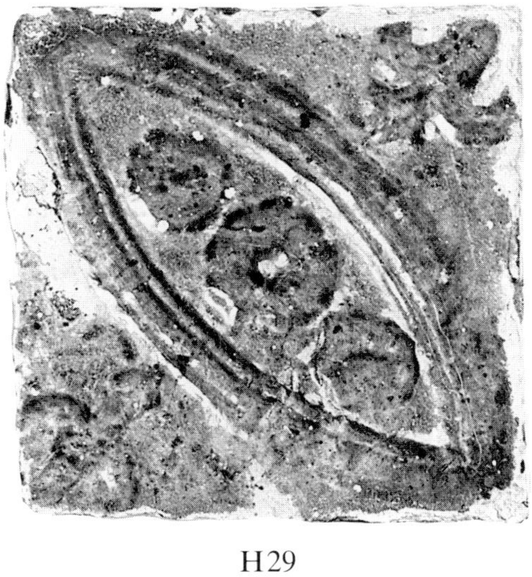

H29

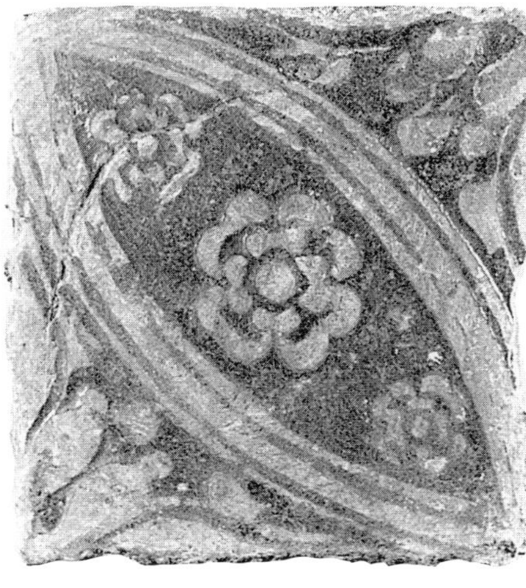

H30

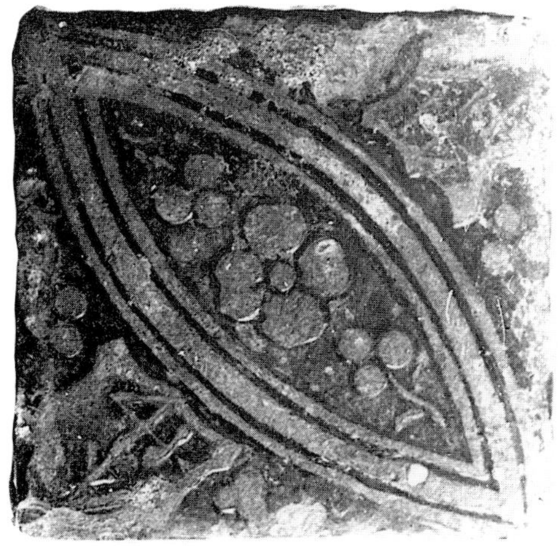

H31

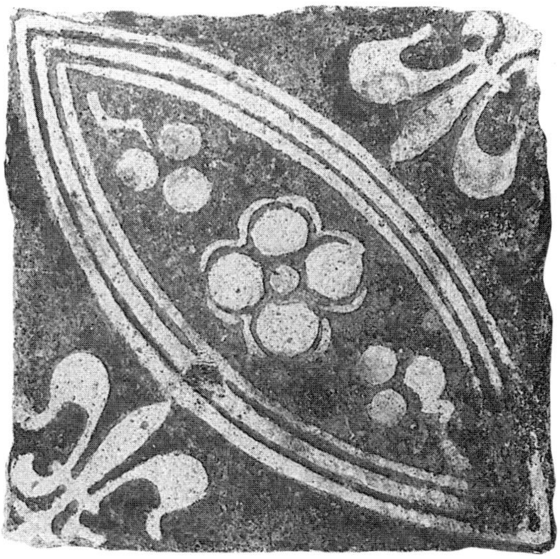

H32

H33

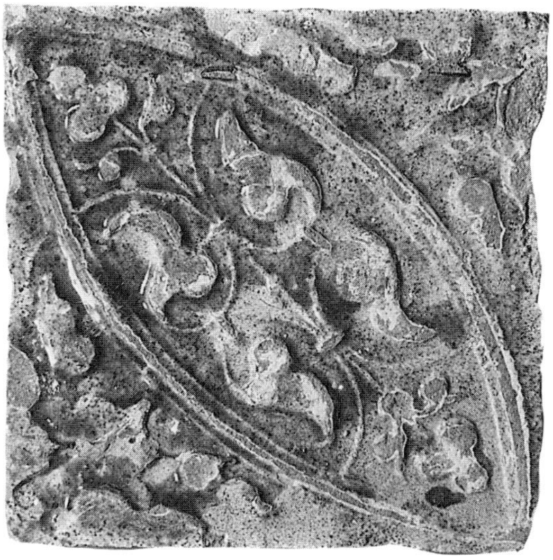

H34

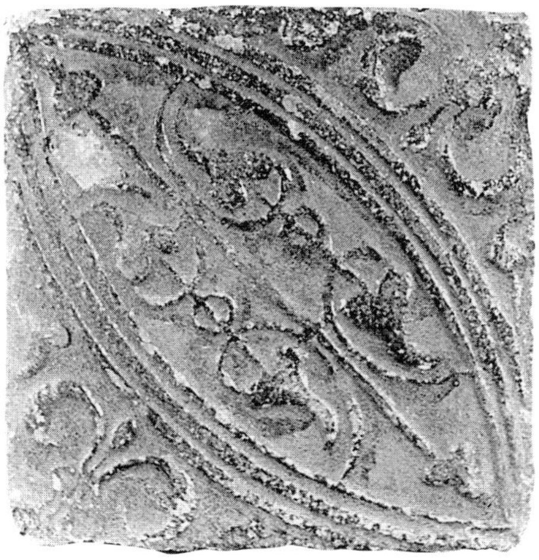

H35

H36

H37

H38

H39

H40

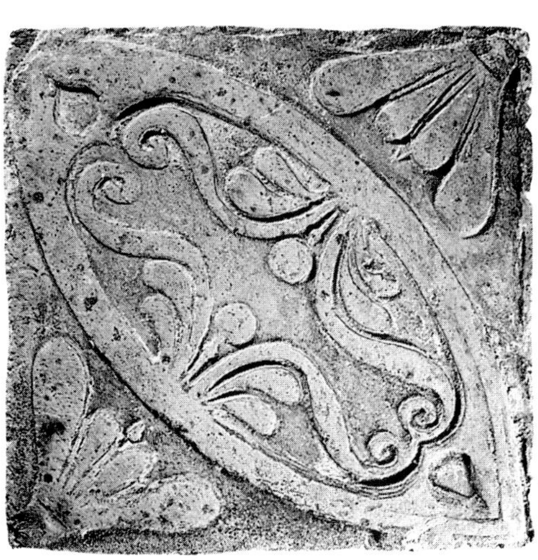
H41

H42

H44

H45

H47

H48

H49

H50

H51

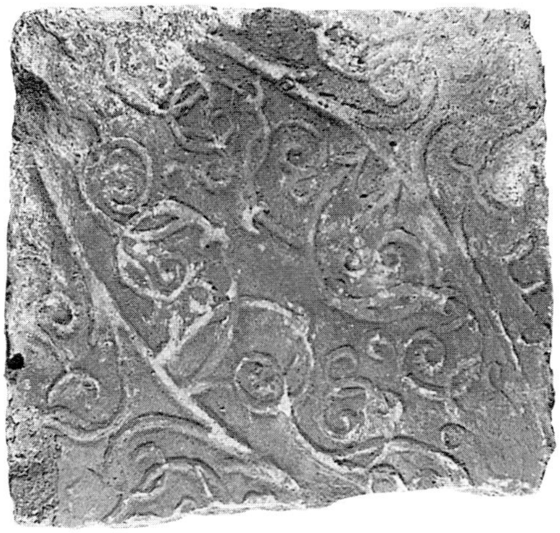

H52

H53c

H54e

H55

H56c

H56e

H57b

H57e

H57u

H57za

H57x

H58

H59

H60

H61

H62

H63

H64a

H64d

H65

H66

H67

H69

H70

H71

H72

H72.1

H74

H75

H76

H77

H78

H79

H80

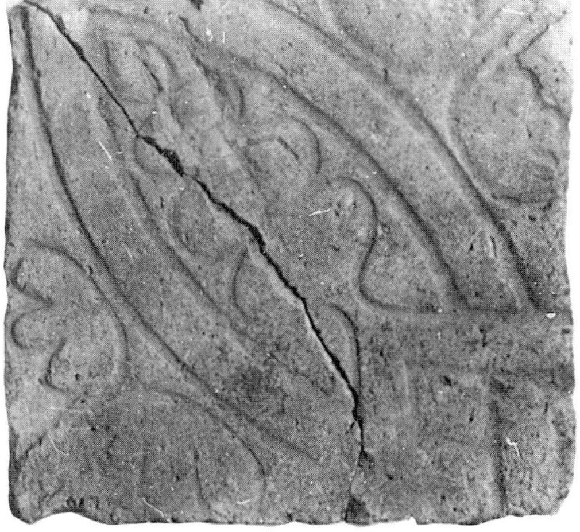

H83

H84

H86

H87

H88d

H88e

H89

H90

H92

H94

H95

H96a

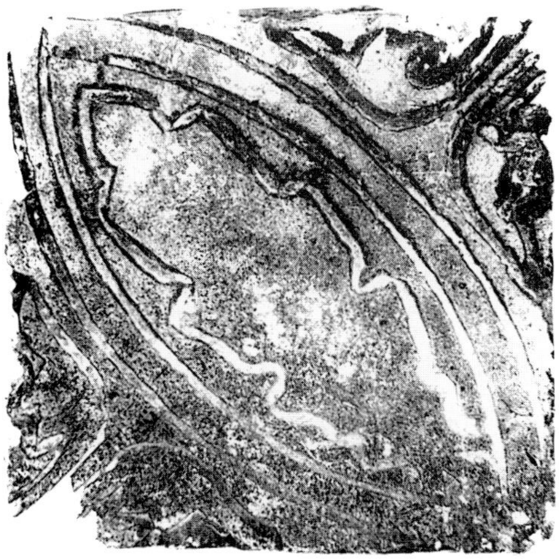

H96d

H97

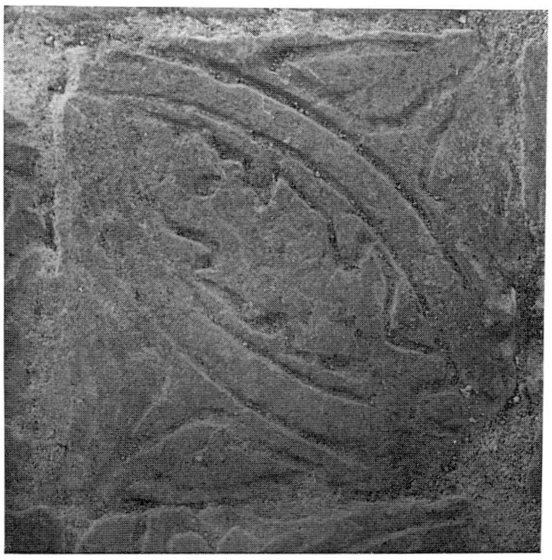
H101

H102

H103

H110

H111

H112b

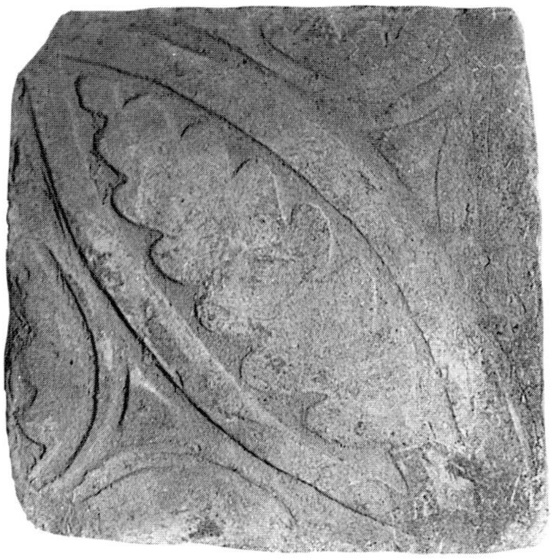

H112f

H115

H116

H117

H119

H120

H121

H128

H129

H131

H132a

H133

H135

H139

H141

H142

H143

H 144

H 146 a

H 146 b

H 147

H 148

H 149

H150

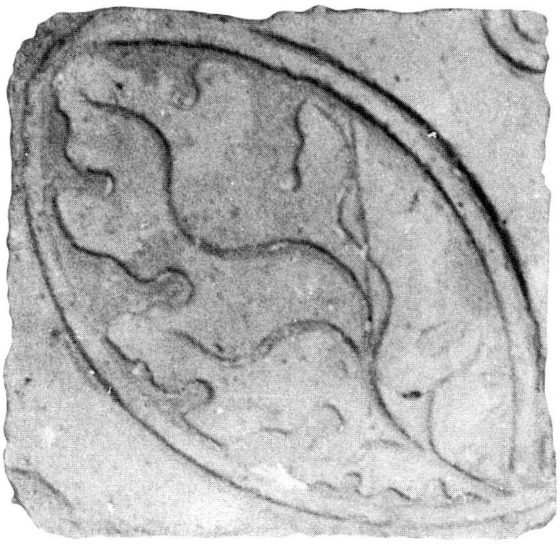
H151

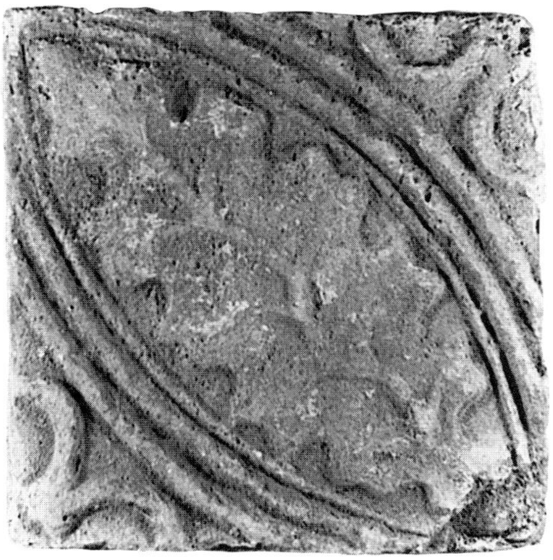
H152

H153

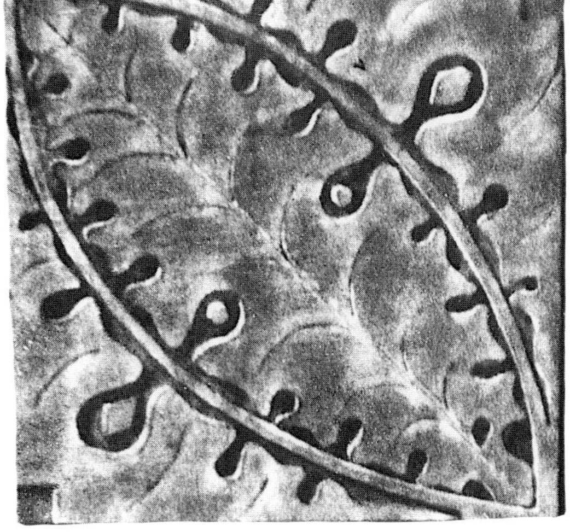
H154

H155

H157

H159

H160

H161

H162

H163

H164

H165

H168

H169

H170

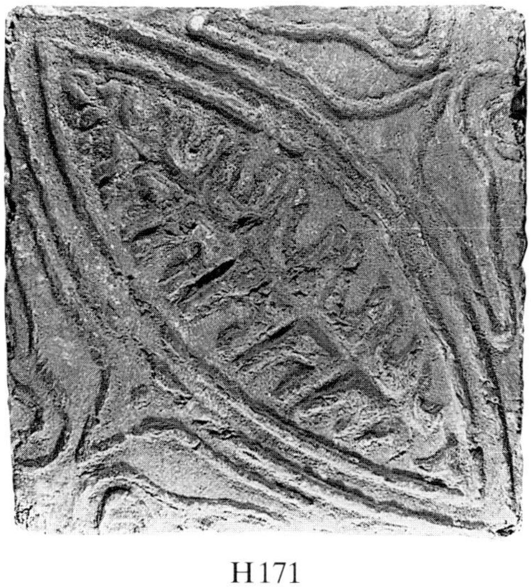
H171

H172

H174

H175

H176

H177

H178

H 179

H 181

H 182

H 183

H 184

H 185 a

H185c

H187

H188

H189

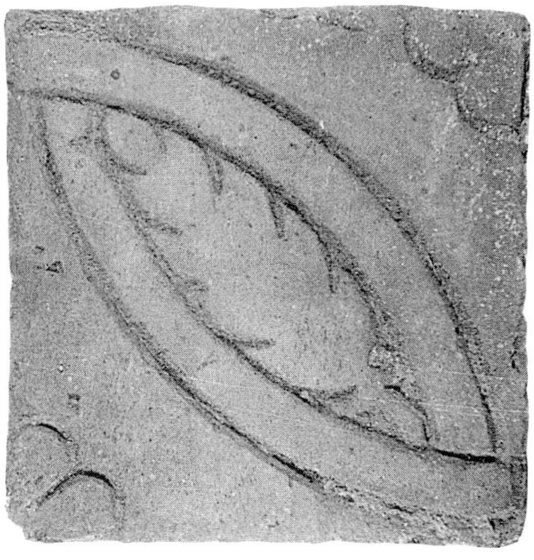
H190

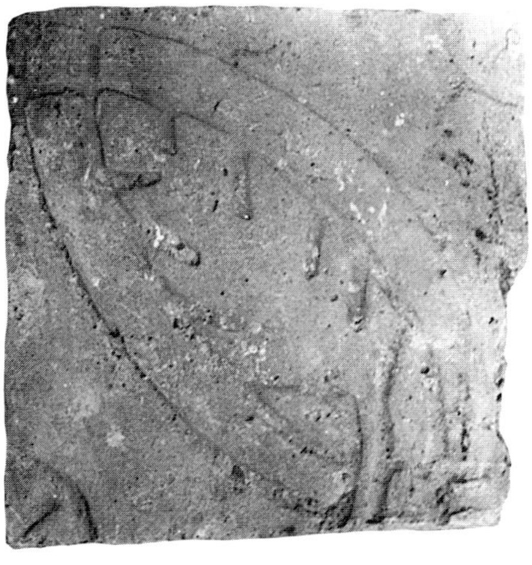
H191

H192

H193a

H193c

H194

H195

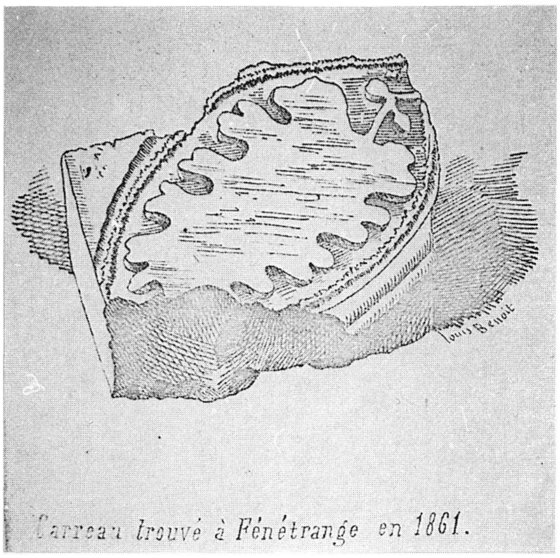

H196

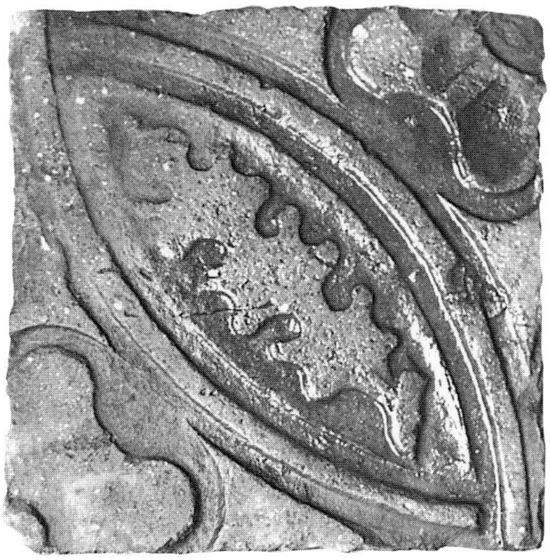

H197

H198

H199

H200

H202

H203b

H206

H207

H208

H209

H210

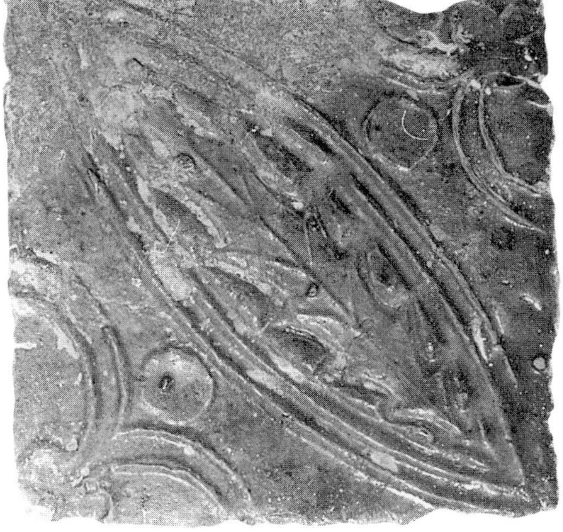

H210.1

H211

H213

H215

H216

H217

H219

H220

H222

H223

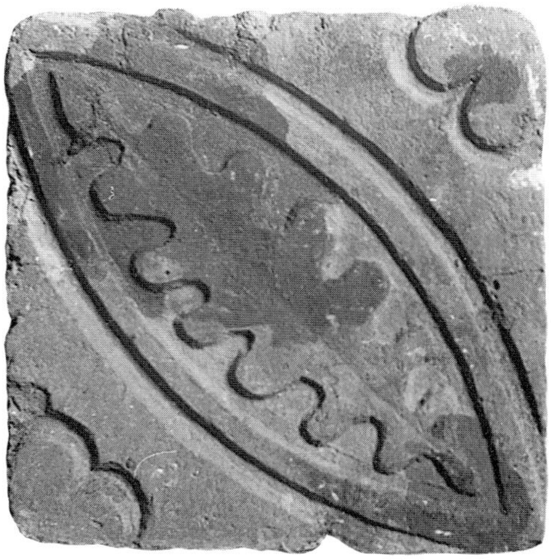
H224

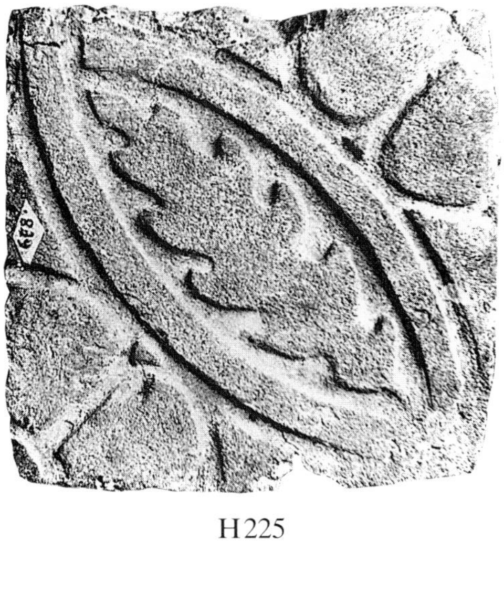
H225

H226

H227

H228

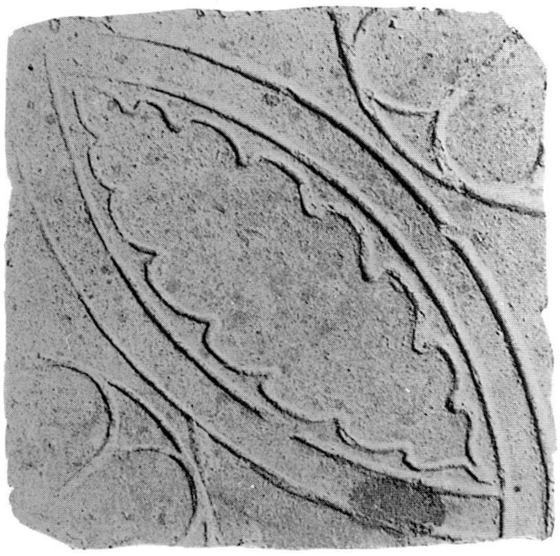

H229

H230

H231

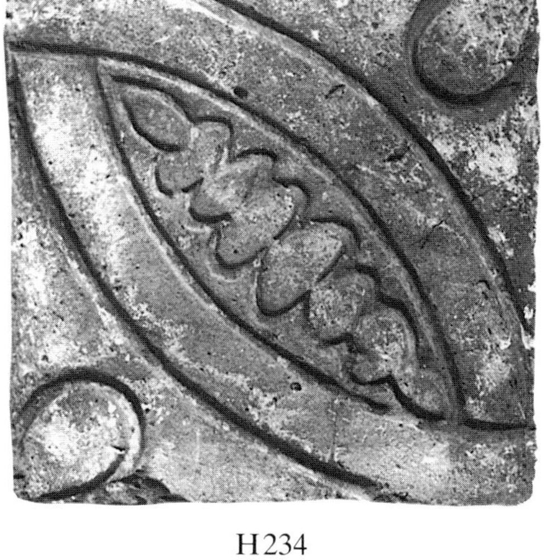

H234

H 236

H 244 r

H 245 b

H 247

H 248

H 249

H255

H256

H257

H259

H263

H264a

H265

H266

H267

H268

H269

H270

H271

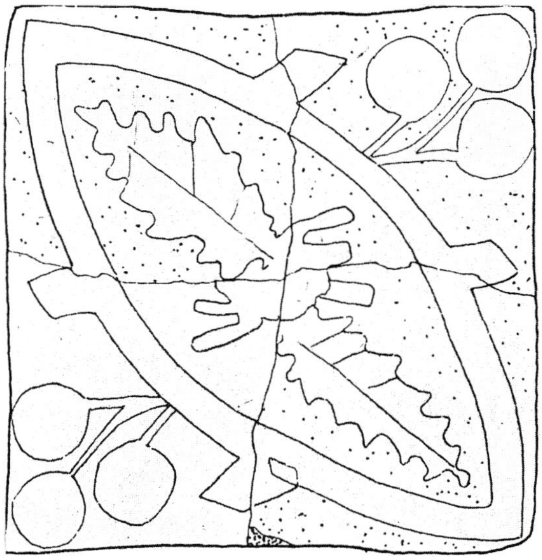
H272

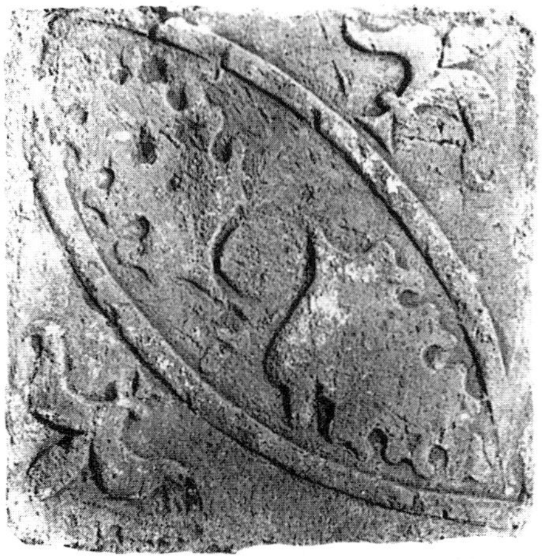
H273

H274

H275

H276

H277

H279

H280

H281

H282

H283 a

H283c

H284

H285

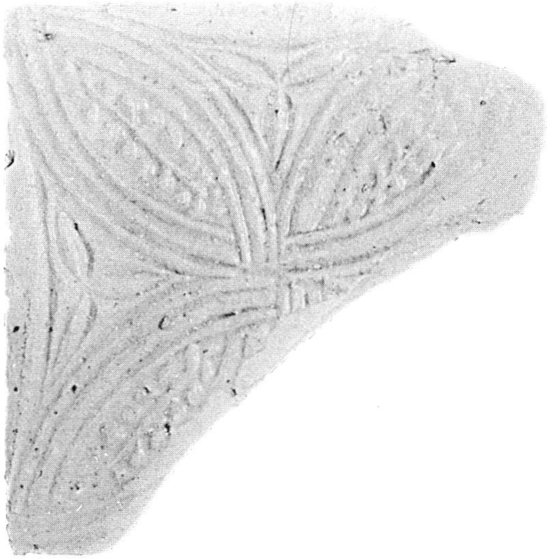

H286

H287

H288

H290

H291

H291.1

H292

H293

H294

Gegenständige Palmetten

I1 Auerbach – Lorsch – Rosenthal

2. Drittel oder 3. Viertel 13. Jahrhundert, um 1261 (c).
Gelbroter Ton. Vertiefte Prägung. Bruchstück. 13 × 2,5 cm.
Breites Diagonalband mit gegenständigen Palmetten. An die zur Ecke gewandte Spitze schließen sich vier tief eingeschnittene Blattpaare an. Der Stengel teilt sich am Blattgrund in zwei Bogen, die je einen dicken Punkt umschlingen. In den Ecken Tropfenkreis.
Fundort:
a Bensheim-Auerbach, „Auerbacher Schloß“, bei Sicherungsarbeiten gefunden.
Bensheim, Bergsträßer Heimatmuseum.
b Lorsch, ehem. Benediktinerkloster, bei Grabungen 1928–32 gefunden. Hellrötlichgelber Ton mit Einschluß kleiner, verkohlter Pflanzenteilchen. 13,5 × 3 cm.
Darmstadt, Hessisches Landesmuseum.
c Rosenthalerhof, ehem. Zisterzienserinnenkloster Maria im Rosenthal, bei Sicherungsarbeiten 1983 gefunden. Zwei Bruchstücke.
Eisenberg, Historischer Verein für Rosenthal und Umgebung.

I2 Weinheim

3. Viertel 13. Jahrhundert.
Rötlicher Ton. Vertiefte Prägung. 13,5 × 3 cm. Nicht abgebildet.
Variante zu I1. Die Stengelbogen berühren sich nicht, die Punkte stehen genau senkrecht übereinander.
Fundort:
Weinheim, St. Peterskirche, 1910 beim Abbruch gefunden. H. Huth, 364, Abb. 269.
Weinheim, Heimatmuseum.

I3 Lorsch

2. Drittel oder 3. Viertel 13. Jahrhundert.
Tonbeschaffenheit und Farbe wie I1*b*. Model teilweise sehr tief eingeprägt. Kante stark schräg. 13,2 × 2,8 cm.
Variante von I1. Die Blätter schärfer gezackt, das Trennband breiter und asymmetrisch. In den Ecken zwei flache, mit den Blattunterseiten gegeneinander gekehrte Palmetten auf als Strichlinie gegebenen Stengeln. Darunter kleiner Kreis.
Fundort:
Lorsch, ehem. Benediktinerkloster, bei Grabungen 1928–32 gefunden.
Darmstadt, Hessisches Landesmuseum.

I4 Lorsch – Ulm-Söflingen – Worms

3. Viertel 13. Jahrhundert, um 1278 (b).
Tonfarbe, Tonbeschaffenheit und Maße wie I1*b*. Bruchstück in gelbem Ton.
Variante zu I2. Die Punkte in den Wölbungen des Stengels nicht kreisrund, sondern leicht gedrückt. Nur drei Blattpaare, die Spitzen gerundet, die Blätter schmäler. In den Ecken Viertelskreis.
Fundort:
a Lorsch, ehem. Benediktinerkloster, bei Grabungen 1928–32 gefunden. Für das Bruchstück ist der Fundort Lorsch gesichert, für die übrigen Fliesen aufgrund der Tonzusammensetzung wahrscheinlich. Nicht alle Fliesen mit demselben Model geprägt.
Darmstadt, Hessisches Landesmuseum.
b Ulm-Söflingen, ehem. Klarissinnenkloster, vermutlich erst nach 1914 gefunden, bei R. Weser nicht erwähnt. Roter Ton. 14 × 2 cm.
Ulm, Ulmer Museum.
c Worms, Herkunft unbekannt, vor 1922 gefunden. E. Grill, Taf. IV, 107. Feingemagerter brauner Ton, an der Oberfläche graubraun. Kante senkrecht. 13,2 × 2,5 cm.
Worms, Museum der Stadt Worms.
d Worms-Liebenau, bei den Grabungen 1928–31 gefunden. O. Böcher, 1958, Heft 7, 2, Abb. 10.

I5 Schönau

2. Drittel 13. Jahrhundert.
Tonfarbe: „schwarz, grau, rotgelb, gelb bis weißlich“[1]. Vertiefte Prägung. Maße analog zu H15: 13,8 × 2,4 cm. Nicht abgebildet.
Variante von I4 mit vier Blattpaaren. Aufgrund der nicht ins Detail gehenden Zeichnung kann nicht entschieden werden, ob die Fliese dem Lorscher oder dem Eberbacher Typus gleicht. Die Blätter scheinen stärker gerundet.
Fundort:
Schönau, ehem. Zisterzienserkloster, bei Grabungen im Dormitorium gefunden.
Schönau, Heimatmuseum, dort 1913 noch aufbewahrt, heute verschollen.

1 R. Edelmaier, 54.

I6 Koblenz – Lahnstein – Ravengiersburg

2. Drittel 13. Jahrhundert?
Mittelgrauer Ton. Vertiefte Prägung, das Blatt als Relief. Kante senkrecht. 12 × 2,5 cm. Nicht abgebildet.
Gegenständige Palmetten mit drei Blattpaaren, deren Rand regelmäßig gewölbt ist. In der Stielkrümmung kleine Punkte, in Fliesenmitte kleines Eckquadrat mit Punkt. In den Ecken der Fliese sehr kleiner Viertelskreis.
Fundort:
a Koblenz-Rübenach, Wohnturm der Grafen von Eltz-Rübenach, 1978 gefunden. U. Liessem, 1979, 68, Abb. 10 links.
Koblenz-Rübenach, Slg. Graf zu Eltz-Rübenach.
b Lahnstein, Ortsteil Niederlahnstein, St. Johanniskirche, bei der Restaurierung 1960–62 im Schutt gefunden. Tiefroter, schwach gebrannter Ton. Sehr flaches Relief. Stark abgetreten. 13 × 2,5 cm.
Niederlahnstein, Klosterkirche.
c Ravengiersburg, ehem. Augustiner-Chorherrenstift, bei Ausgrabung 1963 und 1966 gefunden. Graugelblicher und graurosa Ton mit Glasurspuren. Kanten senkrecht und schräg. 12,3 × 12 × 2,5 cm.
Ravengiersburg, Missionsseminar.

I7 Diez

2. Hälfte 13. Jahrhundert.
Gelbrötlicher und graugelber Ton. Vertiefte Prägung. 11,5 × 2,5 cm.
Variante von I6. Blatt unverändert, die Wölbung des Stiels flacher, in dem entstandenen breiten Mittelstreifen winzige Raute. In den Ecken Viertelkreise mit Viertel eines regelmäßigen Sterns aus acht Rauten.

Fundort:
Diez, ehem. Benediktinerinnenkloster Dierstein, bei Grabungen, vermutlich 1881, gefunden.
Diez, Nassauisches Heimatmuseum.

I8 Aschaffenburg – Dieburg – Eberbach – Königstein – Lorsch – Mainz – Peterspay

3. Viertel 13. Jahrhundert.
Roter Ton. Vertiefte Prägung, Blatt in flachem Relief. 13,5 × 3 cm.
Variante von I7. Palmette übereinstimmend, die Stege von Ovalband und Stiel etwas schmäler, ebenso der Mittelstreifen. In den Ecken kleine heraldische Lilie wie H 241.
Fundort:
a Unbekannt, vielleicht aus Aschaffenburg, möglicherweise aus der Stiftskirche St. Peter und Alexander.
Aschaffenburg, Schloßmuseum der Stadt Aschaffenburg.
b Dieburg, Eulengasse, bei Ausschachtungsarbeiten 1954 gefunden, von der Fehlbrandhalde einer mittelalterlichen Töpferei stammend. Rötlich-graugelber, stark gebrannter Ton. Kante schräg. 11,7 × 11,5 × 2,5 cm. W. Boß, Abb. 2.
Dieburg, Kreis- und Stadtmuseum.
c Eberbach, ehem. Zisterzienserklosterkirche, in situ.
d Königstein, Burgruine, bei Grabung 1973 gefunden. Hellgrauer, feingemagerter Ton. 11,5 × 2 cm. E. Gundermann, 146, Taf. 2, Nr. 11, 150.
Königstein, Stadtmuseum.
e Lorsch, ehem. Benediktinerkloster, bei Grabungen 1928–32 gefunden. Nicht mit demselben Model geprägt. Grauer Ton. 11,5 × 12 × 2 cm.
Darmstadt, Hessisches Landesmuseum.
f Mainz, bei Bauarbeiten 1977 gefunden, Herkunft nicht zu ermitteln. Rötlicher Ton.
Köln, Privatbesitz.
g Peterspay, kath. Kapelle St. Peter und Paul, in situ im Chorbereich. Grauer und grau-schwarzer Ton.
h Unbekannt, vermutlich mit der Sammlung rheinischer Fliesen 1888 von Herrn Prof. Aus 'm Weerth erworben. Gelblicher und rötlicher Ton.
Straßburg, Frauenhausmuseum.

I9 Grenzau?

14. Jahrhundert.
Dunkelroter hartgebrannter Ton. Zeichnung vertieft ausgespart, mit großer Wahrscheinlichkeit Model. 13,2 × 2 cm.
Variante von I8. Die Palmetten sehr breit, in der Mitte flaches Oval ausgespart. Die Lilien sitzen auf der Mitte des Bandes und sind mit der Spitze zur Ecke gewandt. Eine Prägung ergäbe eine Fliese, bei der das Blatt ebenfalls als Relief mit gerundeten Wölbungen erscheint.
Fundort:
Unbekannt, möglicherweise auf Burg Grenzau gefunden.
Burg Grenzau, Slg. Prof. Dr. Hans Spiegel.

I10 Speyer

2. Hälfte 13. Jahrhundert.
Hellroter und grauer Ton. Vertiefte Prägung. 13,3 × 1,7 cm.
Variante von I8. Das Blatt sehr breit, das Diagonalband auf einer Seite mit Schrägkerben.
Fundort:
Speyer, Herkunft unbekannt.
Speyer, Historisches Museum der Pfalz.

I11 Eberbach – Frankfurt/Main – Ingelheim – Mainz – Peterspay – Rüdesheim – Wiesbaden

2. Hälfte 13. Jahrhundert, um 1321 (i).
Gelber, roter und grauer Ton. Vertiefte Prägung. 12 × 12 cm. Nicht abgebildet.
Variante von I8. Breites Diagonalband. Palmette mit nur noch zwei statt der drei Blattpaare. Die unterste Blattspitze legt sich um den kleinen Punkt und berührt den Blattansatz. Die Lilienspitze reicht bis zum Diagonalband.
Fundort:
a Eberbach, ehem. Zisterzienserklosterkirche, in situ.
b Frankfurt/Main, Saalhof, bei den Grabungen 1958–61 in zweiter Lage gefunden. Gelbrötlicher, roter, grauer und bläulichgrauer Ton. O. Stamm, 37, Abb. 20.
Frankfurt/Main, Museum für Vor- und Frühgeschichte.
c Ingelheim, Stadtteil Oberingelheim, ev. Burgkirche St. Wigbert, bei einer früheren Restaurierung im Chor gefunden. Ch. Rauch, 519, Abb. 425.
Seit der letzten Restaurierung verschwunden.
d Mainz, Franziskanerstraße, an der Stelle des ehem. „Färberhofes", später Volksbad, 1896 gefunden[1]. Mittelgrauer und gelblicher Ton. 11,8 × 2,5 cm.
Mainz, Mittelrheinisches Museum.
e Rüdesheim-Eibinger, Klosterkirche, vermutlich nach dem Brand 1932 gefunden.
Rüdesheim, Rheingauer Museum (z.Z. nicht auffindbar, Zeichnung auf einer Karteikarte).
f Rüdesheim, kath. Pfarrkirche St. Jakob, beim Wiederaufbau nach 1948 gefunden.
Rüdesheim, Rheingauer Museum.
g Rüdesheim, Brömserhof, in situ in einem Raum erhalten.
h Wiesbaden-Klarenthal, ehem. Klarissinnenkloster, bei Grabungen 1965–66 gefunden. 12 × 1,8 cm. *Variante*, in den Ecken Viertelskreise.
Wiesbaden, Privatbesitz.
Wiesbaden, Slg. Nassauischer Altertümer.

1 Westd. Zs. 16, 1897, Museographie 1896, 357, Taf. 19, Abb. 15.

I12 Eberbach – Wiesbaden

2. Hälfte 13. – 1. Viertel 14. Jahrhundert, um 1321 (b).
Grauer und rötlicher Ton. Vertiefte Prägung. 12 × 12 cm. Nicht abgebildet.
Variante von I11. Die untere Blattspitze berührt den Stengel nicht. Palmette niedriger.
Fundort:
a Eberbach, ehem. Zisterzienserklosterkirche, in situ.
b Wiesbaden-Klarenthal, ehem. Klarissinnenkloster, bei Bauarbeiten 1965–66 gefunden. G. Maag, 33, Taf. III, 10.
Wiesbaden, Privatbesitz.

I13 Bingen – Lahnstein

1. Viertel 14. Jahrhundert.
Gelblichbrauner Ton. 11,5 × 2,5 cm. Das Bild ganz als Flachrelief. Nicht abgebildet.
Variante zu I11*h*. Große dicke Punkte, das Mittelband mit scharfen, ausgeprägten Ecken, in den Ecken Viertelskreise.

Die beiden Palmetten verschieden, die eine etwas schmaler, die Bogen windschief.
Fundort:
a Bingen, kath. Stadtpfarrkirche St. Martin, Kopien in der Krypta, sicher nach Originalen gefertigt.
b Bingen, an der Stelle des ehem. Kreuzganges des St. Martin-Stiftes bei Ausheben eines Fundaments 1981 im Schutt gefunden.
Bingen, Privatbesitz.
c Lahnstein, Ortsteil Oberlahnstein, ehem. Hospitalkapelle St. Jakobus, bei einer Grabung 1982 in situ gefunden. Braunrötlicher Ton.
Koblenz, Landesamt für Denkmalpflege.

I 14 Bingen – Eberbach – Frankfurt/Main – Königstein – Mainz – Speyer – Rüdesheim – Worms

1. Viertel – Mitte 14. Jahrhundert.
Braunrötlicher Ton. Blatt als Flachrelief, die Ecklilie jedoch immer vertieft. 12 × 2,5cm.
Variante von I 11. Die Punkte sind nun mit dem untersten Blatt der Palmette verschmolzen. Der Mittelstreifen etwas breiter, statt der Raute ein Eckquadrat. In den Fliesenecken kleine heraldische Lilien.
Fundort:
a Bingen, kath. Standpfarrkirche St. Martin, an der Stelle des ehem. Kreuzgangs bei Ausheben eines Fundaments 1981 gefunden.
Bingen, Privatbesitz.
b Eberbach, ehem. Zisterzienserklosterkirche, in situ. Grauer, rötlicher und schwarzgrauer Ton. C. Schäfer, Textbd. 86, Abb. 43.
c Frankfurt/Main, Saalhof, bei den Grabungen 1958–61 in zweiter Lage gefunden, 1972 erneut bei Versetzung des gotischen Kamins entdeckt. Gelbrötlicher, roter, grauer und bläulichgrauer Ton. O. Stamm, 37, Abb. 20.
Frankfurt/Main, Museum für Vor- und Frühgeschichte.
d Königstein, Burgruine, bei Grabungen 1958 und 1973 gefunden. Gelbrötlicher, feingemagerter Ton. 11,5 × 2 cm. E. Gundermann, 146, Taf. 2, Abb. 12, 150.
Königstein, Stadtmuseum.
e Unbekannt, vermutlich aus Mainz (alter Bestand). Mittelgrauer Ton. 12 × 1,8 cm.
Mainz, Mittelrheinisches Landesmuseum.
f Mainz, 1977 bei Bauarbeiten gefunden, Herkunft unbekannt.
Köln, Privatbesitz.
g Unbekannt, Prägung I 14*f*. Bräunlicher Ton. 11,6 × 12,1 × 2 cm.
Bad Zwischenahn, Slg. H.-J. Heger.
h Rüdesheim, Burg „auf der Lach“, bei der Ausgrabung 1959 im Schutt gefunden. Gelblichroter Ton. Bruchstück. Dicke 2,3 cm.
Rüdesheim, Rheingauer Museum.
i Variante. Das unterste Blatt hängt nicht nur, sondern ist leicht einwärts gebogen. Grauer Ton. 12 × 2 cm.
Speyer, Historisches Museum der Pfalz.
j Vermutlich aus Worms, vor 1922 gefunden. E. Grill, Taf. IV, 111. Gelblichgrauer Ton. 11,5 × 2 cm. Prägung abweichend, breiteres Blatt.
Worms, Museum der Stadt Worms.
k Unbekannt, der Prägung Worms am ähnlichsten. Rötlichgrauer Ton. 12 × 2 cm.
Düsseldorf, Hetjens-Museum.

I 15 Speyer

2. Hälfte 13. Jahrhundert.
Hellroter und grauer Ton. Vertiefte Prägung. 13,3 × 1,7 cm.
Variante von I 14. Diagonalband und Palmetten beide schmaler, die Blattbögen flacher, der Mittelstreifen eine regelmäßige Zackenlinie, die kleine Lilie ganz in der Ecke.
Fundort:
Unbekannt, vermutlich aus Speyer.
Speyer, Historisches Museum der Pfalz.

I 16 Konstanz – Mainz

2. Hälfte 13. Jahrhundert.
Roter und grauer Ton. Vertiefte Prägung. 13 × 2 cm.
Schmales Diagonalband wie I 15, die Palmetten mit drei etwas spitzeren Blattpaaren. Mittelstreifen übereinstimmend.
Fundort:
a Unbekannt, vermutlich aus Konstanz.
Konstanz, Rosgarten-Museum.
b Unbekannt, mit demselben Model geprägt. Rötlichgrauer Ton. Stark abgetreten. 12 × 2 cm.
Darmstadt, Hessisches Landesmuseum.
c Mainz, Willigisstraße, beim Abbruch des Willigis-Gymnasiums 1978 gefunden. Hellgraugelblicher Ton. Bruchstück.
Mainz, Privatbesitz.

I 17 Koblenz – Mainz – Rüdesheim

3. Viertel 13. Jahrhundert.
Gelbgrauer Ton. Vertiefte Prägung. Kante senkrecht. Fliese zerbrochen. 11,5 × 2 cm.
Variante von I 16 mit noch schmalerem Blatt aus regelmäßigen, kleinen Halbkreisbögen. Die Lilie größer als bei den vorhergehenden Nummern.
Fundort:
a Koblenz, Dominikanerkirche, nach dem 2. Weltkrieg im Schutt gefunden.
Koblenz, Privatbesitz.
b Mainz, Herkunft unbekannt, vor 1954 gefunden. 11,5 × 2,3 cm.
Mainz, Mittelrheinisches Landesmuseum.
c Mainz, bei Bauarbeiten 1977 gefunden. Herkunft nicht zu ermitteln.
Köln, Privatbesitz.
d Rüdesheim-Eibingen, Klosterkirche St. Hildegardis, vermutlich nach dem Brand 1932 geborgen.
Rüdesheim, Rheingauer Museum (z. Z. nicht auffindbar, Zeichnung auf Karteikarte).

I 18 Wiesbaden

Um 1321.
Rötlicher Ton. Flachrelief. 11,4 × 11,4 cm. Nicht abgebildet.
Variante zu I 17. Sehr schmale Palmette, unter dem untersten verkümmerten Blatt wieder je ein Punkt. Der Model als Diagonalkreuz eingeprägt, es entsteht ein Stern aus vier Palmetten.
Fundort:
Wiesbaden-Klarenthal, ehem. Klarissinnenkloster, bei Umbauten und Grabungen 1965–66 gefunden. G. Maag, 33, Taf. III, 13.
Wiesbaden, Privatbesitz.

I 1

I 3

I 4

I 7

I 8

I 9

I 10

I 14a

I 14k

I 15

I 16b

I 17

Viertelsrond mit Mittelstab

J1 Veringendorf – Schmidtburg

um 1330? (a), 16. Jahrhundert (c).
Roter Ton. Vertiefte Prägung. 13 × 4 cm.
Viertelsrond B[1] und kleiner Viertelkreis in der Ecke. Beide verbindet eine Diagonallinie.
Fundort:
a Veringendorf, kath. Pfarrkirche St. Michael, bei einer Grabung 1965 gefunden. G. P. Fehring, 1970b, 100, Abb. 59.
Stuttgart, Landesdenkmalamt Baden-Württemberg.
b Unbekannt, entweder ebenfalls aus Veringendorf oder aus einer anderen Kirche Hohenzollerns.
Hechingen, Hohenzollerische Landessammlung.
c Dasselbe Muster wird auf einer späten Fliese aus der Schmidtburg im Hahnenbachtal durch verschiedenfarbige Glasur erzielt. Sehr hart gebrannter Ton, gelbliches Braunrosa. Die freie Ecke oben mit schwärzlichbrauner Glasur, das Viertelsrond grünlichgelb mit Spritzpunkten. 15,5 × 16 × 2,1 cm. Bei Grabungen 1972 gefunden. Nicht abgebildet.
Schmidtburg, Grabungsdepot.

1 Die Bezeichnung „Viertelsrond", von R. Forrer 1901 in die Fliesenliteratur eingeführt und von anderen Autoren aufgenommen, wird hier beibehalten. Auch hier erfolgt eine Gliederung in zwei Gruppen: A: aus einem Kreisbogen, B: aus doppeltem Kreisbogen.

J2 Lich

Um 1525.
Gelblicher Ton mit grüner und gelber Bleiglasur. Flachrelief. 14,3 × 1,7 cm. Nicht abgebildet.
Viertelsrond B mit Mittelstab, in der Ecke unten doppelter Viertelskreis.
Fundort:
Lich, Stiftskirche St. Maria, in situ im Chorumgang.
Darmstadt, Slg. Peter Weyrauch.

J3 Bebenhausen

Um 1228.
Roter feingemagerter Ton. Vertiefte Prägung. 11 × 11 cm.
Viertelsrond B mit doppeltem Mittelstab, aus einem kleinen Viertelskreis wachsend, das Rond teils unter-, teils überschneidend. Der Stab an der Spitze überkreuzt, an zwei Seiten Begrenzung durch Randleiste.
Fundort:
Bebenhausen, ehem. Zisterzienserkloster in situ im Dormitorium. E. Herdtle, I, Taf. 7.

J4 Wörschweiler

2. Viertel 13. Jahrhundert.
Roter Ton. Vertiefte Prägung. 15,2 × 2,4 cm.
Viertelsrond aus drei Kreisbögen, von doppeltem Mittelstab überschnitten. Dieser mündet in einer Ecke in einen Kreis, an dem ein Palmettenstab mit Mittelblatt ansetzt, in der anderen in kleiner Lilie, von Viertelskreis überschnitten.
Fundort:
Wörschweiler, ehem. Zisterzienserkloster, bei Grabungen 1954–56 in der Ruine gefunden. P. Volkelt, 20, Nr. 3, Taf. 12, Abb. 5.
Wörschweiler, Depot der Klosterfunde.

J5 Frankfurt/Main – Rheingau?

4. Viertel 13. – 1. Viertel 14. Jahrhundert.
Tonfarbe und Maße unbekannt. Vertiefte Prägung.
Viertelsrond B, vom Viertel eines mit kleinen Kreisen verzierten Quadrats an einer Seite über-, an der anderen unterschnitten. Von einer Ecke geht ein kleiner Mittelstab mit zwei Grundblättern und Lilienspitze aus. Die Lilie wiederholt sich an der Ecke des Quadrats.
Fundort:
a Frankfurt/Main, Haus Domplatz 9, hinteres Quergebäude, Hof, 1881 zusammen mit J41 gefunden.
Frankfurt, Historisches Museum (heute verloren).
b Wohl nicht vom selben Fundort, eher aus dem Rheingau, möglicherweise ein Muster des Klosters Eberbach. Gelblicher und hellrötlicher Ton. 13,5 × 2,5 cm.
Wiesbaden, Slg. Nassauischer Altertümer.

J6 Waldmannshofen

2. Hälfte 15. Jahrhundert.
Roter Ton. Vertiefte Prägung. 16 × 16 cm.
Lilienstab, ungefähr in Stabmitte von Viertelskreis geschnitten, auf einem kleineren Vierteskreis aufsitzend. An der Spitze heraldische Lilie mit schmalen, weitschwingenden Hängeblättern und Kelchblatt in Form einer Lanzette.
Fundort:
Schloß Waldmannshofen, Stadt Creglingen, in zwei Geschossen des „Großen Turmes", möglicherweise in zweiter Lage, zwischen ungemusterten Fliesen in situ liegend. W. Pfefferkorn, 63, Abb. 7.

Viertelsrond mit Lilienstab und Eichblättern

J7 Beutelsbach

Mitte 15. Jahrhundert oder um 1501.
Roter Ton, einzelne Fliesen mit grüner Glasur. Flachrelief. 15×3 cm.
Viertelsrond A mit Lilienstab, die Lilie mit Schaftring und an der Spitze nochmals aufgewölbten Hängeblättern, sorgfältig geschnitten. An beiden Seiten des Fliesenrandes Blatthälften mit vier gerundeten Zackenpaaren.
Fundort:
a nach K. Haßler, Taf. XXI, 2, aus der ehem. Stiftskirche Hl. Kreuz, Beutelsbach, vermutlich im 19. Jahrhundert entfernt.
Stuttgart, Württembergisches Landesmuseum.
b Unbekannt. 14,5×4,5 cm, ohne Glasur. Möglicherweise vom selben Fundort.
Stuttgart, Württembergisches Landesmuseum.

J8 Kleinheppach

Um 1480.
Ziegelroter-dunkelroter Ton. Flachrelief. 13×2,2 cm. Nicht abgebildet.
Variante von J7. Am Mittelstab noch drei kleine Astzacken zu beiden Seiten.
Fundort:
Kleinheppach, ev. Pfarrkirche St. Maria und Amandus, 1935 unter dem heutigen Fußboden der Kirche aufgedeckt, fünf intakte Fliesen geborgen.
Kleinheppach, Slg. E. Reinhard.

J9 Ulm-Söflingen – Ulm

Um 1380 (b).
„Grauer Ton". Vertiefte Prägung, Blatt in Flachrelief. 14×5 cm.
Viertelsrond A mit Lilienstab. Zu beiden Seiten die Hälfte einer Ellipse mit halbem Eichblatt des Musters H 135 mit drei Blattzacken. Im Zwischenraum je ein Dreistern.
Fundort:
a Ulm-Söflingen, ehem. Klarissinnenkloster bei Bauarbeiten 1955 gefunden. Nicht bei R. Weser. H. A. Klaiber, R. Wortmann, 665, Abb. 601, Nr. 16.
Söflingen, kath. Stadtpfarramt.
b Ulm, Reichenauer Hof, in situ mit H135 im sog. „Grünen Gelaß". Roter Ton. 14×14 cm.
Ulm, Ulmer Museum.
c Unbekannt, vermutlich aus Ulm. Roter Ton.
Stuttgart, Württembergisches Landesmuseum.
d Aus Ulm, im 19. Jahrhundert gefunden, Herkunft unbekannt. Stein am Rhein, Kloster St. Georgen, Einzelfliese im Fußboden eingelassen. Roter Ton. 13,5×13,5 cm.
e Ulm, ehem. Weinhof 13, 1940 beim Bau eines Luftschutzkellers gefunden.
Ulm, Prähistorische Sammlung.

J9.1 Gruibingen

Ende 14. – Anfang 15. Jahrhundert.
Roter Ton. Vertiefte Prägung mit breiten Rillen. 13,5×3 cm.
Variante zu J9. Viertelsrond und Lilie übereinstimmend, statt der Ovale Rauten wie bei J18. Die seitlichen Blätter gleichen eher dem Typus von H 227.
Fundort:
Gruibingen, ev. Pfarrkirche St. Martin, bei Grabungen 1973 in der Auffüllung eines Grabes gefunden. FS Gruibingen, Martinskirche, 1975, 14 oben.
Gruibingen, Pfarrhaus.

J10 Ulm

4. Viertel 14. Jahrhundert.
Roter Ton. Vertiefte Prägung, Blatt als Relief. 14×3 cm.
Nachschnitt von J9. Das Eichblatt mit vier Zacken, die einzelnen Bogen mit winzigen Zäckchen besetzt, am Stengelgrund Herzform. Die Lilie mit großen gewölbten Hängeblättern, deren Spitzen nach außen gebogen sind.
Fundort:
a Ulm, Herkunft unbekannt (alter Bestand).
Ulm, Ulmer Museum.
b Ulm, Dreifaltigkeitskirche, 1981 bei Bauarbeiten aus dem Schutt geborgen. Roter Ton. 13,8×2,8 cm.
Ulm, Privatbesitz.

J11 Hörvelsingen – Langenau – Leipheim

Um 1350? (b), 2. Hälfte 14. Jahrhundert.
Roter Ton mit Spuren von bräunlicher Glasur. Vertiefte Prägung, ins Flachrelief überwechselnd. 14,5×3,5 cm.
Nachschnitt von J10. Entweder sehr viel später oder von einem ungeübten Modelschneider gefertigt. Die Kontur Mittelstab/Viertelsrond durch schmale Rahmenleiste betont. Prägung asymmetrisch. Rechts: Blatthälfte mit fünf scharfen Stachelzacken, daneben Dreistern wie bei J10, aber als Relief. Links: Breiteres Blatt mit flacheren Zacken ohne Dreistern. Die Ecklilie sehr grob.
Fundort:
a Hörvelsingen (Stadt Langenau), ev. Pfarrkirche St. Martin, 1963 gefunden. H. A. Klaiber, R. Wortmann, 285, Abb. 219.
Hörvelsingen, Pfarramt.
b Langenau, ev. Pfarrkirche St. Martin und Maria, bei Grabungen 1960–62 gefunden. H. A. Klaiber, R. Wortmann, 355, Abb. 282.
Stuttgart, Landesdenkmalamt Baden-Württemberg.
c Leipheim, ev. Pfarrkirche St. Veit, in zweiter Lage in einem Abstellraum über der Sakristei. 14,5×2,5/3,8 cm.
München, Bayerisches Landesamt für Denkmalpflege.

J12 Langenau

1. Hälfte – Mitte 14. Jahrhundert.
Roter Ton. Vertiefte Prägung. 13,5×3,5 cm.
Variante von J11, möglicherweise früher als diese geprägt. Das seitliche Blatt links fast, rechts ganz verschwunden, die Fläche von einem großen Dreistern gefüllt. Lilie mit plumpen, weit überhängenden Seitenblättern.
Fundort:
Langenau, ev. Pfarrkirche St. Martin und Maria, bei Grabungen 1960–62 gefunden.
Stuttgart, Landesdenkmalamt Baden-Württemberg.

J13 Aalen

Ende 14. – 1. Hälfte 15. Jahrhundert?
Roter Ton. Vertiefte Prägung, Modelrisse sichtbar. 13,7×2,7 cm.

Variante von J 12. Rahmenlösung unterhalb des Bogens gleich, statt des Dreisterns Blatthälfte mit ungleichmäßig gewelltem Rand. Die Lilie mit waagrecht abgespreizten Seitenblättern.
Fundort:
a Unbekannt, seit 1922 im Museum. Da zu dieser Zeit in der Johanniskirche gegraben wurde, vermutlich wie J 13*b* aus Aalen.
Stuttgart, Württembergisches Landesmuseum.
b Aalen. Johanniskirchlein, bei Grabungen 1973 gefunden.
Aalen, Heimat- und Schubart-Museum.

J 14 Ulm

3. Viertel 15. Jahrhundert.
Roter, feingemagerter Ton. Flachrelief. 14,5 × 3 cm.
Viertelsrond A mit Lilienstab. *Variante* von J 9. Kreis und Stab sehr dünn, mit sorgfältig geschnittener kleiner Lilie. Das Eichblatt, dessen Seitenrippen den Blattrand teilen, ist schmäler und länger. Der Dreistern, dessen Spitzen sich nicht mehr berühren, ist zu einer unregelmäßigen Fischblase umgebildet.
Fundort:
a Unbekannt, vermutlich aus Ulm.
Ulm, Ulmer Museum.
b Fragment, möglicherweise dieses Muster. Ulm, Mohrengasse, 1955 in einem Graben für die Fernheizung gefunden.
Ulm, Prähistorische Sammlung.

J 15 Faurndau – Geislingen – Göppingen – Reutti – Tomerdingen – Treffelhausen

2. Hälfte 15. Jahrhundert – Anfang 16. Jahrhundert.
Roter, an der Oberfläche schwärzlich verfärbter Ton. Flachrelief. Kante schräg. 14 × 3,5 cm.
Variante von J 14. Der Lilienstab unterbricht das Viertelsrond, das schmale, lange Blatt ist ganz an den Rand gerückt. Die in der Mitte zusammenhängende, nach unten lang ausgezogene Fischblase, füllt fast die ganze Fläche, dazwischen kleine ausgesparte Dreiecke. Zu beiden Seiten der Lilie ebenfalls die Hälfte dieses Ornaments.
Fundort:
a Göppingen-Faurndau, ehem. Benediktinerkollegiat-Stiftskirche, bei einer Grabung 1956 im Schiff gefunden. K. Hecht, 1957, 3, Abb. 7, Nr. 1.
Faurndau, ev. Pfarramt.
b Vermutlich aus der Stadtpfarrkirche Geislingen[1], 1888 noch vorhanden[2], wohl bei der Restaurierung 1892 entfernt.
Verbleib war nicht zu ermitteltn.
c Geislingen, Burgruine Helfenstein, bei der Ausgrabung 1932 gefunden. Hellroter Ton. 14,4 × 2,8 cm.
Geislingen, Heimatmuseum.
d Unbekannt, vermutlich aus einer Kirche in Göppingen.
Göppingen, Stadtarchiv.
e Reutti, Alb-Donau-Kreis, ev. Kapelle St. Aegidius und Katharina, vermutlich beim Umbau 1843 entfernt.
Geislingen, Heimatmuseum.
In Reutti kamen 1964 nochmals Fliesen und Bruchstücke zutage. H. A. Klaiber, R. Wortmann, 580.
Ulm, Privatbesitz.
f Tomerdingen, Friedhofskapelle St. Martin, bei Grabungen 1985 in situ gefunden. Verbleib noch nicht entschieden.
g Treffelhausen, kath. Pfarrkirche St. Veit, vermutlich nach dem Brand 1859 oder beim Neubau 1865 geborgen.
Geislingen, Heimatmuseum.
h *Variante*, Blatthälfte breiter. Roter Ton. 17 × 3,5 cm. Herkunft unbekannt, jedoch aus dem Alb-Donau-Kreis.
Ulm, Privatbesitz.

---

1 Fr. Laib, Fr. J. Schwarz, 1868, 73, bei Fig. 11, „... ein ganz ähnliches, statt des Kreuzstabes durch Laubwerk ausgezeichnetes Motiv findet sich in der Stiftskirche von Geislingen ..." Diese Definition ist sehr vage, es gibt aber keine andere bekannte Fliese, die der aus Hürbelsbach ähnlicher wäre (siehe J 16*b*).
2 P. Keppler, 1888, 113, „Bodenfließe".

J 16 Geislingen – Gerstetten – Hürbelsbach – Westerstetten

Ende 15. Jahrhundert/Um 1493 (b).
Roter Ton. Flachrelief. 15/16 × 3/4 cm. Nicht abgebildet.
Variante von J 15. Am Rande ganz schmales Blatt mit unregelmäßig gewellter Kante. Die Dreisterne etwas kleiner mit fast punktartigen Dreiecken.
Fundort:
a Gerstetten, „Untere Kirche" St. Nikolaus, bei Grabungen 1967 gefunden. E. Guther, 31, Abb. 16.
Stuttgart, Landesdenkmalamt Baden-Württemberg.
b Nach Laib/Schwarz[1] aus der Lorenzikapelle Hürbelsbach, heute dort keine Spuren von Fliesen mehr vorhanden.
Verbleib nicht zu ermitteln.
c Westerstetten, ev. Pfarrkirche, bei der Restaurierung der Kirche, wohl 1952 gefunden. Bruchstück. Z. Z. nicht mehr auffindbar.
d Noch gröbere *Variante* mit hohem Relief. Die Spitze des Dreiblatts „schlängelt" sich fast bis zum Stabgrund. Geislingen-Aufhausen, ev. Kirche, bei der Restaurierung 1983/84 in situ aufgedeckt. FS Aufhausen, 1984, 32.

---

1 Fr. Laib, Fr. J. Schwarz, 73, Fig. 11.

J 17 Deizisau – Weilheim/Teck

Um 1521 (a), 1. Viertel 16. Jahrhundert (b).
Roter, hart gebrannter Ton. Flachrelief. Kante schräg. 13 × 3,5 und 14 × 3 cm.
Viertelsrond A mit Lilienstab. Zu beiden Seiten schmales Blatt mit voneinander getrennten, spitzzackigen Einzelblättern. Regelmäßiger Dreistern, die Lilie mit Hängeblättern in Sichelform.
Fundort:
a Deizisau, ev. Pfarrkirche. In situ als Ornamentband in der Sakristei.
b Weilheim/Teck, Ruine der Michaelskapelle auf der Limburg, wohl bei deren Ausgrabung 1913–17 gefunden.
Kirchheim/Teck, Heimatmuseum.
Stuttgart, Württembergisches Landesmuseum.
Bad Zwischenahn, Slg. Hans-Jürgen Heger.

J 18 Jesingen – Sulpach – Weilheim/Teck

Ende 15. – 1. Viertel 16. Jahrhundert.
Roter Ton. Flachrelief. „12,5 × 12,5 cm".
Variante von J 17. Vier Blattzacken mit gerundeter Spitze, der Dreistern aus Rauten zusammengesetzt, deren untere Hälfte kürzer ist. Die Lilienspitze besonders sorgfältig geschnitten.
Fundort:
a Jesingen, ev. Pfarrkirche St. Petrus, bei der Restaurierung 1912 ca. 0,45 m unter dem heutigen Fußboden gefunden. H. Christ, 1924, 115, Abb. 141.

Verbleib unbekannt, möglicherweise wurde der Fliesenboden wieder zugedeckt.
b Ebersbach-Sulpach, ev. Kapelle St. Laurentius, 1984 bei einer Fundamentsanierung außerhalb der Kirche im Schutt gefunden. *Variante.* Viertelsrond, Lilienspitze und Blätter übereinstimmend, der Dreistern jedoch unregelmäßig wie bei J15. 15 × 3,5 cm.
Ebersbach-Sulpach, ev. Kirchenverwaltung.
c Weilheim/Teck, ev. Pfarrkirche St. Peter, bei Grabung 1982 gefunden. Roter Ton. 12,5 × 12,8 cm. Fliesen und Bruchstücke, mit zwei verschiedenen Modeln geprägt.
Stuttgart, Landesdenkmalamt Baden-Württemberg.

J19 Wendlingen

Um 1511.
Roter Ton. Flachrelief. 14 × 14 cm. Nicht abgebildet.
Viertelsrond A mit Lilienstab ähnlich J18. Zu beiden Seiten schmales Zackenblatt mit fünf leicht gerundeten Zacken, der kleine Dreistern mit gewellter Kante.
Fundort:
Nach K. Haßler, Taf. VI, 1 aus Wendlingen, in der ev. Pfarrkirche St. Eusebius 1888 noch vorhanden[1], heute verloren. Wie alle anderen bei Haßler abgebildeten Fliesen müßte sie ins Württembergische Landesmuseum Stuttgart gekommen sein.

1 P. Keppler, 102, „Alte Tonfließe".

J20 Ulm

2. Hälfte 15. Jahrhundert.
Roter Ton. Flachrelief. 18 × 3 cm.
Nachschnitt der Fliese J9. Die Eichblätter noch breit, mit runden Bogen und tiefen Seitenrippen, der Dreistern über und unter dem Viertelsrond jedoch nach dem Vorbild von J15 geschnitten.
Fundort:
Ulm, nach K. Haßler, Taf. XVI, 2 „aus einem Ulmer Privathaus", vor 1862 gefunden.
Stuttgart, Württembergisches Landesmuseum.

J21 Amstetten-Stubersheim

Ende 15. – 1. Viertel 16. Jahrhundert.
Roter Ton. Flachrelief mit gewölbten Kanten. 16 × 3 cm. Nicht abgebildet.
Später *Nachschnitt* der Fliese J14. Der Dreistern zu einem größeren und zwei kleineren Tupfen umgebildet, die Blattzacken der seitlichen Eichenblätter tief eingezogen.
Fundort:
a Amstetten-Stubersheim, ev. Pfarrkirche St. Johannes, 1984 in situ aufgedeckt. E. Schmidt, 1984, 207, Abb. 190.
Tübingen, Landesdenkmalamt Baden-Württemberg.
Amstetten-Stubersheim, Pfarrgemeinde.
b Unbekannt, zu Ende des 19. Jahrhunderts wohl in einer Kirche derselben Gegend gefunden. *Variante.* Die Lilie mit weit herabhängenden, zweifach gespaltenen Hängeblättern, die drei Punkte ohne Bindelinie. Roter, grobgemagerter Ton. 16,5 × 2,5 cm. Möglicherweise aus derselben Werkstatt wie J22.
Stuttgart, Württembergisches Landesmuseum.

J22 Offenhausen – Göppingen?

1. Viertel 16. Jahrhundert, nicht später als 1537.
Roter Ton. Flachrelief. 22 × 22 cm.
Variante zu J21. Die Lilie gleich, das Eichblatt größer, mit sorgfältig gewölbter Blattkante. Der Dreistern zu einem ungegliederten Ornament mit zwei spitzen Blättern auseinandergelaufen.
Fundort:
a Offenhausen, beim Bau einer Wasserleitung 1909 auf dem Gelände des ehem. Dominikanerinnenklosters gefunden.
Münsingen, Heimatmuseum.
b „aus Bayern". R. Forrer, 1901, Taf. XVII, 13. (Diese Angabe ist vermutlich falsch.)
London, Victoria and Albert Museum.
c Göppingen, Oberhofenkirche, bei Grabungen 1980/81 ein Fragment gefunden. Erhalten ist der Ansatz eines Blattes und das Ende des Lilienstabes. Von allen bis heute bekannten *Varianten* dieses Musters ähnelt das Fragment am ehesten J22.
Göppingen, Städtisches Museum.

J23 Bad Gandersheim?

Ende 15. Jahrhundert.
Roter Ton. Flachrelief. Abgetreten. Kante senkrecht. 15 × 15,5 × 4,5 cm.
Viertelsrond mit Lilienstab, der Lilienkelch rautenförmig, die Hängeblätter ähnlich J13 flach gewellt. Zu beiden Seiten anstelle des Blatts die Hälfte einer großen Lilie vom Typus K48, mit je einem weiteren schmalen Blatt am Kelchgrund.
Fundort:
a „aus dem Raum Northeim" (im Kunsthandel erworben).[1]
Bad Zwischenahn, Slg. Hans-Jürgen Heger.
b angeblich aus Bad Gandersheim, Stiftskirche, vor 1914 gefunden.
Iserlohn, Privatbesitz.

1 Die in Northeim, St. Blasii, Kreuzgang, gefundene Fliese entspricht nicht diesem Typus, siehe Fundortkat.

J24 Bichishausen

2. Viertel 16. Jahrhundert.
Roter Ton. Scharfkantiges, flaches Relief. 15 × 3,5 cm.
Viertelsrond A mit Mittelstab. Späte Form der vorhergehenden Muster. Der Mittelstab als Negativlinie, die Fläche von zwei kantigen, großen Dreirautensternen gefüllt. Über dem Kreisrund zwei trapezförmige „Rauten".
Fundort:
Bichishausen, auf dem Gelände der Burgruine gefunden.
Münsingen, Heimatmuseum.

J25 Jedesheim

15. Jahrhundert.
Roter Ton. Flachrelief. 13 × 2,5 cm.
Viertelsrond A mit Lilienstab, begleitet von Rahmendreieck wie bei J11. In den Seitenfeldern je ein großes dreigelapptes Blatt, eine Verschmelzung von Blatt und Dreistern.
Fundort:
Jedesheim, 1855 beim Abbruch der mittelalterlichen Kirche ca. 0,45 m unter dem damaligen Fußboden gefunden.
Augsburg, Kunstsammlungen.

Lilienstab mit Blattknospe

J26 Bebenhausen – Schönau

Um 1228.
Roter, feingemagerter Ton. Vertiefte Prägung. 10×2,5 cm.
Viertelsrond B mit Lilienstab ähnlich J3. Die Enden am Grunde nach beiden Seiten in stumpfe Winkel abgedreht, so daß ein kleines Quadrat entsteht. Zwei Fliesenseiten mit Randleiste, in Stabmitte je ein kleiner Stiel mit runder Blattknospe.
Fundort:
a Bebenhausen, ehem. Zisterzienserkloster in situ im Dormitorium. E. Herdtle, I, Taf. 1.
Nürnberg, Germanisches Nationalmuseum.
Stuttgart, Württembergisches Landesmuseum.
b Schönau, ehem. Zisterzienserkloster vor 1913 im Dormitorium gefunden, heute verloren. Gelblicher, hellroter, dunkelroter und grauer Ton. Nach Zeichnung *Variante*, der gegabelte Stengel überschneidet links die Rahmenleiste. R. Edelmaier, 54.

J27 Neubolanden? – Speyer?

2. Hälfte 13. Jahrhundert.
Dunkelgrauer Ton. 14×14,3×2 cm. Hellroter Ton. 13,8×14,1×2,3 cm. Vertiefte Prägung.
Vergröberter *Nachschnitt* von J26. Der Stab überschneidet mit allen Linien das Viertelsrond und bildet am Grund einen kleinen Viertelskreis. Die Lilie zeigt flachere Seitenblätter, diese und die Blattknospen sind in derselben Weise sichelförmig aufgefaltet.
Fundort:
a Nach Inventar des Museums Speyer soll auch diese Fliese am 10. 4. 1912 in der Burgruine Neubolanden gefunden worden sein.
Speyer, Historisches Museum der Pfalz.
b Unbekannt, möglicherweise aus Speyer.
Speyer, Historisches Museum der Pfalz.

J28 Lorsch – Rosenthal – Worms – Pforzheim – Speyer

3. Viertel 13. Jahrhundert (a), um 1261 (b). Vor oder nach Mitte 13. Jahrhundert (e und f).
Vermutlich der in Lorsch übliche hellrote Ton mit Spuren pflanzlicher, verkohlter Einschlüsse. Vertiefte Prägung. Vermutlich 13,5×2,7 cm.
Variante von J26. Der schmale Stab mit großen, runden Blattknospen. Am Grunde Viertelskreis, breite Lilie mit schmalem Oval im Domblatt.
Fundort:
a Lorsch, ehem. Benediktinerkloster bei den Ausgrabungen 1928–32 gefunden, nur noch als Zeichnung erhalten[1].
b Rosenthalerhof, ehem. Zisterzienserinnenkloster Maria im Rosenthal, bei Sicherungsarbeiten 1983 gefunden.
Eisenberg, Historischer Verein für Rosenthal und Umgebung.
c Speyer, Herkunft unbekannt. Grauer Ton. 13,5×2,5 cm.
Speyer, Historisches Museum der Pfalz.
d Worms, Herkunft unbekannt, vor 1922 gefunden. E. Grill, Taf. II, 51. Gelblichgrauer, grüngrauer, dunkelgrauer und hellrötlicher Ton. Kante senkrecht. 13,3×2,3 cm.
Worms, Museum der Stadt Worms.
e Worms, St. Amanduskirche, bei der Grabung 1934–35 gefunden. Bräunlichroter Ton. 13×2,4 cm.
Worms, Museum der Stadt Worms.
f Variante in Flachrelief. Model gebrochen. Spuren einer Kerbleiste wie bei den übrigen Fliesen des Fundorts. Roter Ton. Bruchstück, Dicke 3 cm. Der Stab bis zum Grunde geteilt, dieser übereinstimmend mit J27. Pforzheim, Altenstädter Kirche St. Martin, bei den Grabungen 1949–50 gefunden.
Pforzheim, Heimatmuseum.
g Speyer, Herkunft unbekannt. Mit demselben gebrochenen Model geprägt wie J28f. Grauer Ton. 12,8×13,2×2,2 cm. B. H. Röttger, 1934, 734, Abb. 515. Zwei neuentdeckte Bruchstücke derselben Prägung tragen die Inv.-Nr. der Funde, die 1900 im Schutt der Kaisergräber des Domes gemacht wurden. Es wäre möglich, daß auch die intakte Fliese aus dem Speyerer Dom stammt[2].
Speyer, Historisches Museum der Pfalz.

---

1 Die Zeichnung wurde mir freundlicherweise von Herrn Dr. Ernst Samesreuther, Darmstadt, zur Verfügung gestellt, sie zeigt den für Lorsch typischen Scherben durch winzige Punkte an.
2 Der Fund dieser Bruchstücke gelang Herrn Wolfgang Leitmeyer, Speyer.

J29 Speyer – Basel

Mitte – 3. Viertel 13. Jahrhundert.
Hellroter Ton. Vertiefte Prägung. 13×2 cm.
Viertelsrond B mit ungeteiltem Lilienstab, der den Kreisbogen überschneidet. Große, leicht hängende Blattknospen, das Stabende wurzelartig geteilt, mit tropfenförmigem Mitteloval.
Fundort:
a Vermutlich aus Speyer, Herkunft unbekannt.
Speyer, Historisches Museum der Pfalz.
b Speyer, Korngasse 20, bei Ausschachtungsarbeiten in 4 m Tiefe gefunden. Gelber Ton. 13×2 cm.
Speyer, Privatbesitz.
c Basel, aus einem Haus der Sattelgasse. Unveränderter *Nachschnitt.* Roter und gelbbräunlicher Ton. 13,5×2,5 cm.
Basel, Historisches Museum.

J30 Zwiefalten

Nach 1251?
Roter Ton. Vertiefte Prägung. 13,5×2,5 cm.
Variante zu J29. Zeichnung übereinstimmend, Zackenband auf dem Viertelsrond.
Fundort:
a Zwiefalten, ehem. Benediktinerkloster, 1976 in der Auffüllung unter dem Chor des Münsters gefunden. Bruchstücke.
b Zwiefalten, ehem. Benediktinerkloster, 1978 an der Stelle des ehem. Konventbaus gefunden.
Zwiefalten, Privatbesitz.

J31 Neckargröningen

2. Hälfte 13. – Anfang 14. Jahrhundert.
Roter Ton. Vertiefte Prägung. Bruchstück. 13,5×2,7 cm.
Nachschnitt von J30. Das Muster wurde nicht mehr verstanden. Die Blattknospe setzt nicht am Stab an, sondern verbindet sich mit dem ausgesparten, halbmondförmigen Untergrund. Rest des Ornaments zerstört.

Fundort:
Neckargröningen, ev. Pfarrkirche St. Martin, bei einer Grabung 1965 gefunden.
Stuttgart, Landesdenkmalamt Baden-Württemberg.

J 32 Worms

2. Drittel 13. Jahrhundert (a), nach 1242? (b).
Hell- und mittelgrauer Ton. Vertiefte Prägung. 13,5 × 2 cm.
Variante von J 28. Die Blattknospen berühren das Viertelsrond, nicht jedoch die Rahmenleiste, die sich zum Stabgrund hin wölbt. In der Ecke tropfenförmiges Blütenblatt, das sich in verkleinerter Form im Kelchblatt der Lilie wiederholt.
Fundort:
a Worms, vor 1922 gefunden, Herkunft unbekannt. E. Grill, Taf. II, 52.
Worms, Museum der Stadt Worms.
b Worms, St. Magnuskirche, bei Grabungen 1929–31 gefunden.
Worms, Museum der Stadt Worms.

J 33 Neubolanden – Worms

2.–3. Viertel 13. Jahrhundert.
Grauer und rötlichgrauer Ton. Vertiefte Prägung. Kante schräg. 14 × 2,5 cm.
Viertelsrond B mit Lilienstab, *Variante* von J 32. Randleiste und Wölbung etwas schmaler, statt des Tropfenkreises geschlossener Kreis mit 16 Punkten. In den das Oval nicht berührenden Blattknospen kleine Kreise.
Fundort:
a Burgruine Neubolanden, bei der Ausgrabung 1912 gefunden.
Kirchheimbolanden, Heimatmuseum.
Speyer, Historisches Museum der Pfalz. (Herkunft aus Neubolanden gesichert. Rötlichgrauer-hellocker Ton. 14,1 × 2,5 cm.)
b Worms, Herkunft unbekannt, nach 1922 gefunden. Nach der Bemerkung bei Bauer[1] könnte es sich um die 1934–35 in St. Amandus gefundene Fliese handeln. Grauer und bräunlicher Ton. 13,5 × 2 cm.
Worms, Museum der Stadt Worms.

1 W. Bauer II, 96, „... darunter drei bisher unveröffentlichte Fliesen ähnlich den Mustern (bei E. Grill, 1922) II, 51, 52, 54, 55 ...“ Die Beschreibung ist leider zu ungenau, es gibt zu viele Fliesen unbekannter Herkunft dieses Typus im Museum Worms.

J 34 Kiedrich – Neubolanden

1259–1274.
Weißlichgrauer Ton. Vertiefte Prägung. Kante leicht schräg. 14 × 2,5 cm. Nicht abgebildet.
Variante von J 33. Das Viertelsrond mit nach rechts gewandten, eng gereihten Sparren verziert.
Fundort:
a Kiedrich, Burg Neuhaus im Peterstal, (Alteburg), bei Grabungen 1876 gefunden. J. Zaun, Fig. 20.
Wiesbaden, Slg. Nassauischer Altertümer.
b Neubolanden, Burgruine, bei Ausgrabungen am 10. 4. 1912 gefunden. Hellroter Ton.
Speyer, Historisches Museum der Pfalz.

J 35 Lorsch – Neubolanden – Rheingau – Worms

2.–3. Viertel 13. Jahrhundert.
Hellroter Ton. Vertiefte Prägung. Bruchstück, Dicke 2,5 cm.
Variante von J 33. Die kleinen Kreise nun unterhalb der Blattknospen, das Viertelsrond mit zehn Punkten, in der Ecke Viertelskreis mit vier Punkten. Der Lilienstab überschneidet den Kreisbogen.
Fundort:
a Lorsch, ehem. Benediktinerkloster, bei Grabungen 1928–32 gefunden.
Darmstadt, Hessisches Landesmuseum.
b Neubolanden, Burgruine, bei Grabungen am 10. 4. 1912 gefunden. Rötlichgrauer Ton. 14,2 × 2,5 cm.
Speyer, Historisches Museum der Pfalz.
c Unbekannt, aus dem Besitz eines Sammlers, der vorwiegend im Rheingau sammelte, analog zu J 34 möglicherweise aus Burg Neuhaus bei Kiedrich. Grauer Ton. 14 × 2,2 cm.
Wiesbaden, Slg. Nassauischer Altertümer.
d Worms, Herkunft unbekannt, vor 1922 gefunden. E. Grill, Taf. 2, 57. Gelblicher und braunrötlicher Ton. 13,8 × 2,2 cm.
Worms, Museum der Stadt Worms.

J 36 Dieburg – Dreieich – Klingenmünster – Landeck – Ober-Roden

Model des 2. Drittels des 13. Jahrhunderts, vermutlich später noch verwandt.
Rötlichgelber, hart gebrannter Ton. Vertiefte Prägung, bei J 36*a* und J 36*b* Modelrisse. Bruchstück. 19 × 2,5 cm.
Frühe Form oder späterer *Nachschnitt* der vorhergehenden Muster, die Zackenränder verweisen auf mögliche Verbindungen mit der Werkstatt Pforzheim-Speyer, vgl. F 50. Bruchstück des Models schräg auf eine größere Fliese geprägt.
Viertelsrond B, Lilienstab aus drei Linien, Ecklösung übereinstimmend mit J 28. Die große Blattknospe ist eben am Aufbrechen.
Fundort:
a Dieburg, „Frankensteiner Hof“, Steinstr. 13, beim Aushub eines Baus 1951 gefunden. W. Boß, Abb. 11.
Dieburg, Stadt- und Kreismuseum.
b Dreieich, Burgruine Hain, bei Grabungen im Palas gefunden. Rest des Musters von J 36*a*, der gebrochene Model nicht ergänzt. Die rechte Seitenkante und der Stengelfuß mit kleinen Zacken verziert. Gelblichgrauer und gelbrötlicher Ton. 18 × 3 cm.
Dreieich, Dreieich-Museum.
c Klingenmünster, ehem. Benediktinerkloster, bei der nördlichen Klostermauer 1981 zwei Fliesen gefunden. Die Zeichnung geht bis zum Fliesenrand. 14,5 × 2,9 cm.
Klingenmünster, Pfarramt.
d Klingenmünster, Burgruine Landeck, Bruchstück mit Prägung des Models J 36*a*, bei Grabungen gefunden. Grauschwarzer Ton, Dicke 3,4 cm.
Rülzheim, Privatbesitz.
e Ober-Roden, bei einer Grabung 1985 im Bereich der kath. Pfarrkirche gefunden. Der Model von J 36*a* zweimal nebeneinander in eine Fliese geprägt. Rötlichgrauer Ton. 18 × 18 cm. Kante schräg. J. Leuschner, E. Schallmayer, 1986, 69, Abb. 42; 70, Abb. 43 oben.

J 37 Württemberg

Um 1480? Um 1428–32?
Roter Ton mit dunkelgelber und grüner Glasur. Kanten und

Rückseite teilweise ebenfalls glasiert. Vertiefte Prägung. 11,5 × 3/4 cm.
Später *Nachschnitt* der Fliese J26. Der Stab mit Kleeblattspitze überschneidet das Viertelsrond A und sitzt auf kleinem Viertelskreis. Die Rahmenleiste fehlt, die Blattknospen sind auf langen, dünnen Stengeln abgespreizt.
Fundort:
Unbekannt[1], aus Württemberg.
Stuttgart, Württembergisches Landesmuseum.

1 Die Fliese gehört zu einer Gruppe von Mustern, von denen sich größere Mengen von Fliesen im Museum Stuttgart befinden. Diese sind fast alle *Nachschnitte* von Prägungen des Klosters Bebenhausen. Drei Muster (L44, N74, O6) konnten inzwischen in der ev. Pfarrkirche in Grunbach entdeckt werden. Nachweislich kam nur ein Fliesenboden vollständig ins Museum Stuttgart, der aus der Ottilienkapelle in Plochingen. Über sein Aussehen ist nichts bekannt, er wird nur als besonders „prächtig" erwähnt. Es wäre möglich, daß Grunbach und Plochingen (Entfernung ca. 24 km) ähnliche Fliesenböden besaßen.

J38 Ulm-Söflingen – Ulm – Bebenhausen?

Nach 1278 (a) – 1. Drittel 14. Jahrhundert (c).
Roter Ton. Vertiefte Prägung. 13,5 × 2,5 cm.
Viertelsrond mit Lilienstab, von einem zweiten Kreisbogen so geschnitten, daß sich ein Spitzoval ergibt. In diesem leicht geöffnete Blattknospen mit Schaftring am Stengelansatz. Lilie sehr schmal, der leicht verdickte Stab wächst aus einem Herzornament.
Fundort:
a Ulm-Söflingen, ehem. Klarissinnenkloster, bei Bauarbeiten 1913–14 gefunden. R. Weser, 95, Nr. 15 und H. A. Klaiber, R. Wortmann, 665, Abb. 601, Nr. 15.
Ulm, Ulmer Museum.
b Nach K. Haßler, Taf. XX, 1 „aus einem Ulmer Privathaus", vor 1862 gefunden.
Ulm, Ulmer Museum.
c Bei E. Herdtle, I, Taf. 15 abgebildet, der Fundort nicht erwähnt[1]. *Variante*, möglicherweise jedoch nur ungenaue Zeichnung. Der Schaftring breiter, geteilt, das Oval an zwei Stellen unter- und überschneidend. Lilie wie bei J26. Es könnte sich um eine heute nicht mehr vorhandene Fliese aus Kloster Bebenhausen handeln.
d Aus Ulm, im 19. Jahrhundert gefunden. Stein am Rhein, Kloster St. Georgen, in einem Vorraum des Obergeschosses verlegt.

1 Die meisten der bei Herdtle abgebildeten Fliesen stammen aus Kloster Bebenhausen. Sicherheit über den Fundort ist nicht mehr zu erlangen, da die Fundnotizen 1944 verbrannten.

J39 Limburg a. d. Haardt

2. Hälfte 13. Jahrhundert.
Rötlicher Ton. Vertiefte Prägung. Bruchstück, Dicke 2,6 cm. Nicht abgebildet.
Es ist nur die Lilie und ein Teil des Kreisbogens sichtbar. Diese stimmen mit J38a überein. Da der Rest des Musters verloren ist, kann das Ornament nicht eindeutig bestimmt werden.
Fundort:
Limburg a. d. Haardt, ehem. Benediktinerkloster, zu Ende des 19. Jahrhunderts gefunden.
Bad Dürkheim, Heimatmuseum.

J40 Worms

15.–16. Jahrhundert.
Roter Ton. Vertiefte Prägung. 13 × 2,5 cm.
Verdorbener *Nachschnitt*. Viertelsrond mit grobem Lilienstab, der den Bogen überschneidet. Zu beiden Seiten zwei übereinander angeordnete Blattknospen.
Fundort:
Worms, Herkunft unbekannt, nach 1922 gefunden.
Worms, Museum der Stadt Worms.

J41 Altenbaumburg – Eppstein – Frankfurt/Main – Königstein – Wiesbaden-Rambach

3. Viertel 13. Jahrhundert.
Hellroter Ton. Vertiefte Prägung. Bruchstück. 13 × 2,7 cm.
Viertelsrond B mit Mittelstab, der den Bogen überschneidet und in dreizackigem Stern endet. Nahe am, wie bei J33 geteilten Stengelgrund zwei kleine Blattknospen. Auf dem Kreisbogen je vier kleine Rechtecke.
Fundort:
a Altenbaumburg, Burgruine, Lesefund, das Bruchstück wohl zu diesem Muster zu ergänzen.
Altenbaumburg, Burgsammlung.
b Eppstein, Burgruine. Mittelgrauer Ton. Kante leicht schräg. 13 × 2,7 cm. Einzelfliese.
Eppstein, Burgmuseum.
c Frankfurt/Main, Haus Domplatz 9, hinteres Quergebäude, Hof, 1881 zusammen mit J5 gefunden.
Frankfurt/Main, Historisches Museum, heute verloren.
d Königstein, Burgruine, bei Grabungen 1958 und später gefunden. Stark abgetreten. Rötlichgrauer, feingemagerter Ton. 13 × 2,5 cm. E. Gundermann, 150, 146, Taf. 2, 10.
Königstein, Stadtmuseum.
e Wiesbaden-Rambach, bei Ausgrabung des römischen[1] Kastells, vermutlich 1845 gefunden. Grauer und rötlicher Ton.
Wiesbaden, Slg. Nassauischer Altertümer.
f Unbekannt, möglicherweise vom selben Fundort wie J41*e*, vor 1901 gefunden. Graugelber Ton.
Halle/Saale, Staatl. Galerie Moritzburg (aus der Slg. R. Forrer).

1 Vgl. Fundortkat. „Wiesbaden-Rambach".

J42 Eberbach – Idstein – Mainz

3. Viertel 13. Jahrhundert.
Hellgrauer Ton. Vertiefte Prägung. Kante senkrecht. 13 × 2,5 cm.
Variante zu J41. Der breite Dreizack ist fast auf den Kreisbogen gerutscht. In den je vier quadratischen Kästchen kleiner Punkt als Relief ausgespart.
Fundort:
a Eberbach, ehem. Zisterzienserkloster.
Eberbach, Lapidarium.
b Idstein, Herkunft unbekannt „... zwischen 1925 und 1939 gefunden ...". Grauer Ton mit „... poröser, rauher Oberfläche ...". Bruchstück.
Idstein, Heimatmuseum.
c Mainz, Bauerngasse, bei Umbauten 1896 in einem Privathaus gefunden[1]. Mittelgrauer Ton. 13 × 2,4 cm.
Mainz, Mittelrheinisches Landesmuseum.
d Mainz, Willigisstraße, 1978 bei Bauarbeiten vier Bruch-

stücke gefunden. „Hellgelblicher Ton mit Einschluß von kleinen Kalkteilchen und roter Ton".
Mainz, Slg. Manfred Hessinger.

1 Westd. Zs. 16, 1897, Museographie 1896, 357, Taf. 19, Abb. 3, „Geschenk der Brüder Harth". Diese bewohnten in Mainz laut Adreßbuch von 1896 das Haus Bauerngasse 11.

J43 Arnsburg – Eberbach – Mainz – Rüdesheim – Stolzenberg – Trier

1246–1256 (a), 3. Viertel 13. Jahrhundert (b–e).
Sehr feiner hellbrauner und grauer Ton. Vertiefte Prägung. Kante senkrecht. Zwei Bruchstücke.
Variante zu J41. Kreisbogen ohne Rechtecke, an der Spitze fünf, anstelle von drei Zacken. Die in Stabmitte waagrecht abgespreizten Blätter zeigen dasselbe Bild. Rahmen und Stengelgrund wie J41.
Fundort:
a Arnsburg, ehem. Zisterzienserkloster, bei Grabungen 1979 gefunden. M. Morkramer, 1982, Nr. 1.1.11. 59, Abb. 49.
Arnsburg, Klostersammlung.
b Eberbach, ehem. Zisterzienserkloster, Herkunft unbekannt.
Eberbach, Lapidarium.
c Mainz, Fundort unbekannt (alter Bestand).
Mainz, Mittelrheinisches Landesmuseum.
d Rüdesheim, Burgruine Ehrenfels, bei Errichtung der westlichen Bastionsmauer 1937 gefunden. Grünlichgrauer Ton. 12,8 × 12,8 cm.
Rüdesheim, Rheingauer Museum.
e Stolzenberg bei Rockenhausen, Burgruine.
Bayerfeld, kath. Pfarrkirche, zwei Fliesen in die Altarwand eingelassen. 13,5 × 2/2,5 cm.
Alsenz, Heimatmuseum.
f Trier, ehem. Stiftskirche St. Paulin, bei einer Fußbodenerneuerung 1979 in der westlichen Krypta, 1981 erneut im Kirchenschiff gefunden. Feingemagerter graugrüner Ton. 12,4/12,8 × 2,3/2,8 cm. Vereinzelt auch roter Ton mit gelblichweißen Schlieren[1].
Trier, Bischöfliches Dom- und Diözesanmuseum.

1 Alle Angaben bei W. Weber, 239, 243, Abb. 3, Muster 2.

Lilienstab mit Palmetten

J44 Eberbach – Königstein – Mainz – Montfort – Rheinstein? – Rüdesheim

3. Viertel 13. Jahrhundert.
Gelblicher, roter und grauer Ton. Vertiefte Prägung. 13 × 2,5 cm.
Viertelsrond B mit Lilienstab. Rahmenleiste und Wölbung wie J41, im entstandenen Zwischenraum kleiner Kreis. Darüber zwei kleine Kreise als Reste eines Schaftrings, über dem sich dreigeteilte, lilienförmige Palmetten entfalten. Der Lilienstab wird zur Spitze breiter und überschneidet das Rund auf der linken Seite.
Fundort:
a Eberbach, ehem. Zisterzienserklosterkirche, in situ zwischen den Pfeilern.
Eberbach, Lapidarium.
b Königstein, Burgruine, bei Grabungen 1975–76 gefunden. Feingemagerter, gelbrötlicher und grauer Ton. 14 × 3 cm. E. Gundermann, 150, 146, Taf. 2, 9.
Königstein, Stadtmuseum.
c Mainz, Herkunft unbekannt, nicht mit demselben Model geprägt. Grauer Ton. 13,5 × 2,5 cm.
Mainz, Mittelrheinisches Landesmuseum.
d Montfort, Burgruine, bei einer Grabung 1983 drei Bruchstücke in Raum G gefunden. St. Köhl, 1987, III, Abb. 56c.
Mainz, Landesamt für Denkmalpflege.
d Rheinstein, wiedererbaute Burgruine, angeblich bei Umbauten gefunden. Grauer Ton, Einzelfliese.
Rheinstein, Slg. Hermann Hächer.
e Rüdesheim, Burgruine Ehrenfels, bei Grabungen im Burghof gefunden.
Rüdesheim, Rheingauer Museum.

J45 Neubolanden? – Speyer? – Worms

2.–3. Viertel 13. Jahrhundert.
Hellgrauer Ton. Vertiefte Prägung. 13,8 × 13,8 cm.
Viertelsrond B mit Lilienstab, der dieses auf der rechten Seite überschneidet und bis zum Grund gespalten ist. Rahmung wie J33, in der Ecke unten Viertel einer achtblättrigen Rosette. Die Palmetten schmaler und länger, bis zum Blattgrund eingekerbt, die Lilie mit zarten Randlinien.
Fundort:
a Nicht mehr bekannt, vermutlich aus der Burgruine Neubolanden, 1912 gefunden.
Kirchheimbolanden, Heimatmuseum.
b Unbekannt, möglicherweise derselbe Fundort wie J45*a*. Hellroter Ton. 14 × 2,3 cm.
Speyer, Historisches Museum der Pfalz.
c Bei Bauarbeiten 1964 auf dem Gelände vor dem Museum Speyer gefunden. Bruchstück, nur die Lilie mit einem Teil des Bogens erhalten, so daß nicht sicher ist, ob es sich um dasselbe Muster handelt.
Speyer, Historisches Museum der Pfalz.
d Worms, St. Johanniskirche, bei Grabungen 1907 aufgedeckt. E. Grill, Taf. II, 54. Hellgelbbräunlicher, klinkerroter und mittelgrauer Ton. 13,5 × 2,5 cm.
Worms, Museum der Stadt Worms.
e Worms, Herkunft unbekannt. Dunkelgrauer Ton, 13,8 × 13,6 × 2,2 cm. Vor 1928 erworben.
Stuttgart, Württembergisches Landesmuseum (aus den Beständen des ehem. Landesgewerbemuseums).

f Worms, Heylshof, bei Grabungen 1952 im Schloßhof gefunden. Bruchstücke, sehr feiner gelblicher und rötlichbrauner Ton. Kante leicht schräg. 13,5 × 2,5 cm.
Worms, Museum der Stadt Worms.
g Worms, Herkunft unbekannt. *Variante* mit breiten seitlichen Palmetten, das Kelchblatt ein regelmäßiges Oval. Fast abgetreten. Mittelgrauer Ton.
Worms, Museum der Stadt Worms.

J 46 Johannisberg – Neubolanden – Speyer? – Weinheim

3. Viertel 13. Jahrhundert.
Rötlicher Ton. Vertiefte Prägung. Bruchstück, Dicke 2,3 cm. *Variante* von J 45. Die Palmetten ähneln eher J 44, die rechte ist im stumpfen Winkel vom nicht durchgehend geteilten Stab abgeknickt. Auf dem breiteren Viertelsrond Zackenband aus Doppellinie.
Fundort:
a Johannisberg, ehem. Benediktinerkloster, bei Zufallsgrabungen auf dem Gelände gefunden.
Schloß Johannisberg, Domänenverwaltung.
b Neubolanden, Burgruine, am 10. 4. 1912 bei einer Grabung gefunden. Roter Ton. 14 × 2,2 cm.
Speyer, Historisches Museum der Pfalz.
c Herkunft unbekannt, nicht sicher, ob aus Speyer. Grauer Ton.
Speyer, Historisches Museum der Pfalz.
d Weinheim, St. Peterskirche, beim Abbruch 1910 geborgen, z. Z. nicht auffindbar. H. Huth, 364, Abb. 269.
Weinheim, Heimatmuseum.

J 47 Worms

15. Jahrhundert?
Gröberer, gelblichgrauer Ton mit Einschlüssen, graurosa und dunkelgrauer Ton. Vertiefte Prägung. 13,5 × 2,5 und 14,2 × 2,2 cm.
Vergröberter *Nachschnitt* einer heute nicht mehr erhaltenen Fliese. Übereinstimmung mit J 28, statt der Blattknospen dreigeteilte Palmetten, von denen sich das oberste Blatt zum Stab hin wölbt.
Fundort:
Worms, Herkunft unbekannt, nach 1922 gefunden.
Worms, Museum der Stadt Worms.

J 48 Wienhausen – Calberlah – Wolfsburg – Hohnstedt – Groß-Ammensleben – Magdeburg

2. Drittel 13. Jahrhundert, möglicherweise noch um 1310 (a), um 1231 (e), um 1220/1240 (f).
Roter fein gemagerter, hartgebrannter Ton. Vertiefte Prägung. 20 × 5,5 cm.
Viertelsrond B mit Blütenstab und Palmetten. Der Mittelstab, auf dessen Spitze eine Blüte mit fünf ungleichgroßen Blättern sitzt, unterschneidet das Viertelsrond und überschneidet einen zweiten Viertelskreis am Stabende. Über einem Schaftring setzen flache, viergeteilte Palmetten mit glatter Oberkante an. Zu beiden Seiten der Blüte fünfzackiger Stern.
Fundort:
a Wienhausen, ehem. Zisterzienserinnenkloster, angeblich früher im Erdgeschoß des südlichen Kreuzgangs verlegt, heute in einer Zelle des Westflügels 28 Fliesen erhalten. J. Bühring, K. Maier, 191, Abb. 39.
b Calberlah, Kapelle, in situ in wenigen Exemplaren erhalten. O. Kiecker, H. Lütgens, 37, Abb. 24.
c aus der Kapelle des verschwundenen Dorfes Hohnstedt, im Flur eines Bauernhauses in Ehmen, Kr. Gifhorn neu verlegt.
d Wolfsburg, St. Annenkirche, bei der Restaurierung 1959–61 gefunden, zwei Fliesen im Fußboden neben dem Altar eingelassen.
e Groß-Ammensleben, ehem. Benediktinerkloster, in situ im Chor und der südlichen Seitenkapelle, 1928 in der Kreuzkapelle neu verlegt. Roter Ton, einzelne Fliesen mit weißer und grüner Glasur. H. Bergner, 20, Abb. 10.
f Magdeburg, ehem. Prämonstratenserkloster „Unserer Lieben Frau", vier Fliesen im Nordflügel des Kreuzgangs in die Wand eingelassen, genaue Herkunft unbekannt. *Variante*? (nach Zeichnung nicht sicher zu beurteilen). Die Stabspitze eingedrückt, die Blüte näher am Kreisbogen. Roter Ton. 22,5 × 4,5 cm.
g Magdeburg, Haus Alter Markt 24, bei Aufräumungsarbeiten nach 1945 im mittelalterlichen Mauerwerk gefunden.
Magdeburg, Kulturhistorisches Museum.

J 49 Bebenhausen

2. Viertel 13. Jahrhundert.
Roter Ton. Vertiefte Prägung. 12 × 2,5 cm.
Viertelsrond B mit Lilienstab und stark gewölbter, an der Oberkante glatter Palmette. Die Unterkante mit drei Halbkreisbogen, an der Spitze aufgewölbt, an der Seitenkante Halbkreis mit halber Rosette. Der Stab, mit kleiner Lilienspitze, sitzt auf einem Viertelskreis, in der Ecke unten Viertel derselben Rosette.
Fundort:
Unbekannt. Aufgrund der Rosettenprägung kann die Fliese nur aus Kloster Bebenhausen stammen. Sie muß schon vor 1870 entfernt worden sein, da sie E. Herdtle nicht mehr abbildet.
Stuttgart, Württembergisches Landesmuseum.

J 50 Arnsburg – Gelnhausen – Langenselbold – Münzenberg

2. Hälfte 13. Jahrhundert (a), um 1356? (b)[1].
Hellroter Ton. Vertiefte Prägung. 13 × 2,5 cm.
Viertelsrond B mit Lilienstab und leicht aufwärts gewölbten, dreigeteilten Palmetten. Der Stab sollte, wie bei J 45, zur Hälfte vom Kreisbogen überdeckt sein, übrig blieb nur ein kleiner, waagrechter Strich in Bogenmitte, der sich auf allen Prägungen wiederfindet. Die Lilie plumper als bei den vorhergehenden Fliesen.
Fundort:
a Arnsburg, ehem. Zisterzienserkloster, bei der Restaurierung 1958 im Schutt des Dormitoriums gefunden. M. Morkramer, 1982, Nr. 1.1.9, 57, Abb. 47. Auf einigen Fliesen Glasurniederschlag. 1980 erneut im Bereich der Allerheiligenkapelle gefunden. M. Morkramer 1982, 115, Abb. 4. 1982/83 auf dem Hainfeld vor den Klostermauern geborgen. M. Morkramer, 1984, 48, Abb. 39.
Arnsburg, Klostersammlung.
Gießen, Oberhessisches Museum.
Laubach, Schloß, Slg. E.-O. Graf zu Solms-Laubach.

b Gelnhausen, Haus Kuhgasse 1, beim Umbau im ehem. Eingang von der Kuhgasse gefunden. 12 × 2,3 cm.
Gelnhausen, Heimatmuseum.
Gelnhausen, Privatbesitz.
c Langenselbold, Schloßpark, bei Grabungen 1982 an der Stelle des ehem. Prämonstratenserklosters gefunden. „Orangebräunlicher Ton“. 12,5 × 13 cm. Ch. Krauskopf, 1983, 257, Abb. 5 links.
Hanau, Hanauer Geschichtsverein.
d Münzenberg, Privathaus, bei Renovierung 1979 als Füllmaterial im Fachwerk gefunden. Vermutlich aus Burg Münzenberg stammend.
Münzenberg, Privatbesitz.
e Arnsburg, bei den Grabungen 1979 gefunden. *Variante.* Der Stengel überschneidet den unteren Kreisbogen und wird von einer breiteren Linie wie bei J 50*a* überdeckt. Die seitlichen Blätter der Lilie sind flach gewölbt, die Palmetten ähneln denen von J 56. Dunkelroter, hartgebrannter, grobgemagerter Ton. Bruchstück. Kante schräg. 13 × 3,5 cm. M. Morkramer, 1982, Nr. 1.1.10, 58, Abb. 48.
Arnsburg, Klostersammlung.

1 Das Haus Kuhgasse 1 ist durch Dendrochronologie auf 1351 datiert und dürfte um 1356 erbaut worden sein. Diese Datierung scheint für dieses Muster zu spät. Möglicherweise stammen diese Fliesen aus dem Arnsburger Hof und wurden erst später in diesem Hause verlegt.

J 51 Alsfeld – Ober-Widdersheim

3. Viertel 15. Jahrhundert? (Nach Vorlage aus der 2. Hälfte des 13. Jahrhunderts.)
Hellroter Ton. Vertiefte Prägung. So stark abgetreten, daß die Zeichnung nicht mehr sicher zu erkennen ist.
18 × 2,4/2,6 cm. Nicht abgebildet.
Variante zu J 50. Sichtbar ein Teil des Bogens und der linken Palmette, umgeben von einem breiten Rahmen aus eng gereihten, senkrecht gestellten schmalen Rechteckkästchen. In der Ecke Viertelskreis, der den Rahmen überdeckt.
Fundort:
a Alsfeld, ev. Stadtkirche St. Walpurgis, bei der Restaurierung 1971 gefunden.
Alsfeld, Regionalmuseum.
Darmstadt, Slg. Peter Weyrauch.
b Ober-Widdersheim, ev. Pfarrkirche, 1973/74 bei einer Renovierung gefunden. Bruchstück.
Darmstadt, Slg. Peter Weyrauch.

J 52 Arnsburg – Boppard – Mainz – Schwabenheim

1246–1256 (a), 2. Drittel 13. Jahrhundert.
„Mit Sand gemagerter Ton, rotbraun und grau mit Flecken auf der Oberfläche, Einschluß von kleinen Lehmklumpen“[1]. Vertiefte Prägung. 13,5 × 2,5 cm. Nicht abgebildet.
Variante von J 50. Viertelsrond mit breiten Rahmenleisten, auf zwei Seiten von schmalem Stab, dessen Teilung bis zum Kelchgrund der Lilie durchläuft, unter- und überschnitten. Die Palmetten kleiner, mit regelmäßigem, flachem Bogenrand, der verbreiterte Stab am Wurzelhals gegabelt.
Fundort:
a Arnsburg, ehem. Zisterzienserkloster, bei Grabung 1979 gefunden. M. Morkramer, 1982, Nr. 1.1.5, S.53, Abb. 43.
Arnsburg, Klostersammlung.
b Boppard, ehem. „Königshaus“.
Boppard, Heimatmuseum.
c Mainz, Eberbacher Hof, bei Umarbeiten 1975 gefunden[2].
Mainz, Landesamt für Denkmalpflege.
d Mainz, Willigisstraße, 1978 bei Bauarbeiten gefunden. Schwarzgrauer Ton, Kante senkrecht.
Mainz, Slg. Manfred Hessinger.
e Mainz, Quintinsgasse.
Mainz, Mittelrheinisches Landesmuseum
f Schwabenheim/Selz, kath. Pfarrkirche St. Bartholomäus, Rest in situ hinter dem Hochaltar. Graugelber, rötlicher und schwarzgrauer Ton.

1 M. Morkramer, 1982, 94.
2 Auch hier handelt es sich um ein heute dort verlorenes Muster aus Kloster Eberbach.

J 53 Arnsburg – Eppstein – Lorsch? – Mainz

1246–1256 (a), 3. Viertel 13. Jahrhundert.
Gelblichroter und roter, mit Sand gemagerter Ton. Vertiefte Prägung. Kante senkrecht. 13 × 2,5 cm.
Nachschnitt von J 52 mit geringen Abweichungen. Die Lilie größer. Statt der fast kugeligen, sichelförmige Hängeblätter, die Palmetten hoch ansetzend, ihre Spitze berührt den Fliesenrand nicht. Der rechte seitliche Balken schmal, sich nach oben verjüngend.
Fundort:
a Arnsburg, ehem. Zisterzienserkloster. Bei den ersten Grabungen (1892, 1907, 1918) im Schutt des Dormitoriums, bei der Restaurierung 1958 im Kapitelsaal gefunden. Bei den Grabungen 1979 erneut gefunden. H. Walbe, K. Ebel, 1919, 124, Abb. 108, M. Morkramer, 1982, Nr. 1.1.6, 54, Abb. 44.
Arnsburg, Klostersammlung.
Laubach, Schloß, Slg. E.-O. Graf zu Solms-Laubach.
Wiesbaden, Slg. Nassauischer Altertümer[1].
b Eppstein, Burgruine. Vier Bruchstücke. Roter Ton. Kante senkrecht. 12 × 2,5 cm.
Eppstein, Burgmuseum.
c Unbekannt, mit einer gewissen Wahrscheinlichkeit aus Kloster Lorsch. Grauer Ton. 13 × 2,5 cm.
Darmstadt, Hessisches Landesmuseum.
d Mainz, Herkunft unbekannt, möglicherweise 1941 im Mainzer Dom gefunden. Hellrötlicher Ton.
Mainz, Diözesan-Museum.
e Arnsburg, bei der Restaurierung 1958 gefunden. *Variante.* Tonfarbe und Maße unbekannt, durch flüchtige Zeichnung überliefert. Der schmale, lange Lilienstab überschneidet den Kreis und verästelt sich am Grund wie J 53*a*. Zu beiden Seiten grobe, stark gewölbte Palmetten, deren Kontur fast einen Kreis bildet. Nicht auffindbar. M. Morkramer, 1982, Nr. 10.2.2., 88, Abb. 97.
Laubach, Schloß, früher Slg. E.-O. Graf zu Solms-Laubach, heute wohl verloren.

1 Nass. Ann. 17, 1888, 25.

J 54 Arnsburg – Eberbach – Holzhausen – Ingelheim – Kelkheim – Mainz – Worms?

1246–1256 (a), 3. Viertel 13. Jahrhundert.
Hellbrauner, feingemagerter Ton. Vertiefte Prägung. Abgetreten. Kante senkrecht. 13 × 2,5 cm.
Variante von J 52. Stabende gespreizt (bei Bruchstück Arnsburg gegabelt), die Lilie übereinstimmend. Auf dem Viertels-

rond je drei kleine flache Rechtecke, die Palmetten ebenfalls flach, die Spitze abwärts geneigt.
Fundort:
a Arnsburg, ehem. Zisterzienserkloster, bei Grabungen 1979 gefunden. M. Morkramer, 1982, Nr. 1.1.7, 55, Abb. 45.
Arnsburg, Klostersammlung.
b Eberbach, ehem. Zisterzienserklosterkirche, in situ im Fußboden. Gelblicher, roter und grauer Ton.
Eberbach, Lapidarium (hier die Gabelung nicht sichtbar).
c Holzhausen über der Aar, ev. Pfarrkirche, 1880 noch in der Umgebung des Altars verlegt, heute verschollen[1].
d Ingelheim, ev. Burgkirche St. Wigbert, Oberingelheim, bei einer Restaurierung im Chor gefunden. Ch. Rauch, 519, Abb. 425,6.
Ingelheim, Historisches Museum.
e Kelkheim-Fischbach, Gimbacher Hof, bei Grabungen gefunden. Gelblichgrauer, feingemagerter Ton. 13,5 × 3 cm. E. Gundermann, 148, Taf. 3, Abb. 21, 151.
Königstein, Stadtmuseum.
f Mainz, St. Emmeran? 13,3 × 2,6 cm.
Mainz, Mittelrheinisches Landesmuseum.
g Mainz, Herkunft unbekannt, möglicherweise 1941 im Dom gefunden.
Mainz, Diözesan-Museum.
h Unbekannt, im Kunsthandel erworben, vermutlich ebenfalls aus dem bei Bauarbeiten in Mainz gemachten Fund.
Bad Zwischenahn, Slg. Hans-Jürgen Heger.
e Angeblich aus Worms (Slg. R. Forrer). Dort wurden bis heute keine weiteren Fliesen dieses Musters gefunden.
Dortmund, Museum für Kunst- und Kulturgeschichte.
London, Victoria and Albert Museum.

1 W. Lotz, F. Schneider. Zeichnung im Handexemplar von F. Schneider bei S. 327.

J 55 Arnsburg – Butzbach – Eppstein – Friedberg – Gelnhausen – Königstein – Ilbenstadt – Ober-Widdersheim

3. Viertel 13. Jahrhundert.
Blaß hell- und gelblichroter, stark mit Sand gemagerter Ton mit poröser Oberfläche. Vertiefte Prägung. Kante schräg. 14 × 2,5 cm.
Variante von J 50. Lilie mit weit ausladenden Hängeblättern, die Palmetten ebenfalls stärker gewölbt. Der Stab überschneidet das Viertelsrond und sitzt auf kleinem Viertelskreis. An zwei Seiten schmale Randleiste.
Fundort:
a Arnsburg, ehem. Zisterzienserkloster, bei Grabungen 1979 gefunden. M. Morkramer, 1982, Nr. 1.1.8, 56, Abb. 46.
Arnsburg, Klostersammlung.
b Butzbach, Michaeliskapelle, vier Fliesen in den Fußboden eingelassen, möglicherweise aus dem ehem. Beinhaus stammend. 13,5 × 13,5 cm.
Butzbach, Museum in der Michaeliskapelle.
c Eppstein, Burgruine. Mittelgrauer und braunrötlicher Ton. 14 × 2 cm.
Eppstein, Burgmuseum.
d Friedberg, Burg. Grauroter-gelblichgrauer Ton.
Darmstadt, Hessisches Landesmuseum.
e Friedberg, Herkunft unbekannt, möglicherweise ebenfalls aus der Burg. Roter Ton.
Friedberg, Wetterau-Museum.
f Unbekannt. Nach der Beschreibung des Museums-Inventars dies vermutlich die zu Ende des 19. Jahrhunderts in der Marienkirche zu Gelnhausen gefundenen Fliesen. Roter Ton mit Resten weißer Farbe in den Rillen. Eine Fliese in der Diagonale geteilt. 12,7 × 2 cm und 13 × 2,2 cm.
Marburg, Museum für Kunst und Kulturgeschichte.
g Königstein, Burgruine, bei Grabungen 1958 und 1973 gefunden. Hellrötlicher Ton. 13,5 × 2 cm. E. Gundermann, 148, Taf. 3, Abb. 17, 150.
Königstein, Stadtmuseum.
h Unbekannt, Slg. Martin, deshalb möglicherweise aus Kloster Eberbach oder aus Kiedrich[1].
Wiesbaden, Slg. Nassauischer Altertümer.
i Ilbenstadt, ehem. Prämonstratenserkloster, nach dem Brand 1963 mit Basissteinen vermauert im Chor der Kirche gefunden. Außerdem unter einem Skelett in einem 1532 angelegten Grab. *Variante*, nicht mit demselben Model geprägt. Die Spitze der Palmette berührt den von Viertelsrond und Rahmen gebildeten Winkel. Bruchstück, nur zwei Drittel der Fliese erhalten. 13 × 2 cm.
Ilbenstadt, Pfarramt, inzwischen verloren.
j Ober-Widdersheim, ev. Pfarrkirche, bei einer Renovierung 1973/74 gefunden. *Variante*? Da beide Ecken der Fliese aus Ilbenstadt zerstört sind, ist kein Vergleich möglich. Die Lilie mit ovalem Kelchblatt und hakenförmigen Seitenblättern, deren Spitze sich nicht mehr abwärts wölbt. Im Viertelskreis unten Viertel eines achtzackigen Sterns. Gelbroter bis hellroter Ton. 14,2 × 1,8 cm.
Darmstadt, Slg. Peter Weyrauch.

1 Vgl. Fundortkat. „Kiedrich".

J 56 Büdingen

16. Jahrhundert.
Roter Ton, einzelne Fliesen mit graugelblicher Glasur. Vertiefte Prägung. 12 × 12 cm.
Verdorbener *Nachschnitt* von J 54. Viertelsrond und Eckkreis als gerades Band (in der Zusammensetzung Quadrat). Der windschiefe Stab mit asymmetrischer Lilie, die Palmetten mit nur zwei Bogen.
Fundort:
Büdingen, Herkunft unbekannt.
Büdingen, Heuson-Museum.

J 57 Arnsburg – Bonn – Enkirch – Eppstein – Frankfurt/Main – Friedberg – Köln – Lörzweiler – Mainz – Marienstatt – Rodheim v. d. Höhe – Schöneck – Wiesbaden-Naurod – Worms?

3. Viertel 13. Jahrhundert, um 1324 (n), nicht vor 1356 (g).
„Feiner, mit Sand gemagerter grauer Ton mit etwas Glimmerbeimischung"[1]. Vertiefte Prägung. Kante leicht schräg. 13 × 2,5 cm.
Da einige der Fliesen nur durch Zeichnungen überliefert sind, ist nicht sicher, ob es sich in jedem Fall um dieselbe Prägung handelt.
Variante von J 54. Der breitere Stab überschneidet das Viertelsrond, die kleinen Palmetten sind dicht unter dem Kreisbogen flach ausgebreitet, jedoch an der Spitze nicht aufgebogen. Lilie ähnlich J 53, Rahmenleisten an zwei Seiten, kleiner Viertelskreis am Stabende.
Fundorte:
a Arnsburg, ehem. Zisterzienserkloster, bei Grabungen 1979 gefunden. M. Morkramer, 1982, Nr. 1.1.2, 50, Abb. 40 a und b.
Arnsburg, Klostersammlung.

b Bonn, bei Ausschachtungsarbeiten für den Universitätsneubau (wohl 1926) gefunden.
Bonn, Rheinisches Landesmuseum.
c Enkirch, ev. Pfarrkirche. Dort 1938 noch in der Sakristei vorhanden, weitere Fliesen aus der Kirche im Haus „Zum Herrenberg" 20, F. Friebe, Sp. 403. 1907 gezeichnet. Roter und schwarzgrauer Ton, heute verloren. Das Muster nicht genau übereinstimmend, entweder ungenau gezeichnet oder *Variante*. Blätter groß, fast den Bogen berührend, Lilienspitze breitgedrückt mit winzigen Hängeblättern.
d Eppstein, Burgruine, hellroter und grauroter Ton. Kante senkrecht. 12,5 × 2,3 cm.
Eppstein, Burgmuseum.
e Frankfurt/Main, Braubachstraße, 1925 auf einer Abraumhalde entdeckt. H. Brückner, A 34, Taf. III, 13. Nicht mit demselben Model geprägt.
Frankfurt/Main, Historisches Museum.
f Friedberg, Herkunft unbekannt, möglicherweise aus der Liebfrauenkirche.
Friedberg, Wetterau-Museum.
g Köln, Kartäuserkloster, im 19. Jahrhundert gefunden, nur durch Zeichnung überliefert. Vermutlich dieses Muster.
Verbleib unbekannt, Zeichnung im Rhein. Amt für Denkmalpflege, Pulheim-Brauweiler.
h Köln, vor 1908 bei Ausschachtungsarbeiten gefunden. Sorgfältige Prägung. Grauer und gelber Ton.
Oldenburg, Landesmuseum für Kunst und Kulturgeschichte.
i Köln, kath. Pfarrkirche Groß-St. Martin, 1974 in aus der Kirche stammendem Schutt geborgen. Bruchstück. Nicht ganz sicher zu diesem Muster zu ergänzen. Rötlicher Ton. Abgetreten. Dicke 2,5 cm.
Köln, Slg. Carl Mönnig.
j Lörzweiler, kath. Pfarrkirche St. Michael, bei der Restaurierung 1969 gefunden. Leicht abweichende Prägung. Die Palmetten an dünnem Stengel, die Bogen tiefer eingekerbt. Graugelblicher Ton. 12 × 11,8 × 2,4 cm.
Mainz, Diözesan-Museum.
k Mainz, Herkunft unbekannt. *Variante*. Die Palmetten flacher gebreitet. 14,2 × 2,5 cm.
Mainz, Mittelrheinisches Landesmuseum.
l Marienstatt, Zisterzienserkloster. Früher in den Chorkapellen, jetzt im Kapitelsaal neu verlegt. Feingemagerter, roter, brauner, hell- und dunkelgrauer Ton. G. Wellstein, 27, M. Morkramer, 1983, 137, Abb. 1.
m *Variante* vom selben Fundort wie J 57*e*. Der Bogen verdeckt den Mittelstab, die Palmetten etwas kleiner. Gelblicher, grünlicher, roter, grauer und schwarzgrauer Ton. M. Morkramer, 1983, 137, Abb. 4.
n Marienstatt, Prägung wie J 57*e*. Hellroter Ton mit feinen weißlichen Streifen, dunkelroter, grauer und schwarzgrauer Ton. M. Morkramer, 1983, 137, Abb. 3.
o Rodheim v. d. Höhe, ehem. ev. Kirche, bei einer Grabung 1985 auf dem Gelände des Friedhofs gefunden. Die Rillen mit roter Farbe eingelassen. Nachlässige Prägung, Lilienstab leicht nach rechts verschoben.
Privatbesitz.
p Schöneck, Burg, Bruchstücke, 1980 unterhalb der Burg gefunden. Hellgrauer Ton, Kante senkrecht. Dicke 2 cm.
Koblenz, Privatbesitz.
q Wiesbaden-Naurod, Pfarrkirche, „... bei einer Renovierung 1923..." (wahrscheinlicher 1932) gefunden. „Rosagräulicher Ton." 13 × 2,5 cm.
Wiesbaden-Naurod, Heimatmuseum.
r Nach R. Forrer, 1901, Taf. VII, 3 „... aus Worms ...", dort seitdem nicht mehr gefunden.
London, Victoria and Albert Museum.
s Ulm, Münsterplatz, beim Bau eines Löschwasserbehälters 1941 geborgen. Die Fliese müßte aus dem ehem. Bebenhäuser Hof stammen. *Variante* mit Punkten auf dem Kreisbogen, breitem seitlichem Rahmen, der Stab bis zum Grunde geteilt. Roter Ton, 13,5 × 2,5 cm.
Ulm, Prähistorische Sammlung.

---

1 M. Morkramer, 1982, 94.

J 58 Frankfurt/Main – Rodheim v. d. Höhe

14. Jahrhundert?
Vertiefte Prägung. Maße und Tonfarbe unbekannt.
Variante von J 57. Keine sorgfältig geschnittenen Palmetten, das Stengelende nur in zwei „Haken" aufgespalten. Möglicherweise auch ungenau gezeichnet. Nicht abgebildet.
Fundort:
a Nach A. Essenwein, 1855/56, 22, Taf. XXIV, Fig. 12, „... ein aus Fliesen zusammengesetzter Fußboden aus einem alten Haus in Frankfurt."
Verbleib nicht zu ermitteln.
b Rodheim v. d. Höhe, als Flickfliesen in einem späteren Boden (H 57, X 22) erhalten. Bruchstücke. H. Lange v. Wallis, 695 oben, 696 oben rechts.
Privatbesitz.

J 59 Freusburg

2. Hälfte 13. Jahrhundert.
Vertiefte Prägung. Tonfarbe und Maße unbekannt. Nicht abgebildet.
Variante zu J 57. Die seitlichen Rahmenleisten fehlen. Statt der Palmetten dieselbe Lilie wie an der Stabspitze, zum Kreisbogen aufgerichtet und diesen fast berührend.
Fundort:
Freusburg, vor 1972 und bei Umbauten 1984 gefunden. F. Busch, Abb. 3.
Privatbesitz.

J 60 Kempten – Schwaben

Um 1428.
Roter Ton. Vertiefte Prägung in dünner Ritzzeichnung, jedoch mit Model gefertigt. 13 × 2,5 cm.
Viertelsrond B mit Lilienstab und spitzzackigen, dreigeteilten Palmetten, die ungleich hoch am nicht durchlaufend geteilten Stab ansetzen. An den Seiten schmale Rahmenleisten, das Viertelsrond ungleich breit.
Fundort:
a Kempten, ev. Pfarrkirche St. Mang, Reste im Ostende des Seitenschiffs neu verlegt.
Kempten, Allgäuer Heimatmuseum.
b Unbekannt, möglicherweise aus Augsburg, sicher jedoch aus Schwaben. Mit demselben Model geprägt. 13 × 2,5 cm.
Augsburg, Kunstsammlungen.

J 61 Hessen?

1. Hälfte 14. Jahrhundert?
Dunkelroter Ton. Vertiefte Prägung. Kante schräg. 12,3 × 2,8 cm.
Viertelsrond B mit Kleeblattstab und kleinen, tief eingekerbten Palmetten. Die Rahmenleisten reichen auf allen vier Seiten nicht bis zur Fliesenecke, das Viertelsrond überschneidet

den schmalen, auf einem Viertelskreis stehenden Stab. In der Ecke unten Viersternviertel.
Fundort:
Unbekannt, vermutlich vom selben Fundort wie D17. Aus Hessen oder Rheinhessen.
Darmstadt, Hessisches Landesmuseum.

J62 Arnsburg – Boppard – Eberbach – Gelnhausen – Mainz – Ravengiersburg – Rüdesheim – Schwabenheim

1246–1256 (a), 2.–3. Viertel 13. Jahrhundert.
Hellroter und grauer, mit Sand gemagerter Ton. Vertiefte Prägung. Kante leicht schräg. 13 × 2,5 cm.
Viertelsrond B, welches einen bis zum Blattansatz geteilten Lilienstab überschneidet. Auf dünnem Stengel leicht hängende, fast halbkreisrunde Palmetten. Schmale Rahmenleisten und eine kleine, sorgfältig geschnittene Lilie.
Fundort:
a Arnsburg, ehem. Zisterzienserkloster, bei Grabungen 1979 gefunden. M. Morkramer, 1982, Nr. 1.1.1, 49, Abb. 39a und b.
Arnsburg, Klostersammlung.
b Boppard, aus dem „Königshaus“, vermutlich vor 1916 geborgen. Grauer Ton.
Boppard, Heimatmuseum.
c Eberbach, ehem. Zisterzienserkloster, in situ zwischen den Pfeilern der Kirche, seit 1937 dort neu verlegt. Gelblicher, roter und grauer Ton.
d Gelnhausen, Palas der Kaiserpfalz, vermutlich bei den Grabungen 1932–34 gefunden.
Gelnhausen, Heimatmuseum.
e Gelnhausen, Arnsburger Hof, bei Umbauarbeiten gefunden.
Gelnhausen, Slg. F. Stock.
f Mainz, Herkunft unbekannt.
Mainz, Mittelrheinisches Landesmuseum.
g Ravengiersburg, ehem. Augustiner-Chorherrenstift, bei Grabungen 1966 gefunden. Bruchstück, vermutlich dieses Muster. Hellgrauer Ton mit ockerfarbiger Glasur. Dicke 2,2 cm.
Ravengiersburg, Missionsseminar.
h Rüdesheim, Burgruine Ehrenfels, im Hof bei Grabungen gefunden.
Rüdesheim, Rheingauer Museum.
i Schwabenheim/Selz, kath. Pfarrkirche St. Bartholomäus, Rest in situ hinter dem Hochaltar. Rötlicher, graugelber und schwarzgrauer Ton.

J62.1 Eußerthal

Um 1262.
Roter Ton. Vertiefte Prägung. 12,5 × 2,5 cm.
Variante zu J62. Die Blattbildung ähnlich. Der Stiel wie bei J45 gegabelt, auf einem Dreieck aufsitzend. Die Blütenblätter der Lilie an der Oberseite zusätzlich mit kleinen Bogen versehen, wodurch das Kelchblatt eher einer kleinen Ähre gleicht.
Fundort:
Eußerthal, ehem. Zisterzienserkloster, in der Umgebung der Klosterkirche gefunden.
Eußerthal, Pfarrhaus.

J63 Arnsburg – Rüdesheim

3. Viertel 13. Jahrhundert.
Hellroter bis bräunlicher Ton von körniger Struktur. Vertiefte Prägung. Kante kaum schräg. 13 × 2,5 cm.
Viertelsrond B mit Lilienstab. Dieser an der Spitze leicht nach links geneigt, die Palmette am längeren Stengel mit vier kleinen Bogen. Lilie asymmetrisch geschnitten.
Fundort:
a Arnsburg, ehem. Zisterzienserkloster, bei Grabungen 1979 gefunden. M. Morkramer, 1982, Nr. 1.1.3, 51, Abb. 41 a und b.
Arnsburg, Klostersammlung.
b Unbekannt, aus Hessen, Bruchstück.
Darmstadt, Hessisches Landesmuseum.
c Rüdesheim, Burg „auf der Lach“, 1959 im Schutt gefunden. Rötlicher, gelber und hellgrauer Ton. 13,3 × 2 cm.
Rüdesheim, Rheingauer Museum.

J63.1 Basel

Vor 1250[1].
Ziegelroter Ton mit helloliver Glasur. Flachrelief. Bruchstück. Dicke 2,4 cm, die Fliese wohl 12,6 × 12,6 cm.
Frühe Prägung, ähnlich J63*a*. Auch hier verläuft der Stab über dem hier breiteren Viertelsrond. Die Ecklilie zerstört, sichtbar ist nur die linke Palmette, deren Stengel wohl vom Grund aufsteigt und deren Einzelblätter wie auf den Fliesen aus St. Urban tief eingeschnitten und ähnlich gewölbt sind.
Fundort:
Basel, Barfüßerkirche, bei den Grabungen 1975–77 entdeckt. D. Rippmann u. a., 1987, 196–197, Abb. 28.

1 Die Fliese wird von D. Rippmann in die Mitte oder 2. Hälfte des 12. Jh. datiert, vgl. Fundortkat.

J64 Neubolanden

3. Viertel 13. Jahrhundert.
Hellroter Ton. Vertiefte Prägung. Abgetreten. 14 × 2,3 cm.
Viertelsrond B mit Lilienstab, mit J57 übereinstimmend, die Palmetten etwas kleiner und leicht nach oben gewölbt. Breite Rahmenleisten und kleiner Viertelskreis am Stengelgrund. Auf dem Viertelsrond flache Zackenlinie, am Ende in Punkte aufgelöst.
Fundort:
Neubolanden, Burgruine, am 10. 4. 1912 gefunden.
Speyer, Historisches Museum der Pfalz.

J65 Arnsburg – Eberbach – Mainz – Rüdesheim

1. Drittel 14. Jahrhundert?
Hellbrauner Ton. Vertiefte Prägung mit breiteren Rillen. Kante senkrecht. 13,5 × 2,5 cm.
Viertelskreis in Zackenband aufgelöst, die Blättchen ebenfalls gezackt. An der Stabspitze statt der Lilie Pike, eine zweite überdeckt von der Ecke her den Stabgrund.
Fundort:
a Arnsburg, ehem. Zisterzienserkloster, bei Grabungen 1979 gefunden. Bruchstück. M. Morkramer, 1982, Nr. 1.1.12, 60, Abb. 50.
Arnsburg, Klostersammlung.
b Eberbach, ehem. Zisterzienserkloster. Zwei abgetretene und beschädigte Fliesen. Mittelgrauer Ton. Kante senkrecht. 13 × 2,5/3 cm.
Eberbach, Lapidarium.

c Mainz, Herkunft unbekannt.
Mainz, Mittelrheinisches Landesmuseum.
d Rüdesheim, Burg „auf der Lach“, bei der Ausgrabung 1959 im Schutt gefunden. Gelblicher, hellgrauer, gelbroter und roter Ton. 13,2 × 3 cm.
Rüdesheim, Rheingauer Museum.
e Rüdesheim, Herkunft unbekannt. Grünlichgrauer Ton. 12,5 × 12,5 cm.
Rüdesheim, Rheingauer Museum.

J 66 Rüdesheim – Speyer – Worms

Mitte – 3. Viertel 13. Jahrhundert.
Grauer Ton. Vertiefte Prägung. 13,5 × 2 cm.
Variante von J 64. Lilie mit kleiner Raute auf dem Kelchblatt ähnlich J 28, ebenso Rahmen und das schmälere Viertelsrond übereinstimmend. Dieses mit Punktreihe verziert, die kleinen, zur Randleiste hin aufgefalteten Blätter auf langen Stengeln.
Fundort:
a Rüdesheim, Burgruine Ehrenfels, bei Grabungen im Hof gefunden.
Rüdesheim, Rheingauer Museum.
b Unbekannt, vermutlich aus Speyer. Hellroter Ton. 14 × 2,3 cm.
Speyer, Historisches Museum der Pfalz.
c Speyer, Engelgasse. Bruchstück, vermutlich dieses Muster. 1969 gefunden. Roter Ton, Dicke 2,5 cm.
Speyer, Landesamt für Denkmalpflege.
d Worms, Herkunft unbekannt, vor 1922 gefunden. E. Grill, Taf. II, 56. Hellgelblicher Ton mit gelber Engobe, graurosa, sehr poröser Ton, bräunlicher Ton mit Spuren weißer Farbe, grauer Ton. Model tief eingeprägt. 13,5 × 2,3 cm.
Worms, Museum der Stadt Worms.
e Aus Worms, Herkunft unbekannt, vor 1928 gefunden. Stuttgart, Württembergisches Landesmuseum (aus den Beständen des ehem. Landesgewerbemuseums).
f Worms, St. Amandus, bei Grabungen 1934–35 gefunden. Roter und hellgrauer Ton. Kante fast senkrecht.
Worms, Museum der Stadt Worms.
g Unbekannt, wohl aus Hessen. Rötlichgrauer Ton. 14 × 2,2 cm.
Darmstadt, Hessisches Landesmuseum.

J 67 Altenbaumburg – Montfort

3.–4. Viertel 13. Jahrhundert.
Roter und grauer Ton. Stark vertiefte Prägung. Kante senkrecht. Bruchstücke. Dicke 2,3 cm.
Variante zu J 44 und J 66. Das Rahmenschema, der Stengelgrund, Schaftring und Lilienspitze wie J 44, auf dem Viertelsbogen sechs Punkte. Die seitlichen Lilien sind besonders sorgfältig geschnitten.
Fundort:
a Altenbaumburg, Burgruine, beim Wiederaufbau des Palas 1980–83 gefunden.
Altenbaumburg, Burgsammlung.
b Montfort, Burgruine, bei Grabungen 1986 in zweiter Lage vermauert gefunden. Roter Ton, durch Feuereinwirkung teilweise schwarz verfärbt. 12 × 2 cm. St. Köhl, 1986, Bd. 3, Abb. 57.
Mainz, Landesamt für Denkmalpflege.

J 68 Sesenheim – Straßburg – Speyer

Mitte – 3. Viertel 13. Jahrhundert.
Grauer und roter Ton. Vertiefte Prägung. Modelriß in Fliesenmitte waagrecht über die ganze Fliese. Muster leicht verschoben. 13 × 3 cm.
Breites Viertelsrond B mit durchgehend geteiltem Lilienstab, der zu beiden Seiten je eine verschieden gezeichnete Blütenknospe auf dünnen Stengeln trägt. Das Viertelsrond mit Zakkenlinie, auf der winzige Lilien und je ein Doppelblatt sitzen. Kleine Palmetten ähnlich J 64 mit parallel zum Stab laufenden Stengeln, die auf sechsteiliger Rosette stehen, von breiten Rahmenleisten flankiert.
Fundort:
a Sesenheim, beim Abbruch der mittelalterlichen Kirche 1910 geborgen, bei einem Brand 1945 teilweise vernichtet, eine halbe Fliese erhalten.
Sesenheim, Restaurant „Au Bœuf Noir“.
b Straßburg, Herkunft unbekannt. Fünf Fliesen, Modelriß an derselben Stelle wie bei J 68*a*.
Straßburg, Frauenhausmuseum.
c Speyer, am 7. 11. 1911 in der Karmeliterstr. 4 gefunden. *Nachschnitt* mit geringfügigen Veränderungen. Ein Modelriß verläuft etwas außer Fliesenmitte von rechts oben senkrecht über ca. zwei Drittel der Fliese. Die Blütenknospen über dem Viertelsrond fehlen, statt des Zackenbandes je vier Kästchen mit Andreaskreuz. Die Bogen der Palmetten sind tiefer gelappt.
Speyer, Historisches Museum der Pfalz.

J 69 Burgholzhausen v. d. Höhe – Friedberg – Oberursel

2. Hälfte 14. – 15. Jahrhundert?
Roter, stark gebrannter Ton. Vertiefte Prägung mit breiten Rillen. 13 × 1,5 cm.
Später *Nachschnitt*, in Anlehnung an J 55. Das Viertelsrond durch den Lilienstab geteilt, die Palmetten leicht aufwärts gewölbt, den Bogen fast berührend. Schmale Randleiste auf nur zwei Seiten. Der Ansatz der Palmetten asymmetrisch, am Grund Viertelskreis mit dem Viertel eines ausgesparten Zakkensterns.
Fundort:
a Burgholzhausen v. d. Höhe, 1985 gefunden. H. Zimmermann, 1985, 17, Abb. 7.
Burgholzhausen v. d. Höhe, Privatbesitz.
b Friedberg, Burg, im 19. Jahrhundert geborgen. *Nachschnitt*. Roter Ton. 12,5 × 2 cm. Beschädigt. Das Kelchblatt der Lilie schmäler, ebenso die Palmette. Durch den Zackenstern am Grund werden Dreiecke mit einem Winkel von ca. 80° ausgeschnitten, bei J 69*a* von ca. 60°.
Darmstadt, Hessisches Landesmuseum.
c Friedberg, 1939 an der Stelle des ehem. Franziskanerklosters gefunden.
Friedberg, Wetterau-Museum.
d Oberursel-Bommersheim, ehem. Wasserburg Bommersheim, bei Grabungen 1988/89 geborgen. J. Zeune, 1990, 30, Abb. 3.
Oberursel, Vortaunusmuseum.

J 69.1 Ilbenstadt – Seulberg

Ende 15. Jahrhundert?
Rötlicher Ton. Vertiefte, grobe Prägung mit breiten Rillen. Zwei Bruchstücke.

Variante zu J 66. Die Lilie mit breitem, ovalem Kelchblatt, die Seitenblätter sichelförmig. Die „Palmetten“ mit zwei kleinen, gleich großen Blättchen, parallel zur Fliesenkante. Der Stab überschneidet den Kreisbogen, die Ecke unten zerstört.
Fundort:
a Ilbenstadt, ehem. Prämonstratenserkloster, nach Brand 1963 als Mauerabdeckung eines 1614 erbauten Klosterflügels gefunden.
Ilbenstadt, Pfarramt.
b Seulberg, Rathaus, 1984 aus einem Kriechkeller geborgen. Bruchstück, übereinstimmende Prägung. Roter Ton, an der Oberfläche (durch Brand?) schwarzgrau. 14 × 2 cm. H. Zimmermann, 1985, 18, Abb. 8.
Burgholzhausen v. d. Höhe, Privatbesitz.

J 69.2 Oberursel

15. Jahrhundert?
Hellziegelroter, hart gebrannter Ton. Vertiefte Prägung, die Rillen 3–4 mm tief. Drei Bruchstücke. Dicke 1,5/1,6 cm.
Viertelsrond, vermutlich ähnlich J 69. Sichtbar sind nur die glockenblumenartigen Palmetten und die mit J 69 übereinstimmende Ecklösung am Stabgrund. Der Stab besteht vermutlich nur aus einer Linie. In der Ecke dicker Punkt.
Fundort:
Oberursel, kath. Pfarrkirche St. Ursula, bei den Grabungen 1976–79 gefunden.
Oberursel, über den Verbleib noch nicht entschieden.

J 70 Hirzenhain – Leustadt – Ortenberg

1385–1431? (a), 1400–1430? (c).
Roter Ton. Glasurreste einer weißlichgrauen und blaugrauen, sowie einer fast transparenten Glasur. Vertiefte Prägung. 15,5 × 3/3,2 cm.
Viertelsrond aus zwei Kreisbögen, die sich in der Fliesenecke kleiner wiederholen. Mittelstab mit flachen, dreigeteilten Palmetten, darunter je eine kleine Blattknospe.
Fundort:
a Hirzenhain, 1967–68 beim Bau einer Bank auf dem Gelände des ehem. Augustinerklosters St. Maria als intakter Fliesenboden aufgedeckt. Die Fliesen wurden an folgende Museen und Sammler verteilt:
Büdingen, Fürstl. Ysenburg-Büdingensches Schloßmuseum.
Büdingen, Karl-Heuson-Museum.
Gedern, Gederner Bank.
Gelnhausen, Heimatmuseum.
Hofgut Leustadt, Slg. Frau G. Spruck.
Marburg, Museum für Kunst und Kulturgeschichte.
Darmstadt, Slg. Peter Weyrauch.
Ortenberg, Schloßmuseum.
Rochefort, Belgien, Abbaye Notre-Dame de St. Remy, Klostermuseum.
b Leustadt, ehem. Wasserburg, bei Bauarbeiten in zweiter Lage oder im Schutt gefunden.
Hofgut Leustadt, Slg. Frau G. Spruck.
c Ortenberg, bei Ausgrabungen 1953–56 auf dem Gelände der mittelalterlichen Burg gefunden.
Ortenberg, Schloßmuseum.

J 71 Arnsburg – Büdingen – Friedberg – Gelnhausen – Langenselbold

Um 1394? (a), um 1446? (d), nach 1372? (j).
Roter Ton. Vertiefte Prägung. 12,5 × 2 cm (Angaben für J 71*b*).
Späte Form des Musters J 70. Der am Grunde leicht verdickte, auf einem Viertelskreis stehende Lilienstab teilt das schmale Viertelsrond. Die sichelförmigen Hängeblätter kaum mehr mit dem kolbenartigen Kelchblatt der Lilie verbunden, die Palmetten in flachem Bogen mit je einer tiefen Kerbe am Ende. Darunter statt der Blattknospen kleine flache Palmetten.
Fundort:
a Arnsburg, ehem. Zisterzienserkloster, bei den Grabungen 1958 gefunden, nur durch eine Zeichnung im Archiv von Schloß Laubach überliefert. M. Morkramer, 1982, Nr. 10.2.1, 88, Abb. 96.
b Büdingen, Herkunft unbekannt.
Büdingen, Heuson-Museum.
c Friedberg, Burg, nicht alle Fliesen mit demselben Model geprägt.
Darmstadt, Hessisches Landesmuseum.
d Gelnhausen, Kaiserpfalz, vermutlich bei den Grabungen 1932–34, im Palas gefunden.
Gelnhausen, Heimatmuseum.
e Gelnhausen, ev. Marienkirche, vermutlich bei der Restaurierung 1877–79 entfernt[1].
Marburg, Museum für Kunst und Kulturgeschichte.
f Gelnhausen, Arnsburger Hof, bei Bauarbeiten gefunden.
Gelnhausen, Slg. F. Stock.
g Gelnhausen, Haus Kuhgasse 1[2].
Gelnhausen Heimatmuseum.
h Unbekannt. Roter Ton. 12,5 × 3 cm.
Düsseldorf, Hetjens-Museum.
i Herkunft unbekannt, möglicherweise ebenfalls aus Gelnhausen. *Variante*. Der Viertelsbogen breit, die Lilie kleiner und zusammenhängend, die Ranke mit nur zwei Blättchen ähnlich J 69.1, die Grundpalmetten mit drei tief eingekerbten Bogen.
Marburg, Museum für Kunst und Kulturgeschichte.
j Langenselbold, Schloßpark, 1982 an der Stelle des ehem. Prämonstratenserklosters gefunden. Orangebräunlicher Ton. 12,5 × 13 × 2 cm.
Hanau, Hanauischer Geschichtsverein.

1 Die Fliesen kamen durch den Bearbeiter des Inventarbandes, Ludwig Bickell, zu Ende des 19. Jahrhunderts ins Museum Marburg. Nach seiner Beschreibung kann es sich nur um dieses Muster handeln.
2 Nach freundlicher Mitteilung von Frau Dr. Eva Scheid, Gelnhausen.

J 72 Büdingen

16. Jahrhundert.
Braunroter Ton. Vertiefte, sehr grobe Prägung. 12,5 × 3 cm.
Verdorbener *Nachschnitt* von J 56. Die Viertelsbogen fast zur geraden Linie, der Lilienstab zur Keule umgebildet. Hängeblätter und Palmetten asymmetrisch, auf dem Bogenrand je ein zusätzliches Blatt in Hakenform.
Fundort:
Büdingen, Herkunft unbekannt, möglicherweise aus dem Schloß.
Büdingen, Fürstl. Ysenburg-Büdingensches Schloßmuseum.

J73 Lahntal oder Westerwald?

14. Jahrhundert.
Roter Ton. Vertiefte Prägung. Model zweifach angesetzt. Kante schräg. 11,5 × 2 cm.
Viertelsrond mit Lilienstab, diesen überschneidend. Dicht unter dem Kreisbogen Blattknospenpaar, der Stengel steht auf kleinem Viertelskreis. Zu beiden Seiten die Flächen füllende Blätter, vom Grund aufsteigend, die drei Blattpaare tütenartig ineinandergreifend.
Fundort:
Nicht mehr bekannt, entweder Lahntal oder Westerwald, zusammen mit J86 gefunden.
Höhr-Grenzhausen, Töpferei-Museum G. Peltner.

J74 Eberbach – Ilbenstadt – Thron

15. – 1. Viertel 16. Jahrhundert.
Gelblichgrauer Ton. Vertiefte Prägung. Kante fast senkrecht. 13 × 3 cm. Nicht abgebildet.
Viertelsrond A mit Mittelstab, an dem in Fliesenmitte grobe, nach unten hängende Blätter in einfachen Strichen ansetzen. Ecklilie eher in Form einer Pike.
Fundort:
a Eberbach, ehem. Zisterzienserklosterkirche. Herkunft unbekannt.
Eberbach, Lapidarium.
b Ilbenstadt, ehem. Prämonstratenserklosterkirche, bei Ausbesserungsarbeiten vor 1975, vermutlich im Mittelschiff oder den Seitenschiffen, gefunden.
Ilbenstadt, Pfarramt.
c Thron, ehem. Zisterzienserinnenkloster, bei einer Grabung 1937 gefunden. Gelbroter Ton mit dunkelroter Farbe in den Vertiefungen. Abgetreten. Bruchstück. Kante schräg. 12,6 × 2,2 cm.
Usingen, Heimatmuseum.
Wiesbaden, Slg. Nassauischer Altertümer.

J75 Eberbach – Johannisberg – Kiedrich – Koblenz – Mainz – Rüdesheim

3. Viertel 13. Jahrhundert.
Gelblicher, roter und grauer Ton. Vertiefte Prägung. Abgetreten. 13 × 2,5 cm.
Viertelsrond B mit Lilienstab, vom Kreisbogen überschnitten, auf kleinem Halbkreis stehend. Stengel zum Halbkreis gebogen, mit sorgfältig gerundeten, dreigeteilten Palmetten. Schmale Randleisten und größere, nicht mehr sauber gezeichnete Ecklilie.
Fundort:
a Eberbach, ehem. Zisterzienserklosterkirche, in situ zwischen den Pfeilern.
b Johannisberg, im Bereich des ehem. Benediktinerklosters, bei Grabungen gefunden. Graugrünlicher und roter Ton.
Schloß Johannisberg, Domänenverwaltung.
c Kiedrich, Burgruine Scharfenstein, im Schutt gefunden. Rötlicher Ton. Bruchstück.
Schloß Johannisberg, Domänenverwaltung.
d Unbekannt, soll aus einer Burg in oder aus der Umgebung von Koblenz stammen. Grauer Ton.
Koblenz, Mittelrhein-Museum.
e Koblenz, Dominikanerkirche, nach 1945 im Schutt geborgen. Hellgrauer Ton. Kante senkrecht. Fliese zerbrochen, wohl 12,5 × 2 cm.
Koblenz, Privatbesitz.
f Mainz, Herkunft unbekannt (alter Bestand). Mittelgrauer Ton. 13,2 × 2,5 cm.
Mainz, Mittelrheinisches Landesmuseum.
London, Victoria and Albert Museum.
g Mainz, Willigisstraße, 1978 gefunden. Hellgrauer Ton.
Mainz, Slg. Manfred Hessinger.
h Rüdesheim, Burgruine Ehrenfels, 1937 bei Errichtung der westlichen Bastionsmauer gefunden. Bruchstück. 14 × 2,7 cm. Bräunlichgrauer Ton, im Bruch grünlichgrau, weitere Fliese in rotem Ton. 12,5 × 2,5 cm.
Rüdesheim, Rheingauer Museum.
i Unbekannt. Roter Ton, 13 × 2,6 cm.
Darmstadt, Hessisches Landesmuseum.
j Unbekannt. Rötlicher Ton. Kante senkrecht. 13,2 × 2,6 cm.
Wiesbaden, Slg. Naussauischer Altertümer.

J76 Arnsburg – Beselich – Brunnenburg – Eberbach – Königstein – Mainz – Marburg – Stolzenberg – Konstanz – Seligenstadt – Friedberg

1246–1256 (a), 3. Viertel 13. Jahrhundert, die *Nachschnitte* wohl erst 1. Hälfte 14. Jahrhundert.
„Feingemagerter, stark glimmerhaltiger, hartgebrannter, graubrauner Ton. Auf einzelnen Fliesen Glasurniederschlag." Vertiefte Prägung. Kante senkrecht. 13,5 × 2,5 cm. Eine Fliese in der Diagonale geteilt.
Variante von J75. Lilie, Viertelsrond und gegabelter Stengel wie J44. Der kleine Punkt fehlt, der Schaftring überdeckt den Stab. Die Palmetten am fast kreisrund eingerollten Stengel mit dem Blattbogen zum Viertelsrond gewandt.
Fundort:
a Arnsburg, ehem. Zisterzienserkloster, bei den Grabungen ab 1892 im Dormitorium gefunden. H. Walbe, K. Ebel, 1919, 124, Abb. 108. Verbleib nicht zu ermitteln. Bei den Grabungen 1979 erneut gefunden. M. Morkramer, 1982, Nr. 1.1.4. 52, Abb. 42, außerdem 1980 im Bereich der Allerheiligenkapelle. M. Morkramer, 1982, 115, Abb. 2.
Arnsburg, Klostersammlung.
b Beselich, ehem. Prämonstratenserinnenkloster, bei Bauarbeiten auf einem zum ehem. Kloster gehörenden Gelände 1970 gefunden. Roter und grauer Ton.
Wiesbaden, Landesamt für Denkmalpflege Hessen.
c Brunnenburg, ehem. Prämonstratenserinnenkloster, bei Grabungen seit 1974 im Schutt des Anbaus an das südliche Seitenschiff (Sakristei) gefunden. Rötlichgelber, schlecht geknteteter Ton mit Schamottebeigaben, die Rillen mit roter Farbe betont. Kante senkrecht. G. und I. Maag, Tl. 4, 134, Abb. 88 H.
Wiesbaden, Privatbesitz.
Diez, Heimatmuseum.
d Eberbach, ehem. Zisterzienserklosterkirche, in situ zwischen den Pfeilern, 1937 dort neu verlegt. Gelblicher, roter und grauer Ton. C. Schäfer, Textbd., 86, Abb. 46. Hier findet sich außerdem eine *Variante*, bei der die Palmette noch dichter eingerollt ist.
e Königstein, Burgruine, 1839 losgebrochen, bei der Grabung 1958 erneut gefunden. Rötlichgelber Ton. 13,8 × 2,5 cm. E. Gundermann, 150, 142, Taf. 1,8.
Wiesbaden, Slg. Nassauischer Altertümer.
Königstein, Stadtmuseum.
f Mainz, Herkunft unbekannt. Gelblichgrauer und grauer Ton. 13,5 × 2,4 cm.
Mainz, Mittelrheinisches Landesmuseum.
London, Victoria and Albert Museum (vor 1901 gefunden) A. Lane, Taf. 22 J.

g Marburg, Firmaneikapelle, bei einer Grabung 1972 als Streufund geborgen.
Marburg, Landesamt für Denkmalpflege Hessen.
h Von der heute verschwundenen Burg Stolzenberg bei Rokkenhausen, in die Altarwand der kath. Pfarrkirche in Bayerfeld eingelassen (zwei Fliesen).
Alsenz, Heimatmuseum (eine Fliese).
i Unbekannt. *Variante.* Die Palmetten auf beiden Seiten verschieden gebildet, der Schaftring eher in Ovalform, der Stab überdeckt den Viertelskreis, der Kelch ohne ausgeschnittenes Oval. Roter Ton. 13 × 2 cm.
Konstanz, Rosgarten-Museum.
j Seligenstadt, um 1960 im Konventsgarten der ehem. Benediktinerabtei gefunden. Hellrötlicher Ton. 12,5 × 2,5 cm.
Seligenstadt, Landschaftsmuseum.
k Herkunft unbekannt, aus Friedberg oder dessen nächster Umgebung. *Variante.* Fliese in der Diagonale geteilt, der Palmettenstengel steiler. Roter Ton. 12 × 2 cm.
Friedberg, Wetterau-Museum.

J 77 Oberursel

14.–15. Jahrhundert.
Rötlicher Ton, an der Oberfläche teilweise grau. Grobe, vertiefte Prägung. 12,5 × 12 cm.
Später *Nachschnitt* von J 76. Der Lilienkelch aus einem großen Oval, an das sichelförmige Hängeblätter angeklebt sind. Die Stengel der Palmetten ganz zur Volute gerollt. Diese sehr grob, ohne präzis geschnittene Blattbogen, berühren den Mittelschaft. Das Grundblatt fehlt, in der Ecke unten dasselbe Oval, welches in der Zusammensetzung einen Blütenstern ergibt.
Fundort:
Oberursel, ev. Pfarrkirche St. Ursula, beim Einbau einer Heizung 1979 im nördlichen Seitenschiff unter dem gotischen Fußboden aufgedeckt. Flickfliese (?) in einem Fliesenboden, der nur aus Fliesen des Musters D 43 bestand. H. H. Reck, Abb. 23.
Über den Verbleib der Fliese ist noch nicht entschieden.

J 78 Oberhomburg – Speyer

3. Viertel 13. Jahrhundert.
Tonfarbe und Maße unbekannt. Vertiefte Prägung. Model gebrochen.
Viertelsrond aus drei Kreisbogen, von einem bis zum Grunde geteilten Palmettenstab durchwoben. Die am Blattansatz abgeknickten, vierblättrigen Palmetten dem Fliesenrand angeschmiegt, dazwischen kleine fünfblättrige Blüte. Anstelle der seitlichen Palmetten zwei aus Knoten entspringende Voluten, die in Tierköpfen endigen. Am Stabgrund Viertel einer Kreisrosette.
Fundort:
a Oberhomburg, St. Katharinenkapelle, bei der Restaurierung 1899 aus dem Chor entfernt[1].
Metz, Städtisches Museum.
b Speyer, in einer nicht mehr bekannten Baugrube in den 60er Jahren des 20. Jahrhunderts geborgen. Nachprägung des Originalmodels in Ton, die Rillen dadurch verbreitert, die Zeichnung vergröbert. Der Modelriß wurde mit übernommen.
Speyer, Privatbesitz.

1 Westd. Zs. 20, 1901, Museographie 1900, 309, Abb. 6.

Lilienstab mit verschiedenen Blättern

J 79 Eberbach – Mainz – Oberwesel – Rauenthal – Urbar

3. Viertel 13. Jahrhundert.
Grauer und roter Ton. Vertiefte Prägung. 12 × 12 cm. Viertelsrond mit Blattstab auf Viertelskreis. Zu beiden Seiten an leicht gewölbten Stengeln drei gleichmäßig große spitzovale Blätter, die sich an der Stabspitze wiederholen.
Fundort:
a Eberbach, ehem. Zisterzienserklosterkirche, in situ zwischen den Pfeilern 1937 neu verlegt.
b Vermutlich aus Mainz, Herkunft unbekannt. 11,5 × 2,2 cm.
Mainz, Mittelrheinisches Landesmuseum.
c Mainz, Willigisstraße, 1978 gefunden. Hellroter Ton. Kante senkrecht.
Mainz, Slg. Manfred Hessinger.
d Oberwesel, Liebfrauenkirche, einige Fliesen hinter der Mensa des Hochaltars aufgedeckt, heute wieder verdeckt.
e Rauenthal, kath. Pfarrkirche St. Antonius, im Chor gefunden. Roter Ton. 12 × 2,5 cm.
Wiesbaden, Slg. Nassauischer Altertümer.
f Urbar, bei der Aufdeckung eines Töpferofens 1905 gefunden. H. E. Kubach, H. Schnitzler, F. Michel, 340, Abb. 370.
Verbleib unbekannt.
g Unbekannt. Vermutlich mit den übrigen rheinischen Fliesen des Museums angekauft. Model mit J 79*b* übereinstimmend. Graurötlicher Ton. 12 × 3 cm.
Stuttgart, Württembergisches Landesmuseum.

J 80 Eberbach – Eltville – Eltz – Kamp-Bornhofen – Kiedrich – Koblenz – Lahnstein – Lorsch – Mainz – Rüdesheim – Speyer – Sterrenberg – Wiesbaden

1. Drittel 14. Jahrhundert, *Nachschnitte* bis in die 2. Hälfte 14. Jahrhundert.
Gelblicher, roter und grauer Ton. Vertiefte Prägung mit breiten Rillen. Die Fliesen lassen durch geringfügige Abweichungen erkennen, daß sie jeweils mit verschiedenen Modeln geprägt wurden. 11,5 × 2 cm.
Variante von J 79. Die Stengel meist im rechten Winkel vom Stab abgespreizt, am Blattansatz spitz zulaufend. Die Blattovale schmaler, der Blattstab ebenfalls spitz.
Fundort:
a Eberbach, ehem. Zisterzienserklosterkirche, in situ. Zwischen den Pfeilern 1937 neu verlegt.
b Eltville, im „Rheinzwinger“ der Burg gefunden. Dunkelrot gebrannter Ton. Flaches Relief, Blätter an dünnen Stengeln. 11,5 × 2,2 cm.
Wiesbaden, Slg. Nassauischer Altertümer.
c Burg Eltz, Haus Rodendorf, in situ als Bodenbelag des „Fahnensaals“. Dorthin vermutlich in unbekannter Zeit aus einem anderen Gebäude übertragen. Die Fliesen sind dick mit rotbrauner Farbe überschmiert.
Sorgfältig geprägte Originalfliese. Rötlicher Ton. 11,5 × 2 cm.
Eltz, Burgsammlung.
d Kamp-Bornhofen, Kloster Bornhofen, vor 1888 gefunden. Hellgrauer Ton.
Wiesbaden, Slg. Nassauischer Altertümer.

e Kiedrich, Bassenheimer Hof, dort in situ in einem Flur des Obergeschosses, weitere Fliesen in einer Mauer gefunden. Roter Ton.
Schloß Johannisberg, Domänenverwaltung.
f Koblenz, St. Kastor. Ein um 1880 entstandenes Photo zeigt vermutlich diese Fliese neben einem Fenster in die Wand eingelassen.
Verbleib unbekannt.
g Koblenz, Dominikanerkirche, nach dem Krieg aus dem Schutt geborgen. Schwarzgrauer Ton. 11,5 × 2 cm.
Koblenz, Privatbesitz.
h Koblenz-Lützel, ehem. St. Peterskirche am Rheinufer, 1976 gefunden. Bruchstück.
Koblenz, Privatbesitz.
i Lahnstein, Stadtteil Oberlahnstein, Martinsburg, 1852 „im Korridor gefunden". Die Fliesen lagen bis vor kurzem in situ im 2. Stockwerk des Nordflügels. Sie wurden vom Besitzer entfernt und über einem Kamin eingemauert. Hellroter und schwärzlichgrauer Ton. 11,5 × 1,8 cm.
Lahnstein, Slg. Dr. Romberg.
Koblenz, Privatbesitz.
Wiesbaden, Slg. Nassauischer Altertümer.
j Lahnstein, Ortsteil Oberlahnstein, ehem. Hospitalkapelle St. Jakobus, bei einer Grabung 1982 in situ gefunden. Hellgrauer Ton. 11,8 × 11,5 × 2 cm. H.-H. Wegner, 25.
Koblenz, Landesamt für Denkmalpflege.
k Lorsch, ehem. Benediktinerkloster, Fundjahr unbekannt. Blattansatz etwas breiter. Hellgrauer Ton. 12 × 2 cm.
Darmstadt, Hessisches Landesmuseum.
l Mainz, Herkunft unbekannt, vor 1901 gefunden. Roter Ton. 11,5 × 2 cm. R. Forrer, 1901, Taf, VII, 6.
Dortmund, Museum für Kunst und Kulturgeschichte.
London, Victoria and Albert Museum.
m Mainz, Pfaffengasse, in einer Kloake der ehem. Domstiftsvikarie 1982 gefunden. Bruchstück. Kante leicht schräg. Rötlichbrauner Ton. Dicke 2,7 cm.
Mainz, Landesamt für Denkmalpflege.
n Rüdesheim, Burgruine Ehrenfels, bei Grabungen im Burghof vor 1913 gefunden.
Rüdesheim, Rheingauer Museum.
o Rüdesheim-Eibingen, Benediktinerinnenkloster, vermutlich 1932 gefunden.
Rüdesheim, Rheingauer Museum.
p Rüdesheim, kath. Pfarrkirche St. Jakob, vermutlich beim Wiederaufbau 1949 gefunden.
Rüdesheim, Rheingauer Museum.
q Rüdesheim, Oberburg „Boosenburg" vermutlich bei Abbruch 1836 geborgen.
r Burgruine Sterrenberg, bei einer Grabung 1880 im Bergfried gefunden.
Wiesbaden, Slg. Nassauischer Altertümer (J 80 q und r).
1972 erneut im Wohnturm gefunden. Gelblicher Ton.
Koblenz, Privatbesitz.
s Wiesbaden-Klarenthal, ehem. Klarissinnenkloster, bei Umbauten und Grabungen 1965–66 gefunden. 11,4 × 12 cm. G. Maag, Taf. III, 4.
Wiesbaden, Privatbesitz.
t Angeblich aus Kloster Lorsch. *Variante*. Der halbkreisförmige Stengel geht unmittelbar ins Mittelblatt über. Wenig sorgfältige Prägung. Fein gemagerter, grauer Ton. 12,5 × 2,2 cm.
Darmstadt, Hessisches Landesmuseum.
u Mainz, Herkunft unbekannt. *Variante* mit kaum angedeutetem Schaftknoten unter der Blattspitze, der Stiel stärker gewölbt, Randlinie unter dem Viertelsrond. 11,8 × 2,2 cm, eine Ecke abgebrochen.
Mainz, Mittelrheinisches Landesmuseum.
v Vermutlich aus Speyer, Herkunft unbekannt. *Variante*, die Stengel stärker abgewinkelt. Hellroter Ton. 12,5 × 2 cm.
Speyer, Historisches Museum der Pfalz.
w Unbekannt, wohl kaum aus dem Elsaß, vor 1940 gefunden[1].
Straßburg, Slg. Ch. Czarnowsky, seit 1940 verloren.
x Mainz, Algesheimer Hof, bei Bauarbeiten gefunden. *Variante*. Das Blatt in der Ecke oben nicht aus Ovalen gebildet, sondern ohne Stengel fast rechtwinklig am Stiel befestigt. Hellgrauer Ton.
Mainz, Slg. M. Hessinger.

1 Die Fliese stammt aus der Slg. des Straßburger Stiftsbaumeisters Salomon.

J 81 Eberbach – Liebenstein – Mainz – Oberwesel – Speyer – Wiesbaden

1. Drittel 14. Jahrhundert. Um 1321 (e).
Gelblicher, roter, mittelgrauer und schwarzgrauer Ton. Vertiefte Prägung. 11,5 × 2,5 cm.
Variante von J 80. Der Blattstab teilt sich am Grund und wird durch einen Viertelskreis begrenzt. Die wieder gerundeten Blättchen an kurzen Einzelstielen, das oberste Blatt das Viertelsrond berührend.
Fundort:
a Eberbach, ehem. Zisterzienserklosterkirche, zwischen den Pfeilern 1937 neu verlegt. C. Schäfer, 1901, Abb. 52.
b Burgruine Liebenstein, 1972 gefunden. Bruchstück. Rötlichgelber Ton.
Koblenz, Privatbesitz.
c Oberwesel, Liebfrauenkirche, hinter der Mensa des Hochaltars aufgedeckt, heute wieder verdeckt.
d Speyer, Herkunft unbekannt. Hellroter Ton. 11,8 × 1,7 cm.
Speyer, Historisches Museum der Pfalz.
e Wiesbaden-Klarenthal, ehem. Klarissinnenkloster, vor 1888 bei Bauarbeiten auf dem Hofgut gefunden. Nicht mit demselben Model geprägt. Rillen breiter. Dunkelgrauer und graugelblicher Ton. Kante schräg. 11,5 × 2 cm. G. Maag, 1972, Taf. III, Abb. 7, Nr. 5.
Wiesbaden, Slg. Nassauischer Altertümer.
Wiesbaden, Privatbesitz.
f Mainz, bei Bauarbeiten 1896 in der Bauerngasse 11[1] gefunden. *Variante*. Sehr flache Prägung ohne Viertelskreis in der Ecke. Die Einzelblätter runder, mehr in der Form eines Lindenblattes. Grauer Ton, 11,5 × 2 cm.
Mainz, Mittelrheinisches Landesmuseum.

1 Westd. Zs. 16, 1897, Museographie 1896, 357, Taf. 19, Abb. 12 „Geschenk der Brüder Harth".

J 82 Speyer

1. Viertel 14. Jahrhundert.
Hellroter Ton. Vertiefte Prägung. Kante schräg, 11,5 × 2 cm.
Variante von J 81. Die Wurzelbögen sitzen auf einer waagrechten Linie. Zwischen dem Viertelsrond aus drei Bogen und den leicht gewölbten Stengeln eine asymmetrische Verzierung aus kleinen gepunzten Rechtecken und Quadraten. Zu beiden Seiten der Stabgabelung je ein kleiner Kreis mit vier Punkten.
Fundort:
a Speyer, Herkunft unbekannt, vor 1930 gefunden.
Speyer, Historisches Museum der Pfalz.
b Speyer, bei Grabungen auf dem Gelände des ehem. Klo-

sters St. German 1956 gefunden. Hell- und mittelroter Ton. 11,5 × 2,5 cm.
Speyer, Historisches Museum der Pfalz.
Speyer, Landesamt für Denkmalpflege.

J 83 Rheingau?

2. Hälfte 14. – 1. Hälfte 15. Jahrhundert.
Braunroter Ton. Vertiefte Prägung mit sehr flach eingedrücktem Model. 11 × 3 cm.
Später *Nachschnitt* der Fliese des Typus J 80. Viertelsrond aus zwei Kreisbögen, der Blattstab an der Spitze flachgedrückt. Statt der seitlichen Blätter ein aus Kreisschlingen gebildetes aufrechtstehendes Spitzoval.
Fundort:
Unbekannt, vermutlich aus dem Rheingau oder der Umgebung von Mainz.
Wiesbaden, Slg. Nassauischer Altertümer.

J 84 Speyer

1. Hälfte 14. Jahrhundert.
Hellroter Ton. Vertiefte Prägung, die Rauten in Flachrelief. 11,5 × 2,5 cm.
Viertelsrond aus eng gereihten, senkrecht stehenden Rauten, von Blattstab, mit Schaftring und verdicktem Wurzelende, geteilt. In der Ecke unten Viertelskreis mit Viertel einer achtblättrigen Rosette, oben verdorbene Blüte mit keulenförmigem Mittelblatt und sensenförmigen Seitenblättern. Die kleinen spitzovalen Blätter ähnlich J 81 an langen gewölbten Stengeln dem Stab zugekehrt.
Fundort:
Vermutlich aus Speyer, Herkunft unbekannt. Wohl aus derselben Werkstatt wie B 55, D 65 und H 60.
Speyer, Historisches Museum der Pfalz.

J 85 Bingen – Eberbach – Enkirch – Johannisberg – Koblenz – Lörzweiler – Mainz – Marienstatt – Oberwesel – Starkenburg – Bacharach-Steeg – Trier – Randeck – Köln

3. Viertel 13. Jahrhundert, *Nachschnitte* bis 1. Drittel 14. Jahrhundert.
Roter Ton. Vertiefte Prägung. Beschädigt. 13 × 2,5 cm.
Viertelsrond B mit Kleeblattstab, der den Kreisbogen rechts überschneidet. Zu beiden Seiten Kleeblätter an kurzem, leicht gewölbtem Stengel, in der Ecke unten winziger Viertelskreis.
Fundort:
a Bingen, Mainzer Hof, im Juni 1981 gefunden.
Bingen, Privatbesitz.
b Eberbach, ehem. Zisterzienserklosterkirche, in situ zwischen den Pfeilern, 1937 neu verlegt. Grünlicher und grauer Ton. 12,5 × 12,5 cm. C. Schäfer Textbd., 86, Abb. 47. W. Schäfer, 17, 8.
Wiesbaden, Landesamt für Denkmalpflege Hessen.
c Enkirch, ev. Pfarrkirche. 1938 noch in der Sakristei, weitere Fliesen in Enkirch, Haus zum Herrenberg 20. Auch diese seit dem Umbau verloren, Zeichnung von F. Friebe, 403.
d Eberbach, ehem. Zisterzienserklosterkirche, in situ. *Variante*, die Kleeblätter an längerem, gewölbtem Stengel hängend. Ton und Maße siehe J 85 a.
e Johannisberg, ehem. Benediktinerkloster, bei Zufallsgrabungen im Klosterbereich gefunden. Grauer Ton.
Schloß Johannisberg, Domänenverwaltung.
f Koblenz, soll aus einer Burg in Koblenz oder dessen unmittelbarer Umgebung stammen.
Koblenz, Mittelrhein-Museum.
g Koblenz, Dominikanerkirche, nach dem 2. Weltkrieg aus dem Schutt geborgen. Gelblicher, roter, mittel- und schwarzgrauer Ton.
Koblenz, Privatbesitz.
h Lörzweiler, kath. Pfarrkirche St. Michael, bei Grabungen 1969 unter dem heutigen Fußboden gefunden.
Mainz, Landesamt für Denkmalpflege.
i Mainz, Herkunft unbekannt. 12,5 × 2,5 cm.
Mainz, Mittelrheinisches Landesmuseum.
j Marienstatt, Zisterzienserkloster, früher in den Chorkapellen, nun im Kapitelsaal neu verlegt. Hellroter und hochroter Ton, teilweise mit hellen Flecken. M. Morkramer, 1983, 137, Abb. 2.
k Oberwesel, Liebfrauenkirche, hinter der Mensa des Hochaltars in situ aufgedeckt, heute wieder verdeckt.
l Starkenburg, Burgruine, Lesefund in den Weinbergen unterhalb der Burg.
Traben-Trarbach, Privatbesitz.
m Bacharach-Steeg, Herkunft unbekannt. Sehr helles Grau. 13 × 2,3 cm. R. Forrer, 1901 Taf. VII, 5.
London, Victoria and Albert Museum.
n Unbekannt, vermutlich aus dem Rheingau. Fast rosafarbiger Ton. 14 × 2,5 cm.
Wiesbaden, Slg. Nassauischer Altertümer.
o Eberbach, ehem. Zisterzienserklosterkirche in situ. *Variante* in quadratischem Rahmen. Der Stab kürzer, die Kleeblätter größer.
p Trier, ehem. Stiftskirche St. Paulin, bei einer Fußbodenerneuerung 1979 in der westlichen Krypta, 1981 erneut im Kirchenschiff gefunden. Feingemagerter graugrüner Ton, vereinzelt auch in rotem Ton mit gelblichweißen Schlieren. 12,4/12,8 × 2,3/2,8 cm[1].
Trier, Bischöfliches Dom- und Diözesanmuseum.
q Unbekannt. Graugelblicher Ton. 12,5 × 2,5 cm.
Düsseldorf, Hetjens-Museum.
r Randeck, Burgruine, 1979 gefunden. *Variante*. Späte, grobe Prägung. Sichtbar sind ein Teil des Bogens und die nach rechts geneigte Stabspitze, sowie ein Kleeblatt. Zwei Bruchstücke. Roter Ton. Dicke 2,7 cm.
Mannweiler-Cölln, Heimatmuseum.
s Köln, bei Ausschachtungsarbeiten vor 1908 gefunden. *Variante*. Das Bild übernommen, jedoch deutlich als *Nachschnitt* erkennbar. Die Ecklilie spitzer, die Kleeblätter flach ausgebreitet. Rötlicher Ton.
Oldenburg, Landesmuseum für Kunst und Kulturgeschichte.

---

1 Alle Angaben bei W. Weber, 239, 243, Abb. 3, Muster 1.

J 86 Lahntal? – Westerwald?

1. Hälfte 14. Jahrhundert.
Roter Ton. Vertiefte Prägung. Kante schräg. 11,5 × 2 cm. Nicht abgebildet.
Variante von J 85. Der Bogen schmaler, die Stengel im unteren Stabdrittel ansetzend und nach oben steigend, der Stab steht auf Viertelskreisbogen.
Fundort:
Unbekannt, aus dem Lahntal oder dem Westerwald.
Höhr-Grenzhausen, Töpferei-Museum G. Peltner.

J 87 Enkirch

2. Hälfte 13. Jahrhundert.
Grauer und roter Ton. Vertiefte Prägung. 12,5 × 12,5 cm. Nicht abgebildet.
Variante zu J 85. Der Kleeblattstab mit großer, sorgfältig gezeichneter Lilienblüte, am Wurzelgrund Herzviertel. Die Kleeblätter ebenfalls groß, nach unten hängend.
Fundort:
Enkirch, ev. Pfarrkirche, 1938 noch in der Sakristei vorhanden. Fliesen aus der Kirche im Haus „Zum Herrenberg" 20, beim letzten Umbau entfernt. Zeichnung von F. Friebe, 403.

J 88 Wenau

Anfang 14. Jahrhundert?
Hellmittelgrauer Ton. Vertiefte Prägung. Kante senkrecht. 10 × 9,6 × 2,3 cm.
Variante von J 85. Der Mittelstab durch konischen Keil geteilt, den Mittelbogen überdeckend. Kleeblätter sehr klein, auch das an der Stabspitze.
Fundort:
Wenau, ehem. Prämonstratenserinnenklosterkirche, vor 1959 unter der Orgelbühne gefunden.
Langerwehe, Töpferei-Museum.

J 89 Hadamar

Kurz vor 1379.
Gelbrötlicher Ton. Vertiefte Prägung. 11 × 11,2 × 1,8 cm. Nicht abgebildet.
Variante von J 85. Die Kleeblätter steigen an nur leicht gewölbten Stengeln aus einem Viertelskreis in Fliesenmitte auf. Der Stab wird vom Kreisbogen überschnitten.
Fundort:
a Hadamar, Liebfrauenkirche, bei der Restaurierung 1966 in situ im fast intakten Fliesenboden.
Königstein, Stadtmuseum (aus Privatsammlung).
Wiesbaden, Landesamt für Denkmalpflege Hessen.
b Unbekannt. Roter Ton. Kann nicht aus Hadamar sein, da dieser Boden vor 1966 nicht sichtbar.
Marburg, Museum für Kunst und Kulturgeschichte.

J 90 Bebenhausen – Ulm

Um 1321 (d).
Grauer Ton. Vertiefte Prägung. 12x3 cm.
Viertelsrond B mit Lilienstab, der rechts den mit sechs Punkten verzierten Kreisbogen schneidet und auf kleiner Herzform steht. Zu beiden Seiten zum Bogen gerichtetes Blatt des Spitzahorns mit drei Blattrippen.
Fundort:
a Nach K. Haßler, Taf. XVI, 3 aus Kloster Bebenhausen. Dort heute nicht mehr vorhanden. Bei E. Herdtle nicht abgebildet.
Stuttgart, Württembergisches Landesmuseum.
b Nach M. Schefold, 55, Abb. 10, „aus einem Ulmer Privathaus"[1]. Roter Ton. 13 × 2 cm.
Ulm, Ulmer Museum.
c Wohl vom selben Fundort wie J 90 b.
München, Bayerisches Nationalmuseum.
Nürnberg, Germanisches Nationalmuseum[2].
Stein am Rhein, Benedektinerkloster St. Georgen[3]. Vorraum im Obergeschoß.
d Ulm, Dreifaltigkeitskirche, 1981 beim Abbruch aus dem Schutt geborgen.
Ulm, Privatbesitz.
e Nach R. Forrer, 1901, Taf. XXVIII, 1 „aus Frankfurt am Main (verwandte aus Mainz, Worms, Köln, Straßburg, Ulm)"[4]. Hier liegt sicher eine Verwechslung vor.
London, Victoria and Albert Museum.

1 Herr Prof. M. Schefold, Stuttgart, erinnert sich leider nicht mehr, aus welchem Haus die Fliesen kamen.
2 Kat. GNM Nürnberg, 6, Taf. 3, A 15.
3 Geschenk des Ulmer Münsterbaumeisters Thrän.
4 Forrers Angaben über Fundorte sind stets mit Vorsicht zu verwenden.

J 90.1 Ulm

Nach 1292.
Roter Ton. Vertiefte Prägung. Ca. 14 × 3 cm.
Viertelskreis mit Punkten, übereinstimmend mit J 90, Lilie und Lilienschaft wie J 57. Das Efeublatt sehr spitz und botanisch korrekt wiedergegeben. Vermutlich dies die Vorlage für die Fliesen J 91–J 93.
Fundort:
Ulm, Münsterplatz, 1941 beim Bau eines Löschwasserbehälters geborgen. Die Fliese müßte aus dem Bebenhäuser Hof stammen.
Ulm, Prähistorische Sammlung.

J 91 Ludwigsburg

1. Hälfte 14. Jahrhundert.
Roter Ton. Vertiefte Prägung. Oberfläche zerfressen. 14 × 3 cm.
Variante von J 90. Die Lilie weiter vom Kreisbogen entfernt, der Stab auf einem Viertelskreis stehend. Die dünnen Stengel in stumpfem Winkel vom Stab abstehend, die Blätter kleiner.
Fundort:
Ludwigsburg, mit großer Wahrscheinlichkeit aus dem ehem. Klosterhof des Klosters Bebenhausen in Geisnang.
Stuttgart, Württembergisches Landesmuseum.

J 92 Esslingen?

Um 1339?
Roter Ton, Rest von braungelber Bleiglasur in den Vertiefungen. Abgetreten. Kante schräg. 12 × 2,7 cm.
Viertelsrond mit Lilienstab ähnlich J 90. Das Ahornblatt durch Efeublatt ersetzt, der Stab durchgehend geteilt, mit drei Verästelungen auf den Lilienblättern.
Fundort:
Unbekannt, entweder aus Esslingen oder dessen nächster Umgebung. In Analogie zu J 90, J 91 und J 93 könnte die Fliese aus dem Bebenhäuser Klosterhof in Esslingen stammen.
Esslingen, Stadtmuseum.

J 93 Stams

Nach 1536?
Roter Ton. Vertiefte Prägung. 14 × 14 cm.
Variante von J 91. Das Viertelsrond oben mit flacher Zackenleiste, die Punkte von J 90 übernommen. Die Efeublätter an

kurzen, geraden Stielen, einem Zackenstern ähnlich. Stab ebenfalls durchgehend geteilt.
Fundort:
Stams/Tirol, Zisterzienserkloster das Vorbild im 14. Jahrhundert entstanden, doch möglicherweise erst durch Mönche aus Bebenhausen im 2. Viertel des 16. Jahrhunderts geprägt.
Stams, Stiftssammlung.

J 94 Bebenhausen – Reutlingen

1. Hälfte 14. Jahrhundert.
Roter Ton. Vertiefte Prägung. Kante leicht schräg. 12 × 2,5 cm.
Viertelsrond B mit Lilienstab ähnlich J 28, die Spitzen der Seitenblätter leicht aufgebogen, der Stab durchgehend geteilt und den Bogen links überschneidend. Auf beiden Seiten an dünnen Stengeln schöngezackte Blätter des Bergahorns, von Rahmenleisten begleitet. In der Ecke links den Rahmen überdeckender kleiner Viertelskreis.
Fundort:
a Bebenhausen, ehem. Zisterzienserkloster, in situ im Dormitorium, E. Herdtle, I, Taf. 18.
Stuttgart, Württembergisches Landesmuseum.
b Reutlingen, Herkunft unbekannt, 1955 gefunden. Möglicherweise aus dem ehem. Bebenhäuser Klosterhof. (Eine Fliese, zwei Bruchstücke.) *Variante*, an kleinen Abweichungen sichtbar, daß ein neuer Model benutzt wurde. Dieser hat etwas breitere Rillen. Die Hängeblätter der Lilienspitze flacher gebreitet, die seitlichen Blätter etwas stärker gezackt.
Reutlingen, Heimatmuseum.

J 95 Bad Wimpfen – Süddeutschland

2. Hälfte 14. – Anfang 15. Jahrhundert.
Hellroter Ton. Stark vertiefte Prägung. Kante fast senkrecht. Bruchstücke. Ca. 12 × 2,2 cm.
Viertelsrond B, das doppelten Blattstab überschneidet. In der Ecke oben nur Viertelskreis, die untere Ecke zerstört. Dicht unter dem Bogen je ein hängendes, spitzgezacktes Ahornblatt an dünnem Stengel.
Fundort:
a Bad Wimpfen, Herkunft unbekannt, möglicherweise aus einer Fehlbrandhalde (vor 1918 gefunden).
Darmstadt, Hessisches Landesmuseum.
b Nach Kat. GNM Nürnberg, 6, Taf. 3, A. 16 „an verschiedenen Orten im südlichen Deutschland". *Variante* mit Punkten auf dem Viertelsrond. Der Stengel rechts nach oben gewandt, links hängend, an der Spitze ebenfalls Ahornblatt. Zwei Rahmenleisten und kleiner Kreis am Stengelgrund. Gipsabguß. 13,2 × 13,2 cm. Durch Kriegseinwirkung vernichtet.
Nürnberg, Germanisches Nationalmuseum.

J 96 Ulm

14. Jahrhundert?
Roter Ton. Vertiefte Prägung in zarter Ritzzeichnung. 13,5 × 3 cm.
In quadratischem Rahmen Viertelsrond A mit ganz dünnem Bogen und Stab, der nur bis zum Kreisrand reicht. Zu beiden Seiten tiefgezackte Radenblätter auf leicht gewölbten Stengeln. Über dem Bogen dreigeteilte Fischblase, den freien Raum füllend.
Fundort:
Ulm, Sammlungsstift, vor 1862 gefunden.
K. Haßler, Taf. VIII, 1.
Stuttgart, Württembergisches Landesmuseum.

J 97 Worms

2. Drittel 13. Jahrhundert.
Hellgrauer Ton. Vertiefte Prägung. Beschädigt. Kante fast senkrecht. 12,5 × 2,5 cm.
Breites Viertelsrond B mit breiten, sich kreuzenden Zackenbändern, an den Seiten breite Rahmenleiste. Dreigeteilter Blattstab, den Bogen rechts überschneidend, an der Spitze großes Ahornblatt. Die von einem Tropfenkreis am Stabgrund aufsteigenden seitlichen Blätter kleiner und ohne Mittelrippen.
Fundort:
a Worms, Herkunft unbekannt, vor 1922 gefunden. E. Grill, Taf. II, 59.
Worms, Museum der Stadt Worms.
b Worms, St. Magnuskirche, bei Grabungen 1924–31 gefunden.
Worms, Museum der Stadt Worms.
c Worms, St. Amanduskirche, bei Grabungen 1934–35 gefunden.
Worms, Museum der Stadt Worms.

J 98 Gau-Odernheim – Kiedrich – Neubolanden – Rüdesheim – Speyer? – Worms

Mitte – 3. Viertel 13. Jahrhundert.
Grauer Ton. Vertiefte Prägung. 14 × 2 cm.
Nachschnitt der Fliese J 97. Das Zackenband ist in kleine Striche, Punkte und Dreiecke aufgelöst. Die Blätter sind unregelmäßig gelappt, mit kleinen Dornen an den Stengeln.
Fundort:
a Gau-Odernheim, Kapelle auf dem Petersberg. Bruchstück. Bei Grabung 1947 gefunden.
Gau-Odernheim, Rathaus.
b Kiedrich, Burgruine Scharfenstein, im Schutt gefunden. Bruchstücke. Gelblicher und roter Ton.
Schloß Johannisberg, Domänenverwaltung.
c Kiedrich, Burg Neuhaus im Peterstal (Alteburg). Bruchstück. Lesefund.
Schloß Johannisberg, Domänenverwaltung.
1975 erneut gefunden. Gelblich-rötlicher, feingemagerter Ton. Wiesbaden, Landesamt für Denkmalpflege Hessen.
d Neubolanden, Burgruine, 1897 bei Aufräumungsarbeiten gefunden. Bruchstück[1].
Weierhof bei Marnheim, Privatbesitz, heute verschollen.
Speyer, Historisches Museum der Pfalz (Hellocker Ton. 13,5 × 2,3 cm).
e Rüdesheim, Burgruine Ehrenfels, bei Grabungen im Hof gefunden. Roter Ton.
Rüdesheim, Rheingauer Museum.
f Worms, Herkunft unbekannt, nach 1922 gefunden. Es könnte eine Verwechslung mit J 97 vorliegen, so daß dies die Fliese aus St. Amandus wäre.
Worms, Museum der Stadt Worms.

1 Bdm Pfalz V, 1902, 211, Abb. 300.

J 99 Thron

15. – 1. Hälfte 16. Jahrhundert.
Roter, körniger Ton. Grobe, vertiefte Prägung. Kante schräg. 10,5 × 2 cm.
Viertelsrond A, von Stab mit grober Lilie überschnitten. Aus dem kleinen Viertelskreis am Stabgrund steigen schräg nach oben gerichtete Stengel mit drei Blättern.
Fundort:
a Thron, ehem. Zisterzienserinnenkloster, bei Grabung 1937 gefunden.
Wiesbaden, Slg. Nassauischer Altertümer.
b Unbekannt, wohl ebenfalls aus Hessen. Grauer Ton. 13,5 × 13,5 cm. Vor 1901 gefunden.
Halle/Saale, Staatl. Galerie Moritzburg (Slg. R. Forrer).

J 100 Hessen?

14. Jahrhundert?
Grober roter Ton, an der Oberfläche teilweise grau. Vertiefte Prägung. Bruchstück. 13,3 × 2,5 cm.
Variante von J 99, anstelle der Blätter kleine Lilien auf breiteren Stengeln, der Rest der Zeichnung zerstört.
Fundort:
Unbekannt, vermutlich vom selben Fundort wie J 63, wohl aus Hessen.
Darmstadt, Hessiches Landesmuseum.

J 101 Hessen?

2. Hälfte 14. Jahrhundert?
Hellgrauer Ton. Vertiefte Prägung. Kante senkrecht. 13 × 2 cm.
Viertelsrond A mit Blattpflanze auf kleinem Viertelskreis. Die schmalen, dreigeteilten Blätter sind straff bis zu den Fliesenecken gespreizt. Über dem Viertelsrond Ornament aus drei schmalen Kegeln.
Fundort:
Unbekannt, vermutlich aus Hessen.
Marburg, Museum für Kunst und Kulturgeschichte.

J 101.1 Frankfurt/Main

1. Hälfte 14. Jahrhundert?
Orangeroter Ton, in den Vertiefungen Reste einer ziegelroten Engobe. Vertiefte Prägung. Kante schräg. Ecke unten zerstört. 11,8 × 12 × 2 cm.
Variante zu J 101. Viertelsrond B, die Blattzacken hinter dem Band niedriger, der Stengel geht unmittelbar in den Blattstab über. Zu beiden Seiten schön geformte, leicht gewölbte, dreigezackte Blätter. Am Grund ist der Ansatz eines Viertelskreises noch sichtbar.
Fundort:
Frankfurt/Main, Herkunft unbekannt, wahrscheinlich zu Ende des 19. oder zu Beginn des 20. Jahrhunderts in einem Frankfurter Bürgerhaus gefunden.
Frankfurt/Main, Historisches Museum.

J 102 Altenberg/Lahn – Wetzlar

2. Hälfte 14. Jahrhundert?
Roter Ton. Vertiefte Prägung. 12,2 × 12,2 cm. Nicht abgebildet.
Grobe *Variante* zu J 101. Viertelsrond und Viertelskreis am Stabgrund übereinstimmend. Statt der abgespreizten Blätter drei grobe Eicheln. Die Stabspitze jedoch wohl als Lilie gebildet.
Fundort:
a Altenberg/Lahn, ehem. Prämonstratenserinnenkloster, in situ auf der Nonnenempore, durch Holzboden verdeckt.
b Wetzlar, Stadtgebiet, bei Zufallsgrabungen gefunden. Bruckstück, möglicherweise *Variante*, nur das obere Drittel erhalten. Breites Viertelsrond B. Das Dreiblatt an der Spitze entfaltet sich erst über einem kurzen, dicken Stengel, das seitliche Ornament (Blatt? Eichel?) wohl schmäler.
Wetzlar, Privatbesitz.

J 103 Bingen – Eberbach – Johannisberg – Mainz

2. Drittel 13. Jahrhundert.
Hellgrauer Ton. Vertiefte Prägung in Ritzzeichnung (vgl. M 19). 13 × 2,5 cm.
Viertelsrond B mit Blattstab aus einer Linie, an seiner Spitze das Blatt eines Leberblümchens (Hepatica triloba). Am Stabgrund entsprießen je drei leicht geneigte Stengel mit demselben Blatt und zwei kreisrunde Knospen.
Fundort:
a Bingen, Mainzer Hof. Bruchstück, Juni 1981 gefunden.
Bingen, Privatbesitz.
b Eberbach, ehem. Zisterzienserklosterkirche, in situ zwischen den Pfeilern, 1937 neu verlegt. Mittelgrauer Ton.
Eberbach, Lapidarium.
c Johannisberg, ehem. Benediktinerkloster, Zufallsfunde im Klosterbereich. Rötlicher und grünlichgrauer Ton.
Schloß Johannisberg, Domänenverwaltung.
d Mainz, Karmeliterstraße[1], 1903–04 gefunden.
Mainz, Mittelrheinisches Landesmuseum.
e Unbekannt, vermutlich ebenfalls aus Mainz, vor 1901 gefunden.
Dortmund, Museum für Kunst und Kulturgeschichte.
f Mainz, Willigisstraße, 1978 gefunden. Mittelgrauer Ton. Kante senkrecht. Bruchstück.
Mainz, Slg. M. Hessinger.

1 Westd. Zs. 23, 1904, Museographie 1903, 370, Taf. 8, 13. Die Fliese stammt aus dem Haus eines Herrn Karl Scheyer, der jedoch im Adreßbuch von 1904 nicht nachzuweisen ist. Möglicherweise liegt ein Druckfehler vor. Es könnte sich um das Anwesen Karl Theyer handeln, auf dem auch in jüngster Zeit nochmals Fliesen gefunden wurden, vgl. Fundortkat.

J 104 Worms

2. Hälfte 14. – 1. Hälfte 15. Jahrhundert.
Roter Ton, an der Oberfläche heller. Einschluß von kleinen Kalkteilchen. Vertiefte Prägung. 13,5 × 2,6 cm.
Breites Viertelsrond B mit Blattstab, der den Kreisbogen überschneidet und an der Spitze drei grobe, herzförmige Blätter trägt. Zu beiden Seiten je ein größeres Herzblatt, in der Ecke unten Viertelskreis.
Fundort:
Worms, Herkunft unbekannt, nach 1922 gefunden.
Worms, Museum der Stadt Worms.

J 105 Speyer – Worms

15. Jahrhundert.
Roter Ton. Vertiefte Prägung. 13,5 × 2,5 cm.
Kreisbogen noch breiter als J 104, von Lilienstab, dessen Hängeblätter nur durch einen Bogenstrich angedeutet sind, geteilt. Zu beiden Seiten an steifen Stielen abwärts gespreizte, kleine, verformte Herzblätter, darunter zweiter Viertelskreis, durch den Stab geteilt.
Fundort:
a Unbekannt, vermutlich aus Speyer.
Speyer, Historisches Museum der Pfalz.
b Herkunft unbekannt, vermutlich aus Speyer. *Variante,* die Hängeblätter in U-Form, die abgespreizten Seitenblätter mit Mittelknospe. Hellroter Ton. Kante schräg. 14 × 2,8 cm.
Speyer, Historisches Museum der Pfalz.
c Speyer, Marienheim, am 2. 1. 1912 gefunden. *Variante* zu J 105*b*, die abgespreizten Blätter in fast regelmäßiger Dreipaßform eines Leberblümchens (Hepatica triloba). Grauer Ton. Model gebrochen. 14,5 × 2,2 cm.
Speyer, Historisches Museum der Pfalz.
d Worms, Herkunft unbekannt, vor 1922 gefunden. E. Grill, Taf. II, 55. Bräunlichgelber und fast schwarzer Ton. Wirkt wie nie betreten. Kante schräg. 13,7 × 2,5 cm. Prägung ähnlich J 105*a*, jedoch nicht mit demselben Model geprägt.
Worms, Museum der Stadt Worms.

J 106 Kempten

15. Jahrhundert?
Roter Ton. Vertiefte Prägung. 14,5 × 3 cm.
Viertelsrond A mit Lilienstab, dessen Hängeblätter nur aus kleinen Kreisen bestehen. Zu beiden Seiten vom Stabende aufsteigendes, an der Oberkante dreigezacktes Blatt mit Mittel- und Seitenrippen.
Fundort:
Kempten, „Londoner Hof", Rathausplatz 2. F. L. Baumann II, 1890, 671, Abb. 431.
Kempten, Allgäuer Heimatmuseum.

J 107 Frankfurt/Main – Friedberg – Ilbenstadt – Oberursel – Eberbach

1376–1382? (a), 2. Drittel 14. Jahrhundert (b).
Roter Ton. Vertiefte Prägung. 13,5 × 2 cm.
Viertelsrond B mit Eichelstab, der das Kreisband nur in der unteren Hälfte überschneidet. An der Spitze drei Eicheln, zu beiden Seiten große, tiefgelappte Eichblätter auf Tropfenkreis am Stabende. Unter dem Kreisbogen zwei kleine Ästchen.
Fundort:
a Burg Bommersheim, Oberursel, beim Ausheben eines Löschwasserteichs 1940–41 an der Stelle der heute verschwundenen Burg gefunden.
Wiesbaden, Slg. Naussauischer Altertümer.
b Frankfurt/Main, Saalhof, bei den Grabungen 1958–61 in zweiter Lage gefunden. O. Stamm, 37, Abb. 20.
Frankfurt, Historisches Museum.
c Unbekannt, vermutlich aus Friedberg. Hellroter Ton.
Friedberg, Wetterau-Museum.
d Ilbenstadt, ehem. Prämonstratenserkloster, bei Ausgrabungen nach dem Brand 1963. Bruchstücke im Chor zusammen mit den Basissteinen vermauert gefunden.
Darmstadt, Landesamt für Denkmalpflege Hessen.
e Oberursel, im Keller des Pfarrhauses entdeckt, vermutlich aus St. Ursula. Rötlicher Ton. Bruchstück. 12,7 × 2 cm.
Oberursel, Vortaunusmuseum.
f Eberbach, ehem. Zisterzienserkloster, Herkunft unbekannt. *Variante.* Der Eichelstab sitzt auf Viertelskreis mit Blütenviertel, die Blätter sind kleiner, breiter und nicht so eindeutig als Eichblätter erkennbar. Bräunlichroter Ton. 12,5 × 2,2 cm. Kante leicht schräg.
Eberbach, Lapidarium.

J 108 Franzburg

15. Jahrhundert.
Rötlicher Ton. Das Muster in vertiefter Prägung ausgespart, wie bei den inkrustierten Fliesen, Spuren einer Inkrustierung nicht mehr erhalten. Ein Fliesenbruchstück mit schwarzbrauner Glasur. 15 × 3,5 cm.
Variante zu J 107. Das obere Viertelsrond fehlt, ein kleiner Viertelskreis an der Stengelbasis umschließt das Viertel einer achtblättrigen Rosette.
Fundort:
a Franzburg, auf dem Gelände des ehem. Zisterzienserklosters Neuenkamp bei Grabungen vor 1952 gefunden.
Stralsund, Kulturhistorisches Museum.
b Vom selben Fundort, bei den Grabungen 1959–60 gefunden. *Variante.* Der mittlere Eichelstab durch dasselbe Blatt wie an den Seiten ersetzt. Im Viertelskreis keine oder keine erkennbare Rosette.
Franzburg, Heimatsammlung.

J 109 Eberbach – Mainz

Ende 15. – 1. Hälfte 16. Jahrhundert.
Roter Ton. Vertiefte Prägung. Abgetreten. 13 × 2,5 cm.
Verdorbener *Nachschnitt* von J 107. Die ineinandergeschachtelten, parallel zum Viertelsrond A liegenden Eichblätter überdecken den Stab und sind ohne Stengel und ohne Verbindung zu den gepunzten Eicheln in der Ecke.
Fundort:
a Eberbach, ehem. Zisterzienserkloster, Herkunft unbekannt.
Eberbach, Lapidarium.
b Mainz, bei der Tieferlegung des Kesselbaus der Brauerei „Zum Birnbaum" 1903/04 gefunden[1].
Mainz, Mittelrheinisches Landesmuseum.

1 Westd. Zs. 23, 1904, Museographie 1903, 370, Taf. 8, Nr. 12. „Gefunden mit 25 anderen Fliesen mit gewöhnlichen geometrischen Mustern."

J 110 Lorsch

Nach 1358.
Grobkörniger, tiefdunkelrot gebrannter Ton. Vertiefte Prägung. Kante senkrecht. Zwei Bruchstücke. 15,6 × 2 cm.
Drei konzentrische Viertelskreise B mit Eichblattstab, der auf dem unteren Bogen steht, den mittleren über- und den äußeren unterschneidet. An der Spitze drei schmale Eichblätter mit gleichmäßigem Bogenrand, darunter je ein flach gebreitetes Eichblatt auf kurzem Stengel.
Fundort:
Lorsch, ehem. Benediktinerkloster, bei den Grabungen 1928–32 gefunden.
Darmstadt, Hessisches Landesmuseum.

J 111 Hadamar

Um 1450?
Grobgemagerter, rötlicher Ton. Flach vertiefte Prägung. Es ist nicht sicher, daß diese von einem Model stammt. Die Zeichnung könnte auch mit Hilfe einer Schablone eingeritzt worden sein. Erhalten haben sich nur Fragmente. 24,5 × 3 cm. Viertelsrond A mit Eichblattstab auf dem Viertel einer dreifach getreppten Rosette. An der Spitze und zu beiden Seiten Eichblatt mit gezacktem Blattrand, Mittel- und Seitenrippen, am Stabgrund je eine Eichel auf gewölbtem Stiel.
Fundort:
Hadamar, Liebfrauenkirche, bei der Aufdeckung des Fliesenbodens 1966 in wenigen Exemplaren gefunden.
Königstein, Stadtmuseum (aus Privatsammlung).

J 112 Arnsburg – Friedberg? – Hofheim – Münzenberg

2. Hälfte 13. Jahrhundert.
„Feiner, schlecht gekneteter und deshalb streifiger Ton in Hellrot, Rot und Rotgrau. Vertiefte Prägung. Kante schräg“[1], 10 × 2,7 cm.
In quadratischem Rahmen Viertelskreis B mit Blattstab, dessen spitzgezacktes Mittelblatt die Bogenmitte überdeckt. Zu beiden Seiten je ein kleineres, gleiches Blatt. In der Ecke Viertelskreis, auf dem an einem Punkt die dünnen Stengel sitzen.
Fundort:
a Arnsburg, ehem. Zisterzienserkloster, bei Grabungen in der Ruine 1979 gefunden. M. Morkramer, 1982, Nr. 1.2.4., 63, Abb. 54
Arnsburg, Klostersammlung.
b Friedberg oder Umgebung, Herkunft unbekannt. Roter Ton. 10 × 1,8 cm.
Friedberg, Wetterau-Museum.
c Burg Hofheim im Taunus (nicht in Thüringen, wie R. Forrer, 1901, Taf. CIII, 19 fälschlicherweise annimmt). Roter Ton. 10 × 1,5 cm.
Dortmund, Museum für Kunst und Kulturgeschichte.
d Fundort unbekannt, möglicherweise ebenfalls Hofheim.
Wiesbaden, Slg. Nassauischer Altertümer.
e Münzenberg, Burgruine, bei Grabungen gefunden.
Darmstadt, Hessisches Landesmuseum.
f Unbekannt, mit zwei nicht übereinstimmenden Modeln geprägt. Roter Ton mit schwarzbrauner Glasur. 10 × 2 cm.
Darmstadt, Hessisches Landesmuseum[2].
g Arnsburg, ehem. Zisterzienserkloster 2 Bruchstücke bei den Grabungen 1979 gefunden. *Variante.* Der Kreisbogen schmäler, die Stengel setzen deutlich getrennt auf dem Grundbogen auf. 10,5 × 3 cm. M. Morkramer, 1982, Nr. 1.2.6, 64, Abb. 56.
Arnsburg, Klostersammlung.
h Arnsburg, ehem. Zisterzienserkloster bei Grabungen 1979 als Bruchstücke gefunden. *Variante.* Der Kreisbogen so stark gewölbt, daß in der Zusammensetzung von 4 Fliesen der Ansatz zu einem Vierpaß entsteht. Die äußeren Rahmenlinien fehlen. Ton wie J 112*a*. 10,5 × 3 cm. M. Morkramer, 1982, Nr. 1.2.5, S. 64, Abb. 55.
Arnsburg, Klostersammlung.

1 M. Morkramer, 1982, 93.
2 Ins Museum Darmstadt kamen sowohl Fliesen aus der Burg Friedberg als auch aus Kloster Arnsburg.

J 113 Arnsburg – Friedberg – Münzenberg – Thron – Wetzlar – Bad Nauheim

3. Drittel 13. Jahrhundert – Mitte 14. Jahrhundert. *Nachschnitte*: 2. Hälfte 14. Jahrhundert.
„Feiner, schlecht gekneteter und daher streifiger Ton in Hellrot, Rot, Rotgrau“[1], einige Fliesen mit gelbbrauner Glasur. Vertiefte Prägung. Kante schräg. 10,5 × 2/3 cm.
Variante von J 112. Das Blatt schmäler und größer, mit fünf statt vier Zackenpaaren. Die Spitzen der seitlichen Blätter berühren fast den Kreisbogen, ihre Stengel ebenfalls als Doppellinie gegeben.
Fundort:
a Arnsburg, ehem. Zisterzienserkloster. Bei den Grabungen seit 1892 im Schutt des Dormitoriums, bei der Restaurierung 1958 im Kapitelsaal, bei der Grabung seit 1979 erneut gefunden. M. Morkramer, 1982, Nr. 1.2.2, 62, Abb. 52. 1982/83 bei einer Grabung auf dem „Hainfeld“ vor den Klostermauern geborgen. M. Morkramer, 1984, 48, Abb. 42.
Arnsburg, Klostersammlung.
Laubach, Schloß, Slg. E.-O. Graf zu Solms-Laubach.
Gießen, Oberhessisches Museum.
Darmstadt, Slg. Peter Weyrauch.
b Unbekannt, vermutlich aus Friedberg oder Umgebung.
Friedberg, Wetterau-Museum.
c Münzenberg, Burgruine, bei der Grabung 1960 im Mauerwerk der Kapelle und im Gewölbe der Tordurchfahrt in zweiter Lage gefunden.
Münzenberg, ev. Pfarramt.
Friedberg, Wetterau-Museum[2].
d Thron, ehem. Zisterzienserinnenkloster, bei der Grabung 1873 und 1937 gefunden. Bruchstück. Hart gebrannter roter Ton mit brauner Glasur. 10,5 × 2 cm.
Wiesbaden, Slg. Nassauischer Altertümer.
e Wetzlar, Franziskanerkirche.
Wetzlar, Stadtmuseum.
f Wetzlar, Burgruine Kalsmunt. Lesefund. K. Engelbach, Nr. 105, 1 oben.
Wetzlar, Stadtmuseum.
g Wetzlar, Stadtgebiet. Bruchstücke vereinzelt zusammen mit Gebrauchskeramik gefunden[3].
Wetzlar, Privatbesitz.
h Arnsburg, ehem. Zisterzienserkloster. *Variante.* Mittelblatt und Seitenblätter füllen den Raum des Viertelskreises, so daß nur noch zwei ungleich große Dreiecke mit konkaver Grundlinie ausgespart werden. Die Blätter, ohne sichtbare Stengel, verjüngen sich bis zur Grundlinie. Hart gebrannter roter Ton mit dunkel-, oft schwarzbrauner Glasur. Kante schräg. 10,5 × 2 cm. M. Morkramer, 1982, Nr. 1.2.3. 62, Abb. 53.
Arnsburg, Klostersammlung.
i Bad Nauheim, Johannisbergkirche, 1934–35 gefunden.
Bad Nauheim, Heimatmuseum.
j Bad Nauheim, aus dem Burgteich geborgen.
Bad Nauheim, Heimatmuseum.
k Friedberg, Herkunft unbekannt, vgl. Anm. 2.
Friedberg, Wetterau-Museum.
l Münzenberg, Burgruine, bei der Grabung 1960 gefunden.
Münzenberg, ev. Pfarramt.
Friedberg, Wetterau-Museum.

1 M. Morkramer, 1982, 93.
2 Die Fliesen der Grabung Münzenberg kamen ins Wetterau-Museum, Friedberg. Da sie jedoch nicht sofort bearbeitet wurden, sind sie heute nicht mehr sicher von den Funden aus Friedberg zu trennen.

J114 Arnsburg

14. Jahrhundert.
„Hart gebrannter, körniger, dunkelroter Ton und feiner, schlecht gekneteter, daher streifiger Ton“[1]. Vertiefte Prägung, Model unregelmäßig eingeprägt. Kante schräg 11 × 2,7 cm. Zwei Fliesen in der Diagonale geteilt. Nicht abgebildet.
Variante zu J113. Die Blätter tiefer und unregelmäßig gezackt. Am Stabende im Viertelskreis zwei kleine Eicheln.
Fundort:
Arnsburg, ehem. Zisterzienserkloster, bei der Restaurierung 1958 und bei der Grabung 1979 gefunden. M. Morkramer, 1982, Nr. 1.2.1, 61, Abb. 51.
Arnsburg, Klostersammlung.
Gießen, Oberhessisches Museum.
Laubach, Schloß, Slg. E.-O. Graf zu Solms-Laubach.

1 M. Morkramer, 1982, 93.

Viertelsrond mit Lilienstab, Blüten und Ranken

J115 Kirchberg–Rückershagen–Unterregenbach

Mitte – 4. Viertel 15. Jahrhundert.
Hellroter Ton. Flachrelief. 15,5 × 4,5 cm.
Kleines Viertelsrond A im unteren Fliesendrittel. Lilienstab, an dem zu beiden Seiten vier kleine spitze Blätter sitzen. Lilie mit lanzettförmigem Kelch und sichelförmigen, weit ausladenden Hängeblättern. Zu beiden Seiten großer Kreis mit breitem Radkreuz.
Fundort:
a Unbekannt, vermutlich aus der alten Burg in Kirchberg/Jagst oder aus der näheren Umgebung.
Kirchberg, Heimatmuseum.
b Rückershagen, ev. Filialkapelle St. Wendelin, bis zur Restaurierung 1958 in situ als Fliesenboden erhalten. Einige Fliesen links vom Altar belassen. *Variante.* Das Kreuz im Kreis eher vierpaßähnlich gerundet. Hellrötlicher Ton, 15,5 × 3 cm.
Rückershagen, restliche Fliesen auf dem Dachboden der Kirche.
c Unterregenbach, ev. Pfarrkirche St. Veit, bei Grabungen 1960–1963 in einem um ca. 1480 entstandenen Fußboden gefunden. *Variante* in gröberem Relief. Das Radkreuz im rechten Kreis breiter und nur leicht schräg, links verdorbenes Kreuz aus kleinen Dreiecken. Roter Ton. 15 × 15,5 × 4 cm.
G. P. Fehring, 1972, 207, Taf. 70b.
Stuttgart, Landesdenkmalamt Baden-Württemberg.

J116 Ulm

2. Hälfte 15. Jahrhundert.
Dunkelroter Ton. Flachrelief, an der Oberfläche Spuren von Leinenstruktur. 15,5 × 3 cm.
Variante von J115. Das Kreuz aus vier Winkeln gebildet, die Hängeblätter oberhalb des Schaftrings fest mit dem Lilienkelch verbunden.
Fundort:
a Unbekannt (alter Bestand).
Stuttgart, Württembergisches Landesmuseum.
b Ulm, Herkunft unbekannt (dieselbe Leinenstruktur an der Oberfläche).
Ulm, Privatbesitz.

J117 Rothenburg o. d. T.

Um 1470?
Roter Ton. Flachrelief. 15 × 15 cm.
Viertelsrond A. In derselben Höhe wie bei J115 Lilie mit übergroßem Kelchblatt und eng am Stab anliegenden Hängeblättern. An diesem rechts zwei, links drei Eicheln, in den Kreisen daneben Stern aus sechs Spitzovalen.
Fundort:
a Rothenburg o.d. Tauber, ev. Pfarrkirche St. Jakob, vermutlich bei der Heideloff'schen Restaurierung 1857–58 entfernt. Kat. GNM Nürnberg, 8, Taf. VI, A45.
Nürnberg, Germanisches Nationalmuseum.
b Vom selben Fundort. *Variante* „mit Sternen statt der Rosetten“, Kat. GNM Nürnberg, 8, A46, A47. Dort nicht abgebildet.
Nürnberg, Germanisches Nationalmuseum (nicht erhalten).
c Variante vom selben Fundort, dieser durch die Beschreibung

im Kat. GNM Nürnberg, 8, A 48 gesichert. „Hälfte einer Fußplatte, Nr. 45 ähnlich, die Rosetten größer ... ebendaher". Statt der Eicheln zwei versetzte Blättchen am Stengelgrund, die Lilienspitze größer und mit flacher gewölbten Hängeblättern. Den großen Kreisen zu beiden Seiten Vierpaß mit fünf Punkten einbeschrieben. Flachrelief. 16,3 × 16,2 × ca. 4 cm.
Nürnberg, Germanisches Nationalmuseum (nicht erhalten).
Rothenburg o. d. T., Reichsstadtmuseum.

J 118 Bargau – Heubach – Unterböbingen?

Mitte 15. Jahrhundert.
Dunkelroter, stark gebrannter, grobgemagerter Ton. Flachrelief mit gerundeten Kanten. Kante besonders stark abgeschrägt. 14 × 4 cm.
Viertelsrond aus zwei Bögen, etwas unterhalb der Fliesenmitte, darunter schräg gekerbter Viertelskreis. Sorgfältig geschnittene Lilie auf dreigeteiltem Stab, in der Ecke oben gerahmt von zwei gekerbten Lanzettblättern, an den Seiten von je einem kleinen Kreis mit fünfblättriger Rose. Zu beiden Seiten des Stabes je eine kleine heraldische Lilie, in allen vier Ecken außerdem noch winzige Viertelskreise.
Fundort:
a Nach Inventar GNM Nürnberg, „aus Bergn". Sicher liegt hier ein Schreib- oder Lesefehler vor. Einen Ort „Bergn" gibt es nicht, dagegen fanden sich in der 1911 durch einen Neubau ersetzten Kirche von Bargau Fliesen[1].
Nürnberg, Germanisches Nationalmuseum.
b Heubach, ev. Stadtkirche St. Ulrich, 1870 noch der Fußboden der ganzen Kirche bedeckt[2], vermutlich beim Umbau 1899 in die Sakristei verlegt.
Schwäbisch Gmünd, Städtisches Museum.
c Unbekannt, möglicherweise aus der heute verschwundenen St. Kolomankapelle, Unterböbingen.
Stuttgart, Württembergisches Landesmuseum.

1 P. Keppler, 132, „Noch einige Bodenfliesen aus der früheren Kirche".
2 Ebd., 133 und BOA Gmünd, 338.

J 119 Babenhausen

Um 1472–1473.
Dunkelroter, stark gebrannter Ton. Vertiefte Prägung. 16 × 16 cm.
Viertelsrond A mit Lilienstab auf Vierpaßviertel. Zu beiden Seiten die Hälfte einer sechsblättrigen Blüte, im freien Raum rechts kleine Blüte mit fünf, links mit sechs Blättern.
Fundort:
a Babenhausen, ev. Pfarrkirche St. Nikolaus, bei der Restaurierung 1939 unter dem heutigen Fußboden der Sakristei aufgedeckt.
b Unbekannt, möglicherweise vom selben Fundort.
Marburg, Museum für Kunst und Kulturgeschichte.

J 120 Steinau

4. Viertel 15. Jahrhundert.
Hellrötlicher Ton. Vertiefte Prägung. 15,2 × 15,2 cm.
Variante von J 119. Die kleinen Blüten durch fünfzackige Sterne ersetzt, der Stab auf Viertelskreis, das Vierpaßviertel kleiner.
Fundort:
a Schloß Steinau, ca. 20 Fliesen vor den Fensterbänken im Gästesaal erhalten. A. Spamer, 1933, Taf. III.
b Unbekannt, möglicherweise vom selben Fundort.
Marburg, Museum für Kunst und Kulturgeschichte.

J 121 Steinau

1528–1556.
Roter Ton, einzelne Fliesen mit gelber, hellgrüner und dunkelgrüner Glasur. Flachrelief aus dünnen Linien. 17,5 × 17,5 cm.
Viertelsrond A mit gezackter Innenkante, geschnitten von dünnem Mittelstab mit Lilienspitze und seitlichen Ranken, aus einem Herzornament aufsteigend. An den Stab dünne, nicht ganz zum Rand reichende Voluten angefügt.
Fundort:
a Schloß Steinau.
Marburg, Museum für Kunst und Kulturgeschichte.
b Steinau, Stadtgebiet, Herkunft unbekannt.
Steinau, Rathaus.
Steinau, Schloßmuseum.

J 122 Baden

14. Jahrhundert? möglicherweise auch später.
Roter Ton. Vertiefte Prägung. 13 × 13 cm.
Viertelsrond B mit Lilienstab auf Viertelskreis. Am Schnittpunkt unter der bis zum Grund geteilten Lilie Schaft als Quadrat aus dem Bogen ausgelöst. Zu beiden Seiten des Stabes Randleiste, die sich zur Volute rollt und in die Hälfte eines akroterähnlichen Ornaments mündet. Im Eckkreis Vierpaßviertel.
Fundort:
Unbekannt, möglicherweise analog zu H 66 und N 46 aus dem Jesuitenkloster Konstanz.
Karlsruhe, Badisches Landesmuseum.

J 123 Braunfels – Greifenstein

1. Viertel 17. Jahrhundert?
Roter Ton. Flachrelief. 13 × 1,7 cm.
Viertelsrond B mit Rankenstab, der sich am Stabgrund teilt und in die Hälfte eines flachen, vierfach tief eingeschnittenen Blattes mündet. An der Spitze stilisierte Lilien von flach gebreiteten Ranken gerahmt, diese wiederholen sich ähnlich am verdickten Stab. Zwischen diesem und dem Randblatt je ein Punkt, in der Ecke unten Viertel einer achtteiligen Blüte.
Fundort:
a Braunfels, Schloß, Bergfried, in situ im 3. Stockwerk, ca. 25–30 qm Fliesenboden erhalten.
b Nach Zeichnung im Inventar Wiesbaden aus Burg Greifenstein, nach Aufschrift „aus Rüdesheim"[1], vor 1888 gefunden.
Wiesbaden, Slg. Nassauischer Altertümer.

1 Unter derselben Inv.-Nr. auch eine Ofenkachel registriert.

J 124 Lich

Um 1525.
Gelbroter Ton mit dunkelgrüner Bleiglasur. Vertiefte Prägung. 14,1 × 1,7 cm.
Viertelsrond B mit zweitem Viertelskreis in der Ecke unten, von breitem Lilienstab oben über-, unten unterschnitten.

Kelch mit Tropfenblatt, ein zweites unterhalb des Bogens. Zu beiden Seiten stilisiertes Distelblatt, darunter je ein kleines Ästchen.
Fundort:
a Lich, ev. Siftskirche St. Maria, in situ im Chorumgang, einzelne Fliesen entfernt.
Marburg, Museum für Kunst und Kulturgeschichte.
b Variante vom selben Fundort, mit gelber Bleiglasur. Die Lilie durch Pikenform ersetzt, gerahmt von zwei sichelförmig nach oben gebogenen Blättern, die vom Viertelskreis teilweise überdeckt werden. Zu beiden Seiten des Stengels stärker gelappte Blätter, am Grund des Stengels kleine Ranke sichtbar.
Darmstadt, Slg. Peter Weyrauch.

J 125 Augsburg

1. Jahrzehnt 16. Jahrhundert?
Rötlicher, sehr feinkörniger Ton. Flachrelief. Kante schräg. 17 × 2,7 cm.
Viertelsrond A, nicht bis zur Fliesenecke reichend, einen dünnen Blattstab überschneidend. Zu beiden Seiten schöngeschwungene zarte Akanthusranken, die erst in der Zusammensetzung ihren ganzen Reiz entfalten.
Fundort:
Augsburg, ehem. Augustiner-Chorherrenstift St. Georg, 1952 bei Bauarbeiten im östlichen Kreuzgangflügel gefunden.
Augsburg, Kunstsammlungen.

J 126 Worms

16. Jahrhundert.
Roter Ton. Flach vertiefte Prägung. 11,5 × 2 cm.
Verdorbener *Nachschnitt* eines Viertelsronds mit Blattstab. An der Spitze drei gedrückte Rauten, zu beiden Seiten ungleich große gewellte Blätter, vom Grunde auf dünnen Stengeln zwei Knospen aufsteigend.
Fundort:
Unbekannt, vermutlich aus Worms.
Worms, Museum der Stadt Worms.

J 127 Münzenberg

16. Jahrhundert.
Rötlicher Ton. Vertiefte Prägung. 14,5 × 14,5 cm. Nicht abgebildet.
Später, verdorbener *Nachschnitt* eines Lilienstabes. Dieser setzt auf einem kleinen Mittelkreis mit dem Viertel einer Streublüte auf. Zu beiden Seiten kleine Grundblättchen, in der Ecke oben windschiefe, asymmetrische Lilie.
Fundort:
Münzenberg, Steinweg 21, bei der Renovierung des Fachwerkhauses 1979 als Füllmaterial im Mauerwerk gefunden.
Münzenberg, Privatbesitz.

J 128 Burgholzhausen v. d. Höhe

4. Viertel 15. – 1. Viertel 16. Jahrhundert.
Ziegelroter Ton. Relief, evtl. Model. 11 × 2,5 cm.
Viertelsrond mit Lilienstab. Die Lilie sorgfältig geschnitten, ohne Schaftknoten, mit sichelförmigen Hängeblättern, der Stab nur aus einem Strich bestehend. Die seitlichen Blätter in der Form eines spiegelbildlichen S, darüber je ein kleines Blatt als Halbkreis an den Stengel geklebt. Die üblichen Herzformen am Stengelgrund bilden in der Zusammensetzung eine Doppelrosette.
Fundort:
a Burgholzhausen v. d. Höhe, in zweiter Lage in einem Bauernhaus auf dem Dachboden gefunden. H. Zimmermann, 1985, 17, Abb. 6.
Burgholzhausen, Privatbesitz.
b Vom selben Fundort, der Model viermal in eine Fliese geprägt. 22 × 22 cm. H. Zimmermann, 1985, 17, Abb. 4.
Burgholzhausen v. d. Höhe. Privatbesitz.

J1

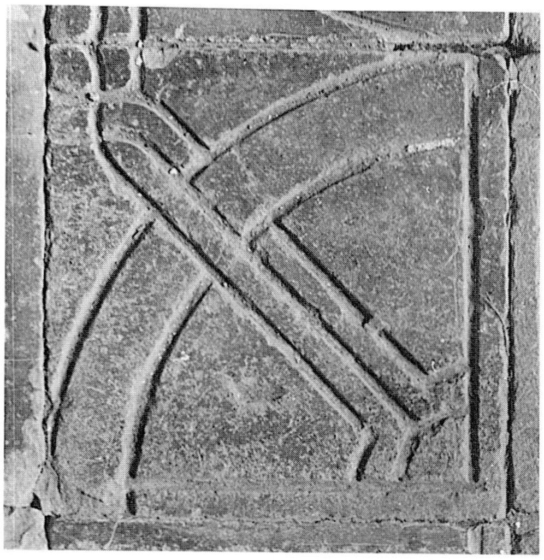

J3

J4

J5

J6

J7

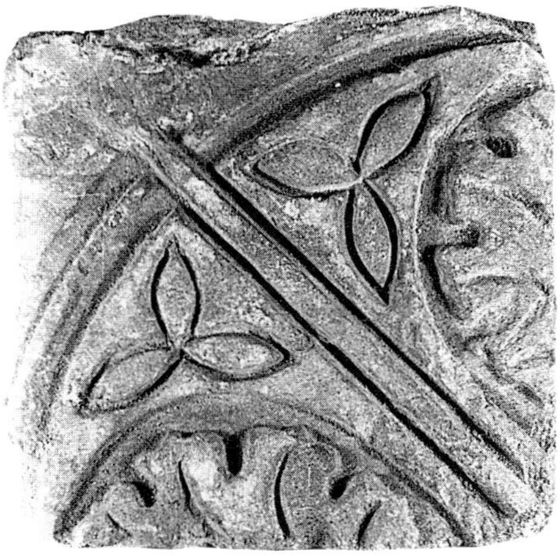

J 9

J 10

J 11

J 12

J 13

J 14

J 15

J 17

J 18

J 20

J 21

J 22

J23

J24

J25

J26

J27

J28f

J28d

J29

J30

J31

J32

J33

J 35

J 36 a

J 36 b

J 37

J 38

J 40

J 41

J 42

J 43

J 44

J 45

J 46

J 47

J 48

J 49

J 50

J 53

J 54

J 55

J 56

J 57 j

J 57 o

J 60

J 61

J 62

J 63

J 63.1

J 64

J 65

J 66

J67

J68

J69

J69.1

J69.2

J69.2

J 70

J 71

J 72

J 73

J 74

J 75

J76f

J76i

J77

J78a

J78b

J79

J80

J81

J82

J83

J84

J85h

J85o

J88

J89

J90

J91

J92

J 93

J 94 a

J 94 b

J 95 a

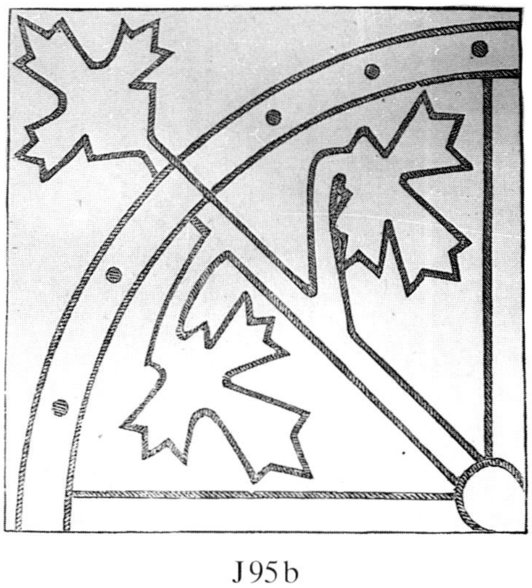

J 95 b

J 96

J 97

J 98

J 99

J 100

J 101

J 101.1

J 103

J 104

J 105

J 106

J 107 a

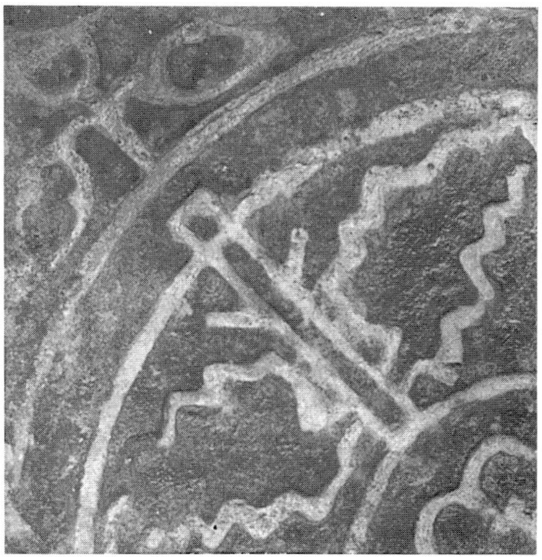

J 107 f

J 108

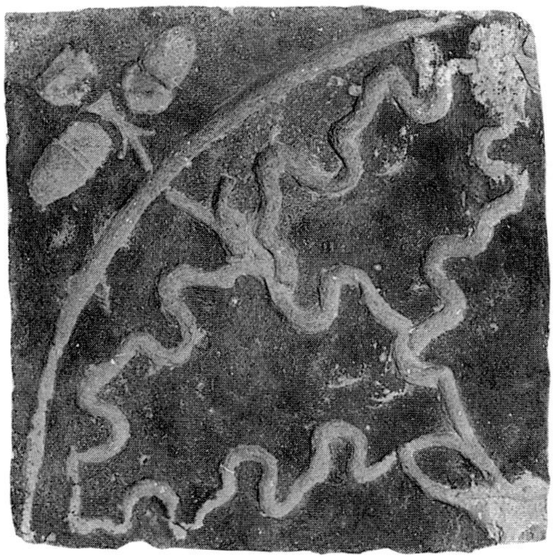

J 109

J 110

J 111

J 112

J 113

J115a

J115c

J116

J117

J118

J119

J 120

J 121

J 122

J 123

J 124 a

J 124 b

J 125

J 126

J 128a

J 128b

Viertelsrond mit Ranken, Blättern und Blüten

K1 Kempten

Um 1428.
Dunkelroter, hart gebrannter Ton. Vertiefte Prägung. 14,5 × 3 cm.
In Fliesenmitte Viertelsrond B, darunter ein auf der Fliesenecke stehendes Spitzoval.
Fundort:
Kempten, ev. Pfarrkirche St. Mang, Reste des Fliesenbodens am Ende des nördlichen Seitenschiffs.
Kempten, Allgäuer Heimatmuseum.

K2 Ilbenstadt – Königstein – Oberursel – Eppstein – Hofheim – Frankfurt/Main – Limburg a. d. Haardt – Speyer – Gleiszellen

2. Drittel 13. Jahrhundert, Nachschnitte bis 3. Viertel 14. Jahrhundert (siehe Fundortkat.).
Roter Ton. Vertiefte Prägung. 12 × 2 cm.
Viertelsrond B, darunter zwei Kreise mit je sechs Punkten im Ring. In beiden Ecken Viertel einer achtblättrigen Blüte.
Fundort:
a Ilbenstadt, ehem. Prämonstratenserkloster, bei Grabungen nach dem Brand der Kirche 1963 im südlichen Querhaus gefunden.
Ilbenstadt, Pfarramt.
b Königstein, Burgruine, bei Grabungen 1958 gefunden. Gelblichgrauer Ton mit Spuren einer rötlichen Engobe in den Vertiefungen. 13 × 2 cm. E. Gundermann, 150, 146, Taf. 2, 16.
Königstein, Stadtmuseum.
c An der Stelle der verschwundenen Burg Bommersheim, Oberursel Fragmente bei einer Grabung 1989 in der Nähe des Burggrabens gefunden. *Variante* mit sieben Punkten. Gelblichroter Ton. J. Zeune, 1990, 30, Abb. 3.
Oberursel, Vortaunusmuseum.
d Eppstein, Burgruine (Einzelfliese). *Variante* mit acht Punkten. Rotbräunlicher Ton. Kante senkrecht. 13,5 × 2,5 cm.
Eppstein, Burgmuseum.
e Beim Lehmgraben 1882 zwischen Hofheim/Taunus und Marxheim Rest eines Fliesenbodens aufgedeckt. *Variante* mit neun Punkten. Rötlichgrauer Ton. 12 × 2,2 cm.
Wiesbaden, Slg. Nassauischer Altertümer.
f Nach R. Forrer, 1901, Taf. CIII, 17, „aus Frankfurt". Roter Ton. Sehr tief eingeprägt. 12,5 × 2 cm.
Dortmund, Museum für Kunst und Kulturgeschichte.
London, Victoria and Albert Museum.
g Unbekannt. Roter Ton. 12,3 × 2,5 cm.
Bad Zwischenahn, Slg. Hans-Jürgen Heger.
h Frankfurt/Main, Saalhof, bei Grabungen 1958–61 in zweiter Lage gefunden. *Variante* mit zwölf Punkten. Die Blütenviertel größer, das Oval fast berührend. Gelblichroter, roter, grauer und bläulichgrauer Ton. O. Stamm, 37, Abb. 20.
Frankfurt, Historisches Museum.
i Limburg a. d. Haardt, Ruine des ehem. Benediktinerklosters, bei Ausgrabungen zu Ende des 19. Jahrhunderts gefunden. Bruchstück. Hellroter Ton. 13,5 × 2 cm. Der linke Ring mit 13 Punkten.
Bad Dürkheim, Heimatmuseum.
j Speyer, Herkunft unbekannt (alter Bestand). Fliesen dieses Typus sollen 1910 auf dem Gelände der „Pfälzischen Bank" und 1912 beim Abbruch des Marienheims gefunden worden sein. Roter Ton. Kante schräg. 13,5 × 2,5 cm.
Speyer, Historisches Museum der Pfalz.
k Speyer, Dom, bei Grabungen 1961–62 in zweiter Lage gefunden.
Speyer, Landesamt für Denkmalpflege.
l Speyer, Heiliggeistkirche, 1979 im Keller gefunden, von einem zerstörten Vorgängerbau herrührend. Rechts zwölf, links elf Punkte. Roter Ton. 13,5 × 13 × 2,3 cm.
Speyer, Baubehörde der ev. Kirche.
m Variante mit vierzehn Punkten. Roter Ton. Gleiszellen, ehem. Kirche St. Dionysius, 1959 bei Grabungen gefunden.
Speyer, Landesamt für Denkmalpflege.
n Speyer, Herkunft unbekannt, vor 1954 gefunden.
Speyer, Historisches Museum der Pfalz.
o Speyer, Haus Maximilianstr. 10, bei Kellergrabung 1972 gefunden.
Speyer, Privatbesitz.
p Speyer, späte und grobe Prägung. Gelblicher Ton. Kante senkrecht. 13,5 × 2 cm. Dieselben Fliesen 1969 in der Engelgasse, 1970 in der Rheintorstr. 11 gefunden.
Speyer, Landesamt für Denkmalpflege.

K3 Limburg a. d. Haardt – Speyer

1. Hälfte 14. Jahrhundert.
Braunroter Ton. Vertiefte Prägung. Bruchstück. 13,5 × 2,2 cm.
Variante von K3. Kreise mit vierzehn Punkten, Viertelsrond mit steilem Zackenband.
Fundort:
a Limburg a. d. Haardt, ehem. Benediktinerkloster bei Grabungen zu Ende des 19. Jahrhunderts gefunden.
Bad Dürkheim, Heimatmuseum.
b Fundort unbekannt. Vermutlich aus Speyer. *Variante,* nicht mit demselben Model geprägt. Die Kreise ganz nah am Viertelsrond, Zacken flacher. Roter und dunkelgrauer Ton, 13,5 × 3 cm.
Speyer, Historisches Museum der Pfalz.

K4 Speyer

1. Hälfte 14. Jahrhundert.
Hellroter Ton. Vertiefte Prägung. Kante schräg. 12,5 × 2 cm.
Variante von K3. Statt der Kreise kleine Mittelknospe, von zwei großen, tief eingeschnittenen Blättern gerahmt. Eckornament übereinstimmend.
Fundort:
Vermutlich aus Speyer, Herkunft unbekannt.
Speyer, Historisches Museum der Pfalz.

K5 Hadamar

Um 1450.
Hellrötlicher Ton. Flach vertiefte Prägung. Abgetreten, fast nur noch in Bruchstücken erhalten. 16 × 2,2 cm.
Viertelsrond B mit spitzer Mittelknospe, zu beiden Seiten dünne Blattranken, die untere zur Volute gerollt, die obere den Kreisbogen in der Ecke berührend. In einer Ecke Viertel einer achtstrahligen Sternblüte[1].
Fundort:
Hadamar, Liebfrauenkirche, bei der Aufdeckung des Fußbodens 1966 gefunden. Die Fliese muß jedoch auch schon in früherer Zeit bekannt gewesen sein, sie gehört nicht zum ursprünglichen Boden der Kirche.
Königstein, Stadtmuseum, Bruchstück (aus Privatsammlung).

---

1 F. Luthmer Bd. 3, 144. Die Abbildung der Fliese ergibt ein falsches Bild, da vier Fliesen so gezeichnet sind, als ob es sich um eine handelte. Die Fliesen scheinen 1907 in den Seitenschiffen verlegt gewesen zu sein.

K6 Bebenhausen – Wurmlingen

Um 1228 (a), 2. Drittel 13. Jahrhundert (b).
Roter, feingemagerter Ton. Vertiefte Prägung, Palmetten in Flachrelief. Kante schräg. 10 × 2 cm.
Breites Viertelsrond B, an der Innenseite von schmalem Zakkenband begleitet. Darüber zwei halbe Birkenblätter und kleiner Viertelskreis, darunter eine nach rechts gewandte Palmette.
Fundort:
a Bebenhausen, ehem. Zisterzienserkloster E. Herdtle, II, Taf. 1 im 19. Jahrhundert entfernt.
Stuttgart, Württembergisches Landesmuseum.
b Wurmlingen, Burgkapelle St. Remigius, bei der Grabung 1962/63 gefunden. Bruchstück. A. Rieth, 1966, 33, Abb. 3, Nr. 2.
Tübingen, Landesdenkmalamt Baden-Württemberg.

K7 Bebenhausen

Um 1228.
Roter Ton. Vertiefte Prägung im Wechsel mit Flachrelief. 12 × 2 cm.
Breites Viertelsrond mit gleichmäßigem, flachem Wellenband, das drei sorgfältig geschnittene, gegeneinander versetzte Palmetten ähnlich K6 trägt. Darunter zwei achtstrahlige Blüten, in der Ecke Viertelskreis mit Vierpaßvierteln. In der gegenüberliegenden Ecke Viertelsrond mit vier winzigen Sternen und demselben Vierpaßviertel.
Fundort:
Bebenhausen, ehem. Zisterzienserkloster im 19. Jahrhundert entfernt. E. Herdtle, II, Taf. 3.
Stuttgart, Württembergisches Landesmuseum.

K8 Bebenhausen

2. Viertel 14. Jahrhundert.
Roter Ton. Vertiefte Prägung. 10 × 2,5 cm und 12,5 × 12,5 cm.
Breites Viertelsrond B mit drei sechsstrahligen Blüten ähnlich K7, nur dementsprechend breiter. Darunter Kastanienblatt mit am Ende gegabeltem Stiel, darüber Viertel eines aus vier heraldischen Lilien zusammengesetzten Sterns.
Fundort:
a Bebenhausen, ehem. Zisterzienserkloster in situ im Dormitorium.
b Bebenhausen, im 19. Jahrhundert entfernt. E. Herdtle, II, Taf. 4, K. Haßler, Taf. XVI, 1.
Stuttgart, Württembergisches Landesmuseum.

K9 Grunbach? – Plochingen?

Um 1480? (a). Um 1428–1432? (b). Vgl. J37, Anm. 1.
Roter Ton mit grüner Glasur, die teilweise auch die Kanten und die Rückseite überzieht. Vertiefte Prägung. Kante schräg. 11,2 × 2,5 cm.
Breites Viertelsrond B mit Wellenband, das jedoch den Rand nicht berührt. An kleinen Stielen drei gezackte Blätter, auf der Mitte des Kreisbogens je eine der Ecke zugewandte große Lilie.
Fundort:
Unbekannt, aus der ev. Pfarrkirche in Grunbach?, aus der St. Ottilienkapelle in Plochingen? oder einer dritten, noch unbekannten Kirche.
Stuttgart, Württembergisches Landesmuseum.

K10 Wilten

1. Hälfte 15. Jahrhundert.
Tonfarbe unbekannt. Vermutlich wie A28 ziegelroter Ton. Flachrelief. 20 × 3,5 cm.
Aus der Zeichnung geht nicht hervor, ob es sich um eine getrennte Randleiste handelt oder ob die Mittelzeichnung im Gegensatz zu A28 verkleinert war. In der Zusammensetzung von vier Fliesen ergibt sich ein quadratischer Rahmen mit zarten Blattranken, die sich um einen Mittelstab schlingen, in den Ecken kleine Kreise mit Doppelrosetten. Viertelsrond A, aus dem von der Mitte nach der Ecke ein Eichblatt aufsteigt, gerahmt von zwei Eicheln. Zur Kreismitte hin verzweigen sich drei Eichblätter und zwei Eicheln so, daß das Ornament die ganze Fläche überzieht.
Fundort:
Nach F. Paukert, Bd. 3, Blatt 14, Abb. B aus der Bartholomäuskirche Wilten, heute verschollen.

K11 Engstlatt

Um 1471.
Roter Ton. Flachrelief auf fein gegittertem Netzgrund. 16 × 4 cm.
Drei konzentrische Viertelskreise, der mittlere mit kleinen Aststümpfen. Über und unter dieser Linie winden sich zwei stilisierte „Drachen", ohne erkennbaren Kopf, mit langem Schwanz und breiten Tatzen hindurch. In der Ecke unten schöne Lilie mit eingerollten Seitenblättern und dicker Mittelknospe, oben heraldische Lilie mit weitgebreiteten Hängeblättern.
Fundort:
Engstlatt, ev. Pfarrkirche St. Petrus, im 19. Jahrhundert entfernt.
Stuttgart, Württembergisches Landesmuseum.

K12 Esslingen?

2. Hälfte 14. bis Anfang 15. Jahrhundert.
Roter Ton. Flachrelief. Kante schräg. 12 × 3 cm.
Breites Viertelsrond mit nach rechts gewandtem, geflügeltem Drachen. Der Kopf auf langem, gefiedertem Hals läuft spitz zu und trägt spitze, nach hinten angelegte Ohren, der lange Schweif ist am Ende eingerollt. In der Ecke oben zwei durch Schaftring verbundene Palmetten, unter dem Kreisbogen gefiedertes Blatt mit zarter Rippenzeichnung zwischen Palmetten.
Fundort:
a Unbekannt, entweder aus Esslingen oder dessen nächster Umgebung.
Esslingen, Stadtmuseum.
b Variante. Komposition und Flächenverteilung gleich. Das Blatt mit je sechs unregelmäßigen Zacken, statt der seitlichen Palmetten von der Ecke aufsteigende dreigeteilte, palmettenähnliche Pflanze. In der Ecke oben Viertel einer Doppelrosette. Der Drachenkopf ganz sichtbar, mit tief eingeschnittenem, nach oben gewölbtem Rachen und tütenförmigen Ohren, die Tatzen eng beieinander. Der Schweif aufgespalten, der mittlere Teil auslaufend, die beiden äußeren Teile zur Volute gerollt und in ein großes und kleines Rebblatt mündend. Keine Binnenzeichnung mehr sichtbar. Roter Ton. 11 × 11 cm. Esslingen, ehem. Dominikanerkloster St. Paul, 1987 in der Prälatur gefunden.
Stuttgart, Landesdenkmalamt Baden-Württemberg.

K 13 Speyer

Ende 14. bis 1. Hälfte 15. Jahrhundert.
Gelblicher und hellroter Ton. Flachrelief. 16 × 3 cm.
Zwei breite Bänder aus Viertelskreisen A. Im obersten Jagdszene: ein nach links springender Hirsch mit zurückgewandtem Kopf von zwei Hunden gejagt. Den Hintergrund bildet ein durch vier Bäume mit verschiedenartig gestaltetem Blattwerk angedeuteter Wald, der freie Raum mit kleinen Sternen besät. Im zweiten Kreis eine leicht gewellte, mit zarten Blüten und Blättern besetzte Ranke, in der Ecke Blütenviertel. In der zweiten Ecke Drache vom Typus F 75 mit gewölbtem Hals, dessen Ohren und die mit den Tatzen verbundenen Flügel den Kreisbogen berühren, der lange Schweif zur Ranke umgebildet.
Fundort:
Speyer, am 24. 6. 1913 gefunden (vgl. FO.-Kat. „Herdstr. 5").
Speyer, Historisches Museum der Pfalz.

K 14 Speyer

1. Hälfte 15. Jahrhundert.
Grauer Ton. Flachrelief. 16 × 3 cm.
Vergröberter *Nachschnitt* von K 13. Die Zeichnung weniger sorgfältig, die Bäume und Tierkörper schmäler, die Sterne fehlen. Die Ranke wölbt sich in steilerem Bogen und zeigt ovale Blättchen, der Drache mit gewölbtem Rücken und Palmettenschweif hat die Fänge weiter gespreizt.
Fundort:
Speyer, Herkunft unbekannt.
Speyer, Historisches Museum der Pfalz.

K 15 Maulbronn

Mitte 15. Jahrhundert.
Roter Ton. Flachrelief. Stark abgetreten. 13,5 × 3 cm.
Breites Viertelsrond, von zwei Perlkreisen gerahmt. Seitenverkehrte Variante des Jagdfrieses K 13, der erste Hund im Ansprung, der zweite beim Suchen der Fährte gegeben. Die schmalen Bäume mit einheitlichen Punktblättern, die Pflanzen am Grunde ähnlich gezeichnet. In der Ecke unten Viertel eines großen achtzackigen Sterns, die Zwischenräume von auf dem Bogen sitzenden Blattpflanzen gefüllt. In der Ecke oben Blatt- und Rankenornament.
Fundort:
Maulbronn, ehem. Zisterzienserkloster vor 1934 entfernt, möglicherweise aus dem Oratorium[1].
Stuttgart, Württembergisches Landesmuseum.

1 H. Meurer, 20, Nr. 67.

K 16 Speyer

Mitte 15. Jahrhundert.
Gelblicher und hellroter Ton. Flachrelief. 16 × 3 cm.
Variante von K 15. Der Perlkreis durch Band, gerahmt von dünnen Lilien, ersetzt. Die kleinen Bäumchen mit ganz wenigen Blättchen, der erste Hund mit den Hinterbeinen nicht vom Boden gelöst. In der Ecke unten nur kleines Sternviertel, darüber zwei aufgefächerte Distelpflanzen, in der Ecke oben Viertelskreis mit Vierpaßviertel und einbeschriebenen Lilien. Darüber zwei adossierte Tiere, rechts Löwe, links Drache (?).
Fundort:
a Vermutlich Speyer, Herkunft unbekannt. Es kann nicht entschieden werden, welche der beiden Fliesen Vorlage, welche der Nachschnitt war. Die abweichenden Maße und die stark gewellten Distelblätter sprechen für eine spätere Datierung von K 16. Möglicherweise stammt die Fliese aus dem Maulbronner Klosterhof in Speyer.
Speyer, Historisches Museum der Pfalz.
b Unbekannt, Inv.-Nr. des 19. Jahrhunderts.
Bonn, Rheinisches Landesmuseum.

K 17 Speyer – Maulbronn

4. Viertel 15. Jahrhundert (a), um 1446? (b).
Hellroter, feingemagerter Ton. Sehr flaches Relief. Abgetreten. 13,5 × 2 cm.
Viertelsrond mit Kranz aus kleinen sechsblättrigen Blüten und schmalen, gegenständigen Distelblättern. In der Ecke oben Vierpaßviertel mit Palmettenbekrönung auf Viertelskreis, unten Viertelskreis mit zwei Disteln ähnlich K 16, doch sorgfältiger geschnitten.
Fundort:
a Vermutlich aus Speyer, Herkunft unbekannt.
Speyer, Historisches Museum der Pfalz.
b Nach flüchtiger Skizze einer 1956 vernichteten Fliese muß sich eine Fliese mit ganz ähnlichem Muster im ehem. Zisterzienserkloster Maulbronn befunden haben. Roter Ton. Kante schräg. 12,5 × 2,8 cm.

K 18 Neuweiler?

14. Jahrhundert.
Roter Ton mit dunkelgrüner Bleiglasur auf Vorder- und Rückseite. Vertiefte Prägung. 13,5 × 2,5 cm.
Viertelsrond mit sechs kleinen, einem Birkenblatt ähnelnden Ornamenten, die in einer Bogenlinie auf dem unteren Kreisband stehen. Darunter Vierpaßviertel mit kleinem Eckkreis und den Hälften eines tiefgeschlitzten Blattes. Den Raum zwischen Bogen und Vierpaß füllen zwei Hahnenfußblätter auf verschlungenen Stengeln. In der Ecke oben Viertel eines achtzackigen Sterns mit Viertelskreis und winzigen Lilien.
Fundort:
Unbekannt, aus dem Elsaß, analog zu K 19 möglicherweise aus Neuweiler.
Straßburg, Frauenhausmuseum.

K 19 Neuweiler

14. Jahrhundert.
Hellroter Ton mit dunkelgrüner Bleiglasur. Vertiefte, grobe Prägung. Kante senkrecht. 13,5 × 2,5 cm.
Gegenstück zu K 18. Unter dem Kreisbogen Viertel des Sterns mit Fiederblättern auf Viertelskreis, das kleinere Vierpaßviertel in der Ecke oben. Auf dem Kreisbogen kleine, durch Ranken verbundene Blättchen.
Fundort:
Neuweiler (Beschriftung auf der Rückseite), die Kirche unbekannt. Ch. Czarnowsky, 14, Abb. 10.
Straßburg, Frauenhausmuseum.

K 20 Nordschweiz

Ende 15. Jahrhundert.
Roter Ton mit flaschengrüner Bleiglasur. Schwach vertiefte Prägung. 20 × 5 cm.
Breites Viertelsrond, alle Kreisbogen zusätzlich auf beiden

Seiten von dünnen Linien begleitet. Auf U-förmig gebogenen Ranken sorgfältig gezeichnete Weinblätter, Reben auf kurzen Stielen und kleine Ästchen. Darunter Akanthusranken, die sich um einen mittleren Kreisbogen schlingen. In der Ecke Viertel eines achtzackigen Sterns, die Zwischenräume mit kleinen Palmetten gefüllt; in der Ecke oben breites Viertelsrond mit Kranz aus sechsblättrigen Rosen und kleinen Blättchen.
Fundort:
Unbekannt, der mir früher genannte Fundort „aus der Pfarrkirche von Bremgarten" scheint falsch zu sein[1]. Sicher jedoch aus der Nordschweiz.
Zürich, Schweizerisches Landesmuseum.

1 Freundliche Mitteilung von Herrn Prof. Dr. Rudolf Schnyder, Zürich.

K21 Bebenhausen

Datierung unsicher. Der Reliefschnitt steht den Fliesen des frühen 13. Jahrhunderts nah. Die Glasur, vor allem die dreifarbige Glasur von K22, weist ins späte 15. oder frühe 16. Jahrhundert.
Feingemagerter, roter Ton mit Resten von gelblicher Glasur in den Eckmotiven. Flachrelief. Kante schräg. 10,5 × 3 cm.
Breites Viertelsrond mit zur Volute gerollten Ranken, die fast oder ganz zum Kreis geschlossen sind. Im Kreis je ein Rebblatt, an den Seiten Reben sowie kleinere Blätter und Ranken in verschiedener Größe. In der Ecke unten Viertelskreis mit Rebblatt, über dem Kreisbogen Eichelstab, gerahmt von Eichblatthälften.
Fundort:
Bebenhausen, ehem. Zisterzienserkloster im 19. Jahrhundert entfernt. E. Herdtle, 1, Taf. 24.
Stuttgart, Württembergisches Landesmuseum.

K22 Bebenhausen

Datierung unsicher, siehe K21.
Bräunlichroter Ton ohne Glasurspuren. Nach K. Haßler[1] zeigten die Fliesen 1862 noch eine dreifarbige Glasur: Die Tauben weiß, die Blätter grün, die Trauben und Ranken bräunlich auf rotem Grund. Das Gedicht von Eduard Mörike, S. 6, spricht ebenfalls für das Vorhandensein von Glasur. Flachrelief. 11,5 × 3 cm und 12 × 2,5 cm.
Variante von K21. Im rechten Rankenkreis Weinblatt mit kleiner Traube, im linken eine kleine und eine größere Traube mit winzigem Rebblatt. In den Zwischenräumen weitere Rebe, kleine Ranken, Kleeblätter und Weinlaub. In der Ecke unten gleiches Blatt, über dem Kreisbogen zwei schnäbelnde Tauben, dazwischen hängender Blattstab. In der Ecke winziger Viertelskreis.
Fundort:
Bebenhausen, ehem. Zisterzienserkloster, Dormitorium, im 19. Jahrhundert entfernt. E. Herdtle, II, Taf. 11.
Stuttgart, Württembergisches Landesmuseum.

1 K. Hassler, Taf. 21, 1.

K23 Stolzenberg – Grenzau

16.–17. Jahrhundert[1].
Roter, innerhalb des Scherbens die Farbe wechselnder Ton. Flachrelief. 17,5 × 16 cm.
Viertelsrond B mit acht kleinen Punkten. Über dem Kreisbogen, der Rundung folgende Blume, durch das unterste Blatt wohl eindeutig als Tulpe gekennzeichnet. Rechts noch ein zweiter Stengel mit Strichblättern. In der Ecke unten schmales Oval, flankiert von Tulpen und dicken Punkten.
Fundort:
a Burg Stolzenberg im Alsenztal, auf dem Gelände der heute verschwundenen Burg gefunden.
Nürnberg, Germanisches Nationalmuseum.
b Möglicherweise aus Burg Grenzau, genaue Herkunft nicht mehr bekannt. Bruchstück einer ähnlichen Fliese. Sichtbar ist nur noch ein Lanzettblatt. Weißgrauer Ton. Relief mit dünnen Stegen. Dicke 2,7 cm.
Burg Grenzau, Slg. Prof. Dr. H. Spiegel.

1 Die Datierung ergibt sich aus der späten Einführung der Tulpe nach Deutschland, die nicht vor Anfang des 17. Jahrhunderts festen Fuß in den deutschen Gärten faßt. Die Zerstörung der Burg Stolzenberg kann daher wohl nicht schon im frühen 16. Jahrhundert, sondern erst im 30jährigen Krieg erfolgt sein.

K24 Steingaden – Meran?

Um 1491? (a) Um 1480? (b).
Roter, stark gemagerter Ton. Vertiefte Prägung. 21 × 4,5 cm.
Zwei Viertelskreise, der erste mit zehn, der zweite mit vier kleinen Punkten; dazwischen, auf dem unteren Kreisbogen stehend, drei gefiederte Blätter (Nadelgehölz?), von Sternen begleitet. In der Ecke oben dreifach gefiedertes Blatt.
Fundort:
a Steingaden, ehem. Prämonstratenserkloster, in situ in der St. Annenkapelle des Nordwestturmes.
München, Bayerisches Nationalmuseum.
Nürnberg, Germanisches Nationalmuseum.
b Meran, Landesfürstliche Burg, 1897 anscheinend noch in situ, heute verschwunden. *Variante.* Möglicherweise nur durch ungenaue Zeichnung entstanden. Die Blättchen nicht spitz, sondern gerundet, die Sterne fehlen. F. Paukert, II, Blatt 6, Abb. B.

K25 Stams

Nach 1536?
Roter Ton. Vertiefte Prägung. 21,5 × 21,5 cm.
Viertelsrond wie K24 mit elf und fünf Punkten. Von der Mitte zur Ecke aufsteigendes Storchschnabelblatt, das sich in der Ecke wiederholt. Rechts und links kleinerer Kreis mit Rose aus fünf tropfenförmigen Ovalen.
Fundort:
a Stams, Zisterzienserkloster, 1893 noch in situ im „Klostergang", heute nur noch in wenigen Fliesen erhalten. F. Paukert, III, Blatt 14.
Stams, Klostersammlung.
b Variante vom selben Fundort. Das Blatt in der Ecke mit leicht gebogenem Stengel, auf dem Band drei Storchschnabelblätter, in der Ecke unten winziger Stern. Zu beiden Seiten des Eckblatts und an derselben Stelle unterhalb des Bogens Blüte aus drei kleinen Kreisen. F. Caramelle, 29, Abb. 15.
Stams, Klostersammlung.

K26 Stams

Nach 1536?
Roter Ton. Vertiefte Prägung, analog zu K25 wohl auch 21,5 × 21,5 cm.

Viertelsrond B mit Perlschnur aus 22 Punkten. Auf ihm sitzt ein von der Mitte zur Ecke aufsteigendes dreigeteiltes Blattornament. Die Mitte des Viertelskreises füllt eine schematisierte Lilienblüte, links von Ahornblatt, rechts von nesselähnlicher Pflanze mit Rachenblüte gerahmt. Vom Kreisbogen wölben sich zwei Kleeblätter nach unten.
Fundort:
Stams, Zisterzienserkloster, 1893 noch in situ im „Klostergang", heute verloren. F. Paukert, III, Blatt 13.

K27 Württemberg – Mariaberg

1. Viertel 16. Jahrhundert (a). Datierung ungewiß, möglicherweise erst nach 1628 (b).
Roter, stark gebrannter Ton. Dunkelbraune Glasur über einer Hälfte der Fliese, vermutlich nur während des Brandes aufgetropft. Flachrelief. Kante schräg. 16,5 × 4,5 cm.
Drei konzentrische Viertelskreise, der mittlere mit Schrägkerben, die anderen mit Punkten. Auf dem ersten Viertelskreisband gepunzte Lilien, auf dem zweiten keulenförmige Stäbe mit Punkten in den Zwischenräumen. In der Ecke oben stilisierte Lilie mit weit gewölbten Hängeblättern und drei Punkten über dem Kelch.
Fundort:
a Unbekannt, aus unmittelbarer Umgebung von Kirchheim/Teck.
Kirchheim/Teck, Museum der Stadt Kirchheim.
b Mariaberg, Klosterkirche, noch neun Fliesen im Chor sichtbar. Wegen der starken Zerstörung der Oberfläche ist nicht sicher, ob es sich um dasselbe Muster handelt. Erkennbar sind drei konzentrische Viertelskreise, in der Ecke oben wohl ähnliche Lilie wie bei K 27a. Flachrelief. Roter Ton.

K27.1 Madenburg

Nach 1516.
Roter Ton. Flachrelief. 17 × 3 cm.
Viertelsrond mit vier verschieden breiten konzentrischen Kreisbändern. In der Ecke oben grobe heraldische Lilie, im Schaft ein Oval, darunter ein Punkt ausgespart. Das erste Kreisband mit Mittellinie, das zweite mit vier Blüten in Windrad-Form, das dritte mit Bogenrand, das vierte dünner Strich. In der Ecke unten Viertel eines Blütensterns aus Zungenblüten.
Fundort:
Madenburg, Burgruine.
Speyer, Historisches Museum der Pfalz.

K28 Hattenhofen

Ende 15. Jahrhundert.
Tonfarbe vermutlich rot, Maße unbekannt.
Viertelsbogen mit sieben dicken Punkten, unter diesem vier Sterne. Es folgt ein Viertelsrond aus gewundenen Linien, ähnlich einer Dornenkrone, und ein weiteres mit dem Viertel eines achtzackigen Sterns. Dieser auch in der gegenüberliegenden Ecke.
Fundort:
Hattenhofen, ev. Pfarrkirche St. Ägidius, 1914 noch in situ vorhanden[1], heute verschollen. Abb. nach Fr. Laib, Fr. J. Schwarz, 73, Abb. 13.

1 H. Christ, H. Klaiber, 97.

K29 Neufra

1591.
Roter Ton. Vertiefte Prägung. 17 × 17 cm.
Breites Viertelsrond mit fünf groben Sternen, darunter zweites Rond mit Lilien und Blattwerk. Die Lilien wiederholen sich in den Viertelskreisen beider Ecken.
Fundort:
Neufra, Muttergotteskapelle, in situ im Chor erhalten. F. Hossfeld u.a., Bd. 2, 255, Abb. 347.

K30 Niederhöchstadt

Ende 15. bis 1. Viertel 16. Jahrhundert.
Roter, feingemagerter Ton. Vertiefte Prägung. Model doppelt angesetzt. 25 × 4 cm.
Viertelsrond B, darüber Viertel eines Blattsterns aus sorgfältig gezeichneten Palmetten. Darunter, vom Kreisrand ausgehend, Akanthusblätter zwischen zwei länglichen, stilisierten Blüten. Das Muster ergibt in der Zusammensetzung einen achtstrahligen Stern auf Mittelkreis.
Fundort:
Niederhöchstadt, kath. Pfarrkirche St. Nikolaus.
Wiesbaden, Slg. Nassauischer Altertümer.

K31 Ringingen – Veringendorf – Veringenstadt

1. Viertel 16. Jahrhundert.
Roter Ton. Flachrelief. 16,5 × 5 cm.
Breites Viertelsrond mit eng gereihten, leicht ovalen Stäben, darunter drei konzentrische Viertelskreise. In der Ecke grobe, dreigeteilte Blüte, über dem Kreisbogen vierblättrige Sternblüte.
Fundort:
a Ringingen, Marienkapelle, 1932 noch in situ um den Altar, später entfernt.
Hechingen, Hohenzollerische Landessammlung.
b Veringendorf, kath. Pfarrkirche St. Michael, bei der Restaurierung 1965 gefunden. Vermutlich aus der im 16. Jahrhundert angefügten Sakristei stammend. G. P. Fehring, 1970b, 100, Abb. 59.
Stuttgart, Landesdenkmalamt Baden-Württemberg.
c Wie *b*. Fliese 1889 entfernt, der Fußboden damals vielleicht noch intakt. Gelblicher Ton.
Freiburg, Städt. Museen, Augustinermuseum.
d Veringenstadt, kath. Pfarrkirche St. Nikolaus, bei einer Restaurierung gefunden.
Veringenstadt, Heimatmuseum.

K32 Pfullingen – Reutlingen

Um 1480–1500, nicht später als 1540.
Roter, grobgemagerter Ton. Flachrelief. Sorgfältig geschnittener Model. 16,5 × 3,5 cm.
Viertelsrond mit eng gereihten, senkrechten Kerben, darunter Viertelsrond mit kleinen Lilien, die auf Halbkreisbögen sitzen und von Punkten begleitet sind. In den Ecken jeweils Viertel einer Sternblüte, die ähnlich der Wegwarte aus kleinen, spitzen Keilen gebildet ist. Oben zu beiden Seiten ein schwertförmiges Ornament.
Fundort:
a Pfullingen, ehem. Klarissinnenkloster, im 20. Jahrhundert entfernt.
Reutlingen, Privatbesitz.

b Unbekannt, „aus Reutlingen“.
Reutlingen, Heimatmuseum (alter Bestand).
Stuttgart, Württembergisches Landesmuseum.
c Reutlingen, 1981 beim Umbau in einem Nebengebäude des „Nürtinger Hofes“ (ehem. Salmansweiler Klosterhof) gefunden. Roter Ton. Bruchstück. 17,5 × 3,5 cm.
Reutlingen, Heimatmuseum.

K33 Apfelstetten – Reutlingen

1490– um 1510.
Roter Ton. Flachrelief. 19,5 × 19,5 cm.
Variante von K32. Kreisbogen A, darüber Blüte mit Mitteloval und je zwei schmalen seitlichen Blättchen. Unter dem Bogen Perlband des Schemas: ..-..-... Die Lilien wie K32, das Sternblütenviertel ohne Begrenzung durch Kreisbogen, die Blütenblätter gerundet in Form eines Tropfenovals.
Fundort:
a Apfelstetten, Kapelle St. Barbara, bei der Restaurierung 1969–71 zwölf Fliesen im Schutt des Chorraums gefunden, in die Westwand der Kirche eingelassen. A. Breuning, 38, Fig. 11.
b Reutlingen-Eningen, aus dem Keller eines wohl ehemals dem Kloster Zwiefalten gehörenden, 1893 abgebrannten Klosterhofes[1]. Dunkelroter Ton. *Variante.* In der Ecke oben kleines Herz mit der Spitze zum Kreisbogen, unter dem Bogen Mittelstern und je fünf Punkte zu beiden Seiten, die übrige Zeichnung gleich. 19,5 × 4 cm.
Reutlingen-Eningen, Rathaus, Heimatsammlung.
Reutlingen, Privatbesitz.
Stuttgart, Württembergisches Landesmuseum.
c Reutlingen, Königsbronner Hof, in situ im Obergeschoß des frühgotischen Bauteils, sicher in zweiter Lage. Rote bis bläulichrote Klinkerfarbe. Oberfläche teilweise gesintert. 20 × 3,5 cm.
Reutlingen, Heimatmuseum.
d Unbekannt, vermutlich aus Reutlingen oder dessen nächster Umgebung. *Variante,* das Herzornament an der Spitze lang ausgezogen. 19 × 3,5 cm.
Ulm, Privatbesitz.

1 Freundliche Mitteilung von Herrn Alfred Hagenlocher, Reutlingen.

K34 Reutlingen

1490– um 1510.
Ziegelroter und bläulichroter Ton. Flachrelief. 18 × 18,5 × 3 cm.
Varianten zu K33. Die Lilien mit kleinem rundlichen Kelch, Perlband wie K33*a*, in der Ecke oben ein spitzer „Mercedesstern“.
Fundort:
a Unbekannt, vermutlich aus Reutlingen.
Reutlingen, Heimatmuseum.
b Herkunft unbekannt, vermutlich Reutlingen. *Variante.* Die Punktleiste zwischen Doppelbogen, die Halbkreisbogen, auf denen die Lilien sitzen, feiner und ganz regelmäßig gewölbt. In der Ecke oben sehr fein gegliederte vierteilige Rosette mit Kelchzipfeln. Die vier Blütenstäbe des Mittelsterns wie eine Turmschnecke eingekerbt. Roter Ton, 18 × 3 cm.
Reutlingen, Heimatmuseum.

K35 Mariaberg – Reutlingen

16. Jahrhundert.
Bläulichroter Klinkerton. Flachrelief. 16,5 × 3 cm.
Variante von K34*b*. Mittelblüte und Doppelbogen übereinstimmend. Bei der Eckblüte Staubgefäße durch acht kleine Punkte angedeutet, beim Perlband das Rechteck durch Schrägkerben („Brotlaib“) gegliedert. Die Bogen wirken dadurch, daß sich die Hängeblätter der Lilien fast berühren, wie Kreise. Zu beiden Seiten nochmals dasselbe Blättchen.
Fundort:
a Mariaberg, Gemeinde Bronnen, ehem. Benediktinerinnenkloster, in situ im Chor der Kirche. Stark abgetreten.
b Reutlingen, Gewann „Betzenried“, 1964 beim Abbruch eines Weinberghäuschens gefunden.
Reutlingen, Heimatmuseum.

K36 Boll?

Ende 15. Jahrhundert?
Roter Ton. Flaches, unsauber geschnittenes Relief. 19 × 3,5 cm. Nicht abgebildet.
Anscheinend Nachschnitt von K33. Die Lilien nur noch durch Zacken angedeutet, die Herzform in der Ecke bis zum Kreisbogen ausgezogen, daneben kleines Kreuz.
Fundort:
Angeblich aus Boll, im Kunsthandel erworben.
Ulm, Privatbesitz.

K37 Offenhausen

1. Viertel 16. Jahrhundert, nicht später als 1537.
Graurötlicher Ton. Flachrelief, Fliese beim Brand verzogen. 17,5 × 3 cm.
Fünf konzentrische Viertelskreise. In der Ecke unten grobe Lilie mit weit gebreiteten Hängeblättern. In der Ecke oben kleiner, stehender, nach rechts gewandter Hahn(?).
Fundort:
a Offenhausen, ehem. Dominikanerinnenkloster.
Reutlingen, Privatbesitz.
b Unbekannt, wahrscheinlich vom selben Fundort wie K37*a*. Vermutlich wie J22 beim Bau einer Wasserleitung 1909 in Offenhausen gefunden.
Stuttgart, Württembergisches Landesmuseum (alter Bestand).

K37.1 Pfullingen – Reutlingen

1. Viertel. 16. Jahrhundert, nicht später als 1540 (a), um 1560? (b).
Ziegelroter Ton. Flachrelief. 17,5 × 4 cm.
Variante von K37. Sieben Viertelskreisbogen, der mittlere als Wellenlinie. In der Ecke oben zum Kreis gewandte Lilienblüte, in der Ecke unten Lilie mit Blättern und Stengel auf kleinem Viertelskreis.
Fundort:
a Pfullingen, ehem. Klarissinnenkloster, im 20. Jahrhundert entfernt.
Reutlingen, Privatbesitz.
b Reutlingen, Obere Gerberstr. 14, 1979 unter einem Holzboden aufgedeckt[1].
Reutlingen, Heimatmuseum.

1 Freundliche Mitteilung von Herrn Dr. Rainer Canz, Reutlingen.

K38 Reutlingen

Um 1560.
Ziegelroter Ton. Sehr flaches Relief. 17,5 × 3 cm.
Variante zu K37. Zwei Kreisbänder durch drei Bogen. In der Ecke unten grobes Blütenornament ähnlich K37. Auf dem Bogen stehender Vogel mit weit gebreiteten Schwingen und nach links geneigtem Kopf.
Fundort:
Reutlingen, Obere Gerberstr. 14, 1979 unter einem Holzboden aufgedeckt.
Reutlingen, Heimatmuseum.

K39 Württemberg

Ende 15. bis 1. Hälfte 16. Jahrhundert.
Roter Ton. Flachrelief, Oberfläche sehr zerstört. 16,5 × 5 cm.
Viertelsrond B, unter diesem ein Band aus senkrecht stehenden, sich berührenden Rauten. Am Kreisbogen und am Zackenrand nach oben und unten gewandte Lindenblätter, dazwischen drei waagrechte Rauten. In der Ecke unten Viertelskreis, darauf drei Lindenblätter, in der Ecke oben kleine Ranken. Komplizierte Zeichnung, wenig sorgfältige Prägung.
Fundort:
Unbekannt, aus Württemberg.
Stuttgart, Württembergisches Landesmuseum.

K40 Mengen

15. Jahrhundert?
Roter Ton. Flachrelief. Abgetreten. Bruchstück. 17 × 4 cm.
Viertelsrond B mit rechtwinkliger Zackenlinie, dazwischen Punkte. In der Ecke oben dreigeteiltes Blatt mit Mittelrippe, unter dem Kreisbogen Ranken(?), der Rest zerstört.
Fundort:
Mengen, aus dem Haus „Zur Geis", der mittelalterlichen Badstube Mengens.
Mengen, Heimatmuseum.

K41 Weil

1508?
Roter Ton. Flaches Relief. Abgetreten. Bruchstück. Ca. 19 × 19 cm. Dicke ca. 3,5 cm. Nicht abgebildet.
Viertelsrond aus zwei Kreisbögen, darunter grobes, kaum mehr erkennbares Blattornament.
Fundort:
Weil im Schönbuch, ev. Pfarrkirche, ehem. St. Maria, bei Grabungen 1968 gefunden.
Stuttgart, Landesdenkmalamt Baden-Württemberg.

K41.1 Württemberg – Nagold

Um 1511? (b).
Roter Ton. Flaches Relief. Abgetreten. 16 × 3 cm.
Viertelsrond. Das breite Band, abwechselnd mit kleinem Kreis und Raute geschmückt, wird oben von zwei, unten von einem Kreisbogen begleitet. In der Ecke oben zum Kreis gewandte, grobe heraldische Lilie, zu beiden Seiten je ein halbes Blatt mit vier Bogen, welches in der Zusammensetzung einen spitzen Blattstern ergibt. Die Fläche unterhalb des Bogens nicht mehr zu erkennen.
Fundort:
a Unbekannt, aus Württemberg, im 19. Jahrhundert geborgen.
Stuttgart, Württembergisches Landesmuseum.
b Nagold, ev. Gottesackerkirche St. Remigius und Nikolaus. Einzelfliese, bei der Ausgrabung 1961–64 unter dem Plattenboden im Langhaus gefunden. Vermutlich dieselbe Fliese, möglicherweise jedoch nur aus derselben Werkstatt stammend. Hier ist in der Ecke unten ein kleiner Viertelskreis sichtbar. Auf diesem sitzen auf Halbkreisbogen eine ganze und je eine halbe Kreuzblume in Dreipaßform. „Roter Ton mit vertiefter, weiß gefüllter Prägung im Wechsel mit Relief. 16/16,5 × 4,2/4,9 cm".[1] V. Roeser, 1986, Abb. 147, Nr. 4, Abb. 149.
Nagold, Heimatmuseum.

1 V. Roeser, Kat.-Nr. 197.

K42 Weingarten

Um 1276?
Roter, besonders feingemagerter Ton. Vertiefte Prägung. 14,5 × 4,5 cm.
Viertelsrond B mit Randleisten und sorgfältig stilisierter heraldischer Lilie mit doppelten Hängeblättern und ovalem Kelch, Schaftring und gespaltenem Kelchgrund. In der Ecke unten Viertelskreis mit neun Punkten, darunter Dreipaß; oben derselbe Kreis mit Kornblume.
Fundort:
a Weingarten, Benediktinerkloster, bei Grabungen 1956 im Kreuzgang gefunden. K. Hecht, 1956, 303, Abb. 18a. Weitere Fliesen wurden schon vor 1862 entfernt. K. Haßler, Taf. XVIII, 4.
Weingarten, Klosterarchiv.
Stuttgart, Württembergisches Landesmuseum.
b Unbekannt.
Hechingen, Hohenzollerische Landessammlung.

K43 Ochsenhausen – Weingarten – Wildpoltsweiler

2.–3. Viertel 14. Jahrhundert.
Roter Ton. Vertiefte Prägung. Kante senkrecht. 15,5 × 4,5 cm.
Später *Nachschnitt* in Anlehnung an K42. Der Viertelsbogen etwas flacher, ohne Rahmenleisten, die grobe Lilie kleiner, mit schwebenden, an den Spitzen aufgewölbten Hängeblättern. In den Eckkreisen Viertel einer achtblättrigen Rose.
Fundort:
a Ochsenhausen, ehem. Benediktinerklosterkirche St. Georg, bei der Restaurierung 1979–84 gefunden.
Ulm, Staatl. Hochbauamt.
b Weingarten, Benediktinerkloster, bei Grabung vor 1956 im Südquerarm des 2. Münsters gefunden, jedoch auch schon vor 1862 bekannt. K. Haßler, Taf. XV, 2; K. Hecht, 1956, 303, Abb. 18b. 15 × 5 und 16 × 16,4 × 4,5 cm.
Weingarten, Klosterarchiv.
Stuttgart, Württembergisches Landesmuseum.
Ulm, Privatbesitz.
c Wildpoltsweiler, kath. Pfarrkirche St. Georg, bei der Restaurierung 1973 in der Sakristei aufgedeckt. 16 × 16,4 × 4,5 cm.
Ulm, Privatbesitz.
d Weingarten, bei Grabung vor 1956 im Kreuzgang gefunden, in der Nikolauskapelle und im Treppenhaus am Süd-

querarm neu verlegt. *Variante* ohne Punkte auf dem oberen Eckkreis, die Blüten mit fast runden Blättern.
K. Hecht, 1956, 303, Abb. 18c.

K 44 Eberhardzell

Um 1456?, möglicherweise auch früher.
Roter Ton. Vertiefte Prägung. Eine Ecke abgebrochen. 14,5 × 4,5 cm.
Später *Nachschnitt* der Fliese K 43. Die Rahmenleiste schmaler und bis zur Ecke reichend, in der Viertelskreis und Dreipaß fehlen. In der Ecke oben Viertelskreis mit Punkten und kleiner Dreieckszacke. Die Lilie grob, in knapper Strichzeichnung.
Fundort:
Eberhardzell, kath. Pfarrkirche, bei einer Grabung anläßlich des Kirchenumbaus 1968 gefunden. B. Scholkmann, 72, Abb. 8.
Stuttgart, Landesdenkmalamt Baden-Württemberg.

K 45 Hohenfurt

14. Jahrhundert.
Weißlichgrauer Ton. Flachrelief. 18 × 4 cm.
Zwei Viertelskreisbänder, der äußere Bogen mit Scherengitter aus zwei verschränkten Zackenbändern. Darunter Lilie mit weitausladenden Hängeblättern auf gespaltenem Stengel, der in der Zusammensetzung von vier Fliesen eine Art Quadrat mit Mittelrosette ergibt. In der Ecke oben Viertel eines feingeschnittenen Blattsterns, genau mit P 17 aus Kloster Bebenhausen übereinstimmend.
Fundort:
Hohenfurt/Vyšši Brod, ehem. Zisterzienserkloster, 1929 noch in den Stiftssammlungen (A. Cechner, 245, Abb. 240), seit 1941 in Linz.
Linz, Oberösterreichisches Landesmuseum.

K 46 Wendlingen – Göppingen

Um 1511 (a), letztes Drittel 15. bis 1. Viertel 16. Jahrhundert (b).
Roter Ton. Flachrelief. Abgetreten. 13,5 × 3,5 cm.
Viertelsrond A mit großer Lilie. Der Kelch in Birnenform, die Seitenblätter durchgehend geteilt und durch Schaftring gehalten. In der Ecke oben zwei Blatthälften, die in der Zusammensetzung einen Blattstern ergeben.
Fundort:
a Nach K. Haßler, Taf. VI, 2 „aus Wendlingen". Ev. Pfarrkirche St. Eusebius, 1888 anscheinend noch in der Kirche vorhanden[1]. Die Zeichnung ist vermutlich nicht sehr exakt, sie zeigt geringe Abweichungen.
Stuttgart, Württembergisches Landesmuseum.
b Göppingen, Oberhofenkirche, bei Grabungen 1980/81 entdeckt. Fragment, noch nicht sicher zu ergänzen, am ehesten K 46 gleichend. Roter Ton. 14,2 × 3,8 cm.
Stuttgart, Landesdenkmalamt Baden-Württemberg.

1 P. Keppler, 102.

K 47 Kirchheim – Geislingen – Deggingen

1. Viertel 16. Jahrhundert (a), um 1497 (c).
Roter, stark gebrannter Ton. Flachrelief. Sehr abgetreten, Kante schräg. 15 × 4 cm.
Variante von K 46. Die Kelchspitze ohne Einbuchtung, die Seitenblätter schwebend, an der Spitze aufgewölbt, der Schaftring sichelförmig abwärts gebogen. In der Ecke oben kleiner Stab mit Rautenspitze zwischen den Blatthälften.
Fundort:
a Kirchheim/Teck, an der Stelle des ehem. Dominikanerklosters (Finanzamt) vor 1972 gefunden (12 Fliesen).
Kirchheim/Teck, Museum der Stadt Kirchheim.
b Geislingen, Burgruine Helfenstein bei der Ausgrabung 1932 gefunden. *Variante* mit spitzem Kelch und nach oben gewölbten Seitenblättern, der Schaftring waagrecht, in der Ecke nur kleines Blatt. Roter Ton. 19 × 4 cm.
Geislingen, Heimatmuseum.
c Deggingen, Wallfahrtskirche „Ave Maria", Dreifaltigkeitskapelle, bei Grabungen 1956 gefunden. *Variante,* ohne Schaftring und mit kleineren Eckblättern. Hell- und dunkelroter Ton. 17,5 × 4,5 und 18,5 × 4,5 cm.
Stuttgart, Landesdenkmalamt Baden-Württemberg.

K 48 Württemberg

1. Viertel 16. Jahrhundert.
Dunkelroter Ton. Vertiefte Prägung. 16,5 × 4,5 und 16 × 4 cm.
Viertelskreis A, von einer großen Lilie mit spitzovalem Kelch und sichelförmig gewölbten Blättern überschnitten, der fast kreisrunde Schaftring ungefähr in Fliesenmitte. Die Raute des Kelchgrundes steht auf kleinem Viertelsbogen, in der Ecke winziger Kreis.
Fundort:
Unbekannt, aus Württemberg, doch keiner bestimmten Gegend mit Sicherheit zuzuschreiben.
Stuttgart, Württembergisches Landesmuseum.

K 48.1 Göppingen

Ende 15. bis 1. Viertel 16. Jahrhundert.
Ziegelroter Ton mit Spuren von matter, gelbgrüner Glasur in den Vertiefungen. Flachrelief. Kante leicht schräg. Zwei Bruchstücke. 16,5 × 4,5 cm.
Viertelsrond A mit dem Viertel eines einbeschriebenen Achtpasses?. Im Paßbogen eine zum Kreis gewandte Lilie, zu beiden Seiten und in der Ecke oben je die Hälfte derselben Lilien. Die andere Ecke fehlt.
Fundort:
Göppingen, Oberhofenkirche, bei Grabungen 1980/81 entdeckt.
Göppingen, Städtisches Museum.

K 49 Hettingen – Nellingen

Um 1499 (a), 3. Viertel 15. Jahrhundert bis Ende 15. Jahrhundert (b).
Roter Ton. Flachrelief. 18 × 5 cm.
Zwei Viertelskreise, der äußere mit zum Kreis gekehrter Zakkenkante, darüber dreigeteiltes Blatt, von zwei kleinen Blättchen auf langen Stielen gerahmt. Auf dem Innenkreis an der Fliesenkante je die Hälfte einer schönen Lilie mit Rautenkelch. In der Ecke unten zwei Viertelskreise mit Zacken, darauf scharf gezacktes Distelblatt, von rundem Schaftring gehalten.
Fundort:
a Hettingen, kath. Pfarrkirche St. Martin, in situ in der Sakristei. W. Genzmer [u. a.], Bd. 2, 150.

b Nellingen, Propstei des Benediktinerklosters St. Blasien, vor 1937 gefunden. Dunkelroter Klinkerton mit einem Stich ins Bläuliche. 18 × 5 cm.
Esslingen, Stadtmuseum.

K50 Emerkingen – Kleinallmendingen

Um 1482?
Hellroter Ton. Flachrelief. Kante senkrecht. 15 × 3 cm.
Nachschnitt von K49. Der Zackenbogen mit weniger und breiteren Zacken, darüber eine auf dem Bogen aufsitzende Blattpflanze. Die Lilien ebenfalls kleiner, von je zwei Kleeblättern begleitet, das Blattornament der Mitte lebhaft geschwungen und tiefer eingekerbt, den Kreisrand berührend. Der Schaftring nicht mehr abgesetzt, das Wurzelende verdickt.
Fundort:
a Emerkingen, kath. Kapelle St. Wolfgang, Bruchstücke im Unterbau des Altars vermauert gefunden.
Emerkingen, Pfarrhaus.
b Kleinallmendingen, kath. Laurentiuskapelle, bei Grabung gefunden.
Munderkingen, Slg. H. Kneer.

K51 Heubach

Um 1441?
Dunkelroter, stark gebrannter Ton. Flachrelief. Abgetreten. 17,5 × 4 cm.
Zwei Viertelsbögen, der innere mit Zahnleiste. Sie überschneiden eine Blüte, deren S-förmig geschwungener Stengel mit zwei Blättern in der Ecke oben ansetzt, deren Blütenkorb mit sieben ungleich großen, zurückgeschlagenen Blütenblättern die andere Ecke füllt. Im freien Raum einzelne kleine Sterne.
Fundort:
Heubach, ev. Pfarrkirche St. Ulrich, im 19. Jahrhundert entfernt.
Schwäbisch Gmünd, Städtisches Museum.
Stuttgart, Württembergisches Landesmuseum.

K52 Ulm

Mitte 15. Jahrhundert.
Roter Ton. Vertiefte Prägung. 13,5 × 3,5 cm.
Viertelsrond B mit Blütenstab. Dieser zeigt an der Spitze einen dicken Stempel, an dem Kelch und Hängeblätter einer Lilie ansetzen, in der Mitte einen dicken Schaftknoten, von dem sechs ungleich große Blätter ausstrahlen und am Stabende, über kleinem Viertelskreis zwei weitere Blättchen.
Fundort: Ulm, nach K. Haßler, Taf. XVIII, 2 aus einem Ulmer Privathaus.
Stuttgart, Württembergisches Landesmuseum.
München, Bayerisches Nationalmuseum (Kopie als Fußboden).

K53 Essingen

Ende 15. Jahrhundert – um 1517.
Roter Ton. Vertiefte Prägung. Oft gänzlich abgetreten, Oberfläche zerstört. 14,5 × 3,5 cm.
Viertelsrond A, darüber kleiner Viertelskreis mit Zackenkante oder Sternviertel, darunter vermutlich Blattpflanze ähnlich K52, nur in allen Proportionen kleiner. Nicht abgebildet.
Fundort:
Essingen, ev. Pfarrkirche St. Quirinus, bei Grabungen 1963 gefunden.
Stuttgart, Landesdenkmalamt Baden-Württemberg.

K54 Boll

Um 1486?, um 1821?[1]
Roter Ton. Flachrelief. 18 × 3,5 cm.
Zwei Viertelskreise, in der Ecke unten grobe Blüte, Glockenblume oder Tulpe.
Fundort: Boll, ehem. Stiftskirche St. Cyriakus, in situ als Bodenbelag im Glockenhaus des Turmes.

1 Die Datierung kann hier nur von der Deutung der Blüte ausgehen. Handelt es sich um eine Tulpe, kann die Fliese erst im 17. bis 18. Jh. geprägt worden sein, evtl. erst bei der Erneuerung des Turmes 1821.

K55 Gruibingen

Ende 15. bis 1. Viertel 16. Jahrhundert.
Hochroter, grob gemagerter Ton, vereinzelt reduzierend schwarzrot oder schwärzlich gebrannt. Flachrelief, das Perlband mit den Fingerkuppen eingedrückt. 16 × 4 cm.
Viertelsrond B, auf dem Bogen 14 Punkte eingedrückt. Bei anderen Fliesen fehlen diese Punkte. In der Ecke oben kleines Kreuz, ursprünglich eine verdorbene Lilie. In der Ecke unten kleine heraldische Lilie mit ovalem Kelch und sichelförmigen Hängeblättern. Drei kleine Blätter durch waagrechte Striche am Stengel angedeutet.
Fundort:
a Gruibingen, ev. Pfarrkirche St. Martin, bis 1865 noch in der Kirche verlegt, heute in einem Bretterverschlag unter der Emporentreppe erhalten. Gruibingen, Martinskirche, 1975, 10.
b Aus Gruibingen, im Treppenhaus des Schlosses in Göppingen vier Fliesen in die Wand eingelassen.
Ulm, Privatbesitz.

K56 Ravengiersburg

2. Hälfte 13. Jahrhundert.
Tonfarbe unbekannt. Vertiefte Prägung. Maße ähnlich den übrigen Fliesen, nach Zeichnung ca. 14,5 × 14,5 cm.
Viertelsrond B, an der Unterkante von der Spitze eines Lilienstabes leicht überdeckt. In der Ecke darüber ebenfalls einfache Lilie.
Fundort:
Ravengiersburg, ehem. Augustiner-Chorherrenstift 1908 noch in situ im Nordflügel des Kreuzgangs, heute verloren. C. Meyer, 62, Fig. 61. Bei den Grabungen 1963 und 1966 nicht mehr entdeckt.

K57 Arnsburg – Aspisheim – Mainz

1246–1256 (a). 3. Viertel 13. Jahrhundert.
Hellbrauner, grobporiger Ton. Vertiefte Prägung. Kante senkrecht. 13,8 × 3,5 cm.
Viertelsrond B, in der Mitte leicht zum Eselsrücken gewölbt, von schmalen Randleisten begrenzt. Unter dem Bogen

Kreuzblume auf gegabeltem Stengel, aus dem Bogen wachsend, Lilienbekrönung.
Fundort:
a Arnsburg, ehem. Zisterzienserkloster, bei der Restaurierung 1958 im Kapitelsaal gefunden. M. Morkramer, 1982, Nr. 1.3.1, 65, Abb. 57.
Arnsburg, Klostersammlung.
Laubach, Schloß, Slg. E.-O. Graf zu Solms-Laubach.
b Aspisheim, ev. Pfarrkirche St. Martin, bei der Restaurierung 1963–64 gefunden.
Darmstadt, Slg. Peter Weyrauch.
c Unbekannt, vermutlich aus Mainz (alter Bestand). Nicht mit demselben Model geprägt. Grauer Ton. 13,5 × 3 cm.
Mainz, Mittelrheinisches Landesmuseum.
d Mainz, Herkunft unbekannt, bei Bauarbeiten 1977 gefunden.
Köln, Privatbesitz.

K58 Bebenhausen

2. Viertel 13. Jahrhundert.
Roter, feingemagerter Ton. Vertiefte Prägung. 10 × 2,6 cm.
Viertelsrond B mit Birkenblatt, zu beiden Seiten je ein schmales, herzförmiges, vom Kreisbogen hängendes Blatt. In der Ecke oben kleines stilisiertes Ahornblatt, gerahmt von winzigen Voluten.
Fundort:
a Bebenhausen, ehem. Zisterzienserkloster, Dormitorium, weitere Fliesen 1956 bei Grabung auf dem Gelände der ehemaligen Klosterkirche gefunden.
Bebenhausen, Klosterverwaltung.
Stuttgart, Württembergisches Landesmuseum.
b Die bei K. Haßler und H. Graf[1] abgebildete *Variante,* die eher ein Ulmenblatt zeigt, ist vermutlich durch ungenaue Zeichnung entstanden. Die Fliese hat sich nirgends erhalten.

---

1 K. Hassler, Taf. XVI, 2 und H. Graf, Taf. X.

K59 Esslingen?

1. Hälfte bis Mitte 14. Jahrhundert.
Grauroter Ton. Vertiefte Prägung. Kante schräg. 12,5 × 3 cm.
Viertelsrond B, von den Spitzen eines großen Ahornblattes teilweise überdeckt, welches aus Vierpaßviertel aufsteigt. In der Ecke oben kleineres, ähnliches Blatt.
Fundort:
Unbekannt. Die Fliese müßte vom selben Fundort wie C57, dem Speyrer Pfleghof in Esslingen stammen oder zumindest in derselben Werkstatt geprägt worden sein.
Stuttgart, Württembergisches Landesmuseum.

K60 Weingarten – Wildpoltsweiler

1. Viertel bis Mitte 14. Jahrhundert.
Roter, feingemagerter Ton. Vertiefte Prägung. Ausgezeichnet erhalten. 15 × 4 cm.
Viertelsrond B mit waagrechtem, an einem kurzen Stiel in der Ecke rechts sitzenden Eichblatt, mit sorgfältig gezackten Kanten, gerader Mittelrippe und paarweise gewölbten Seitenrippen. In der Ecke oben doppelter Viertelskreis mit Vierpaßviertel, unten Viertel einer Rose mit sechs Blättern.
Fundort:
a Weingarten, Benediktinerkloster, vor 1862 entdeckt, K. Haßler, Taf. XIII, 2.
Stuttgart, Württembergisches Landesmuseum.
b Ebenda, *Variante?*, möglicherweise nur ungenaue Zeichnung. In der Ecke statt des Vierpasses derselbe Blütenstern wie unten. Bei den Grabungen vor 1956 im Kreuzgang gefunden. K. Hecht, 1956, 303, Abb. 18e.
Weingarten, in der Nikolauskapelle und im Treppenhaus am Südquerarm neu verlegt.
c Wildpoltsweiler, kath. Pfarrkirche St. Georg, bei der Restaurierung 1973 in der Sakristei entdeckt. *Variante,* Blatt gleich, Bogen mit neun Punkten, in den Ecken Viertel einer achtblättrigen Sternblüte. Roter Ton. 16,5 × 4,5 cm.
Wildpoltsweiler, Pfarramt.
Ulm, Privatbesitz.

K61 Marburg?

16. Jahrhundert.
Braunrötlicher Ton. Vertiefte Prägung. Abgetreten. Kante senkrecht. 14,5 × 15 × 3 cm.
Viertelsrond A, darunter Viertelskreis aus zur Mitte geöffneten Halbkreisbogen. In der Ecke oben Bekrönung aus Blatt mit durch Schaftring verbundenen, an beiden Ecken zur Volute gerollten Ranken. Dieses Ornament wiederholt sich, ohne Mittelblatt, in reicherer Anordnung unter dem Kreisbogen. In der Ecke unten Viertelskreis mit dem Viertel eines Achtpasses und einbeschriebener Blüte mit spitzovalen Blättern.
Fundort:
Unbekannt, aus Hessen. Vermutlich handelt es sich bei der Fliese um eine der im Inventar des Museums erwähnten Funde aus Marburger Bürgerhäusern.
Marburg, Museum für Kunst und Kulturgeschichte.

K62 Marburg

Um 1570–1575.
Rötlicher Ton, einzelne Fliesen mit Resten von mittelgrüner Bleiglasur in den Vertiefungen. Flach vertiefte Prägung. 26,5 × 3 cm.
Viertelsrond B, an zwei Seiten von Zackenlinien begleitet, unterschnitten von dünnem Stab mit Kreuzspitze und seitlichen Palmetten. In den Ecken Viertelskreise mit drei winzigen Dreiecken, oben verdorbene Lilie zwischen Palmetten.
Fundort:
a Marburg, „Steinernes Haus", Markt 18, 1976 gefunden.
Marburg, Landesamt für Denkmalpflege Hessen.
b Marburg, Herkunft unbekannt, zu Ende des 19. Jahrhunderts gefunden, möglicherweise vom selben Fundort wie K62*a*.
Marburg, Museum für Kunst und Kulturgeschichte.

K63 Meran

Um 1480.
Roter Ton mit gelber Bleiglasur im Innenkreis und grüner Glasur außerhalb des Kreises. Flachrelief. 16 × 2,6 cm.
Viertelsrond A mit dem Viertel einer die ganze Fläche füllenden, dreifach gestuften Rosette aus kleinen, sich dachziegelartig überdeckenden Kielbögen. In der Ecke zartes, dreigeteiltes Akanthusornament.

Fundort:
Meran, Landesfürstliche Burg, Kapelle, vermutlich bei der Restaurierung 1876 entfernt, heute durch Kopien ersetzt[1].
Wiesbaden, Slg. Nassauischer Altertümer (Slg. A. Demmin).

1 A. Demmin, 58, Abb. 580, von Demmin fälschlicherweise in die 1. Hälfte des 14. Jahrhunderts datiert.

K 64 Mittelrhein

2. Hälfte 16. Jahrhundert.
Roter Ton. Flachrelief. 11,8 × 1,8 cm.
Drei Kreisbänder aus vier Viertelskreisen. Im Außenkreis zwei Girlanden aus zapfenartig ineinandergeschobenen Blütenglocken. Darunter drei durch Schaftring verbundene Volutenpaare, es folgt ein Band mit elf Punkten und das Viertel einer Strahlenblüte[1]. In der Ecke oben zartes Ornament aus gekreuzten Palmetten.
Fundort:
a Unbekannt, vermutlich im Umkreis der Fliesen K 65 bis K 67 entstanden, vom Mittelrhein oder aus Rheinhessen.
Darmstadt, Hessisches Landesmuseum.
b Herkunft unbekannt, doch sicher aus dem Rheinland. Vergröberte *Variante,* das Relief wie ein schmaler Wulst aufgelegt. Rötlicher Ton. 14,5 × 2 cm.
Bonn, Rheinisches Landesmuseum.

1 Dieses als „Fächerrosette" bezeichnete Ornament findet sich in der Folgezeit vor allem als Schnitzdekor nordhessischer und niedersächsischer Hausfassaden. Vgl. O. Gaul, „Fächerrosette", in: RDK, Bd. 6, Sp. 933–937.

K 65 Bacharach – Eberbach – Eppstein – Mainz – Randeck – Reipoltskirchen

2. Hälfte 16. Jahrhundert/um 1604 (f).
Hellroter und rötlichgelber Ton. Flachrelief. 13,5 × 1,5 cm.
Variante zu K 64. Der dritte Kreis ein eng gereihtes Perlband, die Mittelblüte aus sorgfältig geschnittenen, tropfenförmigen Ovalblüten. Die Eckpalmetten ungleichmäßig gezackt und verschieden tief eingekerbt, mit der Blüte einer Kaiserkrone in der Mitte.
Fundort:
a Bacharach, nach R. Forrer, 1901, Taf. CIIII, vor 1901 in einem Privathaus bei Bacharach gefunden[1].
Halle/Saale, Staatl. Galerie Moritzburg.
London, Victoria and Albert Museum.
Nürnberg, Germanisches Nationalmuseum (Gipsabguß).
Straßburg, Frauenhausmuseum.
b Eberbach, ehem. Zisterzienserkloster. *Variante.* Der Kreisbogen mit Girlande spannt sich nicht in Fliesenmitte, sondern setzt tiefer an, die Palmette mit schmaler Glockenblüte, breiteren Blättern und schneckenartig eingerollten Spitzen nimmt fast die Hälfte der Fliese ein. Roter Ton.
Wiesbaden, Slg. Nassauischer Altertümer.
c Eberbach, ehem. Zisterzienserkloster, zweiter Model mit winzigen Abweichungen, gelblichweißer Ton. Kante senkrecht. 13,4 × 1,6 cm.
Eberbach, Lapidarium.
d Eppstein, Burgruine, hellrötlicher und ziegelroter Ton, zahlreiche Fliesen und Bruchstücke, vermutlich der Belag eines ganzen Raumes. 14 × 2 cm.
Eppstein, Burgmuseum.
e Mainz, 1896 am sogenannten „Höfchen", Halenza-Haus, beim Abbruch als intakter Fußboden gefunden[2]. *Variante* von K 65 b, nicht mit demselben Model geprägt. Stark gebrannter, roter Ton. 14,5 × 2,2 cm. Roter Ton mit grüner Bleiglasur. 13,5 × 1,8 cm.
Mainz, Mittelrheinisches Landesmuseum.
f Mainz, beim Abbruch des „Stadioner Hofes" 1903–04 als Vermauerung in den Fensterwölbungen und Laibungen gefunden. Mit grüner Glasur „ähnlich wie die Fliesen aus dem Halenza-Haus"[3].
Mainz, Mittelrheinisches Landesmuseum.
g Unbekannt, möglicherweise aus Mainz.
Darmstadt, Hessisches Landesmuseum.
h Randeck, Burgruine, zwei Bruchstücke, wahrscheinlich zu dieser Prägung zu ergänzen, 1979 gefunden.
Mannweiler-Cölln, Heimatmuseum.
i Reipoltskirchen, ehem. Talburg, bei Grabungen 1956 gefunden.
Reipoltskirchen, Privatbesitz. Familie Schnuck.

1 Die Fliesen wurden von der Fa. Villeroy & Boch, Mettlach, sorgfältig kopiert und in großer Menge in den Handel gebracht. Die häufig im Kunsthandel auftauchenden Fliesen sind meist Kopien, obwohl zweifellos von dem anscheinend ebenfalls aus zahlreichen Fliesen bestehenden Belag des nicht näher bezeichneten Hauses in Bacharach auch Fliesen in den Kunsthandel gelangten.
2 Westd. Zs. 16, 1897, Museographie 1896, 358, Taf. 20, Nr. 1.
3 Westd. Zs. 23, 1904, Museographie 1903–04, 353.

K 66 Gau-Bickelheim

1628?
Gelblichroter, feingemagerter Ton. Flachrelief, sorgfältige Prägung. 15 × 1,8 cm.
Nachschnitt der Fliese K 65. Die Girlanden zu Fischen mit Stachelflossen umgebildet, die Oberkante der Palmette dem Viertelsrond angeschmiegt. Blütenviertel mit sieben ganz schmalen Strahlen. Links oben Signatur, rechts oben Jahreszahl, wenn spiegelbildlich gelesen „1628", sonst möglicherweise „1558", dabei jedoch z. B. die erste „Fünf" kaum als Zahl zu akzeptieren.
Fundort:
Gau-Bickelheim, Schmalzgasse, bis 1928 in situ (600–700 Fliesen) als Bodenbelag des Erdgeschosses.
Darmstadt, Hessisches Landesmuseum (39 Fliesen).
Worms, Museum der Stadt Worms. (600 Fliesen).
Gau-Bickelheim (verschiedene private Besitzer).

K 67 Gau-Bickelheim

Um 1628?
Gelblichroter, feingemagerter Ton. Flachrelief. 15 × 1,8 cm.
Variante von K 66. Die Fische sehr schmal, im zweiten Kreisband vier Volutenpaare, deren Enden kaum eingerollt sind. Unter der Punktreihe Viertelsbogen aus kleinen Winkeln, die Strahlenblüten auf Viertelskreis mit je dreizehn langen Stäben. Das Eckornament geht nun, im Gegensatz zu K 65 nicht mehr von der Ecke aus, sondern sitzt als Bekrönung in Form einer heraldischen Lilie auf dem Kreisbogen, die weit ausgezogenen Palmetten sind nur noch Anhängsel. Die Jahreszahl hier eher als „1558" zu deuten, Signatur kaum leserlich.
Fundort:
Gau-Bickelheim, genaue Herkunft unbekannt[1].
Darmstadt, Hessisches Landesmuseum (82 Fliesen).
Worms, Museum der Stadt Worms.

1 Die Fliesen des Museums Darmstadt scheinen 1910 (Inv.-Nr.) ins Museum gelangt zu sein. Sie müssen nicht aus demselben Haus

stammen, wie die Fliesen, die ins Museum Worms kamen (siehe K 66). Es ist jedoch möglich, daß schon zu einem früheren Zeitpunkt Fliesen aus einem anderen Raum des Hauses entfernt wurden.

K 68 Disibodenberg

2. Hälfte 16. Jahrhundert(?).
Dunkelroter Ton. Stark erhabenes Relief. Kaum abgetreten. Kante senkrecht. 17 × 3,5 cm.
Späte *Variante* von K 65. Von der Kreismitte nach außen: Blütenstern aus schmalen Petalen, Wellenlinie, Band aus Schrägkerben. In der Ecke Kreis mit „Mainzer Rad", flankiert von zwei Glockenblüten.
Fundort:
a Disibodenberg, Ruine des ehem. Zisterzienserklosters, bei Zufallsgrabungen gefunden, in jüngster Zeit ausgezeichnet erhaltene Fliesen als Boden eines Schweinestalls entdeckt. Öffentlicher Anz. (Sobernheim und Umgebung) vom 21. 9. 1987, 11, Abb. 3. G. Stanzl, 179, Abb. 138.
Disibodenberger Hof, Privatbesitz.
b Unbekannt, möglicherweise vom selben Fundort. An den Seitenkanten, der Rückseite und in den Vertiefungen Glasurspuren. 17,5 × 3 cm.
Speyer, Historisches Museum der Pfalz.

K 68.1 Rheinzabern

16. Jahrhundert.
Roter Ton. Flachrelief. 16,5 × 16,5 cm.
Fliese ähnlich K 68. In der Ecke unten Viertel einer Sternblüte, darüber drei Viertelskreisbänder. Das oberste zeigt in der Mitte ein kleines Quadrat mit „Bindestrich", gerahmt von zwei hochrechteckigen Kästchen mit Punkten, zu beiden Seiten wiederum schmale Längsrechtecke mit Mittelstrich. Das zweite Band zeigt kleine, nach unten geöffnete Halbkreisbogen, das dritte elf Punkte. In der Ecke oben statt des Rades Blattornament.
Fundort:
Rheinzabern, Herkunft unbekannt.
Speyer, Historisches Museum der Pfalz.

K 69 Gruibingen

Ende 15. bis Anfang 16. Jahrhundert.
Hellroter Ton. Flachrelief. 18 × 2,4 cm.
Viertelsrond A, darunter großer Kreis mit Gitternetz aus kleinen Quadraten. Durch Füllung von zwei ganzen und zwei halben Quadraten entsteht in der Mitte ein rechteckiges Kreuz. Am Fliesenrand zu beiden Seiten Halbkreis mit der Hälfte eines Diagonalkreuzes und (in der Zusammensetzung) vier Punkten. In der Ecke unten Herzform mit aufgesetztem Kreuz und „H" in der Mitte, in der Ecke oben kleiner, durch Linie geteilter Viertelskreis.
Fundort:
a Gruibingen, ev. Pfarrkirche St. Martin, bei einer Restaurierung entfernt.
Gruibingen, Pfarrhaus, Abstellraum.
Ulm, Privatbesitz.
b Aus Gruibingen, im Treppenhaus des Schlosses in Göppingen acht Fliesen in die Wand eingelassen.

K 70 Sponheim

Nach 1622 oder nach 1699 als Ausflickung.
Roter Ton. Vertiefte Prägung, wirkt wie Ritzzeichnung, wurde jedoch mit Model geprägt. 14,5 × 14,5 cm.
Viertelsrond B mit kammartigen Strichen an der Oberfläche, darunter ein großes Herz. In der Ecke oben flacher Viertelsbogen.
Fundort:
Sponheim. ehem. Benediktinerklosterkirche St. Martin und Maria, als Ausflickung im Bodenbelag der linken Apside.

K1

K2a

K2m

K3

K4

K5

K5

K6

K7

K8

K9

K10

K 11

K 12

K 13

K 14

K 15

K 16

K 17

K 18

K 19

K 20

K 21

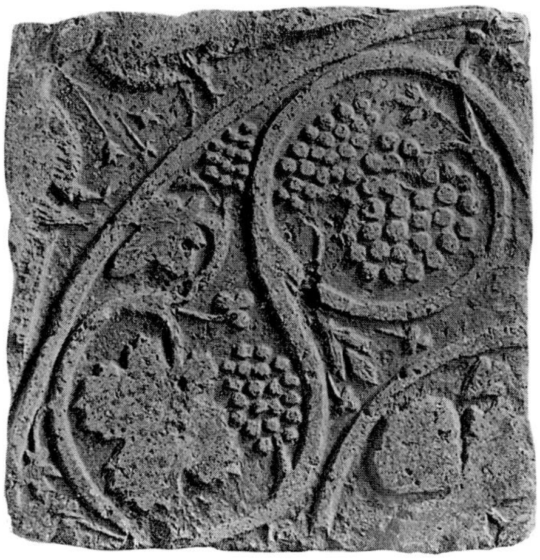

K 22

K 23

K 24

K 25

K 26

K 27

K 27.1

K28

K29

K30

K31

K32

K33b

K 34 a

K 34 b

K 35

K 37

K 38

K 39

K 40

K 41.1

K 42

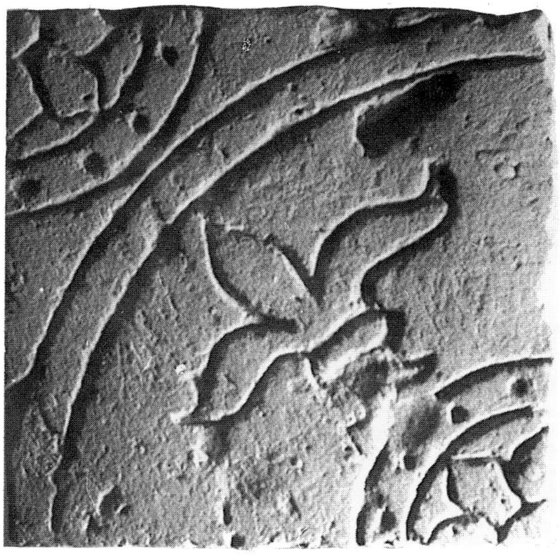
K 43

K 44

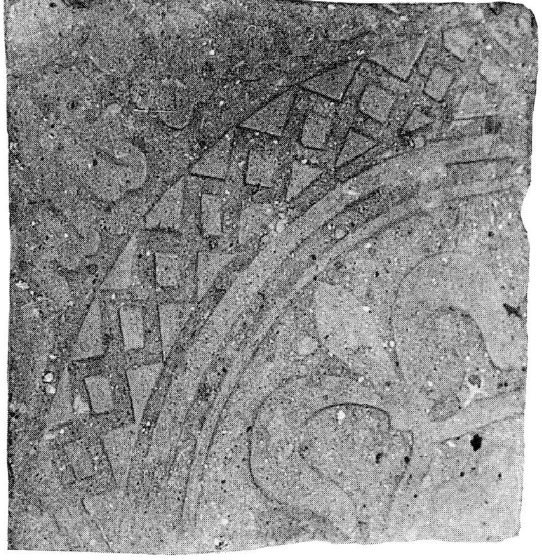
K 45

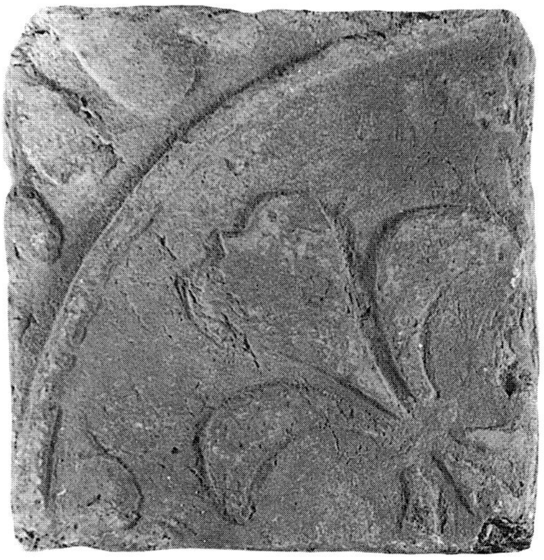

K 46

K 47

K 48

K 49

K 50

K 51

K 52

K 53

K 54

K 55

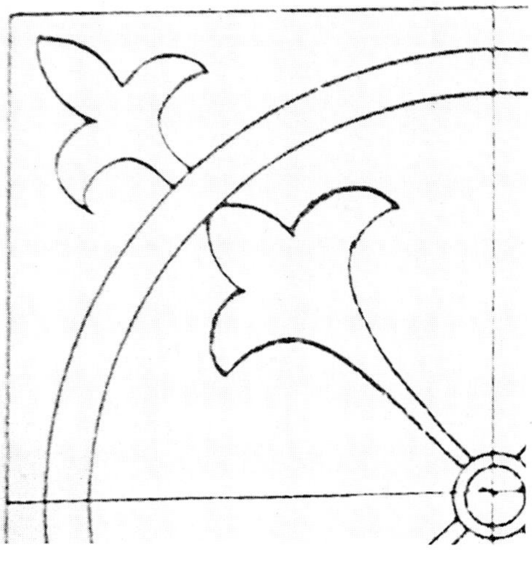
K 56

K 57

K 58

K 59

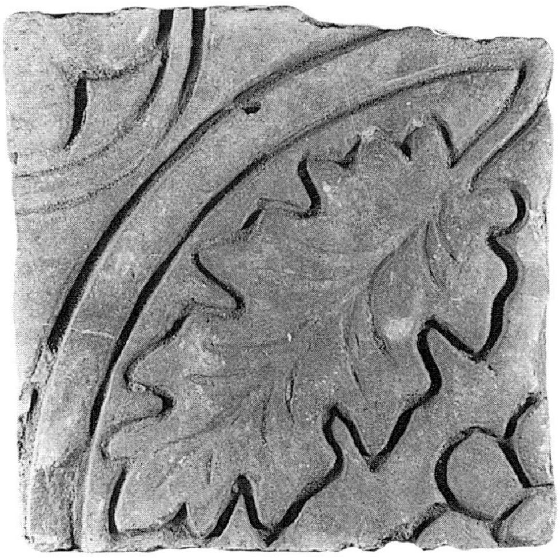

K 60

K 61

K 62

K 63

K 64

K 65

K 66

K 67

K 68

K 68.1

K69

K70

Maßwerkornamente

L1 Bierdorf

1607?, eher 2. Hälfte 15.–1. Hälfte 16. Jahrhundert.
Gelblichgrauer Ton. Vertiefte Prägung, Kante senkrecht. 24 × 4 cm.
Viertelskreis A mit kleiner Nase in Bogenmitte, in der Ecke unten stilisierte Pflanze mit Bogenkelch und schmalen, dreigeteilten Ranken. Dieses und die folgenden Ornamente ergeben in der Zusammensetzung mehrerer Fliesen einen Vierstern zwischen Kreisen.
Fundort:
Bierdorf, Gemeinde Rieden, kath. Kapelle Mariae Heimsuchung, in situ im Langhaus.

L2 Klosterneuburg

Nach 1323?
Roter Ton, die Vertiefungen mit schwarzer Kittmasse ausgefüllt[1]. Vertiefte Prägung. 10 × 10 cm.
Breites Viertelsrond B mit kleiner Nase nach außen und größerer Nase zur Kreismitte. An zwei Seiten je die Hälfte eines dreifach gezackten Blattes. Die Fliese ergibt in der Zusammensetzung einen Kreis mit einbeschriebenem Vierpaß, in dem ein Blattstern sitzt.
Fundort:
Klosterneuburg bei Wien, ehem. Augustiner-Chorherrenstift, vor 1862 entfernt.
Nürnberg, Germanisches Nationalmuseum[2], seit 1925 verloren.

---

1 A. Essenwein, 1862, 51, Fig. 10. Die Fliese kam durch Essenwein ins Museum Nürnberg. Von ihm stammt die Angabe über die Kittmasse in den Vertiefungen.
2 Kat. GNM Nürnberg, 9, A51, Abb. Taf. VI, VII.

L3 Arzbach – Eltz – Hammerstein – Koblenz – Marienhaus? – Monreal – Ravengiersburg – Schöneck – Cochem

3. Viertel – Ende 13. Jahrhundert[1].
Hellgrauer, gelbgrauer, rötlichgrauer Ton, bei einer Fliese die Vertiefungen mit einer schwarzen Masse gefüllt, bei einer zweiten Spuren der Füllmasse. Vertiefte Prägung. 11,5 × 2,5 cm.
Viertelsrond A mit bis zur Ecke reichenden Nasen und einbeschriebenem Vierpaßviertel, aus Halbkreisbogen mit Kleeblattenden gebildet. Zwischen Bogenrand und Vierpaß Tropfenkreis mit herzförmiger Fischblase. In der Zusammensetzung von vier Fliesen entsteht als Negativmuster ein Stern aus heraldischen Lilien.
Fundort:
a Arzbach, 1860 aus dem abgebrochenen Chor der mittelalterlichen Kirche geborgen. Die Fliesen meist irrtümlich mit „Augst" beschriftet. Dies ist der Name der Landschaft, in der Arzbach liegt.
Wiesbaden, Slg. Nassauischer Altertümer.
b Burg Eltz, Haus Rodendorf, in situ im „Fahnensaal", vermutlich in unbekannter Zeit aus einem anderen Gebäude dorthin verbracht. Die Fliesen dick mit braunroter Ölfarbe verschmiert, eine Originalfliese, heller, weißbräunlicher Ton. 12,5 × 2,5 cm.
Eltz, Burgsammlung.
c Hammerstein, Burgruine, bei Grabungen 1971 auf dem Gelände der Ruine gefunden. Bruchstück, nicht mit letzter Sicherheit als zu diesem Muster gehörend zu ergänzen (Punkte im Dreipaß fehlen). Weißlichgrauer, feingemagerter, fast gesinterter Ton. 12,2 × 2,8 cm.
Rheinbrohl, Vereinigung der Freunde der Burg Hammerstein.
d Koblenz-Arzheim, Pfarrkirche St. Aldegundis, 1968 im Chor gefunden. Ockergelber Ton mit feiner Engobe und scharfen Prägekanten. Wirkt wie frisch geprägt. 12 × 2 cm.
Koblenz, Privatbesitz.
e Koblenz-Moselweiß, kath. Pfarrkirche St. Laurentius. Vermutlich dieses Muster im 19. Jahrhundert gefunden, durch eine Skizze De Noëls[2] überliefert. Die Fliesen sollen ins Museum Trier gekommen sein. Sie sind dort nicht mehr erhalten.
f Nach R. Forrer, 1901, Taf. XVII, 11 „aus der Klosterkirche Marienhaus bei Neuwied"[3]. Roter Ton, durch Brand grau verfärbt. Kante schräg. 11,8 × 2,2 cm.
Dortmund, Museum für Kunst und Kulturgeschichte.
London, Victoria and Albert Museum.
g Monreal, kath. Pfarrkirche Heiligkreuz, 1895 auf dem Boden des Grabes eines Ritters von Virneburg gefunden. Rötlicher, grau verfärbter Ton. 11,5 × 2 cm.
Mayen, Eifelvereinsmuseum.
h Monreal, Kapelle am Aufgang zur Burg, in situ, möglicherweise in zweiter Lage, ca. 1 qm, unregelmäßig verlegt. Die Farbe wechselt innerhalb des Scherbens von gelblich zu rötlichgelb.
i Ravengiersburg, ehem. Augustiner-Chorherrenstift, bei Grabungen 1966 außerhalb der Klosterkirche gefunden. Graurosa, gelblichgrauer und hellgrauer Ton mit Spuren einer ockerfarbigen Glasur. Kante schräg. 14,7 × 2,4 cm.
Ravengiersburg, Missionsseminar.
j Schöneck, Burg, vier Bruchstücke, 1979 gefunden. Rötlicher, feingeschlämmter Ton mit Resten von grüner Bleiglasur. Kante leicht schräg. Dicke 2,2 cm.
Koblenz, Privatbesitz.
k Bei Sicherungsarbeiten 1978–79 im Palas der Winneburg, Cochem, gefunden. Neue Prägung ohne größere Abweichungen. Das Hängeblatt der heraldischen Lilie einer Sichelform angenähert, die Herzform spitz ausgezogen. Weißlicher Ton. 12,5 × 2 cm.
Cochem-Cond, Privatbesitz.
l Unbekannt. Roter Ton, rötliche Farbspuren in den Vertiefungen. 11,5 × 2,3 cm.
Düsseldorf, Hetjens-Museum.

---

1 Die Datierung wird hier durch die Form des Maßwerks bestimmt. So finden sich die ersten Dreipässe in Deutschland vor 1227 im Obergeschoß des Dekagons von St. Gereon, Köln, um 1280 am Hl. Grab der Mauritiusrotunde des Konstanzer Münsters, um 1300 als Blenden am äußeren Sockel der Seitenschiffswände von St. Marien, Reutlingen. Ein Dreipaß mit Lilienenden findet sich im 4. Viertel des 13. Jh. in der Katharinenkirche in Oppenheim (O. Gaul, „Dreipaß", RDK, Bd. 4, Sp. 526–537).
2 M. J. de Noel, Skizzenbuch, Wallraf-Richartz-Museum, Kupferstichkabinett, Graph. Nr. 1936/29, S. 9.
3 Ein Kloster Marienhaus bei Neuwied gibt und gab es nicht. Es könnte sich um das nicht allzu weit von Neuwied entfernte Augustiner-Nonnenkloster Marienthal, Kr. Ahrweiler, handeln, wohl eher jedoch um das Zisterzienserinnenkloster Marienhausen, Gem. Aulhausen, heute Rüdesheim. Für dieses sind 1880 bei W. Lotz, F. Schneider, 15–17, noch Fliesen in situ in der Totenkapelle und im östlichen Kreuzgangflügel bezeugt.

L4 Hadamar – Arnstein? – Koblenz – Randeck

Kurz vor 1379 (a). 2. Hälfte 14. Jahrhundert.
Gelbrötlicher Ton. Vertiefte Prägung. Kante schräg. 13,1 × 13,6 × 2,5 cm.

Variante von L3. Das Kleeblatt (Dreipaß) sehr groß und bis zur Fliesenecke reichend, die Halbkreisbögen an den Seiten beide fast gleich groß, die herzförmige Fischblase etwas schmaler.
Fundort:
a Hadamar, Liebfrauenkirche, bei der Aufdeckung des mittelalterlichen Fußbodens 1966 in situ gefunden.
Wiesbaden, Landesamt für Denkmalpflege Hessen.
Bad Zwischenahn, Slg. Hans-Jürgen Heger.
b Nicht sicher, jedoch mit großer Wahrscheinlichkeit aus der Margarethenkirche unterhalb Kloster Arnsteins bei Grabungen geborgen. Zwei Bruchstücke, Oberfläche zerstört. Kante senkrecht. 13,5 × 2 cm.
Höhr-Grenzhausen, Töpferei-Museum Georg Peltner.
c Koblenz, Jesuitenkirche, ehem. Zisterzienserinnenkloster, beim Abbruch der Kirche 1957 geborgen. U. Liessem, 1985, 67. *Variante.* Fischblase noch etwas schmaler. Ausgespartes spitzwinkliges Dreieck, mit geraden, nicht konkaven Seiten auf dem Bogen. Weißlichgrauer Ton mit dunkelbrauner Glasur. 13,5 × 2 cm.
Koblenz, Privatbesitz.
d Randeck, Burgruine, bei Grabungen 1979 gefunden. *Variante,* nicht mit demselben Model geprägt. Die drei Punkte im Dreipaß fehlen. Ziegelroter Ton. Bruchstück. Ca. 16 × 3 cm.
Mainz, Privatbesitz.

L5 Bad Kreuznach – Guldental – Kaiserslautern – Mainz

4. Viertel 14. Jahrhundert, einige Prägungen 15. Jahrhundert.?
Tonfarbe und Maße unbekannt. Vertiefte Prägung.
Variante von L4. Schmaler Kreisbogen, der die mit der Fischblase verbundene Nase überschneidet. Diese etwas schmaler und mit Rautenspitze, die Herzform breit und gedrungen, das Kleeblatt ohne Mittelkreise und sehr klein.
Fundort:
a Nach einer Zeichnung von Ludwig Arntz (Graphikslg. des Landesdenkmalamtes Rheinland-Pfalz, Mainz, Inv.-Nr. 640) aus der kath. Pfarrkirche St. Nikolaus, Bad Kreuznach.
Fliese verschollen.
b Guldental, 1978 auf dem Getreidespeicher eines Bauernhauses entdeckt und anschließend verkauft. Roter Ton mit Einschlüssen von Kalkteilchen und Schamotte. 14,6 × 15 × 1,7 cm.
Guldental, Familie Rothenbach.
Bad Zwischenahn, Slg. Hans-Jürgen Heger.
Zahlreiche unbekannte private Besitzer.
c Kaiserslautern, Kasimirschloß, bei Grabungen gefunden. Braunroter Ton. 14,8 × 1,5 cm.
Kaiserslautern, Theodor-Zink-Museum.
Schifferstadt, Privatbesitz.
d Vermutlich aus Mainz, Herkunft unbekannt. Bruchstück. 14 × 1,6 cm.
Mainz, Mittelrheinisches Landesmuseum.
e Unbekannt (alter Bestand). Roter Ton. 14,5 × 2,3 cm.
Düsseldorf, Hetjens-Museum.
f Unbekannt (alter Bestand). Roter und graugelber Ton. Nach Inventar: „Deutschland".
Köln, Museum für Angewandte Kunst.
g Unbekannt (alter Bestand). Rötlichgrauer Ton. 14,5 × 2 cm.
München, Bayerisches Nationalmuseum.
h Unbekannt, sicher nicht aus dem Elsaß stammend.
Straßburg, Slg. Ch. Czarnowsky, seit 1940 verloren.

L6 Biedesheim – Donnersberg – Kirchheimbolanden – Lichtenberg – Schmidtburg

Ende 14. Jahrhundert, *Nachschnitte* bis ins 16. Jahrhundert.
Ziegelroter Ton. Vertiefte Prägung. 17 × 3 cm.
Variante zu L5. Die Herzform lindenblattähnlich ausgezogen, an der Einbuchtung oben nur kleiner Kreis. Der Dreipaß an der Spitze größer.
Fundort:
a Biedesheim, ev. Pfarrkirche, bei der Restaurierung 1965–1966 gefunden, eine Fliese entfernt.
Kirchheimbolanden, Privatbesitz.
b Donnersberg, Gemeinde Dannenfels, aus dem ehem. Paulinerkloster. Gelbroter Ton. 15,8 × 15,8 cm.
Donnersberg, Waldkapelle, neben der Sakramentsnische in die Wand eingelassen.
c Unbekannt, möglicherweise aus Kirchheimbolanden oder vom selben Fundort wie L6*b*. Rotbrauner Ton. Bruchstück. 16 × 16 cm.
Kirchheimbolanden, Heimatmuseum.
d Lichtenberg, 1960 im Mauerwerk des Westgiebels der ehem. Burgkapelle St. Georg, gefunden. *Variante.* Flache, grobe Nachprägung. Die Fischblase ähnlich L6*b*, die seitliche Fischblase in zwei Halbkreise aufgelöst, von denen die beiden unteren auf dem Viertelskreis in der Fliesenecke aufsitzen. In der Ecke unten kleines Dreieck, das in der Zusammensetzung von vier Fliesen einen Stern ergibt, in der anderen Ecke zwei flache Bogen, die in der Zusammensetzung eine Tropfenform bilden. Rotgelber Ton. 16 × 2,5 cm. W. Haarbeck, 26.
Lichtenberg, Burgmuseum.
Braubach, Marksburg, Slg. der Deutschen Burgenvereinigung. Hellroter Ton. 14,5 × 3 cm, 1939 gefunden.
e Ruine Schmidtburg im Hahnenbachtal, bei Grabungen 1972 gefunden. *Variante.* Vergröberte Nachprägung, vermutlich nach dem Vorbild von L3. In der Ecke unten kein sauberer Dreipaß, sondern kleiner Kreis mit Ausbuchtung, die herzförmige Fischblase asymmetrisch, der zweite Halbkreisbogen des Randes ganz flach. In der Ecke oben neben der Spitze die Majuskeln „IB". Blaßrötlicher Ton, 17,5 × 2,4/2,8 cm.
Simmern, Hunsrück-Museum.

L7 Monzingen

16. Jahrhundert.
Roter Ton. Vertiefte Prägung. 16 × 16 cm. Nicht abgebildet.
Späte *Variante* zu L5. Der auf der Herzform sitzende Kreis durch einen kurzen „Hals" abgetrennt. Die Spitze wächst nicht aus der Fischblase, sondern sitzt auf dem Kreisbogen und mündet in eine Lindenblattform.
Fundort:
Monzingen, auf dem Dachboden des „Altschen Hauses" bei der Restaurierung gefunden, möglicherweise aus der ev. Pfarrkirche stammend. K. Freckmann, 44.
Mainz, Landesamt für Denkmalpflege.
Sobernheim, Freilichtmuseum.

L8 Diez – Eppstein – Hofheim – Kelkheim – Königstein

2. Hälfte 13. – 1. Viertel 14. Jahrhundert und später.
Roter Ton. Vertiefte Prägung. 14,7 × 2 cm.
Variante zu L5. Die Nase sitzt als Bekrönung mit kleiner Lilienspitze und seitlichen Voluten auf dem Bogen, die Fisch-

blase breit und gedrückt in einem Tropfenkreis darunter. Das Kleeblatt zu grober Lilienspitze umgeformt, die seitlichen Bögen so flach, daß in der Zusammensetzung eher ein Vierstern als ein Vierpaß entsteht.
Fundort:
a Diez, ehem. Benediktinerinnenkloster Dierstein, bei Grabung 1881 gefunden.
Wiesbaden, Slg. Nassauischer Altertümer.
b Eppstein, Burgruine. Spätere, gröbere Prägung, Zeichnung unverändert, die Rillen jedoch breiter. Roter Ton. Bruchstück. Dicke 2 cm.
Eppstein, Burgmuseum.
c Hofheim/Taunus, an der Stelle der alten Wasserburg bei Grabungen gefunden.
Wiesbaden, Slg. Nassauischer Altertümer.
d Kelkheim-Hornau, ehem. Kapelle St. Martin, bei Grabungen 1969 gefunden. Helles Ziegelrot. 18,5 × 3 cm. Fußboden in situ, die Fliesen jedoch in zweiter Lage.
e Königstein, Burgruine, bei Grabungen 1958 gefunden. Roter, grobgemagerter Ton. 14 × 2 cm.
E. Gundermann, 148, Taf. 3, Nr. 18.
Königstein, Stadtmuseum.
f Königstein, kath. Pfarrkirche St. Marien, bei der Restaurierung gefunden. 14,3 × 14,5 cm.
Königstein, Stadtmuseum.

L9 Wiesbaden – Butzbach

15. Jahrhundert.
Grobgemagerter, roter Ton. Vertiefte Prägung. 18,5 × 3 cm.
Späte *Variante* von L8. Bogenränder und Ecklilie übereinstimmend. Im nicht geschlossenen Kreis Herzform, von deren Mitte drei kleine Striche den Kreis überschneiden. In der Ecke statt der Bekrönung das Viertel einer zwölfstrahligen Sternblüte.
Fundort:
a Wiesbaden, Metzgerstraße, vermutlich in einem Privathaus gefunden.
Wiesbaden, Slg. Nassauischer Altertümer.
b Butzbach, Herkunft unbekannt, möglicherweise aus der Markuskapelle. Roter Ton. Bruchstück einer halben Fliese. 14,5 × 1,5 cm. Nicht sicher, ob es sich um genau dasselbe Muster handelt.
Butzbach, Museum in der Michaeliskapelle.

L10 Sayn

2. Hälfte 14. Jahrhundert?
Gelblicher, poröser Ton. Vertiefte Prägung mit breiten Rillen. 11,5 × 2 cm.
Später *Nachschnitt* der Fliese L5. Die seitlichen Fischblasen statt der Wölbung mit Zacken, die Herzform schief und asymmetrisch, die Stege sehr breit und unregelmäßig geschnitten.
Fundort:
a Sayn, Burgruine, 1984 im Bereich des ehem. Palas als Ausflickung in einem Boden aus Steinplatten gefunden.
Sayn, Slg. Fürst zu Sayn-Wittgenstein-Sayn.
b Herkunft unbekannt. Fund des 19. Jahrhunderts. Im Tonmaterial meist ähnlich L10a.
Dortmund, Museum für Kunst und Kulturgeschichte.
Düsseldorf, Hetjens-Museum.
Köln, Museum für Angewandte Kunst (rötlichgelber Ton).
Stuttgart, Württembergisches Landesmuseum (hellweißgrauer Ton. Aus einem Ankauf rheinischer Fliesen).
Wiesbaden, Slg. Nassauischer Altertümer.

L11 Isenburg – Sayn

2. Hälfte 14. Jahrhundert.
„Heller, fast weißer Ton mit Ziegelsplittmagerung, teilweise leichte Brandglasur durch Ascheanflug“[1].
15 × 15,2 cm, 11,2 × 11,2 und 10,5 × 10,5 cm (Brennschwindung beim Kopieren der Muster). Fliesen teilweise ohne Anzeichen von Abnutzung.
Variante, in Anlehnung an L3 und L10 entstanden. Herzform und die ausgesparten Dreiecke mit L10 übereinstimmend, die Negativform ergibt eine schön gezeichnete Lilie ähnlich L3. Bei einer Fliese kleine Dreiecke neben der Einschnürung der Herzform.
Fundort:
a Isenburg, Ruine der ehem. Kapelle in Hausenborn, 1984 gefunden.
Neuwied, Privatbesitz.
b Sayn, ehem. Prämonstratenserkloster, 1981 in einer Mauer im Kreuzgangbereich gefunden. Hier fand sich außerdem eine *Variante,* die nach der Prägung mit einem Modellierholz nachbearbeitet wurde[2]. Hellroter Ton. Kante leicht schräg. Spuren der Holzmaserung des Models sichtbar. 10,5 × 11 × 2,2 cm. 1984 erneut ein Bruchstück gefunden. Bei der Grabung 1988/89 wurden Fliesen auch im Chor, in der Vierung und im südlichen Querhaus der Klosterkirche geborgen.
Bendorf-Sayn, Pfarramt.
c Burg Sayn, ehem. „Steinsches Burghaus“. Bruchstück in zweiter Lage vermauert. 1978 gefunden. Gelblicher Ton.
Sayn, Slg. Fürst zu Sayn-Wittgenstein-Sayn.
d Burg Sayn, 1982 bei Grabungen im Palas der Burg Sayn gefunden. Bruchstück. Weißlicher Ton. Dicke 2,2 cm. Nicht mit demselben Model geprägt. 1984 erneut ca. 60 Fliesen im Kernbereich der Burgruine gefunden.
Sayn, Slg. Fürst zu Sayn-Wittgenstein-Sayn.
Koblenz, Privatbesitz.

1 Nach freundlicher Mitteilung von Herrn Hermann Reinhard, Neuwied.
2 Freundlicher Hinweis von Herrn Udo Liessem, Koblenz.

L12 Arnstein – Diez – Elkerhausen – Klosterkumbd – Lahnstein – Limburg/Lahn – Runkel

3. Drittel 13. Jahrhundert.
Rötlichgelber und dunkelgrauer Ton. Vertiefte Prägung. Kante senkrecht. 10,5 × 2,5 cm.
Variante von L5. In quadratischem Rahmen Viertelsrond B. Die Nase ähnlich L5, die Fischblase im Vierpaß ähnlicher L3, die Ecklilien wiederum L5 gleichend. Unterhalb des Kreisbogens statt des Herzornaments Kreis mit Vierpaß.
Fundort:
a Arnstein, ehem. Prämonstratenserklosterkirche, in situ in der Taufkapelle.
b Aus Arnstein.
Köln, Erzbischöfliches Diözesan-Museum (gelblicher Ton).
Marburg, Museum für Kunst und Kulturgeschichte (roter Ton).
Wiesbaden, Slg. Nassauischer Altertümer.
c Diez, ehem. Benediktinerinnenkloster Dierstein, bei Grabungen 1881 gefunden[1]. Bruchstücke. Roter und schwarzgrauer Ton. 13 × 2 cm.
Diez, Nassauisches Heimatmuseum.
Wiesbaden, Slg. Nassauischer Altertümer.
d Elkerhausen, ehem. Wasserburg, 1983 bei Ausgrabungen in der Ruine ein Bruchstück gefunden.
Elkerhausen, Privatbesitz.

e Möglicherweise das Muster aus „gotischen Bögen“ aus dem ehem. Zisterzienserinnenkloster Kumbd[2].
f Unbekannt.
Gotha, Schloßmuseum.
g Lahnstein, Ortsteil Niederlahnstein, ehem. Arnsteiner Hof, bei Umbauarbeiten gefunden (durch Zeichnung auf Karteikarte erhalten). Gelblichgrauer Ton. 11 × 1,6 cm.
Rüdesheim, Rheingauer Museum (nicht auffindbar).
Arnsteiner Hof, bei der Restaurierung 1976 erneut gefunden.
Lahnstein, Forstverwaltung.
h Limburg/Lahn, Dom St. Georg und Nikolaus, bei der Restaurierung 1970–73 im Bereich des ehem. Kreuzgangs gefunden.
Privatbesitz.
i Limburg/Lahn, Haus Römer 1, bei Umbau und Restaurierung in Bruchstücken gefunden[3].
Verbleib noch nicht geklärt.
j Runkel/Lahn, ehem. Burgmannenhaus, Burgstr. 31, 1980 bei der Restaurierung aufgedeckt.
Runkel, Privatbesitz.
k Unbekannt, aus dem Kunsthandel. Dunkelroter Ton. 12,5 × 2,5 cm.
Burg Grenzau, Slg. Prof. Dr. Hans Spiegel.

1 Nach den flüchtigen Skizzen im Eingangsinventar des Museums Wiesbaden ist es nicht möglich, die Fliesen sicher nach Herkunftsorten zu trennen. Es sind zwei in der Zeichnung übereinstimmende, jedoch mit verschiedenen Modeln geprägte Fliesen vorhanden, eine könnte aus Dierstein stammen.
2 W. Wagner, 44.
3 Frankfurter Neue Presse, Nr. 13, 1978.

L 13 Hadamar – Gnadenthal – Hahnstätten – Idstein

Kurz vor 1379 (a), um 1590? (b).
Gelbrötlicher Ton. Vertiefte Prägung. 11 × 11,3 × 2 cm. Nicht abgebildet.
Nachschnitt von L 12. Die Prägung etwas gröber, die Nase fast ein flaches Dreieck. Im Kreis Vierstern statt Vierpaß.
Fundort:
a Hadamar, Liebfrauenkirche, in situ im 1966 aufgedeckten mittelalterlichen Fliesenboden. G. Kiesow, 1988, 213, Abb. 50.
b Gnadenthal, ehem. Zisterzienserinnenkloster, im Äbtissinnenbau 1986 gefunden. Später *Nachschnitt* mit verwaschener Prägung. Bräunlich-olive Glasur. 12,5 × 2 cm.
Dauborn-Gnadenthal, Gutsverwaltung
c Hahnstätten, ev. Pfarrkirche St. Nikolaus. Bruchstück. Stark abgetreten, mit großer Wahrscheinlichkeit dieses Muster. Tiefziegelroter Ton mit bräunlicher Glasur. 12,5 × 2 cm.
Darmstadt, Sl. Peter Weyrauch.
d Idstein, bei Abbrucharbeiten zwischen 1925–39 in der Altstadt gefunden. Bruchstück. Stark abgetreten. Rötlicher Ton. Spuren einer früheren Glasur. Im Kreis eher kleine Blüte, als Vierstern.
Idstein, Heimatmuseum.

L 14 Grenzau?

16.–17. Jahrhundert?
Grauer, grob gemagerter Ton mit kaltgrüner Glasur. Nur in Bruchstücken erhalten. Dicke 3 cm. Nicht abgebildet.
Späte und grobe *Variante* von L 12. Dasselbe Muster, nur vergrößert, vergröbert und nachlässig geprägt.
Fundort:
Unsicher, die zahlreichen Bruchstücke sprechen dafür, daß die Fliesen aus Burg Grenzau und der dortigen Töpferei stammen.
Burg Grenzau, Slg. Prof. Dr. Hans Spiegel.

L 15 Marköbel

Mitte 15. Jahrhundert?[1]
Roter Ton. Flachrelief. 16/17 × 3,9/4,3 cm.
Doppelter Viertelskreis mit einbeschriebenem Vierpaß ähnlich L 3, die Fischblasen sehr gedrungen, an den Enden kleine heraldische Lilien. Statt der mittleren Fischblase nur ein flacher Doppelbogen. In der Ecke oben ein das Rund berührender Viertelskreis mit Vierpaßviertel.
Fundort:
Marköbel, aus der 1868 abgebrochenen mittelalterlichen Kirche.
Hanau, Historisches Museum.

1 Da zur Baugeschichte der mittelalterlichen Kirche in Marköbel Unterlagen fehlen, kann eine Datierung nur über das Muster erfolgen. Die Darstellung findet sich fast übereinstimmend auf dem 1432 entstandenen Chorgestühl des Basler Münsters (R. Busch, Deutsches Chorgestühl in sechs Jahrhunderten, Leipzig 1928, Taf. 24).

L 16 Mindelheim

Um 1419.
Roter Ton. Vertiefte Prägung. 20 × 4,5 cm. Dm. 14 cm.
In Fliesenmitte kleiner Kreis mit schräg eingesetztem Vierpaß. In den Ecken je ein kleiner vierstrahliger Stern.
Fundort:
Mindelheim, kath. Pfarrkirche St. Stephan, in situ in der „Teckkapelle“ im Untergeschoß des Turmes. Dort finden sich auch Fliesen ohne Sterne.

L 17 Saarburg

2. Hälfte 13. Jahrhundert.
Sehr feiner dunkelgrauer Ton. Flach vertiefte Prägung. 15 × 15 cm.
In quadratischem Rahmen Kreis mit einbeschriebenem Vierpaß und stilisierten Lilien, deren Kelchspitzen sich in Kreismitte berühren. In den Ecken jeweils verschiedene Ornamente: Dreiblatt, Fischblase, Blütenviertel.
Fundort:
a Saarburg, beim Bau der ev. Kirche 1863 gefunden. L. Benoit, 85, Abb. 4.
Saarburg, Regionalmuseum.
b Saarburg, ehem. Dominikanerinnenkloster Weyerstein, 1890 beim Bau einer Pumpstation entdeckt.
c Saarburg, Avenue de la Victoire 18, 1960 in einer mittelalterlichen Fehlbrandgrube geborgen. M. Lutz, V. Beyer, 137, Taf. III, 4.
Saarburg, Regionalmuseum.

L 18 Zwiefalten

Nach 1251.
Roter Ton. Vertiefte Prägung. 13 × 2,5 cm.
Doppelkreis mit Vierpaß. In den Ecken Viertelskreise mit Vierpaßvierteln.
Fundort:
Zwiefalten, ehem. Benediktinerkloster, 1975 unter dem Fuß-

boden des Fraterbaus und im Hof östlich desselben gefunden. L. Tampe, 29, Abb. 7.
Zwiefalten, Privatbesitz.

L19 Asch – Urspring – Zwiefalten

Um 1474 (a), nach 1475 (b), 1490–1500 (c).
Roter Ton. Vertiefte Prägung. Abgetreten und zerbrochen. 15,3 × 15,9 × 2,8 cm.
Kreis mit Vierpaß aus vier sich berührenden kleinen Kreisen, in die jeweils ein Dreipaß einbeschrieben ist.
Fundort:
a Asch, ev. Pfarrkirche „Unserer Lieben Frau", bei Grabungen 1962 gefunden. E. Landgraf, 1974, 663, Abb. 3,3.
Stuttgart, Landesdenkmalamt Baden-Württemberg.
b Urspring, bei einem Schulneubau 1978 auf dem Gelände des ehem. Benediktinerinnenklosters gefunden (zahlreiche Fliesen).
Urspring, Urspringschule.
Stuttgart, Landesdenkmalamt Baden-Württemberg.
c Zwiefalten, ehem. Benediktinerkloster, in Bruchstücken 1979 im Hof zwischen Frater- und „Gartenbau" gefunden. Mit Spuren einer ineinandergelaufenen Glasur in Ockergelb und Hell- bis Dunkelbraun.
Zwiefalten, Privatbesitz.

L20 Mitterfischen

15. Jahrhundert.
Roter Ton mit außergewöhnlich hoher Magerung mit grobkörnigem Sand, die Oberfläche wirkt wie grauer Sandstein. Flachrelief. 16,5 × 4 cm.
Kreis mit einbeschriebenem Vierpaß und vier zur Mitte gekehrten Dreiblattbogen. Das Negativ der Fliese ergibt ein zweites Muster, in der Zusammensetzung von vier Fliesen erscheint ein Kreuz aus vier heraldischen Lilien.
Fundort:
Mitterfischen, Pfarrkirche St. Pankratius, vor 1892 gefunden.
Straßburg, Frauenhausmuseum.

L21 Heinsberg – Kraudorf – Bad Münstereifel – Heimerzheim – Reifferscheid

Nach 1479? (a), 2. Hälfte 15. Jahrhundert.
Roter Ton. Flachrelief. Abgetreten. 12,5 × 1,5 cm.
Über zwei Fliesenseiten sind zwei sich berührende Halbkreise geschlagen. In diesen jeweils die Hälfte eines Vierpasses mit sorgfältig gezeichneten, zur Mitte gekehrten Lilien. Es ergibt sich ein ähnliches Bild wie bei L20. In den Zwischenräumen unterhalb des Kreisbogens und zu beiden Seiten kleine Fischblasen; in der Zusammensetzung wird ein Vierstern gebildet.
Fundort:
a Heinsberg, ehem. Prämonstratenserinnenkloster, beim Abbruch des Südflügels (vor 1959) in einer Mauernische gefunden. A. Lentz, 1959, 71.
Heinsberg, Kreisheimatmuseum.
b Heimerzheim, Kloster Schillingskapellen, im 19. Jahrhundert noch in situ verlegt.
Heimerzheim, Burg, vor dem Kamin eines Saales neu verlegt.
c Kraudorf, kath. Pfarrkirche St. Gertrudis, bei Bauarbeiten nach dem 2. Weltkrieg gefunden.
Pulheim-Brauweiler, Rheinisches Amt für Denkmalpflege.
d Bad Münstereifel, ehem. Stiftskirche St. Chrysanthus und Daria, bei Grabungen 1966 gefunden. *Variante.* Die Halbkreise berühren sich nicht, die aufgesetzten Nasen schwingen bis in die Mitte der Fliesenkante. Rötlichbrauner Ton mit bräunlicher und dunkelgelb/grüner Glasur. 12 × 3 cm. R. Schmitz-Ehmke, Taf. 30, Abb. 63.
Bad Münstereifel, Toni-Hürten-Heimatmuseum.
Köln, Slg. Carl Mönnig.
e Burgruine Reifferscheid, Hellenthal, bei einer Grabung 1966 geborgen. Braunroter Ton.
Pulheim-Brauweiler, Rheinisches Amt für Denkmalpflege.
f Unbekannt[1]. Hart gebrannter Ton mit manganfarbiger Lehmglasur, wie sie einige Fliesen aus Langerwehe zeigen. Kante senkrecht. 10,8 × 2,7 cm.
Frankfurt, Historisches Museum.

---

1 Nach Angaben des Museums-Inventars kamen ins Historische Museum Frankfurt (mit einer Ausnahme) nur Fliesenfunde aus Frankfurt. Es gibt Unterlagen, wonach Doubletten an das Museum für Kunst und Gewerbe, Hamburg, abgegeben wurden, jedoch nicht dafür, daß man solche etwa von Kölner Museen erhielt.

L21.1 Köln – Kinzweiler

Nach 1463 (a), um 1450? (b).
Rötlicher Ton mit mittelgrüner, dunkelgrüner, ockergelber und brauner Glasur. Stark abgelaufen. Fliesen vereinzelt in der Diagonale geteilt. Kanten leicht schräg. 13 × 2,5/2,8 cm.
Variante zu L21. Das Bild zeigt eine Verschmelzung der Muster L21*a* und L23. Die „Blüte" aus drei Kreisen ähnlich L23, der Dreieckszwickel unter den zur Mitte gekehrten Lilien wie bei L21 herzförmig eingezogen.
Fundort:
a Köln, ehem. Pfarrkirche St. Kolumba, ehem. Wasserfaßkapelle, zusammen mit B46 als Bodenbelag 1984 neu aufgedeckt.
Köln, Römisch-Germanisches Museum, Amt für Archäologische Bodendenkmalpflege.
b *Variante* mit geringfügigen Abweichungen. Die Konturen der Sternhälfte über den Fliesenseiten verschmelzen mit den Halbkreisbögen, die Lilien sitzen tiefer und zeigen einen Rautenkelch. Bruchstück. 12 × 12 cm. Kinzweiler, ehem. Zisterzienserinnenkloster St. Jöris, bei Ausschachtungsarbeiten 1984 auf dem Boden der ehem. Sakristei gefunden.
Kinzweiler, Förderverein Zisterzienserinnenkloster St. Jöris.

L22 Düren – Köln – Niederzier

2. Hälfte 15. Jahrhundert.
Roter Ton mit gelbgrünlicher und gelbbräunlicher Glasur. Vertiefte Prägung. 13 × 3 cm.
Zwei sich berührende Halbkreise ähnlich L21 mit je der Hälfte eines einbeschriebenen Vierpasses, jedoch ohne Lilien. In jedem Vierpaßrund Dreipaß aus kleinen, sich nur an einem Punkt berührenden Kreisen. Über zwei Fliesenseiten je die Hälfte eines vierflammigen Sterns.
Fundort:
a Düren, Schloß Burgau, 1977 bei Aufräumungsarbeiten gefunden. M. Rech, 248, Abb. 242.
Bonn, Rheinisches Landesmuseum.
b Nach R. Forrer, 1901, Taf. XVII, 12 „aus Köln". Herkunft unbekannt. Gelbe Glasur mit grünen Glasurspritzern.
Dortmund, Museum für Kunst und Kulturgeschichte.
London, Victoria and Albert Museum.
c Unbekannt, möglicherweise ebenfalls aus Köln. Grauer Ton. 12 × 2,4 cm[1].
Köln, Erzbischöfliches Diözesan-Museum.

d Niederzier, 1977 bei Grabungen auf dem ehem. Hof Wüstweiler gefunden.
Bonn, Rheinisches Landesmuseum.

1 J. Eschweiler, 27, Nr. 80. Die dort erwähnte Niellierung der Fliese hat sich nicht mehr erhalten.

L23 Aachen – Köln – Konradsheim – Wenau

Ende 15., Anfang 16. Jahrhundert. Nach 1499?–nach 1548?
Roter Ton mit brauner Bleiglasur. Sehr flaches Relief. Abgetreten. 12,5 × 2 cm.
Variante von L22. Der Dreipaß eher einer großen Lilie ähnelnd, ein Kreis und zwei zur Volute gerollte seitliche Kreisbogen. Der Vierstern etwas breiter.
Fundort:
a Aachen, Rathaus, Reichssaal, beim Wiederaufbau nach 1945 gefunden.
Aachen, Stadtverwaltung.
b Nach R. Forrer, 1901, Taf. XVII, 12 „aus Köln". Die Zeichnung stimmt mit diesem Muster überein, während die Fliese aus der Slg. R. Forrer im Museum Dortmund das Muster L22 zeigt.
Verbleib unbekannt.
c Vermutlich aus Köln. Rötlicher Ton mit gelbbrauner und grüner Glasur.
Köln, Museum für Angewandte Kunst.
d Burg Konradsheim, Lechenich, bei der Restaurierung der Burg 1964 im Schutt des 16. Jahrhunderts gefunden. Roter Ton mit dunkelbrauner Bleiglasur. 12 × 2 cm. Auf der Rückseite der Fliese erscheint das Muster ohne Glasur. Nicht mit demselben Model geprägt.
Pulheim-Brauweiler, Rheinisches Amt für Denkmalpflege.
e Wenau, kath. Pfarrkirche St. Katharina, bei Instandsetzungsarbeiten 1953–54 auf der Nonnenempore der ehem. Prämonstratenserinnenklosterkirche gefunden. Bei der Erneuerung des Kirchenfußbodens 1963 wurde unter der Empore ein weiterer Teil des Fliesenbodens aufgedeckt. Nicht mit demselben Model geprägt. Mit schwarzbrauner Glasur.
Langerwehe, Töpferei-Museum.
f Mit Fundortangabe „Rheinland" im Kunsthandel erworben. *Variante.* Die Prägung übereinstimmend, nur die Zwikkel zwischen Vierpaß und Kreis durch einen halben Vierstern (wie an der Fliesenkante) ersetzt. Mit brauner Glasur. 10,5 × 2 cm.
Münstermaifeld, Privatbesitz.

L24 Brauweiler – Friesheim – Köln – Wenau

Nach 1554? (a), 2. Hälfte 15., Anfang 16. Jahrhundert.
Rötlicher Ton mit fast schwarzer Glasur. Vertiefte Prägung. 11 × 11 cm. Nicht abgebildet.
Variante von L23. Der Vierpaß aus vier geschlossenen Kreisen gebildet, in jedem anstelle des Dreipasses ein Vierpaß. Die Hälfte des vierteiligen Sternes klein, von der Hälfte eines konkaven Eckquadrats gerahmt.
Fundort:
a Brauweiler, im Kellerboden des alten Pfarrhauses 1975 entdeckt, aus der nach 1810 abgebrochenen Laurentiuskapelle stammend. Die Fliesen waren möglicherweise in erster Lage im Kloster verlegt.
Brauweiler, Klosterkirche, Klosterverwaltung.
b Friesheim, aus einer der Ortsburgen, vermutlich beim Wiederaufbau nach 1945 gefunden. Rötlicher Ton mit Einschluß von kleinen Kieselsteinchen. Dunkelrotbraune Glasur. 11,2 × 2,3 cm.
Köln, Slg. Carl Mönnig.
c Unbekannt, vermutlich aus Köln oder Brauweiler?. Roter Ton mit rotbrauner und dunkelbrauner Glasur.
Köln, Museum für Angewandte Kunst.
d Wenau, kath. Pfarrkirche St. Katharina, bei Instandsetzungsarbeiten 1953–54 auf der Nonnenempore der ehem. Prämonstratenserinnenklosterkirche gefunden. Roter Ton mit brauner Glasur. 12 × 2,5 cm.
Langerwehe, Töpferei-Museum.

L25 Rheinland

Ende 15. Jahrhundert.
Roter Ton mit dunkelbrauner Glasur. Flachrelief. 10,8 × 10,6 × 2,5 cm.
Zwei sich in Fliesenmitte berührende Halbkreise, von doppelten Randleisten auf beiden Seiten gerahmt. In den Halbkreisen je eine Vierpaßhälfte mit gerundeten Einschnitten, in jedem Kreisrund eine winzige vierblättrige Blüte. Zu beiden Seiten Hälfte eines Viersterns wie bei L24.
Fundort:
a Unbekannt, Blüten gleich L29 aus Langerwehe.
Köln, Museum für Angewandte Kunst.
Hamburg, Museum für Kunst und Gewerbe (rötlicher Ton mit brauner Glasur 9 × 2 cm).
b Unbekannt, nicht aus Württemberg, mit einer Sammlung rheinischer Fliesen ins Museum gelangt. *Variante.* Statt der Blüten kleine Punkte. Roter Ton mit schwärzlichgrüner Glasur. 10,5 × 2,5 cm.
Stuttgart, Württembergisches Landesmuseum.

L26 Aachen – Kornelimünster

Ende 15. Jahrhundert.
Roter Ton mit hellgelber und dunkelbrauner Glasur. Sehr flaches Relief. 10 × 2 cm.
Variante von L25 aus drei Kreisbögen, in Fliesenmitte nur eine Schnittlinie. Die Blüten fehlen, der ganze Kreis und das eine sichtbare Blatt des Viersterns mit Punkten bedeckt.
Fundort:
a Aachen, beim Bau des Kaiser-Karls-Gymnasiums vor 1906 auf dem Gelände des ehem. Augustinerklosters gefunden. J. Laurent, 12, Nr. 1b.
Aachen, Suermondt-Museum.
b Unbekannt, vermutlich aus Fund L26 a. Mit grüner Bleiglasur.
Hamburg, Museum für Kunst und Gewerbe.
c Kornelimünster, ehem. Benediktinerabteikirche St. Kornelius, vereinzelte Fliesen in situ auf der Empore.
Bad Zwischenahn, Slg. Hans-Jürgen Heger.

L27 Düren – Langerwehe

1. Hälfte 16. Jahrhundert.
Weißlichgelber Ton mit dunkelbrauner Glasur. Flachrelief. Abgetreten. 13 × 2,5 cm.
Zwei Halbkreise, der eine mit der Hälfte einer achtblättrigen Rosette, der andere mit grober Lilie. Zu beiden Seiten die Hälfte eines Sterns aus vier kleinen Lilien.

Fundort:
a Düren, Schloß Burgau, bei Grabungen 1977 drei Fliesen gefunden.
Düren, Leopold-Hoesch-Museum.
b Langerwehe, aus einer mittelalterlichen Fehlbrandhalde im Ortsteil „om Uhles" geborgen.
Langerwehe, Töpferei-Museum.

L28 Düren – Kinzweiler – Köln – Walberberg

Mitte 15. – 1. Viertel 16. Jahrhundert.
Roter Ton mit farbloser, dünnflüssiger Bleiglasur, mit gelblicher und apfelgrüner Glasur. Die Glasur wechselt innerhalb des Scherbens oft ins Bräunliche. Ganz flaches Relief. Kante schräg. 10,8 × 2,1 cm.
Kreis, in den Fliesenecken von Viertelskreisen geschnitten. Diese zeigen das Viertel eines doppelten Vierpasses und eine Blüte aus fünf Punkten. In der Mitte Kreis mit Wirbelrosette, an den Seiten kleine Dreiblätter, in den Ecken Lilienbekrönung der Langerweher Werkstatt.
Fundort:
a Düren-Arnoldsweiler, ehem. Pfarrkirche St. Arnold, bei Grabung 1978 gefunden, im Vorraum der Kirche neu verlegt.
b Düren, Herkunft unbekannt, vor 1922 gefunden. Aus der St. Anna-Kirche?, aus Schloß Burgau? Nicht jedoch aus Arnoldsweiler, da dies 1922 ein selbständiges Dorf war.
Hamm, Gustav-Lübcke-Museum.
c Kinzweiler, ehem. Zisterzienserinnenkloster St. Jöris, bei Ausschachtungsarbeiten 1984 auf dem Boden der ehem. Sakristei gefunden. Nicht mit demselben Model geprägt, die Dreiblätter um die Wirbelrosette etwas breiter. Bräunliche Glasur. Gefunden wurde außerdem ein Fehlbrand, mit gebrochenem Model geprägt, der trotz des fehlerhaften Musters verlegt worden war.
Pulheim-Brauweiler, Rheinisches Amt für Denkmalpflege.
d Nach R. Forrer, 1901, Taf. XVII, 6 „aus Köln". Roter Ton mit gelbgrüner Glasur und grünen Glasurspritzern. 10,5 × 2,2 cm.
Dortmund, Museum für Kunst und Kulturgeschichte.
Köln, Museum für Angewandte Kunst (roter Ton ohne Glasur und roter Ton mit mittelgrüner Glasur).
London, Victoria and Albert Museum, A. Lane, Taf. 23 A.
Oldenburg, Landesmuseum für Kunst und Kulturgeschichte (1910 von dem Kölner Kunsthändler Peter Schmitz erworben).
e Sechtem-Walberberg, kath. Pfarrkirche St. Walburgis, ehem. Zisterzienserinnenklosterkirche, beim Wiederaufbau vor 1952 im Schutt gefunden. Hellrötlicher Ton mit braunroter Glasur. Bruchstück. 11 × 1,8 cm.
Pulheim-Brauweiler, Rheinisches Amt für Denkmalpflege.
f Wohl ebenfalls aus Köln, Herkunft unbekannt. *Variante* mit gröberer Prägung. Rötlicher Ton mit dunkelgelber Glasur. 9,5 × 9,5 cm.
Köln, Museum für Angewandte Kunst.
g Unbekannt. Mit grüner Glasur.
Burg Grenzau, Slg. Prof. Dr. Hans Spiegel.

L29 Aachen? – Bergheim – Langerwehe

Mitte 15. – 1. Viertel 16. Jahrhundert.
Rötlicher Ton mit dunkelbrauner und hellgelber Glasur. Sehr flaches Relief. 10,5 × 2,5 cm.
Variante von L28. Im Mittelkreis sechsstrahliger Stern, umgeben von sechs kleinen Dreiblättern. An der Stelle der Punktblüte flaches Dreiblatt, statt der schmalen Dreiblätter über den Seitenmitten kleine Blüten wie bei L25. In der Ecke kleine Lilien mit Schaftring vom Typus der Werkstatt Langerwehe.
Fundort:
a Unbekannt, vermutlich Aachen.
Aachen, Suermondt-Museum.
Hamburg, Museum für Kunst und Gewerbe.
b Bergheim/Erft, kath. Pfarrkirche St. Remigius, bei Grabungen 1948–53 gefunden. Stark abgetreten, vermutlich diese Fliese.
Pulheim-Brauweiler, Rheinisches Amt für Denkmalpflege.
c Langerwehe, bei Grabungen im mittelalterlichen Töpfereibezirk „om Uhles" 1978 gefunden. Gröbere Prägung. Rotgrauer Ton, statt der Glasur wohl eher Lehmengobe (braun mit violetter Tönung). 10,8 × 1,8 cm.
Langerwehe, Töpferei-Museum.
Köln, Privatbesitz.

L29.1 Nordschweiz

2. Hälfte 14. – 1. Hälfte 15. Jahrhundert.
Roter, grobgemagerter Ton. Vertiefte Prägung mit breiten Rillen. 15 × 3 cm.
Kreis, von vier Viertelskreisen so geschnitten, daß eine Astroide entsteht. In der Mitte Stern aus vier einzelnen Tropfenblättern, als Blütenkorb ein Kreis. Die kleinen Dreiecke des Eckornaments ergeben in der Zusammensetzung einen Rautenstern.
Fundort:
Unbekannt, vermutlich aus der Nordschweiz.
Zürich, Schweizerisches Landesmuseum.

L30 Braubach – Rommersdorf

1. Viertel – 1. Hälfte 14. Jahrhundert (a) um 1351?
Heller, fast rosagrauer Ton. Flachrelief. So stark abgetreten, daß die Binnenzeichnung fast verschwunden ist. 14 × 2,5 cm.
Kreis, von vier Viertelskreisen so geschnitten, daß eine Astroide entsteht. In der Mitte spitzer Vierstern mit kleinem Mittelpunkt und zarten, leicht gewellten Blattrippen. In den entstandenen Spitzovalen eine an beiden Seiten eingeschnürte Fischblase mit vierblättriger Rosette. In den Ecken Viersternviertel.
Fundort:
a Braubach, ev. Pfarrkirche St. Barbara, heute Gemeindehaus, beim Einbau einer Heizung 1970 gefunden, durch einen neuen Betonboden wieder verdeckt, einige Fliesen entnommen.
Braubach, Marksburg, Slg. der Deutschen Burgenvereinigung.
b Rommersdorf, ehem. Prämonstratenserkloster, in situ im Kapitelsaal, vermutlich anläßlich einer Restaurierung aus einem anderen Teil der Kirche oder des Klosters dorthin verbracht. Die Fliesen gehören nicht zum ursprünglichen Fliesenbelag des Raumes. Dunkelroter Ton. Stark abgetreten, weitere Fliesen mit dunkelbrauner Glasur. 13,5 × 13,3 cm.
R. Reinhard, 1979, 96, Abb. 4 g.

L31 Aachen?

Ende 15. Jahrhundert.
Hellroter Ton mit dunkelbrauner Glasur. Sehr flache Prägung. Abgetreten. 11,5 × 1,5 cm.
Astroide aus vier Viertelskreisen mit den Vierteln eines einbeschriebenen Vierpasses, dessen zarte Ecklilien mit L29

übereinstimmen. In der Mitte Rosettenornament, durch die Verschmelzung eines Vierpasses mit Eckquadrat entstanden, in der Mitte kleinere Rosette.
Fundort:
a Unbekannt, vermutlich aus Aachen (in Langerwehe gefertigt?).
Aachen, Suermondt-Museum.
b Unbekannt, wohl vom selben Fundort. Hellgrauer Ton mit ockergelber Glasur.
Hamburg, Museum für Kunst und Gewerbe.

L32 Hainchen

15. Jahrhundert.
Rötlichbrauner Ton. Flachrelief. 16 × 16 cm.
Astroide und Vierpaßviertel wie bei L31, die freie Fläche zusätzlich durch ein den Konturen angepaßtes Dreieck ausgefüllt. Die Astroide durch Andreaskreuz geteilt, in jedem Viereck ein grobes, viergeteiltes Blatt.
Fundort:
a Hainchen, ehem. Wasserburg, Fundumstände unbekannt.
H. Ulbrich, 10.
Fliese inzwischen verlorengegangen.
b Variante, Bruchstücke einer halben Fliese. 12,5 × 12,5 cm. In der Astroide Spitzschild mit gerautetem Wappen[1]. Abb. siehe L32*a*.
Netphen, Verein zur Erhaltung der Wasserburg Hainchen.

1 Eine Zuweisung des Wappens an eine bestimmte Familie war nicht möglich. Alle Geschlechter, die unmittelbar in Verbindung mit der Burg standen, führten andere Wappen. Im engeren Gebiet der Burg Hainchen gibt es fünf Familien mit gerautetem Schild, keine hatte jedoch Beziehungen zur Burg. Möglicherweise handelt es sich hier um ein Phantasiewappen.

L33 Wenau

Ende 15. – 1. Hälfte 16. Jahrhundert.
Weißlichgelber Ton mit brauner Bleiglasur. Flachrelief. Abgetreten. 11 × 2,5 cm.
Vereinfachte *Variante* von L32. Der Vierpaß berührt den Kreisbogen, in der Mitte kleines Bäumchen mit dreigeteiltem Blatt und Rebe?
Fundort:
Wenau, kath. Pfarrkirche St. Katharina, bei Instandsetzungsarbeiten 1953–54 auf der Nonnenempore der ehem. Prämonstratenserinnenklosterkirche gefunden.
Langerwehe, Töpferei-Museum.
Köln, Museum für Angewandte Kunst (*Fundort:* „Rheinland").

L34 Münstereifel

Ende 15. Jahrhundert.
Hellrötlicher Ton mit gelbbrauner Glasur. Sehr flaches Relief. Abgetreten. 12,2 × 12,5 × 2,5 cm.
Variante von L31. Die Mittelrosette durch Vierstern ersetzt, die Ecklilien fehlen.
Fundort:
Münstereifel, Stiftskirche St. Chrysanthus und Daria, bei der Restaurierung 1966 geborgen, eine Fläche von ca. 2,40 × 4,40 m auf der Südempore neu verlegt. R. Schmitz-Ehmke, Taf. 30, Abb. 64.
Köln, Slg. Carl Mönnig.

L35 Hadamar

Um 1602?, um 1624?.
Gelber, schlecht gebrannter, sehr mürber Ton. Vertiefte Prägung. Nur noch in Bruchstücken erhalten. 19,5 × 2,2 cm.
Astroide aus Viertelskreisen mit einbeschriebenen Achtpaßvierteln. In der Mitte eine Vierpaßblüte mit Mittelkreis und zarter Strichelung.
Fundort:
Hadamar, Liebfrauenkirche, bei der Aufdeckung des Fliesenbodens 1966 vor dem nördlichen Nebenaltar gefunden.
Königstein, Stadtmuseum, zwei Bruchstücke (aus Privatsammlung).

L36 Arnstein – Aull – Diez – Koblenz – Lahnstein – Urbar

Nach 1359 (a) – nach 1289 (d).
Gelbrötlicher und dunkelgrauer Ton. Vertiefte Prägung. Eine vermutlich früher vorhandene Binnenzeichnung ebenso abgetreten wie bei L30. 10,5 × 2,5 cm.
Kreis mit demselben Muster wie L30, das Bild in die Diagonale gedreht. Die flachen Halbkreisbogen sitzen über den Fliesenseiten. In der Zusammensetzung von vier Fliesen entsteht jedoch eher ein breites Spitzoval als ein Kreis.
Fundort:
a Arnstein, ehem. Prämonstratenserkloster, 1884 im Konvent aufgedeckt (ca. 20 qm), in der Taufkapelle der Klosterkirche wahllos neu verlegt.
Marburg, Museum für Kunst und Kulturgeschichte.
Wetzlar, Stadtmuseum (K. Engelbach, Nr. 105, 1).
Wiesbaden, Slg. Nassauischer Altertümer.
b Nicht sicher, jedoch mit großer Wahrscheinlichkeit aus der Margarethenkapelle unterhalb von Kloster Arnstein. Gelbrötlicher Ton mit hellroter Engobe. Kante senkrecht. 13 × 3 cm.
Höhr-Grenzhausen, Töpferei-Museum Georg Peltner.
c Aull, Burghaus. Bruchstücke bei Umbauten 1978 gefunden.
Mainz, Privatbesitz.
d Diez, Stadtpfarrkirche St. Maria, bei einer Restaurierung 1965 gefunden. Fliese eines früheren, in der Kirche gemachten Fundes, in der Diagonale geteilt. Hellgelblichrötlicher Ton. 13 × 1,8 cm.
Diez, Nassauisches Heimatmuseum.
e Koblenz, ehem. Dominikanerkirche. In nicht bekannter Zeit, vermutlich zu Ende des 19. Jahrhunderts, entfernt und auf den Seitenschiffsemporen der Liebfrauenkirche neu verlegt[1]. Später durch Holzdielen verdeckt. Ockergelblicher Ton.
Koblenz, Mittelrhein-Museum.
f Lahnstein, Ortsteil Oberlahnstein, ehem. Arnsteiner Hof (heute Forstamt). Bruchstück 1976 über dem Kapellenraum gefunden. Mit einem anderen Model geprägt. Weißlichgrauer Ton. Dicke 1,8 cm.
Lahnstein, Forstverwaltung.
g Urbar, beim Fund eines mittelalterlichen Töpferofens 1905 geborgen. H. E. Kubach, F. Michel, 340, Abb. 370.
Verbleib unbekannt.
h Unbekannt, wohl aus Arnstein oder Koblenz. Anscheinend erst nach 1936 erworben. Gelbrötlicher Ton. Fliese im Brand gewölbt. Kante schräg. 12,3 × 2,2 cm.
Köln, Erzbischöfliches Diözesan-Museum.

1 F. Michel, 1937, 174.

L36.1 Elkerhausen – Runkel

2. Hälfte 14. – 1. Hälfte 15. Jahrhundert.
Gelbrötlicher Ton. Vertiefte Prägung mit Reliefwirkung. 13,2 × 1,5 cm. Nicht abgebildet.
Variante oder späterer *Nachschnitt* von L36. Die Kreisbogen mit dünnem Grat in der Mitte wie bei L36. In den seitlichen Ovalen statt der eingeschnürten Fischblasen nur ein dicker Punkt, gerahmt von zwei kleineren Punkten.
Fundort:
a Elkerhausen, ehem. Wasserburg, bei Instandsetzungsarbeiten 1983 gefunden.
Weinbach-Elkerhausen, Privatbesitz.
b Runkel, ehem. Burgmannenhaus, Burgstr. 31, 1980 bei Umbauten gefunden. Bruchstück. Dicke 1,2 cm. „Schmutzig orangerötlicher Ton".
Runkel, Privatbesitz.

L37 Affolderbach – Eberbach – Mainz – Ortenberg – Rüdesheim-Ehrenfels – Wiesbaden-Klarenthal

1. Drittel 14. Jahrhundert, 1313–1335 (b), um 1321 (h).
Hellrötlichgrauer Ton. Vertiefte Prägung mit breiten Rillen, welche das Muster bei einigen Prägungen als Relief erscheinen lassen. Kante schräg. 12,5 × 2 cm.
Maßwerkornament aus vier über den Fliesenseiten geschlagenen Halbkreisen mit einbeschriebenen Vierpaßhälften. In der Mitte Vierstern ähnlich L36, nicht so tief eingekerbt.
Fundort:
a Affolderbach, ehem. Zisterzienserinnenkloster, vor 1882 gefunden[1].
Wiesbaden, Slg. Nassauischer Altertümer.
b Eberbach, ehem. Zisterzienserklosterkirche, in situ zwischen den Pfeilern, 1937 neu verlegt. Gelblicher, roter und grauer Ton. 13,5 × 2,5 cm. C. Schäfer, 86, Abb. 45.
Eberbach, Lapidarium.
c Mainz, Invalidenhaus, vermutlich beim Abbruch nach Kriegszerstörung gefunden. Gelblichroter Ton. 12,5 × 2,2 cm.
Mainz, Mittelrheinisches Landesmuseum.
d Mainz, „in großer Anzahl" beim Legen eines elektrischen Kabels in alter Lage gefunden. Ludwigstraße/Kleine Präsenzgasse, wahrscheinlich aus einem zum ehem. Weißfrauenkloster gehörenden Hause[2].
Mainz, Mittelrheinisches Landesmuseum.
e Ortenberg, Schloß, bei Grabungen auf dem Gelände der ehem. Burg 1953–56 gefunden. Feingemagerter grauer und roter Ton. 12 × 2 cm.
Ortenberg, Schloßmuseum.
f Rüdesheim, Burgruine Ehrenfels, bei Grabungen im Hof gefunden. Roter Ton. 12 × 12 cm.
Rüdesheim, Rheingauer Museum.
g Unbekannt, am ehesten mit der Prägung aus Kloster Eberbach übereinstimmend (Arnsburg?). Graugelblicher Ton. 12,5 × 2,5 cm.
Darmstadt, Hessisches Landesmuseum.
h Wiesbaden-Klarenthal, ehem. Klarissinnenkloster, bei Grabung 1965–66 gefunden. 12,4 × 12,4 cm. G. Maag, 33, Taf. III, 8.
Wiesbaden, Privatbesitz.

1 Nass. Ann. 18, 1883–84, 292.
2 Westd. Zs. 22, 1903, Museographie 1902, 431.

L38 Affolderbach – Arnsburg – Brunnenburg – Eberbach – Enkirch – Koblenz – Köln – Konstanz? – Mainz – Nassau – Oberfell – Wiesbaden – Worms

Früheste Prägung wohl noch 3. Viertel 13. Jahrhundert, die übrigen 1. Drittel 14. Jahrhundert und später, um 1321 (p).
Grauer und rötlicher Ton. Vertiefte Prägung, mit schmalen Rillen. 13,5 × 2,5 cm.
Variante zu L37, möglicherweise die Vorlage zu diesem Muster. Die Halbkreise noch deutlich geschlossen, in der Mitte Quadrat mit konkaven Seiten.
Fundort:
a Affolderbach, ehem. Zisterzienserinnenkloster, vor 1882 gefunden[1].
Wiesbaden, Slg. Nassauischer Altertümer.
b Arnsburg, ehem. Zisterzienserkloster, bei Grabungen 1979 gefunden. Grauer Ton. 12 × 2 cm. M. Morkramer, 1982, Nr. 8.0.1, 81, Abb. 86.
Arnsburg, Klostersammlung.
c Brunnenburg, Ruine des ehem. Prämonstratenserinnenklosters, bei Grabung 1974 bei der Ostwand des Raumes IV, möglicherweise in alter Lage, gefunden. Sehr frühe Prägung. Hellgrauer Ton. G. und I. Maag, 134, Abb. 8, I.
Wiesbaden, Privatbesitz.
d Eberbach, ehem. Zisterzienserkloster, einzelne Fliesen zwischen den Pfeilern der Klosterkirche in situ, 1937 neu verlegt. W. Schäfer, 17, 6.
Eberbach, Lapidarium.
e Enkirch/Mosel, ev. Pfarrkirche, Sakristei, 1938 noch dort vorhanden, einige Fliesen aus der Kirche im „Haus zum Herrenberg" 20, seit dem letzten Umbau verloren. F. Friebe, Taf. 60.
f Koblenz, Jesuitenkirche (ehem. Zisterzienserinnenkloster), beim Abbruch der Kirche 1957 geborgen. U. Liessem, 1985, 67.
Koblenz, Privatbesitz.
g Köln, Herkunft unbekannt, vor 1908 gefunden. Gelblichgrauer Ton.
Oldenburg, Landesmuseum für Kunst und Kulturgeschichte.
h Unbekannt, möglicherweise aus Konstanz. Grauer Ton. 13 × 2,5 cm.
Konstanz, Rosgartenmuseum.
i Mainz, Herkunft unbekannt (alter Bestand). 12,5 × 2,2 cm.
Mainz, Mittelrheinisches Landesmuseum.
j Mainz, Herkunft unbekannt, möglicherweise zu den 1941 im Dom gefundenen Fliesen gehörend. Rötlicher, an der Oberfläche hellgrauer Ton. 12,5 × 2,3 cm.
Mainz, Diözesan-Museum.
k Mainz, ehem. Stiftskirche Heilig-Kreuz, bei der Grabung 1959–60 gefunden. Gelblicher Ton. 12,5 × 2,5 cm.
Mainz, Privatbesitz.
l Mainz, Hollagasse, 1980 gefunden. Gelber Ton. 12 × 12,2 × 2,4 cm.
Harxheim, Slg. Dederer.
m Mainz, Quintinsgasse.
Mainz, Mittelrheinisches Landesmuseum.
n Mainz, Pfaffengasse, in einer Kloake der ehem. Domstiftsvikarie 1982 gefunden. Hellgelber Ton. Kante schräg. 12 × 2,2 cm.
Mainz, Landesamt für Bodendenkmalpflege.
o Nassau, Burgruine, 1979 im Schutt des Palas gefunden. Hellbrauner Ton. Bruchstück. 12 × 2 cm.
Mainz, Landesamt für Denkmalpflege.
p Oberfell, Ortsteil Bleidenberg, Marienkapelle, vereinzelt in situ im Chor.

q Wiesbaden-Klarenthal, ehem. Klarissinnenkloster, bei der Grabung vor 1888, 1965–66 erneut gefunden. G. Maag, 33, Taf. III, 7.
Wiesbaden, Slg. Nassauischer Altertümer.
Wiesbaden, Privatbesitz.
r Worms, Herkunft unbekannt, vor 1922 gefunden. E. Grill, Taf. 2, 48. Sehr feiner, rosabräunlicher bis bräunlichgelber Ton. 12,7 × 2,5 cm.
Worms, Museum der Stadt Worms.
s Unbekannt. *Variante* in quadratischem Rahmen. Grauer Ton. 12,5 × 2,3 cm.
Düsseldorf, Hetjens-Museum.

1 Nass. Ann. 18, 1883/84, 292.

L39 Ulm – Ulm-Söflingen

1. Hälfte 15. Jahrhundert, nach 1492? (d).
Dunkelroter, stark gebrannter Ton. Vertiefte Prägung mit Reliefwirkung. 17 × 4 cm.
Fliese durch Diagonalkreuz geteilt. In den entstandenen Dreiecken Hälfte eines Dreipasses mit herzförmigen Spitzen.
Fundort:
a Ulm, nach K. Haßler, Taf. XVII, 1 aus einem Ulmer Privathaus. Vor 1862 gefunden, zu H1 gehörend.
Stuttgart, Württembergisches Landesmuseum.
b Ulm, Haus Platzgasse 31, in situ, vermutlich in zweiter Lage, auf dem Speicher.
c Ulm, Haus Störrengasse 6, beim Abbruch 1978 geborgen.
Ulmer Wohnungs- und Siedlungs GmbH.
Ulm, Privatbesitz.
d Ulm-Söflingen, ehem. Klarissinnenkloster, 1915 gefunden. R. Weser, 96, Nr. 23 und H. A. Klaiber, R. Wortmann, 667, Abb. 602, Nr. 26, 17 × 3 cm.
Ulm, Ulmer Museum.
e Ulm, Südlicher Münsterplatz 47 („Neuer Bau"), 1940 gefunden *Variante*. An die Stelle der Rille tritt ein deutlich abgesetztes Diagonalkreuz. Bruchstück.
Ulm, Prähistorische Sammlung.

L40 Saarburg

3. Viertel 14. Jahrhundert?
Roter Ton. Vertiefte Prägung. 15,5 × 2,5 cm.
Variante von L39. Drei sich kreuzende Diagonallinien schneiden in Fliesenmitte ein kleines Eckquadrat aus. Die Vierpaßform nunmehr einem Vierstern genähert, mit Mittelkreis als Blütenkorb.
Fundort:
a Saarburg, ehem. Dominikanerinnenkloster Weyerstein, 1890 gefunden. Ch. Czarnowsky, 15, Abb. 13.
Saarburg, Regionalmuseum.
b Saarburg, Avenue de la Victoire 18, 1960 aus einer mittelalterlichen Fehlbrandgrube geborgen. M. Lutz, V. Beyer, 137, Taf. III.
Saarburg, Regionalmuseum.

L41 Limburg a. d. Haardt

3. Viertel 14. Jahrhundert?
Mittelroter, an der Oberfläche grauer Ton. Tief eingeprägter Model. 13,5 × 2,3 cm. Nicht abgebildet.
Variante von L40. Ein Diagonalband überschneidet das andere, die Viersterne schmal, eher heraldischen Lilien gleichend.
Fundort:
Limburg a. d. Haardt, Ruine des ehem. Benediktinerklosters, bei Grabungen zu Ende des 19. Jahrhunderts gefunden.
Dürkheim, Heimatmuseum.

L42 Bacharach

2. Viertel 14. Jahrhundert?, vor 1354?, eher 1. Hälfte 15. Jahrhundert.
Roter Ton mit mittel- und dunkelgrüner Bleiglasur. Flachrelief. Teilweise abgetreten. 12,5 × 2,5 cm.
Diagonalkreuz mit scharfen Graten, in den Dreiecken Viersternhälften, die herzförmig eingeschnürt auf einem Mittelkreis sitzen.
Fundort:
a Nach R. Forrer, 1901, Taf. CIII, 24 aus Burg Stahleck über Bacharach, vermutlich vor 1888 gefunden.
London, Victoria and Albert Museum.
b Möglicherweise vom selben Fundort.
Darmstadt, Hessisches Landesmuseum (grauer Ton, die Glasur zu kleinen Tröpfchen geschmolzen, dies möglicherweise jedoch durch Brandeinwirkung im 2. Weltkrieg. 13 × 2,5 cm).
Köln, Kölnisches Stadtmuseum.
Köln, Museum für Angewandte Kunst.
Straßburg, Frauenhausmuseum (1888 aus der Slg. Aus'm Weerth erworben).
Stuttgart, Württembergisches Landesmuseum (mit einer Sammlung rheinischer Fliesen ins Museum gelangt).

L43 Hirzenhain – Leustadt – Ortenberg

1385–1431 (a) 2. Hälfte 14. Jahrhundert.
Roter Ton. Vertiefte Prägung. 16 × 3 cm.
Diagonalkreuz mit Lilienspitzen in den Fliesenecken, dazwischen Vierstern mit Kielbogen und einbeschriebener herzförmiger Fischblase ähnlich L3.
Fundort:
a Hirzenhain, ehem. Augustinerkloster St. Maria, bei einem Neubau 1968 auf dem Klostergelände gefunden.
Gedern, Gederner Bank.
b Leustadt, Wasserburg, bei Umbauten im mittelalterlichen Schutt oder in zweiter Lage vermauert gefunden.
Hofgut Leustadt, Slg. Frau Gisela Spruck.
c Ortenberg, Schloß, bei Grabungen 1953–56 auf dem Gelände der mittelalterlichen Burg gefunden.
Ortenberg, Schloßmuseum.

L44 Grunbach

Um 1481.
Roter Ton mit grüner Glasur. Stark vertiefte Prägung mit Reliefwirkung. Kante schräg. 10 × 3 cm.
Variante zu L39. Diagonalkreuz mit schmalen Viersternhälften.
Fundort:
a Grunbach, ev. Pfarrkirche, ehem. St. Veranus, 1905 entfernt. A. Schahl, 1983, Bd. 1, 784, Abb. 590.
Remshalden-Grunbach, Pfarrhaus.
b Unbekannt. Entweder ebenfalls aus Grunbach und von H. Dolmetsch 1905 ins Museum gegeben oder aus einer zweiten württembergischen Kirche (Plochingen, St. Ottilienkapelle? Vgl. J37, Anm. 1).
Stuttgart, Württembergisches Landesmuseum.

L45 Ulm

Mitte – 2. Hälfte 15. Jahrhundert.
Roter Ton. Vertiefte Prägung. 17,5 × 3,5 cm und 17,2 × 3 cm.
Vierpaßornament. Die über den Seitenkanten stehenden Vierpaßhälften sind fast pilzförmig eingeschnürt. Die Diagonalbänder ergeben ein zweites Ornament, einen Stern aus vier Kreuzblumen mit Lilienspitzen. In der Mitte und in jedem Kreuzarm kleines Quadrat mit konkaven Seiten.
Fundort:
a Ulm, nach K. Haßler, Taf. XIX, 2 „aus einem Ulmer Privathaus", vor 1862 gefunden.
Stuttgart, Württembergisches Landesmuseum.
Ulm, Privatbesitz.
b Herkunft unbekannt. *Variante,* die konkaven Quadrate in der Diagonalrichtung geteilt.
München, Bayerisches Nationalmuseum.

L46 Ulm

2. Hälfte 15. Jahrhundert?
Roter Ton. Vermutlich Flachrelief. 15 × 15 cm. Nicht abgebildet.
Zwei sich in der Diagonale schneidende Spitzovale, in der Mitte Vierpaß mit zur Mitte gekehrten kleinen Lilien. In den seitlichen Bogen Maßwerkornament.
Fundort:
Ulm, nach K. Haßler, Taf. XVIII, 1, „aus einem Ulmer Privathaus", vor 1862 gefunden.
Verbleib nicht zu ermitteln.

L47 Heiligkreuztal

Um 1535?[1].
Roter, grobkörniger Ton. Flachrelief. 15 × 3 cm.
Späte *Variante* von L46. Die Spitzovale mit schmalen, gerundeten Stegen. Vierstern ohne Lilien, das seitliche Ornament etwas flacher.
Fundort:
Heiligkreuztal, ehem. Zisterzienserinnenkloster, 1962 im Innenhof des Kreuzgangs im Schutt gefunden, vermutlich aus der sog. Bruderkirche stammend.
Bad Buchau, Privatbesitz (Frau Fanny Weidelehner).

1 Zur Datierung vgl. Fundortkat.

L47.1 Northeim

1. Viertel 16. Jahrhundert?
Grobgemagerter, hartgebrannter, roter Ton. Flachrelief. 20 × 5 cm.
Variante zu L47. Das zweite Spitzoval fehlt. An seiner Stelle das halbe Vierpaßornament flachgedrückt, die ganze Fläche füllend, an den Seiten zu einer Fischblase ausgezogen.
Fundort:
Northeim, ehem. Benediktinerkloster St. Blasii, bei Restaurierungsarbeiten 1978 im Kreuzgang gefunden. G. Kleist, 1978, Nr. 33.
Northeim, Stadtarchiv und Heimatmuseum.
Northeim, Privatbesitz (drei Bruchstücke).

L48 Eltz – Koblenz – Urbar – Lahnstein

1. Hälfte 14. Jahrhundert.
Weißockergelber Ton. Vertiefte Prägung. 12 × 2,5 cm.
Variante von L47. Die Maßwerkornamente in den Bögen noch schmaler und kaum eingezogen, der Vierstern aus Einzelblättern zusammengesetzt, die sich in der Mitte nicht berühren. An der Fliesenkante in Seitenmitte je ein tief eingeprägtes Eckquadrat.
Fundort:
a Eltz, Burg. Es ist nicht bekannt, aus welchem Haus der Burg die Fliese stammt.
Eltz, Burgsammlung.
b Koblenz, ehem. Stiftskirche St. Kastor. Auf einem um 1880 aufgenommenen Photo sind Fliesen neben einem Fenster in die Wand eingelassen, unter ihnen diese Prägung.
Verbleib nicht zu ermitteln.
c Urbar, beim Fund eines Töpferofens vor 1906 aufgedeckt. H. E. Kubach, F. Michel, H. Schnitzler, 340, Abb. 370. Gelbrötlicher Ton. 12 × 2,5 cm.
Pulheim-Brauweiler, Rheinisches Amt für Denkmalpflege.
d Lahnstein, Ortsteil Niederlahnstein, St. Johanniskirche, bei den Grabungen 1960–62 im Schutt des Chores gefunden. *Variante.* Der Vierstern aus vier Spitzovalen. Fast weißlicher, sehr mürber, zerbröckelnder, schwach gebrannter Ton. 12,5 × 2 cm. U. Koch, 136, oben rechts.
Niederlahnstein, Kloster.

L49 Dill – Koblenz – Urbar

Nach 1329? (a), 1344–1355 (b).
Rötlicher und gelbrötlicher Ton. Anscheinend vertiefte Prägung, möglicherweise die feine Binnenzeichnung durch Abnützung nicht mehr sichtbar. Bruchstücke. 18,5 × 2,5 cm.
Variante von L48. Der Vierpaß berührt die Kreisbogen, die Einschnitte nicht spitz, sondern gerundet.
Fundort:
a Burgruine Dill, bei Ausgrabung des Palas 1965–1969 am Boden von Flur und Küche des Erdgeschosses in zahlreichen Bruchstücken gefunden.
Traben-Trarbach, Slg. G. Castendyck.
b Nach R. Forrer, 1901, Taf. CIII, 21 „aus dem Deutschordenshaus in Koblenz", beim Umbau 1895 aufgedeckt. *Variante.* In der Mitte des Vierpasses ein leicht gewelltes Kreuz mit vier Dreipässen, in den seitlichen Maßwerkornamenten kleine, gewellte Blattrippen. Hellgelbrötlicher Ton mit gelbbrauner Glasur. Flachrelief.
London, Victoria and Albert Museum.
c Urbar, bei der Aufdeckung eines Töpferofens 1905 gefunden. H. E. Kubach, F. Michel, H. Schnitzler, 340, Abb. 370.
Pulheim-Brauweiler, Rheinisches Amt für Denkmalpflege.
Bonn, Rheinisches Landesmuseum.

L50 Schmidtburg

16. Jahrhundert.
Blaßrötlicher, feingemagerter Ton. Vertiefte Prägung. 16,5 × 2,4/2,8 cm.
Variante zu L48. Nur ein Spitzoval (Gruppe H), dieses mit L48 genau übereinstimmend. In einer Ecke ein „B", in der anderen, zerstörten Ecke, vermutlich ein „I".
Fundort:
Schmidtburg im Hahnenbachtal, bei Grabungen 1972 in der Ruine gefunden. W. Erlenbach [u. a.], 693, Nr. 1.
Simmern, Hunsrück-Museum.

L 51 Gelnhausen

Um 1356.
Roter Ton. Vertiefte Prägung. 11 × 2,5 cm.
Sich überschneidende Spitzovale, in der Mitte Vierstern, in den Seitenbogen heraldische Lilien.
Fundort:
Gelnhausen, Haus Kuhgasse 1, bei Umbau gefunden, vermutlich im 19. Jahrhundert ebenfalls von dort entfernt.
Gelnhausen, Heimatmuseum.
Marburg, Museum für Kunst und Kulturgeschichte.
Gelnhausen, Privatbesitz.

L 52 Mitterfischen

15. Jahrhundert.
Grauer, ungewöhnlich stark mit Sand gemagerter Ton. Flachrelief. 17,5 × 4,5 cm.
Zwei sich schneidende Spitzovale. In der Mitte Wirbelrosette aus Fischblasen, an Mittelkreis ansetzend. In den Seitenbögen Dreipässe auf kleiner Nase.
Fundort:
Mitterfischen, Pfarrkirche St. Pankratius, vor 1882 gefunden.
Straßburg, Frauenhausmuseum.

L 53 Königsbronn

Mitte 14. Jahrhundert.
Roter Ton. Vertiefte Prägung. 14,5 × 2,1 cm.
Astroide mit Mittelstern ähnlich L 36, durch Viertelskreise über den Fliesenecken tangiert. Eine Teilung der Fliese in vier Quadrate ergibt eine *Variante* des Musters L 12. Der Vierpaß fehlt, die Spitze statt des Kleeblatts eine schmale Lilie. In der Zusammensetzung von vier Fliesen ergeben sich ganz mit Lilienkreuzen gefüllte Kreise. Vermutlich Muster der Ulmer Werkstatt.
Fundort:
Königsbronn, ev. Kirche, bei Grabungen 1974 gefunden, aus der Kirche des ehem. Zisterzienserklosters stammend.
Stuttgart, Landesdenkmalamt Baden-Württemberg.

L 54 Dargun

Nach 1464 – um 1479.
Roter Ton. Flachrelief. 21 × 21 cm.
Doppeltes Eckquadrat mit vier im Gegenzeigersinn kreisenden schmalen Fischblasen. In der Mitte fünfblättrige Rosette.
Fundort:
Dargun, Ruine des Zisterzienserklosters St. Marien, bei der Restaurierung zu Mitte des 19. Jahrhunderts gefunden, durch Kriegszerstörung verloren. F. Schlie, I, 557.

L 55 Haid

Um 1473.
Roter Ton. Vertiefte Prägung. Maße unbekannt. Abgetreten.
In größere quadratische Platte ein quadratischer Model schräg eingeprägt. Fischblasenornament ähnlich L 54, durch eine Mittellinie geteilt. In der Mitte statt der Rose ein Vierstern, über den Seiten je die Hälfte eines solchen.
Fundort:
Haid, Wallfahrtskirche Salvator mundi, in situ im Turm, die übrigen, 1926 noch vorhandenen Muster verschwunden.

L 56 Ulm

1. Hälfte 15. Jahrhundert?
Roter Ton. Vertiefte Prägung. 14 × 3 cm. Eine Ecke abgebrochen.
Quadratischer Rahmen dicht am Fliesenrand, von kleinem Viertelskreis in der Ecke überdeckt. In diesem Viertel einer achtteiligen Rosette. Darüber Viertelskreisbogen mit zwei Fischblasen. In der Ecke oben kleeblattähnliche Form.
Fundort:
Ulm, Herkunft nicht bekannt.
Ulm, Privatbesitz.

L 57 Schmidtburg

16. Jahrhundert.
Blaßrötlicher, nicht sehr hart gebrannter Ton. Flachrelief. Oberfläche stark zerstört. Aus Bruchstücken rekonstruiert. Ca. 16,8 × 17 × 2,4/2,8 cm.
Viertelsrond mit Fischblasen ähnlich L 56. Diese schmaler, durch Mittellinie getrennt, bis zum Grund reichend, von zwei Hälften desselben Musters gerahmt. Links die Majuskel „I", rechts „B". In der Ecke Hälfte zweier Fischblasen.
Fundort:
a Schmidtburg im Hahnenbachtal, bei Grabungen 1972 gefunden. W. Erlenbach [u. a.], 693, Nr. 4.
Simmern, Hunsrück-Museum.
b Vom selben Fundort. Bruchstück einer Fliese. Ähnliches Muster, ohne Schrift (?). W. Erlenbach [u. a.], 693, Nr. 3.
Simmern, Hunsrück-Museum.

L1

L2

L3

L4

L5

L6

L8

L9

L10

L11

L12

L15

L 16

L 17

L 18

L 19

L 20

L 21

L 22

L 23

L 25

L 26

L 27

L 28

L 29

L 30

L 31

L 32

L 33

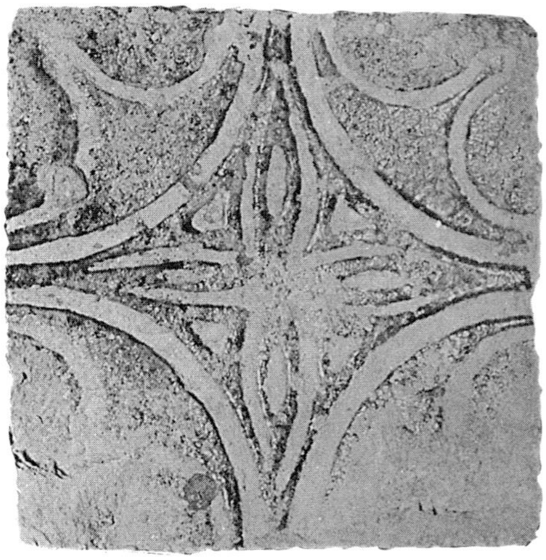

L 34

L 35

L 36

L 37

L 38

L 39

L 40

L 42

L 43

L 44

L 45

L 46

L 47.1

L 48

L 49

L 50

L 51

L 52

L 53

L54

L55

L56

L57a

L57b

Kreisornamente

M1 Dahn

Nicht sicher zu datieren.
Gelblichgrauer Ton. Flachrelief. Auf der Rückseite in Kreuzform ausgehöhlt. Für eine Teilung in der Diagonalen in Dreiecksform geprägt. 13,5 × 2 cm. Nicht mit Sicherheit Bodenfliese. Nicht abgebildet.
In Fliesenmitte kleiner Kreis, umgeben von zwei weiteren konzentrischen Kreisen.
Fundort:
Altdahn, Burgruine, als Lesefund 1972 auf dem Burggelände gefunden.
Dahn, Stadtverwaltung.

M2 Gelnhausen

13. Jahrhundert?
Roter Ton. Vertiefte Prägung. 12,8 × 3,5 cm.
In Fliesenmitte kleiner Kreis: Rad mit fünf Speichen und Nabe.
Fundort:
Gelnhausen, Kaiserpfalz, bei den Grabungen 1932–34 im Palas gefunden.
Gelnhausen, Heimatmuseum.

M3 Dreieich – Mainz

2. Hälfte 12. Jahrhundert.
Hellrötlicher, schwach gebrannter Ton, die Oberfläche stark zerstört. Flachrelief. Kante senkrecht. 28 × 3 cm. Astroid von Spitze zu Spitze 17 cm. Nicht abgebildet.
In Fliesenmitte Astroide ausgespart, darin Kreis mit sechs unregelmäßig angeordneten Speichen. In den Ecken der Astroide je ein dicker Punkt. Möglicherweise frühe Darstellung des Mainzer Radwappens.
Fundort:
a Dreieich, Burg Hain, St. Pankratiuskirche, beim Einbau einer Fußbodenheizung aufgedeckt. K. Nahrgang, 1963, 258, Abb. 100, links.
Dreieich, Dreieich-Museum.
b Mainz, Deutschhausplatz, beim Bau der Tiefgarage 1972 gefunden. Hellroter Ton, besser erhalten. Die Oberfläche der Fliese mit Fingern glattgestrichen.
Mainz, Mittelrheinisches Landesmuseum.

M4 Teutleben

2. Hälfte 12. Jahrhundert.
Weißlicher Ton oder Gips. Vertiefte Prägung. 10 × 10 cm.
Den Fliesenrand berührender, mit Punkten verzierter Kreis mit Kreuz. In den entstandenen Flächen vier herzförmige Ornamente, bestehend aus den Kreuzarmen und einer breiten, zur Mitte tief eingekerbten Palmette. Zwei Kreuzarme mit Eckquadrat und je drei Punkten, über den beiden anderen je ein Punkt.
Fundort:
Teutleben, auf der Westempore der Pfarrkirche zu Beginn des Jahrhunderts noch in Resten erhalten, heute zerstört. P. Lehfeldt, G. Voss, 1892, 478.

M5 Wörschweiler

1. Viertel 13. Jahrhundert.
Roter Ton. Flachrelief. Stark abgetreten. 13 × 3 cm.
Kreis mit Zackenrand an der Außenkante und Palmettenkreuz ähnlich M4. Die Kreuzarme unter- und überschneiden sich, sind oben durch einen steilen Halbkreisbogen verbunden und ergeben durch ihre zur Volute gerollten Enden eine klare Herzform. Die Palmetten, von denen je zwei sich gegenüberstehende gleich geformt sind, zeigen tiefe Kerben, die Voluten sind durch einen schmalen Strich verbunden. In den Fliesenecken kleine Kreise mit winzigem, sechsstrahligem Stern ähnlich einem Töpferstempel.
Fundort:
Wörschweiler, ehem. Zisterzienserkloster, bei Grabung 1956 im Südquerschiff der Kirchenruine gefunden. P. Volkelt, 20, Nr. 4, Taf. 12, Abb. 3.
Wörschweiler, Depot der Klosterfunde.

M6 Konstanz

3. Viertel 13. Jahrhundert.
Roter, feingemagerter Ton. Vertiefte Prägung mit Flachreliefwirkung. 13,5 × 3,5 cm.
Doppelkreis mit Zackenband und Herzpalmetten, ein später *Nachschnitt* des Musters M5. Die Herzformen sind getrennt, das Mittelkreuz fehlt, die fünfteilige Palmette steht mit kurzem Stiel auf dem Kreisrand.
Fundort:
Konstanz, Stadionscher Domherrenhof, nach Brand 1898 gefunden. R. Forrer, 1901, Taf. IX, 4.
Konstanz, Rosgartenmuseum.
Berlin, Kunstgewerbemuseum.
London, Victoria and Albert Museum (gelblicher Ton).
Zürich, Schweizerisches Landesmuseum.

M7 Konstanz

3. Viertel 13. Jahrhundert.
Roter, feingemagerter Ton. Vertiefte Prägung. Kante schräg. 13,5 × 3,5 cm.
Variante von M6 mit flacher Zackenlinie auf dem Kreisband, tief eingeprägter, siebenteiliger Palmette und ungleich breiten Stäben zwischen den Herzformen.
Fundort:
Konstanz, Stadionscher Domherrenhof, nach Brand 1898 gefunden. R. Forrer, 1901, Taf. IX. 6.
Konstanz, Rosgartenmuseum.
Dortmund, Museum für Kunst und Kulturgeschichte (mit gelben Glasurflecken!).
London, Victoria and Albert Museum. A. Lane, Taf. 22A.
Zürich, Schweizerisches Landesmuseum. R. Schnyder, 1972, Abb. 18, 2.

M8 Apfeltrach

Um 1460.
Roter Ton. Vertiefte Prägung. 24 × 24 cm.
Auf quadratischer Fliese vier Kreise waagrecht und senkrecht nebeneinander angeordnet. In jedem Herzornament, ähnlich M6, an Stelle der Palmetten kleine Lilien. In Kreismitte kleines Kreuz.

Fundort:
Apfeltrach, kath. Wallfahrtskapelle St. Leonhard, bei Grabungen 1962–63 unter dem Stufenpodest des Hauptaltars gefunden. Im Altarraum neu verlegt.

M9 Schlettstadt

Um 1180.
Roter Ton mit Glasurresten. Flachrelief. Bruchstück. Kante senkrecht. 17 × 5 cm.
Kante durch Zahnschnittleiste begrenzt. Doppelkreis, in diesem kreisförmiges Ornament, abwechselnd aus vier wiegenähnlichen, nach außen geöffneten Halbkreisbögen mit Voluten und vier ähnlichen, geschlossenen Kreisen mit winziger Mittelblüte bestehend. In der Mitte kleiner Kreis, Ornament zerstört. In den Ecken je ein winziger Kreis mit Mittelblüte.
Fundort:
Schlettstadt, ehem. Propsteikirche St. Fides, bei der Restaurierung der Kirche 1875–93 gefunden. H. Meyer, 1987, 18, Abb. 6
Schlettstadt, Stadtbibliothek.

M10 Schlettstadt

Um 1180.
Roter Ton mit Glasurspuren, die Fliese im Victoria and Albert Museum mit dunkelocker Glasur. Ganz flaches Relief. Kante senkrecht. Bruchstück, Originalfliese ca. 16 × 16 cm. Dicke 5 cm.
In quadratischem Rahmen mit Band aus waagrechten Strichen, Kreis aus Schrägkerben. In diesem Rosette aus acht doppelten Schleifen, die auf einem Mittelkreis aufsitzen, der einen kleinen Stern zeigt. In den Fliesenecken kleine heraldische Lilie auf dem Kreisrand aufsitzend. Die ausgesparten Dreiecke zusätzlich durch Linien betont.
Fundort:
Schlettstadt, ehem. Benediktiner-Propsteikirche St. Fides, bei der Restaurierung der Kirche 1875–93 gefunden. R. Forrer, 1901, Taf. III, 3 war nur ein kleines Bruchstück bekannt, dieses kam 1902 nach London. H. Meyer, 1987, 18, Abb. 7.
London, Victoria and Albert Museum.
Schlettstadt, Stadtbibliothek (größeres Bruchstück, wohl später gefunden).

M10.1 Gedern

2. Hälfte 15. Jahrhundert? Um 1535?
„Stumpf mittelroter bis leuchtend hellroter Ton." Relief bis 10 mm tief. 20,5 × 20 × 4,2/4,6 cm.
Kreis (Dm. 15 cm) mit Perlband des Schemas -.-.-, in der Mitte achtstrahlige Blüte aus Tropfenblättern. Über den Seitenmitten Kreissegmente mit drei Parallel-Balken, in den Ecken je drei konzentrische Viertelskreise. Auf jedem sitzen zwei kleine, im Ansatz leicht überdeckte Kreise, die einen spitzen Keil (Dorn) tragen. In der Zusammensetzung ergibt dies eine achtstrahlige Blüte mit Kelchzipfeln.
Fundort:
Gedern, ev. Pfarrkirche, in der ehem. Gruft der Grafen zu Stolberg-Wernigerode gefunden.
Darmstadt, Slg. Peter Weyrauch.

M11 Saarburg – Hohbarr

2. Hälfte 13. Jahrhundert.
Vermutlich roter Ton. Vertiefte Prägung. Maße in Analogie zu den übrigen Fliesen ca. 15,5 × 15,5 cm.
Fliese in der Diagonale geteilt. Kreis mit kleinen plumpen Lilien, in den Fliesenecken auf dem Kreisrand sitzend. Im Kreis achtzackiger Stern mit kleinem Mittelkreis, zwischen Zacken und Stern jeweils ein Punkt. Zeichnung vermutlich ungenau.
Fundort:
a Saarburg, beim Bau der ev. Kirche 1863 gefunden. L. Benoit, 85, Abb. 2.
Verbleib nicht zu ermitteln.
b Zabern, Ruine Hohbarr/Haut-Barr. Bruchstück. Bei Grabungen 1979–80 im Schutt in der Nähe des Torhauses gefunden. Die Zacken berühren den Kreisrand. In den Ecken Viertelskreise, die Lilien zur Mitte gewandt. Vermutlich ist dies die korrekte Zeichnung, möglicherweise jedoch eine *Variante.* J. Burnouf [u. a.], 1986, 100, Abb. 7c.
Straßburg, Privatbesitz.

M12 Worms

2. Hälfte 14. – 1. Hälfte 15. Jahrhundert.
Roter Ton. Flachrelief. 12,5 × 1,5 cm.
Drei konzentrische Kreise: Zwischen dem ersten und zweiten steiles Zackenband, zwischen zweitem und drittem flachere, nicht immer zusammenhängende, unregelmäßige Zacken. In der Mitte dicker Punkt. In den Ecken den Kreis schneidende kleine Kreise mit Punkt.
Fundort:
Worms, Herkunft unbekannt.
Worms, Museum der Stadt Worms.

M13 Worms

2. Hälfte 14. – 1. Hälfte 15. Jahrhundert.
Roter Ton. Flachrelief. 11,5 × 2 cm.
Variante von M12. Kreisband mit unregelmäßigen Zacken zwischen zwei breiteren Kreisen. In der Mitte dicker Punkt, in den Ecken wechselnde, durch Abnützung unkenntlich gewordene Ornamente (Dreieck, Stern?).
Fundort:
Worms, Herkunft unbekannt, vor 1922 gefunden.
E. Grill, Taf. IV, 94.
Worms, Museum der Stadt Worms.

M14 Worms

13. Jahrhundert?
Mittelgrauer Ton, die Vertiefungen schwarzgrau. Vertiefte Prägung. Stark abgetreten. Kante senkrecht. Bruchstücke. 14 × 2,4 cm. Nicht abgebildet.
Variante zu M13. Zwei Kreisbänder, im äußeren regelmäßiges flaches Zackenband, welches den Kreisrand nicht berührt.
Fundort:
a Worms, Herrenkeller, bei Grabungen 1952 gefunden.
Worms, Museum der Stadt Worms.
b Vermutlich die heute nicht mehr erhaltene Fliese bei E. Grill, Taf. IV, 92. Sie müßte also schon vor 1922 gefunden worden sein.

M 15 Worms

14. Jahrhundert.
Roter Ton. Flachrelief. 11 × 2 cm.
Breiter Kreis mit Zackenband aus einzelnen Winkeln, das sich zu einem achtzackigen Stern fügt. Da der Model anscheinend ohne Vorzeichnung geschnitten wurde, blieb eine Zacke „übrig". In der Mitte kleiner Kreis mit dickem Punkt, in den Ecken grobe Blattornamente.
Fundort:
a Worms, vor 1922 gefunden, Herkunft unbekannt. E. Grill, Taf. IV, 93.
Worms, Museum der Stadt Worms.
b Worms, St. Amanduskirche, bei Grabungen 1934–35 gefunden[1].
Worms, Museum der Stadt Worms.

1 W. Bauer II, 96, druckt irrtümlich „Grill IV, 193". Da die Nummern bei Grill nur bis 111 gehen, kann es entweder 93 oder 103 heißen (F67). Die letzte Fliese paßt eher zu den Prägungen in St. Amandus.

M 16 Trittelingen

15. Jahrhundert?
Tonfarbe und Maße unbekannt. Vertiefte Prägung. Nicht abgebildet.
Variante von M 15. Kreis mit achtzackigem Stern und Mittelkreis.
Fundort:
Trittelingen, Pfarrkirche St. Martin, zusammen mit X7 1889 noch schachbrettartig im Chor verlegt, seit dem Umbau der Kirche 1909 verloren. G. Boulanger, 298.

M 17 Arnsburg – Boppard – Dreieich – Eberbach – Holzhausen – Ingelheim – Johannisberg – Königstein – Lorsch? – Mainz – Rüdesheim

1246–1256 (a), 2.–3. Viertel 13. Jahrhundert.
Sehr feiner gelblichbrauner Ton. Vertiefte Prägung. Kante schräg. 13,5 × 2 cm.
Kreis mit achtstrahliger Sternblüte aus ungleich breiten Rauten auf Mittelkreis. In den Ecken Viertel eines Ornaments, welches in der Zusammensetzung den Lilienstern R8 ergibt. Die Prägung entstand vermutlich in Anlehnung an das Mainzer Radwappen[1].
Fundort:
a Arnsburg, ehem. Zisterzienserkloster, bei Grabungen 1979 gefunden. Bruchstück. M. Morkramer, 1982, Nr. 6.0.2., 78, Abb. 81.
Arnsburg, Klostersammlung.
b Boppard, aus dem „Königshaus", vermutlich vor 1916 gefunden. Roter Ton.
Boppard, Heimatmuseum.
c Dreieich, Burgruine Hain, im sog. „hanauischen" Teil des Palas gefunden. Hellgelblichroter Ton. Bruchstück. Dicke 2,6 cm.
Dreieich, Dreieich-Museum.
d Eberbach, ehem. Zisterzienserkloster, in situ zwischen den Pfeilern der Klosterkirche, 1937 neu verlegt. Grauer Ton.
Eberbach, Lapidarium.
e Holzhausen über der Aar, ev. Pfarrkirche, 1880 noch in der Nähe des Altars, heute verloren. Zeichnung im Handexemplar von F. Schneider neben 237[2].
f Ingelheim, Stadtteil Oberingelheim, ev. Burgkirche St. Wigbert, bei Grabungen im Chor gefunden. 1934 noch in der Sakristei aufbewahrt, heute verloren. Ch. Rauch, 519, Abb. 445, 2.
g Johannisberg, ehem. Benediktinerkloster, bei Zufallsgrabungen im Klosterbereich gefunden. Rötlicher Ton.
Schloß Johannisberg, Domänenverwaltung.
h Königstein, Burgruine, bei Grabungen 1964–65 gefunden. Gelblichrötlicher, sehr feingemagerter Ton. 13,5 × 2 cm. E. Gundermann, 149, 142, Taf. 1, 6.
Königstein, Stadtmuseum.
i Möglicherweise aus Kloster Lorsch, bei den Grabungen 1928–32 jedoch nicht mehr gefunden. Gelblichgrauer, weißgrauer und grauer Ton. 12,8 × 2,7 cm.
Darmstadt, Hessisches Landesmuseum.
j Mainz, Herkunft unbekannt.
Mainz, Mittelrheinisches Landesmuseum.
k Rüdesheim, Burgruine Ehrenfels, bei Grabungen im Hof gefunden.
Schloß Johannisberg, Domänenverwaltung.

1 Das Wappen des Mainzer Erzbistums wurde meist als Rad im Kreis mit acht oder sechs Speichen angebracht und häufig ohne Schild gegeben. (K. Strecker, Geschichte des Mainzer Wappens, Mz. Zs. 8/9, 1913/14, 115–123, Abb. 2.) Es taucht um oder kurz vor 1250 auf den Münzen Erzbischofs Sigfried III. von Eppstein in dieser Form auf (J. J. Menzel, Das Mainzer Rad, Mz. Zs. 67/68, 1973, 146 [147–152].
2 W. Lotz, F. Schneider. Exemplar in der Universitäts-Bibliothek Frankfurt/Main.

M 18 Mittelrhein

2. Hälfte 13. Jahrhundert.
Dunkelgrauer, feingemagerter Ton. Vertiefte Prägung. Kante schräg. 9,5 × 9,3 × 2 cm.
Variante von M 17 mit sechs Rauten auf dem Kreisring. In den Ecken je ein kleiner, auf dem Kreisrand sitzender birnenförmiger „Knopf".
Fundort:
Unbekannt, vom Mittelrhein oder aus dem Rheinland.
Köln, Museum für Angewandte Kunst.

M 19 Eberbach – Mainz – Worms

2. Drittel 13. Jahrhundert.
Gelblicher, grauer und roter Ton. Vertiefte Prägung. Abgetreten. 13 × 2,5 cm.
Doppelkreis mit vierteiliger Sternblüte ähnlich dem Muster L48. Dazwischen Diagonalkreuz, mit Dreißpaßenden, das den Kreis an zwei Seiten über-, an zwei Seiten unterschneidet. Vgl. J 103.
Fundort:
a Eberbach, ehem. Zisterzienserkloster, 1937 zwischen den Pfeilern der Kirche neu verlegt. C. Schäfer, Textbd., 86, Abb. 51.
b Mainz, Herkunft unbekannt, vor 1901 gefunden. R. Forrer, 1901, Taf. CIII, 26.
London, Victoria and Albert Museum.
c Mainz, ehem. Reichklarenkloster, bei Abbruch von Gebäuden auf der Südwestseite des Klosters 1903/04 im Schutt, teilweise noch in alter Lage gefunden[1].
Mainz, Mittelrheinisches Landesmuseum.
d Mainz, Gutenbergplatz, bei Grabungen 1910 gefunden. Grauer Ton. 12,3 × 2/3 cm.
Mainz, Mittelrheinisches Landesmuseum.

e Mainz, ehem. Stiftskirche Hl. Kreuz, bei den Grabungen 1959/60 gefunden. 12,5 × 2,5 cm.
Mainz, Privatbesitz.
f Mainz, 1977 gefunden, Herkunft unbekannt.
Privatbesitz.
g Worms, bei Bauarbeiten im Bereich der „Hinteren Judengasse“ gefunden. Grauschwarzer Ton. Kante leicht schräg. 13 × 2,9 cm.
Harxheim, Slg. Dederer.

1 Westd. Zs. 23, 1904, Museographie 1903, 360, Taf. 8, Nr. 8.

M20 Affalterlohe – Speyer

2. Drittel 13. Jahrhundert.
Hellroter Ton. Vertiefte Prägung. Kante schräg. 13 × 2,5 cm.
Kreis mit dichtgereihten Schrägkerben, in der Mitte kleiner Kreis mit ausgesparter achtblättriger Blüte. Von diesem ausstrahlend Kreuz mit Kreuzblume aus drei Rauten. In den Zwischenräumen kleine gepunzte Blüten, in den Fliesenecken Dreipässe wie bei M19.
Fundort:
a Affalterlohe, bei Grabungen 1892 gefunden. R. Wihr, 1977, 12. 1978 erneut gefunden.
Speyer, Historisches Museum der Pfalz.
Waldsee, Privatbesitz.
b Speyer, Germansweg, am 24. 2. 1913 gefunden.
Speyer, Historisches Museum der Pfalz.
c Speyer, bei Grabungen 1946–47 auf dem Gelände der ehem. Klosterkirche St. German, Südwestteil, gefunden.
Speyer, Historisches Museum der Pfalz.
d Speyer, Dom St. Maria und Stephan, bei Grabungen 1958–62 gefunden. H. E. Kubach, W. Haas, Bd. 1, 1109, Nr. 121, Bd. 2. Abb. 1653. Bruchstück, 12,5 × 12,2 × 2 cm.
Speyer, Landesamt für Denkmalpflege.
e Speyer, Maximilianstr. 10, bei Umbauarbeiten 1963 gefunden.
Speyer, Slg. R. Schlosser.
f Speyer, vor 1910 gefunden, Herkunft unbekannt. Rötlicher Ton. Abgetreten. 12 × 2,2 cm.
Hildesheim, Roemer-und-Pelizäus-Museum.

M21 Zwettl – Aulps

1. Hälfte 13. Jahrhundert?
Rötlicher Ton. Vertiefte Prägung. Doppelfliese, Gegenstück M41, an einer Seite und einer Kante beschädigt. Ca. 14,5 × 14,5 cm.
Quadratischer Rahmen mit Doppelkreis, welcher die Rahmenleiste an den Seiten überdeckt. Im Kreis Sechsstern aus Zirkelschlägen, die ausgesparten konkaven Dreiecke zusätzlich durch Randlinie betont.
Fundort:
a Zwettl, Zisterzienserstift, 1979 in einem Fenster des Auditoriums vermauert gefunden. Kat. Die Kuenringer, Nr. 611f. Ein Bruchstück der Fliese war schon 1909 gefunden worden. P. Buberl, H. Göhler, A. Wagner, Abb. 271.
Zwettl, Stiftsmuseum.
b Variante. Einzelfliese. Kreis und Ecklösung übereinstimmend, statt der sechs acht Spitzovale, die an einem kleinen Blütenkorbkreis ansetzen. Rötlicher Ton. 15,5 × 3 cm. Aulps, ehem. Zisterzienserkloster, in den dem Chor benachbarten Kapellen. E. Renard, 1940, 48, Abb. 21. Diese Fliese wurde als einzige in Bonmont nicht gefunden.

M21.1 Auerbach

1. Hälfte – Mitte 14. Jahrhundert.
Gelblichroter Ton. Vertiefte Prägung. Eine Ecke abgebrochen. 13,5 × 2,2 cm.
Kreis mit Sechsstern aus schmalen Spitzovalen, deren Spitzen wiederum durch dieselben Ovale miteinander verbunden sind, ein durch Zirkelschlag entwickeltes Muster. In den Ecken, auf dem Kreis sitzend, Dreiblatt aus breiteren Ovalen.
Fundort:
Bensheim-Auerbach, Burgruine „Auerbacher Schloß“, bei Grabungen 1903–04 gefunden.
Bensheim, Bergsträßer Heimatmuseum.

M22 Straubing

2. Hälfte 15. Jahrhundert.
Grobgemagerter roter Ton mit kleinen Einschlüssen. Vertiefte Prägung. Eine Ecke fehlt. 25 × 5,5 cm.
Kleiner Kreisstempel in Fliesenmitte. Im Kreis Stern, übereinstimmend mit M21.
Fundort:
Straubing, Ludwigsplatz 133, beim Abbruch des Böhmhauses 1901 gefunden.
Straubing, Stadt- und Gäubodenmuseum.

M23 Straßberg

1. Hälfte 13. Jahrhundert.
Roter, feingemagerter Ton, möglicherweise sorgfältig eingefärbter Gipsabguß, da die Fliesen angeblich nur in Bruchstücken gefunden wurden. Flachrelief. 14,5 × 3 cm.
Zirkelstern im Kreis wie M21, die ganze Fläche füllend. In den Ecken kleine Viertelskreise. Auf dem Kreisband, sowie in den ausgesparten konkaven Dreiecken, dünne Ritzzeichnungen. Zwei davon einer Alraune und einem Äskulapstab ähnlich. Außerdem ein Sichelbogen, zwei Punkte, Striche in verschiedenen Formen.
Fundort:
Straßberg bei Büren, bei Grabungen an der Stelle der heute verschwundenen Burg 1888 gefunden.
Basel, Historisches Museum.

M24 Oberhomburg

3. Viertel 13. Jahrhundert?, diese Fliese möglicherweise etwas später.
Roter und blaugrauer Ton. Vertiefte Prägung mit breiten Rillen. Ca. 11,5 × 11,5 cm.
Kreis mit Sechsstern ähnlich M23, die Ovale der Kreisform fehlen, die Viertelskreise in den Ecken berühren den Kreis.
Fundort:
Oberhomburg, St. Katharinenkapelle, bei der Restaurierung um 1899 aus dem Chor entfernt[1].
Metz, Städtisches Museum (dort anscheinend nicht mehr erhalten).

1 Westd. Zs. 20, 1901, Museographie 1900, 309, Abb. 6.

M25 Heilsbronn

1. Drittel 15. Jahrhundert.
Roter Ton. Sehr flaches Relief. Abgetreten. 21,5 × 4,5 cm.
Kreis mit Sechsstern aus schmalen Spitzovalen. Diese, im Ge-

gensatz zu M23, mit Zackenkanten am Innenrand und einem zweiten, einbeschriebenen Oval. Auf dem Kreisrand sitzend sechs zur Mitte gekehrte heraldische Lilien.
Fundort:
Heilsbronn, ehem. Zisterzienserkloster, bei Aufräumungsarbeiten nach 1945 gefunden. Fundstelle nicht mehr bekannt.
Heilsbronn, Konventsbau.

M26 Alberweiler

Ende 15. Jahrhundert.
Roter Ton. Flachrelief. Stark abgetreten, die Zeichnung nicht sicher erkennbar. 19,5 × 4 cm, Musterquadrat 10,5 × 10,5 cm.
Kleines Quadrat mit einbeschriebenem Kreis. In diesem ein Achtstern (?) aus Spitzovalen. In den Ecken der Fliese kleine Quadrate, durch eine stilisierte Pflanze (?) in der Diagonale halbiert. Der Kreis mit Kerbrand aus eingezogenen Halbkreisen (Uhrrad).
Fundort:
Alberweiler, „Schlößle“, bei Restaurierungsarbeiten 1968 entdeckt.
Ulm, Privatbesitz.

M27 Hessen – Eppstein – Königstein – Rodheim v. d. Höhe

Mitte – 2. Hälfte 13. Jahrhundert.
Hellrötlicher Ton. Vertiefte Prägung in dünner Ritzzeichnung. Abgetreten. 11,8 × 2,3 cm.
Breiter Kreis mit Rautenband, in diesem kleiner Sechsstern aus Spitzovalen. Diese durch Mittellinie geteilt. In den Ecken sehr schmale, auf dem Kreisrand sitzende heraldische Lilien.
Fundort:
a Unbekannt, doch sicher aus Hessen.
Marburg, Museum für Kunst und Kulturgeschichte.
b Eppstein, Burgruine, Lesefunde. *Variante.* Kreis mit dicht gereihten Schrägkerben, Ecklilien in Strichzeichnung wie R30. In Kreismitte acht Blütenblätter, den kleinen Mittelkreis nicht berührend. Hell- und dunkelroter, hart gebrannter Ton mit Einschluß von Quarzkörnern (bis 4 mm groß). Kante leicht schräg. Ein Bruchstück wirkt wie nie begangen, die übrigen abgetreten. 12,8 × 13, 4 × 2,5 cm. B. Picard, 1973, 10, Abb. 7.
Eppstein, Burgmuseum.
c Königstein, Burgruine, bei Grabungen 1981 gefunden. *Variante.* Die Kerben nur angedeutet, die Ecklilien aus Doppellinien. Feingemagerter, rötlicher Ton. Eine halbe Fliese erhalten. 13 × 3 cm. E. Gundermann, 146, Taf. 2, Nr. 15, 150.
Königstein, Stadtmuseum.
d Rodheim v. d. Höhe, ehem. ev. ref. Pfarrkirche, bei einer Stichgrabung 1985 Bruchstück im Schiff gefunden. Prägung mit M27*c* übereinstimmend. Bräunlichroter, feingemagerter Ton mit Spuren von hellroter Engobe in den Vertiefungen. Kante senkrecht. Dicke 2 cm.
Über Verbleib noch nicht entschieden.

M28 Linz

2. Hälfte 15. Jahrhundert.
Hellrötlicher Ton. Flachrelief. 19 × 19 cm. Nicht abgebildet.
Kreis, die Fliesenfläche füllend, mit Stern aus sechs Ovalen, einen zweiten Kreis mit Kelchblattzipfeln überdeckend.
Fundort:
Linz, St. Martinskirche, bei Grabung 1947 gefunden.
Linz, Oberösterreichisches Museum.

M29 Bierdorf

1607?.
Bläßlicher bräunlich-gelbroter Ton. Flachrelief. Kante senkrecht. 21 × 5,5 cm.
Doppelkreis mit einbeschriebenem Zwölfpaß, durch die Verschmelzung zweier übereinandergelegter ungleichgroßer Sechspässe entstanden. Auf diesem ein Stern aus sechs Spitzovalen.
Fundort:
Bierdorf, Gemeinde Rieden, kath. Kapelle Mariae Heimsuchung, in situ im Langhaus.

M30 Altenberg/Dhünn – Köln?

1. Hälfte – Mitte 15. Jahrhundert.
Weißgrauer, grob gemagerter Ton mit mittelolivgrüner Bleiglasur. Flachrelief. Abgetreten. 8,2 × 2 cm.
Kleiner Kreis mit Sechsstern, dazwischen Punkte. Auf dem Kreisrand, der Ecke zugewandt, große heraldische Lilien mit weit ausladenden, an den Spitzen aufgewölbten Hängeblättern. Die sich berührenden Spitzen bilden ein zweites, kronenähnliches Ornament.
Fundort:
a Altenberg/Dhünn, ehem. Zisterzienserkloster, bei der Restaurierung 1974 gefunden.
Lohmar, Privatbesitz.
b Nach Museumsinventar „aus Köln“, durch Größe, Oberflächenbehandlung und Prägetechnik von den übrigen Fliesen der Kölner Werkstatt abweichend. Mit dunkelgelber und mittelgrüner Bleiglasur.
Köln, Museum für Angewandte Kunst.

M31 Rheinland

2. Hälfte 15. Jahrhundert.
Roter Ton mit Resten einer sich zersetzenden braunen Glasur. Flachrelief. 11 × 2 cm.
In einem Kreis Sechsstern aus Spitzovalen. In den Ecken der Fliese kleine Viertelskreise mit schmalen, zur Mitte gewandten heraldischen Lilien.
Fundort:
Unbekannt, doch wohl aus dem Rheinland, diese Fliese eher der Kölner Werkstatt nahestehend.
Düsseldorf, Hetjens-Museum.

M32 Niederrhein

„17. – 18. Jahrhundert“[1].
Rötlicher Ton. Flachrelief mit schwarzbrauner Glasur. 10,2 × 1,5 cm.
Kreis mit Sechsstern aus Rhomben, in den Ecken, den Kreis nicht berührend, Viertelskreis mit Viertel desselben Musters.
Fundort:
Nach R. Forrer, 1901, Taf. LXI, 6 „aus der Krefelder Gegend. St. Tönisberg“.
Dortmund, Museum für Kunst und Kulturgeschichte.

M33 Göppingen (?) – Gruibingen

Ende 15. – 1. Viertel 16. Jahrhundert.
Ziegelroter, hochroter, schwärzlichroter Ton, durch ungleichmäßige Reduktion auch innerhalb des Scherbens wechselnd. Sehr hohes Relief mit abgerundeten Kanten. Kaum Abnützungsspuren, jedoch zahlreiche Brandrisse. 18,5 × 18 × 3,5 cm.
Variante von M31. Mittelkreis übereinstimmend. Die Viertelskreise in den Ecken sehr klein und ohne Ornament.
Fundort:
a Unbekannt, möglicherweise dies die Fliese aus Göppingen-Holzheim, Kapelle St. Gotthardt[1], dann in unbekannter Zeit nach 1924 entfernt.
Verbleib unbekannt.
b Gruibingen, ev. Pfarrkirche St. Martin, bei einer Restaurierung entfernt, in einem Abstellraum des Pfarrhauses mit der Bildseite nach unten neu verlegt.
Ulm, Privatbesitz.
c Aus Gruibingen, im Treppenhaus des Schlosses in Göppingen 78 Fliesen in die Wand eingelassen.

1 H. Christ, H. Klaiber, 1924, 113: „Gemodelte Bodenplättchen mit Kreisen und Sternen". Diese Fliese würde am ehesten dieser Beschreibung entsprechen.

M33.1 Rust

15. Jahrhundert.
Rötlicher Ton. Flachrelief. Kante schräg. 17,7 × 3,8 cm. Stempel Dm. 6,8 cm. Nicht abgebildet.
Quadratische Fliese mit Kreisstempel. In diesem ein sechszackiger Stern, die Petalen noch schmaler als bei M31.
Fundort:
Rust, Burgenland, „Fischerkirche", vom Boden der Marienkapelle.
Eisenstadt, Burgenländisches Landesmuseum.

M34 Groß-Zimmern

Model möglicherweise 2. Drittel 13. Jahrhundert, Prägung 14. Jahrhundert.
Rötlichockerfarbiger, hartgebrannter Ton. Vertiefte Prägung. 20 × 19,5 cm. Zwei Einzelstempel 1. 7,5 × 7,5 cm. 2. 11 × 7 cm (ein Drittel des Models abgebrochen).
In die quadratische Fliese ist der Stempel 1 einmal, der beschädigte Stempel 2 zweimal unregelmäßig eingeprägt.
1. Quadratischer Rahmen mit Zackenband, in diesem ein Kreis mit Blüte aus fünf Ovalen. Die Blüttenblätter leicht schräggestellt, so daß der Eindruck einer Wirbelbewegung entsteht.
2. Kreis mit zwei antithetischen Herzformen, in die ein Kreuz einbeschrieben ist und deren Spitzen sich in Fliesenmitte berühren. Ebenfalls von der Mitte ausgehend zur Fliesenkante gewandter Blütenkelch, zwischen beiden nur ein seitlich gespreiztes Blatt sichtbar. Die beiden Model nicht gleichzeitig entstanden, 2 sicher später als 1.
Fundort:
Groß-Zimmern, ev. Pfarrkirche, 1979 beim Einbau einer Heizung gefunden.
Dieburg, Kreis- und Stadtmuseum.

M35 Königsbronn

1. Hälfte 15. Jahrhundert?
Roter Ton. Vertiefte Prägung. 16,7 × 3 cm.
Kreis über den Fliesenseiten von Kreissegmenten so geschnitten, daß eine diagonal stehende Astroide und vier an ihre Ränder angeschmiegte Spitzovale entstehen. In den Ovalen sorgfältig geprägte Eichenblätter mit Mittelrippe. An den Spitzen der Astroide zur Fliesenecke gewandte Lilien, deren Stäbe als Andreaskreuz die Fliesenmitte betonen.
Fundort:
Königsbronn, ev. Pfarrkirche, 1974 gefunden, aus dem ehem. Zisterzienserkloster stammend.
Stuttgart, Landesdenkmalamt Baden-Württemberg.

M36 Alpirsbach – Stein am Rhein

Um 1479–1495 (a), 1460–1490 (b).
Roter Ton. Vertiefte Prägung. Abgetreten. 24 × 5 cm.
Kreis in den Ecken von Viertelskreisen so geschnitten, daß in der Mitte eine Astroide, umgeben von vier Spitzovalen entsteht. In Fliesenmitte Malteserkreuz mit breiten Kreuzarmen, in den Ovalen spitzgezackte, grobe Blätter, in den Ecken kleine Lilien mit Rautenkelch.
Fundort:
a Alpirsbach, ehem. Benediktinerkloster, Einzelfliese auf einer Fenstersohlbank eingemauert.
Oberndorf/Neckar, Heimatmuseum.
Stuttgart, Württembergisches Landesmuseum.
b Stein am Rhein, ehem. Benediktinerkloster St. Georgen, bei Restaurierungsarbeiten im Kloster gefunden.
Stein am Rhein, Klostermuseum.

M37 Rothenburg o. d. Tauber

1. Hälfte – Mitte 15. Jahrhundert?
Ziegelroter Ton. Flachrelief. 16 × 4,5 cm.
Kreis mit Spitzovalen ähnlich M36. In den Ovalen grobe, stilisierte Eichblätter mit tiefen U-förmigen Einbuchtungen ähnlich H72.1. In der Mitte ein der Astroide eingepaßter Blattstern aus efeuähnlichen Blättern, in den Ecken je ein Viertel eines vierblättrigen Kleeblatts.
Fundort:
Rothenburg o. d. Tauber, ehem. Dominikanerinnenkloster, Sakristei, 1979 in gestörter, alter Lage entdeckt. H. Merz, Titelseite.
Rothenburg o. d. T., Reichsstadtmuseum.

M37.1 Reicherdsroth

Kurz vor oder nach 1488.
Roter Ton. Flachrelief. Grobe Prägung. 17 × 17,5 × 4,5 cm.
Vermutlich *Nachschnitt* von M37. Das Blatt, mit nur vier statt sechs Blattbogen, unscharf und grob, die Astroide mit verdickten Spitzen, da die Trennlinien der Kreisbogen fehlen. In der Mitte kleine fünfteilige Blüte derselben Blattform wie in den Ecken von M37, in den Ecken dagegen zweigeteiltes Blattornament.
Fundort:
Reicherdsroth, ev. Filialkirche St. Johannes Baptista, früher Kapelle des Johanniterspitals. Bei der Restaurierung 1889 entfernt.
Nürnberg, Germanisches Nationalmuseum.

M38 Speyer?

2. Hälfte 14. Jahrhundert?
Roter Ton. Vertiefte Prägung, in Flachrelief übergehend. Kante schräg. 12,5 × 2 cm.
Eckquadrat mit zwei einbeschriebenen Kreisen mit einem Stern aus zwei sich überschneidenden Astroiden. In der Mitte kleiner Kreis mit achtblättriger Rosette, in den Fliesenecken Ornament in Form einer flachen Krone, von der Ecke aus gesehen auch als Fratze zu deuten.
Fundort:
Unbekannt, vermutlich aus Speyer. Aus der Sammlung des Speyerer Apothekers Dr. Diernfellner 1930 ins Museum gelangt.
Speyer, Historisches Museum der Pfalz.

M39 Eppstein – Peterspay – Worms – Speyer

2. Hälfte 13. Jahrhundert.
Hellroter Ton. Vertiefte Prägung, möglicherweise zuerst zur Prägung einer Kreisfliese verwandt. Stempel außermittig. Kante leicht schräg. 14 × 2 cm.
In Fliesenmitte kleiner Kreis mit Stern aus sieben Rauten, von Mittelkreis ausgehend.
Fundort:
a Eppstein, Burgruine. Einzelfliese. B. Picard, 10, Abb. 7.
Eppstein, Burgmuseum.
b Peterspay, Kath. Kapelle St. Peter und Paul, in situ im Chor. Grauer und schwarzgrauer Ton. Stark abgetreten. 13 × 13 cm.
c Speyer, Kleine Pfaffengasse 26, 1938 beim Ausbau eines Luftschutzkellers im Aushub gefunden. Derselbe Model in einer Dreiecksfliese geprägt.
Speyer, Privatbesitz.
d Worms, Herkunft unbekannt, vor 1922 gefunden. E. Grill, Taf. II, 67. Feiner, gelblichroter Ton mit Engobe, Kante gerade.
Worms, Museum der Stadt Worms.
e Herkunft unbekannt. *Nachschnitt,* die eckigen oder halbrunden Sternzacken nicht völlig ausgebildet, die Gabellinien endigen vor dem Kreisrand. Grauroter Ton, 14,3 × 3,5 cm.
Speyer, Historisches Museum der Pfalz.

M40 Bonmont

13. Jahrhundert.
Rötlicher Ton mit gelber Bleiglasur. Vertiefte Prägung. Bruchstück. 16,5 × 3,6 cm.
Kreis, der die Fliesenseiten an einer Seite ganz, an zwei anderen Seiten fast berührt. In diesem ein Hexagramm mit zweitem, einbeschriebenem Hexagramm. Durch die Spitzen des äußeren Hexagramms schlingt sich je ein Halbkreis, der auf der Innenlinie des Kreises aufsitzt. In den Fliesenecken Viertelskreise mit winzigen, flachgedrückten und teilweise schräg eingeprägten heraldischen Lilien.
Fundort:
Bonmont, ehem. Zisterzienserkloster, bei einer der Grabungen nach 1941 (Jahr nicht genannt) gefunden. Bei F. Bucher, 1957 nicht erwähnt oder falsch beschrieben. Ebd., 227, „Kreis, umgeben von sechsstrahligem Stern".
Bonmont, Slg. Schoeller.

M40.1 Gurk

Um 1220?, um 1260?
Roter Ton. Vertiefte Prägung, stark abgetreten. 16,5 × 16,5 cm.
Nicht abgebildet.
In quadratischem Rahmen Hexagramm aus verschränkten Dreiecken, der Rest nicht mehr zu erkennen.
Fundort:
Gurk, Dom Mariae Himmelfahrt, eine Fliese in situ auf der Westempore.

M41 Zwettl

1. Hälfte 13. Jahrhundert?
Rötlicher Ton. Flachrelief. Doppelfliese, Gegenstück M21. Kanten beschädigt. Ca. 14,5 × 14,5 cm.
Dünne Kreislinie mit einbeschriebenem Pentagramm aus breiterem Band. In der Mitte fünfteilige Sternblüte, zwischen den Zacken je ein dicker Punkt.
Fundort:
Zwettl, Zisterzienserstift, 1979 in den Fenstern des Auditoriums vermauert gefunden. Kat. Die Kuenringer, 304, Nr. 611.
Zwettl, Stiftsmuseum.

M41.1 Konstanz

3. Viertel 13. Jahrhundert.
Feingemagerter, hellrötlicher Ton. Vertiefte Prägung. 13,5 × 2,5 cm.
Kreis mit flachem Zackenband wie bei M7, auf dem Kreisband in den Ecken kleine Lilien mit Schaftring. In der Mitte Hexagramm aus je einem Dreieck mit dichtgereihten Punkten und einem aus drei Parallellinien gebildeten Dreieck. In der Mitte winzige fünfblättrige Blüte.
Fundort:
Konstanz, Stadionscher Domherrenhof, nach Brand 1898 gefunden.
Konstanz, Rosgartenmuseum.
Karlsruhe, Slg. Philipp Hermann.
Zürich, Schweizerisches Landesmuseum.

M42 Oberhessen

Vermutlich 14. Jahrhundert.
Weißlichgelber Ton mit Spuren von rotbrauner Farbe in den Rillen. Vertiefte Prägung. 14 × 2,4/2,6 cm.
Kreis, der fast die ganze Fläche füllt. In diesem ein Hexagramm mit Kreuzblumen an den Spitzen, welche den Kreis berühren. In Fliesenmitte winziger Kreis, in den Ecken Vierpaßviertel. In den ausgesparten Dreiecksflächen kleine Kreise mit Ornament in Y-Form, in einem Kreis ein Kreuz.
Fundort:
Unbekannt, aus einer Kirche Oberhessens.
Darmstadt, Slg. Peter Weyrauch.

M43 Bonn

Kurz vor 1327.
Tonfarbe nicht genannt, „weiß glasiert". Zeichnung mit dunklerer Farbe eingelassen. 8,5 × 8,5 cm.
Kreis mit Hexagramm, Punkt in Fliesenmitte.

Fundort:
Bonn, Münster St. Martin, Virneburgkapelle, bei Grabungen 1932 noch in fester Verbindung mit dem Fundament gefunden. H. Lehner, W. Bader, Taf. 37 (D734).
Bonn, Rheinisches Landesmuseum (nicht auffindbar).

M44 Aachen – Hauset

Ende 15. – Anfang 16. Jahrhundert.
Roter Ton mit brauner und hellgelber Bleiglasur. Sehr flaches Relief. 12 × 2 cm.
Breites Kreisband mit Kranz aus zwölf kleinen Doppelrosetten. In der Mitte Sonnenwirbel ähnlich L28, in den Ecken Vierpaßviertel.
Fundort:
a Aachen, beim Bau des Kaiser-Karls-Gymnasiums vor 1906 auf dem Gelände des ehem. Augustinerklosters gefunden[1].
Aachen, Suermondt-Museum.
b Unbekannt, vermutlich vom selben Fundort.
Hamburg, Museum für Kunst und Gewerbe.
c Hauset, von einer Fehlbrandhalde, zwei aufeinander festgebackene und im Brand verzogene Fliesen. O. E. Mayer, 1977, 155 Mitte.
Aachen, Slg. Richard Noppeney.
d Unbekannt, aus Hauset oder Raeren? Gelblicher Ton mit gelber Bleiglasur. 11,8 × 12 × 1,8 cm.
Raeren (Belgien), Töpfereimuseum.

1 J. Laurent, 12, Abb. 1d. Hier wurden zwei Fliesen verwechselt, 1d ist sicher G46, abgebildet wird jedoch M44.

M45 Mengen

1503?
Roter Ton. Vertiefte Prägung, mit dunklerer Farbe in den Vertiefungen. 19 × 5 cm.
Kreis mit kleinem Mittelkreis, in diesem das Monogramm „CB“, darüber Jahreszahl, vermutlich 1503. Auf dem Mittelkreis in Kreuzform vier Halbkreise mit Herzen, dazwischen vier sehr grobe Glockenblüten. In den Ecken Hälfte eines Strahlensterns aus einzelnen Strichen (Grasbüschel).
Fundort:
Mengen, „Selbherrsches Haus“, 1886 gefunden.
Mengen, Heimatmuseum.

M46 Unterstammheim

Um 1517.
Roter Ton. Vertiefte Prägung. 17,5 × 3,8 cm.
In Fliesenmitte kleiner Kreis mit strahlenförmig um einen Vierpaß angeordneten, sehr schmalen Fischblasen.
Fundort:
Unterstammheim, Pfarrkirche, bei einer Restaurierung 1899 unter dem Fußboden des Chors gefunden.
Zürich, Schweizerisches Landesmuseum.

M47 Mindelheim

Um 1419.
Roter Ton. Vertiefte Prägung. 22 × 19 cm.
In Fliesenmitte kleiner Kreis mit einbeschriebenem, breitem Oval. In diesem stark eingekerbtes Eichblatt mit gerader Mittelrippe. In einer Ecke Viertelskreis mit Vierpaßviertel sichtbar.
Fundort:
Mindelheim, kath. Pfarrkirche St. Stephan, Teckkapelle, im Untergeschoß des Turmes in situ.

M48 Alpirsbach

1. Viertel 15. Jahrhundert?, möglicherweise noch früher.
Roter Ton. Vertiefte Prägung. Bruchstück, nur etwa ein Viertel der Fliese erhalten. Nicht abgebildet.
Sichtbar sind ein Viertel eines Vier- oder Fünfpasses oder eines Kreises, der von einer vierblättrigen Blüte überschnitten wird. In der Ecke eine von dieser ausstrahlenden Pflanze mit Glockenblüte.
Fundort:
Alpirsbach, ehem. Benediktinerkloster, bei Restaurierung 1967 gefunden.
Tübingen, Landesdenkmalamt Baden-Württemberg.

M2

M4

M5

M6

M7

M8

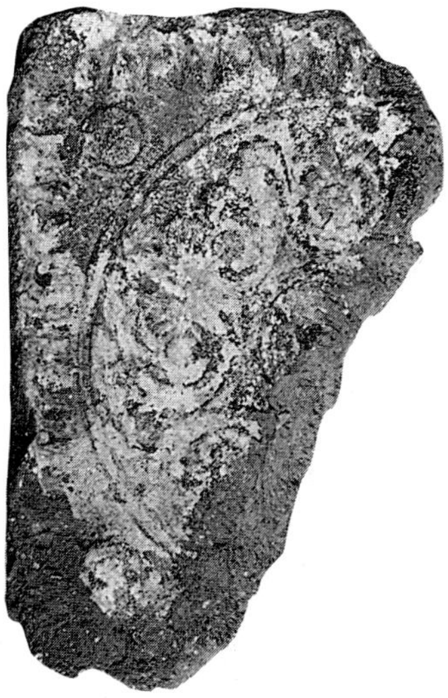

M9

M10

M10.1

M11

M12

M13

M15

M17

M18

M19

M20

M21

M21.1

M22

M23

M24

M25

M26

M27a

M27b

M29

M30

M31

M33

M34

M34

M35

M36

M37

M37.1

M38

M39

M40

M41

M41.1

M42

M43

M44

M45

M46

M47

M48

Schling- und Bandornamente

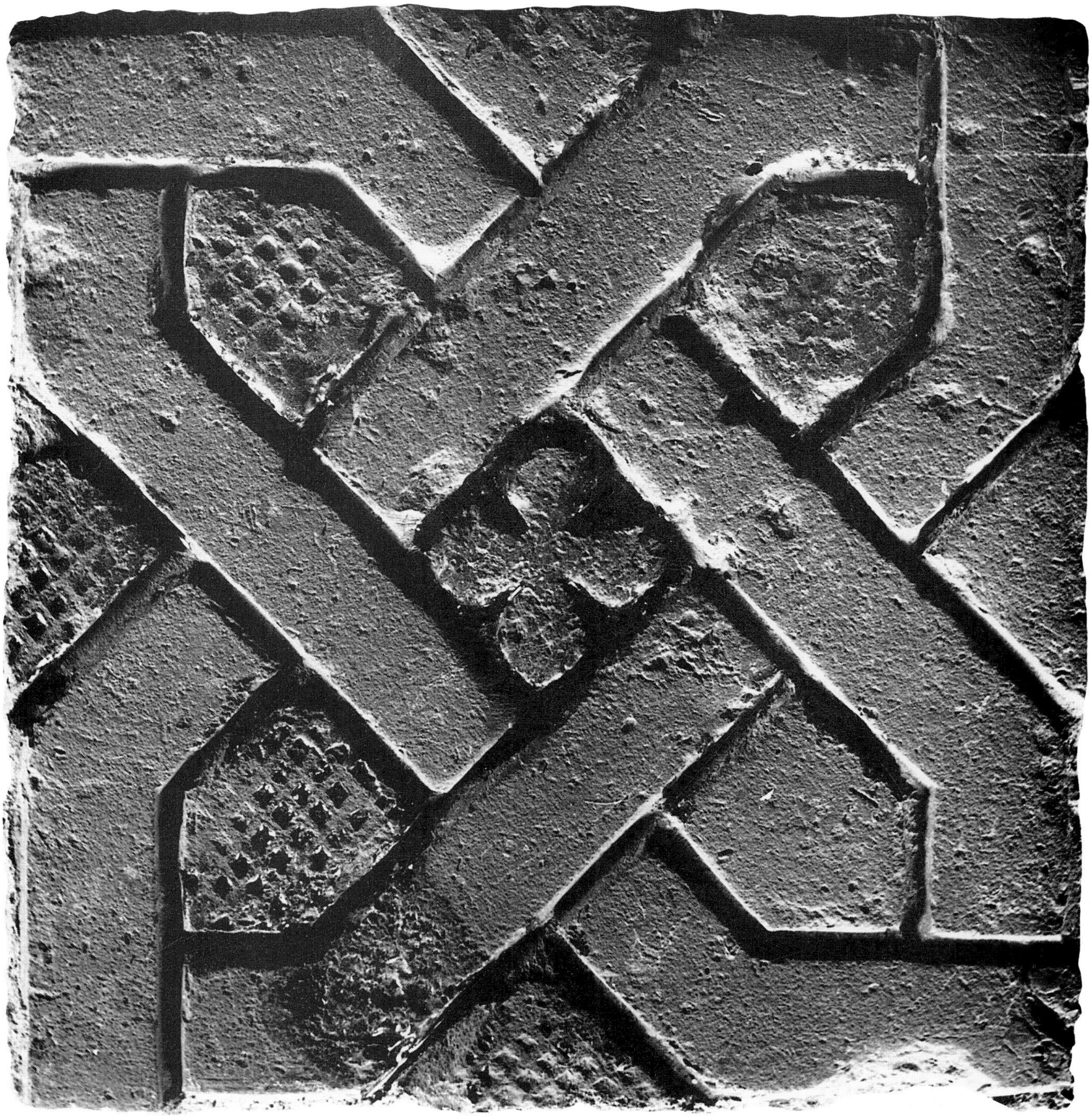

N1 Pforzheim – Speyer

Vor oder nach der Mitte des 13. Jahrhunderts.
Hellroter Ton. Vertiefte Prägung. Stark abgetreten. Bruchstück, 14,7 × 2,5 cm.
Schlingornament aus vier kleinen Quadraten, die durch sich kreuzende Stege verbunden sind. Es entsteht eine Anordnung wie bei einer Würfel-Fünf. Diese Quadrate aus Doppellinien werden von einem zweiten, kleineren Quadrat aus einer Einzellinie durchwoben.
Fundort:
a Pforzheim, Altenstädter Kirche St. Martin, bei Bauarbeiten vor dem 2. Weltkrieg gefunden.
Pforzheim, Heimatmuseum.
b Speyer, Gasthaus „Zum Roten Löwen", Herdstr. 35, am 27. 11. 1913 gefunden. Model in Fliesenmitte gebrochen. Die Übereinstimmung kleiner Bruchstege zeigt, daß beide Fliesen mit demselben Model geprägt wurden.
Speyer, Historisches Museum der Pfalz.

N2 Beselich

Um 1230? bis Mitte 13. Jahrhundert, wohl vor N1 entstanden.
Roter, sehr poröser Ton. Vertiefte Prägung, in Flachrelief übergehend. Bruchstücke. Stark abgetreten. Ehem. Maße vermutlich 14 × 2 cm.
In Quadrat mit Zackenrand auf der Innenkante wohl ähnliches Muster wie N1 aus zwei parallelen Bändern.
Fundort:
Beselich, Ruine des ehem. Prämonstratenserinnenklosters, bei Ausgrabungen 1954 im Langhaus gefunden. H. Miedel, 1956, Abb. 36.
Wiesbaden, Slg. Nassauischer Altertümer.

N3 Mainz – Rüdesheim – Speyer – Weinheim – Worms

3. Viertel 13. Jahrhundert.
Braunrötlicher Ton. Vertiefte Prägung, Model leicht schräg eingeprägt. 13,5 × 2,5 cm.
In quadratischem Rahmen Schlingornament wie N1, mit enggereihten Punkten verziert. Das kleine Quadrat nur ein dünner Strich.
Fundort:
a Unbekannt, vermutlich aus Mainz.
Mainz, Mittelrheinisches Landesmuseum.
b Rüdesheim, Burgruine Ehrenfels, bei Sicherungsarbeiten 1988 Fragment gefunden. Grauer Ton.
Lohmar, Privatbesitz.
c Speyer, am 27. 11. 1913 in Speyer, Gasthaus „Zum Roten Löwen", Herdstr. 35 gefunden. Bruchstück.
Speyer, Historisches Museum der Pfalz.
d Weinheim, ev. St. Peterskirche, beim Abbruch 1910 geborgen. Rötlicher Ton, Model parallel zum Rand eingeprägt. H. Huth u. a. 1967, 364, Abb. 269.
Weinheim, Heimatmuseum.
e Worms, St. Johanniskirche, bei Grabung 1907 gefunden. E. Grill, Taf. 2, 36. Tonfarbe weißlichgelb, rosabräunlich, hellrot, gelbgrau, hellgrau. Model wie bei N3*a* schräg eingeprägt.
Worms, Museum der Stadt Worms.
f Worms, Herkunft unbekannt, nicht aus der St. Johanniskirche. Da die Fliese bei R. Forrer, Taf. CIII, 14 abgebildet ist, muß sie schon vor diesem Zeitpunkt gefunden worden sein.
Verbleib unbekannt.
g Worms. Grauer, besonders feingemagerter Ton, vor 1928 gefunden.
Stuttgart, Württembergisches Landesmuseum (aus den Beständen des ehem. Landesgewerbemuseums, 1928 erworben).

N4 Konstanz – Kippenheim? – Limburg a. d. Haardt – Sesenheim – Speyer – Worms – Gelnhausen – Mainz

3. Viertel bis Ende 13. Jahrhundert.
Hellgelblichroter, feingemagerter Ton. Vertiefte Prägung. 13,5 × 3,5 cm.
Schlingornament, *Variante* von N3. Das Innenquadrat in Doppellinie, keine runden, sondern eher rechteckige Punkte.
Fundort:
a Konstanz, Stadionscher Domherrenhof, nach Brand 1898 gefunden.
Konstanz, Rosgartenmuseum.
Karlsruhe, Badisches Landesmuseum (1898 erworben).
London, Victoria and Albert Museum (mit Abdrücken von Hundetatzen). R. Forrer, 1901, Taf. IX, 7.
Zürich, Schweizerisches Landesmuseum.
b Konstanz, Münster, Mauritiusrotunde und Hl. Grab, 1973 bei Grabung im Fundament gefunden. Bruchstück.
Konstanz, Staatl. Hochbauamt.
Freiburg, Landesdenkmalamt Baden-Württemberg.
c Unbekannt, gelblicher Ton. In Übereinstimmung mit D33 vielleicht aus der St. Mauritiuskirche, Kippenheim.
Freiburg, Städt. Museen, Augustinermuseum.
d Limburg a. d. Haardt, ehem. Benediktinerkloster, bei Grabungen zu Ende des 19. Jahrhunderts im Chor über der Krypta gefunden. *Variante* ohne quadratischen Rahmen. An der Oberfläche rötlicher, in der Mitte grau gebrannter, schlecht gekneteter, aufschiefernder Ton. Bruchstück.
Bad Dürkheim, Heimatmuseum.
e Sesenheim, beim Abbruch der mittelalterlichen Kirche 1911 gefunden. Ch. Czarnowsky, 18, Abb. 1.
Sesenheim, Restaurant „Au Bœuf Noir", bei Brand 1945 zerstört.
f Unbekannt, vermutlich aus Speyer. Grauer Ton. 13,5 × 2,5 cm. Mit Modelriß!
Speyer, Historisches Museum der Pfalz.
g Worms, Herkunft unbekannt, vor 1922 gefunden. E. Grill, Taf. II, 40. Feingemagerter grünlichgrauer und hellgrauer Ton, an den Kanten Spuren einer olivbräunlichen Glasur, wie sie sonst auf den Fliesen aus Kloster Limburg vorkommt. 13,5 × 14 × 2,5 cm und 15,5 × 2,5 cm.
Worms, Museum der Stadt Worms.
h Gelnhausen, Herkunft unbekannt. *Variante.* Das Innenquadrat fehlt. Statt dessen sind die ausgesparten Rechteckflächen in Seitenmitte durch Rechtecke betont, die jeweils 12 oder 15 winzige Quadrätchen enthalten. Je sechs weitere Quadrätchen in den Rechteckschleifen des Schlingenornaments. Rötlicher Ton. Bruchstück. 13,4 × 13,4 cm.
Gelnhausen, Heimatmuseum.
i Mainz, Haus Karl Theyer, Klarastr. 15, 1902 gefunden[1]. Nur in ungenauer Zeichnung erhalten, vermutlich diese Fliese. Sichtbar sind nur die Punkte in den Schleifen.
Mainz, Mittelrheinisches Landesmuseum (z. Z. nicht auffindbar).

---

1 Westd. Zs. 22, 1903, Museographie 1902, 431, Taf. 12, Abb. 4.

N5 Konstanz – Neustadt – Speyer – Worms – Sesenheim

3. Viertel 13. Jahrhundert.
Roter, feingemagerter Ton. Vertiefte Prägung. 13,5 × 3 cm.
Variante von N4. Anstelle des Mittelquadrats ein annähernd quadratisches Band, das jeweils zwischen den kleinen Quadraten zu einer nicht immer ganz kreisrunden Schleife geschlungen ist. In der Mitte diagonal gestellter Vierstern.
Fundort:
a Konstanz, Stadionscher Domherrenhof, nach Brand 1898 gefunden.
Konstanz, Rosgartenmuseum.
Zürich, Schweizerisches Landesmuseum.
b Konstanz, Münster, Mauritiusrotunde und Hl. Grab, 1973 bei Grabung im Fundament vermauert gefunden. Bruchstück, Ecke unten rechts fehlt.
Konstanz, Staatl. Hochbauamt.
c Neustadt, Hambacher Schloß, bei der Restaurierung 1955 gefunden. Bruchstücke, grauschwarzer, mittel- und rötlichgrauer Ton, Kante fast senkrecht. 13,7 × 2,5 cm.
Speyer, Landesamt für Denkmalpflege.
d Speyer, Herkunft unbekannt. 13 × 13 cm.
Speyer, Historisches Museum der Pfalz.
e Worms, Herkunft unbekannt, vor 1922 gefunden. E. Grill, 1922, Taf. II, 38. Gelbrötlicher und bräunlichrosa Ton. Kante stark schräg. 12 × 12,5 × 2,5 cm. Nach Grill, ebd., 6, auch mit hellgrüner Glasur. Diese Fliese ist nicht auffindbar.
Worms, Museum der Stadt Worms.
e Sesenheim, beim Abbruch der alten Kirche 1911 gefunden. *Variante,* Zeichnung übereinstimmend, ohne Mittelstern. Ch. Czarnowsky, 1954, 18, III.
Sesenheim, Restaurant „Au Bœuf Noir“, bei Brand 1945 verlorengegangen.

N6 Rüdesheim – Weinheim – Worms – Arnsburg

3. Viertel 13. Jahrhundert.
Hellgrauer Ton. Vertiefte Prägung. Bruchstück. Ca. 13,5 × 2 cm.
Schlingornament, Abwandlung von N5. Die Quadrate nur sehr klein in die Ecken der Fliese gerückt, die Verbindungsstücke ein geschlossenes Quadrat bildend. Dieses wird von einem Stern aus vier Tropfenovalen mit Rechteck als Mittelpunkt überschnitten.
Fundort:
a Rüdesheim, Burgruine Ehrenfels, bei Grabungen vor 1913 im Hof der Ruine gefunden.
Wiesbaden, Slg. Nassauischer Altertümer.
b Weinheim, St. Peterskirche, beim Abbruch 1910 gefunden. Roter Ton, Bruchstücke. H. Huth, 364, Abb. 269.
Weinheim, Heimatmuseum.
c Worms, Herkunft unbekannt, vor 1922 gefunden. E. Grill, Taf. II, 53. Hell- und dunkelgrauer Ton. Kante senkrecht. 13,8 × 2,2 cm.
Worms, Museum der Stadt Worms.
d Variante? Möglicherweise auch nur falsch ergänzt. Kleines Kreuz in Fliesenmitte, die Tropfenkreise gehen in diese Kreuzform über. Arnsburg, ehem. Zisterzienserkloster, bei Grabungen 1958 gefunden, heute verloren[1]. M. Morkramer, 1982, Nr. 10.2.3, 89, Abb. 98.

1 Zeichnung im Nachlaß von Herrn Dr. Ernst-Otto Graf zu Solms-Laubach.

N6.1 Hadamar

Um 1450?
Aus derselben Werkstatt und zur selben Zeit entstanden wie G28. Rötlicher Ton mit Spuren weißer Engobe in den Vertiefungen. Flachrelief. Fragment. Nicht abgebildet. Vermutlich ähnliche Prägung wie N6.
Erhalten ist lediglich das Quadrat einer Ecke und der Ansatz des weiterführenden Flechtbandes.
Fundort:
Hadamar, Liebfrauenkirche, bei der Aufdeckung des Fußbodens 1966 geborgen.

N7 Saarburg

2. Hälfte 13. Jahrhundert.
Rötlicher Ton. Vertiefte Prägung. Stark abgetreten. 15,5 × 2,5 cm.
Schlingornament aus zwei ineinandergeschachtelten Quadraten, von denen das innere mit einer Schleife jeweils die Ecken des Außenquadrats umgreift. Von den vier Ecken aus unter- und überschneiden Viertelskreise beide Quadrate. Es entsteht eine Astroide, deren Spitzen ebenfalls das Außenquadrat umschlingen. In Fliesenmitte kleiner Kreis mit Rose.
Fundort:
a Saarburg, ehem. Dominikanerinnenkloster Weyerstein, 1890 gefunden.
Saarburg, Regionalmuseum.
b Saarburg, Avenue de la Victoire 18, in der Fehlbrandgrube einer mittelalterlichen Töpferei gefunden. M. Lutz, V. Beyer, 137, Taf. III, 6.
Saarburg, Regionalmuseum.
c Unbekannt. Roter Ton mit Spuren einer bräunlichen Glasur. Kante senkrecht. Bruchstück. Dicke 2,8 cm.
Straßburg, Frauenhausmuseum.

N8 Wörschweiler

Ende 12. Jahrhundert?
Roter Ton. Vertiefte Prägung mit Flachreliefwirkung. Bruchstück einer größeren Platte. Jetzt noch 13 × 10 × 7 cm.
In größere Fliese wurden verschieden tief nebeneinander zwei Schlingornamente eingeprägt, die wohl von zwei abweichenden Modeln herrühren.
1. Schlaufe aus fünf ovalen Parallelbändern, die sich kreuzförmig ineinanderschieben. Auf der Fliesenkante Dreieck oder Zackenband.
2. Durchdringung zweier, aus vier Parallelbändern gebildeter Rechtecke mit gerundeten Ecken („Salomonsknoten“).
Fundort:
Wörschweiler, Ruine des ehem. Zisterzienserklosters, bei den Ausgrabungen 1954–56 gefunden. P. Volkelt, 20, Nr. 5, Taf. 13, Nr. 1.
Wörschweiler, Depot der Klosterfunde.

N9 Bebenhausen

Um 1228.
Roter Ton. Vertiefte Prägung. 12,5 × 3 cm.
Da das Original abgetreten ist, wird die Kopie abgebildet.
Schlingornament („Salomonsknoten“) aus zwei flachen Rechtecken mit gerundeten Ecken. Diese werden von waagrechten und senkrechten Bändern so unter- und überschnitten, daß die ganze Fläche bedeckt ist.

Fundort:
Bebenhausen, ehem. Zisterzienserkloster, in situ im Dormitorium. Die Fliese V2 vom selben Fundort ergibt in der Zusammensetzung von vier Fliesen ein ähnliches Muster. E. Herdtle, I, Taf. 3.

N10 Kempten

Um 1428.
Roter Ton. Sehr flaches Relief. 15,5 × 3 cm.
In quadratischem Rahmen „Salomonsknoten“ ähnlich N9. An der Innenkante Perlschnur, in den Ecken der Fliese kleine Lilien.
Fundort:
Kempten, vermutlich ebenfalls aus der St. Mangkirche, von den übrigen Prägungen dieser Herkunft leicht abweichend.
Kempten, Allgäuer Heimatmuseum.

N10.1 Speyer

13. Jahrhundert.
Roter Ton. Vertiefte Prägung. 13 × 2,5 cm.
Rechteckiger Rahmen aus flachen Zackenlinien. In Fliesenmitte „Salomonsknoten“ aus drei schmalen Bändern. In den Ecken fächerförmige Pflanzen, die am Schnittpunkt des Knotens aufsitzen.
Fundort:
Speyer, Regierungsgebäude, am 1. 4. 1912 gefunden.
Speyer, Historisches Museum der Pfalz.

N11 Bonmont

1. Hälfte 13. Jahrhundert.
Rötlicher Ton mit gelblicher, manchmal ins Schwarzbraune spielender Glasur[1]. Vertiefte Prägung. 15,5 × 3,6 cm.
„Salomonsknoten“ ähnlich N9 in Kreis, von Andreaskreuz unter- und überschnitten. In den Ecken, aus dem Kreisrund wachsend, kleine gegenständige Palmetten.
Fundort:
Bonmont, ehem. Zisterzienserklosterkirche, bei Grabungen ab 1953 gefunden. F. Bucher, 1957, 110, Abb. 8.
Bonmont, Slg. Schoeller.
Nyon, Musée historique et Musée des Porcelaines.
Zürich, Schweizerisches Landesmuseum.

1 F. Bucher, ebd., 109: „Alle sind gelb glasiert. Manchmal spielt die Glasierung bis in ein dunkles Schwarzbraun.“ Nach mündlicher Mitteilung von Herrn Dr. Ch. (E.C.) Norton, York, zeigen alle ihm bekannten Fliesen dunkelbraune oder -grüne Glasuren. D. Rippmann, 196, welche die bei einer erneuten Grabung in Bonmont entdeckten Fliesen sah, schreibt: „... die Glasur variiert in verschiedenen Spielarten von honiggelbem und olivgrünem bis zu gräulichem Farbton“.

N12 Kolmar – Weißenburg

3. Viertel 13. Jahrhundert.
Dunkelgrauer Ton. Vertiefte Prägung. Eine Ecke abgebrochen. 13,5 × 2,5 cm.
In quadratischem Rahmen Schlingornament aus zwei schmalen rechteckigen Bändern, die jedoch nicht ganz im rechten Winkel aufeinandertreffen. Sie werden über- und unterschnitten von leicht trapezförmigem Eckquadrat. Es ergibt sich ein Ornament, das zu den Fliesenkanten hin jeweils drei Zacken zeigt[1].
Fundort:
a Kolmar, Stiftskirche St. Martin, bei der Restaurierung der Kirche zu Ende des 19. Jahrhunderts entfernt.
Kolmar, Unterlinden-Museum.
b Weißenburg, Herkunft unbekannt. *Variante.* Das Bild übereinstimmend, jedoch nicht mit demselben Model geprägt. Die Bänder sehr schmal, fast überall saubere rechte Winkel. Roter Ton. 12 × 12 cm.
Weißenburg, Musée Westercamp.

1 Ein ähnliches Muster findet sich auf der Rückseite des Throns Salomons im „Hortus deliciarum“ der Herrad von Landsberg. (J. Walter, II, Taf. XXXVI, a). Genau übereinstimmend zeigt es der Teppich auf der „Anbetung der Könige“ vom Meister der Darmstädter Passion, Flügel des „Orber Altars“, um 1450. Berlin-Dahlem, Gemäldegalerie (H. Th. Musper, 1961, 40, Abb. 26).

N13 Königstein

Mitte 13. Jahrhundert.
Rötlicher, feingemagerter Ton. Vertiefte Prägung. Kante schräg. Bruchstück einer halben Fliese. 12 × 2,5 cm.
Variante von N12. Die Bänder aus dreifachen Linien, Flechtband mit vier Zacken.
Fundort:
Königstein, Burgruine, bei Grabungen 1964–65 gefunden. E. Gundermann, 149, 142, Taf. 1, 2.
Königstein, Stadtmuseum.

N14 Hirsau

Um 1472.
Roter Ton. Flachrelief. 24 × 12 × 4 cm.
Schlingornament aus zwei nebeneinander angeordneten Kreisen, die an den Längsseiten der Fliese von zwei sich ebenfalls überschneidenden Halbkreisen, in den Ecken von Viertelskreisen geschnitten werden. In den kleinen Zwischenräumen der Kreise je zwei Eicheln und zwei Lindenblätter, in den Ecken und in Seitenmitte Viertel bzw. Hälfte einer Rosette mit kielbogenförmigen Blütenblättern. Der Model wurde vermutlich nach einer Vorlage des 13. Jahrhunderts geschnitten.
Fundort:
Hirsau, ehem. Klosterkirche St. Aurelius, bei der Restaurierung 1955 gefunden.
Hirsau, Klostermuseum.

N15 Kempten

Um 1428?
Roter Ton. Vertiefte Prägung. 14,3 × 14,3 cm.
Schlingornament, welches erst in der Zusammensetzung von vier Fliesen seine endgültige Form erhält. Ein Doppelkreis, der in einer Fliesenecke nicht völlig geschlossen ist, wird von einem Viertelsrond unter- und überschnitten. An der offenen Stelle knicken die Kreisbänder im spitzen Winkel um, sie werden als Diagonalband zur anderen Ecke geführt. In einer Ecke winziger Stern.
Fundort:
Kempten, ev. Pfarrkirche St. Mang, im Ostende des Seitenschiffes neu verlegt.

N 16 Amorbach

2. Viertel 13. Jahrhundert.
Roter Ton. Vertiefte Prägung. 13 × 3 cm.
In quadratischem Rahmen Schlingornament aus Kreisband und einer Umbildung des Musters N 1. Statt der Eckquadrate flache Schleifen, die sich in Diagonalrichtung um den Kreis schlingen.
Fundort:
Amorbach, ehem. Benediktinerkloster, bei Bauarbeiten um 1890 auf dem Gelände des Klosterfriedhofs gefunden. W. Hotz, 1938, 45, Nr. 6.
Amorbach, Fürstl. Leiningensche Sammlungen.

N 17 Rommersdorf – Isenburg – Leutesdorf

Um 1233 (a), 2. Viertel 13. Jahrhundert (b).
Roter Ton ohne Glasur, einzelne Fliesen mit Spuren einer bräunlichen Glasur in den Vertiefungen. Vertiefte Prägung. Stark abgetreten. 10,5 × 10,5 cm.
Variante von N 16. In doppeltem, quadratischem Rahmen Kreis, der von einem aus zwei flachen Rechtecken gebildeten Diagonalkreuz über- und unterschnitten wird. Der Bogen zu einem rechten Winkel umgebildet.
Fundort:
a Rommersdorf, ehem. Prämonstratenserkloster, Kapitelsaal, in situ, zum ersten Boden gehörend. F. Stelz, 1985, 18, Nr. 2.
b Isenburg, Ruine der ehem. Kapelle in Hausenborn, bei Sicherungsarbeiten 1984 gefunden.
Neuwied, Privatbesitz.
c Leutesdorf, kath. Pfarrkirche St. Laurentius, 1986 beim Einbau von Heizungskanälen in zweiter Lage gefunden. Grauer und weißlicher Ton mit Spuren von gelber und grüner Glasur. 11,5 × 2,5 cm. Verbleib noch ungeklärt.

N 18 Pforzheim

Vor oder nach der Mitte 13. Jahrhundert.
Roter Ton. Vertiefte Prägung. Bruchstück. Dicke 3 cm.
Quadratischer Rahmen aus senkrechten, dichtgereihten Stegen, in diesem Schlingornament ähnlich N 17. Das Diagonalkreuz aus zwei Parallelbändern, die Schleife unvollständig, da die Kerbe vor dem Bogen endet. In den Kreis zusätzlich ein Eckquadrat einbeschrieben.
Fundort:
Pforzheim, Altenstädter Kirche St. Martin, bei Grabung, wohl um 1914, gefunden.
Pforzheim, Heimatmuseum.

N 19 Arnsburg – Eberbach

2. Drittel 13. Jahrhundert.
Hellroter Ton. Vertiefte Prägung. Zwei Bruchstücke, mit dem Bruchstück eines Models geprägt. Kante schräg. Seitenlänge 5,5 und 6,5 cm. Dicke 2 cm.
Ein winziges Modelbruchstück ungleichmäßig eingeprägt. Erhalten sind der Winkel eines Eckquadrats, links davon überschnitten von Diagonalband mit pikenförmigem Ende.
Fundort:
a Arnsburg, Ruine des ehem. Zisterzienserklosters, bei Grabungen 1979 gefunden, vermutlich als Randleiste benutzt. M. Morkramer, 1982, Nr. 3.1.2, 71, Abb. 67.
Arnsburg, Klostersammlung.
b Eberbach, ehem. Zisterzienserkloster, bei Grabungen gefunden. Auch hier dasselbe Modelbruchstück benutzt. Gelblicher Ton. Kante senkrecht. Dicke 2 cm.
Eberbach, Lapidarium.

N 20 Arnstein? – Bleidenstadt – Brunnenburg – Eberbach – Friedberg – Holzhausen – Johannisberg – Königstein – Mainz

Um 1258 (b), 3. Viertel 13. Jahrhundert.
Hellgrauer Ton mit Spuren von dunkelgrauer Engobe. Vertiefte Prägung. Kante senkrecht. 13,2 × 2,5 cm.
In quadratischem Rahmen Eckquadrat, durchschlungen von einem Bandornament, das eine Weiterentwicklung des Musters N 17 zeigt. Die seitlichen Schleifen haben nun die Form von Tropfenkreisen.
Fundort:
a Arnstein, nicht ganz sicher, jedoch wahrscheinlich aus der Margarethenkapelle unterhalb des ehem. Klosters.
Höhr-Grenzhausen, Töpferei-Museum Georg Peltner.
b Bleidenstadt, ehem. Benediktinerkloster St. Ferrutius, vor 1899 gefunden[1]. Roter Ton. 13 × 2,5 cm.
Wiesbaden, Slg. Nassauischer Altertümer.
c Brunnenburg, Ruine des Prämonstratenserinnenklosters, bei Grabungen 1974 im Schutt gefunden. Dunkelgrauer Ton. I. und G. Maag, IV, 134, Abb. 88D.
Wiesbaden, Privatbesitz.
Diez, Privatbesitz (stark abgetreten).
d Eberbach, ehem. Zisterzienserkloster, in situ zwischen den Pfeilern der Klosterkirche, 1937 neu verlegt. Gelblicher, roter und grauer Ton. 13 × 2,5 cm. W. Schäfer, 1964, 17.2.
Eberbach, Lapidarium.
e Friedberg, Herkunft unbekannt. Feingemagerter, blaurötlicher Klinkerton. 13,5 × 2,5 cm.
Friedberg, Wetterau-Museum.
f Holzhausen a.d. Aar, ev. Pfarrkirche, 1880 noch in der Nähe des Altars in situ verlegt, heute verschollen. Zeichnung im Handexemplar F. Schneiders[2], neben 237.
g Johannisberg, ehem. Benediktinerkloster, bei Zufallsgrabungen im Klosterbereich gefunden. Grauer Ton.
Schloß Johannisberg, Domänenverwaltung.
h Königstein, Burgruine, bei Grabungen 1958 oder 1973 gefunden. Eine Ecke fehlt. Graugrünlicher, feingemagerter Ton. 13,5 × 3 cm. E. Gundermann, 149, 142. Taf. 1, 7.
Königstein, Stadtmuseum.
i Mainz, beim Abbruch des „Stadioner Hofes" 1903[3] im Schutt und in den Fensterwölbungen vermauert gefunden. Gelblichroter Ton. Abgetreten. 13,8 × 2,4 cm. Diese Fliesen müssen schon vor 1901[4] an derselben Stelle gefunden worden sein.
Mainz, Mittelrheinisches Landesmuseum.
Dortmund, Museum für Kunst und Kulturgeschichte.
London, Victoria and Albert Museum.
j Mainz, Willigisstraße, 1978 gefunden. Gelbrötlicher Ton. Kante senkrecht.
Mainz, Slg. Manfred Hessinger.
k Unbekannt, mit den übrigen rheinischen Fliesen 1888 von Prof. Aus 'm Weerth erworben.
Straßburg, Frauenhausmuseum.
l Unbekannt.
Gotha, Schloßmuseum.

1 Nass. Ann. 30, 1899, 16. Es geht aus dem Text nicht hervor, ob auch diese Fliesen aus dem Kreuzgang stammen.
2 W. Lotz, F. Schneider, 1880, Universitätsbibliothek Frankfurt/Main.

3 West. Zs. 23, 1904, Museographie 1903, 353, Taf. 8, Nr. 11.
4 R. Forrer, 1901, Taf. X, 8, ist hier einer Verwechslung erlegen. Die von ihm abgebildeten Fliesen stammen nicht aus dem Stadionschen Domherrenhof, Konstanz, sondern aus dem „Stadioner Hof" in Mainz.

N21 Arnsburg – Randeck – Weinheim – Worms

3. Viertel 13. Jahrhundert.
Grauer Ton. Vertiefte Prägung. Kante leicht schräg. Kleines Bruchstück.
Variante von N20. Die Eckkreise an beiden Seiten zugespitzt, das Eckquadrat fast unmerklich konkav gewölbt. Der Rahmen fehlt.
Fundort:
a Arnsburg, ehem. Zisterzienserkloster, bei Grabungen 1979 in der Ruine gefunden. M. Morkramer, 1982, Nr. 3.1.1, 71, Abb. 66.
Arnsburg, Klostersammlung.
b Randeck, Burgruine, bei Sicherungsarbeiten 1979 gefunden. Roter Ton. Zwei Ecken fehlen. 13,5 × 2,6 cm.
Mannweiler-Cölln, Heimatmuseum.
c Weinheim, St. Peterskirche, 1910 beim Abbruch gefunden. H. Huth, 364, Abb. 269. Grauer Ton.
Weinheim, Heimatmuseum.
d Worms, Herkunft unbekannt, vor 1922 gefunden. E. Grill, Taf. II, 41. Sehr feiner, gelbgrauer, hellgrauer, schwarzgrauer und bräunlich-hellroter Ton. 13,5 × 2,2 cm.
Worms, Museum der Stadt Worms.
e Unbekannt. Hellrötlicher und gelbrötlicher Ton. 14 × 2,2 cm.
Darmstadt, Hessisches Landesmuseum.
f Unbekannt.
Gotha, Schloßmuseum.

N22 Bonmont – Aulps

Anfang 13. Jahrhundert?
Rötlicher Ton mit gelblicher, manchmal ins Schwarzbraune spielender Glasur. 11,5 × 3 cm. Vertiefte Prägung.
Variante zu N21. Die Schleifen bestehen auf einer Seite aus der Hälfte eines Ovals, auf der anderen aus der Hälfte eines rechteckigen Sechsecks. In der Zusammensetzung ergibt sich ein Endlosmuster mit gegenseitiger Durchdringung von Eckquadrat, Kreis und Achteck.
Fundort:
a Bonmont, ehem. Zisterzienserkloster, bei Grabungen nach 1953 gefunden. F. Bucher, 110, Abb. 3[1].
Bonmont, Slg. Schoeller.
Nyon, Musée historique et Musée des Porcelaines.
Zürich, Schweizerisches Landesmuseum.
Privatbesitz.
b Aulps, ehem. Zisterzienserklosterkirche, bei Grabungen um 1930 in den Chorseitenkapellen gefunden.

1 Dies ist eine der wenigen Prägungen, die sich nach Frankreich zurückverfolgen lassen. Sie findet sich ohne Abweichung im Zisterzienserkloster Pontigny und im Benediktinerkloster Charlieu, vgl. Textbd., 53.

N23 Kempten

Um 1428?
Roter Ton. Flachrelief. 13 × 13 cm.
Variante zu N21. Die schmaleren Schleifen an den Enden geschlossen.
Fundort:
Kempten, ev. Pfarrkirche St. Mang, in situ am Ostende des nördlichen Seitenschiffes.

N24 Neubolanden – Worms

2. Drittel 13. Jahrhundert.
Hellrötlicher Ton. Vertiefte Prägung. Abgetreten. Kante schräg. 14 × 2,5 cm.
Schlingornament aus vier über den Fliesenseiten steil gewölbten Halbkreisen, die sich in Fliesenmitte überschneiden. Es entsteht ein Stern aus vier schmalen Spitzovalen, der sich über ein mit Punkten verziertes Eckquadrat legt.
Fundort:
a Neubolanden, Burgruine, bei Ausgrabungen am 10. 4. 1912 gefunden.
Speyer, Historisches Museum der Pfalz.
b Vermutlich aus Worms, Herkunft unbekannt, vor 1922 gefunden. E. Grill, Taf.II, 42. Gelblicher und hellbräunlicher Ton, mit demselben Model geprägt. Kante senkrecht. 14 × 2 cm.
Worms, Museum der Stadt Worms.

N25 Mainz – Worms

Um 1300?
Tonfarbe unbekannt. Vertiefte Prägung. 13,5 × 13,5 cm.
Später *Nachschnitt* einer heute nicht mehr erhaltenen Fliese ähnlich N21. Stern aus vier großen Spitzovalen, die sich in Fliesenmitte berühren und bis zur Ecke reichen. Von dem Eckquadrat sind nur noch die Stege auf einer Seite des Ovals übriggeblieben.
Fundort:
a Mainz, Halenza-Haus, Höfchen 2, beim Abbruch 1896 gefunden[1].
Mainz, Mittelrheinisches Landesmuseum (z. Z. nicht auffindbar).
b Worms, Herkunft unbekannt, vor 1922 gefunden. E. Grill, Taf. II, 45. Rosagelblicher Ton mit feiner, hellbräunlicher Engobe. 13,5 × 2,5 cm.
Worms, Museum der Stadt Worms.

1 Westd. Zs. 16, 1897, Museographie 1896, 357, Taf. 19, Nr. 10.

N26 Worms

2. Hälfte 13. Jahrhundert.
Hellgelblicher, bräunlichrosa und mittelgrauer Ton. Vertiefte Prägung, Model für eine kleinere Fliese geschnitten. 13,5 × 2 cm.
Stern aus vier Spitzovalen, von einer Astroide aus vier Viertelskreisen geschnitten.
Fundort:
Vermutlich aus Worms, Herkunft unbekannt, wohl aus derselben Werkstatt wie N24. Vor 1922 gefunden, E. Grill, Taf. II, 44[1].
Worms, Museum der Stadt Worms.

1 Zu erwähnen wäre noch eine Stelle bei W. Bauer, I, 81, „... Außerdem wurde noch das Bruchstück einer Bodenfliese aus rotem Ton geborgen, das in derselben Form noch nicht in der reichhaltigen Sammlung von Fliesen des Museums der Stadt Worms enthalten ist. Grill, Taf. II, Abb. 44, 45. Die neue Fliese zeigt ein ähnliches, aber reichhaltigeres Muster ..." (Domberggrabung, Müllgrube III). Diese Fliese ist nicht auffindbar.

N27 Scheer

Um 1496.
Roter, grobgemagerter Ton. Vertiefte Prägung. 17,5 × 4 cm.
Schlingornament ähnlich N26. Die Spitzovale, die sich im Mittelpunkt berühren, haben keine gemeinsame Verbindungslinie mehr.
Fundort:
Schloß Scheer/Donau, bei einer Restaurierung entfernt.
Mengen, Heimatmuseum.

N28 Altenbaumburg – Becherbach – Bellersheim – Diez – Klosterkumbd – Ravengiersburg

2. Drittel 13. Jahrhundert.
Roter Ton. Vertiefte Prägung. 10,2 × 10,2 cm.
Schlingornament. Die Eckschleifen übereinstimmend mit N21, das Eckquadrat ersetzt durch einen Achtstern, der durch kielbogenförmige Aufwölbungen der Quadratseiten entstanden ist. In den kleinen Fünfecken und im Mittelquadrat kleine Viersterne.
Fundort:
a Altenbaumburg, Burgruine, bei Grabungen vor 1884[1] an der Stelle, an der die Burgkapelle vermutet wird, gefunden. In den Besitz des Restaurators gelangt, heute verschollen.
b Becherbach, ev. Pfarrkirche, bei der Restaurierung 1972 in situ gefunden, in der Kirche neu verlegt.
c Bellersheimer Markwald, auf dem Gelände der sog. „Alteburg" 1886 gefunden. Hellgrauer Ton. 10,5 × 2,5 cm.
Darmstadt, Hessisches Landesmuseum.
d Diez, ehem. Benediktinerinnenkloster Dierstein, bei Grabungen 1881 gefunden. Hellgrauer, mittelgrauer, schwarzgrauer und rötlicher Ton.
Wiesbaden, Slg. Nassauischer Altertümer.
Oldenburg, Landesmuseum für Kunst und Kulturgeschichte (grauer Ton, 1884 Geschenk ans Museum).
e Unbekannt, vermutlich ebenfalls aus Dierstein. Grauer, sehr poröser Ton. 10,5 × 3 cm.
Diez, Nassauisches Heimatmuseum.
f Klosterkumbd, ehem. Zisterzienserinnenkloster[2], möglicherweise dieses Muster im 19. Jahrhundert noch im Klostergarten sichtbar, heute verschollen.
g Unbekannt, vgl. Anm. bei C25.
Gotha, Schloßmuseum.
h Ravengiersburg, ehem. Augustiner-Chorherrenstift, bei Grabungen 1966 außerhalb der Klosterkirche gefunden. Hellgrauer Ton mit bräunlichen Einschlüssen. Kante schräg. 10,2 × 2,4 cm.
Ravengiersburg, Missionsseminar.

1 Bdm. Pfalz, I, 212, Fig. 330 links.
2 W. Wagner, 44: „teils trugen sie Verzierungen mit Lilienmustern, *Sternen,* Vögeln, springenden Hirschen, Blättern und gotischen Bögen ..."

N29 Arnsburg – Gelnhausen

Um 1246–1256 (a).
Hellbrauner, brüchiger, lehmhaltiger Ton. Vertiefte Prägung. Kante kaum schräg. 13 × 2,5 cm.
Schlingornament aus einem Quadrat mit Eckschleifen ähnlich N28, von einem Kreis so geschnitten, daß zwischen Kreis und Halbkreisen schmale Spitzovale ausgespart werden und in Fliesenmitte ein kleines Quadrat entsteht.
Fundort:
a Arnsburg, ehem. Zisterzienserkloster. Bei den Grabungen nach 1892 im Dormitorium gefunden (H. Walbe, K. Ebel, 124, Abb. 108, Nr. 3). Bei der Restaurierung des Kapitelsaals 1958 erneut gefunden. M. Morkramer, 1982, Nr. 3.3.2, 73, Abb. 71.
Arnsburg, Klostersammlung.
Laubach, Schloß, Slg, E.-O. Graf zu Solms-Laubach.
b Gelnhausen, Herkunft unbekannt.
Variante durch Nachschnitt des Models. In Fliesenmitte entsteht statt des Quadrats ein Rechteck. Rötlicher Ton. 13 × 13 cm.
Gelnhausen, Heimatmuseum.

N30 Lorsch – Mainz – Worms

2. Drittel 13. Jahrhundert.
Gelblichroter, feingemagerter Ton. Vertiefte Prägung. Bruchstück. Dicke 2,3 cm.
Variante von N29. Stern aus vier Spitzovalen ähnlich N26, die Bänder jedoch breiter, von Kreis geschnitten. An den Seiten werden keine Spitzovale, sondern eine Trapezform ausgespart.
Fundort:
a Lorsch, ehem. Benediktinerkloster, bei den Grabungen 1928–32 gefunden.
Darmstadt, Hessisches Landesmuseum.
b Mainz, Weihergartenstraße, im Bereich der ehem. Domstiftspräbende 1982 gefunden. Grauer Ton. Bruchstück. Kante schräg. Dicke 2 cm.
Mainz, Landesamt für Denkmalpflege.
c Worms, Herkunft unbekannt, möglicherweise aus St. Amandus[1], nach 1922 gefunden. *Variante,* die Bänder etwas schmaler. Mittelgrauer Ton. Kante senkrecht. 13,8 × 2,5 cm.
Worms, Museum der Stadt Worms.

1 W. Bauer, II, 96: „... darunter drei bisher unveröffentlichte Fliesen ähnlich den Mustern Grill II, 45 ..." Dies ist die einzige Fliese im Museum Worms, die zu dieser Beschreibung passen würde.

N31 Arnsburg

2. Hälfte 13. Jahrhundert.
Hartgebrannter, dunkelroter Ton. Vertiefte Prägung. Kante schräg. 12,5 × 3,5 cm.
Variante zu N29 mit ganz schmalen Bändern. In der Mitte nur winziges Rechteck. Die Ovale schneiden an den Seiten große spitze Dreiecke mit konkaven Seiten (Beilform) aus[1].
Fundort:
Arnsburg, ehem. Zisterzienserkloster, bei den Grabungen nach 1892 im Dormitorium gefunden. H. Walbe, K. Ebel, 124, Abb. 108, Nr. 4. 1979 erneut in großer Menge gefunden. M. Morkramer, 1982, Nr. 3.2.1, 73, Abb. 70.
Arnsburg, Klostersammlung.
Darmstadt, Slg. Peter Weyrauch.

1 Das Muster findet sich fast übereinstimmend im burgundischen Zisterzienserkloster Fontenay (M. Pinette, Taf. VI, Abb. 41) und im schottischen Zisterzienserkloster North Berwick (Lothian; J. S. Richardson, 299, Abb. 15, Nr. 3).

N31.1 Bonmont

1. Hälfte 13. Jahrhundert.
Rötlicher Ton mit dunkelbrauner Glasur.
Vertiefte Prägung, mit zwei verschiedenen Modeln geprägt. An einen ursprünglich für eine quadratische Fliese bestimm-

ten Model der Größe 11 × 11 cm wurde auf beiden Seiten ein rechtwinkliges Dreieck angefügt. Die Zeichnung ist offensichtlich nicht für das Dreieck konzipiert, sondern von einer in der Diagonale geteilten Fliese übernommen.
Quadrat übereinstimmend mit N31. Die Bogen berühren sich in Fliesenmitte und schneiden kein Quadrat mehr aus. Die Dreiecksfliese zeigt die Hälfte eines Sterns aus vier Spitzovalen mit Fiederblatt.
Fundort:
Bonmont, ehem. Zisterzienserklosterkirche, bei Grabungen ab 1953 gefunden. Nicht mit den übrigen Fliesen publiziert.
Bonmont, Slg. Schoeller.

N32 Wörschweiler?

Ende 12. – Anfang 13. Jahrhundert.
Gelbrötlicher, stark gemagerter Ton, an der Oberfläche Spuren von roter Engobe sichtbar. Bruchstück. Dicke 2,8 cm.
Variante zu N31.1. Der Kreis schneidet die Spitzovale im Verhältnis 2:1. Auch hier neben dem Quadratstempel eine weitere Fläche, das Muster jedoch nicht mehr zu erkennen.
Fundort:
Unbekannt, vom Typus der Prägung eng verwandt mit P15 aus Wörschweiler. Möglicherweise dies die Fliese, die 1880 aus Funden in Wörschweiler[1] ins Museum Darmstadt kam.
Darmstadt, Hessisches Landesmuseum.

1 Quartalbl. 1881, 11. Funde: Fußbodenfliesen „gefunden auf der Besitzung der Frau Lilier in Zweibrücken in den Ruinen des Klosters Wersweiler".

N33 Dill

Nach 1329?
Roter Ton mit dunkelgrüner Glasur. Flachrelief. Stark abgetreten. Bruchstück. Kante schräg. 11 × 2,5 cm. Nicht abgebildet.
Variante von N32. Das Kreisband breiter als die Schleifen.
Fundort:
Dill, Burgruine, bei der Ausgrabung 1966 als Einzelfliese im Palas gefunden.
Traben-Trarbach, Slg. G. Castendyck.

N34 Ulm-Söflingen

3. Viertel 13. Jahrhundert.
Roter Ton. Vertiefte Prägung. 13,5 × 2 cm.
Vier Spitzovale, übereinstimmend mit N25, überschneiden einen die Fliesenkante berührenden Kreis. In den Zwischenräumen auf je zwei Seiten ein Kleeblatt mit Stengel zur Kreismitte, auf den anderen Seiten Dreieck mit fünf Bögen am Kreisinnenrand.
Fundort:
Ulm-Söflingen, ehem. Klarissinnenkloster, 1914 gefunden. R. Weser, 95, Abb. 14. – H. A. Klaiber, R. Wortmann, 665, Abb. 601, Nr. 14.
Ulm, Ulmer Museum.

N34.1 Weißenburg

3. Viertel 13. Jahrhundert.
Hellroter und bräunlicher, feingemagerter Ton. Vertiefte Prägung. 12 × 2,5 cm.
Vier Spitzovale wie N34, von einem Kreis so durchdrungen, daß zwischen Ovalschleifen und Kreisbogen kein Zwischenraum mehr entsteht. In den kleinen ausgeschnittenen „Dreiecken" je ein Vierpaß.
Fundort:
Weißenburg, Herkunft unbekannt.
Weißenburg, Musée Westercamp.

N34.2 Gelnhausen – Worms

Mitte 13. Jahrhundert.
Rötlicher Ton. Vertiefte Prägung. Bruchstück (halbe Fliese). 12 × 2,5 cm.
In quadratischem Rahmen Ornament aus vier Ovalschleifen ähnlich N34. Diese sind mit enggereihten, großen Punkten besetzt, so daß sie eher wie ein Gitterband wirken und schneiden in Fliesenmitte einen kleinen Kreis mit Mittelquadrat aus. Auf diesem sitzen, zur Fliesenkante gekehrt, heraldische Lilien mit breitem Schaft, sichelförmigem Hängeblatt und winzigem Kelch.
Fundort:
a Gelnhausen, Eisen-Bindernagel'sches Haus, Langgasse 25.
Gelnhausen, Heimatmuseum.
b Worms, Judengasse, 1980 gefunden. Schwarzgrauer Ton. 13,5 × 2,5 cm, fast völlig abgetreten. Kante senkrecht.
Privatbesitz.

N35 Weingarten

1. Viertel 14. Jahrhundert.
Roter Ton. Vertiefte Prägung. 15 × 4 cm.
Vier sich verschlingende Spitzovale ähnlich N34, durch die Überschneidungen werden an den Ovalspitzen kleine Rauten ausgeschnitten. An zwei Seiten dreigeteiltes, spitzblättriges Blatt auf Kielbogenstengel, an den anderen zangenähnliches Ornament, in Schlangenköpfe endend.
Fundort:
a Weingarten, Benediktinerkloster, vor 1862 gefunden, bei den Ausgrabungen vor 1956 nicht mehr entdeckt. K. Haßler, Taf. XV, 1.
Stuttgart, Württembergisches Landesmuseum.
b Weingarten, Marienkapelle, bei Grabungen 1955 gefunden. *Variante* mit einbeschriebenem zweitem Spitzoval, ohne Randornamente. K. Hecht, 1956, 303, Abb. 1.
Weingarten, Klosterarchiv.

N35.1 Rosenthal

Um 1261.
Tonfarbe unbekannt. Vertiefte Prägung. 13,3 × 13,5 × 2 cm.
Zwei adossierte Halbkreise, deren Mittellinie ca. 5 cm lang verschmilzt, überdecken zwei ähnliche Halbkreise. In Seitenmitte an den freien Stellen Herzornament mit nach innen gewölbter kleiner Palmette.
Fundort:
Rosenthalerhof, ehem. Zisterzienserinnenkloster Maria im Rosenthal, bei Sicherungsarbeiten 1983 gefunden.
Eisenberg, Historischer Verein für Rosenthal und Umgebung.

N 36 Bebenhausen – Zwiefalten

2. Hälfte 13. Jahrhundert (a), nach 1251? (b).
Roter Ton. Vertiefte Prägung. 10,5 × 2,5 cm.
Stern aus vier Spitzovalen wie N 34. In der Mitte jeder Fliesenseite die Hälfte eines sechsstrahligen Sterns.
Fundort:
a Bebenhausen, ehem. Zisterzienserkloster, in situ im Dormitorium. E. Herdtle, II, Taf. 16 und K. Haßler, Taf. V, 1.
Stuttgart, Württembergisches Landesmuseum.
b Zwiefalten, ehem. Benediktinerkloster, bei Bauarbeiten 1976 gefunden. *Variante.* Die Spitzovale überschneiden sich in Fliesenmitte nicht, ein kleines Rechteck wird ausgespart. Das Blütenmuster fehlt. Roter Ton. 13 × 2,5 cm. L. Tampe, 28, Abb. 4.
Zwiefalten, Privatbesitz.

N 37 Muttenz

15. Jahrhundert – um 1500.
Roter, grobgemagerter Ton. Quadratstempel mit Flachrelief. 19 × 3,5 cm.
In einem Quadrat vier Spitzovalsterne ähnlich N 34–N 36 in Würfelanordnung. In den vier entstandenen Zwischenräumen kleine vierteilige Blüte, durch die sich ein zweites Muster ergibt, das einen aus vier Astroiden gebildeten Stern zeigt.
Fundort:
Muttenz, ev. Pfarrkirche St. Arbogast, in den Tortürmen gefunden.
Zürich, Schweizerisches Landesmuseum.

N 37.1 Bonmont

13. Jahrhundert?
Roter Ton mit gelblicher Bleiglasur. Vertiefte Prägung. Fliese in der Diagonale geteilt. Abgetreten. 15,5 × 16 × 2,7 cm.
Variante zu N 37. In den freien Flächen je ein tropfenförmiges Oval, welches in der Zusammensetzung einen vierstrahligen Stern ergibt.
Fundort:
Bonmont, ehem. Zisterzienserkloster, bei den Grabungen nach 1953 gefunden.
Bonmont, Slg. Schoeller.

N 38 Steingaden

15. Jahrhundert?
Hellroter Ton. Flachrelief. 15,5 × 3,5 cm.
Schlingornament übereinstimmend mit N 31, von den Ecken durch vier Viertelskreise so geschnitten, daß gleichzeitig vier Ornamente des Musters N 41 entstehen. In der Fliesenmitte winzige Rosette.
Fundort:
Steingaden, ehem. Prämonstratenserklosterkirche, aus dem Glockenhaus.
München, Bayerisches Nationalmuseum (56 Fliesen).

N 39 Königsbronn

1558? nach alter Vorlage?
Roter Ton. Vertiefte Prägung. Bruchstück. 26 × 5,8 cm.
Variante. Vier Ornamente des Musters N 41 auf einer Fliese.
Fundort:
Königsbronn, ehem. Zisterzienserkloster, 1974 bei Grabungen in der heutigen ev. Pfarrkirche gefunden.
Stuttgart, Landesdenkmalamt Baden-Württemberg.

N 40 Zwiefalten

Um 1490–1500.
Roter Ton. Flachrelief. Ergänzte Bruchstücke. 19,5 × 3/4 cm.
Ein Kreis wird hier wie bei N 38 von Viertelskreisen so geschnitten, daß in den Ecken Spitzovale entstehen. An die Stelle des Mittelsterns aus Spitzovalen tritt ein Mittelkreis, der mit kleinen Nasen den Außenkreis jeweils in Seitenmitte berührt. Das Ganze wird von einem Diagonalkreuz überschnitten, dessen Stäbe in Fliesenmitte und in den Ecken astroidförmig verdickt sind und dadurch ein Sternmuster ergeben.
Fundort:
Zwiefalten, ehem. Benediktinerkloster, bei Grabungen im Erdgeschoß des Gastbaus 1973 gefunden.
Zwiefalten, Privatbesitz.

Gekreuzte Spitzovale

N 41 Bebenhausen

Um 1228.
Roter Ton. Vertiefte Prägung. 12 × 2,5 cm.
Schlingornament aus zwei sich schneidenden Spitzovalen. In der Zusammensetzung ergibt das Muster eine fortlaufende Durchdringung von einzelnen Kreisen.
Fundort:
Bebenhausen, ehem. Zisterzienserkloster, in situ im Dormitorium. E. Herdtle, II, Taf. 2, K. Haßler, Taf. IV, 4.

N 42 Dieburg

2. Hälfte 13. Jahrhundert?
Braunroter, hartgebrannter Ton. Vertiefte Prägung mit breiten Rillen. Kante schräg. 12,5 × 12,8 × 2,7 cm.
Variante zu N 41. Die Spitzovale leicht schräg eingeprägt. Vor dem Schnittpunkt der Ovale blieb jeweils ein Steg stehen, in der Mitte statt des Quadrats ein Rechteck ausgespart.[1]
Fundort:
Dieburg, Steinstraße 13, bei Ausschachtungsarbeiten auf dem Gelände des „Frankensteiner Hofs" 1951 gefunden.
Dieburg, Kreis- und Stadtmuseum.

1 Die Fliese zeigt große Ähnlichkeit mit einer Prägung aus dem Dünenkloster (Abbaye des Dunes) in Koksijde, Belgien (M. Carette, D. Deroeux, Taf. II, oben Mitte).

N 43 Entringen

Nach 1400.
Roter Ton. Vertiefte Prägung. 17 × 3 cm.
Variante von N 41. Die breiten Spitzovale an den Enden geschlossen, die Bänder wesentlich schmaler.
Fundort:
a Entringen, kath. Pfarrkirche St. Michael, bei Grabung 1968 gefunden.
Stuttgart, Landesdenkmalamt Baden-Württemberg.
b Unbekannt (alter Bestand), möglicherweise vom selben Fundort. Stark abgetreten.
Stuttgart, Württembergisches Landesmuseum.

N 44 Wörschweiler

2. Viertel 13. Jahrhundert.
Roter Ton, in den Vertiefungen Reste einer hellbraunen Glasur. Vertiefte Prägung. 12,5 × 2 cm.
Etwas schmälere *Variante* von N 40. Das Mittelquadrat füllt ein Stern aus vier Kreuzblumen.
Fundort:
Wörschweiler, Ruine des Zisterzienserklosters, bei Grabungen 1954–56 gefunden. P. Volkelt, 20, Nr. 6. Taf. 14, Abb. 2.
Wörschweiler, Depot der Klosterfunde.

N 45 Obersteigen – Kolmar?

Um 1230?
Roter Ton. Vertiefte Prägung. 6,5 × 6,5 cm. Nicht abgebildet.
Variante von N 40 mit schmalem Vierstern im Mittelquadrat. Nicht abgebildet.
Fundort:
a Obersteigen, ehem. Augustiner-Chorherrenstift, vom Fußboden der Kapelle.
Saarburg, Regionalmuseum.
b Kolmar, Stiftskirche St. Martin. Kopien, um 1903 auf den Altarpodesten der Chorkapellen neu verlegt. Möglicherweise nach alten Vorlagen aus der Kirche.

N 46 Klingenmünster – Baden?

2.Hälfte 13. Jahrhundert.
Hellroter Ton. Vertiefte Prägung. 14 × 14 cm.
Variante von N 40 mit schmalen Bändern und spitzgezacktem Ahornblatt in Fliesenmitte.
Fundort:
a Klingenmünster, ehem. Benediktinerkloster, bei Freilegungen 1980 im Schutt gefunden.
Klingenmünster, Pfarramt.
b Unbekannt, mit großer Wahrscheinlichkeit aus einem Fundort in Baden[1].
Karlsruhe, Badisches Landesmuseum.

1 Das Museum Karlsruhe besitzt sonst nur Fliesenfunde aus badischen Orten.

N 47 Straßburg – Rheinland?

2. Hälfte 13. Jahrhundert – um 1300.
Roter Ton. Vertiefte Prägung. 12 × 2,5 cm.
Variante von N 40. Spitzovale genau übereinstimmend, die Mitte ganz ausfüllend, Vierpaß mit kleinen Spitzen.
Fundort:
a Straßburg, vom Neubau Münstergasse, im Herbst 1899 gefunden. J. Ficker, Taf. XL, 19.
Straßburg, Frauenhausmuseum.
b Herkunft unbekannt, vermutlich aus dem Rheinland[1]. *Variante* mit gleich breiten Bändern, aber breiteren Rillen. In der Mitte kleiner Vierpaß. Roter Ton. 13 × 2,5 cm.
Hamburg, Museum für Kunst und Gewerbe.

1 Das einfache Muster könnte überall entstanden sein. Das Museum Hamburg besitzt jedoch nur Fliesen aus wenigen Fundorten: Aachen, Frankfurt, Stein/Donau, Worms. Die Fliese könnte am ehesten zu den aus dem rheinischen Kunsthandel erworbenen Fliesen gehören.

N 48 Bayern

1. Hälfte 15. Jahrhundert?
Dunkelroter Ton. Vertiefte Prägung. Kante schräg. 14 × 4 cm.
Spitzovale vom Typus N 42, nur etwas schmaler. In der Mitte kleine sechsteilige Rose.
Fundort:
Unbekannt. Vermutlich aus Bayern.
München, Bayerisches Nationalmuseum.

N 49 Lorsch

3. Viertel 13. Jahrhundert.
Ziegelroter Ton mit Resten verkohlter pflanzlicher Einschlüsse. Vertiefte Prägung. Bruchstück. Dicke 2,3 cm.
Variante von N 40. In der Mitte Vierpaß auf winzigem Mittelkreis, in den seitlichen Dreiecken je ein Dreiblatt.

Fundort:
Lorsch, ehem. Benediktinerkloster, bei Grabungen 1928–32 gefunden.
Darmstadt, Hessisches Landesmuseum.

N50 Johannisberg – Mainz

3. Viertel 16. Jahrhundert, möglicherweise noch später.
Roter und rötlicher Ton. Flachrelief. 16,5 × 16,5 cm.
Zwei gekreuzte Spitzovale vom Typus N42, in der Mitte Blüte aus vier gezackten Blättern, in den seitlichen Dreiecken Ornament aus drei Blättern oder Fischblasen.
Fundort:
a Johannisberg, ehem. Klosterkirche St. Johannis Baptista, beim Wiederaufbau 1951 gefunden.
Schloß Johannisberg, Domänenverwaltung.
Rüdesheim, Rheingauer Museum.
b Mainz, Postplätzchen, bei Grabungen 1903 gefunden[1].
Mainz, Mittelrheinisches Landesmuseum (nicht auffindbar).

1 Westd. Zs. 22, 1903, Museographie 1902–1903, 431, Taf. 16, Nr. 6.

N51 Lilienfeld

Um 1458.
Roter und gelblichroter Ton. Vertiefte Prägung. 21,7 × 4,7cm.
Gekreuzte Spitzovale ähnlich N48, die Kreuzungspunkte jedoch nicht unmittelbar in der Fliesenecke. In der Mitte sechsstrahlige Radenblüte, in den Seitenbogen fünfzackige Sterne, in Mitte der Seitenkanten je eine Hälfte der Mittelblüte[1].
Fundort:
a Lilienfeld, Zisterzienserstift, bei früheren Bauarbeiten an unbekannter Stelle gefunden. Ein weiteres Bruchstück 1970 „im Obergeschoß des Mönchsinfirmariums, im Füllmaterial in der Nische hinter der gotischen Tür der Ostwand"[2] gefunden. 20,5 × 4,6 cm.
b Lilienfeld, 1962 in situ im Laiendormitorium gefunden. 23,5 × 4,6 cm. F. Vongrey, 14, Abb. 20, 19, Abb. 29.
Lilienfeld, Stiftsmuseum.

1 Eine Fliese, deren Model möglicherweise vom selben Stempelschneider geschnitten wurde, fand sich auf Burg Rokstyn. V. Nekuda, K. Reichertova, 406, Taf. CI, 2. Deren Prägung ist wiederum fast identisch mit U20 aus Kloster Hohenfurt.
2 F. Vongrey, 19.

N52 Auerbach – Tannenberg

Nach 1318.
Roter, stellenweise bläulich gefleckter Ton. Vertiefte Prägung. Kante stark abgeschrägt. 14 × 2,4 cm.
Gekreuzte Spitzovale, Bänder mit N44 übereinstimmend. In der Mitte Blüte aus acht schmalen, herzförmigen Blütenblättern, in den Dreiecken Dreiblatt, welches die Fläche nicht füllt.
Fundort:
a Bensheim-Auerbach, Burgruine „Auerbacher Schloß", am 9. 8. 1903, K. Krauss, 1905, 6 und erneut 1966 beim Einsturz der Zwingermauer gefunden.
Bensheim, Bergsträßer Heimatmuseum.
b Tannenberg, Burgruine, bei der Ausgrabung 1848–49 teilweise noch in situ, teilweise im Schutt gefunden. J. v. Hefner-Alteneck, J. W. Wolf, Taf. I, A. Dunkelroter Ton.
Darmstadt, Hessisches Landesmuseum.
Nürnberg, Germanisches Nationalmueum.

N53 Sulz unterm Wald

18. Jahrhundert? Anfang 19. Jahrhundert?
Roter Ton. Vertiefte Prägung. 21,5 × 3 cm.
Gekreuzte Spitzovale, die Konturen in zarter Zackenlinie, möglicherweise mit einem Metallrädchen gefertigt. In der Mitte achtblättrige Rosette, aus einzelnen Punkten gestochen, in den Seitenbögen gepunzte Sterne.
Fundort:
Sulz unterm Wald, im Flur eines Privathauses aus dem 18. Jahrhundert gefunden[1].
Straßburg, Elsässisches Museum.

1 G. Klein, 1973, 131, Nr. 430, Abb. Taf. 26.
Nach freundlicher Mitteilung von Herrn Dr. K. Hillenbrand, Pforzheim, findet sich diese Art der Verzierung auf den Ziegeln des Elsässer Zieglers Jakob Kenzel aus Adamsweiler zwischen dem Ende des 18. und dem 1. Drittel des 19. Jh. Vgl. die Ziegel einer Dachluke von 1814 und 1826, G. Klein, 1960, 170, Abb. 6. Selbstverständlich ist es möglich, daß Kenzel nur eine längstvertraute Technik weiterverwandte.

N54 Darmstadt – Lorsch

1. Viertel 16. Jahrhundert?
Feingemagerter roter Ton. Vertiefte Prägung. 12,5 × 2,7 cm.
Gekreuzte Spitzovale in Strichzeichnung, in der Mitte Sternblüte aus vier runden und vier spitzen Blättern. In den Seitenfeldern je ein ankerähnliches Ornament, über den Seitenkanten Hälfte eines Blattsternes in Rautenform. Vermutlich Wappen der Herren von Frankenstein, „ein rotes Beileisen in Gold"[1].
Fundort:
a Mit großer Wahrscheinlichkeit die Fliese aus Darmstadt-Bessungen, vor 1863 im „Clapbacher Feld" gefunden.
Darmstadt, Hessisches Landesmuseum.
b Lorsch, ehem. Benediktinerkloster, zwischen Torhalle und Klosterkirche gefunden.
Bensheim, Bergsträßer Heimatmuseum.

1 W. Möller, 1922, 72–75. Vgl. hierzu das Wappen des Georg von Frankenstein auf seinem Grabstein in der Kirche von Bessungen. G. Haupt, 281, Abb. 580 und die Notiz in Quartalbl. 1863, 12: „von Herrn Archivdirektor Baur eine Thonplatte mit eingepreßtem Ornament (Frankensteiner Beil), gefunden bei Bessungen im Clapbacher Feld".

N55 Nürnberg

1519–1525.
Grauer, feingemagerter Ton. Vertiefte Prägung. 20,5 × 3 cm.
Variante zu N54. Spitzoval übereinstimmend, in der Mitte Rose, die fünf Blütenblätter leicht eingedellt. In den Fliesenecken Viertel einer gezackten, vierteiligen Blüte.
Fundort:
Nürnberg, nach Kat. GNM Nürnberg[1] „aus dem kath. Pfarrhaus", nach Museumsinventar „aus dem Fröscherturm". Möglicherweise wurde die Fliese an beiden Orten gefunden. Sie soll auch mit Glasur vorkommen[2], „die Farben weiß, gelb, grün und blau".
Nürnberg, Germanisches Nationalmuseum.
Karlsruhe, Badisches Landesmuseum.

1 Kat. GNM Nürnberg, 9, A61.
2 Ebd., 9, A62.

N 56 Rothenburg o. d. Tauber

Mitte – 2. Hälfte 15. Jahrhundert.
Roter Ton. Flachrelief durch vertiefte Prägung. 19 × 5,5 cm.
Gekreuzte Spitzovale vom Typus N 54, die nicht bis zur Fliesenecke reichen. In der Mitte fünfblättrige, dreifach gestufte Rosette, in den Seitenfeldern halbe Viersterne.
Fundort:
Rothenburg o. d. Tauber, Franziskanerkirche Beatae Virginis Mariae, in situ im Chor, die schönsten Fliesen schon 1875 entfernt. A. Ress, 255, Abb. 181.
München, Bayerisches Nationalmuseum.

N 57 Aachen – Bad Münstereifel

Ende 15. Jahrhundert.
Roter Ton mit hellgelber, rötlichbrauner und dunkelbrauner Bleiglasur. Ganz flaches Relief. 11,5 × 2 cm.
Breite, sich kreuzende Spitzovale mit senkrechten Kerben. In der Mitte Vierpaß mit kleinen Blüten, in den Seitenfeldern kleine Dreisterne.
Fundort:
a Aachen, beim Bau des Kaiser-Karls-Gymnasiums vor 1906 auf dem Gelände des ehem. Augustinerklosters gefunden. J. Laurent, 12, 1c, Taf. 1,c.
Aachen, Suermondt-Museum.
b Unbekannt, wohl vom selben Fundort. Roter Ton mit gelber Glasur.
Hamburg, Museum für Kunst und Gewerbe.
c Bad Münstereifel, Burgruine, bei Restaurierungsarbeiten gefunden. Hellgelbgrauer, feinkörniger Ton mit goldgelber und dunkelbrauner Glasur. Bruchstück. Dicke 1,9 cm.
Bad Münstereifel, Toni-Hürten-Heimatmuseum.

N 58 Aachen

Ende 15. Jahrhundert.
Rötlicher Ton mit bräunlicher Glasur. Flachrelief. 10,5 × 10,5 cm.
Gekreuzte Spitzovale A mit ganz dünnem einbeschriebenem zweitem Oval. In der Mitte Sechspaß mit Davidsstern und dickem Punkt, in den vier Ecken ebenfalls Punkte. In den Seitenfeldern kleine heraldische Lilien.
Fundort:
a Aachen, Herkunft unbekannt.
Aachen, Suermondt-Museum.
b Aachen, Herkunft unbekannt. *Variante* mit Sechspaß ohne Mittelstern.
Aachen, Suermondt-Museum.

N 59 Aachen

Ende 15. Jahrhundert.
Tonfarbe nicht erkennbar, mit gelber und dunkelbrauner Glasur. Sehr flaches Relief. 10,5 × 10,5 cm. Nicht abgebildet.
Variante zu N 57. In der Mitte Vierpaß mit Punkt, in den Dreiecken Dreiblatt wie N 57.
Fundort:
Aachen, Herkunft unbekannt.
Aachen, Suermondt-Museum (in der Rückwand eines Kamins vermauert).

N 60 Kaster

Nach 1542?
Hellbräunlicher Ton mit fleckiger, dunkelocker Bleiglasur mit grünlichen Sprenkeln. Flaches Relief. 10,8 × 11 × 2, cm.
Variante zu N 58. Statt der Mittelrosette grobe Blüte, die Ecklilien ohne Stengel.
Fundort:
Bedburg-Kaster, bei Grabungen 1975 auf dem Gelände der ehem. Burg Kaster gefunden.
Bad Zwischenahn, Slg. Hans-Jürgen Heger.
Vreden, Slg. Wilhelm Elling.

N 61 Aachen? – Lohn

Ende 15. Jahrhundert.
Gelbrötlicher Ton mit fleckiger braungelber, eine Fliese mit heller, grüngelblicher Glasur. Flachrelief. Beschädigt und abgetreten. 10,5 × 1,6 cm (Angaben für N 61*b*). Nicht abgebildet.
Gekreuzte Spitzovale aus drei Bändern. In der Mitte kleine sechsblättrige Blüte mit kreisrunden Einzelblättern, in den Seitenfeldern grobe Lilien.
Fundort:
a Aus Aachen oder Umgebung. O. E. Mayer, 1977, 155 unten.
Privatbesitz.
b Lohn, kath. Pfarrkirche St. Silvester, 1973 gefunden.
Bonn, Rheinisches Landesmuseum.

N 62 Düren – Kinzweiler – Köln – Konradsheim – Kornelimünster – Langerwehe – Walberberg – Aachen

Mitte 15. Jahrhundert? (b), Ende 15. – 1. Hälfte 16. Jahrhundert?, nach 1548? (f).
Rötlicher Ton mit gelblichgrüner, bräunlichgelber, dunkelocker und brauner Glasur, teilweise ineinander übergehend. Sehr flaches Relief. Abgetreten. 12 × 2 cm.
In Fliesenmitte kleine, gekreuzte Spitzovale. In deren Mitte Vierpaß mit Punkten und winzigen Lilien, in den Seitenfeldern Dreisterne. Über den Seiten der Fliese kleine Halbkreise mit Zackenbändern und Punkten, durch Stege mit Perlband untereinander so verbunden, daß ein etwas schiefes Quadrat entsteht. In den Halbkreisen jeweils die Hälfte einer Doppelrosette, in den Fliesenecken heraldische Lilien.
Fundort:
a Düren-Arnoldsweiler, alte Pfarrkirche St. Arnold, bei Grabungen 1978 gefunden, im Vorraum neu verlegt.
b Kinzweiler, ehem. Zisterzienserinnenkloster St. Jöris, bei Ausschachtungsarbeiten 1984 auf dem Boden der Sakristei gefunden.
Pulheim-Brauweiler, Rheinisches Amt für Denkmalpflege.
Kinzweiler, Förderverein Zisterzienserinnenkloster St. Jöris.
c Nach R. Forrer, 1901, Taf. XVII, 5 „aus Köln“.
Verbleib unbekannt.
d Vermutlich ebenfalls aus Köln, Herkunft unbekannt. Mit ockergelber und grüner Glasur. 11,8 × 11,8 cm.
Köln, Museum für Angewandte Kunst.
e „Vom Niederrhein“[1]. Roter Ton mit brauner Glasur. 11 × 11 cm. Vor 1868 gefunden.
Nürnberg, Germanisches Nationalmuseum.
Hamburg, Museum für Kunst und Gewerbe (gelbgrünliche Glasur).

f Burg Konradsheim, Lechenich, bei der Restaurierung 1964 im Schutt des Fußbodens gefunden. Hellrötlicher Ton mit ockergelber und braunrötlicher Glasur. 12 × 1 cm.
Pulheim-Brauweiler, Rheinisches Amt für Denkmalpflege.
g Kornelimünster, Stadt Aachen, ehem. Benediktinerklosterkirche St. Kornelius, beim Wiederaufbau 1964 gefunden. Einzelne Fliesen in situ auf der Westempore. Dunkelroter, hartgebrannter Ton mit manganbräunlicher Glasur. 12 × 2 cm.
Pulheim-Brauweiler, Rheinisches Amt für Denkmalpflege.
h Langerwehe, 1978 im mittelalterlichen Töpfereibezirk „om Uhles" gefunden. Rötlicher Ton mit gelblicher Bleiglasur. Kante leicht schräg. 11 × 1,6 cm.
Langerwehe, Töpferei-Museum.
Köln, Privatbesitz.
i Sechtem-Walberberg, kath. Pfarrkirche St. Walburgis, ehem. Zisterzienserinnenklosterkirche, bei der Restaurierung vor 1952 gefunden. Hellrötlicher Ton mit rotbrauner Glasur, einzelne Fliesen in der Diagonale geteilt. 12 × 2,5 cm.
Pulheim-Brauweiler, Rheinisches Amt für Denkmalpflege.
j Aus Aachen, Herkunft unbekannt. *Variante.* Muster übereinstimmend, die Prägung jedoch stark vergröbert. Rötlicher Ton mit hellgelber, rötlichbrauner und dunkelbrauner Glasur. 11,8 × 11,8 cm.
Aachen, Suermondt-Museum.

1 Kat. GNM Nürnberg, 9, A.55, A.56.

N63 Bergheim

1. Hälfte 16. Jahrhundert.
Hellrötlicher Ton mit dunkelockergelber Glasur. Flachrelief. 11 × 2 cm.
Möglicherweise Vorlage für N62. Das Mittelornament übereinstimmend, die Verbindungsstege breiter und ganz regelmäßig. Sie und die Halbkreise zeigen Zackenbänder, jedoch ohne Punkte. Diese sind unter und neben den zur Ecke gekehrten, durchgehend geteilten heraldischen Lilien angeordnet. In den Halbkreisen Blatthälfte auf kurzem Stiel.
Fundort:
a Bergheim, Erft, kath. Pfarrkirche St. Remigius, bei Grabungen 1948–53 gefunden.
Pulheim-Brauweiler, Rheinisches Amt für Denkmalpflege.
b Unbekannt, vermutlich von einem anderen Fundort, wohl schon im 19. Jahrhundert entfernt. Roter Ton mit dunkelgrüner, gelbfleckiger Glasur. 11 × 2 cm.
Düsseldorf, Hetjens-Museum.

N64 Aachen – Lohn – Bad Münstereifel

Ende 15. – 1. Hälfte 16. Jahrhundert.
Rötlicher Ton mit sich zersetzender brauner Glasur. Flachrelief. 11,5 × 11,5 cm.
Sternornament, die Außenkontur wie bei N58, von einer zarten Innenlinie betont, das Mittelquadrat jedoch weggelassen. In der Mitte Rosette mit Kelchblattzipfeln, in den seitlichen Bögen kleine Rosetten.
Fundort:
a Aachen, Herkunft unbekannt.
Aachen, Suermondt-Museum.,
b Lohn, kath. Pfarrkirche St. Silvester, 1973 gefunden. Weißlicher Ton mit hellgrüngelber und fleckiger, hellbrauner Glasur. 10,7 × 2,3 cm und 10,3 × 3 cm.
Bonn, Rheinisches Landesmuseum.
c Bad Münstereifel, Burgruine, bei Sicherungsarbeiten um 1950 gefunden. Feingemagerter hellrötlicher Ton mit gelber Glasur. 11,5 × 2,5 cm.
Bad Münstereifel, Toni-Hürten-Heimatmuseum.

N65 Eußerthal – Altenbaumburg

Mitte 13. Jahrhundert.
Roter Ton. Vertiefte Prägung. 13 × 2,5 cm.
Schlingornament aus zwei gekreuzten, flachen Rechtecken, deren Schmalseiten zu rechtwinkligen Dreiecken umgebildet sind. Das Hauptband zu beiden Seiten von dünner Linie gerahmt. Spuren einer nicht ganz durchgeführten Punzierung mit paarweise angeordneten Punkten.
Fundort:
a Eußerthal, ehem. Zisterzienserkloster, 1903 erstmals gefunden[1], ein Bruchstück bei Bauarbeiten in jüngster Zeit geborgen.
Speyer, Historisches Museum der Pfalz.
Eußerthal, Pfarrhaus.
b Altenbaumburg, Burgruine, beim Wiederaufbau des Palas 1980–83 gefunden. *Variante,* ohne Begleitlinien und ohne Punkte. 11 × 11,2 × 2,5 cm. V. Geissler, 1984, 345, Abb. 127, unten rechts.
Mainz, Landesamt für Denkmalpflege.

1 Mitt. Hist. Ver. Pfalz 26, 1903, 117.

N66 Wörschweiler

2. Viertel 13. Jahrhundert.
Roter Ton mit Resten brauner Glasur in den Vertiefungen. Einzelne Fliesen nur teilweise (Rasterstellen) glasiert. Vertiefte Prägung. 11,4 × 12 × 2 cm.
Schlingornament ähnlich N65, ohne Randlinien. In der Mitte kleiner, tief eingeprägter Vierpaß. Die Fünfecke in den seitlichen Feldern und die ausgesparten Dreiecke in Seitenmitte mit einem zarten, quadratischen Gitterraster überzogen.
Fundort:
Wörschweiler, Ruine des Zisterzienserklosters, bei den Grabungen 1954–57 im Schutt der Kirche und des Kapitelsaals gefunden.
Wörschweiler, Depot der Klosterfunde, P. Volkelt, 20, Nr. 7. Taf. 14,3.
Braubach, Marksburg, Slg. der Deutschen Burgenvereinigung (Bruchstück, Kapitelsaal).

N67 Chorin

1. Drittel 14. Jahrhundert.
Roter Ton. Vertiefte Prägung. 18 × 18 cm.
Variante der Fliese N66, der mittlere Vierpaß eher Stern aus vier kleinen Quadraten.
Fundort:
Chorin, ehem. Zisterzienserkloster, bei Grabungen 1833 auf den Altarpodesten der Ostkapellen und im südlichen Seitenschiff gefunden. F. Solger, O. Korn, P. Eichholz, 78, Abb. 61.
Chorin, Klosterverwaltung.

N68 Thaur

13. Jahrhundert? 19. Jahrhundert?
Rötlicher Ton. Vertiefte Prägung. Maße unbekannt. Nicht abgebildet.

Variante zu N 65. In den Fliesenecken die Verschränkungen noch sichtbar, die Außenkanten der Ovalbänder leicht schräg zur Fliesenkante.
Fundort:
Thaur, Tirol, St. Ulrichskirche, in situ[1].

1 Nach Ansicht des Landesamts für Denkmalpflege, Innsbruck, handelt es sich bei den Fliesen um Kopien des 19. Jh. Diese wurden jedoch möglicherweise nach alten Vorlagen gefertigt.

N 69 Bebenhausen

Um 1228.
Roter Ton. Vertiefte Prägung. Abgetreten. 9,5 × 2,5 cm.
Variante von N 68. Die Flechtbänder genau übereinstimmend, in den Seitenfeldern Vierpaßblüten wie N 66.
Fundort:
a Bebenhausen, ehem. Zisterzienserkloster, im 19. Jahrhundert entfernt.
Stuttgart, Württembergisches Landesmuseum.
b Ebd., bei Grabungen 1956 auf dem Gelände der ehem. Klosterkirche gefunden.
Bebenhausen, Klosterverwaltung.

N 69.1 Chorin

1. Drittel 14. Jahrhundert.
Tonfarbe und Maße unbekannt. Vertiefte Prägung. In der Zusammensetzung ergibt sich das Bild sich durchdringender Kreise. Die Einzelfliese zeigt eine Beilform aus Doppelbändern, die in „Schaftnähe“ von einem kleineren Viertelskreisbogen unter- und überschnitten wird.
Fundort:
Chorin, ehem. Zisterzienserkloster, wenige Fliesen in situ. G. Bittner, 1980, Abb. 76 unten.

N 70 Bebenhausen

Um 1228.
Roter, feingemagerter Ton. Vertiefte Prägung. 11 × 3 cm.
Schlingornament aus einem Spitzoval und einem länglichen Rechteck ähnlich N 66, dessen konkav gewölbte Längskanten sich in Fliesenmitte berühren. Auch hier entsteht in der Zusammensetzung eine Folge verschlungener Kreise.
Fundort:
Bebenhausen, ehem. Zisterzienserkloster, in situ im Dormitorium. E. Herdtle, II, Taf. 8.
Stuttgart, Württembergisches Landesmuseum.

N 71 Dürrenwaldstetten – Veringenstadt

Um 1316? (b).
Roter Ton. Vertiefte Prägung. Bruchstück. Ca. 14,5 × 4,5 cm.
Nachschnitt der Fliese N 70 mit schmalerem Band, das in der Mitte ein schmales Rechteck freiläßt. Der Model für kleinere Fliese bestimmt.
Fundort:
a Dürrenwaldstetten, kath. Pfarrkirche St. Jakobus d. Ä., bei einer Grabung 1968 gefunden.
Stuttgart, Landesdenkmalamt Baden-Württemberg.
b Veringenstadt, kath. Pfarrkirche St. Nikolaus, vermutlich beim Neubau der Kirche 1862 gefunden.
Veringenstadt, Heimatmuseum.
c Unbekannt, möglicherweise ebenfalls aus Veringenstadt. Sonst aus einer Kirche in Hohenzollern. Roter Ton. 16,8 × 17,1 × 5,5 cm.
Hechingen, Hohenzollerische Landessammlung.

N 72 Bebenhausen

Um 1228.
Feingemagerter roter Ton. Vertiefte Prägung. 12 × 3 cm.
Schlingornament. Das Rechteck mit konkaven Seiten von N 70 übernommen, in der Mitte jedoch ein ausgesparter Zwischenraum. Es wird von einem noch schmaleren Rechteck als N 66 geschnitten.
Fundort:
Bebenhausen, ehem. Zisterzienserkloster, in situ im Dormitorium. K. Haßler, Taf. IV, 2, E. Herdtle, II, Taf. 10.
Stuttgart, Württembergisches Landesmuseum.

N 73 Bebenhausen

Um 1228.
Feingemagerter roter Ton. Vertiefte Prägung. 9,5 × 2,5 cm und 12,5 × 12,5 cm.
Variante von N 72. Anstelle des Rechtecks zwei schmale Diagonalbänder, durch ein Band mit Linie aus gepunzten Rauten getrennt. In der Mitte winziges Kreuz.
Fundort: Bebenhausen, ehem. Zisterzienserkloster, in situ im Dormitorium. E. Herdtle, II, Taf. 6.
Stuttgart, Württembergisches Landesmuseum.

N 74 Grunbach

Um 1481? (nach einer Vorlage aus der 1. Hälfte des 13. Jahrhunderts).
Roter Ton mit Resten dunkelgrüner Glasur. Vertiefte Prägung. Abgetreten. 10 × 3 cm.
Vergröberter *Nachschnitt* von N 73. Die Bänder schmaler, die Mittellinie fehlt.
Fundort:
a Remshalden-Grunbach, ev. Pfarrkirche St. Veranus, 1905 aus der Kirche entfernt. A. Schahl, 1983, Bd. 1, 784, Abb. 590.
Remshalden-Grunbach, Pfarrhaus.
b Unbekannt, entweder ebenfalls aus Grunbach oder einer zweiten, nahegelegenen Kirche, vgl. Anm. zu J 37.
Stuttgart, Württembergisches Landesmuseum.

Schlingornamente in Kreuz-, Quadrat- und Sternform

N75 Konstanz

3. Viertel 13. Jahrhundert.
Rötlichgelber Ton. Vertiefte Prägung. 12,5 × 13,4 × 2,8 cm.
In quadratischem Rahmen Quadrat mit tief eingeprägter Punktlinie, die Ecken mit fünfgeteilten Palmetten bekrönt. Dieses wird von einem Vierpaßornament aus Tropfenkreisen, vgl. N6, so durchschlungen, daß in der Mitte ein winziges Eckquadrat ausgespart wird.
Fundort:
Konstanz, Stadionscher Domherrenhof, nach Brand 1898 gefunden.
Konstanz, Rosgartenmuseum.

N76 Sesenheim – Speyer

3. Viertel 13. Jahrhundert.
Roter Ton. Vertiefte Prägung, das Band in Flachrelief. 14 × 2,5 cm.
Schlingornament aus einem Eckquadrat ähnlich N75, auf den Ecken stilisierte Lilien, auf deren Mittellinie die Punktreihe weiterläuft. Dieses wird unter- und überschnitten von einem breiten Kreuzband mit Palmetten und Knospen in herzförmigem Rahmen. Ein Vergleich mit M5 legt die Vermutung nahe, daß die Fliese nach einem heute nicht mehr bekannten Vorbild aus Konstanz geschnitten wurde und aus derselben Werkstatt stammt wie W76 aus Neustadt, Hambacher Schloß.
Fundort:
a Sesenheim, beim Abbruch der mittelalterlichen Kirche 1910 gefunden. Ch. Czarnowsky, 18, Abb. 11.
Sesenheim, Restaurant „Au Bœuf Noir" bei Brand 1945 verlorengegangen.
b Speyer, Lindenstraße, 1912 gefunden. Grauer Ton. Kante schräg. 14,5 × 2,5 cm. Model für kleinere Fliese.
Speyer, Historisches Museum der Pfalz.

N77 Speyer – Worms

1. Hälfte 14. Jahrhundert.
Gelber Ton. Vertiefte Prägung. 14 × 2,5 cm.
Breites Quadratband mit großen Lilien in den Ecken, überschnitten von einem Band in Kreuzform mit je zwei zur Mitte gerichteten Sparren.
Fundort:
a Speyer, Herkunft unbekannt.
Speyer, Historisches Museum der Pfalz.
b Worms, Herkunft unbekannt, vor 1922 gefunden. E. Grill, Taf. I, 28. Grauer Ton. 13,5 × 2,5 cm.
Worms, Museum der Stadt Worms.

N78 Mainz – Speyer ? – Worms

Mitte 13. Jahrhundert.
Hellrötlicher, an der Oberfläche hellgrauer Ton und bräunlichgrauer Ton. Vertiefte Prägung. Mehr oder minder stark abgetreten. 13,3 × 2,7 cm.
Schmales Quadratband mit Ecklilien ähnlich N76, die Hängeblätter sichelförmig gewölbt, dieses durchflochten von einem Eckquadrat. In der Mitte große, regelmäßige Blüte aus acht spitzen Tropfenovalen. Der quadratische Rahmen einseitig an den Fliesenrand gerückt.
Fundort:
a Mainz, nach Kat. GNM Nürnberg, 6, A19, aus dem Dom, dort anscheinend 1868 noch in situ.
Nürnberg, Germanisches Nationalmuseum (nur Gipsabguß).
b Mainz, Herkunft nicht mehr bekannt. Vermutlich zu den Fliesen gehörend, die 1941 im Dom geborgen wurden.
Mainz, Diözesan-Museum.
Mainz, Mittelrheinisches Landesmuseum.
c Nach R. Forrer, 1901, Taf. CIII, 1 aus Mainz. Roter, stark gemagerter Ton. Abgetreten. 11 × 2,5 cm. Rahmenquadrat fast mit dem Fliesenrand zusammenfallend. Fliesen ebenfalls in der Diagonale geteilt.
Dortmund, Museum für Kunst und Kulturgeschichte.
London, Victoria and Albert Museum.
d Unbekannt, vermutlich aus Speyer. Graugelbrötlicher Ton.
Speyer, Historisches Museum der Pfalz.
e Worms, St. Johanniskirche, 1907 in alter Lage aufgedeckt. E. Grill, Taf. II, 34. Feingemagerter grauer, im Bruch grünlichgrauer und hellrosabräunlicher Ton. 13,2 × 2,3 cm. Gelbroter und grauroter Ton, mit etwas gröberem Model geprägt.
Worms, Museum der Stadt Worms.

N79 Rosenthal – Speyer – Weinheim – Worms

Um 1261 (a), 3. Viertel 13. Jahrhundert.
Rötlicher Ton. Vertiefte Prägung. 13,5 × 2,5 cm.
Variante zu N78. Die Seiten des Quadrats ganz leicht gewölbt, die Lilien mit spitzem Kelch.
Fundort:
a Rosenthalerhof, ehem. Zisterzienserinnenkloster Maria im Rosenthal, bei Sicherungsarbeiten 1983 gefunden.
Eisenberg, Historischer Verein für Rosenthal und Umgebung.
b Speyer, Herkunft unbekannt.
Speyer, Historisches Museum der Pfalz.
c Weinheim, St. Peterskirche, 1910 beim Abbruch gefunden. H. Huth, 364, Abb. 269.
Weinheim, Heimatmuseum (nicht auffindbar).
d Unbekannt. Gelbroter und rötlichgrauer Ton. Kante leicht schräg. 14 × 2,6 cm.
Darmstadt, Hessisches Landesmuseum.
e Aus Worms, Herkunft unbekannt. Hellgrauer Ton.
London, Victoria and Albert Museum.
f Unbekannt. Hellroter Ton. 13,6 × 2,5 cm. Nach den flüchtigen Zeichnungen im Eingangsinventar des Museums entweder aus Lorch, Breidbachsche Burg oder aus Kiedrich, Herkunft unbekannt.
Wiesbaden, Slg. Nassauischer Altertümer.

N80 Eberbach – Hofheim – Kiedrich ? – Lahnstein – Lorch – Mainz – Wiesbaden

Ende 13. – 1. Drittel 14. Jahrhundert.
Weißlichgelber bis graugelber Ton. Vertiefte Prägung. Kante senkrecht. 12 × 2,2 cm.
Variante von N78. Die Blüte kleiner, die Lilie fast zu einem plumpen Dreiblatt umgebildet. Die Fliesen jeweils mit verschiedenen Modeln geprägt.
Fundort:
a Eberbach, ehem. Zisterzienserkloster. Einzelfliese, Herkunft unbekannt.
Eberbach, Lapidarium.

b Hofheim, beim Lehmgraben für eine Ziegelei 1882 in ca. 2 m Tiefe in einem intakten Bodenbelag aufgedeckt.
Wiesbaden, Slg. Nassauischer Altertümer.
c Unbekannt, Prägung N 80 *b*. Hellbrauner Ton. 13,8 × 2,2 cm.
Bad Zwischenahn, Slg. Hans-Jürgen Heger.
d Ohne Inv.-Nr. Diese Prägung oder N 79 aus Kiedrich, (Burg Neuhaus im Peterstal), (Alteburg), bei J. Zaun[1] nicht abgebildet.
Wiesbaden, Slg. Nassauischer Altertümer.
e Lahnstein, Ortsteil Oberlahnstein, ehem. Hospitalkapelle St. Nikolaus, bei Grabung 1982 gefunden. Rötlichbrauner Ton. Kante leicht schräg. 12 × 2,4 cm. H.-H. Wegner, 25.
Koblenz, Landesamt für Denkmalpflege.
f Lorch, Rittersaal der Breidbachschen Burg, 1853 gefunden. Diese Prägung oder N 79[2].
Wiesbaden, Slg. Nassauischer Altertümer.
g Mainz, Haus Mailandgasse 3, in der Vermauerung der Sitzbank des Fensters gefunden. Nicht sicher, ob diese Prägung oder N 79, da Zeichnung sehr klein. F. Arens, 1949, Abb. 9, Nr. 2.
Verbleib nicht zu ermitteln.
h Wiesbaden, Mauritiuskirche, beim Abbruch 1852 geborgen. Etwas gröbere Prägung. Einzelne Fliesen leicht verzogen. Fast rosagrauer Ton. 12 × 2 cm.
Wiesbaden, Slg. Nassauischer Altertümer.

1 J. Zaun, Abb. 20. Bei der Aufzählung der vor 1888 im Museum Wiesbaden vorhandenen Fliesen werden die „Alteburg" und Kiedrich als zwei getrennte Fundorte genannt. Möglicherweise liegt hier eine Verwechslung vor.
2 Im Museum Wiesbaden befinden sich mehrere Prägungen dieses Musters, alle ohne Inv.-Nr. Es kann heute nicht mehr geklärt werden, welche Fliese aus welchem Fundort stammt.

N 81 Koblenz – Mainz

2. Hälfte 13. Jahrhundert – vor 1312 (b).
„Beige-grauer" Ton. Vertiefte Prägung. 12 × 2 cm.
Variante von N 80. Die Lilien übereinstimmend, nun beide Quadrate konkav gewölbt. Im Gegensatz zu den Mustern N 78–N 80 überschneidet das Eckquadrat das Quadrat jeweils links.
Fundort:
a Koblenz, Herkunft unbekannt. Möglicherweise auch aus der nächsten Umgebung von Koblenz.
Koblenz, Mittelrhein-Museum.
b Mainz, Bocksgasse 27, beim Abbruch des „Templerhofes" 1880 noch in situ als Fliesenbelag des Vorplatzes vorhanden[1]. Grauer Ton. 12 × 2 cm.
Mainz, Mittelrheinisches Landesmuseum.
c Mainz, bei Bauarbeiten 1977 gefunden. Herkunft nicht zu ermitteln. Graurötlicher Ton. Bruchstück. Dicke 2,5 cm.
Privatbesitz.

1 Für den Hinweis auf die Zeichnung dieser Fliese im Stadtarchiv Mainz, danke ich Frau Dr. v. Dietze herzlich.

N 82 Aulhausen – Diez ? – Mainz – Rüdesheim

14.–15. Jahrhundert.
Roter Ton. Vertiefte Prägung. 11 × 2,5 cm.
Nicht abgebildet.
Nachschnitte von N 81. Die Zeichnung sehr grob, die Quadrate nur noch aus schmaler Linie bestehend. Das Bild wirkt, als sei nicht ein neuer Holzmodel geschnitten worden, sondern ein Tonmodel immer wieder nachgeformt.
Fundort:
a Aulhausen, in einem Töpferofen gefunden. Gelblicher Ton.
Rüdesheim, Rheingauer Museum.
b Unbekannt, entweder aus Diez oder dem Lahntal. Graugelber Ton. 12 × 2 cm.
Diez, Nassauisches Heimatmuseum.
c Mainz, Kirschgarten, 1978 gefunden. Roter Ton. Kante senkrecht.
Mainz, Slg. Manfred Hessinger.
d Rüdesheim, Obergasse, in einem Privathaus gefunden. Braunroter Ton. 11 × 11 cm.
Rüdesheim, Rheingauer Museum.
e Rüdesheim, Brömser Hof, in situ in einem Raum des Hauses.

N 83 Rosenthal – Speyer ? – Worms – Kiedrich – Hessen ?

Um 1261 (a), 3. Viertel 13. Jahrhundert.
Rötlicher Ton. Vertiefte Prägung. 13,5 × 2,5 cm.
In quadratischem Rahmen kleines Quadrat mit konkav gewölbten Seiten, in den Ecken von weit ausladenden Palmetten mit kleinen, groben Mittellilien bekrönt. Ein mit Punkten verziertes Eckquadrat überdeckt es, in den entstehenden Dreiecken kleiner Punkt, in der Mitte Rose mit sieben Blättern.
Fundort:
a Rosenthalerhof, ehem. Zisterzienserinnenkloster Maria im Rosenthal, bei Sicherungsarbeiten 1983 gefunden.
Eisenberg, Historischer Verein für Rosenthal und Umgebung.
b Unbekannt, nicht sicher aus Speyer, mit der Slg. Diernfellner 1930 ins Museum gelangt.
Speyer, Historisches Museum der Pfalz.
c Worms, Herkunft unbekannt, vor 1922 gefunden. E. Grill, Taf. II, 35. Gelblichgrauer und mittelgrauer Ton. 13,5 × 2,5 cm.
Worms, Museum der Stadt Worms.
d Worms, St. Amanduskirche, bei Grabungen 1934–35 gefunden. Roter Ton. 14 × 2,5 cm.
Worms, Museum der Stadt Worms.
e Kiedrich, Burgruine Scharfenstein, Lesefund. Gelblicher Ton. Bruchstück. Nicht mit demselben Model geprägt.
Schloß Johannisberg, Domänenverwaltung.
f Fundort unbekannt, doch wohl aus Hessen (Lorsch ?). *Variante*. Das Eckquadrat ohne Punkte, das Mittelquadrat ohne Rosette. In den Dreiecken größere Kreise, die Eckpalmetten berühren fast das Quadrat. Gelblichgrauer Ton. 14 × 2,2 cm.
Darmstadt, Hessisches Landesmuseum.

N 84 Worms – Hohenzollern ?

2. Hälfte 13. Jahrhundert.
Rötlicher Ton. Vertiefte Prägung. 13,6 × 2,6 cm.
Variante zu N 83. Das Eckquadrat kleiner, so daß die Spitzen der Palmetten sich in Mitte der Fliesenkante fast berühren. Das Eckquadrat verdeckt die Astroide nur an zwei gegenüberliegenden Seiten. Diese ist stärker konkav gewölbt. In der Mitte statt der Blüte nur ein großer Punkt, die Punkte in den ausgeschnittenen Winkelflächen des Quadrats fehlen.
Fundort:
a Worms, Judengasse 11, 1979 im Kellerschutt geborgen.
Worms, Privatbesitz.

b Unbekannt. In unbekannter Zeit, jedoch wohl nach 1945 ins Museum Hechingen gelangt. Das Museum besitzt sonst nur Fliesen aus hohenzollernschen Fundorten. Sollte auch diese Fliese dort gefunden worden sein, so wäre dies die zweite Verbindungslinie vom Rheinland nach Südwürttemberg (siehe Speyer – Zwiefalten). Grauer Ton. 14 × 14,3 × 2,5 cm. Model leicht schräg eingeprägt, offensichtlich für eine größere Fliese bestimmt. Der quadratische Rahmen fehlt an zwei Seiten.
Hechingen, Hohenzollerische Landessammlung.

N 85 Konstanz

3. Viertel 13. Jahrhundert.
Roter Ton. Vertiefte Prägung, die Lilien in Flachrelief. 13,5 × 13 × 3 cm.
Schlingornament, *Variante* von N 83. In quadratischem Rahmen kleineres, nur an einer Seite den Rand berührendes Eckquadrat mit dichtgereihter Punzierung in Form winziger Quadrate. Dieses wird über- und unterschnitten von einer Astroide ähnlich N 84 mit großen Ecklilien. In der Mitte kleiner Vierstern, in den Dreiecken statt der Kreise Punkte.
Fundort:
a Konstanz, Stadionscher Domherrenhof, nach dem Brand 1898 gefunden. R. Forrer, 1901, Taf. IX, 8.
Konstanz, Rosgartenmuseum.
Dortmund, Museum für Kunst und Kulturgeschichte.
London, Victoria and Albert Museum.
Zürich, Schweizerisches Landesmuseum.
b Konstanz, Münster, Mauritiusrotunde und Hl. Grab, bei Grabungen 1973 in den Fundamenten vermauert gefunden. Hellgrauer Ton.
Freiburg, Landesdenkmalamt Baden-Württemberg.

N 86 Speyer?

2. Hälfte 13. Jahrhundert.
Gelbgrauer Ton. Vertiefte Prägung. 14 × 2,8 cm.
Schlingornament. Astroide ähnlich N 83, das Band sehr schmal und stärker gewölbt. Der dreigeteilte Kelch der Lilien ähnlich, die Palmetten zu Lilienblättern umgewandelt. In der Mitte winziger Vierstern. Das Ganze durchschlungen von Kreis mit Eckknospen in der Mitte jeder Fliesenseite.
Fundort:
Speyer, 1930 mit der Slg. des Speyerer Apothekers K. Diernfellner ins Museum gelangt. Die Fliese soll aus einem Fund stammen, der am 18. 1. 1911 in der Spitalgasse gemacht wurde.
Speyer, Historisches Museum der Pfalz.

N 87 Konstanz

3. Viertel 13. Jahrhundert.
Roter, feingemagerter Ton. Vertiefte Prägung. 13,5 × 2,5 cm.
In der Mitte eines Schlingornaments aus einem leicht konkaven Quadrat, mit Schleifen in Seitenmitte und Lilien in den Fliesenecken, kleiner Kreis mit Punkten und Diagonalkreuz, das ganze Ornament in Quadratrahmen.
Fundort:
Konstanz, Stadionscher Domherrenhof, nach Brand 1898 gefunden.
Zürich, Schweizerisches Landesmuseum.

N 88 Konstanz

3. Viertel 13. Jahrhundert.
Hellroter Ton. Vertiefte Prägung. 13,5 × 3 cm.
Schlingornament. Ein Vierpaß mit Mittelkreuz wird von vier Tropfenkreisen, deren Spitzen zur Fliesenseite gewandt sind, so durchschlungen, daß sich als Grundform ein Eckquadrat ergibt. Als Bekrönung in den Ecken verschieden gebildete, grobe Lilien. Quadratischer Rahmen.
Fundort:
Konstanz, Stadionscher Domherrenhof, nach Brand 1898 gefunden. R. Forrer, 1901, Taf. X, 4.
Konstanz, Rosgartenmuseum.
Dortmund, Museum für Kunst und Kulturgeschichte.
London, Victoria and Albert Museum,
Zürich, Schweizerisches Landesmuseum (R. Schnyder, 1972, Abb. 18, Nr. 1).

N 89 Eppstein – Gelnhausen – Mainz

2. Drittel 13. Jahrhundert.
Roter Ton. Vertiefte Prägung. Stark abgetreten. Kante senkrecht. Bruchstücke. 13 × 2,5 cm.
Schlingornament ähnlich N 88, mit großer Sorgfalt geschnitten. Auf den Bogen des Vierpasses zur Ecke gewandte Fächerpalmetten mit angedeutetem spitzovalem Kelch.
Fundort:
a Eppstein, Burgruine, bei Umbauten gefunden. B. Picard, 10, Abb. 7.
Eppstein, Burgmuseum.
b Gelnhausen, bei Grabungen 1932–34 auf dem Gelände der ehem. Kaiserpfalz gefunden. Roter und rötlicher Ton mit Spuren einer weißen Masse in den Vertiefungen. Stark abgetreten. 14 × 3 cm.
Gelnhausen, Heimatmuseum (mit Modelriß).
Gelnhausen, Slg. F. Stock.
Büdingen, Heuson-Museum.
c Unbekannt, möglicherweise auch aus Gelnhausen.
Wiesbaden, Landesamt für Denkmalpflege Hessen.
d Mainz, Herkunft unbekannt. Gelbrötlicher Ton. Bruchstück. 14 × 3 cm.
Mainz, Mittelrheinisches Landesmuseum.

N 90 Konstanz – Neustadt – Selz – Sesenheim – Speyer

3. Viertel 13. Jahrhundert.
Roter Ton. Vertiefte Prägung. 12,3 × 12,5 × 3 cm.
Variante von N 89. Die Tropfenkreise mit enggereihten Punkten verziert, die fünfgeteilten Palmetten sorgfältiger geschnitten.
Fundort:
a Konstanz, Stadionscher Domherrenhof, nach Brand 1898 gefunden.
Konstanz, Rosgartenmuseum.
b Neustadt-Hambach, Hambacher Schloß, bei der Restaurierung 1955 gefunden. Zwei Bruchstücke. Hellroter und schwarzgrauer Ton. Kante senkrecht. 12,5 × 2,4 cm.
Speyer, Landesamt für Denkmalpflege.
c Selz, um 1950 im Anwesen Schneider gefunden. *Ohne Quadratrahmen.* Dunkelrosa Klinkerton, ausgezeichnet erhalten.
Hagenau, Elsässisches Museum.
d Sesenheim, beim Abbruch der mittelalterlichen Kirche 1911 gefunden. Ch. Czarnowsky, 18, Abb. 21 IV.
Sesenheim, Restaurant „Au Bœuf Noir“.

e Speyer, Herkunft unbekannt. 13 × 13 cm.
Speyer, Historisches Museum der Pfalz.

N 91 Gau-Odernheim – Lorsch – Mainz – Rosenthal – Worms – Speyer

2. Drittel 13. Jahrhundert, um 1261 (e und g).
Hellroter Ton. Vertiefte Prägung. Bruchstücke. 13,8 × 2,2 cm.
Variante zu N 90. Vierpaß und Palmetten in durchlaufender Linie gezeichnet. Das Mittelkreuz fehlt, die Tropfenkreise sind fast rund, die Punkte winzig.
Fundort:
a Gau-Odernheim, Kapelle auf dem Petersberg, bei Grabung 1947 gefunden.
Gau-Odernheim, Rathaus.
b Lorsch, ehem. Benediktinerkloster, bei den Grabungen 1928–32 gefunden. Dunkelgrauer Ton.
Darmstadt, Hessisches Landesmuseum.
c Nach R. Forrer, 1901, Taf. CIII, 25 „aus Mainz". Herkunft unbekannt. Hellgrauer und ziegelroter Ton. 13,2 × 2,4 cm.
Mainz, Mittelrheinisches Landesmuseum.
d Mainz, Pfaffengasse, aus einer Kloake der ehem. Domstiftsvikarie. 1982 gefunden. Grauer Ton. Kante leicht schräg. Bruchstück. Dicke 2,3 cm.
Mainz, Landesamt für Denkmalpflege.
e Rosenthalerhof, ehem. Zisterzienserinnenkloster Maria im Rosenthal, bei Sicherungsarbeiten 1983 gefunden.
Eisenberg, Historischer Verein für Rosenthal und Umgebung.
f Worms, St. Johanniskirche, bei der Aufdeckung des Fliesenbodens 1907 in situ gefunden. E. Grill, Taf. II, 37. Sehr feiner, gelbgrauer und mittelgrauer Ton. Kante senkrecht. 13 × 13,2 × 2,4 cm.
Worms, Museum der Stadt Worms.
Hamburg, Museum für Kunst und Gewerbe (grauer Ton).
Stuttgart, Württembergisches Landesmuseum (aus den Beständen des ehem. Landesgewerbemuseums. Schwarzgrauer Ton. 1928 aus Worms erhalten).
g Rosenthalerhof, ehem. Zisterzienserinnenkloster Maria im Rosenthal, bei Sicherungsarbeiten 1983 gefunden. *Variante.* Der Vierpaß ganz geschlossen, die Palmettenbekrönung jedoch übereinstimmend.
Eisenberg, Historischer Verein für Rosenthal und Umgebung.
h Nicht sicher aus Speyer. Aus der Slg. K. Diernfellner 1930 ins Museum gekommen. Gelblicher Ton. 13,5 × 2,5 cm.
Speyer, Historisches Museum der Pfalz.

N 92 Worms

4. Viertel 13. Jahrhundert.
Hellgelblichweißer, hellgrauer, rötlichgrauer, hellroter, braungrauer Ton. Vertiefte Prägung. 13,3 × 3 cm.
In quadratischem Rahmen mit dünnem Zackenband an der Außenkante *Variante* von N 91. Die spitzeren Tropfenkreise bilden mit ihren Grundflächen ein Quadrat mit konkaven Seiten. Auf dem nicht ganz regelmäßigen Vierpaß sitzen große Lilien. Die Punkte der Tropfenkreise enger gereiht, das Mittelquadrat durch Punkte gefeldert.
Fundort:
Worms, Herkunft unbekannt, vor 1922 gefunden.
E. Grill, Taf. II, 39.
Worms, Museum der Stadt Worms.
Hamburg, Museum für Kunst und Gewerbe (grauer Ton, 1928 aus Worms erhalten).
Stuttgart, Württembergisches Landesmuseum (gelbrötlicher Ton, 13,5 × 13,7 × 2,5 cm. Aus den Beständen des ehem. Landesgewerbemuseums).

N 92.1 Weißenburg

3. Viertel 13. Jahrhundert.
Hellroter, feingemagerter Ton. Vertiefte Prägung. Kante senkrecht. 12 × 2,5 cm.
Variante zu N 92. Das Grundmuster der vier Tropfenkreise fast gleich, die Linien etwas dünner, die Spitzen mit Palmettenbekrönung. In der Mitte statt des Quadrats ein konkaves Rechteck mit sechs Punkten ausgeschnitten. Statt des Vierpasses wird dieses Muster von einem Stern mit vier Zacken und Kreuzblumen an den Spitzen durchschlungen. Im Gegensatz zum Vierpaß besteht er aus einer Doppellilie.
Fundort:
Weißenburg, Herkunft unbekannt.
Weißenburg, Musée Westercamp.

N 93 Herbrechtingen

4. Viertel 15. – 1. Viertel 16. Jahrhundert.
Roter Ton. Vertiefte Prägung. Stark abgetreten. 19 × 4 cm.
Vier herzförmige Tropfenkreise mit kleiner, zur Spitze gekehrter Lilie, die Anordnung ähnlich wie N 92. Statt des Vierpasses in der Diagonale ein kleines Quadrat ausgespart, über dem sich ebenfalls eine kleine Lilie wölbt. Das Muster entstand wohl in Anlehnung an L 45 oder eine ähnliche, aus derselben Werkstatt stammende Fliese.
Fundort:
Herbrechtingen, ehem. Augustiner-Chorherrenstift, aus dem Propsteigebäude.
Stuttgart, Württembergisches Landesmuseum.

N 94 Pforzheim – Speyer – Elsaß?

Vor oder nach Mitte – 3. Viertel 13. Jahrhundert.
Hellroter Ton. Vertiefte Prägung. Sehr abgetreten. 14 × 2,8 cm.
In quadratischem Rahmen mit Zackenstegen. Schlingornament aus breitem Diagonalkreuz mit Lilienspitzen, durchschlungen von einem Vierpaß, dessen Bogen durch zur Mitte gekehrte Palmetten verbunden sind. Das Muster ähnelt dem Ornament M 4–M 7, die Kreuzarme zeigen noch einen zusätzlichen Sichelbogen.
Fundort:
a Pforzheim, Altenstädter Pfarrkirche St. Martin, bei Grabungen 1949–50 gefunden.
Pforzheim, Heimatmuseum.
b Speyer, Herkunft unbekannt. Grauer Ton. Der Model in der Mitte gebrochen. 13,5 × 2,5 cm.
Speyer, Historisches Museum der Pfalz.
c Unbekannt, möglicherweise aus Pforzheim. Roter Ton. Abgetreten, eine Ecke abgeschlagen. 14 × 14 cm.
Karlsruhe, Badisches Landesmuseum.
d Fundort unbekannt. *Variante.* Rahmen ohne Zackenstege, die Diagonalstäbe überschneiden sich in Fliesenmitte, die Sichelwölbung fehlt. Die Ecklilien sehr klein, die Palmetten zu einem dreigeteilten Fächerblatt umgeformt, am Herzgrund eine kleine Raute ausgespart. Roter Ton, abgetreten, 13 × 3 cm.
Darmstadt, Hessisches Landesmuseum.

e Herkunft unbekannt, möglicherweise aus dem Elsaß. Gelbgrauer Ton, abgetreten. 13 × 3 cm.
Straßburg, Frauenhausmuseum.

N95 Kolmar – Konstanz – Limburg a. d. Haardt – Mainz – Neustadt – Oberhomburg – Sesenheim – Straßburg – Worms

2. Drittel 13. Jahrhundert.
Dunkelgrauer Ton. Vertiefte Prägung. 13,3 × 13,5 cm.
Vierpaß mit Mittelkreuz ähnlich N94, aus Doppellinie gebildet. Die Bogen leicht eingezogen, mit zur Mitte gekehrter, grober Lilie, eine weitere, zur Ecke gewandte kleine Lilie sitzt am selben Ansatzpunkt auf dem Bogen. In Fliesenmitte kleiner Kreis, der aus den Herzornamenten Dreiecke ausschneidet, über den Kreuzarmen knospenartige Verdickung.
Fundort:
a Kolmar, Stiftskirche St. Martin,vermutlich bei der Restaurierung zu Ende des 19. Jahrhunderts entfernt.
Kolmar, Unterlinden-Museum.
b Konstanz, Stadionscher Domherrenhof, nach Brand 1398 gefunden. R. Forrer, 1901, Taf. IX, 5.
Konstanz, Rosgartenmuseum.
Zürich, Schweizerisches Landesmuseum (R. Schnyder, 1972, Abb. 18, Nr. 5).
c Limburg a.d. Haardt, ehem. Benediktinerkloster, bei Grabungen zu Ende des 19. Jahrhunderts in der Ruine gefunden. Bruchstücke. Dicke 2,3 cm. Roter Ton, an den geraden Kanten braungrüne Glasur erhalten.
Bad Dürkheim, Heimatmuseum.
d Mainz, Herkunft unbekannt. Nicht mit demselben Model geprägt, Zeichnung unverändert. Roter Ton. 13,5 × 2,4 cm.
Mainz, Mittelrheinisches Landesmuseum.
e Neustadt-Hambach, Hambacher Schloß, bei der Restaurierung 1955 gefunden. Dunkelgrauer Ton. Bruchstücke. Eine Fliese im Brand stark gewölbt. Kante fast senkrecht. 13,2 × 2,8 cm.
Speyer, Landesamt für Denkmalpflege.
f Oberhomburg, St. Katharinenkapelle, bei der Restaurierung 1899 entfernt. Model zweimal eingeprägt. 13 × 12,8 cm[1].
Metz, Städtisches Museum.
g Sesenheim, beim Abbruch der kath. Pfarrkirche 1910 gefunden. Rötlicher Ton.
Sesenheim, Restaurant „Au Bœuf Noir".
h Straßburg, Kaufhausgasse 1–3, vor 1901 gefunden. R. Forrer, 1901, Taf. IX, 5, 72 (Druckfehler!).
Straßburg, Frauenhausmuseum.
i Worms, Herkunft unbekannt, vor 1922 gefunden. Mittelgrauer Ton. Kante schräg. 13,5 × 2,5 cm. E. Grill, Taf. I, 23.
Worms, Museum der Stadt Worms.

1 Westd. Zs. 20, 1901, Museographie 1900, 309, Abb. 6.

N95.1 Weißenburg

3. Viertel 13. Jahrhundert.
Hellroter, feingemagerter Ton. Vertiefte Prägung. Kante senkrecht. 12 × 2,5 cm.
Variante zu N95. Die Bänder etwas breiter, die zur Mitte gekehrten „Lilien" eher kleine Blattsprossen, sehr unregelmäßig gezackt. Die zu den Fliesenecken gerichteten „Lilien" nur kleine Dreipässe, dieselben statt der Blattknospen in Seitenmitte. Der Mittelkreis durch Quadrat ersetzt.
Fundort:
Weißenburg, Herkunft unbekannt.
Weißenburg, Musée Westercamp.

N96 Arnsburg – Eberbach

2. Drittel 13. Jahrhundert.
„Feingemagerter, stark glimmerhaltiger, hartgebrannter, hellroter Ton"[1]. Vertiefte Prägung. Drei Bruchstücke. 6 × 13 × 12 × 2,3 cm.
Bruchstück eines Models, ca. ⅖ in Randleisten geprägt. Bei einem Bruchstück ist das Muster zur oberen Kreiskante geöffnet, bei dem anderen schließt das Muster an der oberen Kreiskante ab. Daneben ist ein zweiter Model eingeprägt, so daß ein Band entsteht. Die Kreissegmente mit Spuren roter Engobe. Hälfte eines Vierpasses mit zur Mitte gekehrten Lilien, die sorgfältiger geschnitten sind als bei N95 und deren Kelchspitzen sich fast berühren. In der Einbuchtung des Vierpasses, die im Gegensatz zu N95 in der Fliesendiagonale liegt, kleine Lilien ohne Stengel.
Fundort:
a Arnsburg, ehem. Zisterzienserkloster, bei Grabungen 1979 und 1981 auf dem Gelände einer Kapelle des nördlichen Kapellenkranzes gefunden. M. Morkramer, 1982, Nr. 8.0.2. 81, Abb. 87.
Arnsburg, Klostersammlung
b Eberbach, ehem. Zisterzienserkloster, der Model in eine quadratische Fliese geprägt. Gelbrötlicher Ton. Kante senkrecht. 13 × 2,2 cm. Einzelfliese.
Eberbach, Lapidarium.

1 M. Morkramer, 1982, 92.

N97 Auerbach – Kiedrich – Lorsch – Worms

Um 1300?
Gelbroter Ton. Vertiefte Prägung. Bruchstück. 14 × 2,3 cm.
Variante von N95. Vereinfachte Strichzeichnung. Die zur Mitte gekehrte Blüte eher Palmette mit vier und fünf Blättern, die Lilie sehr grob. Knospen in Seitenmitte fehlen.
Fundort:
a Bensheim-Auerbach, Burgruine „Auerbacher Schloß", bei Grabungen 1903–04 gefunden.
Bensheim, Bergsträsser Heimatmuseum.
b Kiedrich, Burg Neuhaus im Peterstal (Alteburg), Lesefund (um 1975). Fragment. Grauer Ton.
Wiesbaden, Landesamt für Denkmalpflege Hessen.
c Lorsch, ehem. Benediktinerkloster, bei den Grabungen 1928–32 gefunden. Drei Bruchsstücke in gelblichem, hellrötlichem, braunrötlichem Ton. 12 × 2 cm.
Darmstadt, Hessisches Landesmuseum.
d Worms, St. Johanniskirche, bei der Aufdeckung des Fliesenbodens 1907 gefunden, möglicherweise nicht zum ursprünglichen Boden gehörend. E. Grill, Taf. I, 27. Sehr feiner, rosabräunlicher Ton, die Farbe innerhalb des Scherbens wechselnd. Kante senkrecht. 13,5 × 2,5 cm.
Worms, Museum der Stadt Worms.

N98 Worms

2. Hälfte 13. Jahrhundert.
Rosabräunlicher Ton. Vertiefte Prägung mit Reliefwirkung. Kante senkrecht. 14 × 2,2 cm.
Breiter, quadratischer Rahmen mit kleinen Viertelskreisen in

den Ecken. In diesem ein Herzornament ähnlich N95. Die Bänder in Fliesenmitte verschlungen, die Lilien sorgfältiger geschnitten. Bekrönung und Mittelkreis fehlen.
Fundort:
Worms, Herkunft unbekannt, wohl aus derselben Werkstatt wie S10, nach 1922 gefunden.
Worms, Museum der Stadt Worms.

N99 Straßberg

Ende 12. – Anfang 13. Jahrhundert.
Roter Ton. Flachrelief. Bruchstück einer halben Fliese. 15,5 × 4 cm.
In quadratischem Rahmen vier Herzpalmetten eingebettet, die Spitzen von kleinem Mittelkreis mit vier Punkten überdeckt. Zwischen den Palmetten in Seitenmitte kleine Blattstäbe, in den Ecken je ein kleiner Vogel.
Fundort:
Burgruine Straßberg, 1887 auf der Ostseite des Burghügels gefunden. L. Gerster, 1916, Taf. XV, 7. W. Stotzer, 15, Abb. 10, 4 (Bruchstück)
Bern, Historisches Museum.

N100 Bad Münstereifel

Anfang – Mitte 16. Jahrhundert.
Rötlicher, feingemagerter Ton, in den Vertiefungen Spuren von grüner Glasur. Flachrelief. 25,4 × 26,4 × 3,3 cm.
Vierpaß aus vier herzförmigen Ornamenten, deren Spitzen mit einer sorgfältig geschnittenen Palmettenbekrönung zu den Fliesenecken gewandt sind. Der aus zwei Voluten gebildete Herzgrund gibt den Rahmen für einen achtzackigen Stern in Fliesenmitte. Auf den Seiten der Fliese je die Hälfte eines Rautensterns mit abwechselnd schmalen und breiten, gezackten Blättern.
Fundort:
Bad Münstereifel, Stiftskirche St. Chrysanthus und Daria, bei Grabungen 1967 gefunden. Fliesenrest in situ auf der Südempore.
Köln, Slg. Carl Mönnig.

N101 Bebenhausen

2. Viertel 13. Jahrhundert.
Roter Ton. Vertiefte Prägung. 12,5 × 3 cm.
Kreisband, von Viertelskreisen durchschlungen. In der Mitte kleiner Vierpaß mit Punkt, in den Ecken Vierpaßviertel. Das Muster ergibt in der Zusammensetzung eine fortlaufende Durchdringung von kleinen Kreisen.
Fundort:
Bebenhausen, ehem. Zisterzienserkloster, in situ im Dormitorium. E. Herdtle, II, Taf. 12.

N102 Straubing

Datierung unsicher. 3. Drittel 14. Jahrhundert?
Roter Ton. Vertiefte Prägung mit Reliefwirkung. 18,5 × 4,5cm.
Kleiner Kreisstempel mit zwei konzentrischen Kreisbändern aus je vier dünnen Linien. Diese durchschlingt ein aus fünf Spitzovalen gebildeter Stern. Zwischen den Sternspitzen je ein kleines Rankenornament.
Fundort:
a Straubing, Haus Böhm, Ludwigsplatz 133, beim Abbruch 1901 gefunden.
Straubing, Stadt- und Gäubodenmuseum.
b Straubing, kath. Pfarrkirche St. Peter, 1974 gefunden.
München, Bayerisches Landesamt für Denkmalpflege.

N103 Straubing

Datierung unsicher. Ende 13. Jahrhundert? 3. Drittel 14. Jahrhundert?
Stark gemagerter roter Ton. Flachrelief. 18,5 × 4,5 cm.
Kreisstempel mit Schlingornament aus zehn, um einen gedachten Kreis angeordneten Ovalschlingen ähnlich N102. In der Mitte sechsteilige Rose, die Blütenblätter durch Mittellinie betont.
Fundort:
a Straubing, Haus Böhm, Ludwigsplatz 133, beim Abbruch 1901 gefunden.
Straubing, Stadt- und Gäubodenmuseum.
b Straubing, kath. Pfarrkirche St. Peter, 1974 gefunden. H. Bleibrunner, Bd. 1, 173.
München, Bayerisches Landesamt für Denkmalpflege.

N104 Lilienfeld

Um 1382?
Rötlicher Ton. Flachrelief. 19,8 × 5 cm. Dm. des Kreisstempels: Rosette 11 cm, Agnus Dei 10,5 cm.
In eine Fliese sind in der Diagonale zwei Kreisstempel eingeprägt. Der eine zeigt in doppeltem Kreisband eine Flechtwerkrosette, die wie N103 aus vier dünnen Linien besteht. In die acht Ovalschleifen ähnlich N103 ist ein achtzackiger Stern aus konkaven Bögen verwoben. In der Mitte kleine Blüte, eher Margerite als Rose. Der zweite Kreisstempel bei E39 beschrieben.
Fundort:
Zisterzienserstift Lilienfeld, ehem. Wolfgangskapelle, bei Heizungseinbauten 1971 in situ aufgedeckt. F. Vongrey, 17, Abb. 14 und 26.
Lilienfeld, Stiftsmuseum.

N105 Straubing

2. Hälfte – Ende 15. Jahrhundert.
Roter, stark gemagerter Ton. Flachrelief. 25 × 6 cm. Dm. des Kreises ca. 11 cm.
Kreisstempel mit Arabeske aus vielfach verschlungenen Bändern, diese aus drei Einzellinien gebildet. Das komplizierte Gebilde entzieht sich der Beschreibung; in der Fernwirkung ergibt sich ein Stern aus sechs breiten, brezelähnlichen Herzschleifen. In der Mitte kleiner Zackenstern, zwischen den Schleifen noch kleinere Blütensterne[1].
Fundort:
Straubing, Haus Böhm, Ludwigsplatz 133, beim Abbruch 1901 gefunden. F. Mader, 1921, 364, Abb. 319.
Straubing, Stadt- und Gäubodenmuseum.

---
1 Während Flechtwerkornamente vor allem aus der Wikingerkunst und der irischen Buchmalerei übernommen wurden, dienten für Flechtmuster in Kreisform islamische Steingitter, Fliesen und Koranillustrationen als Vorlage. Ähnliche Kreise finden sich im Ormesby-Psalter und im Stundenbuch der Margarete von Bar, beide aus dem Anfang des 14. Jahrhunderts; ihre prunkvollste Ausbil-

dung haben sie dann in den Deckenentwürfen von Leonardo und Albrecht Dürer erfahren (J. BALTRUSAITIS, Abb. 35, A–G.) Sehr ähnlich ist außerdem eine Vorlage aus dem Modelbuch „Welscher Ober- und Niederländischer Arbeit“ des Peter Quentell (Lebensdaten unbekannt), welches 1545 in Frankfurt erschien. R. BERLINER, G. EGGER, Bd. 2, 175.

N 106 Liechtenstein

3. Drittel 12. Jahrhundert.
Vermutlich roter Ton. Kopie des 19. Jahrhunderts. Vertiefte Prägung. 21,3 × 21,3 × 3 cm.
Kompliziertes Flechtbandornament aus vier Parallellinien. Ein Vierpaß aus Schlüsselbogen wird überdeckt von einem Ornament ähnlich N 20, durch die Tropfenschlingen werden nochmals vier kleine Kreise geführt, die sich in Fliesenmitte über- und unterschneiden. Montage von drei Mustern. Nach einer nicht sehr exakten Formulierung könnte dieses Muster aus vier Einzelfliesen bestanden haben, im Photo nicht zu erkennen.
Fundort:
Burg Liechtenstein bei Mödling, Niederösterreich, Kat. Babenberg, 465, Nr. 820.
Mödling, Heimatmuseum.

N1

N2

N3

N4

N5

N6

N7

N8

N9

N10

N10.1

N11

N 12 a

N 12 b

N 13

N 14

N 15

N 16

N 17

N 18

N 19

N 20

N 21

N 22

N 23

N 24

N 25

N 26

N 27

N 28

N 29

N 30

N 31

N 31.1

N 32

N 34

N 34.1

N 35

N 35.1

N 36

N 37

N 37.1

N 38

N 40

N 41

N 42

N 43

N 44

N 46

N 47

N 48

N 49

N 50

N 51

N 52

N 53

N 54

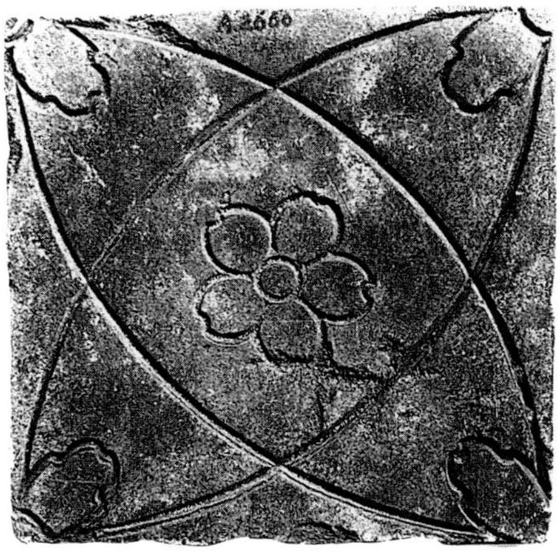

N 55

N 56

N 57

N 58

N 60

N 62

N 63

N 64

N 65

N 66

N 67

N 69

N 69.1

N 70

N 71

N 72

N 73

N 74

N 75

N 76

N 77

N 78

N 80

N 81

N 83

N 84

N 85

N 86

N 87

N 88

N 89

N 90

N 91

N 92

N 92.1

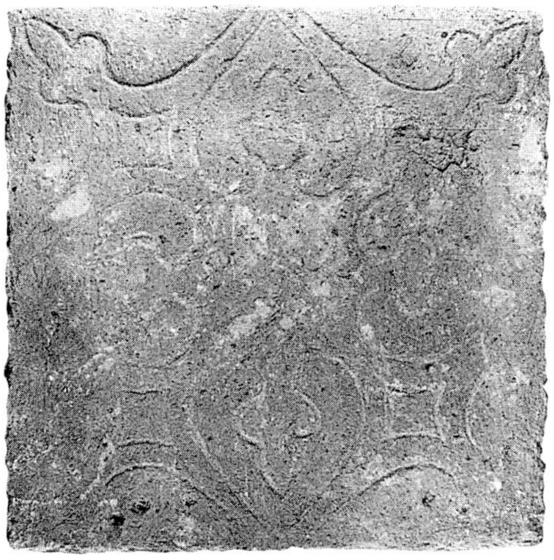

N 93

N 94

N 95

N 95.1

N 96

N 97

N 98

N 99

N 100

N 101

N 102

N 103

N 104

N 105

N 106

Gekreuzte Diagonallinien mit Quadraten und Kreisen

O1 Apfeltrach – Memmingen – Südniedersachsen

Mitte 15. Jahrhundert (a) 15. Jahrhundert (c).
Roter Ton. Vertiefte Prägung. 24 × 24 cm.
Diagonalkreuz aus zwei Linien, in der Mitte wird ein kleines Quadrat ausgeschnitten.
Fundort:
a Apfeltrach, kath. Wallfahrtskirche St. Leonhard, bei Grabungen 1962–63 gefunden. Hinter der Altarmensa neu verlegt.
b Memmingen, Herkunft unbekannt. Roter Ton. Abgetreten. 20,6 × 21 × 3 cm.
München, Bayerisches Nationalmuseum.
c Unbekannt, „aus der Gegend um Northeim", im Kunsthandel erworben. Muster mit Hölzchen oder Fingerkuppe eingedrückt. Ziegelroter-rotbrauner Ton. 14,5 × 15 × 2,5 cm und Rechteckfliese 14 × 24 × 3 cm.
Bad Zwischenahn, Slg. Hans-Jürgen Heger.

O2 Geislingen – Gruibingen

Ende 14. – Anfang 15. Jahrhundert (a).
Rötlicher Ton. Flach vertiefte Prägung. 22 × 4 cm. Nicht abgebildet.
Variante zu O1. Diagonalkreuz. Die flache Prägung ergibt eine andere Bildwirkung.
Fundort:
a Geislingen, Burgruine Helfenstein, bei der Ausgrabung 1932 gefunden.
Geislingen, Heimatmuseum.
b Gruibingen, ev. Pfarrkirche St. Martin, bei einer Grabung 1973 in der Auffüllung eines Grabes gefunden. Gruibingen, Martinskirche, 1975, 14 unten.
Gruibingen, Pfarrhaus.

O3 Seligenstadt

Um 1685?
Roter Ton. Vertiefte Prägung. 18 × 18 cm. Nicht abgebildet.
Diagonalkreuz aus vier Linien.
Fundort:
a Seligenstadt, ehem. Benediktinerkloster, Konventsbau, auf dem Dachboden verlegt.
Seligenstadt, Landschaftsmuseum.
b Seligenstadt, Konventsbau. *Variante.* Diagonalkreuz aus drei Perlreihen. Roter Ton. 17 × 17,5 cm.
Seligenstadt, Landschaftsmuseum.

O4 Hauset

16. Jahrhundert.
Weißlicher Ton mit gelber und bräunlicher Glasur. Späte Prägungen: Steinzeug mit Kobaltsmalte und Salzglasur. Ritzung mit Schablone. 10,5 × 1,8 cm. Nicht abgebildet.
Diagonalkreuz mit Zackenband auf jeweils einer Seite.
Fundort:
Aus einer Werkstatt in der Gegend von Hauset, aus Fehlbrandhalden geborgen, R. Forrer, 1901, Taf. LII, 7, H. Hellebrandt, O. E. Mayer, 1977, 177–178, 182, Abb. 19.
Raeren (Belgien), Töpferei-Museum.
Düsseldorf, Hetjens-Museum.

O5 Asch – Schmiechen – Urspring

Um 1474 (a), 1492 (b), nach 1475 (c).
Roter Ton. Vertiefte Prägung. 16 × 2,3/3 cm.
Über das Diagonalkreuz O1 legt sich in Fliesenmitte ein kleiner Doppelkreis mit winziger fünfblättriger Rose.
Fundort:
a Asch, ev. Pfarrkirche, ehem. Unserer lieben Frau, bei einer Grabung 1962 gefunden. E. Landgraf, 1974, 663, Abb. 3, Nr. 4.
Stuttgart, Landesdenkmalamt Baden-Württemberg.
b Schmiechen, kath. Pfarrkirche St. Veit, bei der Restaurierung 1890 gefunden, hinter dem Altar neu verlegt. Sehr abgetreten.
c Urspring, ehem. Benediktinerinnenkloster, beim Neubau eines Schulgebäudes 1978 im Schutt gefunden.
Urspring, Urspringschule.
Stuttgart, Landesdenkmalamt Baden-Württemberg.

O6 Grunbach

Um 1481? (nach einer Vorlage aus der 1. Hälfte des 13. Jahrhunderts).
Roter Ton ohne Glasur, einzelne Fliesen mit gelber oder mittelgrüner Glasur. Vertiefte Prägung. 11 × 3 cm.
Zwei sich über- und unterschneidende Rechteckbänder aus Doppellinien. Die Fliese ergibt in der Zusammensetzung ein Rapportmuster sich kreuzender Diagonalen.
Fundort:
a Remshalden-Grunbach, ev. Pfarrkirche, ehem. St. Veranus, 1905 aus der Kirche entfernt. A. Schahl, Bd. 1, 1983, 784, Abb. 590.
Remshalden-Grunbach, Pfarrhaus.
b Unbekannt. Entweder ebenfalls aus Grunbach und 1905 ins Museum gegeben oder aus einer anderen Kirche (Plochingen, St. Ottilienkapelle?) in der Nähe. Vgl. J37.
Stuttgart, Württembergisches Landesmuseum.

O7 Worms

2. Hälfte 13. – 1. Hälfte 14. Jahrhundert.
Hellrosabräunlicher, sehr feiner Ton, bei E. Grill: „Schwarz".
Vertiefte Prägung, Kante senkrecht. 13 × 2,7 cm.
Diagonalkreuz aus Doppellinien, geschnitten von einem Eckquadrat. Die Linien unter- und überschneiden sich, so daß an den Schnittpunkten die ausgesparten Quadrate nicht geschlossen sind. In der Zusammensetzung ergibt sich dasselbe Muster wie bei O6.
Fundort:
a Worms, Herkunft unbekannt, vor 1922 gefunden. E. Grill, Taf. III, 62.
Worms, Museum der Stadt Worms.
b Worms, St. Pauluskirche, auf den Fenstersohlbänken der Türme in zweiter Lage.

O8 Oberschwaben

15. Jahrhundert.
„Schwarzgrauer Ton"?, möglicherweise nur Brandspuren.
Vertiefte Prägung. 21 × 4 cm. Nicht abgebildet.
Fliese durch Diagonallinien in 24 Quadrate und 16 Dreiecke geteilt.
Fundort:
Unbekannt, aus der Umgebung von Ulm oder aus Oberschwaben.
Ulm, Privatbesitz.

O 9 Bebenhausen

2. Viertel 13. Jahrhundert.
Roter, fein gemagerter Ton. Vertiefte Prägung. 10,5 × 3 cm.
Diagonalkreuz mit Mittellinie aus winzigen gepunzten Rauten, in den Ecken unter- und überschnitten von drei Parallelbändern, die ein nicht ganz geschlossenes Eckquadrat ergeben.
Fundort:
a Bebenhausen, ehem. Zisterzienserkloster, im 19. Jahrhundert entfernt. E. Herdtle, I, Taf. 15.
Stuttgart, Württembergisches Landesmuseum.
b Bebenhausen, Dormitorium. *Variante* mit breiten Rillen und nur zwei Bändern. Kopie einer früher vermutlich ebenfalls vorhandenen Fliese. 12,5 × 3 cm.

O 10 Bebenhausen

2. Viertel 13. Jahrhundert.
Roter, feingemagerter Ton. Vertiefte Prägung. 10,7 × 10,7 cm.
Variante von O 9. Das Diagonalkreuz mit eng gereihten Sparren, die Quadratbänder mit Mittellinie aus kleinen Punkten.
Fundort:
Bebenhausen, ehem. Zisterzienserkloster, Dormitorium. Kopie des 19. Jahrhunderts. Original im Museum Stuttgart nicht mehr erhalten, jedoch bei E. Herdtle, II, 4, abgebildet.

O 11 Kempten

Um 1428.
Roter Ton. Vertiefte Prägung mit Reliefwirkung. Fliese gebrochen und beschädigt. 15,5 × 3 cm.
In quadratischem Rahmen Diagonalkreuz mit Eckquadrat. Die Bänder auf beiden Seiten von dünner Linie gerahmt.
Fundort:
Kempten, ev. Pfarrkirche St. Mang.
Kempten, Allgäuer Heimatmuseum.

O 12 Speyer

2. Hälfte 13. Jahrhundert.
Mittelgrauer Ton. Vertiefte Prägung. 14 × 2,5 cm.
Breites Diagonalkreuz mit Palmettenranken, von einem schmalen Eckquadrat unter- und überschnitten.
Fundort:
Speyer, am 9. 9. 1916 „eingemauert am Speyerbach" gefunden.
Speyer, Historisches Museum der Pfalz.

O 13 Frankfurt/Main – Kiedrich – Lorsch – Neubolanden? – Rauenthal – Speyer? – Worms

3. Viertel 13. Jahrhundert.
Graurötlicher Ton. Vertiefte Prägung. Kante senkrecht. 12,5 × 3 cm.
Mit Punkten verziertes Eckquadrat, dessen Ecken nicht bis zur Fliesenkante reichen, von breitem Diagonalkreuz überschnitten.
Fundort:
a Frankfurt/Main, vor 1885 aus alten Bürgerhäusern geborgen.
Frankfurt/Main, Historisches Museum.
b Kiedrich, Herkunft unbekannt, vor 1888 gefunden. Hellrötlicher Ton. 14 × 2,7 cm.
Wiesbaden, Slg. Nassauischer Altertümer.
c Lorsch, ehem. Benediktinerkloster, bei Grabungen 1928–32 gefunden. Nach Zeichnung[1] scheint die Fliese aus dem für Lorsch üblichen, mit nicht ganz ausgebrannten Pflanzenresten verunreinigten Scherben zu bestehen. Bruchstück.
Darmstadt, Hessisches Landesmuseum (nicht auffindbar).
d Unbekannt, die Übereinstimmung in Tonbeschaffenheit, Größe und Farbe weist auf die Herkunft aus der Burgruine Neubolanden, bei Ausgrabungen 1912 gefunden. Hellgrauer Ton. Bruchstück. Abgetreten. 14 × 2,5 cm.
Kirchheimbolanden, Heimatmuseum.
e Unbekannt, da die übrigen Fliesen aus Neubolanden ebenfalls ins Museum Speyer kamen möglicherweise vom selben Fundort. Hellgrauer Ton. 14 × 2,5 cm. Abgetreten.
Speyer, Historisches Museum der Pfalz.
f Rauenthal, kath. Pfarrkirche St. Antonius?
Wiesbaden, Slg. Nassauischer Altertümer.
g Worms, Herkunft unbekannt, vor 1922 gefunden. E. Grill, Taf. III, 61. Rötlicher Ton mit dunkler Farbe in den Rillen. Mittelgrauer und schwarzgrauer Ton, im Bruch hellgrau. Kante senkrecht. 13,8 × 2,3 cm und 11,5 × 2,2 cm.
Worms, Museum der Stadt Worms.
London, Victoria and Albert Museum (Slg. R. Forrer).

---

1 Zeichnung von Herrn Dr. Ernst Samesreuther, Darmstadt. Die Einschlüsse sind durch lauter winzige Punkte gegeben.

O 14 Ulm-Söflingen

Nach 1278.
Roter Ton. Vertiefte Prägung. 14 × 2 cm.
Variante von O 13. Das Eckquadrat, teils mit runden, teils mit quadratischen Punzen, reicht bis zur Fliesenkante und überdeckt das Diagonalkreuz.
Fundort:
Ulm-Söflingen, ehem. Klarissinnenkloster, bei Bauarbeiten 1913–14 gefunden. R. Weser, 94, 5. H. A. Klaiber, R. Wortmann, 665, Abb. 601, Nr. 23.
Ulm, Ulmer Museum.

O 15 Arnsburg – Mainz

3. Viertel 13. Jahrhundert.
Hellbrauner, grobgemagerter Ton. Vertiefte Prägung. 13,5 × 2,5 cm.
Variante von O 14. Das Eckquadrat ohne Punkte, das Diagonalkreuz etwas schmaler. Die Fläche des Quadrats in neun Felder aufgeteilt. In diesem wechseln schachbrettartige kleine Quadrate mit je vier Punkten und leeren Feldern.
Fundort:
a Arnsburg, ehem. Zisterzienserkloster, bei Grabungen 1979 in der Ruine gefunden. M. Morkramer, 1982, 72, Abb. 68.
Arnsburg, Klostersammlung.
b Mainz, Herkunft unbekannt. Bruchstück. Grauer Ton. Kante senkrecht. 13,8 × 2,7 cm.
Mainz, Mittelrheinisches Landesmuseum.

O 16 Aschaffenburg? – Ulm-Söflingen

4. Viertel 13. Jahrhundert.
Roter Ton. Vertiefte Prägung, Netzmuster in Flachrelief. 14 × 2 cm.

Variante von O15. Breiter quadratischer Rahmen, die freien Flächen außerhalb des Eckquadrats mit einem feinen, rechteckigen Gitternetz überzogen. Im Mittelfeld fünf leere und vier punzierte Quadrate.
Fundort:
a Unbekannt, möglicherweise aus der Stiftskirche St. Peter und Alexander, Aschaffenburg.
Aschaffenburg, Schloßmuseum der Stadt Aschaffenburg.
b Ulm-Söflingen, ehem. Klarissinnenkloster, bei Bauarbeiten 1913–14 im Mauerwerk gefunden. R. Weser, 94, Abb. 6. H. A. Klaiber, R. Wortmann, 665, Abb. 601, Nr. 24.
Ulm, Ulmer Museum.

O17 Straßburg

14. Jahrhundert.
Roter Ton. Flachrelief. 13,3 × 2 cm.
In breitem, quadratischem Rahmen Diagonalkreuz wie bei O1, geschnitten von Eckquadrat. In den entstandenen vier Feldern je eine heraldische Lilie mit ovalem Kelch, sichelförmigen Hängeblättern, Schaftring und konisch verdicktem Stengel.
Fundort:
Straßburg, Herkunft unbekannt, vor 1901 gefunden. R. Forrer, 1901, Taf. VIII, 4.
London, Victoria and Albert Museum (Slg. R. Forrer).

O18 Worms

14.–15. Jahrhundert?
Roter und braunroter Ton mit Streifen aufgetropfter Glasur. Flachrelief. 13 × 11 × 1,7 cm.
Breites Diagonalkreuz mit dickem Punkt in der Mitte. Auf den Spitzen der entstandenen Dreiecke jeweils ein kleinerer Punkt.
Fundort:
Worms, Herkunft unbekannt, vor 1922 gefunden. E. Grill, Taf. III, 65.
Worms, Museum der Stadt Worms.

O18.1 Arnsburg – Friedberg

16. Jahrhundert.
Grober, roter, schwach gebrannter Ton mit Einschluß kleiner Kieselsteinchen. 12 × 23 × 4 cm.
Variante zu O18, das Andreaskreuz vermutlich mit den Fingerkuppen eingedrückt. Nicht abgebildet.
Fundort:
a Arnsburg, Ruine des ehem. Zisterzienserklosters, 1979 bei Grabung 29 Bruchstücke gefunden. M. Morkramer, 1982, Nr. 3.1.4, 72, Abb. 69.
Arnsburg, Klostersammlung.
b Friedberg, Wolfengasse, Zufallsfund.
Friedberg, Wetterau-Museum.

O19 Speyer – Worms

3. – 4. Viertel 13. Jahrhundert.
Roter Ton. Vertiefte Prägung. 11,3 × 2,5 cm.
Diagonalkreuz, von kleinem, nicht ganz rundem Kreisband geschnitten.
Fundort:
a Vermutlich aus Speyer, Herkunft unbekannt.
Speyer, Historisches Museum der Pfalz.
b Worms, Herkunft unbekannt, vor 1922 gefunden. *Variante* mit kleinerem Kreis, das Kreuz außerhalb des Kreises von einem Parallelband begleitet. Rötlichgrauer und braunroter, grober Ton. 14 × 2,2 cm. E. Grill, Taf. 3, 64.
Worms, Museum der Stadt Worms.
c Worms, St. Pauluskirche, auf den Fenstersohlbänken der Türme in zweiter Lage.

O20 Südbaden

2. Hälfte 13. Jahrhundert.
Roter, mittelfeiner Ton. Vertiefte Prägung. 14 × 3,2 cm. Nicht abgebildet.
Doppelkreis mit Diagonalkreuz aus drei Linien. In Kreismitte überschneidet ein Band das andere.
Fundort:
Unbekannt, aus dem Besitz eines Freiburger Sammlers. Möglicherweise aus Südbaden.
Freiburg, Städt. Museen, Augustinermuseum.

O21 Ulm-Söflingen

2. Hälfte 13. Jahrhundert.
Grauer und gelblicher, stark mit Sand gemagerter Ton. Vertiefte Prägung. 13 × 2,3 cm. Nicht abgebildet.
Variante zu O19*a*. Diagonalkreuz mit verdicktem Ende in den Fliesenecken. Der Mittelkreis klein, Innendurchmesser umschließt den Kreuzungspunkt.
Fundort:
Ulm-Söflingen, ehem. Klarissinnenkloster, bei Umbauarbeiten 1955 gefunden. Nicht bei R. Weser.
Ulm, Ulmer Museum.

O22 Auerbach

2. Drittel 13. Jahrhundert.
Grauer Ton. Vertiefte Prägung. 7,5 × 10 × 2,5 cm. Randleiste.
Diagonalband mit Kreis ähnlich O19*a*. Der Kreis leicht gedrückt, jedoch noch kein Oval bildend. Die Kreuzenden an einer Seite geknickt, so daß sich in der Zusammensetzung ein Scherengitter, von Kreisen durchschlungen, ergibt.
Fundort:
Bensheim-Auerbach, „Auerbacher Schloß“, bei Grabungen 1903–04 in der Ruine gefunden.
Bensheim, Bergsträßer Heimatmuseum.

O23 Butzbach – Frankfurt/Main – Friedberg – Königstein

2. Drittel 14. Jahrhundert?
Rötlicher Ton. Vertiefte Prägung. Kante schräg. 13,5 × 2,5 cm.
Diagonalkreuz, von einem großen, bis zur Fliesenkante reichenden Kreis geschnitten. In der Mitte der Fliesenseite je ein kleiner Halbkreis, der sich einmal um den Kreisbogen schlingt. Alle Bänder sehr schmal.

Fundort:
a Butzbach, Herkunft unbekannt.
Butzbach, Museum in der Michaeliskapelle.
b Frankfurt/Main, vor 1885 in einem alten Bürgerhaus gefunden. Gelblicher Ton. Kante schräg. 12,8 × 2,5 cm.
Frankfurt/Main, Historisches Museum.
c Unbekannt, vor 1868 gefunden. Kat. GNM Nürnberg, 6, A21, Taf. IV (Gipsabguß).
Nürnberg, Germanisches Nationalmuseum.
d Friedberg, Burg, zu Ende des 19. Jahrhunderts an nicht mehr bekannter Stelle im Burgbereich gefunden. Dunkelroter, hartgebrannter Ton, teilweise mit Einschlüssen kleiner Kiesel. 11,5 × 1,8 cm und 12,5 × 2,5 cm.
Darmstadt, Hessisches Landesmuseum.
Friedberg, Wetterau-Museum.
e Königstein, Burgruine, bei Grabungen 1964–65 gefunden. Rötlicher, feingemagerter Ton. 13 × 2 cm. E. Gundermann, 146, Taf. 2, Nr. 14, 150.
Königstein, Stadtmuseum.

O24 Altenberg/Lahn – Braunfels – Dreieich – Friedberg – Ilbenstadt

14.–15. Jahrhundert.
Rötlicher Ton. Vertiefte Prägung. 13 × 13 cm.
Teilweise sehr grobe *Nachschnitte* von O23. Die Kreisschleifen eher halbe Ovale, die weit in den kleineren Kreis hineingreifen.
Fundort:
a Altenberg/Lahn, ehem. Prämonstratenserinnenkloster, in situ auf der Nonnenempore der Kirche, durch Holzdielen verdeckt.
b Braunfels, Schloß, Einzelfliese. Roter Ton, 12,5 × 3 cm.
Braunfels, Schloßsammlungen.
c Dreieich, Burgruine Hain, bei Grabungen gefunden. Roter, feingemagerter Ton. Kante senkrecht. 13,5 × 2,5 cm.
Dreieich, Dreieich-Museum.
d Friedberg, Herkunft unbekannt. Roter Ton. Kante schräg. 13 × 3 cm.
Friedberg, Wetterau-Museum.
e Ilbenstadt, ehem. Prämonstratenserklosterkirche, bei Ausbesserungen vor 1975 im Kirchenschiff gefunden.
Ilbenstadt, Pfarramt.

O25 Saarburg – Hohbarr

2. Hälfte 13. Jahrhundert.
Stark gemagerter gelbrötlicher Ton, eine Fliese aus feingemagertem grauem Ton. Vertiefte Prägung, teilweise sehr tief eingeprägt. 14,3 × 1,8 cm.
Variante zu O23. Der Kreis kleiner, mit Mittelkreis. Die Bogen setzen nicht über der Fliesenseite, sondern über den Fliesenecken an.
Fundort:
a Saarburg, Avenue de la Victoire 18, 1960 bei der Aufdekkung einer mittelalterlichen Töpferei geborgen. M. Lutz, V. Beyer, 137, Taf. III, 5.
Saarburg, Regionalmuseum.
b Variante. Mittelkreis und Viertelskreise in den Ecken. Vom Diagonalkreuz sind nur noch 3 cm lange Verbindungsstege zwischen beiden übrig. Fragment. Roter Ton, ca. 14 × 14 cm.
Zabern, Burgruine Hohbarr, bei Grabungen 1987 in einer Zisterne gefunden.
Depot der Grabungsfunde.

O25.1 Dinkelsbühl

Nicht sicher datierbar.
Rötlicher Ton. Muster von Hand mit Hilfe von „Lineal"(?) und Zirkel eingeritzt. Die Einstichlöcher des Zirkels an fünf Stellen sichtbar. Eine Ecke abgebrochen. 22,5 × 22,5 cm.
Fliese durch Kreuz und Diagonalkreuz geteilt, in den Ecken durch weitere Linien je ein rechtwinkliges Dreieck abgeteilt. Über der Mitte, den Seitenkanten, dem Schnittpunkt von Grundlinie und Diagonalkreuz mit dem Zirkel geschlagene Doppelkreise. In den Ecken nur Halbkreise.
Fundort:
Dinkelsbühl, ev. Stadtpfarrkirche St. Georg, bei Restaurierung 1983/84 in zweiter Lage gefunden, möglicherweise noch aus dem Vorgängerbau stammend.
Verbleib noch nicht entschieden.

O26 Aschaffenburg – Ulm-Söflingen

3. Viertel 13. Jahrhundert.
Roter Ton. Vertiefte Prägung. 13,5 × 1,8 cm.
Diagonalkreuzband mit drei konzentrischen Kreisen in Fliesenmitte, der äußerste mit 16 Punkten verziert. In den seitlichen Dreiecken je eine Pflanze mit Mittelknospe und waagrecht abgespreizten Efeublättern.
Fundort:
a Unbekannt, wahrscheinlich aus Aschaffenburg, möglicherweise aus der Stiftskirche St. Peter und Alexander oder aus einem der zum Stift gehörenden Gebäude.
Aschaffenburg, Schloßmuseum der Stadt Aschaffenburg.
b Ulm-Söflingen, ehem. Klarissinnenkloster, bei Bauarbeiten 1913–14 gefunden. Grauer Ton. 14 × 2 cm. R. Weser, 94, Abb. 7. H. A. Klaiber, R. Wortmann, 664, Abb. 601, Nr. 10.
Ulm, Ulmer Museum.

O27 Aschaffenburg – Ulm-Söflingen – Worms – Zwiefalten

4. Viertel 13. Jahrhundert.
Roter Ton. Vertiefte Prägung. 13 × 2 cm.
Diagonalkreuz mit je drei auf die Fliesenecken gerichteten Sparren auf den Kreuzarmen, in der Mitte verdeckt von einem mit zwanzig Punkten verzierten Kreisband.
Fundort:
a Unbekannt, möglicherweise aus der Stiftskirche St. Peter und Alexander, Aschaffenburg.
Aschaffenburg, Schloßmuseum der Stadt Aschaffenburg.
b Ulm-Söflingen, ehem. Klarissinnenkloster, bei Bauarbeiten 1913–14 im Mauerwerk gefunden. Nicht mit demselben Model geprägt. 21 Punkte mit Stäbchen in Quadratform eingedrückt. Grauer und roter Ton. 13,5 × 2,5 cm. R. Weser, 94, Abb. 1. H. A. Klaiber, R. Wortmann, 664, Abb. 601, Nr. 8.
Ulm, Ulmer Museum.
Ulm, Privatbesitz.
c Unbekannt, vielleicht ebenfalls aus Ulm-Söflingen. Grauer Ton. 13 × 2,5 cm.
Stuttgart, Württembergisches Landesmuseum.
d Worms, Herkunft unbekannt, vor 1922 gefunden. E. Grill, Taf. III, 63. Sehr feiner, mittel-schwarzgrauer Ton, innerhalb des Scherbens wechselnd. Kante senkrecht. Prägung mit runden Punkten. 13,5 × 2,4 cm.
Worms, Museum der Stadt Worms.

e Zwiefalten, ehem. Benediktinerkloster, Prälaturbau, bei Bauarbeiten 1972 gefunden. Grauer Ton. Fliese in rotem Ton 1976 gefunden. L. Tampe, 28, Abb. 3.
Zwiefalten, Privatbesitz.

O28 Bebenhausen – Ulm-Söflingen – Ulm

1. Drittel 14. Jahrhundert (*a–f*), 2. Hälfte 14. Jahrhundert (*g*).
Roter Ton. Vertiefte Prägung. 13 × 2,5 cm.
Breites, sich zur Mitte leicht verjüngendes Diagonalkreuz mit drei fast rechtwinkligen Sparren. Die Mitte verdeckt von Kreis mit fünfteiliger Rose aus Herzblättern. Diese von zehn Punkten umrandet.
Fundort:
a Bebenhausen, ehem. Zisterzienserkloster, in situ im Dormitorium.
b Aus Bebenhausen oder aus Ulm. Grauer Ton. 13 × 3 cm.
Stuttgart, Württembergisches Landesmuseum.
c Ulm-Söflingen, ehem. Klarissinnenkloster, bei Bauarbeiten 1913–14 gefunden. R. Weser, 94, Abb. 2. H. A. Klaiber, R. Wortmann, 664, Abb. 601, Nr. 9.
Ulm, Ulmer Museum.
Ulm, Privatbesitz.
d Ulm, Münster „Unserer Lieben Frau", bei der Restaurierung des Münsters 1853 in der Portalvorhalle der intakte Fliesenboden aufgedeckt[1] und anscheinend teilweise dort belassen.
Ulm, Ulmer Museum.
München, Bayerisches Nationalmuseum.
Stein am Rhein, ehem. Benediktinerkloster St. Georgen, Museum (aus Ulm).
e Ulm, Herkunft unbekannt. „Schwärzlich gebrannter Ton. 13 × 13 cm". Katalog GNM Nürnberg, 6, A 18, Taf. III.
Nürnberg, Germanisches Nationalmuseum.
f Nach R. Forrer, 1901, Taf. XXVIII, 2 „Frankfurt". Diese Herkunftsbezeichnung ist falsch!
London, Victoria and Albert Museum.
g Ulm-Söflingen, ehem. Klarissinnenkloster, bei Sanierungsarbeiten 1988 an der Stelle des ehem. Kreuzgangs gefunden.
Variante. Kreuzbalken und Kreis als Relieflinie, in der Mitte Blüte aus neun herzförmigen Einzelblüten. Roter Ton. 11,8 × 11,8 cm.
Ulm-Söflingen, Privatbesitz.

1 Verh. Ver. f. Kunst u. Altertum Ulm u. Oberschwaben 9–10, 1855, 54.

O29 Denkendorf – Esslingen

Nach 1377? (*a*), 1. Hälfte 14. Jahrhundert?
Hellroter Ton, einzelne Fliesen noch mit Spuren einer bräunlichgelben Glasur. Vertiefte Prägung. Kante schräg. 12,5 × 3,5 cm. Nicht abgebildet.
Variante von O28. Die Kreuzbalken mit vier Sparren, die Rillen breiter und tiefer eingeprägt.
Fundort:
a Denkendorf, ev. Stiftskirche St. Pelagius, vermutlich im 19. Jahrhundert geborgen.
Esslingen, Stadtmuseum.
b Esslingen, Speyerer Pfleghof.
Esslingen, Stadtmuseum.

O30 Bebenhausen

1. Drittel 14. Jahrhundert.
Roter und grauer Ton. Vertiefte Prägung. 13 × 3 cm. Nicht abgebildet.
Variante von O29. Die Rosette hat sechs Herzblätter, der Blütenkorb ist ohne Punkt.
Fundort:
Bebenhausen, ehem. Zisterzienserkloster, in situ im Dormitorium.
Stuttgart, Württembergisches Landesmuseum.

O31 Egelsbach – Dreieich (?) – Oberursel

Um 1330?
Mittelgrauer Ton. Vertiefte Prägung. 12,1 × 1,8 cm. Nicht abgebildet.
Nachschnitt der Fliese O30. Die vier Sparren der Kreuzbalken sind eng gereiht und laufen nicht bis zur Kante durch. Die Rose ist leicht gedreht, die Punkte fehlen. In Seitenmitte jeweils kleiner Halbkreis mit der Hälfte einer ähnlichen Blüte.
Fundort:
a Dreieich, Burgruine Hain, bei Grabungen 1924–25 gefunden.
Dreieich, Dreieich-Museum.
b Egelsbach, ev. Pfarrkirche, bei Grabungen vor 1931 an der Stelle des Chors der abgebrochenen Kapelle gefunden, vor der Kirche als Plattengang neu verlegt. *Variante* mit sechs flacheren Sparren, die Blütenblätter ohne Herzform, die Halbkreise ohne Blüten. Mittelgrauer Ton, 12,1 × 1,8 cm. K. Krauß, 1931, 48, Abb. 4.
c Aus Egelsbach[1]. Es läßt sich nicht mehr sicher feststellen, ob auch dieses Muster in Burg Hain gefunden wurde.
Dreieich, Dreieich-Museum
d Oberursel-Bommersheim, ehem. Burg Bommersheim, 1940/41 gefunden. Hellrötlicher Ton. 11 × 1,5 cm.
Oberursel, Vortaunus-Museum.

1 Nach freundlicher Mitteilung von Herrn Pfarrer Kietzig wurden Fliesen aus Egelsbach ins Dreieich-Museum gegeben.

O32 Frankfurt/Main – Ilbenstadt – Altenberg/Lahn

14. Jahrhundert.
Klinkerhart gebrannter, hochroter Ton. Vertiefte Prägung. Kante kaum schräg. 12,5 × 3 cm.
Variante zu O31. Die Konturen der Herzblätter eckig gebrochen, die Trennlinie streng radial, so daß eher der Eindruck eines Sterns entsteht. Die Halbkreise sehr klein, nur noch mit Andeutungen von Rosettenhälften.
Fundort:
a Frankfurt/Main, vor 1885 in einem alten Frankfurter Bürgerhaus gefunden.
Frankfurt/Main, Historisches Museum.
b Ilbenstadt, ehem. Prämonstratenserkloster, bei Grabungen nach 1963 im südlichen Querhaus der Kirche gefunden. Roter Ton. 12,2 × 2,2 cm.
Ilbenstadt, früher Pfarramt, anscheinend inzwischen verloren.
c Altenberg/Lahn, ehem. Prämonstratenserinnenkloster, in situ auf der Nonnenempore, durch Holzdielen verdeckt. Später *Nachschnitt.* Blüte, Kreis und Sparrenband durch sehr breite Rillen als Relief wirkend. Grobe Prägung. Braune Glasur. 11 × 2,5 cm. F. Ebel, 1905, Sp. 586, Abb. 17.

O 33 Faurndau – Göppingen

3. Drittel 15. Jahrhundert
Roter Ton mit dunkelgrauer Glasur. Vertiefte Prägung. 14 × 5 cm.
Später *Nachschnitt* der Fliese O 28. Die Balken des Diagonalkreuzes zur Mitte zu stark verjüngt, in den Fliesenecken von kleinem Viertelskreis begrenzt. Die Rose, ohne Punkte und an der Blattwölbung nur flach eingedellt, füllt fast den ganzen Mittelkreis.
Fundort:
a Göppingen-Faurndau, ehem. Benediktinerkollegiat-Stiftskirche, bei Grabungen 1956 im Chor gefunden. K. Hecht, 1957, 3, Abb. 7, Nr. 4.
Faurndau, ev. Pfarramt.
b Unbekannt, möglicherweise ebenfalls aus Faurndau oder aus einer Kirche Göppingens. Roter Ton mit Glasurresten, abgetreten.
Göppingen, Stadtarchiv.
c Unbekannt.
Stuttgart, Württembergisches Landesmuseum.

O 34 Langenau – Leipheim

Nach 1389 (*a*), 2. Hälfte 14. Jahrhundert (*b*).
Roter Ton. Vertiefte Prägung. 14,5 × 15 × 3,5 cm.
Mittelkreis mit Rose übereinstimmend mit O 33, beides jedoch größer, von vier Viertelskreisen in den Fliesenecken angeschnitten. Je zwei gegenüberliegende zeigen Reste des Sparrenornaments, mit je drei Punkten auf dem Sparren, die nur noch in eine Richtung weisen. Im dritten Viertelskreis Weinblatt, gegenüber fast kreisrundes, gezacktes Blatt.
Fundort:
a Langenau, ev. Pfarrkirche St. Martin und Maria, bei Grabungen 1962 gefunden. H. A. Klaiber, R. Wortmann, 355, Abb. 283.
Stuttgart, Landesdenkmalamt Baden-Württemberg.
b Leipheim, ev. Pfarrkirche St. Veit, in zweiter Lage in einem Abstellraum über der Sakristei. 14,5 × 3,5 cm.
München, Bayerisches Landesamt für Denkmalpflege.

O 35 Weingarten

2. Hälfte 14. Jahrhundert.
Roter Ton. Vertiefte Prägung. 16 × 4 cm.
Diagonalkreuz mit je vier steilen, zur Mitte gekehrten Sparren, in der Mitte überdeckt von kleinem Kreis mit Malteserkreuz. In den entstandenen Dreiecken Halbkreise mit Blütenhälfte.
Fundort:
Weingarten, Benediktinerkloster, bei Grabungen vor 1956 im Kreuzgang gefunden, in der Nikolauskapelle und im Treppenhaus am Südquerarm neu verlegt. K. Hecht, 1956, 303, Abb. 18k.
Stuttgart, Württembergisches Landesmuseum.

O 36 Limburg a. d. Haardt

2. Viertel 16. Jahrhundert.
Dunkelbräunlichroter Ton. Vertiefte Prägung. 15 × 2,6 cm.
Diagonalkreuz aus Doppellinie. In den seitlichen Dreiecken Halbkreise, welche die Fläche fast füllen, mit der Hälfte einer sechsteiligen Rosette aus spitzen Herzblättern.
Fundort:
Limburg a. d. Haardt, Ruine des ehem. Benediktinerklosters, bei Grabungen zu Ende des 19. Jahrhunderts gefunden.
Bad Dürkheim, Heimatmuseum.

O 37 Limburg a. d. Haardt

2. Viertel 16. Jahrhundert.
Roter, schlecht gekneteter, aufschiefernder Ton. Vertiefte Prägung. 15,5 × 2,5 cm.
Diagonalkreuz aus zwei Bändern, die unmittelbar in den Mittelkreis übergehen. In diesem achtteiliger Radialstern mit Mittelkreis. In Seitenmitte, mit der Spitze zur Mitte, je ein kleines Lindenblatt.
Fundort:
Limburg a. d. Haardt, Ruine des ehem. Benediktinerklosters, bei Grabungen zu Ende des 19. Jahrhunderts gefunden.
Bad Dürkheim, Heimatmuseum.

O 38 Limburg a. d. Haardt

2. Viertel 16. Jahrhundert, in Anlehnung an einen Model oder ein Muster des 13. Jahrhunderts.
Bräunlichroter Ton. Vertiefte Prägung. 16,5 × 15,7 × 3 cm.
Diagonalkreuz aus schmalen Bändern, in Fliesenmitte von kleinem Kreis überdeckt. Dieser zeigt eine achtblättrige Rosette aus spitzen Tropfenkreisen (vgl. J 68, P 11, Q 6), umgeben von einem unregelmäßigen Zackenband, welches den Kreis berührt.
Fundort:
Limburg a. d. Haardt, Ruine des ehem. Benediktinerklosters, bei Grabungen zu Ende des 19. Jahrhunderts gefunden.
Bad Dürkheim, Heimatmuseum.

O 38.1 Speyer

15. Jahrhundert?
Roter Ton. Flachrelief. Stark abgetreten. 8,5 × 8,5 cm. Nicht abgebildet.
Kreis, von Andreaskreuz über- und unterschnitten. An den Spitzen des Kreuzes möglicherweise große Lilien, in Fliesenmitte wohl ein Vierpaß.
Fundort:
Speyer, Herkunft unbekannt.
Speyer, Historisches Museum der Pfalz.

O 39 Speyer?

15. Jahrhundert.
Gelbgrauer Ton. Flachrelief. 16 × 2,5 cm.
Diagonalkreuz von doppeltem Mittelkreis überschnitten. In diesem achtblättrige Rosette ähnlich O 38. In den seitlichen Dreiecken gedrückter Halbkreis mit den drei Spitzen des Lilienornaments von O 40.
Fundort:
Aus Speyer oder der Pfalz, vor 1930 gefunden (Slg. K. Diernfellner).
Speyer, Historisches Museum der Pfalz.

O 40 Speyer

15. Jahrhundert.
Roter Ton. Vertiefte Prägung mit Flachreliefwirkung. 15,5 × 2,5 cm.
Variante von O 39. Die Innenkontur der Rosettenblätter schärfer hervorgehoben, die Kreissegmente der Seiten teils leicht eingedrückt und durch Kerbrand betont.
Fundort:
Unbekannt, vermutlich aus Speyer.
Speyer, Historisches Museum der Pfalz.

O 41 Landau – Neustadt – Speyer – Worms

15. Jahrhundert – 1. Hälfte 16. Jahrhundert.
Tonfarbe und Maße unbekannt, analog zu O 41 *c* wohl 16,5 × 3 cm. Vertiefte Prägung.
Variante von O 40. Das Diagonalkreuz von nur einem kleinen Kreis überdeckt, die Radiallinien der Rosette verlaufen durch den Mittelpunkt. In den Dreiecken regelmäßige Halbkreise mit Kerbrand und flach ausgebreiteter heraldischer Lilie.
Fundort:
a Landau, abgegangenes Dorf Eutzingen, im Fußboden der abgebrochenen Kirche gefunden. H. Levy, 10, Abb. 13. Verloren, vermutlich im 2. Weltkrieg zerstört.
b Aus Speyer, Herkunft unbekannt.
Hildesheim, Roemer- und Pelizäus-Museum.
c Unbekannt, vermutlich aus Speyer, nicht mit demselben Model geprägt. Gelblicher, roter und grauer Ton (alter Bestand). 16,5 × 3 cm.
Speyer, Historisches Museum der Pfalz.
d Neustadt-Hambach, Hambacher Schloß. 1966 beim Legen eines Elektrokabels gefunden. Zeichnung unverändert, jedoch sorgfältigere Prägung. Hellrötlicher Ton. Bruchstücke. Kaum abgetreten. Kante schräg, 18 × 2,4 cm.
Neustadt/Weinstraße, Landratsamt.
e Speyer, Altes Rathaus, beim Umbau des Ratskellers 1979 gefunden. Bruchstücke, grobe Prägung mit zwei verschiedenen Modeln ohne größere Abweichungen. Gelblichgrauer Ton mit Einschluß von Kalkteilchen. Dicke 2,5 cm. Roter Ton mit fehlerhafter, braungrüner Glasur, 18 × 2,3 cm. Kante teils senkrecht, teils schräg.
Speyer, Landesamt für Denkmalpflege.
f Herkunft unbekannt, vermutlich aus Worms, vor 1922 gefunden. *Variante,* vergröberte Prägung. Die Kerbkreise schräg, die Lilien schief, alle Linien unsicher geschnitten. Kante schräg, gelblicher Ton, 16,5 × 3 cm. E. Grill, Taf. IV, 96.
Worms, Museum der Stadt Worms.

O 42 Speyer

14. Jahrhundert.
Hellroter Ton. Vertiefte Prägung. Kante schräg. Bruchstücke. Dicke 2 und 2,6 cm. Nicht abgebildet.
Variante zu O 41. Die Blüte in der Mitte ohne Binnenzeichnung, der Innenkreis nicht mit Kerben, sondern eher mit Rauten verziert. In den Halbkreisen Lilien, deren Hängeblätter ebenfalls Rauten bilden, das Diagonalkreuz ohne Kerben.
Fundort:
Speyer, Herdstr. 16, 1973 bei Bauarbeiten im Innenhof gefunden.
Speyer, Landesamt für Denkmalpflege.

O 43 Speyer

15. Jahrhundert.
Roter Ton. Vertiefte Prägung. 17 × 2,5 cm.
Schmales Diagonalkreuz mit Pfeilspitzen an den Enden, gerahmt von einer schmalen Kerbleiste. Im Mittelkreis, dessen Kerbrand teils senkrecht, teils schräg liegt, Rosette ohne Innenlinie. In den Halbkreisen stilisierte Lilien mit Rautenkelch und runden Hängeblättern.
Fundort:
Speyer, Herkunft unbekannt.
Speyer, Historisches Museum der Pfalz.

O 44 Speyer

2. Drittel 13. Jahrhundert.
Roter Ton. Vertiefte Prägung. Kante schräg. Bruchstück. Seitenlänge ca. 16 cm, Dicke 2 cm. Nicht abgebildet.
Diagonalkreuz mit enggereihten, durch eine Mittellinie zur Gräte umgebildeten Sparren. Die Mittelrosette ohne Blütenkorb in kleinem Kreis mit senkrechten Kerben. In den seitlichen Dreiecken auf zwei Seiten Halbkreise mit Zackenrand und der Hälfte einer zwölfteiligen Rosette, auf den anderen Seiten Halbkreise mit Kerbrand.
Fundort:
a Speyer, Lindenstraße, am 19. 9. 1911 gefunden.
Speyer, Historisches Museum der Pfalz.
b Speyer, Kleine Gailergasse, bei Grabungen 1966 gefunden.
Speyer, Landesamt für Denkmalpflege.

O 45 Billigheim – Gleiszellen – Neustadt

2. Hälfte 13. – Anfang 14. Jahrhundert.
Roter Ton. Vertiefte Prägung. Maße unbekannt.
Variante zur Fliese O 44. Die Kreuzbalken zur Fliesenmitte verjüngt, die Gräten durch das Fehlen der Mittellinie eher einer Ährenrispe ähnlich. Die seitliche Rosette mit gezacktem Blütenkorb, die Tropfenblätter durch kleine Bogen verbunden. Dieses besonders sorgfältig geschnittene Muster war vermutlich der Ausgangspunkt für alle Varianten dieser Fliese.
Fundort:
a Billigheim, ev. Pfarrkirche St. Martin, am 9. 2. 1961 gefunden.
Speyer, Historisches Museum der Pfalz.
b Gleiszellen, ehem. Kirche St. Dionysus, bei Zufallsgrabungen 1959 gefunden (z. Z. nicht auffindbar).
Speyer, Landesamt für Denkmalpflege.
c Variante. Roter Ton, Kante schräg. Nur in zwei Bruchstükken erhalten. Dicke 2,5 cm. Diagonalkreuz ohne Verzierung, die Halbkreise mit Zackenrand weisen auf ein ähnliches Muster wie O 45 *a*. Bei Bauarbeiten 1964 in Neustadt/Weinstraße, Kellereistraße, gefunden.
Speyer, Landesamt für Denkmalpflege.

O 46 Speyer

15. Jahrhundert.
Gelblicher Ton. Vertiefte Prägung, in Flachrelief übergehend. 16,5 × 2,5 cm.
Nachschnitt der Fliese O 45. Der Mittelkreis mit rotierendem Kerbrand, die Rosette mit kleinem Blütenkorb. Die Kreuzbalken in Ährenform wie bei O 45, jedoch mit Mittellinie. In den seitlichen Halbkreisen, die den Mittelkreis berühren, auf

zwei Seiten die Blütenblätter der Rosetten in Rautenform, auf den anderen rund.
Fundort:
a Speyer, Regierungsgebäude, am 1. 4. 1922 im Hof gefunden.
Speyer, Historisches Museum der Pfalz.
b Speyer, Haus Herdstr. 1, 1967 gefunden.
Speyer, Historisches Museum der Pfalz.

O 47 Kirchheimbolanden? – Speyer

14. Jahrhundert?
Braunrötlicher Ton. Vertiefte Prägung. Bruchstück, nur etwa ein Viertel erhalten. Kante senkrecht. Dicke 2,5 cm.
Variante der Fliesen O 41–O 46. Das Diagonalkreuz mit senkrechten Kerben, die Halbkreise mit kleinen, rechteckigen Punzen verziert. Im Mittelkreis Rose, in den Halbkreisen stilisierte Lilie mit rundem Kelch.
Fundort:
a Unbekannt, aus Kirchheimbolanden oder einer der Burgen der unmittelbaren Umgebung.
Kirchheimbolanden, Heimatmuseum.
b Speyer, Altes Rathaus, bei der Renovierung des Ratskellers 1979 gefunden. Bruchstücke. Hellroter Ton mit Einschluß von Schamotte, rötlichgelber Ton mit deutlicher Brandschwärzung (1689?), Kante senkrecht. Dicke 2,5 cm.
Speyer, Landesamt für Denkmalpflege.
c Speyer, Gaststätte „Domnapf", bei Bauarbeiten in einer Mauer der Innenwand gefunden. *Variante,* ebenfalls nur Bruchstück. Lilie mit Rautenkelch.
Speyer, Landesamt für Denkmalpflege.

O 48 Klingenmünster

2. Hälfte 13. – 1. Viertel 14. Jahrhundert.
Dunkelroter-rotbrauner Ton. Vertiefte Prägung. Bruchstück, halbe Fliese. 15 × 3,3 cm. Nicht abgebildet.
Ein Mittelkreis mit Rosette überdeckt ein aus Lilienstäben gebildetes Andreaskreuz. Die winzigen Palmetten zu beiden Seiten aufwärtsgerichtet. In den entstandenen Dreiecken großer Kreis mit achtteiliger Rosette ähnlich O 46. Keine Kerbränder.
Fundort:
Klingenmünster, ehem. Benediktinerkloster, an der nördlichen Klostermauer bei Grabungen 1981 gefunden.
Klingenmünster, Pfarrhaus.

O 49 Wörschweiler

1. Hälfte 15. Jahrhundert?
Roter, stark gemagerter Ton. Flachrelief. Bruchstück. 16,4 × 2,6 cm.
Andreaskreuz aus sich nicht überschneidenden Kreuzbalken. Ein kleiner Kreis legt sich so über die Fliesenmitte, daß ein zweites kleines Kreuz ausgespart wird. In dessen Mitte fünfzackiger Stern, auf dem Kreis und auf den Viertelskreisen stilisierte Lilien mit Rautenkelch und schwebenden Hängeblättern, die in der Zusammensetzung einen Lilienstern ergeben.
Fundort:
Wörschweiler, Ruine des ehem. Zisterzienserklosters, bei den Grabungen 1954–56 gefunden. Nicht bei Volkelt.
Wörschweiler, Depot der Klosterfunde.

O 50 Mühlheim/Donau

2. Hälfte 14. Jahrhundert?, um 1430?
Heller, braunroter Ton. Vertiefte Prägung. 15,5 × 4 cm.
Diagonalkreuz aus zwei Bändern, in der Mitte überdeckt von kleiner Blüte mit vier kielbogenförmigen Blättern. In den seitlichen Dreiecken je eine zur Mitte gewandte heraldische Lilie, mit Rautenkelch und steil gewölbten Hängeblättern auf breitem Schaftring.
Fundort:
a Mühlheim/Donau, St. Galluskapelle, bei Grabungen gefunden.
Munderkingen, Slg. H. Kneer.
b Unbekannt, möglicherweise vom selben Fundort wie O 50*a*, sonst aus einer Kirche Hohenzollerns.
Hechingen, Hohenzollerische Landessammlung.

O 51 Berkach – Blaubeuren

Ende 15. – 1. Jahrzehnt 16. Jahrhundert.
Roter, feingemagerter Ton. Vertiefte Prägung. Abgetreten. 15 × 3 cm.
Diagonalkreuz aus zwei Bändern, von denen jeweils das linke in Fliesenmitte abgewinkelt ist und auf dünnem Stengel eine große, ziemlich grobe heraldische Lilie trägt, deren stark gewölbte Seitenblätter und schmaler Rautenkelch auf waagrechtem Schaftring sitzen. Die Fliese bezieht sich möglicherweise auf das Wappen eines um die Kapelle verdienten Stifters, des Priesters Hieronymus Winkelhofer, dessen Familienwappen ebenfalls zwei Lilien derselben Form zeigt[1].
Fundort:
a Berkach, kath. Filialkapelle St. Petrus und Paulus, vermutlich im 19. Jahrhundert entfernt. E. Herdtle, Taf. II, 12, ohne Fundortangabe.
Ehingen, Heimatmuseum.
Stuttgart, Württembergisches Landesmuseum.
b Blaubeuren, ehem. Benediktinerkloster, bei einer Restaurierung 1978–85 im „Chor" des Kapitelhauses entdeckt. Bruchstück. Gelbrötlicher Ton.
Ulm, Staatl. Hochbauamt.

1 J. Hehle, 158–162. Hieronymus Winkelhofer stiftete für die Kapelle ein zwischen 1500 und 09 entstandenes Gedächtnisbild, das neben der Gestalt des Stifters das Lilienwappen zeigt.

O 52 Blaubeuren – Melchingen – Reutlingen (?)

3. Drittel 15. Jahrhundert (a), Ende 15. – Anfang 16. Jahrhundert (b und c).
Rötlichgelber, feingemagerter Ton. Vertiefte Prägung. Bruchstück. 14 × 14 cm.
Variante zu O 51. Das Diagonalkreuz wird aus zwei gekreuzten Linien, denen jeweils ein rechtwinkliges Dreieck einbeschrieben ist, gebildet. Die Lilien sitzen nicht in Fliesenmitte, sondern auf der Mitte der Fliesenkante auf. Die kleine heraldische Lilie ist sehr sorgfältig geschnitten und entspricht der im 13. Jahrhundert gebräuchlichen Form. Der Schaftring ist als waagrechter Balken gegeben.
Fundort:
a Blaubeuren, ehem. Benediktinerkloster, bei einer Restaurierung 1978–85 vermauert gefunden.
Ulm, Staatl. Hochbauamt.
b Melchingen, Burgruine, bei der Restaurierung 1976 im Schutt gefunden, andere Fliesen im Obergeschoß in einer Fensternische vermauert. *Variante.* Die Lilien sitzen ohne Schaftring unmittelbar auf kleinem Dreieck auf, die Hänge-

blätter sind wie bei O51 übergroß, der Kelch fast nur ein rautenförmiger Punkt. Ziegelroter Ton. 14 × 3 cm.
Melchingen, Rathaus.
Filderstadt, Privatbesitz.
c Unbekannt, wahrscheinlich aus Reutlingen. Roter Ton. 16 × 3 cm.
Reutlingen, Heimatmuseum.

O53 Mägerkingen – Schussenried – Zwiefalten

Um 1482 (b), 1490–1500 (c).
Roter, feingemagerter Ton. Vertiefte Prägung, in Flachrelief übergehend. 15 × 3,5 und 16,5 × 5 cm.
Diagonalkreuz, geschnitten von einem kleineren Kreuz mit stilisierten Lilien. Die abgewinkelten Hängeblätter setzen sich in Blattranken mit zwei Windenblättern und einem Kleeblatt fort, welche die ganze Fläche überziehen.
Fundort:
a Mägerkingen, ev. Pfarrkirche, bei Grabungen vor 1966 gefunden.
Mägerkingen, Schulhaus.
b Schussenried, ehem. Prämonstratenserkloster, bei Grabungen vor der Kirche gefunden, vermutlich aus der „Alten Abtei" stammend.
Stuttgart, Württembergisches Landesmuseum.
c Zwiefalten, ehem. Benediktinerkloster. Bruchstück. Nahe der Südwand des Münsters im östlichen Hof 1974 gefunden. 15 × 2,7/3,2 cm. L. Tampe, 28, Abb. 5.
Zwiefalten, Privatbesitz.

O54 Schussenried

Um 1482.
Tiefdunkelroter, feingemagerter Ton. Flachrelief. 18 × 5 cm, ein Bruchstück mittelgrau gebrannt.
Zwei gekreuzte diagonale Blattstäbe mit je zwei Seitenzweigen und zwei Stengelverästelungen. Die einzelnen, efeuartigen Blätter sind so angeordnet, daß die ganze Fliese von kleinen, quadratischen Blattfeldern überzogen ist. An den Stengeln zusätzliche Blattknospen.
Fundort:
Schussenried, ehem. Prämonstratenserkloster, bei Grabungen vor der Kirche gefunden, vermutlich aus der „Alten Abtei".
Stuttgart, Württembergisches Landesmuseum.

O55 Bayern

2. Hälfte 14. – 1. Hälfte 15. Jahrhundert.
Roter Ton. Vertiefte Prägung, Punkte in Flachrelief. 13 × 3,5 cm.
Diagonalkreuz mit kleinen Punkten, in den seitlichen Dreiecken je eine zur Mitte gewandte Pflanze mit Sternblüte und zwei Palmettenblättern.
Fundort:
Unbekannt, aus Bayern.
München, Bayerisches Nationalmuseum.

O56 Rottweil?

1. Hälfte 14. Jahrhundert.
Gelblicher Ton. Vertiefte Prägung. 12,5 × 2,6 cm.
Diagonalkreuz aus Doppellinie mit ausgespartem Mittelquadrat und je einem Sparren auf den Kreuzbalken. In den seitlichen Dreiecken die Hälfte eines stark gezackten Blattsterns.
Fundort:
Unbekannt, aus Rottweil oder Umgebung.
Rottweil, Stadtmuseum.

O57 Villingen

14. Jahrhundert?
Hochroter, klinkerhart gebrannter, grobgemagerter Ton mit Resten von bräunlicher Glasur in den Rillen. Vertiefte Prägung. Bruchstücke. Kante senkrecht. Dicke 4 cm.
Variante von O56. Der Model für größere Fliese benutzt. Sichtbar sind Kreuz mit ausgeschiedenem Quadrat, zwei ganze und zwei halbe Blätter.
Fundort:
Villingen, Franziskanerkloster, Chorraum, im Schutt über dem Gewölbe gefunden.
Villingen, Franziskanermuseum.

O58 Dieburg

Nicht sicher datierbar, um 1545 wohl zu spät.
Rötlichgelber, hart gebrannter, mit Ziegelbröckchen gemagerter Ton. Vertiefte Prägung. 14,5 × 2,5 cm. Nicht abgebildet.
Diagonalkreuz aus zwei Bändern, in den Ecken von Viertelskreisen überschnitten. Neben diesen Schnittpunkten je ein kleines rechtwinkliges Dreieck auf beiden Seiten, so daß der Eindruck von vier teilweise überdeckten Rechtecken entsteht.
Fundort:
Dieburg, Frankensteiner Hof, Steinstraße 13, bei Grabungen 1951 gefunden. W. Boß, Abb. 10.
Dieburg, Kreis- und Stadtmuseum.

O59 Biberach

Um 1370.
Roter Ton. Vertiefte Prägung. 19 × 6 cm.
Einfaches Diagonalkreuz mit vier kleinen Herzen, deren Spitzen sich am Schnittpunkt treffen und so ein vierblättriges Kleeblatt bilden. In den Fliesenecken ebenfalls je ein kleines Herz, in der Zusammensetzung ergibt sich immer wieder dasselbe Muster.
Fundort:
Biberach, Stadtpfarrkirche St. Martin, bei der Restaurierung 1966 gefunden.
Biberach, Kirchenverwaltung.

O60 Apfeltrach

Um 1450–1460.
Roter Ton. Vertiefte Prägung mit Reliefwirkung. 24 × 24 cm.
Diagonalkreuz aus breiten Rechteckbändern mit Mittelkreis und je drei kleinen Kreisen auf den Kreuzarmen. In diesen Sternrosetten mit teils runden, teils spitzeren Blütenblättern.
Fundort:
Apfeltrach, kath. Wallfahrtskirche St. Leonhard, bei Grabungen 1962/63 gefunden, hinter der Mensa neu verlegt.

Kreuz aus Viertelskreisen

O 61 Arnsburg – Eberbach – Eppstein – Frankfurt/Main – Königstein – Münzenberg – Ilbenstadt

2. Hälfte 14. Jahrhundert?
„Stark mit Sand gemagerter, brüchiger, poröser, hellroter Ton[1]." Vertiefte Prägung. Kante schräg. 14 × 2,5 cm.
Vier leicht gedrückte Viertelskreise schneiden sich so, daß in Fliesenmitte ein kleines Eckquadrat ausgespart wird und ein „Kreuz" mit gewölbten Kreuzbalken entsteht. In der Zusammensetzung ergibt dies eine endlose Durchdringung von großen und kleinen Kreisen, die letzteren durch winzige Viertelskreise in den Fliesenecken gebildet. Nicht alle mit demselben Model geprägt.
Fundort:
a Arnsburg, ehem. Zisterzienserkloster, Bruchstücke bei der Restaurierung vor 1958 auf dem Gelände der Ruine gefunden. M. Morkramer, 1982, Nr. 3.2.3, 74, Abb. 72.
Laubach, Schloß, Slg. E.-O. Graf zu Solms-Laubach.
b Eberbach, ehem. Zisterzienserkloster, Herkunft unbekannt.
Wiesbaden, Landesamt für Denkmalpflege. Hessen.
c Eppstein, Burgruine, bei Restaurierungsarbeiten im Schutt gefunden. Rötlicher Ton. 13 × 13 cm.
Eppstein, Burgmuseum.
d Frankfurt/Main, vor 1885 in einem Bürgerhaus gefunden. Beide Prägungen. Bei einer Fliese in der Mitte ein Quadrat, bei der anderen ein Rechteck ausgespart. Roter und grauer Ton.
Frankfurt/Main, Historisches Museum.
Hamburg, Museum für Kunst und Gewerbe (vom Museum Frankfurt/Main überlassen).
e Königstein, Burgruine, bei Grabungen 1973 gefunden. Rötlicher, gröber gemagerter Ton. Bruchstück. 15 × 2,5 cm. In der Mitte Quadrat ausgespart. E. Gundermann, 146, Taf. 2, Nr. 13, 150.
Königstein, Stadtmuseum.
f Münzenberg, Burgruine, bei den Ausgrabungen um 1900 und erneut 1960 gefunden. Roter Ton mit gelbbrauner und dunkelbrauner Glasur. Kante schräg. 13,5 × 2,2/2,5 cm.
Münzenberg, Pfarramt.
Friedberg, Wetterau-Museum.
g Unbekannt, Gipsabguß vor 1868 im Museum. 16 × 16 cm. Kat. GNM Nürnberg, 6, A. 20, Taf. III.
Nürnberg, Germanisches Nationalmuseum.
h Unbekannt, zu Ende des 19. oder zu Anfang des 20. Jahrhunderts in die Museen gelangt. Wie bei O 61 *d* zwei verschiedene Prägungen. Roter Ton.
Darmstadt, Hessisches Landesmuseum (15 × 2,5 cm).
Marburg, Museum für Kunst und Kulturgeschichte (13 × 13 cm).
i Haina, ehem. Zisterzienserkloster. Hier findet sich ein nach 1851 verlegter Fliesenboden aus inkrustierten Fliesen in der Klosterkirche[2]. Für die Kopie stand ein Muster ähnlich O 61 Pate, möglicherweise in Haina früher vorhanden.
j Ilbenstadt, ehem. Prämonstratenserklosterkirche. *Variante,* mit kleinem und großem Mittelquadrat (kein Rechteck), bei Ausbesserungsarbeiten vor 1975 im Kirchenschiff gefunden.
Ilbenstadt, Pfarramt.
k Arnsburg, ehem. Zisterzienserkloster, 1979 bei Grabung 35 Bruchstücke gefunden. *Variante.* Über den Längskanten eines Rechtecks wölbt sich je ein Halbkreis. Durch die Überschneidung wird auf der Mittellinie ein kleines Spitzoval ausgespart. In der Zusammensetzung von vier Fliesen ergeben sich ähnliche Ovale bei O 61. „Grobkörniger, schwach gebrannter roter Ton mit Einschluß kleiner Kieselsteinchen und sonstigen Verunreinigungen." Nach M. Morkramer[3], das Muster mit den Fingern eingetieft. Kante senkrecht. 12 × 23 × 4 cm. M. Morkramer, 1982, 74, Abb. 73, Nr. 3.2.4.
Arnsburg, Klostersammlung.

1 M. Morkramer, 1982, 93.
2 H. Brandt, 1968, 43.
3 M. Morkramer, 1982, 74.

O 61.1 Veringenstadt?

2. Hälfte 15. Jahrhundert.
Roter Ton. Vertiefte Prägung, Model in größere Fliese eingeprägt.
Sorgfältige und ganz regelmäßige Prägung von O 61, das ausgesparte Mittelquadrat winzig.
Fundort:
Unbekannt, zusammen mit N 71 gefunden, wahrscheinlich ebenfalls aus St. Nikolaus, Veringenstadt.
Hechingen, Hohenzollerische Landessammlung.

O 62 Auerbach – Eberbach – Friedberg

15. Jahrhundert. Vorlage vermutlich Anfang 14. Jahrhundert.
Gelbroter Ton. Vertiefte Prägung. 12,5 × 2,2 cm.
Vermutlich Vorlage für O 61. Das winzige Mittelquadrat durch vier kleine Rauten gefeldert, die Viertelskreise noch flacher.
Fundort:
a Bensheim-Auerbach, Burgruine „Auerbacher Schloß", bei Grabungen am 9. 8. 1903 gefunden. K. Krauß, 1905, 3.
Bensheim, Bergsträßer Heimatmuseum.
b Eberbach, ehem. Zisterzienserkloster. *Variante* mit Viertelskreisen in den Ecken. Gelblicher Ton. Kante senkrecht. Bruchstück. 13,2 × 2,5 cm. Einzelfliese.
Eberbach, Lapidarium.
c Friedberg, Herkunft unbekannt, analog zu J 71 und O 23 wohl ebenfalls aus Burg Friedberg. *Variante.* In den Ecken Blütenviertel. Roter Ton, die Vertiefungen mit roter Farbe ausgefüllt. Kante schräg. 12,5 × 2,5 cm.
Friedberg, Wetterau-Museum.
d Unbekannt, möglicherweise sind dies die sechs Fliesen aus der Franziskanerkirche Würzburg.
Variante. Das Ornament aus breiten Doppelbändern, in der Mitte ebenfalls winziger Vierstern. In den Ecken, zur Mitte gerichtet, je ein Spitzoval.
Nürnberg, Germanisches Nationalmuseum.

O 63 Seeheim – Tannenberg

1. Hälfte 14. Jahrhundert.
Rötlichgelber-rötlichgrauer Ton. Vertiefte Prägung. Bruchstücke. 13 × 2 cm.
Variante von O 61. Das Mittelquadrat größer. In den entstandenen Fünfecken ein Löwe, ein Hirsch, ein Ahornblatt und ein dreigelapptes Blatt (Klee?). Das endgültige Muster ergibt erst die Zusammensetzung von 16 Fliesen.
Fundort:
a Seeheim, ev. Pfarrkirche, bei Bauarbeiten 1976 gefunden.
Darmstadt, Privatbesitz.

b Seeheim, Burgruine Tannenberg, bei Grabung 1849 gefunden. J. v. Hefner-Alteneck, J. W. Wolf, Taf. I B.
Darmstadt, Hessisches Landesmuseum.
Nürnberg, Germanisches Nationalmuseum.

O 64 Ulm

Ende 15. Jahrhundert.
Roter Ton. Vertiefte Prägung mit Reliefwirkung. 19 × 4 cm.
Vier sich nahe der Mitte schneidende Viertelskreise ähnlich O 63, mit kleinen Dornen besetzt. Je zwei der sich gegenüberliegenden Eckfelder zeigen eine Rosenknospe und ein feingezahntes Rosenblatt.
Fundort:
Ulm, vor 1862 in einem Privathaus gefunden. K. Haßler, Taf. VIII, 2.
Stuttgart, Württembergisches Landesmuseum.

O 65 Chorin

Um 1334.
Roter Ton. Vertiefte Prägung. 18 × 18 cm.
Vier Viertelskreise schneiden sich in Fliesenmitte so, daß der Eindruck von zwei Diagonalbändern mit gegabelten Enden entsteht. In der Zusammensetzung ergeben sich auch hier wieder sich endlos verschlingende Kreise.
Fundort:
Chorin, ehem. Zisterzienserkloster, bei Grabungen 1833 im südlichen Seitenschiff und auf den Altarstufen der Ostkapellen gefunden, teilweise inzwischen verloren. F. Solger, O. Korn, P. Eichholz, 78, Abb. 61.

O 66 Stuttgart-Degerloch – Stuttgart-Plieningen

nach 1449 ? (a), um 1493 ? (b).
Roter Ton. Vertiefte Prägung. 11 × 3 cm.
Ein doppelter Diagonalstab wird in Fliesenmitte von zwei doppelten Viertelskreisen geschnitten. Diese berühren sich jedoch nicht.
Fundort:
a Stuttgart-Degerloch, ev. Pfarrkirche St. Maria, beim Abbruch der Kirche 1889 gefunden.
Stuttgart, Württembergisches Landesmuseum.
b Stuttgart-Plieningen, ev. Pfarrkirche St. Martin, bei Grabungen auf dem Kirchplatz 1965 gefunden.
Stuttgart, Landesdenkmalamt Baden-Württemberg.

O 67 Speyer

1. Hälfte 14. Jahrhundert.
Roter Ton. Vertiefte Prägung, die Punkte extra tief eingeprägt. 13,5 × 2,5 cm.
Ein breites Diagonalband teilt die Fliese. Zu beiden Seiten Kreis wie bei K 2 mit 14 und 15 Punkten.
Fundort:
a Speyer, Herkunft unbekannt, vor 1955 gefunden.
Speyer, Historisches Museum der Pfalz.
b Speyer, Heilig-Geist-Kirche, Johannesstr. 9, 1977 im Hof des Pfarrhauses gefunden.
Speyer, Historisches Museum der Pfalz.

O 68 Speyer

1. Hälfte 14. Jahrhundert.
Roter Ton. Vertiefte Prägung. 13,5 × 2,5 cm.
Variante zu O 67. Auf einer Seite zwei kleine Kreise mit je zehn Punkten, den Fliesenrand berührend; auf der anderen Viertelskreis mit zehn tief eingeprägten Punkten und einem Rosettenviertel, welches sich in der anderen Ecke, in kleineren Maßen, wiederholt.
Fundort:
Unbekannt, vermutlich aus Speyer (Slg. K. Diernfellner), vor 1930 gefunden.
Speyer, Historisches Museum der Pfalz.

O 69 Reichenau – Beromünster?

Ende 15. – Anfang 16. Jahrhundert.
Roter Ton mit Resten von Glasur. Blätter und Stab dunkelgrün, das Knotenband um den Stab helleres Grün. Der Mustergrund und das Blüteninnere weißlichgelb, die Blütenblätter dunkelmangan, fast schwärzlich. Vertiefte Prägung. 14 × 2,4 cm. Auf der Rückseite zwei ausgemuldete Vertiefungen.
Fliese durch Diagonalstab, um den sich ein vierfaches Knotenband schlingt, geteilt. In den Ecken Viertel einer vierblättrigen Blüte mit zarter Binnenzeichnung, von schmalen Lanzettblatthälften gerahmt.
Fundort:
a Insel Reichenau, Herkunft unbekannt, vor 1890 gefunden[1].
Karlsruhe, Badisches Landesmuseum.
b Unbekannt. Möglicherweise vom selben Fundort wie O 69*a*, nach H. Draeyer, Y. Jolidon, J. Brülisauer, 1986, 235, Kat. Nr. 322, möglicherweise auch 1882 in der Stiftskirche Beromünster gefunden.
Luzern, Historisches Museum.

1. Eine Zuweisung der Fliese an eine bestimmte Kirche der Reichenau ist vorläufig nicht möglich, da in allen drei Hauptkirchen der Insel zu Ende des 15. Jahrhunderts noch größere und kleinere Bauarbeiten durchgeführt wurden. Möglicherweise stammen die Fliesen aus einer der zahlreichen, im 19. Jahrhundert abgebrochenen kleinen Kirchen und Kapellen.

O1

O5

O6

O7

O9

O10

O11

O12

O13

O14

O15

O16

O 17

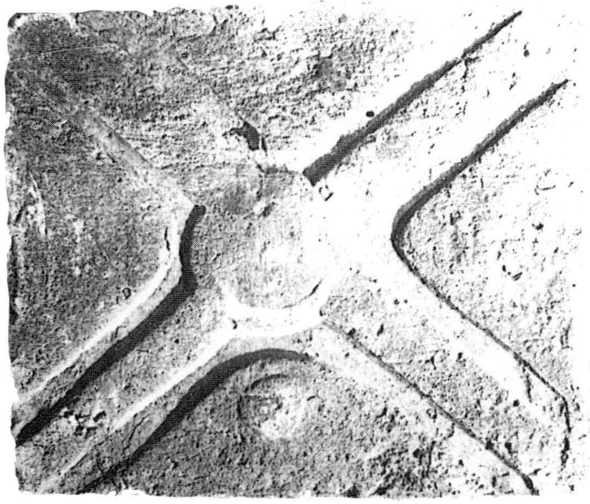

O 18

O 19

O 22

O 23

O 24

O25

O25.1

O26

O27

O28

O32

O 33

O 34

O 35

O 37

O 38

O 38.1

O 39

O 40

O 41

O 43

O 45

O 46

O 47

O 49

O 50

O 51

O 52

O 53

O 54

O 55

O 56

O 57

O 59

O 60

O 61

O 61.1

O 62

O 63

O 64

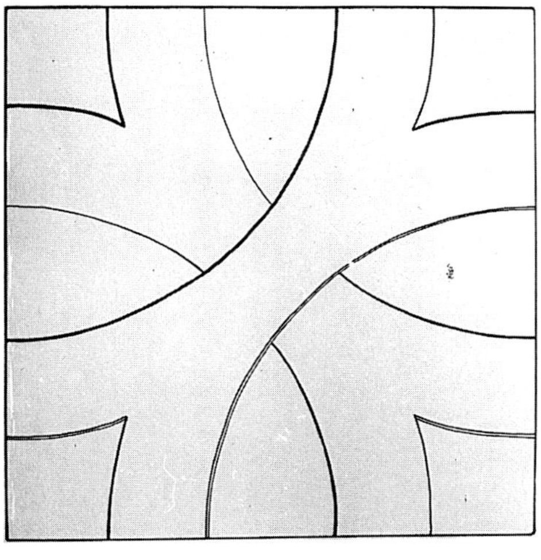

O 65

O 66

O 67

O 68

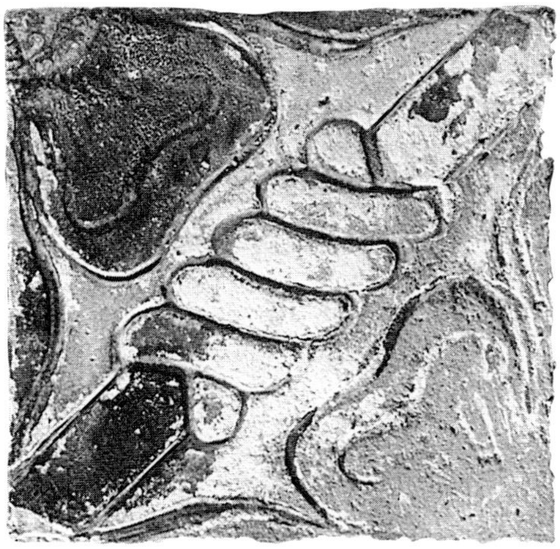

O 69

Astroide aus Viertelskreisen

P 1 Schmidtburg

16. Jahrhundert.
Feingemagerter, rötlicher Ton mit dunkeloliver Glasur, vertiefte Prägung. Abgetreten. Möglicherweise früher ein Binnenmuster vorhanden. 16 × 2,1 cm. Nicht abgebildet.
Astroidform durch Viertelskreise in den Fliesenecken.
Fundort:
Schmidtburg im Hahnenbachtal, Burgruine, bei Grabungen 1972 gefunden.
Simmern, Hunsrück-Museum.

P 1.1 Mespelbrunn

Um 1569?
Dunkelroter Ton. Vertiefte Prägung mit breiten Rillen. 18 × 18 cm. Nicht abgebildet.
Variante zu P 1. In der Mitte dicker Punkt.
Fundort:
Mespelbrunn, Wasserschloß, in situ als Bodenbelag der Halle im nördlichen Hauptflügel. Schulte vom Brühl, 189.

P 2 Ottmarsheim

12. Jahrhundert?
„Gebrannte Erde". Vertiefte Prägung. Anscheinend 31 × 3,5 cm.
Astroide aus vier konzentrischen Viertelskreisen, nur die innerste Form geschlossen.
Fundort:
Ottmarsheim, ehem. Benediktinerinnen-Klosterkirche, 1884 dort noch auf der Empore in situ. F. X. Kraus, II, 501, Abb. 77 rechts. Heute verschollen.

P 3 Sankt Georgen

Ende 13. Jahrhundert?
Tonfarbe und Maße unbekannt. Vertiefte Prägung. Bruchstück, halbe Fliese.
Astroide aus sehr breiten Viertelskreisbändern[1]. Die Mitte leer, in den Ecken kleine Glockenblüten.
Fundort:
St. Georgen, ehem. Benediktinerkloster, bei einer Grabung 1958 gefunden.
Verbleib nicht zu ermitteln.

1 Auch hier erfolgt eine Aufteilung in Gruppen. A. aus einem Viertelskreis, B. aus zwei Viertelskreisen. Das Muster ergibt in der Zusammensetzung ebenfalls Kreise.

P 4 Württemberg

15. Jahrhundert?
Roter Ton. Flachrelief. 18,5 × 3 cm.
Astroide B, in der Mitte kleiner Kreis, auf dem in Kreuzform vier Lilienstäbe sitzen. Das Kelchblatt mit ausgezogener Spitze, die Hängeblätter sichelförmig auf rundem Schaftring.
Fundort:
Unbekannt, aus Württemberg.
Stuttgart, Württembergisches Landesmuseum.

P 5 Groß-Geroldseck – Saarburg

1. Hälfte 13. Jahrhundert – 3. Viertel 13. Jahrhundert.
Roter Ton mit Spuren einer rötlichbraunen Glasur. Vertiefte Prägung, einzelne Fliesen in der Diagonale geteilt. Kante senkrecht. 10,5 × 2,6 cm.
Quadratischer Rahmen, von vier Viertelskreisen B jeweils auf einer Seite überschnitten. In der Mitte Lilie mit großem, spitzovalem Kelch und sichelförmigen Hängeblättern.
Fundort:
a Groß-Geroldseck, Burgruine, bei Grabungen am 4. 3. 1912 gefunden. Ch. Czarnowsky, 12, Abb. 3 und 4.
Straßburg, Slg. Ch. Czarnowsky, seit 1940 verloren. Straßburg, Frauenhausmuseum.
b Saarburg, beim Bau der ev. Kirche 1863 gefunden. L. Benoit, 85, Abb. 7.
Saarburg, Regionalmuseum.
c Unbekannt, möglicherweise aus einem dritten Fundort in Zabern oder den Burgen der Umgebung. Mit bräunlicher Glasur.
Zabern, Städtisches Museum.

P 6 Bebenhausen – Württemberg

Um 1228 (a und b). Nachschnitt um 1480 (c)?
Roter, feingemagerter Ton. Vertiefte Prägung. 10 × 2,5 cm.
Rahmen übereinstimmend mit P 5, in der Mitte kleiner Vierpaß mit Punkt in Fliesenmitte[1].
Fundort:
a Bebenhausen, ehem. Zisterzienserkloster, in situ im Dormitorium. E. Herdtle, I, Taf. 5.
Stuttgart, Württembergisches Landesmuseum.
b Bebenhausen, bei Grabungen 1956 auf dem Gelände der ehem. Klosterkirche gefunden.
Bebenhausen, Klosterverwaltung.
c Fundort unbekannt, vermutlich aus derselben Kirche wie J 32, N 58, O 3. *Nachschnitt.* Rahmen und Viertelskreise schmäler, der Vierpaß aus vier einzelnen Tropfenblüten. Roter Ton mit Resten grüner Glasur. 11 × 2,5 cm.
Stuttgart, Württembergisches Landesmuseum.

1 Zur französischen Vorlage vgl. Kap. 7, Anm. 27.

P 7 Saarburg

2. Hälfte 13. Jahrhundert.
Hellbräunlicher Ton. Vertiefte Prägung. Abgetreten. 14,7 × 2 cm, eine Ecke fehlt.
Rahmung und Astroide übereinstimmend mit P 5. In der Mitte kleiner Kreis mit Stern aus acht Strichen.
Fundort:
a Saarburg, ehem. Dominikanerinnenkloster Weyerstein, 1890 gefunden.
b Saarburg, Avenue de la Victoire 18, bei der Aufdeckung einer mittelalterlichen Töpferei 1960 gefunden. M. Lutz, V. Beyer, 137, Taf. III, 2.
Saarburg, Regionalmuseum.

P 8 Hadamar

Kurz vor 1379.
Grauer und roter Ton, in den Vertiefungen vereinzelt Spuren von brauner Glasur. 11 × 10,6 × 2,6 cm.

Astroide A, in der Mitte Kreis mit kleiner Blüte aus vier Kreisen mit rundem Blütenkorb.
Fundort:
Hadamar, Liebfrauenkirche, bei der Freilegung des Fliesenbodens 1966 in situ gefunden. Die Fliese war als orthogonales Mittelband zwischen den in der Diagonale verlegten Fliesenquadraten angeordnet.
Fliesen zerstreut, viele in Privatbesitz.
Königstein, Stadtmuseum (aus Privatsammlung).
Bad Zwischenahn, Slg. Hans-Jürgen Heger.

P9 Limburg a. d. Haardt

Mitte 16. Jahrhundert.
Roter Ton. Flachrelief. 16,5 × 2,5 cm. Nicht abgebildet.
Astroide B ohne Rahmen. In der Mitte kleine Blüte aus sieben Tropfenkreisen.
Fundort:
Limburg a. d. Haardt, ehem. Benediktinerkloster, bei Grabungen zu Ende des 19. Jahrhunderts in der Ruine gefunden.
Bad Dürkheim, Heimatmuseum.

P10 Landstuhl

Nach 1323? oder Ende 15. Jahrhundert.
Dunkelroter Ton. Flachrelief. 16 × 3 cm. Nicht abgebildet.
Variante zu P9 mit Blüte aus acht, etwas schmäleren Blütenblättern.
Fundort:
a Landstuhl, Burgruine Nanstein, bei Ausgrabungen vor 1892 gefunden[1].
Landstuhl, Stadtverwaltung.
b Variante vom selben Fundort. Blüte größer, die Einzelblätter stärker gerundet. 1967 an der Treppe zum kleinen Rondell gefunden. Bruchstück.
Braubach, Marksburg, Slg. der Deutschen Burgenvereinigung.
c Unbekannt, wahrscheinlich auch aus Burg Nanstein.
Speyer, Historisches Museum der Pfalz.

1 Bdm Pfalz III, 39.

P11 Kolmar – Sesenheim – Worms – Speyer

3. Viertel 13. Jahrhundert.
Dunkelroter Ton. Vertiefte Prägung. 12,5 × 2,5 cm.
Astroide B mit steilem, doppeltem Zackenband. In der Mitte kleine sechsblättrige Rose aus ganz getrennten, fast dreieckigen Blütenblättern.
Fundort:
a Kolmar, Stiftskirche St. Martin, vermutlich bei der Restaurierung nach 1900 entfernt. Die heute in den Chorumgangskapellen verlegten Kopien weichen in der Prägung etwas ab (nur einfaches Zackenband).
Kolmar, Unterlinden-Museum.
b Sesenheim, beim Abbruch der mittelalterlichen Kirche 1910 gefunden Ch. Czarnowsky, 18, Abb. 26, 8.
Sesenheim, Restaurant „Au Bœuf Noir".
c Worms, Herkunft unbekannt, nach 1922 gefunden. Rotgelblicher Ton, an der Oberfläche grau. Kante senkrecht. 12,5 × 2 cm.
Worms, Museum der Stadt Worms.
d Speyer, Lindenstraße, am 19. 9. 1911 gefunden. Mittelgrauer Ton mit Einschluß von kleinen Steinchen. 15 × 3 cm. Der Model war sichtlich für eine kleinere Fliese geschnitten, das Muster reicht nicht bis zum Rande.
Speyer, Historisches Museum der Pfalz.

P12 Altenbaumburg – Koblenz – Lorsch – Weinheim – Worms

3. Viertel 13. Jahrhundert.
Grauer Ton. Vertiefte Prägung. 13,6 × 3,6 cm.
Astroide B mit flacher Zackenlinie, in den Ecken noch ein kleiner Viertelskreis. In der Mitte Kreis mit Stern aus sechs Spitzovalen.
Fundort:
a Altenbaumburg, Burgruine, bei Ausgrabungen vor 1884 gefunden. Bdm Pfalz I, 212, Abb. 330 rechts. Beim Wiederaufbau des Palas 1980–83 erneut geborgen. V. Geißler, 1984, 345, Abb. 127 oben rechts.
Altenbaumburg, Burgsammlung.
b Unbekannt, aus Koblenz oder dessen unmittelbarer Umgebung. Hellgelblichroter Ton.
Koblenz, Mittelrhein-Museum.
c Lorsch, ehem. Benediktinerkloster, bei den Grabungen 1928–32 gefunden. Grauer Ton. Für eine weitere Fliese aus gelbem Ton ist der Fundort Lorsch wahrscheinlich.
Darmstadt, Hessisches Landesmuseum.
d Weinheim, St. Peterskirche, beim Abbruch 1910 gefunden. Roter Ton, Bruchstücke. H. Huth 364, Abb. 269.
Weinheim, Heimatmuseum.
e Worms, Herkunft unbekannt, vor 1922 gefunden. E. Grill, Taf. II, 49. Braunrötlicher Ton. 14 × 2,5 cm.
Worms, Museum der Stadt Worms.
f Worms, St. Amanduskirche, bei Grabungen 1934–35 gefunden. Roter Ton.
Worms, Museum der Stadt Worms.
g Worms, Domberggrabung 1935. Hellgrauer, dunkelgrauer, hell- und dunkelroter Ton, P. T. Keßler, 79, Abb. 8, 2.
Worms, Museum der Stadt Worms.
h Worms, ehem. Bergkloster, Andreasring, bei Grabungen gefunden. Roter Ton. 14,2 × 2,2 cm.
Worms, Museum der Stadt Worms.

P12.1 Dinkelsbühl

Mitte 16. Jahrhundert?
Ziegelroter, grob gemagerter Ton. Flachrelief. 23 × 23 cm.
Astroide B aus vier Viertelskreisen mit je sechs dicken Punkten. In der Mitte Kreis aus drei Ringen, vom äußersten gehen acht spinnwebartige Strahlen aus, vier zu den Seitenmitten, vier zur Innenkante der äußeren Viertelskreise. Die Ansätze sind verschliffen, so daß eine Sternform entsteht.
Fundort:
Dinkelsbühl, ev. Stadtpfarrkirche St. Georg, bei einer Restaurierung 1983/84 gefunden.
Verbleib noch nicht entschieden.

P13 Ulm-Söflingen – Speyer – Worms – Zwiefalten

Nach 1278 (a), 3. Viertel 13. Jahrhundert.
Sehr hart gebrannter, stark mit Sand gemagerter grauer Ton. Fliesen in gelbem Ton feiner gemagert. Vertiefte Prägung. 13,5 × 2,5 cm.

Variante von P12. Statt der Zackenlinie je zehn rechteckige Punkte auf dem etwas schmäleren Kreisband. Die Spitzovale des Sterns in Fliesenmitte nicht geschlossen.
Fundort:
a Ulm-Söflingen, ehem. Klarissinnenkloster, bei Bauarbeiten 1913–14 im Mauerwerk gefunden. Zwei Prägungen, bei einer reicht der Model nicht bis zum Fliesenrand. R. Weser, 95, Abb. 9, 94, Abb. 8. H. A. Klaiber, R. Wortmann, 664, Abb. 601, Nr. 12, 13.
Ulm, Ulmer Museum.
b Speyer, Herkunft unbekannt.
Speyer, Historisches Museum der Pfalz.
c Worms, St. Johanniskirche, bei der Aufdeckung des Fliesenbodens 1907 in situ gefunden. E. Grill, Taf. II, 47. Hellroter Ton. Kante leicht schräg. 14 × 2,3 cm. Fliesen mit zwei verschiedenen Modeln geprägt.
Worms, Museum der Stadt Worms.
d Zwiefalten, ehem. Benediktinerkloster, 1975 im aufgefüllten Schutt des Fraterbaus, 1976 weiteres Bruchstück im Schutt des Münsterchores gefunden. Roter Ton. L. Tampe, 29, Abb. 8.
Zwiefalten, Privatbesitz.

P14 Asch – Schmiechen – Urspring

Um 1474 (a). Um 1480.
Roter Ton. Vertiefte Prägung. 15,5 × 2,5 cm.
Astroide A, einen Kreis überschneidend. In der Mitte kleiner Kreis mit Sechsstern aus schmalen Rauten, in den Ecken je zwei Palmetten mit drei Blattbögen.
Fundort:
a Asch, ev. Pfarrkirche „Unserer Lieben Frau", bei Ausgrabungen 1962 gefunden. E. Landgraf, 1974, 663, Abb. 3, 5.
Stuttgart, Landesdenkmalamt Baden-Württemberg.
b Schmiechen, kath. Pfarrkirche St. Veit, bei der Restaurierung 1890 gefunden, hinter dem Altar neu verlegt.
c Unbekannt, vermutlich auch aus Schmiechen[1].
In den Vertiefungen haben sich Reste einer weißen Füllmasse erhalten. 15 × 3 cm.
Ulm, Ulmer Museum.
d Urspring, auf dem Gelände des ehem. Benediktinerinnenklosters 1978 beim Neubau eines Schulgebäudes gefunden.
Urspring, Urspringschule.

1 G. E. Pazaurek, 9, erwähnt Fliesen aus Schmiechen im Museum Ulm.

P15 Wörschweiler – Kaiserslautern

1. Viertel 13. Jahrhundert (a), 2. Drittel 13. Jahrhundert (b).
Roter, stark gemagerter Ton. Vertiefte Prägung mit Reliefwirkung. Bruchstück einer größeren Platte. Ca. 18 × 12 × 1,4 cm erhalten.
Astroide B in Kreis, der die Fliesenkante berührt, einbeschrieben. In den entstandenen Spitzovalen unregelmäßig tief eingekerbte Blätter vom Typus H66, ohne Punkte und ganz symmetrisch. Die Astroide ganz ausfüllend: Blattstern mit je drei seitlichen Kerben. In den Ecken zwei kleine Voluten mit der Hälfte eines ähnlichen Blattes. Der Model wahllos in eine größere Fliese eingeprägt, teils einen schmalen Rahmen lassend, teils eng an die nächste Fliese angeschmiegt. Die Zeichnung verschiebt sich dabei um einige Zentimeter.
Fundort:
a Wörschweiler, Ruine des ehem. Zisterzienserklosters, bei der Ausgrabung 1954–56 gefunden. P. Volkelt, 21, Nr. 8, Taf. 13,2.
Wörschweiler, Depot der Klosterfunde.
b Wie *a*. Das Muster zusammen mit zwei Stempeln von W49 auf eine Platte geprägt. Die Rautenmodel stehen jeweils in einem anderen Winkel zum quadratischen Model. Bruchstück. 20,4 × 12,2 × 5,8 cm.
Wörschweiler, Depot der Klosterfunde.
c Kaiserslautern, bei der Restaurierung der Stiftskirche St. Martin und Maria außerhalb der Kirche im Schutt gefunden[1]. *Variante*. Quadratische Fliese, in der Diagonale geteilt. Keine Abweichungen in der Zeichnung, vermutlich mit demselben Model geprägt. Rötlichbrauner und schiefergrauer Ton. Bruchstücke. 12,3 × 12,3 cm.
Kaiserslautern, Stiftskirche.

1 Nach freundl. Mitteilung von Herrn Dipl.-Ing. Werner Heyl, Kaiserslautern, kann der Schutt aus der ehem. Pfalz (Barbarossaburg), dem ehem. Prämonstratenserkloster oder aus der Kirche selbst stammen.

P16 Eußerthal

Um 1262.
Roter Ton. Vertiefte Prägung. 13 × 2,5 cm.
Astroide B, in Kreis gleicher Breite einbeschreiben, ihn in Mitte der Fliesenkante an einer Stelle jeweils überschneidend. In der Mitte Blattstern ähnlich P15, die Blattrippen durch tief eingeprägtes Mittelkreuz angedeutet.
Fundort:
a Eußerthal, ehem. Zisterzienserkloster, 1903 gefunden.
Speyer, Historisches Museum der Pfalz.
b Wie a. bei einer Restaurierung 1961/62 gefunden.
Eußerthal, Pfarrhaus.

P17 Bebenhausen

2. Hälfte 13. Jahrhundert.
Hellrötlicher Ton. Vertiefte Prägung. 10,5 × 3 cm und 12 × 3 cm.
In quadratischem Rahmen Astroide, mit P5 übereinstimmend. Der freie Raum ganz von einem Blattstern aus Weinlaub mit feinen Blattrippen ausgefüllt. In der Mitte winziger Kreis.
Fundort:
Bebenhausen, ehem. Zisterzienserkloster, in situ im Dormitorium. E. Herdtle, I, Taf. 11.
Stuttgart, Württembergisches Landesmuseum.

P18 Hirsau

1472, vermutlich Kopie einer Fliese des 13. Jahrhunderts, möglicherweise auch unter Verwendung eines alten Models geprägt.
Roter Ton. Vertiefte Prägung. Doppelfliese. 12 × 24 × 4 cm.
Variante von P17. Das Quadrat aus Doppelbändern, die sich jeweils in der Ecke überschneiden, die Viertelskreise noch breiter. Die schmalen Blätter tiefer eingekerbt, der Mittelkreis größer, die Blattrippen leicht gewellt.
Fundort:
a Hirsau, St. Aureliuskirche, bei Grabung 1876 gefunden.
b *Variante*, der Model nur einmal eingeprägt, auf der anderen Seite die Jahreszahl 1472.
Hirsau, Klostermuseum.

P19 Ulm

15. Jahrhundert?
Roter Ton. Flachrelief. Stark abgetreten. 15 × 3,5 cm.
Astroide mit Blattstern ähnlich P18. In den Ecken, fast die ganze Fläche füllend, große Herzform. Einzelheiten der Prägung möglicherweise durch Abnützung verloren.
Fundort:
Ulm, Herkunft unbekannt.
Ulm, Privatbesitz.

P20 Kaysersberg – Kienzheim – Kolmar

2. Hälfte 15. Jahrhundert?
Roter Ton. Flachrelief. 16,5 × 4 cm.
Astroide A mit Blattstern und kleinem Mittelkreis. Die Blätter ohne Blattrippen, unregelmäßig gezackt mit einer kleinen Vertiefung am Grunde. In den Ecken Viertel einer Rosette mit kronenartigen, kielbogenförmigen, auf einem Kreisbogen angeordneten Blütenblättern.
Fundort:
a Kaysersberg, aus dem ehem. Badhaus. Ch. Czarnowsky, 13, Abb. 8.
Straßburg, Slg. Ch. Czarnowsky, seit 1940 verloren.
Straßburg, Frauenhausmuseum.
b Kienzheim, Herkunft unbekannt.
Kayersberg, Société d'Histoire de Kaysersberg et Environs.
c Kolmar, Herkunft unbekannt.[1] 17,5 × 3,4 cm. G. Meyer, 1975a, 36, 44, Abb. C6.
Kolmar, Privatbesitz.

1 G. Meyer, 131: „... an verschiedenen Stellen (sur plusieurs sites)".

P20.1 Stein am Rhein

Ende 15. – 1. Viertel 16. Jahrhundert.
Grob gemagerter gelblichrosa Ton. Flachrelief. Abgetreten. Bruchstück, etwa Viertelsfliese. Original ca. 22,5 × 4,3 cm.
Variante zu P20. Astroide übereinstimmend, der Mittelstern und das Eckornament (in der Zusammensetzung) aus vier Lilien gebildet.
Fundort:
Stein am Rhein, ehem. Benediktinerkloster St. Georgen, bei Umbauten gefunden.
Stein am Rhein, Klostermuseum.

P21 Oberursel

15.–16. Jahrhundert.
„Mittel- bis hellziegelroter Ton, weich bis mäßig hart gebrannt." Flachrelief. Bruchstück. Erhaltene Seitenlänge 10,5 cm. Dicke 1,8/2,2 cm. Nicht abgebildet.
Nicht sicher zu ergänzendes Bruchstück, nicht im Muster, jedoch in der Prägung ähnlich P20.1. Sichtbar ist ein Viertelsbogen, der statt in Fliesenmitte über der Fliesenecke ansetzt. Auf einer Seite Teil eines Blattsternes ähnlich P20.1, auf der anderen tief geschlitztes Blatt wie T35.1
Fundort:
Oberursel, kath. Pfarrkirche St. Ursula, bei den Grabungen 1976–79 gefunden. Möglicherweise erst durch Auffüllschutt in die Kirche gelangt.
Oberursel, Pfarrkirche.

P21.1 Groß-Umstadt

Mitte 16. Jahrhundert.
Fein gemagerter gelbgrauer Ton. Flachrelief. 18 × 2 cm.
Astroide mit Blattstern. Die sich verjüngenden Blattrippen zu einem zweiten schmalen Stern geformt, auf kleinem Mittelkreis aufsitzend. In den Ecken je ein Viertel desselben Musters. Die Fliese besaß vermutlich noch eine feinere Binnenzeichnung, von der Spuren erkennbar sind.
Fundort:
Groß-Umstadt, 1983 bei der Restaurierung des Fachwerkhauses Curtigasse 5 gefunden.
Darmstadt, Privatbesitz.

P22 Bad Wimpfen am Berg

Ende 14. – 1. Hälfte 15. Jahrhundert.
Dunkelroter, fast gesinterter Ton. Flachrelief. Originalgröße des Bruchstücks in Analogie zu den anderen Fliesen des Fundes wohl 13,2 × 2,5 cm.
Astroide B mit spitzem, dreigeteiltem Hahnenfußblatt. In den Ecken Viertel einer großen, dreifachen Rosette, aus Halbkreisbögen dachziegelartig angeordnet.
Fundort:
Wimpfen am Berg, Rappenauer Straße, 1969 in einer Fehlbrandgrube gefunden.
Heilbronn, Historisches Museum.

P23 Börtlingen

Um 1500.
Bläulichroter, grob gemagerter, stark gebrannter Ton mit Spuren einer rotbraunen, sich zersetzenden Glasur. Flachrelief. 18 × 4,8 cm.
Kleine Astroide mit heraldischen Lilien an den Spitzen. Das Kelchblatt breitoval, die Hängeblätter fast kreisrund, dazwischen je ein dicker Punkt. In Fliesenmitte kleines Kreuz, in den Ecken Viertelskreise aus Doppellinie.
Fundort:
Börtlingen, ev. Pfarrkirche St. Johannes Baptista, in der Ölbergkapelle auf der Umfassungsmauer des Kirchhofes 1914 in situ, später entfernt[1].
Esslingen, Stadtmuseum.

1 H. Christ, H. Klaiber, 1924, 71, Abb. 55: „Ferner Reste eines Tonfliesenbodens wie in Dürnau und Gammelshausen."

P24 Dürnau – Gruibingen – Gammelshausen

Anfang 16. Jahrhundert (a und b), 1499 (d).
Dunkelroter und bräunlichroter, hart gebrannter Ton. Flachrelief mit gewölbten Kanten. 17 × 3 cm.
Möglicherweise *Nachschnitt* von P23. Die Astroide größer, die Lilie in drei Punkte aufgelöst. In der Mitte dicker Punkt, in den Ecken Viertelskreise, durch Mittellinie wie bei K69 getrennt.
Fundort:
a Dürnau, größere Fliesenmenge in einem Bauernhaus nahe der ev. Pfarrkirche, ehem. St. Kilian und Cyriakus, gefunden. Vermutlich nach 1914 aus der Kirche entfernt[1].
Göppingen, Privatbesitz.
b Gruibingen, ev. Pfarrkirche St. Martin, bis 1933 in situ.
Gruibingen, Pfarrhaus.
Ulm, Privatbesitz.

c Aus Gruibingen, im Treppenhaus des Göppinger Schlosses 18 Fliesen in die Wand eingelassen.
d Fundort unbekannt, jedoch wohl aus einer Kirche des Kreises Göppingen. Möglicherweise aus der ev. Pfarrkirche in Gammelshausen, wo 1914 noch Fliesen in situ lagen[2].
Variante. Die Astroide etwas größer, die Punkte nicht mit den Bogen verschmolzen, sondern neben der Spitze sitzend. In der Mitte fünf Punkte, in den Ecken Viertelskreise mit breiten Rauten, welche in der Zusammensetzung einen Stern ergeben. Roter Ton. 17 × 3 cm.
Stuttgart, Württembergisches Landesmuseum.
e Unbekannt.
Im April 1945 vernichtet, früher in Göppingen, Städt. Museum.

1 H. Christ, H. Klaiber, 1924, 77: „Gemodelte Tonplättchen mit Sternmuster und s-förmigem Geschlinge. 16.–17. Jahrhundert". Das Muster P24 entspricht nicht genau dieser Beschreibung. Klaiber geht jedoch vermutlich von der ganzen Bodenfläche aus.
2 Ebd., 93: „Gemodelte Tonplättchen wie in Dürnau."

P25 Landsberg

13. Jahrhundert?
Rötlicher Ton. Vertiefte Prägung. Bruchstück. 10,5 × 10,5 cm. Nicht abgebildet.
Astroide mit vier dicken Punkten (?) im Mittelfeld, die Zeichnung nicht sicher erkennbar[1].
Fundort:
Landsberg, Burgruine, bei Grabungen gefunden.
Straßburg, Centre d'Archéologie Médiévale.

1 Freundliche Mitteilung von Herrn Charles-Laurent Salch, Straßburg. Die Fliese wurde hier eingeschoben. Da die Grabungen noch andauern ist es möglich, daß vollständige und gut erhaltene Fliesen gefunden werden.

P26 Limburg a. d. Haardt?

Nach 1551.
Roter, grob gemagerter Ton. Flachrelief. 18,5 × 3 cm.
Astroide A. In der Mitte Stern aus acht schmalen Ovalen, auf den konkaven Bogen in der Mitte ein Lindenblatt, an den Spitzen Blattzacken. Eine Sternhälfte aus denselben Blättern entlang der Fliesenkanten zu beiden Seiten der Astroide.
Fundort:
Limburg a. d. Haardt, ehem. Benediktinerkloster. Der Fundort ist nicht durch Beschriftung gesichert. Die Fliese könnte auch aus der nahegelegenen Hardenburg stammen, auf der ebenfalls Fliesen gefunden worden sein sollen.
Bad Dürkheim, Heimatmuseum.

P27 Rheinland?

1. Hälfte 16. Jahrhundert?
Tonfarbe nicht sichtbar, da in Tafel eingelassen. Kaltgrüne Glasur. Vertiefte Prägung. 14 × 14 cm.
Variante zu P21. Astroide A. In der Mitte Stern aus vier groben Lilienkelchen, in den Ecken dasselbe Ornament als Einzelmuster.
Fundort:
Unbekannt, möglicherweise aus Köln oder dem Rheinland.
Köln, Museum für Angewandte Kunst.

P28 Urach

Um 1479.
Rötlicher, schwach gebrannter, stark gemagerter Ton. Hohes Relief (5–10 mm). Sehr grobe Prägung. 17,5 × 3,8 cm.
Astroide A. In der Mitte zwölfstrahlige Blüte, in den Ecken nach außen gewandte Lilienkelche, die Hängeblätter kaum gewölbt.
Fundort:
Urach, Haus „am Gorisbrunnen", bei Erneuerungsarbeiten 1980 gefunden.
Tübingen, Landesdenkmalamt Baden-Württemberg.
Urach, Privatbesitz.

P29 Esslingen?

2. Hälfte 15. Jahrhundert.
Stark gemagerter roter Ton. Flachrelief. 18,5 × 4 cm.
Astroide A, in der Mitte Kreuzblume aus stilisierten Lilien mit Rautenkelchen und flachen, sich berührenden Hängeblättern, durch kleines Andreaskreuz getrennt. In den Ecken auf Viertelskreisen große heraldische Lilien, die Seitenblätter an der Spitze aufgewölbt, der Kelch ein schmales Oval.
Fundort:
Unbekannt, aus Esslingen oder Umgebung.
Esslingen, Stadtmuseum.

P30 Hessen?

Ende 15. – 1. Hälfte 16. Jahrhundert.
Dunkelroter, hart gebrannter Ton. Sehr flaches Relief. Abgetreten. 15,5 × 4 cm.
Astroide ähnlich P29. In der Mitte Vierpaßblüte, in den Ecken große, zur Mitte gewandte heraldische Lilien. Deren Blütenblätter durchgehend getrennt, durch flachen Schaftring gehalten, am Grunde leicht aufgewölbt.
Fundort:
Unbekannt, vermutlich aus Hessen.
Darmstadt, Hessisches Landesmuseum.

P31 Meran

Um 1480.
Vermutlich roter Ton, „mit Glasur", Glasurfarbe nicht genannt, analog zu K63 wohl grün oder gelb. Flachrelief. 16 × 2,6 cm.
Astroide A, in der Mitte Vierstern aus schmalen herzförmigen Blättern auf kurzen Stielen vom Mittelkreis ausgehend. In den Ecken zarte Blattranken mit lilienähnlicher, doppelter Mittelblüte.
Fundort:
Meran, Landesfürstliche Burg, 1897 anscheinend noch in situ, heute durch Kopien ersetzt. F. Paukert, II, Blatt 6, Abb. A.
Verbleib unbekannt.

P32 Laubach – Gotthardsberg

1. Viertel 15. Jahrhundert (a), 2. Hälfte 13. Jahrhundert (b).
Tiefroter, poröser Ton. Vertiefte Prägung mit Reliefwirkung. 17 × 17 cm.
Astroide A. In der Mitte sorgfältig geformtes vierblättriges Kleeblatt, in den Ecken spitze, nach außen gekehrte Tropfen-

ovale, von Punkten gerahmt, die auch über den Blättern wiederkehren.
Fundort:
a Laubach, Schloß, in situ im Kemenatenbau, der Bodenbelag ist mit 2000–3000 Fliesen fast noch vollständig erhalten.
b Gotthardsberg, ehem. Zisterziensterinnenkloster, ca. 30 cm unter dem Fußboden der Ruine gefunden.
Variante. Bruchstück, das Muster nicht mehr genau feststellbar. Sichtbar der Viertelskreis der Astroide, ein Tropfenoval, sowie je die Hälfte desselben zu beiden Seiten von Dreieckspunkten gerahmt. Roter Ton. Originalfliese ca. 12–13 cm lang. Dicke 3,5 cm.
Amorbach, Slg. Dr. Max Walter.

P33 Schauenburg

2. Hälfte 14. Jahrhundert.
Rötlicher bis braunrötlicher Ton. Flachrelief und vertiefte Prägung. 13,2 × 2 cm. Fliese gebrochen.
Astroide aus doppelten Viertelskreisen, der innere mit Zakkenlinie, der äußere mit senkrechten Kerben. In der Mitte Kreis mit Stern aus sechs Spitzovalen, in den Ecken schmale, zur Mitte gewandte Lilien ähnlich O43.
Fundort:
Dossenheim, Burgruine Schauenburg, bei Grabungen 1959 gefunden. H. Kraft, 8, unten links.
Dossenheim, Heimatmuseum.

P34 Speyer

2. Hälfte 14. Jahrhundert.
Gelblicher, gelbrötlicher, hellroter und hellgrauer Ton. Vertiefte Prägung. Abgetreten. Kante stark schräg, scharfer Fliesenrand. 15 × 3 cm.
Variante von P33. Die Zeichnung sorgfältiger, die Ecklilien etwas größer. In der Mitte drei konzentrische Kreise mit sechsblättriger Rose wie P11, jedoch mit großem Blütenkorb.
Fundort:
Unbekannt, vermutlich aus Speyer.
Speyer, Historisches Museum der Pfalz.

P35 Speyer

Ende 14. – Anfang 15. Jahrhundert.
Hellroter Ton. Vertiefte Prägung mit Reliefwirkung. 17 × 2,5 cm. Bruchstück.
Variante von P34. Zwei sich gegenüberliegende Viertelskreise durch vier fünfteilige Blätter, mit zarten Blattrippen auf einer Wellenlinie wachsend, ersetzt. Das Zackenband der Viertelskreise steiler, den Rand nur an einer Seite berührend, die Lilie mit Rautenkelch ähnlich O43.
Fundort:
Vermutlich aus Speyer, Herkunft unbekannt.
Speyer, Historisches Museum der Pfalz.

P36 Speyer

2. Hälfte 14. Jahrhundert.
Dunkelroter, hellgrauer und grauer Ton. Vertiefte Prägung. 19,5 × 2,5 cm.
In quadratischem Rahmen Astroide A. Mittelkreis mit großer Rose mit sieben Blättern ähnlich P34, umgeben von vier kleinen Kreisen mit fünfblättriger Rose. In den Ecken eine Art Palmblatt mit Rautenspitze und dünnem Stengel.
Fundort:
Speyer, Marienheim, Königstr. 15, am 2. 1. 1912 gefunden.
Speyer, Historisches Museum der Pfalz.

P37 Alsfeld

2. Hälfte 15. Jahrhundert.
Hellrotbrauner Ton. Flachrelief. 18 × 2,7 cm.
Astroide mit großem, diese berührenden Mittelkreis. In diesem Margeritenblüte aus zwölf Blättchen, dieselben Blütenviertel in den aus drei konzentrischen Linien gebildeten Viertelskreisen der Ecken.
Fundort:
Alsfeld, ev. Stadtkirche St. Walpurgis, bei der letzten Restaurierung 1971/72 gefunden.
Alsfeld, Regionalmuseum.
Darmstadt, Slg. Peter Weyrauch.

P38 Kaiserslautern – Otterberg

1. Drittel 14. Jahrhundert.
Hellrötlicher, mittelfeiner Ton. Vertiefte Prägung. Abgetreten. 11,5 × 11,8 × 2,3 cm.
Astroide A, unter- und überschnitten von einer zweiten Astroide, die sich über den Fliesenseiten wölbt und deren Spitze eine Palmette krönt. In der Mitte sechsblättrige Rose.
Fundort:
a Kaiserslautern, bei Grabungen auf dem Gelände der ehem. Kaiserpfalz (Südende, neue Plateauböschung), Maxstraße, in einem Kabelgraben 1967 gefunden.
Speyer, Landesamt für Denkmalpflege.
b Otterberg, ehem. Zisterzienserkloster, bei der Restaurierung der Kirche 1979–83 entdeckt. Bruchstück.
Armsheim, Privatbesitz.

Astroide aus Halbkreisen

P39 Kirchheimbolanden? – Speyer

2. Hälfte 13. Jahrhundert.
Rotbrauner Ton. Vertiefte Prägung. Zwei Ecken abgebrochen. Kante senkrecht. 13,5 × 2,5 cm.
Astroide aus vier, sich über den Fliesenseiten wölbenden Halbkreisen B, von einem Kreis über- und unterschnitten. In der Mitte sechsteilige Rosette, in Seitenmitte jeweils deren Hälfte.
Fundort:
a Unbekannt, aus Kirchheimbolanden oder aus einer der Kirchen oder Burgen der Umgebung.
Kirchheimbolanden, Heimatmuseum.
b Speyer, am 7. 11. 1910 gefunden.
Speyer, Historisches Museum der Pfalz.

P40 Speyer

2. Hälfte 14. Jahrhundert.
Hellroter Ton. Vertiefte Prägung. 13 × 2 cm.
Astroide aus Halbkreisen, über die sich ein kleiner Kreis so legt, daß ganz schmale Spitzovale ausgespart werden. In den Seitenmitten grobe kleine Lilien.
Fundort:
Speyer, St. Germanstraße, am 26. 7. 1912 gefunden.
Speyer, Historisches Museum der Pfalz.

P41 Speyer

2. Hälfte 14. Jahrhundert.
Hellroter Ton. Vertiefte Prägung. 12,5 × 2,5 cm.
Variante von P40. In der Mitte Diagonalkreuz mit Lilienenden, die seitlichen Lilien noch gröber als bei P40.
Fundort:
Speyer, St. Germanstraße, am 26. 7. 1912 gefunden. Aus derselben Werkstatt wie P40.
Speyer, Historisches Museum der Pfalz.

P42 Neustift

15. Jahrhundert?[1]
Roter Ton, in den Rillen Spuren von schwarzbrauner, an den Kanten von bräunlichocker Glasur. Vermutlich war die Fliese früher zweifarbig glasiert. Ritzzeichnung. Kante senkrecht. 16 × 4 cm. Nicht abgebildet.
Über den Fliesenseiten je ein kleiner Halbkreis. Es entsteht ein schmaler Diagonalstern.
Fundort:
Neustift, ehem. Prämonstratenserkloster, 1905 gefunden.
München, Bayerisches Nationalmuseum.

1 Die Glasur weist die Fliese dem ersten Fliesenboden der Kirche zu, das einfallslose Muster eher den Ergänzungen des 15. Jahrhunderts.

P43 Worms

13. Jahrhundert.
Grauer Ton. Vertiefte Prägung. Maße unbekannt, analog zu den übrigen Fliesen der Kirche wohl 13,5 × 2,5 cm. Nicht abgebildet.
Astroide aus zwei flachen Halbkreisen, je zwei gegenüberliegende mit verdickten Enden, von einer kleinen Linie begleitet, die in Kreisen endet. Die beiden anderen Doppelbögen in Form eines C.
Fundort:
Worms, St. Johanniskirche, 1907 gefunden, 1922 noch vorhanden, heute nicht auffindbar. E. Grill, Taf. I, 26.
Früher in Worms, Museum der Stadt Worms.

P44 Arnsburg – Eberbach – Lorsch

1246–1256 (a), 3. Viertel 13. Jahrhundert.
Mit Sand gemagerter hellbrauner und grauer Ton. Vertiefte Prägung. Kante senkrecht. 13,5 × 2,5 cm.
Vier Halbkreise B über den Fliesenseiten. In der ausgesparten Mittelastroide, kleine, unregelmäßige, fünfblättrige Blüte. Ein Bogen mit neun Schrägkerben.
Fundort:
a Arnsburg, ehem. Zisterzienserkloster, bei Grabungen 1979 auf dem Gelände der Ruine gefunden. M. Morkramer, 1982, Nr. 4.0.1, 75, Abb. 74.
Arnsburg, Klostersammlung.
b Eberbach, ehem. Zisterzienserkloster, bei den Umbauten des letzten Jahrzehnts gefunden. Mittelgrauer Ton. Kante senkrecht. 13,5 × 13,8 × 2,5 cm.
Eberbach, Lapidarium.
c Variante ohne Schrägkerben. Lorsch, ehem. Benediktinerkloster, bei Grabungen 1928–32 gefunden. Gelblichgrauer, sehr fein gemagerter Ton. Kante fast senkrecht. 13,1 × 2,8 cm.
Darmstadt, Hessisches Landesmuseum.

P45 Sesenheim

3. Viertel 13. Jahrhundert.
Rötlicher Ton. Vertiefte Prägung. Bruchstück, halbe Fliese. Ca. 13 × 2,5 cm. Nicht abgebildet.
Astroide aus fünf konzentrischen Halbkreisen, ähnlich P2, jedoch über den Fliesenseiten gewölbt. In der Mitte kleines Lilienkreuz.
Fundort:
Sesenheim, beim Abbruch der alten Kirche 1910 gefunden.
Sesenheim, Restaurant „Au Bœuf Noir“.

P46 Wartburg

2. Drittel 13. Jahrhundert.
Ockerbrauner Ton, im Kern schiefergrau. Vertiefte Prägung. 15 × 2,7 cm.
Astroide aus Halbkreisen über den Fliesenseiten, ähnlich P44. In der Mitte sechsblättrige Rosette, in den Halbkreisen je die Hälfte einer Rosette mit Herzblüten.
Fundort:
Eisenach, in nicht bekannter Zeit in der Wartburg geborgen. Bei der jüngsten Restaurierung (vor 1983) wurden zwei Bruchstücke im Palas, Landgrafenzimmer, in der Fußbodenverfüllung gefunden.
Eisenach, Thüringer Museum.
Erfurt, Denkmalpflegeamt.

P47 Eußerthal – Klingenmünster

Um 1262 (a), 3. Viertel 13. Jahrhundert (b).
Feingemagerter roter Ton. Vertiefte Prägung, die Blätter in Flachrelief. 13 × 2,5 cm.
Vier Halbkreise B über den Fliesenseiten, das Ende wird jeweils auf einer Seite überdeckt. Diese sind von einer Blatthälfte mit ungleichmäßig gewölbten Bogen ganz ausgefüllt.

Fundort:
a Eußerthal, ehem. Zisterzienserklosterkirche, 1903 erstmals, bei Bauarbeiten in jüngster Zeit erneut gefunden.
Speyer, Historisches Museum der Pfalz.
Eußerthal, Pfarrhaus.
b Klingenmünster, ehem. Benediktinerklosterkirche St. Michael, bei Bauarbeiten geborgen. *Variante.* Die Blätter nicht in Relief, sondern nur eingeprägt, der Bogenrand ohne tiefe Einbuchtungen, das Mittelquadrat durch Kreuz geviertelt. Bruchstück.
Klingenmünster, Kirche, Emporenkapelle.

P48 Geislingen

Nach 1396 – Anfang 15. Jahrhundert.
Roter Ton. Flachrelief. Bruchstück. 14 × 3 cm.
Vier flache Kreisbogen über den Fliesenseiten. Im Feld Stern aus vier Rebblättern, die auf kleinem Mittelkreis aufsitzen, zwischen den Blättern flache Rauten. In den seitlichen Feldern ebenfalls kaum erkennbares Blatt.
Fundort:
Geislingen, Burgruine Helfenstein, bei der Ausgrabung 1932 gefunden.
Geislingen, Heimatmuseum.

P48.1 Köln oder Rheinland

15. Jahrhundert.
Hellgrauer Ton mit kaltgrüner Glasur. Vertiefte Prägung. 13,5 × 13,5 cm.
Flache Kreisbogen wie P48, von den seitlichen Blättern nur noch der Bogenrand sichtbar. In der Mitte Blüte mit großem, kreisrundem Blütenkorb und acht kleinen Blättchen.
Fundort:
Nach R. Forrer, 1901, Taf. CVII aus dem Rheinland. 1896 als Kopie in St. Lambertus, Düsseldorf, verlegt.
Köln, Museum für Angewandte Kunst.

P49 Rheinland

1. Viertel 16. Jahrhundert.
Grauer Ton mit brauner Salzglasur. Flachrelief. Abgetreten. 12 × 2,5 cm.
Doppelte Astroide der Form P48, etwas stärker gewölbt. In der Mitte kleiner Blattstern, in den seitlichen Bögen je die Hälfte einer Rosette.
Fundort:
Nicht mehr bekannt, aus der Umgebung von Köln, möglicherweise aus der Werkstatt Langerwehe.
Köln, ehem. Slg. Dr. C. Füngling.

P50 Nürnberg

1. Viertel 16. Jahrhundert.
Roter Ton. Vertiefte Prägung. 24 × 3 cm.
Astroide mit angeschnittenen Spitzen, es ergibt sich ein geschlossenes Eckquadrat mit leicht konkaven Seiten. In der Mitte vierblättrige Rose, aus der vier Kaiserkronen? und vier kleine Blütenknospen wachsen. In den Ecken, zur Mitte gekehrt, dieselben Blüten.
Fundort:
Nürnberg, Fröscherturm, vermutlich beim Abbruch des Turmes 1869/70 geborgen.
Nürnberg, Germanisches Nationalmuseum.

P51 Nürnberg – Pilsen?

1. Viertel 16. Jahrhundert.
Roter Ton. Vertiefte Prägung. 24 × 3 cm.
Variante von P50. Die Spitzen noch stärker abgeflacht, das Quadratband mit Punkten und Strichen nach dem Schema III O II O III verziert. In der Mitte Vierpaß, aus dessen Wölbung ein winziger Halbkreis ausgeschnitten wurde, darüber kleine Kreise.
Fundort:
a Nürnberg, Fröscherturm, vermutlich beim Abbruch des Turms 1869/70 geborgen.
Nürnberg, Germanisches Nationalmuseum.
b Aus der Gegend von Pilsen? B. Nechvátal, 1984, 254, Abb. 11 (möglicherweise ein Austausch von Doubletten).
Aufbewahrungsort nicht genannt.

P52 Nürnberg?

1. Viertel 16. Jahrhundert.
„Roter Ton mit roter Inkrustation, eine zweite Fliese schwarz gebrannt mit grau inkrustierten Linien" (Forrer). Von der Inkrustierung ist heute nichts mehr zu erkennen. Vertiefte Prägung. 23,5 × 3,5 cm.
Rahmen übereinstimmend mit P51, die Punkte etwas anders verteilt, jedoch auch möglicherweise ungenau gezeichnet. In der Mitte vierzackiger spitzer Stern mit Mittelkreis und dreigeteiltem Blatt in den Zwickeln.
Fundort:
Nach R. Forrer, 1901, Taf. LII, 6 „Aus der Stuttgarter Gegend". Die Fliese stimmt jedoch so sehr mit den Nürnberger Prägungen überein, daß Forrer hier vermutlich einer Verwechslung erlegen ist.
London, Victoria and Albert Museum.

P53 Luzern

2. Hälfte 16. Jahrhundert?
Rotbrauner Ton. Vertiefte Prägung. Abgetreten. 19 × 3,2 cm.
Variante von P52. Das Rahmenquadrat nur mit senkrechten Kerben, die Mittelblüte eine vierblättrige Rose mit acht Kelchzipfeln.
Fundort:
Luzern, Korporationsgebäude, vor 1877 gefunden. H. Hamann, 1877, Abb. 77.
Luzern, Historisches Museum (39 Fliesen).

P54 Bad Kreuznach

Um 1432?, um 1500?
Tonfarbe unbekannt. Vertiefte Prägung. 15,5 × 15,5 cm (nach einer Zeichnung von Ludwig Arntz, Graphikslg. des Landesamts für Denkmalpflege Rheinland-Pfalz, Mainz, Inv.-Nr. 640).
Astroide, nicht aus Viertelskreisen gebildet, die Hälfte der Fliese ergibt eher einen stark gewölbten Eselsbogen, mit einer Punktleiste verziert. Zeichnung ungenau, in Fliesenmitte Kreuz aus tulpenähnlichen Blüten mit kleinen Blättern, in den Fliesenecken vermutlich ebenfalls Ranke oder kleine Pflanze.
Fundort:
Bad Kreuznach, kath. Pfarrkirche St. Nikolaus, heute verschollen.

P2

P3

P4

P5

P6a

P6c

P7

P8

P11

P12

P12.1

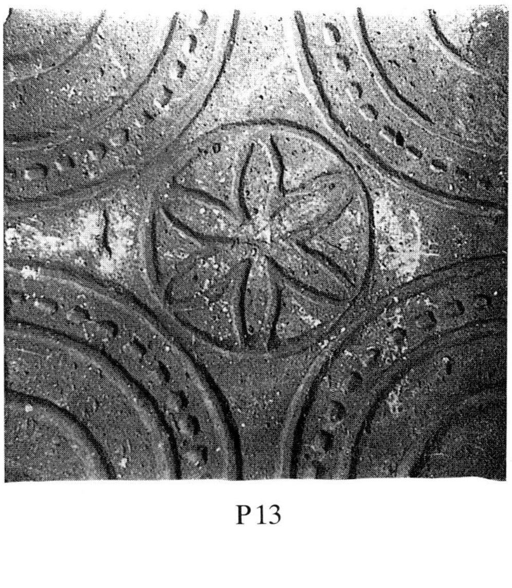

P13

P14

P15c

P15a

P16

P17

P 18

P 19

P 20

P 20.1

P 21

P 21.1

P22

P23

P24b

P24d

P26

P27

P28

P29

P30

P31

P32

P33

P34

P35

P36

P37

P38

P39

P 40

P 41

P 44

P 46

P 47

P 48

P48.1

P49

P50

P51

P52

P53

Diagonalkreuz mit Blättern

Q1 Arnsburg

1246–1256.
Hartgebrannter, grobgemagerter, dunkelroter Ton. Vertiefte Prägung. Abgetreten. Eine Ecke fehlt. Kante senkrecht. 13 × 3,5 cm.
Diagonalkreuz mit groben, gezackten Efeublättern in den Fliesenecken.
Fundort:
Arnsburg, ehem. Zisterzienserkloster, bei der Ausgrabung nach 1892 im Dormitorium, 1958 erneut im Schutt gefunden. M. Morkramer, 1982, 77, Nr. 5.0.5., Abb. 79.
Arnsburg, Klostersammlung.
Laubach, Schloß, Slg. E.-O. Graf zu Solms-Laubach.

Q2 Bebenhausen – Ulm

3. Drittel 13. Jahrhundert (a), 1. Viertel 14. Jahrhundert (d).
Hellroter und gelblichroter Ton. Vertiefte Prägung. 10 × 3 cm.
Kleiner Mittelkreis, auf dem in der Diagonale vier Efeublätter auf kurzen Stielen sitzen.
Fundort:
a Bebenhausen, ehem. Zisterzienserkloster, im 19. Jahrhundert entfernt. E. Herdtle, II, Taf. 20.
Stuttgart, Württembergisches Landesmuseum.
b Bebenhausen, ebd., in situ im Dormitorium.
c Angeblich aus Ulm. 10 × 2,6 cm.
Ulm, Privatbesitz.
d Ulm, Sammlungsstift. *Variante* mit Punkt in der Mitte, die Blätter sitzen auf den Spitzen einer kleinen Astroide. Roter Ton, 8,5 × 2 cm. K. Haßler, 7, Taf. XVIII, 3.
Stuttgart, Württembergisches Landesmuseum.
Nürnberg, Germanisches Nationalmuseum.
München, Bayerisches Nationalmuseum („aus einem Ulmer Bürgerhaus“, sicher mit dem Sammlungsstift identisch).

Q3 Obersteigen – Straßburg

4. Viertel 13. Jahrhundert – 1. Hälfte 14. Jahrhundert.
Roter Ton. Vertiefte Prägung. Abgetreten. 13,5 × 2,5 cm.
Astroide auf deren Spitzen einfache dreilappige Blätter sitzen, in der Mitte kleiner Vierpaß.
Fundort:
a Obersteigen, Kapelle des ehem. Augustiner-Chorherrenstifts, vermutlich bei der Restaurierung 1861–74 entfernt.
Saarburg, Regionalmuseum.
b Straßburg 1904 gefunden, vermutlich aus derselben Werkstatt wie die Fliesen der Blauwolkengasse stammend.
Variante in quadratischem Rahmen. J. Ficker, Taf. XL, 20.
Straßburg, Slg. Ch. Czarnowsky, seit 1940 verloren.

Q4 Worms

2. Hälfte 13. Jahrhundert.
Grauer Ton. Vertiefte Prägung. Abgetreten. 13,5 × 2,5 cm.
Kleines Mittelquadrat mit vier großen, fast kreisrunden, gezackten oder leicht gewölbten Blättern in Tropfenkreis. In der Mitte kleines Quadrat mit einbeschriebenem Eckquadrat und winzigen Kreisen auf den Ecken, vgl. R 22.
Fundort:
Unbekannt, vermutlich aus Worms, nach 1922 gefunden.
Worms, Museum der Stadt Worms.

Q5 Speyer

1. Hälfte 14. Jahrhundert.
Roter Ton. Vertiefte Prägung. Kanten stark beschädigt und abgeschrägt. 13,5 × 2 cm.
In quadratischem Rahmen diagonaler Blattstab aus Astroide wachsend, mit dreigeteilten, an der Oberkante gezackten Blättern. Dazwischen, zur Mitte gekehrt vier Pflanzen mit Glockenblüten und schwebenden Seitenblättern. In der Mitte gepunzter Rautenstern.
Fundort:
Unbekannt, vermutlich aus Speyer.
Speyer, Historisches Museum der Pfalz.

Q6 Sesenheim

3. Viertel 13. Jahrhundert.
Roter Ton. Vertiefte Prägung. Bruchstück. Originalgröße ca. 13,5 × 3 cm.
Diagonaler Blattstab, aus kleinem Mittelkreis wachsend, an den Spitzen kleine Lilie mit nach innen gewölbten Palmetten. Dazwischen Kreuz aus vier kleinen Kreisen mit sechsteiliger Rosette wie P 11, diese wiederholt sich im Mittelkreis.
Fundort:
Sesenheim, beim Abbruch der mittelalterlichen Kirche 1910 gefunden. Ch. Czarnowsky, 18, Abb. 23 IV.
Sesenheim, Restaurant „Au Bœuf Noir“.

Q1

Q2

Q3

Q4

Q5

Q6

Lilienstäbe mit Quadrat, Kreis und Astroide

R1 Mainz – Rosenthal – Worms – Speyer – Argenthal

2. Drittel – 2. Hälfte 13. Jahrhundert, um 1261 (d).
Roter Ton. Vertiefte Prägung. 10 × 2,4 cm.
In quadratischem Rahmen vier zu den Ecken gekehrte Lilienkelche, deren geteilte Stengelansätze ein kleines Mittelquadrat mit konkaven Seiten aussparen. Die Lilien mit rundovalem Kelchblatt und teils kreisförmigen, teils schmaleren Seitenblättern.
Fundort:
a Mainz, Am Höfchen 2, beim Abbruch des Halenza-Hauses 1896 gefunden[1].
Mainz, Mittelrheinisches Landesmuseum.
b Mainz, ehem. Stiftskirche St. Stephan, 1947 bei Aufräumungsarbeiten am Hochaltar gefunden. Rötlicher, an der Oberfläche hellgrauer Ton. 9,7 × 2 cm.
Mainz, Diözesan-Museum.
c Mainz, Fundort unbekannt, vor 1901 gefunden. Roter und dunkelgrauer Ton. 9,5 × 2,3 cm. R. Forrer, 1901, 75, Abb. 155.
Dortmund, Museum für Kunst und Kulturgeschichte.
London, Victoria and Albert Museum.
d Rosenthalerhof, ehem. Zisterzienserinnenkloster Maria im Rosenthal, bei Sicherungsarbeiten 1983 gefunden.
Eisenberg, Historischer Verein für Rosenthal und Umgebung.
e Worms, Fundort unbekannt, vor 1922 gefunden. E. Grill, Taf. III, 68. Hellbräunlicher Ton. 8,5 × 2,6 cm. Vermutlich als Füllung eines quadratischen Rahmens verwandt. Außerdem in graurötlichem Ton mit Spuren einer hellroten Engobe in den Vertiefungen, in mittel- und schwarzgrauem Ton in der Größe 10 × 2,3 cm. Kelchblätter tiefer eingekerbt.
Worms, Museum der Stadt Worms.
f Speyer, Kleine Pfaffengasse 26, beim Ausbau eines Luftschutzkellers 1938 im Aushub gefunden. Kleiner Quadratstempel in größere Fliese eingeprägt (Bruchstück).
Speyer, Privatbesitz.
Diese Fliese muß schon zu Beginn des 20. Jahrhunderts an einem nicht mehr bekannten Fundort in Speyer geborgen worden sein.
Speyer, Historisches Museum der Pfalz.
g Mainz, Pfaffengasse, in einer Kloake der ehem. Domstiftsvikarie 1982 gefunden. *Variante.* In der Mitte eher ein Rechteck als ein Quadrat, die Lilien schmaler. Als Negativform zwischen beiden Hängeblättern entsteht kein Zapfen, sondern eher eine U-Form. Grauer Ton. Kante leicht schräg. 10,5 × 2,5 cm.
Mainz, Landesamt für Denkmalpflege.
h Argenthal, auf dem Friedhof gefunden, vermutlich bei der Restaurierung der ev. Kirche weggeworfen. Nicht mit demselben Model geprägt. Das breite Kelchblatt berührt den tief eingeprägten Rahmen. 13 × 2,5 cm. M. Backes, H. Caspary, N. Müller-Dietrich, Bd. 1, 136, Abb. 72,1.
Simmern, Hunsrück-Museum.

1 Westd. Zs. 16, 1897, Museographie 1896, 357, Taf. 19, Nr. 9.

R2 Arnsburg – Eberbach – Johannisberg

1246–1256 (a), 3. Viertel 13. Jahrhundert.
Grauer und hellroter, mit Sand gemagerter Ton. Vertiefte Prägung. 13 × 2,5 cm.
Variante von R1. Die Rahmenleiste sehr breit, das Mittelquadrat kaum gewölbt, die Lilien klein und sorgfältig geschnitten.
Fundort:
a Arnsburg, ehem. Zisterzienserkloster, bei Grabungen vor 1881 im Dormitorium, bei der Restaurierung 1958 im Kapitelsaal gefunden. M. Morkramer, 1982, Nr. 5.0.2, 76, Abb. 76.
Arnsburg, Klostersammlung.
Laubach, Schloß, Slg. E.-O. Graf zu Solms-Laubach.
Wiesbaden, Slg. Nassauischer Altertümer.
b Eberbach, ehem. Zisterzienserkloster, in situ zwischen den Pfeilern der Klosterkirche, 1937 neu verlegt. Gelblicher Ton. 13 × 2,5 cm. C. Schäfer, Textbd. 86, Abb. 48. – W. Schäfer, 1964, 17, Abb. 3.
Eberbach, Lapidarium.
Rüdesheim, Rheingauer Museum (gelblichroter Ton).
c Johannisberg, ehem. Benediktinerkloster, bei Grabungen im Gelände gefunden. Roter Ton. Abgetreten.
Schloß Johannisberg, Domänenverwaltung.
d Unbekannt, mit großer Wahrscheinlichkeit mit anderen rheinischen Fliesen 1888 aus dem Besitz von Prof. Aus'm Weerth angekauft.
Straßburg, Frauenhausmuseum.

R3 Arnsburg – Eberbach – Friedberg – Kiedrich – Lorsch – Mainz – Wiesbaden – Worms – Ingelheim – Oberhomburg

1246–1256 (a), 3. Viertel 13. Jahrhundert, einige Prägungen 4. Viertel 13. Jahrhundert, um 1321 (i).
Hellbrauner, brüchiger, lehmiger Ton. Vertiefte Prägung. Zwei Bruchstücke. 13 × 2,5 cm.
Variante zu R1 und R2. Mittelquadrat ohne Andeutung von Wölbung, die Lilien R1 angenähert, der Kelchgrund breit und plump. Bei einigen Prägungen die weniger sorgfältige Zeichnung der Lilie übernommen, das Mittelquadrat jedoch konkav gewölbt.
Fundort:
a Arnsburg, ehem. Zisterzienserkloster, bei Grabung 1979 gefunden. M. Morkramer, 1982, Nr. 5.0.3, 77, Abb. 77.
Arnsburg, Klostersammlung.
b Eberbach, ehem. Zisterzienserkloster. Grauer Ton. Bruchstück. 11,5 × 2,5 cm.
Eberbach, Lapidarium.
c Friedberg, Burg, bei den Grabungen des 19. Jahrhunderts geborgen. Hellrosarötlicher, feingemagerter Ton. Bruchstück. Kaum vertiefte Prägung. 13 × 2,5 cm.
Darmstadt, Hessisches Landesmuseum.
d Kiedrich, Burg Neuhaus im Peterstal („Alteburg"). 1876 gefunden. Gelbgrauer Ton.
Wiesbaden, Slg. Nassauischer Altertümer.
e Lorsch, ehem. Benediktinerkloster, bei den Ausgrabungen 1928–32 gefunden. Bruchstück, Ergänzung nicht gesichert. Die Prägung kann nicht überprüft werden, da das Bruchstück z. Z. nicht aufzufinden ist[1].
f Mainz, Herkunft unbekannt, vor 1901 gefunden[2]. Gelblichroter und hellgrauer Ton.
Mainz, Mittelrheinisches Landesmuseum.
g Mainz, Karmeliterstraße, 1976 gefunden. Roter Ton. Abgetreten.
Mainz, Slg. Manfred Hessinger.
h Mainz, Eberbacher Hof, bei Umbauarbeiten 1975 gefunden.
Mainz, Landesamt für Denkmalpflege.
i Wiesbaden-Klarenthal, ehem. Klarissinnenkloster. Rötlicher und grauer Ton. Kante senkrecht. 10,3 × 2,2 cm. G. Maag, Taf. III, Abb. 7 und 9.
Wiesbaden, Slg. Nassauischer Altertümer.

j Worms, St. Johanniskirche, bei der Ausgrabung 1907 in situ gefunden (nicht ganz korrekt gezeichnet). Grauer Ton. 10 × 2 cm. E. Grill, Taf. I, 30.
Worms, Museum der Stadt Worms.
k Worms, St. Pauluskirche, in zweiter Lage in einer Fenstersohlbank der Türme vermauert.
l Ingelheim, Stadtteil Ober-Ingelheim, ev. Burgkirche St. Wigbert. Vor 1934 im Chor gefunden, in der Sakristei aufbewahrt, seit der letzten Restaurierung verloren. *Variante.* In den Ecken außerhalb des Rahmens kleine Viertelskreise. Ch. Rauch, 519, Abb. 425. 13,5 × 2,5 cm.
m Oberhomburg, St. Katharinenkapelle, bei der Restaurierung 1899 aus dem Chor entfernt[2]. *Variante.* Ohne Rahmen, in allen Teilen schmaler. Die Lilien sitzen auf ganz flachen Bögen. Roter und schwarzgrauer Ton. Ca. 8,5 × 8,5 cm.
Metz, Städtisches Museum.

1 Nach Zeichnung von Herrn Dr. Ernst Samesreuther, Darmstadt.
2 Westd. Zs. 20, 1901, Museographie 1900, 309, Abb. 6.

R4 Speyer

2. Hälfte – Ende 13. Jahrhundert.
Hellroter Ton. Vertiefte Prägung. 11,2 × 2,5 cm.
Abwandlung der Fliese R1. Der Rahmen fehlt, die sorgfältig gezeichneten großen Lilien sitzen so eng zusammen, daß nur noch ein kleiner Kreis ausgespart wird. Auf einer Seite statt der Lilie Viertelskreis, in den die Bogen münden. In der Zusammensetzung ergeben die Fliesen einen Lilienstern mit mittlerem Vierpaß.
Fundort:
Vermutlich aus Speyer, Herkunft unbekannt.
Speyer, Historisches Museum der Pfalz.

R4.1 Weißenburg

1567.
Tiefrot gebrannter, mittelfein gemagerter Ton. Vertiefte Prägung. 16,5 × 16,5 cm.
Späte *Variante* eines Musters ähnlich R4. Mittelastroide mit vier Lilien, die Hängeblätter so stark gewölbt, daß sie sich berühren. In Kelchmitte kleiner Kreis.
Fundort:
Weißenburg, Herkunft unbekannt. Wohl Fliesenboden eines Musters, durch das Wappen von Weißenburg (G92) und eine Fliese mit Inschrift: „IACOBVS LINCKER" „1567" (U21 1) datiert.
Weißenburg, Musée Westercamp.

R5 Lorsch? – Mainz

1. Hälfte 14. Jahrhundert.
Gelbgrauer Ton. Vertiefte Prägung. 11 × 2,7 cm. Nicht abgebildet.
Verdorbene *Variante* von R2. Das kleine Quadrat leicht schräg, die Ecklilien ganz verschieden und nachlässig geformt, wie zu kreisender Bewegung ansetzend.
Fundort:
a Möglicherweise aus Lorsch, ehem. Benediktinerkloster (nicht gesichert!). Es wäre möglich, daß das unter R3 angeführte Bruchstück so zu ergänzen ist.
Darmstadt, Hessisches Landesmuseum.
b Mainz, Herkunft unbekannt. Roter Ton. 11 × 3 cm.
Mainz, Mittelrheinisches Landesmuseum.

R6 Eberbach

3. Viertel 13. Jahrhundert.
Feingemagerter rötlicher Ton. Vertiefte Prägung. 13 × 2,5 cm. Nicht abgebildet.
Variante von R1. Die Lilien berühren den Quadratrahmen, statt des Mittelquadrats kleiner Kreis.
Fundort:
a Eberbach, ehem. Zisterzienserkloster, vereinzelte Fliesen zwischen den Pfeilern der Klosterkirche.
b Unbekannt, nicht mit demselben Model geprägt. Rötlicher Ton. 9,8 × 2,4 cm.
Darmstadt, Hessisches Landesmuseum.

R7 Eberbach – Mainz

3. Viertel 13. Jahrhundert.
Rötlichgrauer Ton. Vertiefte Prägung. Kante senkrecht. 13,5 × 2,5 cm. Nicht abgebildet.
Weiterführung des Musters R1. Der Lilienstern mit schmalen, seitlichen Bögen, in die Mittelastroide ein kleiner Kreis einbeschrieben. In den Ecken Viertel einer achtstrahligen Blüte.
Fundort:
a Eberbach, ehem. Zisterzienserkloster, Herkunft unbekannt.
Eberbach, Lapidarium.
b Mainz, Herkunft unbekannt. Grauer Ton. 13,5 × 3 cm.
Mainz, Mittelrheinisches Landesmuseum (alter Bestand).
c Mainz, Haus Mailandsgasse 3, in der Sitzbank des Fensters vermauert gefunden. F. Arens, 1949, Abb. 9,3.
Verbleib nicht zu ermitteln.

R8 Stolzenberg – Rüdesheim

3. Viertel 13. Jahrhundert.
„Inhomogener Ton mit vielen Einschlüssen, Oberfläche fahles hellgrau-orange"[1]. Vertiefte Prägung. 13 × 2,5 cm.
Variante von R7. Der Stern aus der Diagonale in die Senkrechte gekehrt, noch kleiner, der Mittelkreis fehlt. Statt dessen Kreisrahmen B, in den Ecken Viertel eines achtzackigen Sterns.
Fundort:
a Stolzenberg, Burgruine, bei Grabungen gefunden.
Alsenz, Alsenz-Museum.
b Rüdesheim, Burgruine Ehrenfels, bei Grabungen im Burghof gefunden. Mit großer Wahrscheinlichkeit (vgl. R7) handelt es sich, wie bei den übrigen Fliesen aus Burg Ehrenfels, um ein Muster des Klosters Eberbach. In Eberbach heute nicht mehr vorhanden. Hartgebrannter mittelgrauer Ton. Bruchstück. Dicke 2 cm.
Wiesbaden, Slg. Nassauischer Altertümer.

1 Freundliche Angaben von Frau Angelika Müller, Alsenz.

R9 Mellrichstadt

3. Drittel 13. Jahrhundert.
Roter Ton. Vertiefte Prägung. 15,4/15,7 × 2,9/3,5 cm. Weitere Fliese 14,7 × 14,9 cm.
Diagonalkreuz, die Balken nicht durchlaufend, sondern in leichter Drehbewegung. An den Spitzen heraldische Lilien, die den Fliesenrand berühren. Kelchblatt in Rautenform, die Hängeblätter groß und sichelförmig gewölbt.

Fundort:
a Mellrichstadt, kath. Pfarrkirche St. Kilian, bei Ausgrabung 1969 gefunden. H. Schlereth, 1981, 2, Abb. 01.
Kronach, Privatbesitz.
b Wie *a, Variante.* Die Schaftringe stärker als Knoten ausgebildet, exaktes Andreaskreuz. Die Lilien steigen aus einem Vierstern, an jeder Sternspitze kleiner Knauf. H. Schlereth, 2, Abb. 02.
Fladungen, Rhönmuseum.

R 10 Beselich – Dreieich

Um 1230? – Mitte 13. Jahrhundert.
Roter, poröser Ton. Vertiefte Prägung mit Ritzcharakter. Bruchstück. 14 × 2 cm.
Astroide mit drei einbeschriebenen, leicht gewölbten Quadraten, das Innenquadrat fast rechtwinklig. An den Spitzen primitive Lilien mit ovalem Kelchblatt und zur Volute gerollten Hängeblättern.
Fundort:
a Beselich, ehem. Prämonstratenserinnenkloster, bei Grabungen 1954 im Langhaus gefunden.
Wiesbaden, Slg. Nassauischer Altertümer.
b Dreieich, Burgruine Hain, bei Grabungen im Palas gefunden. Bruchstück, nur ein Teil der Lilie erhalten. Ergänzung unsicher, doch am ehesten mit diesem Muster vergleichbar. Grauer Ton. Dicke 2,3 cm.
Dreieich, Dreieich-Museum.

R 11 Amorbach – Groß-Umstadt

2. Viertel 13. Jahrhundert (a), Mitte 13. Jahrhundert (b).
Roter Ton. Vertiefte Prägung. 13 × 3 cm.
In quadratischem Rahmen konkav gewölbtes Mittelquadrat mit kleinem Kreis. Auf den Spitzen über flachem Schaftring kleine, zur Ecke gewandte Lilien mit ovalem Kelch und sichelförmigen Seitenblättern.
Fundort:
a Amorbach, ehem. Benediktinerkloster, bei Grabungen um 1890 auf dem Gelände des Mönchsfriedhofs gefunden. W. Hotz, 1938, 45, Abb. 1.
Amorbach, Fürstlich Leiningensche Sammlungen.
b Groß-Umstadt, ev. Pfarrkirche St. Kilian, bei Grabungen 1967 gefunden. *Nachschnitt.* Zeichnung unverändert. Model sehr tief eingeprägt. Graugelber Ton. Bruchstück. 11,5 × 3 cm.
Dieburg, Kreis- und Stadtmuseum.

R 12 Bebenhausen

Um 1228.
Roter, feingemagerter Ton. Vertiefte Prägung. 12 × 3 cm. Einzelne Fliesen in der Diagonale geteilt.
Auf konkav gewölbtem kleinem Mittelquadrat in den vier Ecken vier sorgfältig gezeichnete Lilien auf flachem Schaftring. Das übergroße Kelchblatt berührt die Fliesenecke, die durchgehend geteilten Seitenblätter schmiegen sich diesem eng an.
Fundort:
a Bebenhausen, ehem. Zisterzienserkloster, in situ im Dormitorium. E. Herdtle, II, Taf. 19.
Stuttgart, Württembergisches Landesmuseum.
b Bebenhausen, bei Grabungen 1956 auf dem Gelände der ehem. Klosterkirche (Schiff) gefunden. Roter Ton. 10,5 × 3 cm.
Bebenhausen, Klosterverwaltung.

R 13 Amorbach – Gelnhausen

2. Drittel 13. Jahrhundert.
Roter, stark gebrannter Ton. Vertiefte Prägung. 12,5 × 3 cm.
In quadratischem Rahmen vergröberte *Variante* von R 11. Das Mittelquadrat sehr klein, das Kelchblatt schmal und spitz, die nicht bis zum Kelchgrund geteilten Blätter an den Spitzen leicht aufgewölbt.
Fundort:
a Amorbach, ehem. Benediktinerkloster, bei Grabungen gefunden, nicht vom selben Fundort und nicht aus derselben Zeit wie die übrigen Fliesen.
Amorbach, Fürstl. Leiningensche Sammlungen.
b Gelnhausen, Kaiserpfalz, bei Grabungen vor 1939 gefunden. *Variante*, Schaftring stärker gerundet, statt auf Astroide auf Kreis aufsitzend. Roter Ton. 13 × 2,5 cm.
Gelnhausen, Heimatmuseum.
Wiesbaden, Landesamt für Denkmalpflege Hessen.
c Gelnhausen, Kirchgasse. Dunkelroter Ton.
Gelnhausen, Heimatmuseum.

R 14 Urbar

2. Hälfte 13. Jahrhundert.
Gelblicher, feingemagerter Ton. Vertiefte Prägung. 8,5 × 1,5 cm. Nicht abgebildet.
Variante von R 13. Die Lilien fast übereinstimmend. Die Astroide wird durch Aufspaltung der Stengel unter dem stärker gerundeten Schaftring gebildet.
Fundort:
Urbar, bei der Aufdeckung eines Töpferofens vor 1906 gefunden. H. E. Kubach, F. Michel, H. Schnitzler, 340, Abb. 370.
Verbleib war nicht zu ermitteln.

R 15 Neuerburg – Paffrath – Rommersdorf – Urbar

2. Viertel – 3. Viertel 13. Jahrhundert.
Weißlichgrauer Ton. Flachrelief. 12,5 × 2,8 cm.
Quadratischer Rahmen mit flacher Zackenlinie auf der einen, Längskerben auf der anderen Seite. In diesem ein Diagonalkreuz mit sorgfältig geformten heraldischen Lilien vom Typus R 12. Die stärker gewölbten Seitenblätter sind vom Kelchblatt völlig getrennt, ein waagrechter, leicht gewellter Schaftring verbindet sie. Die Blattenden mit Verdickung und Haken am Kelchgrund ergeben ein zweites reizvolles Sternmuster in Fliesenmitte.
Fundort:
a Neuerburg im Wiedbachtal, Burgruine, bei Ausgrabungen 1955 in einer Trennmauer des 14. Jahrhunderts als Füllmaterial gefunden.
Neuwied, Slg. Theodor Jung.
b Paffrath, Stadtteil Kaule, bei Ausgrabungen 1953 in einem Töpferofen gefunden. W. Lung, 369, Abb. 8. Bruchstück.
Bonn, Rheinisches Landesmuseum.
c Rommersdorf, ehem. Prämonstratenserkloster, in situ im Kapitelsaal. *Nachschnitt* mit geringfügigen Veränderungen, wie sie durch den Schnitt eines neuen Models entstehen. Der

bei F. Stelz, 18, Nr. 4, abgebildete Gipsabguß entspricht nicht den in situ verlegten, stark abgetretenen Originalen. Roter Ton, bei einzelnen Fliesen auch Spuren grüner Glasur. 13,5 × 13,5 cm.
d Urbar, bei Aufdeckung eines Töpferofens vor 1906 gefunden. *Variante,* eine Verbindung von R 14 und R 15. Flachrelief, die Zeichnung ähnlich R 14. Die Seitenblätter wie bei R 15 gewölbt, der Schaftknoten betont, das Kelchblatt in Rautenform. H. E. Kubach, F. Michel, H. Schnitzler, 340, Abb. 370.
Verbleib war nicht zu ermitteln.

R 16 Villingen

2. Hälfte 15. Jahrhundert.
Roter, grob gemagerter Ton. Tiefrelief, wirkt wie ein Fliesenmodel. Kante senkrecht. 23 × 4,5 cm.
Diagonalkreuz aus vier schöngeformten heraldischen Lilien. Das Kelchblatt zusätzlich durch Mittellinie betont, die stark gewölbten Hängeblätter schmiegen sich an den Kelchgrund und die Doppelrosette, welche die Fliesenmitte füllt.
Fundort:
Villingen, Herkunft nicht mehr bekannt. Im Typus den Fliesen des Franziskanerklosters Villingen ähnlich. S. Bartenstein, M. Fuchs, 162, 7, 1.
Villingen, Museum Altes Rathaus.

R 17 Worms

2. Hälfte 13. Jahrhundert.
Hellroter Ton. Vertiefte Prägung. 13,5 × 2 cm.
Weiterbildung des Musters R 1. Kleiner quadratischer Rahmen, Kelchblatt in Tropfenform, Schaftring rund, die Astroide von Diagonalkreuz geteilt, welches ein Mittelkreis überdeckt.
Fundort:
Worms, Herkunft unbekannt, nach 1922 gefunden.
Worms, Museum der Stadt Worms.

R 18 Speyer

2. Drittel 13. Jahrhundert.
Rötlicher Ton. Vertiefte Prägung. Zwei Bruchstücke. 13,8 × 2,2 cm. Nicht abgebildet.
In kleinem quadratischen Rahmen vier kleine Lilien, deren Schaftring auf den Ecken eines Quadrats in Fliesenmitte aufsitzt. Dieses wird anscheinend von einem zweiten Quadrat überdeckt.
Fundort:
Speyer, Dom St. Maria, bei der Restaurierung 1961 im Südquerarm der Krypta als Vermauerung einer Wandnische gefunden. H. E. Kubach, W. Haas, I, 1109, Nr. 124, II. Abb. 1655.
Speyer, Landesamt für Denkmalpflege.

R 18.1 Ulm-Söflingen

Nach 1258.
Roter Ton. Vertiefte Prägung. Bruchstück. 13 × 2,5 cm. Nicht abgebildet.
In quadratischem Rahmen Lilienkreuz ähnlich R 18. Die Kelchblätter sind spitzer, die Hängeblätter, soweit sichtbar, unregelmäßig gelappt. In der Mitte wird statt des Eckquadrats eine Astroide ausgeschnitten, die Kelchknoten sind durch zwei leicht konkave Linien verbunden.
Fundort:
Ulm-Söflingen, ehem. Klarissinnenkloster, bei Sanierungsarbeiten an der Stelle des ehem. Kreuzgangs gefunden.
Ulm-Söflingen, Privatbesitz.

R 19 Konstanz

3. Viertel 13. Jahrhundert. Verwendung eines alten Models?
Roter Ton. Stark vertiefte Prägung. Bruchstücke. Teilweise stark beschädigt. 6,8 × 6,8 cm als Teilstück und 13,5 × 3,5 cm.
In quadratischem Rahmen kleiner Mittelkreis auf dem in der Diagonale vier wenig sorgfältig gezeichnete kleine Lilien sitzen. Die Seitenblätter sind fast rechtwinklig gewölbt, teilweise sehr lang.
Fundort:
a Konstanz, Stadionscher Domherrenhof, nach Brand 1898 gefunden.
Konstanz, Rosgartenmuseum.
Zürich, Schweizerisches Landesmuseum.
b Ebd. *Variante,* in der Mitte kleines Quadrat statt des Kreises.
Konstanz, Rosgartenmuseum.

R 20 Dreieich – Mainz

Nach 1256 (a) 2. Viertel – Mitte 13. Jahrhundert (b).
Schwarzgrauer, feingemagerter Ton. Vertiefte Prägung. 6,5 × 2,5 cm. Mittelfliese.
Variante von R 18. Kümmerlichste Prägung. Die Blütenblätter bis zum Grund geteilt, teilweise schrägliegend, keine Lilie der anderen gleichend. Der Mittelkreis nicht geschlossen.
Fundort:
a Dreieich, Burgruine Hain, bei Grabungen im Palas gefunden.
Dreieich, Dreieich-Museum.
b Mainz, Gutenbergplatz, bei Grabungen 1910 gefunden. Hellgrauer und hellockerfarbener Ton. 6,2 × 2,1 cm. Mittelstück zu W 69.
Mainz, Mittelrheinisches Landesmuseum.

R 21 Worms

2. Drittel 13. Jahrhundert.
Hellgrauer, schwarzgrauer, gelbrötlicher, sehr feiner Ton. Vertiefte Prägung. 6,3 × 2,7 cm.
In quadratischem Rahmen kleines Mittelquadrat. An dessen Ecken sitzen auf dünnen Stengeln kleine Lilien vom Typus R 11, deren Kelchblatt jedoch nicht bis zum Schaftring reicht.
Fundort:
Worms, Herkunft unbekannt, vor 1922 gefunden. E. Grill, Taf. III, 71.
Worms, Museum der Stadt Worms.

R 22 Bickenbach – Kirchheimbolanden? – Peterspay – Worms

Vor 1232? (a), 2. Viertel 13. Jahrhundert.
Roter Ton. Vertiefte Prägung. Model in Fliesen von wechselnder Außengröße eingeprägt. Kante senkrecht. 12,7 × 2 cm.
Variante von R 21 ohne Rahmen. In das größere Mittelquadrat ein Eckquadrat einbeschrieben. Die runden Schaftringe

sitzen als kleine Kreise auf den Ecken, dann folgt ein durchlaufender Stengel, dessen Spitze zugleich das Kelchblatt bildet. Die Hängeblätter etwas schmaler.
Fundort:
a Alt-Bickenbach, bei Grabungen vor 1876 auf dem sog. Weilerhügel bei Hähnlein, dem ersten Sitz der Herren von Bickenbach gefunden. H. W. Böhme, 507, Abb. 3, Nr. 13.
Darmstadt, Hessisches Landesmuseum.
b Unbekannt, vermutlich aus einer der Burgen um Kirchheimbolanden. Rotbrauner Ton mit Spuren von Bleiglasur. 8 × 1,8 cm. Grauer Ton. 13 × 2,5 cm. Eine Fliese in der Diagonale geteilt.
Kirchheimbolanden, Heimatmuseum.
c Peterspay, kath. Kapelle St. Peter und Paul, in situ im Chorbereich.
d Worms, Herkunft unbekannt, nach 1922 gefunden. Grauer Ton. 13 × 2 cm.
Worms, Museum der Stadt Worms.

R23 Dreieich – Seligenstadt – Speyer

Nach 1256 (a), 1240–1253 (b).
Schwarzgrauer Ton. Vertiefte Prägung. 7,6 × 7,4 × 2,2 cm, derselbe Model in Fliese der Größe 13,8 × 14 × 2,5 cm eingeprägt.
Variante von R22. Die Zeichnung etwas kleiner, die Hängeblätter nun ebenfalls aus Bogenstrichen gebildet.
Fundort:
a Dreieich, Burgruine Hain, bei Grabungen im Palas gefunden.
Dreieich, Dreieich-Museum.
b Seligenstadt, ehem. Benediktinerklosterkirche St. Marcellinus und Petrus, vermutlich bei der Restaurierung 1867–78 gefunden. Grauer Ton. 7,5 × 2,1 cm.
Darmstadt, Hessisches Landesmuseum.
c Speyer, 1950 beim Bau der neuen Sparkasse in einer Abfallgrube hinter den Fundamenten der ehem. Fleischschranne gefunden. Hellroter Ton. 14 × 2,4 cm.
Speyer, Historisches Museum der Pfalz.
d Speyer, Herkunft unbekannt. Nur 7,4 × 2,4 cm.
Speyer, Historisches Museum der Pfalz.
e Unbekannt (Mittelrhein? – Rheingau? – Nassau?) Hellgraurötlicher Ton. Kante senkrecht. 8 × 2 cm.
Wiesbaden, Slg. Nassauischer Altertümer.

R24 Brunnenburg – Eppstein – Mainz – Kirchheimbolanden – Worms

2. Drittel 13. Jahrhundert.
Gelblicher Ton. Vertiefte Prägung.
Variante von R23. Das Eckquadrat in der Mitte fehlt, die Lilienbögen auf langen Stäben berühren die Fliesenecken.
Fundort:
a Brunnenburg, ehem. Prämonstratenserinnenkloster, bei Grabungen 1974 im Schutt gefunden. G. u. I. Maag, 134, Abb. 88, K2.
Wiesbaden, Privatbesitz.
b Eppstein, Burgruine. Schwarzgrauer, sehr feiner Ton, Kante leicht schräg. 6 × 2,2 cm. Einzelfliese. B. Picard, 10, Abb. 7.
Eppstein, Burgmuseum.
c Mainz, Herkunft unbekannt. Roter Ton. 8 × 2,2 cm.
Mainz, Mittelrheinisches Landesmuseum.
d Fundort nicht mehr bekannt, entweder aus Kirchheimbolanden oder einer der Burgen der nächsten Umgebung. *Variante* mit winzigem Mittelquadrat und ovalem Kelchblatt. Dunkelgrauer Ton. 6 × 2,3 cm.
Kirchheimbolanden, Heimatmuseum.
e Worms, Herkunft unbekannt. E. Grill, Taf. 3, 70. Blaßroter und rotbrauner Ton. Kante senkrecht. In eine Fliese der Größe 12,5 × 2,5 und 13,5 × 2,5 cm eingeprägt.
Worms, Museum der Stadt Worms.

R25 Worms

2. Drittel 13. Jahrhundert.
Grünlichgrauer Ton. Vertiefte Prägung, im Brand verformt. 12,5 × 2,4 cm.
Variante von R23. Kleines Doppelquadrat mit weit gereihten Schrägkerben. Lilienkreuz übereinstimmend, in Mittelquadrat statt des Eckquadrats kleiner Vierstern.
Fundort:
Worms, Herkunft unbekannt, nach 1922 gefunden.
Worms, Museum der Stadt Worms.

R26 Arnstein? – Becherbach – Bellersheim – Diez – Randeck – Hadamar

2. Drittel 13. Jahrhundert, kurz vor 1379 (j).
Tiefroter Ton mit weißer Farbe in den Rillen. Vertiefte Prägung. Kante schräg. 13 × 2,5 cm.
In quadratischem Rahmen kleines Quadrat (3,5 × 3,5 cm) mit winzigem Mittelquadrat, auf dessen Ecken kleine Lilien aufsitzen. Der Rahmen mit den Ecken des einbeschriebenen Quadrats durch Diagonallinien verbunden.
Fundort:
a Angeblich aus Arnstein, Margarethenkirche, unterhalb des ehem. Prämonstratenserklosters.
Höhr-Grenzhausen, Töpferei-Museum Georg Peltner.
b Becherbach, ev. Pfarrkirche, bei der Restaurierung 1972 in situ gefunden, in der Kirche neu verlegt. Rötlicher und grauer Ton. 12 × 12 cm.
c Bellersheimer Markwald, sog. „Alteburg", 1886 gefunden. Hellgrauer Ton. 12 × 2,8 cm.
Darmstadt, Hessisches Landesmuseum.
d Diez, ehem. Benediktinerinnenkloster Dierstein, 1881 bei Grabungen gefunden. Hellgrauer, mittelgrauer, schwarzgrauer, gelblicher und roter Ton. In den Vertiefungen Reste schwärzlicher Füllmasse.
Wiesbaden, Slg. Nassauischer Altertümer.
e Dierstein. Dunkelgrauer Ton mit schwarzer Füllmasse, hellgrauer Ton mit dunkelgrauer Farbe. Ausgezeichnet erhalten. 1884 als Geschenk ins Museum für Kunst und Kulturgeschichte, Oldenburg.
f Unbekannt. Weißlichgelber Ton. 11,7 × 2,5 cm.
Wiesbaden, Slg. Nassauischer Altertümer.
g Unbekannt, Fund des 19. Jahrhunderts (Dierstein oder Klosterkumbd?).
Gotha, Schloßmuseum.
h Unbekannt. Roter Ton. 11,2 × 11,2 cm.
Marburg, Museum für Kunst und Kulturgeschichte.
i Randeck, Burgruine, 1979 gefunden. Bruchstück. Roter Ton. 13,2 × 2,9 cm.
Mainz, Privatbesitz.
j Hadamar, Liebfrauenkirche, bei der Aufdeckung des Fliesenbodens 1966 in situ, inzwischen zerstreut. *Variante.* Lilien mit eher rautenförmigem Kelchblatt. Fliesen mit zwei verschiedenen Modeln geprägt.
Königstein, Stadtmuseum.
Bad Zwischenahn, Slg. Hans-Jürgen Heger.

R27 Altenbaumburg

Nach 1253?
Dunkelroter Ton. Vertiefte Prägung. Abgetreten. Ca. 12 × 2,7 cm. Nicht abgebildet.
Variante zu R26. Übereinstimmend das Diagonalkreuz mit Mittelquadrat. Über den Seitenmitten des Innenquadrats ebenfalls kleine Lilienstäbe, in der Mitte eher Blütenstern aus vier spitzen und vier kreisrunden Petalen.
Fundort:
Altenbaumburg, Burgruine, Lesefund.
Altenbaumburg, Burgsammlung.

R28 Becherbach – Bellersheim – Diez – Oberhessen – Ravengiersburg – Hadamar

2. Drittel 13. Jahrhundert, kurz vor 1379 (g).
Grauer Ton. Vertiefte Prägung. 12,5 × 2,8 cm.
Variante mit Rahmenquadrat aus drei Parallellinien.
Fundort:
a Becherbach, ev. Pfarrkirche, bei der Restaurierung 1972 in situ gefunden, in der Kirche neu verlegt.
b Bellersheimer Markwald, in der Ruine der sog. „Alteburg" 1886 gefunden. Hellgrauer Ton.
Darmstadt. Hessisches Landesmuseum.
c Diez, ehem. Benediktinerinnenkloster Dierstein, bei Grabungen 1881 gefunden. Hellgrauer, schwarzgrauer und rötlicher Ton.
Wiesbaden, Slg. Nassauischer Altertümer.
d Nicht mehr bekannt. Entweder ebenfalls aus Kloster Dierstein oder aus der ehem. Stiftskirche St. Maria, Diez. Gelbgrauer Ton. 10,5 × 1,8 cm.
Diez, Nassauisches Heimatmuseum.
e Angeblich aus einer Grabung in Oberhessen, vor 1972 gefunden.
Wiesbaden, Landesamt für Denkmalpflege Hessen.
f Ravengiersburg, ehem. Augustiner-Chorherrenstift, bei Grabungen 1963 unter dem Fußboden der Kirche, 1966 auch außerhalb der Kirche im Schutt gefunden. Blaßroter Ton. 10,5 × 1,8 cm.
Ravengiersburg, Missionsseminar.
g Hadamar, Liebfrauenkirche, bei der Aufdeckung des Fliesenbodens 1966 in situ, heute zerstreut. *Variante*. Gröbere Prägung, das Diagonalkreuz verdoppelt, die Lilien weniger sorgfältig geschnitten. Gelbrötlicher Ton. Kante schräg. 13 × 13,5 × 2,7 cm. G. Kiesow, 1988, 231, Abb. 50.
Königstein, Stadtmuseum.
Bad Zwischenahn, Slg. Hans-Jürgen Heger.

R29 Altenbaumburg – Bellersheim – Diez – Flonheim – Klosterkumbd – Pfaffen-Schwabenheim – Pyrmont – Ravengiersburg – Sponheim – Starkenburg – Worms – Hadamar

In verschiedenen Zeitabschnitten seit dem 2. Viertel des 13. Jahrhunderts bis Anfang 14. Jahrhundert, kurz vor 1379 (o).
Grauer Ton. Vertiefte Prägung. 8,2 × 2,7 cm.
Variante von R28. Mittelquadrat und Diagonalkreuz übereinstimmend. Doppelrahmen mit flacher Zackenlinie.
Fundort:
a Altenbaumburg, Burgruine, beim Wiederaufbau des Palas 1980–83 gefunden.
Altenbaumburg, Burgsammlung.
b Bellersheimer Markwald, auf dem Gelände der sog. „Alteburg" 1886 gefunden.
Darmstadt, Hessisches Landesmuseum.
c Diez, ehem. Benediktinerinnenkloster Dierstein, bei Grabung 1881 gefunden. Gelbgrauer und mittelgrauer Ton mit Spuren brauner Glasur sowie mittelgrauer Ton mit Resten einer schwärzlichen Füllmasse in den Vertiefungen.
Wiesbaden, Slg. Nassauischer Altertümer.
d Nicht mehr bekannt. Entweder ebenfalls aus Dierstein oder der ehem. Stiftskirche St. Maria in Diez. Grauer, grobgemagerter Ton. 8 × 2,5 cm.
Diez, Nassauisches Heimatmuseum.
e Flonheim, ehem. Augustiner-Chorherrenstift, aus der alten Kirche geborgen und als Rahmung einer Kreisrosette hinter dem Altar neuverlegt. Roter und schwarzgrauer Ton. Schachbrettmusterung.
f Klosterkumbd, ehem. Zisterzienserinnenkloster, Zufallsfund von 2 Fliesen (im 19. Jahrhundert noch im Klostergarten als Fliesenbelag auf den Wegen). Gelblichgrauer Ton mit Einschlüssen, Reste einer dunkelgrauen Engobe. 8,2 × 2,5/3 cm. M. Backes, H. Caspary, N. Müller-Dietrich, Bd. 1, 588 „Funde".
g Pfaffen-Schwabenheim, ehem. Augustiner-Chorherren-Stiftskirche, bei Ausgrabungen 1905 unter dem Fußboden gefunden, im Langhaus unter der Empore neu verlegt. Fast schwarzer und hellroter Ton.
h Pyrmont, Burgruine, im Schutt von Hausstellen des Wirtschaftshofes 1952 gefunden, während der Grabung wieder verlorengegangen. E. Wackenroder, 1959, Bd. 2, 695.
i Ravengiersburg, ehem. Augustiner-Chorherrenstift, bei Grabungen 1963 unter dem Fußboden der Kirche gefunden, inzwischen verloren und nur durch Photo überliefert[1].
j Sponheim, ehem. Benediktinerklosterkirche St. Maria und Martin, in situ im Chorjoch und in den Apsiden.
k Starkenburg, Burgruine, Lesefund in den Weinbergen unterhalb der Burg.
Traben-Trarbach, Mittelmosel-Museum.
l Worms, Herkunft unbekannt, nach 1922 gefunden. Mittelgrauer Ton, in den Vertiefungen Reste einer dunkelgrauen Engobe. 8 × 2,5 cm.
Worms, Museum der Stadt Worms.
m Unbekannt, im 19. Jahrhundert gefunden.
Gotha, Schloßmuseum.
n Unbekannt, in jüngster Zeit im Kunsthandel erworben. Ausgezeichnet erhalten, hellgrauer Ton mit dunkelgrauer Engobe. Pyrmont oder Ravengiersburg?
Burg Grenzau, Slg. Prof. Dr. H. Spiegel.
o Hadamar, Liebfrauenkirche, bei der Aufdeckung des Fliesenbodens 1966 gefunden. *Variante,* mit steilerem Zackenband und leerem Mittelquadrat. Roter Ton. 11,5 × 11 × 2,2 cm.
p Ravengiersburg, alle Angaben wie R29*h*, die Fliese ebenfalls verloren. *Variante,* das Zackenband durch waagrecht liegende Rauten ersetzt.

1 Aufnahme Herr Theodor Schauder.

R30 Friedberg – Pfaffen-Schwabenheim – Pyrmont – Randeck – Sponheim

2. Viertel – Mitte 13. Jahrhundert.
Grauer Ton. Vertiefte Prägung. 9,5 × 1,8 cm.
Kleines Mittelquadrat mit Lilienkreuz auf winzigem Kreis ähnlich R29. Auf den Ecken des Quadrats sitzend, die Fliesenecken berührend, Lilien des Typus R23.
Fundort:
a Nicht mehr bekannt, aus Friedberg oder Umgebung.
Friedberg, Wetterau-Museum.

b Pfaffen-Schwabenheim, ehem. Augustiner-Chorherren-Stiftskirche, bei Ausgrabungen 1905 unter dem Fußboden gefunden, kleiner Rest unter der Empore neu verlegt. Roter und schwärzlicher Ton.
c Pyrmont, Burgruine, im Schutt von Hausstellen des Wirtschaftshofes 1952 gefunden, während der Grabung verschwunden. E. Wackenroder, Bd. 2, 1959, 695. Dunkelgrauer Ton. 8 × 8 cm.
d Randeck, Burgruine. Bruchstück, nur die Mitte erhalten. Dicke 2,7 cm. Bei Grabungen 1979 gefunden.
Mannweiler-Cölln, Heimatmuseum.
e Sponheim, ehem. Benediktinerklosterkirche St. Maria und Martin, in situ im Chorjoch und den Apsiden. Grauer und gelblicher Ton, in der Diagonale verlegt. Außerdem als orthogonal angeordnete Randleiste in eine Fliese der Größe 14 × 14 cm eingeprägt, das Lilienkreuz in die Vertikale gedreht.

R31 Altenbaumburg – Becherbach – Brunnenburg – Diez – Klosterkumbd? – Hadamar

Nach 1253? (a), 2. Drittel 13. Jahrhundert, kurz vor 1379 (g).
Dunkelgrauer und roter Ton. Vertiefte Prägung. Bruchstücke.
Die Fliese zeigt das Lilienkreuz des Mittelquadrats von R30, ohne Rahmen und die ganze Fläche füllend.
Fundort:
a Altenbaumburg, Burgruine, beim Wiederaufbau des Palas 1980–83 gefunden.
Altenbaumburg, Burgsammlung.
b Becherbach, ev. Pfarrkirche, bei der Restaurierung 1972 in situ gefunden, in der Kirche neu verlegt. Roter, gelblicher und grauer Ton. 12 × 12 cm (75 Fliesen).
c Brunnenburg, Ruine des ehem. Prämonstratenserinnenklosters, bei der Ausgrabung 1974 gefunden. G. und I. Maag, 134, Abb. 88K1.
Diez, Nassauisches Heimatmuseum.
d Diez, ehem. Stiftskirche St. Maria und Johann Baptist. Anscheinend schon früher bei Erneuerungsarbeiten, 1965 erneut gefunden. Hellrötlicher Ton, durch Rauchzutritt an der Oberfläche grau. Kante schräg. 12 × 2,7 cm.
Diez, Nassauisches Heimatmuseum.
e Diez, ehem. Benediktinerinnenkloster Dierstein. Bei Grabung 1881 gefunden. Hellgrauer und gelblicher Ton. 12 × 2,7 cm.
Wiesbaden, Slg. Nassauischer Altertümer.
Oldenburg, Museum für Kunst und Kulturgeschichte (seit 1884. Ausgezeichnet erhalten. Spuren von bräunlicher Glasur in den Vertiefungen. 11,5 × 3 cm.)
f Unbekannt. Möglicherweise dies die verschollenen Fliesen aus dem ehem. Zisterzienserinnenkloster Chumbd. W. Wagner, 44.
Gotha, Schloßmuseum.
g Hadamar, Liebfrauenkirche, bei der Aufdeckung des Fliesenbodens 1966 in situ, heute zerstreut. Vergröberter *Nachschnitt*, gelbrötlicher Ton. 11,5 × 11 × 1,8 cm.
Königstein, Stadtmuseum (aus Privatsammlung).

R32 Altenbaumburg – Diez – Pfaffen-Schwabenheim – Sponheim

2. Drittel 13. Jahrhundert.
Roter und *blau*grauer Ton, sehr fein gemagert und hart gebrannt. Vertiefte Prägung. Abgetreten. Kante leicht schräg. Bruchstücke. Dicke 3 cm.
Dasselbe Muster wie R31, nur sehr klein, Muster 3 × 3 cm.
Fundort:
a Altenbaumburg, Burgruine, Lesefund.
Altenbaumburg, Burgsammlung.
b Diez, ehem. Benediktinerinnenkloster Dierstein, bei Grabungen 1881 gefunden. Gelbrötlicher Ton, die Vertiefungen mit Spuren von brauner Glasur gefüllt. Abgetreten. 5,2 × 2,5 cm.
Wiesbaden, Slg. Nassauischer Altertümer.
c Pfaffen-Schwabenheim, ehem. Augustiner-Chorherren-Stiftskirche, bei einer Grabung 1905 gefunden, unter der Empore des Langhauses neu verlegt. Gelblicher und schwarzgrauer Ton. 5 × 5 cm, dasselbe Muster auch in Fliesen der Größe 8 × 8 cm eingeprägt.
d Sponheim, ehem. Benediktinerklosterkirche St. Maria und Martin, in situ in der Chorapsis und den Nebenapsiden. Gelblicher, rötlicher, grauer und schwarzgrauer Ton. 4,5 × 4,5 cm.
e Unbekannt (Fund des 19. Jahrhundert).
Gotha, Schloßmuseum.

R33 Lahntal?

2. Hälfte 13. Jahrhundert.
Roter Ton. Vertiefte Prägung. 13,5 × 3 cm.
In quadratischem Rahmen mit steilem Zackenband Lilienkreuz wie R31. Der Mittelkreis etwas größer, die Lilien eher in Form einer Pike.
Fundort:
Unbekannt, doch wohl nicht aus dem Elsaß (vgl. Zackenband bei R29), sondern vermutlich mit den rheinischen Fliesen aus dem Besitz von Prof. E. Aus'm Weerth 1888 ins Museum gelangt.
Straßburg, Frauenhausmuseum.

R34 Württemberg

2. Hälfte 15. Jahrhundert.
Roter Ton. Flachrelief. 17 × 18 × 5 cm.
Grobes Lilienkreuz, dessen Stengel auf breitem Mittelring aufsitzen.
Fundort:
Unbekannt, aus Württemberg.
Stuttgart, Württembergisches Landesmuseum.

R35 Altenberg/Dhünn

14. Jahrhundert.
Rötlicher Ton mit hellockerbrauner Glasur. Flachrelief. Kante leicht schräg. 8,5 × 4 cm.
Stern aus diagonal gestelltem Lilienkreuz, die Hängeblätter flach sichelförmig geschwungen. In der Mitte Kreis von kleinem Vierpaß überdeckt.
Fundort:
Altenberg/Dhünn, ehem. Zisterzienserkloster, bei Grabungen 1974 gefunden. G. Binding [u. a.], 36, Abb. 26.
Bonn, Rheinisches Landesmuseum.

R35.1 Dannenfels

Um 1485.
Hochroter, grobgemagerter Ton. Hohes Relief. 15,5 × 18,5 × 2,5 cm.
Die Fliese wirkt eher wie eine Wandfliese. Variante zu R35, möglicherweise nach einer Vorlage ähnlich R31 geschnitten.

In Kreismitte nochmals dicker Punkt, der Kreis jeweils mit je zwei kleinen Buckelwölbungen zwischen den Lilienstengeln. Die Lilien mit Schaftring.
Fundort:
Dannenfels, Burgstelle Tannenfels, in unbekannter Zeit geborgen. E. Gümbel, 39.
Kirchheimbolanden, Heimatmuseum.

R36 Kiedrich – Koblenz – Rüdesheim – Speyer – Worms – Mainz

3. Viertel 13.– Anfang 14. Jahrhundert.
Gelbgrauer Ton. Vertiefte Prägung. Bruchstück. 14 × 2,5 cm.
Quadratischer Rahmen mit Diagonalkreuz aus Lilienstäben, dazwischen je ein ovales Blatt einer vierteiligen Mittelrosette mit Mittelkreis. Die „Lilien", vermutlich aus dem Muster R3 entwickelt, sehr grob, die Hängeblätter teilweise waagrecht abgespreizt.
Fundort:
a Kiedrich, Burgruine Scharfenstein, bei Aufräumungsarbeiten geborgen.
Johannisberg, Privatbesitz.
b Unbekannt, soll aus einer Burg in oder aus der Umgebung von Koblenz stammen.
Koblenz, Mittelrhein-Museum.
c Unbekannt, aus Rüdesheim oder Umgebung. Hellgrauer Ton.
Rüdesheim, Rheingauer Museum.
d Unbekannt, vermutlich aus Speyer. Dunkelgraurötlicher Ton. 14 × 2,5 cm. (alter Bestand).
Speyer, Historisches Museum der Pfalz.
e Speyer, Engelgasse, bei Umbauten 1969 gefunden. Bruchstück. Weißlichgrauer Ton. Dicke 2,5 cm.
Speyer, Landesamt für Denkmalpflege.
f Worms, Herkunft unbekannt, vor 1927 gefunden.
Bei E. Grill nicht erwähnt. Rötlichgelber und rosabräunlicher Ton, im Bruch gelblich. Kante fast senkrecht. 14 × 2 cm.
Worms, Museum der Stadt Worms.
Hamburg, Museum für Kunst und Gewerbe. 1927 erworben, Model schräg eingeprägt.
Stuttgart, Württembergisches Landesmuseum. Hellgrauer Ton. Stempel korrekt eingeprägt. Kante senkrecht. 14 × 2 cm. 1928 erworben. Bestand des ehem. Landesgewerbemuseums.
g Worms, St. Amanduskirche, bei Grabung 1934–35 gefunden.
Worms, Museum der Stadt Worms.
h Aus Worms, Herkunft unbekannt. *Variante,* die Lilien durch regelmäßige Kleeblätter ersetzt. E. Grill, 1922, Taf. II, 32. Graurötlicher Ton.
Worms, Museum der Stadt Worms.
i Mainz, Herkunft unbekannt, 1977 gefunden. Gelblicher Ton. Bruchstück. Ca. 13,2 × 2,5 cm.
Privatbesitz.

R37 Mainz

2. Hälfte 13. Jahrhundert.
Tonfarbe unbekannt. Vertiefte Prägung. 9,7 × 9,7 cm.
Variante zu R36. Die Mittelblüte kleiner, die sorgfältig geschnittenen Lilien mit Schaftring und flacher gewölbten Hängeblättern.
Fundort:
Mainz, Am Höfchen 2, beim Abbruch des Halenza-Hauses 1896 gefunden[1].
Mainz, Mittelrheinisches Landesmuseum (z. Z. nicht auffindbar).

1 Westd. Zs. 16, 1897, Museographie 1896, 357, Taf. 19,8.

R38 Arnsburg – Randeck – Weinheim

3. Viertel 13. Jahrhundert.
Hellroter, grobgemagerter Ton mit Einschluß von Kalkteilchen (Muscheln?). Vertiefte Prägung. Bruchstücke. Dicke 2,3 cm.
Variante zu R36. Lilien sorgfältiger gezeichnet, in der Mitte winziges Quadrat.
Fundort:
a Arnsburg, ehem. Zisterzienserkloster, bei Grabung 1979 gefunden. Nicht sicher zu ergänzen. M. Morkramer, 1982, Nr. 5.0.1, 76, Abb. 75.
Arnsburg, Klostersammlung.
b Randeck, Burgruine, bei Grabung 1979 gefunden. Bruchstück, Ecke, auch hier die Mitte verloren. Dicke 2,4 cm. Das Muster könnte auch zu R2–R3 gehören.
Mannweiler-Cölln, Heimatmuseum.
c Weinheim, St. Peterskirche, beim Abbruch 1910 gefunden. H. Huth, 364, Abb. 269. Bruchstück, nicht sicher zu ergänzen.
Weinheim, Heimatmuseum (nicht auffindbar).

R39 Mainz – Oberwesel – Starkenburg – Eberbach

3. Viertel – Ende 13. Jahrhundert.
Graugelblicher Ton. Vertiefte Prägung. 12,2 × 2,2 cm.
Variante von R38. Stern aus vier Palmetten, aus einer Verdoppelung des Musters W24 entstanden. Der Kreuzstab etwas länger.
Fundort:
a Mainz, bei Bauarbeiten 1977 gefunden. Herkunft unbekannt. Im Kunsthandel.
Verbleib unbekannt.
b Oberwesel, kath. Liebfrauenkirche, eine Fliese in zweiter Lage hinter dem Hochaltar entdeckt, heute wieder verdeckt.
c Starkenburg, Burgruine, Bruchstücke als Lesefund in den Weinbergen unterhalb der Burg.
Traben-Trarbach, Privatbesitz.
d Eberbach, ehem. Zisterzienserkloster. Hier hat sich das Muster nur noch als Dreiecksfliese, die durch eine Teilung in der Diagonale erreicht wurde, erhalten. Da alle übrigen Fliesen in Oberwesel Eberbacher Muster sind, befand sich diese Prägung früher wohl auch in Eberbach.

R40 Köln – Urbar

1. Hälfte 13. Jahrhundert?
Mittelgrauer Ton mit schwarzer Engobe in den Vertiefungen, rötlicher Ton mit ockerrötlicher Engobe, auch an den Seiten. Vertiefte Prägung, Flachrelief im Mittelkreis. Stark abgelaufen. Kante senkrecht. 8,8 × 2,6 cm.
Vierpaßform mit Mittelkreis. In diesem eine siebenstrahlige Sonnenblume mit unregelmäßig geformten Blättern. In den Pässen je eine zur Ecke gewandte, unbeholfen stilisierte Lilie mit spitzem, schmalem Kelchblatt und abgespreizten Blättern in Form eines Rebmessers.

Fundort:
a Köln, ehem. Margarethenkloster, bei Ausgrabungen 1980 eine Bodenfliese in situ gefunden.
Köln, Amt für Archäologische Bodendenkmalpflege.
b Urbar, beim Fund eines Töpferofens vor 1906 aufgedeckt. Dunkelgrauer, feingemagerter Ton. 8 × 8 cm. H. E. Kubach, F. Michel, H. Schnitzler, 340, Abb. 370.
Köln, Museum für Angewandte Kunst.
c Unbekannt, möglicherweise in früherer Zeit in Köln gefunden. Hellrötlicher und schwarzgrauer Ton. 8,5 × 8,7 × 3 cm. J. Eschweiler, 26, Nr. 76.
Köln, Erzbischöfliches Diözesan-Museum.

R41 Egelsbach – Eppstein – Königstein – Rodheim v. d. Höhe

2. Hälfte 13. Jahrhundert.
Rötlicher Ton. Vertiefte Prägung. 13 × 2,5 cm.
In quadratischem Rahmen Eckquadrat, von einem Diagonalkreuz aus heraldischen Lilien über- und unterschnitten. In den entstandenen vier Quadrätchen neun kleine Punkte.
Fundort:
a Egelsbach, ev. Pfarrkirche, bei Grabungen vor 1931 auf dem Gelände der ehem. gotischen Kapelle gefunden, vor der Kirche neu verlegt. K. Krauß, 1931, 48, Abb. 4,1.
b Eppstein, Burgruine. Hellroter, sehr feiner Ton, graurötlicher, etwas gröberer Ton. Kante senkrecht. 13 × 2,5 cm. B. Picard, 10, Abb. 7.
Eppstein, Burgmuseum.
c Königstein, Burgruine, bei Grabungen gefunden. Halbes Muster in eine Dreiecksfliese geprägt. Feingemagerter rötlicher Ton. Bruchstück. Ca. 13 × 19 × 2,5 cm. E. Gundermann, 148, 151, Taf. 3, Nr. 23.
Königstein, Stadtmuseum.
d Rodheim v. d. Höhe, bei Grabungen 1985 im Schiff der ehem. ev. Pfarrkirche Rodheim gefunden, wie R41*b*. Feingemagerter bräunlichroter Ton mit Spuren einer roten Engobe in den Vertiefungen. 13,3 × 13 × 2,2 cm.
Verbleib noch nicht bestimmt.

R42 Dreieich – Frankfurt/Main – Thron

14.–15. Jahrhundert.
Roter Ton. Flachrelief 12,5 × 2 cm.
Nachschnitt von R41, die ganze Zeichnung vergröbert. Der Lilienstengel gespalten, die Hängeblätter sichelförmig, das Quadrat berührend. Statt der Punkte die Quadrätchen durch Linien in sechs winzige Kästchen geteilt. Der Rahmen durch aufgewölbte Fliesenkante gebildet.
Fundort:
a Dreieich, aus Burg Hain. Das Muster in der Diagonale geteilt.
Dreieich, Dreieich-Museum.
b Frankfurt/Main, vor 1885 in einem alten Bürgerhaus gefunden. Hellgrauer Ton.
Frankfurt/Main, Historisches Museum.
c Nach R. Forrer, 1901, Taf. CIII, 12 „aus München". Hier liegt vermutlich eine Verwechslung vor. Die Fliese kam wohl wie C66 aus Frankfurt/Main. Dunkelgrauer Ton.
London, Victoria and Albert Museum.
d Thron, ehem. Zisterzienserinnenkloster, bei Grabung 1937 gefunden. Gelbroter Ton mit roter Bemalung. 11,8 × 3 cm.
Wiesbaden, Slg. Nassauischer Altertümer.
Bad Homburg, Saalburgmuseum (hellgelber Ton).
e Unbekannt, möglicherweise auch aus Thron. Gelblichroter Ton mit bräunlichroter Farbe. 13,2 × 2, 5 cm.
Darmstadt, Hessisches Landesmuseum.
Marburg, Museum für Kunst und Kulturgeschichte (13,5 × 2 cm).

R43 Altenberg/Dhünn

14. Jahrhundert.
Schwarzgrauer Ton ohne Glasur. Rötlicher Ton mit hellgelber, hell-, mittel- und dunkelgrüner, hell-, mittel- und dunkelbrauner Glasur, sowie Zwischenabstufungen in den Farbwerten. Vertiefte Prägung mit Reliefwirkung, teilweise stark abgetreten. Glasur an den senkrechten oder leicht konischen Kanten herabgelaufen, teilweise auch die Rückseite glasiert. 7,3 × 3/3,5 cm. Mehrere Fliesen in der Diagonale geteilt, zur Randbegrenzung verwandt.
In quadratischem Rahmen Eckquadrat B, von Diagonalkreuz, das von kleinem Mittelkreis ausgeht, überschnitten. Die Ecklilien groß und eher plump. Die freien Felder im Eckquadrat mit Ovalen gefüllt, so daß ein zusätzlicher Blütenstern entsteht.
Fundort:
a Altenberg/Dhünn, ehem. Zisterzienserkloster, bei Grabungen 1974 im Kapitelsaal gefunden. G. Binding [u. a.], 36, Abb. 29.
Bonn, Rheinisches Landesmuseum.
b Variante vom selben Fundort, Glasuren und Größe wie oben, als Eckquadrat in größere Fliese eingeprägt. Schmale Ecklilien, das zusätzliche Oval um die Sternblüte fehlt. G. Binding [u. a.], 36, Abb. 27.
Bonn, Rheinisches Landesmuseum.

R44 Altenberg/Dhünn

14. Jahrhundert.
Roter Ton. Stark abgetreten. Eine Fliese mit hellgrüner Glasur, eine andere mit Wechsel zwischen grün und bräunlich. Kante leicht schräg. 11,2 × 2,3–3 cm. Nicht abgebildet.
Variante zu R43. Das Muster in einen Kreis einbeschrieben. In den freien Segmentbögen kleine fünfblättrige Pflanze. Für das Eckquadrat in der Mitte möglicherweise der Model R43*b* benützt.
Fundort:
Altenberg/Dhünn, ehem. Zisterzienserkloster, bei Grabungen 1974 im Kapitelsaal gefunden.
G. Binding [u. a.], 36, Abb. 32.
Bonn, Rheinisches Landesmuseum.

R45 Altenberg/Dhünn

14. Jahrhundert.
Tonfarbe und Glasur unbekannt, vermutlich wie R43–R44. So stark abgetreten, daß Muster eben noch erkennbar. Vertiefte Prägung mit Reliefwirkung. Ca. 12 × 12 cm.
In quadratischem Rahmen Eckquadrat mit kleinem, einbeschriebenem Mittelquadrat. Alle freien Flächen mit Lilien oder stilisierten Pflanzen gefüllt, die jeweils in Seitenmitte der Quadrate aufsitzen. Vom selben Modelschneider wie R43–R44, eine Verschmelzung der beiden Muster.

Fundort:
Altenberg/Dhünn, ehem. Zisterzienserkloster, bei Grabungen 1974 im Kreuzgang gefunden. G. Binding [u. a.], 36, Abb. 30.
Bonn, Rheinisches Landesmuseum, z. Z. nicht auffindbar.

R46 Speyer

Model 2. Viertel – Mitte 13. Jahrhundert, Prägung möglicherweise erst später.
Gelblicher Ton. Flachrelief. Abgetreten. Model 9,6 × 9,6 cm, Fliese 14,8 × 2,5 cm. Kante schräg.
Quadratischer Model, als Eckquadrat in größere Fliese eingeprägt. Lilienkreuz mit tiefsitzendem Schaftring. Das Kelchblatt mit denselben feinen Grannen wie die Fliesen aus Kloster Limburg a. d. Haardt (W20), die Seitenblätter tief herabhängend und an den Enden wieder aufgewölbt.
Fundort:
Speyer, Herdstr. 35, bei Bauarbeiten am 27. 11. 1913 in der Wirtschaft „Zum Roten Löwen" gefunden. Vom selben Modelschneider wie W20.
Speyer, Historisches Museum der Pfalz.

R47 Eppstein – Mainz

2. Drittel 13. Jahrhundert.
Mittelgrauer, feingemagerter Ton. Vertiefte Prägung. Kante senkrecht. Model 7,5 × 7,5 cm. Fliese 14 × 3 cm.
Variante zu R46. Über Eck eingeprägter Model wie R46, das Lilienkreuz ähnlich R13*b* (Gelnhausen). Der Schaftring jedoch flacher, die Seitenblätter deutlich getrennt, vom Kelch aufsteigend.
Fundort:
a Eppstein, Burgruine, bei Umbauten gefunden (Einzelfliese). B. Picard, 10, Abb. 7.
Eppstein, Burgmuseum.
b Mainz, Herkunft unbekannt (alter Bestand). Mittelgrauer Ton. 13,5 × 3,5 cm.
Mainz, Mittelrheinisches Landesmuseum.
c Mainz, Hollagasse, 1975 gefunden. Gelbbrauner, sehr feiner Ton. Kante schräg. 10,8 × 13 cm. Über den Stempel von F22 geprägt!
Harxheim, Slg. Dederer.

R48 Ettlingen – Karlsruhe-Durlach

Mitte 13. Jahrhundert.
Roter Ton. Flachrelief. 15 × 3 cm.
In quadratischem Rahmen Lilienkreuz von Diagonalkreuz mit größeren Lilien geschnitten. Die Ecklilien ohne Schaftring, mit ovalem Kelchblatt und sichelförmigen Hängeblättern. Im Rahmen zarte Bogenranke mit Palmetten.
Fundort:
a Ettlingen, kath. Pfarrkirche St. Martin, 1986/87 beim Bau einer Heizungsanlage in situ entdeckt. E. Schallmayer, 1988, 221, Abb. 160, Nr. 4.
Karlsruhe, Landesdenkmalamt Baden-Württemberg.
b Karlsruhe-Durlach, Turmbergruine, bei Grabungen 1895 gefunden. Bruchstück, ca. ein Viertel der Fliese erhalten. E. Wagner, Taf. VIII.
Karlsruhe-Durlach, Pfinzgaumuseum.

R49 Auerbach – Bonn – Eberbach – Mainz

2. Drittel 13. Jahrhundert.
Grauer Ton. Vertiefte Prägung. 10,5 × 2 cm.
Diagonalkreuz mit Dreipaßenden, dazwischen vier lateinische Kreuze, alles auf kleinem Mittelkreis aufsitzend.
Fundort:
a Bensheim-Auerbach, Burgruine „Auerbacher Schloß", bei Grabungen 1903–04 gefunden.
Bensheim, Bergsträßer Heimatmuseum.
b Nach R. Forrer, 1901, Taf. VIII, 2 „aus Bonn". Es kann sich nur um die 1896 in einem Haus Ecke Martinsplatz/Straße „Am Hof" gefundene Fliese[1] handeln.
Bonn, Rheinisches Landesmuseum.
London, Victoria and Albert Museum.
c Eberbach, ehem. Zisterzienserkloster. Roter Ton. Kante senkrecht. 10 × 2 cm. Einzelfliese, Herkunft unbekannt.
Eberbach, Lapidarium.
d Mainz, beim Abbruch von Gebäuden auf der SW-Seite des ehem. Reichklarenklosters 1903–04 teilweise noch in alter Lage, teilweise im Schutt gefunden[2]. Gelblichweißer Ton. 10,5 × 10,5 cm.
Mainz, Mittelrheinisches Landesmuseum.
e „Bodenfund aus Mainz", nicht notwendigerweise vom selben Fundort wie R49*d*. Weißgrauer Ton.
Darmstadt, Hessisches Landesmuseum.

1 Bonner Jb. 101, 1897, 173.
2 Westd. Zs. 23, 1904, Museographie 1903, 360, Taf. VIII, 7.

R50 Altenbaumburg? – Aschaffenburg – Kiedrich – Ulm-Söflingen – Worms

3. Viertel- Ende 13. Jahrhundert.
Roter Ton. Vertiefte Prägung. 13,5 × 2,5 cm.
In quadratischem Rahmen kleiner Doppelkreis mit Vierpaß in Fliesenmitte. Auf dem Kreis sitzen in Diagonalrichtung auf hohem Stengel lilienähnliche Blüten, von zwei Blattpaaren gerahmt. Die gewölbten Blätter schneiden als Negativmuster ungefähr einen Kreis aus.
Fundort:
a Unbekannt. Möglicherweise dies die Fliese aus der Altenbaumburg[1].
Stuttgart, Württembergisches Landesmuseum.
b Unbekannt. Möglicherweise aus der Stiftskirche St. Peter und Alexander, Aschaffenburg oder einem anderen Gebäude der Stadt. Roter Ton. 14 × 2,5 cm.
Aschaffenburg, Schloßmuseum der Stadt Aschaffenburg.
c Kiedrich, Burgruine Scharfenstein. Roter Ton. Bruchstück.
Schloß Johannisberg, Domänenverwaltung.
d Ulm-Söflingen, ehem. Klarissinnenkloster, bei Bauarbeiten 1913–14 in zweiter Lage vermauert gefunden. R. Weser, 94, Abb. 10. – H. A. Klaiber, R. Wortmann, 664, Abb. 601, Nr. 11. Rötlicher und grauer Ton, 14 × 2 cm.
Ulm, Ulmer Museum.
e Worms, St. Johanniskirche, bei der Aufdeckung des Fliesenbodens 1907 in situ gefunden. E. Grill, Taf. 1, 29. Bräunlichrosa, gelblicher und schwarzgrauer Ton. 14 × 2,2 cm.
Worms, Museum der Stadt Worms.

1 Bei F. Jaennicke, 284: „Fliese aus Schloß Nauberg bei Bamberg" (richtig: Altenbaumburg bei Altenbamberg) erwähnt, „befinden sich im Museum Stuttgart". Das Museum Stuttgart hat nur wenige nichtschwäbische Fliesen. Diese Fliese kann nicht aus Söflingen stammen, die Söflinger Fliesen kamen nicht nach Stuttgart. Sie

gehört auch nicht zu dem Ankauf rheinischer Fliesen, die alle aus dem Köln-Aachener Raum stammen. Es handelt sich hier um eine Fliese aus dem Wormser Musterbestand, wie sie sich auch sonst noch in Altenbaumburg finden.

R51 Klingenmünster

3. Viertel 13. Jahrhundert.
Roter Ton. Vertiefte Prägung. Bruchstück. 13,5 × 2,5 cm.
Variante zu R50. In quadratischem Rahmen Mittelkreis mit Fünfpaß, die Lilien in den Ecken sehr sorgfältig geschnitten, die Seitenblätter fehlen. Stattdessen je ein auf der Mitte der Fliesenseite stehendes Lindenblatt auf geradem Stiel, dessen Spitze den Kreis berührt.
Fundort:
Klingenmünster, ehem. Benediktinerkloster, bei Grabungen an der nördlichen Klostermauer 1981 gefunden.
Klingenmünster, Pfarramt.

R52 Worms – Altenbaumburg

3. Viertel 13. Jahrhundert. Nach 1253? (b).
Braunroter, an der Oberfläche fast schwarzer Ton, eine zweite Fliese im Bruch gelblich. Vertiefte Prägung. Kante senkrecht. 13,5 × 1,8 cm.
Kleiner Kreis in Fliesenmitte mit Kreuz aus dreigeteilten Lilien. Das Kelchblatt in Rautenform, die Seitenblätter in Form eines Rebmessers abgewinkelt. Der runde Schaftring bildet mit dem strichförmigen Stengel ein kleines Kreuz in Fliesenmitte.
Fundort:
a Worms, Herkunft unbekannt, vor 1922 gefunden. E. Grill, Taf. III, 66.
Worms, Museum der Stadt Worms.
b Altenbaumburg, Burgruine, Lesefund. Bruchstück, nicht sicher zu ergänzen. Erhalten ein kleines Mittelstück mit den Ansätzen der Seitenblätter und mit zwei kleinen Kreisen, die Verbindungslinien fehlen.
Altenbaumburg, Burgsammlung.

R53 Neubolanden?

2. Drittel 13. Jahrhundert.
Graugelblicher, sehr feiner Ton. Vertiefte Prägung. Abgetreten. Kante senkrecht. 14,8 × 2,5 cm.
Kleiner Kreis in Fliesenmitte mit Kreuz aus dreigeteilten Lilien. Das Kelchblatt zu kleinem Kreis verkümmert, die Seitenblätter eher wie Keulen hochgereckt. In den Zwischenräumen vier kleine Rauten. Frühe Prägung, könnte zum Modelbestand der Werkstatt Straßburg, St. Nikolaus/Mainz, ehem. Dompropstei, gehören.
Fundort:
Unbekannt, aufgrund des Scherbens wohl ebenfalls aus der Burgruine Neubolanden.
Kirchheimbolanden, Heimatmuseum.

R54 Arnstein – Bacharach – Eppstein – Mainz

1. Drittel – 2. Viertel 13. Jahrhundert.
Grauroter Ton. Vertiefte Prägung. 12,5 × 2,5 cm.
Breites Rahmenquadrat mit waagrechten Rauten, durch zwei kleine, übereinander stehende Kreise getrennt. In diesem ein Vierpaß ähnlich R40, statt des Kreises Mittelquadrat, in vier Felder mit Andreaskreuzen aufgeteilt. In den Paßbogen einfache Lilien in Strichzeichnung, das Kelchblatt als Oval, die Seitenblätter Sichelbogen.
Fundort:
a Arnstein, ehem. Prämonstratenserkloster, vor 1864 entfernt. J. Eschweiler, 26, Nr. 73.
Köln, Erzbischöfliches Diözesan-Museum.
Wiesbaden, Slg. Nassauischer Altertümer.
b Bacharach, St. Peterskirche, 1895 bei der Restaurierung entfernt. Weißlichgelber Ton.
Bonn, Rheinisches Landesmuseum.
c Eppstein, Burgruine, bei Umbauarbeiten gefunden. Heller, gelblichweißer Ton mit sehr glatter fast polierter Oberfläche. Abgetreten. Kante senkrecht. 13,5 × 3 cm. Einzelfliese. B. Picard, 10, Abb. 7.
Eppstein, Burgmuseum.
d Mainz, bei der Verlegung des Kanaleinlaufs 1903–04 an der Ludwigstraße nahe dem Gutenbergplatz gefunden, möglicherweise auch zu Bauten der ehem. Dompropstei gehörend[1]. Mittelgrauer Ton. 13,2 × 3 cm.
Mainz, Mittelrheinisches Landesmuseum.
e „Bodenfund aus Mainz". Weißlichgelber Ton. 13,5 × 3 cm.
Darmstadt, Hessisches Landesmuseum.
f Unbekannt, mit großer Wahrscheinlichkeit zu den 1888 von Herrn Prof. E. Aus'm Weerth erworbenen Fliesen gehörend[2]. Wohl kaum aus dem Elsaß. Hellroter, gelbroter, gelbgrauer und schwarzgrauer Ton. 13,5 × 3 cm.
Straßburg, Frauenhausmuseum.

1 Westd.Zs. 23, 1904, 369–370, Taf. VIII, 14.
2 Auch hier nur die vage Angabe des Eingangsinventars: „Vier Fliesen mit geometrischem Ornament."

R55 Bonmont – Aulps

1. Hälfte 13. Jahrhundert.
Roter Ton mit gelber, manchmal ins Schwarzbraune spielender Glasur[1]. Vertiefte Prägung. 19,7 × 3,2 cm.
Variante von R54. Der Vierpaß ohne Rahmen, alle Konturen in Doppellinien, auch das Quadrat, dessen Bänder sich verflechten und keine Kreuze zeigen. Die Lilien mit gewellten Hängeblättern und Schaftring. Die freien Flächen am Rand mit der Hälfte, die Ecken mit dem Viertel eines Viersterns gefüllt.
Fundort:
a Bonmont, ehem. Zisterzienserkloster, bei Grabungen 1956 gefunden. F. Bucher, 110, Abb. 7.
Bonmont, Privatbesitz.
Zürich, Schweizerisches Landesmuseum.
b Aulps, ehem. Zisterzienserklosterkirche, bei Grabungen um 1930 in den Chorseitenkapellen gefunden.

1 Vgl. Anm. zu N11.

R56 Eldena

Anfang 15. Jahrhundert.
Roter Ton mit dunkelgrüner Glasur. Flachrelief. 15 × 7 cm.
Ein die Fliese fast ganz bedeckender Lilienstern. Die breitgefächerten Lilien auf winzigem Mittelkreis aufsitzend, mit fast runden Blättern.
Fundort:
Eldena, Ruine des ehem. Zisterzienserklosters, 1926–27 in situ im Kapitelsaal aufgedeckt. H. Kloer, 59, Abb. 47.
Greifswald, Museum der Stadt Greifswald.

R57 Rommersdorf

2. Viertel 13. Jahrhundert?
Roter Ton. Sehr abgetreten, möglicherweise früher glasiert. Nur noch wenige Fliesen. 10 × 10 cm.
In quadratischem Rahmen mit rechtwinkligem Zackenband vier Felder mit Liliensternen ähnlich R56.
Fundort:
a Rommersdorf, ehem. Prämonstratenserkloster, in situ im Kapitelsaal.
b Unbekannt, nicht sicher, ob ebenfalls aus Rommersdorf. Weißgelblicher Ton.
Bonn, Rheinisches Landesmuseum.

R58 Brauweiler

Nach 1554?, um 1604?
Rötlicher Ton mit Resten einer gelblichen und gelbgrünlichen Glasur. Flachrelief. Sehr stark abgetreten. 11,5 × 2,3 cm. Nicht abgebildet.
Das Muster kaum mehr sichtbar, vermutlich ein Stern aus vier Lilien ähnlich R56. Weitere acht Fliesen wohl dasselbe Muster.
Fundort:
Brauweiler, ehem. Benediktinerabtei, St. Laurentiuskapelle. Die Fliesen wurden im Keller des Pfarrhauses verlegt und 1975 wieder aufgedeckt.
Brauweiler, Klosterverwaltung.

R1

R2

R3c

R3m

R4

R4.1

R7

R8

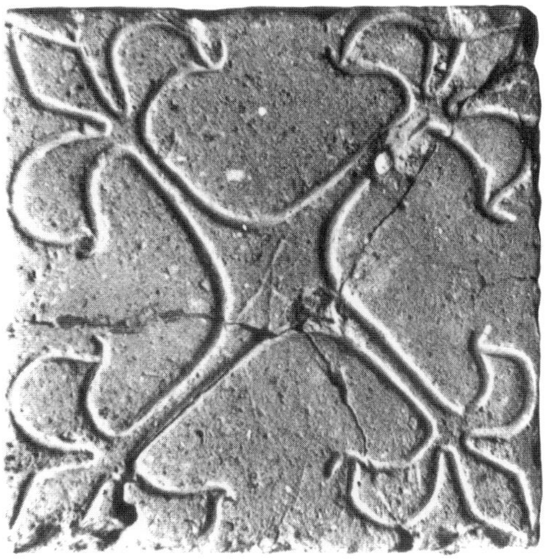

R9a

R9b

R10

R11a

R 11 b

R 12

R 13

R 15 b

R 15 c

R 16

R 17

R 19

R 20

R 21

R 22

R 23

R 24 c

R 25

R 26 j

R 28 d

R 28 g

R 29 c

R29o

R30

R31d

R31g

R32

R33

R 34

R 35.1

R 36

R 40

R 41

R 42

R 43

R 45

R 46

R 48

R 49

R 50

R 51

R 52

R 53

R 54

R 55

R 56

R 57

R 57

Blüten, Rosetten und Sternformen

S1 Cadolzburg – Frankfurt/Main?

3. Viertel 13. Jahrhundert?[1] (a), 2. Hälfte 13. Jahrhundert (b). „Grauer, körniger Ton." Flachrelief. 11 × 11 cm.
Heraldische Lilie mit spitzovalem Kelchblatt, kreisrundem Schaftring und breiten, an der Spitze nach oben gewölbten Hängeblättern. Die dreieckige Basis sitzt auf dem Fliesenrand auf.
Fundort:
a Cadolzburg, Burgruine, vor 1868 gefunden. Kat. GNM Nürnberg, 6, A. 9, Taf. II.
Nürnberg, Germanisches Nationalmuseum (seit 1925 verloren).
b Fundort unbekannt, vermutlich aus Frankfurt/Main. *Variante.* Vertiefte Prägung in quadratischem Rahmen. Lilie übereinstimmend, die Basis rechtwinklig. Nicht sicher bestimmbar, da der untere Teil der Fliese zerstört. Gelbrötlicher Ton, Kern dunkelbraun. Kante schräg. Ca. 13,5 cm breit. Dicke 2,3 cm.
Frankfurt/Main, Historisches Museum.

1 Da die Fliese nur in Strichzeichnung überliefert ist, kann sich die Datierung nur an die übrigen dort gefundenen Fliesen anlehnen.

S2 Nattheim?

14. Jahrhundert? Die Liliendarstellung weist eher ins 15. Jahrhundert.
Braunroter Ton. Flachrelief. Abgetreten. Kante senkrecht. 14 × 3 cm.
In Kreis heraldische Lilie mit großem, spitzovalem Kelchblatt und schmalen, waagrecht ausladenden Hängeblättern. Die Zeichnung wiederholt sich spiegelbildlich in kleinerem Format unterhalb des flachen Schaftrings. Die freien Flächen füllen sechs verschiedene Blüten und Blätter.
Fundort:
Nach Museumsinventar: „Württemberg", analog zu den übrigen Fliesen dieses Typus *und* des Museums aus der Kirche von Nattheim.
Stuttgart, Württembergisches Landesmuseum (aus den Beständen des ehem. Landesgewerbemuseums).

S3 Rheinland – Aachen?

1. Viertel 16. Jahrhundert.
Rötlicher Ton mit hellgrüner Glasur. Flachrelief. 12 × 2,5 cm.
Kreis mit heraldischer Lilie, umgeben von vier kleinen Kreisen mit den Evangelisteninitialen. Die Blätter der Lilie durchgehend dreigeteilt, teilweise mit schrägen Kerbschnitten versehen und unterhalb des flachen Schaftrings in stark gewölbte Blattranken aufgelöst. In den Ecken der Lilie kleine kronenartige Aufsätze ähnlich den Fliesen der Langerweher Werkstatt.
Fundort:
a Unbekannt, nach Museumsinventar Schleswig „Rheinland", möglicherweise aus Aachen[1].
Düsseldorf, Hetjens-Museum.
Köln, Museum für Angewandte Kunst[2], (mit dunkelocker Glasur, an der Seite grüner Streifen).
Schleswig, Schleswig-Holsteinisches Landesmuseum (mit braungelber Glasur. 11,8 × 12 × 2,5 cm).

1 In Aachen wurden 1823 beim Graben eines Kellers im Garten eines dem Stiftskapitel gehörenden Hauses der Klostergasse „viele Fliesen mit platten und erhabenen Verzierungen, worunter die Lilie oft vorkommt" gefunden. E. Adenaw, 1898, 202–203.
2 Kat. Slg. Lückger, 220, Nr. 1227.

S4 Hude

Ende 15. – Anfang 16. Jahrhundert, nicht später als 1530.
Roter Ton mit dunkelgrüner Bleiglasur. Flachrelief. 17,5 × 2,5 cm.
Im Eckquadrat zwei adossierte heraldische Lilien mit rautenförmigem Kelchblatt, breiten Hängeblättern und abgetrepptem Schaftring. In den Ecken Viertelskreise mit dem Viertel einer Blüte.
Fundort:
Hude, Ruine des ehem. Zisterzienserklosters, 1888 gefunden. G. Sello, 128, Taf. 8. Beim Verlegen einer Abwasserleitung 1988 erneut ein Fragment auf dem Gelände zwischen südlichem Querschiff und dem ehem. Kreuzgang entdeckt.
Hude, Gutshaus, Slg. Frh. von Witzleben.
Oldenburg, Landesmuseum für Kunst und Kulturgeschichte.

S5 Bebenhausen

Um 1228.
Sehr feiner grauer Ton. Vertiefte Prägung. 10,5 × 3 cm.
In quadratischem Rahmen diagonal gestellte, sehr sorgfältig gezeichnete heraldische Lilie mit tropfenförmigem Kelchblatt, zur Volute gerollten Hängeblättern und ovalem Schaftring mit sechsfach gespaltenem Stengelansatz.
Fundort:
a Bebenhausen, ehem. Zisterzienserkloster, bei Grabungen 1956 auf dem Gelände der Klosterkirche gefunden.
Bebenhausen, Klosterverwaltung.
b Bebenhausen, aus Funden des 19. Jahrhunderts, Herkunft unbekannt. Roter Ton. K. Haßler, Taf. I, 1.
Stuttgart, Württembergisches Landesmuseum.
c Bebenhausen, in situ im Dormitorium. *Variante* mit flacherem Schaftring und gegabeltem Stengel, der an einer Stelle den Rahmen überschneidet. E. Herdtle, I, Taf. 14.

S6 Eldena

1. Hälfte 14. Jahrhundert.
Hellroter Ton mit Spuren von rosa Farbresten in den Vertiefungen. Flachrelief. 11,5 × 3 cm.
Nachschnitt der Fliese S5. Die Blätter durchgehend geteilt, der Schaftring ein flacher Strich, der Stengel stärker gespreizt, an zwei Seiten den Rahmen überschneidend. Unterhalb des Schaftrings zwei schmale, gewölbte Blättchen.[1]
Fundort:
Eldena, Ruine des ehem. Zisterzienserklosters, bei Grabungen 1926–27 im Calefaktorium (Wärmestube) gefunden. H. Kloer, 69.
Greifswald, Museum der Stadt Greifswald.

1 Auch hier scheinen die Lilien in den Zisterzienserklöstern überall gleich geformt zu sein. Vgl. die Dreipaß-Maßwerkfüllungen des Klosters Heiligenkreuz, Nordostfenster des Chores (E. Frodl-Kraft, 1972, Abb. 415–417), mit den Fliesen R12, S5–S7.

S7 Franzburg

15. Jahrhundert.
Rötlicher Ton. Inkrustierte Fliese, deren Füllung verloren ging oder nicht mehr ausgeführt wurde. 15 × 3,5 cm.
Lilie ähnlich S6. Anstelle des gespaltenen Stengels rautenförmige Basis. Der Rahmen fehlt, der untere Teil der Hängeblätter nicht gewellt, sondern nach oben gewölbt.

Fundort:
Franzburg, Neuenkamp, ehem. Zisterzienserkloster, als Fußboden in einem Haus auf dem Klostergelände gefunden.
Stralsund, Kulturhistorisches Museum.

S 8 Loccum

Kopie des 19. Jahrhunderts. Original möglicherweise zwischen 1277 und 1. Hälfte 14. Jahrhundert entstanden.
Gelbrötlicher Ton, die Vertiefungen mit blaurötlicher Mörtelmasse gefüllt, das Viertel einer Astroide mit einer weißen Gipsmasse. Spuren einer gelbbräunlichen Glasur. Die Inkrustationen teilweise wieder ausgebrochen. 13 × 13 cm.
Die Fliese durch einen Kielbogen, der in der Zusammensetzung von vier Fliesen eine Astroide ergibt, in drei Felder geteilt. In der Mitte Lilie mit rautenförmigem Kelchblatt, die Basis sitzt in der Fliesenecke auf. Zu beiden Seiten die Hälfte einer Blattpalmette.
Fundort:
Loccum, ehem. Zisterzienserkloster, Lesegang[1].

1 Zur Herkunft der Fliese und des Musters vgl. Fundortkat.

S 9 Neuweiler

13. Jahrhundert.
Roter Ton. Vertiefte Prägung. 14 × 14 cm.
Einfache, diagonal gestellte Lilie mit spitzovalem Kelchblatt und sichelförmigen Seitenblättern, die nicht am leicht verdickten Kelchgrund, sondern in der Mitte des Kelchblattes ansetzen. In der Zusammensetzung von vier Fliesen ergibt sich ebenfalls ein Stern aus Lilien.
Fundort:
Neuweiler, ehem. Kollegiatstiftskirche St. Adelphi, vor 1940 gefunden. Bei Ch. Czarnowsky, 15, Abb. 11, mit „St. Nicolas“ (Straßburg) beschriftet[1].
Straßburg, Slg. Ch. Czarnowsky, seit 1940 verloren.

1 Die Bezeichnung „St. Nicolas“ gilt für die auf ebd., 15, Abb. 15 abgebildete Lilienfliese. Die mündliche Fundortangabe Herrn Czarnowskys: Neuweiler, bestätigte freundlicherweise Herr Stadtkonservator Robert Will, Straßburg.

S 9.1 Blaubeuren

Ende 15. Jahrhundert.
Hellgelblichroter, feingemagerter Ton. Vertiefte Prägung. 23 × 23 cm. Nicht abgebildet.
In die Diagonale gestellte Lilie mit stabähnlichem, an der Spitze dreigeteiltem Kelchblatt und übergroßen, S-förmig gewölbten Hängeblättern mit aufgebogenen Enden.
Fundort:
Blaubeuren, ehem. Benediktinerkloster, in situ auf der Empore verlegt.
Blaubeuren, Lapidarium.
Ulm, Staatl. Hochbauamt.

S 10 Selz

3. Viertel 13. Jahrhundert.
Roter Ton. Vertiefte Prägung. Kaum Abnützungsspuren. Kante senkrecht. 12,7 × 2,5 cm.
In quadratischem Rahmen sechs heraldische Lilien, je drei übereinander angeordnet. Pfeilschaft, flacher Nodus, breite Hängeblätter. Das Kelchblatt nicht oval, sondern in Form einer Glockenblüte mit „Klöppel“.
Fundort:
Selz, um 1950 als Fußboden einer Scheune aufgedeckt.
Hagenau, Elsässisches Museum.

S 11 Worms

2. Hälfte 13. Jahrhundert?
Hellgrauer und gelblicher Ton. Vertiefte Prägung. 13,5 × 3 cm.
In quadratischem, in der Ecke durch Diagonalstriche geteiltem Rahmen großer Vierpaß mit Mittelkreis und kleineren Kreisen in den einzelnen Pässen.
Fundort:
Worms, Herkunft unbekannt, vor 1922 gefunden. E. Grill, Taf. IV, 91.
Worms, Museum der Stadt Worms.

S 12 Ulm-Söflingen

Nach 1258.
Schiefergrauer Ton. Vertiefte Prägung. 13,5 × 2 cm.
Doppelkreis mit leicht schräg eingeprägter *Variante* von S 11. Der Mittelkreis fehlt, die Kreise in den einzelnen Pässen sehr klein.
Fundort:
Ulm-Söflingen, ehem. Klarissinnenkloster, bei Bauarbeiten 1913–14, in zweiter Lage vermauert gefunden. R. Weser, 94, Abb. 4. H. A. Klaiber, R. Wortmann, 664, Abb. 601, Nr. 7.
Ulm, Ulmer Museum.

S 13 Worms

2. Hälfte 13. Jahrhundert.
Graurosa bis dunkelgrauer Ton. Vertiefte Prägung. 13,5 × 2,5 cm.
Quadratischer Rahmen, in den Ecken von Tropfenkreisen verdeckt. In der Mitte Doppelkreis mit Rose aus vier Kreisen und einem Mittelkreis.
Fundort:
Worms, Herkunft unbekannt, vor 1922 gefunden. E. Grill, Taf. IV, 95.
Worms, Museum der Stadt Worms.

S 14 Bleidenstadt – Kiedrich – Neubolanden – Worms

Um 1258 (a), 1259–1274 (b), Mitte – 3. Viertel 13. Jahrhundert.
Roter Ton, die Vertiefungen mit roter Farbe ausgefüllt. 14 × 2,3 cm.
Leicht schräg eingeprägter quadratischer Rahmen mit Blüte ähnlich S 13. Die etwas schmäleren Blätter sind durch regelmäßige Punzierung mit Punkten gefeldert. In der Diagonale ein Kreuz aus fast zu Blattstäben umgewandelten stilisierten Lilien.
Fundort:
a Bleidenstadt, ehem. Benediktinerkloster, vor 1899 im Kreuzgang gefunden.
Wiesbaden, Slg. Nassauischer Altertümer.

b Kiedrich, verschwundene Burg Neuhaus im Peterstal, (Alteburg). 1876 gefunden. J. Zaun, Fig. 20.
Wiesbaden, Slg. Nassauischer Altertümer.
c Neubolanden, Burgruine, am 10. 4. 1912 gefunden. Hellrötlicher Ton. 14 × 2,4 cm.
Kirchheimbolanden, Heimatmuseum (Bruchstücke).
Speyer, Historisches Museum der Pfalz.
d Worms, St. Johanniskirche, bei der Aufdeckung des Fliesenbelags 1907 gefunden. E. Grill, Taf. II, 31. Rosabräunlicher Ton, bei Grill „braun, gelb, rot". 14 × 2,5 cm.
Worms, Museum der Stadt Worms.
Hamburg, Museum für Kunst und Gewerbe. Dunkelgrauer Ton.
Stuttgart, Württembergisches Landesmuseum. Mittelgrauer Ton. 14 × 2,2 cm. Aus den Beständen des ehem. Landesgewerbemuseums.
e Worms, Heylshof, Schloßgarten, bei Grabungen 1952 gefunden. Zwei Bruchstücke in mittelgrauem Ton.
Worms, Museum der Stadt Worms.
f Unbekannt, aus dem Kunsthandel. Grauer Ton. 13,8 × 14,1 × 2,3 cm.
Bad Zwischenahn, Slg. Hans-Jürgen Heger.

S15 Ravengiersburg – Schmidtburg

13. Jahrhundert?
Blaßroter Ton. Vertiefte Prägung. Kante senkrecht. Bruchstück. Dicke 1,8 cm.
Vermutlich Vierpaß ähnlich S11. Sichtbar sind nur zwei Teile des Bogens und eine kleine, stilisierte Lilie in der Fliesenecke.
Fundort:
a Ravengiersburg, ehem. Augustiner-Chorherren-Stiftskirche, 1963 unter dem Fußboden der Kirche gefunden.
Ravengiersburg, Missionsseminar.
b Schmidtburg im Hahnenbachtal, Burgruine, bei Grabungen 1972 gefunden[1]. Hier ist in einem Paßbogen noch ein Ornament sichtbar.
Simmern, Hunsrück-Museum.

1 Hunsrücker Heimatbl. 1973, 693, 2. Die dort abgebildete Ergänzung ist nicht in allen Teilen gesichert.

S16 Eldena

Anfang 15. Jahrhundert.
Roter Ton mit hellgrüner Glasur. Vertiefte Prägung. 15 × 7 cm. Nicht abgebildet.
Kreis mit einfacher fünfteiliger Rose aus tropfenförmigen Ovalen.
Fundort:
Eldena, Ruine des ehem. Zisterzienserklosters, bei Grabungen 1926–27 im Kapitelsaal gefunden.
Greifswald, Museum der Stadt Greifswald.

S16.1 Oberursel

Nicht sicher datierbar, eher 14. Jahrhundert.
„Einheitlich weinrot, oxydierend bis zur Versinterung gebrannt." Flach vertiefte Prägung. Kanten schräg. Bruchstück. 6,5 × 2,5 cm. Stark abgelaufen.
Sichtbar sind Viertel eines Kreises und einer Blüte mit vier tropfenförmigen Petalen. Spur einer doppelten Randlinie.
Fundort:
Oberursel, kath. Pfarrkirche St. Ursula, bei den Grabungen 1976–79 gefunden.
Oberursel, über Verbleib noch nicht entschieden.

S17 Franzburg – Hohenfurt

15. Jahrhundert.
Rötlicher Ton, einige Fliesen auch mit schwarzbrauner Bleiglasur. Inkrustierte Fliese, deren Füllung ausgebrochen ist oder nie vorhanden war. 15,3 × 15 × 3,5 cm.
Fünfblättrige Rose, die Einzelblätter in Kielbogen auslaufend.
Fundort:
a Franzburg, bei Grabungen vor 1952 und erneut 1959–60 auf dem Gelände des ehem. Zisterzienserklosters Neuenkamp gefunden.
Franzburg, Heimatsammlung.
Stralsund, Kulturhistorisches Museum.
b Hohenfurt/Vyšši Brod, Kapitelsaal. Zeichnung übereinstimmend, im quadratischen Rahmen. Roter Ton. Ca. 20 × 20 cm. Wappen der Herren von Rosenberg[1], Stifter des Klosters Hohenfurt. 1929 noch in den Stiftssammlungen. A. Cechner, 245, Abb. 240.

1 Das Wappen der Herren von Rosenberg findet sich überall im Kloster, so im Tympanon des Eingangs zur Wendeltreppe von der St. Benediktskapelle und auf den Leichensteinen der Rosenbergs. A. Cechner, 164, Abb. 161.

S18 Randeck

15. Jahrhundert?
Roter Ton. Flachrelief. Abgetreten. Bruchstück. Ca. 15,5 × 2,4 cm. Nicht abgebildet.
In quadratischem Rahmen Rose ähnlich S17. Die Blütenblätter breiter, durch einen Schlüssellochbogen voneinander getrennt.
Fundort:
Randeck, Burgruine, 1979 gefunden.
Mainz, Privatbesitz

S19 Bierdorf

1607?
Hellziegelroter Ton. Flachrelief. Kante senkrecht.
21 × 5,5 cm.
Drei konzentrische Kreise mit fünfteiliger Rose aus schmalen, herzförmigen Blättern.
Fundort:
Bierdorf, Gemeinde Rieden, kath. Kapelle Mariae Heimsuchung, in situ im Langhaus.

S20 Aschaffenburg? – Bleidenstadt – Johannisberg – Mainz

Mitte – 3. Viertel 13. Jahrhundert, um 1258 (b).
Roter Ton. Vertiefte Prägung. 13 × 3 cm.
Doppelkreis mit Rose wie S19, kleiner Kreis als Blütenkorb. In den Ecken dasselbe Ornament von Lilienhälften wie bei M17.

Fundort:
a Unbekannt, möglicherweise aus der Stiftskirche St. Peter und Alexander, Aschaffenburg, aus Aschaffenburg oder dessen nächster Umgebung.
Aschaffenburg, Schloßmuseum der Stadt Aschaffenburg.
b Bleidenstadt, ehem. Benediktinerkloster, vor 1895 im Kreuzgang gefunden. 13,5 × 2,5 cm.
Wiesbaden, Slg. Nassauischer Altertümer.
c Johannisberg, ehem. Benediktinerkloster. Zufallsfunde bei verschiedenen Grabungen. Gelblicher, graugrüner, roter und grauer Ton.
Schloß Johannisberg, Domänenverwaltung.
d Mainz, Am Höfchen 2, beim Abbruch des Halenza-Hauses 1896 gefunden[1].
Mainz, Mittelrheinisches Landesmuseum (z. Z. nicht auffindbar).
e Unbekannt, möglicherweise ebenfalls aus Mainz. Hellgelblicher Ton. Kante senkrecht. 13 × 2,7 cm.
Darmstadt, Hessisches Landesmuseum.
f Unbekannt. Rotbrauner Ton. 13,1 × 13,6 × 2,5 cm.
Bad Zwischenahn, Slg. Hans-Jürgen Heger.

1 Westd. Zs. 16, 1897, Museographie 1896, 357, Taf. XI, 7.

S21 Doveren

2. Hälfte 15. Jahrhundert?
Dunkelroter, stark mit Schamotte gemagerter Ton. Grobe rotbraune und dunkelbraune Glasur mit gelben Flecken. Flachrelief. Kante senkrecht. 14,5 × 15 × 1,6/3,2 cm.
In quadratischem Rahmen sechsblättrige Rose aus Tropfenovalen auf kleinem Mittelkreis. Zwischen den Blättern kleine gefelderte Kelchzipfel.
Fundort:
Doveren, kath. Pfarrkirche St. Dionysius, bei Grabungen 1947 gefunden.
Bonn, Rheinisches Landesmuseum.

S22 Bebenhausen

2. Drittel 13. Jahrhundert.
Vermutlich roter oder grauer Ton. Vertiefte Prägung. 10 × 11,8 cm. Nicht abgebildet.
Siebenteilige Rose, die Blütenblätter wie S21, winziger Kreis als Blütenkorb. An einer Seite Rahmenleiste mit streng stilisierten Voluten.
Fundort:
Bebenhausen, ehem. Zisterzienserkloster, um 1870 noch vorhanden, heute weder in Bebenhausen, noch im Museum Stuttgart erhalten. E. Herdtle, II, Taf. 19.

S23 Bebenhausen

2. Drittel 13. Jahrhundert.
Roter Ton. Vertiefte Prägung. 10 × 10,5 × 3 cm.
Kreis mit achtblättriger Rose ähnlich S22. In den Ecken Reste eines Sparrenkreuzes vom Typus O28, zwei Sparren noch sichtbar.
Fundort:
Bebenhausen, ehem. Zisterzienserkloster, in situ im Dormitorium.
Stuttgart, Württembergisches Landesmuseum (grauer Ton).

S24 Ortenberg

Ende 14. Jahrhundert – um 1450.
Hellrotbrauner, grobgemagerter Ton. Vertiefte Prägung. 12,5 × 1,5/1,9 cm.
Achtblättrige Rosette, als Blütenkorb eine zweite, kleine Rosette. Zwischen den schmalen Blütenblättern Diagonalkreuz mit Lilienspitze und Kreuz mit kleiner Endknospe.
Fundort:
Ortenberg, ev. Stadtkirche St. Maria, bei einer Restaurierung gefunden.
Ortenberg, Schloßmuseum.
Darmstadt, Slg. Peter Weyrauch.

S25 Rauschenberg?

Um 1588?, Ende 15. Jahrhundert?
Dunkelroter, stark gemagerter Ton. Vertiefte Prägung. 17 × 2,8 cm.
In Fliesenmitte achtblättrige Rosette aus flachgedrückten Herzblättern mit kleiner Innenrosette und Mittelkreis.
Fundort:
Unbekannt, jedoch aus Hessen. Nach einer Beschreibung im Eingangsinventar des Museums Marburg könnte dies die Fliese aus Rauschenberg, Haus Markt 4–6 sein.
Marburg, Museum für Kunst und Kulturgeschichte.

S26 Gelnhausen?

3. Viertel 15. Jahrhundert.
Roter Ton. Vertiefte Prägung. 14,5 × 2 cm.
Sechsblättrige Rosette aus flachen Rechtecken mit Innenrosette aus kleinen Trapezen und Mittelkreis. An den vier Seiten Hälfte, in den Ecken Viertel eines vierblättrigen Kleeblatts.
Fundort:
Unbekannt. Nach einer etwas ungenauen Inventarnotiz im Museum Marburg stammt die Fliese mit großer Wahrscheinlichkeit aus Gelnhausen, St. Marienkirche und wurde bei der Restaurierung zu Ende des 19. Jahrhunderts entfernt.
Marburg, Museum für Kunst und Kulturgeschichte.
Düsseldorf, Hetjens-Museum.

S27 Koblenz?

2. Hälfte 14. – 1. Hälfte 15. Jahrhundert.
Roter Ton. Vertiefte Prägung. 12,5 × 12,5 cm.
Fünfblättrige Doppelrosette mit flachen Herzblättern und kleinem Blütenkorb, gerahmt von einer durch Viertelskreise in den Ecken entstandenen Astroide. Der Rahmen ist mit unregelmäßigen Rechtecken und Quadrätchen verziert. In den Ecken Vierpaßviertel.
Fundort:
Unbekannt, aus Koblenz oder Umgebung. Möglicherweise ist dies die Fliese mit Rosettenmuster, die aus der Dominikanerkirche ins Museum gekommen sein soll.
Koblenz, Landesamt für Denkmalpflege.

S28 Elsaß

16. Jahrhundert.
Hellgrauer Ton mit grüner Bleiglasur, diese abgetreten. Vertiefte Prägung mit Reliefwirkung. Kante schräg. 14 × 2 cm.
Nicht abgebildet.

Variante zu S27. Dreifache Rosette, Eckquadrat aus Treppenband, in den Ecken Rosettenviertel mit mittlerem Kelchzipfel.
Fundort:
Unbekannt, entweder aus Straßburg oder dem Elsaß.
Straßburg, Frauenhausmuseum.
Straßburg, Slg. Ch. Czarnowsky, seit 1940 verloren.

S29 Aschaffenburg? – Ulm-Söflingen

Um 1492 (b).
Roter, grobgemagerter Ton. Flachrelief. 24,5 × 4 cm.
Sechsblättrige Rosette aus zwölf spitzovalen Blättern mit Innenrosette aus herzförmigen Blättern. In der Mitte kleiner Kreis mit Punkt, an den Außenkanten beider Rosetten je sechs Kelchblätter.
Fundort:
a Unbekannt[1]. Bruchstück.
Aschaffenburg, Schloßmuseum der Stadt Aschaffenburg.
b Ulm-Söflingen, ehem. Klarissinnenkloster, bei Bauarbeiten 1955 unter der Treppe des Pfarrhauses in zweiter Lage gefunden. H. A. Klaiber, R. Wortmann, 667, Abb. 603, Nr. 27.
Ulm-Söflingen, Pfarrhaus.

1 Vgl. hierzu Fundortkat. „Aschaffenburg".

S29.1 Köln

2. Hälfte 16. Jahrhundert?
Rötlicher Ton mit intakter hellgelblicher Glasur. Vier Bruchstücke. 14 × 2 cm. Ohne Abnützungsspuren.
Vier Fliesen ergeben in der Zusammensetzung ein Muster ähnlich S29. Die Mitte der Rosette ist auf Grund der Zerstörung nicht zu rekonstruieren. In den Fliesenecken Glockenblume, der geöffnete Kelch zur Mitte gewandt.
Fundort:
Köln, kath. Pfarrkirche St. Kolumba, bei den Grabungen 1974–76 in der Nähe des Hochaltars vermauert gefunden.
Köln, Amt für Archäologische Bodendenkmalpflege.

S30 Krems/Donau

Um 1480?
Rotbrauner Ton. Reliefstempel, dreifach eingeprägt. Maximaler Dm 21,5 cm.
Das Sechseck durch drei Linien in drei Rhomben geteilt, so daß optisch eine Würfelform entsteht[1]. In jeder Mitte ein kleiner Kreis mit Blattgirlande wie C63, in dieser fünfblättrige Doppelrosette ähnlich S29. Die Blütenblätter zart gerieft, die Staubgefäße ähnlich den Kelchzipfeln von S29, die Girlande berührend.
Fundort:
Krems/Donau, Spitalgasse 5, 1907 gefunden[2].
Krems, Museum der Stadt Krems.

1 Dieses Dekor findet sich auch auf Fliesen der Nordschweiz, so auf einer grünglasierten Fliese unbekannter Herkunft (19 × 2,5 cm) im Historischen Museum Luzern und einer dreifarbig glasierten Fliese, vermutlich 1882 in der Stiftskirche Beromünster gefunden, im Heimatmuseum Beromünster. J. Brülisauer, 1986, Kat. Nr. 321.
2 Kat. Krems, 509, Kat. Nr. 630, Abb. 108.

S31 Blaubeuren

Um 1499.
Roter Ton. Flachrelief. 20 × 4 cm.
Erst in der Zusammensetzung von vier Fliesen ergibt sich eine achtblättrige Doppelrosette, bei der die vier in der Diagonale angeordneten Blätter jeweils etwas größer sind. Die Blütenblätter an den Spitzen leicht aufgewölbt, zwischen ihnen kleine Kelchblattzipfel sichtbar. In den Fliesenecken Kielbogen mit kleinem Blatt.
Fundort:
Blaubeuren, ehem. Benediktinerkloster, 1888 noch in situ auf der lettnerartigen Empore der Vierung, später entfernt[1].
Stuttgart, Württembergisches Landesmuseum.

1 Verh. Ver. Kunst u. Alterthum Ulm u. Oberschwaben 2, 1844, Taf. 2 und K. Hassler? Taf. 7, 2.

S32 Ulm

2. Hälfte – Ende 15. Jahrhundert.
Vermutlich roter Ton. Wahrscheinlich Flachrelief. Maße unbekannt.
Variante zu S31. Auf einer Fliese dieselbe Doppelrosette mit ähnlich umgeschlagenen Blütenblättern, jedoch nur vier Blätter und vier spitze, bis in die Ecke reichende Kelchblattzipfel. Den Rahmen bilden vier breite Parallelbänder, die sich jeweils in einer Fliesenecke überschneiden.
Fundort:
Nach K. Haßler, Taf. XX, 2 „aus einem Ulmer Privathaus".
Fliese verschollen.

S33 Eisenbach

Um 1440?
Roter Ton. Vertiefte Prägung. 17 × 17 cm.
Erst in der Zusammensetzung von vier Fliesen ergibt sich eine achtblättrige Rosette ähnlich S24. Der Blütenkorb ebenfalls aus leicht gewölbten Bögen, die Kelchblattzipfel durch vier Kielbögen in den Ecken angedeutet.
Fundort:
Eisenbach, Schloß, in situ als Boden der Burgkapelle.

S34 Gurk

Um 1220?, um 1260?
Roter Ton. Vertiefte Prägung. 16,5 × 16,5 cm.
In Fliesenmitte Kreis mit Rose aus fünf Herzblättern mit kleinem sechszackigem Stern im Mittelkreis. In den Ecken der Fliese vier streng stilisierte heraldische Lilien auf dreifach abgetreppter, dem Kreisrund angepaßter Basis[1]. Auf dem rechtigen Schaftring Rautenkelch und breite, hochgewölbte Hängeblätter mit leicht eingerollter Spitze.
Fundort:
a Gurk, Dom Mariae Himmelfahrt, in situ auf der Westempore, mit den Sichelmonden X10 schachbrettartig verlegt. K. Ginhardt, B. Grimschitz, 29, Abb. 16.
b Variante zu S 34a, wenige Fliesen in situ auf der Westempore. Im Mittelkreis statt der Rose ein nach links schreitender Löwe ähnlich D 4 oder D 12.
c Variante vom selben Fundort, vermutlich als spätere Ausflickung angefertigt, möglicherweise nach Brand 1260. Im Mittelkreis der Rosette Balkenkreuz, die Lilien sehr klein, weit vom Mittelkreis entfernt in die Fliesenecken gerückt. Basis waagrecht. Roter, feingemagerter, stark gebrannter

Ton. 16 × 4,5 cm. In situ auf der Westempore, andere vor 1868 entfernt[2].
Nürnberg, Germanisches Nationalmuseum.

---

1 Eine in ähnlicher Weise abgetreppte Basis findet sich an einer Lilie auf dem Tympanon der ev. Pfarrkirche St. Johannes Bapt., Künzelsau. Das Tympanon ist durch Inschrift auf 1290 datiert. G. HIMMELHEBER, 45, Abb. 11.

2 Kat. GNM Nürnberg, 9, A. 58, A. 59, Taf. VIII. Vom Bearbeiter ins 15.–16. Jahrhundert datiert.

S35 Bayern

Mitte 15. Jahrhundert?
Roter Ton. Flachrelief. Stark abgetreten. 15 × 13,5 × 3 cm.
Margeritenblüte aus 12 Einzelblättchen, der Blütenkorb nochmals erhöht. In den Ecken Viertelskreise mit einbeschriebenen Achtspaßvierteln.
Fundort:
Unbekannt, aus Bayern. Dieselbe Ecklösung (mit zusätzlichem Kleeblatt) findet sich auf F93 aus Dießen!
München, Bayerisches Nationalmuseum.

S35.1 Kirchheimbolanden

Um 1589?
Hochrot gebrannter, grob gemagerter Ton. Hohes Relief. Kante senkrecht. 14 × 2,3 cm.
Margeritenblüte aus 16 Keilchen, die Basis als Halbkreis, die Spitze lang und dünn ausgezogen. In den Ecken Viertel einer Rosette mit Kelchzipfel.
Fundort:
Kirchheimbolanden, ehem. Freihof, Mozartstr. 7, beim Graben eines Kanals 1973 im Bauschutt entdeckt.
Kirchheimbolanden, Heimatmuseum.

S35.2 Duderstadt

1. Hälfte 16. Jahrhundert?
Hellgelbroter Ton. Vertiefte Prägung. 21 × 21 cm.
In Fliesenmitte kleine Margeritenblüte mit 12 Petalen und kleinem Blütenkorb, in den Ecken je das Viertel einer Margeritenblüte mit insgesamt 24 sehr schmalen und langen Petalen.
Fundort:
Duderstadt, Herkunft nicht mehr bekannt.
Duderstadt, Heimatmuseum.

S36 Winterbach

Um 1490.
Dunkelroter, stark gemagerter Ton. Flachrelief. Abgetreten. 17 × 2,5 cm.
Breiter, quadratischer Rahmen mit Blütenstern aus fünf längeren und fünf kürzeren schmallanzettlichen Blättern. In den Fliesenecken je ein dicker Punkt.
Fundort:
Winterbach, ev. Pfarrkirche St. Michael. Bei der Restaurierung 1958 unter dem Fußboden des Schiffs gefunden.
Winterbach, Pfarrhaus.

S37 Gelnhausen

14. Jahrhundert.
Bläulichroter, fein gemagerter Ton. Vertiefte Prägung. Keine Abnützungsspuren. 12,2 × 2,8 cm.
Blütenstern aus vier an einem Mittelkreis ansetzenden Fischblasenornamenten.
Fundort:
Unbekannt. Eine flüchtige Skizze im Eingangsinventar des Museums Marburg gleicht am ehesten diesem Muster. Dann müßte die Fliese aus dem ehem. Franziskanerkloster in Gelnhausen stammen.
Marburg, Museum für Kunst und Kulturgeschichte.
Gelnhausen, Heimatmusem.

S38 Bebenhausen

Anfang 15. Jahrhundert.
Braunrötlicher Ton. Vertiefte Prägung. 11,5 × 3 cm.
Dreifache Sternrosette. Kleiner Vierpaß um Mittelkreis, dieser wiederum von hahnenkammähnlichem, fünffach gekerbtem Ornament gerahmt und von züngelndem Kelchblattzipfel bekrönt. In der Mitte jeder Seite kleine Strahlenblüte auf dünnem Stengel zum Rand gewandt.
Fundort:
Bebenhausen, ehem. Zisterzienserkloster, um 1870 dort schon nicht mehr vorhanden.
Stuttgart, Württembergisches Landesmuseum.

S39 Köln

1. Drittel 13. Jahrhundert.
Ziegelroter und grauer Ton, dieser von hellgrau bis schwarzgrau abgestuft, Farbe auch innerhalb des Scherbens wechselnd. Vertiefte Prägung, durch Abnützung kaum mehr erkennbar. Kante schräg. 8 × 2,3 cm.
In quadratischem Rahmen Stern aus vier Spitzovalen, in die Diagonale gestellt.
Fundort:
Köln, kath. Pfarrkirche St. Aposteln, beim Wiederaufbau 1965 in der Nähe des Nordtores, Westquerhaus, gefunden.
Köln, Kölnisches Stadtmuseum.

S40 Neustift

15. Jahrhundert?
Roter Ton mit Spuren von gelbbrauner Glasur. So stark abgelaufen, daß man die Zeichnung eben noch erkennen kann, eine mögliche weitere Binnenzeichnung verloren. 14,5 × 3,5 cm.
Nicht abgebildet.
Derselbe Stern wie S39 auf größerer Fliese.
Fundort:
Neustift, ehem. Prämonstratenserkloster, vor 1905 gefunden.
München, Bayerisches Nationalmuseum.

S41 Feldkirchen

15. Jahrhundert.
Dunkelroter, mittelhart gebrannter Ton. Stark erhabenes Relief, Blätter löffelartig eingetieft. 20,5 × 21 × 4,5 cm.
Fliese durch Kreuz in vier Quadrate geteilt. In jedem Quadrat Stern ähnlich S39. Das einzelne Oval sieht aus wie ein Weizenkorn oder eine Kaffeebohne.

Fundort:
Feldkirchen, kath. Wallfahrtskirche St. Anna, 1976 gefunden. München, Bayerisches Landesamt für Denkmalpflege.

S42 Auhausen

1. Drittel 16. Jahrhundert.
Hellroter, schwach gebrannter Ton. Flachrelief. Abgetreten. Doppelfliese. 16,5 × 33 × 4,8 cm.
In quadratischem Rahmen je ein Vierstern aus Spitzovalen, auf Mittelkreis aufsitzend. An den Seiten der ausgesparte Raum als kleine Dreiecke mit konkaven Seiten.
Fundort:
Auhausen, ehem. Benediktinerkloster, bei Restaurierung gefunden.
Oettingen, Rieser Heimatmuseum.
München, Bayerisches Landesamt für Denkmalpflege.

S43 Allgramsdorf

14. Jahrhundert?
Graugelber Ton. Vertiefte Prägung. 13,5 × 4,5 cm.
Vierstern aus Spitzovalen auf Mittelkreis, dazwischen in Kreuzform vier kleine tropfenförmige Blätter.
Fundort:
Allgramsdorf, Pfarrkirche St. Stephan, bei Grabungen ca. 1 m unter dem Fußboden der heutigen Kirche gefunden.
München, Bayerisches Nationalmuseum.

S44 Straßberg

1. Hälfte 13. Jahrhundert.
Roter Ton. Flachrelief. 7,5 × 7,5 cm.
Breiter quadratischer Rahmen mit acht Sternblüten. In diesem ein Vierstern ähnlich S43, die Tropfenblätter dazwischen größer, den Rahmen berührend.
Fundort:
a Straßberg bei Büren, Burgruine, vor 1888 gefunden. L. Gerster, 1916, Taf. XV, 10. W. Stotzer, 15, Abb. 10, Nr. 3. Verbleib nicht zu ermitteln, ehem. Slg. Schmalz.
b Wie *a*. Das kleine Quadrat ohne Sternblüten in mehrfacher Reihung.

S45 Oberhomburg

2. Hälfte 13. Jahrhundert.
Roter oder blaugrauer Ton. Vertiefte Prägung. Fast ganz abgetreten. Maße unbekannt. Nicht abgebildet.
Vierstern aus Spitzovalen ähnlich S39, an den Seiten kleine Sternspitze sichtbar.
Fundort:
Oberhomburg, St. Katharinenkapelle, bei der Restaurierung 1899 entfernt, vermutlich wegen des schlechten Erhaltungszustandes nicht publiziert.
Metz, Städtisches Museum.

S46 Eldena

Anfang 15. Jahrhundert.
Roter Ton. Vertiefte Prägung. 15 × 7 cm. Nicht abgebildet.
Durch Kreuz in vier quadratische Felder geteilte Fliese. 1: Stern mit vier Spitzovalen und Mittelkreis, jeweils durch Doppellinien gebildet. 2: Kreis mit sechs einbeschriebenen, aus Zirkelschlägen gebildeten Spitzovalen. 3: Blüte aus vier breiten Herzblättern, in den Ecken je ein Kelchblattzipfel. 4: Stern aus vier Spitzovalen ohne Mittelkreis.
Fundort:
Eldena, Ruine des ehem. Zisterzienserklosters. Wohl ebenfalls aus dem Kapitelsaal. H. Kloer, 59, Abb. 47. Zeichnung ungenau.
Greifswald, Museum der Stadt Greifswald.

S47 Lilienfeld

Um 1382?
Roter Ton. Vertiefte Prägung. 21,8 × 5 cm, Kante schräg. Dm. der Rundstempel ca. 10/10,8 cm.
Die Fliese wirkt unvollendet. In schräger Linie sind nebeneinander zwei Kreisstempel eingeprägt, in einem Wirbelrosette aus kaum gewölbten Bogen, im anderen Sechsstern aus Doppellinien, genau gleich wie S46, Feld 2. Darüber in Flachrelief eine sorgfältig geschnittene dreifache Rosette aus Blütenringen. Die beiden äußeren mit zwölf Bogenblättern, von Kelchblattzipfeln unterbrochen, der innerste mit sechs Blättern.
Fundort:
Lilienfeld, Zisterzienserstift, bei Grabungen 1971 auf dem Gelände der ehem. Wolfgangskapelle gefunden. F. Vongrey, 18. Abb. 17, 28.
Lilienfeld, Museum.

S48 Limburg a. d. Haardt – Worms

2. Drittel 13. Jahrhundert.
Mittelgrauer, poröser Ton. Vertiefte Prägung. Bruchstücke. Dicke 2,1 cm.
Vier nicht in einer Linie eingeprägte kleine Quadrate, die als Negativform ein Kreuz aussparen. In diesen Sechstern aus Spitzovalen, die sich im Mittelpunkt nicht berühren.
Fundort:
a Limburg a. d. Haardt, Ruine des ehem. Benediktinerklosters, vermutlich 1898 gefunden.
Bad Dürkheim, Heimatmuseum.
b Worms, Herkunft unbekannt, nach 1922 gefunden. Hellgraurötlicher Ton. Kante schräg. 13,5 × 2,5 cm.
Worms, Museum der Stadt Worms.

S49 Limburg a. d. Haardt – Worms

2. Drittel 13. Jahrhundert.
Mittelgrauer, poröser Ton, in den Vertiefungen dunkelgraue Farbe. Vertiefte Prägung. Vier Bruchstücke.
Zwei Längsrechtecke mit schrägen Seitenkanten und leicht gewölbten Längskanten, übereinander geordnet. Sie enthalten je drei Sechssterne mit feinen Zäckchen an den Rändern. Der Model wurde vom selben Modelschneider gefertigt wie S48.
Fundort:
a Limburg a. d. Haardt, Ruine des ehem. Benediktinerklosters, vermutlich 1898 gefunden.
Bad Dürkheim, Heimatmuseum.
b Worms, Herkunft unbekannt, vor 1922 gefunden. E. Grill, Taf. IV, 108. Roter Ton. Kante schräg. 13,5 × 2,5 cm.
Worms, Museum der Stadt Worms.

S 50 Elten

15. Jahrhundert.
Gelbrötlicher Ton mit Tropfen von brauner Bleiglasur. Vertiefte Prägung. 8 × 1,5 cm.
In quadratischem Rahmen breiter Vierstern mit Mittelkreis und je einem, in das Oval einbeschriebenen, gewellten Blatt.
Fundort:
a Unbekannt, doch vermutlich aus dem Rheinland.
Düsseldorf, Hetjens-Museum.
b Bruchstück ähnlich diesem Muster. Im Mittelkreis Flügelrad erkennbar. „Hellroter sandiger Ton, Kern schwarz, abgeschrägte Kanten, glattgestrichen." 16,5 × 16,5 × 2,2/2,4 cm. G. Binding, W. Janssen, F. K. Jungklaass, 231, Abb. 69, Nr. 108b. Hochelten, ehem. Stift, bei der Grabung 1964/65 gefunden.
Bonn, Rheinisches Landesmuseum.

S 51 Rheinland?

15. Jahrhundert.
Graurötlicher Ton. Flachrelief. 7 × 7 cm.
Variante zu S 50. Stern übereinstimmend, in den breiten Ovalen je ein gewelltes Eichblatt, in den ausgesparten konkaven Dreiecken Hälfte eines Viersterns.
Fundort:
Unbekannt, vermutlich aus dem Rheinland.
Köln, Museum für Angewandte Kunst.

S 52 Nürnberg

1. Viertel 16. Jahrhundert.
Roter Ton. Vertiefte Prägung. 24 × 5,5 cm.
Nach K. Haßler, Taf. XXI, 3 war die Fliese früher mehrfarbig glasiert, Glasurreste sind heute nicht mehr sichtbar. Randleiste, Halbkreise und Mitte waren grün, alle Steg- und Blütenrahmen gelb, die Blüten blau, ebenso die kleinen senkrechten Stege, der übrige Grund in rotem Ton belassen.
Breites Doppelquadrat, zu den Fliesenecken in der Diagonale eingekerbt, das Innenband mit senkrechten Kerben verziert. In der Mitte Eckquadrat mit Blütenstern aus vier Radenblättern und kleinem Blütenkorb. An den Seiten je ein Halbkreis mit Vierpaßhälfte.
Fundort:
Nürnberg, Fröscherturm, vermutlich beim Abbruch des Turmes 1869/70 geborgen.
Nürnberg, Germanisches Nationalmuseum.

S 53 Halle/Saale

Um 1498?[1], eher 1527.
Gelber Ton. Rückseite der Fliese mit grüner Bleiglasur überlaufen. Der Grund blau, die Blüte weiß, der Blütenkorb gelb glasiert. Vertiefte Prägung. 15,5 × 15,5 cm.
In die Diagonale gestellte Sternblüte ähnlich S 52, die Blütenblätter mit gewellter Mittelrippe schmaler. In der Mitte kleiner Blütenkorb aus winzigen Kreisen.
Fundort:
Halle/Saale, Haus „Zum kühlen Brunnen". Zusammen mit W 92.1 und einer Kreisfliese verlegt. H. Volkmann, 56, Abb. 30.

1 Datierung des Museums Halle.

S 54 Berlin

Um 1540.
Achteckfliese. Gelblichgrauer Ton mit verschiedenfarbigen Glasuren. Dm. 21 cm. Dicke 2,2 cm.
Grund leuchtend gelbbraun, Eichblatt milchigweiß, Kelchblätter enzianblau, Streifen hellgrün.
Fliese durch Diagonalkreuz geteilt. Dieses überdeckt einen Blütenstern ähnlich S 53. Die Blütenblätter ähnlich gezackt, etwas breiter. Dazwischen birnenförmige Blätter mit kleinen Blütenbutzen.
Fundort:
a Berlin, Haus Breite Straße 37, beim Abbruch des Marstallgebäudes geborgen. W. Stengel, 1958, 51, Abb. 3.
b Berlin, Unterwasserstr. 8, bei Ausschachtungsarbeiten 1891 gefunden.
c Berlin, Leipziger Str. 79, 1889 gefunden.
Berlin, Märkisches Museum (a–c).

S 55 Groß-Geroldseck – Saarburg

1. Hälfte 13. Jahrhundert.
Roter Ton mit brauner Bleiglasur. Vertiefte Prägung. 10,5 × 10,5 cm.
Diagonalgestelltes Tatzenkreuz mit Mittelquadrat, entstanden durch die Überschneidung doppelter Viertelskreise von den Fliesenecken aus. In der Zusammensetzung ergibt sich eine endlose Verschlingung von Doppelkreisen.
Fundort:
a Groß-Geroldseck, Burgruine, bei Grabungen 1931 gefunden. Ch. Czarnowsky, 11. Abb. 1.
Zabern, Städt. Museum.
Straßburg, Slg. Ch. Czarnowsky, seit 1940 verloren.
b Saarburg, beim Bau der ev. Kirche 1863 gefunden L. Benoit, 85, Abb. 8.
Saarburg, Regionalmuseum.

S 56 Arnsburg – Lorsch – Speyer – Weinheim – Worms

3. Viertel 13. Jahrhundert.
Grobgemagerter hellgrauer und hellroter Ton. Vertiefte Prägung. 14 × 2,2 cm.
Diagonalstern in Form eines Malteserkreuzes, mit Dreiecksspitze und kleinen runden Knoten an allen Ecken. Die ausgesparte Negativform bildet ein zweites, schmales Kreuz.
Fundort:
a Arnsburg, ehem. Zisterzienserkloster, bei Grabungen auf dem Gelände der Ruine 1979 gefunden. M. Morkramer, 1982, Nr. 5.0.4, 77, Abb. 78.
Arnsburg, Klostersammlung, drei Bruchstücke.
b Lorsch, ehem. Benediktinerkloster, bei den Grabungen 1928–32 gefunden. Hellrötlichgelber Ton.
Darmstadt, Hessisches Landesmuseum.
c Unbekannt, vermutlich aus Speyer. Gelbroter Ton. 14 × 2,5 cm. Ausgezeichnet erhalten (Slg. Stichaner).
Speyer, Historisches Museum der Pfalz.
d Speyer, ehem. Kloster St. German, bei einer Grabung 1949 gefunden.
Speyer, Historisches Museum der Pfalz.
e Weinheim, St. Peterskirche, 1910 beim Abbruch gefunden. H. Huth, Abb. 269.
Weinheim, Heimatmuseum.
f Worms, St. Johanniskirche, bei der Aufdeckung des Fliesenbodens 1907 in situ gefunden. Sehr feiner rosagrauer, mit-

telgrauer und tiefbraunroter Ton. Kante leicht schräg. 13,5 × 2 cm. E. Grill, Taf. II, 43.
Worms, Museum der Stadt Worms.

S57 Oberhessen?

15.–16. Jahrhundert.
Weißgrauer Ton. Vertiefte Prägung. 18 × 3 cm.
Ca. drei Viertel der Fläche füllend: Stern mit vier Zacken, das Muster nochmals durch zwei Linien einbeschrieben. An zwei Seiten flachgedrückter Dreiecksbalken ohne Grundlinie, der Kontur des Sterns folgend.
Fundort:
Unbekannt, vermutlich aus Oberhessen.
Darmstadt, Slg. Peter Weyrauch.

S58 Eisenberg – Niedenstein

Nach 1475 – um 1520.
Gelbbräunlicher Ton mit Bleiglasur „blaßgrün bis satt dunkelschwarz- bis dunkelblaugrün“[1], an den Kanten teilweise abgelaufen. Vertiefte Prägung, auf der Rückseite Abdruck eines groben Leinentuches. Bruchstücke. 17 × 3 cm. Möglicherweise Wandfliesen.
Kreis aus vier schmalen Rillen, in diesem achtzackiger Stern, Wappen der Grafen von Waldeck-Eisenberg[2].
Fundort:
a Eisenberg, Burgruine, bei Grabung 1974 und 1975 in verschiedenen Schichten des aufgefüllten Burggrabens gefunden. „Es fanden sich außerdem noch Fliesen mit und ohne Sternstempel, Fliesen mit Stern, der von ein- bis fünfspiraligen Kreisen im Dm. von 14 cm umrahmt wird, Fliesen mit Kreisdekor ohne Stern und halbe Fliesen ohne Dekor“[3].
Wiesbaden, Landesamt für Denkmalpflege Hessen.
Wiesbaden, Privatbesitz.
b Niedenstein, Fehlbrandhalde einer mittelalterlichen Töpferei am Untertor, 1974 gefunden. Drei Bruchstücke. Tonfarbe und Glasur wie S58*a*.
Korbach, Heimatmuseum.

1 J. Kulick, 101.
2 J. Siebmacher, Neudr. 1974, 4, II, 273 und Taf. 369. – H. J. v. Brockhusten, Der Stern von Waldeck, Geschichtsbl. für Waldeck und Pyrmont 41, 1949, 65–75, Abb. 74. Der rote Waldecker Stern mit acht spitzen Strahlen im runden, gelben Feld, findet sich erstmals 1226 im Siegel des Volkwin IV., Graf von Waldeck. Ursprünglich war dies das Wappen der Grafen von Reichenbach und Ziegenhain.
3 J. Kulick, 101.

S59 Arnsburg – Lorsch – Speyer – Weinheim – Worms

Um 1246–1256 (a), 3. Viertel 13. Jahrhundert.
Hellroter Ton. Vertiefte Prägung. Kante senkrecht. Zwei Bruchstücke. 14 × 2,3 cm.
In quadratischer Fliese regelmäßiges Achteck mit achtzackigem Stern, dessen Spitzen die Ecken des Achtecks berühren. In der Mitte kleine achtblättrige Rose, zwischen den Zacken je ein kleiner Kreis.
Fundort:
a Arnsburg, ehem. Zisterzienserkloster, bei Grabungen 1979 auf dem Gelände der Ruine gefunden. M. Morkramer, 1982, Nr. 6.0.1., 78, Abb. 80.
Arnsburg, Klostersammlung.
b Lorsch, ehem. Benediktinerkloster, bei den Ausgrabungen 1928–32 gefunden. Hellgelbroter Ton, 14 × 2,2 cm.
Darmstadt, Hessisches Landesmuseum.
c Speyer, Herkunft unbekannt. Bruchstück.
Speyer, Historisches Museum der Pfalz.
d Weinheim, St. Peterskirche, 1910 beim Abbruch gefunden. Zwei Bruchstücke. H. Huth, 364, Abb. 269.
Weinheim, Heimatmuseum, heute verloren.
e Worms, St. Johanniskirche, bei der Aufdeckung des Fliesenbodens 1907 in situ gefunden. E. Grill, Taf. II, 33. Roter und schwarzgrauer Ton. 13,5 × 2,5 cm.
Worms, Museum der Stadt Worms.

S60 Rommersdorf

Nicht sicher datierbar, 15. Jahrhundert(?).
Schwärzlichgrauer Ton. Stempelfliese. Bruchstück. 12,2 × 2,2 cm. Nicht abgebildet.
Winziger Stern mit zwölf Zacken. Dm. 16 mm. In der Mitte Punkt.
Fundort:
Rommersdorf, ehem. Prämonstratenserkloster, Kapitelsaal, 1979 in der östlichen Bankreihe gefunden. Sicher als Ausflickung des ersten Bodens verwandt. H. Reinhard, 1979, 10, Nr. 53, Abb. S. 11.
Rommersdorf, Klosterverwaltung.

S61 Refrath

Nicht sicher datierbar[1].
Rötlicher, stark gemagerter Ton. Vertiefte Prägung durch kleine Stempel. Bruchstück. Erhaltene Seitenlänge 11 cm.
Fliese unregelmäßig mit Streublüten aus je zehn spitzwinkligen Dreiecken bedeckt.
Fundort:
Refrath, Gemeinde Bensberg, alte kath. Pfarrkirche St. Johannis Baptista, bei der Restaurierung 1954–57 gefunden. Durch Baubefund nicht datierbar.
Pulheim-Brauweiler, Rheinisches Amt für Denkmalpflege.

1 S. Schütte, 34, Abb. 1 zeigt eine in der Göttinger Altstadt gefundene Kinderrassel aus Ton mit ähnlichen Sternen aus sechs Keilchen. Sie wird von Schütte auf „um 1300“ datiert.

S62 Wuppertal-Elberfeld

Nach 1536?[1]
Rötlichgelber Ton, nach H. Hinz, W. Zimmermann, „ursprünglich blau und weiß“, die Engobe jetzt abgetreten oder abgeplatzt. An der Unterseite drei Haftlöcher. 16 × 16 cm.
Als Diagonalkreuz dasselbe Streublumenmuster wie S61, insgesamt neun Blüten.
Fundort:
Wuppertal-Elberfeld, alte reformierte Kirche, ehem. St. Laurentius, bei Ausgrabungen 1954 gefunden. H. Hinz, W. Zimmermann, Abb. 13 und 14.
Elberfeld, Kirchenverwaltung.

1 Zur Datierung siehe Fundortkat. „Wuppertal-Elberfeld“.

S63 Rommersdorf

Nicht sicher datierbar, 15.–16. Jahrhundert(?).
Schwärzlichgrauer Ton. Stempelfliese. Kante leicht schräg. 11,7/12 × 3,5 cm. Dm. der Stempel 10 und 13 mm.
In große Fliese neun winzige Stempelchen in Dreierreihen, zwei Muster: lateinisches Kreuz und Streublüte aus sechs Keilchen.
Fundort:
Rommersdorf, ehem. Prämonstratenserkloster, Kapitelsaal, im Bereich der Sitzbänke 1979 gefunden. Sicher als Ausflickung geprägt. H. Reinhard, 1979, 22–23, Abb. 96 oben rechts.
Rommersdorf, Klosterverwaltung.

S64 Schmidtburg

4. Viertel 16. Jahrhundert?
Blaßrötlicher Ton. Flachrelief. Bruchstücke. Dicke 2,5/2,8 cm. Nicht abgebildet.
Streublüte von 9 cm Durchmesser aus 20 schmalen, konisch verlaufenden Petalen. In den Fliesenecken anscheinend Viertel einer Blüte.
Fundort:
Schmidtburg im Hahnenbachtal, Burgruine, bei Grabungen 1972 und 1974 innerhalb des Bergfrieds gefunden.
Endgültiger Aufbewahrungsort noch nicht bekannt.

S65 Güstrow

Kurz vor 1500?
Roter Ton. Vertiefte Prägung. Bruchstück. Ca. 21 × 3,5 cm. Nur etwa ein Drittel der Fliese erhalten. Nicht abgebildet.
Auf den Seitenkanten der Fliese jeweils die Hälfte einer aus 28 schmalen Keilchen („Sonne")[1] um einen Kreis gefügten Streublüte.
Fundort:
Güstrow, Dom St. Maria, Johannes und St. Cäcilia, beim Ausheben von Splittergräben 1943 im Dombereich gefunden.
Güstrow, Museum der Stadt Güstrow.

1 Diese Art der Verzierung findet sich besonders häufig auf nachmittelalterlichen Dachziegeln, sogenannten „Sonnenziegeln". E. Grohne, 27, Abb. 24, Ziegel aus Salzwedel, Danneil-Museum, Salzwedel. K. Hillenbrand, 1964, Taf. VI, Abb. 22, Ziegel aus Ispringen, Kr. Pforzheim, 18. Jh., Slg. K. Hillenbrand, Pforzheim, ebd., Taf. XVI, Abb. 66, Ziegel aus Schwäb. Gmünd, 1763, Gmünder Altertümersammlung.

S66 Seligenstadt

1685?
Roter Ton. Vertiefte Prägung. 18 × 18 cm. Nicht abgebildet.
In den Fliesenecken Viertel einer großen Streublüte.
Fundort:
Seligenstadt, Konventbau, in situ auf dem Dachboden.

S67 Chorin

15. Jahrhundert (sicher erst nach 1344).
Roter Ton. Vertiefte Prägung. 21,5 × 21,5 cm.
Stern aus 28 feinen Strahlen, in den Fliesenecken Viertel eines kleineren, ähnlichen Sterns.
Fundort:
a Chorin, ehem. Zisterzienserkloster bei Grabungen 1853 gefunden, anscheinend wieder verloren gegangen.
b Ebd. fand sich außerdem eine weitere, sicher ebenfalls späte Fliese, deren einziger Schmuck in einem flachen Bogen in der Fliesenecke besteht. In der Zusammensetzung ergibt sich ein fast quadratischer Vierstern. 18 × 18 cm. F. Solger, O. Korn, P. Eichholz, 78, Abb. 3 und 4.
Chorin? Über die Fliesen war keine Auskunft zu erhalten.

S68 Altenberg/Dhünn – Rheinland

14.–15. Jahrhundert (a), 16. Jahrhundert (b).
Rötlicher Ton mit apfelgrüner Glasur, auch an den schrägen Kanten. Flachrelief. 8 × 2,2 cm. Abgetreten.
Kreis mit Sternblüte aus zwölf gerundeten Petalen.
Fundort:
a Altenberg/Dhünn, ehem. Zisterzienserkloster, bei Grabungen 1974 im Kapitelsaal gefunden. G. Binding [u. a.], 36, Abb. 33.
Bonn, Rheinisches Landesmuseum (Einzelfliese).
b Variante. In Fliese der Größe 11,5 × 1,5 cm kleiner Reliefstempel mit Blüte ähnlich S68*a* eingeprägt, die Blütenblätter jedoch bis zum kleinen Blütenkorb eingeschnitten. Grauer Ton mit fleckiger, hell-dunkelgrüner Glasur. Fundort unbekannt. Ton und Glasur weisen auf eine Herkunft in oder um Köln.
Köln-Rath, ehem. Slg. Dr. C. Füngling.

S69 Oberhaugstett

15. Jahrhundert?
Roter, stark gemagerter Ton. Flachreliefstempel. 16,5 × 16,5 cm. Dm. des Stempels ca. 3,5 cm.
In Fliesenmitte sehr kleiner Stempel mit Doppelkreis und achtstrahliger Sternblüte.
Fundort:
Oberhaugstett, Kirche St. Bartholomäus.
Pforzheim, ehem. Slg. Dr. Karl Hillenbrand.

S70 Speyer – Worms

14. Jahrhundert.
Hellroter Ton. Vertiefte Prägung. Abgetreten. Kante schräg. 13 × 3 cm.
Kleiner Kreis mit Blüte aus vier herzförmigen Blättern um Mittelkreis.
Fundort:
a Speyer, Herkunft unbekannt.
Speyer, Historisches Museum der Pfalz.
b Worms, Herkunft unbekannt, nach 1922 gefunden. Hellgrauer Ton. 13,5 × 2,5 cm.
Worms, Museum der Stadt Worms.

S71 Hirsau

4. Viertel 14. – 1. Viertel 15. Jahrhundert?
Braunroter, schlecht gekneteter Ton. Vertiefte Prägung, bei einer Fliese der Model zweimal angesetzt. 15,5 × 2,5 und 15,5 × 3,5 cm.
Schlingornament aus Vierpaß mit einbeschriebenem Mittelkreis, in diesem eine vierteilige Blüte mit kreisrunden Blättern. Das Band schlingt sich in Seitenmitte um den Kreis und

wird in den Fliesenecken von kleinen Viertelskreisen unter- und überschnitten. In den Pässen je ein Ahornblatt, in Seitenmitte halber Vierstern ähnlich P16.
Fundort:
Hirsau, St. Aureliuskirche, bei Grabungen 1876 gefunden. E. Paulus, 1897, 64.
Hirsau, Klostermuseum.
München, Bayerisches Nationalmuseum.
Stuttgart, Württembergisches Landesmuseum.

S72 Lüneburg

Um 1567.
Roter Ton mit gelber und grüner Glasur. Vertiefte Prägung. 17,5 × 17,5 cm.
Kleine, auf rotem Grund ausgesparte, durch die Glasur braun wirkende Blüte mit gelbem Stempel auf gelbem Grund, umgeben von einer Ranke mit grünglasierten spitzovalen Blättern.
Fundort:
a Lüneburg, Rathaus, in situ im Bürgermeisterzimmer und in der Vorhalle.
b *Variante* vom selben Ort. Blattstern aus sechs spitzovalen Blättern, aus einer Mittelraute wachsend.

S73 Mainz

2. Viertel 16. Jahrhundert.
Roter Ton. Flachrelief. 22 × 22 cm.
Eine die ganze Fliese ausfüllende Rose mit Mittelkreis und vier leicht herzförmig eingezogenen Blütenblättern. Auf jedem ein nicht mehr klar erkennbares Wappen. In zwei gegenüberliegenden Ecken Viertel eines Strahlensterns, in den andern kleine Blattpflanze. Nicht abgebildet.
Fundort:
Mainz, aus einem nicht mehr bekannten Privathaus, vor 1903 gefunden[1].
Mainz, Mittelrheinisches Landesmuseum (z.Z. nicht auffindbar).

1 Westd. Zs. 12, 1903, Museographie 1902, 431–432, Taf. XII, 7.

S74 Bad Kreuznach

Um 1432? nach 1500?
Tonfarbe unbekannt, analog zu S75 vermutlich roter Ton und vertiefte Prägung, Maße 15,5 × 15,5 cm, wie S75. Nicht abgebildet.
Beschreibung nach einer flüchtigen Zeichnung von Ludwig Arntz, Graphikslg. des Landesamtes für Denkmalpflege Rheinland-Pfalz, Mainz, Inv. Nr. 640.
Diagonalkreuz mit weit gefächerten Lilien in den Fliesenecken, Rautenkelch und übergroße Hängeblätter. In der Mitte vierteilige Blüte mit Binnenzeichnung (?) Kreuz oder Staubgefäße, die Blütenblätter wohl wie S31 umgeschlagen.
Fundort:
Bad Kreuznach, kath. Pfarrkirche St. Nikolaus, heute verloren.

S75 Straßburg – Bad Kreuznach?

Nach 1500.
Roter Ton. Vertiefte Prägung. 15,5 × 15,5 cm.
In Seitenmitte ansetzende, sich unregelmäßig in der Diagonale bis in beide Ecken verästelnde Blattranken mit feingezähnten Rosenblättern und kleinen Knospen. Auf der rechten oberen Bildseite große Heckenrosenblüte mit zarter Riefelung als Binnenzeichnung. Besonders sorgfältiger Schnitt.
Fundort:
a Straßburg, Düntzenmühle, Mühlenplan 5, vor 1902 gefunden. J. Ficker, Taf. XL, 18.
Straßburg, Frauenhausmuseum.
b Nach Zeichnung von Ludwig Arntz, Graphikslg. des Landesamtes für Denkmalpflege Rheinland-Pfalz, Mainz, Inv.-Nr. 640, aus Bad Kreuznach, kath. Pfarrkirche St. Nikolaus, heute verloren[1].

1 Zur Frage der Echtheit der Fliesen siehe Fundortkat.

S76 Schussenried

Um 1483?
Roter, sehr feiner Ton. Flachrelief. Bruchstück. 17 × 5 cm.
In aus zarten Blattranken gebildetem Kreis achtteilige Doppelrosette mit Blütenkorb aus winzigen Punkten und sehr schmalen Kelchblattzipfeln. Aus dem Kreis wachsen nach innen und außen kleine Heckenrosen, mit einem Blütenkorb aus fünfzackigem Stern. Den Rest der Fläche füllen feinzerteilte Blattranken. In den Fliesenecken Rosettenviertel.
Fundort:
Unbekannt. Nach Inventarnummer und Prägetechnik aus dem ehem. Prämonstratenserkloster Schussenried, vgl. O54. E. Herdtle, II, Taf. 13.
Stuttgart, Württembergisches Landesmuseum.

S77 Köln

1508–1510.
Roter Ton mit grüner Bleiglasur. Flachrelief. 13,5 × 2,5 cm.
Zur Volute gerollte Blattranke, die in der Mitte in nelkenähnliche Blüte mündet. Die freien Flächen mit kleinen Blättchen gefüllt, ähnlich dem „Damastgrund" der Heraldik. In den Ecken kleine Viertelskreise mit einbeschriebenen Vierpaßvierteln und den für die Kölner Werkstatt typischen Lilien.
Fundort:
Köln, vermutlich zu den Fliesen des Hackeney-Hauses, Neumarkt 8–10, gehörend, sicher jedoch in derselben Werkstatt entstanden.
Köln, Erzbischöfliches Diözesan-Museum.
Dortmund, Museum für Kunst und Kulturgeschichte (ohne Glasur) London, Victoria und Albert Museum (Glasur durch Brand oder Alterung fast schwarz).
Oldenburg, Landesmuseum für Kunst und Kulturgeschichte (Glasur wie London).

S78 Limburg/Baden

15. Jahrhundert.
Roter Ton mit schwärzlicher Glasur. Flachrelief. Kleines Bruchstück. Dicke 9 mm. Nicht abgebildet.
Vermutlich Vierpaßmuster mit leicht eingezogenen Bogen, deren Mitte eine kleine, nach innen gewandte Lilie krönt. Sichtbar sind noch Blattranken ähnlich S77 und drei kleine Viersterne mit Punkt in der Fliesenecke.
Fundort:
Laut aufgeklebtem Zettel „auf der Limburg, 4. 7. 1912, unte-

rer Schloßhof, neuer Weg bei der Bank". Vermutlich aus der Burgruine Limburg/Baden, Gemeinde Sasbach.
Köln, Slg. Carl Mönnig (im Freiburger Kunsthandel erworben).

S79 Rheinland?

16. Jahrhundert.
Hellgelbrötlicher Ton. Flachrelief. Abgetreten. Kante schräg. 14,5 × 2 cm.
In quadratischem Rahmen Mittelkreis mit Doppelrosette aus fünf tiefgezackten Blättern. Auf dem Kreisrand je ein zur Fliesenecke gewandtes Palmettenornament, welches die ganze Fläche überzieht.
Fundort:
Unbekannt, vermutlich aus dem Rheinland.
Düsseldorf, Hetjens-Museum.

S80 Köln

Mitte 16. Jahrhundert?
Rötlicher Ton mit gelber Glasur. Flachrelief. 14 × 2 cm.
Erst die Zusammensetzung von vier Fliesen ergibt das eigentliche Bild: eine große Blütenrosette. Der mit kleinen Kreisen gefüllte Blütenkorb überdeckt eine mit den Spitzen zur Ecke gewandte Astroide. In den entstandenen flachen Halbkreisbogen schmale, übereinander geschichtete Lippenblüten[1]. In der Ecke Viertel eines in eine Wellenlinie aufgelösten Vierpasses mit kleiner heraldischer Lilie.
Fundort:
Nach R. Forrer, 1901, Taf. III, 2 aus Köln.
London, Victoria and Albert Museum.

---

1 Sehr ähnliche Blüten finden sich z. B. auch auf um 1540 entstandenen Kölner Krügen, so auf einer Pinte aus der Maximinenstraße (Köln, Kölnisches Stadtmuseum), für die Vorlagen des Stechers Heinrich Aldegrever (1502 bis nach 1555) verwandt wurden. G. Reineking von Bock, A. und M. Jürgens, 143, Nr. 106.

S1a

S1b

S2

S3

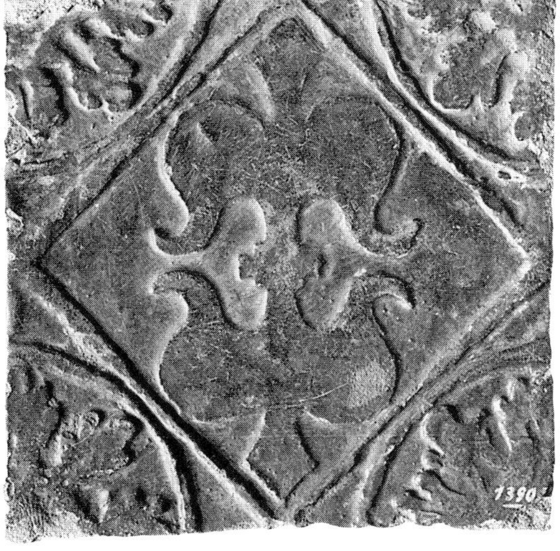

S4

S5a

S5c

S6

S7

S8

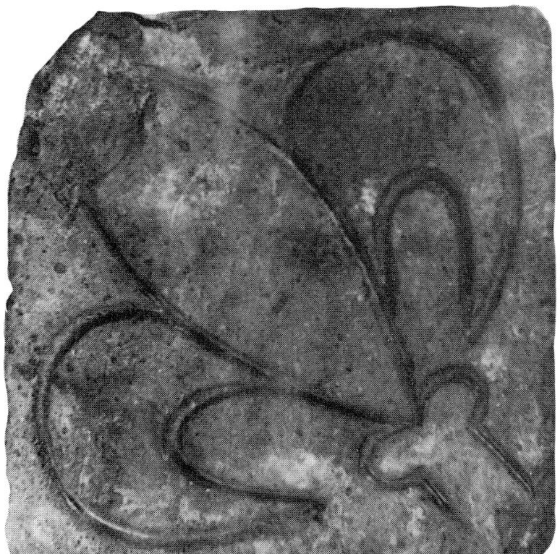

S9

S10

S 11

S 12

S 13

S 14

S 15

S 16.1

S 17

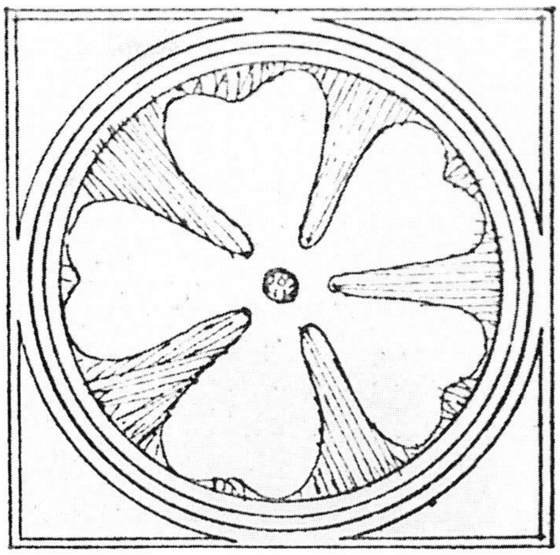

S 19

S 20

S 21

S 22

S 23

S24

S25

S26

S27

S29

S30

S 31

S 31

S 32

S 33

S 34 a

S 34 b

S35

S35.1

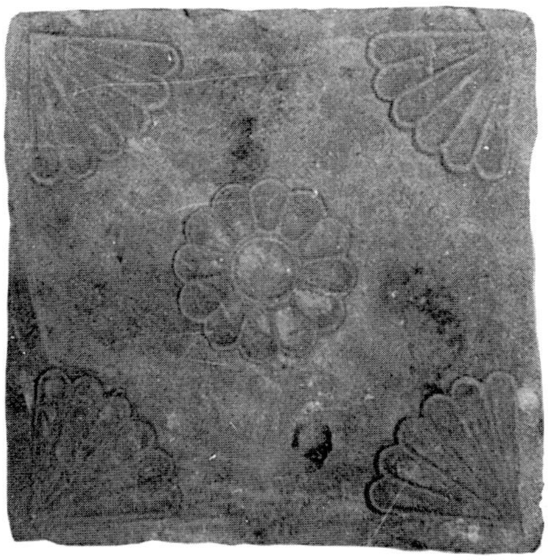

S35.2

S36

S37

S38

S 39

S 41

S 42

S 43

S 44

S 45

S47

S48

S49

S51

S52

S53

S 54

S 55

S 56

S 57

S 58

S 59

S 61

S 62

S 63

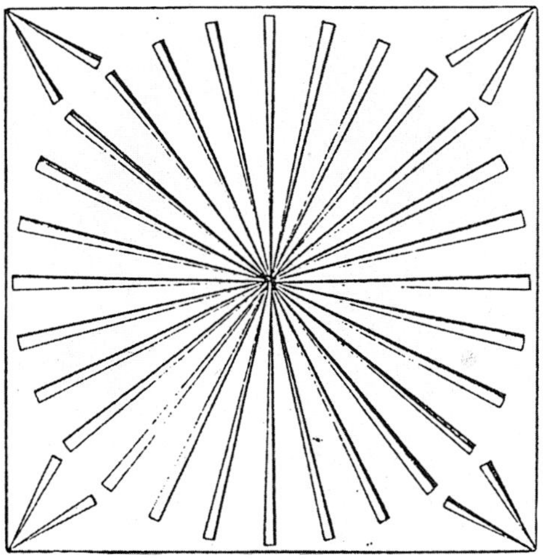

S 67

S 68 a

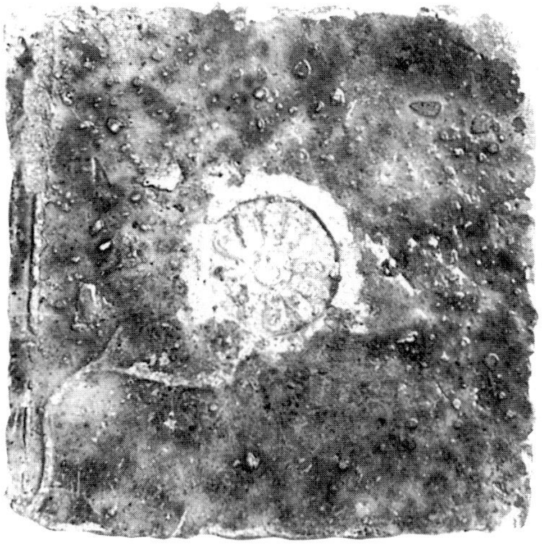

S 68 b

S 69

S 70

S 71

S 72 a

S 72 b

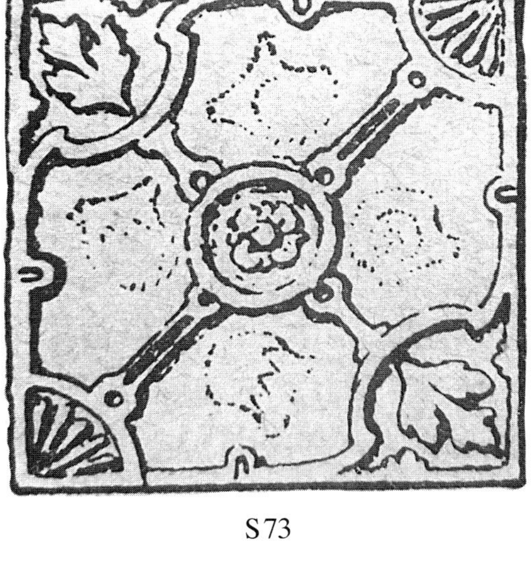

S 73

S 75

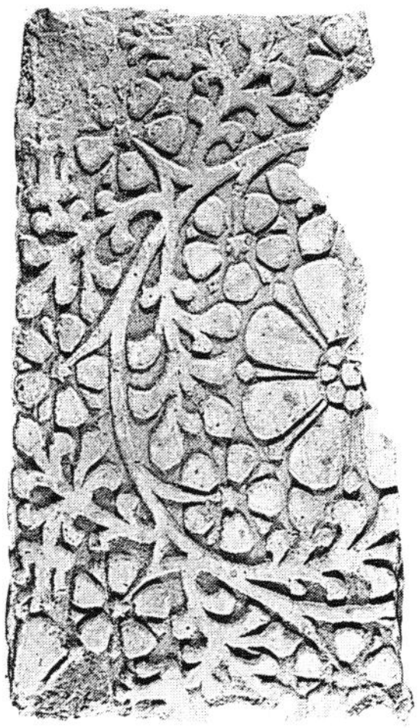

S 76

S 77

S 79

S 80

Blatt- und Pflanzenformen

T1 Bebenhausen – Rottweil?

Um 1228.
Roter, feingemagerter Ton. Vertiefte Prägung. 10,5 × 2,5 cm.
Quadratischer Rahmen aus sich jeweils in Fliesenecke überschneidenden Randleisten, in einer Ecke von Viertelskreis über- und unterschnitten. Auf diesem ein diagonal gestelltes Ranunkelblatt.
Fundort:
a Bebenhausen, ehem. Zisterzienserkloster, im 19. Jahrhundert entfernt. E. Herdtle, I, Taf. 2.
Stuttgart, Württembergisches Landesmuseum.
b Bebenhausen, bei Grabungen 1956 auf dem Gelände der ehem. Klosterkirche gefunden, außerdem in situ im Dormitorium. 12 × 12 cm.
Bebenhausen, Klosterverwaltung.
c Fundort unbekannt, aus Rottweil oder Umgebung, möglicherweise aus dem ehem. Zisterzienserinnen-Reichsstift Rottenmünster. Späterer *Nachschnitt,* das Blatt etwas größer, die Grundblätter am Stengelansatz verschieden groß. Roter Ton. 10,7 × 11 × 2,5 cm.
Rottweil, Stadtmuseum.

T2 Eldena

1. Hälfte 14. Jahrhundert.
Hellroter Ton. Flachrelief. 11,5 × 3 cm.
Doppelter, quadratischer Rahmen mit diagonal gestelltem stilisiertem Feldahornblatt auf Viertelskreis, der den Rahmen zu beiden Seiten überschneidet. Der kurze Blattstiel ist gespreizt.
Fundort:
Eldena, Ruine des Zisterzienserklosters, bei Grabungen 1926–27 im Kalefaktorium (Wärmstube) gefunden. H. Kloer, 69, Abb. 56.
Greifswald, Museum der Stadt Greifswald.

T3 Eldena

1. Hälfte 14. Jahrhundert.
Hellroter Ton. Flachrelief. 11,5 × 3 cm.
Rahmen und Viertelskreis wie bei T2, der Stengel des dreigeteilten, scharfgezahnten Weinblatts schon am Blattgrund gespalten.
Fundort:
Eldena, Ruine des Zisterzienserklosters, bei Grabungen 1926–27 im Kalefaktorium (Wärmstube) gefunden. H. Kloer, 69, Abb. 56.
Greifswald, Museum der Stadt Greifswald.

T4 Diez – Hadamar – Klosterkumbd?

2. Drittel 13. Jahrhundert (a), kurz vor 1379 (b).
Roter Ton mit Spuren von Glasur. Vertiefte Prägung. Zwei Ecken abgebrochen. 11 × 2 cm.
Rahmen und Viertelskreis wie bei T3. Aus diesem wächst auf dünnem Stengel ein dreiteiliges, gezacktes Blatt mit zwei kleinen Seitenknospen am Blattgrund. Im Viertelskreis Viertel eines Achtpasses.
Fundort:
a Diez, ehem. Benediktinerinnenkloster Dierstein, bei Grabungen 1881 gefunden.
Wiesbaden, Slg. Nassauischer Altertümer.
b Möglicherweise wurde diese Fliese („Blätter") auch in Klosterkumbd, ehem. Zisterzienserinnenkloster, gefunden. Sie war im 19. Jahrhundert noch vorhanden und ist heute verschollen. W. Wagner, 44.
c Hadamar, Liebfrauenkirche, bei der Aufdeckung des Fliesenbodens 1966 in situ gefunden. Im Gegensatz zu den übrigen Fliesen des Bodens genaue Übereinstimmung mit T4a. Gelbrötlicher Ton, in den Vertiefungen vereinzelt noch Spuren von weißer und roter Engobe. Verrutschte Doppelprägungen zeigen, daß ein Model benutzt wurde. Kante schräg, 11 × 11,5 × 2,5 cm. Die Fliesen gelangten über den Kunsthandel meist in Privatbesitz.
Bad Zwischenahn, Slg. Hans-Jürgen Heger.

T5 Bad Kreuznach

Um 1432? Nach 1500?
Vermutlich roter Ton, in Analogie zu S75. Vertiefte Prägung? 15,5 × 15,5 cm. Nicht abgebildet.
Nach einer Zeichnung von Ludwig Arntz, Graphikslg. des Landesdenkmalamts Rheinland-Pfalz, Mainz, Inv.-Nr. 640: Fünffingriges Weinblatt, der kurze, gerade Stengel setzt auf der Seitenmitte und nicht in der Ecke an.
Fundort:
Bad Kreuznach, kath. Pfarrkirche St. Nikolaus, heute verschollen.

T6 Arnstein – Boppard

Nach 1359? (a).
Gelbroter und hellgrauer Ton. Vertiefte Prägung, an der Oberfläche in dünner Reliefauflage die Blattrippen sichtbar. 12,5 × 12,5 cm.
In quadratischem Rahmen mit Viertelskreis in einer Ecke wie bei T4, nach links ansteigendes, sehr bewegtes, tief gezacktes Ahornblatt mit dünner Mittelrippe und je zwei Seitenrippen. In den Viertelskreis Vierpaßviertel mit zur Mitte gekehrten Lilie einbeschrieben.
Fundort:
a Arnstein, ehem. Prämonstratenserkloster, in situ in einer Kapelle des nördlichen Seitenschiffs[1].
Wiesbaden, Slg. Nassauischer Altertümer.
b Unbekannt, vermutlich aus Arnstein[2]. Roter Ton. 12,5 × 2,5 cm.
Koblenz, Landesamt für Denkmalpflege.
c Unbekannt, vermutlich aus Arnstein[3].
Weißlichgrauer Ton, Kante senkrecht. 12,5 × 2,4 cm.
Köln, Erzbischöfliches Diözesan-Museum.
d Angeblich aus der Ruine der Margarethenkirche unterhalb des ehem. Klosters Arnstein, bei Grabungen in jüngster Zeit gefunden. Weißlicher Ton mit Einsprengseln roter Schamottesplitter.
Höhr-Grenzhausen, Töpferei-Museum G. Peltner.
e Boppard, Walpurgiskapelle, vermutlich bei der Niederlegung der Kapelle 1839 entfernt. Graugelblicher Ton. 12,5 × 2 cm.
Boppard, Heimatmuseum.

1 W. Lotz, Fr. Schneider, bei S. 11. Die dem Privatexemplar von Fr. Schneider beigeheftete Skizze zeigt dieses Muster.
2 In die Sammlung kamen nachweislich Fliesen aus Arnstein. Es läßt sich jedoch nicht mehr feststellen, um welche Muster es sich handelte.
3 J. Eschweiler, 27, Nr. 84 „Rheinland". Ins Museum kamen Fliesen aus Arnstein.

T7 Cochem – Düsseldorf? – Eltz – Koblenz – Urbar – Hadamar

2. Drittel 14. Jahrhundert, kurz vor 1379 (g).
Weißlicher Ton. Vertiefte Prägung. Eine Ecke fehlt. 11 × 11,5 × 2,5 cm.
Variante von T6. Der sofort ins Blatt übergehende Stengel nach rechts aufsteigend, die Grundblätter tiefer eingekerbt und fast den Fliesenrand berührend. Die Blattrippen fehlen.
Fundort:
a Cochem, Winneburg, bei Sicherungsarbeiten 1978–79 im Hang unter dem Burgmannenhaus gefunden.
Cochem-Cond, Privatbesitz.
b Nach R. Forrer, 1901, Taf. CIII, 20, „aus Düsseldorf". Herkunft nicht zu ermitteln[1]. Zahlreiche Fliesen, gelblichgrauer Ton, ohne Glasur. Bei zwei Fliesen sind die Blattrippen noch sichtbar, andere zeigen rote Farbe in den Vertiefungen.
Düsseldorf, Hetjens-Museum.
Dortmund, Museum für Kunst und Kulturgeschichte.
London, Victoria and Albert Museum (grauer Ton).
c Burg Eltz, nicht bekannt, in welchem Haus der Burg gefunden. Hier die erhöhten Blattadern noch erhalten. 11,5 × 2 cm.
Eltz, Burgsammlung.
d Koblenz, Liebfrauenkirche, nach dem 2. Weltkrieg gefunden. Hellroter Ton, 12 × 2 cm.
Koblenz, Privatbesitz.
e Koblenz, St. Kastor, auf einem um 1880 entstandenen Photo sind Fliesen neben einem Fenster in die Wand eingelassen, darunter dieses Muster (oder T6) erkennbar.
Verbleib unbekannt.
f Urbar, bei der Aufdeckung eines Töpferofens vor 1906 gefunden. Gelbgrauer Ton. H. E. Kubach, F. Michel, H. Schnitzler, 340, Abb. 370.
Köln, Museum für Angewandte Kunst.
Bonn, Rheinisches Landesmuseum (rötlicher Ton).
g Hadamar, Liebfrauenkirche, bei der Aufdeckung des Fliesenbodens 1966 in situ gefunden. Vergröberter *Nachschnitt*. Sehr flache Prägung. Stark abgetreten. Dunkelroter Ton. 11 × 2,5 cm. Einige Fliesen in der Kirche neu verlegt, alle übrigen zerstreut.
Königstein, Stadtmuseum (aus Privatbesitz).

1 Möglicherweise liegt hier eine Verwechslung vor. Es ließ sich keine Kirche in Düsseldorf ermitteln, die im 19. Jh. noch einen Fliesenboden besaß. In St. Lamberti waren Kopien nach Vorlagen des Klosters Bebenhausen verlegt.

T8 Arnstein – Koblenz-Moselweiß

2. Drittel 13. Jahrhundert.
Gelblichgrauer Ton mit einer Engobe aus feingeschlämmtem gelbem Ton, an den Fliesenkanten noch unberührt. Vertiefte Prägung mit Reliefwirkung. Abgetreten. 12,5 × 2,5 cm.
In quadratischem Rahmen, fächerförmiges, streng stilisiertes Blatt auf breitem Stengel mit kleiner Raute am Blattgrund. Breite Mittel- und Seitenrippen, diese folgen der Kontur des Blattes. In der Ecke rechts unten Viertelskreis mit Viertel einer achtteiligen Rosette.
Fundort:
a Arnstein, ehem. Prämonstratenserkloster, im Schutt außerhalb der Klosterkirche gefunden.
Wiesbaden, Slg. Nassauischer Altertümer.
b Unbekannt, möglicherweise ebenfalls aus Arnstein.
Diez, Nassauisches Heimatmuseum.
Köln, Museum für Angewandte Kunst.
c Koblenz-Moselweiß, kath. Pfarrkirche St. Laurentius, im 19. Jahrhundert noch in situ, heute verloren. Die Zeichnung de Noëls[1] läßt nicht erkennen, ob es sich mit Sicherheit um dieses Muster handelt.
d Unbekannt, wohl aus einem der beiden Fundorte.
Hellgrauer Ton mit dunkelbrauner Glasur[2].
Köln, Erzbischöfliches Diözesan-Museum.

1 Köln, WRM, Kupferstichkabinett, Skizzenbuch von M. J. de Noël, 9, Graphische Inv.-Nr. 1936/29.
2 J. Eschweiler, 28, Nr. 89. Der Fundort Arnstein wird nicht erwähnt, obwohl verschiedene Fliesen aus Arnstein schon 1864 ins Museum kamen.

T9 Kempten – Schwaben

Um 1428 (a).
Roter Ton. Vertiefte Prägung. 14 × 3 cm.
In quadratischem Rahmen dreigeteiltes, unregelmäßig gelapptes Blatt mit geraden, tief eingeprägten Mittelrippen und gegabeltem Stengel.
Fundort:
a Kempten, ev. Pfarrkirche St. Mang, in situ.
Einzelne Fliesen im Ostende des Seitenschiffes neu verlegt.
Kempten, Allgäuer Heimatmuseum.
b Unbekannt, aus Schwaben. Möglicherweise aus Memmingen (wie C 44) oder aus Augsburg? Roter Ton. 13 × 2,5 cm.
Augsburg, Kunstsammlungen.

T10 Langenau – Leipheim

2. Hälfte 14. Jahrhundert.
Roter Ton. Flachrelief. Eine Ecke abgebrochen. 15 × 3,5 cm.
In Kielbogen tief gezacktes Blatt einer Roteiche mit gerader Mittelrippe und leicht gewölbten Seitenrippen.
Fundort:
a Langenau, ev. Pfarrkirche St. Maria und Martin, bei den Grabungen 1960–72 gefunden.
Stuttgart, Landesdenkmalamt Baden-Württemberg.
b Leipheim, ev. Pfarrkirche St. Veit, in zweiter Lage in einem Abstellraum über der Sakristei. 14,5 × 3,5 cm.
München, Bayerisches Landesamt für Denkmalpflege.

T11 Bebenhausen

Anfang 15. Jahrhundert?
Roter, sehr feiner Ton. Vertiefte Prägung. 10 × 3 cm.
Diagonal gestelltes, sehr sorgfältig gezeichnetes fünffingriges Rebblatt mit unregelmäßigem Blattrand, die Blattrippen in zarter Binnenzeichnung. Der gerade, kurze Stiel sitzt auf einem Viertelskreis in der Fliesenecke, darunter vereinfachtes Blatt ähnlich T1.
Fundort:
Bebenhausen, ehem. Zisterzienserkloster, in situ im Dormitorium. E. Herdtle, I, Taf. 23.
Stuttgart, Württembergisches Landesmuseum.

T12 Mellrichstadt

3. Drittel 13. Jahrhundert.
Roter Ton. Vertiefte Prägung. Kante leicht schräg. 12,3 × 12,5 cm.
In einer Ecke der Fliese kleines Viertelskreisband. Auf die-

sem rechts kleine Blüte (Heckenrose), links Kreis mit Andreaskreuz. Von der Mitte des Kreisbandes steigen drei Blätter auf (Ahorn oder Rebblatt ohne Zacken), welche den Rest der Fläche füllen.
Fundort:
Mellrichstadt, kath. Pfarrkirche St. Kilian, bei Grabungen 1969 gefunden. H. Schlereth, 2, Abb. 4.
Fladungen, Rhönmuseum.

T13 Girbaden

2. Hälfte 13. Jahrhundert?
Schwarzgrauer Ton. Vertiefte Prägung. 17 × 3,5 cm.
Auf dünnem, gegabeltem, von der Fliesenecke aufsteigendem Stengel zwei diagonal gestellte, einander leicht zugeneigte Blätter (Kerbel?) mit tief gezacktem, unregelmäßigem Rand.
Fundort:
Girbaden, Burgruine, in den 30er Jahren bei Grabungen gefunden. Ch. Czarnowsky, 13, Abb. 9.
Straßburg, Frauenhausmuseum.

T14 Girbaden – Saarburg

2. Hälfte 13. Jahrhundert.
Roter Ton. Vertiefte Prägung. 16 × 3,5 cm.
Fliese durch breites Diagonalband geteilt. Zu beiden Seiten auf gewölbtem Stengel je drei Blätter (Eiche?) mit Bogenrand und zarten Blattrippen, die ganze Fläche füllend. Die beiden Fliesenhälften nicht symmetrisch gezeichnet.
Fundort:
a Girbaden, Burgruine, bei Grabungen gefunden. Ch. Czarnowsky, 12, Abb. 5 und 6. 1968 erneut gefunden. H. Gachot, 112, 114, Fig. 6.
Straßburg, Frauenhausmuseum.
b Saarburg, Avenue de la Victoire 18, 1960 in der Fehlbrandgrube einer mittelalterlichen Töpferei entdeckt. Als Dreieck gebrannt. Bruchstück.
Saarburg, Regionalmuseum.

T15 Ulm-Söflingen

Nach 1258?
Roter Ton. Vertiefte Prägung. 13,5 × 2,5 cm.
In quadratischem Rahmen zwei breite Diagonalbänder. In die Dreiecke einbeschriebene Pflanze mit Kugelknospe und zwei flach ausgebreiteten Palmetten auf dickem, von der Fliesenecke aufsteigendem Stengel.
Fundort:
Ulm-Söflingen, ehem. Klarissinnenkloster, bei Bauarbeiten 1913–14 in zweiter Lage vermauert gefunden. R. Weser, 95, Abb. 11. H. A. Klaiber, R. Wortmann, 665, Abb. 601, Nr. 20.
Ulm, Ulmer Museum.

T16 Kiedrich – Ulm-Söflingen

Nach 1258? (*a*), 1259–1274 (*b*).
Schiefergrauer und gelbrötlicher, feingemagerter Ton. Vertiefte Prägung. Bruchstück. Original 13,5 × 2,5 cm.
Variante von T13. Die Palmetten setzen in der Mitte des ungeteilten Diagonalbandes an und wölben sich wieder zur Mitte. Sie tragen eine grobe, die Fliesenecke ausfüllende Lilienblüte.
Fundort:
a Kiedrich, Burg Neuhaus im Peterstal („Alteburg"), Zufallsfund.
Johannisberg, Privatbesitz.
Wiesbaden, Landesamt für Denkmalpflege Hessen (zwei Fragmente).
b Ulm-Söflingen, ehem. Klarissinnenkloster, bei Bauarbeiten 1913–14 in zweiter Lage vermauert gefunden. R. Weser, 95, Abb. 12. Die Fliese nicht mit demselben Model geprägt. H. A. Klaiber, R. Wortmann, 665, Abb. 601, Nr. 21.
Ulm, Ulmer Museum.

T17 Biberach – Hummertsried

Ende 15. Jahrhundert.
Roter Ton. Flachrelief. 18 × 5 cm. Bruchstück 19 × 4 cm.
Fliese durch drei Diagonalbänder geteilt, die beiden äußeren mit regelmäßig angeordneten Schrägkerben. Zu beiden Seiten Viertel einer Doppelrosette flankiert von je der Hälfte einer sehr kleinen heraldischen Lilie.
Fundort:
a Biberach, Ochsenhäuser Hof, bei der Sanierung des Gebäudes 1977 geborgen.
Biberach, Privatbesitz.
b Unbekannt (alter Bestand), möglicherweise vom selben Fundort[1]. Dunkelroter Ton. 19 × 4 cm.
Stuttgart, Württembergisches Landesmuseum.
Biberach, Heimatmuseum[2].
c Burgstall Hummertsried, Bruchstück bei der Ausgrabung der Ruine 1967 gefunden. A. Hejna, Taf. 15a und S. 37.
Stuttgart, Landesdenkmalamt Baden-Württemberg.

1 Nach freundlicher Mitteilung von Herrn Robert Gerster, Biberach, sollen dort vor ca. 80 Jahren die ersten Fliesen gefunden worden sein.
2 J. Baum, H. Klaiber, B. Pfeiffer, Donaukreis I, 61 (Bericht über das Museum Biberach): „Gotische Bodenfliesen aus dem Ochsenhäuser Hof". Seit Ende des 2. Weltkriegs verloren.

T18 Biberach

Letztes Jahrzehnt 15. Jahrhundert.
Roter Ton. Flachrelief. Bruchstück. Seitenlänge ca. 14–15 cm. Dicke 4 cm. Nicht abgebildet.
Variante zu T17. Mittellinie und Blattviertel übereinstimmend, in den Ecken statt des Blütenviertels Viertel eines achtzackigen Sterns.
Fundort:
Biberach, Privathaus Zeughausgasse 4, bei Bauarbeiten 1978 im Keller gefunden.
Biberach, Privatbesitz.

T19 Bebenhausen

1. Hälfte 15. Jahrhundert?
Roter Ton. Flachrelief. 12,5 × 3 cm.
Zwei Viertelskreise schneiden sich so, daß in der Diagonale ein schmales Spitzoval entsteht. Aus diesem wächst nach beiden Seiten je ein großes Rebblatt, flankiert von zwei aus neun einzelnen Beeren zusammengesetzten Weintrauben.
Fundort:
Bebenhausen, ehem. Zisterzienserkloster, in situ im Dormitorium. E. Herdtle, I, Taf. 21.

T20 Bad Kreuznach

Um 1432? Nach 1500?
Vermutlich roter Ton und vertiefte Prägung. In Analogie zu S75 15,5 × 15,5 cm. Nicht abgebildet.
Nach einer Skizze von Ludwig Arntz, Graphikslg. des Landesdenkmalamts Rheinland-Pfalz, Mainz, Inv.-Nr. 640. Zwei Fliesen.
1 In der Diagonale nackter Rebast in leicht S-förmiger Krümmung. Zu beiden Seiten je drei kleine Rebranken.
2 Ungefähr zwei Drittel der Fläche füllend, große Traube aus einzelnen Beeren, begleitet von zwei kleinen Ranken (?).
Fundort:
Bad Kreuznach, kath. Pfarrkirche St. Nikolaus, heute verschollen.

T21 Pfungstadt

2. Hälfte 15. Jahrhundert.
Hellroter Ton. Flachrelief. 23,4 × 3,5 cm. Gewicht 4 kg!
Großer Kreis, durch schmale, nicht bis zur Mitte durchlaufende Linie in zwei Hälften geteilt. In der unteren Kreishälfte sorgfältig gezeichnete, streng symmetrische Pflanze mit zarten Wurzeln, zwei großen, nur an der Oberkante in Bögen eingekerbten Blättern mit feinen Blattrippen und Sternblüte, die noch über die Mittellinie reicht. Über dieser wölbt sich ein Halbkreisbogen mit vier kronenartigen Ornamenten, jedem in der Mitte noch ein kleines dreigeteiltes Blatt aufgelegt. Der Blütenschaft und die Unterkante der Blätter werden von winzigen Blättchen begleitet, die Blüte zeigt in zarter Binnenzeichnung einen Vierstern mit Mittelrosette. Der mit kleinen Punkten verzierte quadratische Rahmen wird in den Fliesenecken von Viertelskreisen überdeckt, die mit winzigen, gereihten Dreiblättern bedeckt sind und eine kleine Blüte mit zwei Kleeblättern zeigen.
Die Fliese unterscheidet sich in Feinheit der Ausführung von allen bis jetzt bekannten deutschen Fliesen.
Fundort:
Pfungstadt, Pfarrkirche St. Maria und Martin. Die Fliesen fanden sich bei der Grabung 1967 als Fremdstücke (sechs Fliesen) in einer Zwischenschicht, die sonst nur Fliesen der Größe 20 × 20 cm aufwies. J. Sommer, 7 unten.
Pfungstadt, Kirchenverwaltung.
Darmstadt, Privatbesitz.

T22 Minden

2. Hälfte 13. Jahrhundert.
Roter Ton, in den Vertiefungen Spuren einer weißen Engobe. Kante schräg. 11 × 2,2 cm.
Von der Seitenmitte der Fliese aufsteigende Pflanze mit dem Kelch einer heraldischen Lilie. Über dem Schaftring zu beiden Seiten je zwei Punkte, aus dem Kelch wachsen Staubgefäße mit großen Pollenbeuteln an langen Stengeln. Zu beiden Seiten streng symmetrisch: eine aufsteigende und eine sich neigende Palmette an langen Stengeln. Zwischen beiden je eine kleine Blüte[1].
Fundort:
Minden, Untere Bäckerstr. 51, bei den Grabungen 1974–75 gefunden. G. Isenberg, 445, Abb. 266.1.
Münster, Westfälisches Museum für Archäologie, Amt für Bodendenkmalpflege.

1 Die Fliese zeigt überraschende Ähnlichkeit mit dem um 1270/80 entstandenen Siegel der Genossenschaft der deutschen Gotlandfahrer (W. Kohl, P. Veddeler [Hrsg.], Westfälische Geschichte. Bild- und Dokumentarband, Düsseldorf 1982, Abb. 98). Textbd. 239, Abb. 151.

T23 Bebenhausen

Um 1228?
Fliese nicht mehr erhalten, in Analogie zu W59 Wechsel von Flachrelief zu vertiefter Prägung. Maße der Einzelfliese 10 × 2,5/3 cm?, der Fläche 20 × 20 cm.
Eckstück eines Rahmenbandes, zu beiden Seiten schließen die Fliesen W59 an. Die Ecke füllt eine Palmette mit Fächerblüte auf geteiltem Stengel. Statt des Kelchknotens kleiner Kreis. E. Herdtle, II, Taf. 27. Nach der Zeichnung müßte das Muster auf vier Fliesen verteilt gewesen sein.
Fundort:
Bebenhausen, ehem. Zisterzienserkloster.
Verschollen.

T24 Bebenhausen

Aufgrund des Fundes in der Klosterkirche: um 1228, aufgrund des Musters eher: 2. Hälfte 13. Jahrhundert.
Roter Ton. Vertiefte Prägung. 11,5 × 3 cm und 11 × 2 cm.
In der Diagonale Blattstab mit drei scharf gezackten, fünfgeteilten Blättern – Rade oder Ahorn. Am Stengelgrund Viertel einer achtteiligen Doppelrosette vom Typus S23, in den übrigen Ecken Viertel einer einfachen Rosette.
Fundort:
a Bebenhausen, ehem. Zisterzienserkloster, in situ im Dormitorium. E. Herdtle, I, Taf. 20.
Stuttgart, Württembergisches Landesmuseum.
b Bebenhausen, bei Grabungen 1956 auf dem Gelände der ehem. Klosterkirche gefunden. 12 × 2,5 cm.
Bebenhausen, Klosterverwaltung.

T25 Siegburg

15. Jahrhundert.
Sehr feiner, graugelblicher Ton. Flachrelief. Stark abgetreten. Zwei mit einem Messer hergestellte Höhlungen („keys") auf der Rückseite. Kante schräg. 10,5 × 11 × 3 cm.
Auf Vierpaßviertel Blattstab mit drei sorgfältig gezeichneten Eichblättern auf dünnen Stengeln.
Fundort:
Siegburg, Herkunft unbekannt.
Düsseldorf, Hetjens-Museum.

T25.1 Bödingen

1490–1500.
Gelblicher Ton. Flachrelief. Stark abgetreten. 12 × 2,6/3 cm.
Aus dem Viertel einer großen Doppelrosette steigen drei fast gleich große, tief eingekerbte Blätter (Akelei?), die die ganze Fliesenfläche ausfüllen.
Fundort:
Bödingen, ehem. Augustinerchorherren-Stiftskirche, bei der Restaurierung 1952 gefunden. I. Achter, 144 unten.
Pulheim-Brauweiler, Rheinisches Amt für Denkmalpflege.

T26 Worms – Lorsch

2. Hälfte 13. Jahrhundert.
Gelblicher Ton. Vertiefte Prägung. Ohne Maßangaben, vermutlich 13,5 × 2,5 cm.
Breiter quadratischer Rahmen mit drei die Fliese füllenden Blattknospen auf gegabeltem Stengel. Dieser überschneidet den Rahmen auf der rechten Seite.
Fundort:
a Worms, St. Johanniskirche, bei Aufdeckung des Fliesenbodens 1907 gefunden. E. Grill, Taf. II, 50.
Worms, Museum der Stadt Worms, nicht mehr auffindbar.
b Lorsch, ehem. Benediktinerkloster. Bruchstück, vermutlich zu diesem Muster zu ergänzen. Hellgrauer Ton.
Lorsch, Klostersammlung.

T27 Worms

16. Jahrhundert.
Roter Ton. Flachrelief. 11,5 × 2 cm.
Später, verdorbener *Nachschnitt* eines Blattstabes mit drei Eicheln an der Spitze. Zu beiden Seiten symmetrisch angeordnete überhängende Lanzettblätter mit Knospen an den Blattspitzen.
Fundort:
Worms, Herkunft unbekannt, nach 1922 gefunden.
Worms, Museum der Stadt Worms.

T28 Worms

2. Hälfte 13. Jahrhundert.
Sehr feiner, mittelgrauer und schwarzgrauer Ton. Vertiefte Prägung. Stempel leicht schräg. 13 × 2,7 cm.
Breiter quadratischer Rahmen ähnlich T1 und T26. In der Ecke unten Tropfenkreis. Über diesem wölbt sich ein Herzornament mit nach innen gerollter Pflanzenknospe, ähnlich einer heraldischen Lilie. Am Kelchgrund zwei kleine Voluten.
Fundort:
Worms, Herkunft unbekannt, vor 1922 gefunden. E. Grill, Taf. II, 46.
Worms, Museum der Stadt Worms.

T29 Eberbach – Johannisberg – Mainz – Wiesbaden – Worms

3. Viertel 13. Jahrhundert – Anfang 14. Jahrhundert, um 1321 (d).
Gelblicher und hellgrauer Ton. Vertiefte Prägung. 13 × 2,5 cm.
Geometrisches Schlingornament aus einem Quadrat mit aufgesetztem, rechtwinkligem Dreieck, das die Fliesenecke ganz ausfüllt. Dieses wird an einer Seite über-, an zwei Seiten unterschnitten von einem Diagonalkreuz ähnlich R7 mit kleinen Lilien an der Spitze. Im rechten Winkel kleines, einbeschriebenes Eckquadrat. In der Zusammensetzung von vier Fliesen ergibt sich ein lateinisches Kreuz.
Fundort:
a Eberbach, ehem. Zisterzienserkloster, 1937 in der Klosterkirche neu verlegt.
Eberbach, Lapidarium.
b Johannisberg, ehem. Benediktinerkloster, bei Grabungen auf dem Klostergelände gefunden. Grauer Ton.
Schloß Johannisberg, Domänenverwaltung.
c Mainz, Franziskanerstr. 11½, 1896 gefunden[1]. Hellgrauer Ton. 13 × 2,2 cm.
Mainz, Mittelrheinisches Landesmuseum.
d Wiesbaden-Klarenthal, ehem. Klarissinnenkloster, bei Grabungen 1965–66 gefunden. 12,6 × 12,8 cm. G. Maag, 33, Taf. III, 6.
Wiesbaden, Privatbesitz.
e Worms, Herkunft unbekannt, vor 1922 gefunden. E. Grill, Taf. 2, 60. Rosabräunlicher, hellbrauner und grauer Ton, breite Rillen, tief eingeprägt. 13 × 2 cm.
Worms, Museum der Stadt Worms.

1 Westd. Zs. 16, 1897, Museographie 1896, 357, Taf. XIX, 14.

T30 Eberbach

2. Hälfte 13. Jahrhundert.
Tonfarbe und Maße unbekannt, analog zu den übrigen Eberbacher Fliesen gelblicher, grauer und roter Ton. Vertiefte Prägung. Wohl 13 × 2,5 cm.
Variante von T29. Die dritte Lilie ist durch das Eckquadrat ersetzt, so daß sich ein Diagonalband vom Typus N65 ergibt. Dieses zeigt zwei einbeschriebene, sich überschneidende rechtwinklige Dreiecke oder, in Längsrichtung gesehen, drei Eckquadrate.
Fundort:
Eberbach, ehem. Zisterzienserkloster. 1901 noch erhalten, heute verloren. C. Schäfer, Textbd. 86, Abb. 44.

T31 Stams

Nach 1536?
Roter Ton. Flachrelief. Ca. 21 × 21 cm.
Breiter quadratischer Rahmen, in den Fliesenecken schmale, heute kaum mehr sichtbare Spitzovale. Die Mitte füllt ein Kreis mit je einem auf der Außenkante sitzenden, zur Ecke gewölbten Dreipaßblatt. Um einen kleinen Mittelkreis mit Sechsstern aus Spitzovalen sind auf Halbkreisbogen sechs verschiedene Blätter und Blüten angeordnet: Ahorn, Rebe, Rade, Distelblüte?, Hahnenfuß, Rose?
Fundort:
Stams, Zisterzienserkloster, 1893 noch in situ im sogenannten Klostergang. F. Pauket, III, Blatt 13.
Stams, Klostersammlung.

T31.1 Sankt Urban

4. Viertel 14. Jahrhundert?
Roter Ton mit mittelgrüner Bleiglasur. Flachrelief. 24 × 3 cm.
Vierpaß mit leicht ovalen Feldern, in der Mitte kleiner Kreis mit achtstrahliger Mittelblüte. Von diesem steigt, jeweils zu den Fliesenecken ein Weinstock mit paarig angeordneten Reben auf. Die fünf Blätter zeigen kein typisches Weinlaub, sondern gleichen eher breiten Eichenblättern.
Fundort:
a St. Urban, ehem. Zisterzienserkloster, bei Grabungen 1981–83 in der südlichen Chorkapelle aufgedeckt. J. Goll, 1985, 29, Abb. 1, 33, Abb. 4.
Luzern, Historische Museum.
Luzern, Kantonsarchäologie.
b *Variante* vom selben Fundort. Vierpaß übereinstimmend, Mittelblüte ohne herzförmige Petalen. Diese überdeckt ein Andreaskreuz, an dessen Spitze jeweils eine sechsstrahlige Blüte sitzt. J. Goll, 1985, 32, Abb. 3.
Verbleib wie oben.

T32 Stams

2. Hälfte 15. Jahrhundert – nach 1536?
Roter Ton. Flachrelief. 13,5 × 13,5 cm. Ausgezeichnet erhalten.
In quadratischem Rahmen vier sorgfältig beobachtete Blätter eines Hahnenfuß- oder Storchschnabelgewächses. Die leicht gewölbten Stengel sitzen jeweils auf der Spitze eines kleinen Eckquadrats und rotieren im Gegenzeigersinn. Dazwischen je ein dicker Punkt.
Fundort:
Stams, Zisterzienserkloster. F. Caramelle, 29, Abb. 17.
Stams, Klostersammlung.

T33 Bonmont

Ende 13. Jahrhundert.
Roter Ton. Vertiefte Prägung. 21 × 3,6 cm.
Symmetrische Palmetten über den Seitenkanten der Fliese, die Blätter so gewölbt, daß die Blattspitzen die Ecke berühren, die Stengel in Seitenmitte aus der Hälfte eines Vierpasses emporsteigend. In der Mitte winziger Vierstern als Zentrum eines Tau-Kreuzes aus Palmetten, diese waagrecht gebreitet.
Fundort:
Bonmont, ehem. Zisterzienserkloster, Rahmung des Grabes von Abt Aymon de Vallibus, beigesetzt 1418. F. Bucher, 110, Abb. 9.
Zürich, Schweizerisches Landesmuseum.

T34 Altenberg/Dhünn

14. Jahrhundert.
Rötlicher Ton mit brauner Glasur in verschiedenen Farbabstufungen. Teilweise stark abgelaufen. Vertiefte Prägung mit Flachreliefwirkung. 8,5 × 3 cm.
In quadratischem Rahmen Blattstern, der eine Astroidform unter- und überschneidet. In der Mitte winziger Kreis, auf dem, nach der Mitte der Fliesenseite gewandt, dünne Lilien sitzen, deren Blätter bis zum Kelchgrund geteilt sind.
Fundort:
Altenberg/Dhünn, ehem. Zisterzienserkloster, bei Grabungen 1974 im Kapitelsaal gefunden. G. Binding [u. a.], 36, Abb. 31.
Bonn, Rheinisches Landesmuseum.

T35 Speyer

15. Jahrhundert.
Hellroter Ton. Flachrelief. Abgetreten und an der Oberfläche stark zerstört. 20 × 3 cm.
Stern aus vier Distelpflanzen mit scharf gezackten, bogig überhängenden Blättern, von einem kleinen Mittelkreis ausgehend. Dazwischen dieselben Pflanzen in kleinerem Format.
Fundort:
Speyer, am 18. 8. 1910 beim Bau der Pfälzischen Bank gefunden. An gleicher Stelle Buchstück einer Fliese in Dreiecksform mit ähnlichem Muster, vermutlich erst nach dem Brand zertrennt.
Speyer, Historisches Museum der Pfalz.

T35.1 Oberursel

Vermutlich 16. Jahrhundert.
„Mittel- bis hellziegelroter Ton, weich bis mäßig hart gebrannt." Flachrelief. Bruchstücke, das größte mit Seitenlänge 11,3 cm. Dicke 1,8–2,2 cm.
Unter dieser Nummer werden Bruchstücke erwähnt, die vermutlich zu zwei verschiedenen Fliesen gehören und noch nicht sicher zu ergänzen sind.
1. Blattpflanze diagonal in die Fliese gesetzt. An der Spitze dreigeteilte Knospe, zu beiden Seiten übereinander angeordnete, scharf gezackte und tief eingeschnittene Blattpaare.
2. Ähnliches, gezacktes Blatt, an drei Seiten von Rahmen umgeben.
Fundort:
Oberursel, kath. Pfarrkirche St. Ursula, bei den Grabungen 1976–79 gefunden, möglicherweise erst durch Auffüllmaterial in die Kirche gelangt.
Oberursel, Verbleib noch nicht entschieden.

T36 Memmingen

2. Hälfte 15. Jahrhundert.
Roter, stark mit Quarzsand gemagerter Ton. Flachrelief. Wenig abgetreten. 14 × 28,8 × 2 cm.
Nicht sicher Bodenfliese, möglicherweise auch als Sockelfliese oder Wandverkleidung verwendet. Rechteckige Fliese mit zarten Ranken, in der Mitte Granatapfel?
Fundort:
Memmingen, unbekanntes Bürgerhaus.
München, Bayerisches Nationalmuseum.

T37 Memmingen

2. Hälfte 15. Jahrhundert.
Tonfarbe und Relief wie T36. An der Seite ein Teil abgebrochen, Restgröße 23 × 14 × 2/4,5 cm. Möglicherweise handelt es sich hierbei um einen Fehlbrand.
Rechteckige Fliese mit zarten Ranken, drei Rebblättern und einer Traube.
Fundort:
Memmingen, unbekanntes Bürgerhaus.
München, Bayerisches Nationalmuseum.

T38 Odilienberg

1. Hälfte 13. Jahrhundert?
Hellroter Ton. Flachrelief. Stark abgetreten. Bruchstücke, genaue Größe nicht zu ermitteln. Wechselnde Dicke von 1,8 bis 3,5 cm.
Da die Bruchstücke kein exaktes Bild des Musters geben, wird die Fliese hier behelfsmäßig eingeordnet.
Fliesenecke mit sorgfältig geprägter Palmette aus drei dreigelappten Blättern.
Ein weiteres Bruchstück desselben Fundortes läßt eine symmetrisch angeordnete Eckpalmette und den Teil eines Kreisbogens erkennen.
Fundort:
Odilienberg, Klosterruine Niedermünster, bei Grabungen 1973 gefunden.
Straßburg, Centre d'Archéologie Médiévale.

T39 Memmingen

Ende 12. Jahrhundert?
Bräunlichroter Ton. Flachrelief. Bruchstücke. Dicke 2,2 cm.
Das Muster der ganzen Fliese ist nicht eindeutig zu klären. Da ein Bruchstück Blätter zeigt, werden die Funde hier erwähnt. Sichtbar sind schnurartig aufgelegte Parallelbänder, denen zwei Kleeblätter entwachsen. Auf dem anderen Bruchstück eine Art „Gürtelschnalle" aus drei Ovalen, durch einen Steg verbunden.
Fundort:
Angeblich aus Memmingen, Frauenkirche.
München, Bayerisches Nationalmuseum.

T40 Feldkirchen

13. Jahrhundert.
Roter Ton. Flachrelief. Bruchstück. Möglicherweise rechteckige Doppelfliese. Wandfliese?
Sichtbar der Teil eines flachen, aus zwei Linien gebildeten Kreisbogens, in der Ecke kleines Malteserkreuz. Darunter Palmettenranke, nach rechts nur eine nach oben geöffnete Volute, nach links dreigeteilte Palmette, das Mittelblatt ausgehöhlt.
Fundort:
Feldkirchen, kath. Wallfahrtskirche St. Anna, 1976 gefunden.
München, Bayerisches Landesamt für Denkmalpflege.

T41 Ihlow – Aduard – Foswerd

2. Hälfte – Ende 13. Jahrhundert?
Roter Ton mit Resten einer bräunlichgelben und bräunlichen Bleiglasur. Flachrelief. 15,5 × 15,5 cm.
Vier Palmetten ähnlich T40 kreisen als Wirbel um kleinen Mittelkreis mit Vierpaß. Die Palmetten füllen jeweils die Ecke der Fliese, die freien Stellen nimmt ein breites, dreifach gespaltenes Blatt ein.
Fundort:
a Ihlow, ehem. Zisterzienserkloster, bei einer Grabung 1985 in situ aufgedeckt (drei Fliesen).
Aurich, Ostfriesische Landschaft.
b Aduard, ehem. Zisterzienserkloster, im Fußboden der heutigen reformierten Kirche (vermutlich der ehem. Krankensaal mit Kapelle) 1920 gefunden. C. H. Peters, 8, Abb. 16.
Leeuwarden, Museum Princessehof.
c Ehem. Kloster Foswerd, nach 1914 gefunden. H. van den Berg, 1981b, 122, Abb. 106.
Leeuwarden, Fries Museum.

T42 Gurk

Nicht sicher datierbar.
Roter Ton. Vertiefte Prägung, möglicherweise von Hand eingeritzt. Stark abgetreten 16,5 × 16,5 cm. Nicht abgebildet.
Die Fliesenfläche ist mit wechselnd angeordneten Spiralranken bedeckt, vereinzelt wurde die Fliesenmitte ausgespart.
Fundort:
Gurk, Dom Mariae Himmelfahrt, in wenigen Exemplaren in situ auf der Westempore.

T1

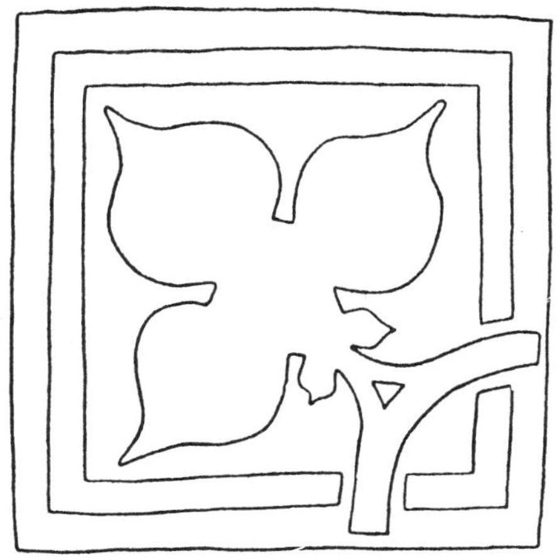

T2

T3

T4

T6

T7

T8

T9

T10

T11

T12

T13

T14

T15

T16

T17

T19

T21

T22

T23

T24

T25

T25.1

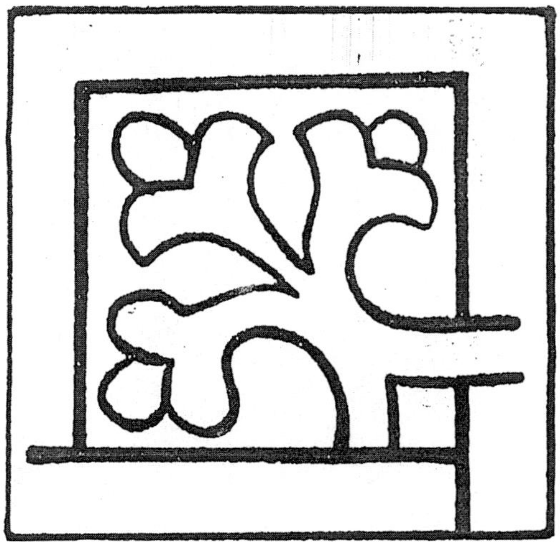

T26

T27

T28

T29

T30

T31

T31.1

T32

T33

T34

T35

T35.1

T36

T 37

T 38

T 39 a

T 39 b

T 40

T 41

Fliesen mit Schrift

U1 Straubing

Ende 15. Jahrhundert.
Roter Ton. Flachrelief. 25 × 25 × 5,5 cm.
In Fliesenmitte Doppelkreis mit der Umschrift in gotischen Minuskeln „wenn got wil so gebt er vil wem er wil". In der Mitte heraldischer Adler mit nach links gewandtem Kopf und nur einer sichtbaren Flügelschwinge in der linken Bildhälfte. Die Fänge sind ungleich ausgebildet, der Stoß dreigeteilt. Über dem Adler kleines Tatzenkreuz.
Fundort:
Straubing, Haus Ludwigsplatz 133, beim Abbruch des Böhmhauses 1901 gefunden. F. Mader, 1921, 364, Abb. 319.
Straubing, Stadt- und Gäubodenmuseum.

U2 Krems-Rehberg

Nicht sicher datierbar (um 1520?).
Roter Ton. Flachrelief. 19 × 19 cm. Dm. des Kreises 15,5 cm.
Kreis mit breitem Schriftband in Majuskeln, die Inschrift nicht sicher zu entziffern. Im Kreis nach rechts gewandter Reiter im Kampf mit einem Drachen? Die freien Flächen mit einem kleinen Bäumchen gefüllt.
Fundort:
Nach R. Forrer, 1901, Taf. VII, 8 „aus Österreich", nach R. Führer, 20, soll aus der Umschrift die Herkunft aus der Burgruine Rehberg hervorgehen.
Krems, Museum der Stadt Krems.
Kreuzenstein, Burg, ehem. Slg. Graf Wilczek.

U3 Faurndau

2. Hälfte 15. Jahrhundert.
Hellroter Ton, im Gegensatz zu den übrigen Fliesen des Fundes ohne Glasur. Vertiefte Prägung. Abgetreten und beschädigt. 16 × 3 cm.
Doppelkreis mit steiler Zackenlinie, in den Ecken ebensolche Viertelskreise mit dem Viertel eines Zackensterns. Im Mittelkreis „ihs" in gotischer Minuskel, um den Kreis im Uhrzeigersinn „m - a - ri - a".
Fundort:
Göppingen-Faurndau, ehem. Benediktinerkollegiat-Stiftskirche, bei Grabungen 1956 im Schiff der Kirche gefunden. K. Hecht, 1957, 3, Abb. 7, Nr. 3.
Faurndau, ev. Pfarramt.

U4 Thron

15. Jahrhundert?
Dunkelroter, stark gebrannter, feingemagerter Ton. Flachrelief. 18,5 × 15 × 3,5 cm.
In Fliesenmitte zwei schmale, gekreuzte Schriftbalken mit der Inschrift „swig und lyt" in gotischer Minuskel.
Fundort:
Thron, ehem. Zisterzienserinnenkloster, bei Grabungen 1873 und 1932 gefunden. K. Jäger, Taf. V, Abb. 5.
Wiesbaden, Slg. Nassauischer Altertümer.
Bad Homburg v. d. Höhe, Saalburg-Museum (Bruchstück).

U5 Maulbronn

Mitte – 2. Hälfte 15. Jahrhundert.
Roter Ton. Vertiefte Prägung. Kante schräg. Bruchstück. 12,5 × 2,8 cm. Nicht abgebildet.
Viertelsrond, an beiden Seiten von schmaler Punktleiste gerahmt. Schriftband aus kleinen, sorgfältig geschnittenen gotischen Lettern „hast du mut. so trit mich". Darunter Kreis mit einbeschriebenem Vierpaß, alles mit Punkten verziert. In der Ecke oben steigender Löwe, Gegenseite zerstört.
Fundort:
a Maulbronn, ehem. Zisterzienserkloster, Herkunft unbekannt. Früher im Besitz des Klostermesners, von seinen Erben vernichtet, ehe eine Aufnahme angefertigt werden konnte.
b *Variante* vom selben Fundort und mit demselben Schicksal wie U5*a*. Bruchstück, schlecht erhalten. Roter Ton. 13 × 2,5 cm. Vierpaßviertel mit Punktrahmung. In etwas steileren Lettern eine auf diesem Bruchstück nicht mehr zu entziffernde Schrift. In der Ecke oben Vierpaßviertel mit kleinen Lilien?, zu beiden Seiten des Schriftbandes je ein schmales Blatt?

U6 Jungingen – Munderkingen – Nellingen – Mengen

Ende 15. Jahrhundert, um 1510 (b).
Roter Ton. Flachrelief. 17,5 × 5 cm.
Breites Viertelsrond mit der Inschrift „trit mich" in steilen gotischen Minuskeln. An der Unterseite begrenzt durch zwei Bogen und breitausladende heraldische Lilie über dem Viertel eines kleinen Kreises mit Zackenrand, in der Ecke oben Blattpflanze mit sehr kleiner Mittelblüte und tiefgeschlitzten Palmetten.
Fundort:
a Jungingen, Marienkapelle auf der Leer (heute St. Annenkapelle). In den 30er Jahren noch im Untergeschoß des Turmes verlegt. J. A. Kraus, 27–28 (ohne Abb.).
Hechingen, Hohenzollerische Landessammlung.
b Munderkingen, kath. Pfarrkirche St. Dionysius, bei Restaurierungsarbeiten gefunden.
Munderkingen, Stadtverwaltung.
c Nellingen, Propstei. *Variante.* Die Lettern etwas dünner, unten drei Kreisbogen, darunter sehr kleine heraldische Lilie. In der Ecke oben Pflanze mit Dreipaßblüte, die Blätter auch an der Oberkante unregelmäßig gezackt. Roter, stark gebrannter Ton. 18 × 4,8 cm.
Esslingen, Stadtmuseum.
d Fundort unbekannt, wohl aus einer Kirche Hohenzollerns. *Variante.* Grober Nachschnitt, die Buchstaben verwaschen und unscharf, die Prägung K31 angenähert. In der Ecke oben aufgefächerte Blattpflanze, unten Viertel eines Sternes aus acht Spitzovalen.
Hechingen, Hohenzollerische Landessammlung.
e Mengen, Herkunft unbekannt. Wie U6*d*, jedoch nicht mit demselben Model geprägt. Roter Ton. 16 × 16 cm.
Mengen, Heimatmuseum.

U7 Südniedersachsen?

16. Jahrhundert.
Rotbrauner Ton. Flachrelief. 12,8 × 13,1 × 3,2/3,5 cm.
Nachschnitt des Musters U6 in sehr grober Prägung. Die Rillen überbreit, die Lettern kaum mehr lesbar. Die Fliese wird durch die tiefen Kreisrillen in drei Teile getrennt. Die Ornamente der Ecken sind nicht zu erkennen.
Fundort:
Unbekannt. Vom Kunsthandel als „aus dem Raum Northeim stammend" bezeichnet.
Bad Zwischenahn, Slg. Hans-Jürgen Heger.

U8 Sulpach

1. Viertel 16. Jahrhundert.
Roter Ton mit Spuren einer helloliv-grünen, vermutlich während des Brandes abgetropften Fehlglasur. Flachrelief. Kante schräg. 16 × 3,5 cm.
Mißverstandener *Nachschnitt* von U6. Der Raum auf dem Viertelsrond reichte nur noch für „tritm". Es fand sich keine Gegenfliese mit dem Rest der Inschrift. Die beiden Viertelskreise mit Zackenrand an der Oberkante, darunter weiterer Viertelskreis mit dem Viertel einer Doppelrosette. In der Ecke über der Schrift zwei flächig ausgebreitete Akanthusblätter.
Fundort:
Sulpach, Kapelle, vor 1924 noch vorhanden, heute verschollen[1]. H. Christ, H. Klaiber, 1924, 336, Abb. 238.
Kirchheim unter Teck, Museum der Stadt Kirchheim.

1 Nach freundlicher Mitteilung von Herrn Rainer Laskowski, M.A., Kirchheim, kam diese Fliese möglicherweise ins Heimatmuseum Kirchheim.

U9 Donzdorf

Ende 15. – Anfang 16. Jahrhundert.
Roter Ton. Flachrelief. 17,5 × 4 cm.
Variante zu U8. Der untere Zackenrand fehlt, die Lettern sind kleiner, mit größeren Zwischenräumen. In der Ecke unten Viertelskreis mit Sternviertel, oben Viertel eines Achtpasses.
Fundort:
Donzdorf, kath. Pfarrkirche St. Martin, beim Einbau einer Heizungsanlage aufgedeckt.
Donzdorf, Slg. E. Gemeinder.

U10 Donzdorf

Ende 15. – Anfang 16. Jahrhundert.
Roter Ton. Flachrelief. 13,5 × 3 cm.
Variante von U9. Der Zackenrand des Viertelsbogens sehr eng gereiht, auf dem Schriftband nur die Lettern „v . m . o". In beiden Ecken Viertel eines Blütensterns aus sechs schmalen Glockenblüten.
Fundort:
a Donzdorf, kath. Pfarrkirche St. Martin, beim Einbau einer Heizung gefunden. W. Lang, 219, Abb. 158.
Donzdorf, Schloß Rechberg.
b Bei E. Herdtle, II, Taf. 18 war der Fundort nicht mehr bekannt, möglicherweise, jedoch nicht sicher, ebenfalls aus Donzdorf.
Verbleib unbekannt.

U11 Württemberg – Schaffhausen?

Ende 15. Jahrhundert.
Dunkelroter Ton. Flachrelief. 15 × 4,5 cm.
Breites Viertelsrond mit Schriftband in gotischen Lettern „maria hilf", darunter zwei weitere Kreisbogen und dreiteilige gefiederte Blattpflanze, die sich, etwas größer, in der Ecke oben wiederholt.
Fundort:
a Unbekannt, aus Württemberg, nicht allzu weit von Esslingen entfernt entstanden.
Stuttgart, Württembergisches Landesmuseum.
b Nach H. Hamann, 24, Taf. XVIII, 94 „aus Schaffhausen". Vor 1877 gefunden.
Verbleib nicht zu ermitteln.

U12 Ulm?

2. Hälfte 15. Jahrhundert.
Roter Ton. Flachrelief. 18 × 18 cm. Kopie des 19. Jahrhunderts, möglicherweise nach einer Originalfliese.
Viertelsrond mit breitem Schriftband in gotischen Minuskeln. Je zwei Fliesen ergeben zusammen den Text „veritas precellit". In der Ecke über dem Schriftband Viertel eines Fischblasenornaments, übereinstimmend mit H142 aus Ulm. In der Ecke unten Maßwerkornamente ähnlich L15.
Fundort:
Stein am Rhein, ehem. Benediktinerkloster St. Georgen, in situ im Raum 15. R. Frauenfelder, 1958, 155, Abb. 204. Wenn die Vorlage aus Ulm stammte, muß die Fliese dort nach 1862 gefunden worden sein, da sie K. Haßler noch nicht abbildet.

U13 Stams?

Um 1536?
Roter Ton. Flachrelief. 14,5 × 14,5 cm. Kopie des 19. Jahrhunderts, möglicherweise nach einer Originalfliese. Das Eckornament bei K26 entlehnt.
Breites Viertelsrond mit Akanthusbekrönung. Je zwei Fliesen ergeben in der Zusammensetzung den Text „ars + longa + vita + brevis". Die spätgotischen Minuskeln sind überlang und enggereiht. Darunter Viertelskreis mit neun Punkten und derselben Mittelpflanze wie auf K26.
Fundort:
Stein am Rhein, ehem. Benediktinerkloster St. Georgen, in situ in Raum 3, bei der letzten Restaurierung entfernt. Vermutlich eine geschickte Erfindung von Ferdinand Vetter (vgl. Fundortkat.).

U14 Basel – Kolmar

1451–1458.
Roter Ton mit grüner Bleiglasur. Vertiefte Prägung. Abgetreten. 17,5 × 17,5 cm.
Zwei Viertelskreise, die sich in Fliesenmitte berühren. Der eine enthält das bis jetzt nicht deutbare Wort „wisblog" in gotischen Minuskeln, darunter Viertelskreis mit einem kielbogenförmigen Blatt einer vierblättrigen Rose. Diese Ecklösung wiederholt sich im gegenüberliegenden Viertelskreis, darüber Stengel, um den sich tief eingekerbte Akanthusblätter winden.
Fundort:
a Basel, ehem. Bischofshof, Münsterhof 1, in situ in der Kapelle. Das Bürgerhaus in der Schweiz, 1926, Taf. 7, Abb. 2 (auch für U15).
b Kolmar, Rue Berthe Molly 14 „und an anderen Stellen in Kolmar" gefunden. G. Meyer, 1983, 130, Taf. 24D, 131.
Kolmar, Dépot archéologique.

U15 Basel

1451–1458.
Roter Ton mit grüner Bleiglasur. Vertiefte Prägung. Stark abgetreten. 17,5 × 17,5 cm.
In der Zusammensetzung von vier Fliesen ergibt sich erst das

ganze Muster: ein Doppelkreis mit der Inschrift „arnoldus de rotberg – episcopus basilensis". In der Mitte Spitzschild mit dem Wappen des Bischofs. In Feld 1 und 4 die Basler Krümme, in Feld 2 und 3 Balken „von Rotberg".
Fundort:
Basel, ehem. Bischofshof, Münsterhof 1. In situ in der Kapelle, vierfach im Fliesenboden des Musters U 14 verteilt.

U 16 Lörzweiler

3. Viertel 14. Jahrhundert.
Roter Ton. Vertiefte Prägung. Eine Ecke abgebrochen. Ca. 13 × 14,5 × 2,5 cm.
Rechteckfliese, in drei Reihen übereinander teils tief, teils flach eingeprägte, gedrungene gotische Minuskeln. Die Schrift konnte noch nicht gedeutet werden, die erste Zeile könnte in der üblichen Verkürzung „a (v) e maria" lauten, die dritte Zeile wohl „jo (ha) ne (s) mefec (it)".
Fundort:
Lörzweiler, kath. Pfarrkirche St. Michael, bei einer Grabung 1969 gefunden.
Mainz, Landesamt für Denkmalpflege.

U 17 Gelnhausen?

Um 1446?
Roter Ton. Vertiefte Prägung, der Stern in Flachrelief. Keine Gebrauchsspuren. 12,6 × 2,5 cm.
Pentagramm, in den Ecken Viertel kleiner Rosetten. Zwischen den Sternzacken in gotischen Minuskeln die Buchstaben „+ hiceao(?)t".
Fundort:
Nach einer flüchtigen Notiz im Eingangsinventar des Museums Marburg möglicherweise aus Gelnhausen, ev. Pfarrkirche St. Marien[1].
Marburg, Museum für Kunst und Kulturgeschichte.

1 L. Jansson, Vom Zauber alter Kacheln. Fliesen, Kacheln, Kachelöfen, Freiburg 1980, 17 oben.

U 18 Zinna

Mitte 14. Jahrhundert?
Roter Ton. Flachrelief. 14 × 14 cm.
Aus einzelnen Fliesen mit je einem Buchstaben in gotischer Majuskel zusammengesetzter „Englischer Gruß" „AVE MARIA GRATIA PLENA DOMINUS TECUM BENEDICTA TU IN MULIERIBUS ET BENEDICTUS FRUCTUS VENTRIS TUI."
Fundort:
Zinna, Kirche des ehem. Zisterzienserklosters, in der Mitte des Altarraumes vor der zur Apsis führenden Stufe in situ. W. Jung, 38, Fig. 1. Eine Fliese mit Buchstaben „D" bei einer Grabung vor 1933 gefunden. W. Stengel, 1933, 9.
Berlin, Märkisches Museum.

U 19 Aachen?

1. Viertel 16. Jahrhundert.
Rötlicher Ton mit gelber, hellolivgrünlicher und dunkelbrauner Glasur. Flachrelief. Abgetreten. 10,5 × 10,5 cm.
In Fliesenmitte großes, von zarten Ranken durchwobenes „M", zu beiden Seiten in kleinen Buchstaben „o - m", darunter „g - m". Die Balken des M wie kahle Baumstämme mit Wurzeln und Astansätzen ausgebildet, zu beiden Seiten breites Blatt. In den Fliesenecken gekreuzte Bogenlinien.
Fundort:
Unbekannt, vermutlich aus Aachen.
Aachen, Suermondt-Museum.
Hamburg, Museum für Kunst und Gewerbe.

U 20 Hohenfurt

1. Hälfte 15. Jahrhundert.
Rötlicher Ton. Flachrelief. Die Ränder beschädigt. 18,5 × 4 cm.
Über jeder Fliesenseite zwei sich leicht überschneidende Halbkreise, die in Fliesenmitte die Kontur eines achteckigen Sterns aussparen. In diesem ein Monogramm in gotischer Minuskel. In den Halbkreisbögen abwechselnd Sechsstern in Kreis und Blüte (Immergrün?).
Fundort:
Hohenfurt/Vyšši Brod, ehem. Zisterzienserkloster, Kapitelsaal, 1929 noch in situ. A. Cechner, 245, Abb. 240.
Linz, Oberösterreichisches Landesmuseum (seit 1941).

U 21 Esslingen – Hirsau

1472.
Roter Ton. Vertiefte Prägung. 20 × 5 cm.
Vermutlich mit einem Griffel von Hand die Jahreszahl „1472" eingeritzt, sonst ohne Schmuck.
Fundort:
a Esslingen, ehem. Dominikanerkloster.
Esslingen, Stadtmuseum.
b Mit kaum abweichender Prägung auf der Doppelfliese P 18.
Hirsau, St. Aureliuskirche.
Hirsau, Klostermuseum.

U 21.1 Weißenburg

1567.
Tiefrot gebrannter Ton. Wohl mit Model geprägt, da die Umkehrung der Schrift beim „N" nicht beachtet. 16,5 × 16,5 cm. Nicht abgebildet.
Fliese mit Signatur in gotischen Majuskeln „IACOBVS LINCKER. 1567". Gehört mit G 92 zum Boden des Musters R 4.1.
Fundort:
Weißenburg, Herkunft unbekannt, vor 1912 gefunden[1].
Weißenburg, Musée Westercamp.

1 E. Klein, 112.

U 22 Herbsheim

Nach 1517[1].
Vermutlich roter Ton, da als „Ziegelpflaster" bezeichnet. Technik und Maße unbekannt. Nicht abgebildet.
In der Mitte eine Blume, ringsum die Inschrift „sund fest im glouwen", in gotischer Minuskel. Aus der Beschreibung geht nicht hervor, ob diese Inschrift auf eine Fliese oder auf vier zusammengesetzten Fliesen geprägt war.

Fundort:
Herbsheim, auf dem Speicher des Bauern Michael Chr_st, „vermutlich aus dem zerstörten Schloß der Bornhauser, später Grafenstein, stammend". F. X. Kraus, I, 93.
Verbleib war nicht zu ermitteln.

1 Die Inschrift dürfte wohl erst nach der Reformation entstanden sein.

U23 Weißenburg

1504.
Hellbraunroter Ton. Mit Stichel eingegraben. 14,5 × 27 × 3 cm. Nicht abgebildet.
In gotischer Schrift „Ach Gott wan soll ess dyen Erbarmen dass man net vergelt dem Rychen als dem Armen", „1504".
Fundort:
Weißenburg, Herkunft unbekannt, vor 1912 gefunden[1].
Weißenburg, Musée Westercamp.

1 E. Klein, 89.

U24 Krems

„14. Jahrhundert" (Datierung des Museums).
Brauner Ton. Vertiefte Prägung. 14,5 × 30 × 5 cm. Nicht abgebildet.
In großen gotischen Minuskeln die Inschrift „o mors qui amarer . e. m."
Fundort:
Krems, ehem. Dominikanerkloster, 1970 im Südtrakt des Kreuzgangs gefunden. Vermutlich Umrahmung einer Grabplatte.
Krems, Museum der Stadt Krems.

U1

U2

U3

U4

U6b

U6c

U7

U8

U9

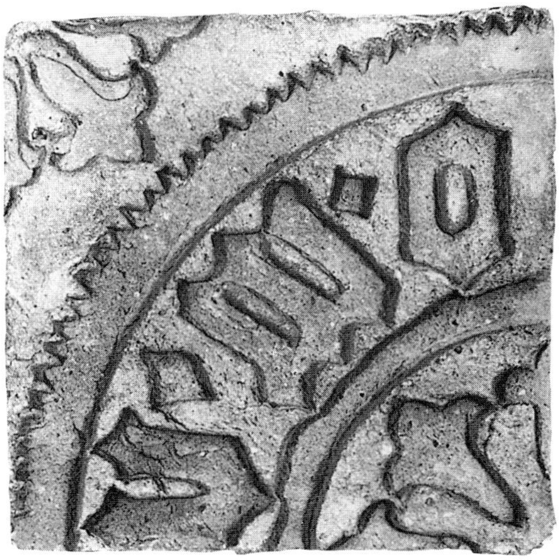

U10

U11

U12

U 13

U 14

U 15

U 16

U 17

U 19

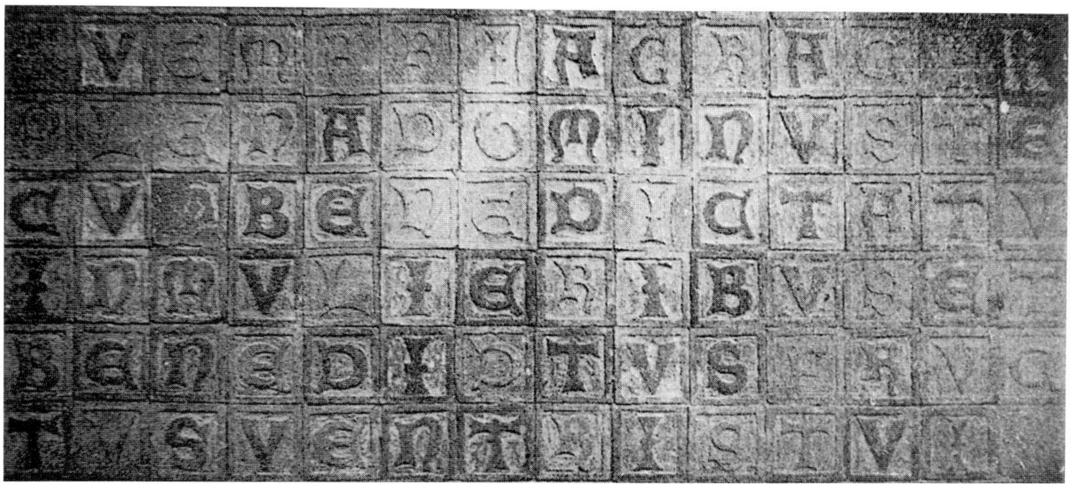

U18

U20

U21a

U21b

Fliesen mit endlosem Rapport[1]

1 Hier werden vor allem jene Teppichmuster aufgeführt, die sich in anderen Gruppen nicht unterbringen lassen. Selbstverständlich sind viele Fliesen der Abteilungen „N, O, P und S“ ebenfalls Rapportmuster.

V1 Bebenhausen

2. Viertel 13. Jahrhundert.
Roter Ton. Vertiefte Prägung. 11,5 × 2,2 cm.
Schlingornament aus dachziegelartig übereinander stehenden schmalen Bogen, die sich auf der Mittellinie mit demselben Ornament der Gegenseite verschlingen. In den Feldern kleine ovale Knospen mit Hüllblättern.
Fundort:
Bebenhausen, ehem. Zisterzienserkloster, in situ im Dormitorium. E. Herdtle, I, Taf. 6.
Stuttgart, Württembergisches Landesmuseum.

V2 Bebenhausen – Württemberg

Um 1228 (a), um 1480? nach einer Vorlage des 13. Jahrhunderts (b).
Roter Ton. Vertiefte Prägung. 10,5 × 2,5 cm und 12 × 12 cm.
Vier Fliesen ergeben ein Schlingornament (Salomonsknoten) aus zwei Ovalbändern ähnlich N9. In den Fliesenecken Birkenblatt, gerahmt von den Hälften eines Lindenblatts.
Fundort:
a Bebenhausen, ehem. Zisterzienserkloster, einige Fliesen im 19. Jahrhundert entfernt, andere in situ im Dormitorium. E. Herdtle, II, Taf. 5.
Stuttgart, Württembergisches Landesmuseum.
b Fundort unbekannt, gehört zur Fliesengruppe J32. Die Fliese könnte aus der Kirche in Grunbach oder aus einer zweiten, nahegelegenen Kirche (Plochingen, St. Ottilien?) stammen. Unveränderter *Nachschnitt* mit grüner und weißgelber Glasur.
Stuttgart, Württembergisches Landesmuseum.

V3 Lahntal? – Westerwald?

13. Jahrhundert?
Rosarötlicher-hellroter Ton. Vertiefte Prägung. Kante leicht schräg. 11,5 × 2,2 cm.
Die ganze Fläche von einer Schleife, bestehend aus breitem Mittelband und je einem schmalen Rahmenband, ausgefüllt. Das Muster entsteht erst in der Zusammensetzung von 4 Fliesen, ein Flechtornament ähnlich N20, das Mittelquadrat jedoch winzig. Der ausgesparte Kreis sitzt ungefähr in Fliesenmitte.
Fundort:
Unbekannt, möglicherweise aus dem Lahntal oder dem Westerwald.
Höhr-Grenzhausen, Töpferei-Museum Georg Peltner.

V4 Bebenhausen

Um 1228.
Roter Ton. Vertiefte Prägung, teilweise als Relief ausgespart. 10 × 3 cm.
Zwei Bänder aus Viertelskreisen schneiden sich über der Fliesenmitte. Sie sind bedeckt mit sechs verschiedenen Blättern: Leberblümchen (Hepatica triloba), Rebe, Linde, Birke, Klee, Ahorn. In dem entstandenen Spitzbogen noch ein scharf gekerbtes Blatt. In der Zusammensetzung ergibt sich eine endlose Durchdringung von Kreisen.
Fundort:
a Bebenhausen, ehem. Zisterzienserkloster, im 19. Jahrhundert entfernt. E. Herdtle, I, Taf. 17.
Stuttgart, Württembergisches Landesmuseum.
b Bebenhausen, in situ im Dormitorium.

V5 Bebenhausen

2. Viertel 13. Jahrhundert.
Roter Ton. Vertiefte Prägung. 11 × 2,5 cm.
Zwei in flachem Winkel in der Mittelachse verschlungene Stengelbänder. Zu beiden Seiten auf gewölbtem Stengel je zwei Glockenblumen, getrennt durch schmales Blatt.
Fundort:
a Bebenhausen, ehem. Zisterzienserkloster, im 19. Jahrhundert entfernt. E. Herdtle, II, Taf. 20.
Stuttgart, Württembergisches Landesmuseum.
b Bebenhausen, in situ im Dormitorium.

V6 Bebenhausen

2. Viertel 13. Jahrhundert.
Roter und grauer Ton. Vertiefte Prägung. 10 × 2,5 cm und 9,7 × 2 cm.
Breites, senkrechtes Mittelband, oben sechsteilige Sternblüte aus spitzen Ovalen, darunter sechsblättrige Rosette mit Mittelkreis. Zu beiden Seiten verschlungene Blätter wie V5.
Fundort:
a Bebenhausen, ehem. Zisterzienserkloster, im 19. Jahrhundert entfernt. E. Herdtle, II, Taf. 19.
Stuttgart, Württembergisches Landesmuseum.
b Bebenhausen, in situ im Dormitorium.

V7 Bebenhausen – Rottweil?

2. Viertel 13. Jahrhundert (a), 2. Hälfte 13. Jahrhundert (c).
Roter Ton. Vertiefte Prägung. 10 × 2,5 cm und 9,5 × 3 cm.
Schlingornament aus zwei sich in Diagonalrichtung verschlingenden Halbkreisen. In ihrer Mitte je eine halbe Achterschleife, in zwei Ecken Viertel einer winzigen Rosette.
Fundort:
a Bebenhausen, ehem. Zisterzienserkloster, im 19. Jahrhundert entfernt. E. Herdtle, I, Taf. 8.
Stuttgart, Württembergisches Landesmuseum.
b Bebenhausen, in situ im Dormitorium. 12,5 × 12,5 cm.
c Unbekannt, aus Rottweil oder Umgebung. Möglicherweise aus dem Zisterzienserinnen-Reichsstift Rottenmünster. Roter Ton. 9,7 × 2/2,2 cm. Im Gegensatz zu T1 genaue Übereinstimmung des Musters.
Rottweil, Stadtmuseum.

V8 Liechtenstein

3. Drittel 12. Jahrhundert.
Kopien des 19. Jahrhunderts, der Gips, sicher nach Tonvorlage, rot eingefärbt. Vertiefte Prägung. Ca. 14 × 14 cm.
Über der Fliesenseite wölbt sich ein 2/3-Kreis aus zwei Bändern, der von demselben Kreis auf der anderen Seite in Fliesenmitte durchschlungen wird.
Fundort:
Liechtenstein, Burgruine, Kopien nach den Originalen angefertigt.
Mödling, Heimatmuseum.

V 9 Bonmont – Montheron – Aulps

Anfang 13. Jahrhundert.
Rötlicher Ton mit gelblicher, manchmal ins Schwarzbraune spielender Glasur[1]. Vertiefte Prägung. 12 × 3 cm.
Raster aus Diagonalkreuzen, durchwoben von vier Kreisen, die jeweils an vier Stellen mit den anderen Kreisen verknotet sind. Es entsteht dadurch zusätzlich eine Astroide in Fliesenmitte.
Fundort:
a Bonmont, ehem. Zisterzienserkloster, bei Grabungen 1948–53 gefunden. F. Bucher, 110, Abb. 2.
Zürich, Schweizerisches Landesmuseum.
Bonmont, Slg. Schoeller.
b Lausanne, ehem. Zisterzienserkloster Montheron, M. Grandjean, 166, Fig. 121. Bruchstück.
Lausanne, Musée du Vieux-Lausanne.
c Aulps, ehem. Zisterzienserkloster, bei Grabungen in den dem Chor unmittelbar benachbarten Kapellen gefunden. E. Renard, 1940, 48, Fig. 21.

1 Vgl. Anm. zu N 11.

V 10 Bonmont – Aulps

Anfang 13. Jahrhundert.
Rötlicher Ton mit gelblicher, manchmals ins Schwarzbraune spielender Glasur[1]. Vertiefte Prägung. 16,8 × 3 cm.
Dasselbe Muster wie V 9, die fünf ganzen und vier halben Kreise in ein diagonales Quadratraster eingebettet. Dieses durch Doppellinien, die sich ebenfalls über- und unterschneiden, gegeben. Die Kreise verknoten sich jeweils in Mitte der Quadratseite, die von V 9 in Quadratmitte.
Fundort:
a Bonmont, ehem. Zisterzienserkloster, bei Grabungen 1948–53 gefunden. F. Bucher, 110, Abb. 4.
Zürich, Schweizerisches Landesmuseum.
Bonmont, Slg. Schoeller.
b Aulps, ehem. Zisterzienserkloster, bei Grabungen in den dem Chor benachbarten Kapellen gefunden.

1 Vgl. Anm. zu N 11.

V 11 Bonmont – Aulps

Anfang 13. Jahrhundert.
Rötlicher Ton mit gelblicher, manchmal ins Schwarzbraune spielender Glasur. Vertiefte Prägung. 15,5 × 3 cm.
Endlosmuster aus diagonalen Wellenlinien, die, sich kreuzend, den Eindruck eines Netzes vermitteln.
Fundort:
Bonmont, ehem. Zisterzienserkloster, bei Grabungen 1948–53 gefunden. F. Bucher, A. 110, Abb. 1.
Bonmont, Slg. Schoeller.
Zürich, Schweizerisches Landesmuseum.
b Aulps, ehem. Zisterziensterkloster, bei Grabungen in den dem Chor benachbarten Kapellen gefunden. E. Renard, 1940, 48, Fig. 21.

V 12 Bebenhausen

Um 1228.
Roter Ton. Vertiefte Prägung, Zackenkante als Relief ausgespart. 10 × 3 cm.
Fliese durch Diagonalband mit steiler Zackenkante und fünf kleinen Kreuzchen geteilt. Auf einer Seite Viertelskreis mit Rebblatt, auf der anderen Viertel einer achtblättrigen Rose mit kleinen Kelchblattzipfeln.
Fundort:
a Bebenhausen, ehem. Zisterzienserkloster, im 19. Jahrhundert entfernt. E. Herdtle, I, Taf. 13.
Stuttgart, Württembergisches Landesmuseum.
b Bebenhausen, in situ im Dormitorium.

V 13 Faurndau

Ende 15. – Anfang 16. Jahrhundert.
Tonfarbe und Maße unbekannt, vermutlich vom selben dunklen Rot wie die übrigen Fliesen der Kirche. Flachrelief?
In der Diagonale leicht ovales Band mit winzigen gegenständigen Blättchen, in zwei Ecken von kleinerem und größerem Viertelskreis überdeckt, der jeweils das Viertel einer Blüte mit Herzblättern zeigt. In der Zusammensetzung ergibt sich ein Gitter mit kleinen Kreisen.
Fundort:
Göppingen-Faurndau, ehem. Benediktinerkollegiat-Stifts-Kirche, 1858 noch vorhanden, heute verloren. F. Laib, F. J. Schwarz, 73, Fig. 12.

V 14 Heilsbronn?

1263–1284?
Roter Ton. Vertiefte Prägung, eine Seite abgebrochen. 21 × 4 cm.
Diagonalband, von zwei Viertelskreisen so geschnitten, daß ein schmales Spitzoval entsteht. An den Fliesenseiten je die Hälfte einer sorgfältig gezeichneten Lilie.
Fundort:
Unbekannt. Die Tatsache, daß alle anderen Fliesen des Museums aus Kloster Heilsbronn stammen, legt die Möglichkeit nahe, daß diese Fliese ebenfalls dort gefunden wurde.
Berlin, Märkisches Museum.

V 15 Brauweiler – Fischenich

Nach 1554.
Roter Ton mit hellgelber, ockergelber, mittelbrauner, brauner und olivgrüner Glasur. Flachrelief. 14 × 3 cm.
Schlingornament aus vier teils gezackten, teils abgetreppten Bändern. Erst in der Zusammensetzung von vier Fliesen ergibt sich das Bild einer komplizierten Sternrosette. In der Ecke links oben Viertel eines Blattsterns.
Fundort:
a Brauweiler, ehem. Benediktinerabteikirche St. Nikolaus und Medardus, bei der Restaurierung 1965 als Ausflickung eines um 1200 verlegten Fußbodens in der Vierung gefunden. H. Kier, 1970, Abb. 188.
Pulheim-Brauweiler, Rheinisches Amt für Denkmalpflege.
b Brauweiler, 1975 im Kellerboden des alten Pfarrhauses entdeckt, aus der abgebrochenen Laurentiuskapelle stammend.
Brauweiler, Klosterverwaltung.
c Unbekannt, vermutlich ebenfalls aus Brauweiler und während einer Restaurierung des 19. Jahrhunderts (1866–76?) entfernt.
Düsseldorf, Hetjens-Museum.
Köln, Erzbischöfliches Diözesan-Museum.
Köln, Museum für Angewandte Kunst.
Stuttgart, Württembergisches Landesmuseum.

d Burgruine Fischenich, Hürth, 1984 auf dem ehem. Burggelände gefunden. F. Kretzschmar, 23.
Pulheim-Brauweiler, Rheinisches Amt für Denkmalpflege.

V 16 Braunfels

Ende 15. Jahrhundert?, um 1656?.
Rötlicher Ton. Vertiefte Prägung. 22 × 22 cm. Nicht abgebildet.
Übereinander zwei flache, leicht gewölbte Diagonalkreuze angeordnet, die von der anderen Seite betrachtet, zwei sich schneidende Spitzbogen ergeben. In der Mitte Vierpaß.
Fundort:
Schloß Braunfels, Schloßkirche, in situ im Chor unter dem Altar als Rahmenfliese verlegt. Nicht sicher, ob gleichzeitig mit den anderen Fliesen entstanden, es kann sich auch um eine Rahmung der Originalfliesen in späterer Zeit handeln.

V 17 Nr. gelöscht

V 18 Hohenfels

13. Jahrhundert.
Roter, dunkel gebrannter Ton. Vertiefte Prägung. Abgetreten, Bruchstück. Dicke 2 cm.
Schmale Randleiste, daran anschließend fast rechtwinkliges Zackenband, in regelmäßiger Folge sich wiederholend.
Fundort:
Hohenfels, Burgstelle, bei Grabung 1932–33 gefunden.
Speyer, Historisches Museum der Pfalz.

V 19 Montheron

13. Jahrhundert.
Tonfarbe unbekannt. Vertiefte Prägung. Bruchstück. Nicht abgebildet.
Sichtbar sind zwei Fischgrätbalken, in der Ecke durch eine Diagonallinie geteilt. Der eine Balken etwas schmaler als der andere.
Fundort:
Lausanne, ehem. Zisterzienserkloster Montheron, bei der Grabung 1928–30 gefunden. Dieses Muster ist bis jetzt aus Bonmont und Aulps nicht bekannt. M. Grandjean, 166, Fig. 121.
Lausanne, Musée du Vieux-Lausanne (z. Z. nicht auffindbar).

V 20 Ottmarsheim

Nicht sicher datierbar[1]. Tonfarbe nicht bekannt. Vertiefte Prägung. Nach A. Ramé, 46, „33 × 33 cm". Nicht abgebildet.
Die Fliese ist mit stark gerundeten, einbeschriebenen Spitzbögen bedeckt, die durch eine Mittellinie geteilt sind. In den Ecken oben kleine Kreuze.
Fundort:
Ottmarsheim, ehem. Benediktinerinnenklosterkirche, heute verloren. A. Ramé, 46.

1 Auch hierzu gibt es eine vergleichbare Vorlage auf einem Türsturz der ehem. Friedhofskapelle St. Margarethe in Epfig (R. Kautzsch, 132, Abb. 122), 1. Hälfte 11. Jh. Vgl. hierzu X 9.

V 21 Köln

Nach 1541?
Tonfarbe nicht sichtbar, mit brauner Glasur. Flachrelief. 14 × 2 cm.
Fliese durch Mittelstreifen und zwei Seitenstreifen in zwei schmale Bänder geteilt. Links Flechtband aus zwei Strängen, in dem entstehenden Spitzoval ein kleiner Punkt. Rechts auf einen Stab gereihte, sich leicht überdeckende Ovalringe. Die Trennbänder mit ganz flachen Astragalmustern nach dem Schema: —. .—. . (A und C), –.–.–.– (B)verziert.
Fundort:
Köln, R. Forrer, 1901, Taf. III, 6. In Analogie zu G 78–G 79 aus dem „Haus zu den sieben Türmen" (Haus Pilgrum), Heumarkt 16.
London, Victoria and Albert Museum.

V1

V2

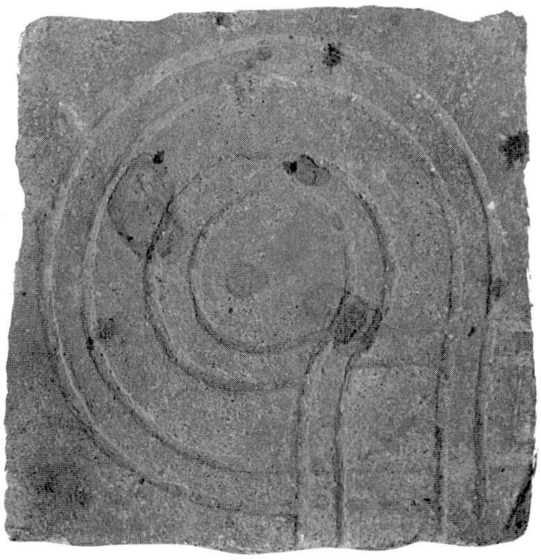

V3

V4

V5

V6

V7

V8

V9

V10

V11

V12

V 13

V 14

V 15

V 18

V 21

Fliesen verschiedener Formen

Dreiecke

W1 Speyer

2. Viertel – Mitte 13. Jahrhundert.
Hellroter, feingemagerter Ton. Vertiefte Prägung mit Reliefwirkung. 12,5 × 2,5 cm.[1]
Gleichseitiges Dreieck mit Dreiecksrahmen. In diesem stilisierte heraldische Lilie mit rundem Schaftring auf pfeilförmigem Schaft. Dem spitzovalen Kelch Ähre mit feinen Grannen einbeschrieben, die Hängeblätter in Sichelform. Zu beiden Seiten je ein kleiner Dreipaß.
Fundort:
Speyer, Domplatz, bei einer Grabung 1927 gefunden.[2] Es könnte sich um eine verworfene Fliese aus dem Dom handeln. Nach der Form der Ähre muß sie aus derselben Werkstatt stammen, in der auch F26, R46 und W20 geschnitten wurden. Diese müßte demnach in Kloster Limburg a.d. Haardt und in Speyer gearbeitet haben.
Speyer, Historisches Museum der Pfalz.

1 In der Gruppe W beziehen sich die angegebenen Maße stets auf die Seitenlängen der Drei- und Sechsecke, die Basislänge wird der Schenkellänge nachgestellt.
2 Über diese Grabung sind keine Einzelheiten bekannt.

W2 Auerbach – Mainz – Neubolanden? – Speyer – Straßburg – Worms – Eppstein – Peterspay

1. Drittel – Mitte 13. Jahrhundert.
Gelblicher Ton. Vertiefte Prägung. Bruchstück. 12,5 × 2,2 cm.
Gleichseitiges Dreieck mit Dreiecksrahmen, dessen Doppellinie nur bis zu den flacher gebreiteten Hängeblättern reicht. Diese umhüllen den Schaftring der vermutlich nach dem Vorbild von W1 geschnittenen Lilie ganz. Der Schaft schneidet an der Basis nur ein flaches Dreieck aus, die Dreipässe fehlen.
Fundort:
a Bensheim-Auerbach, Burgruine „Auerbacher Schloß“, bei einer Grabung 1903/04 gefunden.
Bensheim, Bergsträßer Heimatmuseum.
b Mainz, Gutenbergplatz, ehem. Dompropstei, bei Grabung 1910 in situ gefunden. Gelblichroter und grauer Ton. E. Neeb, 1911, 149, Abb. 11, Nr. 8.
Mainz, Mittelrheinisches Landesmuseum.
c Unbekannt, mit großer Wahrscheinlichkeit von der Burgruine Neubolanden, wohl 1912 gefunden. Hellgrauer Ton.
Kirchheimbolanden, Heimatmuseum (sechs Fliesen).
d Speyer, Herkunft unbekannt.
Speyer, Historisches Museum der Pfalz.
e Straßburg, St. Nikolaus, bei Grabung 1947 gefunden. Ch. Czarnowsky, 15, Abb. 15.
Straßburg, Städtisches Denkmalamt.
f Unbekannt. Entweder ebenfalls aus Straßburg, St. Nikolaus, oder aus einem anderen, nicht mehr bekannten Fundort im Elsaß (Altdorf?), vgl. Anm. zu D7.
Straßburg, Frauenhausmuseum.
g Worms, Herkunft unbekannt, vor 1922 gefunden. E. Grill, Taf. 3, 76. Mit zwei verschiedenen Modeln geprägt. Gelblichroter, hellroter und dunkelgrauer Ton. Abgetreten. 13 × 2,3 cm.
Worms, Museum der Stadt Worms.
h Eppstein, Burgruine, bei Umbauten gefunden. *Variante.* Das Muster in quadratische Fliese geprägt. Roter Ton. Kante leicht schräg. Zwei Bruchstücke. 14 × 2 cm. Die Fliese wirkt wie nie betreten. B. Picard, 10, Abb. 7.
Eppstein, Burgmuseum.
i Peterspay, kath. Kapelle St. Peter und Paul, in situ. Grauschwarzer Ton. 13,5 × 13,5 cm.

W3 Speyer – Dreieich

2. Drittel 13. Jahrhundert.
Grauer Ton. Vertiefte Prägung. „H: 10,5 cm, B: 11 cm, D: 2,8 cm.“
Variante zu W2. Doppelter Dreiecksrahmen. Lilie übereinstimmend, der Pfeilschaft unten halbkreisförmig ausgehöhlt.
Fundort:
a Speyer, ehem. Augustiner-Chorherren-Stift St. German, bei einer Grabung 1949 gefunden.
Speyer, Historisches Museum der Pfalz.
b Wie W3*a*. *Variante,* der Model in quadratische Fliese geprägt. 13,3 × 2,8 cm.
Speyer, Historisches Museum der Pfalz.
c Dreieich, Burg Hain, bei Grabungen im Palas gefunden. *Variante,* als Dreieck und auf quadratischer Fliese. Nur die Grundkante als Doppellinie, zu beiden Seiten des Schaftes je ein kleines Kreuz. Roter Ton. 13,6 × 2 cm und 14 × 2,5 cm.
Dreieich, Dreieich-Museum.

W4 Frankenburg – Klingenmünster

2. Drittel 13. Jahrhundert.
Roter Ton. Vertiefte Prägung. 13 × 11,5 × 2,5 cm.
Gleichschenkliges Dreieck ohne Rahmen. *Variante* zu W1. Der Pfeilschaft übernommen, das ausgesparte Dreieck an der Basis konkav gewölbt. Der Kelch in Form einer Palmette mit drei Blattbogen, ebenso die Hängeblätter. Statt der Dreipässe je eine Blüte aus sechs regelmäßigen Tropfenblättchen.
Fundort:
a Frankenburg, Burgruine, 1975 bei Grabungen gefunden.
Rülzheim, Privatbesitz.
b Klingenmünster, ehem. Benediktinerklosterkirche St. Michael, Bruchstücke bei einer früheren Restaurierung gefunden. In der Kirche aufbewahrt.

W5 Mainz

2. Drittel 13. Jahrhundert.
Roter Ton. Vertiefte Prägung. 13 × 11 × 2,6 cm.
Gleichschenkliges Dreieck mit Dreiecksrahmen. In diesem heraldische Lilie, deren spitzovales Kelchblatt auf dünnem gespreiztem Stengel von der Grundlinie aufsteigt. Die fast trapezförmigen Seitenblätter schmiegen sich auf beiden Seiten an.
Fundort:
Mainz, Herkunft unbekannt.
Mainz, Mittelrheinisches Landesmuseum.

W6 Bebenhausen

Um 1228.
Feingemagerter roter Ton. Vertiefte Prägung. 13 × 2,5 cm.
Gleichseitiges Dreieck mit Dreiecksrahmen. Auf halbkreisförmigem Schaftring heraldische Lilie ähnlich R12, die Blätter durchgehend geteilt.

Fundort:
a Bebenhausen, ehem. Zisterzienserkloster, im 19. Jahrhundert entfernt. E. Herdtle, II, Taf. 20.
Stuttgart, Württembergisches Landesmuseum.
b Bebenhausen, in situ im Dormitorium. *Variante*, das Kelchblatt berührt den ovalen Schaftring nicht.
Stuttgart, Württembergisches Landesmuseum.
c Bebenhausen, mit einem anderen Model geprägt, Kelchgrund breiter. Nach 1945 in Bebenhausen aufgelesen.
Privatbesitz.

W7 Konstanz

3. Viertel 13. Jahrhundert.
Roter Ton. Vertiefte Prägung. 9,1 × 8,1 × 1,3 cm.
Gleichschenkliges Dreieck mit leicht gewölbter Grundkante (Teil eines Kreises). In Dreiecksrahmen Lilie mit spitzem Kelchblatt, die Seitenblätter in steilen Bögen. Unter dem winzigen Schaftring an dünnen Stengeln nach beiden Seiten flach gebreitete, dreigezackte Blätter.
Fundort:
Konstanz, Stadionscher Domherrenhof, 1898 gefunden.
Konstanz, Rosgartenmuseum.

W8 Altenbaumburg

Nach 1253?
Rosagrauer Ton. Vertiefte Prägung. Fragment, nur das Mittelstück erhalten. Nicht abgebildet.
Spitzwinkliges Dreieck mit heraldischer Lilie. Rautenkelch mit kleinem Kreis an der Basis, sichelförmige Hängeblätter, könnte mit dem Model von R52 geprägt worden sein.
Fundort:
Burgruine Altenbaumburg, Lesefund.
Altenbaumburg, Burgsammlung.

W9 Mainz – Speyer

2. Hälfte 13. Jahrhundert.
Hellroter Ton. Vertiefte Prägung, Spitze abgebrochen. 15 × 12 × 2,5 cm.
Gleichschenkliges Dreieck mit Dreiecksrahmen. Rautenkelch auf spitzem Pfeilschaft. Die durch einen flachen, breiten Schaftring gehaltenen groben Hängeblätter wölben sich in einer unregelmäßigen S-Kurve bis zur Fliesenecke.
Fundort:
a Mainz, bei Bauarbeiten 1977 gefunden. Herkunft nicht zu ermitteln.
Köln, Privatbesitz.
b Speyer, Herkunft unbekannt.
Speyer, Historisches Museum der Pfalz.

W10 Speyer

2. Hälfte 13. Jahrhundert.
Grauschwarzer Ton. Vertiefte Prägung. Abgetreten. 14 × 12 × 2,5 cm.
Gleichschenkliges Dreieck mit Dreiecksrahmen. In diesem drei einfache, stilisierte Lilien, deren Kelche sich etwas unter der Fliesenmitte berühren. Die zur Spitze gewandte Blüte eher eine Palmette mit fünf, statt drei Blättern.
Fundort:
Speyer, wahrscheinlich dies die 1892 in der Armbruststraße gefundene Fliese[1] (siehe „Maulbronner Klosterhof").
Speyer, Historisches Museum der Pfalz.

1 Mitt. Hist. Ver. Pfalz 16, 1892, 197, „... in Pyramidenform mit Blattornament, gefunden bei einem Bau in der Armbrust zu Speyer". Von allen in Speyer gefundenen Dreiecksfliesen trifft die Beschreibung wohl nur auf diese Fliese zu.

W11 Bebenhausen – Elsaß?

Um 1228.
Fast schwarzer, fein gemagerter Ton. Vertiefte Prägung. Kante senkrecht. 11 × 5,5 × 2 cm.
Schmales, gleichschenkliges Dreieck mit heraldischer Lilie, deren rautenförmiger Stengelgrund die Dreiecksspitze füllt, während die schöngezeichnete Lilie des Typus S5 die Grundlinie des Dreiecksrahmens überschneidet.
Fundort:
a Bebenhausen, ehem. Zisterzienserkloster. Teil einer heute nicht mehr erhaltenen Fliesenrosette, E. Herdtle, II, 7. Die Fliese in Bebenhausen verloren, auch im Museum Stuttgart nicht mehr erhalten.
b Fundort schon zu Ende des 19. Jahrhunderts nicht mehr bekannt. Entweder aus Bebenhausen verschleppt oder aus einem der elsässischen Zisterzienserklöster geborgen.
Straßburg, Frauenhausmuseum.

W12 Bebenhausen – Elsaß?

Um 1228.
Grauer und roter Ton. Vertiefte Prägung, Palmette in Flachrelief. Stark abgetreten. 11 × 7 × 2,5 cm.
Gleichschenkliges, spitzes Dreieck ohne Rahmen. Von der Spitze ausgehend Pflanze mit schmalem, geradem Stengel, lilienähnlicher Knospe und zwei nach oben gewölbten, die Knospe und die Fliesenecken berührenden Palmetten.
Fundort:
a Bebenhausen, ehem. Zisterzienserkloster, in situ im Dormitorium, zusammen mit W13 Kreisband der großen Rosette.
b Unbekannt, vermutlich vom selben Fundort wie W11*b*. Roter Ton.
Straßburg, Frauenhausmuseum.

W13 Bebenhausen

Um 1228.
Roter Ton. Vertiefte Prägung mit Reliefwirkung. 11 × 10 × 2,5 cm.
In Dreiecksrahmen fein gezahntes Blatt mit geraden Mittel- und Seitenrippen. Der kurze dicke Stengel überschneidet die Grundlinie des gleichschenkligen Dreiecks bis zur Rahmung durch ein rechtwinkliges Zackenband.
Fundort:
Bebenhausen, ehem. Zisterzienserkloster, in situ im Dormitorium, mit W12 Kreisband der großen Rosette.
Stuttgart, Württembergisches Landesmuseum.

W 14 Konstanz

3. Viertel 13. Jahrhundert.
Hellockerfarbiger Ton. Vertiefte Prägung. 9,5 × 6,1 × 2,5 cm. In der unteren Hälfte eines gleichschenkligen Dreiecks Salomonsknoten ähnlich N 10 aus zwei flachgedrückten Ellipsen.
Fundort:
Konstanz, Stadionscher Domherrenhof, 1898 gefunden.
Konstanz, Rosgartenmuseum.

W 15 Hadamar

Kurz vor 1379.
Roter Ton. Vertiefte Prägung. 10 × 14,5 × 2 cm. Nicht abgebildet.
Rechtwinkliges Dreieck mit doppeltem Dreiecksrahmen, sonst ohne Muster.
Fundort:
Hadamar, Liebfrauenkirche, bei der Aufdeckung des Fliesenbodens 1966 gefunden. Begrenzung der diagonal verlegten Fliesenrechtecke.

W 16 Kiedrich – Worms

1259–1274 (a), 2. Hälfte 13. Jahrhundert.
Hellgrauer Ton. Vertiefte Prägung. 13 × 18 × 2,5 cm.
Rechtwinkliges Dreieck. In Dreiecksrahmen grobe heraldische Lilie mit rautenähnlichem Kelchblatt und abgespreizten Seitenblättern in Form eines Rebmessers. Der flache Schaftring sitzt auf einem unten halbkreisförmig ausgehöhlten Dreieck. Zu beiden Seiten je zwei weitere Halbkreise auf der Grundkante.
Fundort:
a Kiedrich, Burg Neuhaus im Peterstal („Alteburg"), Lesefund.
Wiesbaden, Slg. Nassauischer Altertümer.
b Worms, Herkunft unbekannt, vor 1922 gefunden. E. Grill, Taf. III, 74. Mittelgrauer und hellrosabräunlicher Ton. 13,5 × 19 × 2,5 cm.
Worms, Museum der Stadt Worms.

W 17 Moers

1. Hälfte 14. Jahrhundert?
Feingemagerter roter Ton. Flachrelief, rechte Seite abgebrochen, der Model zweimal angesetzt. Maße nicht feststellbar. Rechtwinkliges Dreieck mit Lilie und zwei großen, in Stengelmitte abzweigenden, flachgebreiteten Palmetten.
Fundort:
Moers-Repelen, ev. Pfarrkirche St. Martin, bei Restaurierungsarbeiten vor 1949 gefunden.
Pulheim-Brauweiler, Rheinisches Amt für Denkmalpflege.

W 18 Bacharach-Steeg – Lörzweiler – Rüdesheim

2. Hälfte 13. Jahrhundert.
Der Model vermutlich nicht als Dreieck geschnitten, sondern eine in der Diagonale geteilte quadratische Fliese. Rötlicher Ton. Vertiefte Prägung. Abgetreten. 12,5 × 17 × 3 cm.
Rechtwinkliges Dreieck mit der Hälfte eines groben Schlüsselkreuzes auf der Grundkante. Aus diesem sprießt ein keulenförmiges, grobgezacktes Blatt („Morgenstern"), gerahmt von zwei nickenden Glockenblüten. Vermutlich von derselben Hand geschnitten wie J 43.
Fundort:
a Bacharach-Steeg, nach R. Forrer, 1901, Taf. CIII, 8.
London, Victoria and Albert Museum.
b Lörzweiler, kath. Pfarrkirche St. Michael, bei Grabungen 1969 gefunden.
Mainz, Landesamt für Denkmalpflege.
c Rüdesheim, Burg „auf der Lach", 1959 im Schutt gefunden. Hellgrünlichgrauer Ton.
Rüdesheim, Rheingauer Museum.
Die drei Fundorte sowie die Fundorte von J 43 lassen vermuten, daß es sich um ein in Kloster Eberbach entwickeltes, heute dort verlorenes Muster handelt.

W 19 Pforzheim – Speyer – Kirchheimbolanden?

2. Viertel – Mitte 13. Jahrhundert.
Roter Ton. Vertiefte Prägung. Abgetreten. 13 × 18 × 2,5 cm.
Rechtwinkliges Dreieck mit leicht schräg eingeprägtem Dreiecksrahmen. In diesem drei kleine Lilien, die von einem Kreuz ausstrahlen, dessen Winkel mit kleinen Kreisen gefüllt sind. Mit einem Model ähnlich R 37 geprägt.
Fundort:
a Pforzheim, Altenstädter Kirche St. Martin, bei Grabungen 1949–50 gefunden.
Pforzheim, Heimatmuseum.
b Speyer, Privathaus, am 24. 6. 1913 gefunden.
Speyer, Historisches Museum der Pfalz.
c Variante, durch starke Abnützung kaum erkennbar. Die Lilie in der Dreiecksspitze wohl etwas größer. Hellgrauer Ton. Fundort nicht mehr bekannt, aus Kirchheimbolanden oder der nächsten Umgebung.
Kirchheimbolanden, Heimatmuseum.

W 20 Limburg a. d. Haardt – Neustadt

2. Viertel 13. Jahrhundert.
Hellrötlicher Ton, teilweise mit Rauchspuren. Flachrelief. 10 × 13,8 × 2,3 cm.
Variante von W 19. Dreieck mit sehr schmalen Lilien, die von einem Kreuz mit kleinem Eckquadrat in Fliesenmitte ausstrahlen. Kelchblatt mit feinen Grannen.
Fundort:
a Limburg a. d. Haardt, ehem. Benediktinerkloster, zu Ende des 19. Jahrhunderts im Winterrefektorium gefunden.
Bad Dürkheim, Heimatmuseum.
b Neustadt-Hambach, „Hambacher Schloß" („Kästenburg"), bei der Restaurierung 1955 gefunden. Zwei Stempel in eine quadratische Fliese eingepreßt. Mittelgrauer Ton. Modelriß. Bruchstück. Dicke 2,2 cm.
Speyer, Landesamt für Denkmalpflege.

W 21 Konstanz

3. Viertel 13. Jahrhundert.
Gelbrötlicher Ton. Vertiefte Prägung. 9,2 × 13,2 × 3 cm.
Rechtwinkliges Dreieck mit Dreiecksrahmen. Drei kleine Lilien vom Typus R 19 strahlen auf kurzem Stengel nach den Ecken des Dreiecks aus.
Fundort:
Konstanz, Stadionscher Domherrenhof, 1898 gefunden.
Konstanz, Rosgartenmuseum.
Zürich, Schweizerisches Landesmuseum.

W22 Auerbach – Dreieich – Mainz – Neubolanden – Peterspay – Speyer

2. Drittel 13. Jahrhundert.
Blaugrauer Ton. Vertiefte Prägung. Model in der Mitte gebrochen. Kante senkrecht. Bruchstück. 12,3 × 16 × 2,3 cm.
Rechtwinkliges Dreieck mit Dreiecksrahmen. Kleine Lilie mit ovalem Kelch, flach gebreiteten Seitenblättern und zwei weit ausschwingenden, nach unten hängenden Palmetten. Unter dem winzigen Schaftring Tropfenblatt.
Fundort:
a Bensheim-Auerbach, Burgruine „Auerbacher Schloß“, bei Aufräumungsarbeiten nach Einsturz der Zwingermauer 1966 gefunden.
Bensheim-Auerbach, Burgmuseum.
b Dreieich, Burgruine Hain, bei Grabungen im Palas gefunden. Besonders feingemagerter, mittelgrauer Ton. 11,5 × 17 × 2,3 cm.
Dreieich, Dreieich-Museum.
c Mainz, Gutenbergplatz, ehem. Dompropstei, bei Bauarbeiten 1910 gefunden. Besonders tief eingeprägter Model, Modelrisse. E. Neeb, 1911, 149, Abb. 9, 7.
Mainz, Mittelrheinisches Landesmuseum.
d Unbekannt, mit großer Wahrscheinlichkeit aus der Burgruine Neubolanden, 1912 gefunden. Hellgelblichgrauer Ton.
Kirchheimbolanden, Heimatmuseum.
e Peterspay, kath. Kapelle St. Peter und Paul, in situ im Chorbereich.
f Speyer, ehem. Augustiner-Chorherren-Stift St. German, bei einer Grabung 1949 gefunden. *Variante,* ohne Rahmen. Die Lilie kleiner, die Palmetten an langen Stengeln noch tiefer hängend und breiter gefächert. Schwarzgrauer Ton. 11,5 × 16 × 2 cm.
Speyer, Historisches Museum der Pfalz.
g Speyer, Dom, 1900 im Schutt der Kaisergräber gefunden. *Variante*, das Muster zweimal auf quadratische Fliese geprägt. Bruchstücke. Dicke 2 cm.
Speyer, Historisches Museum der Pfalz.
h Speyer, am 24. 6. 1913 in einem Privathaus gefunden. Stark abgetreten. Kante schräg. 12,6 × 3 cm.
Speyer, Historisches Museum der Pfalz.

W23 Worms

Ende 13. – 1. Viertel 14. Jahrhundert.
Schwarzgrauer Ton. Vertiefte Prägung. 12 × 17,5 × 2,5 cm.
Rechtwinkliges Dreieck mit Dreiecksrahmen. Grober *Nachschnitt* einer Fliese ähnlich W22. Die „Lilie“ mit gerundeten Blättern leicht schräg auf kleinem Kreis, die Palmetten angewinkelt und unbeholfen gezackt.
Fundort:
Worms, vor 1922 gefunden, Herkunft unbekannt. E. Grill, Taf. III, 73.
Worms, Museum der Stadt Worms.

W24 Bingen – Eberbach – Mainz – Lahnstein – Johannisberg – Arnsburg – Wiesbaden

Mitte bis 3. Viertel 13. Jahrhundert, um 1321 (h).
Roter Ton. Vertiefte Prägung. 11,5 × 15,5 × 2,5 cm.
Rechtwinkliges Dreieck mit Dreiecksrahmen. In der Mitte fünfgeteilte Palmettenbekrönung, flankiert von zwei sich an die Grundkante anschmiegenden flachen Palmetten mit je drei Bogen. In der Mitte der Grundlinie kleine halbkreisförmige Ausbuchtung.
Fundorte:
a Bingen, Mainzer Hof, beim Abbruch 1981 gefunden.
Bingen, Privatbesitz.
b Eberbach, ehem. Zisterzienserkloster, in situ zwischen den Pfeilern der Klosterkirche als Randbegrenzung verlegt. Gelblicher, roter und grauer Ton. 12 × 16 × 2,5 cm.
c Mainz, Herkunft unbekannt (alter Bestand). Mittelgrauer Ton. Bruchstück. 12,3 × 16,5 × 2,6 cm.
Mainz, Mittelrheinisches Landesmuseum.
d Lahnstein, Ortsteil Oberlahnstein, ehem. Hospitalkapelle St. Jakobus, bei einer Grabung 1982 in situ gefunden. Nicht mit demselben Model geprägt, die Abweichungen jedoch gering. Die Mittelpalmette leicht asymmetrisch, die ausgesparten Zwischenräume zwischen den Palmetten eher zungenförmig als rund. Rötlicher Ton. 12,5 × 17 × 2,1 cm.
Koblenz, Landesamt für Denkmalpflege.
e Eberbach, Klosterkirche, in situ. *Variante* ohne Rahmen, die Palmettenbekrönung etwas größer.
f Johannisberg, ehem. Benediktinerkloster, bei Zufallsgrabung gefunden. Grauer Ton. Bruchstück.
Johannisberg, Schloß, Domänenverwaltung.
g Arnsburg, ehem. Zisterzienserkloster, bei Grabung 1979 gefunden. *Variante* mit gerader Grundlinie. Grobgemagerter brauner Ton. Bruchstück. M. Morkramer, 1982, Nr. 7.0.4., 80, Abb. 85.
Arnsburg, Klostersammlung.
h Mainz, Deutschhausplatz, bei Errichtung der Tiefgarage 1972 gefunden. Grauer Ton. 11,6 × 16,2 × 2,2 cm.
Bad Zwischenahn, Slg. Hans-Jürgen Heger.
i Mainz, Herkunft unbekannt.
Mainz, Mittelrheinisches Landesmuseum.
j Wiesbaden-Klarenthal, ehem. Klarissinnenkloster, bei Grabung 1965–66 gefunden. G. Maag, Taf. III, 14c.
Wiesbaden, Privatbesitz.

W25 Eberbach – Wiesbaden

2. Hälfte 13. Jahrhundert, um 1321 (b und c).
Gelblicher Ton. Vertiefte Prägung. Kante senkrecht. 11 × 15,5 × 2 cm. Nicht abgebildet.
Variante zu W24*a*. Die Palmette übereinstimmend, die Grundlinie leicht gewölbt.
Fundort:
a Eberbach, ehem. Zisterzienserkloster, Herkunft unbekannt.
Eberbach, Lapidarium.
b Wiesbaden-Klarenthal, ehem. Klarissinnenkloster, bei Grabungen 1965–66 gefunden. G. Maag, Taf. III, Abb. 7, 14a.
Wiesbaden, Privatbesitz.
c Eberbach, Klosterkirche, in situ. *Variante*, die Grundlinie nun in einer Wellenlinie, von der kleinen Wölbung überragt.
d Wiesbaden-Klarenthal, vgl. W25*b*. G. Maag, ebd., Abb. 7, 14b.
Wiesbaden, Privatbesitz.

W26 Eberbach

14. Jahrhundert.
Hellgrauer Ton. Vertiefte Prägung. 12 × 16,5 × 2 cm. Nicht abgebildet.

Später *Nachschnitt* der Muster W24–25. Dreiecksrahmen, nur noch die Umrißlinien der Palmetten, ohne Andeutung von Stengeln.
Fundort:
Eberbach, ehem. Zisterzienserkloster, Herkunft unbekannt. Einzelfliese. W. Schäfer, 17, Abb. 1 unten.
Eberbach, Lapidarium.

W27 Arnsburg – Eberbach – Holzhausen – Königstein – Hessen?

Um 1246–1256 (a), 3. Viertel 13. Jahrhundert.
Grauer, mit Sand gemagerter Ton. Vertiefte Prägung. Kante senkrecht. 12,5 × 17,5 × 2,5 cm.
Variante von W24. Die Seitenpalmetten gewölbt und am Stengelansatz leicht eingezogen, so daß eine Dreiecksform entsteht.
Fundort:
a Arnsburg, ehem. Zisterzienserkloster, bei Grabungen 1979 in der Ruine gefunden. M. Morkramer, 1982, Nr. 7.0.1., 79, Abb. 82.
Arnsburg, Klostersammlung.
b Eberbach, ehem. Zisterzienserkloster, in situ zwischen den Pfeilern der Kirche als Randbegrenzung. Gelblicher, roter und grauer Ton. W. Schäfer, 17, Abb. 1 oben.
Eberbach, Lapidarium.
c Holzhausen über Aar, ev. Pfarrkirche, 1880 noch in situ vorhanden, heute verschollen. Zeichnung im Handexemplar von F. Schneider (W. Lotz, F. Schneider, 237).
d Königstein, Burgruine, bei Grabungen 1964–65 gefunden. Hellrötlicher, feingemagerter Ton. 13 × 19 × 2,5 cm. E. Gundermann, 148, Taf. 3, Nr. 22, 151.
Königstein, Stadtmuseum.
e Arnsburg, ehem. Zisterzienserkloster, bei Grabungen 1979 gefunden. *Variante.* Die Stengel kürzer, die Blattbogen flacher. Hellbrauner, mit Sand gemagerter Ton. 12,5 × 17,5 × 2,5 cm. M. Morkramer, 1982, Nr. 7.0.2., 79, Abb. 83.
Arnsburg, Klostersammlung.
f Unbekannt, aus Hessen. Roter Ton. 12,5 × 17 × 3 cm.
Darmstadt, Hessisches Landesmuseum.
g Arnsburg, bei Grabung 1979 eine Fliese gefunden. *Variante.* Palmette und Seitenpalmetten an noch kürzerem Stengel, so daß das Ornament gedrungener wirkt. Hellbrauner, mit Sand gemagerter Ton. 12,5 × 17,5 × 2,5 cm. M. Morkramer, 1982, Nr. 7.0.3., 80, Abb. 84.
Arnsburg, Klostersammlung.

W28 Mainz – Stolzenberg

Um 1318?[1].
Grauer Ton. Vertiefte Prägung. 13 × 18 × 2,5 cm.
Variante von W27. Die Mittelpalmette ausgehöhlt, es entsteht der Eindruck einer Palmettenranke.
Fundort:
a Mainz, nach R. Forrer, 1901[2], „aus der Dechanei von St. Stephan", vor 1901 gefunden.
Halle/Saale, Staatl. Galerie Moritzburg.
b Stolzenberg, Burgruine, Zufallsfund. Bruchstück. Dicke 2,8 cm.
Mannweiler-Cölln, Heimatmuseum.

---

1 Die Datierung stammt von Forrer. Es konnten bis jetzt noch keine Belege gefunden werden, die diese Datierung stützen.
2 Notiz im Museumsinventar des Museums Halle, welches die Fliese aus der Sammlung Forrer erwarb.

W29 Ulm-Söflingen

Nach 1258.
Schiefergrauer Ton. Vertiefte Prägung. 13,5 × 2 cm.
Dreieckstempel leicht schräg in quadratische Fliese eingeprägt. *Variante* von W27, statt der Mittelpalmette eher eine Dreipaßblüte, die Blattbogen der Palmetten tief eingeschnitten. Diese an den Spitzen nicht hochgewölbt, sondern der Grundlinie angenähert.
Fundort:
a Ulm-Söflingen, ehem. Klarissinnenkloster, bei Bauarbeiten 1913–14 in zweiter Lage im Mauerwerk gefunden. R. Weser, 94, Fig. 3. H. A. Klaiber, R. Wortmann, 665, Abb. 601, Nr. 22.
Ulm, Ulmer Museum.
b Analog zu den übrigen Fliesen aus Kloster Söflingen dürfte es hierzu eine Vorlage in Worms gegeben haben, die bis heute noch nicht wieder aufgetaucht ist. Vermutlich wurde die Fliese dort noch in Dreiecksform geprägt.

W30 Mainz – Rosenthal – Worms – Speyer

Um 1318? (a), um 1261 (c).
Grauer Ton. Vertiefte Prägung. Abgetreten. 13 × 17,5 × 2,5 cm.
Rechtwinkliges Dreieck mit Dreiecksrahmen. In diesem kompliziertes symmetrisches Palmettenornament. Über einem an der Spitze keulenartig verdickten Mittelstab, der am Grund in eine dreigeteilte „Wurzel" mündet, legt sich ein nach oben geöffneter Halbkreisbogen. Von diesem hängt an langen Stengeln eine ähnlich W28 nach oben gekehrte Palmette.
Fundort:
a Mainz, nach R. Forrer, 1901, Taf. CIII, 2 aus der Dechanei von St. Stephan, vor 1901 gefunden. Vgl. Anm. zu W28.
Dortmund, Museum für Kunst und Kulturgeschichte.
London, Victoria and Albert Museum.
b Mainz, Bauerngasse, bei Grabungen 1896 gefunden[1].
Mainz, Mittelrheinisches Landesmuseum.
c Rosenthalerhof, ehem. Zisterzienserinnenkloster Maria im Rosenthal, 1983 bei Sicherungsarbeiten gefunden. Bruchstück.
Eisenberg, Historischer Verein für Rosenthal und Umgebung.
d Worms, Herkunft unbekannt, vor 1922 gefunden. E. Grill, Taf. III, 75. Gelbgrauer und mittelgrauer Ton. Kante senkrecht. 13 × 17,5 × 2,5 cm.
Worms, Museum der Stadt Worms.
e Vermutlich aus Speyer, Herkunft unbekannt. *Variante.* Anstelle der Palmetten nach oben gewandte kleine Lilien, die „Wurzel" ebenfalls zur Lilie umgeformt. Die Halbkreisbögen zur Herzform tief eingezogen, an der Spitze Knospe mit kleiner Bekrönung. Schwarzgrauer Ton. 13 × 18 × 2,5 cm.
Speyer, Historisches Museum der Pfalz.
f Worms-Neuhausen, bei Grabungen 1935 gefunden. *Variante*?[2]. Grauer Ton. Bruchstück. Dicke 2,6 cm. Fliese nicht mehr auffindbar.

---

1 Westd. Zs. 16, 1897, Museographie 1896, 357, Taf. XIX, 6.
2 Nach Eingangsinventar des Museums Worms: „Fliesenrest in Spitzen mit Verzierung ähnlich Grill III, 75."

W31 Konstanz

3. Viertel 13. Jahrhundert.
Roter Ton mit Spuren einer hellgelbbräunlichen Glasur. Vertiefte Prägung. Nur Bruchstücke. Dicke 2,4 cm.

Flaches Dreieck mit Dreiecksrahmen, das Muster nicht lückenlos zu rekonstruieren. Lange Wellenranke mit kleinen dreigeteilten Palmetten und Blattknospen.
Fundort:
Konstanz, Stadionscher Domherrenhof, 1898 gefunden.
Konstanz, Rosgartenmuseum.

W32 Bebenhausen

15. Jahrhundert?
Hellroter Ton. Flachrelief. Eine Ecke abgebrochen. 12 × 16 × 2,5 cm.
Rechtwinkliges Dreieck mit zwölf kleinen Rosetten aus je sechs Tropfenblättchen, in Streublumenmanier über die Fliese verteilt.
Fundort:
Nach Inventar des Museums Stuttgart aus dem ehem. Zisterzienserkloster Bebenhausen. Dort heute nicht mehr erhalten, bei E. Herdtle schon nicht mehr abgebildet.
Stuttgart, Württembergisches Landesmuseum.

W33 Frankenburg

13. Jahrhundert.
Roter Ton. Vertiefte Prägung. 7,5 × 10,8 × 2 cm. Nicht abgebildet.
Rechtwinkliges Dreieck. Über der Mitte der Grundlinie kleines Andreaskreuz, darüber und zu beiden Seiten ein kleiner Kreis.
Fundort:
Frankenburg, Burgruine, bei Grabungen 1975 gefunden.
Rülzheim, Privatbesitz.

Fünfecke

W34 Konstanz

3. Viertel 13. Jahrhundert.
Roter Ton mit Resten einer bräunlichgelben Glasur. Vertiefte Prägung. Bruchstück. Höhe ca. 13,4 cm, Seitenlänge: 4,5 cm, Grundlinie 12,1 cm, Dicke 3 cm.
Unregelmäßiges Fünfeck mit Fünfecksrahmen. In halbem Vierpaß einbeschrieben Herzpalmette mit breiten, der Grundkante anliegenden, dreigeteilten, seitlichen Palmetten. Alle Palmetten mit Blattrippen, in der Mitte der Grundlinie fünf ineinandergeschachtelte Dreiecksspitzen. Dieses Motiv wiederholt sich an der Einziehung des Vierpasses in Seitenmitte.
Fundort:
a Konstanz, Stadionscher Domherrenhof, 1898 gefunden.
Konstanz, Rosgartenmuseum.
b Variante vom selben Fundort. Bruchstück. Sichtbar ist nur eine aufwärts gewölbte Palmette.
Konstanz, Rosgartenmuseum.

Sechsecke

W35 Wiesbaden

1634.
Roter Ton. Vertiefte Prägung. Seitenlänge 8,5 cm, Dicke 2,8 cm.
Sechseck mit heraldischer Lilie, darunter ein „W“. Zu beiden Seiten die Jahreszahl „16 ... 34“.
Fundort:
Wiesbaden-Sonnenberg, 1886 gefunden, Herkunft unbekannt. Auf Grund der Ortsgeschichte kann die Fliese wohl nur aus der Wallfahrtskapelle zum Hl. Kreuz stammen[1].
Wiesbaden, Slg. Nassauischer Altertümer.

1 Nass. Ann. 20, 1888, 142.

W36 Göppingen?

Nicht sicher datierbar. Da jedoch die Fliesen des ganzen Kreisgebiets erst nach Ende des 14. Jahrhunderts entstanden, wohl keine frühe Fliese.
Maße, Prägung und Tonfarbe unbekannt.
Sechseckfliese mit sechszackigem Drudenfuß.
Fundort:
Unbekannt, aus Göppingen oder Umgebung. Zwei Fliesen früher im Heimatmuseum Göppingen, im April 1945 vernichtet oder verschwunden.

W36.1 Luzern?

1. Hälfte 16. Jahrhundert.
Rötlicher Ton mit grüner Glasur. Sehr flaches Relief. Sechseckfliese. Bruchstück. Höhe 16 cm, Dicke 3,5 cm. Nicht abgebildet.
In das Sechseck Stern mit sechs konkaven Bögen einbeschrieben, die Bögen mit winzigen Rauten besetzt. In der Mitte kleine Rosette, in den Ecken Drittel einer sechsfachen Strahlenblüte.
Fundort:
Unbekannt, aus Luzern oder dessen unmittelbarer Umgebung.
Luzern, Historisches Museum.

Achteck

W36.2 Dinkelsbühl

Mitte 16. Jahrhundert?
Roter, grobgemagerter Ton. Flachrelief. 23 × 23 cm.
Vom selben Modelschneider wie P13.1 Achteck. Mittelstern ähnlich P13.1. Die acht Strahlen sind zu den acht Ecken gerichtet. Über der mit kleinen Dreiecken besetzten Außenkante des Mittelkreises wölbt sich jeweils ein flacher Bogen, so daß der Eindruck einer Rosenblüte entsteht. Über den Seitenkanten jeweils die Hälfte eines Doppelkreises.
Fundort:
Dinkelsbühl, ev. Stadtpfarrkirche St. Georg, bei Restaurierung 1983/84 gefunden.
Verbleib noch nicht bestimmt.

Rauten

W 37 Bebenhausen?

Um 1228.
Feingemagerter, hellroter Ton. Vertiefte Prägung. 10 × 3 cm.
Raute mit drei weiteren einbeschriebenen Rauten.
Fundort:
Unbekannt. Nach Typus, Tonbeschaffenheit und Größe müßte die Fliese aus dem ehem. Zisterzienserkloster Bebenhausen stammen.
Stuttgart, Württembergisches Landesmuseum.

W 38 Worms

2.–3. Viertel 13. Jahrhundert.
Mittelgrauer Ton, eine Fliese mit bräunlichgrüner Glasur, auch an den Seitenkanten. Vertiefte Prägung. 8 × 2,5 cm.
Raute mit vier weiteren einbeschriebenen Rauten.
Fundort:
a Worms, St. Pauluskirche, vor 1877 gefunden.
Worms, Museum der Stadt Worms.
b Wie a, rötlichgrauer, sehr feiner Ton. Geschenk von Pfarrer Dr. Falck, Mombach[1].
Darmstadt, Hessisches Landesmuseum.

1 Quartalbl. 1877, Heft 3/4, 10.

W 39 Neubolanden? – Worms

2. Viertel 13. Jahrhundert.
Bräunlicher, feingemagerter Ton. Sehr sorgfältige, vertiefte Prägung. Kante senkrecht. 7,5 × 2,5 cm.
Raute mit vier weiteren einbeschriebenen Rauten. Im Gegensatz zu W 38 die Linien sehr dicht beieinander.
Fundort:
a Unbekannt, mit großer Wahrscheinlichkeit aus der Burgruine Neubolanden, 1912 gefunden.
Kirchheimbolanden, Heimatmuseum.
b Unbekannt, aus Worms. Schwarzgrauer Ton.
Worms, Museum der Stadt Worms.
c Worms, Herkunft unbekannt, vor 1922 gefunden. *Variante,* derselbe Model diagonal in eine quadratische Fliese geprägt. Grauer Ton. 13,5 × 3 cm. E. Grill, Taf. III, 69.
Worms, Museum der Stadt Worms.

W 40 Brunnenburg – Mainz – Gelnhausen

2.–3. Viertel 13. Jahrhundert.
Gelblicher Ton. Vertiefte Prägung. 7 × 2,5 cm.
Raute mit zwei einbeschriebenen Rauten.
Fundort:
a Brunnenburg, Ruine des ehem. Prämonstratenserinnenklosters, bei Grabung 1907 gefunden. Bei der Grabung 1974 erneut geborgen. G. und I. Maag, 134, Abb. 88 L.
Wiesbaden, Slg. Nassauischer Altertümer.
Wiesbaden, Privatbesitz.
b *Variante* vom selben Fundort. Derselbe Model zweifach nebeneinander in quadratische Fliese geprägt. Bei der Ausgrabung 1909 gefunden. Hellrötlicher Ton. Kante schräg. 14 × 2,5 cm. Bei der Grabung 1974 erneut gefunden. Gelblicher Ton. G. und I. Maag, 134, Abb. 88 A.
Diez, Nassauisches Heimatmuseum.
Wiesbaden, Privatbesitz.
c Mainz, Herkunft unbekannt. *Variante.* Derselbe Model einmal in Fliesenmitte geprägt. Roter Ton. 14 × 2,4 cm.
Mainz, Mittelrheinisches Landesmuseum.
d Gelnhausen, Herkunft unbekannt (Kaiserpfalz?). *Variante.* Raute mit vier einbeschriebenen Rauten (abweichend von den Prägungen W 38 und W 39), zweifach nebeneinander in quadratische Fliese geprägt. Rötlicher Ton. 14 × 14 cm.
Gelnhausen, Heimatmuseum.

W 41 Auerbach – Lorsch – Worms

2. Viertel – 3. Viertel 13. Jahrhundert.
Hellroter Ton mit Resten von weißer Inkrustierung in den Rillen. Vertiefte Prägung. Kante schräg. 7 × 2,6 cm. Nicht abgebildet.
Raute mit drei einbeschriebenen Rauten. Während die Rillen der Fliesen W 37–W 40 nur in dünnen Strichen geprägt waren, sind bei dieser und den folgenden Fliesen Rille und Zwischenraum fast gleich breit.
Fundort:
a Bensheim-Auerbach, Burgruine „Auerbacher Schloß“, am 9. 8. 1903 gefunden. Bei Aufräumungsarbeiten nach Einsturz der Zwingermauer 1966 erneut geborgen.
Bensheim-Auerbach, Burgmuseum.
b Lorsch, ehem. Benediktinerkloster, bei den Grabungen 1928–32 gefunden. Bruchstück, durch Brandeinwirkung während des 2. Weltkriegs fast schwarz. Model tief und unregelmäßig eingeprägt. Kante stark schräg. 7 × 2 cm.
Darmstadt, Hessisches Landesmuseum.
c Worms, Magnuskirche, vermutlich diese Fliese bei der Grabung 1929–31 gefunden. Roter und schwarzgrauer Ton. 6,7 × 2,5 cm.
Worms, Museum der Stadt Worms.

W 42 Mainz – Konstanz – Ulm-Söflingen – Worms

2.–3. Viertel 13. Jahrhundert.
Roter Ton mit Resten von brauner Glasur in den Rillen.
Vertiefte Prägung. 7,5 × 2,2 cm.
Raute mit vier einbeschriebenen Rauten.
Fundort:
a Mainz, Gutenbergplatz, ehem. Dompropstei, bei Grabungen 1910 in situ aufgedeckt. E. Neeb, 1911, auf der dem Aufsatz beigefügten Farbtaf. eine Fliese sichtbar.
Mainz, Mittelrheinisches Landesmuseum.
b Mainz, Herkunft unbekannt, vor 1901 gefunden.
London, Victoria and Albert Museum (aus der Slg. R. Forrer).
c Unbekannt. Roter und hellgrauer Ton, keine Glasurspuren in den Rillen. 9,5 × 2 cm.
Wiesbaden, Slg. Nassauischer Altertümer.
d Unbekannt.
Gotha, Schloßmuseum.
e Konstanz, Stadionscher Domherrenhof, 1898 gefunden. Hellocker-rötlicher Ton. 8 × 2,5 cm. Zeichnung übereinstimmend, jedoch nicht derselbe Model.
Konstanz, Rosgartenmuseum.
London, Victoria and Albert Museum.
Zürich, Schweizerisches Landesmuseum.
f Konstanz, vom selben Fundort. *Variante.* Derselbe Model wie bei W 42e in eine quadratische Fliese so eingeprägt, daß

zwei Rauten senkrecht nebeneinanderstehen, dazwischen oben und unten je eine halbe Raute.
Konstanz, Rosgartenmuseum.
London, Victoria and Albert Museum.
g Worms, Herkunft unbekannt, vor 1922 gefunden. E. Grill, Taf. III, 77. Schwarzgrauer und bräunlicher Ton, teilweise mit Spuren einer gelblichen Glasur in den Rillen. 9 × 2,5 cm. Model mit etwas spitzerer Raute.
Worms, Museum der Stadt Worms.
h Ulm-Söflingen, ehem. Klarissinnenkloster, nach 1914 gefunden. *Variante,* der Model W42f aus Worms diagonal in eine quadratische Fliese geprägt. Grauer Ton. 13,5 × 2/2,5 cm. H. A. Klaiber, R. Wortmann, 665, Abb. 601, Nr. 25.
Ulm, Privatbesitz, 1956 gefunden.
Ulm, Ulmer Museum.

W 43 Speyer – Pforzheim

Vor oder nach Mitte 13. Jahrhundert.
Schwarzgrauer, fleckig geschmauchter Ton. Vertiefte Prägung. 9 × 2 cm.
Unregelmäßig geprägte spitze Raute mit sieben einbeschriebenen Rauten.
Fundort:
a Unbekannt, vermutlich aus Speyer. Nach Inventar-Nr. des Museums aus demselben Fund wie D 37.
Speyer, Historisches Museum der Pfalz.
b Variante, mit demselben Model geprägt. Zwei senkrecht stehende Rauten auf quadratischer Fliese. Roter Ton. 14 × 3 cm. Pforzheim, Altenstädter Kirche St. Martin, bei Grabungen vor 1939 gefunden.
Pforzheim, Heimatmuseum.

W 44 Limburg a. d. Haardt

2. Drittel 13. Jahrhundert.
Dunkelgrauer, poröser Ton. Vertiefte Prägung. Bruchstück. Dicke 2,3 cm. Nicht abgebildet.
Raute mit zehn sorgfältig gezeichneten einbeschriebenen Rauten.
Fundort:
a Limburg a. d. Haardt, ehem. Benediktinerkloster, bei Ausgrabungen zu Ende des 19. Jahrhunderts in der Ruine gefunden.
Bad Dürkheim, Heimatmuseum.
b Variante vom selben Fundort. Bruchstücke einer quadratischen Fliese mit einem durch Übereinanderprägen des Models entstandenem Vierstern. Dunkelgrauer, poröser Ton. Kante senkrecht. Dicke 2 cm.
Bad Dürkheim, Heimatmuseum.

W 45 Groß-Geroldseck

1. Hälfte 13. Jahrhundert.
Roter Ton. Vertiefte Prägung. 18 × 2 cm.
Raute, in den spitzen Winkeln von zwei kleinen, in den stumpfen Winkeln von zwei großen Kreisbögen, die sich in Fliesenmitte berühren, geschnitten.
Fundort:
Groß-Geroldseck, Burgruine, bei der Restaurierung 1931 gefunden. Ch. Czarnowsky, 15, Abb. 12.
Zabern, Städtisches Museum.
Straßburg, Slg. Ch. Czarnowsky, seit 1940 verloren.

W 46 Klosterneuburg

1. Hälfte 14. Jahrhundert?
Feiner, stark gebrannter, hellgelblicher Ton, die Vertiefungen mit einer rötlichen Masse ausgefüllt, die sehr rasch zu Staub zerfiel. Flachrelief. Seitenlänge ca. 15 cm.
Raute mit einbeschriebenem Rautenrahmen, dieser mit kleinen Vierpässen bedeckt. In der Mitte die Fläche füllender Rautenstern mit acht blattähnlichen Zacken.
Fundort:
Klosterneuburg, ehem. Augustiner-Chorherrenstift, schon vor 1862 aus den alten Prälaturgebäuden entfernt, dann „in Privathänden". A. Essenwein, 1862, 50, Fig. 8.
Verbleib war nicht zu ermitteln.

W 47 Ulm?

2. Hälfte 15. Jahrhundert.
Hellroter Ton. Flachrelief. Abgetreten. Kante schräg. 16 × 4 cm.
Raute mit spitzem Vierstern, an den Kanten die Hälfte eines Eichblatts vom Typus H 135.
Fundort:
Unbekannt, nach Prägetechnik müßte die Fliese denen des Reichenauer Hofes in Ulm nahestehen. Vermutlich vom selben Fundort wie J 20.
Stuttgart, Württembergisches Landesmuseum.

W 48 Schlettstadt

3. Viertel 12. Jahrhundert.
Roter Ton mit Einschluß von kleinen Quarzkörnern, mit gelbbrauner Bleiglasur, im Brand gerissen. Flachrelief. Kaum abgetreten. 18 × 4,5 cm.
Raute mit Rahmen. In den Spitzen fünfteiliges Palmettenornament mit zarter Binnenzeichnung, an den Seiten stilisierte Lilien. In der Mitte doppeltes Eckquadrat mit kleinem Kreuz, umgeben von vier kleinen Kreisen, die sich in die von den gewölbten Blättern gebildete Höhlung schmiegen. In diesen kleine, schräg gestellte Mittelkreuze.
Fundort:
Schlettstatt, ehem. Benediktiner-Propsteikirche St. Fides, bei der Restaurierung 1875–93 gefunden. R. Forrer, 1901, 64, Fig. 132.
Dortmund, Museum für Kunst und Kulturgeschichte.
London, Victoria and Albert Museum.
Schlettstadt, Stadtbibliothek (Bruchstücke).

W 49 Wörschweiler

Ende 12. Jahrhundert.
Roter Ton. Vertiefte Prägung mit Reliefwirkung. Abgetreten. Linke, obere Ecke fehlt. 16,4 × 14,5 × 2,8 cm.
Quadratische Fliese, in die ein Rautenmodel versetzt eingeprägt wurde, die einzelnen Muster nur durch schmale Stege getrennt. Auf dreieckig gefeldertem Grund heraldische Lilie mit spitzovalem Kelchblatt, breitem Schaftring und an der Basis gezacktem Schaft. Die Hängeblätter an den Spitzen leicht aufgewölbt. Auf der rechten Fliesenseite ein Drittel des Models mit der Spitze zur Mitte eingeprägt.
Fundort:
Wörschweiler, Ruine des ehem. Zisterzienserklosters, bei den Grabungen 1954–56 als Einzelfliese gefunden. P. Volkelt, 21, Nr. 9, Taf. 14, Abb. 1.
Wörschweiler, Privatbesitz.

W 50 Elsaß – Greifenstein

13. Jahrhundert.
Grauer Ton. Vertiefte Prägung. 11 × 2 cm.
Raute mit Rahmen. In diesem Lilie mit schmalem, langgestrecktem Kelchblatt und sichelförmigen Seitenblättern, die dem Kelchblatt nicht anliegen. Schaftring in Rautenform.
Fundort:
a Unbekannt, aus dem Elsaß.
Straßburg, Frauenhausmuseum.
Straßburg, Städtisches Denkmalamt.
b Unbekannt, möglicherweise aus Zabern oder einer der Burgen der Umgebung[1]. Roter Ton.
Zabern, Städtisches Museum.
c Burgruine Greifenstein (Bas-Rhin), bei neueren Ausgrabungen gefunden, z. Zt. nicht auffindbar[2]. *Variante.* Seitenlänge 9 cm. Sorgfältigere Zeichnung, die Seitenblätter halbkreisrund gewölbt, unter dem runden Schaftring anscheinend Auffächerung wie bei S5.
Straßburg, Centre d'Archéologie Médiévale.

1 G. Klein, 1958, 11 gibt keinen Fundort an.
2 Die Fliese wurde nach Zeichnung beschrieben. Sie soll mit den Grabungsergebnissen publiziert werden.

W 51 Hude

2. Hälfte 13. Jahrhundert.
Blaßroter Ton. Flachrelief. Seitenlänge 6,5 cm. Dicke 3 cm.
Raute. Aus dem Viertel einer neunblättrigen Rosette steigt eine Blattpflanze mit breiten, schöngeformten symmetrischen Palmetten. In der Mitte dreigeteilte Ährenblüte mit flachen Seitenpalmetten.
Fundort:
a Hude, Ruine des ehem. Zisterzienserklosters, 1888 „in der Erde gefunden". G. Sello, 73, Abb. S. 8, I.
Oldenburg, Landesmuseum für Kunst und Kulturgeschichte.
b Hude, bei Grabungen 1980 erneut gefunden, eine Fliese mit bräunlicher Glasur.
Rastede, Amt des Landesarchäologen.

W 52 Bebenhausen

Um 1228.
Roter Ton. Vertiefte Prägung. 6 × 2,5 cm.
Raute mit Rahmen. In Fliesenmitte eine aus vier gegabelten Stengeln gebildete Astroide. In den spitzen Winkeln große Lilien ähnlich S5, in den stumpfen Winkeln kleine Lilien mit zur Volute gerollten Hängeblättern.
Fundort:
Unbekannt. Nach Tonmaterial und Prägung kann die Fliese nur aus dem ehem. Zisterzienserkloster Bebenhausen stammen. Sie wird von Herdtle veröffentlicht, die Fundortangaben sind verloren. E. Herdtle, II, 7.
Stuttgart, Württembergisches Landesmuseum.

W 53 Lübeck

Um 1515.
Rötlicher Ton. Vertiefte Prägung in Ritzzeichnung. Mit gelber und mittelgrüner Glasur. Seitenlänge 19 cm.
Raute mit Rautenrahmen. Vier verschiedene Darstellungen.
1. Stehender, nach links gewandter Vogel, vermutlich Pfau, die gewölbten, feinziselierten Schwanzfedern sind jedoch wie bei einem Vogel Strauß angeordnet. Kleiner zurückgelegter Kopf mit großem Auge, Halsfedern und schuppenartiges Federkleid. Die langen Storchenbeine werden von Gras und Blattspitzen verdeckt, die auch den Bildhintergrund füllen.
2. Drei Glockenblumen, in Form eines Dreiecks angeordnet. Die herzförmigen, nach oben gewandten Grundblätter füllen auch den Hintergrund der Fliese, dazwischen sind kleine spitze Kelchblättchen sichtbar.
3. Drei Kaiserkronen, in ähnlicher Anordnung mit hängenden Blüten aus schmalen, sich überdeckenden Einzelblättchen, die Kelchblätter kronenartig umgeschlagen. Am Stengelgrund und zwischen den Blüten eher Akeleiblätter.
4. Drei Margeritenblüten, der Blütenkorb vorgewölbt, die spitzovalen Blütenblättchen zurückgeschlagen. Vom Grunde aufsteigend und den Hintergrund füllend spitzovale, leicht gewölbte Blätter mit Mittelrippe.
Fundort:
Lübeck, ehem. Augustinerinnenkloster St. Annen, in situ in der Sakristei[1]. J. Baltzer, F. Bruns, H. Rathgens, IV, 323.
Lübeck, St.-Annen-Museum.

Kreise und Kreissegmente

W54 Mainz – Worms

1. Drittel 13. Jahrhundert.
Rotbrauner Ton, die Oberseite aschgrau verfärbt. Vertiefte Prägung mit Flachreliefwirkung. Dm. 8,8 cm. Dicke 2,3 cm.
Mittelstück einer Kreisrosette. Kreis mit Astroide auf zwei Eckquadraten, ein weiteres Eckquadrat mit Mittelquadrat der Astroide einbeschrieben.
Fundort:
a Unbekannt, vermutlich aus Mainz.
Mainz, Mittelrheinisches Landesmuseum.
b Unbekannt, vermutlich aus Worms. Vor 1922 gefunden. Schwarzgrauer Ton. Dm. 8 cm. Dicke 2 cm. E. Grill, Taf. III, 80.
Worms, Museum der Stadt Worms.

W55 Worms

2.–3. Viertel 13. Jahrhundert.
Rotbrauner Ton. Vertiefte Prägung. Das fehlende Stück nicht abgebrochen, die Fliese in dieser Form gebrannt. Dm. 8 cm. Dicke 2,3 cm.
Mittelstück einer Rosette, ein Segmentbogen abgetrennt. Kreis mit fünfblättriger Rosette.
Fundort:
a Unbekannt, vermutlich aus Worms, vor 1922 gefunden. E. Grill, Taf. III, 72.
b Worms, St. Magnuskirche, 1929/31 bei Grabungen gefunden. Rosabräunlicher Ton.
Worms, Museum der Stadt Worms.

W56 Perchtoldsdorf

Mitte 15. Jahrhundert.
Roter Ton mit grüner Glasur. Flachrelief. Dm. 19,5 cm.
Kreis mit einbeschriebenem Vierpaß und Mittelkreis mit fünfblättriger Rosette. Der freie Raum ausgefüllt mit kleinen, feingezahnten Blättchen, die zu dreien an kurzem Stengel auf dem Vierpaß sitzen. Zwischen den Blättern außerdem je drei Punkte unregelmäßig verteilt.
Fundort:
Perchtoldsdorf, kath. Pfarrkirche St. Augustin, 1862 noch in situ hinter dem Altar des südlichen Seitenchores[1], später entfernt. Eine weitere Kreisfliese in grauem Ton, Dm. 19,5 cm[2], zeigte in einem Mittelquadrat ein Einhorn.
Nürnberg, Germanisches Nationalmuseum, beide Fliesen seit 1925 verloren.

1 A. Essenwein, 1862, 50, Abb. 4. Die Fliesen kamen durch Essenwein ins GNM Nürnberg.
2 Kat. GNM Nürnberg, 9, A53, A54.

W57 Limburg a. d. Haardt – Wörschweiler

1. Drittel 13. Jahrhundert (a), 2. Drittel 13. Jahrhundert (b).
Braungrauer, schiefrig aufspaltender Ton. Flachrelief. Bruchstück. Dicke 2 cm.
Viertel eines Kreissegments. Die Form ergibt in der Zusammensetzung von vier Fliesen einen Rhombus mit gewölbten Seiten. *Variante* von W20. Zwischen die Lilienstäbe mit Ährenkelch schieben sich rechts zwei unregelmäßige Vierecke, denen dieselbe Form nochmals einbeschrieben ist, links ein Viereck mit Gitternetz und eins mit Zickzackbändern.
Fundort:
a Limburg a. d. Haardt, Ruine des ehem. Benediktinerklosters, bei Ausgrabungen zu Ende des 19. Jahrhunderts gefunden.
Bad Dürkheim, Heimatmuseum.
Speyer, Historisches Museum der Pfalz (Dieses Exemplar ist besser erhalten.)
b Wörschweiler, ehem. Zisterzienserkloster, Lesefund auf dem Gelände. (Hier vorläufig eingeschoben). Bruchstück einer quadratischen Fliese. Feingemagerter, tiefrot gebrannter Ton. Dicke 3,5 cm. Auf diesem Bruchstück zwei Muster. 1. Rest eines Stempels, dessen Außenmaße und Randlinie genau mit W57a übereinstimmen. Zeichnung bis auf ein winziges Dreieck zerstört. 2. Kleines Quadrat (5,2 × 5,2 cm). Vier Reihen von wahrscheinlich mit Holzstäbchen gestochenen kleinen, dreieckigen Vertiefungen ergeben ein Spitzoval. In den Ecken grobes Herzmuster.
Braubach, Marksburg, Slg. der Deutschen Burgenvereinigung.

W58 Bebenhausen

Um 1228.
Grauer Ton. Vertiefte Prägung. Seitenlänge 14,5 cm. Dicke 2,5 cm.
Kreisviertel, durch Viertelskreise in einzelne Bänder gegliedert. Auf einen Außenkreis mit einem Blatt ähnlich einem Kastanienblatt und einem Rebblatt folgt ein Palmettenband, ein Leerkreis, ein schmales Zackenband und in der Ecke das Viertel einer Rosette.
Fundort:
a Bebenhausen, ehem. Zisterzienserkloster. Mittelstück einer im 19. Jahrhundert entfernten großen Rosette. E. Herdtle, II, Taf. 7.
Stuttgart, Württembergisches Landesmuseum.
b Ebd., *Variante,* die Randleiste W61 mit der Fliese geprägt, nach dem Blattkreis der Rankenkreis in grauem Ton eingeschoben. In situ im Dormitorium des Klosters Bebenhausen.

W59 Bebenhausen

Um 1228.
Roter Ton. Vertiefte Prägung und Flachrelief. Dm. des ganzen Kreises 29 cm.
Kreisrosette, die Außenfliesen in trapezähnliche und Dreiecksfliesen zerlegt. Es müssen zwei Kreisrosetten existiert haben, deren Muster gleich, deren Fliesen aber verschieden zerlegt waren. Erhalten hat sich ein Kreis mit einem Band aus Herzpalmetten, das nach außen von einem Zackenband aus kleinen Dreiecken gerahmt ist. Die Füllung aus vier quadratischen Fliesen ist falsch ergänzt[1]. Die vier Fliesen zeigten in der Zusammensetzung eine Astroide, mit einem Mittelkreis aus eng gereihten Punkten, in der Mitte vierblättrige Rose. An die Außenkontur der Astroide schmiegte sich die Hälfte der Herzpalmette der Rahmung. Zu der zweiten Kreisrosette muß die bei Herdtle abgebildete Fliese mit Herzpalmette[2] gehört haben.
Fundort:
a Bebenhausen, ehem. Zisterzienserkloster.
Die falsch ergänzte Fliese in situ im Dormitorium.

b Die Rahmung der zweiten Rosette im 19. Jahrhundert entfernt.
Stuttgart, Württembergisches Landesmuseum.
c Die Füllung der ersten Rosette möglicherweise bei Herdtle, dort jedoch als Rahmenleiste gezeichnet.
Diese Fliese verschollen.

1 E. PAULUS, 1886/87, 168.
2 E. HERDTLE, II, Taf. 27.

W63 Perchtoldsdorf

Mitte 15. Jahrhundert.
Tonfarbe unbekannt, vermutlich grau, wohl ebenfalls mit grüner Glasur. Flachrelief. Nicht abgebildet.
Astroide mit gekappten Spitzen, Ergänzung zu W56. In der Mitte kleines Eckquadrat ausgespart, dessen Muster schon 1862 nicht mehr zu erkennen war.
Fundort:
Perchtoldsdorf, Pfarrkirche St. Augustin, 1862 noch in situ hinter dem Altar des südlichen Seitenchors, heute verschollen. A. Essenwein, 1862, 50, Fig. 5.

Spitzoval

W60 Speyer

2. Drittel 13. Jahrhundert.
Roter Ton. Flachrelief. Länge 16 cm. Dicke 2 cm.
Fliese in Form eines Spitzovals mit feingekerbtem Blatt ähnlich H68, jedoch ohne Einbuchtung in Blattmitte.
Fundort:
Speyer, Herkunft unbekannt.
Speyer, Historisches Museum der Pfalz.

Astroide

W61 Konstanz

3. Viertel 13. Jahrhundert.
Gelbrötlicher Ton. Vertiefte Prägung. Dm. 9,5 cm. Dicke 2,7 cm.
Fliese in Form einer Astroide, vermutlich stets mit Spitzoval zusammen verlegt. Dieser fünf Astroide einbeschrieben.
Fundort:
a Konstanz, Stadionscher Domherrenhof, 1898 gefunden.
Konstanz, Rosgartenmuseum.
Zürich, Schweizerisches Landesmuseum.
b Variante vom selben Fundort. Der Model in eine quadratische Fliese eingeprägt. Die Spitzen der Astroide weisen in die Fliesenecken, bei einer zweiten Fliese zur Mitte der Seitenkanten. Gelbroter Ton. 13,5 × 3 cm.
Konstanz, Rosgartenmuseum.
c Variante vom selben Fundort. Der Model zweimal übereinander eingeprägt, so daß eine Sternform mit acht Spitzen entsteht. Hellockerfarbiger Ton. 13,4 × 13,2 × 2,5 cm.
Konstanz, Rosgartenmuseum.

W62 Speyer

2. Hälfte 13. Jahrhundert.
Dunkelgrauer Ton. Vertiefte Prägung. Dm. 16 cm, Dicke 2,5 cm.
Fliese in Form einer Astroide mit einfacher, achtblättriger Rosette in der Mitte.
Fundort:
Vermutlich Speyer, Herkunft unbekannt.
Speyer, Historisches Museum der Pfalz.

Randleisten und Kreisrahmungen

W 64 Wörschweiler

Ende 12. Jahrhundert.
Roter Ton mit bräunlicher Bleiglasur. Vertiefte Prägung mit Reliefstempel. Bruchstück. Ca. 5 × 5 × 2,5 cm.
Randleiste, vermutlich Rahmung eines großen Kreises, da ganz leichte Wölbung erkennbar. Zwischen zwei tief eingeprägten Randlinien zwei Kreisstempel, die vermutlich mit den Stempeln auf C 1 und D 1 identisch sind.
Fundort:
Wörschweiler, ehem. Zisterzienserkloster, bei Grabungen 1954–56 gefunden.
Wörschweiler, Privatbesitz.

W 65 Konstanz

3. Viertel 13. Jahrhundert.
Roter Ton mit Spuren einer bläulichgrünen und hellgelb-bräunlichen Glasur. Vertiefte Prägung. 5,2 × 16,6 × 14,7 × 3 cm.
Randleiste eines Kreises mit fünf aneinandergereihten schildähnlichen Mustern. Links ein Spitzschild mit einbeschriebenem Dreieck, darauf nach rechts vier Ornamente, die eher einem Tropfenoval gleichen, die Spitzen abwechselnd zur Mitte oder zum Kreisrand gekehrt, dasselbe Ornament zweimal einbeschrieben.
Fundort:
Konstanz, Stadionscher Domherrenhof, 1898 gefunden.
Konstanz, Rosgartenmuseum.

W 66 Konstanz

3. Viertel 13. Jahrhundert.
Roter Ton mit Resten einer hellgelb-bräunlichen Glasur. Vertiefte Prägung. 4,3 × 10,3 × 9 × 3 cm.
Randleiste eines Kreises mit Rechteckrahmen. Drei herzförmige Ornamente mit groben Kreuzblumen, das mittlere zum Rand, die beiden äußeren zur Kreismitte gekehrt.
Fundort:
Konstanz, Stadionscher Domherrenhof, 1898 gefunden.
Konstanz, Rosgartenmuseum.

W 67 Bebenhausen – Elsaß?

Um 1228.
Roter Ton. Vertiefte Prägung. 11,6 × 11 × 3,5 cm. Nicht abgebildet.
Getrennt geprägtes Teilstück der Fliesenrosette W 58. Symmetrisch gebildete Palmettenranke mit fünfteiligem Blatt in der Mitte.
Fundort:
a Bebenhausen, ehem. Zisterzienserkloster.
Dort fest mit Kreisviertel verbunden. Im Museum Stuttgart nicht erhalten.
b Unbekannt, entweder zu Ende des 19. Jahrhunderts aus Bebenhausen verschleppt oder aus einem elsässischen Zisterzienserkloster stammend.
Straßburg, Frauenhausmuseum.

W 68 Bebenhausen

Um 1228.
Grauer Ton. Vertiefte Prägung. 4,5 × 14 × 12 × 2,5 cm.
Randleiste der Kreisrosette W 58 mit einem Efeu- und einem Lindenblatt.
Fundort:
Bebenhausen, ehem. Zisterzienserkloster, in situ im Dormitorium.

W 69 Speyer

2. Drittel 13. Jahrhundert.
Hellroter Ton. Vertiefte Prägung. 7,2 × 15 × 14,6 × 2 cm.
Randleiste eines Kreises. An Mittelstengel über schmalem Schaftring zwei gewölbte Blättchen, zu beiden Seiten auf dünnem Stengel große Rosen.
Fundort:
Vermutlich Speyer, Herkunft unbekannt.
Speyer, Historisches Museum der Pfalz.

W 70 Mainz

2. Drittel 13. Jahrhundert.
Rötlicher Ton mit bräunlicher Glasur (bei Forrer fälschlich „blaue Glasur"). Vertiefte Prägung. 8 × 18,9 × 16,3 × 2,7 cm. Nicht abgebildet.
Randleiste eines Kreises, durch Randlinie oben und unten begrenzt. Zwei Vierpaßblüten mit Mittelkreis.
Fundort:
Mainz, Herkunft nicht bekannt, R. Forrer, 1901, 75, Fig. 174.
London, Victoria and Albert Museum.

W 71 Mainz

2. Drittel 13. Jahrhundert.
Roter Ton mit Resten von gelbbrauner Bleiglasur, bei einigen Fliesen Glasur unversehrt. Vertiefte Prägung. 7 × 17 × 13 × 3 cm.
Randleiste eines Kreises. Durch zwei Linien begrenzt. Band mit auf Halbkreisbögen sitzenden stilisierten Lilien. Tropfenförmiges Kelchblatt und sich berührende, einen kleinen Kreis ausschneidende Hängeblätter.
Fundort:
Mainz, Herkunft unbekannt, vor 1901 gefunden. R. Forrer, 1901, 75, Fig. 173[1].
Dortmund, Museum für Kunst und Kulturgeschichte.
London, Victoria and Albert Museum.

---

1 W 70 und W 71 sind Überreste einer vor 1900 gefundenen Rosette, deren Fundort leider nicht mehr zu ermitteln war (St. Stephan?).

W 72 Mainz

2. Viertel – Mitte 13. Jahrhundert.
Rötlichgelber und roter Ton mit dunkelgelber Bleiglasur. Vertiefte Prägung. 5,8 × 15 × 13,4 × 2,3 cm.
Randleiste eines Kreises. Zwischen Rahmenlinien Band mit jeweils paarweise angeordneten S-Bogen, die alternierend durch ein dreigeteiltes Blatt (grobe Lilienform?) verbunden sind.

Fundort:
Mainz, Gutenbergplatz, ehem. Dompropstei, bei Grabung 1910 in situ gefunden. E. Neeb, 1911, 149, Abb. 9, Nr. 10.
Mainz, Mittelrheinisches Landesmuseum.

W73 Neubolanden? – Mainz

2. Viertel – Mitte 13. Jahrhundert.
Graubräunlicher Ton. Vertiefte Prägung. Kante senkrecht. 4,2 × 11 × 8,5 × 2,5 cm.
Randleiste eines Kreises. Zwischen zwei Rahmenleisten fast rechtwinkliges Zackenband, dazwischen, jeweils von der Fliesenkante aufsteigend, kleeblattförmige „Lilien".
Fundort:
a Unbekannt, mit großer Wahrscheinlichkeit aus der Burgruine Neubolanden, 1912 gefunden.
Kirchheimbolanden, Heimatmuseum.
b Mainz, Gutenbergplatz, ehem. Dompropstei, bei Grabung 1910 in situ gefunden. *Variante.* Das Zackenband aus Doppellinie, die „Lilien" gröber, eher einem Kreuz gleichend. Rötlichgelber Ton mit dunkelgelber Bleiglasur. 11 × 9,8 × 4 × 2,2 cm. E. Neeb, 1911, 149, Abb. 9, Nr. 9.
Mainz, Mittelrheinisches Landesmuseum.

W74 Neubolanden? – Mainz

2. Viertel – Mitte 13. Jahrhundert.
Gelbbrauner Ton. Vertiefte Prägung. 6,5 × 17 × 15,8 × 2,2 cm.
Randleiste eines Kreises. Zwischen zwei Rahmenlinien drei an der Unterseite herzförmig eingebuchtete Kreise. In diesen von links nach rechts: 1. kleine Blüte mit nach oben gewölbten Palmetten. 2. dreigegliedertes, dreigezacktes Blatt. 3. Ahornblatt.
Fundort:
a Unbekannt, mit großer Wahrscheinlichkeit aus der Burgruine Neubolanden, 1912 gefunden.
Kirchheimbolanden, Heimatmuseum.
b Mainz, Gutenbergplatz, ehem. Dompropstei, bei Grabung 1910 in situ gefunden. Gelbroter Ton mit gelber Bleiglasur. E. Neeb, 1911, 149, Abb. 9, Nr. 11.
Mainz, Mittelrheinisches Landesmuseum
c Mainz, Heilig-Geist-Spital, bei der Restaurierung 1976 gefunden. Hellbrauner Ton mit gelbgrüner Glasur. Kante schräg. 5,9 × 16 × 2 cm.
Harxheim, Slg. Dederer.

W75 Neubolanden? – Mainz?

2. Viertel – Mitte 13. Jahrhundert.
Braunroter Ton. Vertiefte Prägung. Abgetreten. Spuren von Glasur. 6,7 cm × 17 × 15,4 × 3 cm.
Randleiste eines Kreises. Zwischen zwei Rahmenlinien Band aus drei hintereinandergereihten Herzornamenten, denen jeweils ein zweites Herz in Gegenrichtung einbeschrieben ist. In diesem eine nach innen gekehrte Blüte, die Außenseite von zwei kleinen Palmetten flankiert.
Fundort:
a Unbekannt, mit großer Wahrscheinlichkeit aus der Burgruine Neubolanden, 1912 gefunden.
Kirchheimbolanden, Heimatmuseum.
b Unbekannt. Da in das Museum nachweislich Bodenfunde aus Mainz gelangten, könnte auch diese Fliese von dort sein. Schwarzroter Ton mit Resten einer sich zersetzenden braunroten Glasur. Möglicherweise Zerstörung durch Kriegseinwirkung 1944. Bruchstück.
Darmstadt, Hessisches Landesmuseum.
c Mainz, Heilig-Geist-Spital, bei der Restaurierung 1976 gefunden. Hellbrauner Ton mit gelbgrüner Glasur. Kante schräg. Bruchstück. Erhalten ein Stück der Größe 6,7 × 8 × 2 cm.
Harxheim, Slg. Dederer.

W76 Neustadt

2. Drittel 13. Jahrhundert.
Hellrötlicher Ton mit dicker, olivgrüner Glasur (ähnlich den Fliesen aus Kloster Limburg a. d. Haardt). 8,7 × 17 × 16 × 3 cm.
Randleiste eines Kreises. Die ganze Kontur durch doppelte, breite Rahmenleiste mit Punktpunzierung betont. Herzpalmetten ähnlich W75, das einbeschriebene Herz ist durch eine breitgefächerte Palmette mit Mittelblüte ersetzt. Zu beiden Seiten wachsen kleine Blättchen an langen Stengeln über den Rand[1]. Vgl. N76.
Fundort:
Neustadt-Hambach, Burgruine „Hambacher Schloß", bei der Restaurierung 1955 gefunden.
Neustadt, Landratsamt.

1 R. Schnyder, 1958, 66, Kat. Nr. 12. Vgl. hierzu einen frühen Backstein aus St. Urban, den Schnyder um 1260 datiert.

W77 Neustadt

1. Hälfte 13. Jahrhundert.
Rötlicher Ton? Vermutlich Flachrelief. Gelbbraune Glasur. „Außenkante 25 cm."
Rahmenleiste eines Kreises mit konkav gewölbten Seitenkanten, die Form vom Rahmen wiederholt. Dieser in fünf Quadrate geteilt, von links nach rechts: 1. sitzendes, nach rechts gewandtes Tier (Hund? Löwe? Drache?). 2. nach rechts steigendes Fabeltier mit langem, geteiltem Schweif. 3. Adler. 4. Kreis mit sechsblättriger Rosette. 5. Strahlenblüte oder Lilienkreuz.
Fundort:
Neustadt-Hambach, Burgruine „Hambacher Schloß", vermutlich beim ersten Wiederaufbau gefunden.
R. Forrer, 1901, Taf. VII, 1. Nicht mehr aufzufinden.

W78 Neubolanden? – Brunnenburg – Worms

2. Viertel – Mitte 13. Jahrhundert.
Braunrötlicher Ton mit Spuren von Glasur. Vertiefte Prägung. Abgetreten. Kante senkrecht. 6 × 15 × 13,5 × 2,5 cm.
Randleiste eines Kreises, durch drei Linien in zwei Bänder geteilt. Dünne Wellenranke mit kleinen, fast knopfartigen Blättchen.
Fundort:
a Unbekannt, mit großer Wahrscheinlichkeit aus der Burgruine Neubolanden, 1912 gefunden.
Kirchheimbolanden, Heimatmuseum.
b Fundort unbekannt, analog zu W79 vermutlich aus Kloster Brunnenburg. *Variante.* Der Model in schmale Randleiste mit geraden Kanten eingeprägt. Nur eine Ranke. Dunkelroter Ton. 2,5 × 12,5 × 2 cm.
Diez, Nassauisches Heimatmuseum.
c Aus Worms, Herkunft unbekannt, vor 1922 gefunden. *Variante.* Der Model in breitere Fliese eingeprägt. Schwarz-

grauer Ton. 6 × 10 × 2,5 cm. E. Grill, Taf. IV, 109. Die Datierung Grills: „Anfang 16. Jahrhundert" ist falsch.
Worms, Museum der Stadt Worms.

W79 Dreieich – Mainz – Peterspay – Speyer – Arnstein – Brunnenburg

2. Viertel – Mitte 13. Jahrhundert, nach 1252 (b).
Gelbrötlicher, feingemagerter Ton. Vertiefte Prägung. Kante schräg. 13,8 × 14 × 2,8 cm. Model von W78 zweimal in quadratische Fliese eingeprägt.
Fundort:
a Dreieich, Burgruine Hain, bei Grabungen im Palas gefunden.
Dreieich, Dreieich-Museum.
b Mainz, Heilig-Geist-Spital, bei der Restaurierung 1976 gefunden. Hellbrauner Ton, die Vertiefungen weiß eingefärbt. In rechteckige Fliese geprägt. 10 × 13,9 × 2,1 cm. Nach A. Ruppel[1] wurde die Fliese 1935 schon einmal gefunden.
Harxheim, Slg. Dederer.
c Peterspay, kath. Kapelle St. Peter und Paul, in situ im Chorbereich.
d „Aus Kloster Arnstein, bei der Ausgrabung 1909 gefunden." *Variante,* mit drei parallelen Rankenbändern. Hellrötlicher, poröser Ton, die Vertiefungen mit roter Farbe gefüllt. 13,5 × 2,5 cm.
Diez, Nassauisches Heimatmuseum.
e Speyer, ehem. Augustiner-Chorherrenstift St. German, bei einer Grabung 1949 gefunden. 13,4 × 3 cm.
Speyer, Historisches Museum der Pfalz.
f Angeblich aus der Margarethenkapelle unterhalb Kloster Arnsteins, in jüngster Zeit gefunden. Mittelgrauer Ton mit rosarötlichem Mantel.
Höhr-Grenzhausen, Töpferei-Museum Georg Peltner.
g Brunnenburg, ehem. Prämonstratenserinnenkloster, bei der Ausgrabung 1954–55 (H. Miedel, Abb. 64) und 1974 erneut gefunden. Gelblicher Ton. G. u. I. Maag, 1983, 134, Abb. 88B.
Wiesbaden, Slg. Nassauischer Altertümer.
Wiesbaden, Privatbesitz.
h Mainz, Gutenbergplatz, ehem. Dompropstei, bei Grabung 1910 in situ gefunden. E. Neeb, 1911, S. 149, Abb. 9, Nr. 13.
Mainz, Mittelrheinisches Landesmuseum.

1 A. Ruppel, Jahresbericht des Altertumsmuseums der Stadt Mainz, Mz. Zs. 30, 1935, 88.
2 Eine Grabung fand 1909 nicht in Kloster Arnstein, sondern in Brunnenburg statt. Bei der engen Übereinstimmung der Fliesenmuster beider Kirchen ist es möglich, daß auch dieses Muster in Kloster Arnstein gefunden wurde.

W80 Brunnenburg – Mainz – Straßburg?

2. Viertel – Mitte 13. Jahrhundert.
Roter Ton. Vertiefte Prägung. Abgetreten. 12,5 × 2,5 cm.
Variante von W78. Dasselbe Muster auf einem quadratischen Fliesenrahmen, der als Füllung die Fliese R20 zeigt. In den Ecken kleine Lilien als Strichzeichnung.
Fundort:
a Brunnenburg, ehem. Prämonstratenserinnenkloster, bei Grabung 1954–55 gefunden. G. und F. Maag, 134, Abb. 88P.
Wiesbaden, Slg. Nassauischer Altertümer.
Diez, Nassauisches Heimatmuseum (Bruchstück).
b Mainz, Gutenbergplatz, ehem. Dompropstei, bei Bauarbeiten 1910 in situ gefunden. E. Neeb, 1911, 149, Abb. 9, Nr. 5.
Mainz, Mittelrheinisches Landesmuseum.
c Unbekannt. Entweder aus Straßburg, St. Nikolaus, oder der Benediktiner-Abteikirche Altdorf, vgl. Anm. zu D7. Stark abgetretene Fliesen und Bruchstücke.
Straßburg, Frauenhausmuseum.

W80.1 Bonmont

13. Jahrhundert.
Rötlicher Ton. Vertiefte Prägung. Bruchstück. Oberfläche teilweise zerstört. Breite 7 cm.
Randleiste, an beiden Kanten Zackenleiste. In der Mitte gegenständige Palmette mit tiefgelappten Blattbogen. In Seitenmitte Hälfte eines Sterns aus vier Spitzovalen.
Fundort:
Bonmont, ehem. Zisterzienserkloster, bei Grabungen 1949–53 gefunden.
Bonmont, Slg. Schoeller.

W81 Teutleben

2. Hälfte 12. Jahrhundert.
Weißlichgrauer Ton?, nach Inventar „weißer Gips". Vertiefte Prägung. Maße unbekannt.
Randleiste der Fliesen D2 und M3. Zwischen zwei mit Punkten verzierten Rahmenleisten Wellenband mit flachen Palmetten.
Fundort:
Teutleben, ev. Pfarrkirche, 1888 noch in Resten auf der Westempore vorhanden, heute zerstört. P. Lehfeldt, G. Voss, 1892, 478.

W82 Minden

Um 1200.
Brauner Ton mit glatter, feingeschlämmter Oberfläche. Vertiefte Prägung. Bruchstück. Ca. 9 × 10 × 2 cm.
Randleiste mit zwei durch Schaftring verbundenen Herzornamenten, deren Fläche drei schöngezeichnete Palmetten füllen. Am Rande abgeschnittene Spitze einer breitgefächerten Palmette.
Fundort:
Minden, bei Grabungen 1909 auf dem Werder gefunden, aus dem ehem. Benediktinerkloster St. Mauritius stammend. O. K. Laag, 42, Nr. 3.
Minden, Museum für Geschichte, Landes- und Volkskunde.

W83 Ihlow – Doberan

2. Hälfte 13. Jahrhundert.
Ziegelroter Ton mit brauner Bleiglasur. Flachrelief. Bruchstück von ca. 11 cm Länge, Höhe 7,6/7,8 cm. Dicke 2,9/3,7 cm.
Ranke mit viergeteilten Palmetten, das erste Blatt an der Spitze zur Volute gerollt[1].
Fundort:
a Ihlow, ehem. Zisterzienserkloster, bei einer Grabung 1977 im Schutt gefunden. H. Stettner, 11, Abb. 3.
Aurich, Ostfriesische Landschaft.
b Doberan, ehem. Zisterzienserkloster, um 1900 noch vorhanden, heutiger Verbleib unbekannt. *Variante.* Das Rankenband flacher, die Palmetten mit nur drei Bogen. Relief, Ton-

farbe und Maße unbekannt. F. Schlie, III, 629, oberes Fliesenfeld.

1 Das Muster fand sich, in fast übereinstimmender, spiegelbildlicher Prägung bei einer Grabung 1928 in dem schottischen Zisterziensterkloster North Berwick (Lothian). J. Richardson, Abb. 18, Nr. 6.

W 84 Süddeutschland?

Anfang 14. Jahrhundert?
Roter Ton. Vertiefte Prägung. 12 × 2 cm.
Randleiste auf quadratischer Fliese. Zwischen zwei Doppellinien regelmäßige Ranke aus Halbkreisbögen mit kleinen Blattknospen und einem Rebblatt an der zur Volute gerollten Spitze, von einem zweiten Blatt die Hälfte sichtbar.
Fundort:
Unbekannt, vermutlich aus Süddeutschland.
Karlsruhe, Slg. Philipp Hermann.

W 84.1 Süddeutschland? Rheinland?

2. Hälfte 13. Jahrhundert? 14. Jahrhundert?
Vertiefte Prägung. Tonfarbe und Maße unbekannt.
Randleiste auf quadratischer Fliese, die Doppellinien wie W 84. Dazwischen ein liegendes, stilisiertes Blatt wie H 230 in Spitzoval.
Fundort:
Nach R. Forrer, Taf. CVII aus dem Rheinland.[1] Eine Kopie dieser Fliese wurde 1896 in St. Lambertus, Düsseldorf, verlegt, das Original war nicht aufzufinden.

1 Die Zuschreibung Forrers wird durch die Form des Blattes, ein Muster des Klosters Eberbach, wahrscheinlich gemacht, ähnliche Muster zwischen Doppellinien fanden sich in Bacharach, Köln und Rüdesheim (C 33) und in Arnstein (W 88). Die von Forrer abgebildeten Vorlagen für die Kopien werden von ihm als „rheinisch" bezeichnet, von den 17 Fliesen stammen allerdings 15 aus Süddeutschland. Da das Eberbacher Blattmuster auch in Kloster Schönau gefunden wurde, ist es nicht ausgeschlossen, daß die Vorlage für W 84.1, wie vermutlich auch W 84, aus Süddeutschland stammt.

W 85 Bonmont – Aulps

2. Hälfte 13. Jahrhundert.
Roter Ton mit gelblicher, manchmal ins Schwarzbraune spielender Glasur[1]. Vertiefte Prägung. 8 × 16 × 2,8 cm.
Rechteckfliese, Ranke ähnlich W 84. In den entstehenden Kreisen je eine Blüte; zwei Palmetten, die einen spitzovalen Kelch umschließen und so einen Sechspaß bilden, bei dem der sechste Paßkreis durch einen Schaftring ersetzt ist. In Seitenmitte Hälfte, in den Ecken Viertel eines Viersterns.
Fundort:
a Bonmont, ehem. Zisterzienserkloster, bei Grabungen 1949–53 gefunden. F. Bucher, 110, Abb. 5.
Bonmont, Slg. Schoeller.
Zürich, Schweizerisches Landesmuseum.
Privatbesitz.
b Aulps, ehem. Zisterzienserklosterkirche, bei Grabungen in den an den Chor angrenzenden Kapellen gefunden. Bruchstück. E. Renard, 1940, 48, Fig. 21.

1 Vgl. Anm. zu N 11.

W 86 Bonmont – Aulps

2. Hälfte 13. Jahrhundert.
Roter Ton mit gelblicher, manchmal ins Schwarzbraune spielender Glasur[1]. Vertiefte Prägung. 7,3 × 15,5 × 2,5 cm.
Variante von W 85. Die Ranken übereinstimmend, die Blüten durch heraldische Lilien ersetzt. Vom Kelchgrund wachsen zu beiden Seiten auf langen Stengeln schmale Palmetten, die den Fliesenrand berühren. In den Ecken Viertel einer kleinen Blüte.
Fundort:
a Bonmont, ehem. Zisterzienserkloster, bei Grabungen 1949–53 gefunden. F. Bucher, 110, Abb. 6.
Bonmont, Slg. Schoeller.
Zürich, Schweizerisches Landesmuseum.
Privatbesitz.
b Aulps, ehem. Zisterzienserklosterkirche, bei Grabungen in den an den Chor angrenzenden Kapellen gefunden. E. Renard, 1940, 48, Fig. 21.

1 Vgl. Anm. zu N 11.

W 87 Kolmar

Mitte 14. Jahrhundert?
Roter Ton. Vertiefte Prägung. 13,5 × 15,8 × 3,6 cm.
Randfliese, Volute ähnlich W 84. Im Innern des Kreisbogens entfalten sich sechs stilisierte Eichblätter mit je sieben Blattbögen, deren Stengel in kurzen Abständen an der Volutenspitze sitzen.
Fundort: Kolmar, Privathaus, Place du 2 Février, 38.
G. Meyer, 1975 a, 36, *Abb.* S. 43, C 5.
Kolmar, Privatbesitz.

W 88 Arnstein – Lahnstein – Hadamar

13. Jahrhundert (a), kurz vor 1379 (c).
Tonfarbe und Maße wie W 88 b. Hellgelblicher Ton. Vertiefte Prägung. 10 × 13,3 × 1,7 cm.
Randleiste mit zwei Rahmenlinien. In der Mitte Doppelkreis mit Vierpaß, zu beiden Seiten je die Hälfte desselben Musters.
Fundort:
a Arnstein, ehem. Prämonstratenserkloster, 1880 noch auf der Westseite der Kirche als Rahmung von L 12 verlegt, heute verloren. W. Lotz, F. Schneider. Skizze im Handexemplar von F. Schneider, nach S. 12.
b Lahnstein, Ortsteil Niederlahnstein, Arnsteiner Hof, Kapelle, bei einer Restaurierung entfernt, vor 1981 nochmals gefunden.
Rüdesheim, Rheingauer Museum, z. Z. nicht auffindbar.
Lahnstein, Forstverwaltung.
c Hadamar, Liebfrauenkirche, bei der Aufdeckung des Fliesenbodens 1966 in situ gefunden. Als Trennband zwischen den einzelnen Fliesenflächen verlegt. Gelbrötlicher Ton. Abgetreten. 8,5 × 10,5 × 1,5 cm.
Königstein, Stadtmuseum.
Privatbesitz.

W 89 Idstein – Mainz

2. Hälfte 13. Jahrhundert.
Hellgrauer Ton. Vertiefte Prägung. Bruchstück.
Randleiste mit Kreuz aus Diagonalbändern, auf denen je sechs kleine Quadrate aufgereiht sind.

Fundort:
a Idstein, Herkunft unbekannt, bei Abbrucharbeiten zwischen 1925 und 1939 geborgen.
Idstein, Heimatmuseum.
b Mainz, Herkunft unbekannt. 10 × 14,2 × 1,5 cm.
Mainz, Mittelrheinisches Landesmuseum.
In Analogie zu dem ebenfalls in Idstein und Mainz gefundenen Muster J42 dürfte dies ein Muster des Klosters Eberbach sein.

W89.1 Trier?

2. Hälfte 13. Jahrhundert.
Grauschwarzer Ton. Vertiefte Prägung. Bruchstück (ca. ein Drittel der Fliese). Nicht abgebildet.
Ein bisher unbekanntes Muster des Klosters Eberbach. Sichtbar ist der Teil eines Bandes mit einem Kästchen wie W89. An diesen stößt im Winkel von ca. 60° ein Stab mit Dreipaßblatt.
Fundort:
Unbekannt, vermutlich aus Trier, möglicherweise aus St. Paulin. W. Weber, 240, Abb. 1, Nr. 3.
Trier, Bischöfliches Dom- und Diözesanmuseum.

W90 Speyer – Kiedrich – Mainz – Rosenthal – Worms

3. Viertel 13. Jahrhundert. 1259–1274 (b), 1261 (f).
Hellroter und gelblich-rötlicher, feingemagerter Ton. Vertiefte Prägung. 7,5 × 13 × 2,5 cm.
Randleiste mit flachem Diagonalkreuz, in Fliesenmitte von Doppelkreis verdeckt. Auf den Kreuzarmen je drei kleine Kreise. Parallel zur Längskante jeweils Strich und punktierte Linie, 13 Punkte auf dem Mittelkreis.
Fundort:
a Speyer, vor 1930 gefunden, aus der Slg. K. Diernfellner.
Speyer, Historisches Museum der Pfalz.
b Kiedrich, Burg Neuhaus im Peterstal (Alteburg), bei Aufräumungsarbeiten vor 1870 und in den letzten Jahren erneut gefunden. *Variante.* An die Längsseite desselben Models wurde auf beiden Seiten ein Band mit je sechs Rauten angefügt. 14 × 3 cm.
Wiesbaden, Slg. Nassauischer Altertümer.
Johannisberg, Schloß, Privatbesitz.
c Mainz, kath. Pfarrkirche St. Stephan, bei Aufräumungsarbeiten 1947 am Hochaltar gefunden. Gelblichroter Ton. 11,5 × 13,8 × 2,4 cm.
Mainz, Diözesanmuseum.
d Mainz, Herkunft unbekannt (alter Bestand).
Mainz, Mittelrheinisches Landesmuseum.
e Unbekannt. Aus Hessen?, möglicherweise ebenfalls aus Mainz. Sehr feiner graugelblich-hellgrauer Ton mit grauer Engobe. Kante senkrecht. 12 × 13,8 × 2,7 cm.
Darmstadt, Hessisches Landesmuseum.
f Rosenthalerhof, ehem. Zisterzienserinnenkloster Maria im Rosenthal, bei Sicherungsarbeiten 1983 gefunden.
Eisenberg, Historischer Verein für Rosenthal und Umgebung.
g Worms, Herkunft unbekannt, vor 1922 gefunden. E. Grill, Taf. IV, 110. Sehr feingeschlämmter schwarzgrauer Ton. 13,5 × 2 cm.
Worms, Museum der Stadt Worms.

W91 Halle/Saale

1527.
Tonfarbe und Glasur unbekannt, vermutlich analog zu S53 gelblicher Ton mit blauer, weißer und gelber Glasur.
Oblonges Achteck, die Schmalseiten konkav gewölbt. Vier Fliesen bilden einen Stern, dessen Mitte aus einer kleinen Kreisfliese besteht.
Viersternblüte zwischen zwei Distelblättern.
Fundort:
Halle/Saale, Haus „Zum kühlen Brunnen", 1840 noch in situ vorhanden, zusammen mit S53 verlegt. H. Volkmann, 56, Abb. 30.
Verbleib unbekannt.

W92 Pirmasens – Speyer

Mitte – 3. Viertel 13. Jahrhundert.
Hellgelber Ton. Vertiefte Prägung mit Reliefwirkung. 15 × 2,5 cm. Einzelstempel 6,5 × 13,5 cm.
Quadratische Fliese, in die übereinander zweimal der Model einer Randleiste mit konkaven Seitenkanten eingeprägt ist. Die Fläche in Diagonalrichtung gleichmäßig durch größere und kleinere Sternchen gefeldert.
Fundort:
a Pirmasens, beim Bau eines Gartenhauses am 3. 1. 1912 entdeckt.
Speyer, Historisches Museum der Pfalz.
b Speyer, Gasthaus „Zum roten Löwen", Herdstr. 35, bei Bauarbeiten am 27. 11. 1913 gefunden.
Speyer, Historisches Museum der Pfalz.

W93 Limburg a. d. Haardt – Mainz – Neustadt

1. Hälfte 13. Jahrhundert. Vermutlich 3. Viertel 13. Jahrhundert (b).
Roter Ton mit hellolivgrüner Glasur. Vertiefte Prägung. Bruchstück. Dicke 2 cm.
Randleiste mit leicht konkav gewölbten Seiten. Rechteckrahmen, durch diagonale Felderung in winzige Quadrate mit kleinen Punkten aufgeteilt.
Fundort:
a Limburg a.d. Haardt, Ruine des ehem. Benediktinerklosters, zu Ende des 19. Jahrhunderts bei Grabungen gefunden.
Bad Dürkheim, Heimatmuseum.
b Mainz, Algesheimer Hof, Hintere Christophstr. 3, bei Bauarbeiten 1978 gefunden. Der Model ist in die obere Hälfte einer quadratischen Fliese eingeprägt, die untere Hälfte leer. Hellrosagelblicher Ton.
Lohmar, Privatbesitz.
c Neustadt-Hambach, „Hambacher Schloß" (Kästenburg), bei der Restaurierung 1955 gefunden. Glasur teilweise an den Kanten herabgelaufen. Abgetreten. 6,5 × 13 × 3 cm.
Neustadt, Landratsamt.

W94 Hessen? Rheinpfalz?

1. Hälfte 13. Jahrhundert.
Hellrötlicher Ton mit hellolivbräunlicher Glasur. Vertiefte Prägung oder Ritzung von Hand. Bruchstück. Fläche durch zwei Rahmenlinien begrenzt, durch Diagonallinien gefeldert.

Je nach Linienführung entstehen kleine Quadrate und Rechtecke.
Fundort:
Unbekannt, vermutlich aus Hessen oder der Rheinpfalz.
Darmstadt, Hessisches Landesmuseum.

W 95 Hessen? – Rheinpfalz?

13. Jahrhundert.
Rötlicher Ton. Vertiefte Prägung oder Ritzung von Hand. Bruchstück. Dicke 3 cm.
Durch Diagonallinien entstandene kleine Rauten.
Fundort:
Unbekannt, vermutlich aus Hessen oder der Rheinpfalz.
Darmstadt, Hessisches Landesmuseum.

W 96 Palenberg

Nicht sicher datierbar, eher 16. Jahrhundert.
Gelblichweißer Ton mit gelber und grüner Glasur. Vertiefte Prägung. 6,6/8,5 cm × 1,7/2 cm. Nicht abgebildet.
Diagonales Rautenmuster, die eingeprägten Felder grün, die Stege gelb glasiert.
Fundort:
Übach-Palenberg, Peterskapelle, bei Grabungen 1957 aufgedeckt, nur einige gemusterte neben zahlreichen ungemusterten Fliesen.
Pulheim-Brauweiler, Rheinisches Amt für Denkmalpflege.

W 97 Speyer – Weinheim – Worms

Nicht sicher datierbar. Vermutlich Vorläufer der geprägten Fliesen. 12. Jahrhundert?
Hellroter Ton. Zeichnung vermutlich mit Stichel von Hand eingeritzt. Kante senkrecht. Bruchstück. Dicke 2,3 cm. Nicht abgebildet.
Sichtbar sind sechs parallele Rillen, die in einem Winkel von ca. 80° auf parallele Linien treffen, welche mit kleinen Punkten verziert sind.
Fundort:
a Speyer, Herdstr. 16, 1973 aus der Baugrube im Innenhof geborgen.
Speyer, Landesamt für Denkmalpflege.
b Weinheim, St. Peterskirche, beim Abbruch 1910 gefunden, heute verloren. Ähnliches Bruchstück. Sieben Rillen, die 5. vom Rand gesehen als Kordel gebildet. H. Huth, 364, Abb. 269.
Weinheim, Heimatmuseum, nicht auffindbar.
c Worms, Heylshof, Schloßgarten, bei Grabungen 1952 gefunden. Roter Ton. Bruchstück. Dicke 2 cm.
Worms, Museum der Stadt Worms.
d Worms, Herkunft unbekannt, vor 1922 gefunden. „Braun mit goldgelber Glasur in den Rillen." Kreissegment. 5 × 13 × 10 × 2,5 cm. Die Rillen ergeben in der Aufsicht ein perspektivisch gesehenes Zackenband. E. Grill, Taf. III, 79.
Worms, Museum der Stadt Worms (z. Z. nicht auffindbar).

W 98 Steinbach

Nicht sicher datierbar.
Roter, hartgebrannter, grobkörniger Ton. Vertiefte Prägung. Bruchstück. Dicke 2,5 cm.
Fünf tief eingeprägte parallele Linien, berührt von fünf ebensolchen, die leicht zum Kreisbogen gewölbt sind.
Fundort:
a Steinbach, Einhardsbasilika, bei Grabungen 1968 in der Umgebung der Basilika gefunden.
Michelstadt, Odenwaldmuseum.
b Variante. Bruchstück. Sichtbar sind nur acht parallele Bogenlinien. Graurosa Ton. Fundort unbekannt, möglicherweise ebenfalls aus Steinbach.
Darmstadt, Hessisches Landesmuseum.

W 99 Worms

13. Jahrhundert?
Tiefroter, grober Ton. Vertiefte Prägung. Bruchstück. Dicke 2,8 cm. Nicht abgebildet.
Sichtbar sind die vier Parallellinien eines Dreiecks? in ähnlicher Technik wie die vorhergehenden Fliesen.
Fundort:
Worms, Hintere Judengasse 6, bei Grabungen am 30. 1. 1969 gefunden.
Worms, Museum der Stadt Worms.

W 100 Lorsch – Worms

Nicht sicher datierbar.
Rötlicher Ton. Vertiefte Prägung mit breiten Rillen. Bruchstück. 10 × 13 × 2,5/3 cm. Nicht abgebildet.
Rillenmuster aus drei parallelen Viertelsbögen, durch eine durchlaufend S-förmige Rille von zwei Viertelsbögen getrennt.
Fundort:
a Lorsch, ehem. Benediktinerkloster, 1956 im Klosterbereich gefunden[1].
Darmstadt, Landesamt für Denkmalpflege Hessen, z. Z. nicht auffindbar.
b Worms, Herkunft unbekannt. *Variante.* Bruchstück. Sichtbar sind acht Parallelrillen in flacher S-Linie. Roter Ton mit starken Mörtelresten. Bruchstück. Dicke ca. 2,5 cm.
Worms, Museum der Stadt Worms.

1 Nach einer mir von Herrn Dr. Hans Huth, Worms, freundlicherweise überlassenen Zeichnung.

W 101 Speyer

Nicht sicher datierbar.
Roter Ton. Vertiefte Prägung. Bruchstück. Nicht abgebildet.
Sichtbar sind vier breite, einen rechten Winkel bildende Rillen.
Fundort:
Speyer, Dom St. Maria, bei Grabungen 1965 an der Außenseite des Chores gefunden.
Speyer, Landesamt für Denkmalpflege.

W 102 Liechtenstein

3. Drittel 12. Jahrhundert.
Vermutlich roter Ton, Kopie des 19. Jahrhunderts. Vertiefte Prägung, nicht sicher, ob mit Model geprägt. Rechteckfliese. Ca. 12 × 23 cm.
Über den breiten Fliesenseiten je ein flacher Bogen aus sechs

Wellenbändern, die Spitze der äußersten Bänder berühren sich in der Fliesenmitte.
Fundort:
Burg Liechtenstein bei Mödling, NÖ.
Mödling, Heimatmuseum.

W103 Arnsburg

15. Jahrhundert?
Roter Ton. Vertiefte Prägung. 12,5 × 23,3 × 2,6 cm. Nicht abgebildet.
Über den Langseiten der Fliesen über- und unterschneiden sich zwei flache Doppelbogen so, daß auf der Mittellinie ein schmales Spitzoval ausgeschnitten wird.
Fundort:
Arnsburg, ehem. Zisterzienserkloster, bei Grabungen 1980 gefunden. M. Morkramer, 1982, Nr. IV, 3.4.2, 74, Abb. 73.
Arnsburg, Klostersammlung.

W1

W2

W3

W4

W5

W6a

W6b

W7

W9

W10

W11

W12

W 13

W 14

W 16

W 17

W 18

W 19

W20

W21

W22

W23

W24b

W24g

W 27

W 28

W 29

W 30

W 31

W 32

W33

W34b und a

W34b

W35

W36.1

W36.2

W 37

W 38

W 39

W 40

W 42 a

W 42 e

W 42 g

W 43

W 45

W 46

W 47

W 48

W 49

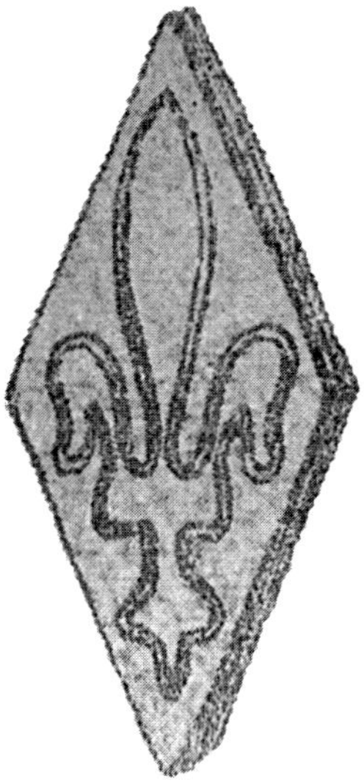

W 50

W 51

W 52

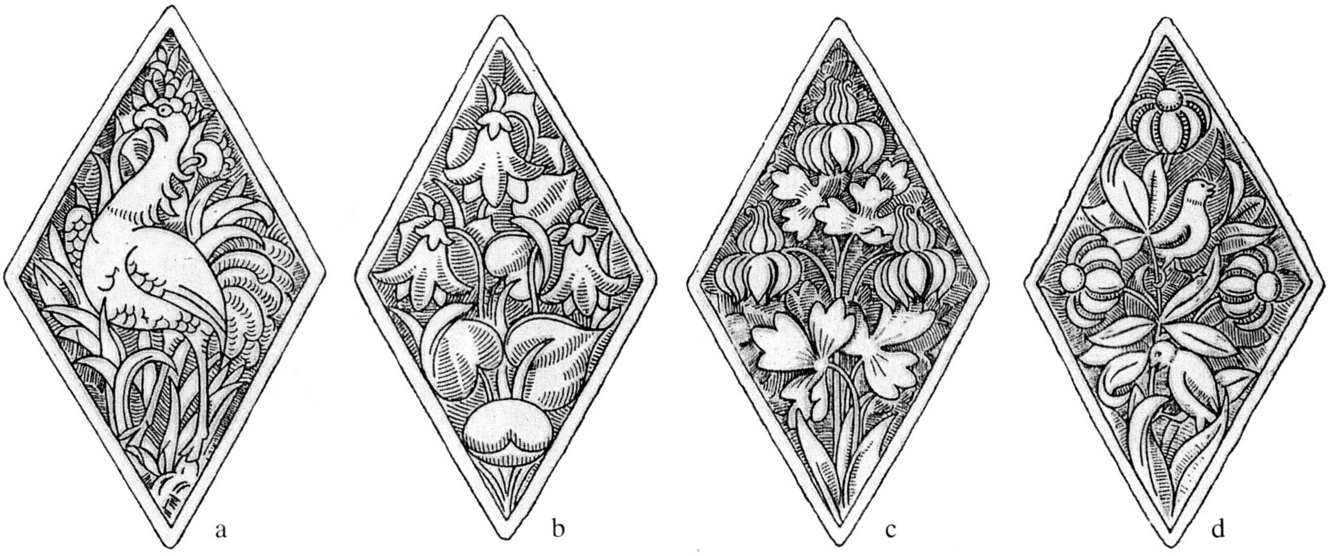

a b c d

W 53 a–d

W 54

W 55

W 56

W 57 a

W 57 a

W 58

W59

W60

W61a

W61b

W61c

W62

W 64

W 65

W 66

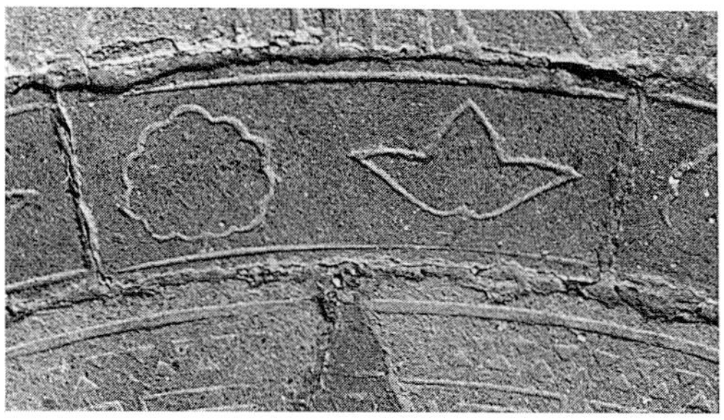

W 68

W 69

W 71

W 72

W 73

W 74

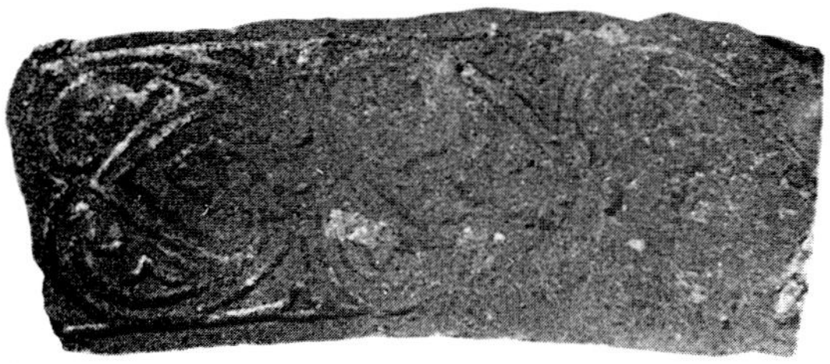

W 75

W 76

W 78 b

W77

W79a

W79c

W80

W80.1

W81

W82

W83

W84

W85

W86

W 87

W 88

W 89

W 90 a

W 90 b

W 91

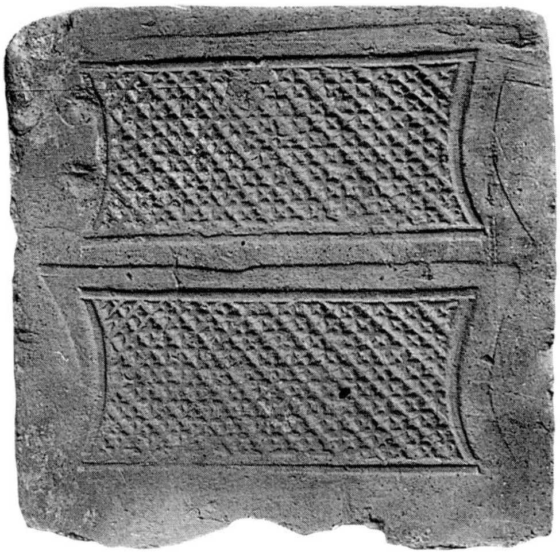

W 92

W 93

W 94

W 95

W 98

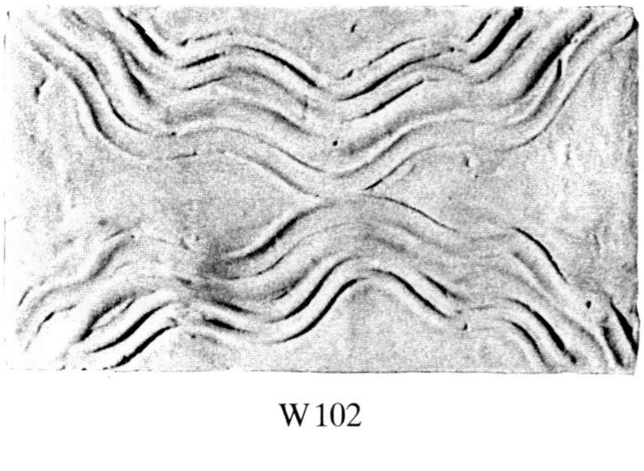

W 102

Verschiedene Muster und nachmittelalterliche Fliesen

X1 Liechtenstein

3. Drittel 12. Jahrhundert.
Vermutlich roter Ton, da der Gips der Kopien rot eingefärbt. Vertiefte Prägung. 16,5 × 18 × 3,4 cm.
Torturm mit Zinnen, flankiert von zwei niedrigeren Ecktürmen mit Zinnen. Hochgelegenes Rundtor im Mittelturm, ein Bogenfenster im linken Turm und drei unregelmäßig verteilte Schießscharten auf der weiteren Fläche. In den Ecken oben je ein dicker Punkt.
Fundort:
Burg Liechtenstein bei Mödling, NÖ. Kopien des 19. Jahrhundert nach Originalen. Kat. Babenberg, 465, Kat. Nr. 820.
Mödling, Heimatmuseum.

X2 Gleiszellen – Klingenmünster

2. Drittel 13. Jahrhundert.
Roter Ton. Vertiefte Prägung. 13 × 2 cm.
Darstellung einer mittelalterlichen Burg mit Torturm über dem Mitteltor, das Dach von einem Knauf gekrönt. Zwei flankierende Wehrtürme mit angedeutetem Quadermauerwerk und Zinnenkranz, durch Ringmauer vom Torturm getrennt. Möglicherweise Darstellung der Burg Landeck.
Fundort:
a Gleiszellen, auf dem Gelände der ehem. St. Dionysiuskirche 1959 gefunden.
Speyer, Landesamt für Denkmalpflege.
b Klingenmünster, ehem. Benediktinerklosterkirche St. Michael, bei Freilegungen 1980 im Schutt gefunden. Bruchstück. Ausgezeichnet erhalten, die Quaderung der Türme sichtbar.
Klingenmünster, Pfarrhaus.

X3 Frankenburg – Gleiszellen

2. Drittel 13. Jahrhundert.
Roter Ton. Vertiefte Prägung. 7,5/7,7 × 2 cm.
In quadratischem Rahmen Scheibenkreuz mit kleinem Mittelkreis und je einem Kreis an der Spitze des Kreuzarms.
Fundort:
a Frankenburg, Burgstelle, bei Grabungen 1975 gefunden.
Rülzheim, Privatbesitz.
b Gleiszellen, auf dem Gelände der ehem. St. Dionysiuskirche 1959 gefunden.
Speyer, Landesamt für Denkmalpflege.

X4 Neustift

Mitte 15. Jahrhundert.
Roter Ton ohne Glasur. Flachrelief. 16 × 15 × 3,5 cm.
In doppeltem quadratischem Rahmen buchstabenähnliches Zeichen. Zwei Längs- und zwei Querbalken schneiden sich so, daß in der Fliesenmitte ein kleines Quadrat entsteht. Die Spitzen teilweise wie ein gotisches s oder t geformt.
Fundort:
Neustift, ehem. Prämonstratenserkloster, 1905 gefunden.
München, Bayerisches Nationalmuseum.

X5 Spiel

15. Jahrhundert?
Gelbrötlicher Ton mit matter, hellbraunroter Engobe, evtl. zersetzte Glasur. Flachrelief. Abgetreten. Kante schräg. 12 × 2 cm.
Quadrat mit einbeschriebenem Rechteck, in Seitenmitte ähnlich einem Mühlespiel durch Linien verbunden[1].
Fundort:
Titz-Spiel, kath. Pfarrkirche St. Gereon, bei der Restaurierung 1959 gefunden. U. Lobbedey, H. Merian, A. Verbeek, 164, Abb. 49.
Pulheim-Brauweiler, Rheinisches Amt für Denkmalpflege.

1 F. Schneider, 1903. Ein Mühlespiel in ähnlicher Form findet sich auf einer Sohlbank der Zwerggalerie im Ostchor des Wormser Doms, offensichtlich durch Werkleute der Dombauhütte in den Stein geritzt. Schneider vermutet dessen Entstehung zu Ende des 12. Jahrhunderts. – Ebenfalls aus dem 12. Jahrhundert stammt ein Mühlespiel auf einem nachträglich vermauerten Stein des „Römerturms" in Regensburg (K. Bauer, Regensburg, Regensburg 1970, 292, Abb. 25). G. Stein, 1973, Taf. 5, Abb. 5, zeigt eine Fenstersohlbank mit eingeritztem Mühlespiel aus dem „Schlössel" in Klingenmünster (heute: Speyer, Historisches Museum der Pfalz), die vermutlich dem 11. Jahrhundert angehört. – Ein Muster mit einem „Neun-Steine-Spiel" findet sich eingeritzt auf einem St. Urban-Backstein der 1309 zerstörten Burg Alt-Büron, Schweiz (J. Zemp, 136, Abb. 26). Zur ikonographischen Deutung der Darstellung vgl. Textband, 225.

X6 Worms

1. Hälfte 13. Jahrhundert?
Tiefroter Ton mit bräunlichgrünlicher Glasur, teilweise an den schrägen Kanten herabgelaufen. Vertiefte Prägung. Bruchstück. Dicke 2,3 cm.
Quadrat aus Doppellinien, durch Doppelkreuz in vier Kästchen geteilt. Zwei mit gleichseitigem Dreieck, zwei mit vier Punkten in Würfelanordnung. Darstellung eines dem Domino ähnlichen Spiels?
Fundort:
Worms, Herkunft unbekannt. Prägung und Glasur lassen auf eine frühe Entstehung der Fliese schließen. Nach 1922 gefunden.
Worms, Museum der Stadt Worms.

X7 Titz-Mündt

2. Hälfte 15. Jahrhundert?
Braunorangeroter Ton. Flaches Relief, von einer dickflüssigen Salzglasur so stark überzogen, daß die Muster oft fast verwischt sind. Kante senkrecht. Ohne Abnützungsspuren. 13,2 × 2 cm.
Die Oberfläche in neun Felder geteilt. In der Mitte Astroide mit einbeschriebenem Kreis, mit 16 Punkten gefüllt, so daß es wie ein Blütenkorb wirkt. Die Eckfelder an die Astroide angebunden, darin Blüten aus dicken Punkten. In den Zwischenfeldern Malteserkreuze und Radkreuze im Kreis.
Fundort:
Titz-Mündt, kath. Pfarrkirche St. Urban, 1974 beim Einbau einer Fußbodenheizung als Füllung in Grab 4 gefunden[1].
Bonn, Rheinisches Landesmuseum.

1 M. Gross, W. Piepers, 438.

X8 Lohn

2. Hälfte 15. Jahrhundert.
Weißlichbräunlicher Ton mit mittelgrüner Glasur, auch an den leicht schrägen Kanten. Vertiefte Prägung, Stempel zu einem Fliesenrand hin verschoben. Bruchstück. 13 × 1,8 cm.

In quadratischem Rahmen neun Quadratfelder, ein jedes durch Dreieckswinkel, die sich nicht berühren in Diagonalkreuz geteilt.
Fundort:
Lohn, ehem. Pfarrkirche St. Silvester, bei einer Grabung 1973 gefunden.
Bonn, Rheinisches Landesmuseum.

X9 Ottmarsheim – Pfaffenheim?

11. Jahrhundert?[1] 1446? um 1460?
Ziegelroter Ton. Vertiefte Prägung. Die ganze Platte mit *einem* Model geprägt, sichtbar an einer Fliese, bei der der Model verrutschte. 21 × 21 cm.
25 (5 × 5) kleine quadratische Felder, abwechselnd gefüllt mit achtstrahligem Stern aus zwei übereinandergelegten Kreuzen und 16 (4 × 4) übereinander angeordneten Dreieckskerben.
Fundort:
a Ottmarsheim, ehem. Benediktinerinnenkirche, der Fußboden auf der Empore in situ erhalten, alle begangenen Stellen stark abgetreten. Vereinzelte Fliesen im Erdgeschoß, teilweise mit Kopien ausgeflickt. F. X. Kraus, II, 501, Abb. 77 (im Kat. ist die Kopie abgebildet!).
b Pfaffenheim, kath. Pfarrkirche St. Martin. Kopien in der Sakristei. Ob diese nur die mittelalterlichen Fliesen ersetzten oder sich am Vorbild Ottmarsheim orientierten, konnte nicht mehr ermittelt werden. Prägung vermutlich 1893.

1 Vgl. hierzu einen Pfeiler in der Klosterkirche Surburg (R. Kautzsch, 133, Abb. 125) welcher ein ähnliches, mit einer Flechse hergestelltes Muster zeigt. Die Kirche wurde in der Mitte oder im 3. Viertel des 11. Jahrhunderts erbaut. Der Vorschlag zur Frühdatierung stammt von Herrn Gilbert Meyer, Kolmar, siehe Fundortkat.

X10 Gurk

Um 1220?
Roter Ton. Vertiefte Prägung. 16 × 16 cm.
Gegenfliese zu S34. Zwei mit den Spitzen die Fliesenecken berührende Sichelmonde.
Fundort:
Gurk, Dom Mariae Himmelfahrt, in situ auf der Westempore. K. Ginhardt, B. Grimschitz, 29, Abb. 16.

X11 Trittelingen

15. Jahrhundert?
Roter Ton ohne Glasur. Vertiefte Prägung. Maße unbekannt. Nicht abgebildet.
Quadratische Fliese mit großem, die Fliesenfläche ganz bedeckendem Herzornament.
Fundort:
Trittelingen, Pfarrkirche St. Martin, 1889 zusammen mit M16 noch schachbrettartig im Chor verlegt, seit dem Umbau der Kirche 1909 verloren. G. Boulanger, 298.

X12 Brunnenburg – Mainz

2.–3. Viertel 13. Jahrhundert.
Roter und dunkelgrauer Ton. Vertiefte Prägung. Abgetreten. 14,5 × 2,5 cm.
Breiter quadratischer Rahmen, in diesem eine Art Schachbrettmuster, bei dem jedoch an der Außenkante jede zweite Linie fehlt, so daß eine Kammzähnung entsteht. Im Rahmen unregelmäßige Diagonallinien, die ebenfalls offene und geschlossene Kästchen und kleine Dreiecke bilden.
Fundort:
a Brunnenburg, ehem. Prämonstratenserinnenkloster, bei Grabungen vor 1907 in der Ruine geborgen, 1974 erneut gefunden. G. und I. Maag, 134, Abb. 88N.
Diez, Nassauisches Heimatmuseum.
b Mainz, Herkunft unbekannt. Bruchstück. 14 × 2 cm.
Mainz, Mittelrheinisches Landesmuseum.

X13 Straßberg

Anfang 13. Jahrhundert.
Roter Ton. Flachrelief. Nur noch eine halbe Fliese erhalten. 10 × 10 cm.
Quadratischer Stempel mit kleinen Schachbrettwürfelchen, in die Fliese so eingeprägt, daß ein breiter Rand bleibt.
Fundort:
Burgruine Straßburg, an der Ostseite des Burghügels vor 1916 gefunden. Der Verbleib der Fliese war nicht zu ermitteln. L. Gerster, 1916, Taf. XV, 8.

X14 Lahnstein

Mitte 13. Jahrhundert?
Weißlicher, sehr mürber Ton. Vertiefte Prägung. Bruchstücke. Nicht abgebildet.
In der Fliesenecke ganzer Kreis mit Mittelkreis, an zwei Seiten je die Hälfte des Musters.
Fundort:
Lahnstein, Ortsteil Niederlahnstein, St. Johanniskirche, bei Grabungen 1960–62 gefunden.
Niederlahnstein, Kirchenverwaltung.

X15 Bebenhausen

Anfang 15. Jahrhundert.
Roter Ton. Flachrelief. 10,5 × 3 cm.
Zwei unregelmäßig breite Halbkreisbänder, in den Fliesenekken von schmaleren Viertelskreisen unterschnitten. Um sie wölbt sich eine Laubkrone in der seit Mitte des 14. Jahrhunderts üblichen Form[1] mit drei Kreuzblumen und zwei kleinen Dreipässen.
Fundort:
a Bebenhausen, ehem. Zisterzienserkloster, im 19. Jahrhundert entfernt.
Stuttgart, Württembergisches Landesmuseum.
b Bebenhausen, in situ im Dormitorium.
Privatbesitz, (nach 1945 dort aufgelesen).

1 G. A. Seyler, 1890, 211.

X16 Göppingen

2. Drittel 15. Jahrhundert.
Tiefroter, feingemagerter Ton. Flachrelief. Wenig abgetreten. Fliese in der Mitte gebrochen. Kante senkrecht.
Viertelsrond A, darunter große Laubkrone, welche die ganze Fläche füllt. Den in Untersicht gegebenen ovalen Kronenreif

unterbricht ein „a“ in gotischer Minuskel, bei welchem der Modelschneider die Umkehrung durch die Prägung nicht berechnete[1]. An den Fliesenseiten je die Hälfte eines großen Eichblatts.
Fundort:
Göppingen, Oberhofenkirche, bei den Grabungen 1981–83 gefunden.
Stuttgart, Landesdenkmalamt Baden-Württemberg.

1 Freundliche Auskunft von Frau Dr. Renate Neumüllers-Klauser, Heidelberg. Sie datiert die Buchstabenform in die Zeit um 1430. Da die Oberhofenkirche erst ab 1436 neu erbaut wurde, muß die Fliese später entstanden sein. Es ist jedoch möglich, daß sie aus dem ersten Bodenbelag der Kirche stammt, während die übrigen Fliesen erst zu Ende der Bauzeit verlegt wurden.

X17 Worms

2. Hälfte 13. Jahrhundert.
Feingemagerter grauer Ton. Vertiefte Prägung. 14 × 2,5 cm.
Ein herzförmiges Ornament, die Spitze nach oben gerichtet, füllt fast die ganze Fliese. Aus der durch Schaftring gehaltenen Wölbung steigt eine Glockenblume, flankiert von zwei breiten, die Herzform überschneidenden Blättern, deren Spitze mehrfach eingekerbt ist. Am Herzgrund zwei weitere dreigeteilte Palmetten.
Fundort:
Worms, Herkunft unbekannt, vor 1922 gefunden. E. Grill, Taf. II, 58.
Worms, Museum der Stadt Worms.

X18 Ulm – Mengen

Ende 15. Jahrhundert.
Roter Ton. Flachrelief. Abgetreten. 16 × 3,5 cm.
In quadratischem Rahmen steiler Kielbogen. Unter diesem zartes, reichverzweigtes Blattwerk, zu beiden Seiten ebenfalls Blätter.
Fundort:
a Unbekannt, wahrscheinlich aus Ulm. Bei K. Haßler, Taf. II, 2, findet sich eine ganz ähnliche Fliese aus einem Ulmer Bürgerhaus. Es ist möglich, daß Haßler die Fliese, wegen der starken Zerstörung der Oberfläche, ungenau zeichnete und es sich hier um diese Fliese handelt.
Stuttgart, Württembergisches Landesmuseum.
b Aus Mengen, Herkunft unbekannt. *Variante.* Bruchstück. Erhalten ist ca. die halbe Fliese, 19 × 10 cm. Roter Ton. Der Kielbogen reicht mit der Spitze bis zur Mitte der Fliesenkante. Unter diesem, die Fläche füllend, heraldische Lilie sehr ähnlich der von J22, zu beiden Seiten je eine halbe Lilie desselben Typus.
Mengen, Heimatmuseum.

X19 Nürnberg

Anfang 16. Jahrhundert.
Rötlicher Ton. Der Grund ocker glasiert, das Dreieck hellblau, die Blüte weiß. Flachrelief. 12,5 × 2 cm.
Fliese durch ein breites, mit neun Punkten verziertes Dreiecksband gegliedert. In das Dreieck einbeschrieben die Hälfte eines Blattsterns, in den Ecken je das Viertel desselben Ornaments.
Fundort:
Nach R. Forrer, 1901, Taf. III, 5 „Nürnberg“. Möglicherweise handelt es sich um die Fliesen des dortigen Augustinerklosters, deren Muster nicht mehr bekannt sind[1].
London, Victoria and Albert Museum.

1 Anz. GNM III, 1904, 39: „Fußbodenfliesen von 1516 aus dem früheren Augustinerkloster zu Nürnberg“. Die Fliesen wurden vermutlich beim Abbruch des Klosters 1872 geborgen. Sie haben sich im GNM Nürnberg nicht erhalten.

X20 Württemberg

1. Hälfte 16. Jahrhundert.
Roter, grobgemagerter Ton. Flachrelief mit abgerundeten Kanten. 17 × 3 cm.
Variante zu X 19. Auf dem Dreiecksband wellenförmiges Renaissanceornament. Im Dreieck Hälfte eines Rautensterns mit Margeritenblüte, in den Ecken Viertel desselben Musters.
Fundort:
Unbekannt, aus Württemberg.
Stuttgart, Württembergisches Landesmuseum.

X21 Marburg

1. Hälfte 16. Jahrhundert.
Roter Ton. Vertiefte Prägung. Bruchstücke. 20 × 3 cm.
Dreiecksband wie X20. Die Fläche mit winzigen, gegeneinander versetzten Dreiecken gefüllt, durch zwei Friese aus quadratischen Kästchen gerahmt. Im Dreieck sorgfältig gezeichnete Akanthuspalmettenhälfte, in den Ecken Viertel desselben Musters.
Fundort:
Marburg, Haus 159, vermutlich Kugelgasse 19, bei Abbrucharbeiten 1882 gefunden.
Marburg, Museum für Kunst und Kulturgeschichte.

X22 Rodheim v. d. Höhe

Ende 16. Jahrhundert?
Blaßroter Ton. Flachrelief. Kante senkrecht. 13,2/13,4 × 13,6/13,8 × 2,3 cm.
Variante zu X 21. Weniger sorgfältige Prägung. Anstelle der Dreiecke Rauten ausgespart. In der Mitte unten Hälfte einer viergeteilten Blüte mit herzförmigen Blättern und kleinen Kelchzipfeln. In den Ecken Viertel desselben Ornaments.
Fundort:
a Rodheim v. d. Höhe, ehem. ev. Kirche auf dem alten Friedhof, beim Abbruch geborgen. H. Lange v. Wallis, 696 oben.
Darmstadt, Slg. Peter Weyrauch.
Mittelheim, Privatbesitz.
Durch den Kunsthandel an weitere unbekannte Besitzer gelangt.
b Rodheim v. d. Höhe, Haus Kirchgasse 1, vermutlich ebenfalls aus der Kirche entnommen.
Rodheim v. d. Höhe, Privatbesitz.

X22.1 Raeren

2. Hälfte 16. Jahrhundert.
Grauer Steinzeugscherben mit Kobaltsmalte.
Fliese durch Mittellinie geteilt. Dreiecke in grätenförmiger Anordnung abwechselnd blau und grau.

Fundort:
Raeren (Belgien), bei Zufallsgrabungen gefunden. O. E. Mayer, 1977, 182, Abb. 19.
Raeren (Belgien), Töpferei-Museum.

X23 Mainz

1. Hälfte 16. Jahrhundert.
Roter Ton. Flachrelief. 13 × 1,8 cm.
Auf kleinen Viertelskreisen ansetzender Vorhangbogen, die Bekrönung pagodenartig überstehend, von Blattbögen gerahmt. Auf der Grundkante Hälfte eines Blattsterns aus Akanthuspalmetten, von einem flachen Dreieck aus kleinen züngelnden Flammen umgeben. Auf der Spitze des Blattsterns Bäumchen aus fünf Eichblättern mit je einem, den Bogen überschneidendem Blütenstengel. Die Flächen zu beiden Seiten des Bogens mit demselben Ornament in Gegenrichtung ausgefüllt, in den Ecken Viertel eines Mittelsterns. Dieses Muster wird, in zahlreichen Abwandlungen, seit dem Beginn des 16. Jahrhunderts für Ofenkacheln verwandt.
Fundort:
Mainz, Emmeransgasse 9, 1896 ein ganzer Fußboden entfernt[1].
Mainz, Mittelrheinisches Landesmuseum.

1 Westd.Zs. 16, 1897, Museographie 1896, 358, Taf.XX, 2.

X24 Bad Neuenahr-Ahrweiler – Fischenich – Köln

Um 1627? (a), nach 1554 (b).
Graurötlicher Ton mit braungelber Glasur. Teilweise stark abgetreten. Flachrelief. 14,2 × 2 cm.
Angeschnittenes Kreisband aus vier Parallelbögen, darunter vierfaches rechtwinkliges Dreieck. In der Zusammensetzung von vier Fliesen ergibt sich ein nicht mehr geschlossener Kreis mit Mittelquadrat. In der Ecke unten heraldische Lilie von Ranken umgeben, diese füllen auch die Fläche zwischen Bogen und Dreieck, sowie die gegenüberliegende Ecke. In den beiden seitlichen Fliesenecken Viertel eines kleineren Quadrats[1].
Fundort:
a Ahrweiler, ehem. Klosterkirche auf dem Kalvarienberg, von einem 1975 aufgedeckten Fliesenboden.
Mainz, Landesamt für Denkmalpflege.
b Fischenich, Burgstelle, bei Sicherungsarbeiten 1984 gefunden. *Variante,* die Ranken gröber, das Mittelquadrat durch eine Abtreppung noch mit dem seitlichen Quadrat verbunden. Hellgelbe Glasur.
Pulheim-Brauweiler, Rheinisches Amt für Denkmalpflege.
c Köln, ehem. Benediktinerklosterkirche St. Pantaleon, Antoniuskrypta unter der Katharinenkapelle, 1952 bei Grabungen in situ aufgedeckt. Braungelbe Glasur.
Pulheim-Brauweiler, Rheinisches Amt für Denkmalpflege.
d „Aus Köln" (nicht notwendigerweise ebenfalls aus St. Pantaleon), vor 1901 gefunden. Leuchtend gelbe Glasur. R. Forrer, 1901, Taf. III, 4.
London, Victoria and Albert Museum.
e Köln, Herkunft unbekannt. Hellgrüne und mittelgrüne Glasur.
Köln, Museum für Angewandte Kunst.

1 Auch dieses Muster findet sich auf Fayence-Fliesen in Antwerpen. Diese werden von J. D. van DAM, Das Ornament auf niederländischen Fliesen 1560–1625, Keramos 108, 1985, 106, Abb. 8 (99–130), auf ca. 1580 datiert.

X25 Bad Neuenahr-Ahrweiler – Kaster – Köln

Um 1627? (a), nach 1554 (b)?
Graurötlicher Ton mit bräunlicher Glasur. Flachrelief. 13,8 × 2,5 cm.
Aus vier parallelen Linien gebildetes, abgetrepptes Band, welches in der Zusammensetzung jeweils ein Andreaskreuz im Wechsel mit einem lateinischen Kreuz ergibt. Die Flächen ganz mit zarten Arabesken gefüllt, die in der Zusammensetzung Blütensterne bilden. Der Model vermutlich in derselben Werkstatt geschnitten wie H33–H34.[1]
Fundort:
a Ahrweiler, ehem. Klosterkirche auf dem Kalvarienberg, in einem 1975 aufgedeckten Fliesenboden in situ gefunden.
Mainz, Landesamt für Denkmalpflege Rheinland-Pfalz.
b Kaster, Ruine der ehem. Burg, bei einer Grabung 1975 gefunden. Bruchstück.
Kaster, Privatbesitz.
c „Aus Köln", vor 1901 gefunden. R. Forrer, 1901, Taf. LII, 3. Nicht mit demselben Model geprägt, vermutlich dies die früher entstandene Vorlage für Ahrweiler. Dunkelbraune Glasur und hellbräunliche Glasur mit grünen Schlieren.
London, Victoria and Albert Museum.
d Köln, Herkunft unbekannt, mit olivgrüner, hellocker und brauner Glasur.
Köln, Museum für Angewandte Kunst.
e Nach R. Forrer, 1901, Taf. LII, 1 „aus Cassel und Köln" (das erstere höchst unwahrscheinlich). *Variante.* Das Sechseck ganz geschlossen, die Darstellung streng symmetrisch, die Ranken wesentlich gröber. Rötlicher Ton mit dunkelbrauner Glasur. 11 × 2,4 cm.
Köln, Museum für Angewandte Kunst.
London, Victoria and Albert Museum.

1 Diese Fliesen (oder die Model) scheinen rheinabwärts bis nach Holland gelangt zu sein, möglicherweise wurden sie, wie rheinisches Steinzeug, bis nach England verschifft. Eine ähnliche Fliese unbekannter Herkunft befindet sich im Museum „Huis Lambert van Meerten" in Delft (L. M. Vis, C. de Geus, Bd. 1, Taf. 2d), eine weitere im Britischen Museum, London (E. S. Eames, 1980, Bd. 1, 353, Nr. 2732, II, Abb. 2732). Auch die Herkunft dieser Fliese ist unbekannt, sie soll möglicherweise aus Preston Deanery, Northamptonshire, stammen und wird von Eames ins 14. Jahrhundert datiert. Die Übereinstimmung mit den Kölner Prägungen ist so groß, die Prägetechnik von den übrigen Fliesen dieses Fundorts so verschieden, daß hier ein Nachschnitt oder Import vermutet werden muß. Das Musterschema wird für Fayencefliesen übernommen, wie eine Gruppe von acht Fliesen aus der Slg. A. Poensgen aus dem 3. Viertel des 16. Jh. zeigt (A. Poensgen, Niederländische Fliesen. 16.–19. Jahrhundert. Slg. A. Poensgen, Düsseldorf 1983, 41, Abb. 1, 89). Diese, in den Farben weiß, ocker, hellgrün und blau, wurden entweder in Antwerpen oder schon in den nördlichen Niederlanden (Rotterdam?) gefertigt.

X26 Alsfeld – Hessen

1436? Ende 15. Jahrhundert?
Roter Ton. Flachrelief. Model gebrochen. Kante senkrecht. 20 × 2,3 cm.
Schlingornament aus vier über den Fliesenkanten stehenden rechten Winkeln, die in der Mitte von einem Kreis, in den Ecken von Viertelskreisen durchschlungen werden. Alle Bänder sind mit dichtgereihten Punkten verziert. In der Mitte schmaler Stern aus vier Blütenstengeln, in Mitte der Seitenkante Hälfte einer Doppelrosette[1].
Fundort:
a Alsfeld, ev. Dreifaltigkeitskirche, bei der Restaurierung

1960–62 gefunden. Vier Fliesen in die Wand der Sakristei eingelassen.
Alsfeld, Privatbesitz.
b Unbekannt, nicht sicher ob ebenfalls aus Alsfeld, jedoch sicher aus Hessen. Model unversehrt.
Marburg, Museum für Kunst und Kulturgeschichte.

---

1 Nach H. Heidenreich, 142, Abb. 4 wurde dieser Model auch für Ofenkacheln verwandt. Diese fanden sich an der Stelle einer ehem. Töpferei auf dem Claushof, Gem. Neukirchen. Heute im Schwalm-Museum, Ziegenhain. Bruchstücke.

X27 Dreieich

Model möglicherweise Ende 12. – Anfang 13. Jahrhundert. Datierung unsicher, Zeitpunkt der Prägung nicht zu bestimmen.
Gelblichgrauer und gelbrötlicher Ton. Flachrelief. 18 × 3 cm.
Die Prägung wirkt wie ein Negativ. Möglicherweise handelt es sich hier um einen Model. In der Zusammensetzung von vier Fliesen ergibt sich ein Kleeblattkreuz. Sichtbar: auf ausgespartem Quadrat drei kleine Kreise mit Punkt in der Mitte. Diese sitzen auf einem waagrechten Bügel, der drei Parallelstreifen begrenzt. Sie münden in ein rechtwinkliges Dreieck, dessen Spitze fehlt.
Fundort:
Dreieich, im Palas der Burg Hain bei Grabungen gefunden.
Dreieich, Dreieich-Museum.

X28 Burgholzhausen v. d. Höhe

2. Hälfte 16. Jahrhundert.
Ziegelroter Ton. Flachrelief. 22 × 22 cm.
Teppichmuster. Die Fliesenfläche von einem feinen Gitternetz aus versetzten Eckquadraten bedeckt. Ein Quadrat setzt sich jeweils aus vier spiegelbildlich angeordneten flachen, leicht S-förmig geschwungenen Bändern zusammen. In der Mitte vierteilige Sternblüte aus kleinen Blättchen.
Fundort:
Burgholzhausen, in einem Privathaus der Hauptstraße in zweiter Lage mit der Rückseite nach oben auf dem Speicher verlegt. H. Zimmermann, 1985, 15, Abb. 3.
Friedrichsdorf-Burgholzhausen v. d. Höhe, Privatbesitz.
Friedrichsdorf-Seulberg, Heimatmuseum.

X28.1 Frankfurt/Main

Nach 1552?
Tonfarbe und Maße unbekannt. Vermutlich Flachrelief.
Rechteckige Fliese (?), möglicherweise auch ohne Trennungslinie gezeichnet. In spiegelbildlicher Anordnung zwei Arabesken in S-Form, die Enden zu enger Volute gerollt. Vereinzelte Knorren von Astwerk, auf der Mittelinie stark stilisierte kleine Lilien.
Fundort:
Frankfurt/Main, Stalburger Oede, 1859 dort noch vorhanden. R. Jung, J. v. Hülsen, II, 1896, 283, Fig. 183.
Verbleib war nicht zu ermitteln.

X29 Bad Neuenahr-Ahrweiler

Um 1627.
Rötlicher Ton mit bräunlicher Glasur. Teilweise abgetreten. Flachrelief. 12,5 × 2 cm.
Randleiste, an zwei Seiten von Flechtband gerahmt. In der Mitte Kreis mit fünfblättriger Rose, zu beiden Seiten Halbkreise, die sich in der Zusammensetzung zu einem Kreis mit Vierstern (links) und Lilie (rechts) ergänzen. In den Zwischenräumen kleine Halbkreise mit Zackenrand und der Hälfte einer Astroide.
Fundort:
Ahrweiler, ehem. Klosterkirche auf dem Kalvarienberg, in einem 1975 aufgedeckten Fußboden.
Mainz, Landesamt für Denkmalpflege.

X30 Rheinland? – Frankfurt/Main

15.–16. Jahrhundert.
Hellgrauer Ton mit grüner Glasur. Vertiefte Prägung. Abgetreten. Kreisfliese. Dm. 14 cm. Dicke 2,5 cm.
Kreis mit Zackenrand. In der Mitte kleiner Kreis mit zwölfteiliger Strahlenblüte aus kleinen Keilchen, um diesen vier gleiche Kreise mit Blüten aus neun breiteren Keilchen. Zwischen diesen abwechselnd vier Spitzschilde mit vier verschiedenen, nicht mehr zu deutenden Wappen: 1. senkrecht gerautet, 2. Wolkenfeh, 3. Malteserkreuz? 4. gespalten mit Balken und Schrägbalken.
Fundort:
a Unbekannt, schon in der 2. Hälfte des 19. Jahrhunderts ins Museum gelangt, vermutlich aus dem Rheinland.
Bonn, Rheinisches Landesmuseum.
b Nach R. Forrer, 1901, 76, Fig. 180 „aus Frankfurt am Main". *Variante*, derselbe Model in quadratische Fliese geprägt, ein kleiner Streifen des zweiten Models sichtbar. Gelblicher Ton. 13 × 2,5 cm.
London, Victoria and Albert Museum.

X31 Sponheim

17. Jahrhundert?
Roter Ton. Flachrelief. Abgetreten. 14,5 × 14,5 cm. Nicht abgebildet.
Eckquadrat aus drei Quadraten, ein dünnes Diagonalkreuz überdeckend. In Fliesenmitte Ornament ähnlich Mühlespiel, die Ecken herzförmig ausgebuchtet. In den Fliesenecken Bekrönung aus winklig angeordneten Ranken.
Fundort:
Sponheim, ehem. Benediktinerklosterkirche, zwei Fliesen als Ausflickung in der linken Seitenapside.

X32 Mengen

15.–17. Jahrhundert.
Roter Ton. 10,5 × 3 cm.
Quadratische Fliese, durch kammartiges Instrument mit senkrechten, bogenförmigen und schrägen Linien verzierte. Jede Fliese verschieden.
Fundort:
Mengen, Herkunft unbekannt.
Mengen, Heimatmuseum.

X33 Maulbronn

16. Jahrhundert?[1]
Tiefrot gebrannter, grobgemagerter Ton. Vertieftes Kammmuster.

Diagonalkreuz aus Wellenlinien, mit fünfzinkigem Kamm eingeritzt.

Fundort:

Maulbronn, ehem. Zisterzienserkloster.

Mühlacker, Privatbesitz.

---

1 Ähnliche Wellenlinien zeigt ein Dachziegel mit Jahreszahl 1565 aus der Maulbronner Klosterziegelei, gefunden in Freudenstein über Mühlacker. K. Hillenbrand, 1981, 40,2.

X34 Stein am Rhein

1670.

Gelblichgrauer, grober Ton. Vertiefte Ritzzeichnung. 23,5 × 4 cm.

Schräggestellte Achterschleife aus vier Parallellinien mit noch nicht gedeuteter Inschrift in Majuskeln und der Jahreszahl 16–70.

Fundort:

Stein am Rhein, Benediktinerkloster St. Georgen, bei einer Restaurierung gefunden.

Stein am Rhein, Klostermuseum.

X35 Butzbach – Burgholzhausen v. d. Höhe

16. Jahrhundert.

Hellroter Ton, Muster vertieft. 24,8 × 3,8/4,2 cm. Nicht abgebildet.

Muster möglicherweise mit den Fingerkuppen geformt. Über zwei gegenüberliegenden Fliesenseiten steile Bogen aus drei Parallelbändern, die sich in Fliesenmitte so überschneiden, daß ein kleiner Raum in Form einer Zitrone ausgeschnitten wird.

Fundort:

a Butzbach, ehem. Hospitalkapelle St. Wendelin.

Butzbach, Museum in der Michaeliskapelle.

Darmstadt, Slg. Peter Weyrauch.

b In Butzbach haben sich weitere Fliesen dieses Typus erhalten. Sie zeigen mit Fingerkuppen oder Stöckchen eingefurchte Ornamente, darunter Andreaskreuz, steiler Halbkreis, Schleifen.

Butzbach, Museum in der Michaeliskapelle.

c Variante, mit Model geprägt. Zwei flachere Bögen, in Fliesenmitte durch einen Abstand von 11 mm getrennt. Hellroter Ton mit Splittern von hochgebranntem Schamotte. 16,4 × 1,4 cm. Burgholzhausen v. d. Höhe, Haus Hintergasse 1, 1985 auf dem Dachboden gefunden. H. Zimmermann, 1986, 46, Abb. 9.

Burgholzhausen v. d. Höhe, Privatbesitz.

X1

X2

X3

X4

X5

X6

X7

X8

X9

X10

X12

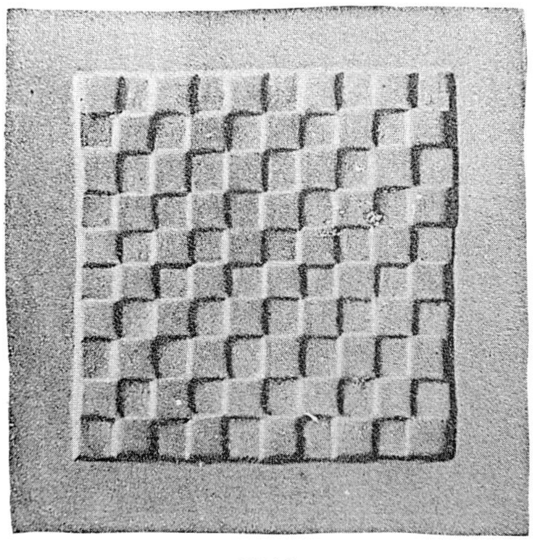

X13

X15

X16

X17

X18

X19

X20

X21

X22

X23

X24a

X24c

X25a

X25c

X26

X27

X28

X29

X30

X32

X33

X34

Stempelfliesen

1

2

3

4

5

6

7

8

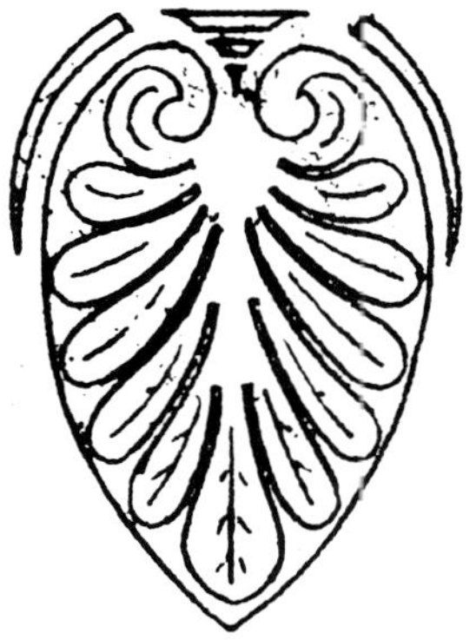

9

10

11

12

13

14

15

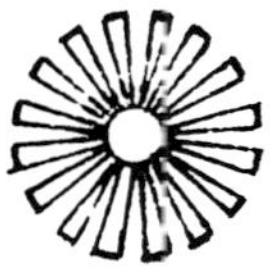

16

17

19

20

21

18 wie 17 mit außen abgerundeten Blütenblättern

Y 1 Freiburg

Mitte 13. Jahrhundert?
Nicht sehr sorgfältig gekneteter, poröser, schwach gebrannter Ton von ziegelroter bis dunkelroter Farbe. Wechselnde Brandhärte und Tonbeschaffenheit, wechselnde Maße. Seitenlänge 22–24 cm. Dicke 4,5 × 5,5 cm. Diese Angaben gelten für alle folgenden Fliesen des Fundes.
Quadratische, an den Rändern beschädigte Fliese mit Kreisstempel. Dieser zeigt einen sich auf der rechten Bildhälfte dem Kreisrund anschmiegenden geflügelten Drachen, den spitzen, gehörnten Kopf zu dem ihm in der linken Bildhälfte erscheinenden Erzengel Michael gewandt. Dieser hält in der Rechten einen schmalen, übergroßen Spitzschild, die ausgestreckte Linke hält eine bewimpelte Lanze, die er dem Drachen ins geöffnete Maul stößt. Die Bildmitte füllt das Gewand des schwebenden Engels, ein feingefiederter Flügel am Rand des Kreisrunds, von der zweiten Flügelschwinge nur der Bogen sichtbar. Der Kreis wird gerahmt von neun Stempelrosetten Nr. 16[1], in den Fliesenecken je ein mit der Spitze zur Mitte gekehrtes Dreieck Nr. 20.
Fundort:
Freiburg, Haus „Zum Wolf“, Herrenstr. 45, bei Bauarbeiten 1882 im Keller gefunden. F. Schneider, 58, Abb. 1.
Freiburg, Städt. Museen, Augustinermuseum.

1 Um Wiederholungen zu vermeiden, wurden die einzelnen Stempel numeriert.

Y 2 Freiburg

Mitte 13. Jahrhundert.
In der Mitte Quadratstempel mit Kreisgirlande Nr. 3, in den Ecken von zarten Palmetten gekrönt. In Kreismitte Adler mit weitgespreizten Schwingen, großen Fängen mit übergroßen, aufgefächerten Krallen und fünfteiligem Stoß. Der Kopf mit geöffnetem Schnabel und großem Auge nach rechts gewandt. In den Fliesenecken je eine Herzpalmette Nr. 8, um das Quadrat in Kreisform acht kleine Blütenstempel Nr. 17.
Fundort:
a Freiburg, Haus „Zum Wolf“, F. Schneider, 56, Abb. 2.
Freiburg, Augustinermuseum.
London, Victoria and Albert Museum. R. Forrer, 1901, Taf. XVI, 5.
b Variante, nur vier Blütenstempel.
Freiburg, Städt. Museen, Augustinermuseum.
Nürnberg, Germanisches Nationalmuseum.

Y 3 Freiburg

Mitte 13. Jahrhundert.
Adler wie Y 2, die Herzpalmetten übereinstimmend. Über den Quadratecken je ein Blütenstempel Nr. 17, in Kreuzform angeordnet, in Seitenmitte je drei Stempel Nr. 21.
Fundort:
Freiburg, Haus „Zum Wolf“, F. Schneider, 57, Abb. 17.
Freiburg, Städt. Museen, Augustinermuseum.

Y 4 Freiburg

Mitte 13. Jahrhundert.
Adler wie Y 2, die Rosettenstempel über den Ecken übereinstimmend. Rahmung durch eng an den Fliesenrand gerücktes Quadrat, aus Stempel Nr. 17 und 21 im Wechsel.
Fundort:
Freiburg, Haus „Zum Wolf“, F. Schneider, 57, Abb. 18.
Freiburg, Städt. Museen, Augustinermuseum.

Y 5 Freiburg

Mitte 13. Jahrhundert.
Adler wie Y 2, in den Fliesenecken je eine Rosette Nr. 16.
Fundort:
a Freiburg, Haus „Zum Wolf“.
Freiburg, Städt. Museen, Augustinermuseum.
Karlsruhe, Badisches Landesmuseum.
b Variante, die zusätzlich über den Quadratseiten noch ein Dreieck Nr. 20 zeigt, nicht mehr auffindbar. F. Schneider, 56, Abb. 12.

Y 6 Freiburg

Mitte 13. Jahrhundert.
Breites, diagonal gestelltes Rechteckband mit antithetischen Tieren. Links Hirsch mit gedrungenem Körper, zum Sprung erhobenen Vorderläufen, weitausladendem Geweih und heraushängender Zunge. Rechts Löwe mit geöffnetem, mit scharfen Zähnen besetztem Rachen. Der Körper im Gegensatz zu den schmalen Läufen mit bewehrten Krallen plump, der Schweif mit Knoten und Palmettenquaste über dem Rükken S-förmig gebogen. Über und unter der Bildmitte Palmette Nr. 10 bis zur Fliesenecke reichend, gerahmt von vier Rosetten Nr. 16.
Fundort:
Freiburg, Haus „Zum Wolf“, F. Schneider, 56, Abb. 11.
Freiburg, Städt. Museen, Augustinermuseum.
Karlsruhe, Badisches Landesmuseum.
London, Victoria and Albert Museum.
Nürnberg, Germanisches Nationalmuseum.

Y 7 Freiburg

Mitte 13. Jahrhundert.
Bruchstück, nur etwa die Hälfte des Stempels erhalten. Schmales Rechteckband, durch Mittellinie geteilt. Rechts Zopfband aus zwei Doppellinien mit fast runden Kreisen, in der Mitte je ein Punkt. Links breites Rankenband mit sorgfältig geschnittenen Palmetten. In der Ecke oben durch Umkehrung spiegelbildlich die Buchstaben „Ag“[1], daneben kleiner Doppelhaken und vier Punkte. In zwei Fliesenecken Kreisstern Nr. 11.
Fundort:
Freiburg, Haus „Zum Wolf“, F. Schneider, 56, Abb. 7.
Freiburg, Städt. Museen, Augustinermuseum.

1 Das „A“ könnte möglicherweise ein Hinweis auf Verbindungen der Werkstatt oder des Hausbesitzers zum Freiburger Augustinerkonvent sein. Bei den 1982/83 in der zum Augustinerkloster gehörenden Kloake (Augustinerplatz) gemachten Funden, barg man auch zahlreiche gedrechselte Holzgeschirre, die auf der Rückseite mit Brandstempel gezeichnet waren. Unter diesen fand sich das „A“ (fünf Varianten) in 113 Fällen. Das „A“ der Fliese ist mit dem bei P. Schmidt-Thomé, 147, Abb. 13, Nr. 2, identisch.

Y8 Freiburg

Mitte 13. Jahrhundert.
Rechteckband von derselben Größe, in derselben Anordnung wie Y7. In der Mitte leicht gedrückter Kreis mit Fächerpalmette, gerahmt von zwei Kreisen Nr. 11. In den Ecken des Rechtecks und zwischen den Kreisen Glockenblüten, in den Fliesenecken Kreis Nr. 11.
Fundort:
Freiburg, Haus „Zum Wolf“, F. Schneider, 56, Abb. 8.
Freiburg, Städt. Museen, Augustinermuseum.

Y9 Freiburg

Mitte 13. Jahrhundert.
Rahmenfliese, durch Linie im Verhältnis 1:2 geteilt. Unten breites Palmettenband ähnlich Y7, Muster Nr. 5, oben schmales Band mit Herzpalmetten, die Bänder durch Punkte betont (Muster 7).
Fundort:
Freiburg, Haus „Zum Wolf“, F. Schneider, 51.
Freiburg, Städt. Museen, Augustinermuseum.

Y10 Freiburg

Mitte 13. Jahrhundert.
Zwei übereinander angeordnete Bänder mit Herzpalmetten Nr. 7, dazwischen fünf Sternchen Nr. 17.
Fundort:
Freiburg, Haus „Zum Wolf“, F. Schneider, 53.
Freiburg, Städt. Museen, Augustinermuseum.

Y11 Freiburg

Mitte 13. Jahrhundert.
In der Diagonale zwei adossierte Fächerpalmetten des Musters Nr. 9, in den beiden Fliesenecken Sternrosetten Nr. 11.
Fundort:
Freiburg, Haus „Zum Wolf“, F. Schneider, 56, Abb. 9.
Freiburg, Städt. Museen, Augustinermuseum.

Y12 Freiburg

Mitte 13. Jahrhundert.
Ein die ganze Fliesenfläche füllendes Eckquadrat mit Kreuz. Dieses über- und unterschneidet einen Mittelkreis und wird an den Kreuzarmen von Kreisen begrenzt. In diesen je drei ovale Blütenknospen mit aus dem Kreis rankenden Palmetten. Im Mittelkreis vier kleine Herzen, als Bekrönung aller Kreise winzige Lilien[1]. In den Fliesenecken Herzpalmetten Nr. 8.
Fundort:
Freiburg, Haus „Zum Wolf“, F. Schneider, 57, Abb. 13.
Freiburg, Städt. Museen, Augustinermuseum.
Karlsruhe, Badisches Landesmuseum.
Nürnberg, Germanisches Nationalmuseum.

1. R. Schnyder, 1958. Vgl. hierzu die sehr ähnliche Fliese aus St. Urban, Kat. Nr. 34, die von Schnyder in die Zeit um 1265 datiert wird.

Y13 Freiburg

Mitte 13. Jahrhundert.
Großer Mittelkreis mit Stern aus sieben Herzpalmetten (Muster Nr. 12), in der Mitte Kreis mit acht Radiallinien, die kleine Dreiecke ausschneiden.
Fundort:
Freiburg, Haus „Zum Wolf“, in Freiburg nicht mehr erhalten.
Karlsruhe, Badisches Landesmuseum.

Y14 Freiburg

Mitte 13. Jahrhundert.
Das Muster Y13 bereichert um vier Herzpalmetten Nr. 8 in den Fliesenecken.
Fundort:
a Freiburg, Haus „Zum Wolf“,
Freiburg, Städt. Museen, Augustinermuseum.
Karlsruhe, Badisches Landesmuseum.
b Variante, zusätzlich noch vier Sternrosetten Nr. 16 in Seitenmitte und vier Dreiecke Nr. 20 zwischen Kreis und Herzpalmetten. F. Schneider, 57, Abb. 14.
Freiburg, Städt. Museen, Augustinermuseum.

Y15 Freiburg

Mitte 13. Jahrhundert.
In der Waagrechten angeordnet: zwei Bänder aus je vier senkrecht stehenden Rechtecken Nr. 14, die ein Schräggitter mit einbeschriebenen kleinen Viersternen zeigen. Zwischen ihnen auf der Mittellinie fünf Sternrosetten Nr. 16.
Fundort:
Freiburg, Haus „Zum Wolf“, F. Schneider, 55, Abb. 2.
Freiburg, Städt. Museen, Augustinermuseum.

Y16 Freiburg

Mitte 13. Jahrhundert.
Die Rechtecke Nr. 4 in Kreuzform, dazwischen in „Würfelanordnung“ fünf Sternrosetten Nr. 16 und vier kleine Sternchen Nr. 19.
Fundort:
Freiburg, Haus „Zum Wolf“, F. Schneider, 55, Abb. 1.
Freiburg, Städt. Museen, Augustinermuseum.
Karlsruhe, Badisches Landesmuseum.
London, Victoria and Albert Museum.
Nürnberg, Germanisches Nationalmuseum.

Y17 Freiburg

Mitte 13. Jahrhundert.
Als Wirbelstern angeordnet je eine Palmette Nr. 10 in den Fliesenecken, dazwischen je ein Dreieck Nr. 20, in der Mitte Sternrosette Nr. 16.
Fundort:
Freiburg, Haus „Zum Wolf“, F. Schneider, 57, Abb. 15.
Freiburg, Städt. Museen, Augustinermuseum.
Karlsruhe, Badisches Landesmuseum.
London, Victoria and Albert Museum.

Y 18 Freiburg

Mitte 13. Jahrhundert.
Anordnung der Palmetten wie bei Y 17, in der Mitte Quadrat mit Schlingknoten Nr. 15. Zwischen den Palmetten je eine Rosette Nr. 17.
Fundort:
Freiburg, Haus „Zum Wolf", F. Schneider, 57, Abb. 16.
Freiburg, Städt. Museen, Augustinermuseum.

Y 19 Freiburg

Mitte 13. Jahrhundert.
In „Würfelanordnung" fünf Quadrate mit Schlingknoten Nr. 15.
Fundort:
Freiburg, Haus „Zum Wolf", F. Schneider, 55, Abb. 5.
Freiburg, Städt. Museen, Augustinermuseum.
Karlsruhe, Badisches Landesmuseum.

Y 20 Freiburg

Mitte 13. Jahrhundert.
In „Würfelanordnung" fünf Blütenrosetten Nr. 11, dazwischen vier Sternchen Nr. 19.
Fundort:
a Freiburg, Haus „Zum Wolf", F. Schneider, 55, Abb. 3.
Freiburg, Städt. Museen, Augustinermuseum.
b Ebd., ohne Sternchen.
Karlsruhe, Badisches Landesmuseum.

Y 21 Freiburg

Mitte 13. Jahrhundert.
Diagonalkreuz aus neun Sternrosetten Nr. 16. Nicht abgebildet.
Fundort:
Freiburg, Haus „Zum Wolf", F. Schneider, 55, Abb. 4.
Freiburg, Städt. Museen, Augustinermuseum.

Y 22 Freiburg

Mitte 13. Jahrhundert.
In „Würfelanordnung" fünf Sternrosetten Nr. 16, um jede der Eckrosetten vier kleine Sternchen Nr. 18. Nicht abgebildet.
Fundort:
Freiburg, Haus „Zum Wolf".
Freiburg, Städt. Museen, Augustinermuseum.

Y 23 Freiburg

Mitte 13. Jahrhundert.
In „Würfelanordnung" fünf Herzpalmetten Nr. 8. Nicht abgebildet.
Fundort:
Freiburg, Haus „Zum Wolf".
Freiburg, Städt. Museen, Augustinermuseum.

Y 24 Freiburg

Mitte 13. Jahrhundert.
In Fliesenmitte zwei Herzpalmetten Nr. 8, gerahmt von einem Quadratband aus versetzten Dreiecken Nr. 20. Nicht abgebildet.
Fundort:
Freiburg, Haus „Zum Wolf".
Freiburg, Städt. Museen, Augustinermuseum.

Y 25 Freiburg

Mitte 13. Jahrhundert.
In waagrechter Linie drei Bänder aus gegeneinander gekehrten Dreiecken Nr. 20, die unterste Linie nur noch aus fünf Dreiecken bestehend.
Fundort:
Freiburg, Haus „Zum Wolf".
Freiburg, Städt. Museen, Augustinermuseum.

Y 26 Bayern?

13. Jahrhundert.
Dunkelroter, stark gebrannter Ton. Flachrelief. Kaum abgetreten. 19,5 × 5 cm. Dm. Kreisstempel ca. 8 cm.
In der Mitte Kreis aus Taustab mit nach rechts gewandtem, geflügeltem Greif. In den Ecken je vier Sternblüten, in den Seitenmitten Dreieck aus sechs kleinen Kreisen, durch gezahnte Mittellinie getrennt.
Fundort:
Unbekannt, mit großer Wahrscheinlichkeit aus Bayern.
München, Bayerisches Nationalmuseum.

Y 27 Unterfrauenhaid

Nicht sicher zu datieren, jedoch nicht vor 14. Jahrhundert[1].
Rötlicher Ton. Flachrelief. 20 × 20 × 2,7 cm. Ca. halbe Fliese erhalten, in der Diagonale gebrochen. Dm. Stempel ca. 4 cm. Nicht abgebildet.
Quadratische Fliese mit drei Kreisstempeln und dem Abdruck einer Hundepfote. In zwei Stempeln (der dritte zerstört) Wiederkreuz oder Weihekreuz, die Töpfermarke einer Wiener Werkstatt.
Fundort:
Unterfrauenhaid, Bezirk Oberpullendorf, Burgenland, kath. Pfarrkirche, bei Grabung 1980 gefunden.
Eisenstadt, Burgenländisches Landesmuseum.

1 A. Kies, 27, Taf. 1, Nr. 18. Bei einer Übersicht über die Töpfermarken des Wiener Raums steht diese Marke an letzter Stelle der Häufigkeit. Sie kommt nicht vor dem 14. Jahrhundert vor, kaum im 14. und 15. Jh. und nur noch vereinzelt im 16. Jh.

Y1

Y2

Y3

Y4

Y5

Y6

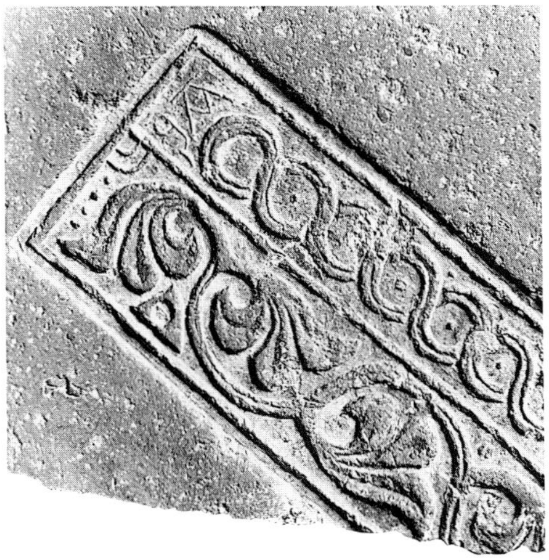

Y7

Y7

Y8

Y9

Y10

Y11

Y 12

Y 12

Y 13

Y 14a

Y 14b

Y 15

Y 16

Y 17

Y 18

Y 19

Y 20

Y 25

Y 26

Inkrustierte und mit Engobe bemalte Fliesen

Personen

ZA 1 Minden

1. Hälfte 14. Jahrhundert.
Feingemagerter roter Ton mit weißem Pfeifenton inkrustiert. Auf grauer Verfärbung der Oberfläche grünlich wirkende Glasur, an den Rändern abgelaufen. Kante leicht schräg. 11,7 × 12 × 2,5 cm.
In quadratischem Rahmen nach rechts reitender Falkner. Die Linke hält den Zügel, die rechte, erhobene Hand den Falken. Der Oberkörper leicht gedreht[1].
Fundort:
Minden, Untere Bäckerstraße, bei den Altstadtgrabungen 1973–76 gefunden. G. Isenberg, 445, Abb. 266,2.
Mindener Museum für Geschichte, Landes- und Volkskunde.

1. Vgl. hierzu eine Fliese aus der Kirche von Exmorra mit einem reitenden, jedoch nach links gewandten Falkner (H. van den Berg, 1981 a, 26) und eine in der Kaatstraat 21 in Utrecht gefundene Reiterfliese, welche im Typus sehr ähnlich ist (E. M. Kylstra, 55, Abb. 55). Eine weitere Fliese mit reitendem Falkner stammt aus der Prioratskirche von Hurley (Berkshire), England (E. S. Eames, 1980, II, Abb. 1363. London, Brit. Mus. 14. Jh.).

Adler

ZB 1 Krems/Donau

Nach 1258.
„Relativ feiner, mit starker Glimmerbeimengung versetzter, relativ rauher, hellbräunlich bis ziegelrötlich gebrannter Ton". Das Muster, mittels Schablone ausgespart, hebt sich von der mit gelblicher Glasur bedeckten weißen Engobe ab. 20 × 18,5 × 3 cm.
In quadratischem Rahmen (breites Mittelband von je einer dünnen Linie gerahmt), Doppeladler ähnlich B 53 in einfachsten Umrissen. Die vom Rumpf durch Stege abgespreizten Schwingen ungegliedert. Die Adlerköpfe auf gemeinsamem Hals, Fänge und Stoß durch Abnützung kaum sichtbar.
Fundort:
Krems/Donau, Gozzoburg, aus der Katharinenkapelle, vor 1935 gefunden. Kat. Krems, 509, Nr. 628 und Abb. 106.
Krems, Museum der Stadt Krems.

ZB 2 Rothenburg o. d. Tauber

3. Viertel 15. Jahrhundert?
Zeichnung in Rot in weißer Engobe ausgespart, gelb glasiert. Raute, Seitenlänge 12 cm, Höhe 19, Breite 12 cm.
Die Raute wird ganz von einem halbkreisförmig gewölbten Adlerflügel mit sieben leicht gekrümmten Einzelschwingen ausgefüllt. Die Gegenfliese zeigt das Spiegelbild, die fehlenden Rauten: Kopf und Stoß.
Fundort:
Rothenburg o. d. Tauber, ev. Pfarrkirche St. Jakob, Hl.-Blut-Kapelle.
Rothenburg o. d. Tauber, St. Jakob, Schatzkammer. (Die fehlenden Muster sind durch dunkelgrün glasierte Rautenfliesen ersetzt. Es ist nicht sicher, ob Fliesen, die Kopf und Stoß zeigten, jemals existierten.)

Hirsche

ZC 1 Ihlow

4. Viertel 13. – 1. Viertel 14. Jahrhundert.
Ziegelroter Ton, die Figur ausgespart, die übrige Fläche mit weißer Engobe bedeckt, gelbliche Bleiglasur. 16,8 × 3,2/3,4 cm.
Nach rechts gewandter Hirsch, den linken, winzigen Vorderlauf erhoben und stark abgewinkelt, das große Geweih parallel zur oberen Fliesenkante.
Fundort:
Ihlow, ehem. Zisterzienserkloster, bei Grabungen 1977 gefunden. H. Stettner, 11, Abb. 1,7.
Aurich, Ostfriesische Landschaft.

ZC 2 Heinsberg

1. Hälfte 14. Jahrhundert[1].
Rötlicher Ton mit weißer Inkrustierung. Maße schwankend, 4,3 × 4,3 bis zu 6,5 × 6,5 cm, Dicke 1,0–1,8 cm. Fliese, aus einem Viererblock gebrochen, nur an zwei Seiten von einer Rahmenleiste begrenzt.
In die Diagonale aufsteigender, nach rechts gewandter Hirsch mit schmalem Leib und zum Oval gewölbtem Geweih.
Fundort:
Heinsberg, ehem. Stiftskirche St. Gangolph, bei Ausgrabung 1953 gefunden. W. Piepers, 89, Abb. 30,2 und 30,3 im Altarpodest der Taufkapelle neu verlegt.
Pulheim-Brauweiler, Rheinisches Amt für Denkmalpflege.
Heinsberg, Kreisheimatmuseum.

1 Zur Datierung dieser und der übrigen, unter dieser Gruppe zusammengefaßten Fliesen aus Heinsberg, siehe Fundortkat. Die Glasurfarben schwanken zwischen hell- und dunkelgelb, hell- und dunkelgrün, rötlichbraun und braun.

ZC 3 Aachen?

15. Jahrhundert?
Roter Ton mit weißer Engobeprägung, die gelbliche Bleiglasur stark abgeplatzt. 11,8 × 1,5 cm.
Kreisband mit ausgesparten Ellipsen und je drei züngelnden Flammen in den Ecken der Fliese. Im Kreis stehender, nach rechts gewandter Hirsch, den schmalen Kopf auf leicht gewölbtem Hals. Fein verästeltes Geweih, dem Kreisrund folgend.
Fundort:
Unbekannt, in Analogie zu ZE 1 möglicherweise aus Aachen, Dechanei, bei Abbruch 1899 geborgen oder aus einem nahegelegenen Fundort in Ost-Belgien oder Süd-Limburg.
Amsterdam, Rijksmuseum.
b Vermutlich vom selben Fundort. Reh (?), in der Zeichnung eine Zwischenstufe zwischen dem Hirsch ZC 3 und dem Hasen ZE 1. Zeichnung teilweise zerstört.
Amsterdam, Rijksmuseum.

Löwen

ZD 1 Ihlow

3. Drittel 13. Jahrhundert.
Ziegelroter Ton. Als einzige der Ihlower Fliesen hier die Figur in weißer Engobe. Gelbliche Bleiglasur. Bruchstück, in Analogie zu den übrigen Fliesen wohl auch 16,8 × 16,8 cm. Dicke 5,4 cm!
Sichtbar sind der mächtige Vorderleib eines Löwen, die linke Tatze senkrecht erhoben. Der lange Schweif vermutlich unter dem rechten Hinterlauf durchgezogen, vor der Körpermitte nach oben steigend. Die Quaste bildet ein D-förmiges Ornament.
Fundort:
Ihlow, ehem. Zisterzienserkloster, bei Grabungen 1977 gefunden. 1985 unbeschädigte Fliesen in situ aufgedeckt. H. Stettner, 11, Abb. 4.
Aurich, Ostfriesische Landschaft.

ZD 2 Ihlow

4. Viertel 13.–1. Viertel 14. Jahrhundert.
Ziegelroter Ton, die Figur ausgespart, die Fläche mit weißer Engobe und gelblicher Bleiglasur überzogen. 16,8 × 3,2/3,4 cm.
Nach rechts gewandter, in der Diagonale aufsteigender Löwe. Die linke Pranke mit scharfen Krallen reicht fast bis zur Fliesenecke. Kopf sehr klein, mit geöffnetem Maul und spitzen Ohren. Der Schweif in Form eines Fragezeichens mit Knoten, Fellzacken und Quaste.
Fundort:
Ihlow, ehem. Zisterzienserkloster, bei Grabungen 1977 gefunden. H. Stettner, 11, Abb. 1,9.
Aurich, Ostfriesische Landschaft.

ZD 3 Norddeutschland

14. Jahrhundert.
Roter Ton mit weißer Inkrustierung, Spuren einer grünlichen Glasur. 8,2 × 7,6 cm.
Stehender, nach rechts gewandter Löwe mit weit geöffnetem Rachen. Der kurze Schweif mit breiter Quaste leicht über dem Rücken geschwungen.
Fundort:
Nicht mehr zu ermitteln, vermutlich aus dem Einzugsgebiet des Museums[1].
Bremen, Roselius-Haus.

1 Die Ankaufsunterlagen des Museums gingen teilweise im 2. Weltkrieg verloren.

ZD 4 Lübeck

1. Hälfte 14. Jahrhundert.
Roter Ton mit weißer Inkrustierung. 10,5 × 2 cm.
In quadratischem Rahmen nach rechts steigender Löwe. Der Kopf mit geöffnetem Rachen, angedeuteter Mähne und großem Auge. Der Schweif über dem Rücken fast den Kopf berührend, mit Knoten, Haarzacken und Quaste.
Fundort:
Lübeck, auf dem Gelände der Löwenapotheke 1902 gefunden.
Lübeck, St. Annen-Museum.

ZD 5 Heinsberg

1. Hälfte 14. Jahrhundert.
Roter Ton mit weißer Inkrustierung. Maße schwanken zwischen 4,3 × 4,3 cm bis zu 6,5 × 6,5 cm, Dicke 1,0/1,8 cm.
Fliese an zwei Seiten von Doppelrahmen begrenzt. Nach rechts steigender Löwe[1] ähnlich ZD 4. Der Körper schmäler, der breite Schweif in einer großen Fragezeichen-Schleife den Raum füllend.
Fundort:
Heinsberg, ehem. Stiftskirche St. Gangolph, bei Grabungen 1953 gefunden. W. Piepers, 89. Abb. 30,1. im Altarpodest der Taufkapelle neu verlegt.
Pulheim-Brauweiler, Rheinisches Amt für Denkmalpflege.
Heinsberg, Kreisheimatmuseum.

1 Der Löwe ist gleichzeitig das Wappen der Herren von Heinsberg.

Tiere

ZE 1 Aachen

2. Hälfte 15. Jahrhundert?
Roter Ton mit dünner, leicht eingeprägter weißer Engobe. Glasurspuren nicht vorhanden. 11,8 × 1,5 cm.
Breiter Perlkreis, die Perlen als ausgesparte, liegende Ovale. An der Außenkante zu den Fliesenecken jeweils drei kleine „Flammen“. Im Kreis kauernder Hase.
Fundort:
a Aachen, Dechanei, vermutlich beim Abbruch 1899 entfernt.
Berlin, Kunstgewerbemuseum.
Dortmund, Museum für Kunst und Kulturgeschichte.
Düsseldorf, Hetjens-Museum.
b Variante. Im selben Rahmen statt des kauernden, ein springender Hase mit sehr großen, spitzen Löffeln. Herkunft unbekannt, vermutlich aus derselben Werkstatt.
Amsterdam, Rijksmuseum.
Düsseldorf, Hetjens-Museum.

ZE 2 Ihlow

4. Viertel 13. – 1. Viertel 14. Jahrhundert.
Ziegelroter Ton, das Muster ausgespart, die übrige Fläche mit weißer Engobe bedeckt. Gelbliche Bleiglasur. 16 × 3,2/3,4 cm.
Nach rechts gewandter Hund (?). Die linke Vorderpfote abgewinkelt, der kurze Schwanz aufgerichtet. Die Zeichnung deutlich vom Löwen ZD 2 abgehoben.
Fundort:
Ihlow, ehem. Zisterzienserkloster, bei Grabungen 1977 gefunden. H. Stettner, 11, Abb. 1,8. Bei der Grabung 1983 erneut gefunden.
Aurich, Ostfriesische Landschaft.

ZE3 Minden

1. Hälfte 14. Jahrhundert.
Roter Ton mit weißer Engobeprägung und Spuren einer grünen Glasur. Kante leicht schräg. 12,5 × 2,3 cm.
Die Fliese in neun Felder geteilt. In jedem Feld eine stehende, nach rechts blickende Taube, in der Ecke oben links ein dicker Punkt. Die Schachbrettmusterung entsteht durch Wechsel der Engobe, die Taube[1] in Weiß oder (durch Aussparung) in Rot.
Fundort:
Minden, Untere Bäckerstraße, bei der Altstadtgrabung 1973–76 gefunden. G. Isenberg, 445, Abb. 266,3.
Mindener Museum für Geschichte, Landes- und Volkskunde.

1. Eine seitenverkehrte Version dieser Fliese (ohne Punkt) fand sich in dem ehem. Zisterzienserkloster Hovedø vor Oslo, N. Nikolaysen, Taf. IX,9 und Brügge in J. Helbig, 223, Abb. 36.

ZE4 Ihlow

1. Hälfte 14. Jahrhundert.
Roter Ton mit gelblicher Bleiglasur, das Muster in Rot in weißer Engobe ausgespart, durch zusätzlichen Reliefschnitt verfeinert. Fragment. Dicke 3 cm.
Sichtbar sind der Vorderfuß eines Vogels, die sorgfältige Zeichnung mit großem Sporn weist auf einen Hahn. Darüber sichtbar feine schuppenartig angeordnete Federn des Schenkels und der Ansatz waagrecht verlaufender Schwanzfedern (?).
Fundort:
Ihlow, ehem. Zisterzienserkloster, bei Grabung 1983 gefunden.
Aurich, Ostfriesische Landschaft.

ZE5 Steingaden

15. Jahrhundert.
Roter Ton, das Muster mit weißem Pfeifenton aufgetragen, gelb glasiert. Kante schräg. 12 × 3,5 cm.
Das ganze Bild füllend nach rechts gewandte Taube, die Flügel fächerförmig zu beiden Seiten des Körpers gebreitet. Der Kopf in Seitenmitte, bis zur äußersten Kante reichend, mit großem Schnabel und dunklem Kreisauge. Der Schwanz berührt die Ecke links unten, die Krallen, dick aufgetragen, füllen den restlichen Raum rechts.
Fundort:
Steingaden, ehem. Prämonstratenserabtei.
München, Bayerisches Nationalmuseum.

Fabelwesen und Fabeltiere

ZF1 Doberan

1. Viertel/1. Hälfte 14. Jahrhundert.
Angaben über Tonfarbe und Größe waren nicht zu erhalten.
Nach rechts gewandter Kentaur ähnlich F3. Der Oberkörper leicht gedreht, in der Linken einen Rundschild, in der Rechten ein Schwert haltend[1].
Fundort:
Doberan, ehem. Zisterzienserkloster. Kapelle in Althof. F. Schlie, III, 1900, 648, Abb. 1.
Verbleib nicht zu ermitteln.

1. Diese Fliese fand sich übereinstimmend in dem ehem. Zisterzienserkloster Hovedø vor Oslo. N. Nikolaysen, Taf. IX,7 (ungenaue Zeichnung).

ZF2 Hude

Ende 13. Jahrhundert?
Rotbrauner Ton mit weißer Inkrustierung und Spuren von gelblicher Glasur. Kaum vertiefte Prägung. Rechte untere Ecke fehlt. 12,5 × 17 × 2 cm.
Nach links schreitender, feuerspeiender Flügeldrache, den Kopf rückwärts gewandt. In der Ecke rechts unten Blattpalmetten, möglicherweise noch zum Schweif gehörend.
Fundort:
Hude, ehem. Zisterzienserkloster, in einem Ofensockel in der Gesindestube des Herrenhauses 1888 vermauert gefunden. G. Sello, 16, Abb. 2.
Oldenburg, Museum für Kunst und Kulturgeschichte.

ZF3 Doberan

1. Viertel/1. Hälfte 14. Jahrhundert.
Angaben über Tonfarbe und Größe waren nicht zu erhalten.
Nach links gewandter Flügeldrache (am ehesten F60 vergleichbar). Der Schweif parallel zur Fliesenunterkante nach vorn gelegt, beide Flügel übereinander den rückwärtigen Raum füllend. Der Hals stark gebogen, der gehörnte Kopf nach oben gereckt.
Fundort:
a Doberan, ehem. Zisterzienserkloster. Kapelle in Althof. F. Schliee, III, 684, Abb. 2.
b Variante vom selben Fundort, der Drache nach rechts gewandt, die Fliese offensichtlich kleiner. F. Schlie, III, 684, Abb. 3.
c Variante vom selben Fundort. Nach links schreitendes Fabelwesen, auf Grund der zu knappen Zeichnung nicht sicher zu beschreiben. H. Schlie, 684, Abb. 4[1].

1 Es gelang nicht, alle im Kloster früher vorhandenen Muster in den Katalog aufzunehmen. Bei F. Schlie, 1900, 629 findet sich eine Zeichnung F. v. Quasts, welche noch einen Steinbock und zwei verschiedene Rankenmuster erkennen läßt.

ZF4 Rothenburg o. d. Tauber

3. Viertel 15. Jahrhundert?
Roter Ton, Zeichnung auf weißer Engobe in Rot ausgespart, gelb glasiert. 12,5 × 12,5 cm.
Liegender Drache, sowohl nach rechts, wie nach links gewandt. Der gehörnte Kopf ähnlich F63. Die Flügel fehlen am walzenförmigen Körper, der Schweif ist zu einer Blattranke umgebildet und füllt das untere Drittel der Fliese[1].
Fundort:
Rothenburg o. d. Tauber, ev. Pfarrkirche St. Jakob, Hl.-Blut-Kapelle. A. Rees, 513, Abb. 448.
Rothenburg o. d. Tauber, St. Jakob, Schatzkammer.

1. Eine Fliese mit fast übereinstimmender Zeichnung des Kopfes fand sich im Refektorium des St. Paulusklosters, Utrecht, heute im Centraal Museum, Utrecht (F. W. Hudig, Taf. XXIV,4). Nach neuestem Stand der Forschung wurden diese Fliesen schon in der 1. Hälfte des 14. Jh. gefertigt (F. W. Hudig: „2. Hälfte 14. Jh.“).

Wappen

ZG1 Doberan

14. Jahrhundert[1].
Inkrustierte Fliese, weiße Engobezeichnung auf rötlichem Grund. Spuren von schwärzlicher Glasur. 39 × 39 cm, eine Fliese ca. 30 × 30 cm. Nicht abgebildet.
In der Diagonale breiter Spitzschild mit Büffelkopf und Halsfell, dem Wappen der Fürsten von Mecklenburg.
Fundort:
Doberan, ehem. Zisterzienserkloster, fürstliche Grablege auf der N-Seite des Querschiffes. Die Fliesen dienten zur Kennzeichnung der Grablegen. Sie sind heute durch Kopien ersetzt. F. Schlie, III, 625. G. Gloede, 1961, 11.

---

1 Der erste dort beigesetzte Fürst scheint der 1329 gestorbene Heinrich von Mecklenburg gewesen zu sein. Nach G. C. F. Lisch, 351, bezeichnete eine Platte jeweils die Grablege einer der verschiedenen Linien des mecklenburgischen Hauses. 1610 waren zwölf Fliesen, 1850 noch sechs Fliesen erhalten. Eine davon, in etwas abweichender Prägung, soll nach Lisch (ebd., 352) erst aus dem Ende des 15. oder dem Beginn des 16. Jahrhunderts stammen.

Spitzovale

ZH1 Rothenburg o. d. Tauber

3. Viertel 15. Jahrhundert?
Roter Ton. Zwei Varianten. Bei der ersten die Zeichnung auf weißer Engobe ausgespart, mit gelber Glasur, die kleinen Sterne grün. Bei der zweiten die Mittelblüte grün, die Sterne rot ausgespart. 12 × 12 cm.
Breites Spitzoval A, an welches sich zu beiden Seiten je das Viertel eines spitzen Maßwerksternes anschmiegt. In Ovalmitte kleine Heckenrose, flankiert von je einem kleinen sechszackigen Stern.
Fundort:
a Rothenburg o.d. Tauber, ev. Pfarrkirche St. Jakob, Hl.-Blut-Kapelle.
Rothenburg o.d. Tauber, St. Jakob, Schatzkammer.
b Variante. Spitzoval wie ZH1a. Fläche und Stern in Grün, drei kleine Sternchen in Rot ausgespart.
c Variante. Wie ZH1b. Statt der Sternchen Rose in weißer Engobe, seitliche Sterne rot.
Fundort und Aufbewahrungsort wie ZH1a.

ZH2 Marburg

Um 1300.
Weiße Engobezeichnung auf rotem Ton. Glasur abgelaufen. Nicht abgebildet.
Aus Zirkelschlägen gebildeter Vierstern aus Spitzovalen. In jedem schmales, stilisertes Eichblatt, die Blattspitze zur Fliesenecke gewandt.
Fundort:
Marburg, Schloßkapelle, vereinzelt in situ erhalten.

Maßwerkmuster

ZL1 Ulm

1. Hälfte 15. Jahrhundert.
Vermutlich roter Ton mit weißlicher Engobe, an einigen Stellen abgeblättert. Keine Spuren einer Vertiefung sichtbar, das Muster muß mit einer Schablone aufgebracht worden sein. Maße ca. 12,5 × 12,5 cm.
Maßwerkornament aus dem Viertel eines Vierpasses mit zur Mitte gewandten Lilien, von kleinen Bogen gekrönt. Die Außenkontur durch zarte Zackenlinie betont. Auf dem Bogen in der Diagonalachse schmale lilienähnliche Blüte mit schönen Pametten.
Fundort:
Ulm, Herkunft unbekannt. Möglicherweise handelt es sich um die bei Schefold[1] erwähnten, nirgendwo aufzufindenden Fliesen aus dem Ulmer Wengenkloster.
Verbleib nicht zu ermitteln, durch Photo erhalten.
Früher Ulm, Ulmer Museum.

---

1. M. Schefold, 1929, 53.

ZL2 Rothenburg o. d. Tauber

3. Viertel 15. Jahrhundert?
Roter Ton, die Zeichnung in weißer Engobe aufgetragen, gelb glasiert. 12 × 12 cm.
Viertelsrond A mit einbeschriebenem Viertel eines Vierpasses. An den Bogen schmiegen sich von oben zwei flache Bögen, die in der Zusammensetzung einen Stern aus vier Ovalen ergeben. Im Vierpaß zu beiden Seiten je die Hälfte einer heraldischen Lilie. Stengel und Lilie bilden auf vier Fliesen einen Lilienstern.
Fundort:
a Rothenburg o.d. Tauber, ev. Pfarrkirche St. Jakob, Hl.-Blut-Kapelle.
b Variante, die Lilie in grüner Glasur. Fundort wie ZL2a.
Rothenburg o. .d. Tauber, Reichsstadtmuseum.

ZL3 Elten

15.–16. Jahrhundert?
Hellroter Ton, Muster mit Engobe aufgemalt, durch Glasur hellgelb gefärbt. Bruchstück, Dicke 1,4/1,8 cm.
Sichtbar ist ein durch Viertelskreise gebildeter Kiel, zu beiden Seiten grobe Palmette, in der Ecke verkümmertes Blattornament.
Fundort:
Elten, ehem. Stiftskirche St. Vitus, Hochelten, in Schuttschichten des 15.–17. Jh. bei den Grabungen 1964–65 gefunden. G. Binding, W. Janssen, F. K. Jungklaass, 231, Abb. 68, Nr. 108a.
Pulheim-Brauweiler, Rheinisches Amt für Denkmalpflege.

ZL4 Daun

Mitte 14. Jahrhundert.
Ziegelroter Ton mit weißer Engobe mit Spuren einer grünlichen, durch Alterung matten Glasur. Keine Spuren einer Vertiefung. Kante senkrecht. 9 × 1,6 cm.
Vierpaß aus vier Tropfenkreisen, den ganzen Raum füllend.
Fundort:
Hof Kolverath bei Daun, bei Erdarbeiten gefunden.
Daun, Heimatmuseum.

Gekreuzte Diagonallinien

ZO1 Heinsberg

1. Hälfte 14. Jahrhundert.
Hellrötlicher Ton, Muster mit weißem Pfeifenton eingelassen. Mit gelber, hellgrüner oder bräunlicher Glasur, die oft ineinander übergeht. 6 × 1,3 cm. Nicht abgebildet.
Eckquadrat, durch Diagonalkreuz geteilt.
Fundort:
a Heinsberg, ehem. Stiftskirche St. Gangolph, bei Grabung 1953 gefunden. W. Piepers, 89, Abb. 30,11.
Pulheim-Brauweiler, Rheinisches Amt für Denkmalpflege.
b Variante vom selben Fundort. W. Piepers, 89, Abb. 30,10.
Pulheim-Brauweiler, Rheinisches Amt für Denkmalpflege.
Heinsberg, Kreisheimatmuseum.

Astroide aus Viertelskreisen

ZP1 Lübeck

Um 1330.
Roter Ton mit weißer Engobe, die Zeichnung in Rot ausgespart. 8 × 2 cm. Nicht abgebildet.
Astroide mit kleinem Kreis in Fliesenmitte.
Fundort:
Lübeck, St. Katharinenkirche, oberer Langchor, in situ. J. Baltzer, F. Bruns, H. Rathgens, IV, 57.

Blüten und Sterne

ZS1 Aachen?

2. Hälfte 15. Jahrhundert?
Roter Ton mit weißer Engobeprägung, die gelbe Bleiglasur stark abgeplatzt. 11,8 × 1,5 cm.
Kreisband mit ausgesparten Ellipsen und je drei züngelnden Flammenlinien in den Ecken der Fliese. In Kreismitte diagonal gestellte heraldische Lilie mit Rautenkelch, sichelförmigen Hängeblättern und Schaftknoten.
Fundort:
Unbekannt, in Analogie zu ZE1 aus Aachen, Dechanei, beim Abbruch 1899 geborgen oder aus einem nahegelegenen Fundort des östlichen Belgiens oder der Provinz Südlimburg.
Amsterdam, Rijksmuseum.

ZS2 Heinsberg

1. Hälfte 14. Jahrhundert.
Hellrötlicher Ton, Muster mit weißem Pfeifenton eingelassen, die gelbe, hellgrüne oder bräunliche Glasur oft ineinander übergehend. 6 × 1,3 cm.
In quadratischem Rahmen heraldische Lilie, die ganze Fläche füllend. Die Blätter sitzen getrennt auf waagrechter Basis auf, das Kelchblatt in Lanzettform, die Seitenblätter eher in Form eines Rebmessers.
Fundort:
Heinsberg, ehem. Stiftskirche St. Gangolph, beim Wiederaufbau nach dem 2. Weltkrieg und bei der Ausgrabung 1953 im südlichen und nördlichen Seitenschiff gefunden. W. Piepers, 1974, 89, Abb. 30,5 und 6. Im Altarpodest der Taufkapelle neu verlegt.
Pulheim-Brauweiler, Rheinisches Amt für Denkmalpflege.
Heinsberg, Kreisheimatmuseum.

ZS2.1 Cismar

Ende 13.–2. Viertel 14. Jahrhundert.
Roter Ton mit leicht eingeprägter weißer Engobe, die Glasur teilweise abgeplatzt. Bruchstück. 13 × 13 cm.
Heraldische Lilie ähnlich ZS2. Die Seitenblätter stärker gewölbt, in abgespreizte Spitze endigend. Der Schaftring oval, die Blattenden darunter nach oben gewölbt.
Fundort:
Cismar, ehem. Benediktinerkloster, bei der Ausgrabung 1966/67 im Schutt gefunden. J. Meissner, 1976, Taf. 65.
Schleswig, Schleswig-Holsteinisches Landesmuseum.

ZS3 Lübeck

Um 1330.
Roter Ton, das Muster in weißer Engobe auf grünem Grund. 8 × 2 cm. Nicht abgebildet.
In der Diagonale große, die Fläche füllende heraldische Lilie. Das Kelchblatt oval, die Wölbungen der Seitenblätter in die Fliesenecken geschmiegt, der Kelchgrund gespalten.
Fundort:
Lübeck, St. Katharinenkirche, in situ im oberen Chor. J. Baltzer, F. Bruns, H. Rathgens, Bd. IV, 57.

ZS3.1 Marburg

Um 1300.
Zeichnung auf einer weißen Engobe in rot ausgespart, einige Fliesen auch weiß auf rotem Grund. Glasur abgetreten. Nicht abgebildet.
Heraldische Lilie ähnlich ZS3. Der Kelchgrund füllt die Ecke, der Schaftknoten in Form einer Ellipse.
Fundort:
Marburg, Schloßkapelle, als Kreisband der Rosette und am Rand des quadratischen Mittelfeldes. F. Küch, B. Niemeyer, Taf. 180.

ZS4 Heinsberg

1. Hälfte 14. Jahrhundert.
Hellrötlicher Ton, die Muster mit weißem Pfeifenton eingelassen. Gelbe, hellgrüne und bräunliche Glasur, teilweise ineinander übergehend. 6 × 1,3 cm.
In quadratischem Rahmen Sechspaßblüte, in der Mitte kleiner Kreis ausgespart.
Fundort:
Heinsberg, ehem. Stiftskirche St. Gangolph, beim Wiederaufbau und der Grabung 1953 gefunden. W. Piepers, 89.

Abb. 30, 7 und 8. Im Altarpodest der Taufkapelle neu verlegt. Pulheim-Brauweiler, Rheinisches Amt für Denkmalpflege. Heinsberg, Kreisheimatmuseum.

ZS5 Doberan

1. Viertel/1. Hälfte 14. Jahrhundert.
Tonfarbe und Maße unbekannt. Inkrustierte Fliese. Nicht abgebildet.
Doppelte Rahmenleiste an zwei Seiten. Sechspaßblüte, zwischen den einzelnen Blättern zapfenartige Einbuchtungen.
Fundort:
Doberan, ehem. Zisterzienserkloster, Kapelle in Althof, bei der Restaurierung 1822 gefunden. F. Schlie, III, 684, Nr. 5.

ZS6 Ihlow

4. Viertel 13. – 1. Viertel 14. Jahrhundert.
Ziegelroter Ton mit weißlicher Engobe und gelblicher Bleiglasur. Randleiste aus vier Einzelfliesen, dabei Muster 1 und 3 rot auf weißem Grund, 2 und 4 weiß auf rotem Grund. Breite 8 cm, Länge ca. 26 cm, Dicke 3,2/3,7 cm. Prägung kaum vertieft („engobe-geprägt").
Muster 1: Blüte im Kreis mit acht Einzelblättern ähnlich S24.
Muster 2: übereinstimmend mit S85, in Kreisrahmen.
Muster 3: Kreis mit Blüte aus sechs Dreieckskeilchen.
Muster 4: Kreis mit Blüte aus sechs herzförmigen Blättern.
Fundort:
Ihlow, ehem. Zisterzienserkloster, bei der Grabung 1977 im Schutt gefunden. H. Stettner, 11, Abb. 2.
Aurich, Ostfriesische Landschaft.

ZS7 Cismar

Ende 13. – 2. Viertel 14. Jahrhundert.
Roter Ton mit leicht eingeprägter Engobe, die Glasur meist abgeplatzt. 13 × 13 cm.
Variante zu ZS6, Muster 4. Die Herzform exakt auf einem Mittelring aufsitzend, die Außenkonturen gerade und nicht eingeschnürt.
Fundort:
Cismar, ehem. Benediktinerkloster, bei der Ausgrabung 1966/67 im Schutt gefunden. J. Meissner, 1972, 108, Abb. 84.
Schleswig, Schleswig-Holsteinisches Landesmuseum.

ZS8 Lübeck

Um 1330.
Roter Ton, Blüte weiß auf grünem Grund. 8 × 2 cm.
Große sechsteilige Blüte, die herzförmigen Blätter nur durch dünne Linie getrennt.
Fundort:
Lübeck, St. Katharinenkirche, in situ im oberen Chor. J. Baltzer, F. Bruns, H. Rathgens, IV, 57.
Lübeck, St. Annen-Museum.

ZS8.1 Rothenburg o. d. Tauber

3. Viertel 15. Jahrhundert.
Weiße Engobebemalung auf rotem Ton. 12 × 12 cm.
Die ganze Fläche füllende Rose mit herzförmigen Einzelblättern, der Blütenkorb als kleiner Kreis.
Fundort:
Rothenburg o. d. Tauber, ev. Pfarrkirche St. Jakob, Hl.-Blut-Kapelle.
Rothenburg o. d. Tauber, Reichsstadtmuseum.

ZS9 Ihlow

1. Hälfte 14. Jahrhundert?
Ziegelroter Ton mit weißer Engobe und gelblicher Bleiglasur. Kaum vertiefte Prägung. 16 × 3,2/3,4 cm. Einzelne Fliesen in der Diagonale geteilt.
Doppelrosette, die Außenkontur der achtteiligen Blüte ähnlich ZS5, die Innenkontur in rot ausgespart.
Fundort:
Ihlow, ehem. Zisterzienserkloster, bei der Grabung 1977 im Schutt gefunden. H. Stettner, 11, Abb. 1, 4. Bei der Grabung 1983 erneut gefunden.
Aurich, Ostfriesische Landschaft.

ZS10 Lübeck

Um 1330.
Roter Ton, Stern weiß auf blauem Grund. 8 × 2 cm.
Stern aus sechs Rhomben, in der Mitte winziger Kreis.
Fundort:
Lübeck, St. Katharinenkirche, oberer Langchor, in situ. J. Baltzer, F. Bruns, H. Rathgens, IV, 57.
Lübeck, St. Annen-Museum.

ZS11 Cismar

Ende 13. – 2. Viertel 14. Jahrhundert.
Roter Ton mit weißer Engobe, diese schon teilweise abgeplatzt, keine Vertiefung sichtbar. 13 × 13 cm.
Stern mit acht spitzen Zacken, in der Mitte Dreipaß ausgespart.
Fundort:
Cismar, ehem. Benediktinerkloster, bei der Ausgrabung 1966/1967 im Schutt gefunden. J. Meissner, 1972, 108, Abb. 84.
Schleswig, Schleswig-Holsteinisches Landesmuseum.

ZS12 Marburg

Um 1300.
Im Gegensatz zu den übrigen Fliesen des Bodens die Zeichnung in vertiefter Prägung, die Sternblüte rot auf weißem Grund ausgespart. Sechsstrahlige Blüte aus spitzovalen Blättchen. Nicht abgebildet.
Fundort:
Marburg, Schloßkapelle, in situ in einem quadratischen Mittelfeld des Randes. Seit der Restaurierung 1973 die Felder durch Fliesen aus anderen Feldern ergänzt. F. Küch, B. Niemeyer, Taf. 180.

ZS13 Rothenburg o. d. Tauber

3. Viertel 15. Jahrhundert?
Die Zeichnung in Rot auf weißer Engobe ausgespart, gelb glasiert. Stengel und Blätter in grüner Glasur. 12 × 12 cm.
Die Fliese in der Diagonale durch leicht S-förmig geschwungenen Stengel geteilt. An diesem auf kurzem Stiel je eine

Rosenblüte, die linke und rechte Ecke füllend. In den Zwischenräumen kleine gewellte Blätter. Eine zweite Fliese zeigt das Muster im Spiegelbild, so daß eine fortlaufende Ranke entsteht, die vermutlich zur Rahmung des Bodens diente.
Fundort:
Rothenburg o. d. Tauber, ev. Pfarrkirche St. Jakob, Hl.-Blut-Kapelle. A. Ress, 513, Abb. 448.
Rothenburg o. d. Tauber, St. Jakob, Schatzkammer.

ZS 14 Rothenburg o. d. Tauber

3. Viertel 15. Jahrhundert?
Zeichnung in weißer Engobe auf rotem Ton, gelb glasiert. 12 × 12 cm.
Variante zu ZS 13. Stengel übereinstimmend, statt der Wildrose die Blüte einer Flockenblume (Centaurea scabiosa) oder einer Distel (?). Auch dieses Muster auf einer zweiten Fliese spiegelbildlich.
Fundort:
a Rothenburg o. d. Tauber, ev. Pfarrkirche St. Jakob, Hl.-Blut-Kapelle. A. Ress, 513, Abb. 448.
b Variante, die Zeichnung in rot auf weißer Engobe ausgespart.
Rothenburg o. d. Tauber, St. Jakob, Schatzkammer.

Blatt- und Pflanzenformen

ZT 1 Ihlow

4. Viertel 13. – 1. Viertel 14. Jahrhundert.
Roter Ton mit weißer Engobe und gelblicher Glasur. Kaum vertiefte Prägung. Bruchstück. 16 × 3,2/3,4 cm.
Kleiner Mittelkreis, auf dem in leicht kreisender Bewegung, jeweils eine Fliesenecke füllend, vier gezackte dreiteilige Blätter sitzen. In der Mitte sechsteilige Blüte.
Fundort:
Ihlow, ehem. Zisterzienserkloster, bei Grabungen 1977 im Schutt gefunden. H. Stettner, 11, Nr. 1,5.
Aurich, Ostfriesische Landschaft.

ZT 2 Ihlow

4. Viertel 13. – 1. Viertel 14. Jahrhundert.
Roter Ton mit weißer Engobe und gelblicher Glasur. Kaum vertiefte Prägung. Bruchstück. 16 × 3,2/3,4 cm.
Großer Tropfenkreis, an der Außenseite zu den Fliesenecken kleine Blattknospen. In der Mitte (teilweise zerstört) fünfgeteiltes Blatt, die Spitze zur Kreisspitze gewandt.
Fundort:
Ihlow, ehem. Zisterzienserkloster, bei Grabungen 1977 im Schutt gefunden. H. Stettner, 11, Nr. 1, 6.
Aurich, Ostfriesische Landschaft.

ZT 3 Marburg

Um 1300.
Zeichnung rot in weißer Engobe ausgespart. Glasur teilweise stark abgetreten. Nicht abgebildet.
Ranke in Form eines zu vier Fünfteln geschlossenen Kreises mit einbeschriebenem Dreipaßblatt.
Fundort:
Marburg, Schloßkapelle, in situ, quadratische Fliesenfläche, Mittelfeld am Rand. F. Küch, B. Niemeyer, Taf. 180.

ZT 4 Marburg

Um 1300.
Weiße Engobezeichnung auf rotem Grund. Glasur teilweise abgetreten. Nicht abgebildet.
In der Diagonale Ahornblatt, welches die ganze Fläche füllt. Die Blattspitzen berühren jeweils den Fliesenrand.
Fundort:
Marburg, Schloßkapelle, in situ in den beiden Mittelfeldern. F. Küch, B. Niemeyer, Taf. 180.

ZT 5 Rothenburg o. d. Tauber

3. Viertel 15. Jahrhundert?
Grüne Engobe auf rotem Ton, gelb glasiert. 12 × 12 cm. Nicht abgebildet.
In die Diagonale eingebettet ein großes, die Fläche füllendes Weinblatt, die Einzelblätter stark gezackt und tief eingeschnitten. Der kurze Stengel sitzt auf einer Diagonallinie, die in der Zusammensetzung von vier Fliesen ein Quadrat bildet.
Fundort:
Rothenburg o. d. Tauber, ev. Pfarrkirche St. Jakob, Hl.-Blut-Kapelle.
Rothenburg o. d. Tauber, Reichsstadtmuseum.

Teilstücke und Randleisten

ZW 1 Rothenburg o. d. Tauber

3. Viertel 15. Jahrhundert.
Roter Ton mit weißer Engobebemalung, gelb glasiert. 12 × 6 cm.
Band aus zwei sich unter- und überschneidenden Zackenbändern. Es ergeben sich drei ganze und zwei halbe Rhombenformen, teilweise spitz, teilweise dem rechten Winkel angenähert. Randleiste von ZB 2.
Fundort:
Rothenburg o. d. Tauber, die Herkunft nicht präzise erwähnt[1], doch vermutlich ebenfalls aus der ev. Pfarrkirche St. Jakob, Hl.-Blut-Kapelle.
Rothenburg o. d. Tauber, St. Jakob, Schatzkammer.

1 F. K. Fürst zu Hohenlohe-Waldenburg, Sp. 11: „Unter den vorerwähnten Rothenburger Fliesen findet sich auch noch eine scheinbar gleichzeitige Fliese in der Sammlung meines Sohnes Franz". Abgebildet ist nur jeweils eine Zacke des Bandes, so daß ein falsches Bild der Fliese entsteht.

Verschiedene Muster und nachmittelalterliche Fliesen

ZX1 Altenberg/Dhünn – Bonn – Kippekausen

Um 1267 (a), vor 1327 (b).
Heller, weißlichgelber Ton. Schachbrettmuster abwechselnd durch weißlichgelbe und bräunliche Glasur erzielt, die Quadrate vorher durch einen Stempel geprägt, die Glasur stark ineinandergelaufen. Kante leicht schräg. Fliese beschädigt, 6 × 6,7 × 2,3 cm. Nicht abgebildet.
Fundort:
a Altenberg/Dhünn, ehem. Zisterzienserkloster, bei Grabungen 1910 im Chor der Kirche, ca. 40 cm unter dem barocken Plattenbelag aufgedeckt. H. Kier, 1970, 87, Abb. 235. Bei Grabungen 1974 erneut entdeckt (Kapitelsaal oder Kreuzgang), Fundort nicht festgehalten.
Bonn, Rheinisches Landesmuseum.
b Bonn, Münster, 1928 bei Grabungen in der Barbarakapelle im Schutt gefunden, weiß mit kleiner roter Schachbrettmusterung.
Bonn, früher im Landesmuseum, durch Kriegseinwirkung verloren.
c Motte Kippekausen, ziegelroter Ton mit dunkelbraunen und weißen Feldern, Bruchstück 6,3 × 6,3 cm. S. Gollub, 224, Abb. 14, 5.
Verbleib unbekannt.

ZX2 Ihlow

4. Viertel 13.–1. Viertel 14. Jahrhundert.
Roter Ton mit weißer Engobe und gelblicher Bleiglasur. 16 × 3,4 cm.
Schachbrettfliese mit 16 Feldern.
Fundort:
Ihlow, ehem. Zisterzienserkloster, bei Grabungen 1977 im Schutt gefunden. H. Stettner, 11, Abb. 1, 2. Bei der Grabung 1983 und 1985 erneut gefunden.
Aurich, Ostfriesische Landschaft.

ZX3 Heinsberg – Ihlow

1. Hälfte 14. Jahrhundert.
Roter Ton mit verschiedenfarbigen Glasuren. Helles und dunkles Gelb, helles und dunkles Grün, rötliches und dunkles Braun. 4,3/6,5 × 1/1,8 cm. Nicht abgebildet.
Fliese in vier Felder geteilt, diese schachbrettartig hell und dunkel.
Fundort:
a Heinsberg, ehem. Stiftskirche St. Gangolph, bei Grabungen 1953 gefunden. W. Piepers, 89, Abb. 30, Nr. 12.
Pulheim-Brauweiler, Rheinisches Amt für Denkmalpflege.
Heinsberg, Kreisheimatmuseum.
b Ihlow, ehem. Zisterzienserkloster, bei Grabung 1985 eine Fliese in situ gefunden. 15,5 × 15,5 cm.
Aurich, Ostfriesische Landschaft.

ZX4 Heinsberg

1. Hälfte 14. Jahrhundert.
Roter Ton mit verschiedenfarbigen Glasuren.
Helles und dunkles Gelb, helles und dunkles Grün, rötliches und dunkles Braun. 4,3/6,5 × 1/1,8 cm. Nicht abgebildet.
Fliese durch Diagonallinie in zwei Dreiecke geteilt, diese entweder einfarbig oder mit zwei unterschiedlichen Glasuren.
Fundort:
Heinsberg, ehem. Stiftskirche St. Gangolph, bei Grabungen 1953 gefunden. W. Piepers, S. 89, Abb. 30, Nr. 4 und 9.
Pulheim-Brauweiler, Rheinisches Amt für Denkmalpflege.

ZX5 Ihlow

4. Viertel 13.–1. Viertel 14. Jahrhundert.
Roter Ton mit weißer Engobe und gelblicher Bleiglasur. 16,8 × 3,3 cm.
Fliese durch Kreuz und Diagonalkreuz in Felder geteilt, weitere parallele Linien ergeben ein Eckquadrat. Es entstehen 16 Dreiecke (Uhrglasanordnung), die jeweils verschiedenfarbig abgesetzt sind.
Fundort:
Ihlow, ehem. Zisterzienserkloster, bei Grabungen 1977 im Schutt gefunden. H. Stettner, 11, Abb. 1, 2.
Aurich, Ostfriesische Landschaft.

ZX6 Ihlow

4. Viertel 13.–1. Viertel 14. Jahrhundert.
Roter Ton mit weißer Engobe und gelblicher Bleiglasur. 16 × 3,4 cm.
Die Fliese durch Kreuz und Diagonalkreuz in acht Dreiecke geteilt, von einem Kreis durchschnitten, der die Fliesenkante berührt. Durch wechselnde Farbgebung entstehen zwei Flügelräder, die Kreisabschnitte tragen jeweils die entgegengesetzte Farbe.
Fundort:
Ihlow, ehem. Zisterzienserkloster, bei Grabungen 1977 im Schutt gefunden. H. Stettner, 11, Abb. 1, 1.
Aurich, Ostfriesische Landschaft.

ZX7 Kulm – Marienburg (Danzig) – Ringsted

Um 1490? – vor 1564 (b).
Tonfarbe unbekannt. Mit blauer und grüner Glasur. 16 × 16 cm. Zeichnung durch weiße Stege.
Blaues Eckquadrat mit stilisierter heraldischer Lilie in grüner Glasur. Der schmale Kelchschaft und die gewölbten Hängeblätter streng symmetrisch gebildet. In den Ecken Viertel einer blauen Blüte mit bräunlichem Blütenkorb auf grünem Grund.
Fundort:
a Kulm, Westpreußen, ehem. Zisterzienserinnenkloster, 1885 noch in situ erhalten, wenige Fliesen auf dem Altarplatz und seiner Stufe. J. Heise, B. Schmid, 1885, 74, Fig. 62.
Verbleib nicht zu ermitteln.
b Fliesen aus dem abgebrannten Dominikanerkloster in Danzig wurden nach 1817 in der Marienburg verlegt. 1938 sollen noch ca. zwölf Fliesen, teilweise als Bruchstücke auf der Marienburg vorhanden gewesen sein. Das Muster in weiß auf blauem Grund mit rötlichem Schaftring und Blütenkorb in den Ecken. 16,8 × 16,5 × 2,5 cm.
Dortmund, Privatbesitz.
c Ringsted, Westsseeland, Dänemark, ehem. Benediktinerkirche St. Bendt, als Abdeckung eines Grabes. „Blau, gelb, grün, weiß, 21,5 × 2,5 cm“. M. Clemmensen, 1927, 25, Abb. 53 (außerdem in der Kirche von Praesto, Südseeland und an weiteren Fundorten in Dänemark).

ZA1

ZB1

ZB2

ZC1

ZC2

ZC3

ZD 1

ZD 2

ZD 3

ZD 4

ZD 5

ZE 1 a

ZE 1 b

ZE 2

ZE 3

ZE 4

ZE 5

ZF 1

ZF2

ZF3

ZF4

ZH1

ZL1

ZL2

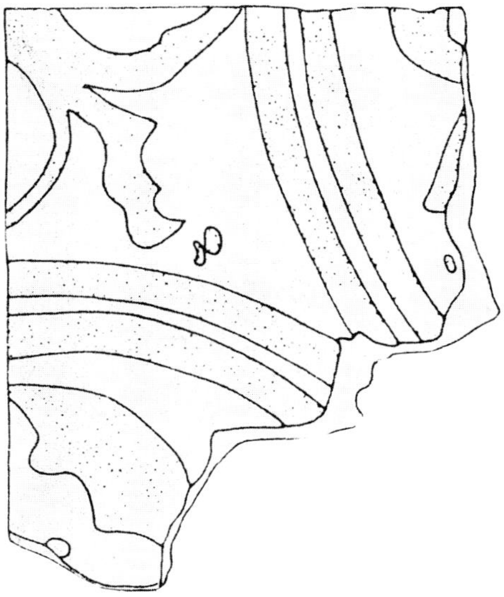
ZL 3

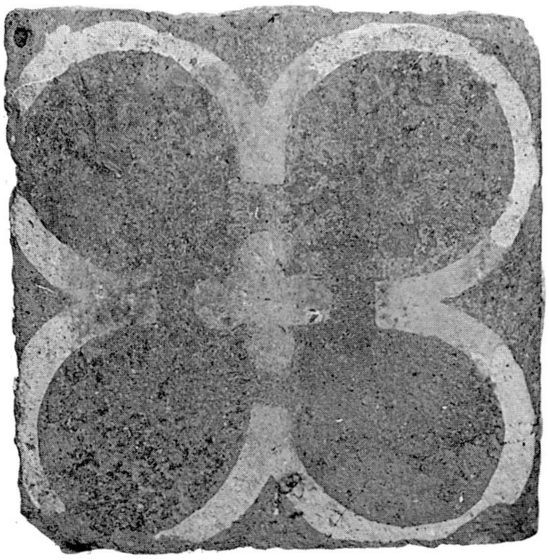
ZL 4

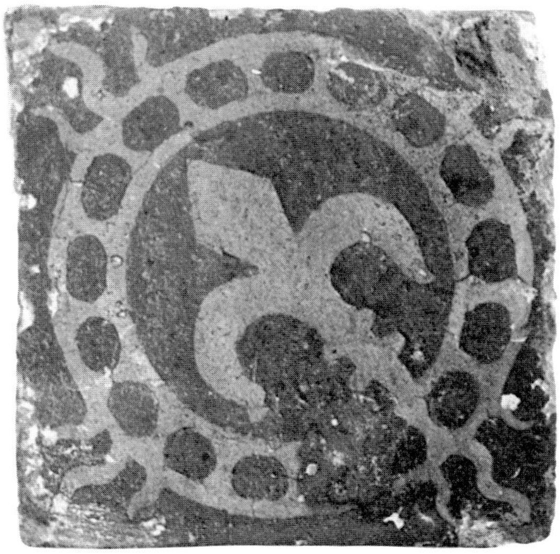
ZS 1

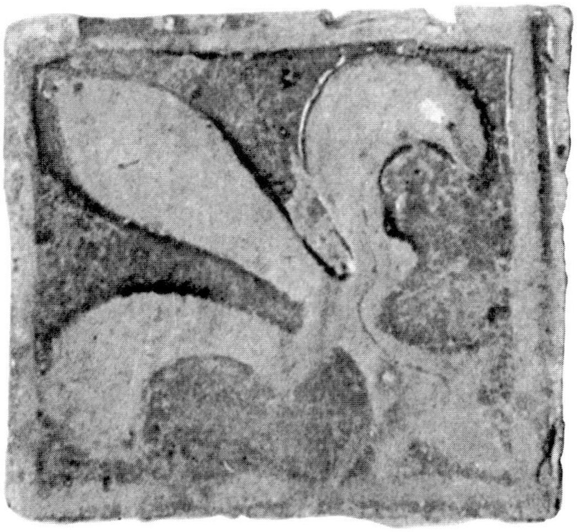
ZS 2

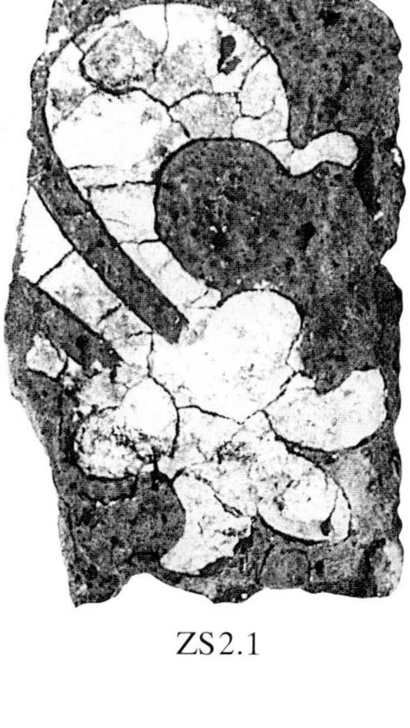
ZS 2.1

ZS 4

ZS6

ZS7

ZS8

ZS8.1

ZS9

ZS 10

ZS 11

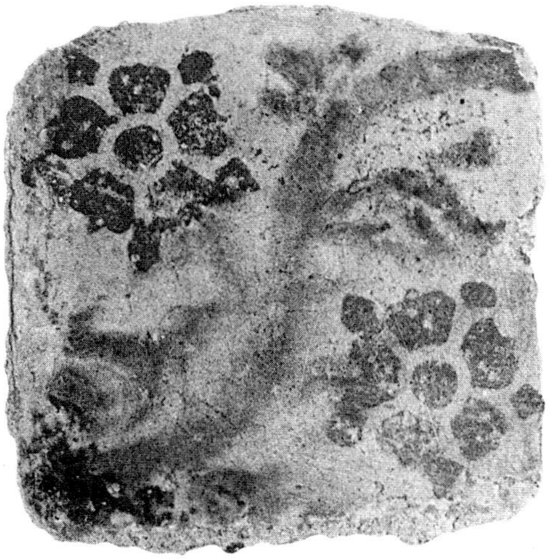

ZS 13

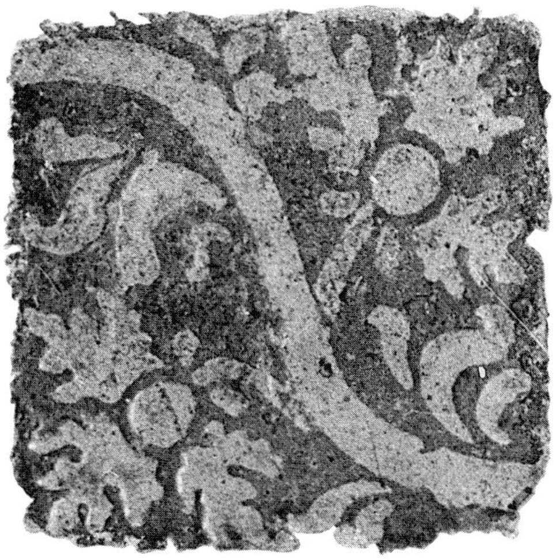

ZS 14

ZT 1

ZT 2

ZW1

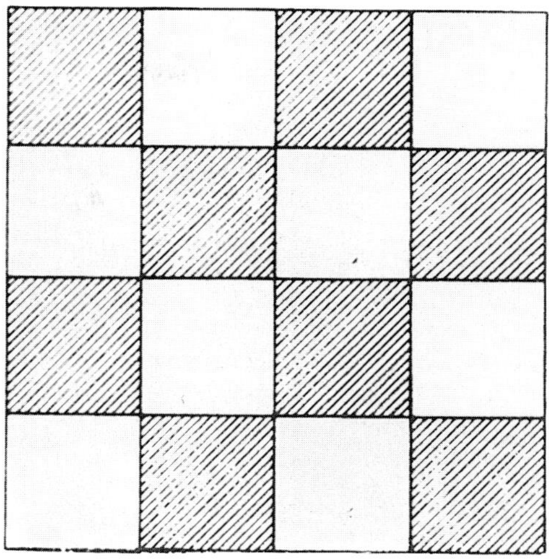

ZX2

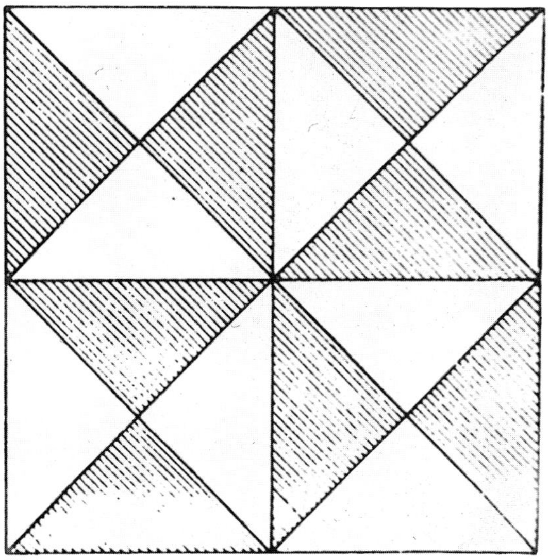

ZX5

ZX6

ZX7

Fundortregister

Aachen	Stadtgebiet	B43, B44, D67, G40, G46, G47, L29, L31, N58, N59, N62, N64, U19
	Aachen (?)	B45, E67, G40.1, G41.1, G42, G52, N61, S3.
	Kath. Pfarrkirche St. Foillan	B43
	Kath. Pfarrkirche St. Nikolaus	„Fliesen mit Wappen und ornamentalen Verzierungen". N58?, N59 ? „Muster aus gekreuzten Spitzovalen".
	Ehem. Augustinerkloster	G45, H176, L26, M44, N57
	Ehem. Karmeliterkloster, Ponellgasse/ Karmeliterstraße	B44 ? „Aachener Stadtadler".
	Ehem. Deutschordenskommende St. Gilles, Pontstr. 76–80	G38, G41
	Ehem. Dechanei des Aachener Münsterstifts, Klosterplatz 9, 11, 13	G45, ZE1. – ZC3 ?, ZS1 ?
	Ehem. Propstei, „Romanisches Haus", Klosterplatz 1/Klostergasse 4	G43 ?, G44 ?
	Rathaus, Reichssaal	B49, F98, L23
	Haus „zum Papagei", Jakobstr. 23 (?)	G39 ?
	Mheerener Hof, Jakobstr. 25	Muster unbekannt
	Haus „au Parvis", Klostergasse	S3 ?, die übrigen Muster unbekannt
	Klosterplatz	G48
	Haus Krugenofen 41	A4
	Franzstraße, 70–72, 107	G49
Aachen – Kornelimünster	Ehem. Benediktinerabteikirche St. Kornelius	I: H165 II: G49, G49.1, G49.2, G50, L26, N62
Aalen	Ev. Pfarrkirche St. Johannis Ev., heute Friedhofskirche	H161, J13
Adelberg	Ehem. Prämonstratenserkloster, St. Ulrichskapelle	H52, H171
Aduard	Ehem. Zisterzienserkloster	T41
Affalterloch	Ehem. Burg, sog. „Festes Haus"	M20
Affolderbach	Ehem. Zisterzienserinnenkloster	L37, L38
Alberweiler	„Schlößle"	M26
Allgramsdorf	Filialkirche St. Stephan	S43
Alpirsbach	Ehem. Benediktinerkloster, Klosterkirche St. Benediktus	I: B9 ? II: F158, H220, M36, M48.

Alsfeld	Ehem. Augustinereremiten-Klosterkirche, heute ev. Dreifaltigkeitskirche	H56, X26
	Ev. Stadtkirche St. Walpurgis	H258, J51, P37
Altdorf/Altorf	Ehem. Benediktinerklosterkirche St. Cyriakus	D7–D78, E60, F7, W2, W80 ?
Altenbaumburg	Burgruine	I: C22, C25, D21, H15, H80, H186, H242, J41, J67, N28, N65, P12, R27, R29, R31, R32, R50, R52, W8 II: H95, H167, H244, H246
Altenberg/Dhünn	Ehem. Zisterzienserkloster	I. ZX1, D69 II: H134, M30, R35, R43, R44, R45, S68, T34
Altenberg/Lahn	Ehem. Prämonstratenserinnenkloster St. Maria und Michael	H256, J102, O24, O32
Altendorf	Burgruine	H17, H36
Altenhohenau	Ehem. Dominikanerinnenklosterkirche St. Peter und Paul	F171
Altheim	Ev. Pfarrkirche, ehem. St. Maria	H227
Altmühlmünster	Ehem. Johanniter-Komtureikirche, heute kath. Pfarrkirche St. Johnnis Bapt.	B34?, D49?
Altscharfeneck	Burgstelle	H70
Altzelle	Ehem. Zisterzienserkloster, Ruine	„Rosettenmuster“
Amorbach	Ehem. Benediktinerkloster St. Maria	I: B5, C14, D77, F102, N16, R11 II: H12, R13
	Ehem. Zisterzienserinnenkloster Gotthardsberg, Ruine	P32
Amstetten-Reutti	Ev. Pfarrkirche, ehem. St. Ägidius und Katharina	J15
Amstetten-Stubersheim	Ev. Pfarrkirche, ehem. St. Johannes	J21
Andernach	Kath. Pfarrkirche Mariä Himmelfahrt	H263
Andlau	Ehem. Stiftskirche St. Salvatoris	H233.1
Apfelstetten siehe Münsingen		
Apfeltrach	Kath. Wallfahrtskapelle St. Leonhard	M8, O1, O60
Argenthal	Ev. Pfarrkirche, ehem. St. Johannis Bapt.	A24, F12, R1
Arnsburg	Ehem. Zisterzienserkloster St. Maria	I: B11, C22, C49, E5, E6, F40, H88, H90, H230, J43, J50, J52, J53, J54, J55, J57, J62, J63, J65, J76, J112, J113, J114, K57, M17, N6, N19, N21, N29, N31, N96, O15, P44, Q1, R2, R3, R38, S56, S59, W24, W27 II: H37, H254, J71, L38, O61, W103 III: G27, H245, O18, O61k
	Allerheiligenkapelle	H53, H56, H245, J50, J76
	Heiligkreuzkapelle	H256, J50, J113

Arnstein	Ehem. Prämonstratenserkloster, Klosterkirche St. Marien und Nicolaus	I: B6, C2 ?, C48 ?, D7, D8, D43, D78, R54, T8, W79 II: L12, L36, T6, W88
	Margarethenkirche, Ruine	L4, L36, N20, R26, T6, W79
Arzbach	Kath. Pfarrkirche St. Peter und Paul	L3
Arzenheim/Artzenheim	Ehem. Pfarrkirche St. Jakobus	B25, D57
Asch siehe Blaubeuren		
Aschaffenburg	Ehem. Kollegiats-Stiftskirche St. Peter und Alexander ?	I: F30, I8, O16, O26, O27, R50, S20 II: S29 ?
	Deutschordenshaus, Pfarrgasse 8	G25, G26
Aspisheim	Ev. Pfarrkirche, ehem. St. Martin	K57
Auerbach	„Auerbacher Schloß", Ruine der Burg Auerberg	I: D7, H80, H237, I1, N97, O22, R49, W2, W22, W41 II: M21.1, N52, O62
Aufhausen siehe Geislingen		
Augsburg	Ehem. Augustinerchorherren-Stiftskirche St. Georg	J125
	Augsburg oder Umgebung	C60, J60, T9
Auhausen	Ehem. Benediktinerklosterkirche St. Maria	G19, S42, – E57 ?
Aulhausen siehe Rüdesheim		
Aull	„Alte Burg"	L36
Aulps	Ehem. Zisterzienserkloster	M21, N22, R55, V9, V10, V11, W85, W86
Babenhausen	Ev. Pfarrkirche, ehem. St. Nikolaus	J119
	Ehem. Wasserburg	J28 ?
Bacharach	Ev. Pfarrkirche St. Peter	C33, C34, C40, C48, D11, E21, F14, R54 A23 ?, B12 ?
	Bürgerhaus?	K65
	Burg Stahleck	L42
Bacharach-Steeg	FO unbekannt	J85, W18
Backnang?	Ehem. Chorherren-Stiftskirche St. Pankratius?	G2
Bad Buchau	Ehem. Damenstiftskirche St. Cornelius und Cyprian	H144
Bad Buchau-Kappel	Kath. Pfarrkirche St. Peter und Paul	H75
Bad Gandersheim?	Ehem. Kanonissen-Stiftskirche St. Anastasius und Innocentius	J23
Bad Herrenalb	Ehem. Zisterzienserkloster St. Maria	F163

Bad Kreuznach	Ehem. Karmeliterklosterkirche St. Nikolaus	L5, P54, S73, S74, S75, T5, T20
	Kreuznach oder Umgebung	H244
Bad Münster am Stein- Ebernburg	Ebernburg	H23
	Burgruine Rheingrafenstein	H244
Bad Münstereifel	Ehem. Benediktinerstiftskirche St. Chrysanthus und Daria	L21, L34, N100
	Burgruine	H286, N57, N64
Bad Nauheim	Ehem. Johannisbergkirche	J113
	Ehem. Burg	J113
Bad Neuenahr-Ahrweiler	Ehem. Franziskanerkloster Kalvarien-berg	X24, X25, X29
	Burgruine Landskron	I: G36 II: H35
Bad Schussenried	Ehem. Prämonstratenser-Klosterkirche St. Magnus	H144, O53, O54, S76
Bad Wimpfen	Fehlbrandgrube Rappenauer Straße	H223, H285, J95
	Fehlbrandgrube Pfarrgarten	F77, H208, H285, P22
Baden, Kt. Aargau ?	FO unbekannt	B28
Baden siehe Anhang		
Bächlingen siehe Langenburg		
Bargau	Ev. Pfarrkirche, ehem. St. Jakob	J118
Basel	Ehem. Barfüßerkirche	J63.1
	Ehem. Bischofshof, Münsterhof 1	U14, U15
	Haus „zum grauen Bären", Freie Straße	A20, B24, C31, D42
	Haus in der Sattelgasse, Nr. unbekannt	J29
	Basel, FO unbekannt	C67
	Umgebung von Basel	A16, F123
Bayern siehe Anhang		
Bebenhausen	Ehem. Zisterzienserkloster St. Marien	
	Klosterkirche (1956)	H16, H190, N69, P6, R12, S5, T1,
	Teile der großen Kreisrosetten	E55, F59, J49, K6, K7, T23, V4, V7, V12, W11, W12, W13, W58, W59, W67, W68 I: B9, D47, E54, F25, F58, F60, F71, F87, F120, H211, J3, J26, J38, K8, K58, N9, N41, N70, N72, N73, N101, O9, O10, P6, P17, S22, S23, T11, V1, V2, V5, V6, W6, W37, W52 II: J90, J94, N36, O28, O30, Q2, T24 III: E1, K21, K22, S38, T19, W32, X15
Becherbach	Ev. Pfarrkirche	C25, N28, R26, R28, R31
Bellersheim	„Alte Burg" im Bellersheimer Markwald	N28, R26, R28, R29

Beneschau/Benešov N. C.	FO unbekannt	A 30
Bergheim (Haut-Rhin)	FO unbekannt	B 29
Bergheim/Erft	Kath. Parrkirche St. Remigius	L 29, N 63
Bergisch Gladbach	Ehem. Wasserburg Kippekausen im Ortsteil Bensberg-Frankenforst	X 14, ZX 1
	Kath. Pfarrkiche St. Johannes Bapt. im Ortsteil Bensberg-Refrath	S 61
	Töpferofen im Ortsteil Paffrath, Dellbrücker Straße	I: R 15 II: H 244
Berkach	Kath. Filialkapelle St. Petrus und Paulus	O 51
Berlin	Alter Marstell, Breite Str. 37	S 54
	Haus Leipziger Straße 79/Ecke Jerusalemerstraße (Otto-Grotewohlstraße)	S 54
	Haus Unterwasserstr. 8	S 54
Bern	Ehem. Barfüßerkloster	Muster unbekannt
Beromünster	Stiftskirche St. Michael	F 156.1,–O 69 ?
Beselich	Ehem. Prämonstratenserinnen-Klosterkirche St. Marien, Petrus und Paulus	I: N 2, R 10 II: B 58, J 76
Beutelsbach	Ehem. Stiftskirche St. Leodegar	J 7
	Burgstelle auf dem Kapellberg	Muster noch nicht bekannt
Biberach/Riss	Stadtpfarrkiche St. Maria und Martin	I: H 75 II: H 77, H 145, O 59
	Ochsenhäuser Hof	F 96, T 17
	Haus Zeughausgasse 4	T 18
Bichishausen siehe Münsingen		
Bickenbach	„Weilerhügel“, Alt-Bickenbach	R 22
Biding	Kath. Pfarrkirche St. Martin	H 203
Biedesheim	Ev. Pfarrkiche, ehem. St. Andreas	H 105, H 112, H 116, H 119, H 283, L 6
Bierdorf siehe Dießen		
Billigheim-Ingenheim	Ev. Pfarrkiche, ehem. St. Martin	H 70, O 45
Bingen	Kath. Pfarrkiche St. Martin, Kreuzgang des ehem. Chorherrenstiftes	I 13, I 14
	Ehem. „Mainzer Hof“, Schmittstraße	H 242, H 244, J 85, J 103, W 24
Blankenberg siehe Hennef		
Blankenheim	Burgruine	G 37
Blaubeuren	Ehem. Benediktinerkloster St. Johannes Bapt.	H 1, O 51, O 52, S 9.1, S 31
Blaubeuren-Asch	Ev. Pfarrkirche, ehem. Unserer Lieben Frau	I: H 157, L 19, O 5, P 14 II: H 158

Bleidenstadt	Ehem. Benediktinerkloster St. Ferrutius	I: C1, D1, F108 II: N20, S14, S20
Bodelshofen siehe Wendlingen		
Bödingen siehe Hennef		
Böhmen siehe Anhang		
Börtlingen	Ev. Pfarrkiche, ehem. St. Johannes Bapt.	P23
Bogenberg	Kath. Wallfahrtskirche Hl. Kreuz und Mariae Heimsuchung	G8
Bolanden	Ehem. Prämonstratenserkloster Hane „Klosterhof".	H93
	Burgruine Neubolanden	gesichert: C26, D8, D37, H76, J27, J33, J34, J35, J46, J64, J98, N24, S14 vermutet: B7, D14, O13, R22, R24, R53, W2, W19, W22, W39, W73, W74, W75, W78
Boll	Ehem. Stiftskirche St. Cyriakus	K54
	FO unbekannt	K36
Bommersheim siehe Oberursel		
Bonmont	Ehem. Zisterzienserkloster Notre-Dame	I: M40, N11, N22, N31.1, N37.1, R55, V9, V10, V11, W80.1, W85, W86 II: T33
Bonn	Münster St. Martin, ehem. Stiftskirche St. Cassius und Florentinus, Barbara- oder Virneburgkapelle	M43, ZX1
	Ehem. Kanonikerhaus, Ecke Martinsstraße und „Am Hof" 5a–7	R49
	Gelände der Universität	J57
Boppard	Ehem. „Königshaus"	B7, D8, J52, J62, M17
	Ehem. Walpurgiskapelle	H117, T6
Borgholzhausen	Ev. Pfarrkirche, ehem. wohl St. Pankratius	F72
Braubach	Ehem. ev. Pfarrkiche St. Barbara	L30
Braunfels	Schloß der Grafen von Solms-Braunfels	H57, V16
	Bergfried	J123, O24
Brauweiler	Ehem. Benediktinerabteikirche St. Nikolaus und Medardus	V15
	Laurentiuskapelle	H34, L24, R58, V15
Breisach	Ehem. Klosterberg, Kapuzinergasse	B25.1, F112.1.
Brunnenburg	Ehem. Prämonstratenserinnen-Stiftskirche, Ruine	I: D7, D78, F7, R24, R31, W40, W79, W80, X12 – W78? II: B58, D39, H242, J76, L38, N20

Büdingen	Schloß der Fürsten zu Ysenburg und Büdingen	H57, J72
	Bürgerhaus	H57
	FO unbekannt	J56, J71
Burgholzhausen siehe Friedrichsdorf		
Burkhartsreuth	Kath. Pfarrkirche St. Jakobus?	A8
Burladingen-Melchingen	Burgruine auf dem Pfaffenberg	H138, O52
Burladingen-Ringingen	Wallfahrtskapelle „Unserer Lieben Frau“ an der Heerstraße	H244, K31
Butzbach	Ehem. Michaelskapelle	J55
	Ehem. Hospitalkapelle St. Wendelin	X35
	FO unbekannt	H55, H56, H58, H285.1, L9, O23
Butzbach-Niederweisel	Johanniterkirche Niederweisel	H57
	Ev. Pfarrkirche, ehem. St. Nikolaus, Michaelskapelle	H57
Cadolzburg	Ehem. Burg der Grafen von Zollern, Burgrafen von Nürnberg	C15, D12, S1
Calberlah	Kapelle	J48
Château du Griffon siehe Greifenstein		
Chorin	Ehem. Zisterzienserklosterkirche	N67, N69.1, C65, S67
Chumbd siehe Klosterkumbd		
Cismar	Ehem. Benediktinerklosterkirche St. Johannes	ZS2.1, ZS7, ZS11
Cochem	Burgruine Winneburg	L3, T7
Colmar siehe Kolmar		
Dahn	Burgruine Alt-Dahn	H70, M1,
Dambach/Dambach-la-Ville	Liebfrauenkapelle	H271
	Anwesen Schuler, 22 rue Foch	H271
Dannenfels	Ehem. Burg Tannenfels	R35.1
Danzig/Gdansk	Ehem. Dominikanerkloster	ZX7
Dargun	Ehem. Zisterzienserklosterkirche St. Marien	E45, L54
Darmstadt-Bessungen	Gewann „Clappacher Feld“	N54
Daun-Rengen	Hof Kolverrath	ZL4
Deggingen	Kath. Wallfahrtskapelle „Alt-Ave“	K47
Deizisau	Ev. Pfarrkirche, ehem. St. Basilides, Cyrinus, Naborius und Nazarius	F158, J17

Denkendorf	Ehem. Augustinerchorherren-Stiftskirche St. Pelagius	O 29
Dieburg	Fehlbrandhalde, Eulengasse	H 69, I 8
	Ehem. Haus Herz, Ritterstraße	D 72
	Ehem. Frankensteiner Hof, Steinstr. 13	J 36, H 265, N 42, O 58
	Haus Steinstr. 30	I 8, H 69, H 265
	Haus Eulengasse/Ecke Klostergasse	H 69
Dießen/Ammersee	Augustiner-Chorherrenstiftskirche St. Georg	H 222
	Haus Kirchsteig 4	F 93
Dießen-Bierdorf	Kapelle Mariae Heimsuchung	H 222, L 1, M 29, S 19
Diez	Ehem. Stiftskirche St. Maria und Johannes Baptista	L 36, R 31
	FO unbekannt	C 25, N 82, R 28, R 29
	Ehem. Benediktinerinnen-Klosterkirche St. Johannes Dierstein	C 25, H 37, I 7, L 8, L 12, N 28, R 26, R 28, R 29, R 31, R 32, T 4
Dill	Burgruine	L 49, N 33
Dinkelsbühl	Kath. Stadtpfarrkirche St. Georg	H 72.1, O 25.1, P 12.1, W 36.2
	Ev. Heilig-Geist-Kirche, „Spitalkirche"	H 72.1
Dinkelsbühl-Segringen	Ev. Pfarrkiche, ehem. St. Vincentius	H 201
Dirlau	Kath. Kapelle St. Petronella auf dem Hofgut Dirlau	H 33
Dirstein oder Dierstein siehe Diez		
Disibodenberg	Ehem. Benediktiner- und Zisterzienserkloster, Ruine	H 24, K 68
Doberan	Ehem. Zisterzienserklosterkirche St. Marien	W 83, ZG 1
	Kapelle in Althof	ZF 1, ZF 3, ZS 5
Donnersberg	Ehem. Paulinerkloster St. Jakob	L 6
Donzdorf	Kath. Pfarrkirche St. Martin	U 9, U 10
Donzdorf-Hürbelsbach	Kath. Kapelle St. Laurentius	J 16
Doveren	Kath. Pfarrkirche St. Dionysius	S 21
Dreieich	Ehem. Wasserburg Hain, Dreieichenhain	I: D 1, M 3, X 27 II: D 22, H 248, J 36, M 17, R 20, R 23, W 3, W 22, W 79. – R 10 ? III: O 31, R 42 IV: H 198, H 224, O 24
	Haus Pomerel, Fahrgasse 38	H 57
Duderstadt	Rathaus, Ratsweinkeller	D 71
	FO unbekannt:	S 35. 2

Düren	Kath. Pfarrkirche St. Anna ?	L28
	Wasserburg Schloß Burgau	H177, L22, L27
Düren-Arnoldsweiler	„Alte" kath. Pfarrkirche St. Arnold	L28, N62
Dürnau	Ev. Pfarrkirche, ehem. St. Kilian und Cyriakus	P24
Dürrenwaldstetten	Kath. Pfarrkirche St. Jakobus d. Ä.	N71
Düsseldorf?		T7
Durlach siehe Karlsruhe		
Eberbach	Ehem. Zisterzienserkloster	I: C1 II: B58, C13, C37, C40, C50, D11, D36, D39, D40, E5, F90, H101, H102, H213, H236, H237, H241, H242, H251, I8, J42, J43, J44, J54, J62, J65, J75, J76, J85, J103, M17, M19, N19, N20, N80, N96, P44, R2, R3, R6, R7, R39, R49, T29, T30, W24, W25, W26, W27 III: H37, H116, H174, I11, I12, I14, J79, J80, J81, L37, L38, Q61, O62 IV: J74, J107, J109 V: C70, D38 VI: K65
	Eberbach ?	F79, H38, H214, J55, J74
	In Eberbach heute verlorene Muster ?	D43, E6, E28, H15, H38, H175, H233, J5, J43, J52, J55, K57, R8, R39, W18, W89
Eberhardzell	Kath. Pfarrkirche St. Margarethe	K44
Eberhardzell-Hummertsried	Burgstall „Schlößle"	H145, T17
Ebernburg siehe Bad Münster am Stein		
Ebingen	Ehem. Hohenberger Schloß, „Spital", Finsterer Gang	H2
Echzell	Ev. Pfarrkirche	H55
Edelstetten	Kath. Kapelle St. Michael und Laurentius	F39
	Haus Nr. 25	F39
Egelsbach	Ev. Pfarrkirche	H73, O31, R41
Eggartskirch	Kath. Pfarrkirche St. Isidor	H185
Oberamt Ehingen	FO unbekannt	B38
Eichstätt	Dom St. Salvator, Maria und Willibald ?	F14
	Privathaus, Lage unbekannt	H172
Eintürnenberg	Kath. Pfarrkirche St. Martin	H144
Eisenbach	Schloß der Riedesel, Frh. zu Eisenbach, Schloßkapelle	S33
Eisenberg	Burgstelle	S58

Elberfeld siehe Wuppertal		
Eldena	Ehem. Zisterzienserkloster	I: E7, E8, S6, T2, T3 II: H221, R56, S16, S46
Elkerhausen	Ehem. Wasserburg	L12, L36.1, H57
Elsaß siehe Anhang		
Elten	Ehem. Stiftskirche St. Vitus	S50, Z L3
Eltville	Ehem. Burg der Erzbischöfe von Mainz	H37, J80
Eltville-Rauenthal	Kath. Pfarrkirche St. Antonius Abbas	J79, O13
Eltz	Burg der Grafen von Eltz	H262, J80, L3, L48, T7
Emerkingen	Kath. Kapelle St. Wolfgang	K50
Engstlatt	Ev. Pfarrkirche, ehem. St. Petrus	K11
Enkirch	Ev. Pfarrkirche	J57, J85, J87, L38
Entringen	Kath. Pfarrkirche St. Michael	H159, H168, N43
Epfig	Margarethenkapelle auf dem Friedhof	H271
Eppstein	Burgruine	I: B35, C49, D7, D8, J41, J53, J55, J57, M27, M39, N89, R24, R41, R47, R54, W2 II: H194, K2, L8, O61 III: H53, H57, K65
Erftstadt-Erp	Ehem. Burg der Grafen von Manderscheid-Blankenheim	G37
Erftstadt-Friesheim	Ehem. Burg in Friesheim	L24
Erftstadt-Lechenich	Ehem. Wasserburg Konradsheim	H177, L23, N62
Espenkirchen	Wüstung „Espe“	C7
Essingen	Ev. Pfarrkirche, ehem. St. Quirinus	H171, K53
Esslingen	Dominikanerkloster und -kirche St. Paul	C4, C57, K12, U21
	Bebenhäuser Pfleghof, Heugasse 9 ?	H193, J92
	Speyerer Pfleghof, Marktplatz 21–22	C57, H59, O29.– K59 ?
	FO unbekannt	C4, C5, H195, H224, K12, P29
Ettlenschieß	Ev. Pfarrkirche, ehem. St. Georg und Bernhard	H181
Ettlingen	Kath. Pfarrkirche St. Martin	B8, C6, D9, F11, F37, F85, R48
Eußerthal	Ehem. Zisterzienserkloster St. Bernhard	H67, H68.1, J62.1, N65, P16, P47
Faurndau siehe Göppingen		
Feldkirchen	Kath. Wallfahrtskirche St. Anna	D75, S41, T40
Fénétrange siehe Finstingen		

Finstingen/Fénétrange	FO unbekannt (Mauerwerk am Saarufer)	H196
Fischenich	Burgruine	H29.1, V15, X24
Flonheim	Ehem. Augustinerchorherren-Stiftskirche Allerheiligen	R29
Franken siehe Anhang		
Frankenburg	Burgruine	H67, H70, W4, W33, X3
Frankfurt	Ehem. Dominikanerklosterkirche St. Maria ?	B35
	Ehem. Karmeliterkloster	Kopien von B35
	Ev. Katharinenkirche	Muster unbekannt
	Saalhof, Saalgasse 31–33 und Kleiner Saalhof, Saalgasse 29	H57, H255, I11, I14, J107, K2
	Römer, Am Römerberg 21/ Paulsplatz 3	Muster unbekannt
	„Steinernes Haus", Am alten Markt 44	„reitende Hexe", (A38 oder A39 ?) die übrigen Muster unbekannt
	Ehem. Leinwandhaus, Am Weckmarkt 4	Muster unbekannt
	Haus Domplatz 9	J5, J41
	Domhof und Weckmarkt	Muster unbekannt
	„Fraßkeller", Haus „zum Frosch", Buchgasse 3	Muster unbekannt
	Großer Sandhof, Kleine Sandgasse 4	Muster unbekannt
	Ehem. „Nürnberger Hof, Braubachstr. 33	„gotische Fliesen"
	Goethehaus, Großer Hirschgraben 23	H53, H56
	Ehem. „Handwerkerhaus", Braubachstr. 18–22	J57
	Stadtgraben an der Bleichstr. 62–60 und Krögerstr. 1–1a	H57
	Stalburger Oede	X28.1
Frankfurt-Sachsenhausen	Grundstück Oppenheimerstr. 33	C66
	Frankfurt, FO unbekannt	B49, H39, H174, H193, H251, H294, J58, J101.1, O23, S1
	Frankfurt, unbekannte Bürgerhäuser, vor 1886 gefunden	C66, H256, K2, O13, O32, O61, R42
	Frankfurt ?	B48, R42, X30
Franzburg	Ehem. Zisterzienserkloster Neuenkamp	J108, S7, S17
Frauenchiemsee	Ehem. Benediktinerinnen-Klosterkirche Frauenwörth	Abb. 39
Freiburg	Ehem. Heilig-Geist-Hospital, Ecke Kaiser-Joseph- und Münsterstraße	B14, D24
	Haus „zum Wolf", ehem. Herrenstr. 45	G4, Y1–Y25
	Ehem. Collegium Theobaldi, Franziskanerstr. 11	H41
	FO unbekannt	H130

Freusburg	Burg Freusburg, heute Jugendburg	H214, J59
Friedberg	Ev. Stadtkirche, ehem. „Unserer Lieben Frau“	D39, E6, J57 ?
	Ehem. kaiserliche Burg mit Burgkapelle St. Georg (gesichert)	J55, J69, J71, O23
	Ehem. kaiserliche Burg (vermutet)	C35, C49, H56, O62, R3
	Ehem. Franziskanerkloster, Kaiserstr. 11–19	H56, J69
	Ehem. Augustinerkloster	H56
	Haus Kaiserstr. 71	H54, H56
	Haus Kaiserstr. 93–95	H56
	Wolfengasse ?	O18.1
	Gemarkung nahe dem Pfingstbrünchen	H54
	FO unbekannt	F34, H57, J76, J107, J112, J113, N20, O24, R30
Friedrichsdorf-Burgholzhausen v. d. Höhe	Haus Hauptstr. 20	H53, H57
	Haus Hintergasse 1	X35
	Bürgerhäuser	J69, J128, X28
Friedrichsdorf-Seulberg	Rathaus	J69.1.
Friesheim siehe Erftstadt		
Fürstenfeldbruck	Ehem. Zisterzienserkloster Fürstenfeld, Klosterkirche Mariae Himmelfahrt	H173
Gaildorf	Ev. Stadtkirche, ehem. St. Marien	G3
Gammelshausen	Ev. Pfarrkirche	P24 ?
Gangelt	Ehem. Burg	G46
Gau-Bickelheim	Haus Schmalzgasse 12	K66, K67
Gau-Odernheim	Ehem. Kirche St. Peter auf dem Petersberg	D37, F38, F79, H102, J98, N91
Gebweiler/Guebwiller	Rathaus	A14
Gedern	Ev. Pfarrkirche	M10.1
Geislingen	Ev. Stadtpfarrkirche, ehem. St. Marien	J15
	Burgruine Helfenstein	I: H169, H170, H227, O2, P48 II: J15, K47
Geislingen-Aufhausen	Ev. Pfarrkirche, ehem. „Unserer Lieben Frau“	J16
Gelnhausen	Ev. Marienkirche	J55, J71, S26, U17
	Ehem. Franziskanerkloster, Ecke Töpfergasse und Stadtschreiberei	S37 ?
	Ehem. Kaiserpfalz	J62, J71, M2, N89, R13
	Arnsburger Hof, Langgasse 41	J62, J71

	Kirchgasse (Nr. unbekannt)	R13
	Haus Kuhgasse 5 (früher Kuhgasse 1)	H275, J50, J71, L51
	Küsterhaus, Im Höfchen 5	Muster unbekannt
	„Eisen-Bindernagel'sches Haus", Langgasse 25	N34.2
	„Gotisches Haus" (nähere Angaben fehlen)	H96
	FO unbekannt	N4, N29, W40
Gemünden	Ehem. Stiftskirche St. Severus	H259
Gengenbach	Ehem. Benediktinerklosterkirche St. Maria	F62
Germersheim	Haus Schloßstr. 36	D20
Gerstetten	Ev. Kirche, „Untere Kirche", ehem. St. Nikolaus	H181, J16
Gießen	Ev. Stadtkirche St. Pankratius ?	H81
Girbaden/Guirbaden	Burgruine	C59, E30, F33, F160, T13, T14
Gleiszellen-Gleishorbach	Ehem. kath. Kirche St. Dionysius, Am Kirchberg 58	F45, H67, K2, O45, X2, X3
Gnadental	Ehem. Zisterzienserinnenkloster	E56, G3, H77
Gnadenthal	Ehem. Zisterzienserinnenkloster St. Maria	H44, J69, L13, W95.1
Goddelau	Ev. Pfarrkirche, ehem. Kapelle zum „Hl. Kreuz"	C51, H120, H242
Göppingen	Ev. Oberhofenkirche, ehem. Stiftskirche St. Martin und Maria	H158.1, J22 ?, K46 ?, K48.1, X16
Göppingen-Faurndau	Ehem. Benediktiner-Kollegiatsstiftskirche Beata Maria	C58, J15, O33, P23, U3, V13
Göppingen-Holzheim	Kapelle St. Gotthardt im Ortsteil Gotthardt	K28 oder M33 oder P24 ?
	Göppingen, FO unbekannt	J15, O33, P23, W36
Göttingen	Ehem. Barfüßerkloster	Muster unbekannt
Gotthardsberg siehe Amorbach		
Gottlieben	Burg	B40
Gottstadt	Ehem. Prämonstratenserkloster	F111
Graz	FO unbekannt (Admonter Hof ?)	A31, G91
Greifenstein	Burgruine, ehem. Burg der Grafen von Solms-Greifenstein	H52.1, J123
Greifenstein siehe Zabern		
Grenzau siehe Höhr-Grenzhausen		
Großaltdorf	Ev. Pfarrkirche, ehem. St. Martin	G3
Groß-Ammensleben	Ehem. Benediktinerklosterkirche St. Petrus und Paulus	H4, J48

Groß-Geroldseck/Grand-Geroldseck	Burgruine	F141, F144, H9, P5, S55, W45
Groß-Rohrheim	Ev. Pfarrkirche	H88
Groß-Umstadt	Ev. Pfarrkirche St. Kilian, ehem. St. Peter	H13, R11
	Haus Curtigasse 4	P21.1,
Groß-Vernich	Wasserburg Groß-Vernich	H32, H33
Groß-Zimmern	Ev. Pfarrkirche, ehem. St. Bartholomäus	M34
Grüningen	Ev. Pfarrkirche, ehem. St. Martin	H3
Gruibingen	Ev. Pfarrkirche, ehem. St. Martin	J9.1, K55, K69, M33, O2, P24
Grunbach	Ev. Pfarrkirche, ehem. St. Dionysius	L44, N74, O6
Guebwiller siehe Gebweiler		
Güstrow	Dom St. Maria, Johannes Ev. und Cäcilie	S65
	Schloß der Herzöge von Mecklenburg	H5
Guirbaden siehe Girbaden		
Guldental	Haus Fronhofstr. 6 (Anwesen Rothenbach)	L5
Gurk	Dom Mariae Himmelfahrt	M40.1, S34, T42, X10
Hadamar	Kath. Liebfrauenkirche, „Totenkirche“	I: H18, H259, J89, L4, L13, P8, R26, R28, R29, R31, T4, T7, W15, W88 II: G28, K5, N6.1 III: L35, J111
Haegen siehe Groß-Geroldseck		
Hahnstätten	Ev. Pfarrkirche, ehem. St. Nikolaus	H44, L13
Haid	Kath. Wallfahrtskirche Salvator mundi	L55
Hainchen	Ehem. Burg	L32
Halle/Saale	Haus „zum kühlen Brunnen“, Markt 16–18/Große Nikolaistraße	S53, W91
Hammerstein	Burgruine	L3
Hanau	Hospitalkirche St. Elisabeth?, Kapelle des Hospitals zum hl. Geist ?	G29
Hane siehe Bolanden		
Hattenhofen	Ev. Pfarrkirche, ehem. St. Ägidius	K28
Hattstein siehe Schmitten		
Hausenborn siehe Isenburg		
Hauset	Töpferdorf	M44, O4
Haut-Barr/Hohbarr siehe Zabern		

Heidelberg	Ruine der Michaelsbasilika auf dem Heiligenberg	I: H 90 II: H 95, H 103, H 114
Heidenheim	Ev. Stadtpfarrkirche, ehem. St. Nikolaus und Michael	H 179
Heilbronn/Neckar	Kath. Pfarrkirche St. Peter und Paul, „Deutschhauskirche"	H 209, H 226
Heiligenkreuz	Zisterzienserkloster	D 4, F 23, F 51, F 81, F 106
Heiligkreuztal	Ehem. Zisterzienserinnenkloster	L 47
Heilsbronn	Ehem. Zisterzienserkloster	I: B 10, V 14 II: G 21 III: F 92, F 121, F 156, H 219 IV: M 25
Heimerzheim	Ehem. Prämonstratenserinnenkloster St. Marien, Schillingskapellen	L 21
Heinsberg	Ehem. Stiftskirche St. Gangolf	I: ZC 2, ZD 5, ZO 1, ZS 2, ZS 4, ZX 3, ZX 4 II: H 164
	Ehem. Prämonstratenserinnenkloster	B 45, G 40, L 21
Heisterbach	Ehem. Zisterzienserkloster St. Maria	G 75
Hennef-Blankenberg	Ruine der ehem. Landesburg ?	C 8, G 35
Hennef-Bödingen	Ehem. Augustinerchorherren-Stiftskirche Mater dolorosa	G 56, T 25.1
Herbrechtingen	Ehem. Augustiner-Chorherrenstift, Propsteigebäude	H 152, N 93
Herbsheim	Ehem. Schloß der Bornhauser	U 22
Heroldsberg	FO unbekannt (ehem. Schloß der Familie Geuder ?)	G 24
Herrenalb siehe Bad Herrenalb		
Hessen/Hesse	Ehem. Benediktinerinnen-Klosterkirche St. Laurent	F 54
Hessen siehe Anhang		
Hettingen	Kath. Pfarrkirche St. Martin	K 49
Heubach	Ev. Stadtkirche St. Ulrich	H 171, J 118, K 51
Hirsau	Ehem. Benediktinerklosterkirche St. Aurelius	B 39, F 117, H 50, N 14, P 18, S 71, U 21
	Ehem. Benediktinerklosterkirche St. Peter und Paul	F 117
Hirzenhain	Ehem. Augustinerklosterkirche St. Maria	J 70, L 43
Höhr-Grenzhausen	„Altes Haus in Höhr"	K 65
	Burgruine Grenzau im Ortsteil Grenzau	I: C 37 ?, C 40 ? II: H 264, I 9, K 23, L 14
Hörvelsingen siehe Langenau		

Hofheim/Taunus	Ehem. Nonnenkloster ?	H198, K2, N80
	Ehem. Wasserburg	H78, J112, L8
	Hofheim, FO unbekannt	H259
Hofheim-Lorsbach ?	FO unbekannt	C1 ?
Hohbarr/Haut-Barr siehe Zabern		
Hohenfels	Burgstelle	B7, E55.1, H119, V18
Hohenfurt/Viššy Brod	Ehem. Zisterzienserkloster, Kapitelsaal	K45, S17, U20
Hohenzollern siehe Anhang		
Hohnstedt	Ehem. Pfarrkirche	J48
Holzhausen über Aar	Ev. Pfarrkirche, ehem. St. Johannes Bapt.	J54, M17, N20, W27
Hombourg-Haut siehe Oberhomburg		
Hude	Ruine des ehem. Zisterzienserklosters	I: F57, ZF2 II: S4, W51
Hürbelsbach siehe Donzdorf		
Hüttengesäß	Ev. Pfarrkirche ?	E64, H21
Hummertsried siehe Eberhardzell		
Idstein	Stadtgebiet	I: J42, W89 II: H44, L13
Ihlow	Ehem. Zisterzienserkloster „Schola Dei“	I: H291.1, T41, W83 II: ZD1 III: ZC1, ZD2, ZE2, ZE4, ZS6, ZS9, ZT1, ZT2, ZX2, ZX3, ZX5, ZX6
Ilbenstadt siehe Niddatal		
Ilmmünster	Ehem. Kollegiatsstiftskirche St. Arsatius	H192
Ingelheim	Ev. Burgkirche St. Wigbert, Ober-Ingelheim	C40, F14, I11, J54, M17, R3
Isenburg	Ruine der ehem. Kapelle „Beatae Mariae virgines“, Hausenborn	H263, L11, N17
Isny	Spital, Archivstube, Marktplatz 12	C65, F28
Jägersburg	Ehem. Jagdschloß ?	D17 ?
Jedesheim	Kath. Pfarrkirche St. Meinrad	H162, J25

Jesingen	siehe Kirchheim/Teck	
Johannisberg	Ehem. Benediktinerklosterkirche St. Johannes Bapt.	I: F168 II: C37, D7, D40, D81, F14, H49, H191, H233, H237, H241, J46, J75, J85, J103, M17, N20, R2, S20, T29, W24 III: H101, H104 IV: F91, H39 V: N50
Jülich-Altenburg	Motte Altenburg	H164
Jungingen	St. Annenkapelle, ehem. Marienkapelle auf der Leer	U6
Kaichen siehe Niddatal		
Kaiserslautern	Ehem. Stiftskirche St. Martin und Maria	I: H94, P15 II: A15, C53, C54, E35, E46, H274
	Ehem. Barbarossaburg und Kasimirschloß	H25, L5, P38
Kamp-Bornhofen	Kath. Wallfahrtskirche St. Maria, Bornhofen	J80
	Burgruine Liebenstein, Bornhofen	J81
	Burgruine Sterrenberg, Bornhofen	J80
Kappel siehe Bad Buchau		
Kappelen	Kapelle oder Beinhaus auf dem Friedhof	F111
Karlsruhe-Durlach	Turmberg-Ruine	C4, C6, D9, F11, F37, R48
Kaster	Ruine der ehem. Burggräfte	N60, X25, – 3. Muster nicht sicher zu erkennen
Kaysersberg	Haus am Kornmarkt	B15
	Badstube, Schmiedgasse	P20
Kelkheim-Fischbach	Ehem. St.-Johannes-Kapelle in Gimbach-Fischbach	J54
Kelkheim-Hornau	Kath. Kapelle St. Martin	L8
Kemel	Ev. Pfarrkirche, ehem. St. Katharina ?	H233, H237
Kempten	Ev. Pfarrkirche, ehem. St. Mang	C44, E10, E34, E44, H218, J60, K1, N10, N15, N23, O11, T9,
	„Londoner Hof“, Rathausplatz 2	H160, J106
	„Ade-Haus“, Rathausplatz 20	F116, G20
Kempten-Lenzfried	Ehem. Franzsikanerkloster, heute Schloßgut Leichtle	F116

Kiedrich	Kath. Pfarrkirche St. Dionysius und Valentinus	Muster unbekannt
	Bassenheimer Hof, Suttonstraße	J 80
	FO unbekannt (Eberbacher Hof ?, Suttonstr. 7–8)	J 80
	Burgruine Scharfenstein	D 7, D 37, H 287, J 75, J 98, N 83, R 36, R 50
	„Alte Burg", Burg Neuhaus	C 26, H 241, J 34, J 98, N 79 oder N 80, N 97, R 3, S 14, T 16, W 16, W 90.– H 38 ?
	Kiedrich, FO unbekannt	O 13, R 50
Kienzheim/Kientzheim	FO unbekannt	H 273, P 20
Kinzweiler	Ehem. Zisterzienserinnenkloster St. Jöris	A 4, H 164, H 210, L 21.1, L 28, N 62
Kippekausen siehe Bergisch Gladbach		
Kippenheim	Ev. Pfarrkirche, ehem. St. Mauritius	B 25, D 33, E 68, N 4
Kirchberg/Jagst	FO unbekannt (Burg ?)	J 115
Kirchberg/Hunsrück	Haus Marktplatz 7	H 26, S 68
Kirchheim/Teck	Ehem. Dominikanerinnenkloster	K 47
Kirchheim/Teck-Jesingen	Ev. Pfarrkirche, ehem. St. Petrus, Cosmas und Damian	J 18
Kirchheim-Bolanden	Freihof, Mozartstr. 7	S 35.1
	FO unbekannt, vermutlich aus Kirchen oder Burgen der Umgebung	H 79, H 229, L 6, O 47, P 23
Klarenthal siehe Wiesbaden		
Kleinallmendingen	Kath. Filialkirche St. Laurentius	K 50
Kleinern	Ev. Pfarrkirche	E 105
Kleinheppach	Ev. Pfarrkirche, ehem. St. Maria und Anastasius	J 8
Kleinmariazell	Ehem. Benediktinerkloster Mariae Himmelfahrt	F 27
Klingenberg/Zvikov	Burg	F 9
Klingenmünster	Ehem. Benediktinerklosterkirche St. Michael	C 72, E 4, H 67, H 70, H 267, J 36, N 46, O 48, P 47, R 51, W 4, X 2
	Burgruine Landeck	J 36
Klosterkumbd	Ehem. Zisterzienserinnenkloster St. Maria	gesichert: R 29 vermutet: C 25, L 12, N 28, R 26, R 31, T 4
Klosterneuburg	Ehem. Augustiner-Chorherrenstift, „Thomasprälatur"	L 2, W 46
Klütz	Ev. Stadtkirche St. Marien	H 7

Koblenz	Ehem. Dominikanerkloster und -kirche	I: I17, J75, J85.– S27 ? II: J80, L36
	Ehem. Stiftskirche St. Kastor	H259, J80, L48, T7
	Kath. Pfarrkirche Liebfrauen	H260, T7
	Ehem. Kirche des Zisterzienserinnenklosters „in der Leer"	H237, L4, L38
	Ehem. Deutschordenskommende, Deutsches Eck	L49
	FO unbekannt („alte Burg in oder bei Koblenz")	A22, C23, D37, H213, J75, N81
	FO unbekannt, Koblenz oder Einzugsgebiet des Museums Koblenz	H245, H293, J85, P12, R36
Koblenz-Arzheim	Kath. Pfarrkirche St. Adelgundis	L3
Koblenz-Lützel	Ehem. St. Peterskirche am Rheinufer	J80
Koblenz-Moselweiß	Kath. Pfarrkirche St. Laurentius	D27, H239, L3, T8
Koblenz-Rübenach	Wohnturm der Frh.n von Eltz-Rübenach, Burgstr. 2	H237, I6
Köln	Domplatz	C33
	Ehem. Kollegiatsstiftskirche St. Aposteln	F36, S39
	Ehem. Kartäuserkloster und Klosterkirche St. Barbara	H29, J57
	Ehem. kath. Pfarrkirche St. Kolumba, Brückenstraße, Georgskapelle	B46, L21.1
	Hochaltar	S29.1
	Ehem. Margarethenkloster, Auf der Burgmauer	R40
	Ehem. Herrenstiftskirche St. Maria ad Gradus ?	G63, G64
	Ehem. Damenstiftskirche St. Maria im Kapitol	G54, G55
	Ehem. Benediktinerklosterkirche Groß St. Martin	H29, J57
	Ehem. Benediktinerklosterkirche St. Pantaleon	H34, X24
	Ehem. Eberbacher Hof, Am alten Ufer 43 ?	Funde nicht gesichert
	Ehem. Kamper Hof, Am alten Ufer 61	H34 ?
	Altermarkt	H244
	Gülichsplatz	H244
	Herzogstraße	H244
	Haus Heumarkt 16 und 18	G78, G79, V21 ?
	Haus Heumarkt 19 mit „Vor St. Martin 12" ?	G81, G82
	Haus Heumarkt 54 ?	G67, G68 ?, G69, G70 ?, G71 ?
	Haus Hohepforte 16	G84
	Haus Kleine Sandkaul 3	Muster unbekannt
	Haus Marienplatz 26 ?	H31

Köln	Haus Neumarkt 8–10	G59, G60, G61 ?, S77 ?
	Haus Rheingasse 14–16 ?	G51
	Haus Rothgerberbach 52	H83
	Haus Salzgasse 1	G76 ?, G77 ?
	Severinstraße	H33
Köln-Deutz	Ehem. Benediktinerklosterkirche Alt St. Heribert	H29
	Köln, Bauten oder Stiftungen der Familie Rinck	G57, G58
	Köln, Muster des Klosters Eberbach oder Zisterziensermuster	C34, D7, D40, H15, H244, J57, J85, L38
	Köln, FO unbekannt (gesichert)	B46, D27, D66, D68, G38, G62, G72, G73, G74, G80, H15, H17.1, H30, H33, H234, H259, L22, L23, M30, N62, S80, X24, X25.
	Köln ?	B45, D67, G39, G65, G66, G85, H36, H57, H215
	Köln oder Rheinland	H242, H261
Königsbronn	Ehem. Zisterzienserkloster	L53, M35, N39
Königsfelden	Ehem. Klarissinnen- und Franziskaner-Klosterkirche	H200
Königstein	Kath. Pfarrkirche Mariae Himmelfahrt	H57, L8
	Burgruine	I: D7, D23, E60, H214, I8, J41, J44, J55, J76, M17, M27, N13, N20, R41, W27 II: I14, J54, K2 III: H53, H194, L8, O23, O61
Kolmar/Colmar	Stiftskirche St. Martin	F150, H72, N12, N95, P11
	Stiftskirche St. Martin, Kopien (nach Originalfliesen?)	A16, B30, C32, D59, E29, F19, H235
	Place du 2 Février 38, ehem. Franziskanerkloster und -kirche	H284.1, W87
	Rue Berthe Molly 14	U14
	Rue Bruat 51	H41
	Rue Chauffour 8	H41
	Place de la Sinne 6	H41
	FO unbekannt	P20
Konradsheim siehe Erftstadt		
Konstanz	Münster „Unserer Lieben Frau“, Mauritius-Rotunde, Hl. Grab	B57, D33, E68, F16, F88, F113, G1, N4, N5, N85
	Ehem. Stadionscher Domherrenhof, St. Johanngasse 7	A37, B20, B27, B56, B57, C27, C29, D33, E9, E17, E68, F16, F52, F88, F113, F114, F129, F130, F131, F132, F133, F134, F150, G1, M6, M7, M41.1, N4, N5, N75, N85, N87, N88, N90, N95, R19, W7, W14, W21, W31, W34, W42, W61, W65, W66
	Jesuitenkolleg, Münsterplatz 6	H66, J120?, N46,
	Haus „zur roten Kette“, Marktstätte 24	H150
	Haus „zum Meerwunder“, Kanzleistr. 20	H150
	FO unbekannt (möglicherweise Geschenk oder Doublettentausch)	H90, H230, I16, J76, L38

Kornelimünster siehe Aachen

Kraudorf	Kath. Pfarrkirche St. Gertrudis	L21
Krems/Donau	Ehem. Dominikanerklosterkirche St. Petrus und Paulus	U24
	Gozzoburg, Katharinenkapelle, Hoher Markt 11/Margarethenstr. 14	Z B1
	Haus Spitalgasse 5	S30
	Burgruine Rehberg, Burgkirche St. Johannes Bapt.	C63, U2
Krems-Stein/Donau	Frauenbergkirche Mariae Himmelfahrt	G90
	Großer Passauer Hof, Steiner Landstr. 76	C17, C18, C19, E3, E52, E53, F15, F66, F67, F68, F104, F122, F143
Kronberg	Burgruine	H57
Künzelsau	Ev. Pfarrkirche, ehem. St. Johannes Bapt.	H163
Kürnbach	Abgegangene Propstei des Benediktinerklosters Sinsheim	C56, H129,
Kulm/Chelmno	Ehem. Zisterzienserinnenkirche St. Johannes Bapt. und Ev.	ZX7
Ladenburg	Kath. Pfarrkirche Mariae Himmelfahrt, „Galluskirche“	Muster unbekannt
	Ehem. Bischofshof	H281
	Jesuitenhof, Jesuitenhof 1	H115
	Sickinger Hof, Nadlerstraße/Große Klappergasse	H80, H103, H109
Lahnstein	Klosterkirche St. Johannes Bapt., Niederlahnstein	I: I6, X14 II: H261, L48, außerdem eine Fliese mit Hirschmotiv
	Ehem. Arnsteiner Hof, heute Forstamt, Niederlahnstein	L12, L36, W88
	Ehem. Hospitalkapelle St. Jakobus d. Ä., Oberlahnstein	I13, J80, N80, W24
	Burg Lahneck, Burgkapelle St. Ulrich, Oberlahnstein	H244
	Martinsburg, Oberlahnstein	J80, außerdem ein „Maßwerkmuster“

Lahntal siehe Anhang

Landau	Ehem. Kirche St. Peter im abgegangenen Ortsteil Eutzingen	H166, O41
	Artilleriekaserne im Ortsteil Queichheim	D58
Landsberg	Burgruine	P25

Landskron siehe Bad Neuenahr-Ahrweiler

Landstuhl	Burgruine Nanstein	P10

Langenau	Ev. Pfarrkirche, ehem. St. Martin und „Unser Lieben Frau“	H140, H141, J11, J12, O34, T10
	FO unbekannt	B38
Langenau-Hörvelsingen	Ev. Pfarrkirche, ehem. St. Martin	H141, J11
Langenburg-Bächlingen	Ev. Pfarrkirche, ehem. St. Johannes Bapt., St. Maria und Johannes Ev.	J163 ?
Langenburg-Unterregenbach	Ev. Pfarrkirche St. Veit	H163, J115
Langenselbold	Ehem. Prämonstratenserkloster St. Johannes Bapt.	H247.1, J50, J71
Langerwehe	Kath. Pfarrkirche St. Martin, heute Friedhofskirche	H165, H210
	Töpfereibezirk „om Uhles“	A4, D70, H210.1, L27, L29, N62
Langerwehe-Merode	Schloß Merode?, Ehem. Kreuzherrenkloster Schwarzenbroich?	G75.1
Langerwehe-Wenau	Ehem. Prämonstratenserinnen-Klosterkirche St. Katharina, Wenau	I: J88 II: L23, L24, L33
Laubach	Schloß der Grafen zu Solms-Laubach	P32
Lausanne siehe Montheron		
Leeuwarden?	In der Nähe der Kirche gefunden?	B43
Leipheim	Ev. Pfarrkirche, ehem. St. Veit	H141, J11, O34, T10
Lemberg	Burgruine	B60, H42
Leofels	Burgruine	E56, H77
Leustadt	Ehem. Wasserburg	I: J70, L43 II: H57
Leutesdorf	Kath. Pfarrkirche St. Laurentius	N17
Lich	Ehem. Stiftskirche St. Maria	J2, J124
Lichtenberg	Burgruine	L6
Liebenstein siehe Kamp-Bornhofen		
Liechtenstein	Burg Liechtenstein	C16, E14, E15, N106, V8, W102, X1
Lilienfeld	Zisterzienserkloster und -kirche Mariae Himmelfahrt Wolfgangskapelle	A7, A29, D5, E39, F61, F100, N104
	Konventsräume	F27, F101, H178, H291, N51, S47
Limburg/Baden	Burgruine	S78
Limburg a. d. Haardt	Ruine des ehem. Benediktinerklosters	I: F26, F109, W93 II: E9, F113, F150, H85, H106, H281, H287, J39, K3, N4, N95, S48, S49, W20, W44, W57 III: K2, L41 IV: H43, O36, O37, O38, P9, P26

Limburg/Lahn	Dom, ehem. Stiftskirche St. Georg und Nikolaus, Kreuzgang	L 12
	Ehem. Burg	Muster unbekannt, möglicherweise L 12
	Haus „Römer“ 1	L 12
Linz/Donau	St. Martinskirche, Römerstraße	M 28
Loccum	Ehem. Zisterzienserkloster, heute ev. Akademie	S 8 (Kopie, nicht sicher, ob nach Originalfliese)
Lörzweiler	Kath. Pfarrkirche St. Michael	I: D 7, D 78, E 60, F 90, H 213, H 237, J 57, J 85, W 18 II: C 51, H 116, H 282, U 16
Lohn	Ehem. kath. Pfarrkirche St. Silvester	E 11, H 164, H 210, N 61, N 64, X 8
Lorch	Breidbacher Hof, Rittersaal	H 232, N 79 oder N 80
Lorsbach siehe Hofheim		
Lorsch	Ehem. Benediktinerkloster St. Peter und Paul und St. Nazarius	I: C 23, D 37, F 40, F 128, H 12, H 82, H 84, H 86, H 234, H 266, H 267, H 268, I 1, I 3, I 4, I 8, J 28, J 35, M 17, N 30, N 49, N 91, N 97, O 13, P 12, P 44, R 3, S 56, S 59, T 26 (?), W 41, W 100 II: C 51, H 106, H 110, H 112, H 114, H 119, J 80, J 110, N 54
	Ofenfund	H 276
	Lorsch ?	E 60, J 53, R 5
Ludwigsburg	Grangie des ehem. Zisterzienserklosters Bebenhausen?	J 91
Lübeck	Ehem. Augustinerinnenkloster St. Annen, Sakristei, heute Museum	W 53 a–d
	Ehem. Franziskanerklosterkirche St. Katharinen, heute Museum	ZP 1, ZS 3, ZS 8, ZS 10
	Haus Fischergrube 19	W 53
	Löwen-Apotheke, Johannisstr. 13/Ecke Königsstraße-Dr. Julius-Leber-Str. 13	ZD 4
Lüneburg	Rathaus	H 6, S 72
Lützelburg/Lutzelbourg	Burgruine	H 248.1 ?
Luzern	Korporationsgebäude oder „Sonnenberghaus“, Reußsteg 7	P 53
	Luzern oder Umgebung	F 117.1, W 36.1
Madenburg	Burgruine, „Eschbacher Schloß“	K 27.1
Mägerkingen	Ev. Pfarrkirche, ehem. St. Blasius	O 53
Magdeburg	Ehem. Prämonstratenserkloster „Unserer Lieben Frau“	J 48
	Haus „Alter Markt“ 24/Buttergasse	J 48

Mainz	Dom St. Martin und Stephan (gesichert)	N 78
	Dom (vermutet)	H244, H251, J53, J54, L38
	Domkapitelhaus, „stuba maior", Domstr. 3	H39, H233
	Ehem. Dompropstei, Gutenbergplatz	D7, D11, D40, D78, E60, F112, M19, R20, W2, W22, W42, W72, W73, W74, W79, W80
	Gutenbergplatz/Ludwigstraße (vermutlich ebenfalls Dompropstei)	D11, C48 ?, R54
	Ehem. Ritterstift St. Alban	H245 ?
	Armklarenkloster, „Thöngeshof", Haus Klarastr. 15	N4
	Ehem. kath. Pfarrkirche St. Christoph	„stilisierte Fischblasen mit gezacktem Eichenblatt"
	Ehem. kath. Pfarrkirche St. Emmeran	J54 ?
	Ehem. Stiftskirche St. Gangolph?, Deutschhausplatz	C1, M3, W24
	Ehem. Stiftskirche Heilig-Kreuz	H236, L38, M19
	Ehem. Karmeliterkloster, Karmelitenstraße	J103, die übrigen Muster unbekannt
	Kath. Pfarrkirche St. Quintin ?, Quintinsgasse	J52, L38
	Ehem. Reichklarenkloster, heute Naturhistorisches Museum (gesichert)	F91, H80, M19, R49
	Reichklaren (vermutet)	B12 oder B36, D7
	Ehem. Stiftskirche St. Stephan	H233, H236, R1, W90
	Ehem. Stiftsdechanei von St. Stephan, Willigisplatz 2	D36, W28, W30
	Willigisstraße (wohl zum selben Boden gehörend)	C34, H15, I16, J42, J52, J75, J79, J103, N20
	Stephanstr. 10 (wohl zum selben Boden gehörend)	D79
	Ehem. Zisterzienserinnenkloster St. Agnes ?	L37
	Ehem. Ottilienkapelle im Pumpengäßchen	D7
	Ehem. Heilig-Geist-Spital, Rentengasse 2	I: D7, W74, W75, W79 II: H39, H57
	Ehem. Templerhaus, früher Bocksgasse 27, heute hinter Rheinstr. 5	N81
	Ehem. Johanniterkommende zum Heilig-Grab ?, Hollagasse	F22, H89, L38, R47
	Erbacher (Eberbacher) Hof, Grebenstraße (gesichert)	J52, R3
	Erbacher Hof (vermutet)	F22, H103, H115, H120, H126, H230, H241, H244, H249, I8, I14, I17, J54, J56, J79, K56, K57, L5, L10, M19, N81, R36, R39, W9
	Lorscher Hof ?, Raupelsweg	„Fliesen mit geometrischen Mustern und Pflanzenornamenten"
	Ehem. kurfürstliches Schloß, frühere Martinsburg	Muster unbekannt

	Haus „zum kleinen und großen Zirkel“, Augustinerstr. 15	H287
	„Lercherhof“, Bauerngasse 11	B7, J42, J81, W30
	Brauerei „zum Birnbaum“, Birnbaumgasse 5	J109
	Invalidenhaus, Hintere Christophstr. 2 und 4	L37
	Ehem. Algesheimer Hof, Hintere Christophstr. 3/Buchdruckerei Theyer, Karmelitenplatz 6	F35, H19, J80, R3, W93
	Haus Emmeranstr. 9	X23
	Ehem. „Stadioner Hof“, Flachsmarktstr. 1/Stadionerhofstraße	I: C40, D39, D40, D43, F22, N20, F14 ? II: K65, H23 ?
	Ehem. „Kronenberger Hof“, Franziskanerstr. 1 1/10	I11, T29
	Ehem. „Halenza-Haus“, Am Höfchen/Markt 2	I: N25, R1, R37, S20 II: K65
	Kirschgarten	N82
	Haus „zum Stecken“, Ludwigstr. 8–10	H230, H233
	Haus Mailandgasse 3	H91, N80, R7
	Haus „zum Fuchs, zum kleinen Widder“, Münstergasse 5	H78
	Proviantamt, Bereich Münsterstr./Schillerstr./Neue Universitätsstraße	D37, D73, H242
	Pfaffengasse, Kloake nahe der ehem. Domstiftsvikarie	I: C26, D37, N91, R1 II: J80, L38
	Brauhaus „zum weißen Roß“, Postplätzchen 7 1/10	N50, „springender Hirsch“
	Haus „auf der Rose“, Rosengasse 1	A23
	Haus „zum Fridenstein“, Schustergasse 48	C34
	Weihergartenstraße, im Bereich der ehem. Domstiftspräbende	I: D37, N30 II: H57
	Stadtgraben	D81
	Mainz, FO unbekannt (früh)	B12, B36, B58, C11, C21, C48, D36, D37, D46, E28, F7, F14, F30, F32, F43, H15, H19, H96, H103, H104, H126, H234, H237, H241, H247, H248, H249, H251, I14, I17, J43, J44, J56, J57, J62, J65, J75, J76, J85, K57, M17, M19, N3, N89, N91, N95, O15, R1, R3, R7, R24, R47, R49, R54, S20, W5, W24, W40, W42, W54, W70, W71, W75, W89, X12
	Mainz, FO unbekannt (später und spät)	C51, H37, H39, H44, H45, H47, H115, H116, H119, H120, H245, J79, J80, L5, L38, R5, S73
Marburg	Marienkirche, ev. luth. Kirche	Muster unbekannt
	Alte Firmanei, Kapelle	J76
	Ehem. Schloß der Landgrafen von Hessen, Schloßkapelle	ZH2, ZS3.1, ZS12, ZT3, ZT4
	„Auf der Kirchspitze“	H237
	„Steinernes Haus“, Am Markt 18	K62

Marburg	„Jung-Stilling-Haus", An der Hofstatt 11	H54
	Haus Kugelgasse 19 (ehem. Haus 159)	X21
	Haus Eberhard, Reitgasse 14	Muster unbekannt
	„Estor'sches Haus", Steinweg 40	H27
	FO unbekannt	E74, H57, K61, K62
Mariaberg	Ehem. Benediktinerinnenklosterkirche St. Maria, Johannes Ev. und Johannes Bapt.	K27, K35
Marienhausen siehe Rüdesheim		
Marienstatt	Zisterzienserklosterkirche	C36, H18, H213, H230, H231, H259, J57, J85. – H261 ?
Marköbel	Ev. Pfarrkirche	L15
Marktbreit	Im Main gefunden	E61
Mauchenheim	Ehem. Zisterzienserinnenkloster Sion	H112
Maulbronn	Ehem. Zisterzienserkloster	I: H68 II: K15, K17, U5 III: X33
Mayen	Kath. Pfarrkirche St. Clemens und Maria	I: G30 II: H257
Meiningen	Ev. Stadtkirche, ehem. St. Martin	C11, F83
Mellrichstadt	Kath. Pfarrkirche St. Kilian	F24, R9, T12
Memmingen	Ev. Stadtkirche „Unserer Frauen"	C44, H217, T39
	Ehem. Kloster St. Antonius	H75
	Buxheimer Haus, Martin-Luther-Platz 7	A10
	Unbekanntes Bürgerhaus	T36, T37
	FO unbekannt	O1
Mengen	Kath. Pfarrkirche St. Martin	E13
	Haus „zur Geis", früher Badstube, Mittlere Straße	K40
	Ehem. „Selbherr'sches Haus", Hauptstraße	M45
	FO unbekannt	U6, X18, X32
Meran	Landesfürstliche Burg	K24, K63, P31
Mespelbrunn	Wasserschloß	P1.1
Mindelheim	Kath. Stadtpfarrkirche St. Stephan, Teckkapelle	L16, M47
Minden	Ehem. Benediktinerkloster St. Mauritius auf dem Werder	D3, E43, F164, W82
	Untere Bäckerstraße, Parzellen 51–59	T22, ZA1, ZE3
Mittelrhein siehe Anhang		
Mitterfischen	Kath. Filialkirche St. Pankratius	L20, L52

Mörgen	Kath. Pfarrkirche St. Georg	C55, E47
Moers-Repelen	Ev. Pfarrkirche, ehem. St. Martin	W17
Mörstadt	Ev. Pfarrkirche, ehem. St. Cyriakus	H88
Monreal	Kath. Pfarrkirche zum hl. Kreuz	L3
	Kapelle im Lauk'schen Hof	H238, L3
	Burgruine der „Großen Burg“	B7, D7
Montabaur	Schloß	G33?, G34
Montfort	Burgruine	I: F12, J44, J67 II: H242, H244
Mont Sainte Odile siehe Odilienberg		
Montheron	Ehem. Zisterzienserkloster Grâce-Dieu	V9, V19
Monzingen	„Alt'sches Haus“, Hauptstr. 59	L7
Mühlheim/Donau	Kath. Kirche St. Gallus	O50
Münsingen-Apfelstetten	Ev. Pfarrkirche, ehem. St. Barbara, Apfelstetten	K33
Münsingen-Bichishausen	Burgruine Bichishausen	J24
Münzenberg	Burgruine	J112, J113, O61,– J50 ?
	Haus Steinweg 21	H10, J127
Munderkingen	Kath. Pfarrkirche St. Dionysius	U6
Murrhardt	Ev. Walterichskirche auf dem Friedhof, ehem. St. Maria	G3
Muttenz	Reformierte Kirche St. Arbogast	N37
Nagold	Ev. Gottesackerkirche, ehem. St. Remigius und Nikolaus	K41.1
Nassau	Burgruine Nassau	L38
Nattheim	Ehem. Pfarrkirche St. Martin ?	B31, E51, E69, F73, S2
Neckargröningen	Ev. Pfarrkirche, ehem. St. Martin	J31
Neckarrems	Burgstelle Remseck ?	H63
Nellingen	Ehem. Propsteikirche St. Blasius	K49, U6
Neu-Bamberg	Burgruine	H103, H109
Neubolanden siehe Bolanden		
Neuenheerse	Ehem. Damenstiftskirche St. Saturnina ?, Töpferofen	D29
Neuenkamp siehe Franzburg		
Neuerburg	Burgruine im Fockenbachtal	R15
Neufra	Kath. Muttergotteskapelle	K29

Neukirchen	Kath. Pfarrkirche St. Veit	H203
Neu-Leiningen	Burgruine	H92
Neustadt/Weinstraße	Kellereistraße	O45
Neustadt-Hambach	Kästenburg, „Hambacher Schloß“ oder „Maxburg“	I: B13, C21, F110, W20, W76, W77, W93 II: D33, F88, F113, F150, H224, N5, N90, N95 III: O41
Neustift	Ehem. Prämonstratenserkloster	I: A33, B2, C10, D6, E2, E40, E41, E49.1, E63, E66, E71, E72, F29, F63, F64, F65, F84, F107, F124, F125, F126, F127, F135, F136, F137, F139 II: G7, H156 ?, H290, P42, S40, X4 ?
Neuweiler/Neuwiller-lès-Saverne	Ehem. Kollegiatsstiftskirche St. Adelphi	K19, S9 .– K18 ?
Niddatal-Ilbenstadt	Ehem. Prämonstratenser-Klosterkirche St. Maria, St. Petrus und Paulus	I: D1 II: B11, J55 III: H194, K2, O24, O32 IV: H57, H256, J69.1, J74, J107, O61
Niddatal-Kaichen	Ev. Pfarrkirche	H56
Niedenstein	Töpferei-Fehlbrandhalde am Untertor	S58
Niederhöchstadt	Kath. Pfarrkirche St. Nikolaus	K30
Niederlahnstein siehe Lahnstein		
Niedernhall	Ev. Pfarrkirche St. Laurentius	H163
Niederrhein siehe Anhang		
Niederweisel siehe Butzbach		
Nieder-Wöllstadt	Ev. Pfarrkirche	C66, H256
Niederzier	Wüstung „Wüstweiler“, Hambacher Forst	H177, L22
Nordschweiz siehe Anhang		
Northeim	Ehem. Benediktinerkloster und -kirche St. Blasii	L47.1
Nürnberg	Ehem. Augustinerkloster	Muster unbekannt (X19 ?)
	„Fröscherturm“	N55, P50, P51, S52
	Kath. Pfarrhaus, Winklerstr. 31	N55
	FO unbekannt	P52
Oberfell-Bleidenberg	Wallfahrtskirche „Unserer Lieben Frau“ auf dem Bleidenberg	H244, L38
Obergröningen	Ev. Pfarrkirche, ehem. St. Nikolaus	H171
Oberhaugstett	Ev. Pfarrkirche, ehem. St. Bartholomäus	S69

Oberhessen siehe Anhang		
Oberhomburg	Katharinenkapelle	
	Rosette	A 12, C 24, D 72, E 25, B 17, D 20, F 44, J 78, M 24, N 95, R 3, S 45
Oberingelheim siehe Ingelheim		
Oberkirch	Kath. Pfarrkirche St. Cyriakus	D 13
Oberlahnstein siehe Lahnstein		
Ober-Mörlen	Hof Hasselhecke, Kapelle St. Nepomuk	H 55, H 58
Oberotterbach	Ehem. Wallfahrtskirche St. Nikolaus auf dem Closenberg	E 26, H 70, –H 63?
Ober-Roden	Kath. Pfarrkirche St. Nazarius	C 1.1, J 36
Oberschwaben siehe Anhang		
Obersteigen	Augustiner-Chorherrenkloster, Kapelle	O 3, –N 45?
Oberursel	Kath. Pfarrkirche St. Ursula	I: D 1 II: D 43, J 77 III: H 53, J 69.1, P 21, S 16.1, T 35.1
	Haus Marktplatz 1	H 53, H 58.1, H 228.1
	Haus Strackgasse 7	H 55, H 57
Oberursel-Bommersheim	Burgruine Bommersheim	H 255, J 69, J 107, K 2, O 31
Oberwesel	Ehem. Stiftskirche „Unser Lieben Frau“	C 34, D 36, H 251, J 79, J 81, J 85, R 39
	Burgruine Schönburg	C 37, H 236, J 85
Ober-Widdersheim	Ev. Pfarrkirche, ehem. St. Maria	H 253, J 51, J 55
Ochsenhausen	Ehem. Benediktinerklosterkirche St. Georg	B 40, G 4.1, H 147, H 284, K 43
Odilienberg/Mont Sainte-Odile	Klosterkirche Hohenburg	D 64, F 145
	Ehem. Nonnenkloster St. Maria und Odilia, Niedermünster	C 64, D 61, T 38
Österreich siehe Anhang		
Oettingen?	FO unbekannt	E 57, H 180
Offenhausen	Ehem. Dominikanerinnenkloster St. Maria Gnadenzell	H 284, J 22, K 37
Ortenberg	Ev. Stadtkirche, ehem. St. Maria	S 24
	Schloß der Fürsten zu Stolberg-Roßla	H 57, J 70, L 37, L 43
	Torhaus	H 20

Osnabrück	Dom St. Peter, Margarethenkapelle	D53, D54, F18, F115
	„Hinter der Stadtwaage“	F17
	Haus Bierstr. 16	D55
	„Privathaus der Dielingerstraße“	D53, F18
	Haus in der Hakenstraße	E32
	FO unbekannt	E60
	Osnabrück ?	D56, F72
Osterspai	Ehem. Wasserburg	H244
Otterberg	Ehem. Zisterzienserklosterkirche Mariae Himmelfahrt	H84, P38
Ottmarsheim	Ehem. Benediktinerinnen-Stiftskirche	P2, V20, X9
Paffrath siehe Bergisch Gladbach		
Palenberg	Kath. Kapelle St. Peter, „Karlskapelle“	W96
Perchtoldsdorf	Kath. Pfarrkirche St. Augustin	W56, W63
Peterspay	Kath. Kapelle St. Peter und Paul	B7, D8, D11, H244, I8, I11, M39, R22, W2, W22, W79, außerdem Fragment mit Hirschdarstellung
Pfaffenheim	Kath. Pfarrkirche St. Martin	Kopie, möglicherweise nach Originalfliese, X9
Pfaffen-Schwabenheim	Ehem. Augustinerchorherren-Stiftskirche Mariae Himmelfahrt	R29, R30, R32
Pfaffmünster	Kath. Pfarrkirche St. Martin	G8
Pforzheim	Altenstädter Pfarrkirche St. Martin	A39, B16, C21, D10, F43, F50, F75, H59, J28, N1, N18, N94, W19, W43
Pfullingen	Ehem. Klarissinnenkloster St. Cäcilie	K32, K37.1
Pfungstadt	Ev. Pfarrkirche, ehem. St. Martin und Marien	I: H86 II: H38 III: B41, T21
Pildenau	Kath. Pfarrkirche St. Johannes und Paulus	F103, D46.1 ?
Pilsen?/Plzeň	FO unbekannt	P51
Pirmasens	Pirminskapelle ?	F50, H280, W92
Plochingen	Ev. Stadtkirche, ehem. St. Blasius, früher St. Ulrich	Muster unbekannt
	Ehem. Frühmeßkapelle St. Ottilien	Muster unbekannt, möglicherweise J37, K9, L44, N74, O6, P6, V2
Pyrmont	Burgruine	R29, R30

Raeren	Fehlbrandhalden	E36, O1, X22.1
Randeck	Burgruine	I: F40, H18, J85, N21, R26, R30, R38 II: G28.1, H119, L4 III: B61, D62, K65, S18
Rappoltsweiler/Ribeauville	FO unbekannt	B29. C3, H272
Rauenthal siehe Eltville		
Rauschenberg	Bürgerhaus, Markt 4–6	S25
Ravengiersburg	Ehem. Augustiner-Chorherrenstift St. Christophorus	I: C25, I6, J62, K56, N28, R28, R29, S15 II: H244, L3
Ravensburg	Rathaus	D50
	Bürgerhäuser	D51, H185
Réding siehe Rieding		
Refrath siehe Bergisch Gladbach		
Regensburg?	FO unbekannt (Museumsbestand)	B34, D49
Rehberg siehe Krems		
Reichenau-Mittelzell	Ehem. Pfalz	F16
	FO unbekannt	O69
Reichenweier/Riquewihr	FO unbekannt	C3
Reicherdsroth	Ev. Filialkirche, ehem. St. Johannis Bapt.	G22, M37.1
Reifenberg siehe Schmitten		
Reifferscheid	Burgruine	L21
Reinheim	Ev. Dreifaltigkeitskirche	E58
Reipoltskirchen	Ehem. Talburg	K65
Remchingen-Wilferdingen	Ehem. Tiefburg Remchingen	H93
Repelen siehe Moers		
Reutlingen	Ehem. Heiliggeist- oder Spitalkirche, Am Markt	H143
	Ehem. Bebenhäuser Hof, Wilhelmstr. 34 ?	H193, J94
	Ehem. Königsbronner Hof, heute Heimatmuseum, Oberamteistr. 32	K33
	Nürtinger Hofstr. 12a, Nebengebäude des „Salmansweiler Hofes“	K32
	Gewann „Betzenriet“ (möglicherweise aus dem ehem. Zwiefaltener Hof, Zwiefaltener Hofstr. 2?)	H143, K35
	Ehem. „Reichen- oder Rast-Sammlung“ bei den Barfüßern, Kanzleistraße	Muster unbekannt
	Obere Gerberstr. 14	K37, K38
	FO unbekannt	K32, K33, K34, K37, O52
Reutlingen-Eningen	Ehem. Hof des Klosters Zwiefalten ?	K33
Reutti siehe Amstetten		

Rheinfels	Burg	H233
Rheingrafenstein siehe Bad Münster		
Rheingau siehe Anhang		
Rheinland siehe Anhang		
Rheinstein	Burg	J44
Rheinzabern	Kath. Pfarrkirche St. Michael? Ehem. bischöfliche Burg?	K68.1
Ribeauville siehe Rappoltsweiler		
Rieding/Réding	Kath. Pfarrkirche St. Petrus und Paulus?	„Muster wie Saarburg, ev. Kirche"
Riedlingen	Kath. Stadtpfarrkirche St. Georg	H136
Rijnsburg	Ehem. adlige Benediktinerinnenabtei St. Laurentius	C2, D28
Ringingen siehe Burladingen		
Riquewihr siehe Reichenweier		
Rodheim v. d. Höhe	Ehem. ev.-reform. Kirche auf dem alten Friedhof	I: J58, J , M27, R41 II: G27.1, H205, J57 III: H57, X22
Rommersdorf	Ehem. Prämonstratenserkloster St. Maria und Johannes Ev.	I: B6, D27, N17, R15, R57 II: H259, H260, H262, H264, L30 III: S60, S63
Rosenthalerhof	Ehem. Zisterzienserinnen-Klosterkirche „Maria im Rosenthal"	I: C22, D37, H92, I1, J28, N35.1, N79, N83, N91, R1, W30, W90 II: H122
Rostock	Ev. Pfarrkirche St. Petri	H6
Rothenburg ob der Tauber	Ehem. Franziskanerkirche „Unserer Lieben Frau"	G23, N56
	Ev. Stadtpfarrkirche St. Jakob	J117, W35
	St. Jakob, Heilig-Blut-Kapelle ?	ZB2, ZF4, ZH1, ZL2, ZS8.1, ZS13, ZS14, ZT5, ZW1
	Ehem. Dominikanerinnenkloster	M37
Rottweil?	Stadtgebiet?, Ehem. Zisterzienserinnen-Reichsstift Rottenmünster?	H188, O56, T1, V7
Rückershagen	Ev. Kapelle, ehem. St. Wendelin	J115
Rüdesheim	Kath. Pfarrkirche St. Jakob	H121, H237, I11, J80
	Ehem. Wasserburg „auf der Lach", Weißburg	I: C33, C37, E5, H287, J63, J65, W18 II: C51, H116, H119, H120, H242, H243, I14 III: F79
	Oberburg oder „Boosenburg"	J80
	Ehem. Salhof, Marktplatz 14	H39
	Brömserhof, Obergasse 6–10	F79, H237, I11, N82
	Burgruine Ehrenfels	I: H233, H237, H241, J43, J44, J62, J66, J75, J98, M17, N3, N6, R8 II: J80, L37

Rüdesheim-Aulhausen	Ehem. Zisterzienserinnenkloster Marienhausen	L3 ?
	Töpferofen	N82
Rüdesheim-Eibingen	Ehem. Benediktinerinnenkloster	I: I11, I17 II: H37, J80
	Rüdesheim, FO unbekannt	H49, H237, H242, H287, J65, R36
Runkel	Ehem. Burgmannenhaus, Burgstr. 31	L12, L36.1
Rust	Ehem. kath. Pfarrkirche St. Pankratius und Aegidius, „Fischerkirche", Marienkapelle	G88, G89, M33.1
Saarburg/Sarrebourg	Mittelalterliche Töpferei, Avenue de la Victoire 18	B23, C59, D35, E62, F47, F55, H22, L17, L40, N7, O25, P7, T14
	Ehem. Stiftskirche St. Stephan (gesichert)	B22, E20, F54, H9, L17, M11, P5, S55
	St. Stephan (vermutet)	C59, E30, F33, H22
	Ehem. Dominikanerinnenkloster Weyerstein	B22, E20, F54, H22, L17, L40, N7, P7
Saargemünd/Sarreguemines	FO unbekannt, Katharinenkapelle?, Burgkapelle St. Nikolaus ?	H199
Sandhausen	Ehem. Wasserburg	H84, H114
Sankt Georgen	Ehem. Benediktinerkloster „Unserer Lieben Frau"	P3
Sankt Gotthardt siehe Göppingen		
Sankt Urban	Ehem. Zisterzienserkloster	T31.1
Sargenroth	Ev. Pfarrkirche, „Nunkirche" auf dem Rochusfeld	Muster unbekannt
Sarrebourg siehe Saarburg		
Sarreguemines siehe Saargemünd		
Saverne siehe Zabern		
Sayn	Ehem. Prämonstratenserkloster St. Maria und Johannes Ev.	H259, H262, H263, H264, L11
	Ruine der ehem. Burg der Grafen von Sayn	H262, H264, L10, L11
	Burg Sayn, „Stein'sches Burghaus"	H259, H262, L11
Schaffhausen	Ehem. Benediktinerklosterkirche Allerheiligen	D52, H149, H185
	Haus „zur Treu", Kirchhofplatz 9	H148
	FO unbekannt	U11
Schauenburg	Burgruine	C51, H45, H83, H95, H97, H103, P33
Scheer	Schloß der Fürsten von Thurn und Taxis	E33, N27
Schiltach	Ehem. Mühle Wolber und Haus Schloßbergstr. 6 (aus Burg Schiltach)	H220

Schleswig	Dom St. Peter, Domkreuzgang „Schwahl“	H8
Schlettstadt/Seléstat	Ehem. Benediktinerpropsteikirche St. Fides	I: F1, F2, F21, F99, M9, M10 II: F161
	FO unbekannt	D60, F148, H197, H271, W48
Schmidtburg	Burgruine	H26, H246, J1, L6, L50, L57, P1, S15, S64
Schmiechen	Kath. Pfarrkirche St. Vitus	H157, O5, P14
Schmitten	Burgruine Hattstein	H57
Schmitten-Oberreifenberg	Burgruine Reifenberg	H57
Schönau	Ehem. Zisterzienserkloster	H15, H84, H231, I5, J26
Schöneck	Burg	H233, J57, L3
Schuttern	Ehem. Benediktinerabteikirche Mariae Himmelfahrt	H41
Schwabenheim/Selz	Kath. Pfarrkirche St. Bartholomäus	J52, J62
Seeheim-Jugenheim	Ev. Pfarrkirche, ehem. St. Nikolaus in Seeheim	O63
	Burgruine Tannenberg	H191, N52, O63
Segringen siehe Dinkelsbühl		
Seléstat siehe Schlettstadt		
Seligenstadt	Ehem. Benediktinerklosterkirche St. Marcellinus und Petrus, „Einhardsbasilika“	H60, R23
	Ehem. Benediktinerkloster	O3, S66
	Haus Römergasse 4	H28
	Stadtgebiet	H223
Selz/Seltz	Scheune des Anwesens Schneider	A13, C20, E19, E50, F149, F150, N90, S10
Sesenheim/Sessenheim	Kath. Pfarrkirche „Unserer Lieben Frau“	F32, F132, F150, H62.1, H271.1, H277, H279, J68, N4, N5, N76, N90, N95, P11, P45, Q6
Siegburg	FO unbekannt	T25
Sindelfingen	Haus Rathausplatz 11	E73
	Haus Ziegelstr. 20	H131
Sinzenich siehe Dirlau		
Söflingen siehe Ulm		
Soultz-sous-Foréts siehe Sulz unterm Wald		
Spesburg/Spesbourg	Burgruine	Muster noch nicht bekannt
Speyer	Dom St. Maria und Stephan vor 1894 gefunden:	A9, B16, B24, B55, D15
	Dom, Krypta, Öffnung der Kaisergräber 1900	A38, D15, D31, F165, J28, W22 außerdem: „Scheibe“, „Viertelscheibe“, „geometrische Muster“

Dom, Grabung 1961	D 15, F 6, H 64, K 2, M 20, R 18
Dom, Chorraußenseite	W 101
Domplatz, Grabung 1927	W 1
Ehem. Ägidienkirche, Gilgenstr. 19	C 21, F 41?, F 44
Ehem. Zollamt, Gilgenstraße 22	O 40
Ehem. Allerheiligenstift, Allerheiligenstraße/Lindenstraße	A 36, N 76, P 11
Ehem. St. Georgskirche, St. Georgengasse/Große Himmelsgasse 2	„nach links schreitender Löwe", evtl. D 19
Ehem. Franziskanerkloster, Spitalgasse	H 189, N 86
Ehem. Augustiner-Chorherrenstift St. German vor Speyer	A 9, F 78, H 62, H 71, H 72, H 82, H 112, J 82, M 20, W 3
St. German, Nordabhang, Grabung 1949	D 22, E 60, S 56, W 2, W 79
Königsplatz an der Stelle der ehem. Pfarrkirche St. Moritz	H 63
Ehem. Karmeliterkloster?, Karmeliterstr. 4	H 60, H 214.1, J 68, O 40, P 36
Ev. Heilig-Geist-Kirche, Johannisstr. 6	K 2, O 67
Kath. Josephskirche siehe ehem. Ägidienkirche	
Ehem. St. Markuskirche, Rheinhauserstraße/Lindenstraße	„vegetabile Muster"
Ehem. Deutschordenskommende mit Stephanskapelle	Muster siehe FO-Katalog
Marienheim, Königstr. 15	H 166, J 105, K 2, P 36
Ehem. Leprosenhaus?, Hl.-Geist-Kapelle?, Berghäuserstraße	H 120
Ehem. Maulbronner Klosterhof, Johannesstr. 21–22	W 10, K 16, K 17?
Ehem. Eußerthaler Klosterhof, später „Wittelsbacher Hof", Ludwigstr. 2	Muster unbekannt
Ehem. Judenbad, Areal des Judenhofes, Judenbadgasse 5	H 64, H 72
Gymnasium am Platz der Domherrenhöfe „zum Kranich" und „Löwenstein'scher Hof", Große Pfaffengasse 6/Steingasse	F 152, F 153, F 154, F 165?, F 166?, H 63?
Altes Rathaus, Maximilianstr. 12	H 72, O 41, O 47
Marktplatz?	F 165
Platz vor dem historischen Museum der Pfalz, Große Pfaffengasse 7	J 45
Gaststätte „Domnapf", Domplatz 1	O 47
Ehem. Pfälzische Bank, Ecke Webergasse/Kleine Pfaffengasse – Ehem. Landratsamt (Bezirksamt), Webergasse 11	F 62.1, F 166, H 60, H 71, K 2, O 40, T 35
Haus Kleine Pfaffengasse 26	D 15, M 39, R 1
Haus Kaiser & Kirrmeyer, Bahnhofstr. 54–56	A 18
Breite Straße, FO unbekannt	H 104
Haus Engelgasse 2	H 63, H 76, K 2, R 36, J 66 ?
Eselsdamm	Muster unbekannt

Speyer	Kleine Gailergasse	O 44
	Ehem. Munitionsfabrik Hess, St. Germanstr. 19	G 31
	Haus Herdstr. 1	O 46
	Kath. Vereinshaus, Herdstr. 5	B 18, D 31, D 32, D 80, E 70, F 5, F 140, W 19
	Haus Herdstr. 16	O 42, W 97
	Ehem. Wirtschaft „Zum roten Löwen", Herdstr. 35	A 2, A 39, B 4, F 75, N 1, R 46, W 92
	Haus Guttermann, Jakobsgasse, heute Heydenreichstr. 13	Muster unbekannt
	Ehem. Lehrerseminar, Johannesstr. 10	„Multiplikationsmuster"
	Haus Langhauser, Korngasse 20	H 63, H 234, H 270, J 29
	Landauer Straße, FO unbekannt	A 38
	Ehem. Haus Dorn, Ludwigstr. 33–34	C 38, E 24 ?
	Regierungsgebäude, Maximilianstr. 5	A 19, A 21, A 22, D 15, F 78, H 63, N 10.1, O 40, O 46
	Café Schlosser, Maximilianstr. 10	A 32, H 60, H 64, H 72, H 74, H 76, K 2, M 20
	Kreis- und Stadtsparkasse, Maximilianstr. 93	D 15, D 17, R 23, außerdem „Geometrische und pflanzliche Muster"
	Ehem. Weckbachsches Haus, Maximilianstr. 94 a	F 165
	Ehem. Landesversicherungsanstalt, Maximilianstr. 100, heute Stadthaus	F 8 ?
	Haus Vogt/Winkler, Rheintorstr. 11	H 63, K 2
	Roßmarktschule, Roßmarktstr. 3 a	Muster unbekannt
	Haus Roßmarktstr. 36	A 9, H 63, H 107
	Kleine Sämergasse 13	D 16
	St. Germanstraße, FO unbekannt	M 20, P 40, P 41
	Haus Schulerstr. 2	„nach links schreitender Löwe"
	Speyerbach	F 30, O 12
	Steingasse	J 63
	Haus Boiselle, Wormser Str. 30	Muster unbekannt
	Unbekannte Baugrube	J 78
	Fliesen im Museum Speyer, FO unbekannt	A 32, B 1, B 18, C 22, C 31, C 46, C 51, C 68, D 19, D 20, D 22, D 31, D 34, D 42, D 46, D 74, E 60, F 8, F 30, F 31, F 38, F 43, F 46, F 120.1, H 48, H 61.1, H 64, H 72, H 72.2, H 74, H 76, H 105, H 106, H 115, H 121, H 125, H 187, H 234, H 270, H 288, I 10, I 14, J 27, J 28, J 29, J 46, J 66, J 80, J 81, J 82, J 84, J 105, K 2, K 3, K 4, K 13, K 14, K 16, K 17, K 68, M 39, N 3, N 4, N 5, N 77, N 78, N 79, N 90, N 94, O 12, O 13, O 19, O 38.1, O 41, O 43, P 34, P 35, P 39, Q 5, R 1, R 4, R 23, R 36, S 56, S 59, S 70, T 35, W 2, W 9, W 22, W 30, W 60, W 62
	Fliesen im Museum Speyer, möglicherweise aus anderen Fundorten der Pfalz	B 7, D 37, F 20, W 43
	Speyer ?	D 56
	Speyer, Slg. Diernfellner (nicht sicher, ob aus Speyer oder der Pfalz)	H 64, H 103, H 269, I 15, J 82, M 38, N 83, N 86, O 39, O 68, W 90

Spiel siehe Titz		
Sponheim	Ehem. Benediktinerklosterkirche St. Maria und Martin	I: R29, R30, R32 II: H204, K70, X31
Sprendlingen	Ev. Pfarrkirche, ehem. St. Michael	H237
	Ehem. Kirche St. Michael, Bettenheim	H237
Staden	Ehem. Wasserburg „Isenburger Schloß“	Muster unbekannt
Stams	Zisterzienserkloster St. Johannes	I: D26, J93 II: K25, K26, T31, T32
Starkenburg	Burgruine	C25, D36, H236, J85, R29, R39
Steckenroth	Ev. Pfarrkirche	H38, H233
Steeg siehe Bacharach		
Stein/Donau siehe Krems		
Stein am Rhein	Ehem. Benediktinerkloster St. Georgen	Kopien B59 (nach Original), A27, F74, U12, U13 (Vorlage unsicher)
	Stein (gesichert)	H142, H149, H193, H220, M36, O28, P20.1, X34
Steinau a. d. Straße	Schloß	J120, J121
Steinbach	Einhardsbasilika	I: C1, D1, W98 II: H216
Steingaden	Ehem. Prämonstratenser-Klosterkirche St. Johannes Bapt.	K24, N38, ZE5
Sterrenberg siehe Kamp-Bornhofen		
Stockach	Kath. Pfarrkirche Mariae Himmelfahrt und St. Oswald	F95
Stolzenberg	Verschwundene Burg nahe Obermoschel	I: J43, J76, R8, W28 II: K23
Straßberg	Burgruine	A11, A17, E23, F3, F147, F169, M23, N99, S44, X13
Straßburg/Strasbourg	St. Magdalenenkirche, Place Sainte-Madeleine	„Eichblatt, Lanzettblätter, Rosetten usw.“
	Prot. Pfarrkirche St. Nikolaus	D7, D78, E60, F7, W2
	Ehem. Stiftskirche Jung St. Peter, Kleine Kirchgasse und St. Leostraße	B32, D59, F19
	Ehem. Damenstiftskirche St. Stephan	B33, D64
	Ehem. Stiftskirche St. Thomas, Kapitelhäuser, Thomasplatz	C32, F69, „Adlerfliese“ (B42 ?)
	Häuser der Blauwolkengasse, Nr. 17, 19 und 21	A16, B30, C32, E29, F123
	Haus Brandgasse 4	„Eichblattmuster“
	Fasanengasse, „Rotes Haus“ ?	F53, „Viertelskreis mit Viertel einer Blüte“
	Kaufhausgasse 1–3	D33, F88, F150, N95
	Kronenburgerstr. 6	H199

Straßburg/Strasbourg	Lange Str. 1/Alter Weinmarkt, Abfallgrube einer Töpferei	F123, F146
	Metzgerplatz/Place d'Austerlitz	F162
	Düntzenmühle, Mühlenplan 5	S75
	Haus Münstergasse 2	H73, N47
	Neuer Markt	„Fabeltier"
	Pioniergasse 1	F138
	Reibeisengasse	„Fabeltier"
	Große Stadelgasse/Ecke Kleberplatz	„Blattmuster", „vertiefte Greifdarstellung" (F62?)
	Stampfgasse	H289
	Stephansgasse 3	A16, B30, C32, E29, H236
	Straßburg, FO unbekannt	A13, D58, D63, E18, E59, F62, F159, C17, Q3
	Straßburg oder Elsaß, FO unbekannt	B25, C28, H106, J68, N7, N94, S28
Straubing	Kath. Pfarrkirche St. Peter	F142, N102, N103
	Haus Böhm, Ludwigsplatz 133, später Nr. 38	E65, G10, G11, G12, G13, G14, G15, G16, G17, G18, M22, N102, N103, N105, U1
Stubersheim siehe Amstetten		
Stuttgart-Degerloch	Ev. Pfarrkirche, ehem. St. Maria	O66
Stuttgart-Plieningen	Ev. Pfarrkirche, ehem. St. Martin	O66
Süddeutschland siehe Anhang		
Südniedersachsen		
Sulpach	Ev. Kapelle St. Laurentius	J18, U8
Sulz unterm Wald/Soultz-Sous-Foréts	Privathaus	N53
Tannenberg siehe Seeheim		
Teutleben	Ev. Pfarrkirche	D2, M4, W81
Thaur	Kath. St. Ulrichskirche	N68
Thron	Ehem. Zisterzienserinnenkloster „thronus St. Mariae"	H175, H256, J74, J99, J113, R42, U4
Thür-Fraukirch	Kath. Wallfahrtskirche St. Maria, „Fraukirche in der Pellenz"	H238
Titz-Mündt	Kath. Pfarrkirche St. Urban, Titz	X7
Titz-Spiel	Kath. Pfarrkirche St. Gereon, Spiel	X5
Tomerdingen	Friedhofskapelle St. Martin	J15
Treffelhausen	Kath. Pfarrkirche St. Veit	J15
Trier	Ehem. Stiftskirche St. Paulin	J43, J85
Trier	FO unbekannt	W89.1

Trier (Regierungsbezirk)	FO unbekannt	F 170
Trittelingen/Tritteling	Kath. Pfarrkirche St. Martin	M 16, X 11
Türnich	Schloß der Grafen von und zu Hoensbroech	G 56.1
Ulm/Donau	Ehem. Pfarrkirche „Unserer Lieben Frau über Feld"	Muster unbekannt
	Münster „Unserer Lieben Frau"	O 28
	Ehem. Dominikanerklosterkirche, Spital- oder Dreifaltigkeitskirche	H 139, H 212, J 10, J 90
	Katharineninstitut, früher Langestr. 36, heute Adlerbastei 3	Muster unbekannt
	Ehem. Franziskanerkloster, früher auf dem Münsterplatz	A 25, C 42, C 43, D 45, F 13
	Münsterplatz	A 26, J 57, J 90.1
	Südl. Münsterplatz 47, heute Nr. 27	L 39
	Ehem. Augustiner-Chorherrenstift St. Michael zu den Wengen, Wengengasse	Muster unbekannt (Z L 1 ?)
	Ehem. Sammlungsstift der Franziskanerinnen des 3. Ordens, Frauenstr. 24	A 25, C 42, D 45, H 142, J 96, Q 2. – F 13 ?
	Reichenauer Hof („Ehinger Hof"), heute Grüner Hof 2	H 135, J 9. – H 132 ?
	Ehem. Ochsenhäuser Hof, Grüner Hof 5	H 146
	Gelände Grüner Hof 5	Muster unbekannt
	Unbekannte Ulmer Bürgerhäuser (vor 1862 gefunden)	H 1, H 132, H 155, J 20, J 38, K 52, L 39, L 45, L 46, O 64, S 32, X 18, – H 142 (vor 1901)
	„Kraft'sches Haus", Steingasse 2/Ecke Langgasse ?	Muster unbekannt
	Haus Strauß, Hirschstr. 12	Muster unbekannt
	Mohrengasse, früher Kautengäßle	J 14 ?
	Haus Schad, Nördl. Münsterplatz 13	H 133. – H 142 ?
	Kronenapotheke, Platzgasse 31/Neuer Graben	H 1, H 155, L 39
	Rosengasse	H 132, J 9
	Ehem. Haus Störrengasse 6	H 1, H 155, L 39
	Weinhof 12 und 13	J 9
Ulm-Söflingen	Ehem. Klarissinnenkloster St. Elisabeth	I: A 23, B 19, C 41, D 18, D 30, D 48, F 30, H 87, H 88, I 4, J 38, N 34, O 14, O 16, O 21, O 26, O 27, O 28, P 13, R 18.1, R 50, S 12, T 15, T 16, W 29, W 42 II: H 139, J 9, J 47.1, O 28 III: L 39, S 29
	Ulm, FO unbekannt	B 38, H 133, H 135, H 137, H 153, J 14
	Ulm, FO unbekannt, vor 1929 gefunden	A 26, J 90
	Ulm, FO unbekannt, nach 1970 gefunden	J 116, L 56, P 19
	Ulm (nicht gesichert)	F 74, H 159, U 12, W 47

Unterböbingen	Kath. Kapelle St. Koloman	Muster unbekannt (J 118 ?)
Unterfrauenhaid	Kath. Pfarr- und Wallfahrtskirche Mariae Himmelfahrt	Y 27
Unterelkofen	Schloß Elkofen	H 222
Unterregenbach siehe Langenburg		
Unterstammheim	Ev. Pfarrkirche, ehem. St. Maria	M 46
Upflamör siehe Zwiefalten		
Urach	Haus am Gorisbrunnen, Stuttgarter Str. 15	P 28
Urbar	Abfallhalde einer mittelalterlichen Töpferei	H 259, J 79, L 36, L 48, L 49, R 14, R 15, R 40, T 7
Urspring	Ehem. Benediktinerinnenkloster, heute „Urspringschule“	I: H 157, L 19, O 5, P 14 II: H 151, H 158, H 292
Veringendorf	Kath. Pfarrkirche St. Michael	J 1, K 31
Veringenstadt	Kath. Pfarrkirche St. Nikolaus	E 37, J 1, K 31, N 71. – O 61.1?
Villingen-Schwenningen	Ehem. Franziskanerkirche und -kloster	H 11, H 66, H 188, O 57, R 16
	FO unbekannt (früh)	C 61, F 108.1, F 168
	FO unbekannt (spät)	F 97, G 5, G 6, H 11
Viššy Brod siehe Hohenfurt		
Wachenheim	Burgruine Wachtenburg	H 225, H 229
Wain	Ev. Pfarrkirche, ehem. St. Michael	H 146
Walberberg	Ehem. Zisterzienserklosterkirche St. Walburgis	D 68, L 28, N 62
Waldmannshofen	Ehem. Wasserburg	J 6
Wartburg	Palas der Burg, Landgrafenzimmer	A 22, P 46
Warthausen	Kath. Pfarrkirche St. Johannes Ev.	H 145
Weidenstetten	Ev. Pfarrkirche St. Peter und Paul	H 227
Weil im Schönbuch	Ev. Pfarrkirche, ehem. St. Maria	K 41
Weilheim/Teck	Ev. Stadtpfarrkirche, ehem. St. Peter	J 18
	Michaelskapelle auf der Limburg über Weilheim	F 158, J 17
Weingarten	Benediktinerabtei Hl. Blut	I: B 37, D 50, H 182, H 278, K 42, N 35 II: E 22, K 43, K 60, O 35
Weinheim	Ehem. ev. Kirche St. Peter	A 22, C 22, E 16, F 30, F 40, H 88, H 92, I 2, J 46, N 3, N 6, N 21, N 79, P 12, R 38, S 56, S 59, W 97

Weissenburg/Wissembourg	FO unbekannt (Ehem. Benediktinerkloster St. Peter und Paul ?)	B4, C20, E149, N12, N34.1, N92.1, N95.1
	Unbekanntes Gebäude	H70
	Profanbau ?	G92, R4.1, U21.1
	FO unbekannt	U23
Wenau siehe Langerwehe		
Wendlingen	Ev. Pfarrkirche, ehem. St. Eusebius	K46
Wendlingen-Bodelshofen	Ev. Pfarrkirche, ehem. St. Johannis Bapt.	Muster unbekannt
Wendlingen-Unterboihingen	Ehem. kath. Wallfahrtskirche „Unsere Liebe Frau im Hürnholz"	J19 ?, K46 ?
Wertheim	Ehem. Burg, Johannesbau	H57
	„Aus einem alten Haus"	F10
Westerstetten	Kath. Pfarrkirche St. Martin	J16
Wetterau siehe Anhang		
Wetzlar	Ehem. Franziskanerklosterkirche, Schillerplatz	J113
	Burgruine Kalsmunt	J113
	Stadtgebiet	H224, J102, J113
Wien	Stephansdom, Vorraum beim Riesentor	G86, G87
Wienhausen	Ehem. Zisterzienserinnenkloster St. Maria, Alexander und Laurentius	J48
Wiesbaden	Ev. Mauritiuskirche	N80
	Privathaus, Metzgergasse	L9
Wiesbaden-Klarenthal	Ehem. Klarissinnenkloster, Klarenthaler Straße	D40, H238, H243, H250, I11, I12, I18, J80, J81, L37, L38, R3, T29, W24, W25
Wiesbaden-Naurod	Ev. Pfarrkirche, ehem. St. Laurentius	H237, J57
Wiesbaden-Rambach	„Kastell" Rambach	J41
Wiesbaden-Sonnenberg	Wallfahrtskirche zum Hl. Kreuz ?	W35
	Wiesbaden, FO unbekannt	C69
Wildenburg	Burgruine Wildenberg oder Wildenburg	D11
Wildpoltsweiler	Kath. Pfarrkirche St. Georg	H184, K43, K60
Wilgartswiesen	Wiligartaburg, „Altes Schloß"	E26, H70
Wilten	St. Bartholomäuskirche	K10
	Ehem. Prämonstratenserkloster und Stiftskirche St. Laurentius ?	A34, A35, F70
Wimpfen siehe Bad Wimpfen		
Winterbach	Ev. Pfarrkirche, ehem. St. Michael	C47, D76, S36
Wissembourg siehe Weissenburg		

Wittendorf	Pfarrhaus	H 220
Wörschweiler	Ruine des ehem. Zisterzienserklosters	I: B 53, N 8, P 15, W 49, W 64, – N 32? II: H 65, H 66, J 4, M 5, N 44, N 66, W 57 III: O 49 IV: G 32
Wolfegg?	Schloß der Fürsten von Waldburg-Wolfegg	H 144
Wolfsburg	Ev. Pfarrkirche, ehem. St. Annen	J 48
Worms	Ehem. Pfarrkirche St. Amandus	C 52, F 75, F 80, H 88, J 28, J 66, J 97, M 15, N 30, N 83, P 12, R 36
	St. Amandus (vermutet)	C 52, H 95, J 33
	Ehem. Kollegiatstift St. Andreas, heute Museum der Stadt Worms	A 22, A 23, D 37, F 30
	Ehem. Pfarr- und Taufkirche St. Johannis	A 22, A 23, C 23, D 30, E 16, F 30, J 45, N 3, N 78, N 91, N 97, P 13, P 43, R 3, R 50, S 14, S 56, S 59, T 26
	Ev. Pfarrkirche St. Magnus	D 8, F 40, H 15, H 80, H 88, H 100, H 215, J 32, J 97, W 41, W 55
	Ehem. Stiftskirche St. Martin	„Eichblattornament“
	Ehem. Stiftskirche St. Paulus, heute Dominikanerklosterkirche	I: D 7, D 8, D 78, H 15, O 7, O 19, R 3, W 38 II: H 95, H 215
	Sophienhaus, Paulusstr. 9	F 76
	Römerstraße	Muster unbekannt
	Ehem. Bergkloster, Andreasring	H 80, H 88, H 95, H 119, H 120, P 12
	Remayerhof, ehem. Wilhelmitenkloster	F 79
	ehem. Kaiserpfalz, Bischofshof, „Heylshof“,	A 39, D 8, F 40, H 15, H 96, H 105, H 234, J 45, S 14, W 97
	Domberggrabung, Grube I, III und IV	H 88, H 98, H 107, H 112, P 12
	Stadtmauer am Luginsland	D 78, F 86, H 80, H 107, H 234, H 283
	Herrenkeller, Am Herrenkeller	A 22, C 22, F 40, H 96, H 128, M 14
	Bauhofgasse	H 88
	Judengasse, Nr. unbekannt	N 34.2
	Haus „zum Bären“, Judengasse 11	N 84
	„Raschi-Haus“, Hintere Judengasse 6	H 105, H 113, H 119, H 281, M 19, W 99
	Haus Ecke Korngasse/Kämmererstr. 46	„Eichblattmuster“
	Haus in der Mähgasse, Nr. unbekannt	E 9
	Haus Peterstr. 31–33, heute Römerstraße	H 103
	Haus Bönisch, Rheinstr. 18, „älterer Krappenbau“	C 52
	Haus Römerstr. 74	Fragment der Gruppe H
Worms-Neuhausen	Ehem. Dominikanerinnenkloster St. Agnes, Liebenau	I: I 4 II: H 98, H 282
	Ehem. St. Cyriakusstift, Neuhausen	W 30
	Worms, FO unbekannt (früh)	A 1, A 22, B 6, B 7, B 21, B 36, C 12, C 26, C 39, C 41, C 51, D 8, E 38, F 6, F 7, F 40, F 42, F 75, F 86, F 88, F 108, F 113, F 132, H 15, H 72, H 80, H 82, H 84,

		H86, H88, H90, H91, H92, H93, H95, H96, H98, H99, H100, H106, H107, H108, H109, H110, H111, H116, H118, H119, H233, H234, H287, I4, I14, J28, J32, J35, J45, J54, J66, J97, L38, M39, N3, N4, N5, N6, N21, N24, N25, N26, N77, N79, N83, N92, N95, N98, O7, O13, O19, O27, P11, P12, Q4, R1, R17, R21, R22, R24, R25, R29, R36, R52, S11, S13, S48, S49, S70, T28, T29, W2, W16, W23, W30, W39, W42, W54, W55, W78, W90, W97, W100, X6, X17
	Worms, FO unbekannt (später und spät)	E27.1, F79, F80, H120, H121, H122, H123, H124, H125, H126, H128, H206, H207, H281, H282, H283, J40, J47, J57, J104, J105, J126, M12, M13, M14, M15, O18, O41, T27
	FO unbekannt, nicht sicher, ob aus Worms	D40, J56, J98
Württemberg siehe Anhang		
Wüstweiler siehe Niederzier		
Wuppertal-Elberfeld	Alte reform. Kirche, ehem. St. Laurentius, Elberfeld	S62
Wurmlingen	Bergkapelle St. Remigius	K6
Xanten	Domstiftskirche St. Viktor	H244
Zabern/Saverne	St. Michaelskapelle im ehem. Bischofsschloß	Muster unbekannt (H248.1 ?, P5 ?)
	Burgruine Greifenstein/Château du Griffon	W50
	Burgruine Hohbarr/Haut-Barr	E27, F54, H9, H22, M11, O25
Zinna	Ehem. Zisterzienserkloster St. Jakob	U18
Zvikov siehe Klingenberg		
Zwettl	Zisterzienserstift	I: B3, C9, C9.1, C71, D25, E49, F82, F119, F119.1 II: M21, M41
Zwiefalten	Ehem. Benediktiner-Reichsabtei St. Maria	I: C73, D18, F155, H61, H64, H183, J30, L18, N36, O27, P13 II: H143, H154, H157, H284, L19, N40, O53
Zwiefalten-Upflamör	Friedhofskapelle	H143

	Deutschland	A3, B47
	Süddeutschland	J95, W84, W84.1
	Baden	B26, J122, N46, O20
	Hohenzollern	B50, N84
	Oberschwaben	H75, O8
	Württemberg	F94, F157, G3, H51, H202, H288, H284, J21, K27, K39, K41, K48, P4, P6, R34, U11, X20
	Schwaben	C60, J60, T9
	Bayern	A6, H217, N48, O55, S35, Y26
	Franken	B52, D25.1, F89
	Franken?	F118
	Hessen, vom selben FO	C45, E31, D17, J61
	Hessen (gesichert)	B48, B51, D41, E60, H46, H53, H56, H127, H205, H242, H246, H256, J63, J66, J71, J75, J89, J99, J100, J101, J112, M27, N83, O61, P30, W27, W94, W95
	Hessen (vermutet)	F167, L21, N21, N79, R6, R23
	Oberhessen	M42, R28, S57
	Wetterau	H55
	Pfalz?	F167
	Mittelrhein?	H227.1, H240, K64, M18
	Rheingau	H40, J5, J35, J83, J85
	Lahntal	H246, J73, J86, N82, R33, V3
	Rheinland?, vom selben FO	E12, E42, E48, F4, F151
	Rheinland	D28, G52, H252, K64, L23, L25, M31, N47, P48.1, P49, S51, S68, S79
	Rheinland?	H11.1, H14, P27, X30
	Niederrhein	M32, N62
	Südniedersachsen?	J23, O1, U7
	Nordwestdeutschland	ZD3
	Elsaß, vom selben FO (Zisterzienserkloster)	W11, W12, W67
	Elsaß	B25, C30, D44, K18, W50
	Elsaß?	A5
	Nordschweiz	C62, K20, L29.1
	Österreich?	F9
	Böhmen?	A28
Fliesen in Museen und Privatbesitz	Die Muster sind aus einem oder mehreren Fundorten bekannt, unbekannt ist jedoch der Fundort dieser Fliesen	A22, C25, C34, C37, C48, C57, D7, D11, D36, D39, D40, D43, D55, E56, F12, F22, F90, F158, H53, H78, H95, H103, H112, H116, H148, H198, H233, H237, H260, H283, I8, I16, J22, J71, J79, J103, K16, L3, L5, L38, L45, N20, N21, N28, N63, N94, R2, R26, R29, R32, R42, R57, S20

Verschollene Fliesen	Budenheim	FO unbekannt
	Drachenfels	Burgruine
	Frankenthal	FO unbekannt
	Gerhausen	Burgruine
	Gernsbach	FO unbekannt
	Heiligenberg	Ehem. Franziskanerkloster
	Höningen	Ehem. Augustiner-Chorherrenstift
	Hohnstein	Hohnsteiner Schloß
	Korneuburg	St. Nikolauskirche
	Mainz	Ehem. Mauritiuskapelle, Mauritzenplatz
	Mainz	Umgebung von Mainz
	Margrethausen	Kath. Pfarrkirche St. Margaretha
	Nierstein	Ev. Schulhaus
	Ramberg	Burgruine Ramburg
	Treysa	FO unbekannt
	Waiblingen	FO unbekannt
	Walluf	Kath. Pfarrkirche St. Martin, Oberwalluf
	Wien	St. Rupprechtskirche, Rupprechtsplatz
	Willmandingen	Ev. Pfarrkirche, ehem. St. Gallus
	Winterlingen	FO unbekannt
	Wörth/Woerth	Ev. Pfarrkirche
	Würzburg	Franziskanerklosterkirche

Bildnachweis

Museen und Denkmalämter

Suermondt-Museum, Aachen G40/N58/N64
Rijksmuseum Amsterdam, Photo-Commissie ZC3/ZS1
Schloßmuseum Aschaffenburg D11/I8/O16/O26/R50/S20
Historisches Museum Basel M23
Museum der Stadt Bensheim M21.1/N52/O22
Märkisches Museum, Berlin B10/V14
Rheinisches Landesmuseum, Bonn D69/E11/G68/G69/R43a/S68a T32/T34/X7/X8/X30
Hessisches Landesmuseum, Darmstadt B51/H55/H58/H86/H110/H119 H266/H267/H268/H276/H283c/I1 I3/I16b/J63/J100/J110/K64/K66 K67/N30/N32/N49/W38/W91/W94/W95/W98
Dreieich-Museum, Dreieich W78a
Heimatmuseum Duderstadt D71
Burgenländisches Landesmuseum, Eisenstadt G88/G89
Albgaumuseum Ettlingen B8
Augustinermuseum Freiburg (M. Jensch) Y1/Y3/Y4/Y8/Y9/Y10/Y11/Y25
Augustinermuseum Freiburg (H. Weber) B14/D24/G4
Wetterau-Museum, Friedberg F34/J55/O23
Heimatmuseum Gelnhausen M1
Städtisches Museum, Göppingen K55/M33/O33/P24b
Museum der Stadt Greifswald E8/R56/S6
Staatl. Galerie Moritzburg, Halle/Saale G81/H244/J41/J99/S53/W28
Museum für Kunst und Gewerbe, Hamburg E52/F68
Historisches Museum, Hanau G29/L15
Hohenzollersche Landessammlung, Hechingen B50/N71/N84/O50/O61.1
Badisches Landesmuseum Karlsruhe B26/F10/H84/J122/N46/O69/Y5 Y13/Y14a/Y19/Y20
Rosgartenmuseum Konstanz B27/C27/H90/N75/W7/W14 W21/W31/W34a/W34b/W42e/W61a/W66
Oberösterreichisches Landesmuseum, Linz K45
Historisches Museum, Luzern F117.1/F156.1/P53/W36.1
Mittelrheinisches Landesmuseum, Mainz B12/B36/C34/D40/E28/H19/H23 H45/H47/H247/H248/H249/I17 J42/J44/J54/J62/J75/J76f/K57 L37/M19/N81/N89/O15/R7/R20 R24c/R54/W5/W22/W42a/W54 W55/W72/W74/W80/W89/X23
Städt. Reiß-Museum, Mannheim H41/H115
Staatl. Museen Meiningen C11/F83
Musee de la Ville, Metz C24/E25/F33/J78a/R3m/S45
Mindener Museum für Geschichte, Landes- und Volkskunde F164/W82
Heimatmuseum Mödling C16/E14/N106/V8/W102/X1
Bayerisches Nationalmuseum, München A6/A8/A33/B2/C10/E40/E41 E63/E66/E71/F29/F63/F65 F103/F124/F126/F127/F137/G25/G26 T36/T37/T39a/T39b/X4/Y26
Germanisches Nationalmuseum, Nürnberg C15/D13/G22/J117/K23/M37.1/P50/P51
Landesmuseum für Kunst und Kulturgeschichte, Oldenburg F57/G58/G62/G85
Kulturgeschichtliches Museum, Osnabrück (K. Löckmann) E32/E60
Museum der Stadt Regensburg D49/B34
Heimatmuseum Reutlingen J94b/K34a/K34b/K37/K38/H143/H193c/O52
Reichsstadtmuseum Rothenburg o. d. T. M37/ZB2/ZF4/ZH1/ZI2/ZS8/ZS13/ZS14/ZW1
Stadtmuseum Rottweil H188/O56
Heimatmuseum Pforzheim D10/H59/J28f/N18/W19/W43
Kunsthistorisches Institut der Universität des Saarlandes, Saarbrücken B53/H65/H66/J4/M5/N8/N44 N66/O49/P15a/W49/W64
Museum zu Allerheiligen, Schaffhausen D52/H149/H185c
Schleswig-Holsteinisches Landesmuseum, Schleswig H31
Landschaftsmuseum Seligenstadt H28
Historisches Museum der Pfalz, Speyer C22/D21/D58b/F6/F46/F50/F62.1/F165 H72/K3/K27.1/K68.1/N10.1/W10/W57a
Klostermuseum St. Georgen, Stein am Rhein A27/F74/M36/U12/U13
Frauenhausmuseum Straßburg D58a/F138/W11
Landesgewerbeamt Baden-Württemberg, Stuttgart S2/B31/C67/E51/E69/F73
Württembergisches Landesmuseum, Stuttgart F25/F87/F163/H228/K22/L39/P4
Ulmer Museum, Ulm B19/B38/H133/H153/O14/T15/ZL1
Heimatmuseum Veringenstadt E37
Stadtmuseum Villingen F97/F108/F168b/G5/G6/H11/O57/R16
Historisches Museum, Wien G86/G87
Museum für Volkskunde, Wien C19/E53/F66/F67
Slg. Nassauischer Altertümer, Wiesbaden, (J. Weber) G34
Museum der Stadt Worms F76/H96d/O18/S49/X6
Schweizerisches Landesmuseum, Zürich A37a/B56/B57/C29/C62/E17/F3 F16/F131/F134/H200/K20/M41.1 M46/N37/N85/N87/N88

Landesdenkmalämter

Landesdenkmalamt Baden-Württemberg, Karlsruhe C56/H129/K41.1/N14/U21b
Landesamt für Denkmalpflege Rheinland Pfalz, Mainz X24a/X25a/X29
Bayerisches Landesamt für Denkmalpflege, München D75/G19/H192/L1/S41/T10/T40
Westfälisches Landesamt für Denkmalpflege, Münster (A. Brückner) D29/F72/T22/ZA1/H177/S21/S61/W17
Rheinisches Amt für Denkmalpflege, Pulheim (W. Zimmermann) H34/X24b/S21 (Lieven) C8/G35/G56/H177/L21/L29/N63 S61/T25.1/X5 (H. Merian) W17
Landesamt für Denkmalpflege Rheinland Pfalz, Speyer F45/H67/K21/O45/X2
Landesdenkmalamt Baden-Württemberg, Stuttgart E73/H131/H141/H157/H159/H163 H168/H179/H181/J1/J11/J12/J31 J115c/K31/K44/K53/L53/M35/O5/O34
Landesdenkmalamt Baden-Württemberg, Tübingen M48/P28

Landesbildstellen, Archive

Stadtarchiv Aalen J13/J161
Landesbildst. Rheinland, Düsseldorf F22d/G75.1/M31
Landesbildstelle Steiermark, Graz A31/F143/G91
Stadtverwaltung Kaysersberg B15/H273/P20
Rheinisches Bildarchiv, Köln C33/F4/F151/G40.1/G41.1/G66.1/G74 H40/L28/P27/P48.1
Bildarchiv Foto Marburg C69/D41/E74/H27/H96a/J89 J101/J120/K61/K62/L12/L36 M27a/S25/S37/U17/X21/X26

Sonstige Bildgeber

F. Arens, Mainz D46.1
E. Bauer, Mindelheim L16/M8/M47/O1/O60
N. Bewerunge, Viernheim K2a/O32
D. von Boeselager, Köln G56.1
W. Boß, Dieburg D72/H13/H69/H265/J36a/N42/R11b
V. Brendow, Bad Wildungen F105
E. Coester, Mönchengladbach N35.1
Ch. Czarnowsky, Straßburg B32/C30/D44/D64/E18/F141 F144/H9/P5/Q3/S9/S55/W45
W. Dederer, Harxheim F22c/F35/H89
Foto Dehnert, Göppingen-Jebenhausen K69/X16
E. Denisz, Kempten E34/E44/N15/N23
E. Dossmann, Iserlohn J23
H. Ebinger, Bad Ems G28/H18/J111/P8/R26j/R28g/R31g/W88
W. Ehescheid, Wilgartswiesen E26
H. Engelmann, Oberkostenz H26
H. Eversberg, Hattingen H17/H36
Foto Franke, Simmern A24
C. Füngling, Köln D7
F. Garscha, Karlsruhe C6/D9/F11/F37/F85
I. Geiger, Stuttgart A37b/B20/E68/F52/F77/F113/F114/N4 N95/R19/W61b/W61c/W65
E. Gemeiner, Donzdorf U9/U10
R. Gerster, Biberach B40/H147/H284/K43/L19/P14
M. Geyer, Ulm H184/L56/P19/M26
O. Gödel, Bad Dürkheim F26/F109/H225/H229/O37/O38/P26/W20/W57a
J. Goll, Müstair T31.1
J. Gottwald, Lörzweiler F90/J57j/J85h/U16/W18
D. Großmann, Marburg S33
F. Gundermann, Mühlheim/Main D23/H72.1/H194/M34/N13/O25/P12.1/W36.2
F. Händle, Mühlacker X33
Verein zur Erhaltung der Wasserburg Hainchen, Netphen L32
R. Hajdu, Marbach B39
H. G. Hassold, Boll K54
A. Heck, Wasserburg F171
F. Heilig, Biberach H77/O59
B. Heitmann G49.1
H. Hell, Reutlingen K29/K35/U6b
Ph. Herrmann, Karlsruhe W84
M. Hessinger, Mainz D73
W. Heyl, Kaiserslautern A15/C53/C54/E35/E46/H94/H274/P15c
K. Hillenbrand, Pforzheim E64/H70/N53/S69
D. Hinkelmann, Thallichtenberg I6
W. Hollatz, Aachen F98/G38/G41
I. Hugot, Aachen G49/G50/H165
H. J. Heger, Bad Zwischenahn B43/C66/D25.1/G33/G49.2/G70 H54e/H56e/N60/U7

G. Höck, Langenhaslach F39
L. Jung, Daun ZI 4
Foto Karner, Krems/Donau C17/C18/E3/F104
H. Kier, Köln H6b/S42/S72a/S72b
M. Kirnberger, Straubing
E65/G8/G10/G11/G12/G13/G14
G15/G16/G17/G18/M22/N102/N105/U1
G. Kleinz, Bingen H244/I14a/I14k/I15/W24b
G. Kleist, Northeim L47.1
H-P. Kneer, Munderkingen H75/K50/L47
R. Koch, Heilbronn H208/H209/H226/P22
St. Köhl, Bad Münster am Stein J67
W. Kolb, Oberursel D43
H. Kraft, Gengenbach H83/H97/P33
J. Kulik, Wiesbaden S58
J. Lehmann, Leipzig E21
F. Lenz, Köln D27
F. Loesche, Dießen F93
W. Lung, Köln R15b
M. Lutz, Saarburg B22/D35/E20/E62/F5/H22/L17
L40/N7/P7
I. und G. Maag, Wiesbaden W40/B58
Foto Maier, Furtwangen C61
J. Meissner, Mainz ZS2/ZS7/ZS11
H. Meyer, Blankenheim G37
C. Mohr, Karlsruhe F112.1/P2/P46/X18
M. Morkramer, Heuchelheim
G27/J113/N31/N96/W24g
A. Muehlhaupt-Buehler, Basel U14/U15
H. Muffler, Stockach F95
W. Müller, Kiel J108/S7/S17/H146b
C. Mönnig, Köln H286/L34/N100
P. Nieß, Büdingen J72
R. Noah, Aurich H291/W83
Ch. Norton, York M40/N31.1/N37.1/W80.1
A. Nuding, Winterbach C47/D76/S36
Foto Oertel, Kirchberg/Jagst J115a
M. Pfefferkorn, Filderstadt J6
B. Picard, Eppstein M27b
Frh. von Racknitz, Disibodenberg H24/K68
A. Rampf, Ulm
D30/H87/H88d/J38/P13/S12
S29/T16/W29/W42g
H-H. Reck, Trier J69/J77/S16.1/T35.1
H. Reinhard, Neuwied
H263/H264a/L11/R57/S63
D. Rippmann, Basel J63.1
W. Sage, Bamberg F142/N103
E. Samesreuther, Darmstadt F128
E. Schallmayer, Ober-Roden B8/C6/R48
Th. Schauder, Ravengiersburg C25j/R29c
H. Schlereth, Kronach F24/R9a/R9b/T12
Foto Schultheiß, St. Georgen P3
A. Schwarz, Rülzheim
H63/H270/J29/J78b/W4/X3
A. Schwein, Bergheim (Haut Rhin) B29
E-O. Graf zu Solms-Laubach, Laubach
B11/D38/J50/N29/P32/Q1
J. Sommer, Darmstadt
B41/E58/P21.1/T21
H. Spiegel, Düsseldorf I9
J. Staab, Johannisberg D81/F168a
F. Striebel, Kirchheim/Schwaben C55/E47
I. Tampe, Zwiefalten
D18/F155/H61/H151/H183/J22/J24/J30/L18/N40
Gemeinde Thierhaupten H203b
M. Tomann, Heiligenkreuz D4/F23/F51/F81
Urspringschule, Schelklingen-Urspring H292
F. Vongrey, Lilienfeld
A7/A29/D5/E39/F27/F61/F100
H178/N51/N104/S47
P. Weyrauch, Darmstadt
J24b/M10.1/M42/P37/S57/X22
F. Winter, Klingenmünster E4
M. Zabel, Gütersloh
B25/H148/J2/J18/N9/N36/N41/N101
O10/P17/S5c/T19/W6b/W12
W68/Y2/Y6/Y7/Y12/Y14b/Y15/Y16/Y17/Y18
H. Zimmermann, Burgholzhausen v. d. Höhe
J57o/J69.1/J128a/J128b/R41/X28
Zisterzienserstift Stams D26/J93/K25/T31/T32
Zisterzienserstift Zwettl
C9/E49/F119.1/M21/M41.1
Zisterzienserstift Zwettl (Foto Ritter, Wien)
B3/C9/D25/F82/F119
H. Zumstein, Straßburg F47

Alle übrigen Fotos:
H. und E. Landgraf, Duisburg

Fotos oder Zeichnungen, die Publikationen entnommen wurden, werden im Musterkatalog genannt.

VERÖFFENTLICHUNGEN DES LANDESDENKMALAMTES BADEN-WÜRTTEMBERG

Archäologische Denkmalpflege

I. FORSCHUNGEN UND BERICHTE ZUR VOR- UND FRÜHGESCHICHTE IN BADEN-WÜRTTEMBERG

Kommissionsverlag Konrad Theiss Verlag Stuttgart

Band 1	Rolf Dehn, Die Urnenfelderkultur in Nordwürttemberg (1972).
Band 2	Eduard Neuffer, Der Reihengräberfriedhof von Donzdorf (Kr. Göppingen) (1972).
Band 3,I	Robert Koch, Das Erdwerk der Michelsberger Kultur auf dem Hetzenberg bei Heilbronn-Neckargartach (in Vorb.).
Band 3,II	Alix Irene Beyer, Die Tierknochenfunde. Das Erdwerk der Michelsberger Kultur auf dem Hetzenberg bei Heilbronn-Neckargartach (1972).
Band 4,I	Gustav Riek, Das Paläolithikum der Brillenhöhle bei Blaubeuren (Schwäbische Alb) (1973).
Band 4,II	Joachim Boessneck, Angela von den Driesch, Die jungpleistozänen Tierknochenfunde aus der Brillenhöhle (1973).
Band 5	Hans Klumbach, Der römische Skulpturenfund von Hausen an der Zaber (Kr. Heilbronn) (1973).
Band 6	Dieter Planck, Arae Flaviae I. Neue Untersuchungen zur Geschichte des römischen Rottweil (Text- und Tafelband) (1975).
Band 7	Hermann Friedrich Müller, Das alamannische Gräberfeld von Hemmingen (Kr. Ludwigsburg) (1976).
Band 8	Jens Lüning, Hartwig Zürn, Die Schussenrieder Siedlung im „Schlößlesfeld“, Markung Ludwigsburg (1977).
Band 9	Klemens Scheck, Die Tierknochen aus dem jungsteinzeitlichen Dorf Ehrenstein (Gemeinde Blaustein, Alb-Donau-Kreis). Ausgrabung 1960 (1977).
Band 10	Peter Paulsen, Helga Schach-Dörges, Das alamannische Gräberfeld von Giengen an der Brenz (Kr. Heidenheim) (1978).
Band 11	Wolfgang Czysz u. a., Römische Keramik aus dem Vicus Wimpfen im Tal (1981).
Band 12	Ursula Koch, Die fränkischen Gräberfelder von Bargen und Berghausen in Nordbaden (1982).
Band 13	Mostefa Kokabi, Arae Flaviae II. Viehhaltung und Jagd im römischen Rottweil (1982).
Band 14	Udelgard Körber-Grohne, Mostefa Kokabi, Ulrike Piening, Dieter Planck, Flora und Fauna im Ostkastell von Welzheim (1983).
Band 15	Christiane Neuffer-Müller, Der alamannische Adelsbestattungsplatz und die Reihengräberfriedhöfe von Kirchheim am Ries (Ostalbkreis) (1983).
Band 16	Eberhard Wagner, Das Mittelpaläolithikum der Großen Grotte bei Blaubeuren (1983).
Band 17	Joachim Hahn, Die steinzeitliche Besiedlung des Eselsburger Tales bei Heidenheim (1984).
Band 18	Margot Klee, Arae Flaviae III. Der Nordvicus von Arae Flaviae (1986).
Band 19	Udelgard Körber-Grohne, Hansjörg Küster, Hochdorf I (1985).
Band 20	Studien zu den Militärgrenzen Roms III. Vorträge des 13. Internationalen Limeskongresses in Aalen 1983 (1986).
Band 21	Alexandra von Schnurbein, Der alamannische Friedhof bei Fridingen an der Donau (Kr. Tuttlingen) (1987).
Band 22	Gerhard Fingerlin, Dangstetten I. Katalog der Funde (Fundstellen 1–603) (1986).
Band 23	Claus-Joachim Kind, Das Felsställe – eine jungpaläolithisch-frühmesolithische Abri-Station bei Ehingen-Mühlen, Alb-Donau-Kreis. Die Grabungen 1975–1980 (1987).
Band 24	Jörg Biel, Vorgeschichtliche Höhensiedlungen in Südwürttemberg-Hohenzollern (1987).
Band 25	Hartwig Zürn, Hallstattzeitliche Grabfunde in Württemberg und Hohenzollern (Text- und Tafelband) (1987).
Band 26	Joachim Hahn, Die Geißenklösterle-Höhle im Achtal bei Blaubeuren I (1988).
Band 27	Erwin Keefer, Hochdorf II. Die Schussenrieder Siedlung (1988).
Band 28	Arae Flaviae IV. Mit Beiträgen von Margot Klee, Mostefa Kokabi und Elisabeth Nuber (1988).
Band 29	Joachim Wahl und Mostefa Kokabi, Stettfeld I. Mit einem Beitrag von Sigrid Alföldy-Thomas (1988).
Band 30	Wolfgang Kimmig, Das Kleinaspergle. Mit Beitr. von Elke Böhr u. a. (1988).
Band 31	Der prähistorische Mensch und seine Umwelt. Festschrift für Udelgard Körber-Grohne (1988).
Band 32	Rüdiger Krause, Die endneolithischen und frühbronzezeitlichen Grabfunde auf der Nordstadtterrasse von Singen am Hohentwiel (1988).
Band 33	Rudolf Aßkamp, Das südliche Oberrheintal in frührömischer Zeit (1989).
Band 34	Claus-Joachim Kind, Ulm-Eggingen. Die Ausgrabungen 1982 bis 1985 in der bandkeramischen Siedlung und der mittelalterlichen Wüstung. Mit Beitr. von Georg Dombek u. a. (1989).
Band 35	Jörg Heiligmann, Der Alb-Limes (1990).
Band 36	Helmut Schlichtherle, Die Sondagen 1973–1978 in den Ufersiedlungen Hornstaad-Hörnle I. Siedlungsarchäologie im Alpenvorland I (1990).
Band 37	Siedlungsarchäologie im Alpenvorland II. Sammelband mit Beitr. von Manfred Rösch u. a. (1990).
Band 38	Ursula Koch, Das fränkische Gräberfeld von Klepsau im Hohenlohekreis (1990).
Band 39	Sigrid Frey, Bad Wimpfen I (1991).
Band 40	Egon Schallmayer u. a., Der römische Weihebezirk von Osterburken I. Corpus der griechischen und lateinischen Beneficiarier-Inschriften des Römischen Reiches (1990).
Band 41/1	Siegwalt Schick, Das Gräberfeld der Merowingerzeit bei Oberflacht (Gemeinde Seitingen-Oberflacht, Lkr. Tuttlingen). Mit Beitr. von Paul Filzer u. a. (1992).
Band 41/2	Peter Paulsen, Die Holzfunde aus dem Gräberfeld bei Oberflacht und ihre kulturhistorische Bedeutung (1992).

VERÖFFENTLICHUNGEN DES LANDESDENKMALAMTES BADEN-WÜRTTEMBERG

Archäologische Denkmalpflege

II. MATERIALHEFTE ZUR VOR- UND FRÜHGESCHICHTE IN BADEN-WÜRTTEMBERG

Kommissionsverlag Konrad Theiss Verlag Stuttgart

Heft 1	Christian Uhlig, Zur paläopathologischen Differentialdiagnose von Tumoren an Skeletteilen (1982).
Heft 3	Kurt Gerhardt, Anatomie für Ausgräber und Sammler (1985).
Heft 4	Berichte zu Ufer- und Moorsiedlungen Südwestdeutschlands I (1984).
Heft 5	Veronika Gulde, Osteologische Untersuchungen an Tierknochen aus dem römischen Vicus von Rainau-Buch (Ostalbkreis) (1985).
Heft 6	Helga Liese-Kleiber, Pollenanalysen in der Ufersiedlung Hornstaad-Hörnle I. Untersuchungen zur Sedimentation, Vegetation und Wirtschaft in einer neolithischen Station am Bodensee (1985).
Heft 7	Berichte zu Ufer- und Moorsiedlungen Südwestdeutschlands II (1985).
Heft 8	Inken Jensen, Der Schloßberg bei Neuenbürg. Eine Siedlung der Frühlatènezeit im Nordschwarzwald (1986).
Heft 9	Andreas Heege, Grabfunde der Merowingerzeit aus Heidenheim-Großkuchen (1987).
Heft 10	Karin Meier-Riva, Die Steinartefakte von Hardberg bei Istein (Efringen-Kirchen, Kr. Lörrach) (1987).
Heft 11	Sigrid Alföldy-Thomas u. Helmut Spatz, Die „Große Grube" der Rössener Kultur in Heidelberg-Neuenheim (1988).
Heft 12	Tamara Spitzing, Die römische Villa von Lauffen a. N. (Kr. Heilbronn) (1988).
Heft 13	Karl Keller, Die jungsteinzeitliche Knochentrümmerstätte des Stadels im Hohlenstein (Lonetal) (1992).
Heft 14	Hartwig Zürn u. Franz Fischer, Die keltische Viereckschanze von Tomerdingen (Gem. Dornstadt, Alb-Donau-Kreis) (1991).
Heft 15	Beate Grimmer-Dehn, Die Urnenfelderkultur im südöstlichen Oberrheingraben (1991).
Heft 16	Wolfgang Kimmig, Die „Wasserburg Buchau" – eine spätbronzezeitliche Siedlung. Forschungsgeschichte-Kleinfunde (1992).
Heft 17	Gerhard Wesselkamp, Die bronze- und hallstattzeitlichen Grabhügel von Oberlauchringen, Kr. Waldshut. Mit einem Exkurs über Steingrabhügel am Hochrhein (1993).

III. FORSCHUNGEN UND BERICHTE DER ARCHÄOLOGIE DES MITTELALTERS IN BADEN-WÜRTTEMBERG

Kommissionsverlag Konrad Theiss Verlag Stuttgart

Band 1	Günter P. Fehring, Unterregenbach. Kirchen, Herrensitz, Siedlungsbereiche (1972).
Band 2	Antonin Hejna, Das „Schlößle" zu Hummertsried. Ein Burgstall des 13. bis 17. Jh. (1974).
Band 3	Barbara Scholkmann, Sindelfingen, Obere Vorstadt. Eine Siedlung des hohen und späten Mittelalters (1978).
Band 4	Aufsatzband (1977).
Band 5	Hans-Wilhelm Heine, Studien zu Wehranlagen zwischen junger Donau und westlichem Bodensee (1979).
Band 6	Aufsatzband (1979).
Band 7	Aufsatzband (1981).
Band 8	Aufsatzband (1983).
Band 9	Volker Roeser u. Horst Gottfried Rathke, St. Remigius in Nagold (1986).
Band 10/1	Hirsau St. Peter und Paul 1091–1991. Teil I: Zur Archäologie und Kunstgeschichte. Mit Beitr. von Hermann Diruf u. a. (1991).
Band 10/2	Hirsau St. Peter und Paul 1091–1991. Teil II: Zur Geschichte eines Reformklosters. Mit Beitr. von Lieven van Acker u. a. (1991).
Band 11	Michael Schmaedecke, Der Breisacher Münsterberg. Topographie und Entwicklung. Mit einem Anhang von Peter Hering (1993).
Band 12	Uwe Gross, Mittelalterliche Keramik zwischen Neckarmündung und Schwäbischer Alb. Bemerkungen zur räumlichen Entwicklung und zeitlichen Gliederung (1991).
Band 13/1	Die Stadtkirche St. Dionysius in Esslingen. Archäologie und Baugeschichte I. Günter P. Fehring und Barbara Scholkmann, Die archäologische Untersuchung und ihre Ergebnisse (ca. 1993).
Band 13/2	Die Stadtkirche St. Dionysius in Esslingen. Archäologie und Baugeschichte II. Peter R. Anstett, Die Baugeschichte von der Spätromantik zur Neuzeit (ca. 1993).
Band 13/3	Die Stadtkirche St. Dionysius in Esslingen. Archäologie und Baugeschichte. Tafelband (ca. 1993).
Band 14	Eleonore Landgraf, Ornamentierte Bodenfliesen des Mittelalters in Süd- und Westdeutschland 1150–1550. Bd. 1–3 (1993).
Band 15	Ilse Fingerlin, Die Grafen von Sulz und ihr Begräbnis in Tiengen am Hochrhein (1992).
Band 16	Dorothee Ade-Rademacher, Reinhard Rademacher, Der Veitsberg bei Ravensburg. Vorgeschichtliche Höhensiedlung und mittelalterliche Höhenburg (Veitsberg/Ravensburg) (1993)